Günther Sterba · Süßwasserfische der Welt

Dr. sc. Dr. h. c. Günther Sterba (em.)

Professor mit Lehrstuhl für Zoologie und Tierphysiologie
Unter Mitarbeit von Dr. rer. nat. Axel Zarske,
Dipl.-Geogr. Klaus Breitfeld und Helmut Sander

Süßwasserfische der Welt

Dr. sc. Dr. h. c. Günther Sterba (em.)

Professor mit Lehrstuhl für Zoologie und Tierphysiologie

Unter Mitarbeit von Dr. rer. nat. Axel Zarske,

Dipl.-Geogr. Klaus Breitfeld und Helmut Sander

Mit 1425 Fotos, 526 Zeichnungen und 73 Karten

Weltbild Verlag

Unveränderter Nachdruck der
Ausgabe Urania Verlag, Leipzig 1990

Genehmigte Lizenzausgabe für
Weltbild Verlag GmbH, Augsburg 1995

Lektor: Annette Bromma
Zeichnungen: Traudl Schneehagen
Buchgestaltung: Horst Adler
Gesamtherstellung: Mladinska knjiga, Ljubljana
Printed in Slovenia
ISBN 3-89350-991-7

Vorwort

Die seit 1959 in mehreren Auflagen erschienenen »Süßwasserfische aus aller Welt« wurden 1968 das letzte Mal überarbeitet. Seitdem sind die ichthyologischen Kenntnisse und aquaristischen Erfahrungen außerordentlich vielseitig angewachsen, eine grundlegende Neubearbeitung des Textes und der Illustrationen war deshalb unbedingt erforderlich. Bei den Vorarbeiten zeigte sich jedoch sehr bald, daß Vollständigkeit nicht mehr in vollem Umfang erreichbar war, d. h. auf die Beschreibung einiger nur sehr selten importierter und damit nur vereinzelt gepflegter Arten verzichtet werden mußte. Besonders schwierig war in einigen Fällen die Berücksichtigung des zur Zeit gültigen Artnamens, da viele der einschlägigen Publikationen, vor allem in der aquaristischen Literatur, nur bedingt wissenschaftlichen Ansprüchen genügen. DENYS W. TUCKER, vormals Assistent Keeper an der Sektion Fische am Britischen Museum für Naturgeschichte (London), hat 1961 die »Süßwasserfische aus aller Welt« übersetzt und in das Literaturverzeichnis der englischen Ausgabe wertvolle Hinweise eingearbeitet. Er schreibt dort unter anderem (leicht verändert): »Es kann nicht deutlich genug betont werden, daß die Beschreibung einer als ›neu‹ angesehenen Art eine besondere Verantwortung, ein Höchstmaß an Kenntnissen und Erfahrungen und die exakte Beherrschung der komplizierten international anerkannten Nomenklaturregeln erfordert. In den meisten Disziplinen der Wissenschaft ist es möglich, schlechte Arbeiten zu ignorieren. Im Gegensatz dazu müssen in der Taxonomie auch die schlechtesten Arbeiten berücksichtigt werden. Aus dieser Situation leitet sich die Tatsache ab, daß gute Taxonomen gezwungen sind, einen unverhältnismäßig großen Anteil ihrer Zeit und ihrer Anstrengungen an äußerst artifizielle und überflüssige, von schlechten Taxonomen geschaffene Probleme vergeuden zu müssen, der ihnen bei der Bearbeitung echter, von der Natur gestellter Fragen fehlt. Amateure sollten deshalb solange auf taxonomische Publikationstätigkeit verzichten, bis sie entsprechende Kenntnisse und Fähigkeiten erworben haben. Auch ist es nicht ratsam, Erstbeschreibungen in unbekannten Aquarienzeitschriften zu publizieren, da diese dort der Gefahr ausgesetzt sind, für viele Jahre übersehen zu werden und nach ihrer Wiederentdeckung zwischenzeitlich eingeführte Namen über den Haufen werfen. Weiterhin sollte nicht vergessen werden, ein genau definiertes Typ-Exemplar in einem jener großen Museen zu hinterlegen, die durch ihre Leitungsgrundsätze und aktive taxonomische Tradition die Gewähr bieten, daß diese Typen der Nachwelt erhalten bleiben.
Leider sind diese Empfehlungen von DENYS W. TUKKER bis heute kaum berücksichtigt worden. Im Gegenteil, in manchen aquaristisch interessanten Fischgruppen, z. B. den Cyprinodontidae, vielen Gattungen der Cichlidae und verschiedenen Familien der Siluriformes, ist die Verwirrung heute so groß, daß kaum die Chance besteht, das Durcheinander in absehbarer Zeit zu überwinden. Die Beschreibung neuer Arten steht vielfach so stark im Vordergrund, daß die wichtige Aufgabe, das vorliegende Material in gesicherter Form zu verallgemeinern, vernachlässigt wird. Dazu kommt, daß die Verbreitungsgebiete der einzelnen Arten und die Variabilität ihres Phänotypus bei vielen Neubeschreibungen nur ungenügend berücksichtigt werden. Selbstredend ist es bei Fischen, die in der Regel nur punktuell gefangen werden, nur in Ausnahmefällen möglich, populationsgenetische Aspekte befriedigend zu analysieren, aber es ist auch niemand verpflichtet, auf unzureichender Basis und mit unzureichendem Material Taxonomie zu betreiben oder natürliche Verwandtschaften zu postulieren. Wie vielseitig und kompliziert evolutionäre Veränderungen bei Fischen sein können, zeigt u. a. das ausgezeichnete von A. A. ECHELLE und I. KORNFIELD edierte Buch »Evolution of fish species flocks« (University of Maine at Orono Press, 1984). Die Aquaristik wäre gut beraten, wenn sie nicht jede Namensänderung sofort aufgreifen, sondern abwarten würde, ob die Änderung allgemeine Anerkennung findet. Nach diesem Prinzip richten sich auch die in diesem Buch verwendeten Art- und Gattungsbezeichnungen. Ansonsten wurde das Ziel verfolgt, ichthyologisches Fachwissen und aquaristische Erfahrungen so darzustellen, daß ein möglichst großer Leserkreis angeregt wird, sich fachlich weiterzubilden.
Zahlreiche Kollegen und Freunde haben mich bei der Zusammenstellung der vorliegenden Auflage unter-

stützt. Dr. AXEL ZARSKE war entscheidend an der Erarbeitung der Abschnitte Characoidei, Cyprinidae, Homalopteridae, Gyrinocheilidae, Cobitidae, Siluriformes, Atherinidae, Melanotaeniidae und Cichlidae beteiligt. KLAUS BREITFELD und HELMUT SANDER bearbeiteten die Adrianichthyidae, Horaichthyidae, Cyprinodontidae und die Oryziatidae. Mein Sohn, Dr. THOMAS STERBA, und meine Tochter, Dr. PETRA STERBA, halfen mir bei den redaktionellen Arbeiten. Die Textabbildungen zeichnete Frau TRAUDL SCHNEEHAGEN, die Verbreitungskarten Herr RUDOLF WEIS. Von den zahlreichen Fotoautoren seien nur HANS JOACHIM RICHTER, Dr. WALTER FOERSCH, WOLFGANG SOMMER, ULI KADEN, GERHARD MARCUSE und JÜRGEN KRÜGER genannt. Fachliche Hinweise erhielt ich von zahlreichen Kollegen des In- und Auslandes. Bei den Schreibarbeiten und technischen Arbeiten halfen mir vor allem RENATE BAUER, MARIA EIGENBROD, ERIKA FRENZEL und DOROTHEA NAUMANN. Allen Genannten, aber auch jenen, die hier unerwähnt bleiben, und den Mitarbeitern des Urania-Verlages danke ich an dieser Stelle herzlich für die vielseitige Unterstützung.

GÜNTHER STERBA

Inhalt

Bei der Behandlung der einzelnen Abschnitte steht in der Regel die systematische Kategorie »Familie« im Vordergrund. Die Gattungen und Arten sind innerhalb dieser Kategorie alphabetisch geordnet. Vor allem bei sehr artenreichen Familien sind auch die Unterfamilien berücksichtigt, die alphabetische Einordnung der Gattungen und Arten erfolgt dann unter dieser Kategorie. In einigen Fällen schien es gerechtfertigt, die Arten unter höheren systematischen Kategorien, meist Ordnungen, alphabetisch abzuhandeln. Schließlich wurden in einigen Fällen den Familien kurze Beschreibungen der einschlägigen Ordnung oder Unterordnung vorangestellt. Alle Darstellungen halten sich an das auf S. 17 bis S. 19 aufgeführte System.

Einführung

Der typische Fischkörper ist torpedoförmig gestaltet, Kopf, Rumpf und Schwanzstiel bilden ein einheitliches Ganzes, das der Bewegung im Wasser möglichst wenig Widerstand bietet. Die in der Regel glatte, schleimige Haut stellt einen idealen Oberflächenabschluß dar, der zusätzlich durch eingelagerte Hartsubstanzen wie Schuppen oder Knochenplatten weitgehend vor groben Verletzungen schützt. Die Flossen aber sind Ruder- und Steuerorgane. Die Idealform des Fischkörpers kann mannigfaltig abgeändert sein (Abb. 1). Fast alle Abweichungen sind mit veränderten Schwimmleistungen verknüpft und stellen zum großen Teil recht sinnvolle Anpassungen an die verschiedenen Lebensräume dar. Fische vom Typus der Makrele oder der meisten Karpfenartigen sind in der Regel gute und ausdauernde Schwimmer fließender oder stehender Gewässer. Eine starke seitliche Abflachung des Körpers, oft verbunden mit einer scheibenförmigen Umgestaltung, findet man bei vielen Schwarmfischen stiller Wasseransammlungen. Bodenfische sind vielfach abgeflacht oder aalförmig, seltener bandförmig gestaltet. Extrem flache Bodenbewohner kommen in schnellfließenden Gewässern vor. Als Sonderanpassungen können hier Saugmäuler oder aus den Brustflossen gebildete Saugscheiben beobachtet werden. Ganz eigenartige Verhältnisse zeigen die bodenbewohnenden, stark abgeflachten Plattfische wie die Flunder oder der Steinbutt. Die Tiere schwimmen nicht in Normallage, sondern liegen meist mit einer Körperseite auf dem Bodengrund. In Anpassung an diese Lebensweise wird der Körper unsymmetrisch. So wandert zum Beispiel das Auge der Bodengrundseite auf die Oberseite. Auch viele Tiefseefische zeigen zum Teil sehr groteske Abänderungen der normalen Fischgestalt.

Bei der Beschreibung einer Fischfamilie werden im allgemeinen der Grundbauplan der Familie und die Abweichungen davon besonders hervorgehoben. Bei der wissenschaftlichen Charakterisierung einer Art wird hingegen die kurze Beschreibung der Körperform durch Maßangaben präzisiert. Freilich ist dabei zu beachten, daß die Maße, wenn nicht anders betont, für erwachsene, normal ernährte Tiere gelten. Die Einzelmaße selbst werden nicht in echten Längeneinheiten, sondern in Verhältniswerten aufgelistet, das heißt, man gibt an, wievielmal die kürzeren Maße in den längeren enthalten sind, so zum Beispiel, wie oft die größte Körperhöhe oder die Schwanzstielhöhe oder die Kopflänge in der Körperlänge (Standardlänge) oder Gesamtlänge enthalten ist. Bei kleinen Maßen wird als Bezugsmaß eine Länge nächster Größenklasse gewählt. So gibt man zum Beispiel nicht an, wie oft der Augendurchmesser in der Körperlänge enthalten ist – aus der großen Differenz der Maße würden zu viele Fehler resultieren –, sondern setzt den Augendurchmesser zur Kopflänge in Beziehung. Manche modernen Autoren verwenden ein neues Beschreibungssystem der Körperform. Sie setzen für die Körperlänge (Standardlänge) 100 und geben die kürzeren Maße in Prozenten an. Bei dieser Form der Beschreibung besagt zum Beispiel die Angabe »Kopflänge 32:100«, daß die Kopflänge 32 von 100 Teilen einnimmt. Dieses Beschreibungssystem ermöglicht einen besseren Vergleich der Körperform bei Arten unterschiedlicher Größe.

Für wissenschaftliche Beschreibungen wird in der Regel die Körperlänge (Standardlänge) als Hauptgröße benutzt, da die Gesamtlänge durch Verletzungen oder Veränderungen der Schwanzflosse zu stark variieren kann. In der Fischereiwirtschaft stellt man dagegen meist nur den absoluten Wert der Gesamtlänge fest. Dieses Maß läßt sich schnell und einfach bestimmen.

Neben den Körperdimensionen kommt den Flossenformen und auch den Flossenmaßen besondere Bedeutung zu. Sofern nicht sehr auffällige Flossenveränderungen, wie starke Verlängerung einzelner Flossen oder Flossenstrahlen, sehr stark verkleinerte oder auch ganz rückgebildete Flossen, zu erwähnen sind, beschränkt man sich bei der Beschreibung der Flossenform auf die Schwanzflosse. Diese kann abgerundet, gerade abgeschnitten, leicht oder tief eingeschnitten, spitz ausgezogen, ja sogar fadenförmig sein (Abb. 3). Gar nicht so selten, so z. B. bei unserem einheimischen Aal, ist die Schwanzflosse mit der verlängerten Rücken- oder Afterflosse oder sogar mit beiden kontinuierlich verbunden. Vielfach sind die Brustflossen von artcharakteristischer Länge. Es wird deshalb oft angegeben: Die Brustflossen reichen angelegt bis zu den Bauchflossen oder bis zur After-

Abb. 1 Normalform des Fischkörpers und häufige Abweichungen. 1) Forelle, 2) Thunfisch, 3) Barbe, 4) Buntbarsch, 5) Scheibensalmler, 6) Messerfisch, 7) Schmerle, 8) Fiederbartwels, 9) Aal, 10) Plattfisch

flosse. Ist ein Brustflossenstrahl besonders verlängert oder verdickt, dann wird dieser als Maßgrundlage genommen.

Aber auch die Stellung der Flossen am Körper bzw. die Lagebeziehung der Flossen zueinander ist vielfach sehr charakteristisch. So kann die Rückenflosse zum Beispiel vor, in oder hinter der Körpermitte beginnen. Die Bauchflossen können gegenüber der Rückenflosse oder weiter vorn bzw. weiter hinten entspringen (Abb. 4).

In der vorliegenden Zusammenstellung sind die Körper- und Flossenformen in der Regel nur ganz kurz und ohne Maßangaben beschrieben worden. Dies wird als ausreichend erachtet, da einerseits jede Art abgebildet ist und andererseits der an den Körpermaßen interessierte Fachmann diese leicht an anderer Stelle finden kann.

Weitere für die Beschreibung einer Fischart sehr wichtige Angaben betreffen die Flossenstrahlen. Bei Knochenfischen (Osteichthyes) sind diese Strahlen immer knöchern, bei Knorpelfischen (Chondrichthyes) wie Haien und Rochen hornig. Die Flossenstrahlen der Knochenfische können verschieden gestaltet sein. Man unterscheidet Weichstrahlen und Hartstrahlen (= Stacheln) (Abb. 5).

Die Weichstrahlen kommen in drei Formen vor:

- im äußeren Abschnitt fächerartig geteilte, mehr oder weniger vollständig gegliederte Weichstrahlen,

– im äußeren Abschnitt ungeteilte, mehr oder weniger vollständig gegliederte Weichstrahlen,
– ungeteilte und ungegliederte stachelartige Weichstrahlen.

Die Hartstrahlen sind in der Regel glatt, zugespitzt und niemals gegliedert. Eine Unterscheidung zwischen echten Hartstrahlen und stachelartigen Weichstrahlen ist nur möglich, wenn man diese von vorn betrachtet. Die Hartstrahlen sind immer einheitlich, die Weichstrahlen bestehen stets aus einer rechten und linken Hälfte, die miteinander verwachsen sind. Hartstrahlen besitzen die Stachelflosser (Acanthopterygii). Den echten Hartstrahlen ähnliche Weichstrahlen kommen vor allem bei den Karpfenfischverwandten (Cyprinoidei) in der Rücken- und Afterflosse und bei den Welsartigen (Siluriformes) in der Rükken- und der Brustflosse vor. Die Bezeichnung Hart- und Weichstrahlen selbst ist leider etwas irreführend und deshalb nicht ganz wörtlich zu nehmen. Manche ungeteilte Weichstrahlen verkalken so stark, daß sie dornartige Festigkeit erhalten. Andererseits sind Hartstrahlen oft recht weich und biegsam.

Form und Zahl der Flossenstrahlen sind vielfach artcharakteristisch und werden für die einzelnen Flossen durch die sogenannte Flossenformel ausgedrückt. Diese ist so abgefaßt, daß durch den Anfangsbuchstaben der lateinischen Flossenbezeichnung zunächst die in Frage kommende Flosse festgelegt wird. Diese Anfangsbuchstaben sind folgende:

Rückenflosse	=	Dorsale	D
Schwanzflosse	=	Caudale	C
Afterflosse	=	Anale	A
Bauchflosse	=	Ventrale	V
Brustflosse	=	Pectorale	P
bei zwei Rückenflossen			D1, D2

Die Zahl der Flossenstrahlen in einer Flosse wird so angegeben, daß ohne Schwierigkeiten gleichzeitig auch ihre Art zu erkennen ist. So bezeichnen römi-

Abb. 2 Die zur Beschreibung und Bestimmung einer Fischart wichtigsten Körpermaße. AD = Augendurchmesser, GL = Gesamtlänge, KH = Körperhöhe, KL = Körperlänge, KOL = Kopflänge, SL = Schnauzenlänge, SSL = Schwanzstiellänge, SSH = Schwanzstielhöhe

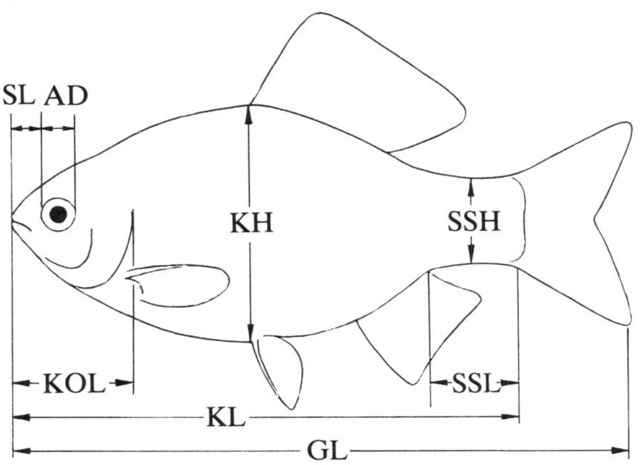

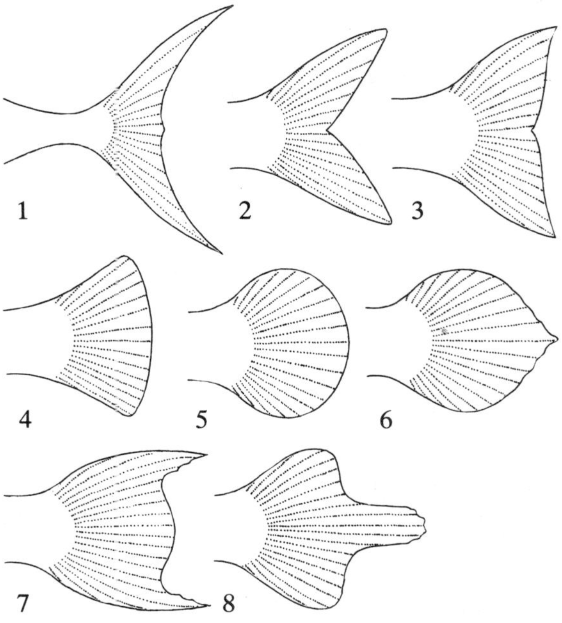

Abb. 3 Die häufigsten Formen der Schwanzflosse bei Knochenfischen. 1) sichelförmig, 2) eingeschnitten, 3) gerade abgeschnitten, 4) halbrund, 5) abgerundet, 6) zugespitzt, 7) randzipfelig oder dreilappig, 8) mittelzipfelig oder zentrallappig

sche Ziffern grundsätzlich echte Hartstrahlen, arabische Ziffern Weichstrahlen, gleichgültig, welche Form sie haben. In der Regel sind nicht alle Flossenstrahlen einer Flosse einheitlich gestaltet. Zum Beispiel können Hartstrahlen und geteilte Weichstrahlen oder ungeteilte und geteilte Weichstrahlen gruppiert sein. Weiterhin muß man stets vor Augen haben, daß ohne Ausnahme die geteilten Weichstrahlen immer im hinteren Teil, die Hartstrahlen oder ungeteilten Weichstrahlen am Flossenanfang stehen (nur ausnahmsweise ist auch der letzte Flossenstrahl einer Flosse ein ungeteilter Weichstrahl). Aus diesen Verhältnissen ergibt sich die Möglichkeit, die Zahl der Hartstrahlen oder ungeteilten Weichstrahlen durch einen Schrägstrich von den geteilten Weichstrahlen zu trennen.

Die folgenden Beispiele zeigen, wie die Flossenformeln gelesen werden und wie sie zu verstehen sind:

D II/8	In der Rückenflosse (Dorsale) folgen auf zwei Hartstrahlen acht Weichstrahlen.
D 2/8	In der Rückenflosse (Dorsale) folgen auf zwei ungeteilte Weichstrahlen acht fächerartig geteilte Weichstrahlen.
A III–IV/6–8	In der Afterflosse (Anale) folgen auf drei bis vier Hartstrahlen sechs bis acht Weichstrahlen.
C 2/10/2	In der Schwanzflosse (Caudale) sind oben und unten, das heißt an den Außenkanten, je zwei ungeteilte, dazwischen zehn geteilte Weichstrahlen ausgebildet.

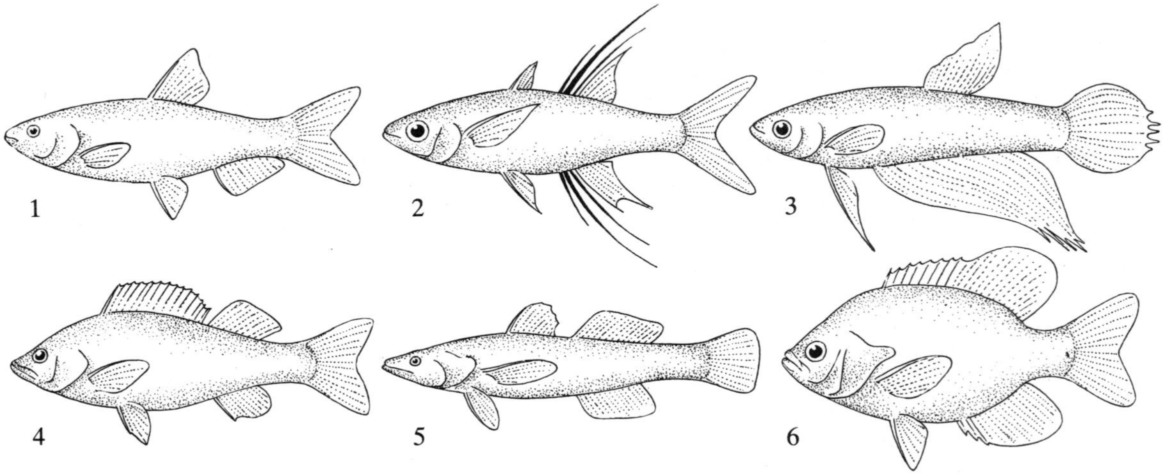

Abb. 4 Stellung der Flossen am Fischkörper. 1) Forelle, 2) Ährenfisch, 3) Kampffisch, 4) Barsch, 5) Schläfergrundel, 6) Sonnenbarsch. 1 und 3 haben eine einfache Rückenflosse, 2, 4 und 5 eine vordere und eine hintere Rückenflosse, bei 6 sind beide vereinigt. Die Bauchflossen sind bei 1,2,4 und 6 bauchständig, bei 3 brustständig, bei 5 kehlständig.

Abb. 5 Flossenstrahlen der Knochenfische (teilweise nach Lagler, Bardach, Miller). Obere Reihe: Ansicht von vorn. Untere Reihe: Ansicht von der Seite. 1) Hartstrahl (Stachel), 2) stachelartiger Weichstrahl, 3) gegliederter und fächerartig geteilter Weichstrahl, 4) gegliederter ungeteilter Weichstrahl

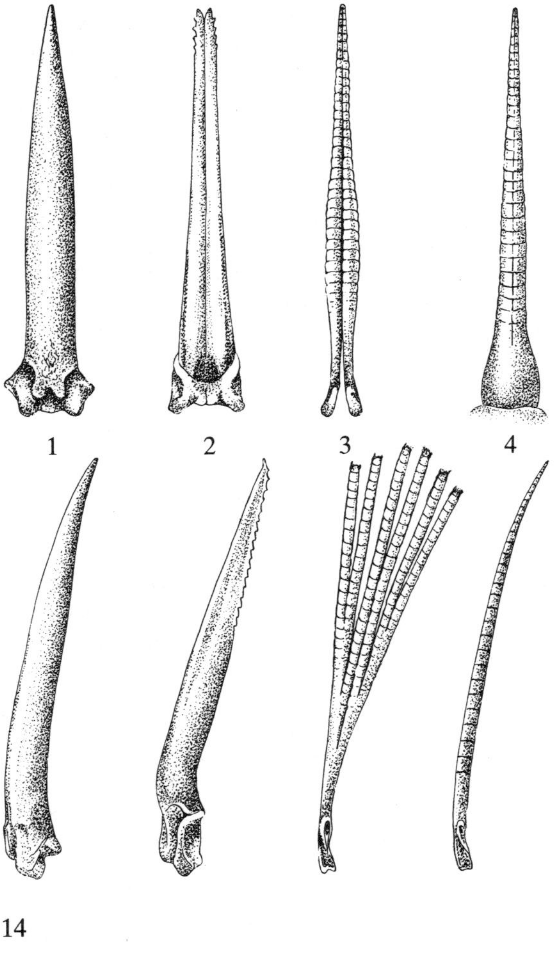

In der vorliegenden Zusammenstellung wird ausschließlich diese Art der Flossenformel verwendet. Gelegentlich wird man in der Flossenformel eingeklammerte Zahlenangaben antreffen, wie zum Beispiel D III/8–(9). Die in Klammern gesetzte Ziffer deutet ein »ausnahmsweise« an. Eine nicht näher differenzierte Zahlenangabe wie D 10 soll nicht aussagen, daß hier alle Weichstrahlen geteilt sind, sondern ist vielmehr so zu verstehen, daß keine differenzierten Angaben vorliegen. In diesem Zusammenhang sei darauf hingewiesen, daß in der Literatur nicht immer diese differenzierte Flossenformel Verwendung findet und ungeteilte Weichstrahlen besonders oft fälschlich mit römischen Ziffern angegeben sind.

Neben der Körperform, der Flossenform und Flossenstellung sowie der Flossenformel interessieren den Systematiker weiterhin die Hartsubstanzen der Haut. Im allgemeinen sind dies bei den Knochenfischen die Schuppen. Daneben kommen aber auch Knochenschilder und Knochenplatten vor. Die Haut mancher Fische ist nackt. Die Schuppen selbst treten uns in zwei Grundformen entgegen (Abb. 6):

– Rundschuppen (Cycloidschuppen)
– Kammschuppen (Ctenoidschuppen)

Die Form der Schuppen ist vielfach familiencharakteristisch. Ein besonders wesentliches Artmerkmal kann die Anordnung und Anzahl der Schuppen bzw. Knochenplatten und Knochenschilder sein. Im allgemeinen läßt sich im Schuppenkleid eines Fisches leicht eine bestimmte Schuppengruppierung erkennen. So stehen die sich dachziegelartig deckenden Schuppen in Längs- und Querreihen (Abb. 7). Oft fällt in dieser Anordnung eine Schuppenlängsreihe dadurch auf, daß die einzelnen Schuppen zwei Längsstrichelchen zeigen, die zudem dunkler gefärbt sein können. Es handelt sich dabei um die Schuppen der Seitenlinie. Die Strichelchen erweisen sich bei mikroskopischer Betrachtung als die sichtbaren Projektionslinien eines feinen Kanals, der die Schuppe schräg durchsetzt. Gelegentlich ist statt des Kanals nur eine Rinne oder ein Einschnitt vorhanden. Durch diese Schuppenkanäle stehen die Sinnesknospen des Seitenlinienkanals mit der Außenwelt in Verbindung. Die Seitenlinie beginnt in der Regel im oberen

Bereich des Kiemendeckelhinterrandes und reicht gestreckt oder durchgebogen bis in die Schwanzwurzel (Seitenlinie vollständig) oder nur eine Strecke weit auf den Körper (Seitenlinie unvollständig). Aber auch zweiteilige Seitenlinien sind nicht selten. Schließlich sei erwähnt, daß viele Arten keine Seitenlinie besitzen und andererseits auch schuppenlose Formen eine vollständige Seitenlinie haben können, die sich dann in der Regel als dunkle Linie abzeichnet (Abb. 8).

Alle genannten Besonderheiten des Schuppenkleides und der damit in Zusammenhang stehenden Seitenlinie sind systematisch von großem Wert und mit Ausnahme der Angabe der Seitenlinienform, die gesondert beschrieben wird, in der Schuppenformel erfaßt. Diese gibt zunächst an, wieviel Schuppen in der Seitenlinienreihe (SL), oder (und) wieviel Schuppen in einer mittleren Längsreihe (mLR) stehen. Die Anzahl der Schuppen in der mLR ist in der Regel auch die Anzahl der Schuppenquerreihen. Weiterhin erfaßt die Schuppenformel die Anzahl der Schuppen in einer Querreihe. Wenn kein besonderer Hinweis, wie zum Beispiel »Querreihe vor der Rückenflosse«, gegeben ist, gelten die Angaben stets für eine Querreihe im Bereiche der höchsten Körperstelle. Die Querreihen werden vom Rückenfirst bis zur Seitenlinie und von hier bis zur Bauchmitte gezählt, fehlt die Seitenlinie, so zählt man durchgehend. Daneben können unter anderem auch die Schuppenzahlen zwischen Seitenlinie und After sowie die Schuppenzahlen um den Schwanzstiel und andere Schuppenzahlen festgestellt werden. Die Schuppenformel ist in dieser Zusammenstellung mit Absicht vereinfacht dargestellt, und zwar wird in der Regel nur die Anzahl der Schuppen in einer mLR und manchmal auch die Anzahl der Schuppen in der SL angegeben. So heißt »mLR 36–38; SL 10«: In einer mittleren Längsreihe sind 36–38, die SL erstreckt sich über 10 Schuppen. Bei den Buntbarschen findet man des öfteren kompliziertere SL-Angaben, z. B. »SL 10–12/6–7«. Der Schrägstrich gibt an, daß es sich um eine geteilte Seitenlinie handelt, die links davon stehenden Zahlen entsprechen den Schuppen im vorderen oberen, die rechts davon stehenden den Schuppen im hinteren unteren SL-Abschnitt. Häufig wird jedoch auf eine SL-Angabe verzichtet und nur erwähnt: Seitenlinie vollständig, unvollständig, geteilt oder 10 Schuppen

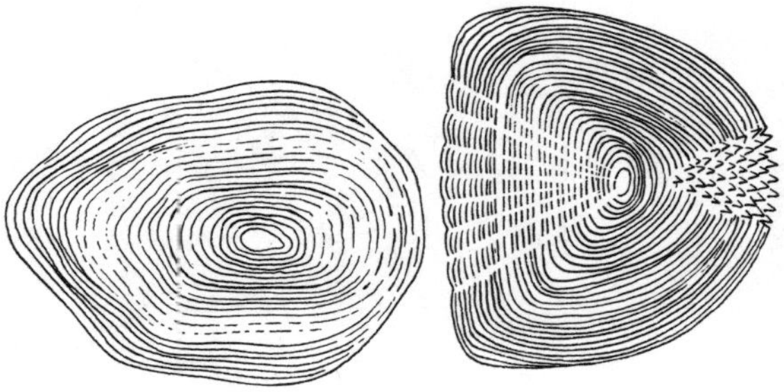

Abb. 6 Schuppen der Knochenfische (Grundtypen). Links: Rund- oder Cycloidschuppe. Rechts: Kamm- oder Ctenoidschuppe

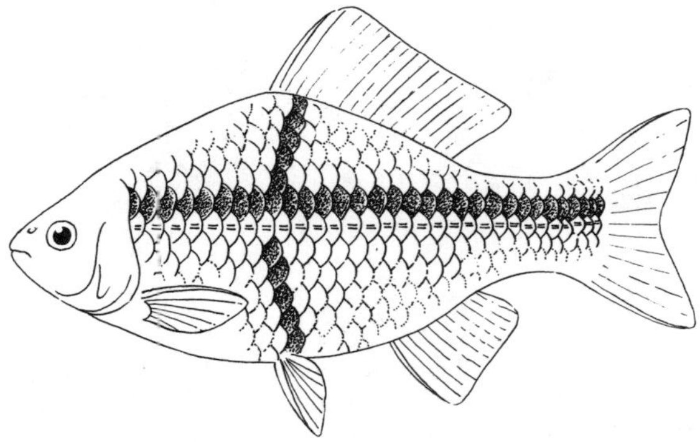

Abb. 7 Anordnung der Schuppen: Die dunklen Schuppenreihen sollen zeigen, wie die mittlere Schuppenlängsreihe und die Standardquerreihe zu zählen sind.

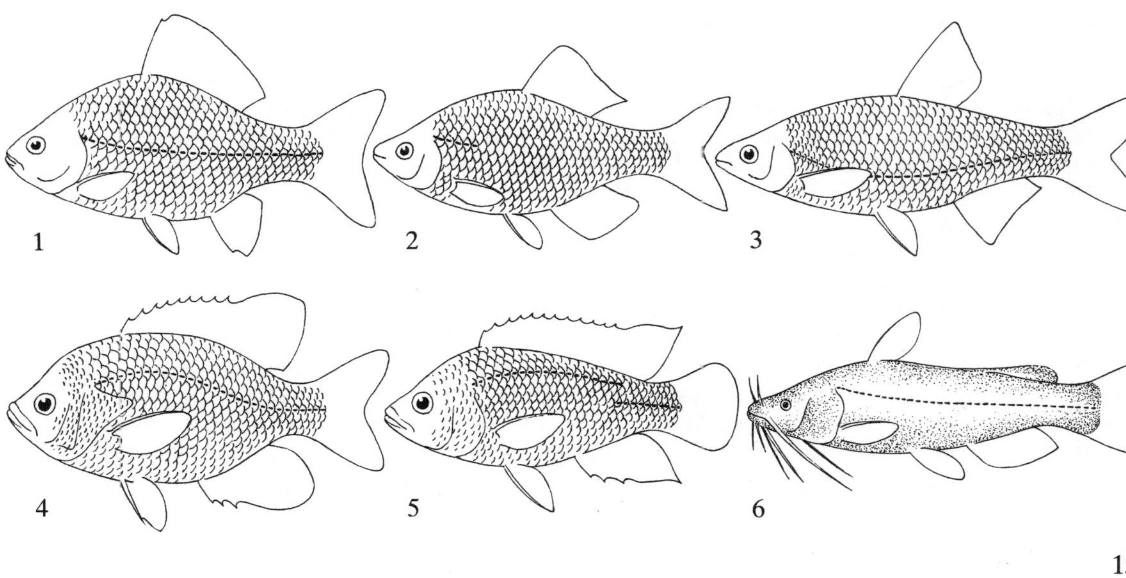

Abb. 8 Form und Verlauf der Seitenlinie. 1) gestreckte Seitenlinie, 2) kurze, unvollständige Seitenlinie, 3) vollständige, bauchwärts ausgebogene Seitenlinie, 4) vollständige, rückenwärts ausgebogene Seitenlinie, 5) zweigeteilte, versetzte Seitenlinie, 6) vollständige, gestreckte Seitenlinie bei fehlender Beschuppung

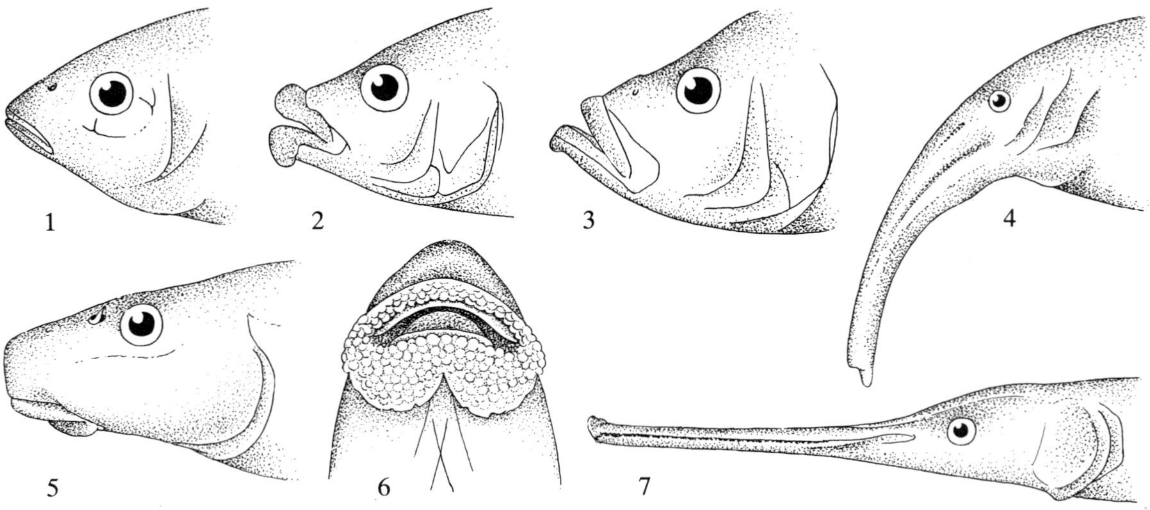

Abb. 9 Maul- und Schnauzenformen. 1) Maul endständig und schmallippig, 2) Maul endständig und wulstlippig, 3) Maul oberständig dicklippig, 4) Kopf rüsselartig verlängert, Maul eng endständig, 5 und 6) Maul unterständig von wulstigen, strukturierten Lippen umgeben, 7) schnabelartiges tiefgespaltenes Maul

durchbohrt. Die letzte Angabe bedeutet, daß sich die Seitenlinie nur über die ersten zehn Schuppen erstreckt (Abb. 8).

Zu einer vollständigen Artbeschreibung gehören weiterhin Angaben über das Skelett, die Stellung und Form des Maules (Abb. 9), die Bezahnung, anatomische Einzelheiten der Kiemen, Eingeweide und anderes mehr, Angaben, die in der Regel nur vom Fachichthyologen ermittelt und vergleichend ausgewertet werden können. Aus diesem Grunde wird hier mit Absicht auf solche Hinweise verzichtet oder aber in den Familien- bzw. Gattungsbeschreibungen ein entsprechender Hinweis gebracht. Ohne wesentliche Einbuße der Exaktheit soll damit in der Artbeschreibung die Einfachheit gewahrt werden, die für ein allgemeines Verständnis notwendig ist. Die Abschnitte über Färbung, Pflege und Zucht bei den einzelnen Artbeschreibungen bedürfen keiner Erläuterung. Im allgemeinen sind bei den Arten nur kurze Hinweise zur Pflege und Zucht gegeben, dagegen enthält fast jede Familienbeschreibung, oft auch die Beschreibung einzelner bekannter Gattungen, sehr ausführliche Angaben dieser Art. Durchgängig werden für die Geschlechter die Symbole ♂ (Männchen) oder ♀ (Weibchen) eingesetzt. In der Handhabung der Symbole weniger geübte Leser seien daran erinnert, daß es sich um astrologische Zeichen für Mars und Venus handelt. Der Personenname hinter der doppelnamigen lateinischen oder latinisierten Artbezeichnung gibt den Erstbeschreiber der Art, die Zahl das Jahr der Erstbeschreibung an. Beides in Klammern gesetzt bedeutet, daß der Erstbeschreiber die Art ursprünglich einer anderen Gattung zuordnete. Bei Unterarten steht hinter dem Doppelnamen eine dritte lateinische Bezeichnung. Es sei in diesem Zusammenhang darauf hingewiesen, daß vielfach bei der Artangabe mit Absicht und manchmal unter Verzicht auf sprachliche Richtigkeit die ursprüngliche Angabe unverändert verwendet wurde.

Das in der vorliegenden Auflage verwendete System stützt sich auf verschiedene Quellen. Es geht von der inzwischen fast allgemein akzeptierten Gliederung des Stammes Chordata (Chordatiere) in die vier Unterstämme Tunicata (Manteltiere), Acrania (Schädellose), Agnatha (Kieferlose) und Gnathostomata (Kiefertiere) aus. Abgesehen von den Neunaugen (Petromyzonidae), die rezente Agnatha repräsentieren, gehören alle in den »Süßwasserfischen« behandelten Fische zur Klasse Osteichthyes des Unterstammes Gnathostomata. Von den beiden Unterklassen der Klasse Osteichthyes ist wiederum fast nur die Unterklasse Actinopterygia (Strahlenflosser), speziell die Kohorte Teleostei, aquaristisch interessant. Für diese 20000 bis 25000 rezente Arten umfassende Kohorte wurde 1966 von P. H. Greenwood, D. E. Rosen, St. H. Weitzman und G. S. Myers (Phyletic studies of teleostean fishes, with a provisional classification of living forms. Bull. Amer. Mus. Nat. Hist. **131**, 339–455) eine Klassifikation vorgeschlagen, die gegenüber älteren Systemen einige wesentliche Verbesserungen aufweist und deshalb immer weitere Verbreitung findet. Auch die nachfolgende Zusammenstellung orientiert sich an diesem Vorschlag. D. E. Rosen (Zool. I. of Linnean Soc. 53, Suppl. 1, 1973) und andere haben in neuerer Zeit Grundlagen für stärker stammesgeschichtlich orientierte Systeme publiziert, jedoch sind die Untersuchungen dazu noch so im Fluß, daß eine Verallgemeinerung vorerst nicht ratsam erscheint.

In dem System sind Familien, die im Text berücksichtigt werden, halbfett gesetzt. Auf die Nennung rein fossiler Taxa sowie die differenzierte Darstellung der Klasse Chondrichthyes (Knorpelfische) wurde absichtlich verzichtet. Die verwendeten Abkürzungen bedeuten: USt Unterstamm; Kl Klasse; UKl Unterklasse; KOH Kohorte; ÜO Überordnung; O Ordnung; UO Unterordnung; F Familie.

USt Agnatha Kieferlose
Kl Cyclostomata Rundmäuler
O Myxiniformes Ingerartige
F Myxinidae Inger
O Petromyzoniformes Neunaugenartige
F **Petromyzonidae** Neunaugen
USt Gnathostomata Kiefertiere
Kl Chondrichthyes Knorpelfische
(hier absichtlich nicht weiter untergliedert)
Kl Osteichthyes Knochenfische
UKl Actinopterygia Strahlenflosser
KOH Chondrostei Knorpelganoiden
O Polypteriformes Flösselhechtartige
F **Polypteridae** Flösselhechte
O Acipenseriformes Störartige
F **Acipenseridae** Störe
F Polyodontidae Löffelstöre
KOH Holostei Knochenganoiden
O Amiiformes Schlammfischartige
F **Amiidae** Schlammfische, Kahlhechte
O Lepisosteiformes Knochenhechtartige
F **Lepisosteidae** Knochenhechte
KOH Teleostei Höhere Knochenfische
ÜO Elopomorpha Tarpunähnliche
O Elopiformes Tarpunartige
F Elopidae Tarpune
F Megalopidae Tarpune
F Albulidae Frauenfische
O Anguilliformes Aalartige
UO Anguilloidei Aalverwandte
F **Anguillidae** Echte Aale
F Moringuidae Wurmaale
F Muraenidae Muränen
F Congridae Meeraale
F Ophichthidae Schlangenaale
F Synaphobranchidae Tiefseeaale
F Serrivomeridae Tiefseeaale
F Nemichthyidae Schnepfenaale
UO Saccopharyngoidei Pelikanaalverwandte
O Notacanthiformes Tiefseedornaalartige
ÜO Clupeomorpha Heringsähnliche
O Clupeiformes Heringsartige
F **Denticipidae** Süßwasserheringe
F Clupeidae Heringe
F Engraulidae Sardellen, Anchovis
F Chirocentridae Wolfsheringe
ÜO Osteoglossomorpha Knochenzünglerähnliche
O Osteoglossiformes Knochenzünglerartige
F **Osteoglossidae** Knochenzüngler
F **Pantodontidae** Schmetterlingsfische
F **Notopteridae** Messerfische
F **Mormyridae** Nilhechte
F Gymnarchidae Nilaale
F Hiodontidae Mondaugen
ÜO Protacanthopterygii
O Salmoniformes Lachsfischartige
UO Salmonoidei Lachsfischverwandte
F **Salmonidae** Lachsfische
F Osmeridae Stinte
UO Galaxioidei Hechtlingsverwandte
F Galaxidae Hechtlinge
UO Esocoidei Hechtverwandte
F **Esocidae** Hechte
F **Umbridae** Hundsfische
UO Stomiatoidei Tiefseebartelfischverwandte
F Gonostomatidae Borstenmäuler
F Sternoptychidae Tiefseebeilfische
UO Myctophoidei Laternenträgerverwandte, Leuchtsardinen
F Synodontidae Eidechsenfische
F Bathypteroidae Spinnenfische
F Myctophidae Laternenträger
O Cetomimiformes Walfischartige
F Cetomimidae Walfische
F Giganturidae Teleskopfische
O Gonorhynchiformes Sandfischartige
F Gonorhynchidae Sandfische
F Chanidae Milchfische
F **Kneriidae** Schlankfische
F **Phractolaemidae** Afrikanische Schlammfische
ÜO Ostariophysi
O Cypriniformes Karpfenfischartige
UO Characoidei Salmlerverwandte
F **Characidae** Echte Salmler
F **Serrasalmidae** Sägesalmler
F **Gasteropelecidae** Beilbauchfische
F **Erythrinidae** Raubsalmler
F **Ctenoluciidae** Hechtsalmler
F **Crenuchidae** Prachtsalmler
F **Characidiidae** Bodensalmler
F **Lebiasinidae** Schlanksalmler
F **Anostomidae** Engmaulsalmler
F **Hemiodidae** Keulensalmler
F **Curimatidae** Barbensalmler
F **Hepsetidae** Afrikanische Hechtsalmler
F **Alestidae** Großaugensalmler
F **Citharinidae** Geradsalmler
UO Gymnotoidei Messeraalverwandte
F **Gymnotidae** Messeraale
F **Electrophoridae** Elektrische Aale, Zitteraale
F **Apteronotidae** Peitschenmesseraale
F **Rhamphichthyidae** Amerikanische Messerfische
UO Cyprinoidei Karpfenfischverwandte
F **Cyprinidae** Karpfenfische
F Catostomidae Sauger
F **Gyrinocheilidae** Algenfresser
F **Homalopteridae** Flossensauger
F **Cobitidae** Schmerlen
O Siluriformes Welsartige
F **Ictaluridae** Katzenwelse
F **Bagridae** Stachelwelse
F **Siluridae** Echte Welse
F **Schilbeidae** Glaswelse
F **Pangasiidae** Schlankwelse
F **Amphiliidae** Kaulquappenwelse
F **Clariidae** Kiemensackwelse
F **Heteropneustidae** Kiemenschlauchwelse
F **Chacidae** Großmaulwelse
F **Malapteruridae** Elektrische Welse
F **Mochocidae** Fiederbartwelse
F **Ariidae** Kreuzwelse
F **Doradidae** Dornwelse
F **Auchenipteridae** Falsche Dornwelse
F **Aspredinidae** Bratpfannen-, Banjowelse
F **Plotosidae** Korallenwelse
F **Pimelodidae** Antennenwelse
F **Helogenidae** Fähnchenwelse
F **Trichomycteridae** Schmerlenwelse
F **Callichthyidae** Schwielenwelse
F **Loricariidae** Harnischwelse

ÜO Paracanthopterygii
O Percopsiformes Barschlachsartige
F **Amblyopsidae** Blindfische, Nordamerikanische Höhlenfische
F **Aphredoderidae** Piratenbarsche
F Percopsidae Barschlachse
O Batrachoidiformes Froschfischartige
F Batrachoididae Froschfische
O Gobiesociformes Schildbauchartige, Ansaugerartige
F Gobiesocidae Schildbäuche, Ansauger
O Lophiiformes Seeteufelartige, Armflosser
F Lophiidae Seeteufel
F Antennariidae Fühlerfische, Anglerfische, Krötenfische
F Ogcocephalidae Seefledermäuse
UO Ceratioidei Tiefseeanglerverwandte
O Gadiformes Dorschartige
F Muraenolepididae Aaldorsche
F Gadidae Dorsche
F Ophidiidae Bartmännchen
F Carapidae Eingeweidefische, Nadelfische
F Zoarcidae Aalmuttern
F Macrouridae Grenadierfische, Tiefseelangschwänze
ÜO Atherinomorpha Ährenfischähnliche
O Atheriniformes Ährenfischartige
UO Exocoetoidei Flugfischverwandte
F **Exocoetidae** Fliegende Fische
F **Belonidae** Hornhechte
F Scomberesocidae Makrelenhechte
UO Cyprinodontoidei Zahnkarpfenverwandte
F **Adrianichthyidae** Schaufelkärpflinge
F **Horaichthyidae** Glaskärpflinge, Eierlegende Zahnkarpfen
F **Cyprinodontidae** Eierlegende Zahnkarpfen
F **Oryziatidae** Reiskärpflinge
F **Goodeidae** Hochlandkärpflinge
F **Anablepidae** Vieraugen
F **Jenynsiidae** Linienkärpflinge
F **Poeciliidae** Lebendgebärende Zahnkarpfen
UO Atherinoidei Ährenfischverwandte
F **Melanotaeniidae** Regenbogenfische
F **Atherinidae** Ährenfische
F **Phallostethidae** Kehlphallusfische
ÜO Acanthopterygii Stachelflosser
O Beryciformes Schleimkopfartige
F Berycidae Schleimköpfe
F Monocentridae Tannenzapfenfische
F Anomalopidae Laternenfische
F Holocentridae Soldatenfische
O Zeiformes Petersfischartige
F Zeidae Petersfische
F Caproidae Eberfische
O Lampridiformes Glanzfischartige
F Lampridae Glanzfische
F Lophotidae Schopffische
F Trachipteridae Sensenfische
F Regalecidae Riemenfische, Bandfische
O Gasterosteiformes Stichlingsartige
UO Gasterosteoidei Stichlingsverwandte
F **Gasterosteidae** Stichlinge
F Aulorhynchidae Pazifische Stichlinge
UO Aulostomoidei Trompetenfischverwandte
F Aulostomidae Trompetenfische
F Fistulariidae Flötenmäuler
F Macrorhamphosidae Schnepfenfische
F Centriscidae Schnepfenmesserfische
UO Syngnathoidei Seenadelverwandte
F Solenostomidae Röhrenmäuler
F **Syngnathidae** Seenadeln, Seepferdchen
O Channiformes Schlangenkopfartige
F **Channidae** Schlangenköpfe
O Synbranchiformes Sumpfaalartige, Kiemenschlitzaalartige
F **Synbranchidae** Sumpfaale
F **Amphipnoidae** Kiemenschlitzaale
O Scorpaeniformes Drachenkopfartige, Skorpionfischartige
UO Scorpaenoidei Drachenkopfverwandte
F Scorpaenidae Drachenköpfe, Skorpionfische
F Triglidae Knurrhähne
F Caracanthidae Pelzgroppen
F Synancejidae Steinfische
UO Cottoidei Groppenverwandte
F **Cottidae** Groppen
F Agonidae Panzergroppen
F Cyclopteridae Seehasen
O Dactylopteriformes Flughahnartige, Flatterfische
F Dactylopteridae Flughähne
O Pegasiformes Pegasusfischartige
F Pegasidae Pegasusfische
O Perciformes Barschartige
UO Percoidei Barschverwandte
F **Centropomidae** Glasbarsche
F **Theraponidae** Tigerfische
F Kuhliidae Kuhlien
F **Centrarchidae** Sonnenbarsche, Sonnenfische
F Priacanthidae Großaugenbarsche
F Apogonidae Kardinalfische
F **Percidae** Echte Barsche
F Pomatomidae Blaubarsche
F Echeneidae Schiffshalter
F Carangidae Stachelmakrelen
F Coryphaenidae Goldmakrelen
F Leiognathidae Schlupfmäuler
F Lutjanidae Schnapper
F **Lobotidae** Dreischwanzbarsche
F Gerridae Mojarras
F Pomadasyidae Süßlippen
F Sparidae Meerbrassen
F Sciaenidae Umberfische
F Mullidae Meerbarben
F **Monodactylidae** Flossenblätter
F **Toxotidae** Schützenfische
F Kyphosidae Steuerbarsche
F Ephippidae Spatenfische
F **Scatophagidae** Argusfische
F Chaetodontidae Borstenzähner
F **Nandidae** Nanderbarsche
F Embiotocidae Brandungsbarsche
F **Cichlidae** Buntbarsche
F Pomacentridae Korallenbarsche
F Cirrhitidae Büschelbarsche
UO Mugiloidei Meeräschenverwandte
F **Mugilidae** Meeräschen
UO Sphyraenoidei Barrakudaverwandte
F Sphyraenidae Barrakudas
UO Polynemoidei Federflossenverwandte

UO Labroidei Lippfischverwandte
F Labridae Lippfische
F Scaridae Papageifische
UO Trachinoidei Drachenfischverwandte
F Trichodontidae Sandfische
F Opisthognathidae Kieferfische
F Trachinidae Drachenfische
F Trichonotidae Sandtaucher
F Dactyloscopidae Sternengucker
F Uranoscopidae Himmelsgucker
UO Notothenioidei Antarktisfischverwandte
F Channicthyidae Eisfische
UO Blennioidei Schleimfischverwandte
F Blenniidae Schuppenlose Schleimfische
F Anarrhichadidae Seewölfe
F Clinidae Beschuppte Schleimfische
F Stichaeidae Stachelrücken
F Pholididae Butterfische
UO Ammodytoidei Sandaalverwandte
F Ammodytidae Sandaale
UO Callionymoidei Leierfischverwandte, Spinnenbarsche
F Callionymidae Leierfische
UO Gobioidei Grundelverwandte
F **Gobiidae** Grundeln
F Gobioididae Aalgrundeln
UO Acanthuroidei Doktorfischverwandte
F Acanthuridae Doktorfische
F Siganidae Kaninchenfische
UO Scombroidei Makrelenverwandte
F Gempylidae Schlangenmakrelen
F Trichiuridae Haarschwänze
F Scombridae Makrelen
F Xiphiidae Schwertfische
F Istiophoridae Fächerfische
UO Stromateoidei Erntefischverwandte, Quallenfischverwandte
UO Anabantoidei Kletterfischverwandte
F **Anabantidae** Kletterfische
F **Belontiidae** Bettas
F **Helostomatidae** Buckelmäuler
F **Osphronemidae** Fadenfische
UO Luciocephaloidei Hechtkopfverwandte
F **Luciocephalidae** Hechtköpfe
UO Mastacembeloidei Stachelaalverwandte
F **Mastacembelidae** Stachelaale
O **Pleuronectiformes** Schollenartige, Plattfische
F Bothidae Butten
F Pleuronectidae Schollen
F Soleidae Zungen
F Cynoglossidae Hundszungen
O Tetraodontiformes Kugelfischartige
F Triacanthidae Dreistachler
F Balistidae Drückerfische, Feilenfische
F Ostraciontidae Kofferfische
F **Tetraodontidae** Kugelfische
F Triodontidae Bauchsackkugelfische
F Diodontidae Igelfische
F Molidae Klumpfische
UKl Sarcopterygia Muskelflosser
ÜO Dipnoi Lungenfische
O Ceratodiformes Lurchfischartige
F **Ceratodidae** Lurchfische, Australische Lungenfische
F **Protopteridae** Afrikanische Lungenfische
F **Lepidosirenidae** Molchfische, Südamerikanische Lungenfische
ÜO Crossopterygii Quastenflosser
O Coelacanthiformes Hohlstachlerartige
F Coelacanthidae Hohlstachler

Beschreibung der Familien, Gattungen und Arten

Familie Petromyzonidae
Neunaugen

Die biologisch interessantesten Fische, oder richtiger Fischähnlichen, unserer Gewässer sind die Neunaugen (Petromyzonidae), die Lampreten, wie sie mancherorts genannt werden. Vor 30–40 Jahren gehörten diese Tiere noch zu den häufigen Bewohnern unserer Bäche und Flüsse, heute versucht man die geringen Bestände, die sich hier und da noch erhalten haben, durch besondere Bestimmungen zu schützen. Abwässer und Bachregulierungen haben hier eine ganze Tiergruppe so weit ausgerottet, daß selbst Fachzoologen kaum noch lebende Neunaugen zu Gesicht bekommen. Über die Verbreitung siehe Abb. 10. Der Lebenslauf der Neunaugen besteht aus den deutlich getrennten Abschnitten: Embryonalzeit – Larvenzeit – Metamorphose – Freßperiode – Fortpflanzungszeit. Am besten sind diese Perioden beim Flußneunauge abgegrenzt. Aus dem befruchteten, hirsekorngroßen, gelblichen Flußneunaugen-Ei entwickelt sich ein retortenförmiger Embryo, der nach 18–21 Tagen die Eihülle verläßt und sich in kurzer Zeit zur typischen Larve, dem Querder, umbildet (Taf. 33). Der Querder ist aalförmig gestaltet und lehmgelb gefärbt, oberseits oft braun marmoriert. Der unterständige, von Lappen umgebene Mund führt über die Mundhöhle in den Kiemendarm, der beiderseits sieben lochförmige Kiemenspalten aufweist, durch die das aufgenommene Wasser wieder ausgeleitet wird. Die Kiemen selbst liegen gleichsam filterartig vor den Kiemenöffnungen und halten so alle Kleinstlebewesen zurück, die mit dem Wasserstrom eingesaugt werden. Diese kleinen Nahrungsteilchen werden angereichert und gelangen schließlich in den Darm. Die Neunaugenlarve ist demnach ein Filterer, das heißt ein Tier, das seine Nahrung aus dem Wasser filtert. Die Larvenzeit währt nicht ganz vier Jahre, in dieser Zeit leben die Tiere versteckt in selbstgebauten Schlammröhren, die sie nur selten verlassen. Im vierten Entwicklungsjahr sind die blin-

Abb. 10 Verbreitungsgebiet der Petromyzonidae

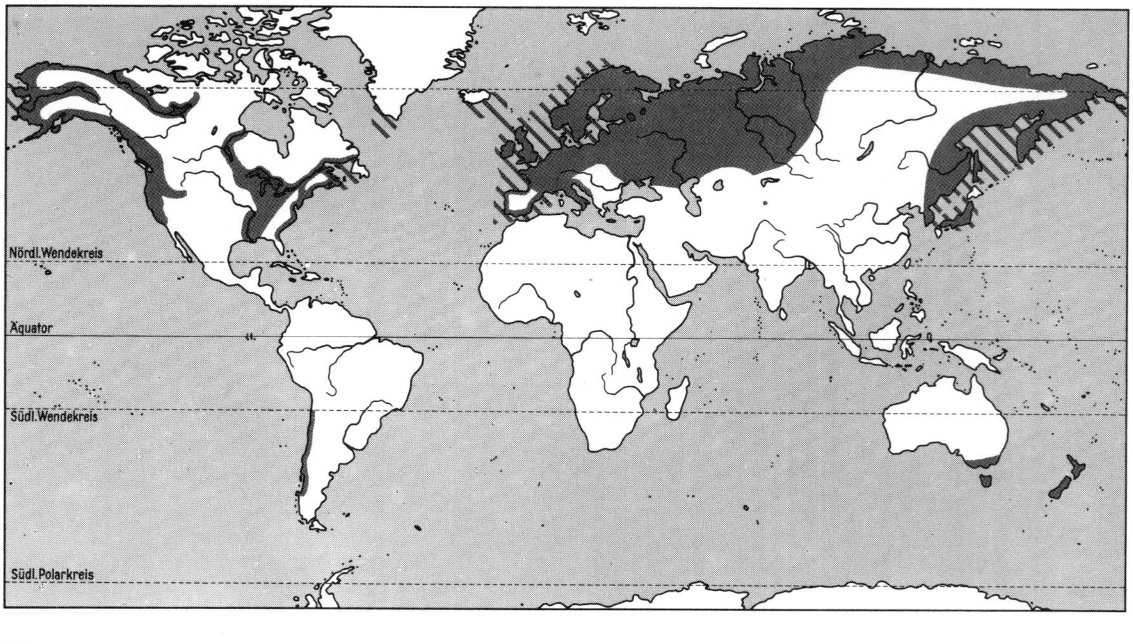

den Larven etwa 15 cm groß und nehmen nun in den Monaten August bis September ihre endgültige Gestalt an. Zunächst tritt das große silbrige Auge an die Oberfläche des Körpers, aus dem einheitlichen, vom Rücken bis zum After reichenden, von Knorpelstäbchen gestützten Flossensaum bilden sich zwei Rükkenflossen und eine Schwanzflosse, das Filtersystem im Kiemendarm wird aufgelöst, der Mund zum Saugmaul umgebildet und mit spitzen Hornzähnen ausgerüstet (Abb. 12), die Bauchhaut strahlend silberweiß (Taf. 33). Die Tiere verlassen jetzt den Schlamm und wandern dem Meere zu, um in den Küstenzonen Jagd auf Fische zu machen, das heißt, das fertige Tier ist im Gegensatz zur Larve ein Raubtier. Die Neunaugen überfallen hauptsächlich Finte und Dorsch, aber auch Heringe und Lachsfische. Sie saugen sich an ihren Beutetieren fest und raspeln mit ihrer nach Art eines Fräsers arbeitenden Zunge Löcher in die Muskulatur und saugen dann Blut und Muskelbrei. Bei so kräftiger Nahrung wachsen die Tiere schnell und sind nach 1–2 Jahren bereits 30–50 cm lang. Dann aber erlischt ihre Freßgier, und sie stellen schließlich jede Nahrungsaufnahme ein. Mit dem einbrechenden Herbst beginnen die Flußneunaugen ihre Laichwanderung, die sie wieder in die Bäche ihrer Herkunft zurückführt. Hier verharren sie zunächst ohne zu fressen bis zum April oder Mai des folgenden Jahres, um sich dann in einer vieltägigen Laichperiode zu paaren. Das ♂ saugt sich dazu am Kopf des ♀ fest und umfaßt mit der Schwanzregion blitzschnell dessen Körper. Die so gebildete Schlinge gleitet nach hinten und übt dabei einen Druck auf die mit Eiern prall gefüllte Leibeshöhle aus. Die austretenden Eier werden sofort besamt und durch heftige Schwanzschläge unter den Sand gewirbelt (Abb. 11). Kurz nach dem Laichgeschäft gehen die völlig erschöpften Tiere zugrunde.

Neben dem Flußneunauge kommt bei uns das Bachneunauge vor, dessen Larvenzeit sich durch nichts von der Larvenzeit des Flußneunauges unterscheidet. Dagegen fällt beim Bachneunauge die Freßperiode weg, auf die Metamorphose folgt im kommenden Frühjahr die Fortpflanzung. Von Beginn der Metamorphose an bis zum Tod nehmen diese Tiere keine Nahrung auf, sondern leben nur von den Substanzen, die von der Larve gespeichert wurden.

Weitere Besonderheiten der Neunaugen sind die unpaare Nase, der knorpelige Schädel, der nur Gehirn und Sinnesorgane einschließt, dagegen keine Stützelemente, zum Beispiel echte Kiefer für das runde Saugmaul, bildet. Die Systematik stellt deshalb die Neunaugen zu den Agnatha (Kieferlose), der vergleichende Anatom spricht von Hemicraniota (Halbschädler) und deutet damit an, daß die Gesichtshälfte des Schädels fehlt. Die eigentümliche Bezeichnung Neunauge geht auf ein Mißverständnis früherer Beobachter zurück, die auch die Nasenöffnung sowie die sieben runden Kiemenspalten als Augen ansahen (Nase + Auge + 7 Kiemenspalten = 9).

Besonderes Interesse widmet dieser Tiergruppe die vergleichende Anatomie und Physiologie. Die sehr primitive Organisation vor allem der Neunaugenlarven ermöglicht Rückschlüsse auf die ursprüngliche Struktur und Funktion vieler Organsysteme höherer Wirbeltiere.

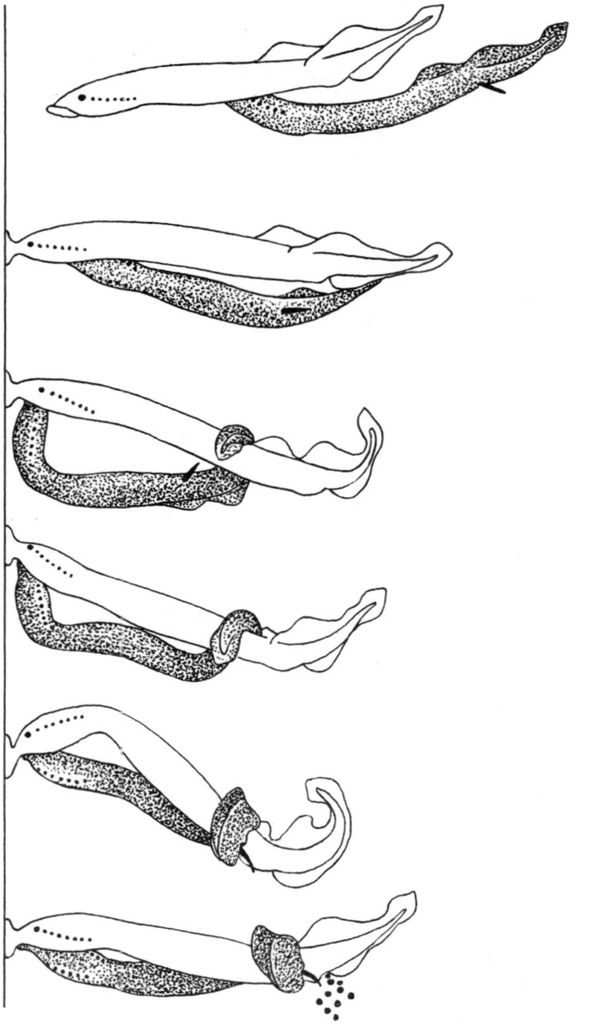

Abb. 11 Paarung der Neunaugen (♀ hell, ♂ punktiert). Das ♂ bildet eine Ringschlinge um den Körper des ♀, die nach hinten gleitet und dadurch die Eier abstreift.

Im gut durchlüfteten Kaltwasseraquarium lassen sich zumindest die Larven des Bachneunauges gut pflegen, wenn eine genügend dicke, feinkörnige Sandschicht den Tieren die Möglichkeit gibt, sich einzubuddeln. Gefüttert wird mit feinstem Staubfutter, eingeweichtem Brennesselmehl oder Trockenfutter, das fein gerieben und mit Wasser aufgeschwemmt wird. Tiere nach der Metamorphose sind sehr sauerstoffbedürftig und deshalb schwierig zu pflegen. Für experimentelle Arbeiten wird der Einbau einer Kreiselpumpe empfohlen, die eine kräftige Wasserzirkulation gewährleistet. Unter besonders günstigen Bedingungen laichen die Tiere auch im Heimataquarium ab.

Flußneunaugen, in Aspik, in Öl eingelegt oder geräuchert, gelten als große Delikatesse.

Gattung *Lampetra* GRAY, 1851

Die Gattung ist vor allem durch Besonderheiten der Bezahnung des runden Saugmundes charakterisiert (Abb. 12). Supraorbitalplatte bogenförmig breit, an jeder Seite mit einem endständigen Zahn. Seitliche äußere Lippenzähne fehlen.

Lampetra fluviatilis
(LINNAEUS, 1758)
Flußneunauge, Lamprete

An den Küsten Europas, mit Ausnahme von Südosteuropa; die Larven (Querder) leben wie die Bachneunaugen in kiesigen, leicht schlammigen Bächen Europas; bis 50 cm.
Die Larven (bis 20 cm) sind von den Larven der Bachneunaugen nicht zu unterscheiden. Erwachsene Tiere oberseits blaugrau, unterseits zart gelblichsilbern bis silbern. Von der nachfolgenden Art nur durch die Größe und biologische Faktoren zu unterscheiden. So wandert das Flußneunauge nach der Metamorphose in das Meer ab und lebt räuberisch von Fischfleisch und Fischblut. Die dazu ausgebildete spitze Zahngeneration wird bei der Laichwanderung flußaufwärts wieder abgestoßen und durch eine stumpfe zweite Zahngeneration ersetzt.
Biologie und Pflege siehe Familienbeschreibung.

Lampetra planeri (Taf. 1 und 33)
(BLOCH, 1784)
Bachneunauge, Bachpricke

Stationäre Süßwasserform; West- und Mitteleuropa in den Bächen und Oberläufen der Flüsse; südlich bis Unteritalien, fehlt auf dem Balkan und in Osteuropa; bis 19 cm, meist um 15 cm.
Larve: aalartig, ohne Saugmund und ohne Augen, Flossensaum einheitlich. Oberseits bräunlich, oft dunkler marmoriert, unterseits gelblich, in der Regel lehmgelb. Erwachsene Tiere: Aalartig gestreckt, mit großem Saugmund und großen silbrigen Augen; der Flossensaum erhebt sich zu zwei deutlichen, hintereinanderliegenden Rückenflossen. Oberseits olivbraun bis blaugrau, unterseits prächtig silbern.
Die Art unterscheidet sich von der vorhergehenden im Larvenstadium nicht. Die früher für die Geschlechtstiere angegebenen Unterscheidungsmerkmale bestehen zum großen Teil nicht zu Recht oder gelten nur zu ganz bestimmten Zeiten des Lebensablaufes. Typisch für *L. planeri* ist allein die geringe Größe der Geschlechtstiere (meist 15 cm), die fehlende erste, spitze Zahngeneration und vor allem die fehlende Freßperiode. Die Speiseröhre ist nach der Metamorphose teilweise gewebig verschlossen.
Biologie und Pflege siehe Familienbeschreibung.
Außerdem ist in den nordeuropäischen Meeren das Meerneunauge *Petromyzon marinus* LINNAEUS, 1758, beheimatet, dessen Querder in den Unterläufen der Flüsse leben. Die Art ist selten.

Abb. 12 Scheibenförmiges, mit Hornzähnen besetztes Saugmaul des Flußneunauges (*Lampetra fluviatilis*). Im Zentrum die als Fräser funktionierende Zunge

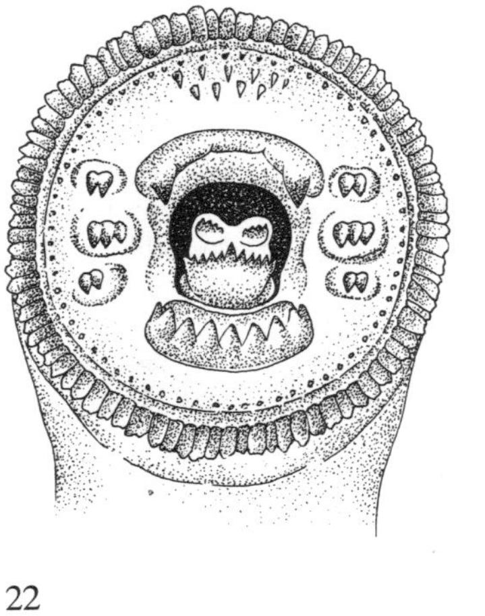

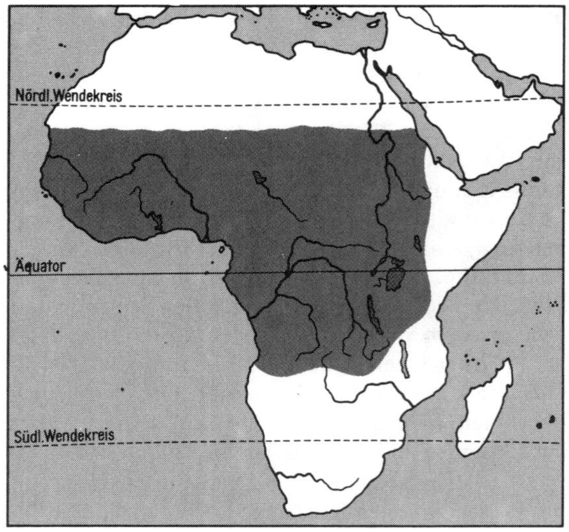

Abb. 13 Verbreitungsgebiet der Polypteridae

Familie Polypteridae
Flösselhechte

Ausschließlich im tropischen Afrika beheimatete Fische von langgestreckter, seltener schlangenähnlicher Gestalt (Abb. 13). D stets aus zahlreichen, einzeln hintereinanderstehenden Flösseln zusammengesetzt, die aufrecht getragen oder auch umgelegt werden können. Eine weitere auffällige Eigenart sind die fächerartigen, gleichsam gestielten Pn, die beim Schwimmen als Antriebsorgane, beim Ruhen zum Aufstützen des oft erhobenen Vorderkörpers dienen. Kopf breit, Maul groß, Nase mit röhrenförmigen Außenteilen, Haut mit rhombenförmigen, harten, glänzenden Schuppen (Ganoinschuppen) besetzt. Von den anatomischen Besonderheiten dieser Fische, die viele altertümliche Merkmale aufweisen, sei hier nur die Schwimmblase erwähnt. Sie besteht aus einem kleinen linken und einem großen rechten Sack, beide Teile liegen wie die Lunge bauchwärts von der Speiseröhre und sind durch einen gemeinsamen Gang mit dieser verbunden (Abb. 14). Der in seiner ganzen Organisation an eine primitive Lunge erinnernde Apparat dient den Flösselhechten als zusätzliches Atmungsorgan und zeigt, wie entwicklungsgeschichtlich die Lunge der höheren Wirbeltiere entstanden sein kann. Flösselhechte, die am Luftholen gehindert werden, gehen nach kurzer Zeit ein, obgleich auch die Kiemen noch voll funktionsfähig sind. Die Flösselhechte gehören zu den hochinteressanten Studienobjekten der vergleichenden Anatomie und Stammesgeschichte. Geschlechtsunterschiede sind nicht sicher bekannt.

In ihren Heimatgebieten kommen die Tiere hauptsächlich in den bewachsenen Ufergebieten und Überschwemmungszonen der Flüsse vor. Tagsüber verborgen auf dem Grund ruhend, gehen sie nachts auf Nahrungsfang. Die Beutetiere, unter anderem Würmer, Insektenlarven, Krebse, kleine Fische, werden nach Molchart erbeutet, das heißt, die Beute wird angeschlichen, ruckartig erfaßt und unzerkaut geschluckt.

Die Balz soll durch Sprünge aus dem Wasser eingeleitet werden. Später hetzen beide Partner, eng aneinandergeschmiegt, durch das Wasser, oder das ♂ schwimmt an dem ruhenden ♀ entlang, wobei dieses entweder mit dem Maul leicht gestupst oder mit der zu dieser Zeit angeschwollenen und gefalteten Afterflosse in charakteristischer Weise gestreift wird (nach BUDGETT). Aquarienbeobachtungen liegen von *Polypterus senegalus* (J. ARNOULT: Acta Zoologica 44, 1–9, 1944) und *Polypterus ornatipinnis* vor (siehe dort). Die Jungtiere sind Larven, die bäumchenförmige äußere Kiemen besitzen und in ihrem ganzen Aussehen an Molchlarven erinnern (Abb. 15).

Verschiedene Flösselhechte wurden mit Erfolg sowohl in Großaquarien als auch in Liebhaberbecken gepflegt. Im allgemeinen erweisen sich die Tiere als sehr widerstandsfähig, ausdauernd und hart gegen Temperaturschwankungen. Wichtig für das Wohlbefinden sind vor allem gute Versteckmöglichkeiten wie Steinhöhlen und Wurzelwerk. Dies gilt besonders dort, wo mehrere Tiere vergesellschaftet werden sollen. Bei geeigneter Unterbringung können die zunächst scheuen Flösselhechte sehr zutraulich werden, sie verlassen dann meist in den Abendstunden ihre Verstecke und suchen die Futterstellen auf. Dabei zeigen sie ein für Fische recht ungewöhnliches Verhalten. Wie Salamander auf nächtlicher Nahrungssuche schieben sie sich ein Stück vorwärts, verharren, heben leicht den Kopf, orientieren sich, wittern, es kann geraume Zeit dauern, bis das nächste Wegstück zurückgelegt wird. An die Wasserqualität stellen die Flösselhechte wahrscheinlich keine besonderen Ansprüche, jedoch wird sich ein nicht zu hartes Wasser am besten eignen. Temperatur je nach Herkunft 22 bis 28 °C. Größeres Lebendfutter wird im allgemeinen willig angenommen, z. B. Regenwürmer, Tubifex, Fliegenmaden, rote Mückenlarven (*Chironomus*), gelegentlich auch Fleisch und kleine Frösche, vor allem aber Mehlwürmer. Wachstum ziemlich langsam. Gegen andere, nicht zu kleine Fische sind Flösselhechte meistens friedlich, untereinander gelegentlich bissig, wenn ausreichende Versteckmöglichkeiten fehlen. Hochinteressante, sehr empfehlenswerte Schauobjekte für zoologische Gärten.

Abb. 14 Zweilappige unsymmetrische Lunge von *Polypterus*. Ansicht von der Bauchseite. Unter der Lunge der Vorderarm, beide sind durch eine Öffnung verbunden.

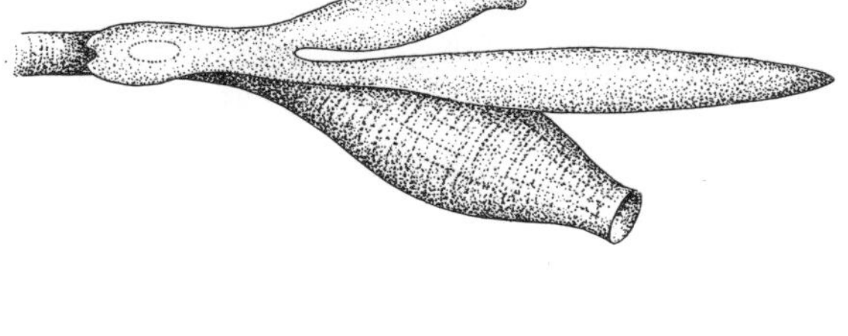

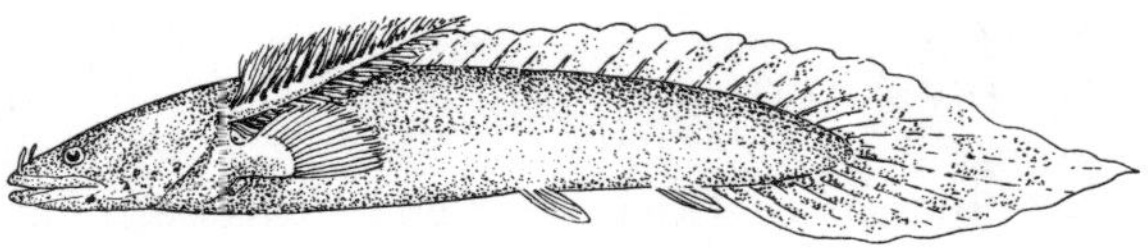

Abb. 15 Larve von *Polypterus* mit äußeren Kiemen

Gattung *Calamoichthys* L. A. SMITH, 1865

Bauchflossen fehlen.

Calamoichthys calabaricus (Taf. 33)
SMITH, 1865
Flösselaal

Nigerdelta, Kamerun, Chiloongo; bis 90 cm.
D 7–13, meist 8–9 Stacheln (Flössel); A 9–14; mLR 100–114. Körper aalartig, seitlich nicht abgeflacht, die meist angelegt getragenen Flössel stehen weit voneinander entfernt, Vn fehlen vollständig. Oberseite intensiv olivgrün, seitlich mehr weißgrün. Unterseite gelb. P mit großem schwarzem Fleck. Die Geschlechter sind angeblich an der Zahl der A-Strahlen zu unterscheiden, und zwar sollen die ♀♀ 9–12, die ♂♂ 12–14 Strahlen aufweisen.
Pflege siehe Familienbeschreibung; sehr ausdauernd und friedlich. Die Art bewegt sich recht schnell schlängelnd durch das Wasser, meist dicht über dem Boden. Die Pn werden dabei nach Art von Paddeln bewegt. *Calamoichthys* kommt von Zeit zu Zeit an die Oberfläche, um Luft zu holen. Ausgesprochene Nachttiere, die vorwiegend Krebse und Insekten fressen. Die Art kann angeblich streckenweise über das Land kriechen, um bei Trockenheit in tiefere Gewässer zu gelangen, Fortpflanzung unbekannt.

Gattung *Polypterus* GEOFFROY, 1802

Die Gattung besitzt im Gegensatz zu der Gattung *Calamoichthys* gut ausgebildete Bauchflossen.

Polypterus bichir (Abb. 16)
GEOFFROY, 1802

Nil, Turkanasee (Rudolfsee) und Tschadsee-Bekken; bis 70 cm.
D 14–18 Stacheln (Flössel); A 11–15; mLR 63–70. Körper gestreckt, seitlich wenig abgeflacht, fast walzenförmig. Die große Zahl der Flössel sowie der leicht vorspringende Unterkiefer sind für diese Art charakteristisch; die P endet angelegt in Höhe des 2. Flössels. Oberseits olivgrün, an den Körperseiten grau, ventral gelblich. Jungtiere mit 10–13 keilförmigen Querbinden und 2–3 Längsstreifen, mehrere dunkle Flecken bleiben auch bei älteren Tieren erhalten. Flossen farblos bis grau, P und V mit dunklen Querzeichnungen.
Pflege siehe Familienbeschreibung. Nach ARNOLD bissig und unverträglich.

Polypterus delhezi (Taf. 1)
BOULENGER, 1899

Oberer und mittlerer Kongo (Zaïre); bis 35 cm.
D 10–11 Stacheln (Flössel); A 11; mLR 56. Ähnlich gestaltet wie *P. bichir*, jedoch mit weniger Flösseln, Unter- und Oberkiefer liegen in gleicher Höhe, oder der Unterkiefer ist etwas kürzer. Die P endet angelegt noch vor dem 1. Flössel. Gelbbraun mit 6–7 sehr unregelmäßigen, jedoch kräftig hervortretenden Querbinden, die vom Rücken bis zur Seitenmitte reichen. Bei schönen Tieren sind diese Zeichnungen hell gesäumt, zwischen und unterhalb der Binden einzelne schwarze Tupfen und Flecke. Bauch weiß. Flossen gelblich, teilweise mit dunklen Querzeichnungen. Sehr prächtige Art.
Pflege siehe Familienbeschreibung. Sowohl Jungtiere als auch erwachsene Tiere sind untereinander meist recht unverträglich.

Polypterus ornatipinnis (Taf. 1)
BOULENGER, 1902

Oberer und mittlerer Kongo (Zaïre); bis 37 cm.
D 10–11 Stacheln (Flössel); A 15; mLR 62–63. Ähnlich gestaltet wie *P. bichir*, jedoch gestreckter, seitlich etwas mehr zusammengedrückt. Die Schnauze überragt den Unterkiefer nur wenig, die P endet angelegt sehr weit vor dem 1. Flössel. Rücken und Körperseiten unregelmäßig dunkel genetzt, Zwischenräume weiß oder grau, auf dem Schwanzstiel auch gelb. Ein feineres Maschenwerk auch auf dem Kopf. Unterseite gelblich. D prächtig weiß, schwarz getupft, paarige Flossen mit schöner schwarzer Querbindenzeichnung auf hellem bis kräftig gelbem Grund. Sehr schöne Art. A des ♂ größer, Kopf des ♀ breiter, auch soll dessen Zeichnung und Färbung verwaschener sein. W. ARMBRUST beschreibt eine gelungene Zucht (DATZ 19, 2–5, 1966). Das ♂ leitet die Balz mit seitlichen Ruckbewegungen des Kopfes und heftigem Spreizen der Flössel ein. Das Kopfrukken wird immer stärker, schließlich stößt das neben dem ♀ liegende ♂ mit seinem Kopf an die Kopfunterseite des ♀. Das ♂ schwimmt immer wieder voraus in das Pflanzendickicht, das ♀ folgt nur zögernd. Beim Ablaichen schiebt das neben dem relativ passiven ♀ liegende ♂ seine tütenförmig verformte A unter das ♀. Die Eier werden anscheinend einfach ausgestoßen. Die Jungfische schlüpfen nach vier Tagen (28 °C).
Pflege siehe Familienbeschreibung.

Polypterus palmas (Taf. 33)
AYRES, 1850

Sierra Leone, Liberia, Kongo (Zaïre); bis 30 cm.
D 5–9 Stacheln (Flössel); A 12–15; mLR 52–56. Diese Art ist vor allem durch die geringe Anzahl der Flössel und den etwas zurückstehenden Unterkiefer gekennzeichnet, die P endet angelegt sehr weit vor dem 1. Flössel. Oberseits grau bis graugrün, Körperseiten etwas heller, bei Jungtieren mit zahlreichen unregelmäßigen dunklen Binden oder schachbrettartig angeordneten Flecken, die auf dem Schwanzstiel mit hellen bis gelblichen Feldern abwechseln können. Die Zeichnung kann mit zunehmendem Alter völlig verschwinden. Unterseite gelblich. Flossen mehr oder weniger dunkel gekennzeichnet, an dem Stiel (Muskelstiel) der P befindet sich ein mehr oder weniger deutlicher schwarzer Fleck.
Pflege siehe Familienbeschreibung.

Polypterus weeksi (Taf. 1)
BOULENGER, 1898

Shaba (Katanga), oberer Kongo (Zaïre); bis 40 cm.
D 9–10 Stacheln (Flössel); A 10–11; mLR 60–65. Körper im Gegensatz zu anderen *Polypterus*-Arten seitlich ziemlich stark abgeflacht, die Schnauze überragt leicht den Unterkiefer, die P endet angelegt weit vor dem 1. Flössel. Oberseits olivgrün bis grau, Bauch gelblich. An den Körperseiten zahlreiche unregelmäßige dunkle Querbinden, für die charakteristisch ist, daß sie sich teilen. Flossen schwärzlich ge-

Abb. 16 *Polypterus bichir*, verkleinert

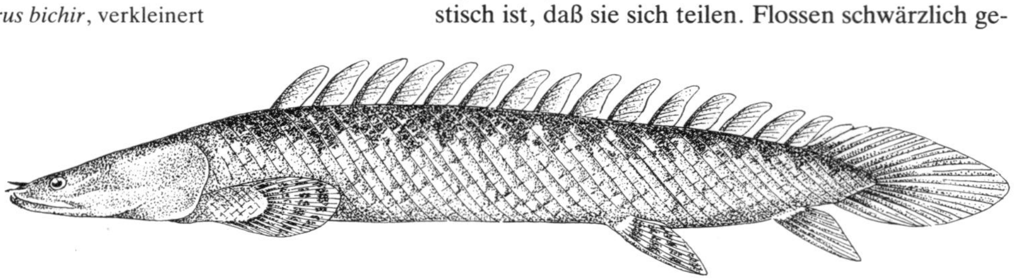

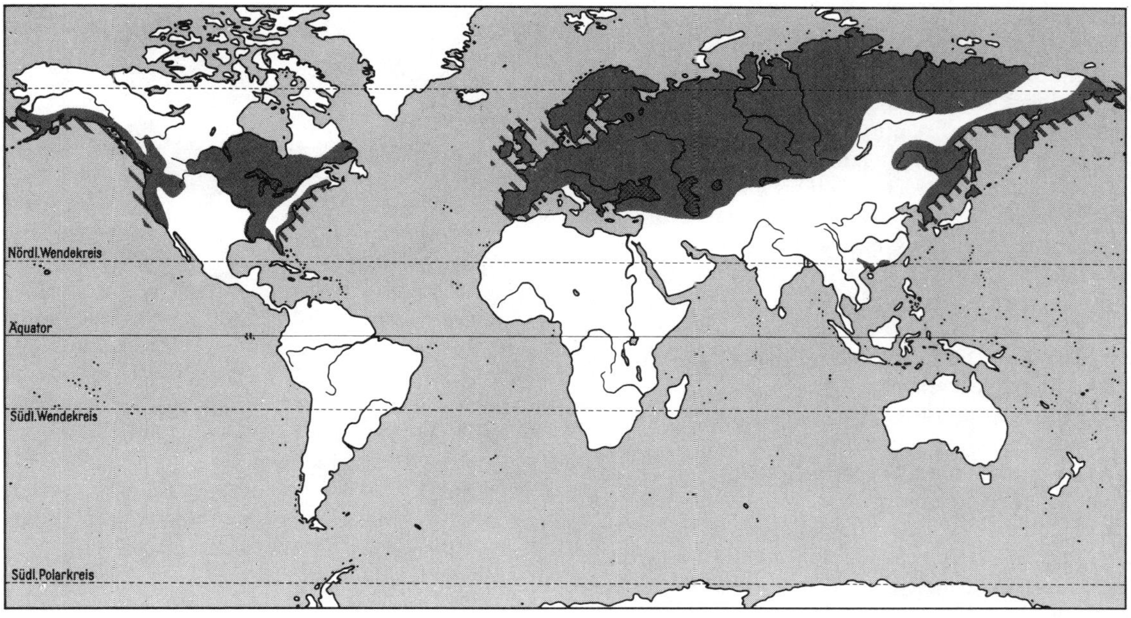

Abb. 17 Verbreitungsgebiet der Acipenseridae

tüpfelt oder mit dunklen Querbinden; besonders auffällig ist bei Jungtieren der tiefschwarze Fleck auf jedem Flössel.
Pflege siehe Familienbeschreibung. Bissig.

Familie Acipenseridae
Störe

Die ausschließlich in der nördlichen gemäßigten Zone beheimateten Störe (Abb. 17) bestehen als wohlabgegrenzte Gruppe schon seit etwa 200 Mill. Jahren und haben bis heute verschiedene primitive Merkmale beibehalten, z. B. die heterozerke Schwanzflosse und das durchgängige Spritzloch. Dagegen ist die geringe Verknöcherung nicht als primitiv, sondern als Reduktion eines stark ausgebildeten Knochenskeletts anzusehen. Die Rückenseite (Chorda) bleibt erhalten. Wirbelkörper werden nicht gebildet.
Das charakteristische Erscheinungsbild der Störe ist vor allem durch die haifischähnliche Körperform, das Rostrum, sowie fünf Reihen großer, in die nackte Haut des Rumpfes eingelassener Knochenplatten bedingt. Das unterständige Maul ist rüsselartig vorstreckbar, vor dem Maul sitzen vier Tastfäden (Abb. 18). Aber auch zahlreiche Besonderheiten der inneren Organe deuten darauf hin, daß die Störe auf einem relativ ursprünglichen Organisationsniveau stehen. Die Störe sind gefräßige Grundfische, die im freien Meer, in den Brackwasserzonen oder in großen Binnenseen leben und von hier aus die Flüsse aufsteigen, einige Arten, wie der Sterlet, sind fast reine Flußfische geworden. Sie ernähren sich in der Jugend vorwiegend von Schnecken, Muscheln, Würmern und Krebsen, ältere Tiere sind Fischräuber. Alle Störe sind außerordentlich fruchtbar. Der Rogen fast aller Arten wird zu Kaviar verarbeitet, aus der großen Schwimmblase gewinnt man Fischleim, das Fleisch ist schmackhaft.
In den Schauaquarien Europas werden oft junge Sterlets, wesentlich seltener andere Störe oder gar Hausen, bzw. Löffelstöre (Taf. 2) gezeigt. Bekannte Gattungen: *Acipenser, Huso, Scaphirhynchus, Pseudoscaphirhynchus.*

Gattung *Acipenser* LINNAEUS, 1758

Die Knochenschilder der einzelnen Reihen vereinigen sich im Bereich des Schwanzstiels nicht zu einem einheitlichen Knochenmantel. Maul im Querschnitt rundlich, relativ klein, Tastfäden nicht abgeplattet, Schnauze mehr oder weniger zugespitzt.

Acipenser ruthenus (Taf. 35)
LINNAEUS, 1758
Sterlet

Im Schwarzen und Asowschen Meer sowie in den einmündenden Strömen, auch in den nördlichen Gebieten der Sowjetunion; bis 1 m.
Körper spindelförmig, Kopf mit sehr langer, etwas aufgebogener Schnauze, Kopfoberseite mit Knochenschildern bedeckt, Schilder in der Rückenmittellinie mit scharfer, nach hinten gerichteter Spitze, Seitenschilder sehr dicht stehend (60–70), vier Bartfäden mit kurzen Fransen, oberer Lappen der C länger

Abb. 18 Typus eines Störs

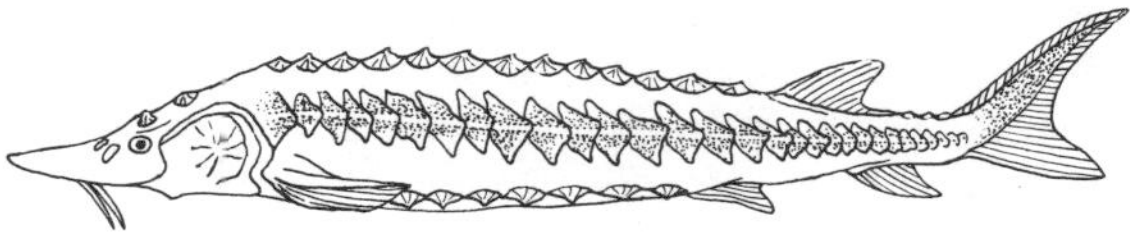

und spitzer als der untere, P mit sehr kräftigem 1. Stachel, Maul vorstreckbar. Rücken und Körperseiten rötlichbraun bis blaugrau. Unterseite hell, gelegentlich gelblich oder auch zart rötlich. Flossen dunkel mit hellem Saum, A oft vollkommen hell. Schilderreihen besonders bei jungen Tieren gelblich.
Der in der Donau gelegentlich bis Ulm aufsteigende Sterlet ist ein typischer Bodenfisch, der sich vor allem von Schnecken, Insekten, Würmern und anderem Kleingetier ernährt. Laichzeit Mai bis Juni. Die etwa 1,5 mm großen grauen Eier werden an tiefen, kiesigen Flußstrecken abgesetzt und kleben sofort am Untergrund fest. Die Jungtiere sind kaulquappenähnlich gestaltet und fast schwarz.
Die Pflege des Sterlets bereitet im allgemeinen keine besonderen Schwierigkeiten. Grundsätzlich eignen sich nur Becken mit sehr großer Bodenfläche, die den Tieren genügend Bewegungsraum gewähren. Kaum ein anderer Fisch ist so bewegungsfreudig wie der Sterlet, das Überraschende seiner Unrast ist jedoch die Ausgeglichenheit und Gleichförmigkeit der Bewegung – kein Herumjagen, fast keine Schreckreaktionen. Nahrung wird meist nur vom Bodengrund aufgenommen, am liebsten aus dem Bodengrund gewühlt. Wie allen Grundfischen soll dem Sterlet weicher Sand oder nicht zu grober Bachkies geboten werden. Auf alle Fälle vermeide man scharfen Kies oder überhaupt scharfkantige Einrichtungsgegenstände, da die Tiere sich leicht die vorgestreckte Schnauze verletzen. Wassertemperatur nicht über 18 °C. Viele Sterlets sind etwas wählerisch im Futter, nehmen jedoch bestimmte Futtermittel, die zunächst ausprobiert werden müssen, sehr willig. In Frage kommen: Regenwürmer, Mehlwürmer, Schnecken, rote Mückenlarven, Tubifex (nur für kleine Tiere), Fisch-, Rind- oder Pferdefleisch und schließlich kleine Fische. Jungtiere nehmen gern Enchyträen. Für Zimmeraquarien eignen sich nur ganz junge Tiere, die allerdings nicht leicht zu pflegen sind. Die Beobachtung junger Sterlets von 10–15 cm Länge gehört zu den schönsten Erlebnissen, die einem Ichthyologen geboten werden können. Wie kleine schwarze Ebenholzfiguren aus einer längst versunkenen Erdepoche schwimmen schon die Jungtiere unermüdlich ihre Straße. Die deutsche Bezeichnung Sterlet bezieht sich auf die kleinen Knochensternchen, die in die Haut des Tieres eingestreut sind.

Familie Amiidae
Kahlhechte, Schlammfische

Die einzige Art dieser Familie, *Amia calva*, ist gleichzeitig auch der einzige lebende Vertreter einer im Erdmittelalter, besonders in der Jura- und Kreidezeit, sehr stark verbreiteten, artenreichen Fischgruppe. Besonders interessant ist der Kahlhecht für die vergleichende Anatomie, da er trotz seiner für die Knochenfische typischen Erscheinung noch einige Organisationseigentümlichkeiten primitiver Fischgruppen zeigt. So liegt zwischen dem rechten und linken Unterkiefer eine große unpaare Knochenplatte (Gulare), die Rundschuppen besitzen einen dünnen Schmelzbelag (Ganoinschuppen). In Europa sind Vertreter der Familie nur aus dem Oberpaläozän Nordfrankreichs und Belgiens bekannt.

Abb. 19 Verbreitungsgebiet der Amiidae

Gattung *Amia* LINNAEUS, 1758

Einzige Gattung der Familie. Siehe Familienbeschreibung.

Amia calva (Taf. 34)
LINNAEUS, 1766
Kahlhecht, Amerikanischer Schlammfisch

Stromgebiet des Mississippi, Huron- und Eriesee; bis 60 cm.
D 42–53; A 10–12; mLR 65–70. Körper hechtartig gestreckt, seitlich mäßig abgeflacht, D sehr lang, C abgerundet. Die Schwimmblase dient besonders im Sommer als Atmungshilfsorgan, ihre Innenwand zeigt zahlreiche netzförmige Oberflächenvergrößerungen. Oberseits olivgrün, Bauchseite gelblich bis orangefarben, Körperseiten großflächig hell- und dunkelgrün marmoriert. Flossen mehr oder weniger bräunlich bis leuchtend grün, D mit zwei dunklen Längsstreifen, C-Basis der Männchen im oberen Teil mit rundem, schwarzem, gelb bis gelbrot umrandetem Fleck. Der räuberische Kahlhecht wird ab und zu in Großaquarien und auch in Freilandanlagen gepflegt. Er gilt in Europa als seltenes Schauobjekt. Im allgemeinen sind die Tiere wie unsere einheimischen Fische zu behandeln, das heißt, sie brauchen kühles Frischwasser (nicht unter 3 °C) und ständig leichte Durchströmung. Sehr gefräßig. Neben Fischen,

Krebsen, Fröschen, Schnecken und Regenwürmern wird auch Pferde- und Fischfleisch angenommen. Bei regelmäßiger Fütterung sehr ausdauernd. Besonders in wärmerem Wasser (bis etwa 15 °C) zeigt der Fisch seine recht ansprechende Färbung, unter solchen Bedingungen ist auch öfter das Aufnehmen atmosphärischer Luft zu beobachten. Beim Aufsteigen zur Wasseroberfläche dient die D mit schnellen wellenförmigen Bewegungen als Antriebsorgan. In seiner Heimat laicht der Kahlhecht in den Monaten Mai bis Juni. Die ♂♂ bauen dazu in dichten Wasserpflanzenbeständen ein schalenförmiges Nest aus Pflanzenteilen auf dem Bodengrund. Die nachts abgelegten Eier (20000–70000) und die nach 8–10 Tagen auskommenden Jungfische werden vom ♂ bewacht. Erst wenn die Jungen etwa 10 mm groß sind, erlischt der Brutpflegeinstinkt.
In Aquarien noch nicht nachgezüchtet. In Amerika regional Nutzfisch.

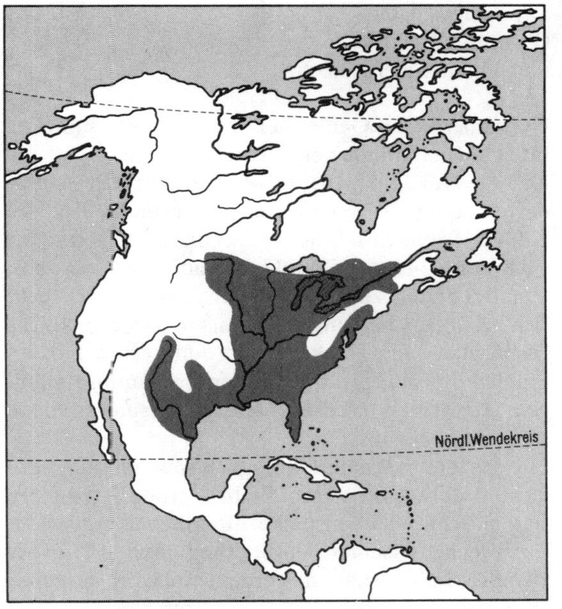

Abb. 20 Verbreitungsgebiet der Lepisosteidae

Familie Lepisosteidae
Knochenhechte, Kaimanfische

Die in Nord- und Zentralamerika beheimateten Knochenhechte (Abb. 20) deuten bereits durch die schlanke, hechtartige Gestalt und vor allem durch den festen, aus dichtgefügten Schmelzschuppen bestehenden Panzer ihre Sonderstellung an. Wie bei den Kahlhechten (siehe S. 26) handelt es sich auch hier um eine Fischgruppe, deren Blütezeit mit dem Erdmittelalter abschloß. Die heute noch vorkommenden Arten sind gleichsam lebendkonservierte Relikte. Charakteristisch für alle Knochenhechte sind weiterhin die stark bezahnten, mehr oder weniger schnabelartig ausgezogenen Kiefer, das Maul erinnert an das eines Kaimans. Als einzige Fischfamilie überhaupt haben die Kaimanfische Wirbel, die gelenkig miteinander verbunden sind, sowie ein funktionsfähiges Hinterhauptsgelenk, das Nickbewegungen des Kopfes gestattet. Die Schwimmblase dient als Hilfsatmungsorgan. Die einzelnen Arten gliedert man heute in Unterarten. Die Kaimanfische sind typische Raubfische, die ähnlich unseren einheimischen Hechten auf Beute lauern oder sich ganz ruhig anschleichen, um ruckartig zuzufassen. Gefressen werden fast ausschließlich kleinere Fische. In der warmen Jahreszeit kommen die Tiere vielfach an die Oberfläche des Gewässers, um die Luft der Schwimmblase zu erneuern (Hilfsatmung). Die langen Kiefer werden dabei weit aus dem Wasser gestreckt. Laichzeit März bis Mai. Die sehr klebrigen Eier haften am Bodengrund oder an Pflanzenteilen fest. Die schlüpfenden Larven hängen sich mit einem Stirnsaugnapf bis zur Aufzehrung des Dottersackes senkrecht auf. Wachstum schnell.

Gattung *Lepisosteus* LACÉPÈDE, 1803

Einzige Gattung der Familie. Siehe Familienbeschreibung. Sieben Arten.

Lepisosteus oculatus (Abb. 21)
WINCHELL, 1864

Nordamerika im Gebiet der Großen Seen sowie in den westlich und südlich davon gelegenen Flüssen; bis 60 cm.
D 7–9; A 7–9; mLR 55–63. Die Schnauze dieses klein bleibenden Knochenhechtes ist etwas länger als der restliche Kopfteil, selten gleichlang, C abgerundet. Oberseits olivgrün bis graubraun, Körperseiten heller, bauchseits weißlich, Schnauze, Körper und senkrechte Flossen mit großen, schwärzlichen, unregelmäßigen Flecken.
Pflege siehe bei *L. osseus*.

Abb. 21 *Lepisosteus oculatus*, stark verkleinert

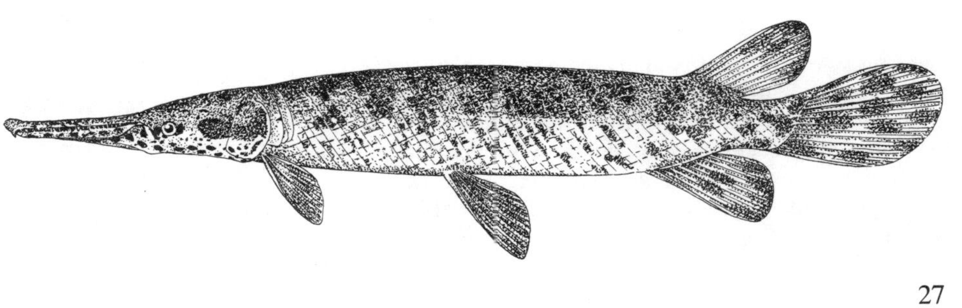

Lepisosteus osseus (Taf. 34)
(LINNAEUS, 1758)
Gemeiner Knochenhecht

Nordamerika im Gebiet der Großen Seen, südwärts bis zum Rio Grande del Norte; bis 150 cm.
D 7–8(–9); A 8–9(–10); mLR 52–66. Schnauze mindestens doppelt so lang wie der restliche Teil des Kopfes, C hinten schräg abgeschnitten. Olivgrau bis silbergrau, oberseits dunkler, Bauch oft reinweiß. Von der Schnauzenspitze bis zur C-Wurzel erstreckt sich besonders bei jungen Tieren ein unregelmäßiges Band oder eine Fleckenreihe. Senkrechte Flossen grünlich bis orangefarben mit großen, unregelmäßigen, schwarzen Flecken. Geschlechtsunterschiede sind nicht bekannt.
Für das Zimmeraquarium eignen sich nur Jungtiere dieses interessanten Raubfisches, große Exemplare sind prächtige Schaustücke öffentlicher Aquarien. Entsprechend seiner Verbreitung muß *L. osseus* ziemlich kühl gehalten werden, auch im Sommer möglichst nicht über 20 °C. Im allgemeinen sind die Tiere widerstandsfähig, ausdauernd und nicht wählerisch im Futter. Neben kleinen Fischen können vor allem Frösche und Regenwürmer, aber auch Rind- und Pferdefleischstückchen gefüttert werden. Sehr kleine Tiere nehmen auch Mehlwürmer, Wasserinsekten und Küchenschaben.
In Gefangenschaft noch nicht nachgezüchtet. Zwei Unterarten.

Lepisosteus tristoechus (Taf. 1, 34)
(BLOCH und SCHNEIDER, 1801)
Kaimanfisch

Südliche USA, Mexiko, Zentralamerika, Kuba; bis 3,5 m.
D 7–8; A 7–8; mLR 53–63. Schnauze höchstens ebenso lang wie der restliche Teil des Schädels. C abgerundet. Oberseits olivgrün, seitlich grünsilbern, Bauchseite weiß bis schwach gelblich. Jüngere Tiere zeigen besonders in der oberen Körperhälfte dunkle, rhombische, seltener runde Flecken sowie unregelmäßige, helldunkel marmorierte oder dunkelgefleckte Flossen. Alte Tiere fast einfarbig grünsilbern.
Pflege siehe bei *L. osseus*. Wärmebedürftiger, besonders Exemplare aus Zentralamerika sollen nicht unter 22 °C gehalten werden. Drei Unterarten.

Familie Anguillidae
Echte Aale

Schlangenartige Grundfische. Allen Arten fehlen die Bauchflossen. Durch Verschmelzung der unpaaren Flossen entsteht ein einheitlicher Flossensaum, der weit vorn am Rücken beginnt, um die Schwanzspitze biegt und sich nach vorn bis zum After erstreckt. Die Schuppen sind entweder klein, tief in die schwartige schleimige Haut eingebettet oder fehlen ganz. Die Arten verteilen sich auf die warmen und gemäßigten Zonen der Erde. Vorwiegend Meeresfische, einige wandern die Flüsse aufwärts. Die ältesten Fossilien stammen aus dem frühen Tertiär.

Gattung *Anguilla* SHAW, 1804

Schuppen sehr klein, in der Haut verborgen, Schwanzspitze allseitig von dem Flossensaum umgeben. Brustflossen vorhanden.

Anguilla anguilla (Taf. 35)
(LINNAEUS, 1758)
Gemeiner Aal, Europäischer Aal

Ganz Europa, Nordafrika; bis 150 cm.
Kopf je nach Ernährungsart breit mit tiefer Maulspalte (Breitkopfaal, Fischfresser) oder spitz mit kleiner Maulspalte (Spitzkopfaal, Kleintierfresser). Zu Beginn der Laichwanderung wird der Kopf aller Aale spitz. Der in den stehenden und fließenden Gewässern Europas lebende Aal verbleibt hier unter günstigen Lebensbedingungen 7–12 Jahre, um dann flußabwärts in das Meer zu wandern. Tiere, die unter besonders günstigen Verhältnissen heranwachsen, und die ♂♂ wandern früher. Zu Beginn der Wanderung wird die Nahrungsaufnahme eingestellt. Die gelbgraue Farbe verwandelt sich am Rücken in ein Olivgrün oder Dunkelbraun, am Bauch in ein glänzendes Silberweiß (Blankaal), die Augen werden groß, und gelegentlich vergrößern sich auch die Pn. Der Aal wandert täglich mit kleinen Unterbrechungen 10–15 km, bis er schließlich in das Meer gelangt und hier mit vielen seinesgleichen die weite Reise über den Ozean antritt. Alle europäischen Aale wandern westwärts, überqueren den Atlantischen Ozean und suchen das

Abb. 22 Entwicklungsstadien des Aales. Von oben nach unten: junger *Leptocephalus*, ausgewachsener *Leptocephalus*, Beginn der Umwandlung, Umwandlung fast abgeschlossen, Glasaal, Jungaal

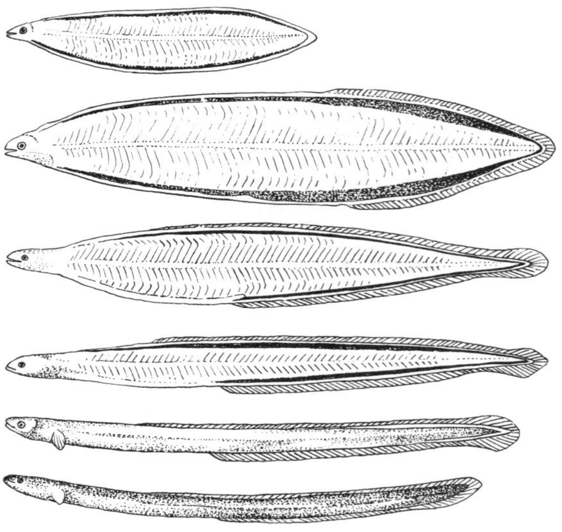

Sargasso-Meer auf (Teil des Atlantischen Ozeans östlich der Westindischen Inseln). Dort tauchen die Aale in große Tiefen hinab, um zu laichen. Wie dieses Laichgeschäft vor sich geht, ist bislang weitgehend unbekannt. Auf jeden Fall sterben ♂♂ und ♀♀ nach dem Laichgeschäft ab.

Die Larven sind den erwachsenen Aalen sehr unähnlich und werden Leptocephalen genannt (man hatte früher angenommen, daß sie eine besondere Art darstellen). Ihr Körper ist weidenblattförmig, durchsichtig. Ihre Herkunft und Verbreitung wurde vor allem von dänischen Wissenschaftlern unter Leitung von J. SCHMIDT bearbeitet. Man findet sie in 100–1000 m Tiefe im ganzen Golfstromgebiet. Die Leptocephalen, von denen der kleinste (6 mm) im Bereiche des Sargasso-Meeres gefangen wurde, wandern mit dem Golfstrom oder lassen sich von diesem treiben. Sie gelangen so nach etwa drei Jahren wieder an die Küsten Europas. Hier versammeln sich die jetzt 6–8 cm langen Tiere zu Millionen, verwandeln sich in den sogenannten Glasaal (Abb. 22) und beginnen dann, in die Flüsse aufzusteigen. Während der Umwandlung rundet sich der Körper zur typischen Aalform ab, er bleibt jedoch zunächst noch völlig durchsichtig. Die weiblichen Tiere wandern bis in die Oberläufe der Flüsse und von hier in die stehenden Gewässer. Die ♂♂ verbleiben meist in den Unterläufen. Jetzt beginnt die Mastperiode des Aales, in der er eine enorme Gefräßigkeit entwickelt. Trotzdem dauert es meist viele Jahre, bis er so viele Nährstoffe gespeichert hat, daß die Laichwanderung beginnen kann.

Neuerdings hat TUCKER (1959) eine neue Vorstellung über die Herkunft unserer Aale entwickelt. Er nimmt an, daß der Europäische Aal *(Anguilla anguilla)* und der Amerikanische Aal *(Anguilla rostrata)* identisch sind und alle nach Europa gelangenden Leptocephalen von den amerikanischen Aalen produziert werden. Unsere europäischen Aale gehen nach seiner Ansicht noch vor dem Ablaichen zugrunde.

Die Aale sind die widerstandsfähigsten Fische unserer Gewässer. Im Aquarium lassen sich Glasaale und Setzaale – etwas größere Aale, die im Interesse der Fischwirtschaft an den Küsten gefangen und in unsere Binnengewässer eingesetzt werden – sehr gut hältern. Besonders interessant ist es, die Umfärbung des Glasaales zu verfolgen. Zur Pflege ist jeder Behälter, auch ein kleineres Becken, geeignet. Als Bodengrund hat sich feiner Sand bewährt, in den sich der Aal mit Vorliebe eingräbt. Die Temperatur soll 16 °C nicht übersteigen. Allesfresser, besonders Mückenlarven, Enchyträen, Regenwürmer. Becken sehr gut abdecken!

Familie Denticipidae
Süßwasserheringe

Der einzige Vertreter dieser Familie ist ein kleiner, heringähnlicher Fisch, *Denticeps clupeoides* CLAUSEN, 1959. Die Art kommt im Regenwald Südwestnigerias in langsam fließenden Gewässern vor. Sie ist vor allem durch ihre stammesgeschichtliche Ursprünglichkeit interessant und steht anderen Clupeiformes nahe. Als einziger Vertreter dieser Ordnung hat *Denticeps* kleine Placoidzähne auf dem Kopf, den Kiemendeckeln und in einigen Bereichen des Vorderkörpers. Solche Zähne sind für die Knorpelfische charakteristisch, kommen aber bei Knochenfischen nur höchst selten vor.

Denticeps ist ein etwa 5 cm langes, schlankes Fischchen mit einem sägeblattförmigen Kiel im Bereich der Brust. Die silbrige Grundfarbe schimmert in dem oberen Teil der Körperseiten etwas grünlich, darunter gelblich bis bräunlich. Flossen basal farblos, außen vor allem bei den ♂♂ zart grünlichbraun, gelegentlich mit weißem Saum. Das große Auge glänzt im oberen Teil grünlich bis golden. Die Tiere erinnern in ihrer Färbung an die afrikanischen *Aplocheilichthys*- und *Procatopus*-Arten, mit denen sie vergesellschaftet vorkommen.

Bei der Hälterung müssen verschiedene Faktoren berücksichtigt werden: 1. Die Tiere leben in ihrer Heimat in sehr weichem, saurem Wasser, vertragen in Gefangenschaft aber auch mittelhartes Wasser. 2. Sie benötigen große, locker bepflanzte Becken mit zentralem Schwimmraum und dunklem Bodengrund. *Denticeps* muß sich ständig bewegen, um seinen Kiemen genügend Wasser zuzuführen. Die normale Saug-Druck-Atmung der Fische ist hier für die Sauerstoffversorgung des Körpers nicht ausreichend. Fische, die sich nicht bewegen können, ersticken. 3. *Denticeps* ist ein schreckhafter Schwarmfisch, dem auch über Nacht gedämpftes Licht geboten werden muß.

Die Fische halten sich immer im mittleren Wasserbereich auf, sie gehen auch zur Futteraufnahme nicht auf den Bodengrund. Kleineres Lebendfutter wird bevorzugt. Temperatur 20–25 °C. Die Art ist sehr anfällig für die parasitischen Dinoflagellaten der Gattung *Oodinium*. Zucht noch nicht gelungen. (Alle Angaben nach J. J. SCHEEL) (Taf. 40).

Familie Osteoglossidae
Knochenzüngler

Große Süßwasserfische mit zahlreichen ursprünglichen Merkmalen. Die Arten verteilen sich wie folgt: tropisches Südamerika *(Arapaima gigas, Osteoglossum bicirrhosum)*, tropisches Afrika *(Clupisidus niloticus)*, Große Sundainseln und Australien *(Scleropages formosus* und *S. scheichhardti)*. Diese Verbreitung entspricht unter anderem auch der Verbreitung der Lungenfische und ist der tiergeographische Nachweis einer ursprünglichen Landverbindung zwischen den Kontinenten (Abb. 23). Die ältesten Fossilien sind aus der Oberen Kreide Europas und Nordamerikas bekannt.

Alle Knochenzüngler besitzen ein recht auffallendes Schuppenkleid. Die einzelnen Schuppen sind sehr

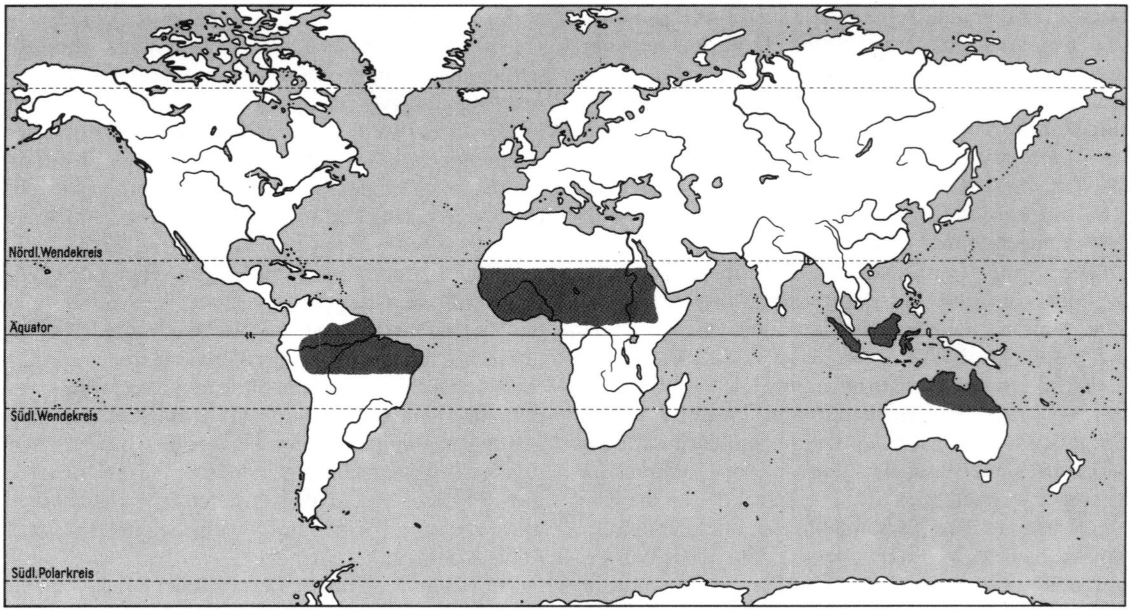

Abb. 23 Verbreitungsgebiet der Osteoglossidae

groß, fest und bestehen aus zahlreichen mosaikartig zusammengefügten Stücken. Charakteristisch für die Familie ist weiterhin ein Hilfsatmungsorgan am 4. Kiemenbogen. *Arapaima gigas* wird bis 3 m lang und 160 kg schwer (Taf. 36).

Gattung *Osteoglossum* CUVIER, 1829

D lang, der Beginn liegt etwa hinter dem Anfang der A. Unterkieferbartfäden lang. Südamerika.

Osteoglossum bicirrhosum (Taf. 3)
VANDELLI, 1829
Knochenzüngler

Guayana sowie das Stromgebiet des Amazonas; bis 120 cm.
D 42–46; A 50–55; mLR 31–35. Körper fast bandförmig, seitlich stark zusammengedrückt, Bauch gekielt, Maulspalte sehr groß, aufwärts gerichtet. Am Kinn entspringen zwei gabelförmig abstehende Barteln (Züngel). D und A lang, gegenüberstehend. Grausilbern bis zart grüngelblich mit prächtigen, zarten, in allen Regenbogenfarben schillernden Glanzfeldern. Barteln bläulich bis seegrün, Kehle orange bis kräftig rot. Jede der großen Schuppen an den Körperseiten mit hochrotem Tupfen. Flossen gelblich oder zart grünlich, teilweise mit bräunlichen bis rötlichen Zeichnungen. Geschlechtsreife ♀♀ haben einen viel größeren Leibesumfang. Beim geschlechtsreifen ♂ ragt der Unterkiefer über den Oberkiefer hinaus, und seine A ist länger ausgezogen (nach MAUPIN).
Der Knochenzüngler ist in seinem Verbreitungsgebiet nicht selten, besonders in stark verkrauteten, toten Flußarmen oder auch in flachen Seen kann er sehr zahlreich vorkommen. In der Gefangenschaft biete man Jungtieren locker bepflanzte große Aquarien, weiches, leicht torfhaltiges Wasser und Temperaturen um 25 °C. An Futtertieren eignen sich Daphnien, weiße und schwarze Mückenlarven und vor allem Libellenlarven sowie kleine Fische, ausnahmsweise wird von Jungtieren auch Salat oder Trockenfutter gefressen. Für Zimmeraquarien eignen sich die recht lebhaften, schnell wachsenden Jungtiere sehr gut, große Exemplare sind schöne Schaustücke öffentlicher Aquarien. Auch *Osteoglossum ferreirai* wird gelegentlich gepflegt (Taf. 3).
Über die Fortpflanzung berichtet MAUPIN (Trop. fish hobbyist, 9, S. 16, 1967). Einige Tage vor dem Laichen umschwimmen sich die Partner kreisförmig oder schwimmen unmittelbar über oder unter dem Partner. Auch kommt bei beiden Kopfschütteln vor. Bei der Paarung stehen die Tiere dicht beieinander über einer kleinen Sandmulde. Die Eier werden von den Eltern ins Maul genommen. Vom ♀ wurden die Eier nach wenigen Tagen gefressen. Das ♂ erbrütete die Eier. Nach etwa 55 Tagen verließ ein etwa 8 bis 10 cm langer Jungfisch zum erstenmal kurze Zeit das Maul. In der folgenden Zeit werden immer mehr Jungfische für immer längere Zeit aus dem Maul entlassen. Sie halten sich vorwiegend in der Nähe des Kopfes auf. Nach 64 Tagen frißt der Vater erstmalig wieder. Etwa zur gleichen Zeit beginnen die Jungen mit der Nahrungsaufnahme (Daphnien, Salinenkrebschen). Der Kontakt mit dem Vater geht verloren, er frißt jetzt auch eigene Jungfische. Es wird empfohlen, die Becken gut abzudecken, die Knochenzüngler sind sehr gute Springer.

Gattung *Scleropages* GÜNTHER, 1864

D kurz, sehr weit hinten stehend. Unterkieferbartfäden kurz. Südostasien und Australien.

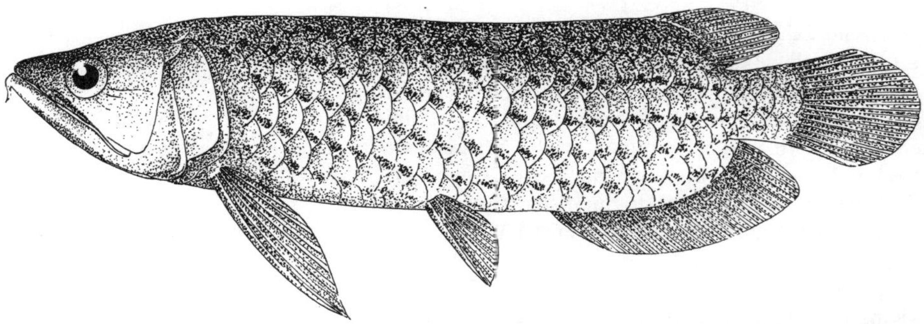

Abb. 24 *Scleropages formosus*, stark verkleinert

Scleropages formosus (Abb. 24)
(SCHLEGEL und MÜLLER, 1829)

Kalimantan (Borneo), Bangka, Sumatra, Thailand, Australien; bis 90 cm.
D 20; A 26–27; mLR 21–24. Körper gestreckt, seitlich sehr stark abgeflacht, Bauch gekielt, Maulspalte sehr groß, steil nach oben gerichtet, zwei kleine Bartfäden am Kinn, D und A relativ kurz. Färbung nach RACHOW: Oberseits dunkelolivfarben bis bräunlich, auf den Seiten und weiter unten grünlich, dabei silbrig und golden glitzernd, mit Längsreihen schräg gelagerter dunkler Punkte. Flossen zart seegrün bis himmelblau mit mehr oder weniger braunen bis rotbraunen Flossenstrahlen.
S. formosus ist wie die vorhergehende Art ein Raubfisch, der ruhige, verkrautete Fließgewässer bewohnt und sich vorwiegend von Insekten ernährt, große Exemplare sind Fischräuber. Für die Pflege gilt im wesentlichen das bei *Osteoglossum* Gesagte, jedoch sind junge *Scleropages* noch viel lebendiger. Von dieser Art ist Maulbrutpflege sicher nachgewiesen, und zwar werden nach FÄHRMANN die großen Eier vom ♀ aufgenommen.

Familie Pantodontidae
Schmetterlingsfische

Dieser recht isoliert stehenden Familie gehört nur nachfolgend beschriebene Art aus Afrika an (Abb. 25). Verwandtschaftliche Beziehungen lassen sich höchstens zu den Osteoglossidae feststellen.

Pantodon buchholzi (Taf. 2)
PETERS, 1876
Schmetterlingsfisch

D 6; A 9–19; mLR 23–30. Kopf und Körper oberseits abgeflacht, unterseits stumpf gerundet, insgesamt bootsförmig, Maul groß, aufwärts gerichtet, Nasenöffnungen röhrenförmig nach außen verlängert, P flügelartig vergrößert, V klein mit vier sehr lang ausgezogenen Flossenstrahlen, A und C fahnenartig vergrößert, Schuppen groß. Rücken und Körperseiten graugrün bis bräunlichsilbern mit recht veränderlicher Strich- und Fleckenzeichnung. Ein scharf begrenzter, dunkler Strich vom Hinterkopf zum Unterkiefer tritt fast immer deutlich hervor. P außen schwärzlich, hell oder auch weiß gesäumt. Die Flossenstrahlen aller Flossen sind hell und dunkel geringelt. Beim ♂ Hinterrand der Afterflosse tief eingeschnitten, die mittleren Strahlen bilden eine Röhre. Beim ♀ Hinterrand der Afterflosse geradlinig (Abb. 26).
In ihrem Verbreitungsgebiet kommt die Art vorwiegend in größeren, stehenden, verkrauteten Gewässern und toten Flußarmen, gelegentlich aber auch in kleineren Urwaldtümpeln oder Gräben vor. Hauptnahrung sind Insekten, die auf die Wasseroberfläche fallen, seltener im Flug erjagt werden. Dazu springen die Tiere sehr flach aus dem Wasser, spreizen dabei die flügelartigen Brustflossen und können so eine kurze Strecke über das Wasser gleiten. Dagegen vermögen die Tiere nicht zu fliegen, wie früher gelegentlich vermutet wurde. Den Schmetterlingsfisch pflege man in großen, flachen Becken mit spärlicher Bepflanzung und sehr guter Abdeckung. Temperatur 25–30 °C. Lebendfutter, vor allem Insekten wie Schaben, Heimchen, Weichkäfer, Ameisenpuppen, jedoch auch kleinere Fische. Frißt nach POETTINGER auch tote Insekten, die tiefgekühlt aufbewahrt worden waren.
Zucht nicht einfach. Voraussetzung ist weiches, torfiges Wasser bei einer Temperatur von etwa 30 °C.

Abb. 25 Verbreitungsgebiet der Pantodontidae

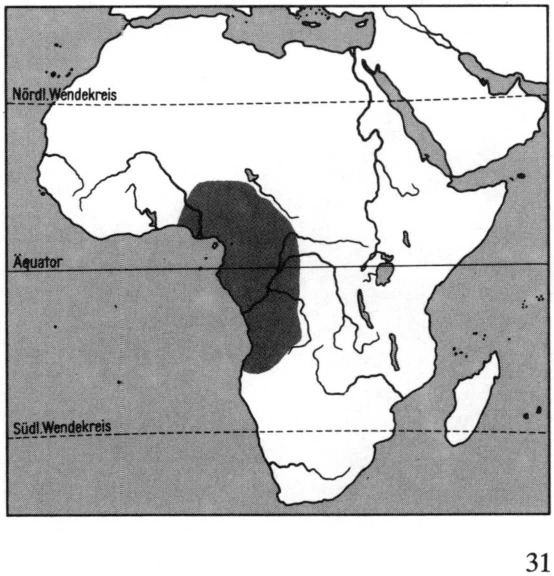

Während zahlreicher Scheinpaarungen reitet das ♂ oft stundenlang auf dem Rücken des ♀ und hält sich mit den verlängerten Flossenstrahlen der Vn fest. Bei der eigentlichen Paarung drehen sich die Tiere umeinander. Die Eier schwimmen an der Wasseroberfläche. Die Jungen kommen nach drei Tagen aus. Aufzucht sehr schwierig, da nur Kleinstfutter angenommen wird, das den direkt unter der Wasseroberfläche stehenden Jungfischen vor das Maul treibt. Empfohlen werden Springschwänze, Blattläuse und kleinste Fliegen. Nach Armbrust nehmen die Jungfische auch Nauplien. Sehr interessante Art.

Abb. 26 Afterflosse von *Pantodon*, links ♂, rechts ♀ (nach Hanel und Novák)

Familie Notopteridae
Messerfische

Größere, langgestreckte, seitlich sehr stark zusammengedrückte Süßwasserfische. After sehr weit nach vorn gerückt. A lang und schmal, mit der kleinen C zu einem langen, einheitlichen Flossensaum verschmolzen, der zum Hauptantriebsorgan des Körpers geworden ist. Durch rhythmisch-wellenförmige Bewegung des Flossensaumes wird der Körper nach vorn oder bei entgegengesetzter Wellenbewegung nach hinten getrieben. Die Tiere können mit fast gleicher Geschwindigkeit in beiden Richtungen ohne Körperwendung fliehen. Einen ähnlichen Bewegungsmechanismus trifft man z.B. bei den Gymnotidae und Apteronotidae an. Im Gegensatz zu der großen A sind bis auf die Pn alle übrigen Flossen stark oder vollkommen reduziert. Maul groß mit zahlreichen kleinen Zähnen. Schuppen sehr klein, Kopf beschuppt. SL vollständig.

Wie viele relativ ursprüngliche Fische nutzen die Notopteridae die Schwimmblase als zusätzliches Atmungsorgan, sie steigen ab und zu an die Oberfläche, um Luft zu holen. Nasententakel ausgeprägt. Zwei Gattungen mit insgesamt fünf Arten im tropischen Afrika und in Südostasien einschließlich Indonesien, gelegentlich auch im Brackwasser (Abb. 27).

In ihrer Heimat findet man die Messerfische meist an ruhigen, pflanzenbestandenen Stellen großer Flüsse, in Anschwemmungszonen oder toten Seitenarmen. Leicht kopfüber geneigt, stehen die Tiere während des Tages einzeln oder zu Rudeln vereinigt im Schutz

Abb. 27 Verbreitungsgebiet der Notopteridae

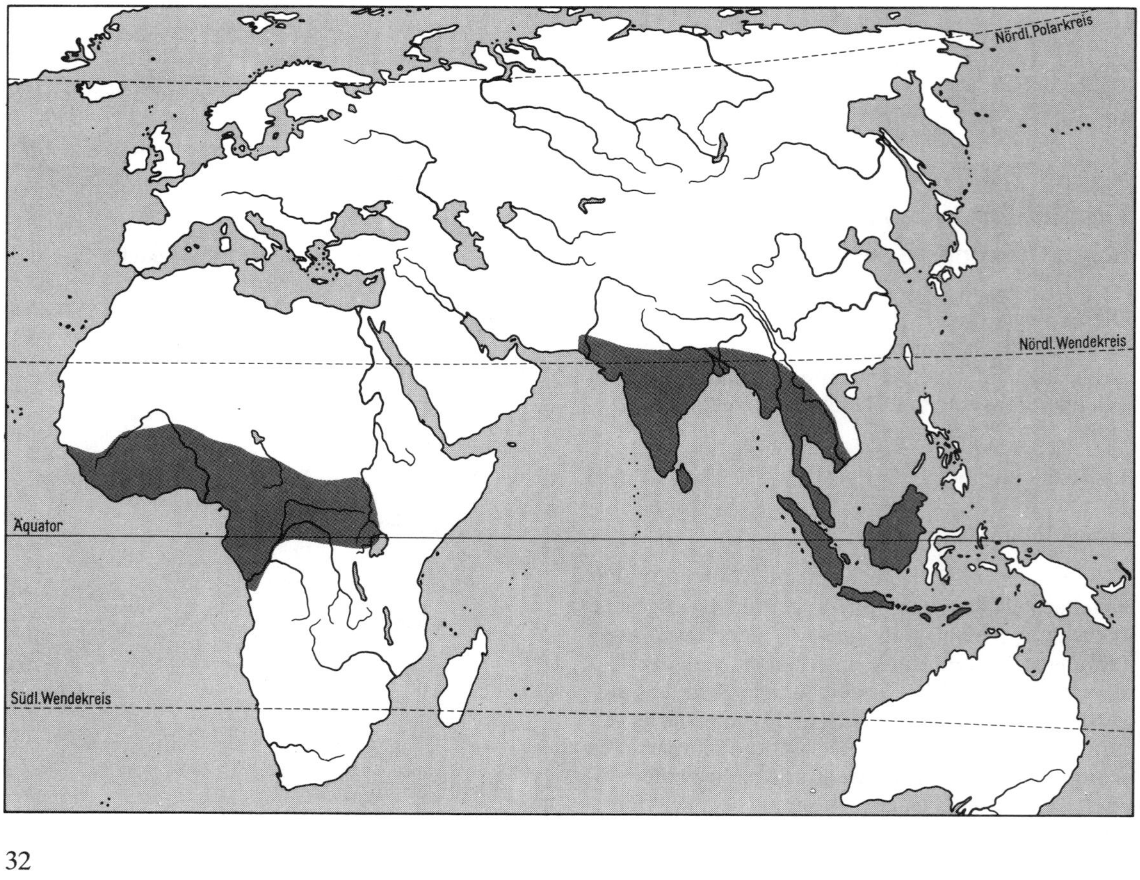

Tafel 1 Links: *Polypterus delhezi* (Foto Richter) · *Polypterus weeksi* (Foto Richter). Rechts: *Polypterus ornatipinnis* (Foto Richter) · *Lampetra planeri*, laichend (Foto Florian). Unten: *Lepisosteus tristoechus*, Kopf (Foto Sterba)

Tafel 2 *Salvelinus fontinalis* (Foto Sterba) · *Polyodon spathula*, Jungfisch (Foto Richter) · *Pantodon buchholzi* (Foto Richter)

Tafel 3 *Osteoglossum bicirrhosum*, Jungfisch · *Osteoglossum ferreirai*, Jungfisch · *Notopterus chitala* (alle Fotos Richter)

Tafel 4 Oben: *Xenomystus nigri.* Links: *Gnathonemus* cf. *ibis* · *Gnathonemus petersi.* Rechts: *Gnathonemus tamandua* · *Petrocephalus bovei* (alle Fotos Richter)

Tafel 5 Links: *Umbra pygmaea* (Foto Foersch) · *Umbra limi* (Foto Foersch). Rechts: *Umbra krameri* (Foto Foersch) · *Marcusenius* cf. *brachystictus*, ähnlich *M. longianalis* (Foto Richter). Unten: *Exodon paradoxus* (Foto Richter)

Tafel 6 Links: *Roeboides microlepis* (Foto Richter) · *Cynopotamus argenteus* (Foto Richter). Rechts: *Gnathocharax steindachneri* (Foto Foersch) · *Charax gibbosus* (Foto Sommer). Unten: *Acestrorhynchus falcatus* (Foto Richter)

Tafel 7 *Chalceus macrolepidotus* · *Chalceus* spec. · *Triportheus angulatus* (alle Fotos Richter)

Tafel 8 Links: *Aphyocharax anisitsi* · *Aphyocharax rathbuni* · *Aphyocharax alburnus*. Rechts: *Prionobrama filigera* · *Coelurichthys microlepis* · *Pterobrycon myrnae* (alle Fotos Richter)

Tafel 9 Links: *Corynopoma riisei,* ♂ · *Boehlkea fredcochui* · *Bryconops* spec., affinis-Gruppe. Rechts: *Hasemania nana* · *Poptella orbicularis longipinnis* · *Poptella orbicularis orbicularis* (alle Fotos Richter)

Tafel 10 Links: *Hyphessobrycon amandae* (Foto Franke) · *Astyanax bimaculatus* (Foto Zarske) · *Astyanax fasciatus mexicanus*, Höhlenform (Foto Richter). Rechts: *Hemigrammus ocellifer* (Foto Franke) · *Hemigrammus levis* (Foto Zarske) · *Hemigrammus caudovittatus* (Foto Richter)

Tafel 11 Links: *Hemigrammus erythrozonus · Hemigrammus rhodostomus · Petitella georgiae.* Rechts: *Hemigrammus hyanuary · Hemigrammus rodwayi · Hemigrammus pulcher pulcher* (oben rechts Zarske, alle anderen Fotos Richter)

Tafel 12 Links: *Hyphessobrycon heterorhabdus* (Foto Sterba) · *Hyphessobrycon loretoensis* (Foto Richter) · *Hyphessobrycon erythrostigma* (Foto Sterba). Rechts: *Hyphessobrycon pulchripinnis* (Foto Sterba) · *Hyphessobrycon metae* (Foto Frank) · *Hyphessobrycon socolofi* (Foto Franke)

Tafel 13 Links: *Hyphessobrycon bentosi* (Foto Zarske) · *Hyphessobrycon bentosi rosaceus* (Foto Richter) · *Hyphessobrycon callistus* (Foto Richter). Rechts: *Hyphessobrycon copelandi* (Foto Richter) · *Hyphessobrycon »robertsi«* (Foto Sterba) · *Hyphessobrycon serpae* (Foto Frank)

Tafel 14 Links: *Hyphessobrycon agulha* · *Paracheirodon innesi* · *Hyphessobrycon simulans*. Rechts: *Hyphessobrycon minimus* · *Cheirodon axelrodi* · *Aphyocharax rathbuni* (alle Fotos Richter)

Tafel 15 Links: *Hyphessobrycon bifasciatus* · *Hyphessobrycon flammeus* · *Bryconella pallidifrons*. Rechts: *Megalamphodus megalopterus* · *Megalamphodus sweglesi* · *Megalamphodus roseus* (unten links Franke, alle anderen Fotos Richter)

Tafel 16 Links: *Inpaichthys kerri* (Foto Richter) · *Moenkhausia pittieri* (Foto Zarske) · *Moenkhausia sanctaefilomenae* (Foto Richter). Rechts: *Gymnocharacinus bergi* (Foto Foersch) · *Hemigrammus boesemani* (Foto Richter) · *Moenkhausia simulata* (Foto Foersch)

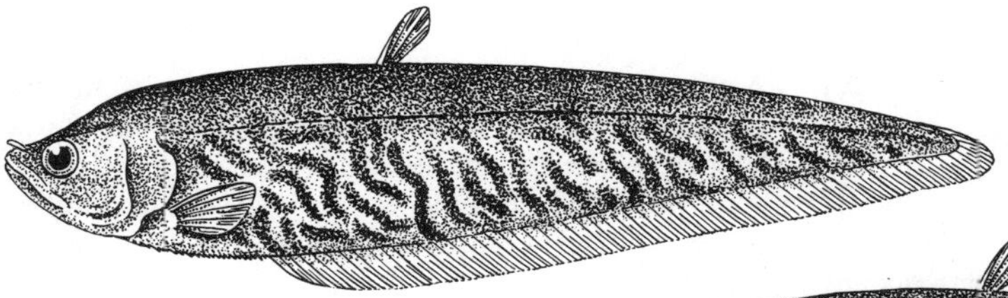

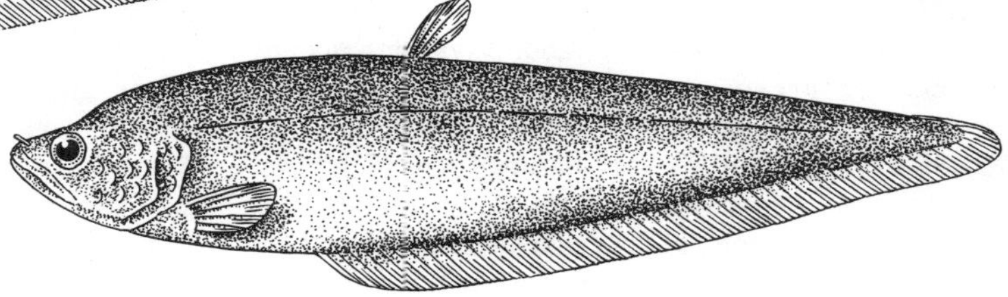

Abb. 28 *Notopterus afer*, stark verkleinert
Abb. 29 *Notopterus notopterus*, stark verkleinert

alter Stämme oder dichter Schwimmpflanzendecken. Nachts dagegen suchen sie, ruhelos knapp über den Bodengrund schwimmend, kleine Beutetiere, wie Insektenlarven, Würmer, kleine Fische und andere Futtertiere. Große Exemplare sind oft sehr räuberisch und ausgesprochene Einzelgänger.
Nach WICKLER laichen die Messerfische auf festen Gegenständen (Steinen, Holzpfählen, Wurzeln) in der Uferregion ab. Das Gelege hat Ähnlichkeit mit Cichlidengelegen. Ein Altfisch (wahrscheinlich das ♂) bewacht das Gelege und befächelt es. Die südasiatischen Messerfische sind gebietsweise geschätzte Speisefische.
Für das Zimmeraquarium eignen sich im allgemeinen nur junge Tiere, erwachsene Exemplare gehören dagegen zu den interessantesten Schauobjekten zoologischer Gärten. Maßgebend für das Wohlbefinden der scheuen Tiere ist vor allem die Einrichtung des Beckens, das möglichst dunkel gehalten werden soll und Unterstände bieten muß, das heißt, die Tiere benötigen nicht eigentlich Höhlen, wo sie allseitig Schutz finden, sondern lediglich überstehende Felsplatten oder schiefe Wurzelstücke, unter denen sie frei schwimmend stehen können. Weiches, torfhaltiges Wasser wird zumindest von den afrikanischen Arten sichtlich bevorzugt. Entsprechend ihrer Verbreitung benötigen alle Messerfische höhere Temperaturen von 24–28 °C, ohne allerdings besonders anfällig gegen vorübergehenden Temperaturabfall zu sein. Lebendfutter aller Art wird in großen Mengen angenommen, gelegentlich fressen die Tiere auch Kunstfutter. Gegen andere Fische, sofern sie nicht wesentlich kleiner sind, verhalten sich Messerfische durchaus friedlich, dagegen sind Artgenossen in Zimmeraquarien fast immer unverträglich. Zur Bildung von Rudeln kommt es nur in Großraumbecken.

Gattung *Notopterus* LACÉPÈDE, 1800

Charakteristik wie in der Familienbeschreibung angegeben. D vorhanden, fahnenartig kurz.

Notopterus afer (Abb. 28)
GÜNTHER, 1868
Afrikanischer Fähnchen-Messerfisch

Vom Gambia bis zum Kongo (Zaïre); bis 60 cm.
D 6–7; A+C 113–130; mLR 130–165. Körper gestreckt, seitlich sehr stark zusammengedrückt, obere Profillinie stark ausgebogen, D fähnchenartig. Vn fehlen, Bauchkiel gesägt. Während jüngere Tiere auf zart rötlichem oder gelblichem Grund oft ein sehr kräftiges, dunkles Netzwerk oder auch dunkle Flekken zeigen, sind ältere Exemplare meist einfarbig violettbraun, seltener auf diesem Grunde hell getüpfelt.
Pflege siehe Familienbeschreibung, große Exemplare nehmen gern Pferde- und Fischfleisch. Über eine gelungene Zucht berichtet ONG KAY YONG (Trop. fish hobbyist, 1965, 19). Die Eier wurden im Sand liegend gefunden. Die Embryonen sollen nach einer Woche schlüpfen und nach zwei Wochen frei schwimmen.

Notopterus chitala (Taf. 3)
(HAMILTON-BUCHANAN, 1822)
Indischer Fähnchen-Messerfisch

Thailand, Burma, Große Sundainseln; bis 80 cm.
D 9–10; A+C 110–135; mLR über 200. In der Jugend der vorhergehenden Art ähnlich, jedoch etwas höher und außerdem mit kleinen Vn, im Alter sehr hochrückig und plump. Nach ARNOLD sind Jungtiere sehr hübsch gezeichnet. Von schokoladenbraunem Grund heben sich in der unteren Körperhälfte und auf der Afterflosse zahlreiche wurmförmige Linien, Tüpfel und unregelmäßige Flecken deutlich ab. Nach WEBER dagegen sollen Jungtiere auf dem Rücken etwa 20 silberne, etwas schräg gerichtete Querbinden zeigen, die z. T. doppelt gezeichnet sind. Halberwachsene Tiere samtartig schwarzbraun mit gelbem Auge. Alte Tiere silberfarben, mit dunkel getüpfelten senkrechten Flossen.
Pflege siehe Familienbeschreibung, aggressiv, Einzelhälterung wird empfohlen.

Notopterus notopterus (Abb. 29)
(PALLAS, 1780)

Indien, Burma, Thailand sowie Java und Sumatra; bis 35 cm.
D 5–9; A+C 100; mLR über 200. *N. notopterus* unterscheidet sich von der vorhergehenden Art hauptsächlich durch die Schuppen auf dem Kiemendeckel, die hier wesentlich größer als die Körperschuppen werden; dagegen sind bei *N. chitala* Kiemendeckel- und Körperschuppen gleichgroß. Grausilbern, oberseits wesentlich dunkler. Zahlreiche feine, dunkle Tüpfel auf dem ganzen Körper. Rückenflosse mit weißer Spitze, A meist schwach gerandet. Iris des Auges golden glänzend.
Pflege siehe Familienbeschreibung.

Gattung *Xenomystus* GÜNTHER, 1868

Charakteristik wie in der Familienbeschreibung angegeben. Die D fehlt vollkommen.

Xenomystus nigri (Taf. 4)
(GÜNTHER, 1868)
Afrikanischer Messerfisch

Weit verbreitet von den Quellflüssen des Nils bis Liberia; bis 20 cm.
D–; A+C 108–130; mLR 120–142. Diese Art ist leicht zu erkennen, D fehlend, stark verkümmert oder winzig. Einheitlich mausgrau bis dunkelbraun, gelegentlich mit schwarzen Längsstreifen, Bauch oft etwas heller. Während der Laichzeit nach MEINKEN rotbraun oder purpurrot mit olivgrüner A.
Pflege siehe Familienbeschreibung, sehr ausdauernd. Zucht bereits gelungen, Eier etwa 3 mm im Durchmesser, Einzelheiten siehe VAN PINXTEREN: DATZ, 27, 264–269 (1974). Die Art gibt kurze Belltöne von sich, die nach WICKLER durch den Übertritt von Luft aus dem Schwimmblasengang in die Speiseröhre erzeugt werden.

Familie Mormyridae
Nilhechte

Ausschließlich in Afrika beheimatete Süßwasserfische (Abb. 30) von vielfach untypischer Gestalt und oft recht absonderlichem Aussehen. Neben Arten mit einem wulstigen oder fingerförmigen, als Tastorgan dienenden Kinnfortsatz kommen solche mit stark verlängerter Maulregion vor (Abb. 9, 31). Augen und Maul meist klein, letzteres oft nur röhrenförmig. Haut dick, glatt und schleimig, Färbung durchweg unscheinbar. Viele Arten mit schwachen elektrischen Organen im Bereich des Schwanzstiels, die der eigenen Orientierung und vor allem der Revierabgrenzung dienen.
Fast alle Mormyriden sind Dämmerungstiere und bewohnen schlammige, langsamfließende Gewässer. Arten mit Kinnfortsatz oder verlängertem Maul sind typische Bodenfische, die ständig nach freßbaren Kleintieren tasten; andere Nilhechte halten sich gern in mittleren Wasserschichten auf. Nur wenige kleinere Arten leben gesellig, die meisten sind recht unverträgliche Standortfische, die ein typisches Revierverhalten zeigen. Über Geschlechtsunterschiede und Fortpflanzung ist sehr wenig bekannt. Bei einigen Arten lassen sich die Geschlechter an der Biegung der Körperprofillinie im Bereich der A erkennen. Von wenigen Arten ist bekannt, daß sie in Nestern laichen, andere sollen Sandgruben bauen. Die auskommenden Jungfische mancher Nilhechte sollen äußere Kiemen besitzen (nach BUDGETT).
Besonderes Interesse wird von wissenschaftlicher Seite dem Gehirn der Mormyriden entgegengebracht, dessen Gewicht zum Körpergewicht (relatives Hirngewicht) in einem günstigeren Verhältnis steht als das Menschenhirn zum Körpergewicht des Menschen.
Im Gegensatz zu den Verhältnissen bei Säugetieren und beim Menschen ist jedoch nicht das Vorderhirn, sondern vor allem das Kleinhirn vergrößert, das von hinten weit nach vorn reicht und sogar das Vorderhirn überdeckt. Manche Mormyriden zeigen Leistungen, die für Fische recht ungewöhnlich sind und vermutlich mit der starken Ausbildung des Gehirns zusammenhängen. So ist manchen Arten ein ausgeprägter Spieltrieb eigen, sie können sich stundenlang mit einem Blatt oder einer Stanniolkugel beschäftigen. Auch reibende Bewegungen in Rückenlage, wobei die Tiere im Gegensatz zu scheuernden Fischen abwechselnd vor- und rückwärtsgleiten, sind fast nur dieser Gruppe eigen. Sehr ausgeprägt ist weiterhin das Lernvermögen. Schon den Ägyptern um etwa 2500 v. u. Z. waren diese eigenartigen Fische gut bekannt, besonders groteske Formen wurden sogar als heilig verehrt.
Pflege im allgemeinen nicht schwierig. Den revierbil-

Abb. 30 Verbreitungsgebiet der Mormyridae

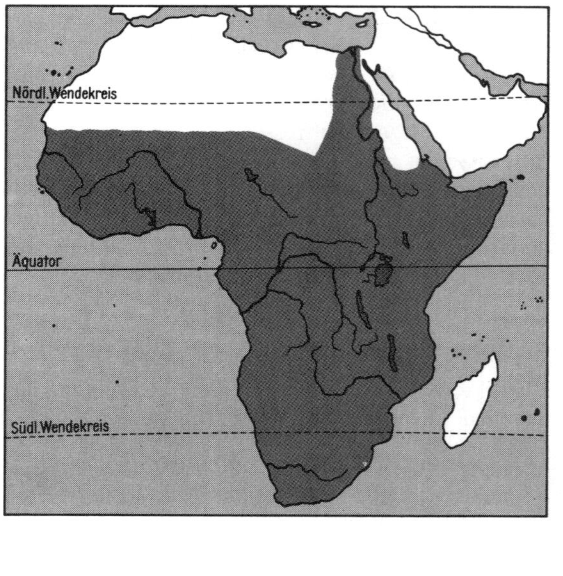

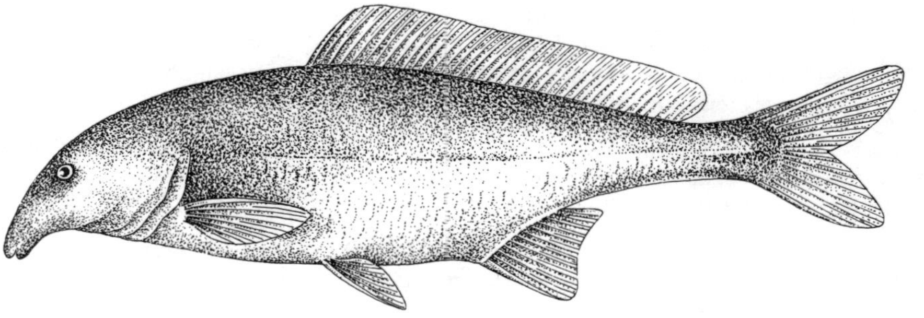

Abb. 31 *Mormyrus kannumae*, verkleinert

denden Dämmerungstieren biete man gut bepflanzte Becken mit weichem Bodengrund und Verstecke, die möglichst dunkel sind, wie Steinhöhlen oder hohle Baumstümpfe. Auch sollten in einem Aquarium nur 1–2 Exemplare gepflegt werden. Mehrere Tiere belästigen sich ständig durch die elektrischen Organe, die der Revierabgrenzung dienen.
Nilhechte sind hinsichtlich der Wasserqualität recht anspruchslos. Zwar ist eine gelegentliche Frischwasserzugabe angezeigt, jedoch vermeide man ein Umsetzen in frisch eingerichtete Becken. Temperatur je nach Herkunft 20–28 °C, die meisten Arten sind sehr empfindlich gegen schnelle Abkühlung. Gefressen wird im allgemeinen kleines Lebendfutter aller Art, besonders aber Wurmfutter, manche Mormyriden suchen mit Vorliebe tote Wasserflöhe vom Boden auf, andere saugen Würmer aus dem Schlamm, schließlich sollen einige auch Algen und tote Pflanzenteile aufnehmen. Zur Vergesellschaftung eignen sich größere Fische, auch große Raubfische greifen Mormyriden kaum an, Arten mit elektrischen Organen werden sichtlich gemieden. Beim Kauf von Nilhechten beachte man, ob die Tiere Nahrung annehmen, Futterverweigerer lassen sich auch später kaum zum Fressen bringen. Viele Arten sind prächtige Schautiere zoologischer Gärten. Die Zucht gelang noch nicht. Die größte Art, *Gymnarchus niloticus*, kann 1 m lang werden (Taf. 36).

Gattung *Gnathonemus* GILL, 1862

Bezahnung wie bei der Gattung *Marcusenius* angegeben, jedoch ist der Mund terminal gelegen.
A und D etwa gleichlang. Körper kurz oder nur mäßig gestreckt.

Gnathonemus moorei (Taf. 37)
GÜNTHER, 1867

Kamerun, Gabun, Zaïre; bis 20 cm.
D 20–25; A 25–33; mLR 43–49. Körper gestreckt, seitlich kräftig zusammengedrückt. Kinn vorspringend. Braun, unterseits etwas heller. Von der Vorderkante der D bis zur A ein breites, dunkles Band, gelegentlich ergänzt durch ein zweites. Pflege siehe Familienbeschreibung.

Gnathonemus petersi (Taf. 4)
GÜNTHER, 1862

Von Zaïre und Kamerun bis zum Niger; bis 23 cm.
D 27–29; A 34–36; mLR 63–70. Körper gestreckt, seitlich stark zusammengedrückt, die D entspringt über dem 10.–12. Flossenstrahl der A, Kinn fingerartig verlängert (Fortsatz sehr beweglich), Maul klein und rund. Insgesamt dunkelbraun, bei auffallendem Licht leicht violettbraun, zwischen der D und A zwei helle, meist gelbe, unregelmäßige Querbinden, das rautenförmige Feld dazwischen gelegentlich ganz schwarz. Pflege siehe Familienbeschreibung. Friedlich, tagsüber meist scheu, 24–28 °C.

Gnathonemus schilthuisiae (Taf. 38)
BOULENGER, 1899

Mittlerer Kongo (Zaïre); bis 10 cm.
D 27–28; A 32–34; mLR 49–54. Ähnlich gestaltet wie die vorhergehende Art, jedoch besonders in der Jugend schlanker (Körperhöhe 4mal in der Körperlänge enthalten). Kinn wulstig vorspringend. Braun mit bläulichem bis violettem Schimmer, Kopf und Schwanzstiel ziemlich dunkel. Von der Vorderkante der D erstreckt sich eine schwarze Querbinde zur A. Pflege siehe Familienbeschreibung. Gleichstarke Tiere dieser Art sind oft recht gesellig. Spieltrieb stark entwickelt.

Gnathonemus stanleyanus (Taf. 37)
BOULENGER, 1897

Kongo (Zaïre), Gambia; bis 40 cm.
D 28–32; A 35–40; mLR 70–85. Ähnlich gestaltet wie die vorhergehenden Arten, jedoch besonders in der Jugend schlanker. Graubraun, unterseits grausilbern, auf dem ganzen Körper wie auch auf der D und A zahlreiche unregelmäßige dunkle Flecken. Pflege siehe Familienbeschreibung.
Eingeführt wurden auch andere Arten, vor allem *Gnathonemus elephas* (Taf. 37) und *G. tamandua* (Taf. 4).

Gattung *Marcusenius* GILL, 1862

Die Gattung ist vor allem durch die Anordnung der Kieferzähne charakterisiert. Diese stehen wie bei *Mormyrops* und *Petrocephalus* in einer Reihe, jedoch ist diese Reihe nur auf die Mitte der Kiefer beschränkt (3–10 Zähne in jedem Kiefer). Mund unterständig. Hintere Nasenöffnung weit vom Mund entfernt. Körper meist kurz oder mäßig gestreckt.

Marcusenius longianalis (Abb. 32)
BOULENGER, 1901

Unterer Niger, stellenweise in Kamerun; bis 15 cm.
D 14–16; A 31–33; mLR 60–66. Körper langgestreckt, schlank, A sehr lang, die wesentlich kürzere D entspringt über dem 16.–17. Afterflossenstrahl. Braun bis leicht rehbraun, oberseits oft fast schwarz, unterseits wesentlich heller. Häufig ist diese Art mehr oder weniger dicht schwarz getüpfelt. Flossen dunkel. Pflege siehe Familienbeschreibung. *M. longianalis* frißt nach HOLLY auch Algen. Nach ARNOLD: »Unverträglich gegen seinesgleichen, harmlos anderen Fischen gegenüber, die ihm aber, scheinbar seiner elektrischen Eigenschaften wegen, aus dem Wege gehen.« Eine ähnliche Art siehe Taf. 5.

Gattung *Mormyrops* J. MÜLLER, 1843

Länge der Afterflosse 0,7–2mal in der Länge der D enthalten. Die Kieferzähne sind in einer einfachen Reihe über die ganzen Kiefer angeordnet. Maul terminal oder leicht unterständig. Körper in der Regel langgestreckt und seitlich wenig abgeflacht.

Mormyrops nigricans (Taf. 38)
BOULENGER, 1899

Unterer Kongo (Zaïre); bis 35 cm.
D 24–25; A 38–41; mLR 54–58. Langgestreckt und seitlich nur wenig abgeflacht, das Maul etwas konisch verlängert. A und D lang, weit hinten stehend. *M. nigricans* ist zumindest als Jungtier sehr dunkel gefärbt. An den Körperseiten sind besonders bei älteren Tieren gelegentlich einige breite, sehr unregelmäßige Querbinden, seltener schwarze Flecken oder Netzlinien ausgeprägt. Pflege siehe Familienbeschreibung. Die *Mormyrops*-Arten sind zumindest tagsüber sehr träge und liegen oder stehen versteckt in ihren Schlupfwinkeln. Gefressen wird meist nur nachts (Mückenlarven, große Wasserflöhe, Würmer, Schnecken). Nicht mit wesentlich kleineren Fischen vergesellschaften. 24–28 °C.

Gattung *Mormyrus* LINNAEUS, 1757

D doppelt so lang wie die A. Maul terminal gelegen. Kiefer mit mehreren Zahnreihen, die zu feinen Zahnbändern vereinigt sind.

Mormyrus kannumae (Abb. 31)
FORSKAL, 1776
Tapir-Rüsselfisch

Stromgebiet des Nils; bis 50 cm.
D 57–75; A 18–21; mLR 80–115. Körper gestreckt, seitlich zusammengedrückt. Kopf rüsselartig verlängert, Maul sehr klein. D lang, A kurz. Graubraun bis schwarzbraun. Körperseiten oft leicht rotbraun, Unterseite heller.
Pflege der sehr interessanten Art siehe Familienbeschreibung, für das normale Zimmeraquarium eignen sich nur Jungtiere.

Gattung *Petrocephalus* MARCUSEN, 1854

Merkmale ähnlich wie bei der Gattung *Mormyrops* angegeben, jedoch ist der Körper kurz, Maul unterständig, meist unterhalb des Auges gelegen. Auch stehen die Nasenöffnungen einer Seite nahe beieinander und nahe dem Auge.

Petrocephalus bovei (Taf. 4)
(CUVIER und VALENCIENNES, 1846)

Unterer Nil, Senegal, Gambia; bis 12 cm.
D 22–26; A 30–35; mLR 38–43. Körper nur wenig gestreckt, seitlich stark zusammengedrückt. Stirn-Schnauzenlinie gleichmäßig gerundet, obere und untere Profillinie fast gleichartig. Insgesamt grausilbern, oberseits dunkler, Jungtiere mit kurzem, schwarzem Querband unter der Vorderkante der schwarzen D. Pflege siehe Familienbeschreibung.

Gattung *Stomatorhinus* BOULENGER, 1898

Bezahnung wie bei der Gattung *Marcusenius* angegeben, Zähne klein. Maul unterständig. Hintere Na-

Abb. 32 *Marcusenius longianalis*
Abb. 33 *Stomatorhinus puncticulatus*

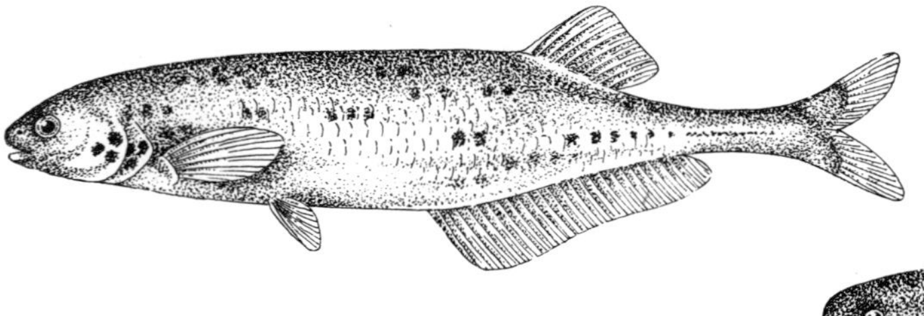

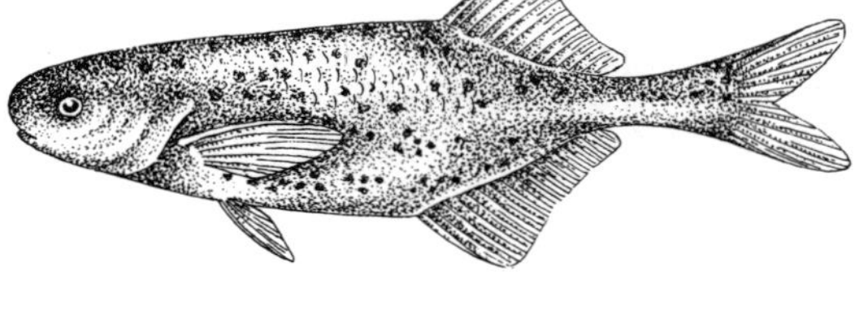

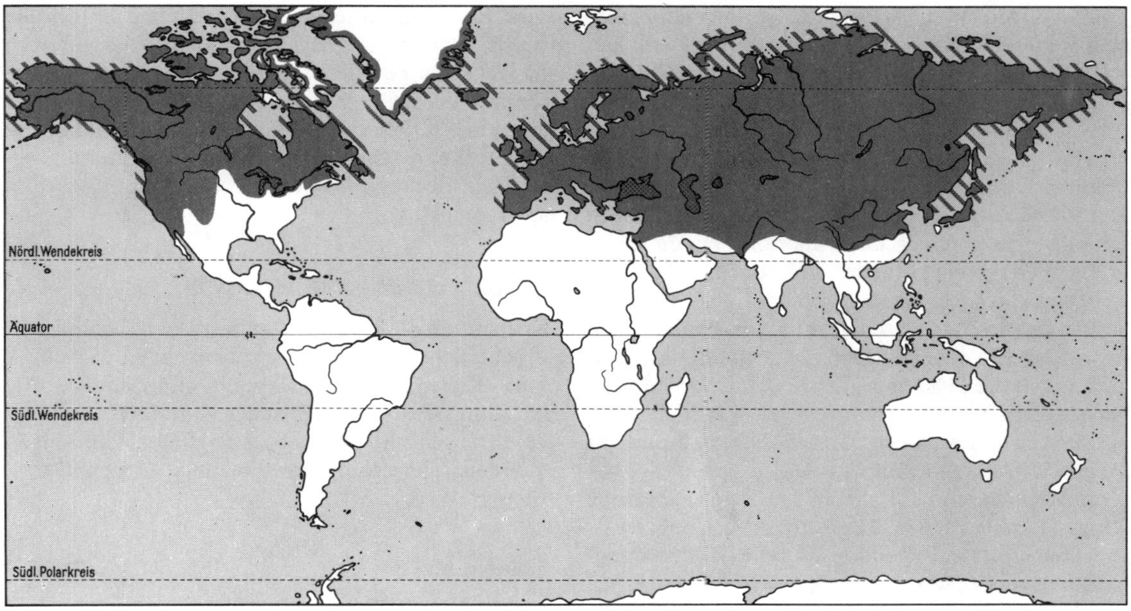

Abb. 34 Verbreitungsgebiet der Salmonidae

senöffnung nahe dem Mundwinkel gelegen, fast senkrecht unter der vorderen Nasenöffnung. Körper kurz oder nur mäßig gestreckt.

Stomatorhinus puncticulatus (Abb. 33)
BOULENGER, 1899

Unterer Kongo; bis 9 cm.
D 17–18; A 21–22; mLR 52–55. Körper gestreckt, seitlich stark zusammengedrückt. Stirn-Schnauzenlinie gleichmäßig ausgebogen, Maul unterständig. D und A weit hinten gelegen. Rötlichbraun mit zahlreichen schwarzen Tupfen. D und A vorn dunkel. Pflege siehe Familienbeschreibung.

Familie Salmonidae
Lachsfische

Schlanke, relativ ursprüngliche, räuberische Knochenfische, die in den Binnen- und Küstengewässern der nördlichen Hemisphäre vorkommen (einzige Ausnahme auf der südlichen Hemisphäre *Retropinna* in Neuseeland; Abb. 34). Einige Arten sind Wanderfische, die sich in Abhängigkeit von ihrem Laichzyklus im Süß- oder Meerwasser aufhalten, die Laichplätze aller Arten liegen im Süßwasser. Der obere Maulrand wird vom Ober- und Zwischenkiefer (Praemaxillare) gebildet, die letzten Wirbel sind in einem flachen, nach oben offenen Bogen angeordnet. Hinter der D befindet sich fast immer eine kleinere Fettflosse. Viele Vertreter sind prächtig gefärbt, die Kiefer älterer ♂♂ häufig hakenartig gebogen (Abb. 35). Fossil im Pliozän Europas und Pleistozän Nordamerikas.

Von den in Europa verbreiteten Salmonidae lassen sich vor allem Regenbogen- und Bachforellen unter spezifischen Bedingungen pflegen (Taf. 38, 39). Dagegen gehen selbst Jungfische der See- und Meerforelle *(Salmo trutta lacustris* und *Salmo trutta trutta)* meist sehr schnell ein. Gleiches gilt für Vertreter der Gattungen *Salvelinus* (Saiblinge), *Coregonus* (Renken, Maränen, Blaufelchen), *Hucho* (Huchen) und *Thymallus* (Äschen). In großen öffentlichen Schauaquarien erweisen sich dagegen einige Arten als ausdauernd. Dazu gehören vor allem der bis 150 cm lange, in der Donau und ihren rechtsseitigen Nebenflüssen vorkommende Huchen oder Donaulachs *(Hucho hucho* [LINNAEUS, 1778], Taf. 39), der bis 30 cm lange, aus dem östlichen Nordamerika stammende, 1884 in Europa eingebürgerte Bachsaibling (*Salvelinus*

Abb. 35 Hakenkiefer geschlechtsreifer ♂♂ von *Salmo salar* (oben) und *Oncorhynchus nerka*

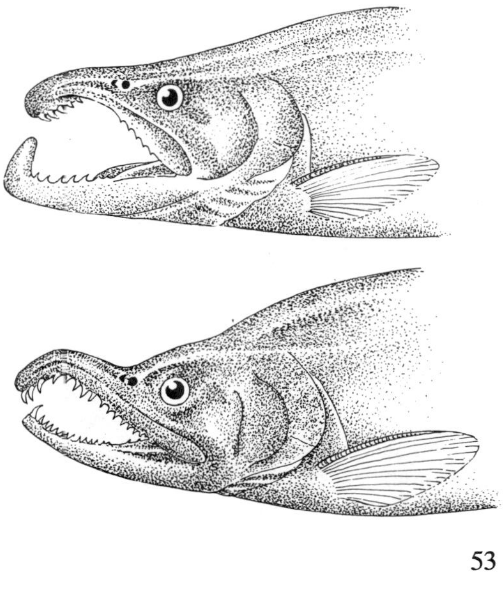

fontinalis [MITCHILL, 1815]) (Taf. 2), einer der schönsten Salmoniden überhaupt, sowie die bis 50 cm lange, in Europa weitverbreitete Äsche (*Thymallus thymallus* [LINNAEUS, 1778]) (Taf. 39), eine ebenfalls sehr farbenprächtige Art. Alle anderen Vertreter sind auch in großen Schauanlagen nur sehr selten mit Erfolg gehältert worden.
Der Lachs selbst (Salmo salar LINNAEUS, 1778) wird so gut wie nie gepflegt. Die Mißerfolge mit dieser interessanten Art sind u. a. durch Besonderheiten ihres Lebenszyklus bedingt.
So jagt der geschlechtsreife Lachs vorwiegend in den nahrungsreichen Küstengebieten und steigt zur Vorlaichzeit in die Flüsse auf, um in den Oberläufen zu laichen. Die Jungfische halten sich 3–4 Jahre im Süßwasser auf und wandern dann ins Meer ab, um zur Laichzeit die alten Laichplätze aufzusuchen.
Grundsätzlich sind für die Pflege möglichst große Becken bereitzustellen. Für Formen aus Fließgewässern (Bachforelle, Regenbogenforelle, Bachsaibling) wird man bei der Ausgestaltung bestrebt sein, das Milieu der Gebirgs- oder besser Wiesenbäche nachzuahmen, d. h. kiesiger Bodengrund mit moosbewachsenen Steinen, Ästen und reichlich einhängendem Wurzelwerk. Von vornherein verzichte man darauf, höhere Pflanzen anzusiedeln. Von elementarer Bedeutung sind Temperatur und Erneuerung des Wassers. Ein dauernder Erfolg ist wohl nur solchen Anlagen beschieden, die direkten Quellwasserfluß oder eigene Grundwasserförderung besitzen. Leitungswasser ist heute bei der gesetzlich vorgeschriebenen Chlorzugabe nur dann geeignet, wenn durch längeres Abstehen in Speicherbehältern bei gleichzeitiger starker Durchlüftung für eine restlose Entchlorung Sorge getragen wird. Die Temperatur darf nicht viel über 15 °C steigen. Trotz der ständigen Frischwasserzufuhr ist eine zusätzliche Durchlüftung oft notwendig. Für Jungtiere kann der Wasserstand sehr niedrig sein. Arten aus großen Seen oder Strömen benötigen im allgemeinen sehr große, nicht sehr helle Becken (8–10 Kubikmeter) mit sandigem Bodengrund. Zumindest zur Eingewöhnung ist es vorteilhaft, einen Teil des Beckens gegen den Besucher hin mit einhängendem Wurzelwerk oder einer Steinmauer abzuschirmen; durch eingestecktes Schilfrohr läßt sich hier eine recht natürliche Wirkung erzielen.
Hinsichtlich der Wassererneuerung und Temperatur gilt das oben Gesagte.
Bei der Beschaffung des Tiermaterials versuche man Setzlinge aus Brutanstalten oder möglichst kleine Tiere aus freier Wildbahn zu erhalten, die sich leichter eingewöhnen lassen als große Exemplare und bei guter Fütterung schnell wachsen. Lachsfische sind recht unverträglich und besonders zur Laichzeit bissig. So können z. B. von der Regenbogenforelle fast nur große Exemplare gleichen Geschlechts vergesellschaftet werden. Andere Arten, wie die Bachforelle, sind Standortfische, d. h. Tiere, die ein Revier einnehmen und gegen jeden Eindringling verteidigen.
Hinsichtlich der Ernährung stellen die meisten Arten gleiche Ansprüche. Kleine bis mittelgroße Lachsfische fressen Insekten (Schaben, Heimchen), große Insektenlarven, Regenwürmer, Schnecken, oft auch Säuger- oder Fischfleisch, größere Exemplare erbeuten mit Vorliebe kleinere lebende Fische, selbst der eigenen Art. Für das gute Gedeihen in der Gefangenschaft ist eine regelmäßige, reichliche Fütterung wesentlich. Becken gewissenhaft abdecken. Alle Arten springen gut.

Gattung *Salmo* LINNAEUS, 1758

Körper elegant gestreckt, seitlich zusammengedrückt. Schuppen klein. Fettflosse gut entwickelt, A kurz. Kiefer, Vomer, Palatinum und Zunge kräftig bezahnt. Bei älteren ♂♂ ist der Unterkiefer vorn hakenförmig nach oben gebogen. Hinter dem Magen münden zahlreiche Pylorusanhänge in den Darm. Eier relativ groß.

Salmo gaidneri (Taf. 38)
(RICHARDSON, 1836)
Regenbogenforelle

Westliches Nordamerika, in Europa 1880 eingeführt, heute als Nutzfisch in allen Kontinenten verbreitet; Durchschnittslänge 35 cm.
D 4/10; A 3/10; mLR 135–150. Ähnlich gestaltet wie die Bachforelle, Maul etwas größer. Zu dieser Art gehören zahlreiche Unterarten, die durch die Teichwirtschaft vielfach gekreuzt wurden. Färbung recht variabel. Oberseits meist kräftig grün bis braun, Körperseiten heller, Bauchseite silbrig bis gelblich. Charakteristisch für diese Art ist ein breites, in allen Farben des Regenbogens, jedoch vorherrschend violett irisierendes Band an den Körperseiten. Kopf, Körper und senkrechte Flossen mit dichtstehenden, schwarzen Tüpfeln besetzt, die z. T. deutlich sternförmig gestaltet sind. Die Regenbogenforelle ist recht widerstandsfähig gegen höhere Temperaturen und deshalb auch in wärmeren Gewässern zu finden. Manche Unterarten sind Standort-, andere Wanderfische. Die Schnellwüchsigkeit und größere Widerstandsfähigkeit der Regenbogenforelle machen sie besonders für die Teichwirtschaft wertvoll. Laichzeit je nach Unterart November bis Mai, ♂ und ♀ schlagen eine Laichgrube, Eier etwas kleiner als bei der Bachforelle. Über Pflege in der Gefangenschaft siehe Familienbeschreibung.

Salmo trutta fario (Taf. 39)
(LINNAEUS, 1758)
Bachforelle, Steinforelle

Ganz Europa, Island, Kleinasien; darüber hinaus als guter Speisefisch fast überall dort eingebürgert, wo Lebensbedingungen gegeben sind, die denen unserer Forellenbäche entsprechen; mittlere Größe 25 cm.
D 3–4/9–11; A 3/7–8; mLR 110–120. Körper torpedoförmig, seitlich mäßig zusammengedrückt. Besonders ältere Tiere sind oft gedrungen, C nur wenig eingeschnitten. Färbung sehr verschiedenartig. Ober-

seits meist olivgrün bis braungrün, Körperseiten heller grünsilbern oder gelbgrün, Unterseite sehr hell gelblich. Charakteristisch für die Bachforelle sind schwarze und rote, runde, mehr oder weniger blau gesäumte Tupfen. Fettflosse meist mit roten Flecken. Neben sehr dunklen Forellen (Schwarzforelle) kommen auch sehr helle, gelbliche Tiere vor. Jungfische mit 11–13 großen ovalen Querflecken.
Die Bachforelle ist ein charakteristischer Bewohner unserer Gebirgs- und Wiesenbäche. Ihr eigentlicher Lebensraum sind hier die Abschnitte mit kiesigem Untergrund (Forellenregion). Aber auch in größeren Flüssen und in stark durchströmten Teichen und Weihern kann die Art vorkommen. Bachforellen sind Standortfische, die ein Jagdrevier beherrschen. Laichzeit: Oktober bis Januar, Laichorte: Bachstellen mit Kiesgrund. Hier schlägt das ♀ mit der C eine flache Grube bis 50 cm Durchmesser. Die abgelegten erbsengroßen Eier werden mit Sand bedeckt, Entwicklungszeit 2½–4 Monate. Forellen, besonders Satzforellen aus Brutanstalten, lassen sich in Gefangenschaft unter den in der Familienbeschreibung gegebenen Richtlinien durchaus gut hältern. Sollen mehrere Tiere in einem Aquarium gepflegt werden, so muß auf alle Fälle gewährleistet sein, daß jeder Fisch ein genügend großes Revier einnehmen kann.

Familie Esocidae
Hechte

Langgestreckte, schlanke Raubfische mit breitem, seitlich abgeflachtem Körper, Kopf groß, Maul tief gespalten, mit Fangzähnen besetzt, Maxillare jedoch ohne Zähne. Schnauze abgeflacht. D und A kurz, weit hinten gelegen, gegenüberstehend. Das Verbreitungsgebiet der Esocidae ist auf das Süß- und Brackwasser der nördlichen Halbkugel beschränkt (Abb. 36). Fossil im Oberoligozän von Europa und Asien.

Gattung *Esox* LINNAEUS, 1758

Siehe Familienbeschreibung.

Esox lucius (Taf. 36)
LINNAEUS, 1758
Gemeiner Hecht

Europa (nicht in Spanien), Asien, Nordamerika, im Süß- und Brackwasser; bis 2 m, mittlere Größe 50 bis 70 cm.
D 7–8/13–15; A 4–5/12–14; mLR 105–130. Von familientypischer Gestalt. Färbung örtlich recht verschieden. Junge, einjährige Tiere sind vorwiegend grasgrün mit graugrünen Schattierungen (Grashechte). Ältere Hechte zeigen eine braune, moos- oder dunkelgrüne Oberseite mit goldigen Glanzflecken am Kopf. Der Farbton des Rückens setzt sich meist in Form sehr unregelmäßiger, nach vorn gerichteter Streifen auf die Körperseiten fort, zwischen diese dunklen Partien schiebt sich in Form von Flecken und Streifen der hellgrüne bis gelbgrüne Farbton der bauchnahen Regionen ein. Bauch selbst hell, meist gelblich. Unpaare Flossen gelbbraun oder rötlichbraun mit dunklen Zeichnungen, paarige Flossen mehr oder weniger rötlich, Auge gelb.
Die Pflege des Hechtes in der Gefangenschaft bereitet, sofern Jungtiere eingewöhnt werden, kaum Schwierigkeiten. Hechte sind widerstandsfähig gegen höhere Temperaturen und vertragen durchaus eine vorübergehende Erwärmung auf 20–22 °C. Jungtiere aus stehenden Gewässern gedeihen bei guter Durch-

Abb. 36 Verbreitungsgebiet der Esocidae

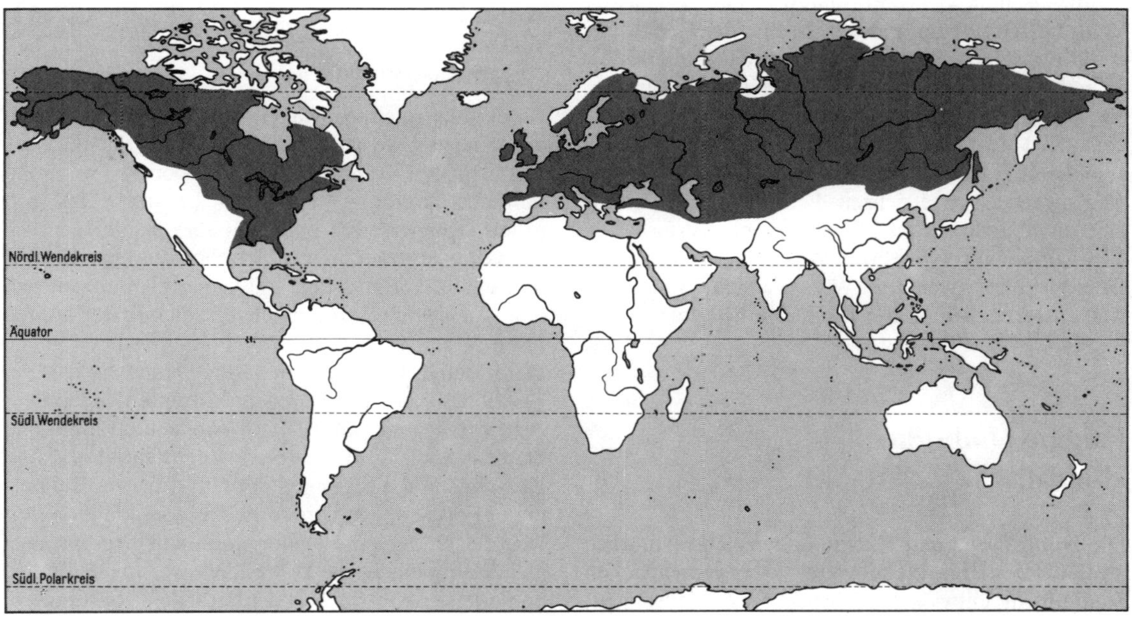

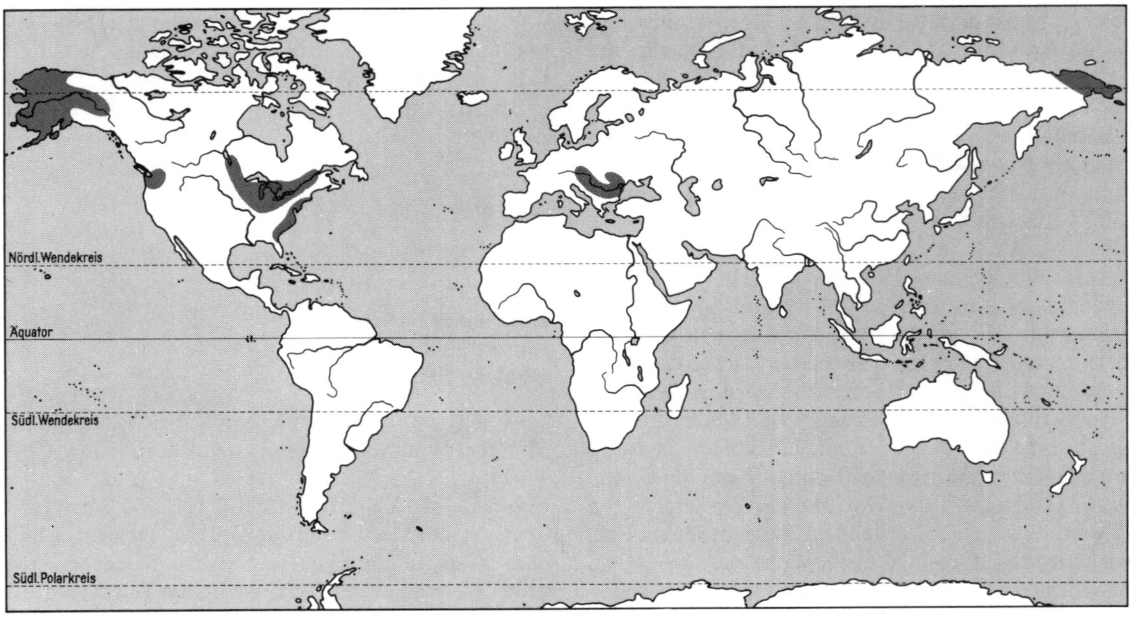

Abb. 37 Verbreitungsgebiet der Umbridae

lüftung sogar in Aquarien ohne Wasserdurchfluß, sehr große Exemplare, wie sie in zoologischen Gärten gezeigt werden, benötigen allerdings dauernde Frischwasserzufuhr. Unter den meist großzügigen Verhältnissen öffentlicher Aquarien lassen sich auch mehrere Tiere vergesellschaften, dagegen sollen in kleinräumigen Zimmeraquarien die Tiere einzeln gepflegt werden. Wie in freier Natur steht der Hecht im Aquarium dicht unter der Wasseroberfläche, am liebsten in lockeren Pflanzenbeständen, und lauert auf Beute, die er im blitzschnellen Vorstoß ergreift. Geht der Stoß fehl, so folgt der Räuber dem flüchtigen Tier nicht, sondern lauert erneut. Fische, die Hauptnahrung des Hechtes, werden mit dem Kopf voran verschluckt; hat der Beutefisch beim Zupacken nicht die richtige Lage, so dreht sich der Hecht wirbelnd um seine Längsachse und schnappt mehrmals nach, bis die Beute richtig liegt. Bei guter Fütterung, das heißt, wenn er hauptsächlich Jungfische erhält, kann der Hecht buchstäblich aus dem Aquarium herauswachsen. Nur selten werden Würmer oder Frösche angenommen. Laichzeit: Februar bis Mai, Laichort: seichte Uferstrecken. Die kleinen ockerfarbenen Eier werden mit Vorliebe an Wasserpflanzen oder an Gräsern überschwemmter Wiesen angeklebt. Für das Kaltwasserbecken ist der Hecht ein hochinteressanter, dankbarer Pflegling.

Familie Umbridae
Hundsfische

Die Hundsfische und Hechte haben sich vermutlich im Laufe des Erdmittelalters aus einer gemeinsamen Stammform entwickelt. Körper etwas gedrungen, seitlich nur wenig abgeflacht, Kopf und Körper mit großen Rundschuppen bedeckt, Maul mit reihenweise angeordneten Samtzähnen (Mundknochen vollständig damit ausgerüstet). Die lange D entspringt etwa in der Körpermitte und endet in gleicher Höhe mit der A; C abgerundet. Zusätzliche Luftatmung mit Hilfe der Schwimmblase. Drei Gattungen: *Umbra*, *Novumbra*, *Dallia*. Fossil vom Untereozän Europas und Oligozän Nordamerikas bekannt. Rezente Verbreitung siehe Abb. 37.

Gattung *Umbra* WALBAUM, 1792

Supramaxillaria fehlen, das Inframandibulare ohne Sinneskanal. Östliche Staaten der USA, Ungarn.

Umbra krameri (Taf. 5)
WALBAUM, 1792
Ungarischer Hundsfisch

Niederösterreich, Slowakei, Donaudelta, Unterlauf des Dnestr, Odessa; ♂ bis 10 cm, ♀ bis 13 cm.
D 15–16; A 7–8; mLR 33–35. Körperform siehe Familienbeschreibung. Oberseits bräunlich bis rotbraun, Körperseiten heller, rehbraun, gelegentlich auch orangefarben, mit zahlreichen dunklen Tüpfeln und einem auffallenden gelblichen bis kupferfarbenen Längsstrich. D bräunlich, oft mit dunkler Tüpfelreihe.
Der in seiner Heimat nicht häufige Hundsfisch ist ein Bewohner von Torfmooren und Sümpfen, hier hält er sich vorwiegend an tieferen Stellen auf und jagt hauptsächlich Insektenlarven. Recht auffallend sind die Schwimmbewegungen der Hundsfische. Bei normaler Fortbewegung greifen abwechselnd Pn und Vn wie die Beine eines galoppierenden Pferdes aus, gleichzeitig macht die D Wellenbewegungen ähnlich denjenigen, wie sie bei Seepferdchen vorkommen.

Diese Mechanik der D erlaubt den Tieren aber auch, waagerecht oder schräg auf- oder abwärts im Wasser zu hängen. Eine weitere Besonderheit ist die zusätzliche Luftatmung mit Hilfe der Schwimmblase. Die Tiere holen dazu Luft von der Wasseroberfläche. Je nach Sauerstoffgehalt des Wassers wird die Schwimmblasenatmung stärker oder schwächer genutzt. Lebensnotwendig ist sie für *U. krameri* nicht. Andererseits kann der Sauerstoffbedarf bis nahezu 100% durch die Schwimmblasenatmung gedeckt werden.
Der Ungarische Hundsfisch sucht zum Ablaichen dichte, feingliedrige Pflanzenbestände oder Wurzelwerk auf. Das ♀ kann auch eine recht einfache Kuhle oder Höhle bauen. Das Gelege wird vom ♀ bewacht. Je nach Temperatur kommen die Jungen nach 6–10 Tagen aus. Jungfische untereinander sehr kannibalisch, in kleineren Tümpeln überleben meist nur 4–5 Tiere.
In Gefangenschaft biete man den Tieren große, dichtbepflanzte Kaltwasseraquarien, deren Temperatur im Sommer jedoch durchaus auf 23 °C steigen kann. Alle Autoren berichten übereinstimmend, daß die Tiere sehr zutraulich werden und ihren Pfleger gut erkennen. Lebendfutter aller Art. Leicht torfiges, weiches Wasser fördert das Wohlbefinden und die Laichfreudigkeit. Widerstandsfähige Art.

Umbra limi (Taf. 5, Abb. 38)
KIRTLAND, 1840
Amerikanischer Hundsfisch

USA, Gebiet der Großen Seen und anschließender Teil des Mississippi-Einzugsgebietes; Größe bis etwa 10 cm.
D 13; A 7–8; mLR 35–37. Insgesamt etwas plumper als die vorhergehende Art, seitlich sehr wenig zusammengedrückt, Schnauze kürzer, insgesamt stärker abgerundet. Olivgrün, an den Körperseiten dunkel gemustert, manchmal mit 14 mehr oder weniger deutlichen Querstreifen, Unterseite gelblich bis weiß, auf der C-Wurzel ein dunkler Querbalken. Zur Laichzeit stark grün schimmernd.
Bei dieser Art ist die zusätzliche Luftatmung lebensnotwendig. Die Tiere gehen selbst in sauerstoffreichem Wasser ein, wenn man sie am Luftholen hindert.
Während der Fortpflanzung sind die ♂♂ schön zitronengelb bis orangerot. Die Eier werden über oder in unmittelbarer Nähe einer kleinen Bodenmulde, aber auch zwischen Pflanzen ausgestoßen. Das ♀ betreibt vermutlich Brutpflege. Die Jungfische kommen nach etwa sechs Tagen aus. Der interessante Kaltwasserfisch ist ein typischer Frühjahrslaicher, Beobachtungen stellte SCHEITZA an (DATZ, 13, 12–14, 1960). Über die Pflege siehe auch bei *U. krameri*.
Gelegentlich wurde auch über die Einbürgerung der nordamerikanischen Art *Umbra pygmaea* (DE KAY, 1842) in Europa berichtet, zuletzt aus Givry-en-Argonne (Marne, Frankreich), Taf. 5.

Abb. 38 *Umbra limi*

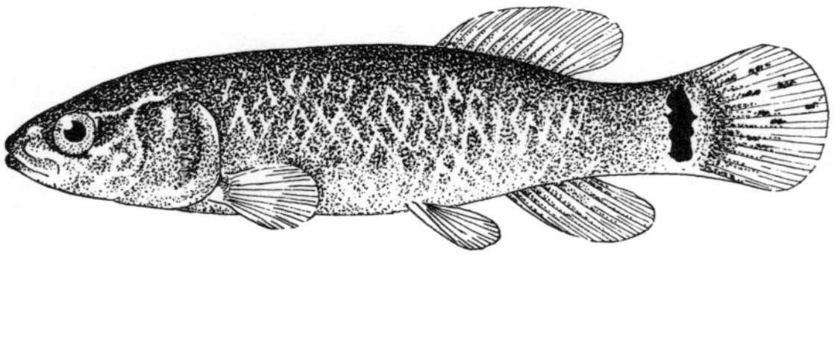

Familie Kneriidae
Schlankfische

In die Ordnung Gonorhynchiformes gehörende Fische, die durch eine Reihe primitiver Merkmale ausgezeichnet sind. Verschiedene Autoren halten sie für primitive Ostariophysi. Der für diese charakteristische schalleitende Apparat (Weberscher Apparat) zwischen Schwimmblase und innerem Ohr ist hier jedoch nicht oder nur als stammesgeschichtliche Vorstufe des Weberschen Apparates ausgebildet. Die Kneriidae kommen nur in Afrika vor und leben in schnellfließenden Bächen. Hinsichtlich der Körperform erinnern sie etwas an unsere einheimischen Schmerlen, jedoch ist der Körper seitlich stärker abgeflacht, der Schwanzstiel schlanker. Färbung unscheinbar. Zwei Gattungen: *Kneria* und *Parakneria*. GREENWOOD und Mitarbeiter (1966) beziehen auch *Cromeria* und *Grasseichthys* in die Familie Kneriidae ein.
Die Gattung *Kneria* zeigt eine bei Fischen seltene Besonderheit: Die ♂♂ haben ein bohnenförmiges Organ, das vor und oberhalb des Brustflossenansatzes liegt und als Occipitalorgan bezeichnet wird. PETERS konnte wahrscheinlich machen, daß es sich dabei um ein Organ im Dienst der Paarung handelt. Die ♂♂ heften sich vermutlich bei der Paarung mit diesem Organ seitlich an die ♀♀ an. Jedenfalls läßt sich im Aquarium beobachten, daß das ♂ im freien Wasser blitzschnell seitlich neben das ♀ schwimmt und mit diesem 10–30 cm durch das Becken schießt.
Eine ausführliche Beschreibung über die Besonderheiten der Familie sowie über die Pflege und Zucht einer eingeführten, nicht näher bestimmten *Kneria*-Art (Taf. 40) gibt PETERS (Aquar. Terr., 14, 184–187, 1967).

Familie Phractolaemidae
Afrikanische Schlammfische

Primitive Süßwasserfische Afrikas (Abb. 39), die nach GREENWOOD, ROSEN, WEITZMAN und MYERS den Kneriidae nahestehen. Besonders charakteristisch sind für die Familie das eigenartige vorstreckbare Maul, die fehlende Fossa temporalis posterior und das Supraoccipitale.
Der Familie gehört nur die nachfolgend beschriebene Art an.

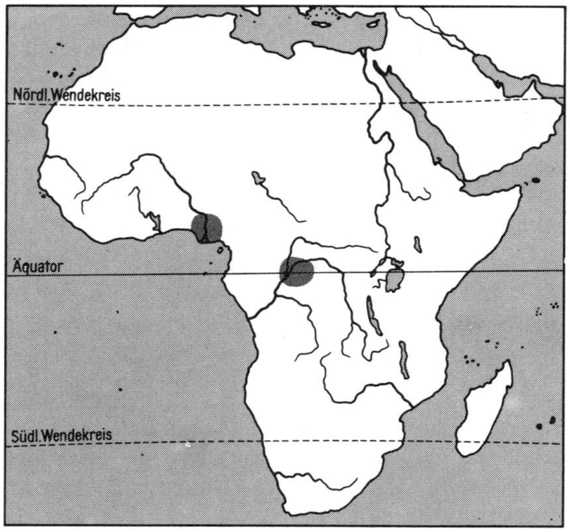

Abb. 39 Verbreitungsgebiet der Phractolaemidae

Phractolaemus ansorgei (Taf. 40)
BOULENGER, 1901
Afrikanischer Schlammfisch

Nigerdelta, Ethiope-River, oberer Kongo (Zaïre); bis 15 cm.
D 6; A 6; mLR 35–40. Körper gestreckt, vorn im Querschnitt fast rund, hinten seitlich etwas abgeflacht, von großen Schuppen bedeckt. Kopf klein und breit. Maul sehr klein, fast unbezahnt und rüsselförmig vorstreckbar. Seitenlinie vollständig. Die sehr große Schwimmblase dient als Hilfsatmungsorgan. Der interessante Fisch ist oberseits meist einheitlich grau, an den Körperseiten heller, oft bräunlich, unterseits hell. Flossen dunkel. Geschlechtsreife ♂♂ sind an den weißlichen Knötchen am Kopf und den zwei Reihen spitzer Auswüchse auf dem Schwanzstiel zu erkennen.
Die Afrikanischen Schlammfische bewohnen in ihrer Heimat schlammige, stark verkrautete Gewässer und ernähren sich von Kleingetier, das mit dem vorgestreckten Maul aus dem Schlamm gepflügt wird. In der Gefangenschaft halte man die Art recht dunkel und biete weichen Bodengrund. Sehr wärmebedürftig, 25–28 °C. Als Futtertiere eignen sich besonders kleine Würmer aller Art (Tubifex, Enchyträen, Grindal), rote Mückenlarven, tote Wasserflöhe und auch Kunstfutter; die Art soll nach HOLLY auch abgestorbene Pflanzenteile fressen. Leider wurden bislang nur Einzeltiere importiert, so daß Zuchtversuche in größerem Umfang noch nicht durchgeführt werden konnten. Sehr interessante, seltene Art, über die leider wenig bekannt ist.

Unterordnung Characoidei
Salmlerverwandte

Von den etwa 1200–1300 rezenten Arten sind fast 200 in Afrika und 1000–1100 in Süd-, Mittel- und im südlichen Nordamerika bis zum Rio Grande beheimatet (Abb. 40). Die ältesten bekannten Fossilien stammen aus der Oberen Kreide Brasiliens. Funde aus dem Eozän Europas, die früher zu den Characoidei gerechnet wurden, müssen aufgrund des fehlenden Weberschen Apparates zu den Salmoniden oder Esociden (Thaumaturidae) gestellt werden. Die meisten Arten sind von barbenähnlicher Gestalt, Abweichungen von diesem Grundtyp sind häufig. Dorsoventral abgeflachte Formen fehlen vollkommen. Körper beschuppt, jedoch kommen Reduktionen bis zum vollständigen Schuppenverlust vor *(Lepidarchus, Gym-*

Abb. 40 Verbreitungsgebiet der Characoidei

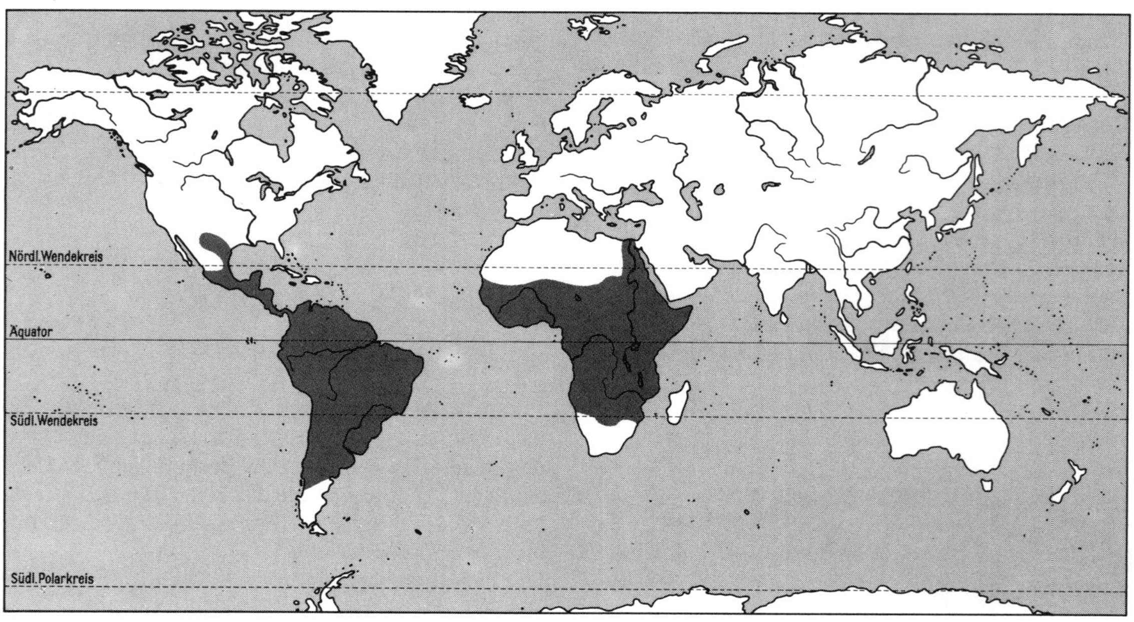

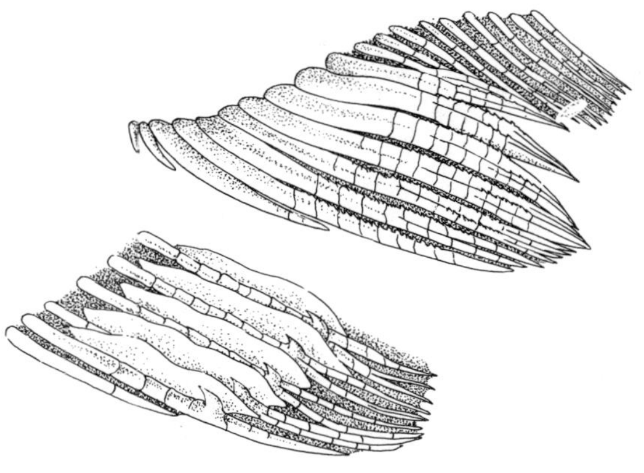

Abb. 41 Männliche Afterflosse von *Cheirodon* (oben) und *Hemigrammus* (unten) (nach GÉRY)

nocharacinus). Kopf unbeschuppt. Einige Arten sind Höhlenbewohner mit reduziertem Auge bzw. Blindformen *(Astyanax fasciatus mexicanus, Stygichthys typhlops)*. Mund nicht vorstreckbar (Ausnahmen: Hemiodidae, Prochilodinae), keine Barteln. Kiefer in der Regel bezahnt, im Oberkiefer erstreckt sich die Bezahnung vorwiegend auf das Praemaxillare, Maxillare meist schwach oder nicht bezahnt. Weiterhin können das Palatinum und Pterygoid im Dach der Mundhöhle Zähne tragen. Die Form der Zähne ist sehr unterschiedlich, einige Familien haben ein reduziertes Gebiß, oder die Zähne fehlen im Alter ganz (Curimatidae). Der für die Ordnung charakteristische Webersche Apparat ist relativ einfach gebaut, selten sind der 2. und 3. Wirbel verschmolzen. Eine kleine Fettflosse hinter der D ist meist vorhanden. Die Flossen sind durch Weichstrahlen gestützt. Die A und V der ♂♂ kann spezialisierte Flossenstrahlen mit kleinen Häkchen aufweisen (Abb. 41, 42). Schwimmblase zweiteilig, mit dem Darm in offener Verbindung, sie hat bei einigen Arten die Funktion eines zusätzlichen Atmungsorgans *(Erythrinus, Hoplerythrinus)*. Zwergformen sind die *Tyttocharax*-Arten (Glandulocaudinae) und die ♂♂ von *Tyttobrycon* (Cheirodontinae). Sie erreichen bei einer Gesamtlänge von 18 mm die Geschlechtsreife. *Hydrocynus goliath* (Hydrocyninae) wird dagegen bis zu 1,5 m lang.

Viele Arten sind Schwarmfische, die auch im Schwarm laichen. Brutpflege kommt nur vereinzelt vor. Jedoch zeigen neuere Beobachtungen, z. B. bei

Abb. 42 Skelett der rechten männlichen Bauchflosse von *Cheirodon ortegai* (nach VARI und GÉRY)

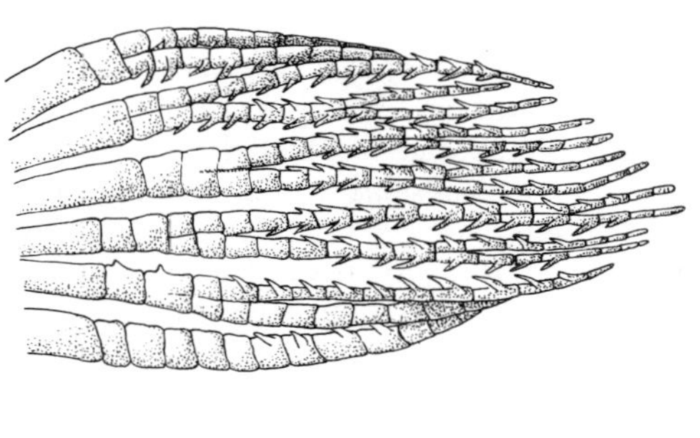

Serrasalmus-Arten, daß unter natürlichen Bedingungen sehr einfache Brutpflegeformen vielleicht häufiger sind, als bislang angenommen wurde. Meist kümmern sich die Elterntiere nicht um den häufig an Pflanzen abgesetzten Laich. Der Verzehr des eigenen Laiches ist vermutlich nur ein Verhalten, daß sich aus den Bedingungen der Gefangenschaft ergibt. Lebendgebärende Arten kommen nicht vor. Zu den Characoidei zählen Fleisch-, Alles- und Pflanzenfresser. Neben hechtartigen Raubfischen (*Hoplias, Ctenolucius, Boulengerella* u. a.) und den im aufgelokkerten Schwarmverband lebenden, räuberischen Piranhas gibt es auch Arten mit halbparasitischer Lebensweise. So ernähren sich *Phago*-Arten (Citharinidae) von den Flossen anderer Fische. Andere wiederum fressen unter natürlichen Bedingungen wahrscheinlich ausschließlich Schuppen, z. B. *Catoprion mento* (Serrasalmidae), *Gnathodolus bidens* (Anostomidae). Auch *Probolodus heterostomus* (Characidae, Cheirodontinae), der *Astyanax fasciatus* nachahmt, ernährt sich vorwiegend von dessen Schuppen. Beide Arten lassen sich äußerlich fast nicht unterscheiden. In den Flüssen der Küstenregion Südostbrasiliens lebt *Probolodus* etwa im Verhältnis von 1 : 10 in den Schwärmen von *Astyanax fasciatus* (SAZIMA, 1977).

Mehrere Characoidei verfügen über akustische Kommunikationssysteme. Trommelmuskeln versetzen die Schwimmblase in Schwingungen und erzeugen so dumpfe Brummtöne. Die biologische Bedeutung dieser Laute ist z. T. nicht bekannt. Eventuell dienen sie der Verständigung im Schwarm (*Serrasalmus*-Arten) oder der Anlockung der ♀♀ und deren sexueller Stimulierung (*Prochilodus*). Die Laute der *Prochilodus*-Arten gleichen Chorgesängen, sind meist weithin hörbar und werden von den einheimischen Fischern für effektive Fänge genutzt. Besonders in Südamerika haben viele der größeren Arten trotz des grätenreichen Fleisches Bedeutung für die menschliche Ernährung.

Zahlreiche kleinere Arten sind aufgrund ihrer Farbigkeit, Lebhaftigkeit, Verträglichkeit gegenüber anderen Fischen und nicht zuletzt wegen ihrer relativ leichten Züchtbarkeit beliebte Aquarienfische.

Für die systematische Gliederung der Unterordnung konnte bislang keine allseitig befriedigende Lösung gefunden werden. Diese Situation ist in erster Linie durch die Tatsache bedingt, daß nur wenige Fossilien vorliegen und die Periode des Materialsammelns bei weitem noch nicht abgeschlossen ist. Auch sind von vielen Arten die Verbreitungsgebiete nur unzureichend bekannt.

Die vorliegende Gliederung folgt im Prinzip dem von GÉRY in seinem Buch »Characoids of the world« (T. F. H. Publications, Inc. Ltd., 1977) verwendeten System. Folgende systematische Kategorien werden in der angegebenen Reihenfolge behandelt:

Characoidei Amerikas
  Familie: Characidae
    Unterfamilie: Characinae

Unterfamilie: Bryconinae
Unterfamilie: Paragoniatinae
Unterfamilie: Aphyocharacinae
Unterfamilie: Glandulocaudinae
Unterfamilie: Stethaprioninae
Unterfamilie: Tetragonopterinae
Unterfamilie: Cheirodontinae
Familie: Serrasalmidae
Unterfamilie: Mylinae
Unterfamilie: Serrasalminae
Unterfamilie: Catoprioninae
Familie: Gasteropelecidae
Familie: Erythrinidae
Familie: Ctenoluciidae
Familie: Crenuchidae
Familie: Characidiidae
Familie: Lebiasinidae
Unterfamilie: Lebiasininae
Unterfamilie: Pyrrhulininae
Familie: Hemiodidae
Familie: Anostomidae
Familie: Curimatidae
Unterfamilie: Chilodinae
Unterfamilie: Curimatinae
Unterfamilie: Prochilodinae
Characoidei Afrikas
Familie: Hepsetidae
Familie: Alestidae
Familie: Citharinidae
Unterfamilie: Citharininae
Unterfamilie: Distichodinae
Unterfamilie: Ichthyoborinae

Familie Characidae

Echte Salmler

Mit über 700 Arten, deren Verbreitung der der Unterordnung in Südamerika entspricht (Abb. 40), artenreichste Familie der Characoidei. Meist kleinere und kleinste Fische von typischer Fischgestalt. Aber auch gestreckte, spindel-, tropfen- oder talerförmige Typen sind bekannt. Praemaxillare mit 1–2, seltener mit 3–4 Zahnreihen *(Brycon, Creagrutus)*. Maxillare relativ groß, bezahnt oder unbezahnt. Dentale mit einer, seltener mit zwei Reihen meist konischer, oft mehrspitziger Zähne (Abb. 43). Die Form und Anordnung der Zähne ist eines der wichtigsten taxonomischen Merkmale. D kurz (10–13 Flossenstrahlen), meist in der Mitte des Körpers angesetzt, im abgespreizten Zustand häufig spitzsegelförmig. A relativ lang, C tief eingeschnitten, bei einigen Arten mit verlängerten Mittelstrahlen oder verlängertem unteren Lappen. Die meisten Vertreter sind Schwarmfische mit oft prächtiger Färbung. Salmler aus dunklen Urwaldgewässern vom Schwarzwassertyp zeigen stark irisierende, farbige Körperpartien, Linien, Flecken oder Punkte. Dabei handelt es sich um spezialisierte Hautbezirke mit reflektierenden Guanophoren als Grundschicht und darüberliegenden modifizierten

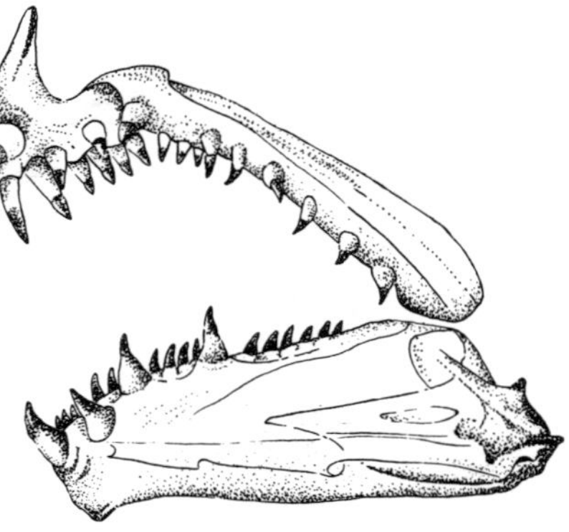

Abb. 43 Gebiß von *Exodon* (nach Géry)

Chromatophoren mit farbigen Pigmenten. Die irisierenden Partien dienen der Arterkennung und dem Zusammenhalt des Schwarmes im Halbdunkel der Urwaldgewässer.
Das Fortpflanzungsverhalten ist relativ einheitlich. Die Eier werden meist zwischen Wasserpflanzen im freien Wasser ausgestoßen und kleben an Substraten fest. In einigen Gattungen *(Corynopoma, Glandulocauda)* übertragen die ♂♂ Samenfadenpakete, wobei die A als Klammerorgan von Bedeutung ist. Die ♀♀ speichern die Samenfadenpakete im Eileiter. Die Besamung der Eier erfolgt jeweils kurz vor der Eiabgabe (Ovoviviparie). Balz und Paarung der freilaichenden Arten verlaufen unter Aquarienbedingungen nach einem einheitlichen Grundschema (Stallknecht 1961, 1962, 1965). Nach einem Kontaktschwimmen in parallelen Schwimmlinien oder Schwimmkreisen beginnt die eigentliche Balz durch Rammstöße, die vom ♂ oder ♀ ausgeführt werden können. Locktänze des ♂ schließen sich an. Das laichbereite ♀ folgt dem flatternden ♂ zunächst ruckweise, überholt dieses schließlich und wird dann von unten her vom ♂ in eine Drehbewegung um eine gedachte senkrechte oder waagerechte Achse geführt. Dabei greifen die Vn ineinander. Ei- und Samenzellen werden gleichzeitig ausgestoßen. Die Dauer der einzelnen Phasen und die Art der Ausführung kann von Gattung zu Gattung, aber auch innerhalb einer Gattung variieren. Die Drehung kann nach links oder rechts erfolgen. Die Richtung der Drehbewegung ist von der stärker rechts- oder linksseitigen Entwicklung des Ovars abhängig. Gedreht wird in die dem stärker entwickelten Ovar entgegengesetzte Richtung. Die ♂♂ können auf eine Drehrichtung spezialisiert sein. Weitere Einzelheiten sowie Pflege und Zucht siehe bei den einzelnen Gattungs- und Artbeschreibungen. Insgesamt lassen sich die Characidae nach Géry (1977) in die zwölf folgenden Unterfamilien gliedern:
Agoniatinae, Rhaphiodontinae, Characinae, Bryconinae, Clupeacharacinae, Paragoniatinae, Aphyocharacinae, Glandulocaudinae, Stethaprioninae, Tetragonopterinae, Rhoadsinae, Cheirodontinae. Die Unterfamilien Agoniatinae, Rhaphiodontinae, Clupeacharacinae und Rhoadsinae werden hier nicht behandelt. Innerhalb der beschriebenen Unterfamilien sind die Gattungen alphabetisch geordnet.

Unterfamilie Characinae

Langgestreckte bis mäßig hohe Raubfische. Das Maul ist groß, schräg nach oben gerichtet bis endständig, das Maxillare lang und meist vollständig bezahnt. Kopfprofil zu Beginn häufig waagerecht und dann steil ansteigend. Besonders charakteristisch sind große Hundszähne (konische, oft nach hinten geneigte Zähne) und außerhalb des geschlossenen Maules liegende, warzenartige Reißzähne (*Exodon, Roeboides* u. a.) (Abb. 43). Einige Arten sind Schuppenfresser. In Süd- und Mittelamerika weit verbreitet. Etwa 18 Gattungen.

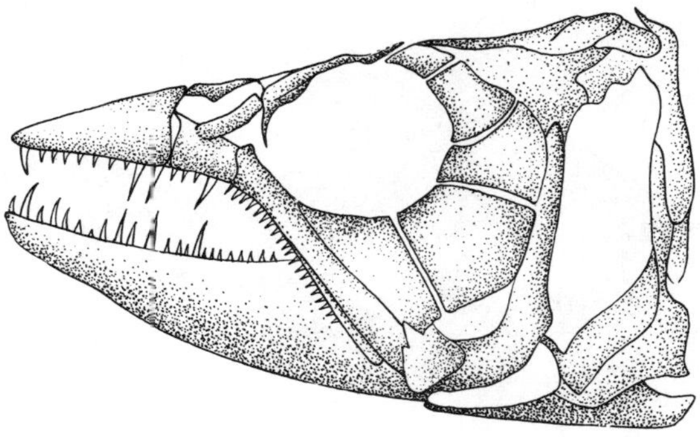

Abb. 44 Gebiß und Kopfskelett von *Acestrorhynchus* (nach GÉRY, verändert)

Gattung *Acestrorhynchus* EIGENMANN und KENNEDY, 1903

Größere (bis max. 30 cm), hechtartige Raubfische mit großem, tiefgespaltenem Maul. Bezahnung ausschließlich aus Hundszähnen bestehend (Abb. 44). Fischfresser. Südamerika. 13 Arten.

Acestrorhynchus microlepis (Abb. 45)
(SCHOMBURGK, 1841)

Amazonasstromgebiet, Guayana; bis 30 cm.
D 11; A 28–33; mLR 93–114. Körper langgestreckt, spindelförmig , Kopf hechtartig. Das stark bezahnte Maul ist tief gespalten, D sehr weit hinten eingelenkt, Schuppen sehr klein. Färbung nach RACHOW (textl. abgeändert): Größere Tiere sehr bunt, Rücken und Kopfoberseite grünlich, hintere Kopfpartie rot, Brust- und Bauchgegend rötlich, Körperseiten bläulichgrün mit einer deutlichen dunklen Fleckenlängsreihe, die auf der Schwanzwurzel in einem großen, dunklen Fleck endet. Kein oder nur ein sehr kleiner dunkler Schulterfleck. D, Fettflosse und oberer Teil der C ziegelrot, C-Mitte dunkel, der untere Lappen gelblich bis orange, die übrigen Flossen bläulich, A außerdem mit dunkelblauen Punkten. Jüngere Tiere sind hellbraun mit deutlicher Fleckenlängsreihe. Geschlechtsunterschiede unbekannt.
Diese schon durch ihre Form als hechtartiger Raubfisch gekennzeichnete Art läßt sich nicht leicht an die Bedingungen der Gefangenschaft gewöhnen. Vor allem ist es nicht leicht, den Heißhunger der Tiere, die fast ausschließlich von kleinen Fischen leben, zu stillen. Große Aquarien mit dichten Pflanzenecken sagen den Lebensbedürfnissen dieser Art am besten zu. Temperatur 24–28 °C. Für das Zimmeraquarium eignen sich nur Jungtiere. Noch nicht nachgezüchtet. Auch *Acestrorhynchus falcatus* (Taf. 6) wurde importiert.

Gattung *Charax* GRONOVIUS, 1763

Kopfprofil zu Beginn waagerecht, Rückenlinie dann sehr steil ansteigend. SL vollständig. Praemaxillarzähne in zwei, oft unregelmäßigen Reihen, Dentale mit einer Zahnreihe. In beiden Kiefern einzelne kleine Außenzähne. A lang, unbeschuppt. Südamerika, weitverbreitet. Fünf Arten.

Charax gibbosus (Taf. 6, Abb. 46)
(LINNAEUS, 1758)

Guayana, mittlerer und unterer Amazonas, Rio Paraguay; bis 15 cm.
D 10–11; A 50–52; mLR 58–60; QR 16/9. Erinnert hinsichtlich seiner Körperform an *Roeboides guatemalensis*. Zart gelblichbraun mit Silberglanz, besonders in der Jugend durchscheinend, Rückenseite oft nur um weniges dunkler, grünlich schimmernd, Bauchseite hell. Besonders der obere Bereich der Körperseiten ist dicht mit Glanztüpfeln besetzt, die je nach Beleuchtung silbrig bis messingfarben oder grün aufblitzen, hinter dem Kiemendeckel ein dunkler, länglicher Schulterfleck. Flossen farblos durchsichtig, höchstens an der Basis zart bräunlich oder grünlich. ♀ meist etwas größer und voller. ♂ schlanker, zur Laichzeit treten besonders gelbe Farbtöne stärker hervor.
Pflege wie bei *Roeboides guatemalensis* angegeben, recht friedlich. Die Zucht ist in großen Zimmeraquarien bereits geglückt.

Abb. 45 *Acestrorhynchus microlepis*

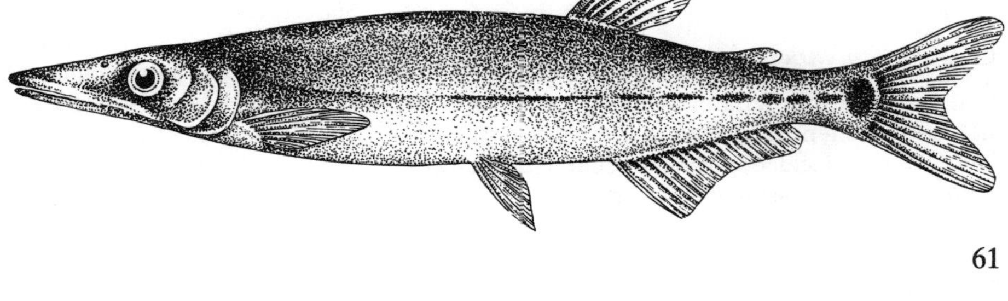

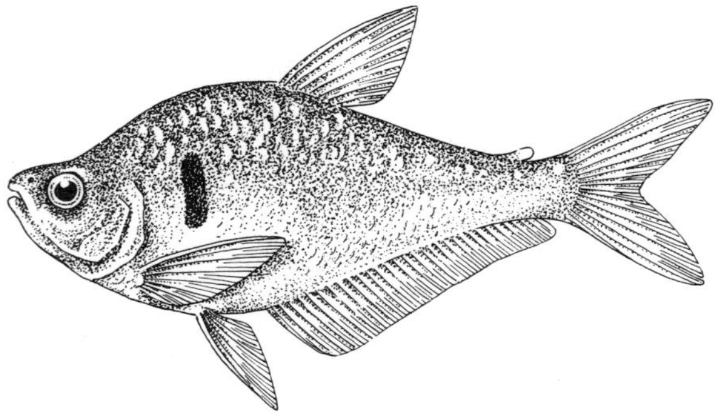

Abb. 46 *Charax gibbosus*

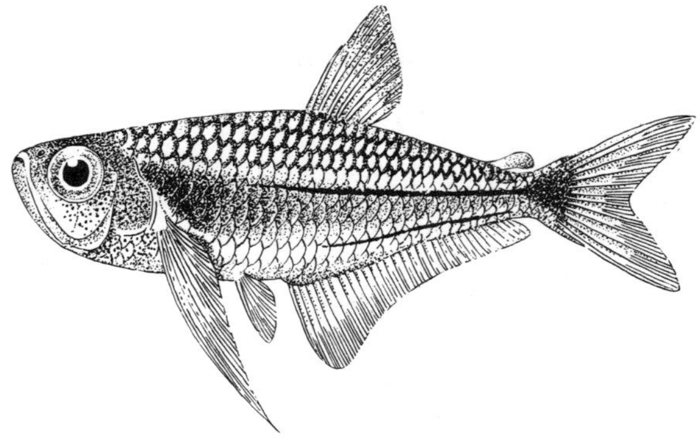

Abb. 47 *Gnathocharax steindachneri*

Gattung *Exodon* MÜLLER und TROSCHEL, 1844

Maul endständig, Bezahnung kräftig, Praemaxillare mit drei außerhalb des geschlossenen Maules liegenden Zähnen (Abb. 43) und einem deutlichen dorsalen Fortsatz. Untersuchungen des Mageninhaltes von Wildfängen ergaben große Mengen z. T. angedauter Schuppen anderer Fische. Eine Art.

Exodon paradoxus (Taf. 5)
MÜLLER und TROSCHEL, 1844
Zweitupfensalmler

Amazonasgebiet einschließlich des Rio Branco (Guyana); bis 15 cm.
D 10–11; A 19–22; mLR 39; QR 9/6. Körper langgestreckt, seitlich stark zusammengedrückt, Fettflosse vorhanden, A kurz. Alte Exemplare oft einheitlich gelbgrau mit undeutlichen Flecken. Jüngere Tiere zart gelblich mit prächtigen Glanzzonen im unteren Bereich der Körperseiten, die je nach Belichtung intensiv silbern oder in allen Farben des Regenbogens aufleuchten können, Unterseite silbrig. Besonders charakteristisch für diese Art sind zwei große runde, tiefschwarze, oft hell eingefaßte Flecke (siehe Taf. 5). Flossen zumindest an der Basis gelblich. Mitte und Spitze der D, Spitzen der C, Vorderkante der A und meist die ganzen Vn leuchtend blutrot. ♀ zumindest während der Laichzeit kräftiger.
Diese sehr lebendige und gut springende (!) Art entfaltet besonders in großen Aquarien, die genügend freien Schwimmraum bieten, ihre ganze Pracht. Gedämpftes Sonnenlicht und weiches, leicht torfhaltiges Wasser fördern das Wohlbefinden, 23–28 °C, Lebendfutter aller Art. Nicht mit kleinen Arten vergesellschaften. Laicht nach sehr stürmischem Treiben zwischen Wasserpflanzen. Aufzucht der nach 25–30 Stunden auskommenden Jungfische nicht einfach. *E. paradoxus* ist einer der prächtigsten Salmler.

Gattung *Gnathocharax* FOWLER, 1913

Eng verwandt mit der Gattung *Gilbertolus*, mit der sie den gekielten Bauch- und Afterbereich (ähnlich den Gasteropelecidae) gemeinsam hat. Unterschiede betreffen die unvollständige SL (im Gegensatz zu der vollständigen bei *Gilbertolus*), mLR 33–35 (anstatt 58–68) und die mit 26–32 geteilten A-Strahlen kürzere A (40–50 bei *Gilbertolus*). Eine Art.

Gnathocharax steindachneri (Taf. 6, Abb. 47)
FOWLER, 1913

Guayana, oberes Orinokogebiet, Amazonasgebiet, Rio Negro; bis 6 cm.
D 2/6/1; A 3/31/1; P 1/15; V 1/7; mLR 33; QR 10; SL 6. Körper langgestreckt, P deutlich verlängert. Die Färbung variiert entsprechend dem großen Verbreitungsgebiet stark. Silberfarben, meist durchscheinend. Iris des großen Auges oben leuchtend rot, Flossen gelblich, C mit rötlichen und schwarzen Punkten an der Basis. ♀ hochrückiger, kompakter, ♂ deutlich schlanker.
Pflege siehe *Roeboides guatemalensis*. Gute Springer! Noch nicht gezüchtet.

Gattung *Oligosarcus* GÜNTHER, 1864

Kiefer ausschließlich mit Hundszähnen besetzt (keine drei- bis fünfspitzigen Zähne wie bei *Paroligosarcus*). Untergattung *Oligosarcus* mit relativ kurzer Schnauze (etwa gleich dem Augendurchmesser), konvexem Kopfprofil und keinen Außenzähnen. Untergattung *Acestrorhamphus*: Schnauze zugespitzt, länger als der Augendurchmesser, das Kopfprofil steigt gleichmäßig an, Körper deutlich gestreckter, bei geschlossenem Maul ist der erste Hundszahn des Unterkiefers noch sichtbar. Südostbrasilien sowie Paraguay und Uruguay, fehlt im Amazonasgebiet. Zwölf Arten.

Oligosarcus (Acestrorhamphus) hepsetus (Taf. 41)
(CUVIER, 1842)
Schwanztupfensalmler

Südöstliches Brasilien, weitverbreitet; bis 20 cm.
D 11; A 30; mLR 72. Körper langgestreckt, seitlich abgeflacht. Die D steht ungefähr in der Körpermitte, A lang, Fettflosse vorhanden, Schuppen klein, SL vollständig, leicht nach unten durchgebogen. Maulspalte groß, Gebiß sehr kräftig. Oberseite braunoliv, Körperseiten silbrig mit geringem bläulichem Schim-

mer und einem schmalen dunklen Längsstreifen, der aus einem schwarzen Schulterfleck entspringt und hinten in einen rautenförmigen Fleck mündet, der meist hellgelb eingefaßt ist. Flossen farblos. Geschlechtsunterschiede sind nicht bekannt.

Raubfisch, kaum für Zimmeraquarien geeignet, jedoch für jeden zoologischen Garten interessantes, gut ausdauerndes Schauobjekt; leider werden die Tiere nur selten eingeführt. 24–25 °C, Lebendfutter wie Fische, große Insektenlarven, außerdem Kalb- und Pferdefleisch, Rinderherz, gelegentlich auch Haferflocken. Noch nicht gezüchtet.

Gattung *Roeboides* GÜNTHER, 1864

Körper ähnlich gestaltet wie bei der Gattung *Charax*, jedoch mit einem Stachel an der Clavicula, einer relativ langen A, brustwarzenähnlichen Stoßzähnen in beiden Kiefern außerhalb des geschlossenen Maules und zwei Reihen »normaler« Zähne im Unterkiefer. Süd- und Mittelamerika, weitverbreitet. Etwa 20 Arten.

Roeboides guatemalensis (Taf. 41)
(GÜNTHER, 1864)
Guatemala-Glassalmler

Mittelamerika, in den östlichen Teilen sehr häufig; bis 10 cm.

D 11; A 47–52; mLR 82–89. Körper langgestreckt, seitlich stark zusammengedrückt, Rücken sehr hoch. Fettflosse vorhanden, SL vollständig und geradlinig. Der ganze Körper ist sehr stark durchscheinend. Zart gelblich mit zahlreichen winzigen Glanztüpfeln, die bei auffallendem Licht silbern aufleuchten. Vom Kiemendeckelhinterrand bis in die C-Wurzel erstreckt sich ein fahlsilbriges, bei geeignetem Lichteinfall türkisblau aufleuchtendes Längsband, das hauptsächlich auf dem Schwanzstiel von einer dunklen Linie begleitet werden kann. Auf der C-Wurzel ein deutlicher dunkler Fleck. Flossen zart gelblich oder farblos, Flossenspitzen gelegentlich leicht rostrot angehaucht. ♀ zur Laichzeit recht kräftig, D meist abgerundet. Beim ♂ D fast immer spitz.

Der Guatemala-Glassalmler schwimmt wie seine Verwandten *R. microlepis* und *Charax gibbosus* nicht in waagerechter Körperlage, sondern leicht vornübergeneigt. Es mag eine Folge dieser Bewegungsart sein, daß bei alten Tieren der untere C-Lappen wesentlich kräftiger als der obere sein kann. Die recht schwimmaktiven Tiere beanspruchen größere Aquarien mit nicht zu dichten Pflanzenbeständen und Sonnenlicht, das eventuell durch einige Schwimmpflanzen stellenweise gedämpft sein kann. Mittelhartes, klares, 1–2 Tage abgestandenes Wasser genügt auch zur Zucht vollkommen.

Gegenüber anderen Fischen – sofern diese nicht wesentlich kleiner sind – friedlich, nur im Futterstreit gelegentlich bissig. 23–25 °C, vorübergehende Abkühlung wird meist gut vertragen. Lebendfutter aller Art. Zucht nicht schwierig, laicht nach stürmischem Treiben zwischen den Wasserpflanzen, sehr produktiv. Aufzucht der nach 25–30 Stunden auskommenden Jungfische leicht; schnellwüchsig.

Roeboides microlepis (Taf. 6)
(REINHARDT, 1849)
Kleinschuppiger Glassalmler

Amazonasstromgebiet; bis 10 cm.

D 12; A 55–60; mLR 110. Ähnlich gestaltet wie die vorhergehende Art, auch hinsichtlich der Durchsichtigkeit steht *R. microlepis* dem Guatemala-Glassalmler – zumindest in der Jugend – kaum nach. Zart lehmgelb, Rücken dunkler, mehr olivgelb, mit zahlreichen recht unregelmäßigen, schmalen, dunklen Querbinden. Ein grünlichmattsilberner Längsstreifen an den Körperseiten verbindet den meist nicht sehr deutlichen Schulterfleck mit einem schwarzen C-Wurzelfleck. Flossen farblos bis zart gelblich. ♀ im geschlechtsreifen Alter wesentlich kräftiger. ♂ insgesamt stärker gelb, zur Laichzeit oft mit orangefarbener Kehle. A breiter als beim ♀.

Pflege und Zucht wie bei der vorhergehenden Art angegeben. Wie diese steht auch *R. microlepis* schräg mit dem Kopf nach unten im Wasser.

Unterfamilie Bryconinae

Größere Characidae mit z. T. forellenartigem Habitus, für die zwei oder mehr Praemaxillarzahnreihen, zwei Reihen von Mandibularzähnen und das Fehlen der Pterygoidzähne charakteristisch ist. Etwa sechs Gattungen.

Gattung *Brycon* MÜLLER und TROSCHEL, 1844

Körper ähnlich gestaltet wie bei den kleineren *Hemigrammus*- oder *Hyphessobrycon*-Arten. Gattungscharakteristisch ist die Bezahnung, die im Unterkiefer aus einem Paar großer konischer und meist mehreren seitlich anschließenden kleineren Zähnen besteht. Zwei große Fontanellen sind in jedem Alter vorhanden. Größere Fische bis zu 30 cm Gesamtlänge. Von Guatemala bis zum Río de la Plata. Etwa 50 Arten.

Brycon falcatus (Abb. 48)
MÜLLER und TROSCHEL, 1844

Guayana und linksseitige Zuflüsse des Amazonas, vermutlich Rio Negro und Rio Branco; bis 25 cm.

D 11; A 4/24–26; mLR 48–53; QR 8½–9½/5. Körper gestreckt, seitlich zusammengedrückt. Fettflosse vorhanden, SL vollständig, fast gerade. Oberseite blaugrau bis olivgrau, Körperseiten silbrig, bei auffallendem Licht bläulich. Der dunkle, runde Schulterfleck ist nicht immer deutlich ausgeprägt. Auf dem Schwanzstiel ein breiter, tiefschwarzer Fleck, der sich auch auf die C ausdehnt und dort deren Form wiederholt (Abb. 48). Im oberen Bereich der Körperseiten

sollen gelegentlich dunkle Längsstreifen hervortreten. Senkrechte Flossen orange bis rot (bei älteren Tieren). A-Basis dunkel. Geschlechtsunterschiede unbekannt.
Die robuste, sehr widerstandsfähige Art eignet sich nur als Jungfisch für Zimmeraquarien. Im allgemeinen ist sie hier nicht anspruchsvoll, selbst vorübergehende Akühlung wird gut vertragen, Vorzugstemperatur 20–22 °C. Sehr gieriger Allesfresser, der bei guter Fütterung sehr schnell wächst.
Eine sehr ähnliche Art *(Brycon brevicauda)* kommt in den rechtsseitigen Zuflüssen des Amazonas vor.

Gattung *Chalceus* Cuvier, 1818

Schuppen in der oberen Körperhälfte groß, in der Bauchregion wesentlich kleiner und zahlreicher. SL vollständig, in der unteren Körperhälfte verlaufend. Unterer C-Lappen meist etwas größer als der obere. Bezahnung ähnlich wie bei der Gattung *Brycon*. Die verwandtschaftliche Stellung der Gattung ist noch nicht vollständig abgeklärt. Früher wurde ihr z. T. der Rang einer eigenständigen Familie zugebilligt (Chalceidae). Vieles deutet aber auf eine enge Verwandtschaft mit der Gattung *Brycon* hin. Größere Tiere erreichen bis zu 25 cm Gesamtlänge. Speisefische. Zwei Arten.

Chalceus macrolepidotus (Taf. 7, Abb. 49)
Cuvier, 1817

Guayana-Länder; bis 25 cm.
D 11; A 11–12; mLR 20–25; SL 37–38. Körper langgestreckt, seitlich zusammengedrückt, die D entspringt geringfügig hinter dem V-Ansatz. Besonders charakteristisch sind die sehr großen Schuppen in der oberen Körperhälfte. Die Färbung, vor allem der Flossen, variiert je nach Herkunft stark. Oberseite dunkelblaugrau, Körperseiten wesentlich heller, grausilbern mit prächtigem grünlichem bis violettem Schimmer auf der mittleren Schuppenreihe. Unterseite fast weiß-silbern. Schulterfleck braun, meist deutlich. D und C graugelb, rötlich oder kräftig blutrot bis zinnoberrot. A und V farblos, gelblich oder rötlich. Geschlechtsunterschiede unbekannt. Zur Pflege der munteren, durchaus nicht räuberischen Art eignen sich große, hellstehende Becken, die genügend Bewegungsfreiheit gewähren (Schwarm-

Abb. 48 *Brycon falcatus*
Abb. 49 *Chalceus macrolepidotus*
Abb. 50 *Holobrycon pesu*

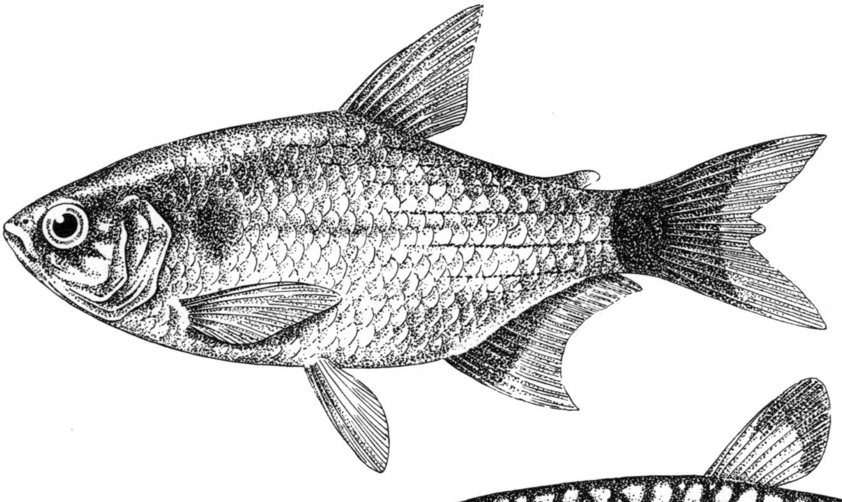

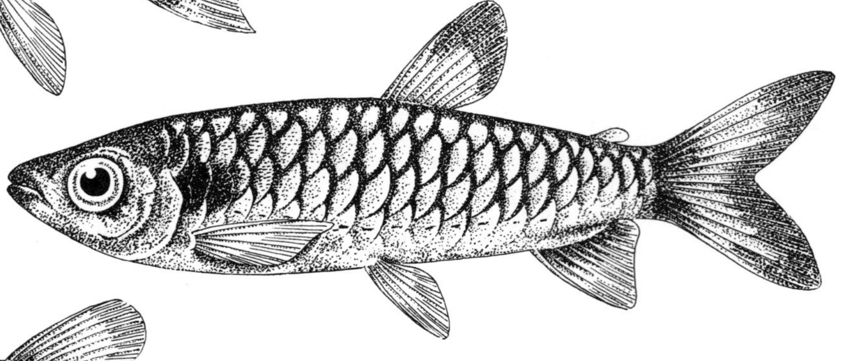

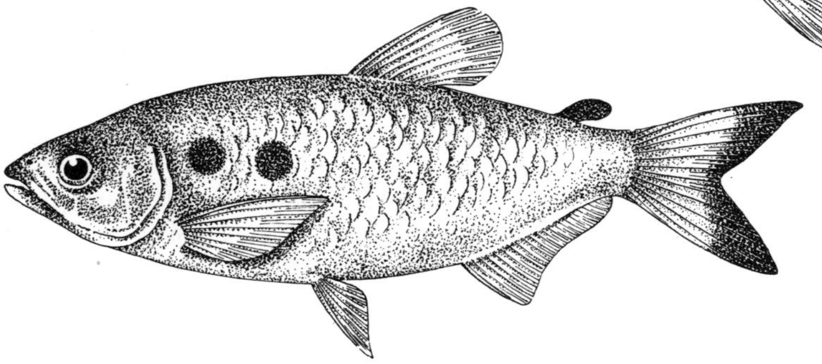

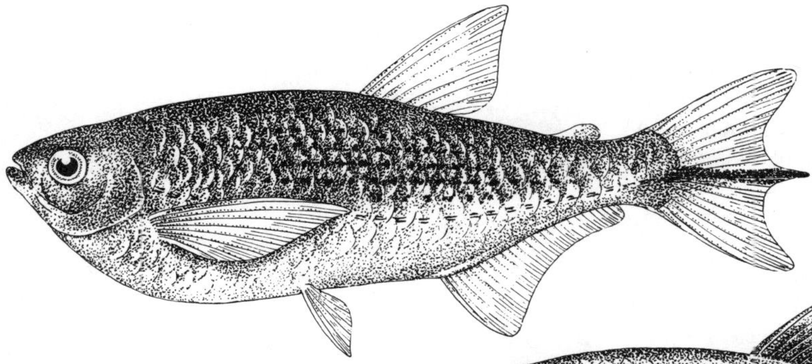

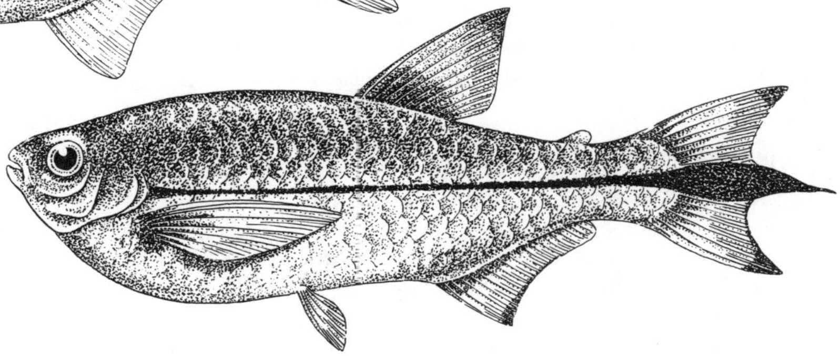

Abb. 51 *Triportheus angulatus*
Abb. 52 *Triportheus elongatus*

fisch!), Temperatur etwa 24–26 °C. Gierige Allesfresser, größere Exemplare nehmen auch Regenwürmer und Fleischstückchen. Die Zucht gelang AZUMA. Die Tiere laichen nach heftigem Treiben über Pflanzenbüscheln. 3000–4000 etwa 1,5 mm große Eier. Die Jungfische schlüpfen nach 48 Stunden und schwimmen am 5. Tag frei. Wachstum bei Fütterung mit *Artemia*-Nauplien schnell.
Ch. macrolepidotus kann außerordentlich gut und weit springen, Vorsicht beim Herausfangen!
Nach ARNOLD (Wochenschr. f. Aquarien- u. Terrarienk., 36, 322, 1939) ist auch *Chalceus erythrurus* COPE, 1870, eingeführt worden. Nach GÉRY (briefl. Mitteilung) können Tiere, die in der Gegend von Manáos und stromaufwärts gefangen werden, *Ch. erythrurus* oder eine Unterart von *Ch. macrolepidotus* sein. Die Formen aus dem Amazonas haben eine gelbe A und wahrscheinlich auch eine gelbe D und Fettflosse.

Gattung *Holobrycon* EIGENMANN, 1909

Körper ähnlich gestaltet wie bei der nahe verwandten Gattung *Brycon*. Gattungscharakteristisch ist jedoch das Fehlen von Fontanellen ab einer Gesamtlänge von etwa 75 mm. Eine Art.

Holobrycon pesu (Abb. 50)
(MÜLLER und TROSCHEL, 1844)

Guayana-Länder, Amazonasgebiet; bis 15 cm.
D 11; A 21–23; mLR 41–44; QR 8 ½ / 3 ½. Körper ähnlich gestaltet wie bei *Brycon falcatus* angegeben. Bläulichglänzend, manchmal mit schwach angedeuteten schwarzen Querlinien. Hinter dem Kiemendekkel befindet sich ein dunkler Schulterfleck. D, V sowie der mittlere Teil der A rostfarben, C mit einem rostfarbenen Band in jedem Lappen, dunkel bis schwarz gerandet. Besonders charakteristisch ist die schwarze Fettflosse. Geschlechtsunterschiede unbekannt.
Pflege siehe *Brycon falcatus*.

Gattung *Triportheus* COPE, 1872

Körper gestreckt, Bauch und Brust gekielt. ausgebuchtet, entfernt an die Beilbauchfische erinnernd. Ähnlich diesen können sich die *Triportheus*-Arten schwirrend über die Wasseroberfläche bewegen, erreichen aber nicht deren Flughöhe und -weite. D weit hinten angesetzt, Fettflosse vorhanden, C eingeschnitten, mittlere Strahlen zipfelartig verlängert, P sehr groß, Kiefer mit doppelter Zahnreihe. Größere Fische bis 20 cm Gesamtlänge. In Südamerika weitverbreitet und z. T. häufig. Neun Arten.

Triportheus angulatus (Taf. 7, Abb. 51)
(SPIX, 1829)
Punktierter Kropfsalmler

Amazonasstromgebiet, weitverbreitet; bis 20 cm.
D 11; A 28–33; mLR 33–38; QR 6/3–4. Körper gattungstypisch gestaltet. Silberfarben, Rücken mehr oder weniger dunkelbraun, Bauch weiß. Schuppen der oberen Körperhälfte mit dunkelbraunen Punkten, die durch bräunliche Längsstreifen miteinander verbunden sind, wodurch 4–5 Längsbinden entstehen. Senkrechte Flossen dunkel, mittlere C-Strahlen schwarz. Geschlechtsunterschiede unbekannt.
Pflege siehe *T. elongatus*.
Von dieser Art sind fünf Unterarten bekannt.

Triportheus elongatus (Abb. 52)
(GÜNTHER, 1964)
Gestreckter Kropfsalmler

Amazonasstromgebiet, Rio Negro, Orinoko, Guayana, weit verbreitet und häufig; bis 20 cm.
D 11; A 27–32; mLR 43–48; QR 6–7/3–4. Körper sehr langgestreckt (Körperhöhe 3,3–3,6mal in der Standardlänge enthalten). Oberseite bräunlich bis olivfarben, Körperseiten silbrig mit grünlichem Schimmer und einem schmalen, dunklen bis schwarzen Längsband, das sich auf der C-Wurzel stark verbreitert und sich auf die verlängerten mittleren Flossenstrahlen

fortsetzt. Gelegentlich ist an den Körperseiten eine bräunliche Punktierung ausgeprägt. Flossen farblos, zart bräunlich getüpfelt, Spitzen der C-Lappen und A schwarz gesäumt. Geschlechtsunterschiede sind nicht bekannt.
Die genügsame, lebendige Art läßt sich in großen, sonnigen Aquarien recht gut pflegen. Temperatur 24–27 °C. Größeres Lebendfutter aller Art, vor allem Insekten und deren Larven, aber auch Trockenfutter. In Gefangenschaft noch nicht nachgezüchtet.

Triportheus rotundatus
(SCHOMBURGK, 1840)

Guayana-Länder; bis 20 cm.
D 11; A 26–27; mLR 33–37; QR 5/3–4. Körper gattungstypisch gestaltet. Rücken helloliv, Bauch und untere Körperhälfte weißlich, Kopf schwärzlich bis fast schwarz. Über der A ein tiefschwarzer Strich. Flossen farblos, P zumindest in der Jugend tiefschwarz. Geschlechtsunterschiede unbekannt.
Pflege siehe vorhergehende Art.

Unterfamilie Paragoniatinae

Characidae mit langgestrecktem, stark zusammengedrücktem Körper und relativ langer A. Einige Arten erinnern entfernt an asiatische oder auch afrikanische Glaswelse. Andere lassen sich nur schwer von Vertretern der Aphyocharacinae unterscheiden *(Prionobrama, Rachoviscus)*. Sechs Gattungen.

Gattung *Leptagoniates* BOULENGER, 1887

Charakteristisch für die Gattung sind die lange A (48–70 Flossenstrahlen), eine vollständige SL, die Fettflosse und das unbezahnte Ectopterygoid. Rio Marañon, Rio Napo, Rio Ucayali, Rio Mamoré. Zwei Arten.

Leptagoniates steindachneri (Abb. 53)
BOULENGER, 1887

Rio Marañon, Rio Napo, Rio Ucayali; bis 10 cm.
D 2/7–8; A 3/64–67; P 1/10–11; V 1/6–7; mLR 44–49; QR 6–7/6–7. Körper sehr langgestreckt und seitlich stark abgeflacht (messerfischartig), ziemlich stark durchscheinend, A sehr lang, Fettflosse vorhanden, SL vollständig, geradlinig. Oberseite zart bräunlich, Körperseiten gelblich, mit einem breiten, silbrigen, bläulich bis grünlich irisierenden Glanzstreifen, der vom Kiemendeckel bis auf den grünlichen Schwanzstiel reicht. Flossen glasartig durchsichtig. Geschlechtsunterschiede unbekannt.
Diese sehr seltene, elegante und bewegliche Art gewöhnt man am besten in nicht zu hell stehenden Bekken ein (entsprechend älteren Mitteilungen benötigt *Leptagoniates* Sonne). Temperatur 20–22 °C. Von einer Vergesellschaftung mit kleineren Arten wird abgeraten. Noch nicht nachgezüchtet.

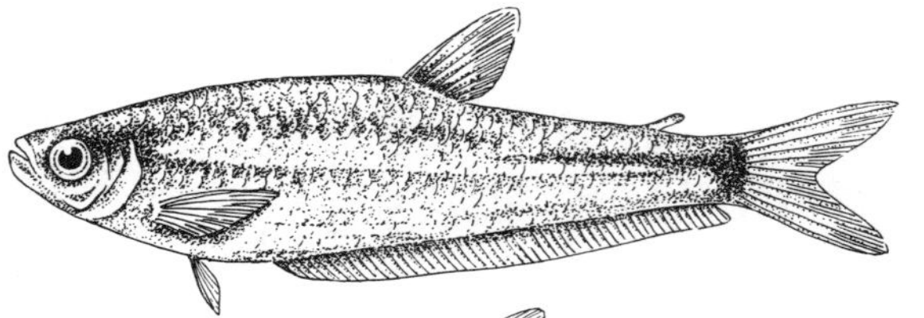

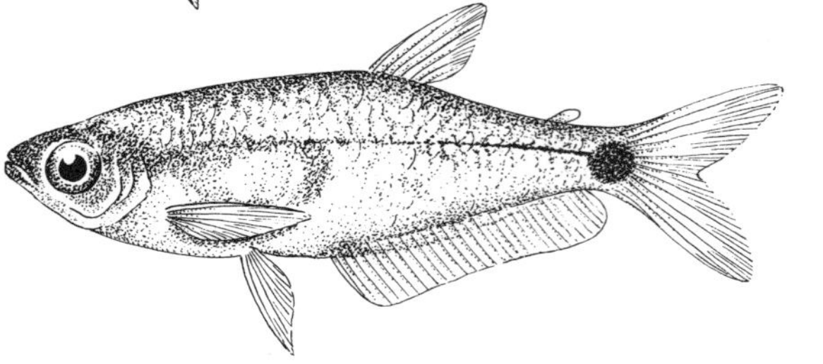

Abb. 53 *Leptagoniates steindachneri*
Abb. 54 *Paragoniates alburnus*

Gattung *Paragoniates* STEINDACHNER, 1876

Besonders charakteristisch für die Gattung sind der verhältnismäßig kurze und hochrückige Körper, die Fettflosse, die unvollständige SL, die recht lange A (43–48 Flossenstrahlen), die mLR mit 39–46 Schuppen und etwa 20 Maxillarzähne. Eine Art.

Paragoniates alburnus (Abb. 54)
STEINDACHNER, 1876

Mittleres und oberes Amazonasgebiet, Venezuela; bis 6 cm.
D 11; A 43–48; mLR 39–46. Körper gattungstypisch gestaltet. Färbung unscheinbar, bläulichsilbern durchscheinend, Bauch silbern. An der Basis der C ein runder, schwarzer Fleck. Flossen farblos bis leicht grau. Geschlechtsunterschiede unbekannt.
Pflege in größeren Aquarien mit großem Schwimmraum. 24–28 °C. Noch nicht gezüchtet.

Gattung *Prionobrama* FOWLER, 1913

Eng verwandt mit der Gattung *Aphyocharax*, von der sie sich durch die längere A (36–37 anstatt 17–27), deren erste Strahlen stark verlängert sind, unterscheidet. SL unvollständig. Zähne in den Kiefern einreihig. Amazonasgebiet, Paraguay und Uruguay-Flußsystem. Zwei Arten.

Prionobrama filigera (Taf. 8)
(COPE, 1870)
Glassalmler

Amazonasstromgebiet, weitverbreitet und häufig; bis 6 cm.
D 2/8; A 3/32/1; P 1/12; V 1/7; mLR 39+4; QR 12; SL 10. Körper langgestreckt, seitlich stark zusammengedrückt. Erste A-Strahlen in beiden Geschlechtern verlängert. Glasartig durchsichtig, hellgraugelb, bei auffallendem Licht zart bläulich bis grünlich schimmernd, Bauch silberfarben. C an der Basis rötlich bis blutrot, meist weit in die Flosse ausstrahlend, A vorn

cremefarben bis weiß. ♀ kräftiger, größer, erste Strahlen der A stärker verlängert. ♂ schlanker, kleiner, in der A folgt manchmal auf die weiße Vorderkante ein schwarzer Strich.
Pflege leicht, Allesfresser, 22–28 °C, Schwarmfisch. Laicht meist in den Vormittagsstunden nahe der Wasseroberfläche zwischen Pflanzen. 200–350 etwa 1 mm große Eier, die bei 27 °C etwa nach 14–15 Stunden schlüpfen. Anzucht mit *Artemia*-Nauplien, Aufzucht leicht. FRANK (DATZ 34, 386–389, 1981) berichtet ausführlich über die Zucht.

Gattung *Rachoviscus* MYERS, 1926

Der vorhergehenden Gattung nahestehend, unterscheidet sich aber durch die in dem Praemaxillare unregelmäßig angeordneten Zähne, so daß fast der Eindruck von zwei Reihen entsteht, wie man sie bei den Tetragonopterinae findet. A abgerundet, Schwanzstiel viel höher als lang. Zwei Arten.

Rachoviscus crassiceps (Abb. 55)
MYERS, 1926
Dickkopfsalmler

Umgebung von Rio de Janeiro, Paraná; bis 4,5 cm, ♀ kleiner.
D 2/9; A 4/25–28; P 1/12–15, V 1/5; mLR 33–39; QR 15. Körper gedrungen, Kopf groß und dick, Maul groß. Schwach blaugrün, Rücken bräunlich, Bauch gelblichweiß. Vom Kiemendeckel zur C-Wurzel zieht ein sich hinten verbreiterndes, dunkles Band, das bei auffallendem Licht vorn mattrot, hinten aber leuchtend dunkelrot gefärbt ist. Der ganze Körper ist mit blaugrünen Punkten übersät. Flossen farblos, D und A am Außenrand braun, die Fettflosse weinrot. ♀ matter gefärbt, D und A kleiner als beim ♂. ♂ wie oben angegeben gefärbt. Bei schönen ♂♂ ist die C oben und unten gelblichbraun gesäumt, A und V mit kleinen Häkchen. Der Dickkopfsalmler beansprucht geräumige Becken mit dichten Pflanzengruppen, weiches Wasser, 20–23 °C, Lebendfutter. Das Laichgeschäft soll sehr stürmisch sein, über die Aufzucht ist nichts bekannt. Sehr schöne, aber auch recht aggressive Art, die im Aquarium einzeln gehalten werden muß.

Gattung *Xenagoniates* MYERS, 1942

Charakteristisch ist das mit wenigen Zähnen besetzte Ectopterygoid. Fettflosse vorhanden, SL unvollständig. Eine Art.

Xenagoniates bondi (Abb. 56)
MYERS, 1942

Kolumbien und östliches Venezuela; bis 6 cm.
D 10; A 63–66; P 13; V 7; mLR 50–51. Körper langgestreckt, seitlich sehr stark zusammengedrückt. Glasartig durchsichtig, leicht grünlich schimmernd, Bauch silbern. Untere Körperhälfte teilweise mit

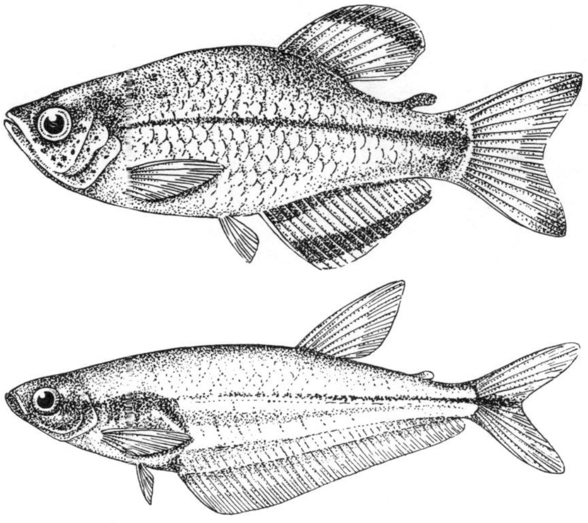

Abb. 55 *Rachoviscus crassiceps*
Abb. 56 *Xenagoniates bondi*

dünnen dunklen Querstrichen. In der Körpermitte eine schmale, gelblich glänzende Längsbinde. Flossen durchscheinend. Geschlechtsunterschiede unbekannt.
Pflege siehe *Prionobrama filigera*. Zucht noch nicht gelungen. Sehr selten importierte Art.

Unterfamilie Aphyocharacinae

Diese Unterfamilie wird nur durch die Gattung *Aphyocharax* Günther, 1868, mit 9–10 Arten vertreten. Alle Kiefer mit einer Reihe meist 3spitziger Zähne. Besonders charakteristisch ist jedoch die starke Entwicklung des 1. Postorbitale, eines Schädelknochens hinter dem Auge, der in allen anderen Unterfamilien meist reduziert vorliegt.

Aphyocharax alburnus (Taf. 8)
(GÜNTHER, 1869)
Laubensalmler

Amazonas- und Orinokogebiet; bis 7 cm.
D 10; A 20; mLR 37. Körper schlank, *Danio*-ähnlich. Zart graugrün mit starkem bläulichem Silberglanz an den Körperseiten, der besonders intensiv auf zwei bis drei mittleren Schuppenlängsreihen hervortritt. Rükkenseite olivfarben, Bauch silbern. Flossen farblos, C-Wurzel und der wurzelnahe Teil des unteren Flossenlappens blutrot. Ein dunkler Schulterfleck tritt nach ARNOLD meist nur undeutlich hervor. ♂ schlanker, kleiner, kräftiger gefärbt.
Pflege wie bei *A. anisitsi* angegeben. Noch nicht nachgezüchtet. Eine sehr ähnliche, jedoch nicht ganz so kräftig rote Art, *Aphyocharax erythrurus* EIGENMANN, kommt in Westguayana vor und wurde vermutlich nur in den USA eingeführt. Die Art wird 7 cm lang. Die Rotfärbung der Schwanzregion verblaßt nach längerer Hälterung. Nach GÉRY ist *A. erythrurus* sehr wahrscheinlich ein einfaches Synonym von *Aphyocharax alburnus* (GÜNTHER).

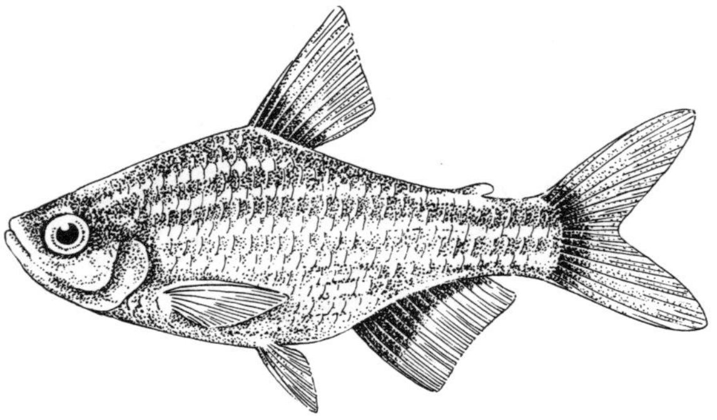

Abb. 57 *Aphyocharax nattereri*

Aphyocharax anisitsi (Taf. 8)
EIGENMANN und KENNEDY, 1903
Rotflossensalmler

Argentinien bis Paraguay; bis 5,5 cm.
D 9–11; A 18–23; mLR 30–35; SL 6–9. Körper schlank, *Danio*-ähnlich. Grundfarbe gelb- bis graugrün, bei auffallendem Licht stark silbrig glänzend. Entlang der SL ein zarter, stumpfer, bläulich-schimmernder Streifen. Außer den Pn und den oberen C-Lappen sind alle Flossen blutrot. ♂ mit feinsten Häkchen an der A. Beide Geschlechter außerhalb der Laichzeit sehr ähnlich gefärbt, zur Laichzeit sind die ♂♂ kräftiger rot.
Friedlicher, munterer Schwarmfisch. Pflege in größeren Becken mit guten Schwimmöglichkeiten. Gegen Temperaturschwankungen ziemlich unempfindlich, verträgt vorübergehend auch 18 °C, gedeiht jedoch am besten bei 24–28 °C. Allesfresser. Zur Zucht wähle man geräumige Becken mit feinfiedrigen Pflanzen und weichem bis mittelhartem Wasser und eine Temperatur um 26 °C. Laichabgabe nach heftigem Treiben in den frühen Morgenstunden. Die Eier werden wahllos ausgestoßen und fallen zu Boden. Nach dem Ablaichen Elterntiere herausfangen (Laichräuber!), Eier glashell. Die Jungen kommen nach ungefähr 30 Stunden aus und hängen in den ersten Tagen an oder nahe der Oberfläche. Kleinstfutter (später aushilfsweise Trockenfutter). Sehr schnellwüchsig. Die Art war bislang als *A. rubripinnis* PAPPENHEIM, 1921, bekannt.

Aphyocharax nattereri (Abb. 57)
(STEINDACHNER, 1882)

Amazonasstrom (Villa Bella); bis 5 cm.
D 9–10; A 23; mLR 30; QR 4/3. Körper etwas gedrungener und höher als bei *A. anisitsi*. Zart graugrün, mit starkem, bläulichem Silberglanz oder schwachem Messingglanz an den Körperseiten; wie bei der Art *A. alburnus* treten auch hier 2–3 mittlere, leuchtend blaugrüne Schuppenlängsreihen bandartig hervor. Bauch weiß (nach PRAETORIUS Schwanzstiel im unteren Teil beim ♂ lilarot). Senkrechte Flossen an der Basis kräftig rot, außen mehr gelbrot, A schwarz gesäumt. Geschlechtsunterschiede unbekannt.
Nach GÉRY sind *A. nattereri* und *A. agassizi* (STEINDACHNER, 1882) vermutlich synonym bzw. stellen ♂♂ und ♀♀ einer Art dar, die dann aufgrund einer Seitenpriorität *A. agassizi* (STEINDACHNER, 1882) heißen müßte.
Pflege wie bei *A. anisitsi* angegeben. Noch nicht gezüchtet.

Aphyocharax rathbuni (Taf. 8, 14)
EIGENMANN, 1907

Stromgebiet des Rio Paraguay; bis 3,5 cm.
D 11; A 19–20; mLR 35; QR 9; SL 7–11. Körper etwas hochrückiger als bei der bekannteren Art *A. anisitsi*. Maul sehr klein. Grundfärbung einschließlich Kiemendeckel und Iris gelblichgrün bis goldgelb. ♀ Flossen farblos, zur Laichzeit kräftiger. Beim ♂ D, A und V mit weißen Spitzen. D an der Basis bei geschlechtlich aktiven ♂♂ mit großem, schwarzem Fleck. Basis von A und C intensiv blutrot, in die Flossen ausstrahlend. Fettflosse ebenfalls kräftig blutrot. In der Pflege anspruchsvoller als vergleichbare Arten. In gering bepflanzten Aquarien mit hellem Bodengrund blaß und scheu. Weiches, leicht saures Wasser mit regelmäßigem Frischwasserzusatz, 25 bis 27 °C. Cyclops, Mückenlarven, zerkleinertes Tubifex. Zucht in kleinen Behältern, bis maximal 40 glasklare Eier. Die Paarung erfolgt zwischen oder an feinfiedrigen Pflanzen (Javamoos) in den unteren Wasserschichten. Die Jungen schlüpfen nach 24–28 Stunden und schwimmen am 6. Tag frei, Anzucht mit Rotatorien oder *Cyclops*-Nauplien, Wachstum schnell. FRANKE (Aquar. Terr. 27, 22–23, 62–64, 1980) berichtet ausführlich über diese Art.

Unterfamilie Glandulocaudinae

Charakteristisch für diese Gruppe ist ein stark ausgeprägter Sexualdimorphismus. Die geschlechtsreifen ♂♂ besitzen an der C-Wurzel eine Drüse (Abb. 58), die von modifizierten Schuppen bedeckt wird und wahrscheinlich Sexuallockstoffe (Pheromone) produziert. Die ♂♂ einiger Arten besitzen eigentümli-

Abb. 58 Schwanzflossendrüse von *Glandulocauda terofali* (nach GÉRY)

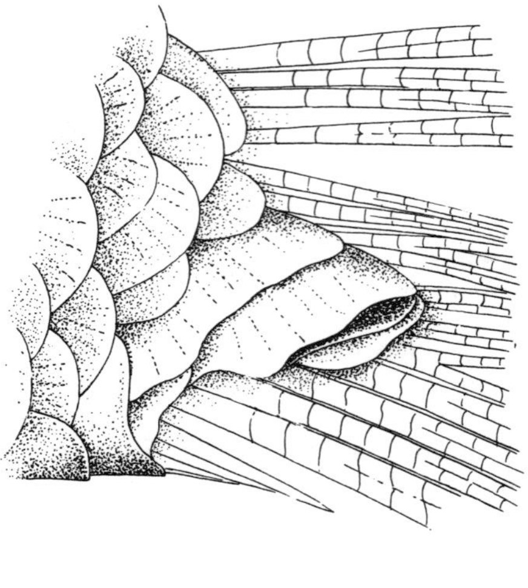

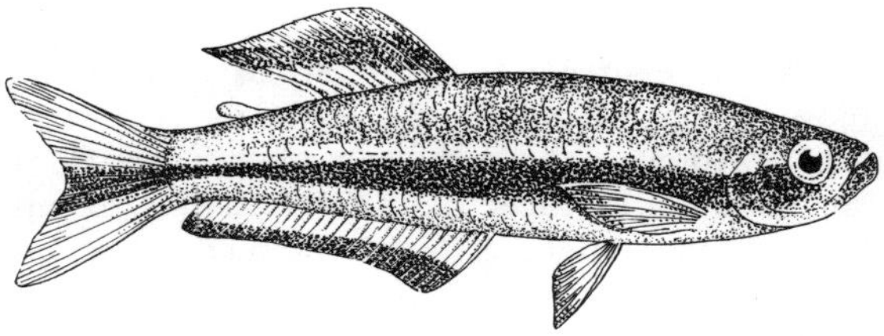

Abb. 59 *Coelurichthys tenuis*

che Bildungen, die die Aufgabe haben, die ♀♀ anzulocken. Bei *Corynopoma* wird dieses Organ aus dem Kiemendeckel und bei *Pterobrycon* aus einer modifizierten Schuppe gebildet. Einige Arten haben eine innere Befruchtung. Mehrere Vertreter sind Oberflächenfische. 16–17 Gattungen.

Gattung *Coelurichthys* DE MIRANDA RIBEIRO, 1908

Mit den Gattungen *Glandulocauda* und *Mimagoniates* eng verwandt. Charakteristisch ist die sehr weit hinten beginnende D, ihre Spitze überragt die Fettflosse. A 4–5/28–32, mLR 40–46 und SL 5–8. Zwei Arten.

Coelurichthys microlepis (Taf. 8)
(STEINDACHNER, 1876)
Kleinschuppensalmler

Brasilien von Rio de Janeiro bis zum Rio Itapoca in Klarwasserflüssen und Bächen; bis 7 cm.
D 10; A 4/28–32; mLR 42–46; SL 5–8. Ähnlich gestaltet wie die nachfolgende Art, jedoch etwas schlanker. Zahlreiche Häkchen auf den A-Strahlen, 36–39 Wirbel. Für diese Art ist die nachfolgende Farbbeschreibung unsicher. Sie gilt für den Fisch, der in der Aquaristik als »*Mimagoniates microlepis*« bezeichnet wurde. Gelblichbraun, bei auffallendem Licht bläulich schillernd. Über die Körperseiten zieht ein sehr breites, sich nach hinten konisch verschmälerndes Band, das im vorderen Abschnitt nur undeutlich hervortritt, auf dem Schwanzstiel jedoch tiefblauschwarz leuchtet. Das dunkle Band setzt sich auf die mittleren Flossenstrahlen der C fort. D grünlich schillernd, in der Flossenmitte tritt deutlich ein blaues Längsband hervor, Basis der A dunkel mit einem breiten schwarzen Band. ♀ A ohne weißen Saum, C-Lappen gleichgroß. ♂ A mit weißem, grünlich leuchtendem Saum, unterer C-Lappen breiter. Pflege und Zucht wie bei der nachstehenden Art angegeben. Auch diese Art zeigt eigenartige Paarungstänze, bei denen die Samenübertragung mehrfach versucht wird. Bislang auch als *Mimagoniates microlepis* bekannt.

Coelurichthys tenuis (Abb. 59)
NICHOLS, 1913

Südostbrasilien; bis 4,5 cm.
D 10; A 4–5/28–30; mLR 40–43; SL 5–6. Körper gattungstypisch langgestreckt, seitlich abgeflacht. Oberseite zart bis kräftig bräunlichsilbern, Körperseiten hell bräunlichgelb, bei auffallendem Licht mattbläulich irisierend, mit breitem tiefblauem Längsband, das unter dem Auge entspringt, sich bis in den unteren C-Lappen ausdehnt und oben von einem schmaleren, grünlich bis kupferrot irisierenden Streifen begleitet wird. Unterseite braungelb bis gelblich, Kiemendeckel grünlich. Flossen zart rotbräunlich bis gelbbraun, D oft rein rotgelb mit dunkler Längsbinde, A bräunlich, gleichfalls mit dunkler Längsbinde. ♀ D abgerundet, C-Lappen nahezu gleichgestaltet. ♂ D fähnchenartig spitz, unterer C-Lappen deutlich breiter.
Pflege und Zucht wie bei *Glandulocauda inaequalis* angegeben. Etwas empfindlich und anscheinend auf weiches Wasser angewiesen. Außerordentlich lebhaft. Die ♂♂ führen eigenartige Paarungstänze auf. Dabei stößt das ♂ blitzschnell auf das ♀ zu, wendet sich zurück und schließt in elegantem Bogen die geschwommene Einfach- oder Achterschleife, um die gleiche Figur vielmals unermüdlich zu wiederholen. Während der außerordentlich kurzen Paarung legt sich das ♂ quer und ringförmig um das ♀ und stößt ein Samenfadenpaket aus, das in den Eileiter gelangt, dort gespeichert wird und so dem ♀ ermöglicht, auch ohne Anwesenheit eines ♂ befruchtete Eier abzulegen. Es ist sogar zu empfehlen, die ♀♀ nach der Paarung zu isolieren. Die Eiablage kann einige Stunden, aber auch erst Tage oder Wochen nach der Paarung erfolgen. Das ♀ klebt dabei die Eier mit Vorliebe an die Unterseite kleinerer Wasserpflanzenblätter, die Jungen schlüpfen nach 24–30 Stunden und sind nicht schwer aufzuziehen. Allerdings konnte gerade *C. tenuis* noch nicht sehr erfolgreich vermehrt werden. Bislang bekannt als *Mimagoniates barberi*.

Gattung *Corynopoma* GILL, 1858

Gattungscharakteristisch sind die vollständige SL, die Fettflosse und der deutlich ausgeprägte Sexualdimorphismus. *Stevardia* ist ein Synonym dieser Gattung. Eine Art.

Corynopoma riisei (Taf. 9)
GILL, 1858
Zwergdrachenflosser

Trinidad, nördliches Venezuela; bis 7 cm.
D 9–11; A 24–30; mLR 38–44; QR 6–7/5. Schlank, zierlich, Rumpf seitlich stark zusammengedrückt. Kiemendeckel der ♀♀ in einen nach hinten gerichteten Dorn auslaufend, Kiemendeckel der ♂♂ durch einen langen, abspreizbaren, bis zur A reichenden löffelartigen Anhang ausgezeichnet. Der untere Teil der C und D ist beim ♂ besonders lang. Durchsichtig, bei auffallendem Licht bronzefarben mit grünbraunem Rücken und silbrigem Bauch. Flossen farblos, höchstens mit einem rötlichen Anflug. Eine nur bei jungen Tieren dunkle Längsbinde bildet an der C-Wurzel einen schwarzbraunen Fleck. Kiemendeckelanhang der ♂♂ in der Paarungszeit porzellanweiß, das löffelförmige Ende ist bei Erregung tiefschwarz.

Pflege der anspruchslosen Art in gut durchsonnten, reichbepflanzten Becken, 22–28 °C. Lebendfutter aller Art. Besonders interessant ist die Fortpflanzungsbiologie der Zwergdrachenflosser, da hier Paarung und Laichabgabe nicht gleichzeitig erfolgen, sondern zeitlich weit getrennt sein können.
Die Paarung wird mit einem zierlichen Liebesspiel eingeleitet. Das ♂ streckt dem ♀ immer wieder die Kiemendeckelanhänge entgegen, deren Enden durch die Erregung tiefschwarz leuchten. Dem ♀ müssen diese schwarzen, leicht zitternden Punkte wohl als Nahrungsobjekte erscheinen, denn es schießt blitzschnell darauf zu. Diesen Augenblick benutzt das ♂, um an die Seite der Partnerin zu gelangen. Die Samenfäden werden nach RICHTER als Spermawolke abgegeben, nach anderen Darstellungen in Form einer Spermatophore in den Eileiter des ♀ eingeführt und dort bis zur Eiablage aufbewahrt. Das einmal begattete ♀ kann so mehrere Male laichen, ohne daß ein ♂ anwesend ist. Das Samenfadenpaket reicht in den meisten Fällen für die ganze Lebenszeit aus. Bei der Eiabgabe treten jeweils einige Samenfäden aus dem Reservebehälter aus und befruchten die Eier noch im Eileiter. Die Jungtiere schlüpfen nach 20–36 Stunden und lassen sich ohne Schwierigkeiten aufziehen.

Gattung *Gephyrocharax* EIGENMANN, 1912

Typisch für die Gattung sind eine gekielte Brust, die kurz hinter der Körpermitte beginnende D, das oberständige Maul und eine modifizierte, dreieckige Schuppe an der Basis des unteren C-Lappens. Bolivianische Anden bis Kostarika. 6–7 Arten.

Gephyrocharax atracaudatus (Abb. 60)
(MEEK und HILDEBRAND, 1912)
Sichelflecksalmler

Panama-Staaten mit Ausnahme des Rio Chane; bis 6 cm.
D 9; A 26–33; mLR 37–43; QR 6/6. Körper gestreckt, seitlich stark zusammengedrückt, D sehr weit hinten eingelenkt, unterer Stützstrahl der C freiliegend, beim ♂ dornartig. Oberseite zart olivgrün, Körperseiten bläulich mit weißlichem, unten hellblau begrenztem Längsstreifen. Unterseite gelblich bis weiß. C-Wurzel mit tiefschwarzem, zwei leuchtende Tüpfel einschließendem Fleck, der sich gabelschwanzartig in die Flosse erstreckt. Flossen farblos. Senkrechte Flossen gelegentlich bei schönen Tieren leicht rötlich. ♀ Körper mehr gedrungen, ohne feinen Dorn unterhalb der C, freier Rand der A gerade. ♂ mit kleinem Dorn unter der C; freier Rand der A in der Mitte leicht vorgewölbt. Letzte Schuppe am unteren C-Lappen vergrößert. Pflege und Zucht der munteren Art siehe bei *Glandulocauda inaequalis*.

Gephyrocharax valencia (Abb. 61)
EIGENMANN, 1920
Valenciasalmler

Venezuela, See Valencia; bis 5 cm.
D 9; A 30–32; mLR 40–43; QR 6–6½/5. Die innere Zahnreihe des Zwischenkiefers besteht nur aus vier Zähnen. Wie die vorhergehende Art gestaltet. Rükken oliv- bis blaugrün, Seiten und Bauch heller mit starkem Silberglanz. Flossen farblos oder ganz schwach gelblich, D oben weiß gesäumt, außerdem gelegentlich mit weißen Flossenstrahlen. Maul schwarz umrandet. Eine sehr undeutliche dunkle Längsbinde endet in einem schwarzen C-Wurzelfleck. ♀ A-Rand gleichmäßig gekrümmt. ♂ A-Rand gelappt, letzte Schuppe am unteren C-Lappen vergrößert.
Pflege und Zucht wie bei *Glandulocauda inaequalis* angegeben.

Gattung *Glandulocauda* EIGENMANN, 1911

Eng verwandt mit den Gattungen *Mimagoniates* und *Coelurichthys*, jedoch durch folgende Merkmale charakterisiert: zwei regelmäßige Zahnreihen im Praemaxillare, wobei sich vier kräftige Zähne in der hinteren Reihe befinden, die kurz hinter der Körpermitte beginnende D, die relativ einfach gestaltete Drüse an der Basis des unteren C-Lappens und die zahlreichen Häkchen auf den A-Strahlen (Ausnahme *G. inaequalis*). Argentinien, Uruguay, São Paulo, Rio Grande do Sul, Rio Iguaçu. Vier Arten.

Glandulocauda inaequalis (Taf. 43)
EIGENMANN, 1911
Breitschwanzsalmler, Blauer Tetra

Uruguay, Rio Grande do Sul; ♂ bis 6 cm, ♀ bis 4,5 cm.
D 10; A 4/24–29; mLR 38; QR 7/6; SL 6–7. Körper

Abb. 60 *Gephyrocharax atracaudatus*

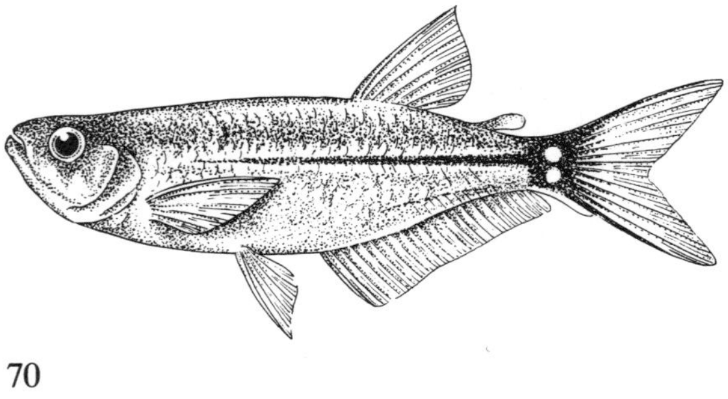

Abb. 61 *Gephyrocharax valencia*

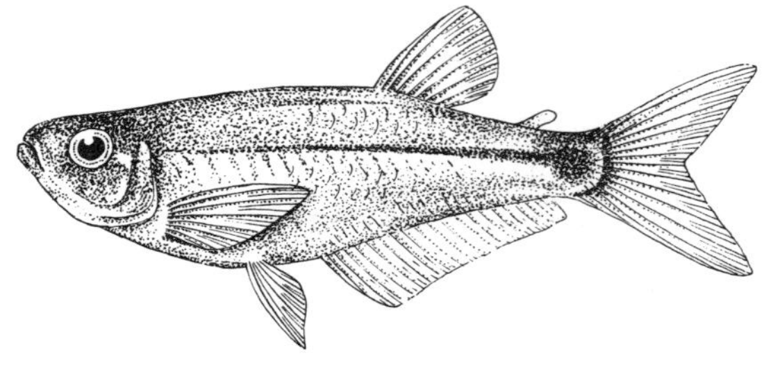

spindelförmig, seitlich abgeflacht, D weit hinten angesetzt, Fettflosse vorhanden. In der A haben die ersten sieben Flossenstrahlen je zwei Häkchen (Abweichung von der Gattung!). In der zweiten Zahnreihe des Praemaxillare können 4–6 unregelmäßige Zähne stehen. Oberseite olivbraun bis dunkelbraun, Körperseiten bläulichweiß, bei auffallendem Licht prächtig grünblau schimmernd, Unterseite silberweiß. Schulterfleck tropfenförmig hellblau bis glänzend dunkelblau. In der Höhe der Pn beginnt eine helle Längsbinde, die unten von einer hellblauen, sich nach hinten verdichtenden und verschmälernden Zone begleitet wird, die sich auf die C fortsetzt. D basal farblos, außen grünblau oder weißblau mit schmaler, rehbrauner Längsbinde, C gelblich, oben und unten dunkel gesäumt, A farblos mit lehmgelbem Längsband. ♀ C symmetrisch, beide Lappen gleichgroß. ♂ unterer C-Lappen breiter, schräger abgeschnitten.

Die lebhafte, sehr genügsame und friedliche Art ist ein sehr dankbares Pflegeobjekt. Wie auch die Vertreter aller verwandten Gattungen (*Coelurichthys*, *Gephyrocharax* u. a.) ist *G. inaequalis* in geräumigen, gut bepflanzten Aquarien zu pflegen. Durch Schwimmpflanzen teilweise abgeschirmtes Sonnenlicht fördert das Wohlbefinden. Hinsichtlich der Wasserzusammensetzung auch bei der Fortpflanzung recht anspruchslos. Wesentlich ist die Hälterung bei nicht zu hohen Temperaturen, 19–23 °C (nicht mehr!). Lebendfutter aller Art, gelegentlich auch Trockenfutter. Die Eier werden bereits im Eileiter des ♀ befruchtet (siehe auch *Corynopoma riisei*, S. 69) und meist an der Unterseite von Wasserpflanzenblättern abgesetzt (bis 70 Eier bei einer Ablage). Die Jungen schlüpfen nach 24–30 Stunden. Die Art besitzt außerdem ein Atemhilfsorgan, aus dem die Luft herausgedrückt werden kann, wobei langgezogene, zirpende, deutlich wahrnehmbare Töne entstehen.

Gattung *Pseudocorynopoma* PERUGIA, 1891

Gattungscharakteristisch sind der gekielte Bauch, die hinter der Körpermitte beginnende D , die vollständige SL, die Fettflosse und die fadenartig verlängerten D- und A-Strahlen der ♂♂. Zwei Arten.

Pseudocorynopoma doriae (Abb. 62)
PERUGIA, 1891
Drachenflosser

Südbrasilien und La-Plata-Staaten; bis 8 cm.

D 10–11; A 32–37; mLR 40–43; QR 7/6. Körper gestreckt, seitlich abgeflacht, Kehle und Bauch stark nach unten vorspringend. D und A beim ♂ sehr stark zipfelartig verlängert, Fettflosse vorhanden. Einheitlich olivgrün bis bläulichgrün, Seiten und Bauch heller, durchscheinend. Bei auffallendem Licht silberglänzend mit stahlblauem bis grünlichem Schimmer. Flossen grau, C mit dunkler Spitze. ♀ ohne verlängerte D und A.

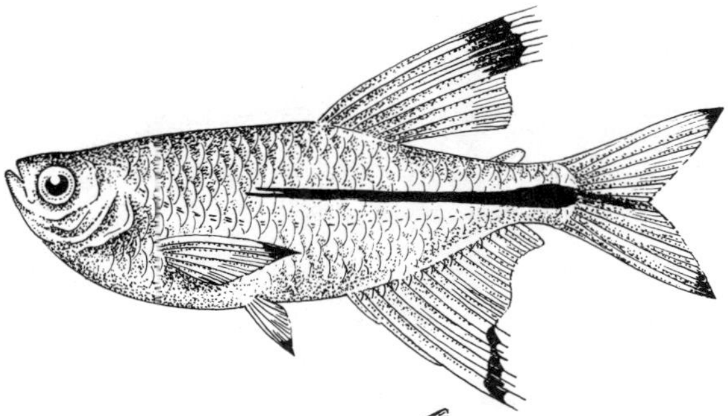

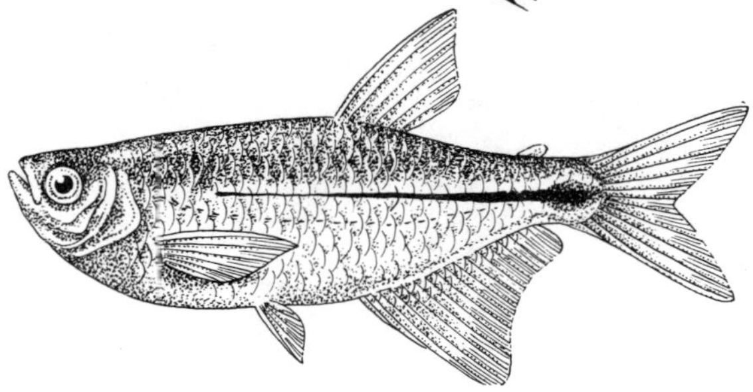

Abb. 62 *Pseudocorynopoma doriae*
Abb. 63 *Pseudocorynopoma heterandria*

Pflege und Fortpflanzung wie bei *Corynopoma riisei* angegeben. Sehr anspruchslos und ausdauernd. Verträgt vorübergehend Temperaturen zwischen 16 und 18 °C. Allesfresser.

Pseudocorynopoma heterandria (Abb. 63)
EIGENMANN, 1914

Mittleres Brasilien, Umgebung von São Paulo (?); bis 9 cm (?).

D 10; A 40–44; mLR 40–45; QR 7/6. Der vorhergehenden Art ähnlich. Eingeführt wurde bislang ein ♂, das ARNOLD wie folgt beschreibt: »Die Färbung ist olivgelb an den Körperseiten, nach dem Bauch zu ins Orangegelbe übergehend. Rücken dunkelbraun. Ein dunkler Seitenstrich zieht sich, nach hinten breiter werdend, vom hinteren Rande des Kiemendeckels bis zur Schwanzwurzel und endet hier in einem Rautenfleck, der auf die Basis der C übergeht und hell eingefaßt ist. Flossen gelblich durchscheinend.« (Taschenkalender, 28, 114, 1936)

Geschlechtsunterschiede, Pflege und Zucht wie bei der vorhergehenden Art angegeben.

Gattung *Pterobrycon* EIGENMANN, 1913

Die Gattung ist charakterisiert durch einen auffallenden Sexualdimorphismus. Die geschlechtsreifen ♂♂ haben eine oder zwei stark verlängerte, paddelartige Schuppen in der oberen Schulterregion, deren Enden verbreitert und pigmentiert sind. Die für die Unterfamilie typische Drüse am unteren C-Lappen ist von einer großen und verschiedenen kleinen Schuppen bedeckt. Der letzte A-Strahl sowie die mittleren V-Strahlen sind verlängert. Kostarika, Kolumbien. Zwei Arten.

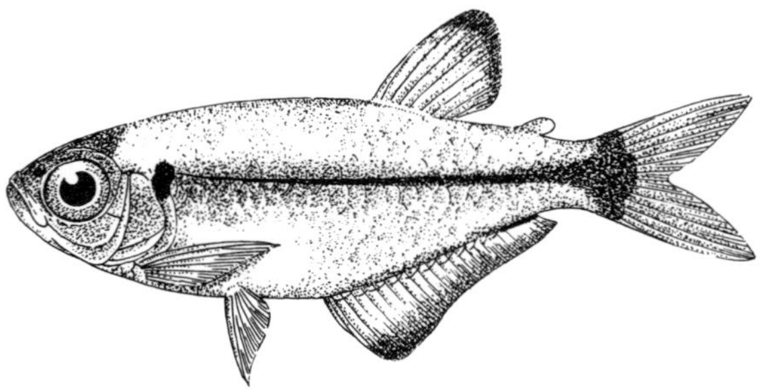

Abb. 64 *Pterobrycon myrnae*, ♂, darunter ♀
Abb. 65 *Tyttocharax madeirae*

Pterobrycon myrnae (Taf. 8, Abb. 64)
Bussing, 1974

Kostarika; bis 5 cm (?).
D 2/7–9/1; A 5–7/23–25; P 1/9–10; V 1/7; mLR 38 bis 40 + 3; QR 6–7; SL 38–40. Körper langgestreckt, seitlich kräftig zusammengedrückt. ♂♂ mit stark verlängerten, paddelartigen Schuppen. ♀ einfarbig silbrig, nur mit dunklem C-Wurzelfleck. ♂ silberfarben mit irisierenden kupfer- bis orangeroten Punkten an der Basis der Flossen und modifizierten, paddelartigen Schuppen. An der C-Basis ein dunkler Fleck. Rücken grau.
Pflege siehe *Corynopoma riisei*. Noch nicht gezüchtet. Weitzman (DATZ, 28, 406–410, 1975) berichtet ausführlich über diesen Fisch.

Gattung *Tyttocharax* Fowler, 1913

Sehr kleine Fische mit endständigem Maul. Zähne konisch, sehr klein, oft in Bändern im Maul und auf den Lippen angeordnet. SL unvollständig. Amazonasgebiet. Fünf Arten.

Tyttocharax madeirae (Abb. 65)
Fowler, 1913

Oberes und mittleres Amazonasbecken; etwa bis 2,2 cm.
D 2/7; A 3–4/15–17; P 1/7–9; V 1/6–7; mLR 35–36. Körper etwas gedrungen, durchscheinend, seitlich stark abgeflacht. D und A fast gerade abgeschnitten. Oberer C-Lappen bei den ♂♂ größer. Gelblich, an den Körperseiten bläulich bis grünlich irisierend. Besonders auf dem Schwanzstiel tritt eine bläuliche Längsbinde hervor, die in einem dunklen Fleck auf der C-Wurzel endet. Unpaare Flossen, besonders die C gelblich bis zart orange, mit breitem schwarzem Saum. Pflege vermutlich wie auf Seite 80 angegeben. Nach Roloff laichen die Tiere an der Unterseite von Pflanzenblättern, wobei die Eier dicht beieinander abgesetzt werden. Ladiges (1950) beschrieb diesen Fisch als *Microbrycon cochui*. Diese Bezeichnung muß als Synonym eingezogen werden. Die meisten Angaben nach Géry.

Unterfamilie Stethaprioninae

Isoliert stehende Unterfamilie der Characidae, für die der scheibenförmige Körper, ein kleiner Stachel vor der D (Abb. 66), die beschuppte C-Basis, die vollständige SL und die der Gattung *Tetragonopterus* ähnliche Bezahnung charakteristisch sind. Nördliches Südamerika. Drei Gattungen.

Gattung *Poptella* Eigenmann, 1908

Der gattungstypische Praedorsalstachel ist stumpf, sattelartig und in der Haut verborgen. Kein Praeanalstachel. Früher als *Ephippicharax* bekannt. Eine Art.

Poptella orbicularis (Taf. 9)
(Cuvier und Valenciennes, 1848)
Diskussalmler

Guayana, Amazonasstromgebiet, Paraguay, weit verbreitet; bis 11 cm.
D 2/10; A 3–4/29–33; mLR 34–37; QR 7–8/7–8. Körper sehr hoch, nahezu scheibenförmig. Schuppen ziemlich groß. Oberseite schwärzlichgrün, Körperseiten silbern, je nach Lichteinfall grünlich, bläulich, violett oder gelblich schimmernd. Zwei undeutliche Querbinden vor der D sowie ein dunkler Längsstrich sind nur gelegentlich deutlich ausgeprägt. Flossen farblos, senkrechte Flossen an der Basis leicht dunkel getüpfelt, Vorderkante der A braun. Sichere Geschlechtsunterschiede sind nicht bekannt.
Pflege siehe nachfolgende Art. Zucht in großen Behältern, 25–27 °C. Sehr produktiv, 1000–2000 Eier.

Abb. 66 *Stethaprion*. Punktiert: der erste, nach vorn gerichtete, stachelartige Flossenstrahl der Rückenflosse (nach Géry, verändert)

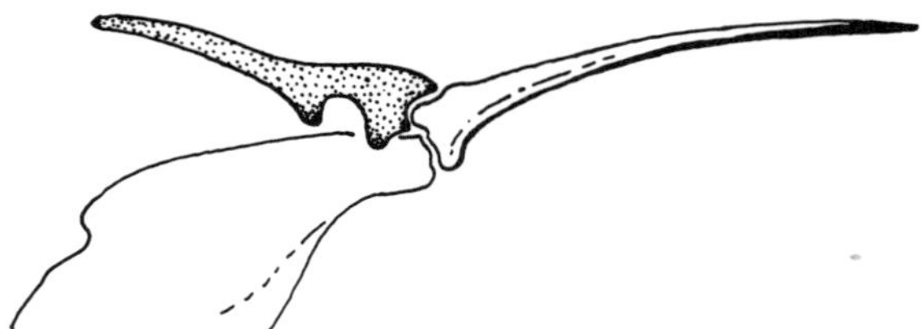

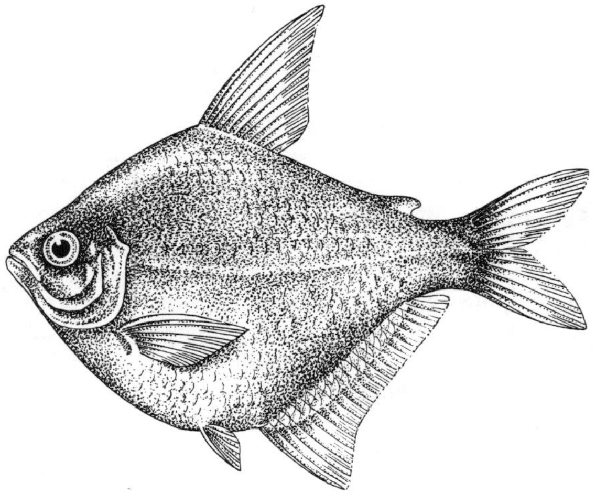

Abb. 67 *Stethaprion innesi*

Gattung *Stethaprion* COPE, 1870

Der Praedorsalstachel ist speerartig spitz (Abb. 66). Vor der A stehen ein oder zwei dreieckige Stacheln. SL mehr als 60. Amazonas, Rio Madeira. Drei Arten.

Stethaprion innesi (Abb. 67)
MYERS, 1932

Unterer Amazonas und Nebenflüsse; bis 12 cm.
D 12; A 40; mLR 62. Körper scheibenförmig. D hoch, vor der D ist ein kleiner Stachel waagerecht in eine Furche eingesenkt, A lang, vorn lappenartig verbreitert, C tief eingeschnitten, SL vollständig, Schuppen klein. Einheitlich silbern mit zart bläulichem oder violettem Schimmer an den Körperseiten und auf dem Schwanzstiel, Oberseite olivgrün bis braun. Flossen zart graugrün oder farblos, A bei älteren Tieren vorn leicht rötlich. Sichere Geschlechtsunterschiede sind noch nicht beschrieben worden.
Die *Stethaprion*-Arten sind ausnahmslos sehr schwimmaktive, friedliche Schwarmfische, die sich hauptsächlich in bodennnahen Wasserschichten aufhalten. Große Becken, dunkler Bodengrund und durch Schwimmpflanzen gedämpftes Sonnenlicht entsprechen den Lebensbedürfnissen dieser Tiere am besten. Zarte Wasserpflanzen werden angefressen. Erwachsene Tiere sind nicht empfindlich gegen hartes Wasser, 23–25 °C. Lebendfutter aller Art, besonders Mückenlarven. Noch nicht gezüchtet.

Unterfamilie Tetragonopterinae

Artenreichste Unterfamilie der Characidae, zu der viele der beliebtesten Aquarienfische gehören. Das charakteristische Merkmal dieser Unterfamilie ist die Bezahnung (Abb. 68). Die Praemaxillarzähne sind in zwei, sehr selten in einer oder drei Reihen angeordnet. Es besteht kein Unterschied in der Bezahnung zwischen Jung- und Alttieren. Ein Praedorsalstachel, ein Pseudotympanum und Interhaemalia fehlen. Einzelne Arten sind Höhlenbewohner (*Stygichthys typhlops* BRITTAN und BÖHLKE, 1965, und *Astyanax fasciatus mexicanus*, früher *Anoptichthys jordani*), andere haben eine reduzierte Beschuppung (*Gymnocharacinus bergi* STEINDACHNER, 1903). Mittel- und Südamerika. 47 Gattungen.

Gattung *Astyanax* BAIRD und GIRARD, 1854

Gattungscharakteristisch sind folgende Merkmale: Im Unterkiefer folgen auf 4–5 große mehrspitzige Zähne stets 5–10 bedeutend kleinere an den Seiten, A mittellang, Rundschuppen, SL vollständig. Die häufigste und am weitesten verbreitete Art ist *Astyanax fasciatus*. Die anderen Arten sind mit Ausnahme bestimmter Gebiete seltener. Die Gattung wird in drei Untergattungen gegliedert, deren Unterscheidung z. T. nicht ganz einfach ist: *Astyanax*: Praedorsalregion mit einer regelmäßigen Schuppenreihe, Patagonien bis Südmexiko, 35 Arten. *Poecilurichthys*: Praedorsalregion unregelmäßig beschuppt, z. T. nackt, Schuppen auf den Körperseiten kleiner als bei *Astyanax*, La Plata bis Panama, 18 Arten. *Zygogaster*: Praeventralregion zusammengedrückt, meist gekielt, die Schuppen der Körperseiten stoßen dort direkt zusammen oder sind durch eine Randlinie kleiner Schuppen getrennt, die Schuppengröße und die Praedorsalregion entsprechen *Poecilurichthys*, die ersten D- und V-Strahlen geschlechtsreifer ♂♂ verlängert, Kolumbien, nur *A. stilbe* in Pará (Brasilien), fünf Arten.
Die größte Art der Gattung ist *A. (A.) maximus* mit 20 cm. Die Pflege der sehr lebhaften und widerstandsfähigen *Astyanax* bereitet kaum Schwierigkeiten, wenn ihrem Bewegungsdrang genügend Raum geboten wird. Große, hellstehende Aquarien mit mäßiger Bepflanzung oder locker einhängendem Wurzelwerk und sandigem Bodengrund werden fast allen Lebensansprüchen gerecht. Hinsichtlich der Wasserbeschaffenheit stellen die meisten Arten keine Ansprüche (weich bis mittelhart). Die Vorzugstemperaturen der einzelnen *Astyanax* sind entsprechend dem großen Verbreitungsgebiet recht unterschiedlich, im allgemeinen schaden stärkere Schwankungen nicht.

Abb. 68 Beispiel für Tetragonopterinae-Bezahnung. *Boehlkea fredcochui* (nach GÉRY)

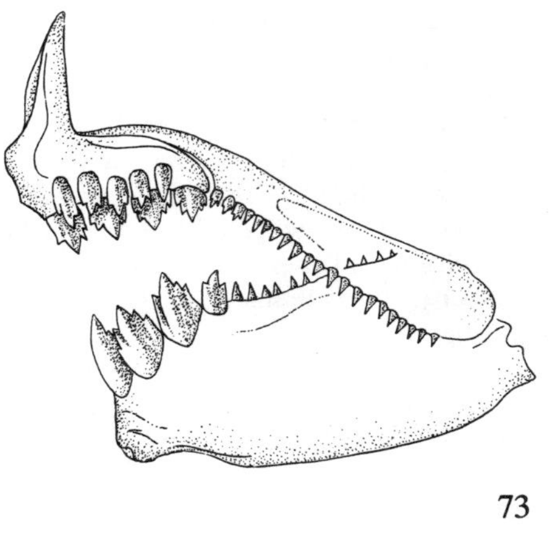

Lebendfutter, einige Arten fressen auch Trockenfutter und pflanzliche Stoffe (Kopfsalat). Die meisten *Astyanax* sind friedlich und lassen sich gut vergesellschaften.
Zucht leicht. Die Eier werden nach heftigem Treiben wahllos zwischen Pflanzen, aber auch im freien Wasser, ausgestoßen. Über das Fortpflanzungsverhalten liegen kaum Beobachtungen vor. Klebkraft der Eier gering. Die Jungfische schlüpfen nach 24–36 Stunden und schwimmen nach etwa fünf Tagen frei. Aufzucht leicht. Sehr produktive Fische. Messingfarbene *Astyanax* ergeben bereits in der ersten Nachzuchtgeneration nur noch vorwiegend silberfarbene Tiere (siehe auch *Hemigrammus rodwayi* und *Hyphessobrycon bifasciatus*).

Astyanax (Astyanax) fasciatus fasciatus
(CUVIER, 1819)

Von Argentinien bis Mexiko einschließlich der Westindischen Inseln weit verbreitet und häufig, örtlich jedoch z. T. fehlend; bis 17 cm.
Entsprechend dem großen Verbreitungsgebiet haben sich zahlreiche (etwa neun) Unterarten herausgebildet. *Astyanax f. fasciatus* aus dem Rio São Francisco und dem Paraná erinnert in der Körperform und Färbung sehr stark an *Hemigrammus caudovittatus*, von dem sie sich aber durch die vollständige SL unterscheidet (Gattungsmerkmal). D 11; A 25–34; mLR 34-41; QR 7/6–7. Körper silber- bis messingglänzend, Oberseite olivbraun, Schulterfleck quergestellt, sehr schwach ausgeprägt (oft gar nicht hervortretend). Ein mattgrünlich-silbernes Längsband wird auf dem Schwanzstiel schwärzlich und setzt sich ziemlich breit auf die mittleren Flossenstrahlen fort (beim lebenden Tier oft nicht zu erkennen). D und C rötlich bis rot, die übrigen Flossen farblos, A am freien Rand oft sehr zart dunkel, Vorderkante und Spitze meist milchig weiß. Tiere aus dem Rio Novo haben eine schwarzgesäumte C und A und eine getüpfelte D.
Eine sehr ähnliche Art, *Astyanax schubarti* BRITZKI, 1964, kommt im Rio Mogi-Guaçu vor. Sie hat im Gegensatz zu *A. f. fasciatus* eine hellgelbe D und A.

Astyanax (Astyanax) fasciatus mexicanus (Abb. 69)
(FILIPPI, 1853)

Texas bis Panama; bis 9 cm.
D 11; A 22–25, meist 24; mLR 35–40. Körper gattungstypisch, jedoch etwas mehr keulenförmig und schlanker. Insgesamt silbrig bis leicht messingfarben, Oberseite olivfarben. In Höhe des A-Anfanges nimmt die sehr undeutliche, mattgrünlich-silberne Längszone dunkle Färbung an. Schwanzfleck rund, vorn und hinten hellgelb begrenzt. Mittlere A-Strahlen schwarz. Flossen gelblich bis leicht rötlich. A mit weißer vorderer Spitze. ♀ im geschlechtsreifen Alter kräftiger.
Pflege und Zucht wie bei *Hemigrammus* angegeben. Vorzugstemperatur 18–24 °C.
Von *Astyanax fasciatus mexicanus* kommen in den unterirdischen Höhlen der Provinz San Luís Potosí (Cueva Chica, Cueva de los Sabinos, Cueva del Pachon) blinde Formen vor, die als *Anoptichthys jordani*, *Anoptichthys hubbsi* und *Anoptichthys antrobius* beschrieben und in die Aquaristik eingeführt wurden. Durch die Untersuchung von P. SADOGLU (Copeia, 113–114, 1956; Zool. Anz., Suppl. 21, 432–439, 1958) konnte festgestellt werden, daß sich die Blindfischpopulationen mit dem oberirdischen sehtüchtigen *Astyanax fasciatus mexicanus* kreuzen lassen, wobei die F_1-Generation intermediären Charakter hat. Es handelt sich demnach nicht um Arten, sondern um Höhlenformen, bei denen die Augen in etwas unterschiedlichem Maße, häufig rechts-links unsymmetrisch, degenerieren. Die Augendegeneration nimmt mit dem Alter der Tiere zu, Jungfische haben vielfach noch sehtüchtige, wenn auch stark verkleinerte Augen. Die Orientierung im Raum sowie die Futterwahrnehmung erfolgen bei den blinden Höhlenformen ausschließlich durch den Geruchs- und Tastsinn, die vorwiegend in der gut entwickelten Seitenlinie lokalisiert sind.
Die Höhlenformen (Taf. 10) sind eintönig fleischfarben mit starkem Silberglanz. Flossen farblos bis leicht rötlich. Jungtiere zeigen einen rautenförmigen Schwanzstielfleck. ♀ kräftiger und plumper, meist etwas schwächer gefärbt. ♂ schlanker.
Sehr interessante Tiere. Pflege in größeren Becken mit steinigem Bodengrund (Schieferplatten). Obwohl es sich um einen Höhlenfisch handelt, ist eine Haltung im Dunkeln nicht unbedingt notwendig. Temperatur 23–26 °C, frißt gierig alle Futterarten. Die Tiere schwimmen meist leicht vornübergeneigt unruhig über den Bodengrund, sie »schnüffeln« gleichsam. Zur Zucht klares, weiches und bakterienarmes Wasser. Temperatur 18–20 °C. Bei der Begattung schmiegen sich die Partner nach Salmlerart mit den Körpern aneinander, schießen in dieser Stellung zur Wasseroberfläche und stoßen hier Ei- und Samenzellen aus (nach LÜLING). Die Samenfäden sollen sehr lange lebensfähig bleiben. Die Jungfische schlüpfen nach 2–3 Tagen und schwimmen vom 6. Tage an frei. Sie wachsen bei Nauplienfütterung sehr schnell.

Astyanax (Astyanax) ruberrimus (Abb. 70)
EIGENMANN, 1913

Panama und pazifische Abdachung von Kolumbien; bis 12,5 cm.
D 11; A 23–28; mLR 35–36. Hinsichtlich der Körperform *A. bimaculatus* recht ähnlich. Oberseite rehbraun, Körperseiten und Bauch silbrig mit gelbgrünem, oft auch zart rötlichem oder rotbraunem Schimmer. In Höhe der D beginnt eine dunkle Längsbinde, die auf dem Schwanzstiel von einem querbandartigen Fleck gekreuzt wird, Eckfelder des Kreuzes hellgelb. Die Längsbinde setzt sich nicht (!) auf die mittleren Flossenstrahlen der C fort. Schulterfleck sehr fein angedeutet (oft überhaupt nicht vorhanden). Basis der D und Mittelteil der C gelb, äußere Teile dieser Flos-

sen sowie die A braunrot bis ziegelrot. ♀ kräftiger, Flossen gelblich. ♂ Flossen wie oben angegeben.
Über Pflege und Zucht dieser sehr ansprechenden Art siehe Gattungsbeschreibung. Vorzugstemperatur 20–24 °C.

Astyanax (Poecilurichthys) bimaculatus (Taf. 10)
(LINNAEUS, 1758)

Nordöstliches und östliches Südamerika, weitverbreitet, südlich bis zum La-Plata-Bassin; bis 15 cm.
D 11; A 21–43; mLR 31–45; QR 6–8/5–7. Körper gattungstypisch, unregelmäßig elliptisch, mit dem Alter höher werdend. Die weite Verbreitung dieser Art hat zur Bildung mehrerer Unterarten geführt. *A. b. bimaculatus* ist silbrig oder leicht messingfarben, Oberseite olivfarben. Hinter dem Kiemendeckel über der SL ein deutlicher, länglichovaler schwarzer Fleck, der oft von einer fahlen Zone umgeben ist. Ein zweiter dunkler Fleck auf der C-Wurzel setzt sich oft konisch auf die mittleren Strahlen der C, seltener konisch nach vorn fort. Hinter dem Schulterfleck gelegentlich ein schwärzliches, querbindenartiges Mal. Flossen gelblich. ♀ im geschlechtsreifen Alter wesentlich kräftiger.

Abb. 69 *Astyanax fasciatus mexicanus*
Abb. 70 *Astyanax ruberrimus*
Abb. 71 *Astyanax poetschkei*

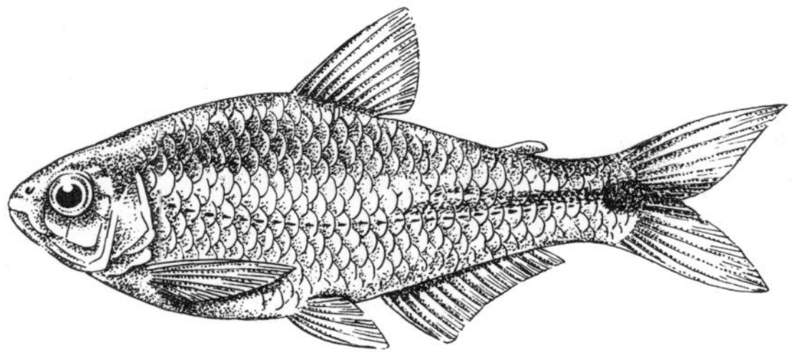

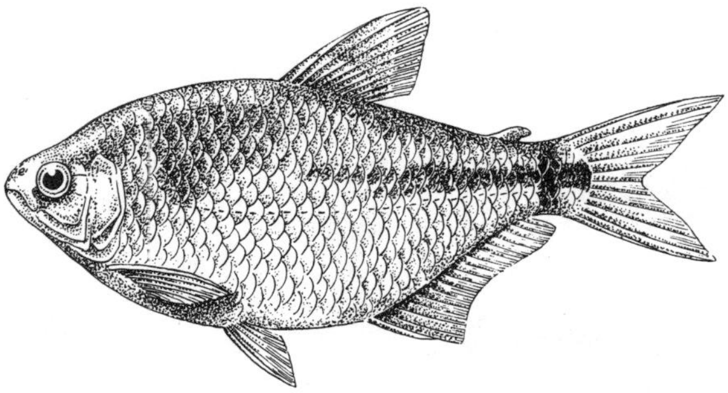

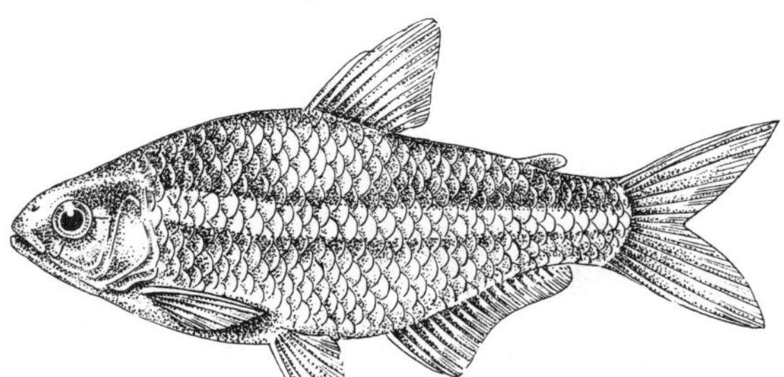

Pflege und Zucht wie in der Gattungsbeschreibung angegeben. Sehr produktiv, 1000–2000 Jungfische. Vorzugstemperatur 19–24 °C.

Astyanax (Poecilurichthys) poetzschkei (Abb. 71)
E. AHL, 1932

Östliches Brasilien, Amazonasstrom; bis 10 cm.
D 11; A 32; mLR 45; QR 9/8. Ähnlich gestaltet wie *A. bimaculatus*, etwas schlanker. Färbung nach E. AHL (textl. verändert): Insgesamt stark silberglänzend, Rücken gelblichbraun. Schulterfleck höchstens ganz schwach angedeutet. Der C-Wurzelfleck fehlt vollkommen. Flossen farblos. Geschlechtsunterschiede vermutlich wie bei *A. bimaculatus* angegeben.
Pflege siehe S. 80. Vorzugstemperatur 22–24 °C. Die Art soll mit Vorliebe Pflanzen (Vallisnerien) fressen.

Gattung *Boehlkea* GÉRY, 1966

Kleine *Hemibrycon*-ähnliche Salmler mit etwas reduzierter SL, beschuppter C-Basis und mit weniger als vier Schuppenreihen unterhalb der SL. Oberer Amazonas, Ekuador. Zwei Arten.

Boehlkea fredcochui (Taf. 9)
GÉRY, 1966
Violetter Salmler

Fließgewässer um Loreto Yacu, vermutlich im ganzen Bereich des Marañon von Iquitos bis Leticia; bis 5 cm.
D 2/7–8/1; A 3–4/22–24; mLR 35–37; QR 5/3 – 3½; SL 15–37. Körper gestreckt, seitlich zusammengedrückt, A sehr lang. Metallisch blau bis hellblau, bei entsprechendem Lichteinfall mit violettem Schimmer. Entlang der Körperseite ein besonders kräftiges blaues Längsband, das in einem dunkleren Fleck auf der C-Wurzel enden kann. Flossen grau bis zart gelblich, Spitzen der D und C sowie Fettflosse weiß. ♀ vermutlich kräftiger.
Pflege und Zucht wie bei *Glandulocauda inaequalis* angegeben. Die Tiere haben eine innere Befruchtung, wie sie bei bestimmten Glandulocaudinae vorkommt *(Corynopoma, Glandulocauda)*. Die ♀♀ setzen den Laich in Abwesenheit der ♂♂ an den Blättern von Wasserpflanzen ab. Aufzucht relativ leicht. Anfütterung mit Rotatorien, später *Cyclops*-Nauplien.
Die in Mitteleuropa importierten Tiere wurden in der Aquaristik zunächst fälschlich als *Microbrycon cochui* angesprochen.

Gattung *Bryconella* GÉRY, 1965

Eng verwandt mit der Gattung *Hemigrammus*. Unterschiede bestehen in der Bezahnung des Praemaxillare. Bei *Hemigrammus* setzt sich die äußere Reihe in der Regel aus 1–3 und die innere aus fünf Zähnen zusammen. *Bryconella* besitzt dagegen 4–5 Zähne in der äußeren und 3–2 in der inneren Reihe. Zudem stehen beide Reihen noch sehr eng, so daß der Eindruck einer einzigen Reihe entstehen kann. Eine Art.

Bryconella pallidifrons (Taf. 15)
(FOWLER, 1946)

Oberes Amazonasgebiet nahe Leticia; bis 3,5 cm.
D 2/9; A 3/11–13; mLR 29–32; QR 4/3; SL 4–6. Körper ähnlich gestaltet wie bei dem bekannten Neonsalmler. Gelblich mit bläulichem Schimmer, Rücken dunkler, Bauch silberfarben. Iris silbern, oben und unten dunkel. Hinter dem Kiemendeckel befindet sich ein dunkelbrauner bis schwarzer Schulterfleck, dem eine gleichgefärbte, manchmal unterbrochene Längsbinde, die bis auf die mittleren C-Strahlen übergreift, folgt. D und C rötlich, erste D- und C-Strahlen z. T. weißgrau. Geschlechtsunterschiede unbekannt.
Pflege siehe *Hemigrammus* und *Hyphessobrycon*. Früher bekannt als *Bryconella haraldi* GÉRY, 1965, und *Cheirodon pallidifrons* FOWLER, 1946.

Gattung *Bryconops* KNER, 1859

Verwandt mit der Gattung *Astyanax*, von der sie sich aber durch den gestreckteren Körper, den rechten Winkel zwischen Praemaxillare und Maxillare und die in der unteren Körperhälfte verlaufende SL unterscheidet. Die Gattung wird in drei Untergattungen gegliedert: *Bryconops*: Maxillare kurz, selten bezahnt, A mit 28–35 geteilten Strahlen, SL vollständig, Guayana, Amazonas, Rio Tapajós, 3–4 Arten; *Bryconchandus*: Maxillare kurz, bezahnt, A mit 28 bis 35 geteilten Strahlen, SL unvollständig, Rio Tapajós, eine Art; *Creatochanes*: Maxillare lang, bezahnt, 23–27 geteilte A-Strahlen, SL vollständig, Amazonas, Guayana, Kolumbien, 3–4 Arten. Größere Fische bis maximal 15 cm. Lebensweise räuberisch.

Bryconops (Creatochanes) affinis (Taf. 9, Abb. 72)
(GÜNTHER, 1864)

In Südamerika weit verbreitet, Guayana, Amazonasstromgebiet, Paraguay; bis 12 cm.
D 11; A 4/23–27; mLR 44–47; QR 7–8/2½–3. Körper spindelförmig, seitlich nur wenig zusammengedrückt, SL vollständig, nach unten durchgebogen. Färbung jüngerer Tiere: Oberseite braun bis graubraun, Körperseiten oben bläulichgrün, weiter unten grünlich mit silbrigem Schimmer. Vom Kiemendekkel bis in die C-Wurzel verläuft ein breiter, oft in allen Farben irisierender Glanzstreifen. C-Wurzel mit dunklem Querband. Unterseite gelblich- bis weißsilbern. D in Körpernähe orange- bis dunkelrot, außen gelb, C gelb, beide Lappen schwärzlich. A und paarige Flossen undurchsichtig bräunlich, gelblich oder hellgrau-grün. Auge sehr groß, oben orangefarben bis rot. Mit dem Alter der Tiere verblassen auch die Glanzfarben zu einheitlich silbergrauer oder bräunlicher Tönung. ♂♂ mit spitzeren C-Lappen (?).

Die zumindest in der Jugend sehr farbenprächtige, aber auch räuberische und schwimmaktive Art dauert in der Gefangenschaft recht gut aus. Leider sind auch Artgenossen untereinander aggressiv, so daß Einzelhaltung der Tiere fast unumgänglich ist. 22 bis 26 °C, Lebendfutter aller Art, besonders kleinere Fische. In Gefangenschaft noch nicht nachgezüchtet.
Dieser Art sehr ähnlich ist *Bryconops (Creatochanes) melanurus* (BLOCH, 1795). Sie unterscheidet sich vor allem durch die Zeichnung im oberen C-Lappen, der bei *B. melanurus* rot ist und einen schwarzen Strich auf den unteren Flossenstrahlen aufweist. Untere Flossenlappen farblos.

Bryconops (Bryconops) caudomaculatus (Abb. 72)
GÜNTHER, 1864

Guayana, mittleres Amazonasgebiet, Kolumbien in den mittleren Höhenlagen; bis 13 cm.
D 11; A 4/27–31; mLR etwa 45; QR 6 (7)/3. Ähnlich gestaltet und gefärbt wie die voranstehende Art, von dieser jedoch durch den sehr deutlichen, schwärzlich umrahmten Augenfleck im oberen C-Lappen zu unterscheiden, der in der Jugend goldgelb (nach ARNOLD), im Alter ziegelrot gefärbt ist. Untere C-Lappen zart schwärzlich. Geschlechtsunterschiede, Pflege und Zucht siehe vorangehende Art.

Gattung *Carlastyanax* GÉRY, 1972

Eng verwandt mit der Gattung *Hemibrycon*. Charakteristisch sind sehr schwach entwickelte Circumorbitalknochen, die vordere Nasenöffnung bildet einen kurzen Tubus, und der 3. Mandibularzahn besitzt eine hakenartige Verlängerung. 1–2 Arten.

Carlastyanax aurocaudatus (Abb. 73)
(EIGENMANN, 1913)

Rio Cauca; bis 5 cm.
D 10; A 24; mLR 35 + 2; QR 7/5; SL 35. Körper relativ hochrückig, seitlich zusammengedrückt, barben-

Abb. 72 Oben: *Bryconops affinis*. Unten: *Bryconops caudomaculatus*

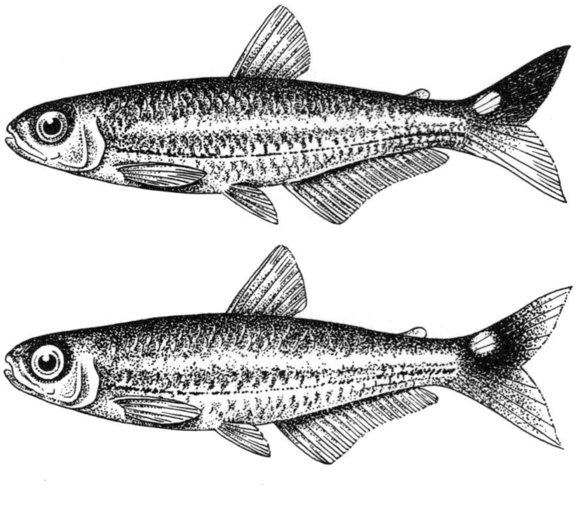

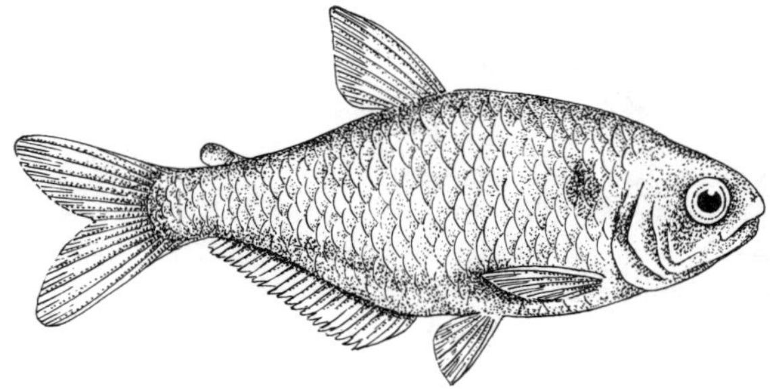

Abb. 73 *Carlastyanax aurocaudatus*

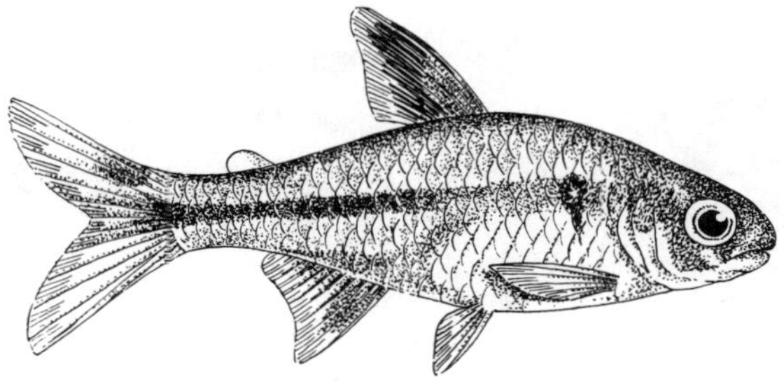

Abb. 74 *Creagrutus beni*

ähnlich. Gelblich, Rücken dunkler, teilweise grünlich schimmernd, Bauch heller. Ein undeutlicher, schwärzlicher Schulterfleck hinter dem Kiemendeckel. Hintere Körperhälfte und besonders der Schwanzstiel kräftig rot. D gelblich, A und C-Basis rot, äußere Teile der C durchscheinend, rötlich mit weißen Spitzen. ♀ blasser, A normal entwickelt. ♂ intensiver rot gefärbt, A-Strahlen, besonders vorn, an den Spitzen nicht durch eine Membran verbunden.
Pflege siehe *Hemigrammus*. Noch nicht gezüchtet.

Gattung *Creagrutus* GÜNTHER, 1864

Mit den Gattungen *Piabina* und *Creagrutops* eng verwandt. Die typischen Merkmale sind die vollständige SL und die 10–15 geteilten A-Strahlen. Die Bezahnung des Praemaxillare besteht aus drei meist etwas unregelmäßigen Reihen, Oberkiefer gering überhängend. Mittelgroße Characidae, bis maximal 10 cm. Mittel- und Südamerika. Etwa 21 Arten.

Creagrutus beni (Abb. 74)
EIGENMANN, 1911
Goldbandsalmler

Gebiet des oberen Amazonas und weiter nördlich bis Venezuela, aber auch in Bolivien; bis 8,5 cm.
D 2/8; A (1) 2/11; mLR 35–40; QR 4/3. Körper mäßig gestreckt, seitlich abgeflacht, Fettflosse vorhanden. Entsprechend dem großen Verbreitungsgebiet recht unterschiedlich gefärbt. Oberseite hellbraun, Körperseiten zart lehmgelb mit breiter, prächtig rotgolden schimmernder Längsbinde, die sich bis auf die C-Wurzel erstreckt und etwa von der D an durch einen dunkelbraunen oder tiefschwarzen Streifen in zwei Linien geteilt wird. Schulterfleck dunkel, meist deutlich. D mit heller Vorderkante und schwarzem Dreiecksfleck, gelbrot bis rot, oberer C-Lappen rötlich, unterer gelblich, A im vorderen Teil rot mit heller Kante. ♀ bei dieser Art intensiver und kontrastreicher gefärbt. ♂ unscheinbarer, Flossen oft nur gelblich.
Diese recht ansprechende und empfindliche Art ist ähnlich wie die *Hemigrammus*-Arten zu pflegen. Die Eier werden nicht im freien Wasser, sondern bereits kurz vor dem Verlassen des Eileiters befruchtet. Die ♀♀ speichern dazu die von den ♂♂ oft zu einer ganz anderen Zeit übertragenen Samenfäden, das heißt, beim Ablaichen ist die Anwesenheit des ♂ nicht notwendig. Eine Laichphase bringt etwa 50–70 Eier, die das ♀ mit Vorliebe an Wasserpflanzen absetzt. Die Jungfische schlüpfen bereits nach 24–28 Stunden (bei 26 °C)!
Die Beschreibung gilt unter Vorbehalt, da die Bestimmung der Importtiere als *C. beni* nicht gesichert ist.

Gattung *Ctenobrycon* EIGENMANN, 1908

Körper hoch, seitlich stark zusammengedrückt, Maul verhältnismäßig klein, A lang. Schuppen der Brustregion ctenoid, der Körperseiten bei Jungfischen cycloid, im Alter gleichfalls ctenoid, C unbeschuppt, SL vollständig, sie endet auf der C in einem langen Kanal. Guayana, Venezuela, Amazonassystem, Rio Paraguay. Drei eng verwandte Arten, die vielleicht nur Unterarten ein und derselben Art darstellen.

Ctenobrycon hauxwellianus (Taf. 41)
(COPE, 1870)

Amazonasstromgebiet, weitverbreitet und häufig; bis 10 cm.
D 11; A 39–48; mLR 44–51; QR 11–13/9–11. Gleicht in der Körperform und Färbung der nachfolgenden Art, Körper jedoch etwas hochrückiger (Körperhöhe 2,0 – anstatt 2,5mal in der Körperlänge), außerdem stehen in der mLR etwas mehr Schuppen (44–51 im Gegensatz zu 41–50).
Pflege und Zucht siehe nachfolgende Art.

Ctenobrycon spilurus
(CUVIER und VALENCIENNES, 1948)
Talerfisch, Hochrückensalmler

Guayana, Venezuela in küstennahen Gewässern; bis 8 cm.
D 11; A 41–45; mLR 41–50; QR 11–12/7–10. Körper hoch, seitlich stark zusammengedrückt. Grundfärbung olivgrün, Seiten und Bauch heller mit starkem bläulichem Silberglanz. Von einem großen, schwarzblau leuchtenden Schulterfleck erstreckt sich ein grünglänzendes Band bis zur C-Wurzel und endet hier in einem großen, metallisch glänzenden, blauschwarzen Fleck, der in seiner Ausprägung stark vari-

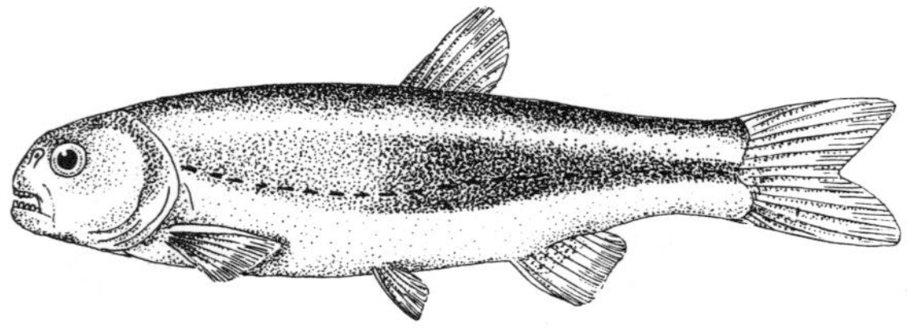

Abb. 75 *Gymnocharacinus bergi*

iert und oft die ganze C-Wurzel bedeckt. Kiemendeckel grün schillernd. D und Fettflosse gelbgrün, C grau mit gelblichem Saum, A lang, schmal, zitronengelb, oft mit zartrotem Saum. ♀ Bauchkiel etwas stärker gewölbt; im allgemeinen blasser gefärbt. ♂ wie oben angegeben gefärbt.
Pflege in größeren, gut bepflanzten Becken. Temperatur 23–28 °C. Ein vorübergehendes Absinken der Temperatur verträgt der Talerfisch sehr gut, kann im ungeheizten Zimmeraquarium gehältert werden. Gieriger Allesfresser, Zucht leicht. Die Eier werden nach stürmischer Paarung zwischen den Pflanzen abgesetzt. Die Jungen schlüpfen bei 26 °C nach 24 Stunden und wachsen sehr schnell. Sehr produktive Art. Bis zu 1500 Jungfische.

Gattung *Gymnocharacinus* Steindachner, 1903

Isoliert stehende monotypische Gattung mit relativ ursprünglichen Merkmalen. Erwachsene Tiere bis auf wenige Schuppen am Beginn der SL schuppenlos. Schuppen dünn, cycloid. Flossen, besonders die A, klein und kurz. Keine Fettflosse. Eine Art.

Gymnocharacinus bergi (Taf. 16, Abb. 75)
Steindachner, 1903
Nackter Messingsalmler

Nordpatagonien, Argentinien; bis 5,5 cm.
D 2/11; A 3/12–13/1; P 1/14; V 1/7. Körper langgestreckt, seitlich kräftig zusammengedrückt, Kopf klein, stumpf, Auge relativ klein. Dunkelgrau, leicht messingfarben glänzend, Rücken dunkler, Bauch heller. Vom Kiemendeckelhinterrand bis zur Basis der C ein metallisch glänzendes, stärker messingfarbenes Längsband. Geschlechtsunterschiede unbekannt.
Pflege siehe Gattungsbeschreibung *Hemigrammus*. Sauerstoffbedürftiger als *Hemigrammus*-Arten, jedoch anpassungsfähiger, als ihre Herkunft aus Bächen erwarten läßt (nach Lüling, 1978). Die Art ist aquaristisch relativ bedeutungslos.

Gattung *Gymnocorymbus* Eigenmann, 1908

Körper relativ hochrückig, seitlich stark zusammengedrückt, vielfach an hochrückige *Moenkhausia*-Arten erinnernd. A verhältnismäßig lang, SL vollständig, fast geradlinig. A und C an der Basis mit zahlreichen kleinen Schuppen. Nackenlinie vor der D unbeschuppt. Amazonas- und Orinokogebiet, Rio Paraguay, Rio Guaporé, Rio Meta. Vier Arten.

Gymnocorymbus socolofi
Géry, 1964

Oberer Rio Meta; bis 6 cm.
D 2/9; A 4/32–37/1; mLR 35; QR 8/7. Körper etwas gestreckter als bei den anderen Arten der Gattung. Silberglänzend. Hinter dem Kiemendeckel zwei senkrechte Schulterflecke. Flossen farblos bis leicht grau. Senkrechte Flossen einschließlich der Fettflosse und V bei Jungtieren rot, schwarz gesäumt. Geschlechtsunterschiede unbekannt.
Pflege siehe Gattungsbeschreibung *Hemigrammus*.

Gymnocorymbus ternetzi (Taf. 42)
(Boulenger, 1895)
Trauermantelsalmler

Mato-Grosso-Gebiet des Rio Paraguay, Rio Guaporé; bis 5,5 cm.
D 11–12; A 40–42; mLR 32–36; QR 7–8/8–9. Körper hoch. Rücken olivgrün, Bauch weiß mit Silberglanz. Kopf mit dunkler, bis über die Augen reichender Querbinde, Maul schwarz. Hinter dem Kiemendeckel eine gleichmäßige schwarze Querbinde, eine gleiche in Höhe des D-Ansatzes. Hinterer Körperteil einschließlich der D, A und Fettflosse bei jüngeren Tieren schwarz, bei älteren grau. Pn und C durchscheinend hell, letztere mit weißlichen Spitzen. Beim ♂ Leibeshöhle hinten spitz auslaufend, C mit deutlichen weißen Spitzen.
Pflege und Zucht siehe Beschreibung der Gattung *Hemigrammus*. Zucht leicht. Die Jungfische schlüpfen nach 24 Stunden und schwimmen nach weiteren drei Tagen frei.
Futter: Rotatorien und Nauplien in großen Mengen. Wachstum schnell, oft sehr produktiv. In den letzten Jahren hat eine Mutante mit verlängerten Flossen weite Verbreitung gefunden.

Gymnocorymbus thayeri (Abb. 76)
Eigenmann, 1908

Amazonas- und Orinokogebiet; bis 8 cm.
D 11; A 34–41; mLR 33–39; QR 7–8/8. Körper ähnlich gestaltet wie bei der vorhergehenden Art angege-

Abb. 76 *Gymnocorymbus thayeri*

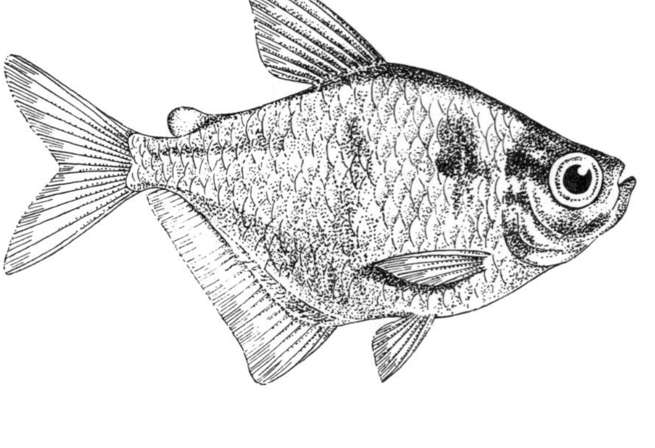

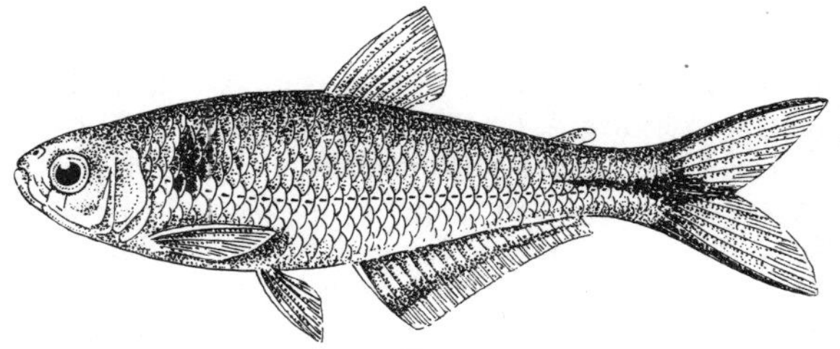

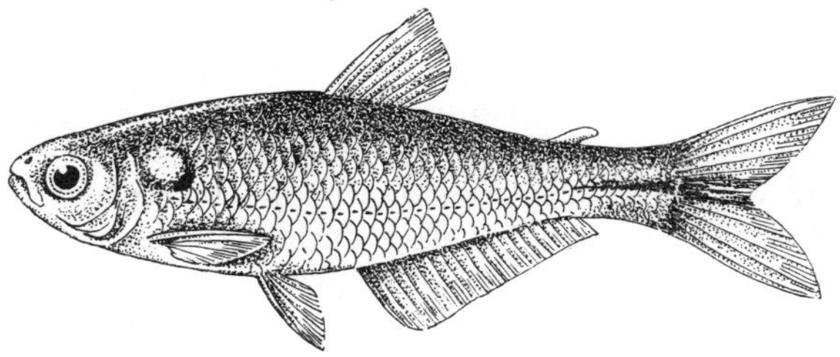

Abb. 77 *Hemibrycon guppyi*
Abb. 78 *Hemibrycon taeniurus*

ben, jedoch A-Rand geradlinig, nicht konvex wie bei *G. ternetzi*, und 3–4 Reihen kleiner Schuppen auf der A-Basis (anstatt 5–6). Silberfarben, Rücken oliv, Bauch weißlich. Zwei senkrechte, dunkle Schulterflecke sind meist nur schwach angedeutet. Unpaare Flossen orangefarben. Geschlechtsunterschiede unbekannt.
Pflege und Zucht siehe Gattungsbeschreibung *Hemigrammus*. *Moenkhausia profunda* und *M. bondi* sind nach GÉRY (1977) Synonyme dieser Art.

Gattung *Hasemania* ELLIS 1911

Eng verwandt mit der Gattung *Hemigrammus*, von der sie sich durch das Fehlen einer Fettflosse (Ausnahme: einige Populationen von *H. nana* mit reduzierter Fettflosse) und die unbeschuppte C-Basis unterscheidet. Rio São Francisco bis Rio Paraná. Vier Arten.

Hasemania nana (Taf. 9)

(REINHARDT in LÜTKEN, 1874)
Kupfersalmler

Rio São Francisco; bis 5 cm.
D 11; A 17–19; mLR 30–32 + 3; QR $3^1/_2/2^1/_2$–3; SL 4 bis 7. Häufig ohne Fettflosse. Ähnlich gestaltet wie der bekannte Glühlichtsalmler. Gelblicholiv, Kiemendeckel und Seiten silberglänzend, manchmal mit bläulichem Schein, Bauch weiß, Schuppen dunkel gerandet. In Höhe der P beginnt eine silbrige Längsbinde, die bis in die C-Wurzel zieht. Die gelbliche bis goldige Basis der C wird durch ein dunkles Band, das auf dem Schwanzstiel beginnt und dort die silbrige Binde überdeckt, in zwei Felder geteilt. D, A und C kräftig braun mit porzellanweißem Saum. P und V gelblichweiß. Iris des Auges silbern. ♀ Körper mehr gedrungen, etwas blasser gefärbt. ♂ schlanker, zur Laichzeit prächtig kupferfarben.
Pflege und Zucht siehe Gattungsbeschreibung *Hemigrammus*. Die sehr schöne, lebendige Art zeigt ihre prächtige Färbung meist erst nach längerer Eingewöhnung. Laicht zwischen Pflanzen (Laichräuber). Im Gegensatz dazu beobachtete STALLKNECHT eine Brutpflege durch das ♂. Dieses soll während der Laichzeit ein Laichterritorium verteidigen. Voraussetzung dazu sind große Becken. Dämmerungslaicher. Eier bräunlich.
Die Art ist bislang als *Hasemania marginata* MEINKEN, 1936, bezeichnet worden.

Gattung *Hemibrycon* GÜNTHER, 1864

Tetragonopterinae mit kräftigem Vorder- und schlankerem Hinterkörper. Die innere Zahnreihe des Praemaxillare besteht nur aus vier Zähnen. Maxillare bezahnt. C-Lappen unbeschuppt. Größere Fische bis maximal 12 cm. Panama, Ekuador, Kolumbien, Peru, Venezuela, Guayana und Trinidad, nicht im Amazonasbecken. 18 Arten.

Hemibrycon guppyi (Abb. 77)

(REGAN, 1906)

Trinidad in klaren Bächen; bis 10 cm.
D 10; A (25) 26–29; mLR 40–41. Körper gestreckt, seitlich zusammengedrückt. Körperhöhe 3–3,5mal in der Standardlänge enthalten, Interorbitalabstand kleiner als der Augendurchmesser, SL vollständig. Die mittleren Strahlen der C sind wie bei allen *Hemibrycon*-Arten schwarz. Fast einheitlich silbern mit gelblichem oder gelblichgrünem Schimmer. Schulterfleck meist nur undeutlich zu erkennen, bei alten Tieren in der Regel nicht mehr vorhanden. Obere und untere Kante der C dunkel, der schwarze mittlere Bereich setzt sich in einen Streifen fort, der sich nach vorn zu verschmälert. A bräunlich gesäumt. Geschlechtsunterschiede in der Färbung unbekannt. ♀ oft mit stark ausgebogener Bauchlinie.
Pflege der recht friedlichen Art in großen Aquarien mit guten Bewegungsmöglichkeiten und nicht zu weichem Wasser. Temperatur 17–23 °C. Lebendfutter, besonders Insektenlarven. Noch nicht nachgezüchtet.

Hemibrycon taeniurus (Abb. 78)

(GILL, 1858)

Trinidad; bis 7 cm.
D 10; A 29–31; mLR 40–41; QR 7–$7^1/_2/5$–$6^1/_2$. Höher als die voranstehende Art. Körperhöhe 2,8–3,4mal in der Standardlänge enthalten, Interorbitalabstand größer als der Augendurchmesser. In Zeichnung und Farbe dagegen der Art *H. guppyi* sehr ähnlich. *H. taeniurus* ist jedoch bei Wohlbefinden mehr grünblausilbrig. Hinter dem Kiemendeckel ein intensiv blaugrüner Glanzfleck. Der A fehlt der zart bräunliche Saum.
Geschlechtsunterschiede und Pflege wie bei der vorhergehenden Art angegeben. *H. taeniurus* wurde schon mehrfach gezüchtet. Die Eier werden zwischen Wasserpflanzen abgesetzt, sind nicht empfindlich. Die Jungfische schlüpfen nach 24–30 Stunden.

Gattung *Hemigrammus* GILL, 1858

Hauptsächlich im nördlichen Südamerika beheimatete, kleine, meist auffallend farbige Salmler, die sich in der Aquaristik großer Beliebtheit erfreuen. Nur wenige Arten kommen weiter südlich im Stromgebiet des Rio Paraguay vor, auf Trinidad ist *Hemigrammus unilineatus* verbreitet. In ihrer Heimat findet man sie in stehenden und fließenden Gewässern, aber auch in Morästen und Rinnsalen. Sie ernähren sich vorwiegend von Klein- und Kleinsttieren, fressen z.T. aber auch Pflanzen. Körper mäßig langgestreckt bis hochrückig, seitlich zusammengedrückt. Die aufrechtstehende D ist kurz und hat die Form eines unregelmäßigen Viereckes (Tetragonopterinae). Fettflosse stets vorhanden, C im Gegensatz zu der nahe verwandten Gattung *Hyphessobrycon* im körpernahen Teil beschuppt, tief eingeschnitten, A mehr oder weniger lang. Die Färbung vieler Arten weist charakteristische Glanzpunkte auf (oberer Teil der Iris, Schwanzstiel), die der Kommunikation innerhalb des Schwarmes dienen. Die ♂♂ sind meist farbiger, die ♀♀ gedrungener. Im durchscheinenden Licht ist oft zu erkennen, daß die Schwimmblase des ♂ hinten spitzer ausläuft als beim ♀. Fast immer bleibt beim ♂ zwischen den inneren Organen und dem Hinterrand der Schwimmblase ein freier Raum, der beim ♀ vom Ovar ausgefüllt wird.
Nicht zu kleine Aquarien mit stellenweise dichter Bepflanzung und freiem Schwimmraum sagen den *Hemigrammus*-Arten am besten zu, dunkler Bodengrund fördert die Entfaltung der Farben. Das Wasser soll weich und schwach sauer sein, Frischwasserzugaben fördern das Wohlbefinden. Die Temperaturen sollen um 23–25 °C liegen. Lebendfutter verschiedener Art, zumindest ab und zu einige Mückenlarven und Kleininsekten. Die meisten Arten nehmen auch Trockenfutter, wenige, z.B. *H. caudovittatus*, benötigen pflanzliche Zusatznahrung, wie gebrühten Spinat oder Salat. Wenn diese nicht geboten wird, knabbern sie an den Wasserpflanzen. Alle Arten sind friedfertig und lassen sich gut vergesellschaften. Da es sich um Schwarmfische handelt, sollten von einer Art stets mehrere Tiere gepflegt werden. Zur Zucht eignen sich kleinere Behälter von 10–30 l Inhalt. Als Laichsubstrat können dichte Büschel feinfiedriger Pflanzen oder künstliche Ablaichgespinste verwendet werden. Ein Bodengrund ist nicht notwendig. Das Zuchtwasser sollte gleichfalls weich und leicht sauer sein. Morgensonne wirkt sich auf die Laichwilligkeit fördernd aus. Die Paare werden abends eingesetzt und laichen oft schon am nächsten Morgen oder an einem der nächsten Tage. Beim Laichakt treibt das ♂ das ♀ mit Maulstößen in die Bauchregion vor sich her. Bei der Abgabe der Geschlechtsprodukte befindet sich das ♂ unterhalb des ♀. Ein Flattertanz des ♂ fehlt. Bei manchen Arten kleben die Eier an den Wasserpflanzen fest, bei anderen fallen sie zu Boden. Da fast alle Arten unter den Bedingungen des Zuchtbeckens Laichräuber sind, müssen die Elterntiere nach dem Ablaichen sofort entfernt werden. Um die Eier auf dem Boden des Zuchtglases vor dem Zugriff zu schützen, kann man diesen auch mit schlehengroßen, dunklen Steinchen oder Glasperlen einschichtig bedecken, auch Laichroste sind geeignet. Die Jungfische schlüpfen bereits nach 20–28 Stunden und hängen als glasklare Stäbchen zunächst an den Pflanzen oder an den Scheiben des Zuchtglases. Sobald sie zu freischwimmender Fortbewegung übergehen, meist nach fünf Tagen, ist feinstes Futter (Rädertiere, *Cyclops*-Nauplien, notfalls auch Infusorien oder Mikrowürmchen) zu geben. Wachstum im allgemeinen schnell. Die Jungfische sind nach dem Anfüttern in Frischwasser zu überführen (später mehrmals wiederholen). Dabei ist es nicht nötig, gleichartiges Wasser zu nehmen; die Erfahrung hat gezeigt, daß etwas härteres Wasser günstig ist.
Siehe auch Beschreibung der Familie, S. 60.

Abb. 79 *Hemigrammus bellottii*

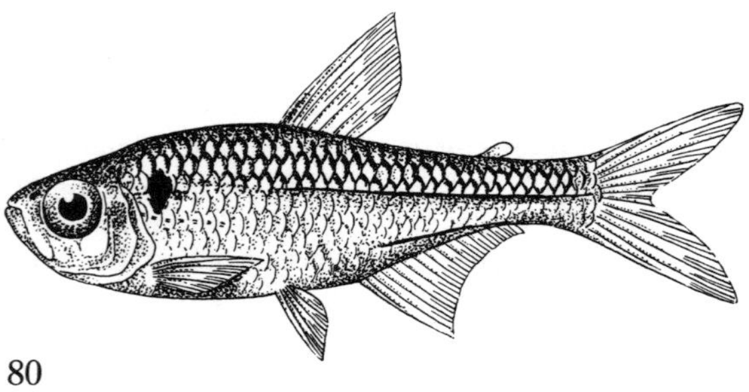

Hemigrammus bellottii (Abb. 79)
(STEINDACHNER, 1882)

Guayana, Amazonasgebiet, weitverbreitet und häufig; bis 4 cm.
D 11; A 22–26; mLR 31–33; QR 5/3–3½; SL 5–10. Körper gattungstypisch langgestreckt, seitlich stark zusammengedrückt. Grundfärbung hellbraun, Iris silberfarben. Hinter dem Kiemendeckel ein ovaler, schwach ausgeprägter, senkrechter, dunkler Schulterfleck, Schuppen besonders der Rückenregion dunkel gerandet, Bauch silberweiß. Vom Kiemendeckelhinterrand bis zur Basis der C erstreckt sich eine silberglänzende Längsbinde, darüber im hinteren Körperteil, etwa ab D-Beginn, eine schmale dunkle Linie. An der Basis der ersten A-Strahlen und oberhalb der A-Basis bis zu deren Ende zwei weitere schmale, dunkle Linien. Flossen gelblich. ♀ kompakter, größer, ♂ schlanker, kleiner.
Pflege und Zucht siehe Gattungsbeschreibung.

Hemigrammus caudovittatus (Taf. 10)
E. AHL, 1923
Rautenflecksalmler

La-Plata-Stromgebiet; bis 7 cm.
D 11; A 26–27; mLR 32–34+2–3; QR 12–13; SL 7 bis 10. Gestreckt, seitlich stark abgeflacht. Gelbbraun, Rücken olivbraun, Seiten mit irisierendem Metallglanz. In Höhe der D beginnt ein bläulich-schwarzer und bei auffallendem Licht silbrig schimmernder

Tafel 17 Links: *Iguanodectes spilurus* · *Nematobrycon lacortei* · *Cheirodon* cf. *piaba*. Rechts: *Iguanodectes* spec. · *Nematobrycon palmeri* · *Tetragonopterus argenteus* (Mitte rechts Sommer, alle anderen Fotos Richter)

Tafel 18 Links: *Vesicatrus tegatus* · *Pristella maxillaris* · *Thayeria boehlkei*. Rechts: *Carnegiella strigata strigata* · *Gasteropelecus sternicla* · *Thoracocharax securis* (alle Fotos Richter)

Tafel 19 Links: *Metynnis argenteus* · *Metynnis maculatus* · *Myleus rubripinnis*, adultes ♂. Rechts: *Metynnis hypsauchen* · *Mylossoma duriventre*, Jungfisch · *Myleus rubripinnis*, Jungtier (alle Fotos Richter)

Tafel 20 *Catoprion mento*, rot · *Catoprion mento*, gelb (beide Fotos Richter)

Tafel 21 *Serrasalmus rhombeus* · *Serrasalmus* cf. *nattereri* (beide Fotos Richter)

Tafel 22 *Hepsetus odoë* · *Boulengerella maculata* · *Ctenolucius hujeta* (alle Fotos Richter)

Tafel 23 Links: *Crenuchus spilurus* · *Klausewitzia aphanes*. Rechts: *Poecilocharax weitzmani* · *Lebiasina* cf. *unitaeniata*, Jungfisch. Unten: *Lebiasina multimaculata* (alle Fotos Richter)

Tafel 24 Links: *Characidium fasciatum* · *Elachocharax pulcher* · *Nannostomus eques*. Rechts: *Characidium* spec. · *Jobertina* spec. · *Nannostomus unifasciatus* (alle Fotos Richter)

Tafel 25 Links: *Nannostomus marginatus* · *Nannostomus beckfordi* · *Nannostomus trifasciatus*. Rechts: *Nannostomus digrammus* · *Nannostomus harrisoni* · *Nannostomus espei* (alle Fotos Richter)

Tafel 26 Links: *Copella arnoldi*, ♂ und ♀ (Foto Richter) · *Copella nattereri* (Foto Richter) · *Copella vilmae* (Foto Richter).
Rechts: *Pyrrhulina brevis* (Foto Sommer) · *Pyrrhulina* spec. aff. *brevis* (Foto Zarske) · *Copeina guttata* (Foto Richter)

Tafel 27 Links: *Pyrrhulina laeta* (Foto Richter) · *Pyrrhulina stoli* (Foto Richter) · *Pyrrhulina rachowiana* (Foto Richter). Rechts: *Pyrrhulina spilota* (Foto Sommer) · *Pyrrhulina* spec., Zick-Zack-Pyrrhulina (Foto Richter) · *Pyrrhulina* spec. (Foto Richter)

Tafel 28 *Anostomus anostomus · Anostomus ternetzi · Anostomus trimaculatus* (alle Fotos Richter)

Tafel 29 *Hemiodopsis quadrimaculatus vorderwinkleri*, eine *H. sterni* ähnliche Unterart · *Hemiodopsis goeldii* · *Hemiodus unimaculatus* (alle Fotos Richter)

Tafel 30 *Leporinus fasciatus fasciatus* (Foto Richter) · *Leporinus fasciatus affinis* (Foto Zarske) · *Leporinus desmotes* (Foto Richter)

Tafel 31 *Leporinus fredericі* · *Leporinus striatus* · *Leporinus arcus* (alle Fotos Richter)

Tafel 32 Oben: *Abramites hypselonotus*. Links: *Semaprochilodus* cf. *taeniurus*, Jungtier · *Semaprochilodus* cf. *taeniurus*, Jungtier. Rechts: *Chilodus punctatus* · *Curimata* cf. *cyprinoides* (alle Fotos Richter)

Längsstreifen, der sich bis zur C-Wurzel erweitert und in der C spitz ausläuft. Im Bereich der C ist dieser rautenförmige Längsstreifen oben und unten hell gesäumt. Ein dunkler Schulterfleck ist nur unter besonderen Umständen (auffallendes Licht) sichtbar. Iris des Auges in der oberen Hälfte rot. D und C gelblich bis rot, A-Basis lebhaft ziegelrot. ♀ Körperform mehr rundlich, Flossen beinahe farblos, höchstens zart rosa. ♂ wie oben angegeben gefärbt, schlanker. Pflege und Zucht wie in der Beschreibung der Gattung angegeben. Anspruchslos, gefräßig (besonders Pflanzen) und unempfindlich gegen Temperaturschwankungen, zur Zucht 24 °C. Leicht zu züchten, sehr produktiv.

Hemigrammus erythrozonus (Taf. 11)
DURBIN, 1909
Glühlichtsalmler

Guayana; bis 4,5 cm.
D 11; A 20–22; mLR 31–34; QR 5/3–3½; SL 6–9. Ähnlich gestaltet wie der bekannte Neon-Tetra. Graugrün. Vom Kiemendeckel bis in die C-Wurzel erstreckt sich ein breiter, rubinfarben leuchtender Längsstreifen, der sich auf der Schwanzwurzel zu einem ebenso leuchtenden Fleck erweitert. Die ersten Strahlen der D und die obere Irishälfte kräftig rot, Spitzen der D und V elfenbeinfarben. Bei künstlichem Licht tritt aus der irisierenden roten Längsbinde eine goldschimmernde Linie hervor. ♀ etwas größer und gedrungener. ♂ schlanker, die Bauchpartie wirkt eingefallen.
Pflege und Zucht wie in der Gattungsbeschreibung angegeben. Allerdings weicht die Art im Fortpflanzungsverhalten von den anderen *Hemigrammus*-Arten ab. Nach STALLKNECHT (Aquar. Terr. 12, 40–44, 1965) entspricht sie in dieser Hinsicht vollkommen dem *Paracheirodon*-Typ (siehe S. 118). Trotzdem entspricht nach GÉRY (briefl. Mitteilung) *H. erythrozonus* vom typischen Fundort unserem Glühlichtsalmler. Neben dem Neontetra einer der schönsten Salmler. Laicht bei 28 °C willig. Die nach 24 Stunden auskommenden Jungen sind bei einer Fütterung mit *Cyclops*-Nauplien sehr schnellwüchsig. Während der Aufzucht ist häufiger Wasserwechsel notwendig.

Hemigrammus hyanuary (Taf. 11)
DURBIN, 1918
Grüner Neon, Neon Costello

Janavacá-See bei der Stadt Manaus, oberer Amazonas von Iquitos bis São Paulo de Olivença; bis 4 cm.
D 11; A 14–16; mLR 32–33; QR 5/3; SL 7–9. Körper gestreckt, etwas höher als bei dem echten Neon. Oberseits gelb- bis olivgrün, bauchseits grünlich-silbern. Vom Kiemendeckel bis in die C-Wurzel erstreckt sich ein nach hinten breiter werdender grasgrüner bis bläulicher Glanzstreifen. Er wird etwa vom Hinterende der D an unten von einem sehr breiten schwarzen Feld begleitet, das bis in die C hineinreicht. Im oberen Teil des Schwanzstieles liegt vor der C-Wurzel ein rotgoldener Glanzfleck. Regenbogenhaut grasgrün irisierend. Flossen farblos, A mit weißer Vorderkante. ♀ Bauchlinie stärker ausgebuchtet, im laichreifen Zustand kräftiger. ♂ schlanker, A mit kleinen Häkchen.
Pflege und Zucht wie in der Gattungsbeschreibung angegeben. Dämmerungslaicher. Während der Balz schwimmt das ♂ unter das ♀ und macht dessen Bewegungen mit, als ob es durch einen Magneten festgehalten würde. Zum Ablaichen schießt das ♂ neben das ♀ und schmiegt sich eng an seine Körperseite. Die Jungtiere schlüpfen nach 24 Stunden und schwimmen nach sechs Tagen frei.

Hemigrammus levis (Taf. 10)
DURBIN, 1908
Silberstreifensalmler

Mittleres Amazonasgebiet, weitverbreitet und häufig; bis 5 cm.
D 10–11; A 17–20; mLR 30–34; QR 5/3½; SL 6–11. Körper langgestreckt, seitlich stark zusammengedrückt. Grünlich bis bräunlich durchscheinend. Rükken olivgrün, Bauch silberweiß. Die Iris des großen Auges ist golden. Vom Hintergrund des Kiemendekkels bis zur C-Wurzel erstreckt sich eine silberfarbene Längsbinde. Flossen farblos, auf den mittleren Strahlen der C ein tiefschwarzer Fleck, der sich nach hinten verjüngt und oben und unten weiß gesäumt ist. ♀ kräftiger, ♂ schlanker.
Pflege und Zucht siehe Gattungsbeschreibung.

Hemigrammus marginatus (Taf. 43)
ELLIS, 1911
Bassamsalmler

Venezuela bis Argentinien; bis 8 cm.
D 11; A 20–24; mLR 29–34; QR 5/3–4; SL 5–14. Körper gattungstypisch langgestreckt. Graugrün bis zart violett angehaucht, Rücken olivgrün, Bauch weißlich. Vom Kiemendeckel zur C-Wurzel zieht ein dunkles, fast schwarzes, oben hell begrenztes Längsband. C-Wurzel oft mit schwarzem Fleck, D und A gelbgrün, Spitzen leuchtend weiß, C zitronengelb mit breiter schwarzer Querbinde. Auge oben goldgelb. ♀ A und Basis der D gelblich. ♂ wie oben angegeben gefärbt, D und A mit kräftig weißer Spitze.
Pflege und Zucht wie in der Beschreibung der Gattung angegeben. RICHTER (Aquar. Terr. 12, 119 bis 120, 1965) empfiehlt für die Zucht einen Zusatz von Jod (1 g NaJ/10 l Wasser).

Hemigrammus ocellifer (Taf. 10)
(STEINDACHNER, 1883)
Laternensalmler

Amazonasstromgebiet, Guayana, weitverbreitet; bis 4,5 cm.
D 10–11; A 22–28; mLR 29–31; QR 5/3½; SL 6–8. Körper gattungstypisch gestaltet. Zart bräunlich bis grüngelb durchscheinend. Hinter dem Kiemendeckel

ein kräftiger, tiefschwarzer, vorn und hinten golden eingefaßter Schulterfleck. Auf der Basis der C ein tiefschwarzer Fleck, vor diesem Fleck eine große, rötlich-gold irisierende Glanzzone. Obere Hälfte der Iris rot. Flossen farblos, D, A und V mit blauweißen Spitzen, C-Lappen am Grunde kräftig rot.
Der bereits seit 1910 unter dem Namen *H. ocellifer* gepflegte Fisch wurde 1958 von MEINKEN als *Hemigrammus ocellifer falsus* beschrieben. Nach GÉRY (1977) ist diese Art, deren Herkunft unbekannt ist, sehr wahrscheinlich *H. mattei* EIGENMANN, 1910, aus Argentinien. Die Tiere sind folgendermaßen gefärbt: zart bräunlich bis grüngelb. Ein dunkler Schulterfleck tritt nur schwach oder gar nicht hervor. In Höhe der D beginnt auf den Körperseiten ein dunkler Längsstrich, der sich nach hinten etwas verbreitert und spitz in die C hineinreicht, er wird auf der C-Wurzel von einer dunklen Querbinde gekreuzt. In den Winkeln des Kreuzes helle, goldirisierende Flecke, von denen der hinter der Fettflosse befindliche besonders stark hervortritt (Laternensalmler). Obere Hälfte der Iris rot. Flossen farblos, bläulich-weiß gesäumt oder mit solchen Spitzen, oberer Lappen der C rötlich. ♀ kräftiger, Schwimmblase im durchfallenden Licht teilweise verdeckt. ♂ schlanker, Schwimmblase im durchfallenden Licht gut sichtbar. Pflege und Zucht der ansprechenden Art wie in der Beschreibung der Gattung angegeben. Sehr produktiv.

Hemigrammus pulcher pulcher (Taf. 11)
LADIGES, 1938
Karfunkelsalmler

Peruanischer Teil des Amazonas, oberhalb Iquitos; bis 4,5 cm.
D 2–3/7–9; A 3–4/20–21; mLR 28–31; QR 4 1/2–5/3 bis 4; SL 7–9. Körper relativ kurz und hoch, kräftig (Körperhöhe 2,3–2,6mal in der Standardlänge enthalten). Färbung sehr veränderlich und abhängig von dem Beleuchtungswinkel. Rücken bräunlichgrün, Seiten hellgraugrün, Bauch gelblichweiß, Kopf dunkelgrün, nach der Schnauze zu schwärzlich, diese selbst schwarz. Iris oben purpurrot, unten blaugrün. Auf der Kehle einige leuchtend messingfarbene Tüpfel. Hinter dem Kiemendeckel ein leuchtend kupferroter Schulterfleck, ein ebensolcher länglicher, stark irisierender Fleck auf dem Schwanzstiel, darunter ein blauschwarzes, sehr breites kurzes Längsband, das auf der C-Basis plötzlich endet. D, A und C lebhaft kupferrot. Bei entsprechendem Lichteinfall leuchtet der ganze Körper kupferrot bis grünlich. ♀ etwas größer und kräftiger, Schwimmblase im durchfallenden Licht nur teilweise sichtbar. ♂ schlanker und kleiner, Schwimmblase im durchfallenden Licht gut und vollständig sichtbar, die ersten vier A-Strahlen mit je einem kleinen Häkchen.
GÉRY hat 1961 eine Unterart als *Hemigrammus pulcher haraldi* beschrieben. Diese kommt im Bereich des oberen Solimões in einem See vor und unterscheidet sich von *H. p. pulcher* unter anderem durch das wesentlich kürzere schwarze Längsband auf der unteren Hälfte des Schwanzstieles (der Anfang liegt über dem Ende der A). Andererseits reicht dieses Band bei *H. p. haraldi* weiter in die C hinein.
Pflege und Zucht wie in der Gattungsbeschreibung angegeben. Temperatur 25–28 °C. Bei dieser sehr schönen Art ist es etwas schwierig, zur Zucht geeignete Partner zu finden. Bei Fehlschlägen versuche man stets die ♂♂ auszutauschen. Tiere, die einmal zusammen abgelaicht haben, sind fortan meist laichfreudig und produktiv (bis 800 Eier).

Hemigrammus rhodostomus (Taf. 11, Abb. 107)
AHL, 1924
Rotmaulsalmler

Unterer Amazonas; bis 4 cm.
D 10; A 14–15; mLR 31–33; QR 6/5; SL 7–14. Körper langgestreckt, seitlich stark abgeflacht. Rücken bräunlich- bis olivgrün, Bauch grünlichweiß. Kopf und Iris des Auges blutrot. Im Nacken ein heller, grünlich schimmernder Fleck. Unterhalb der Fettflosse beginnend bis in die C-Wurzel eine dunkle, nach hinten breiter werdende Längsbinde. Sie wird oben von einer grünlich schimmernden Linie begleitet, über der wiederum im Schwanzstiel ein goldenes Band liegt, das in einem Goldfleck auf der C-Wurzel endet. Jeder C-Lappen mit einem schrägen, ovalen, dunklen Fleck, vor diesen Flecken ist die C gelb. Alle anderen Flossen sind farblos oder leicht grünlich. Die intensive Rotfärbung des Kopfes tritt leider nur selten hervor. ♀ gedrungener und kräftiger. ♂ schlanker. Pflege und Zucht wie in der Gattungsbeschreibung angegeben; etwas empfindliche Art, scheuer als die sehr ähnliche *Petitella georgiae*. Die Zucht gilt als schwierig, auch ist die Art nicht sehr produktiv (30 bis 150 Eier). Am besten setzt man in einem größeren Zuchtbecken einen kleinen Schwarm (4–5 Paare) an. Auch müssen dichte Pflanzenbüsche und Kiesel als Bodengrund eingebracht werden. Temperatur um 26 °C. Die Tiere laichen oft erst nach Tagen in den frühen Morgenstunden, die Jungfische schlüpfen nach etwa 15 Stunden. In den letzten Jahren ist eine albinotische Form im Handel. Nach GÉRY und MAHNERT (1986) repräsentieren alle als *H. rhodostomus* gepflegten Fische die Art *H. bleheri* GÉRY und MAHNERT, 1986. Siehe auch *Petitella georgiae*, S. 119.

Hemigrammus rodwayi (Taf. 11, 43)
DURBIN, 1909
Goldtetra, Kirschfleckensalmler

Unteres Amazonasgebiet, Guayana; bis 5,5 cm.
D 2/8–9; A 4/19–21; P 1/9–11; V 1/7; mLR 31–33; QR 5/2 1/2–3 1/2; SL 6–15. Körper langgestreckt, seitlich stark zusammengedrückt. Zart graugrün bis gelbgrau, Oberseite olivgrün, Unterseite hell. Etwa in der Höhe der D beginnt ein silbriges Seitenband, das sich bis in einen großen schwarzen Fleck auf der C-Wurzel erstreckt, letzterer kann sich zudem strichartig bis auf die mittleren Flossenstrahlen ausdehnen. Schuppen im oberen Bereich der Körperseiten dunkel geran-

det, ein Schulterfleck fehlt. Flossen leicht getönt, jeder C-Lappen basal mit einem kirschroten Fleck, D mit rötlicher Basis. A rötlich, Vorderkante weiß. ♀ Flossen mehr gelblich, A vorn nicht weiß gesäumt. ♂ wie oben angegeben gefärbt.
Importtiere dieser Art sind z. T. von Metacercarien parasitärer Trematoden befallen. Die Fische kapseln diese Parasiten ein, wodurch eine intensive Goldfärbung, aber auch unregelmäßig verteilte schwarze Flecke entstehen. Diese pathologischen Formen wurden von SCHULTZ und AXELROD als *H. armstrongi* beschrieben: Körper goldglänzend, besonders bei künstlichem Oberlicht. Auf dem Nacken sowie oben auf dem Schwanzstiel ein intensiv leuchtender Fleck. An den Körperseiten ein dunkler Längsstrich, der sich auf der C-Wurzel zu einem rautenförmigen Fleck erweitert. C oft leicht rötlich. ♀ kräftiger und weniger stark goldglänzend.
Pflege und Zucht siehe Gattungsbeschreibung. Nachzuchten der Goldform zeigen die schlichtere Normalfärbung (siehe oben).

Hemigrammus stictus (Abb. 80)
(DURBIN, 1909)

Guayana, Amazonasgebiet, Rio Meta; bis 5 cm.
D 11; A 26–31; mLR 33–35; QR 6/4; SL 7–11. Körper gattungstypisch gestaltet. C-Basis nicht so stark beschuppt wie bei den anderen Arten der Gattung (Übergang zu *Hyphessobrycon*). Gelblichbraun durchscheinend, Rücken dunkler, Schuppen meist dunkel gerandet, Bauch fast weiß. Ein runder, schwarzer Schulterfleck etwa gleichweit vom Hinterrand des Auges und dem D-Beginn entfernt. Hinterer Teil des Schwanzstieles, Fettflosse und C-Basis kräftig rot. Restliche Flossen gelblich. ♀ größer, gedrungener, ♂ schlanker.
Pflege siehe Gattungsbeschreibung, selten gezüchtet.

Abb. 80 *Hemigrammus stictus*
Abb. 81 *Hemigrammus unilineatus*

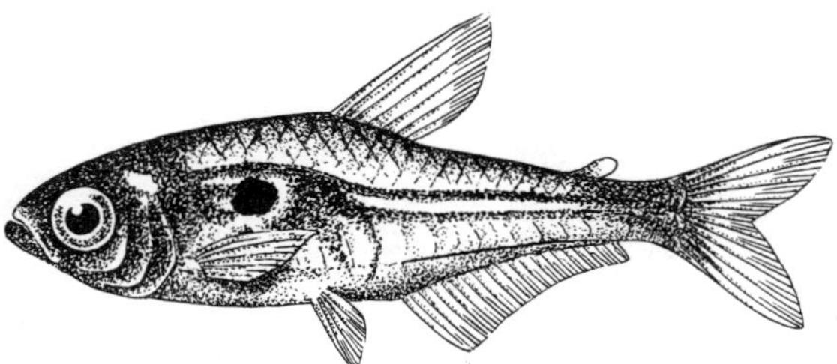

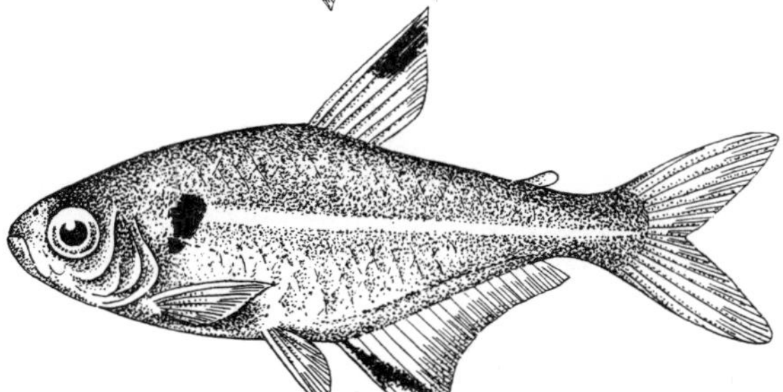

Hemigrammus ulreyi
(BOULENGER, 1895)
Flaggensalmler

Mato-Grosso-Gebiet und Rio Paraguay; bis 5 cm.
D 10; A 23–26; mLR 30 + 2 – 3; QR 5–6/3½; SL 8 bis 10. Körper gattungstypisch gestaltet. Zart graugrün bis braungrün, Seiten und Bauch fast farblos, leicht silbrig, bei auffallendem Licht irisierend, insgesamt durchscheinend. Von einem meist nicht hervortretenden Schulterfleck zieht ein oben lebhaft rotes, in der Mitte mehr weißgrünliches, unten breit schwarzes Band bis in die C-Wurzel. D gelblich mit einem dunklen Fleck im äußeren Drittel, oft auch mit schwarzer vorderer Kante, die übrigen Flossen sind zart gelblich bis rötlich. ♀ Körper gedrungen, Fettflosse zart orange. ♂ schlanker, Fettflosse oft rötlich.
Pflege siehe Gattungsbeschreibung. In Gefangenschaft noch nicht nachgezüchtet, sehr selten eingeführt. Diese Art entspricht nicht dem weitverbreiteten »Falschen Ulrey« oder Dreibandsalmler. Letzterer ist insgesamt etwas schlanker und dunkler, siehe bei *Hyphessobrycon heterorhabdus*.

Hemigrammus unilineatus (Abb. 81)
(GILL, 1858)
Schwanzstrichsalmler

Trinidad, nördliches Südamerika; bis 5 cm.
D 11; A 23–27; mLR 30 – 31 + 2 – 3; QR 5/3–4½; SL 5–8. Körper etwas hochrückiger als bei anderen Arten der Gattung. Durchscheinend grünlichgrau, bei auffallendem Licht bläulich-silberglänzend. Entlang der durchschimmernden Wirbelsäule ein goldglänzendes Längsband. Ein schwarzer Schulterfleck ist nur gelegentlich vorhanden. Senkrechte Flossen rötlich bis rot, vorderer Rand und Spitze der D und A milchig weiß, D mit dunklem, dreieckigem Fleck. P und V farblos. ♀ Körperform mehr gedrungen. ♂ schlanker, oft etwas blasser.
Pflege und Zucht siehe Gattungsbeschreibung. Sehr anspruchslose Art. *H. u. cayennensis* GÉRY, 1959 (Guayana, Suriname), hat sechs Schuppen über der SL (anstatt fünf), die SL durchbohrt 9–13 Schuppen (5–8 bei der Nominatform).

Hemigrammus vorderwinkleri (Taf. 43)
GÉRY, 1963

Oberer Rio Negro bei Tapuruquara; bis 3 cm.
D 2/9; A 3/14–15; P 1/11–12; mLR 29–30; SL 6–8. Ähnlich gestaltet wie der bekannte *Hemigrammus ocellifer*. Körperseiten mit bläulich-silbrigem Glanz. Ein im Leben vermutlich schwach angedeutetes silbrig irisierendes Längsband verbindet einen schwach angedeuteten dunklen Schulterfleck mit einem kräftigen Rautenfleck auf der C-Basis und den mittleren Flossenstrahlen. D orange, C-Lappen an der Basis rot. Iris oben rot. Geschlechtsunterschiede vermutlich nicht deutlich ausgeprägt.
Pflege siehe Gattungsbeschreibung.

Gattung *Hyphessobrycon* DURBIN, 1908

Die etwa 65 Arten der Gattung *Hyphessobrycon* unterscheiden sich von den nahe verwandten *Hemigrammus*-Arten vor allem durch die völlig unbeschuppte Basis der C. Ihre Verbreitung erstreckt sich auf Süd- und Mittelamerika, nördlich reicht sie bis Mexiko. Zwei Arten, darunter die Typusart der Gattung, weichen nach GÉRY (1977) stark von der Mehrzahl der Arten ab. Dies könnte unter Umständen eine Umbenennung zahlreicher Arten zur Folge haben. Über Pflege und Zucht siehe Gattungsbeschreibung *Hemigrammus*, S. 80. Das Fortpflanzungsverhalten ist gattungstypisch gegenüber *Hemigrammus* verändert (STALLKNECHT, 1965): »Das ♂ beginnt die Balz flatternd vor dem ♀, schwimmt bis zum Ablaichort um das ♀ herum, meist aber lockend vor dem ♀ her und gelangt erst unmittelbar vor dem Laichakt (meist von seitlich oben) neben das laichende ♀. Das Drehen während der Abgabe der Geschlechtsprodukte erfolgt um eine gedachte senkrechte Achse.« Siehe auch Beschreibung der Familie, S. 60.

Abb. 82 *Hyphessobrycon*-Arten ohne Schulterfleck, jedoch mit deutlichem Geschlechtsdimorphismus in der Ausbildung der Rückenflosse, sogenannte »Bentosi-Gruppe«. Kräftig rote Bezirke punktiert, ♂ stets über dem ♀. 1) *H. b. bentosi*, 2) *H. robertsi*, 3) *H. erythrostigma*, 4) *H. socolofi*, 5) *H. bentosi rosaceus*

Hyphessobrycon agulha (Taf. 14, Abb. 85)
FOWLER, 1913

Amazonasgebiet; bis 5 cm.
D 3/9; A 4/19–21/1; mLR 32 + 2; QR 6/3; SL 12. Körper langgestreckt, seitlich stark zusammengedrückt. Dunkelolivgrün bis hellbraun, Rücken dunkler, Bauch fast weiß. Schuppen der Rückenregion häufig dunkel gerandet, Iris oben blutrot, eine dunkelblaue bis schwarze Längsbinde vom Hinterrand des Kiemendeckels bis auf die mittleren Strahlen der C. Flossen farblos bis rauchgrau, D vorn rötlich, C-Lappen mit roten Streifen, A schwarz gesäumt. ♂ kleiner, schlanker. ♀ größer, kompakter.
Pflege siehe Gattungsbeschreibung *Hemigrammus*.

Hyphessobrycon bentosi bentosi (Taf. 13, Abb. 82)
DURBIN, 1908
Schmucksalmler

Unteres und mittleres Amazonas-Becken (Obidos); bis 6 cm.
D 11; A 26–30; mLR 30–34; QR 5–6/3–3½; SL 5–7.

Körper gestreckt, seitlich stark zusammengedrückt. Olivgelb mit stark karminroter Tönung (besonders bei Wohlbefinden). Kein Schulterfleck! D, die besonders bei älteren ♂♂ fahnenartig ausgezogen sein kann, mit großem, unregelmäßigem, tiefschwarzem Fleck, Spitze und vordere Kante weiß, C gelblich mit mehr oder weniger rötlicher Tönung und einer kräftig roten Zone in der Mitte eines jeden Flossenlappens, A gelblichrot mit schwarzer, weiß gesäumter Spitze, vordere Kante der gelblichen V ebenfalls weiß. ♀ Körper gedrungen, D nicht ausgezogen. ♂ schlank, D fahnenartig ausgezogen.

Pflege siehe Gattungsbeschreibung *Hemigrammus*. Zucht nicht ganz einfach. Nur junge, nicht voll erwachsene Tiere laichen willig. Eier bräunlich. Die Jungfische schlüpfen nach 24 Stunden und schwimmen nach fünf Tagen frei. Fütterung mit Rotatorien, später *Cyclops*- und *Artemia*-Nauplien.

Über diese Art sind die Auffassungen sehr verschieden. GÉRY (1977) nimmt an, daß *Hyphessobrycon ornatus* AHL, 1934, ein Synonym von *H. bentosi* ist. HOEDEMAN (1954) schlug vor, verschiedene ähnlich gefärbte Salmler, die sogenannten »Blutsalmler« der Aquaristik, als Unterarten von *H. callistus* zu betrachten. Dazu zählte er neben *Hyphessobrycon callistus* die Arten *H. bentosi, H. copelandi, H. minor, H. ornatus, H. rosaceus, H. erythrostigma* und *H. serpae*. Unter dem Namen »Callistus«-Gruppe erreichten diese Fische große Popularität. Nach GÉRY (1961, 1977) ist ein solches Vorgehen jedoch nicht gerechtfertigt. Die Ähnlichkeiten zwischen den genannten Arten sind rein äußerlich, und eine echte Verwandtschaft liegt nicht vor. Er unterscheidet zwischen einer »Bentosi«- und einer »Callistus«-Gruppe. In die »Bentosi«-Gruppe (Abb. 82) gehören nach heutiger Auffassung: *Hyphessobrycon bentosi bentosi* (Synonym *H. ornatus*), *H. bentosi rosaceus, H. erythrostigma* (Synonym *H. rubrostigma*), *H. socolofi* und *H. »robertsi«*. Zur »Callistus«-Gruppe werden die Arten *H. callistus, H. georgettae, H. haraldschultzi, H. minor, H. serpae* und *H. takasei* gerechnet (Abb. 83). Die ähnliche, hier nicht berücksichtigte Art *H. copelandi* hat eine völlig abweichende Bezahnung (siehe dort).

Hyphessobrycon bentosi rosaceus (Taf. 13, Abb. 82)
DURBIN, 1909
Rosensalmler

Guayana, Rio Guaporé; bis 4 cm.

D 11; A 26–27; mLR 31–33; QR 5/3–4; SL 6–7. Körper ähnlich gestaltet wie bei der Nominatform angegeben, jedoch etwas hochrückiger (Körperhöhe 2,5 bis 2,7mal in der Körperlänge enthalten, bei *H. bentosi* 2,8–3,1mal), außerdem ist das Auge adulter Tiere größer (2,3–2,5 statt 2,6 in der Kopflänge).

Maxillare mit 4–5, selten bis 7 Zähnen (6–8 bei *H. bentosi bentosi*). Eine genaue Farbbeschreibung ist nicht möglich, da die Art stets mit verwandten Formen verwechselt wurde. Rosafarben, besonders an der Basis der A, C und V. Schuppen der Körperseiten hellblau irisierend. Ein Schulterfleck fehlt stets. Rückenschuppen dunkel gerandet. Ein sehr dünner Längsstreifen bis zur Basis der D. D mit kreisrundem, tiefschwarzem Fleck auf den ersten sieben Strahlen, Spitzen des 2. und 3. Flossenstrahls weiß, sonst orangefarben. A orange, vorn mit weißer Spitze. Angaben nach EIGENMANN (1918). ♂ mit verlängerter D (?).

Pflege siehe Gattungsbeschreibung *Hemigrammus*. Eier nicht braun wie beim Schmucksalmler, sondern mehr gelblich (Angabe nach FRIESEL, Guayana).

Hyphessobrycon bifasciatus (Taf. 15)
ELLIS, 1911
Gelber Salmler, Gelber von Rio

Südöstliches Brasilien in küstennahen Gebieten; 5 cm.

D 11; A 29–32; mLR 33–36; QR 6–7/5–6; SL 6–9. Ähnlich gestaltet wie *H. flammeus*. Zart durchscheinend, graugelb bis grüngelb. Hinter dem Kiemendeckel ein helles Feld, in dem zwei längliche, querstehende, dunkle Schulterflecken hervortreten, von denen der erste immer etwas kleiner, aber deutlicher hervortritt. In ein mattsilbriges Seitenband sind vom zweiten Schulterfleck an zahlreiche dunkle, tütenartig ineinandergreifende Winkelmale eingebettet. Flossen einheitlich grau, bei Jungfischen auffallend rötlich. Schöne Importtiere zeigen ähnlich wie *Hemigrammus rodwayi* einen intensiven Goldglanz, der den Nachzuchttieren fehlt. ♀ kräftiger, A etwas eingebogen. ♂ D und A mit weißer Vorderkante, letztere oft leicht rötlich und ausgebuchtet.

Pflege und Zucht wie in der Beschreibung der Gattung *Hemigrammus* angegeben. Das ♂ zeigt nach STALLKNECHT während der Laichzeit deutliches Territorialverhalten. ♀♀ und andere Fische werden vom Laichplatz weggebissen, die Jungfische in das Laichsubstrat gescheucht. Halbwüchsige Tiere erinnern mit ihren rötlichen Flossen an den bekannten Rotflossensalmler *(Aphyocharax anisitsi)*.

Hyphessobrycon callistus (Taf. 13, Abb. 83)
(BOULENGER, 1900)
Blutsalmler

Paraguay-Becken, südliches Amazonasgebiet (?); bis 4 cm.

D 10–11; A 27–30; mLR 31–33; QR 6–7/4; SL 5. Maxillare kurz, mit 2–3 dichtstehenden dreispitzigen Zähnen, Praemaxillare mit zwei Zahnreihen, die innere aus fünf drei- bis vierspitzigen Zähnen bestehend. Körper gestreckt, seitlich stark zusammengedrückt, D nicht verlängert. Grundfärbung schwach tomatenrot, Rücken etwas bräunlich, Bauchseite hellrot bis silbrig-weiß. Hinter dem Kiemendeckel ein großer, kommaförmiger, tiefschwarzer Schulterfleck, der bei älteren Tieren verblassen kann. D schwarz, Basis und Spitze weiß, A blutrot mit relativ breitem schwarzem Saum, der sich nach hinten verbreitert. C, V und P kräftig rot. Verschiedene Flossen

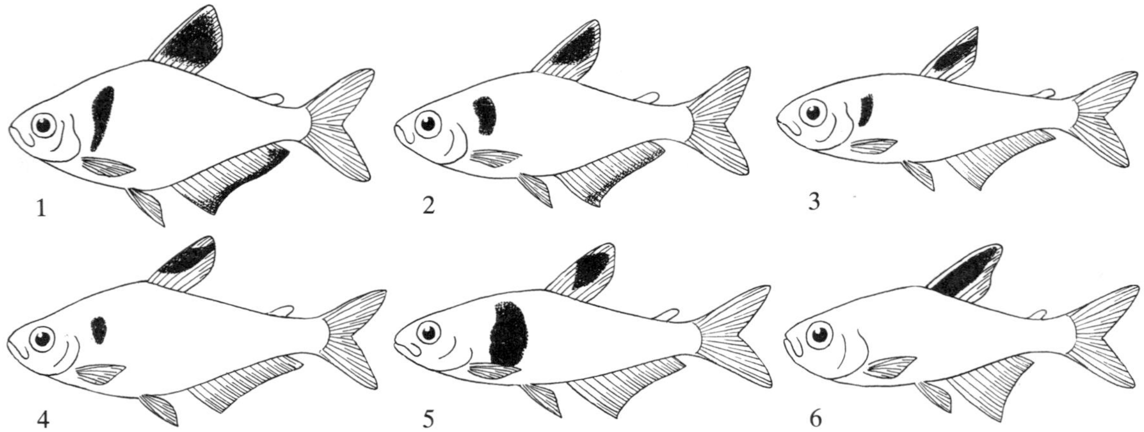

Abb. 83 *Hyphessobrycon*-Arten mit rötlicher Grundfärbung, in der Regel deutlichem Schulterfleck und schwarzer Zeichnung in der Rückenflosse, sogenannte »Callistus-Gruppe«. 1) *H. callistus*, 2) *H. serpae*, 3) *H. minor*, 4) *H. haraldschultzi*, 5) *H. takasei*, 6) *H. georgettae*

mit weißen Spitzen. ♀ an der größeren Leibesfülle zu erkennen.
Pflege und Zucht siehe Beschreibung der Gattung *Hemigrammus*. *H. callistus* wird häufig fälschlich als Serpa-Salmler *(Hyphessobrycon serpae)* bezeichnet. Letzterer ist jedoch deutlich schlichter gefärbt und hat einen mehr bohnen-, jedoch nicht kommaförmigen Schulterfleck, A außerdem nur mit schmalem schwarzem Saum.
Siehe auch *H. bentosi bentosi*.

Hyphessobrycon copelandi (Taf. 13)
DURBIN, 1908

Umgebung von Tabatinga im oberen Stromgebiet des Amazonas; bis 5 cm.
D 11; A 28; mLR 24–27; QR 5–7/3 ½; SL 5–9. Ähnlich gestaltet wie der bekannte Blutsalmler, dem *H. copelandi* auch hinsichtlich der Färbung nicht unähnlich ist. ♂♂ mit stark verlängerter D, A und auch V. Nach GÉRY ist die Art nicht mit *Hyphessobrycon callistus* und *H. serpae* verwandt. Aufgrund ihrer Bezahnung (innere Praemaxillarreihe mit fünf breiten, 5–7spitzigen Zähnen) gehört sie vermutlich sogar in die Nähe der Gattung *Deuterodon*. Die olivbraune Oberseite, die zart lehmfarbenen Körperseiten und die helle Unterseite sind zart rötlich angehaucht.

Abb. 84 *Hyphessobrycon erythrurus*

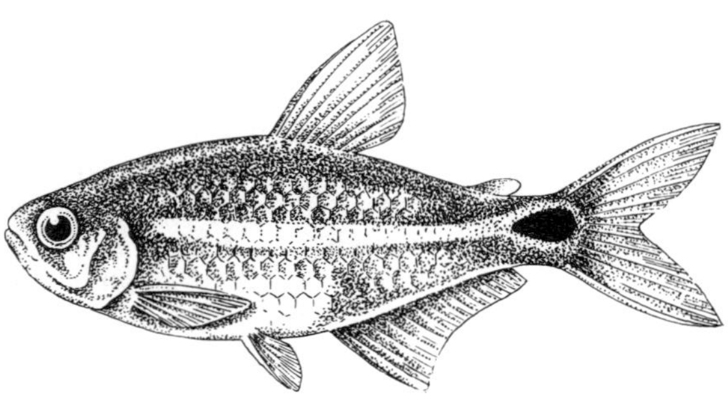

Schulterfleck rund (!), von einer hellen Zone umgeben. Flossen rötlich bis kräftig rot, D mit breitem schwarzem Zentrum und weißer Spitze, A zart dunkel gesäumt, vordere Ecke weiß, C mit schwarzer oder dunkelroter Zeichnung. ♀ besonders zur Laichzeit kräftiger, Flossenspitze meist nicht weiß, D, A und V nicht verlängert.
Pflege und Zucht siehe Beschreibung der Gattung *Hemigrammus*.

Hyphessobrycon eos
DURBIN, 1909
Sonnensalmler

Westliches Guayana; bis 4,5 cm.
D 11; A 17–20; mLR 33–34; QR 6/4; SL 7–10. Ähnlich gestaltet wie der bekannte *Hemigrammus ocellifer*. Färbung nach ARNOLD-AHL (textl. verändert): Olivgrün bis bräunlich, Oberseite ziemlich dunkel. Schuppen in der oberen Körperhälfte mit dunklem Rand. Schulterfleck unmittelbar hinter dem Kiemendeckel nur schwach angedeutet. Seitenstrich schmal. Auf dem Schwanzstiel ein großer, tiefschwarzer Fleck. Über den ganzen Körper sind dunkle Pigmentflecke verstreut, die jedoch auf den Kiemendeckeln besonders hervortreten. Kehle gelb. D an der Basis gelb. C kräftig gelb bis orange, unterer Lappen stärker gefärbt. A an der Basis und vorn rötlich, Geschlechtsunterschiede unbekannt.
Pflege und Zucht der sehr schönen Art siehe Beschreibung der Gattung *Hemigrammus*. Jungfische sehr klein. Fütterung mit feinstem Staubfutter, später *Artemia*-Nauplien.

Hyphessobrycon erythrostigma (Taf. 12; Abb. 82)
(FOWLER, 1943)
Perez-Salmler, Kirschflecksalmler

Oberer Amazonas, nahe Leticia; bis 9 cm.
D 2/9; A 4/27–30; mLR 33–35; QR 7/4; SL 9–14. Ähnlich gestaltet wie der bekanntere Schmucksalmler, jedoch wesentlich kräftiger. D, A und V geschlechtsreifer ♂♂ deutlich verlängert. Färbung ähnlich wie bei *H. socolofi* angegeben, jedoch insgesamt im Alter etwas blasser. Obere Körperhälfte zart graugrün bis bräunlich, leicht rot überhaucht, untere Kör-

perhälfte rötlich silbern, im Bereich der Kehle und des Bauches orangefarben, bei schrägem Lichteinfall kann die ganze Körperseite perlmuttern schimmern. Auf der Seitenmitte in Höhe der D-Vorderkante ein großer, blutroter, perlmuttern umsäumter Fleck. D rot mit breitem, schwarzem, weiß begrenztem Streifen. Durch das Auge ein senkrechter schwarzer Strich. Beim ♀ D, A und V nicht verlängert, jedoch intensiver gefärbt. Pflege und Zucht siehe *H. socolofi*.
Die Art war früher unter dem Synonym *H. rubrostigma* HOEDEMAN, 1956, bekannt. Eng verwandt mit *H. socolofi*, letztere ist jedoch kleiner, deutlich kräftiger gefärbt, geschlechtsreife ♂♂ haben eine kürzere D, A und V, und ihre D- und A-Strahlen sind mit zahlreichen Häkchen besetzt, die *H. erythrostigma* fast vollständig fehlen.

Hyphessobrycon erythrurus (Abb. 84)
E. AHL, 1928
Rotschwanzsalmler

Amazonasstrom (?); bis 5 cm.
D 11; A 28; mLR 34; QR 6/5; SL 10. Ähnlich gestaltet wie der bekannte *Hemigrammus ocellifer*. Färbung nach ARNOLD (textl. verändert): Bräunlichgrün mit irisierendem Glanz. Vom Kiemendeckel erstreckt sich bis in die C-Wurzel ein schmales, je nach Beleuchtungsrichtung hellsilbern bis bläulich glänzendes Längsband, das hinten in die gelbe Umrandung eines blauschwarzen Fleckes übergeht. Schulterfleck nur schwach angedeutet. C und A rot, letztere mit weißer Vorderkante, D und V gelblichgrau. Die rote Farbe der Flossen ist allerdings nur bei Wohlbefinden intensiv. ♂ schlanker.
Pflege der ansprechenden Tiere siehe Beschreibung der Gattung *Hemigrammus*. Noch nicht nachgezüchtet.

Hyphessobrycon flammeus (Taf. 15)
MYERS, 1924
Roter von Rio

Umgebung von Rio de Janeiro; bis 4,5 cm.
D 10; A 25; mLR 33; QR 7/5–6; SL 3–6. Körper relativ hochrückig, seitlich stark zusammengedrückt. Rücken graugrün, Seiten messingfarben, Bauch weißlich, Hinterkörper leuchtend rot. Hinter dem Kiemendeckel zwei parallele, querstehende, sich nach unten verjüngende Schulterflecke. Die dunkle Längsbinde kommt kaum zur Geltung. Flossen mit Ausnahme der P leuchtend ziegelrot, D vorn weiß gesäumt, A mit schwarzer Vorderkante und Spitze. ♀ V und A rötlich ohne schwarzen Saum. ♂ V und A blutrot, letztere schwarz gesäumt.
Pflege und Zucht der beliebten Art siehe Beschreibung der Gattung *Hemigrammus*. Das ♂ zeigt nach STALLKNECHT während der Laichzeit Territorialverhalten. Sehr anspruchslos. Zucht auch in mittelhartem Wasser leicht, sehr produktiv. Leicht zu verwechseln mit *H. griemi*.

Hyphessobrycon georgettae (Abb. 83)
GÉRY, 1961

Verkrautete Tümpel in der Nähe eines Nebenarmes des Sipaliwini in Suriname nahe der Grenze zu Guyana (Savanne am Rio Parú); bis 2 cm.
D 2/9; A 4/15–17/1; mLR 31–32; SL 5–6. Die Art erinnert in Form und Farbe an die »Callistus«-Gruppe und ist mit *Hyphessobrycon minor* und *H. haraldschultzi* näher verwandt (Callistus-Gruppe). Körper insgesamt zart und durchscheinend, blutrot bis zart gelbrot gefärbt, besonders kräftig ist der Farbton auf dem Schwanzstiel. D, C (nicht die Spitzen) und Fettflosse rot, D mit heller Vorderkante und darauffolgendem kräftigem, schwarzem Fleck, Vorderkante der A hell, der folgende Abschnitt leicht schwärzlich. Kein Schulterfleck. ♀ kräftig rot oder gelblich, D mit kleinem, rundem, schwarzem Fleck. ♂ D mit tiefschwarzem keilförmigem Fleck.
Pflege wie auf S. 100 angegeben. Die Art muß relativ warm gehalten werden, 25–28 °C. NIEUWENHUIZEN empfiehlt, in das Zuchtbecken möglichst viel Ablaichsubstrat einzusetzen. Auch sollen stark treibende ♂♂ jeweils mit zwei ♀♀ angesetzt werden. Zucht leicht, wenig produktiv. Nach STALLKNECHT eignen sich rot gefärbte ♀♀ für die Zucht nicht.

Hyphessobrycon gracilis (Taf. 44)
(REINHARDT, 1874)

Von Guayana bis Paraguay; bis 4,5 cm.
D 10 (–11); A 17–24; mLR 29–34; QR 5/3½–4; SL 6 bis 13. Ähnlich gestaltet wie der Glühlichtsalmler *(Hemigrammus erythrozonus)*, jedoch recht unscheinbar zart graugrün gefärbt.
Diese unscheinbare Art wird hier lediglich berücksichtigt, weil sie lange Zeit für identisch mit einem der schönsten Salmler gehalten wurde. Erst 1955 klärte FRASER-BRUNNER diesen Irrtum auf und gab dem Glühlichtsalmler seinen richtigen Namen, *Hemigrammus erythrozonus* DURBIN, 1909.

Hyphessobrycon griemi (Taf. 42)
HOEDEMAN, 1957

Brasilien bei Goiás; bis 3 cm.
D 12–13; A 26–28; mLR 32–34; QR 13. Ähnlich gestaltet wie *Hyphessobrycon flammeus* (Roter von Rio) oder *Hyphessobrycon bifasciatus*, Arten, mit denen *H. griemi* nahe verwandt ist. Zwei Schulterflecke, ähnlich gefärbt wie *H. flammeus*. Färbung nach HOEDEMAN: Körperfarbe durchsichtig reh- bis olivbraun. Der zweite Schulterfleck tiefschwarz mit hellem Hof, der erste nur angedeutet sichtbar. D, A und C intensiv zinnoberrot, ausgezogener Teil der A milchweiß, vom Rot durch einen zarten schwarzen Saum getrennt, ähnlich ist die D gezeichnet. In der Erregung der ganze Körper mehr oder weniger zinnoberrot. ♂ schlanker, A deutlicher weiß gesäumt. Pflege und Zucht siehe Beschreibung der Gattung *Hemigrammus*. Sehr anspruchslos, leicht zu züchten.

Hyphessobrycon haraldschultzi (Abb. 83)
TRAVASSOS, 1960
Timari-Salmler

Zentralbrasilien, Ilha do Bananal; bis 2,5 cm (?)
D 11; A 28; P 12; V 10; mLR 28–30; QR 9; SL 6–7. Nahe verwandt mit *Hyphessobrycon minor* und *H. serpae* (Callistus-Gruppe). GÉRY hält es sogar für möglich, daß es sich nur um eine Unterart von *H. minor* handelt. Kräftig hell- bis blutrot, mit kleinem dreieckigem Schulterfleck. D mit tiefschwarzem Mittelfeld, Basis und Spitze leuchtend weiß, C und A rot, nach einer anderen Angabe von P. SCHULTZ fast farblos, Vorderkante der A und der V weiß. Iris rot. Geschlechtsunterschiede nicht deutlich ausgeprägt.
Pflege siehe Beschreibung der Gattung *Hemigrammus*.

Hyphessobrycon herbertaxelrodi (Taf. 45, Abb. 85)
GÉRY, 1961
Schwarzer Flaggensalmler

Mato-Grosso-Gebiet in Brasilien, dort im Rio Taquari bei Coxim; bis 3,5 cm.
D 2/9; A 4/21; mLR 32–34; SL 7–8. Ähnlich gestaltet wie der bekannte *Hyphessobrycon heterorhabdus*. Die Art ist mit *Hyphessobrycon peruvianus, loretoensis, vilmae* und *metae* näher verwandt. Oberseits zart bräunlich mit feiner dunkler Netzzeichnung, Bauchseite silberfarben. Besonders charakteristisch ist eine kräftig grasgrün bis gelbgrün irisierende Längsbinde, die unten von einem sehr auffallenden, lackschwarzen, unten unscharf begrenzten Streifen begleitet wird. Beide reichen vom Kiemendeckel bis auf die C-Wurzel, der schwarze Streifen greift auf die mittleren C-Strahlen über. Iris oben leuchtend rot, unten grün irisierend. Flossen mehr oder weniger gelblich. ♀ kräftiger, jedoch genauso gefärbt wie die ♂♂.
Pflege und Zucht siehe Beschreibung der Gattung *Hemigrammus*. Die Art bevorzugt die oberen Wasserschichten. In der Zucht bestehen zu anderen *Hyphessobrycon*-Arten nur geringe Unterschiede. Weiches, leicht saures Wasser ist auch hier eine wichtige Voraussetzung. In den Nachzuchten ist häufig ♂♂-Überschuß zu beobachten.

Abb. 85 *Hyphessobrycon*-Arten mit relativ gestrecktem Körper und schwarzem Längsstreifen, sogenannte »Heterorhabdus-Gruppe«. 1) *H. agulha*, 2) *H. scholzei*, 3) *H. stegemanni*, 4) *H. heterorhabdus*, 5) *H. vilmae*, 6) *H. herbertaxelrodi*

Hyphessobrycon heterorhabdus (Taf. 12, Abb. 85)
(ULREY, 1895)
Dreibandsalmler, »Falscher Ulrey«

Unterer Amazonas, Rio Tocantins; bis 5 cm.
D 10; A 20–23; mLR 32–34; QR 5/3; SL 8–9. Körper gestreckt, seitlich stark zusammengedrückt. Rücken rotbraun, Seiten gelbbraun, Bauch olivfarben bis silbrig glänzend. Vom Kiemendeckel bis in die C-Wurzel erstreckt sich ein breites Band, das aus drei verschiedenfarbigen Teilbinden zusammengesetzt ist. Auf eine leuchtend rote Längsbinde folgt nach unten hin ein weißliches bis goldiges Band, das wiederum nach unten von einem tiefschwarzen Streifen abgeschlossen wird. Obere Hälfte der Iris leuchtend rot. Flossen farblos bis zart gelblich, z. T. mit weißen Spitzen. ♀ die dunkel schimmernde Leibeshöhle hinten abgerundet. ♂ Leibeshöhle hinten spitz, schlanker, Flossenspitzen intensiver weiß gefärbt.
Pflege und Zucht siehe Beschreibung der Gattung *Hemigrammus*. Die Art ist etwas empfindlich und nicht leicht in größeren Stückzahlen zu züchten. Weiches, saures Wasser führt am schnellsten zum Erfolg. Aufzucht der Jungfische mit Rotatorien. Neigt zum Befall mit *Ichthyophthirius*.

Hyphessobrycon loretoensis (Taf. 12)
LADIGES, 1938
Loretosalmler

Rio Meta, Loretogebiet im peruanischen Teil des Amazonas; bis 4 cm.
D 2/9; A/19–20; mLR 33–34; QR 4 ½–5/3–4; SL 5 bis 7. Relativ stark gestreckter, niedriger Salmler (Körperhöhe 3,3–3,5mal in der Standardlänge enthalten). Nahe verwandt mit *H. peruvianus* und *H. metae* (Abgrenzung siehe *H. metae*). Rücken zart bräunlichgelb, Schuppen hier dunkel gerandet, Bauchseite weiß. Ein Schulterfleck ist nur ganz fein angedeutet. Unter der D, nach GÉRY vielleicht schon im Bereich

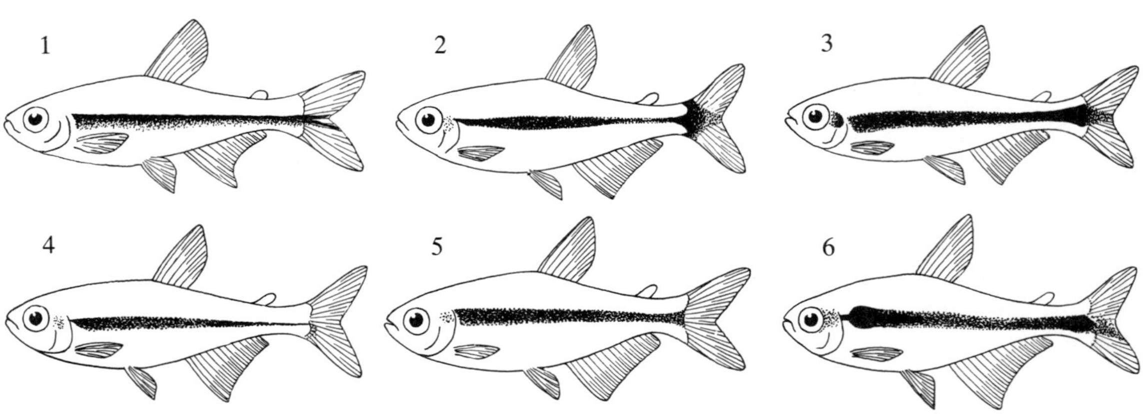

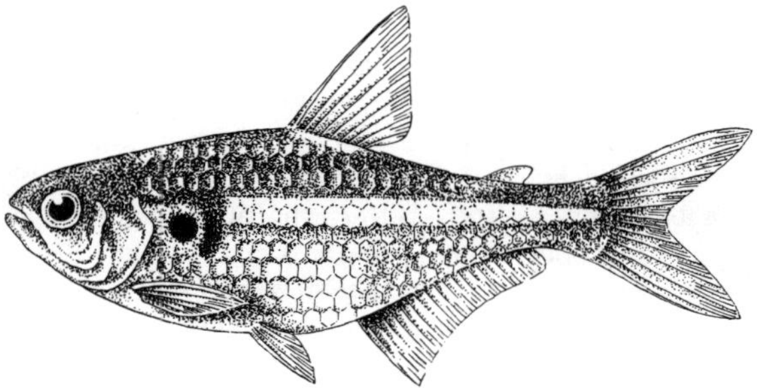

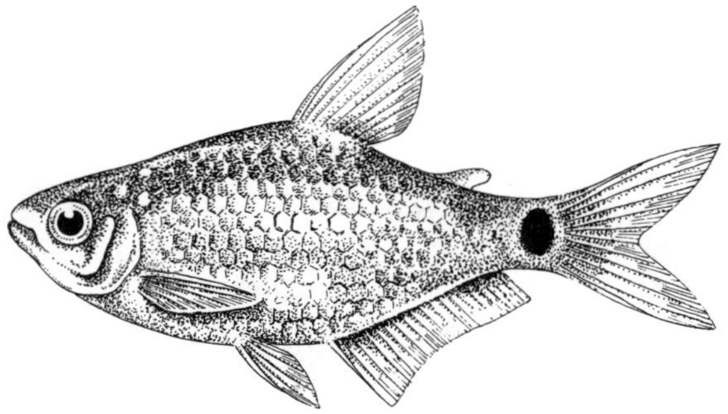

Abb. 86 *Hyphessobrycon luetkeni*
Abb. 87 *Hyphessobrycon maculicauda*

des undeutlichen Schulterfleckes, beginnt eine kräftige, dunkle Längsbinde, die sich bis in einen etwas unterhalb der Mitte liegenden Fleck auf der C-Wurzel erstreckt. Kiemendeckel mit starkem Metallglanz. Rückenflosse des ♂ mit breitem, gelbem Mittelfeld, Basis farblos, Spitze weiß, Fettflosse gelb, C leuchtend orangerot, Spitzen der Flossenlappen farblos, A eingebuchtet, beim ♂ vorn milchweiß mit gelbem, rundem Fleck. Auge silberfarben.
Die Art wurde früher als *Hyphessobrycon metae* bezeichnet.
Pflege siehe Beschreibung der Gattung *Hemigrammus*. Zucht nur in Ausnahmefällen gelungen. WOLF (DATZ, 16, 37–39, 1963) berichtet über eine gelungene Zucht. Wasser weich. Aus den glasklaren Eiern schlüpfen nach etwa 24 Stunden die Jungfische, die nach weiteren vier Tagen frei schwimmen. Anzucht mit Tümpelinfusorien. Wenig produktiv.

Hyphessobrycon luetkeni (Abb. 86)
(BOULENGER, 1887)

Rio Grande do Sul, Stromgebiet des Rio Paraguay; bis 6,5 cm.
D 11; A 20–26; mLR 30–35; QR 5–6/4–5; SL 5–20. Ähnlich gestaltet wie der bekannte Dreibandsalmler *(Hyphessobrycon heterorhabdus)*. Färbung nach ARNOLD-AHL (textl. abgeändert): Graugrün, im auffallenden Licht silberglänzend. Hinter dem Kiemendeckel ein unregelmäßiger, nicht immer hervortretender Schulterfleck, unmittelbar daran anschließend ein kleinerer, dunkler, hell umrandeter Fleck. Vom Kiemendeckel bis in die dunkle C-Wurzel erstreckt sich ein hellsilbriges Band. Flossen durchsichtig grau; basale Teile der C schwärzlich. Geschlechtsunterschiede sind nicht beschrieben worden, die ♀♀ sind vermutlich an der stärker ausgebuchteten Bauchlinie zu erkennen.
Pflege siehe Beschreibung der Gattung *Hemigrammus*. Vermutlich noch nicht nachgezüchtet.

Hyphessobrycon maculicauda (Abb. 87)
E. AHL, 1936
Schwanzflecksalmler

Mittelbrasilien; bis 5 cm.
D 11; A 31; mLR 32; QR 6½–7/5½; SL 6. Ähnlich gestaltet wie der bekannte Zitronensalmler *(Hyphessobrycon pulchripinnis)*. Färbung nach ARNOLD (textl. verändert): Oberseite olivbraun, Körperseiten zart gelbgrün, Unterseite gelblichgrau. Charakteristisch für die Art ist ein großer, runder, hell eingefaßter, dunkler Fleck auf der C-Wurzel. C lebhaft rot, alle übrigen Flossen zart rötlich. Geschlechtsunterschiede sind nicht bekannt.
Pflege der nur einmal in wenigen Exemplaren eingeführten Art siehe Beschreibung der Gattung *Hemigrammus*. Noch nicht gezüchtet.

Hyphessobrycon metae (Taf. 12)
EIGENMANN und HENN, 1914

Rio Meta, Kolumbien; bis 4 cm.
D 11; A 1–2/18–19; mLR 30–31; QR 6/4; SL 6–9. Körper langgestreckt, seitlich stark zusammengedrückt. Körperhöhe weniger als 3,6mal in der Körperlänge. Eng verwandt mit *Hyphessobrycon peruvianus* und *H. loretoensis*. Rotbraun, Bauch weiß. Iris des Auges oben rot. Hinter dem Auge beginnt eine breite, blauschwarze, unregelmäßig begrenzte Längsbinde, die bis auf die mittleren C-Strahlen reicht. Oberhalb dieser Längsbinde ein bläulich irisierender Bereich. Flossen farblos, C oberhalb und unterhalb der blauschwarzen Binde rötlich bis kräftig rot, das Rot erstreckt sich aber nie auf die ganzen Flossenlappen. Spitzen von D und A milchigweiß. ♀ größer und kräftiger als ♂.
Pflege siehe Gattungsbeschreibung *Hemigrammus*. Noch nicht gezüchtet.
Unterscheidet sich von *H. loretoensis* nach GÉRY (1977) durch folgende Merkmale: Kopf kürzer (3,5 bis 4,0mal anstatt 3,4–3,5mal in der Körperlänge), Praedorsalschuppen 9–10 (statt 10–11), mLR 30–31 (im Gegensatz zu 33–34 bei *H. loretoensis*) und SL 6 bis 9 (statt 5–7).

Hyphessobrycon minimus (Taf. 14)
DURBIN, 1909
Zwergsalmler

Guayana und Gebiet des unteren Amazonas; bis 2,5 cm.
D 11; A 16–17; mLR 30–33; QR 5/3; SL 5–8. Ähnlich gestaltet wie der bekannte Dreibandsalmler *(Hyphessobrycon heterorhabdus)*. Färbung nach ARNOLD-AHL (textl. verändert): Zart gelblichgrün bis grau, bei auffallendem Licht besonders auf dem Kie-

mendeckel und den Körperseiten bläulich irisierend. Schuppen in der oberen Körperhälfte dunkel gerandet. Ein Schulterfleck fehlt. Vom Kiemendeckelhinterrand bis in einen dunklen, runden Schwanzfleck zieht ein schmales, sich nach hinten zu verbreiterndes Längsband. Flossen farblos durchsichtig.
Geschlechtsunterschiede sind bislang nicht beschrieben worden, Bauchlinie der ♀♀ vermutlich stärker ausgebuchtet.
Pflege siehe Beschreibung der Gattung *Hemigrammus*. Noch nicht gezüchtet.

Hyphessobrycon nigrifrons
E. AHL, 1936

Unterer Amazonasstrom; bis 6 cm.
D 9; A 18; mLR 33; QR 5½/4; SL 6–8. Ähnlich gestaltet wie der bekannte Zitronensalmler *(Hyphessobrycon pulchripinnis)*. Oberseite zart bräunlich bis olivfarben, Körperseiten sehr hell, etwas silbrig oder je nach Lichteinfall bläulich bis grünlich, Unterseite silbrigweiß. Auf der Kopfoberseite ein hellbrauner bis tiefschwarzer, goldumrahmter Fleck. C-Wurzel mit großem dunklem Fleck, von dem nach vorn eine feine, stark glänzende Schuppenreihe ausgeht. Flossen zart gelblich, D und A mit weißer Spitze, letztere auch mit dunkler Vorderkante. Auge gelblich. Die ♀♀ sind nur an der stärker ausgebuchteten Bauchlinie zu erkennen.
Pflege der nur vereinzelt eingeführten Art siehe Beschreibung der Gattung *Hemigrammus*. In Gefangenschaft noch nicht vermehrt.

Hyphessobrycon peruvianus (Taf. 44)
LADIGES, 1938

Bei Iquitos im peruanischen Teil des Amazonas; bis 4 cm.
D 2/9; A 3–4/19–21; mLR 34–35, QR 5–6/3; SL 8 bis 10. Ähnlich gestaltet wie der bekannte Neontetra, jedoch stärker gestreckt. Körperhöhe 3,8–3,9mal in der Standardlänge enthalten. Nahe verwandt mit *H. loretoensis* und *H. metae*. Rücken graugrün bis braun mit grünlichem Schimmer. Vom Augenhinterrand bis in die C-Basis zieht eine schmale, grüngelbe bis kupferrote, leuchtende Linie. Diese wird unten durch eine sehr breite, bis zum weißlichen Bauch reichende, blauschwarze Zone begrenzt, die sich von der Schnauzenspitze über den unteren Teil des Auges bis in die C-Wurzel erstreckt. C ziegelrot, alle übrigen Flossen mit Ausnahme der D rötlich, A mit weißlichem Außen- und schwarzem Innensaum. Auge groß, Iris oben orange, unten dunkel. ♀ kräftiger, Schwimmblase im durchscheinenden Licht nur teilweise sichtbar. ♂ schlanker, Schwimmblase im durchscheinenden Licht vollständig sichtbar.
Pflege und Zucht siehe Beschreibung der Gattung *Hemigrammus*. Sehr schöner Salmler.
Die Art gehört nach GÉRY (1977) vielleicht in die Gattung *Hemigrammus*.

Abb. 88 *Hyphessobrycon reticulatus*

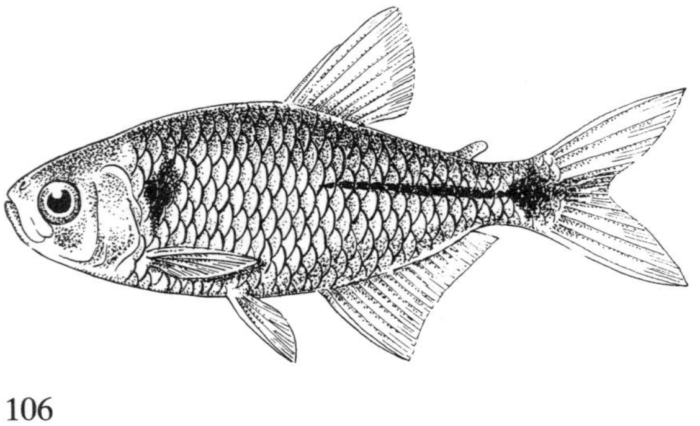

Hyphessobrycon pulchripinnis (Taf. 12)
E. AHL, 1937
Schönflossensalmler, Zitronensalmler

Nebenflüsse des mittleren Rio Tocantins; bis 5 cm.
D 10; A 25–26; mLR 32–33; QR 10; SL 8–9. Körper relativ hoch, seitlich stark abgeflacht. Durchscheinend, leicht gelblich angehaucht, Rücken bräunlich bis grünlich, Seiten silbrig, eine glänzende Längsbinde kommt kaum zur Geltung. A gelblich, die ersten Strahlen kräftig gelb, die folgenden tiefschwarz, unterer Flossenrand schwarz, D gelegentlich auch schwarz, oft nur mit schwarzer Spitze. Auge groß, obere Hälfte der Iris leuchtend blutrot. ♀ A unten nicht oder nur ganz zart schwarz gesäumt. ♂ A mit breitem, schwarzem Saum.
Pflege und Zucht siehe Beschreibung der Gattung *Hemigrammus*. Zucht nicht ganz einfach, die ♀♀ setzen oft schwer Laich an.

Hyphessobrycon reticulatus (Abb. 88)
ELLIS, 1911
Netzsalmler

Stromgebiet des Río de la Plata; bis 6 cm.
D 11; A 18–21; mLR 31–34; QR 6–7/4–5; SL 5–7. Ähnlich gestaltet wie der bekannte Zitronensalmler *(Hyphessobrycon pulchripinnis)*. Färbung nach ARNOLD-AHL (textl. verändert): Rücken graugrün, Seiten gelbgrün, Bauch gelblich mit bläulichem Schimmer. Alle Schuppen dunkel gerandet (Körper genetzt). Schulterfleck dunkel, fast dreieckig. In Höhe der D beginnt ein schmales, dunkles Längsband, das bis zu einem schwarzen, gelb umrandeten Fleck auf der C-Wurzel reicht. Senkrechte Flossen gelblich bis orange, paarige Flossen farblos. Geschlechtsunterschiede unbekannt.
Pflege siehe Beschreibung der Gattung *Hemigrammus*; diese Art soll nach ARNOLD gegen tiefe Temperaturen (15 °C) recht widerstandsfähig sein.

»Hyphessobrycon robertsi« (Taf. 13, Abb. 82)
Sichelsalmler

Mit diesem vorläufigen Namen wird ein noch nicht bestimmter Salmler bezeichnet, der in seiner ganzen Erscheinungsform stark an die Vertreter der »Bentosi-Gruppe« (siehe S. 100) und ebenso an *Megalamphodus*-Arten erinnert. Kräftig rot bis violettrot. D des ♂ fahnenartig verlängert und gegen die Spitze hin schwärzlich bis schwarz, C rot, A dunkel gesäumt. ♀ an der nicht ausgezogenen D leicht zu erkennen. Die Tiere werden größer als *H. bentosi bentosi*, vermutlich etwa 5 cm lang. Für die Pflege gelten die bei der Gattung *Hemigrammus* angegebenen Regeln (siehe S. 80). Nicht einfach zu züchten. Die Zusammenstellung geeigneter Paare ist schwierig.

Hyphessobrycon scholzei (Taf. 44, Abb. 85)
E. AHL, 1936
Schwarzbandsalmler

Umgebung von Pará; bis 5 cm.
D 11; A 25–26; mLR 32–33. Körper gestreckt, seitlich kräftig zusammengedrückt. Rücken olivgrün bis bräunlich, Seiten bläulichsilbern, bei auffallendem Licht mit Messingglanz, Bauch silbern, Kiemendeckel mit goldenem Glanz, Iris des Auges gelb. Vom Kiemendeckel bis in die C-Wurzel, dort einen rautenförmigen Fleck bildend, verläuft ein schwarzer, oben von einer zarten, metallisch glänzenden Linie begleiteter Längsstreifen. P farblos, alle anderen Flossen leicht rötlich, A vorn schwarz gerandet. ♀ mehr gedrungen, größer. ♂ schlanker, C meist tiefer eingeschnitten.
Pflege und Zucht siehe Beschreibung der Gattung *Hemigrammus*; leicht zu züchten.

Hyphessobrycon serpae (Taf. 13, Abb. 83)
DURBIN, 1908
Serpasalmler

Amazonasbecken, Rio Guaporé; bis 4,5 cm.
D 2/7–8/1; A 3/23–25/1; mLR 29–35; QR 5–5½/3–4; SL 5–9. Maxillare kurz, mit 1–3 dichtstehenden drei- bis fünfspitzigen Zähnen, Praemaxillare mit zwei Zahnreihen, in der inneren 4–7 drei- bis fünfspitzige Zähne. Typischer Vertreter der »Callistus-Gruppe«. Färbung variabel, nicht so kräftig wie beim Blutsalmler *(H. callistus)*. Graugrün, Rücken olivgrau, Bauch silberweiß. Schulterfleck groß, tiefschwarz, vertikal leicht verlängert, jedoch nicht kommaförmig wie beim Blutsalmler. D mit tiefschwarzem Fleck, Basis orangefarben, erste Strahlen rötlich, Spitzen weiß, C rötlich, leicht schwarz gesäumt, die ersten Strahlen von A, P und V weiß, A sonst farblos, etwas schwarz gesäumt, P und V nach den ersten weißen Strahlen schwärzlich. ♀ hochrückiger, zur Laichzeit mit deutlichem Laichansatz. Beim ♂ D leicht verlängert, schlanker.
Pflege und Zucht siehe Gattungsbeschreibung *Hemigrammus*.
Die Art wird häufig mit *Hyphessobrycon callistus* verwechselt. Alle in Europa unter dem Namen Serpasalmler verbreiteten Tiere sind *H. callistus* oder Kreuzungen zwischen beiden Arten. Der Serpasalmler wurde in den letzten Jahren auch unter dem Namen *H. copelandi* importiert (ZARSKE: Aquar. Terr., 24, 122–124, 1977). *Cheirodon troemneri* FOWLER, 1942, ist eine sehr schwer von *H. serpae* zu unterscheidende Art (GÉRY, 1972, 1977).

Hyphessobrycon simulans (Taf. 14)
GÉRY, 1963
Blauer Neon

Im Rio Jufari, einem Nebenfluß des Rio Negro; bis 2 cm (?).
D 2/7–8; A 3/15–16/1; P 1/8–9; mLR 30–31. Körperform etwas gestreckter als beim bekannten Neontetra, ähnlich dem *Hyphessobrycon peruvianus*. Die Färbung erinnert an den Neontetra. Rücken olivgrün. Vom Kiemendeckel bis in die C reicht ein breites, undeutliches dunkles Längsband, das sich vom Beginn der A an nach hinten verschmälert. In diesem Band eine schmalere, metallisch-blau bis grünlich irisierende Linie, die jedoch im Gegensatz zum Neontetra bis zur C reicht. Die braunrote, seltener kräftig blutrote Farbe des unteren Teiles des Schwanzstieles dehnt sich etwas nach vorn auf die Körperseiten aus und greift auch auf die C und A über. Basis der A mit einer dunklen Zickzacklinie, Basis jedes C-Lappens mit einem schwarzen kommaförmigen Fleck. Iris grüngoldig. ♀ kräftiger, größer.
Pflege und Zucht siehe Beschreibung der Gattung *Hemigrammus*. Über die Zucht liegen wenige Angaben vor, wahrscheinlich benötigt die Art, wie die meisten Fische aus dem Rio-Negro-Gebiet, weiches, leicht saures Wasser. Unproduktiv, Schwarmlaicher, Aufzucht nicht einfach.
Nach WEITZMAN und FINK (1983) sollen alle drei Neontetras der Gattung *Paracheirodon* angehören, siehe S. 118.

Hyphessobrycon socolofi (Taf. 12, Abb. 82)
WEITZMAN, 1977
Kleiner Kirschflecksalmler

Rio Negro nahe Barcelos; bis 6 cm.
D 2/9; A 4/28–30; mLR 31–34; QR 7/5; SL 7–13. Körper relativ kurz und hochrückig, ähnlich gestaltet wie der bekanntere Schmucksalmler. D, A und V geschlechtsreifer ♂♂ nicht stark verlängert. Dunkelrot bis fast schokoladenbraun mit blauem bis violettem Schimmer, Rücken dunkler, Bauch heller. Kiemendeckel hellblau bis grünlichsilbern. Oberer Teil der Iris tiefrot, unterer dunkel silberfarben, oft mit dunklem Querstrich durch das gesamte Auge. Ein rosa bis tiefroter Schulterfleck auf der 5.–7. Schuppe der SL. Hinterer Rand des Schwanzstiels rötlich bis bräunlich. D mit tiefschwarzem Fleck, der z. T. weißlich umrandet ist, A vorn mit weißer Zone, die nach hinten an Intensität und Ausdehnung verliert, Rand dunkel durchscheinend, C, P und V dunkel durchscheinend bis leicht bläulich, V an der Basis rötlich. ♀ D kleiner als beim ♂, der schwarze Fleck ist oben und häufig auch unten von einer kräftig weißen bis leicht orangefarbenen Zone begrenzt, die Färbung der gesamten Flosse deutlich kräftiger, A nur auf den ersten

zehn bis zwölf Flossenstrahlen mit milchigem Streifen, keine Häkchen auf den D- und A-Strahlen. ♂ D etwas größer als bei den ♀♀, der schwarze Fleck außen grauweiß gesäumt. Der milchige Streifen der A erstreckt sich, nach hinten schmaler werdend, über die gesamte Länge der Flosse. D- und A-Strahlen mit zahlreichen kleinen Häkchen.
Pflege siehe Gattungsbeschreibung *Hemigrammus*. Zucht offensichtlich leichter als bei *H. erythrostigma*. Zusammenstellung geeigneter Paare nicht einfach, eiweißreiches Futter (Insekten und deren Larven) ist vermutlich eine Grundvoraussetzung für den Laichansatz, 25 °C, größere, etwas abgedunkelte Zuchtaquarien. Die Fische laichen an den dunkelsten Stellen über feinfiedrigen Pflanzen und stellen den Eiern bei guter Fütterung kaum nach. Die Jungen schwimmen nach etwa fünf Tagen frei. Fütterung mit Infusorien oder Salinenkrebs-Nauplien.
Die Art ist eng verwandt mit der sehr ähnlichen, aber größeren Art *H. erythrostigma* (siehe dort), mit der sie früher oft verwechselt wurde.

Hyphessobrycon stegemanni (Abb. 85)
GÉRY, 1961
Savannensalmler

In Savannengewässern zwischen dem unteren Rio Tocantins und dem Rio Capim (Nordostbrasilien); bis 4 cm.
D 2/9; A 3/18; mLR 32–35; QR 5/1/4; SL 7–10. Körper gestreckt, ähnlich gestaltet wie der bekannte *H. heterorhabdus*. Grundfarbe gelblich oder ocker. Charakteristisch für die Art ist ein breites, tiefschwarzes Längsband, das vom Auge gestreckt bis auf die C-Wurzel verläuft, sich dort etwas rautenförmig verbreitert und als schmaler Strich auf die mittleren Flossenstrahlen der C übergreift. Oberhalb des dunklen Bandes eine weißliche bis silbrige, sehr deutliche Glanzlinie. Oberhalb und unterhalb der rautenförmigen Erweiterung auf der C-Wurzel eine goldene Zone. D, A und V mit weißer Vorderkante. Geschlechtsunterschiede sind nicht bekannt.
Pflege siehe Beschreibung der Gattung *Hemigrammus*.

Hyphessobrycon takasei (Abb. 83)
GÉRY, 1964

Unteres Amazonasbecken, Serra do Navio über Macapá (Amapágebiet); bis 3,5 cm.
D 2/9–10; A 4/25–26; P 1/12; V 1/7; mLR 33–34; QR 5/3; SL 7–8. Ähnlich gestaltet wie der bekannte Blutsalmler, Vertreter der »Callistus-Gruppe«. Die V beginnt in Höhe der letzten Strahlen der D. Körper durchscheinend, zart rosafarben. Schulterfleck sehr groß, queroval, dunkel und scharf abgegrenzt. D basal gelborange, in der Mitte schwarz, Fettflosse orange, C-Basis zinnoberrot. Auge gelblich. Geschlechtsunterschiede sind nicht bekannt.
Pflege siehe Beschreibung der Gattung *Hemigrammus*.

Hyphessobrycon vilmae (Taf. 44, Abb. 85)
GÉRY, 1966

Oberer Rio Arinos, ein indirekter Zufluß des Rio Tapajós, in der Nähe der Ortschaft Diamantino; 3 bis 3,5 cm.
D 2/8/1; A 3–4/19–20; mLR 32–34; SL 7–8. Die Art ist nahe verwandt mit *Hyphessobrycon heterorhabdus, stegemanni* und *scholzei*. Wie bei diesen Arten ist ein schwarzes Längsband charakteristisch. Es reicht vom Auge bis auf die mittleren C-Strahlen und bildet auf der C-Wurzel eine rautenförmige Erweiterung. Über dem dunklen Band eine golden irisierende Binde, die nach unten von einer feinen, roten Linie begleitet werden kann. Flossen bläulich. Auch der ganze, zart gelbbraun gefärbte Körper kann leicht bläulich schimmern. Geschlechtsunterschiede sind nicht bekannt, jedoch sind die ♀♀ vermutlich kräftiger.
Pflege siehe Beschreibung der Gattung *Hemigrammus*.

Gattung *Iguanodectes* COPE, 1872

Schlanke, langgestreckte Tetragonopterinae mit sehr langer A. D etwa in der Körpermitte beginnend, Maul klein, SL vollständig. Praemaxillare mit flachen mehrspitzigen, schneidezahnartigen Zähnen in zwei Reihen, Maxillare kurz mit 1–2 Zähnen. Amazonasbecken, Rio Negro, Guayana. Vier Arten.

Iguanodectes spilurus (Taf. 17)
(GÜNTHER, 1864)

Mittlerer und unterer Amazonas, Guayana; bis 9 cm.
D 10–11; A 33–38; mLR 54–64; QR 6–8/3½–5. Körper sehr langgestreckt und seitlich stark zusammengedrückt. Die D beginnt ungefähr in der Körpermitte. Die Färbung kann sich überraschend schnell verändern. Oberseite hellbraun bis olivgrün, Körperseiten hell lehmfarben mit einem dreifarbigen Längsband (Oberkante schmal und kräftig rot, Mitte hell bis reinweiß, Unterkante breit, schwarz) vom Kiemendeckel bis in die C-Wurzel. Auf der C-Basis ein kräftiger schwarzer Fleck, der sich auf die mittleren Flossenstrahlen ausdehnt. Flossen farblos glasig, Basis und oberer Lappen der C gelegentlich schwärzlich. ♀ A fast gleichmäßig breit. ♂ die vorderen Strahlen der A verlängert, der freie Rand der Flosse erscheint deshalb halbkreisförmig ausgeschnitten.
Pflege der sehr friedlichen, lebendigen Art etwa so wie für die Gattung *Hemigrammus* angegeben (siehe S. 80). Lebendfutter aller Art. Noch nicht nachgezüchtet.

Gattung *Inpaichthys* GÉRY und JUNK, 1977

Kleinere Tetragonopterinae mit langgestrecktem, seitlich stark zusammengedrücktem Körper. C-Basis unbeschuppt, SL vollständig. Praemaxillare mit zwei sehr unregelmäßigen Reihen dreispitziger und konischer Zähne, Maxillare bezahnt. Eine Art.

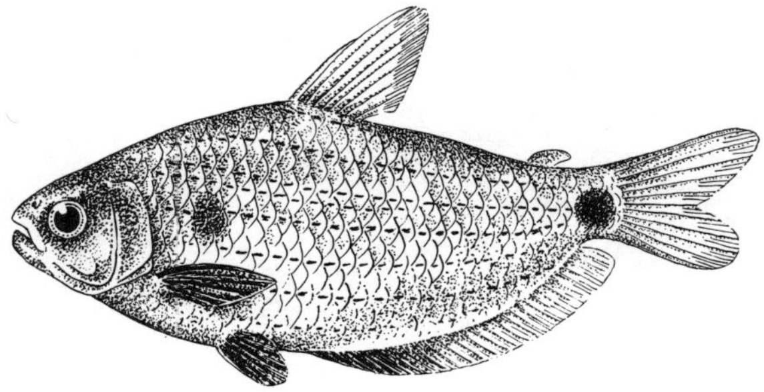

Abb. 89 *Markiana nigripinnis*

Inpaichthys kerri (Taf. 16)
GÉRY und JUNK, 1977
Inpa-Salmler, Blauer Kaisertetra

Nördliches Mato-Grosso-Gebiet; bis 5 cm.
D 2–3/9; A 3–4/22–26; mLR 34–36; QR 6/1/4; SL 6 bis 7. Körper gattungstypisch gestaltet. Gelblichbraun, Rücken braun, Bauch weißlich. Iris gelblich. Von der Schnauzenspitze über das Auge zieht sich eine dunkelbraune bis schwarze, breite Längsbinde bis zur Basis der C. Oberhalb dieser Binde eine kräftig blauviolette Zone, gut gefärbte Tiere erscheinen bei seitlicher Beleuchtung himmelblau. Flossen gelblich, D an der Spitze bräunlichrot, Fettflosse bläulich, A und C schwarz gerandet. ♀ kleiner, wesentlich schlichter gefärbt, blauviolette Farbtöne fehlen vollständig, Körper braunrot, Flossen gelblich, Fettflosse braunrot, A gerade abgeschnitten. ♂ größer, wie oben angegeben gefärbt, V größer, A abgerundet. Pflege siehe Gattungsbeschreibung *Hemigrammus*, S. 80. Zur Zucht etwa 25 °C, 200–300 schwach gelbliche Eier. Die Jungfische schlüpfen nach etwa 24–30 Stunden und schwimmen nach 6–7 Tagen frei. Aufzucht relativ leicht. FRANKE berichtet ausführlich über diese Art (Aquar. Terr., 26, 240–245, 1979).

Gattung *Markiana* EIGENMANN, 1903

Relativ hochrückige *Moenkhausia*-ähnliche Tetragonopterinae. SL vollständig, Schuppen unterhalb der SL kleiner als oberhalb, Schwanzstiel kurz, C beschuppt, Lappen abgerundet, A konvex, Basis beschuppt. La-Plata-Becken, Venezuela. Zwei Arten.

Markiana nigripinnis (Abb. 89)
(PERUGIA, 1891)
Orangeflossensalmler

Gebiet des oberen Paraguay, Paraná; bis 10 cm.
D 11; A 44; mLR 36 + 2 auf der C. Gestreckt, seitlich stark abgeflacht. Grundfarbe grünlich, Rücken dunkler, Bauch gelblich mit Silberglanz. Die Körperseiten mit Reihen rötlichbrauner Punkte und einer breiten, silbrigen Längsbinde. Schulterfleck zeitweilig undeutlich, C-Wurzelfleck besonders in der Jugend dunkelbraun bis schwarz. D und C gelblich, Fettflosse gelb, A im basalen Teil grünlichblau, weiter außen gelb, orange gesäumt und blaugrün begrenzt, paarige Flossen und vorderer Teil der A schwarz oder sehr dunkel. Beim ♀ alle Flossen von mehr gelblicher, beim ♂ von mehr rötlicher Tönung. Pflege und Zucht der robusten, jedoch nicht räuberischen Art wie bei der Gattung *Hemigrammus* angegeben, S. 80. Allesfresser, pflanzliche Zusatznahrung wird empfohlen. Zucht nicht schwierig.

Gattung *Moenkhausia* EIGENMANN, 1903

Artenreiche Gattung, die spindelförmige bis relativ hohe Tetragonopterinae umfaßt. Manche Arten mit vergrößerter D und A, SL in der Regel vollständig (Ausnahme *M. sanctae-filomenae*) und geradlinig (!) oder nur ganz wenig nach unten durchgebogen. C im körpernahen Teil beschuppt, Schuppen auf der C kleiner als die Körperschuppen. Maxillare meist mit drei Zähnen unmittelbar hinter der Praemaxillare-Maxillare-Verbindung, gelegentlich auch zahnlos. Südamerika. Etwa 40 Arten. Bezüglich der Pflege und Zucht wird auf die Angaben bei der Gattung *Hemigrammus* verwiesen, S. 80. Hinsichtlich des Fortpflanzungstyps entspricht *Moenkhausia* nach STALLKNECHT dem *Hyphessobrycon*-Typ, siehe S. 100.

Moenkhausia colletti (Abb. 90)
(STEINDACHNER, 1882)

Amazonasbecken, Guayana; bis 7 cm.
D 11–12; A 22–25; mLR 33–35; QR 5/3½. Körper langgestreckt, seitlich stark zusammengedrückt. Entsprechend dem großen Verbreitungsgebiet variiert die Färbung stark. Hell- bis olivbraun, Rücken dunkler, Bauch fast weiß. Iris silberfarben. Hinter dem Kiemendeckel ein deutlicher Schulterfleck. Vom Kiemendeckelhinterrand bis zur C-Basis eine silberglänzende Binde. Flossen rötlich, entlang der A-Basis eine schwarze Linie. ♀ kompakter, ♂ schlanker. Pflege siehe Gattungsbeschreibung *Hemigrammus*, S. 80.

Moenkhausia comma (Abb. 91)
EIGENMANN, 1908
Kommasalmler

Mittlerer Amazonas von Belém bis Pará; bis 8 cm.
D 3/8; A 3/22/1; V 7; mLR 36; QR 6½/7. Körper hoch und gedrungen, seitlich stark abgeflacht. Oberseite braunoliv, im geschlechtsreifen Alter mit zahlreichen goldglänzenden Flitterchen, wie bei *Moenkhausia*

Abb. 90 *Moenkhausia colletti*

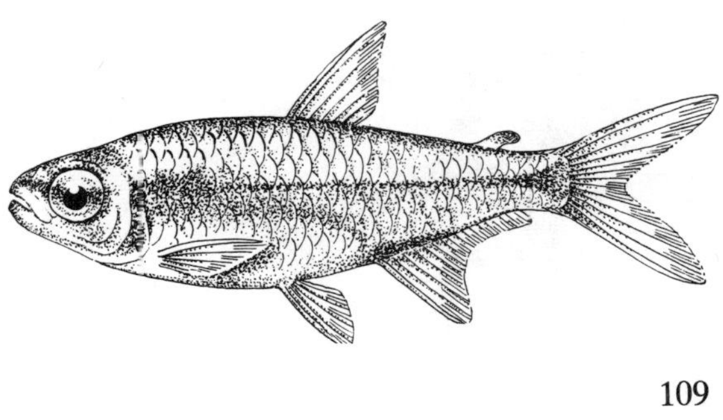

pittieri. Körperseiten und Unterseite silbrig. Hinter dem Kiemendeckel ein dunkler, kommaförmiger längsorientierter Fleck, der von einer Goldzone umgeben wird. Am Vorder- und Hinterrand dieser Zone können zwei dunkle Querbinden schwach hervortreten. Flossen gelblich bis orangefarben, D und A mit hellgrauen bis weißlichen Spitzen. Iris mit dunklem Querstrich, oben blutrot, unten grünsilbern. ♀ Bauchpartie kräftiger.
Pflege siehe Beschreibung der Gattung *Hemigrammus*, S. 80. Sehr anspruchslos und friedlich. Nach MEINKEN zeigen die Tiere Revierverhalten. Größere Aquarien mit einer Einrichtung, die eine natürliche Abgrenzung von Revieren begünstigt. 23–26 °C.

Moenkhausia dichroura (Taf. 46)
(KNER, 1859)

Amazonasbecken, Guayana bis Bolivien, Rio Paraguay, Rio Paranaguá; bis 10 cm.
D 11; A 25–28; mLR 34–39; QR 5–5½/3–3½. Körper langgestreckt, seitlich stark zusammengedrückt. Praemaxillare sehr kurz, das Maxillare erreicht knapp den vorderen Augenrand. Silberfarben, Rükken olivgrün, Bauch fast weiß. Vom Kiemendeckelhinterrand zur C-Basis verläuft ein breiter, silberner Längsstreifen. Mittlere C-Strahlen schwarz, Mitte der C-Lappen tiefschwarz, Spitzen milchigweiß. ♀ kompakter, ♂ schlanker.
Pflege siehe Gattungsbeschreibung *Hemigrammus*, S. 80.

Moenkhausia intermedia (Abb. 92)
EIGENMANN, 1908

Amazonasbecken, Rio Paraguay, Rio Paranaguá; bis 7 cm.
D 11; A 25; mLR 35; QR 5/3½. Ähnlich gestaltet und gefärbt wie *M. dichroura*. Die Spitze des Maxillare reicht jedoch bis über den vorderen Augenrand hinaus. Gelboliv bis bräunlich, Rücken dunkler, Bauch heller. Eine schmale dünne Längsbinde verläuft vom Kiemendeckelhinterrand bis zur Basis der C. Kein dunkler Strich an der A-Basis, C im körpernahen Teil gelblich, weiter außen schwarz, Spitzen weiß, die übrigen Flossen farblos bis gelblich. Geschlechtsunterschiede unbekannt, ♂ schlanker (?).
Pflege siehe Gattungsbeschreibung *Hemigrammus*, S. 80.

Abb. 91 *Moenkhausia comma*

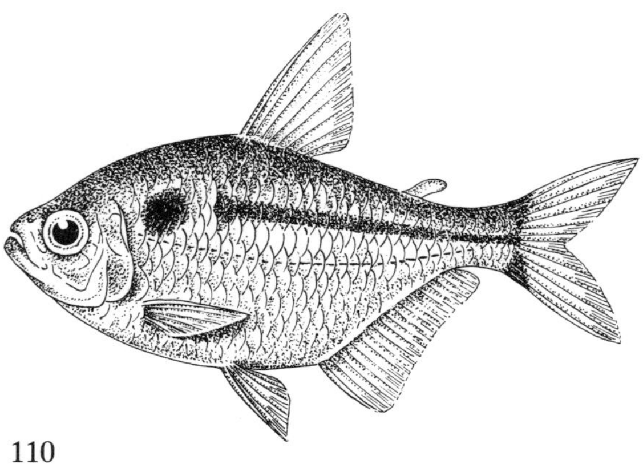

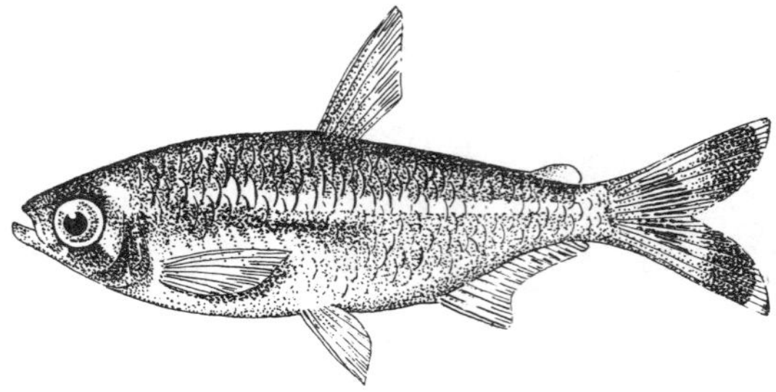

Abb. 92 *Moenkhausia intermedia*

Moenkhausia lepidura
(KNER, 1859)

Amazonasgebiet, Guayana; bis 11 cm.
D 11; A 22–27; mLR 31–37; QR 5–6/4. Körper langgestreckt, seitlich stark zusammengedrückt. Die Art variiert sehr stark hinsichtlich der Körperform und Färbung, mehrere Unterarten. Die Nominatform ist bräunlich gefärbt. Rücken dunkler, Bauch fast weiß. Hinter dem Kiemendeckel ein deutlicher Schulterfleck. Vom Kiemendeckelhinterrand bis zur Basis der C eine schwach ausgeprägte olivgrüne bis goldfarbene Längsbinde. Flossen gelblich bis leicht rötlich, an der Basis der A kein dunkler Strich, oberer C-Lappen vorn mit gelbem bis kirschrotem, halbkreisförmigem Fleck, dahinter mehr oder weniger schwarz gefärbt, unterer C-Lappen heller. ♀ kräftiger, ♂ schlanker.
Pflege siehe Gattungsbeschreibung *Hemigrammus*, S. 80.

Moenkhausia oligolepis (Taf. 46)
(GÜNTHER, 1864)
Schwanztupfensalmler

Amazonas und Guayana, in kleineren stehenden oder langsamfließenden Gewässern; bis 12 cm.
D 11; A 24–28; mLR 28–31; QR 5/4. Körper langgestreckt und hoch, seitlich stark abgeflacht, SL fast gerade verlaufend. Oberseite olivgrün bis olivgelb, Körperseiten prächtig silberglänzend mit bläulichem Schimmer, Unterseite silbrigweiß. Die großen Schuppen sind oft dunkel umrandet. 1–2 undeutliche Schulterflecke. Ein schwaches Längsband vom Kiemendeckelhinterrand zur C-Wurzel tritt meist nicht in Erscheinung. C-Wurzel schwarz, manchmal mit zwei vorgelagerten goldglänzenden Flecken. D, C und A zart gelb bis rötlich. Iris oben rot, ansonsten goldfarben. ♀ Flossen nicht verlängert, A ohne verlängerte Strahlen. ♂ Flossen leicht verlängert, die ersten Strahlen der A sind besonders lang.
Pflege und Zucht der besonders in der Jugend sehr ansprechenden, lebendigen Art wie bei *Hemigrammus* angegeben, S. 80. Allesfresser, Zucht nicht schwierig.

Moenkhausia pittieri (Taf. 16)
EIGENMANN, 1920
Brillantsalmler

Venezuela (See Valencia); bis 6 cm.
D 11; A 26–29; mLR 33–36. Körper schlanker als bei der vorhergehenden Art, D besonders bei den ♂♂ fahnenartig ausgezogen. Grundfärbung messinggelb, Rücken dunkler, Bauch gelblichweiß. In Höhe der D beginnt ein hinten breiter werdendes, dunkles Band, das den älteren Tieren fehlt. Obere Körperhälfte bei auffallendem Licht prächtig goldglänzend, untere Partie metallisch irisierend. Körperseiten mit zahlreichen grünblitzenden Flittern übersät. Senkrechte Flossen milchigviolett, Spitzen weiß. ♀ Färbung etwas blasser. ♂ Färbung wie oben angegeben, D und A länger.
Die prächtige, ungemein lebhafte Art ist wie die *Hemigrammus*-Arten zu pflegen (S. 80), benötigt jedoch große Bewegungsräume. Zucht nicht schwierig (15 bis 20-Liter-Becken).

Moenkhausia robertsi (Abb. 93)
GÉRY, 1964

Oberer Amazonas um Iquitos; bis 5 cm.
D 2/9; A 3/22–23/1; mLR 34–36; QR 5–6/4–4½. Mittelhohe *Moenkhausia*-Art (Körperhöhe 2,5–2,75mal in der Standardlänge enthalten). Körper silberfarbig, oberseits bräunlich, Bauchregion und paarige Flossen zart tintenrot. Eine schmale silbrige Längsbinde entlang der Seitenmitte endet in einem großen schwarzen Fleck auf der C-Wurzel, der spitz in die C ausläuft. Zwei quergestellte, meist nur angedeutete oder überhaupt nicht sichtbare Schulterflecke. Vorderer Teil der A und Basis der C orange. Sichere Geschlechtsunterschiede sind unbekannt.
Pflege und Zucht siehe Gattung *Hemigrammus*, S. 80.
Die Art ist nahe verwandt mit *Moenkhausia metae, eigenmanni, miangi* und *naponis*.

Moenkhausia sanctae-filomenae (Taf. 16)
(STEINDACHNER, 1907)
Rotaugen-Moenkhausia

Flußgebiet des Paraguay und Paranahyba-Becken; bis 4 cm.
D 9; A 22–23; mLR 24+2 auf dem Grunde der C. Ähnlich gestaltet wie *Moenkhausia oligolepis*, jedoch etwas höher, Schuppen größer und noch deutlicher dunkel markiert. Körper stark silberglänzend, oberseits braun bis grünlich, unterseits schwach gelblich. C-Wurzel mit breitem, tiefschwarzem Querband, davor eine breite gelbglänzende Zone. Auge im oberen Teil leuchtend blutrot. Flossen z. T. rauchgrau, D-Spitze und die ersten Strahlen der A weißlich. Geschlechter bei Jungtieren nicht, bei Geschlechtstieren nur an der stärkeren Ausbiegung des Bauches der ♀♀ zu erkennen.
Pflege und Zucht siehe Gattung *Hemigrammus*, S. 80.

Gattung *Nematobrycon* EIGENMANN, 1911

Körper keulenförmig, seitlich mäßig zusammengedrückt, C tief eingeschnitten, oberer und unterer Lappen sowie mittlere Strahlen verlängert. Eine Fettflosse fehlt, SL unvollständig. Maxillare kurz, mit mehr als 11 Zähnen. Kolumbien. Zwei Arten.

Nematobrycon lacortei (Taf. 17)
WEITZMAN und FINK, 1971
Regenbogentetra, Rotaugen-Kaisertetra

Rio Calima im Einzugsgebiet des Rio San Juan, in kleinen Waldtümpeln; bis 5 cm.
D 2/9; A 3–4/25–27; mLR 31–33; QR 6–7/5; SL 7–9. Körper gattungstypisch gestaltet. Rötlichbraun, Rücken dunkelolivbraun, Bauch silbrigweiß. Iris kräftig rot. Vom Kiemendeckelhinterrand bis auf die mittleren C-Strahlen ein dunkelbrauner bis schwarzer Längsstreifen, der vorn z. T. unterbrochen und am deutlichsten auf der hinteren Körperhälfte ausgeprägt ist. Oberhalb dieser Binde ein blaugrün irisierender Bereich, der gleichfalls auf der hinteren Körperhälfte am kräftigsten erscheint. Flossen durchscheinend, D vorn schwarz, C oben und unten mit einem schwarzen Strahl, mittlere Strahlen ebenfalls schwarz, A schwarz und nachfolgend hellblau gesäumt. ♀ schlichter gefärbt, D weniger stark ausgezogen, der blaugrau irisierende Bereich über der Längsbinde ist schwächer, die schwarze Längsbinde stärker ausgeprägt. ♂ wie oben angegeben gefärbt, D verlängert.
Pflege siehe Gattungsbeschreibung *Hemigrammus* (S. 80) und nachfolgende Art. Wahrscheinlich noch nicht gezüchtet.
Zeitweise bekannt als *N. amphiloxus* EIGENMANN und WILSON, 1914, ein Synonym von *N. palmeri*.

Nematobrycon palmeri (Taf. 17)
EIGENMANN, 1911
Kaisertetra

Rio San Juan und Nebenflüsse in Kolumbien; bis 5,5 cm.
D 2–3/8–9; A 4/27–29; mLR 32–33; QR 6–7/5; SL 6 bis 8. Körper keulenförmig, seitlich zusammengedrückt, A lang, mittlere C-Strahlen zipfelartig verlängert. ♀ kleiner, Mittelstrahlen der C kaum verlängert, Zeich-

Abb. 93 *Moenkhausia robertsi*

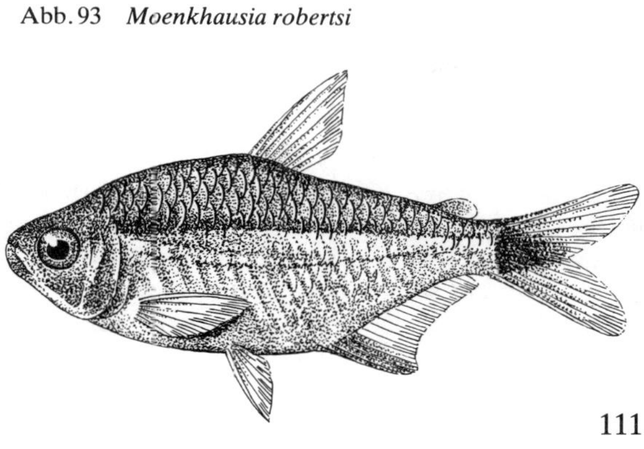

nung und Färbung wesentlich schwächer als beim ♂. ♂ Körper zart bräunlich, bei schrägem Lichteinfall besonders in den vorderen oberen Partien sehr stark grasgrün bis blaugrün irisierend. Vom Hinterrand des Kiemendeckels zieht bis in die verlängerten Mittelstrahlen der C ein je nach Stimmung kräftig oder nur schwach hervortretendes breites, schwarzes Längsband. Flossen in den Grundtönen gelb und bräunlich gefärbt, äußere C-Strahlen stark verlängert, dunkel. Die Iris des Auges irisiert stark blaugrün.
Die schöne Art ist relativ anspruchslos und hart. Für die Pflege und Zucht gelten die bei der Gattung *Hemigrammus* angegebenen Richtlinien (S. 80). Die Tiere kommen am besten in dunklen Aquarien mit schrägem Lichteinfall zur Geltung. Zucht nicht mehr schwierig. Der Erfolg ist häufig von der Zusammenstellung geeigneter Partner abhängig. Laichtemperatur 26–28 °C. Die ♂♂ balzen sehr stark. Die Eier werden einzeln zwischen Wasserpflanzen abgesetzt. Nicht sehr produktiv.
Eine rauchgraue, düster wirkende Farbform (Unterart?) aus dem Oberlauf des Rio Atrato war früher als *N. amphiloxus* EIGENMANN und WILSON, 1914, bekannt. Nach WEITZMAN und FINK (1971) ist *N. amphiloxus* jedoch ein Synonym von *N. palmeri*.

Gattung *Pseudochalceus* KNER und STEINDACHNER, 1863

Langgestreckte, jedoch verhältnismäßig hochrückige Salmler mit vollständig bezahntem Maxillare und unvollständiger SL. Zwei Untergattungen:
Pseudochalceus. V 1/7–8; P 1/11–12; die Anzahl der Maxillarzähne nimmt mit dem Alter zu, Zähne meist fünfspitzig, Ekuador und Kolumbien. Drei Arten.
Hollandichthys. V 1/6, P 1/14; die Anzahl der Maxillarzähne nimmt mit dem Alter nicht zu, Zähne dreispitzig, Südostbrasilien. Eine Art.

Pseudochalceus (Hollandichthys) multifasciatus (Abb. 94)
EIGENMANN und NORRIS, 1901

Südöstliches Brasilien, weit verbreitet; bis 12 cm.
D 11; A 28–31; mLR 40; QR 6½/3. Körper langgestreckt, seitlich abgeflacht, Maul groß, aufwärts gerichtet, Fettflosse vorhanden, Schuppen an den Körperseiten groß. Oberseite dunkel- oder olivbraun, Körperseiten hell lehmgelb oder graugelb mit dunklen bis schwarzen zickzackförmigen Grenzlinien zwischen den Schuppenlängsreihen, Unterseite weiß, oft mit rötlichem Schimmer, Kehle gelblich. Ein Schulterfleck ist meist nur bei jüngeren Tieren deutlich ausgeprägt. Flossen zart graubraun oder lehmgelb, zur Laichzeit mehr oder weniger stark orangefarben, Fettflosse bei schönen Tieren intensiv orange, schwarz gesäumt. Über dem Auge eine dunkle Querbinde. ♀ an der stärker ausgebuchteten Bauchlinie meist gut zu erkennen. Beim ♂ A im vorderen Teil halbkreisförmig vorspringend.

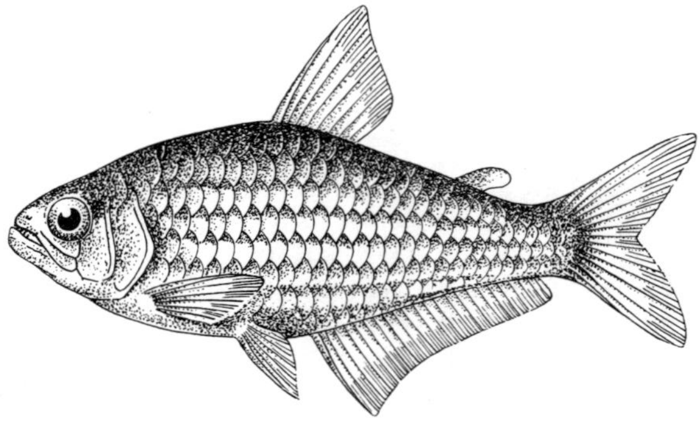

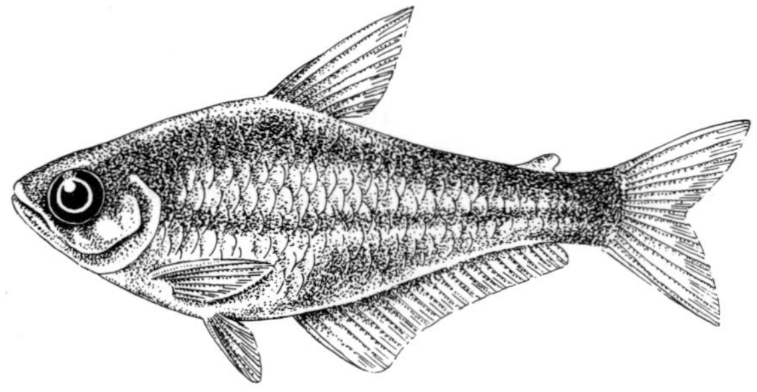

Abb. 94 *Pseudochalceus multifasciatus*
Abb. 95 *Phenacogaster suborbitalis*

Pflege dieser schönen, lebendigen, leider aber auch recht unverträglichen und bissigen Art nur in großen, nicht zu dicht bepflanzten, hellstehenden Aquarien, am besten aber in geheizten Freilandanlagen. Temperatur 16–23 °C, Allesfresser, mit Vorliebe kleinere Fische. Die Art ist wahrscheinlich in Gefangenschaft schon nachgezüchtet worden.

Gattung *Phenacogaster* EIGENMANN, 1907

Kleinere Salmler bis 8,5 cm Gesamtlänge mit relativ hochrückigem, gedrungenem, seitlich abgeflachtem Körper. Besonders charakteristisch sind zwei Reihen gewölbter Schuppen entlang der Bauchregion, die insgesamt zwei seitliche Längskanten bilden. C-Basis unbeschuppt, A lang (31–45 Flossenstrahlen), SL vollständig. Mehrere Arten durchscheinend (Glassalmler). Amazonasgebiet, Rio Negro, Guayana, Rio Guaporé, Südostbrasilien. Sechs Arten.

Phenacogaster pectinatus
(COPE, 1870)

Mittleres und oberes Amazonasgebiet; bis 8 cm.
D 2/8/1; A 40–44; mLR 38–41; QR 6–7/5. Körper gattungstypisch gestaltet. Färbung variabel, bräunlich durchscheinend, Bauch silberweiß. Ein kleiner, schwarzer Schulterfleck kann vorhanden sein, aber auch fehlen. C-Basis mit schwarzem Fleck, eine dünne, schwarze Linie vom Schulterfleck zur C-Basis. Flossen braunrot, A manchmal an der Basis und am Rand dunkel gepunktet. Geschlechtsunterschiede unbekannt.
Pflege siehe Gattung *Hemigrammus* (S. 80). Genügsam, friedlich, schwimmt mit dem Kopf leicht nach unten geneigt.

Phenacogaster suborbitalis (Abb. 95)
E. AHL, 1936
Schwarzaugensalmler

Östliches Brasilien, in kleinen, küstennahen Fließgewässern; bis 7 cm.
D 11; A 37; mLR 39–40; QR 7/5. Körper hoch, seitlich stark abgeflacht, Fettflosse vorhanden, SL vollständig, leicht nach unten durchgebogen, Bauch vor den Vn mit zwei seitlichen Kanten. Durchscheinend, zart olivfarben oder graugrün mit starkem Silberglanz, an den Körperseiten häufig mit grünlichem bis violettem Schimmer. Flossen farblos, senkrechte Flossen bei großen ♂♂ manchmal gelblich bis rötlich. Auge sehr groß, Regenbogenhaut schwarz. ♀ freier Rand der A leicht einwärts gebogen. ♂ vorderer Teil der A lappenartig vergrößert.
Pflege wie bei der Gattung *Hemigrammus* angegeben (S. 80). Friedlicher Schwarmfisch, 23–26 °C, Allesfresser. Noch nicht nachgezüchtet.

Gattung *Piabucus* OKEN, 1817

Langgestreckte, seitlich stark zusammengedrückte Salmler. Von den nächsten Verwandten *(Iguanodectes)* unterscheidet sich die Gattung durch den scharfen Bauchkiel. SL vollständig, Schuppen relativ klein. Unteres Amazonasgebiet, Guayana, Rio Paraguay. Drei Arten.

Piabucus dentatus (Abb. 96)
(KOELREUTER, 1761)

Unteres Stromgebiet des Amazonas, Guayana; bis 20 cm.
D 10–11; A 42–46; mLR 79–95. Körper langgestreckt, seitlich stark abgeflacht, Kopf klein, A sehr lang, Fettflosse vorhanden. Oberseite olivfarben, Körperseiten zart graugrün-mattsilbern, bei auffallendem Licht mit zart blauem bis violettem Schimmer, Bauch grauweiß. Vom Kiemendeckel bis in die dunkle C-Wurzel erstreckt sich ein sehr heller, bräunlicher Glanzstreifen. Flossen farblos, glasig, an der Basis gelegentlich zart bräunlich. Geschlechtsunterschiede unbekannt.
Die interessante Art ist ähnlich wie die *Roeboides*-Arten (siehe S. 63) zu pflegen. 22–26 °C. *P. dentatus* ist ein sehr gewandter Schwimmer, der die unteren Wasserschichten bevorzugt und seine Nahrung (Würmer, Insekten u. a.) hauptsächlich vom Bodengrund aufliest.

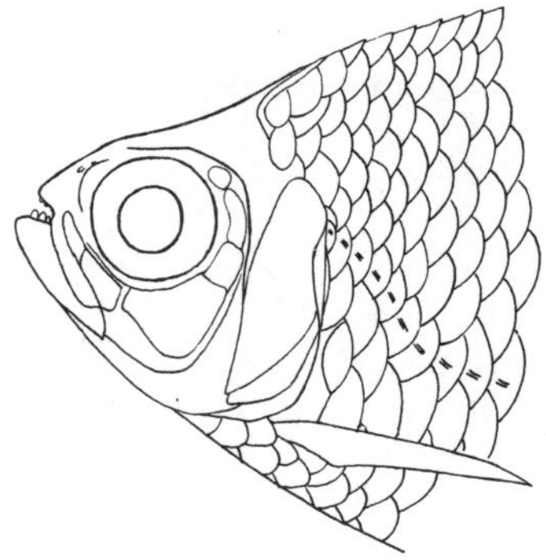

Abb. 97 Gattung *Tetrágonopterus*, Verlauf der Seitenlinie (nach EIGENMANN, 1912)

Gattung *Tetragonopterus* CUVIER, 1817

Körper hoch und kurz, seitlich stark zusammengedrückt. Praemaxillare mit einer äußeren Reihe aus kleinen gleichartigen Zähnen und einer inneren Reihe mehrspitziger Zähne, Maxillare vorn bezahnt. Schuppen auf der Seitenmitte am größten. Die SL senkt sich hinter dem Kopf stufenweise abwärts und läuft dann unterhalb der Körpermitte waagerecht nach hinten (Abb. 97).
Amazonasgebiet, La-Plata-Becken, Guayana-Länder, Rio São Francisco. Vier Arten, von denen zwei weitverbreitet und häufig sind.

Tetragonopterus argenteus (Taf. 17)
CUVIER, 1819

Nördliches Südamerika, südlich bis Buenos Aires, weitverbreitet; bis 13 cm.
D 11; A 36–37; mLR 32–35; QR 7–9/3½–5. Körper gattungstypisch gestaltet. Silberfarben, Rücken leicht graubraun, Bauch silberweiß. Hinter dem Kiemendeckel zwei parallele, kurze, dunkle Querstreifen. C-Basis mit schwarzem Fleck, der im Alter an Intensität verliert, bei Jungfischen aber oft den gesamten Schwanzstiel einnimmt. Flossen durchscheinend, A manchmal dunkel gerandet. Geschlechtsunterschiede unbekannt, ähnlich der nachfolgenden Art? Pflege siehe Gattung *Hemigrammus*, S. 80.

Abb. 96 *Piabucus dentatus*

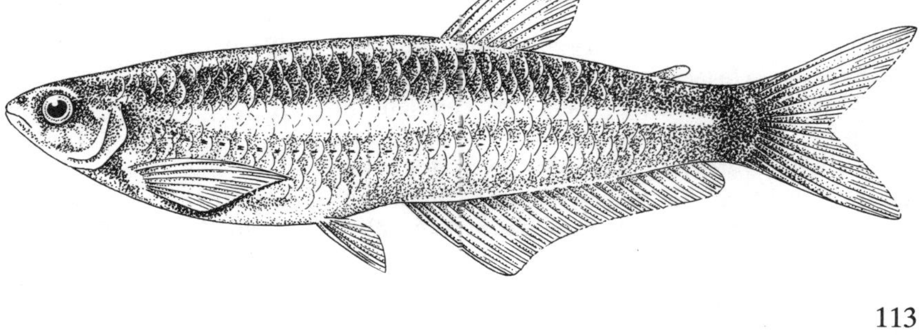

Tetragonopterus chalceus (Taf. 47)
AGASSIZ, 1829
Schillersalmler

Amazonas, Guayana, Rio São Francisco; bis 12 cm. D 11; A 28–34; mLR 29–34; QR 7/3½. Körper sehr hoch, seitlich stark zusammengedrückt, die SL knickt vorn nach unten und läuft dann in gestreckter Richtung bis in die C-Wurzel, Fettflosse vorhanden. Körper stark silberglänzend, Oberseite olivgrün bis gelbgrün, die silbrigen Körperseiten zeigen je nach Lichteinfall bläuliche, grüne bis zart kupferrote oder violette Glanzzonen, Unterseite silbrigweiß. Zwei hintereinander liegende Schulterflecke treten nur bei jungen Tieren deutlich hervor (der zweite Fleck verliert sich zuerst). C-Wurzel stets mit querbindenartigem, dunklem Fleck. Flossen farblos, manchmal rötlich, D meist fein punktiert und mit weißer Vorderkante. ♀ kräftiger, D-Strahlen nicht verlängert. ♂ D-Strahlen bei alten Tieren verlängert, meist kleiner.
Pflege und Zucht wie bei den *Hemigrammus*-Arten angegeben (S. 80). Genügsam, größere Tiere sind oft unverträglich.

Gattung *Thayeria* EIGENMANN, 1908

Spindelförmige, seitlich stark zusammengedrückte Salmler mit vergrößertem unterem C-Lappen. Ruhelage etwas schräg mit dem Kopf nach oben. Maxillare unbezahnt, Praemaxillare mit zwei unterschiedlichen Zahnreihen. C im körpernahen Teil beschuppt. SL unvollständig. Südamerika. Vier Arten.

Thayeria boehlkei (Taf. 15, 45, Abb. 98)
WEITZMAN, 1957
Schrägschwimmer

Amazonas; bis 6 cm.
D 2/9; A 3/13–16; P 1/12–14; V 1/7; mLR 28–30; SL 6. Unterlappen der C verlängert. Rücken dunkelbronzegrün, untere Körperhälfte gelblichgrau bis zart olivgrün. Vom hinteren Kiemendeckelrand zur C-Wurzel und von da in den unteren C-Lappen zieht ein tiefschwarzes, breites, unten von einer goldglänzenden Linie begrenztes Band. Basis der D vorn zart gelbrot, hinten farblos, auch die Basis des oberen C-Lappens ist gelegentlich rötlich, Vorderkante der A weiß. Keine Geschlechtsunterschiede in der Färbung bekannt, zur Laichzeit sind die ♀♀ wesentlich stärker.
Pflege der sehr schönen, eleganten Art wie bei der Gattung *Hemigrammus* angegeben (S. 80). Zur Zucht größere Becken mit *Myriophyllum*-Büscheln und weichem, schwach saurem Wasser. Da beim Laichen sehr viel Sperma abgegeben wird, empfiehlt es sich, das Wasser nach dem Ablaichen teilweise zu entfernen und vorsichtig durch gleichwertiges zu ersetzen. Eier braun, die Jungen schlüpfen manchmal schon nach zwölf Stunden. Eine Zucht kann über 1000 Nachkommen bringen.

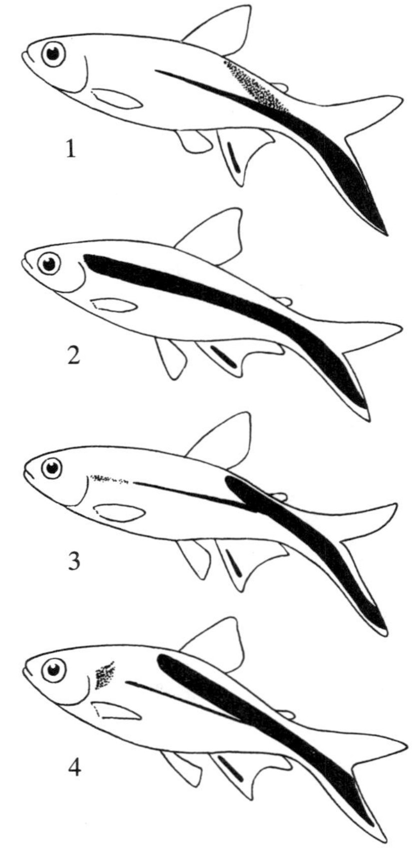

Abb. 98 Verlauf und Ausdehnung der schwarzen Längsbinde bei verschiedenen *Thayeria*-Arten (nach GÉRY). 1) *T. obliqua*, 2) *T. boehlkei*, 3) *T. santaemariae*, 4) *T. ifati*

Thayeria obliqua (Taf. 45, Abb. 98)
EIGENMANN, 1908
Schrägschwimmer

Oberer Amazonas, Rio Mamoré, Rio Tocantins (?); bis 8 cm.
D 10–11; A (15) 16–17 (18); mLR 28–31. Ähnlich gestaltet und gefärbt wie die voranstehende Art, schwarze Längsbinde jedoch wesentlich kürzer. Nach EIGENMANN ist an den Körperseiten eine schmale schwarze Linie ausgebildet, die erst auf dem Schwanzstiel in eine breite, dem unteren C-Lappen folgende schwarze Binde übergeht (vgl. auch WEITZMAN, ST.: The Aquar. Journ. 28, 390–392, 1957). GÉRY (Bull. Aquat. Biol., 2, 18, 1960) stellt die vier *Thayeria*-Arten gegenüber. Seine Abbildung wird hier unverändert übernommen (Abb. 98).
Wie WEITZMAN in der oben angegebenen Publikation andeutet, ist die nachfolgend beschriebene Art *Th. santaemariae* vielleicht mit *Th. obliqua* identisch. Pflege und Zucht siehe bei *Thayeria boehlkei*.

Thayeria santaemariae (Abb. 98)
LADIGES, 1949

Bei der Ortschaft Santa Maria im Staate Goiás (Brasilien); Maximalgröße unbekannt (Typusexemplar 47 mm).

D 12; A 16–17; mLR 28. Der voranstehenden Art sehr ähnlich gestaltet, Färbung nach LADIGES (textl. verändert): Grundfärbung wie bei *Th. obliqua*. Die schwarze Längsbinde beginnt unscharf in Höhe des Hinterrandes der D, erreicht – immer kräftiger hervortretend – die C-Wurzel und wendet sich hier in den unteren Flossenlappen, sie wird oben und unten von einem hellen Streifen begleitet. Fettflosse gelb. Vielleicht identisch mit der voranstehenden Art. Alles weitere wie bei *Th. obliqua*. Vermutlich noch nicht eingeführt.

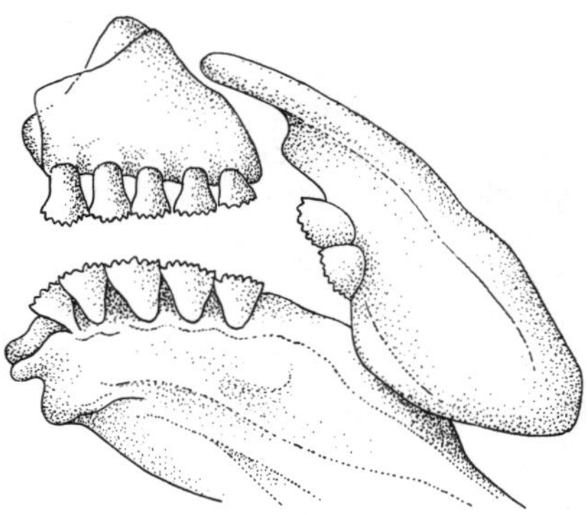

Abb. 99 Gattung *Cheirodon*, Grundtyp der Bezahnung (nach GÉRY)

Unterfamilie Cheirodontinae

Kleine Characidae, die äußerlich kaum von den Tetragonopterinae zu unterscheiden sind. Charakteristische Merkmale: Zähne in den Kiefern einreihig angeordnet, entweder handförmig, d. h. an ihrer Basis schmal und oben mehrspitzig breit, oder konisch, oder dreispitzig (Abb. 99), in der Schulterregion ein Pseudotympanum, eine transparente, meist dreieckige Zone, die muskellos ist und direkt an den vorderen Bereich der Schwimmblase grenzt. Viele junge Salmler besitzen ein solches Pseudotympanum, bei erwachsenen Tieren ist es jedoch nur in dieser Unterfamilie anzutreffen, funktionell dient es wahrscheinlich neben dem Weberschen Apparat als Resonanzorgan. Interhämalstacheln (kleine Dornen an der Unterseite des Schwanzstiels), die bei den ♂♂ stärker ausgeprägt sind. Die Unterfamilie ist wahrscheinlich polyphyletisch, viele ihrer ursprünglichen Merkmale sind vermutlich sekundär entstandene Anpassungen. Süd- und Mittelamerika. 35 Gattungen.

Gattung *Axelrodia* GÉRY, 1965

Charakteristisch für die Gattung sind die kleinen, konischen Zähne, das nicht vergrößerte bezahnte Maxillare, die kurze A, ♂♂ ohne Häkchen an den Strahlen der A und ohne Interhämalstacheln. Stromgebiet des Amazonas, oberer Rio Meta. Drei Arten.

Axelrodia riesei (Abb. 100)
GÉRY, 1966

Oberes Rio-Meta-Bassin in der Nähe von Villavicencio in Kolumbien; bis 3 cm.
D 2/9; A 3/14–15; P 1/8; mLR 29–30; QR 8–9; SL 5 bis 6. Körper langgestreckt, seitlich abgeflacht. Mit Ausnahme der Kopf- und Bauchunterseite kräftig tintenrot. Auf der C-Wurzel ein undeutlicher, dunkler Fleck, der sich etwas in den unteren Flossenlappen ausdehnt. Flossen farblos, A mit heller Vorderkante. Iris oben blutrot, unten goldfarben, bläulich irisierend. ♀ kompakter, ♂ deutlich schlanker.
Pflege siehe *Paracheirodon innesi*. Noch nicht gezüchtet.

Axelrodia stigmatias (Abb. 101)
(FOWLER, 1914)

Oberes Amazonasgebiet, Igarapé Preto, Rio Purus, Rio Madeira; bis 3 cm.
D 2/9; A 3/14–15/1; P 1/10; V 1/7; mLR 32; QR 5/3; SL 6. Körper langgestreckt, seitlich stark zusammengedrückt. Silberfarben bis leicht gelblich, Rücken oliv, Bauch weißlich. Schulterfleck schwach angedeutet. Hinter dem Kiemendeckel beginnt eine dünne, dunkle Längsbinde, die auf dem Schwanzstiel in einem rautenförmigen Fleck endet und z. T. auf die mittleren Strahlen der C übergreift. Oberer Teil des Schwanzstiels mit einem irisierenden Leuchtfleck, ähnlich wie bei *Hemigrammus ocellifer*. Flossen durchscheinend. ♀ kompakter, ♂ schlanker.
Pflege siehe Gattungsbeschreibung *Hemigrammus*, S. 80. Noch nicht gezüchtet.
Axelrodia fowleri GÉRY, 1965, und *Hyphessobrycon stigmatias* FOWLER, 1914, sind ungültige Namen, unter denen die Art in der Aquaristik früher verbreitet war.

Abb. 100 *Axelrodia riesei*

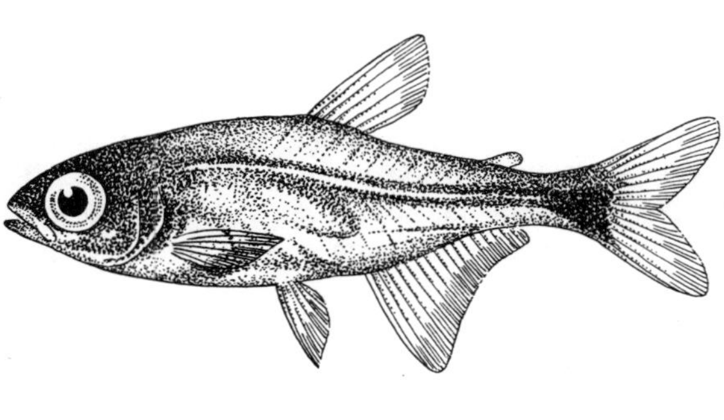

Abb. 101 *Axelrodia stigmatias*

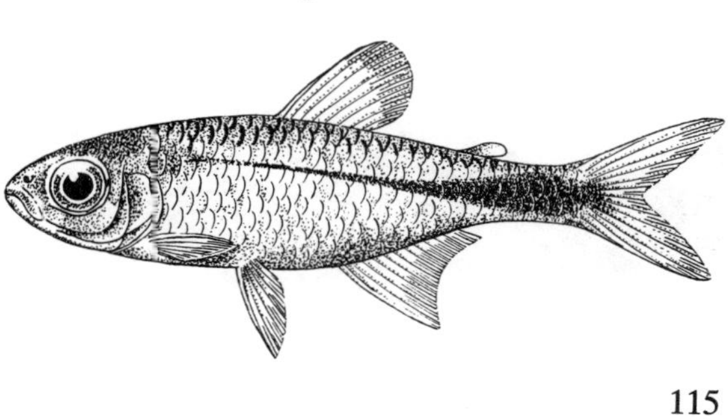

Gattung *Brittanichthys* GÉRY, 1965

Eng verwandt mit *Oxybrycon*. C-Basis beschuppt, Maxillare etwas vergrößert und unbezahnt, Zähne konisch, deutlicher Sexualdimorphismus. ♂♂ mit feinen Häkchen auf den ersten vier A-Strahlen und einem S-förmig gekrümmten, verdickten Flossenstrahl in der Mitte der C. Rio Negro. Zwei Arten.

Brittanichthys axelrodi (Abb. 102)
GÉRY, 1965

Rio Itú, etwa 80 km vor seiner Einmündung in den Rio Negro; bis 3,5 cm.
D 2/9; A 3/18–19; mLR 32–34; SL 6–7. Körper gestreckt, heringsförmig, seitlich wenig zusammengedrückt, A lang, vordere Flossenstrahlen verlängert. Die Färbung muß sehr prächtig sein und weicht in auffälliger Weise von den üblichen Salmlerfärbungen ab. Angaben nach Formalin-Material: Körper hell, gelblich bis grüngelblich, Bauch im Bereich der Vn blutrot. Darüber eine bläuliche Zone. Auf dem Schwanzstiel ein kräftig roter länglicher Fleck. D mit roter Vorderkante. Geschlechtsunterschiede siehe Gattungsbeschreibung. Alle Angaben nach GÉRY.
Über die Importschwierigkeiten von *B. myersi* berichtet GEISLER (DATZ, 36, 87–92, 1983). Nach KOSLOWSKI (DATZ, 36, 285–287, 1983) ist die Pflege nicht allzu schwierig.

Gattung *Cheirodon* GIRARD, 1854

Typische Gattung der Unterfamilie mit folgenden Merkmalen: Zähne in den Kiefern einreihig, mit schmaler Basis und 5–9 (selten bis 12) breiten Spitzen (Ausnahme *Ch. australis* mit drei Spitzen), Praemaxillare dreieckig, ohne dorsalen Fortsatz (Abb. 99), Pseudotympanum vorhanden (siehe Beschreibung der Unterfamilie), Sexualdimorphismus deutlich, ♂♂ meist kleiner, A-Lappen verdickt, mit vielen kleinen Häkchen.
Zwei Untergattungen: *Cheirodon*-♂♂ mit Interhämalia und *Lamprocheirodon*-♂♂ ohne Interhämalia.
Nach FINK und WEITZMAN (1974) sind die Gattungen *Odontostilbe*, *Pseudocheirodon* und *Compsura* Synonyme, eine Meinung, die nicht allgemein geteilt wird (GÉRY 1977). Bis maximal 7,5 cm Gesamtlänge. Mittel- und Südamerika, südlich bis zum 40. Breitengrad. Etwa 20 Arten.

Abb. 102 *Brittanichthys axelrodi*

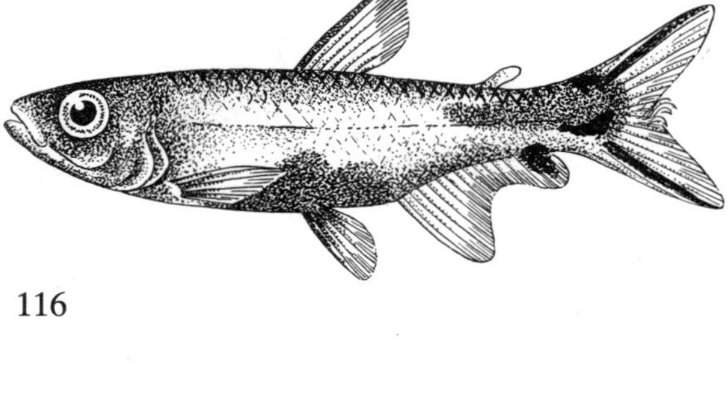

Die beweglichen *Cheirodon*-Arten beanspruchen größere, sonnig aufgestellte Aquarien, die nicht zu dicht bepflanzt sind. Die meisten Arten gelten als genügsam, einige sollen gegen kleinere Fische aggressiv sein. 20–25 °C, gegen vorübergehende Abkühlung unempfindlich. Lebendfutter aller Art.
Die Zucht der *Cheirodon*-Arten ist mit einigen Ausnahmen nicht schwierig, viele lassen sich in mittelhartem Wasser vermehren. Die Eier werden zwischen Wasserpflanzen abgesetzt, fallen jedoch zum größten Teil zu Boden, Laichräuber. Die Jungfische schlüpfen nach 24–30 Stunden, Aufzucht meist leicht, Jungtiere schnellwüchsig.
Weitere Hinweise zur Biologie, Pflege und Zucht siehe auch bei der Gattung *Hemigrammus*, S. 80.

Cheirodon (Lamprocheirodon) axelrodi (Taf. 14)
SCHULTZ, 1965
Roter Neon

Linke Zuflüsse des Rio Negro und einige Zuflüsse des Orinoko; bis 4 cm.
D 2/9; A 3/17–18; P 1/9–10; mLR 31–33; QR 9; SL 4 bis 7. Hinsichtlich der Körperform und Färbung dem bekannten Neontetra ähnlich, insgesamt jedoch etwas schlanker und vor allem wesentlich kräftiger rot gefärbt. Während beim gewöhnlichen Neontetra die leuchtend rote Binde unter dem blaugrün irisierenden Längsband von der C-Wurzel nur bis zur Körpermitte reicht, dehnt sich diese beim Roten Neon bis zur Schnauzenspitze aus und greift, kardinalrot leuchtend, auch auf den Bauch und die Kehle über. Rücken rotbraun, Bauchkante silbrig. ♀ im geschlechtsreifen Alter kräftiger und meist etwas größer. Pflege und Zucht siehe Beschreibung der Gattung. Zucht nicht einfach, Dämmerungslaicher, weiches, leicht saures Wasser.
Die Art gehört nach WEITZMAN und FINK (1983) in die Gattung *Paracheirodon*.

Cheirodon (Cheirodon) interruptus (Abb. 103)
(JENYNS, 1842)
Messingsalmler

Stromgebiet des Uruguay und das zwischen diesem und der Küste liegende Gebiet; bis 6 cm.
D 11 (–12); A 17–24; mLR 32–36; SL 7–12. Körperform gestreckt, Rücken- und Bauchlinie etwa gleichstark ausgebogen, seitlich zusammengedrückt. Oberseite zart hellbraun bis olivfarben, bei jüngeren Tieren oft messingfarben glänzend, Körperseiten auf silbrigem Grund zart bläulich, am Kiemendeckel grünlich, mit bleifarbener Längsbinde, die sich nach hinten deutlich verbreitert und in einem dunklen, oft fast viereckigen C-Wurzelfleck endet (gelegentlich erstreckt sich diese Längsbinde stark verschmälert auch auf die mittleren Strahlen der C). Flossen farblos bis zart gelblich, D und C bei schönen Exemplaren rötlich angehaucht. A beim ♂ vorn stärker ausgebuchtet.
Von *Ch. interruptus* läßt sich *Ch. piaba* LÜTKEN,

1874, nur schwer unterscheiden, trotzdem handelt es sich um gut abgegrenzte Arten. *Ch. interruptus* ist in Uruguay und Nordargentinien häufig, *Ch. piaba* kommt sehr zahlreich vor allem im oberen Río Paraguay und im Rio São Francisco vor.
Die Verbreitungsgebiete überlappen sich vermutlich im Staate Rio Grande do Sul. *Ch. monodon* COPE, 1894, ist dagegen ein echtes Synonym von *Ch. interruptus*.
Pflege und Zucht siehe Beschreibung der Gattung.

Cheirodon (Cheirodon) leuciscus (Abb. 104)
E. AHL, 1936

Unterlauf des Paraná; bis 7,5 cm.
D 10–11; A 19–20; mLR 32–35; QR 5/3½–4; SL 7–9. Oberseite olivfarben, besonders am Kopf braun; Körperseiten zart graugrün mit bläulichem Schimmer, auf dem Schwanzstiel blaugrün irisierende Schuppenlängsreihen, Unterseite silbrig. Auf der C-Wurzel ein nicht sehr deutlicher dunkler Fleck. Flossen farblos. Geschlechtsunterschiede nicht sicher bekannt, ♂ mit vorn lappenartig verlängerter A (?). Pflege siehe Beschreibung der Gattung, noch nicht nachgezüchtet.

Cheirodon (Cheirodon) meinkeni (Abb. 105)
E. AHL, 1928

Östliche Küstenflüsse und Gewässer Brasiliens zwischen Bahia und Rio de Janeiro (nach ARNOLD); bis 5 cm.
D 11; A 17–19; mLR 35; QR 12–13; SL 5–7. Oberseite olivgrün bis braungrün, Körperseiten silberglänzend mit zarter olivgrüner Tönung. Nur bei auffallendem Licht tritt eine dunkle, metallisch glänzende Linie hervor, die sich auf dem Schwanzstiel verbreitert und in einen dunklen C-Wurzelfleck übergeht. Flossen durchscheinend zart gelblich. Auge gelblichsilbern. Geschlechtsunterschiede sind nicht bekannt, jedoch ist die A der ♂♂ vorn wahrscheinlich stärker ausgebuchtet.
Pflege siehe Beschreibung der Gattung, noch nicht nachgezüchtet.

Cheirodon (Cheirodon) piaba (Taf. 17)
LÜTKEN, 1874

Vom oberen Rio Paraguay bis zum Rio São Francisco; bis 5 cm.
D 11; A 19–27; mLR (31–) 33 oder 34 (–36); SL 9–12. Die Färbung erinnert an *Ch. interruptus*, mit dem diese Art vielfach verwechselt wurde, außerdem ist die Färbung entsprechend dem großen Verbreitungsgebiet recht variabel. Oberseite zart bräunlichgrün bis olivgrün, Körperseiten silbrig mit grünlichem Grundton. Eine dunkle, sich nach hinten verbreiternde Längsbinde mündet auf der C-Wurzel in einen großen, blauschwarzen bis bleifarbenen Fleck, der sich als schmaler schwarzer Streifen auf die mittleren C-Strahlen erstrecken kann. Flossen farblos durchsichtig oder leicht gelblich. Beim ♂ A vorn stark ausgebuchtet, untere C-Lappen oft rot.
Über die Abgrenzung der Art gegenüber *Ch. interruptus* siehe dort. *Ch. calliurus* BOULENGER, 1900, *Ch. micropterus* EIGENMANN, 1910, und vielleicht auch *Ch. kriegi* SCHINDLER, 1937, sind Synonyme von *Ch. piaba*. Nach GÉRY (1977) unterscheidet sich *Ch. kriegi* von *Ch. piaba* durch die Bezahnung des Maxillare (0–1 Zahn statt 1–3) und durch einen schwarzen Fleck in der Afterregion der ♀♀ (ähnlich dem Trächtigkeitsfleck Lebendgebärender Zahnkarpfen). Dieser fehlt bei *Ch. piaba*. Bei Nachzuchttieren von *Ch. kriegi* zeigte sich jedoch eine erstaunliche Variabilität in gerade diesem Fleck. Es ließen sich von einem fehlenden bis zu einem voll ausgebildeten Fleck alle Übergänge beobachten. Damit scheint die taxonomische Bedeutung zumindest dieses Merkmals fragwürdig (siehe ZARSKE, Aquar. Terr., 32, 236–237, 1985).
Pflege und Zucht der sehr friedlichen Art siehe Beschreibung der Gattung.

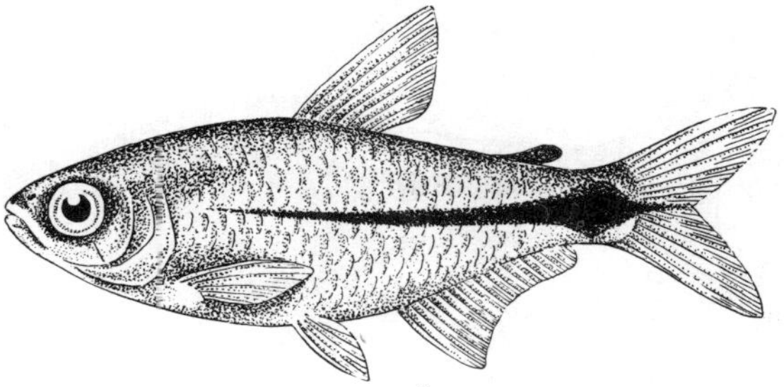

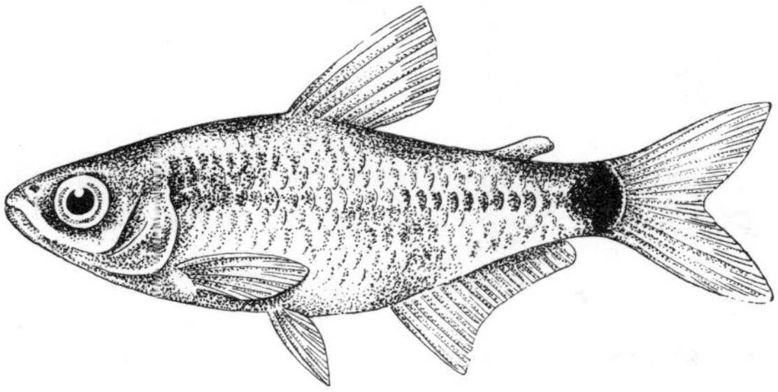

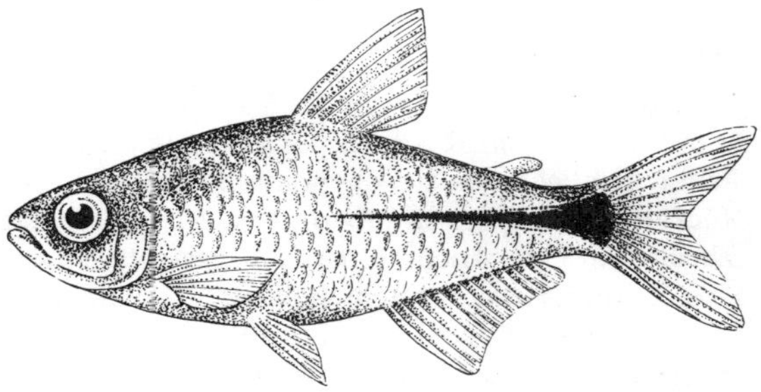

Abb. 103 *Cheirodon interruptus*
Abb. 104 *Cheirodon leuciscus*
Abb. 105 *Cheirodon meinkeni*

Gattung *Megalamphodus* EIGENMANN, 1915

Körper ähnlich der Gattung *Pristella* oder den Arten der »Bentosi-Gruppe« der Gattung *Hyphessobrycon*, von denen die *Megalamphodus*-Arten z. T. schwer zu trennen sind. D und A sehr groß. Postorbitalknochen

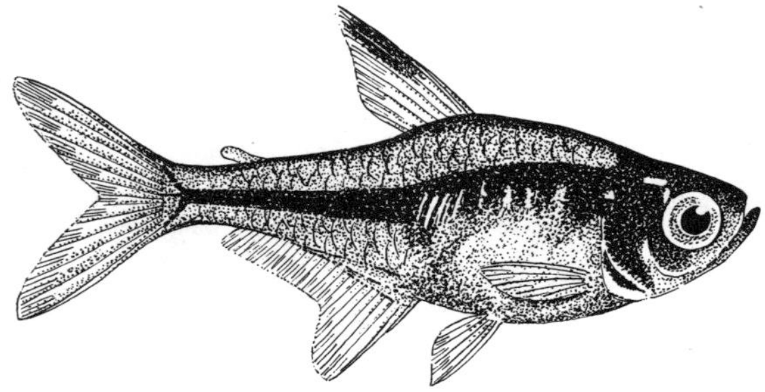

Abb. 106 *Megalamphodus axelrodi*

schwach entwickelt oder fehlend. Fontanellen sehr groß. Nördliches Südamerika, Trinidad. Zehn Arten.

Megalamphodus axelrodi (Abb. 106)
(TRAVASSOS, 1959)
Calypsotetra

Trinidad; bis 3 cm.
D 11; A 24–26; mLR 32. Körper gattungstypisch gestaltet. Rötlichbraun bis olivbraun durchscheinend, Rücken dunkler, Bauch silberfarben. Iris silbern mit schwarzem Querstrich durch das gesamte Auge. Flossen rötlichbraun durchscheinend, C blutrot. ♀ kräftiger, blasser. ♂ schlanker, kräftiger gefärbt.
Pflege und Zucht siehe Gattungsbeschreibung *Hemigrammus*, S. 80. Zucht leicht.
Zuerst bekannt als *Aphyocharax axelrodi*.

Megalamphodus megalopterus (Taf. 15)
EIGENMANN, 1915
Schwarzer Phantomsalmler

Rio Guaporé; bis 4,5 cm.
D 11; A 26; mLR 32–33 + 2–3 auf der C-Wurzel; SL 5–6. Körperform ähnlich wie bei dem bekannten Schmucksalmler, jedoch etwas höher. D fahnenartig groß, A breit, vorn zipfelartig verlängert. ♀ farbenprächtiger, blaß rot, V, A und Fettflosse rötlich, D und C grau bis schwarz, A mit schwarzem Saum, Schulterfleck wie beim ♂. ♂ rauchgrau, besonders bauchwärts heller, silbrig bis weiß, Rücken und Schwanzstiel dunkler. Schulterfleck sehr groß, quergestellt, von einer perlmuttern glänzenden Zone umrahmt. Unpaare Flossen, zumindest außen tiefschwarz. Iris mit goldfarbenem Ring.
Pflege und Zucht wie bei der Gattung *Hemigrammus* und *Hyphessobrycon* angegeben, siehe S. 80. Weiches, leicht saures Wasser. Die Tiere laichen wie die bekannten *Hyphessobrycon*-Arten, z. B. *H. callistus*. Bis 300 Jungfische.

Megalamphodus sweglesi (Taf. 15)
GÉRY, 1961
Swegles-Salmler, Roter Phantomsalmler

Rio Muco und oberer Rio Meta; bis 4 cm.
D 2/9; A 3/23/1; P 1/10; V 1/6/1; mLR 32; QR 5/3/½–4; SL 6–7. Ähnlich gestaltet wie die vorhergehende Art. D fast so hoch wie der Körper, unmittelbar vor der Körpermitte beginnend. Körper zart rosafarben, gegen den Rücken zu mehr rötlich, nach der Bauchseite hin leicht goldfarben. Schulterfleck tiefschwarz, sehr groß, dreieckig. Unpaare Flossen und V leuchtend blutrot, D außerdem mit schwarzem Mittelfleck, der gelegentlich nur bräunlich hervortritt, nach DÖRR auch fehlen kann, V mit weißen Spitzen. ♀ D farbenprächtiger, von der Basis zur Spitze zart rot, gelblich, schwarz, weiß. ♂ D vergrößert, ohne weiße Spitze.
Über Pflege und Zucht der schönen Art berichtet FRANKE (Aquar. Terr., 11, 166–167, 1964). Eier rotbraun. Siehe auch Beschreibung der Gattung *Hemigrammus*, S. 80.
Nahe verwandt mit *Megalamphodus rogoaguae* und *M. roseus* (Taf. 15).

Gattung *Paracheirodon* GÉRY, 1960

Körper spindelförmig, seitlich abgeflacht. Fettflosse vorhanden. C im körpernahen Teil nicht beschuppt. Kiefer mit dreispitzigen, in einer Reihe stehenden Zähnen, Praemaxillare und Dentale ähnlich bezahnt, Maxillare im vorderen Teil bezahnt. Eine Art.

Paracheirodon innesi (Taf. 14)
(MYERS, 1936)
Neontetra

Oberlauf des Amazonas von São Paulo de Olivença bis Iquitos, hauptsächlich im Putumayo, auch im Rio Purús bei Boca do Tapauá; bis 4 cm.
D 2/9; A 3/17–18/1; P 1/11–12; mLR 32–33; QR 9; SL 3–5. Rücken dunkelolivgrün, Bauch gelblichweiß. Vom Vorderrand des Auges über den oberen Augenbogen bis etwa in die Höhe der Fettflosse erstreckt sich ein hinten spitz auslaufendes, prächtig grün bis blau irisierendes Band. Darunter, vor der Körpermitte beginnend, ein gleichstarkes, intensiv rotes Band. Iris des Auges leuchtend blaugrün, besonders im oberen Teil mit einigen Goldflittern. Flossen farblos, nur die ersten Strahlen der D milchigweiß. ♀ kräftiger, Bauchlinie gerundet. ♂ schlanker, die Bauchpartie wirkt leicht eingefallen.
Die farbenprächtige Art stellt keine besonderen Ansprüche. Für die Pflege eignen sich vor allem nicht zu hell stehende Aquarien mit dunklem Bodengrund und weichem bis mittelhartem Wasser. Der Neontetra kann mit fast allen etwa gleichgroßen Friedfischen vergesellschaftet werden, die ähnliche Ansprüche stellen. Vorzugstemperatur 21–23 °C. Kleineres Lebendfutter aller Art, aber auch Trockenfutter. Leider sind viele Tiere von der Neonkrankheit befallen, eine Seuche, die sich immer stärker ausbreitet. Kranke Fische sind an fleckigen stumpfen Aufhellungen vor allem im Bereich des Schwanzstieles zu erkennen, sie müssen vernichtet werden. Zucht zumindest nicht überall einfach und im wesentlichen eine Wasserfrage. Am besten eignen sich gut gesäuberte, kleinere, mit *Myriophyllum*-Büscheln besetzte Aquarien und

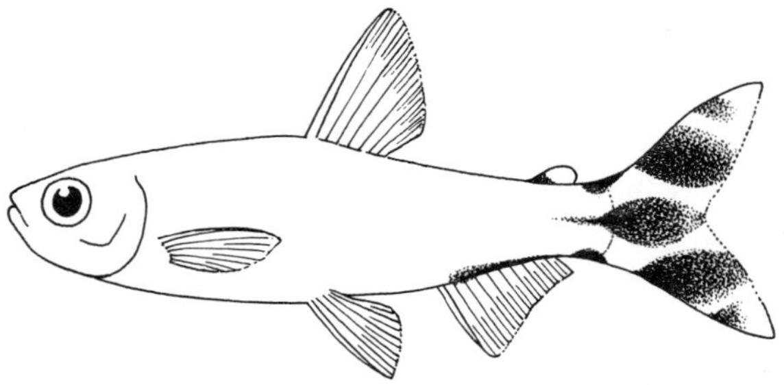

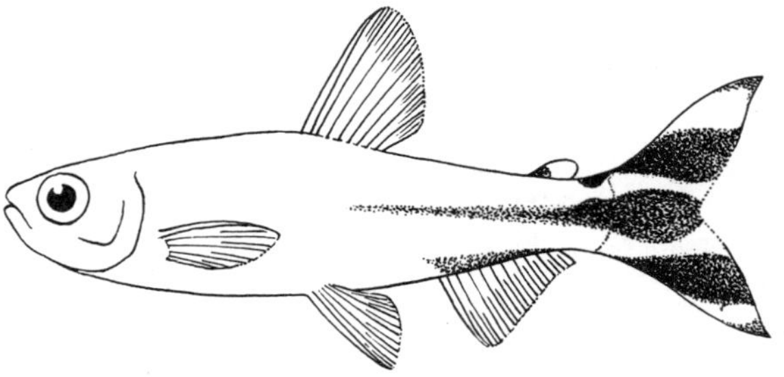

Abb. 107 Zeichnungsunterschiede von *Hemigrammus rhodostomus* (bzw. *bleheri*) und *Petitella georgiae* (unten)

sehr weiche, leicht saure Quellwässer (1–2 °dH, pH 5,5–6). Angesetzt werden junge Paare, sobald die ♀♀ Laichansatz zeigen. Temperatur nicht über 24 °C. Die zwischen Pflanzen abgesetzten Eier sind glasklar und nicht sehr haftfähig. Die Elterntiere sind nach dem Ablaichen zu entfernen, Zuchtbecken abdunkeln. Die Jungen schlüpfen nach 22–26 Stunden und schwimmen etwa am 5. Tage frei. Sie sind in den ersten Tagen empfindlich. Wasser jetzt mehrmals wechseln, am besten in härteres Wasser umsetzen. Eine Zucht bringt meist 60–130 Jungtiere. Sehr anfällig für die Neonkrankheit.
Nach WEITZMAN und FINK (1983) gehören alle drei Neon-Arten in die Gattung *Paracheirodon*.

Gattung *Petitella* GÉRY und BOUTIÈRE, 1964

Bezahnung des Praemaxillare etwas unregelmäßig einreihig, aus 7–9 drei- bis fünfspitzigen Zähnen bestehend. C-Basis beschuppt, SL unvollständig. Eine Art.

Petitella georgiae (Taf. 11, Abb. 107)
GÉRY und BOUTIERE, 1964
Rotkopfsalmler

Oberes Amazonasgebiet; bis 7 cm.
D 2/8; A 4/14/1; P 1/13; V 1–2/7; mLR 33; QR 5/3; SL 9. Körper ähnlich gestaltet und gefärbt wie bei *Hemigrammus rhodostomus* (bzw. *bleheri*, s. S. 98) angegeben, dem *Petitella georgiae* sehr ähnlich ist. Unterschiede betreffen die Bezahnung (Gattungsmerkmal), die Anzahl der Kiemenreusendornen (24/5 am vorderen linken Bogen anstatt 18/16) und geringe Differenzen in der Färbung. Auf der C-Basis befindet sich nur in der oberen Hälfte ein kleiner halbmondförmiger, schwarzer Fleck, der auch fehlen kann, *H. rhodostomus* zeigt dagegen im oberen und unteren Teil einen solchen Fleck (Abb. 107). Die Schwarz-Weiß-Streifung in der C ist breit und kontrastreich, Spitzen der C-Lappen schwarz, mit sich sofort anschließenden weißen Bändern. *H. rhodostomus* hat eine blassere Streifung auf den C-Lappen, Spitzen stets glasklar. Das mittlere schwarze Band der C reicht bei *Petitella* nach vorn bis kurz hinter das D-Ende, bei *H. rhodostomus* nur bis unter die Fettflosse. Die Rotfärbung des Kopfes erstreckt sich bei *Petitella* nach FRANK (1981) sowohl bei Wildfängen als auch bei Nachzuchttieren bis zum Kiemendeckelhinterrand, bei gut genährten Tieren von *H. rhodostomus* dagegen bis unter die D. ♀ kompakter, größer. ♂ schlanker, kleiner.
Pflege und Zucht siehe Gattungsbeschreibung *Hemigrammus*, S. 80. Nach GÉRY (1977) sollen sich im Handel auch Tiere befinden, die eine Kreuzung zwischen *Petitella* und einer neuen Art sein können.

Gattung *Phoxinopsis* REGAN, 1907

Kleine Cheirodontinae von schlanker bis mäßig schlanker Gestalt. Kiefer nur mit einer einfachen Zahnreihe, Unterkieferzähne sehr fein gezähnt. Keine Fettflosse, SL unvollständig.
Umgebung von Rio de Janeiro, Rio Tieté. 2–3 Arten.

Phoxinopsis broccae (Abb. 108)
(MYERS, 1925)

Hinterland von Rio de Janeiro; bis 2,5 cm.
D 9–10; A 16–17; mLR 32–33. Körper mäßig gestreckt, seitlich zusammengedrückt, obere und untere Profillinie etwa gleichförmig ausgebogen. Zart lehmgelb, oberseits braungelb, Bauchseite silbrig, Schuppen besonders in Rückennähe dunkel gerandet. Vom Kiemendeckel verläuft bis in die C-Wurzel und von hier stark verschmälert auf die mittleren Flossenstrahlen eine breite dunkel- bis gelbbraune Binde. Eine zweite gleichartige Binde beginnt über der V und endet im hinteren Teil der A. Interessant ist die Erscheinung, daß die Bindenzeichnung fast völlig verblassen kann, gleichzeitig aber ein winkliger C-Wurzelfleck deutlich hervortritt. Senkrechte Flossen bei Wohlbefinden zart rötlich. Die Geschlechter lassen sich an der Form der A, die beim ♂ vorn stärker ausgebuchtet ist, unterscheiden.
Die sehr kleine, prächtig gefärbte Art ist ähnlich wie die *Hemigrammus*-Arten zu pflegen (siehe S. 80).

Abb. 108 *Phoxinopsis broccae*

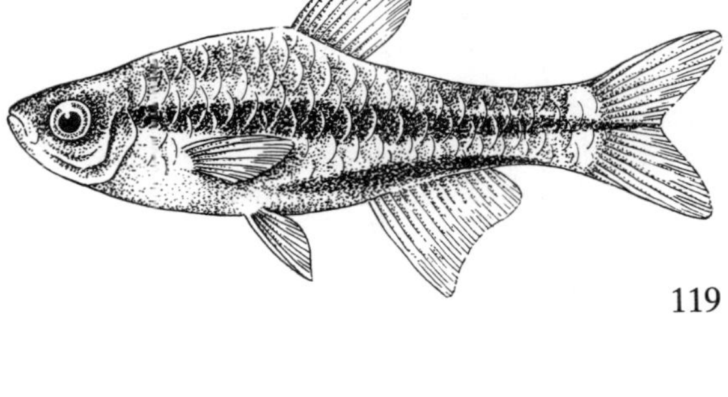

Einzeltiere oder kleine Gruppen sind ziemlich scheu, größere Schwärme dagegen recht schwimmaktiv. Sie bevorzugen bodennahe Wasserschichten. Vorzugstemperatur 23–25 °C, kleines Lebendfutter (Grindalwürmchen, *Tubifex*, *Cyclops* u. a.). Zucht nur in weichem Wasser. Die Tiere laichen relativ ruhig zwischen feinblättrigen Wasserpflanzen, die Jungfische schlüpfen nach 24–30 Stunden, Aufzucht etwas schwierig (zum Anfüttern kleinste Nauplien!).
Ph. broccae ist nach GÉRY vielleicht nur ein Synonym von *Ph. typicus*.

Abb. 109 Vor der Rückenflosse stehender stachelartiger Flossenstrahl von *Metynnis* (nach GÉRY)

Gattung *Pristella* EIGENMANN, 1908

Kleine Cheirodontinae, die in ihrer Körperform an die relativ hochrückigen *Hyphessobrycon*-Arten erinnern. Die Gattung ist nahe verwandt mit der Gattung *Megalamphodus*. Praemaxillare mit einer Reihe etwas unregelmäßiger dreispitziger Zähne, Maxillare vollständig bezahnt. C im körpernahen Teil beschuppt, SL unvollständig. Eine Art.

Pristella maxillaris (Taf. 18)
(ULREY, 1894)
Sternflecksalmler

Nördliches Südamerika, Guayana, unterer Amazonas; bis 4,5 cm.
D 11; A 20–24; mLR 32; SL 6–8. Körper durchscheinend, gelbgrünlich, bei auffallendem Licht silberglänzend mit deutlichem schwarzem Schulterfleck. D und A zitronengelb, mit je einem großen, tiefschwarzen Fleck, Flossenspitzen weiß, ein gleicher, jedoch kleinerer Fleck auf den V, C rötlich. ♀ Das durchschimmernde Leibeshöhlenende ist abgerundet, kräftiger. ♂ Das durchschimmernde Leibeshöhlenende ist spitz ausgezogen, schlanker.
Dieser beliebte Schwarmfisch ist ähnlich wie die *Hemigrammus*-Arten zu pflegen und zu züchten, siehe S. 80. *Pristella* steht hinsichtlich des Fortpflanzungsverhaltens zwischen *Hemigrammus* und *Hyphessobrycon*. Etwas Geschick erfordert die Auswahl der Paare. Eigenartigerweise laicht nicht jedes beliebig zusammengesetzte Paar, Zucht ansonsten nicht schwierig. Die Jungen schlüpfen nach 22–28 Stunden. Eine Zucht kann 300–400 Jungtiere bringen.
Die Art war früher unter dem Namen *P. riddlei* bekannt.

Familie Serrasalmidae
Sägesalmler

Relativ hochrückige bis scheibenförmige Characoidei des tropischen und subtropischen Südamerika mit Ausnahme der Küstenflüsse Südbrasiliens und des Gebietes westlich der Anden. Charakteristisch für die Familie ist die Bezahnung, die im Praemaxillare aus einer Reihe sehr scharfer Zähne oder zwei Reihen von Schneide- oder Mahlzähnen bestehen kann. Gelegentlich setzt sich die 1. Reihe aus Schneidezähnen, die 2. aus Mahlzähnen zusammen. Das Maxillare ist reduziert und unbezahnt. Im Dentale steht meist nur eine Zahnreihe. Auch das Pterygoid am Mundhöhlendach kann bezahnt sein. Der Bauchkiel ist vor der A mit stachelartigen Zähnchen besetzt, deren Anzahl stark variiert (sechs bei *Acnodon*, bis etwa 70 bei *Colossoma*). Die D ist mit 16–17 Flossenstrahlen relativ lang. Vor der D befindet sich meist ein isoliert stehender mehrspitziger Dorn (Ausnahmen: *Colossoma* und *Mylossoma*) (Abb. 109). Fettflosse stets vorhanden, meist gut entwickelt. Die A ist wesentlich länger als die D und gelegentlich vorn ausgebuchtet oder zipfelartig verlängert. Die Schuppen sind relativ klein und zahlreich, verhältnismäßig locker sitzend, cycloid. Geschlechtsunterschiede meist gering. Die Fische bewohnen langsamfließende und stehende Gewässer. Einige Arten, wie z. B. *Myleus pacu* und *Myleus micans*, unternehmen zur Laichzeit weite Wanderungen in die Oberläufe großer Flüsse. Einige Arten erreichen eine Gesamtlänge bis 60 cm und sind in ihrer Heimat beliebte Speisefische.
Im allgemeinen werden drei Unterfamilien unterschieden:

Mylinae. Pacus oder Scheibensalmler mit vorwiegend vegetarischer Ernährungsweise.
Serrasalminae. Karnivore Piranhas oder Sägesalmler.
Catoprioninae. Nur eine Art mit halbparasitärer Ernährungsweise als Schuppenfresser.

Die Serrasalmidae leben in Schwärmen. Viele sind vor allem als Jungfische interessante Pflegeobjekte für Zimmeraquarien, große Arten oft wertvolle Schauobjekte zoologischer Gärten.

Unterfamilie Mylinae

Mit sieben Gattungen artenreichste Unterfamilie mit vorwiegend vegetarischer Ernährungsweise (große Blätter, ins Wasser fallende Früchte und Samen). Dieser Ernährung entsprechen auch die charakteristischen Merkmale der Bezahnung: Im Praemaxillare stehen zwei Zahnreihen, von denen sich die hintere aus Mahlzähnen zusammensetzt; Dentale stets mit einer Zahnreihe, hinter der sich ein Paar konischer Zähne befindet.

Gattung *Colossoma* Eigenmann und Kennedy, 1903

Relativ ursprüngliche, recht isoliert stehende Gattung, für die der fehlende Praedorsalstachel, sechs oder mehr Zähne in der Hauptreihe jedes Unterkiefers, eine A mit weniger als 28–30 Flossenstrahlen und eine kurze Fettflosse, die bei erwachsenen Fischen zumindest im vorderen Bereich durch gegliederte Flossenstrahlen gestützt wird (Ausnahme *C. bidens*), charakteristisch sind. Anhand der Gestalt der Schwimmblase werden zwei Untergattungen unterschieden:
Colossoma. Der vordere Teil der Schwimmblase ist größer als der hintere, zwei Muskelbänder. Amazonasgebiet. Eine Art.
Piaractus. Vorderer Teil der Schwimmblase kleiner als der hintere, ein Muskelband. Orinoko-, Amazonas- und La-Plata-Gebiet. Drei Arten.

Colossoma (Piaractus) brachypomum (Taf. 48)
(Cuvier, 1817)

Amazonasgebiet, Rio Guaporé; bis 60 cm.
D 2–3/12–13; A 3/21–23; mLR 110–120; 65–70 Zähne am Bauchkiel. Ähnlich gestaltet wie die nachfolgend beschriebene Art. Färbung stark variierend, altersabhängig. Jungfische mit zahlreichen, unregelmäßig verteilten, dunklen Flecken auf den Körperseiten. Flossen hell, dunkel gerandet. Erwachsene Tiere sind einfarbig dunkelbraun bis schwarz oder hell/dunkel marmoriert. Geschlechtsunterschiede unbekannt.
Pflege siehe Gattungsbeschreibung *Metynnis*.
C. mitrei Berg, 1895, ist ein Synonym dieser Art.

Colossoma (Colossoma) oculus (Taf. 48)
(Cope, 1871)

Amazonasgebiet, Rio Ampiyacu; bis 40 cm.
D 3–4/13–16; A 3–4/20–24; mLR 60–80; 45–55 Zähne am Bauchkiel. Körper scheibenartig längsoval, seitlich zusammengedrückt. A fahnenartig, hinterer Rand fast senkrecht. Färbung stark altersabhängig. Jungfische metallisch silbern, besonders in der Rükkenregion stark grünlich bis bräunlich oder kupferfarben schimmernd. Körperseiten mit großen, blaugrauen bis tiefschwarzen Punkten. D und C an der Basis rötlich, außen gelblich, letztere oft dunkel gepunktet. Erwachsene Tiere einfarbig silbern mit dunkelbraunen Flossen. Beim ♂ D zugespitzt. Pflege siehe Gattungsbeschreibung *Metynnis*.
Colossoma nigripinnis (Cope, 1878) ist ein Synonym dieser Art.

Gattung *Metynnis* Cope, 1878

Relativ hochrückige, scheibenartige, seitlich stark zusammengedrückte Schwarmfische. Besonders charakteristisch sind die relativ lange und niedrige Fettflosse, ein kleiner Stachel vor der D (Abb. 109), Praemaxillare mit zwei Zahnreihen, die hintere aus vier mahlzahnartigen Zähnen bestehend, Unterkiefer mit einer Zahnreihe. Géry (1972, 1977) unterscheidet zwei Untergattungen:
Metynnis. Kiemenrechenzähne sehr zahlreich (60 bis 62) und wenige (höchstens 23) Zähne am Bauchkiel, nur eine Art *Metynnis (Metynnis) luna* Cope, 1878;
Myleocollops. 22–35 Kiemenrechenzähne und 27–41 Zähne am Bauchkiel, fünf oder mehr Arten.
Die Geschlechter unterscheiden sich meist durch die Form der A, die beim ♂ vorn ausgebuchtet, sichelförmig ausgezogen oder stärker verlängert ist als beim ♀ (Abb. 110).
Das Verbreitungsgebiet reicht vom Orinoko bis zum La Plata. Die Gattung fehlt im Einzugsgebiet des Rio Magdalena und in Ostbrasilien, südlich vom Rio São Francisco.
Bei der Pflege von *Metynnis*-Arten muß berücksichtigt werden, daß es sich um sehr schwimmaktive Schwarmfische handelt, die vorwiegend Pflanzenfresser sind. Man sollte deshalb stets einen kleinen Schwarm in möglichst großen, nicht zu hell stehenden, unbepflanzten Aquarien mit dunklem Bodengrund hältern. Versteckmöglichkeiten lassen sich mit Wurzelwerk oder höheren Steinaufbauten einrichten. Temperatur 24–27 °C. An die Wasserzusammensetzung werden keine besonderen Ansprüche gestellt, allerdings ist eine gute Filterung erforderlich. Pflanzennahrung in großen Mengen (Kopfsalat, Spinat, Vogelmiere), als Zusatznahrung Lebendfutter verschiedener Art. Zucht bislang nur bei *Metynnis hypsauchen* und *M. maculatus* gelungen. Nach heftigem Treiben und zahlreichen Scheinpaarungen laichen die Tiere am frühen Morgen oder in den späten Abendstunden bei Kunstlicht ab. Franke (1976) beobachtete auch Scheinpaarungen zweier ♂♂. Die Paarung selbst verlief bei den beiden bislang gezüchteten Arten ähnlich. Nach Franke umfaßt das ♂ das ♀ mit dem Schwanzstiel hinter der D, wobei gleichzeitig der vordere A-Lappen des ♂ um die Aftergegend des ♀ gelegt wird. Die Fische verharren kurze Zeit in dieser Stellung. Dabei werden 3–4 Eier abgegeben, die vermutlich mit dem A-Lappen des ♂ aufgefangen werden. Die durchscheinenden Eier sind

Abb. 110 Geschlechtsunterschiede in der Afterflosse bei *Metynnis* (nach Franke, verändert)

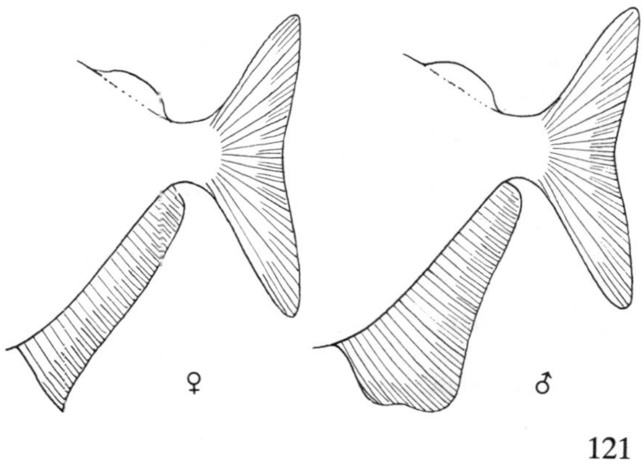

etwa 2 mm groß. Die Anzahl der Eier kann bei *M. hypsauchen* bis zu 2000 betragen. Bei *M. maculatus* wurden etwa 200 festgestellt. Die Eier fallen zu Boden und haben nur geringe Klebkraft. Die Jungfische schlüpfen nach vier Tagen und schwimmen nach weiteren 4–5 Tagen frei. Anfütterung mit *Cyclops*-Nauplien, später auch pflanzliche Nahrung, Wachstum schnell, die Größe der Eltern kann schon nach 6 bis 8 Monaten erreicht werden.

Metynnis (Myleocollops) argenteus (Taf. 19)
E. AHL, 1924
Silberner Scheibensalmler

Guayana, östliches Amazonasgebiet (Santarém); bis 14 cm. D 15–20; A 35–43; P 12–15; V 5–7; 29–36 Zähne am Bauchkiel. Körper scheibenförmig, tiefster Punkt der unteren Profillinie zwischen dem Ansatz der Vn und der A. Silberfarben, Rücken braun, olivfarben oder blaugrau. Tiere aus dem Hyanuary-See haben häufig schwach angedeutete Tupfen auf den Körperseiten. Schulterfleck mehr oder weniger deutlich. D mit schwarzer Spitze. C und A mehr oder weniger breit schwarz gesäumt, C mit orangerotem Innensaum (♂?), A vorn rot. Vermutlich unterscheiden sich die Geschlechter durch die Form der A. Kopfunterseite und Brust gelegentlich ziegelrot (♂?).
Pflege siehe Gattungsbeschreibung.
Die Art ist eng verwandt mit *M. lippincottianus* (COPE, 1871).

Metynnis (Myleocollops) hypsauchen (Taf. 19, 47)
(MÜLLER und TROSCHEL, 1845)
Dickkopfscheibensalmler

Guayana, Amazonasbecken, Paraguay-Flußsystem, weitverbreitet; bis 14 cm.
D 18–22; A 28–46; P 14–17; V 6–7; 27–31 Zähne am Bauchkiel. Körper scheibenförmig, Körperhöhe 8/10–9/10 der Körperlänge, C kaum eingeschnitten, Praedorsalstachel ähnlich gestaltet wie bei der nachfolgenden Art angegeben. Silberfarben mit bläulichem Schimmer, Rücken grünlich, bräunlich oder blaugrau. Ein dunkler Schulterfleck kann je nach Herkunft mehr oder weniger deutlich ausgebildet sein. Dies gilt auch für schmale dunkle Binden, die am Rücken beginnen und in Höhe der SL spitz auslaufen. D mit dunklen Punkten und Strichen, gelegentlich schwarz gesäumt, Fettflosse gelb, oft im vorderen Teil rot, C dunkel gesäumt, A besonders im vorderen Bereich mehr oder weniger rot, zumindest bei den ♂♂ häufig schwarz gesäumt. Auge silbrig mit senkrechtem, schwarzem Strich. ♀ Flossen farbloser, ohne dunklen Saum, A gerade oder ganz leicht konvex. ♂ Flossen kräftiger gefärbt, C und A oft mit breitem, schwarzem Saum, A vorn bogenförmig ausgebuchtet.
Besonderheiten, Pflege und Zucht siehe Gattungsbeschreibung. Eine sehr ähnliche Form mit 10–12 dunklen, unregelmäßigen Querstreifen auf den Körperseiten und mit fadenartig verlängerten ersten D-Strahlen aus dem südöstlichen Brasilien (Rio Xingu, Ilha do Bananal) wurde von AHL (1931) als *M. fasciatus* beschrieben. GOSLINE (1951) betrachtet diese Form als Synonym von *M. hypsauchen*. Nach GÉRY (1964, 1979) steht ihr jedoch zumindest der Status einer Unterart zu. Die Arten *Metynnis chalichromus*, *M. schreitmülleri* und *M. ehrhardti* sind nach GOSLINE Synonyme.

Metynnis (Myleocollops) lippincottianus (Abb. 111)
(COPE, 1871)

Im Amazonasbecken, weit verbreitet; bis 15 cm.
D 2/12–14; A 3/34–39; P 14–16; V 5–6; 30–37 bezahnte Schilder am Bauchkiel. Gestrecktere *Metynnis*-Art (Körperhöhe 1,2–1,5mal in der Körperlänge enthalten). Tiefste Stelle des Körpers vor oder unter den Vn, Praedorsalstachel kurz, Oberfläche unregelmäßig oder schwach gezähnt. Färbung ähnlich *M. argenteus*. Körperseiten zumindest bei Jungfischen mit einigen verstreut angeordneten kleinen Flecken. Schulterfleck, wenn vorhanden, nicht senkrecht nach unten verlängert. D mit mehreren dunklen Punkten, Fettflosse schwarz gerandet. Geschlechtsunterschiede siehe Gattungsbeschreibung.
Pflege wie in der Beschreibung der Gattung angegeben. Noch nicht gezüchtet.
Nach GOSLINE mit *M. roosevelti* EIGENMANN, 1915 (teilweise), *M. goeldii* EIGENMANN, 1910 (?), und *M. seitzi* AHL, 1924, identisch.

Metynnis (Myleocollops) maculatus (Taf. 19)
(KNER, 1859)
Gefleckter Scheibensalmler

Rio Madeira, Rio Araguaia, Rio Xingu, mittleres Amazonasgebiet, Paraguay (?); bis 12 cm.
D 2/14–16; A 3/36–39; P 15–16; V 6; 36–41 bezahnte Schilderschuppen am Bauchkiel. Gestrecktere Art der Gattung (Körperhöhe 1,3–1,4mal in der Körper-

Abb. 111 *Metynnis lippincottianus*

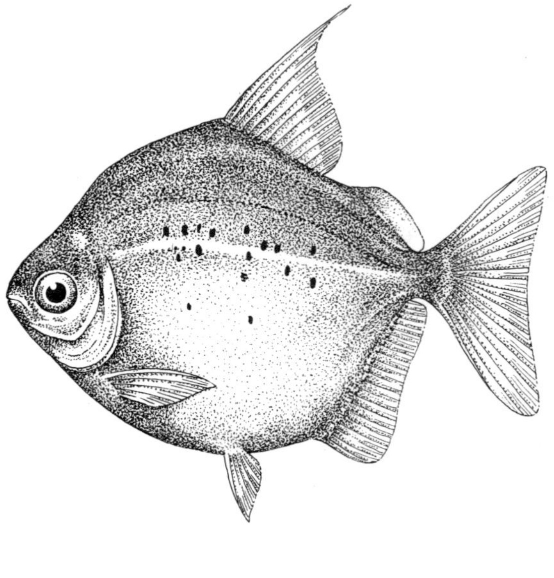

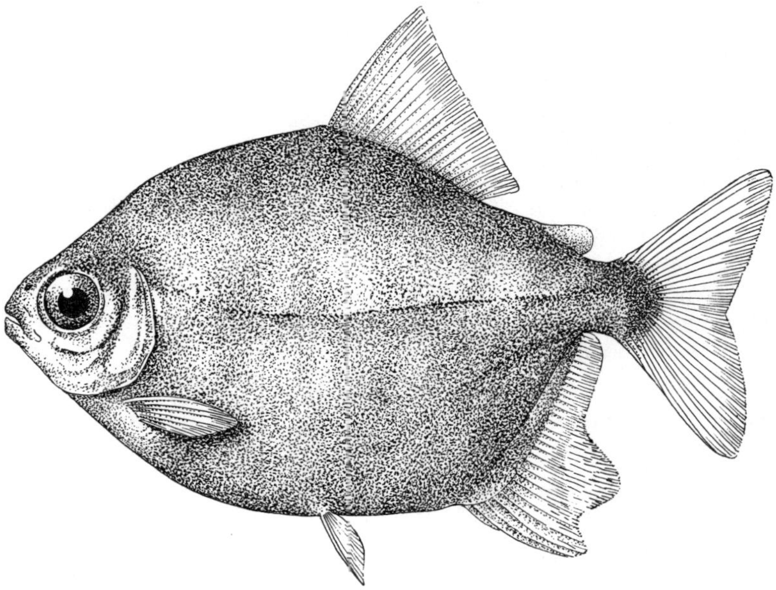

Abb. 112 *Myleus pacu*

länge). Besonders charakteristisch für diese Art ist die Form des Praedorsalstachels. Er ist größer als bei den meisten anderen *Metynnis*-Arten und an seiner Oberfläche stark gezähnt (Abb. 109). Silberfarben. Die braune bis hellbraune Färbung der Oberseite wird seitlich allmählich heller, Körperseiten mit zahlreichen runden oder längsovalen braunen Flecken. Schulterfleck vorhanden, senkrecht nach unten verlängert, oft nicht deutlich ausgeprägt. Unpaare Flossen mit schmalem, schwarzem Saum, D farblos bis zart gelblich, nicht getüpfelt, C orange und schwarz gesäumt, A vorn am Außenrand ziegelrot. ♀ Außenkante der A vorn gerade, Flossen meist weniger intensiv gefärbt, zur Laichzeit deutlich kräftiger. ♂ A vorn ausgebuchtet, C und A lackschwarz gesäumt, mit orangerotem Innensaum.
Pflege und Zucht siehe Gattungsbeschreibung.

Gattung *Myleus* Müller und Troschel, 1844

Körper relativ hochrückig, seitlich stark zusammengedrückt, scheibenförmig, ähnlich der Gattung *Metynnis*. Charakteristisch sind jedoch die mit 21–31 Strahlen relativ lange D und die kleinere Fettflosse, die deutlich kürzer ist als der Abstand zwischen dem Ende der D und dem Beginn der Fettflosse. Die Gattung wird aufgrund von Unterschieden in der Bezahnung in vier Untergattungen gegliedert. Geschlechtsunterschiede meist deutlich. ♂♂ mit zweilappiger A, fadenartig verlängerten D-Strahlen und zur Laichzeit mit dunkelroten Flecken auf den Körperseiten. ♀♀ und Jungfische mit sichelförmig ausgezogener A, D ohne fadenartig verlängerte Flossenstrahlen. Viele Arten sind Früchtefresser. Das Verbreitungsgebiet der Gattung reicht von Guayana bis zum La Plata und von den Anden bis zum Rio São Francisco. Die größten Arten, *Myleus pacu* und *Myleus micans*, können eine Gesamtlänge von 60 cm erreichen. 14 z. T. umstrittene Arten.
Pflege siehe Gattungsbeschreibung *Metynnis*. Zucht bisher noch nicht gelungen. Nieuwenhuizen beobachtete des Ablaichverhalten einer als *Myleus gurupyensis* bezeichneten Art (DATZ, 34, 88–92, 1981). Die Tiere pressen dicht über dem Bodengrund ihre hinteren Körperpartien aneinander und geben in dieser Körperhaltung die Eier ab. Das ♂ legt dabei ähnlich wie bei *Metynnis* die A um die Afterregion des ♀.

Myleus (Myleus) pacu (Abb. 112, 113)
(Schomburgk, 1841)
Pacu

Guayana, Amazonasstromgebiet; bis 60 cm.
D 2/18–21; A 3/30–33; mLR etwa 95–110; QR 43/34; 28–44 Zähne am Bauchkiel. Körper gattungstypisch gestaltet. Färbung altersabhängig. Jungfische auf hellem Grund braun gefleckt, Bauch hell, ungefleckt. Später breitet sich die braune Färbung stärker aus, und es bleiben nur noch einige helle Streifen zwischen den Flecken. Alttiere einfarbig braun, schwärzlich oder olivfarben, Bauch silberglänzend. Zur Laichzeit dunkler mit großen rotbraunen Flecken. D und C meist mit grauem bis schwarzem Rand. ♀ A sichel-

Abb. 113 Geschlechtsunterschiede in der Afterflosse bei *Myleus pacu* (nach Géry)

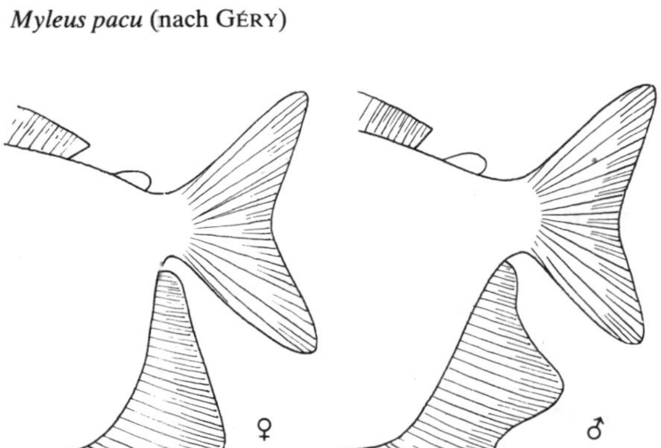

förmig ausgezogen, keine fadenartig verlängerten D-Strahlen. ♂ A zweilappig (Abb. 113), D-Strahlen ab einer Gesamtlänge von 20 cm fadenartig verlängert. Pflege siehe Gattungsbeschreibung *Metynnis*. Speisefisch. Zur Laichzeit wandern die Pacus bis in die Oberläufe großer Flüsse, wo sie in ruhigen Buchten kleiner Nebenflüsse oder Bäche laichen. Eine etwas seltenere, nahe verwandte Art ist *M. micans* (LÜTKEN, 1874). Sie kommt offenbar nur im Rio São Francisco vor und unterscheidet sich durch folgende Merkmale von *M. pacu*: D 2/22–24, A 3/34–35 und 50–54 Zähne am Bauchkiel.

Myleus (Myloplus) gurupyensis
STEINDACHNER, 1911

Amazonasbecken, Rio Gurupi, Rio Tocantins; bis 22 cm.
D 25–28; A 32–38; mLR 90; QR 42/42; 36–38 Zähne am Bauchkiel. Körper gattungstypisch gestaltet. Färbung nicht ganz sicher bekannt. Die hier gegebene Beschreibung trifft auf die in der Aquaristik als *Myloplus arnoldi* gepflegten Tiere zu. Einheitlich silberfarben, mit zart gelblichem Schimmer, der besonders im oberen Teil der Körperseiten hervortritt. D, C und Fettflosse gelblich bis orange, z. T. schwärzlich gesäumt, A vorn kräftig orange bis blutrot, P und V farblos.
Geschlechtsunterschiede, Pflege und Ablaichverhalten siehe Gattungsbeschreibung.
Myloplus arnoldi AHL, 1936, ist ein Synonym dieser Art.

Myleus (Myloplus) rubripinnis (Taf. 20)
(MÜLLER und TROSCHEL, 1844)

Guayana, Suriname; bis 20 cm.
D 2/23–26; A 3/32–43; mLR etwa 80–90; 37–48 Zähne am Bauchkiel. Körper gattungstypisch hoch, scheibenförmig, seitlich stark zusammengedrückt. Einfarbig silberglänzend. Iris oben rot. A vorn zinnoberrot mit schwarzem Rand, D und C gelblich ohne schwarzen Rand, paarige Flossen mehr oder weniger rötlich. Zur Laichzeit ist die Art sehr dunkel gefärbt, gelegentlich völlig schwarz mit grünlichem Schimmer. Auf dem ganzen Körper zahlreiche sehr große goldene, orangefarbene bis dunkelrote Flekken. Die genannten Farbtöne sind oft auch in einem Fleck vereinigt, und die roten Flecke können z. T. golden gesäumt sein. Besonders intensiv ist die Färbung auf dem Rücken. Flossen farblos bis zart grau oder schwärzlich. ♀ A sichelförmig, D mit geradem Rand. ♂ A zweilappig, D ab etwa 15 cm Gesamtlänge fadenartig ausgezogen.
Pflege siehe Gattungsbeschreibung *Metynnis*. Noch nicht gezüchtet. *Myleus asterias* MÜLLER und TROSCHEL, 1844, und *Myloplus schultzei* AHL, 1938, sind Synonyme. *Myleus luna* CUVIER und VALENCIENNES, 1849, ist eine nahe verwandte Art (oder Unterart?) aus dem Maroni. Sie hat jedoch eine kürzere A (3/32 bis 38) und weniger Zähne am Bauchkiel (33–39).

Myleus (Myloplus) torquatus
(KNER, 1859)

Amazonas, Rio Branco, Rio Madeira, Rio Xingu; bis 12 cm.
D 2/21–23; A 3/27–30; mLR etwa 75; 30–39 Zähne am Bauchkiel. Ähnlich gestaltet und gefärbt wie *M. rubripinnis*. Charakteristisch ist jedoch der breite schwarze Rand der C und A, D vorn gleichfalls schwarz gerandet. Geschlechtsunterschiede siehe vorhergehende Art.
Pflege siehe Gattungsbeschreibung *Metynnis*.

Gattung *Mylossoma*
EIGENMANN und KENNEDY, 1903

Im Gegensatz zu den *Metynnis*- und *Myleus*-Arten fehlt den *Mylossoma*-Arten ein Stachel vor der D. Der Körper ist besonders bei Jungfischen relativ hoch und scheibenartig gestaltet, ähnlich wie bei den bekannteren *Metynnis*-Arten, ältere Tiere sind dagegen gestreckter. A relativ lang mit mehr als 35 Strahlen, großflächig beschuppt, D kurz, weniger als 19 Flossenstrahlen. Große Arten bis 25 cm Gesamtlänge, die lokal als Speisefische von Bedeutung sind. Alttiere meist einheitlich silberfarben. Jungfische mit tiefschwarzem Fleck auf den Körperseiten, der vielleicht der Kommunikation im Schwarm dient und sich im Alter verliert. Zwei häufige, weitverbreitete Arten, die vorwiegend in großen Flüssen des Amazonas- und Orinokogebietes vorkommen. Drei weitere Arten aus dem Paraguay, dem Maracaibosee in Venezuela und dem Amazonasgebiet sind weniger gut bekannt. Pflege siehe Gattungsbeschreibung *Metynnis*.

Mylossoma aureum
AGASSIZ, 1829

Amazonas- und Orinokogebiet; bis 26 cm.
D 2–3/14–16; A 3–4/28–34; 37–47 Zähne am Bauchkiel, davon 10–16 hinter der V, nicht bis nahe an die A-Basis reichend. Körper gattungstypisch gestaltet. Färbung ähnlich der nachfolgenden Art, Unterschiede nur unzureichend bekannt. Die Jungfische haben nach NORMAN (1929) kurze dunkle Querstreifen auf dem Rücken und einen dunklen Fleck unter der Basis der D. Alttiere einheitlich silberfarben. Ein schwarzer Fleck auf dem Kiemendeckel kann fehlen. Geschlechtsunterschiede unbekannt.
Pflege siehe Gattung *Metynnis*.

Mylossoma duriventre (Taf. 19)
(CUVIER, 1818)
Mühlsteinsalmler

Amazonasstromgebiet, Orinokobecken; bis 25 cm.
D 2–3/14–15; A 3–4/34–38; mLR etwa 100; 42–53 Zähne am Bauchkiel, davon 18–22 hinter der V, letzter Zahn sehr nahe dem A-Beginn. Körper gattungstypisch gestaltet, Färbung altersabhängig. Jungfische von 4–8 cm Gesamtlänge mit dunklen Querbinden

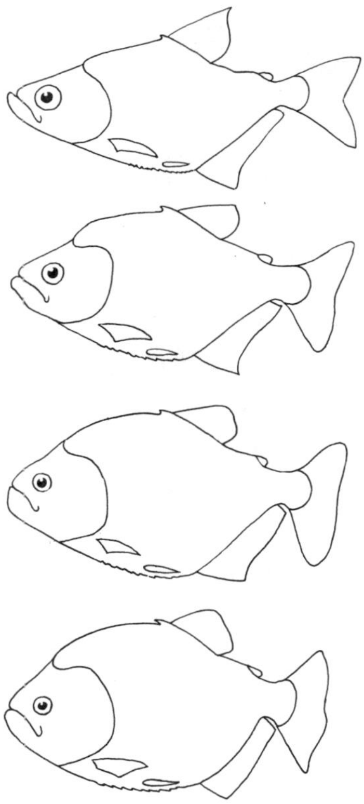

Abb. 114 *Serrasalmus*: Veränderung der Körperform mit dem Wachstum

und einem schwarzen, hell umrandeten Fleck unterhalb der D. Ab einer Gesamtlänge von 8–10 cm 6 bis 8 keilförmige, dunkle Sattelbinden, die sich unterhalb der SL verlieren. Erwachsene Tiere hellbraun mit stumpfem Silberglanz auf den Körperseiten, Rücken dunkler, Bauch heller. Ein dunkler Kiemendeckelfleck kann vorhanden sein, Querbinden fehlen vollkommen. Flossen farblos oder zart bräunlich, C und A meist dunkel, A oft rötlich, gelb gesäumt. Geschlechtsunterschiede unbekannt.
Pflege siehe Gattungsbeschreibung *Metynnis*.
Mylossoma argenteum AHL, 1929, ist ein Synonym dieser Art.

Unterfamilie Serrasalminae
Piranhas

Diese Unterfamilie besteht nur aus der Gattung *Serrasalmus* LACÉPÈDE, 1803, mit fünf Untergattungen. Körper hoch elliptisch bis gestreckt, seitlich stark zusammengedrückt. Die als Jungfische gestreckten Tiere werden mit zunehmendem Alter hochrückiger und massiger (Abb. 114). Kiefer mit je einer Reihe dicht stehender, kräftiger Zähne, die mehrere Spitzen haben und messerscharf sind. Gebiß meist $\frac{6\,6}{7\,7}$. D ohne verlängerte Strahlen, A nicht gelappt. Die Gattung umfaßt etwa 18 Arten, von denen einige sehr ungenau bekannt sind und deren Status z. T. umstritten ist. Piranhas sind zumindest in Gefangenschaft Schwarmfische. Unter natürlichen Bedingungen werden sie aber offenbar im Alter zunehmend Einzelgänger. Durch Kontraktionen eines Trommelmuskels, der direkt mit der Schwimmblase verwachsen ist, kann diese in Schwingungen versetzt werden. Die dabei entstehenden Brummtöne haben wahrscheinlich soziale Bedeutung. Dieses Signalsystem ist sowohl bei erwachsenen Tieren beider Geschlechter als auch bei Jungfischen zu beobachten (SCHALLER und KRATOCHVIL, 1981). Das außerordentlich scharfe, sehr kräftige Gebiß (Abb. 115) und die räuberische Lebensweise haben die Fische sehr bekannt gemacht. Die oft sagenhaft gesteigerte Gefährlichkeit muß bei nüchterner Betrachtung freilich z. T. reduziert werden. Im allgemeinen stellen Piranhas die Gesundheitspolizei der Gewässer dar, die alles erkrankte, ertrunkene oder verletzte Getier fressen. Weiterhin ist eine Unterscheidung zwischen gefährlichen (z. B. *Serrasalmus nattereri*, *S. piraya*) und weniger angriffslustigen Arten notwendig. Nur vier der etwa 18 Arten können dem Menschen gefährlich werden. Diese Fische kann man schon äußerlich an dem wulstigen, stark vorspringenden Kinn und an der starken Rundung der Kopf-Nacken-Linie erkennen. Ungefährliche Arten sind gestreckter und haben meist ein nur wenig vorspringendes Kinn. Für den Menschen soll nur dann Gefahr bestehen, wenn er mit blutenden Wunden ins Wasser geht oder sich im Wasser verletzt. Im krassen Gegensatz zu diesem Ruf stehen Analysen des Mageninhaltes, die SAUL (1975) in Ekuador durchführte. Er fand im Magen von *Serrasalmus nattereri*, einer der offenbar aggressivsten Arten, neben Fischresten nur noch Insektenteile (Käferlarven, Moskitopuppen und Ameisen). Die Taxonomie der Gattung ist heute noch mit großen Unsicherheiten behaftet. Dadurch sind auch die Farbbeschreibungen der in der Aquaristik gepflegten Arten vielfach nicht sicher. Pflege nur in entsprechend großen Behältern möglich, keineswegs einfach. Die größten Schwierigkeiten bereitet die Angriffslust der Fische, die bereits den Transport problematisch macht. Jeder nur etwas angeschlagene Artgenosse wird überfallen und totgebissen. Nach BACKHAUS kann die Aggressivität durch häufigen Wasserwech-

Abb. 115 Gebiß von *Serrasalmus*, schematisiert

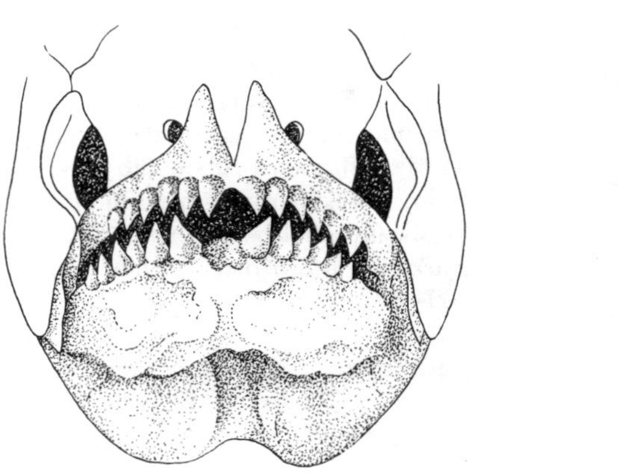

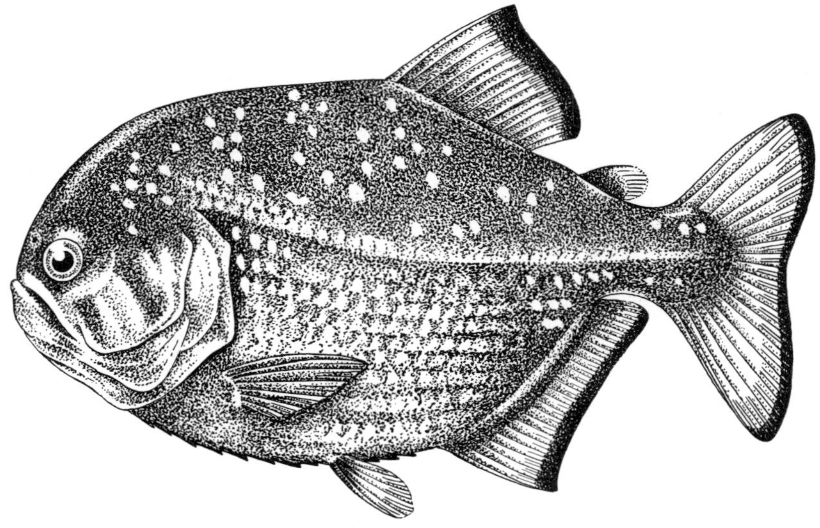

Abb. 116 *Serrasalmus piraya*

sel gehemmt werden. Weiterhin scheint auch der Ernährungszustand nicht unwesentlich zu sein, gut ernährte Tiere sind offenbar friedlicher. Jungfische nehmen in der Regel Lebendfutter aller Art. Eine Vergesellschaftung der Piranhas ist möglich, wenn sie als Jungfische daran gewöhnt wurden und nur mit Würmern bzw. magerem Fleisch (z. B. Rinderherz) gefüttert werden. Bei den notwendigen Pflegemaßnahmen am Aquarium sollte man entsprechende Vorsichtsmaßnahmen einhalten. Die Wasserzusammensetzung ist wahrscheinlich von geringer Bedeutung. 23–28 °C. Zucht auch im Zimmeraquarium möglich. Im Duisburger Zoo gelang die Zucht einer nicht näher bestimmten Art *(S. rhombeus?)*. Die etwa 4 mm großen Eier wurden über Quellmoosbüscheln abgesetzt, nach zwei Tagen schlüpften die Embryonen, die 8–9 Tage später frei schwammen und bei Fütterung mit *Artemia*-Nauplien sehr schnell wuchsen. LEDECKY (1966) beobachtete bei einer anderen, auch nicht näher bestimmten Art, nach längerer Balz eine Verfärbung der Fische. Sie nahmen eine schwarzgraue Färbung an. Nach mehreren Umkreisungen schwammen die Tiere zur Wasseroberfläche, wo sie an einem Schwimmfarn dicht beieinanderstehend unter starkem Zittern ihre Geschlechtsprodukte abgaben. Die Eier blieben zwischen den Farnblättern hängen, die Jungfische schlüpften nach zwei Tagen und schwammen nach weiteren neun Tagen frei. Fütterung mit *Artemia*-Nauplien, später Enchyträen. Über die Zucht von *Serrasalmus nattereri* berichtet HARTL (DATZ, 32, 8–11, 1979). Auch hier konnte eine charakteristische Laichfärbung beobachtet werden, die Fische waren schwarzblau bis grau mit golden und silbern irisierenden Schuppen. Abgelaicht wurde in flachen Gruben, die das ♂ später bewachte. Beim Ablaichvorgang pressen die Fische über dieser Grube ihre Bauchseiten aneinander und stoßen unter starkem Zittern die Geschlechtsprodukte aus. Die 300–400, etwa 1,5 mm großen Eier waren gelblich gefärbt. Nach dem Ablaichen vertrieb das ♂ das ♀ und wedelte durch Schläge mit der C dem Gelege Frischwasser zu. Die Jungfische schlüpften nach 36 Stunden und schwammen nach weiteren sechs Tagen frei. Das ♂ laichte mit mehreren ♀♀ im Abstand von einer Woche mehrmals über der gleichen Grube ab. Die Aufzucht der Jungfische gelang mit gesiebten *Cyclops*, Wachstum schnell.

Am häufigsten werden die Arten *Serrasalmus nattereri*, *S. rhombeus* und *S. spilopleura* gepflegt. In den USA ist die Pflege von Piranhas untersagt.

Serrasalmus (Pygocentrus) piraya (Abb. 116)
CUVIER, 1819
Piraya

Rio São Francisco; bis 35 cm.

D 2/15–16; A 3/28–29; P 14–16; mLR über 100; 22 bis 24 Zähne am Bauchkiel. Ähnlich gestaltet und gefärbt wie *S. rhombeus*. Jungfische kaum zu unterscheiden. Ältere Tiere (etwa ab 12 cm Gesamtlänge) mit verlängerten Flossenstrahlen in der Fettflosse. Alle anderen *Serrasalmus*-Arten haben keine Flossenstrahlen in der Fettflosse. Grundfärbung nach RACHOW etwas stärker blaugrün als bei *S. rhombeus*. Schulterfleck undeutlich. Zahlreiche dunkle Punkte auf den Körperseiten. C mit breitem, schwarzem Rand. Geschlechtsunterschiede unbekannt.

Pflege siehe Beschreibung der Unterfamilie.

Serrasalmus (Serrasalmus) brandti
(REINHARDT, 1874)

Rio São Francisco, Rio Itapicuru; bis 21 cm.

D 2/13–17; A 3/31–34; P 13–14; 31–34 Zähne am Bauchkiel. Jungtiere silbergrau mit dunklen, unregelmäßigen Flecken auf den Körperseiten. Ältere Tiere mehr oder weniger einfarbig silbergrau mit zahlreichen irisierenden Flittern, Brust leicht lachsrot, Bauch weiß. C an der Basis grau, nachfolgend rötlich, Rand hell oder höchstens grau. Artcharakteristisch ist das Fehlen eines breiten schwarzen Randes in der C. D, A und V an der Basis grau, später rötlich, mit schmalem weißem Saum. Geschlechtsunterschiede unbekannt.

Pflege siehe Beschreibung der Unterfamilie. Angeblich weniger aggressiv als *S. nattereri*.

Serrasalmus (Serrasalmus) hollandi
EIGENMANN, 1915

Südliches Amazonasgebiet, Rio Guaporé; bis 13 cm.
D 2/14; A 3/29; 27 Zähne am Bauchkiel. Gestrecktere Art der Gattung. Silberfarben mit zahlreichen schwarzen Punkten in der oberen Körperhälfte. Hinter dem Kiemendeckel ein schwarzer Schulterfleck. D farblos, A orangerot, C-Basis und äußere Flossenstrahlen schwarz. Geschlechtsunterschiede unbekannt.
Pflege siehe S. 126. Die Aggressivität soll gering sein.

Serrasalmus (Serrasalmus) rhombeus (Taf. 21, Abb. 117)
(LINNAEUS, 1766)
Gefleckter Sägesalmler

Amazonasgebiet, im nördlichen Südamerika weitverbreitet; bis 38 cm.
D 2/14–16; A 3/30–33; P 15–18; mLR 86–91; 37–38 Zähne am Bauchkiel. Körpergestalt und Färbung entsprechend dem großen Verbreitungsgebiet variabel, gehört zu den gestreckteren Arten der Gattung, mit zunehmendem Alter deutlich höher werdend, Fettflosse klein. Kopf und obere Körperhälfte dunkelgrau bis olivgrün, untere Körperhälfte schmutzigweiß bis silbrig. Besonders im oberen Bereich treten einige große dunkle Flecken von unregelmäßiger Form hervor, meist mit deutlichem Schulterfleck, dieser ist jedoch niemals dreieckig, Flossen grau, C-Basis und -Hinterrand schwärzlich, mittlerer Teil grau, seltener rötlich. Die Flossen jugendlicher Tiere sind glashell. Alte Exemplare werden oft völlig schwarz. A beim ♀ gerade, beim ♂ vorn bogen- und zipfelförmig verlängert. Besonderheiten und Pflege siehe Beschreibung der Unterfamilie. Weniger aggressive Art.

Serrasalmus (Serrasalmus) spilopleura (Abb. 118)
KNER, 1860

Orinoko, Amazonas bis zum La-Plata-Becken; bis 24 cm.
D 2/12–14; A 3/30–33; P 14–15; mLR etwa 90; 29–36 Zähne am Bauchkiel. Körper ähnlich gestaltet wie bei der voranstehenden Art angegeben, Fettflosse jedoch größer. Die Färbung variiert altersabhängig stark. Jungfische grünlichgrau mit starkem Silberglanz und mit zahlreichen runden dunklen Flecken auf den Körperseiten. Ältere Fische sind völlig ungefleckt, Kehle, Brust und Bauch rot. Schulterfleck stets dreieckig. A schwarz oder mit breitem schwarzem Saum, C mit schwarzem Rand, der jedoch die Spitzen der Flossenstrahlen nicht erreicht (!). ♀ A vorn gerade abgeschnitten (?). ♂ A vorn lappenartig ausgebuchtet.
Pflege siehe S. 126. Weniger aggressive Art.

Abb. 117 *Serrasalmus rhombeus*
Abb. 118 *Serrasalmus spilopleura*

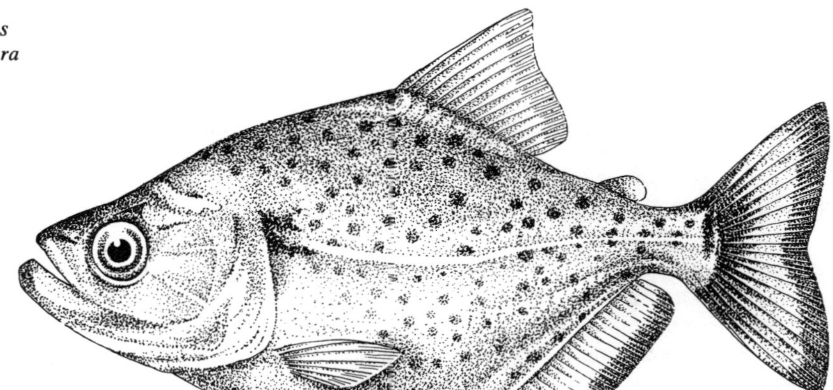

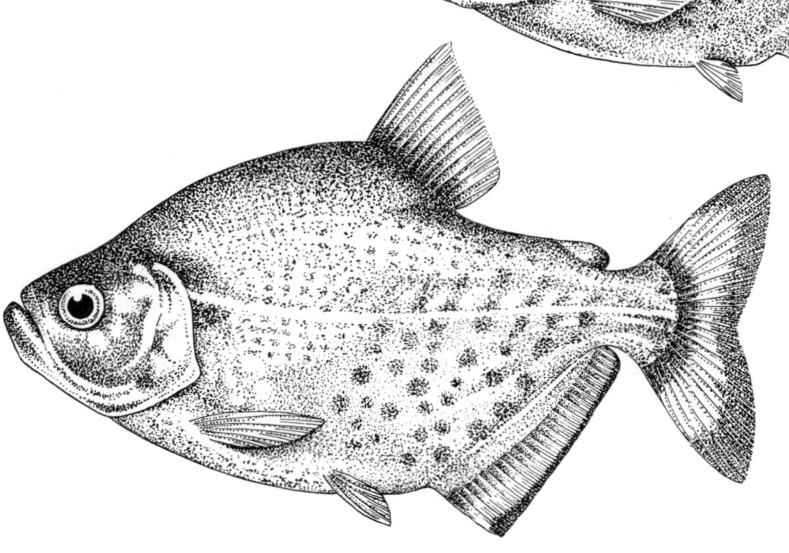

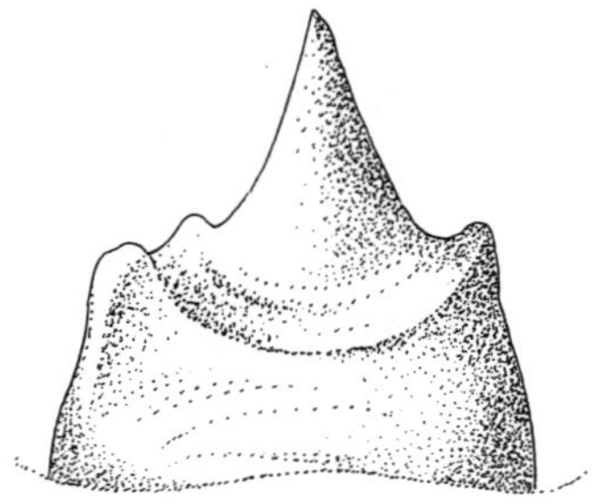

Abb. 119 Einzelzahn von *Catoprion mento* (nach GÉRY)

Serrasalmus (Taddyella) nattereri (Taf. 21)
(KNER, 1859)
Natterers Sägesalmler

Guayana, Stromgebiete des Amazonas, Orinoko und La Plata, weitverbreitet und häufig; bis 30 cm.
D 2/14–15; A 3/26–30; P 15–18; mLR 85–100; 24–31 Zähne am Bauchkiel. Körper relativ hochrückig, mit zunehmendem Alter hochrückiger werdend, seitlich abgeflacht. Blaugrau bis braungrau mit starkem Silberglanz und zahlreichen metallisch glitzernden, winzigen Flittern. Rücken hellblau bis zart olivfarben, Kehle, Brust und Bauch sowie P und V leuchtend rot. A rot, mehr oder weniger breit schwarz gesäumt, D hellgrau, C dunkel bis schwarz mit hellem Innenfeld, Schwarz des Randes mit zunehmendem Alter oft an Intensität verlierend. Jungfische mit zahlreichen dunklen Flecken. Zur Laichzeit schwarzblau bis grau mit golden und silbern glänzenden Flittern. ♀ größer, zur Laichzeit mit deutlichem Laichansatz. ♂ kleiner, auch zur Laichzeit mit schlanker Bauchkante.
Pflege und Zucht siehe S. 126. Sehr gefährliche, vermutlich am häufigsten gepflegte Art.

Unterfamilie Catoprioninae

Zu dieser Unterfamilie gehört nur die Gattung *Catoprion* MÜLLER und TROSCHEL, 1844, mit einer Art. Körper Piranha-ähnlich gestaltet, Fettflosse relativ lang. Praemaxillare und Dentale mit einer sehr unregelmäßigen Zahnreihe. Zähne an der Basis breit mit deutlich hervorspringender Spitze (Abb. 119). Maul aufwärts gerichtet, Unterkiefer wulstig vorspringend. Erste Strahlen der A, besonders aber der D, stark verlängert.

Catoprion mento (Taf. 20)
(CUVIER, 1819)
Wimpelpiranha

Guayana, Amazonasstromgebiet; bis 15 cm.
D 2/13–14; A 3/33–34; mLR etwa 80; 36–37 Zähne am Bauchkiel. Körper gestreckt scheibenförmig, siehe auch Beschreibung der Unterfamilie. Silbern bis zart grünsilbern glänzend, oberseits dunkler, SL hell nachgezeichnet. Auf dem Kiemendeckel ein orangeroter Fleck. Auf die schwarze Basis der C folgt nach außen hin ein gelbliches Feld, Ober- und Unterkante der C, häufig auch der Hinterrand, schwarz. Erster Flossenstrahl der D weiß, die drei folgenden schwarz, A hell- bis ziegelrot, erster Flossenstrahl weiß. Auge dunkel mit silbrigem Ring. Geschlechtsunterschiede unbekannt.
Pflege der anspruchslosen Art relativ einfach, typischer Schwarmfisch. In freier Natur ernährt sich *Catoprion mento* vorwiegend von den Schuppen größerer Fische, in der Gefangenschaft wird jedoch Lebendfutter aller Art willig angenommen. Friedlich, Zucht noch nicht gelungen. Siehe auch Pflegeanleitung bei der Gattung *Metynnis*, S. 121.

Familie Gasteropelecidae
Beilbauchfische

Characoidei mit hohem, seitlich stark zusammengedrücktem Kopf und Körper. Das Kopf-Rücken-Profil ist nahezu geradlinig, dagegen bildet das Profil des Unterkiefers zusammen mit dem scharfkantigen Bauchkiel einen halbkreisförmigen Bogen, der sich am Beginn der A in eine zur C orientierten Geraden fortsetzt. Die starke Ausbuchtung der Brustgegend ist durch den vergrößerten Schultergürtel und die daran ansetzende mächtige Muskulatur für die vergrößerten Pn bedingt. Die Beilbauchfische sind Schwirrflieger, d. h., sie können sich nicht nur aus dem Wasser schnellen und segelnd zurückgleiten, sondern unterstützen die Flugphase durch schnelles Schlagen mit den Pn. Ihr Flug verursacht deshalb ein Geräusch, man hört sie schwirren und dann auf das Wasser aufklatschen. Manche Arten furchen beim Flug mit ihrem Bauchkiel die Oberfläche, andere erheben sich mehr oder weniger weit über das Wasser. Die Flugdauer ist stets kurz, die Flugstrecke beträgt höchstens einige Meter. Die mächtige Flugmuskulatur stellt ähnlich wie beim Vogel die notwendige Voraussetzung für den Flug dar. Der Start ist ein sogenannter Pfeilstart, der Flug selbst eine Fluchtreaktion dieser typischen Oberflächenfische. Normalerweise stehen sie wippend in verkrauteten Wasserregionen oder pendeln langsam durch das Wasser. Sie fressen fast ausschließlich Anflugnahrung.
Die SL senkt sich hinter dem Kiemendeckel bogig bauchwärts und endet etwa in Höhe des A-Anfanges oder ist bis auf 0–3 Schuppen reduziert. Fettflosse klein oder fehlend, V klein, unmittelbar vor der A angesetzt.
Die Pflege erfordert langgestreckte, gut abgedeckte Aquarien, weiches, schwach saures Wasser, dunklen Bodengrund und lockere Bepflanzung, nach Möglichkeit mit großblättrigen Schwimmpflanzen und einhängendem Wurzelwerk. Temperaturen 23 bis 30 °C, Lebendfutter, besonders Mückenlarven, Essigfliegen, kleine Schaben, Blattläuse, aber auch Enchyträen und Kleinkrebse. Zur Vergesellschaftung eignen sich kleinere Friedfische, die die unteren Wasserschichten bevorzugen. Die Geschlechter lassen sich nur schwer unterscheiden, bei kleineren Arten

Tafel 33 *Lampetra planeri*, Larve und Geschlechtstier (Foto Sterba) · *Lampetra planeri*, angesaugt (Foto Sterba) · *Polypterus palmas*, Jungtier (Foto Foersch) · *Calamoichthys calabaricus* (Foto Sterba)

Tafel 34 *Amia calva* · *Lepisosteus tristoechus* · *Lepisosteus osseus* (alle Fotos Marcuse)

Tafel 35 *Acipenser ruthenus* · *Anguilla anguilla*, 25 cm · *Anguilla anguilla*, Kopf (alle Fotos Sterba)

Tafel 36 *Esox lucius* (Foto Sterba) · *Gymnarchus niloticus* (Foto Marcuse) · *Arapaima gigas*, Kopf (Foto Marcuse)

Tafel 37 *Gnathonemus moorei* (Foto Sterba) · *Gnathonemus stanleyanus* (Foto Marcuse) · *Gnathonemus elephas* (Foto Marcuse)

Tafel 38 *Gnathonemus schilthuisiae* (Foto Foersch) · *Mormyrops* cf. *nigricans* (Foto Foersch) · *Salmo gaidneri*, Jungfisch (Foto Sterba)

Tafel 39 *Salmo trutta fario* · *Thymallus thymallus* · *Hucho hucho* (alle Fotos Sterba)

Tafel 40 *Kneria* spec. (Foto Peters) · *Phractolaemus ansorgei* (Foto Foersch) · *Denticeps clupeoides* (Foto Scheel)

Tafel 41 *Roeboides guatemalensis* (Foto Sterba) · *Ctenobrycon hauxwellianus* (Foto Sterba) · *Oligosarcus hepsetus* (Foto Schultz)

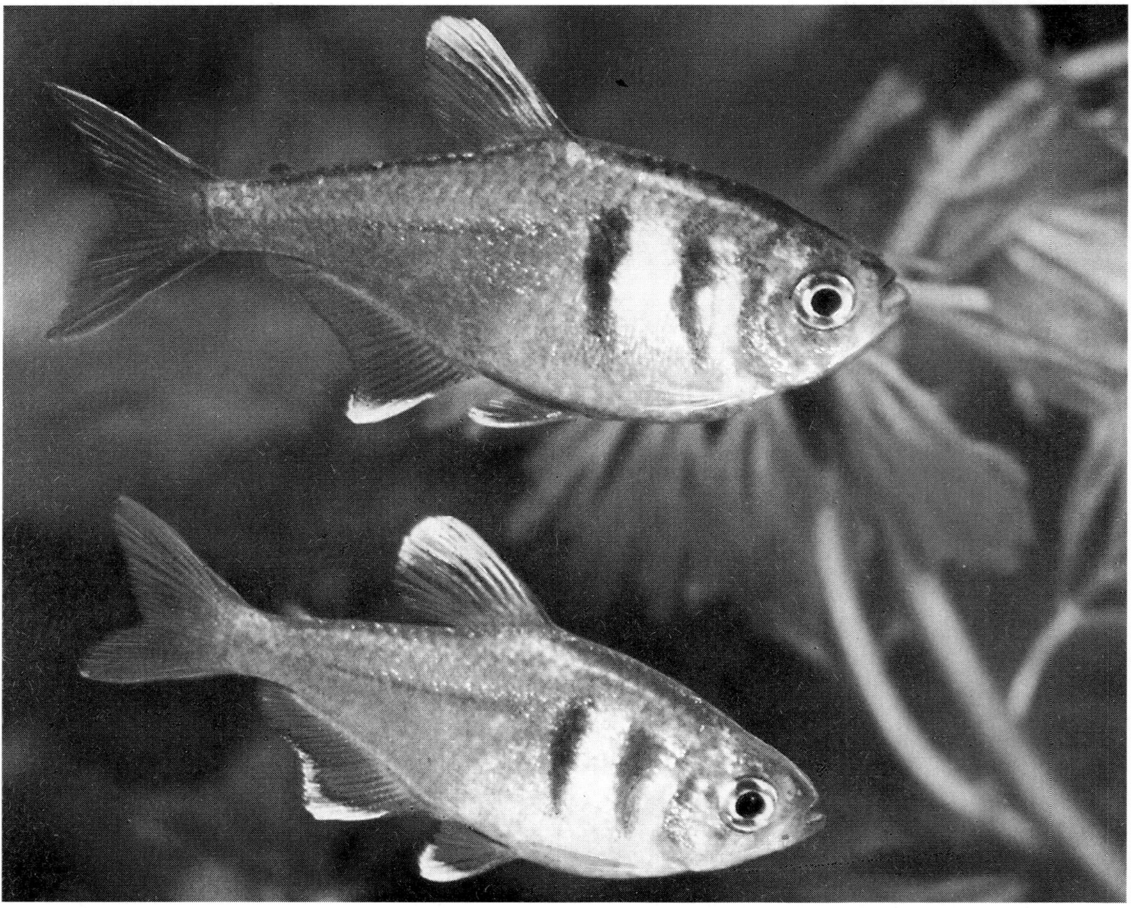

Tafel 42 *Gymnocorymbus ternetzi* (Foto Sterba) · *Hyphessobrycon griemi* (Foto Quitschau)

Tafel 43 Oben links: *Glandulocauda inaequalis*, ♂ (Foto Foersch). Oben rechts: *Hemigrammus rodwayi*, Goldform (Foto Sterba). Mitte: *Hemigrammus marginatus* (Foto Quitschau). Unten: *Hemigrammus vorderwinkleri* (Foto Schultz)

Tafel 44 *Hyphessobrycon gracilis* (Foto Franke) · *Hyphessobrycon peruvianus*, ♀ (Foto Sterba) · *Hyphessobrycon scholzei* (Foto Sterba) · *Hyphessobrycon vilmae* (Foto Schultz)

Tafel 45 *Hyphessobrycon herbertaxelrodi* (Foto Schultz) · *Thayeria obliquc*, darunter *Thayeria boehlkei* (Foto Frank)

Tafel 46 *Moenkhausia oligolepis* (Foto Sterba) · *Moenkhausia dichroura* (Foto Schultz)

Tafel 47 *Tetragonopterus chalceus* (Foto Schultz) · *Metynnis hypsauchen* (Foto Sterba)

Tafel 48 *Colossoma brachypomum* (Foto Sterba) · *Colossoma oculus* (Foto Schultz)

Abb. 120 Verbreitungsgebiet der Gasteropelecidae

kann man im Gegenlicht gelegentlich die Eier in der Leibeshöhle der ♀♀ gut erkennen. *Carnegiella marthae* und *C. strigata* sowie *Gasteropelecus levis* haben sich in Gefangenschaft bereits fortgepflanzt, jedoch sind die Angaben dazu nicht einheitlich. *Carnegiella marthae* laichte in dichtem Wurzelwerk, *Carnegiella strigata* in *Myriophyllum*-Büscheln nahe der Oberfläche. Nach KLUGE werden die Eier nach schmetterlingsartigen Balztänzen des ♂ abgegeben. Die Partner stehen bei der Eiabgabe parallel nebeneinander. Die Jungfische schlüpfen nach etwa 30 Stunden. Nach KLUGE ist die Aufzucht nicht schwierig und etwa so zu handhaben, wie bei der Gattung *Hemigrammus* angegeben (siehe S. 80).
Eine moderne Bearbeitung der Unterfamilie stammt von ST. H. WEITZMAN (Stanf. Ichth. Bull. **4**, 213–216, 1954; desgl. **7**, 217–239, 1956). Verbreitung siehe Abb. 120.

Gattung *Carnegiella* EIGENMANN, 1909

Keine Fettflosse, SL fehlend oder sehr kurz, 0–3 Schuppen durchbohrt. V mit fünf ungeteilten Flossenstrahlen. Im Pteroticum kein knöcherner Sinneskanal. Nördliches Südamerika. Drei Arten.

Carnegiella marthae
MYERS, 1927
Schwarzschwing-Beilbauchfisch

Venezuela, Peru, brasilianischer Amazonas, Rio Negro, Orinoko; bis 3,5 cm.
D 10–11; A 22–30; V 5–6; mLR 26. Färbung in einem dunkel stehenden Aquarium: Mittlerer Teil der flügelartigen P schwarz. Vom Kiemendeckel bis zur C-Wurzel ein dunkler, oben silbrig bis golden begrenzter Strich. Brust- und Bauchkiel schwarz. An den Körperseiten einige feine, schräg nach hinten aufwärtsstrebende Linien oder Tüpfelreihen, zwei schwarze Streifen an den Wangen.
Pflege siehe Beschreibung der Familie. Empfindliche Art. Nach GÉRY (1977) gibt es zwei Unterarten: *C. marthae marthae* MYERS, 1927, aus dem Stromgebiet des Orinoko und Rio Negro mit insgesamt 26–30 Flossenstrahlen in der A und *C. marthae schereri* FERNANDEZ-YEPEZ, 1950, mit einer kürzeren A (22 bis 24 Flossenstrahlen) aus dem peruanischen Amazonas und dem Rio Madeira.

Carnegiella myersi (Taf. 82)
FERNANDEZ-YEPEZ, 1950
Glasbeilbauchfisch

Peru am Yurimaguas, oberer Amazonas, Zuflüsse des Marañon; bis 2,5 cm.
D 8–9; A 33–36. Kleinster Beilbauchfisch. Ähnlich gefärbt wie *C. marthae*, jedoch in der Körperform mehr gestreckt. Sehr durchscheinend, im auffallenden Licht bläulich silberglänzend. Ein dunkles, oben und unten von einer silbrigen Linie begrenztes Längsband tritt gelegentlich nur ganz schwach hervor. Geschlechtsunterschiede nicht bekannt.
Pflege und Zucht siehe Beschreibung der Familie. Sehr zarte, aber nicht ausgesprochen empfindliche Art.

Carnegiella strigata (Taf. 18)
(GÜNTHER, 1864)
Marmorierter Beilbauchfisch

Amazonas und Guayana in kleinen Waldbächen; bis 4,5 cm.
D 10–11; A 25–28; mLR 27–32. Wie alle *Carnegiella*-Arten ohne Fettflosse. Grundfärbung grünlich bis gelblich oder leicht violett mit stellenweise stark hervortretendem Silberglanz. Rücken dunkelolivgrün mit schwärzlicher Punkt- und Strichzeichnung. Vom Kiemendeckel bis zur Unterkante der C-Wurzel ein oben silbern begrenzter Strich. Über den Bauch ziehen drei dunkelbraune bis schwarze, unregelmäßig gezackte Binden schräg nach oben-hinten. Flossen farblos. Bei zu starker Lichteinstrahlung unscheinbar gefärbt. Im Gegensatz zu *Carnegiella marthae* ist der Brustkiel gelblich, nicht schwarz. ♀ mit größerem Leibesumfang.
Pflege und Zucht wie in der Familienbeschreibung angegeben. Harmlose, sehr gefräßige Tiere, die im Aquarium gut ausdauern. Fortpflanzung in Gefangenschaft bereits gelungen.
Anhand der Binden auf den Körperseiten werden zwei Unterarten unterschieden, die dort, wo ihre Verbreitungsgebiete überlappen, Zwischenformen bilden (GÉRY, 1972). 1. *C. strigata strigata* (GÜNTHER, 1864): In einem dunklen Fleck an der Unterseite des Bauchkiels entspringen zwei unregelmäßi-

ge, dunkle Querbinden, die dorsal bis hinter die P reichen; oberes und nördliches Amazonasgebiet, Guayana, Rio Purus (Taf. 18, Abb. 121); diese Unterart wurde früher als *C. vesca* oder *C. strigata vesca* bezeichnet. 2. *C. strigata fasciata* (GARMAN, 1890): Ein dunkles Band von der Bauchseite erreicht ungeteilt die Höhe der P und teilt sich dann in zwei kurze Fortsätze; unterer, mittlerer und oberer Amazonas, Kolumbien (Taf. 82, Abb. 121); bislang bekannt als *C. strigata* oder *C. strigata strigata*.

Gattung *Gasteropelecus* SCOPOLI, 1777

Fettflosse vorhanden, SL lang, meist bis zur Höhe des Beginns der A reichend. Die V werden von einem ungeteilten und vier geteilten Strahlen gestützt. Im Pteroticum ein knöcherner Sinneskanal. Nördliches Südamerika, Mato Grosso, Trinidad. Drei Arten.

Gasteropelecus levis
(EIGENMANN, 1909)
Silberbeilbauchfisch

Gebiet des unteren Amazonas; bis 6 cm.
D 10–11; A 31–35; mLR 29–32. Wie bei allen *Gasteropelecus*-Arten steigt hier die Rückenlinie bis zur D nur ganz schwach an, Fettflosse vorhanden, Zwischenkiefer mit einer Zahnreihe. Von dem bekannten, sehr ähnlichen *Gasteropelecus sternicla* läßt sich diese Art oft nur sehr schwer unterscheiden. Bei *Gasteropelecus levis* ist an der Basis der D oft ein dunkler Fleck zu erkennen, auch ist hier gelegentlich entlang der A-Basis ein schwarzer Strich ausgebildet. Geschlechtsunterschiede unbekannt.
Pflege und Zucht siehe Beschreibung der Familie.

Gasteropelecus maculatus (Abb. 122)
STEINDACHNER, 1879
Gefleckter Silberbeilbauchfisch

Vom westlichen Kolumbien bis Panama; bis 9 cm.
D 10–11; A 30–36 (37); mLR 31–33. Wie die vorhergehende Art gestaltet. Oberseits hell graugrün bis braungrün, ansonsten silbrig, oft mit zartbläulichem Schimmer. Vom Kiemendeckel erstreckt sich bis in die C-Wurzel ein dunkler Längsstrich, der oben von einer metallisch glänzenden Linie begrenzt wird, darüber häufig eine Tüpfellängsreihe. An den Körperseiten treten hell- bis dunkelbraune Flecken und Tüpfel in querbindenartiger Anordnung mehr oder weniger deutlich hervor. Flossen farblos. D dunkel gesäumt. Geschlechtsunterschiede unbekannt.
Pflege siehe Beschreibung der Familie.

Gasteropelecus sternicla (Taf. 18)
(LINNAEUS, 1758)
Gemeiner Silberbeilbauchfisch

Mittleres und oberes Amazonasgebiet, Guayana, Mato Grosso, Trinidad; bis 6,5 cm.
D 10–11; A 31–33 (–34); mLR 30–35. Wie *Gasteropelecus levis* gestaltet. Grundfarbe gelblich bis grausilbern, bei auffallendem Licht silbern. Vom hinteren Rand des Kiemendeckels zieht zur C-Wurzel ein dunkler schmaler Strich, der auf beiden Seiten von einem fahlen Streifen begleitet wird. Flossen farblos, D gelegentlich mit dunkler Vorderkante. Geschlechtsunterschiede unbekannt.
Pflege siehe Beschreibung der Familie.

Gattung *Thoracocharax* FOWLER, 1906

Die Gattung unterscheidet sich von den beiden voranstehenden Gattungen vor allem durch die Beschuppung (mLR 19–22 gegenüber 25–37 bei *Carnegiella* und *Gasteropelecus*). Schuppen mit 8–10 radialen Rinnen, Praemaxillare mit zwei Zahnreihen, die äußere Reihe besteht aus drei Zähnen (bei *Carnegiella* und *Gasteropelecus* kein oder nur ein Zahn in der äußeren Reihe). Südamerika. Zwei Arten.

Thoracocharax securis (Taf. 18, Abb. 123)
(FILIPPI, 1853)
Platinbeilbauchfisch

Zentrales Südamerika östlich der Anden, Amazonas und dessen rechtsseitige Zuflüsse, Paraná; bis 9 cm.
D 13–16; A 38–42; mLR 18–22. Rückenprofil vor der D nahezu geradlinig, die Pn reichen bis an die D-Basis oder sogar darüber hinaus, Basis der A von 5–6 Schuppenreihen bedeckt, gelbbraun oder zart olivfarben mit starkem Silberglanz. Vom Kiemendeckel bis zur C-Wurzel zieht ein sich hinten verbreiterndes Band, das bei auffallendem Licht blau oder grünlich schimmert. Flossen farblos, D mit einem dunklen Fleck im äußeren Teil nahe der Vorderkante. Alte Tiere sind oft so hoch wie lang. Geschlechtsunterschiede unbekannt.
Pflege siehe Beschreibung der Familie. Die Art kann angeblich bis 10 m über den Wasserspiegel schwirren.

Abb. 121 Unterschiede in der Zeichnung von *Carnegiella strigata fasciata* (oben) und *Carnegiella strigata strigata* (nach GÉRY)

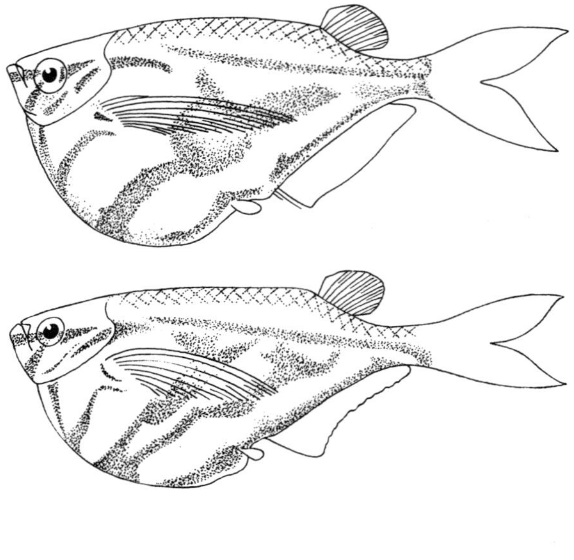

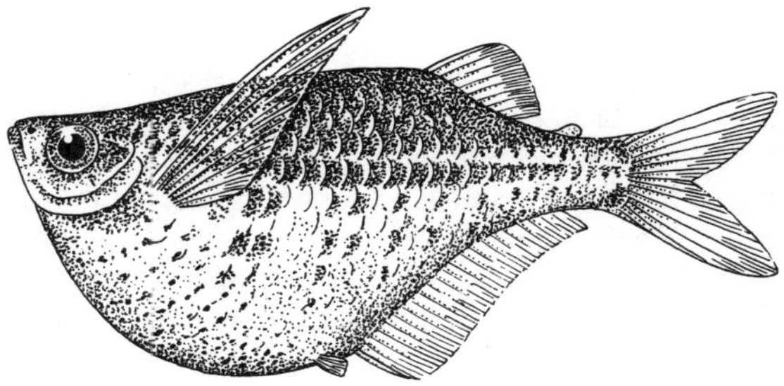

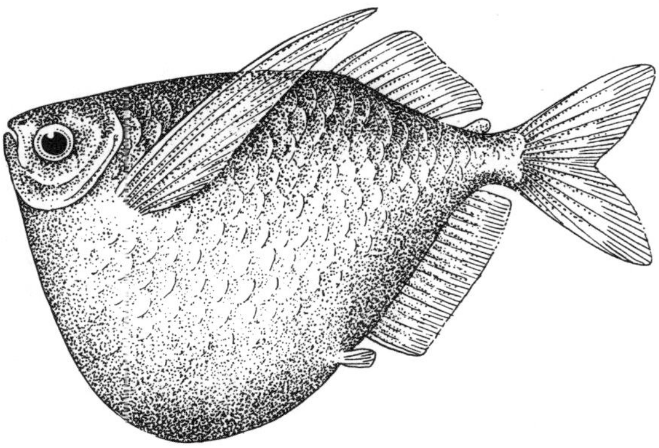

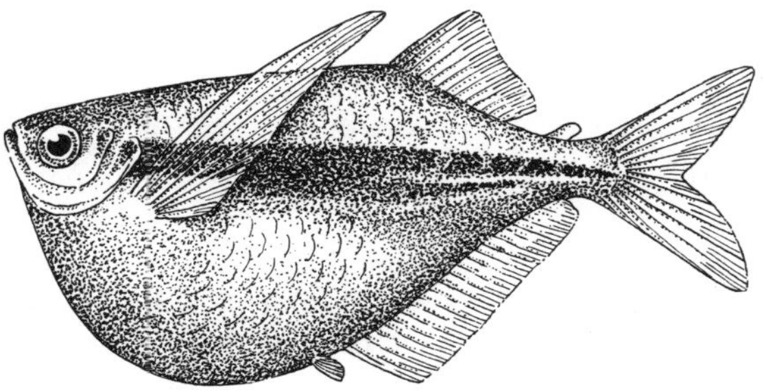

Abb. 122 *Gasteropelecus maculatus*
Abb. 123 *Thoracocharax securis*
Abb. 124 *Thoracocharax stellatus*

Thoracocharax stellatus (Abb. 124)
(KNER, 1859)
Diskusbeilbauchfisch

Von Zentralbrasilien bis Argentinien, sehr häufig; bis 7 cm.
D 14–16; A 39–44; mLR 19–22. *Thoracocharax stellatus* unterscheidet sich von der vorhergehenden Art durch die kürzeren Pn und einen schwärzlichen Fleck oder Streifen an der Basis der D-Vorderkante. Außerdem ist hier die Brust-Bauch-Linie etwas weniger ausgebuchtet. Die Basis der A wird nur von 2–3 Schuppenreihen bedeckt. Geschlechtsunterschiede unbekannt.
Pflege siehe Beschreibung der Familie. Selten importierte Art. Tiere aus Argentinien dürfen nicht zu warm gehalten werden.

Familie Erythrinidae
Raubsalmler

Gestreckte, seitlich fast nicht zusammengedrückte, massige, z. T. große Raubfische Südamerikas, Maul groß, tief gespalten, mit zahlreichen konischen Zähnen oder mit Schneidezähnen. Maxillare lang, Pterygoid bezahnt oder unbezahnt. D relativ kurz, in der Körpermitte angesetzt, A kurz, C abgerundet, keine Fettflosse, Schuppen groß, cycloid, SL vollständig. *Erythrinus* und *Hoplerythrinus* mit einer im vorderen Teil zu einem akzessorischen Atmungsorgan umgestalteten Schwimmblase. Dadurch können die Tiere auch in sauerstoffarmen Gewässern leben, wo sie von Zeit zu Zeit an die Oberfläche kommen, um atmosphärische Luft aufzunehmen. Die Arten der Gattung *Hoplias* zählen zu den gefräßigsten und gefährlichsten Raubfischen Südamerikas. Drei Gattungen mit etwa fünf Arten.

Gattung *Erythrinus* GRONOW, 1763

Zu dieser Gattung gehört nur die nachfolgend beschriebene Art. Siehe auch Beschreibung der Gattung *Hoplerythrinus*.

Erythrinus erythrinus (Abb. 125)
(BLOCH und SCHNEIDER, 1801)

Nördliches und mittleres Südamerika, Trinidad; bis 20 cm.
D 10–12; A 9–12; mLR 31–34; QR 3/3. Körper langgestreckt, vorn walzenförmig, Schwanzstiel seitlich abgeflacht, SL gerade. Entsprechend dem großen Verbreitungsgebiet sehr variabel. Geschlechtsreife Tiere sind intensiv lehmgelb bis hellbraun, Oberseite dunkler mit grünlichem Schimmer, Unterseite weißlich. Vom Augenhinterrand bis in die C-Wurzel erstreckt sich ein blauschwarzes, nach hinten zu schmaler werdendes Längsband, das in einem großen, runden, meist hell eingefaßten, schwarzen Fleck endet; auf dem Kiemendeckel ist in dieses Längsband ein

Abb. 125 *Erythrinus erythrinus*

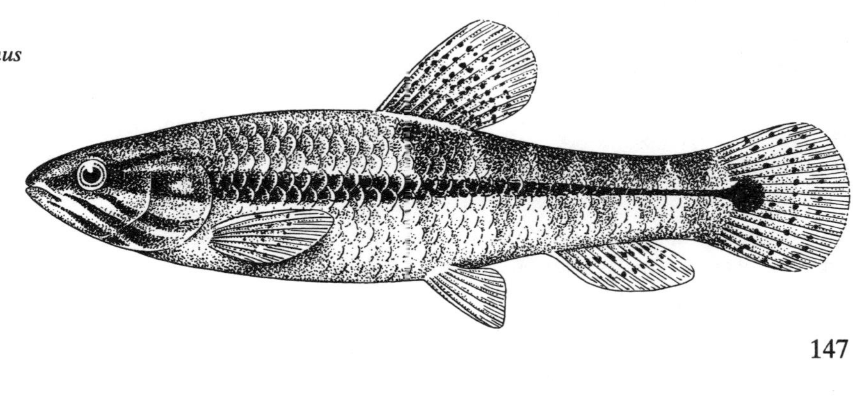

hellgrün irisierender Fleck eingelassen. Einzelne Querbinden im hinteren Körperbereich treten meist nur undeutlich hervor. Am Kopf strahlig zum Auge angeordnete dunkle Linien. Senkrechte Flossen gelblich mit zarten dunklen Punktreihen, A und paarige Flossen oft zart rötlich. ♀ D abgerundet, kurz. ♂ D spitz ausgezogen, stark verlängert.
Raubfisch, der ähnlich unserem Hecht zwischen Pflanzen versteckt auf Beute lauert. Größere Aquarien mit gedämpftem Oberlicht, dichten Pflanzengruppen, dunklem Bodengrund und weichem bis mittelhartem Wasser. Tagsüber ruhen die Tiere meist auf dem Bodengrund und lauern auf vorbeischwimmende Beutetiere, lebhaft wird diese Art erst mit Beginn der Dämmerung. 24–25 °C. Lebendfutter, vorwiegend kleine Futterfische, große Insektenlarven oder Würmer, Wasserflöhe allein genügen nicht. Zur Vergesellschaftung eignen sich nur größere Arten. Interessantes Schauobjekt zoologischer Gärten.

Gattung *Hoplerythrinus* GILL, 1895

Eng verwandt mit der Gattung *Erythrinus*, von der sie sich durch das bezahnte Palatinum und Pterygoid unterscheidet. Bei *Erythrinus* ist das Palatinum nur z. T. bezahnt und das Pterygoid unbezahnt. Eine Art.

Hoplerythrinus unitaeniatus (Taf. 81)
(SPIX, 1829)

In Südamerika weit verbreitet; bis 30 cm.
D 10; A 11; mLR 32–36; QR 3/3. Ähnlich gestaltet wie *E. erythrinus*, D in beiden Geschlechtern abgerundet. Färbung entsprechend dem großen Verbreitungsgebiet sehr variabel. Blaugrau bis graubraun, dunkel marmoriert, Kopf ungefleckt. Hinter dem Auge 2–3 hell eingefaßte, kurze, schwarze Binden. Kiemendeckel mit dunklem Augenfleck. Vom Auge bis zur Basis der C, manchmal auch auf diese übergreifend, eine in der Körpermitte verlaufende breite schwarze Binde. C einfarbig mit dunklem Fleck an der Basis, D und A hinten gefleckt. Geschlechtsunterschiede unbekannt.
Pflege siehe *Erythrinus erythrinus*, siehe S. 147.

Gattung *Hoplias* GILL, 1903

Nahe verwandt mit den beiden voranstehenden Gattungen, jedoch ist die D länger (3/11–15 anstatt 3/8 bis 9), in der mLR befinden sich mehr Schuppen (mindestens 37 statt 32–37), und im Maxillare sind 2–3 kleine Hundszähne vorhanden (keine bei *Erythrinus* und *Hoplerythrinus*). Etwa drei Arten.

Hoplias malabaricus (Taf. 81)
(BLOCH, 1794)
Tigersalmler

Im nördlichen und mittleren Südamerika weit verbreitet und häufig; meist bis zu 50 cm, bleibt jedoch in Gefangenschaft wesentlich kleiner.
D 13–14 (15); A 10–11; mLR 38–41 (–43). Ähnlich gestaltet wie *Erythrinus erythrinus*, Gebiß auffallend kräftig. Entsprechend dem großen Verbreitungsgebiet sehr variabel. Junge, noch nicht geschlechtsreife Tiere: Körperoberseite oliv- bis rötlichbraun, seitlich zu hellrehbraunen bis gelbbraunen Tönen aufgehellt, die allmählich in die zart gelbliche, oft leicht rötliche Färbung der Bauchseite übergehen. An den Kopfseiten bizarre dunkle, nach der Kehlgegend zu schwarzrote Bänder. Vom Kiemendeckel bis in die C-Wurzel verläuft ein breites, dunkles, oft grünlich schimmerndes Längsband, C-Wurzel oben mit schwarzem Fleck. Flossen zart bräunlich mit dunklen Flecken oder Punktreihen. Zu Beginn der Geschlechtsreife löst sich das Längsband in dunkle Fleckenreihen auf, die mit zunehmendem Alter vollkommen verschwinden können. Alte Tiere sind unscheinbar graugrün bis bräunlicholiv. ♀ kräftiger, Bauchlinie stärker ausgebogen. ♂ deutlich schlanker, Bauchlinie fast gerade.
Pflege wie bei *Erythrinus* angegeben, sehr schnellwüchsig, zur Zucht im Zimmeraquarium nicht geeignet.

Familie Ctenoluciidae
Hechtsalmler

Größere, hechtartige Characoidei mit langem, zugespitztem Kopf und tiefgespaltenem Maul. Praemaxillare oder Kinn mit einem Fortsatz. Kiefer bezahnt, Zähne klein, zahlreich, konisch, rückwärts gerichtet. D und A kurz, im hinteren Körperdrittel angesetzt, C gegabelt, Fettflosse vorhanden. Schuppen klein, cycloid-ctenoid. Zur Familie gehören nur zwei Gattungen mit insgesamt vier Arten.

Gattung *Boulengerella* EIGENMANN, 1903

Schuppen schwach gezähnt, mLR 78–110, SL unvollständig (Untergattung *Boulengerella*) oder vollständig (Untergattung *Spixostoma*). Kiefer einreihig bezahnt. Größere Fische bis maximal 70 cm Gesamtlänge. Nördliches Südamerika. Drei Arten.

Boulengerella (Boulengerella) lateristriga (Abb. 126)
(BOULENGER, 1895)
Gestreifter Hechtsalmler

Rio Negro; bis 25 cm.
D 2/8; A 3/8; mLR 78–82; QR 12–14; praedorsal 60 bis 64. Körper ähnlich gestaltet wie bei *Ctenolucius hujeta* angegeben. Silberfarben bis gelblich glänzend. Von der Schnauzenspitze über das Auge erstreckt sich eine breite, geradlinige, dunkelbraune Längsbinde bis zur C-Basis. Senkrechte Flossen z. T. mit dunkelbraunen Flecken. Geschlechtsunterschiede unbekannt.
Pflege siehe *Ctenolucius hujeta*.

Boulengerella (Boulengerella) maculata (Taf. 22, 81)
(CUVIER und VALENCIENNES, 1849)
Gefleckter Hechtsalmler

Amazonasgebiet; bis 40 cm.
D 2/8; A 3/8; mLR 82–92; QR 15/17; praedorsal 75. Ähnlich gestaltet wie *Ctenolucius hujeta*. Oberseite dunkelbraun bis schwärzlich, Körperseiten hellgrünlichbraun mit einem breiten, sehr dunklen, unten fast weiß begrenzten Längsband, das am Oberkieferrand beginnt und bis zur C-Wurzel reicht. Unterseite gelblich bis weiß. Körperseiten und C zeigen außerdem zahlreiche mehr oder weniger deutlich hervortretende, runde, dunkle Flecke verschiedener Größe, Schwanzstiel oft mit rötlichem Schimmer. D und A gelblich mit schwärzlicher Basis. Geschlechtsunterschiede unbekannt.
Pflege wie bei *Ctenolucius hujeta* angegeben.

Boulengerella (Spixostoma) lucia (Abb. 127)
(CUVIER, 1817)
Goldener Hechtsalmler

Guayana, Amazonasgebiet; bis 70 cm.
D 2/8; A 3/8; mLR 97–110. Körper ähnlich gestaltet wie bei *Ctenolucius hujeta* angegeben, die D steht weit vor der A. Oberseite schwärzlich gelboliv, Körperseite heller, grünlichweiß bis goldglänzend, Jungtiere mit einer breiten, unscharf begrenzten, teilweise auch undeutlich hervortretenden, schokoladenbraunen Längsbinde unterhalb der SL, die sich vom Auge bis in die C-Wurzel erstreckt und auf dem Kiemendeckel einen kräftig hervortretenden, fast dreieckigen Fleck bildet. Oberkiefer völlig, Unterkiefer nur vorn und entlang der Maulspalte schwarz. Auf der C-Wurzel ein tiefschwarzer, runder Fleck. C besonders in den äußeren Teilen braunschwarz bis schwarz, oberer und unterer Rand hellbraun, D, A und V farblos durchscheinend mit dunklen Binden. Geschlechtsunterschiede unbekannt.
Pflege siehe nachfolgende Art.

Abb. 126 *Boulengerella lateristriga*
Abb. 127 *Boulengerella lucia*

Gattung *Ctenolucius* GILL, 1861

Schuppen ctenoid, mLR 42–50, SL unvollständig, Kieferzähne einreihig, nur auf dem Mandibulare befindet sich zusätzlich eine kurze, zweite Reihe. Unterkiefer vorn mit zwei kurzen, seitlichen tentakelartigen Fortsätzen. Nördliches Südamerika, eine Art.

Ctenolucius hujeta (Taf. 22)
(CUVIER und VALENCIENNES, 1849)
Silberner Hechtsalmler

Nördliches Südamerika, weitverbreitet; bis 70 cm, bleibt im Aquarium wesentlich kleiner, ab 15 cm geschlechtsreif.
D 2/8; A 3/8; V 8; P 20. Körper sehr langgestreckt, seitlich nur mäßig abgeflacht, hechtartig. Kopf spitz ausgezogen, Kiefer schnabelartig lang, Zwischenkiefer etwas nach unten abgewinkelt, leicht löffelartig verbreitert. D sehr weit hinten, etwa gegenüber der A, angesetzt, unterer C-Lappen etwas größer. Oberseite olivgrün bis braun, Körperseiten lehmgelb, Bauch silbrig, Schwanzstiel im unteren Bereich zart violettfarben oder rötlich. C-Wurzel mit tiefschwarzem, gelb eingefaßtem Fleck. D und C gelblich mit zart schwärzlichem Band, C am Grunde oft ziegelrot, weiter außen hell violettfarben. ♀ gedrungener (besonders zur Laichzeit), A nicht verlängert. ♂ schlanker, A lappenartig verlängert. Entsprechend dem großen Verbreitungsgebiet variiert die Art sehr stark. SCHULTZ (1950) unterscheidet drei Unterarten:
Ctenolucius hujeta hujeta (CUVIER und VALENCIENNES, 1849)
Maracaibo-Becken, Körperoberseite mit mehr oder weniger deutlichen, wellenartigen, braunen Linien zwischen den Schuppen, mLR 45–49, SL 24–31.
Ctenolucius hujeta insculptus (STEINDACHNER, 1878) Rio Magdalena, keine braunen Wellenlinien auf der Körperseite, mLR 42–48, SL 22–26.
Ctenolucius hujeta beani (FOWLER, 1906)
Panama, Kolumbien, sehr deutliche braune Wellenlinien auf der Körperoberseite. mLR 49–50, SL 25–36. Pflege in großen, dicht bepflanzten Becken (250 l und

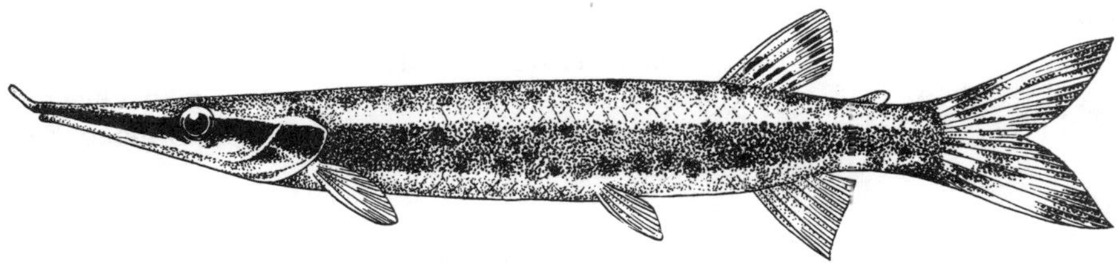

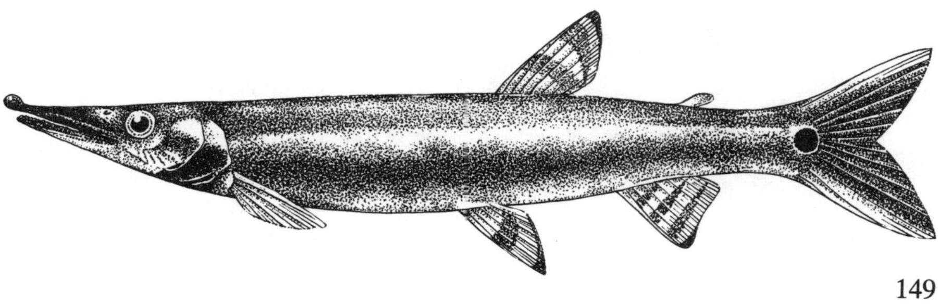

größer), sonst scheu und anfällig. Beim Erwerb der Fische achte man darauf, daß die besonders empfindliche Schnauzenregion mit den Hautlappen nicht verletzt ist. Futter: Fische (keine Arten mit Stachelstrahlen), Wasserinsekten und deren Larven, aber auch große Daphnien und Mückenlarven, frißt nur lebendes Futter. Temperatur um 25 °C. Besondere Ansprüche an die Wasserqualität werden nicht gestellt. Vergesellschaftung mit großen Fischen (Scalaren, Scheibensalmlern u.ä.) möglich. Zucht ebenfalls in großen Behältern. Die Fische laichen vermutlich nur in den Abend- und Nachtstunden. Die Paarung erfolgt direkt unter der Wasseroberfläche, das ♂ legt seine A um die Eileiteröffnung des ♀ und befruchtet in dieser Tasche die relativ kleinen Eier. Sehr produktive Art, 2500 bis 3000 Eier, diese besitzen einen langen, gallertartigen Klebefaden, mit dem sie an Scheiben und Pflanzenblättern hängen. Die Jungfische schlüpfen bei 26 °C nach 20–22 Stunden. Aufzucht verhältnismäßig leicht, schwierig ist nur die Beschaffung ausreichender Futtermengen, bei Nahrungsmangel fressen die stärkeren Jungtiere die schwächeren. Über die Pflege und Zucht dieser interessanten Art berichten ausführlich ENGELMANN und FRANKE (Aquar. Terr., 28, 342–348, 1981).
Die Art war früher als *Luciocharax insculptus* bekannt.

Familie Crenuchidae
Prachtsalmler

Kleinere Characoidei von zwergbuntbarsch- oder kärpflingsartiger Körperform. Maul unterschiedlich groß, endständig. Praemaxillare mit einer, Dentale mit zwei Reihen dichtstehender, dreispitziger Zähne, Maxillare unbezahnt. Jungfische und ♀♀ von *Poecilocharax weitzmani* haben im Praemaxillare und im Dentale dreispitzige, die ♂♂ sehr spitze, konische Zähne, Maxillare der ♂♂ dieser Art deutlich größer (Abb. 128). D lang, oft fahnenartig, A kurz, Fettflosse vorhanden oder fehlend. Auf dem Kopf ein paariges Frontalorgan, dessen Funktion bis jetzt unbekannt ist (Sinnesorgan ?). Kiemenhäute nicht mit dem Isthmus verwachsen. Im Gegensatz zu den meisten anderen Characoidei zeigen die Arten dieser Familie einen stark ausgeprägten Sexualdimorphismus. Zwei Gattungen mit drei Arten.

Abb. 128 *Poecilocharax weitzmani:* Geschlechtsdimorphismus im Gebiß. Oben ♀, unten ♂ (nach GÉRY)

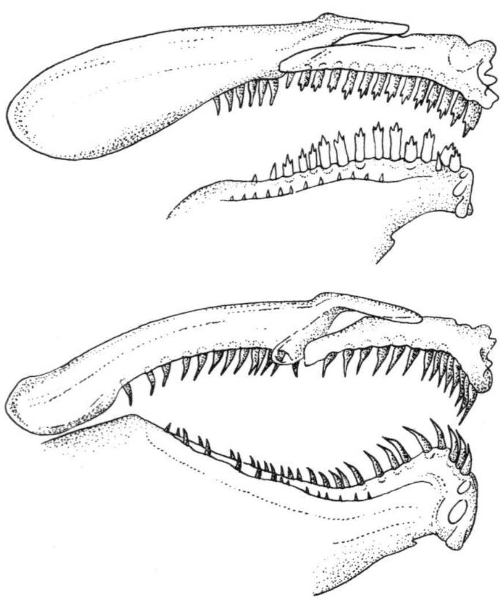

Gattung *Crenuchus* GÜNTHER, 1863

Gestreckte, seitlich stark zusammengedrückte Fische, deren obere und untere Profillinie fast gleichartig ausgebogen ist. Maul groß, Fettflosse im Gegensatz zur nachfolgenden Gattung vorhanden. Eine Art.

Crenuchus spilurus (Taf. 23)
GÜNTHER, 1863
Prachtsalmler

Guayana, oberer und mittlerer Amazonas; bis 6 cm (♂), ♀ kleiner.
D 3–4/13–15; A 2/9; mLR 29–32; QR 5½–6/3½–4. Körpergestalt siehe Gattungsbeschreibung. Lebhaft rotbraun, Bauch gelblichweiß. Schuppen besonders in der Rückengegend dunkel gerandet. Vom Kiemendeckel zur C-Wurzel verläuft ein oben gelb begrenztes, dunkles Band. Auf der C-Wurzel ein großer, rechteckiger, tiefschwarzer Fleck. Oberer Teil der Iris blutrot. Senkrechte Flossen mit prächtigen, mosaikartigen Zeichnungen in Braunrot und Orange. V orange, P farblos. ♀ kleiner, D und A kurz, nicht so farbig. ♂ größer, D sehr groß, fahnenartig, A gleichfalls groß, wie oben angegeben gefärbt.
Friedfische, die sich in weichem, leicht saurem Wasser bei Temperaturen um 25 °C und reich bepflanzten Aquarien gut pflegen lassen. Lebendfutter aller Art. Zucht selten gelungen. Die Tiere laichen wahrscheinlich in Höhlen ab, wo die roten (?) Eier von den ♂♂ bewacht werden.

Gattung *Poecilocharax* EIGENMANN, 1909

Nahe verwandt mit der Gattung *Crenuchus*, jedoch ist das Maul klein, und die Fettflosse fehlt. Guayana, oberer Amazonas, oberer Rio Negro, Orinoko. Zwei Arten.

Poecilocharax weitzmani (Taf. 23, Abb. 128)
GÉRY, 1965
Grünpunktsalmler

Oberer Amazonas, oberer Rio Negro, Orinokogebiet; bis 4 cm, ♀ kleiner.
D 2/12/1; A 2/8; mLR 29–31; QR 9; SL 0. Körper gestreckt, seitlich wenig zusammengedrückt. Rücken hell- bis lederbraun, mit schwach angedeuteten Schuppenrändern, untere Teile der Körperseiten ok-

kerfarben bis gelblich mit rotem Schimmer, Unterseite weißlich. Iris oben grünlich glänzend, unten blutrot. Unterer Schwanzstiel und unterer Teil der C-Basis gleichfalls blutrot. Vom Augenhinterrand bis auf die mittleren Strahlen der C eine breite, tiefschwarze Längsbinde, die zwei Reihen prächtig blaugrünglänzender Schuppen einschließt. Darüber eine zweite orangerote bis blutrote Längsbinde, die vor den Augen beginnt und auf der C endet. Auf dem Kiemendeckel ein schwarzroter Fleck, der von einer grünen Zone umgeben ist. D vorn blutrot, nach außen hin ockergelb, an der Basis mit zahlreichen kräftig weißen Flecken, oben mit regelmäßigen Querbinden, die aus zahlreichen kleinen braunen Punkten bestehen. A an der Basis grünlichgelb, außen kräftig rot mit braunen Punkten, die größer sind als in der D. C-Basis grünlich, Lappen gelblich, braun gepunktet. ♀ Farben nur wenig matter, Oberkiefer grau, kleiner. ♂ wie oben angegeben gefärbt, Oberkiefer kräftig schwarz, größer. (Geschlechtsunterschiede in der Bezahnung siehe Familienbeschreibung.) Ausgesprochen schöne Art.
Pflege am besten in kleineren, dicht bepflanzten Aquarien. Weiches, leicht saures Wasser, 25–27 °C, Lebendfutter aller Art, aber auch Trockenfutter. Die Fische halten sich bevorzugt in den unteren Wasserschichten auf. In der Jugend offenbar Schwarmfisch, später revierbildend. Zucht noch nicht gelungen. (Angaben nach MEINKEN, 1969)

Familie Characidiidae
Bodensalmler

Kleinere, langgestreckte, im Querschnitt fast drehrunde, bauchseitig etwas abgeflachte Characoidei. Maul klein und end- bis gering unterständig. Praemaxillare mit einer einfachen Reihe schlanker, meist dreispitziger Zähne, Maxillare klein, bezahnt oder unbezahnt, Dentale mit zwei Zahnreihen, in der vorderen Reihe dichtstehende dreispitzige oder konische, in der hinteren Reihe konische Zähne. Fettflosse vorhanden oder fehlend *(Jobertina)*. D kurz bis mäßig lang, häufig in der Körpermitte angesetzt, A kurz, paarige Flossen relativ groß. Die Verbreitung der manchmal auch als Unterfamilie der Characidae betrachteten Characidiidae erstreckt sich vom Tuirabecken (Panama) im Norden bis zum oberen Paraguay, Bahia, Paranagua und Uruguay im Süden. Im nördlichen Südamerika erreicht die Familie jedoch ihre größte Entfaltung. Mit Ausnahme einiger *Jobertina*-Arten, die sich in den mittleren Wasserschichten aufhalten, leben die meisten Arten vorwiegend auf dem Bodengrund. Sie sind nicht schwarmbildend, vielfach besetzen sie als Standortfische kleine Reviere. Die Tiere schwimmen ruckartig über kurze Strecken und schalten oft Pausen ein. Dabei stützen sie sich auf die großen Pn und heben den Kopf etwas an. Unter natürlichen Bedingungen leben die Fische in langsamfließenden oder auch stehenden Gewässern auf Sandböden zwischen Steinen, gelegentlich auch auf schlammigem Bodengrund. Wasserpflanzen können dabei vollkommen fehlen. Die Nahrung besteht vorwiegend aus Insektenlarven. Fünf Gattungen mit etwa 60 z. T. umstrittenen Arten.

Gattung *Characidium* REINHARDT, 1866

Charakteristisch für die Gattung sind das unbezahnte Maxillare, P 3–5/6–12, der 1. D-Strahl ist rudimentär und die vollständige SL. Süd- und Mittelamerika. Etwa 50, nur z. T. gut definierte Arten.

Characidium fasciatum (Taf. 24)
REINHARDT, 1866
Gebänderter Bodensalmler

Amazonasgebiet, Guayana; bis 10 cm.
D 3/9; A 3/6; P 3/7–9; mLR 32–36; QR 3½–4½/3–3½.
Körper langgestreckt, Rumpf seitlich geringfügig abgeflacht. Entsprechend dem großen Verbreitungsgebiet sehr variabel hinsichtlich der Zeichnung und Färbung. Lehmgelb bis olivbraun, Oberseite kaum dunkler, Unterseite sehr hell. Meist zieht sich von der Schnauze eine dunkle, verschieden breite Längsbinde bis in die C-Wurzel, wo sie in einen fast immer kräftigen, dunklen Fleck eingeht, häufig ist diese Längsbinde an den Körperseiten regelmäßig unterbrochen. Vom Rücken bis auf die Seitenmitte erstrecken sich sehr unregelmäßige braune Querbinden. Flossen farblos durchscheinend. ♀ kräftiger, D ohne Zeichnung. ♂ schlanker, D oft mit feinen braunen Punkten an der Basis.
Dieser lebhafte, friedliche, durch seine ruckartigen Bewegungen auffällige Fisch dauert in der Gefangenschaft recht gut aus. Für das Wohlbefinden sind vor allem ein weicher, teilweise aber auch steiniger Bodengrund, klares, nicht zu altes Wasser und gute Versteckmöglichkeiten erforderlich. Nicht sehr wärmebedürftig, 18–22 °C. Lebendes Futter aller Art, besonders Würmer. Zucht nicht schwierig. Die winzigen Eier werden nach heftigem Treiben wahllos zwischen Pflanzen ausgestoßen und fallen meist auf den Bodengrund. Die nach 30–40 Stunden schlüpfenden Jungfische schwimmen nach etwa 3–4 Tagen frei und sind dann reichlich mit feinsten Futtertieren (Nauplien) zu versorgen.
Neben dieser Art wurden noch eine Reihe recht ähnlicher Arten importiert, die nie exakt bestimmt und meist als *Ch. fasciatum* angesehen wurden.

Gattung *Jobertina* PELLEGRIN, 1909

Eng verwandt mit der Gattung *Characidium*, von der sie sich durch die unvollständige SL und einen normal entwickelten 1. Flossenstrahl in der D unterscheidet. Außerdem ist der Körper meist hochrückiger. Einige Arten leben in den mittleren Wasserschichten, andere auf dem Bodengrund. Guayana, Umgebung von Rio de Janeiro, oberer Rio Paraguay, Bahia, Paraguay, Uruguay. Etwa sechs Arten.

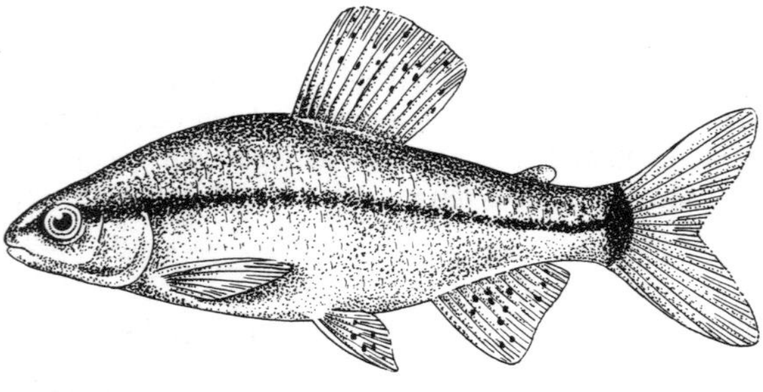

Abb. 129 *Jobertina rachowi*

Jobertina rachowi (Abb. 129)
(REGAN, 1913)

Südliches Brasilien, Umgebung von Curitiba; bis 7 cm.
D 13–15; A 8–9; mLR 32. Nicht so stark gestreckt und höher als die vorhergehende Art. Oberseite braun bis gelbbraun. Körperseiten lehmgelb mit einer schmalen dunklen Längsbinde, die in einem quergestellten C-Wurzelfleck endet, und mehreren meist recht undeutlichen Querbinden in der oberen Körperhälfte. Unterseite hellgelblich. Flossen mit Ausnahme der C farblos durchsichtig, D, A und V z. T. mit braunen bis rötlichen Punktreihen, C gelblich bis zart rötlich. ♀ kräftiger, D und A ohne dunklen Saum. ♂ schlanker, D und A oft dunkel gesäumt.
Pflege und Zucht wie bei der vorhergehenden Art angegeben. Siehe auch Taf. 24.

Gattung *Klausewitzia* GÉRY, 1965

Gattungscharakteristisch ist die Bezahnung des Maxillare, die aus 4–17 dreispitzigen oder konischen Zähnen besteht. Von der sehr ähnlichen Gattung *Ammocryptocharax* unterscheidet sich *Klausewitzia* durch die modifizierten Pn und den etwas hochrückigeren und seitlich zusammengedrückten Körper. Amazonasgebiet. Zwei Arten.

Klausewitzia aphanes (Taf. 23)
WEITZMAN und KANAZAWA, 1977

Rio Negro, Lago do-Acu; bis 3 cm (?).
D 2/8–10; A 2/6–7; mLR 31–33; QR 8; SL 4–5. Körper langgestreckt, seitlich mäßig zusammengedrückt. Gelblichbraun durchscheinend, Rücken und hinterer Teil des Körpers olivgrün, Bauch silberfarben, Kopfunterseite weiß. 9–11 dunkelbraune bis schwarze Sattelflecke in der oberen Körperhälfte. Von der Schnauzenspitze durch das Auge bis etwa zum Kiemendeckelhinterrand eine dunkelbraune Binde. Hinter dem Kiemendeckel ein in seiner Intensität variabler Schulterfleck. Flossen durchscheinend. ♀ kompakter, größer (?), ♂ schlanker, kleiner (?).
Pflege in nicht zu kleinen Aquarien. Revierbildend. 25 °C. Nicht zu großes Futter, gehackte Enchyträen, Tubifex, Cyclops. Die Art wurde als Beifang in *Cheirodon axelrodi*-Importen entdeckt. MEINKEN (1969) bestimmte sie zuerst als *Characidium voladorita* SCHULTZ, 1944.

Familie Lebiasinidae
Schlanksalmler

Kleine und größere südamerikanische Characoidei mit gestrecktem bis langgestrecktem, seitlich vielfach nur wenig zusammengedrücktem Körper. Kopf bei vielen Arten zugespitzt mit kleinem, engem, oft nach oben gerichtetem Maul. Bezahnung nicht einheitlich (siehe Gattungsbeschreibungen). D kurz, vielfach fahnenartig ausgezogen, Fettflosse vorhanden oder fehlend. C tief eingeschnitten, Lappen oft ungleichmäßig, A relativ kurz, bei den ♂♂ häufig mit spezialisierten Flossenstrahlen *(Nannostomus)*. Schuppen cycloid, SL meist stark reduziert, oft fehlend. Geschlechtsdimorphismus bei einigen Gattungen in Form verlängerter oder spezialisierter Flossen der ♂♂ deutlich, bei anderen gering oder nur durch die Intensität der Färbung gegeben. Die ♂♂ von *Nannostomus bifasciatus* (und vielleicht auch anderer Arten?) mit Laichausschlag an der Kopfunterseite (WILEY und COLLETTE, 1970). Vorwiegend in stehenden, verkrauteten, halbschattigen Gewässern. Die Tiere leben in Schulen oder lockeren Verbänden, meist keine ausgesprochenen Schwarmfische. Viele z. T. prächtig gefärbte, kleine Aquarienfische mit einem sehr interessanten Verhaltensinventar. Zwei Unterfamilien. Zur Verbreitung siehe Abb. 130.

Unterfamilie Lebiasininae

Zu dieser Unterfamilie zählt nur die Gattung *Lebiasina* CUVIER und VALENCIENNES, 1846. Größere (bis etwa 20 cm) Raubfische, die in ihrer Körperform stark an *Erythrinus erythrinus* erinnern. Maxillare lang. Praemaxillare mit einer, Dentale mit zwei Zahnreihen. Zähne meist dreispitzig, in der inneren Reihe des Dentale sehr klein, nach hinten gerichtet. Schuppen auffallend groß, C im körpernahen Teil beschuppt. Fettflosse vorhanden oder fehlend, SL unvollständig. Schwimmblase als zusätzliches Luftatmungsorgan ausgebildet. Nördliches Südamerika. *L. intermedia* aus dem unteren Amazonasgebiet ist die südlichste Form. Etwa zwölf Arten.

Lebiasina bimaculata (Abb. 131)
CUVIER und VALENCIENNES, 1846

Peru und Ekuador westlich der Anden; bis 20 cm.
D (9–) 10; A 10–12; mLR 25–29; QR 6½ zwischen D und V. Körper langgestreckt walzenförmig, Flossen relativ klein. Schuppen sehr groß, C-Basis mit Ausnahme eines Mittelstreifens beschuppt, Fettflosse meist nicht, gelegentlich als Rest vorhanden. Oberseite olivgrau bis graubraun, Körperseiten hell lehmfarben, je nach Lichteinfall mit zart violettem oder rötlichem Schimmer, Unterseite hellgelb bis weißlich. Schuppen mit rotbraunen bis roten Tüpfeln, dunkel gerandet. Schulterfleck intensiv rot. Senkrechte Flossen orangefarben bis zart rötlich, paarige

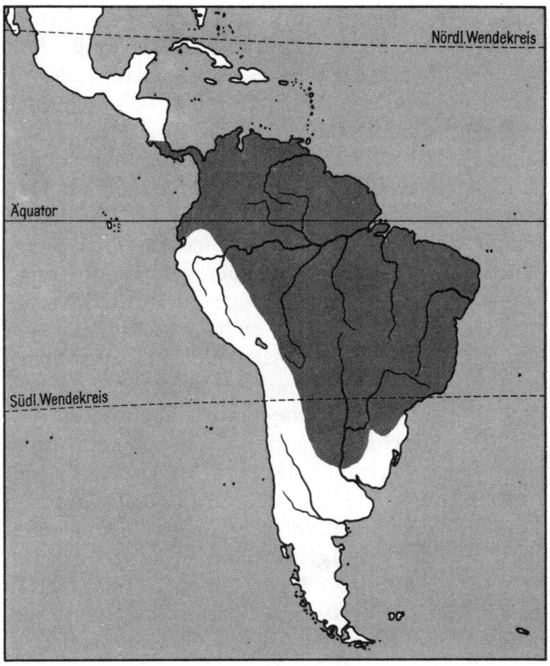

Abb. 130 Verbreitungsgebiete der Lebiasinidae und Hemiodidae

Flossen gelblich. ♂ zur Laichzeit wesentlich leuchtender gefärbt. Die ♀♀ sind meist an der stärker ausgebogenen Bauchlinie zu erkennen.
Diese sehr robuste, vorzüglich schwimmende Art ist sehr genügsam und widerstandsfähig. Für Zimmeraquarien eignen sich normalerweise nur Jungfische. Temperatur um 25 °C, gegen Abkühlung nicht empfindlich. Lebendfutter aller Art in großen Mengen, auch Regenwürmer. Zur Vergesellschaftung eignen sich nur gleichgroße oder größere Fische. Noch nicht nachgezüchtet. *Lebiasina bimaculata* besitzt ein zusätzliches Atmungsorgan, und zwar stehen hier Teile der Schwimmblase im Dienste der Luftatmung, die Art vermag deshalb auch in sehr sauerstoffarmen Gewässern zu leben.

Lebiasina intermedia (Abb. 132)
MEINKEN, 1936

Unterer Amazonas bei Santarém; bis 15 cm.
D 10; A 11; mLR 32; QR 6½ zwischen D und V. Der vorhergehenden Art nicht unähnlich, jedoch mit schlankerem Schwanzstiel, oberer Lappen der C vergrößert. Färbung nach MEINKEN (textl. verändert): Oberseite schwärzlich olivgrün, an den Seiten folgt eine grasgrüne, glänzende Schuppenreihe, noch weiter bauchwärts wird die Färbung immer heller gelblich, Bauch weißlich. Von einem dunklen, rundlichen Fleck hinter dem Kiemendeckel zieht sich eine nach hinten breiter werdende, unscharf begrenzte, dunkle Längsbinde bis zu einem schwarzen C-Wurzelfleck. Schuppen unterhalb dieses Bandes mit roten Punkten. Kiemendeckel prächtig messingfarben, Mauländer schwarz. Flossen zart orangerot bis rötlich, D mit tiefschwarzem Fleck an der Basis. Augen oben rot, unten orange. Geschlechtsunterschiede vermutlich ähnlich wie bei der vorhergehenden Art.
Pflege wie bei *L. bimaculata* angegeben.
Auch andere Arten wurden gelegentlich gepflegt, siehe Taf. 23.

Unterfamilie Pyrrhulininae

Kleinere, meist sehr schön gefärbte und beliebte Aquarienfische der Gattungen *Copeina*, *Copella*, *Pyrrhulina* und *Nannostomus*.

Gattung *Copeina* FOWLER, 1906

Gestreckte, seitlich nur gering abgeflachte Fische. Flossen verhältnismäßig klein, keine Fettflosse. Maxillare kurz, gerundet, bezahnt oder unbezahnt, Praemaxillare mit einer, Dentale mit zwei Reihen konischer Zähne. Amazonasgebiet. 1–2 Arten.

Abb. 131 *Lebiasina bimaculata*
Abb. 132 *Lebiasina intermedia*

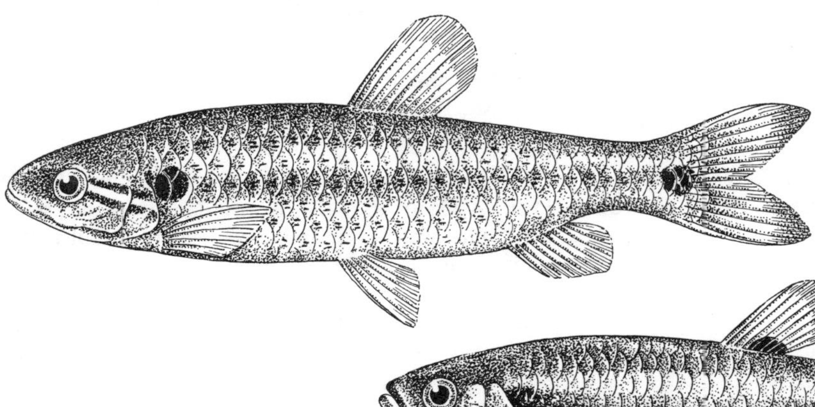

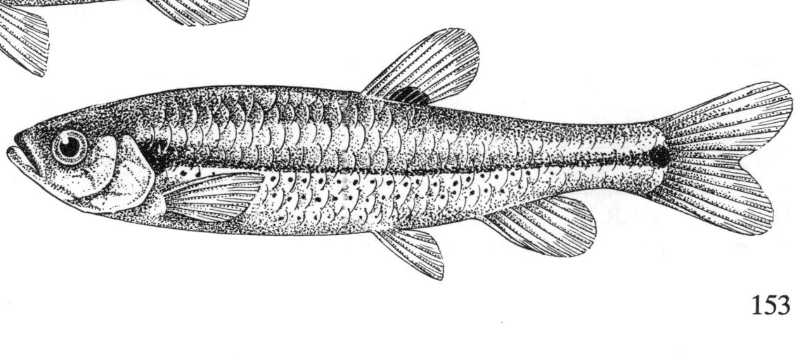

Die *Copeina*-Arten, wie auch die Vertreter der nahe verwandten Gattungen *Copella* und *Pyrrhulina*, bewohnen in ihren Heimatgebieten vorwiegend die oberen Wasserschichten und lesen ihre Nahrung meist von der Wasseroberfläche ab. Ihre Gestalt erinnert etwas an die eierlegenden Zahnkarpfen der Gattungen *Rivulus* und *Fundulus*, mit denen sie auch den etwas abgeflachten Kopf und die mehr oder weniger nach oben gerichtete Maulspalte gemein haben. Die Flossen sind mit Ausnahme der Pn nicht besonders groß, bei den ♂♂ ist gelegentlich die D und oft auch der obere C-Lappen verlängert oder vergrößert. Fast alle Arten sind auffallend gefärbt.

Zur Pflege dieser z.T. etwas empfindlichen Arten eignen sich größere Aquarien, die mit großblättrigen Pflanzen nicht zu dicht bewachsen und möglichst so aufgestellt sein sollen, daß etwas Sonnenlicht einstrahlen kann. Alle Arten sollte man für sich allein pflegen oder nur mit ruhigen, friedlichen Fischen von annähernd gleicher Größe vergesellschaften. Weiches, schwach saures Wasser (4–6 °dH, pH 6,5–7), das über Torf gefiltert wurde, und ab und zu Insektennahrung (Mückenlarven, Essigfliegen, Maden aller Art, Blattläuse u. a.) fördern neben anderem Lebendfutter das Wohlbefinden. Das nicht selten etwas scheue, schreckhafte Wesen der Tiere kann durch einige Schwimmpflanzen und dunklen Bodengrund sehr stark gemindert werden. Vorzugstemperaturen sehr hoch (26–28 °C). Alle Arten können recht gut springen!

Die Fortpflanzung der *Copeina*-, *Copella*- und *Pyrrhulina*-Arten ist sehr interessant. Mit Ausnahme von *Copella arnoldi* (siehe S. 154) laichen die Paare mit Vorliebe auf großen, submersen Blättern, wenn diese fehlen, auch in flachen Sandgruben (Besonderheiten siehe bei den einzelnen Arten). Die zum Ablaichen bestimmten Stellen werden vom ♂ stundenlang gesäubert, schließlich wird das ♀ zur Eiablage herangelockt. Dabei balzt das ♂ mit schmetterlingsartigen Schwimmbewegungen, treibt aber das ♀ auch durch Bisse und leichte Angriffe zur Eiablage. Die Gelege werden von den ♂♂ betreut, das heißt befächelt, auf Blättern abgelegte Eier lösen sich dabei häufig und fallen zu Boden. Man kann das ♂ auch durch einen ganz schwach eingestellten Ausströmer, den man so anbringt, daß die Luftperlen das Gelege nicht treffen, ersetzen. Die sehr kleinen Jungfische schlüpfen meist schon nach 24 Stunden, hängen zunächst nahe der Wasseroberfläche und sind, sobald sie frei schwimmen, mit feinstem Futter (Nauplien, Rotatorien) aufzuziehen; bei der Aufzucht ist Wasserwechsel erforderlich.

Copeina guttata (Taf. 26)
(STEINDACHNER, 1875)
Forellensalmler

Mittlerer Amazonas und Nebenflüsse; bis 15 cm, mit 6–7 cm geschlechtsreif.

D 10; A 12; mLR 23–24. Körper gedrungener als bei der nachfolgenden Art, Flossen auch beim ♂ kaum verlängert, Schuppen groß. Rücken grünlichbraun, Seiten leuchtend himmelblau, Bauch weiß. Jede Schuppe trägt an der Basis einen blauen bis violettroten Fleck, wodurch der Fisch reihenweise getüpfelt erscheint. Obere Hälfte der Iris rot. D mit einem schwarzen, tropfenförmigen Fleck, sonst durchscheinend gelblichweiß, A, C und V lebhaft gelb mit breitem, orangerotem Saum. ♀ Färbung im allgemeinen blasser, Flossen gelblichgrau, Fleck in der D meist deutlich. ♂ wie oben angegeben gefärbt, oberer C-Lappen etwas verlängert. Pflege und Zucht der robusten, anspruchslosen Art siehe Beschreibung der Gattung. Nach CLAGES verlieren die Tiere ihre Scheu in Becken mit Schwimmpflanzendecken und weichem Wasser. Der gleiche Autor gibt auch eine ausführliche Beschreibung des Fortpflanzungsverhaltens (Aquar. Terr., 11, 189–193, 1964). Die Partner kreiseln erst, wobei jeder der Partner den anderen in die Seite zu rammen versucht. Anschließend reitet das ♂ auf dem ♀ und gleitet dann rechts neben das ♀, wobei es seine A unter dessen Genitalöffnung legt. In diesem Moment werden die Geschlechtszellen ausgestoßen. Unmittelbar danach schnellt sich das ♂ nach der Seite hin vom ♀ ab. Das ♂ betreibt Brutpflege durch Verteidigung des Brutreviers und Befächelung und Säuberung des Geleges. Auch die geschlüpften Jungfische werden noch eine Zeitlang bewacht. Die Tiere laichen in Sandgruben oder über Steinen, sehr produktiv. Die Eier entwickeln sich auch in mittelhartem Wasser.

Gattung *Copella* MYERS, 1956

Gattungscharakteristisch ist das große, vorn S-förmig gebogene Maxillare (Abb. 133). Dieses Merkmal ist besonders bei geschlechtsreifen ♂♂ ausgeprägt, nach GÉRY (1977) aber auch in weniger deutlicher Form bei den ♀♀ vorhanden. Weiterhin verfügen die *Copella*-Arten über einen besonders langgestreckten Körper. ♂♂ mit sehr langem oberem C-Lappen. Die Verwandtschaftsverhältnisse der *Copella*-Arten sind z.T. noch sehr unklar, die hier gegebenen Artbeschreibungen müssen deshalb mit gewissem Vorbehalt betrachtet werden. Etwa 8–10 Arten.

Copella arnoldi (Taf. 26)
(REGAN, 1912)
Spritzsalmler

Unterer Amazonas, Rio Pará; 8 cm, ♀ 6 cm.

D 10; A 11; mLR 23–24. Körper langgestreckt, seitlich nur wenig zusammengedrückt, Maulspalte breit, waagerecht. Rücken dunkelbraun-gelb, Seiten und Bauch gelblich bis grünlich mit rostbraunem Schimmer. Körper durch die dunklen Schuppenränder fein netzförmig gezeichnet. Auf dem Kiemendekkel ein grüngoldener Fleck, Maul und Auge durch eine dunkle Zügellinie verbunden. D prächtig gelb mit schwarzem Fleck, Spitze rot, C mit stark verlängertem oberem Lappen, gelb mit rotem Rand, Spitzen oft schwarz, V und A gelb mit roten Spitzen. ♀

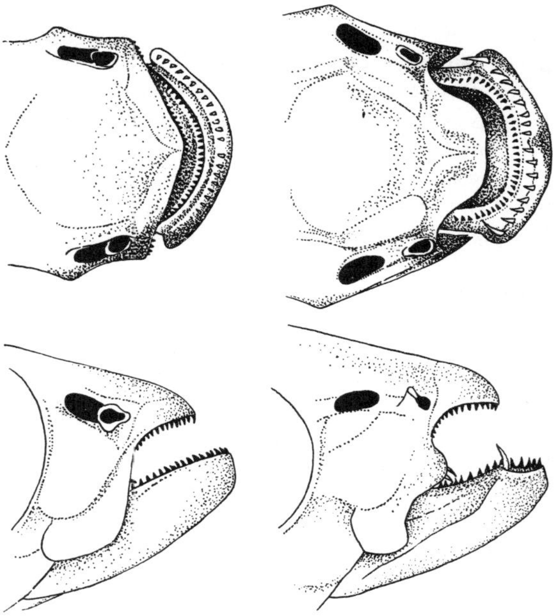

Abb. 133 Unterschiede in der Maulform und Bezahnung von *Pyrrhulina* (links) und *Copella* (rechts). Oben: Aufsichten. Unten: Seitenansichten (nach GÉRY)

Flossen geringer entwickelt. ♂ alle Flossen spitz auslaufend, intensiver gefärbt.
Pflege der prächtigen Art siehe Beschreibung der Gattung *Copeina*. Zur Zucht 28 °C. Die Tiere laichen am liebsten außerhalb des Wassers an der Deckscheibe oder an überhängenden Blättern. Nach heftigem Treiben legt sich das Paar Seite an Seite, steigt an einer vorher ausgewählten Stelle langsam unter den Wasserspiegel, schnellt, immer noch Seite an Seite liegend, so aus dem Wasser heraus, daß die Tiere mit dem Bauch an die Deckscheibe gelangen, verharren dort einen Augenblick und fallen dann einzeln in das Wasser zurück. Nach einer Reihe von derartigen Vorübungen kommt es zur Eiablage. Bei jedem Sprung werden dann 5–12 Eier abgesetzt, insgesamt 50–200. Nach dem Laichgeschäft bespritzt das unter der Wasseroberfläche stehende ♂ mit seiner C das Gelege. Die Jungen kommen nach 36 Stunden aus, fallen ins Wasser und sind mit feinstem Futter aufzuziehen.
An der Identität der in den Aquarien gepflegten Spritzsalmler mit der Art *Copella arnoldi* wurde oft gezweifelt (MYERS, briefl. Mitteilung). Genauere Untersuchungen hierzu sind jedoch bislang nicht veröffentlicht worden.

Copella nattereri (Taf. 26)
(STEINDACHNER, 1875)
Blaupunktsalmler

Mittlerer Amazonas, Rio Negro; bis 6 cm (♂); 5 cm (♀).
D 10; A 11; V 8; mLR 20. Körper sehr gestreckt und niedrig, Schwanzstiel lang. Oberseite dunkelgoldbraun, Körperseiten zart olivgelb, jede Schuppe mit einem deutlichen hellbraunen Punkt und dunklem Rand. Von der Schnauze über das Auge bis auf den Kiemendeckel oder etwas aufgelöst bis auf die Körperseiten ein dunkelbrauner Strich. Flossen zart gelblich, D mit rötlicher oder kräftig roter Basis und großem schwarzem Fleck. Die Geschlechter sind an der C einfach zu erkennen, beim ♂ ist der obere Lappen deutlich verlängert.
Pflege und Zucht siehe Beschreibung der Gattung *Copeina*. Friedliche, wärmebedürftige Art, die auf großen submersen Blättern laicht.
Nach MYERS und GÉRY ist *Copella callolepis* (REGAN, 1912) ein Synonym von *Copella nattereri*.

Copella vilmae (Taf. 26)
GÉRY, 1963
Regenbogen-Copella

Oberer Amazonas bei Leticia; bis 6 cm (♂), 5 cm (♀).
D 2/7; A 2–3/8/1; P 1/10; V 1/6/1; mLR 24–25; QR 6. Körper sehr langgestreckt. Unter natürlichen Bedingungen (Schwarzwasser) prächtig rot gefärbt, leider verblaßt diese Färbung unter Gefangenschaftsbedingungen. Aquarientiere: Rücken dunkelbraun, Bauch silbrigweiß. Iris silberfarben. Ein breiter, kaffeebrauner Längsstreifen von der Schnauzenspitze über das Auge bis zur Basis der C, z. T. auf die mittleren Strahlen übergreifend. Schuppen dieser Binde zeitweise schwarz gepunktet. Darüber eine gleichlaufende, leuchtend hellbeigefarbene, schmale Binde. Schwanzstiel unten zart rötlich. Flossen gelblich mit dunkelbraunen Spitzen, D an der Basis mit dunklem Punkt. ♂ größer, D, A und V und oberer C-Lappen verlängert. ♀ kleiner, Flossen kaum verlängert, farblos, ohne dunkelbraune Spitzen.
Pflege und Zucht siehe Gattungsbeschreibung *Copeina*. Der Laich, etwa 200–300 schwach gelbliche Eier, wird auf der Oberfläche großblättriger Wasserpflanzen abgelegt. Die Jungfische schlüpfen nach 25–30 Stunden und schwimmen nach weiteren fünf Tagen frei. Anfütterung mit Rotatorien. Wachstum relativ langsam. FRANKE (Aquar. Terr., 25, 229–301, 1978) berichtet ausführlich über diese Art.
Nach GÉRY eng verwandt mit *Copella compta* (MYERS, 1926) aus dem Rio-Negro-Gebiet. *C. vilmae* hat jedoch weniger Schuppen in der mLR (24–25 anstelle von 26) und 14–16 Schuppen praedorsal statt 17. Die Färbung konservierter Exemplare von *Copella compta* entspricht der von *C. nattereri*, die Lebendfärbung ist unbekannt (ZARSKE, Aquar. Terr., 25, 298, 1978).

Gattung *Nannostomus* GÜNTHER, 1872

Kleinere langgestreckte, seitlich nur wenig zusammengedrückte Lebiasinidae mit kleinem, endständigem Maul. Praemaxillare und Dentale mit einer Reihe mehrspitziger Schneidezähne, Dentale zusätzlich mit einer zweiten Reihe kleiner, konischer Zähne. Fettflosse klein, oft fehlend. SL stark reduziert. Eine Stirnfontanelle fehlt.

Nach WEITZMAN und COBB (1975) sind die bislang bekannten Gattungen *Poecilobrycon* und *Nannobrycon* Synonyme von *Nannostomus*.
Die im zentralen und nördlichen Amerika verbreiteten etwa 14–15 *Nannostomus*-Arten werden in der Aquaristik als Ziersalmler – englisch treffender Pencilfishes – bezeichnet, alle Arten sind interessante, durch ihre geringe Größe und Farbigkeit beliebte Pflegeobjekte. In ihrer Heimat bevorzugen fast alle Arten kleine, langsamfließende, verkrautete oder schattige Gewässer vom Schwarzwassertyp oder aber die etwas moorigen Flachwasser der Uferzonen großer Flüsse. Viele Arten sind Oberflächenfische, die ihre Futtertiere – vorwiegend Insekten – von der Wasseroberfläche ablesen. In Anpassung an diese Nahrungsquelle nehmen einige Ziersalmler beim ruhigen Schwimmen eine Schräglage mit dem Kopf nach oben ein *(Nannostomus eques)*. Die Fortbewegung vieler Arten ist durch plötzliches Vorwärtshuschen und ebenso unvermitteltes Verharren charakterisiert. Beim Verharren auf der Stelle werden die Pn schnell wellenförmig nach vorn und hinten bewegt, gleichzeitig wedeln der obere C-Lappen und der hintere Teil der D hin und her. Fast alle Ziersalmler zeigen eine artcharakteristische Nachtfärbung (Tarnfärbung). Die Fische leben unter natürlichen Bedingungen in großen Trupps, ohne allerdings echtes Schwarmverhalten zu zeigen. Sie sind meist ortstreu und kehren nach Störungen wieder an die gleiche Stelle zurück. KUENZER (1982) hat das Verhalten von *N. beckfordi* näher untersucht. Danach lassen sich in einer größeren Gruppe dieser Art bei beiden Geschlechtern unterschiedliche Farbintensitäten feststellen, die innerhalb des Trupps nicht wahllos verteilt sind. Im Zentrum der Gruppe halten sich ♀♀ und hellgefärbte ♂♂ auf, an der Peripherie befinden sich Reviere dunkelgefärbter ♂♂. Durch die Überlappung der Reviere finden stets Kommentkämpfe statt, bei denen es nie einen Sieger gibt und die nie enden. Laichbereite ♀♀ verlassen die Mitte der Gruppe und werden von den dunkelgefärbten ♂♂ angebalzt. Abgelaicht wird in den Randbezirken in größeren Laichgruppen von einem (manchmal zwei) ♀ und mehreren ♂♂, wobei KUENZER keine Partnerbindung feststellen konnte. Eine Eiablage wurde auch dann beobachtet, wenn kein ♂ in unmittelbarer Nähe des ♀ war. Ist der Laichvorrat des ♀ erschöpft, so schwimmt es wieder in das Zentrum des Trupps zu den anderen ♀♀ zurück. Laichraub, wie er bei paarweisem Ansatz (siehe unten) häufig zu beobachten ist, konnte unter diesen Verhältnissen nicht festgestellt werden. Weitere Einzelheiten siehe KUENZER (Z. Tierpsychol. 89–118, 1982).
Zu Pflege eignen sich kleinere und große, reichlich bepflanzte Aquarien. Vergesellschaftung nur mit kleineren, ruhigen Arten, sonst scheu und schreckhaft. Wichtig für das Wohlbefinden sind weiches, schwach saures Wasser, Temperaturen um 25 °C und abwechslungsreiches Lebendfutter aller Art, das entsprechend dem kleinen Maul nicht zu groß sein darf. Die Geschlechter lassen sich an der Form der A erkennen, die beim ♂ stets lappenartig verlängert ist, die mittleren Flossenstrahlen zeigen oft perlschnurartige Verbreiterungen. Bei ♂♂ von Arten mit weiß gesäumter A und V sind diese Merkmale stets kräftiger ausgeprägt. A der ♀♀ gerade, vorn zugespitzt. WILEY und COLLETTE (1970) fanden auf der Kopfunterseite von *N.-bifasciatus*-♂♂ Laichausschlag oder Kontaktorgane in Form sehr kleiner, weißer (?) Tuberkel, etwa 150 pro Tier.
Zucht bei paarweisem Ansatz (vgl. oben) in kleinen Aquarien mit sehr weichem, schwach saurem Wasser. *Nannostomus beckfordi, N. bifasciatus* und *N. marginatus* laichen gern zwischen feinfiedrigen oder kleinblättrigen Pflanzen. *N. trifasciatus* bevorzugt *Riccia* oder Wasserblätter von *Salvinia. Nannostomus eques, N. harrisoni* und *N. unifasciatus* dagegen laichen an breitblättrigen Pflanzen, mit Vorliebe an *Hygrophila*.
Die Paare werden abends eingesetzt und laichen vielfach nach zahlreichen Scheinpaarungen bereits am nächsten Vormittag. Bei der Paarbildung ist das ♂ zunächst sehr lebhaft, es sucht die Nähe des ♀, verläßt es, schwimmt umher und sucht es schließlich wieder. Die Laichstelle wird durch das ♀ bestimmt. Es schwimmt, dicht vom ♂ gefolgt, unter ein Blatt, legt sich hier so auf die Seite, daß es möglichst nahe an das Blatt herankommt. Das ♂ rutscht unter das ♀ und liegt schließlich parallel unter ihm. Gleichzeitig wird der Schwanzstiel gegen das ♀ gekrümmt. Unter heftigem Erzittern werden in dieser Stellung die Geschlechtsprodukte ausgestoßen (meist eins, seltener 2–3 Eier). Unmittelbar danach schwimmen die Tiere ruckartig weiter. Einem Laichakt kann gleich ein nächster folgen, oder das ♂ schwimmt weg und nähert sich dem ♀ erst nach einiger Zeit wieder. Sind mehrere Tiere im Aquarium, so vertreibt das laichbereite ♂ die anderen ♂♂. Dieses von WICKLER für *Nannostomus beckfordi* beschriebene Laichverhalten kann bei einigen Arten etwas verändert sein. Nach dem Ablaichen oder auch schon in den letzten Phasen fressen viele Arten unter diesen Bedingungen ihre eigenen Eier. Bei *Nannostomus marginatus* wird immer wieder beobachtet, daß manche Paare sich darauf spezialisiert haben, die eben ausgestoßenen Eier zu fressen. Auch *N. beckfordi* und *N. bifasciatus* sind große Laichräuber (vgl. oben).
Die Paare können bei kräftiger Fütterung (Enchyträen) vielfach nach 2–4 Tagen wieder angesetzt werden. Die Jungfische schlüpfen bei 26–28 °C nach Stunden, liegen zunächst auf dem Bodengrund, hängen sich später senkrecht an die Wasserpflanzen oder Glasscheiben und schwimmen nach 4–5 Tagen frei. Mit feinsten Nauplien oder Rädertieren anfüttern. Wachstum nicht sehr schnell. Die sehr frühzeitig erscheinende, meist dunkle Jugendfärbung bleibt lange erhalten. Eine Besonderheit der Jungfische ist das Ruder oder die embryonale Fettflosse, die fähnchenförmig vor der zunächst etwas abwärts gerichteten C liegt und zur Fortbewegung dient.

Nannostomus beckfordi (Taf. 25)
GÜNTHER, 1872
Längsbandsalmler

Guayana, Paraná, Rio Negro, mittlerer und unterer Amazonas und verschiedene Nebenflüsse; bis 6,5 cm. D 2/8; A 3/9; P 1/10–12; V 2/7; mLR 23–26; QR 5; SL 2–6. Körper langgestreckt, torpedoförmig, seitlich mäßig abgeflacht, Kopf ziemlich spitz, keine Fettflosse, C-Lappen symmetrisch, die D entspringt genau gegenüber den Vn. Die Art variiert aufgrund ihres großen Verbreitungsgebietes vor allem in der Färbung sehr stark. Folgende Farbformen sind in der Aquaristik stark verbreitet:
Anomalus-Farbform:
Oberseits graugrün bis gelbbraun, Körperseiten gelblich, Bauch weißlich oder zart gelb, Schuppen zart dunkel gesäumt. Vom spitzen Maul über das Auge bis zur C-Wurzel und von hier gelegentlich auch auf die mittleren Strahlen (!) der C ein braunschwarzes Band, oben begrenzt von einer goldenen Binde, die bei schönen Tieren (meist nur beim ♂) nach oben hin teilweise von einem roten Strich begleitet werden kann. Nachts treten zwei dunkle Querbinden deutlich hervor (Tafel 83). ♀ alle Flossen farblos. ♂ unterer C-Lappen und die A karminrot, in Erregung blutrot. V ohne bläuliche Spitzen.
Aripiranga-Farbform (Taf. 25) (Vorkommen Insel Aripiranga im unteren Amazonas):
Diese Tiere unterscheiden sich von der Anomalus-Farbform vor allem durch folgende Merkmale: roter Strich über der goldenen Längsbinde durchgehend und kräftig. Von der Ansatzstelle der P zieht bis zur A eine feine rote Linie. V blutrot mit bläulichen Spitzen. Zur Laichzeit ist der ganze Schwanzstiel der ♂♂ blutrot. ♀ mit zartem rotem Fleck in der D.
Pflege und Zucht siehe Beschreibung der Gattung.
Nannostomus anomalus, *N. aripirangensis* und *N. simplex* (aber nicht *N. minimus*) sind nach WEITZMAN (1966) sowie WEITZMAN und COBB (1975) Synonyme dieser Art. Auch der »Goldanomalus« ist nach den genannten Autoren z. T. mit *N. beckfordi* identisch.

Nannostomus bifasciatus (Taf. 82, 83)
HOEDEMAN, 1954
Zweibandziersalmler

Guayana; bis 6 cm.
D 2/8; A 3/9; P 1/8–11; V 2/7; mLR 23–27; SL 3. Körper gestreckt, torpedoförmig, keine Fettflosse. Grundfärbung silberweiß bis zart gelblich. Zwei dunkle, meist fast rein schwarze Längsbinden, von denen die untere wesentlich kräftiger hervortritt und von der Schnauzenspitze über das Auge bis in die C-Wurzel reicht (dieses Band ist bei älteren Tieren oft nach unten ausgebogen); das zweite, schmale, oft nur aus Tupfen zusammengesetzte Band kann bei dunkler Färbung des Rückens sehr undeutlich sein, es reicht von der Oberkante des Auges bis auf die Oberkante des Schwanzstieles. Basis der C und A zart rot. Nachtfärbung siehe Taf. 83. ♀ V ohne bläulichweiße Spitzen, auf der Schnauze beiderseits ein grüngoldener Glanzstrich. ♂ V mit bläulichweißen Spitzen, Zone zwischen den Längsbinden goldfarben, Schnauze mit grüngoldenem Glanzfleck, mit Laichausschlag zur Laichzeit.
Pflege und Zucht siehe Gattungsbeschreibung. Laicht nach H. J. FRANKE wie die meisten anderen Arten zwischen feinfiedrigen Pflanzen.

Nannostomus digrammus (Taf. 25)
FOWLER, 1913

Rio Madeira, Rio Negro, Rio Purus, Rio Branco, Rio Rupununi; bis 3 cm.
D 2/8; A 3/8; P 1/8–10; V 2/7; mLR 25–26; QR 5–6; SL 0. Sehr schlanke, zierliche Art. Körper gestreckt, torpedoförmig, Fettflosse stets vorhanden, A geschlechtsreifer ♂♂ vergrößert, erreicht zurückgelegt die C-Basis, Flossenstrahlen perlschnurartig verdickt und im mittleren Teil besonders breit. Rücken grauoliv, darunter eine feine dunkelbraune Längsbinde. Von der Schnauzenspitze über das Auge bis zur C-Basis eine breite, goldgelbe bis grüngoldene Längsbinde, der sich bauchwärts eine weitere, viel breitere schwarzbraune Binde anschließt. Bauch silbrigweiß. D rötlich, Fettflosse dunkelgrau, die anderen Flossen farblos. ♀ größer, kräftiger, A gerade abgeschnitten. ♂ kleiner, schlanker, A verlängert, lappenartig, das schwarzbraune Längsband der Körperseiten endet auf der C in einem rotbraunen, keilförmigen Fleck.
Zur Pflege weiches, schwach saures Wasser, 25 bis 27 °C, kleines Lebendfutter aller Art. Vergesellschaftung nur mit kleineren, ruhigen Arten *(Nannostomus, Copella)*, sonst scheu und schreckhaft. Beim Ablaichvorgang an der Unterseite großblättriger Wasserpflanzen umschlingt das ♂ mit der A die Urogenitalregion des ♀ und fängt so die Eier auf. Pro Paarung werden 25–32 sehr kleine, schwach gelbliche Eier von geringer Klebkraft abgegeben. Insgesamt etwa 120 Eier. Die Jungfische schlüpfen nach 24 Stunden, Wachstum bei Fütterung mit *Cyclops*-Nauplien und Rotatorien schnell. FRANKE berichtet ausführlich über diese Art (Aquar. Terr., 28, 305 bis 309, 1981). WEITZMAN (1966) nimmt an, daß der in der Aquaristik öfter beschriebene »Goldanomalus« dieser Art entspricht. GÉRY (briefl. Mitteilung) hält dies für nicht gerechtfertigt. Nach eigenen Beobachtungen an lebenden Tieren hat der kräftige »Goldanomalus« keine Ähnlichkeit mit dem sehr zierlichen *N. digrammus*. Nach WEITZMAN und COBB (1975) ist der »Goldanomalus« eine Farbform von *N. beckfordi*. Wahrscheinlich wird die Bezeichnung »Goldanomalus« in der Aquaristik auf Goldformen verschiedener Arten angewendet.

Nannostomus eques (Taf. 24)
STEINDACHNER, 1876
Spitzmaulziersalmler

Peruanischer Amazonas, Guayana; bis 5 cm.
D 2/8; A 3/9; P 1/9–11; V 2/7; mLR 24–25; SL 0. Ge-

drungener als *N. unifasciatus*, Kopf spitz, unterer C-Lappen deutlich vergrößert, die Fettflosse ist sehr klein oder fehlt ganz, sie entspringt etwas hinter dem A-Ende. Die Art schwimmt in Ruhe sehr schräg, oft fast senkrecht. Hellgraubraun bis schmutzig silbern mit fünf dunklen Fleckenlängsreihen oder Längsbinden im Rückenbereich (eine mittlere und je zwei seitliche). Eine weitere sehr auffällige, vorn schwarze, hinten dunkelweinrote Längsbinde zieht von der Schnauze über das Auge bis in den unteren C-Lappen, den sie ganz ausfüllt; auch diese Binde kann vorn in einzelne Flecken aufgelöst sein. Schuppenränder innerhalb der Binden oft hell. Oberer Lappen der C glasklar, unterer Lappen an der Basis weinrot, außen schwarz; oft ist der untere Lappen gegen den oberen durch eine weiße Bogenlinie abgegrenzt. A rot und schwarz, weiß gesäumt, V bei schönen ♂♂ mit blauweißen Spitzen. Nachtfärbung: zwei breite, etwas schräg verlaufende Querbinden (Taf. 83). ♀ meist nicht ganz so farbenprächtig, kräftiger. ♂ wesentlich schlanker, Bauchlinie fast gerade.
Pflege und Zucht siehe Beschreibung der Gattung. Diese Art laicht mit Vorliebe an *Hygrophila*- oder *Ludwigia*-Blättern; eingespielte Paare laichen meist willig.
Die Art wurde zeitweilig in den jetzt ungültigen Gattungen *Poecilobrycon* und *Nannobrycon* geführt. *Poecilobrycon auratus* EIGENMANN, 1909, ist ein Synonym.

Nannostomus espei (Taf. 25)
(MEINKEN, 1956)

Rio Mazaruni und Nebenflüsse, Guayana; bis 3,5 cm.
D 2/8; A 3/9; P 1/10; V 2/7; mLR 22; QR 5–6 zwischen D und V; SL 1–2. Körper schlank, spindelförmig, Maul eng, Schnauze zugespitzt, Fettflosse vorhanden. Grundfärbung zart graubraun, gegen die Unterseite hin stark aufgehellt, Bauch weiß. Von der Schnauze über das Auge bis in die C-Wurzel ein goldenes Längsband, das im Bereich des Kopfes unten von einem schwarzen Strich begleitet wird. Alle Schuppen, besonders jedoch diejenigen in der oberen Körperhälfte, dunkel gerandet. Vier sehr deutliche schwarze Schrägbinden in der unteren Körperhälfte. Schwanzstiel unten schwarz. Flossen glasig oder zart rotbraun, unterer C-Lappen gelegentlich mit dunkleren Längsstrichen. ♀ etwas gedrungener, Bauchlinie stärker gerundet. ♂ goldene Längsbinde in der Regel etwas kräftiger, A größer, vordere Strahlen schwach pigmentiert. Bei Dunkelheit tritt zwischen den beiden ersten Schrägbinden ein zusätzliches Band hervor, das von der D bis zur Bauchkante reicht. Die Art schwimmt ganz leicht schräg mit dem Kopf nach oben.
Pflege und Zucht dieser ansprechenden Art siehe Beschreibung der Gattung. Die Eier werden an die Unterseite großblättriger Wasserpflanzen geheftet, Eizahl gering. Die Jungfische schlüpfen bei 24 °C nach zwei Tagen und schwimmen nach weiteren vier Tagen frei.

Nannostomus harrisoni (Taf. 25)
(EIGENMANN, 1909)
Goldbindenziersalmler

Guayana, Demerara (Fluß bei Georgetown); bis 6 cm.
D 2/8; A 3/9; P 1/10–11; V 2/7; mLR 27–30; QR 5½–6½; SL 3–5. Körper langgestreckt, torpedoförmig (Körperhöhe 5,4mal in der Körperlänge), Fettflosse stets vorhanden, A geschlechtsreifer ♂♂ nicht verlängert, sie erreicht zurückgelegt nicht die C. Oberseite gelbbraun bis schokoladenbraun, scharf gegen eine strohgelbe bis goldene Längsbinde abgegrenzt, die sich von der Schnauzenspitze bis in den oberen C-Lappen erstreckt. Unterhalb dieser Binde ein etwa gleichbreiter, fast schwarzer Streifen vom Unterkiefer über das Auge bis auf die mittleren C-Strahlen. Bauch silbrigweiß. D und P farblos, C-Basis schwarz, oben mit rotem Punkt. ♀ größer, kräftiger, A gerade abgeschnitten, Basis rötlich, sonst farblos, V farblos mit blauweißer Spitze, C mit weniger intensivem rotem Punkt. ♂ kleiner, schlanker, A gerundet, weinrot mit blauweißem Rand, V weinrot mit blauweißen Spitzen.
Pflege und Zucht siehe Gattungsbeschreibung. 23 bis 26 °C. Kleines Lebendfutter aller Art. KÖRNER (Aquar. Terr., 28, 240–242, 1981) berichtet über die Zucht. Das Ablaichen erfolgt in den Nachmittags- bis Abendstunden an der Unterseite von Wasserpflanzenblättern (z. B. *Hygrophila*), insgesamt nur 30–50 gelbliche Eier. Die Jungfische schlüpfen nach etwa 24 Stunden und schwimmen nach weiteren fünf Tagen frei. Anfütterung mit Infusorien, später *Artemia*- und *Cyclops*-Nauplien. Nach FRANKE schwimmen die Jungfische schräg mit dem Kopf nach oben, ähnlich *N. eques*, eine Beobachtung, die von KÖRNER (1981) nicht bestätigt werden konnte.
Poecilobrycon harrisoni EIGENMANN, 1909, *Archicheir minutus* EIGENMANN, 1910, *Nannostomus kumuni* LADIGES, 1948, und *N. cumuni* ARNOLD, 1950, sind Synonyme dieser Art.

Nannostomus marginatus (Taf. 25)
EIGENMANN, 1909
Zwergziersalmler

Suriname, Guayana; bis 4 cm.
D 2/8; A 3/9; 1/10–13; V 2/7; mLR 21–23; QR 5; SL 3 bis 5. Körper kürzer und gedrungener als bei den anderen *Nannostomus*-Arten (Körperhöhe 3,4mal in der Standardlänge enthalten), keine Fettflosse. *N. marginatus* schwimmt waagerecht. Einer der schönsten Vertreter der Gattung. Rücken olivgrün bis braun mit schwarzer Rückenkante, Unterseite gelblich bis silberweiß. Drei dunkelbraune bis schwarze Längsbinden, die mittlere und gleichzeitig breiteste Binde wird im Bereich des Rumpfes oben von einem leuchtend roten Strich begleitet. Felder zwischen den Längsbinden gelb bis goldfarben. D mit schwarzer Vorderkante und hochrotem Fleck. Nachtfärbung: ein dunkler großer Fleck unter der D, ein kleiner

dunkler Tupfen auf dem Kiemendeckel. ♀ A hinten gerade abgeschnitten, spitz, die Eier sind während der Laichzeit in dem langausgezogenen Eileiter deutlich sichtbar (Gegenlicht!). ♂ A hinten abgerundet, schwarze Umrandung vollständig.
Pflege und Zucht siehe Beschreibung der Gattung. Rationelle Zucht des Ziersalmlers nicht einfach, die Partner fressen mit Vorliebe die eben abgestoßenen Eier. Sehr dichte *Myriophyllum*-Büschel, zwischen die die Eier fallen können, ein nicht zu heller Stand und die sofortige Entfernung der Zuchttiere nach dem Laichgeschäft sind Regeln, die bei Zuchtversuchen beachtet werden sollten. Die Paare können bei kräftiger Fütterung aller 3–4 Tage zur Zucht angesetzt werden. Die Eihüllen des Ziersalmlers quellen in leicht saurem, weichem Wasser stark. Nach WICKLER fehlt dieser Art der Vertikalkampf. Dagegen kommt hier eine typische Demutsstellung vor. Ein bedrohtes, nicht kampfwilliges Tier legt sich auf die Seite und wendet den Rücken zum Gegner.

Nannostomus minimus
(EIGENMANN, 1909)
Kleiner Ziersalmler

Potaro- und Mazaruni-Flußsystem in Guayana; bis 2 cm (?).
D 2/8; A 3/9; P 1/9–10; V 2/7; mLR 23–24; SL 1–2. Körper langgestreckt, seitlich wenig zusammengedrückt, keine Fettflosse, A, ähnlich wie bei *N. digrammus*, bei geschlechtsreifen ♂♂ lappenartig ausgezogen, Flossenstrahlen jedoch nicht besonders verdickt. Rücken und Kopf olivbraun, Schuppen leicht schwarz gerandet. Iris oben gelblich, unten silberfarben. Von der Schnauzenspitze über das Auge bis zur Basis der C eine rote Längsbinde, die in einem undeutlichen schwärzlichen Fleck in der unteren C-Basis endet. Über diesem Längsband eine gelblichgrüne bis silberfarbene Binde, die oben von einer dünnen dunklen Linie begrenzt wird, darunter eine silbrigweiße Zone. Eine in der hinteren Körperhälfte am kräftigsten ausgeprägte, schwarze Längsbinde beginnt in Form von Punkten am unteren Rand des Kiemendeckels. D, P und V farblos, C-Basis gelblichgrün bis hellorangebraun. ♀ kompakter, A gerade abgeschnitten, roter Längsstreifen schwächer. ♂ schlanker, A lappenartig vergrößert, mittlere Flossenstrahlen dunkel angehaucht, roter Längsstreifen kräftiger.
Pflege siehe Gattungsbeschreibung. Zucht unbekannt.
Nach WEITZMAN (1966) ist *N. minimus* ein Synonym von *N. beckfordi*, eine Ansicht, die WEITZMAN und COBB (1975) revidieren.

Nannostomus trifasciatus (Taf. 25)
STEINDACHNER, 1876
Dreibindenziersalmler

Stromgebiet des Amazonas, unterer Rio Negro, Guayana; bis 6 cm.
D 2/8; A 3/9; P 1/9–10; V 3/7; mLR 26–27; QR 5; SL 3–5. Körper sehr schlank (Körperhöhe etwa 5mal in der Standardlänge enthalten), die Fettflosse kann deutlich ausgebildet sein oder auch fehlen, sie ist stets hinter der A gelegen. *N. trifasciatus* schwimmt waagerecht. Schönster Vertreter der Gattung. Zeichnungsmuster und Färbung im Prinzip ähnlich wie bei *N. marginatus*. Rücken olivbraun, Bauch weiß. Von der Schnauzenspitze bis zum unteren Teil der C-Wurzel ein schwarzes Längsband, darüber parallel vom Auge ausgehend eine schmalere, schwarze Längsbinde. Eine weitere, nur schwach angedeutete schwarze Längsbinde von der P bis zur A. Zwischen dem mittleren und oberen Längsband eine goldfarbene Schuppenreihe. Hinter dem Kiemendeckel ein dunkelroter Fleck. D, V und C ebenfalls mit roten Flecken, V und A mit blauweißen Spitzen. Oberer Teil der Schnauzenspitze goldglänzend. Nachtfärbung grünlichgrau bis gelblichgrau mit drei breiten, dunklen Querbinden (Taf. 83). ♀ Farben etwas blasser, ♂ wie oben beschrieben gefärbt.
Pflege und Zucht siehe Beschreibung der Gattung. Zur Zucht am besten altes Wasser aus Waldtümpeln. Bisher liegen keine nennenswerten Zuchterfolge vor. Nach WEITZMAN identisch mit *Nannostomus trilineatus* LADIGES, 1948, *Poecilobrycon erythrurus* EIGENMANN, 1910, *Poecilobrycon vittatus* AHL, 1933, und z. T. *Cyprinodon amazona* EIGENMANN, 1894. Nach GÉRY (1977) ist *Nannostomus erythrurus* (EIGENMANN, 1910) aus Guayana und dem mittleren sowie unteren Amazonasgebiet eine eigenständige Art, deren mittleres Längsband hinten bis auf die C übergreift, während es bei *N. trifasciatus* auf dem Schwanzstiel endet, eine Meinung, die von WEITZMAN und COBB (1975) nicht geteilt wird.

Nannostomus unifasciatus (Taf. 24)
(STEINDACHNER, 1876)
Einbindenziersalmler

Mittlerer und unterer Amazonas und seine Nebenflüsse, Rio Negro, Guayana; bis 6,5 cm.
D 2/8; A 3/9; P 1/9–11; V 2/7; mLR 28–30; QR 5; SL 2–5. Diese Art ist eine der gestrecktesten *Nannostomus*-Arten (Körperhöhe 5,4–5,5mal in der Standardlänge enthalten), D etwas hinter den Vn angesetzt, etwa um Augenbreite hinter der Körpermitte gelegen, C-Lappen gleichartig gestaltet (!), die Fettflosse entspringt etwa in Höhe des A-Hinterrandes. Die Art schwimmt ganz wenig schräg und hält sich stets nahe dem Bodengrund auf. Gelbbraun bis goldbraun mit dunkelbrauner gerader Längsbinde vom Maul bis in den unteren Teil der C-Wurzel, darüber eine goldfarbige Zone. Schuppen dunkel gerandet. C-Basis rötlich, unterer Flossenlappen besonders randwärts dunkel oder mit einem Pfauenaugenfleck in Weiß, Rot und Braun, A rötlich, V rot mit weißen oder bläulichen Spitzen. Auf der Schnauze ein kräftig rotgelb irisierender Fleck. Nachtfärbung siehe Taf. 83. ♀ A unten gerade abgeschnitten. ♂ A unten gerundet. Vorderkante kräftiger.

Pflege und Zucht siehe Beschreibung der Gattung *Nannostomus*. In geringem Umfang bereits nachgezogen. Die ruhige, elegante Art gehört zu den schönsten Ziersalmlern.
Die Art wurde früher in den jetzt ungültigen Gattungen *Poecilobrycon* und *Nannobrycon* geführt. *Poecilobrycon ocellatus* EIGENMANN, 1909, ist ein Synonym.

Gattung *Pyrrhulina*
(CUVIER und VALENCIENNES, 1846)

Die Gattung unterscheidet sich von den nahestehenden Gattungen *Copeina* und *Copella* vor allem durch die Bezahnung des Praemaxillare, die bei *Pyrrhulina* aus zwei Zahnreihen besteht, dagegen stehen bei *Copeina* und *Copella* hinter der Hauptreihe höchstens 1–2 Zähne in der Kiefermitte, nie aber eine komplette Zahnreihe. Maxillare nie S-förmig gebogen (Abb. 123). Flossen klein, selten verlängert, SL und Fettflosse fehlen stets. Färbung umweltabhängig, geschlechtsaktive ♂♂ zeigen oft ein dunkles Längsband. Ähnlich wie die *Copella*-Arten sind auch die *Pyrrhulina*-Arten z. T. nur unzureichend definiert. Dadurch entstehen besonders in der Aquaristik große Unsicherheiten. Auch GÉRY (1977) beschreibt deshalb nur Artengruppen.
Nördliches Südamerika.
Pflege und Zucht siehe Gattungsbeschreibung *Copeina*.

Pyrrhulina brevis (Taf. 26)
STEINDACHNER, 1875
Schuppenflecksalmler

Amazonas, Rio Negro; bis 9 cm.
D 9–10; A 11–12; mLR 20–22. Etwas gedrungen, C nur mäßig eingeschnitten. Rücken braun bis bronzegrün, Körperseiten mit leicht bläulichem Glanz, Kehle und Bauch silbern, rötlich angehaucht. Vom Vordergrund des Unterkiefers zieht über die Augenmitte bis unter die D eine schwärzliche Binde. Körperseiten mit vier roten Punktreihen. An der Vorderkante der D ein dunkler Fleck. ♀ Flossen gelblich, nicht schwarz gesäumt, C-Lappen gleichgroß. ♂ Flossen feuerrot, D, A und V schwarz gesäumt, D-Fleck weiß umrahmt, oberer C-Lappen etwas länger.
Pflege siehe Beschreibung der Gattung *Copeina*. Die Art soll auf großen Pflanzenblättern laichen, die ♂♂ sind zur Laichzeit aggressiv.
Nach GÉRY (1977) sind die Unklarheiten bei dieser Art besonders groß. Gegenwärtig werden offenbar mehrere Formen aus der *Pyrrhulina-brevis*-Gruppe gepflegt. *P. brevis australe* (EIGENMANN und KENNEDY, 1903) aus dem La-Plata-Paraná-Paraguay-Gebiet und vielleicht auch aus dem Rio Guaporé hat einen längergestreckten Körper, Körperhöhe 4,0–4,25mal in der Körperlänge enthalten (3,4–4,0mal bei der Nominatform).

Pyrrhulina laeta (Taf. 27)
(COPE, 1871)

Mittlerer und oberer Amazonas; bis 8 cm.
D 10; A 11; mLR 22–23. Von gattungstypischer Körperform, Kopf etwas spitzer als bei anderen Arten. Oberseits dunkelbraun, gelegentlich mit zwei fast schwarzen Flecken zwischen Kopf und D, Körperseiten zart graubraun mit lichtem bläulichem Schimmer, Unterseite gelblich bis weiß, Schuppen z. T. dunkel gerandet. Vom Unterkiefer über das Auge und den Kiemendeckel bis ungefähr in D-Höhe zieht eine schwarze bis dunkelbraune Binde, die auf dem Körper recht undeutlich oder in Flecke aufgelöst sein kann. Flossen gelblich bis rötlich, A und V hellblau gesäumt, ebenso die äußeren Flossenstrahlen der C, D mit großem, rundem, oft hell eingefaßtem, schwarzem Fleck. ♀ heller gefärbt, D und oberer C-Lappen nicht verlängert. ♂ D und oberer C-Lappen stärker verlängert. Zur Laichzeit mit breitem, dunklem, oben und unten zickzackförmig begrenztem Längsband von der Schnauzenspitze bis zur Basis der D, in dem zwei Reihen orangeroter Punkte liegen, A orangerot, C unten und oben intensiver hellblau gesäumt.
Pflege siehe Gattung *Copeina*. Die Tiere laichen auf der Oberfläche großer Wasserpflanzenblätter, bei deren Fehlen auch in Sandmulden. NIEUWENHUIZEN (DATZ, 33, 374–378, 1980) berichtet ausführlich über diese Art.
Pyrrhulina semifasciata (STEINDACHNER, 1875) und *P. maxima* EIGENMANN und EIGENMANN, 1899, sind nach GÉRY (1977) Synonyme von *P. laeta*.

Pyrrhulina nigrofasciata
MEINKEN, 1952
Rehsalmler

Genaue Herkunft unbekannt, vermutlich mittlerer Amazonas; bis 6 cm.
D 10; A 11; V 8; mLR 22–23. Von gattungstypischer Körperform. Rücken rehbraun, Seiten bräunlich, Bauchpartie gelblichweiß. Vom Maul über das Auge bis zur C-Wurzel zieht eine breite, kaffeebraune Längsbinde, die nur zeitweilig (Schreck-, Fluchtreaktionen) stark verblaßt, die stehenbleibenden dunklen Schuppenränder können dann eine Art Zickzackband vortäuschen. Alle Schuppen der mittleren Schuppenreihen mit blutrotem Punkt (besonders deutlich bei verblassendem Längsband), die Punkte in der vorderen Körperpartie sind kräftiger. Alle Flossen gelblich bis rotbraun, D mit schwarzem, basal weiß begrenztem Fleck. ♀ etwas kleiner, Färbung der Flossen schlichter. ♂ Flossen größer, spitzer ausgezogen, oberer Lappen der C länger, A schwarzbraun begrenzt.
Pflege und Zucht siehe Gattung *Copeina*. Die Tiere laichen auf Blättern, die vorher vom ♂ geputzt werden. Die Jungfische schlüpfen nach 25–30 Stunden und schwimmen nach etwa fünf Tagen frei. Erstzucht H. J. FRANKE 1951. Die prächtige Art erwies sich als sehr anfällig. Vergleiche auch FRANKE (Aquar.

Tafel 53 Links: *Nannocharax fasciatus* (Foto Richter) · *Nannaethiops unitaeniatus* (Foto Richter) · *Neolebias trilineatus* (Foto Zarske). Rechts: *Neolebias ansorgei* (Foto Richter) · *Neolebias ansorgei* (Foto Foersch) · *Phenacogrammus ansorgei* (Foto Richter)

Tafel 54 *Apteronotus albifrons* · *Apteronotus* cf. *albifrons*. Unten links: *Gymnorhamphichthys hypostomus* Ellis in Eigenmann, 1912. Unten rechts: *Electrophorus electricus* (unten rechts Sterba, alle anderen Fotos Richter)

Tafel 55 Links: *Steatogenys elegans* (Foto Richter) · *Barilius auropurpurescens* (Foto Foersch) · *Danio malabaricus* (Foto Richter). Rechts: *Luciosoma trinema* (Foto Becker) · *Barilius christyi* (Foto Richter) · *Danio* cf. *malabaricus* (Foto Richter)

Tafel 56 Links: *Brachydanio rerio* (Foto Richter) · *Brachydanio »frankei«*, Leoparddanio (Foto Richter) · *Brachydanio kerri* (Foto Richter). *Leptobarbus hoeveni* (Foto Zarske) · Rechts: *Brachydanio rerio*, großflossige Mutante (Foto Richter) · *Brachydanio albolineatus* (Foto Sterba) · *Danio devario* (Foto Richter)

Tafel 57 Links: *Rasbora maculata* (Foto Richter) · *Rasbora dorsiocellata macrophthalma* (Foto Foersch) · *Rasbora pauciperforata* (Foto Richter). Rechts: *Rasbora urophthalma* (Foto Zarske) · *Rasbora brittani* (Foto Richter) · *Rasbora cephalotaenia* (Foto Richter)

Tafel 58 Links: *Rasbora heteromorpha* (Foto Richter) · *Rasbora hengeli* (Foto Richter) · *Rasbora vaterifloris* (Foto Richter). Rechts: *Rasbora sumatrana* (Foto Lübeck) · *Rasbora somphongsi* (Foto Richter) · *Microrasbora rubescens* (Foto Foersch)

Tafel 59 Links: *Microrasbora erythromicron* · *Barbus arulius* · *Barbus fasciatus*. Rechts: *Balantiocheilus melanopterus* · *Barbus barilioides* · *Barbus bimaculatus* (oben links Foersch, alle anderen Fotos Richter)

Tafel 60 Links: *Barbus altus* (Foto Zarske) · *Barbus titteya* (Foto Foersch) · *Barbus vittatus* (Foto Richter). Rechts: *Barbus hulstaerti* (Foto Sterba) · *Barbus nigeriensis* (Foto Lübeck) · *Barbus ablabes* (Foto Richter)

Tafel 61 Links: *Barbus stoliczkae* (Foto Sterba) · *Barbus ticto* (Foto Richter) · *Barbus »odessa«*, ♀ (Foto Richter). Rechts: *Barbus stoliczkae* aus dem Inle-See (Foto Foersch) · *Barbus conchonius* (Foto Richter) · *Barbus »odessa«*, ♂ (Foto Richter)

Tafel 62 Links: *Barbus filamentosus*, adult (Foto Lübeck) · *Barbus filamentosus*, umfärbend (Foto Richter) · *Barbus semifasciolatus* (Foto Richter). Rechts: *Barbus oligolepis* (Foto Zarske) · *Barbus callipterus* (Foto Richter) · *Barbus nigrofasciatus* (Foto Richter)

Tafel 63 Links: *Barbus tetrazona tetrazona* (Foto Sterba) · *Barbus tetrazona tetrazona*, moosgrün (Foto Franke) · *Barbus tetrazona tetrazona*, Hongkong (Foto Lübeck). Rechts: *Barbus pentazona pentazona* (Foto Richter) · *Barbus pentazona rhombo-ocellata* (Foto Foersch) · *Barbus foerschi* (Foto Foersch)

Tafel 64 Links: *Barbus eugrammus* (Foto Foersch) · *Cyclocheilichthys apogon* (Foto Lübeck). Rechts: *Barbus kuda* (Foto Richter) · *Garra congensis* (Foto Foersch). Unten: *Garra taeniata* (Foto Richter)

Terr., 17, 148–152, 1970). Der Status dieser Art ist nicht ganz klar. Nach GÉRY (1977) ist sie vielleicht identisch mit *Copella metae* EIGENMANN, 1914, oder *Copella eigenmanni* (REGAN, 1912). Um die Situation nicht noch undurchsichtiger zu machen, wird hier der in der Aquaristik bekannteste Name verwendet.

Pyrrhulina rachowiana (Taf. 27)
MYERS, 1926
Augenstrichsalmler

Unterer Paraná und La Plata (Rosário de Santa Fé); bis 5 cm.
D 10; A 11; mLR 21. Körper gestreckt, gattungstypisch. Rücken glänzend dunkelbraun, Bauch gelblichweiß. Vom Kopf zur C-Wurzel zieht ein goldglänzendes Längsband, das unten von einer braunen, um die Maulspalte und über das Auge verlaufenden Längsbinde gesäumt wird, letztere geht allmählich in das Gelblichweiß des Bauches über. Kiemendeckel mit leuchtend hellgrünem Fleck. Im vorderen Körperdrittel zwei Längsreihen großer rötlicher Punkte oder Flecken. Flossen gelblichgrün, D mit einem ovalen, schwarzen Fleck. Die Flossen haben bei auffallendem Licht eine zart bläuliche Begrenzung. ♀ beide C-Lappen gleichlang, Längsbindenzeichnung nur angedeutet. ♂ oberer C-Lappen länger, A und V mit ziegelrotem Rand.
Lebhafte, sehr schwimmaktive Tiere, etwas aggressiv, sonst anspruchslos und ausdauernd. Pflege und Zucht siehe Beschreibung der Gattung *Copeina*. Die Art laicht willig auf Blättern oder in Bodenmulden.

Pyrrhulina spilota (Taf. 27)
WEITZMAN, 1960
Dreipunkt-Pyrrhulina

Kleine Urwaldbäche im peruanischen Teil des Amazonasgebietes; bis 8 cm.
D 2/7–8; A 3/9; P 1/12–13; V 1/7; mLR 25–26+3–4; QR 5. Körper gattungstypisch gestaltet. Hell sandfarben, Iris des großen Auges oben ziegelrot, unten goldgelb. Auf den Körperseiten drei große, tiefschwarze Flecke, von denen sich der 1. über der V, der 2. über der A und der 3. im unteren Teil des Schwanzstiels befindet. Eine schwarze, schmale Längsbinde von der Schnauzenspitze über das Auge bis hinter den Kiemendeckel. Flossen rötlich, A ziegelrot, am Rand mit mehreren schwarzen Flecken, D und C sowie die äußeren Strahlen der C hellblau gesäumt. ♀ kleiner, die schwarzen Flecken sind außerhalb der Laichperiode stets deutlich. ♂ größer, die schwarzen Flecken auf den Körperseiten verblassen zeitweise fast völlig, dagegen tritt ein kreisrunder dunkler Schulterfleck deutlich hervor, Schuppen der Bauchregion kräftig rot gerandet.
Pflege und Zucht siehe Gattungsbeschreibung *Copeina*. Laicht auf der Oberfläche großer Wasserpflanzenblätter ab. Bis etwa 80 Eier, siehe auch FRANKE (Aquar. Terr., 28, 54–56, 1981).

Pyrrhulina stoli (Taf. 27)
BOESEMAN, 1953

Suriname, Guayana, oberer Rio Meta; bis 8 cm.
D 2/8; A 2/9; P 1/12; V 1/7; mLR 22–23+3–4; QR 5 bis 5½. Körper langgestreckt, seitlich wenig zusammengedrückt. Hellgelblich bis hellgrau, Rücken bräunlich, Bauch weißlich. Iris leicht gelb. Von der Schnauzenspitze über das Auge bis auf die 2. Schuppe hinter dem Kiemendeckel ein tiefschwarzes, schmales Band. D mit tiefschwarzem, vorn rötlich, sonst hell eingefaßtem Fleck, die anderen Flossen farblos bis zart gelblich, C außen hellblau. ♀ kleiner, heller. ♂ größer, häufig umweltabhängig mit dunkelbraunem bis fast schwarzem Längsband, das hinter dem Kiemendeckel beginnt und an der C-Basis endet.
Pflege und Zucht leicht, siehe Gattung *Copeina*.
Auch die Bestimmung dieser Art ist nicht eindeutig. Nach GÉRY (1972) hat *P. stoli* 12–13 anstatt 11 Praedorsalschuppen wie die nahe verwandte *P. eleanorae*. Beide unterscheiden sich von *P. laeta* durch den kurzen, schwarzen Streifen auf dem Kopf, der nur 2 bis 3 Schuppen weit über den Kiemendeckel hinausreicht und sich nicht wie bei *P. laeta* bis unter die D zieht.

Pyrrhulina vittata (Taf. 82)
REGAN, 1912

Amazonas bei Santarém, Rio Tapajós; bis 5 cm.
D 10; A 11; mLR 20–22. Von gattungstypischer Körperform. Oberseite graugrün oder bräunlich, Körperseiten matt silbrig mit bläulichem oder grünlichem Schimmer, Unterseite weißlich, oft zart rötlich angehaucht (nach RACHOW bei größeren ♂♂ mitunter lebhaft rot). Schuppen in der oberen Körperhälfte mit hellem Fleck und zart dunklem Rand. Vom Unterkiefer bis etwas hinter den Kiemendeckel verläuft eine schwarze oder dunkelbraune Binde. Nur gelegentlich treten 2–3 schmale Querbinden hervor. Flossen glasig bis zart rötlich, vielfach mit bläulichweißem Saum. D mit einem großen, schwarzen, hell umrahmten Fleck. ♀ Flossen immer farblos, höchstens bläulich gesäumt, kräftiger. ♂ in erwachsenem Zustand oft mit gelblichen und rötlichen Flossen, oberer C-Lappen etwas verlängert.
Pflege und Zucht siehe Beschreibung der Gattung *Copeina*. Sehr lebhafte, friedliche Art. Zucht leicht.

Pyrrhulina spec. (Taf. 27)
Zick-zack-Pyrrhulina

Oberer Amazonas in der weiteren Umgebung von Iquitos und Requena in Peru; bis 8 cm.
Körper langgestreckt, seitlich wenig zusammengedrückt. Silberfarben mit bräunlichem bis bläulichem Anflug, Rücken rehbraun. Von der Schnauzenspitze über das Auge bis zur Basis der C eine breite blauschwarze zickzackförmige Längsbinde. C-Basis mit tiefschwarzem Fleck. ♂ D und oberer C-Lappen verlängert.

Pflege und Zucht siehe Gattungsbeschreibung *Copeina*. Sehr schöne Art, die bislang schon unter den verschiedensten Namen gepflegt wurde. Nach GÉRY (briefl. Mitteilung) handelt es sich um eine noch nicht bestimmte Art.

Familie Hemiodidae
Keulensalmler

Relativ artenarme Familie größerer, schlanker Flußfische Südamerikas. C tief eingeschnitten. Maul leicht unterständig, mehr oder weniger vorstreckbar. Bezahnung reduziert, Unterkiefer nur mit seitlichen Zähnen oder zahnlos, Oberkiefer mit Schneidezähnen, die vielfach eine einheitliche Schnittkante bilden. Fettflosse meist vorhanden. Schuppen cycloid oder cyclo-ctenoid. Schnelle und wendige Schwimmer der Freiwasserzonen, aber auch Bodenbewohner. Etwa neun Gattungen. Verbreitung siehe Abb. 130.

Gattung *Hemiodopsis* FOWLER, 1906

Nahe verwandt mit der Gattung Hemiodus, jedoch sind die Schuppen in der Rückenregion nur etwas kleiner als die der unteren Körperhälfte. In Südamerika weit verbreitet. 15 Arten.

Hemiodopsis gracilis
(GÜNTHER, 1864)

Amazonas, Guayana, Rio São Francisco; bis 16 cm.
D 11; A 10; V 11–12; mLR 42. Körper langgestreckt, schlank, seitlich zusammengedrückt. Gestreckteste Art der Gattung. Olivgrün bis bräunlich mit starkem Silberglanz. Im hinteren Teil des Körpers, etwa in der Körpermitte verlaufend, eine tiefschwarze Binde, die auf den unteren Lappen der C übergreift. Äußere Strahlen des unteren C-Lappens, oft auch des oberen, orangerot bis blutrot, restliche Flossen farblos. Geschlechtsunterschiede unbekannt.
Pflege siehe *Hemiodopsis semitaeniatus*.

Hemiodopsis goeldii (Taf. 29)
(STEINDACHNER, 1908)

Guayana, Rio Xingu; bis 20 cm (?).
D 11; A 9–11; mLR 44–46. Körper etwas hochrückiger als bei der vorhergehenden Art. Olivgrün mit starkem Silberglanz. Hinter der D, etwa in der Körpermitte, ein kreisrunder bis längsovaler, tiefschwarzer Fleck. Dahinter eine schmale, schwarze Längsbinde, die bis zur Spitze des unteren C-Lappens verläuft. Manchmal tritt diese Binde nur auf dem unteren C-Lappen hervor. Flossen gelblich, äußere Strahlen der C, besonders des unteren Lappens, gelblich. Geschlechtsunterschiede unbekannt.
Pflege siehe *H. semitaeniatus*, mit der die Art häufig verwechselt wird. Nach GÉRY sind die meisten unter dem Namen *H. semitaeniatus* gepflegten Fische *H. goeldii*. Auch *Curimata semitaeniata*, ein Vertreter der Curimatidae (Barbensalmler), ist von dieser Art äußerlich kaum zu unterscheiden (GÉRY, 1978).

Hemiodopsis quadrimaculatus quadrimaculatus (Abb. 134)
(PELLEGRIN, 1908)

Camopi (Fluß in Franz.-Guayana); bis 18 cm (?).
D 2–3/10; A 3/10; mLR 42–44. Körper ähnlich gestaltet wie bei der vorhergehenden Art angegeben. Silberfarben mit rötlichem bis violettem Anflug, Rükken relativ dunkel. Körperseiten mit drei sich ventral verjüngenden, dunklen Querbinden. Eine weitere Binde auf der C-Basis, die sich in den beiden Flossenlappen als Streifen fortsetzt. Geschlechtsunterschiede unbekannt.
Pflege siehe *H. semitaeniatus*.

Hemiodopsis quadrimaculatus vorderwinkleri (Taf. 29)
GÉRY, 1964

Oberer Amazonas, Guayana, Suriname, weitverbreitet; bis 13 cm (?).
D 2–3/10; A 3/9; mLR 44–45. Körpergestalt und Färbung ähnlich der Nominatform. Nach GÉRY (1977) nur anhand der Flossenstrahlen in der A und der Kiemenreusenzähne am unteren Teil des vorderen Kiemenbogens (16–21 im Gegensatz zu etwa 27) zu unterscheiden. Fettflosse mit kleinem, rotem Fleck. Geschlechtsunterschiede unbekannt.
Pflege siehe nachfolgende Art.

Hemiodopsis semitaeniatus (Abb. 135)
(KNER, 1859)

Rio Guaporé; bis 20 cm.
D 10; A 9–11; mLR 56–58. Körper ebenmäßig schlank, seitlich zusammengedrückt, A relativ klein, C groß, tief eingeschnitten, Lappen weit gespreizt. Insgesamt stark silbrig glänzend. Oberseite olivbraun-silbern, Körperseiten je nach Beleuchtung grünlich bis stahlblau glänzend, Unterseite weiß-silbern. Von einem meist sehr deutlichen, runden, schwarzen Fleck unterhalb der D zieht sich eine feine dunkle Linie zur C-Wurzel und von hier aus stark verbreitert in den unteren C-Lappen. Flossen glasig durchsichtig, oberer C-Lappen oft leicht schwärzlich, Spitzen beider Lappen gelegentlich zart rot. Geschlechtsunterschiede unbekannt.
Dieser sehr elegante, außerordentlich schnelle und wendige Schwarmfisch kommt nur in sehr großen Aquarien zur Geltung und kann auch nur dort sein Bewegungsbedürfnis befriedigen. Die Art ist nicht sehr empfindlich und nimmt verschiedenes Lebendfutter, vor allem aber auch pflanzliche Stoffe (Salat), gut an; sehr gefräßig. Vorzugstemperatur um 23 °C. Ein Schwarm dieser Art vermittelt ein prächtiges Bild. Bisher noch nicht nachgezüchtet.

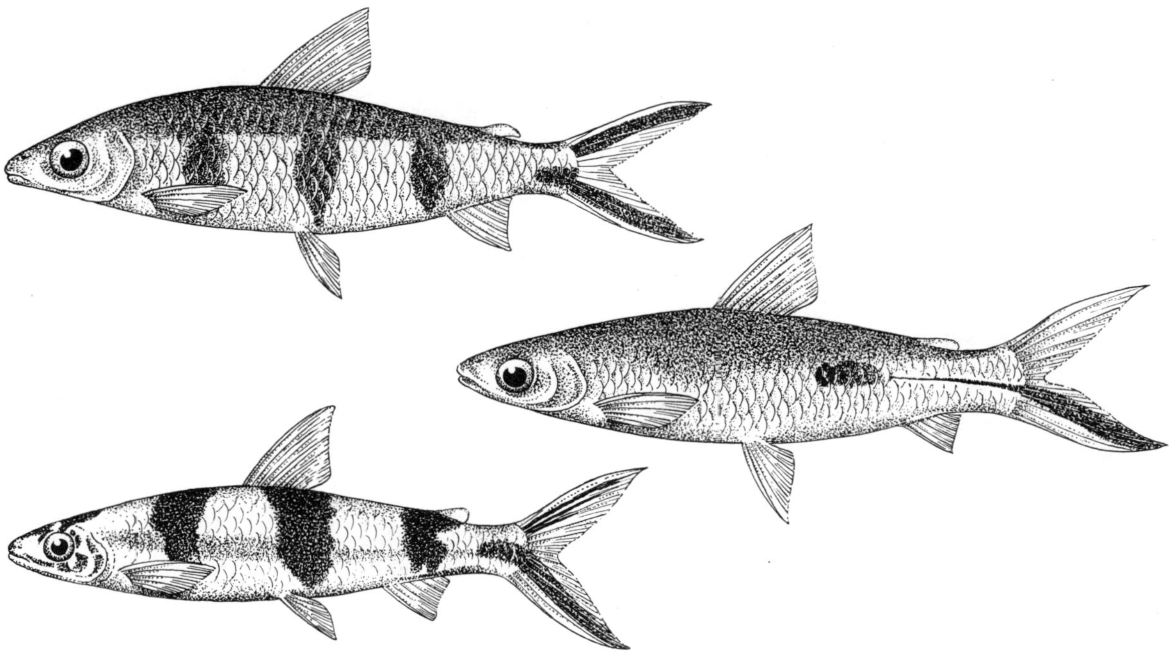

Abb. 134 *Hemiodopsis quadrimaculatus*
Abb. 135 *Hemiodopsis semitaeniatus*
Abb. 136 *Hemiodopsis sterni*

Hemiodopsis sterni (Abb. 136)
GÉRY, 1964

Mato Grosso in Brasilien, Rio Juruena; bis 9 cm? D 2/9; A 2–3/9; mLR 64–67. Körper torpedoartig, elegant, seitlich stark zusammengedrückt, C tief gegabelt, Lappen weit gespreizt. Silberfarben, oberseits hell bis dunkler ockerfarben, vier breite, tiefschwarze Querbinden, die am Rücken am breitesten sind und sich gegen die Bauchseite hin keilförmig verjüngen. Die letzte Binde auf der C-Basis in Form eines länglichen Fleckes, der sich als Streifen in den unteren C-Lappen fortsetzt. Oberer Lappen mit schwächerem, dunklem Streifen, Unterkante der C hell, A vorn weißlich. Sehr schöne Art. Geschlechtsunterschiede unbekannt.
Pflege wie bei *Hemiodopsis semitaeniatus* angegeben.

Gattung *Hemiodus* MÜLLER, 1842

Der voranstehenden Gattung sehr ähnlich. Unterschiede betreffen die Beschuppung. Rückenschuppen bei ausgewachsenen Fischen deutlich kleiner als die Schuppen der Bauchregion. Die Gattung war früher unter dem ungültigen Namen *Anisitsia* bekannt. In Südamerika weit verbreitet. Zwei Arten.

Hemiodus unimaculatus (Taf. 29, Abb. 137)
(BLOCH, 1794)

Guayana, Orinoko, Rio Guaporé, Brasilien, Bundesstaat Pará, weitverbreitet und häufig; bis 20 cm. D 11–12; A 12; mLR 55–64. Ähnlich gestaltet wie *Hemiodopsis semitaeniatus*. Silberfarben, Rücken bläulich, Bauch leicht kupferfarben. Ein kreisrunder bis längsovaler, tiefschwarzer Fleck hinter der D, etwa in der Körpermitte. Flossen farblos, jeder C-Lappen mit einem mehr oder weniger kräftigen, schwarzen Strich, der jedoch im unteren Lappen stets intensiver ist. Geschlechtsunterschiede unbekannt.
Pflege siehe bei *Hemiodopsis semitaeniatus*. *Curimata ocellata* ist äußerlich nicht von dieser Art zu unterscheiden (GÉRY, 1978). *Anisitsia notata* (SCHOMBURGK, 1842) ist ein Synonym von *Hemiodus unimaculatus*.

Gattung *Parodon*
CUVIER und VALENCIENNES, 1849

Mittelgroße, langgestreckte, seitlich relativ wenig abgeflachte Salmler, die sich dem Leben auf dem Bodengrund angepaßt haben. Maul unterständig, Schnauze kaum beweglich. Maxillar- und Mandibularzähne vorhanden, aber nie zahlreich, breit bis vielspitzig. Brust flach und breit. Paarige Flossen (besonders P) stark entwickelt. Einige Arten erinnern entfernt an die in Afrika und Asien verbreitete Cyprinidengattung *Labeo*. GÉRY (1977) unterscheidet drei Untergattungen: *Parodon*, *Apareiodon* und *Parodontops*. In Südamerika weit verbreitet, etwa 18 Arten.

Abb. 137 *Hemiodus unimaculatus*

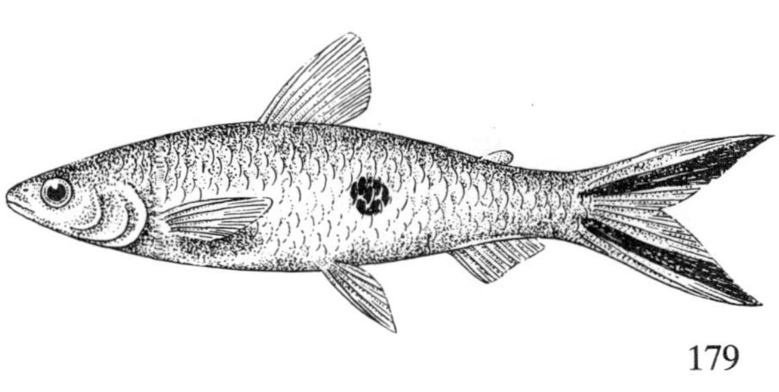

Parodon suborbitale (Taf. 49)
CUVIER und VALENCIENNES, 1849

Venezuela, Kolumbien (?); bis 10 cm.
D 11; A 2/7; mLR 35–38. Körper gattungstypisch gestaltet. Bräunlich bis braun, Bauch silberfarben. Von der Schnauze über das Auge bis auf die mittleren Flossenstrahlen der C eine dunklere Längsbinde, auf die etwa 15 blauschwarze, kurze Querbinden aufgelagert sind. Flossen farblos, erste Strahlen von A und V mit weißen Spitzen. Geschlechtsunterschiede unbekannt.
Pflege nicht schwierig. Friedliche, in Trupps lebende Fische vorwiegend steiniger Regionen von kleineren Flüssen und Bächen, oft vergesellschaftet mit *Corydoras*. Größere Aquarien mit guter Durchlüftung, 22–26 °C. Allesfresser, die unter natürlichen Verhältnissen vorwiegend Algenaufwuchs und dessen Zooplankton fressen. Durch Zufütterung pflanzlicher Stoffe ist dieser Ernährung Rechnung zu tragen. Noch nicht gezüchtet.

Familie Anostomidae
Engmaulsalmler

Mit zwölf Gattungen und über 100 Arten relativ kleine und morphologisch einheitliche Familie der Characoidei Südamerikas und der Westindischen Inseln (Abb. 138). Familientypische Merkmale sind nach GÉRY (1977): die mit dem Isthmus verwachsenen Kiemendeckelmembranen, die ebenfalls von einer häutigen Membran umgebenen vorderen Nasenöffnungen, die 3–4 kräftigen, abgestutzten oder fein gezackten Zähne je Kiefer, die in der Regel fest verankert sind, das zahnlose Maxillare und Palatinum, der langgestreckte Körper (Ausnahme *Abramites*) und die durch weniger als zehn geteilte Strahlen gestützte kurze A (Ausnahme *Abramites*). Fettflosse vorhanden. Das kleine Maul ist von kräftigen Lippen umgeben. Rundschuppen. GÉRY unterscheidet zwei Unterfamilien: Leporellinae: C im körpernahen Teil beschuppt, Nasenöffnungen eng beieinanderliegend (Gattung *Leporellus* mit etwa sieben Arten) und Anostominae: C im körpernahen Teil unbeschuppt, Nasenöffnungen deutlich voneinander getrennt.
Mehrere Gattungen sind Kopfsteher (*Abramites, Anostomus, Laemolyta* u. a.), d. h. in Ruhestellung und beim ruhigen Schwimmen ist der Körper nicht waagerecht, sondern mehr oder weniger schräg nach unten orientiert. Das Maul der Kopfsteher ist oberständig, bei einigen Gattungen steht die Maulspalte senkrecht zur Längsachse *(Anostomus, Synaptolaemus)*. Wahrscheinlich sind alle Arten Freilaicher. Die *Leporinus*-Arten wandern zur Laichzeit in kleine Bäche. Allesfresser, die z. T. Vorliebe für pflanzliche Nahrung haben. Viele Arten sind in ihrer Heimat geschätzte Speisefische.

Abb. 138 Verbreitungsgebiet der Anostomidae

Gattung *Abramites* FOWLER, 1906

Eng verwandt mit der Gattung *Leporinus*, von der sie sich durch den hochrückigen Körper, die längere A (mehr als zehn Strahlen) und durch den hinter den Vn gekielten Körper unterscheidet. Amazonas-, Orinoko- und Paraguay-System, Río Magdalena. Zwei Arten.

Abramites hypselonotus hypselonotus (Taf. 32)
(GÜNTHER, 1868)
Brachsensalmler

Amazonas- und Orinokogebiet; bis 13 cm.
D 2/10; A 2/11–12; mLR etwa 40. Körper hochrückig, ungefähr gleichartig ausgebogen, Jungtiere gestreckter, Kopf klein, Schnauze spitz, Kopfsteher. Färbung variabel, dunkelbraun oder grau bis gelbbraun mit acht unregelmäßigen, breiten braunen Querbinden. D vorn und an der Basis dunkelbraun, oberer und hinterer Teil durchscheinend, A und P lehmgelb bis reingelb, A mit breiter, schwarzer Basis und schwarzem Saum, C durchscheinend, Fettflosse kräftig gelb, breit schwarz gesäumt, Vn schwarz. ♂ wesentlich kontrastreicher gefärbt.
Die Art erinnert in ihrem Verhalten an *Chilodus punctatus*, Pflege siehe dort (S. 185). Nimmt gern pflanzliche Nahrung, wie gebrühte Salat- und Spinatblätter. Größere Tiere sind untereinander oft aggressiv. Fortpflanzung unbekannt.
A. hypselonotus ternetzi NORMAN, 1926, hat einen höheren Schwanzstiel und eine weiter vorn angesetzte D. *Abramites eques* (STEINDACHNER, 1878) aus dem Río Magdalena (Kolumbien) hat mehr A-Strahlen (2/13–14), ist schlanker und zeigt vier gerade

(nicht acht schiefe) Querbinden. *A. microcephalus* NORMAN, 1926, ist wahrscheinlich ein Synonym von *A. hypselonotus*.

Gattung *Anostomus* SCOPOLI, 1777

Charakteristische Merkmale der Gattung sind: die oberständige, senkrecht orientierte Maulspalte, der langgestreckte, seitlich wenig zusammengedrückte Körper und die 3–4 zwei- bis dreispitzigen Zähne auf jeder Kieferseite. GÉRY (1977) faßt *Laemolyta* als Untergattung von *Anostomus* auf, eine Meinung, die von WINTERBOTTOM (1980) nicht geteilt wird. WINTERBOTTOM trennt aufgrund der abweichenden Anzahl der Branchiostegalstrahlen (drei statt vier), der anders gestalteten Zähne an der Symphyse und dem unterschiedlichen D- bzw. V-Beginn die Gattung *Pseudanos* ab. Beide Auffassungen werden z.Z. noch diskutiert und deshalb hier noch nicht berücksichtigt. Größere Tiere bis maximal 20 cm. Amazonas- und Orinokosystem, Rio Negro, Guayana-Länder, Mato Grosso. Acht Arten.

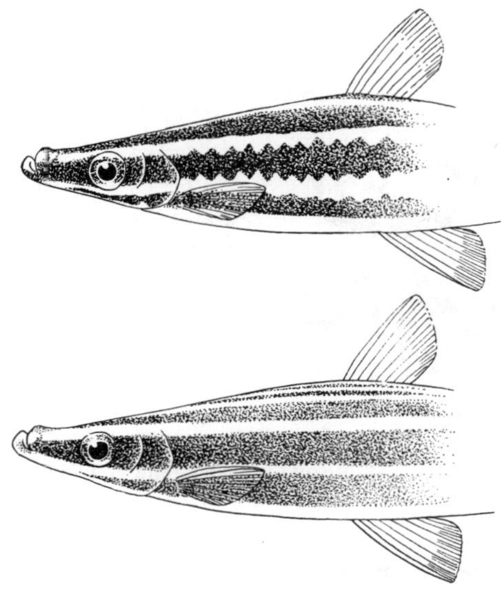

Abb. 139 Unterschiede in der Zeichnung von *Anostomus anostomus* (oben) und *Anostomus ternetzi* (unten)

Anostomus anostomus (Taf. 28, Abb. 139)
(LINNAEUS, 1758)
Prachtkopfsteher

Mittleres und oberes Amazonasgebiet, Orinokosystem, Guayana, Suriname; bis 18 cm.
D 3–4/9–10; A 3/7–8; mLR 38–43. Körper langgestreckt, seitlich mäßig abgeflacht. Ältere Tiere mit drei dunkelgrünen, braunen bis braunschwarzen Längsstreifen, die sich bis zur C erstrecken. Der obere Streifen beginnt am Kopf, der mittlere am Maul und der unterste in der Kehlgegend. Die dazwischenliegenden Körperpartien sind leuchtend ockergelb bis rot gefärbt. Kehlgegend und Region oberhalb der Pn lila bis purpurfarben. Die Basis aller Flossen ist rötlich oder rotviolett, nach dem freien Ende hin gelblich bis farblos, Basis der D und C blutrot, A vorn gelegentlich schwarz gesäumt. Alte Tiere ziemlich einfarbig braun. Geschlechtsunterschiede gering, ♂ ab etwa 7 cm mit höherem Schwanzstiel, schlanker (?). Eine gestrecktere Unterart *A. anostomus longus* GÉRY, 1960, stammt vom oberen Amazonas. *A. brevior* GÉRY, 1960, aus Guayana hat einen höheren Körper, mehr Schuppen in den Querreihen und eine längere Schnauze als *A. anostomus*.
Pflege der recht ausdauernden Art in großen, nicht zu dicht bepflanzten, aber möglichst mit Wurzelwerk und dunklem Bodengrund versehenen Aquarien. Vorzugstemperaturen 24–27 °C. Im Futter nicht wählerisch. Sie weiden Algen ab, nehmen weiche, faulende Pflanzenteile auf und erjagen kleineres Wassergetier. Besonders gern werden Würmer aus dem Bodengrund gesaugt. Im allgemeinen gegenüber gleichgroßen Arten recht friedlich. Besonders interessant ist die eigenartige Schwimmweise. Die Tiere gleiten kopfstehend und futtersuchend über den Boden und stehen zwischen Wasserpflanzen. Zur schnellen Vorwärtsbewegung, z.B. bei der Flucht, nehmen sie eine waagerechte Körperlage ein und sind dann sehr beweglich. Bereits nachgezüchtet. Revierbildend.

Anostomus gracilis
(KNER, 1858)

Orinoko- und Amazonassystem; bis 18 cm.
D 3/9–10; A 3/8; mLR 43–47. Schlanker als *A. trimaculatus* (Körperhöhe 4,15–4,2mal in der Standardlänge). Von dieser Art sind zwei Farbformen bekannt. Bei der ersten ist die Grundfärbung grünlichbraun, Schuppen in ihrem Zentrum gelb irisierend, Rücken dunkler, Bauch weißlich, Schnauze rötlich. Vier tiefschwarze Flecken auf den Körperseiten: der 1. (kleinste) hinter dem Kiemendeckel, der 2. (größte) unter der D, der 3. über der A und der 4. in der C-Wurzel. D und C rötlich, übrige Flossen farblos. Die 2. Farbform zeigt bei gleicher Grundfärbung vom Hinterrand des Kiemendeckels bis zur C-Basis eine dunkelgraue Längsbinde. Geschlechtsunterschiede unbekannt.
Pflege siehe *A. anostomus*.
WINTERBOTTOM beschreibt die Art als *Pseudanos gracilis*.

Anostomus ternetzi (Taf. 28, Abb. 139)
FERNANDEZ-YEPEZ, 1949

Orinokogebiet, südöstliche Nebenflüsse des Amazonas; bis 16 cm.
D 3–4/9–10; A 3/7–8; mLR 39–42. Ähnlich gestaltet und gefärbt wie *A. anostomus*. Charakteristisch ist das Fehlen der roten Farbelemente. Lediglich die Schnauzenspitze ist rötlich. Geschlechtsunterschiede unbekannt.
Pflege siehe *A. anostomus*. Die Art wird als friedlich beschrieben.

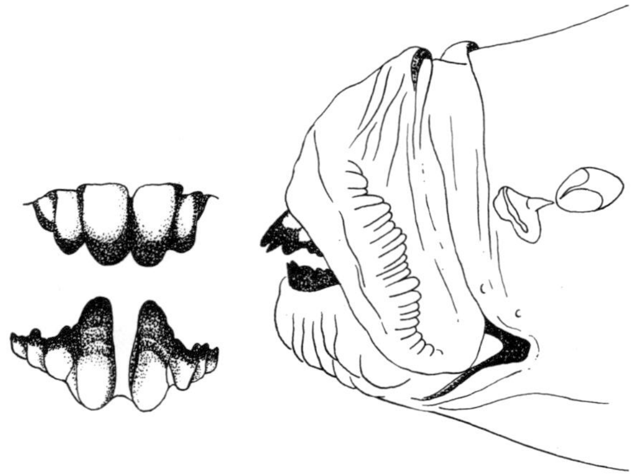

Abb. 140 Maulstruktur und Zähne von *Leporinus* (nach GÉRY)

Anostomus trimaculatus (Taf. 28, 84)
(KNER, 1858)

Amazonas und Nebenflüsse; bis 14 cm.
D 3–4/9–10; A 3/6–8; mLR 41–44. Körper ähnlich gestaltet wie bei *A. anostomus* angegeben, Kopf jedoch etwas stumpfer, über der Schnauze konkav eingezogen. Rückenmitte stark konvex, Körperhöhe 3,2–3,9mal in der Standardlänge enthalten. Oberseite matt olivbraun, Körperseiten lehmfarben bis bräunlich, Unterseite hell, zart gelblich. Auf dem Kiemendeckel, unterhalb der D und auf dem Schwanzstiel je ein tiefschwarzer Fleck, die ersten beiden Flecken mit silbriger bis zart goldener Umrandung. Jüngere Tiere mit schmalen dunklen Querstrichen über den Rücken. Ganz zart angedeutete Punktlängsreihen sind meist nur im unteren Teil der Körperseiten sichtbar. Senkrechte Flossen an der Basis zart gelblich, außen rötlich bis kräftig rot, paarige Flossen farblos. Nach RACHOW sollen besonders bei hellen Tieren gelegentlich wolkige Querbinden hervortreten. Geschlechtsunterschiede unbekannt.
Gehört nach WINTERBOTTOM in die Gattung *Pseudanos*.
Pflege siehe *A. anostomus*. Noch nicht nachgezüchtet.

Gattung *Laemolyta* COPE, 1872

Der Gattung *Anostomus* sehr nahestehend (siehe dort). Jungfische beider Gattungen schwer abgrenzbar. *Laemolyta*-Arten sind jedoch in der Regel größer, haben ein etwas weniger oberständiges Maul und vielspitzige Oberkiefer- und abgerundete Unterkieferzähne. Größere Fische bis maximal 25 cm Gesamtlänge. Amazonas- und Orinokogebiet. 7–8 Arten.

Laemolyta taeniata (Taf. 84)
(KNER, 1858)

Mittlerer Amazonas, Rio Guaporé; bis 25 cm.
D 11; A 10; mLR 43–44. Oberseite schokoladenbraun, Körperseiten oben hellbraun, bauchwärts zart gelbbraun, bei auffallendem Licht mit bläulichem oder violettem Schimmer, Unterseite gelblich bis weiß. Besonders charakteristisch für diese Art sind ein breites, dunkles, von der Schnauze bis in die C-Wurzel verlaufendes Längsband und vier breite, unscharf begrenzte Querbinden. Die genannte Zeichnung tritt am Tage nur schwach, nachts kräftig hervor. Flossen farblos, Fettflosse meist bräunlich. Bei älteren ♂♂ ist der obere C-Lappen etwas größer.
Pflege siehe *A. anostomus*. Kopfsteher, noch nicht nachgezüchtet.

Gattung *Leporinus* AGASSIZ, 1829

Sammelgattung mit vielen Arten. Charakteristische Merkmale: das end- bis leicht ober- bzw. unterständige Maul, die kräftigen, abgerundeten Kieferzähne, von denen die mittleren vergrößert und weit nach vorn herausgerückt sind (Abb. 140), und die typische Form des Maules (Abb. 140), die der Gattung den Namen eingebracht hat (Leporinus = Häschen). SL vorhanden. Größere Fische bis 40 cm Gesamtlänge. Etwa 60 Arten.

Leporinus arcus (Taf. 31)
EIGENMANN, 1912

Guayana-Länder, Venezuela, oberer Amazonas; bis 40 cm.
D 12; A 10–11; mLR 36–37. Körperform gattungstypisch. Körperhöhe wenig mehr als 3mal in der Körperlänge enthalten. Ähnlich gefärbt wie *L. striatus*, Grundfärbung jedoch rötlicher, Flossen orange bis rötlich, die mittlere Längsbinde beginnt erst hinter dem Auge, und an der Basis der P befindet sich stets ein schwarzer Fleck. Weitere Unterschiede: *L. arcus* hat drei Praemaxillarzähne (vier bei *L. striatus*), das Kopfprofil ist über den Augen leicht konvex (bei *L. striatus* gerade) und der D-Beginn liegt in der Mitte zwischen Schnauzenspitze und Fettflosse (bei *L. striatus* in der Mitte von Schnauzenspitze und Schwanzstielmitte). Geschlechtsunterschiede unbekannt.
Pflege siehe *L. fasciatus*.

Leporinus fasciatus (Taf. 30)
(BLOCH, 1795)
Gebänderter Leporinus

Von Guayana und dem Orinokogebiet bis zum La Plata, weitverbreitet; bis 30 cm.
D 12; A 11; mLR 42–43. Körper langgestreckt, seitlich wenig zusammengedrückt. Entsprechend dem großen Verbreitungsgebiet variiert die Art sehr stark. Mehrere Unterarten, deren Status z. T. noch unbefriedigend geklärt ist.
Leporinus fasciatus fasciatus (BLOCH, 1795) kommt im gesamten Verbreitungsgebiet vor. Grundfärbung der Jungtiere lehmgelb bis zitronen- oder goldgelb. Zehn tiefschwarze Querbinden auf den Körperseiten, die 1. verbindet die beiden Augen über den Rükkenfirst. Kopfunterseite orangegelb bis ziegelrot (bei den ♂♂ intensiver). Flossen grau oder farblos. C-Lappen zugespitzt.

Leporinus fasciatus affinis (GÜNTHER, 1864). Venezuela, Brasilien (Bundesstaat Pará). Mit neun breiteren Querbinden auf den Körperseiten, Kopfunterseite niemals ziegelrot, C-Lappen abgerundet (Taf. 30).
Leporinus fasciatus holostictus (COPE, 1878) (Taf. 84). Oberes Amazonasgebiet. Ab einer Gesamtlänge von etwa 9 cm beginnen sich das 7. und 8. Querband zu teilen.
Geschlechtsunterschiede nicht sicher bekannt, ♂♂ schlanker?
Pflege siehe *A. anostomus*. Große Aquarien mit Kiesboden. Allesfresser, pflanzliche Beikost erforderlich (Kopfsalat, Algen, Haferflocken), da die Tiere sonst Aquarienpflanzen abfressen. Für die Bepflanzung eignet sich vor allem Schwarzwurzelfarn. Ausdauernd und friedlich. Gute Springer, Aquarien gut abdecken. Zucht bereits gelungen.
Quergestreift ist auch *Leporinus desmotes* (Taf. 30).

Leporinus frederici (Taf. 31, Abb. 141)
(BLOCH, 1795)

Von Guayana bis zum Amazonas; 35 cm.
D 12; A 11; mLR 38–39. Körper gestreckt, relativ gedrungen, Schwanzstiel hoch. Oberseite grau, Körperseiten gelbgrau mit geringem Silberglanz, Schwanzstiel kräftig gelb, Unterseite gelblich. Vom Rücken erstrecken sich zahlreiche unregelmäßige, dunkle Querbinden bis in den unteren Teil der Körperseiten, die mit dem Alter zurücktreten. Auf der Mittellinie der Körperseiten drei große dunkle, runde Flecke, von denen der erste und größte in Höhe des Hinterrandes der D, der dritte auf der Wurzel der C liegt. Die Augen verbindet gelegentlich ein schwarzes, dem Unterkiefer folgendes Band. Flossen farblos, Fettflosse dunkel gerandet, A nach ARNOLD-AHL (1936) schwärzlich gestrichelt. Geschlechtsunterschiede unbekannt.
Pflege und Besonderheiten siehe *L. fasciatus*.

Leporinus leschenaulti (Abb. 141)
CUVIER und VALENCIENNES, 1848

In Südamerika sehr weit verbreitet, Guayana, Amazonasgebiet, Rio Paraguay; bis 25 cm.
D 12–13; A 11–12; mLR 37–39. Der voranstehenden Art äußerst ähnlich mit einem 4. runden Fleck hinter dem Kiemendeckel. Flossen farblos. Geschlechtsunterschiede unbekannt.
Pflege und Besonderheiten siehe *L. fasciatus*.

Leporinus-maculatus-megalepis-Gruppe (Taf. 85)

Die Systematik von *L. maculatus* MÜLLER und TROSCHEL, 1845, *L. megalepis* (GÜNTHER, 1863) und verwandten Formen ist heute so unsicher, daß keine Artdiagnose gegeben werden kann. Die Tiere kommen alle aus dem nördlichen Südamerika einschließlich des Amazonasgebietes und werden z. T. bis 20 cm groß.
ARNOLD beschrieb junge Tiere aus dieser Gruppe

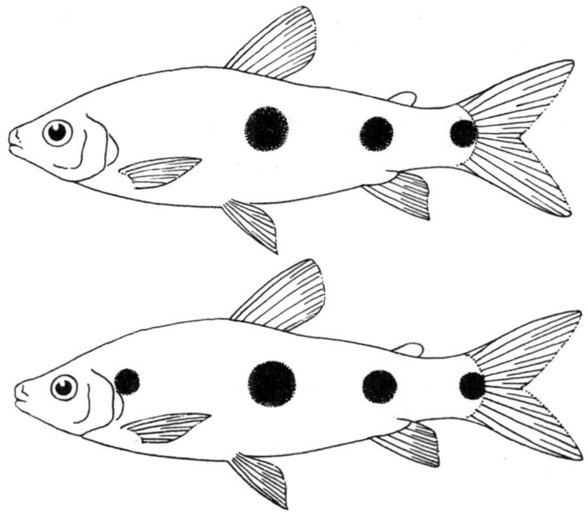

Abb. 141 Unterschiede in der Fleckenzeichnung von *Leporinus frederici* und *Leporinus leschenaulti* (unten) (nach GÉRY)

wie folgt (verändert): Oberseite dunkelgrün, Körperseiten goldgelb, bei auffallendem Licht stark glänzend, Unterseite gelblich. Die beiden Augen verbinden zwei schwarze Binden, von denen eine quer über den Kopf, die andere zügelförmig entlang des Unterkiefers verläuft. Auf dem Kiemendeckel drei wurmförmige Bänder. Hinter dem Kopf mehrere dunkle Querbänder, dahinter drei große, runde, hell eingefaßte Flecke. Senkrechte Flossen ockergelb mit dunklen Bändern und Stricheln, Fettflosse hochrot. Geschlechtsunterschiede hinsichtlich der Färbung sind bislang nicht beschrieben worden. Diese Arten schwimmen in fast normaler Körperhaltung, nur ganz leicht vornübergeneigt.
Pflege und Besonderheiten siehe *L. fasciatus*. Zucht bereits gelungen, Laichverhalten barbenähnlich, 2000–3000 etwa 2 mm große Eier, Jungfische schlüpfen nach 3–4 Tagen.

Leporinus melanopleura (Abb. 142)
GÜNTHER, 1864

Ostbrasilien, zwischen Amazonas und Rio de Janeiro; bis 20 cm.
D 12; A 11; mLR 35–37. Körper etwas weniger gestreckt als bei anderen *Leporinus*-Arten. Oberseite olivbraun, Körperseiten zart bräunlich, gegen den Bauch hin gelblichbraun, Unterseite gelblich, Schwanzstiel mit rötlichviolettem Schimmer und zahlreichen feinen braunen Tüpfeln. Vom Kiemendeckel bis in die C-Wurzel verläuft eine grünlich bis bräunlich schimmernde Längsbinde. Flossen zart gelblich oder farblos, D und A bei größeren Tieren gelegentlich dunkel gerandet, nach RACHOW handelt es sich dabei eventuell um ♂♂.
Pflege siehe *L. fasciatus*.

Leporinus striatus (Taf. 31)
KNER, 1858

Paraguay, Uruguay, Mato Grosso, São Paulo, Kolumbien, Ekuador; bis 18 cm.
D 10–12; A 9–10; mLR 35–37. Körper gattungstypisch. Körperhöhe 3,5 bis 4,0mal in der Körperlänge enthalten. Rücken und Körperseiten hellbraun bis ockerfarben. Unterseite gelblich. Von den Längsstreifen tritt allein der mittlere immer kräftig dunkelbraun hervor, während die beiden oberen sowie der unterste Streifen schon durch ihre hellbraune Färbung meist nicht sehr deutlich sind. Besonders charakteristisch für die Art ist der Beginn des mittleren Längsstreifens auf der Schnauze. Flossen farblos, A an der Basis gelegentlich braun, kein schwarzer Fleck an der Basis der P. Geschlechtsunterschiede unbekannt.
Pflege wie bei *L. fasciatus* angegeben. Eng verwandt mit *L. arcus* (siehe dort).
Andere Arten siehe Taf. 85 und 86.

Gattung *Schizodon* AGASSIZ, 1829

Mit der Gattung *Leporinus* nahe verwandt. Unterschiede sind das stets unterständige Maul und die vielspitzigen Zähne in beiden Kiefern, die in ihrer Gesamtheit eine kontinuierliche, leicht gezackte Schnittfläche ergeben. Größere Fische, bis 26 cm Gesamtlänge. In Südamerika weit verbreitet. 10–11 Arten.

Schizodon fasciatus (Taf. 86)
AGASSIZ, 1829

Nördliches Südamerika, östlich der Anden; bis 26 cm (Speisefisch).
D 10–11; A 11; mLR 38–42. Körper spindelförmig gestreckt. Färbung großer Exemplare grünlichsilbern glänzend, Oberseite etwas dunkler, Unterseite fast weiß, oft leicht gelblich. Fünf breite, dunkle Querbinden, die sich gegen den Rücken und Bauch allmählich verlieren. Die Binden sind oft bis auf Flecke entlang der Seitenmittellinie reduziert. Auf der C-Wurzel ein stets deutlicher, dunkler, runder Fleck. Flossen farblos, an der Basis oft etwas gelblich. Jüngere Tiere sind meist eintönig gefärbt. Geschlechtsunterschiede unbekannt.
Pflege wie bei *A. anostomus* angegeben, siehe S. 181.

Gattung *Synaptolaemus* MYERS und FERNANDEZ-YEPEZ, 1950

Der Gattung *Anostomus* nahe stehend, jedoch sind die Zähne stets konisch (nicht mehrspitzig). Orinokosystem, oberer Rio Xingu. Eine Art.

Synaptolaemus cingulatus (Taf. 86)
MYERS und FERNANDEZ-YEPEZ, 1950

Orinokosystem, oberer Rio Xingu; bis 12 cm.
D 12–13; A 10–12; mLR 36–37. Körper langgestreckt, seitlich wenig zusammengedrückt. Grundfärbung schokoladenbraun bis dunkelbraun mit sieben orangeroten Querstreifen. D, A und Vn an der Basis ebenfalls braun, übrige Flossenteile und C milchig durchscheinend. Geschlechtsunterschiede unbekannt.
Pflege siehe *A. anostomus*, S. 181. Ernährt sich in freier Natur wahrscheinlich ausschließlich von Insekten und deren Larven. Sehr interessante Art.

Familie Curimatidae
Barbensalmler

Characoidei von gestreckter und meist massiger Gestalt. D und A kurz, Fettflosse in der Regel vorhanden, C gegabelt, Schuppen oft cyclo-ctenoid, SL meist vollständig. Zähne bei erwachsenen Tieren fehlend oder nur auf den Lippen ausgebildet. GÉRY (1977) unterscheidet vier Unterfamilien: Chilodinae, Curimatinae, Prochilodinae und Anodinae. Einige dieser Unterfamilien werden von anderen Autoren als eigenständige Familien betrachtet. Manche Arten schwimmen schräg mit dem Kopf nach unten. Viele Arten sind Pflanzen-, Algen- oder Detritusfresser.

Abb. 142 *Leporinus melanopleura*
Abb. 143 *Caenotropus maculosus*

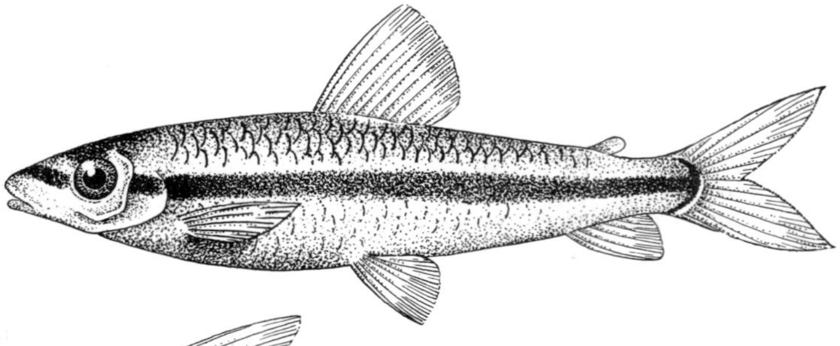

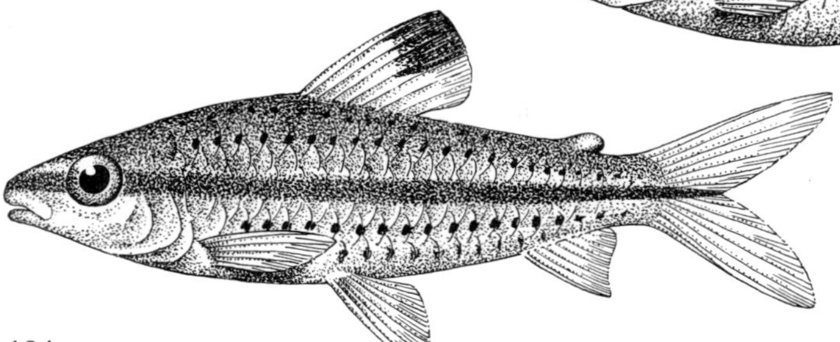

Unterfamilie Chilodinae

A mit 3–4 ungeteilten Strahlen, D mit 7–10 geteilten Strahlen. Am 4. Kiemenbogen befindet sich eine sehr auffällige Erweiterung, von der nicht bekannt ist, ob sie eine Oberflächenvergrößerung zur Atmung oder zur Filterung der Nahrung darstellt. Kopfsteher. Lippen mit wenigen zweispitzigen Zähnen. Zwei Gattungen.

Gattung *Caenotropus* GÜNTHER, 1864

Sehr ähnlich der Gattung *Chilodus*. Abweichende Merkmale: Maul unterständig, Unterlippe schmal, Rücken vor der D (Ausnahme unmittelbar davor) und Bauch hinter den Vn abgerundet, A 3/7–8/1. Amazonasbecken, Orinokosystem, Rio Parnaíba. Zwei Arten.

Caenotropus labyrinthicus (Taf. 87)
(KNER, 1859)

Amazonas, Rio Negro, Rio Branco, Rio Tapajós, Rio Parnaíba, Orinokosystem; bis 18,5 cm.
D 3–4/9; A 3/7–8/1; mLR 29–31. Körper langgestreckt, seitlich wenig zusammengedrückt. Silbergrau, Rücken dunkler, Bauch heller. Schuppen mit tiefschwarzem Fleck. Artcharakteristisch ist ein tiefschwarzes Längsband, das sich von der Schnauzenspitze über das Auge bis auf die mittleren C-Strahlen erstreckt. In diese Binde ist vor dem D-Beginn ein runder bis ovaler, gleichfarbiger Fleck eingefügt. Flossen farblos, D vorn schwarz.
Caenotropus labyrinthicus rupununi (FOWLER, 1914) aus dem Rio Rupununi hat keinen Fleck vor der D, das Längsband ist kurz hinter dem Kopf mehrmals unterbrochen, schwarzer Streifen auf der D.
Pflege siehe *Chilodus punctatus*.

Caenotropus maculosus (Abb. 143)
(EIGENMANN, 1912)

Guyana, in den Flüssen Rupununi, Essequibo, Maroni; bis 15 cm.
D 12; A 3/8; mLR 26–27. Ähnlich gestaltet wie die vorhergehende Art, Fettflosse über den letzten Strahlen der A gelegen. Oberseite hellbraun bis kastanienbraun, Körperseiten zart lehmfarben oder graugelb mit mattem Silberglanz. Unterseite gelblich bis weiß. Von der Schnauzenspitze bis auf die mittleren C-Strahlen erstreckt sich eine schwärzliche Längsbinde, der oben und unten grobe Punktlängsreihen folgen. Flossen gelblich, D mit schwarzer Vorderkante und Spitze, ohne dunkle Tüpfel, Fettflosse kräftig braun. Eine Lokalform von *C. maculosus* ist durch eine in Höhe der Pn nur aus Flecken bestehenden Längsbinde charakterisiert. Nach ARNOLD sind die ♂♂ durch schlankere Form und intensivere Färbung ausgezeichnet.
Pflege wie bei *Chilodus punctatus* angegeben. Noch nicht nachgezüchtet.

Gattung *Chilodus*
MÜLLER und TROSCHEL, 1844

Maul endständig oder leicht oberständig, Unterlippe dick. Rücken vor der D und Bauch hinter den Vn gekielt. A kurz, 3/10/1. Guayana-Länder, oberer Amazonas, oberer Orinoko. Eine Art.

Chilodus punctatus punctatus (Taf. 32)
MÜLLER und TROSCHEL, 1845
Punktierter Kopfsteher

Guayana, Loreto-Gebiet in Peru, oberer Orinoko; bis 12,5 cm.
D 3/9; A 3/10–11; mLR 25–27; SL vollständig. Körper torpedoförmig, die obere Körperpartie ist stärker zusammengedrückt als die untere. Rücken etwas erhöht, Maul klein, etwas nach oben gerichtet, Schuppen groß. Kopfsteher. Grundfärbung zart bis kräftig grau oder braun, Rücken dunkelbraun, Seiten heller, Kehl- und Bauchpartie silbrig. Von der Maulspitze über das Auge bis zur Mitte des C-Ansatzes erstreckt sich eine schwarze Längsbinde. Jede der großen Schuppen – eine Ausnahme bilden nur die Brustschuppen – mit einem großen braunen Fleck an der Basis, der Fisch erscheint dadurch reihenweise punktiert. D dunkelbraun gefleckt, mit dunkelbraunem vorderem Rand und sehr dunkler Spitze, C ohne Zeichnung. ♀ zur Laichzeit wesentlich kräftiger.
Aus dem oberen Rio Maroni ist die Unterart *Chilodus punctatus zunevei* (PUYO, 1945) bekannt. Ihr fehlt das dunkle Längsband. *Chilodus* gibt scharfe, knackende Laute von sich.
Pflege in großen Aquarien mit dunklem Bodengrund, spärlichem Pflanzenwuchs, Astwerk und eventuell einer lockeren Schwimmpflanzendecke. Entsprechend ihrem natürlichen Vorkommen in flachen, teils stark moorigen Gewässern beansprucht diese Art weiches, über Torf gefiltertes Wasser. Vorzugstemperatur 25–27 °C. Lebendfutter aller Art, man versuche jedoch, auch etwas pflanzliche Zusatznahrung (Kopfsalat, Haferflocken) zu geben. Die Zucht gelingt wohl nur in Becken, die so eingerichtet sind wie oben beschrieben. Zum Ablaichen bringt man auf den Bodengrund flach ausgebreitete Algenpolster, *Nitella*-Büschel oder Perlongespinst. Mit dem Verhalten hat sich eingehend H. J. FRANKE beschäftigt (Aquar. Terr. 10, 111–119, 1963). Unter den ♂♂ kommen zu Beginn der Fortpflanzung häufig Rivalitätskämpfe vor. Zwei ♂♂ stehen, Kopf schrägabwärts, parallel nebeneinander und schlagen mit den Schwänzen gegeneinander. Schließlich drehen sie sich in waagerechter Lage umeinander und versuchen, sich in den Schwanzstiel zu beißen, bis der Unterlegene flieht und Demutsfärbung anlegt. Nach der Balz, wobei das ♂ zunächst vor dem ♀ imponiert und es dann durch Bisse in die Analgegend stimuliert, schwimmen die Partner gemeinsam durch das Bekken, wobei das ♂ mit der Unterseite des ♀ Kontakt hält. Bei der Paarung schwimmt das ♂ neben das ♀ und drückt dieses so in das Laichsubstrat, daß es auf

eine Körperseite zu liegen kommt. Gleichzeitig schiebt das ♂ den Schwanzstiel unter den des ♀. In dieser Stellung werden die Geschlechtsprodukte ausgestoßen. Durch einen kräftigen Schwanzflossenschlag stößt sich das ♂ danach vom ♀ ab. Nach FEIGS zeigen die Tiere in der Laichperiode eine ganz bestimmte Färbung: Das dunkle Längsband sowie die dunkle Zeichnung der D treten zurück, dafür werden zwei erbsengroße Flecke hinter dem Kiemendeckel deutlich sichtbar. Die Eltern sind nach dem Ablaichen zu entfernen. Die Eier selbst sind nach FEIGS leicht gelblich, nach GEISLER glasklar. Die Jungtiere schlüpfen nach 3–4 Tagen und sind nicht leicht aufzuziehen (Rädertiere oder *Artemia*-Nauplien füttern!). Die Jungfische halten sich in Schwärmen zusammen und stehen senkrecht im Wasser. Eine sehr gute Beschreibung der Zucht gibt auch GEISLER (DATZ, 12, 138–141, 1959).

Unterfamilie Curimatinae

Artenreiche Unterfamilie, deren Vertreter stark an die Prochilodinae erinnern. Jedoch fehlt der Praedorsalstachel, auch kann das Maul nicht zu einer Saugscheibe vorgestreckt werden. Jungfische mit kleinen, konischen Zähnen, erwachsene Tiere zahnlos. In Süd- und Mittelamerika weitverbreitet. Drei Gattungen. Die zahlreichen (etwa 110) Arten sind schwer zu unterscheiden.

Gattung *Curimata* BOSE, 1817

Mäßig langgestreckte, relativ hochrückige und seitlich wenig abgeflachte Fische. Fettflosse vorhanden, C tief eingeschnitten. Maul eng, zahnlos. Die meisten Arten sind Grundfische größerer Flüsse und fressen neben Futtertieren, die meist aus dem Schlamm gewühlt werden, auch Pflanzen. Süd- und Mittelamerika. Zahlreiche Arten.

Curimata argentea (Abb. 144)
GILL, 1858
Silbersalmler

Trinidad, Kolumbien und Venezuela; bis 15 cm.
D 10–11; A 8–9; mLR 36–37. Körper von gattungstypischer Form. Einheitlich silbrig, Oberseite etwas olivgrün getönt, Körperseite oft mit starkem Blauschimmer. Auf dem Schwanzstiel ein scharf hervortretender, kernförmiger schwarzer Fleck. Flossen gelblich, senkrechte Flossen an der Basis rötlich, D mit breitem schwarzem Basisband. Die ♀♀ sollen zur Laichzeit wesentlich kräftiger bis unförmig dick sein.
Die *Curimata*-Arten sind am besten in Aquarien mit steinigem oder grobkiesigem Bodengrund (Basaltsplitt) zu pflegen. An Stelle von Pflanzen wird man reichlich Wurzelwerk, Holzstücke (einhängende *Monstera*-Luftwurzeln) und anderes einbringen. Das Wasser soll möglichst nicht zu frisch und etwas torfig sein. Vorzugstemperatur 22–24 °C. Hinsichtlich der Fütterung nicht wählerisch, pflanzliche Zusatznahrung angezeigt. Noch nicht nachgezüchtet.

Curimata latior (Abb. 145)
(SPIX und AGASSIZ, 1829)

Gebiet des mittleren und unteren Amazonas; bis 20 cm.
D 12; A etwa 15; mLR 100–110. Körper gattungstypisch gestaltet, jedoch von anderen *Curimata*-Arten durch die sehr kleinen Schuppen und einen scharfen Bauchkiel unterschieden. Körper einheitlich hellbraun, Körperseiten und Bauch mehr oder minder stark silberglänzend, oft mit leicht bläulichem Schimmer. Flossen farblos. Besonders charakteristisch für diese Art ist das große Auge, dessen Regenbogenhaut innen lebhaft gelb, außen schwarz glänzt. Geschlechtsunterschiede unbekannt.
Pflege wie bei *C. argentea* angegeben. Sehr selten eingeführt.

Curimata mivarti (Abb. 146)
STEINDACHNER, 1879

Gebiet des Rio Magdalena; bis 20 cm.
D 12; A 13; V 10; mLR 69–70. Körper gattungstypisch gestaltet, Schuppen klein, vordere A-Strahlen verlängert. Einheitlich silbrig mit sehr starkem, prächtigem, stahlblauem Schimmer, besonders auf dem Rücken und im oberen Bereich der Körperseiten. Untere Körperhälfte mehr grausilbern, Bauch weiß. Eine feine grünsilbrige Längsbinde tritt kaum, ein grauer C-Wurzelfleck nur selten hervor. Flossen mit Ausnahme der A, deren Mitte kräftig rot getönt sein kann, farblos. Äußerer Teil der D sowie die Lappenenden der C meist dunkel getüpfelt. Geschlechtsunterschiede unbekannt.
Pflege wie bei *C. argentea* angegeben.
Curimata vittata siehe Taf. 49, *Curimata* cf. *cyprinoides* Taf. 32.

Gattung *Curimatopsis* STEINDACHNER, 1876

Kleine Curimatinae von barbenähnlicher Gestalt und deutlichem Sexualdimorphismus in der Ausprägung des Schwanzstiels. Fettflosse vorhanden, SL kurz, 3 bis 13 Schuppen durchbohrt. Jungfische mit einer Reihe kleiner, konischer Zähne in jedem Kiefer, Alttiere zahnlos. Südamerika. Vier Arten. Nach VARI (1982) gehören die Arten *C. maculatus* und *C. saladensis* vielleicht in die Gattung *Hemicurimata*.

Curimatopsis evelynae (Taf. 88)
GÉRY, 1964

Oberes Orinokosystem, Rio-Negro-Gebiet abwärts bis Manaus; bis 3 cm (♂), 4 cm (♀).
D 2/8–9/1; A 2/7; mLR 26–28+2–3; SL 3–5. Körper langgestreckt, seitlich wenig abgeflacht. ♂ mit hohem Schwanzstiel und wenig eingeschnittener C.

Abb. 144 *Curimata argentea*
Abb. 145 *Curimata latior*
Abb. 146 *Curimata mivarti*

Rücken dunkelbraun bis bräunlich, Iris oben rot, Schwanzstiel bei Wohlbefinden blutrot. Auf dem unteren Teil des Schwanzstiels ein undeutlicher, schwarzer Längsfleck. Vom Kiemendeckel bis zur C-Basis ein gelblichgrün glänzender Längsstreifen. D rötlich, C milchigweiß, Basis rot, alle anderen Flossen schwach gelblich bis farblos. ♀ einheitlich silberfarben. Schwarzer Fleck in der unteren C-Basis meist intensiver. Flossen gelblich.
Pflege siehe *C. saladensis*. FRANKE (1968) berichtet über die Pflege dieser Art (Aquar. Terr., 15, S. 202 bis 203).

Curimatopsis maculatus (Abb. 147)
E. AHL, 1934
Gefleckter Breitling

Nördliches Argentinien; bis 6 cm.
Körper gattungstypisch gestaltet (siehe folgende Art). Färbung nach ARNOLD (textl. verändert): Oberseite olivgrau, Körperseiten heller, im oberen Bereich mit großen, dunkelgrauen Tupfen. Unterseite gelblich bis weiß. Kiemendeckel mit metallisch glänzenden Flecken, Augenzwischenraum schwarz. Auf dem Schwanzstiel ein rautenförmiger schwarzer Fleck. Flossen farblos durchsichtig. Geschlechtsunterschiede wahrscheinlich wie bei der folgenden Art angegeben, siehe dort auch Pflege und Zucht.
VARI (1982) vermutet, daß die Art in die Gattung *Hemicurimata* gehört.

Curimatopsis saladensis (Abb. 148)
MEINKEN, 1933
Grünbandsalmler

Flußgebiet des Rio Salado und im Paraná; bis 6 cm.
D 11; A 9; V 1/7; mLR 32. Körper von gattungstypischer Form. Färbung erwachsener ♂ nach MEINKEN (textl. verändert): Oberseite schwärzlicholiv, Körperseiten oben bandartig leuchtend grasgrün bis metallischgrün, Gegend hinter der D blaugrün, Brust- und Bauchgegend zart rötlich, Kiemendeckel prächtig messingfarben. Schuppen deutlich dunkel gerandet. Vom Kiemendeckel bis zu einem tiefschwarzen, kupferrot umrahmten Fleck auf dem Schwanzstiel eine dunkle Längsbinde. Flossen mit Ausnahme der

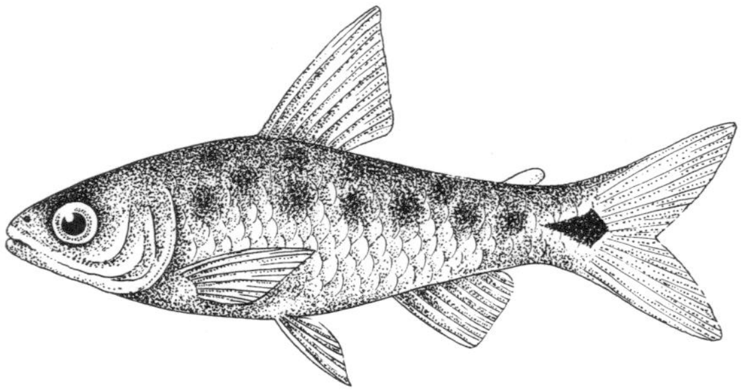

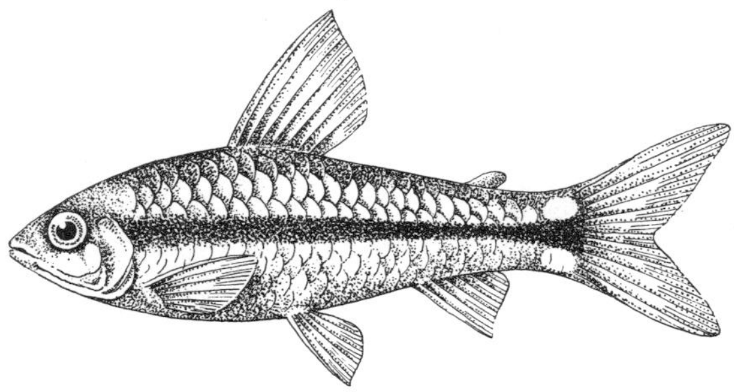

Abb. 147 *Curimatopsis maculatus*
Abb. 148 *Curimatopsis saladensis*

Pn lebhaft gelbrot, vordere D-Strahlen kräftig orange. Charakteristisch für die ♂♂ ist weiterhin der mit dem Alter immer höher werdende Schwanzstiel. Beim ♀ Schwanzstiel schlank. Färbung wesentlich schlichter.
Die sehr genügsame Art ist in reich bepflanzten, etwas sonnig stehenden Aquarien zu pflegen, nicht zu hartes, klares Wasser und abwechslungsreiche Ernährung. Vorzugstemperatur 20–23 °C. Ähnlich vielen Barben suchen die Tiere den Bodengrund ständig nach allerlei Freßbarem ab, gründeln jedoch nicht.
Zucht recht einfach und etwa so vorzubereiten, wie bei der Gattung *Hemigrammus* angegeben, Seite 80. Die Jungtiere schlüpfen nach 26–32 Stunden und lassen sich leicht aufziehen.
VARI (1982) vermutet, daß die Art in die Gattung *Hemicurimata* gehört.

Unterfamilie Prochilodinae

Relativ große Fische, die in ihrer Heimat vielfach Speisefische sind. Die Tiere schwimmen in waagerechter Körperhaltung. Jungfische meist sehr farbenprächtig. A vorn mit zwei ungeteilten Flossenstrahlen. Das vorstreckbare Maul kann zu einem saugscheibenartigen Gebilde erweitert werden, Lippen mit zwei kammartigen Reihen sehr kleiner Zähne. Vor der D ein kleiner Praedorsalstachel (Abb. 149). Körper gestreckt, seitlich abgeflacht, vorn hoch, Schwanzstiel lang. C groß, tief gegabelt, meist mit auffallender Zeichnung. Detritusfresser. Die Unterfamilie wird von anderen Autoren als eigenständige Familie betrachtet. Nördliches Südamerika. Drei Gattungen mit etwa 30 Arten, von denen nur Vertreter der Gattung *Semaprochilodus* FOWLER, 1941, importiert wurden.

Semaprochilodus theraponura (Taf. 88)
(FOWLER, 1906)

Amazonasstromgebiet; bis 35 cm.
D 9–10; A 9–10; mLR 47–52. Körper gestreckt, seitlich stark abgeflacht. Färbung je nach Herkunft sehr variabel. In der Jugend silbrig mit bläulichem bis grünlichem Schimmer. Unterer Bereich des Körpers und Bauch zart rötlich oder violett. An den Körperseiten zahlreiche dunkle Striche, die zu Längsreihen angeordnet sind und besonders auf dem Schwanzstiel hervortreten. Flossen zart gelbgrün, D mit dunkelblauen, bogigen Streifen, C mit 5–7 dunkelblauen parallelen Binden, A gleichfalls mit Längsbinden, V und P rötlich. Alte Tiere wesentlich eintöniger gefärbt. Eine sehr schöne Farbvariante aus dem Rio Urubu hat H. SCHULTZ abgebildet. Körper ziemlich dunkel, unterseits leicht orange, Fettflosse gelb mit schwarzem Rand, C gelb mit neun, A gelb mit vier schwarzen Längsstrichen. D, V und P orange. D außerdem mit schwarzer Vorderkante, Flossenstrahlen dunkel. Geschlechtsunterschiede unbekannt.
Der leider nur in der Jugend so prächtige *S. theraponura* wird am besten in großen, gut abgedeckten (die Art springt sehr gern und gut!) Aquarien untergebracht, in denen Wurzelwerk und Holzstücke Versteckmöglichkeiten bieten. Friedlich, besonders im Schwarm recht schwimmaktiv. Temperatur 22 bis 26 °C, in erster Linie Pflanzennahrung, wie Algen, gekochter Spinat, Kopfsalat, eingeweichte Haferflocken, aber auch tierische Kost, vor allem Wasserflöhe. Noch nicht nachgezüchtet.
Diese Art wird häufig mit *Semaprochilodus insignis* (SCHOMBURGK, 1941) verwechselt, der nur in Guayana und im Rio Branco und vielleicht im Rio Negro vorkommt (nach GÉRY). *S. insignis* wurde vermutlich noch nicht importiert. *S. amazonensis* ist ein Synonym von *S. theraponura*.
Eine andere Art siehe Taf. 32.

Familie Hepsetidae
Afrikanische Hechtsalmler

Zu der relativ ursprünglichen Familie gehört nur die nachfolgend beschriebene Art.

Abb. 149 Gattung *Prochilodus*: erster stachelartiger Flossenstrahl (punktiert) der Rückenflosse (nach GÉRY)

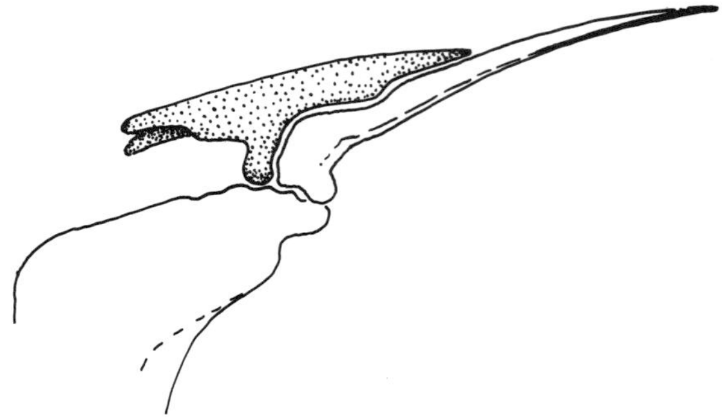

Hepsetus odoë (Taf. 22, 87)
(BLOCH, 1794)
Afrikanischer Hechtsalmler

Tropisches Afrika vom Senegal bis Sambesi, fehlt im Einzugsgebiet des Nil; bis 30 cm.
D 2/7; A 2/9; mLR 57–60. Körper hechtartig langgestreckt, niedrig, seitlich kaum zusammengedrückt. Oberseite des Kopfes flach, D weit hinten angesetzt, Pn und Vn kräftig. Maul groß mit sehr kräftigen, konischen und nach hinten gerichteten Zähnen. Kiefer mit segelartigen Anhängen (Sinnesorgane?). Oberseite bräunlich bis lehmfarben, Körperseiten und Bauch silbrig mit lehmgelbem Metallglanz. D mit einzelnen braunroten Strahlen. Fettflosse, C und A grau, schwarzbraun getüpfelt, Pn und Vn bräunlich. Auge groß, messingfarben mit weiter, schwarzer Pupille. Geschlechtsunterschiede unbekannt.
Raubfisch, Fleisch rötlich, wohlschmeckend. In Gefangenschaft leider empfindlich, geht oft schon bei den geringsten Verletzungen (auch auf dem Transport) ein. Eingewöhnte Tiere gehören zu den interessanten Seltenheiten zoologischer Gärten. Gute Bewegungsmöglichkeit und reichliche Fütterung mit lebenden Fischen (nach HECK auch Pferdefleisch oder Tubifex) sind Vorbedingungen für das Wohlbefinden. Vorzugstemperatur 26–28 °C. Für Zimmeraquarien nicht zu empfehlen.
Die Eier werden in Schaumnestern untergebracht und von einem oder beiden Elterntieren bewacht.

Familie Alestidae
Großaugensalmler

Kleine bis mittelgroße Charcoidei des tropischen Afrika mit meist auffallend großen Augen. Nahe verwandtschaftliche Beziehungen bestehen vor allem zu den amerikanischen Bryconinae, einer Unterfamilie der Characidae, von denen sie sich jedoch durch Besonderheiten der Schädelstruktur unterscheiden (z. B. kein Rhinosphenoid). Praemaxillare mit zwei Zahnreihen (Ausnahme *Bryconaethiops* mit drei Reihen), Zähne der inneren Reihe mahlzahnartig (davon auch der Name, alestes = das Mahlen, der Müller); Maxillare stets zahnlos. Rundschuppen. Allesfresser, für deren Biologie und Fortpflanzungsverhalten im Prinzip die Ausführungen bei den Characidae gelten (siehe S. 60). Etwa zwölf Gattungen mit ungefähr 90 Arten. In anderen Systemen werden die Alestidae häufig als Unterfamilie der Characidae beschrieben.

Gattung *Alestes* MÜLLER und TROSCHEL, 1845

Langgestreckte, meist einfarbig silberne, größere Fische (bis maximal 45 cm) mit folgenden Merkmalen: Auge mit einer senkrechten, halbmondförmigen Membran, die einen kleinen Teil des Auges bedeckt, eine Fontanelle ist immer vorhanden, Schuppen mit radiusartigen Vertiefungen (radii), die niemals miteinander verbunden sind, Praemaxillarzähne zweireihig, 1½–2 Schuppen zwischen der SL und der V, D-Strahlen niemals verlängert. Tropisches Afrika. Sechs Arten.

Alestes macrophthalmus (Taf. 89)
GÜNTHER, 1867

Zaïre, Tanganjikasee, Mwerusee, weitverbreitet; bis 45 cm.
D 2/8; A 3/17–20; mLR 39–45; SL vollständig, durchgebogen. Körper schlank und stark gestreckt. Stark silberglänzend, oberseits etwas grünlich. C zart rötlich. Geschlechtsunterschiede unbekannt.
Pflege in großen, weiten Schwimmraum bietenden Becken. Scheu und schreckhaft, Einzeltiere kümmern meist. Siehe auch bei *Arnoldichthys spilopterus.*

Gattung *Arnoldichthys* MYERS, 1926

Monotypische Gattung mit folgenden Merkmalen: Schuppen auf den Körperseiten größer als auf dem Bauch, Praemaxillarzähne zweireihig, in der äußeren Reihe acht Zähne, 16–20 Unterkieferzähne, kein Paar konischer Zähne hinter der Hauptreihe.

Arnoldichthys spilopterus (Taf. 50)
(BOULENGER, 1909)
Arnolds Rotaugensalmler

Tropisches Westafrika, Lagos bis zur Niger-Mündung; bis 7 cm.
D 2/10; A 3/11; mLR 28–30; SL vollständig, verläuft auch auf dem Schwanzstiel unterhalb der Körpermitte. Körper spindelförmig, seitlich zusammengedrückt, Fettflosse vorhanden, C tief eingeschnitten. Sehr schöne Art. ♀ A im Gegensatz zum ♂ nur geringfügig ausgebuchtet, mit schwarzem Punkt und stets ohne roten Fleck. ♂ Oberseite zart bräunlich mit grünem Schimmer, Körperseiten lebhaft grasgrün bis blaugrün irisierend. Vom Kiemendeckel bis auf die mittleren Strahlen der A erstreckt sich ein dunkles Band, das oben von einer gleichbreiten, prächtig in allen Regenbogenfarben schillernden, unten von einer sehr hellen Binde begleitet wird. Bauch goldgelb, oft mit rötlichem Schimmer. Senkrechte Flossen gelblich, D mit großem, dunklem Fleck, A mit roten, gelben und schwarzen Zeichnungen parallel zur Körperlängsrichtung, meist mit kirschrotem Fleck. Auge rot bis braunrot.
Schwimmaktive, friedliche Art. Geräumige, nicht zu dicht bewachsene Aquarien. Weiches, leicht saures, über Torf gefiltertes Wasser und möglichst dunkler Bodengrund. Temperatur 24–27 °C, Lebendfutter aller Art, besonders Essigfliegen und kleine Schaben, aber auch Trockenfutter. Über die Zucht berichtet BECK (Aquar. Terr., 14, 148–151, 1967). Die Paarung konnte nicht beobachtet werden. Insgesamt wurden etwa 1000 Eier abgesetzt. Diese sind ungefähr 1,2 mm groß und haften relativ gut. Die Eihüllen

quellen nicht. Die Embryonen schlüpfen nach 30–35 Stunden und schwimmen nach sieben Tagen frei. Wachstum der Jungfische sehr schnell.

Gattung *Brycinus* CUVIER und VALENCIENNES, 1849

Eng verwandt mit der Gattung *Alestes*, durch folgende Merkmale jedoch unterscheidbar: Auge ohne halbmondförmige, senkrechte Membran, eine Fontanelle fehlt (Ausnahme *B. longipinnis*), und die radiusartigen Vertiefungen der Schuppen (radii) sind immer miteinander verbunden. Strahlen der D beim ♂ oft verlängert. Größere Fische, bis 50 cm Gesamtlänge. Tropisches Afrika. Etwa 20 Arten.

Brycinus longipinnis (Taf. 50)
(GÜNTHER, 1864)
Langflossensalmler

Tropisches Westafrika, Guinea-Bissau bis Zaïre (Kongo); bis 13 cm.
D 2/8; A 3/18–20; mLR 24–30. Körper langgestreckt, seitlich kräftig zusammengedrückt. Olivgrün bis olivgelb, Körperseiten lehmgelb mit starkem Silberglanz. Iris oben leuchtend rot. Auf dem Schwanzstiel ein breites schwarzes Längsband, das sich verschmälernd auch auf die mittleren C-Strahlen fortsetzt, darüber eine golden irisierende Zone, Unterseite silbrigweiß. Flossen farblos bis leicht grau. ♀ Rückenlinie weniger steil ansteigend als beim ♂, D-Strahlen nicht verlängert. ♂ Die Rückenlinie steigt wesentlich steiler an als sich die Bauchlinie senkt, D weißlich bis leicht gelblich, mit stark verlängerten Flossenstrahlen, die bei alten Tieren bis über die C-Wurzel hinausreichen können. C an der Basis rötlich, außen weiß gesäumt.
Pflege ähnlich *Arnoldichthys spilopterus*. Zur Zucht große Aquarien. Die Fische laichen erst nach ausreichender Fütterung mit Insekten *(Drosophila)* oder auch Spinnen. 25 °C, Aufzucht nicht allzu schwierig, Wachstum langsam. Die Art war früher auch als *Alestes longipinnis* bekannt. GÉRY und MAHNERT (1977) beschreiben aus dem Bagbe-Fluß (Sierra Leone) die Unterart *Brycinus longipinnis bagbeensis*, die sich von der Nominatform durch folgende Merkmale unterscheidet: Kopf 3,7–4mal (anstatt 3,6–3,7mal) in der Körperlänge, Schwanzstielhöhe in seiner Länge 1,1–1,3 (anstelle von 1,3–1,62) und SL 29–31 im Gegensatz zu 27–28. *Brycinus chaperi* (SAUVAGE, 1882) ist nach PAUGY (1982) ein Synonym von *B. longipinnis*.

Brycinus nurse (Taf. 90)
(RÜPPEL, 1832)

Tropisches Westafrika, weit verbreitet; bis 25 cm.
D 2/8; A 3/12–15; mLR 27–33. Körper langgestreckt, seitlich kräftig zusammengedrückt. Etwas hochrückiger als die anderen Arten der Gattung. Die untere Profillinie steigt zu Beginn der A fast senkrecht in Richtung der Fettflosse an, um ebenso unvermittelt in einen schlanken Schwanzabschnitt überzugehen. Bei jüngeren Tieren ist die untere Profillinie ausgeglichener, nicht so eckig wie oben angegeben. Körper gelblichbraun bis olivbraun, besonders die unteren Bereiche der Körperseiten und der Schwanzstiel lebhaft messingfarben irisierend, Unterseite gelblich bis weiß. Über dem Ansatz der P ein unklarer, auf dem Schwanzstiel ein großer, immer deutlicher, schwarzer Fleck. Flossen grau, nur bei jungen Tieren gelblich bis rötlich. ♀ A gerade abgeschnitten. ♂ A im mittleren Bereich vorgebuchtet.
Pflege siehe bei *Arnoldichthys spilopterus*, *B. nurse* ist jedoch bedeutend genügsamer. Für Zimmeraquarien eignen sich nur Jungfische, die den Beobachter ähnlich wie andere *Brycinus* durch ihre elegante Schwimmweise fesseln. In den Heimatgebieten laicht *B. nurse* vorwiegend auf überschwemmten Wiesen. Die Jungfische finden dort genügend pflanzliche und tierische Nahrung. Mit dem Zurückgehen des Hochwassers kommen auch die Jungfische in die Flüsse. Bislang bekannt als *Alestes nurse*.
Importiert wurden gelegentlich auch andere Arten der Gattung.

Gattung *Hemigrammopetersius* PELLEGRIN, 1925

Charakteristisch für die Gattung sind folgende Merkmale: Bauch und Köperseiten mit gleichgroßen Schuppen bedeckt, Praemaxillarzähne zweireihig, 4 bis 6 Zähne in der äußeren Reihe, 8–11 Mandibularzähne, kein Paar konischer Zähne hinter der Hauptreihe und SL vollständig. Geschlechtsdimorphismus siehe Abb. 151. Tropisches Afrika. Etwa 20 Arten.

Hemigrammopetersius caudalis (Taf. 51)
(BOULENGER, 1899)
Gelber Kongosalmer

Unterer Kongo (Zaïre) und Nebenflüsse; bis 7 cm.
D 2/8; A 3–4/19–20; mLR 29–30. Ähnlich gestaltet wie der bekannte Kongosalmler, jedoch sind die Schuppen kleiner, der Körper mehr durchscheinend, und die C ist beim ♂ im mittleren Bereich niemals so stark ausgezogen. Durchscheinend gelblich bis gelbgrau, unterseits fast rein weiß. Ein bräunlicher Längsstreifen zeichnet sich nur gelegentlich deutlich

Abb. 150 *Hemigrammopetersius hilgendorfi*

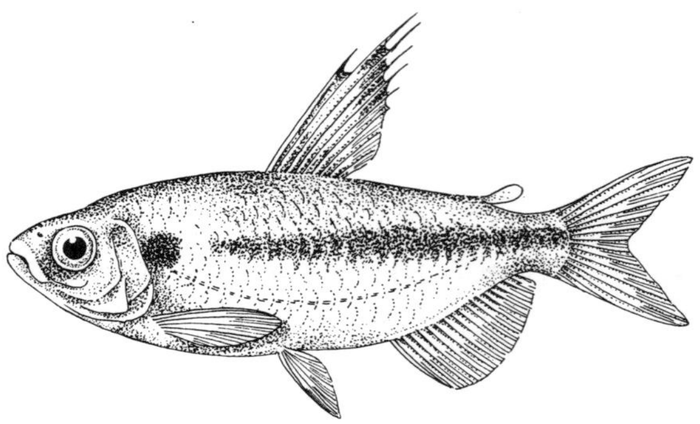

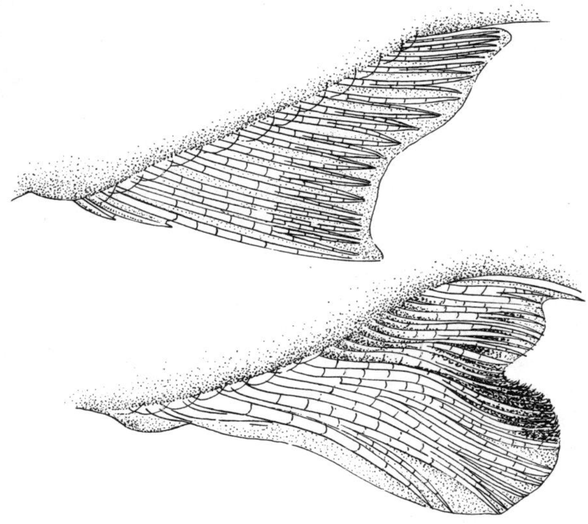

Abb. 151 Gattung *Hemigrammopetersius:* Geschlechtsdimorphismus in der Afterflosse. Oben ♀, unten ♂ (nach GÉRY)

ab. D und C hellgelb, D beim ♂ mit verlängerten, außen schwarzen Flossenstrahlen, C beim ♂ mit tiefschwarzem Mittelstrich, der oben und unten weiß begrenzt ist, A beim ♂ breit weiß gesäumt.
Pflege und Zucht siehe *Phenacogrammus interruptus*. Bislang bekannt als *Petersius caudalis*.

Hemigrammopetersius hilgendorfi (Abb. 150)
(BOULENGER, 1899)

Stromgebiet des Kongo (Zaïre); bis 10 cm.
D 10; A 23–26; mLR 23–26. Ähnlich gestaltet wie die vorhergehende Art, C tief eingeschnitten, ihre mittleren Strahlen nicht verlängert. Oberseite gelbbraun, Körperseiten stark silberglänzend, je nach Beleuchtung zart gelblich oder grünlich schimmernd. Hinter dem Kiemendeckel ein dunkler, oft länglicher, querstehender Fleck. In Höhe der Vn beginnt ein breites, dunkles, nicht sehr scharf abgegrenztes Längsband, das bis in die C-Wurzel reicht. Flossen durchsichtig gelblichgrau oder farblos, D- und C-Lappen mit schwärzlichen Spitzen. Geschlechtsunterschiede nicht genau bekannt, die D älterer ♂♂ ist oft fahnenartig verlängert.
Pflege wie bei *Phenacogrammus interruptus* angegeben, noch nicht nachgezüchtet. Bislang bekannt als *Micralestes hilgendorfi*.

Hemigrammopetersius intermedius (Taf. 89, Abb. 151)
(BLACHE und MILTON, 1960)

Tschad-See, Niger; bis 5 cm.
D 2/8–9; A 3/13–16; mLR 25–27+1–2; SL 9–24. Körper langgestreckt, seitlich stark zusammengedrückt. Silberfarben. Von der Körpermitte bis zur C-Wurzel erstreckt sich eine bläuliche bis schwarze Längsbinde. C gelblich, schwarz gesäumt, D farblos, Spitze schwarz, alle anderen Flossen farblos. ♀ größer, gedrungener, A farblos, vorn nicht ausgebuchtet (Abb. 151). ♂ kleiner, schlanker, A grau, vorn ausgebuchtet.
Pflege siehe *Phenacogrammus interruptus*. Zur Zucht 27 °C, Eier klein, glasklar, die Jungfische schlüpfen nach etwa 36 Stunden, Wachstum langsam. Als *Micralestes acutidens* (?) importiert, siehe dazu RICHTER (Aquar. Terr., 14, 332–333, 1967).

Gattung *Ladigesia* GÉRY, 1968

Kleine, relativ langgestreckte Fische, für die das Fehlen von Schuppen im vorderen, oberen Teil des Körpers (bis zur Fettflosse), das Vorhandensein von kleinen, außerhalb des Maules über den Lippen angeordneten Zähnen, die vollständige SL und die geringe Anzahl von nur drei Branchiostegalstrahlen charakteristisch sind. Eine Art.

Ladigesia roloffi (Abb. 152)
GÉRY, 1968
Orangeroter Zwergsalmler

Sierra Leone, Liberia, Elfenbein- und Goldküste; bis 4 cm.
D 2/7–8/1; A 2/13–14/1; mLR 34–35; SL 5–7. Körper langgestreckt, seitlich stark zusammengedrückt. Silbern bis schwach rötlich glänzend. Kein Schulterfleck. In der hinteren Körperhälfte befindet sich ein golden glänzendes Band, das auf dem Schwanzstiel am kräftigsten ausgeprägt ist. Oberer Teil der Iris und Flossen kräftig zinnoberrot. Spitzen von D und C schwarz. ♀ A nicht verlängert, Basis ohne schwarzen Fleck. ♂ A vorn lappenartig verlängert, im vorderen Teil der A-Basis befindet sich ein schwarzer Fleck.
Pflege in kleineren Aquarien, Einzelhälterung, Vergesellschaftung mit gleichfalls kleinbleibenden Arten möglich. Dunkler Bodengrund und mit Schwimmpflanzen abgedunkelte Behälter sind für das Wohlbefinden wichtig. Gute Springer, Aquarien gut abdecken. Zur Zucht sehr weiches Wasser. Die Fische

Abb. 152 *Ladigesia roloffi*
Abb. 153 *Lepidarchus adonis*

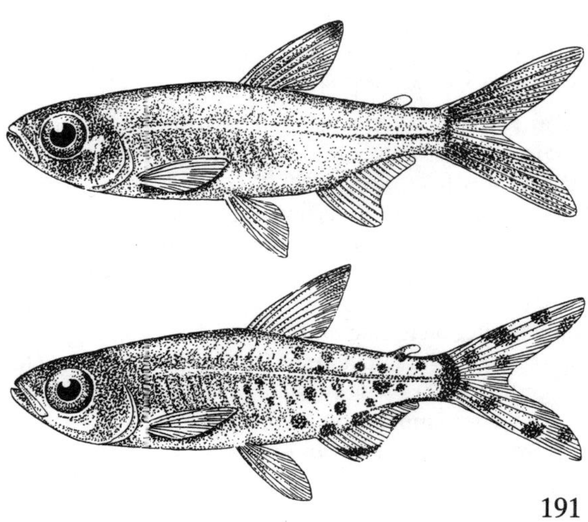

laichen über dem Bodengrund (Torf). Nicht sehr produktiv. Jungfische sehr klein. Aufzucht nicht einfach.

Gattung *Lepidarchus* ROBERTS, 1966

Isoliert stehende Gattung kleiner Salmler. Körper fast vollständig schuppenlos, lediglich vor der Basis der A befindet sich eine Rundschuppe, 2–3 modifizierte Schuppen bilden eine kurze SL. Ober- und Unterkiefer mit einer Reihe kleiner konischer Zähne. Ghana, Liberia. Eine Art.

Lepidarchus adonis (Taf. 51, Abb. 153)
ROBERTS, 1966
Adonissalmler

Ghana, Liberia; bis 3 cm.
D 2/8–9; A 2/8–10; P 1/9–10; V 1/6–7/1. Körper langgestreckt, seitlich stark zusammengedrückt. Durchscheinend mit gelblichem bis bräunlichem Schimmer, Bauch weißlich. ♀ fast einfarbig durchscheinend. ♂: hintere Körperhälfte und C mit rötlichen bis rötlichbraunen Punkten und Strichen. D bräunlichrot.
Pflege siehe *Ladigesia roloffi*. Zur Zucht sehr weiches Wasser, 24–26 °C, die Fische laichen zwischen den Blättern feinfiedriger Pflanzen. Nicht sehr produktiv (20–30 Eier). Die Jungfische schlüpfen nach etwa 36 Stunden und schwimmen nach einer Woche frei, Anfütterung mit *Artemia*-Nauplien. Es wird empfohlen, das Zuchtbecken teilweise abzudunkeln.
1970 beschrieb ISBRÜCKER eine etwas intensiver gefärbte Form aus Liberia als *Lepidarchus adonis signifer*.

Gattung *Micralestes* BOULENGER, 1899

Nahe verwandt mit der Gattung *Phenacogrammus*. Gattungscharakteristisch sind mehr als vier Zähne in der äußeren Reihe des Praemaxillare. SL vollständig (Ausnahmen: *M. elongatus* und *M. comoensis*).
Die Arten haben meist eine silberne Grundfärbung und ein dunkles Längsband. Häufig sind sie nicht leicht zu unterscheiden. Tropisches Afrika. Etwa 15 Arten.

Micralestes acutidens (Taf. 50)
(PETERS, 1852)

Von Nigeria bis Angola, Sambesi-Becken, weitverbreitet; bis 6,5 cm.
D 2/8; A 3/14–16; mLR 24–27+1–2. Körper langgestreckt, seitlich stark zusammengedrückt. Oberseiten hellbraun, Körperseiten und Bauch silbrig mit bläulichen Glanzzonen, besonders auf dem Schwanzstiel. Vom Kiemendeckel bis in die C-Wurzel erstreckt sich eine breite, bleigraue bis schwarze Längsbinde. Flossen farblos oder leicht grau, D mit schwarzem Strich. ♀ gedrungener, A vorn nicht verbreitert. ♂ schlanker, A vorn lappenartig verbreitert.
Pflege siehe *Phenacogrammus interruptus*.

Micralestes occidentalis (Taf. 89)
(GÜNTHER, 1899)

Ghana und Zaïre (Kongo); bis 6,5 cm.
D 3/8; A 3/18–21; mLR 24–27; SL vollständig, durchgebogen. Körper gestreckt, seitlich stark abgeflacht. Einheitlich stark silbern glänzend. Ein dunkles Längsband tritt meist nur recht undeutlich hervor. Besonders charakteristisch für diese Art ist die schwärzliche D, die beim ♂ eine breite, leuchtend gelbe Binde zeigt, beim ♀ dagegen nur an der Spitze hell gesäumt ist. V und A beim ♂ häufig mit weißen Spitzen.
Pflege und Zucht wie bei *Phenacogrammus interruptus* angegeben.

Micralestes stormsi (Taf. 50, Abb. 154)
BOULENGER, 1902
Roter Kongosalmler

Südlicher Tschad-See bis zum oberen Kongo (Zaïre), weitverbreitet; bis 7,5 cm.
D 2/8; A 3/13–17; mLR 22–28; SL 20. Körper langgestreckt, seitlich kräftig zusammengedrückt. Silberfarben mit bläulichem Schimmer, Rücken olivfarben. Vom Hinterrand des Kiemendeckels bis zur Basis der C verläuft eine goldfarbene bis bläuliche Längsbinde, die in der hinteren Körperhälfte am stärksten hervortritt. Iris oben kräftig rot. D und C rötlich, leicht schwarz gesäumt, Fettflosse kräftig rot, A farblos, erste Strahlen weiß. Beim ♀ A vorn nicht verlängert. Beim ♂ A vorn mit verlängerten Flossenstrahlen (Abb. 154).
Pflege und Zucht wie bei *Phenacogrammus interruptus* angegeben.
Die Art wurde in der Aquaristik zunächst fälschlich als *Alestes imberi* PETERS, 1952, bezeichnet.
Die Abgrenzung zu *Micralestes humilis* BOULENGER, 1899, (Taf. 50) ist schwierig.

Abb. 154 *Micralestes stormsi*: Geschlechtsdimorphismus in der Afterflosse. Oben ♀, unten ♂ (nach BOULENGER)

Gattung *Phenacogrammus* EIGENMANN, 1907

Nahe verwandt mit der Gattung *Micralestes*. Gattungscharakteristisch sind die vier mehrspitzigen Zähne der äußeren Zahnreihe des Praemaxillare. SL vollständig oder unvollständig. Tropisches Westafrika. Etwa 20 Arten.

Phenacogrammus altus (Abb. 155)
(BOULENGER, 1899)

Stromgebiet des Kongo (Zaïre); bis 6,5 cm.
D 2/8; A 3/22–27; mLR 21–25 + 1–2; SL 21–26. Körper relativ kurz und hochrückig. Silberfarben, Rükken gelblicholiv, Bauch weißlich. Schuppen auf den Körperseiten z.T. dunkel gerandet. Auf dem Schwanzstiel ein großer, runder, schwarzer Fleck, der auch auf die mittleren C-Strahlen übergreift. Flossen farblos. ♀ A gerade abgeschnitten. ♂ A vorn ausgebuchtet.
Pflege und Zucht siehe *Ph. interruptus*.

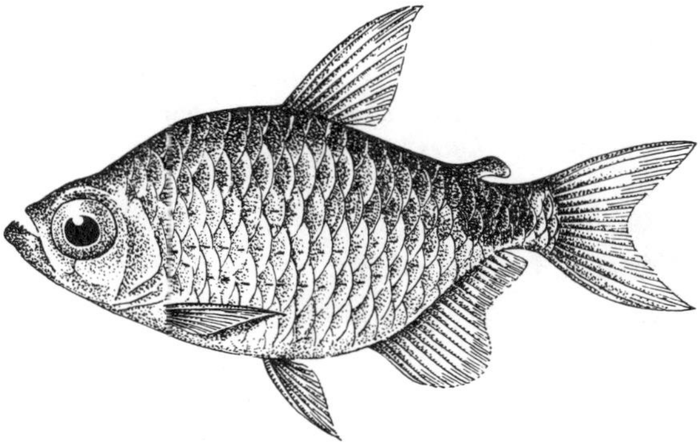

Abb. 155 *Phenacogrammus altus*

Phenacogrammus ansorgei (Taf. 53, Abb. 156)
(BOULENGER, 1910)

Küstenregion von Gabun, Zaïre und Angola; bis 7,5 cm.
D 2/8; A 2/21; mLR 31 + 2; SL 29–30. Langgestreckt, seitlich stark zusammengedrückt. Einfarbig oliv- bis hellbraun, Flossen farblos. ♂ D- und mittlere A-Strahlen verlängert. Hinter dem Kiemendeckel befindet sich ein deutlicher, kommaförmiger Schulterfleck, eine schwach angedeutete dunkle Längsbinde reicht auf den Körperseiten bis in die mittleren C-Strahlen. ♀ D- und A-Strahlen nicht verlängert, Flossen verhältnismäßig klein, kein Schulterfleck, die dunkle Längsbinde tritt dagegen deutlicher hervor und endet in einem Fleck auf der C-Wurzel, der ebenfalls auf die mittleren C-Strahlen übergreift (Abb. 156).
Pflege siehe nachfolgende Art.
Die ♀♀ von *Ph. ansorgei* wurden früher als eigenständige Art *(Petersius ubalo)* angesehen.

Phenacogrammus interruptus (Taf. 50)
(BOULENGER, 1899)
Kongosalmler

Stromgebiet des Kongo (Zaïre); bis 8 cm, ♀ kleiner.
D 2/8; A 3/19–21; mLR 20–22 + 1–2; SL 8–13. Körper gestreckt, seitlich kräftig zusammengedrückt, die mittleren C-Strahlen der ♂♂ zipfelartig verlängert. Die Tiere schillern bei auffallendem Licht in allen Regenbogenfarben. Rücken und Nacken schwärzlich-braunoliv, Rückenteil des Schwanzstiels goldglänzend. Gegen den Bauch zu hellt sich die Färbung in ein rot- bis hellbraunes Längsband auf, das wiederum bauchwärts von einer prächtig messinggelben Binde begrenzt wird. Weiter folgen bauchwärts: eine goldene, darauf eine grüngelbe und darauf eine grüne Schuppenreihe. Der Bauch glänzt leuchtend hell- bis violettblau. Alle Bänder sind nicht scharf voneinander abgesetzt und z.T. von schwarzen Zickzacklinien begleitet. Hinter dem grünglänzenden Kiemendeckel ein prächtig hellblauer Fleck. Flossen rauchgrau bis rötlich. A und C weiß gesäumt, mittlerer Zipfel der C schwarz, weiß gesäumt, Pn farblos. ♀ insgesamt blasser gefärbt, D und mittlerer Teil der C fast nicht oder nur sehr wenig verlängert. ♂ größer, wie oben angegeben gefärbt. D lang ausgezogen.
Die prächtigen, eleganten Schwarmfische stellen ähnliche Ansprüche wie die *Brycinus*-Arten, das heißt, sie benötigen Bewegungsfreiheit, weiches, leicht saures Torfwasser, Insektennahrung und gelegentlich Wasserwechsel. Leider sind wirklich schöne Kongosalmler heute nur noch selten zu sehen. Temperatur 25–26 °C. Die Erstzucht gelang 1951 MEDER (Neustadt). Die Paare laichen meist an sonnigen Tagen. Die großen, leicht bräunlichen, nicht klebenden Eier werden nach heftigem Treiben ausgestoßen und sinken zu Boden, bis 300 Eier und mehr. Die Eihülle

Abb. 156 *Phenacogrammus ansorgei*: Geschlechtsdimorphismus in der Rücken- und Afterflosse. Oben ♂, unten ♀ (nach POLL)

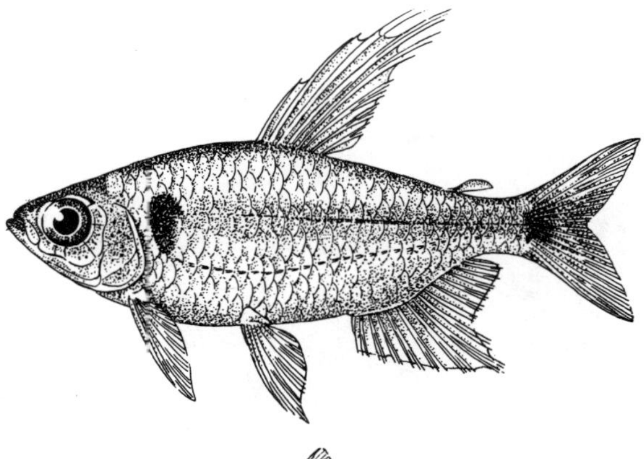

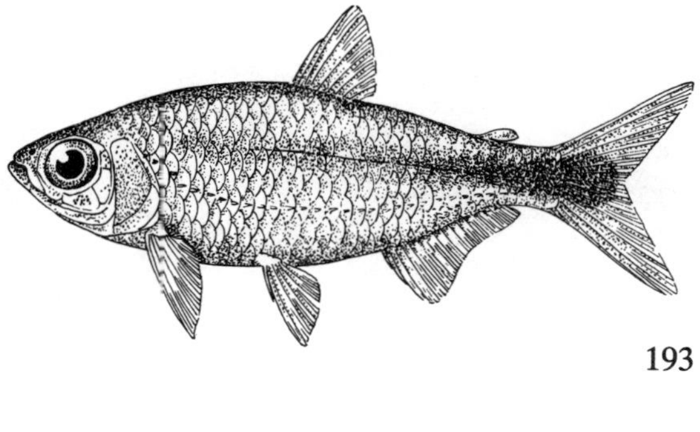

quillt stark auf. Die Jungen schlüpfen nach sechs Tagen und können gleich gefüttert werden. Früher bekannt als *Micralestes interruptus*.

Familie Citharinidae
Geradsalmler

Ausschließlich in Afrika beheimatete (Abb. 157), stark heterogene Familie der Characoidei, die häufig auch in zwei (VARI, 1979) oder drei (GREENWOOD et al., 1966), hier als Unterfamilien beschriebene, eigenständige Familien aufgegliedert wird. Gemeinsame Merkmale sind die geradlinig verlaufende SL, die meist ctenoiden Schuppen (nur bei den Citharininae cycloid), die in der Regel relativ zahlreichen Flossenstrahlen in der V sowie Merkmale der Schädelstruktur.

Unterfamilie Citharininae

Zu dieser Unterfamilie gehören zwei Gattungen, von denen nur die nachfolgende aquaristisch von gewisser Bedeutung ist. Praemaxillare kurz, nicht beweglich. Rundschuppen.

Gattung *Citharinus* CUVIER, 1817

Relativ hochrückige, seitlich stark zusammengedrückte, weißfischartige Characoidei. Schuppen klein, zahlreich (mLR 46–90), cycloid. SL vollständig, in der Körpermitte verlaufend, D und A lang. Größere Schwarmfische, von denen die größte Art bis zu 80 cm Gesamtlänge erreicht, und die lokal für die Ernährung der Bevölkerung von Bedeutung sind. Maul breit mit sehr kleinen stäbchenartigen Zähnen, die auf den Lippen angeordnet sind. Maxillare zahnlos, Kiemenrechen zahlreich, Darm verhältnismäßig lang, Allesfresser. Wachstum schnell. Gut geeignet für große Schauaquarien. 22–26 °C. In Afrika weit verbreitet. Sieben Arten.

Abb. 157 Verbreitungsgebiet der Citharinidae

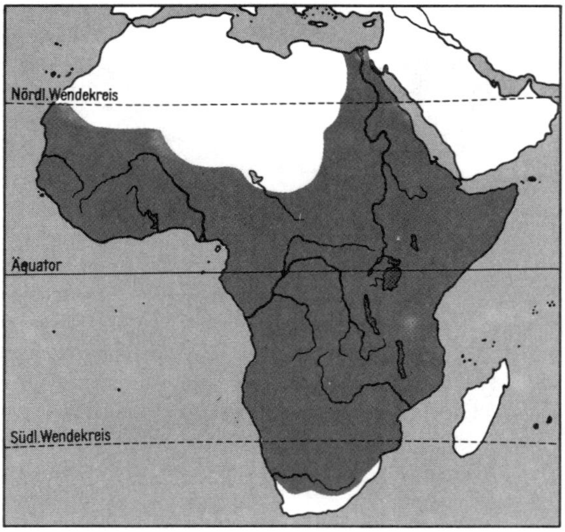

Citharinus (Citharinus) citharinus (Abb. 158)
(GEOFFROY, 1809)

Vom Senegal bis zum Nil weit verbreitet; bis 50 cm. D 3–5/12–15; A 3–4/21–28; mLR 77–90. Körper gattungstypisch gestaltet. Silberfarben, Rücken grünlich- oder rötlichgrau, Bauch weißlich. Jungfische mit zahlreichen schmalen, dunklen Längslinien zwischen den Schuppenreihen. Flossen grau, V, A und unterer C-Lappen häufig rötlich. Geschlechtsunterschiede unbekannt.
Pflege siehe Gattungsbeschreibung.

Citharinus (Citharinus) congicus (Taf. 90)
BOULENGER, 1901

Kongo-(Zaïre-)Becken; bis 45 cm.
D 4–5/13–16; A 3/22–27; mLR 60–66. Gattungstypisch gestaltet. Einfarbig silberglänzend ohne auffallende Farbmerkmale. Rücken bläulichgrau, Bauch weißlich. Geschlechtsunterschiede unbekannt.
Pflege siehe Gattungsbeschreibung.

Citharinus (Citharinoides) latus (Abb. 159)
MÜLLER und TROSCHEL, 1845

Vom Senegal bis zum Nil weit verbreitet; bis 42 cm. D 4–5/15–17; A 3–4/ 19–22; mLR 63–71. Körper gattungstypisch gestaltet. Silberfarben, Rücken grau, Bauch silbrig-weiß. Manchmal mit schmalen, dunkelgrauen Linien zwischen den Schuppenreihen (Jungtiere ?). V, A und C manchmal rötlich oder orange. Geschlechtsunterschiede unbekannt.
Pflege siehe Gattungsbeschreibung.

Unterfamilie Distichodinae

Zu dieser Unterfamilie gehören etwa 50–55 Arten, die sich auf zehn Gattungen verteilen. Schuppen ctenoid. Kleintier- und Pflanzenfresser.

Gattung *Distichodus*
MÜLLER und TROSCHEL, 1844

Gattung meist größerer (bis zu 70 cm Gesamtlänge), aber auch kleinerer, schwimmfreudiger Flußfische, die sich vorwiegend in Bodennähe aufhalten. Körper hochrückig, mäßig langgestreckt bis gedrungen, seitlich stark abgeflacht. Kopf klein, mit mehr oder weniger kegelförmig zugespitzter Schnauze. Schuppen ctenoid. Fettflosse und C-Basis z. T. mit kleinen Schuppen bedeckt. C-Lappen häufig abgerundet. Maxillare unbezahnt. Kiemenmembran mit dem Isthmus verwachsen. Detritus- und Pflanzenfresser. Lokal als Nutzfische von Bedeutung.

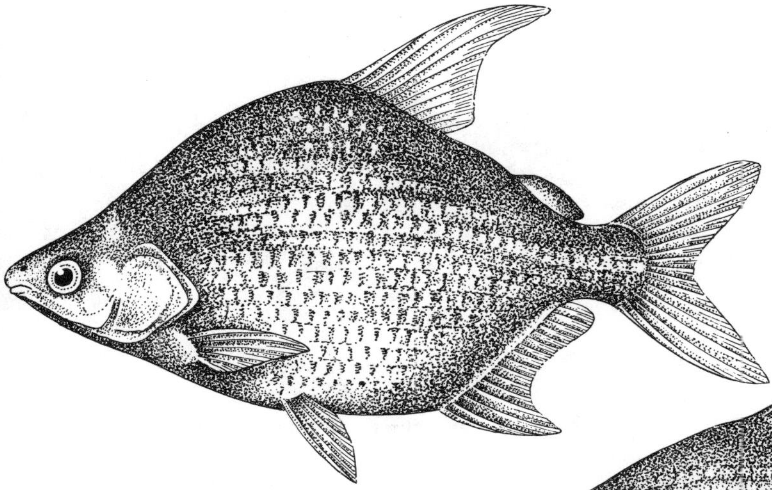

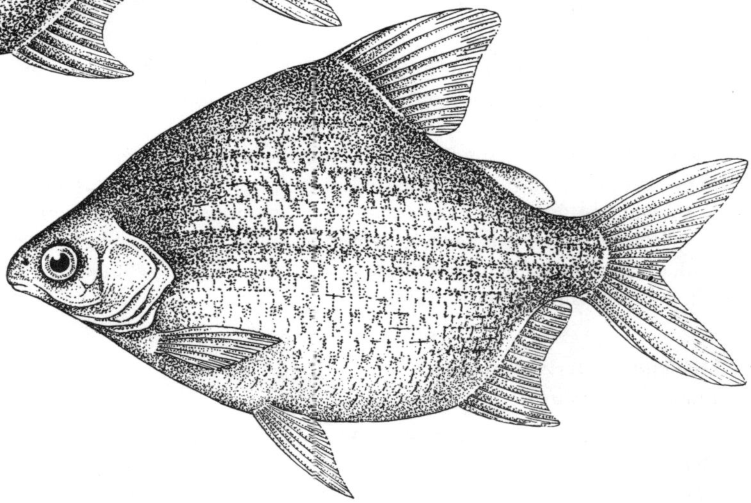

Abb. 158 *Citharinus citharinus*
Abb. 159 *Citharinus latus*

Friedliche Schwarmfische für größere Aquarien. Einige Arten sind im Alter aggressive Einzelgänger. Bepflanzung mit Stufenfarn oder unbepflanzte Behälter. Versteckmöglichkeiten können durch Ast- und Wurzelwerk geschaffen werden. 24–27 °C. Lebendfutter aller Art, aber auch pflanzliche Nahrung (Haferflocken). Das Fortpflanzungsverhalten aller Arten ist weitgehend unbekannt. Afrika, weitverbreitet. 19 Arten.

Distichodus affinis (Taf. 52, Abb. 160)
GÜNTHER, 1873

Kongo-(Zaïre-)Becken; bis 12 cm.
D 4/12; A 3/16–18; mLR 37–39. Körper relativ hochrückig, C tief gespalten mit kleinen, runden Lappen.

Abb. 160 *Distichodus affinis*

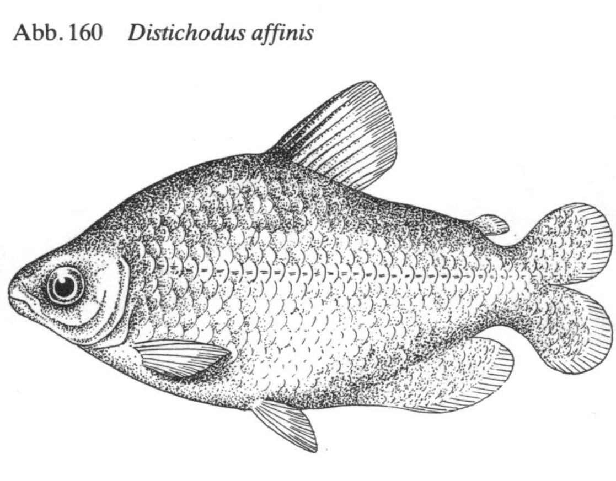

Jugendfärbung: Schuppen der vorderen Körperhälfte und besonders der Körpermitte kräftig hell- bis schokoladenbraun. Schuppenränder stark silberfarben glänzend. Einzelne vollständig silberfarbene Schuppen sind unregelmäßig über den ganzen Körper verteilt. D vorn schwarz, nachfolgend blutrot, Rand farblos. A und V an der Basis blutrot, Rand farblos. C und Fettflosse leicht braunrot mit farblosem Rand. Ab einer Größe von etwa 6–8 cm Gesamtlänge verschwinden die braunen und roten Farben. Die Tiere sind vielmehr einfarbig silbern, Rücken leicht grünlichblau. D-Vorderkante schwarz. Geschlechtsunterschiede unbekannt.
Pflege siehe Gattungsbeschreibung.
Die Art wird häufig mit *D. noboli* verwechselt. *D. affinis* hat jedoch eine deutlich längere A (3/16–18 statt 3/11–13). Damit ist die A bei *D. affinis* länger und bei *D. noboli* kürzer als die D.

Distichodus altus
BOULENGER, 1899

Oberes Kongo-(Zaïre-)Gebiet; bis 20 cm.
D 4/13–14; A 3/18–19; mLR 40–42. Ähnlich gestaltet wie die vorhergehende Art. Leicht bronzefarben, Schuppen der Körperseiten mit einem golden glänzenden Fleck. Flossen dunkel, C mit rötlichem Rand. Geschlechtsunterschiede unbekannt.
Pflege siehe Gattungsbeschreibung.

Distochodus antonii (Abb. 161)
SCHILTHUIS, 1891

Kongo-(Zaïre-)Becken; bis 44 cm.
D 4–6/16–19; A 3–4/9–11; mLR 60–66. Körper mäßig langgestreckt. Graugrün bis graublau mit 11–14 schmalen, meist schwach angedeuteten Querbinden auf den Körperseiten. D mit zahlreichen schwarzen Tüpfeln. Geschlechtsunterschiede unbekannt.
Pflege siehe Gattungsbeschreibung.

Distichodus atroventralis (Abb. 162)
BOULENGER, 1898

Kongo-(Zaïre-)Gebiet; bis 42 cm.
D 4–5/17–19; A 3–4/9–11; mLR 68–77. Körper mäßig langgestreckt. Jungfische grausilbern oder zart rostrot mit 6–10 manchmal unterbrochenen, schwach angedeuteten, dunklen Querbinden, Bauch weißlich. D schwarz getüpfelt. V schwarz. Alte Tiere einheitlich braunsilbern, Bauchseite leicht gelblich. Geschlechtsunterschiede unbekannt.
Pflege siehe Gattungsbeschreibung.

Distichodus decemmaculatus (Abb. 163)
PELLEGRIN, 1926

Zentrales Kongo-(Zaïre-)Becken; bis 6 cm.
D 15–16; A 12–13; mLR 38–41. Körper relativ langgestreckt, C-Lappen abgerundet, Maul endständig. Rücken bräunlich bis rötlichbraun, mit einzelnen irisierenden Punkten. Darunter eine breite schwärzliche bis intensiv grünlich schimmernde Längsbinde,

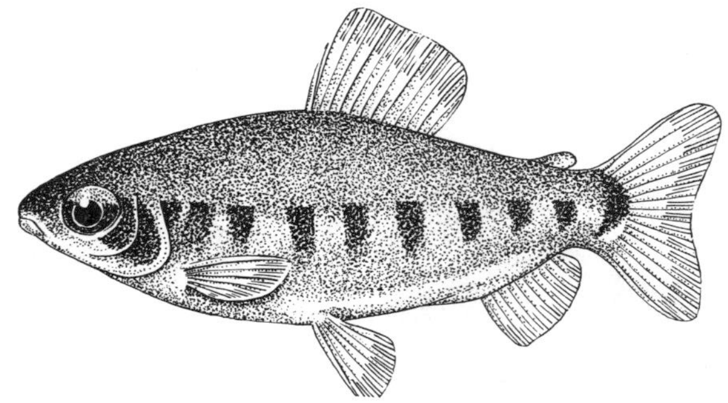

Abb. 163 *Distichodus decemmaculatus*

die an der Schnauzenspitze beginnt und auf dem Schwanzstiel endet. Am oberen, häufig unscharfen Rand dieser Binde etwa 9–10 schwarze Flecke; untere Kante der Binde stets scharf begrenzt. Die gesamte Unterseite des Fisches vom Kopf bis zum Schwanzstiel weiß. Flossen durchscheinend, z. T. mit rötlichen Flossenstrahlen, D vorn an der Basis mit einem dunklen, runden Fleck, C-Basis hell. Geschlechtsunterschiede unbekannt.
Pflege siehe Gattungsbeschreibung.

Distichodus fasciolatus (Taf. 51, Abb. 164)
BOULENGER, 1898

Stromgebiet des Kongo (Zaïre), Angola; bis 55 cm.
D 4–5/20–25; A 3–4/10–13; mLR 68–78. Körper mäßig langgestreckt. Braun- bis grünlichsilbern, Rücken dunkler, Bauch silbrigweiß. 18–20 unregelmäßige, dunkle Querstreifen auf den Körperseiten. Jungfi-

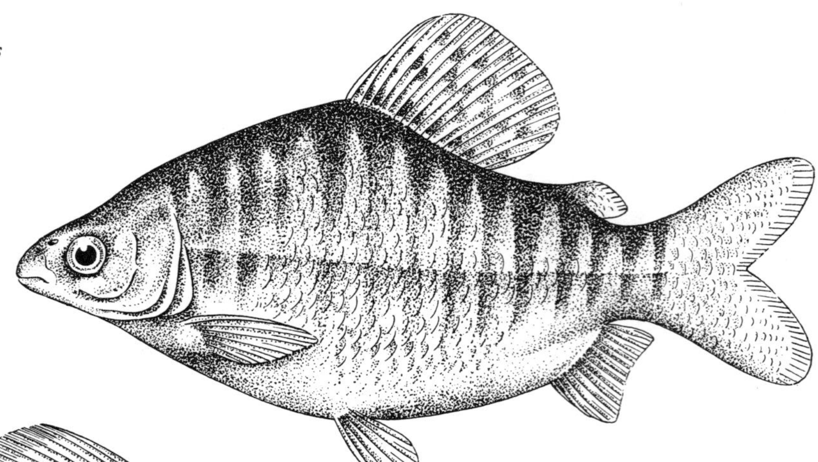

Abb. 161 *Distichodus antonii*
Abb. 162 *Distichodus atroventralis*

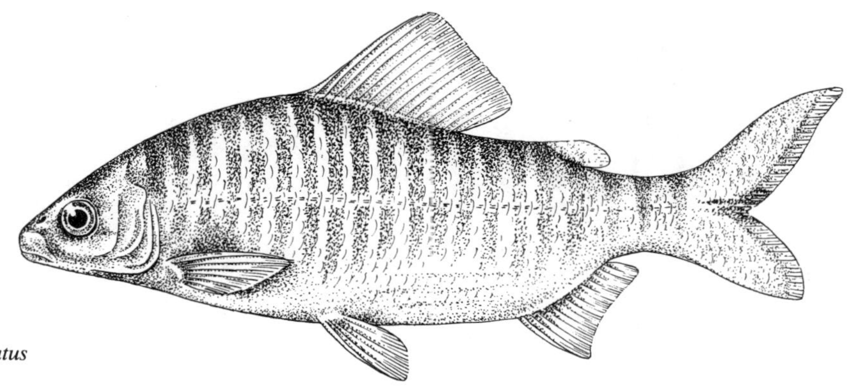

Abb. 164 *Distichodus fasciolatus*

sche mit dunkelbraunem Fleck über dem P-Ansatz und an der C-Basis. Flossen grau, D dunkel getüpfelt. Geschlechtsunterschiede unbekannt.
Pflege siehe Gattungsbeschreibung.

Distichodus lusosso (Taf. 52, Abb. 166)
SCHILTHUIS, 1891

Stromgebiet des Kongo (Zaïre), Angola; bis 40 cm.
D 4–5/20–21; A 3–4/9–10; mLR 70–85. Körper relativ langgestreckt. Kopf-Rückenlinie im Alter mäßig steil ansteigend, Kopf stark zugespitzt, Maul mehr oder weniger endständig. Bräunlich-orangefarben bis rötlich mit 6–8 dunklen Querbinden. Flossen gelblich, D bei Jungtieren dunkel getüpfelt. Sehr schöne Art, deren prächtige Färbung im Alter verblaßt. Geschlechtsunterschiede unbekannt.
Pflege siehe Gattungsbeschreibung.

Distichodus noboli (Abb. 165)
BOULENGER, 1899

Oberes Kongo-(Zaïre-)Gebiet; bis 8 cm.
D 4/16; A 3/11–13; mLR 45. Körper gattungstypisch, Kopf kegelförmig, C-Lappen abgerundet. Oberseite oliv- bis schokoladenbraun, Körperseiten grausilbrig oder auch rein silbern, Unterseite silbrig, Brustregion dunkel, Schuppen besonders in der unteren Körperhälfte dunkel gerandet. Auf der C-Wurzel ein runder, dunkler Fleck. Senkrechte Flossen und Vn orange bis ziegelrot, vorderer Teil der D schwarz. Geschlechtsunterschiede unbekannt.
Pflege siehe Gattungsbeschreibung.
Siehe auch *D. affinis*.

Distichodus notospilus (Taf. 52)
GÜNTHER, 1867

Südliches Kamerun bis Angola; bis 20 cm.
D 4–5/11–15; A 3/11–13; mLR 38–46. Ähnlich gestaltet wie die voranstehende Art, jedoch sind die C-Lappen zugespitzt, nicht abgerundet. Bräunlich, golden glänzend. Rücken dunkler, Bauch gelblich, Schuppen der Körperseiten dunkel gerandet. Jungfische mit zahlreichen undeutlichen, dunklen Querstreifen. Ein kleiner tiefschwarzer Fleck an der Basis der C. D gelblich, vorn mit tiefschwarzem Fleck oder Querstreifen, A und V kräftig rot, außen gelblichweiß, äußere C-Strahlen kräftig rot, Rest der Flosse gelblichweiß. Geschlechtsunterschiede unbekannt.
Pflege siehe Gattungsbeschreibung.

Distichodus rostratus (Taf. 87)
GÜNTHER, 1864

Stromgebiet des Nil, des Senegal und des Niger; bis 62 cm.
D 4–5/18–21; A 3–4/10–11; mLR 83–91. Körper mäßig langgestreckt. Grau bis graugrün mit leichtem Silberglanz, gelegentlich zart rötlichbraun. Jungtiere mit zahlreichen schmalen Querbinden. Schuppen adulter Tiere oft dunkel gerandet. D dunkel getüpfelt. Geschlechtsunterschiede unbekannt.
Pflege siehe Gattungsbeschreibung.

Distichodus sexfasciatus (Taf. 52, Abb. 167)
BOULENGER, 1897

Stromgebiet des Kongo (Zaïre), Angola; bis 25 cm.
D 5/19–20; A 3–4/8–10; mLR 60–68. Ähnlich gestaltet und gefärbt wie *D. lusosso*. Maul leicht unterständig. Rotbraun bis rötlichgelb, Bauch weißlich. 6–7 dunkelbraune bis schwarze Querbinden auf den Körperseiten. Jungfische kräftig gefärbt mit blutroten senkrechten Flossen. Leider verliert sich diese schöne Färbung im Alter. Geschlechtsunterschiede unbekannt.
Pflege siehe Gattungsbeschreibung.
Von dem nahe verwandten *D. lusosso* unterscheidet

Abb. 165 *Distichodus noboli*

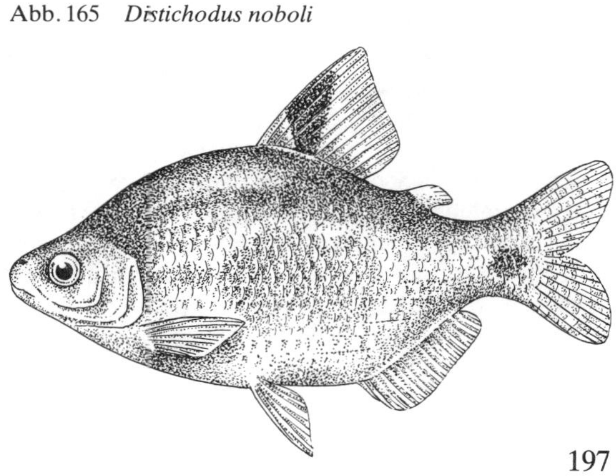

Abb. 166 *Distichodus lusosso*
Abb. 167 *Distichodus sexfasciatus*

sich *D. sexfasciatus* durch die stumpfere, seitlich stärker zusammengedrückte Schnauze, durch die bei alten Tieren steiler ansteigende Kopf-Rückenlinie und durch die 60–68 Schuppen in der mLR (anstatt 70 bis 85).

Gattung *Nannaethiops* GÜNTHER, 1871

Kleinere Salmler von gestreckter Körperform. Maul klein, Kiefer mit zwei Zahnreihen, von denen die innere sich aus zweispitzigen Zähnen zusammensetzt. SL vollständig. Fettflosse vorhanden. Eine Art.

Nannaethiops unitaeniatus (Taf. 53)

GÜNTHER, 1871
Afrikanischer Einstreifensalmler

Im tropischen Afrika weit verbreitet, Niger bis zum Kongo-(Zaïre-)Becken; bis 6,5 cm.
D 3/10–12; A 3/7; mLR 32–36. Körper langgestreckt, seitlich wenig abgeflacht. Rücken dunkelbraun bis bräunlicholiv, Bauch und Kehle gelblich bis weiß mit silbrigem Schimmer. Vom Maul über das Auge zur C-Wurzel und von hier auf die mittleren Flossenstrahlen verläuft eine schmale dunkelbraune bis blauschwarze Längsbinde, die oben von einem golden oder kupfern glänzenden Band begleitet wird. Die untere Hälfte des Schwanzstiels ist oft rötlich gefärbt. Flossen gelblich, grau- bis grünweißlich, D mit schwarzem vorderem Rand und schwarzer Spitze. Ihre schöne Färbung zeigen die Tiere fast nur im Artbecken. ♀ etwas matter gefärbt, Körper gedrungen. ♂ wie oben angegeben gefärbt, schlank, beim Laichakt sind der vordere Teil der D und der obere C-Lappen blutrot.

Pflege der friedlichen, ausdauernden, etwas scheuen Art in größeren, hellstehenden Aquarien mit zeitweiliger Sonneneinstrahlung und nicht zu dichtem Pflanzenwuchs. Als Bodengrund ist für diese Art, die sich ausschließlich in Bodennähe aufhält, feiner Sand fast unerläßlich. Lebendfutter, nicht wählerisch, 23 bis 26 °C. Da die Art außerordentlich produktiv ist, verwende man zur Zucht nur größere Aquarien (40–50 Liter). Nach PINTER ist es ratsam, auch in das Zuchtbecken feinen gebrühten Sand als Bodengrund einzustreuen, auf reinem Glasboden sollen die Tiere nicht laichen (?). Die Eier werden wahllos zwischen Pflanzen und über dem Bodengrund abgesetzt. Zuchtpaare nach dem Ablaichen entfernen. Die Laichwilligkeit wird durch Morgensonne sehr gesteigert. Die Jungfische schlüpfen bei 25 °C nach 26–32 Stunden und schwimmen nach fünf Tagen frei.

Gattung *Nannocharax* GÜNTHER, 1867

Kleinere afrikanische Salmler, die etwa mit den südamerikanischen *Characidium*-Arten (siehe S. 151) vergleichbar sind. Körper langgestreckt, zylindrisch oder auch zusammengedrückt, Schuppen klein, ctenoid, SL vollständig. Maul sehr klein, Ober- und Unterkiefer mit einer Reihe zweispitziger Zähne. Bodenfische schnellfließender, seltener stehender Gewässer des tropischen Afrika und des Nil. Etwa 20 z. T. umstrittene Arten.

Nannocharax fasciatus (Taf. 53)

GÜNTHER, 1867

Niger bis Gabun; bis 7,5 cm.
D 3/9–10; A 3/7–8; mLR 42–49. Körper langgestreckt, seitlich wenig zusammengedrückt. Gelblich bis gelblichbraun. 8–10 manchmal sehr unregelmäßige dunkelbraune Querbinden auf den Körperseiten. Ein dunkelbrauner Fleck an der Basis der C. Flossen farblos, D mit 2–3, V und A mit jeweils einem dunkelbraunen Querstreifen, C-Lappen gleichfalls mit 1–2 dunkelbraunen Streifen. Geschlechtsunterschiede unbekannt.
Pflege siehe nachfolgende Art.

Nannocharax parvulus (Taf. 90)

PELLEGRIN, 1906

Niger bis Ogowe; bis 6 cm.
D 3/10–11; A 3/8–9; mLR 38–40. Körper langgestreckt, seitlich mäßig zusammengedrückt. Olivbraun mit starkem Silberglanz. Von der Schnauzenspitze über das Auge bis zur C-Wurzel und z. T. auch auf die mittleren Flossenstrahlen der C verläuft eine breite, dunkelbraune bis tiefschwarze Längsbinde. Flossen durchscheinend. Geschlechtsunterschiede unbekannt (♂ kleiner ?).
Scheue Tiere, die am besten im dicht bepflanzten, mit zahlreichen Versteckmöglichkeiten ausgestatteten Aquarium gepflegt werden. Tubifex, Enchyträen, Grindalwürmer und Wasserflöhe, 24–27 °C.

Nannocharax ansorgei BOULENGER, 1911, und *N. micros* FOWLER, 1936, sind nach GÉRY (1977) wahrscheinlich Synonyme dieser Art.

Gattung *Neolebias* STEINDACHNER, 1894

Nahe verwandt mit der Gattung *Nannaethiops*, von der sie sich aber durch die unvollständige SL unterscheidet. Kiefer mit zwei Zahnreihen, Zähne der inneren Reihe in beiden Kiefern konisch oder zweispitzig. Maxillare mit zwei bis sieben Zähnen. Fettflosse vorhanden oder fehlend. Tropisches Afrika, Nil. Sieben Arten.

Neolebias ansorgei (Taf. 53)
BOULENGER, 1912
Roter von Kamerun

Zentralafrika, Chiloongo; bis 3,5 cm.
D 3/8; A 2/6; mLR 29–32. Körper langgestreckt, seitlich wenig zusammengedrückt. ♂ in Laichstimmung: Rücken bräunlich bis grün, Körperseiten leicht grasgrün bis grünlichblau schillernd, oft mit leichtem violettem Anflug, Bauch kräftig messingfarben. A und V blutrot. Außerhalb der Laichzeit sind die Flossen mehr gelblich. Tiere, die zu hell gehalten werden oder sich aus anderen Gründen nicht wohlfühlen, zeigen eine grünliche bis schwarzgrüne schmale Längsbinde. ♀ kräftiger, Bauchlinie gerundet, zu Beginn der Laichzeit sind die Eier in der Leibeshöhle deutlich zu erkennen (Gegenlicht). Außerhalb der Laichzeit haben die ♀♀ einen dunklen Längsstrich, in der Laichzeit sind sie mehr oder weniger olivfarben. Die sehr schöne, besonders in hartem Wasser und gegen Wasserwechsel etwas empfindliche Art bleibt im Gesellschaftsbecken immer recht scheu und farblos. Es wird deshalb empfohlen, die Tiere paarweise einzeln zu pflegen. *Neolebias* hält sich fast ausschließlich in den Wasserschichten über dem Bodengrund auf. 24 bis 28 °C. Kleineres Lebendfutter. Zur Zucht kleine Vollglasbecken mit dichtem Pflanzeneinsatz, 30 °C, nach STALLKNECHT wesentlich weniger (22 °C). Über die Paarung schreibt der gleiche Autor (Aquar. Terr., 9, 132–133, 1962). Laicht nicht in der für Salmler typischen Weise (siehe Seite 60). Das ♂ schwimmt zunächst einen Zickzacktanz um das ♀, folgt dieses nicht, so erhält es Rammstöße. Das nachfolgende ♀ wird mit Flattertänzen in das Pflanzensubstrat gelockt. Es bleibt bei der Paarung etwas hinter dem ♂, Maul in Höhe der Geschlechtsöffnung des ♂, welches die A unter das ♀ legt. Leicht S-förmig gekrümmt, werden in dieser Stellung die Geschlechtsprodukte ausgestoßen und durch Schläge der C des ♂ nach vorn in das Substrat gewirbelt. Die für Salmler typische Drehbewegung fehlt. Eine weitere sehr gute Beschreibung gab SCHAPITZ (DATZ, 11, 291–294, 1958). Gesamtzahl der Eier 300 und mehr. Die Jungen kommen nach 24–36 Stunden aus und sind nur mit allerfeinstem Futter zu ernähren, sie hängen sich vorwiegend an die Wasseroberfläche. Die Jungfische wachsen schnell und sind nach 6–7 Monaten geschlechtsreif, Aufzucht nicht leicht. Nach POLL und GOSSE (1963) ist *Nannaethiops geisleri* HOEDEMAN, 1956, vermutlich, *Neolebias landgrafi* AHL, 1928, sicher ein Synonym von *N. ansorgei*.

Neolebias trilineatus (Taf. 53)
BOULENGER, 1899
Afrikanischer Dreistreifensalmler

Oberer Kongo (Zaïre); bis 4 cm.
D 3/10–11; A 3/7; mLR 34–35. Körperform gattungstypisch. Rücken bräunlicholiv bis rehbraun, Rückenschuppen dunkel gerandet, Seiten heller, Bauch silbrig, rötlich angehaucht. Drei schwärzliche bis tiefschwarze, fast parallele Längsbinden, von denen die mittlere auf der Schnauze beginnt und über das Auge gerade bis in die C-Wurzel zieht. Diese Binde verbreitert sich außerdem auf dem Kiemendeckel und in der C-Wurzel zu einem länglich ovalen Fleck, letzterer ist golden eingefaßt und greift niemals, wie bei der nachfolgenden Art, auf den mittleren Teil der Flossen über. Die zwischen den Längsbinden liegenden Zonen sind golden. V rötlich, mit blauer Vorderkante, D gelbrot, C und A rötlich bis zart rotbraun. ♀ größer, zur Laichzeit insgesamt golden glänzend, ♂ kleiner, D höher, zur Laichzeit mit blutroter Längsbinde und roten Flossen.
Pflege und Zucht siehe vorhergehende Art.
Nach POLL und GOSSE (1963) ist *Nannaethiops tritaeniatus* BOULENGER, 1913, ein Synonym dieser Art.

Neolebias unifasciatus (Taf. 91)
STEINDACHNER, 1894
Schwarzer Neolebias

Kamerun; bis 3,5 cm.
D 3–4/7–9; A 2–3/6–7; mLR 33–36. Die Art erinnert hinsichtlich der Körperform und Beflossung an *N. ansorgei*. Aber auch Zeichnung und Färbung beider Arten weisen viel Gemeinsames auf. Oberseite olivbraun, oft mit rostrotem Schimmer, Körperseiten heller, Bauch silbern, rötlich angehaucht. Von der Schnauzenspitze bis in eine dunkle Querbinde auf der C-Wurzel zieht eine schmale, schwarze Längslinie. Bei Wohlbefinden schimmern die Körperseiten zart weinrot. D farblos, in der Mitte mit breiter, roter Längsbinde, A und V rot, der kräftig rote Farbton der C-Basis verliert sich auf den Lappen allmählich. Nach ARNOLD sollen auch bei *N. unifasciatus* die Flossen dunkel gesäumt sein (?). Zur Laichzeit insgesamt blutrot. Da sowohl bei *N. ansorgei* als auch *N. unifasciatus* die Ausdehnung der Rotfärbung und die Zeichnung sehr stark vom Wohlbefinden, vom Alter der Tiere und den Fortpflanzungszyklen abzuhängen scheinen, ist eine sichere Unterscheidung oft nicht leicht.
Geschlechtsunterschiede, Pflege und Zucht wie bei *N. ansorgei* angegeben, nicht so produktiv wie diese.
Es wird angenommen, daß es sich bei dem bislang als *N. landgrafi* in der Aquarienliteratur behandelten *Neolebias* um *N. unifasciatus* handelte.

Unterfamilie Ichthyoborinae

Langgestreckte Raubsalmler mit langem, beweglichem Praemaxillare. Die Arten der Gattungen *Belonephago*, *Eugnathichthys*, *Ichthyoborus*, *Phago* (und wahrscheinlich noch einige andere) ernähren sich vorwiegend von den Flossen anderer Fische (MATTHES, 1961). Sie stehen meist ruhig im Pflanzendikkicht, stoßen aber blitzartig zu, wenn ein anderer Fisch kommt. Mit den kräftig bezahnten, nach dem Scherenprinzip arbeitenden Kiefern schneiden und reißen sie dem Beutefisch Flossenteile ab. *Distichodus*-, *Tylochromis*-, aber auch *Alestes*- und *Hydrocyon*-Arten gehören zu den Opfern. Andere Arten (*Paraphago* und *Mesoborus*) ernähren sich von kleinen Fischen. *Hemistichodus* frißt kleine Insekten und deren Larven. Neun Gattungen mit annähernd 20 Arten.

Gattung *Phago* GÜNTHER, 1865

Außerordentlich langgestreckte, seitlich kaum abgeflachte Fische mit langer, schmaler Schnauze und tiefgespaltenem Maul. Kiefer mit zwei Reihen dreispitziger Zähne (Flossenfresser). Sehr kräftige, mit Borsten und Kanten versehene Kammschuppen. Fettflosse vorhanden, SL in der Körpermitte verlaufend. Kleinere Arten bis 16 cm Gesamtlänge. Stromgebiet des Kongo (Zaïre) und des Niger. Vier Arten.

Phago loricatus (Taf. 91, Abb. 168)
GÜNTHER, 1865
Gepanzerter Schnabelsalmler

Stromgebiet des Niger; bis 15 cm.
D 3/9; A 3/8; mLR 47. Von gattungstypischer Gestalt. Oberseite dunkelbraun, Körperseiten zart rötlichbraun mit mindestens zwei, meist jedoch drei dunklen Längsbinden, von denen die in der Körpermitte verlaufende immer die kräftigste ist. Die Zonen zwischen den Längsbinden schimmern golden. Unterseite gelblich bis weiß. Flossen farblos, höchstens zart gelblich, D und A mit dunkelbraunen bis schwärzlichen Bandzeichnungen, Anordnung siehe Abb. 168. Geschlechtsunterschiede unbekannt.
Die nicht einfache Pflege muß den Tieren vor allem genügend Versteckmöglichkeiten zwischen Pflanzen und Wurzelwerk bieten, außerdem ist eine ziemlich dunkle Aufstellung des Aquariums zu empfehlen. Hinsichtlich der Wasserzusammensetzung weniger empfindlich. Sehr wärmebedürftig, 26–28 °C. Flossenfresser, als zusätzliche Futtertiere kommen fast ausschließlich kleine Fische, eventuell noch große Insektenlarven in Betracht. Bei starker Beunruhigung kümmern die Tiere und verweigern die Futternahme.

Phago maculatus (Abb. 169)
E. AHL, 1922

Stromgebiet des Niger; bis 14 cm.
D 3/8–9; A 3/7–8; mLR 47–48. Von gattungstypischer Gestalt, jedoch nicht ganz so schlank wie die vorhergehende Art. Oberseite rehbraun-schwarzbraun marmoriert, Körperseiten zart gelblichbraun mit zahlreichen quergestellten, schmalen braunen Strichen, Unterseite gelblich bis weiß-silbrig. Oberkiefer braun. Flossen durchsichtig gelblich, D, C und Fettflosse mit dunkelbraunen oder schwärzlichen Bandzeichnungen. Geschlechtsunterschiede unbekannt.
Pflege wie bei der vorhergehenden Art angegeben.

Gattung *Phagoborus* MYERS, 1924

Ähnlich gestaltet wie die vorhergehende Gattung, jedoch nicht ganz so stark gestreckt. Schnauze kürzer, aber gleichfalls tief gespalten. Oberkiefer vorn mit zwei und Unterkiefer vorn mit drei Hundszähnen. Raubfische, die sich vorwiegend von kleineren Fischen ernähren. Schuppen sehr klein, SL vollständig. Kongo-(Zaïre-)Becken, Guinea. Zwei Arten.

Phagoborus ornatus (Taf. 91)
(BOULENGER, 1901)

Oberer Kongo (Zaïre); bis 20 cm.
D 3/13–15; A 3–4/14–15; mLR 98–100. Körper gattungstypisch. Oberseite grau bis rotbraun, seitlich grünsilbern, unterseits meist reinweiß. Drei unscharf begrenzte, olivfarbene Längsbinden. D und C grau, bei älteren Tieren oft leuchtend orange, letztere außerdem mit 6–7 tiefschwarzen Längsstrichen. Geschlechtsunterschiede unbekannt.
Pflege siehe bei *Phago loricatus*.

Abb. 168 *Phago loricatus*
Abb. 169 *Phago maculatus*

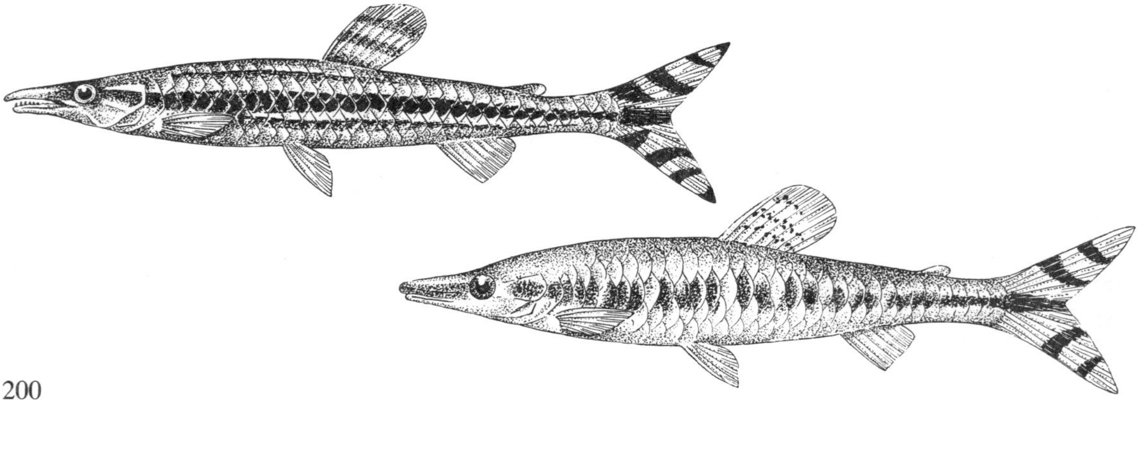

Unterordnung Gymnotoidei
Messeraalverwandte

An eine Messerklinge erinnernde oder aalförmige Fische, deren Verbreitungsgebiet von Guatemala im Norden bis zum Río de la Plata im mittleren Südamerika reicht. Es handelt sich um spezialisierte Cypriniformes, deren Schädelskelett allerdings relativ primitive Merkmale aufweist. Der Webersche Apparat ist einfach und zeigt keine Verschmelzung von Wirbelkörpern. Die eigenartige, namengebende Gestalt der Messeraale ist durch eine starke Verdrängung der Leibeshöhle nach vorn, eine erhebliche Verlängerung des Schwanzabschnittes und bei den meisten Vertretern durch eine starke seitliche Abflachung bedingt. Die Afteröffnung liegt sehr weit vorn, oft im Bereich der Kehle. Eine echte D fehlt völlig, die Apteronotidae besitzen eine fadenartig ausgezogene Fettflosse ohne Flossenstrahlen, C stark reduziert, meist fehlend, A sehr lang, flossensaumartig, Vn fehlend, Pn meist klein. Schwimmblase vorhanden, Auge in der Regel klein, knopfförmig. Viele Vertreter haben elektrische Organe, die der Orientierung und dem Beutefang dienen können. Biologisch besonders interessant ist die Bewegungsform der Messerfische. Der Körper wird hier durch wellenförmige Bewegungen der A vorangetrieben, kann aber durch gegensinnige Betätigung der Flosse genausogut rückwärts gleiten. Am deutlichsten zeigen Jungtiere diese ungewöhnliche, auch den Notopteridae eigene Bewegung (siehe S. 48), die insgesamt einen schleichenden Eindruck vermittelt. Die Tiere können sich so ohne Körperbewegung an Beutetiere anschleichen und diese dann überwältigen, andererseits aber auch aus der Vorwärtsbewegung plötzlich rückwärts schießen und so, vornehmlich in der Jugend, Angreifern entgehen. Die Pflege der hochinteressanten, vielfach recht widerstandsfähigen Arten ist im allgemeinen nicht schwierig. Die oft als sehr scheu beschriebenen Tiere müssen in möglichst dunklen Aquarien mit zahlreichen Verstecken, besonders hohlen Baumwurzeln, gehältert werden. Unter solchen Bedingungen sind auch die Messeraale recht zutraulich. Alle Arten fressen gierig große Futtermengen. Neben Lebendfutter aller Art werden auch Fleischstückchen, zerhackte Regenwürmer, ja sogar Haferflocken angenommen. Temperatur durchschnittlich 23–28 °C. Zur Vergesellschaftung eignen sich größere, ruhige Fische. Alle Arten sind gegen Frischwasser empfindlich. Geschlechtsunterschiede und Fortpflanzung der meisten Messeraale sind weitgehend unbekannt.
Leider werden viele Messeraale für Zimmeraquarien zu groß. Dagegen gehören die Tiere zu den interessantesten Schauobjekten zoologischer Gärten. In ihren Heimatgebieten findet man sie vor allem in ruhigen Gewässern, wie Lagunen oder flachen Seen mit reichlichem Pflanzenwuchs. Vier Familien.

Abb. 170 Verbreitungsgebiet der Apteronotidae

Familie Apteronotidae
Peitschenmesseraale

Diese oft auch als Sternarchidae bezeichnete Familie ist vor allem durch eine lange, faden- bis peitschenförmige, in eine Rinne auf dem Rücken einlegbare Fettflosse und eine kleine C charakterisiert. Einige Arten haben eine rüsselartig verlängerte Schnauze. Elektrische Organe vorhanden. Verbreitung siehe Abb. 170.

Apteronotus albifrons (Taf. 54)
(LINNAEUS, 1758)

Stromgebiet des Amazonas und nordöstliches Südamerika; bis 50 cm.
A 140–162. Ähnlich gestaltet wie *Sternarchella schotti*, C klein, Fettflosse peitschenartig. Einschließlich der Flossen samtschwarz. Von der Schnauzenspitze entlang den Rücken bis etwa zur Körpermitte ein milchweißes Band, vor der C eine weiße Ringelbinde. Die Art kann in schneller Folge schwache elektrische Impulse aussenden (bis 1000/s), die vermutlich der Orientierung dienen.
Pflege siehe Unterordnung Gymnotoidei.

Sternarchella schotti (Abb. 171)
(STEINDACHNER, 1868)

Oberer Amazonas, Rio São Francisco; bis 22 cm.
A 170–178. C klein, Fettflosse peitschenförmig. After sehr weit vorn gelegen, oft sogar in Höhe des vorderen Augenrandes, Schuppen klein. Zart lehmfarben bis bräunlich mit zahlreichen schwarzen Tüpfeln,

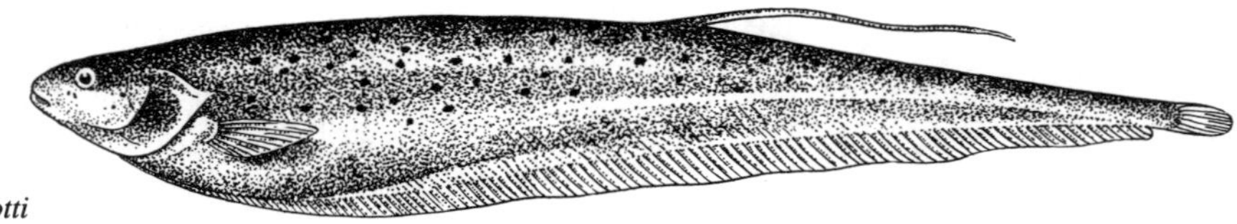

Abb. 171 *Sternarchella schotti*

die sich besonders an der Oberseite verdichten, Tüpfel auf den Körperseiten meist am größten. Flossen transparent, teilweise mit feinen Tüpfeln versehen, Flossenstrahlen dunkel.
Pflege siehe Unterordnung Gymnotoidei.

Familie Electrophoridae
Elektrische Aale, Zitteraale

Aalähnliche Gymnotoidei mit sehr großem elektrischem Organ. D, C und V fehlen, P klein. Haut nackt, keine Schuppen. Eine Art. Verbreitung siehe Abb. 172.

Elektrophorus electricus (Taf. 54)
(LINNAEUS, 1766)
Zitteraal

Nordöstliches Südamerika, mittlerer und unterer Amazonas; bis 230 cm.
Vorn im Querschnitt fast rund, weiter hinten seitlich zunehmend abgeflacht. Kopf bullig, mit großen Sinnesgruben, Nasenöffnungen nach außen verlängert. Oberseite dunkel, Unterseite, besonders die Kehlregion, orangefarben. Auge klein, seegrün. Rand der A oft hell. Jungtiere mit ockerfarbenen Wellenlinien oder heller Netzzeichnung. 4/5 der Körperlänge nimmt die Schwanzregion mit den elektrischen Organen ein. Neben dem Hauptorgan, das aus zahlreichen, in 20 bis 50 Säulen gestapelten Plättchen besteht, kommen zwei kleinere Organe vor (Sachssches Organ, Huntersches Organ).
Das Hauptorgan dient dem Beuteerwerb und der Verteidigung. Seine Entladung setzt sich aus einer Serie von Einzelentladungen zusammen, durch die Beutetiere (meist Fische oder Feinde) getötet bzw. betäubt werden. Für den Menschen sind die Entladungen nicht tödlich, jedoch können sie zum Ertrinken führen. Säugetiere, z. B. Pferde, überleben starke Entladungen meist nicht. Das Vorderende der Zitteraale ist der positive, das Hinterende der negative Pol. Die durch angelegte Elektroden meßbare Spannung ist vom Elektrodenabstand abhängig und kann 300 bis 600 Volt betragen, bei älteren Tieren nimmt die Stromstärke zu. Das Hauptorgan wird durch das Huntersche Organ ergänzt, dagegen dient das Sachssche Organ als Dauersender, der 20–30 kurze Stromstöße pro Sekunde aussendet, deren Reflexionen von den Sinnesgruben am Kopf des Zitteraales registriert werden, d. h., die ganze Einrichtung ist praktisch ein Radarsystem, das der Orientierung und der Beuteortung dient. Zitteraale atmen zusätzlich mit der stark durchbluteten Mundschleimhaut. Sie steigen etwa aller 15 Minuten an die Oberfläche und wechseln dort die Mundhöhlenluft.
Zitteraale sind in großen, nicht zu stark erleuchteten Aquarien zu pflegen. Große Exemplare lassen sich gut miteinander vergesellschaften, dagegen sind Jungfische sehr bissig. Temperatur 23–28 °C. Große Zitteraale fressen am liebsten Fische, Jungtiere, Würmer und Insektenlarven. Als Untergrund wähle man nicht zu groben Kies. Eine dauernde Erregung, z. B. in zoologischen Gärten durch Zuschauer, schädigt die Tiere, man biete deshalb stets Verstecke, in denen sich die Tiere zeitweise verbergen können. Über die Fortpflanzung ist nur wenig bekannt. Die Jungfische werden angeblich bis zu einer Länge von 15 cm von den Eltern betreut. Der größte bislang gefangene Zitteraal hatte eine Länge von 3 m.

Abb. 172 Verbreitungsgebiete der Electrophoridae und Gymnotidae

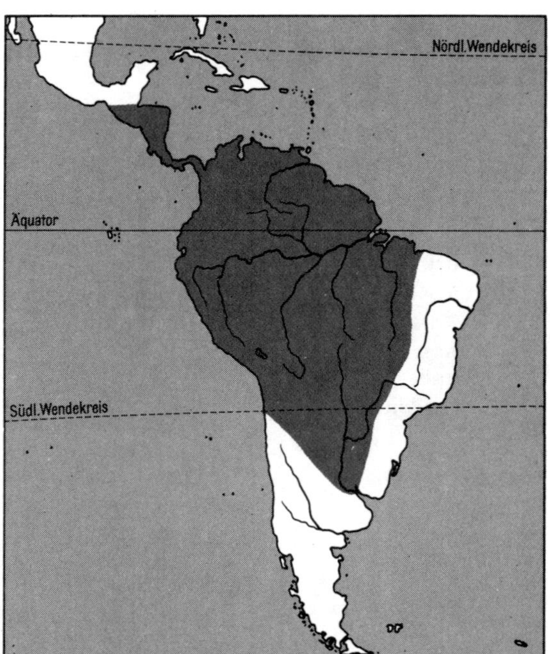

Familie Gymnotidae
Messeraale

Charakteristisch für diese Familie ist die einzeilige Bezahnung der Kiefer. D, C und V fehlen. Verbreitung siehe Abb. 172.

Gymnotus carapo (Taf. 91)
LINNAEUS, 1758
Gebänderter Messeraal

Von Guatemala südwärts bis zum La Plata, westwärts bis zu den Anden; bis 60 cm.
A 200–260; P 1/14–15; Körper aalartig, vorn fast drehrund, hinten zugespitzt und seitlich etwas abgeflacht. Maul breit, quergestellt. After auf der Kopfunterseite. Die A bildet einen einheitlichen Flossensaum, der als Antriebsorgan dient (siehe S. 201). Schuppen sehr klein und zahlreich. Kein elektrisches Organ. Jungtiere von *G. carapo* haben Ähnlichkeit mit Jungtieren des Zitteraales. Fleischfarben bis leicht graugelb mit mehr oder weniger zahlreichen breiten, dunklen Querbinden, die besonders am Rücken miteinander verschmolzen sind. Auch einheitlich fleischfarbene Tiere ohne braune oder braungraue Querbinden sollen vorkommen. Geschlechtsunterschiede sind noch nicht beschrieben worden. Anspruchslos, jedoch untereinander außerordentlich bissig. Der gebänderte Messeraal ist ein Dämmerungstier, das hauptsächlich nachts seine Verstecke verläßt und auf Nahrungssuche geht. Durch dunkle Aufstellung der Aquarien kann man die Tiere aber auch tagsüber zur Nahrungssuche veranlassen. Die Exemplare des Autors gewöhnten sich nicht nur an ganz bestimmte Fütterungszeiten, sondern nahmen auch Futter aus der Hand. Gefressen werden kleine Fische, Mückenlarven, Würmer, Fleischstückchen u. a. Die Tiere nehmen selbst sehr große Futterbrokken gierig an. Größere Fische anderer Arten werden im allgemeinen nicht belästigt. Temperatur 23 bis 28 °C. Fortpflanzung unbekannt.

Familie Rhamphichthyidae
Amerikanische Messerfische

Charakteristisch für die Familie ist vor allem das Körperende, das in Form eines flossenfreien, mehr oder weniger langen Tastorgans ausgebildet ist. Beim Rückwärtsschwimmen greifen die Tiere mit diesem sehr beweglichen Ende ständig tastend um sich und finden so Spalten und Schlupflöcher, in die sie sich einfädeln. Verbreitung siehe Abb. 173.

Eigenmannia virescens (Taf. 51)
(VALENCIENNES, 1849)
Grüner Messerfisch

Nördliches Südamerika, südlich bis zum La Plata, nordwestlich bis zum Rio Magdalena; bis 45 cm, ♀ kleiner.
A 215–255; P 1/17–21. Körper langgestreckt, hinten in einen langen, peitschenähnlichen Fortsatz auslaufend, seitlich stark abgeflacht. Kiefer einreihig bezahnt. Afteröffnung auf der Kopfunterseite gelegen. D, C und V fehlen. Zart fleischfarben, Kopf und Brust mehr gelblich bis gelbrot (♀?). Zarte, bläulich irisierende bis graue Längsstreifen sowie unregelmäßige Querstreifen (bei Jungtieren) können gut ausgebildet sein oder auch fehlen. Bei direkter Beleuchtung vielfach mit matten grünlichen Glanzzonen. A nach HOLLY dunkel gesäumt.
Die Art läßt sich relativ leicht pflegen, siehe dazu S. 201. Über die Zucht berichtet KIRSCHBAUM. Die Tiere leben in Sozialstrukturen. Das dominante ♂ laichte mit einem ♀ in der zweiten Nachthälfte bevorzugt an Schwimmpflanzen. Die haftenden Eier (bis 200) haben einen Durchmesser von 1,5 mm, die Jungfische schlüpfen bei 27 °C am dritten Tag und beginnen etwa nach acht Tagen mit der Nahrungsaufnahme. Fütterung mit *Artemia*-Nauplien. Wachstum sehr schnell.

Hypopomus artedi (Abb. 174)
KAUP, 1856

Franz.-Guayana (bis zum Paraná?); bis 18 cm.
A 204–238. Körper sehr langgestreckt, seitlich stark abgeflacht. Maul zahnlos, D, C und V fehlen, A sehr langgestreckt, Afteröffnung an der Kopfunterseite. Zart gelblichgrün bis bräunlich mit vereinzelt stehenden dunklen Flecken. Auge klein, von Haut überzogen. Geschlechtsunterschiede und Pflege siehe S. 201.

Steatogenys elegans (Taf. 55, Abb. 175)
(STEINDACHNER, 1880)

Nordöstliches Südamerika, unterer Amazonas und nördliche Zuflüsse des mittleren Amazonas; bis 20 cm.
A 160–176; P 1/13–14. Körper langgestreckt, vorn ziemlich hoch, Hinterende lang, fadenförmig ausge-

Abb. 173 Verbreitungsgebiet der Rhamphichthyidae

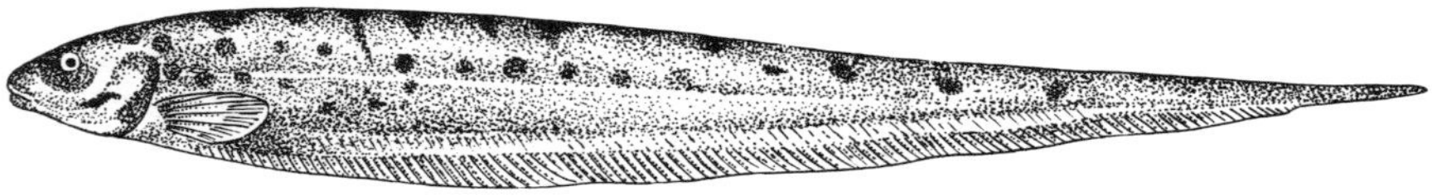

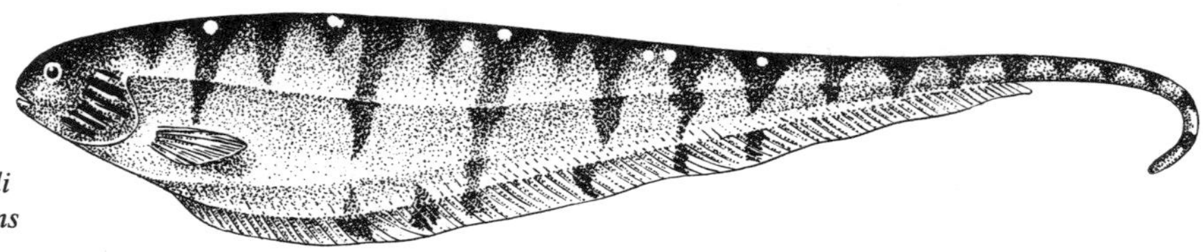

Abb. 174 *Hypopomus artedi*
Abb. 175 *Steatogenys elegans*

zogen, seitlich stark abgeflacht. Maul zahnlos, Afteröffnung an der Unterseite des Kopfes, D, C und V fehlen, A sehr lang. Färbung nach HOLLY: »Die Grundfärbung ist gelbbraun, goldbraun oder ocker, gegen den Rücken zu dunkler werdend, Rücken dunkelbraun, Unterseite gelblichweiß bis weißlich. Am Rücken beginnend, verlaufen über die Körperseiten 12–20 unregelmäßige, sich nach unten zu verschmälernde bis schwarzbraune Querstreifen. Am Rückenfirst können mehr oder weniger deutlich hervortretende, verstreut stehende, goldbraune Tupfen beobachtet werden, die manchmal mit den dunklen Querstreifen verfließen können. Oberfläche und Seiten des Kopfes schwarz, mit zahlreichen fahlgelben Strichen durchsetzt, die Wangen sind lichter. Die Pn tragen schwarze Tupfen. Die A ist gelblich und auf diesem Grunde schwärzlich oder dunkelbraun gefleckt.« Geschlechtsunterschiede nicht beschrieben.
Pflege siehe S. 201.
Eingeführt wurde neben anderen Arten auch *Rhamphichthys rostratus* (LINNAEUS, 1858), eine Art, die sich durch ein lang ausgezogenes, fast rüsselförmiges Maul auszeichnet, sowie der seltene *Gymnorhamphichthys hypostomus* (Taf. 54).

Familie Cyprinidae
Karpfenfische

Die Familie der Karpfenfische ist fast weltweit verbreitet (Abb. 176). Ihre Vertreter kommen im Süßwasser Europas, Afrikas, Asiens, Nordamerikas und im nördlichen Teil Mittelamerikas vor. Sie fehlen in Südamerika, auf Madagaskar und in Australien. Wegen der großen wirtschaftlichen Bedeutung sind einzelne Arten auch in diesen Gebieten angesiedelt worden, z. B. der Karpfen *(Cyprinus carpio)*. Einige Arten leben im Brackwasser und ziehen zum Laichen stromaufwärts (anadrome Wanderung). Der Körper der Karpfenfische entspricht in der Regel dem idealen Fischtyp. Er ist mehr oder weniger langgestreckt und seitlich meist nur wenig abgeflacht. Die obere und untere Profillinie sind mit wenigen Ausnahmen gleichmäßig ausgebuchtet, eine Fettflosse fehlt stets. Die in der Regel eingeschnittene C hat meist gleichlange Lappen. In den Flossen kommen keine echten Hartstrahlen vor, jedoch können die ersten Strahlen der D, seltener auch der A, ungeteilt und zusätzlich stark verknöchert sein. Der längste dieser stachelartigen Flossenstrahlen ist nicht selten an der Hinterkante gezähnt (Abb. 177). Maul meist mehr oder weniger

Abb. 176 Verbreitungsgebiet der Cyprinidae

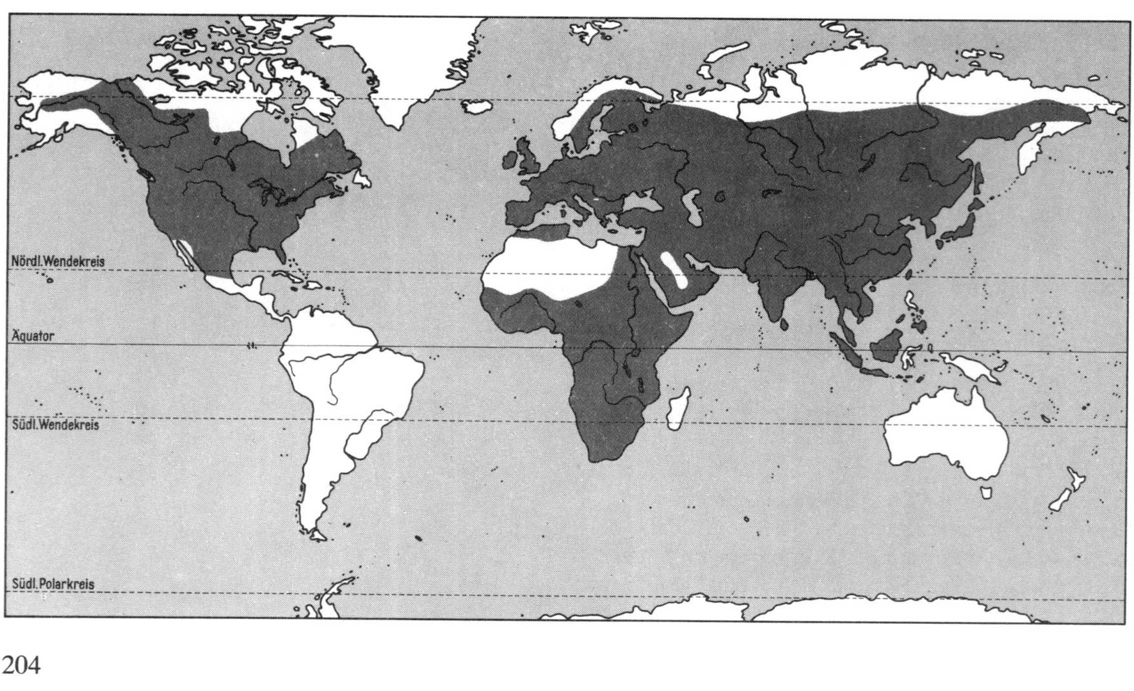

vorstreckbar, Lippen teilweise wulstig und mit Papillen versehen, oft gattungstypisch gestaltet. Kiefer zahnlos. Keine oder ein, zwei, sehr selten drei Paar Barteln. Die nahestehenden Cobitidae und Homalopteridae besitzen im Gegensatz zu den Cyprinidae mindestens drei Paar Barteln. Ein charakteristisches Merkmal der Familie ist das Vorkommen großer Schlundknochen, die mit kräftigen Schlundzähnen (Pharyngealzähnen) versehen sind. Diese können als Greif-, Löffel-, Kau- oder Mahlzähne ausgebildet und in mehreren (meist 2–3) Reihen angeordnet sein (Abb. 178). Durch ihren ständigen Gebrauch zeigen sie meist Abnutzungserscheinungen. Verlorengegangene Schlundzähne werden ständig neugebildet. Von allen anderen Familien der Unterordnung Cyprinoidei (Karpfenfischverwandte) unterscheiden sich die Cyprinidae durch das Vorhandensein eines Mahlsteines. Dies ist ein walzenförmiger, mit einer hornartigen, festen Substanz überzogener Fortsatz am hinteren Ende der Schädelbasis, der den Schlundzähnen als Widerlager dient. Die Nahrung wird zwischen den Schlundzähnen und dem Mahlstein zerquetscht oder zerrieben. Alle anderen Cyprinoidei haben zwar Schlundzähne, aber keinen Mahlstein. Der Kopf ist nicht und der Körper bis auf wenige Ausnahmen gleichmäßig beschuppt. Eine Seitenlinie (SL) kann fehlen, aber auch vollständig oder unvollständig ausgebildet sein. Die ältesten Fossilien stammen aus dem Alttertiär Großbritanniens. Bekannt sind etwa 2000 rezente Arten in über 275 Gattungen.

Die Karpfenfische besiedeln praktisch alle Gewässertypen, allerdings sind die stehenden und langsamfließenden Gewässer die bevorzugten Verbreitungsareale. Neben Arten, die in verkrauteten, ufernahen Regionen leben, gibt es auch Freiwasserformen. Viele Vertreter sind Grundfische. Fast alle Arten leben zumindest als Jungtiere in Schulen oder Schwärmen. Karpfenfische sind meist Allesfresser, reine Kleintier- oder Pflanzenfresser kommen vor, Nahrungsspezialisten sind selten. Die größte Art *Tor tor* kommt in Indien vor, sie erreicht eine Maximallänge von 2,5 m.

Die systematische Gliederung der Familie ist gegenwärtig noch umstritten. GOSLINE (1978) schlägt u. a. eine Einteilung anhand der vorderen ungeteilten D-Strahlen vor und gliedert die Cyprinidae auf dieser Basis in folgende Unterfamilien:

1. Unterfamilie Rasborinae (Bärblinge)
2. Unterfamilie Cyprininae (Kärpflinge)
3. Unterfamilie Gobioninae (Gründlinge)
4. Unterfamilie Acheilognathinae (Bitterlinge)
5. Unterfamilie Leuciscinae (Weißfische)

Dieses Einteilungsprinzip wird auch in der vorliegenden Darstellung der Cyprinidae zugrunde gelegt. Innerhalb der Unterfamilien werden die Gattungen alphabetisch aufgeführt.

Die meisten Arten aus tropischen und subtropischen Gebieten sind in der Pflege anspruchslos und genügsam, was jedoch nicht dazu verleiten sollte, die Fische unter schlechten Bedingungen zu hältern. Viele Arten laichen zwischen oder über Pflanzen ab. Die kleinen Eier bleiben beim Herabsinken an den Pflanzenteilen kleben und entwickeln sich in wenigen Stunden oder Tagen zu schlupfreifen Embryonen. Die Jungen hängen sich bis zur völligen Aufzehrung des Dottersackes senkrecht an verschiedene Substrate an. Andere Arten stoßen ihre Eier über den Bodengrund aus, einige wenige haben pelagische, nicht klebende Eier und die daraus schlüpfenden Jungfische kein Haftorgan (z. B. *Ctenopharyngodon*). Wieder andere, wie z. B. das Moderlieschen *(Leucaspius delineatus)*, laichen auf Substraten ab, der Bitterling *(Rhodeus sericeus)* bringt seine Eier in Muscheln unter. Laichwanderungen sind nur von Brackwasserformen bekannt. Eine Brutpflege wird in der Regel nicht betrieben. Die ♂♂ des im Amurgebiet vorkommenden Unechten Gründlings *(Pseudogobio rivulatus)* heben eine Laichgrube aus und verjagen alle anderen Fische aus dem Laichrevier. Die Fruchtbarkeit der meisten Karpfenfische ist sehr groß. Eizahlen von 50000 bis 150000 sind keine Seltenheit, die kleinen aquaristisch interessanten Arten bringen meist Gelege von mehreren hundert Eiern.

Die meisten in Europa einheimischen Fischarten sind Karpfenfische. Sie sollten in der Aquaristik wesentlich stärker berücksichtigt werden, zumal sich viele

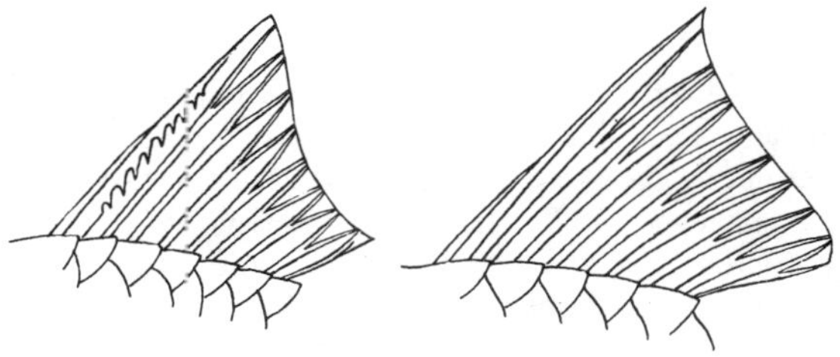

Abb. 177 Erster stachelartiger Rückenflossenstrahl der Cyprinidae. Links: gezähnt. Rechts: glatt (nach INGER und CHIN)

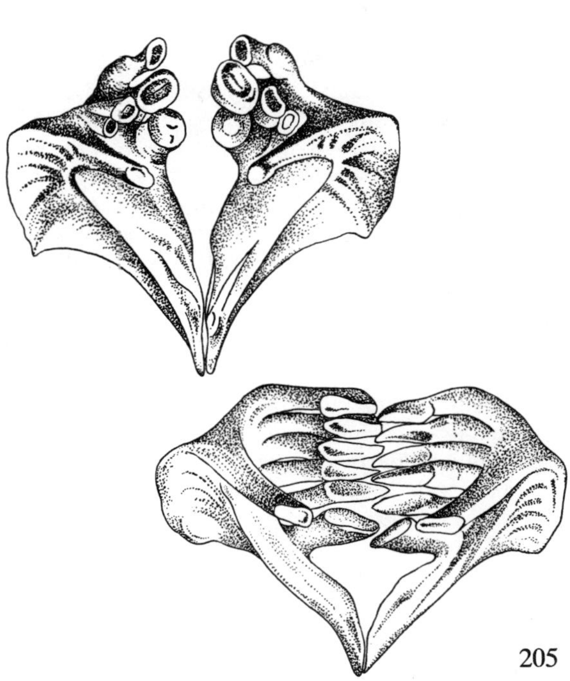

Abb. 178 Schlundzähne der Cyprinidae. Oben: *Cyprinus carpio* (Karpfen). Unten: *Leuciscus cephalus* (Döbel)

Arten gut im ungeheizten Zimmeraquarium pflegen lassen. Dies gilt besonders für verschiedene, z.T. sehr schön gefärbte Arten, die hauptsächlich stehende Gewässer des Tieflandes bewohnen, z.B.

kleine Karpfen, Schleie, insbesondere die Goldschleie, Karausche und Giebel, Moderlieschen.

Keine Schwierigkeiten bereitet weiterhin die Eingewöhnung solcher Arten, die sowohl in langsamen Fließgewässern als auch in klaren stehenden Gewässern vorkommen. Hierher gehören:

Ukelei oder Laube, Aland oder Orfe, insbesondere die Goldorfe, Rotfeder, Rotauge, Döbel oder Aitel, Hasel.

Etwas schwieriger und oft nur in Zimmeraquarien mit Frischwasserzufluß lassen sich Arten aus Gebirgs- oder Wiesenbächen oder schnellen Flüssen eingewöhnen, so die Arten:

Barbe, Gründling und Steingreßling.

Bitterling und Elritze werden nach der Artenschutzbestimmung der DDR vom 1.10.1984 als geschützte, bestandsgefährdete Tierarten eingestuft, deren private Hälterung nicht gestattet ist.

Einige einheimische Karpfenfische konnten sogar im Zimmeraquarium schon nachgezüchtet werden. Dabei ergab sich manche wertvolle Beobachtung. Gegen das interessante Laichgeschäft des Bitterlings oder Moderlieschens ist die Fortpflanzung vieler tropischer Salmler oder Barben eigentlich eine recht langweilige Angelegenheit. Bei der Aufstellung eines Heimataquariums für Karpfenfische ist ein Standort zu wählen, der auch im Sommer vor starker Erwärmung geschützt werden kann. Freilich sind alle Karpfenfische bei weitem widerstandsfähiger gegen hohe Temperaturen als beispielsweise die meisten Lachsfische. Der Bitterling oder das Moderlieschen, aber auch Karpfen und Schleie können sogar Temperaturen bis 28 °C bei guter Durchlüftung überleben, im allgemeinen sollten jedoch 23–25 °C als obere Temperaturgrenze nicht überschritten werden. Dagegen wird Abkühlung im Winter bis +4 °C von allen Arten gut vertragen. Als Bodengrund verwende man zumindest für Arten, die gründeln, wie Karpfen, Schleie, Barbe, Gründling und Steingreßling, weichen Flußsand. Mit großen, veralgten oder moosbewachsenen Steinen, Ast- und Wurzelwerk, aber auch eingesteckten Schilfrohrstengeln, läßt sich für Formen aus stehenden Gewässern ein recht natürliches Milieu schaffen. Unter den einheimischen Wasserpflanzen wird man solche auswählen, die im Kaltwasseraquarium auch während des Winters grün bleiben oder nur sehr wenig zurückgehen:

Wasserpest *(Elodea canadensis)*, Pfennigkraut *(Lysimachia nummularia)*, Herbstwasserstern *(Callitriche hermaphroditica)*, Wasseraloe *(Stratiotes aloides)*, Quellmoos *(Fontinalis antipyretica)*. Man beachte jedoch bei der Pflege der genannten Pflanzen, daß sie im Winter sehr viel Licht brauchen! Fast alle Karpfenfische aus Teichen bevorzugen Altwasser, eventuell Leitungswasser mit Regenwasser gemischt, Arten aus Seen und Bächen Frischwasser (öfterer Frischwasserzusatz angezeigt). Wichtig ist es auch hier, stets chlorfreies, gut durchlüftetes Wasser zu verwenden. Eine gute Durchlüftung ist zumindest in den Sommermonaten fast unentbehrlich. Bei Formen, die gern gründeln, wird sich das Wasser nur mit Hilfe eines Filters klar halten lassen.

Die Ernährung der einheimischen Karpfenfische bereitet eigentlich kaum Schwierigkeiten. Fast alle Arten nehmen die verschiedensten Futtertiere wie Wasserflöhe, Insektenlarven, Wasserasseln, Flohkrebse, Würmer, Maden u.a., viele aber auch Trockenfutter verschiedener Art, eingeweichte Haferflocken, ja sogar kleine Brotstückchen oder gekochten Spinat. Freilich wird man das eine oder andere Futtermittel erst vorsichtig probieren und beobachten, ob es aufgenommen wird. Schwieriger ist die Fütterung großer Exemplare (siehe unten).

In den großen Schauaquarien zoologischer Gärten werden außer den genannten Arten oft auch andere gepflegt, sogar große Seltenheiten wie der Lau *(Chondrostoma genei)* sind schon mit Erfolg gehältert worden. Meist legen solche öffentlichen Aquarien Wert auf sehr große, alte Exemplare, die oft großen Wert besitzen. Während hinsichtlich der Temperatur, der Wasserzusammensetzung und Wassererneuerung im wesentlichen ähnliche Grundsätze gelten wie bei der Pflege in Zimmeraquarien, bringt die Hälterung großer Exemplare doch manche zusätzlichen Schwierigkeiten mit sich, vor allem bei Arten, die stark gründeln, dabei aber einen dauernden Wasserwechsel nicht vertragen, wie z.B. der Karpfen. Dazu kommen u.a. Verunreinigungen durch die Fütterung. So weist z.B. auch Ladiges (DATZ, 5, 37, 1952) auf die Schwierigkeiten hin, die sich aus der richtigen Fütterung großer Karpfen ergeben. Als Futtermittel, das am wenigsten Wassertrübung verursacht, wird dort eine Mischung aus sehr steif gekochten Haferflocken mit gehacktem Fleisch oder Fisch empfohlen. Außerdem muß von Zeit zu Zeit eine Mastperiode mit eingeweichtem Mais oder Sojaschrot eingelegt werden. Große Karpfenfische verstehen auch geschickt kleine Futterfische zu erjagen. Döbel fressen gern Kirschen und Maikäfer. Große Barben sind ähnlich zu pflegen wie Karpfen (wertvolle Hinweise zur Pflege einheimischer Fische in Schauaquarien gibt Ladiges 1951 und 1952 in der DATZ). Schließlich sei abschließend noch erwähnt, daß viele Karpfenfische gute Springer sind, die Bekken also fürsorglich abgedeckt werden müssen.

Die Karpfenfische Nordamerikas stellen in der Gefangenschaft in bezug auf Hälterung und Pflege ähnliche Ansprüche wie unsere einheimischen Arten. Die Verbreitungsgebiete sind jedoch teilweise so groß, daß die Standortformen einer Art sehr verschiedene Temperaturansprüche stellen können. So sind Tiere aus dem Süden der USA viel wärmebedürftiger als Tiere aus dem Gebiet der Großen Seen. Aus diesen Gründen wird man sich beim Einkauf nordamerikanischer Cypriniden stets nach der Herkunft erkundigen müssen. Ein stärkerer Import der vielfach recht schönen Arten wäre im Interesse der Kaltwasseraquaristik sehr zu begrüßen.

Unterfamilie Rasborinae
Bärblinge

Meist kleinere bis sehr schlanke, langgestreckte Schwarmfische (Ausnahmen *Rasbora heteromorpha, R. vateriflloris*). Ihre Verbreitung reicht vom tropischen Afrika über den indischen Subkontinent bis nach Südost- und Ostasien einschließlich Sumatra, Java und Kalimantan (Borneo). Im Nordosten reicht die Verbreitung bis fast zum Amur. Auch auf Honshu (Japan) leben einige Vertreter. Besonders charakteristisch für diese Unterfamilie ist nach GOSLINE (1978) der Verlauf der Seitenlinie. Diese ist in der Regel nach unten durchgebogen und verläuft auf dem Schwanzstiel bei adulten Tieren im Gegensatz zu allen anderen Unterfamilien immer unterhalb der Schwanzstielmitte. In den anderen Unterfamilien endet die SL, wenn vollständig, stets in der Mitte des Schwanzstiels (Abb. 179). Der Bauch ist immer gerundet, nicht gekielt. A kurz, mit 5–17 geteilten Flossenstrahlen. D gleichfalls kurz, mit 2–3 ungeteilten und 6–16 geteilten Flossenstrahlen, ungeteilte Strahlen, nie verknöchert, sie beginnt stets hinter der V Maul meist leicht nach oben gerichtet. Unterkiefer häufig mit Symphysisknopf, einer knopfartigen Vorbuchtung an der Verwachsungsnaht der beiden Unterkieferhälften (Abb. 180), für die im Oberkiefer oft eine entsprechende Aussparung vorhanden ist. Barteln fehlend oder vorhanden, z.T. sehr lang. Schlundzähne in 1–3 Reihen. Die geringe Spezialisierung der Unterfamilie deutet an, daß es sich um eine relativ ursprüngliche Gruppe handelt.
Zahlreiche, häufig prächtig gefärbte Arten der mittleren und oberen Wasserschichten stehender oder langsamfließender Gewässer. Viele Arten der Gattung *Barilius* sind Bewohner von Gebirgsgewässern. Nur wenige Gattungen haben regional als Speisefische Bedeutung *(Luciosoma, Leptobarbus).*

Gattung *Barilius*
HAMILTON-BUCHANAN, 1822

Kleine bis größere Rasborinae von vorwiegend silbriger Grundfärbung und dunklem Zeichnungsmuster. SL, wenn vollständig, generell in der unteren Körperhälfte verlaufend. Maul groß, tief gespalten. Keine bis zwei Paar Barteln. Von den D-Flossenstrahlen sind die drei ersten ungeteilt, der 3. und größte ist ungezähnt. Schlundzähne in 2–3 Reihen. Bis maximal 50 cm Gesamtlänge, in der Regel aber kleinere Arten. Tropisches Afrika, Kleinasien, Süd- und Südostasien, China, Japan. Die meisten Vertreter sind Bewohner von Gebirgsgewässern. Zahlreiche Arten.

Barilius christyi (Taf. 55)
BOULENGER, 1920
Goldmäulchen

Kongo- (Zaïre-) Gebiet; bis 15 cm.
D 3/7; A 3/13; mLR 54. SL vollständig. Körper schlank, torpedoförmig. Rücken schwärzlicholiv mit blaugrünem Glanz, Körperseiten silbrig, bei schräger Beleuchtung grün aufleuchtend, mit 16–18 schmalen senkrechten Querbinden von bräunlicher bis tiefschwarzer Farbe (bei älteren Tieren deutlich). Oberkiefer mit auffälligem, rotgoldglänzendem Fleck. C-Wurzel mit ovalem bis dreieckigem tiefschwarzem Fleck. D, A und C gelblich bis orange mit schwärzlichen Spitzen. Auge oben rötlich und gelb. Geschlechtsunterschiede unbekannt.
Die flinken, ruhelosen Schwarmfische erinnern an die *Danio*-Arten. Größere, höchstens locker bepflanzte Becken. Weiches, leicht saures Wasser. Um 24 °C. Lebendfutter, besonders Insekten. Recht friedlich. Noch nicht nachgezüchtet.

Barilius neglectus (Abb. 181)
STIEHLER, 1907
Japanbarbe

Japan; bis 7 cm.
D 3/7; A 2/9; mLR 33. Körper schlank, seitlich stark zusammengedrückt. Barteln fehlen. Oberseite bräunlich mit grünlichem Metallglanz. Körperseiten gelblich mit zwei bläulichen Längsstreifen auf der Seitenmitte, die eine Reihe fahler mattgrünlicher Punkte einschließen, außerdem mehrere Punktlängsreihen (jede Schuppe mit dunklem Punkt). Flossen farblos, gelegentlich zart gelblich. ♀ im geschlechtsreifen Alter kräftiger, mit silbriger Grundtönung. ♂ schlanker, Grundtönung mehr gelblich.
Die bewegungsfreudige, anspruchslose Art ist am besten in großen, sonnig stehenden Aquarien mit dunklem Bodengrund unterzubringen. 22–24 °C, kühl überwintern, 15–18 °C. Allesfresser, auch Trockenfutter. Zucht leicht, ähnlich wie bei den *Brachydanio*-Arten angegeben (siehe S. 208), jedoch sollen die ♂♂

Abb. 179 Verlauf der Seitenlinie auf dem Schwanzstiel bei den Rasborinae (rechts) und den anderen Unterfamilien der Cyprinidae (links)

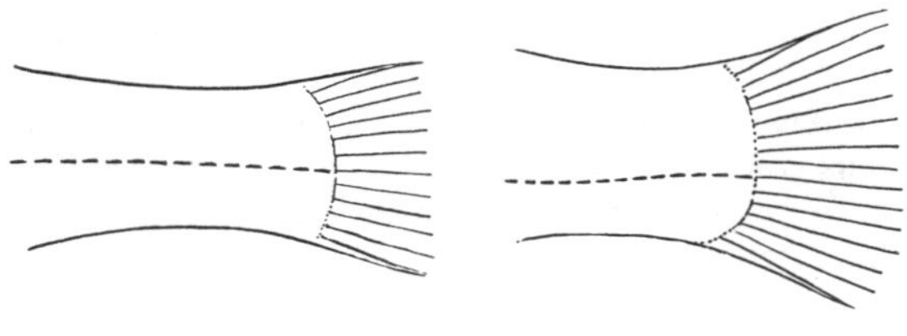

Abb. 180 Symphysisknopf an der Verwachsungsnaht des rechten und linken Unterkieferknochens

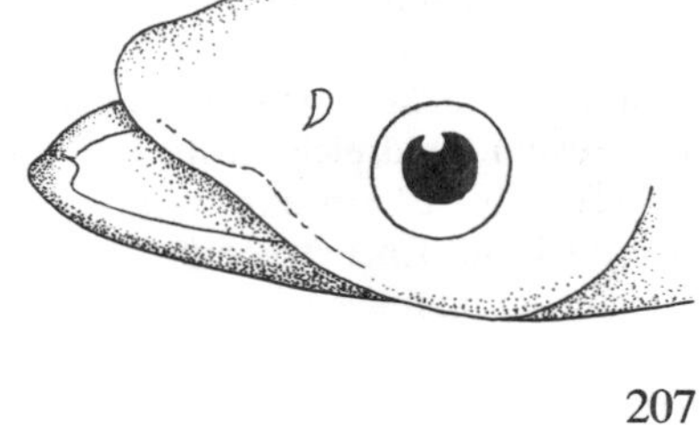

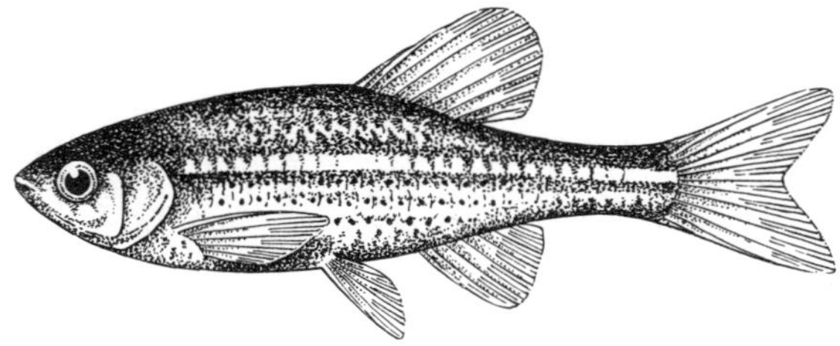

Abb. 181 *Barilius neglectus*

erst in die Verhältnisse des Zuchtbeckens eingewöhnt werden. Die ♀♀ laichen meist in den Morgenstunden. Produktiv.

Gattung *Brachydanio* Weber und De Beaufort, 1916

Die Arten der Gattung *Brachydanio* sind, wie auch die Vertreter der Gattung *Danio*, in ganz Indien (mit Ausnahme der nördlichen Gebiete), in Burma, auf der Halbinsel Malakka und auf Sumatra beheimatet, wo sie sowohl stehende als auch fließende Gewässer, z. T. sogar oft in großer Zahl die Reisfelder bewohnen. Die hierher gehörenden, sehr lebendigen Schwarmfische sind durchweg klein und schlank. Körper gestreckt, seitlich stark abgeflacht. Maul nach vorn oder leicht nach oben gerichtet (endständig), meist zwei Paar Barteln. D mit 6–7, A mit 10–13 geteilten Flossenstrahlen, der A-Beginn liegt immer gegenüber der D. Die SL fehlt oder ist stark reduziert. Häufig wird die Gattung *Brachydanio* nur als Untergattung von *Danio* betrachtet (Smith, 1945). Viele Arten sind recht ansprechend gefärbt.
Pflege der sehr beweglichen Schwarmfische in größeren, langgestreckten Becken mit reichlichem Pflanzenwuchs, jedoch auch mit guten Schwimmöglichkeiten. Temperatur 22–24 °C, im Winter 18–21 °C. Tiefere Temperaturen sollen möglichst vermieden werden, da die Tiere dann verblassen und apathisch werden. Nicht zu altes Wasser. Sehr genügsame Allesfresser, auch Trockenfutter.
Zur Zucht kleinere gestreckte Aquarien (30 mal 25x25 cm) mit Frischwasser. Die Härte des Wassers und der pH-Wert sind von geringer Bedeutung. In die dunklen Ecken des Ablaichbeckens bringt man dichte Büschel Algen, *Nitella* oder *Myriophyllum*, manche Arten, wie z. B. der Zebrabärbling, laichen auch ohne Pflanzeneinsatz über kiesigem Bodengrund. Die Pflanzen werden mit einem Glasstab oder Kieselsteinen auf dem Boden festgehalten und oben etwas aufgelockert. Sonnenschein oder Widerschein der Sonne fördert die Laichwilligkeit. Das ♀ kommt zuerst in das Ablaichbecken, nach 1–2 Tagen setzt man abends (wenn am darauffolgenden Tag Sonne zu erwarten ist) ein oder zwei ♂♂ zu. Die Bärblinge laichen frühmorgens. Die ♂♂ locken die ♀♀ in das Pflanzendickicht, dort Umschlingung oder Aneinanderpressen. Zahlreiche große Eier werden auf einmal abgestoßen. Elterntiere während des Laichaktes eventuell mit Enchyträen füttern, Laichräuber. Die Jungen schlüpfen nach 20–24 Stunden, hängen zunächst an Pflanzen und Scheiben und sind nach Aufzehrung des Dottersackes mit feinstem Lebendfutter (auch Trockenfutter) zu versorgen. Das Zuchtpaar kann nach 3–4 Wochen wieder angesetzt werden. Wachstum schnell, sehr produktiv.

Brachydanio albolineatus (Taf. 56)
(Blyth, 1860)
Schillerbärbling

Hinterindien und auf Sumatra in Fließgewässern; bis 5,5 cm.
D 2/7; A 3/13; mLR 31–33; SL unvollständig. Körper langgestreckt, schlank, seitlich mäßig zusammengedrückt. Maul etwas nach oben gerichtet. Färbung bei Gegenlicht: durchscheinend graugrün, Rücken dunkel, Bauch heller, Schwanzstiel dunkeloliv. In Höhe der P beginnt ein sich nach hinten verbreiterndes, fleischrotes Längsband, das oben und unten blauviolett gesäumt wird. D und Spitze der C gelbgrün, A gelb mit dunkler Punktreihe. Färbung bei Auflicht: stark wechselnd, Körper leuchtend blau bis violett irisierend, bei Sonnenschein grasgrün, Rücken tiefblau, Bauch bläulichsilbern, Längsstreifen kirschrot, blaugrün gesäumt. Senkrechte Flossen grasgrün mit rötlichem Hauch, A-Basis kirsch- bis orangerot, Mitte der C kirschrot, V und P rötlich. ♀ matter gefärbt, größer. ♂ wie oben angegeben gefärbt.
Pflege und Zucht wie oben angegeben, liebt Sonne. Zur Zucht 26–28 °C. Einem ♀ werden am besten zwei ♂♂ beigesellt. Im Handel werden sehr verschieden schöne Rassen angeboten.

Brachydanio kerri (Taf. 56)
(H. M. Smith, 1931)
Inselbärbling

Insel Koh Yao Yai und Koh Yao Noi (Thailand); bis etwa 4 cm.
D 2/7; A 2/12–13; mLR 28–30. Körper nicht ganz so schlank wie beim Zebrabärbling. Zwei Paar Barteln, die Maxillarbarteln reichen etwa bis hinter den Kiemendeckel, eine SL fehlt. Färbung der sehr schönen Art nach Roloff: »Die Grundfärbung ist ein sehr kräftiges Blau. Die Rückenpartie zeigt eine graublaue Färbung, während die Bauchpartie in ihrem unteren Teile weißlich gefärbt ist. Eine hinter dem Kiemendeckel beginnende Linie von intensiv goldiger Färbung zieht sich bis in die Schwanzwurzel. Unterhalb dieser Linie verläuft eine kürzere, meistens etwas wellige Linie von gleicher Färbung, deren erste Hälfte in der Regel nur aus kleinen, unregelmäßigen Strichen besteht und die etwa über dem hinteren Ende der Wurzel der A ausläuft. Zwischen den erwähnten Linien – mit Ausnahme des letzten Drittels – und unterhalb derselben befinden sich kleine Striche, Punkte und bogenförmige Zeichnungen von ebenfalls goldiger Färbung. Die blaue Färbung der Körperseiten zieht sich bis durch die mittleren Teile der C hindurch. Zuchtfähige ♂♂ unterscheiden sich von den ♀♀ durch den schlanken Körperbau und durch

Tafel 65 Zuchtformen des Goldfisches. Links: Normaler Goldfisch (Foto Florian), Zweifarbiger normaler Goldfisch (Foto Florian), Londoner Shubunkin (Foto Florian). Rechts: Rotmützen-Oranda (Foto Richter) · Schwarzer Teleskop-Schleierschwanz (Foto Richter) · Vollbeschuppter Schleierschwanz (Foto Richter)

Tafel 66 Oben: Schleierschwanz (Foto Sterba). Unten: Farbkarpfen (Foto Sterba)

Tafel 67 Links: *Epalzeorhynchus stigmaeus* (Foto Lübeck) · *Epalzeorhynchus siamensis* (Foto Zarske) · *Epalzeorhynchus kallopterus* (Foto Richter). Rechts: *Labeo bicolor* (Foto Sterba) · *Labeo frenatus* (Foto Richter) · *Labeo frenatus*, Albino (Foto Richter)

Tafel 68 Links: *Garra fuliginosa* (Foto Zarske) · *Sawbwa resplendens* (Foto Foersch) · *Mystacoleucus marginatus* (Foto Zarske) · *Tylognathus caudimaculatus* (Foto Lübeck). Rechts: *Morulius chrysophekadion* (Foto Lübeck) · *Lobocheilus quadrilineatus* (Foto Zarske) · *Labeo* spec. aff. *variegatus* (Foto Richter) · *Osteochilus prosemion* (Foto Zarske)

Tafel 69 Oben links: *Leuciscus idus*, Goldorfe (Foto Lübeck). Oben rechts: *Chela* cf. *laubuca* (Foto Richter). Mitte: *Labiobarbus ieptocheilus* (Foto Franke). Unten: *Osteochilus vittatus* (Foto Zarske)

Tafel 70 Links: *Tanichthys albonubes*, sogenannter »pooni« (Foto Franke) · *Gastromyzon* spec., Bauchseite (Foto Foersch) · *Homaloptera* spec. (Foto Richter). Rechts: *Tanichthys albonubes* (Foto Richter) · *Gyrinocheilus aymonieri* (Foto Richter) · *Homaloptera orthogoniata* (Foto Richter)

Tafel 71 Links: *Botia sidthimunki* · *Botia lohachata* · *Botia modesta.* Rechts: *Botia macracantha* · *Botia striata* · *Botia morleti* (alle Fotos Richter)

Tafel 72 Links: *Botia hymenophysa* (Foto Foersch) · *Acanthopsis choiorhynchus* (Foto Lübeck) · *Noemacheilus kuiperi* (Foto Foersch) · *Lepidocephalus thermalis* (Foto Richter). Rechts: *Acanthophthalmus semicinctus* (Foto Sterba) · *Acanthophthalmus myersi* (Foto Foersch) · *Leiocassis siamensis* (Foto Foersch) · *Liauchenoglanis maculatus* (Foto Foersch)

Tafel 73 *Mystus mica* (Foto Foersch) · *Mystus* cf. *vittatus* (Foto Richter) · *Auchenoglanis occidentalis* (Foto Sterba)

Tafel 74 Links: *Kryptopterus bicirrhis* (Foto Richter) · *Kryptopterus macrocephalus* (Foto Sterba) · *Schilbe mystus* (Foto Richter). Rechts: *Silurodes* cf. *eugeneiatus* (Foto Richter) · *Eutropiellus vandeweyeri* (Foto Richter) · *Parailia longifiliis* (Foto Foersch)

Tafel 75 Links: *Phyllonemus typus* · *Heteropneustes fossilis*, Kopf. Rechts: *Glyptothorax* cf. *platypogonoides* · *Glyptothorax*, Unterseite. Unten: *Heteropneustes fossilis* (alle Fotos Richter)

Tafel 76 Links: *Phractura ansorgei* (Foto Foersch) · *Hexanematichthys leptapsis* (Foto Richter). Rechts: *Lophiobagrus cyclurus* (Foto Richter) · *Chaca chaca* (Foto Richter). Unten: *Malapterurus electricus* (Foto Sterba)

Tafel 77 Links: *Gephyroglanis longipinnis* (Foto Sommer) · *Synodontis angelicus* (Foto Richter) · *Synodontis flavitaeniatus* (Foto Richter). Rechts: *Brachysynodontis batensoda*, Kopf (Foto Zarske) · *Synodontis alberti* (Foto Richter)

Tafel 78 Links: *Synodontis nigriventris* · *Synodontis notatus* · *Synodontis petricola*. Rechts: *Synodontis decorus* · *Synodontis pleurops* · *Synodontis multipunctatus* (alle Fotos Richter)

Tafel 79 *Synodontis ornatipinnis* · *Synodontis brichardi* · *Synodontis schoutedeni* (alle Fotos Richter)

Tafel 80 *Synodontis schall* · *Synodontis velifer* · *Synodontis* spec. (alle Fotos Richter)

einen türkisblauen Glanz, der sich über den ganzen Körper und die C erstreckt. Die Flossen der zuchtfähigen Fische sind bei Wohlbefinden gelblich bis gelb gefärbt.«
Pflege und Zucht wie auf S. 208 angegeben. Die etwa 400 Jungfische schlüpfen nach vier Tagen. Aufzucht einfach.

Brachydanio nigrofasciatus (Taf. 93)
(DAY, 1869)
Tüpfelbärbling

Oberburma, in Flüssen und kleineren bis kleinsten Teichen; bis 4 cm.
D 2/7; A 2/11; P 15; V 7; mLR 28–32. Ähnlich gestaltet wie die vorhergehende Art (siehe auch Gattungsbeschreibung S. 208), nur ein Paar Barteln, eine SL fehlt. Nacken und Rücken hell- bis olivbraun, Bauch orange bis gelblichweiß. Vom Kiemendeckel bis auf die mittleren C-Strahlen zieht sich ein oben und unten von einer blauschwarzen Binde gesäumter, goldener bis bräunlicher Längsstreifen. Unterhalb der unteren dunklen Binde eine Anzahl blauer Punkte. Senkrechte Flossen gelbbraun bis gelblich. Die A mit blauen Punkten und Strichen. ♀ Bauch gelblichweiß, plumper. ♂ Bauch orangefarben.
Pflege und Zucht wie auf S. 208 angegeben. Zur Zucht 26–28 °C, zu einem ♀ zwei ♂♂ gesellen. Geschlechter vor dem Ansetzen getrennt halten.

Brachydanio rerio (Taf. 56)
(HAMILTON-BUCHANAN, 1822)
Zebrabärbling

Östlicher Teil Vorderindiens, bis 4,5 cm.
D 2/7; A 2/13; mLR 26–28. Gattungstypisch gestaltet, sehr schlank, seitlich nur wenig zusammengedrückt. Zwei Paar Barteln. Rücken bräunlicholiv, Bauch gelblichweiß, Seiten leuchtend preußischblau, von vier prächtig goldglänzenden Längsbinden durchzogen, die vom Kiemendeckel bis in die C reichen. Die beiden äußeren Binden grenzen das Blau der Seiten scharf nach oben und unten ab. Auch die A zeigt deutlich die blaugoldene Streifung. D an der Basis gelboliv, nach außen blau mit weißer Spitze. P und V farblos. Iris goldrot. Kiemendeckel blau mit goldenen Flecken und Querbinden. ♀ blasser gefärbt, die Längsbinden sind mehr silbrig bis gelblich, kräftiger. ♂ kleiner, wie oben angegeben gefärbt. Sehr beliebte, anspruchslose Art.
Pflege und Zucht wie auf S. 208 angegeben. Zur Zucht nur dunkle ♂♂ verwenden, die Streifen sollen leuchtend goldfarben, die Flossenspitzen weiß sein. Zuchttemperatur nicht über 24 °C.
MEINKEN hat 1963 »*Brachydanio frankei*« beschrieben. Die Tiere sind durch folgende Färbung charakterisiert (Taf. 56): Beim ♂ sind in eine bronze- bis goldfarbene Grundtönung zahlreiche kleine, unregelmäßige, meist runde bis längliche, dunkle Flecke eingestreut, die insgesamt eine Leopardzeichnung ergeben. Auf dem Schwanzstiel können die Flecke Längsreihen bilden. Flossen farblos. ♀ kräftiger, insgesamt heller gefärbt. Da der Fisch in einem Aquarium in Prag auftauchte, seine Herkunft nicht einwandfrei gesichert werden konnte und er sich außerdem mit *Brachydanio rerio* fruchtbar kreuzen läßt, sind Zweifel an der Richtigkeit der Artbeschreibung entstanden. Bis zur endgültigen Klärung der Frage ist es zweifelsohne richtig, »*B. frankei*« nicht als eigene Art, sondern als Mutante von *B. rerio* zu betrachten.

Gattung *Danio* HAMILTON-BUCHANAN, 1822

Die Vertreter der Gattung *Danio* unterscheiden sich von den *Brachydanio*-Arten durch eine größere Anzahl geteilter Strahlen in der D (8–17 statt 6–7) und in der A (11–17 anstatt 10–13) sowie durch eine vollständige SL. Pflege und Zucht siehe Gattung *Brachydanio*.

Danio devario (Taf. 56)
(HAMILTON-BUCHANAN, 1822)

Indien in folgenden Gebieten: NW-Provinzen, Orissa, Bengalen, Assam; bis 10 cm.
D 3/15–16; A 3/15–16; P 1/12; V 1/7; mLR 41–48. Ähnlich gestaltet wie die nachfolgende Art, jedoch ist die Bauchlinie noch stärker ausgebuchtet, Barteln fehlen, SL vollständig. Färbung entsprechend der Herkunft recht variabel. Grundfärbung meist blaß grünlichsilbern, Rücken grau bis blaugrün, Bauch mattsilbern. Schulterpartie leuchtend blau mit mehreren senkrechten gelben Streifen. Unter der D beginnen allmählich, getrennt durch gelbe Linien, drei blaue Längsbinden. Sie vereinigen sich auf der C-Wurzel zu einem blauen Band, das über den oberen C-Lappen verläuft. D graubraun mit weißlicher Binde am oberen Rand, V und A bräunlichrot. ♀ plumper, matter gefärbt. ♂ schlanker, kräftiger gefärbt.
Pflege und Zucht wie auf S. 208 angegeben.

Danio malabaricus (Taf. 55)
(JERDON, 1849)
Malabarbärbling

Westküste Vorderindiens und Sri Lanka, in klaren Fließgewässern; bis 12 cm, mit 6–7 cm geschlechtsreif.
D 2/10–13; A 3/12–16; P 1/14; V 1/7; mLR 35–37. Körper gestreckt. Im Gegensatz zu den *Brachydanio*-Arten sind die *Danio*-Arten meist seitlich stark zusammengedrückt und bis auf den Schwanzstiel vorn relativ hoch. Untere Profillinie stärker ausgebogen als die obere, Kopf spitz, Maul nach oben gerichtet (oberständig), ein Paar Rostralbarteln, Maxillarbarteln meist verkümmert, SL vollständig. Rücken stahlblau bis grünlichgrau, Kopf silbern, Bauch zartrosa. Über die Körperseiten ziehen, beginnend über den V, 3–4 stahlblaue Längsstreifen, die bei auffallendem Licht indigoblau leuchten. Die blauen Binden werden durch schmälere, goldene Längsstreifen voneinander getrennt. Kiemendeckel mit einem goldenen

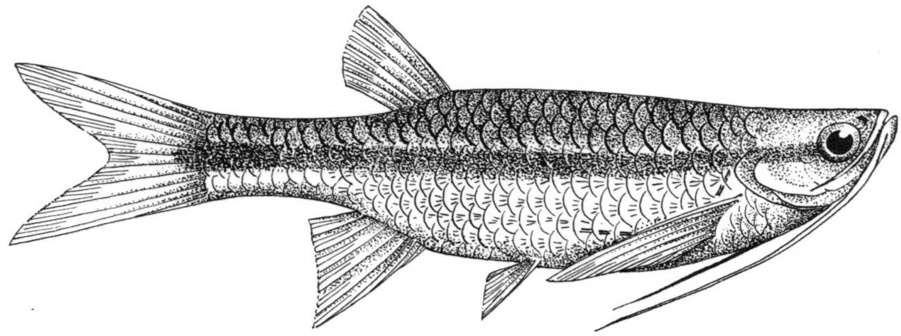

Abb. 182 *Esomus danrica*

bis grünlichen Fleck. Hinter dem Kiemendeckel mehrere goldene Querstreifen auf indigoblauem Grund. Iris goldfarben. P farblos, die übrigen Flossen zart bläulich bis rosa, am Grund gelegentlich rötlich. ♀ matter gefärbt, der mittlere blaue Streifen biegt am Grunde der C etwas nach oben. ♂ wie oben angegeben gefärbt, der mittlere blaue Strich gerade.
Pflege und Zucht wie auf S. 208 beschrieben. Zuchtbecken mindestens 50×25×30 cm, zur Zucht 25 bis 28 °C.
Die Artzugehörigkeit der bislang in der Aquaristik als *Danio malabaricus* (JERDON, 1849) gepflegten Fische ist umstritten. In der letzten Zeit wird für diese Tiere häufig der Name *D. aequipinnatus* (McCLELLAND, 1839) verwendet. Beide Arten sind schwer zu unterscheiden, zumal die genaue Herkunft der in den Aquarien gepflegten Fische unbekannt ist. Auch Kreuzungen lassen sich nicht ausschließen. *D. malabaricus* fehlt nach HORA (1934) der für *D. aequipinnatus* und *D. regina* charakteristische kleine, schwarze Fleck am oberen Hinterrand des Kiemendeckels. Weiterhin soll *D. malabaricus* nur kleine, *D. aequipinnatus* gut entwickelte Barteln haben. Nach SMITH (1945) trägt das Tränenbein von *D. aequipinnatus* wie bei *D. regina* einen nach hinten gerichteten Dorn, der *D. malabaricus* fehlt. Da eigene Untersuchungen zu dieser Frage keine eindeutigen Ergebnisse brachten, halten wir es für günstiger, bis zu einer endgültigen Klärung die alte Benennung beizubehalten.

Danio regina
(FOWLER, 1934)

Laos, Südthailand; bis 8 cm.
D 3/10; A 3/13–14; SL vollständig, 31–32; QR 7½/1/2.
Körper etwas hochrückiger als bei *D. malabaricus* und *D. aequipinnatus*. Tränenbein mit nach hinten gerichtetem Dorn. Bräunlich mit bläulichem Schimmer, Rücken dunkler, Bauch heller. Hinter dem Kiemendeckel ein kleiner dunkler, hell gesäumter Fleck. Hinter diesem Fleck beginnt eine breite, hell eingefaßte, dunkelblaue Längsbinde, die sich bis auf die mittleren Strahlen der C erstreckt. Oben und unten wird diese Binde jeweils von einer weiteren, gleichfalls hell eingefaßten Binde begleitet. Geschlechtsunterschiede unbekannt.
Pflege siehe Gattungsbeschreibung. Noch nicht gezüchtet.

Gattung *Esomus* SWAINSON, 1839

Schlanke, seitlich stark zusammengedrückte, kleinere Fische, die sich von allen anderen Gattungen der Unterfamilie durch die langen, weit nach hinten reichenden Maxillarbarteln unterscheiden. Ein Paar kleine Rostralbarteln. Ein Symphysisknopf im Unterkiefer fehlt. D mit 6–8 und A mit 5–6 geteilten Flossenstrahlen kurz. Schlundzähne in einer Reihe. Indien, Burma, Thailand, Laos, Malaiische Halbinsel, Sri Lanka, Nikobaren. In stehenden oder langsamfließenden, stark verkrauteten Gewässern, auch in Reisfeldern. Mehrere Arten.

Esomus danrica (Abb. 182)
(HAMILTON-BUCHANAN, 1822)
Flugbärbling

Indien, Sri Lanka, Thailand, Singapur; bis 15 cm, bleibt in Gefangenschaft kleiner.
D 2/6; A 3/5; P 1/14–15; V 1/7; mLR 30–34, SL 4–6.
Körper gestreckt, schlank, besonders hinten stark zusammengedrückt, Rücken fast geradlinig, Kopf spitz, Maul nach oben gerichtet. Zwei Paar Barteln: Rostralbarteln kurz und fleischig, Maxillarbarteln reichen angelegt bis etwa zur Körpermitte. P spitzsegelförmig vergrößert, sie reichen angelegt bis über die Ansatzstelle der V und werden meist vom Körper abgespreizt. Rücken oliv- bis graugrün, mit feinen dunklen Punkten übersät, perlmuttglänzend, Seiten silbrigviolett bis zart rötlich, bei auffallendem Licht glänzend rotviolett, Bauch silbrigweiß. Vom Maul bis in die C-Wurzel zieht sich ein breites, dunkelbraunes Band, das bei jüngeren Tieren oben von einem feinen goldenen Streifen gesäumt wird. Die dunkle Längsbinde verbreitert sich auf dem Schwanzstiel zu einem auffallenden, dunkelbraunen, dreieckigen Fleck. V rötlich, alle übrigen Flossen bräunlich bis orangefarben. ♀ Der Fleck auf dem Schwanzstiel ist undeutlich, Bauchlinie mehr gerundet. ♂ Der Fleck auf dem Schwanzstiel leuchtend rostrot, kleiner.
Pflege in großen Becken mit großblättrigen Pflanzen. Temperatur 22–24 °C. Sehr lebhaft und anspruchslos. Allesfresser. Weitere Angaben siehe *E. malayensis*.

Esomus goddardi (Abb. 183)
FOWLER, 1937

Thailand und Laos, weitverbreitet; bis 8,5 cm.
D 3/6; A 3/5; mLR 25–26+5–6 auf der Basis der C;

SL 11–12. Ähnlich gestaltet und gefärbt wie die vorhergehende Art, von der sich *E. goddardi* vor allem durch die längere SL unterscheidet. Die Rostralbarteln reichen angelegt bis hinter das Auge. Bräunlich bis hellgraubraun. Eine schmale dunkle Längsbinde beginnt hinter dem Kiemendeckel, verläuft, an Intensität zunehmend, über die Körperseiten und endet an der Basis der C. Flossen farblos. Geschlechtsunterschiede, Pflege und Zucht siehe *E. malayensis*.

Esomus lineatus (Abb. 184)
E. AHL, 1924
Streifenflugbärbling

Mündungsdelta des Ganges; bis 6 cm.
D 2/6; A 3/5; mLR etwa 30. Ähnlich gestaltet wie *E. malayensis*, der sie auch hinsichtlich der Färbung nicht unähnlich ist. Zur Unterscheidung können die etwas längeren Oberkieferbarteln dienen, die angelegt bis etwa zur Mitte der P reichen. Außerdem ist der dunkle C-Fleck der folgenden Art hier gar nicht oder nur sehr unscharf ausgebildet. Vom Kiemendeckel bis in die C-Wurzel eine silberne Linie. Geschlechtsunterschiede, Pflege und Zucht wie bei *Esomus malayensis* angegeben.

Esomus malayensis (Taf. 92)
(MANDÉE, 1909)
Malaiischer Flugbärbling

Halbinsel Malakka und südliches Vietnam; bis 8 cm.
D 2/6; A 3/5; mLR 29–30. Ähnlich gestaltet wie die vorhergehenden Flugbärblinge, jedoch stets mit undeutlichem Längsband. Oberkieferbarteln lang, reichen angelegt bis zu den Pn. Rücken grünlich bis moosgrün, bei auffallendem Licht stahlblau, Seiten grünlich- bis bläulichsilbern, Bauch silberweiß. Über die Seitenmitte zieht ein undeutliches, dunkles Längsband, das auf der C-Wurzel in einen runden bis viereckigen, tiefschwarzen, golden umrandeten Fleck übergeht. Ein weniger hervortretender Fleck

Abb. 183 *Esomus goddardi*
Abb. 184 *Esomus lineatus*

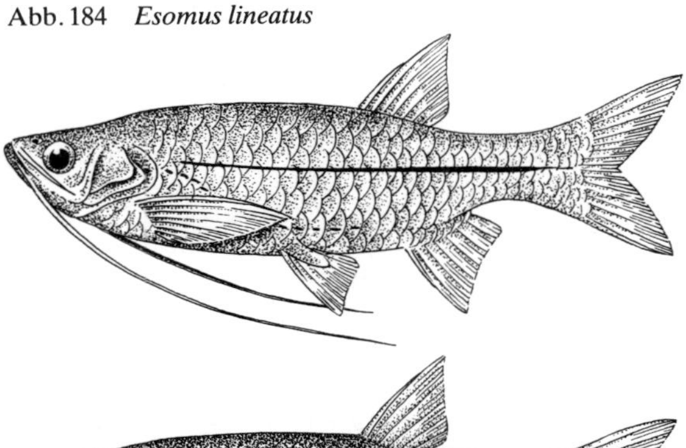

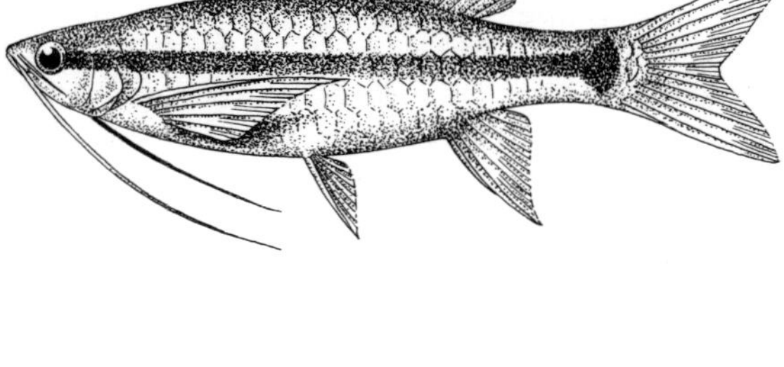

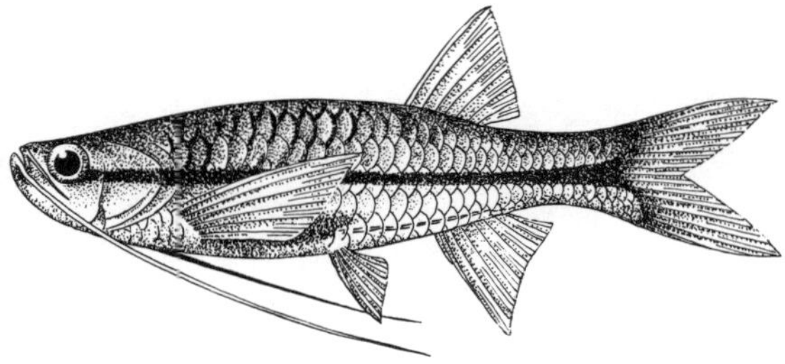

Abb. 185 *Esomus metallicus*

über dem A-Ansatz. Iris hellgelb, Kiemendeckel mit leuchtendem, goldenem Fleck. Flossen farblos. Im Sonnenlicht leuchten die Tiere oft am ganzen Körper messingfarben. ♀ größer, Bauchprofil stärker ausgebuchtet. ♂ kleiner und schlanker.
Pflege in großen, langgestreckten Becken mit gruppierter Bepflanzung und freiem Schwimmraum. Die Tiere schwimmen höchstens im lockeren Schwarm, halten sich aber am liebsten an ausgewählten Stellen des Beckens auf. Sie stehen dann, meist leicht mit dem Körper wippend, unter den Blättern der Schwimmpflanzen. Temperatur 23–25 °C. Lebendfutter, zur Zuchtvorbereitung besonders Mückenlarven, Tubifex und Enchyträen; häufiger Futterwechsel ist angebracht.
Zuchtbecken mit *Nitella*, Algenbündeln oder Quellmoos reichlich besetzen, Pflanzen fest verankern! Am besten eignen sich ganz neu eingerichtete Becken mit abgestandenem Frischwasser. Wenn ein sonniger Tag zu erwarten ist, setzt man am Tag vorher morgens das ♂ und am Abend das ♀ ein. Die Tiere laichen am liebsten in einer Beckenecke. Sie drücken sich hier kurz seitlich aneinander und stoßen sich dann durch einen kräftigen Schlag mit der C voneinander ab. Gute ♀♀ bringen bis 700 Eier, sind jedoch arge Laichräuber. Die Jungen kommen bei 24–25 °C schon nach 16–20 Stunden aus und hängen zunächst an den Pflanzen und Scheiben, schwimmen jedoch schon nach 2–3 Tagen frei. Man füttert mit feinstem Staubfutter, wie Rädertieren und Nauplien; keine Infusorien. Nach 5–6 Tagen nehmen die sehr schnell wachsenden Jungfische schon gröberes Staubfutter. Sie sind nach 15–20 Wochen bereits laichreif. Zucht nicht schwer.

Esomus metallicus (Abb. 185)
E. AHL, 1924

Thailand, Laos, sehr häufig; bis 7,5 cm.
D 2/6; A 3/5; mLR 31; SL 10–14. Ähnlich gestaltet und gefärbt wie *E. goddardi*, von der sie sich durch die kürzeren, nie den hinteren Augenrand erreichenden Rostralbarteln und durch den Verlauf und die Intensität der dunklen Längsbinde unterscheidet. Hellbraun, metallisch silbern glänzend. Hinter dem Auge (!) beginnt eine dunkle bis schwarze Längsbinde, die in der hinteren Körperhälfte am kräftigsten hervortritt und vor der C in einem schwach ausgebildeten Fleck endet. Geschlechtsunterschiede sowie Hinweise zur Pflege und Zucht siehe vorhergehende Art.

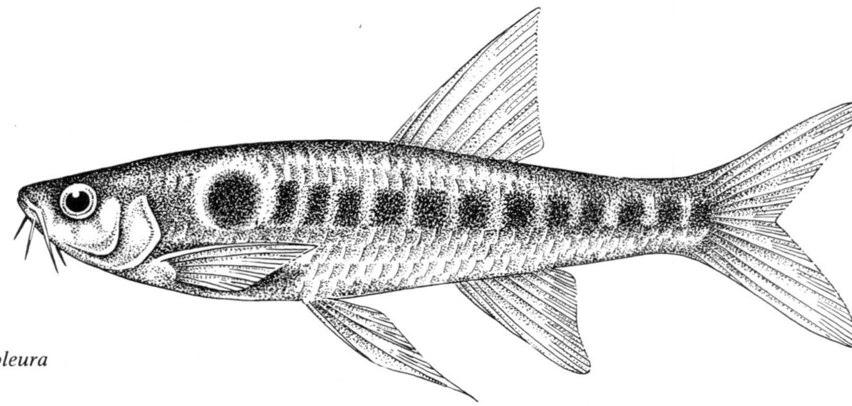

Abb. 186 *Luciosoma spilopleura*

Gattung *Leptobarbus* BLEEKER, 1860

Relativ große Fische (bis maximal 50 cm) von *Rasbora*-ähnlicher Körpergestalt. Charakteristisch für die Gattung sind: zwei Paar Barteln (Rostral- und Maxillarbarteln), SL vollständig; D 3/7–8, letzter ungeteilter Strahl weich, ungezähnt, Schlundknochen mit drei Reihen löffelartiger Schlundzähne. Kalimantan (Borneo), Sumatra, Thailand, Laos. Vier Arten.

Leptobarbus hoeveni (Taf. 56)
(BLEEKER, 1851)

Kalimantan, Sumatra, Thailand, Laos, weitverbreitet und häufig; bis 50 cm, bleibt in Gefangenschaft wesentlich kleiner.
D 3/7–8; A 3/5–6; P 16–18; V 2/8; mLR 32–38. Körper schlank, langgestreckt, seitlich stark zusammengedrückt, Jungtiere *Rasbora*-ähnlich. Der Kopf von Alttieren ist verhältnismäßig klein und breit. Gelblichgrün mit starkem Silberglanz, Rücken dunkler, Bauch heller, fast reinweiß. Die Schuppen sind teilweise dunkel gerandet, so daß ein netzartiges Muster entsteht. Kiemendeckel kräftig golden. Hinter dem Kiemendeckel ein kleiner, tiefschwarzer Strich. Jungfische zeigen auf den Körperseiten einen schwarzen Längsstreifen, der vom Kiemendeckelhinterrand bis zur Basis der C verläuft und älteren Tieren (ab etwa 7–8 cm Gesamtlänge) fehlt. D gelblich, A, V und C an ihrer Basis kräftig grünlichgelb, weiter außen rot und schließlich schwarz gesäumt, P farblos. Geschlechtsunterschiede unbekannt (♂ im geschlechtsreifen Alter schlanker?).
Pflege ähnlich der anderer Bärblinge (siehe S. 229). Vergreift sich bei fehlender pflanzlicher Zusatznahrung (Haferflocken) an den jungen Trieben der Wasserpflanzen. Die Art kann sehr gut springen (Becken gut abdecken!). SMITH (1945) berichtet, daß die Fische ins Wasser gefallene Früchte und Samen der Schwammbeere *(Hydnocarpus)* gierig verschlingen und danach ein eigenartiges, rauschähnliches Verhalten zeigen. Noch nicht gezüchtet. Sehr schöne Art.

Gattung *Luciosoma* BLEEKER, 1855

Körper extrem langgestreckt, seitlich stark zusammengedrückt, Kopf zugespitzt, Auge und Maul groß, Unterkiefer mit kräftig entwickeltem Symphysisknopf. D kurz, sehr weit hinten beginnend, C tief gespalten. Größere Fische bis maximal 30 cm Gesamtlänge. Sumatra, Java, Kalimantan (Borneo), Thailand, Laos. Fünf Arten.

Luciosoma spilopleura (Abb. 186)
BLEEKER, 1855
Seitenfleckbärbling

Thailand, Vietnam, Sumatra, Kalimantan (Borneo); bis 25 cm.
D 2/7; A 3/6–8; P 1/14–15; V 2/8; mLR 41–42. Körper gattungstypisch, zwei Paar Barteln, die Schnauzenbarteln sind relativ lang. SL vollständig. Oberseite oliv- bis gelbgrün, Körperseiten zart lehmfarben mit breiter, bläulich-silberner Längsbinde, die in einem großen, runden, schwarzen Schulterfleck beginnt und große schwarze bis dunkelviolette Flecke einschließt. Zwischen den Flecken golden irisierende Zonen. Unterseite weißlich. Flossen gelblich bis zart rötlich, ältere Tiere zeigen in der D und A dunkle Tupfenreihen. Geschlechtsunterschiede unbekannt.
Pflege wie bei den *Rasbora*-Arten angegeben (siehe S. 229). Die sehr bewegungsfreudige, die oberen Wasserschichten bevorzugende Art benötigt für ihr Wohlbefinden weiches, leicht saures Wasser und etwas Sonnenlichteinfall, 23–26 °C. Ernährt sich hauptsächlich von Fluginsekten, deshalb Taufliegen, Fliegen, Schaben, Käfer und ähnliches füttern, nur aushilfsweise anderes Lebendfutter; frißt auch kleine Fische. Leider etwas hinfällig. Für Zimmeraquarien eignen sich nur junge Tiere. Noch nicht nachgezüchtet.

Luciosoma trinema (Taf. 55)
(BLEEKER, 1852)
Hechtbärbling

Sumatra, Kalimantan (Borneo); bis 26 cm.
D 2/7; A 3/6; P 1/14–16; V 2/8; mLR 43. Körper gattungstypisch gestaltet, Barteln rudimentär oder fehlend, nie länger als der halbe Augendurchmesser, V spitz ausgezogen. Silbergrau, Rücken dunkler, stärker silbern glänzend, Bauch weißlich. Iris oben goldfarben. Auf der Schnauzenspitze befindet sich ein goldfarbener Fleck. Von der Schnauzenspitze durch das Auge zieht sich eine dunkle, teilweise undeutlich ausgeprägte Längsbinde, die auf dem Schwanzstiel

tiefschwarz gefärbt erscheint und in den oberen C-Lappen einmündet. Eine weitere schwarze Binde beginnt am unteren Teil der C-Wurzel und zieht sich in den unteren C-Lappen. Erster V-Strahl weiß, restliche Flossen farblos. Geschlechtsunterschiede unbekannt (♂ größer?).
Pflege in geräumigen Becken, 22–26 °C, Allesfresser. Verhält sich auch kleineren Arten gegenüber friedlich. Die Tiere sind schnelle und elegante Schwimmer, die gut springen. Becken gut abdecken. Schwarmfische.

Gattung *Microrasbora* ANNANDALE, 1918

Eng verwandt mit den Gattungen *Rasbora* und *Brachydanio*, unterscheidet sich von diesen durch das Fehlen der SL, des bei allen *Rasbora*-Arten vorhandenen Symphysisknopfes (Abb. 180) sowie der bei den *Brachydanio*-Arten immer vorhandenen Barteln. Inle-See, endemisch. Zwei Arten.

Microrasbora rubescens (Taf. 58)
ANNANDALE, 1918

Inle-See (Inle Aing), umliegende Teiche und Sümpfe sowie Ströme und Lachen im alten Heho-Seebecken (Shanhochland); 3 cm.
D 2/6–7; A 3/10–12; P 11; V 7; mLR 29–32; QR 7.
Die Körperform erinnert an *Brachydanio rerio*, Schuppen groß, dünn, transparent und nicht leicht zu erkennen. Grundfärbung bei beiden Geschlechtern blausilbrig. Ein dunkler bis schwärzlicher Längsstrich beginnt kurz vor oder unter der D. Er wird nach hinten etwas breiter und intensiver und endet gelegentlich in einem schwarzen, runden Fleck. Kurz vor dem Ansatz der A tritt manchmal ein runder, schwärzlicher Fleck von Irisgröße mehr oder weniger deutlich hervor. Bei adulten ♂♂ und ♀♀ sind die Seiten und die Unterseite des Kopfes, die C, A und D prächtig orange bis scharlachrot gefärbt. Bei treibenden ♂♂ ist der ganze Körper rot überzogen. *Microrasbora* stammt aus verhältnismäßig hartem Wasser. Sie läßt sich nicht an weiches Wasser gewöhnen, jedoch kann bei Zuchtversuchen als Laichanregung die Wasserhärte auf die Hälfte vermindert werden (nach MEINKEN).
Eine verwandte Art, *M. erythromicron*, siehe Taf. 59.

Gattung *Rasbora* BLEEKER, 1860

Die Verbreitung der Bärblinge der Gattung *Rasbora* erstreckt sich von der Westküste des indischen Subkontinents über Sri Lanka bis nach Süd- und Südostasien einschließlich des indoaustralischen Archipels. Auch die Philippinen und Teile Südchinas gehören zu ihrem Verbreitungsgebiet. Der Körper der meisten Arten ist langgestreckt, nur wenige Arten, wie z. B. *Rasbora heteromorpha* oder *R. vaterifloris*, haben einen relativ kurzen, hohen Körper. Maul endständig, oft leicht nach oben gerichtet, der Unterkiefer ist gelegentlich etwas länger als der Oberkiefer. Die Symphyse des Unterkiefers bildet einen nach oben gerichteten Knopf, der in eine Vertiefung der Oberlippe paßt. Barteln fehlen. *Rasbora elanga* mit einem Paar kleiner Maxillarbarteln aus dem Stromgebiet des Ganges wird von HOWES (1980) in eine eigenständige Gattung gestellt *(Megarasbora)*. Pharyngealzähne in drei Reihen. Zähne konisch, länglich, abgerundet. Die SL senkt sich am Anfang, läuft dann bogenförmig bis zum Schwanzstiel und bleibt hier immer in der unteren Hälfte; einige Arten mit unvollständiger SL (*R. heteromorpha, R. pauciperforata, R. vaterifloris, R. hengeli* u. a.).
Selten fehlt die SL ganz *(Rasbora maculata)*. Von anderen Gattungen unterscheiden sich die *Rasbora*-Arten vor allem durch die kurze A, die stets nur fünf fächerförmig geteilte Flossenstrahlen aufweist, weiterhin durch die gegenüber den Vn oder kurz dahinter entspringende D und die relativ großen Schuppen. HOWES (1980) trennt aufgrund bestimmter Schädelstrukturen die Gattung *Parluciosoma* ab, in die er die Arten *R. argyrotaenia, R. dusonensis, R. daniconius, R. cephalotaenia* und *R. volzi* überführt. In seine Untersuchungen konnte er aber nicht alle der über 50 bekannten Arten einbeziehen, so daß bis zu einer endgültigen Klärung die alte Einteilung beibehalten wird. Die meisten Arten sind Schwarmfische, die in größeren Schulen die oberen und mittleren Wasserschichten fließender und stehender Gewässer bewohnen und z. T. auch gemeinschaftlich ablaichen. Verschiedene Arten, wie *Rasbora heteromorpha* und *R. maculata*, kommen nur in weichem, leicht saurem Wasser vor, andere leben in Gewässern mit recht unterschiedlichem Kalkgehalt. Obwohl bereits zahlreiche Arten importiert worden sind, konnten nur wenige größere Verbreitung finden. Eigenartigerweise gibt es auch kaum Liebhaber, die sich speziell mit dieser Fischgruppe befassen. Neben sehr farbenprächtigen Arten (*R. heteromorpha, R. vaterifloris, R. maculata* u. a.) gehören viele recht unscheinbare Vertreter zu der Gattung.
Pflege im allgemeinen nicht schwierig. Den bewegungsfreudigen Tieren biete man freien, pflanzengesäumten Schwimmraum, nach Möglichkeit weiches, torfgefiltertes Wasser und Temperaturen um 24 bis 25 °C. Alle *Rasbora*-Arten sind friedlich und können deshalb mit anderen Friedfischen vergesellschaftet werden. Im allgemeinen wird Lebendfutter aller Art, besonders Kleinkrebse und Mückenlarven, willig angenommen. Viele Arten, wie *R. trilineata, R. dorsiocellata, R. urophthalma, R. elegans, R. daniconius, R. meinkeni*, lassen sich in weichem, neutralem bis leicht saurem, gut abgestandenem Frischwasser leicht vermehren.
Wesentlich mehr Aufmerksamkeit erfordern *R. heteromorpha, R. maculata, R. vaterifloris, R. pauciperforata* u. a. Neben der Wasserqualität spielt hier besonders die Auswahl der Paare eine entscheidende Rolle. Das Zuchtwasser soll hier sehr weich, schwach sauer (1,5–2,5 °dH, pH 5,3–5,7) und eventuell schwach über Torf gefiltert sein. Die besten Erfolge wurden bislang mit Wasser aus Waldquellen erzielt.

Paare, die nicht ablaichen, sind mit anderen Partnern zu kombinieren. Vielfach laichen die Tiere erst einige Tage nach dem Ansetzen (z. B. *R. maculata*). Für größere Arten sind große, langgestreckte Zuchtbekken erforderlich. Bei den meisten Rasboren wird das Laichgeschäft durch Sonnenlichteinfall angeregt. Wickler empfiehlt für alle Arten dunklen Bodengrund. Die Paarung erfolgt nach mehr oder weniger heftigem Treiben und meist erst nach zahlreichen Scheinpaarungen zwischen oder über feinfiedrigen oder feinblättrigen Pflanzen. *Rasbora heteromorpha* laicht an der Unterseite größerer Blätter, *Rasbora dorsiocellata* auf der Oberseite von Blättern. Die Eier vieler Arten haben nur geringe Klebkraft und fallen deshalb meist zu Boden *(R. caudimaculata, trilineata, pauciperforata)*, andere Eier haften an den Pflanzen. Das Paarungsverhalten ist bei den meisten Arten ähnlich. Das ♂ lockt das ♀ zum Laichplatz. Dort schmiegen sich die Partner in normaler Körperlage seitlich eng aneinander und stoßen die Geschlechtsprodukte aus. *Rasbora heteromorpha* macht eine Ausnahme. Das ♀ dreht sich unter einem Blatt in Rückenlage, das ♂ rutscht daneben und schlingt den Schwanzstiel um den Rücken des ♀. In dieser Körperstellung werden Eier und Samenzellen ausgestoßen. Die Paarung wird häufig wiederholt. Die Eizahl kann sehr groß sein (bis zu 2000 bei *R. sumatrana*), die Jungfische schlüpfen nach 24–30 Stunden und sind noch sehr klein. Sie hängen sich zunächst an Wasserpflanzen und schwimmen nach 3–5 Tagen frei. Die Elterntiere betreiben keine Brutpflege, ja sind z. T. arge Laichräuber. Sie werden am besten nach dem Ablaichen entfernt. Auch hat es sich häufig als vorteilhaft erwiesen, den Wasserstand nach dem Ablaichen auf 10–12 cm zu senken. Die Jungfische wachsen bei ausreichender Versorgung mit Lebendfutter schnell (zunächst Rädertiere und Nauplien). Auch ist es notwendig, dem Aufzuchtbecken möglichst häufig Frischwasser zuzusetzen.

Rasbora argyrotaenia (Abb. 187, 188)
(Bleeker, 1850)
Silberbärbling

Java, Sumatra, Kalimantan (Borneo), Philippinen (Palawan-Gruppe); Halbinsel Malakka, Thailand; vermutlich bis 15 cm, bleibt in Gefangenschaft wesentlich kleiner.
D 2/7; A 3/5; P 1/12–15; V 2/8; SL vollständig, 28–31. Von dem prächtigen Silber der Körperseiten und des Bauches hebt sich undeutlich eine schmale, cremefarbene, vom Kiemendeckelhinterrand bis zur C-Wurzel reichende Binde ab, die unten von einer sehr schmalen, tiefschwarzen, auf dem Schwanzstiel blaugrünen Linie begleitet wird. Senkrechte Flossen zart gelblich, C mit dunklem Saum. Auge hellgelb. Von dieser Art sind mehrere Unterarten bekannt. ♀ Bauchlinie stärker ausgebogen, alle Flossen fast farblos. ♂ schlanker.
Pflege wie oben angegeben. Zucht wahrscheinlich noch nicht gelungen. Gegenteilige Berichte gehen auf Verwechslungen mit *Rasbora sumatrana* (siehe dort) zurück. Die Art ist nahe verwandt mit *Rasbora myersi* Brittan, 1954 (Unterschiede siehe dort).

Rasbora axelrodi
Brittan, 1976

Sumatra, genauer Fundort unbekannt; bis 2 cm (?).
D 2/6; A 3/5; P 1/8–10; V 2/5–6; mLR 32; SL fehlt. Körper langgestreckt, seitlich stark zusammengedrückt. Silbergrau, Rücken golden glänzend, Bauch und vordere Körperunterseite kupferfarben. Eine breite, smaragdgrüne Binde beginnt hinter dem Auge, verläuft geradlinig auf den Körperseiten und endet an der Basis der C. D und C an der Basis schwärzlich, sonst farblos, A kräftig karmin- bis scharlachrot. Geschlechtsunterschiede in der Färbung unbekannt. Pflege siehe Gattungsbeschreibung. Noch nicht gezüchtet.

Rasbora borapetensis (Taf. 92)
H. M. Smith, 1934

Thailand (Bung Borat); bis etwa 5 cm.
D 2/7; A 3/5; P 1/12; V 2/8; mLR 29–30; Körper gestreckt; SL unvollständig, 10–15 Schuppen durchbohrt; die D entspringt etwas hinter den V. Verwandtschaft siehe *R. pauciperforata*. Zart gelblich bis grünlich mit einem breiten schwarzen Längsband, das oben von einer grüngoldenen Linie begleitet wird und vom Kiemendeckelhinterrand bis in die C-Wurzel reicht. Ein schwarzer Streifen in der Mittellinie des Rückens, ein weiterer entlang der A-Basis. C und D an der Basis rötlich, bei manchen Populationen ist die C kräftig rot (teilweise nach H. M. Smith). Keine

Abb. 187 *Rasbora argyrotaenia*

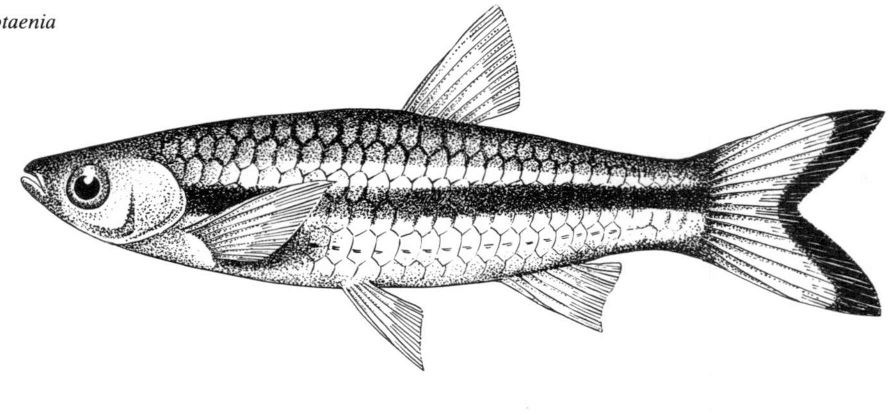

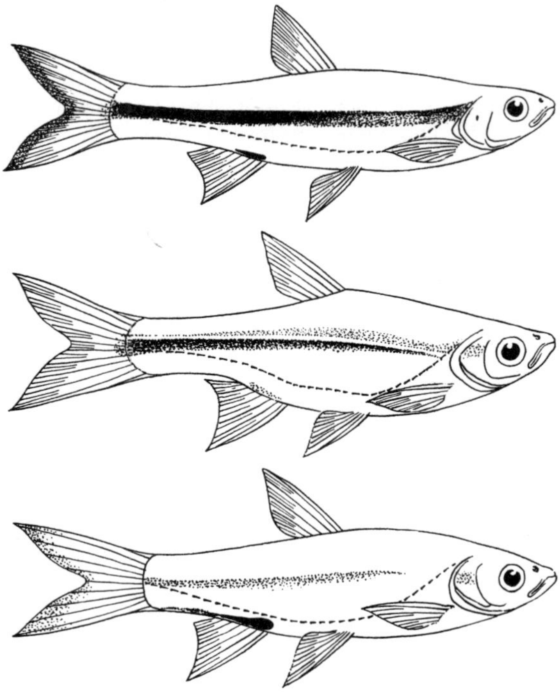

Abb. 188 *Längsbindenzeichnung von Rasbora argyrotaenia, R. myersi, R. sumatrana* (nach INGER und CHIN, verändert)

Geschlechtsunterschiede in der Färbung und Zeichnung (♀ kräftiger).
Pflege und Zucht siehe Gattungsbeschreibung. Nicht sehr produktiv, jedoch wird das Laichgeschäft häufig wiederholt.

Rasbora brittani (Taf. 57)
AXELROD, 1976

Fluß Johor, Malaysia; bis 7 cm.
D 2/7; A 3/5; P 1/12; V 2/8; mLR 30–33; QR 11; SL 8 bis 10, unvollständig. Körper gattungstypisch langgestreckt, Kopf spitz, kein Symphysisknopf im Unterkiefer. Messingfarben, Rücken dunkler, Bauch silberfarben. Iris silbern, oben golden. Auf dem Vorderkörper eine dünne, silberfarbene Linie. An der Basis der C ein schwarzer Fleck, der oben und unten von einem etwa gleichgroßen, roten Fleck begrenzt wird. Flossen farblos, nur die ersten 2–3 D-Strahlen an der Basis orangefarben. ♀ kräftiger, ♂ schlanker. Pflege siehe Gattungsbeschreibung. Noch nicht gezüchtet.

Rasbora caudimaculata
VOLZ, 1903
Schwanzfleckbärbling

Thailand, Halbinsel Malakka, Sumatra, (Kalimantan?); bis 12 cm.
D 2/7; A 3/5; P 2/8; V 1/7; SL vollständig, 27–30. Torpedoförmig schlank, die D entspringt genau über dem V-Ansatz. Nahe verwandt mit *Rasbora trilineata* und *R. sumatrana*. Körper silberfarben, oberseits olivgrün, ganz zart genetzt, Unterseite fast weiß. Entlang den Körperseiten ein feiner grünlicher Glanzstrich. C groß, sehr charakteristisch gefärbt. C-Basis mehr oder weniger durchscheinend, jeder C-Lappen basal rost- bis goldbraun, weiter außen tiefschwarz, Spitze weiß. D im mittleren Bereich zart rostfarben, die übrigen Flossen farblos. ♀ kräftiger, fast genauso gefärbt wie das ♂.
Pflege und Zucht wie auf S. 229 angegeben. Die Art ist nach MEINKEN sehr schwimmaktiv.

Rasbora cephalotaenia (Taf. 57)
(BLEEKER, 1852)
Zweibindenbärbling, Gelber Bärbling

Westkalimantan (Westborneo), Ostsumatra, Bangka, Belitung, Halbinsel Malakka (?); bis 12 cm.
D 2/7; A 3/5–6; P 1/14–15; V 2/8; SL vollständig, 32 bis 34. Schlanke, langgestreckte Art, rehbraun bis zartviolett, Schuppen dunkel gerandet. Besonders charakteristisch sind die dunklen bis tiefschwarzen Längsbinden dieser Art. Über der Längsbinde entlang der Seitenmitte ein stark goldglänzendes Längsband. Bauchseite weißlich. C, gelegentlich auch die D und A, an der Basis gelbbraun, weiter außen gelblich, C mit schwarzem Saum. Sehr schöne, elegante Art. ♀ Bauchlinie stärker ausgebuchtet, genauso intensiv gefärbt wie das schlankere ♂.
Pflege und Zucht wie auf Seite 229 angegeben. Die Art benötigt größere Becken mit freiem Schwimmraum. *R. cephalotaenia* hat keine kontinuierliche Schwimmweise, sondern steht häufig flossenwippend an einer Stelle. Sie bevorzugt die oberen Wasserschichten.
Nach BRITTAN ist *Rasbora tornieri*, AHL, 1922, ein Synonym von *R. cephalotaenia*. Nach MEINKEN kann es sich bei der von AHL beschriebenen Form um eine Unterart handeln (*R. cephalotaenia tornieri*), die sich durch charakteristische Farbunterschiede abgrenzen läßt.

Rasbora chrysotaenia (Abb. 189)
E. AHL, 1937
Goldstreifenbärbling

Halbinsel Malakka, Sumatra; bis 10 cm.
D 2/7; A 3/5; mLR 26–27; SL unvollständig, 5. Die sehr schlanke Art ist nahe verwandt mit *R. taeniata* und gehört wie diese zur Pauciperforata-Gruppe. Rücken helloliv bis grünlichbraun, Seiten heller,

Abb. 189 *Rasbora chrysotaenia*

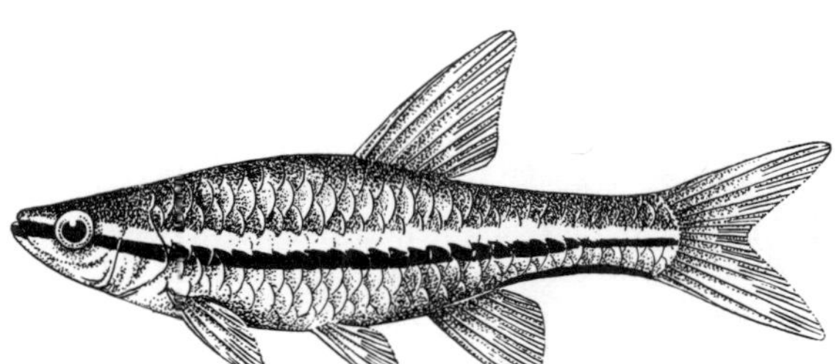

Bauch bläulichsilbern. Ein je nach Beleuchtung grüngoldenes bis leuchtend goldrotes Längsband zieht vom Oberkiefer über das Auge bis in die C-Wurzel, es wird unten begleitet von einem auf dem Unterkiefer beginnenden blauen Band, das jedoch besonders zur Laichzeit weniger hervortritt. Vom After zieht entlang der Bauchkante eine dunkle Linie zum Anfang der C. Flossen farblos. ♀ kräftiger, im erwachsenen Zustand ist der Bauch breiter und tiefer ausgebuchtet. ♂ schlank, schmal.
Pflege und Zucht wie auf S. 229 angegeben, nicht sehr fruchtbar. Die Jungen schlüpfen nach ungefähr 36 Stunden (25 °C), liegen die ersten 2–3 Tage auf dem Bodengrund und schwimmen erst nach 5–6 Tagen frei.

Rasbora daniconius (Taf. 94)
(HAMILTON-BUCHANAN, 1822)
Schlankbärbling

Südosten Vorderindiens, Sri Lanka, Stromgebiet des Ganges, Burma, Thailand, Große Sundainseln; bis 20 cm; in Gefangenschaft bis 9 cm.
D 2/7; A 3/5; P 1/12–14; V 2/8; SL vollständig, 29–30. 14–15 Schuppen zwischen Kopf und D (siehe *R. einthoveni*). *R. daniconius* ist der typische Vertreter der *Daniconius*-Gruppe, zu der außerdem *R. daniconius labiosa*, *caveri* und *kaboneensis* gehören. Grundfärbung silbern, an den Seiten mit intensivem Perlmuttglanz, Rücken olivbraun, bronzefarben schimmernd, Bauch silbrig. Von der Schnauzenspitze bis in die C-Wurzel zieht ein prächtig tiefblaues Längsband, das beiderseitig von goldenen Linien begleitet wird und manchmal in einzelne Flecke aufgelöst ist. Flossen farblos bis zartgelb, die senkrechten Flossen bei schönen Exemplaren hellorange. Auge golden. ♀ Bauchlinie stärker ausgebogen, alle Flossen farblos. ♂ wie oben angegeben gefärbt.
Pflege und Zucht wie auf S. 229 angegeben. In der letzten Zeit wurde vor allem *Rasbora daniconius labiosa* MUKERJI, 1935, aus Vorderindien (Deleoli, Bombay) importiert (Taf. 94). Diese Unterart unterscheidet sich von der Nominatform durch dicke, fleischige Lippen, einen weniger stark zusammengedrückten Körper, eine kürzere SL (23–31 anstatt 30 bis 32) und durch eine geringere Gesamtlänge (bis 6 cm). *R. daniconius* wird in der Aquaristik häufig mit verwandten Arten verwechselt.

Rasbora dorsiocellata dorsiocellata
DUNCKER, 1904
Augenfleckbärbling

Halbinsel Malakka, Sumatra; bis 6,5 cm.
D 2/7; A 3/5; P 1/12; V 2/8; SL fast oder ganz vollständig, 20–27. Nahe verwandt mit *Rasbora caudimaculata* und *R. trilineata*. Grundfärbung gelblichsilbern mit bläulichem bis violettem Schimmer an den Körperseiten, Rücken bräunlich, oft braunoliv, Bauch silbrigweiß. Vom Kiemendeckelhinterrand bis in die C ziehen zwei schmale, oft sehr undeutliche, unter der D stärker auseinanderweichende, tiefschwarze Linien; die untere ist häufig in Striche aufgelöst. Senkrechte Flossen zart gelb. Die besonders charakteristische D zeigt einen großen, schwarzen, weiß umrahmten Fleck. Auge gelblich. ♀ Bauchlinie stärker ausgebogen, C gelblich. ♂ C rötlich.
Pflege und Zucht wie auf S. 229 angegeben. Sehr produktiv.

Rasbora dorsiocellata macrophthalma (Taf. 57)
MEINKEN, 1951
Leuchtaugen-Rasbora

Malaiischer Archipel; bis 3,5 cm.
Auge größer, Kopf kürzer, Schuppenzahl in der mittleren Längsreihe geringer als bei der Nominatform (nach MEINKEN). Grundfärbung zart olivgrün mit starkem grasgrünem Glanz bei Sonnenlichteinfall, Rücken zart braunoliv, Bauch silbrig, grün angehaucht. D milchiggrünlich, mit großem Fleck. Untere Hälfte des Auges lebhaft graugrün irisierend.
Pflege und Zucht wie auf S. 229 angegeben.

Rasbora einthoveni (Abb. 190)
(BLEEKER, 1851)
Längsbandbärbling

Malakka, Singapur, Thailand, einzelne Inseln des Malaiischen Archipels; bis 9 cm.
D 2/7; A 3/5–6; P 1/12–14; V 2/7; SL fast vollständig, 29–32 (die letzte Schuppe oder noch einige davor gewöhnlich nicht durchbohrt); 12–13 Schuppen zwischen Kopf und D. Den Arten *R. taeniata* und *R. daniconius* sehr ähnlich, von ihnen jedoch durch den etwas gedrungeneren Körperbau und die mehr grünlich-gelbbraun bis hellolive Färbung des Rückens unterschieden (nach MEINKEN). Verwandt vor allem mit den Arten *R. cephalotaenia* und *R. jacobsoni*. An den bei auffallendem Licht bläulich schimmernden Körperseiten eine von der Schnauzenspitze bis in die

Abb. 190 *Rasbora einthoveni*
Abb. 191 *Rasbora gerlachi*

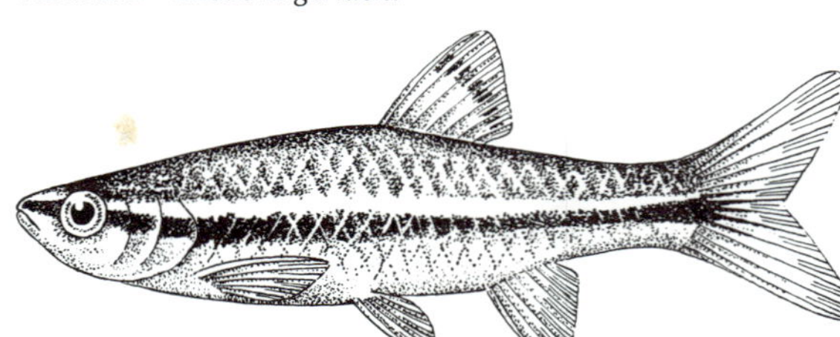

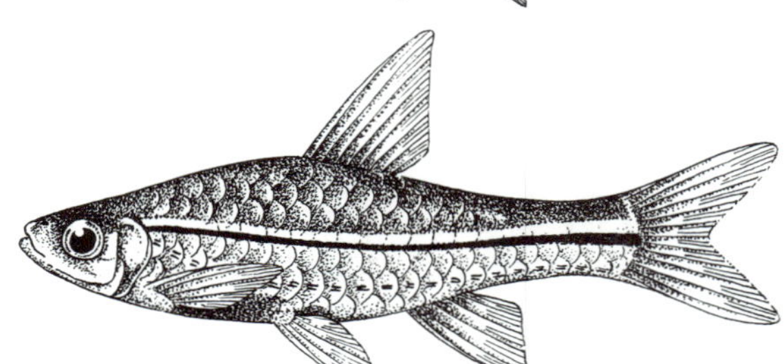

C reichende schwarzgrünliche Binde, die oben von einer rostroten bis goldenen Linie begleitet wird, beide Linien leicht nach unten durchgebogen. Bauch zart gelblich bis silbern. Flossen farblos, die vorderen D-Strahlen gelegentlich dunkel gefärbt. ♀ Bauchlinie stärker ausgebuchtet.
Pflege und Zucht wie auf S. 229 beschrieben.

Rasbora elegans (Taf. 93)
(VOLZ, 1903)

Halbinsel Malakka, Kalimantan (Borneo), Sumatra; bis 13 cm.
D 2/7; A 3/5; P 1/14; V 2/8; SL vollständig, 26–29. Nahe verwandt mit *Rasbora sumatrana*. Rücken olivbraun, Körperseiten oben kräftig rehbraun, bei auffallendem Licht mit prächtigem rostrotem bis grünlichem Glanz, bauchwärts zart bräunlich bis lehmgelb, Unterseite silbrig. Rückennahe Schuppen deutlich schwarz gerandet. Ein großer tiefschwarzer Fleck in Höhe der D ist oft mit einem gleichfalls schwarzen Fleck auf der C-Wurzel durch eine feine, dunkle oder bläulich schimmernde Linie verbunden. Ein weiterer dunkler Längsstrich läuft der A-Basis parallel. Senkrechte Flossen besonders an der Flossenbasis zart gelblich, C oft mit dunklen Spitzen. ♀ Bauchlinie stärker ausgebuchtet, oft nicht so kräftig gefärbt. ♂ wie oben angegeben gefärbt, kleiner.
Pflege und Zucht wie auf S. 229 beschrieben. Sehr produktiv.

Rasbora gerlachi (Abb. 191)
(E. AHL, 1928)

Heimat unbekannt; ? cm.
D 2/7; A 2–3/5; SL sehr weit bauchwärts ausgebogen, vollständig, 24–26. Färbung (nach AHL, textl. verändert): Gelb, Rücken bräunlichgelb bis gelboliv, Körperseiten zitronengelb mit tiefblauem, schmalem, leicht nach unten durchgebogenem Längsband, das oben von einer gelben Glanzlinie begleitet wird, Bauch gelblich bis weiß. Senkrechte Flossen am Grunde zart bräunlich, außen durchsichtig. Geschlechtsunterschiede unbekannt.
Pflege und Zucht wie auf S. 229 angegeben. In Gefangenschaft noch nicht nachgezüchtet.

Rasbora hengeli (Taf. 58)
MEINKEN, 1956

Sumatra im Tembesi bei Djambi; bis 3 cm.
D 2/7; A 3/5; V 7; mLR 23, SL unvollständig, 4–5 Schuppen durchbohrt. Der bekannten Keilfleckbarbe *(R. heteromorpha)* in Form und Färbung ähnlich. Insgesamt jedoch wesentlich schlanker, zarter und durchscheinender. Die Färbung ist sehr ansprechend, erreicht jedoch nicht die Brillanz der Keilfleckbarbe. So tritt hier der wesentlich schlankere Keil nicht so kräftig blauschwarz hervor, das Rotviolett ist schwächer, vielfach auch nur angedeutet. ♀ kräftiger und meist blasser.
Pflege und Zucht siehe S. 229. Die Art läßt sich unter denselben Bedingungen wie die Keilfleckbarbe vermehren, das heißt in weichem, schwach saurem Frischwasser, am besten Quellwasser, das 2–4 Wochen abgestanden ist, eventuell leichter Torfzusatz. Nicht sehr produktiv. Sonst recht widerstandsfähig und genügsam.

Rasbora heteromorpha (Taf. 58)
DUNCKER, 1904
Keilfleckbärbling

Halbinsel Malakka, Thailand, Ostsumatra; bis 4,5 cm.
D 2–3/7; A 3/5; P 1/12; V 2/7; mLR 26–27; SL unvollständig, 6–9 Schuppen durchbohrt. Einer der beliebtesten Zierfische. Ausgesprochener Schwarmfisch, am besten mit *R. vaterifloris* zu vergesellschaften. Körper relativ hoch, silbergrau mit mohnrotem bis violettem Mattglanz, Bauch heller. Im hinteren Körperteil ein blauschwarzer, keilförmiger Fleck. Die Partie vor diesem Fleck schimmert golden. Senkrechte Flossen an der Basis dunkelkarminrot, weiter außen ins Gelbliche übergehend. ♀ Bauchlinie stärker ausgebuchtet, die untere vordere Ecke des Keiles liegt über der V-Basis und ist oft etwas verschwommen. ♂ schlanker, die untere vordere Kante des Keiles ist ausgezogen und reicht oft bis zur Bauchmittellinie.
Pflege und Zucht wie auf S. 229 angegeben. Laicht mit Vorliebe an der Unterseite von *Cryptocoryne*- oder *Hygrophila*-Blättern. Zur Zucht 24–28 °C. Am besten eignen sich besonders schlanke, langgestreckte ♂♂. Die Jungen schlüpfen nach 24–28 Stunden. Zucht heute nicht mehr schwierig. MEINKEN beschrieb 1967 eine intensiv orangerot bis abendrot gefärbte Form aus Südthailand als *Rasbora heteromorpha espei*.

Rasbora jacobsoni (Abb. 192)
WEBER und DE BEAUFORT, 1916
Jacobsons-Bärbling

Westsumatra; bis 7 cm.
D 2/7; A 3/5; P 1/13; V 2/8; SL fast vollständig, 24–27, 1–4 Schuppen ohne Poren. Nahe verwandt mit *Rasbora einthoveni* und *R. cephalotaenia*. Grundfärbung rehbraun bis rotbraun, Seiten bräunlichweiß. Besonders die Schuppen an den Seiten und vor der D mit dunklem Rand. Ein sehr dunkles Längsband vom Unterkiefer über das Auge bis in die C-Wurzel, es ist unter der D besonders breit und wird oben von einem schmalen goldenen Band begrenzt, das besonders im Schwanzstiel prächtig irisiert. Von der P zum hinteren Ende der A zieht ein zweites dunkles, weniger deutliches Band. D und A an der Basis gelbbraun, weiter außen rehbraun mit dunklem, unscharf begrenztem, dreieckigem Fleck, C zart bräunlich. ♀ im erwachsenen Zustand plumper, Bauchlinie stärker ausgebogen, zur Laichzeit sehr dick. ♂ schlanker.
Pflege und Zucht wie auf S. 229 angegeben.

Rasbora kalochroma (Taf. 93)
(BLEEKER, 1850)
Schönflossenbärbling

Halbinsel Malakka, Sumatra, Kalimantan (Borneo); bis 5 cm.
D 2/7; A 2/7; V 2/5; P 1/13–14; SL vollständig, 28–31. Körper gestreckt, torpedoförmig, seitlich zusammengedrückt. Grundfärbung zart rötlich, gegen den Rükken zu mehr bräunlich. Vom Kiemendeckel bis in die C-Wurzel ein hellgrüner Glanzstreifen. Zwei runde, dunkle Flecke auf den Körperseiten werden durch eine unregelmäßige, meist nur durch Punkte angedeutete dunkle Binde verbunden (siehe Taf. 93). Flossen kräftig blutrot, Spitze der A schwarz. Iris oben rot, unten goldglänzend. ♀ A nicht so intensiv gefärbt, kräftiger.
Pflege und Zucht wie auf S. 229 angegeben. Nach MEINKEN halten sich die Tiere vorwiegend in den mittleren Wasserschichten auf. Auch soll es sich nicht um ausgesprochene Schwarmfische handeln.

Rasbora lateristriata
(VAN HASSELT, 1823)
Seitenstrichbärbling

Java, Ostsumatra, Bali, Lombok, Sumbawa; bis 12 cm.
D 2/7; A 3/5; P 1/11–14; V 2/8; SL vollständig, 29 bis 33. Nahe verwandt mit *R. rasbora* und *R. steineri*. Rücken braunoliv, bei auffallendem Licht kräftig grünschimmernd, Körperseiten zart bräunlich mit Goldschimmer, Unterseite grünlichweiß. Schuppen dunkel gerandet und besonders oberhalb des Seitenbandes mit silbernen Punkten. Vom Kiemendeckel bis in die C-Wurzel erstreckt sich ein kräftig rostrotes Längsband, das unten von einer dunklen, bläulichen oder violetten Zone begleitet wird. Parallel der A-Basis ein schmaler dunkler Strich. D und C rostrot bis bräunlich, A rötlich. ♀ Bauchlinie stärker ausgebogen, zur Laichzeit wesentlich plumper. ♂ schlanker.
Pflege und Zucht wie auf S. 229 angegeben, verträgt auch Temperaturen von 18–20 °C.

Rasbora leptosoma (Abb. 193)
(BLEEKER, 1855)

Sumatra, hauptsächlich in Bächen und Flüssen; bis 8 cm.
D 2/7; A 3/5; P 1/13; V 2/7; SL vollständig, 31–32. Rücken zart braun bis kräftig braun, Seiten gelbbraun bis gelblich, Bauch weißlich. Von der Schnauzenspitze über das Auge bis in die C-Wurzel verläuft eine rötliche, oben goldene Binde, die vom Kiemendeckel an unten von einer dunklen, sich schwanzwärts verbreiternden Binde begleitet wird. Parallel zur A-Basis eine feine dunkle Linie. Flossen durchsichtig, D und C gelegentlich leicht rötlich. ♀ Bauchlinie stärker ausgebogen. ♂ schlanker.
Pflege und Zucht wie auf S. 229 angegeben.

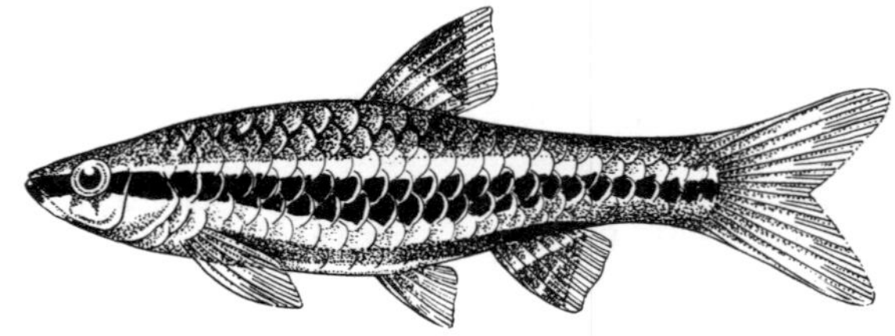

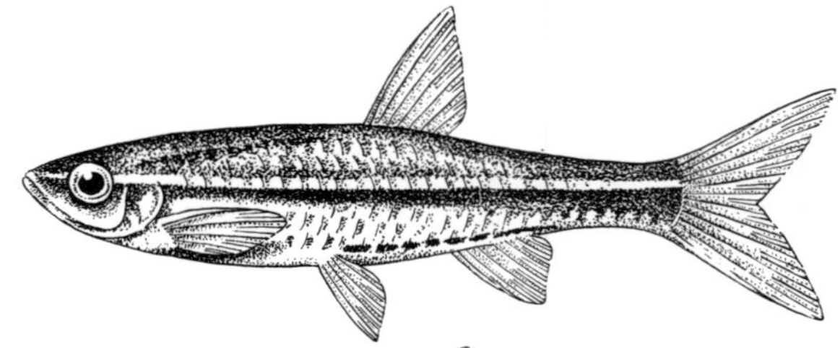

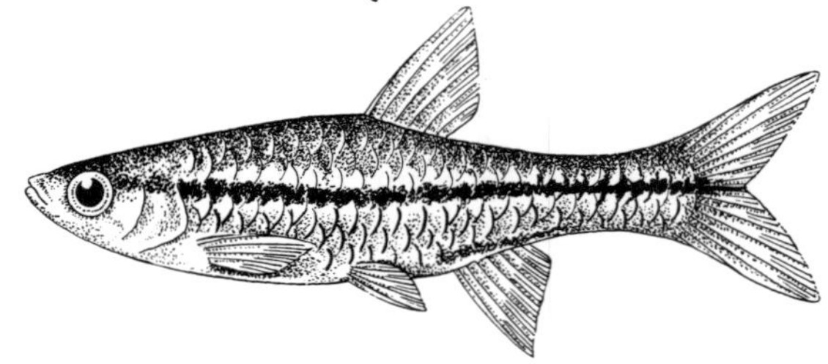

Abb. 192 *Rasbora jacobsoni*
Abb. 193 *Rasbora leptosoma*
Abb. 194 *Rasbora meinkeni*

Rasbora maculata (Taf. 57)
DUNCKER, 1904
Zwergbärbling

Südliche Halbinsel Malakka und Singapur, Sumatra, in Gräben und Teichen; bis 2,5 cm.
D 2/6; A 3/5; P 1/9; V 2/6; mLR 26–30; SL fehlt. Sehr zierliche Art. Auf olivfarbenem Grund sind der Rükken ziegelrot, die Seiten gelblichrot, der Bauch gelb gefärbt. In Höhe der V ziert die Seiten ein großer, runder, blaugrauer bis schwarzer Fleck. Ähnliche kleinere Flecken befinden sich an der A-Basis, auf dem Schwanzstiel und auf der C-Wurzel. Flossen rotgelb, D mit schwarzer Vorderkante und schwarzer Spitze, A mit schwarzem Fleck an der Vorderkante. ♀ mehr gelblich, Bauchlinie gerundet. ♂ kirschrot, schlanker, Bauchlinie gerade.
Pflege und Zucht wie auf S. 229 angegeben. Fühlt sich bei dunklem Bodengrund (Torf) besonders wohl. Zur Zucht weiches, torfiges Wasser. Die Geschlechter halte man zunächst getrennt und füttere kräftig. Laichwillige Paare bringen bis 200 Eier. Die Jungen schlüpfen bei 26 °C nach 24–30 Stunden und sollen nach FRITZSCHE in den ersten Tagen bei etwa 25 °C gehalten werden. Sie sind nach 4–5 Tagen mit feinsten Rädertieren anzufüttern.

Rasbora meinkeni (Abb. 194)
DE BEAUFORT, 1931
Meinkens Bärbling

Sumatra; bis 7 cm.
D 2/7; A 3/5; P 1/12; V 1/6; SL vollständig, 28–29. Nahe verwandt mit *Rasbora trifasciata*, von der *R.*

meinkeni nach BRITTAN vielleicht nur eine Unterart darstellt. Grundfarbe leuchtend messinggelb, Rükken bräunlicholiv, Seiten und Bauch messinggelb. Ein tiefschwarzes Längsband erstreckt sich vom Kiemendeckelhinterrand bis in die mittleren Strahlen der C, darüber ein ebenso breites, goldenes Band. Über und unter diesen beiden Längsbinden eine schwach bläulich irisierende Schuppenreihe. Typisch für diese Art ist ein entlang der A-Basis ziehender schwarzer Strich. Bauchschuppen dunkel gerandet. ♀ im erwachsenen Zustand größer und kräftiger, in der Laichzeit unförmig dick. ♂ schlank, schmal.
Pflege und Zucht wie auf S. 229 angegeben.

Rasbora myersi (Abb. 188)
BRITTAN, 1954

Thailand, Laos, Halbinsel Malakka, Kalimantan (Borneo), Sumatra; bis 17 cm.
D 2/7; A 3/5; P 1/12–13-; V 1/6–7/1; SL vollständig, 27–31; vor der D stehen 11–14 Schuppen. Körper langgestreckt, seitlich zusammengedrückt. Die lange P reicht bis zur Basis der V oder noch darüber hinaus. Silberfarben, Rücken dunkler mit bräunlichem Schimmer. Ein gelblicher bis bläulichfarbener Längsstreifen vom Kiemendeckelhinterrand bis zur Basis der C. Unmittelbar darunter ein schwarzer Längsstreifen, der in der hinteren Körperhälfte am kräftigsten ausgeprägt ist, aber nicht in einem Fleck endet. Flossen durchscheinend oder gelblich, C schwarz gerandet. Geschlechtsunterschiede unbekannt, ♂ schlanker (?).
Pflege siehe Gattungsbeschreibung. Noch nicht gezüchtet.
Die Art wird häufig mit *R. argyrotaenia* und *R. sumatrana* verwechselt (Abb. 188). *R. argyrotaenia* ist vermutlich vorwiegend auf den Inseln des indoaustralischen Archipels, *R. myersi* mehr auf dem Festland verbreitet (bislang nur an wenigen Fundorten auf Sumatra und Kalimantan [Borneo] nachgewiesen). Nach INGER und CHIN (1962) erreichen die Spitzen der P von *R. myersi* stets den Beginn, manchmal sogar die Mitte der V, während bei *R. argyrotaenia* 1–2 Schuppen zwischen der Spitze der P und dem Beginn der V liegen. Der dunkle Längsstreifen von *R. argyrotaenia* ist nach BRITTAN (1954) schmaler und kräftiger als bei *R. myersi*.

Rasbora pauciperforata (Taf. 57)
WEBER und DE BEAUFORT, 1916
Rotstreifenbärbling

Halbinsel Malakka, Sumatra, Belitung; bis 7 cm.
D 2/7; A 3/5; P 1/11–12; V 2/7; mLR 32–33; SL unvollständig, 5–10. Die Art ist charakteristisch für jene Vertreter der Gattung, die eine unvollständige SL und eine durchgehende, dunkle Längsbinde haben (z. B. *R. taeniata, chrysotaenia, borapetensis, urophthalma*). Eine der prächtigsten *Rasbora*-Arten. Kopf und Nacken gelboliv, Rücken fast glasig, gelblich bis bräunlich, Schuppen dunkel gerandet. Seiten silbrig mit grasgrünem bis patinafarbigem Glanz, Bauch silbrigweiß. Von der Schnauzenspitze bis in die C-Wurzel eine leuchtend mohn- bis kupferrote Längsbinde, die unten von einem blauschwarzen Längsband begleitet wird. Unterer Rand des Schwanzstiels dunkel bis kupferfarben. Auge oben mohnrot, unten goldgelb. Flossen durchsichtig, leicht gelblich. Das ♀ im erwachsenen Zustand plumper, Bauchlinie stark gekrümmt. ♂ schlanker.
Pflege wie auf S. 229 angegeben. Zucht schon gelungen.

Rasbora paucisquamis (Abb. 195)
E. AHL, 1935
Großschuppenbärbling

Malaiischer Archipel; bis 6 cm.
D 2/7; A 3/5; P 1/14; V 1/7; mLR 22; SL vollständig. Schuppen sehr groß. Gehört mit *R. meinkeni, trifasciata, gerlachi* und anderen in eine Gruppe. Grundfärbung zart olivgrün, Rücken olivbraun, Körperseiten, besonders im bauchnahen Bereich, bläulich schimmernd, Bauch silbrigweiß. Vom Kiemendeckel bis in die C-Wurzel zieht eine gold- bis messinggelbe Binde, die von der D an unten von einem sich nach hinten verbreiternden dunklen Band begleitet wird. Über der A-Basis eine zweite, jedoch selten deutliche Binde. Senkrechte Flossen zart gelblich. ♀ Bauchlinie stärker ausgebogen, zur Laichzeit sehr stark. ♂ schlanker, etwas kleiner.
Pflege und Zucht wie auf S. 229 angegeben.

Abb. 195 *Rasbora paucisquamis*
Abb. 196 *Rasbora philippina*
Abb. 197 *Rasbora rasbora*

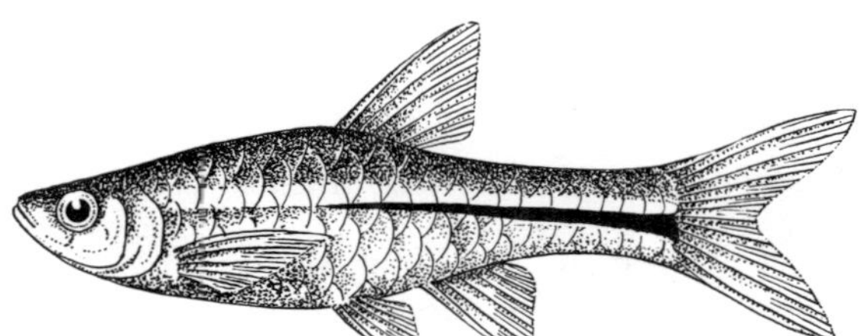

Rasbora philippina (Abb. 196)
GÜNTHER, 1880
Philippinenbärbling

Insel Mindanao (Philippinen); bis 7 cm.
D 2/7; A 3/5; P 1/12–15; A 2/8; SL vollständig, 29–32. Nahe verwandt mit *Rasbora argyrotaenia*. Grundfarbe hellolivgrün, Schuppen teilweise dunkel gerandet, Rücken dunkler, Bauch silbrigweiß. Von dem goldschimmernden Kiemendeckel bis in die C-Wurzel erstreckt sich eine messingfarbene Längsbinde, die unten von einem unregelmäßigen, oft vielfach unterbrochenen dunklen Band begleitet wird. Entlang der A-Basis ein feiner dunkler Strich. Senkrechte Flossen zart gelblich. Fast keine Geschlechtsunterschiede in der Färbung.
Pflege und Zucht wie auf S. 229 angegeben. Zucht nur bei niedrigem Wasserstand.

Rasbora rasbora (Abb. 197)
(HAMILTON-BUCHANAN, 1822)

Assam, Burma, Thailand, Halbinsel Malakka; bis 10 cm.
D 2/7; A 3/5; P 1/13–14; V 2/8; SL vollständig, 18–31. Flossen zugespitzt. Beschreibung nach E. AHL: Bräunlichgelb, Rücken dunkler, Seiten heller, bei auffallendem Licht goldglänzend, Bauch gelblich. Eine schwarzblaue, irisierende Längsbinde von der Schnauzenspitze über die Körperseiten bis zur C-Wurzel, manchmal auch bis auf den vorderen Teil der C. Flossen gelblich. Nach BRITTAN ist der hintere Rand der D und A dunkel, derjenige der C schwarz. ♀ Bauchlinie stärker ausgebogen. ♂ schlanker.
Pflege und Zucht wie auf S. 229 angegeben.

Rasbora reticulata (Abb. 198)
WEBER und DE BEAUFORT, 1915

Westsumatra und Insel Nias, offenbar selten; bis 6 cm.
D 2/7; A 3/6; P 1/13–14; V 1/7; mLR 25; SL unvollständig, 5–6. Körper langgestreckt, seitlich zusammengedrückt. Grauoliv, Rücken dunkler, Bauch weißlich. Schuppen der Körperseiten und des Rükkens schwarz gerandet, so daß ein regelmäßiges netzförmiges Muster entsteht. Von der Körpermitte bis zur Basis der C ein dünner, schwarzer Strich, der etwa von der Höhe der V nach hinten zu an Intensität und Breite zunimmt. Auf dem Kiemendeckel ein schwärzlichroter Fleck. D teilweise schwärzlich angehaucht, schwarz gesäumt, A an der Basis mit schwarzem Strich, ebenfalls leicht schwarz gesäumt, C und V schwärzlich. ♀ im geschlechtsreifen Alter gedrungener. ♂ schlanker, im allgemeinen kräftiger gefärbt. Pflege wie auf S. 229 angegeben. Noch nicht gezüchtet.

Abb. 198 *Rasbora reticulata*

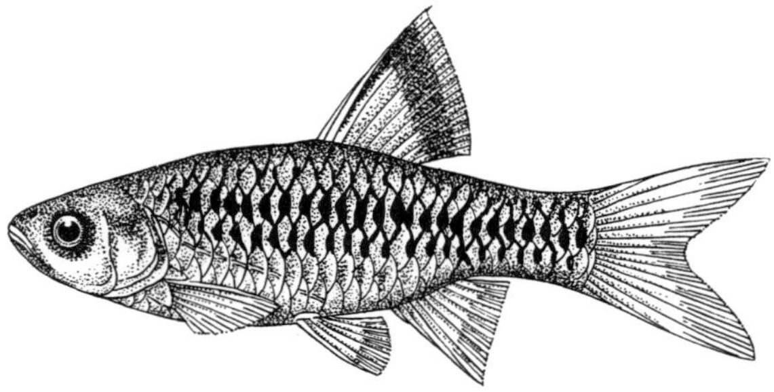

Rasbora somphongsi (Taf. 58)
MEINKEN, 1958
Siamesischer Zwergbärbling

Südliches Thailand (Chao Phraya); bis 3 cm.
D 2/6–7; A 2/5; mLR 24–25; SL fehlt. Körper gestreckt, seitlich abgeflacht, ähnlich einer Keilfleckbarbe. Grundfärbung zart gelblich bis bräunlich, oberseits mit deutlicher Netzzeichnung. Entlang der Seitenmitte eine stark goldglänzende Längsbinde, die von der D an unten von einem gleichbreiten, dunklen bis schwarzen Längsband begleitet wird. Über der A-Basis eine zweite, hakenförmige, dunkle Binde. Flossen zart bräunlich bis gelblich. ♀ kräftiger.
Pflege wie in der Gattungsbeschreibung angegeben, siehe S. 229. Laichvorgang nach MEULENGRACHT-MADISON ähnlich wie bei *R. heteromorpha*. Das ♀ dreht sich unter einem Pflanzenblatt in Rückenlage, das rechts daneben rutschende ♂ schlingt den Schwanzstiel um den Rücken des ♀. Die Zahl der Eier ist nicht sehr groß. Weiches, schwach saures Wasser ist für die Zucht erforderlich. Die Jungfische schlüpfen nach 24 Stunden (25 °C) und schwimmen nach vier Tagen frei. Sie können mit Nauplien und Rädertieren angefüttert werden.

Rasbora steineri (Abb. 199)
NICHOLS und POPE, 1927

Umgebung von Kanton (Guangzhou), Hongkong und Insel Hainan; bis 7,5 cm.
D 2/7; A 3/5; P 1/13; V 2/8; SL vollständig, 28–32. Vermutlich gehört die Art zur Lateristriata-Gruppe. Bräunlich bis zart rotbraun, unterseits mit silbrigem Glanz. Vom Kiemendeckel bis in die C-Wurzel erstreckt sich ein schwarzer Längsstreifen, der oben von einer rötlichen bis rotgoldenen Linie begleitet wird. Flossen zart gelblich, C an der Basis schmutzigrot bis leuchtend ziegelrot. ♀ kräftiger, D gelblich. ♂ D mit rötlichem Grund.
Einzige *Rasbora*-Art, die in Südchina vorkommt. Pflege und Zucht S. 229.

Rasbora sumatrana (Taf. 58, Abb. 188)
(BLEEKER, 1852)
Sumatrabärbling

Sumatra, Kalimantan (Borneo), Nias, Thailand, Laos, Vietnam, Halbinsel Malakka, weitverbreitet und häufig; bis 12 cm.
D 2/7–8; A 3/5; P 1/10–15; V 1/8; mLR 29–31; SL

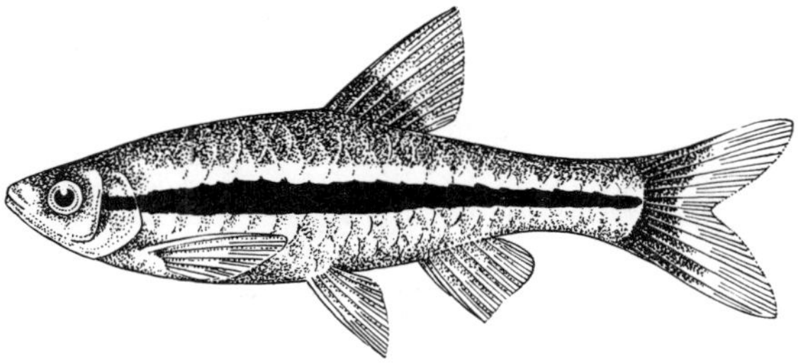

Abb. 199 *Rasbora steineri*

vollständig, 27–32. Langgestreckt, seitlich zusammengedrückt. Graubraun, stark silberglänzend, Rücken dunkler, Bauch weiß, Iris golden. Schuppen dunkel gerandet, insgesamt ein netzartiges Muster bildend. Hinter dem Kiemendeckel ein kleiner dunkler, schräger Strich. Am Kiemendeckelhinterrand beginnt ein dunkelblaues Längsband, das bis etwa zur Höhe der D ständig an Breite zunimmt und an der C-Wurzel in einem ovalen Fleck endet. Oberhalb dieser Längsbinde ein golden irisierender Streifen. Über der Basis der A ein dünner dunkler Strich. D, A und C gelblich, leicht schwarz gesäumt. Paarige Flossen farblos. ♀ kräftiger, ♂ schlanker.
Pflege und Zucht leicht. Sehr produktiv, bis 2000 Eier. Die Jungen schlüpfen nach etwa 24 Stunden und schwimmen nach weiteren 48 Stunden frei. Aufzucht leicht. Die Erstzucht gelang LÜBECK (Aquar. Terr., 19, 262–263, 1972). Die Art wurde häufig mit *Rasbora argyrotaenia* und *R. daniconius* verwechselt, siehe ZARSKE (Aquar. Terr., 22, 337–339, 1975). Auch SMITH (1945) bildet diese Art fälschlich als *R. lateristriata* ab.

Rasbora taeniata (Taf. 93)
E. AHL, 1922
Streifenbärbling

Halbinsel Malakka, Sumatra, Belitung, Kalimantan (Borneo); bis 8 cm.
D 2/7; A 3/5; P 1/12–14; V 2/8; mLR 29–30; SL unvollständig, 2–6. Sehr schlanke Art mit zugespitzten Flossen. Verwandt mit *Rasbora chrysotaenia* und *R. pauciperforata*. Rücken olivgrün, im Sonnenlicht grasgrün, Seiten heller, Bauch silbrig mit rötlichem Anflug. Ein tief dunkelblaues, fast schwarzes Längsband vom Hinterrand des Kiemendeckels bis in die C-Wurzel, es wird oben von einem schmalen, rotgoldglänzenden Streifen begleitet. C-Wurzel und C sind durch eine feine dunkle Linie getrennt. ♀ kräftiger, plumper, C mattorange. Beim ♂ C rötlich.
Pflege und Zucht wie auf S. 229 angegeben. Diese Art laicht sehr willig und ist produktiv.
Ungeklärt ist die Verwandtschaft zu *Rasbora agilis* AHL, 1937. BRITTAN (1971) betrachtet beide als valide Arten. KOTTELAT (1982) unterscheidet beide Formen anhand der Körperhöhe (3,6mal in der Körperlänge bei *R. taeniata* und 4,8mal bei *R. agilis*). *R. taeniata* lebt in Schwärmen sympatrisch mit *R. pauciperforata*, siehe auch ZARSKE (Aquar. Terr., 23, 267, 1976).

Rasbora trilineata (Taf. 92)
STEINDACHNER, 1870
Glasbärbling

Halbinsel Malakka und Große Sundainseln; bis 15 cm.
D 2/7; A 3/5; P 1/13–14; V 2/7–8; SL vollständig, 29 bis 32. Verwandt mit *Rasbora caudimaculata* und *R. dorsiocellata*. Besonders junge Tiere sind glasartig durchscheinend. Rücken dunkelolivgelb bis -grün mit schwärzlichem Rückenfirst, Seiten silbrig, manchmal in den Regenbogenfarben schillernd, Bauch weißlich. In Höhe der V beginnt eine schmale dunkle Längsbinde, die bis in den mittleren Teil der C reicht. P farblos. D, A und V leicht bräunlichgelb. Die sehr charakteristische weißliche C hat auf jedem Lappen eine tiefschwarze Querbinde. Geschlechter nur an dem größeren Leibesumfang der ♀♀ zu erkennen.
Pflege und Zucht wie auf S. 229 angegeben.

Rasbora urophthalma (Taf. 57)
E. AHL, 1922
Schwanzfleckbärbling

Sumatra; bis 2,5 cm.
D 2/7; A 3/5; P 1/7; V 2/7; mLR (28); SL fehlt. *R. urophthalma* gehört nach BRITTAN in die Verwandtschaft von *R. pauciperforata*. Am Hinterrand des Kiemendeckels beginnt eine stahlblaue Längsbinde, die sich unterhalb der D verbreitert, dann sehr schmal wird und in einem runden, goldgelb umrandeten Fleck endet. Die dunkle Längsbinde wird oben begrenzt durch ein schmales, goldrotes Band. P farblos, alle übrigen Flossen zart bräunlich, vorderer Rand der D und A sowie der obere und untere Rand der C schwärzlich. Iris des Auges grüngolden. ♀ D ohne weißlichen Fleck und ohne schwärzliche Schrägbinde. ♂ D mit weißlichem Fleck am Grunde, darüber eine schräge, schwärzliche Binde, wesentlich schlanker.
Pflege und Zucht der sehr kleinen Art wie auf S. 229 angegeben. Zur Zucht genügen kleine Behälter. Die Eier werden gern an der Blattunterseite kleinblättriger Wasserpflanzen oder in Algen abgelegt. Die Tiere laichen mehrere Tage, Temperatur 26–28 °C.

Rasbora vaterifloris (Taf. 58)
DERANIYAGALA, 1930
Perlmuttbärbling

Sri Lanka, in Gebirgsgewässern; bis 4 cm.
D 2/7–8; A 3/6; P 1/11–12; V 2/7; mLR 25–26; SL unvollständig, 3–4. *R. vaterifloris* ist im Gegensatz zu fast allen übrigen *Rasbora*-Arten weniger gestreckt, das heißt, sie nähert sich hinsichtlich ihrer Gestalt mehr der Keilfleckbarbe. A stark eingeschnitten. Rücken olivgrün, Seiten graugrün, Bauch weißlich bis leicht orangefarben. Bei auffallendem Licht mit prächtigem, violettem Perlmutterglanz. D, A und basaler Teil der C orangegelb bis -rot. ♀ Flossen gelb-

lich. ♂ Flossen orange bis rötlich, meist kleiner. Pflege und Zucht wie auf S. 229 angegeben.
Eine dieser Art nahe verwandte, mehr kupfrige bis geraniumrote Form aus Sri Lanka ist 1957 von MEINKEN als *Rasbora nigromarginata* beschrieben worden. Außer in der Färbung sollen die Tiere auch hinsichtlich der Flossenformel und Körperproportionen von *R. vateriflоris* abweichen.

Rasbora wijnbergi
MEINKEN, 1963

Kalimantan (Borneo), Brunei-Sarawak-Gebiet; bis 4 cm?
D 3/7; A 3/5; P 1/14; V 2/7; SL in der Regel vollständig, 31. Nach MEINKEN ist die Art am nächsten verwandt mit *Rasbora dorsimaculata* HERRE, 1940, und *Rasbora tubbi* BRITTAN, 1954, aus Kalimantan. Sie unterscheidet sich von beiden durch das Fehlen einer Längsbindenzeichnung. Außerdem bestehen Unterschiede hinsichtlich der Körpermaße, der Schuppenzahlen, der Größe und Form der Kopfknochen. Körper gestreckt, seitlich zusammengedrückt, mit fast geradem Rücken, Bauchkante gerundet. Nach MEINKEN sind lebende Tiere glänzend silbrig mit feinen dunklen Schuppenrändern. Dadurch entsteht auf dem Körper eine schwache Netzzeichnung, die aber von dem Silberglanz überstrahlt wird. Rücken gelboliv, Rückenfirst schwärzlich, Bauch weißlich. C, D am Grunde zart rot, nach den Spitzen zu ockergelb, A in der unteren Hälfte ockergelb, nach außen hin tiefschwarz. Geschlechtsunterschiede in der Färbung bestehen nicht. ♀ zur Laichzeit kräftiger.
Pflege und Zucht wie auf S. 229 angegeben. Fast alle Angaben nach MEINKEN.

Unterfamilie Cyprininae
Kärpflinge

Gestreckte bis hochrückige, seitlich nur wenig abgeflachte Karpfenfische. Bauch stets gerundet, nie kielartig. Die Seitenlinie verläuft, wenn vollständig, immer auf der Schwanzstielmitte (Abb. 179). Maul endständig, keine oder 1–2 Paar Barteln. Maulstruktur häufig gattungscharakteristisch. Lippen oft dick, fleischig, glatt oder fransenartig strukturiert, z. T. auch mit Papillen oder hornartigen Tuberkeln besetzt. Maul gelegentlich als Saugmaul ausgebildet *(Garra, Discolabeo)*. Kein Symphysisknopf im Unterkiefer (Ausnahme: *Amblypharyngodon*). A kurz, 5–6, selten 7 geteilte Weichstrahlen. Die D entspringt in der Regel über der V. Die ersten D- und A-Strahlen sind ungeteilt und stark verknöchert (stachelartig), Hinterkante des ersten verknöcherten Flossenstrahls glatt oder gezähnt (Abb. 177). Schlundzähne in 1–3 Reihen, in der äußeren Reihe höchstens sieben Zähne. Die früher als eigenständige Unterfamilien betrachteten Schizothoracinae und Garrinae (Saugbarben) gehören nach neueren Auffassungen gleichfalls in diese Unterfamilie.

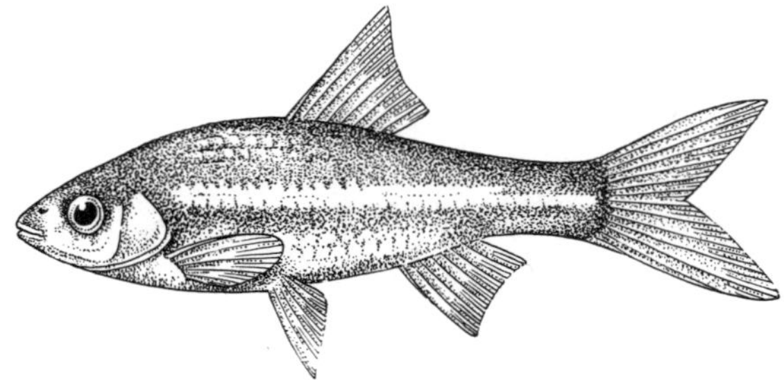

Abb. 200 *Amblypharyngodon microlepis*

Gattung *Amblypharyngodon* BLEEKER, 1859

Körper langgestreckt, schlank, Maul endständig, groß, Unterkiefer mit Symphysisknopf. Barteln fehlen. D- und A-Strahlen weich, nicht verknöchert, Schuppen klein, SL unvollständig. Schlundzähne mahlzahnartig, mit abgeflachten oder eingebuchteten Kronen. Vorder- und Hinterindien. 6–8 Arten.

Amblypharyngodon microlepis (Abb. 200)
(BLEEKER, 1853)
Kleinschuppenbärbling

Östliches Vorderindien von Orissa bis Madras; bis 10 cm.
D 2/7; A 2/5; P 14; V 9; mLR 55–60. Körper gestreckt, gattungscharakteristisch. Oberseite bronzefarben, Körperseiten messing- bis goldfarben und mit matt grünlichsilberner Längsbinde vom Kiemendeckel bis in die C-Wurzel. Unterseite weißlich. Flossen farblos bis gelblich. Geschlechtsunterschiede sind bislang nicht beschrieben worden, die ♀♀ sind jedoch vermutlich kräftiger und plumper.
Pflege der sehr schwimmaktiven, friedlichen Art wie für Barben angegeben (siehe S. 239). Wahrscheinlich noch nicht nachgezüchtet.

Gattung *Balantiocheilus* BLEEKER, 1860

Gattungstypisch ist der Bau des etwas unterständigen vorstreckbaren Maules, Oberlippe dick, granuliert, Unterlippe mit einer taschenartigen Hautfalte, die nach hinten geöffnet ist (Abb. 201). Keine Barteln. Größter ungeteilter D-Strahl verknöchert und stark gezähnt. SL vollständig. Eine Art.

Abb. 201 *Balantiocheilus melanopterus*, Maulstruktur. Links: Maul von unten mit der breiten Hautfalte (H). Rechts: Maul vorgestreckt, O Oberkieferbein (Maxillare) (nach WEBER und DE BEAUFORT)

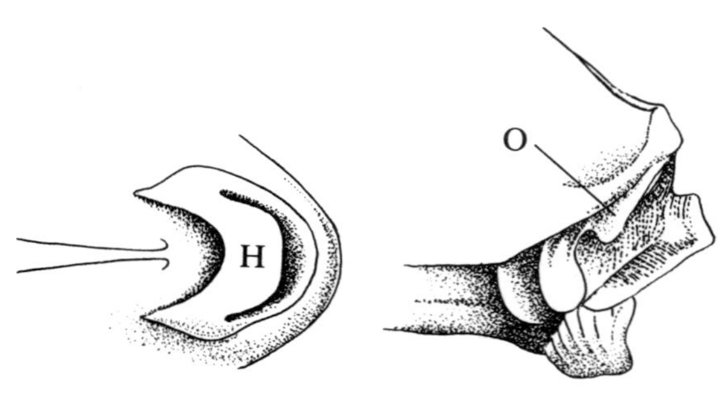

Balantiocheilus melanopterus (Taf. 59)
(BLEEKER, 1850)
Haibarbe

Thailand, Kalimantan (Borneo), Sumatra; in Gräben und Fließgewässern; bis 35 cm.
D 4/8–9; A 3/5; P 1/15; V 2/8–9; mLR 34–35. Körper barbenähnlich, schlank und elegant. Sehr prächtige Art. Silbrig oder gelblichsilbern, unterseits heller, Flossen prächtig gelb mit breiten, tiefschwarzen Außenteilen. Geschlechtsunterschiede sind bislang nicht beschrieben worden. ♀ nach MEINKEN ab 15 cm an der größeren Leibesfülle zu erkennen.
Für das Zimmeraquarium eignen sich nur Jungtiere, große Exemplare sind prächtige Schaustücke. Die Art ist recht widerstandsfähig und nimmt neben Lebendfutter aller Art auch Haferflocken und anderes Kunstfutter. Ausgezeichneter Schwimmer, springt sehr gut. Ständig suchen die gefräßigen Tiere mit dem Kopf nach unten den Bodengrund ab, lutschen hier an einem Stein oder wühlen dort. Es wird empfohlen, zeitweise pflanzliche Kost zuzufüttern. Über die Fortpflanzung ist nichts bekannt. Temperatur 23 bis 26 °C. Die Art gibt kurze, harte Töne von sich.

Gattung *Barbus* CUVIER, 1817

Große bis sehr kleine Cyprininae, von gestreckter oder mäßig gestreckter, seitlich abgeflachter Körperform. D mit 2–3 ungeteilten Flossenstrahlen und fast nie mehr als neun geteilten Flossenstrahlen, der längste und am stärksten verknöcherte Flossenstrahl ist der 3., selten der 2. ungeteilte Strahl. A kurz und oft auch hoch. Maulspalte bogenförmig, Maul ohne innere Falten, Lippen ohne Hornbedeckung oder Hornstrukturen. Keine oder 1–2 Paar Barteln. Die Seitenlinie verläuft im Bereich des Schwanzstieles in oder fast in der Mitte. Um die Afteröffnung keine vergrößerten Schuppen. Pharyngealzähne (Schlundzähne) in drei Reihen. Pseudobranchie vorhanden (Definition nach GÜNTHER, 1868).
Die heute in der sehr großen Gattung *Barbus* vereinigten Arten stellen keine phylogenetisch einheitliche Gruppe dar. Aus diesem Grunde wird seit BLEEKER (1863) versucht, die Gattung aufzuspalten. MEINKEN (1972) greift die alten Vorschläge erneut auf und unterteilt die Gattung wie folgt:

Barbus: Zwei Paar kräftige Oberkieferbarteln. Schuppen klein, mLR 60–70, selten weniger. 3. D-Strahl verknöchert, Hinterkante gezähnt.
Barbodes: Zwei Paar kleine bis kräftige Oberkieferbarteln. Schuppen mäßig groß bis groß, mLR 25–50, selten mehr. 3. D-Strahl verknöchert oder weich, mit oder ohne Zähnchen.
Capoëta: Ein Paar Oberkieferbarteln. Schuppen groß, mLR meist weniger als 30. 3. D-Strahl schwach verknöchert, nie gezähnt.
Puntius: Keine Barteln. Schuppen groß, mLR selten über 30. 3. D-Strahl nicht oder nur schwach verknöchert, nie gezähnt.

Haupteinteilungskriterien ist hier die Anzahl der Barteln. Dieses Merkmal variiert aber innerhalb der Entwicklungslinien so stark, daß es sich nicht als Grundlage für eine Einteilung eignet (MYERS, 1956; TAKI, 1978). MYERS empfiehlt, bis zu einer gründlichen Bearbeitung aller Vertreter die Bezeichnung *Barbus* beizubehalten. TAKI (1978) gelangt aufgrund sorgfältiger Untersuchungen, in die aber leider nicht alle Vertreter der Gattung einbezogen waren, zum gleichen Ergebnis.
Die *Barbus*-Arten sind ausschließlich in der »Alten Welt« beheimatet. Wir treffen Vertreter der artenreichen Gattung in Europa, in Asien – vor allem in Indien, Sri Lanka (Ceylon), Südostasien einschließlich Indonesien – und in Afrika an. Sie sind Bewohner der verschiedenartigsten Gewässertypen und treten oft in großen Schwärmen auf. Alle Arten sind eierlegend (ovipar), auch für *Barbus viviparus* aus Südafrika konnte inzwischen nachgewiesen werden, daß sie keine Ausnahme macht. *Barbus*-Arten pflege man entsprechend ihrer Beweglichkeit nur in größeren Aquarien (mindestens 50 Liter). Für das Wohlbefinden ist besonders ein nicht zu heller, weicher Bodengrund und vielfach auch eine lockere Schwimmpflanzendecke (*Riccia, Salvinia*, Schwimmblattpflanzen) maßgebend. Die Bepflanzung soll nicht zu dicht sein, das heißt genügend Bewegungsfreiheit gewähren. Die meisten Arten bevorzugen die bodennahen Wasserschichten. Die Wasserqualität ist für die meisten Arten recht unwesentlich, ganz allgemein wird von den Pflanzen gut durchgearbeitetes Wasser (Altwasser) bevorzugt, allerdings ist auch für die Pflege dieser Fischgruppe von Zeit zu Zeit eine Frischwasserzugabe erforderlich. Fast alle Arten aus den wärmeren Klimaten sind wärmebedürftig, jedoch nicht empfindlich gegen vorübergehenden Temperaturrückgang bis 17 °C. Genügsam und friedlich, eine Vergesellschaftung mit anderen Friedfischen ist deshalb durchaus möglich, viele Arten werden sehr zutraulich. Fütterung einfach, neben Lebendfutter aller Art wird auch Trockenfutter angenommen, sehr gefräßig, manche Barben kauen ständig die oberen Schichten des Bodengrundes durch. Junge Tiere halten sich gern in lockeren Schwärmen.
Zucht im allgemeinen nicht schwierig, bei einigen Arten sogar sehr einfach. Die meisten Barben laichen auch in größeren Vollglasbecken ohne Bodengrund willig, nur einige brauchen für das Laichgeschäft ein gut eingerichtetes Aquarium. PINTER empfiehlt, den Bodengrund mit Kieseln zu bedecken.
Als Ablaichpflanzen, die nicht zu dicht stehen sollen, eignen sich alle feinblättrigen Pflanzen. Fast alle Arten bevorzugen zum Ablaichen weiches (4–8 °dH; pH-Wert um 7) Frischwasser. Die Elterntiere werden abends in das Zuchtbecken eingesetzt und laichen meist schon am nächsten Morgen. Der Standort des Zuchtbeckens sollte nach Möglichkeit so gewählt werden, daß die ersten Sonnenstrahlen in das Becken einfallen. Nach heftigem Treiben, wobei das ♀ der beginnende Partner ist, pressen sich die Tiere in den Pflanzenbüscheln aneinander. Das ♂ schiebt seinen

Schwanzstiel, manchmal auch nur die C, hinter der D über den Rücken der Partnerin. Bei manchen Arten wird diese Umfassung von der D unterstützt. Das ♂ steht dadurch immer mehr oder weniger schräg (Kopf abwärts) neben dem ♀. Die Eier und Samenfäden werden unter heftigem Erzittern ausgestoßen.
Die befruchteten Eier haften an den Pflanzen oder fallen zu Boden. Der Ablaichvorgang wiederholt sich viele Male hintereinander. Die Jungen schlüpfen meist schon nach 24–36 Stunden, liegen 1–2 Tage am Bodengrund und hängen sich dann an die Scheiben und Wasserpflanzen. Die Elterntiere sind meist Laichräuber und deshalb nach dem Ablaichen zu entfernen. Da die Jungen von *Cyclops* und Muschelkrebsen leicht angefallen werden, sollte man das Zuchtpaar im Zuchtbecken nicht mehr mit Krebstieren füttern. Aufzucht nicht schwer, die Jungfische wachsen schnell und sind in größeren Becken nach 9–12 Monaten laichreif. Eine Zucht kann viele hundert Nachkommen bringen, die Zuchttiere laichen bei guter Fütterung mehrere Male im Jahr. Manche Arten haben jahreszeitlich fixierte Laichzeiten, nach STALLKNECHT z. B. *Barbus stoliczkae*. Viele Arten lassen sich z. T. fruchtbar kreuzen, so z. B. *Barbus ticto* und *B. stoliczkae, B. conchonius* und *B.* spec. (Odessabarbe).

Barbus ablabes (Taf. 60)
(BLEEKER, 1863)
Afrikanische Einstreifenbarbe

Tropisches Westafrika, weit verbreitet; bis 10 cm, im Aquarium meist kleiner.
D 3/8; A 3/5; P 1/12–15; V 1/7; mLR 22–24; zwei Paar sehr kurze Oberkieferbarteln. Körper langgestreckt, seitlich stark zusammengedrückt. Von den ungeteilten D-Strahlen ist der letzte unverknöchert und nicht gezähnt. Gelblichsilbern, stark glänzend, Rücken dunkler, olivfarben, Bauch fast reinweiß. Iris des Auges oben rot. Von der Schnauzenspitze über das Auge bis zur Basis der C eine tiefschwarze Längsbinde, die oben von einer goldglänzenden Linie begleitet wird. Senkrechte Flossen zart gelblich, D an der Flossenspitze sowie an der Vorderkante schwarz. ♀ größer, deutlich kräftiger, D gelblich, oben abgerundet. ♂ kleiner, schlanker, D rötlich, oben zugespitzt.
Pflege und Zucht leicht. Lebhafter, friedlicher Schwarmfisch, 24–28 °C. Produktiv, bis zu 1000 sehr kleine Eier. Die Jungfische schlüpfen nach 18–24 Stunden und schwimmen nach weiteren 4–5 Tagen frei. Bei guter Fütterung (*Artemia*-Nauplien) schnellwüchsig. Die Art war früher unter dem Synonym *Barbus gambiensis* SVENSSON, 1933, bekannt, siehe auch ZARSKE (Aquar. Terr., 26, 232–233, 1979). Von der ähnlichen *B. holotaenia* unterscheidet sich die Art durch kürzere Barteln und die weichen, nicht stark verknöcherten, ungeteilten D-Strahlen.

Barbus altus (Taf. 60)
GÜNTHER, 1868

Thailand, Laos; bis 15 cm.
D 3/8; A 3/5; mLR 31–32; zwei Paar Oberkieferbarteln. Körper von typischer Barbengestalt, relativ hochrückig. Einfarbig silberweiß, stark glänzend, Rücken dunkler, Bauch weiß. Iris des großen Auges oben rötlich. Senkrechte Flossen und V rötlich, P gelblich. Geschlechtsunterschiede in der Färbung unbekannt.
Pflege siehe Gattungsbeschreibung. Noch nicht gezüchtet.

Barbus arulius (Taf. 59)
(JERDON, 1849)

Südöstliches Vorderindien, Tiruvatankur, Kaveri; bis 12 cm.
D 3/8; A 2/5; P 1/14; V 1/8; mLR 21–23; SL vollständig; ein Paar relativ lange Oberkieferbarteln im Maulwinkel. Von gattungstypischer Gestalt, seitlich nur mäßig abgeflacht. Sehr prächtige Art. Oberseite zart bräunlich, Körperseiten silbrig mit rötlichem Schimmer, besonders die Schuppen über der SL mit zahlreichen winzigen grünen Flitterchen, Kehle und Bauch gelblich, Kiemendeckel mit grün irisierenden Tüpfelchen. Die dunkle Fleckenzeichnung geht am besten aus Taf. 59 hervor, betont sei nur, daß die Querbinden in Höhe der D-Vorderkante, in Höhe der A und auf dem Schwanzstiel kräftig hervortreten. D gelblich bis rötlich mit kräftig roten Spitzen, A mit karminrotem Außensaum, V weißlich. Iris dunkel mit grünen Flittern. ♀ D auch im geschlechtsreifen Alter ganzrandig. ♂ D sehr prächtig, Flossenstrahlen stark verlängert, schwärzlich bis dunkelrot, meist etwas größer. In der Paarungszeit zeigen die ♂♂ häufig Laichausschlag in Form kleiner weißer Tüpfel um die Maulspitze (nach HEINZE).
Pflege und Zucht siehe Gattung *Barbus*, 24–26 °C, nicht sehr produktiv, günstig ist der Ansatz von einem ♂ und mehreren ♀♀. Die Tiere laichen in den Abendstunden über mehrere Tage (2–3). Ein ♀ gibt pro Laichakt etwa 40 Eier ab. Die Jungfische schlüpfen nach etwa 35 Stunden. Aufzucht leicht, Anzucht mit feinsten *Cyclops*-Nauplien, siehe auch ELIAS (DATZ, 36, 179–181, 1983).

Barbus barbus (Taf. 101)
(LINNAEUS, 1758)
Flußbarbe, Barbe

Ganz Mitteleuropa, Frankreich, England, Bulgarien, Rumänien, Ungarn; in klaren Fließgewässern mit kiesigem oder sandigem Grund; bis etwa 90 cm, meistens jedoch wesentlich kleiner.
D 3/8–9; P 1/15–17; V 2/8; mLR 58–61; zwei Paar Barteln. Körper langgestreckt, schlank, seitlich zusammengedrückt, niedrig. Die Schnauze überragt das von dicken Lippen umgebene Maul. Typische Färbung: Oberseite graugrün, Seiten zart grünlich bis

Tafel 81 *Boulengerella maculata*, Kopf mit vorgestrecktem Schnauzenlappen · *Hoplias malabaricus* · *Hoplerythrinus unitaeniatus* (alle Fotos Schultz)

Tafel 82 *Carnegiella myersi* (Foto Franke) · *Carnegiella strigata fasciata* (Foto Franke) · *Nannostomus bifasciatus* (Foto Sterba) · *Pyrrhulina vittata* (Foto Sterba)

Tafel 83 Nachtzeichnung von *Nannostomus unifasciatus*, *bifasciatus*, *trifasciatus*, *beckfordi*, *eques*, *unifasciatus* var. *ocellatus* (alle Fotos Sterba)

Tafel 84 *Anostomus trimaculatus* · *Laemolyta taeniata* · *Leporinus fasciatus holostictus* (alle Fotos Schultz)

Tafel 85 *Leporinus maculatus*, jung · *Leporinus maculatus*, geschlechtsreif · *Leporinus* cf. *nattereri* (alle Fotos Schultz)

Tafel 86 *Schizodon fasciatus* (Foto Schultz) · *Leporinus octofasciatus* (Foto Franke) · *Synaptolaemus cingulatus* (Foto Schultz)

Tafel 87 *Caenotropus labyrinthicus* (Foto Schultz) · *Hepsetus odoë*, geschlechtsreif (Foto Sterba) · *Distichodus rostratus* (Foto Sterba)

Tafel 88 *Curimatopsis evelynae* (Foto Franke) · *Semaprochilodus* cf. *theraponura* (Foto Marcuse)

Tafel 89 *Alestes macrophthalmus* (Foto Sterba) · *Micralestes occidentalis* (Fcto Sterba) · *Hemigrammopetersius intermedius* (Foto Quitschau)

Tafel 90 *Brycinus nurse* (Foto Franke) · *Citharinus congicus*, 7 cm Jungfisch (Foto Foersch) · *Nannocharax parvulus* (Foto Frank)

Tafel 91 *Neolebias unifasciatus* (Foto Roloff) · *Phago* cf. *loricatus*, Jungfische (Foto Franke) · *Phagoborus ornatus* (Foto Foersch) · *Gymnotus carapo* (Foto Schultz)

Tafel 92 *Esomus malayensis* · *Rasbora borapetensis* · *Rasbora trilineata* (alle Fotos Sterba)

Tafel 93 *Brachydanio nigrofasciatus* (Foto Foersch) · *Rasbora kalochroma* (Foto Foersch) · *Rasbora elegans* (Foto Simanowski) · *Rasbora taeniata* (Foto Lübeck)

Tafel 94 *Rasbora daniconius labiosa* (Foto Lübeck) · *Barbus dunckeri* (Foto Sterba) · *Barbus cumingi* (Foto Sterba)

Tafel 95 *Barbus everetti* · *Barbus lineatus* · *Barbus lateristriata* (alle Fotos Sterba)

Tafel 96 *Barbus filamentosus*, Jungfische (Foto Sterba) · *Barbus gelius* (Foto Sterba) · *Barbus lineomaculatus* (Foto Quitschau)

graugelblich, Kiemendeckel golden glänzend, Unterseite sehr hell. D und C farblos oder zart graugrün, unterer C-Lappen besonders am Rand oft rötlich. Paarige Flossen und A randwärts oft leicht rötlich. ♀ zur Laichzeit wesentlich kräftiger; ♂ zur Laichzeit mit reihenförmig angeordneten weißen Knötchen auf der Kopfoberseite und dem Nacken (Laichausschlag).
Die Flußbarbe lebt gesellig, steht am Tage über dem Bodengrund gegen die Strömung und geht erst nachts auf Nahrungssuche (Muscheln, Schnecken, Würmer, Abfälle, Jungfische). Zur Laichzeit (Mai-Juli) vereinigen sich die Tiere zu großen Schwärmen und wandern flußaufwärts, um in steinigen oder grobkiesigen Bachregionen zu laichen. Die Eier kleben auf dem Untergrund fest. Zur Überwinterung verbergen sich die Fische in großen Rudeln an ruhigen Stellen der Flüsse oder auch unter Wurzelstöcken.
Nicht uninteressant ist es zu erwähnen, daß der Rogen (Eier) der Barbe, besonders vor dem Ablaichen, giftig ist. Für das Zimmeraquarium eignen sich kleinere Tiere gut. Häufige Frischwasserzugabe ist zu empfehlen. Große Exemplare sind schöne Schaustücke öffentlicher Aquarien. Zur Pflege siehe auch S. 206.
Auch von der Barbe sind gelbliche bis leicht goldene Farbformen bekannt, die jedoch nicht häufig vorkommen.

Barbus barilioides (Taf. 59)
BOULENGER, 1914
Tigerbarbe

Südafrika, vor allem in Sambia und Shaba (Katanga), Sambesi; bis 5 cm.
D 3/8; A 3/5; mLR 28–30. Körper langgestreckt, schlank. Färbung sehr ansprechend. Oberseite bräunlich bis zart graugrün, Körperseiten hellorange bis rostfarben, Bauch weißlich. Auf den Körperseiten 12–16 feine dunkle Querstriche, von denen der 2. und 3. und der letzte zu einem Fleck erweitert sein können. D und C zumindest basal gelblich, Zentrum der D mit karmesinrotem Fleck. Iris kräftig rot irisierend. ♀ meist kräftiger, junge ♀♀ häufig tintenrot.
Pflege und Zucht siehe Gattung *Barbus*. Die Art ist sehr lebendig und kann gut und schnell schwimmen, dabei wird die Bodennähe bevorzugt. In zu hellen Becken, besonders bei hellem Bodengrund, bleibt *B. barilioides* häufig scheu. Auch einzeln gehaltene Tiere sind sehr schreckhaft. 23–25°C, Allesfresser.

Barbus bimaculatus (Taf. 59)
(BLEEKER, 1864)
Zweifleckbarbe

Sri Lanka; bis 7 cm.
D 3/7; A 2/5; mLR 23. Von typischer Barbengestalt, jedoch etwas gestreckt. Silberfarben mit feiner Netzzeichnung und zart kupferroter Tönung, besonders in der oberen Körperhälfte. Auf der C-Wurzel ein tiefschwarzer runder Fleck. Ein ähnlicher Fleck befindet sich basal im hinteren Teil der D. ♂ mit weinroter Längsbinde vom Kiemendeckel bis in die Schwanzwurzel. ♀ ohne oder mit nur schwach angedeuteter Längsbinde.
Pflege und Zucht siehe Beschreibung der Gattung *Barbus*. Über die Zucht berichtet ausführlich GRÄSER (Aquar. Terr., 7, 68–70, 1960).

Barbus binotatus (Abb. 202)
CUVIER und VALENCIENNES, 1842

Hinterindien, Große Sundainseln, Bangka, Belitung, Bali, weitverbreitet und häufig; bis 18 cm, bleibt im Zimmeraquarium wesentlich kleiner.
D 4/8; A 3/5; P 1/15–17; V 1/8–9; mLR 23–27. Zwei Paar relativ lange Barteln. Von gattungstypischer Gestalt. Insgesamt silbrig, Rücken etwas olivfarben, Körperseiten mit bläulichem Schimmer. In Abhängigkeit vom Alter und der örtlichen Herkunft kann bei dieser Art die Anordnung der schwarzen Flecke recht verschiedenartig sein. Jungtiere zeigen meist einen großen Fleck unterhalb des Vorderteiles der D, einen weiteren oberhalb der ersten Strahlen der A, einen dritten sehr deutlichen Fleck auf dem Schwanzstiel sowie zwei weitere Flecke auf den Körperseiten. Mit der Geschlechtsreife verschwindet der Fleck über der A, dafür tritt ein die beiden Seitenflecke verbindender Längsstreifen deutlicher hervor. Alte Tiere meist ohne Flecke (nach MEINKEN). D und C lachsfarben, dunkel gesäumt, A milchig, oft mit rötlichen Flecken. ♀ kräftiger, zur Laichzeit unförmig dick, Flossen mehr gelblich. ♂ schlanker, wie oben angegeben gefärbt.
Pflege und Zucht siehe Gattung *Barbus*. Sehr produktiv.

Barbus callipterus (Taf. 62)
BOULENGER, 1907
Prachtflossenbarbe

Niger bis Kamerun, Lagos, in fließenden Gewässern; bis 9 cm.
D 3/8; A 3/5; mLR 23–27; SL vollständig; zwei Paar fast gleichlange Barteln. Körper langgestreckt, schlank, seitlich zusammengedrückt, obere und untere Profillinie fast gleichmäßig ausgebogen, C tief gespalten. Oberseite dunkellehmgelb bis bräunlich, Körperseiten silbrig mit gelbem Schimmer, Unterseite gelblich bis rein silbern. Schuppen besonders in der oberen Körperhälfte dunkel gerandet, Seitenlinienschuppen mit großem dunklem Fleck an der Basis. Flossen an der Basis gelblich, bei geschlechtsreifen Tieren auch rötlich (besonders D und C), außen durchsichtig, D mit großem, dreieckigem, schwarzem Fleck. ♀ deutlich kräftiger. ♂ schlanker.
Pflege wie auf S. 239 angegeben. 22–26 °C. Über die Zucht berichtet BITTER (DATZ, 38, 385–388, 1985). Jungfische schlüpfen nach etwa 36 Stunden und schwimmen am 4. Tag frei. Anfütterung mit Pantoffeltierchen, später *Artemia*-Nauplien. Aufzucht leicht. Eine Zucht kann bis zu 1000 Jungfische ergeben.

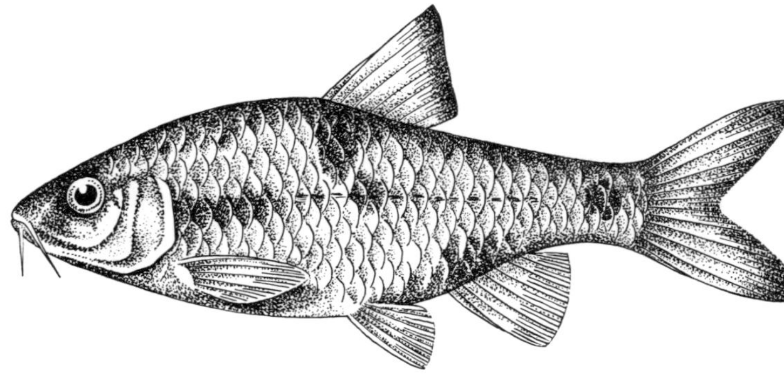

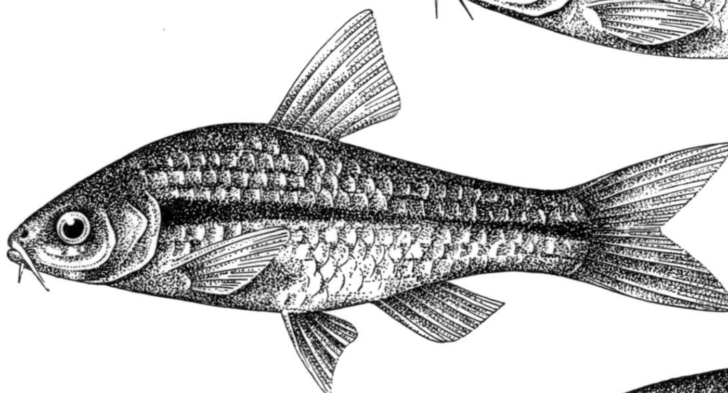

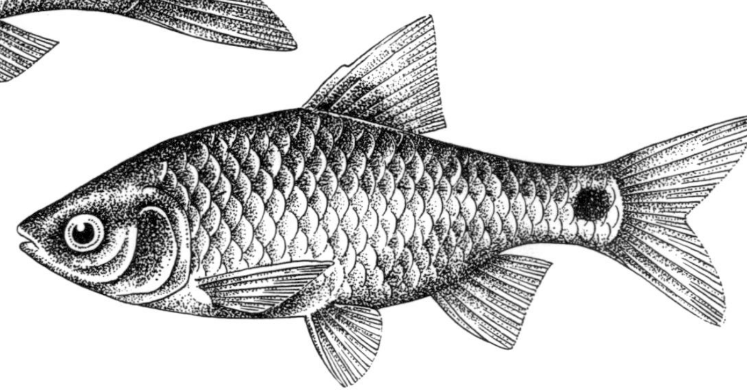

Abb. 202 *Barbus binotatus*
Abb. 203 *Barbus camptacanthus*
Abb. 204 *Barbus chola*

Barbus camptacanthus (Abb. 203)
(BLEEKER, 1863)
Afrikanische Rotflossenbarbe

Im tropischen Westafrika in stehenden Gewässern weit verbreitet; bis 16 cm, bleibt in Gefangenschaft kleiner, mit etwa 7 cm geschlechtsreif.
D 3/8; A 3/5; mLR 21–25; SL vollständig; zwei Paar gleichlange Barteln. Körper gestreckt, seitlich zusammengedrückt, untere Profillinie geringer als die obere ausgebogen, Rücken vor der D hoch. Oberseite olivgrün, Körperseiten gelblich- bis rötlichsilbern, Unterseite weißsilbern. Auf der Seitenmitte eine breite braune, oft sehr dunkle Längsbinde, die besonders unter der D und auf dem Schwanzstiel deutlich hervortritt. Über der Binde drei dunkle Streifen. Schuppen besonders rückenwärts dunkel gerandet. Alle Flossen kräftig rot. ♀ kräftiger, Flossen orangefarben bis gelblich. ♂ schlanker, wie oben angegeben gefärbt. Zur Laichzeit mit weißlichen Knötchen an den Kopfseiten (Laichausschlag).
Pflege siehe Beschreibung der Gattung. 24–26 °C. In Gefangenschaft wahrscheinlich noch nicht nachgezüchtet.

Barbus candens
(NICHOLS und GRISCOM, 1917)

Nordöstliches Kongo- (Zaïre-) Becken in torfigen Bächen; bis 4 cm.
D 3/7; A 3/5; mLR 23–24; SL unvollständig, 2–3 Schuppen durchbohrt. Von typischer Barbengestalt. Färbung nach SANS: Kräftig rosa, oberseits mehr braungolden, bauchseits heller rosa, Vorderkopf dunkel. Oberseite der Schnauze mit dunklem Fleck. An den Körperseiten drei dunkle Flecke, der 1. und kleinste in Augenhöhe hinter dem Kiemendeckel, der 2. und größte unterhalb der D, der 3. vor der C in der unteren Hälfte des Schwanzstieles. C je nach Lichteinfall blau bis schwarz. ♀ kleiner, eleganter, Bauchlinie gerundet.
Pflege und Zucht siehe Beschreibung der Gattung. Die Art laicht auf dem Bodengrund. Weiches, saures Torfwasser für die Zucht erforderlich. Die Embryonen schlüpfen erst nach einer Woche und können gleich gefüttert werden. Eine ausführliche Beschreibung gibt SANS (DATZ, 15, 264–266, 1962).

Barbus chola (Abb. 204)
(HAMILTON-BUCHANAN, 1822)

In Ostindien weit verbreitet, meist häufig; bis 15 cm, bleibt im Aquarium wesentlich kleiner.
D 3/8; A 2/5; V 9; P 15; mLR 26–28; SL vollständig; ein Paar kurze Oberkieferbarteln. Von gattungstypischer Gestalt, jedoch etwas gedrungener. Insgesamt silbrigseidig mit kräftiger olivgrüner Tönung des Rückens und zart gelblichem Schein an den Körperseiten, Unterseite weißlich. Kiemendeckel mit großem, unscharf begrenztem, gelblichem bis goldenem Fleck. D bei schönen Tieren gelb bis orange, bei älteren Exemplaren gelegentlich braun getüpfelt, alle

übrigen Flossen zart gelblich. Auge orangerot irisierend. ♀ kräftiger, Flossen auch zur Laichzeit nur gelblich. ♂ schlanker, Flossen sind zur Laichzeit rötlich.
Pflege und Zucht wie auf S. 239 angegeben. Sehr genügsam hinsichtlich der Temperatur, kann bei 17 bis 20 °C überwintert werden.

Barbus conchonius (Taf. 61)
(Hamilton-Buchanan, 1822)
Prachtbarbe

Nördliches Vorderindien, Bengalen, Assam; bis 14 cm, mit 6 cm zuchtfähig.
D 3/7–8; A 2/5–6; V 8–9; mLR 24–28. Gattungstypisch gestaltet. Die Farben kommen am besten bei auffallendem Licht zur Geltung. Rücken glänzend olivgrün, Seiten und Bauch silbrig, rötlich angehaucht, zur Laichzeit leuchtend tintenrot. Auf dem Schwanzstiel in Höhe des A-Hinterrandes ein erbsengroßer, tiefschwarzer, goldgelb eingefaßter Fleck. ♀ Flossen farblos, D-Spitze nur mit dunklem Anflug. ♂ schlanker, Flossen rosa, D mit tiefschwarzer Spitze. Einer der anspruchslosesten und schönsten tropischen Fische. Sehr beliebt.
Pflege und Zucht wie auf S. 239 angegeben. In letzter Zeit bietet der Fachhandel eine langflossige Mutante dieser Art an.

Barbus cumingi (Taf. 94)
Günther, 1868
Cumings-Barbe

Sri Lanka, in Bergwaldbächen; bis 15 cm.
D 3/8; A 3/5; mLR 21. Gattungstypisch gestaltet. Grauweiß, stark silberglänzend, der vordere Körperteil mit Goldglanz. Jede Schuppe zart dunkel gerandet. Körperseiten mit zwei sehr großen, querovalen, dunklen Flecken, von denen einer vom Nacken bis hinter die P, der zweite vom Schwanzstielfirst bis hinter den A-Ansatz reicht. D und V orangerot, P farblos, A und C blaßgelb. Iris des Auges blaßgolden. ♀ als geschlechtsreifes Tier kräftiger, Bauchlinie stärker ausgebuchtet. ♂ schlanker, Flossenfärbung meist kräftiger.
Pflege und Zucht wie auf S. 239 angegeben. Friedliche, anspruchslose Tiere, Allesfresser, Temperatur 25–27 °C. Odessabarbe siehe S. 271.

Abb. 205 *Barbus dorsimaculatus*

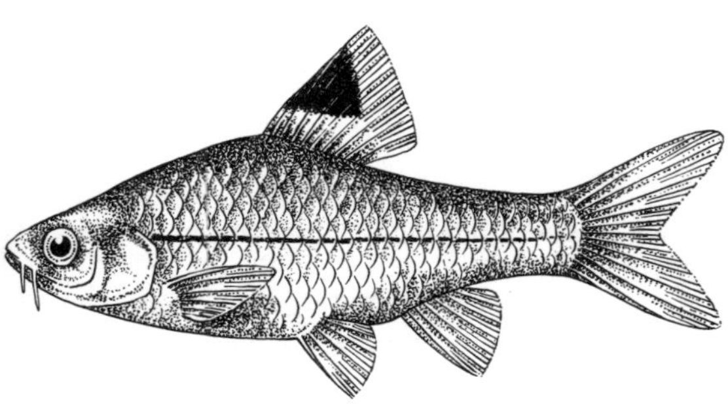

Barbus dorsimaculatus (Abb. 205)
E. Ahl, 1923
Rückenfleck-Barbe

Sumatra; bis 3,5 cm.
D 3/8; A 3/5; mLR 24–26; zwei Paar Barteln. Körper relativ schlank. Fast einheitlich silbrig, Oberseite bräunlich getönt. Vom Kiemendeckel bis in die C-Wurzel zieht ein sehr dünner schwarzer Strich. Flossen farblos, glasig, D mit großem dreieckigem Fleck an der Vorderkante (nach Ahl). Geschlechtsunterschiede wahrscheinlich ähnlich wie bei den anderen Barben.
Pflege und Zucht siehe Beschreibung der Gattung S. 239.

Barbus dunckeri (Taf. 94)
E. Ahl, 1929
Dunckers-Barbe

Singapur, in Dschungelbächen; bis 30 cm, bleibt im Zimmeraquarium wesentlich kleiner, mit 7–8 cm geschlechtsreif.
D 4/8; A 3/5, mLR 23–24; zwei Paar Barteln. Gattungstypisch gestaltet. Prächtig gefärbt. Rücken gelbbraun, oft mit grünlichem Schimmer, Schwanzstielfirst irisierend hellgrün, Körperseiten prächtig goldgelb schimmernd mit großen schwarzgrünen Flecken (Anordnung siehe Taf. 94). Unterseite orangefarben, Kiemendeckel messingfarben. Auge goldfarben mit blutroten Pünktchen. Alle Flossen blutrot, außen mehr weinrot oder violett, oft milchig angehaucht. ♀ in der Färbung dem ♂ sehr ähnlich, zur Laichzeit jedoch nicht ganz so prächtig, ältere laichreife ♀♀ sind meist sehr unförmig. ♂ zur Laichzeit insgesamt rötlich-violett angehaucht.
Pflege und Zucht wie auf S. 239 angegeben. Wärmebedürftig, 23–26 °C, häufiger Wasserwechsel angezeigt, liebt Frischwasser, in Altwasser anfällig.

Barbus everetti (Taf. 95)
Boulenger, 1894
Everetts-Barbe, Clownbarbe

Singapur, Kalimantan (Borneo); bis 13 cm.
D 4/8; A 3/5; P 1/13; V 1/7; mLR 22–25; zwei Paar Barteln. Gattungstypisch gestaltet. Der vorhergehenden Art nicht unähnlich gefärbt. Rücken braun bis braunrot, auch orangefarben, Seiten zart golden bis rötlich mit sehr großen, querbindenartig angeordneten blaugrauen Flecken (siehe Taf. 95). Keine Binde durch das Auge. Flossen rötlich bis mohnrot. Die ♀♀ sind insgesamt blasser gefärbt.
Pflege wie auf S. 239 angegeben. Zucht der sehr schönen Barbe leider nicht ganz einfach. Vor allem halte man die Geschlechter zunächst 2–3 Wochen getrennt und füttere sehr ausgiebig mit Wurmfutter und Mükkenlarven sowie grünem Salat. Zum Ablaichen verwende man nur große Becken mit *Myriophyllum*-Besatz, die möglichst so aufgestellt sind, daß Morgensonne einstrahlen kann. Temperatur 25–27 °C.

Barbus fasciatus (Taf. 59)
(JERDON, 1849)
Glühkohlenbarbe

Südwestliches (Tiruvatankur) und südöstliches Vorderindien, Sri Lanka; bis 8 cm, ♀ kleiner.
D 3/8; A 2/7; mLR 19–20; SL vollständig; zwei Paar Barteln; die auf Sri Lanka beheimatete Unterart *B. fasciatus singhala* DUNCKER ist bartellos. Von typischer Barbengestalt. ♂ tiefrot bis kräftig weinrot, oberseits grüngolden, unterseits rosa bis weißlich. Iris silberfarben, Kiemendeckel blutrot. Schuppen z. T. dunkelbraun gerandet, der Körper erscheint dadurch genetzt. Körperseiten mit unregelmäßigen, dunkelbraunen bis fast schwarzen Flecken oder Querbinden. V rötlich, A schwarz, D rot und schwarz gesäumt. Erwachsene ♂♂ mit schwarzem Unterkiefer und Tuberkeln an der Schnauze, D größer als bei den ♀♀. ♀ schlichter gefärbt, weißlich bis goldfarben mit 3–4 dunkelbraunen unregelmäßigen Querbinden oder Punkten, Flossen farblos, D und A leicht schwarz gesäumt.
Pflege siehe S. 239. Zucht nicht ganz leicht, siehe ELIAS (DATZ, 29, 341–343, 1976). ♂♂ bei paarweisem Ansatz häufig sehr aggressiv. Die Tiere laichen aber willig im Gruppenansatz von etwa drei Paaren. Bei 26 °C schlüpfen die Jungfische (bis 200) nach etwa 30 Stunden und schwimmen nach weiteren 4–5 Tagen frei. Wachstum bei guter Fütterung schnell. Die Fische wurden zuerst unter dem Synonym *B. melanampyx* (DAY, 1865) bekannt. Nach SILAS (1959) ist diese Art identisch mit *B. fasciatus* (JERDON, 1849). Unter dem Namen *B. fasciatus* BLEEKER, 1853, ist jedoch auch eine längsgestreifte (!) Barbe bekannt. Diese mußte nach dem Prioritätsgesetz umbenannt werden und hat nun den Namen *B. eugrammus* SILAS, 1956 (Taf. 64).
TILAK (1972) beschreibt eine Unterart aus dem indischen Bundesstaat Goa als *Puntius melanampyx pradhani*, die nach der oben zitierten Arbeit *Barbus fasciatus pradhani* (TILAK, 1972) bezeichnet werden muß. Diese Tiere unterscheiden sich von der Nominatform durch den kleineren Augendurchmesser, kleinere Flossen und eine etwas abweichende Färbung.

Barbus fasciolatus
GÜNTHER, 1868

Angola, in stehenden oder langsamfließenden Gewässern; bis 7 cm.
D 3/8; A 3/5; mLR 25; SL vollständig, nach unten durchgebogen; zwei Paar Barteln. Gattungstypisch gestaltet, untere Profillinie besonders im Bereich der Kehle stärker ausgebogen. Schnauze sehr stumpf. Oberseite grauoliv, Körperseiten silbrig mit prächtigem blaugrünem Schimmer und zwölf schmalen, kurzen, schwarzen Querbinden, von denen die zweite am deutlichsten hervortritt. Flossen farblos, senkrechte Flossen mit zart bräunlichem Grund. ♀♀ kräftiger.
Pflege wie auf S. 239 angegeben. 22–25 °C, nicht darunter. Etwas räuberisch und bissig. Vermutlich noch nicht nachgezüchtet.

Barbus filamentosus (Taf. 62, 96)
(CUVIER und VALENCIENNES, 1844)
Schwarzfleckbarbe

Westliches Südindien (Madras, Tiruvatankur-Cholin, Mysore, Goa), Sri Lanka; bis 15 cm, ♀ meist etwas kleiner.
D 2/8; A 2/5; P 1/15; mLR 21; keine oder ein Paar (häufig rudimentäre) Barteln. Gehört zu den gestreckten Arten der Gattung. Färbung vom Alter abhängig. Jungtiere von etwa 3,5 cm (Taf. 96): gelblich mit drei tiefschwarzen Querbinden, von denen die 1. kurz vor der D, die 2. über der A und die 3., schmalste, an der Basis der C liegt. Flossen farblos. Ab etwa 6 cm Gesamtlänge verblassen die Querbinden. Nur von der 2. bleibt ein Rest als schwarzer Fleck über der A erhalten. V rötlich, D kräftig rot, C mit rotem und schwarzem Fleck in jedem Lappen, Spitzen weiß. Erwachsene Tiere sind insgesamt silberfarben bis grünlichsilbern, oberseits etwas dunkler (olivfarben), bei auffallendem Licht matt in den Regenbogenfarben schillernd. Auf den Körperseiten über der A ein großer, schwarzer Fleck. Flossen zart gelblich, D z. T. mit dunkelvioletten Flossenstrahlen, äußere Strahlen der C dunkelbraun. ♀ meist etwas kräftiger, D ohne verlängerte Flossenstrahlen. ♂ größer, schlanker, mit verlängerten Flossenstrahlen in der D. Oberkiefer mit Tuberkeln (Laichausschlag), Bauchpartie zur Laichzeit rot.
Pflege und Zucht leicht, siehe S. 239. Pflanzliche Zusatznahrung erforderlich. Zur Zucht große Behälter, 24–25 °C. PETROVICKY empfiehlt den Ansatz von zwei ♂♂ und vier ♀♀. Laicht im Pflanzengewirr nahe der Wasseroberfläche. Eier gelblich, leicht klebrig, 300–500. Die Jungfische schlüpfen nach zwei Tagen und schwimmen nach weiteren zwei Tagen frei. Aufzucht mit abwechslungsreichem Lebendfutter leicht. LÜBECK (Aquar. Terr., 20, 90–91, 1973) berichtet ausführlich über die Zucht. PETROVICKY (DATZ, 30, 48–51, 1977) beschreibt eine Methode der künstlichen Vermehrung durch Abstreifung der Geschlechtsprodukte.
Barbus mahecola CUVIER und VALENCIENNES, 1844, ist nach MUNRO (1955) und MISRA (1959) ein Synonym von *B. filamentosus*. TILAK (1972) beschreibt Übergänge in der Ausprägung der Barteln, dieses Merkmal ist deshalb nicht zur Abgrenzung von Arten geeignet.

Barbus gelius (Taf. 96)
(HAMILTON-BUCHANAN, 1822)
Fleckenbarbe

Bengalen und Zentralindien, in ruhigen Gewässern; bis 4 cm.
D 2/-3/8; A 3/5; V 9; mLR 23–24. Von gattungstypischer Gestalt, ohne Barteln. Ziemlich durchsichtig,

Rücken olivgrün bis bräunlich, Bauch und Kehle silbrigweiß. Bei auffallendem Licht goldglänzend. Schöne Tiere zeigen besonders im männlichen Geschlecht bei Wohlbefinden eine sich nach hinten verbreiternde, vorn rotgoldene, hinten mehr kupferrote, breite Längsbinde, die auf der C-Wurzel in einem kupfrig glänzenden Fleck endet. Unregelmäßige Flecken und Strichzeichnungen von dunkler bis tiefschwarzer Farbe an den Körperseiten. P farblos, C zart rötlich, alle anderen Flossen gelblich. Iris hellgrün. Maul schwarz gerandet. ♀ voller, etwas größer, mit goldrötlicher Seitenbinde. ♂ schlanker, mit kupferroter bis dunkelroter Seitenbinde.
Idealer Aquarienfisch. Sehr genügsam und anspruchslos. Temperatur etwa 20 °C, zur Zucht 21 bis 22 °C (nicht mehr!). Zum Überwintern genügen 16 bis 18 °C. Keine Laichräuber, dennoch ist das Herausfangen des Zuchtpaares zu empfehlen. Die Eier bleiben an den Blättern der Wasserpflanzen kleben, die Jungfische schlüpfen nach 24 Stunden. Sie hängen zunächst an den Blättern und sind später sehr schwer sichtbar, da sie sich mit dem Bauch oder dem Rücken gegen die Scheiben oder Blätter drücken und auf diesen entlangrutschen. Allerfeinstes Staubfutter (Rotatorien, Nauplien), auch zerriebenes Trockenfutter. Siehe auch S. 239.

Barbus halei
DUNCKER, 1904

Halbinsel Malakka; bis 10 cm.
D 3/9; A 1/5–6; mLR 31. Körper gestreckt, seitlich zusammengedrückt, untere Profillinie schwächer als die obere ausgebogen, vier kurze Barteln, Schuppen groß. Färbung nach SCHREITMÜLLER (textl. verändert): Oberseite bräunlichgrün, Körperseiten silbern mit bläulichem Glanz, bei auffallendem Licht in allen Regenbogenfarben schillernd, Unterseite weißlich. Ein heller Streifen entlang der Seitenmitte tritt nur selten hervor. Flossen zart rötlich bis rot, Spitzen der D- und C-Lappen schwarz. Geschlechtsunterschiede sind bislang nicht beschrieben, jedoch sind die ♀♀, zumindest im geschlechtsreifen Alter, an dem stärkeren Körper zu erkennen.
Pflege siehe S. 239. Wärmebedürftig, 22–26 °C.

Barbus holotaenia (Taf. 97)
BOULENGER, 1904
Afrikanische Längsstrichbarbe

Zentrale Zuflüsse des Kongo (Zaïre), nördlich bis Kamerun; bis 12 cm.
D 3/8-(9); A 3/5; mLR 22–26; SL vollständig; zwei Paar Barteln. Gattungstypisch gestaltet. Oberseite olivbraun oder olivgrau, Körperseiten gelblichsilbern, Unterseite weißsilbrig. Von der Schnauzenspitze über das Auge bis in die mittleren C-Strahlen eine kräftige schwarze Binde. Schuppen über und unter dieser Längsbinde mit braunen halbmondförmigen Malen. Flossen mit Ausnahme der D kräftig rot, oft mit weißem Saum, D mit schwarzer Spitze. Auge gelbsilbern. Sichere Geschlechtsunterschiede sind unbekannt.
Pflege wie auf S. 239 angegeben. 25–27 °C. In Gefangenschaft noch nicht nachgezüchtet.
Eine ähnliche, jedoch deutlich gestrecktere Art ist *Barbus prionacanthus* MAHNERT und GÉRY, 1982. Durch den fehlenden schwarzen Fleck an der Spitze der D bei *B. prionacanthus* sind beide Arten jedoch leicht zu unterscheiden.

Barbus hulstaerti (Taf. 60)
POLL, 1945
Schmetterlingsbarbe

Unterer Kongo (Zaïre); bis 3,5 cm.
D 3/7; A 3/5; mLR 22–23, 1–2 auf der C-Wurzel; zwei kurze Maxillarbarteln. Von zierlicher, aber typischer Barbengestalt. Färbung sehr ansprechend und eigenartig kontrastreich. Oberseits braun, Körperseiten zart gelbbraun bis rehbraun oder auch kupferfarben, unterseits hell, meist gelblich. Besonders auffallend sind drei dunkle bis lackschwarze Flecke an den Körperseiten (siehe Abbildung). Flossen prächtig gelb bis zart bräunlich, D, A und V lackschwarz gesäumt, mittlere Strahlen der C schwarz. Auge goldgelb mit dunklem Ring. ♀ etwas kräftiger, vorderer Seitenfleck sichelförmig.
Diese sehr schöne Art ist wie die meisten afrikanischen Barben recht anspruchslos. Ihr munteres, etwas flatterhaftes Verhalten zeigen die Tiere allerdings nur im Schwarm. Bei Vergesellschaftung mit größeren Arten ist *B. hulstaerti* dagegen oft scheu und bewegungsgehemmt. Fortpflanzung gelungen, jedoch bisher nicht näher beschrieben. Hinsichtlich der Pflege siehe auch S. 239.

Barbus jae (Abb. 206)
(BOULENGER, 1903)

Südkamerun, Yae-Fluß, Kribi-Fluß; bis 4 cm.
D 3/7; A 3/5; mLR 20–23; SL fehlt oder durchbohrt höchstens 2–3 Schuppen; keine Barteln. Körper langgestreckt, seitlich kräftig zusammengedrückt. Kräftig rot, Rücken dunkler, Bauch heller. Schuppen dunkelbraun bis schwarz gerandet, ein Netzmuster bildend. Hinter dem Kiemendeckel und an der C-Basis jeweils ein großer, schwarzer Fleck. 3–8 kurze, tiefschwarze Querstriche auf den Körperseiten. Am Beginn der A und D ein kleiner, dunkler Fleck. ♀ wie oben angegeben gefärbt, größer, kräftiger. ♂ Körper

Abb. 206 *Barbus jae*

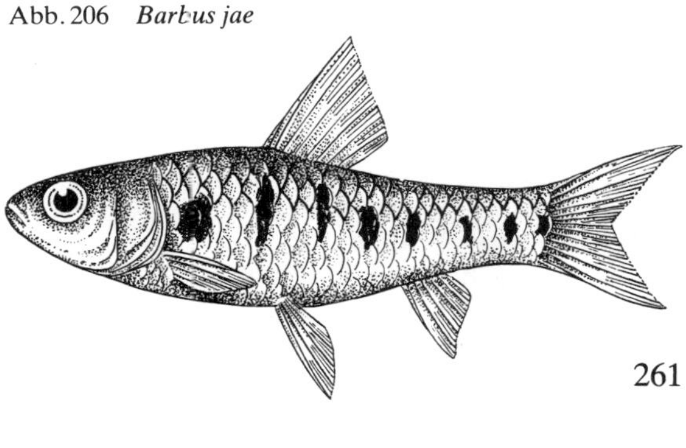

kräftig rot. Die kurzen schwarzen Querstriche auf den Körperseiten sind meist nicht sichtbar. D, A und besonders V an der Basis rot.
Pflege siehe S. 239. Zucht bereits gelungen. Wenig produktiv (bis 70 Eier). Jungfische schlüpfen nach etwa 36 Stunden und schwimmen am 6. Tag frei. Anfütterung mit Pantoffeltierchen, später *Artemia*-Nauplien (Angaben z. T. nach BAENSCH und RIEHL, 1985).

Barbus janssensi
POLL, 1976

Einzugsgebiet des Kongo (Zaïre), Shaba (Katanga); bis 10 cm.
D 3/8+1; A 3/5+1; mLR 23–28; SL vollständig; zwei Paar Barteln. Körper barbenartig langgestreckt, seitlich wenig zusammengedrückt. Hellolivbraun, Rükken dunkler, Bauch fast weiß, Schuppen teilweise dunkel gerandet, vor allem auf dem Rücken ein Netzmuster bildend. Von der Schnauzenspitze über das Auge bis zur Basis der mittleren C-Strahlen eine schmale, dunkle Längsbinde, die sich über den Pn und auf dem Schwanzstiel zu einem dunkelbraunen bis schwarzen Fleck verbreitert. Flossen farblos. ♀ größer, Längsband undeutlicher, die oben beschriebenen Flecken kleiner und undeutlicher.
Pflege siehe Gattungsbeschreibung. Noch nicht gezüchtet.

Barbus lateristriga (Taf. 95)
CUVIER und VALENCIENNES, 1842
Schwanzbandbarbe

Halbinsel Malakka, Singapur, Große und Kleine Sundainseln; bis 18 cm, bleibt im Zimmeraquarium wesentlich kleiner.
D 4/8; A 3/5; P 1/14–15; V 1/8; mLR 23; zwei Paar Barteln. Junge Tiere sind von typischer Barbenform, alte meist sehr hochrückig. Entsprechend dem großen Verbreitungsgebiet sehr variabel in Form, Zeichnung und Farbe. Jüngere schöne Tiere: Rücken grünlichorange, Seiten goldgelb, Bauch lebhaft orange. In der vorderen Körperhälfte zwei blauschwarze Sattelbinden. Oberhalb der A ein schwarzer Fleck. Von der Körpermitte über den Schwanzstiel bis in die C ein breites schwarzblaues Längsband (Zickzackband). Flossen rötlich, nach dem Rande zu heller werdend und vielfach bläulich umrandet. ♀ D rötlich. ♂ D an der Basis tiefrot, außen in allen Farben schillernd.
Pflege und Zucht wie auf S. 239 angegeben. Sehr produktiv. *Barbus zelleri* (AHL) entspricht nach KLAUSEWITZ (1957) der Jugendform von *B. lateristriga*.

Barbus lineatus (Taf. 95)
DUNCKER, 1904
Linienbarbe

Halbinsel Malakka (Johor); bis 12 cm (?).
D 3–4/8; A 3/5–6; P 1/14–16; V 2/8; mLR 27–30; keine Barteln. Körper im Verhältnis zu den meisten anderen Barben ziemlich gestreckt, Schwanzstiel schlank. Insgesamt gelblich- bis braunsilbern, bei auffallendem Licht mit leichtem Violettglanz. Am Hinterrand des Kiemendeckels beginnen 4–6 deutlich voneinander getrennte, dunkelblaue bis blauschwarze Längsstreifen, die parallel nach hinten verlaufen. D und A leicht gelblich bis zart rostrot, die übrigen Flossen fast farblos. ♀ wesentlich kräftiger, Linienzeichnung meist blasser. ♂ deutlich schlanker.
Pflege und Zucht der sehr schwimmaktiven und wendigen Art wie auf S. 239 angegeben. Leicht zu züchten, sehr produktiv. Ungeklärt ist die Verwandtschaft zu *Barbus eugrammus* SILAS, 1956 (siehe auch unter *B. fasciatus*). Diese Art wird offensichtlich größer. TAKI (1978) bildet eine Jugendfärbung von *B. eugrammus* ab (dort fälschlich als *B. fasciatus* bezeichnet!). Diese hat Ähnlichkeit mit der Jugendfärbung von *B. filamentosus*, jedoch ist der Verlauf der Querbinden anders, und in der Übergangsfärbung tritt auf dem Schwanzstiel bereits eine Längsbinde auf. Siehe auch Taf. 64.

Barbus lineomaculatus (Taf. 96)
BOULENGER, 1903

Ostafrika; westlich des Malawisees (Njassasee), (Sambesi?); bis 7 cm.
D 3/8; A 3/5; mLR 30–32; SL vollständig; zwei Paar Barteln. Von gattungstypischer Gestalt. Recht unscheinbar gefärbt. Oberseite olivgrün bis braun, Körperseiten gelbgrün bis graugrün, leicht silberglänzend mit einer Reihe dunkler Punkte, deren Zahl bei den einzelnen Individuen, aber auch an den beiden Seiten eines Tieres unterschiedlich sein kann (meist sechs), Unterseite weißgrau. Über dem Ansatz der A ein weiterer dunkler Fleck (besonders bei Jungtieren). Geschlechtsunterschiede in der Färbung sind nicht bekannt, ♀ vermutlich im geschlechtsreifen Alter kräftiger.
Pflege wie auf S. 239 angegeben.
Nach MEINKEN (Aquar. Terr., 14, 420, 1967) handelt es sich bei dem unter diesem Namen gepflegten Fisch um *Barbus trimaculatus* (PETERS, 1852).

Barbus nigeriensis (Taf. 60)
BOULENGER, 1902
Nigeriabarbe

Westafrika (Niger-Delta, unterer Niger, Kamerun); bis 12 cm (?).
D 3/6–8; A 3/4–5; P 12–14; V 8; mLR 25–29; SL vollständig; zwei Paar Barteln. Körper langgestreckt. Ähnlich gestaltet wie *B. camptacanthus*, Maul jedoch kürzer, Auge größer. Insgesamt silberfarben, Oberseite bräunlich, Bauch fast rein weiß. Vom Hinterrand des Kiemendeckels bis zur Basis der C eine undeutliche, blaue, oben und unten golden begrenzte Längsbinde, die in der hinteren Körperregion am kräftigsten ausgeprägt ist und in einem kleinen Fleck endet. ♀ größer, kräftiger, ♂ kleiner, schlanker.
Pflege siehe S. 239. Zucht leicht. Die etwa 250 Jungfi-

sche schlüpfen nach 24 Stunden und schwimmen nach weiteren 24 Stunden frei. Aufzucht bei abwechslungsreicher, guter Fütterung leicht, Wachstum schnell. Über die Zucht berichtet LÜBECK (Aquar. Terr., 14, 315, 1967). Die Art lebt in Schwärmen in rasch fließenden Gewässern über sandigem Grund.

Barbus nigrofasciatus (Taf. 62)
GÜNTHER, 1868
Purpurkopfbarbe

Südliches Sri Lanka, in seichten, ruhigen Fließgewässern des tropischen Regenwaldes; bis 5 cm.
D 3/8; A 2–3/5; mLR 20–22; keine Barteln. Körper hoch, Kopf spitz. Außerhalb der Laichzeit gelblichgrau mit 3–4 schwärzlichen, keilförmigen Querbinden, die unscharf begrenzt sind und beim ♀ oft nur als Flecke hervortreten. Kopf bei beiden Geschlechtern schön purpurrot. Die silbernen Ränder der Schuppen vermitteln den Eindruck von glitzernden Tüpfellängsreihen. Während beim ♀ nur die körpernahen Teile der senkrechten Flossen dunkel gefärbt sind, zeigen die ♂♂ eine tiefschwarze D, eine schwarzrote A und rötliche V. Zur Laichzeit ist der ganze vordere Körper des ♂ kräftig purpurrot, der Schwanzstiel dunkel, der Rücken samtgrün, die Tüpfelreihen glitzern grünlich, eine Farbenkomposition, die kaum zu überbieten ist.
Pflege in größeren Becken, möglichst mit flächigen Schwimmpflanzen und etwas Sonneneinstrahlung. Zur Zucht 25–28 °C, die Art laicht gern bei Morgensonne, sehr produktiv (zwischendurch mit Enchyträen füttern). Weitere Einzelheiten siehe S. 239. Die Purpurkopfbarbe eignet sich gut für das Gesellschaftsbecken. Einzelheiten der Fortpflanzung beschreibt NIEUWENHUIZEN (DATZ, 12, 354–356, 1959). KORTMULDER et al. (Neth. J. Zool., 28, 111 bis 131, 1979) berichtet ausführlich über die natürlichen Lebensverhältnisse dieser Art. Danach ist sie durch Einengung der natürlichen Lebensräume und durch rigorose Fänge vom Aussterben bedroht.

Barbus oligolepis (Taf. 62)
(BLEEKER, 1853)
Eilandbarbe

Sumatra; bis 5 cm.
D 4/8; A 3/5; V 1/7–8; mLR 17+2–4; ein Paar kleine Barteln im Maulwinkel, selten auch ein Paar winzige Schnauzenbarteln. Körper von gattungstypischer Gestalt. Zart rotbraun bis ockerbraun, Rücken dunkler, Bauch ockergelb. Seiten mit grünlichem, Rücken mit bläulichem Perlmutterglanz. Jede Schuppe der Körperseiten mit bläulichem Fleck an der Basis und schwarzem Schuppenrand. Eine Anzahl großer, dunkler, unregelmäßiger Flecke an den Seiten, die im Alter verschwinden, der letzte auf der C-Wurzel befindliche bleibt auch bei älteren Tieren erhalten. ♀ senkrechte Flossen ohne schwarze Begrenzung, ockergelb. ♂ senkrechte Flossen mit schwarzer Begrenzung, rötlich bis ziegelrot.
Pflege und Zucht wie auf S. 239 angegeben. In der letzten Zeit wird häufig eine albinotische Form angeboten.

Barbus orphoides (Abb. 207)
CUVIER und VALENCIENNES, 1842

Java, Kalimantan (Borneo), Insel Madura, Thailand; bis 25 cm, bleibt in Gefangenschaft wesentlich kleiner.
D 4/8; A 3/5; P 1/14–16; V 1/8; mLR 31–34; SL vollständig; ein Paar Barteln. Gattungstypisch gestaltet, Schuppen relativ groß. Insgesamt silbrig, Oberseite mit grünlichem oder bräunlichem Schimmer, Körperseiten bläulich irisierend. Auf dem Kiemendeckel ein unscharf begrenzter, roter Fleck. Jungtiere mit dunklem Fleck auf der C-Wurzel. C rötlich oder farblos, oben und unten breit schwarz gesäumt, alle übrigen Flossen rot. Iris oben prächtig rot. Geschlechtsunterschiede in der Färbung sind nicht bekannt.
Pflege der sehr schönen Art in großen Aquarien mit weitem Bewegungsraum, weichem Bodengrund und Pflanzenstauden. Bei guter Fütterung sehr schnell wachsend, Allesfresser. Für das Zimmeraquarium eignen sich nur Jungtiere, große Exemplare sind schöne Schauobjekte. In Gefangenschaft wurde die Art noch nicht nachgezüchtet (siehe auch S. 239).

Barbus paludinosus (Abb. 208)
PETERS, 1852

In ganz Südafrika weit verbreitet; bis 11 cm, meist kleiner.
D 3/7; A 3/5–7; mLR 32–39; SL vollständig; zwei Paar Barteln. Körper langgestreckt, schlank, seitlich stark zusammengedrückt. Silberglänzend, Oberseite sehr dunkel grauoliv, Körperseiten bei auffallendem Licht mit leicht bläulichem Schimmer, Unterseite weißlich. Vom Kiemendeckel bis in die C-Wurzel eine nach hinten zu immer kräftiger hervortretende, schmale, dunkle Längsbinde. Flossen rötlich bis kräftig rot, P farblos. Iris des Auges gelblichsilbern. ♀ kräftiger, Flossen rötlich. ♂ schlanker, Flossen meist kräftig rot. Zur Laichzeit ist der ganze hintere Körperabschnitt zart bis stark tintenrot.
Pflege wie auf S. 239 angegeben. Sehr friedlicher, schwimmaktiver Schwarmfisch. Nicht temperaturempfindlich, im Winter 16–20 °C. In Gefangenschaft vermutlich noch nicht ganz nachgezüchtet.

Barbus palustris
(HERRE, 1936)

Südliches Ostafrika; bis 7 cm.
D 2–3/8; A 3/5; mLR 26–27; SL vollständig. Von annähernd typischer Barbengestalt, Kopf klein, Schnauze gerundet, Bauch gerundet. Die D entspringt wesentlich näher der Schnauze als der C, sie beginnt über der 9. Seitenlinienschuppe, C tief eingeschnitten, Lappen spitz. Insgesamt rötlich bis zart olivbraun mit stark violettblauem oder purpurfarbe-

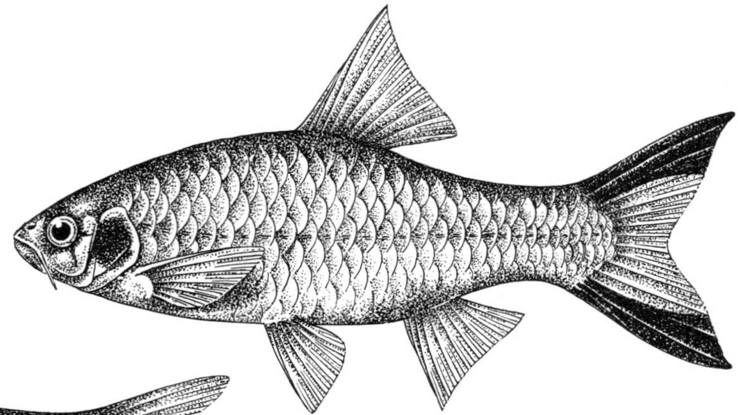
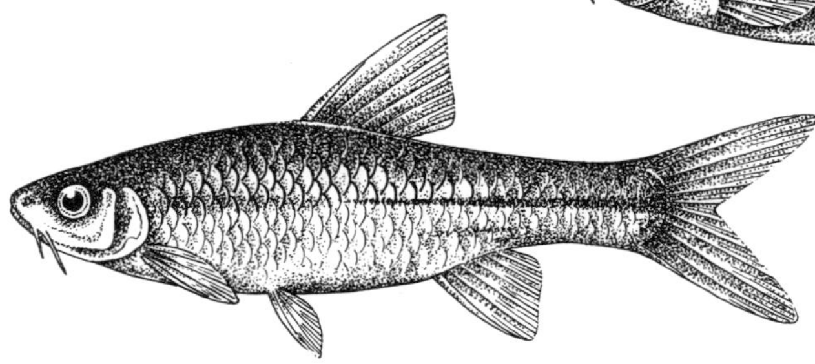
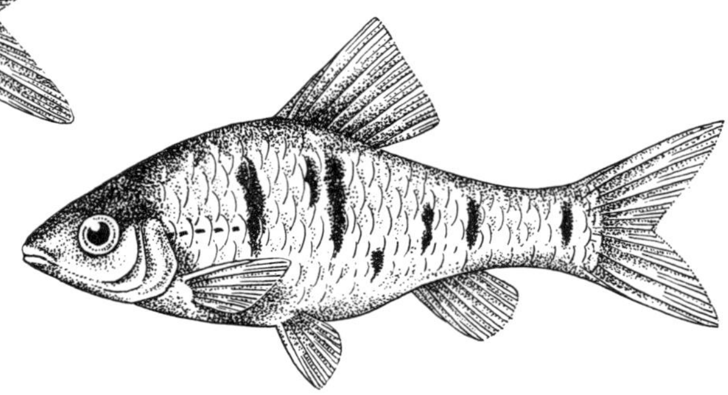

Abb. 207 *Barbus orphoides*
Abb. 208 *Barbus paludinosus*
Abb. 209 *Barbus sachsi*

nem Schimmer. Von der Schnauzenspitze bis in die C-Wurzel ein feiner schwarzer Seitenstrich. Über Geschlechtsunterschiede, Pflege und Zucht dieses sehr schönen Schwarmfisches sind Einzelheiten nicht bekannt.

Barbus pentazona pentazona (Taf. 63, Abb. 210)
BOULENGER, 1894
Fünfgürtelbarbe

Halbinsel Malakka, Singapur, Kalimantan (Borneo), Sumatra; bis 5 cm.
D 3/8; A 3/5; P 1/14; mLR 22–25; SL vollständig; zwei Paar Barteln. Körperform gattungstypisch, Schwanzstiel ziemlich schlank. Rücken braunrot, Körperseiten rötlich, Unterseite gelblich. Sechs blauschwarze Querbinden, deren Anordnung am besten aus Abb. 210 zu ersehen ist. Schuppen in diesen Binden mit grünglitzernden Rändern, die Binden selbst oft gelblich gesäumt. Flossen an der Basis dunkelrot, nach außen heller werdend, Rand beinahe farblos, V farblos, D mit schwarzem Fleck an der Basis der letzten Strahlen, nach ALFRED (1963) ein Charakteristikum dieser Unterart. Gelegentlich kommen bei den Nachzuchten ähnlich wie bei *Barbus tetrazona tetrazona* einzelne Tiere mit unvollständiger Bindenzeichnung vor. Die Art unterscheidet sich nach MEINKEN von anderen Gürtelbarben durch folgende Besonderheiten: Vom Nacken über das Auge und fast unmittelbar darunter endend eine kräftige, schmale Binde. Auf den Körperseiten fünf Binden: zwei im Bereich des Vorderkörpers, drei auf dem Schwanzstiel. Die in Höhe der D-Vorderkante auf dem Rücken beginnende Binde reicht bis zum V-Ansatz. ♀ voller, blasser gefärbt. ♂ schlanker, Färbung wie oben angegeben.

Pflege und Zucht wie bei *B. tetrazona partipentazona* angegeben. Scheu und kein so ausgesprochener Schwarmfisch wie die Teilgürtelbarbe. Zucht bei 27 bis 30 °C, nicht ganz einfach.

Barbus pentazona johorensis (Abb. 210)
DUNCKER, 1904
Sechsbindenbarbe

Zentralsumatra; 5,5 cm.
Der Nominatform *B. pentazona pentazona* sehr ähnlich, von ihr jedoch durch folgende Merkmale zu unterscheiden (nach MEINKEN): Die Augenbinde ist breit und gerundet und umfaßt das Auge seitlich, die 2. Binde umgreift den Körper vollständig, die 3. Binde reicht nicht bis an die V. In der Färbung sind keine wesentlichen Unterschiede vorhanden, allerdings sollen hier die dunklen Binden grasgrün bis blaugrün eingefaßt sein. Nach ALFRED (1963) fehlt dieser Unterart der für die Nominatform charakteristische schwarze Fleck an der Basis der letzten D-Strahlen. Geschlechtsunterschiede und Pflege wie bei der Nominatform angegeben.
Die Art war bislang unter dem Juniorsynonym *B. pentazona hexazona* WEBER und DE BEAUFORT, 1912, bekannt.

Barbus phutunio (Taf. 98)
(HAMILTON-BUCHANAN, 1822)
Zwergbarbe

Östliches Indien, nordöstliches Bengalen, Sri Lanka; bis 4 cm.
D 2–3/8; A 3/5; P 15; V 9; mLR 20–23; SL vollständig. Körper gattungstypisch gestaltet, bei älteren Ex-

emplaren ziemlich hoch. Rücken bräunlichgrün bis graugrün mit smaragdgrünem Glanz im Bereich des Nackens, des Kopfes und auf den Kiemendeckeln. Seiten silbern mit zart violettem oder bläulichem Glanz, jede der großen Schuppen mit dunklem Grund und glitzerndem Rand. Bauch silberweiß. Besonders in der Erregung zeigen sich fünf stahlblaue Querbinden, die gewöhnlich bis auf drei dunkle Flekke verblassen. V farblos, alle übrigen Flossen orangerot, D oft mit einer schrägen, dunklen Binde. ♀ Flekkenzeichnung an den Körperseiten nur angedeutet, ♂ Fleckenzeichnung kräftiger, schlank.
Pflege und Zucht wie auf S. 239 angegeben. Zur Zucht 24–25 °C, die Jungfische schlüpfen nach 24–30 Stunden. 100 Jungtiere sind bereits ein guter Erfolg. Die ♂♂ dieser Art bewachen nach KORTMULDER (1982) Eier oder Laichplatz. Odessabarbe siehe S. 271.

Barbus rhombo-ocellatus (Taf. 63, Abb. 210)
(KOUMANS, 1940)

Kalimantan (Borneo), Kahayan- und Kapuasfluß, Umgebung von Banjarmasin; bis 7 cm.
D 4/8; A 3/5; P 1/14; V 1/8; mLR 24; SL vollständig. Körper langgestreckt, seitlich wenig zusammengedrückt. Silberweiß mit bräunlichem bis grünlichem Rücken und rötlichem Schimmer an den Körperseiten. Durch das Auge verläuft eine dunkle Querbinde, die oberhalb des Auges stark nach hinten abbiegt. Hinter dem Kiemendeckel zwischen P-Ansatz und Rückenfirst ein rautenförmiger, schwarzer Fleck mit hellem Zentrum. Eine 2. Querbinde beginnt an der Basis der vorderen D-Strahlen und endet auf der Mitte der Körperseiten gleichfalls in einem rautenförmigen Fleck mit hellem Zentrum, der bis unter die SL reicht. Die nächste Binde beginnt an den ersten Strahlen der A, erweitert sich auf der Mitte der Körperseiten zu einem dritten entsprechenden Fleck und ist über dem Rückenfirst mit der Binde der anderen Körperseite verbunden. Die letzten sehr schmalen Binden in der Mitte des Schwanzstiels und an der Wurzel der C. Je ein kleiner schwarzer Fleck an der Basis der letzten D-Strahlen und zwischen den beiden V (nur von unten sichtbar), 1. D-Strahl schwärzlich. Flossen farblos. ♀ deutlich kräftiger.
Pflege siehe Gattungsbeschreibung Seite 239. Wahrscheinlich noch nicht gezüchtet. Nach ALFRED (1963) ist *Barbus kahajani* HOEDEMAN, 1956, ein Synonym dieser Art. Die Art war als *B. tetrazona* BLEEKER, 1857, beschrieben worden. Dieser Name wurde durch die Umsetzung von *Capoeta tetrazona* BLEEKER, 1855, in die Gattung *Barbus* ungültig. Die Art mußte deshalb neu beschrieben werden.

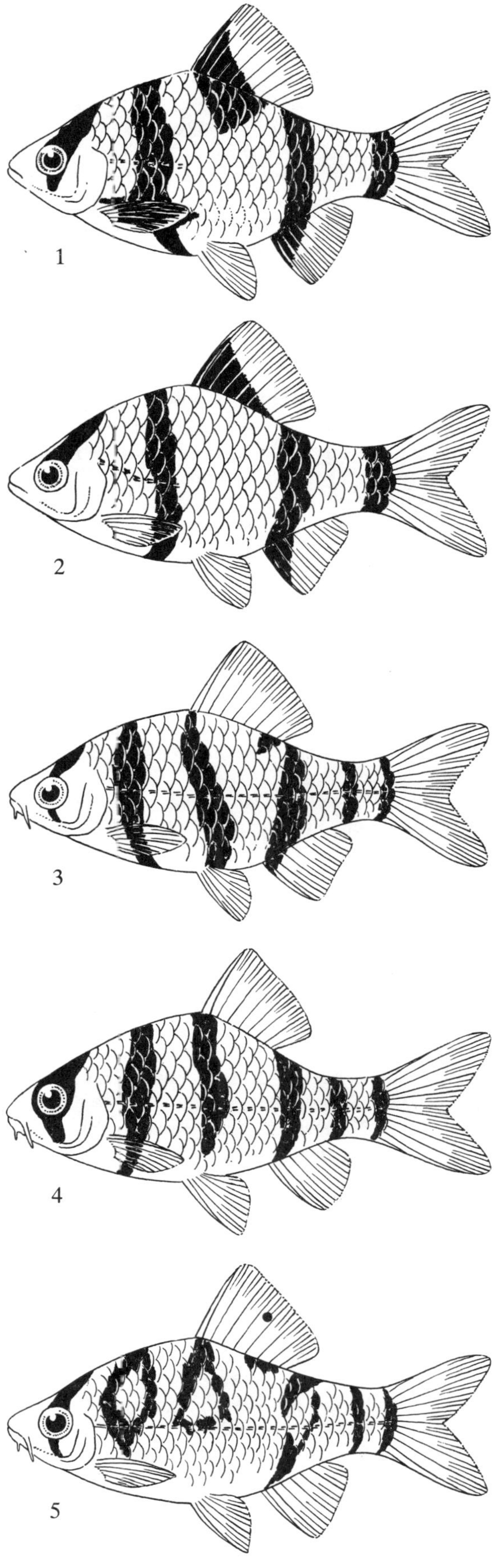

Abb. 210 Schema der Gürtelbarben (z. T. nach KLAUSEWITZ und nach ALFRED) 1) *B. tetrazona partipentazona*, 2) *B. tetrazona tetrazona*, 3) *B. pentazona pentazona*, 4) *B. pentazona johorensis*, 5) *B. rhombo-ocellatus*

Barbus roloffi (Taf. 97)
(KLAUSEWITZ, 1957)
Roloffs Zwergbarbe

Südliches Thailand (Phatthalung); bis 4 cm.
D 3/8; A 3/5; V 1/8; P 13; mLR 23; die SL durchbohrt nur vier Schuppen; keine Barteln. Von typischer Barbengestalt. Insgesamt silbrig, oberseits olivgrün, jede Schuppe, besonders aber die Seitenlinienschuppen, mit schwarzem Querstrich. Auf der C-Wurzel ein schwarzer Fleck, darüber ein intensiv silbern irisierender Punkt. A mit schwarzem Sichelfleck. ♀ stets etwas größer, vorderer Teil der D zart gelborange, Spitze vorn leicht schwärzlich. ♂ insgesamt etwas schlanker, oft mehr goldglänzend, Vn zeitweise leuchtend rot, D und A bei Wohlbefinden gelblich.
Pflege und Zucht wie bei den meisten anderen Barben nicht schwierig. Die Tiere zeigen nach KLAUSEWITZ (1957) paarweisen Zusammenhalt und bewohnen auch in ihrer Heimat paarweise ein bestimmtes Revier. Laichspiel sehr interessant. Nach ROLOFF (1957) schwimmt das ♂ dabei dicht unter dem ♀. Beim Ablaichen selbst drehen sich die Tiere in Rükkenlage, pressen die Bauchpartien seitlich aneinander und setzen die relativ großen Eier einzeln oder in kleinen Gruppen an der Unterseite großblättriger Wasserpflanzen ab, insgesamt 50–70. In weichem, schwach saurem Wasser von 24–26 °C schlüpfen die Jungen nach 24 Stunden, hängen zunächst an den Wasserpflanzen und schwimmen am 5. Tage frei, Aufzucht leicht.
Nach KOTTELAT (1982) ist *Barbus roloffi* (KLAUSEWITZ, 1957) ein Synonym von *Oreichthys cosuatis* (HAMILTON-BUCHANAN, 1822). Vergleiche OTT (DATZ, 38, 260–262, 1985).

Barbus sachsi (Abb. 209)
E. AHL, 1923
Goldflossenbarbe

Singapur, (südliches Vietnam?); bis 7 cm.
D 3/8; A 3/5; mLR 22+2. Körper ziemlich hoch, Schwanzstiel lang und schmal. Goldgelb bis leicht grünlichgelb, Bauch heller, messinggelb bis gelblichweiß. Junge Tiere mit 5–7 senkrechten schwarzgrünen Strichen an den Seiten und hellen, durchscheinenden Flossen. Ältere Tiere ohne solche Striche mit goldroten Flossen. ♀ stumpfer gefärbt, voller. ♂ intensiver gefärbt, schlanker.
Pflege und Zucht wie auf S. 239 angegeben. Die Jungen sollen erst nach 3–6 Tagen schlüpfen.

Barbus schwanefeldi (Taf. 98)
BLEEKER, 1853

Sumatra, Kalimantan (Borneo), Malakka, Thailand; bis 34 cm.
D 3/8; A 3/5–(6); P 1/14–15; V 2/8; mLR 35–36; SL vollständig; zwei Paar Barteln. Körper gedrungen, seitlich stark abgeflacht, Rücken besonders bei älteren Tieren hoch. Insgesamt silbrig, gelegentlich mit kräftig gelblicher oder goldener Tönung. D und C prächtig karminrot, erstere mit großem schwarzem Fleck im äußeren Teil oder mit schwarzer Spitze, letztere oft mit dunklem Längband in jedem Flossenlappen, alle anderen Flossen gelborange. Iris golden. Bei Jungtieren sind die Flossen meist gelb. Geschlechtsunterschiede in der Färbung unbekannt.
Pflege der prächtigen Art in großen Aquarien, die reichlich Bewegungsfreiheit bieten, möglichst weicher Bodengrund. Wachstum bei guter Fütterung schnell, Allesfresser. Temperatur 22–25 °C. Große Exemplare sind Schauobjekte zoologischer Gärten.

Barbus semifasciolatus (Taf. 62)
GÜNTHER, 1868
Messingbarbe

Südöstliches China, Vietnam; bis 7 cm.
D 3/8; A 2/5–6; mLR 22+2; ein Paar sehr kurze Barteln in den Maulwinkeln. Körper mäßig gestreckt, Rücken besonders bei alten Tieren hoch. Rücken hell- bis rötlichbraun, Seiten rückenwärts metallisch grün bis glänzend olivgrün, bauchwärts glänzend goldgelb bis messinggelb, Bauch weißlich, während der Paarungszeit schön orangerot. Bei beiden Geschlechtern 5–7 große, mehr oder weniger hervortretende dunkle Striche an den Seiten. Auf der C-Wurzel ein schwarzer Fleck. D, A und C zart braunrot bis bräunlich ziegelrot, V bräunlich bis gelb, P farblos. Alle Schuppen dunkel gerandet. ♀ insgesamt unscheinbarer gefärbt, in der Laichperiode sehr plump. ♂ schlanker.
Pflege: größere, sonnig stehende Becken mit reichlicher Bepflanzung, jedoch auch freiem Schwimmraum. Temperatur 22–24 °C, verträgt auch geringere Temperaturen gut, bedarf keiner Durchlüftung (sauerstoffgenügsam). Zur Zucht nicht zu kleine Becken, mindestens 50 × 25 × 30 cm. Das ♂ macht vor dem ♀ mit schräggestelltem Körper tänzelnde Bewegungen, schießt dann an die Seite des ♀ und versucht es durch Betupfen mit dem weitgeöffneten Maul, im Weigerungsfalle durch Schläge mit der C, in das Pflanzendickicht zu drängen. Eier mittelgroß, gelblich. Die Jungen schlüpfen nach etwa 25 Stunden. Weitere Angaben siehe S. 239.
Eine goldgelbe Form von *B. semifasciolatus* wird als *B. schuberti* bezeichnet (Taf. 62). Die Grundfarbe dieser sehr ansprechenden Form ist kräftig gelbrot, insgesamt goldglänzend, Bauchseite mit etwas Silberglanz. An der C-Wurzel ein schwarzer, scharf hervortretender Fleck. Unter der D gleichfalls ein oder eine Reihe dunkler Tupfen. Körperseiten älterer Tiere gelegentlich dunkel getüpfelt. ♂ kräftiger gefärbt, schlanker.

Barbus setivimensis (Abb. 211)
CUVIER und VALENCIENNES, 1842

In Marokko, Algerien und Tunesien weit verbreitet; bis 30 cm.
D 4/7–8; A 3/5; mLR 40–45; SL vollständig; zwei

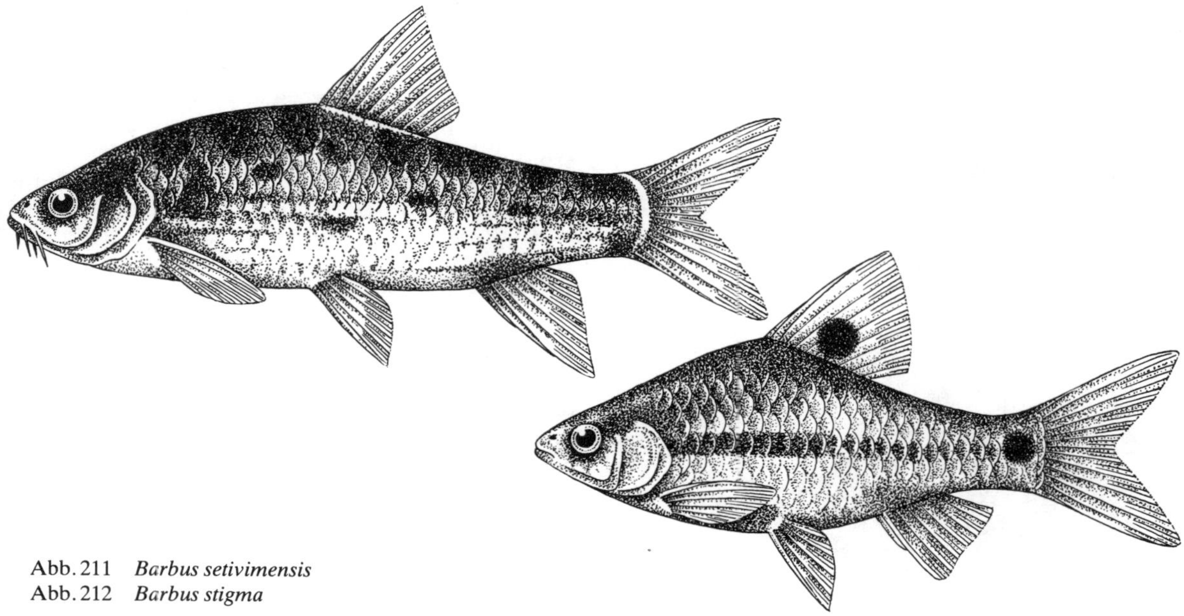

Abb. 211 *Barbus setivimensis*
Abb. 212 *Barbus stigma*

Paar Barteln. Körper gestreckt, seitlich zusammengedrückt, Schwanzstiel relativ hoch. Oberseite olivfarben oder rötlichbraun, bei auffallendem Licht mit Messingglanz, Körperseiten blaugrau-silbrig mit unregelmäßigen, wolkigen Flecken hauptsächlich in der oberen Hälfte und auf dem Schwanzstiel. Flossen leicht milchig, C-Lappen an der Außenkante und bei schönen Tieren auch der hintere Teil der A zart rötlich. Ältere Tiere einfarbig. Nach MEINKEN haben die ♂♂ vermutlich eine spitzere D.
Pflege nicht ganz einfach, da die Tiere nach RACHOW wählerisch im Futter sind und keine Enchyträen und niemals Trockenfutter annehmen. Die Art gründelt stark. Sehr temperaturhart, verträgt Abkühlung bis fast 1 °C. Für Zimmeraquarien eignen sich nur Jungfische.

Barbus somphongsi (Taf. 97)
(BENL und KLAUSEWITZ, 1962)

Thailand (Fluß Mekong und dessen Überflutungsgebiete einschließlich Reisfelder); bis 10,5 cm.
D 3/8; A 3/5 (6); P 1/13–14; V 2/8; mLR 30+3; SL vollständig; zwei Paar sehr kleine Barteln. Gestalt nicht gattungstypisch, Körper langgestreckt, seitlich zusammengedrückt, Maul unterständig und schräg nach unten ausstülpbar, C tief gegabelt. Graugrün, Schuppen der oberen Körperseite mit dunklem Vorderrand, zuweilen eine dunkle Rückenlinie bildend. An Alkoholpräparaten ist auch die Oberseite des Kopfes dunkel gezeichnet. Über dem Auge ein dem oberen Augenrand anliegender schwarzer Bogen, dahinter ein dreieckiger bis herzförmiger, schwarzbrauner Fleck, dessen Spitze mit der Kopf-Rückengrenze abschließt. Am lebenden Tier verblassen und verschwinden diese Kopfzeichnungen. Über der SL verläuft ein goldgrün schillerndes Längsband. Flossen mit Ausnahme der D und C farblos, transparent, mittleres Drittel der D goldorange bis mennigerot, das äußere Drittel samtschwarz, auch das letzte Fünftel der C schwarz, das vorletzte Fünftel leuchtend rot. Oberer Teil der Iris rot. ♀ zur Laichzeit kräftiger. Pflege und Zucht siehe S. 239. Allesfresser, zusätzliche Pflanzennahrung erforderlich, aller zwei Wochen eine Vitamindosis. Unempfindlich gegen Temperaturschwankungen, sehr anpassungsfähig. Nach BENL und KLAUSEWITZ gehört *Barbus somphongsi* in den Verwandtschaftskreis kleinerer Arten mit vier Barteln, besonders der seltenen *B. colemani* (FOWLER, 1937) und *B. faucis* H. M. SMITH, 1945.

Barbus stigma (Abb. 212)
CUVIER und VALENCIENNES, 1842

Vorderindien, Bengalen, Burma; bis 15 cm, bleibt im Zimmeraquarium wesentlich kleiner, mit 7–8 cm geschlechtsreif.
D 3/8–9; A 3/5; P 17; V 9; mLR 23–27 (26); SL vollständig; keine Barteln. Gattungstypisch gestaltet. Insgesamt silbrig, Oberseite graugrün bis bräunlich, Körperseiten etwas bläulich schimmernd, Unterseite weiß. Auf der C-Wurzel ein runder, tiefschwarzer Fleck, ein gleicher im mittleren Teil der D oder auch auf dem Körper unter der D. ♀ zumindest im geschlechtsreifen Alter kräftiger, alle Flossen farblos. ♂ im geschlechtsreifen Alter mit ziegelroter A und V, zur Laichzeit mit zartrötlicher Längsbinde vom Kiemendeckel bis in den C-Wurzelfleck.
Pflege und Zucht wie auf S. 239 angegeben. Sehr genügsamer Schwarmfisch, der im Winter bei Temperaturen von 15–18 °C gehältert werden kann. Gründelt gern.

Barbus stoliczkae (Taf. 61)
DAY, 1871
Sonnenfleckbarbe

Flußgebiet des unteren Irrawaddy in Burma; bis 6 cm.
D 2–3/8; A 2/5; P 14; V 9; mLR 23–25; SL vollständig; keine Barteln. Von gattungstypischer Gestalt.

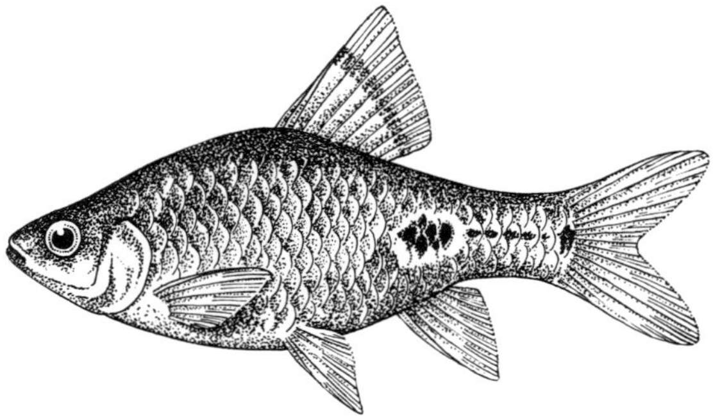

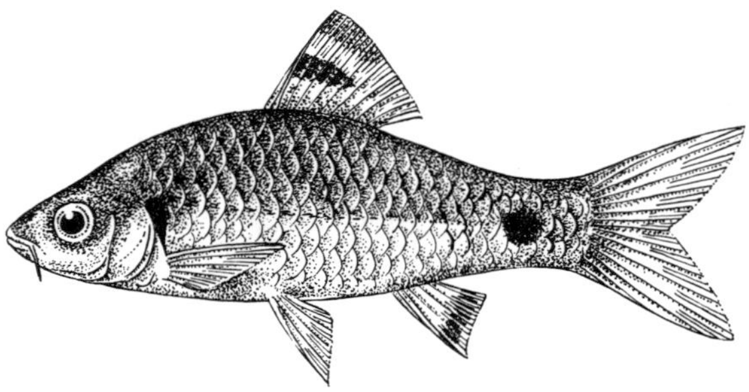

Abb. 213 *Barbus terio*
Abb. 214 *Barbus tetrarupagus*

Rücken oliv- bis moosgrün, die großen Silberschuppen der Seiten dunkel gerandet, je nach Lichteinfall bläulich bis gelblich glitzernd, Bauch weiß. Hinter dem Kiemendeckel, in Höhe des Auges, ein tropfenförmiger dunkler Fleck, der hinten von einem goldenen Feld begrenzt wird. Auf der C-Wurzel ein großer, runder, goldgesäumter tiefschwarzer Fleck. P farblos, C mit gelblicher Basis, V und A rötlich. Iris des Auges golden, oben blutrot. ♀ D zart rötlich, alle übrigen Flossen fast farblos. ♂ D prächtig gefärbt, erster Flossenstrahl tiefschwarz, die rötliche Basis geht in ein leuchtendes Blutrot über, das in der Mitte durch einen dunklen, sichelförmigen Fleck oder einige Tupfen unterbrochen und oben tiefschwarz gesäumt wird.
Sehr schöne Art. Pflege und Fortpflanzung wie auf S. 239 angegeben. Zur Zucht 24–26 °C, die Jungen schlüpfen nach 24–30 Stunden. Eine ausführliche Beschreibung der Paarung gibt NIEUWENHUIZEN (Aquar. Terr., 7, 102–106, 1960).

Barbus terio (Abb. 213)
(HAMILTON-BUCHANAN, 1822)
Goldfleckbarbe

Bengalen, häufig; bis 9 cm.
D 3/8; A 2/5; mLR 22–23; SL sehr kurz, durchbohrt nur 3–4 Schuppen; keine Barteln. Von gattungstypischer Gestalt. Oberseite metallischgrün, Körperseiten zart grün-silbern, Unterseite weißlich, ganz schwach rötlich bis violett schimmernd. Auf der Seitenmitte über der A ein großer, runder, golden eingefaßter, schwarzer Fleck, von dem aus eine feine dunkle Linie bis in die C-Wurzel verläuft. Ein querovaler C-Wurzelfleck ist nicht immer deutlich ausgeprägt. Flossen farblos glasig oder zart gelblich, D gelegentlich mit zahlreichen, oft zu einer Längsbinde vereinigten dunklen Strichen und Tüpfeln. ♀ im geschlechtsreifen Alter deutlich kräftiger. ♂ zur Laichzeit rötlich angehaucht.
Pflege und Zucht wie auf S. 239 angegeben. Zur Überwinterung 18–20 °C.

Barbus tetrarupagus (Abb. 214)
(M'CLELLAND, 1831)

Burma, Assam, Bengalen; bis 12 cm.
D 2–3/8; A 2/5; P 17; V 9; mLR 24–26; SL vollständig; ein Paar Barteln. Körper gestreckt, seitlich zusammengedrückt, Schwanzstiel hoch, untere Profillinie wesentlich geringer durchgebogen als die obere. Oberseite kräftig oliv- bis braungrün, Körperseiten hellbraun bis graugelb, stark silberglänzend, Unterseite hell. Hinter dem Kiemendeckel und auf dem Schwanzstiel, etwa in der Mitte zwischen A und C-Beginn, je ein schwarzer Fleck. Schuppen besonders auf dem Schwanzstiel dunkel gerandet. D und A mit dunklen Spitzen, erstere oft zusätzlich mit dunklem Längsband in der Mitte (mit schwarzem Fleck, nach ARNOLD?), A und V zart orange. Geschlechtsunterschiede sind bislang nicht beschrieben worden, vermutlich sind jedoch die ♀♀ etwas kräftiger.
Pflege wie auf S. 239 angegeben. Im Winter 12 bis 16 °C. Vermutlich noch nicht nachgezüchtet.

Barbus tetrazona partipentazona (Taf. 98, Abb. 209)
FOWLER, 1934
Teilgürtelbarbe

Südöstliches Thailand, Kampuchea (?); bis 6 cm.
D 3/8; A 3/5; mLR 19–20+1–2; SL unvollständig; ein Paar Barteln. Körper gedrungen hoch, seitlich zusammengedrückt. Grundfärbung silbrig mit gelblichem, oft auch rötlichem Schimmer, Rücken bräunlich bis braunrot, Bauch weiß. Schuppen besonders in der oberen Körperhälfte mit dunklem Rand. Fünf tiefschwarze Querbinden, deren Anordnung am besten aus der Abb. 209 zu ersehen ist. Unterhalb der 3., kurzen, von der D herabkommenden Binde findet man besonders auf der linken Körperseite (Fisch von vorn gesehen!) gelegentlich einen runden, dunklen Fleck; die 2. Binde kann sich verschieden weit bauchwärts ausdehnen (nach MEINKEN). Schuppenränder innerhalb der dunklen Bänder leuchtend grün oder golden. Freibleibender Teil der D ziegelrot, alle übrigen Flossen hellrot bis kräftig karminrot, besonders an der Basis. Die Art unterscheidet sich nach MEINKEN von anderen Gürtelbarben durch folgende Besonderheiten: Die Binde durch das Auge reicht bis zum Kiemendeckelunterrand, die 4. Binde ist deutlich (!) von der Teilbinde in der D getrennt, sie reicht von der D keilförmig bis zur Körpermitte, 5. Teilbinde meist eine Schuppenbreite von der C-Basis entfernt. ♀ an dem stärkeren Körperumfang zu erkennen.
Einer der farbenprächtigsten Fische, anspruchslos,

verträglich. Nicht mit langflossigen Fischen vergesellschaften, da die Teilgürtelbarbe gern an den Flossenenden zupft. Pflege und Zuchtbedingungen wie auf S. 239 angegeben. Das ♂ verblaßt während des Treibens. Sehr produktiv, 600–1000 Eier. Die Laichpartner vorher nicht einzeln halten, da Einzeltiere oft aggressiv werden. Zuchttiere während des Laichens mit Enchyträen füttern. Die Jungen schlüpfen nach 24 bis 30 Stunden und beginnen spätestens nach sechs Tagen frei zu schwimmen. Aufzucht leicht.

Barbus tetrazona tetrazona (Taf. 63, Abb. 209)
(BLEEKER, 1855)
Viergürtel- oder Sumatrabarbe

Sumatra, Kalimantan (Borneo); bis 7 cm.
D 4/8–9; A 3/5–6; P 1/12; V 2/8; mLR 21; SL unvollständig; keine Barteln. Ähnlich gestaltet wie *B. tetrazona partipentazona*, jedoch noch etwas hochrückiger. Maul stumpf. Silberweiß, Oberseite bräunlich bis olivfarben, Körperseiten mit zart rötlichbraunem Schimmer, Schuppenränder prächtig goldglänzend. Einschließlich des Augenstriches vier schwarze Querbinden, deren Anordnung am besten aus Abb. 209 zu ersehen ist. D und A blutrot, die übrigen Flossen mehr oder weniger rötlich. Häufig sind die Vn schwarz. Gelegentlich kommen bei Nachzuchten ähnlich wie bei *B. pentazona pentazona* einzelne Tiere mit unvollständiger Bindenzeichnung vor. Seit einiger Zeit werden von dieser Art neben der Wildform auch noch folgende Zuchtformen angeboten: 1. Albinoform, 2. eine z. T. albinotische Form, die sogenannte Hongkong-Barbe (siehe Taf. 63), 3. die grünschwarz gefärbte Moosgrüne Sumatrabarbe (Taf. 63).
Die Art unterscheidet sich nach MEINKEN von anderen Gürtelbarben durch folgende Besonderheiten: Der Augenstrich reicht nach unten bis oder fast bis zum Kiemendeckelrand, die 3. Binde schließt sich unmittelbar an den sehr großen, die ganze Basis einnehmenden Fleck in der Rückenflosse an, der höchstens ganz wenig auf den Rücken selbst übergreift, die 2. Binde kann sehr verschiedenartig ausgebildet sein, gelegentlich ganz fehlen.
Geschlechtsunterschiede, Pflege und Zucht wie bei *B. tetrazona partipentazona* angegeben.

Barbus ticto (Taf. 61)
(HAMILTON-BUCHANAN, 1822)

Sri Lanka und ganz Indien, fast überall häufig; bis 10 cm.
D 3/8; A 2/5; mLR 23–26; SL unvollständig; 6–8 Schuppen durchbohrt; keine Barteln. Gattungstypisch gestaltet, ältere Tiere sind oft hochrückig. Rükken grau- bis grasgrün, Seiten prächtig silberglänzend, Bauch weißlich. Über der V ein länglicher, quer stehender, schwarzer Fleck, ein gleicher, runder, goldumrahmter Fleck auf dem Schwanzstiel über dem Ende der A. Alle Flossen außerhalb der Laichzeit zart grünlich. ♀ im geschlechtsreifen Alter kräftiger, D nur selten getüpfelt, V und A zur Laichzeit rötlich. ♂ zur Laichzeit mit rehbrauner unterer Körperpartie, Auge oben blutrot, D randwärts meist schwärzlich getüpfelt.
Pflege und Zucht wie auf S. 239 angegeben, sehr anspruchslos, leicht züchtbar, gründelt nicht. Zur Überwinterung 14–16 °C. Odessabarbe s. S. 271.

Barbus titteya (Taf. 60)
(DERANIYAGALA, 1929)
Bitterlingsbarbe

Sri Lanka, in schattigen Bächen; bis 5 cm.
D 3/7; A 3/6; V 2/7; mLR 19; SL unvollständig, sehr kurz, nur drei durchbohrte Schuppen; ein Paar Barteln. Körper gestreckt, seitlich nur mäßig zusammengedrückt, Rücken vor der D ziemlich hoch, Schwanzstiel schlank. Rücken rehbraun mit grünlichem Schimmer, Seiten und Bauch silberglänzend, mehr oder weniger rötlich. Von der Maulspitze über das Auge bis in den mittleren Teil der C verläuft ein braunschwarzes bis tief blauschwarzes Band, das unter der D breit, vorn und hinten schmal ist. Die dunkle Binde wird oben von einer ebenso breiten, vorn golden, nach hinten zu prächtig blau- bis seegrün irisierenden Binde begleitet; gelegentlich ist diese helle Binde unten rot begrenzt. Unterer Teil der C-Wurzel goldglänzend. Unter der dunklen Längsbinde meist noch eine Doppelreihe dunkler Punkte. Iris goldrot, Kiemendeckel rötlich. Flossen, besonders die A, mohn- bis schwärzlichrot mit feinem, dunklem Rand. ♀ düsterer, eintöniger gefärbt, Flossen gelblich. ♂ Färbung wie oben angegeben, zur Laichzeit prächtig rot.
Etwas scheu, liebt Schatten. ♂♂ stark rivalisierend. Eine der schönsten Barben. In neuerer Zeit wurden mehrfach kräftig rote Rassen importiert. Größere Becken mit reicher Bepflanzung, Allesfresser, Temperatur 24–26 °C, zur Zucht 25–26 °C. Während des Laichens mit Enchyträen füttern. Die Jungen kommen nach etwa 24 Stunden aus. Eine Zucht von 250 Jungtieren ist ein guter Erfolg. Weitere Angaben siehe S. 239.

Barbus trispilos (Abb. 215)
(BLEEKER, 1836)
Dreipunktbarbe

Tropisches Westafrika (Goldküste, Nigeria) in ruhigen und schnellfließenden Gewässern; bis 8 cm.
D 3/8; A 3/5; P 15–16; mLR 25–28; SL vollständig; zwei Paar Barteln. Von gattungstypischer Gestalt. Oberseite olivgrün bis olivbraun, Körperseiten silbrigglänzend mit drei tiefschwarzen Flecken, deren Anordnung am besten aus Abb. 215 zu ersehen ist. Unterseite gelblich bis zart rötlich. Flossen zart goldgelb, seltener rötlich. ♀ kräftiger, Flossen gelb. ♂ schlanker, Flossen rötlich, zur Laichzeit ist die untere Körperhälfte kräftig rot.
Pflege wie auf Seite 239 angegeben, anspruchslos, 18 bis 22 °C. Vermutlich noch nicht gezüchtet.

Barbus unitaeniatus (Abb. 216)
GÜNTHER, 1866
Schlankbarbe

Südafrika von Angola bis Natal; bis 8 cm.
D 3/8; A 3/5; mLR 30–33; SL vollständig; zwei Paar Barteln. Von gattungstypischer Gestalt. Oberseite olivbraun bis dunkelbraun, Körperseiten gelblich, bei auffallendem Licht bläulich glänzend, Unterseite weißlich-silbrig. Eine dunkle Längsbinde vom Kiemendeckel bis in die C-Wurzel, sie schließt oft dunklere Flecke ein und ist über der A besonders breit. Flossen farblos oder zart gelblich. Die ♀♀ sind nach MEINKEN kräftiger.
Pflege wie auf S. 239 angegeben. Anspruchslos auch hinsichtlich der Temperatur. In Gefangenschaft noch nicht nachgezüchtet.

Barbus usambarae (Abb. 217)
LÖNNBERG, 1907
Usambarabarbe

Tanga, (Sambesi?); bis 8 cm.
D 3/7; A 3/5; mLR 30; SL vollständig; zwei Paar Barteln. Von gattungstypischer Gestalt, schlank. Unscheinbar, hellbraun bis gelblichgrau, Oberseite dunkel, Bauch gelblich bis schmutzigweiß. Vom Kiemendeckel bis in einen runden C-Wurzelfleck eine dunkle Binde, oberhalb des A-Beginns ein dunkler Fleck, der strichartig nach hinten verlängert sein kann und bei jüngeren Tieren die A-Basis begleitet. V farblos, alle anderen Flossen zart bräunlich mit hellem Rand. Die ♀♀ sind vermutlich an dem stärkeren Leibesumfang zu erkennen.
Pflege wie auf S. 239 angegeben. Sehr schwimmaktiv, bevorzugt die oberen Wasserschichten. Genügsam, zur Überwinterung 12–18 °C, Allesfresser. Noch nicht nachgezüchtet.

Abb. 215 *Barbus trispilos*
Abb. 216 *Barbus unitaeniatus*
Abb. 217 *Barbus usambarae*

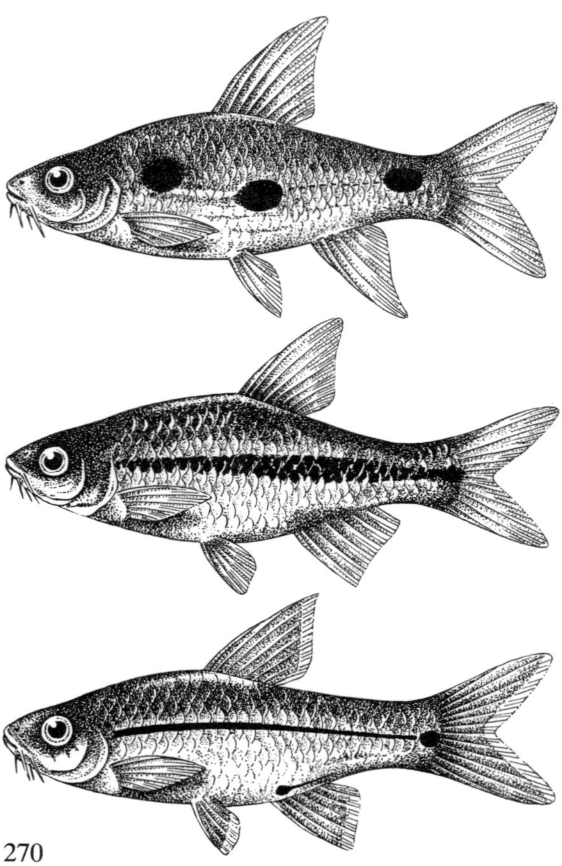

Barbus vittatus (Taf. 60)
(DAY, 1865)
Streifenbarbe

Ganz Indien und Sri Lanka, überall häufig; bis 6 cm.
D 2/8; A 2/5; P 12; V 9; mLR 20–22; SL unvollständig, 5–7 Schuppen durchbohrt; keine Barteln. Gattungstypisch gestaltet. Rücken gelblichgrün bis olivgrün, Seiten grünlichsilbern, jede Schuppe mit dunkler Basis und silbernem Rand, Bauch silbrigweiß. Auf der C-Wurzel ein ovaler bis runder, gelb umsäumter, dunkler Fleck. P farblos, alle übrigen Flossen hellgelb bis bräunlichgelb, Basis der D goldgelb, darüber eine schräge, schwarze, orangefarben gesäumte Binde. ♀♀ als geschlechtsreife Tiere kräftiger, größer. ♂ schlanker.
Pflege und Zucht wie auf S. 239 angegeben.

Barbus viviparus (Abb. 218)
WEBER, 1897

Südostafrika; bis 6,5 cm.
D 3/8; A 2/5; mLR 29–31. Von typischer Barbenform. Färbung ziemlich unscheinbar. Silbrig, oberseits olivfarben, ein schwarzer Längsstrich entlang der Körpermitte und die schwarze, bogenförmige SL schließen ein langgestrecktes Feld ein. Über dem Längsstrich ein Glanzstreifen. An der Basis der A ein deutlicher dunkler Fleck. Geschlechtsunterschiede unbekannt.
Zu pflegen wie andere Barben, siehe S. 239. WEBER (Zool. Jahrbuch, Syst. X, 152, 1897), der Erstbeschreiber dieser Art, nennt sie viviparus = lebendgebärend, weil er bei der Präparation folgendes feststellen konnte: »Dem Ovarium derselben entnahm ich nämlich Junge, noch mit großem Dottersack von 8 mm Länge. Somit ist diese Art vivipar. Soweit mir bekannt, ist dies neu für Cypriniden.« Die Beobachtungen WEBERS konnten bislang nicht bestätigt werden. Dagegen wurde im Aquarium Hamburg beobachtet, daß die Art wie alle anderen Vertreter der Gattung Eier legt.

Barbus werneri
BOULENGER, 1905
Blaubarbe

Ostafrika von Ägypten bis zum Victoriasee-Gebiet, Sudan; bis 10 cm.
D 3(7)–8; A 3/5; mLR 24–26; SL vollständig; zwei

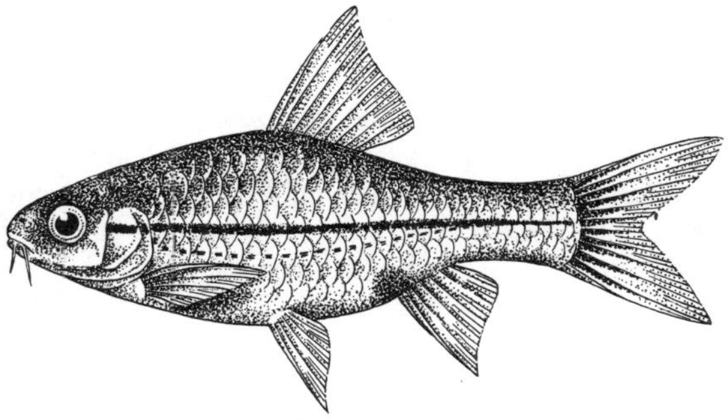

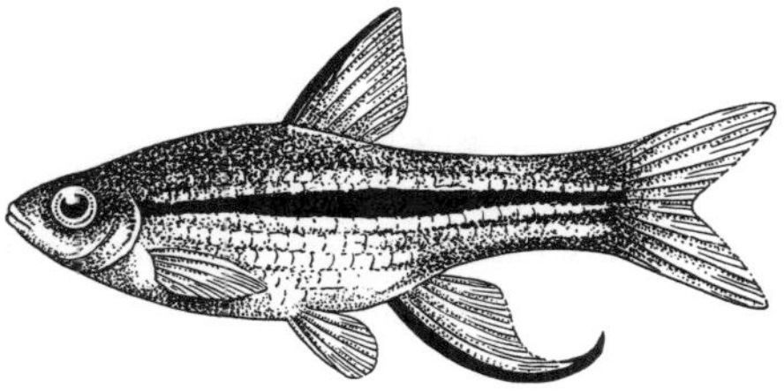

Abb. 218 *Barbus viviparus*
Abb. 219 *Barbus wöhlerti*

Paar Barteln. Gattungstypisch gestaltet. Oberseite zart lehmgelb bis bräunlich, Körperseiten kräftig silberglänzend und besonders bei auffallendem Licht bläulich schimmernd, mit einer Reihe dunkler Tupfen und Flecken, Unterseite weißlich. Flossen farblos, oft leicht milchig. ♀ im geschlechtsreifen Alter größer und kräftiger.
Pflege wie auf S. 239 angegeben. Genügsam, Allesfresser, auch Algen, Trockenfutter und sogar Futterreste, vertilgt Planarien. Sehr widerstandsfähig gegen niedrige Temperaturen, im Winter 12–15 °C. Zucht sehr einfach.

Barbus wöhlerti (Abb. 219)
TREWAVAS, 1938
Zwergsichelbarbe

Ostafrika (Moçambique?); bis 3 cm.
D 3/8; A 3/5; mLR 32; SL fehlt; keine Barteln. Körper von gattungstypischer Gestalt, schlank, sehr zart, durchscheinend. Grundfärbung bräunlich, Rücken mit grünlichem Schimmer, Bauch gelblich. Vom Kiemendeckelhinterrand bis zur C-Wurzel ein rotviolettes Band, Schwanzstiel unten schwärzlich. Flossen farblos, D und A mit dunkler Vorderkante. ♀ A gerade abgeschnitten. ♂ A sichelförmig ausgezogen.
Pflege und Zucht wie auf S. 239 angegeben. Zur Zucht 25–26 °C.

Barbus spec. (Taf. 61)
Feuerstreifenbarbe, Odessabarbe

Auf dem Zierfischmarkt in Odessa tauchte erstmalig eine Barbe auf, die unter dem Namen »Odessabarbe« in der Aquaristik weite Verbreitung fand. Der Fundort dieser Tiere ist bis heute unbekannt. ♂ silbergrau bis hellolivfarben, Rücken moosgrün bis messingfarben, Bauch gelblich bis weiß. Iris blutrot. Ein hellblauer Glanzfleck an der oberen Kiemendeckelecke. Hinter dem Auge beginnt eine breite, blutrote Längsbinde, die bis auf die C reicht. Schuppen dunkel gerandet, ein netzartiges Muster auf den Körperseiten bildend. Hinter dem Kiemendeckel und auf dem Schwanzstiel ein tiefschwarzer Fleck. Beide Flecke verblassen während des Laichens. Flossen durchscheinend mit dunklen Strich-Punkt-Zeichnungen. ♀ einfarbig silbergrau bis helloliv mit schwarzen Schuppenrändern, die beiden schwarzen Flecke sind immer deutlich sichtbar.
Pflege und Zucht siehe Gattungsbeschreibung S. 239. STALLKNECHT (Aquar. Terr., 26, 366–369, 1979) stellt die Tiere als Unterart zu *Barbus ticto*. FRANK (Aquarienmagazin, 8, 74–77, 1974) vermutet, daß sie *B. cumingi* nahe stehen.
TILAK (1978, briefl. Mitteilung) bestimmte die Art als *Barbus phutunio*. Da eine exakte Bestimmung der Art sicher erst dann erfolgen kann, wenn der genaue Fundort bekannt ist, werden die Tiere zunächst als *Barbus* spec. geführt.

Gattung *Caecobarbus* BOULENGER, 1921

Körper nackt, unbeschuppt. Auge bei erwachsenen Tieren fehlend. Unterer Kongo (Zaïre). Eine Art.

Caecobarbus geertsi
BOULENGER, 1921
Blindbarbe

In unterirdischem Gewässer im Bereich des unteren Zaïre (Kongo) (Höhle bei Thysville); bis 10 cm.
D 3/7–8; A 3/5; mLR 28–29. Körper gestreckt, seitlich etwas abgeflacht. Zwei relativ lange, sehr bewegliche Barteln, die als Fühler dienen. Fast einheitlich fleischfarben. Geschlechtsunterschiede sind unbekannt.
Die Art ist friedlich und ständig in Bewegung, mit ihren langen Barteln tasten sich die Tiere gleichsam durch das Aquarium. Allesfresser, auch Futterreste. Fortpflanzung in Gefangenschaft unbekannt.

Gattung *Carassius* JAROCKI, 1822

Körper gestreckt, im Alter oft hochrückig, seitlich mäßig zusammengedrückt, Maul endständig, Barteln fehlen, SL vollständig. D hoch und lang mit mehr als 14 geteilten Strahlen. D und A mit verknöchertem und hinten gezähntem stachelartigem Weichstrahl. Schlundzähne in einer Reihe. Europa, nördliches Asien bis China. Zwei Arten.

Carassius auratus auratus (Taf. 65, 66, 105, Abb. 220)
(LINNAEUS, 1758)
Goldfisch, King-Yo

Der Goldfisch ist eine durch Züchtung entstandene Unterart des Giebel *Carassius auratus gibelio*. Die den Karauschen eigene Neigung, unter besonderen Bedingungen rotgold umzufärben, ist beim Goldfisch durch Züchtung konserviert worden. In der Geschichte Chinas taucht der Goldfisch erstmalig um 970 u. Z. auf. Bereits um 1200 müssen mehrere Varietäten gepflegt worden sein. Die ursprünglich nur vom Feudaladel betriebene Liebhaberei ist in China etwa um 1500 bis 1600 Allgemeingut des ganzen Volkes geworden. In China werden Goldfische und ihre Zuchtformen in flachen irdenen Schalen, hölzernen Kübeln und schattigen Garteichen gehältert und mit großer Liebe und Hingebung gepflegt.

Von China kam der Goldfisch über Java im 17. Jahrhundert nach Portugal und verbreitete sich von hier aus zunächst nur langsam. Erst nach der gelungenen Zucht, 1728 in Holland, wurden die schönen Tiere in Europa sehr bald allgemein bekannt.

Heute werden mehrere Farbformen gezüchtet: sattorange, tomatenrot, tief-chromgelb. Die Flossen sollen die Farbe des Körpers zeigen. Neben diesen Grundformen kommen auch rot-weiße, rot-schwarze, gelbschwarze, violette, bläulich-silbern-rote u. a. Farbformen vor. Blaßrosa gefärbte Tiere kommen oft als »Silberfische« in den Handel (gelegentlich schuppenlos).

Große Becken mit mäßigem Pflanzenbestand und guter Durchlüftung tragen sehr zum Wohlbefinden der Tiere bei. Ungeeignet sind Fischglocken, größere Einweckgläser oder runde Standgläser. Allesfresser, auch pflanzliche Nahrung. Sehr gut entwickeln sich die Goldfische in Freilandteichen, wo sie mitunter auch zur Fortpflanzung schreiten. Die Überwinterung kann in unseren Breiten nicht im Freien erfolgen. In Amerika, Südfrankreich, Portugal und auf der Insel Mauritius kommt der Goldfisch als verwilderter Fisch vor und belebt oft zu Tausenden die Teiche und Flüsse.

Die größten Züchtereien befinden sich in Südfrankreich. In Mitteleuropa hat sich am besten folgende Zuchtmethode bewährt: Die Tiere werden bei 22 bis 23 °C in einem großen Becken gehältert und gut gefüttert. Sobald sie mit den Liebesspielen begonnen haben, lassen sich Rogen und Milch abstreifen. Diese experimentelle Vermehrung erfordert Geschicklichkeit und Übung. Zunächst wird ein tiefer Eßteller oder auch ein Kompottschälchen peinlich gesäubert und bereitgestellt (ohne Wasser!). Dann ergreift man mit einem feuchten Lappen das ♀ mit der linken Hand so, daß Kopf und Rücken in die Hohlhand zeigen, der Bauch und die Aftergegend aber freiliegen. Nun streicht man vorsichtig, nur mäßig drückend, mit dem rechten Daumen am Kiemendeckel beginnend, zur Afterregion, wobei die übrigen Finger auf die gegenüberliegende Körperseite einen gelinden Gegendruck ausüben. Diese Bewegung wiederholt man so lange (5 bis 8mal), bis keine Eier mehr hervortreten. Das gleiche wird sofort danach mit dem ♂ wiederholt, wobei darauf zu achten ist, daß die dickflüssige weiße Milch auf die Eier tropft. Nach einiger Übung gelingt es auch, beide Tiere gleichzeitig abzustreifen. Dabei liegt in jeder Hand ein Fisch. Anschließend werden mit einem rund abgeschmolzenen Glasröhrchen Milch und Rogen vorsichtig durchmischt und mit Wasser versetzt. Die befruchteten Eier bringt man am besten in ein größeres Vollglasbecken. Es ist darauf zu achten, daß nur ungefähr neutrales, kristallklares Wasser verwendet wird. Auf diese Weise kann man bis zu 10000 und mehr Eier gewinnen. Die Jungfische schlüpfen nach 5–7 Tagen und hängen zunächst an den Scheiben und Pflanzen. Nach der Aufzehrung des Dottersackes werden sie mit feinem Lebendfutter, notfalls aber auch mit Eigelb und zerriebenen Salatblättern gefüttert. Sie sind einfarbig graugrün und färben sich erst nach 1–2 Jahren um. Alle Abarten des Goldfisches lassen sich in der gleichen Weise vermehren.

Goldfische zeigen gelegentlich groteske Abänderungen der normalen Fischgestalt. Diese Eigenart wurde von den Chinesen und Japanern zur Züchtung von Formspielarten genutzt.

Von der Federation of British Aquatic Societies (FBAS) sind ab 1947 Standards zur Bewertung der zahlreichen Goldfischzuchtformen ausgearbeitet worden, deren letzte Fassung 1977 veröffentlicht wurde. Man unterscheidet 17 Formen, von denen hier nur die wichtigsten kurz wiedergegeben sind.

1. Normaler Goldfisch und Londoner Shubunkin (Taf 65, Abb. 220/1)

Körper langgestreckt, Höhe nicht mehr als 1/3 der Körperlänge, obere und untere Profillinie etwa gleichmäßig ausgebogen. Maul abgerundet, kein vergrößerter Nasetentakel. Höhe und Länge des Schwanzstieles gleich D, A und C einfach, nicht verdoppelt. P und V paarig, gleichlang. C nicht länger als 1/3 der Körperlänge, eingeschnitten, mit gleichgroßen Lappen. Enden aller Flossen deutlich abgerundet.

Zugelassene Färbung des Standard »Normaler Goldfisch«: Metallisch glänzende kräftige Farben und Farbkombinationen; Schuppen durch die transparente Haut gut sichtbar.

Zugelassene Färbung des Standard »Londoner Shubunkin«: Oberfläche stumpf mit Perlmutterschimmer in allen Farben und Farbkombinationen; Schuppen kaum sichtbar.

2. Bristol Shubunkin (Abb. 220/2)

Körper ähnlich gestaltet wie beim normalen Goldfisch. Die Unterschiede betreffen vorwiegend die Höhe der D (3/4 der Körperhöhe) und die Form und Größe der C.

Zugelassene Färbung: Oberfläche stumpf mit Perlmutterschimmer in allen Farben und Farbkombinationen; Schuppen kaum sichtbar.

3. Kometenschweif (Abb. 220/3)

Körper ähnlich gestaltet wie beim Goldfisch angegeben, C jedoch bedeutend länger (mehr als 3/4 der Körperlänge), tief gegabelt (mehr als 1/2 der Gesamtflosse), Enden aller Flossen zugespitzt.

Zugelassene Färbung: Metallisch glänzende Farben und Farbkombinationen; Schuppen durch die transparente Haut gut sichtbar.

4. Schleierschwanz (Taf. 65, 66, Abb. 220/4)

Körper hochrückig, eiförmig rund (Körperhöhe mehr als 1/2 der Körperlänge). Schwanzstiel hoch an-

Abb. 220 Goldfisch und seine wichtigsten Zuchtformen. 1) normaler Goldfisch, 2) Bristol Shubunkin, 3) Kometenschweif, 4) Schleierschwanz, 5) Teleskopschleierschwanz, 6) Oranda, 7) Fächerschwanz, 8) Perlschupper, 9) Löwenkopf, 10) Pompun, 11) Himmelsgucker, 12) Blasenauge

1
2
3
4
5
6
7
8
9
10
11
12

gesetzt, abwärts geneigt. D einfach, etwa so hoch wie der Körper. A, C, P und V paarig, A und C vollständig voneinander getrennt, C nicht gegabelt, länger als 3/4 der Körperlänge.
Zugelassene Färbung: Metallisch glänzende Farben und Farbkombinationen; Schuppen durch die transparente Haut gut sichtbar.
5. Teleskop-Schleierschwanz (Taf. 65, Abb. 220/5)
Die Körperform entspricht der des Schleierschwanzes, die Augen sitzen jedoch auf seitlich weitausladenden Vorstülpungen.
Zugelassene Färbung: Einschließlich der Flossen tiefschwarz; Schuppen meist zu erkennen.
6. Oranda (Taf. 65, Abb. 220/6)
Körperform wie beim Schleierschwanz angegeben. Charakteristisch ist eine himbeerartige Wucherung auf dem Kopf und dem Kiemendeckel.
Zugelassene Färbung: Metallisch glänzende Farben und Farbkombinationen; Schuppen meist gut sichtbar.
Einen ähnlichen Körperbau haben 7. der »Fächerschwanz«, jedoch mit veränderter C-Form (Abb. 220/7), 8. der »Perlschupper« mit veränderter C-Form und kuppelartig aufgewölbten Schuppen (Abb. 220/8), 9. der »Löwenkopf« mit einem wulstigen, blasenartigen Aufwuchs auf dem Kopf (Taf. 105, Abb. 220/9), 10. der »Pompun« mit stark vergrößerten Nasententakeln (Abb. 220/10), 11. der »Himmelsgucker« mit stark hervortretenden, aufwärts gerichteten Augen (Taf. 105, Abb. 220/11) und 12. das »Blasenauge« mit großen Ausstülpungen unter den Augen (Abb. 220/12).
Weitere seltene Zuchtformen sind der Tancho-Oranda, der Jikin, der Ranchu, der Tosakin und der Tancho Singletail.
Bei allen Standards wird natürlich auch die Haltung der Flossen, bei Schecken die Verteilung der Farben und auch die Vitalität der Tiere in die Bewertung einbezogen.

Carassius auratus gibelio
(Bloch, 1822)
Giebel

In Europa und Asien weit verbreitet; bleibt insgesamt etwas kleiner als die Karausche.
Ähnlich gestaltet wie die Karausche, von dieser jedoch durch den nicht ganz so hohen, seitlich weniger zusammengedrückten Körper, größere Schuppen, Besonderheiten an den Kiemenbögen (mehr Kiemenreusendornen), den fehlenden Fleck auf dem Schwanzstiel und vor allem die Färbung unterschieden.
Giebel sind fast rein graugelblich oder grausilbern, die gelbliche bis messinggelbe Tönung der Karausche fehlt stets.
Der Giebel ist die Stammform des chinesischen Goldfisches und seiner Abarten. Weitere Angaben siehe Karausche. Besonders interessant ist die Tatsache, daß in dem großen Verbreitungsgebiet des Giebels die Zahl der ♂♂ in Richtung Ost nach West abnimmt. Die westlichen Vorkommen sind häufig reine ♀♀-Populationen. Zur Paarung beteiligen sich diese ♀♀ an den Laichspielen anderer Karpfenfische. Deren Samenfäden besamen auch die Giebeleier, jedoch kommt es nicht zur Befruchtung. Die Eier entwickeln sich besamt, aber unbefruchtet, sogenannte Jungfernzeugung (Parthenogenese). Aus Eiern, die sich parthenogenetisch entwickeln, entstehen immer ♀♀, keine ♂♂.

Carassius carassius (Taf. 100)
(Linnaeus, 1858)
Karausche, Moorkarpfen

In ganz Europa weit verbreitet, fehlt in Spanien, der Schweiz, Süditalien und in Nordfinnland. Sehr selten bis 75 cm, meist wesentlich kleiner, etwa 20 cm.
D 3–4/14–21; A 3/5–8; P 1/12–13; V 2–3/7–8; mLR 19–20; keine Barteln. Körper karpfenähnlich, Rükken im Alter besonders hoch, Maul nach vorn gerichtet, D relativ lang und hoch. Oberseite dunkelolivgrün, oft schwärzlich, Körperseiten graugrün bis gelblichgrün, meist mit Messingglanz, Unterseite gelblich bis prächtig goldgelb. Auf der C-Wurzel ein länglicher, quergestellter, dunkler Fleck, der bei jüngeren Tieren deutlicher ist. D und C gelbrot, bei jüngeren Tieren auch rötlich. ♀ im geschlechtsreifen Alter kräftiger.
Die Karausche bewohnt hauptsächlich flache, z. T. stark verschmutzte Gewässer und ernährt sich von verschiedenen Kleintieren, Pflanzenresten und Abfällen. Laichzeit von Mai bis Juni. Die Eier werden an Wasserpflanzen abgesetzt. Sehr fruchtbar (bis 300000 Eier). Diese äußerst widerstandsfähige und genügsame Art eignet sich vorzüglich für ungeheizte Zimmeraquarien. Wer die Karausche nicht kennt, wird in den schöngefärbten Tieren meist irgendeine tropische Art vermuten. Zur Pflege siehe auch S. 206.

Gattung *Crossocheilus* van Hasselt, 1823

Körper langgestreckt und im Gegensatz zu der Gattung *Epalzeorhynchus* seitlich kräftig zusammengedrückt. Die Unterlippe bildet keine Saugscheibe, Schnauze ohne kleinen, beweglichen Seitenlappen, 2 bis 4 Barteln, SL vollständig, auf der Mitte des Schwanzstieles verlaufend. D mit 2–3 ungeteilten und acht geteilten Strahlen, letzter ungeteilter Strahl nicht verknöchert und nicht gezähnt. Schlundzähne in drei Reihen. Südostasien, indoaustralischer Archipel, China. Zahlreiche Arten.

Crossocheilus oblongus (Taf. 97)
van Hasselt, 1823
Längsbandfransenlipper

Große Sundainseln, Halbinsel Malakka, Thailand; bis 16 cm.
D 3/8; A 3/5; P 1/14–15; V 1/8; mLR 33–36; zwei Paar kurze Barteln. Körper gestreckt, seitlich stark zusammengedrückt, obere und untere Profillinie etwa gleichmäßig ausgebogen, Schnauze gerundet,

Maul unterständig, Oberlippe gefranst, Ober- und Unterkiefer scharfkantig. Oberseite olivgrau bis hellgrau, Körperseiten zart gelblich mit breitem, schwarzem Längsband von der Schnauzenspitze bis in die C-Wurzel und von hier bis auf die mittleren Strahlen der C. Beim ♂ ist dieses Band oben und unten oft hell gesäumt. Flossen farblos mit zartem, milchigem Anflug, D oft rosa. ♀ im geschlechtsreifen Alter wesentlich kräftiger. ♂ zur Laichzeit mit weißem Belag auf dem Kopf (Laichausschlag).
Pflege der sehr friedlichen, interessanten Art in großen, gutbepflanzten Becken mit dunklem Bodengrund, nach Möglichkeit hohles Astwerk einbringen. Weiches, schwach saures, über Torf gefiltertes Wasser, 22–25 °C, Allesfresser, mit Vorliebe jedoch Würmer aus dem Bodengrund und Algenbeläge (auch Gartensalat). In Gefangenschaft noch nicht nachgezüchtet. Die Tiere halten sich gern verborgen, bei der Fütterung verlassen sie vorwärtshuschend ihre Verstecke.

Gattung *Cyclocheilichthys* BLEEKER, 1859

Körper mehr oder weniger langgestreckt und zusammengedrückt, Maul klein, keine, ein oder zwei Paar Barteln. Kopf mit zahlreichen, parallel angeordneten sensorischen Feldern, SL vollständig, in der Körpermitte verlaufend, mit weniger als 50 Schuppen. Letzter der vorderen einfachen D-Strahlen verknöchert und deutlich gezähnt. Schlundzähne in drei Reihen. Meist größere Arten, bis maximal 45 cm. Große Sundainseln, Vorder- und Hinterindien, Thailand, Laos, Malaysia, China. Viele Arten haben für die menschliche Ernährung Bedeutung. Zahlreiche Arten.

Cyclocheilichthys apogon (Taf. 64, 106)
(CUVIER und VALENCIENNES, 1842)
Indische Flußbarbe

Hinterindien, Malaiischer Archipel, weitverbreitet; bis 25 cm, bleibt in Gefangenschaft kleiner.
D 4/8; A 3/5–6; P 1/16–17; V 2/9; mLR 34–35. Körper gedrungen, seitlich stark abgeflacht, Maul etwas nach unten gerichtet. Oberseite oliv- bis messingfarben, Körperseiten grünlichsilbern perlmuttglänzend, besonders auf dem Schwanzstiel oft rötlich oder zart violett schimmernd, Unterseite weißsilbern. Kopfoberseite schwärzlich, Kiemendeckel metallisch grün. Zahlreiche dunkle Punktlängsreihen (jede Schuppe mit dunklem Punkt). Unmittelbar hinter dem Kiemendeckel ein kleiner, auf der C-Wurzel ein großer, runder, schwarzer Fleck. Senkrechte Flossen z. T. kräftig rot, grauweiß gesäumt. Iris oben blutrot. ♀ V farblos, im geschlechtsreifen Alter deutlich kräftiger. ♂ V bräunlich, schlanker.
Zur Pflege eignen sich größere Aquarien. Die schwimmaktiven Tiere fressen Lebend- und Trokkenfutter, 22–24 °C, zur Zucht 26 °C. Im Gegensatz zu vielen anderen Arten bleibt die ansprechende Färbung der Jungfische im Alter nicht nur erhalten, sondern wird sogar intensiver. Die Zucht sollte ebenfalls in nicht zu kleinen Aquarien durchgeführt werden. Der Ablaichvorgang erfolgt blitzartig, indem das ♂ seinen Schwanz an das Ende der Bauchpartie des ♀ schmiegt. 10 bis 50 Eier werden bei einem Ablaichvorgang ausgestoßen, insgesamt bis etwa 2000. Sie sind glasklar mit leicht bräunlichem Anflug oder gelblichweiß. Die Zeitigungsdauer beträgt etwa 36 Stunden. Aufzucht nicht schwierig. Ausführliche Beschreibungen geben FRANKE und ZARSKE (Aquar. Terr., 20, 40–43, 1973). Früher als *Rasborichthys altior* bekannt.

Gattung *Cyprinus* LINNAEUS, 1758

Körper mäßig gestreckt bis hochrückig, seitlich wenig zusammengedrückt. D länger als die A, D und A mit verknöchertem, hinten gezähntem, stachelartigem Weichstrahl. C deutlich eingeschnitten. Maul endständig, vorstreckbar, mit deutlichen Lippen, Schlundzähne in drei Reihen, zwei Paar Barteln. Südostasien, Europa. Fünf Arten.

Cyprinus carpio (Taf. 99)
LINNAEUS, 1758
Karpfen

Ursprüngliche Heimat Japan, China, Mittelasien; heute in ganz Europa verbreitet. Bis 100 cm, meist wesentlich kleiner, 30–40 cm.
D 3–4/17–22; A 3/5; P 1/15–16; V 2/8–9; mLR 35 bis 39; SL vollständig; zwei Paar Barteln. Stammform gestreckt, mäßig hoch, seitlich wenig abgeflacht, Schuppenkleid vollständig. Zuchtformen gedrungen, mit hohem Rücken, Schuppenkleid weitgehend reduziert (Spiegelkarpfen) oder fast vollständig fehlend (Lederkarpfen). Oberseite oliv- oder gelbgrün, Körperseiten grünlich, lehmgelb oder messinggelb, Unterseite gelblich. Flossen undurchsichtig graugrün oder bräunlich, gelegentlich leicht rötlich. ♀ zur Laichzeit unförmig dick. ♂ zur Laichzeit nur mit schwachem Laichausschlag.
Den der Stammform ähnlichen Karpfen findet man heute hauptsächlich in den größeren Flüssen. Fast alle Karpfen stehender Gewässer sind jedoch Zuchtformen. Natürliche Ernährung: Kleintiere, Pflanzenteile, große Exemplare auch Fische.
Die erste zuverlässige Nachricht vom Karpfen stammt aus dem 6. Jahrhundert, und zwar berichtet CASSIODORUS über diesen Speisefisch folgendes: »Der Privatmann mag essen, was ihm die Gelegenheit bietet; auf fürstliche Tafeln gehören seltene Delikatessen wie zum Beispiel der in der Donau lebende Fisch Carp.« Im Jahre 1512 gelangte der Karpfen nach England, 1560 nach Dänemark; 1585 wurde er in Preußen angesiedelt und von dort 1729 nach dem damaligen Petersburg gebracht. PETER DER GROSSE siedelte ihn schließlich bei Moskau an. Nach Nordamerika kam der Karpfen erst 1872 und gedieh in Kalifornien außerordentlich gut. Die Geschichte berichtet auch von sehr großen Karpfen. So erhielt einmal FRIEDRICH II. einen solchen von 76 Pfund, bei Frank-

furt/Oder soll ein Karpfen von 140 Pfund erbeutet worden sein. Angaben von 400 Pfund sind zweifelsohne übertrieben. Kleine Karpfen lassen sich im Kaltwasseraquarium sehr gut hältern. Zur Pflege siehe auch S. 206. In den letzten Jahrzehnten finden in Europa und Amerika die aus Japan stammenden Buntkarpfen, auch Kois genannt, immer größere Verbreitung (Taf. 66, Abb. 221). Sie wurden ähnlich dem Goldfisch aus verschiedenen unter natürlichen Bedingungen spontan auftretenden Farbschlägen, u. a. auch dem Goldkarpfen, gezüchtet. Inzwischen sind über 100 Varietäten bekannt, die sich hinsichtlich der Färbung und Beschuppung unterscheiden. Neben einfarbig reinweißen, elfenbeinfarbigen, gelben, orangefarbenen und blauen Buntkarpfen gibt es solche, die zwei- oder mehrfarbig gescheckt sind, z. B. weiß mit großen roten Feldern, gelb oder rot mit großen schwarzen Feldern, weiß-rot-schwarze Tiere u. a. Zusätzlich können besondere Effekte durch die Beschuppung erzielt werden, z. B. blaue Tiere mit heller Netzzeichnung. Besonders beliebt sind auch die Farbformen, die dem Beschuppungstyp des Spiegelkarpfens entsprechen, aber eine Zeilenanordnung der Schuppen zeigen (sogenannte Doitsu-Beschuppung). Buntkarpfen sind etwas sauerstoffbedürftiger und temperaturempfindlicher als unsere Teichkarpfen. Sie sollten in klarem Wasser und im Winter nicht unter 3–4 °C gehältert werden. Auch springen sie relativ gern. Für Freilandteiche in Parkanlagen kann man sich kaum einen schöneren Fischbesatz vorstellen. Besonders schöne Züchtungen erzielen sehr hohe Preise.

Gattung *Eirmotus* Schultz, 1959

Isoliert stehende Gattung, die durch folgende Merkmale charakterisiert ist: SL unvollständig (5–6 Schuppen durchbohrt), größter ungeteilter D-Strahl verknöchert und hinten gezähnt, keine Barteln, auf dem Kopf befinden sich zahlreiche Sinnesporen, die parallel angeordnet sind und weit auseinander stehen. Bis 5 cm. Zentralthailand, Kalimantan (Borneo). Eine Art.

Eirmotus octozona (Abb. 222)
Schultz, 1959
Achtbinden-Trugbarbe

Seengebiet Bung-Borapet in Thailand, Kalimantan (Borneo); bis 5 cm.
D 4/8; A 4/5; P 1/10; V 2/8; mLR 20. Ähnlich gestal-

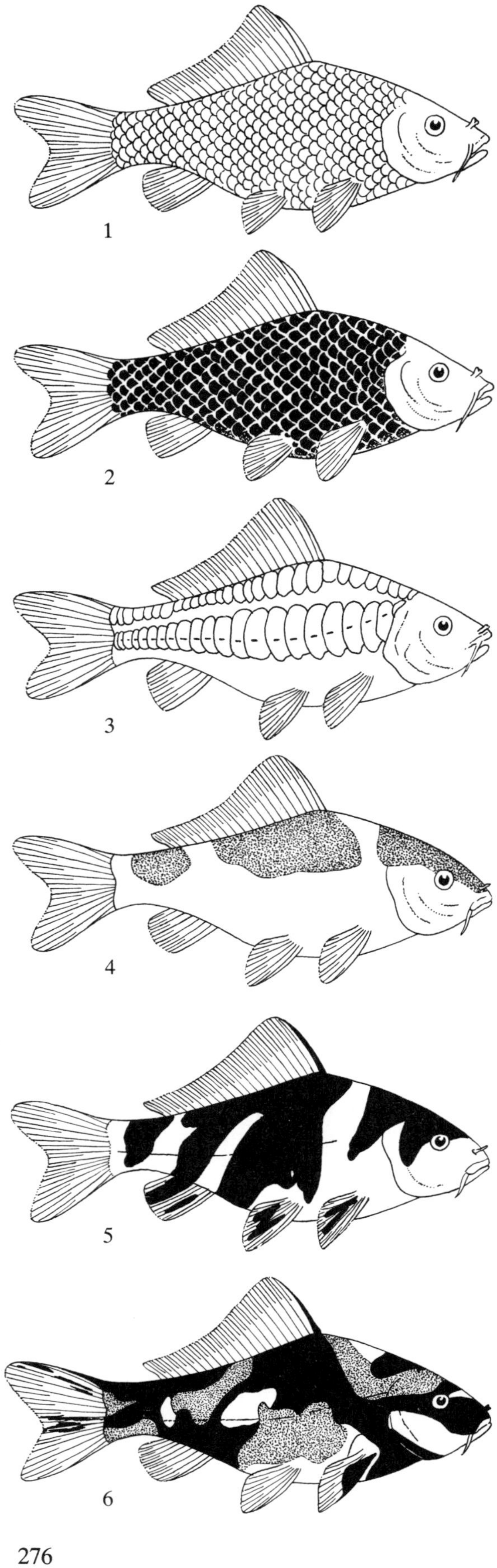

Abb. 221 Häufige Grundtypen des Japanischen Buntkarpfen. 1) Normale Vollbeschuppung mit mehr oder weniger einheitlicher Farbverteilung, 2) Vollbeschuppung mit hellen Schuppenrändern, sogenannte »Matsuba-Beschuppung«, 3) Teil- oder Zeilenbeschuppung, sogenannte »Doitsu-Beschuppung«, 4) Zweifarbiger Buntkarpfen, weiß mit geschlossenen roten Flecken, 5) Zweifarbiger Buntkarpfen, schwarz mit weißen, gelben oder roten Flecken, 6) Dreifarbiger Buntkarpfen, schwarz, rot und weiß

tet wie die bekannte *Barbus pentazona johorensis*. Körper glasig gelboliv, acht relativ schmale, tiefschwarze Querbinden, die vom Rücken bis zur Bauchkante reichen, die 1. Binde durch das Auge, die letzte auf dem Grund der C, die 4., kräftigste Binde reicht vom Anfang der D bis zum Ansatz der V. Zwischen den Binden kleine, dunkle Flecken in unregelmäßiger Verteilung, häufig bei einem Tier seitenungleich angeordnet. Die unpaaren Flossen und die V am Grunde gelblich, beim ♂ rötlich. Auge silbrig. ♀ kräftiger, zur Laichzeit deutlich dicker.
Pflege siehe Seite 239. Relativ ruhige, anspruchslose Schwarmfische, die sich vorwiegend in der Nähe des Bodengrundes aufhalten. Über die Zucht ist bislang nichts bekannt. Beschreibung nach MEINKEN (Aquar. Terr., 9, 15–17, 1962).

Gattung *Epalzeorhynchus* BLEEKER, 1855

Körper langgestreckt, seitlich wenig zusammengedrückt, Kopf klein, spitz zulaufend. Schnauze mit kleinem Seitenlappen, Unterlippe nicht als Saugscheibe ausgebildet. Südostasien. Fünf Arten.

Epalzeorhynchus kallopterus (Taf. 67)
(BLEEKER, 1850)
Schönflossenbarbe

Sumatra, Kalimantan (Borneo), nicht häufig; bis 14 cm, im Aquarium höchstens 10 cm.
D 3/8; A 2/5; mLR 34–36; SL vollständig; zwei Paar Barteln. Körper gattungstypisch gestaltet, Kopf spitz, die Schnauze überragt das Maul weit, Oberlippe mit Fransen. Rücken je nach Wohlbefinden goldbraun bis dunkelolivgrün, gegen die Körperseiten hin durch ein breites goldgelbes Längsband, das sich von der Schnauzenspitze bis auf die C-Wurzel erstreckt, begrenzt. In der Mitte der Körperseiten, das goldgelbe Band unten begleitend, eine breite, gleichfalls auf der Schnauzenspitze beginnende, dunkle Längsbinde, die sich auf die mittleren C-Strahlen fortsetzt. Durch die tiefschwarzen Schuppenränder wird im Bereich dieses Bandes eine Zickzack-Zeichnung vorgetäuscht. Bauchregion weiß. D am Grunde rotbräunlich bis rosa, darüber eine von der oberen bis zur hinteren Flossenspitze reichende Binde, V und A ähnlich gezeichnet, C am Grunde rosa, Pn ganz rosa oder rötlichbraun. Iris lebhaft rot, innerer Rand goldfarben. Oft ist das ganze Tier rötlich angehaucht. Geschlechtsunterschiede nicht sicher bekannt.
Pflege in großen Becken mit stellenweise reichlicher Bepflanzung, Astwerk und weichem Bodengrund. Temperatur 23–26 °C, weiches Wasser, alle Arten Lebendfutter. Diese anspruchslose Fischart hält sich vorwiegend in Bodennähe auf. Eigenartig ist die Ruhestellung: Die Tiere stützen sich dabei mit den Pn auf den Bodengrund oder suchen große Pflanzenblätter auf, um dort in der gleichen Stellung zu verharren, am liebsten bewohnen sie jedoch hohle Baumstümpfe. Die mit fransenartigen Fortsätzen ausgestattete Oberlippe eignet sich vorzüglich zum Abweiden von

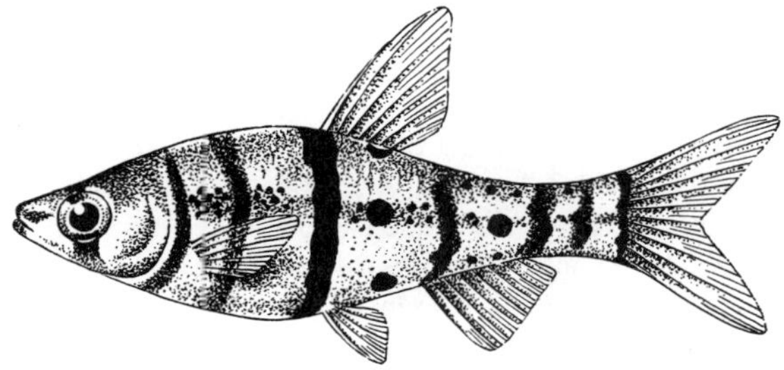

Abb. 222 *Eirmotus octozona*

Algenrasen. Planarienvertilger. Anderen Fischen gegenüber friedlich, revierbildend, deshalb untereinander oft sehr aggressiv. Fortpflanzung unbekannt.

Epalzeorhynchus siamensis (Taf. 67)
H. M. SMITH, 1932
Grünflossen-Rüsselbarbe

Thailand im oberen Thade, Malaiische Halbinsel; bis 14 cm.
D 3/8; A 2–3/5; P 15; V 10; mLR 35; SL vollständig. Ähnlich gestaltet wie die vorhergehende Art. Färbung nach MEINKEN (verändert): Insgesamt grünlich, an den Körperseiten grünliche und purpurfarbene Flecke. Schuppen mit glänzendem Rand. Von der Schnauzenspitze bis auf die Mitte der C ein gerades schwarzes Längsband, das unten von einer silbrigen Linie begleitet wird, C zart grünlich getönt.
Geschlechtsunterschiede und Pflege siehe *E. kallopterus*. Vertilgt im Gegensatz zur vorhergehenden Art selbst die dichten Rasen der Bartalge *(Compsopogon coeruleus)*. Vergl. PAFFRATH (Aquar. Terr., 20, 116 bis 119, 1973).
Nach neueren Erkenntnissen muß diese und die nachfolgende Art aufgrund des fehlenden Rhynal-Lappens in die Gattung *Crossocheilus* eingegliedert werden (KOTTELAT, 1984).

Epalzeorhynchus stigmaeus (Taf. 67)
SMITH, 1945

Nordthailand; bis maximal 13 cm.
D 2/8; A 2/5; P 1–2/14; V 1/8; mLR 31–35. Körper gattungstypisch gestaltet. Bräunlich mit goldenem Schimmer, Rücken dunkler, Bauch silbrigweiß. Iris des Auges goldglänzend. Hinter dem Kiemendeckel ein schwarzer Strich. Die Schuppen auf dem Rücken und den Körperseiten zeigen an ihrer Basis einen schwarzen Strich oder Punkt, so daß teilweise eine netzartige Zeichnung entsteht, die in der Körpermitte, besonders aber in der hinteren Körperhälfte, am kräftigsten hervortritt und dort eine unterbrochene Längsbinde bildet, die in einem schwarzen Fleck an der C-Basis endet. Die Intensität dieser Längsbinde variiert in Abhängigkeit vom Wohlbefinden des Fisches. Flossen farblos bis hellgrün. Geschlechtsunterschiede unbekannt.
Pflege siehe *E. kallopterus*. Die Art frißt auch Bart- und Pinselalgenbeläge (ZARSKE: Aquar. Terr., 27, 228–229, 1980). Siehe auch *E. siamensis*.

Gattung *Garra* HAMILTON-BUCHANAN, 1822

Körper langgestreckt, in der Regel wenig zusammengedrückt, SL vollständig, stets in der Körpermitte verlaufend. Die Unterlippe ist zu einer Saugscheibe umgebildet, ein bis zwei Paar Barteln, selten bartellos. Längster der vorderen ungeteilten D-Strahlen manchmal teilweise verknöchert. Mittelgroße Arten, bis maximal 16 cm. Tropisches Afrika, Kleinasien, Hinterindien, Sri Lanka, Thailand, Laos, China, Kalimantan (Borneo), vorwiegend in Gebirgsbächen. Zahlreiche Arten.

Garra taeniata (Taf. 64)
SMITH, 1931

Thailand, Laos; bis 15 cm, ab etwa 7 cm geschlechtsreif.
D 2/8; A 3/5; mLR 29–35; ein Paar Barteln. Körper gattungstypisch gestaltet. Helloliv bis silbergrau, Rücken bräunlich, Bauch silberweiß. Von der Schnauzenspitze bis zur Basis der C und teilweise auch auf die mittleren Strahlen der C übergreifend eine breite, dunkelbraune Längsbinde, die in der hinteren Körperregion kontrastreicher ausgeprägt ist. Oberhalb dieser Längsbinde eine schmalere silberweiße Binde. Die gesamte Körperregion unterhalb der dunklen Längsbinde gleichfalls silberweiß. Flossen leicht gelblich. Artcharakteristisch sind zwei breite, dunkle Querbinden in der D, die eine gelbliche Linie in der Mitte trennt. ♂ mit größerer A und längeren Barteln sowie mit zahlreicheren Horntuberkeln in der Schnauzenregion und stärkerem Laichausschlag.
Pflege siehe *Epalzeorhynchus kallopterus*, S. 277. Kein guter Algenvertilger. Import häufig als Beifang von *Gyrinocheilus aymonieri*. Bestimmung nicht immer sicher, da noch mehrere, nahe verwandte Arten im Herkunftsgebiet vorkommen: *Garra fascicauda* FOWLER, 1937, Körperfärbung ähnlich, Unterschiede: oberer und unterer Rand der C schwarz, D ohne dunkle Querbänder. *Garra parvifilum* FOWLER, 1939, mit einem viel kürzeren Kopf und Schwanzstiel. *Garra fuliginosa* FOWLER, 1934, mit zwei Paar Barteln (Taf. 68).
Garra spinosa FOWLER, 1934, und *Garra taeniatops* FOWLER, 1935, sind Synonyme von *G. taeniata* SMITH, 1931. Einzeltiere anderer Arten wurden mehrfach importiert, siehe Taf. 64, 68.

Gattung *Hampala* VAN HASSELT, 1823

Mittlere bis große (70 cm Gesamtlänge) Cyprininae von gestreckter, seitlich mehr oder weniger stark zusammengedrückter Körperform. Kopf spitz, Maul groß, endständig. Ein Paar Barteln. Flossen verhältnismäßig klein, Schuppen groß, SL vollständig. Keine Horntuberkeln in der Schnauzenregion. Schlundzähne dreireihig (5.3.1–1.3.5). Süd- und Ostasien, Sumatra, Java, Kalimantan (Borneo), Thailand, Laos, Philippinen (Bosuanga). Manche Arten sind örtlich begehrte Speisefische. Fünf Arten.

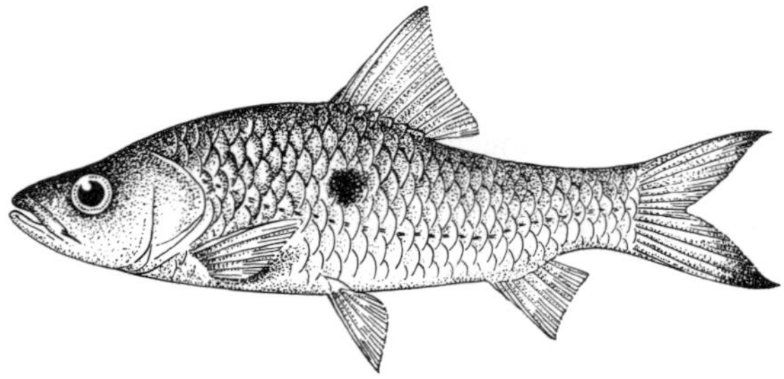

Abb. 223 *Hampala dispar*

Hampala dispar (Abb. 223)
SMITH, 1934

Östl. Thailand, nördl. Laos, Kampuchea; bis 35 cm (?).
D 3/8; A 3/5; mLR 24–25. Körper gattungstypisch gestaltet, unterer C-Lappen länger. Graubraun bis gelblichbraun mit mehr oder weniger starkem Silberglanz. In der Mitte des Körpers unterhalb der D und über der 9.–10. Schuppe der SL ein kreisrunder, tiefschwarzer Fleck. Schwanzstiel manchmal mit undeutlichem dunklem Fleck. D gelb bis kräftig rot, vorn selten schwärzlich, C dunkel orangefarben, äußere Strahlen selten schwarz, die übrigen Flossen durchscheinend bis hellbraun. Geschlechtsunterschiede unbekannt.
Pflege ähnlich den großen *Barbus*-Arten, s. S. 239.

Hampala macrolepidota (Taf. 106)
VAN HASSELT, 1823

Von Burma bis zur Halbinsel Malakka weit verbreitet, Große Sundainseln; bis 70 cm, meist kleiner bleibend.
D 3/8; A 3/5; mLR 24–25. Körper gattungstypisch gestaltet, C-Lappen gleichlang. Braun bis orangebraun mit grüngoldenem Glanz. Vom Beginn der D bis fast zum V-Beginn eine breite schwarze Querbinde. Jungfische haben häufig eine weniger intensive Querbinde auf dem Schwanzstiel, die den Alttieren fehlt. D rot, erste Strahlen tiefschwarz, C tiefrot, äußere Strahlen kräftig schwarz, A und V hellorangefarben bis blutrot, P farblos. Geschlechtsunterschiede unbekannt.
Pflege siehe Gattungsbeschreibung *Barbus*, S. 239. Zur Pflege eignen sich nur Jungfische.
Zwischen *H. dispar* und *H. macrolepidota* gibt es intermediäre Formen (TAKI, 1977). Besonders schwierig zu unterscheiden sind die Jungfische. Die oben angeführten Beschreibungen betreffen adulte Tiere. *Hampala macrolepidota* hat außerdem längere Barteln und gleichlange C-Lappen, im Gegensatz dazu ist der untere C-Lappen von *H. dispar* länger als der obere.

Gattung *Labeo* CUVIER, 1817

Körper mehr oder weniger zusammengedrückt, Schuppengröße variabel. Die SL verläuft in der Körpermitte oder etwas darunter. Maul unterständig, vorstreckbar, keine oder 1–2 Paar Barteln. Die kräftigen Lippen bilden ein Saugorgan, das innen mit scharfen Kanten und hornigen Leisten ausgestattet ist. D vorn mit 2–3 ungeteilten Weichstrahlen, auf die 10–15 geteilte folgen, längster ungeteilter Strahl weich, ungezähnt. Schlundzähne in drei Reihen. Meist größere Arten bis maximal 80 cm Gesamtlänge. Afrika, Süd- und Südostasien einschließlich Indonesien. *Labeo velifer* ernährt sich unter natürlichen Bedingungen z. T. von den Hautparasiten der Flußpferde *(Hippopotamus)*. Zahlreiche Arten.

Labeo bicolor (Taf. 67)
SMITH, 1931
Feuerschwanz-Fransenlipper

Thailand (Chao Phraya, Fluß bei Bangkok) in Bächen; bis 12 cm.
D 3/11–13; A 3/5; P 1/14–15; V 1/8; mLR 30–35; zwei Paar Barteln. Körper gestreckt, seitlich etwas zusammengedrückt, Bauchlinie ziemlich gerade, D fahnenartig hochstehend, etwas vor der V eingelenkt. Bei Wohlbefinden samtschwarz mit scharf abgegrenzter, orangeroter bis blutroter C. D, A und V gleichfalls samtschwarz, P mehr oder weniger orangerot. Nicht eingewöhnte oder schlecht gehaltene Tiere sind graubraun bis schwarzbraun mit gelbroter C, allerdings scheinen auch weniger schöne Lokalformen vorzukommen. ♀ im geschlechtsreifen Alter deutlich kräftiger.
Dieser außerordentlich prächtige Fransenlipper zeigt seine ganze Schönheit in weichem, schwach torfhaltigem Wasser, das regelmäßig teilweise erneuert wird. Das Becken darf nicht zu hell stehen und soll den sehr flinken, etwas scheuen Tieren Versteckmöglichkeiten bieten. Sichtlich bevorzugt werden hohle Baumwurzeln, umgestülpte Blumentöpfe oder Kokosnußschalen. Neben Lebendfutter aller Art werden sehr gern Algenbeläge, aber auch Salat gefressen. Bei 24 bis 27 °C recht widerstandsfähig und lebhaft. *Labeo bicolor* gilt als sehr unverträglich. Diese Eigenschaft ist durch die Rangfolge zwischen den Tieren eines Aquariums bedingt. Meist beherrscht das kräftigste Tier das ganze Becken als sein Revier. Gleichzeitig zeigt es dabei die schönsten Farben. Alle anderen Tiere werden, sobald sie sich sehen lassen, verjagt. Nach HENTSCHEL lassen die Kämpfe bei 21 °C nach, das Wohlbefinden soll trotz der niedrigen Temperatur nicht vermindert sein.
Über die Zucht berichtet NOSCHNOW (Aquar. Terr., 29, 199–201, 1982). Nach einer Injektion einer Hypophysensuspension bildete sich ein Schwarm. Im Frischwasserstrom einer Filteranlage wurden die Geschlechtsprodukte blitzschnell abgegeben, wonach die Tiere ebensoschnell auseinanderschwammen. Dieser Vorgang wiederholte sich mehrere Male. Insgesamt dauerte das Laichen etwa vier Stunden. Ein großes ♀ gab dabei etwa 1000 Eier ab. Die Eier kleben nicht, sind durchsichtig und steigen nach oben (pelagisch). Die Jungfische schlüpfen bei 22–27 °C nach 14–27 Stunden. Aufzucht mit Nauplien und als Zusatznahrung Algen. Auch ein paarweiser Zuchtansatz ist möglich. Die Jungfische sind graublau gefärbt mit schwarzen, weiß gesäumten Flossen.

Labeo erythrurus (Abb. 224)
FOWLER, 1937

Thailand, Mekong bei Kemarat, Laos; bis 12 cm.
D 3/11–12; A 3/5; P 1/15; V 1/9; mLR 27–30, 3–4 auf der C-Basis; zwei Paar Barteln. Etwas schlanker als *L. bicolor*. Bauchlinie fast gerade, Rücken gewölbt.

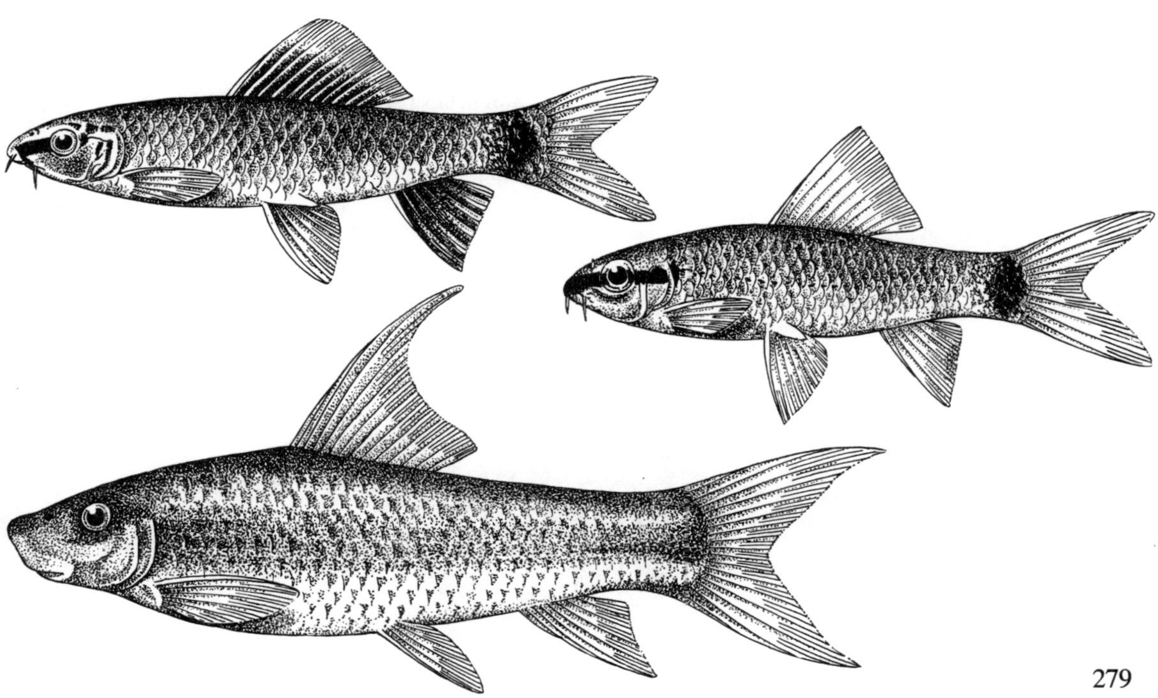

Abb. 224 *Labeo erythrurus*
Abb. 225 *Labeo frenatus*
Abb. 226 *Labeo forskali*

Die D beginnt bei erwachsenen Tieren vor der V. Auf den ersten Blick kann man diese Art für einen schlanken, nicht besonders schön gefärbten *L. bicolor* halten. Körper hellbraun, dunkel oder sogar schwarzblau, unterseits aufgehellt, oft etwas fleckig. Von der Schnauze zum Auge eine dunkle Zügelbinde, auf der C-Wurzel ein dunkler Querstrich. V farblos oder grau, C orange bis rot. Über der P ein dunkler Fleck, der kleiner als das Auge und auch bei *L. bicolor* vorhanden ist. Geschlechtsunterschiede unbekannt.
Pflege wie bei *Labeo bicolor* angegeben.
Abgrenzung zu *L. frenatus* umstritten (siehe dort).

Labeo forskali (Abb. 226)
(RÜPPELL, 1853)
Nil-Fransenlipper

Stromgebiet des Nils und Zuflüsse des Blauen Nils; bis 36 cm.
D 2(9)–10–(11); A 3/5; mLR 38–42. Körper gestreckt, niedrig, die D entspringt weit vor der V, letzter und erster Flossenstrahl der D beim ♂ verlängert. Einheitlich graugrün, unterseits heller bis silbrig. Flossen grau bis gelblich.
Pflege einfach. Die Art ist widerstandsfähig auch gegen tiefere Temperaturen und nimmt jedes Futter willig an. Friedlich gegen andere Fische, untereinander aggressiv.

Labeo frenatus (Taf. 67, Abb. 225)
FOWLER, 1934
Grüner Fransenlipper

Nordthailand (Chieng Mai); bis 8 cm.
D 3/11; A 3/5; P 1/15; V 1/8; mLR 29–30, 2–3 auf der C-Basis; zwei Paar Barteln. Von den vorhergehenden Arten durch einen etwas schlankeren, oben und unten gleichmäßiger ausgebogenen Körper unterschieden. Grauoliv bis bräunlicholiv, unterseits bronzefarben bis weißlich. Von der Schnauzenspitze über das Auge bis auf den Kiemendeckel eine schwarze zügelförmige Binde, auf der C-Wurzel ein schwarzer dreieckiger Fleck. Flossen, besonders die V und A, prächtig ziegelrot bis blutrot. Nach D. VOGT ist die A der ♂♂ schwarz gesäumt. Flossen der ♂♂ allgemein leuchtender gefärbt, D zur Laichzeit gleichfalls schwarz gesäumt.
Pflege wie bei *L. bicolor* angegeben, jedoch untereinander nicht so unverträglich. Vorzügliche Algenvertilger. Zucht nur gelegentlich gelungen.
Nach neueren Erkenntnissen sind *Labeo munensis* SMITH, 1934, und *L. erythrurus* FOWLER, 1937, (Abb. 224) Synonyme dieser Art.

Labeo wecksi (Taf. 106)
BOULENGER, 1909

Oberer und mittlerer Kongo (Zaïre); bis 23 cm.
D 3/12; A 3/5; mLR 36; ein Paar sehr kleine Barteln. Körper gestreckt, etwas gestaucht, auf der Schnauze stehen gruppenweise kleine Knötchen. Schuppen dunkel gerandet, insgesamt vermittelt das Schuppenkleid den Eindruck eines Bienenwabenmusters. Gelbgrün mit schmalen bräunlichen Längsstreifen, Körperseiten mit bronzefarbenem Schimmer. Flossen grünlich bis rötlichbraun. Geschlechtsunterschiede unbekannt.
Pflege sehr einfach, Allesfresser.

Gattung *Labiobarbus* VAN HASSELT, 1823

Mittelgroße bis große Karpfenfische (bis maximal 30 cm) von typischer Barbengestalt. Charakteristische Merkmale sind die mit 21–30 geteilten D-Strahlen relativ lange D, längster, ungeteilter Strahl der D nicht verknöchert und nicht gezähnt, je ein Paar Rostral- und Maxillarbarteln, SL vollständig, die Anatomie des Maules. Sumatra, Java, Kalimantan (Borneo), Hinterindien, Philippinen, Thailand, Laos, China, weitverbreitet und häufig. Etwa acht Arten. SMITH (1945) verwendet für diese Gattung den Namen *Labiobarbus* VAN HASSELT, 1823, INGER und CHIN (1962) dagegen den zwar jüngeren, aber häufiger gebrauchten Namen *Dangila*, da dieser nicht zu Verwechslungen mit der Gattung *Labeobarbus* RÜPPELL, 1836, einer anderen Karpfenfischgattung, führen kann.

Labiobarbus festivus (Abb. 227)
(HECKEL, 1843)

Kalimantan (Borneo); bis 24 cm.
D 4/25–26; A 3/5; P 1/17–19; V 1/8; mLR 36–38. Körper barbenartig. Gelblicholiv, teilweise grünlich

Abb. 227 *Labiobarbus festivus*

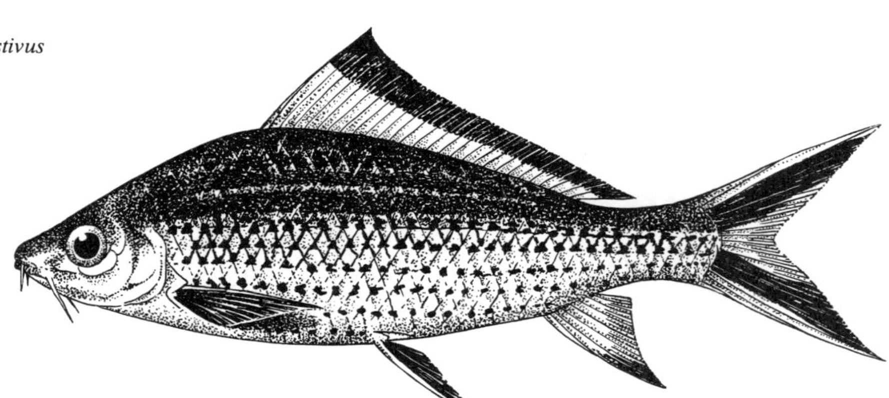

schimmernd, Rücken dunkler, Bauch fast weiß. Auf jeder Schuppe der Körperseiten ein brauner, fast quadratischer Fleck, alle Flecke zusammen ergeben ein regelmäßiges, linienartiges Muster. D-Strahlen basal rötlich, Flosse außen schwärzlich gesäumt, oberster und unterster C-Strahl kräftig rot, nachfolgende Strahlen tiefschwarz, mittelste Strahlen farblos, A und V vorn weißlich, sonst farblos, P farblos. Geschlechtsunterschiede unbekannt. Sehr schöne Art. Pflege siehe Gattung *Barbus*, S. 239.

Labiobarbus leptocheilus (Taf. 69)
(VAN HASSELT, 1823)

Sumatra, Kalimantan (Borneo), Java, Zentral- und Südostthailand, Halbinsel Malakka; bis 30 cm.
D 3–4/21–27; A 3/5; P 1/16–17; V 1/8–9; mLR 39–41. Körper barbenartig. Silbergrau, leicht grünlicholiv schimmernd, Rücken dunkler, Bauch fast reinweiß. Schuppen der Rückenregion an ihrer Basis mit einem dunklen Fleck oder Querstrich, Schuppen der mittleren Körperseiten mit fast quadratischen dunklen Punkten, die ein linienartiges Muster ergeben, die Punkte auf der SL treten besonders kräftig hervor. Dadurch entsteht vor allem in der hinteren Körperhälfte der Eindruck einer dunklen Längsbinde, die in einem dunklen Fleck auf dem Schwanzstiel endet. Etwa in Höhe des Beginns der P befinden sich ober- und unterhalb der SL tiefschwarze, kommaartige Flecke. Flossen farblos bis leicht grau. Geschlechtsunterschiede unbekannt.
Pflege siehe Gattung *Barbus*, S. 239. Die ersten Importtiere dieser Art wurden fälschlich als *Osteochilus lini* FOWLER, 1935, angesehen (ZARSKE: Aquar. Terr. 24, 332–333, 1977). Dort als *Dangila leptocheila* bezeichnet (siehe Gattungsbeschreibung).

Gattung *Lobocheilus* VAN HASSELT, 1823

Das charakteristischste Merkmal dieser Gattung ist ein frei beweglicher Hautlappen, der von der Unterlippe gebildet wird und die darunter gelegene Lippe und Kieferkante vollständig bedeckt (Abb. 228). Diese eigenartige Bildung dient der Nahrungsaufnahme. Die Fische ernähren sich hauptsächlich von Algen und schaben diese mit der scharfen Hornkante ab. 1–2 Paar Oberkieferbarteln. Größere Fische bis maximal 30 cm. Thailand, Laos, Kalimantan (Borneo), Sumatra, Java. Etwa 15 Arten.

Lobocheilus quadrilineatus (Taf. 68)
(FOWLER, 1935)

Thailand, weit verbreitet und häufig; bis 26 cm, bleibt im Aquarium wesentlich kleiner.
D 2/3/8/1; A 3/5/1; P 1/12–15; V 1/8; mLR 30–34. Körper langgestreckt, seitlich kräftig zusammengedrückt. Silberweiß, Rücken dunkler, Schuppen teilweise goldglänzend, schwarz gerandet, Bauch weiß. Über der SL, etwa zwischen P und V, haben die Schuppen einen rötlichen Anflug. Vordere Schuppen

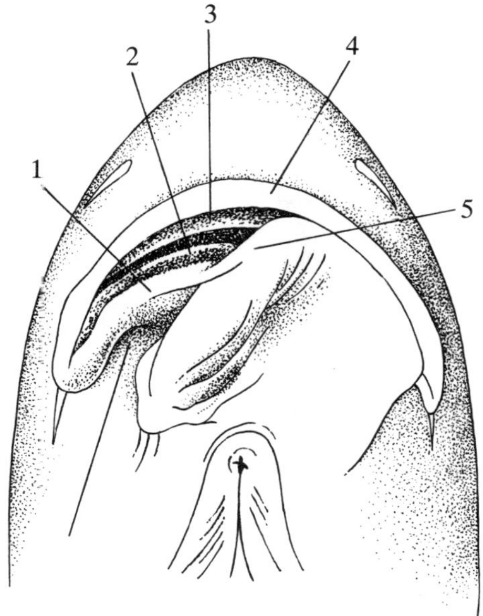

Abb. 228 Gattung *Lobocheilus*, Maulstruktur. 1) Unterlippe, 2) Hornkante des Unterkiefers, 3) Hornkante des Oberkiefers, 4) Oberlippe, 5) beweglicher, hier zur Seite verschobener Lappen der Unterlippe, der in Normallage die eigentliche Unterlippe und den Unterkiefer bedeckt (nach WEBER und DE BEAUFORT)

der SL teilweise mit schwarzen Punkten, die unterhalb der D in eine dunkelblaue Linie übergehen. Unterhalb und oberhalb dieser Linie befinden sich zwei weitere, schwächer ausgeprägte Linien, von denen die direkt unter der SL liegende über der A mit der Mittellinie verschmilzt. Die kräftige mittlere Linie endet auf der C-Wurzel in einem langgestreckten Fleck, der sich auch auf die mittleren C-Strahlen erstreckt. Kiemendeckel goldglänzend. Hinter dem Kiemendeckel ein bläulicher Strich, der vom oberen Kiemendeckelrand bis zum Beginn der P reicht. Iris des Auges oben bläulich. D an der Basis gelblich, außen rötlich, zart schwarz gesäumt, C rötlich, schwarz gesäumt, A, P und V rötlich. Geschlechtsunterschiede unbekannt.
Pflege siehe Gattung *Barbus*, S. 239. Als Einzeltier etwas unverträglich gegenüber anderen Arten. Schuppenräuber!

Gattung *Morulius* BLEEKER, 1849

Eng verwandt mit der Gattung *Labeo*, von der sie sich durch den Bau des Maules (Abb. 229) und durch die Anzahl der geteilten D-Strahlen unterscheidet (15–18 anstelle von 10–15). Eine Art.

Morulius chrysophekadion (Taf. 68)
(BLEEKER, 1849)
Schwarzer Fransenlipper, Schwarze Haibarbe

Thailand, Große Sundainseln; bis 60 cm.
D 3/15–18; A 3/5; P 1/15–17; V 1/8; mLR 41–43; zwei Paar Barteln. Körper gestreckt, seitlich etwas zusammengedrückt, Bauchlinie bei älteren Tieren gerade,

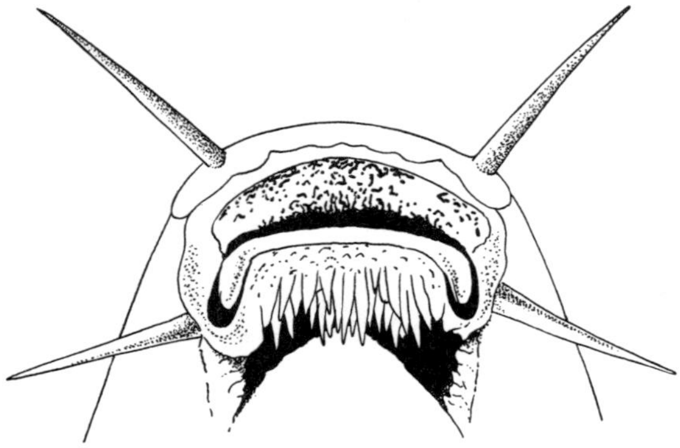

Abb. 229 Gattung *Morulius*, Maulstruktur (beachte die Stellung der Barteln und die Fransen hinter der Unterlippe) (nach WEBER und DE BEAUFORT)

Schnauze mit zahlreichen Poren, die sehr große segelartige D entspringt weit vor den Vn. Einheitlich schwarz bis blauschwarz, jede Schuppe der Körperseiten mit einem mehr oder weniger deutlichen gelben bis rötlichen Fleck. Alle Flossen samtschwarz. Geschlechtsunterschiede sind nicht bekannt.
Pflege siehe bei *Labeo bicolor*, S. 279. Sehr widerstandsfähig, nimmt mit jedem Futter vorlieb, die Tiere suchen ständig den Bodengrund ab, Algenrasen auf Scheiben und Pflanzen werden sauber abgelutscht. Prächtige Schaustücke für Großaquarien. Noch nicht nachgezüchtet.

Gattung *Mystacoleucus* GÜNTHER, 1868

Körper von typischer Barbengestalt. Besonders charakteristisch für die Gattung ist ein kleiner Stachel vor dem Beginn der D (Abb. 230). Keine, ein oder zwei Paar Barteln, SL vollständig, in der Mitte des Schwanzstieles verlaufend. Der längste ungeteilte D-Strahl kann stark verknöchert und gezähnt oder nicht gezähnt und weich sein. Vorder- und Hinterindien, Thailand, Laos, Malaysia, Java, Sumatra, Kalimantan (Borneo). 6–7 Arten.

Mystacoleucus marginatus (Taf. 68)
(CUVIER und VALENCIENNES, 1842)

Sumatra, Java, Kalimantan (Borneo), Thailand, Laos, Malaysia, weitverbreitet und häufig; bis 20 cm, bleibt im Aquarium wesentlich kleiner.

Abb. 230 Gattung *Mystacoleucus*, Stachel vor der Rückenflosse (nach WEBER und DE BEAUFORT)

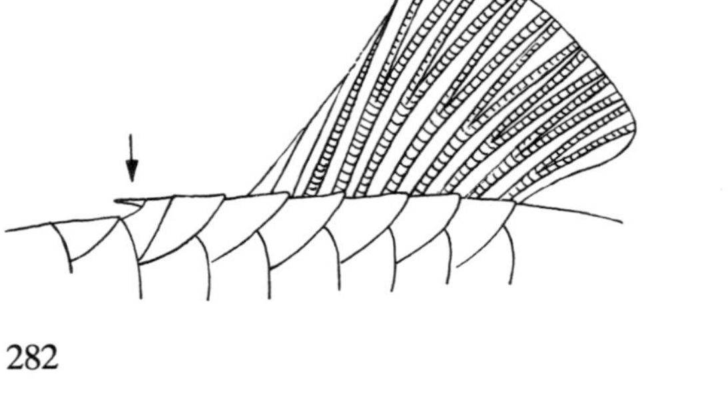

D 3–4/8; A 3–4/8–9; P 1/14–15; V 1/8; mLR 24–29; ein oder zwei Paar Barteln. Gattungstypisch gestaltet, längster ungeteilter D-Strahl verknöchert und gezähnt. Kräftig silbergrau glänzend, teilweise messingfarben schimmernd, Rücken dunkler, Bauch weißlich. Iris des großen Auges silbern. Jede Schuppe der Körperseiten und des Rückens mit einem tiefschwarzen, teilweise halbmondförmigen Querstrich an der Schuppenbasis. D gelblich, 1. Strahl schwarz, schwarz gesäumt, C gelblich, schwarz gesäumt, V gelblich, P farblos bis leicht gelblich. Geschlechtsunterschiede in der Färbung unbekannt. Nach SMITH (1945) sind die Maxillarbarteln der ♂♂ kürzer als die der ♀♀ (1/3 des Augendurchmessers anstatt 2/3). Sehr schöne Art. Pflege siehe Beschreibung der Gattung *Barbus*, S. 239.

Gattung *Osteochilus* GÜNTHER, 1868

Körper gedrungen oder gestreckt, seitlich zusammengedrückt. Maul nach vorn gerichtet, vorstreckbar, gattungscharakteristisch gestaltet: Die Oberlippe wird von einer Hautfalte bedeckt, die Unterkiefer bilden eine scharfe, vorspringende Kante innerhalb der Unterlippe (Abb. 231). Schlundzähne in drei Reihen. D groß, mit 10–21 geteilten Strahlen, zwischen P und V beginnend, längster, ungeteilter Strahl nicht verknöchert und ungezähnt. A klein. SL vollständig, in der Körpermitte verlaufend. Mehrere sehr schön gefärbte Arten, z. B. *O. melanopleura* (BLEEKER). Größere Fische bis maximal 40 cm. Große Sundainseln, Singapur, Malaysia, Thailand, Laos, Hinterindien, China. In Flüssen und Seen, weitverbreitet und häufig. Viele Arten haben regional für die menschliche Ernährung große Bedeutung. Zahlreiche Arten in verschiedenen Gewässern.

Osteochilus hasselti
(CUVIER und VALENCIENNES, 1842)
Nilem

Thailand, Große und Kleine Sundainseln, weitverbreitet; bis 32 cm.
D 3/12–18; A 3/5; P 1/13–15; V 1/8; mLR 33–36; zwei Paar Barteln. Körper gattungstypisch gestaltet, relativ hoch. Olivgrün, besonders an den Seiten mit Messingglanz. Junge Exemplare mit 6–8 braunen Tüpfellängsreihen, jede Schuppe mit dunklem Fleck an der Basis. C-Wurzel mit kräftigem schwarzem Fleck. Flossen kräftig rot, D und C mehr gelblich. Alte Tiere verlieren diese recht ansprechende Färbung und sind dann fast einheitlich gelbgrün bis grau, Flossen grünlich. HEBIG (1978) berichtet von einer goldgelben Form. ♀ kräftiger.
Die schwimmaktiven Schwarmfische eignen sich nur als Jungtiere für Zimmeraquarien. Große Aquarien mit lockerem Pflanzenwuchs, Astwerk oder einhängendem Wurzelwerk und dunklem Bodengrund werden den Bedürfnissen dieser Art am besten gerecht. 22–25 °C, Lebendfutter, vor allem auch Algen und Kopfsalat. Große Tiere sind interessante Schauob-

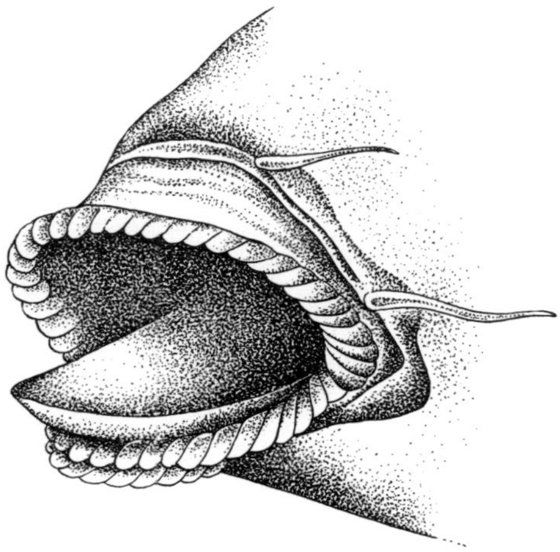

Abb. 231 Gattung *Osteochilus*, Maulstruktur (nach WEBER und DE BEAUFORT)

jekte zoologischer Gärten. *O. hasselti* soll in Gewässern mit starker Strömung ablaichen. Noch nicht nachgezüchtet.

Osteochilus prosemion (Taf. 68)
FOWLER, 1937

Thailand, Laos; bis 15 cm.
D 3/11–12; A 3/5; mLR 35–37. Körper verhältnismäßig langgestreckt, sonst gattungstypisch. Silbergrau, Körperseiten und besonders der Rücken kräftig grünlich glänzend, Bauch fast reinweiß, teilweise rosa schimmernd. Die graue bis graubraune Basis aller Schuppen bedingt ein netzartiges Muster. Besonders charakteristisch sind mehrere tiefschwarz gefärbte Schuppen auf der 4. und 5. Querreihe oberhalb und unterhalb der SL. Flossen leicht grünlich schimmernd, V rötlich mit weißen Spitzen. Geschlechtsunterschiede unbekannt.
Pflege leicht, siehe *O. hasselti*. Die Art springt sehr gut, Becken abdecken.

Osteochilus vittatus (Taf. 69)
(CUVIER und VALENCIENNES, 1842)

Große Sundainseln, hauptsächlich in Flüssen; bis 26 cm.
D 3/10–13; A 3/5; P 1/13–16; V 1/8; mLR 33–34. Gattungstypisch gestaltet, jedoch relativ stark gestreckt und niedrig. Mitte der gerundeten Schnauze mit großem medianem Porus oder Höcker und zwei seitlichen warzenförmigen Knötchen. C tief eingeschnitten, Flossenlappen spitz auslaufend. Oberseite olivfarben, Körperseiten prächtig silbern mit breitem, schwarzem Längsband von der Schnauze bis in die C-Wurzel und von hier aus spitz auslaufend bis zur tiefsten Stelle des C-Randes. Jüngere Exemplare mit Punktlängsreihen (jede Schuppe mit einem schwarzen Fleck?). Flossen farblos, glasig, D gelegentlich mit zwei schwarzen Tüpfelreihen. Geschlechtsunterschiede unbekannt.
Pflege siehe *O. hasselti*. Noch nicht nachgezüchtet.

Gattung *Sawbwa* ANNANDALE, 1918

Kleine Cyprininae, die der Gattung *Barbus* nahestehen. Körper völlig schuppenlos, seitlich zusammengedrückt. Maul klein, endständig und schräg, Oberkiefer vorstreckbar. Barteln fehlen. D und A kurz, 2. Flossenstrahl der D kräftig und im mittleren Teil an der Hinterkante mit 6–12 Zähnen besetzt, C stark gegabelt. SL oberhalb der Bauchhöhle nur angedeutet. Auf den Schlundknochen je vier Zähne, einreihig angeordnet. Inle-See (Inle Aing), endemisch. Eine Art.

Sawbwa resplendens (Taf. 68)
ANNANDALE, 1918

Inle-See (Inle Aing) und umliegende Sümpfe (Shanhochland); bis 3,5 cm.
D 2–3/7; A 2/5; P 7; V 7. Körper gattungstypisch gestaltet. Körper in beiden Geschlechtern, vor allem beim ♂, schön stahlblau, gegen die Bauchkante in ein glänzendes Silberweiß übergehend. Rücken durch eine große Anzahl schwarzer Punkte dunkler, meist grünlich. Iris des Auges unten silbrig, oben orangerot. Beim treibenden ♂ sind die Unterseite des Kopfes und der Brust sowie die A und C scharlachrot gefärbt. Bei den am stärkeren Leibesumfang zu erkennenden ♀♀ ist die Rotfärbung wesentlich schwächer. Die ersten Strahlen der D bei beiden Geschlechtern am hinteren Rand fein schwarz gesäumt, gelegentlich mit schwärzlicher Spitze.
Die Art muß in hartem Wasser gepflegt werden, in weichem Wasser ist sie anfällig. Beim ♂ verblaßt die rote Färbung, nur der Mundboden und der Grund von A und C bleiben orangerot gefärbt. Unter natürlichen Verhältnissen kommen die am schönsten gefärbten ♂♂ in den dicht verkrauteten, schlammigen Uferregionen mit nahezu fauligem Wasser vor, d. h., das Sauerstoffbedürfnis scheint recht gering zu sein. Die ♀♀ werden im Februar und März laichreif. Bei Zuchtversuchen kann für die Laichanregung die Wasserhärte auf die Hälfte vermindert werden (nach MEINKEN).

Gattung *Tinca* CUVIER, 1817

Monotypische Gattung Europas und Asiens. Die Tiere leben in langsamfließenden und stehenden Gewässern, vom Brackwasser bis in die Forellenregion.

Tinca tinca (Taf. 100)
(LINNAEUS, 1758)
Schleie

In Europa und Asien weit verbreitet; bis 70 cm, fast immer wesentlich kleiner bleibend.
D 4/8–9; A 3–4/6–7; P 1/15–17; V 2/8–9; mLR 95 bis 100; SL vollständig; ein Paar Barteln im Maulwinkel. Körper gedrungen, seitlich nur wenig abgeflacht, Schwanzstiel hoch. Maul nach vorn gerichtet, von dicken Lippen umgeben, Schuppen sehr klein, tief

unter der dicken schleimigen Oberhaut gelegen, C gerade abgeschnitten. Olivgrün, Oberseite meist schwärzlich, Bauch etwas heller, mit goldgelbem Schimmer an den Körperseiten. Flossen undurchsichtig grau bis grünlich. ♂ kleiner, 2. Strahl der V verdickt, V insgesamt länger und spitzer. Ältere ♀♀ mit wesentlich stärker ausgebuchteter Bauchlinie. Die Schleien bewohnen hauptsächlich stehende Gewässer mit starkem Pflanzenwuchs und ernähren sich hier von Kleintieren und Pflanzen. Sehr friedlich. Laichzeit Mai bis Juni. Die Eier werden an Pflanzen oder am Boden abgesetzt. Junge Schleien eignen sich sehr gut für die Pflege im ungeheizten Zimmeraquarium und sind wie Karauschen zu pflegen, siehe auch S. 206.
Auch bei der Schleie kommen Farbvarietäten vor, besonders bekannt ist die Goldschleie. Wegen ihrer Widerstandsfähigkeit gegen niedrige Temperaturen wird sie oft dem Goldfisch vorgezogen. Die Goldschleien sind in der oberen Körperhälfte schön gelbrot, untere Körperhälfte mehr gelblich. Über den ganzen Körper und die Flossen sind meist dunkle Tüpfel verstreut.

Gattung *Tylognathus* HECKEL, 1843

Eng verwandt mit der Gattung *Lobocheilus*, von der sich die Gattung *Tylognathus* durch die Lippenstruktur unterscheidet. Die Unterlippe ist hier nicht fleischig, auch fehlt ein Hautlappen. 1–2 Paar sehr kleine Barteln, SL vollständig, Schlundzähne in drei Reihen. In Asien weit verbreitet (Israel bis China). Mehrere Arten.

Tylognathus caudimaculatus (Taf. 68)
FOWLER, 1934

Nord- und Zentralthailand; bis 13 cm.
D 2–3/8/1; A 3/5/1; P 1/12–14/1; V 1/7–8/1; mLR 29 bis 35. Körper langgestreckt, seitlich deutlich zusammengedrückt. Färbung unscheinbar. Rücken braunoliv, Bauch silberweiß. Auf den Körperseiten ein silberner Längsstreifen, der in der hinteren Körperhälfte am kräftigsten hervortritt. Auf dem Schwanzstiel ein kleiner, nicht immer deutlicher, schwarzer Fleck. Flossen farblos, lediglich bei der D sind die Membranen zwischen den einzelnen Strahlen schwarz. Geschlechtsunterschiede unbekannt.
Pflege einfach, 20–24 °C. Allesfresser. Zucht noch nicht gelungen.

Gattung *Varicorhinus* RÜPPEL, 1837

Körper langgestreckt, seitlich deutlich zusammengedrückt. Die SL verläuft zunächst etwas unter der Mitte, auf dem Schwanzstiel jedoch in der Mitte. Maul groß, unterständig, vorstreckbar, Barteln vorhanden oder fehlend. Längster ungeteilter D-Strahl stark oder normal verknöchert. Schlundzähne in drei Reihen. Meist größere Arten, bis maximal 65 cm. Afrika, Südwest- und Zentralasien. Zahlreiche Arten.

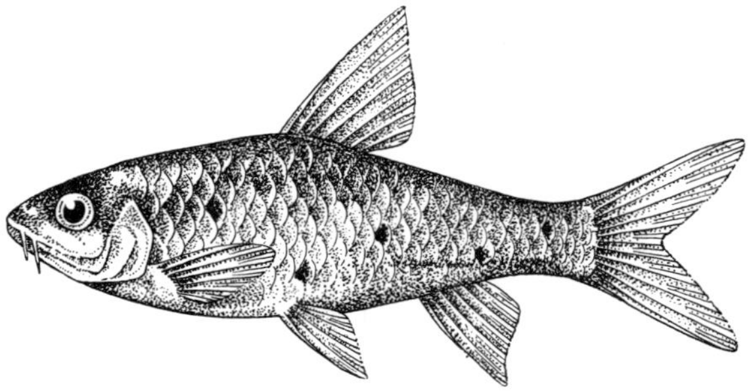

Abb. 232 *Varicorhinus damascinus*

Varicorhinus damascinus (Abb. 232)
(CUVIER und VALENCIENNES, 1840)
Damaskus-Weißling

Vorderasien und nördliche Arabische Halbinsel, besonders Jordanien, Israel, Syrien, häufig; bis 7 cm.
D 11; A 8; mLR 70–78; ein Paar Barteln. Weißfischähnlich, Maul etwas unterständig, Schuppen sehr klein. Färbung nach ARNOLD: »... mit starkem Silberglanz, der bei auffallendem Licht ins Stahlblaue übergeht. Mehrere kleine, runde schwarze Flecke an den Körperseiten unregelmäßig verstreut«. ♀ im geschlechtsreifen Alter wesentlich kräftiger.
Pflege und Zucht einfach. Die Art eignet sich gut für das ungeheizte Zimmeraquarium, ist sehr anspruchslos und pflanzt sich leicht fort. Allerdings sind unsere einheimischen Moderlieschen oder Bitterlinge interessantere Pflegeobjekte und auch in der Färbung ansprechender. Pflege siehe auch S. 239.

Unterfamilie Gobioninae
Gründlinge

Kleinere bis mittelgroße Cyprinidae der unteren Wasserschichten. Die SL verläuft, wenn vollständig, stets auf der Mitte des Schwanzstiels. Schuppen ohne Basalradii. Die ersten drei Flossenstrahlen der D sind ungeteilt, aber nie stark verknöchert (Ausnahme *Hemibarbus*). Rostralbarteln fehlen stets. Schlundzähne in einer oder zwei Reihen (drei bei *Hemibarbus*). Europa, Asien. Mehrere Gattungen mit z. T. zahlreichen Arten.

Gattung *Gobio* CUVIER, 1817

Körper langgestreckt, seitlich wenig abgeflacht, z. T. fast drehrund. Kopf und Maul groß, unterständig, 1 bis 2 Paar Barteln. SL vollständig, Schlundzähne in zwei Reihen. Europa, Asien, in klaren schnellfließenden Gewässern, auch im Brackwasser. Mehrere Arten.

Gobio gobio (Taf. 102)
(LINNAEUS, 1758)
Gründling, Greßling

Europa mit Ausnahme von Süditalien, Mittel- und Südspanien, Norwegen und Schottland, in Asien bis China; bis 15 cm.

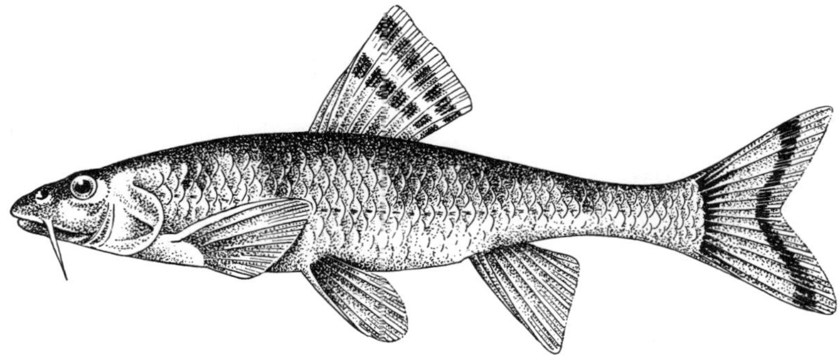

Abb. 233 *Gobio uranoscopus*

D 3/7; A 3/6; P 1/14–15; V 2/8; mLR 40–44; ein Paar kurze Barteln im Maulwinkel. Körper langgestreckt, vorn nicht, hinten etwas abgeflacht, Maul nach unten gerichtet. Oberseite graugrün bis schwärzlichgrau, Körperseiten heller, dunkel getüpfelt, Unterseite silbrig, zart rötlich angehaucht. D und C gelblich mit dunklen Tüpfelreihen, alle anderen Flossen hellgelb, seltener rötlich. Geschlechter sehr schwer zu unterscheiden. ♂ mit größeren Pn, in der Laichzeit mit weißlichen Knötchen (Laichausschlag).
Der Gründling ist ein Schwarmfisch, der hauptsächlich den Bodengrund schnellfließender Gewässer oder die seichten Ufer größerer Seen bewohnt, seltener auch Sümpfe oder das Brackwasser der Ostsee. Er ernährt sich von Kleintieren, Pflanzenstoffen und mit Vorliebe auch von Fischbrut. Zur Laichzeit (April bis Juni) suchen die Tiere flache Uferstellen auf, ♂♂ und ♀♀ schießen scharenweise gegen den Strand und stoßen dabei die Geschlechtszellen aus. Der Gründling läßt sich im Zimmeraquarium gut eingewöhnen. Allerdings ist sauberes, klares Wasser und eine gute Durchlüftung Vorbedingung, Wasserstand niedrig. Im Aquarium bereits zur Fortpflanzung gebracht. Die Jungen sollen sich schnell entwikkeln. Wird in Frankreich gern gegessen. Siehe auch S. 206.

Gobio uranoscopus (Abb. 233)
(Agassiz, 1828)
Steingreßling

Im ganzen Donaugebiet vereinzelt vorkommend; bis 15 cm.
D 2/7; A 2/5–6; P 1/13; V 1/6; mLR 40–42 (43). Ähnlich gestaltet wie die vorhergehende Art, jedoch schlanker. Oberseite bleifarben, Körperseiten und Bauch sehr hell. Fünf undeutliche, breite dunkle Querbinden vom Rücken bis zur SL. Flossen gelblich, D und C gelegentlich mit braunen Fleckenreihen. Weitere Angaben siehe vorhergehende Art.

Abb. 234 *Pseudorasbora parva*

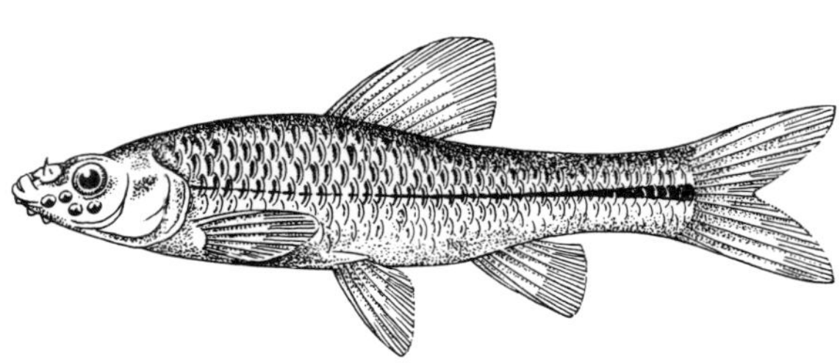

Gattung *Pseudorasbora* Bleeker, 1859

Typische Gründlinge mit sehr kleinem Maul. Unterkiefer vorstreckbar, Barteln fehlen, SL vollständig. Schlundzähne in einer Reihe. Japan, Taiwan, Korea, China, nördlich bis zum Amurgebiet.

Pseudorasbora parva (Abb. 234)
(Schlegel, 1842)

Japan, China, Korea, Taiwan, Amurgebiet, in mehreren Unterarten, weitverbreitet und häufig; bis 10 cm.
D 3/7; A 3/6; mLR 35–38. Körper langgestreckt, seitlich kräftig zusammengedrückt. Die Körperform und -färbung variieren entsprechend dem großen Verbreitungsgebiet sehr stark. Tiere aus dem Amurgebiet sind silberfarben, Rücken gelblichsilbern, Schuppen der Körperseiten schwarz gerandet, ein netzartiges Muster bildend. Jungfische mit deutlicher dunkler Längsbinde, die den Alttieren fehlt. D und C gelblich, A, P und V hellgelb. ♀ kompakter, Flossen kürzer, mLR etwa 35. ♂ schlanker, Flossen etwas länger, mLR mit mehr Schuppen (etwa 37), zur Laichzeit fast schwarz.
Pflege siehe Gattungsbeschreibung *Barbus*, S. 239.

Gattung *Sarcocheilichthys* Günther, 1859

Kleinere Gründlinge mit langgestrecktem, nur mäßig zusammengedrücktem Körper. Flossen ohne stark verknöcherte Strahlen, A mit 5–6 geteilten Flossenstrahlen, SL vollständig. Schlundzähne in einer oder zwei Reihen. Maul klein mit dicken Lippen. Ein Paar kleine, häufig jedoch keine Barteln. Unterkiefer mit oder ohne hornartig verstärkte Symphyse. Japan, China, Korea, nördliches Vietnam, Süden der UdSSR (Amurgebiet). Fünf Arten.

Sarcocheilichthys nigripinnis czerski (Abb. 235)
(Berg, 1914)

Einzugsgebiet des Amur und Ussuri; bis 10 cm.
D 3/7; A 2/6; mLR 38–43; keine Barteln. Gattungstypisch gestaltet. Silberfarben bis grüngolden mit unregelmäßig verteilten, mehr oder weniger tiefschwarzen Flecken auf den Körperseiten, Rücken graugrün, Körperunterseite einschließlich des hinteren Kiemendeckels orangefarben. Schuppen besonders in der vorderen Körperhälfte dunkel gerandet. Iris graurosa mit

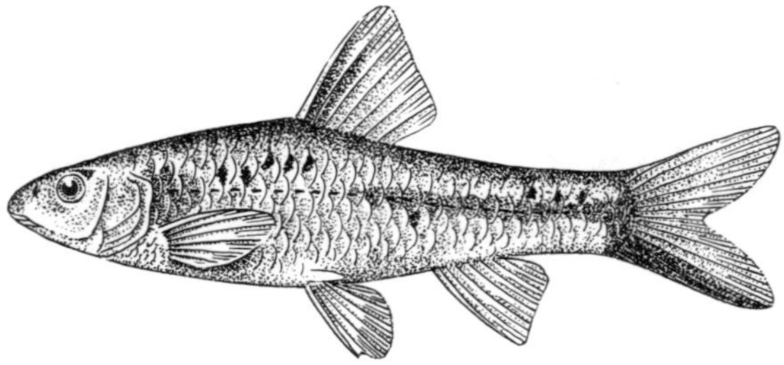

Abb. 235 *Sarcocheilichthys nigripinnis czerski*

dunklem Fleck unter der Pupille, D und C graugrün, P, V und A farblos. Jungfische bis etwa 4 cm mit tiefschwarzem Längsstreifen vom Kiemendeckelhinterrand bis zur Basis der C. ♂ mit Horntuberkeln in der Schnauzenregion, etwas kleiner und schlanker. Zur Laichzeit mit kupferroter Iris, Kehle und Kiemendekkel, Rücken vorn bis etwa zur D leicht türkisfarben, Bauch rosa getönt. Die sonst kräftigen, tiefschwarzen Flecken verblassen, dafür wird eine goldene Längsbinde deutlich sichtbar, A, P und V orangefarben. ♀ ohne Horntuberkel, zur Laichzeit gleichfalls grünlich mit goldener Längsbinde, Iris grün, mit etwa 1 cm langer, zweigeteilter Legeröhre.
Pflege wie bei der Gattung *Barbus* angegeben, S. 239. 22–25 °C, mittelhartes Wasser, Allesfresser. Ihren Laich legen die Tiere in lebenden Muscheln ab. Zur Zucht eignen sich aber offenbar leere Muschelschalen, die mit etwas Schaumstoff ausgelegt sind, besser als lebende Muscheln. Die Laichzeit dauert mehrere Monate (Mai bis September). Insgesamt bis 300 Eier. Die Jungfische schlüpfen nach etwa zehn Tagen. Aufzucht leicht (KOTSCHETOW: Aquar. Terr., 23, 40–44, 1976).
Chilogobio czerski BERG, 1914, und *Ch. soldatovi* BERG, 1914, sind Synonyme dieser Art.

Unterfamilie Acheilognathinae
Bitterlinge

Die Vertreter dieser Unterfamilie sind vor allem durch die ziemlich lange (9–12 geteilte Flossenstrahlen), nach vorn bis unter die D reichende A und die nur in einer Reihe stehenden Pharyngealzähne charakterisiert. Barteln sehr klein oder fehlend. ♀♀ zur Laichzeit mit einer langen Legeröhre. ♂♂ zur Laichzeit mit Tuberkeln an der Schnauzenspitze. Bislang als Rhodeinae bekannt.

Rhodeus sericeus (Taf. 100)
(PALLAS, 1776)
Bitterling, Schneiderkarpfen

Mittel- und Osteuropa, Kleinasien; selten bis 9 cm.
D 3/9–10; A 3/8–10; P 1/11; V 2/6–7; mLR 34–38; SL unvollständig, 5–6 Schuppen durchbohrt. Karpfenähnlich gestaltet, jedoch seitlich stark zusammengedrückt, Maul klein, nach vorn gerichtet. Schönster und interessantester der bei uns beheimateten Fische. Für das Zimmeraquarium vorzüglich geeignet und in seiner Farbenpracht zur Laichzeit nur von wenigen Exoten übertroffen. Außerhalb der Laichzeit sind beide Geschlechter gleich gefärbt. Rücken graugrün, Seiten und Bauch silberglänzend. Unterhalb der D beginnt ein graugrüner Glanzstreifen, der auf der C-Wurzel endet. D schwärzlich, die übrigen Flossen zart rötlich oder gelblich. ♀ zur Laichzeit: mehr gelblich, weniger schillernd, vor der A tritt eine 45–50 mm lange, blaßrote Legeröhre hervor. ♂ zur Laichzeit: Nacken und Rücken olivgrün bis grasgrün, Seiten in allen Regenbogenfarben schillernd, wobei Violett und Stahlblau besonders hervortreten, Kehle und Bauch orange- bis blutrot. D und A gelblich. Über der Oberlippe und den Augen große, weißliche Tuberkel (Laichausschlag).
Pflege in gut bepflanzten Becken mit Mulmschicht ohne Durchlüftung, Temperaturen bis 22 °C, Allesfresser, mit Vorliebe Enchyträen und Mückenlarven. Laichen nach kühler Überwinterung im April willig. Zum Ablaichen benötigen die Bitterlinge größere Muscheln *(Unio, Anodonta)*. Das ♂ wählt zuerst eine Muschel, umschwimmt diese häufig, stellt sich schräg mit dem Kopf über die Muschel, scheuert sich an ihr oder betupft sie mit dem Maul und verteidigt sie schließlich als Laichrevier. Das ♀ mit der inzwischen lang ausgewachsenen Legeröhre wird jetzt zur Muschel gelockt. Immer wieder schießt das ♂ dem ♀ entgegen, verharrt zitternd vor ihm und schwimmt dann langsam auf die Muschel zu. Schließlich folgt das ♀ und legt 2–4 Eier in die Muschel ab. Dazu hockt sich das ♀ gleichsam auf die Ausströmungsöffnung der Muschel und führt in diese zunächst das basale Ende der Legeröhre ein. Der äußere Teil ist abgeknickt und hängt noch nach außen. Nun werden durch Urindruck die Eier in die Legeröhre gepreßt, die Röhre versteift sich dabei, das heraushängende Ende wird so automatisch in die Muschel hineingezogen. Sofort nach der Eiabgabe – der ganze Vorgang dauert nicht ganz eine Sekunde – verläßt das ♀ die Muschel. Das ♂ stößt jetzt über der Muschel Samenfäden aus, die von der Muschel mit dem Atemwasser eingesaugt werden und so zu den Eiern gelangen. Die Jungen verlassen nach 4–5 Wochen die Muschel und müssen jetzt mit feinstem Futter aufgezogen werden. Nach dem Ablaichen verkürzt sich die Legeröhre schnell, die Prachtfärbung des ♂ verschwindet. Das Laichgeschäft kann öfters wiederholt werden. Zur Pflege siehe auch S. 206.
Von der Art sind zahlreiche Lokalformen bekannt, die z. T. als Unterarten betrachtet werden. Früher bekannt als *Rhodeus amarus*.
Die private Hälterung des Bitterlings ist in der DDR aufgrund der geltenden Naturschutzbestimmungen nicht gestattet.

Unterfamilie Leuciscinae
Weißfische

Langgestreckte bis hochrückige Cyprinidae. Die kurze oder lange A beginnt stets hinter der D. Die D selbst ist kurz und hat an der Vorderkante häufig keinen stachelartigen Weichstrahl. Die SL verläuft, wenn vollständig, stets in der Mitte des Schwanzstiels. Meist keine Barteln. Einige Gattungen mit scharfem Bauchkiel. Unterkiefer mit oder ohne Symphysisknopf (Abb. 180), Schlundzähne in 1–3 Reihen. Nach neueren Auffassungen (GOSLINE, 1975) werden die bislang als eigenständige Unterfamilien betrachteten Abraminae, Chondrostominae, Cultrinae, Elopichthyinae, Hypophthalmichthyinae und Xenocyprininae zu den Leuciscinae gestellt.

Gattung *Abramis* CUVIER, 1817

Größere, gestreckte bis hochrückige, seitlich stark abgeflachte, karpfenartige Fische. Maul endständig, keine Barteln, SL vollständig. D relativ kurz und hoch, A verhältnismäßig lang. Schlundzähne in einer Reihe (5–5). Europa, Nordasien, in Seen und langsamfließenden Gewässern, auch im Brackwasser. Die im Brackwasser lebenden Arten ziehen zum Laichen, z.T. auch zum Überwintern, stromaufwärts. Mehrere Arten.

Abramis ballerus
(LINNAEUS, 1758)
Zope, Schwuppe

Mitteleuropa von der Wolga bis zum Rhein, besonders in den Mündungsgebieten größerer Flüsse; bis 35 cm.
D 3/8; A 3/36–43; P 1/15; V 2/8; mLR 66–73. Ähnlich gestaltet wie die nachfolgende Art, jedoch schlanker, A länger und unterer C-Lappen länger als der obere, Maul endständig. Hellsilbern mit gelblichem oder rötlichem Anflug. A und C rötlichbraun, dunkel gesäumt, P und V gelblich.
Geschlechtsunterschiede, Pflege und andere Hinweise siehe nachfolgende Art und Gattungsbeschreibung. Etwas schwieriger in der Pflege als *A. brama*. Wandert zur Laichzeit stromaufwärts.

Abramis brama (Taf. 99)
(LINNAEUS, 1758)
Blei, Brachsen, Breitling

Mittel-, Nord- und Osteuropa, fehlt südlich der Alpen, in langsamfließenden Gewässern und in Seen; bis etwa 70 cm.
D 3/9; A 3/23–28; P 1/15; V 2/8; mLR 50–57; SL vollständig. Körper gedrungen, seitlich stark abgeflacht, hoch, im Alter sehr hoch, Kopf klein. Oberseite dunkelblaugrau, oft schwärzlich, seltener grünlich, Körperseiten hell, matt silberglänzend, Unterseite perlmuttglänzend. Senkrechte Flossen dunkelgrau, paarige Flossen hell blaugrau, niemals rötlich. Die Geschlechter sind außerhalb der Laichzeit nicht einfach zu unterscheiden. ♀ zur Laichzeit wesentlich kräftiger, ♂ mit zahlreichen weißen Knötchen (Laichausschlag) auf Kopf, Körper und Flossen mit Ausnahme der D.
Der Blei bewohnt hauptsächlich tiefe Wasserschichten und ernährt sich von Zuckmückenlarven, Schnecken, Würmern, kleinen Muscheln, Abfällen, große Tiere fressen auch kleine Fische. Zur Laichzeit (Mai bis Juli) suchen die Tiere stark verkrautete Uferregionen auf und setzen hier meist nachts ihre Eier ab. Diese sind gelblich und kleben an den Wasserpflanzen fest. Pflege wie in der Familienbeschreibung angegeben, siehe S. 206. Junge Bleie dauern im Aquarium recht gut aus, wühlen jedoch stark. Grundsätzlich setze man nur vollkommen unbeschädigte Tiere ein, da die Art gegen Pilzbefall sehr empfindlich zu sein scheint.

Abramis sapa
(LINNAEUS, 1758)
Zobel

Südosteuropa, Unterlauf der Donau; bis 30 cm.
D 3/8; A 3/38–45; P 1/15; V 2/8; mLR 49–52. Ähnlich gestaltet wie *A. ballerus*, Schnauze jedoch auffallend hoch stehend und stumpf. Silbergrau, schwach perlmuttfarben glänzend. Weitere Einzelheiten siehe Gattungsbeschreibung.
Pflege nicht leicht, schwieriger als bei der vorhergehenden Art.

Gattung *Alburnoides* JEITTELES, 1861, und Gattung *Alburnus* RAFINESQUE, 1820

Kleine bis mittelgroße Schwarmfische langsamfließender und stehender Gewässer. Körper langgestreckt, seitlich stark zusammengedrückt. SL vollständig, Maul oberständig. Europa. Mehrere Arten mit z.T. zahlreichen Unterarten in beiden Gattungen.

Abb. 236 *Alburnoides bipunctatus*

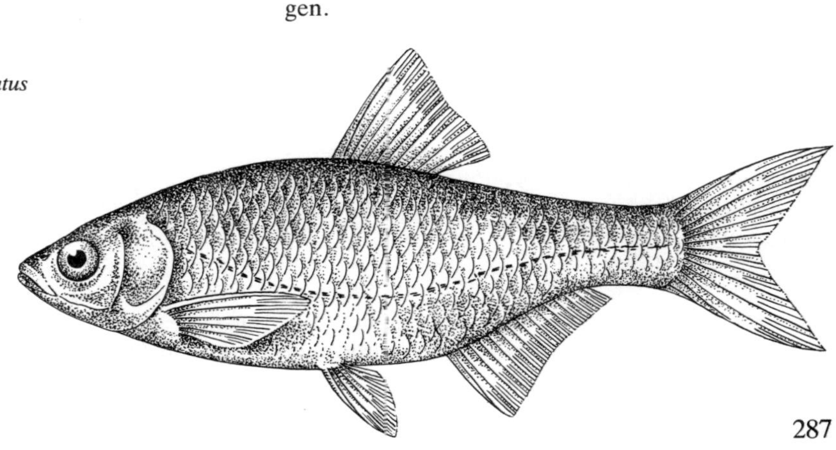

Alburnoides bipunctatus (Abb. 236)
(BLOCH, 1782)
Schneider, Alandblecke, Gestreifte Laube

Ganz Europa nördlich der Alpen und Pyrenäen in fließenden, klaren oder nicht zu stark verschmutzten Gewässern; bis 16 cm, meist kleiner.
D 3/7–8; A 3/15–17; P 1/14; V 2/7–8; mLR 47–51; SL vollständig, stark nach unten durchgebogen. Typischer Karpfenfisch, mäßig gestreckt. Oberseite oliv- bis braungrün, Körperseiten heller, hauptsächlich im unteren Bereich mit starkem Silberglanz, Unterseite weißlich. Vom Auge bis in die C-Wurzel ein breites, dunkles, oft leicht violettes Band, SL dunkel markiert. Flossen zart orangefarben. Zur Laichzeit insgesamt kräftiger gefärbt. Geschlechter vor allem durch den kräftigeren Körperbau der ♀♀ zu unterscheiden.
Pflege siehe nachfolgende Art.

Alburnus alburnus (Taf. 102)
(LINNAEUS, 1758)
Maiblecke, Silberfisch, Ukelei, Laube, Weißfisch

Europa nördlich der Alpen und Pyrenäen in stehenden oder langsamfließenden Gewässern, östliche Ostsee; bis 20 cm, meist kleiner.
D 3/8; A 3/17–20; P 1/15; V 2/8; mLR 46–53; SL vollständig, fast gerade. Körper langgestreckt, schlank, seitlich zusammengedrückt, Maul nach oben gerichtet. Insgesamt stark silberglänzend, Oberseite bläulichgrün. Flossen farblos, glasig, an der Basis gelegentlich zart orange gefärbt. D und C oft hellgrau. Geschlechter nicht einfach zu unterscheiden. ♀ zur Laichzeit (April bis Juni) kräftiger, ♂ zur Laichzeit mit zahlreichen weißen Knötchen (Laichausschlag). Pflege wie auf S. 206 angegeben. Ukelei, Schneider und auch der Schiedling *(Chalcalburnus chalcoides)* sind Schwarmfische, die hauptsächlich die oberen Wasserschichten bevorzugen und ihr Futter von der Wasseroberfläche absuchen. Zur Laichzeit vereinigen sich die Tiere zu sehr großen Schwärmen und ziehen die Flüsse aufwärts, um an Stellen mit steinigem Grund zu laichen. Die Eier werden an Steinen abgesetzt. Aus den silbrigen Schuppen wurde früher die Perlessenz (Essence d'Orient) gewonnen. Man überzog damit die Innenseite kleiner Glaskügelchen und füllte diese dann mit Wachs. Die Glasperle gewinnt auf diese Weise große Ähnlichkeit mit der echten Perle. Im Aquarium dauern diese Arten gut aus und wirken besonders durch ihren starken Silberglanz und ihre Lebendigkeit anziehend. Plötzlichen Temperaturwechsel vermeiden. Hinsichtlich der Fütterung anspruchslos, neben Lebendfutter aller Art wird z.T. auch Trockenfutter genommen.

Gattung *Aristichthys* CHU, 1931

Eng verwandt mit der gleichfalls monotypischen Gattung *Hypophthalmichthys*, von der sich *Aristichthys* durch die nicht gekielte Brust unterscheidet. Der Bauchkiel ist nur zwischen den Vn und der A ausgeprägt. *Hypophthalmichthys* verfügt dagegen über eine vollständig gekielte Bauchkante. Schlundzähne 4–4. Eine Art.

Aristichthys nobilis
(RICHARDSON, 1845)
Marmorkarpfen

Zentralchina, Jangtsekiang, Schanghai, Yinxian; bis 1 m.
D 3/10; A 3/15–17; P 1/17; V 1/8; mLR 114–120; QR 28–32/16–28. Körper ähnlich gestaltet wie beim Silberkarpfen angegeben (S. 307), jedoch etwas hochrückiger. Die P reicht bis hinter die Basis der V. Düster, dunkel marmoriert, Bauch weißlich. Flossen dunkelbraun bis schwärzlich. Keine deutlichen Geschlechtsunterschiede. Für das Aquarium eignen sich nur Jungtiere, Temperatur 22–26 °C. Phytoplanktonfresser. Siehe auch *Hypophthalmichthys molotrix*, S. 307.

Gattung *Aspius* AGASSIZ, 1835

Stark gestreckte Raubfische. Maul endständig, groß, etwas nach oben gerichtet. Unterkiefer hervorspringend. Keine Barteln, SL vollständig, Schlundzähne in zwei Reihen (3.5–5.3). Eurasien. Zwei Arten.

Aspius aspius (Taf. 102)
(LINNAEUS, 1758)
Rapfen, Schied, Rotschiedel

Osteuropa, westlich bis zum Rhein, Donaugebiet, in Flüssen und Seen (auch im Brackwasser der Ostsee); bis 100 cm, meist kleiner.
D 3/7–8; A 3/12–15; P 1/16; V 2/8–9; mLR 65–70. Körper stark gestreckt, seitlich nur mäßig zusammengedrückt. Oberseite sehr dunkel, meist schwarzoliv, Körperseiten grünlich- oder gelblichsilbern, Unterseite stark silbrig. Flossen zart grau, gelegentlich auch rötlich angehaucht. ♂ zur Laichzeit mit starkem Laichausschlag.
Größere Exemplare dieser Art sind Raubfische, die sich hauptsächlich von kleineren Karpfenfischen und Amphibien ernähren. Laicht in der Zeit von April bis Juni in fließenden Gewässern mit sandigem Grund. Die räuberische Art ist nur für Schaubecken geeignet, größere Exemplare sind wertvolle Seltenheiten. Leider recht empfindlich, besonders zur Zeit der Eingewöhnung. Gute Durchlüftung und häufige Erneuerung des Wassers unerläßlich (nach LADIGES).

Gattung *Blicca* HECKEL, 1843

Größere, hochrückige, seitlich zusammengedrückte Cyprinidae, die nahe mit der Gattung *Abramis* verwandt sind, Jungfische beider Gattungen lassen sich nicht leicht unterscheiden. Europa, nördlich der Alpen und Pyrenäen, südl. Skandinavien, Nordasien, Transkaukasien. Eine Art.

Tafel 97 *Barbus roloffi* (Foto Roloff). Links: *Barbus somphongsi* (Foto Foersch). Rechts: *Barbus semifasciolatus* (Foto Sterba) · *Barbus holotaenia* (Foto Lübeck) · *Crossochilus oblongus* (Foto Sterba)

Tafel 98 *Barbus phutunio* (Foto Sterba) · *Barbus tetrazona partipentazona* (Foto Quitschau) · *Barbus schwanefeldi* (Foto Florian)

Tafel 99 *Cyprinus carpio*, Spiegelkarpfen · *Cyprinus carpio*, Schuppenkarpfen · *Abramis brama* (alle Fotos Sterba)

Tafel 100 *Rhodeus sericeus · Tinca tinca · Carassius carassius* (alle Fotos Sterba)

Tafel 101 *Barbus barbus* · *Leuciscus cephalus* · *Chondrostoma nasus* (alle Fotos Sterba)

Tafel 102 *Gobio gobio* · *Alburnus alburnus* · *Aspius aspius* (alle Fotos Sterba)

Tafel 103 *Scardinius erythrophthalmus* · *Rutilus rutilus* · *Phoxinus phoxinus* (alle Fotos Sterba)

Tafel 104 *Leucaspius delineatus* (Foto Unger) · *Ctenopharyngodon idella* (Foto Grahl)

Tafel 105 Himmelsgucker und Löwenkopf, Zuchtformen des Goldfisches (beide Fotos Marcuse)

Tafel 106 *Hampala macrolepidota* · *Cyclocheilichthys apogon* · *Labeo wecksi* (Fotos oben Marcuse, unten Sterba)

Tafel 107 *Chela laubuca* (Foto Sterba) · *Chela caeruleostigmata* (Foto Foersch) · *Chela mouhoti* (Foto Sterba)

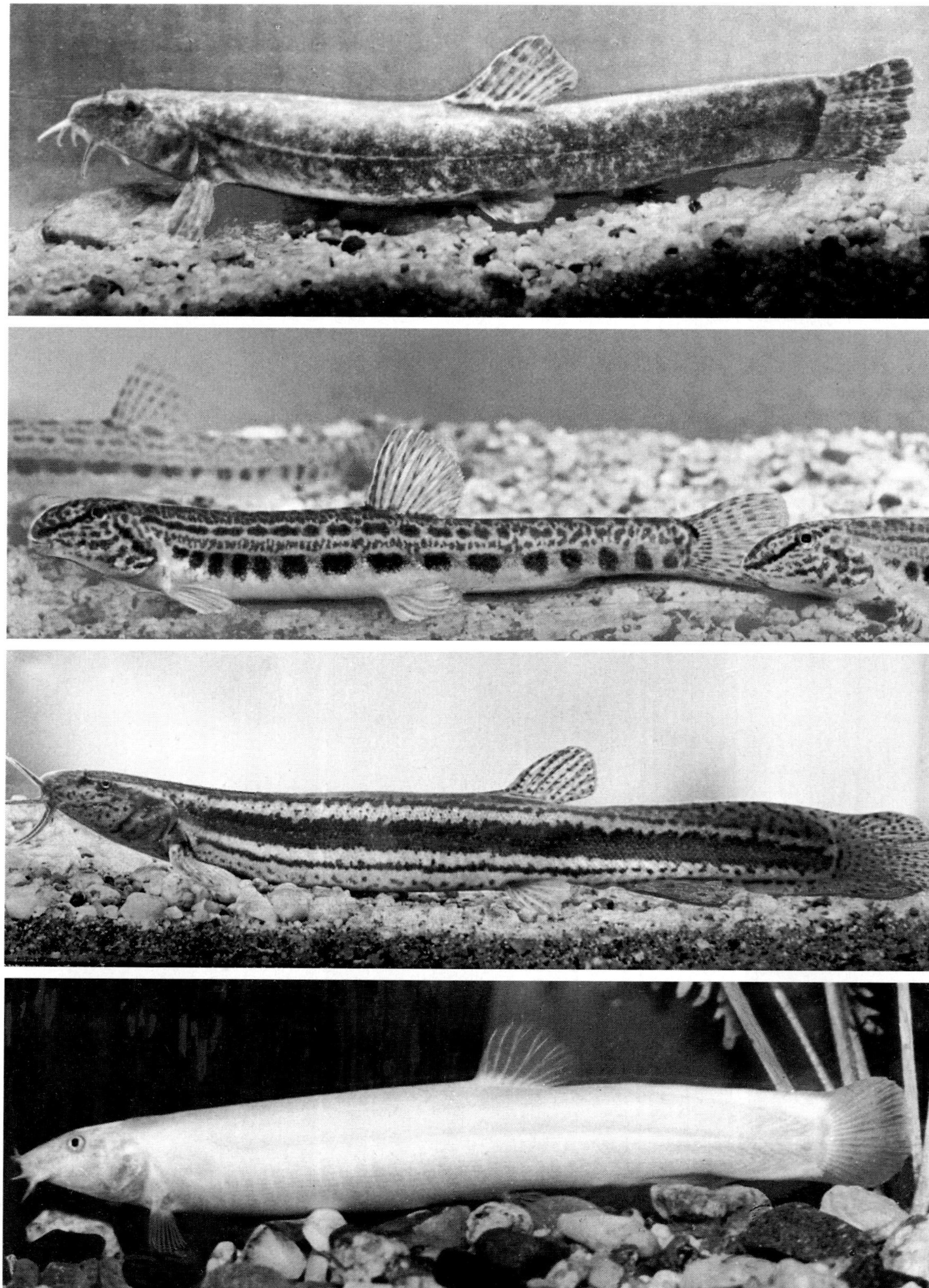

Tafel 108 *Noemacheilus barbatulus* · *Cobitis taenia* · *Misgurnus fossilis* · *Misgurnus mizolepis unicolor* (unten Zarske, alle anderen Fotos Sterba)

Tafel 109 Oben links: *Noemacheilus barbatulus*, Kopf. Oben rechts: *Misgurnus fossilis*, Kopf. Darunter: *Botia berdmorei* · *Botia lecontei* (unten Zarske, alle anderen Fotos Sterba)

Tafel 110 *Pseudobragrus fulvidraco* · *Chrysichthys ornatus* · *Ictalurus nebulosus* (Fotos oben Foersch, unten Florian)

Tafel 111 *Mystus tengara*, Jungtier · *Parauchenoglanis macrostoma* · *Silurus glanis*, 20 cm (alle Fotos Sterba)

Tafel 112 *Channalabes apus* (Foto Foersch) · *Clarias platycephalus* (Foto Sterba) · *Pangasius sutchi* (Foto Marcuse). Unten links: *Channalabes apus*, Kopf (Foto Foersch). Unten rechts: *Schilbe marmoratus*, Kopf (Foto Foersch)

Blicca bjoerkna
(LINNAEUS, 1758)
Güster

Verbreitung siehe Gattungsbeschreibung, häufig vergesellschaftet mit *A. brama*; bis 35 cm.
D 3/8; A 3/19–23; P 1/14–16; V 2/8; mLR 45–50. Ähnlich gestaltet und gefärbt wie der Blei, jedoch insgesamt mehr graugrün am Rücken, Bauch weiß bis zart rötlich, Flossen rötlich. Auge sehr groß. Pflege siehe bei *Abramis brama*.

Gattung *Chela* HAMILTON–BUCHANAN, 1822 Flügelbärblinge

Kleinere Oberflächenfische mit seitlich stark zusammengedrücktem Körper, nahe verwandt mit der Gattung *Oxygaster*. Charakteristisch für die Gattung sind die Praedorsalschuppen, die nicht den Zwischenaugenraum erreichen, die über der P stark nach unten gebogene SL und der fehlende Symphysisknopf im Unterkiefer. Vn vorhanden. SILAS (1958) und BANARESCU (1969) unterscheiden vier Untergattungen: *Chela*: SL vollständig, zwischen SL und V stehen 2–6 Schuppen, Schlundzähne in drei Reihen; *Allochela* SILAS, 1958: SL vollständig, zwischen SL und V stehen höchstens zwei Schuppen, Schlundzähne in drei Reihen; *Malayochela* BANARESCU, 1969: SL vollständig, zwischen SL und V stehen höchstens zwei Schuppen, Schlundzähne in zwei Reihen; *Neochela* SILAS, 1958: SL unvollständig, 7–8 Schuppen vom Rückenfirst zur V, Schlundzähne in drei Reihen.
Pakistan, Indien, Sri Lanka, Nepal, Burma, Thailand, Laos, Malaysia, Sumatra. Langsamfließende oder stehende Gewässer, weitverbreitet. 6–7 Arten.

Chela (Chela) cachinus
HAMILTON–BUCHANAN, 1822
Blauer Flügelbärbling

Pakistan, Indien, Nepal und Burma, in fließenden Gewässern; bis 6 cm.
D 2/7–8; A 2–3/19–23; P 1/8–11; V 1/4–5; mLR 53; SL 51–66. Körper langgestreckt, hoch, seitlich stark abgeflacht, V klein, 2. Flossenstrahl stark verlängert. Durchscheinend, bei auffallendem Licht stark silberglänzend, Rücken leicht oliv, Bauchseite weißlich. In Höhe der D beginnt eine sich nach hinten verbreiternde, grünlich schimmernde Längsbinde. Flossen zart gelblich. Iris messingfarben. ♀ mit größerem Leibesumfang.
Die Art war bisher als *Oxygaster atpar* bekannt. Pflege und Zucht siehe *Chela laubuca*.

Chela (Chela) caeruleostigmata (Taf. 107, Abb. 237)
(SMITH, 1931)

Zentralthailand, Chao Phraya und Nebenflüsse; bis 6 cm.
D 2/11; A 2/22; P 1/10; V 1/5; mLR 34–35. Körper ähnlich gestaltet wie bei der vorhergehenden Art angegeben, etwas hochrückiger. Silbergrau mit bläulichem Schimmer, Rücken dunkler, meist kräftiger bläulich schimmernd, Bauch heller. Artcharakteristisch sind 4–9 dunkelblaue bis tiefschwarze, hinter einem schwarzen Schulterfleck gelegene kurze Querstriche auf den Körperseiten. Auf dem Hinterkopf und auf der D können zusätzliche blaue Flecke vorhanden sein. Flossen farblos bis zart gelblich. ♀ kräftiger.
Pflege und Zucht siehe *Chela laubuca*.

Chela (Neochela) dadyburjori
(MENON, 1952)

Indien (Cochin, Trivandrum, Kerala und Goa); bis 3 cm.
D 2/7; A 3/11–12; P 1/7–9; V 1/5; mLR 32–35; SL 2–7. Körper langgestreckt, seitlich stark zusammengedrückt, gestreckteste Art der Gattung. Auge relativ groß. Gelblich mit bläulichem Schimmer, Rücken dunkler, Bauch fast reinweiß. Hinter dem Kiemendeckel beginnt eine dunkelblaue Längsbinde, die in der Mitte des Körpers 2–5 runde, gleichfarbige Flekke einschließen kann und an der Basis der C endet. Senkrechte Flossen gelblich, P und V farblos. ♀ kräftiger.
Pflege und Zucht siehe *Chela laubuca*.

Chela (Chela) laubuca (Taf. 69, 107)
(HAMILTON–BUCHANAN, 1822)
Indischer Brachsen, Indische Glasbarbe

Indien, Sri Lanka, Burma, Malaiische Halbinsel, Sumatra; bis 6 cm.
D 2/8; A 2/17–22; P 1/8–11; V 1/6; mLR 31–37. Körper schlank, seitlich stark zusammengedrückt, C mäßig eingeschnitten, V gut entwickelt, erster Flossenstrahl stark verlängert. Durchscheinend, silbrigglänzend bis grünlichgrau, auf dem Schwanzstiel violett schimmernd, Rücken etwas dunkler, oft leicht messingglänzend. Etwas vor der D beginnend, zieht in Wirbelsäulenhöhe ein grüner bis tiefschwarzer Längsstrich bis in die C-Wurzel, wo er in einem tiefschwarzen, goldumrahmten Fleck enden kann. Über dem dunklen Längsstrich eine schmale goldene Binde, die nach vorn bis zum Kiemendeckel reicht und hier einen tiefschwarzen Fleck umgreift. Regenbogenhaut silbern mit feinem messingfarbenem Ring. Flossen farblos, bei schönen Tieren leicht orangefarben bis zart bräunlich. ♀ kräftiger. Pflege wie bei *Brachydanio*-Arten angegeben (siehe S. 208). Dieser zweifelsohne sehr schöne Schwarmfisch bevorzugt die oberen Wasserschichten und erweist sich in großflächigen Becken als recht ausdauernd und genügsam. Gierig wird jedes angebotene Futter, selbst Trockenfutter, angenommen. Temperatur nicht unter 24 °C, Wasserqualität ohne Bedeutung, zur Zucht weiches bis mittelhartes und höchstens ganz leicht saures Wasser. Dämmerungslaicher.
Über die Zucht von *Chela laubuca* und *Chela cachinus* berichtet MEYBURG folgendes: Das Ablaichbek-

ken wird wie bei *Danio*-Arten eingerichtet. Im Gegensatz zu diesen beginnen die Tiere jedoch erst bei einsetzender Dämmerung mit dem Paarungsspiel und laichen vielfach erst bei völliger Dunkelheit ab. Dabei versucht das ♂ zunächst das ♀ zu überschwimmen und nach unten zu drücken (besonders bei *Chela cachinus*). Beim Paarungsakt selbst verharrt das ♀, das ♂ schiebt sich jetzt an dessen linke Seite und umfaßt mit seinem Schwanzstiel den Rückenfirst des ♀ hinter der D. Unter Erzittern werden die Geschlechtszellen ausgestoßen (bei jedem Paarungsakt etwa 30–40). Das ♀ löst sich daraufhin unter kreiselnden Bewegungen aus der Umschlingung und wirbelt so die Eier auseinander. Dem Laich wird angeblich nur wenig nachgestellt. Eier glasklar, sehr klein, die Jungen schlüpfen bei 25–26 °C nach 20–24 Stunden. Aufzucht der nach 3–4 Tagen freischwimmenden Jungfische zunächst mit feinen Rädertieren (nach MEYBURG auch Trockenfutter), später Nauplien.

Chela (Chela) mouhoti (Taf. 107, Abb. 238)
SMITH, 1945

Zentralthailand: bis 6 cm.
D 3/10; A 3/23; mLR 31. Körper hoch, seitlich stark zusammengedrückt. Die D entspringt weit hinten, gegenüber der A. Einheitlich bläulichsilbern, oberseits besonders zwischen D und A ziemlich dunkel. Hinter dem Kiemendeckel ein großer tiefschwarzer Fleck. D und P mit dunklen Tupfen. ♀ im geschlechtsreifen Alter wesentlich kräftiger.
Pflege wie bei *Chela laubuca* angegeben. Gute Springer. Die Art ist vielleicht mit *Ch. caeruleostigmata* identisch oder eine Unterart von dieser (BANARESCU, 1968).

Gattung *Chondrostoma* AGASSIZ, 1835

Körper langgestreckt, schlank, spindelförmig. Maul unterständig, die Schnauze überragt das Maul nasenartig. Lippen hornig, scharfkantig. Keine Barteln, Schlundzähne in einer Reihe. Europa, mehrere Arten.

Chondrostoma nasus (Taf. 101)
(LINNAEUS, 1758)
Nase, Näsling, Quermaul

In Mitteleuropa nördlich der Alpen, besonders im Gebiet der Donau und des Rheins; bis 50 cm, meist kleiner.
D 3/9; A 3/10–11; P 1/15–17; V 2/9; mLR 56–62; SL vollständig. Gattungstypisch gestaltet. Oberseite olivgrün bis -grau, Seiten grausilbern, Unterseite zart gelb bis weißlich. D und C dunkel, gelegentlich mit rötlichem Schimmer, paarige Flossen und A zart gelblich rot oder braunrot. Geschlechter außerhalb der Laichzeit nicht leicht zu unterscheiden. Zur Laichzeit beide Geschlechter mit weißen Knötchen auf dem Kopf und den Körperseiten (Laichausschlag), ♂ jedoch an der wesentlich dunkleren, im vorderen Körperbereich oft sogar schwärzlichen Färbung deutlich zu erkennen.
Die Art lebt in verkrauteten Fließgewässern und ernährt sich hier von Pflanzenstoffen und Kleintieren, mit Vorliebe aber von dem Algenbewuchs auf Steinen und Pflanzen, der mit den scharfen Lippen abgeweidet wird. Zur Laichzeit (März bis Juni) vereinigen sich die Tiere zu großen Schwärmen und laichen in kleineren Bächen mit kiesigem Grund. Nach älteren Mitteilungen lassen sich junge Exemplare dieser Art nach vorsichtigem Eingewöhnen in Aquarien längere Zeit recht gut hältern; vorwiegend Wurm- und Pflanzennahrung. Da die Art gründelt, ist weicher Bodengrund notwendig.

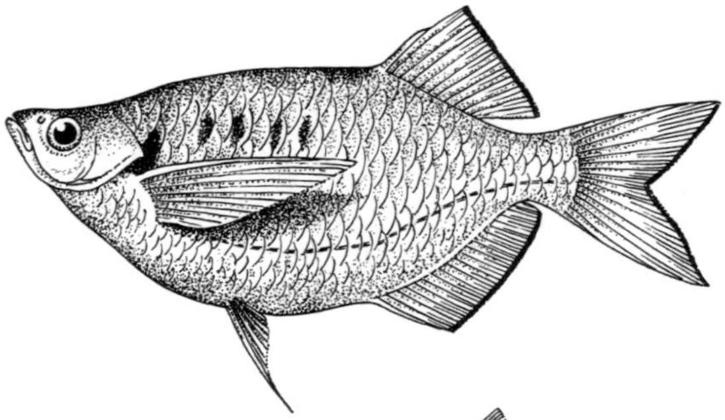

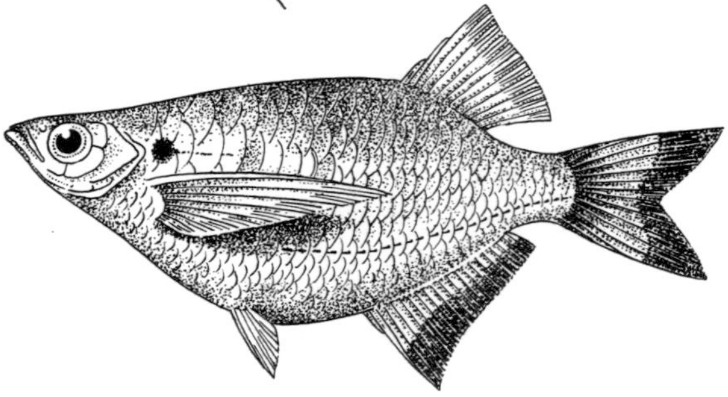

Abb. 237 *Chela caeruleostigmata*
Abb. 238 *Chela mouhoti*

Gattung *Chrosomus* RAFINESQUE, 1820

Körper langgestreckt, schlank, seitlich stark zusammengedrückt. Maul endständig, keine Barteln, Schuppen sehr klein, SL unvollständig. Kleine, flinke Schwarmfische, die klare Fließgewässer und Seen bewohnen. Südliches Kanada, mittlere und nördliche USA. Mehrere Arten.

Chrosomus eos (Abb. 239)
COPE, 1862
Rötling

Südliches Kanada, nördliche und mittlere USA; bis 6 cm.
D 7; A 7–8; mLR etwa 85. Körper gattungstypisch gestaltet. Rücken dunkelbraun bis braunoliv, manche Tiere mit wolkigen dunklen Flecken. Zwei dunkle Längsbinden, von denen die schmalere obere von der Oberlippe über den Augenoberrand, die untere vom Unterkiefer über die untere Augenhälfte zur C-

Basis zieht, letztere ist außerdem leicht bauchwärts durchgebogen und unter der D am breitesten. Beide Binden vereinigen sich auf der C-Wurzel zu einem kleinen dunklen Fleck, der einen grauen Schatten auf die mittleren C-Strahlen wirft; der von den Binden eingeschlossene Raum glänzt golden. Bauch silberweiß. Flossen mattgelb bis bräunlich. Zur Laichzeit ist die goldene Binde mehr rot, die dunklen Binden sind tiefschwarz, Bauch und Kehle leuchtend karminrot, Flossen am Grunde tiefrot, außen goldgelb. ♀ Körper plumper, weniger intensiv gefärbt. ♂ Färbung wie oben angegeben, zur Laichzeit mit weißen Knötchen auf den Kiemendeckeln (Laichausschlag). Pflege siehe Familienbeschreibung, S. 206. Große Becken, sauerstoffreiches Wasser und gute Schwimmöglichkeiten tragen sehr zum Wohlbefinden der Tiere bei. Kühl überwintern, 12–15°C, im Sommer Temperaturen von 15–23°C, Allesfresser. Laichen nur nach kühler Überwinterung im Frühjahr, Temperatur 20–24°C, Aufzucht nicht einfach. Die Paarung erfolgt zwischen Pflanzen. Zuchtregeln im allgemeinen wie bei *Brachydanio*-Arten, siehe S. 208. Läßt sich mit anderen Kaltwasserfischen gut vergesellschaften.

Gattung *Ctenopharyngodon* STEINDACHNER, 1866

Körper langgestreckt, seitlich wenig zusammengedrückt, Kopf relativ breit. D kurz, beginnt etwas vor den Vn, von den vorderen ungeteilten Flossenstrahlen ist der letzte nicht stachelartig hart und nicht mit Zähnchen besetzt. Maul endständig, keine Barteln. Schuppen mittelgroß, SL vollständig. Schlundzähne in zwei Reihen. Eine Art.

Ctenopharyngodon idella (Taf. 104)
(CUVIER und VALENCIENNES, 1844)
Graskarpfen

Zentralasien, China, Amur und seine Zuflüsse; bis 100 cm.
D 3/7; A 3/8; P 1/20; V 2/8; mLR 40–45. Körper wie oben angegeben gestaltet. Rücken- und Bauchlinie zumindest bei Jungfischen etwa gleichmäßig ausgebogen. Körper einfarbig weißgrau bis matt silbern, ohne besondere Zeichnung, weißfischartig, Schuppen sehr deutlich. Diese Art ernährt sich mit Ausnahme des Jungfischstadiums fast ausschließlich von Wasserpflanzen. Mit ihren scharfen, langen Schlundzähnen können die Tiere selbst gröbere Pflanzenstengel abkauen und zermahlen. *Ctenopharyngodon* wurde deshalb in vielen Gegenden der Erde als Pflanzenvertilger eingebürgert. Die Verkrautung der Gewässer konnte so auf natürliche Weise rückgängig gemacht bzw. in Grenzen gehalten werden. Sehr gute Erfolge sind aus der UdSSR, der VR Rumänien und VR Ungarn bekannt. Wachstum sehr schnell. Guter Speisefisch. Zucht nur in Spezialanlagen wirtschaftlich. Für die Hälterung im Kaltwasseraquarium eignen sich nur Jungfische. Pflege siehe Seite 206.

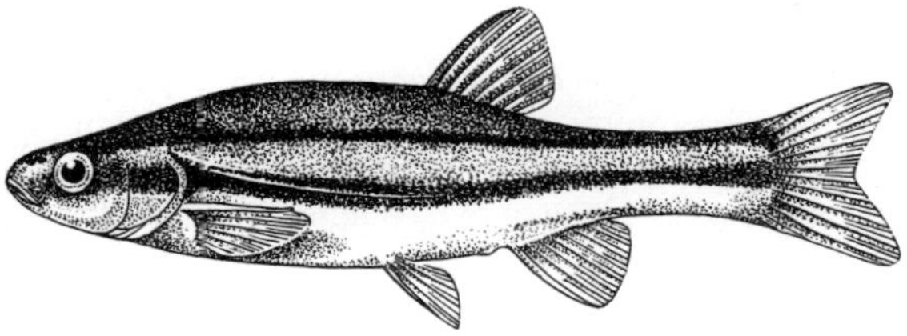

Abb. 239 *Chrosomus eos*

Gattung *Hemigrammocypris* FOWLER, 1910

Kleine, langgestreckte, seitlich zusammengedrückte Fische. Maul endständig. Unterkiefer ganz wenig vorstehend, ohne Symphysisknopf. Keine Barteln, SL unvollständig oder fehlend. Vordere und hintere Nasenöffnung einer Seite nahe beieinanderliegend, jedoch nicht vereinigt. C eingeschnitten. Biwa-See (Japan), China, Hongkong. Drei Arten.

Hemigrammocypris lini
WEITZMAN und CHAN, 1966
Venusfisch

Hongkong; um 3,5 cm.
D 3/7; A 2/8; mLR 30–31; SL fehlt. Körper gattungstypisch langgestreckt. Färbung nach RAKOWICZ und WEITZMAN, 1951 (verändert): Jüngere Tiere zeigen eine schwarze Linie, die am Unterkiefer beginnt, sich über die Körpermitte zur Basis der C erstreckt und dort in einem großen, schwarzen Fleck endet, sie wird hinter dem Auge durch einen goldenen Augenfleck unterbrochen. Über der schwarzen Linie eine blau irisierende, bei älteren Tieren häufig grün leuchtende, mit dem Alter breiter werdende Längsbinde. Rücken braun. Flossen farblos, jeder Flossenstrahl schwarz nachgezeichnet. ♂ stärker orange gefärbt, in der Laichzeit löst sich die schwarze Linie in Punkte auf. ♀ etwas blasser. Pflege, Zucht und systematische Einzelheiten siehe bei *Tanichthys albonubes*, S. 314.

Gattung *Hypophthalmichthys* BLEEKER, 1860

Eng verwandt mit der Gattung *Aristichthys*. Unterschiede siehe S. 288. Eine Art.

Hypophthalmichthys molitrix
(CUVIER und VALENCIENNES, 1844)
Silberkarpfen, Tolstolob

Ostasien, Amurgebiet, Zentralchina, in zahlreichen Gebieten ausgesetzt (Thailand, Taiwan); bis 1 m, meist kleiner.
D 3/7; A 2–3/12–14; mLR 110–124. Körper langgestreckt, seitlich zusammengedrückt, Maul groß, oberständig, Auge sehr tiefliegend, relativ klein, SL bauchwärts durchgebogen. Oberseite grünlichgrau, Körperseiten und Bauch grau, mehr oder weniger stark silbern glänzend. D und C grünlichgrau. Übrige Flossen durchscheinend bis leicht gelblich. Iris grau. Keine deutlichen Geschlechtsunterschiede.

Die Tiere wurden aufgrund ihrer Ernährungsweise (Phytoplanktonfresser) in Mitteleuropa in zahlreichen Gewässern zur Begrenzung des in eutrophen Seen sich übermäßig entwickelnden Phytoplanktons ausgesetzt. Da ihr Fleisch zudem wohlschmeckend und fettarm ist, sind die Tiere eine wertvolle Bereicherung der Speisefischpalette.
Durch ihre höheren Temperaturansprüche bei der Fortpflanzung ist in Mitteleuropa eine Freilandvermehrung und damit natürliche Ausbreitung nicht möglich. Zur Pflege in Zimmeraquarien eignen sich nur Jungfische.

Gattung *Leucaspius* HECKEL und KNER, 1858

Kleinere, langgestreckte, seitlich stark zusammengedrückte Fische der oberen Wasserschichten von Gräben, Tümpeln und flachen Seen. Maulspalte des oberständigen, kleinen Maules steil nach oben gerichtet. Bauch zwischen V und A kielförmig, SL unvollständig. Mittel- und Osteuropa, Mittelasien. Drei Arten.

Leucaspius delineatus (Taf. 104)
(HECKEL, 1843)
Moderlieschen, Sonnenfischchen

In Ost-, Nord- und Mitteleuropa weitverbreitet; bis 10 cm, meist kleiner.
D 3/8; A 3/11–13; P 1/13; V 2/8; mLR 44–48; SL 7–12. Körper gattungstypisch. Kopf stumpf, Maul oberständig. Oberseite olivgrün bis -braun, Seiten und Bauch prächtig silberweiß. Im hinteren Körperdrittel beginnt eine stahlblaue Längsbinde, die auf der C-Wurzel verbreitert endet. Flossen farblos glasig oder zart gelblich. ♀ mit stärker ausgebogener Bauchlinie. Ausgesprochener Schwarmfisch. Als Nahrung dienen kleine Wassertiere, abgestorbene Pflanzenteile und Algen. Besonders interessant ist das Laichgeschäft dieser Art, das meist in den Monaten April und Mai stattfindet. Die Eier werden in Reihen ringförmig um Pflanzenstengel oder entlang des Stengels (z.B. am Schilfrohr) abgesetzt. Das ♂ betreut das Gelege auf eine höchst eigenartige Weise. Es streicht immer wieder über das Gelege und schmiert es dabei mit Körperschleim ein. Dieser Schleim verhindert die Ansiedlung von Bakterien und Pilzen.
Für das Zimmeraquarium eignet sich das Moderlieschen ausgezeichnet. Die munteren Tiere sind sehr genügsam und auch widerstandsfähig gegen höhere Temperaturen. Allerdings muß für eine gute Belüftung des Wassers Sorge getragen werden. Reichlicher Pflanzenwuchs und mulmiger, dunkler Bodengrund fördern das Wohlbefinden. Nimmt mit allen Futterarten vorlieb. Schreitet nach kalter Überwinterung zumindest in größeren Aquarien willig zur Fortpflanzung.
Die Schuppen dienen ähnlich wie bei der Laube (siehe S. 288) zur Herstellung von Perlessenz.

Gattung *Leuciscus* CUVIER, 1817

Körper langgestreckt, seitlich wenig zusammengedrückt. Maul end- bis unterständig, Barteln fehlen, SL vollständig, D und A kurz, die D beginnt in Höhe der V. Schlundzähne in zwei Reihen. Nordamerika, Europa, Mittel- und Ostasien. Mehrere Arten.

Leuciscus cephalus (Taf. 101)
(LINNAEUS, 1758)
Döbel, Rohrkarpfen, Aitel

Von Mittel- und Südosteuropa bis Kleinasien; bis 65 cm, meist kleiner bleibend.
D 3/8–9; A 3/7–8; P 1/16–17; V 2/8; mLR (44) 45–46. Körper langgestreckt, walzenförmig. Oberseite bleigrau mit grünlichem oder bräunlichem Schimmer, Körperseiten und Unterseite silberglänzend, oft leicht gelblich, Bauch weißlich, Schuppen dunkel gerandet, Kopfseiten golden glänzend. C, A, V, P, oft auch die D rötlich bis rot. Geschlechtsunterschiede durch die kräftiger ausgebuchtete Bauchlinie des ♀ deutlich. ♂ zur Laichzeit mit Laichausschlag.
Der Döbel bewohnt Gewässer verschiedener Art und bevorzugt die oberen Wasserschichten. Schwarmfisch, ernährt sich in der Jugend von allerlei Kleinlebewesen, größere Exemplare sind gefräßige Raubfische und Laichräuber. Bekannt ist die Vorliebe des Döbels für Kirschen und Maikäfer. Laichzeit April bis Juni, die Eier werden wahllos an Wasserpflanzen oder Steinen abgesetzt.
Als Jungfische für das Zimmeraquarium geeignet. Pflege wie auf S. 206 angegeben. Große Exemplare sind prächtige Schauobjekte, leider etwas empfindlich. Bislang auch bekannt als *Squalius cephalus.*

Leuciscus idus (Taf. 69)
(LINNAEUS, 1758)
Aland, Silberorfe, Orfe

In Europa nördlich der Alpen und Pyrenäen weit verbreitet, auch im Brackwasser der Ostsee, westliches Sibirien; 75 cm, meist wesentlich kleiner.
D 3/8–9; A 3/9–11; P 1/15–16; V 2/8; mLR 52–59 (60); SL vollständig. Körper gestreckt, seitlich zusammengedrückt, Maul klein, nach vorn gerichtet, keine Barteln. Oberseite olivbraun bis schwärzlich, Körperseiten heller, oft gelblich, im unteren Bereich prächtig silberfarben mit bläulichem Schimmer, Unterseiten silbrig. D und C undurchsichtig grau, alle übrigen Flossen leicht rötlich (zur Laichzeit rot). ♀ im geschlechtsreifen Alter kräftiger, ♂ zur Laichzeit mit Laichausschlag.
Der Aland bewohnt die oberen Wasserschichten fließender Gewässer und Seen und ernährt sich vor allem von Kleintieren wie Krebsen, kleinen Schnecken und Muscheln, Würmern u.a. Laichzeit April bis Juli. Die Eier werden an Pflanzen und Steinen abgesetzt. Jungtiere lassen sich gut eingewöhnen. Weitere Einzelheiten über Pflege, auch in Großaquarien, siehe S. 206.

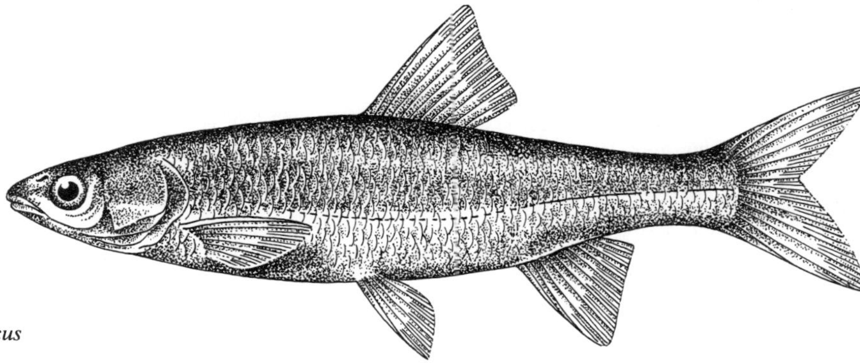

Abb. 240 *Leuciscus leuciscus*

Gelegentlich treten spontan von dieser Art mehr oder weniger stark gelborange Farbspielarten auf, die als Goldorfen (Taf. 69) bezeichnet und für Park- und Gartenteiche gezüchtet werden.
Über die Ursachen der örtlichen Entstehung solcher Goldformen ist wenig bekannt. Berühmt ist in dieser Hinsicht der Ort Dinkelsbühl (Bayern), wo sich die jungen Silberorfen fast alle in Goldorfen umwandeln. Die Goldorfe ist sehr widerstandsfähig und deshalb für die oben angeführten Zwecke besser geeignet als der Goldfisch. Die obere Körperhälfte schöner Tiere ist rotgolden, der untere Teil der Körperseiten mehr orangefarben, der Bauch zart gelblichweiß bis silbern. Am häufigsten jedoch sieht man Goldorfen von einheitlich orangegelber Färbung. Junge Goldorfen eignen sich vorzüglich für das ungeheizte Zimmeraquarium. Die Tiere sind genügsam, lebendig und nehmen fast mit jedem Futter vorlieb. Wachstum im Aquarium langsam.

Leuciscus leuciscus (Abb. 240)
(LINNAEUS, 1758)
Hasel, Weißer Döbel, Weißfisch

In ganz Europa nördlich der Alpen und Pyrenäen weit verbreitet; bis 30 cm, meist kleiner bleibend.
D 3/7–8; A 3/7–9; P 1/16–17; V 2/8; mLR 47–53 (54); SL vollständig. Körper spindelförmig, seitlich kaum abgeflacht, das kleine Maul ist nach unten gerichtet. Oberseite bleigrau bis schwärzlich, Körperseiten und Bauch prächtig silberglänzend, oft mit etwas gelblicher Tönung. SL oben und unten dunkel begrenzt. D und C undurchsichtig grau, alle übrigen Flossen zart gelblich, gelegentlich auch rötlich. ♀ im geschlechtsreifen Alter an der stärker ausgebogenen Bauchlinie zu erkennen. ♂ zur Laichzeit mit feinkörnigem Laichausschlag. Der Hasel bewohnt als Schwarmfisch hauptsächlich die Fließgewässer des Tieflandes (Äschen- und Barbenregion) und hält sich hier vorwiegend in den oberen Wasserschichten auf. Gefressen werden kleinere Wassertiere aller Art. Laichzeit März bis Mai. Die Eier werden an Wasserpflanzen abgesetzt. Jungtiere eignen sich für die Pflege im ungeheizten Aquarium, siehe dazu S. 206.

Abb. 241 *Leuciscus vandoisilus*

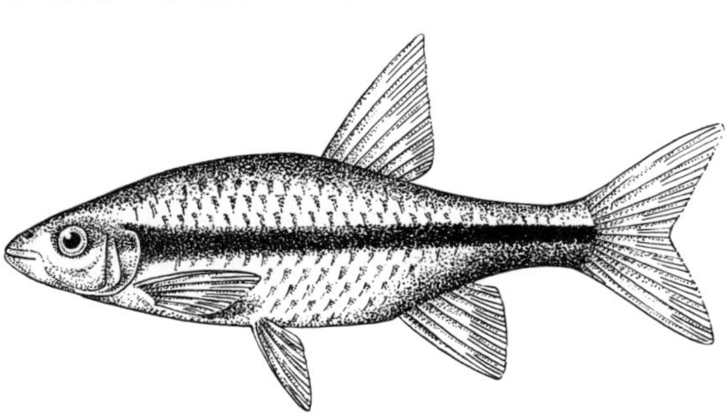

Leuciscus (Clinostomus) vandoisilus (Abb. 241)
(CUVIER und VALENCIENNES, 1844)
Amerikanische Plötze

USA, östlich der Alleghanies in Georgia und westlich dieses Gebirges in Zuflüssen des Tennessee und Cumberland River; bis 13 cm.
D 9; A 8; mLR 47–50; SL vollständig, bauchwärts durchgebogen. Körperform ähnlich den europäischen Weißfischen, Maul groß, nach vorn gerichtet. Jungtiere fast einfarbig graugrün. Geschlechtsreife *L. vandoisilus* im auffallenden Licht stark perlmuttern glänzend. Oberseite bläulichgrün mit einigen dunklen Flecken, Körperseiten heller mit einem dunklen, oben von einem fahlen Streifen begleiteten Längsband. Untere Hälfte des Schwanzstiels dunkel, Bauch hell weißlich. Flossen farblos, vorderer Bereich der D nach ARNOLD gelblich. ♀ im geschlechtsreifen Alter kräftiger. ♂ schlanker, zur Laichzeit sind die Regionen hinter dem Kopf und über den Pn sowie der Bauch und die A rötlich.
Der Schwarmfisch ist im Kaltwasserbecken wie einheimische Arten zu pflegen, siehe S. 206. Allesfresser, kalt überwintern, Eingewöhnung schwierig.

Gattung *Notropis* RAFINESQUE, 1818

Körper langgestreckt, seitlich mehr oder weniger zusammengedrückt. Maul meist endständig, Barteln fehlen, Schuppen groß, SL unvollständig. Kleinere Schwarmfische (bis etwa 10 cm) der Stand- und Fließgewässer Nordamerikas östlich des Felsengebirges. Etwa 100 Arten, von denen einige prächtig gefärbt sind und im Kaltwasseraquarium gut ausdauern.

Notropis hypselonotus (Abb. 242)
(GÜNTHER, 1868)
Längsbandorfe

USA, Alabama, Georgia und Florida; bis 6 cm.
D 8; A 11; mLR 35; QR 8. Gattungstypisch gestaltet. Braun bis dunkelbraun, Rücken olivbraun, bei auf-

fallendem Licht grasgrün, Bauch gelblich bis weißlich. Von der Schnauzenspitze bis in die C-Wurzel ein blauschwarzes Längsband, das oben von einer feuerroten, sehr auffallenden Binde begleitet wird. D und A am Grunde ziegelrot, nach außen rötlich bis gelblich, V gelblichgrün mit bläulichen Spitzen, P farblos. ♀ die feuerrote Binde nur gelblichrot, D ohne schwarze Spitze. ♂ D mit schwarzer Spitze.
Pflege und Zucht wie bei *Chrosomus eos* angegeben, S. 307. Im Winter 16–18 °C. Die Verbreitung dieser sehr schönen Art ist wünschenswert.

Notropis lutrensis (Abb. 243)
(BAIRD und GIRARD, 1853)

USA, südliches Illinois bis Süd-Dakota; bis 8 cm.
D 9; A 8–10; mLR 34–38; QR 6–8/4. Von gattungstypischer Gestalt. Färbung außerhalb der Laichzeit: Oberseite graublau bis grünlich, Körperseiten und Bauch silbrig, zart rötlich angehaucht. Etwa in Höhe der A beginnt eine dunkle Längsbinde, die sich bis in die C-Wurzel erstreckt. Hinter dem Kiemendeckel eine keilförmige, violettschimmernde Querbinde, die besonders beim ♂ hervortritt. D farblos, alle übrigen Flossen gelblich bis zart rötlich. Färbung zur Laichzeit: Körperseiten und Bauch prächtig karminrot bis violett, seltener grünlich. ♂ mit kräftig roter Stirn und Kehle, Kiemendeckel gleichfalls blutrot, A und C intensiv rot, paarige Flossen gelblich bis rötlich. ♀ kräftiger und auch zur Laichzeit etwas unscheinbarer gefärbt. ♂ wie oben angegeben gefärbt, zur Laichzeit mit Laichausschlag.
Pflege wie bei *Chrosomus eos* angegeben, S. 307. Temperatur im Winter nicht niedriger als 14–16 °C.

Gattung *Oxygaster* VAN HASSELT, 1823

Nahe verwandt mit der Gattung *Chela*. Von dieser (siehe S. 305) jedoch durch folgende Merkmale zu unterscheiden: Die Praedorsalschuppen reichen nach vorn bis zwischen die Augen, Unterkiefer mit Symphysisknopf, der in eine Aussparung des Oberkiefers paßt. Vn vorhanden oder fehlend. Mehrere Arten in Südostasien. Die Gattung *Oxygaster* wurde mehrfach in verschiedene Gattungen aufgelöst, z. B. *Oxygaster, Parachela, Salmostoma.* Bislang konnte jedoch keine dieser Aufteilungen allseitig befriedigen.

Oxygaster anomalura
VAN HASSELT, 1823

Java, Kalimantan (Borneo), Sumatra, Malaya; bis 15 cm.
D 2/7; A 3/27–31; mLR 50–60; SL vollständig, nach unten durchgebogen. Körper gestreckt, seitlich stark abgeflacht, untere Profillinie wesentlich stärker als die obere ausgebogen, die Vn sind oberhalb des Bauchprofils, die D vor der A angesetzt. Insgesamt stark silberglänzend, z. T. mit bläulichem oder grünlichem Schimmer, Rücken dunkler. An den Körperseiten ein dunkles, oft nur angedeutetes Längsband,

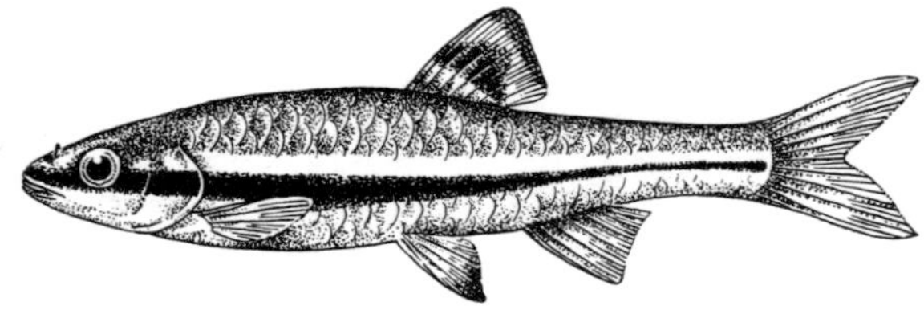

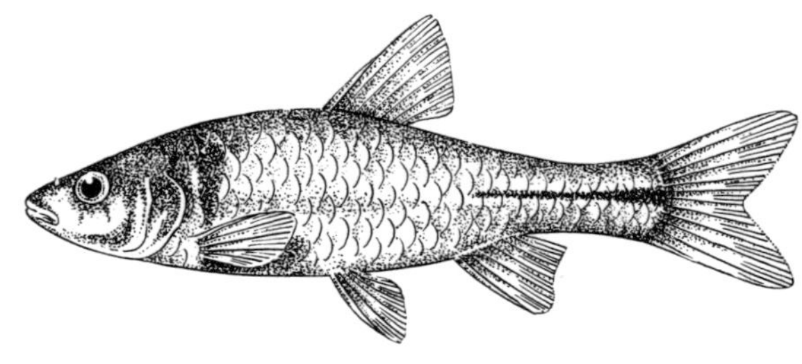

Abb. 242 *Notropis hypselonotus*
Abb. 243 *Notropis lutrensis*

das sich nach hinten verbreitert. Flossen durchsichtig, jeder Lappen der tiefeingeschnittenen C mit einem dunklen Längsband, von denen das obere praktisch die Fortsetzung des Seitenbandes darstellt. Keine deutlichen Geschlechtsunterschiede. Pflege und Zucht wie bei *Chela laubuca* angegeben, siehe S. 305.

Oxygaster bacaila
(HAMILTON–BUCHANAN, 1822)
Indisches Moderlieschen

Ganz Indien mit Ausnahme von Malabarküste, Mysore und Madras; bis 18 cm.
D 2/7; A 3/10–15; mLR 86–110. Körper gestreckt, seitlich abgeflacht, untere Profillinie stärker ausgebogen, Schuppen sehr klein. Oberseite graugrün, sonst einfarbig silbern. Vom Kiemendeckel bis in die C-Wurzel erstreckt sich eine breite, weißgrüne Glanzbinde. Flossen farblos. Die ♀♀ sind nur an dem größeren Körperumfang zu erkennen.
Pflege siehe bei *Chela laubuca*, S. 305. In Gefangenschaft vermutlich noch nicht vermehrt.

Oxygaster oxygastroides (Abb. 244)
(BLEEKER, 1852)
Glasbarbe

Thailand, Laos, Große Sundainseln, in stehenden Gewässern häufig; bis 20 cm, bleibt in Gefangenschaft wesentlich kleiner.
D 2/7; A 3/23–38 (!); mLR 40–43. Körper langgestreckt, seitlich kräftig zusammengedrückt, A lang,

Abb. 244 *Oxygaster oxygastroides*

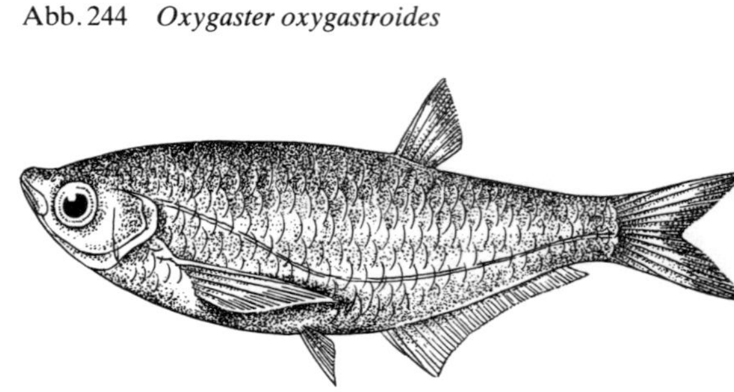

variabel. Körper einfarbig silberweiß. Rücken gelbbraun, z.T. mit grünlichem bis bläulichem Schimmer, Bauchseite weiß. Vom Kiemendeckel bis in die C-Wurzel erstreckt sich ein breiter, prächtig silberner, oben oft von einer schwarzen Linie begrenzter Glanzstreifen. Gelegentlich ein schwarzer Längsstrich auch auf der unteren Körperhälfte. Flossen klein, farblos, glasig, mit kleinen schwarzen Tüpfeln, C gelblich mit schwarzem distalem Rand. Besonders jüngere Tiere sind stark durchscheinend (Glasbarbe!). ♂ und ♀ gleichartig gefärbt, ♀ jedoch wesentlich kräftiger. Pflege und Zucht siehe *Chela laubuca*, S. 305.

Gattung *Phoxinus* RAFINESQUE, 1820

Körper langgestreckt, seitlich nur wenig zusammengedrückt. Maul endständig bis leicht unterständig, Schuppen sehr klein, SL vollständig oder unterbrochen. D mit 7–9 und A mit 7–17 geteilten Flossenstrahlen. In beiden Flossen keine stachelähnlichen Weichstrahlen. Schlundzähne in zwei Reihen. Europa, Nord- und Zentralasien, Japan, Nordamerika. Zahlreiche Arten.

Phoxinus neogaeus (Abb. 245)
(COPE, 1866)
Nordamerikanische Elritze

Stromgebiet des Mississippi und Missouri, in den Nebenflüssen White River, Wisconsin, Arkansas u. a., nicht häufig; bis 8 cm.
D 3/7; A 2/7; mLR etwa 80; SL unvollständig, kurz. Mit unserer einheimischen Elritze nahe verwandt. Körper gestreckt, bis auf den Schwanzstiel seitlich wenig abgeflacht. Maul klein, nach vorn gerichtet. Insgesamt dunkel, Rücken dunkeloliv bis schwärzlich, Körperseiten mit breitem schwarzem Längsband, das von der Schnauze bis in die C-Wurzel reicht und oben von einem helleren Strich begrenzt wird, Unterseite weißlich. Flossen farblos bis bräunlich. ♀ kräftiger, zur Laichzeit mit gelblichem Bauch. ♂ zur Laichzeit Bauch, P, V sowie die A karminrot.
Die empfindliche Art ist etwa so zu pflegen wie unsere einheimische Elritze (siehe unten).

Phoxinus phoxinus (Taf. 103)
(LINNAEUS, 1758)
Elritze, Pfrille

Ganz Europa außer Südspanien und Island; bis 14 cm.
D 3/7; A 3/7; P 1/15; V 2/8; mLR 80–90; SL unvollständig. Körper langgestreckt, seitlich bis auf den Schwanzstiel kaum abgeflacht, Maul nach vorn gerichtet, klein. Die Färbung wechselt stark. Rücken oliv- bis graugrün, oft dunkel gefleckt, Seiten gelbgrün mit metallischem Glanz. Maulwinkel karminrot, Kehle schwarz, Brust oft scharlachrot, Bauch weißgelblich. Hinter dem Auge beginnt ein goldglänzender Längsstreifen, der sich bis in die C-Wurzel erstreckt. D, A und C mehr oder minder schmutziggelb, A gelegentlich purpurrot, P und V grau bis purpurrot. Die Färbung hängt weitgehend vom Wohlbefinden ab. Mitunter zeigen sich undeutliche Querbinden. Zur Laichzeit tritt bei beiden Geschlechtern im Nacken ein aus spitzen, weißlichen Höckern bestehender Laichausschlag auf. Geschlechter kaum zu unterscheiden, Bauchpartie der ♀♀ zur Laichzeit stärker gerundet.
Die Elritze ist ein Schwarmfisch, der hauptsächlich die oberen Wasserschichten klarer Gewässer bewohnt. Als Nahrung dienen vorwiegend Insektenlarven und Kleinkrebse. Fortpflanzungszeit April bis Juni. Laicht, zu großen Schwärmen vereinigt, im Flachwasser, vorwiegend an kiesigen Strecken.
Für das Kaltwasserbecken vorzüglich geeignet. Bekken mit gröberem, sandigem Bodengrund und Frischwasser entsprechen am besten den bevorzugten natürlichen Lebensräumen dieser Art. Durchlüftung unerläßlich. Fressen mit Vorliebe rote Mückenlarven, Enchyträen und andere Würmer, aber auch Käfer und andere Insekten. Zucht in Gefangenschaft nicht sehr schwierig. Wenn Morgensonne zu erwarten ist, werden mehrere Zuchtpaare abends in das Becken eingesetzt. Dieses soll kristallklares Frischwasser und groben Kies als Bodengrund enthalten. Die Tiere laichen über dem Bodengrund ab, Wasserstand nicht über 15 cm, kräftig durchlüften. Die Jungen schlüpfen nach sechs Tagen und sind mit gesiebten Kleinkrebsen zu füttern. Die Tiere wachsen sehr langsam und sind erst nach 3–4 Jahren geschlechtsreif. Die Elritze besitzt ein gutes Hör- und Witterungsvermögen, Eigenschaften, die vielfach wissenschaftlich untersucht worden sind. Sie kann Tonqualitäten fast so gut unterscheiden wie der Mensch.
Die private Pflege der Elritze ist in der DDR nicht gestattet.

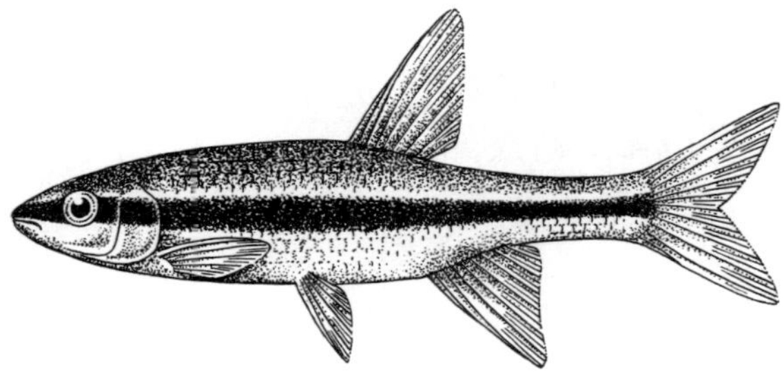

Abb. 245 *Phoxinus neogaeus*

Gattung *Rasborinus* OSHIMA, 1919

Nahe verwandt mit der Gattung *Rasborichthys* BLEEKER, 1860, von der sie sich durch den viel höheren Körper, die nach unten durchgebogene SL und durch die in der unteren Hälfte des Schwanzstiels verlaufende SL unterscheidet. A mit mehr als 15 geteilten Strahlen, keine Barteln. Südchina, Zentralvietnam, Singapur. Eine Art.

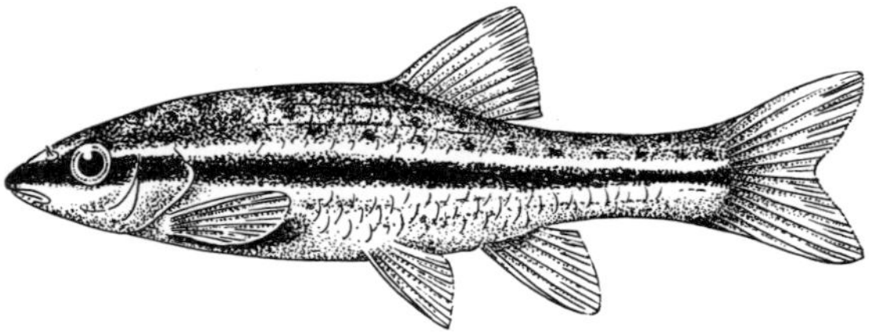

Abb. 246 *Rhinichthys atratulus atratulus*

Rasborinus lineatus altior
(REGAN, 1913)

Südchina, in Singapur ausgesetzt; bis 9 cm.
D 2/7; A 1/17; mLR 36–38; SL vollständig. Körper barbenähnlich gestaltet, hoch, seitlich stark zusammengedrückt, Bauch zwischen V und After gekielt. Oberseite graugrün, Körperseiten silbern mit grünlichem Schimmer, bei auffallendem Licht stark glänzend. Zahlreiche lockere, dunkle Punktlängsreihen (jede Schuppe mit dunklem Fleck an der Basis). Flossen farblos. ♀ kräftiger, Bauchlinie stärker ausgebogen. ♂ schlanker.
Pflege des friedlichen Schwarmfisches wie für *Barbus*-Arten angegeben, siehe S. 239. 22–24 °C, im Winter nicht unter 20 °C, Allesfresser. Die Art wurde bislang unter dem Namen *Rasborichthys altior* REGAN, 1913, gepflegt.

Gattung *Rhinichthys* AGASSIZ, 1849

Körper langgestreckt, seitlich kaum zusammengedrückt, Bauchprofil mehr oder weniger gerade. Maul leicht unterständig, kleine Barteln, Schuppen sehr klein, SL vollständig. Die D beginnt hinter der V. Nordamerika, in klaren Fließgewässern und Seen. Etwa zwölf Arten.

Rhinichthys atratulus atratulus (Abb. 246)
(HERMANN, 1804)
Amerikanische Schwarznase

Südöstliches Kanada, Gebiet der Großen Seen und südlich davon bis zum Ohio; bis 7 cm.
D 7/8; A 7; mLR 62–71. Vom Frühjahr bis zum Herbst ansprechend gefärbt. Oberseite dunkel olivgrün bis schwärzlich, oft mit dunklen Flecken, Körperseiten mit breitem schwarzem Band von der Schnauze bis in die C-Wurzel, das oben von einem Goldstreifen, unten von einem gelblichen Strich begleitet wird, Unterseite silberweiß. Flossen zart gelblich, V und A mit rötlicher Basis. Zur Laichzeit (April bis Juli) wird das bunte Längsband lackschwarz oder schwarzrot, die untere Körperhälfte kräftig rot. Die Flossen sind zu dieser Zeit ebenfalls mehr oder weniger rot. Zur Herbstzeit in der unteren Körperhälfte orangefarben. Jungfische unscheinbar. ♀ stets leicht an der geringen Intensität der Färbung zu erkennen.
Klares, öfters erneuertes Wasser, eine kräftige Durchlüftung und Bewegungsmöglichkeiten sind für das Wohlbefinden erforderlich. Möglichst kalt überwintern, 4–8 °C, im Sommer nicht viel über 20 °C, hinsichtlich des Futters nicht wählerisch. Die Tiere laichen ähnlich wie die *Gobio*-Arten im seichten Wasser, es ist deshalb notwendig, den Bodengrund an einer Seite bis zur Wasseroberfläche ansteigen zu lassen. Nach MEINKEN schießen die Tiere paarweise gegen den Sandstrand, das ♂ umschlingt hier mit dem Schwanzstiel das ♀, das daraufhin ein Ei ausstößt. Dieser Vorgang wird viele Male wiederholt. Die Art laicht während mehrerer Wochen fast täglich. Mehrere Paare gleichzeitig ansetzen, Eier groß, die Jungfische schlüpfen nach 3–5 Tagen.

Rhinichthys atratulus obtusus
(AGASSIZ, 1854)
Amerikanische Braunnase

Diese hauptsächlich in den Staaten Ohio und Virginia der USA beheimatete Unterart ist nicht ganz so schlank, insgesamt mehr bräunlich bis gelbbraun, zur Laichzeit weniger rot. Die charakteristische Längsbinde tritt meist nur graubraun hervor. An der D-Basis ein dunkler Fleck (nach ARNOLD). Weitere Einzelheiten wie oben angegeben.

Gattung *Rutilus* RAFINESQUE, 1820

Körper langgestreckt bis gedrungen, seitlich stark zusammengedrückt, die Körperhöhe nimmt mit dem Alter zu. Maul klein, end- bis unterständig, keine Barteln, Schuppen groß, SL vollständig, nach unten durchgebogen. Von der nahe verwandten Gattung *Scardinius* unterscheidet sie sich durch die über den V beginnende D und durch den zwischen V und A gerundeten, nicht gekielten Bauch. Einige Arten leben auch im Brackwasser und ziehen zum Laichen stromaufwärts. Europa, Mittelasien. Mehrere Arten.

Rutilus rutilus (Taf. 103)
(LINNAEUS, 1758)
Plötze, Rotauge

Ganz Europa nördlich der Alpen und Pyrenäen; bis 45 cm, meist kleiner.
D 3/9–11; A 3/9–11; P 1/15; V 2/8; mLR 40–45; SL vollständig. Körper mäßig gestreckt, seitlich zusammengedrückt, Rücken bei älteren Tieren hoch, Maul nach vorn gerichtet. Oberseite olivgrün bis graugrün, Körperseiten stark silberglänzend mit bläulichem Schimmer, Unterseite weißlich. D und C grau, rehbraun oder schwärzlich, alle übrigen Flossen schön gelb bis blutrot. Auge leuchtend rot. ♀ im geschlechtsreifen Alter, besonders aber zur Laichzeit, wesentlich kräftiger. ♂ zur Laichzeit mit Laichausschlag.
Die Plötze bewohnt langsamfließende sowie stehende Gewässer und hält sich hier meist in den tieferen Wasserschichten auf. Als Nahrung dienen Kleintiere, aber auch Wasserpflanzen, größere Exemplare erbeuten auch kleine Fische, fressen aber hauptsächlich kleine Schnecken und Mückenlarven. Über Pflege im

Zimmeraquarium und in zoologischen Gärten siehe S. 206.
Ein naher Verwandter der Plötze ist der Frauennerfling *(Rutilus pigus virgo)*.

Gattung *Scardinius* Bonaparte, 1837

Körper mehr oder weniger gedrungen, seitlich stark zusammengedrückt, im Alter zunehmend hochrückiger. Maul klein, endständig, mit schräg nach oben gerichteter Mundspalte, keine Barteln, SL vollständig, leicht nach unten gebogen. Von der nahe verwandten Gattung *Rutilus* unterscheidet sich die Gattung *Scardinius* durch die hinter der V beginnende D und durch den zwischen V und A gekielten Bauch. Europa, Asien in stehenden oder langsamfließenden, verkrauteten Gewässern mit weichem Bodengrund. Eine Art.

Scardinius erythrophthalmus (Taf. 103)
(Linnaeus, 1758)
Rotfeder, Rotflosser

In ganz Europa, jedoch nicht auf der Iberischen Halbinsel, in Schottland und Süditalien, dagegen auch in Kleinasien verbreitet; bis 40 cm, meist kleiner bleibend.
D (2)–3/8–9; A 3/9–11; P 1/15–16; V 2/8; mLR 41 bis 43. Körper gedrungen, etwas eiförmig, seitlich zusammengedrückt. Oberseite braunoliv, z.T. mit Messingglanz, Seiten messingfarben, Bauch silberweiß. V, A, C und seltener auch die D mit dunkler Basis und leuchtend goldrotem bis blutrotem Außenteil. Iris goldglänzend.
Zur Unterscheidung von der sehr ähnlichen Plötze kann der gekielte Bauch dienen, der bei der Plötze überall gerundet ist. Außerdem ist die Farbe der Augen verschieden: bei der Plötze rot, bei der Rotfeder golden. Geschlechter schwer zu unterscheiden, ♂ mit Laichausschlag. Die Rotfeder bewohnt hauptsächlich Gewässer mit weichem Untergrund und starkem Pflanzenwuchs (besonders Schilfgürtel). Sie ernährt sich von Kleintieren und Pflanzen und nimmt besonders gern Insekten von der Wasseroberfläche. Laichzeit April bis Juni. Die Eier werden an Wasserpflanzen angeheftet. Sehr produktiv. Die prächtigen Tiere

Abb. 247 Gattung *Semotilus* mit den charakteristischen, sehr kurzen Oberkieferbarteln im Maulwinkel (nach Scott und Crossman)

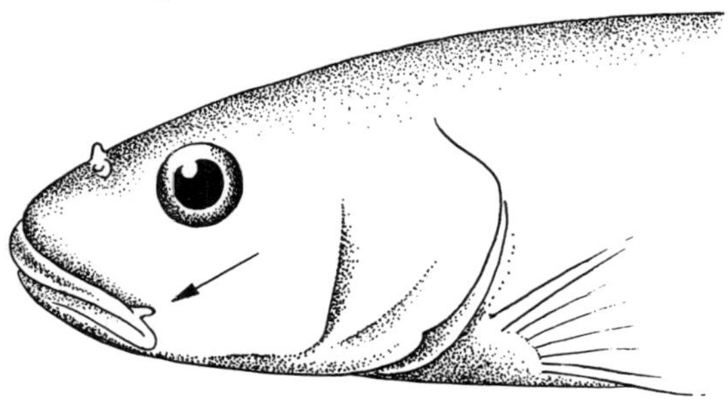

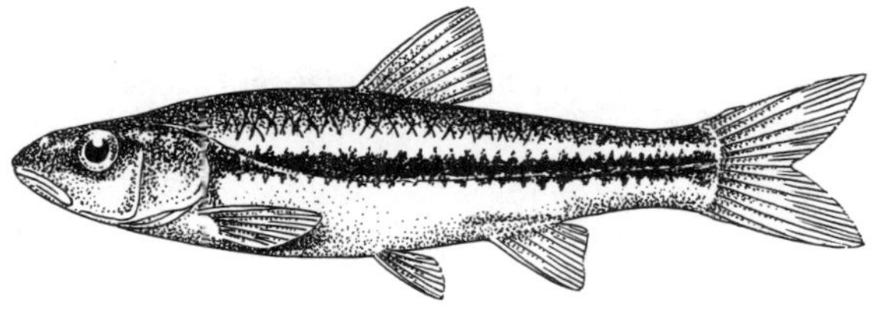

Abb. 248 *Semotilus corporalis*

eignen sich als Jungfische sehr gut für das Zimmeraquarium. Pflege wie auf S. 206 angegeben. Die Art bastardiert mit Plötze, Güster und auch Ukelei.

Gattung *Semotilus* Mitchill, 1817

Kleine bis mittelgroße gestreckte Fische Nordamerikas ohne stachelartige Weichstrahlen in den Flossen. D kurz, über oder etwas hinter den Vn angesetzt, C deutlich zweilappig. Maul endständig, Praemaxillare vorstreckbar, ein Paar kleine, oft nur knopfförmige Oberkieferbarteln, die vor dem Maulwinkel entspringen (Abb. 247). Schuppen klein, SL vollständig. Mehrere Arten in Fließgewässern und Seen.

Semotilus corporalis (Abb. 248)
(Mitchill, 1817)

Osten der USA vom St.-Lorenz-Strom bis östlich der Alleghanies, in klaren Fließgewässern; bis 30 cm, bei weitem der größte Karpfenfisch im Osten der USA.
D 8; A 8; mLR etwa 45; SL vollständig. Körper gestreckt, kräftig, Kopf groß, ein Paar kleine Barteln (fehlen bei Jungtieren). Ansprechend gefärbt: Oberseite stahlblau, Körperseiten und Bauch prächtig silbern, Schuppen der Körperseiten mit dunklem dreieckigem Fleck an der Basis. Junge Tiere mit deutlichem dunklem Längsband. Paarige Flossen und A rosa oder karminrot, D farblos. Junge Tiere sind fast einfarbig silbern. Die Geschlechter sind schwer zu unterscheiden. ♀ zur Laichzeit kräftiger. ♂ mit Laichausschlag auf der Schnauze.
Pflege im Kaltwasseraquarium wie für einheimische Karpfenfische angegeben, siehe S. 206.
Große Exemplare sind prächtige Seltenheiten zoologischer Gärten. Die Art ist leider empfindlich und nur selten eingeführt worden. Die Tiere laichen in Fließgewässern in flachen Gruben, die vom ♂ ausgewedelt werden. Oberhalb der Grube setzt das ♂ mit dem Maul Kiesel ab und baut so einen kleinen Wall, gleichzeitig erweitert es die Grube stromabwärts. Anschließend wird abgelaicht und die Ablaichstelle mit Steinen bedeckt, unterhalb davon wieder abgelaicht und wieder Steinmaterial angelagert. So entstehen flache Steinwälle in Richtung der Strömung, die bis 50 cm lang sein können.

Gattung *Tanichthys* Lin Shu Yen, 1932

Nahe verwandt mit der Gattung *Hemigrammocypris*, von der sie sich vor allem durch die auf jeder Seite am Schnauzenrand stehenden 4–8 kleinen Horntuberkel (nur ♂♂) und durch die zu einer langgezogenen Furche vereinigten vorderen und hinteren Nasengruben unterscheidet. Eine Art.

Tanichthys albonubes (Taf. 70)
LIN, 1932
Kardinalfisch

Schluchten der Weißen Wolkenberge bei Guangzhou (Kanton), Umgebung von Hongkong; bis 4 cm.
D 2/5–6; A 2–3/7–8; mLR 29–33; keine SL. Körper langgestreckt, niedrig, seitlich nur mäßig abgeflacht, Maul schräg aufwärtsgerichtet, Zwischenkiefer vorstreckbar, von der Schnauze durch eine tiefe Furche getrennt. Färbung der Tiere aus dem Gebiet der Weißen Wolkenberge bei Kanton (Lebendfärbung nicht ganz sicher!): Oberseite dunkelbräunlich, oft mit grünlichem Schimmer, an den Körperseiten aufhellend und genetzt, Unterseite weiß. Vom Kiemendeckel erstreckt sich eine feine blauschwarze, gerade Linie bis in die C-Wurzel und bildet dort einen runden Fleck. Diese Linie wird oben von einem bereits am Auge beginnenden breiteren Glanzrand begleitet, der je nach Lichteinfall silbern, golden, grüngolden oder, besonders bei jüngeren Tieren, blaugrün irisiert. Unterhalb des blauschwarzen Längsstriches sind die Körperseiten kräftig braun. Besonders charakteristisch sind die Flossen gefärbt. D basal rot, weiter außen folgt ein gelbes Band, Saum der Flosse blausilbrig, A durchscheinend gelb mit weißer oder cremefarbener Spitze, C im Zentrum kräftig ziegelrot, V gelb. Iris des Auges goldglänzend. Die ♂♂ sind schlanker und kräftiger gefärbt.
Färbung der Tiere aus Hongkong: im Prinzip ähnlich, D der ♂♂ jedoch an der Basis rotbraun, außen kräftig ziegelrot, A zart gelb an der Basis und kräftig orange außen. Iris des Auges blausilbern. Die in der Aquaristik zur Zeit gehälterten Tiere zeigen vielfach veränderte Flossenfärbungen. Eine langflossige Mutante ist als Meteor-Minnow verbreitet.
Die prächtigen Tiere sind wie *Danio*-Arten zu pflegen, Temperatur zwischen 20 und 22 °C, zur Überwinterung nicht mehr als 16–18°C, häufiger Frischwasserzusatz trägt wesentlich zum Wohlbefinden bei, Allesfresser. Zucht leicht, Pflanzenlaicher, laichen im dichten *Myriophyllum*-Gewirr ab. Manche Paare fressen die Eier, andere wieder lassen Laich und selbst die frisch geschlüpften Jungen unbehelligt. Die Jungen schlüpfen nach 48 Stunden und sind mit feinstem Lebend- und Trockenfutter aufzuziehen. Manche ♀♀ laichen sehr oft, aber unproduktiv, andere selten, bringen dann aber 250 und mehr Eier. Über die Einrichtung des Zuchtbeckens und weitere Hinweise siehe bei *Brachydanio*, Seite 208. Zucht auch im Daueransatz von mehreren Paaren möglich.
Die beiden chinesischen Bärblinge *Tanichthys albonubes* und *Aphyocypris pooni* sind von WEITZMAN und CHAN (Copeia 2, 285–296, 1966) nachuntersucht worden. Dabei ergab sich, daß die Beschreibung von *Aphyocypris pooni* in der Aquarienliteratur durch eine Reihe von Verwechslungen gar nicht für die von LIN 1939 so bezeichnete Fischart zutrifft, sondern eine Farbvariante des *Tanichthys albonubes* aus dem Gebiet um Hongkong charakterisiert. *Aphyocypris pooni* LEE, 1939, selbst gehört in die Gattung *Hemigrammocypris* und mußte aufgrund bestimmter Nomenklaturregeln neu beschrieben werden. Die Art heißt jetzt *Hemigrammocypris lini* WEITZMAN und CHAN, siehe S. 307.

Familie Gyrinocheilidae
Saugschmerlen

Biologisch hochinteressante, artenarme Familie der Cyprinoidei, die in sauerstoffreichen Fließgewässern der Gebirgsregionen von Laos, Thailand und Kalimantan (Borneo) vorkommen (Abb. 249). Diesen Verhältnissen haben sich die Tiere sowohl in ihrer Atmung als auch in ihrer Ernährungsweise angepaßt. Die relativ kleinen, schmerlenartigen Fische nehmen das Atemwasser nicht über das Maul auf, sondern saugen dieses durch eine kleine, vertikale Öffnung (separierter Teil der Kiemendeckelspalte) oberhalb des Kiemendeckels an (Abb. 250). Die Abgabe erfolgt im unteren Teil der Kiemendeckelspalten. Nach Angaben von SMITH (1945) wird dabei pro Minute 230–240mal Wasser eingesaugt und ausgestoßen. Durch diesen Mechanismus kann das als Raspel- und Saugorgan ausgebildete Maul vollständig in den Dienst des Nahrungserwerbs gestellt werden. Die Tiere sind in der Natur und im Aquarium zumindest in der Jugend reine Vegetarier. Mit Hilfe der mit Raspelfalten besetzten dicken Lippen raspeln sie unermüdlich Algen von Pflanzen, Steinen, Holzstücken und auch Aquarienscheiben ab. Von allen anderen Familien der Cyprinoidei unterscheidet sich die Familie durch das Fehlen von Schlundzähnen. Zu der Familie zählt nur die Gattung *Gyrinocheilus* VAILLANT, 1902, mit 3–4 Arten.

Gyrinocheilus aymonieri (Taf. 70)
(TIRANT, 1883)
Siamesische Saugschmerle

In Laos, Thailand weit verbreitet; bis 27,5 cm.
D 3–4/9–10; A 3–4/4–5; P 1/11–12/1; V 1/7/1; mLR (37) 39–41; SL vollständig. Körper langgestreckt, seitlich wenig zusammengedrückt, Kopf kurz, mit zahlreichen Horntuberkeln besetzt, Barteln fehlen, Auge klein, verhältnismäßig hoch stehend. Dunkel olivfarben bis braun. Rücken bläulich glänzend, Unterseite hell, Jungtiere kontrastreich gemustert. Körperseiten mit 10–13 großen, schwärzlichen, in 2–3 Reihen angeordneten und z.T. miteinander verbundenen Flecken, oft auch mit einer dunklen Längsbinde. Mit zunehmendem Alter werden die Konturen der Flecke undeutlicher, die Tiere sind dann dunkler, selten fast schwarz. Flossen gelb bis gelblichbraun, manchmal mit zahlreichen kleinen schwarzen Tüpfeln. ♀ im geschlechtsreifen Zustand größer und

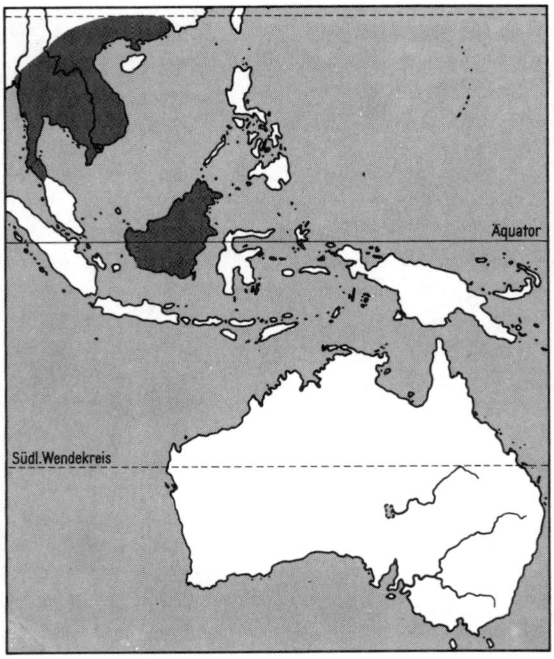

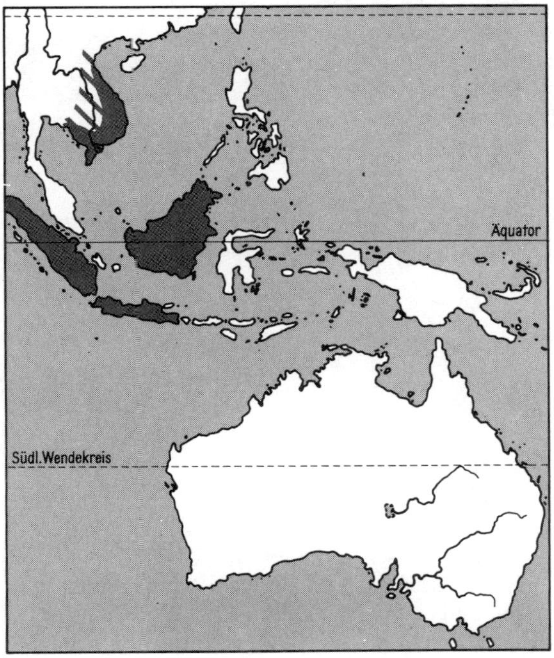

Abb. 249 Verbreitungsgebiete der Gyrinocheilidae (links) und Homalopteridae (rechts)

kräftiger. ♂ kleiner, Horntuberkel in der Schnauzenregion größer und zahlreicher.
Pflege ähnlich wie bei gleichgroßen Schmerlenarten. Gute Durchlüftung oder dichte Bepflanzung fördern das Wohlbefinden. Jungfische als Algenvertilger nützlich, jedoch meist weniger effektiv als *Ancistrus*-Arten. Als Nahrung gibt man Algen oder welke Salatblätter, auch Trockenfutter wird angenommen. Über die Fortpflanzung ist nichts bekannt. Junge Tiere sind sehr anspruchslos und friedlich, ältere oft unverträglich und angriffslustig. *G. aymonieri* zeigt typisches Revierverhalten.
HANEL (1982) glaubt, daß die Mehrzahl der in der Aquaristik gepflegten *Gyrinocheilus aymonieri* der Art *G. kaznakovi* BERG, 1906, angehören. Er bezieht sich dabei auf den für *G. aymonieri* charakteristischen großen Lippenwulst dorsal an der Schnauze, der *G. kaznakovi* fehlen soll. Eine Untersuchung des Typenmaterials steht jedoch noch aus.

Familie Homalopteridae
Karpfenschmerlen

Spezialisierte Fische, die in klaren, schnellfließenden Gewässern Süd- und Südostasiens (nördlich bis zur VR China) und des indoaustralischen Archipels leben (Abb. 249). Die etwa 50 bekannten Arten besitzen z.T. einen kräftig dorsoventral abgeflachten Körper. Die paarigen Flossen sind stark vergrößert, waagerecht angeordnet und an ihrem Rand leicht abwärts gebogen. Sie bilden so mit der flachen Bauchseite eine schalen- oder napfartige Fläche, die ähnlich einer Saugscheibe ein Anheften auf festen Unterlagen gestattet. Bei der Gattung *Gastromyzon* sind die beiden Vn hinter dem After verwachsen, die Haftfläche wird dadurch noch vollkommener. Die Tiere können sich durch diese Anpassung in den z.T. reißenden Bächen vor einem Abtriften schützen. D und A kurz, 3 bis 5 Paar Barteln, kleine Rundschuppen. Schlundzähne vorhanden, jedoch kein Mahlstein. Die Schwimmblase ist von einer Knochenkapsel umgeben. Kiemenspalten weit nach oben verschoben. Die Kiemenhöhle kann zu einem Wasserreservoir erweitert und damit die zeitweise Atmung ohne Atembewegungen gesichert werden. Bei einigen Arten kann man die Herzkontraktionen beobachten, wenn die Fische an der Frontscheibe des Aquariums haften. Man unterscheidet zwei Unterfamilien, die früher z.T. als eigenständige Familien angesehen wurden. Bei den Arten der Unterfamilie Homalopterinae sind die ersten beiden oder mehrere Strahlen der V oder P ungeteilt, während die Gastromyzoninae in der P und

Abb. 250 Kiemendeckelbesonderheiten bei den Gyrinocheilidae. Vertikale Einsaugspalte oberhalb der Kiemendeckelspalte (schwarz) (nach HANEL)

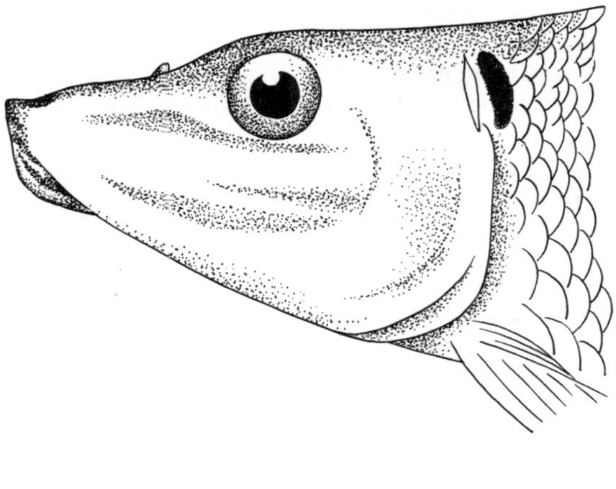

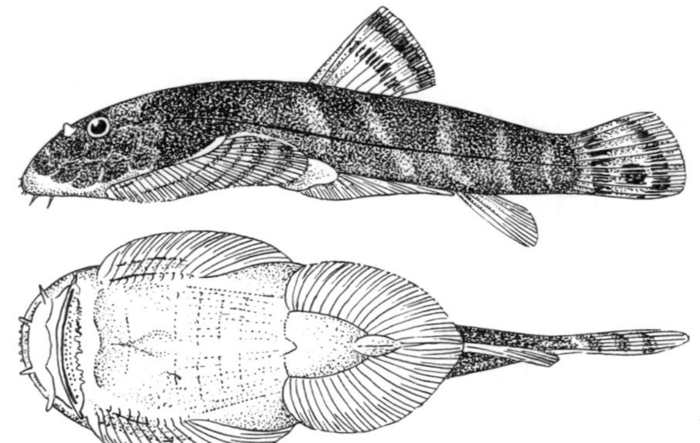

Abb. 251 *Gastromyzon borneensis*, Seiten- und Bauchansicht

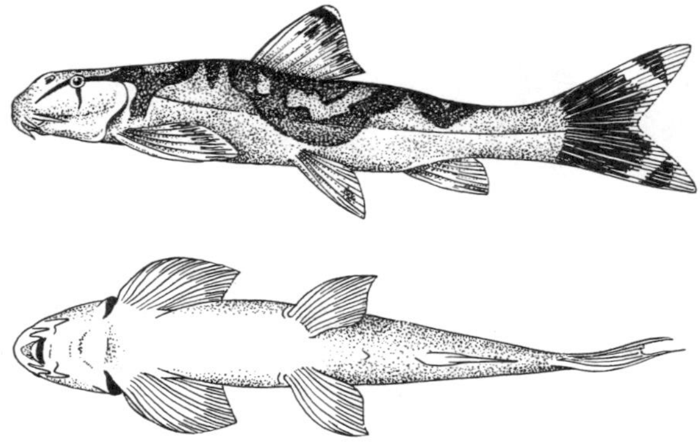

Abb. 252 *Homaloptera orthogoniata*, Seiten- und Bauchansicht

V jeweils nur einen ungeteilten Flossenstrahl haben. Im Aquarium lassen sich viele Arten meist nur eine begrenzte Zeit hältern. Wichtig sind gut durchlüftetes klares Wasser und eine richtige Ernährung, die unter natürlichen Verhältnissen hauptsächlich aus Algen und in den Algenrasen lebenden Kleinstorganismen besteht. In den letzten Jahren wurden mehrere Arten importiert.

Gattung *Gastromyzon* GÜNTHER, 1874

Stark dorsoventral abgeflachte Karpfenschmerlen mit kleinen Kiemenöffnungen, die sich ventral nicht bis zur Bauchseite ausdehnen. P und V überlappen sich nicht, werden aber durch eine mehr oder weniger deutliche seitliche Hautfalte verbunden. Vn hinter dem After verwachsen (Abb. 251). Maul breiter als 1/3 der Kopfbreite. Körper etwa 2 1/2mal so lang wie breit. Kalimantan (Borneo), endemisch. Fünf Arten.

Gastromyzon borneensis (Abb. 251)
GÜNTHER, 1874
Borneo-Karpfenschmerle

Kalimantan (Borneo); bis 10 cm.
D 3/7–9; A 1/4–5; P 1/23–26; V 1/18–21; mLR 51 bis 58; QR 19/1/12. Körper stark abgeflacht. Mehr oder weniger dunkelbraun, häufig mit dunklen Punkten auf Kopf und Rücken, Bauchseite weißlich. In der hinteren Körperregion mehrere unregelmäßige Querbinden. Flossen durchscheinend mit deutlichen braunen Punkten. Geschlechtsunterschiede unbekannt.
Pflege in reich bepflanzten Aquarien. Sauerstoffbedürftig, 26–28 °C. Futter: Algen, gefrostete Kopfsalat- und Löwenzahnblätter, Haferflocken, auch *Artemia*-Nauplien und feinste *Cyclops*, Mückenlarven und Trockenfutter.
Eine ähnliche Art ist *Gastromyzon punctulatus* INGER und CHIN, 1962, mit einem hell gepunkteten und genetzten Vorderkopf. Siehe auch Taf. 70.

Gattung *Homaloptera* VAN HASSELT, 1823

Vn nicht miteinander verwachsen. V 2/6–10; P 4–8/10–22. Etwa 25 Arten.

Homaloptera orthogoniata (Taf. 70, Abb. 252)
VAILLANT, 1902
Sattelfleckschmerle

Kalimantan (Borneo), Sumatra; bis 12 cm.
D 2–3/8–9; A 2–3/5–6; P 5/10/1; V 2/8; mLR 63–67; QR 10/1/11. Körper schlank, langgestreckt, seitlich wenig zusammengedrückt. Drei Paar Barteln. Mehr oder weniger dunkelbraun, Bauch etwas heller. Auf dem Rücken drei dunklere bis schwarze Flecke. Der erste liegt kurz hinter dem Kopfende, der zweite unterhalb der D und der dritte auf dem Schwanzstiel oberhalb der A. Die Fleckenzeichnung variiert individuell sehr stark. Flossen bräunlich bis braun, mit dunkelbraunen, unregelmäßigen Querbinden. Spitzen der D und der C-Lappen weiß. ♀ im geschlechtsreifen Alter kräftiger.
Pflege offenbar nicht allzu schwierig. Eingewöhnte Tiere fressen nach MEINKEN Enchyträen und Mückenlarven. Etwa 25 °C. Zucht noch nicht gelungen. MEINKEN beobachtete, wie die Tiere unruhig umherschwammen (Laichwanderung?) und das ♀ eine flache, handtellergroße Grube aushob. Die Art kann kurze Laute erzeugen.

Familie Cobitidae
Schmerlen, Dorngrundeln

Die ausschließlich in der Alten Welt beheimateten Schmerlen (Abb. 253) sind kleine, selten 30 cm Gesamtlänge erreichende Fische. Die größte Mannigfaltigkeit zeigt die Familie in Südostasien, einschließlich des Malaiischen Inselarchipels. Der Körper ist langgestreckt bis aalförmig und in der Regel seitlich nur wenig abgeflacht. Maul unterständig, z.T. vorstreckbar, von dicken, fleischigen Lippen umgeben. Die Unterlippe bildet oft Barteln oder Hautlappen. Senkrechte Flossen ohne stachelartige Flossenstrahlen. Von den Cyprinidae unterscheiden sich die Schmerlen durch folgende Merkmale: Vor oder unter dem Auge befindet sich ein aufrichtbarer und feststellbarer Stachel, der sogenannte Praeorbitalstachel (Augendorn) (Abb. 254), die Anzahl der Barteln ist größer (3–6 Paar), die Schlundknochen sind relativ

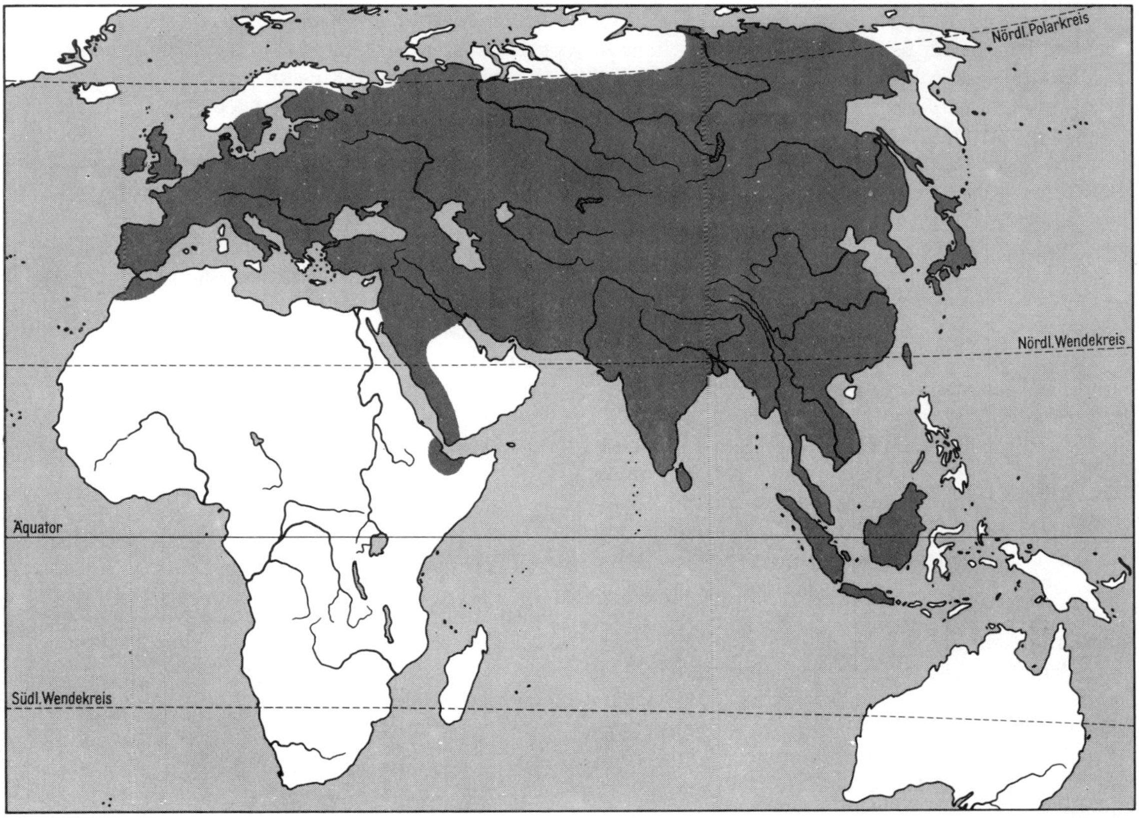

Abb. 253 Verbreitungsgebiet der Cobitidae

schwach und mit zahlreichen, einreihig angeordneten Schlundzähnen versehen, der den Cypriniden eigene Mahlstein auf dem Fortsatz der hinteren Schädelbasis (Basioccipitale) fehlt, und die winzigen Schuppen liegen tief in der schwartigen Haut. Wie bei den meisten Cypriniformes besteht die Schwimmblase aus zwei Teilen. Der vordere Teil ist von einer knöchernen Kapsel umgeben, die zum Weber'schen Apparat gehört. Der hintere Abschnitt ist normal ausgebildet und nur bei einigen stark spezialisierten Bodenformen rudimentär. In der Regel werden drei Unterfamilien unterschieden: Botinae, Cobitinae und Noemacheilinae. Gelegentlich wird noch eine vierte Unterfamilie, die Vaillantellinae, abgetrennt (NALBANT und BANARESCU, 1977). Ihre Körperform kennzeichnet die Schmerlen bereits als in ihrer Lebensweise an den Bodengrund gebundene Fische. Arten aus Gebirgs- und Wiesenbächen sind im Querschnitt meist rundlich oder flachgedrückt (*Acanthopsis, Cobitis, Noemacheilus*), Formen aus stehenden oder gering bewegten Gewässern dagegen seitlich mehr oder weniger zusammengedrückt (*Botia, Acanthophthalmus, Misgurnus*). Viele Schmerlenarten können sich zeitweise in schlammigen oder sandigen Bodengrund einwühlen und sich auf diese Weise vor Angreifern schützen. Von einigen *Botia*-Arten wurden jahreszeitliche Wanderungen in Abhängigkeit von der Höhe des Wasserspiegels beobachtet. Schmerlen leben oft in Gruppen, die sich zudem aus mehreren Arten zusammensetzen können. Während der Regenzeit findet man sie meist in kleineren Flüssen und in Bächen, oft auch in Überflutungszonen (Laichzeit?). Mit einsetzender Trockenzeit kehren sie jedoch in die größeren Wasseransammlungen zurück. Eine Anpassung besonderer Art ist die Darmatmung, die manchen Schmerlen das Leben in schlammigen, sauerstoffarmen Gewässern ermöglicht. Die Tiere nehmen mit dem Maul von der Oberfläche atmosphärische Luft auf, diese passiert den Darm, wobei der Gasaustausch stattfindet. Die verbrauchte kohlendioxidreiche Luft wird durch die Afteröffnung ausgeschieden. Einige Schmerlen reagieren stark auf Luftdruckveränderungen und zeigen vor Zeiten tiefen Luftdrucks Unruhe.

Abb. 254 Augendorn (Pfeil) von *Cobitis taenia*

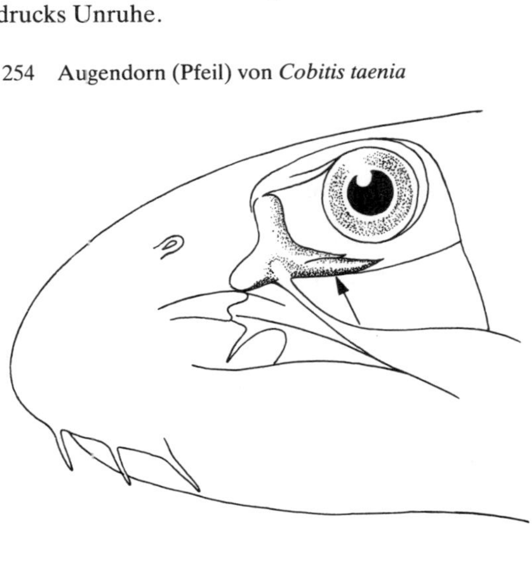

Von einigen *Botia*-Arten ist bekannt, daß sie harte, trockene Töne ausstoßen. Nach KLAUSEWITZ handelt es sich dabei um Drohtöne. In Mitteleuropa sind drei Arten beheimatet, die zu den interessantesten einheimischen Fischen zählen: die Schmerle (*Noemacheilus barbatulus barbatulus*), der Schlammpeitzger (*Misgurnus fossilis*) und der Steinbeißer (*Cobitis taenia taenia*). Über die Pflege der einheimischen Arten siehe Einzelbeschreibungen.

Bei der Pflege der tropischen Schmerlen ist vor allem auf ihr Leben in Verstecken Rücksicht zu nehmen. Schmerlenbecken halte man ziemlich dunkel, außerdem sollten sie nach Möglichkeit in Augenhöhe aufgestellt werden, damit die Tiere durch vorübergehende Personen nicht ständig beunruhigt werden. Weicher, sandiger Bodengrund, umgestülpte Blumentopfteile oder Kokosnußschalen und dem Beschauer verborgene Schlupfwinkel beschleunigen die Eingewöhnung wesentlich. Obwohl man Einzeltiere mit Barben oder Panzerwelsen gut vergesellschaften kann, ist stets die Pflege eines kleinen Trupps anzustreben. Die Tiere zeigen, mit ihresgleichen vergesellschaftet, ein anderes Verhalten als Einzelexemplare. Verschiedene Arten bilden Wohnreviere. Die Bepflanzung kann locker sein. Weiches bis mittelhartes, ab und zu teilweise erneuertes Wasser genügt den Ansprüchen großer Tiere vollkommen. Viele tropische Schmerlen sind sehr sauerstoffbedürftig, eine Durchlüftung ist deshalb in der Regel erforderlich. Fütterung einfach, neben unseren geläufigen Futtertieren (Kleinkrebsen, Tubifex, Enchyträen, Mückenlarven) werden auch Trockenfutter sowie pflanzliche Beikost in Form von Algen oder eingeweichten Haferflocken angenommen. Temperatur im allgemeinen um 24 °C. Beim Fangen der Schmerlen verwende man nur großmaschige Netze, da sich die Augendornen leicht im Gewebe festhaken. Beim Ergreifen der Tiere wird man gelegentlich gestochen. Die Stiche sind nicht giftig.

Über die Fortpflanzungsbiologie der Schmerlen ist bislang nur sehr wenig bekannt. Beobachtungen aus dem Freiland fehlen fast völlig. SIMANOWSKI konnte laichende *Acanthophthalmus* in ihren Heimatgebieten beobachten. Sie suchen dazu sehr flache Gewässer auf; in der Nähe der Wasseroberfläche pressen sich ♂ und ♀ bei teilweiser Umschlingung eng aneinander und stoßen dabei ihre Geschlechtsprodukte aus. Diesen Angaben entsprechen Beobachtungen aus dem Aquarium. Berichte über den Bau eines Schaumnestes wurden bislang nicht bestätigt. Regelmäßige Zuchterfolge konnten bei *Acanthophthalmus*-Arten nur nach der Injektion von Hormonen erzielt werden.

GUDKOW (1975) sowie A. und S. KOTSCHETOW (1978) berichten über die Zucht von *Acanthophthalmus myersi*. Nach einer Injektion von 200–500 i.E. Choriogonin in die Bauchhöhle konnten sie die Gonadenreifung stimulieren. Beim Ablaichvorgang beginnen die sonst relativ trägen Tiere aufgeregt hin und her zu schwimmen. Wenn sich mehrere Fische im Aquarium befinden, bilden sie oft in der Nähe des Bodengrundes ein regelrechtes Knäuel. Aus diesem Knäuel löst sich dann plötzlich ein Paar und schwimmt eng aneinandergeschmiegt in kreisförmigen Bahnen zur Wasseroberfläche. Dabei preßt das ♂ seine P dicht unter den Kopf des ♀. Wenn die Fische die Wasseroberfläche erreicht haben, schwimmen sie noch einige Kreise. Bei der nun folgenden Paarung verharren sie, zukken krampfartig zusammen, schlagen mit den C und schwimmen dann schnell nach verschiedenen Seiten auseinander. Bei einer Paarung, die zwischen 5 bis 15 Sekunden dauert, werden 50–200 Eier abgegeben, die danach zu Boden sinken. Es konnten bis zu zwölf Paarungen hintereinander beobachtet werden. ATTIG, 1980, und ERNST, 1983, beobachteten ein Ablaichen bei der gleichen Art ohne Hormongaben. Das Ablaichverhalten glich etwa dem oben beschriebenen.

Unterfamilie Botinae

Körper relativ hochrückig, langgestreckt, seitlich mäßig bis stark abgeflacht. 3–4 Paar Barteln. Praeorbitalstachel aufrichtbar, einfach oder zweispitzig, die Gabelung des Stachels beginnt etwa in der Mitte. C tief eingeschnitten. Zwei Gattungen.

Gattung *Botia* GRAY, 1831

Kleine bis mittelgroße Grundfische, Körperform siehe Unterfamilienbeschreibung. Praeorbitalstachel zweispitzig, vor oder unter dem Auge angeordnet. Kopf schuppenlos. TAKI (1971) unterscheidet die folgenden drei Untergattungen, wobei der Status von *B. macracantha* noch nicht ganz geklärt ist:

Hymenophysa. Der Mentallappen an der Unterlippe bildet keine Bartel. Fontanelle groß. Vordere Kammer der Schwimmblase teilweise von einer verknöcherten Kapsel umgeben, hintere Kammer groß. Südostasien, Malaiischer Archipel, Sumatra, Java, Kalimantan (Borneo).

Botia. Der Mentallappen bildet eine Bartel. Fontanelle mehr oder weniger reduziert. Vordere Kammer der Schwimmblase vollständig von einer Knochenkapsel umgeben, hintere Kammer mehr oder weniger reduziert. Vorder- und Hinterindien.

Sinibotia. Der Mentallappen bildet keine Bartel. Eine Fontanelle fehlt. Vorderer Teil der Schwimmblase vollständig von einer verknöcherten Kapsel umgeben, hinterer Teil reduziert. China.

Botia (Hymenophysa) beauforti
SMITH, 1931

Thailand, Laos; bis 20 cm.
D 3/9; A 2–3/4–6. Körper gestreckt, seitlich stark abgeflacht, fast einheitlich hoch. Die D beginnt etwas vor den Vn. Umweltabhängig heller oder dunkler bis bräunlich mit irisierendem Schimmer. Kopf mit drei Längsstreifen, einer auf der Oberseite, einer durch das Auge und ein dritter unter dem Auge. Barteln

schwärzlich. Auf dem Körper elf bläulich-schwarze Querbinden, von denen vier vor, drei unterhalb und vier hinter der D angeordnet sind. In der vorderen Rückenhälfte, etwa vom Kopf bis zum Beginn der D, 2–4 dunkle Strichelreihen, auf den Körperseiten mehrere Längsreihen kleiner dunkler Flecke. D und C orange mit Querreihen dunkler Tüpfel, A gelblich mit einigen Tüpfeln an der Basis, P und V gelblich. Geschlechtsunterschiede unbekannt.
Pflege siehe Familienbeschreibung. Bislang auch unter dem Synonym *Botia lucas-bahi* FOWLER, 1937, und *B. beauforti formosa* PELLEGRIN und FANG, 1940, bekannt.

Botia (Hymenophysa) berdmorei (Taf. 109)
(BLYTH, 1860)

Burma; bis 25 cm, bleibt meist kleiner.
D 2/9; A 2–3/4–6. Körper gestreckt, der voranstehenden Art ähnlich, jedoch ist der Schwanzstiel deutlich niedriger als die größte Körperhöhe. Außerdem beginnt hier die D weit hinter der V. Cremefarben bis zart ocker mit 10–11 breiten, nicht sehr kräftigen, aber doch deutlichen Querbinden. Schnauzenbarteln schwarz. Hinter dem Auge zwei intensiv hervortretende schwarze Längsstriche, die auf den Körperseiten in Tüpfelreihen übergehen. D gelblich mit Querbinden, C mit 2–3 kräftigen Querbinden an der Basis. Geschlechtsunterschiede nicht sicher bekannt. ♂ mit rötlicher D (?).
Pflege siehe Familienbeschreibung.

Botia (Hymenophysa) eos
TAKI, 1972
Sonnenschmerle

Laos, Thailand; bis 6 cm.
D 3–4/10–11; A 2–4/5; Körperhöhe 3,1–3,6mal und Kopflänge 3,1–3,4mal in der Körperlänge. Gelblichbraun bis ziegelbraun, Rücken dunkler, Bauch heller. Ein breites blauschwarzes Querband an der Basis der C. Sechs breite, schwärzliche, undeutliche, manchmal auch fehlende Querbinden auf den Körperseiten. D und A dunkel gelborange bis zinnoberrot, D mit hellem Rand und angedeutetem Streifen, P und V gelb bis orange, Spitzen hell, C dunkelgelb bis ziegelrot, Rand farblos. Geschlechtsunterschiede unbekannt.
Nahe verwandt mit *B. modesta* und *B. lecontei*, von diesen jedoch leicht durch die längere D zu unterscheiden.
Pflege siehe Familienbeschreibung.

Botia (Hymenophysa) hymenophysa (Taf. 72)
(BLEEKER, 1852)
Tigerschmerle

Thailand, Laos, Malaiische Halbinsel, Große Sundainseln; bis 25 cm.
D 3–4/12–14; A 3–4/5; V 1/7; P 1/11. Langgestreckt, seitlich stark zusammengedrückt. Umweltabhängig heller oder dunkler braun mit grünlichem oder bläulichem Schimmer auf dem Rücken und den Körperseiten, Kiemendeckel olivgolden. Auf dem Kopf zwei schwarze Streifen, die sich vorn auf der Stirn vereinigen. Körper mit elf breiten, sich bauchwärts verjüngenden, blauschwarzen Querbinden, vier vor, vier unterhalb und drei hinter der D. D orange mit dunklen Streifen oder Punktreihen, C gelblich mit dunklen Querbändern, P, V und A gelblich bis gelborange. Geschlechtsunterschiede unbekannt.
Pflege siehe Familienbeschreibung. Sehr flinke, scheue und oft aggressive Art, revierbildend.

Botia (Hymenophysa) lecontei (Taf. 109)
FOWLER, 1937

Laos, Thailand; bis 15 cm.
D 3–4/8; A 3–4/5. Schlanker als die nahe verwandte Art *B. modesta*, Körperhöhe 3,5–4,1mal und Kopflänge 3,2–3,9mal in der Körperlänge enthalten. Olivbraun mit goldenem oder metallisch grünem Schimmer, Bauch weißlich, Kiemendeckel grünlichgold. Auf der Basis der C ein runder blauschwarzer Fleck, der jedoch auch fehlen kann. D bräunlichgelb mit zwei schwarzen Punktreihen. Jungtiere mit dunklen Querbändern. Geschlechtsunterschiede unbekannt.
Pflege siehe Familienbeschreibung.

Botia (Botia) lohachata (Taf. 71)
CHAUDHURI, 1912
Netzschmerle

Pakistan; im Aquarium bis 10 cm.
D 1/9–10; A 1/5–6; P 14; V 8. Die Art gehört zu dem gestreckten *Botia*-Typ. Vier Paar Barteln. Der Beginn der D liegt genau in der Mitte zwischen Schnauze und C-Wurzel, C leicht eingekerbt. Auf silbergrauem, oft leicht golden glänzendem Grund treten sehr variable dunkle Quer- und Schrägbalken hervor, über die am besten die Abbildung Auskunft gibt. Flossen farblos bis zart grau, teilweise mit dunklen Tüpfeln und Binden. Geschlechtsunterschiede unbekannt.
Die Art ist gesellig sowie weniger scheu und aggressiv als andere *Botia*-Arten. Klares sauerstoffreiches Wasser, 25–28 °C, Allesfresser. Die Tiere schmiegen sich oft ohne ersichtlichen Grund mit einer Körperseite an den Bodengrund und verharren längere Zeit in dieser Stellung. Ein Einwühlen wurde nicht beobachtet. Pflege siehe Familienbeschreibung.

Botia macracantha (Taf. 71)
(BLEEKER, 1852)
Prachtschmerle

Sumatra, Kalimantan (Borneo), in fließenden und stehenden Gewässern; bis 30 cm, bleibt meist kleiner.
D 1/10; A 2/6; P 1/13; A 1/8. Körper gestreckt, seitlich abgeflacht. Bauchlinie fast gerade, die D entspringt wie bei fast allen *Botia*-Arten vor der V, vier Paar Barteln. Sehr prächtige Art, deren Färbung et-

was an die Färbung der Korallenfische erinnert. Die kräftig orangerote Grundtönung wird an den Körperseiten durch drei keilförmige, samtschwarze Querbinden unterbrochen. Alle Flossen einschließlich der Pn blutrot. Keine deutlichen Geschlechtsunterschiede. Pflege siehe Familienbeschreibung, Zucht bereits gelungen, die beobachteten Einzelheiten bedürfen der Bestätigung. Im Schwarm schwimmaktiv. Friedlich untereinander und anderen Arten gegenüber.

Botia (Hymenophysa) modesta (Taf. 71)
BLEEKER, 1864
Blaue Prachtschmerle

Laos, Thailand, Kampuchea; bis 25 cm.
D 3–4/7–9; A 3/5. Seitlich stark abgeflacht, hochrükkiger als die nahe verwandte Art *B. lecontei*, Körperhöhe 2,5–2,9mal und Kopflänge 2,7–3,1mal in der Körperlänge enthalten. Körperfärbung bei erwachsenen Tieren grünlich, bläulich, grau oder bräunlich, Rücken dunkler. An der C-Basis eine mehr oder weniger deutlich hervortretende breite, dunkle Querbinde. Flossen blutrot bis orange. Junge Exemplare mit 7–9 dunkelbraunen Querbinden an den Körperseiten, D, A und C gelb bis orange, paarige Flossen leicht gelblich. Geschlechtsunterschiede unbekannt. Pflege siehe Familienbeschreibung.

Botia (Hymenophysa) morleti (Taf. 71)
TIRANT, 1885

Thailand, Laos; bis etwa 5 cm.
D 4/8–10; A 2–3/5. Rücken relativ stark gewölbt, seitlich stark abgeflacht. Hellbraun, unterseits weißlich. Von der Schnauzenspitze zieht ein breiter schwarzer Rückenfirststrich bis zur Basis der C. In der hinteren Hälfte der Körperseiten vier schmale, dunkelbraune Querbinden, die meist nur schwach hervortreten, gelegentlich sogar fehlen. D und C gelbbraun, A hellbraun mit dunklem Querstreifen, paarige Flossen hellbraun bis durchsichtig. Geschlechtsunterschiede unbekannt.
Pflege siehe Familienbeschreibung. Die Art war bislang unter dem Synonym *B. horae* SMITH, 1931, bekannt (TAKI, 1974).

Botia (Hymenophysa) sidthimunki (Taf. 71)
KLAUSEWITZ, 1959
Zwergschmerle

Laos und nördliches Thailand, in schlammigen Kleingewässern; bis 3,5 cm.
D 3/8; A 3/5. Drei Paar Barteln. Körper gestreckt, seitlich etwas zusammengedrückt. Grundfärbung gelblich silbern, oberseits goldbraun, unterseits weiß. Von der Schnauzenspitze ziehen neben dem Rückenfirst zwei dunkelbraune bis tiefschwarze Längsbinden bis zur Basis der C. Beide sind untereinander und mit einer Längsbinde auf der Seitenmitte durch eine unterschiedliche Anzahl oft hellerer Querbänder verbunden, die sich vor allem im Schwanzstielbereich auch auf die untere Körperregion ausdehnen. ♀ meist kräftiger.
Pflege siehe Familienbeschreibung. Die Zwergschmerle ist ein äußerst lebhafter Fisch, der niemals einzeln gepflegt werden sollte. Weicher Bodengrund, zahlreiche Versteckmöglichkeiten, 25–27 °C, kleines Lebendfutter aller Art. Noch nicht gezüchtet.

Botia (Botia) striata (Taf. 71)
RAO, 1920
Zebraschmerle

Südindien, Tunga (Fluß), Shivamagga; bis 7 cm.
D 2/9–10; A 1/6–7; P 13–14; V 8. Körper mäßig gestreckt. Rötlich bis gelb, Brust- und Bauchregion grünlich. Vom Rücken bis zur Unterseite zahlreiche breite, dunkelgrüne bis bläuliche, schräg nach hinten orientierte Querbinden, die insgesamt ein zebraartiges Muster ergeben. In die breiten, dunklen Bänder können helle, gelbliche, punkt- bis linienförmige Zeichnungen eingestreut sein. Auf dem Kopf gleichartige, nach vorn gerichtete Binden. Flossen weißlich, D mit drei aus Punkten und Flecken zusammengesetzten dunklen Längsbinden, C mit zwei vollständigen und 2–3 unterbrochenen, dunklen Querbändern, A und V ebenfalls mit dunklen Querbinden und Punkten. Geschlechtsunterschiede unbekannt.
Pflege siehe Familienbeschreibung.

Gattung *Leptobotia* BLEEKER, 1870

Körper langgestreckt, Praeorbitalstachel unter dem Auge, mehr oder weniger in der Haut verborgen, einspitzig. Kopf abgeflacht, an den Seiten mit Schuppen bedeckt, sechs Paar Barteln. Frei schwimmende, weniger kräftig gefärbte, meist gebänderte Schmerlen bis zu 30 cm. China, Amurgebiet. Etwa drei Arten.

Leptobotia mantschurica (Abb. 255)
BERG, 1907

Unteres Amurgebiet, Songhua, Ussuri; bis 20 cm.
D 3/9–10; A 3/4–5; P 2/10–11; V 1/7. Körper gattungstypisch gestaltet, C tief eingeschnitten. Gelblichgrün bis hellolivfarben, Rücken dunkler, Bauch

Abb. 255 *Leptobotia mantschurica*

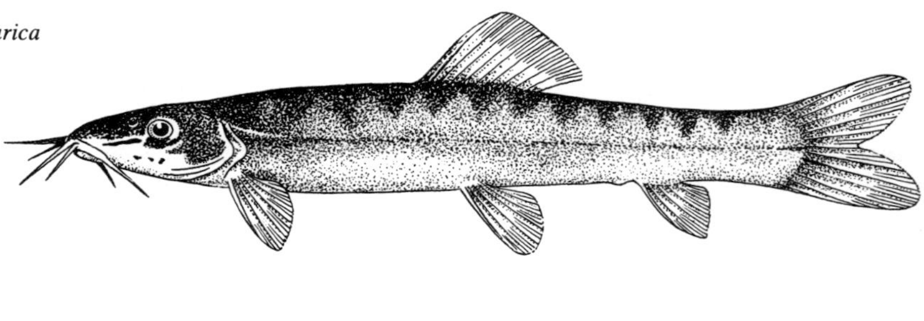

silberfarben, manchmal mit goldenem Schimmer. Auf der oberen Körperhälfte 11–15 dunkle Sattelflecke. D und C grünlich mit einigen Reihen dunkler Punkte, P und V farblos. ♂ vermutlich kleiner. Pflege siehe Familienbeschreibung, Temperatur um 20 °C. Noch nicht gezüchtet.

Unterfamilie Cobitinae

Körper gestreckt bis wurmförmig, seitlich nicht oder nur wenig abgeflacht. 3–4 Paar Barteln, Unterlippe verdickt, gefurcht oder fransenartig ausgezogen, oft ein Paar Barteln bildend. Praeorbitalstachel vorhanden. C abgerundet oder leicht eingeschnitten.

Gattung *Acanthophthalmus* van Hasselt, 1823 Dornaugen

Körper wurmartig langgestreckt, Auge von einer durchsichtigen Haut überzogen, Kopf unbeschuppt, 3–4 Paar Barteln (je ein Paar Rostral-, Oberkiefer-, Unterkiefer und selten Nasalbarteln), keine SL. Südostasien. Etwa zehn Arten.

Acanthophthalmus cuneovirgatus (Abb. 256)
Raut, 1957

Hinterindien (Johor); bis 5,5 cm.
D 2/6; A 2/5. Maximale Körperhöhe etwa 8mal in der Körperlänge (ohne C) enthalten, die A beginnt kurz hinter dem D-Ende, drei Paar Barteln, vordere Nasenöffnung röhrenförmig nach außen verlängert, an der Hinterseite der Verlängerung ein unpigmentierter zipfelförmiger Fortsatz. Kräftig gelb, seitlich etwas heller, Bauch weißlich, bei laichreifen ♀♀ mit Perlmuttglanz. Etwa 14 keilförmige, kräftig schwarze Binden, die höchstens bis zur Seitenmitte reichen, lediglich die drei Kopfbinden und die Binden hinter der A sind etwas länger. ♀ kleiner, 2. Flossenstrahl nicht verdickt. Beim ♂ 2. Flossenstrahl der P verdickt (Beschreibung nach Raut).
Pflege siehe Familienbeschreibung, S. 318.

Acanthophthalmus kuhli kuhli (Abb. 256)
(Cuvier und Valenciennes, 1846)

Südliche Halbinsel Malakka, Kalimantan (Borneo), Sumatra, Java; bis 8 cm.
D 2/6–8; A 1–2/5–7; P 1/9–10; V 1/5, hinter der Körpermitte angesetzt. Die A beginnt etwas hinter der D, drei Paar Barteln. Gelblich bis zart lachsfarben mit etwa 15–20 dunkelbraunen bis tiefschwarzen Querbinden (die ersten drei auf dem Kopf), die in der Mitte durch einen hellen Strich unterteilt sein können und fast bis auf die Unterseite reichen. Zwischenräume schmaler als die Querbinden. Unterseite heller. Geschlechtsunterschiede nicht sicher bekannt.
Pflege und Zucht siehe Familienbeschreibung, S. 318. Die blaugrünen Eier sollen frei in das Wasser abgegeben werden und am Substrat festhaften (?).

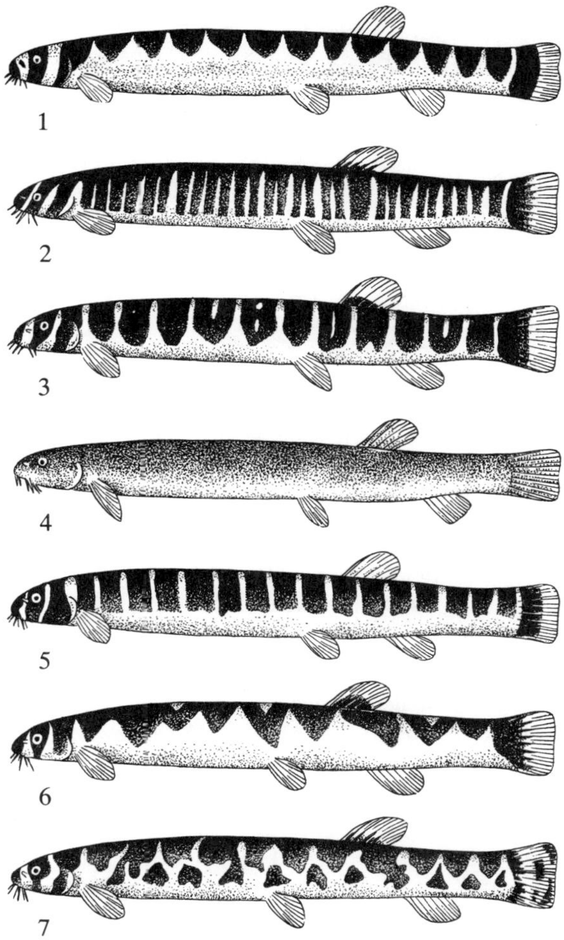

Abb. 256 Zeichnungsmuster verschiedener *Acanthophthalmus*-Arten. 1) *A. cuneovirgatus*, 2) *A. kuhli kuhli*, 3) *A. kuhli sumatranus*, 4) *A. mariae*, 5) *A. robiginosus*, 6) *A. semicinctus*, 7) *A. shelfordi*

Acanthophthalmus kuhli sumatranus (Abb. 256)
Fraser-Brunner, 1940

Sumatra; bis 8 cm.
Von der Nominatform *A. kuhli kuhli* nur durch die Zeichnung und Färbung zu unterscheiden. Die Unterart zeigt 12–15 Querbinden (die ersten drei auf dem Kopf), die meist keilförmig gestaltet sind und den Bauch nicht ganz erreichen, jedoch stets weit über die Seitenmitte vordringen. Innenraum der Binden oft hell. Zwischen den Binden oben rotgolden, seitlich zart lachsfarben, Bauch hellgelb gefärbt, beim ♀ weiß.

Acanthophthalmus mariae (Abb. 256)
Inger und Chin, 1962

Kalimantan (Borneo), Kinabatangan Distrikt; in klaren und schlammigen Waldbächen; bis 7 cm.
D 1–2/5–6; A 2/5; P 1/6–7; V 1/4–5. Vier Paar Barteln, darunter ein Paar Nasalbarteln. Verhältnismäßig langgestreckte Art. Körper einfarbig braun, Unterseite etwas heller. Häufig befindet sich auf der

oberen Körperhälfte ein unregelmäßiges, helles Wurmmuster. D und A dunkelbraun, C bräunlich, andere Flossen farblos. Beim ♀ 2. P-Strahl nicht verdickt, beim ♂ 2. P-Strahl etwa 3mal so dick wie die übrigen, P länger.
Pflege siehe Familienbeschreibung, S. 318.

Acanthophthalmus myersi (Taf. 72)
HARRY, 1949

Thailand (Khao Sabap); bis 8 cm.
D 2/8; A 2/6–7; P 1/9; V 1/5. Insgesamt bis auf die Färbung *A. kuhli kuhli* sehr ähnlich, nach KLAUSEWITZ eventuell nur eine Unterart von *A. kuhli.* Grundfarbe kräftig gelb bis lachsrot, mit 10–14, meist elf, breiten, dunkelbraunen Querbinden, die bis an den hellen Bauch reichen oder sogar mit den gegenüberliegenden Binden zu Ringen verschmelzen. Die Binden sind immer einheitlich gefärbt, niemals tritt eine helle Innenzone auf. Deutliche Geschlechtsunterschiede sind nicht bekannt.
Pflege und Zucht siehe Familienbeschreibung, S. 318.

Acanthophthalmus pangia
(HAMILTON-BUCHANAN, 1822)

Indien, Hinterindien, Thailand, Java, Sumatra; bis 8 cm.
D 2/6; A 7; P 1/8–9; V 1/5–6. Drei Paar Barteln. Einfarbig rötlichbraun bis gelblich, Bauch heller. Nahe verwandt mit *A. mariae*, durch das Fehlen der Nasalbarteln jedoch von dieser Art leicht zu unterscheiden. Deutliche Geschlechtsunterschiede unbekannt.
Pflege siehe Familienbeschreibung, S. 318.

Acanthophthalmus robiginosus (Abb. 256)
RAUT, 1957

West-Java bei Rangkasbitung; bis 5 cm.
D 2/6; A 2/5. Maximale Körperhöhe etwa 7mal in der Körperlänge (ohne C) enthalten, die A beginnt direkt unter dem Ende der D, drei Paar Barteln, vordere Nasenöffnungen wie bei *A. cuneovirgatus* röhrenförmig mit Zipfel an der Hinterseite. Schmutzig gelbbraun bis kräftig rostrot, Bauch etwas heller, niemals weiß. Im auffallenden Licht glänzen die Körperseiten stahlblau. Etwa 21 schmale, dunkelbraune Querstreifen ohne helle Innenzone, die etwas über die Seitenmitte nach unten reichen. Beim ♂ sind alle Flossen größer, 2. P-Strahl verdickt (Beschreibung nach RAUT).
Pflege siehe Familienbeschreibung, S. 318.

Acanthophthalmus semicinctus (Taf. 72, Abb. 256)
FRASER-BRUNNER, 1940

Halbinsel Malakka; bis 8 cm.
D 2/6–7; A 2/6. Diese Art ist von den bislang eingeführten Arten am einfachsten zu erkennen. V etwa in der Mitte des Körpers (einschließlich der C) gelegen, die A beginnt in Höhe des D-Hinterrandes. 12–16 dunkelbraune bis schwarze Querbinden, die sich nicht über die Seitenmitte ausbreiten (ausgenommen die drei Kopfbinden und die Binde auf der C-Wurzel). Form der Binden breit keilförmig, vielfach mit hellem Innenraum. Zwischen den Binden schön goldrot, nach dem Bauch zu mehr lachsfarben, unterseits weiß. ♀ Flossen kleiner, ♂ 2. Flossenstrahl der P verdickt.
Pflege und Zucht siehe Familienbeschreibung, S. 318. Über Färbungsbesonderheiten berichtet KLAUSEWITZ (DATZ, 14, 9–10, 1961).

Acanthophthalmus shelfordi (Abb. 256)
POPTA, 1901

Kalimantan (Borneo); bis 8 cm.
D 2/5–6; A 2/4–5. V in der Körpermitte angesetzt (einschließlich der C), die A beginnt etwa eine D-Breite hinter der D. Zwei ineinandergreifende Bindenreihen, die meist nur schmale, zart rosa- bis lachsfarbige Streifen zwischen sich freilassen. Gelegentlich sind die Binden zu unregelmäßigen schwarzen Flecken reduziert, die Tiere sehen dann getigert aus. Unterseits weißlich. Geschlechtsunterschiede sind nicht bekannt.
Pflege siehe Familienbeschreibung, S. 318.

Gattung *Acanthopsis* VAN HASSELT, 1824

Körper langgestreckt, seitlich kräftig zusammengedrückt, niedrig, Auge von einer durchsichtigen Haut überzogen, Kopf groß, nach vorn spitz auslaufend, unbeschuppt. Praeorbitalstachel aufrichtbar, zweispitzig, Maul klein, unterständig, 3–4 Paar Barteln, Unterlippe fransenartig ausgezogen (Abb. 257), Schuppen klein, SL vollständig. Südostasien, Java, Sumatra, Kalimantan (Borneo), China. Zwei sichere Arten.

Abb. 257 Gattung *Acanthopsis*, Maul von unten mit der hinten in Fransen auslaufenden Unterlippe (nach WEBER und DE BEAUFORT)

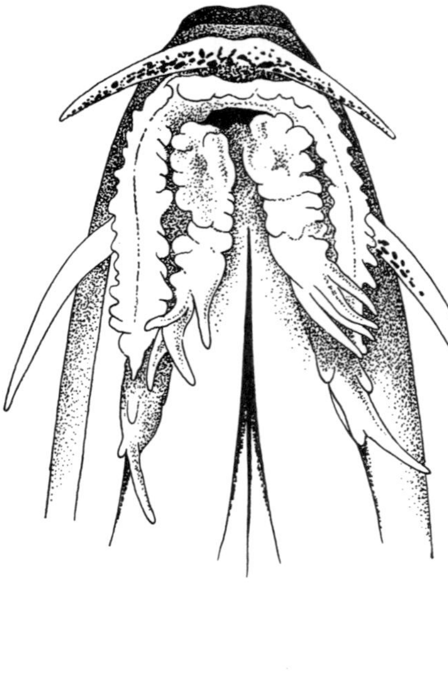

Acanthopsis choiorhynchus (Taf. 72)
(BLEEKER, 1854)
Rüsselschmerle, Teufelskopfschmerle

Südostasien, Große Sundainseln; bis 18 cm.
D 2/10–11; A 2/5–7; Schuppen sehr klein. Körper gattungstypisch langgestreckt, schlank, seitlich zusammengedrückt. Obere Profillinie stärker ausgebogen als die untere, drei Paar kurze Barteln. Nach Alter und örtlicher Herkunft sehr verschieden gefärbt und gezeichnet. Neben einheitlich ockerfarbenen Tieren sind auch solche bekannt, die eine dunkle Längsbinde oder zumindest eine Fleckenlängsreihe an den Körperseiten haben. Über dieser können schmale Querbinden, Wellenlinien, Tüpfel oder andere Zeichnungen in hell- bis dunkelbrauner Farbe vorhanden sein. Flossen farblos oder gelblich, D und C oft mit braunen Tüpfeln oder auch Linien. ♂ kleiner, erste Strahlen der P deutlich verlängert (Abb. 258).
Pflege: Die Rüsselschmerlen sind etwa wie andere tropische Schmerlen zu pflegen. Nach HOLLY buddeln sich die Tiere gern bis an die Augen in den Bodengrund ein, der deshalb weich und feinkörnig sein soll. Die Art gründelt gern. Kleines Wurmfutter, Daphnien (besonders tote), Mückenlarven. Temperatur 25–28 °C. Siehe auch Familienbeschreibung, S. 318.

Gattung *Cobitis* LINNAEUS, 1758

Körper langgestreckt, seitlich stark abgeflacht. Auge von einer durchsichtigen Haut überzogen, Schuppen sehr klein, tief in der Haut liegend, Kopf sehr kurz, seitlich unbeschuppt, Schnauze stumpf, Maul unterständig, 3–4 Paar Barteln. Praeorbitalstachel aufrichtbar, zweispitzig. In Europa, Asien und Nordafrika weit verbreitet. Mehrere, z.T. sehr variable Arten.

Cobitis taenia (Taf. 108, Abb. 254)
(LINNAEUS, 1758)
Steinbeißer, Dorngrundel

Ganz Europa, in weiten Teilen Asiens, Nordafrika, in klaren Seen und fließenden Gewässern; bis 11 cm. (Zahlreiche Unterarten, in Mitteleuropa *Cobitis taenia taenia*)
D 2–3/6–7; A 2–3/5–6; P 1/6–8; V 1/5. Körper gattungstypisch gestaltet. Färbung wechselnd. Rücken graugelblich, Seiten zart grau bis mattgelb, Bauch weißlich. Rücken und Seiten sehr fein braun punktiert. In der Mittellinie des Rückens verläuft vom Kopf bis zur C eine aus großen braunen Flecken zusammengesetzte Binde, die beiderseits von einer intensiv dunkel gefärbten Tüpfelreihe begleitet wird. Unterhalb der Seitenmitte eine Längsreihe aus großen, hellumrandeten, braunen Flecken. Auf der C-Wurzel ein senkrechter schwarzer Strich. Flossen leicht grau getönt, D und C gelegentlich mit dunklen Punktreihen. ♀ P-Strahlen alle gleichdick. ♂ 2. P-

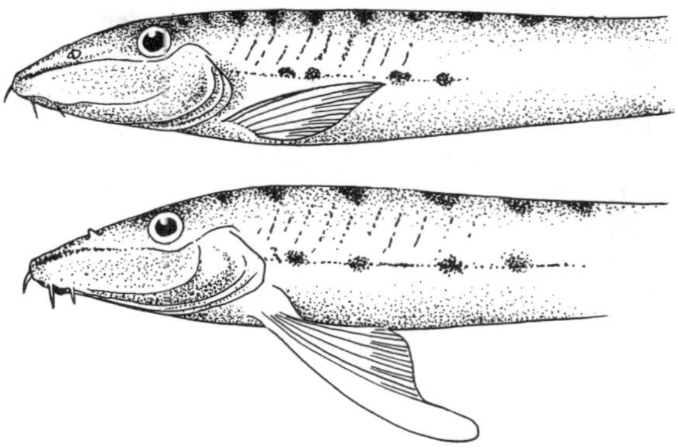

Abb. 258 *Acanthopsis choiorhynchus*, Geschlechtsdimorphismus in den Brustflossen. Oben ♀, unten ♂ (nach INGER und CHIN)

Strahl verdickt, auf der Flossenbasis eine auffallend große Schuppe (Canestrini-Schuppe).
Die sehr interessante Art ist in größeren, dunkel gehaltenen Becken zu pflegen. Wesentlich für das Wohlbefinden ist vor allem der Bodengrund, der aus feinem Sand, keinesfalls grobem Kies bestehen soll. Daneben kommt der Temperatur große Bedeutung zu, für eingewöhnte Tiere soll eine obere Grenze von 18 °C nicht überschritten werden, Frischfänge sind noch kühler zu hältern. Die Tiere buddeln sich gern so weit in den Sand ein, daß nur der Kopf heraussieht. Die deutsche Bezeichnung Steinbeißer deutet auf eine Eigenart der Nahrungsaufnahme hin, das heißt, die Tiere nehmen Sand auf, kauen diesen durch und befördern ihn durch die Kiemenspalten ruckartig wieder nach außen. Der Bodengrund wird auf diese Weise ständig nach Nahrungstieren – vorwiegend Würmern – abgesucht. Laichzeit April bis Juni, im Aquarium ist ein Ablaichen nur nach kalter Überwinterung zu erreichen. Freilaicher, das heißt, die Eier werden wahllos über Sand oder zwischen Wurzelwerk ausgestoßen. Die Jungen schlüpfen bei Temperaturen um 15 °C nach 6–10 Tagen. Aufzucht leicht, da die Jungfische ihre Nahrung vorwiegend dem Mulm entnehmen.
Die private Pflege dieser Art ist in der DDR nicht gestattet.

Gattung *Lepidocephalus* BLEEKER, 1858

Körper langgestreckt, niedrig. Kopf teilweise beschuppt, Auge von einer durchsichtigen Haut überzogen, 3–4 Paar Barteln (zwei Paar Rostral-, ein Paar Oberkiefer- und ein Paar Unterkieferbarteln). Praeorbitalstachel vorhanden, zweispitzig. Vorderindien, Sri Lanka, Südostasien, China, Sumatra, Java, Kalimantan (Borneo). Mehrere Arten.

Lepidocephalus guntea (Abb. 259)
(HAMILTON-BUCHANAN, 1822)

In fast ganz Indien beheimatet; bis 15 cm.
D 2/6–7; A 2/5; P 1/6–7; V 1/6–7; mLR etwa 115. Ähnlich gestaltet wie die nachfolgende Art. Zart

gelblich bis grau mit einem mattglänzenden hellen Streifen, der sich von der Schnauze bis zu einem kleinen, runden, tiefschwarzen Fleck auf der C-Wurzel erstreckt. Ober- und unterhalb dieses Bandes unregelmäßige oder auch aufgereihte dunklere Flecke. Unterseits hell. D und C mit dunklen Tüpfelreihen. Geschlechtsunterschiede unsicher.
Pflege siehe nachfolgende Art und S. 318.

Lepidocephalus thermalis (Taf. 72)
(CUVIER und VALENCIENNES, 1846)

Indien, besonders Malabarküste, Sri Lanka; bis 8 cm.
D 2/6; A 2/5; P 1/6; V 1/6. Unserem einheimischen Steinbeißer nicht unähnlich. Körper gestreckt, niedrig, vorn wenig, hinten stark abgeflacht, vier Paar Barteln, die D ist etwas vor der V angesetzt, C fast gerade abgeschnitten, Schuppen sehr klein. Grau bis zart graugrün mit sehr unregelmäßigen, etwas dunkleren Flecken. Rücken meist helldunkel marmoriert. D und A mit Tüpfelreihen. Geschlechtsunterschiede unsicher.
Die *Lepidocephalus*-Arten bewohnen fließende oder auch klare, stehende Gewässer. Nicht zu tiefe Stellen mit weichem Bodengrund werden bevorzugt. Wie viele andere Dorngrundeln vermögen sich auch die *Lepidocephalus*-Arten plötzlich in den Schlamm einzuwühlen. Die Nahrung besteht im wesentlichen aus Würmern und Insektenlarven, die aus dem Bodengrund gestöbert werden. Fortpflanzung unbekannt. Pflege siehe Familienbeschreibung, S. 318.

Gattung *Misgurnus* LACÉPÈDE, 1803

Körper mehr oder weniger aalartig gestreckt, jedoch fast gleichbleibend hoch und im hinteren Teil seitlich stark abgeflacht. Praeorbitalstachel von einer Muskellage überdeckt, Schuppen sehr klein, Maul unterständig, von wulstigen Lippen umgeben, fünf Paar Barteln, davon drei Paar am Oberkiefer und zwei Paar am Unterkiefer, Auge und Kiemenöffnung klein, C abgerundet oder fast gerade abgeschnitten, häufig saumartig auf dem Schwanzstiel beginnend. Mittel- und Osteuropa, Asien. Zahlreiche, sehr variable und deshalb z.T. schwer zu unterscheidende Arten.

Misgurnus anguillicaudatus (Abb. 260)
(CANTOR, 1842)
Ostasiatischer Schlammpeitzger

Nördliches Ostasien bis Zentralchina im Süden; bis 25 cm, mit 10 cm geschlechtsreif.
D 2–4/5–7; A 2–5/5–6; P 1/9–10; V 1/5–8. Körper gattungstypisch gestaltet. Gelbbraun bis oliv-graubraun marmoriert, unterseits hell, leicht silbrig. Die Art entspricht hinsichtlich ihrer Gestalt und auch ihrer Biologie vollkommen unserem einheimischen Schlammpeitzger (siehe unten). Wie dieser liebt *M. anguillicaudatus* schlammigen Untergrund, in den er sich gern so einwühlt, daß nur der Kopf hervorragt. Allesfresser. Im ungeheizten Zimmeraquarium ausdauernd.

Misgurnus fossilis fossilis (Taf. 108, 109)
(LINNAEUS, 1758)
Schlammpeitzger, Wetterfisch

Mittel- und Osteuropa, in stehenden oder langsamfließenden Gewässern mit schlammigem Grund; bis 30 cm.
D 2–4/5–7; A 2–5/5; P 1/10; V 1/5–6. Körper langgestreckt, zylindrisch, hinten seitlich stark abgeflacht, Maul klein, unterständig, mit wulstigen Lippen, Haut schleimig, Schuppen sehr klein, Kopf schuppenlos, C abgerundet. Körper lehmgelb bis gelbgrau, oberseits deutlich dunkler, oft dunkelbraun, unterseits orange bis schmutziggelb. Mehrere schwarzbraune, deutliche Längsbinden, von denen die auf der Seitenmitte besonders breit ist und kräftig hervortritt. Zwischen den dunklen Binden oft sehr feine dunkle Tüpfel. D und C ziemlich dunkel, meist braun getüpfelt, übrige Flossen hell, gelegentlich sind alle Flossen zart orange getönt. ♀ kräftiger, P rund, zweiter Flossenstrahl nicht deutlich verdickt. ♂ P größer, fast eckig abgeschnitten, 2. Flossenstrahl deutlich verdickt. Auf der Seitenmitte, etwa in Höhe des D-Hinterendes, ein deutlicher Längswulst.
Pflege wie bei *Cobitis taenia* angegeben, jedoch anspruchsloser. Durchlüftung überflüssig. Zum Wohlbefinden trägt wesentlich eine dicke Mulmschicht bei. Die Darmatmung wird häufig angewendet, die Tiere kommen an die Oberfläche, nehmen Luft auf

Abb. 259 *Lepidocephalus guntea*
Abb. 260 *Misgurnus anguillicaudatus*

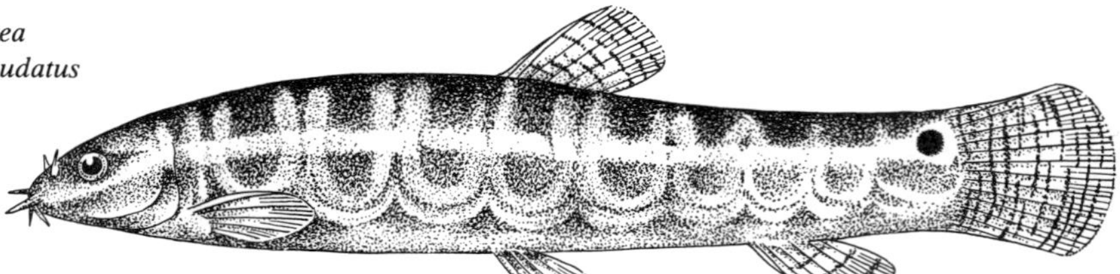

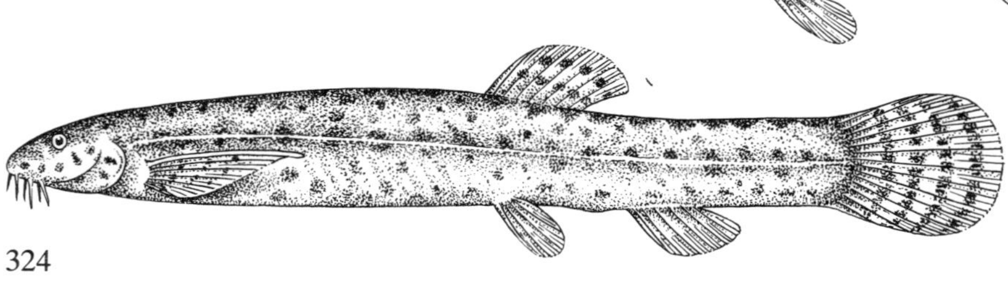

und pressen diese durch gefäßreiche Darmabschnitte. Aus der Afteröffnung entweicht in beinahe regelmäßigen Abständen und großen Blasen die verbrauchte Luft. Allesfresser, mit Vorliebe Würmer und Insektenlarven. Die Art laicht nach kalter Überwinterung in den Monaten April bis Juni an Wasserpflanzen, nach anderen Beobachtungen im Schlamm der Uferzone zwischen Pflanzenwurzeln. Ein Gelege kann bis 150000 Eier umfassen. Angeblich soll der Schlammpeitzger durch unruhiges Verhalten bereits 24 Stunden im voraus Gewitter anzeigen, er wird deshalb auch Wetterfisch genannt. Diese Angaben sind jedoch kaum überprüft worden. In feuchtes Moos gepackt, kann *Misgurnus* lange transportiert werden. Sehr interessante Beobachtungen teilte WATZKA dem Autor briefl. mit. Schlammpeitzger sind untereinander sehr harmonisch. Liebesspiele elegant, das ♂ streicht entlang der Bauch- und Rückenpartien des ♀, oft wird das ♀ umschlungen, zwischendurch verharren die Tiere Maul an Maul gepreßt auf dem Bodengrund. Gegen andere Arten sehr friedlich. Außerhalb des Wassers sollen die Tiere Laute von sich geben, die sehr an das Wimmern eines Säuglings erinnern. Jungtiere kriechen gern aus dem Wasser.

Misgurnus mizolepis unicolor (Taf. 108)
LIN, 1932
Goldgelber Schlammpeitzger

China (Huangshi); bis 16 cm.
D 7; A 7; mLR etwa 135. Körper gattungstypisch gestaltet. Einfarbig goldgelb, Rücken stärker golden, Bauch mehr silbrig. Flossen durchscheinend. Auge und Iris schwarz. Iris innen mit körperfarbenem Ring. ♂ kleiner, P größer, zugespitzt, 2. Strahl verdickt.
Pflege siehe voranstehende Art. Noch nicht nachgezüchtet. Die Unterart wird oft als Albino-Dornauge angesehen. An dem schwarzen Auge ist aber sehr leicht zu erkennen, daß es sich hierbei um keine Albinoform handeln kann.

Unterfamilie Noemacheilinae

Körper gestreckt, vorn zylindrisch, Kopf stumpf, Maul klein, 3–4 Paar Barteln, Unterlippe schwach oder kräftig entwickelt, glatt oder rauh, ein Praeorbitalstachel fehlt. C abgerundet oder nur wenig eingeschnitten. Vier Gattungen mit über 100 Arten.

Gattung *Lefua* HERZENSTEIN, 1888

Körper ähnlich gestaltet wie bei *Noemacheilus* angegeben. Kopf breit, nicht zusammengedrückt, vier Paar Barteln (ein Paar Rostral-, ein Paar Oberkiefer-, ein Paar Unterkieferbarteln und zusätzlich ein Paar kleine, aufrechtstehende Barteln nahe den vorderen Nasenöffnungen), C abgerundet. China, Mongolei, Amurgebiet, Japan (Hondo, Hokkaido). Drei Arten.

Lefua costata
(KESSLER, 1876)
Nordasiatische Zwergschmerle

China, Korea, Mongolei, Amur- und Ussuri-Gebiet; bis 10 cm.
D 2/6–7; A 2/5; P 1/10–11; V 1/5–6. Körper aalartig, niedrig, seitlich wenig abgeflacht. Färbung entsprechend dem großen Verbreitungsgebiet variabel. Meist hellbraun, Rücken grünlichgelb bis bräunlich, Bauch und Brust gelblich. Auf dem Kiemendeckel beginnt ein dunkelbraunes Längsband, das sich bis auf die mittleren Strahlen der C erstrecken kann. Zahlreiche kleine dunkelbraune Punkte besonders in der oberen Körperhälfte einschließlich der D und C. Neben ungepunkteten Formen mit kräftigem Längsband kommen auch solche ohne Längsband, jedoch mit stärkerer Punktzeichnung, vor. ♂ kleiner, schlanker, Färbung kräftiger, nach NIKOLSKI (1956) haben die ♂♂ einen längeren Schwanzstiel, das dunkle Längsband ist stets deutlicher ausgeprägt.
Pflege leicht Größere Behälter mit zahlreichen Versteckmöglichkeiten sagen der Art am besten zu. Die Tiere gründeln, ohne dabei den Grund aufzuwirbeln. Temperatur um 20 °C. An die Wasserbeschaffenheit werden keine besonderen Anforderungen gestellt. Zucht im Zimmeraquarium nach Hormongaben bereits gelungen. Nach anfänglichem Parallelschwimmen nahe dem Bodengrund steigen die Fische gemeinsam in die oberen Wasserschichten, wo sie senkrecht stehend in Schwimmpflanzen verharren. Nach der Abgabe der Geschlechtsprodukte schwimmen sie, das ♀ voran, zum Bodengrund zurück. (Vergl. auch KOTSCHETOW 1980 (Aquar. Terr. 27, 232, 1980). Das Synonym *Lefua andrewsi* FOWLER, 1924, ist das als eigene Art beschriebene ♂ von *L. costata*.

Gattung *Noemacheilus* VAN HASSELT, 1823

Körper langgestreckt, seitlich wenig abgeflacht, drei Paar Barteln, kein Praeorbitalstachel, Kopf unbeschuppt, Körperbeschuppung bei einigen Arten reduziert, SL vollständig oder unvollständig. Europa, Zentral-, Süd- und Südostasien, eine Art in Afrika. Artenreichste Gattung der Familie.

Noemacheilus barbatulus (Taf. 108, 109)
(LINNAEUS, 1758)
Bartgrundel, Schmerle

Ganz Europa mit Ausnahme von Nordschottland, Nordskandinavien, Südspanien, Süditalien und Griechenland. Außerdem in Sibirien und Korea. Stationärer Grundfisch klarer, schnellfließender Bäche mit kiesigem Untergrund, gelegentlich auch in den ufernahen Teilen klarer Seen. Bis 12 cm (gelegentlich bis 18 cm). Zahlreiche Unterarten, typische europäische Form: *Noemacheilus barbatulus barbatulus*.
D 2–4/7–8; A 2–4/5–6; P 1/12; V 1/7. Körper gattungstypisch gestaltet, vordere Nasenöffnung lang röhrenförmig, Vorderrücken und Brust ohne Schup-

pen. Färbung in Abhängigkeit von der geographischen Herkunft recht verschiedenartig (Standortformen). In Mitteleuropa meist zart gelbbraun, oberseits ziemlich dunkel mit olivgrünem Schimmer, seitlich und unterseits heller, gelblich bis gelbgrünlich. Am ganzen Körper große und kleine, meist regellos verstreute, mehr oder weniger dichtstehende dunkle Flecke. Gelegentlich sind die großen Flecke an den Körperseiten in ein oder zwei Längsreihen angeordnet. Flossen farblos bis gelblich (besonders A), D und C oft mit dunklen Tüpfeln, eventuell Tüpfelreihen. Geschlechter schwer zu unterscheiden. Die ♂♂ sind kräftiger gefärbt, schlanker und kleiner, P der ♂♂ größer (2. Flossenstrahl deutlich verdickt), Innenseite mit Hornpapillen, P der ♀♀ abgerundet (2. Flossenstrahl nicht deutlich verdickt), ohne Hornpapillen.
Die Schmerle ist in großen, mäßig bepflanzten, kühl stehenden Becken mit Kiesbodengrund und großen Steinen zu pflegen. Die Tiere bewegen sich oft den ganzen Tag nicht, kommen bei trübem Wetter ab und zu einmal an die Oberfläche, um nach Luft zu schnappen, und lassen sich dann schwerfällig auf den Boden herabsinken. Fressen enorme Mengen Würmer und andere Futtertiere. Durch heftiges Wühlen wird ab und zu das ganze Becken umgestaltet. Die Bartgrundel laicht in den Monaten April bis Mai wahllos über Steinen und Kies oder zwischen Wasserpflanzen. Die Laichabgabe erfolgt nach eigenen Beobachtungen nur nachts. Die ♀♀ sind in der Vorlaichzeit leicht an dem starken Körperumfang zu erkennen. K. SPRANGER berichtet über ein Ablaichen frisch gefangener Tiere an einer Aquariumdeckscheibe nach Art des Spritzsalmlers. Die sehr klebrigen Eier sind zahlreich und relativ groß (Durchmesser etwa 1 mm). Die Jungfische kommen bei Temperaturen um 16 °C nach 8–11 Tagen aus, liegen zunächst auf dem Bodengrund und beginnen erst nach 8–10 Tagen mit der Nahrungsaufnahme. Wachstum sehr schnell, neben allerlei Kleintieren werden auch Algenbeläge von den Steinen und Scheiben gefressen. In Gefangenschaft in einem Jahr laichreif! Interessant ist auch die Mitteilung, daß die Jungschmerlen bei etwa 30 °C ohne Durchlüftung, allerdings bei starker Bepflanzung heranwuchsen. Die private Pflege der Bartgrundel ist in der DDR nicht gestattet.
Nemachilus und *Nemacheilus* sind z.Z. ungültige Gattungsnamen.

Noemacheilus botius
(HAMILTON-BUCHANAN, 1822)

Indien, vom Nordwesten bis Assam, fehlt an der Malabarküste und Sri Lanka (Ceylon); bis 12 cm.
D 2/10–12; A 2/5; P 1/10; V 1/8. Körper gestreckt, Form walzenartig, hinten seitlich abgeflacht, nicht ganz so schlank wie unsere einheimische Schmerle, C gerade oder leicht eingeschnitten, drei Paar relativ lange Barteln. Grundfärbung hell gelblichweiß bis zart graugrün oder graubraun, Kopf gelblich, Unterseite weißlich. Diese sehr variable Grundfarbe wird

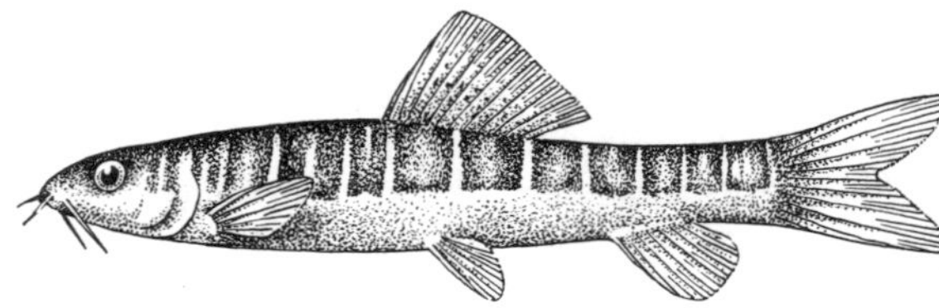

Abb. 261 *Noemacheilus fasciatus*

je nach Herkunft durch dunkelbraune, schmale, unregelmäßige Querbinden, Flecke oder Wurmlinien unterbrochen. Flossen hell, D und C mit Tüpfelreihen. Nach MEINKEN sind die ♂♂ lebhafter gefärbt und deutlich schlanker.
Sehr anspruchslose Art, die mit jedem Futter vorliebnimmt und Algenrasen abweidet, teils sandiger, teils steiniger Bodengrund. Eine ausführliche Beschreibung der Art und ihrer Pflege gab MEINKEN (DATZ, 14, 203–205, 1961). Zucht bereits gelungen, Temperatur etwa 25 °C. Die Tiere laichen im dichten Pflanzengewirr, Eier klebrig, etwa 100–150 Stück, die Jungfische schlüpfen nach 36 Stunden und schwimmen am 3. Tag frei. Aufzucht mit *Artemia*-Nauplien, Microälchen und kleinen Copepoden. Vgl. auch OTT (DATZ, 35, 371–373, 1982). Mehrere Unterarten.

Noemacheilus fasciatus (Abb. 261)
(CUVIER und VALENCIENNES, 1846)

Große Sundainseln; bis 9 cm.
D 3/9; A 3/5; P 2/9; V 1/7. Körper gestreckt, niedrig, hinten stark zusammengedrückt, C eingeschnitten, die D entspringt etwa über den Vn. Oberseits olivfarben bis bräunlich, Körperseiten lehmgelb bis schwefelgelb (♂?), unterseits weißlich oder gelblich. Zahlreiche braune keilförmige oder auch bandförmige Querbinden. Flossen farblos bis zart gelblich, teilweise mit dunklen Tüpfelreihen. Sichere Geschlechtsunterschiede sind nicht bekannt.
Pflege wie auf S. 318 angegeben, hart und anspruchslos, Allesfresser.

Noemacheilus kuiperi (Taf. 72)
DE BEAUFORT, 1939

Belitung; bis 7,5 cm.
D 1/8–9; A 1/5; P 9–10; V 1/7. Körper langgestreckt, etwa gleichbleibend hoch, seitlich etwas zusammengedrückt. Oberseits und an den Seiten braun bis braunschwarz, unterseits hell, Schuppen dunkel gerandet. In der dunklen Grundfärbung, zwischen Hinterrand des Kiemendeckels und C-Wurzel, 12–14 helle Querstreifen, drei Querstreifen auf dem Kopf. Die Streifen können z.T. Y-förmig gegabelt sein. An der Basis des ersten D-Strahls ein schwarzer, vorn rot begrenzter Fleck. Kiemendeckel grünlich glänzend. D und C mit Tüpfelreihen. Iris golden, oben und unten rot gerandet. ♂ mit verlängertem oberem C-Lappen. ♀ stärker gerundet, P gerundet, oberer C-Lappen nur wenig verlängert.
Pflege wie auf S. 318 angegeben. Die Tiere stammen aus ruhigen Gewässern. Sie bilden Reviere und sind,

zumindest in größerer Anzahl eingesetzt, auch tagsüber lebendig. Auf dem Schwanzstiel befinden sich bei beiden Geschlechtern 3–6 besonders große Schuppen ober- und unterhalb der Seitenlinie. Unter den Schuppen ein kissenförmiges Organ, das bei Kämpfen stark anschwillt. Bei den Kämpfen schlagen die nebeneinander liegenden Partner mit den Schwänzen kräftig gegeneinander. Alle Angaben nach WINKLER (Aquar. Terr., 7, 353–354, 1960; Z. Tierpsychol., 4, 410–423, 1959).

Ordnung Siluriformes
Welsartige

Mit mehr als 2000 Arten aus über 30 Familien sind die Siluriformes eine der artenreichsten Ordnungen der Knochenfische. Die meisten Vertreter sind typische Grundfische, einige bevorzugen die mittleren Wasserschichten. Neben räuberischen oder pflanzenfressenden Einzelgängern kommen auch Arten vor, die in Schulen oder Schwärmen leben. Die Vielfalt der Morpho- und Ökotypen in dieser Ordnung ist ein Hinweis auf die große Anpassungsfähigkeit der Welsartigen. Folgende Merkmale sind unter anderem für die Vertreter der Ordnung charakteristisch: Haut nackt oder mit Knochenschildern bedeckt, echte Schuppen fehlen; einige Arten besitzen Hautzähne; einige Schädelknochen (Parietale, Symplecticum, Suboperculare) und einige Knochen des Kiemendarmskeletts fehlen; Maxillare meist reduziert, unbezahnt; Vomer, Palatinum und Pterygoid bezahnt; Weberscher Apparat vorhanden, 2., 3. und 4. (selten auch 5.) Wirbel zu einer Einheit verschmolzen; keine äußeren (dorsalen) Rippen, keine Epineuralia; die Schwimmblase besteht aus einem vorderen und einem davon getrennten hinteren Abschnitt.
Die ursprünglichsten Welse (Diplomystidae) haben noch ein bezahntes Maxillare. Aber auch abgeleitete Familien (Callichthyidae, Loricariidae) können noch ursprüngliche Merkmale aufweisen. Die Verbreitung der Welse erstreckt sich auf ganz Amerika, Eurasien, Australien und Afrika. Fast ausschließlich im Süßgewässer, nur wenige Familien dringen auch ins Brack- und Meerwasser vor (Ariidae, Aspredinidae, Plotosidae). Fossilien vom Paläozän bis heute.
Aufgrund der fehlenden Schuppen wird bei den Welsartigen meist auch die Flossenformel für P und V angegeben.

Familie Ictaluridae
Katzenwelse

Von Kanada bis Guatemala beheimatete (Abb. 262) kleine bis mittelgroße Welse von gestreckter Körperform. Der Querschnitt in der vorderen Körperregion ist fast rund, von der D bis C zunehmend abgeflacht. Kopf groß, breit. Vier Paar Barteln, ein Paar entspringt bei den hinteren Nasenlöchern, das längste von der Oberlippe, zwei vom Kinn. Kiefer und Gaumenbein bezahnt. D kurz, hoch, relativ weit vorn beginnend und mit kräftigem Stachel. A lang, breit. C gerundet oder leicht eingeschnitten. Fettflosse fähnchenartig oder niedrig und flach. Haut nackt. Früheste Formen sind aus dem Jungtertiär bekannt. Fünf Gattungen mit etwa 34 Arten. Die meisten Vertreter eignen sich nur als Jungtiere für Zimmeraquarien, größere Tiere sind interessante Schauobjekte zoologischer Gärten. Der aus Nordamerika stammende Katzenwels *Ictalurus nebulosus* wurde um die Jahrhundertwende in Europa ausgesetzt und hat sich hier aufgrund seiner Anspruchslosigkeit schnell verbreitet.
Kleinere Katzenwelse sind sehr interessante Aquarienbewohner, die zudem kaum Ansprüche stellen. Zur Pflege eignen sich größere Becken mit weichem, sandigem, aber auch stellenweise kiesigem Bodengrund. Eine Bepflanzung ist nicht erforderlich, wenn mäßig durchlüftet wird und Versteckmöglichkeiten zwischen Wurzeln und Steinen gegeben sind. Zimmertemperatur; die meisten Arten vertragen auch stärkere Abkühlung gut. Alle Arten sind Raubfische, die sich in freier Natur hauptsächlich von Kleintieren, gelegentlich auch von Fischlaich und Jungfischen ernähren. In Gefangenschaft nehmen die Tiere fast nur lebendes Futter, wie Regenwürmer, Nacktschnekken, Insektenlarven u.a., ausnahmsweise auch Fleischstückchen, besonders Pferdefleisch, sehr selten Haferflocken. Zucht im Aquarium wahrscheinlich noch nicht gelungen. Im Freiland laichen die meisten Arten in flachen Gruben. Die sehr zahlreichen, kaulquappenähnlichen Jungfische werden von den Eltern geführt. Kleinere Exemplare lassen sich gut mit einheimischen Fischen vergesellschaften.

Abb. 262 Verbreitungsgebiet der Ictaluridae

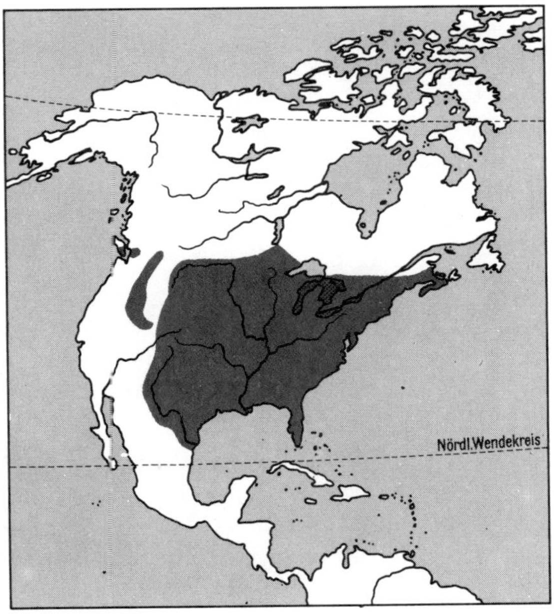

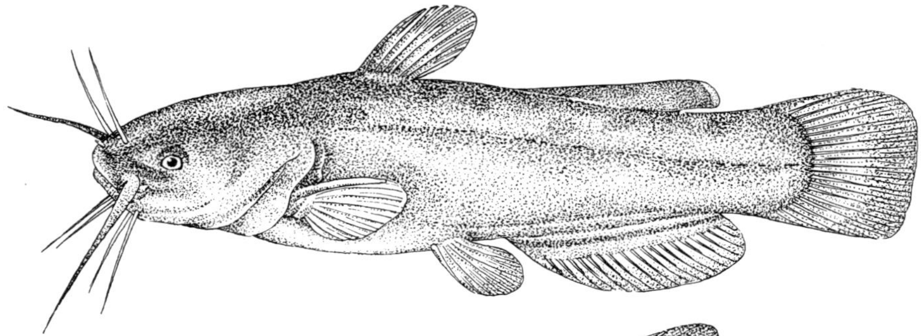

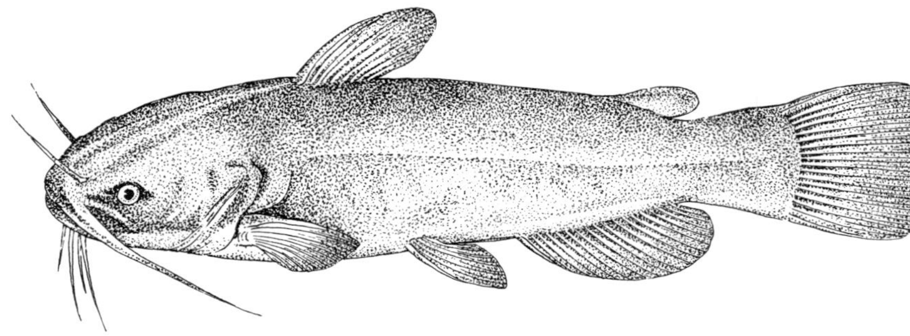

Abb. 263 *Ictalurus natalis*
Abb. 264 *Ictalurus nebulosus*

Gattung *Ictalurus* Rafinesque, 1820

Fettflosse kurz oder lang, hinten deutlich von der C getrennt; SL vollständig. Elf Arten.

Ictalurus natalis (Abb. 263)
(Lesueur, 1819)
Langschwänziger Katzenwels

Gebiet der Großen Nordamerikanischen Seen und Mississippistromgebiet; bis 35 cm.
D 1/7; A 1/24–28; P 1/8; V 8. Der nachfolgenden bekannten Art ähnlich, Fettflosse jedoch lang. Oberseits graugrün bis schwarzgrün, Körperseiten heller, niemals gesprenkelt, Unterseite hell, meist gelblich. Flossen dunkel, A manchmal mit undeutlichem Längsband. Pflege und Zucht siehe Familienbeschreibung.

Ictalurus nebulosus (Taf. 110, Abb. 264)
(Lesueur, 1819)
Zwerg- oder Katzenwels

Östliche Staaten der USA, Indiana, Florida; bis 40 cm.
D 1/6; A 1/20–22; P 1/8; V 8. Fettflosse kurz, über dem Hinterende der A gelegen, SL vollständig. Dunkelbraun, bei auffallendem Licht mit grünem, violettem oder bronzefarbigem Schimmer, oft mit wolkigen Flecken. Bauch grauweiß bis gelblich. Iris gelb. Geschlechtsunterschiede in der Färbung unbekannt. Dieser Wels wurde Ende des vorigen Jahrhunderts in Europa eingebürgert und war in der Aquaristik eine Zeitlang sehr beliebt. Er kann Töne wahrnehmen, d.h. reagiert auf lautes Pfeifen, Läuten sowie Glokken- und Flötentöne. Als ausgesprochenes Dämmerungstier geht er erst abends auf Nahrungssuche.

Abb. 265 *Ictalurus punctatus*
Abb. 266 *Noturus gyrinus*

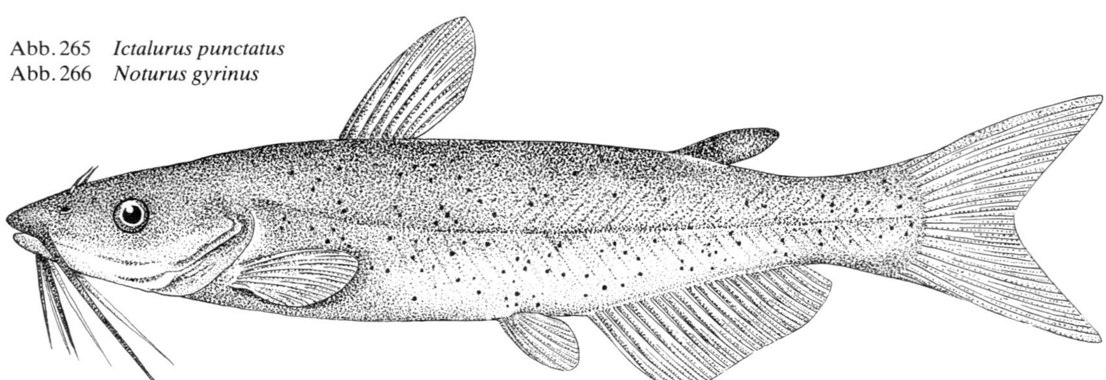

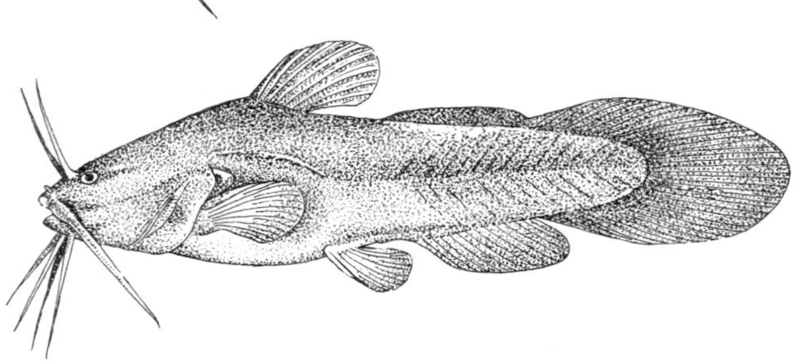

Man findet die Tiere in Teichen und Flüssen, aber auch in Abzugsgräben. Die Laichzeit fällt bei uns in die Monate März bis Mai. An flachen, von der Frühlingssonne durchwärmten Stellen, meist unter überhängendem Ufer, wird vom ♂ und ♀ eine flache Grube gebaut. Die Eier werden in Ballen abgelegt und kleben auf dem Bodengrund fest. Die schwarzen Jungwelse schlüpfen nach etwa acht Tagen und werden vom ♂ betreut. Wirtschaftlich bei uns wertlos. Fleisch rosa bis rötlich. In der Fischereiwirtschaft gilt der Katzenwels als Schädling, da er Laich und Brut anderer Fische frißt.
Pflege und Zucht siehe Familienbeschreibung.
Gelegentlich tauchen in der Aquaristik auch albinotische Tiere auf. Im Süden des Verbreitungsgebietes dominiert eine stark marmorierte Form. Sie wurde als *Ictalurus nebulosus marmoratus* beschrieben und in der Aquaristik als »Marmorierter Katzenwels« (Taf. 110) bekannt. Der Status einer Unterart läßt sich für diese Form nicht aufrechterhalten.

Ictalurus punctatus (Abb. 265)
(RAFINESQUE, 1818)
Getüpfelter Gabelwels

Gebiet der Großen Seen bis Texas, in großen Strömen; bis 60 cm.
D 1/6; A 1/25–30; P 1/9; V 8. Kopf ziemlich spitz, Maul etwas enger als bei anderen Katzenwelsen, Kiefer gleichlang, C tief gegabelt. Färbung variabel hellbraun bis graugrün, Rücken dunkler, Unterseite gelblich bis reinweiß mit Silberglanz. Bis 30 cm Länge mit verstreuten dunklen Punkten an den Körperseiten. Die Körperfarbe erstreckt sich auch auf die gelegentlich dunkel gerandeten Flossen. Geschlechtsunterschiede in der Färbung unbekannt.
Pflege und Zucht siehe Familienbeschreibung. Sehr guter Speisefisch, der auch in Teichwirtschaften gezüchtet wird.

Gattung *Noturus* RAFINESQUE, 1818

Kopf groß, relativ flach, Fettflosse lang, saumartig niedrig, gelegentlich mit der C verwachsen, SL unvollständig. Nicht über 30 cm. Wenige Arten.

Noturus gyrinus (Abb. 266)
(MITCHILL, 1818)
Steinwels

Nördliche Staaten der USA, Südkanada, weit verbreitet; bis 9 cm.
D 1/7; A 1/15–16; P 1/6–8. Fettflosse lang, mit der großen C verwachsen. P-Stachel nicht gezähnt, hinterseits mit einer Rinne, an der Basis mit einer Giftdrüse. Grundfärbung lehmgelb bis grauoliv, gelegentlich sehr dunkel, Rücken meist olivgrün, Unterseite hell- bis zitronengelb. An den Körperseiten eine dunkle, schmale Längsbinde, die vom Kiemendeckelhinterrand bis an die C-Wurzel reicht, darüber ge-

Abb. 267 Verbreitungsgebiet der Bagridae

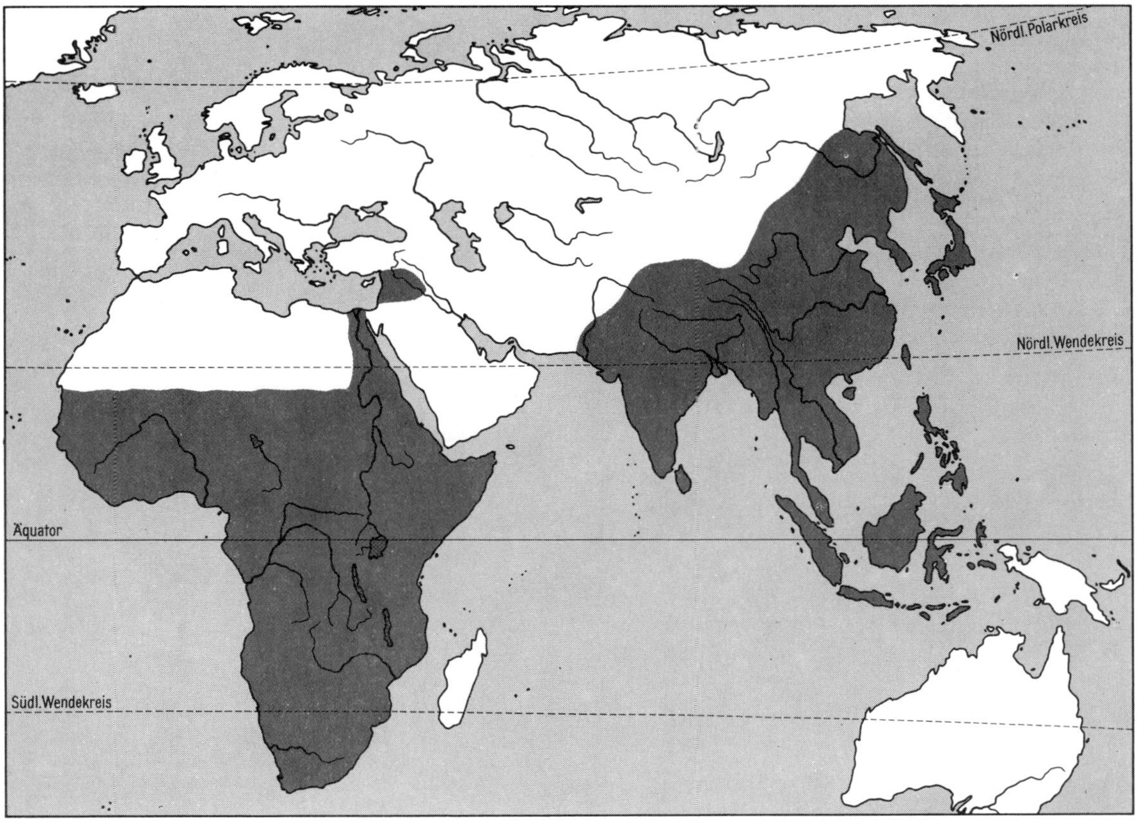

legentlich noch 1–2 dunkle Linien. Geschlechtsunterschiede unbekannt.
Pflege und Zucht siehe Familienbeschreibung. Bei dem Hantieren mit dieser Art vermeide man eine Berührung, Verletzungen mit dem P-Stachel sind schmerzhaft.

Familie Bagridae
Stachelwelse

In Afrika, Vorder-, Süd- und Ostasien sowie in Japan und im Malaiischen Archipel verbreitet (Abb. 267). Nackte Welse von gedrungener bis gestreckter Gestalt. Maul meist etwas unterständig, quergestellt oder halbmondförmig, Kiefer stets, Gaumenbein oft bezahnt. 3–4 Paar Barteln (zwei Nasal-, zwei gelegentlich sehr lange Oberkiefer-, zwei Unterkiefer- und zwei Kinnbarteln). D kurz, mit kräftigem Stachel, etwas vor oder über der V beginnend. Fettflosse vorhanden, oft sehr groß, A meist kurz. Auge bei vielen Vertretern von der Haut überwachsen. Viele Gattungen mit z.T. zahlreichen Arten, von denen einige relativ groß werden. Die ältesten Fossilien stammen aus dem Alttertiär. Für die Pflege im Zimmeraquarium sind nur kleinere Arten oder aber Jungtiere geeignet. Die im allgemeinen an die nächtliche Lebensweise gebundenen Tiere sind im Aquarium oft scheu, z.T. sehr träge. In allen Fällen ist eine möglichst dunkle Unterbringung mit zahlreichen Versteckmöglichkeiten in Wurzelwerk oder unter Blumentöpfen bzw. Kokosnußschalen angezeigt. Einige Arten stehen in ihren Verstecken mit Vorliebe mit der Bauchseite nach oben. Fütterung der gefräßigen Tiere einfach: Lebendfutter aller Art, größere Exemplare nehmen auch Regenwürmer, Nacktschnecken, Raupen, Fleisch, ja sogar eingeweichte Haferflocken. Temperatur je nach Herkunft 20–26 °C. In Gefangenschaft ließen sich nur wenige Arten vermehren. Einige Bagridae sind sehr räuberisch.

Gattung *Auchenoglanis* GÜNTHER, 1865

Drei Paar Barteln, Nasalbarteln fehlen, Auge mit freiem Rand. Mund klein, D und P mit einrastbarem Stachel. Bis 100 cm. Zahlreiche Arten im tropischen Afrika.

Auchenoglanis occidentalis (Taf. 73)
(CUVIER und VALENCIENNES, 1840)

In Afrika sehr weit verbreitet, Unterlauf des Nil, Senegal, Kongo (Zaïre), Tschad-See u.a.; bis 50 cm.
D 1/7; A 4–5/6–7; P 1/8–9; V 1/5. Körper mäßig gedrungen, vollkommen nackt, Schnauze spitz, D und P mit kräftigem, feststellbarem Stachel, Fettflosse groß. Drei Paar Barteln, von denen die Unterkieferbarteln am längsten sind und angelegt bis zum Kiemendeckelrand reichen. Färbung sehr variabel: einfarbig dunkelbraun bis hell lilabraun oder mit hellen gitterförmigen Linien, die wabenähnliche Felder abgrenzen. Unterseite gelblich bis weiß. Fettflosse braun bis zart violett, gleichfalls mit wabigen Feldern. Geschlechtsunterschiede unbekannt.
Zur Pflege in Zimmeraquarien eignen sich nur Jungtiere; sandiger Boden, Versteckmöglichkeiten, gedämpftes Oberlicht. Gefräßiger Raubfisch, der einzeln zu hältern ist. Lebendfutter aller Art. 24–28 °C. Siehe auch Familienbeschreibung.

Gattung *Bagrus* CUVIER, 1817

Fettflosse vorhanden, groß, D mit etwa zehn Weichstrahlen, vier Paar Barteln, Oberkieferbarteln lang, Augenrand frei. Bis 110 cm. Zahlreiche Arten im tropischen Afrika.

Bagrus docmac (Abb. 268)
(FORSKAL, 1775)
Nilwels

Stromgebiet des Nil, Victoriasee, Bass Marle (Lake Stephani), weit verbreitet; bis 60 cm.
D 1/8–10; A 4–6/8–9. Körper gestreckt, Kopf stark flachgedrückt, Maul breit. Oberer C-Lappen spitz ausgezogen. Dunkel rauchgrau bis olivbraun, unterseits hell, gelegentlich etwas golden glänzend. Flossen gelblich bis dunkel, gelegentlich mit braunen Tüpfeln (besonders die Fettflosse). Geschlechtsunterschiede unbekannt.
Pflege siehe Familienbeschreibung.

Gattung *Chrysichthys* BLEEKER, 1858

Körper gestreckt, vorn kaum, hinten stark abgeflacht. D und A kurz, erstere sowie P mit kräftigem

Abb. 268 *Bagrus docmac*

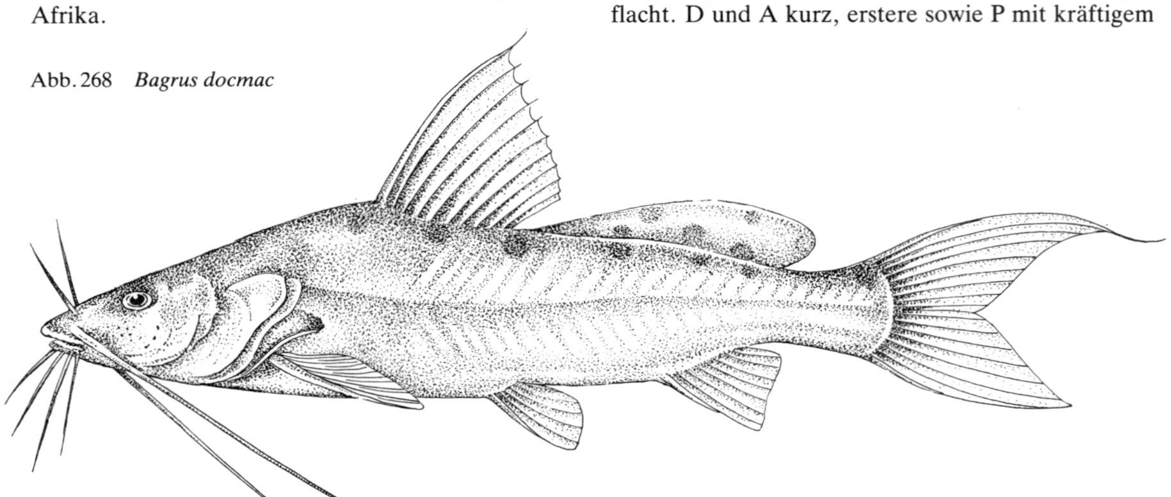

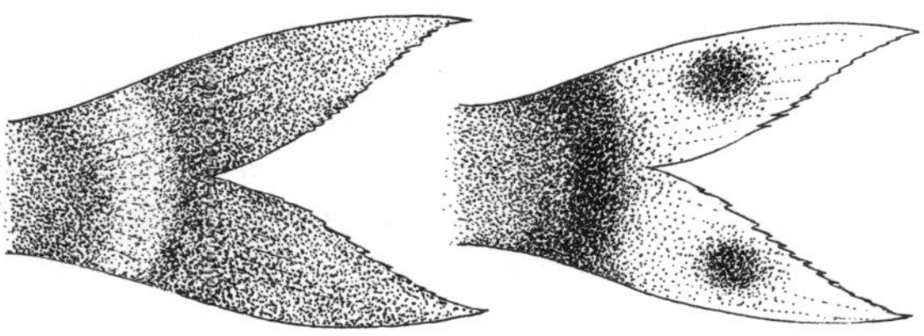

Abb. 269 Schwanzflossen von *Leiocassis poecilopterus* (links) und *L. siamensis* (rechts). Die dunklen Flecke bei *L. siamensis* können auch fehlen (siehe Taf. 73).

Stachel, die V beginnt stets hinter der D, Fettflosse vorhanden. Vier Barteln. Kiefer mit bandförmig angeordneten Zähnen. Bis 150 cm. In Afrika zahlreiche Arten.

Chrysichthys brevibarbis
(BOULENGER, 1899)

Kongo (Zaïre), unter anderem Pool Malebo (Stanley Pool); bis 44 cm.
D 1/6; A 3/9. Von den anderen *Chrysichthys* (siehe Gattungsbeschreibung) und nachfolgender Art durch die sehr gestreckte Form, die etwas ungleichmäßige C (oberer Lappen leicht sichelförmig), durch die Lage der D und die in der Jugend sehr großen Augen unterschieden. Einheitlich dunkelbraun. Geschlechtsunterschiede unbekannt.
Pflege der in der Jugend sehr beweglichen, etwas wacklig und unbeholfen schwimmenden Art wie in der Familienbeschreibung angegeben.

Chrysichthys ornatus (Taf. 110)
BOULENGER, 1902

Mittlerer und oberer Kongo (Zaïre), Ubangi; bis 19 cm.
D 1/6; A 5/6–8. Unregelmäßige, große, dunkelbraune bis schwarze Flecke wechseln mit hellen, gelblichen bis bräunlichen Flecken ab; zwischen den großen Flecken kleine dunkle Tüpfel. Bauch schmutzigweiß. Flossen hell mit unregelmäßigen dunklen Tupfen, jeder C-Lappen mit unscharfem dunklem Längsband. Die Färbung erinnert etwas an *Microglanis parahybae*. Geschlechtsunterschiede unbekannt.
Pflege siehe Familienbeschreibung.

Gattung *Gephyroglanis* BOULENGER, 1899

Vier Paar Barteln, Nasalbarteln vorhanden. Von den nahe verwandten *Chrysichthys*-Arten vor allem durch das unbezahnte Gaumenbein zu unterscheiden. Bis 50 cm Gesamtlänge. Zahlreiche Arten im tropischen Afrika.

Gephyroglanis longipinnis (Taf. 77)
(BOULENGER, 1899)

Kongo (Zaïre), Pool Malebo (Stanley Pool); bis 14 cm.
D 1/6; A 5/8–9. Besonders charakteristisch für diese Art sind die langen Oberkieferbarteln und die großen Augen. Oberseits dunkelbraun, unterseits heller, meist lehmbraun bis weißlich. Hinter dem Kiemendeckel ein unscharf begrenzter, dunkler Fleck. Flossen dunkel, Spitzen oder Ränder schwarz. Geschlechtsunterschiede unbekannt.
Pflege siehe Familienbeschreibung.

Gattung *Leiocassis* BLEEKER, 1858

Mäßig große, mehr oder weniger langgestreckte Fische mit torpedoförmigem Körper. Fettflosse vorhanden, lang. Auge mit Haut überzogen, ohne freien Rand. Vier Paar Barteln. P-Stachel kräftig, auf der hinteren Seite gezähnt. Viele Arten. Süden der UdSSR (Amurgebiet), Ost- und Südostasien, Indomalaiischer Archipel.

Leiocassis poecilopterus (Abb. 270)
CUVIER und VALENCIENNES, 1839

Java, Sumatra, Kalimantan (Borneo), Thailand in Bächen; bis 18 cm.
D 1/7; A 15–16; P 1/7–8. Gestreckt, C tief eingeschnitten, D und P mit schlankem Stachel. Vier Paar kurze Barteln. Schwarzbraun, Kopfunterseite und Brust schmutzigweiß, Bauch bräunlich. Über den Körper verlaufen vier helle Querbänder, das 1. vom Hinterkopf am Rand des Kiemendeckels nach vorn zur Brust, das 2. vom Hinterrand der D bis dicht hinter die Basis der V, das 3. verbindet Fettflosse und Hinterrand der A, und das 4. liegt vor der C. Vor der D und vor der Fettflosse je ein weißlicher bis hellgel-

Abb. 270 *Leiocassis poecilopterus*

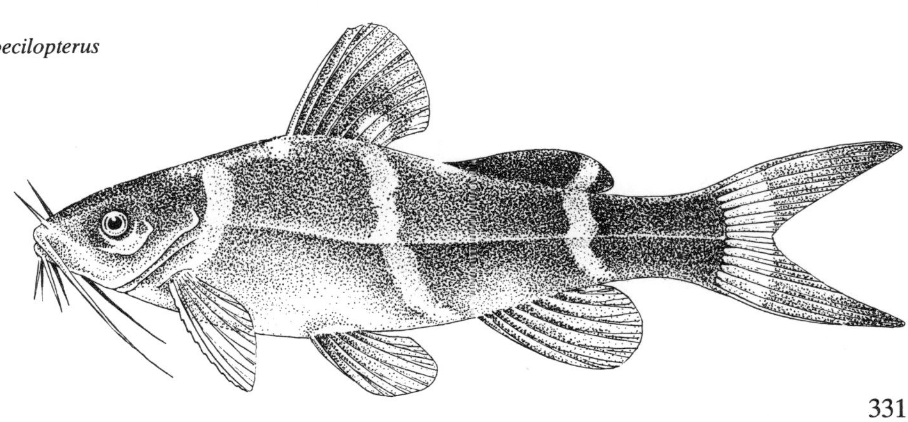

ber Fleck. Bei erwachsenen Tieren sollen die Flecke und hellen Körperbinden bräunlich werden. Wird häufig mit *L. siamensis* verwechselt, von diesem aber leicht durch die breiten dunkelbraunen Querbänder in den C-Lappen zu unterscheiden (Abb. 269).
♀ ohne Genitalpapille, größer und kräftiger. ♂ mit deutlich sichtbarer Genitalpapille, kleiner, schlanker. Pflege siehe Familienbeschreibung. Die Art stößt Serien krächzender Töne aus.

Leiocassis siamensis (Taf. 72)
REGAN, 1913

Südostasien; bis 17 cm (?).
D 1/7; A 3–4/10–12; P 1/7. Der voranstehenden Art hinsichtlich Form und Färbung sehr ähnlich, der Kopf ist jedoch deutlich kürzer und die C an der Basis dunkel, außen farblos oder mit einem runden dunkelbraunen Tupfen in jedem Lappen (Abb. 269).
Bei den meisten unter diesem Namen gepflegten Tieren handelte es sich um *L. poecilopterus*.

Gattung *Mystus* GRONOVIUS, 1763

Körper langgestreckt, Auge klein, nicht von Haut überzogen. D mäßig hoch, Stachel am hinteren Rand gezähnt. Vier Paar Barteln, Oberkieferbarteln sehr lang. Weitverbreitet, von Kleinasien im Westen bis Südchina im Osten, Süden der UdSSR, Indomalaiischer Archipel. Zahlreiche Arten.

Mystus (Mystus) mica (Taf. 73, Abb. 272)
GROMOW, 1970
Zwergstachelwels

Mittellauf des Amur über schlammigem Grund; bis 6 cm.
D 1/7; A 3/11–13. Körper gestreckt, seitlich etwas abgeflacht, Kopf stumpf. Je zwei Paar Oberkiefer- und Unterkieferbarteln. Oberseits grau bis braun, an den Körperseiten zart ockerfarben, häufig mit violettem bis bläulichem Schimmer. Bauch weißlich. Auf dem Rücken vor der D zwei dunkle, durch eine helle Zone getrennte Querbinden. Auf den Körperseiten drei dunkelbraune bis schwarze Längsbinden. Die obere beginnt am vorderen Teil der D-Basis, zieht den Rükkenfirst, auf die Basis von D und Fettflosse übergreifend, entlang und endet an der Basis der C. Die mittlere Binde verläuft vom Kiemendeckelhinterrand gleichfalls zur Basis der C. Die untere, häufig mehrfach unterbrochene Binde reicht von der P-Basis bis etwa zur Basis der A, wobei sie leicht auf die Flosse übergreift. Flossen durchscheinend, mit dunkler Basis und z.T. dunkelbraun gefärbten Flossenstrahlen. C-Lappen mit dunkelbraunem Streifen. ♀ größer, zur Laichzeit mit deutlichem Laichansatz. ♂ kleiner, schlanker.
Pflege auch in kleineren Aquarien, siehe Familienbeschreibung. Friedlich. Zucht vermutlich noch nicht gelungen. Die Eier sind gelblich, etwa 1 mm groß. Nach MACHLIN sind die Elterntiere arge Laichräuber. Nach anderen Beobachtungen bewacht das ♂ den Laich. Die Larven sollen nach drei Tagen schlüpfen und nach sieben Tagen frei schwimmen.
Die Tiere wurden zuerst als *Leiocassis brashnikowi* BERG, 1907 (Kosatokwels), gepflegt. Diese Art wurde jedoch offensichtlich noch nicht importiert. Außerdem wurden die Fische häufig mit dem größer werdenden, revierbildenden *Pseudobagrus fulvidraco* verwechselt. Beide Arten lassen sich jedoch leicht unterscheiden. *P. fulvidraco* hat einen auf beiden Seiten gezähnten P-Stachel (bei *M. mica* nur auf der hinteren Seite gezähnt), die Färbung ist unterschiedlich, und die Fische weichen stark in der Körpergröße voneinander ab (Abb. 272).

Mystus (Mystus) micracanthus
(BLEEKER, 1846)

Südostasien, Thailand, Sumatra, Java, Kalimantan (Borneo) in Flüssen; bis 15 cm.
D 2/7; A 11–12; P 1/8–9; V 6. Körper gattungstypisch gestreckt, seitlich mäßig zusammengedrückt. Blaugrau bis rotbraun. Hinter dem Kiemendeckel ein schwarzer, fast kreisrunder, in der Jugend weißlich bis hellgelb umrandeter Fleck. An der Basis der C ein gleichfarbiger Querstreifen. Flossen durchscheinend gelblichbraun. ♂ schlanker, 1. P-Strahl kräftiger, Flossen größer, Barteln länger.
Pflege siehe Familienbeschreibung.

Mystus (Mystus) tengara (Taf. 111)
(HAMILTON-BUCHANAN, 1822)
Kobaltwels

Vorder- und Hinterindien in stehenden und fließenden Gewässern; bis 18 cm.
D 1/7; A 2–3/9–10; P 1/8; V 1/5. Körper gestreckt,

Abb. 271 *Mystus vittatus*

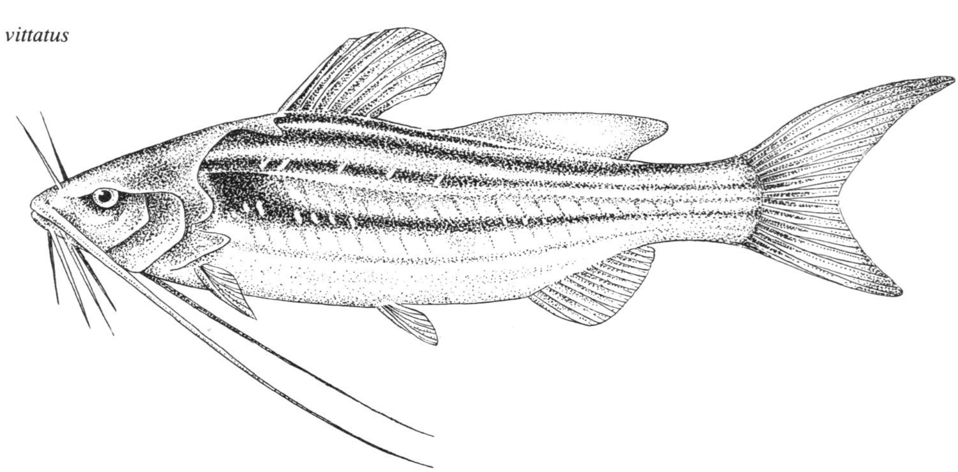

seitlich etwas abgeflacht, Kopf relativ flach. Alle Flossen ziemlich klein. Vier Paar Barteln, die Oberkieferbarteln reichen angelegt bis zu den Vn. Zart grünlich oder lebhaft gelb. Rücken nur wenig dunkler, meist hellbraun, Unterseite porzellanweiß. Über die Körperseiten verlaufen 4–5 geschwungene, dunkelbraune bis grünschwarze Längsbinden, die sich nach hinten zu verjüngen und schließlich ganz verlieren. Über der P gelegentlich ein dunkler Fleck. Flossen zart bläulich durchscheinend. ♀ kräftiger. ♂ schlanker, mit zugespitzter D.
Pflege siehe Familienbeschreibung. Friedlich, tagaktiv, wärmeliebend, 22–28 °C. Die Tiere laichen im Mulm zwischen Pflanzen. Eier recht groß. Zucht noch nicht gelungen.
Nahe verwandt mit der nachfolgenden Art. Unterschiede siehe dort.

Mystus (Mystus) vittatus (Taf. 73, Abb. 271)
(BLOCH, 1794)
Streifenwels

Vorder- und Hinterindien, Südostasien, Sri Lanka; bis 17 cm.
D 1/6–7; A 2–3/7–9; P 1/8; V 1/5. Körperbau und Beflossung der vorangehenden Art sehr ähnlich, von dieser jedoch durch die ungleiche Größe der C-Lappen, die längeren Oberkieferbarteln (angelegt über die V hinausreichend), die Zähnelung der P-Stacheln (15–16 bei *M. vittatus* im Gegensatz zu 8–10 bei *M. tengara*) und die Färbung unschwer zu unterscheiden. Färbung variabel: zart grausilbern bis leuchtend golden. Von dieser Grundfärbung heben sich mehrere hellblaue oder dunkelbraune bis tiefschwarze Längsbinden deutlich ab. Die Anzahl der Längsbinden variiert je nach der Herkunft und außerdem in Abhängigkeit vom Wohlbefinden. Am beständigsten sind ein breites Längsband oder zwei parallele schmalere Bänder in der Seitenmitte, die aus einem dunklen Fleck oberhalb der P entspringen und bis in die C-Wurzel reichen. Unterseite leuchtend weiß. Flossen glasig, oft mit dunklen Spitzen. Geschlechtsunterschiede unbekannt.
Pflege und Zucht siehe Familienbeschreibung.

Gattung *Parauchenoglanis* BOULENGER, 1911

Nahe verwandt mit *Auchenoglanis*. Auge mit Haut überzogen, Rand nicht frei. Nasalbarteln fehlen. Bis etwa 25 cm. Drei Arten im tropischen Afrika.

Parauchenoglanis macrostoma (Taf. 111)
(PELLEGRIN, 1909)

Tropisches Westafrika, Ogowe-Fluß und Kongo (Zaïre); bis 24 cm.
D 1/7; A 3/9. Körper gestreckt, seitlich abgeflacht, ziemlich einheitlich hoch, C nicht eingeschnitten. Oberseits bräunlich, an den Körperseiten gelbbraun, unterseits gelblich. Besonders auffallend sind fünf Querstreifen aus großen dunklen Flecken, die mehr oder weniger zusammenfließen können. Zwischen den kräftigen Fleckenreihen weniger deutliche Punktreihen. Flossen gelblich bis rötlichbraun. D und C mit dunklen Punktreihen. Geschlechtsunterschiede unbekannt.
Pflege siehe Familienbeschreibung.

Gattung *Pseudobagrus* BLEEKER, 1860

D kurz, mit kräftigem Stachel und 5–7 geteilten Strahlen, Fettflosse kurz, gut entwickelt, P-Stachel kräftig, auf beiden Seiten gezähnt. Vier Paar Barteln. China bis in den Süden der UdSSR. Mehrere Arten.

Pseudobagrus fulvidraco (Taf. 110, Abb. 272)
(RICHARDSON, 1846)

Nördliches Ostasien; bis 17 cm.
D 1/6–7; A 19. Körper gestreckt, seitlich mäßig zusammengedrückt. Kopf groß, spitz zulaufend, vorn jedoch abgerundet. Hellgrau bis hellbraun, auf den

Abb. 272 Zeichnungsunterschiede zwischen *Mystus mica* (oben) und *Pseudobagrus fulvidraco* (unten)

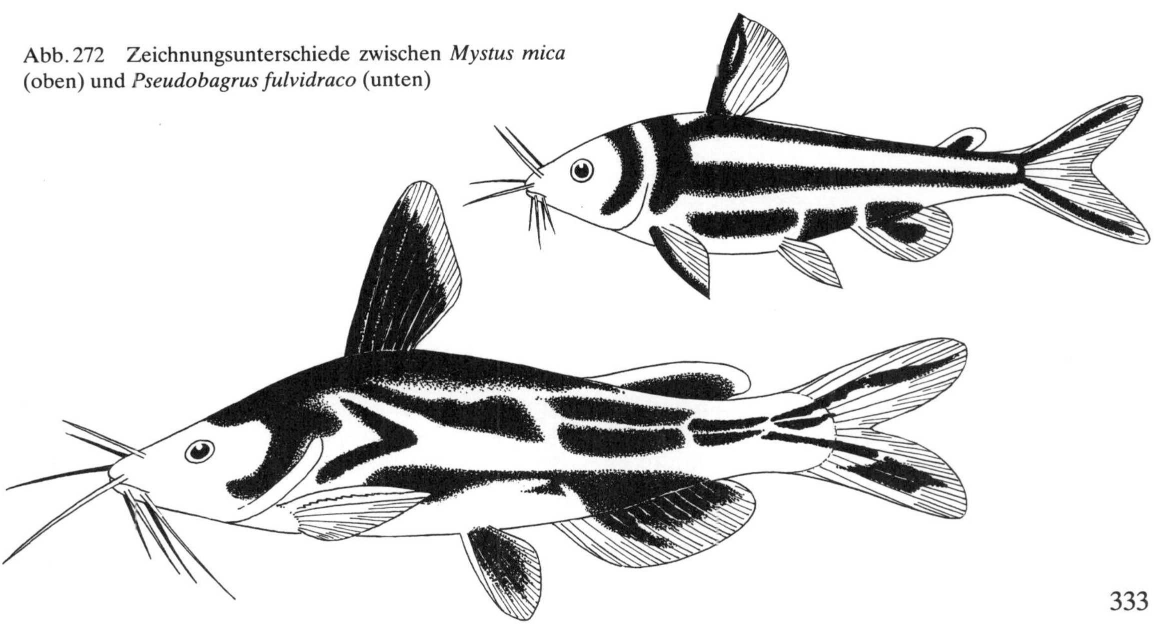

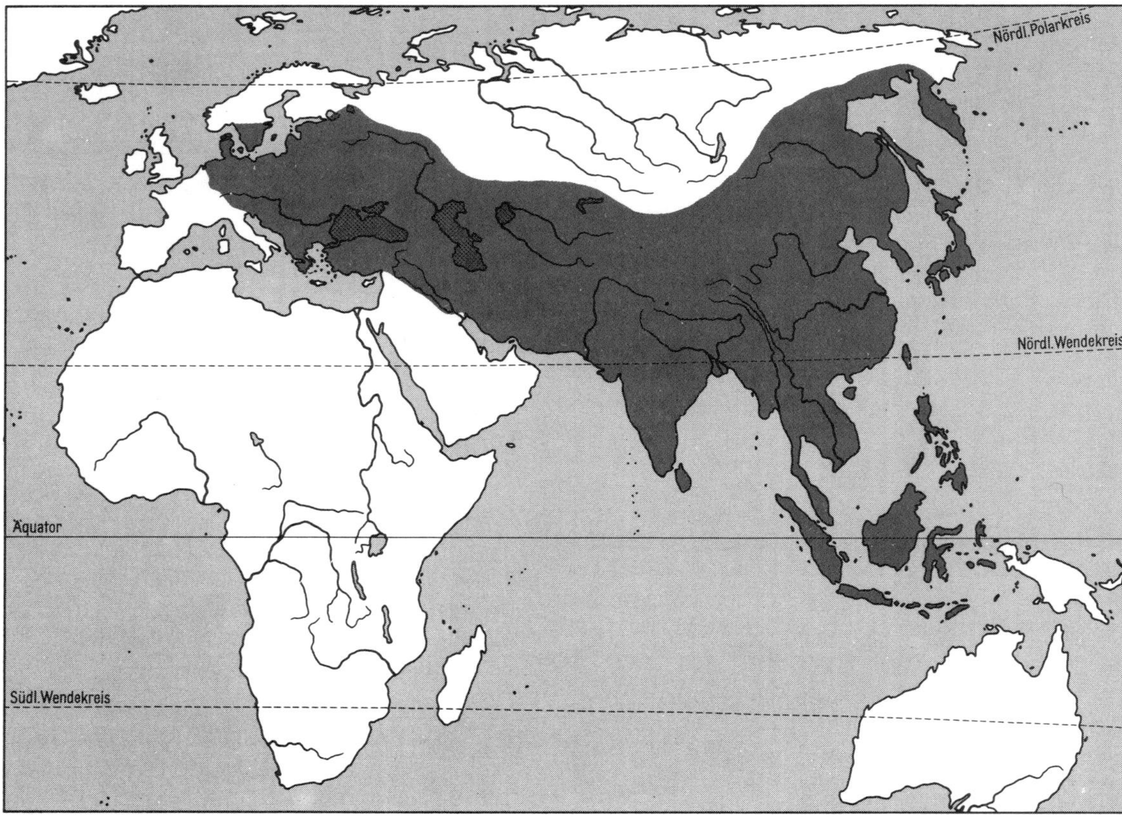

Abb. 273 Verbreitungsgebiet der Siluridae

Körperseiten ein Muster dunkelbrauner bis schwarzer Flecke, in der Mitte des Körpers eine aus drei Flecken zusammengesetzte Längsbinde, Rücken und Bauch mit einem dunklen Streifen. D vorn braun bis schwarz. A und C transparent, letztere mit einem dunklen Streifen in jedem Lappen. ♀ größer, gedrungener.
Pflege siehe Familienbeschreibung. Die Art ist häufig mit *Mystus mica* verwechselt worden, siehe S. 332.

Familie Siluridae
Echte Welse

In Europa und Asien beheimatete Welsfamilie mit vollkommen nackter Haut (Abb. 273). Körper gestreckt, seitlich oft stark zusammengedrückt. Kopf konisch oder flachgedrückt mit breitem Maul. Ein Paar oft sehr lange Oberkiefer- und 1–2 Paar Unterkieferbarteln. Kiefer und Pflugscharbein mit feinen Zähnen besetzt. D kurz, stark zurückgebildet, häufig fehlend, in der Regel ohne Stachel, keine Fettflosse. Die sehr lange A endet kurz vor der C oder ist mit dieser verwachsen *(Silurichthys)*. C abgerundet oder eingeschnitten, V klein oder fehlend, P mit kräftigem Stachel. Auge meist von Haut überzogen. Einige Arten mit durchscheinendem Körper. Die ältesten Fossilien dieser Familie stammen aus dem Jungtertiär (Miozän). Viele Arten haben sich der Lebensweise in mittleren Wasserschichten angepaßt. Hinsichtlich der Morphologie und Lebensweise hat diese Familie viele Gemeinsamkeiten mit den ebenfalls altweltlichen Schilbeidae.

Gattung *Kryptopterus* Bleeker, 1858

Körper familientypisch gestaltet. Besonders charakteristisch für diese Gattung ist die Anordnung der Pflugscharbeinzähne, die (mit einer Ausnahme) ein Querband bilden, und die Lage der hinteren Nasenlöcher, die sich vor dem hinteren Augenrand befinden. Einige Arten werden recht groß (*K. apogon* fast 80 cm) und haben regional als Speisefische Bedeutung. Die meisten Arten (etwa 13) leben in Flüssen und Seen Hinterindiens und der Sundainseln.

Kryptopterus bicirrhis (Taf. 74)
(Cuvier und Valenciennes, 1839)
Indischer Glaswels

Hinterindien, Große Sundainseln; bis 10 cm.
D 1/0; A 53–70; V 1/5–6. Körperform familientypisch. D weitgehend rückgebildet (nur ein Flossenstrahl). Die sehr lange A ist mit der C nicht verbunden, unterer Lappen der tief eingeschnittenen C oft etwas größer. Ein Paar lange Oberkieferbarteln. Färbung gelblich, glasig durchsichtig. Die Oberseite des Kopfes, der Rücken, die P und die Ränder der A und C zart schwärzlich. Oberhalb der P ein violetter

Fleck. Bei auffallendem Licht in allen Regenbogenfarben irisierend. ♂ mit Genitalpapille. Diese ist kleiner als bei vergleichbaren Arten, z.B. *Eutropiellus vandeweyeri*, im Gegenlicht jedoch relativ gut zu erkennen (nicht mit dem schwarzen Dreieck am Beginn der A verwechseln, die Papille ist durchsichtig!). ♀ ohne Genitalpapille, bei Laichansatz sind die Eier sehr gut zu erkennen.
Pflege der lebendigen Tiere in geräumigen, mit Pflanzen und Wurzelwerk gut bestandenen Aquarien. Wasserstand nicht zu hoch. Temperatur 20–25 °C. Man pflege immer einen kleinen Schwarm dieser tagaktiven Glaswelse, Einzeltiere kümmern. Vergesellschaftung mit sehr lebhaften Arten ist nicht angezeigt. Lebendfutter, Enchyträen, Daphnien, Tubifex, Mückenlarven u.a. Hat sich in Gefangenschaft bislang nur einmal vermehrt, Beobachtungen liegen jedoch nicht vor.

Kryptopterus macrocephalus (Taf. 74)
(BLEEKER, 1859)
Großkopf-Glaswels

Sundainseln; bis 11 cm.
D 1–2/0; A 52; P 1/10; V 6. Körper gattungstypisch gestaltet. D rückgebildet, meist nur ein Flossenstrahl. Die sehr lange A ist hinten durch eine feine Membran mit der C verbunden, oberer Lappen der tief gegabelten C größer. Ein Paar lange Oberkieferbarteln. Von *K. bicirrhis* durch die Färbung unterscheidbar. Durchscheinend zart gelblich bis grünlich mit bläulichem Schimmer (auffallendes Licht), besonders in der unteren Hälfte der Körperseiten. Bauch silbrigweiß. Umweltabhängig mit oder ohne zahlreiche schwarze Punkte und Tüpfel. Hinter dem Kiemendeckel beginnt eine (manchmal zwei) dunkelbraune bis schwärzliche Längsbinde, die in einem Fleck auf dem Schwanzstiel endet. Dieser Fleck kann auch fehlen. Oberhalb der A-Basis eine meist undeutliche dunkle Längsbinde. Flossen hell, C manchmal mit dunkler Punktquerreihe, A mit dunkler Punkt- oder Strichlängsreihe. ♂ mit Genitalpapille, Bauch flacher. ♀ ohne Genitalpapille, Bauch weit nach unten vorgewölbt, so daß fast der Eindruck eines Kropfes entsteht.
Pflege siehe *K. bicirrhis*.

Gattung *Ompok* LACÉPÈDE, 1803

Körper familientypisch gestaltet. Charakteristisch für die Gattung sind die zwei in getrennten Feldern angeordneten Pflugscharbeinzähne, die kurze V mit 7–8 Strahlen und die tief eingeschnittene C. In Südostasien weit verbreitet. Mehrere Arten.

Ompok bimaculatus (Abb. 274)
(BLOCH, 1794)

Sri Lanka, Hinterindien, Burma, Thailand, Java, Sumatra; bis 45 cm.
D 4; A 57–62; P 1/12–14; V 7–8. Körpergestalt familientypisch. Die A endet kurz vor der C und ist nicht mit dieser verbunden. Oberer Lappen der tief eingeschnittenen C etwas größer. Die langen Oberkieferbarteln enden zurückgelegt vor der V, die sehr kurzen Unterkieferbarteln entspringen sehr weit hinter der Unterlippe. Jüngere Tiere glasig durchscheinend, alte Tiere dunkel graugrün bis bräunlich mit bläulichem Schimmer an den Körperseiten (auffallendes Licht?), Unterseite heller. Zwischen D und P ein großer, schwarzer, hell umrandeter Fleck, von dem aus eine dunkle Punktreihe oder aber auch ein Strich bis in die C-Wurzel zieht. Körper und A mit winzigen schwarzen Punkten übersät. C-Wurzel oft mit dunklem Querband. Geschlechtsunterschiede unbekannt (Genitalpapille?).
Pflege siehe *K. bicirrhis*. Lebhaftes Tagtier. Man pflege immer einen kleinen Schwarm, Einzeltiere kümmern. Für Zimmeraquarien eignen sich nur junge Exemplare.

Abb. 274 *Ompok bimaculatus*
Abb. 275 *Ompok pabda*

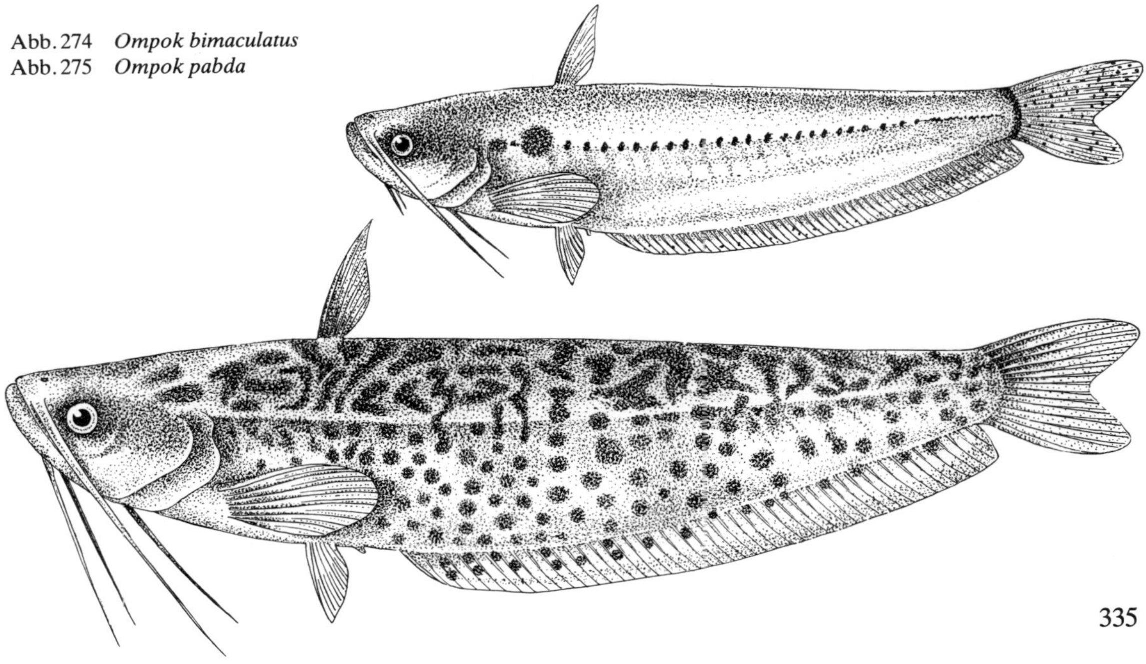

Ompok pabda (Abb. 275)
(Hamilton-Buchanan, 1822)

Nördliches Vorder- und Hinterindien; bis 140 cm, Speisefisch.
D 4–5; A 54–60; P 1/11–13; V 8. Ähnlich der vorhergehenden Art, jedoch vorn etwas breiter. Unterkieferbarteln länger als bei *O. bimaculatus*. Färbung junger Exemplare (nach Arnold) braun bis schwärzlich mit dunkler bis schwarzer Marmorierung auf der oberen und schwarzen Flecken auf der unteren Körperhälfte. Flossen bräunlich, A-Basis mit dunklen Tüpfeln. Geschlechtsunterschiede unbekannt (Genitalpapille?).
Zur Pflege in Aquarien eignen sich nur Jungtiere, die ähnlich wie *Clarias*-Arten zu hältern sind, siehe S. 358.

Gattung *Silurichthys* Bleeker, 1858

Körper familientypisch gestaltet. Wichtigstes Merkmal ist die mit der C verwachsene A. C asymmetrisch, oberer Lappen bedeutend länger als der untere. Südostasien. Etwa fünf Arten.

Silurichthys phaiosoma (Abb. 276)
(Bleeker, 1851)

Malaiische Halbinsel, Sumatra, Kalimantan (Borneo); bis 12 cm.
D 4; A 53–58; P 1/8–9; V 1/6. Gestalt siehe Familien- und Gattungsbeschreibung, keine Fettflosse. Zwei Paar sehr lange Barteln, Oberkieferbarteln reichen angelegt bis zur Mitte der A. Einheitlich braun. Flossen braun, fein schwarz punktiert, Spitzen der C, A und P oft schwarz. Barteln braun geringelt. Geschlechtsunterschiede unbekannt.
Pflege siehe *Kryptopterus bicirrhis*, mit dem sich *S. phaiosoma* gut vergesellschaften läßt. In Gefangenschaft noch nicht nachgezüchtet.

Gattung *Silurodes* Bleeker, 1858

Körper familientypisch. Von der nahe verwandten Gattung *Ompok* durch die Anordnung der Pflugscharbeinzähne in einem einzigen Feld zu unterscheiden. Kalimantan (Borneo), Sumatra, Java, Thailand. Etwa drei Arten.

Silurodes hypophthalmus (Abb. 277)
(Bleeker, 1847)

Große Sundainseln, Thailand; bis 35 cm.
D 3–4; A 56–62; P 1/12–14; V 7–8. D kurz, fähnchenartig, die Fettflosse fehlt, unterer C-Lappen etwas länger und oft abgewinkelt, A sehr lang. Maul eng. Ein Paar sehr lange Oberkieferbarteln, die angelegt bis zur Mitte der A reichen, ein Paar kurze Unterkieferbarteln. Zart olivgrün bis gelblich, Rücken dunkelbraun, Unterseite bräunlich bis weiß. Die Körperseiten schimmern bei auffallendem Licht leicht bläulich. Hinter dem Kiemendeckel ein dunkler Fleck, der sich gelegentlich in einer schmalen Längsbinde fortsetzt und dann bis zu einem schwarzen, scharf abgegrenzten Punkt auf der C-Wurzel reichen kann. Flossen gelblich bis zart grün. Jüngere Exemplare sind durchscheinend. Geschlechtsunterschiede unbekannt.
Pflege wie bei *Kryptopterus bicirrhis* angegeben. 22–25 °C. Für das Zimmeraquarium eignen sich nur Jungtiere. Noch nicht nachgezüchtet. Eine verwandte Art siehe Taf. 74.

Gattung *Silurus* Linnaeus, 1758

Körper langgestreckt. Kopf massig mit großer Maulspalte, Auge klein. Drei Paar Barteln, A und C vereinigt. Mittel-, Osteuropa, Westasien. Mehrere Arten.

Silurus glanis (Taf. 111)
Linnaeus, 1758

Mittel- und Osteuropa, Westasien. In Flüssen und Seen, aber auch in den stark ausgesüßten Flußmündungen der Ostsee, häufig im Kaspischen Meer; bis 3 m, meist um 1 m.
D 1/4; A 90–92; P 1/14–17; V 11–13. Körpergestalt siehe Gattungsbeschreibung. Färbung recht variabel. Meist ziemlich düster, oberseits dunkelolivgrün bis blauschwarz, Körperseiten heller, gelegentlich mit

Abb. 276 *Silurichthys phaiosoma*
Abb. 277 *Silurodes hypophthalmus*

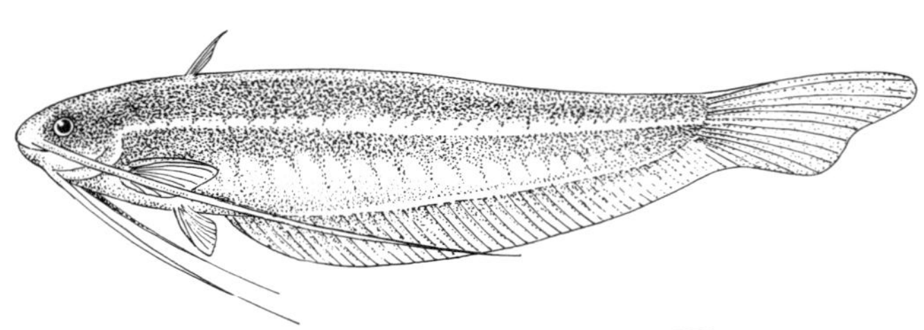

Tafel 113 Links: *Synodontis nigrita* · *Synodontis contractus*. Rechts: *Synodontis acanthomias* · *Acanthodoras* cf. *cataphractus*, Körper. Unten: *Arius seemani* (oben links Zarske, alle anderen Fotos Richter)

Tafel 114 Oben links: *Acanthodoras cataphractus.* Oben rechts: *Trachelyichthys exilis.* Mitte: *Agamyxis albomaculatus.* Unten: *Amblydoras hancocki* (alle Fotos Richter)

Tafel 115 *Platydoras costatus* · *Liosomadoras oncinus*, Jungtier. Unten links: *Platydoras costatus* von vorn. Unten rechts: *Opsodoras* spec., Art mit gefiederten Barteln (unten links Sommer, alle anderen Fotos Richter)

Tafel 116 Links: *Pseudauchenipterus nodosus* (Foto Richter) · *Parauchenipterus galeatus* (Foto Richter). Rechts: Urinophiler Wels (Foto Foersch) · *Hemisorubim platyrhynchos* (Foto Foersch) · *Auchenipterichthys thoracatus* (Foto Foersch). Unten: *Agmus scabriceps* (Foto Zarske)

Tafel 117 *Bunocephalus* cf. *kneri* · *Bunocephalus coracoideus.* Unten links: *Bunocephalus coracoideus*, Kopf. Unten rechts: *Bunocephalus* spec. von vorn (unten rechts Sommer, alle anderen Fotos Richter)

Tafel 118 *Platystacus cotylephorus* · *Pimelodus pictus*. Unten links: *Microglanis iheringi*. Unten rechts: *Sorubimichthys planiceps*, Jungtier (alle Fotos Richter)

Tafel 119 *Pimelodella lateristriga* · *Pimelodella* spec. · *Pimelodus maculatus* (alle Fotos Richter)

Tafel 120 *Callichthys callichthys* (Foto Richter). Links: *Aspidoras pauciradiatus* (Foto Foersch) · *Brochis splendens* (Foto Richter). Rechts: *Corydoras zygatus* (Foto Zarske) · *Corydoras napoensis* (Foto Zarske)

Tafel 121 Links: *Corydoras bondi bondi* · *Corydoras leucomelas*. Rechts: *Corydoras elegans* · *Corydoras melanotaenia*. Unten: *Corydoras melanistius melanistius* (alle Fotos Zarske)

Tafel 122 Links: *Corydoras aeneus* · *Corydoras arcuatus* · *Corydoras barbatus*. Rechts: *Corydoras agassizi* · *Corydoras axelrodi* · *Corydoras barbatus*, Kopf (oben rechts Zarske, alle anderen Fotos Richter)

Tafel 123 Links: *Corydoras pygmaeus* · *Corydoras caudimaculatus* · *Corydoras panda*. Rechts: *Corydoras hastatus* · *Corydoras metae* · *Corydoras polystictus* (alle Fotos Richter)

Tafel 124 Links: *Corydoras nattereri · Corydoras reticulatus · Corydoras sterbai.* Rechts: *Corydoras trilineatus · Corydoras schwartzi · Corydoras undulatus* (alle Fotos Richter)

Tafel 125 Links: *Corydoras guaporé* · *Corydoras ellisae* · *Corydoras erhardti*. Rechts: *Corydoras paleatus* · *Corydoras* cf. *simulatus* · *Corydoras habrosus* (alle Fotos Richter)

Tafel 126 *Dianema longibarbis* · *Dianema urostriata* · *Hoplosternum* cf. *magdalenae* · *Hoplosternum* cf. *pectorale* (alle Fotos Richter)

Tafel 127 *Hoplosternum thoracatum* (Foto Zarske) · *Hoplosternum littorale* (Foto Foersch) · *Pterygoplichthys gibbiceps* (Foto Foersch)

Tafel 128 *Hypostomus* spec. · *Hypostomus* spec. Unten links: *Hypostomus* spec. Unten rechts: *Hypostomus* spec. (unten rechts Foersch, alle anderen Fotos Richter)

violettem Schimmer. Unterseite, besonders der Bauch, hell. Auf dieser Grundfärbung wolkige bis tüpfelartige Marmorierungen, aber auch schwarzblaue oder ganz helle Tiere kommen vor. Flossen braunrot bis violett.

S. glanis ist mit einer Ausnahme der einzige ursprünglich in Europa beheimatete Wels. Die räuberischen, sehr gefräßigen Tiere sind vollkommen der nächtlichen Lebensweise angepaßt und ruhen tagsüber verborgen in Uferlöchern, unter Baumstümpfen und in anderen Verstecken. Die Jungwelse fressen allerlei Kleingetier, größere Exemplare vor allem Fische, aber auch Wassergeflügel, ausnahmsweise wohl auch kleinere Säuger. Mit etwa 3m Maximallänge ist der Wels der größte einheimische Fisch und deshalb, besonders in den Donauländern, von Legenden umsponnen. In der Laichzeit (Mai bis Juni) suchen die Tiere die flachen, stark verkrauteten Uferregionen auf. Die Eier werden in sauber ausgewedelten, flachen, von Pflanzenteilen umgebenen, vom ♂ gebauten Nestern abgesetzt und angeblich vom ♂ bewacht (Eizahl bis 100000). Die ganz schwarzen, kaulquappenähnlichen Jungwelse sind bis zur Laichreife schnellwüchsig. Im Kaltwasseraquarium lassen sich kleinere Welse recht gut pflegen. Die Tiere sind hart, nicht wählerisch im Futter und wachsen gut heran. Große Schaustücke sind sehr wertvoll und keineswegs so widerstandsfähig wie Jungtiere. Auf alle Fälle ist Einzelhälterung erforderlich. Gefüttert wird am besten mit Fischen.

Familie Schilbeidae
Glaswelse

In Asien und Afrika beheimatete Welse (Abb. 278), die z.T. große Ähnlichkeit mit manchen Siluridae aufweisen. Körper gestreckt, in der Regel seitlich stark zusammengedrückt. Kopf konisch verjüngt oder leicht abgeflacht. Drei bis vier Paar Barteln. Kiefer-, Pflugscharbein und Gaumenbein bezahnt oder unbezahnt. D kurz, mit oder ohne Stachel, fehlt bei *Physailia* und *Parailia*. Fettflosse vorhanden oder fehlend, A sehr lang, C in der Regel eingeschnitten, P mit kräftigem Stachel. Die ältesten Fossilien stammen aus dem Jungtertiär. Etwa 40 Gattungen mit zahlreichen Arten.

Gattung *Eutropiellus*
NICHOLS und LA MONTE, 1933

Körper familientypisch. D und Fettflosse vorhanden. Drei Paar Barteln. Unterscheidet sich von den Gattungen *Eutropius* und *Pareutropius* durch das Fehlen der inneren Mandibularbarteln. Zone des tropischen Regenwaldes Westafrikas. Zwei Arten.

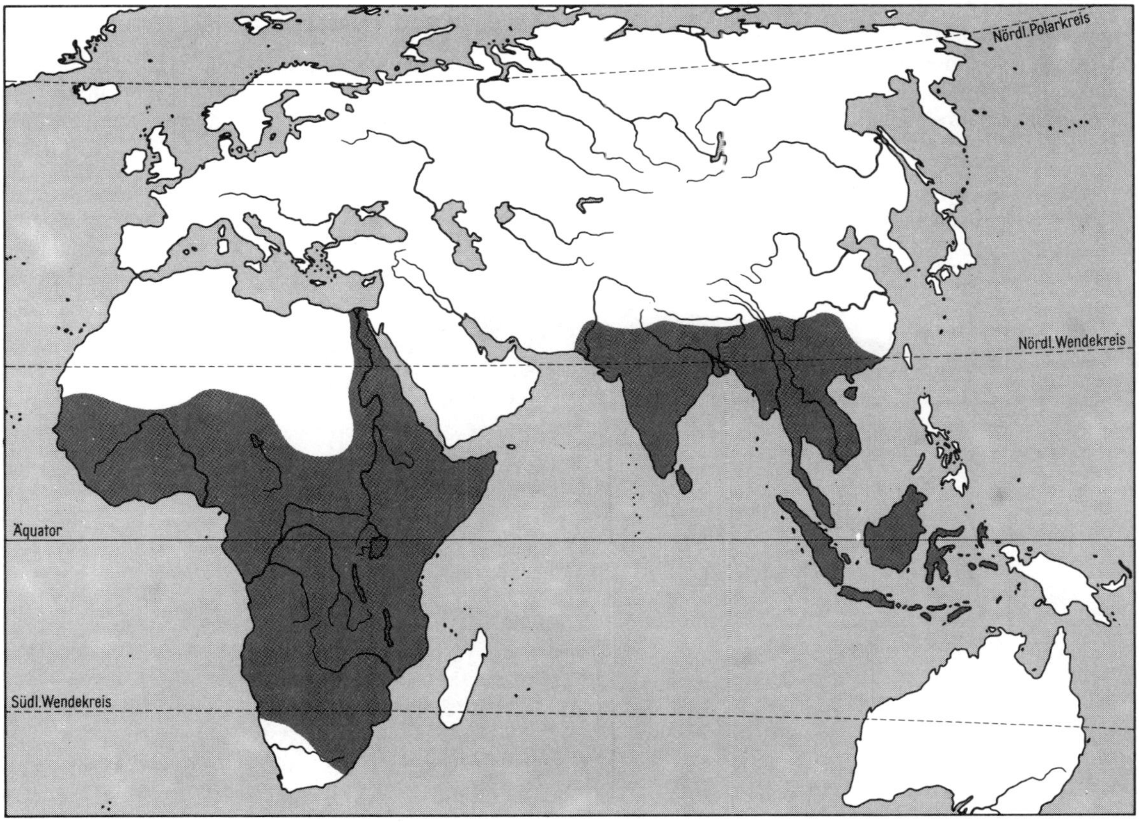

Abb. 278 Verbreitungsgebiete der Schilbeidae und Pangasiidae

Eutropiellus debauwi (Abb. 279)
(BOULENGER, 1900)

Ogowe, Chiloongo, Kamerun, Gabun, Zaïre, fehlt bei Pool Malebo (Stanley Pool); bis 8 cm.
D 1/5; A 3–4/35–43. Der nachfolgenden Art sehr ähnlich. Zart hellgrau durchscheinend. Zwei breite dunkle Binden. Die obere beginnt hinter dem Kopf, verläuft auf dem Rückenfirst und senkt sich, manchmal stark an Breite verlierend, in den oberen Lappen der C, die untere beginnt hinter dem Kiemendeckel, verläuft über die Körperseiten und endet in einem scharf begrenzten Fleck auf der C-Wurzel. Keine Flecke auf den Lappen der C, kein schräger Längsstreifen auf den Körperseiten. Basis der A mit schmaler dunkler Linie. Flossen farblos. Geschlechtsunterschiede unbekannt. Häufig mit nachfolgender Art verwechselt. Pflege siehe dort.

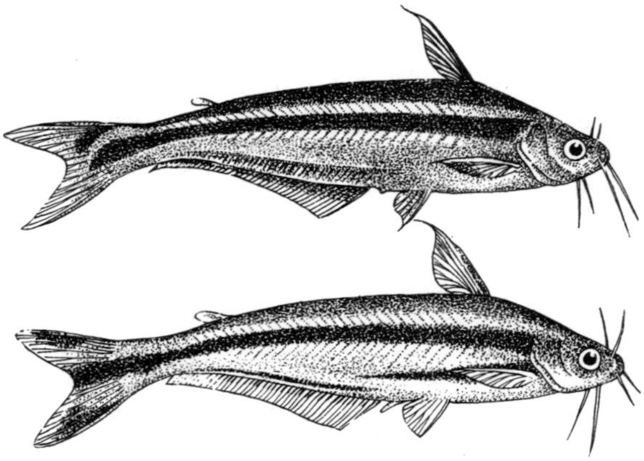
Abb. 279 Zeichnungsunterschiede zwischen *Eutropiellus debauwi* und *Eutropiellus vandeweyeri*

Eutropiellus vandeweyeri (Taf. 74, Abb. 279)
THYS VAN DEN AUDENAERDE, 1964

Niger-Delta, Nigeria; bis 8 cm.
D 1/4–5; A 3–4/32–38; P 1/7; V 1/5. Körper familientypisch gestaltet. Hellgrau bis bläulich durchscheinend. Der dunkle Rückenstreifen ist weniger intensiv als bei der vorhergehenden Art und endet vor der C. Hinter dem Kiemendeckel beginnt eine breite, dunkelblaue bis schwarze Längsbinde, die bis auf die mittleren C-Strahlen reicht und nicht nach unten absinkt. Ein dunkler, langgestreckter Fleck auf jedem C-Lappen. Ein weiteres Längsband beginnt hinter dem Kiemendeckel, senkt sich an Breite verlierend nach unten ab und endet kurz vor der A. Basis der A ebenfalls mit einer dünnen, dunklen Linie. ♂ mit deutlich sichtbarer Genitalpapille, kleiner und schlanker. Äußerst lebhafter Schwarmfisch. Ähnlich dem Indischen Glaswels schwimmen die Tiere etwas schräg, gleichsam mit hängender C, und wedeln dabei ununterbrochen mit dem Schwanzstiel. Im Gegensatz zum Indischen Glaswels ist *E. vandeweyeri* ständig in Bewegung, ruhelos ziehen die Tiere durch das Aquarium. Einzeltiere kümmern. Lebendfutter, vorwiegend Kleinkrebse, Enchyträen, Tubifex, aber auch Kunstfutter. Ablaichverhalten wurde gelegentlich beobachtet, jedoch liegen keine näheren Berichte vor. Nicht mit wesentlich größeren Fischen vergesellschaften. Beim Herausfangen spreizen die Tiere, wie viele Welse, die Flossenstacheln und bleiben dann leicht im Netz hängen. Temperatur 24–27 °C.

Gattung *Eutropius*
MÜLLER und TROSCHEL, 1845

Körper familientypisch gestaltet. Vier Paar Barteln, D mit sechs (selten fünf) geteilten Strahlen. Bis 50 cm. Tropisches Afrika. Zahlreiche Arten.

Abb. 280 *Eutropius grenfeldi*
Abb. 281 *Eutropius niloticus*

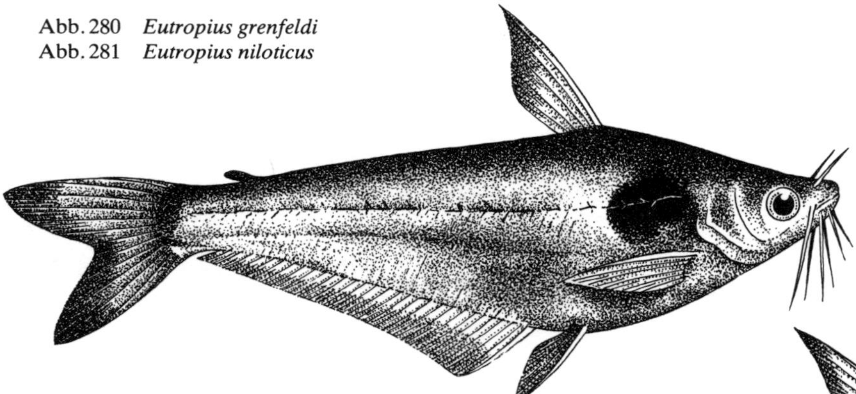

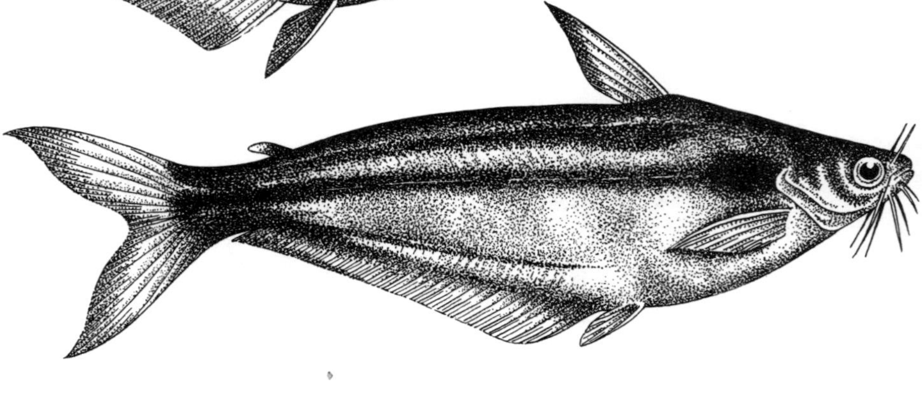

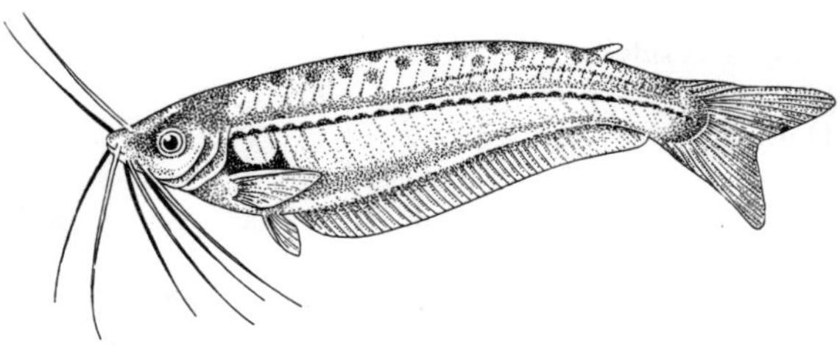

Abb. 282 *Physailia pellucida*

Eutropius grenfeldi (Abb. 280)
(BOULENGER, 1900)

Ogowe, Shari, Zaïre, unter anderem Pool Malebo (Stanley Pool); bis 28 cm.
D 1/6; A 4/48–49. Diese Art unterscheidet sich von der nachfolgenden nur wenig, im Leben kaum. Grausilbern, oberseits bräunlich, unterseits hellgrau. Über der P ein großer, unscharf begrenzter, dunkler Fleck. Jungtiere zeigen eine dunkle Längsbinde auf den Körperseiten. Geschlechtsunterschiede unbekannt.
Pflege wie bei *Schilbe mystus* (S. 356) angegeben.

Eutropius niloticus (Abb. 281)
(RÜPPELL, 1829)

Nil, Senegal, Ogowe und Zuflüsse, weit verbreitet; bis 40 cm.
D 1/5–6; A 4–5/49–64. Körper familientypisch gestaltet. Rücken dunkeloliv bis schwärzlich, Körperseiten zart rehbraun bis fahl lachsfarben mit ansprechendem Bronze- oder Silberglanz, Bauch hellrosa oder weißlich. Oberhalb der P ein großer, dunkler, leuchtend grün eingefaßter Fleck. Flossen dunkel bis lehmfarben. D mit dunkler Basis, C-Lappen mit dunklen Spitzen. Jungtiere durchscheinend. ♀ ohne Genitalpapille, größer, kräftiger. ♂ mit deutlicher Genitalpapille, kleiner, schlanker.
Pflege wie bei *Schilbe mystus* (S. 356) angegeben. Noch nicht gezüchtet. Die Laichzeit fällt im Verbreitungsgebiet der Art mit der Regenzeit zusammen (Juli bis September).

Gattung *Parailia* BOULENGER, 1902

Körper familientypisch. Für die Gattung ist das Fehlen der D und Fettflosse charakteristisch. Vier Paar etwa gleichlange Barteln. Bis 10 cm. Stromgebiet des Kongo (Zaïre). Zwei Arten.

Parailia longifilis (Taf. 74)
BOULENGER, 1902

Unterer Kongo (Zaïre); bis 10 cm.
A 80–90. Durchsichtig hell bis gelblich mit zahlreichen etwa gleichmäßig verstreut liegenden Pigmentflecken. In den glasigen Flossen dunkle, jedoch wesentlich kleinere Tüpfel. Oberer C-Lappen mit feinem dunklem Längsstrich. Geschlechtsunterschiede unbekannt. Dämmerungstier, das tagsüber ein sehr eigenartiges Verhalten zeigt. Bei starkem Lichteinfall oder fehlenden Versteckmöglichkeiten legen sich die Tiere auf den Bodengrund und stellen sich tot. Erst wenn es abends dunkler wird, geben sie diesen Starrezustand auf und schwimmen dann wie in Taf. 74 dargestellt. Lebendfutter, vor allem Kleinkrebse und Mückenlarven. Temperatur 25–28 °C, empfindlich.

Gattung *Physailia* BOULENGER, 1901

Körperform wie in der Familienbeschreibung angegeben. Gattungscharakteristisch ist das Fehlen der D, Fettflosse vorhanden. Vier Paar etwa gleichlange Barteln. Chiloongo, Kongo (Zaïre), Niger, Nil. Drei Arten.

Physailia pellucida (Abb. 282)
BOULENGER, 1901
Afrikanischer Glaswels

Oberer Nil und Niger; bis 10 cm.
A 65–74; V 1/5. Glasartig durchsichtig, Wirbelsäule, Schwimmblase und andere Organe sind sehr gut zu erkennen. In der Rückenmitte und A-Gegend einige schwärzliche Pigmentflecke. Alle Flossen farblos. Bei auffallendem Licht irisiert der ganze Körper schwach bläulich. ♂ kleiner, schlanker, mit deutlicher Genitalpapille.
Die sehr bewegliche, interessante Art steht und schwimmt etwas schräg, gleichsam mit hängendem Schwanz. Sehr friedlicher Schwarmfisch, der einzeln gehalten kümmert. Pflege in großen, dicht bepflanzten, etwas dunkel stehenden Becken. Temperatur nicht unter 25 °C. Nur lebendes Futter. Noch nicht gezüchtet. In ihrer Heimat laicht die Art das ganze Jahr über ohne deutlich ausgeprägte Laichzeit, jedoch mit zwei Hauptphasen (Juli bis Oktober und Februar).

Gattung *Schilbe* CUVIER, 1817

Körper familientypisch. D vorhanden, mit kräftigem Stachel. Fettflosse fehlt. Kiefer- und Pflugscharbein bezahnt. Vier Paar relativ kurze Barteln. Bis 35 cm. Tropisches Zentral- und Westafrika. Zahlreiche Arten.

Schilbe marmoratus (Taf. 112)
BOULENGER, 1911

Kongo (Zaïre) und Nebenflüsse; bis 16 cm.
D 1/5; A 52–54. Ähnlich gestaltet wie nachfolgende Art, von der sich *Sch. marmoratus* durch die längere, bis an die C reichende A und die Färbung unterscheidet. Lehmfarben bis hellgrau, braun gesprenkelt. Über der P ein großer runder Fleck, gelegentlich auch einzelne wolkige Flecken entlang der Seitenmitte. Flossen bräunlich, teilweise dunkel getüpfelt. C-Basis dunkel, äußere Teile gelblich. Geschlechtsunterschiede unbekannt.
Pflege siehe nachfolgende Art.

Schilbe mystus (Taf. 74)
(LINNAEUS, 1758)

Stromgebiet des Nils, Victoriasee und Tschad-See, in Westafrika vom Senegal bis zum Sambesi; bis 25 cm. D 1/6–8; A 3–4/55–56; P 1/11; V 6–7. Familientypisch gestaltet. Fast einheitlich silberfarben mit dunkler Rückenseite. Hinter dem Kiemendeckel auf der Seitenlinie ein großer schwarzer Fleck. Von diesem ausgehend gelegentlich eine dunkle Längsbinde. Eine weitere Längsbinde kann auf dem Rücken verlaufen und bis in den oberen C-Lappen reichen. Eine dritte Längsbinde verbindet die P mit dem unteren C-Lappen. Flossen undurchsichtig grau. ♂ mit deutlicher Genitalpapille, kleiner, schlanker.
Dieses relativ durchsichtige, bewegliche, gesellige Tagtier benötigt vor allem genügend Schwimmraum und dunklen Bodengrund. Versteckmöglichkeiten in Ast- und Wurzelwerk fördern das Wohlbefinden. Temperatur 22–26 °C. Lebendfutter aller Art. Für Zimmeraquarien eignen sich nur Jungfische. Frisch importierte, aber auch zu hell gehaltene Tiere sind oft sehr scheu oder liegen bewegungslos auf dem Bodengrund.

Familie Pangasiidae
Schlankwelse

In Südostasien einschließlich Indonesien beheimatete größere bis große Welse (Abb. 278). Der Körper ist langgestreckt, bei einigen großen Arten nur wenig zusammengedrückt. Kopf und Körper nackt. Selten ein (Gattung *Pangasianodon*), meist 2–4 Paar Barteln. D kurz, hoch, mit kräftigem Stachel, A lang, Fettflosse vorhanden, weit hinter der D angesetzt. Kiefer bezahnt, in der Regel auch der Gaumen (Vomer und Palatinum), in der Gattung *Pangasianodon* jedoch ausnahmsweise unbezahnt. Die Familie hat mit der Familie der Schilbeidae viele Gemeinsamkeiten.
Zu den Schlankwelsen gehört auch der Riesenwels *Pangasianodon gigas* CHEVEY, 1930, der bis 2,5 m Länge erreichen kann. Die Art wird auf ihrer Laichwanderung im Mekong stark befischt. Ziel der Wanderung ist der Dalisee in der Provinz Yunnan (China). Viele Arten sind wertvolle Speisefische.
Acht Gattungen mit etwa 25 Arten.

Gattung *Pangasius* CUVIER und VALENCIENNES, 1840

Familientypisch gestaltete Welse. Je ein Paar Oberkiefer- und Unterkieferbarteln. Die hintere Nasenöffnung liegt der vorderen näher als dem Auge. Dieses selbst befindet sich in der Verlängerung der Maulspalte oder sogar unter dieser Linie.
Südostasien einschließlich des Indoaustralischen Archipels. Etwa 20 Arten.

Pangasius sutchi (Taf. 112)
FOWLER, 1937
Haiwels

Thailand (Umgebung von Bangkok), Laos; bis 25 cm.
D 2/7–8; A 4/30–32. Gattungstypisch gestaltet. Dunkel silbergrau mit zwei breiten, schwarzen Längsbinden. Die erste verläuft vom Kopf geradlinig zur C-Basis, die zweite beginnt am Kopf, beschreibt bauchwärts einen Bogen und endet, nach hinten zu immer schmaler werdend, am hinteren Teil der A. Bauch weißlich. Flossen schwarz mit hellen Rändern. Geschlechtsunterschiede unbekannt.
Zur Pflege eignen sich nur größere bis große Behälter. Elegante, gesellige Schwarmfische, die als Einzeltiere kümmern. Temperatur 20–25 °C. Lebendfutter. Harte, ausdauernde Art, in der Eingewöhnungsphase reagieren sie jedoch auf Störungen mit minutenlangen Schockzuständen und liegen dann wie tot im Aquarium. Tagaktive, völlig friedfertige Welse, die viel Schwimmraum benötigen.

Familie Amphiliidae
Kaulquappenwelse

Ausschließlich in Afrika beheimatete kleinere Welse, von denen einige an die südamerikanischen Loricariidae erinnern. Körper langgestreckt, Schwanzstiel lang und schlank, Kopf spitz auslaufend, mit 2–3 Paar kurzen, seitlich abstehenden Barteln. Haut mit oder ohne Knochenschilder entlang den Körperseiten. Pupille normal, im Gegensatz zu den Harnischwelsen ohne Lappen.
Die Amphiliidae bewohnen klare, durchsonnte Fließgewässer. Sie halten sich vorwiegend in den untergetauchten Teilen von schwimmenden Pflanzenpolstern auf. Etwa acht Gattungen mit rund 55 Arten.

Gattung *Phractura* BOULENGER, 1900

Körper an der Rücken- und Bauchseite mit Knochenschildern bedeckt. Die D beginnt vor den V. P und Fettflosse ohne Stachel. Bis maximal 12 cm. Zahlreiche Arten im tropischen Afrika.

Phractura ansorgei (Taf. 76)
BOULENGER, 1901

Bereich des unteren Niger in schnellfließenden Bächen; bis 6 cm.
D 1/6; A 1/10; 26 Knochenschilder in der oberen, 12 in der unteren Reihe. Körper keulenförmig mit sehr schlankem Schwanzstiel. 1. Flossenstrahl der D mit feinen Dornen, länger als die folgenden Strahlen. Fettflosse mit Flossenstrahlen, sehr kurz. Unterkiefer ohne Zähne, kein Occipito-nuchal-Schild. Maul unterständig. Oberkieferbarteln 1/2 der Kopflänge,

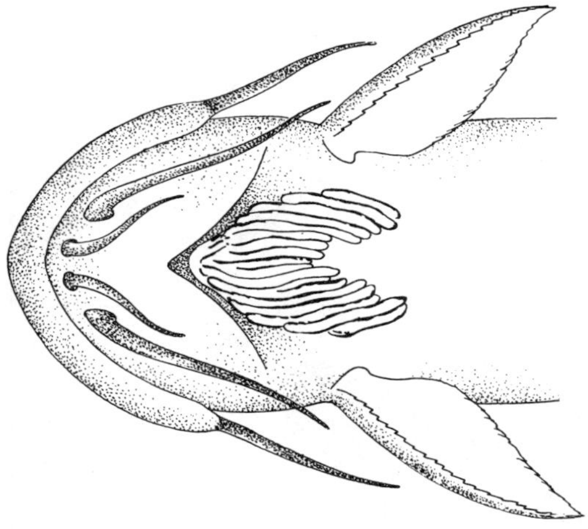

Abb. 283 Haftorgan der Sisoridae

Unterkieferbarteln kürzer. Augen nach oben gerichtet. Braun mit dunklerer Fleckenzeichnung auf Körper und Flossen. Unterseits hellgrau mit zahlreichen kleinen dunklen Punkten, Bauch selbst silbrig. Ältere Tiere werden etwas dunkler und zeigen dann im hinteren Körperbereich zwei dunkelbraune, 4–5 mm breite Querbinden (nach FOERSCH, verändert). Die Geschlechter lassen sich vermutlich erst dann erkennen, wenn die ♀♀ Laich ansetzen. Ihr Umfang nimmt sehr zu, und der Laich schimmert grünlich durch die Bauchwand.
Pflege bei 22–23 °C, mittelhartes Wasser. Die Tiere verstecken sich gern in den Pflanzen. Die Art frißt Lebendfutter und vermutlich auch pflanzliche Zusatzkost (gebrühter Spinat). Nach KLUGE (1971) nehmen die Fische sehr gern Blut. Die Tiere laichen abends. Das zunächst unruhig umherschwimmende, zu dieser Zeit mehr rotbraun gefärbte ♂ stößt leise zirpende Laute aus. Beim Laichakt, der im freien Wasser stattfindet, biegt das ♂ den Körper von der Seite her U-förmig um den Kopf des ♀. Bei dem Umfassen stößt das ♀ gegen das ♂, sein Maul liegt während des Laichaktes auf der A (oder V?) des ♂. In dieser Stellung sinken beide Tiere zu Boden, wobei mehrere blaugrüne, etwa 1 mm große Eier ausgestoßen werden. Insgesamt können über 100 Eier in zahlreichen Paarungen abgegeben werden. Die Embryonen schlüpfen nach 2–3 Tagen und schwimmen erst nach weiteren 5–6 Tagen frei. Aufzucht schwierig, die Art des aufgenommenen Futters konnte nicht genau beobachtet werden, Mikro ungeeignet. Angaben nach FOERSCH.

Familie Sisoridae
Haftwelse

In Südostasien beheimatete, vorwiegend in Gebirgswässern lebende Welse. Haut nackt. Kopf mehr oder weniger abgeflacht, Unterseite des Kopfes und Körpers flach. Vier Paar Barteln, Maxillarbarteln breit und steif. D kurz, mit kräftigem Stachel und 6–7 Weichstrahlen, Fettflosse klein. Sechs Gattungen. Als Anpassung an schnellfließende Gebirgsbäche besitzen einige Arten *(Glyptothorax)* Haftorgane. Hierbei handelt es sich um feinstrukturierte Hautbildungen in der Brustregion zwischen den Pn (Abb. 283, Taf. 75). Das Haftorgan fällt zusammen, wenn die Fische aus dem Wasser genommen werden.

Gattung *Glyptothorax* BLYTH, 1860

Gattungscharakteristisch ist der bereits oben beschriebene Haftapparat. Relativ kleine Fische. In Asien weit verbreitet. Mehrere Arten.

Glyptothorax trilineatus
BLYTH, 1860

Vorder- und Hinterindien, Nepal, Thailand, Laos; bis 30 cm, bleibt meist kleiner.
D 1/6; A 13. Körper gestreckt, seitlich mäßig abgeflacht. Dunkelbraun bis schwarz, Bauch weißlich. Ein scharf abgegrenzter weißer Streifen erstreckt sich auf dem Rücken vom Hinterkopf bis zum Beginn der C. Ein ähnlicher Längsstreifen auf jeder Körperseite. Flossen bräunlich bis schwärzlich mit hellem Rand. Geschlechtsunterschiede unbekannt.
Pflege siehe Familienbeschreibung Bagridae (S. 330). Eine andere Art zeigt Taf. 75.

Familie Clariidae
Kiemensackwelse

Körper langgestreckt, hinten kräftig zusammengedrückt, vier Paar Barteln. D lang, ohne Stachel, A lang, P mit kräftigem Stachel, meist keine Fettflosse. Zähne klein, in Bändern auf den Kiefern und am Pflugscharbein angeordnet. Schwimmblase sehr klein. Haut nackt. Besonders charakteristisch für diese Familie sind die zusätzlichen Luftatmungsorgane. Diese bestehen aus nach hinten und oben gerichteten Aussackungen des Kiemenraumes, in die vom 2. und 4. Kiemenbogen entspringende, stark verzweigte, blumenkohlartige Fortsätze hineinragen (Abb. 284). Diese zusätzlichen Luftatmungsorgane ermöglichen den Clariidae nicht nur in sehr sauerstoffarmen Gewässern zu leben, sondern befähigen sie auch, sich stundenlang außerhalb des Wassers aufzuhalten. So suchen diese Welse nachts nicht selten Futter auf was-

Abb. 284 Luftatmungsorgan der Clariidae

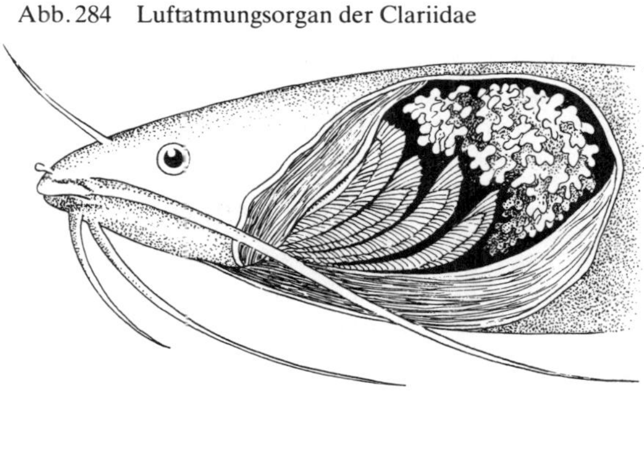

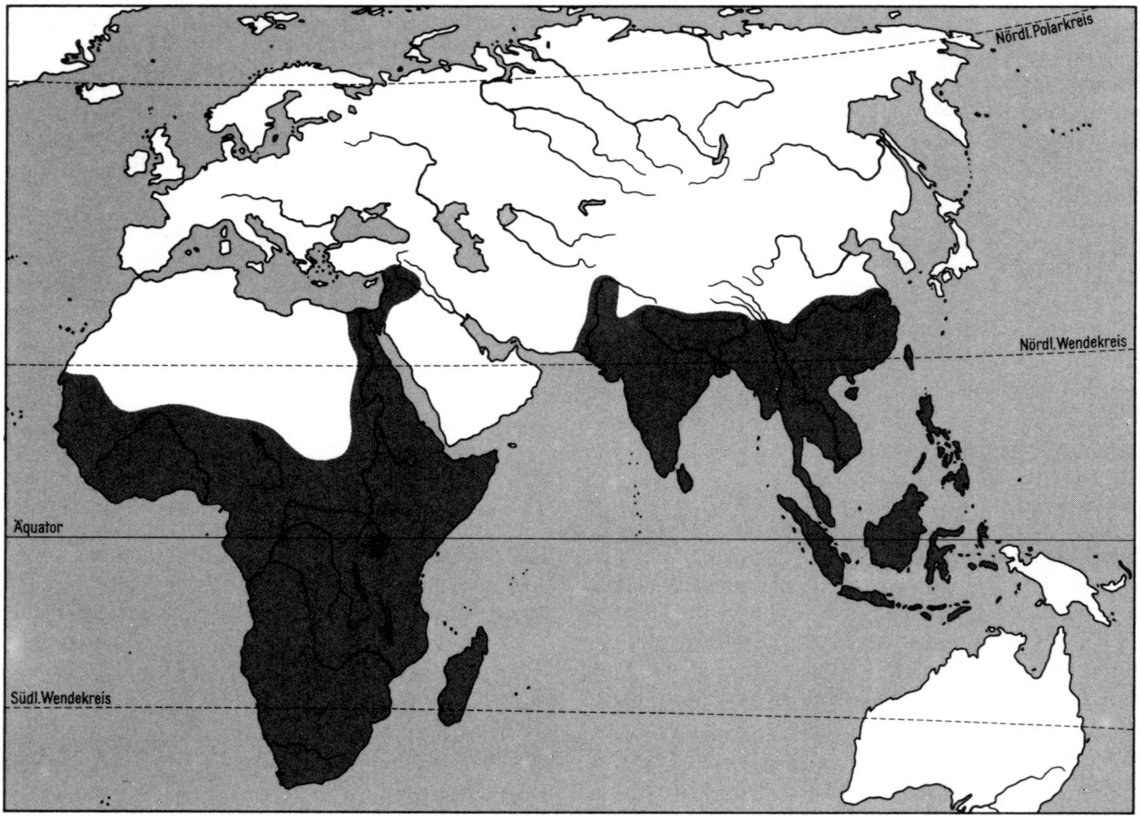

Abb. 285 Verbreitungsgebiet der Clariidae

sernahen feuchten Landstrichen. Selbst größere Landwanderungen konnten schon beobachtet werden. Die Trockenzeit verbringen viele Arten tagsüber im Schlamm vergraben. Das Verbreitungsgebiet erstreckt sich von Afrika und Madagaskar über ganz Südasien bis nach Ostasien und greift außerdem auf die Philippinen und den Malaiischen Inselarchipel über (Abb. 285). Fossilien seit dem frühen Jungtertiär. Viele Arten sind wertvolle Speisefische. In der Gefangenschaft sind alle Arten sehr zählebig und genügsam, vor allem aber gefräßig. Für das Zimmeraquarium eignen sich nur jüngere Tiere, erwachsene Exemplare großer Arten sind schöne Schaustücke öffentlicher Aquarien. Weicher, sandiger, besser leicht schlammiger Bodengrund, einige Steinhöhlen oder hohles Wurzelwerk, kräftige, locker stehende Pflanzen. Temperatur 20–25 °C. Lebendfutter aller Art, manche Arten nehmen auch Kartoffeln und Haferflocken. Die Tiere fressen oft so viel, daß der Bauch kugelig vorsteht. Alle Arten sind zumindest in engen räumlichen Verhältnissen sehr räuberisch und lassen sich nur mit robusten Fischen vergesellschaften.
15 Gattungen mit etwa 100 Arten.

Gattung *Channallabes* GÜNTHER, 1873

Körper aalartig. D, C und A zu einem einheitlichen Flossensaum verwachsen. P stark zurückgebildet, Vn fehlen. Kopf in der Aufsicht ohne Wangen. Eine Art.

Channallabes apus (Taf. 112)
GÜNTHER, 1873

Stromgebiet des Kongo (Zaïre) und Angola; bis 31 cm.
D 140–150; A 125–130. Körpergestalt siehe Gattungsbeschreibung. Einheitlich dunkelbraun. Geschlechtsunterschiede unbekannt. Pflege siehe Familienbeschreibung.

Gattung *Clarias* GRONOVIUS, 1781

In Seitenansicht torpedoförmig. D und A langgestreckt, P und V gut ausgebildet, keine Fettflosse. Zahlreiche, z. T. sehr große Arten in Afrika und Südostasien.

Clarias angolensis (Abb. 286)
(STEINDACHNER, 1866)

Tropisches West- und Zentralafrika, in verschiedenen, auch brackigen Gewässern; bis 31 cm.
D 70–82; A 50–63. Kaffeebraun bis schwärzlich mit bronzefarbenem Schimmer auf dem Rücken und vereinzelten bis zahlreichen hellen Flecken und Punkten an den Körperseiten. Bauch hellbraun, gelblich oder weiß. Flossen undurchsichtig, grünlich, C mit dunklem Rand. Geschlechtsunterschiede unbekannt.
Pflege siehe Familienbeschreibung.

Clarias anguillaris (Abb. 287)
(LINNAEUS, 1762)

Nordostafrika, Nil, Victoria-, Tschad-See; bis 75 cm. D 65–76; A 53–62. Kaffeebraun mit grünlichem Schimmer auf dem Rücken. Körperseiten mitunter undeutlich marmoriert. Bauch hellbraun bis weiß. Kopf häufig mit undeutlichem, dunklem Längsband unterhalb der Augen. Flossen braungelb bis kräftig orange gesäumt. Gelegentlich schwarz punktiert. Geschlechtsunterschiede unbekannt.
Pflege siehe Familienbeschreibung.

Abb. 286 *Clarias angolensis*
Abb. 287 *Clarias anguillaris*
Abb. 288 *Clarias mossambicus*
Abb. 289 *Clarias batrachus*
Abb. 290 *Gymnallabes typus* und Aufsicht des Kopfes

Clarias batrachus (Abb. 289)
(LINNAEUS, 1758)

Sri Lanka, Ostindien bis in den Malaiischen Archipel; bis 55 cm.
D 62–76; A 45–58. Bräunlich bis grünblau, Rückenseite dunkler mit grünlichem Schimmer. Unterseite hellbraun bis zart rötlich, gelegentlich blauweiß. An den Körperseiten zahlreiche auffallend helle bis rein weiße Punkte. Flossen graugrün. D mehr gelbgrün, senkrechte Flossen mit rotem Saum. ♀: Färbung weniger kontrastreich, D ohne dunkle Zeichnung. ♂ D mit schwarzen Punkten und einem dunklen Fleck im hinteren Bereich.
Pflege siehe Familienbeschreibung. Laichräuber, Speisefisch. Eine dieser Art recht ähnliche albinotische Form entspricht wahrscheinlich *Clarias macrocephalus* GÜNTHER, 1864.

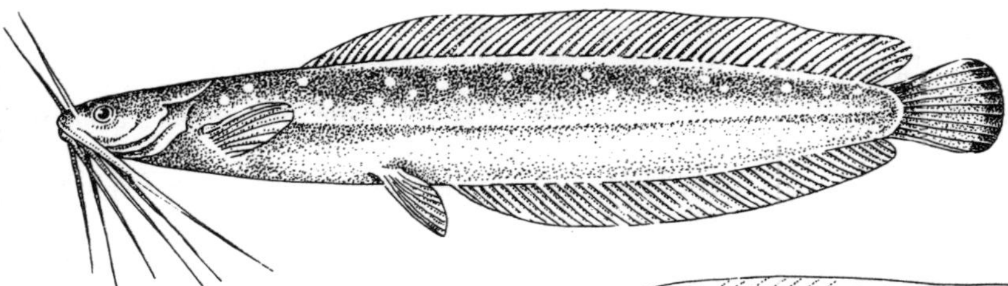

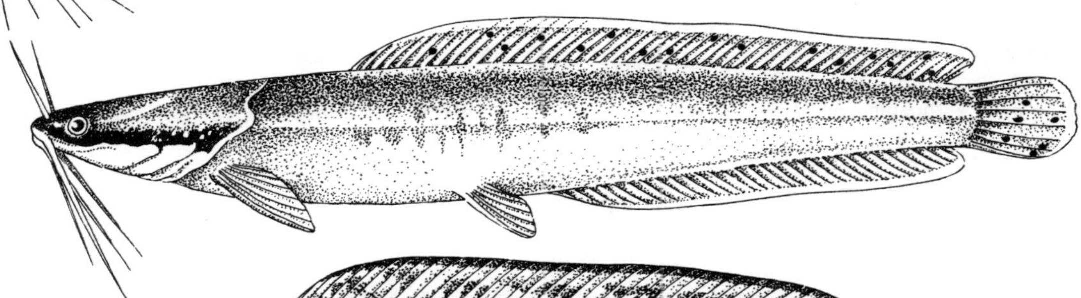

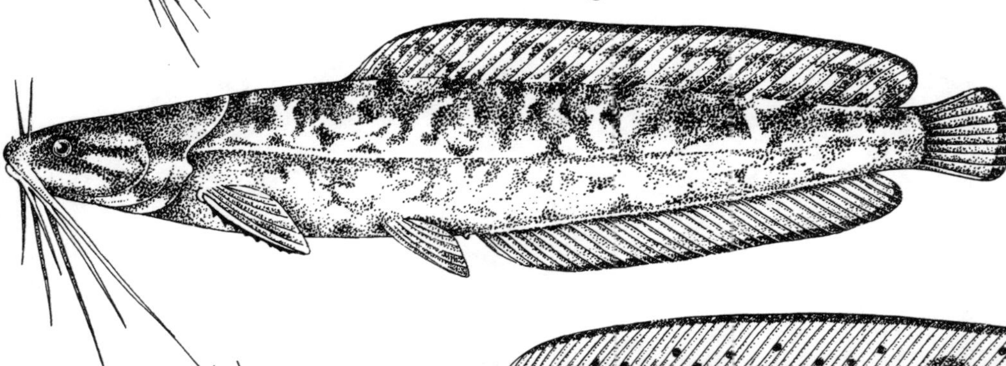

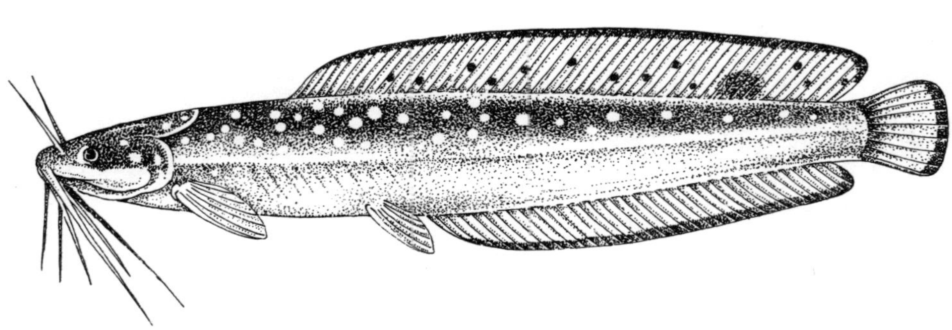

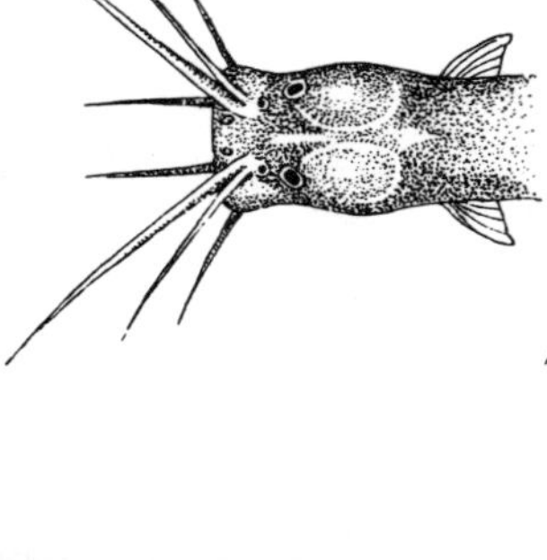

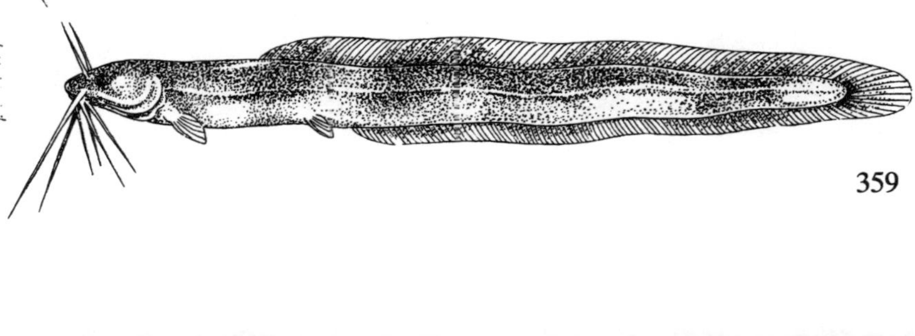

Clarias mossambicus (Abb. 288)
PETERS, 1852

Ostafrika; bis 70 cm.
D 62–78; A 50–62. Kopf, Rücken und Körperseiten olivbraun-dunkelkaffeebraun-hellbraun-weißlich marmoriert. Bauch hellgrau bis weiß. Senkrechte Flossen dunkelbraun, oft dunkel gerandet. D hell marmoriert. ♂ mit deutlich sichtbarer Genitalpapille.
Pflege siehe Familienbeschreibung.

Clarias platycephalus (Taf. 112)
BOULENGER, 1902

Südkamerun, oberer und mittlerer Kongo (Zaïre); bis 35 cm.
D 65–70; A 56–62. Düster graubraun, besonders im oberen Bereich der Körperseiten hell-dunkel marmoriert. Unterseits hellbraun. Flossen undurchsichtig graubraun, C mit dunklen Querbinden, A mit hellem Saum. Geschlechtsunterschiede unbekannt.
Pflege siehe Familienbeschreibung.

Gattung *Gymnallabes* GÜNTHER, 1867

Körper aalartig. D, C und A bilden einen einheitlichen langen Flossensaum. P und V sehr klein. Kopf in Aufsicht mit vorspringenden Wangen. Eine Art.

Gymnallabes typus (Abb. 290)
GÜNTHER, 1867

Tropisches Westafrika, Unterlauf des Niger und Kamerun; bis 25 cm.
D 98–110; A 82–88; V 1/5. Dunkelbraun mit grünlichem Schimmer auf der Rückenseite und violetten bis rötlichen oder rostroten Glanzzonen an den Körperseiten (auffallendes Licht!). Unterseite rehbraun bis hell. Flossen dunkelbraun bis hellbraun. Geschlechtsunterschiede unbekannt.
Pflege siehe Familienbeschreibung.

Gattung *Heterobranchus* G. ST. HILAIRE, 1809

Seitenansicht torpedoförmig. D lang, Fettflosse vorhanden. Bis 120 cm. Tropisches Asien und Afrika. Mehrere Arten.

Heterobranchus longifilis
(CUVIER und VALENCIENNES, 1840)

In Afrika sehr weit verbreitet, Nil, Niger, Kongo (Zaïre), Sambesi; bis 72 cm.
D 29–34; A 44–54. Körper gattungstypisch gestaltet. Oberseits dunkeloliv bis blaugrau, Körperseite nur etwas heller. Bauch weiß, scharf gegen die Körperseiten abgesetzt. D und A graugrün mit dunklerem Rand, gelegentlich teilweise rot gesäumt. Fettflosse dunkel mit schwarzem Hinterende, C an der Basis gelblich bis orange, außen mit breitem schwarzem

Abb. 291 Verbreitungsgebiet der Chacidae

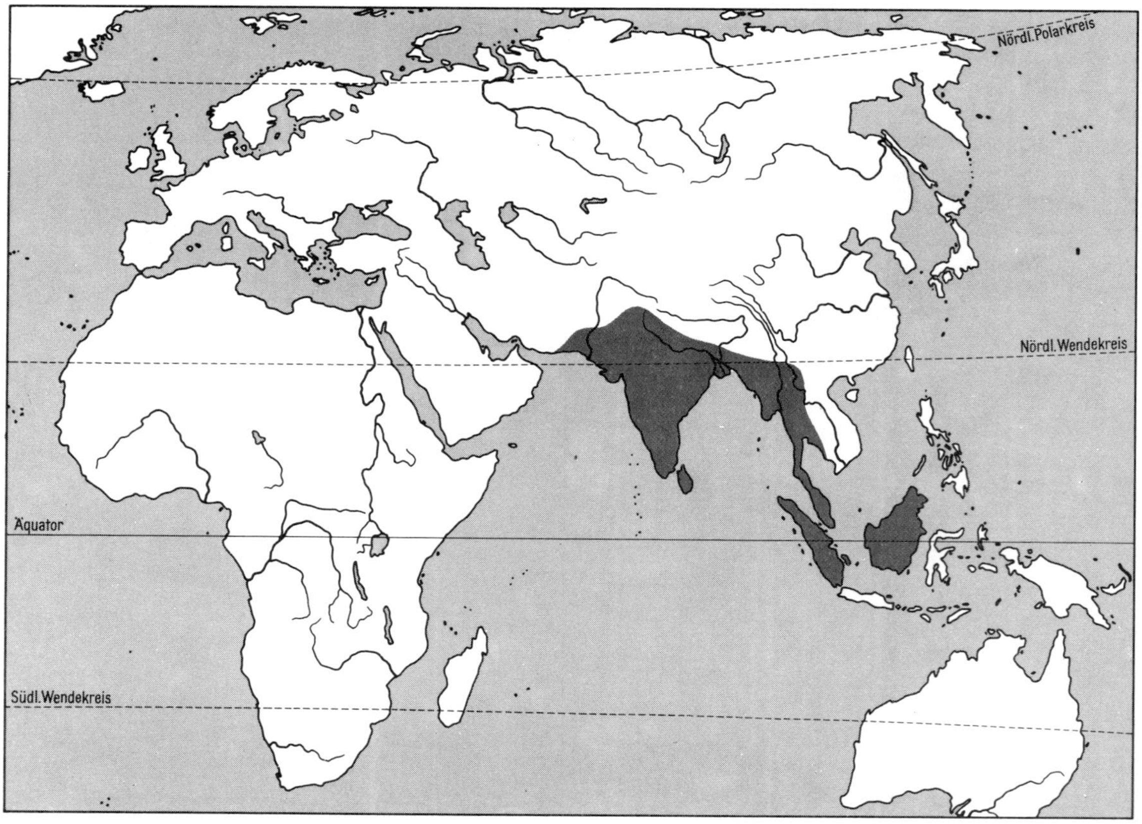

Querband. Geschlechtsunterschiede bislang nicht beschrieben.
Diese sehr harte, aber auch träge Art ist für das Zimmeraquarium kaum zu empfehlen. Die Tiere liegen ständig auf dem Bodengrund und werden nur zur Fütterungszeit etwas munter. Alle Futterarten werden in sehr großen Mengen gierig gefressen.

Familie Heteropneustidae
Kiemenschlauchwelse

Zu der Familie gehört nur die Gattung *Heteropneustes* MÜLLER, 1840, mit zwei Arten. Körper langgestreckt, hinten kräftig zusammengedrückt. Kopf klein, Maul breit, vier Paar Barteln, die alle länger sind als der Kopf. Kiefer und Pflugscharbein bezahnt. D, P und V klein, A sehr lang, keine Fettflosse. Nahe verwandt mit der Familie Clariidae, von der sich die Heteropneustidae vor allem durch folgende Merkmale unterscheiden: Die D ist mit 6–7 Flossenstrahlen kurz, von der Kiemenhöhle aus reichen zwei sehr lange sackartige Schläuche unter der Rückenmuskulatur weit nach hinten, die blumenkohlartigen, am 2. und 4. Kiemenbogen entspringenden, in den Kiemensack hineinreichenden Fortsätze der Clariidae fehlen. Durch ihr zusätzliches Atmungsorgan können die Heteropneustidae auch in verschmutzten Gewässern leben. Regional wichtige Speisefische. Mit ihren P-Stacheln verursachen die Fische nicht selten schmerzhafte Wunden.

Heteropneustes fossilis (Taf. 75)
(BLOCH, 1792)
Kiemenschlauchwels

Sri Lanka, Ostindien, Burma, Laos, südliches Vietnam; bis 70 cm, meist kleiner.
D 6–7; A 60–79. Körperform siehe oben. Färbung einheitlich graubraun bis olivbraun, aber auch dunkelbraun bis schwarz. An den Körperseiten zwei schmale, helle bis gelbliche Längsbinden und zahlreiche schwarze Punkte. Flossen oft rehbraun, A gelegentlich dunkel marmoriert. Auge gelb. ♀ gedrungener, größer. ♂ schlanker, mit Genitalpapille.
Pflege siehe bei Clariidae, S. 357. In Gefangenschaft bereits nachgezüchtet. Nach FRÄNKEL saugt sich das ♀ an der männlichen Geschlechtsöffnung an, die hirsekorngroßen gelblichen Eier werden ballenweise in gefächelte Gruben abgelegt und bewacht. Die Elterntiere betreuen die Jungfische sehr lange.

Familie Chacidae
Großmaulwelse

Zu dieser Familie gehört nur die Gattung *Chaca* CUVIER und VALENCIENNES, 1840, mit einer Art (Abb. 291).

Chaca chaca (Taf. 76)
(HAMILTON-BUCHANAN, 1822)
Großmaulwels

Sumatra, Kalimantan (Borneo), Bangka, Burma, Indien; bis 20 cm.
D 1/3–4; A 7–10; P 1/4–5; V 6. Körper kaulquappenähnlich, vorn sehr stark abgeflacht, hinten seitlich stark zusammengedrückt, ohne Knochenschilder, mit dicker körniger Haut, Maul sehr breit. D klein. Die abgerundete C reicht oberseits und unterseits sehr weit nach vorn. Ein Paar kurze, oft nur zapfenförmige Barteln in den Maulwinkeln. Ältere Exemplare tragen am Kopf kleine, bäumchenförmige Anhängsel. Schwarzbraun mit zahlreichen schwarzen und hellen Tüpfeln und Flecken, Kopf etwas heller, Bauch weiß mit dichtstehenden dunklen Flecken. Flossen dunkelbraun mit schwarzen Flecken, weißlich bis rauchgrau gesäumt. Geschlechtsunterschiede unbekannt.
Sehr träges Nachttier, das oft wie ein Holzstück aussieht und selbst bei Berührung seine Tarnhaltung nicht aufgibt. Raubfisch. Vergesellschaftung nicht angezeigt. 22–24 °C.

Familie Malapteruridae
Elektrische Welse

Auf dem afrikanischen Kontinent beheimatete Welsfamilie (Abb. 292), der zwei Arten angehören. Charakteristisch für diese Familie sind die paarigen elektrischen Organe, die in die schwartige Haut eingelagert sind und den Körper mantelartig umhüllen. Im Gegensatz zu allen anderen elektrischen Fischen entstehen die elektrischen Organe hier nicht aus der Muskulatur, sondern aus Drüsenzellen. Der negative Pol liegt in der Nähe des Kopfes, der positive in der

Abb. 292 Verbreitungsgebiet der Malapteruridae

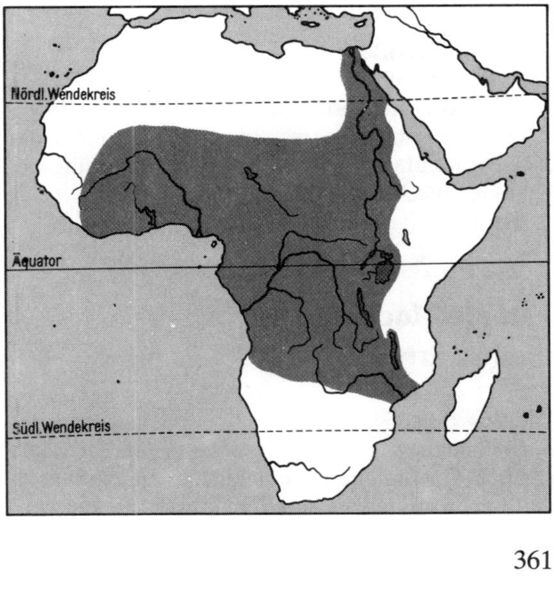

Schwanzregion. Einem starken Stromstoß (100–300 Volt) folgen bei der Entladung mehrere schwache Stöße. Das elektrische Organ dient neben dem Beuteerwerb der Verteidigung, der Ortung und Orientierung. Die älteste Abbildung des Zitterwelses ist vor etwa 6000 Jahren in Ägypten entstanden. Das Fleisch ist genießbar; die elektrischen Organe wurden von den Afrikanern für Heilzwecke verwendet.
Sehr unverträglich, gefräßige Fische, die sich tagsüber versteckt halten und erst nachts lebhaft werden. Für das Zimmeraquarium eignen sich nur Jungfische, die wie andere Welse zu pflegen sind. Lebendfutter, vorwiegend Regenwürmer, Fleisch. Wachstum auch in der Gefangenschaft sehr schnell. Temperatur 23 bis 30 °C. Einzelhaltung erforderlich. Fortpflanzung unbekannt (eventuell Maulbrüter?). Die ♀♀ laichen in Gruben.

Malapterurus electricus (Taf. 76, 177)
(Gmelin, 1789)
Zitterwels

Afrika nördlich des Sambesi, ausgenommen Victoriasee und Flüsse in Ostafrika; bis etwa 100 cm, bleibt meistens kleiner.
D 0; A 3–4/8–9; P 1/8; V 1/5. Körper länglich plump, Kopf dick. Im Gegensatz zu der nachfolgenden Art ist der Kopf von oben gesehen nicht zugespitzt, und die große Mundspalte ist fast im rechten Winkel zu den Kopfseiten angeordnet (Abb. 293). Auge klein, im Dunkeln stark reflektierend. D fehlt, Fettflosse weit nach hinten gestellt, P ohne Stachel. Drei Paar Barteln, Lippen fleischig. Rücken graubraun, Seiten fleischfarben bis grau, Bauch rötlich bis gelblichweiß. Kopf und Körper mit zahlreichen dunklen Tüpfeln. P und V rötlich, C mit dunkler Basis und breitem grauem bis orangefarbenem oder rotem Rand. Bei den Jungtieren verläuft um den Schwanzstiel ein helles Band. Geschlechtsunterschiede unbekannt.
Pflege siehe Familienbeschreibung.

Malapterurus microstoma (Abb. 293)
Poll und Gosse, 1969

Kongo-(Zaïre-)Becken; bis 70 cm.
D 0; A 3–4/8–9; P 1/8–9; V 1/5. Unterscheidet sich von der voranstehenden Art durch den von oben gesehen zugespitzten Kopf und vor allem durch das kleinere Maul. Färbung wie bei *M. electricus* angegeben. Geschlechtsunterschiede unbekannt.
Pflege siehe Familienbeschreibung.

Familie Mochocidae
Fiederbartwelse

Die ausschließlich in Afrika – mit Ausnahme des nordwestlichen Teiles – beheimatete Familie (Abb. 294) ist relativ uneinheitlich. Sie umfaßt zehn Gattungen mit etwa 150 Arten, von denen der weitaus größte Teil auf die Gattung *Synodontis* entfällt. Die Haut der Fische ist nackt. Eine Fettflosse ist immer vorhanden. Bei einigen Gattungen kann sie durch Strahlen gestützt sein. Die Membranen der Kiemenöffnungen sind mehr oder weniger mit dem Isthmus verwachsen. Aufgrund einer Reihe von Merkmalen lassen sich zwei gut voneinander abgrenzbare Gruppen unterscheiden. Zu der ersten Gruppe zählen die Gattungen mit drei Paar kräftig entwickelten Barteln. Die Mandibularbarteln sind stets verzweigt (Abb. 295). Lippen mehr oder weniger fleischig, nicht als Saugmaul ausgebildet. Das natürliche Vorkommen dieser Fische umfaßt langsamfließende, aber auch stehende Gewässer. Hierher gehören die Gattungen *Acanthocleitron, Brachysynodontis, Hemisynodontis, Microsynodontis, Mochocus, Mochokiella* und *Synodontis*. Bei den Vertretern der anderen Gruppe ist die Ausprägung der Barteln und teilweise auch ihre Anzahl reduziert. Die Mandibularbarteln sind klein und nicht verzweigt. Von den stark abgeplatteten Lippen wird ein Saugmaul gebildet. Diese Gruppe umfaßt die Gattungen *Atopochilus, Chiloglanis* und *Euchilichthys*. Die Fische schei-

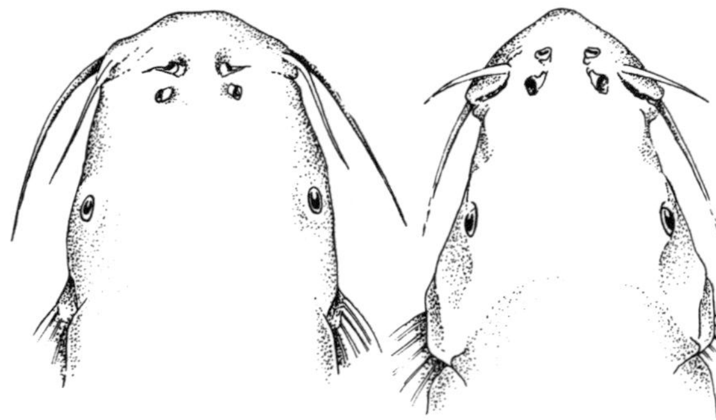

Abb. 293 Kopfform in Aufsicht von *Malapterurus electricus* (links) und *Malapterurus microstoma* (rechts) (nach Poll und Gosse)

Abb. 294 Verbreitungsgebiet der Mochocidae

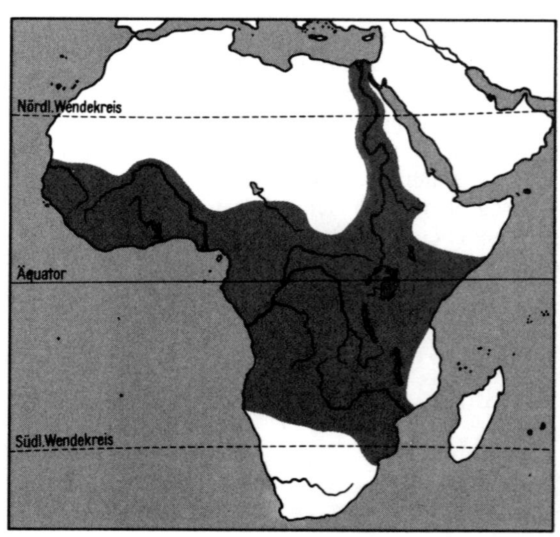

nen ausschließlich in fließenden Gewässern vorzukommen. So leben die Arten der Gattung *Chiloglanis* in klaren, schnellfließenden Gewässern unter Steinen. Sie ernähren sich vom Algenbelag dieser Steine und dessen Mikrofauna. Bislang wurden nur Vertreter der ersten Gruppe importiert. Dies hat dazu geführt, daß dieser Fischtyp verallgemeinert und die ganze Familie unkorrekterweise als Fiederbartwelse bezeichnet wurde.

Gattung *Brachysynodontis* Bleeker, 1863

Körperform ähnlich der Gattung *Synodontis*. Die Kiemenspalten reichen kehlseitig bis zum Ansatz der P. Die Maxillarbarteln mit breiter Membran, beide Mandibularbartelpaare gefiedert und nicht membranös verbreitert (Abb. 295). Untere Partie des 1. Kiemenbogens mit 39–42 langen, engstehenden Kiemenrechenzähnen. 33–57 Mandibularzähne. Nur eine Art.

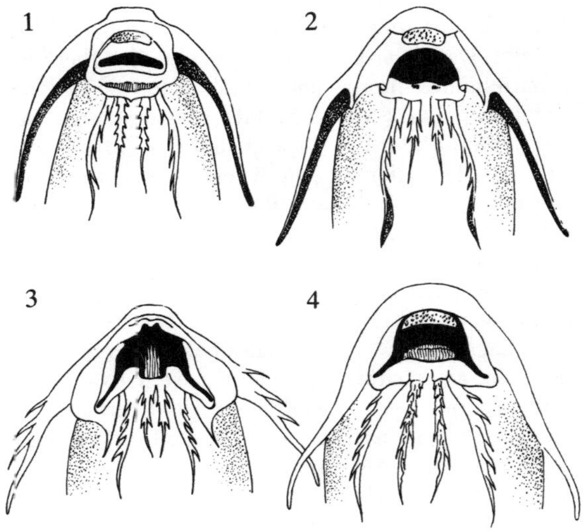

Abb. 295 Bartelformen bei Mochocidae. 1) *Brachysynodontis batensoda*, 2) *Hemisynodontis membranaceus*, 3) *Synodontis sorex*, 4) *Synodontis schall* (nach Poll)

Brachysynodontis batensoda (Taf. 77)
(Rüppell, 1832)

Stromgebiet des Nil, Tschad-Becken, Niger, Senegal; bis 21 cm.
D 1/7; A 4–5/7–9. Schulterfortsatz breit, eckig. Fettflosse sehr groß. Erwachsene Tiere sind silbergrün bis blaugrau, gelegentlich zart rötlichbraun. Unterseite schwärzlich. Flossen grau, z.T. mit dunklen Tüpfeln. Barteln schwarz. Jungtiere zeigen große, dunkle Flecken an den Körperseiten, die durch ein helles Netzwerk getrennt sind (beachte auch *Hemisynodontis membranaceus*). ♂ mit deutlich sichtbarer Genitalpapille vor der A.
Pflege siehe Gattung *Synodontis*. Vorsicht bei der Vergesellschaftung mit zu kleinen bodenbewohnenden Arten. Die Art ist ähnlich wie *S. nigriventris* Rückenschwimmer.

Gattung *Hemisynodontis* Bleeker, 1863

Körperbau ähnlich der Gattung *Synodontis*. Die Kiemenspalten reichen kehlseitig bis zum Ansatz der P. Die Maxillarbarteln in ihrer ganzen Länge mit breiter Membran, Mandibularbarteln gefiedert und beide äußere Enden membranös verbreitert (Abb. 295). Untere Partie des 1. Kiemenbogens mit 59–65 sehr langen Kiemenrechenzähnen. 8–16 Mandibularzähne. Nur eine Art.

Hemisynodontis membranaceus (Abb. 296)
(G. St. Hilaire, 1809)

Stromgebiete des Nil, Senegal, Niger, Gambia und Volta; bis 45 cm.
D 1/7; A 5/8–9. Bartelgestalt siehe Gattungsbeschreibung. Schulterfortsatz dreieckig. Fettflosse sehr groß. Blaugrau bis grausilbern, unterseits dunkel bis schwarz. Barteln hell, Bartelmembranen schwarz. Flossen grau, ohne Zeichnung. Jungtiere mit großen dunklen Tupfen an den Körperseiten und Tüpfelreihen in den Flossen. Geschlechtsunterschiede nicht genau bekannt. Pflege siehe auch Gattungsbeschreibung *Synodontis*. Die Art ist ähnlich *S. nigriventris* Rückenschwimmer.

Gattung *Synodontis* Cuvier, 1817
Fiederbartwelse

Körper in der Regel etwas gedrungen, seitlich abgeflacht; untere Profillinie meist geringer als obere ausgebogen. D und P mit kräftigem, gezähntem Stachel.

Abb. 296 *Hemisynodontis membranaceus*

Fettflosse vorhanden, gelegentlich sehr groß, A relativ kurz. Drei Paar Barteln, von denen die Oberkieferbarteln die längsten sind; Unterkiefer- und Kinnbarteln gefiedert (Abb. 295). Als Ausnahme sind die Oberkieferbarteln bei *S. clarias* auf der Außenseite gefiedert. Die Kiemenspalten reichen kehlseitig bis zum Ansatz der P. Untere Partie des 1. Kiemenbogens mit 7–31 Kiemenrechenzähnen. Größte Art mit etwa 80 cm Gesamtlänge. Über 100 bekannte Arten. Die Fiederbartwelse sind Nachttiere, die, zu großen Trupps vereinigt, langsamfließende Gewässer, aber auch Lagunen bewohnen. Tagsüber verbergen sich die Fische an geschützten Stellen und stehen dann besonders gern senkrecht an Pfählen oder Ufermauern, aber auch unter überhängendem Wurzelwerk. Einige Arten sind Rückenschwimmer.

Geschlechtsunterschiede von vielen Arten nicht genau bekannt. Von *S. schall* liegen jedoch genauere Untersuchungen vor, die sich wahrscheinlich auch auf andere Arten übertragen lassen. Die ♀♀ dieser Art sind nach Bishai und Abu Gideiri (1968) größer und auch kräftiger als gleichaltrige ♂♂. Diese besitzen kurz vor der A eine Genitalpapille. Den ♀♀ fehlt eine solche Papille. An deren Stelle befindet sich eine halbmondförmige Öffnung (Abb. 297). *S. schall* laicht in der Regenzeit (Juli bis September). Die Tiere bewegen sich rastlos Seite an Seite in der Nähe des Bodengrundes. Sie lockern mit den P-Stacheln den schlammigen Boden auf und geben ihre Geschlechtsprodukte dann in den Schlamm ab. Brutpflegeverhalten wurde nicht beobachtet. *S. petricola* scheint nach Beobachtungen von Blank und Vrieman (1981) ein bislang einzigartiges Fortpflanzungsverhalten zu besitzen. Die Tiere wurden zusammen mit verschiedenen *Haplochromis*-Arten gepflegt. Wenn die Buntbarsche laichten, waren die sonst tagsüber inaktiven Welse plötzlich sehr agil. Sie fraßen von den Cichliden unbemerkt deren Eier und legten dafür ihre eigenen Eier an derselben Stelle ab. Die Buntbarsche brüteten in der ihnen eigenen Weise die Welseier aus und entließen nach 32–33 Tagen die jungen Welse aus ihrem Maul. Der gesamte Vorgang konnte mehrmals beobachtet werden. Sollte sich diese Beobachtung bestätigen lassen, wäre dies der erste Fall von Brutparasitismus unter den Fischen.

Abb. 297 Geschlechtsunterschiede in der Afterregion bei *Synodontis*, links ♂, rechts ♀ (nach Bishai und Abu Gideiri)

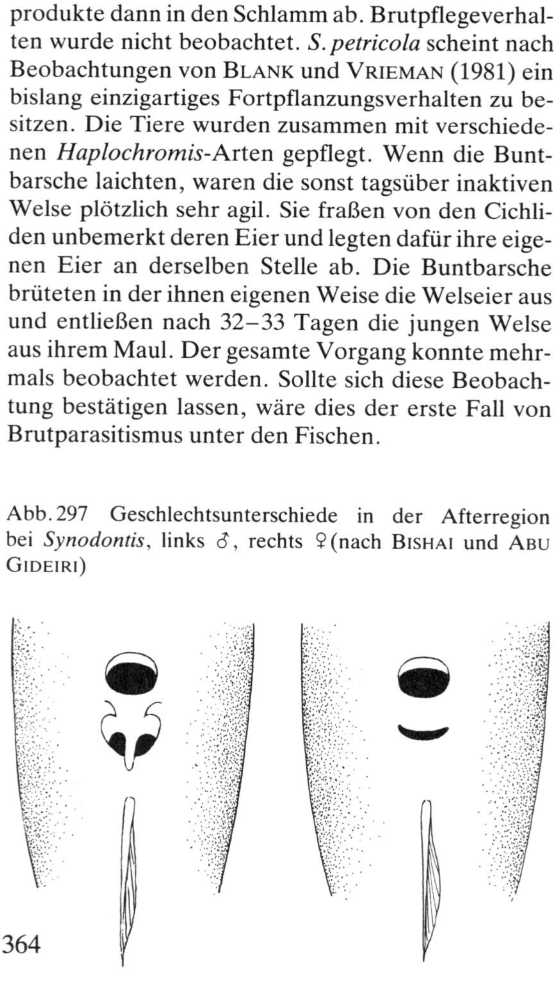

In Gefangenschaft dauern Fiederbartwelse gut aus. Obwohl es sich um typische Dämmerungstiere handelt, zeigen sie vielfach auch tagsüber ihr lebendiges, gleichsam neugieriges Wesen, indem sie unruhig alle Ecken des Behälters durchstöbern oder unablässig an den Scheiben entlangschwimmen. Große Aquarien mit gedämpftem Licht und dunklem, weichem Bodengrund sowie Versteckmöglichkeiten tragen wesentlich zum Wohlbefinden bei. Temperatur 22 bis 26 °C. Wurmfutter (Tubifex, Enchyträen und Regenwürmer), pflanzliche Zusatznahrung (Algen, Spinat, Salat), aber auch Rinderherz und Trockenfutter werden gern gefressen. Entsprechend der Lebensweise der Fische sollte die Fütterung abends erfolgen. Zur Bildung von Laichansatz ist vermutlich, wie Untersuchungen im Freiland und Zufallszuchten (Pinter, 1960) zeigten, zumindest bei einigen Arten, eiweißreiche Nahrung in Form von Insekten und deren Larven erforderlich. Fiederbartwelse sind in der Lage, ähnlich wie Dornwelse und einige Harnischwelse *(Hypostomus)*, mit ihren P-Stacheln Geräusche zu erzeugen. Es wurden zahlreiche Arten importiert, die meist nicht genau bestimmt werden konnten. Siehe dazu auch Zarske (Aquar. Terr., 28, 412–416, 1981).

Synodontis alberti (Taf. 77)
Schilthuis, 1891

Einzugsgebiet des Kongo (Zaïre); bis 20 cm.
D 1/7; A 4/8–9. Die sehr langen Oberkieferbarteln reichen oft bis zur C. D-Stachel an der Vorderseite nicht, an der Hinterseite schwach gezähnt. Einheitlich blaugrau bis olivbraun, unterseits etwas heller. Rücken und obere Teile der Körperseiten oft mit großen dunklen Flecken. D und C mit dunklen Tüpfelreihen. Geschlechtsunterschiede unbekannt.
Pflege siehe Gattungsbeschreibung.

Synodontis angelicus (Taf. 77)
Schilthuis, 1891
Perlhuhnwels

Flußgebiet des Kongo (Zaïre); bis 25 cm.
D 1/7; A 4/8–9. Oberkieferbarteln nicht gefiedert, etwas länger als der Kopf. Schulterfortsatz länger als breit, zugespitzt. P-Stachel an beiden Seiten kräftig gezähnt. C-Lappen spitz ausgezogen, oberer Lappen meist etwas länger. Färbung größerer Tiere (9 bis 20 cm): grau bis dunkelviolett mit zahlreichen rötlichgelben bis dunkelbraunroten, gleichmäßig verteilten, scharf abgegrenzten, großen runden Flecken auf dem Kopf, den Körperseiten, auf der Fettflosse und teilweise miteinander verschmolzen auf der Bauchseite. Die Flecken auf den Körperseiten sind meist dunkelviolett umrandet. D, C, A und V dunkelviolett mit bräunlichen Flecken und Querbinden. Junge Tiere (4–9 cm) sind außerordentlich prächtig gefärbt: Auf rotviolettem Grund treten die runden Flecken strahlend weiß hervor. Geschlechtsunterschiede unbekannt. Eine Spielart mit 4–5 schmalen hellen Quer-

strichen und kleinen Flecken dazwischen wurde von POLL 1933 als *Synodontis angelicus zonatus* beschrieben.
Pflege siehe Gattungsbeschreibung.

Synodontis brichardi (Taf. 79)
POLL, 1959

Stromschnellen im Unterlauf des Kongo (Zaïre); bis 15 cm.
D 1/7; A 3–4/6–8. Relativ gestreckte Art. Oberkieferbarteln ziemlich kurz. C groß mit sichelförmig verlängertem oberem und unterem Lappen. Insgesamt dunkel bis tiefschwarz mit fünf schmalen, bauchseitig sich gabelnden, kräftig gelben Querbinden. Flossen schwarzgelb gebändert. Geschlechtsunterschiede unbekannt.
Pflege siehe Gattungsbeschreibung.

Synodontis clarias (Abb. 298)
(LINNAEUS, 1758)

Stromgebiet des Nil, Tschad-Becken, Senegal, Niger, Gambia-Fluß; bis 30 cm.
D 1/7; A 5/7–9. Oberkieferbarteln kurz, an der Außenseite gefiedert, etwa so lang wie der Kopf. Schulterfortsatz dreieckig. Oberer C-Lappen etwas länger als der untere. Graublau, oberseits olivgrün, unterseits hell. Flossen rauchgrau, C (nach BOULENGER) oft mit roter Tönung. Jungtiere mit fast schwarzen großen Flecken auf dem Körper. Geschlechtsunterschiede unbekannt.
Pflege siehe Gattungsbeschreibung.

Synodontis congicus (Taf. 177)
POLL, 1971

Stromgebiet des Kongo (Zaïre); bis 20 cm.
D 1/7; A 4–5/6–7. Die kurzen Oberkieferbarteln reichen etwa bis zum Kiemendeckel, Membran vorhanden. Braungrau, zum Bauch hin heller werdend, Bauch weißlich. Zwei runde, deutlich abgegrenzte Flecke auf den Körperseiten. Selten ein weiterer kleiner Fleck auf dem Schwanzstiel an der Basis der C. Flossen farblos, A und C mit kleinen grauen Tüpfeln. Nahe verwandt mit *S. nummifer*. Geschlechtsunterschiede unbekannt.
Pflege siehe Gattungsbeschreibung.

Synodontis flavitaeniatus (Taf. 77)
BOULENGER, 1919

Zentrales Kongo- (Zaïre-)Becken; bis 19 cm.
D 1/7; A 2/7. Körperform gattungstypisch. Auf schokoladenbraunem Grund 2–3 unregelmäßige gelborange Längsbinden, zwischen die sich in der Kopfregion weitere Binden einschieben können. Flossen gelblich mit dunklen Tupfen. Besonders als Jungtier sehr farbenprächtige Art. Geschlechtsunterschiede unbekannt.
Pflege siehe Gattungsbeschreibung.

Synodontis nigrita (Taf. 113)
(CUVIER und VALENCIENNES, 1840)

Weißer Nil, Niger, Senegal, Gambia-Fluß, weitverbreitet; bis 22 cm.
D 1/7; A 4–6/8–9. Oberkieferbarteln ungefiedert, im basalen Teil mit breiter Membran, meist deutlich länger als der Kopf. D-Stachel an der Vorderseite nicht gezähnt. C bogenförmig ausgeschnitten, oberer Lappen etwas länger als der untere. Jungtiere sind kaffeebraun mit zahlreichen schwarzen, gelegentlich zu Querreihen angeordneten Tüpfeln. Unterseite hellbraun mit dunkleren Flecken. Besonders charakteristisch sind 2–3 sehr unregelmäßige Querbinden auf dem Schwanzstiel und eine helle, dunkel gesäumte Binde vom Auge zur Schnauze. Erwachsene Tiere oft recht einheitlich braun, häufig mit feinem grünlichem Schimmer und zahlreichen schwarzen Tupfen. Flossen dunkel, C mit schwarzen Querbinden. Geschlechtsunterschiede unbekannt.
Pflege siehe Gattungsbeschreibung.

Synodontis nigriventris (Taf. 78)
DAVID, 1936
Rückenschwimmender Kongowels

Zentrales Kongo- (Zaïre-)Becken; bis 10 cm, ♂ kleiner.
D 1/7; A 4/4–9. Körperform und Beflossung siehe Gattungsbeschreibung. Charakteristisch sind für diese Art nach TREWAVAS die glatte Vorderseite des D-Stachels, der geringe Augenabstand, die Größe der Augen sowie der einheitlich schwarze Bauch. Hellgrau bis cremefarben mit dunkelbraunen bis schwarzen Flecken, die sich zu unregelmäßigen breiten Querbinden vereinigen können. Bauchpartie einheitlich schwarz *(nigriventris)*. Flossen auf farblosem Grund dunkel getüpfelt. Die Geschlechter sind unschwer an der größeren Körperfülle der ♀♀ zu erkennen.
Pflege in kleineren Becken mit dichter Bepflanzung und dunklem Bodengrund. Temperatur 23–27 °C. Lebendfutter, besonders Insekten und deren Larven, Futterreste und Algen. Anspruchslose und ausdauernde Art, die durch ihre Lebensweise besonderes Interesse beansprucht. Die Tiere schwimmen normalerweise mit dem Bauch nach oben in der Nähe der Wasseroberfläche. Auch die Futteraufnahme erfolgt im Normalfall und im Gegensatz zu anderen Welsarten in dieser Lage, nur ausnahmsweise nehmen die Fische auch Futter vom Bodengrund auf. Algennahrung und Insektenlarven scheinen für das Wohlbefinden unerläßlich zu sein. Mit besonderer Vorliebe werden die Unterseiten der Wasserpflanzenblätter abgeweidet. Auf dem Rücken schwimmen auch *Brachysynodontis batensoda* und *Hemisynodontis membranaceus*. Zucht bereits gelungen. Die Tiere laichten an der dunkelsten Stelle des Aquariums. Die etwa 2 mm großen gelblichen Eier wurden an die Scheibe geheftet. Die Jungfische schlüpften bei 25 °C nach sieben Tagen. Anfütterung mit *Artemia*-Nau-

plien. Von der 7. Woche an begannen die Tiere in der für die Art typischen Rückenlage zu schwimmen. PINTER (Aquar. Terr., 7, 257–259, 1960).

Synodontis nigromaculatus (Abb. 299)
BOULENGER, 1905

Luapula-System, oberer Sambesi, oberer Kasai, Tanganjikasee; bis 39 cm.
D 1/7; A 4/7. Oberkieferbarteln ungefiedert mit schmaler Membran, sie reichen bis zur Mitte der P. Schulterfortsatz dreieckig, zugespitzt. Oberer C-Lappen meist etwas größer als der untere. Insgesamt düster, hell- bis dunkelbraun mit zahlreichen locker verstreuten schwarzen Tüpfeln. Unterseite heller. Früher auch als *Synodontis melanostictus* BOULENGER, 1906, bekannt. Geschlechtsunterschiede unbekannt.
Pflege siehe Gattungsbeschreibung.

Synodontis notatus (Taf. 78)
VAILLANT, 1893

Kongo- (Zaïre-)Becken; bis 22 cm.
D 1/7; A 4–5/7–8. Oberkieferbarteln ungefiedert, etwas länger als der Kopf. Schulterfortsatz sehr breit und gerundet. Fettflosse kurz. Grau bis silbergrau, oberseits wesentlich dunkler, unterseits weißlich. Auf den Körperseiten über der V ein großer, runder, tiefschwarzer Fleck, gelegentlich kommen hinter dem großen Fleck noch einige kleinere vor. Geschlechtsunterschiede unbekannt.
Pflege siehe Gattungsbeschreibung.

Synodontis nummifer
BOULENGER, 1899

Kongo-(Zaïre-)Becken; bis 20 cm.
D 1/7; A 4–5/7–8. Diese Art ist *S. notatus* in der Färbung und Zeichnung sehr ähnlich. Lebende Tiere kann man jedoch gut an der Länge der Oberkieferbarteln, die bei *S. nummifer* nicht länger als der Kopf sind, und vor allem an den Fettflossen unterscheiden (bei *S. notatus* kurz, bei *S. nummifer* lang), und schließlich ist das Auge von *S. notatus* rund, von *S. nummifer* etwas oval.
Weitere Einzelheiten siehe bei *S. notatus*.

Synodontis petricola (Taf. 78)
MATTHES, 1959

Tanganjikasee; bis 10 cm.
D 1/7; A 3–4/7–9. Körpergestalt gattungstypisch. Oberkieferbarteln mäßig lang, erreichen etwa das Ende des Kopfes, ohne Membran. Rücken dunkler, Bauch weiß. Kopf und Körper mit unregelmäßigen braunen Flecken, Flecke auf dem Kopf kleiner und zahlreicher. Vorderer Teil von D, A, P und V braun, Saum kräftig weiß. Beide Lappen der C innen braun, außen weiß gesäumt. Geschlechtsunterschiede unbekannt.
Pflege siehe Gattungsbeschreibung. Zucht bereits gelungen. Über das interessante Fortpflanzungsverhalten siehe S. 364.

Synodontis resupinatus (Abb. 300)
BOULENGER, 1904

Niger-Becken; bis 26 cm.
D 1/7; A 4/9. Oberkieferbarteln etwas länger als der Kopf, in der körpernahen Hälfte mit breiter Membran an der Innenseite und kurzen, z.T. nur knopfförmigen Fiederfortsätzen. Schulterfortsatz groß, zuckerhutförmig. Fettflosse sehr groß. Die Art ist im geschlechtsreifen Alter relativ leicht an der Körperhöhe, dem stark verlängerten D-Stachel, den lang und spitz ausgezogenen C-Lappen und vor allem an der schwärzlichen Unterseite zu erkennen. Oberseits bräunlich, Körperseiten grau, bei Jungtieren mehr gelblich, Barteln weiß. Geschlechtsunterschiede unbekannt.
Pflege siehe Gattungsbeschreibung. Rückenschwimmer?

Synodontis robbianus (Abb. 301)
SMITH, 1873

Cross River, unterer Niger; bis 14 cm.
D 1/7; A 4/8–9. Oberkieferbarteln ungefiedert, nicht viel länger als der Kopf. D-Stachel an der Vorderseite nicht gezähnt. Fettflosse sehr lang. Lehmfarben bis nußbraun, mehr oder weniger dunkel getüpfelt, unterseits heller. Ventrale Flossen recht dunkel. Fettflosse, D und C ziemlich hell, unregelmäßig getüpfelt. Jungtiere mit heller Binde vom Auge zur Schnauze und oft regelmäßiger Bindenzeichnung in den Flossen. Geschlechtsunterschiede unbekannt.
Pflege siehe Gattungsbeschreibung.

Synodontis schall (Taf. 80)
(BLOCH und SCHNEIDER, 1801)

In Afrika weit verbreitet, Nil, Bass Marle (Lake Stephanie) und Turkanasee (Rudolfsee), Tschad, Niger, Senegal; bis 45 cm.
D 1/7; A 3–5/8–9. Die Oberkieferbarteln sind ungefiedert und reichen angelegt bis zur Mitte des P-Stachels. Äußere Unterkieferbarteln einseitig gefiedert, Kinnbarteln mit knotenförmigen Verästelungen, Schulterfortsatz lang und spitz. Fettflosse lang, C tief gegabelt. Alte Tiere sind fast einfarbig dunkelgrau bis braun, unterseits hell bis weiß. Paarige Flossen und A oft schwärzlich. Halbwüchsige Exemplare zeigen auf dunklem Grund zahlreiche dunkelbraune bis schwarze Tupfen. Jungtiere sind auf hellbraunem bis olivbraunem Grund dunkelbraun marmoriert, außerdem treten wellenförmige gelbe Bänder auf der Schnauze recht kontrastreich hervor. ♀ größer, gedrungener. ♂ kleiner, schlanker, mit deutlich sichtbarer Genitalpapille vor der A (siehe Abb. 297).
Zur Pflege im Zimmeraquarium eignen sich nur Jungtiere, siehe Gattungsbeschreibung.

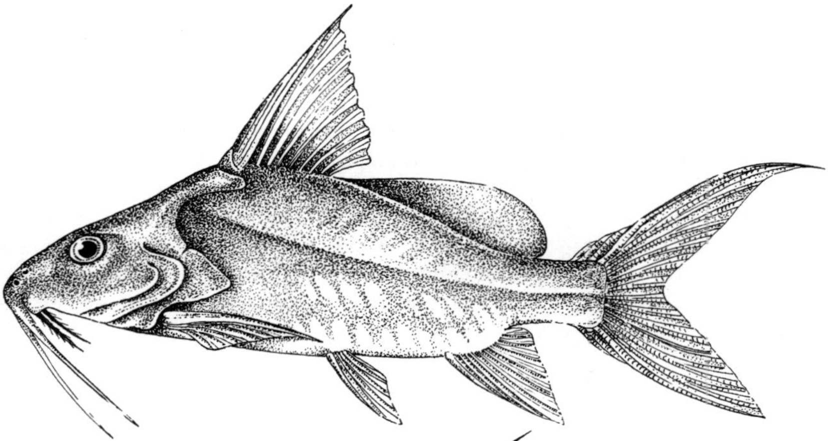

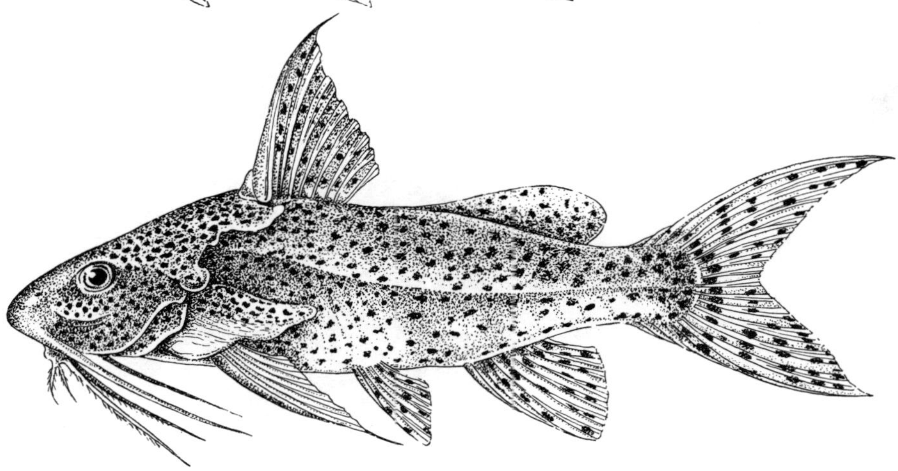

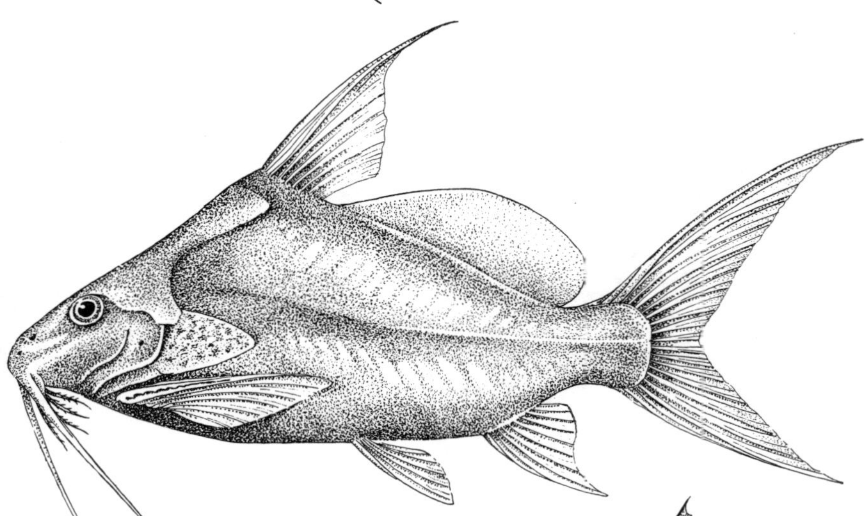

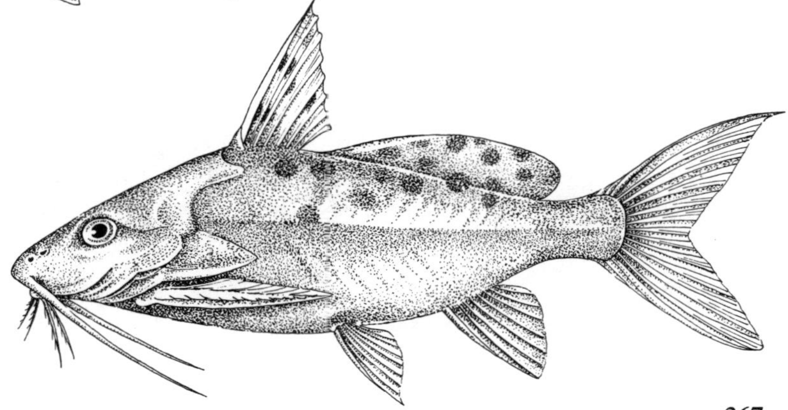

Abb. 298 *Synodontis clarias*
Abb. 299 *Synodontis nigromaculatus*
Abb. 300 *Synodontis resupinatus*
Abb. 301 *Synodontis robbianus*

Einige besonders interessant gezeichnete und z.T. auch farbige Arten wurden nur vereinzelt eingeführt. Dazu gehören: *Synodontis aterrimus* Poll und Roberts, 1968, aus dem zentralen Kongo- (Zaïre-)Becken (Abb. 302); *Synodontis decorus* Boulenger, 1899, aus dem Stromgebiet des Kongo (Zaïre) (Taf. 78); *Synodontis longirostris* Boulenger, 1902, aus dem Stromgebiet des unteren Kongo (Zaïre); *Synodontis multipunctatus* Boulenger, 1898, aus dem Tanganjikasee (Taf. 78); *Synodontis ornatipinnis* Boulenger, 1899, aus dem Stromgebiet des Kongo (Zaïre) (Taf. 79); *Synodontis ornatus* Boulenger, 1920, aus dem nördlichen Kongo- (Zaïre-)Becken (Abb. 303); *Synodontis pleurops* Boulenger, 1897, aus dem Stromgebiet des Kongo (Zaïre) (Taf. 78); *Synodontis serpentis* Whitehead, 1962, aus den Flüssen Athi und Tana in Ostafrika (Abb. 304); *Synodontis schoutedeni* David, 1936, aus dem zentralen Kongo- (Zaïre-)Gebiet. Nahezu alle Bestimmungen sind unsicher, zumal sich die Färbungen der Jungtiere bei vielen Arten mit zunehmender Größe verändern.

Abb. 302 *Synodontis aterrimus*
Abb. 303 *Synodontis ornatus*
Abb. 304 *Synodontis serpentis*

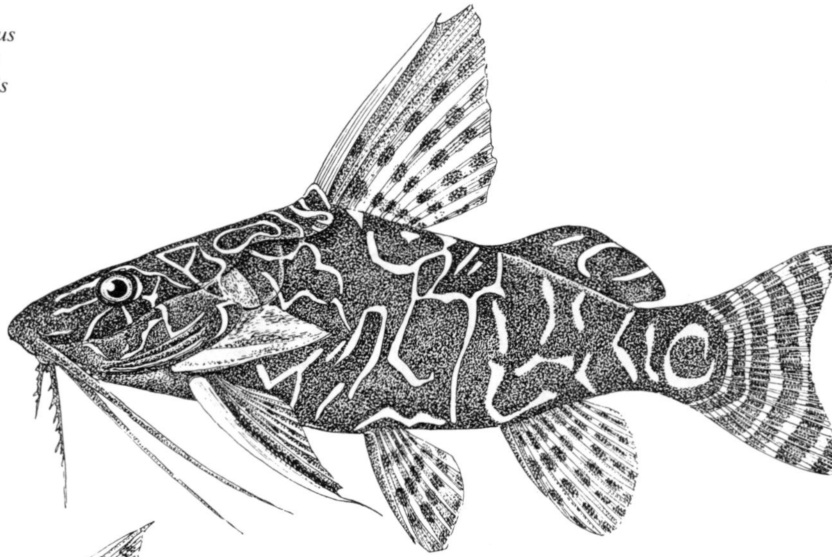

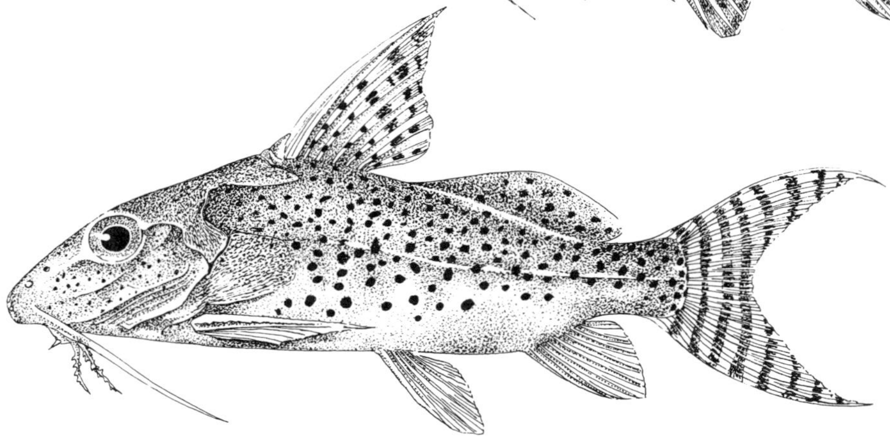

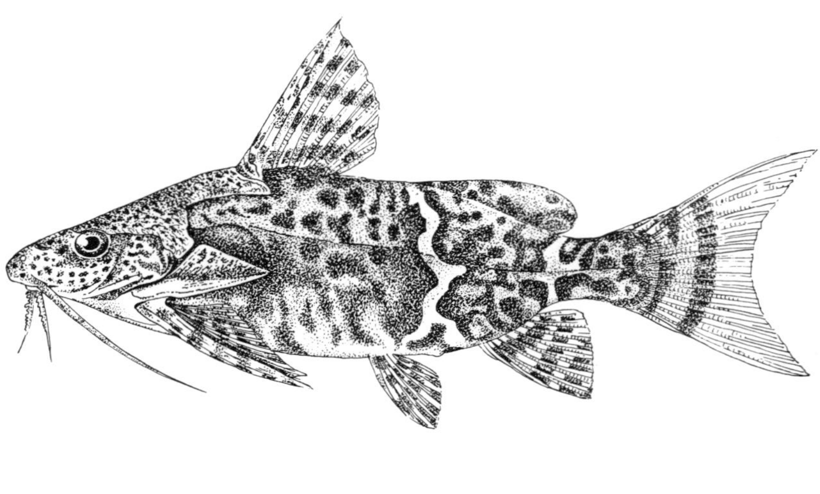

Familie Ariidae
Kreuzwelse

An nahezu allen tropischen und subtropischen Küsten vorkommende marine Welse, Süßwasserarten vor allem in Südostasien und Süd- bzw. Mittelamerika. Körper gestreckt, mehr oder weniger zusammengedrückt. Kopf breit, dorsoventral abgeplattet. Maul groß, quergestellt. 1–3 Paar häufig sehr kurze Barteln. Vordere und hintere Nasenöffnungen stehen dicht beisammen. D kurz, D und P mit kräftigem Stachel, Fettflosse vorhanden, C tief eingeschnitten (Taf. 113, Abb. 305).
Alle marinen Ariidae und die Vertreter der Süßwassergattungen *Hemipimelodus* und *Osteogeneiosus* zeigen ein interessantes Brutpflegeverhalten. Die ♂♂ erbrüten die etwa 1 cm großen Eier im Maul und gewähren auch den Jungfischen noch eine gewisse Zeit auf diese Weise Schutz. Die ♀♀ entwickeln in der Fortpflanzungsperiode an den Vn eine Falte, die dem Auffangen der großen Eier dient. Wie diese in das Maul des ♂ gelangen, ist unbekannt. Die Bezeichnung Kreuzwelse geht auf *Arius proops* zurück (Südamerika, Westindische Inseln), dessen Schädelskelett von unten betrachtet die Form eines Christuskreuzes zeigt. Viele Arten sind wertvolle Speisefische. In den letzten Jahren gelangten häufig Einzelexemplare verschiedener Arten als Beifänge von *Pangasius sutchi* (Haiwels) nach Mitteleuropa, ohne daß eine nähere Bestimmung erfolgte. Vom Haiwels lassen sich diese Tiere jedoch bereits im Jungfischalter durch die wesentlich kürzere A unterscheiden. Zur Aufklärung des interessanten Brutpflegeverhaltens wären gezielte Importe wünschenswert.

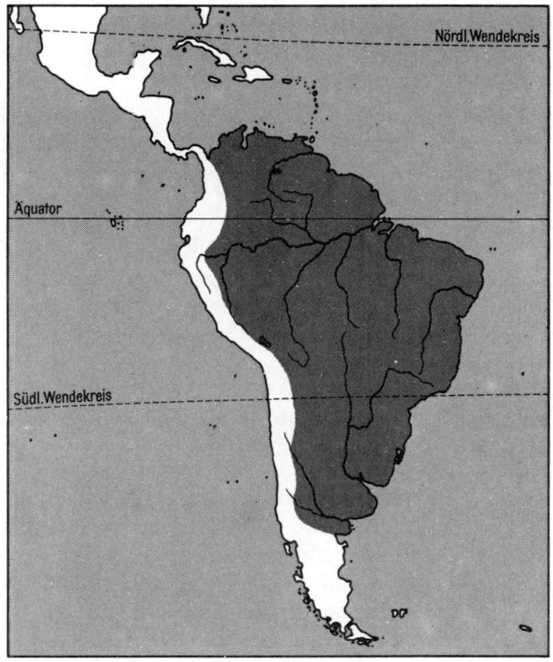

Abb. 307 Verbreitungsgebiet der Doradidae

Familie Doradidae
Dornwelse

Die ausschließlich in Südamerika beheimateten Dornwelse (Abb. 307) sind meist von gedrungener, vielfach kaulquappenähnlicher Gestalt. Der in der Regel breite, stark verknöcherte Schädel setzt sich dorsal in eine Knochenplatte fort, die bis zur D reicht und deren Vorderende flankieren kann (Abb. 306). Die Grenzen der granulierten Schädelknochen lassen sich auch am lebenden Tier deutlich erkennen. Schulterfortsatz kräftig, mit Dornen besetzt. Kiefer meist bezahnt. Ein Paar Oberkiefer-, zwei Paar Unterkieferbarteln. D weit vorn eingelenkt, D und P mit sehr kräftigem, fast immer deutlich gezähntem Stachel, Fettflosse meist vorhanden, klein. C gerundet oder gerade abgeschnitten.
An den Körperseiten zeigen die meisten Arten eine Längsreihe quergestellter, sich überlappender Knochenschilder, die häufig Dornen tragen; die ersten (1–3) sind klein und liegen im Bereich des sogenannten Tympanum, einer Kontaktstelle zwischen Schwimmblase und Haut. Bei einigen Arten sind die Platten sehr klein und ganz in der Haut versteckt. Einzelne Arten haben auch zwischen D und Fettflosse Knochenschilder; bei *Lithodoras dorsalis* ist ein einheitlicher Hautpanzer ausgebildet. Zusätzliche Darmatmung verbreitet. Etwa 20 Gattungen mit 80 Arten. Die eingeführten Arten sind Dämmerungstiere, die sich tagsüber verbergen. Dunkle Aquarien mit weichem Bodengrund, Wurzelwerk, Rinden- und

Abb. 305 Typ eines Kreuzwelses
Abb. 306 Doradidae. Schädel von oben mit der großen, bis neben die Rückenflosse reichenden Knochenplatte

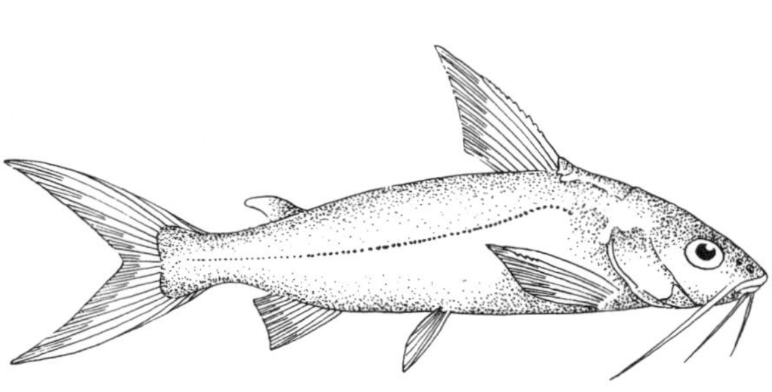

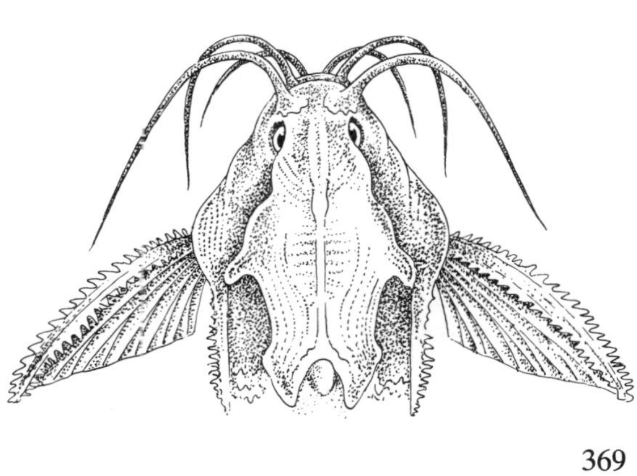

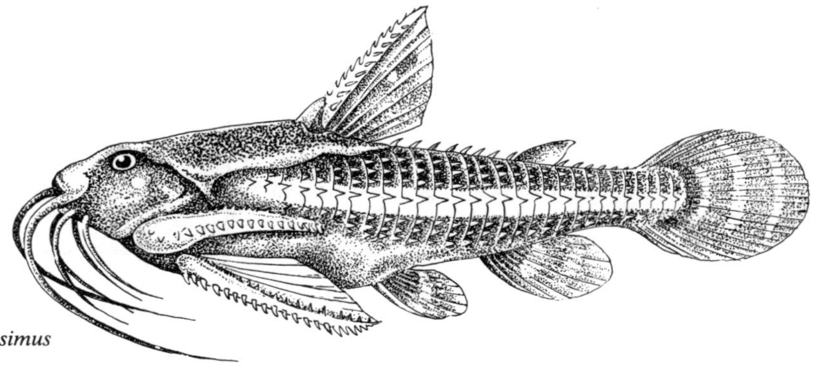

Abb. 308 *Acanthodoras spinosissimus*

Holzstückchen sagen den anspruchslosen, sehr harten Tieren am besten zu. Manche Arten gründeln gern. Gefressen werden neben Würmern und Insektenlarven auch Futterreste und Kunstfutter. Temperatur 20–26 °C. Hart gegen vorübergehende Abkühlung. Viele Arten können sich blitzschnell so weit in den Bodengrund eingraben, daß nur die Augen hervorlugen, andere stoßen beim Herausfangen und bei Beunruhigung knurrende Laute aus, die mit dem P-Stachel erzeugt werden. Nach ARMBRUST zeigen verschiedene Arten eine helle Nachtfärbung. Über die Fortpflanzung ist wenig bekannt, einige Arten sollen Nester bauen.

Gattung *Acanthodoras* BLEEKER, 1863

Kopf flach, mehr oder weniger abgeplattet, breit, Maul groß. Auge sehr klein, etwas vor der Kopfmitte liegend. Fettflosse vorhanden, kürzer als die A und ohne kielartige Fortsetzung kopfwärts. Schwanzstiel oben und unten nicht mit Knochenschildern besetzt, D-Stachel hinten nicht gesägt, Amazonasgebiet, Orinoko, Guayana-Länder. Drei Arten.

Acanthodoras spinosissimus (Abb. 308)
(EIGENMANN und EIGENMANN, 1888)
Dornwels

Amazonas und Orinoko; bis 15 cm.
D 1/5; A 1/11; V 1/5; P 1/6; 21–23 Knochenplatten in der Längsreihe. Körperseiten mit sehr großen, bis auf den Rücken reichenden, stark bedornten Knochenplatten besetzt. Drei Paar Barteln. Kaffeebraun mit weißem, durch die weißen Dornen der Knochenplatten bedingtem Seitenband und weißen Rückenflekken. Bauch beim ♀ einfarbig bräunlich, beim ♂ weißbraun marmoriert (nach SETTLER). Flossen unregelmäßig weiß-braun marmoriert, A mit weißem Rand. Pflege siehe Familienbeschreibung. Vermutlich noch nicht gezüchtet. Eine nahe verwandte Art ist *A. cataphractus* (LINNAEUS, 1758), Taf. 113, 114.

Gattung *Agamyxis* COPE, 1878

Kopf flach, mehr oder weniger abgeplattet, breit, Maul groß. Auge mittelgroß, in der vorderen Kopfhälfte liegend. Fettflosse vorhanden, kürzer als die A und ohne kielartige Fortsetzung nach vorn. Schwanzstiel oben und unten mit Knochenplatten besetzt. D-Stachel vorn und an den Seiten gesägt, hinten glatt. Peruanischer Amazonas, Ekuador, Orinoko. Zwei Arten.

Agamyxis albomaculatus (Taf. 114)
(PETERS, 1877)
Kammdornwels

Peruanischer Amazonas, Orinoko; bis 11 cm.
D 1/5; A 1/11; P 1/5; 3 + 26 Knochenschilder in der Längsreihe, vor allem im Schwanzabschnitt mit Dornen, drei Paar Barteln. Dunkelbraun bis blauschwarz mit zahlreichen hellen runden Tupfen auf dem Kopf und Körper. Unterseite etwas heller, ebenfalls gefleckt. Flossen dunkel mit hellen Strichen und Punkten, die sich zu Querbinden vereinigen können. Barteln weiß und dunkel geringelt. Alte Tiere fast einheitlich dunkelbraun mit weiß geflecktem Bauch. Geschlechtsunterschiede unbekannt.
Pflege siehe Familienbeschreibung. Bereits vereinzelt nachgezüchtet. Bislang bekannt als *A. pectinifrons* (COPE, 1870) oder *A. flavopictus* (STEINDACHNER, 1908). Der Bestimmungsschlüssel von EIGENMANN (Trans. Phil. Soc., 22, 322, 1925) führt zu *A. flavopictus*. Diese Art ist jedoch ein Synonym von *A. albomaculatus* (MYERS: Stanford Ichthyol. Bull., 2, 97, 1942).

Gattung *Amblydoras* BLEEKER, 1863

Kopf flach, mehr oder weniger abgeplattet, breit. Auge mittelgroß, in der Kopfmitte liegend. Fettflosse vorhanden, kürzer als die A und kopfwärts nicht kielartig verlängert. Schwanzstiel nur zur Hälfte mit Knochenplatten besetzt. D-Stachel nicht gezähnt, vorn und an den Seiten gefurcht. Amazonasgebiet, Guayana-Länder. Zwei Arten.

Amblydoras hancocki (Taf. 114)
(CUVIER und VALENCIENNES, 1840)
Knurrender Dornwels

Amazonas-Tiefland, Peru, Bolivien, Guayana; bis 15 cm.
D 1/6; A 1/11; P 1/6; V 1/5. D-Stachel gebogen, mit vier Längsrillen, vorn mit schwarzer Kante. Drei Paar Barteln. Braun mit violettschwarzen, unregel-

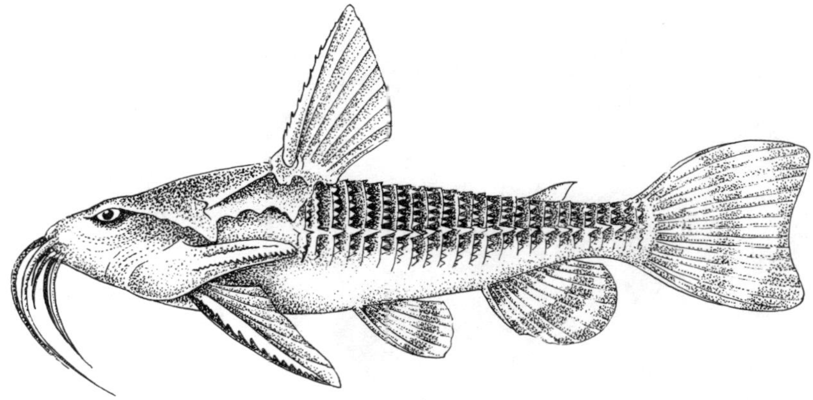

Abb. 309 *Astrodoras asterifrons*

mäßigen Flecken an den Körperseiten. Über einem breiten, hellen, durch die weißen Dornen der Knochenplatten dargestellten Seitenband zahlreiche silbrige Punkte. Unterseite einheitlich schmutzigweiß beim ♀, mit hellbraunen Punkten beim ♂. Flossen farblos, undurchsichtig. Barteln weiß-braun geringelt. Auge blau opalisierend. Pflege siehe Familienbeschreibung. Die Eier sollen in Schaumnestern aus Speichel und Blättern abgelegt werden, das ♂ bewacht das Nest. Die Art erzeugt relativ häufig knurrende Töne und buddelt sich besonders häufig ein.

Gattung *Astrodoras* Bleeker, 1863

Kopf flach, mehr oder weniger abgeplattet, breit. Maul groß. Auge mittelgroß, in oder vor der Kopfmitte liegend. Fettflosse vorhanden, kürzer als die A, ohne kielartige Fortsetzung nach vorn. Etwa die Hälfte des Schwanzstieles oben und unten mit Knochenschildern bedeckt. D-Stachel hinten und an den Seiten nicht bezahnt. Amazonasgebiet. Eine Art.

Astrodoras asterifrons (Abb. 309)
(Heckel, 1855)
Helmwels

Stromgebiet des mittleren Amazonas (Santarém), Rio Jutai; bis 11 cm.
D 1/6; A 1/10–11; P 1/7; V 1/6; 2–3 + 24–25 Knochenschilder in der Längsreihe. D-Stachel gerade, seitlich zwei deutliche Leisten, Vorderkante mit einfacher Zähnchenreihe. Drei Paar Barteln. Körper gelbbraun bis schwärzlich, Unterseite zart hellbraun bis weiß. Auf dem Schwanzstiel meist undeutliche dunkle Querbinden. Senkrechte Flossen dunkel mit weißen, oft zu Querbinden vereinigten Flecken. Geschlechtsunterschiede unbekannt.
Pflege siehe Familienbeschreibung. Gierige Allesfresser. Noch nicht gezüchtet.

Gattung *Platydoras* Bleeker, 1863

Kopf flach, mehr oder weniger abgeplattet, breit, Maul groß. Auge etwa in der Mitte des Kopfes liegend. Fettflosse vorhanden, länger als die A, mit einer kielartigen Fortsetzung nach vorn. Schwanzstiel oben und unten mit Knochenschildern bedeckt, nur entlang des Rückens befindet sich eine nackte Zone. C eingeschnitten. D-Stachel vorn und hinten gesägt, die hintere Sägekante verschwindet im Alter. Amazonasgebiet, Rio São Francisco, Río Paraguay, Guayana-Länder. Drei Arten.

Platydoras costatus (Taf. 115)
(Linnaeus, 1766)
Liniendornwels

Weit verbreitet im mittleren und nördlichen Südamerika; bis 22 cm.
D 1/6; A 1/10; 2–3 + 28–30 Knochenschilder in der Längsreihe. Körper relativ hoch, bauchseits breit und flach. Junge Tiere sind sehr schön gefärbt, bei älteren Exemplaren verschwindet der Farbkontrast. Grundfärbung dunkelbraun, graubraun oder fast schwarz. Auf der Kopfoberseite beginnen drei sehr breite, scharf begrenzte, cremefarbene Längsbinden, von denen die mittlere zur D, die beiden seitlichen links und rechts entlang der Körperseiten bis in die C ziehen. P-Stachel cremefarben, ebenso der innere Teil der Flosse. D und A hell mit großem schwarzem Fleck, C oben und unten mit hellem Saum. Geschlechtsunterschiede unbekannt.
Pflege siehe Familienbeschreibung. Die Art stößt beim Herausfangen quakende Laute aus, die ähnlich wie bei den *Synodontis*- und *Hypostomus*-Arten durch Bewegung der P-Stacheln entstehen.

Familie Auchenipteridae
Falsche Dornwelse

Im nördlichen Südamerika, von der Ostküste um Rio de Janeiro bis nach Peru und Ekuador verbreitete Welsfamilie (Abb. 310), deren Einheitlichkeit teilweise umstritten ist; etwa 20 Gattungen und fast 60 Arten. Körper nackt. Zähne in beiden Kiefern in Bändern angeordnet. Drei gut entwickelte Bartelpaare, von denen die Maxillarbarteln am längsten sind. Kiemenhäute meist mit dem Isthmus verwachsen (Ausnahme *Wertheimeria* und *Taunayia*). D kurz, mit kräftigem, gelegentlich verlängertem Stachel. A lang oder kurz, die ersten Flossenstrahlen bei den ♂♂ in der Regel modifiziert.

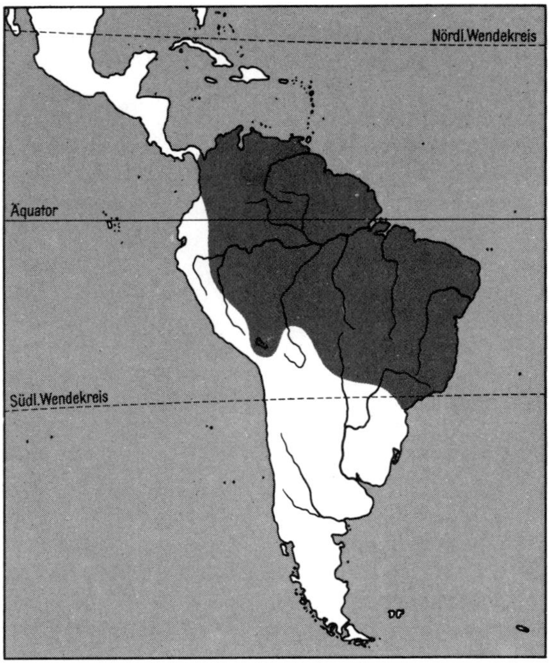

Abb. 310 Verbreitungsgebiet der Auchenipteridae

Gattung *Parauchenipterus* Bleeker, 1862

Körper kurz, breit, wenig zusammengedrückt. Kopf wenig breiter als hoch. A lang mit 17–40 Strahlen, P 1/6. Schwanzstiel kurz. Auge klein. Sexualdimorphismus vorhanden. ♂ mit längerem D-Stachel, Maxillarbarteln dick, steif und fast bis zur Spitze verknöchert. Die ersten vier A-Strahlen sind verwachsen, an ihrem vorderen Rand verläuft die Urogenitalpapille, die an der Spitze der Strahlen endet. Etwa 16 Arten.

Parauchenipterus striatulus (Abb. 311)
(Steindachner, 1878)

Südamerika, südöstliches Brasilien, Rio Paraíba, Rio Docé und Mucuri; bis 25 cm.
D 1/4–5; A 2/22–24; P 1/6–7; V 1/5. Körper relativ plump und gedrungen. D klein, Stachel vorn mit 1–2 Reihen spitzer Zähnchen, A lang. Färbung sehr variabel: gelblichbraun bis gelblichgrau, Rücken dunkler, Unterseite grau. Auf dieser Grundfärbung zahlreiche dunkelbraune Flecke. Die Art hat zusätzliche Darmatmung. ♀: Die ersten Strahlen der A sind dünn und biegsam, unterer Rand konvex. ♂: Die ersten Strahlen der A sind verdickt, dicht aneinanderliegend und steif, mit Genitalpapille. Unterer Rand der A wellenförmig.
Pflege siehe Familie Doradidae, S. 369. Bislang bekannt als *Trachycorystes striatulus*. Eine andere Art siehe Taf. 116.

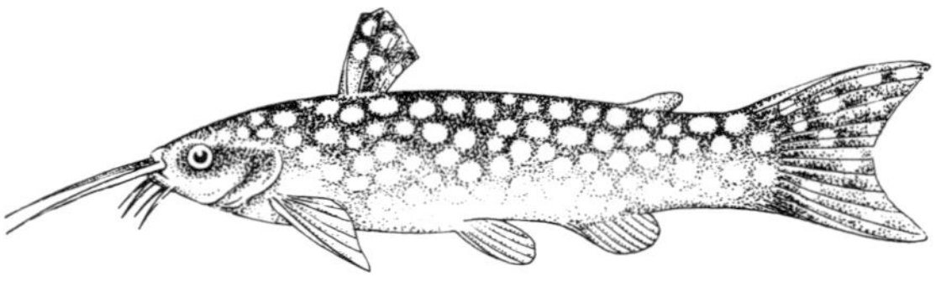

Abb. 312 *Tatia aulopygia*

Gattung *Tatia* de Miranda Ribeiro, 1911

P 1/4–5. Die D beginnt näher am Kopf als bei der Gattung *Centromochlus*. Sexualdimorphismus ausgeprägt. A der ♀♀ normal entwickelt, die der ♂♂ zu einem Kopulationsorgan umgewandelt. Die Basis der Flosse ist von einer Hauttasche umschlossen, aus der die Strahlen herausragen, 1. und 2. Strahl verdickt. An der Basis des sichtbaren Teils des ersten Strahles befindet sich getrennt vom After die Geschlechtsöffnung. Etwa 15 Arten.

Tatia aulopygia (Abb. 312)
(Kner, 1858)

Im zentralen Südamerika weit verbreitet, Rio Guaporé, Mato Grosso; bis 8 cm.
D 1/4–5; A 8–10; P 1/4; V 6. Körper gedrungen, von vorn nach hinten nur wenig an Höhe abnehmend, im hinteren Teil sichtlich zusammengedrückt. D kurz mit kräftigem Stachel, sehr weit vorn eingelenkt, Fettflosse klein, C gegabelt, A kurz. Ein Paar Oberkieferbarteln, zwei Paar kurze, sehr feine Unterkieferbarteln. Körper dunkelbraun bis schwarz mit hellen Flecken oder hellbraun mit dunklen Flecken. Mitte der Unterseite zart hellbraun bis weiß. D, C und Fettflosse zeigen die gleiche Färbung und Zeichnung wie der Körper. Alle übrigen Flossen sind durchscheinend hell oder leicht bräunlich.
Pflege siehe bei *Pimelodus blochi* (S. 377). 22–25 °C.

Abb. 311 *Parauchenipterus striatulus*

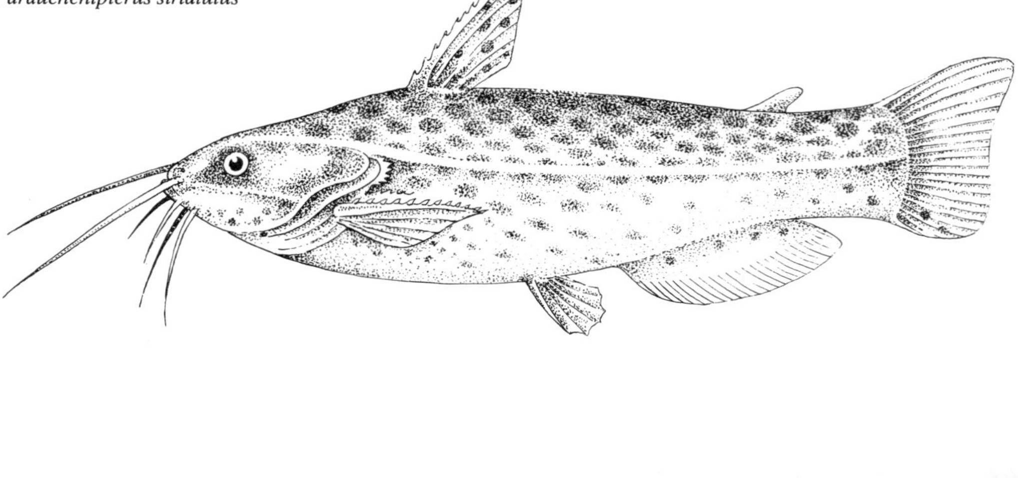

Noch nicht nachgezüchtet. Bislang bekannt als *Centromochlus aulopygius*.
Weitere Vertreter der Familie siehe Taf. 116 *(Pseudauchenipterus, Auchenipterichthys)* und Taf. 114 *(Trachelyichthys)*.

Familie Aspredinidae
Bratpfannen- und Banjowelse

In Südamerika weit verbreitete Welse mit stark abgeflachtem, kurzem Vorderkörper und dünnem, langem Schwanzstiel. Acht Gattungen mit etwa 25 Arten. Zu der Familie gehören zwei gut abgrenzbare Unterfamilien, die Aspredininae (Banjowelse) und die Bunocephalinae (Bratpfannenwelse). Die Aspredininae haben einen kürzeren Schwanzstiel und eine lange A (50 und mehr Flossenstrahlen). Die Heimat dieser Fische sind die Küstengewässer, vor allem die Mangrove-Ästuarien von Guayana bis Ostbrasilien (Abb. 313). Aus den bekannten Gattungen *(Aspredo, Aspredinichthys, Chamaigenes, Platystacus)* sind bislang nur selten Vertreter importiert worden. Von dem Fortpflanzungsverhalten der *Aspredo*-Arten ist bekannt, daß die ♀♀ die Eier auf ihrer Bauchseite auf kurzen Stielen angeheftet tragen (Abb. 314).
Die Gattungen der Bunocephalinae (*Bunocephalus, Agmus, Amaralia, Xyliphius, Hoplomyzon* u. a.) zeichnen sich durch einen langen, dünnen Schwanzstiel, eine fast gerade abgeschnittene C, die nackte Haut (Ausnahme: *Hoplomyzon*), eine kurze A und eine fehlende Fettflosse aus. Die Fische kommen im

Abb. 313 Verbreitungsgebiet der Aspredinidae

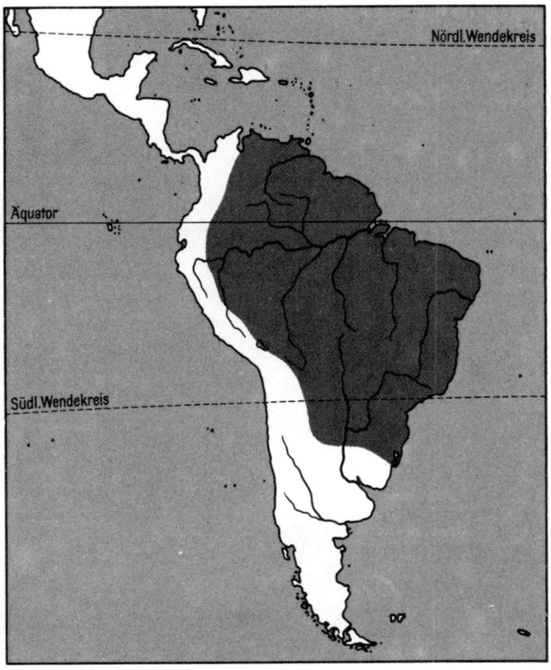

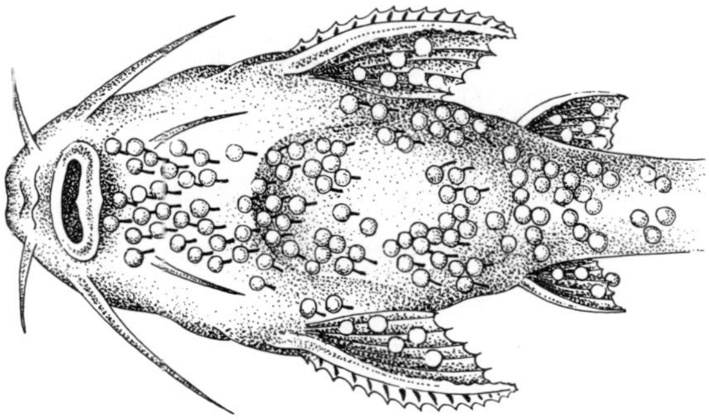

Abb. 314 *Aspredo*. Bauchseite eines ♀ mit angehefteten Eiern

gesamten tropischen Südamerika östlich der Anden von Venezuela bis Argentinien, auch im Becken des Río Magdalena und im Maracaibosee vor (Abb. 313). Sie besiedeln flache, schnellfließende, schattige Bäche, meist in der Nähe von Wasserfällen und Stromschnellen. Diesem Biotop haben sich die Fische in ihrer Lebensweise vortrefflich angepaßt. Der Antrieb durch Schlagen des Schwanzstiels ist durch eine ruckweise Fortbewegung nach dem Düsenprinzip ersetzt. Dazu wird Wasser mit Druck aus den Kiemenspalten ausgestoßen. Die Schwanzstielmuskulatur ist stark reduziert. Die Bratpfannenwelse sind typische Dämmerungstiere, die sich tagsüber meist in den Bodengrund einbuddeln. Zur Pflege eignen sich auch kleinere Aquarien mit weichem Bodengrund, Astwerk und Steinen. Bepflanzung nicht erforderlich. Die Tiere sind nur selten schwimmend zu beobachten. Zählebige Allesfresser, die Temperaturen zwischen 20–25 °C bevorzugen. Über die Fortpflanzung ist wenig bekannt. *B. coracoideus* konnte bereits gezüchtet werden. Die Fische laichten in flachen Gruben. Eizahl sehr groß.
Neben den nachfolgend behandelten Arten wurde vereinzelt auch *Platystacus cotylephorus* BLOCH, 1794, (Taf. 118) eingeführt.

Gattung *Agmus* EIGENMANN, 1910

Eng verwandt mit der Gattung *Bunocephalus*. Der Kopf und Vorderkörper sind jedoch nicht flach, sondern durch die stark ausgeprägten tuberkelartigen Strukturen relativ hoch. In der Hinterhauptsregion ist der Kopf etwa so hoch wie breit. Diese Höhe entspricht etwa der Distanz von der Schnauzenspitze bis zum Beginn der P. Amazonasgebiet, Guayana. Zwei Arten.

Agmus scabriceps (Taf. 116)
(EIGENMANN und EIGENMANN, 1889)

Amazonasgebiet (Rio Jutaí); bis 10 cm.
D 1/4; A 1/5; P 1/4; V 1/5. Körper gattungstypisch gestaltet. Einfarbig dunkelbraun mit hell- bis dunkelolivfarbenen Tuberkeln. Barteln oliv und dunkelbraun geringelt, ebenso die 1. Flossenstrahlen von D, A und P. Geschlechtsunterschiede unbekannt.

Pflege siehe Familienbeschreibung. Inaktive Fische, die meist auf dem Bodengrund liegen. Friedlich. Lebendfutter aller Art.

Gattung *Bunocephalus* KNER, 1855

D mit mindestens fünf Strahlen. Drei Paar Barteln, von denen die Oberkieferbarteln am längsten sind. Kopf flach, ohne hervorspringende knöcherne Auswüchse, höchstens halb so hoch wie breit. Tropisches Südamerika. Mehrere Arten.

Bunocephalus coracoideus (Taf. 117, Abb. 315)
(COPE, 1878)

Westliches Amazonasstromgebiet bis Ekuador, Paraná; bis 15 cm.
D 1/4; A 1/6–7; P 1/5; V 1/5. Körper typisch für die Unterfamilie. P-Stachel kräftig und gezähnt, Körperseiten mit Warzenreihen. Die Färbung je nach Wohlbefinden einheitlich dunkel- bis hellbraun mit dunklen Flecken und Bändern. Über den ganzen Körper sind kleine helle Tupfen verstreut. Unterseite heller, oft mit braunen Flecken. Flossen durchscheinend bräunlich mit hellbraunen bis schwarzen Flecken; C dunkel gerandet. Geschlechtsunterschiede unbekannt.
Pflege und Zucht siehe Familienbeschreibung.
Bunocephalus bicolor STEINDACHNER, 1882, ist ein Synonym dieser Art.

Bunocephalus kneri (Taf. 117)
STEINDACHNER, 1882

Westliches Amazonasstromgebiet bis Ekuador; bis 12 cm.
D 1/4; A 1/6; P 1/4; V 1/5. Körper typisch für die Unterfamilie. Färbung veränderlich: meist graubraun dunkler und heller marmoriert oder aber mit dunklen Fleckenreihen, auch können unregelmäßige dunkle Längsbinden hervortreten. Unterseite hellbraun bis weißlich, meist mit zahlreichen dichtstehenden braunen Flecken. Flossen bräunlich mit dunklen Punkt- und Fleckenreihen. Geschlechtsunterschiede unbekannt.
Pflege siehe Familienbeschreibung. Noch nicht nachgezüchtet.

Familie Plotosidae
Korallenwelse

Vollkommen nackte Welse von gestreckter, torpedoförmiger Gestalt. Mund breit, Kiefer mit konischen bis stumpfen Zähnen. 1–2 Paar Barteln am Oberkiefer, zwei Paar Barteln am Unterkiefer. D weit vorn stehend, kurz. Der kräftige D-Stachel und die beiden P-Stacheln sind bei *Plotosus lineatus* mit Giftdrüsen verbunden. Verletzungen mit diesen Stacheln sind für den Menschen gefährlich! Die lange zweite D, die C und die A bilden einen einheitlichen Flossensaum, der unmittelbar hinter der kurzen ersten D beginnt und um die Schwanzspitze bis zur Afteröffnung reicht. Hinter der Afteröffnung ein bäumchenförmiges Organ unbekannter Funktion (Abb. 317). Die Eier werden in Spalten abgelegt (Verstecktlaicher). An den Küsten Ostafrikas, Süd- und Ostasiens sowie Japans, der Philippinen, des Malaiischen Archipels und Nordaustraliens, einige Formen in reinem Süßwasser (Abb. 316). In verschiedenen Gegenden werden Korallenwelse als wertvolle Speisefische geschätzt. Sieben Gattungen mit 25–30 Arten.

Plotosus lineatus (Abb. 317)
(THUNBERG, 1791)

Meeresfisch, der aber auch in das Brack- und Süßwasser aufsteigt, Küsten Süd- und Ostasiens; bis 30 cm.

Abb. 315 *Bunocephalus coracoideus*, Seitenansicht und Aufsicht

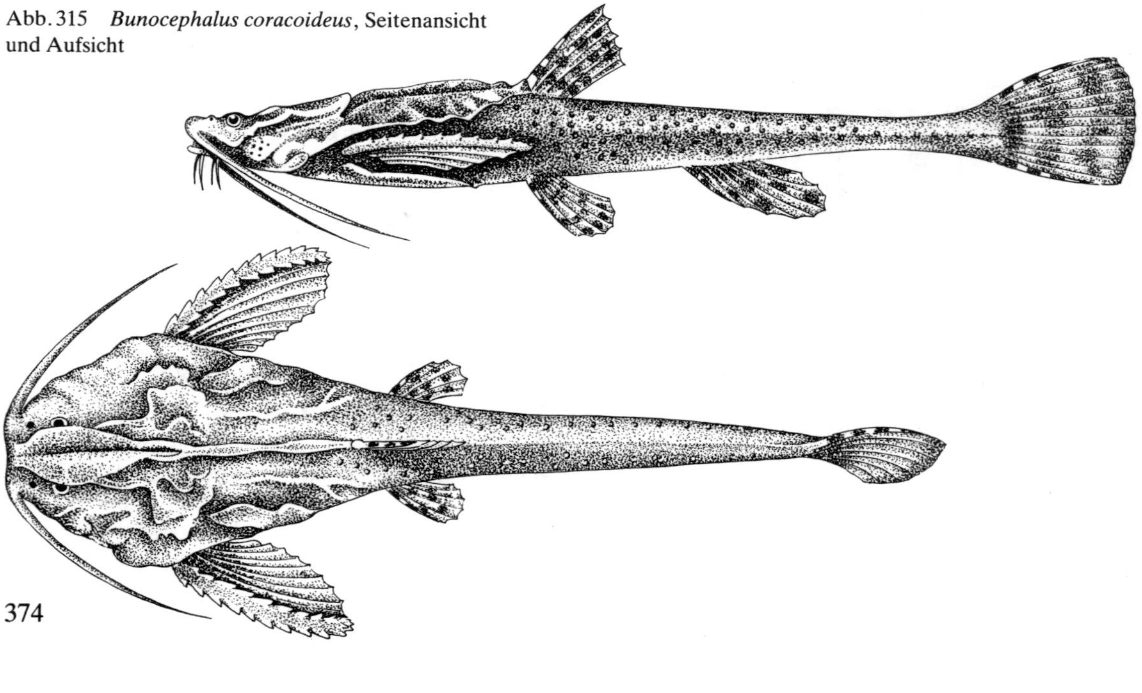

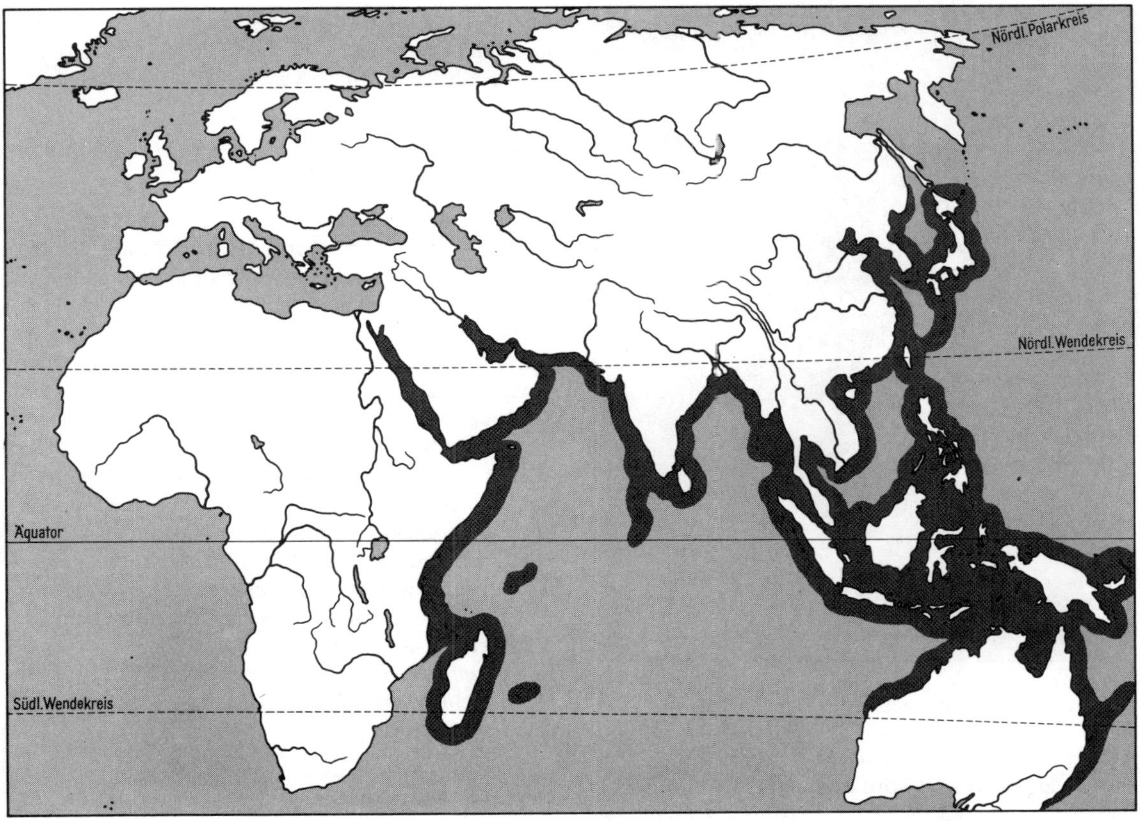

Abb. 316 Verbreitungsgebiet der Plotosidae

D 1/4–5; Flossensaum 80–100/10/70–80; P 1/10–11; V 11–12. Körper torpedoförmig langgestreckt, seitlich zusammengedrückt, Kopf groß, vier Paar kurze Barteln. Oberseits dunkelbraun bis schwärzlich, gegen den Bauch zu rehbraun, Bauch selbst zart braun bis gelblich. Jüngere Tiere mit zwei bis drei hellen, gelblichen bis bläulichweißen, auffallenden Längsstreifen. Flossen braun, oft dunkel gerandet. Geschlechtsunterschiede unbekannt.
Pflege am besten in See- oder Brackwasser, nur nach langsamer Gewöhnung auch im Süßwasser mit Seesalzzusatz (1–2 Teelöffel auf 10 l Wasser). Versteckmöglichkeiten einrichten. 22–26 °C. Die Art lebt gesellig und bildet oft große Schwärme. Lebendfutter in großen Mengen. In Gefangenschaft noch nicht nachgezüchtet. RÖSSEL berichtet, daß seine Tiere nach dem Kauf nur bei zusätzlicher Beleuchtung Futter annahmen. Auch im Aquarium sollte man diese Welse nur im Schwarm pflegen. Einzeltiere sterben. Ganz vereinzelt wurde auch die recht ähnliche ungestreifte Art *Plotosus anguillaris* (BLOCH, 1797) importiert.

Familie Pimelodidae
Antennenwelse

Sehr große und formenreiche Welsfamilie der Neuen Welt mit fast 60 Gattungen und über 300 Arten. Das Verbreitungsgebiet erstreckt sich vom südlichen Mexiko über ganz Mittel- und Südamerika bis etwa 40° südlicher Breite (Abb. 318). Die Fische besitzen weder Schuppen noch Knochenschilder. Drei Paar Barteln, die meist nach vorn abgestreckt getragen werden. Die langen Oberkieferbarteln reichen bei einigen Arten bis zu den Pn, bei anderen bis zu den Spitzen der C. Zähne in beiden Kiefern in Bändern angeordnet. Auge stark bis gering entwickelt, einige

Abb. 317 *Plotosus lineatus*, rechts das bäumchenförmige Organ hinter der Afteröffnung in Aufsicht

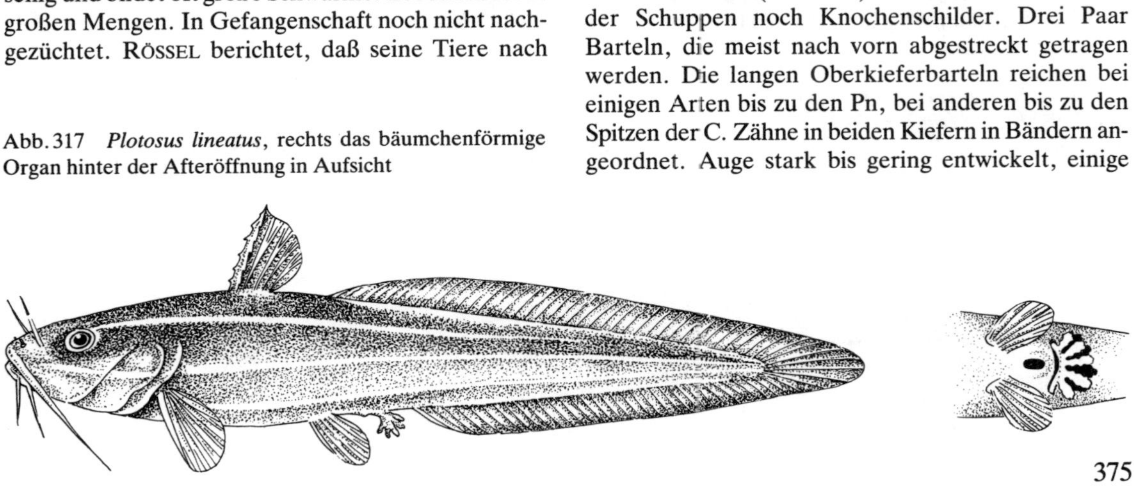

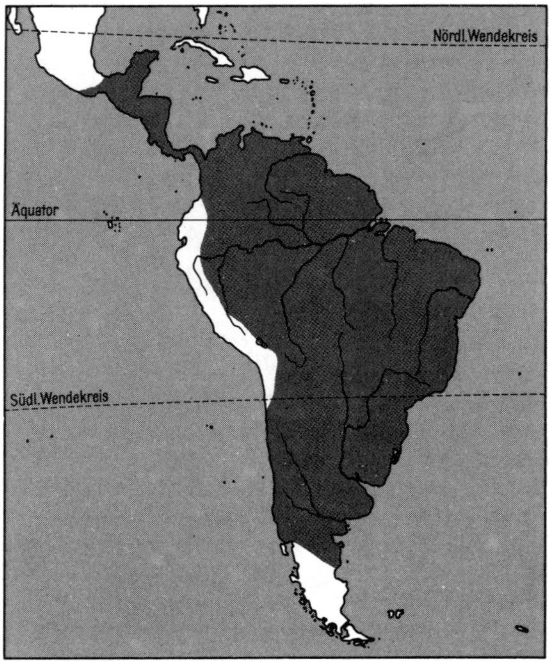

Abb. 318 Verbreitungsgebiet der Pimelodidae

Arten blind *(Rhamdia quelen urichi, Pimelodella kronei)*. D ziemlich weit vorn angesetzt. D- und P-Stachel vorhanden oder fehlend. Fettflosse vorhanden, gut entwickelt, oft groß. Seitenlinie in der Regel vollständig, leicht gebogen oder geradlinig, bei der Gattung *Microglanis* ist der hintere Teil der Seitenlinie mehr oder weniger rudimentär. Einige Arten leben in klaren fließenden Gewässern, andere nur in trüben Weißwasserflüssen. Alle Pimelodidae besitzen ein sehr gutes Witterungsvermögen. Mehrere Arten sind lokal für die menschliche Ernährung von Bedeutung. Die Familie ist nahe verwandt mit den altweltlichen Bagridae.

Gattung *Heptapterus* BLEEKER, 1858

Langgestreckte, schlanke Tiere mit abgeplattetem Kopf. Ohne Stachel in D und P. D kurz, mit 7–8, A mit 8 bis über 30 Flossenstrahlen. Fettflosse lang, bei einigen Arten mit dem oberen Teil der C verwachsen. Barteln kurz oder mäßig lang. Auge klein, nach oben orientiert. Vom nördlichen Südamerika bis zum Río de la Plata verbreitet. Die Fische leben vorzugsweise in schnellfließenden Gewässern. Etwa 30 Arten.

Heptapterus leptos (Abb. 319)
(EIGENMANN und EIGENMANN, 1889)

Östliches und südöstliches Brasilien; bis 11 cm.
D 7; A 19–23; V 6. Körper walzenförmig, langgestreckt, Schwanzstiel nur wenig zusammengedrückt. Fettflosse lang und niedrig, hinten mit der tief eingeschnittenen C verwachsen. Drei Paar mäßig lange Barteln. Rücken dunkelbraun, an den Seiten heller. Unterseite zart bräunlich bis gelblichweiß. Von der Schnauzenspitze zieht ein fast schwarzes Längsband bis auf den Schwanzstiel, wo es sich langsam verliert. Weitere, nicht so auffällige Bänder haben folgenden Verlauf: entlang der Rückenmitte; vom Kiemendeckel zur A und hier entlang der Flossenbasis; etwa vom Kiemendeckel zum V-Ansatz. Über den ganzen Körper sind dunkle Flecke verstreut. Flossen farblos, A bräunlich getüpfelt. Geschlechtsunterschiede in der Färbung unbekannt.
Pflege siehe bei *Pimelodus blochi* (S. 377). 22–25 °C. Noch nicht nachgezüchtet. Bislang als *Acentronichthys leptos* bekannt.

Heptapterus ornaticeps (Abb. 320)
AHL, 1936

Südliches Brasilien, La-Plata-Staaten; bis 20 cm.
D 1/6; A 3/16–20; P 1/7; V 1/5. Körper schlank, C und A deutlich getrennt. Olivgrau bis gelb. Eine schmale, dunkle, im Bereich des Kiemendeckels durch zwei breite, bogenförmige Querbinden unterbrochene Längsbinde zieht sich von der Schnauze bis in die C-Wurzel. Flossen grau bis gelblich. Geschlechtsunterschiede nicht bekannt. Pflege siehe *Pimelodus blochi* (S. 377). Noch nicht nachgezüchtet.

Gattung *Microglanis* EIGENMANN, 1912
Hummelwelse

Nahe verwandt mit der Gattung *Pseudopimelodus*, der die Angehörigen dieser Gattung in der Anzahl der Flossenstrahlen, der Struktur der Flossenstacheln, dem Habitus und anderen Merkmalen glei-

Abb. 319 *Heptapterus leptos*
Abb. 320 *Heptapterus ornaticeps*

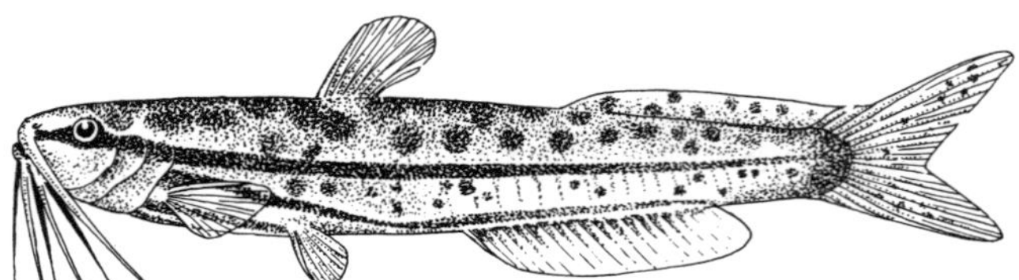

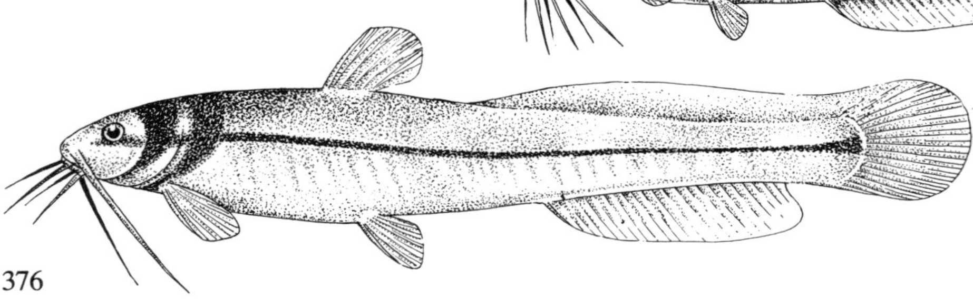

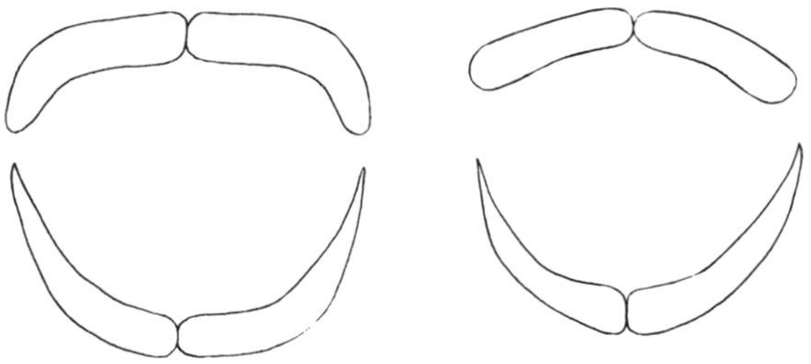

Abb. 321 Anordnung der Zahnbänder in den Kiefern bei *Pseudopimelodus* (links) und *Microglanis* (rechts)

chen. Nach MEES (1974) sind sie jedoch durch drei Merkmale charakterisiert: Das Zahnband im Oberkiefer ist seitlich abgerundet und nicht nach caudal verlängert (Abb. 321), es handelt sich um kleine Fische unter 10 cm, die SL ist nur auf den vorderen Teil des Körpers beschränkt. Bisher in Kolumbien, Venezuela, Guayana, im gesamten Amazonasgebiet bis zum Becken des Río de la Plata nachgewiesen. Die Fische besiedeln vermutlich nur kleinere bis mittlere Waldbäche. Etwa sieben Arten.

Microglanis iheringi (Taf. 118)
GOMES, 1946
Iherings Hummelwelse

Kolumbien und Venezuela; bis 5,5 cm (?).
D 1/5–6; A 4–5/7–8; P 1/5; V 1/5–6. Körper vorn abgeplattet, hinten seitlich stark zusammengedrückt, Körperquerschnitt vor dem Beginn der D etwa dreieckig. Oberseite des Kopfes und des Körpers fast durchgehend dunkelbraun. Ein helles, olivfarbenes Querband erstreckt sich vom Beginn der P über den Nacken auf die andere Seite des Körpers. Körperseite mit drei dunkelbraunen Querbinden, von denen die letzte auf dem Schwanzstiel liegt. D dunkel mit ungefärbtem Außensaum, C mit breitem, dunklem Querband. Alle anderen Flossen farblos bis hell oliv. Geschlechtsunterschiede unbekannt.
Pflege siehe *Pimelodus blochi*. Friedliche, nachtaktive Fische. Noch nicht nachgezüchtet. In der letzten Zeit häufig importierte Art, die oft mit *M. parahybae* und *Pseudopimelodus raninus* verwechselt wird (ZARSKE, Aquar. Terr., 25, 8–9, 1978).

Microglanis parahybae (Abb. 322)
(STEINDACHNER, 1880)
Parahyba- Hummelwels

Südostbrasilien, Argentinien und Paraguay; bis 7 cm.
D 1/6; A 3/9; P 1/5; V 6. Körper gedrungen, torpedoförmig, von den Vn an seitlich abgeflacht, D und P mit kräftigem Stachel. Schultergürtelfortsatz lang, dornartig. Ein Paar Oberkiefer-, zwei Paar nicht viel kürzere Unterkieferbarteln. Färbung sehr variabel. Meist gelbbraun bis schokoladenbraun. Kopfoberseite schwarz mit zahlreichen hellen Flecken, Rücken dunkelbraun, Unterseite dunkel mit hellen Flecken oder hell. An den Körperseiten drei sehr unregelmäßige, breite, dunkle Querbinden und zahlreiche schwarze Punkte. Flossen hell, durchscheinend mit dunklen Binden oder Tüpfeln. Geschlechtsunterschiede unbekannt.
Pflege dieser anspruchslosen, friedlichen Art siehe *Pimelodus blochi*. Ausgesprochene Dämmerungs- und Nachttiere. Noch nicht gezüchtet.

Gattung *Pimelodus* LACÉPÈDE, 1803

Hinterhauptsfortsatz mit breiter Basis, die sich nach hinten verjüngt und die kleine Dorsalplatte berührt. Zahnbänder in beiden Kiefern. Barteln lang, die Maxillarbarteln reichen in der Regel bis an die Basis der C. D- und P-Stachel kräftig, mehr oder weniger gesägt. Fettflosse gut entwickelt, C groß, tief gegabelt. Von Panama bis zum Río de la Plata weitverbreitet. Etwa 30 Arten.

Pimelodus blochi (Abb. 323)
(CUVIER und VALENCIENNES, 1840)

Mittelamerika, Westindische Inseln, nördliches und mittleres Südamerika (außer den Anden) bis nach Argentinien; bis 30 cm.
D 1/6; A 4/7–8; P 1/9; V 1/5. Körper torpedoförmig, seitlich zusammengedrückt. D und P mit starkem, feststellbarem Stachel. Schultergürtel mit breitem, nicht dornigem Fortsatz. Fettflosse groß, C tief eingeschnitten, oberer Lappen etwas größer. Ein Paar sehr lange Oberkiefer- und zwei Paar wesentlich kürzere Unterkieferbarteln. Färbung entsprechend dem großen Verbreitungsgebiet sehr variabel. Rücken und Körperseiten fast einheitlich schwarzbraun. Im vorderen Teil des Körpers bis etwa zum Beginn der Vn sind einige dunkle Punkte undeutlich erkennbar. D kaum gepunktet, C fast einheitlich schwärzlich braungrau (Abb. 326) (Angaben teilweise nach LÜLING).
Geschlechtsunterschiede unbekannt. Wie alle Pimelodidae ist auch diese Art ein ausgesprochenes Dämmerungs- und Nachttier, das sich tagsüber versteckt hält und erst mit der Dunkelheit auf Nahrungssuche geht. Das Wohlbefinden in der Gefangenschaft hängt weitgehend von der Berücksichtigung dieser Lebensweise ab. Große, dunkelstehende Aquarien mit dunklem, weichem Bodengrund, dichtem Wurzelwerk oder hohlen Holzstücken, unterhöhlten Steinen oder dichten Pflanzendecken. Anspruchslos hinsichtlich der Wasserqualität, allerdings sollte zumin-

Abb. 322 *Microglanis parahybae*

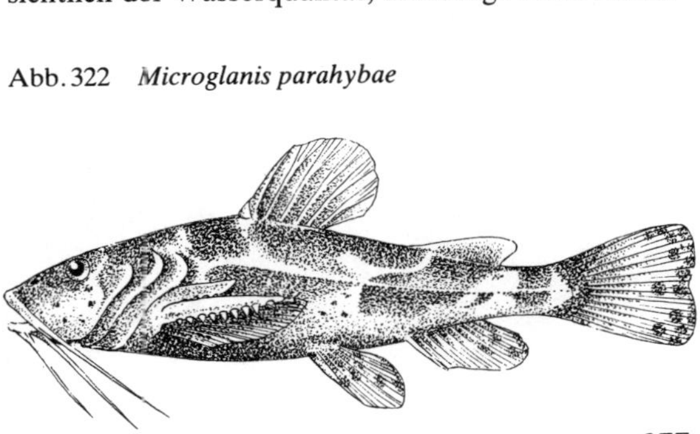

dest hartes Frischwasser nicht verwendet werden. 20–26 °C. Allesfresser, besonders Wurmfutter (größere Tiere auch Regenwürmer), außerdem Insektenlarven und geschabtes Fleisch (Rinderherz). Sehr gefräßig und bei guter Pflege schnellwüchsig. Wie alle Pimelodidae ist die Art mit einem sehr guten Witterungsvermögen ausgestattet. Zucht noch nicht gelungen. Beim Herausfangen achte man auf die spitzen Flossenstacheln.
Bislang als *Pimelodus clarias* (Bloch, 1795) bekannt und häufig mit *Pimelodus pictus* Steindachner, 1876, verwechselt. Durch die Färbung von D und C sind beide Arten leicht zu unterscheiden (Abb. 326).

Pimelodus coprophagus (Abb. 325)
Schultz, 1944

Nördliches Südamerika (Venezuela, peruanischer Amazonas); bis 20 cm (?).
D 1/6; A 5/9; P 1/9; V 1/5. Körper ähnlich gestaltet wie bei der vorhergehenden Art, die Färbung erinnert an *P. pictus*. Die Punkte und Flecken auf Rücken und Körperseiten sind größer und verschwommen. Zwei dunkle Längsbinden, die in der Mitte durch einen hellen Längsstreifen getrennt sind, der entlang der SL verläuft. D weniger deutlich gepunktet als bei *P. pictus*, oberer C-Lappen mit einigen mehr oder weniger deutlichen Punkten, unterer Lappen farblos, höchstens mit undeutlichen, dunklen, verwaschenen Zonen (Abb. 326). Beschreibung teilweise nach Lüling. Geschlechtsunterschiede unbekannt. Pflege siehe *P. blochi*.

Pimelodus pictus (Taf. 118, Abb. 324)
Steindachner, 1876

Peruanischer Amazonas; bis 10 cm (?).
D 1/6; A 4/7; P 1/9; V 1/5. Körper gattungstypisch gestaltet. Auf dem Rücken und den oberen Körperseiten befinden sich zahlreiche dunkelbraune bis schwarze kreisförmige Flecken auf silbrigem Grund. D und C ebenfalls mit dunklen Flecken, die auf der C zu unregelmäßigen, aber deutlich abgegrenzten Bändern verschmelzen können (Abb. 326). Geschlechtsunterschiede unbekannt.
Pflege siehe *P. blochi* (S. 377). Die Art wurde in den letzten Jahren häufig importiert und meist unter dem ungültigen Namen *P. clarias* gehandelt.
Pimelodus albofasciatus siehe Taf. 178, *Pimelodus maculatus* Taf. 118.

Abb. 323 *Pimelodus blochi*
Abb. 324 *Pimelodus pictus*
Abb. 325 *Pimelodus coprophagus*

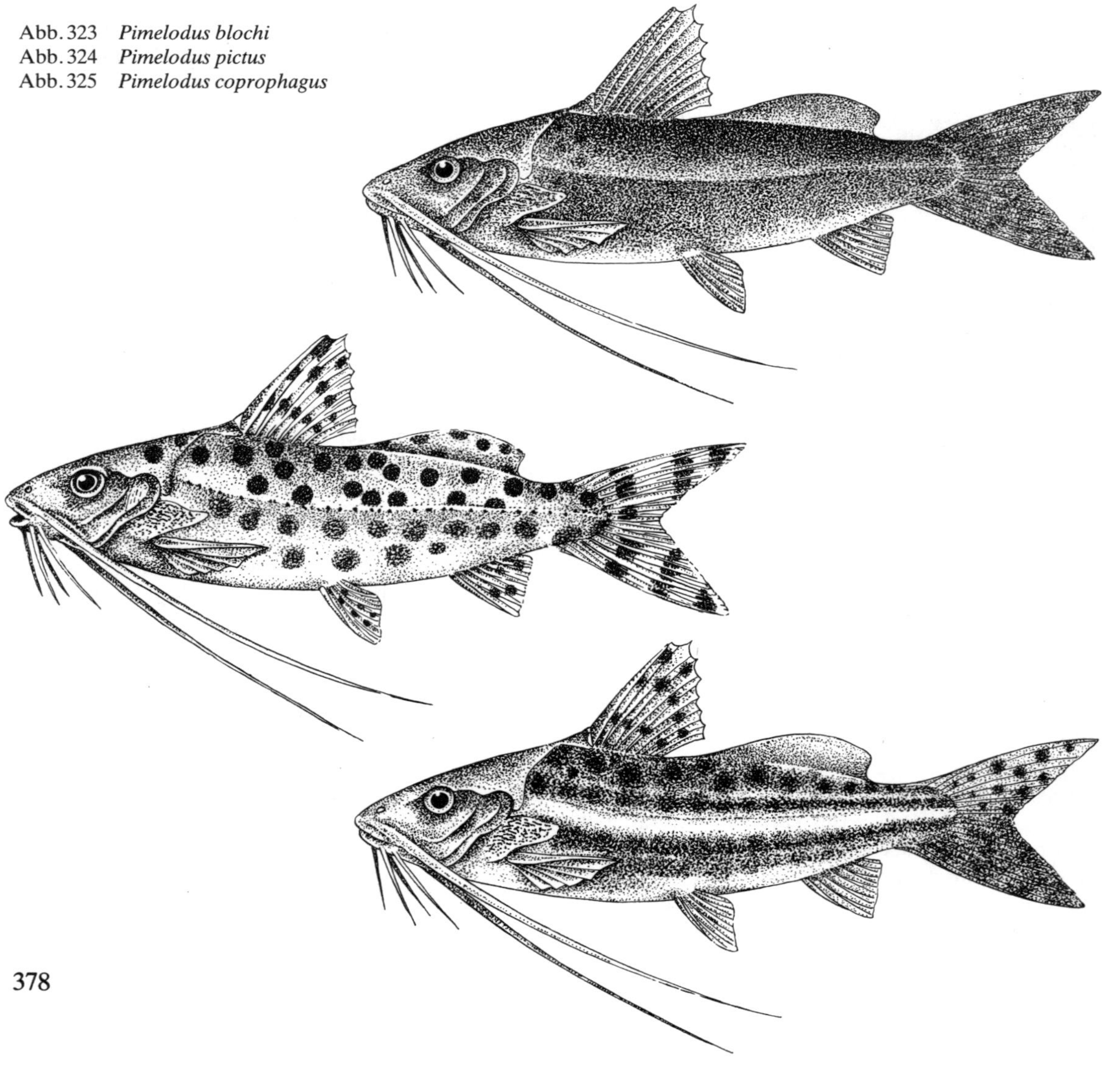

Gattung *Pimelodella* EIGENMANN und EIGENMANN, 1880

Hinterhauptsfortsatz über die gesamte Länge gleichbreit, in Kontakt mit der Dorsalplatte. Ein Paar sehr lange Oberkiefer-, zwei Paar etwas kürzere Unterkieferbarteln. Fettflosse groß. Schlanke Fische mit relativ kurzem Kopf. ♂ bei einigen Arten mit verlängerten D-Strahlen. Mit etwa 60 Arten in Südamerika weit verbreitet.

Pimelodella gracilis (Taf. 118)
(CUVIER und VALENCIENNES, 1840)
Schlanker Fadenwels

Orinoko, Amazonas bis zum La Plata; bis 17 cm.
D 1/6; A 2/9–11. Körper torpedoförmig, seitlich zusammengedrückt. A abgerundet; C tief eingeschnitten, oberer Lappen etwas größer. Schultergürtel mit einem dornartig vorstehenden Fortsatz. Ein Paar sehr lange Oberkiefer- und zwei Paar kürzere Unterkieferbarteln. Weißgrün bis blaugrau, Oberseite dunkler, Unterseite weiß. Vom Kiemendeckel bis in den Schwanzstiel verläuft eine schwarze, sich hinten verbreiternde Binde, die bei älteren Tieren meist undeutlich ist. Flossen durchsichtig. Spitzen der senkrechten Flossen gelegentlich schwärzlich. Eng verwandt mit *P. cristata* (MÜLLER und TROSCHEL, 1848). Geschlechtsunterschiede in der Färbung unbekannt. Pflege siehe *Pimelodus blochi* (S. 377). Friedliche Art, die auch in dunkel gehaltenen Gesellschaftsbekken gepflegt werden kann. 20–23 °C. Noch nicht nachgezüchtet.

Pimelodella lateristriga (Taf. 119)
(MÜLLER und TROSCHEL, 1845)

Östliches Brasilien; in Flüssen, die nördlich vom Rio Paraíba in den Atlantik münden; bis 18 cm.
D 1/6; A 2/10–12. Körperbau und Beflossung ähnlich wie bei der vorhergehenden Art. Rücken olivgelb bis olivgrün, Körperseiten mehr graugrün, aber auch braungelb, Unterseite schmutzigweiß. Von der Schnauze über das Auge bis in die C-Wurzel verläuft ein meist tiefschwarzes Längsband, das sich hinter dem Kiemendeckel zu einem schwarzen, undeutlich begrenzten Schulterfleck erweitern kann. Flossen farblos bis zart grünlich, Flossenspitzen meist dunkel punktiert. Fettflosse mit schmalem schwarzem Saum. Geschlechtsunterschiede in der Färbung unbekannt. Pflege siehe *Pimelodus blochi* (S. 377). 20–23 °C. Noch nicht nachgezüchtet.

Pimelodella vittata (Taf. 178)
(KRÖYER, 1874)

Südöstliches Brasilien im Gebiet zwischen dem Rio São Francisco und Pôrto Alegre; bis 9 cm.
D 1/6; A 2/9–10. Der Art *Pimelodella gracilis* ähnlich, jedoch stärker gestreckt. Oberer C-Lappen stark verlängert. Braunoliv bis graubraun mit leichtem Messingschimmer, vor allem im unteren Bereich der Körperseiten, Rücken nur wenig dunkler, Unterseite reinweiß. Von der Schnauzenspitze bis in die C-Wurzel erstreckt sich ein schmales schwarzes Band, das vom Kiemendeckelrand an oben von einer bläulichsilbernen, weiter hinten violettsilbernen Binde begleitet wird. Flossen gelblich. D mit schwärzlicher Binde (nach MEINKEN, verändert). Geschlechtsunterschiede in der Färbung unbekannt.
Pflege siehe *Pimelodus blochi* (S. 377). Noch nicht nachgezüchtet.

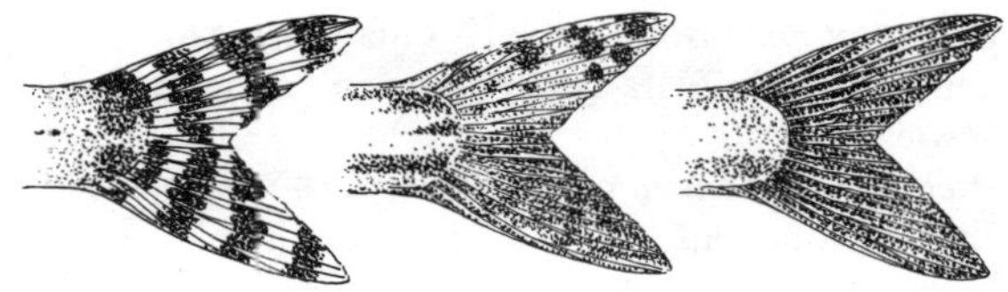

Abb. 326 Zeichnung der Schwanzflosse bei *Pimelodus pictus*, *P. coprophagus*, *P. blochi* (von links nach rechts)

Gattung *Pseudopimelodus* BLEEKER, 1858

Kopf abgeplattet, breit. Auge klein, ziemlich oberständig. Zähne in beiden Kiefern in Bändern angeordnet, das Oberkieferband seitlich nach hinten verlängert (Abb. 321). Der Hinterhauptsfortsatz berührt oder berührt fast die Dorsalplatte. Barteln kurz oder mäßig lang. Stachel der D kürzer als der P-Stachel, letzterer vorn und hinten gesägt. A kurz, Fettflosse gut entwickelt, C mit zugespitzten oder abgerundeten Lappen. In Südamerika weitverbreitet. Von Kolumbien und Venezuela durch das Amazonasbecken bis nach Uruguay. Auch westlich der Anden in Kolumbien und Ekuador. Etwa fünf Arten.

Pseudopimelodus raninus (Abb. 327)
(CUVIER und VALENCIENNES, 1840)

Im nördlichen Südamerika mit vier Unterarten weit verbreitet; bis etwa 20 cm.
D 1/6; A 2–3/7–9; P 1/6; V 1/5. Körper gattungstypisch gestaltet. Nominatform schwarzbraun, Kopf- und Bauchunterseite etwas heller. Von P zu P erstreckt sich über dem Nacken ein olivfarbenes, unregelmäßiges Band. Ein ebensolcher Querstreifen befindet sich über der A und setzt sich auf dem hinteren Rand der Fettflosse fort. Diese vorn ebenfalls mit einem kleinen, olivfarbenen Fleck. Barteln schwarzbraun und weiß geringelt. D schwarz, mit weißem Band und Außensaum, P und V schwarz, C mit schwarzbrauner Basis und einem dunklen Band innerhalb des hellen Saumes. In der weißen Zone zwischen beiden befindet sich eine Reihe von hellbraunen, unregelmäßigen Flecken.
MEES (1974) unterscheidet folgende Unterarten, die früher z.T. den Status einer eigenen Art hatten:
Pseudopimelodus raninus raninus (CUVIER und VALENCIENNES, 1840)
Färbung siehe oben. Die Nominatform ist bislang im

gesamten Amazonasgebiet, Guayana, Suriname, dem Río-de-la-Plata-Becken und in Paraguay nachgewiesen.

Pseudopimelodus raninus villosus EIGENMANN, 1912
Etwas größer als die Nominatform. Dunkel graubraun, mehr oder weniger gesprenkelt, ohne Nackenband oder andere Kennzeichen. D schwärzlich, helles Zentrum nur angedeutet. Alle anderen Flossen mit dunklen Flecken auf hellem Untergrund. Keine Bänder in der C. Essequibo und Orinoko-Becken.

Pseudopimelodus raninus acanthochiroides GÜNTERT, 1942
Körper etwas schlanker als bei der Nominatform. Ein mehr oder weniger stark ausgeprägtes helles Quer-

Abb. 327 *Pseudopimelodus raninus*
Abb. 328 *Rhamdia quelen*
Abb. 329 *Rhamdia sapo*
Abb. 330 *Sorubim lima* mit Kopfaufsicht

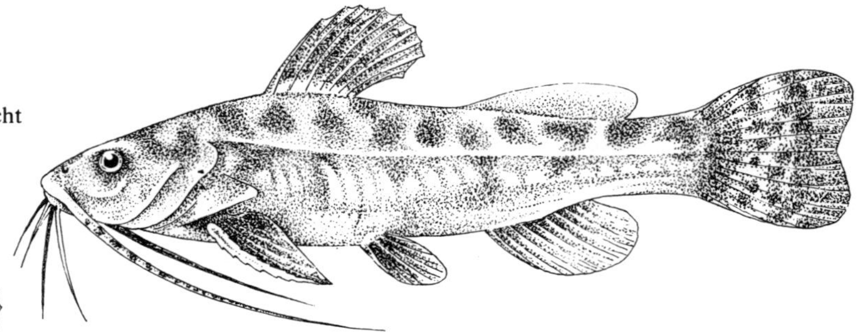

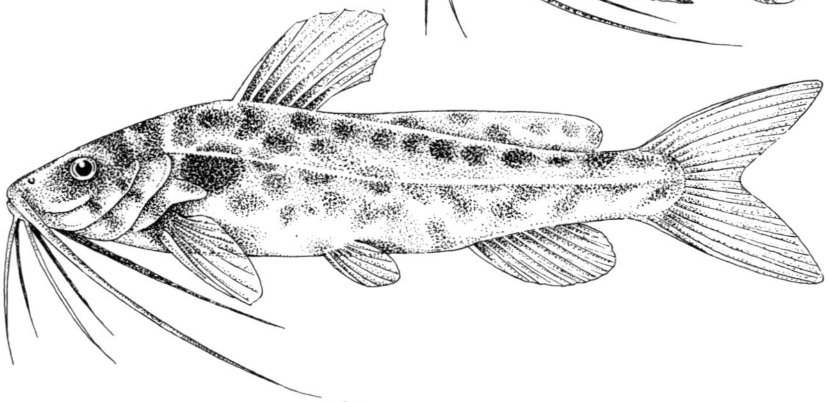

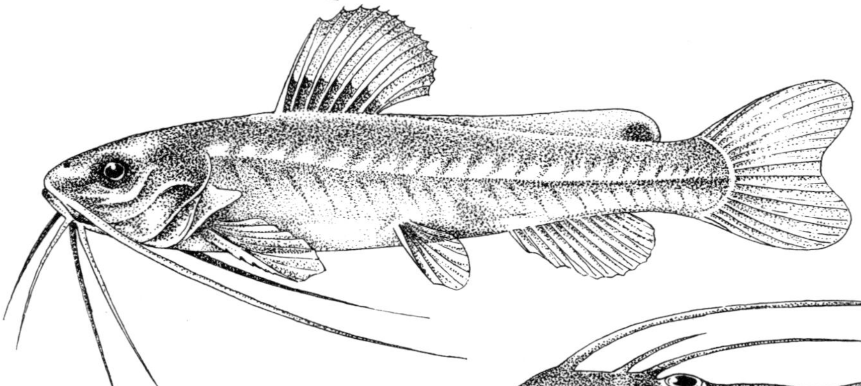

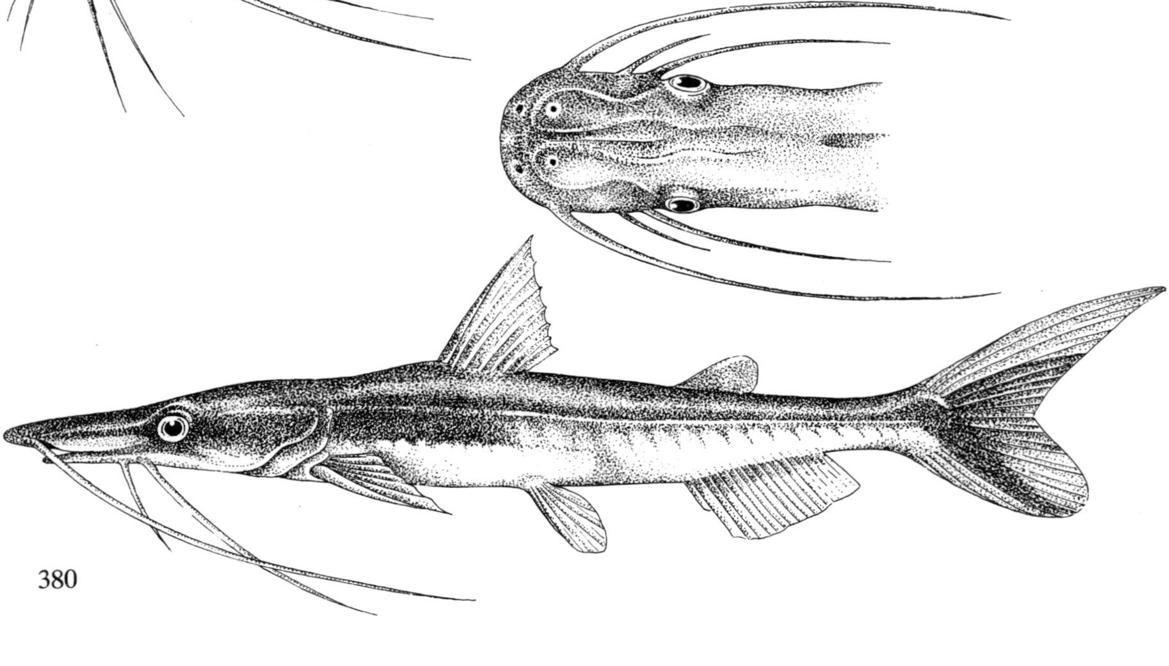

band kurz hinter der D. P mit variablem, aber sehr auffallendem Weiß, Spitzen der V ebenfalls weiß, Fettflosse schwarz, manchmal mit sehr feinem weißem Saum. Maracaibo-Becken.
Pseudopimelodus raninus transmontanus REGAN, 1913
Das helle Band über dem Nacken ist größer und gleichförmiger. Ein auffallender weißer Fleck vor dem Beginn der D. Eine unregelmäßige helle Zone auf den Körperseiten vom Ende der D-Basis zum Schwanzstiel. Die dunkle Fettflosse vorn mit hellem Fleck, kein heller Saum. A dunkel mit weißem Saum, die vier ersten Strahlen der V mit breiten, weißen Spitzen. Westlich der Anden in Kolumbien und Ekuador. Bislang auch als *Pseudopimelodus acanthochira* EIGENMANN und EIGENMANN, 1890, bekannt. Leicht zu pflegende räuberische Nachttiere. Die Art wird häufig mit *Microglanis iheringi* verwechselt (ZARSKE, Aquar. Terr., 25, 154–156, 1978).

Gattung *Rhamdia* BLEEKER, 1858

Nahe verwandt mit der Gattung *Pimelodella*, unterscheidet sich von dieser jedoch durch einen kürzeren, die Dorsalplatte nicht erreichenden Hinterhauptsfortsatz. Im zentralen nördlichen und östlichen Südamerika weitverbreitet. Westlich etwa bis zu den Anden (Titicacasee), aber nicht in Flüssen, die in den Pazifik münden. Etwa 70 Arten.

Rhamdia quelen (Abb. 328)
(QUOY und GAIMARD, 1834)

Weit verbreitet im tropischen Südamerika, einschließlich Trinidad; bis 35 cm.
D 1/6; A 3/8; P 1/8; V 1/5. Körperbau und Beflossung ähnlich wie bei *Rhamdia sapo*. Die lange Fettflosse beginnt unmittelbar hinter der D. Die Färbung wechselt je nach Wohlbefinden zwischen gelbgrau und olivgrau, Rücken etwas dunkler, Unterseite grau bis weißlich. Der ganze Körper, einschließlich der Fettflosse, locker dunkelbraun marmoriert. Hinter dem Kiemendeckel tritt gelegentlich ein großer schwarzer Fleck deutlich hervor. Flossen zart graubraun oder glasig. Geschlechtsunterschiede unbekannt.
Rhamdia sebae (CUVIER und VALENCIENNES, 1840) ist ein Synonym dieser Art.
Pflege siehe bei *Pimelodus blochi* (S. 377). 20–25 °C. Für Zimmeraquarien eignen sich nur Jungtiere. Noch nicht nachgezüchtet.

Rhamdia sapo (Abb. 329)
(CUVIER und VALENCIENNES, 1840)

Südliches Brasilien, La-Plata-Gebiet; bis 40 cm.
D 1/7; A 2/9–10. Körper gestreckt, vorn mäßig, hinten stärker zusammengedrückt. Kopf oberseits abgeflacht. P mit kräftigem, außen gezähntem Stachel. Fettflosse niedrig und lang. Ein Paar lange Oberkieferbarteln, die angelegt bis zu den Vn reichen, zwei Paar kürzere Unterkieferbarteln. Auge klein, oval. Einheitlich braun bis schwarzbraun, gegen die Unterseite hin etwas heller, Bauch zart bräunlich bis weiß (nach ARNOLD weist die Fettflosse im hinteren Bereich einen runden schwarzen Fleck auf). Geschlechtsunterschiede unbekannt.
Pflege siehe *Pimelodus blochi* (S. 377). 18–25 °C. Für Zimmeraquarien eignen sich nur Jungtiere. Noch nicht nachgezüchtet.

Gattung *Sorubim* SPIX, 1829

Körper langgestreckt, Kopf sehr stark abgeplattet, Schnauze spatelförmig, über das Maul vorgezogen. Auge relativ groß und seitlich orientiert. Drei Paar dicke Barteln. Fettflosse kleiner als die A, C tief gegabelt, oberer Lappen spitz ausgezogen. Eine Art.

Sorubim lima (Abb. 330)
(BLOCH und SCHNEIDER, 1806)
Spatelwels

Amazonasstrom, Río de la Plata, Río Magdalena und Zuflüsse; bis 60 cm.
D 1/7; A 3/18; P 1/8; V 1/5. Körper siehe Gattungsbeschreibung. Ziemlich einheitlich silbergrau, z.T. mit messingfarbenem Schimmer. Unterseite reinweiß. Rückenfirst und Körperseiten mit breiten dunkelbraunen Längsbinden. Flossen farblos. C mit dunklem Mittelfeld, das in den unteren Flossenlappen ausstrahlt. Geschlechtsunterschiede unbekannt.
Pflege siehe bei *Pimelodus blochi* (S. 377). Für das Normalaquarium eignen sich nur Jungtiere. SCHMITT beobachtete, daß die Welse ab und zu die obere Epidermis in einem Stück abstoßen und kurz darauf auffressen. Noch nicht gezüchtet.
Importiert wurde auch der bis 30 cm lange räuberische Tigerspatelwels *(Pseudoplatystoma fasciatum)*, ein prächtiges Schauobjekt für Großaquarien (Taf. 179), und Jungtiere von *Sorubimichthys planiceps* (Taf. 118), einer Art, die 2 m lang werden kann, sowie *Leiarius pictus* (Taf. 179).

Familie Helogeneidae
Fähnchenwelse

Zu dieser Familie gehört nur die Gattung *Helogenes* GÜNTHER, 1863, mit der nachfolgend beschriebenen Art. Die Zuordnung einer zweiten Gattung ist umstritten.

Helogenes marmoratus (Abb. 331)
GÜNTHER, 1863

Östliches Amazonasstromgebiet und Guayana; bis 10 cm.
D 5; A 42; P 8; V 6. Körper mäßig gestreckt, besonders im Bereich des Schwanzstiels seitlich zusammengedrückt, ohne Knochenplatten. D klein, weit hinten eingelenkt, ohne Stachel, Fettflosse sehr klein. Der

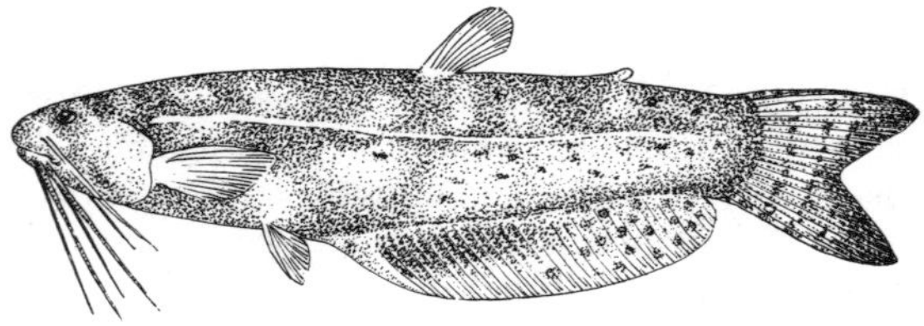

Abb. 331 *Helogenes marmoratus*

obere Lappen der kaum eingeschnittenen C oft etwas länger, A sehr lang. Drei Paar mäßig lange Barteln. Auge klein, von Haut überzogen, im Dunkeln irisierend. Obere Körperhälfte dunkelbraun mit ganz zartem, rötlichem Anflug und zahlreichen hellbraunen Flecken (marmoriert). Untere Körperhälfte hellbraun bis ocker mit dichtstehenden dunklen Punkt- und Strichzeichnungen. Flossen rehbraun, senkrechte Flossen mit dunklen Flecken. C-Lappen mit sehr dunklen Spitzen. Geschlechtsunterschiede unbekannt.
Nachttier, das tagsüber Verstecke aufsucht. Zur Pflege eignen sich dunkelstehende Aquarien mit Versteckmöglichkeiten. 23–28 °C, Allesfresser. Noch nicht gezüchtet.

Familie Trichomycteridae
Schmerlenwelse

In Süd- und Mittelamerika – nördlich bis Panama – und in Kostarika beheimatete, mehr oder weniger wurmförmige Welse (Abb. 332). 30 Gattungen mit etwa 200 Arten. D und A kurz, eine Fettflosse fehlt.

Abb. 332 Verbreitungsgebiet der Trichomycteridae

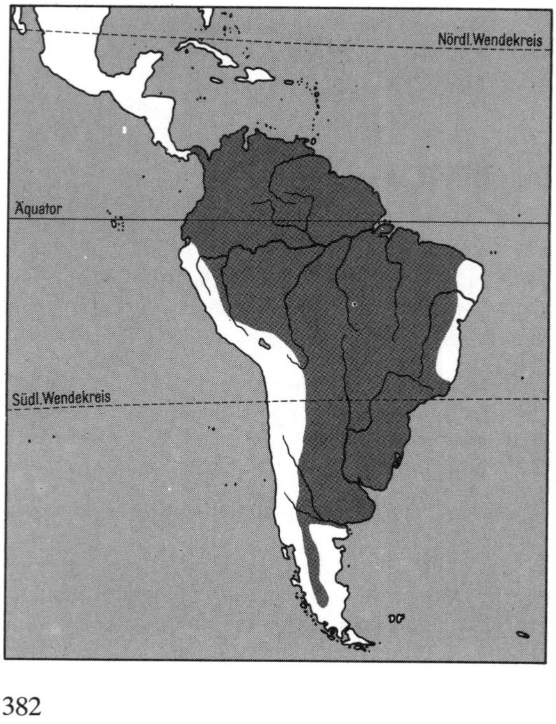

Haut nackt, Kopf mit schwartenartiger Haut, Kiemendeckel mit Dornen besetzt, die nach hinten orientiert sind und als Widerhaken dienen. Schwimmblase stark rückgebildet, vorderer Teil in eine knöcherne Kapsel eingeschlossen, die von den seitlichen Fortsätzen der Wirbelkörper gebildet wird. Viele Schmerlenwelse sind typische Grundfische, andere leben unterhalb von Stromschnellen. Mehrere Arten sind blind, einige wenige haben sich zu Parasiten entwickelt. *Stegophilus insidiosus* lebt als Parasit in der Kiemenhöhle großer Panzerwelse (Callichthyidae) und ernährt sich von den Kiemenblättchen oder saugt Blut. Für den Menschen, aber auch für die Säugetiere, sind die urinophilen 2,5–6 cm langen und nur 3–5 mm dicken *Vandellia*-Arten gefährlich (Taf. 116). Sie dringen bei badenden Männern und Frauen in die Harnröhre ein, verhaken sich hier mit ihren Kiemendeckelstacheln und verursachen dadurch heftige Schmerzen und Entzündungen. Die Entfernung ist meist nur operativ möglich. Das Eindringen in die Harnröhre ist in der Regel eine Reaktion auf die Strömung, die beim Urinieren entsteht. Die Tiere werden allerdings durch den Harn angelockt und gelangen gegen die Strömung schwimmend in die Harnröhre. In den Verbreitungsgebieten der gefürchteten »Candiru« tragen die Indianer beim Baden Schutzvorrichtungen.
Die nicht parasitischen Schmerlenwelse sind teilweise nur in der Dämmerung, teilweise aber auch tagsüber aktiv. Man biete ihnen zahlreiche Versteckmöglichkeiten und je nach Herkunft 20–25 °C. Allesfresser, mit Vorliebe werden kleine Würmer angenommen.

Gattung *Homodiaetus*
EIGENMANN und WARD, 1907

Maul unterständig. Kiemendeckel mit etwa sieben, Kiemenvordeckel mit etwa neun Stacheln. Zwei Paar sehr kurze Barteln. A kurz, mit 7–11 Strahlen. V etwa in der Körpermitte, C eingeschnitten.

Homodiaetus maculatus (Abb. 333)
(STEINDACHNER, 1879)

La-Plata-Stromgebiet; bis 10 cm.
D 2/7; A 2/5; P 1/5. Körper sehr langgestreckt, seitlich zusammengedrückt, Kopf breit, abgeflacht. Lehmgelb bis hellbraun, Rücken olivbraun, Unterseite zart gelblich bis bräunlich oder weiß. In der oberen Körperhälfte mehrere dunkle Fleckenlängsreihen. Flossen glasig durchsichtig. Basis der D und A mit dunklen Tüpfeln, Basis der C mit schwarzem

Abb. 333 *Homodiaetus maculatus*

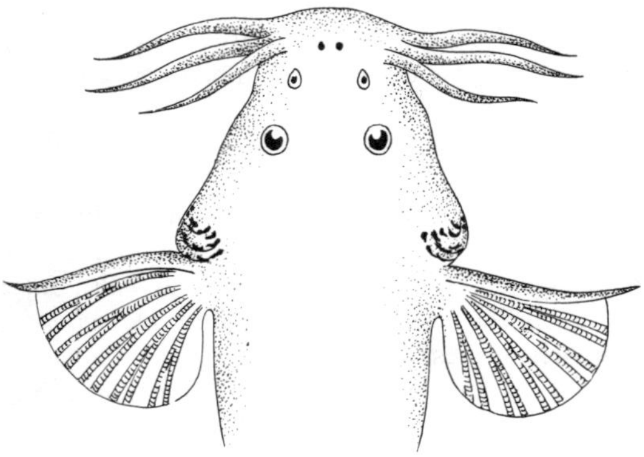

Abb. 334 1. stachelartiger Flossenstrahl der Brustflosse bei *Pygidium* (nach RIBEIRO)

Querband. Geschlechtsunterschiede sind unbekannt. Pflege siehe Familienbeschreibung. Sehr sauerstoffbedürftig. Noch nicht gezüchtet.

Gattung *Pygidium* MEYEN, 1835

Maul nicht unterständig. Kiemendeckel mit wenigen Stacheln in einer Gruppe, Kiemenvordeckel mit mehreren Reihen größerer Stacheln. Drei Paar kurze Barteln. C gerade abgeschnitten, 1. Strahl der P lang, spitz, über die Flosse vorstehend (Abb. 334).

Pygidium itatiayae (Abb. 335)
(DE MIRANDA RIBEIRO, 1906)

Östliches Brasilien, Umgebung von Rio de Janeiro (nach ARNOLD), Oberlauf des Paraná; bis 15 cm.
D 2/6–7; A 2/5. Körper langgestreckt, walzenförmig, ähnlich unseren einheimischen Schmerlen gestaltet. D weit hinten eingelenkt, C gerade abgeschnitten. Akzessorische Darmatmung. Wechselnd hellbraun bis olivfarben, auf hellem Bodengrund lehmgelb. Bauchseite gelblich bis weiß. Auf dem Kiemendeckel und den Körperseiten zahlreiche, in der Längsrichtung angeordnete dunkle Flecke, die sich in der Körpermitte zu einem unregelmäßigen Längsband vereinigen. Flossen farblos bis zart grünlich. ♂♂ kräftiger.
Pflege der friedlichen Tiere siehe Familienbeschreibung. Freilebende, nicht parasitische Art.

Gattung *Vandellia*
CUVIER und VALENCIENNES, 1846

Maul unterständig, mäßig groß mit wenigen großen Zähnen. Kiemendeckel mit dem Isthmus verwachsen. Unterkiefer zahnlos.

Vandellia cirrhosa (Abb. 336)
CUVIER und VALENCIENNES, 1846

In Südamerika weit verbreitet; bis 2,5 cm.
D 9; A 10; P 8; V 6. Körper gestreckt, stark durchscheinend, seitlich zusammengedrückt. D klein, hinter den V eingelenkt, C abgerundet. Einheitlich zartgelblich. Auge sehr groß und dunkel. Geschlechtsunterschiede unbekannt.
Pflege siehe Familienbeschreibung. Sehr empfindlich. Die Art frißt nach MYERS nur Blut von Wirbeltieren.

Familie Callichthyidae
Schwielenwelse

Im tropischen Südamerika von Venezuela bis zum Río de la Plata und auf Trinidad weit verbreitete, stark gepanzerte, kleine Welse (Abb. 337). Charakteristisch für die ganze Familie sind die auf den Körperseiten zweireihig angeordneten, dachziegelartig übereinandergreifenden, glatten Knochenplatten. Kopf und Rückenfirst können ebenfalls gepanzert sein. Fettflosse vorhanden, mit vorgelagerten, unpaaren Knochenplatten, von denen die letzte die Form eines Stachels hat. D groß, mit kräftigem Stachel und 7–8 Weichstrahlen, A kurz. P gleichfalls mit kräftigem, artcharakteristischem Stachel, V (1/5) meist unter dem letzten Drittel der D beginnend. Maul klein, die Kiefer sind bezahnt oder unbezahnt. Meist zwei Paar Barteln, Kinnbarteln fehlen stets. Schwimmblase zweiteilig, von Knochen umkleidet. Auge beweglich. Die meisten Arten leben gesellig in kleinen, stark verkrauteten Bächen *(Corydoras)*, andere dagegen vorwiegend in stehenden Gewässern, die z.T. während des tropischen Sommers fast austrocknen. Dem haben sich die Fische vorzüglich angepaßt. Teile des Mitteldarmes übernehmen die Funktion eines zusätzlichen Atmungsorgans. Die Luft wird von der Wasseroberfläche aufgenommen, abgeschluckt und gelangt durch die Darmperistaltik in den genannten Darmbereich, wo der Gasaustausch erfolgt (Abb. 338). Morphologisch ist dieser Teil des Darmes durch eine starke Reduktion der glatten

Abb. 335 *Pygidium itatiayae*

Abb. 336 *Vandellia cirrhosa*, darunter Unterseite des Kopfes mit den unteren Stachelgruppen

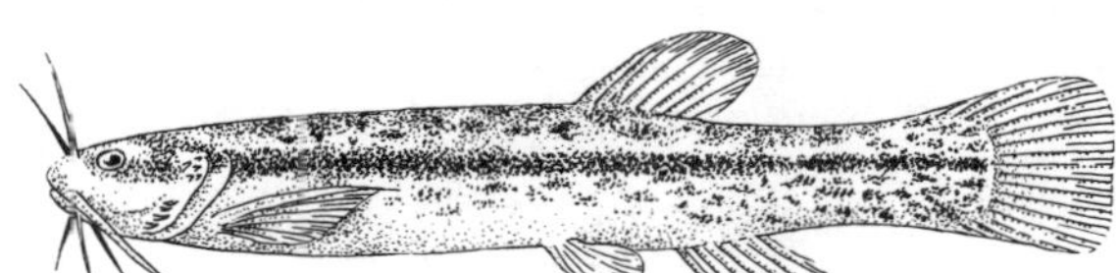

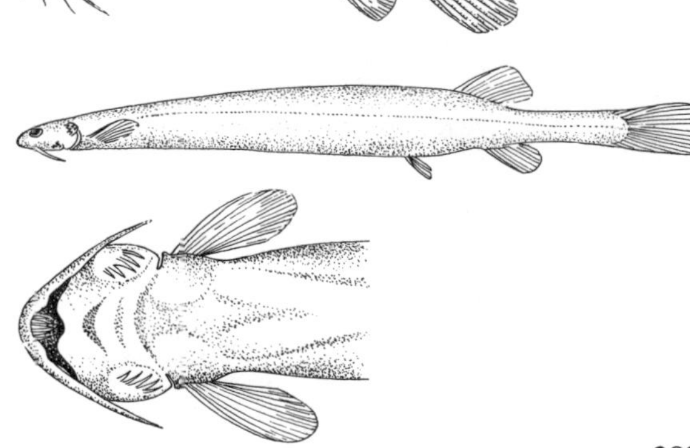

Abb. 337 Verbreitungsgebiet der Callichthyidae

Muskulatur und durch intensive Blutversorgung gekennzeichnet. Die verbrauchte Luft wird durch den After wieder ausgeschieden. Bei sinkendem Sauerstoffgehalt des Wassers und in Phasen besonderer Erregung läßt sich diese Form der Atmung gut beobachten. Die Fische stoßen ganz schnell zur Wasseroberfläche, schnappen nach Luft und schwimmen ebenso schnell zum Bodengrund zurück, wobei die verbrauchte Luft in der Regel aus dem After entweicht. *Hoplosternum littorale* kann selbst bei guten Wasserverhältnissen auf diese zusätzliche Atmung nicht verzichten. Die Arten der Gattungen *Hoplosternum* und *Callichthys* können bei ungünstigen Lebensbedingungen nachts austrocknende Wasseransammlungen verlassen und tiefere Gewässer aufsuchen. Dabei bewegen sie sich mit Hilfe der kräftigen P-Stacheln und

Abb. 338 Darm von *Hoplosternum littorale* mit der stark durchbluteten Mitteldarmregion, die als Luftatmungsorgan dient. Oben: Niere (nach CARTER und BEADLE)

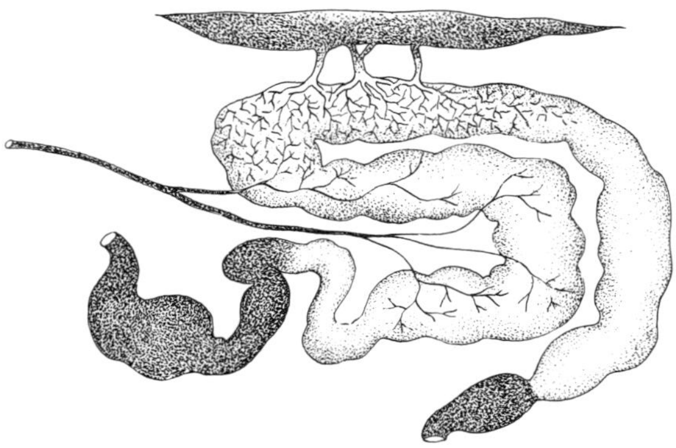

schlängelnden Bewegungen vorwärts. Die starke Panzerung schützt sie dabei vor Feinden und einem zu großen Feuchtigkeitsverlust. LÜLING (1975) beobachtete, wie *Dianema longibarbis* in Rückzugslöchern des Kiemenschlitzaals *Synbranchus marmoratus* die Niedrigwasserzeit überdauerte. Auch in ihrem Fortpflanzungsverhalten haben sich die Fische den oft ungünstigen Lebensverhältnissen angepaßt. So bauen *Callichthys-*, *Hoplosternum-* und *Dianema*-Arten ein Schaumnest. Dies hat gegenüber dem Anheften der Eier an Steine bzw. Holzteile folgende Vorteile: Der Sauerstoffgehalt, der in der Umgebung des Nestes fast Null sein kann, liegt im Nest bedeutend höher, Eier und Larven, die schwerer als Wasser sein können, bleiben durch die Oberflächenspannung zwischen den Blasen hängen, und der Schaum wirkt vermutlich bakteriostatisch.

Schwielenwelse sind Bodenbewohner. Die Nahrung besteht größtenteils aus Würmern und Insektenlarven, die sie mit ihren Barteln aufspüren. *Corydoras*-Arten können dabei mit der Schnauze bis etwa zu den Augen in den Bodengrund eindringen. Seltener dagegen kann man beobachten, wie sie, auf dem Rükken schwimmend, ähnlich einigen afrikanischen *Synodontis*-Arten, Daphnien jagen.

Eine Reihe von Arten hat in ihrer Heimat für die menschliche Ernährung Bedeutung. Die Fische werden geröstet und dann aufgebrochen. Die Gliederung dieser hochspezialisierten Welsfamilie in Unterfamilien sowie ihre stammesgeschichtliche Entwicklung sind noch weitgehend unklar. Auch der Versuch von GOSLINE (1940), die Familie aufgrund der Barteln zu gliedern, kann nicht befriedigen. Aus dem Tertiär Argentiniens stammt die fossile Art *Corydoras revelatus* COCKERELL, 1925.

Pflege und Zucht siehe bei den einzelnen Gattungen. Für die Charakterisierung der Arten ist die Zahl und Anordnung der Knochenschilder wichtig. In den Artbeschreibungen sind die dreiteiligen Angaben über die Zahl der Knochenschilder folgendermaßen zu lesen: Schilder in der oberen Reihe/Schilder in der unteren Reihe/Schilder vor der Fettflosse.

Gattung *Aspidoras* VON IHERING, 1907

Unterscheidet sich nach NIJSSEN und ISBRÜCKER (1976) von allen anderen Gattungen der Familie durch zwei Fontanellen (Knochenlücken im Schädeldach), Regelfall: eine Fontanelle. Die vordere Fontanelle ist rund oder leicht oval und bleibt zeitlebens unverknöchert, die hintere verknöchert bei erwachsenen Tieren. Kleine Arten mit relativ kleinen Augen. D- und P-Stachel kurz. Die Verbreitung reicht vom Oberlauf des Rio Xingu im Westen bis zum Oberlauf des Rio Itapicuru im Osten und vom Rio-Acaraú-System im Norden bis zum Oberlauf des Rio Paraná im Süden. Fehlt wahrscheinlich im Amazonasgebiet (siehe auch *A. pauciradiatus*). Relativ ursprüngliche Gattung. 14 Arten.

Tafel 129 *Peckoltia pulcher* · *Ancistrus* cf. *dolichopterus*. Unten links: *Ancistrus* cf. *dolichopterus*, Kopf. Unten rechts: *Ancistrus* cf. *dolichopterus*, Kopfunterseite (alle Fotos Richter)

Tafel 130 Links: *Ancistrus* cf. *leucostictus*, Kopf des ♂ · *Ancistrus* cf. *leucostictus*, Kopfoberseite des ♂ · *Chaetostoma* spec.
Rechts: *Ancistrus* cf. *triradiatus*, Kopf des ♂ · *Lithoxus lithoides* (alle Fotos Foersch)

Tafel 131 Links: *Loricariichthys* cf. *maculatus* · *Rineloricaria* spec. aff. *fallax* · *Rineloricaria morrowi*. Rechts: *Sturisoma nigrirostrum*, Kopf · *Farlowella* spec., Kopf · *Farlowella* spec., Kopfunterseite (unten rechts Richter, alle anderen Fotos Foersch)

Tafel 132 Links Barteln von *Loricaria nickeriensis* · Maul von *Loricaria nickeriensis* · *Loricaria* mit verbreiterten Pn aus der Umgebung von Rio de Janeiro. Rechts: *Sturisomatichthys leightoni* · *Loricaria* spec. (alle Fotos Foersch)

Tafel 133 *Farlowella* cf. *acus* · *Dasyloricaria* cf. *filamentosa*. Unten links: *Rineloricaria lanceolata*, Kopf. Unten rechts: *Hypoptopoma* cf. *carinatum* (alle Fotos Richter)

Tafel 134 *Panaque suttoni* (Foto Richter) · *Panaque nigrolineatus* (Foto Richter) · *Sturisoma nigrirostrum*, Porträt mit Laich (Foto Sommer)

Tafel 135 Links: *Otocinclus affinis* · *Parotocinclus maculicauda* · *Sturisoma panamense*. Rechts: *Otocinclus* cf. *vittatus* · *Parotocinclus amazonensis* · *Hypoptopoma* cf. *carinatum* (unten links Sommer, alle anderen Fotos Richter)

Tafel 136 Links: *Dermogenys pusillus* (Foto Foersch) · *Nomorhamphus celebensis* (Foto Richter). Rechts: *Nomorhamphus limi* (Foto Richter) · *Nomorhamphus celebensis*, ♀ beim Gebären (Foto Richter). Unten: *Hemirhamphodon pogonognathus*, ♂ (Foto Foersch)

Tafel 137 Oben links: *Anableps detrophthalmus*, Augentrennlinie genau in Höhe des Wasserspiegels (Foto Foersch). Oben rechts: *Xenentodon cancila*, Kopf (Foto Richter). Darunter: *Anableps anableps* (Foto Foersch) · *Xenentodon cancila* (Foto Richter)

Tafel 138 Links: *Aphyosemion christyi* · *A. lamberti* · *A. cognatum* (blau) · *A. melanopteron*. Rechts: *Aphyosemion schouteden*i · *A. cognatum* (typisch) · *A. cognatum* · *A. melanopteron* (unten rechts Bech, alle anderen Fotos Foersch)

Tafel 139 Links: *Aphyosemion bivittatum »hollyi«* · *A. multicolor* · *A. multicolor* · *A. splendopleure* von Mémé. Rechts: *Aphyosemion bivittatum* von Funge · *A. multicolor* · *A. multicolor* · *A. splendopleure* von Mémé (Fotos links: Kaden, Kaden, Foersch, Kaden. Fotos rechts: Kaden, Kaden, Scheel, Richter)

Tafel 140 Links: *Aphyosemion splendopleure* von Edea · *A. splendopleure* · *A. volcanum* von Monea · *A. lujae (ogoense)*. Rechts: *Aphyosemion splendopleure* von Edea · *A. loennbergii* · *A. volcanum* von Monea · *A. rectogoense* (Fotos links: Kaden, Kaden, Richter, Foersch. Fotos rechts: Kelz, Kaden, Richter, Kaden)

Tafel 141 Links: *Aphyosemion kribianum* · *A. sjoestedti* »Orange« · *A.* cf. *fallax*. Rechts: *Aphyosemion deltaense* · *A. sjoestedti* · *A. gulare* (Fotos links: Kaden, Kaden, Foersch. Fotos rechts: Richter, Schmidt, Foersch)

Tafel 142 Links: *Aphyosemion exiguum* · *A. ahli* · *A. australe* · *A. celiae*, unten ♀. Rechts: *Aphyosemion bualanum* · *A. calliurum* · *A. australe* »Gelb« · *A. celiae* (Fotos links: Foersch, Foersch, Foersch, Wiefel. Fotos rechts: Foersch, Foersch, Kaden, Kelz)

Tafel 143 Links: *Aphyosemion cameronense* · *A. labarrei* · *A. coeleste* · *A. marmoratum*. Rechts: *Aphyosemion obscurum* · *A. oeseri* · *A. scheeli* · *A. marmoratum* (Fotos links: Foersch, Kelz, Bitter, Kaden. Fotos rechts: Foersch, Foersch, Foersch, Richter

Tafel 144 Links: *Aphyosemion exigoideum* · *A. striatum*, ♀ · *A. gabunense boehmi* · *A. gabunense boehmi*. Rechts: *Aphyosemion striatum*, ♂ · *A. gabunense* »Gelb« · *A. gabunense boehmi* · *A. primigenium* (Fotos links: Kaden, Richter, Kaden, Richter. Fotos rechts: Richter, Foersch, Richter, Kaden)

Aspidoras pauciradiatus (Taf. 120)
(WEITZMAN und NIJSSEN, 1970)

Brasilien, Rio Araguaia nahe Aruana (im Osten des Bundesstaates Goiás) und Rio Negro nahe Tapuruquara (Bundesstaat Amazonas); bis 4 cm.
D 1/6; A 1/6; P 1/7; V 1/5; Knochenschilder 22–23/19–20/2–3. Körper gattungstypisch gestaltet, Besonderheiten siehe unten. Drei Paar Barteln. Hell olivbraun mit zahlreichen unregelmäßigen schwarzen Punkten, die sich gelegentlich zu Punktreihen vereinigen oder zu kurzen Binden verschmelzen. Bauch weiß. Flossen durchscheinend, mit schwarzen Punkten. Geschlechtsunterschiede unbekannt.
Pflege und Zucht siehe Gattungsbeschreibung *Corydoras*.
Die Art ist bislang von zwei etwa 3000 Flußkilometer entfernten Fundorten bekannt. Die Färbung der Fische aus beiden Vorkommen ist nahezu gleich. Die Tiere aus dem Rio Negro besitzen zwar auch zwei Fontanellen, jedoch ist die vordere (Frontalfontanelle) signifikant länger gegenüber den Fischen aus dem Rio Araguaia. Damit beginnt die Abgrenzung der Gattungen *Aspidoras* und *Corydoras* zu verwischen. Alle bislang bekannten *Corydoras*-Arten (einschließlich *C. pygmaeus*) verfügen über eine lange Fontanelle. Die Unterscheidung beider Gattungen gründet sich nunmehr allein auf das Vorhandensein der hinteren (Supraoccipital-) Fontanelle (WEITZMAN und BALPH, Proc. Biol. Soc. Wash., 92, 10–22, 1979).

Aspidoras poecilus (Taf. 180)
NIJSSEN und ISBRÜCKER, 1976

Oberer Rio Xingu, Rio Araguaia nahe Aruana; bis etwa 4 cm.
D 1/7/1; A 2/5; P 1/8; V 1/5; Knochenschilder 25/22/6. Grundfärbung dunkelbraun. Mehrere helle, runde bis unregelmäßige Flecke auf dem Kiemendeckel und in der oberen Körperhälfte. Parallel zur Seitenlinie zieht sich ein helles und ein etwas ungleichmäßiges dunkles Band vom Nacken bis zur C-Wurzel. D, C und A mit stärkerer oder schwächerer, in Bändern angeordneter Fleckenzeichnung. Bei Wohlbefinden kräftig metallisch glänzend. ♂ schlanker, kleiner.
Pflege und Zucht siehe Gattung *Corydoras* (S. 402). Laicht bevorzugt in Javamoos.
Früher als *Corydoras rochai* bekannt. Die Gattung *Aspidoras* ist entgegen der Meinung von KNAACK (1966) valid.

Gattung *Brochis* COPE, 1872

Nahe verwandt mit *Aspidoras* und *Corydoras*, unterscheidet sich jedoch von diesen durch die relativ lange D (10–17 Strahlen), den seitlich zusammengedrückten Kopf, zwei Paar Maxillarbarteln, die nicht die Kiemendeckelspalte erreichen, und ein Paar Unterlippenbarteln. Brasilien, Peru, Ekuador. Drei Arten.

Brochis splendens (Taf. 120)
(DE CASTELNAU, 1855)
Smaragdpanzerwels

Oberes Amazonasgebiet, relativ weit verbreitet und häufig; bis 9 cm.
D 1/11–12; A 2/5; P 1/8–9; V 1/5; Knochenschilder 24/22/1–2. Kopf über den Augen braun mit schmutziggrünem Anflug. Unter dem Auge sowie auf dem größten Teil der Körperseite bis zum Schwanzstiel bei guter Pflege prächtig smaragdgrün glänzend. Bauchpartie und ein schmaler Rand der oberen Schilderreihe ockergelb. D, C und Fettflosse bräunlich, übrige Flossen gelblich. Sehr schöne Art. ♀ größer und fülliger.
Schwarmfisch, immer mehrere Tiere pflegen. Pflege und Zucht siehe Gattung *Corydoras* (S. 402). Zucht mehrfach gelungen. Das Ablaichverhalten ist ähnlich dem der *Corydoras*-Arten. Pro Paarung werden etwa zehn 1,5 mm große Eier an die verschiedensten Substrate geheftet. Die Jungen schlüpfen bei 24 °C am 4. Tag. Insgesamt etwa 800 Jungfische pro ♀ (MATSCHKE: Aquar. Terr., 21, 351–352, 1974). Bislang als *B. coeruleus* COPE, 1872, bezeichnet.

Gattung *Callichthys* SCOPOLI, 1777

Körper langgestreckt, walzenförmig, seitlich etwas abgeflacht. Die Gattung ist vor allem durch die Knochenschilder auf dem Rückenfirst zwischen D und Fettflosse charakterisiert (Rückenwulstpanzerung). Diese kleinen Knochenplättchen stehen bei *Callichthys* nicht mit den Schildern der oberen Seitenreihe in Verbindung. C gerundet. Südamerika, weit verbreitet. Eine Art.

Callichthys callichthys (Taf. 120)
(LINNAEUS, 1758)

Östliches Brasilien bis zum La Plata; bis 18 cm.
D 1/6; A 1/5; P 1/7; V 1/5; Knochenschilder 26–29/25–28/18–23. Körper langgestreckt. Bei fast gleichbleibender Körperhöhe nimmt die Körperbreite nach hinten ab. Kopf breit, oben abgeflacht, Auge klein. Dunkelolivgrün bis dunkelgrau mit zartem Blau- oder Violettschimmer. Unterseite blaugrau bis bräunlich. Flossen grau mit dunklen Tupfen, hell – bei schönen Tieren orange bis rötlich – gesäumt. Die ♂♂ sind durch eine etwas leuchtendere Farbgebung und den kräftigeren P-Stachel von den ♀♀ leicht zu unterscheiden. *C. callichthys* ist ein Dämmerungstier, das hauptsächlich nachts auf Nahrungssuche geht. Unter breiten Schwimmblättern, aber auch unter *Riccia*, wird ein Schaumnest gebaut, in das die Eier abgelegt werden (Eizahl bis 120). Die Betreuung des Nestes übernimmt das ♂, das in dieser Zeit ab und zu grunzende Laute erzeugt. Die Jungfische schlüpfen nach etwa 4–5 Tagen und sind wie junge *Corydoras* zu behandeln.

Gattung *Corydoras* LACÉPÈDE, 1803
Panzerwelse

Körper gedrungen, meist relativ hoch, seitlich mehr oder weniger abgeflacht. Rückenlinie immer wesentlich stärker ausgebogen als die Bauchlinie. Charakteristisch für die Gattung sind die fehlenden Knochenschilder auf der Schnauze. Bis heute wurden über 100 Arten beschrieben, von denen eine Vielzahl bereits in Aquarien gepflegt wurde. Leider erfolgte nicht in jedem Fall eine korrekte Bestimmung, so daß in der Aquarienliteratur oft große Unklarheiten bestehen. NIJSSEN und ISBRÜCKER (1980) veröffentlichen eine umfassende Revision der Gattung.

Die Panzerwelse bewohnen in ihrer Heimat langsamfließende, seltener stehende Gewässer. Zu kleinen Trupps vereinigt, suchen sie im Flachwasser, nicht selten aber auch auf Schlamm- und Sandbänken, nach Futter. In der Gefangenschaft erweisen sich fast alle Arten als ziemlich hart und genügsam. Durch ihr eigenartiges, oft neugierig und zutraulich wirkendes Verhalten gewinnt diese Fischgruppe immer neue Freunde. Im allgemeinen lassen sich wenige Tiere aller Arten durchaus im Gesellschaftsaquarium mit gutem Pflanzenwuchs und Versteckmöglichkeiten unterbringen. Durch ihre bodengebundene Lebensweise nehmen sie Futter in der Regel vom Bodengrund auf. Sie werden aus diesem Grunde häufig als nützliche Vertilger von Futterresten betrachtet. Bei Futtermangel, fehlender Mulmschicht, bei starker Beunruhigung oder schlechtem Allgemeinbefinden können die Panzerwelse aber auch durch Buddeln im Bodengrund starke Wassertrübung verursachen. Auf alle Fälle wird empfohlen, eine gut funktionierende Filterung einzubauen. Große Panzerwels-Trupps sind am besten gesondert zu pflegen, auch Zuchtversuche wird man nur im Artbecken durchführen. Fütterung sehr einfach. Neben Lebendfutter aller Art, besonders aber Wurmfutter, wird von vielen Arten auch Trockenfutter angenommen. Die Temperaturansprüche sind entsprechend dem großen Verbreitungsgebiet der Gattung nicht einheitlich. Temperaturen um 25°C eignen sich für die Pflege und auch Zucht der meisten Arten. Grundsätzlich sollten Panzerwelse in klarem, sauerstoffreichem, bakterienarmem Wasser gehältert und gezüchtet werden. Der pH-Wert kann um den Neutralpunkt und die Härte zwischen 5 und 10° dH liegen. Aquarien für Panzerwelse sollten möglichst großflächig sein und einen Rauminhalt von 100–200 Litern haben; ein relativ niedriger Wasserstand von 20–25 cm ist günstig. Den Bodengrund halte man relativ dunkel. Ferner ist darauf zu achten, daß das verwendete Material nicht zu scharfkantig ist. Die Tiere können sich an scharfem Kies verletzen, worunter besonders die Barteln leiden. In Aufzuchtbecken ohne Bodengrund sollte bei dem regelmäßigen Wasserwechsel auch die Bodenscheibe gereinigt werden. Hier entstehende Bakterienrasen können bei Jungfischen die Entwicklung der Barteln stören. Dichte Bepflanzung und Versteckmöglichkeiten tragen wesentlich zum Wohlbefinden bei. Die Vermehrung in der Gefangenschaft ist bei einigen Arten (z. B. *C. paleatus* und *C. aeneus*) nicht schwierig. Andere dagegen erfordern große Aufmerksamkeit und Erfahrung. Einige konnten noch nicht nachgezüchtet werden. Die meisten Arten haben nach PINTER ausgesprochene Laichzeiten, meist zwei im Jahr (Dezember bis März und August bis November). Bei manchen schon lange gepflegten Arten ist diese Laichperiodik nicht mehr deutlich ausgeprägt. Die ♀♀ sind meist größer, kräftiger und auch bauchwärts stärker ausgebuchtet. Außerdem kann die Rückenflosse beim ♀ kleiner oder gerundet, beim ♂ größer und zugespitzt sein. Auch kräftigere P-Stacheln *(C. octocirrus)* und Beborstungen der Schnauze *(C. barbatus)* kommen bei den ♂♂ einiger Arten vor. Zur Zucht empfiehlt KNAACK (1964) große Becken. Die Paare sucht man am besten aus einer großen Schar optimal aufgezogener Jungfische aus. In das Zuchtbecken kommen 1–2 ♂♂ und 3–5 ♀♀, aber auch ein Ansatz von einem ♂ und einem ♀ ist möglich. Das Wasser muß die oben angegebenen Eigenschaften haben. Meist benötigen die Partner erst einige Tage zur Eingewöhnung. In dieser Zeit ist ausreichend mit eiweißreicher Nahrung zu füttern. Alle Exkremente sollen täglich abgesaugt werden, das dabei entfernte Wasser ist durch Frischwasser zu ersetzen. Neben extremen Frischwassergaben läßt sich die Laichwilligkeit auch durch Temperaturschwankungen anregen. Zu Beginn der interessanten Liebesspiele betupfen die ♂♂ das immer ruheloser werdende ♀, das schließlich, vom tänzelnden ♂ umschwärmt, ständig umherschwimmt. In kurzen Abständen werden an verschiedenen Stellen Steine, Pflanzen und Scheiben geputzt. Bei der Paarung klemmt das ♂ mit seiner P die Barteln des ♀ an seinen Körper und drückt dieses so gegen seine Bauchseite. Gleichzeitig stößt es die Samenfäden aus. Unmittelbar danach treten beim ♀ 3–5 Eier aus und werden in einer von den beiden Vn gebildeten Tasche aufgefangen. Das ♂ läßt jetzt das ♀ los, und dieses schwimmt mit den Eiern durch die Spermawolke zu einer bestimmten Stelle, putzt diese häufig kurz und heftet die Eier an. Nach KNAACK sucht das ♀ die vorher gereinigten Stellen meist nur zu 25% auf. Viel häufiger werden die Eier an Stellen angeheftet, die vorher nicht geputzt worden sind. Die ♂♂ beginnen sofort danach das ♀ erneut anzubalzen. Die Gesamtzahl der Eier pro Laichgang ist in gewissen Grenzen artspezifisch. *C. eques* kann bis zu 800 Eier ablegen, *C. hastatus* bringt meist nur 30–50 Eier. Am Ende der Laichperiode, die bei guter Fütterung bis 15 Laichgänge im Abstand von 4–7 Tagen umfassen kann, werden die Gelege in der Regel kleiner. Während des Laichens halten die Tiere öfters Freßpause und sind deshalb zu füttern, bei Futtermangel werden die abgelegten Eier gefressen. Aus diesem Grunde sollen auch die Elterntiere nach dem Laichgeschäft entfernt werden. Die ursprünglich hellen, nahezu 2 mm großen Eier werden während der Entwicklung dunkler, die Jungwelse schlüpfen bei 20–23 °C durchschnittlich nach 5–8 Tagen und werden am besten in

Aufzuchtbecken ohne Bodengrund überführt, gedeihen vielfach aber auch im Zuchtbecken nach teilweisem Wasserwechsel. Bei guter Fütterung – Mikrofutter, Grindalwürmchen, Nauplien, später Tubifex, Enchyträen und Daphnien – Wachstum schnell.
Bei schwer züchtbaren Arten hängt der Erfolg oft vom Zustand der Elterntiere ab. Wahrscheinlich können Entwicklungsstörungen im Jugendalter zur Sterilität führen. Oft laichen auch schwer züchtbare Arten erfolgreich ab, wenn sie mit einer leichter vermehrbaren Spezies gehältert werden. Die Tiere können dann spontan mit dem Ablaichen beginnen, wenn die leichter vermehrbare Art ihr Laichgeschäft beendet hat. Da mehrere Arten in Gefangenschaft erfolgreich kreuzbar sind, sollten keine nahe verwandten Arten gemeinsam ablaichen. Kreuzungen konnten im Aquarium zwischen *C. aeneus* und *C. eques* sowie *C. rabauti* mit dem Erstgenannten erzielt werden. Derartige Kreuzungen scheinen auch in der Natur vorzukommen. So beschreibt NIJSSEN (1970) einen Bastard zwischen *C. bondi coppenamensis* und *C. surinamensis* aus einem Zufluß des Coppename.

Corydoras aeneus (Taf. 122)
(GILL, 1858)
Metall-Panzerwels

Venezuela, Trinidad, nach Süden bis zum La-Plata-Becken; bis 7 cm.
D 1/7; A 1/6–7; P 1/7; V 1/5; Knochenschilder 24/21–22/3–4. Rücken und Körperseiten bis wenig unter die Seitenmitte grauschwarz, darunter gelblich, Bauch weiß. Kopfseiten hell. Beiderseits der Basis des Hinterhauptsfortsatzes entspringt ein bogenförmiger hellgrauer Streifen, der sich unterhalb des D-Ursprungs verschwommen verbreitert und bis an den oberen Teil der C-Basis reicht. Im letzten Drittel der D-Basis greift diese helle Färbung auch auf den Rükken über und schließt die Fettflosse völlig ein. Flossen grau.
Geschlechtsunterschiede, Pflege und Zucht siehe Gattungsbeschreibung. Die Art war früher unter dem Synonym *C. schultzei* HOLLY, 1940, bekannt. Eine Zeitlang wurden als »Echte C. aeneus« Tiere gehandelt, die vermutlich Kreuzungen mit *C. eques* waren.

Corydoras agassizi (Taf. 122)
STEINDACHNER, 1877

Westliches Brasilien; bis 6,5 cm.
D 1/7; A 1/6–7; P 1/6; V 1/5; Knochenschilder 23/21/3. Körper gattungstypisch. Schnauze relativ lang. Oberseite hellbraun bis lehmfarben, seitlich stark aufgehellt, zart gelblich bis silbern, Unterseite weiß. In der Körpermitte verläuft vom Kiemendeckel bis zur C-Wurzel ein sehr helles, breites Band, das drei schwarze Fleckenlängsreihen einschließt. Flecke von vorwiegend längsovaler Form sind locker verteilt auch auf dem ganzen Körper zu finden. Flossen durchsichtig grau, senkrechte Flossen mit regelmäßigen schwarzen Tüpfelreihen. D im Bereich der ersten Strahlen schwarz. Besonderheiten siehe Gattungsbeschreibung.

Corydoras ambiacus
COPE, 1872

Rio Ampiyacu, Peru; bis 6 cm (?).
D 1/7; A 1/5; P 1/7; V 1/6; Knochenschilder 21/19/2. Relativ gedrungen und hochrückig. Hell silbergrau, durch das Auge eine schwarze Binde, auf den Körperseiten zahlreiche unregelmäßig angeordnete, größere schwarze Flecke. Vorderer Teil der D mit schwarzem Fleck, der sich auch auf die unterhalb der D liegende Rückenpartie erstreckt. A und Fettflosse mit schwarzen Flecken, C mit 5–6 Querbinden.
Geschlechtsunterschiede und Pflege siehe Gattungsbeschreibung.

Corydoras arcuatus (Taf. 122)
ELWIN, 1939
Stromlinien-Panzerwels

Amazonasstromgebiet bei der Stadt Tefé; bis 5 cm.
D 1/7; A 1/6; Knochenschilder 22–24/20–22/3. Von typischer *Corydoras*-Gestalt. Graugelblich bis zart graugrün. Vom Maulwinkel über das Auge und bogenförmig dem Rückenprofil folgend, zieht eine breite dunkle Längsbinde bis in die C-Wurzel, hier knickt sie unvermittelt ab und folgt schmaler werdend dem unteren Rand der C. Sonst ohne Zeichnung. Flossen farblos, C mit feinen dunklen Punkten und schwärzlicher Oberkante.
Geschlechtsunterschiede und Pflege siehe Gattungsbeschreibung.

Corydoras axelrodi (Taf. 122)
RÖSSEL, 1962

Rio Meta in Kolumbien; bis 5 cm.
D 1/7; A 1/6; Knochenschilder 22/20–21/3. Kopf-Nackenlinie stark konvex, Schnauze nicht verlängert. Zart fleischfarben, oberseits mehr bräunlich. Vom Kiemendeckel bis in den unteren Rand der C-Basis erstreckt sich ein breites, dunkelbraunes Längsband, das sich, stark aufhellend, in dem unteren C-Lappen fortsetzt, darunter eine golden schimmernde Zone mit kleinen kommaförmigen Malen. Ein zweites dunkles Längsband befindet sich auf dem Rückenfirst. Vom Nacken über das Auge eine breite, dunkle Querbinde. Die ersten Strahlen der D und der Stachel der Fettflosse schwärzlich.
Geschlechtsunterschiede, Pflege und Zucht siehe Gattungsbeschreibung.

Corydoras baderi (Abb. 339)
GEISLER, 1969

Rio Parú de Oeste (Brasilien) und Fluß Oelemari (Suriname); bis 6 cm.
D 1/6–7; A 1/6; P 1/8–9; V 1/5; Knochenschilder

23–24/20–21/3–4. Körper gattungstypisch gestaltet. Hell graugelb bis hellbraun. Hinter dem Kiemendeckel beginnt eine bräunliche bis dunkelbraune Längsbinde, die ihre volle Intensität erst unterhalb der D erreicht, an der Berührungsstelle der oberen und unteren Knochenschilder verläuft und an der C-Basis endet. Flossen farblos.
Geschlechtsunterschiede und Pflege siehe Gattungsbeschreibung.
C. oelemariensis NIJSSEN, 1970, ist ein Synonym dieser Art. Nahe verwandt mit *C. nattereri*, von diesem aber leicht durch das Fehlen des dunklen Fleckes unterhalb der D zu unterscheiden.

Corydoras barbatus (Taf. 122)
(QUOY und GAIMARD, 1840)
Schabracken-Panzerwels

Von São Paulo bis Rio de Janeiro; über 12 cm.
D 1/7–8; A 1/6–7; Knochenschilder 24–27/22–23/3–6. Körper im Gegensatz zu anderen Arten stärker gestreckt. Glänzend gelbbraun, im unteren Körperbereich goldfarben. Unterseite zart gelblich bis weiß. Auf den Körperseiten schwärzliche bis prächtig gelbbraune Zeichnungen, die zwei große goldene Flecken auf der Oberseite des Schwanzstieles aussparen. Auf der dunklen Kopfoberseite und den Wangen große messingglänzende Punkte. Senkrechte Flossen mit bräunlichen Tupfenreihen. Schnauze der ♂♂ im geschlechtsreifen Alter seitlich beborstet, D und P stärker ausgezogen als bei den ♀♀. Sehr schöne Art, die in der Färbung stark variiert. Pflege siehe Gattungsbeschreibung.

Corydoras bicolor
NIJSSEN und ISBRÜCKER, 1967

Suriname, Sipaliwini; bis 5 cm.
D 1/7; A 2/5; V 1/5; P 1/8; Knochenschilder 23/20–21/3–5. Körper gattungstypisch gestaltet. Grundfärbung gelblichbraun, Bauchfärbung heller. Von der Basis der D erstreckt sich ein dunkelbrauner Fleck bis etwa zum 8. oberen Knochenschild. In der Augenregion eine dunkle Maserzeichnung. Mit Ausnahme der D alle Flossen farblos. Die Art wurde 1965 von HOEDEMAN als *C. melanistius sipaliwini* abgebildet, jedoch nicht beschrieben.
Besonderheiten wie bei der Gattung angegeben.

Corydoras boesemani (Abb. 340)
NIJSSEN und ISBRÜCKER, 1967

Suriname, kleine Nebenflüsse des Gran Rio; bis 5 cm.
D 1/7; A 1/5–6; P 1/8–9; V 1/5; Knochenschilder 23–24/20–21/3–4. Grundfärbung dieser schönen und auffallenden Art gelblichweiß. Entlang der Mittellinie, etwa in Höhe der D beginnend, verläuft ein breites, schwarzes Band bis zur Basis der C. Rückenfirst und obere Kopfpartie einschließlich der Augen auffallend dunkel gefärbt. Außerdem befinden sich im

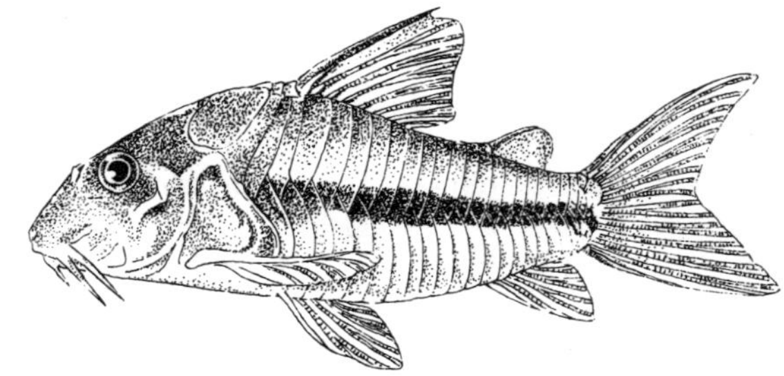

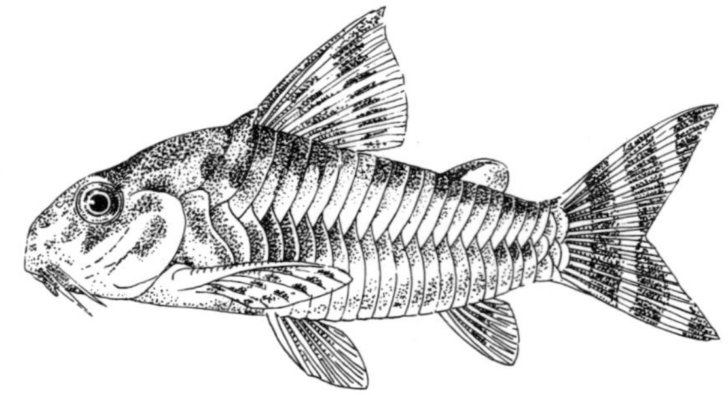

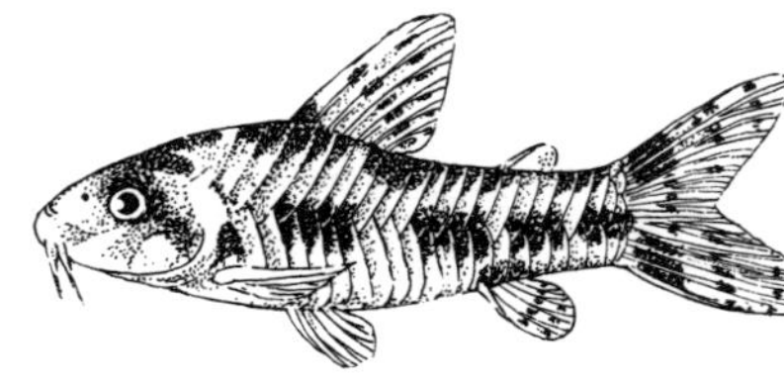

Abb. 339 *Corydoras baderi*
Abb. 340 *Corydoras boesemani*
Abb. 341 *Corydoras cochui*

vorderen Körperabschnitt einige sehr dunkle, variable Flecke. 1. und 2. Flossenstrahl der D schwarz, im hinteren Teil der Flosse einige kleine schwarze Linien; C mit 2–3 dunklen Querbinden; übrige Flossen durchscheinend.
Besonderheiten siehe Gattungsbeschreibung.

Corydoras bondi bondi (Taf. 121)
GOSLINE, 1940

Venezuela, Guyana, Suriname; bis 6 cm.
D 1/7; A 1/6; P 1/8–9; V 1/5; Knochenschilder 23–24/20–21/2–4. Hell graubraun, Rücken dunkler, Bauch weißlich. Kurz hinter dem Kiemendeckel, etwa unterhalb der D-Vorderkante, beginnt eine schwarze, breite Binde, die an der C-Wurzel endet. Sie wird oben und unten von einer weißen Zone begleitet. Auf dem Kopf und vorderen Teil des Körpers zahlreiche unregelmäßige, schwarze Tupfen. C mit 4–5 Reihen unregelmäßiger schwarzer Flecke. D mit unregelmäßigen schwarzen Tupfen, Vorderkante schwarz. A und V ebenfalls mit schwarzen Tupfen.
Geschlechtsunterschiede, Pflege und Zucht siehe Gattungsbeschreibung.
Die Unterart *Corydoras bondi coppenamensis* NIJSSEN, 1970, hat folgende besonderen Merkmale: Die Flecke auf dem Kopf und in der oberen Körperhälfte sind rund und etwa gleichgroß, Auge kleiner, D-Stachel kürzer.

Corydoras caudimaculatus (Taf. 123)
RÖSSEL, 1961
Lunik-Panzerwels

Oberer Rio Guaporé; bis 6cm.
D 1/8; Knochenschilder 20–21/19–20/2–3. Hochrükkige Art. Silbrigweiß mit zahlreichen feinen braunen Punkten auf dem Kopf und Körper, die in senkrechten oder schrägen Reihen angeordnet sind. Zwischen den Augen eine unscharf begrenzte dunkle Zone. Auf dem Schwanzstiel ein großer schwarzer Fleck, der sich bis an die Basis der A ausdehnt. Unpaare Flossen mit dunkelbraunen Punkten, die auf der C in sechs Reihen angeordnet sind.
Geschlechtsunterschiede, Pflege und Zucht siehe Gattungsbeschreibung.

Corydoras cochui (Abb. 341)
MYERS und WEITZMAN, 1953

Zentralbrasilien, Santa Maria Nuova, Rio Araguaia; bis 2,5cm.
D 1/7; A 1/6–7; P 1/7–8; V 1/5; Knochenschilder 23/20/4. Körper relativ niedrig und langgestreckt. Neben *C. hastatus* und *C. pygmaeus* der kleinste Panzerwels. Graubraun bis silbriggrau mit gelblichem bis goldenem Schimmer an den Körperseiten. Unregelmäßige, oft fast rechteckige, dunkle Flecke entlang der Körpermitte und in der oberen Körperhälfte, deren Anordnung an ein Schachbrettmuster erinnert. Unterseite einheitlich weißgrau, Flossen farblos. Die ersten Strahlen der P und D dunkel, letztere und C mit feinen dunklen Punkten.
Geschlechtsunterschiede und Pflege siehe Gattungsbeschreibung.

Corydoras elegans (Taf. 121)
STEINDACHNER, 1877

Mittlerer Amazonas; bis 6cm.
D 1/7; A 1/6–7; V 1/5; Knochenschilder 21–22/20/4. Gelblichbraun, Rücken dunkler, Bauch heller. Oberseite des Kopfes graubraun marmoriert. Vom Hinterhaupt bis zur C-Wurzel verläuft ein keilförmiges, dunkles, unscharf begrenztes Band, das vorn aus mehreren Flecken besteht. Darunter ein heller Streifen, der von einer dunklen Punktreihe begrenzt wird. Diese beginnt an der oberen Kiemendeckelecke, hängt bogig durch und vereinigt sich mit einem dunklen Streifen, der der Knochenplatten-Überlappung folgt. Darunter wieder ein helles, durch eine dunkle Punktreihe abgeschlossenes Band. Kiemendeckel glänzend hellblau. Flossen grau, D oft mit Flecken.
Besonderheiten siehe Beschreibung der Gattung.

Corydoras eques (Taf. 180)
STEINDACHNER, 1877

Amazonas in der Nähe von Tefé und Cudajas; bis 5,5cm.
D 1/6–7; A 1/7; V 1/5; Knochenschilder 22–23/20–21/3. Je nach Umwelt und Wohlbefinden zeigt die Art eine mehr oder weniger intensive Blaufärbung an den Körperseiten, die sich in Gestalt eines Dreiecks auf die Oberseite des Kopfes erstreckt. Ähnlich wie bei *C. aeneus* zieht sich beiderseits des Rückenfirstes eine goldene Glanzbinde bis fast zur C. Oberhalb der dunklen Zone an den Körperseiten dunkelbraun, unterhalb schmutzigweiß bis rötlichgelb gefärbt. Flossen durchsichtig und ungefleckt, V schwach gelblich. Besonderheiten siehe Gattungsbeschreibung. Eine der fruchtbarsten *Corydoras*-Arten.

Corydoras guaporé (Taf. 125)
KNAACK, 1961

Oberer Rio Guaporé; bis 5cm.
D 1/7; Knochenschilder 24–25/22–23/1. Diese Art erinnert in der Färbung und Zeichnung sehr an *C. caudimaculatus*, jedoch ist sie wesentlich stärker gestreckt, d.h. nicht so hochrückig.
Pflege siehe Gattungsbeschreibung.

Corydoras haraldschultzi
KNAACK, 1962

Oberer Rio Guaporé; bis 7cm.
D 1/8; A 1/7; P 1/11; Knochenschilder 22/21/3. Schlanke, hochrückige Art mit kurzer, abgerundeter Schnauze. Graugelb bis sandfarben, bei auffallendem Licht stark metallisch glänzend. Schnauze, Oberlippe und Basis der oberen Barteln mit dunkelbraunen Flecken, Vorderkörper mit meanderförmigen dunklen Zeichnungen, die sich von der Körpermitte an mehr oder weniger zu Linien gruppieren. Bauch weiß bis rosa. A gelblich gebändert oder unregelmäßig gepunktet, P gelblich durchscheinend, Stachel und die folgenden Flossenstrahlen kräftig orange. C mit 6–8 dunkelbraunen bis schwarzen Querlinien, oberer Lappen deutlich verlängert.
Pflege siehe Gattungsbeschreibung.

Corydoras hastatus (Taf. 123)
EIGENMANN und EIGENMANN, 1888
Sichelfleck-Panzerwels

Stromgebiet des Amazonas bei Villa Bella; bis 3cm.
D 1/7–8; A 2/5–6; Knochenschilder 22/20/2. Ähnlich gestaltet wie *C. pygmaeus*. Graugrün bis goldgelb. Rücken olivgrün, Seiten gelblich, Bauch weißlich. Kopf, Körper und Flossen mit kleinen dunklen Punkten übersät. Hinter dem Kiemendeckel beginnt ein schwarzes Längsband, das sich auf der C-Wurzel zu einem rautenförmigen, oben und unten von einem gelblichen Saum begrenzten Fleck erweitert. Ein zweiter schwarzer Strich verläuft an der Unterkante des Schwanzstieles. Flossen schwach grau, Basis der C schwärzlich.
Besonderheiten siehe S. 402.
Zierliche, sehr viel frei schwimmende Art, die in kleinsten Aquarien gehältert werden kann und gern im Schwarm lebt.

Corydoras julii (Taf. 180)
STEINDACHNER, 1906

Kleinste Zuflüsse des unteren Amazonas; bis 6 cm.
D 1/7; A 2/6; P 1/9; V 1/6; Knochenschilder 22/21/2. Körper gattungstypisch gestaltet. Silbergrau, mit zahlreichen kleinen Tüpfeln bedeckt, die auf der Oberseite des Kopfes und auf dem Kiemendeckel zu wurmförmigen Linien zusammenlaufen können. Zwischen den oberen und unteren Knochenschildern ein dunkles Längsband, das oben und unten von einer grausilbrigen Binde begrenzt wird. Über dem ganzen Körper liegt bei auffallendem Licht ein zarter, grünlicher Metallglanz. Flossen silbergrau, D-Spitze schwarz. A schwarz getupft, C mit bogigen Tüpfelreihen.
Pflege siehe S. 402.
Wird häufig mit *C. trilineatus* und dem langschnäuzigen *C. leopardus* verwechselt.

Corydoras leopardus (Abb. 342)
MYERS, 1933

Brasilien; bis 6 cm.
D 1/7; A 1/6; P 1/10; V 1/6; Knochenschilder 24/23/3. Relativ langschnäuzige Art. Grau, unterhalb der D beginnt eine dunkle Linie, die in der C-Wurzel endet. Seiten mit Reihen dunkler Flecken, die größer als auf der Schnauze sind. D mit großem schwarzem Fleck, der die Flosse zu 2/3 ausfüllt. C mit fünf Reihen dunkler Flecke, andere Flossen farblos.
Geschlechtsunterschiede und Pflege siehe S. 402.
C. funnelli FRASER-BRUNNER ist nach NIJSSEN und ISBRÜCKER (1980) ein Synonym dieser Art.

Corydoras leucomelas (Taf. 121)
EIGENMANN und ALLEN, 1942

Peru, Yarina Cocha, Kolumbien, Rio Orteguaza; bis 5 cm.
D 1/8; A 1/6; P 1/9; V 1/6; Knochenschilder 23/21/2. Körper relativ kurz und hochrückig. Silbrig grau, Rücken bräunlich, Bauch weißlich. Auf den ersten Strahlen der D und unterhalb der Flosse befindet sich ein schwarzer Fleck. Ein schwarzer Streifen zieht vom Nacken über das Auge zur Kopfunterseite. Seiten mit vielen unregelmäßigen Flecken, die von oben nach unten kleiner werden. C mit sechs schmalen, dunklen Binden, A mit einer Binde durch die Mitte.
Geschlechtsunterschiede und Pflege siehe S. 402.
C. caquetae FOWLER, 1943, ist nach NIJSSEN und ISBRÜCKER (1980) ein Synonym dieser Art.

Corydoras macropterus (Abb. 343)
REGAN, 1913

Südliches Brasilien (São Paulo); bis 7 cm.
D 1/8; A 1/6–7; Knochenschilder 24–25/21–22/4. Die Wangen dieser Art sind beborstet. Graubraun bis lehmfarben oder zart fleischfarben, Oberseite dunkler, Unterseite zart hellbraun bis weiß. Auf den leicht grünlich bis bräunlich schimmernden Körperseiten dunkle bis schwärzliche Zeichnungen, deren Anordnung aus Abb. 343 zu ersehen ist. D und A mit dunklen Punktreihen. D-Stachel schwarz. ♂ mit stärkerer Wangenbeborstung sowie sehr großer D und lang ausgezogener P, der 1. Flossenstrahl reicht bis zur A. Nicht zu hohe Temperaturen, 18–21 °C.

Corydoras melanistius melanistius (Taf. 121)
REGAN, 1912

Guyana (Essequibo), Orinoko (?); bis 6 cm.
D 1/7; A 1/6; P 1/9; V 1/5; Knochenschilder 21–24/19–21/3–4. Körper gattungstypisch gestaltet. Gelblichweiß bis grau mit schwach rötlicher Tönung. In diese Grundfärbung sind zahlreiche kleine, braune Tüpfel eingestreut. Vom Nacken über das Auge zieht sich eine keilförmige Binde bis an den Wangenunterrand. Vorderer Teil der D und die darunter befindliche Zone schwarz. A fein punktiert, C farblos bis leicht schwarz punktiert. Übrige Flossen farblos.
Geschlechtsunterschiede, Pflege und Zucht siehe S. 402. Die Unterart *Corydoras melanistius breviros-*

Abb. 342 *Corydoras leopardus*
Abb. 343 *Corydoras macropterus*
Abb. 344 *Corydoras ornatus*

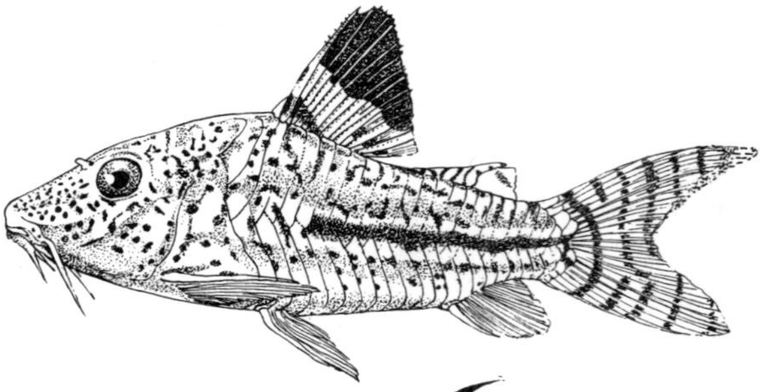

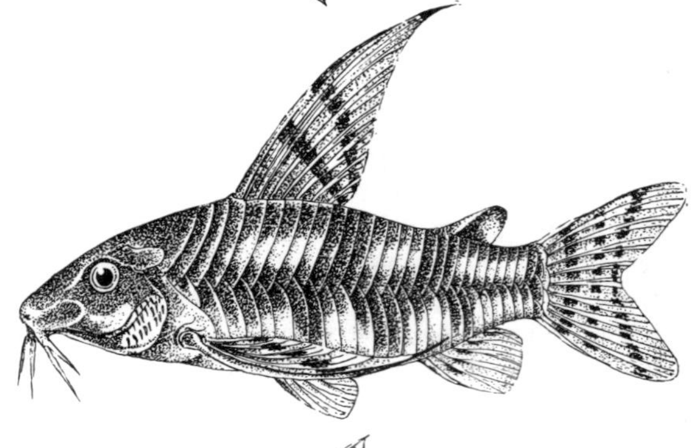

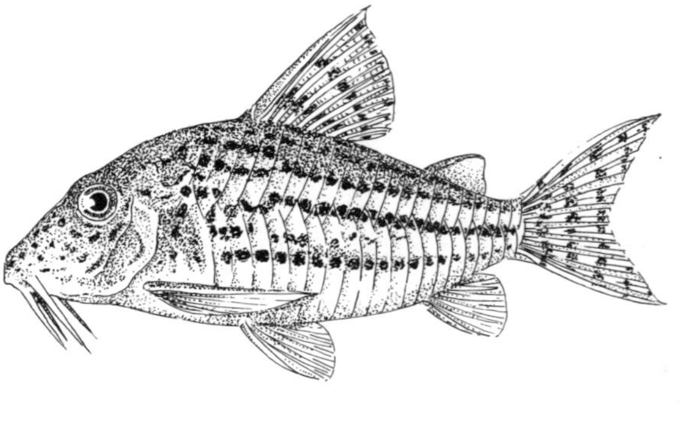

tris FRASER-BRUNNER, 1947, hat weniger, jedoch größere Flecken auf den Körperseiten, sie fehlen auf dem Kopf. Auf der C 4–5 schwarze Punktreihen. ♀ größer, D weniger spitz ausgezogen, etwas kontrastärmer gezeichnet. ♂ kleiner, mit auffallend spitzer D. Die Unterart ist auch unter dem Synonym *C. wotroi* NIJSSEN und ISBRÜCKER, 1967, bekannt.

Corydoras metae (Taf. 123)
EIGENMANN, 1914

Kolumbien im Rio Meta, in der Umgebung von Barigona; bis 5,5 cm.
D 1/8; A 1/6; Knochenschilder 23/20/2. Hochrückige Art, hellgelb mit breiter dunkler Augenbinde. Sehr charakteristisch ist ein nahezu schwarzes Band, das in der Höhe der D-Vorderkante beginnt, entlang des Rückens nach hinten zieht, vor der C plötzlich abknickt und als Querbinde die C-Wurzel bedeckt. D mit Ausnahme des äußeren Teils der hinteren Flossenstrahlen sehr dunkel, an der Basis geht die dunkle Färbung direkt in das erwähnte Längsband über; alle übrigen Flossen ohne besondere Zeichnung.
Pflege und Zucht siehe S. 402.

Corydoras nattereri (Taf. 124)
STEINDACHNER, 1877
Blauer Panzerwels

Östliches Brasilien; bis 6,5 cm.
D 1/7; A 1/5–7; Knochenschilder 21–23/20–21/4. Von typischer *Corydoras*-Gestalt. Rücken grünlichbraun, Seiten bräunlich bis bläulichgrün schimmernd, Bauch gelblich bis orange oder rosa. Unterhalb der ersten D-Strahlen ein dunkler, unregelmäßiger Fleck. Hinter dem Kiemendeckel beginnt eine dunkle Längsbinde, die oberhalb der Überlappungslinie der beiden Knochenplattenreihen verläuft, sich nach hinten verjüngt und in der C-Wurzel endet. Flossen grau, manchmal mit schwarzer Spitze (besonders die D).
Geschlechtsunterschiede, Pflege und Zucht siehe Gattungsbeschreibung. Leicht zu verwechseln mit *C. baderi* GEISLER, 1969, dem jedoch der dunkle Fleck unter der D fehlt, und *C. prionotus* NIJSSEN und ISBRÜCKER, 1980, eine Art, die einen stark bezahnten P-Stachel hat.

Corydoras ornatus (Abb. 344)
NIJSSEN und ISBRÜCKER, 1976

Rio Tapajós; bis 6 cm.
D 1/7; A 2/5; P 1/9–10; V 1/5–6; Knochenschilder 23–24/20–24/2–4. Körper gattungstypisch gestaltet. Grundfärbung (in Alkohol) hellbraun, lebende Exemplare wahrscheinlich silbergrau. Körperseiten mit drei schwarzen Längsbinden. D mit zwei horizontalen Punktreihen, C mit vier vertikalen Reihen kleiner, schwarzer Flecke, P grau, andere Flossen farblos. Nahe verwandt mit *C. pulcher* NIJSSEN und ISBRÜCKER, 1973, unterscheidet sich von dieser Art jedoch durch die Zeichnung, den breiteren Körper, den kürzeren D-Stachel, das breitere Interorbitale und den höheren Schwanzstiel (Angaben nach NIJSSEN und ISBRÜCKER, 1976).
Pflege und Zucht siehe S. 402.

Corydoras paleatus (Taf. 125)
(JENYNS, 1842)
Punktierter Panzerwels

Südöstliches Brasilien und La-Plata-Stromgebiet; bis 7 cm.
D 1/7–8; A 1/6; Knochenschilder 22–24/20–22/2–3. Körper gattungstypisch gestaltet. Rücken dunkelolivbraun bis grün, Seiten gelblichgrün mit metallischem Glanz, Bauch gelblichweiß. Auf dem Rücken und den Körperseiten unregelmäßige, große, schwärzliche Flecke, die zu Querbinden zusammenlaufen können. Zahlreiche kleine, dunkle, über den ganzen Körper verstreute Punkte. D, C und A grau mit Reihen schwärzlicher Punkte und Striche.
Geschlechtsunterschiede, Pflege und Zucht siehe S. 402. Diese Art wurde bereits 1878 von CARBONNIER in Paris gezüchtet.

Corydoras panda (Taf. 123)
NIJSSEN und ISBRÜCKER, 1973

Peru, Ucayali-System; bis 5 cm.
D 1/7; A 2/5; P 1/8–9; V 1/5; Knochenschilder 22–23/20/3. Körper relativ kurz und hochrückig. Hellbraun mit schwarzer Augenbinde. Am Ende des Schwanzstiels ein großer schwarzer Fleck. D schwarz mit Ausnahme des Stachels, andere Flossen farblos. Angaben nach NIJSSEN und ISBRÜCKER (1971). Sehr schöne Art.
Pflege siehe S. 402.

Corydoras polystictus (Taf. 123)
REGAN, 1912

Brasilien, Mato Grosso, Descalvado; bis 4 cm.
D 1/7; A 1/6; Knochenschilder 22–23/20–22/2. Körper gattungstypisch gestaltet. Rücken und obere Körperpartie oliv bis rötlichbraun, Bauchregion weißlich. Der gesamte Körper ist mit kleinen dunkelbraunen Punkten bedeckt, die oberhalb der Mittellinie dichter stehen. Flossen durchscheinend, ebenfalls mit sehr kleinen Punkten.
Besonderheiten siehe S. 402. Die Art zeigt zur Laichzeit auffallende hüpfende Bewegungen. *C. polystictus* wurde eine Zeitlang unter der Bezeichnung Savannen-Panzerwels bzw. *C. vermelinhos*, einem Händlernamen, gehandelt.

Corydoras potaroensis (Abb. 345)
MYERS, 1927

Guyana; bis 4 cm.
D 1/7; A 2/5; Knochenschilder 23–24/20–21/5. Gestreckte Art, Schnauze gerundet. Gelblichgrau, mit

breiter dunkler Augenbinde. Entlang der Knochenschilderüberlappung ein schmaler, schwarzer Streifen. Jedes Knochenschild hinten dunkel gerandet. Flossen farblos, C mit sehr zarten Tüpfelreihen in der Nähe der Basis.
Geschlechtsunterschiede und Pflege siehe S. 402.

Corydoras punctatus (Abb. 346)
(BLOCH, 1794)

Suriname-Fluß-System; bis 6 cm.
D 1/7; A 1/5–6; P 1/7–8; V 1/5; Knochenschilder 22–24/19–21/3–4. Körper gattungstypisch gestaltet. Zart rauchgrau oder gelblichgrau mit zahlreichen schwarzen Tüpfeln, die auf dem Rücken und im oberen Bereich der Körperseiten besonders dicht stehen, die Tüpfel auf dem Kopf sind am größten. Entlang der Überlappungslinie der Knochenschilder eine dunkle Tüpfelreihe. Flossen durchschimmernd. D-Außenteil pechschwarz. C und A mit dunklen Tüpfelreihen, Fettflosse mit dunklem Fleck. Die Tüpfelung auf den Körperseiten variiert nach NIJSSEN in ihrer Intensität in Abhängigkeit vom Fundort.
Geschlechtsunterschiede und Pflege siehe S. 402.

Corydoras pygmaeus (Taf. 123)
KNAACK, 1966
Zwergpanzerwels

Nebenfluß des Rio Madeira in Brasilien, sicher viel weiter verbreitet; bis 3 cm.
D 1/7; A 1/6; Knochenschilder 21/20/1. Langgestreckte Art mit kurzer Schnauze. Durchscheinend grüngelblich. Auf der Überlappungslinie der Schilder ein dunkles Längsband, daß sich von der Schnauze bis auf die C-Wurzel erstreckt und dort einen länglichen, oben und unten von einem hellen Hof umgebenen Fleck bildet. Eine zweite dunkle Längslinie beginnt oberhalb der V und endet über der A. Flossen durchsichtig ohne Zeichnung. Die Art wurde früher auch als *C. hastatus australe* oder *C. australe* bezeichnet.
Geschlechtsunterschiede, Pflege und Zucht siehe S. 402.

Corydoras rabauti (Taf. 180)
LA MONTE, 1941
Rostpanzerwels

Kleine Zuflüsse des Amazonas oberhalb der Einmündung des Rio Negro; bis 6 cm.
D 1/7; A 1/6; P 1/7; V 1/5; Knochenschilder 22–23/20–21/3. Körper gattungstypisch gestaltet. Sehr farbenprächtige Art. Kräftig orangerot mit stellenweise geringem, zart schwärzlichem Anflug, Nacken und Kehle etwas heller bis gelblich. Charakteristisch ist ein sehr breites, dunkelbraunes Band, das vor der D entspringt und fast geradlinig zur C-Wurzel zieht. Partie um das Auge gleichfalls dunkelbraun. Kiemendeckel und Zone direkt dahinter oft grünlich schillernd. Flossen einheitlich hellgrau.
Die Art zeigt in der Entwicklung einen deutlichen Wechsel der Zeichnung und Färbung: Frisch geschlüpfte Jungtiere haben einen dunklen Augenstrich, der bald verschwindet. Mit dem Wachstum entwickelt sich die Jugendtracht, die vor allem durch eine sehr breite gürtelförmige Binde von dunkler bis bläuschwarzer Farbe ausgezeichnet ist. Ihre vordere Kante liegt in Höhe des Anfangs der D. Erst bei einer Gesamtlänge von etwa 3 cm entwickelt sich die völlig abweichende definitive Färbung und Zeichnung (siehe oben).
Geschlechtsunterschiede, Pflege und Zucht siehe Gattungsbeschreibung, S. 402.
C. myersi RIBEIRO ist ein Synonym dieser Art. Sehr ähnlich ist *C. zygatus* EIGENMANN und ALLEN, 1942, aus dem peruanischen Amazonas (Rio Huallaga). Beide Arten sind sehr häufig verwechselt worden. Folgende Merkmale sind jedoch sehr gut zur Unterscheidung geeignet: *C. zygatus* ist gestreckter, schlichter gefärbt, Grundfärbung nicht orangerot, sondern eher gelblich braun, die Jungfische haben keine Gürtelbinde.

Corydoras reticulatus (Taf. 124)
FRASER-BRUNNER, 1938
Netzpanzerwels

Unterer Amazonas, Rio Ucayali; bis 7 cm.
D 1/7; A 1/6; P 1/9; V 1/6; Knochenschilder 23–24/21/2. Körper hochrückig. Einer der schönsten Panzerwelse. Kopf, Rücken und Körperseiten dunkelbraun bis schwarz genetzt, die Innenräume des Gitters intensiv grün bis rot glänzend. Gegen die helle Unterseite zu ist diese brillante Färbung mehr verwaschen, die Zeichnung undeutlicher. Von der D-Basis verläuft auf dem Rückenfirst ein ockerfarbenes Band. Flossen durchsichtig, D mit dunkler Basis und dunkelbraunen, manchmal nahezu schwarzen Tüpfeln, mit großem, schwarzem, weiß umrandetem Fleck. C mit dichten dunklen Tüpfelreihen. A gleichfalls mit dunklen Flecken. Die beschriebene Färbung gilt für geschlechtsreife Tiere, Jungtiere sind mehr oder weniger grau bis rötlich mit undeutlicher Netzzeichnung. Auch bei den ♀♀ ist die Wabenzeichnung weniger klar.
Pflege siehe S. 402.
C. sodalis NIJSSEN und ISBRÜCKER, 1986, aus dem Loreto-Gebiet ist dieser Art sehr ähnlich. Durch den fehlenden schwarzen Fleck in der D jedoch leicht zu erkennen.

Corydoras schwartzi (Taf. 124)
RÖSSEL, 1963

Brasilien, Mündung des Rio Purus, Umgebung von Manaus; bis 4 cm.
D 1/7; A 2/5; Knochenschilder 20–23/21/3. Körper gattungstypisch gestaltet. Silbergrau mit schwarzem Augenband. Drei schwarze, horizontale, aus Punkten zusammengesetzte Längsstreifen auf den Körperseiten, der obere beginnt manchmal in einem großen

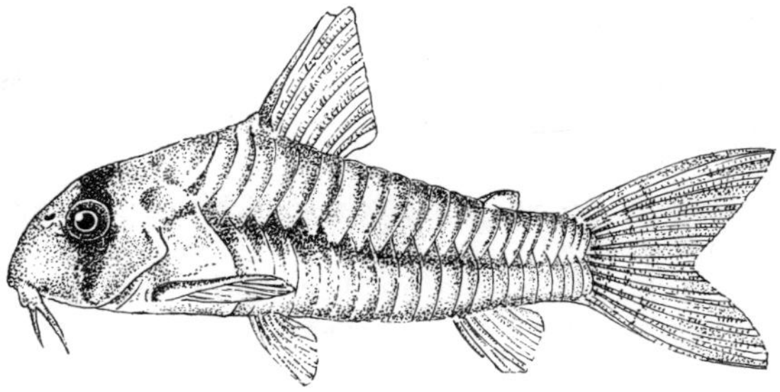

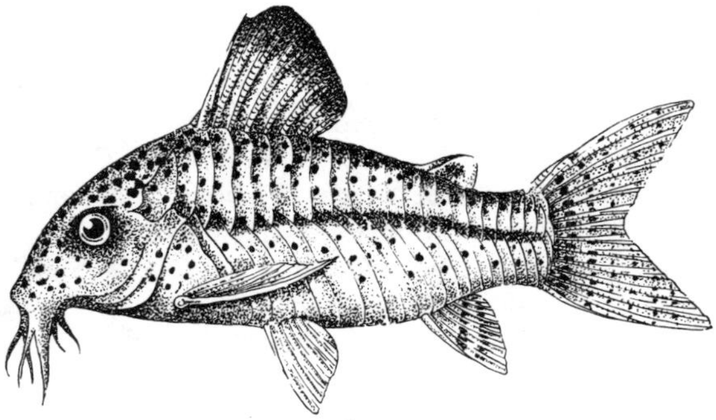

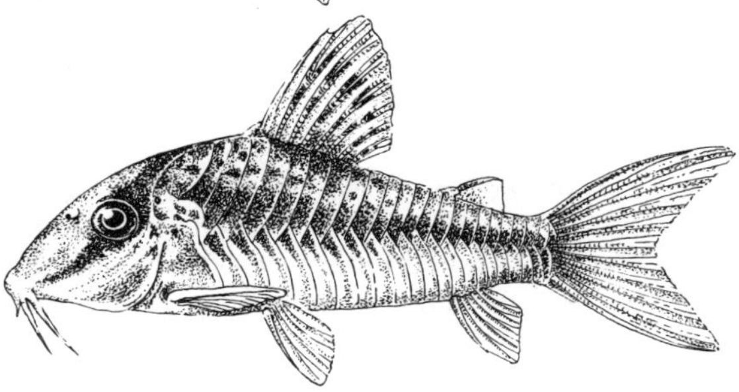

Abb. 345 *Corydoras potaroensis*
Abb. 346 *Corydoras punctatus*
Abb. 347 *Corydoras treitli*

Fleck an der Basis der D und endet an der Basis der Fettflosse, der mittlere verläuft in der Mitte des Körpers, der untere endet ebenfalls an der Basis der C. Manchmal sind die Streifen unregelmäßig ausgeprägt. Die Basis der ersten D-Strahlen schwarz. C mit 2–3 schwarzen Querbändern, zusätzlich noch schwarze Zeichnungen auf den Lappen. Wenige dunkle Flecke auf der A. Paarige Flossen farblos. Geschlechtsunterschiede und Pflege siehe S. 402.

Corydoras sterbai (Taf. 124)
Knaack, 1962

Oberer Rio Guaporé; bis 8 cm.
D 1/8; A 1/7; P 1/10; V 1/6; Knochenschilder 21/20/1–2. Hochrückige und schlanke Art. Gelblich, Schnauze, Oberlippe, Bartelansatz, Stirn, Nacken und Rücken dunkelbraun genetzt. Die Netzung wird nach caudal großmaschiger und etwas undeutlicher. Bauch weiß bis zart rosa. D-Stachel gelb bis schwach orangefarben, P-Stachel sehr kräftig orange gefärbt, Strahlen der V gepunktet. Die Flossen sind ähnlich, jedoch nicht so kräftig gefärbt wie bei *C. haraldschultzi* (teilweise nach Knaack). Nahe verwandt mit *C. reticulatus* und *C. haraldschultzi*.
Geschlechtsunterschiede und Pflege siehe S. 402.

Corydoras treitli (Abb. 347)
Steindachner, 1906

Östliches Brasilien, weitere Umgebung von Pernambuco; bis 5,5 cm.
D 1/8; A 1/7; Knochenschilder 23–25/21–23/6. Gestreckte, langschnäuzige Art. Oberseite bräunlichgelb, Körperseiten heller bis hellgelb, bei auffallendem Licht mit goldenem Glanz. In der Körpermitte verläuft bis in die C-Wurzel ein unregelmäßiges dunkles Längsband. Obere Körperhälfte dunkel getüpfelt und gestrichelt. Von der dunkelbraunen Basis der D erstreckt sich eine dunkle Zone bis zur Seitenmitte. Ein fast schwarzer Strich zieht sich vom Hinterkopf über das Auge bis zur Schnauze. Flossen grau mit dunklen Tüpfelreihen.
Geschlechtsunterschiede und Pflege siehe S. 402.

Corydoras trilineatus (Taf. 124)
Cope, 1872

Mittellauf des Amazonas, in der Umgebung von Iquitos und Pebas; bis 7 cm.
D 1/7; A 1/7; Knochenschilder 23–24/20–22/3. Körper gattungstypisch gestaltet. Silbergrau bis olivgrau. Unterseite hellgrau bis weiß. Kiemendeckel mit grünlichem Schimmer. In der oberen Körperhälfte drei dunkle, unregelmäßige und mehrfach unterbrochene Längsbinden, die in der C-Wurzel enden. Flossen farblos durchsichtig. D mit großem schwarzem Fleck, C mit 5–6 vertikalen schwarzen Tüpfelreihen. Geschlechtsunterschiede, Pflege und Zucht siehe S. 402.
Die meisten der in Europa gepflegten Leopardpanzerwelse gehören vermutlich zu dieser Art und nicht zu *C. julii* oder *C. leopardus*.

Corydoras undulatus (Taf. 124)
Regan, 1912
Gewellter Panzerwels

La-Plata-Staaten und östliches Brasilien; bis 5,5 cm.
D 1/7; A 1/6–7; Knochenschilder 21–23/19–20/4. Körper relativ gestreckt. Rücken gelblich bis bräunlicholiv, Körperseiten heller, Bauch ockerfarben, Unterseite des Kopfes und Brust gelblichweiß, Kopf und Körperseiten mit zahlreichen dunklen Flecken und Punkten, die sich besonders auf der Seitenmitte zu Wellenlinien vereinigen. Zwischen den dunklen Punkten einzelne grüngolden glänzende Punkte, die auf dem Kiemendeckel zu wellenförmigen Linien zusammenfließen. Flossen mit reihenweise angeordneten dunklen Punkten und Strichen. Beim ♂ soll die Spitze der D schwarz gefärbt sein. Weitere Geschlechtsunterschiede, Pflege und Zucht siehe S. 402.
Außer den behandelten *Corydoras* wurden einige weitere Arten eingeführt und z.T. auch gezüchtet, siehe dazu Taf. 120 und 125.

Gattung *Dianema* Cope, 1871

Körper spindelförmig gestreckt, Rückenlinie nur etwas stärker ausgebogen als die Bauchlinie. Zwischen D und Fettflosse vier kleine Knochenplatten (Rükkenwulstpanzerung), die mit den Seitenschildern fest verbunden sind. Die ventralen Teile des Schultergürtels sind so stark vergrößert, daß sie die gesamte Brust bedecken und in der Mittellinie zusammenstoßen. C eingeschnitten. In Südamerika weit verbreitet. Zwei Arten.

Dianema longibarbis (Taf. 126)
Cope, 1872

Im Amazonasgebiet weit verbreitet; bis 9 cm.
D 1/7–8; A 1/6; Knochenschilder 25/24. Körper spindelförmig. Zwei Paar relativ lange Barteln, die Mandibularbarteln reichen etwa bis zur Mitte der P. C tief eingeschnitten. Oberseits dunkel mit bläulichem Schimmer. Körperseiten hellgrau oder zart fleischfarben, mit zahlreichen dunklen Tupfen von der Größe der Pupille. Unterseits weißlich, Flossen farblos, Barteln dunkel. ♀ wesentlich kräftiger.
Die Tiere können gut und ausdauernd schwimmen, aber auch freischwebend verharren, wobei P, D und A undulieren. Allesfresser, vorwiegend jedoch Wurmfutter.
Pflege siehe Gattung *Corydoras*. Sehr ausdauernd und hart. Baut wie *Hoplosternum* und *Callichthys* ein Schaumnest. Das Ablaichen gleicht in etwa dem von *Hoplosternum thoracatum*. Die Jungfische schlüpfen nach 4–6 Tagen, sie sind schnellwüchsig, gegen Wasserverschmutzung etwas empfindlich. Etwa 600 Jungfische pro Brut.

Dianema urostriata (Taf. 126)
de Miranda Ribeiro, 1912

Brasilien, weit verbreitet, vom Mato Grosso bis in die Nähe von Manaus; bis 15 cm.
D 1/7; A 1/5; Knochenschilder 25/25. Körpergestalt und Färbung ähnlich *D. longibarbis*, jedoch etwas kräftiger grau. Die dunklen Flecken auf den Körperseiten sind geringer in ihrer Anzahl, größer und verwaschen. C mit fünf schwarzen und weißen Längsbinden. Andere Flossen farblos. Jungtiere kontrastreicher gefärbt. Sehr schöne Art.
Pflege siehe bei *Hoplosternum thoracatum*.

Gattung *Hoplosternum* Gill, 1858

Körper plump, walzenförmig. Nahe verwandt mit *Callichthys*, jedoch sind hier die Knochenplatten zwischen der D und Fettflosse (Rückenwulstpanzerung) fest mit den Seitenplatten verbunden. C gerade oder nur wenig eingeschnitten. In Südamerika weit verbreitet. Mehrere Arten.

Hoplosternum littorale (Taf. 127)
(Hancock, 1828)

Trinidad, Guayana, Brasilien, südlich bis zum Paraná; bis 20 cm.
D 1/8; A 2/5; Knochenschilder 25/23. Zwei Paar verhältnismäßig lange Oberkieferbarteln. Oberseits schwärzlich bis grünschwarz. Körperseiten blaugrau bis dunkelgrau, gegen die Unterseite allmählich aufgehellt. Flossen hellgrau bis durchsichtig farblos. Charakteristisch für diese Art sind u.a. der ungefleckte Körper, die ungefleckten Flossen und die Verdickung der äußeren Strahlen der C. Geschlechtsunterschiede in der Färbung unbekannt. Die ♂♂ mit gut sichtbarer Genitalpapille.
Pflege und Zucht siehe Gattung *Corydoras*, S. 402, und die nachfolgende Art. Schaumnestbauer. Das Nest wird durch Pflanzenteile verfestigt, das ♂ betreut die Jungfische.

Hoplosternum thoracatum (Taf. 127)
(Cuvier und Valenciennes, 1840)

Von Panama bis Paraguay; bis 20 cm.
D 1/8; A 1/6–8; Knochenschilder 25–26/23–24. C nicht oder nur geringfügig eingeschnitten. Entsprechend dem großen Verbreitungsgebiet sehr variabel. Dunkel- bis rehbraun, je nach Bodengrund wechselt die Färbung, gelegentlich erscheint die Oberseite sogar schwarz. Bauchseite grauviolett bis weißlich. Der gesamte Körper einschließlich D und C mit verschieden großen schwarzen Flecken bedeckt, die auch zu Querbinden vereinigt sein können. C an der Basis mit auffallend hellem Querstreifen. ♀ in der Regel kleiner, Unterseite vor allem zur Laichzeit weiß mit runden Tüpfeln. ♂ größer, P kräftiger, besonders der 1. Flossenstrahl, Genitalpapille stets deutlich. Unterseite zur Laichzeit grauviolett.
Pflege der Dämmerungstiere einfach. Zur Zucht eignen sich größere Aquarien mit Höhlen und Schwimmblattpflanzen. Vom ♂ wird unter einer umgestülpten Schale bzw. unter einem größeren Blatt ein Schaumnest gebaut und das Nestareal verteidigt. Die Paarung erfolgt meist unter dem Nest und erinnert an die Paarung der *Corydoras*-Arten. Das ♀ wird vom ♂ mit einer P festgeklemmt. Die Eier gelangen zunächst in eine von den Vn des ♀ gebildete Tasche, werden dann im Schaumnest, d.h. an der Blattunterseite, bzw. im oberen Höhlenbereich angeklebt (insgesamt bis 600 Eier und mehr) und vom ♂ betreut und bewacht. Ein ♂ kann auch mit mehreren ♀♀ ablaichen, Gelege dann sehr groß. Bei 23–24 °C schlüpfen die Jungen nach etwa vier Tagen, die Brutpflege des ♂ erstreckt sich auch auf die Jungfische. ♀ nach dem Ablaichen am besten entfernen. Die Eier können auch künstlich erbrütet werden. Die Jungfische zeigen ein typisches Jugendkleid aus gelblichen und schwarzen Querbinden.
Auch *Hoplosternum magdalenae* Eigenmann, 1913, (Taf. 126) wurde bereits importiert.

Familie Loricariidae
Harnischwelse

Artenreiche, in Süd- und Mittelamerika beheimatete Welsfamilie (Abb. 348), für die eine starke Hautpanzerung charakteristisch ist. Im Gegensatz zu den Callichthyidae haben die Loricariiden 3–4 Reihen von Knochenschildern auf dem Körper, die sich der kräftigen Kopfpanzerung direkt anschließen. Die Unterseite des Körpers ist abgeflacht, der Kopf und der Vorderkörper sind breit und mehr oder weniger abgeplattet, Schwanzstiel lang und seitlich stark zusammengedrückt. Die breiten, das unterständige Maul umgebenden Lippen bilden ein Saugorgan. Auch im angesaugten Zustand nehmen sie das Atemwasser über das Maul auf, und zwar erfolgt der Wassereinstrom vermutlich hinter den Maxillarbarteln, die Abgabe des Atemwassers durch die Kiemendeckelspalten. Außer der C beginnen alle Flossen mit kräftigen Stacheln, die bei einigen Gattungen stark verlängert sein können (z.B. *Lamonteichthys*). Charakteristisch sind weiterhin das Vorkommen von Hautzähnen und eine eigenartige Konstruktion des Auges. Im Gegensatz zu allen anderen Wirbeltieren wird der Lichteinfall nicht durch eine Erweiterung oder Verengung der Pupille, sondern durch die Ausdehnung und Entquellung eines Lappens reguliert, der in die Pupille hineinragt (Abb. 349). In ihrer Heimat leben die Harnischwelse hauptsächlich in klaren, schnellfließenden Gewässern. Einzelne Arten kommen in Sümpfen vor, die in der Niedrigwasserzeit praktisch sauerstofffrei sein können *(Pterygoplichthys anisitsi)*. Ähnlich den Schwielenwelsen haben auch einige Harnischwelse ein zusätzliches Atemorgan. Dies ist bei *Pterygoplichthys* und *Hypostomus* der Magen und bei *Otocinclus* ein Teil des Darmes. Die Hauptnahrung der Loricariiden besteht aus dem Algenaufwuchs von Steinen. Dies bestätigen auch Untersuchungen des Darminhaltes von Wildfängen. Dabei fand man neben pflanzlichen Anteilen auch einen relativ hohen Prozentsatz an anorganischem Material (Schlamm). Der Darm ist bei *Hypostomus commersoni* etwa 14mal und bei *Hypostomus plecostomus* etwa 24mal so lang wie die Körperlänge. Der Algenaufwuchs wird mit Hilfe der z.T. löffelartigen Zähne abgeraspelt. Die Saugscheibe verhindert ein Abdriften der Tiere in schnellfließenden Gewässern. Durch diese Anpassung konnten die Harnischwelse Lebensräume besiedeln, die anderen Fischen verwehrt blieben. Auch die Schwimmweise hat sich unter diesen Bedingungen verändert. Sie bewegen sich im freien Wasser nur selten und zeigen dann kurze kräftige Schwimmstöße. Die Besiedlung schnellfließender Gewässer war vielfach mit einer starken geographischen Isolation verbunden, eine Situation, die während langer Zeiträume die Rassen- und Artbildung begünstigte. So hat oft jeder Fluß eine ihm eigene Loricariidenfauna.

Die geschlechtsreifen Tiere zeigen vielfach einen ausgeprägten Sexualdimorphismus. So können die ♂♂ tentakelförmige Auswüchse in der Schnauzenregion *(Ancistrus)*, einen Backenbart aus Borsten und Stacheln auf den Pn (*Rineloricaria, Loricaria, Spatuloricaria* u.a.) oder einen langen Stachelsaum an der Vorderkante der P *(Pseudacanthicus)* aufweisen.

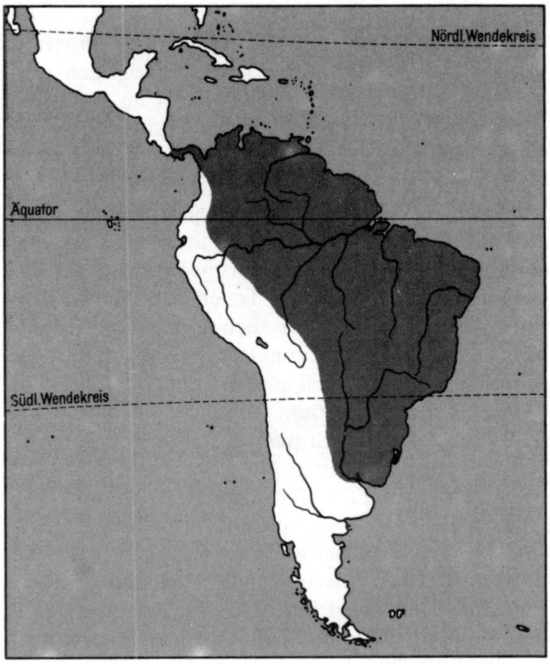

Abb. 348 Verbreitungsgebiet der Loricariidae

Die ältesten Fossilien dieser Familie stammen aus dem Tertiär Brasiliens. Systematisch gliedert sich diese Familie in sechs Unterfamilien: Lithogeneinae, Neoplecostominae, Hypostominae, Ancistrinae, Hypoptopomatinae und Loricariinae. Die ersten beiden artenarmen Unterfamilien bestehen nur aus je einer Gattung mit 1–2 Arten und sind aquaristisch bislang ohne Bedeutung.

Große Harnischwelsarten gelten in Südamerika vielerorts als Delikatesse. Getrocknete Tiere werden als Souvenirs angeboten. Die Hälterung der Harnischwelse ist relativ einfach, wenn diese sich an das sauerstoffarme Aquarienwasser gewöhnt haben und eine ausreichende Versorgung mit pflanzlicher Nahrung gewährleistet ist. Sie sind selbst kleinen Fischen gegenüber friedfertig und lassen sich in jedem normal eingerichteten Aquarium gut pflegen. Harnischwelse

Abb. 349 Auge der Loricariidae mit dem Pupillenlappen bei starkem Lichteinfall (links) und bei Dämmerlicht (rechts)

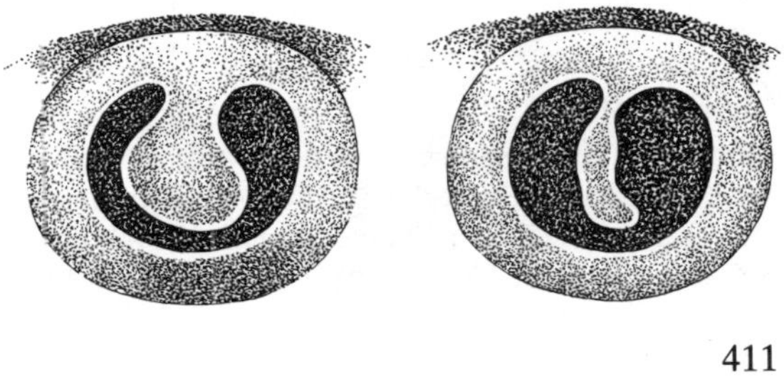

stellen keine besonderen Ansprüche an die chemische Zusammensetzung des Wassers; Temperatur 21–25 °C. Viele Arten sind vorzügliche Algenvertilger. Da Algen und ihre Mikrofauna im Aquarium meist nur in begrenztem Maße zur Verfügung stehen, ist die Ernährung oft nicht ganz einfach. Überbrühter Chinakohl und Salatblätter sind gute Ersatznahrungen. Spinat wird meist weniger gern angenommen. Bewährt hat sich vielfach eine Futterpaste, die man selbst auf folgende Weise anfertigen kann: Agar wird zusammen mit pflanzlichen Teilen (z.B. Feinfrostspinat), Trockenfutter, aber auch geriebenem Rinderherz kurz aufgekocht. Beim Erkalten geliert die Masse und kann auf Steinen angetrocknet oder direkt als Masse in das Aquarium gebracht werden. Auch Trockenfutter und Würmer werden von manchen Arten gern angenommen.
Manche Vertreter der Gattungen *Ancistrus* und *Rineloricaria* lassen sich relativ leicht vermehren, dagegen sind Nachzuchten bei anderen Gruppen meist Zufallserfolge. Von entscheidender Bedeutung sind die Fütterung der Zuchttiere und der Sauerstoffgehalt des Wassers, Härte und pH-Wert haben vermutlich geringere Bedeutung. Zirkulierendes Wasser hat sich als günstig erwiesen. *Rineloricaria-* und *Ancistrus*-Arten laichen vorzugsweise in Bambus- oder Tonröhren, aber auch auf Steinen oder auf Blättern großblättriger Pflanzen ab. Die ♂♂ bewachen in der Regel den Laich und betreiben Brutpflege. Die meist grünliche Farbe der Eier hängt von der Fütterung des ♀ ab. Bei guter Pflege laichen eingespielte Paare oft in regelmäßigen Abständen (z.B. *Rineloricaria*-Arten alle drei Wochen, *Ancistrus*-Arten alle 5–6 Wochen). Hierbei gibt es selbstverständlich artspezifische Unterschiede. Auch die Aufzucht der Jungfische ist oft problematisch. Neben pflanzlichen Stoffen scheinen junge Loricariiden auch tierisches Feinstfutter für eine normale Entwicklung zu benötigen.
Die in der Aquaristik gepflegten oft sehr ähnlichen Arten wurden z.T. nicht sicher bestimmt. Aus diesem Grunde erfolgen die Artbezeichnungen nur mit Vorbehalt. Eine moderne Revision der ganzen Familie wäre dringend erforderlich.

Unterfamilie Hypostominae

Zähne zweispitzig oder löffelartig, eine Reihe in jedem Kiefer. Darm immer extrem lang. Interoperculum ohne aufrichtbare Haken oder Borsten. After nahe dem Beginn der A. Schwanzstiel mäßig lang und zusammengedrückt. Etwa 16 Gattungen mit mindestens 150 Arten.

Gattung *Hypostomus* LACÉPÈDE, 1803

Oberer Teil der Schnauze mit Knochenplatten besetzt und ohne tentakelartige Fortsätze. Interoperculum ohne Hakenstacheln. Bauch im Alter mit Schildern bedeckt. D 1/7 (selten 8). Vier Längsreihen von Knochenschildern an jeder Körperseite, etwa 25–29 Schilder in der unteren Längsreihe. Die D beginnt etwa über den Vn. Bislang unter dem ungültigen Namen *Plecostomus* bekannt. Von Guayana bis zum Río de la Plata weit verbreitet. Etwa 120 Arten, von denen vier in Taf. 128 abgebildet sind. Artbestimmung nach Fotos nicht möglich.

Hypostomus commersoni
CUVIER und VALENCIENNES, 1840

La-Plata-Gebiet, Rio Grande do Sul; bis 40 cm, bleibt im Aquarium wesentlich kleiner.
D 1/7; A 1/4; P 1/6; V 1/5; 29–31 Knochenschilder in einer Längsreihe. Die D-Basis ist deutlich länger als der Abstand zwischen D-Ende und Fettflosse. Rükken und Körperseiten grauoliv bis graubraun oder dunkelbraun, mit vereinzelt oder dicht stehenden, vorwiegend runden, dunklen Flecken. Unterseite hell graugrün, meist mit zahlreichen dunklen Flekken. Flossen bräunlich, gelegentlich mit dunklen Fleckenreihen entlang den schwärzlichen Flossenstrahlen. Geschlechtsunterschiede in der Färbung unbekannt. Pflege siehe Familienbeschreibung. Vermutlich noch nicht gezüchtet.

Hypostomus plecostomus
(LINNAEUS, 1758)

Amazonasgebiet, Guayana, Venezuela, Trinidad; bis 35 cm.
D 1/7; A 1/4; P 1/6; V 1/5; 25–27 Knochenschilder in einer Reihe. Körper dunkelbraun mit zahlreichen Flecken auf Kopf und Körperseiten; Flecke auf dem Kopf am kleinsten. Bauch ungefleckt. D mit 2–3 Reihen schwarzer Flecke. In der Jugend sind die Flecke auf Kopf und Körper größer und geringer in ihrer Anzahl. Flossen mit 4–6 Reihen von Flecken. Geschlechtsunterschiede unbekannt. Pflege siehe S. 411.

Hypostomus punctatus
CUVIER und VALENCIENNES, 1840
Punktierter Schilderwels

Südliches und südöstliches Brasilien; bis 30 cm, bleibt im Aquarium wesentlich kleiner.
D 1/7; A 1/4; P 1/6; V 1/5; 28–30 Knochenschilder in einer Längsreihe. Die D-Basis ist etwa so lang wie der Abstand zwischen D-Ende und Fettflosse. Rücken und Körperseiten braun bis braungrau mit dunklen Punkten und Flecken. Meist treten fünf breite, dunkle Querbinden deutlich hervor. Nasenöffnungen durch ein dunkles, schmales Band verbunden. Unterseite zart bräunlich bis weiß. Flossen bräunlich mit deutlichen runden Flecken, die meist in Reihen angeordnet sind. Geschlechtsunterschiede unbekannt. ♂ schlanker, kleiner (?).
Pflege siehe S. 411. Zucht bislang nur in Ausnahmefällen gelungen. ROHLOFF (Aquar. Terr., 30, 54, 1983) berichtet über die Zucht einer als *Hypostomus* spec. bezeichneten Art. Die Tiere laichten nach hefti-

gen Auseinandersetzungen in einer Röhre. Die Laichtraube bestand aus 260 etwa 4mm großen gelben Eiern und wurde nicht an die Röhrenwand geheftet. Das ♂ betrieb Brutpflege. Die Jungfische schlüpften nach fünf Tagen. Anfütterung wie bei *Ancistrus*.

Hypostomus watwata
HANCOCK, 1828

Guayana; bis 45cm (?).
D 1/7; A 1/4; P 1/6; V 1/5; 25–28 Knochenschilder in einer Längsreihe. Grundfärbung des Körpers dunkelbraun mit zahlreichen dunklen Flecken, die auf dem Kopf deutlich kleiner und zahlreicher sind. D unregelmäßig gefleckt, C mit Querreihen von schwarzen Punkten. Geschlechtsunterschiede unbekannt.
Pflege siehe Familienbeschreibung.

Gattung *Pterygoplichthys* GILL, 1858

Die Gattung unterscheidet sich von der nahe verwandten Gattung *Hypostomus* vor allem durch die längere D mit 12–13 Weichstrahlen anstelle von 7–8. In Südamerika weit verbreitet. Etwa 20 Arten.

Pterygoplichthys gibbiceps (Taf. 127)
(KNER, 1854)
Waben-Schilderwels

Stromgebiet des Rio Negro bei Marabitanas; bis 28cm.
D 1/12–13; A 1/4; 28–30 Knochenschilder in einer Reihe. Kopf, Körper und Flossen rötlichbraun. Zahlreiche große schwarze Flecke sind unregelmäßig über den ganzen Körper verteilt. Auf dem Kopf sind die Flecke deutlich kleiner. D und C mit Reihen dunkler, runder Flecke. Geschlechtsunterschiede unbekannt. Pflege siehe Familienbeschreibung. Zucht bereits gelungen. NIJHOF (Hetquar., 50, 472, 1980) berichtet über die Zucht. Die etwa 120 hellgelben, 3mm großen Eier werden vom ♂ betreut. Die Jungen schwammen am vierten Tag frei. *Pt. gibbiceps* lebt gesellig in größeren Trupps.

Unterfamilie Ancistrinae

Nahe verwandt mit der Unterfamilie Hypostominae, unterscheidet sich jedoch von dieser durch das bewegliche Interoperculum, das mit Stacheln oder Dornen besetzt ist. Etwa 18 Gattungen mit über 150 Arten.

Gattung *Ancistrus* KNER, 1854

Vorderer Teil der Schnauze nicht mit Knochenplatten besetzt. Obere Schnauzenregion mit bartel- oder tentakelähnlichen Fortsätzen, die sich bei den ♂♂ einiger Arten verzweigen (Taf. 129) und bei den ♀♀ schwächer ausgeprägt sind oder fehlen. Interoperculum beweglich, mit Stacheln besetzt. Die D beginnt etwas vor den Vn. Etwa 23–26 Schilder in der unteren Längsreihe. Bauch nackt. Von Suriname bis zum Río de la Plata. Etwa 50 Arten.

Ancistrus cirrhosus (Abb. 350)
(CUVIER und VALENCIENNES, 1840)

Paraguay, Stromgebiet des Amazonas, Guayana; bis 14cm.
D 1/7; A 1/4; P 1/6; V 1/5; 23–24 Knochenschilder in einer Längsreihe. Am beweglichen Zwischendeckel

Abb. 350 *Ancistrus cirrhosus*
Abb. 351 *Ancistrus multispinis*

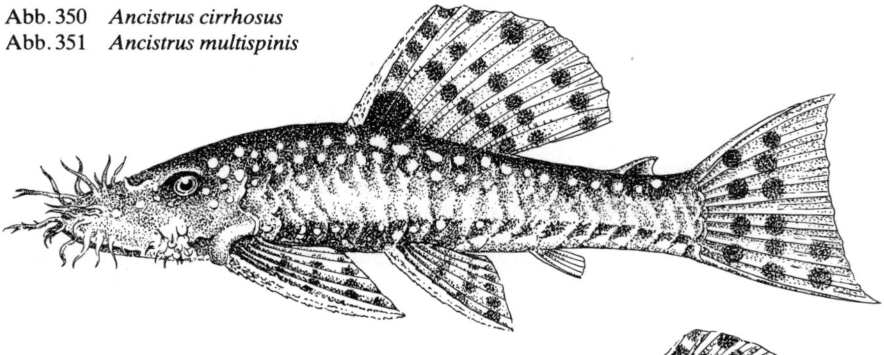

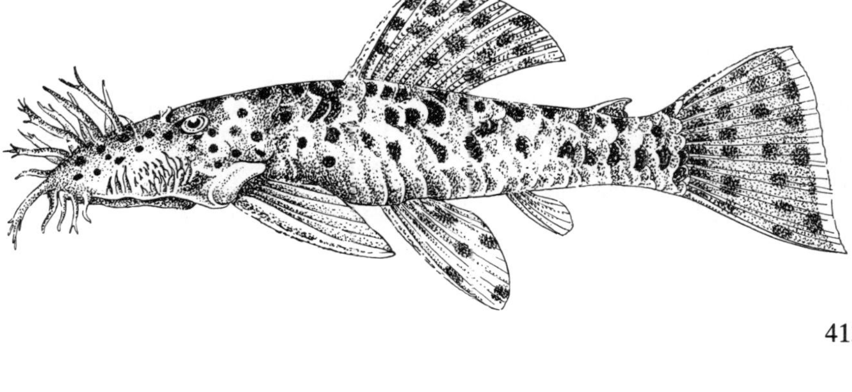

9–13 Hakenstacheln. Dunkelolivbraun bis schwarzbraun, Unterseite hell graugrün oder rehbraun. Zahlreiche unregelmäßige, z.T. sehr dicht stehende helle Flecke auf dem Kopf und dem ganzen Körper. Flossen durchscheinend bräunlich, mit dunklen, oft in Querreihen stehenden runden Flecken. Zwischen den beiden vordersten D-Strahlen nahe der Flossenbasis ein deutlicher tiefschwarzer Fleck.
Geschlechtsunterschiede wie bei *A. dolichopterus* angegeben. Pflege siehe Familienbeschreibung.

Ancistrus dolichopterus (Taf. 129)
KNER, 1854
Blauer Antennenwels

Amazonasstrom, Guayana; bis 13 cm.
D 1/8–9; A 1/4; V 1/5; 23–24 Knochenschilder in einer Längsreihe, 6–9 Hakenstacheln am Interoperculum. Färbung dunkelbraun bis grau- oder grünbraun, etwas dunkler gefleckt. Bei Wohlbefinden sehr dunkel mit blauschwarzem Schimmer. Unterseite etwas heller. Flossen blauschwarz, D und A mit schmutzigweißen Punkten und hellem Rand, C mit hellen Spitzen. Bei jüngeren Tieren ist die blaue Tönung meist intensiver und wird außerdem durch zahlreiche weiße Punkte auf dem Körper und den Flossen belebt. D und A außerdem mit leuchtend weißem Saum. ♀: Tentakel am Schnauzenrand, einreihig, kurz und dünn. ♂ Tentakel am Schnauzenrand und auf der Stirn, kräftig, lang und z.T. gegabelt. Insgesamt heller.
Pflege siehe Familienbeschreibung. Zucht bereits mehrfach gelungen (siehe *Ancistrus* spec.).

Ancistrus multispinis (Abb. 351)
(REGAN, 1912)

Humboldt-Fluß, Campos-Novos (Santa Catharina); bis 12 cm.
D 1/7; A 1/4; 24 Knochenschilder in einer Längsreihe. Am beweglichen Interoperculum 20–25 Hakenstacheln. Kopf und Körper dunkelgrau bis gelbbraun mit zahlreichen, fast schwarzen Flecken, zwischen die einzelne helle Tupfen eingestreut sind, Unterseite heller. D und paarige Flossen durchschimmernd bräunlich, gleichfalls dunkel- bis hellgelbbraun gefleckt, C mit hellem Saum. Schnauzententakel hell. ♂ mit längeren Tentakeln.
Pflege und Zucht siehe Familienbeschreibung und *Ancistrus* spec.

Ancistrus temmincki
(CUVIER und VALENCIENNES, 1840)

Guayana; bis 13 cm.
D 1/7; A 1/4; 23–24 Knochenschilder in einer Längsreihe. Am beweglichen Interoperculum 10–12 Stacheln. Die Grundfärbung von Kopf und Körper ist bräunlich. Der Kopf und der vordere Teil des Körpers mit hellen, meist gelblichen Flecken, die von einem Netzwerk dunkler Linien getrennt sind. Flossen dunkel mit dunkleren, undulierenden Querstreifen. Geschlechtsunterschiede unbekannt. Pflege siehe Familienbeschreibung.

Ancistrus spec.

Diese etwa 1974 importierte Art hat aufgrund ihrer leichten Züchtbarkeit eine weite Verbreitung erreicht. Die Fische sind überaus friedfertig, leicht zu pflegen und machen sich zudem als eifrige Algenverzehrer in den Aquarien nützlich. Eine exakte Artbestimmung konnte bislang nicht erfolgen, da der Fundort nicht bekannt ist. Färbung variabel. Dunkeloliv bis grau- oder schwarzbraun mit zahlreichen hellen Flecken und Punkten. ♂ mit größeren Tentakeln auf der Kopfoberseite, die zudem an der Spitze verzweigt sind.
Pflege in größeren Aquarien. Neben pflanzlicher Kost (Algen, überbrühtem Salat, Chinakohl, Salat, halbierten Erbsen u.a.) auch Enchyträen, Tubifex, gefrostete Wasserflöhe, selbst Trockenfutterpräparate werden nicht verschmäht. Holz in Form von Moorkienwurzeln wird ständig abgeraspelt und ist offenbar als Ballaststoff zumindest zeitweise notwendig. Pinsel- und Bartalgen werden nicht gefressen. 25–28 °C. An die Wasserqualität werden keine Anforderungen gestellt. Die Tiere laichen in Röhren, aber auch in Höhlen und unter Moorkienwurzeln ab. Nach heftigem Treiben legt das ♀ 50–250 etwa 3 mm große orangefarbene Eier, die vom ♂ betreut werden. Die Jungfische schlüpfen nach etwa 5 Tagen. Erste Nahrungsaufnahme nach weiteren 5 Tagen. Anfütterung mit *Artemia*-Nauplien. Aufzucht leicht.

Gattung *Chaetostoma* VON TSCHUDI, 1846

Nahe verwandt mit der Gattung *Ancistrus*, unterscheidet sich von dieser durch den verdickten, nackten Rand der Schnauze. D 1/7–10; A 1/3–5. Maulöffnung groß, keine Maultentakeln. Barteln klein oder rudimentär. Unterseite von Kopf und Körper nackt. Gebirgsgewässer des nördlichen Südamerika, etwa 35 Arten, eine davon auf Taf. 130.

Chaetostoma anomala
REGAN, 1903

Bei Mérida in Venezuela in Gebirgsbächen und -flüssen; bis 16 cm.
D 1/7–9 (meist 1/8); A 1/3–4 (selten 1/2); 24–26 Knochenschilder in einer Längsreihe, Interoperculum mit 6–10 Stacheln. Fettflosse klein, rudimentär oder fehlend. Der P-Stachel erreicht selten den Beginn der V. Schwanzstiel mehr als doppelt so lang wie hoch. Grundfärbung des Körpers olivbraun mit großen hellen Flecken auf dem Kopf und gewöhnlich auch auf dem Körper. Flossen schwärzlich, manchmal mit Reihen heller oder alternierenden hellen und dunklen Querstreifen. Geschlechtsunterschiede unbekannt.
Pflege siehe Familienbeschreibung.

Chaetostoma taczanowskii
STEINDACHNER, 1882

Peru, Rio Huambo und Rio de Tortosa; bis 17 cm.
D 1/8; A 1/4. In einer Längsreihe stehen 26 Knochenschilder, 6–7 zwischen D und Fettflosse, 8–10 Stacheln auf dem Interoperculum. Fettflosse immer vorhanden. Der P-Stachel erreicht das erste Viertel der V. Schwanzstiel mehr als doppelt so lang wie hoch. Grundfärbung des Körpers olivgrün, Ränder der Knochenschilder schwarz. Jungfische mit dunklen Flecken auf der C. Geschlechtsunterschiede unbekannt.
Pflege siehe Familienbeschreibung.

Gattung *Lithoxus* EIGENMANN, 1910

Körper sehr wenig zusammengedrückt, breit. Körperunterseite nackt. Interoperculum mit Stacheln versehen. Praemaxillaren nicht verwachsen, mit 2–3 Zähnen auf jeder Seite. Verdauungskanal etwa doppelt so lang wie die Körperlänge. Guayana-Länder. Fünf Arten.

Lithoxus lithoides (Taf. 130, 181)
EIGENMANN, 1910

Suriname; bis 9 cm.
D 1/7; A 1/3–4; V 1/5; P 1/6; 23 Knochenschilder in einer Körperreihe, fünf zwischen D und Fettflosse. Grundfärbung dunkelbraun mit gelblichen kleinen Punkten bis einfarbig dunkelbraun oder schwarz. ♀: P-Stachel nicht vergrößert, erreicht das zweite Drittel der V, ohne Stacheln. ♂ P-Stachel vergrößert, erreicht fast die Spitze der V, dicht besetzt mit kleinen Stacheln am äußeren Rand.
Pflege siehe Familienbeschreibung.

Gattung *Monistiancistrus* FOWLER, 1940

Die Gattung unterscheidet sich von fast allen anderen Loricariiden durch das Fehlen der Fettflosse und des Irislappens. Nahe verwandt mit *Ancistrus* und *Panaque*, die Reduktion der Bezahnung ist jedoch noch weiter fortgeschritten als bei der Gattung *Panaque*. Eine Art.

Monistiancistrus carachama
FOWLER, 1940

Ucayali-Fluß (Peru); bis 10 cm (?).
D 1/7; A 1/5; P 1/6; V 1/5; 22 + 2 Knochenschilder in einer Längsreihe. Färbung einfarbig dunkelbraun. Iris und Lippen dunkelgraubraun. Flossen mehr oder weniger dunkel oder graubraun. D mit drei oder vier großen, dunklen Flecken auf jedem Strahl. C mit unregelmäßigen dunklen Flecken, obere und untere Flossenzipfel heller. Übrige Flossen ebenfalls mit unregelmäßigen dunklen Flecken, Spitzen meist heller. Geschlechtsunterschiede unbekannt. Pflege siehe Familienbeschreibung.

Gattung *Panaque* EIGENMANN und EIGENMANN, 1889

Nahe verwandt mit der Gattung *Ancistrus*, unterscheidet sich jedoch von dieser durch die geringere Anzahl der Zähne und deren löffelförmige Gestalt. D 1/7, A 1/4. Magdalena-, Amazonas-, Orinoko- und Río-de-la-Plata-System. Etwa sechs Arten.

Panaque nigrolineatus (Taf. 134)
(PETERS, 1877)

Venezuela, Brasilien; bis 21 cm.
D 1/7; A 1/4; 25 Knochenschilder in einer Längsreihe, sieben zwischen D und Fettflosse. Interoperculum mit einigen dünnen Stacheln, von denen der längste dem Augendurchmesser entspricht. Der P-Stachel erreicht die Mitte der V. Recht ansprechend gefärbt. Olivgrün, Iris kräftig rot. Auf Kopf, Körper und Flossen befinden sich undulierende dunkelbraune bis schwarze Längsstreifen, die etwa so breit wie die olivgrünen Zwischenräume sind. Geschlechtsunterschiede unbekannt.
Pflege siehe Familienbeschreibung.
Auch *Panaque suttoni* SCHULTZ, 1944, wurde mehrfach importiert (Taf. 134).

Gattung *Peckoltia* DE MIRANDA RIBEIRO, 1912

Eng verwandt mit der Gattung *Hemiancistrus*, unterscheidet sich von dieser jedoch durch die Knochenplatten in der hinteren Körperhälfte. Diese sind bei *Peckoltia* mit Fortsätzen besetzt, bei *Hemiancistrus* glatt. Kleine Welse, in der Regel mit auffälliger Zeichnung und Färbung. Amazonas, Orinoko, Umgebung von Rio de Janeiro. Etwa 20 Arten.

Peckoltia pulcher (Taf. 129)
(STEINDACHNER, 1917)
Gebänderter Zwergschilderwels

Mündungsgebiet des Rio Negro, Brasilien; bis 10 cm.
D 1/7–8; A 1/5; 27–28 Knochenschilder in einer Längsreihe. Körper gestreckt, jedoch durch den hohen Schwanzstiel gedrungen wirkend. Unterer C-Lappen etwas länger. Auf graubraunem Grund fünf gelbliche, etwas schräge Querlinien, Kopf mit Maskenornamentik aus sehr feinen Wellenlinien. Flossen breit, braun und gelblich gebändert.
Pflege wie in der Familienbeschreibung angegeben.

Peckoltia vittata (Taf. 179)
(STEINDACHNER, 1882)
Zierbinden-Zwergschilderwels

Amazonasgebiet, Rio Xingu, Rio Madeira; bis 14 cm.
D 1/7; A 1/4; 26 Knochenschilder in einer Längsreihe. Kopf und Körper auf hellem Grund mit breiten dunkelbraunen Querbinden, die vor dem Schwanzstiel schräg nach vorn orientiert sind, oder aber vorn

Abb. 352 *Pseudacanthicus leopardus*

mit großen, dunkelbraunen runden Flecken, hinten mit drei breiten dunkelbraunen Querbinden, die sich im unteren C-Lappen wiederholen. Flecke auf dem Kopf kleiner. Flossen außer der A mit ähnlichen Binden, A mit einem dunklen Fleck. Geschlechtsunterschiede unbekannt. Pflege siehe Familienbeschreibung.

Gattung *Pseudacanthicus* BLEEKER, 1862

Unterscheidet sich von *Ancistrus* durch die Struktur des Maules. Der Vorkiefer (Praemaxillare) ist kürzer als der Unterkiefer. Die Zähne der Praemaxillaria bilden eine einheitliche Reihe. Zahlreiche kleine Schilder in der Nackenregion. Amazonasgebiet, Guayana. Etwa fünf Arten.

Pseudacanthicus leopardus (Abb. 352)
(FOWLER, 1914)

Guyana im Rupununi-Flußsystem; bis 12 cm.
D 1/8; A 1/5; P 1/6; V 1/5; 24 Knochenschilder in einer Längsreihe. Der bewegliche Zwischenkiemendeckel meist mit zwölf Hakendornen besetzt, D sehr groß, fahnenartig. Hell- bis dunkelbraun mit zahlreichen unregelmäßigen Flecken auf dem Kopf und den Flossen. Unterseite graugelb. D mit breitem, kräftig orangefarbenem Saum, C oben und unten orange gesäumt. Geschlechtsunterschiede unbekannt.
Pflege siehe Familienbeschreibung. Früher bekannt als *Stoneiella leopardus*.

Unterfamilie Hypoptopomatinae

Zähne zweispitzig in einer Reihe auf jedem Kiefer. Darm relativ kurz. A durch eine oder mehrere Knochenplatten vom After getrennt. Schwanzstiel mäßig zusammengedrückt oder rund. A 1/5, V 1/5, P 1/5–6. 7 Gattungen mit über 50 Arten. *Hypoptopoma thoracatum* siehe Taf. 133, *Hypoptopoma* cf. *carinatus* Taf. 135.

Gattung *Otocinclus* COPE, 1871

Unterscheidet sich von allen anderen Harnischwelsen durch ein durchbohrtes Temporalschild und eine große Ventralplatte. Die Fettflosse kann fehlen. Amazonas, La Plata und Flüsse Südostbrasiliens. Etwa 27 Arten.

Otocinclus affinis (Taf. 135)
STEINDACHNER, 1877

Südostbrasilien, Umgebung von Rio de Janeiro; bis 4 cm.
D 1/7; A 1/5; V 1/5; P 1/6; 23–24 Knochenschilder in einer Längsreihe. Grundfarbe hell graugrün bis lehmgelb, Rücken dunkler. Unterseite zart hellgelb oder weißlich. Von der Schnauze bis zur C-Wurzel erstreckt sich ein dunkles, unscharf begrenztes Längsband. Flossen zart grünlich oder farblos, senkrechte Flossen ohne Tüpfel. ♀ am stärkeren Leibesumfang meist gut zu erkennen, größer.
Pflege und Zucht siehe Familienbeschreibung.

Otocinclus flexilis (Taf. 181)
COPE, 1894

Rio Grande do Sul (La Plata); bis 6 cm.
D 1/7; A 1/5; V 1/5; P 1/6; 25 Knochenschilder in einer Längsreihe. Diese Art ist der vorhergehenden sehr ähnlich und unterscheidet sich von dieser im Leben fast nur durch die Tüpfelreihen in den senkrechten Flossen. Auch ist das dunkle Längsband am hinteren Ende häufig in große Flecke aufgelöst. Geschlechtsunterschiede siehe vorhergehende Art.
Pflege siehe Familienbeschreibung.

Otocinclus maculipinnis (Taf. 181)
REGAN, 1912

La-Plata-Gebiet; bis 4 cm.
D 1/7; A 1/5; P 1/6; V 1/5; 22–24 Knochenschilder in einer Längsreihe. Grüngrau oder graugelb bis hellbraun mit zahlreichen kleinen und großen, unregelmäßig oder in Reihen auf dem Körper und in den farblosen Flossen verteilten dunklen Flecken. Unterseite zart gelblich oder weiß. ♀ meist am stärkeren Leibesumfang zu erkennen.
Pflege siehe Familienbeschreibung. Zucht bereits gelungen (FRANKE, 1961). Die Eier werden wahllos abgesetzt. Einzelheiten der Paarung ließen sich nicht beobachten. Die Elterntiere zeigten vor der Paarung

eine kurze Genitalpapille (? nur ♂♂). Die Jungen schlüpften nach zwei Tagen und nahmen vom vierten Tag an Rotatorien. Wachstum sehr schnell.

Otocinclus nigricauda (Abb. 353)
BOULENGER, 1891

Rio Grande do Sul; bis 4,5 cm.
D 1/5; A 1/5; P 1/6; V 1/5; 24–26 Knochenschilder in einer Längsreihe. Grauoliv bis gelblich, Rücken dunkler, Bauch meist reinweiß. An den Körperseiten einzelne stark verwaschene Flecke, besonders unterhalb der D. Flossen durchsichtig mit dunklen Tüpfelreihen. C schwärzlich mit weißen, querbindenartig angeordneten Tüpfeln. Geschlechtsunterschiede siehe *O. affinis*.
Pflege siehe Familienbeschreibung.

Otocinclus vittatus (Taf. 135)
REGAN, 1904

Mato Grosso, Gebiet des Paraguay; bis 5,5 cm.
D 1/7; A 1/5; P 1/5; V 1/5; 21–22 Knochenschilder in einer Längsreihe. Grauoliv bis bräunlich, Rücken dunkler, Bauch zart gelblich bis weiß. Von der Schnauzenspitze über das Auge bis in die C-Wurzel erstreckt sich ein meist sehr deutliches Längsband. Flossen farblos, C an der Basis dunkel, äußerer Bereich mit dunklen, oft querbindenartig vereinigten Flecken. Das Längsband setzt sich auf den mittleren Strahlen der C fort. Geschlechtsunterschiede siehe *O. affinis*.
Pflege siehe Familienbeschreibung. ELSHOLZ (Aquar. Terr., 28, 130, 1981) berichtet über die Zucht. Die durchscheinenden, etwa 2 mm großen Eier werden wahllos an Wasserpflanzenblätter oder an Aquarienscheiben geheftet. Die Jungfische schlüpfen nach zwei Tagen. Anzucht mit Algen und feinstem Staubfutter. Zur Zucht stets ein ♀ und mindestens zwei ♂♂ zusammensetzen. Das Ablaichverhalten ähnelt entfernt dem der *Corydoras*-Arten.
Taf. 135 zeigt eine Art, die als Rotflossiger Ohrgitter-Harnischwels importiert wurde.

Gattung *Parotocinclus*
EIGENMANN und EIGENMANN, 1899

Nahe verwandt mit der Gattung *Otocinclus*, unterscheidet sich jedoch von dieser durch das nicht durchbohrte Temporalschild. Abdomen mit 3–5 Schilderreihen bedeckt. ♂♂ mit Genitalpapille. Südostbrasilien, eine Art im Amazonasgebiet (*P. amazonensis*, Taf. 135). 13 Arten.

Parotocinclus maculicauda (Taf. 135)
(STEINDACHNER, 1877)

Küstengewässer Südostbrasiliens von Santa Catarina bis Espírito Santo; bis 6 cm.
D 1/7; A 1/5; P 1/6; V 1/5; 23–25 Knochenschilder in einer Längsreihe. Graugrün bis grüngelb, aber auch

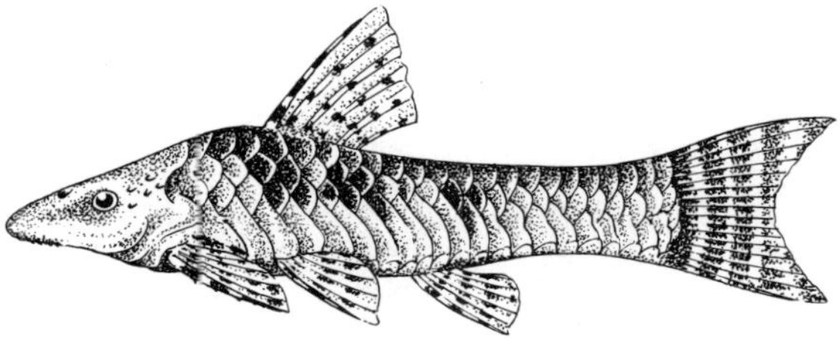

Abb. 353 *Otocinclus nigricauda*

graubraun mit unregelmäßigen Flecken an den Körperseiten, die sich zu unklar begrenzten Längsbinden vereinigen können. Unterseite hellgelb bis grau. Charakteristisch für die Art ist ein großer dunkler Fleck auf der C-Wurzel, der sich mehr oder weniger stark in den unteren C-Lappen ausdehnen kann. ♂ schlanker, mit Genitalpapille. ♀ ohne Genitalpapille.
Pflege siehe Familienbeschreibung.

Unterfamilie Loricariinae

Zähne zweispitzig, in einer Reihe auf jedem Kiefer, bei einigen Arten rudimentär. Darm relativ kurz, After durch eine oder mehrere Knochenplatten vom Beginn der A getrennt. Schwanzstiel stark zusammengedrückt, lang. A 1/5–6, P 1/5–6, V 1/4–5. Am stärksten spezialisierte Unterfamilie.
Fast 30 Gattungen mit etwa 200 Arten.

Gattung *Dasyloricaria*
ISBRÜCKER und NIJSSEN, in ISBRÜCKER, 1979

Nahe verwandt mit der Gattung *Spatuloricaria*. Unterscheidet sich jedoch von dieser durch die vollständige oder teilweise Verkleinerung der Abdominalschilder. Geschlechtsreife ♂♂ mit gering entwickeltem Borstensaum um die Schnauze. Tropisches Südamerika. Etwa fünf Arten.

Dasyloricaria filamentosa (Taf. 133, Abb. 354)
(STEINDACHNER, 1878)

Río Magdalena; bis 25 cm, meist kleiner.
D 1/7; A 1/5; V 1/5; P 1/6; 31–32 Knochenschilder in einer Längsreihe. Der 1. P-Strahl erreicht angelegt die V, oberster Flossenstrahl der C stark verlängert. Im hinteren Abschnitt des Bauches stehen zwischen den Seitenschildern 2–3 unregelmäßige Bauchschilderreihen, im vorderen Abschnitt zahlreiche kleine Bauchschilder. Oberseite grau bis gelbbraun mit zahlreichen dunklen Flecken. Unterseite zart gelblich bis weiß. Alle Flossen mit unregelmäßigen dunklen Flecken, C mit breitem dunklem Rand. Die seitlichen Kopfpartien erwachsener ♂♂ sind mit Borsten besetzt (siehe Gattungsbeschreibung).
Pflege und Zucht siehe Familienbeschreibung.

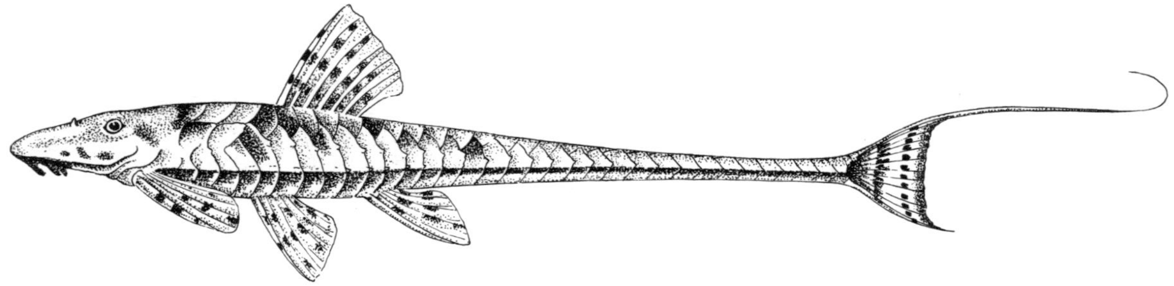

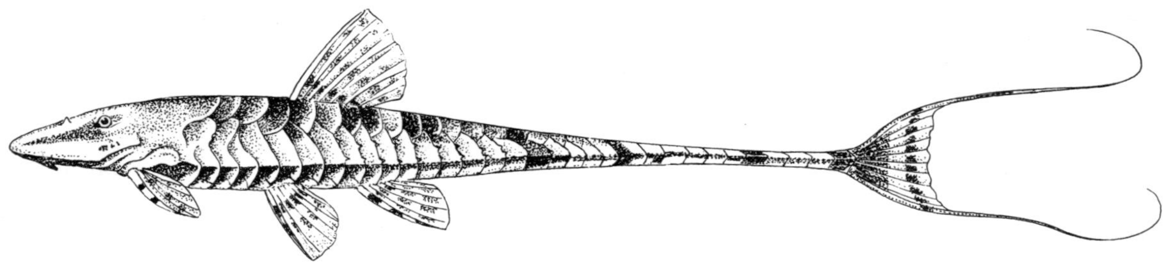

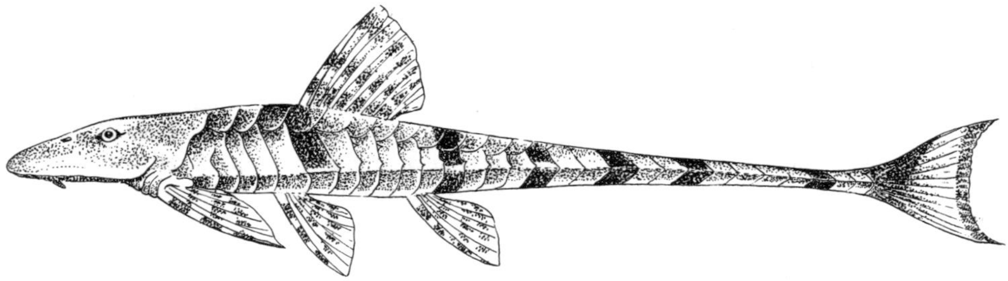

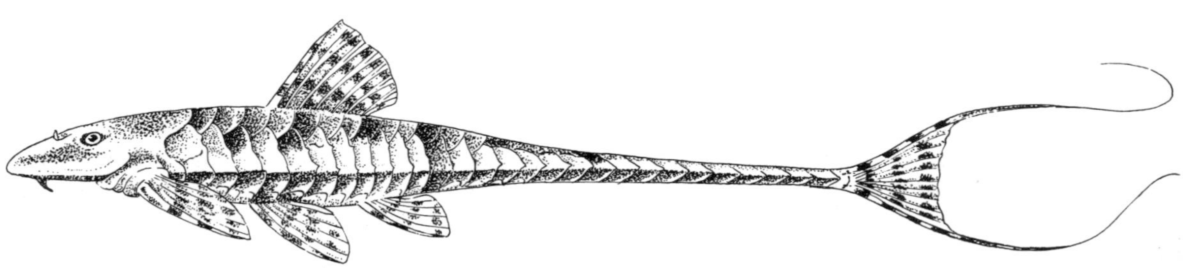

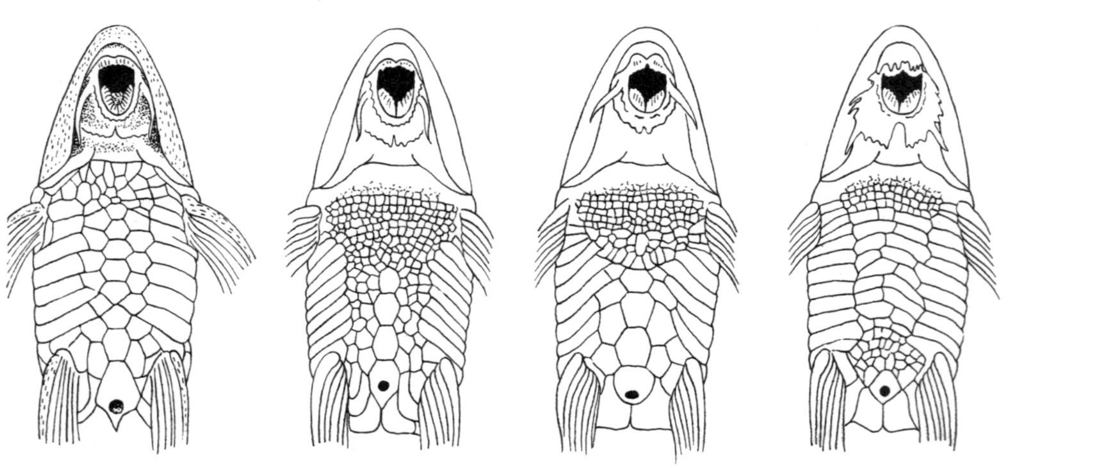

a b c d

Abb. 354 *Dasyloricaria filamentosa*, a) Bauchansicht
Abb. 355 *Rineloricaria lanceolata*, b) Bauchansicht
Abb. 356 *Rineloricaria microlepidogaster*, c) Bauchansicht
Abb. 357 *Rineloricaria parva*, d) Bauchansicht

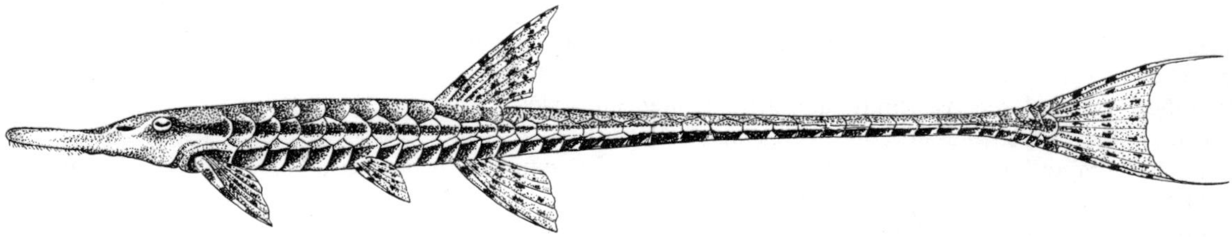

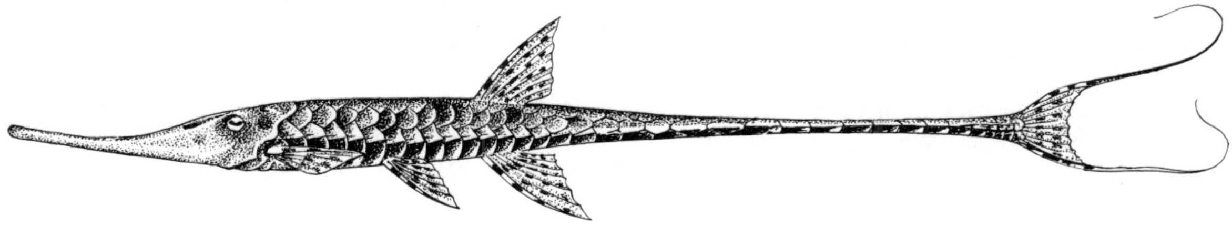

a

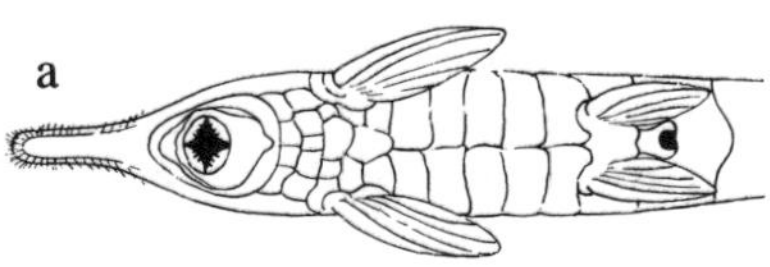

b

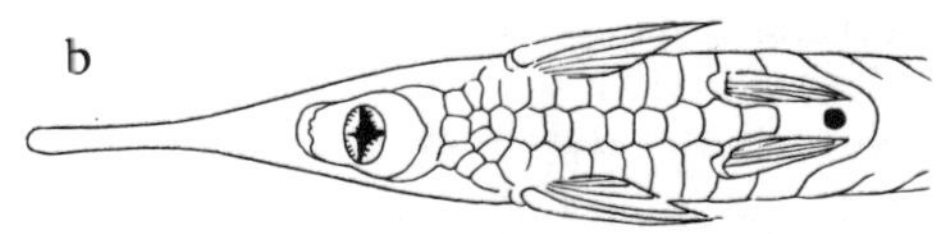

Abb. 358 *Farlowella acus*. a) Bauchansicht
Abb. 359 *Farlowella gracilis*. b) Bauchansicht

Gattung *Farlowella* EIGENMANN und EIGENMANN, 1889

Körper extrem schlank und langgestreckt. Schnauze lang, schmal, das Maul sehr weit überragend. ♂♂ mit Borstensäumen am Rostrum (Taf. 131). Die D beginnt etwa über der A. 6–9 Praedorsalschilder. Amazonasbecken, Venezuela, Guayana. Etwa 40 Arten.

Farlowella acus (Taf. 133, Abb. 358)
(KNER, 1853)

Mittleres und südliches Brasilien, La-Plata-Stromgebiet; bis 20 cm.
D 1/6; A 1/5; P 1/5–6; V 1/4–5; 33–34 Knochenschilder in einer Längsreihe. Auf dem Bauch stoßen die Seitenschilder direkt aneinander. Olivgrün bis gelbbraun, Unterseite gelblich. Vom Kopf bis zur C-Wurzel verläuft ein oft nicht sehr deutliches, unregelmäßiges, oft aus Flecken bestehendes dunkelbraunes Band. Flossen undurchsichtig. Flossenstrahlen mit dunklen Tupfen. Beide C-Lappen mit dunkler Binde. Geschlechtsunterschiede unbekannt. Zucht bereits gelungen. Das ♂ betreibt Brutpflege wie andere Loricariiden, siehe Familienbeschreibung, S. 411.

Farlowella gracilis (Abb. 359)
(REGAN, 1904)

Rio Caquetá (Südkolumbien); bis 19 cm.
D 1/6; A 1/5; P 1/4–6; V 1/4–5; 33 Knochenschilder in einer Längsreihe. Am Bauch zwischen den Seitenschilderreihen eine Bauchschilderreihe eingeschaltet. Grau mit undeutlichen, unregelmäßig verteilten Flecken am ganzen Körper, Unterseite hellgrau bis gelblich. Flossen durchsichtig farblos, alle Flossenstrahlen mit dunklen Tüpfeln, oberer C-Lappen mit deutlichem schwarzem Längsband. Geschlechtsunterschiede unbekannt.
Pflege siehe Familienbeschreibung, S. 411.
Über die Nachzucht von *Farlowella* spec. (vielleicht unterschiedliche Arten) berichten CHRISTMANN (DATZ, 30, 221–224, 1977 und DATZ, 33, 181–184, 1980) sowie KIEFT (DATZ, 32, 325–328, 1979) und ELSHOLZ (Aquar. Terr., 28, 88–89, 1981). Geschlechtsreife ♀♀ sind deutlich kräftiger, die ♂♂ haben ein durch zahlreiche borstenartige Strukturen verbreitertes Rostrum. Diese Geschlechtsunterschiede sind während der Laichzeit (Wintermonate) besonders deutlich. Die Paarung erfolgt nach intensiver Reinigung des Laichplatzes, wobei das ♂ in Parallelstellung neben dem ♀ – mit dem Rostrum etwa in Höhe der Aftergegend des ♀ – liegt. Temperatur etwa 21 °C. Die 30–60 transparenten, fast 2 mm großen Eier werden vom ♂ betreut. Die Jungfische schlüpfen nach 10–11 Tagen, am besten mit Algen, zerriebenem Feinfrostspinat oder zerstoßener Trockennahrung anfüttern, Aufzucht schwierig. Täglicher Wasserwechsel erforderlich.

Gattung *Rineloricaria* BLEEKER, 1862

Ober- und Unterlippe gleichmäßig entwickelt, mit kleinen Knötchen besetzt, Randfasern kurz. Freier Teil der Lippenbarteln nur wenig länger als der Augendurchmesser. Analplatten deutlich verbreitert oder paarig. In Südamerika weit verbreitet. Fast 50 Arten. Ursprünglichste Gruppe der Unterfamilie.

Rineloricaria lanceolata (Taf. 133, Abb. 355)
(GÜNTHER, 1868)

Oberlauf des Amazonas, Xerebros, Canelos in Ekuador; bis 13 cm.
D 1/7; A 1/5; P 1/6; V 1/5; 29–30 Knochenschilder in einer Längsreihe. Der P-Stachel reicht angelegt bis zur V. Oberster und unterster C-Strahl fadenartig

verlängert. Im hinteren Abschnitt des Bauches stehen zwischen den Seitenschildern 3–4 Bauchschilderreihen, im vorderen Abschnitt zahlreiche kleine Bauchschilder. Oberseite grau bis gelbbraun mit dunklen, oft querbindenartig vereinigten Flecken. Vom Auge zur Schnauzenspitze verläuft ein unregelmäßiger dunkler Strich. Unterseite zart hellgelb. D mit braunen, oft zu Querbinden vereinigten Flecken. Auf die dunkle C-Basis folgt eine breite helle Zone und auf diese ein dunkler Innensaum. Alle anderen Flossen hell, am Rand meist gesprenkelt. Geschlechtsreife ♂♂ mit beborsteten Kopfseiten und beborsteten Vorderkanten der Pn.
Pflege und Zucht siehe Familienbeschreibung.

Rineloricaria microlepidogaster (Abb. 356)
(REGAN, 1904)
Gebänderter Harnischwels

Rio Grande do Sul; bis 10 cm.
D 1/7; A 1/5; P 1/6; V 1/5; 29 Knochenschilder in einer Längsreihe. Der P-Stachel reicht angelegt bis in das 2. Viertel des V-Stachels. Oberster und unterster C-Strahl nicht fadenartig verlängert. Im hinteren Abschnitt des Bauches stehen quer zu den Seitenschilderreihen 5–6 Bauchschilder, im vorderen Abschnitt von der Bauchmitte ab zahlreiche kleine Bauchschilder. Oberseite graubraun bis graugelb mit sechs dunklen, unregelmäßigen Querbinden. Flossen hell mit dunklen Flecken auf den Strahlen. Basis und äußerer C-Rand dunkel, Mitte hell. Die seitlichen Kopfpartien erwachsener ♂♂ tragen Borsten.
Pflege und Zucht siehe Familienbeschreibung.

Rineloricaria parva (Abb. 357)
(BOULENGER, 1895)

Paraguay und La Plata; bis 12 cm.
D 1/7; A 1/5; P 1/4; V 1/5; 28 Knochenschilder in einer Längsreihe. Der P-Stachel erreicht zurückgelegt das 2. Viertel des V-Stachels. Oberster und unterster C-Strahl fadenartig verlängert. Im hinteren Abschnitt des Bauches stehen zwischen den Seitenschildern 3–4 Bauchschilderreihen, im vorderen Abschnitt zahlreiche kleine Bauchschilder. Oberseite olivgrau bis graugelb mit zahlreichen, oft querbindenartig vereinigten dunklen Flecken. Unterseite lehmgelb bis weißlich. Vom Auge verläuft schräg nach vorn zur Schnauze eine unregelmäßige dunkle Linie. Flossen durchsichtig mit dunklen Flecken oder Fleckenreihen auf den Strahlen. Kopfseiten erwachsener ♂♂ dicht mit Borsten besetzt.
Pflege und Zucht siehe Familienbeschreibung. Weitere Arten siehe Taf. 131, 132.

Gattung *Sturisoma* SWAINSON, 1838

Langgestreckt mit langer Schnauze und langem Schwanzstiel. Die D beginnt etwa über den Vn. 3–4 Praedorsalschilder. Brasilien, Panama, Venezuela, Guayana. Etwa 15 Arten.

Sturisoma nigrirostrum (Taf. 131, 134)
FOWLER, 1940
Störwels

Peruanischer Amazonas, Río Ucayali; bis 25 cm.
D 1/7; A 1/5; V 1/5; 32–33 + 1 Knochenschilder in einer Längsreihe. Grundfärbung braun. Von der Schnauzenspitze durch das Auge bis etwa zum Beginn der C zieht sich ein dunkelbraunes bis schwarzes Längsband auf jeder Körperseite. D bräunlich mit fünf dunklen, unregelmäßigen Flecken, die sich meist im vorderen Teil der Flosse befinden. C hell oder weißlich, häufig mit dunkelbraunen bis schwarzen Flecken. Andere Flossen hellbraun. ♂ mit stärker geflecktem P-Stachel.
Pflege siehe Familienbeschreibung. Zucht bereits mehrfach gelungen. ARMBRUST (DATZ, 29, 111 bis 115, 1976) sowie FRANKE und FRANKE (Aquar. Terr., 30, 12–14, 1983) berichten über die Zucht. Während das ♀ intensiv den Ablaichplatz auf der Bodenscheibe reinigt, liegt das ♂ mit dunkel gefärbtem Körper neben dem ♀ und beteiligt sich erst kurz vor der Paarung an den Laichvorbereitungen. Plötzlich schwimmt das ♂ vor das ♀, dreht die Rückenlinie schräg zum ♀ und schlägt mehrmals mit dem Schwanzstiel. Während das ♂ wieder zu Boden sinkt, saugt sich das ♀ offenbar an der V des ♂ fest. Nun werden die ersten der etwa 120 durchscheinenden, 2 bis 3 mm großen Eier ausgestoßen. Das ♂ betreibt Brutpflege. Die Jungfische schlüpfen nach etwa 5–6 Tagen. Dabei treten z.T. Schlupfschwierigkeiten auf. FRANKE empfiehlt, mit einer Lanzettnadel die Eihülle zu öffnen. Anfütterung mit gut gewässertem, zerkleinertem Tubifex und überbrühten Salatblättern. Aufzucht schwierig.

Sturisoma panamense (Taf. 135)
(EIGENMANN und EIGENMANN, 1899)

Stromgebiet des Río Magdalena und des Rio Mamoni, Panama; bis 25 cm.
D 1/7; A 1/5; V 1/5; P 1/5; 32–33 Knochenschilder in einer Längsreihe. Körper gattungstypisch gestaltet, Flossen stark vergrößert. Hellbraun bis ockerfarben. Eine schwarzbraune, besonders vorn undeutliche Längsbinde vom Rostrum bis zur Basis der C. Flossen dunkelbraun gefleckt. ♂ mit rötlicher Grundfärbung, Kopf an der Seite mit zahlreichen borstenartigen Strukturen.
Pflege und Zucht siehe vorangehende Art.

Familie Amblyopsidae
Nordamerikanische Höhlenfische, Blindfische

In dem hier verwendeten System (siehe S. 16) werden die Amblyopsidae zu der Ordnung Percopsiformes (Barschlachsartige) gestellt, der außerdem die Familien Aphredoderidae und Percopsidae angehören. In

Abb. 360 Verbreitungsgebiet der Amblyopsidae

anderen Systemen findet man die Amblyopsidae meist bei den Microcyprini. Charakteristisch für die Barschlachsartigen ist, wie der Name andeutet, die Kombination von Merkmalen der Barschartigen (0 bis 4 Stacheln am Anfang der sonst weichstrahligen D, A und V) und der Lachsfischartigen (Fettflosse, die allerdings auch fehlen kann). Die Amblyopsidae selbst sind kleine, spindelförmig gestreckte Fische des östlichen und südlichen Nordamerika (Abb. 360). Kopf unbeschuppt, Maul groß, der Unterkiefer springt in der Regel vor, Kiefer- und Gaumenbein bezahnt, V klein oder fehlend, D und A stehen sich etwa gegenüber, unregelmäßig angeordnete Rundschuppen, SL fehlt. Von den fünf Arten lebt nur eine *(Chologaster cornutus)* in oberirdischen Gewässern. Die stärkste Anpassung an das Leben in unterirdischen Gewässern zeigt *Amblyopsis spelaeus*. Die Augen der zart fleischfarbenen Tiere sind fast völlig zurückgebildet, der Orientierung dienen hochspezialisierte Ferntastsinnesorgane, die in gefaltelten Wülsten des Kopfes, Körpers und Schwanzes liegen. Die Jungfische besitzen noch kleine Augen, die relativ schnell degenerieren und von Haut überwachsen werden. Die ältere Annahme, daß die Amblyopsidae Eier abgeben, in denen sich die Embryonen bereits entwickeln (Ovoviviparie), trifft nicht zu. Vielmehr scheint es sich um Kiemenhöhlenbrüter zu handeln, d. h., die Eier (bis 70) werden nach der Abgabe in die

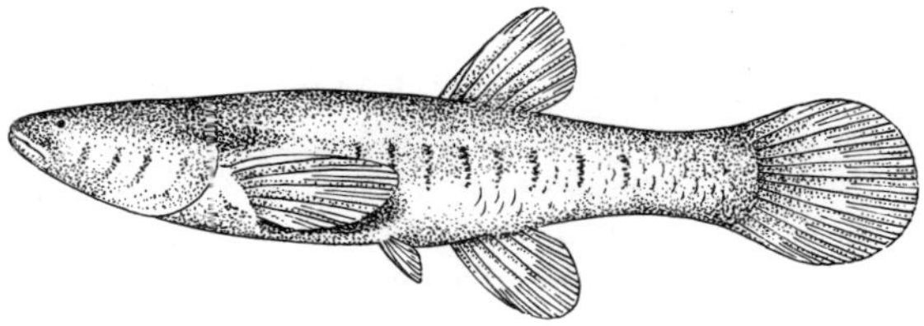

Abb. 361 *Amblyopsis spelaeus*

Kiemenhöhle eingestapelt und entwickeln sich dort sehr langsam, Zeitigungsdauer etwa acht Wochen. Da die Analpapille der Amblyopsidae in der Kehlregion liegt, kann man sich vorstellen, daß die Eier in den Kiemenraum gelangen und erst dort besamt werden.

Amblyopsis spelaeus (Abb. 361)
DE KAY, 1842
Blinder Trugkärpfling

In unterirdischen Gewässern des Kalksteingebietes im östlichen Mississippi-Becken nicht selten, gelegentlich sogar in Brunnen, besonders bekannt aus der Mammuthöhle; bis 13 cm.

D 9; A 8–9; P 11; V 4; Körper gestreckt, spindelförmig. V sehr klein, keine Fettflosse. Auge stark zurückgebildet, pigmentlos, weit unter die Haut verlagert. Auf dem Kopf und Körper zahlreiche Sinnesknospen (Ferntastorgane). Zart durchscheinend gelblich bis ganz leicht fleischfarben. Die ♀♀ sind nach ARNOLD wesentlich kräftiger. Pflege im Aquarium nicht schwierig, die Tiere sind sehr zählebig und nehmen fast jedes Futter an. Temperatur 12–16 °C. Zur Pflege eignen sich am besten großflächige Aquarien mit sandigem Bodengrund ohne Bepflanzung. Kein direktes Sonnenlicht. Für besonders wesentlich wird eine ruhige Aufstellung des Beckens angesehen, da die mit einem gesteigerten Tastempfinden ausgestatteten Tiere auf jede Erschütterung reagieren und dann vielfach ziellos umherjagen. Zur Biologie siehe Familienbeschreibung. Die 1899 und 1913 nach Deutschland importierten Tiere gingen leider nach kurzer Zeit ein. Vermutlich wird die Art aus den oben angeführten Gründen auf dem Transport sehr geschädigt.

Chologaster cornutus (Abb. 362)
AGASSIZ, 1853
Trugkärpfling

Gräben, kleine Teiche, Randbuchten großer Flüsse der Südstaaten Nordamerikas, gelegentlich im Brackwasser; bis 15 cm.

Abb. 362 *Chologaster cornutus*

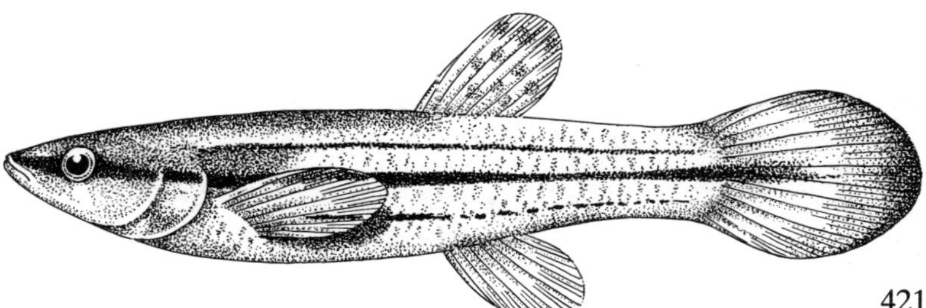

D 8–9; A 8–9; mLR 60–72. Körper spindelförmig, Schwanzstiel seitlich leicht abgeflacht, keine V, keine Fettflosse. Auge deutlich ausgeprägt, sehtüchtig. Oberseite braun, seitlich ab Körpermitte wesentlich heller, Bauch weiß; oft auf dieser Grundfärbung dunkel gesprenkelt. Drei scharf begrenzte und sehr deutlich hervortretende dunkle Längsbinden, von denen die mittlere auf der Schnauze beginnt und bis in die C reicht. Untere Binde gelegentlich ab Körpermitte in Tüpfel aufgelöst. Flossen grau, D oft gesprenkelt, C mit dunklem Fleck an der Basis, hellem Mittelfeld und sehr dunkler Außenzone, das Mittelfeld besteht oft aus zwei weißen Flecken.
Über Pflege und Zucht liegen keine Erfahrungen vor. Vermutlich ist diese Art aber sehr genügsam und durchaus gut zu hältern. Dunkel stehende Aquarien mit weichem Bodengrund und Versteckmöglichkeiten zwischen Astwerk und Steinen. Geeignete Futtermittel sind wahrscheinlich Würmer, Insektenlarven und Kleinkrebse.
Ein anderer bekannter Blindfisch Nordamerikas ist *Typhlichthys subterraneus* GIRARD, 1859, der jedoch noch nicht importiert wurde.

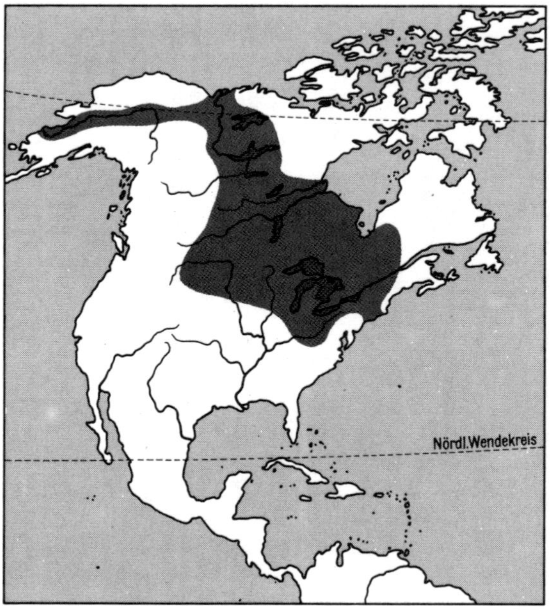

Abb. 363 Verbreitungsgebiet der Percopsiformes, ein kleineres Gebiet an der Westküste ist nicht berücksichtigt.

Familie Aphredoderidae
Piratenbarsche

Zu der Ordnung Percopsiformes (Barschlachsartige) gehörende Familie (siehe auch Familie Amblyopsidae, S. 420), die nur durch eine Art repräsentiert wird. Verbreitung der Percopsiformes Abb. 363.

Aphredoderus sayanus (Abb. 364)
(GILLIAMS, 1824)
Piratenbarsch

Oststaaten der USA, in langsamfließenden und stehenden Gewässern; bis 13 cm.
D III–IV/10–11; A II/6; mLR 45–60. Körper gestreckt, seitlich wenig abgeflacht, Kopf groß, seitlich beschuppt. Unterkiefer vorspringend, Kiefer, Pflugscharbein, Gaumenbein und Flügelbeine mit feinen Zahnreihen besetzt. Kammschuppen, D hoch, einheitlich, C abgerundet, A wesentlich kleiner als die D. Besonders charakteristisch für diese Art ist die Lage des Afters, der bei jungen Tieren unmittelbar vor der A liegt und mit zunehmendem Alter nach vorn bis unter die Kehle verschoben wird. Dunkelolivgrün bis bräunlich mit dunklen Tüpfeln und Flecken, die nicht selten in Längsreihen angeordnet sind. Unterseits gelbbraun. Flossen undurchsichtig graugrün, C mit zwei dunklen Querbändern an der Basis, Raum zwischen den Bändern oft hell. ♂ zur Laichzeit in der Regel tiefschwarz.
Der Piratenbarsch ist am besten im bepflanzten, alt eingerichteten Artbecken mit Verstecken zwischen Steinen oder auch unter halbierten Blumentöpfen zu pflegen. Zimmertemperatur, nicht über 22 °C, gut durchlüften. Lebendfutter aller Art, besonders kleine Fische, Würmer, Insektenlarven. Wie viele Standortfische sind die Tiere aggressiv sowohl gegen andere Arten als auch untereinander. Selten importiert.

Familie Exocoetidae
Fliegende Fische

Die in älteren Systemen in der Regel als eigenständige Familie vertretenen Halbschnabelhechte werden in dem hier verwendeten System (siehe S. 16) bei den Exocoetidae als Unterfamilie Hemirhamphinae eingeordnet. Auch wenn die fliegenden Fische und Halbschnabelhechte äußerlich wenig Ähnlichkeiten zeigen, liefern genauere vergleichende Untersuchungen, vor allem der Jungfische, viele Hinweise für die nahe Verwandtschaft beider Gruppen.
Die Vertreter der Unterfamilie Exocoetinae sind sämtlich marine Fische, auch von den etwa 70 Arten der Unterfamilie Hemirhamphinae sind die meisten Meeres- oder Brackwasserfische, jedoch kommen hier auch einige reine Süßwasservertreter vor. Körper langgestreckt, seitlich kaum oder wenig abgeflacht, Flossen relativ klein, D und A weit hinten an-

Abb. 364 *Aphredoderus sayanus*

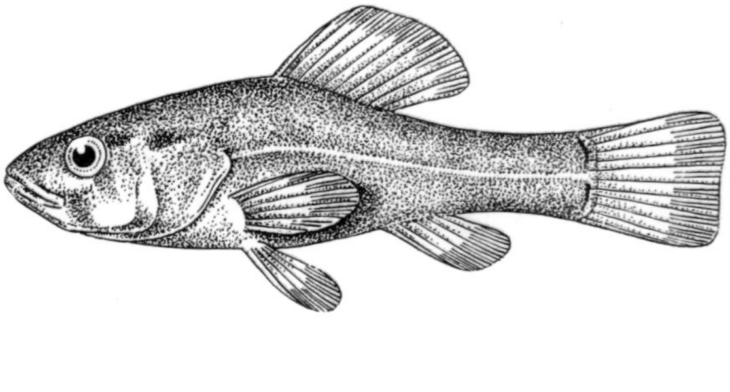

gesetzt. Besonders charakteristisch ist das Maul gestaltet. Praemaxillare und Maxillare bilden eine starre dreieckige Oberkieferplatte, die meist wesentlich kürzer als der Unterkiefer ist und gegen den übrigen Schädel nach oben hin bewegt werden kann. Im Gegensatz dazu ist der lange schnabelartige Unterkiefer starr. Ober- und Unterkiefer sind vor allem bei der Gattung *Dermogenys* durch eine Hautfalte verbunden, die sich beim Öffnen des Maules sackartig erweitert (Abb. 365). Dadurch entsteht ein Sog, mit dem Nahrungstiere eingeschlürft werden. Einige Hemirhamphinae sind lebendgebärend. Die ♂♂ solcher Arten bedienen sich zur Samenübertragung bestimmter dafür eingerichteter Teile der A (Andropodium). Die Embryonen entwickeln sich in einer sackartigen Höhlung des Eierstockes. Eingeführt wurden bislang fast nur Vertreter der Gattung *Dermogenys*, die sich von anderen ähnlichen Gattungen vor allem durch die kurze, hinter der A beginnende D unterscheidet. Die größten Hemirhamphinae werden bis 45 cm lang, z.B. der pazifische *Euleptorhamphus viridis*.

Dermogenys pusillus (Taf. 136)
v. HASSELT, 1823
Hechtköpfiger Halbschnäbler

Thailand, Malaiische Halbinsel, Singapur, Große Sundainseln im Süß- und Brackwasser; ♂ bis 6 cm, ♀ bis 7 cm.

D III/7–9; A I/12–15; P 19–11; V 6; mLR 45–50. Die *Dermogenys*-Arten sind sehr langgestreckt, seitlich nur wenig abgeflacht, Unterkiefer fast doppelt so lang wie der bewegliche Oberkiefer. Der vordere niedrige Teil der männlichen A stellt ein einfaches Begattungsorgan dar, D etwas hinter der A angesetzt, V hinter der Körpermitte. Entsprechend dem großen Verbreitungsgebiet recht unterschiedlich gefärbt. Tiere aus Java: Oberseite zart braun bis olivgrün, Körperseiten stark silberglänzend, bei auffallendem Licht bläulich schimmernd, unterseits silberweiß bis leicht gelblich. Unterkieferrand mit einem schwarzen und oft auch mit einem feinen roten Längsstrich. Ein dunkler Schulterfleck sowie ein Fleck an der Wurzel der P sind meist undeutlich ausgeprägt. Flossen gelblich bis kräftig zitronengelb, D der ♂♂ mit kräftig rotem Fleck, Vorderkante der A gelegentlich schwarz. Auge bei einigen Lokalformen leuchtend grün. ♀ ähnlich gefärbt, jedoch ohne Rot in der D.

Für die sehr lebhaften Oberflächenfische sind große, flache Behälter mit lockerer Schwimmpflanzendecke einzurichten. Für das Wohlbefinden der Tiere, besonders für die trächtigen ♀♀, scheint ein geringer Seesalzzusatz (2–3 Teelöffel auf 10 Liter Wasser) vorteilhaft zu sein. Für die Fruchtbarkeit ist die Fütterung mit kleinen Insekten, wie Essigfliegen, Mücken, Mückenlarven und Silberfischchen, von großer Bedeutung, zusätzlich können Wasserflöhe und Hüpferlinge angeboten werden. Die Beute wird durch eine seitliche Ruckbewegung des Schnabels erfaßt.

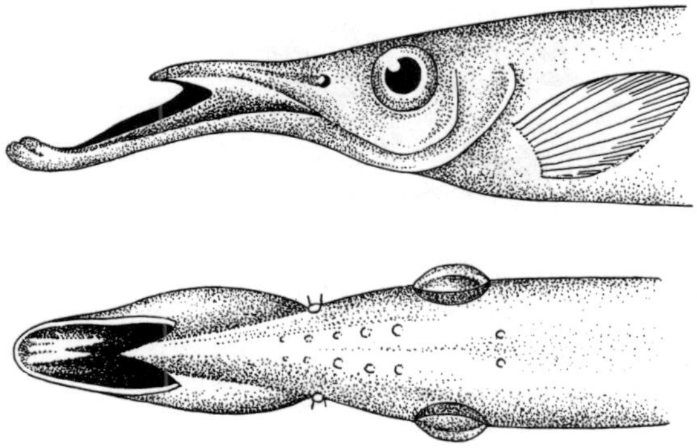

Abb. 365 Maulsack von *Dermogenys*. Links: von oben, rechts: von der Seite

Temperatur 18–22 °C. Die ♂♂ sind untereinander aggressiv und dauernd in Kämpfe verwickelt, wobei sie mit weit aufgesperrtem Maul und abgespreizten Kiemendeckeln aufeinander losschießen. In manchen Fällen fassen sie sich an den Kiefern und zerren so lange, bis ein Tier verletzt oder erschöpft aufgibt. Diese Eigenschaft der *Dermogenys*-♂♂ ist früher in Thailand häufig in Wettkämpfen, ähnlich wie bei *Betta*-Männchen beschrieben, erprobt worden, siehe S. 847. Die Tiere sind oft etwas schreckhaft und stoßen sich leicht den Schnabel wund; solche Verletzungen führen häufig zum Tode. In Thailand werden deshalb *Dermogenys* in flachen Schalen gezogen. Zucht der lebendgebärenden Art nicht einfach, da die ♀♀ oft verwerfen. Importtiere bringen in der Regel 1–2 lebensfähige Generationen und werfen dann nur noch tote oder vorwiegend tote Junge (Frühgeburten). Die Ursache hierfür mag teilweise in einer falschen Ernährung und/oder zu warmen Hälterung liegen.

Paarungsverhalten interessant. Das ♂ steht unter dem ♀ und betupft mit seinem Schnabel dessen Bauchseite. Bei der Begattung preßt sich das ♂ seitlich dicht an das ♀. Trächtigkeitsdauer bis acht Wochen. Wurfzahl gering, große Tiere bringen höchstens 12–20 Jungtiere. Die Jungen sind bei der Geburt etwa 1 cm lang und können gleich mit Staubfutter versorgt werden. Der Unterkiefer wächst erst später aus. *Hemirhamphus fluviatilis*, BLEEKER 1851, *Hemirhamphus sumatranus* BLEEKER, 1853, *Hemirhamphus orientalis* WEBER, 1894, und *Dermogenys siamensis* FOWLER, 1937, sind vermutlich Synonyme der in zahlreichen Lokalrassen auftretenden Art *D. pusillus* v. HASSELT, 1823.

Hemirhamphodon pogonognathus (Taf. 136, Abb. 366)
(BLEEKER, 1853)

Malaiische Halbinsel, Sumatra, Kalimantan (Borneo), Bangka, Belitung im Brack- und Süßwasser; bis 19 cm.

D 15–17; A 6–7; P 8–9; V 6; mLR 94–100. Im Gegensatz zu den Gattungen *Dermogenys* und *Nomorhamphus* beginnt bei *Hemirhamphodon* die D vor der A, außerdem ist die D viel länger als die A. Der

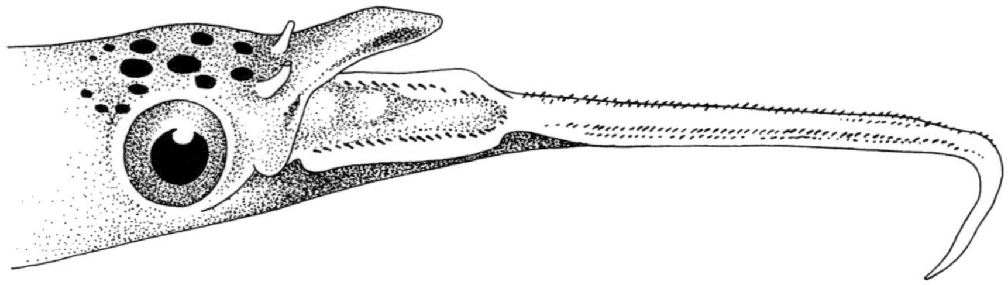

Abb. 366 Kopf von *Hemirhamphodon pogonognathus* (nach WEBER und DE BEAUFORT)

sehr lange Unterkiefer ist mit Zähnchen besetzt, seine Spitze nach unten gebogen. Sehr langgestreckt, schlank. Insgesamt silbrig, Oberseite bräunlich bis braunoliv, Körperseiten leicht gelblich, Kehle zart violett, Bauch weiß, gelegentlich insgesamt rötlich (Roter Halbschnäbler), Kiemendeckel mit dunklem Fleck. Flossen zart bräunlich, z.T. dunkel gerandet. Geschlechter an der A der ♂♂ leicht zu unterscheiden. ♀ kleiner.
Pflege siehe bei *Dermogenys pusillus*. Vereinzelt wurden von importierten ♀♀ Jungfische in Gefangenschaft geboren. Auch die wesentlich kleineren *Hemirhamphodon phaiosoma* und *H. chrysopunctatus* wurden bereits vereinzelt importiert.

Nomorhamphus celebensis (Taf. 136)
WEBER und BEAUFORT, 1922

Sulawesi (Celebes); bis 9 cm.
D 11–12; A 15; P 12; V 6; mLR 50–55. Im Gegensatz zu den Gattungen *Dermogenys* und *Hemirhamphodon* ist der Unterkiefer bei *Nomorhamphus* nur etwas länger als der Oberkiefer, vorderes etwas verdicktes Ende des Unterkiefers nach unten abgebogen. Körper gestreckt, seitlich kaum abgeflacht, D und A beginnen etwa in gleicher Höhe. Insgesamt silbern mit ockerfarbenem, gelblichem oder grünlichem Schimmer. Entlang der Körperseiten gelegentlich eine dunkle Längslinie. D mit dunklem Fleck an der Basis, übrige Flossen gelblich bis orange, z.T. mit schwarzen Spitzen oder Säumen. Geschlechter an der A der ♂♂ leicht zu erkennen, ♂ außerdem mit wesentlich größeren Pn und größerem Unterkieferhaken.
Pflege siehe bei *Dermogenys pusillus*. Zucht bereits gelungen, allerdings bislang nicht besonders erfolgreich. Die ♂♂ balzen ähnlich den Guppy-♂♂ ständig. Trächtigkeitsdauer 5–8 Wochen, Wurfzucht 8 bis 12 relativ große Jungfische (bis 18 mm). Das ♀ stellt den Neugeborenen stark nach. Nach 1–2 normalen Geburten verwerfen die ♀♀ häufig.

Nomorhamphus liemi (Taf. 136)
VOGT, 1978

Sulawesi (Celebes); bis 9 cm.
D 13–14; A 14–15; mLR 58–60. Ähnlich gestaltet wie die voranstehende Art. Insgesamt gelbgrünlich durchscheinend, Schnauzenregion rötlich. D, C, A, V und P schwarz oder zumindest mit schwarzem Außenteil, D und C zudem an der Basis grünlich oder bläulich schimmernd.
Pflege siehe voranstehende Art.
Importiert wurde in Einzelexemplaren auch *Nomorhamphus hageni* (POPTA, 1912).

Familie Belonidae
Hornhechte

Die Belonidae und Exocoetidae repräsentieren in dem hier verwendeten System (siehe S. 16) die Unterordnung Exocoetoidei innerhalb der Ordnung Atheriniformes (Ährenfischartige). Die in Schwärmen lebenden Hornhechte sind mit etwa 60 Arten vor allem als Hochsee- und Küstenfische weltweit verbreitet. Einige Vertreter dringen als Jungfische oder zu bestimmten Jahreszeiten in die Mündungsgebiete von größeren Flüssen vor, nur ganz wenige Arten sind reine Süßwasserfische. Charakteristische Merkmale der Familie sind der äußerst langgestreckte, seitlich kaum abgeflachte Körper, die langen, stark bezahnten, schnabelartigen Kiefer, die sehr weit hinten angesetzte, einander gegenüberstehende D und A, die kleinen Pn und Vn und die sehr kleinen, bei einigen Arten unregelmäßig angeordneten Schuppen. Der bis 1 m lange, in der Ost- und Nordsee, aber auch in anderen Meeren verbreitete Europäische Hornhecht *(Belone belone)* ist ein guter Speisefisch, der allerdings, da die Gräten sich beim Zubereiten grün färben, vielerorts abgelehnt wird.

Potamorhamphis guianensis (Taf. 181)
(SCHOMBURGK, 1843)

Guayana bis westliches Amazonasbecken; Maximallänge unsicher.
Extrem langgestreckte Art mit ungewöhnlich langen, mit Hundszähnen besetzten, schnabelförmigen Kiefern. Die räuberischen Tiere leben in den oberflächennahen Wasserschichten und gelten als äußerst empfindlich. 1935 erreichte ein Einzelexemplar lebend Europa, das ARNOLD wie folgt beschrieb: Der Körper ist sehr langgestreckt, spindelförmig. Maul tiefgeschlitzt, Kiefer mit nadelspitzen Zähnen besetzt. Färbung oberseits graugrün, manchmal mit schwacher dunkler Marmorierung. Ein breites, schwarzes, unregelmäßiges Längsband zieht sich von der Schnauzenspitze über das Auge bis zur C-Wurzel. Unterseite gelblichweiß. Flossen farblos durchsichtig. Nach 1945 mehrfach eingeführt.

Xenentodon cancila (Taf. 137)
(HAMILTON-BUCHANAN, 1822)

Ganz Indien, Sri Lanka, Burma, Thailand, Halbinsel Malakka; bis 30 cm.
D 15–18; A 16–18; P 11; V 6; mLR über 250. Körperform wie in der Familienbeschreibung angegeben. D und A der ♂♂ im Mittelteil eingezogen, C gerade abgeschnitten. Oberseite dunkel graugrün, seitlich grünsilbern, unterseits weiß, Kehle oft gelblich. Von der Schnauzenspitze bis in die C erstreckt sich ein Glanzstreifen, der oft von einer feinen dunklen Linie begleitet wird und vorn meist rostrot getönt ist. Obere Körperhälfte in der Regel fein schwarz getüpfelt. Beim ♂ D und A dunkel gesäumt.
Dieser elegante Oberflächenfisch eignet sich gut für große Schaubecken. Nicht wählerisch im Futter, große Exemplare fressen am liebsten Fische oder Frösche. Ausgezeichnete Springer, die fast senkrecht emporschnellen können. Temperatur 22–26 °C. Bereits mehrfach gezüchtet (A. SCHMIED: Aquarienmagazin 20, 280–283, 1986).

Familie Adrianichthyidae
Schaufelkärpflinge

Artenarme Familie der Unterordnung Cyprinodontoidei (Zahnkarpfenverwandte), deren Vorkommen wahrscheinlich auf die Süßwasserseen von Sulawesi (Celebes) beschränkt ist. Gestreckte Fische, die durch ihr außergewöhnlich großes, an einen Entenschnabel erinnerndes Maul auffallen, Ober- bzw. Zwischenkiefer nicht vorstreckbar, auf dem flachen Kopfoberteil ist ein knopfförmiges Gebilde, D und A relativ lang, weit hinten und etwa gegenüber angesetzt, Vn sehr klein, kleine Cycloidschuppen.

Gattung *Adrianichthys* WEBER, 1913
Schaufelkärpflinge

Typusart: *A. kruyti* WEBER, 1913 (Abb. 367).
Nach dem derzeitigen Kenntnisstand monotypische Gattung. Verbreitungsgebiet Sulawesi (Celebes).

Abb. 367 *Adrianichthys kruyti*
Abb. 368 *Xenopoecilus sarasinorum*

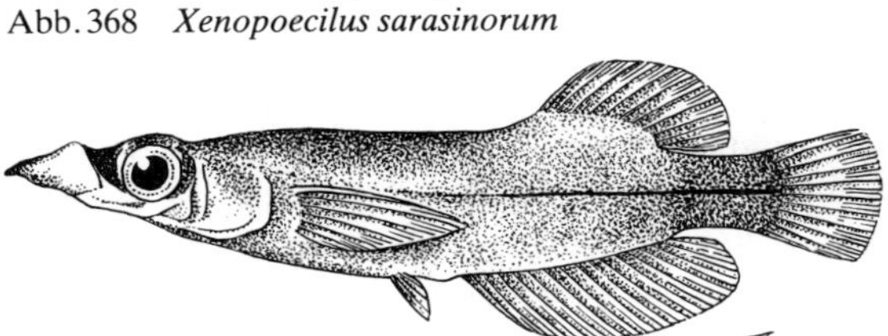

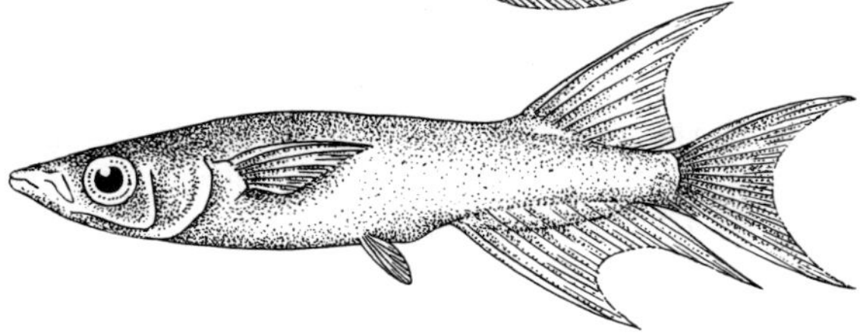

Die Typusart stellt einen sehr auffällig geformten Kärpfling dar, dessen ungewöhnliche Maulbildung mit einem Entenschnabel verglichen werden kann. Oberkiefer stark vergrößert, in seinem Vorderteil nahezu halbkreisförmig, Außenrand bezahnt. Unterkiefer von dem größeren Oberkiefer vollkommen überdeckt, mit einem Band kleiner spitzer und konischer Zähne. Praemaxillare und Maxillare verwachsen. Die großen Augen ragen über das flache Kopfprofil hinaus.

Adrianichthys kruyti (Abb. 367)
WEBER, 1913
Schaufelkärpfling

Sulawesi (Celebes); t.t.: Poso-See im Zentrum der Insel, vermutlich einziges Vorkommen; bis 11 cm.
D 17, A 25; mLR 70–80. D über den letzten zwei Dritteln der A angesetzt, Körperhöhe zwischen D und A am größten, Basis der Vn unter dem letzten Drittel der großen, in mittlerer Körperhöhe angesetzten sichelförmigen Pn. C vermutlich gerade abgeschnitten oder etwas eingebuchtet. Färbung lebender Tiere ist nicht bekannt. Alkoholpräparate zeigen eine gelbliche Farbe des Körpers, Kopfoberteil und die vordere Rückenpartie braun, Maul und Flossen bräunlich gepudert. Geschlechtsunterschiede, Pflege und Zucht der Art unbekannt.

Gattung *Xenopoecilus* REGAN, 1911

Typusart: *X. sarasinorum* (POPTA, 1905) (Abb. 368).
Nach dem derzeitigen Kenntnisstand besteht die Gattung aus zwei Arten, die in Binnenseen von Sulawesi verbreitet sind. Stark gestreckte Fische mit langer Bauchhöhle, oben flachem Kopf, etwas vorspringendem Unterkiefer, Praemaxillare und Maxillare nicht verwachsen, P hoch angesetzt, V beim ♀ kleiner als beim ♂, C mehr oder weniger ausgebuchtet.
X. poptae WEBER und BEAUFORT, 1922, ist mit einer Länge von etwa 20 cm die größte Art der Familie. Nach KRUYT sollen die Fische in 12–15 m Tiefe große Schwärme bilden und wirtschaftliche Bedeutung haben. Verschiedene Beobachtungen deuten an, daß diese Art eine innere Befruchtung hat; unbekannt ist, wie die Spermienübertragung erfolgt. Die bei den Geschlechtern unterschiedlich großen Vn könnten dabei eine Rolle spielen.

Xenopoecilus sarasinorum (Abb. 368)
(POPTA, 1905)

Sulawesi (Celebes); t.t.: Lindu-See im ufernahen Flachwasser; bis 7 cm.
D 11–13, A 21–23; mLR 75. Körper besonders im hinteren Teil stark abgeflacht, Rückenprofil fast gerade, Kopf groß und breit, Kiefer mit einem schmalen Band kleiner, spitzer und ungleicher Zähne. D über der hinteren Hälfte der A angesetzt, ihre mittleren Strahlen sind die längsten, A-Strahlen fast gleichlang oder von vorn nach hinten kürzer werdend, D

und A reichen in angelegtem Zustand über die C-Basis hinaus, C gegabelt, Enden zugespitzt. P hoch angesetzt, spitz und mit schräger Basis, V etwa in Körpermitte. Färbung lebender Tiere unbekannt. Alkoholpräparate zeigen eine bräunlichgelbe Grundfarbe, auf den Körperseiten ein silbriges Längsband und einen schmalen, dunklen Längsstreifen, Bauch und Kopfunterseite silberglänzend, Kopfoberseite und D dunkelbraun, Kehle und Schwanzstiel gelb, A, C, P braun, V farblos.
Pflege und Zucht der Art unbekannt. Nach einer Zeichnung bei ROSEN haben die ♂♂ größere, lang ausgezogene unpaare Flossen. Zuerst als *Haplochilus sarasinorum* POPTA, 1905, beschrieben.

Familie Horaichthyidae
Glaskärpflinge

Familie der Unterordnung Cyprinodontoidei (Zahnkarpfenverwandte). Nur eine Gattung (*Horaichthys* KULKARNI, 1940) mit einer Art. Familien- und Gattungskennzeichen sind vorrangig anatomische Merkmale. Es handelt sich um kleine, durchsichtige, gestreckte Fische mit flachem Kopf und Vorderkörper, dünnen, relativ großen Cycloidschuppen auf Kopf und Körper, einem verhältnismäßig großen Maul, nicht vorstreckbarem Zwischenkiefer und scharfen konischen Zähnen in einer Reihe auf den Kiefern. Bei den ♂♂ sind die ersten sechs A-Strahlen vom Rest der Flosse getrennt und bilden ein langes Gonopodium. D kurz, hinter der A beginnend, P groß, hoch angesetzt, C abgerundet. Bei den ♀♀ fehlt in der Regel die rechte V, die Geschlechtsöffnung ist meist etwas seitlich versetzt.

Horaichthys setnai (Abb. 369)
KULKARNI, 1940
Indischer Glaskärpfling

Küstenregion nördlich und südlich von Bombay; t.t.: Uttan in der Nähe von Thana, nördlich von Bombay; bis 2 cm.
D 6, A 28–32; mLR 32–34. Fast durchsichtig, auf der Kopfoberseite ein deutlicher Scheitelfleck hinter dem Auge, unregelmäßig angeordnete Tüpfel auf dem gesamten Körper, die die Mittellinie nachzeichnen und auch eine ähnliche Linie über der leicht gelblichen A-Basis bilden. ♂ kräftiger pigmentiert und außerdem durch eine Schuppenreihe mit dunklen Schuppenrändern beiderseits der Rückenmitte charakterisiert.

Abb. 369 *Horaichthys setnai*

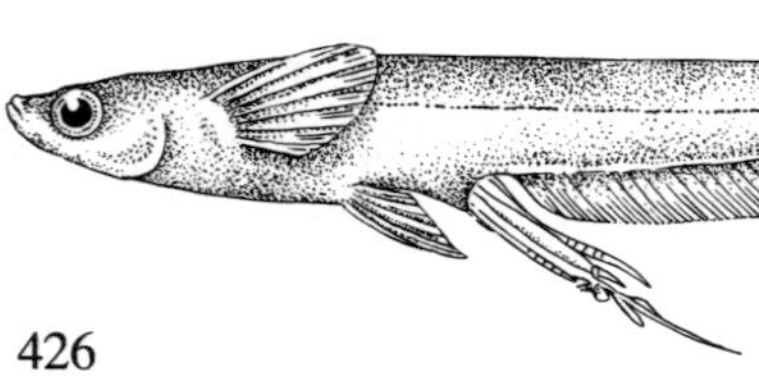

Pflege im Aquarium sehr schwierig. Die Art überlebt im Süßwasser, aber auch im Brack- oder Seewasser kaum länger als zwei Monate. Nach Beobachtungen in den Verbreitungsgebieten heften die ♂♂ mit dem Gonopodium keulenförmige Spermatophoren in der Nähe der Geschlechtsöffnung der ♀♀ an. Die bis zwei Wochen lebensfähigen Spermien dringen in den Eileiter ein und befruchten die Eier. Diese werden in Gruppen von 20–30 Stück an Pflanzen abgelegt und hängen z.T. mit langen, durchsichtigen Anhängen an dem Substrat. Schlupf der Jungen nach 2–3 Wochen.

Familie Cyprinodontidae
Eierlegende Zahnkarpfen, Killifische, Killies

Die große Familie (etwa 480 bekannte Arten) ist, mit Ausnahme von Australien, in jedem Kontinent vertreten (Abb. 370). Die meisten Arten kommen in tropischen Klimaten vor, einige Unterfamilien dringen jedoch weit in die gemäßigte Zone der nördlichen Hemisphäre ein (vor allem in Nordamerika).
Die eierlegenden Zahnkarpfen, englisch Killifishes oder Killies bezeichnet, sind gewöhnlich kleine Fische mit einer Gesamtlänge von 5–6 cm. Die größten Vertreter leben in Süd- und Mittelamerika, wo *Orestias cuvieri* VALENCIENNES, 1839, und *Oxyzygonectes dovii* (GÜNTHER, 1866) fast 30 cm und *Cynolebias elongatus* STEINDACHNER, 1881, 20 cm lang werden. Die größte nordamerikanische Art, *Fundulus catenatus* (STORER, 1846), erreicht eine Gesamtlänge von maximal 20 cm. Die größten afrikanischen Killifische, *Lamprichthys tanganicanus* (BOULENGER, 1898) und *Aphyosemion sjoestedti* (LÖNNBERG, 1895) haben Maximallängen von 14 cm bzw. 12 cm. Die größte asiatische Art, *Aplocheilus lineatus* (CUVIER und VALENCIENNES, 1846), wird höchstens 12 cm, die größte europäische Art, *Valencia hispanica* (CUVIER und VALENCIENNES, 1846), höchstens 8 cm lang. Die kleinsten Killifische sind *Oryzias minutillus* SMITH, 1945 (Asien), *Congopanchax myersi* (POLL, 1952), *Congopanchax brichardi* POLL, 1971 (Afrika) und *Fluviphylax pygmaeus* (MYERS und CARVALHO, 1955) (Südamerika). Diese Fischzwerge werden auch voll erwachsen nicht länger als 2,5 cm.
Der Kopf ist oberseits abgeflacht, das Maul terminal gelegen und gewöhnlich leicht aufwärts orientiert, Barteln fehlen. Die Kiefer sind sehr beweglich und vorstülpbar. Die Konstruktion des Maules gestattet die Futteraufnahme von der Oberfläche des Wassers. Die Zähne sind lang, gebogen und spitz. Eine Ausnahme machen lediglich die Vertreter der Unterfamilie Cyprinodontinae und die meisten Arten der Unterfamilie Aphaniinae mit dreispitzigen Zähnen, deren Anordnung ein Abraspeln von Algenbelägen gestattet. Die Schuppen der ♀♀ sind mit Ausnahme einiger Vertreter der Unterfamilie Procatopodinae cycloid. Dagegen können die ♂♂ einiger Arten aus allen Unterfamilien (Ausnahme Pantanodontinae)

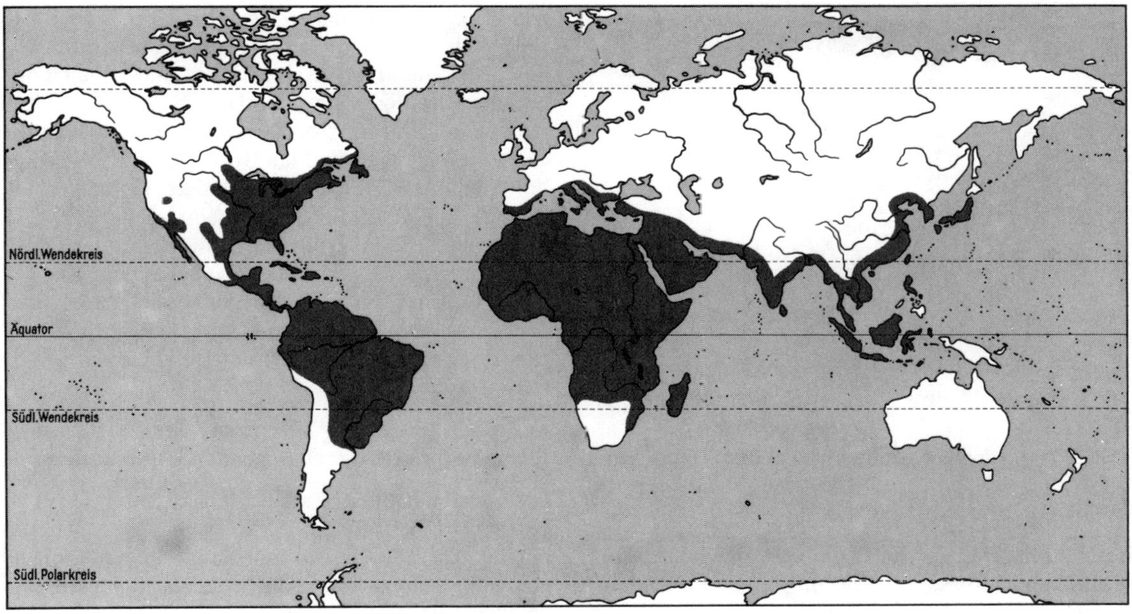

Abb. 370 Verbreitung der Cyprinodontidae und Oryziatidae

ctenoide Strukturen auf den Schuppen und auf Teilen der Flossenstrahlen bilden. Die Seitenlinienorgane sind bei den meisten Arten auf dem Kopf gut entwikkelt, dagegen fehlen sie auf dem Körper oder sind dort mehr oder weniger rudimentär. Die Bestimmung der Killifische ist keine leichte Aufgabe, da die Körperform und oft auch die Färbung bei diesen Fischen stärker variiert als bei anderen. In einigen Gruppen der eierlegenden Zahnkarpfen wird die Bestimmung der Arten anhand des Kopfschuppenmusters oder der Seitenlinienorgane auf dem Kopf durchgeführt (s. Abb. 371, 372, 373). Der holländische Zoologe J. HOEDEMAN verwendete als erster diese Merkmale in der Systematik von *Rivulus*. Obwohl das Kopfschuppenmuster für die einzelnen Arten meistens sehr konstant und charakteristisch ist, erfüllten sich die Hoffnungen nicht, damit Verwandtschaftsgruppierungen analysieren zu können.

Als Kopfschuppenmuster bezeichnet man einen Ring aus Schuppen, der das Pinealorgan auf der Oberseite des Kopfes umgibt. Häufig sind diese Schuppen glänzend silbrig. Die Schuppe, die das Pinealorgan bedeckt, wird als A-Schuppe, die Schuppe unmittelbar dahinter als B-Schuppe und die direkt davor liegende als G-Schuppe bezeichnet. Diese drei Schuppen stellen die zentrale Schuppenreihe dar. Die C-, D-, E- und F-Schuppen liegen in den seitlich angrenzenden Schuppenreihen (Abb. 371). Die Seitenlinienorgane des Kopfes können in geschlossenen Kanälen mit Poren, in offenen Rinnen oder in Gruben untergebracht sein. Für die Bestimmung verschiedener Arten oder Artengruppen sind die Anzahl, die Form und das Muster der Anordnung dieser Organe wertvoll. Die in offenen Rinnen liegenden Organe (Neuromasten) sind gewöhnlich ziemlich groß und in geringer Zahl im Stirnbereich lokalisiert, nur innerhalb der Gattungen *Cynolebias, Cynopoecilus, Orestias* und teilweise bei *Nothobranchius* sind sie kleiner und viel zahlreicher. Neben den Merkmalen Kopfschuppenmuster und Seitenlinienorgane auf dem Kopf werden folgende Merkmale für die Bestimmung eierlegender Zahnkarpfen herangezogen: Flossenstrahlenzahl, besonders von D und A, Anzahl der Schuppen in der mittleren Längs- und in einer Querreihe, Typ der

Abb. 371 Cyprinodontidae: Grundmuster zur Anordnung der Kopfschuppen

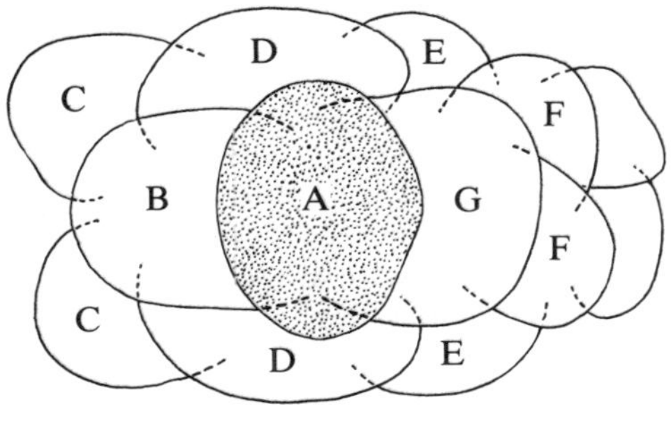

Abb. 372 Kopfschuppenmuster von *Rivulus hartii*, D-Typ

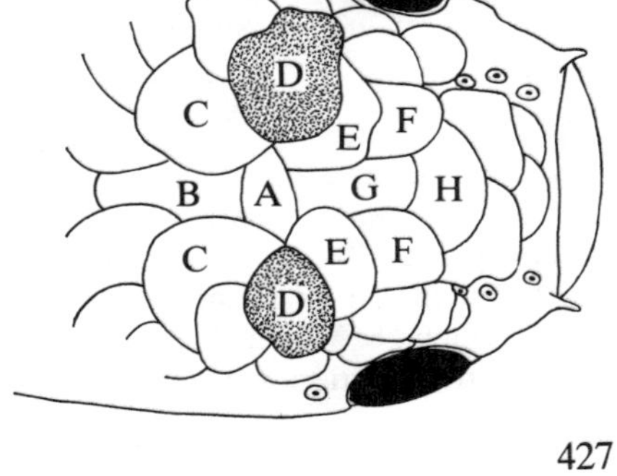

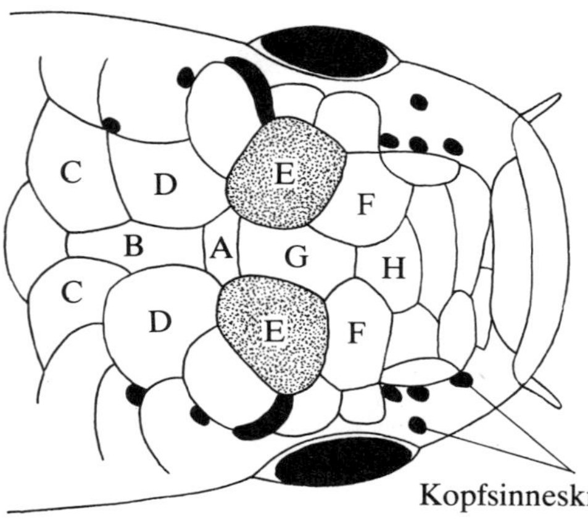

Abb. 373 Kopfschuppenmuster von *Rivulus cryptocallus*, E-Typ

Beschuppung, Lage von D und A zueinander, Flossenstellung insgesamt, Färbung und Zeichnung, Geschlechtsdimorphismus, Struktur und Anordnung der Zähne, Struktur des Darmes, Struktur der Eioberfläche, Anzahl der Chromosomen, cytologische Besonderheiten der Chromosomen, das immunologische Muster des Blutserums, Kreuzungsexperimente sowie biologische, ökologische und tiergeographische Kriterien.

Killifische, selbst die Jungfische, bilden in der Regel keine Sozietäten. Eine Ausnahme machen die Procatopodinae und Pantanodontinae, deren Arten in jedem Alter Schwarmverhalten zeigen, aber auch einige Arten der Fundulinae, Cyprinodontinae und Aphaniinae, die sich zumindest zeitweise in Schulen zusammenhalten. Innerhalb der Rivulinae ist bislang ein solches Verhalten nur von *Foerschichthys flavipinnis* bekannt. Die eierlegenden Zahnkarpfen werden in acht Unterfamilien gruppiert:

Rivulinae	(etwa 294 Arten) Asien, Afrika, Amerika
Fundulinae	(etwa 48 Arten) Amerika
Cyprinodontinae	(etwa 37 Arten) Amerika
Orestiatinae	(etwa 20 Arten) Amerika
Aphaniinae	(etwa 12 Arten) Asien, Afrika, Europa
Procatopodinae	(etwa 68 Arten) Afrika
Fluviphylacinae	(1 Art) Südamerika
Pantanodontinae	(2 Arten) Afrika

Die früher zu den eierlegenden Zahnkarpfen gerechnete Unterfamilie Oryziatinae wird als eigene Familie beschrieben (S. 575). Die Tatsache, daß die Eier der Killifische zu ihrer Entwicklung etwa zwei Wochen bis mehrere Monate benötigen und in feuchtem Substrat transportiert werden können, ermöglicht einen regen internationalen Artentausch auf dem Postwege. Die Liebhaber eierlegender Zahnkarpfen haben örtliche und in verschiedenen Ländern auch nationale Vereinigungen gebildet. Die älteste ist die American Killifish Association (AKA), andere ähnliche Vereinigungen sind die British Killifish Association (BKA), die Deutsche Killifisch Gemeinschaft (DKG), die Zentrale Arbeitsgemeinschaft (ZAG) Eierlegende Zahnkarpfen im Kulturbund der DDR u.a. Alle diese Organisationen geben regelmäßig Informationsliteratur heraus, in der spezielle Probleme der Taxonomie, Pflege und Zucht ausführlich und Einzelheiten aus den Verbreitungsgebieten dargestellt werden.

Pflege und Zucht der eierlegenden Zahnkarpfen

Die meisten Killifische stellen hinsichtlich ihrer Pflege ähnliche Ansprüche. Viele Arten eignen sich nur bedingt für das Gesellschaftsaquarium und zeigen nur im Artaquarium natürliche Verhaltensweisen und Farbgebung. Die Größe des Aquariums richtet sich nach der Größe und Schwimmfreudigkeit der zu pflegenden Art. In größeren Becken werden Jungfische kräftiger und entwickeln eine bessere Beflossung. Da die ♂♂ untereinander stark rivalisieren, gruppiert man am besten nur ein ♂ mit mehreren ♀♀. Aber auch gegen nicht laichwillige ♀♀ können die ♂♂ sehr aggressiv sein. Man biete diesen deshalb Versteckmöglichkeiten in Form von Pflanzenbüscheln, Wurzeln oder Torffasern. Fast alle Arten bevorzugen nicht zu hell stehende Becken mit dunklem, weichem Bodengrund. Besonderes Wohlbefinden wird in der Regel durch eine leichte Schwimmpflanzendecke erreicht, die die überhängende Uferbewachsung oder Verkrautung der Heimatgewässer am besten imitiert. Als Bodengrund hat sich besonders nicht zu heller Sand oder Torf bewährt. Der lockere Torf hat darüber hinaus den Vorteil, daß sich die Tiere im Bodengrund verbergen können. Fast alle Arten fühlen sich bei Wassertemperaturen von 18–22 °C wohl. Viele Killifische leben in weichem bis sehr weichem Wasser (z.B. *Aphyosemion, Diapteron, Roloffia, Nothobranchius, Pterolebias, Cynolebias*), andere in Gewässern, die reicher an mineralischen Bestandteilen sind (z.B. viele *Rivulus, Fundulus, Cyprinodon, Aphanius*), einzelne kommen sogar im Brackwasser vor (z.B. einige *Fundulus* und *Aphanius*), und ganz wenige Vertreter der Aphaniinae und Cyprinodontinae wurden sogar in Gewässern gefunden, die einen wesentlich höheren Salzgehalt aufweisen als das Seewasser. Trotzdem kann man in der Gefangenschaft nahezu alle Arten in weichem bis mittelhartem, ggf. leicht torfhaltigem Wasser erfolgreich pflegen und züchten. Einige Killifische vertragen relativ niedrige pH-Werte (um 4,5), andere benötigen pH-Werte um 8, im allgemeinen genügen jedoch pH-Werte um 6,5. Die meisten Arten bevorzugen Lebendfutter, Trockenfutter wird ungern oder nicht genommen.

Fischtuberkulose und Befall mit Hautparasiten, besonders aus der Gattung *Oodinium*, sind die häufigsten Krankheiten der Killifische. Prophylaktische Maßnahmen bestehen in der Zugabe von Torfextraktstoffen, Seesalz (ein gehäufter Teelöffel auf 10 l Wasser) und besonders von klarem, abgestandenem Wasser (regelmäßiger Wasserwechsel).

Im Paarungsverhalten der eierlegenden Zahnkarpfen lassen sich folgende Phasen unterscheiden:

- das ♂ imponiert vor dem ♀ mit flatternden Flossenbewegungen, Körperkrümmungen, Flossenspreizen, Flossenanlegen;
- das ♂ umkreist das ♀, überschwimmt es, berührt mit Kehl- und Brustpartie den Rücken des ♀ und treibt es in die Pflanzen oder zum Bodengrund;
- das ♀ sucht den Ablaichplatz, das ♂ schwimmt kontaktsuchend neben das ♀ und legt seine D und A um den Körper des ♀. Beide Tiere krümmen sich s-förmig, stoßen ihre Geschlechtsprodukte aus und schnellen auseinander.

Die Eier werden meist einzeln abgesetzt, die Laichphase ist kontinuierlich und dauert von der Geschlechtsreife bis zum Tod. Nur wenige Arten haben deutliche Laichperioden.

Manche Arten setzen die Eier an Pflanzen ab, andere betten sie in den Bodengrund ein. Man unterscheidet deshalb zwischen »Haftlaichern« (auch Pflanzen- oder Substratlaicher genannt) und »Bodenlaichern«, speziell »Bodentauchern« und »Bodenpflügern«. Typische Haftlaicher sind viele *Aphyosemion-, Aplocheilus-, Epiplatys-, Rivulus-* und *Fundulus*-Arten. Typische Bodentaucher sind die *Cynolebias-* und *Pterolebias*-Arten, typische Bodenpflüger die *Nothobranchius*-Arten. Die Haft- und Bodenlaicher unterscheiden sich aber nicht nur hinsichtlich der Wahl des Laichsubstrats, sondern auch hinsichtlich ihrer Biologie. Die Haftlaicher leben vorwiegend in Gewässern, die auch während der Trockenzeit Wasser führen. Sie können einen oder mehrere Jahreszyklen überleben, ihre Embryonalentwicklung ist dem Jahreszyklus nicht oder nur wenig angepaßt. Im Gegensatz dazu kommen die Bodenlaicher in Gewässern vor, die in Abhängigkeit vom klimatischen Jahreszyklus nur zeitweilig Wasser führen. Die Fische können nur in der Regenzeit und anschließend bis zur Austrocknung des Gewässers existieren. Sie überleben die Trockenzeit als Embryo in der Eihülle, eingebettet in den etwas feuchten Bodengrund. Die diesen Bedingungen angepaßte Embryonalentwicklung ist diskontinuierlich, aktive Entwicklungsphasen und Ruhephasen, sogenannte Diapausen, wechseln miteinander ab (Abb. 374). Man bezeichnet Arten, die einen oder mehrere Jahreszyklen als Fische überleben, als nichtannuelle Arten (in der Regel Pflanzenlaicher), Arten, die einen bestimmten Teil des Jahres nur im Embryonalstadium überleben, als annuelle Arten (Bodenlaicher), Arten, die in Anpassung an die jeweiligen Bedingungen Pflanzen- oder Bodenlaicher sind, als semiannuelle Arten.

Die Eier aller Cyprinodontidae haben feste Eihüllen, die maximale Festigkeit wird erst nach dem Ablaichen erreicht, die Eier härten gleichsam aus.

Die Embryonen nichtannueller Arten schlüpfen nach kontinuierlicher Embryonalentwicklung in Abhängigkeit von der Temperatur etwa nach 2–4 Wochen. Die Eier der annuellen Zahnkarpfen können dagegen einige Wochen oder Monate, ja sogar Jahre ruhen. Die 1. Diapause (Hemmungsphase) setzt unmittelbar nach der Gastrulation ein. Das Ei ist zu dieser Zeit durchsichtig, vom Embryo ist noch nichts zu erkennen. Sie wird durch Sauerstoffmangel im Bodengrund ausgelöst und dauert unter natürlichen Bedingungen bis zur Austrocknung des Gewässers (meist 1–2 Monate). Die 1. Diapause scheint für die Eier der meisten südamerikanischen Rivulinae obligatorisch zu sein und erfordert bei der Zucht eine entsprechende Behandlung der Eier. Dagegen kommt bei den afrikanischen Rivulinae die 1. Diapause nur bei *Roloffia occidentalis* vor, die Eier anderer Arten können sie in Abhängigkeit vom Sauerstoffgehalt in ihrer Umgebung einschalten oder auch nicht. Die Fortsetzung der Embryonalentwicklung bis zur Schlupfreife wird durch Erhöhung des Sauerstoffgehaltes im Boden bewirkt. In der freien Natur tritt dies ein, wenn

Abb. 374 Entwicklungszyklus annueller Zahnkarpfen (Saisonfische). Oben: Während der Regenzeit tritt Sauerstoffmangel ein. Die Fische laichen im Bodengrund. a) erste Teilungen, danach Diapause. Mitte: In der Trockenzeit beginnt bei erhöhter Temperatur und Sauerstoffzutritt die Embryonalentwicklung (b). Nach Abschluß der Embryonalentwicklung erneute Diapause. Unten: Zu Beginn der nächsten Regenzeit (Temperaturrückgang) schlüpfen die Jungfische.

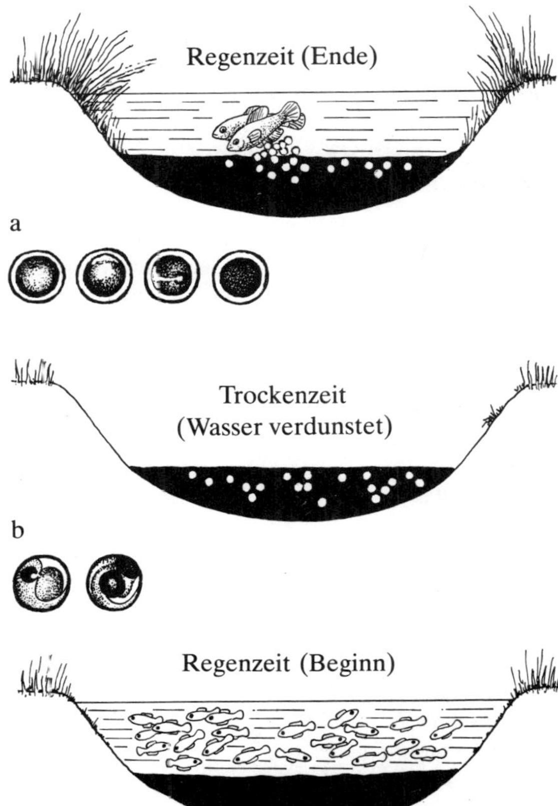

die Gewässer so sehr ausgetrocknet sind, daß Spalten und Risse entstehen und Luft eindringen kann. Experimentell wurde festgestellt, daß die 1. Diapause ohne Beeinträchtigung der Lebensfähigkeit der Embryonen neun Monate und länger ausgedehnt werden kann. Die 2. Diapause beginnt nach Beendigung der Embryonalentwicklung. Dabei wird die Blutzirkulation verringert und schließlich fast ganz eingestellt. Diese Phase kann sich über acht Monate und länger ausdehnen. Sie tritt ein, wenn das reichliche Sauerstoffangebot nach Abschluß der Embryonalentwicklung weiter besteht. Eine Erhöhung des Kohlensäuregehaltes und Senkung des Sauerstoffgehaltes beginnt in freier Natur mit dem Einsetzen der Regenzeit. Die ausgetrockneten Gewässer füllen sich mit Wasser, im Bodengrund beginnen Fäulnisprozesse, der Sauerstoffgehalt wird dadurch verbraucht. Diese Prozesse lösen schließlich das Schlüpfen der Jungfische und damit den Abschluß der 2. Diapause aus. Bei einigen afrikanischen annuellen Rivulinae kann auf mittlerem Embryonalstadium noch eine weitere Diapause eingeschaltet sein. Bemerkenswert ist, daß die annuellen Killifische auch sogenannte »Dauereier« laichen, deren Embryonalentwicklung noch wesentlich stärker verlangsamt ist. Dadurch können sie den Ausfall einer Regenzeit überleben und damit die Art im Verbreitungsgebiet erhalten.
Praktische Hinweise zur Pflege und Zucht sind aufgrund zahlreicher an Gattungen oder Unterfamilien gebundener Besonderheiten hier nicht berücksichtigt. Sie können den Gattungs- und Artbeschreibungen entnommen werden. Hinsichtlich der Pflege und Zucht nichtannueller und semiannueller Arten siehe Gattungsbeschreibung *Aphyosemion* S. 431, hinsichtlich annueller Arten Gattungsbeschreibungen *Cynolebias* S. 485 und *Nothobranchius* S. 497.

Unterfamilie Rivulinae

Zur Unterfamilie der Rivulinae HOEDEMAN, 1961, gehören Fische aus dem afrikanischen, amerikanischen und asiatischen Kontinent. Insgesamt unterscheidet man z.Z. 14 altweltliche und 11 neuweltliche Gattungen.

Altweltliche Gattungen:

Afrika
- *Adamas*
- *Aphyoplatys*
- *Aphyosemion*
- *Diapteron*
- *Epiplatys*
- *Foerschichthys*
- *Fundulosoma*
- *Nothobranchius*
- *Pachypanchax*
- *Paranothobranchius*
- *Pronothobranchius*
- *Pseudepiplatys*
- *Roloffia*

Asien
- *Aplocheilus*

Neuweltliche Gattungen:

Amerika, vorwiegend Südamerika
- *Austrofundulus*
- *Campellolebias*
- *Cynolebias*
- *Cynopoecilus*
- *Neofundulus*
- *Pterolebias*
- *Rachovia*
- *Rivulichthys*
- *Rivulus*
- *Terranatos*
- *Trigonectes*

Die Unterfamilie ist die artenreichste der eierlegenden Zahnkarpfen, zu ihr gehören die bekanntesten und farbenprächtigsten Killifische. Die kleinsten Arten sind etwa 2 cm, die größten über 20 cm lang. Sie können schlank (z. B. *Aphyosemion*), hechtartig (z. B. *Epiplatys*), hochrückig (z. B. *Cynolebias*), zylindrisch (z. B. *Rivulus*) oder gedrungen (z. B. *Nothobranchius*) sein. Die Zusammenfassung in einer Unterfamilie wird durch spezielle morphologische Gemeinsamkeiten gerechtfertigt. Die meisten Arten kommen in tropischen und subtropischen Gebieten Afrikas, Asiens und Amerikas, nur wenige in gemäßigten Klimabereichen vor (z. B. *Cynolebias*). Bewohnt werden Gewässer in unterschiedlichen Vegetationszonen, die Biotope sind recht vielgestaltig. Meist handelt es sich um kleine, flache, stagnierende oder langsamfließende Gewässer. Einige Arten leben auch in den Randzonen großer Flüsse und Seen (z. B. einige *Epiplatys*- und *Roloffia*-Arten). Detaillierte Angaben zu den Fundorten einschließlich der terra typica sowie zur Pflege und Zucht sind den Gattungs- und Artbeschreibungen zu entnehmen.

Gattung *Adamas* HUBER, 1979

Typusart: *A. formosus* HUBER, 1979 (Abb. 375).
Verbreitungsgebiet: Kongobecken. Monotypische Gattung der Rivulinae mit verwandtschaftlichen Beziehungen zur Unterfamilie Procatopodinae. HUBER ließ die Zuordnung zu einer Unterfamilie in seiner Erstbeschreibung offen, nach SCHEEL oder ROMAND gehört die Gattung jedoch eindeutig zu den Rivulinae. Ausschlaggebend für diese Zuordnung sind u. a. die roten Pigmente auf dem Körper, die drei roten Diagonalstreifen hinter den großen Augen, der relativ große, bohnenförmige, aus vier Schuppen bestehende Leuchtfleck auf dem Hinterkopf beider Geschlechter (ähnlich zahlreichen *Epiplatys*-Arten, bei

Abb. 375 *Adamas formosus*

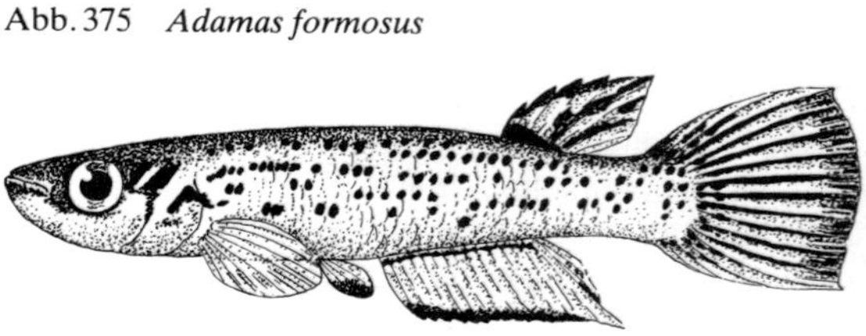

denen er aus einer Schuppe besteht), die *Aphyosemion*-ähnliche Gestalt und der deutliche Geschlechtsdimorphismus.

Adamas formosus (Abb. 375)
HUBER, 1979

Kongo (im Westteil des Kongobeckens); t.t.: Ntokou am Likouala-Mossakafluß (Nähe der Zusammenflüsse Likouala/Mambili und Likouala/ Bokiba), gemeinsam mit *Aphyoplatys duboisi, Epiplatys multifasciatus, E. chevalieri, Aphyosemion splendidum, A. elegans* (?) und anderen Fischen. Die Art lebt zeitweise als Schwarmfisch (selten bei Rivulinae) im offenen Wasser in Ufernähe; bis 3 cm.
D 8–9, A 15, mLR 27–29, G-Typ, n=12. ♂ graublau, Rücken braun, Bauch hell. Auf den Körperseiten befinden sich 3–5 unregelmäßige Längsreihen roter Punkte. D, A, C, V hellblau mit roter Zeichnung, die aus Strichen zwischen den Flossenstrahlen (D, C) und basalen Bändern (C) bzw. Flossensäumen (A, V) besteht. Die rote Zeichnung ist bei den einzelnen Populationen unterschiedlich. D und A lang und spitz ausgezogen, gelegentlich bis an das Ende der C reichend, die D beginnt über dem Anfang des letzten Drittels der A. ♀ hellgrau mit Längsreihen relativ kleiner roter Punkte auf den Körperseiten. In Ablaichstimmung färben sich die Körperseiten dunkel bis schwarz, der Bauch bleibt hell. Flossen farblos und abgerundet.
Pflege und Zucht wie bei den nichtannuellen *Aphyosemion*-Arten und ähnlich den Fischzwergen *Aphyoplatys duboisi* bzw. *Pseudepiplatys annulatus*. Artaquarium günstig, Vergesellschaftung nur mit sehr kleinen Arten möglich, ♂♂ untereinander aggressiv. Zucht schwierig, extensive Zuchtmethode erfolgversprechender: Ansatz eines Pärchens, viele Pflanzenbüsche, auch Schwimmpflanzen, in denen sich die Jungfische verstecken können. In den ersten Tagen Räder- oder Pantoffeltierchen, Wachstum langsam, Geschlechtsreife nach vier Monaten (etwa ab 20 mm Größe). Eier klein (unter 1 mm), Schlupf nach zwölf Tagen, gelegentlich erst nach drei Wochen bis drei Monaten (?). Der Laich kann während der Trockenperiode in feuchtem Torf aufbewahrt werden, oft starker ♂♂-Überschuß.

Gattung *Aphyoplatys* CLAUSEN, 1967

Typusart: *A. duboisi* (POLL, 1952) (Taf. 149).
Verbreitungsgebiet: Kongobecken. Monotypische Gattung der Rivulinae. CLAUSEN fand zahlreiche abgrenzende Merkmale zu den Gattungen *Epiplatys* und *Aphyosemion* und begründete damit die neue Gattung. Die Unterschiede betreffen das Seitenlinienmuster, die Seitenlinienorgane, das Farbmuster, die Form der D, den Knochenbau und die Körperform. Sexualdimorphismus gering, Flossen ohne Ctenoidschuppen und ohne Papillen. Die D beginnt über der Mitte der A. SCHEEL charakterisiert die Typusart der Gattung folgendermaßen: »erinnert an *Aphyosemion*, repräsentiert aber wahrscheinlich eine den Gattungen *Epiplatys* und *Aplocheilus* nahestehende Reliktform«.

Aphyoplatys duboisi (Taf. 149)
(POLL, 1952)
Kongohechtling

Zaïre (zentrales Kongobecken); t.t.: kleiner, schwachfließender Bach bei N'Dolo (Nähe Kinshasa); vergesellschaftet mit *Adamas formosus, Epiplatys chevalieri, Aphyosemion elegans* (?) und Fischen aus anderen Familien; bis 4 cm.
D 9–10, A 14–16; mLR 25–26; G-Typ, selten F-Typ, n=24. ♂ leuchtend hellblau bis violettblau oder blaugrün (je nach Lichteinfall und Population). Auf den Körperseiten Längsreihen kleiner roter bis rotbrauner Punkte, ein dunkles Längsband zeigt sich nur bei Wohlbefinden. Unpaare Flossen transparent, blaugrün bis violettblau schimmernd, mit unregelmäßigen kleinen roten bis rotbraunen Punkten zwischen den Flossenstrahlen, einem schmalen roten bis braunroten Marginalband und breitem hellblauem Saum. D und A leicht spitz auslaufend, C breit pinselförmig zugespitzt. ♀ ähnlich, nur allgemein blasser und weniger deutlich gezeichnet, Flossen gerundet, meist ohne Zeichnung, untere Körperhälfte hinten zeitweilig dunkel, gelegentlich ein dunkles Längsband bis zum Auge.
Pflege und Zucht wie nichtannuelle *Aphyosemion*-Arten, etwas schwierig. Die extensive Zuchtmethode ohne Absammeln des kleinen Laichs aus den Pflanzen ist meist am erfolgreichsten. Die Eier sind sehr empfindlich gegen Wasserverunreinigungen. Schlupf der Jungfische bei 24 °C, nach 10–12 Tagen. Erstfutter Pantoffel- und Rädertierchen.

Gattung *Aphyosemion* MYERS, 1924
Prachtkärpflinge

Typusart: *A. castaneum* MYERS, 1924 (Abb. 378, vermutlich ein Synonym zu *A. christyi* (BOULENGER, 1915) oder *A. schoutedeni* (BOULENGER, 1920)).

Gattung *Diapteron* HUBER und SEEGERS, 1977

Typusart: *D. georgiae* (LAMBERT und GÉRY, 1967).

Gattung *Roloffia* CLAUSEN, 1966

Typusart: *Aphyosemion occidentale* CLAUSEN, 1966.
Die Gattung *Aphyosemion* ist die artenreichste der Cyprinodontidae. Sie enthält ausschließlich afrikanische Arten (altweltliche Rivulinae). Zu ihr gehören über 100 Arten und Unterarten, und noch sind die vermuteten Verbreitungsgebiete nicht umfassend erforscht. Die *Aphyosemion*-Arten (einschließlich *Diapteron* und *Roloffia*) sind neben den *Nothobranchius*-Arten die farblich schönsten eierlegenden Zahnkarpfen.
Es gibt zahlreiche Bemühungen, die Gattung *Aphyo-*

semion in weitere Gattungen und Untergattungen zu gliedern: Myers vereinigte 1924 die afrikanischen Vertreter der Gattung *Fundulus* Lacépède, 1802, und Arten der Gattung *Haplochilus* Günther, 1866, in der Gattung *Aphyosemion*, die er später in die Untergattungen *Fundulopanchax* Myers, 1924, und *Callopanchax* Myers, 1933, untergliederte. Erst 1966 kam es durch Clausen zur Abtrennung der Gattung *Roloffia*, und damit begann auch die Aufteilung der gesamten Gattung: Untergattungen *Chromaphyosemion* Radda, 1971, *Paraphyosemion* Kottelat, 1976, *Kathetys* Huber, 1977, *Raddaella* Huber, 1977, *Gularopanchax* Radda, 1977, *Paludopanchax* Radda, 1977, *Mesoaphyosemion* Radda, 1977, *Archiaphyosemion* Radda, 1977, und schließlich Gattung *Diapteron* Huber und Seegers, 1978. Da die Gattungen und Untergattungen z.T. relativ künstliche Gruppierungen sind, werden sie nicht allgemein anerkannt, auch die Selbständigkeit der Gattung *Roloffia* ist von der internationalen Nomenklaturkommission verworfen worden, wird aber aquaristisch verwendet. Es sind Bestrebungen im Gange, die Arten der Gattungen *Aphyosemion* und *Roloffia* in Überartengruppen bzw. Artenkreise bzw. Verwandtschaftsgruppen zusammenzufassen. Die Untersuchungen sind jedoch noch nicht abgeschlossen, außerdem kommen ständig neue Arten hinzu. Aus diesem Grunde sollen hier die z.Z. gültigen bzw. als gültig betrachteten Gattungen *Aphyosemion, Diapteron* und *Roloffia* gemeinsam abgehandelt werden (s. Artentabelle S. 450), die Zuordnung zu den Untergattungen und Artengruppen ist dort zu entnehmen. In den Artbeschreibungen wird absichtlich auf die Angabe von Untergattungen verzichtet.

Hauptverbreitungsgebiet der *Aphyosemion*-Arten ist das zentrale bis westliche tropische Afrika (Zaïre bis Elfenbeinküste). Die *Roloffia*-Arten sind im westlichen Afrika (Gambia, Senegal bis Ghana), die Arten der Gattung *Diapteron* in Gabun und Kongo beheimatet. Im Osten bildet der ostafrikanische Grabenbruch die Verbreitungsgrenze (Abb. 376). Alle Arten bewohnen Gewässer in den tropischen Primärregenwäldern, Sekundärwäldern und Feuchtsavannen nördlich und südlich des Äquators in verschiedenen Höhenlagen. Einzelne Arten veränderten in Anpassung an Biotopänderungen (Übergang vom tropischen Regenwald in Savanne durch Klimaverschiebungen) im Laufe der Entwicklungsgeschichte ihre Lebensweise und wurden zu Bewohnern zeitweilig austrocknender Gewässer. Ihre Embryonalentwicklung paßte sich dem Wechsel von Regen- und Trokkenzeiten an (annuelle Arten), z.T. blieben Reliktformen erhalten, die sich eigenständig weiterentwikkelten. In den Savannengebieten wurden die zurückgedrängten *Aphyosemion*- und *Roloffia*-Arten teilweise durch Arten der Gattungen *Fundulosoma, Pronothobranchius* und *Nothobranchius* ersetzt. Zu unterscheiden ist allgemein zwischen Artengruppen der Küstenebenen und der Inlandplateaus. Die Arten der Inlandplateaus sind gewöhnlich farbintensiver und weniger variabel. Im Verbreitungsgebiet der *Aphyosemion-, Diapteron-* und *Roloffia*-Arten kommen, z.T. gemeinsam mit ihnen, Arten folgender anderer Gattungen eierlegender Zahnkarpfen vor: *Adamas, Aphyoplatys, Aplocheilichthys, Congopanchax, Epiplatys, Foerschichthys, Plataplochilus* und *Procatopus*. Sehr selten ist in einem Areal nur eine Art vertreten, meist handelt es sich in solchen Fällen um Nutzer ökologischer Nischen, in denen sich nur diese eine Art gegen die Konkurrenz anderer Fische behaupten kann. Meistens sind jedoch 2–5 Arten sympatrisch miteinander vergesellschaftet. Trotzdem kommt es nicht zu Kreuzungen (ethologische Barrieren), Naturhybriden sind nicht bekannt.

Abb. 376 Verbreitungsgebiet der Gattungen *Aphyosemion, Diapteron, Roloffia*

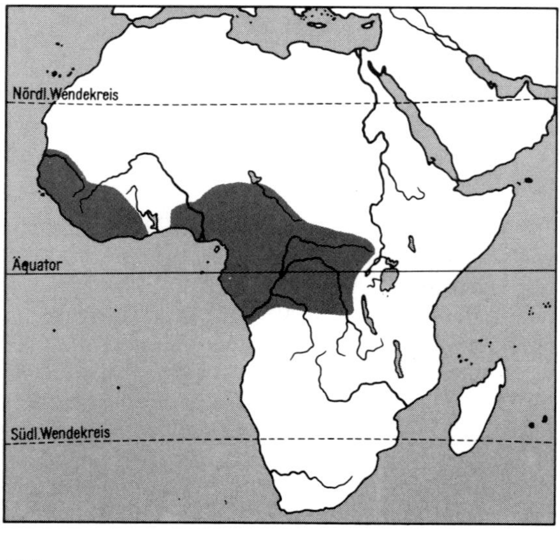

Die Größe der *Aphyosemion*- und *Roloffia*-Arten schwankt zwischen etwa 3 cm und über 10 cm, liegt aber gewöhnlich um 5–6 cm, die Arten der Gattung *Diapteron* erreichen etwa 4 cm. Es handelt sich bei allen drei Gattungen um kleine, meist gestreckte und seitlich wenig abgeflachte Fische mit relativ großen Augen und einem breiten oberständigen Maul. Schuppen cycloid oder cycloctenoid, frontale Kopfschuppen fast immer nach dem G-Typ (mit und ohne H-Schuppen), vereinzelt nach dem E- und H-Typ angeordnet, SL ist unvollständig, Neuromasten auf dem Körper und Kopf, Ctenoidpapillen auf den unpaaren Flossen außer der C, P relativ niedrig angesetzt, Kieferzähne klein und zahlreich, in der äußeren Reihe meist konisch. *Aphyosemion*-Arten haben n = 9–20 Chromosomen (9 = differenzierter, 20 = ursprünglicher Typ), *Roloffia*-Arten n = 20–23 Chromosomen. Die meristischen Angaben zu Schuppenzahlen (mLR, mQR u.a.), Körperproportionen, Flossenstrahlenzahlen haben innerhalb der Gattungen nur geringe Bedeutung, da zahlreiche Überschneidungen zwischen den Gattungen und Untergattungen vorkommen. *Aphyosemion*- und *Roloffia*-Arten zeigen ein gleiches Hämoglobinmuster, so daß auch dieses Merkmal nicht zur Unterscheidung herangezogen

Tafel 145 Links: *Aphyosemion bochtleri* · *A. arnoldi* · *A. filamentosum* · *A. filamentosum*, zwei ♂♂. Rechts: *Aphyosemion herzogi* · *A. arnoldi* · *A. filamentosum* · *A. arnoldi* x *A. filamentosum* (Fotos links: Kaden, Foersch, Foersch, Foersch. Fotos rechts: Kaden, Foersch, Foersch, Scheel)

Tafel 146 Links: *Aphyosemion gardneri* von Makurdi · *A. gardneri* »Blau« · *A. gardneri* · *A. gardneri* von Akure. Rechts: *Aphyosemion gardneri* von Akure · *A. gardneri* · *A. gardneri* · *A. gardneri lacustre* (Fotos links: Kaden, Foersch, Foersch, Foersch. Fotos rechts: Kaden, Foersch, Foersch, Schmidt)

Tafel 147 Links: *Aphyosemion spoorenbergi* · *A. mirabile* von Tinto · *A. mirabile* von Dagwa Ntale · *A. amieti*. Rechts: *Aphyosemion cinnamomeum* x *A. gardneri* · *A. cinnamomeum* · *A. mirabile traudae* · *A. amieti* (Fotos links: Kelz, Kaden, Kaden, Kaden. Fotos rechts: Bech, Kaden, Nieuwenhuizen, Kaden)

Tafel 148 Links: *Aphyosemion ndianum · A. ndianum · A. walkeri spurrelli · A. ocellatum* »Blau«. Rechts: *Aphyosemion walkeri · A. walkeri spurrelli · A. walkeri spurrelli · A. ocellatum* »Gelb« (Fotos links: Schmidt, Kaden, Richter, Bitter. Fotos rechts: Foersch, Bech, Foersch, Bitter)

Tafel 149 Links: *Diapteron cyanostictum* · *Diapteron fulgens* · *Diapteron georgiae* · *Aphyoplatys duboisi*. Rechts: *Fundulosoma thierryi* · *Foerschichthys flavipinnis* · *Aphyoplatys duboisi*, oben ♀ (Fotos links: Kaden, Kaden, Kaden, Foersch. Fotos rechts: Foersch, Foersch, Richter)

Tafel 150 Links: *Roloffia etzeli* von Kirma · *R. geryi* von Conakry · *R. bertholdi* · *R. calabarica*. Rechts: *Roloffia geryi* · *R. geryi* »Robis I« · *R. brueningi* · *R. calabarica* (Fotos links: Kaden, Richter, Foersch, Richter. Fotos rechts: Sommer, Kelz, Kelz, Foersch)

Tafel 151 Links: *Roloffia chaytori* · *R. roloffi* von Marjay · *R. nigrifluvi,* ♂ · *R. petersi.* Rechts: *Roloffia liberensis* · *R. roloffi (hastingsi)* · *R. nigrifluvi,* ♀ · *Rivulus tenuis* (Fotos links: Bech, Kaden, Richter, Foersch. Fotos rechts: Sommer, Kaden, Richter, Bech)

Tafel 152 Links: *Roloffia huwaldi*, rechts ♀ · *R. monroviae* »Rot« · *R. toddi*. Rechts: *Roloffia occidentalis* · *R. occidentalis*. Unten: *Roloffia occidentalis* (Fotos links: Roloff, Schmidt, Foersch. Fotos rechts: Richter, Foersch. Foto unten: Foersch)

Tafel 153 Links: *Aplocheilus dayi* · *A. lineatus* · *A. blockii* · *A. panchax*. Rechts: *Aplocheilus dayi werneri* · *A. lineatus* · *A. panchax* von Penang · *A. panchax* (Fotos links: Foersch, Kaden, Foersch, Richter. Fotos rechts: Richter, Richter, Foersch, Foersch)

Tafel 154 *Aplocheilus lineatus*, Ablaichserie. Oben links ♂, oben rechts ♀ (alle Fotos Richter)

Tafel 155 Links: *Rachovia brevis* · *R. brevis (splendens)* · *Austrofundulus limnaeus*. Rechts: *Rachovia brevis* · *R. pyropunctata* · *R. maculipinnis* · *R. hummelincki* (Fotos links: Richter, Foersch, Richter. Fotos rechts: Werner, Bech, Foersch, Foersch)

Tafel 156 Links: *Cynolebias adloffi* · *Cynolebias alexandri,* links ♀. Rechts: *Cynolebias bellottii* · *Cynolebias bellottii* beim Laichen. Unten: *Cynolebias elongatus* (oben rechts Richter, alle anderen Fotos Foersch)

Tafel 157 Links: *Cynolebias nigripinnis*, unten ♀ · *C. constanciae* · *C. whitei*, hinten ♀. Rechts: *Cynolebias heloplites* · *C. constanciae*, ♀ · *C. whitei* (Fotos links: Foersch, Richter, Richter. Fotos rechts: Foersch, Richter, Sommer)

Tafel 158 Links: *Cynopoecilus opalescens* · *Cynolebias boitonei*, unten ♀ · *Terranatos dolichopterus*, links ♀. Rechts: *Cynopoecilus melanotaenia* · *Trigonectes strigabundus* · *Trigonectes strigabundus*, oben ♀ (Fotos links: Foersch, Wiefel, Richter. Fotos rechts: Foersch, Foersch, Richter)

Tafel 159 Links: *Epiplatys grahami* · *E. singa* von Gabun · *E. chevalieri* von Bangui · *E. bifasciatus*. Rechts: *Epiplatys sangmelinensis* von Acono · *E. sangmelinensis* von Sangmelina · *E. chevalieri* · *E. bifasciatus* von SO-Ghana (Fotos links: Wiefel, Foersch, Foersch, Foersch. Fotos rechts: Stenglein, Stenglein, Richter, Scheel)

Tafel 160 Links: *Epiplatys spilargyreius* · *E. lamottei* · *E. fasciolatus* von Conakry · *E. azureus*. Rechts: *Epiplatys fasciolatus* · *E. roloffi* · *E. fasciolatus tototaensis*, unten ♀ (Fotos links: Foersch, Kaden, Foersch, Stenglein. Fotos rechts: Kaden, Stenglein, Richter)

werden kann. Für die Abgrenzung der Gattung *Diapteron* von der Gattung *Aphyosemion* waren folgende Merkmale maßgebend: Das Verbreitungsgebiet ist nur das Ivindo-Becken (geographischer Aspekt), die D beginnt genau über der A oder leicht davor, die Oberflächenstruktur der Eier ist deutlich anders, zwischen *Aphyosemion* und *Diapteron* sind keine Übergangsformen bekannt. Für eine Abgrenzung der *Roloffia*-Arten von der Gattung *Aphyosemion* sprechen folgende Merkmale: Verbreitungsgebiet nur westlich der Dahomey-(Benin-)Lücke ab Ghana (mit Ausnahme von *A. walkeri* sind alle *Aphyosemion*-Arten östlich davon zu finden), haploide Chromosomenzahl (n) einheitlich 20–23, große Arten alle n = 23, Kopfsinnesorgane einheitlich anders ausgebildet, Eioberflächenstruktur deutlich abweichend; C spatelförmig, A und D abgerundet, nie ausgezogen.
Die *Aphyosemion-, Diapteron-* und *Roloffia*-Arten haben einen sehr deutlichen Farbdimorphismus. ♂♂ wesentlich farbiger und kräftiger gezeichnet als die ♀♀. Das Farbmuster der ♂♂ ist artspezifisch und kann deshalb als Bestimmungsmerkmal herangezogen werden. Die folgenden Körperregionen sind dabei von Bedeutung: Kiemendeckel (rote Punkt- und Strichzeichnung), Region oberhalb des P-Ansatzes (Schild, Wundmal), Körperseiten (Längs- und Querbänder, netz- und lyraförmige Zeichnung), Kehlpartie (Zeichnung), Flossen (Kanten, Säume, Marginal- und Submarginalbänder, Flecken, Striche, Punkte). Die Farbmuster stehen meist auf einem kontrastreichen und oft metallisch glänzenden gelben, grünen und blauen Grund. Die D, A, C und V sind vielfach wimpel- oder fahnenförmig ausgezogen, z.T. auch rund. Die ♀♀ zeigen eine einfarbig hellgrau- bis hellrotbraune Färbung. Teilweise sind dunkle oder blaßfarbige Punkte, Flecken oder Streifen auf den Körperseiten und Flossen vorhanden. Sie lassen sich bei einzelnen Artengruppen auch vom Spezialisten nur schwer oder gar nicht unterscheiden. Noch schwieriger ist das Auseinanderhalten der ♀♀ verschiedener Populationen einer Art, wie es bei der Zucht im Interesse der Erhaltung von Stämmen gefordert werden muß. *Aphyosemion-, Diapteron-* und *Roloffia*-Arten sind schlechte Schwimmer. Sie verändern ihren Standort unter normalen Bedingungen kaum. Dadurch entstehen Mikropopulationen, die sich immer mehr isolieren und schließlich ihre fertile Kreuzbarkeit mit Nachbarpopulationen einbüßen. Dieser Artbildungsprozeß dauert auch heute noch an und bedingt nicht zuletzt das anhaltende Interesse der Ichthyologen an dieser Fischgruppe. Interessant ist auch die Ausbildung von Farbtypen (rot, blau und gelb), die innerhalb einer Art und zwischen verwandten Arten auftreten können.
Im Regenwald bevorzugen die Fische beschattete, stagnierende oder langsamfließende Gewässer von 1–2 m Breite und 0,2–0,4 m Tiefe. Sie leben dort zwischen überhängenden Pflanzen in der Uferregion oder halten sich am Boden zwischen Ästen und Laub auf. Durchschnittliche Wasserbeschaffenheit: sehr weich (0,2–3 °dH), schwach sauer (pH 6,3–6,7), geringe Leitfähigkeit, geringe Temperaturdifferenzen zwischen Tag und Nacht (22–24 °C). Auch im Jahresverlauf schwanken durch das Fehlen ausgeprägter Regen- und Trockenzeiten die Temperatur und Wasserqualität nur gering. Je größer die Fließgeschwindigkeit des Wassers und die Körnigkeit des Bodengrundes sind, um so klarer und transparenter ist im allgemeinen das Wasser. In den Savannengebieten sind die Bedingungen weniger gleichmäßig, Temperatur und Qualität des Wassers schwanken in allen Parametern stärker. Die Laichgewässer trocknen teilweise aus. Regen- und Trockenzeiten sind deutlich ausgeprägt. In den Heimatgebieten besteht die Ernährung vorwiegend aus Insekten, die auf die Wasseroberfläche fallen, und deren Larven, die sich z.T. im Wasser entwickeln. Außerdem werden auch kleinere Fische anderer oder der gleichen Art und im Bodengrund lebende Würmer gefressen.
Die Aquarienhälterung ist bis auf Ausnahmen unproblematisch. Kleine (5 l) bis mittelgroße (30 l) Aquarien sind ausreichend für ein bis mehrere Pärchen. Das Artaquarium ist sehr zu empfehlen, obwohl sich auch einige Arten für die Pflege im Gesellschaftsaquarium eignen. Weiches bis mittelhartes Wasser, schwach saurer pH-Wert, Temperaturen von 20 bis 25 °C, dichte, feinfiedrige Pflanzenbüsche (auch Schwimmpflanzen), Versteckmöglichkeiten (Moorkienwurzeln, Steine), nicht zu heller Standort, als Bodengrund dunkler Sand oder Torffasern, stets kräftiges Lebendfutter und regelmäßiger, wöchentlicher Teilwasserwechsel sind die Grundbedingungen für eine erfolgreiche Pflege und Zucht. Fast alle Arten, die bisher lebend importiert wurden, konnten, wenn z.T. auch mit größeren Schwierigkeiten, zur Nachzucht gebracht werden. Günstig ist der Ansatz eines Pärchens oder Trios (1,2). Bei mehreren ♂♂ kommt es gewöhnlich zu Rivalitätskämpfen, die zur Ausbildung einer Rangordnung (α-Männchen, β-Männchen) oder zum Tode des Rivalen führen.
Zu unterscheiden ist zwischen Haftlaichern (Pflanzenlaicher, nichtannuell) und Bodenlaichern (semiannuell bis annuell). Erstere laichen an feinfiedrigen Pflanzen oder Ablaichmops (Wollfäden) in allen Wasserschichten. Die Eier kleben mit ihren Haftfäden gut fest. Diese Arten leben in ständig wasserführenden Gewässern (tropischer Regenwald). Die Eier sind hartschalig, etwa 1–1,5 mm groß und können ohne Schwierigkeiten aus den Ablaichpflanzen herausgelesen und zur besseren Kontrolle in ein getrenntes Gefäß gebracht werden (Pipettieren auf feine Kunstfaserwolle, Zugabe von chemischen Mitteln zur Verhinderung von übermäßiger Bakterien- und Pilzentwicklung). Unbefruchtete und verpilzte Eier sind täglich zu entfernen. Die nichtannuellen Arten haben theoretisch keine Diapausen (vorübergehender Entwicklungsstillstand), können aber dazu gezwungen werden, wenn man die Eier in feuchtes Substrat legt. Bei einzelnen Arten mit empfindlichen Eiern ist diese Methode angebracht (isolierte Lage jedes Eies), und außerdem wird damit ein gleichmäßiger Schlupf der Jungfische erzielt.

Fische, die aus Savannengebieten stammen und in temporären (zeitweilig austrocknenden) Gewässern vorkommen, sind vorzugsweise Bodenlaicher. Sie tauchen in den Bodengrund nicht ein, wie das bei Arten der Gattungen *Cynolebias* oder *Pterolebias* der Fall ist, sondern laichen am Boden und wirbeln die Laichkörner mit kräftigen Flossenschlägen in das Bodensubstrat. Die Eier fallen stets zu Boden, kleben nicht (keine Haftfäden) oder nur wenig. Als Ablaichsubstrat eignen sich Torffasern in einer mehrere Zentimeter hohen Schicht, aber auch feinster Sand. Die Eier können ausgesiebt und in feuchtem Torf aufbewahrt werden (Plastetüte oder Glas). In Abhängigkeit vom Herkunftsgebiet der Fische und der Temperatur bei der Aufbewahrung des Laichs dauert die Entwicklungszeit zwölf Tage bis etwa sechs Monate. Bei allen Arten, die in Torf ablaichen, wird nach etwa acht Tagen das Torf-Laich-Gemisch durch einen feinen Kescher gegeben und angetrocknet (ausdrücken oder in saugfähiges Papier legen). Eine Restfeuchte ist zur Laichentwicklung unbedingt notwendig. Nach allgemeinen Erfahrungen entwickelt sich der Laich bei größerer Feuchte des Substrats schneller. Das Torf-Laich-Gemisch wird in Plastebeuteln oder Glasgefäßen an einem dunklen Ort aufbewahrt. Nach einer anfänglichen Ruheperiode sollte das Substrat ab und zu gelockert und kurz gelüftet werden (Zufuhr von Luftsauerstoff). Die Eier entwickeln sich unter Einschub von Diapausen bis zum fertigen Embryo. In Abständen wird die Entwicklung des Laichs mit einer Lupe geprüft und die vollentwickelten Embryonen dann durch Aufgießen von etwas kühlerem Wasser zum Schlüpfen gebracht. Sollten nach einigen Stunden noch keine Jungfische zu sehen sein, kann dies bedeuten, daß entweder die Entwicklung noch nicht abgeschlossen ist (erneutes Trockenlegen des Substrats notwendig) oder die schlupfauslösenden Reize zu gering waren. Im letztgenannten Fall kann versucht werden, den Schlupf durch Verminderung des Sauerstoffs im Wasser (Plankton zugeben, Trockenfutter zur Infusorienentwicklung aufstreuen, mit der Atemluft CO_2 einblasen u.ä.) oder einen stärkeren Kälteschock in Verbindung mit mechanischen Reizen (Laich kurz unter den kalten Wasserleitungsstrahl halten) auszulösen. Ausgesprochene Laichperioden gibt es unter aquaristischen Bedingungen nur selten. Sie werden vom Züchter provoziert durch Zusammenbringen der vorher getrennten Geschlechter, durch wechselnde Intensität der Fütterung oder durch Veränderung der Hälterungstemperaturen und Wasserwechsel. In der Natur ergeben sich derartige Perioden durch den Wechsel zwischen Regen- und Trockenzeiten, Veränderung des Wasserchemismus der Gewässer, z.B. auch durch deutliche Verschlechterung der Lebensbedingungen. Die Aufzucht der Jungfische ist für den geübten Aquarianer meistens problemlos. Nauplien von Kleinkrebsen oder Räder- bzw. Pantoffeltierchen eignen sich als Erstfutter, Trockenfutter dagegen kaum. Die Jungfische wachsen schnell (besonders bei annuellen Arten) und sind nach 2–3 Monaten geschlechtsreif (Ausnahmen werden bei den Artbeschreibungen erwähnt). Die Lebensdauer einzelner *Aphyosemion*- und *Roloffia*- Arten kann bei optimaler Hälterung fünf Jahre und mehr betragen.

Liste der Aphyosemion-, Diapteron- und Roloffia-Arten (Stand 1984), alphabetisch geordnet nach Untergattungen, Artengruppen und Arten

Aphyosemion (Aphyosemion) MYERS 1924
  Elegans-Artengruppe
    chauchei HUBER und SCHEEL, 1981
    christyi (BOULENGER, 1915) (Taf. 138)
    cognatum MEINKEN, 1951 (Taf. 138)
    decorsei (PELLEGRIN, 1904)
    elegans (BOULENGER, 1899)
    lamberti RADDA und HUBER, 1977 (Taf. 138)
    lefiniense WOELTJES, 1984
    lujae (BOULENGER, 1911) (Taf. 140)
    margaretae FOWLER, 1936
    melanopteron GOLDSTEIN und RICCO, 1970 (Taf. 138)
    rectogoense RADDA und HUBER, 1977 (Taf. 140)
    schioetzi HUBER und SCHEEL, 1981
    schoutedeni (BOULENGER, 1920) (Taf. 138)
Aphyosemion (Chromaphyosemion) RADDA, 1971
  Bivittatum-Artengruppe
    bivittatum (LÖNNBERG, 1895) (Taf. 139)
    loennbergii (BOULENGER, 1903) (Taf. 140)
    multicolor (BRÜNING, 1929) (Taf. 139)
    riggenbachi (AHL, 1924)
    splendopleure (BRÜNING, 1929) (Taf. 139, 140)
    volcanum RADDA und WILDEKAMP, 1977 (Taf. 140)
Aphyosemion (Fundulopanchax) MYERS, 1924
  Sjoestedti-Artengruppe
    kribianum RADDA, 1975 (Taf. 141)
    sjoestedti (LÖNNBERG, 1895) (Taf. 141)
Aphyosemion (Gularopanchax) RADDA, 1977
  Gulare-Artengruppe
    deltaense RADDA, 1976 (Taf. 141)
    fallax AHL, 1935 (Taf. 141)
    gulare (BOULENGER, 1901) (Taf. 141)
    schwoiseri SCHEEL und RADDA, 1974
Aphyosemion (Kathetys) HUBER, 1977
  Exiguum-Artengruppe
    bamilekorum RADDA, 1971
    bualanum bualanum (AHL, 1924) (Taf. 142)
    bualanum kekemense RADDA und SCHEEL, 1975
    exiguum (BOULENGER, 1911) (Taf. 142)
Aphyosemion (Mesoaphyosemion) RADDA, 1977
  Buytaerti-Artengruppe
    buytaerti RADDA und HUBER, 1978
    schluppi RADDA und HUBER, 1978
    wachtersi wachtersi RADDA und HUBER, 1978
    wachtersi mikeae RADDA, 1980
  Calliurum-Artengruppe
    ahli MYERS, 1933 (Taf. 142)
    australe (RACHOW, 1921) (Taf. 142)
    calliurum (BOULENGER, 1911) (Taf. 142)
    celiae celiae SCHEEL, 1971 (Taf. 142)

celiae winifredae RADDA und SCHEEL, 1975
heinemanni BERKENKAMP, 1980
pascheni (AHL, 1928)
Cameronense-Ogoense-Artengruppe
amoenum RADDA und PÜRZL, 1976
cameronense cameronense (BOULENGER, 1903) (Taf. 143)
cameronense haasi RADDA und PÜRZL, 1976
cameronense halleri RADDA und PÜRZL, 1976
caudofasciatum HUBER und RADDA, 1979
hofmanni, RADDA 1980
maculatum RADDA und PÜRZL, 1977
mimbon HUBER, 1977
obscurum (AHL, 1924) (Taf. 143)
ogoense (PELLEGRIN, 1930)
ottogartneri RADDA, 1980
pyrophore HUBER und RADDA, 1979
raddai SCHEEL, 1975
thysi RADDA und HUBER, 1978
Coeleste-Artengruppe
citrineipinnis HUBER und RADDA, 1977
coeleste HUBER und RADDA, 1977 (Taf. 143)
ocellatum HUBER und RADDA, 1977 (Taf. 148)
Franzwerneri-Artengruppe
bochtleri RADDA, 1975 (Taf. 145)
franzwerneri SCHEEL, 1971
herzogi RADDA, 1975 (Taf. 145)
Louessense-Labarrei-Artengruppe
ferranti (BOULENGER, 1910)
labarrei POLL, 1952 (Taf. 143)
louessense (PELLEGRIN, 1931)
zygaima HUBER, 1981
Scheeli-Artengruppe
marmoratum RADDA, 1973 (Taf. 143)
oeseri (SCHMIDT, 1928) (Taf. 143)
scheeli scheeli RADDA, 1970 (Taf. 143)
scheeli akamkpaense RADDA, 1975
Striatum-Artengruppe
exigoideum RADDA und HUBER, 1977 (Taf. 144)
gabunense gabunense RADDA, 1975 (Taf. 144)
gabunense boehmi RADDA und HUBER, 1977 (Taf. 144)
gabunense marginatum RADDA und HUBER, 1977
microphthalmum LAMBERT und GÉRY, 1967
primigenium RADDA und HUBER, 1977 (Taf. 144)
striatum striatum (BOULENGER, 1911) (Taf. 144)
striatum sangmelinense POLL und LAMBERT, 1952
Wildekampi-Artengruppe
aureum RADDA, 1980
punctatum RADDA und PÜRL, 1977
wildekampi BERKENKAMP, 1973
Aphyosemion (–)
Ohne Einordnung
joergenscheeli HUBER und RADDA, 1977
Aphyosemion (Paludopanchax) RADDA, 1977
Arnoldi-Artengruppe
arnoldi (BOULENGER, 1908) (Taf. 145)
filamentosum (MEINKEN, 1933) (Taf. 145)
robertsoni RADDA und SCHEEL, 1974
rubrolabiale RADDA, 1973
Aphyosemion (Paraphyosemion) KOTTELAT, 1976
Gardneri-Artengruppe
gardneri gardneri (BOULENGER, 1911) (Taf. 146)
gardneri lacustre RADDA, 1974 (Taf. 146)
gardneri mamfense RADDA, 1974
gardneri nigerianum CLAUSEN, 1963 (Taf. 146)
spoorenbergi BERKENKAMP, 1976 (Taf. 147)
Mirabile-Artengruppe
cinnamomeum CLAUSEN, 1963 (Taf. 147)
mirabile mirabile RADDA, 1970 (Taf. 147)
mirabile intermittens RADDA, 1974
mirabile moense RADDA, 1970
mirabile traudeae RADDA, 1971 (Taf. 147)
Ndianum-Artengruppe
amieti RADDA, 1976 (Taf. 147)
ndianum SCHEEL, 1968 (Taf. 148)
puerzli RADDA und SCHEEL, 1974
Walkeri-Artengruppe
walkeri walkeri (BOULENGER, 1911) (Taf. 148)
walkeri spurrelli (BOULENGER, 1913) (Taf. 148)
Aphyosemion (Raddaella) HUBER, 1977
Batesii-Artengruppe
batesii (BOULENGER, 1911) (Abb. 377)
splendidum (PELLEGRIN, 1930)
Diapteron
Georgiae-Artengruppe
abacinum (HUBER, 1976)
cyanosticum (LAMBERT und GÉRY, 1967) (Taf. 149)
fulgens (RADDA, 1975) (Taf. 149)
georgiae (LAMBERT und GÉRY, 1967) (Taf. 149)
seegersi HUBER, 1980
Roloffia (Archiaphyosemion) RADDA, 1977
(Untergattung der Gattung *Aphyosemion*)
Geryi-Artengruppe
etzeli BERKENKAMP, 1979 (Taf. 150)
geryi (LAMBERT, 1958) (Taf. 150)
Liberiense-Artengruppe
bertholdi (ROLOFF, 1965) (Taf. 150, 182)
brueningi ROLOFF, 1971 (Taf. 150)
calabarica (AHL, 1935/6) (Taf. 150)
chaytori ROLOFF, 1971 (Taf. 151)
fredrodi VANDERMISSEN, ETZEL und BERKENKAMP, 1980
liberiensis (BOULENGER, 1908) (Taf. 151)
roloffi (ROLOFF, 1936) (Taf. 151)
schmitti ROMAND, 1979
Petersi-Artengruppe
banforensis SEEGERS, 1982
guignardi (ROMAND, 1981)
guineensis (DAGET, 1954) (Taf. 151)
jeanpoli BERKENKAMP und ETZEL, 1979
maeseni (POLL, 1941)
melantereon (FOWLER, 1950)
nigrifluvi ROMAND, 1982 (Taf. 151)
petersi (SAUVAGE, 1882) (Taf. 151)
viridis LADIGES und ROLOFF, 1973
Roloffia (Callopanchax) MYERS, 1933
(Untergattung der Gattung *Aphyosemion*)

Occidentalis-Artengruppe
huwaldi BERKENKAMP und ETZEL, 1980 (Taf. 152)
monroviae ROLOFF und LADIGES, 1972 (Taf. 152)
occidentalis (CLAUSEN, 1966) (Taf. 152)
toddi (CLAUSEN, 1966) (Taf. 152)

Aphyosemion amieti (Taf. 147)
RADDA, 1976
Amiets Prachtkärpfling

Kamerun (südwestlicher Teil), Sanaga-Flußsystem; t.t.: bei Somakak, Nähe von Edea (0,2° dH, pH 6,5, 25 °C), vergesellschaftet mit *A. ahli, A. franzwerneri, A. riggenbachi, Epiplatys sexfasciatus*; bis 7 cm.
D 14, A 16–17; mLR 33–34; G-Typ; n = 20. Der vordere D-Strahl steht über dem 4.–5. A-Strahl, ausgeprägte Ctenoidschuppen (Kontaktorgane) vorhanden. ♂ oben bräunlichgrün, nach unten aufgehellt, Bauch und Schwanzstiel gelb bis orange. Karminrote Bänder in D, A, C, P, V. Karminrotes Längsband von der Mitte des Körpers bis in die C. Punkte und Striche der gleichen Farbe besonders im vorderen Körperdrittel und im oberen Teil der C. C, A und V mit blaugrünen Flossensäumen. ♀ braungelb, rote Punkte in gleicher Anordnung wie beim ♂, D und oberer Teil der C auf grüngelbem Grund rot getüpfelt. Pflege und Zucht siehe Gattungsbeschreibung S. 449. Die Art ist semiannuell, Laichentwicklung im Wasser etwa 20, im Torf 40 Tage.
A. amieti gehört zur Ndianum-Artengruppe (s. Tabelle S. 451).

Aphyosemion arnoldi (Taf. 145)
(BOULENGER, 1908)
Arnolds Prachtkärpfling

Südöstliches Togo, in Sümpfen, Benin, Nigeria (Gebiet des Nigerdeltas), südwestliches Kamerun; t.t.: Warri (westlicher Teil des Nigerdeltas), in sumpfigen Gräben; bis 6 cm.
D 14–18, A 14–19; mLR 24–28; G-Typ (selten H-Typ); n = 19. Juvenile ♂♂ orange, adulte violettblau, an Körperseiten und Flossen mit metallischem Schimmer. Wenige unregelmäßige rote Tüpfel (x-Form) an den Flanken, im hinteren Teil des Körpers oft zu Strichen oder Querlinien vereinigt, rote Punkte und Striche auf den unpaaren Flossen. C oben und unten mit langen, nach außen gerichteten Flossenspitzen und roten Marginalbändern, dazu am unteren Rand ein orangefarbener Saum. ♀ bräunlichgrau mit einzelnen dunkelroten x-förmigen Malen auf den Körperseiten, Flossen farblos. Körperfarbe und Zeichnung der ♂♂ und ♀♀ können bei den einzelnen Populationen unterschiedlich sein.
Pflege und Zucht siehe Gattungsbeschreibung S. 449. Semiannuelle Art, Laichsubstrat Torf, Entwicklungsdauer des Laiches in feuchtem Torf 1–3 Monate, Laichkontrolle notwendig. Die relativ kleinen Eier haben Filamente und kleben nicht.
A. arnoldi ist Typusart der Untergattung *Paludopanchax* RADDA, 1977, und namengebend für die Arnoldi-Artengruppe (s. Tab. S. 451). Einige Autoren betrachten die Art als relativ eigenständig. Alle Arten der Untergattung sind Saisonfische (semiannuelle und annuelle Arten). Sie tendieren zur Verlängerung des 4.–6. Analstrahles (bei *A. arnoldi* am wenigsten ausgeprägt) und zur Ctenoidie an den Schuppen der Körperseiten.

Aphyosemion australe (Taf. 142)
(RACHOW, 1921)
Bunter Prachtkärpfling, Roter Cap Lopez, Kap Lopez, Fahnenhechtling

Kongo, Gabun; t.t.: angeblich das Gebiet um Cap Lopez (Gabun), oft vergesellschaftet mit *A. microphthalmum*; bis 5,5 cm.
D 9–11, A 14–16; mLR 29–33; G-Typ; n = 15. ♂ rotbraun mit grünlichem Schimmer, Körperseiten meist mit ungleichmäßig verteilten oder in kurzen Reihen angeordneten dunkelroten Punkten, die in der C zu Strichen und Flecken zusammenlaufen. D, A und C mit leuchtend weißgelben Spitzen, die in weiß-gelb-orange Flossensäume übergehen (je nach Population), dunkelrote Submarginalbänder in der D, A und C. Schräge, rote Punktreihen auf den Kiemendeckeln. ♀ einfarbig braun mit wenigen kleinen, dunkelroten Tüpfeln.
Pflege und Zucht siehe Gattungsbeschreibung S. 449. Pflanzenlaicher, nichtannuelle Art, die Jungfische schlüpfen nach 12–14 Tagen, Aufzucht problemlos.
A. australe gehört zur Calliurum-Artengruppe (s. Tab. S. 450) und wurde früher auch als *Panchax polychromus* AHL, 1924, bekannt. Eine in der Aquaristik aufgetretene orangefarbige Mutante bezeichnete MEINKEN als *A. a.* var. *hjerresensii*.

Aphyosemion batesii (Abb. 377)
(BOULENGER, 1911)
Bates Prachtkärpfling

Kamerun, Bachtümpel und Sümpfe der feuchten Regenwälder des Inlandplateaus im südlichen Ostteil (pH 4,2–6,8, 0,1–1,0 °dH, 22–25 °C); t.t.: Flüsse Dja und Boumba in Südkamerun; Begleitfische: *A. exiguum* und *A. cameronense*; bis 8 cm.
D 14–19, A 14–19; mLR 33–35; G-Typ; n = 17. ♂ im Rückenbereich olivgrün, Körperflanken blaugrün mit zahlreichen roten Punkten in unregelmäßiger Anordnung, Kehle blau, dunkel geränderte Schuppengruppe (»Wundmal«) über dem P-Ansatz. D grün mit rotem Punktraster und leicht ausgezogenen Flossenstrahlen, A an der Basis blau, im mittleren Teil

Abb. 377 *Aphyosemion batesii*

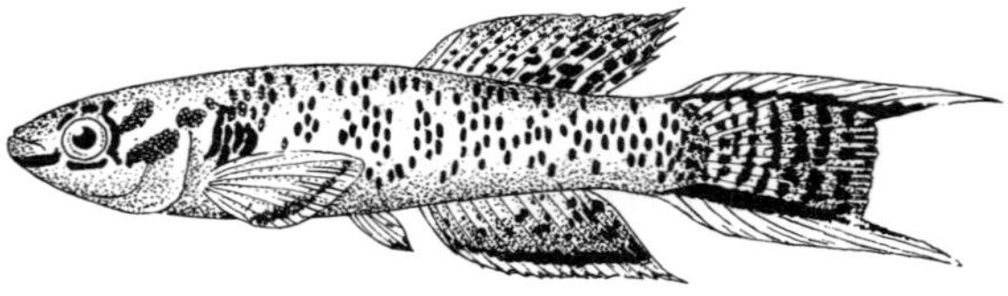

türkis mit roten Punkten und Flecken, rotem Marginalband und weißgelbem Flossensaum, C oben und besonders unten breit gelb gesäumt, anschließend rote Marginalbänder und im blaugrünen Mittelteil, teilweise als vertikale Bänder ausgebildet, rote Punkte und Flecken, Flossenspitzen ausgezogen. P wie A gefärbt, keine Punktierung. ♀ graubraun mit unregelmäßigen roten Punktreihen an den Körperseiten, unpaare Flossen bräunlich und, besonders die D, mit roten Punkten.
Pflege und Zucht siehe Gattungsbeschreibung S. 449. Semiannuelle bis annuelle Art, Bodenlaicher, Laichsubstrat Torf. Zucht schwierig, Trockenperiode im Torf mindestens 6–8 Wochen. Aufzucht der Jungfische einfach. Trioansatz notwendig, da es sich um stark treibende und unverträgliche Fische handelt, Versteckmöglichkeiten wichtig.
A. batesii ist Typusart der Untergattung *Raddaella* Huber, 1977 (s. Batesii-Artengruppe Tab. S. 451). Wildekamp empfiehlt, die zweite Art *A. splendidum* (Synonym: *A. kunzi*) mit *A. batesii* zu vereinen, da beide Arten zahlreiche Übereinstimmungen aufweisen. Die Batesii-Artengruppe hat eine isolierte systematische Stellung. *A. batesii* tritt in zahlreichen, farblich unterschiedlichen und auch in ihrer Zeichnung voneinander abweichenden Populationen auf.

Aphyosemion bivittatum (Taf. 139)
(Lönnberg, 1895)
Gebänderter Prachtkärpfling, Bänderglanzkärpfling

Togo bis Äquatorial-Guinea in Urwäldern und Savannen; t.t.: N'dian-Fluß an der Grenze von Nigeria und Kamerun; bis 6 cm.
D 9–13, A 11–15; mLR 24–27; G-Typ; n = 17–20. In dem großen Verbreitungsgebiet kommen zahlreiche Populationen vor, die in der Färbung z.T. erheblich voneinander abweichen, sie werden durch die Angabe des Fundortes hinter dem Artnamen charakterisiert, z.B. *A. b.* »Funge«, »Buena« u.a. Typisches Kennzeichen, besonders für die ♀♀, sind zwei dunkle Längsbinden auf den Körperseiten, die teilweise verblassen und auch, zumindest in bestimmten Verhaltensphasen, fehlen können. Die ♂♂ zeichnen sich durch größere Flossen und die lang ausgezogenen wimpelförmigen Spitzen von D, A und C aus. Körperseiten meist rötlichbraun bis goldgelb mit grünlichem oder bläulichem Schimmer und zahlreichen roten Flecken bis hin zu einer vollständigen roten Netzzeichnung, besonders auf der hohen D. D, A, C gefleckt, gestreift, punktiert mit roten bis orangefarbenen Säumen. Oft ist die Basis der A leuchtend grün. Als ein typisches Artmerkmal wird angegeben, daß sich an der Basis der C ein großer roter Fleck befindet (nicht immer sichtbar). Auch die Pn und Vn sind gefärbt und mit Marginalbändern versehen. Flossen der ♀♀ meist farblos. Pflege und Zucht siehe Gattungsbeschreibung, S. 449. Nichtannuelle Art, Pflanzenlaicher, Schlupf der Jungfische nach 12–16 Tagen. Zucht meist unproblematisch, ♂♂ untereinander unverträglich, Trioansatz günstig, Laich absammeln.

A. bivittatum ist namengebend für die Bivittatum-Artengruppe (s. Tab. S. 450). Neuere Untersuchungen zeigten, daß der »echte« *A. bivittatum* dem »hollyi« (blauer Typ) der Aquarianer entspricht. Die Art wurde in der Aquaristik auch als *Fundulus bitaeniatus* Ahl, 1924, *A. biv. hollyi* Myers, 1933, *A. nigri* Ahl, 1935, *Panchax unicolor* Ahl, 1924, *Fundulus zimmeri* Ahl, 1924, bezeichnet.

Aphyosemion bualanum (Taf. 142)
(Ahl, 1924)

Feuchte Savannen des Hochlandes von Kamerun, Zentralafrikanische Republik; t.t.: Buala (Bouala), Zentralafrikanische Republik, Flußgebiet des Ouham, 1200 m NN, in ständig wasserführenden Gewässern (pH 5,5–7, 0,1–2,0 °dH, 20–23 °C); bis 5 cm.
D 10–12, A 14–17; mLR 28–32; G-Typ; n = 19–20. *A. bualanum bualanum* ist der blaue Typ, *A. bualanum kekemense* mit n = 18 (Übergang zu *A. exiguum*) der rötliche (gelbe) Typ. ♂ des blauen Typs besitzt nur 10–14 dunkelrote Querstreifen auf den Körperseiten, der rote Typ dagegen 16–20. Grundfarbe grünlichbraun mit einem kräftigen blauen bis blauvioletten metallischen Schimmer auf Körper und Flossen. Die gut ausgebildeten roten Querstreifen sind im hinteren Körperbereich deutlicher, nach vorn oft unregelmäßige Punktreihen. Zwischen den Querstreifen befinden sich häufig kurze rote Querstriche oder Flecken. D, A zipflig, C oben und unten spitz ausgezogen, P, V, C leuchtend blau gesäumt, P orange gefärbt, übrige Flossen mit dunkelroten Punkten und Streifen zwischen den Flossenstrahlen, in der C Querstreifung. ♀ grünlichbraun, häufig mit feinen dunklen Querlinien im hinteren Körperbereich, Flossen farblos oder orange getönt (besonders D und A). Unterschiede zwischen *A. bualanum* und *A. exiguum* s. S. 456.
Pflege und Zucht siehe Gattungsbeschreibung, S. 449. Nichtannuelle Art, Pflanzenlaicher, Laichentwicklung etwa 14 Tage, Aufzucht der Jungfische problemlos, langsames Wachstum, sauberes Wasser notwendig, um 20 °C ausreichend.
Verwandt mit *A. exiguum* und *A. bamilekorum* (s. Tab. S. 450). Bekannte kreuzbare Populationen: »Jakiri«, »Ndop«, »Bamkin«, »Ndikini«, »Mbam«, »Ntui«, »Diang«, »Bamessi« (sorgfältige Trennung notwendig). Aquaristisch wurde die Art auch als *Panchax elberti* Ahl, 1924, *A. rubrifascium* Clausen, 1963, *Panchax tessmanni* Ahl, 1924, eingeführt.

Aphyosemion buytaerti
Radda und Huber, 1978
Buytaerts Prachtkärpfling

Kongo; t.t.: Ekouma-Fluß, Nähe Ogouée, Gebiet Zanaga (pH 6,0, 40 ms, 18 °C); bis 4,5 cm.
D 12–13; A 14–15; mLR 28–30; G-Typ; n = 19. ♂ im oberen Teil des Körpers rotbraun, unten rotbeige, Schwanzstiel dunkelrot. Karminrote Punkte in der vorderen Körperhälfte, nach hinten in Streifen über-

gehend, grünlichblauer Schimmer auf den Flanken. Unpaare Flossen und Vn mit roter Punkt- und Strichzeichnung auf blaugrünem Untergrund, weißblaue Säume an den Rändern von A und C, Flossen gerundet. ♀ bräunlich, Körperseiten mit Querreihen roter Punkte, Flossen farblos, rot gesprenkelt.
Pflege und Zucht siehe Gattungsbeschreibung, S. 449. Pflanzenlaicher, nichtannuell, Zucht nicht einfach, Trioansatz günstig, Schlupf der Jungfische nach etwa 14 Tagen, nach Aufbewahrung in feuchtem Torf nach drei Wochen, färben spät aus.
A. buytaerti ist namengebend für die Buytaerti-Artengruppe (s. Tab. S. 450). Verwandt mit *A. wachtersi*, beide gehören zu den kleinbleibenden, blau punktierten Formen.

Aphyosemion calliurum (Taf. 142)
(Boulenger, 1911)
Rotsaumprachtkärpfling

Südnigeria, Nigerdelta, Kamerun; t.t.: nach Erstbeschreibung Liberia (vermutlich Irrtum). Kommt im Nigerdelta in kleinsten Wasseransammlungen vor; bis 5 cm.
D 8–10, A 12–15; mLR 29–32; G-Typ; n = 16. ♂ oliv oder bräunlich, recht variabel, gelegentlich marmorierte Körperseiten mit metallisch-bläulichem Glanz und zahlreichen roten Punkten, die meist dichte Längsreihen bilden. D rötlichbraun mit roten Punkten und hellgelbem Flossensaum; A rotbraun mit rotem Submarginal- und breitem, gelbem Marginalband; C im mittleren Teil auf bräunlichem Grund rot punktiert, nach oben und unten folgen ein rotes Submarginal- und gelbweißes Marginalband (Fortsetzung der Zeichnung von D und A); unpaare Flossen zipflig verlängert, Spitzen weiß. ♀ grau bis braun, gelegentlich mit dunklem Fleck im Kehlbereich, Flossen farblos.
Pflege und Zucht siehe Gattungsbeschreibung, S. 449. Pflanzenlaicher, als Anfängerfisch zu empfehlen. Die Jungfische schlüpfen nach 14–18 Tagen, der Laich kann in feuchtem Torf bis sechs Wochen aufbewahrt werden.
A. calliurum ist namengebend für die Calliurum-Artengruppe (s. Tab. S. 450), zu der auch der bekannte *A. australe* gehört. Diese Arten sind alle in küstennahen Gebieten beheimatet. Mit Ausnahme von *A. pascheni* ist die Zucht einfach und die Hälterung im Gesellschaftsaquarium möglich. *A. calliurum* wurde aquaristisch auch als *Panchax vexillifer* Meinken, 1929, bekannt.

Aphyosemion cameronense (Taf. 143)
(Boulenger, 1903)
Kamerun-Prachtkärpfling

Kamerun bis Gabun; t.t.: Flüsse Dja und Kribi in Kamerun; bis 5 cm.
D 11–12, A 14–15; mLR 30–33; G-Typ; n = 17. ♂ blaugrün, nach dem Rücken zu dunkelgrau, rote Punkte und Flecken im vorderen, rote Bänder im hinteren Teil des Körpers. D blaugrün mit roten Flecken und Punkten, die ein Marginalband andeuten, A blaugrün mit einem oder zwei roten Längsbändern, C im mittleren Teil blaugrün, mit roten Flecken und Streifen in Richtung der Flossenstrahlen, oben und unten ein in der Breite variables, rotes Band, dahinter ein heller, oft blauweißer Saum, der am unteren Flossenrand sehr breit sein kann. Die Färbung und Zeichnung der ♂♂ variiert in den einzelnen Populationen erheblich. Flossenspitzen meist nicht ausgezogen, ♀ graubraun, Flossen farblos.
Pflege und Zucht siehe Gattungsbeschreibung, S. 449, problemlose Art, Pflanzenlaicher.
A. cameronense ist »Typart« der Untergattung *Mesoaphyosemion* Radda, 1977, und gleichzeitig der Cameronense-Ogoense-Artengruppe, zu der eine Reihe sehr schöner Prachtkärpflinge gehört (s. Tab. S. 451). Die Untergattung *Mesoaphyosemion* ist eine Sammelgruppe, die alle Prachtkärpflingsarten vereinigt, die in den anderen Untergattungen nicht eingeordnet werden konnten. Es ist zu erwarten, daß diese Gruppierung keinen Bestand haben wird. Das Verbreitungsgebiet der Untergattung reicht von Kamerun bis Zaïre, sogar aus Südnigeria sind Arten bekannt. Die Arten der Gruppe haben keine Ctenoidie, sind nichtannuell und bewohnen Bäche der Inlandplateaus und der Küstenebenen. Zu *A. cameronense* gehören neben der Nominatform zwei Unterarten: *A. cameronense haasi* Radda und Pürzl, 1976, und *A. cameronense halleri* Radda und Pürzl, 1976, die sich deutlich unterscheiden. Neuerdings wird von Seegers und Wildekamp *A. oeserie* als Unterart von *A. cameronense* und *A. meinkeni* als Synonym von *A. obscurum* betrachtet (siehe auch *A. ogoense*, S. 460). In der Aquaristik bekannte Synonyme sind *Panchax microstomus* Ahl, 1924, und *P. escherichi* Ahl, 1924.

Aphyosemion christyi (Taf. 138)
(Boulenger, 1915)
Kongo-Prachtkärpfling

Zaïre, Gebiet um Kinshasa; t.t.: Lindi-Fluß, ständig wasserführendes Gewässer; bis 5 cm.
D 8–11, A 14–16; mLR 32–34; G-Typ; n = 9 bzw. 15. ♂ bräunlichgelb, nach dem Rücken zu etwas dunkler, Körper meist mit zahlreichen roten Punkten in unregelmäßiger Anordnung, die teilweise kurze Längsreihen bilden. D bläulichgelb mit roten Punkten, gelbem Submarginal- und rotem Marginalband, A ähnlich gefärbt, gelbes Submarginalband oft sehr breit, C gelb mit roten Punkten im inneren Teil, nach außen schließen sich ein gelbes und ein rotes Band an (Fortsetzung der Zeichnung von D und A), Spitzen der unpaaren Flossen lang ausgezogen, P und V gelb mit roten Punkten, Färbung ziemlich variabel. ♀ braun bis braunoliv, Schuppen zart rötlich umrandet, Flossen farblos bis gelblich, D gelegentlich rot gepunktet.
Pflege und Zucht siehe Gattungsbeschreibung, S. 449. Pflanzenlaicher, nichtannuelle Art, die Jungfische schlüpfen nach 2–3 Wochen, sie können aus

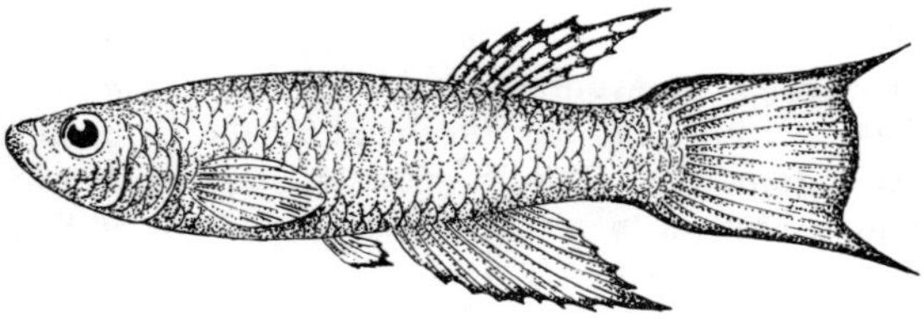

Abb. 378 *Aphyosemion castaneum*

dem Artbecken abgeschöpft werden, Wachstum langsam. *A. castaneum* MYERS, 1924 (Abb. 378) ist die Typusart der Gattung *Aphyosemion* MYERS, 1924, und nach Ansicht verschiedener Autoren ein Synonym von *A. christyi*. Dieser gehört zur Elegans-Artengruppe (s. Tab. S. 450), allerdings bestehen noch zahlreiche Unklarheiten.

Aphyosemion cinnamomeum (Taf. 147)
CLAUSEN, 1963
Zimtfarbener Prachtkärpfling, Zimtprachtkärpfling, Zimtkärpfling

Westkamerun, Plateau nordöstlich der Monts Roumpi, obere Zuflüsse des Mbu; t.t.: 70 km nördlich von Kumba; bis 5 cm.
D 13–14, A 16–17; mLR 30–31; D-Typ; n = 20. ♂ zimtfarbig, auf den Körperseiten blaugrün bis violett irisierende Schuppen, dazwischen einzelne dunkelrote Punkte. V, A und C mit breitem, D nur mit schmalem goldgelbem Saum, dem sich nach innen ein dunkelrotes Band anschließt, das in der D in Striche und Punkte zwischen den Flossenstrahlen aufgelöst ist, P meist orange, alle Flossen abgerundet. ♀ graubraun, mit feiner dunkler Netzzeichnung, D und A hellgelb.
Pflege und Zucht siehe Gattungsbeschreibung, S. 449. Semiannuelle Art, Eier groß, der Laich entwickelt sich ungleichmäßig, teilweise Einschub von Diapausen, Entwicklungszeit 3–6 Wochen. Ablaichplätze in Bodennähe, wahlweise Bodenlaicher, empfindliche Art. *A. cinnamomeum* ist eine Reliktform, die zur Mirabile-Artengruppe (s. Tab. S. 451) gehört. Verwandtschaft unsicher, am nächsten steht *A. gardneri*, mit dem sie sich kreuzen läßt (Taf. 147).

Aphyosemion coeleste (Taf. 143)
HUBER und RADDA, 1977
Himmelblauer Prachtkärpfling

Gabun, Kongo; t.t.: Regenwaldbach an der Straße von Moanda nach Mouna bei Massango, 400 m NN, (pH 5,2, 0,8 °dH, 20,5 °C), Gabun; bis 4 cm.
D 11–12, A 14–15; mLR 29–31; n = 18. ♂ blau, Rükken bräunlich, Vorderkörper gelblich, Flossen gelb, vor allem die D und A, die außerdem rote Basalstreifen haben, D außerdem rot gesäumt, C mit blauem Mittelteil, das oben und unten durch rote Streifen und breite gelbe Säume begrenzt wird, P und V orangegelb, V an der Basis rot gebändert. Vereinzelte rote Punkte, gelegentlich angedeutete rote Bänder und ein großer Goldfleck oberhalb der P. Auch die D kann rot gesprenkelt sein. ♀ braun mit dunklen Schuppenrändern, kleine rote Punkte auf dem Vorderkörper, D mit roten Punkten und kurzen Strichen.
Pflege und Zucht siehe Gattungsbeschreibung, S. 449. Nichtannuelle Art, vor allem für das Artbekken. Laicht an Pflanzen und Torffasern, Schlupf der Jungfische nach 14–21 Tagen, Aufzucht unproblematisch, ein Absammeln der Jungfische aus dem Zuchtaquarium ist zu empfehlen, Hälterungstemperatur um 20 °C.
A. coeleste bildet mit *A. citrineipinnis* und *A. ocellatum* die Coeleste-Artengruppe (s. Tab. S. 451), zu der von einigen Autoren auch *A. aureum* gestellt wird. Besonderes Kennzeichen der Gruppe ist ein »Augenfleck« in der vorderen Körperhälfte. *A. coeleste* ist eine der schönsten *Aphyosemion*-Arten, aus dem großen Verbreitungsgebiet sind verschiedene Populationen bekannt.

Aphyosemion cognatum (Taf. 138)
MEINKEN, 1951
Roter Prachtkärpfling, Lavendel-Glanzkärpfling

Zaïre, Umgebung von Pool Malebo (früher Stanley Pool) und Kinshasa; t.t.: Kinshasa; bis 7 cm.
D 8–9, A 13–14; mLR 30–31; G-Typ; n = 15. ♂ bräunlich, auf dem Körper zahlreiche rote Punkte, die mehr oder weniger regelmäßige Punktreihen bzw. kurze Längs- oder Querbinden bilden, blauer bis violetter Glanz auf den Kiemendeckeln und in der vorderen Körperhälfte. D gelblich mit zahlreichen roten Punkten, rotem Marginalband und blauem Saum, A gelblich, gelegentlich blaugrün, mit roten Punkten, die im unteren Teil fehlen (oft gelbes Marginalband), gelegentlich blauer oder roter Saum, C im Mittelteil gelb mit roten Punkten, oben und unten rotes Marginalband, Oberkante blau, unten bläuliches Submarginalband, Flossenspitzen mehr oder weniger zipflig ausgezogen. ♀ grau bis gelblich, Kiemendeckel zart blau, Körperseiten braun genetzt.
Pflege und Zucht siehe Gattungsbeschreibung, S. 449. Pflanzenlaicher, nichtannuelle Art, Eier groß, Entwicklung ohne Diapause, Schlupf der Jungfische nach 12–16 Tagen.
A. cognatum gehört zur Elegans-Artengruppe (s. Tab. S. 450). Die zahlreichen Populationen weichen in ihrer Färbung voneinander ab, Ähnlichkeiten bestehen z.T. zu *A. christyi* und *A. schioetzi*.

Aphyosemion elegans
(BOULENGER, 1899)
Eleganter Prachtkärpfling

Zentrales Kongobecken und Ubangi-System; t.t.: Gebiet bei Bikoro am Tumba-See und Mbandeka (früher Coquilhatville), Einzugsgebiet des Ruki-Flusses; bis 6 cm.
D 8, A 14; mLR 30–32; n = 10. ♂ sehr schlank, stark ausgezogene unpaare Flossen, gelbbraune Körperseiten mit roter Punkt- und Strichzeichnung, manchmal Querbänderung in der hinteren Körperhälfte. D mit breitem rotem Submarginal- und gelbem Margi-

nalband, A mit großen roten Punkten und Strichen auf gelbem Grund, Flossensaum gelb, C im Mittelteil gelb mit roten Flecken und Punkten, oben folgt auf ein dunkel gefaßtes rotes Submarginalband ein gelbes Marginalband, das zu einer langen Spitze ausgezogen ist, unten ein gelbes, ebenfalls spitz ausgezogenes Submarginal- und ein schmales rotes Marginalband, P rot gepunktet. ♀ graubraun, wenige rote Punkte auf den leicht dunkel genetzten Körperseiten. Von dieser Art sind verschiedene Populationen mit unterschiedlichem Farbmuster bekannt.
Pflege und Zucht siehe Gattungsbeschreibung, S. 449. Pflanzenlaicher, nichtannuelle Art, Schlupf nach 12–14 Tagen, Zucht meist einfach.
Alle Arten der Untergattung *Aphyosemion* MYERS, 1924, gehören zur Elegans-Artengruppe (s. Tab. S. 450). Nach HUBER handelt es sich um kleine Fische von schlanker Gestalt und mit fadenförmig ausgezogenen Flossen. Das große Verbreitungsgebiet umfaßt vor allem das Kongobecken, reicht aber auch nach Kamerun und Gabun. Verschiedene Farbmuster aus unregelmäßigen roten Punkten sind für die Gruppe typisch. Die Morphologie der Arten ist einheitlich, die Karyotypen sind verschieden. Zwischen den Arten bestehen Fortpflanzungsschranken.

Aphyosemion exiguum (Taf. 142)
(BOULENGER, 1911)
Zwerg-Prachtkärpfling

Kamerun, Kongo, Gabun in langsamfließenden Waldbächen; t.t.: Flußgebiet des Nyong im Süden Kameruns; Begleitfische: *A. batesii, A. bivittatum, A. cameronense, A. obscurum, Epiplatys sangmelinensis, E. sexfasciatus, Aplocheilichthys camerunensis* und Fische aus anderen Familien; bis 4 cm.
D 8–9, A 14; mLR 28; G-Typ; n = 18. ♂ im Alter orange bis gelblich, A mehr goldfarben, metallischer Schimmer an der oberen und unteren Kante der C. Junge ♂♂ haben Ähnlichkeit mit *A. bualanum*, d.h. zeigen blaue Grundfärbung, undeutliche rote Querbinden auf den Körperseiten bis in die Basis von D und A, jedoch ist der Körper nicht so gestreckt. Äußere Flossenränder von D und A goldgelb, rote Quer- oder Längsbänder in basaler Richtung, C rundum von einem roten Band begrenzt sowie mit nach außen gebogener roter Querstreifung. Insgesamt ist die Zeichnung bei *A. exiguum* jedoch bei weitem nicht so zart wie bei *A. bualanum*, außerdem wirken die breiteren Bänder meist undeutlicher, Flossenspitzen von D, A, C nicht ausgezogen. ♀ wie bei *A. bualanum* grünlichbraun, manchmal mehr gelblichbraun, vergleichsweise kleiner, D und A orange, undeutliche Querbinden (Punktreihen) im hinteren Teil des Körpers. Die zahlreichen Populationen von *A. exiguum* unterscheiden sich z. T. erheblich in der Färbung und Zeichnung, bekannte Stämme: »Awac«, »Elom«, »Zoetele«, »Nloup«.
Pflege und Zucht siehe Gattungsbeschreibung, S. 449. Pflanzenlaicher, nichtannuelle Art, Zucht meist problemlos, Schlupf nach 12–16 Tagen.

A. exiguum ist Typusart der Untergattung *Kathetys* HUBER, 1977, und namengebend für die Exiguum-Artengruppe (s. Tab. S. 450). *A. exiguum* wurde aquaristisch auch als *Panchax jacobi* AHL, 1928, *P. jaundensis* AHL, 1924, *P. loboanus* AHL, 1924, *P. loloensis* AHL, 1928, bekannt.

Aphyosemion filamentosum (Taf. 145)
(MEINKEN, 1933)
Fadenprachtkärpfling

Südwestnigeria in Sumpfgebieten; t.t.: unsicher, nach Erstbeschreibung in Togo; bis 5,5 cm.
D 13–17, A 14–17; mLR 24–28; G-Typ; n = 18. ♂ braungrau mit hell- bis dunkelblauem Glanz auf den Körperseiten, nach dem Bauch zu ins Violette übergehend, Kopf und Körper mit karminroten Flecken und Strichen, die im vorderen Körperbereich besonders kräftig sind und nach hinten in schmale v-förmige Muster übergehen. D grünblau mit roten Punkten, Flecken und Strichen, nach dem Rand zu kleiner und dichter werdend, Saum blau, A blau mit roten Punktreihen, rotem Basisstreifen und gelegentlich mit dunklem Flossensaum, C hellblau, im oberen und mittleren Teil mit roter Punkt- und Strichzeichnung, im unteren mit rotem, blau begrenztem Längsband, unterer Sektor z.T. goldgelb. C und A mit fadenförmig ausgezogenen Flossenstrahlen. Färbung der ♂♂ in den einzelnen Populationen unterschiedlich. ♀ gelbbraun, große dunkle Punkte bis Striche auf der hinteren Körperhälfte, Flossen farblos.
Pflege und Zucht siehe Gattungsbeschreibung, S. 449. Semiannuelle bis annuelle Art, Bodenlaicher, Laichsubstrat Torf, Laichentwicklung in feuchtem Torf günstig, Schlupf bei 20 °C nach 6–8 Wochen, Schlupfergebnisse bei Aufbewahrung des Laiches in Wasser wesentlich schlechter, Eier ohne Filamente.
A. filamentosum wird zur Arnoldi-Artengruppe gerechnet (s. Tab. S. 451), zeigt jedoch gegenüber den anderen Arten der Gruppe Besonderheiten hinsichtlich der Eigröße und Oberflächenstruktur der Eier. Der unter der Bezeichnung *A. »ruwenzori«* verbreitete Fisch ist vermutlich eine Aquarienpopulation von *A. filamentosum*.

Aphyosemion franzwerneri
SCHEEL, 1971
Werners Prachtkärpfling

Kamerun; t.t.: Quelltümpel an der Straße von Douala nach Yabassi (Küstengebiet Südkameruns); bis 6 cm.
D 9–10, A 13; mLR 29–30; G-Typ; n = 11. ♂ bräunlich mit roter Strichpunktierung in der hinteren Körperhälfte, die elliptisch gebogene Querstreifen bildet. Kehlfärbung dunkelblau, dunkler Fleck hinter der P. D leicht abgerundet, gelblichgrün mit unregelmäßigen roten Punkten und Strichen zwischen den Flossenstrahlen, Saum hell, A gelblichgrün mit kräftiger rotbrauner Unterkante, Mittelteil mit rot punktierter Linie, C graugrün mit linienhaften Punktie-

rungen zwischen den Strahlen, Rand rotbraun, Saum bläulichweiß, vor allem an der unteren Kante, P und V gelblich. ♀ bräunlich, dunkelbraune Flecken im vorderen, elliptische Querbänder im hinteren Teil des Körpers. Alle Flossen außer der A dicht rotbraun punktiert, die A schimmert gelblich.
Pflege und Zucht siehe Gattungsbeschreibung, S. 449. Nichtannuelle Art, Pflanzenlaicher, die Jungfische schlüpfen nach 14 Tagen, Zucht nicht einfach, Torffasern als Ablaichsubstrat günstig, weiches Wasser notwendig. *A. franzwerneri* hat ein eigenartiges, grundelähnliches Schwimmverhalten. Die Fische hüpfen mit vibrierenden Flossen über den Bodengrund und stützen sich auf die Pn, vermutlich eine Anpassung an sehr flaches Wasser, interessante Art. *A. franzwerneri* bildet mit *A. bochtleri* und *A. herzogi* eine Artengruppe (s. Tab. S. 451). Nach HUBER handelt es sich um relativ selbständige Inlandformen.

Aphyosemion gabunense (Taf. 144)
RADDA, 1975
Aphyosemion gabunense gabunense
RADDA, 1975
Gabun-Prachtkärpfling

Gabun (nordwestlicher Teil); t.t.: kleiner sumpfiger Bach zwischen Lambarené und Fougamou, 30 km südöstlich von Lambarené im Regenwald; bis 5,5 cm.
D 12, A 13; mLR 28–30; G-Typ; der 1. D-Strahl liegt über dem 5.–6. A-Strahl, gut entwickelte Ctenoidie, ♂♂ mit Kontaktorganen an den Pn. Färbung der ♂♂ glänzend metallisch grün auf den Körperseiten, große kräftigrote Punkte in Längsreihen, einige Populationen mit unregelmäßiger Querbänderung auf dem Schwanzstiel. D-Basis grün, rot punktiert, äußere Flossenhälfte rot, A ähnlich gefärbt, mit schmalem rotem Flossensaum, Flossenspitze ausgezogen, C grün mit roten Punkten, oben und unten roter Randstreifen, Spitzen ausgezogen. ♀ graubraun, genetzt, kleine rote Punkte auf den Körperseiten, A blau gesäumt.
Pflege und Zucht siehe Gattungsbeschreibung, S. 449. Nichtannuelle Art, laicht an Pflanzen und Torffasern in Bodennähe, Schlupf der Jungfische nach etwa 20 Tagen, langsames Wachstum, Aufzucht einfach.

Aphyosemion gabunense boehmi
RADDA und HUBER, 1977

Gabun; t.t.: Bach an der Straße von Bigouenia nach Mora.
D wie bei der Nominatform, Basis grün mit roten Punkten, äußere Hälfte rot, A wie bei *A. g. marginatum:* grün mit roten Punkten, äußere Hälfte gelb, schwarzbrauner Saum, C grün mit roten Punkten, oben gelbes Marginalband, schwarzbrauner Saum, unten schwarzbraunes Marginalband, gelber Saum. Ansonsten der Nominatform ähnlich.

Aphyosemion gabunense marginatum
RADDA und HUBER, 1977

Gabun; t.t.: Ogooué-Flußsystem, südwestlich von Bifoua in langsamfließenden Bächen in Ufernähe; Begleitfische: *Plataplochilus* spec., *Epiplatys sexfasciatus*, andere Fischfamilien.
D und A grün mit roten Punkten, Marginalstreifen gelb, Saum schwarzbraun, C grün mit roten Punkten, gelbes Marginalband, oben und unten schwarzbraun gesäumt. Ansonsten der Nominatform ähnlich.
Gehört zur Striatum-Artengruppe (s. Tab. S. 451). Eng verwandt mit der Elegans-Artengruppe.

Aphyosemion gardneri (Taf. 146)
(BOULENGER, 1911)
Gardners Prachtkärpfling,
Stahlblauer Prachtkärpfling

Nigeria, Kamerun (Südwestteil), Regenwald- u. Savannengebiete; t.t.: Okwoga, Flußsystem des Cross in Nigeria; bis 6,5 cm.
D 12–16, A 14–18; mLR 29–34; G-Typ (häufig mit H-Schuppen); n = 18–20. ♂ mit blauem bis grünem Metallschimmer auf den Körperseiten und Flossen, rote Punkte auf dem Körper, die zu unregelmäßigen Längslinien in der vorderen und zu Punktanhäufungen, Netzmustern bis Querreihen in der hinteren Körperhälfte zusammenfließen können. Flossen in den einzelnen Populationen sehr verschieden gezeichnet. Auch innerhalb einer Population, viele davon sind nach Fundorten bezeichnet, kommen Unterschiede in der Färbung und Zeichnung der ♂♂ vor. Dagegen ist die Körperform ziemlich einheitlich. In bezug auf die Grundfärbung der unpaaren Flossen, besonders der D und A, unterscheidet man blaue und gelbe Farbschläge. Beide können nebeneinander in einer Population auftreten. Bei der blauen Spielart haben D und A eine bläuliche Grundfarbe und rote Punkte, die von der Basis zum Flossenrand hin kleiner werden, bei der gelben Spielart ein kräftiges rotes Submarginal- und ein leuchtend gelbes Marginalband, Flossenbasis blau mit roten Punkten. Die C hat stets auf blaugrünem Grund rote Punkte, die z.T. zusammenfließen, und oben, oft auch unten, ein kräftiges rotes Band, das nach außen breit gelb bis weiß gesäumt wird. Die unpaaren Flossen sind leicht zipflig ausgezogen. ♀ hellbraun, kleine rotbraune Punkte auf den Körperseiten und im basalen Teil der Flossen in unterschiedlicher Anzahl.
Pflege und Zucht siehe Gattungsbeschreibung, S. 499. Semiannuelle Art, gelaicht wird an am Boden liegenden Pflanzen oder in Torffasern, Eier der einzelnen Populationen unterschiedlich groß, Zucht nicht schwierig, Trioansatz günstig, die ♂♂ treiben stark, Laichentwicklung im Wasser 2–4 Wochen, Aufzucht einfach.
In der Aquaristik wurden für diese Art und ihre Unterarten auch folgende Namen verwendet: *A. biafranum, Haplochilus brucii, A. clauseni, A. nigerianum meridionale, A. obuduense.* Allgemein aner-

kannt sind heute die Unterarten *A. gardneri gardneri, A. gardneri lacustre, A. gardneri mamfense, A. gardneri nigerianum.*

Aphyosemion gulare (Taf. 141)
(BOULENGER, 1901)
Tigerkärpfling, Gelber Prachtkärpfling

Südwestnigeria, in Wasserlöchern und temporären Gewässern des Küstentieflandes; t.t.: Agbesi, Nigeria; bis 8,0 cm.
D 15–18, A 16–19; mLR 29–35; G-Typ (mit H-Schuppen); n = 16. ♂: Körperseiten und Flossen metallischblau bis violett, mit roter Punkt- und Fleckenzeichnung, die selbst in der gleichen Population variieren kann, teilweise mit unregelmäßigem Längsband in der hinteren Körperhälfte. D mit zahlreichen roten, an der Basis besonders großen Punkten, A mit kräftigem, rotem Submarginalband, gelegentlich punktiert. Einzelne Flossenstrahlen der D und A fransenartig verlängert. C oben und unten zipflig, oberer Teil rot gepunktet, unterer mit rotem Band. Die Färbung erinnert an *A. filamentosum* und *A. arnoldi.* ♀ hellbraun mit kleinen dunkelroten Punkten auf den Körperseiten und basalen Teilen der unpaaren Flossen, gelegentlich mit dunklem Längsband im hinteren Körperbereich, die Bauchseite schimmert oft bläulich.
Pflege und Zucht siehe Gattungsbeschreibung, S. 449. Semiannuelle bis annuelle Art, Bodenlaicher, Laichsubstrat Torf (2 cm), Trockenperiode, Laichkontrolle, Aufguß nicht vor acht Wochen, Trioansatz günstig, da die ♂♂ stark treiben.
Nach WILDEKAMP ist die Trennung von *A. gulare* und *A. deltaense* fraglich, da verschiedene Zwischenformen bekannt sind. Der *A. gulare* früherer Zeit zeigte fast ausschließlich gelbe und rote Farben (var. gelb) und ist mit keinem der jetzt bekannten Phänotypen vergleichbar. *A. gulare* wurde aquaristisch auch als *Fundulus beauforti* AHL, 1924, *F. gustavi* AHL, 1924, *F. schreineri* AHL, 1935, gehandelt.

Aphyosemion joergenscheeli
HUBER und RADDA, 1977

Gabun (Südteil); t.t.: 6 km westlich von Mimongo an der Straße nach Lebamba, zwischen Magagara und Lamadou in einem Regenwaldbach; Begleitfische: *A. citrineipinnis, A. ocellatum*, Fische aus anderen Familien; bis 6,5 cm.
D 12–13, A 14–15; mLR 28–29; G-Typ. ♂ hellbraun, Rücken dunkler, Bauchseite heller, mit perlmuttfarbenem bis blauem Glanz auf den Körperseiten, Schuppenränder rot pigmentiert, hintere Körperhälfte mit unregelmäßiger roter Querbänderung. Unpaare Flossen auf blauem Grund kräftig rot gefleckt und gepunktet mit roter, submarginaler, deutlich gebogener Binde, die sich in der C zur Mitte hin schließt, Flossen meist abgerundet. ♀ braun, vom Rücken zum Bauch hin aufhellend, wenige rote Tüpfel auf den Körperseiten, unpaare Flossen hellgelb.
Pflege und Zucht siehe Gattungsbeschreibung, S. 449. Vermutlich nichtannuelle Art, bisher sind keine Zuchterfolge bekannt geworden.
A. joergenscheeli läßt sich aufgrund abweichender meristischer Merkmale vorerst in keine der Artengruppen einordnen (s. Tab. S. 451).

Aphyosemion labarrei (Taf. 143)
POLL, 1952
Blauer Panchax

Zaïre; t.t.: Flußgebiet des Inkisi bei Madimba nahe Kiavo südlich Kinshasa; bis 5 cm.
D 12–14, A 14–17; mLR 30–32; G-Typ; n = 14. Körperseiten und Flossen beim ♂ metallisch blau bis dunkelblau, teilweise blaugrün, Körper unregelmäßig rot punktiert, oft mit undeutlichen Längsbändern vor allem auf dem Schwanzstiel, untere Körperhälfte gelegentlich rosa bis orange getönt. C oben und unten breit rot gesäumt, A und D bei einzelnen Populationen mit rotem Flossensaum, zwischen den Strahlen der unpaaren Flossen rote Punkte und Striche, besonders intensiv im Mittelteil der C. Die A kann auch ohne Zeichnung sein; Flossen meist abgerundet. ♀ olivbraun, dunkle Punkte auf den Körperseiten, basale Teile der Flossen orange getönt, Bauchpartie gelegentlich rosa.
Pflege und Zucht siehe Gattungsbeschreibung, S. 449. Kühle Hälterung bei 20 °C erforderlich. Pflanzenlaicher, nichtannuelle Art, Zucht im Gruppenansatz mehrerer Paare günstig. Der Laich klebt stark, abgelesene Eier daher nicht am Boden liegenlassen, sondern in Kunstfaserwatte pipettieren, Schlupf der Jungfische nach 12–16 Tagen, Aufzucht einfach, langsames Wachstum.
A. labarrei gehört zur Labarrei-Louessense-Artengruppe (s. Tab. S. 451), die der Cameronense-Ogoense-Artengruppe nahesteht.

Aphyosemion louessense
(PELLEGRIN, 1931)
Louesse-Prachtkärpfling

Kongo; t.t.: temporäres Flußsystem des Louesse, Nebenfluß des Kouilou; Begleitfische: *A. coeleste, A. ogoense, Epiplatys multifasciatus*; bis 5,5 cm.
D 12–15, A 15–16; mLR 31–32; G-Typ; n = 10. ♂ grünlich mit zahlreichen roten Punkten, die teilweise zu Flecken vereinigt sind, aber auch ein unregelmäßiges Längsband im Schwanzstiel unterhalb der SL bilden können. Unpaare Flossen mehr oder weniger rot gesäumt und mit roten Punkten und Strichen, C mit roten Linien zwischen den Flossenstrahlen, P einfarbig orange oder gelb. ♀ olivbraun mit zahlreichen dunklen Punkten auf den Körperseiten und den basalen Teilen der unpaaren Flossen.
Pflege und Zucht siehe Gattungsbeschreibung, S. 449. Nichtannuelle Art, Pflanzenlaicher, keine Diapause, Zucht und Aufzucht der Jungfische nicht schwierig.
A. louessense gehört zur Louessense-Labarrei- Ar-

tengruppe (s. Tab. S. 451), die bekannten Populationen unterscheiden sich z.T. deutlich in Körperform und Färbung.

Aphyosemion melanopteron (Taf. 138)
GOLDSTEIN und RICCO, 1970
Schwarzflossiger Prachtkärpfling

Zaïre, südöstlich von Kinshasa; t.t.: unsicher; bis 4,5 cm.
D 8–11, A 14–16; mLR 27–31; G-Typ; n = 15. ♂ braungelb bis braunorange, Rückenpartie, besonders hinter dem Kopf, schwärzlich, Körperseiten hellgrün irisierend, dunkelrot gepunktet, teilweise Punktreihen in Längsrichtung. Alle Flossen mit Ausnahme von D und C orangefarben, D fast vollständig, C oben und unten breit blauschwarz gefärbt, innerer Teil auf gelborangefarbenem Grund rot gepunktet. Bei einzelnen Tieren zeigt sich im basalen Teil der A und an ihrem Außenrand ein gelber Streifen, der sich in der C fortsetzt. ♀ hellbraun mit farblosen bis hellgrünen Flossen.
Pflege und Zucht siehe Gattungsbeschreibung, S. 449. Pflanzenlaicher, nichtannuelle Art, Zucht schwierig.
A. melanopteron gehört zur Elegans-Artengruppe (s. Tab. S. 450).

Aphyosemion mirabile (Taf. 147)
RADDA, 1970
Aphyosemion mirabile mirabile
RADDA, 1970
Wunderkärpfling

Westkamerun; t.t.: kleiner Bach bei Mbio an der Straße von Mamfé nach Kumba; bis 7 cm.
D 14, A 16; mLR 32–33; n = 18–19. ♂ blau bis grünblau mit karmin- bis dunkelroten Punkten, die sich zu unregelmäßigen Längsreihen gruppieren, Körperoberseite vorn braun, Kehlbereich orangebraun. Unpaare Flossen überwiegend purpurrot mit hellblauen Tüpfeln und Flecken, Flossensäume, besonders in der C oben und unten, weißlich bis gelblich. ♀ bräunlich mit Reihen kleiner roter Punkte, auch in der D, Flossen farblos, unpaare Flossen mit gelben Spitzen.
Pflege und Zucht siehe Gattungsbeschreibung, S. 449. Pflanzenlaicher, nichtannuell, Laichentwicklung 2–3 Wochen, auch Trockenperiode in feuchtem Torf bis zu sechs Wochen möglich, Schlupf der Jungfische teilweise problematisch, Schlupfhilfen notwendig; robuste, wenig empfindliche, schöne Unterart.

Aphyosemion mirabile moense
RADDA, 1970

Kamerun; t.t.: Zufluß des Mo (nordöstliche Zuflüsse des Cross-Systems), an der Straße von Bamenda nach Mamfé, zwischen Noumba und Kendem; bis 7 cm.
D 12–14, A 15–16; mLR 32–33; die D beginnt über dem 6.–7. Analstrahl. Körperfärbung und -zeichnung des ♂ wie bei *A. m. mirabile* beschrieben, jedoch mehr türkisblau, rote Pigmentierung weniger leuchtend, Zeichnung und Färbung der Flossen deutlich anders.

Aphyosemion mirabile traudeae
RADDA, 1971

Westkamerun; t.t.: Bach am Südrand von Manyemen, oberes südliches Cross-System; bis 7 cm.
D 14, A 15; mLR 32–33; die D beginnt über dem 5. Analstrahl, der letzte A-Strahl steht unter dem 10. D-Strahl. Färbungs- und Zeichnungsmuster ähnlich wie bei *A. m. mirabile* beschrieben. ♂ in der hinteren Körperhälfte smaragdgrün, Vorderkörper bläulich, an den Körperseiten mehrere Reihen roter Tüpfel. A mit schwarzem Saum.

Aphyosemion mirabile intermittens
RADDA, 1974

Kamerun; t.t.: südlich von Babeke an der Straße von Mamfé nach Manyemen in einem kleinen Fluß; bis 7 cm.
D 13–14, A 14–15; mLR 31–32; die D beginnt über dem 4. oder 5. A-Strahl. ♂: Färbung ähnlich wie bei *A. m. mirabile* beschrieben. Rote Punktreihen in Längsrichtung fließen am Vorderkörper zusammen, hintere Körperhälfte blauviolett mit grünblauen oder blaugrünen Reflexen. Unpaare Flossen purpurrot mit grünblauen Flecken und Punkten, C oben und unten kräftig gelb gebändert, nach innen folgen eine schmale blaue und dann eine breitere rote Binde, A schwarz gesäumt.
A. mirabile ist namengebend für die Mirabile-Artengruppe, zu der auch *A. cinnamomeum* gehört (s. Tab. S. 451).

Aphyosemion multicolor (Taf. 139)
(BRÜNING, 1929)
Vielfarbiger Prachtkärpfling

Benin, Nigeria in den Küstenebenen; t.t.: Ajakapulka in der Nähe von Lagos (Nigeria); Begleitfische: *Epiplatys sexfasciatus, Foerschichthys flavipinnis*; bis 4,5 cm.
D 10, A 13; mLR 26; G-Typ; n = 20. ♂ graublau, Rücken dunkler, Bauch heller, blaugrüne Glanzzonen in der hinteren, bläuliche in der vorderen Körperhälfte, die bei Erregung von zwei dunklen Längsbinden durchzogen werden. Schuppen der oberen Körperhälfte oft braunrot bis rot gesäumt. Unpaare Flossen groß, lang ausgezogen (C oben und unten), D auf orangerotem Grund dunkelrot getüpfelt, Saum grün, A im basalen Teil blaugrün, Marginalstreifen dunkelrot, Saum bläulich, C mit roten Punkten und Strichen zwischen den Flossenstrahlen, Ober- und Unterkante bläulich, Flossenspitzen orangerot, zusätzlich ein dunkelroter Marginalstreifen am unteren Flossenrand; mittlerer Teil der C und A meist orangerot. ♀ bräunlich mit zwei dunklen Längsbinden auf

den Körperseiten, Schuppen der oberen Körperhälfte dunkel abgesetzt.
Pflege und Zucht leicht, siehe Gattungsbeschreibung, S. 449. Nichtannuelle Art, Pflanzenlaicher.
A. multicolor gehört zur Bivittatum-Artengruppe (s. Tab. S. 450) und steht *A. bivittatum* sehr nahe. Die Phänotypen zahlreicher Populationen stehen zwischen beiden Arten und lassen sich oft nur schwer zuordnen. Sie werden deshalb durch die Anfügung des Fundortes zusätzlich charakterisiert, z. B. *A. multicolor* von Lagos u. ä. Von allen anderen Arten der Bivittatum-Artengruppe soll sich *A. multicolor* durch einen Pigmentfleck oberhalb des P-Ansatzes unterscheiden (»Wundmal«). Allerdings tritt dieser nur dann deutlich hervor, wenn die Längsbinden fehlen. Nach neueren Untersuchungen ist *A. multicolor* der frühere »Bivittatum« der Aquarianer, der frühere »Multicolor« dagegen die Art *A. splendopleure*. Bei den Arten *A. multicolor* und *A. splendopleure* wird als Erstbeschreiber meist »MEINKEN 1930« angegeben, obwohl BRÜNING bereits 1929 beide Arten in gültiger Form beschrieben hat.

Aphyosemion ndianum (Taf. 148)
SCHEEL, 1968
Ndian-Prachtkärpfling

Südöstliches Nigeria, südwestliches Kamerun; t.t.: Osomba am südlichen Teil der Straße Calabar-Eyomojok-Mamfé (Ostnigeria), Einzugsgebiet des Ndian-Flusses; bis 7 cm.
D 14–16, A 15–18; mLR 31–35; G-Typ (ohne H-Schuppen); n = 20. ♂ am Rücken braungrau, in Richtung Schwanzstiel blaugrau, Körpermitte und Bauchpartie populationsabhängig hellblau bis blaugrün, auf dem Körper unregelmäßige rote Punkt- und Fleckenzeichnungen, die an der Unterseite eine Binde, vorn kurze Längsstreifen bilden können. D rot punktiert, teilweise rot gerandet, Rand und Basis der A rot punktiert und gestrichelt, C zwischen den Flossenstrahlen rot gestrichelt, am unteren Rand rot, unpaare Flossen blaugrün gefärbt. ♀ gelblich bis braun mit kleinen und schwach rot gefärbten Flecken auf den Körperseiten sowie der A und C, die anderen Flossen farblos und ohne Zeichnung.
Pflege und Zucht siehe Gattungsbeschreibung, S. 449. Semiannuelle Art, Laichsubstrat Torf, Trioansatz günstig, Torf leicht feucht aufbewahren, Schlupf nach etwa zwei Monaten (Laich kontrollieren), Aufzucht der Jungfische relativ einfach, keine besonderen Wasseransprüche.
Ndianum-Artengruppe (s. Tab. S. 451), nahe verwandt mit *A. gardneri* und *A. cameronense*.

Aphyosemion obscurum (Taf. 143)
(AHL, 1924)

Kamerun, östlicher Teil, bewaldete Gebiete des Inlandplateaus; t.t.: Yaoundé, stagnierende oder langsamfließende Bäche; bis 5,5 cm.
D 11–13, A 15–18; mLR 31–34 (29 nach Erstbeschreibung); G-Typ; n = 17. Körper und basale Teile der Flossen beim ♂ blau bis blauviolett, auf den Körperseiten zahlreiche rote Punkte, die teilweise Längsreihen bilden. Flossen gelblich, oft mit roten Punkten und Strichen zwischen den Flossenstrahlen, Flossensäume hell, gelegentlich aus roten Punkten zusammengesetzte Submarginalbänder. ♀ graubraun mit unregelmäßigen dunklen Punktreihen auf den Körperseiten und in den schwach gelblichen Flossen.
Pflege und Zucht siehe Gattungsbeschreibung, S. 449. Nichtannuelle Art, Pflanzenlaicher, Zucht einfach, die Jungfische wachsen langsam.
A. obscurum gehört zur Cameronense-Ogoense-Artengruppe (s. Tab. S. 451). Von verschiedenen Autoren (SEEGERS, WILDEKAMP) wird die Art als Unterart zu *A. cameronense* gestellt. In der Aquaristik bekannte Synonyme: *Panchax bellicauda* AHL, 1924, *P. carnapi* AHL, 1924, *P. normani* AHL, 1928, *P. preussi* AHL, 1924.

Aphyosemion oeseri (Taf. 143)
(SCHMIDT, 1928)
Oesers Prachtkärpfling, Smaragdkärpfling

Äquatorial-Guinea (Insel Fernando Póo); t.t.: Nähe Malabo in Schlammpfützen; bis 7 cm.
D 10–12, A 14–16; mLR 31–33; G-Typ; n = 20. ♂ abhängig vom Lichteinfall kräftig grün bis blau mit fünf Längsstreifen unterschiedlicher Breite und Länge aus teilweise ineinanderfließenden intensiv roten Punkten, die sich am Ende des Schwanzstieles in ein unregelmäßiges, in die C-Basis übergehendes Punktmuster auflösen, D und A auf grünlichem Grund mit roten bis dunkelroten Punkten und Stricheln, die basale Reihen und deutliche Marginalbänder bilden. Flossensäume unterschiedlich breit weiß, gelb oder grünlich, A gelegentlich fast ohne Zeichnung. C-Ober- und Unterkante weiß bis gelb, nach innen folgen, manchmal durch schmale hellblaue Streifen abgesetzt, rotbraune Marginalbänder, Mittelteil grünlich mit dunkelroten Strichen und Punkten in Richtung der Flossenstrahlen. Spitzen der Flossen rundlich, C nur wenig oder nicht ausgezogen. ♀ braun bis rötlich, blasse, rotbraune, zu undeutlichen Längsbinden vereinigte Punktreihen.
Pflege und Zucht siehe Gattungsbeschreibung, S. 449. Pflanzenlaicher, Zucht nicht einfach, Torf als Ablaichsubstrat günstig, die Jungfische schlüpfen nach etwa vier Wochen (Torf feucht halten), Wachstum langsam.
A. oeseri wird zur Scheeli-Artengruppe gerechnet (s. Tab. S. 451), die Übergänge zur Gardneri-Artengruppe aufweist. Synonym: *A. santaisabellae* SCHEEL, 1968.

Aphyosemion ogoense
(PELLEGRIN, 1930)
Ogowe-Prachtkärpfling

Kongo, Gabun; t.t.: Flüsse Léconi und Passa (Flußsystem des Ogowe); Begleitfische *A. schluppi,*

A. buytaerti, A. bochtleri, Hypsopanchax zebra und Fische aus anderen Familien; bis 6 cm.
D 10–11, A 14–15; mLR 29–31; G-Typ; n = 17. ♂ blau bis blaugrünlich, Rücken braun, Körperseiten mit etwa vier roten, unterschiedlich langen Längsbinden, von denen die obere und untere ober- und unterhalb der P mit großen roten Punkten beginnen und sich in Höhe des D-Beginns zu unregelmäßigen Binden verdichten. Die mittleren Längsbinden sind nur in der vorderen Körperhälfte ausgebildet (Punktreihen). D, A, C, V auf blau- bis blaugrünem Grund in Richtung der Flossenstrahlen rot gefleckt und gestrichelt, in der D kann ein rotes Marginalband mit blauem Saum, in der A eine basale Flecken- und eine marginale Strichreihe mit blauem Saum ausgebildet sein. ♀ olivbraun mit einer sehr unterschiedlichen, schwach rotbraunen Punktzeichnung auf den Körperseiten und in den basalen Teilen von D und A.
Pflege und Zucht siehe Gattungsbeschreibung, S. 449. Pflanzenlaicher, nichtannuelle Art, abgelaicht wird in Bodennähe, ausgeprägte Laichperioden, Schlupf der Jungfische nach 10–14 Tagen, Wachstum langsam.
A. ogoense ist z.Z. namengebend für die Cameronense-Ogoense-Artengruppe (s. Tab. S. 451). Von *A. ogoense* sind zahlreiche Populationen mit unterschiedlicher Färbung und Zeichnung bekannt. Die Aquarienform wurde als *A. ottogartneri* (n = 20) determiniert (frühere Bezeichnungen *A. striatum* und *A. lujae*), nachdem der »echte« *A. ogoense* in der Nähe von Franceville in Südostgabun gefunden worden war. Das für *A. ogoense* bekannte Synonym *A. plagitaenium* HUBER, 1980, ist ein »nomen nudum«.

Aphyosemion riggenbachi
(AHL, 1924)
Riggenbachs Prachtkärpfling

Kamerun; t.t.: Jabassi; in Gesellschaft mit *A. franzwerneri*; bis 8 cm.
D 11–13, A 11–13; mLR 26–28; G-Typ; n = 19. ♂ graublau mit gelbgrünem Schimmer auf den Körperseiten. Zwei unregelmäßige karminrote Punktreihen beginnen über den Pn und reichen bis zum Schwanzstiel, eine dritte Reihe ist nur angedeutet. Flossen blaugrün mit zahlreichen kleineren (D) und größeren karminroten Punkten, C mit roten Punkten oder Strichen zwischen den Flossenstrahlen, am unteren Rand ein karminrotes Marginalband mit blauem Saum, Flossenspitzen himmelblau. Die adulten ♂♂ verlieren beträchtlich an Farbintensität. ♀ graubraun, unpaare Flossen gelbgrün ohne rote Punkte, zwei dunkle Längsbänder auf den Körperseiten.
Pflege und Zucht siehe Gattungsbeschreibung, S. 449. Die ♂♂ treiben stark, Trioansatz günstig, nichtannuelle Art, Pflanzenlaicher, Zucht einfach, die Jungfische wachsen relativ schnell.
A. riggenbachi gehört zur Bivittatum-Artengruppe (s. Tab. S. 450). Die isolierte Stellung der Art (Reliktform) veranlaßte HUBER zu ihrer Abtrennung und gesonderten Behandlung.

Aphyosemion scheeli (Taf. 143)
RADDA, 1970
Scheels Prachtkärpfling

Nigeria; t.t.: vermutlich Nigerdelta, neuere Fundorte sind langsam- bis schnellfließende Bäche, Begleitfische: *Epiplatys sexfasciatus, Procatopus similis*, Fische aus anderen Familien; bis 6 cm.
D 10–12, A 13–14; mLR 31–32; G-Typ; n = 20. ♂ blaugrün bis stahlblau mit roten Punkten und Tüpfeln, die im vorderen Teil des Körpers unregelmäßige Längsreihen bilden können. D an der Basis auf grünem Grund mit roten Punkten und Strichen, A basal grünblau mit wenigen roten Punkten. Eine schräge rote Binde grenzt den kräftig orange gefärbten vorderen Flossenteil ab, sie kann fehlen oder nur zur Hälfte vorhanden sein, manchmal ist die A insgesamt orange, C im mittleren Teil auf blaugrünem Grund rot punktiert oder gestrichelt, nach oben und unten schließt sich je ein rotes Band an, Säume intensiv orange, P und V außen ebenfalls orange. ♀ bräunlich mit unregelmäßig verteilten roten Punkten auf den Körperseiten und den basalen Teilen der unpaaren Flossen, Bauchseite gelegentlich orange.
Pflege und Zucht siehe Gattungsbeschreibung, S. 449. Nichtannuelle Art, Pflanzenlaicher, Zucht auch in hartem Wasser möglich.
A. scheeli ist namengebend für die Scheeli-Artengruppe (s. Tab. S. 451), zu der auch die bekannte Art *A. marmoratum* gehört. Sie neigt zu Mutationen, z. B. völlige Unterdrückung der roten Zeichnung.

Aphyosemion sjoestedti (Taf. 141)
(LÖNNBERG, 1895)
Blauer Prachtkärpfling

Südwestnigeria, Westkamerun, in schlammigen Bächen, Gräben, Resttümpeln, die zeitweilig austrocknen; t.t.: bei Bonge in einem Bach nahe dem Wasserfall des Ndianflusses; bis 12 cm.
D 17–18, A 17; mLR 35–38; G-Typ (mit H-Schuppen); n = 20. ♂ braunrot mit karminroten Punkten und Flecken in der vorderen Körperhälfte, weiter hinten bis zur C-Wurzel rote Querstreifen, dazwischen türkisfarbene Glanzschuppen, Kehlregion intensiv blau bis blaugrün. D intensiv rot gepunktet, A auf grünem Grund rot gefleckt und gepunktet mit angedeuteter Ausbildung eines roten Marginalbandes und blauen Saumes, vordere Analstrahlen deutlich verlängert, C dreigeteilt mit ausgezogenen Spitzen oben, unten und in der Mitte, oberer Teil rötlichbraun mit roten Punkten und einem roten Marginalband, hell gesäumt, mittlerer Teil türkis, gelbgrün oder zitronengelb mit roten Flecken, unterer Teil auf grünem Grund rot gepunktet und gefleckt, Abgrenzung dieses Bereichs nach oben und unten durch ein rotes Band und hellblaue Säume, P und V wie die A gefärbt, P teilweise mit verlängerten Flossenstrahlen. ♀ rötlichbraun, Körper und Flossen mit kleinen roten Punkten.
Von *A. sjoestedti* gibt es verschiedene Populationen.

Eine, die kleiner bleibt und sich durch eine nur zweigeteilte C auszeichnet (unterer Teil rotorange), wurde besonders bekannt.
Pflege und Zucht siehe Gattungsbeschreibung, S. 449. Semiannuelle Art, Bodenlaicher, Laichsubstrat Torf, feiner Sand oder Pflanzenfasern am Boden, Trockenperiode des Laichs in Torf 6–8 Wochen, bei Aufbewahrung der Eier in Wasser schlüpfen die Jungfische nach drei Wochen. Trioansatz günstig, ♂♂ treiben stark, Versteckmöglichkeiten für die ♀♀ notwendig. Aufzucht der Jungfische einfach.
A. sjoestedti ist namengebend für die Sjoestedti-Artengruppe (s. Tab. S. 450). Die bekannte Bezeichnung *Aphyosemion coeruleum* (BOULENGER, 1915) leitet sich ab aus *Fundulus gularis* var. *caerulea* BOULENGER, 1915. *A. sjoestedti* wurde bis 1966 fälschlicherweise für *Roloffia occidentalis* benutzt. *Fundulus gularis* var. B oder *F. gularis* »blau« sind Behelfsbezeichnungen.

Aphyosemion striatum (Taf. 144)
(BOULENGER, 1911)
Gestreifter Prachtkärpfling

Nordwestgabun, südliches Äquatorial-Guinea in verkrauteten Tümpeln und klaren Bächen der Küstenregionen; t.t.: Ogowe-Gebiet, Abanga-Fluß zwischen 1. und 2. Stromschnelle; bis 6 cm.
D 9–10, A 13; mLR 30–31; G-Typ; n = 20. ♂ am Rücken olivbraun, an den Seiten grünlich bis blauviolett, nach unten heller, karminrote Punktreihen (meist fünf) entlang des Körpers. D gelblichgrün mit zwei karminroten Längsbändern, A bläulichgrün mit karminroten Punkten, Flecken, orangefarbenem Marginalband und rotem Saum, C auf grünlichem Grund rot gepunktet und gefleckt, z.T. rote Striche zwischen den Flossenstrahlen, oben und unten mit karminrotem Submarginal-, bläulichem Marginalband und rotem bzw. orangefarbenem Saum. ♀ braungrau mit kleinen roten Punkten, besonders auf den unpaaren Flossen, Körper genetzt.
Pflege und Zucht siehe Gattungsbeschreibung, S. 449. Pflanzenlaicher, nichtannuelle Art, Jungfische schlüpfen nach 12–14 Tagen, Aufzucht einfach.
A. striatum ist namengebend für die Striatum-Artengruppe (s. Tab. S. 451). Neben *A. striatum striatum* wurde die Unterart *A. striatum sangmelinense* POLL und LAMBERT, 1952, beschrieben.

Aphyosemion walkeri (Taf. 148)
(BOULENGER, 1911)
Walkers Prachtkärpfling

Westghana, Elfenbeinküste, in Urwaldbächen; t.t.: Bokitsa Mine (Wasa) in Ghana, sympatrisch mit *Roloffia petersi*; bis 7 cm.
D 13–16, A 15–17; mLR 26–32; G-Typ (gelegentlich mit H-Schuppen); n = 18. ♂ bräunlich mit grünblauem Glanz, relativ große rote Punkte bilden in der vorderen Körperhälfte unregelmäßige Längs-, in der hinteren Körperhälfte unregelmäßige Querstreifen. Hinter den Pn ein dunkler Pigmentfleck, Kehlpartie blau. D, A, P, V an der Basis grünlich bis bläulich, im mittleren Teil orangefarben, außen mit dunkelrotem Marginalband mit bläulichem Saum, C im Mittelteil blau mit großen roten Punkten oder Querstreifen, nach oben und unten folgen ein orangefarbenes Band, ein schmaler blauer Streifen und ein roter Saum. ♀ hellbraun, D und A mit kleinen roten Punkten, Flossen meist farblos.
Pflege und Zucht siehe Gattungsbeschreibung, S. 449. Semiannuelle Art, Laichsubstrat Torf, Laichentwicklung bei Einhaltung einer Trockenperiode vier Wochen bis mehrere Monate, Laichkontrolle notwendig, Trioansatz günstig.
A. walkeri (Walkeri-Artengruppe s. Tab. S. 451) wird in die nahe Verwandtschaft zu *A. gardneri* gestellt. Besonders interessant ist die geographische Verbreitung der Art, da sie im Gegensatz zu allen anderen *Aphyosemion*-Arten westlich der trockenen Gebiete in Togo und Benin (»Dahomey-Lücke«) vorkommt. Die zahlreichen Populationen zeigen Unterschiede in der Färbung, Zeichnung und Entwicklungsdauer des Laiches. Am bekanntesten ist die Unterart *A. walkeri spurrelli* (BOULENGER, 1913) mit senkrechten roten Querstreifen in der hinteren Körperhälfte und gelben bis gelbgrünen unpaaren Flossen.

Aphyosemion wildekampi
BERKENKAMP, 1973
Wildekamps Prachtkärpfling

Ostkamerun, Kongo; t.t.: Diang, 40 km westlich von Bertoua (Kamerun) in einem pflanzenfreien Waldbach im Grenzgebiet zwischen Regenwald und Savanne; bis 6 cm.
D 10, A 17; mLR 33; G-Typ; n = 15. ♂ leuchtend grün mit violettblauem Schimmer, Rücken graubraun, Bauch hell, 3–5 rote Punktlängsreihen auf den Körperseiten, im letzten Drittel schräge Querreihen in V-Form. Unpaare Flossen hellgelb, D, A, C basal mit vereinzelten roten Punkten und roten Längssäumen. C dreizipflig, D und A spitz auslaufend. ♀ hell graubraun, insgesamt genetzt, bis fünf Längsreihen kleiner hellroter Punkte, Flossen farblos, abgerundet.
Pflege und Zucht siehe Gattungsbeschreibung, S. 449. Nichtannuelle Art, Pflanzenlaicher, Wachstum der Jungfische langsam.
Von einigen Autoren wird die Art zur Elegans-Artengruppe gestellt, andere vermuten eine Verwandtschaft zur Striatum-Artengruppe und auch zur Camerونense-Ogoense-Artengruppe. *A. wildekampi* und *A. punctatum* sind nach WILDEKAMP evtl. eine Art.

Diapteron cyanostictum (Taf. 149)
(LAMBERT und GÉRY, 1967)
Blaupunkt-Prachtkärpfling

Gabun, Ivindo-Becken in stark beschatteten und pflanzenbewachsenen Resttümpeln von Regenwaldbächen; t.t.: Bélinga; Begleitfische: *D. georgiae*,

A. cameronense, A. striatum sangmelinense, A. splendidum, Epiplatys-Arten, Fische aus anderen Familien; bis 3,5 cm.
D 10–12, A 11–13; mLR 26–27; n = 17. ♂ rot bis rotviolett mit weißen oder ins Blaue gehenden Punkten, die sich in der D, A, C besonders deutlich abheben. P braunrot, blau gesäumt, an ihrem Ansatz ein markanter Fleck aus blauen Schuppen. Die verschiedenen Populationen sind rotbraun bis dunkelbraun und haben Punktraster von Weiß bis Blau. Die unpaaren Flossen können dunkelbraun gesäumt sein. ♀ graubraun, Bauchregion heller, in Nähe des P-Ansatzes ein dunkler Fleck, D dunkelbraun gepunktet, die anderen Flossen farblos.
Pflege und Zucht siehe *D. georgiae*. Zur Pflege genügen kleinste Aquarien von 3–5 l Inhalt. Die Jungfische wachsen sehr langsam. Die Nachzuchten erreichen nur selten die Farbintensität der Wildfänge.
D. cyanostictum wurde zuerst als *Aphyosemion cyanostictum* beschrieben. Von der Art sind »blaue« und »rote« Populationen bekannt.

Diapteron georgiae (Taf. 149)
(LAMBERT und GÉRY, 1967)

Nordostgabun, Einzugsgebiet des oberen Ivindo; t.t.: Bélinga; Begleitfische: *D. fulgens, D. cyanostictum*; bis 3,5 cm.
D 11, A 11; mLR 27. ♂ braunrot mit hellblauen Schuppen, die unregelmäßig oder streifenförmig über die Körperseiten verteilt sind. D rot mit unregelmäßigen kleinen gelben Punkten und blauem Flossensaum, A karminrot mit blauer Basis, ohne Punkte, C braunrot mit blauen Strichen und Punkten zwischen den Flossenstrahlen, einem blauen oberen Flossensaum, blauem unteren Submarginal- und karminrotem Marginalband. ♀ bräunlich mit angedeuteten dunklen Vertikalstreifen, rotem Pigmentmal hinter den Augen, rötlicher D mit gelblichen Punkten und bläulichen P-Spitzen.
Pflege und Zucht siehe S. 449, nicht einfach. Pflanzenlaicher, nichtannuelle Art. Die Jungfische schlüpfen bei Aufbewahrung der Eier im Wasser nach 10 bis 14 Tagen, sie können vorsichtig abgeschöpft und separat aufgezogen werden, Trennung in Größengruppen wichtig. Einen relativ gleichmäßigen Schlupf erzielt man nach 3–4wöchiger Aufbewahrung der Eier in feuchtem Torf. Lebensdauer bis zu vier Jahren.
D. georgiae ist Typusart der Gattung *Diapteron* HUBER und SEEGERS, 1978. Die Erstbeschreibung der Art erfolgte 1967 als *Aphyosemion georgiae*. Zur Beschreibung der *Diapteron*-Arten unter der Gattung *Aphyosemion* siehe S. 431, 451.

Roloffia brueningi (Taf. 150)
ROLOFF, 1971
Brünings Prachtkärpfling

Sierra Leone; t.t.: Giema im Kanema-Distrikt in einem Bachlauf; bis 5,5 cm.
D 11–12, A 15–16; mLR 32–33; n = 20–21. ♂ grünblau bis dunkelblau, Rücken dunkel, an den Körperseiten unregelmäßige rote Strich- und Fleckenzeichnung in vertikaler Richtung. D und A blaugrün mit roten Marginalbändern, blauweißen Säumen und großen roten Punkten, z.T. nur basal in einer Reihe angeordnet, C oben und unten intensiv gelb bis orange gesäumt, nach innen schließen sich rote Bänder an, mittlerer Teil blaugrün mit kurzen roten Strichen zwischen den Flossenstrahlen, P rot, hellgelb gesäumt. ♀ oliv bis rotbraun, D und A mit Reihen kleiner dunkler Punkte, kleiner dreieckiger C-Wurzelfleck, x-förmige schrägliegende Strichzeichnungen vom hinteren Teil der D bis zur C-Wurzel, ein dunkles, nicht immer deutliches Längsband in Höhe der SL von der P bis zum Schwanzstiel.
Pflege und Zucht siehe Gattungsbeschreibung, S. 449. Nichtannuelle Art, laicht an Pflanzen und Torffasern am Boden, Schlupf der Jungfische nach 14 Tagen, Aufzucht einfach.
R. brueningi gehört zur Liberiense-Artengruppe (s. Tab. S. 451) und steht *R. roloffi* und *R. liberiensis* nahe, Kreuzungen zwischen den Arten ergaben sterile Hybriden.

Roloffia geryi (Taf. 150, 182)
(LAMBERT, 1958)
Zickzack-Prachtkärpfling

Guinea, Sierra Leone, Gambia in langsamfließenden Bächen, Reisfeldern, vereinzelt in Flüssen; t.t.: Gewässer an der Straße zwischen Conakry und Dubréka (Guinea); Begleitfische: *R. toddi, Epiplatys fasciolatus, bifasciatus, spilargyreius,* Leuchtaugenfische, Fische anderer Familien; bis 8 cm.
D 12–16, A 15–18; mLR 28–34; G-Typ; n = 20. Farbbeschreibung nach den Typusexemplaren: ♂ grün bis oliv mit einer zickzackförmigen Längslinie aus roten Punkten von den Pn bis in die C-Wurzel mit eingestreuten undeutlichen grünen Punkten. D, A, C grün mit leuchtend grünblauen Säumen und roten Marginalbändern, D und A basal rot gepunktet, Flossensäume nur bei auffallendem Licht grünblau, in Durchsicht gelblich. Kehlbereich im Unterschied zu allen anderen *Roloffia*-Arten rot. ♀ braunoliv, Rükken dunkel, ein dunkelbraunes Zickzackband von den Pn bis in die C-Wurzel, oberhalb der SL dunkel marmoriert. Flossen hellbraun bis gelblich, z.T. mit dunklen Punkten.
Pflege und Zucht siehe Gattungsbeschreibung, S. 449. Pflanzenlaicher, nichtannuelle, unproblematische und langlebige Art.
R. geryi bildet mit *R. etzeli* die Geryi-Artengruppe (s. Tab. S. 451). Die zahlreichen Populationen zeigen z.T. erhebliche Unterschiede in der Färbung und Zeichnung. Sie werden durch Angabe des Fundortes hinter dem Artnamen charakterisiert, z. B. *R. geryi* »Abuko«, »Conakry«, »Robis« u. a.

Roloffia guineensis (Taf. 182)
(DAGET, 1954)
Guinea-Prachtkärpfling

Guinea, Sierra Leone, Liberia in Gebirgsbächen; t.t.: Gebiet um Dabola, Banamanan, Kissidougou in Oberguinea; bis 9 cm.
D 11–14, A 14–18; mLR 29–34; E-Typ (ohne H-Schuppen); n = 19. ♂ dunkelbraun mit violettem bis grünlichem Schimmer in der oberen Körperhälfte, feine rote Netzzeichnung auf den Körperseiten, bei einigen Populationen zahlreiche rötliche Vertikalstreifen zwischen den Pn und der C-Wurzel. Unpaare Flossen gerundet, grünlich, D mit rotem Punktraster und blauweißem Saum; A mit verstreuten roten Punkten und dunklem Saum, C oben mit schmaler, unten mit breiter weißer Kante, die nach innen dunkel abgesetzt sind. ♀ hell- bis dunkelbraun, unpaare Flossen gelblichgrün, D mit zahlreichen rötlichen Punkten.
Pflege und Zucht siehe Gattungsbeschreibung, S. 449. ♂♂ sehr aggressiv, Pflege in gut bepflanzten Artaquarien zu empfehlen, um 20 °C, Pflanzenlaicher, nichtannuelle Art, Trioansatz günstig, Schlupf der Jungfische nach 14–18 Tagen, Aufzucht einfach. Dämmerungsaktive Fische, die sich tagsüber versteckt halten.
R. guineensis ist eine selten gepflegte Reliktform, die zur Petersi-Artengruppe gehört.

Roloffia liberiensis (Taf. 151)
(BOULENGER, 1908)
Liberia-Prachtkärpfling

Westliberia in Tümpeln des Küstenbereichs; t.t.: Monrovia; Begleitfische: *Epiplatys fasciolatus, E. f. tototaensis, E. ruhkopfi*; bis 6 cm.
D 9–13, A 14–16; mLR 28–33; G-Typ; n = 21. ♂: Körperseiten und Flossen metallisch blau bis grün, große rote Punkte einzeln verteilt oder zu Linien gruppiert auf dem Körper, manchmal auch in Form schräger Querbinden auf dem Schwanzstiel oder in Form eines zickzackähnlichen Längsbandes entlang der SL. D und A mit kräftigem rotem Marginalband, großen roten Punkten (z.T. nur basal) und einem grünen Saum, C blaugrün mit roten Punkten und Strichen in Richtung der Flossenstrahlen, rotem Marginalband und einem oft breiten goldgelben, gelegentlich blauen Saum oben und unten, Spitzen der unpaaren Flossen bei adulten ♂♂ deutlich ausgezogen. ♀ braun bis olivgrün mit unregelmäßigem Zeichnungsmuster auf den Körperseiten, gelegentlich ein dunkler Fleck im Kehlbereich.
Pflege und Zucht siehe Gattungsbeschreibung, S. 449. Semiannuelle Art, Pflanzen- oder Substratlaicher in Bodennähe. Die Eier sind relativ weich und müssen deshalb vorsichtig behandelt werden, Entwicklung meist unterschiedlich. Bei Aufbewahrung des Laiches im Wasser schlüpfen die Jungfische etwa nach 20 Tagen, bei Einschaltung einer Trockenperiode in Torf nach 3–4 Wochen. Aufzucht einfach.
R. liberiensis ist namengebend für die Liberiensis-Artengruppe (s. Tab. S. 451), zu der eine Reihe schlanker Fische von mittlerer Größe gehört. *R. calabarica* (Taf. 150) wird vielfach als Synonym von *R. liberiensis* betrachtet, nach eigener Auffassung rechtfertigen jedoch bestimmte Unterschiede die Beschreibung beider als Arten. Vermutlich gehören zu *R. liberiensis* auch die Fische mit den Behelfsbezeichnungen *R. »mülleri«* (I und II) und *R. »caldal«*.

Roloffia occidentalis (Taf. 152)
(CLAUSEN, 1966)
Goldfasan-Prachtkärpfling

Sierra Leone in Urwäldern und Savannen; auf Reisfeldern und in Wasserlöchern; t.t.: Blama; Begleitfische: *R. roloffi* und *R. toddi*; bis 10 cm.
D 17–23, A 17–20; mLR 32–36; G-Typ; n = 23. ♂ am Rücken rotbraun, Bereich oberhalb der P und der Seitenmitte bis in den Schwanzstiel goldgelb, unterhalb blaugrün, zur C hin an Intensität zunehmend und mit roter Netzzeichnung. In bestimmten Verhaltensphasen zeigen sich auf den Flanken große breite Bänder oder Flecken, die sich dunkel von der gelbbraunen Umgebung abheben. Auf den Kiemendeckeln rote Linien, die sich bis in den goldfarbenen Bereich oberhalb der P fortsetzen und dort ein mehr oder weniger deutliches Pigmentmal (»Wundmal«) bilden, Kehle intensiv blau. D-Basis rotbraun, weiter außen zunächst roter Punktraster auf blauem Grund, dann ein rotes Marginalband und schließlich ein blauer Saum, A wie die D gefärbt, Flossenrand ausgefranst, Spitze etwas ausgezogen, C im mittleren Teil auf bläulichem Grund in Richtung der Flossenstrahlen rot punktiert und gestreift, rote Marginalbänder oben und unten, dünner blauer Saum oben, breiter gelber bis bläulicher Saum unten. Farbe je nach Stimmung wechselnd und bei den einzelnen Populationen verschieden. ♀ hell rotbraun, am Rücken dunkler, unterhalb der Mittellinie leicht blauviolett, zeitweise mit breiten dunklen Querbändern oder einer dunklen Längsbinde. Goldgelber Bereich in Nähe der P ebenfalls vorhanden, in abgeschwächter Form auch die rote Zeichnung. Flossen farblos, gelegentlich bräunlich oder rötlich, abgerundet.
Pflege und Zucht siehe Gattungsbeschreibung, S. 449. Annuelle Art, Bodenlaicher, Laichsubstrat Torf oder feiner Sand, Trockenperiode unbedingt notwendig, die Laichentwicklung kann fünf Monate und länger dauern (Laichkontrolle durchführen). Aufzucht der Jungfische einfach. Die Art erfordert höhere Hälterungs- und Zuchttemperaturen, auch die Eier sollten bei 25–28 °C aufbewahrt werden.
R. occidentalis ist die Typusart der Gattung *Roloffia* CLAUSEN, 1966, und gleichzeitig namengebend für die Occidentalis-Artengruppe, die etwa der von MYERS 1933 aufgestellten *Aphyosemion*-Untergattung *Callopanchax* entspricht (s. Tab. S. 452). MYERS betrachtet *Roloffia* als Synonym zu *Callopanchax*, jedoch hat sich die Bezeichnung *Roloffia* allgemein durchgesetzt. Eine endgültige Entscheidung über die

Tafel 161 Links: *Epiplatys chaperi* · *E. dageti monroviae*, unten ♀ · *E. sexfasciatus* · *E. huberi*. Rechts: *Epiplatys chaperi spillmanni* · *E. sexfasciatus togolensis* · *E. mesogramma* · *E. huberi*, ♀ (Fotos links: Foersch, Richter, Foersch, Stenglein. Fotos rechts: Sommer, Sommer, Stenglein, Stenglein)

Tafel 162 Oben und Mitte: Ablaichserie von *Nothobranchius jubbi*. Unten: *Nothobranchius melanospilus*, links ♂, rechts ♀ (alle Fotos Richter)

Tafel 163 Links: *Nothobranchius patrizii* · *N. guentheri* · *N. microlepis*. Rechts: *Nothobranchius palmqvisti* · *N. foerschi* · *N. orthonotus* · *N. furzeri* (Fotos links: Richter, Richter, Foersch. Fotos rechts: Bech, Foersch, Foersch, Foersch)

Tafel 164 *Nothobranchius rachovii*. Oben links: Blau. Oben rechts: Rot. Mitte links und rechts: Imponierende ♂♂. Unten links und rechts: Beim Ablaichen (Fotos links: Richter, Sommer, Sommer. Fotos rechts: Richter, Sommer, Sommer)

Tafel 165 Links: *Nothobranchius korthausae* »Rot« · *N.* spec. von Kayuni State Farm · *N. kirki.* Rechts: *Nothobranchius korthausae* »Braun« · *N. eggersi* »Blau« · *N. eggersi* »Blau« (unten rechts Foersch, alle anderen Fotos Richter)

Tafel 166 Links: *Pseudepiplatys annulatus* von Kasawe Forest · *Pronothobranchius kiyawensis,* ♀ · *Pronothobranchius kiyawensis.* Rechts: *Pseudepiplatys annulatus* · *Pronothobranchius kiyawensis* · *Pronothobranchius kiyawensis,* ♂ und ♀ (alle Fotos Richter)

Tafel 167 Links: *Pachypanchax playfairii* · *Pachypanchax omalonotus* · *Pterolebias peruensis,* unten ♀ · *Pterolebias zonatus,* Rechts: *Pterolebias longipinnis* · *Pachypanchax playfairii* · *Pterolebias wischmanni* · *Pterolebias zonatus* (alle Fotos links: Foersch. Fotos rechts: Foersch, Richter, Hohl, Richter)

Tafel 168 *Pterolebias zonatus*, Ablaichserie (alle Fotos Richter)

Tafel 169 Links: *Rivulus agilae* · *R. cylindraceus* · *R. cylindraceus* · *R. ornatus*. Rechts: *Rivulus beniensis* von Tingo Maria · *R. cylindraceus* · *R. cylindraceus*, ♀ · *R. xiphidius* (Fotos links: Richter, Richter, Richter, Foersch. Fotos rechts: Foersch, Kaden, Richter, Kaden)

Tafel 170 Links: *Rivulus urophthalmus* · *R. peruanus* von Panguana · *R. limoncochae*. Rechts: *Rivulus milesi* · *R. tenuis* · *R. milesi*. Unten: *Rivulus* spec., oben ♀ (Fotos links und rechts: Foersch. Foto unten: Wiefel)

Tafel 171 Links: *Fundulus chrysotus* · *Lucania goodei* · *Lucania goodei,* ♀ mit anhängenden Eiern · *Profundulus punctatus.* Rechts: *Chriopeoides pengelleyi* · *Cubanichthys cubensis* · *Profundulus* spec. vom Rio Tonada (Fotos links: Bech, Richter, Sommer, Kaden. Alle Fotos rechts: Richter)

Tafel 172 Oben und Mitte links und rechts: Ablaichserie von *Cyprinodon variegatus*. Unten links: *Cyprinodon alvarezi*. Unten rechts: *Cyprinodon macularius* (alle Fotos Richter)

Tafel 173 Oben links: *Garmanella pulchra*, alle anderen Fotos *Jordanella floridae*, ♂ und ♀ einzeln, ♂ und ♀ beim Ablaichen, ♂ mit Laich (Fotos links: Richter, Sommer, Sommer, Fotos rechts: Richter, Sommer, Sommer)

Tafel 174 Links: *Valencia hispanica* · *Aphanius anatoliae*, oben ♀ · *Aphanius iberus*. Rechts: *Aphanius iberus* vom Sauratal in NW-Afrika · *Aphanius dispar* · *Aphanius iberus*, ♀ (Fotos links: Bech, Schmidt, Richter. Fotos rechts: Foersch, Kaden, Richter)

Tafel 175 Links: *Aplocheilichthys spilauchen* · *A. normani* · *A. pumilus* · *A. schalleri*. Rechts: *Aplocheilichthys macrophthalmus* · *Congopanchax myersi* · *Aplocheilichthys katangae* · *A. hutereaui* (Fotos links: Richter, Scheel, Foersch, Foersch. Fotos rechts: Scheel, Foersch, Foersch, Foersch)

Tafel 176 Links: *Procatopus* cf. *aberrans* · *Procatopus similis* · *Lamprichthys tanganicanus*. Rechts: Ablaichserie von *Procatopus* spec. *»iridaeus«* (Fotos links: Foersch, Richter, Richter. Alle Fotos rechts: Sommer)

Validität der Namen steht noch aus (s. S. 432). Zur Gattung *Roloffia* werden vier Artengruppen gerechnet (s. Tab. S. 451), zur Occidentalis-Artengruppe gehören die größten und massigsten Arten, alle anderen sind kleiner und schlanker. WILDEKAMP vermutet, daß *R. huwaldi* (Taf. 152) ein Synonym von *R. occidentalis* ist. Die frühere Bezeichnung *Aphyosemion sjoestedti* (bis 1966) war durch die Verwechslung zweier Arten entstanden.

Roloffia petersi (Taf. 151)
(SAUVAGE, 1882)
Gelbsaum-Prachtkärpfling

Elfenbeinküste im Süden, Südwestghana, Westtogo, Südostliberia in stehenden oder langsamfließenden Gewässern der Küstensavanne oder des Regenwaldes; t.t.: Langune d'Assinie in Ghana; Begleitfische: *Epiplatys chaperi, E. chaperi spillmanni, E. etzeli,* Fische aus anderen Familien; bis 6 cm.
D 7–11, A 14–17; mLR 29–34; G-Typ; n = 20. ♂ metallisch olivgrün mit schachbrettartig angeordneten roten Flecken oder Punktreihen an den Körperseiten, 6–8 schmalen dunklen Querbinden, besonders auf der hinteren Körperhälfte, einem blutroten, fast viereckigen Fleck (»Wundmal«) in Nähe des P-Ansatzes, Rücken und Schwanzstiel gelegentlich kupferfarben. D grünlich mit zahlreichen roten Punkten, die nach der Basis zu dichter werden, Flossensaum bläulich bis schwärzlich, A grünlich bis blaugrün mit roten Punkten und Strichen, einem breiten hellgelben Marginalband und einem dunkelroten bis rußigen Saum, C grünlich mit weißen oder roten, bogig angeordneten Punkten und Flecken, einem hellgelben Marginalband mit dunklem Saum unten (in Fortsetzung der A) und einem bläulichen Saum oben. Flossen abgerundet, A etwas zugespitzt. ♀ rötlichbraun mit der Zeichnung des ♂, jedoch wesentlich blasser, »Wundmal« ebenfalls vorhanden, außerdem ein schwarzer Kehlfleck. Flossen an ihrer Basis rötlichgelb bis goldgelb.
Pflege und Zucht siehe Gattungsbeschreibung, S. 449. Nichtannuelle Art, Pflanzenlaicher, Schlupf der Jungfische nach 14 Tagen, manchmal schon nach 5–6 Tagen mit großem Dottersack, Aufzucht einfach. Die schöne Färbung der Fische zeigt sich nur bei Hälterung im Dämmerlicht.
R. petersi ist namengebend für die Petersi-Artengruppe (s. Tab. S. 451), zu der eine Reihe relativ selbständiger Arten gehört. Die verschiedenen Populationen der Art unterscheiden sich in Färbung und Zeichnung, bei einigen fehlen die gelben Marginalbänder in den Flossen.

Roloffia roloffi (Taf. 151, 182)
(ROLOFF, 1936)
Roloffs Prachtkärpfling

Sierra Leone im Süden, Flußgebiet des Seli; t.t.: Nähe Freetown in sumpfigem Gelände mit langsamfließenden oder fast stehenden Bachläufen; Begleitfische: *R. bertholdi, R. occidentalis, R. etzeli, Epiplatys fasciolatus;* bis 5 cm.
D 11–14, A 14–18; mLR 28–32; G-Typ; n = 21. ♂ gelbgrün, bei auffallendem Licht metallisch grün bis blaugrün, auf den Körperseiten rote Flecken und Striche in Form von 4–5 undeutlichen Längsbinden, 5–10 schräg nach hinten geneigte rote Querbinden im mittleren und hinteren Körperdrittel oder einer Zickzackmusterung, z.T. kommen die verschiedenen Zeichnungsmuster nebeneinander oder vermischt vor. D grün mit roten Punkten, rotem Marginalband und blauem Saum, A gelbgrün mit basalen roten Punkten, rotem Marginalband und blauem Saum, C im mittleren Teil grün mit kleinen roten Tupfen und Strichen, nach außen schließen sich oben und unten geschwungene rotbraune Bänder und breite gelbe Säume an, oben kann der gelbe Saum fehlen. Flossen abgerundet, nur bei adulten Fischen leicht ausgezogen. ♀ rötlichgrau, Körperseiten mit unregelmäßigen dunklen Punkten oder nach hinten geneigten Querbinden, dunkler »Rivulusfleck« an der C-Wurzel vorhanden, bei Laichbereitschaft tritt ein dunkler Kehlfleck auf. Flossen farblos, leicht rötlich punktiert. Pflege und Zucht siehe Gattungsbeschreibung, S. 449. Nichtannuelle Art, einfach.
R. roloffi gehört zur Liberiensis-Artengruppe (s. Tab. S. 451), die wegen der zahlreichen Populationen und Zwischenformen recht problematisch ist. Einige Autoren ordnen die Arten der Gruppe im wesentlichen *R. liberiensis* oder *R. roloffi* zu. Die Bezeichnung *R. roloffi hastingi* (Taf. 151) ist ein »nomen nudum«.

Roloffia toddi (Taf. 152)
(CLAUSEN, 1966)

Westlicher Teil von Sierra Leone in Regenwaldgebieten; t.t.: Barmoi, kleine beschattete Waldtümpel bei Njala; Begleitfische: *R. geryi, R. occidentalis, Epiplatys fasciolatus,* verschiedene Leuchtaugenfische, Fische aus anderen Familien; bis 8 cm.
D 19–20, A 18–20; mLR 33–34; G-Typ; n = 23. Das ♂ hat Ähnlichkeit mit *R. occidentalis* (s. S. 464). Der gesamte Körper einschließlich der Flossen schimmert blau bis blauviolett, Körperseiten mit deutlicher roter Netzzeichnung, breite dunkle Querstreifen mit hellen Zwischenräumen von den Pn bis in die C-Wurzel, Pigmentierungsmal oberhalb der P meist deutlich (rote Färbung, dunkle Schuppenränder). Alle Flossen mit rotem Marginalband und relativ breitem bläulichem bis gelblichem Saum. In der abgerundeten C laufen Marginalband und Saum um die ganze Flosse herum. Auch das ♀ ist dem ♀ von *R. occidentalis* ähnlich. Das dunkle Längsband kann durch eine Reihe deutlicher schräger Querbinden oberhalb der Mittellinie ersetzt sein.
Pflege und Zucht siehe *R. occidentalis*, S. 464. Auch in dieser Hinsicht gibt es zwischen beiden Arten kaum Unterschiede.
R. toddi gehört zur Occidentalis-Artengruppe (s. Tab. S. 452), siehe auch bei *R. occidentalis*.

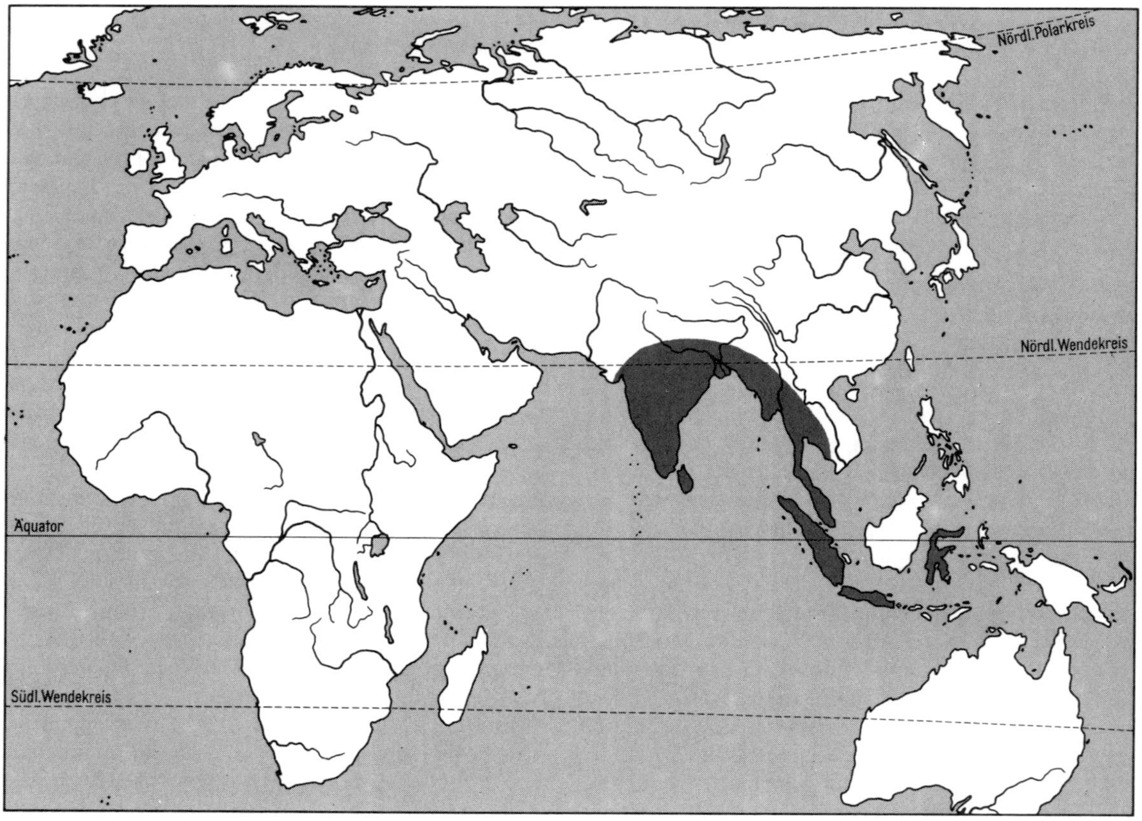

Abb. 379 Verbreitungsgebiet der Gattung *Aplocheilus*

Gattung *Aplocheilus* McClelland, 1839 Hechtlinge

Typusart: *A. panchax* (Hamilton-Buchanan, 1822) (Taf. 153).
Altweltliche, nichtannuelle Gattung der Rivulinae mit einem sehr großen Verbreitungsgebiet von Vorderindien bis Indonesien (Abb. 379). Zur Gattung gehören sechs Arten, die alle als Aquarienfische gepflegt werden. Sie leben vorwiegend in besonnten, flachen, stehenden bis langsamfließenden Gewässern (Reisfelder, Sümpfe) mit dichtem Pflanzenwuchs und halten sich dort an der Wasseroberfläche zwischen den Wasserpflanzen (Schwimmpflanzen) oder überhängenden Landpflanzen in Ufernähe auf. Die Gattung ist eng verwandt mit der Gattung *Epiplatys*, von der sie sich nur durch einzelne morphologische Merkmale (z. B. Zwischenkiefer, Darm) unterscheidet. Außerdem haben die Jungfische und ♀♀ der *Aplocheilus*-Arten einen dunklen, meist heller gesäumten Fleck an der Basis der D, der den *Epiplatys* fehlt. Auch sind die Verbreitungsgebiete deutlich getrennt (Asien bzw. Afrika). Charakteristische Merkmale: hechtförmige, gestreckte Gestalt, breiter, abgeflachter Kopf, großes oberständiges Maul, silbriger Leuchtfleck auf dem Scheitel, große Augen, D klein, über den letzten Strahlen der großen und breit angesetzten A beginnend, sehr kleine V, große P, D und A angespitzt, mittlere Strahlen der C teilweise lappig verlängert, Geschlechtsdimorphismus in der Färbung nicht immer deutlich, Färbung von ♂ und ♀ ähnlich, ♀ jedoch ohne die bunten Flossenfarben, dunkle Querbinden auf den Körperseiten, besonders beim ♀ schwarzer Augenfleck in der Basis der D mit einem weißen, gelblichen oder blauen Hof, meristische Daten D 6–9, A 13–17; mLR 29–35; Kopfschuppenmuster G-Typ ohne H-Schuppen mit Ausnahme einiger Populationen von *A. blockii*, Auftreten einer dunklen Längsbinde auf den Körperseiten bei Erregung.
Pflege und Zucht im allgemeinen einfach und wie bei den *Epiplatys*-Arten angegeben, siehe Gattungsbeschreibung, S. 490. Wassertemperaturen möglichst über 25 °C, Temperaturschwankungen, Versteckmöglichkeiten durch dichten Pflanzenwuchs und Schwimmpflanzen, kräftige Fütterung mit Insekten und deren Larven. Die relativ großen Eier (bis fast 2 mm Durchmesser) färben sich während der Entwicklung fast schwarz (Pigmenteinlagerungen). Bisher sind besonders bei *A. panchax* zahlreiche Unterarten beschrieben worden, die sich als nicht stabil erwiesen haben. Sie beruhen vorwiegend auf Farbunterschieden zwischen den Populationen. Die *Aplocheilus*-Arten gehörten früher neben den Vertretern der Gattung *Epiplatys* zu den Gattungen *Haplochilus* bzw. *Panchax*, die heute nicht mehr gültig sind.

Aplocheilus blockii (Taf. 153)
(ARNOLD, 1911)
Madrashechtling, Zwergpanchax, Zwerghechtling

Südindien, Sri Lanka in kleinen Tümpeln mit dichtem Pflanzenwuchs, auch in Reisfeldern, t.t.: kleines Gewässer bei Cochin, Provinz Kerala (Indien), Wassertemperatur 32 °C; bis 5 cm.
D 6–9, A 14–16; mLR 24–30; G-Typ; n = 24. ♂ olivgrün bis braun, auch gelbgrün bis gelbbraun mit zahlreichen grünlich bis bläulich irisierenden Glanzschuppen auf dem Körper und den Flossen, die in Querbinden und Längsreihen angeordnet sein können. Teilweise rote Punktreihen oder unregelmäßige Tüpfel auf den Körperseiten, Rücken dunkel, Bauch und Kehle weiß, Maul rot umrandet, Kiemendeckel bläulich schimmernd mit grünem Fleck. Unpaare Flossen transparent bis braungelb, deutlicher dunkler Fleck mit heller Umrandung im vorderen Teil der D-Basis, roter Saum um die A. ♀ braun, Bauchregion weiß, angedeutete Querbänderung am ganzen Körper, Flossen blaß gelblich bis orange, Dorsalfleck wie beim ♂, bei auffallendem Licht irisierende Tüpfelzeichnung.
Pflege und Zucht nicht einfach, kein ausgesprochener Oberflächenfisch, etwas empfindlich und scheu, Jungfische relativ klein, Hälterung im Artaquarium wird empfohlen, Zuchttemperaturen um 30 °C, Schwimmpflanzendecke, sehr interessantes Balzverhalten.
Vor kurzem wurde ein *A.* spec. in Goa gefunden, der äußerlich *A. blockii* ähnelt, aber größer wird, Erstbeschreibung als *A. kirchmayeri* BERKENKAMP und ETZEL, 1986. Die Identität der ähnlichen Art *A. parvus* (RAJ, 1916) ist durch Wiederbeschreibung (BERKENKAMP und ETZEL, 1986) geklärt.

Aplocheilus dayi (Taf. 153)
(STEINDACHNER, 1892)
Grüner Streifenhechtling, Ceylonhechtling

Sri Lanka, gesamte Insel mit Ausnahme brackiger Gewässer und des Hochlandes über 1000 m, häufig in langsamfließenden Gewässern unter überhängenden Ufergräsern; t.t.: Insel Ceylon; bis 9 cm.
D 6–7, A 15; mLR 29–30; G-Typ; n = 24. ♂ grünlich, nach dem Rücken zu goldbraun, goldgelbe Glanzschuppenreihen auf den Körperseiten, dazwischen rote Tüpfel und einige wenige schwarze Flekken unterschiedlicher Größe, Bauchpartie blaugrünlich oder rötlich. Unpaare Flossen transparent bis gelblich, rot getüpfelt, gestrichelt oder mit roten Flossenstrahlen, Säume unterschiedlich breit, rot oder dunkel. A an der Basis mit einer Reihe großer dunkler Punkte, Flossenspitze lang ausgezogen, C gelegentlich mit dunkelrotem Marginalband am unteren Flossenrand. V relativ groß und spitz. Juvenile ♂♂ mit regelmäßigen dunklen Querbinden, die später bis auf wenige Punkte und Flecken zurückgebildet werden. ♀ dem ♂ ähnlich, in der hinteren Körperhälfte mit 6–8 breiten dunklen Querbinden unterhalb der Mittellinie, manchmal nur in Form großer dunkler Flecken ausgebildet, gelegentlich dunkle Punkte auf den Körperseiten und an der Basis der A.
Pflege und Zucht unproblematisch, siehe Gattungsbeschreibung S. 482. Die Art eignet sich für das Gesellschaftsaquarium, Versteckmöglichkeiten wichtig, Oberflächenfisch.
Verschiedene Populationen bekannt, Farbspielarten können auch an den Fundorten gemischt vorkommen.

Aplocheilus dayi werneri (Taf. 153)
MEINKEN, 1966
Werners Hechtling

Sri Lanka; t.t.: Kottowa-Urwald im Süden der Insel, reliktartiges Vorkommen; bis 9 cm.
D 6–7, A 15–16; mLR 33–35. Große Ähnlichkeit mit der Nominatform und auch mit *A. lineatus*. Bei allen Angaben über Vorkommen von *A. lineatus* in Sri Lanka handelt es sich um *A. dayi werneri*. Die unregelmäßige bis fleckenhafte Querbänderung auf den Körperseiten der Jungfische verschwindet bei den ♀♀, nicht bei den ♂♂ mit kräftiger Goldgelbfärbung in der Rückenpartie und einem hohen Rotanteil in den unpaaren Flossen, im unteren Teil der C ein roter Doppelstreifen. Bei Erregung zeigt das ♀ einen breiten dunklen Längsstreifen in der hinteren Körperhälfte unterhalb der Mittellinie.
Kein gemeinsames Vorkommen mit der Nominatform bekannt. Fehlbezeichnung in der amerikanischen Literatur: *A. johnklaasi*.

Aplocheilus lineatus (Taf. 153, 154)
(CUVIER und VALENCIENNES, 1846)
Streifenhechtling

Indien; t.t.: Umgebung von Bombay, oft gemeinsam mit *A. blockii* und Fischen aus anderen Familien; bis 12 cm.
D 7–9, A 15–17; mLR 32–34. ♂ helloliv, Rücken braungrün, Bauch weißlich, Längsreihen grünlichgoldener Glanzschuppen auf den Körperseiten, 6–8 dunkle Querbinden in der hinteren Körperhälfte meist unterhalb der Mittellinie. Die erste, oft nur als Fleck ausgebildete Binde in Höhe des A-Beginns, die folgenden zunehmend länger, die letzte überspannt die gesamte C-Basis. Unpaare Flossen unterschiedlich breit rot gesäumt und mit roten, goldfarbenen und grünen Punkten, Flecken und Strichen, Flossenstrahlen rot bis rotbraun, dazwischen gelegentlich auch dunkle Flecken, z.T. als Fortsetzung der Querbinden, P und V gelb mit roten Spitzen, mittlere Strahlen der C oft lappenartig verlängert. ♀ dem ♂ ähnlich, Färbung und Zeichnung blasser, die dunklen Querbinden meist deutlicher, zahlreicher und länger, sie erstrecken sich von der D bis in die A, Flossen transparent, etwas bläulich, rote Säume schmaler, abgerundet.
Pflege und Zucht siehe Gattungsbeschreibung S. 482, unproblematisch. Die gute Färbung der Nachzuchten

hängt wesentlich von den Hälterungsbedingungen ab. Wichtig ist eine kräftige Fütterung mit Insekten und deren Larven. Die Eier sind fast 2 mm groß, die Jungfische wachsen relativ langsam und sind mit 6–8 Monaten zuchtreif.
Zahlreiche Populationen, die sich in ihrer Färbung und Zeichnung unterscheiden. Die in der Literatur genannten Vorkommen auf der Insel Ceylon beziehen sich auf *A. dayi werneri*. In der Aquaristik verwendete Synonyme: *A. rubrostigmus* JERDON, 1849, *Haplochilus rubropictus* STANSCH, 1910, *H. lineolatus* FREUND, 1913, *A. vittatus* JERDON, 1849, *A. affinis* JERDON, 1849.

Aplocheilus panchax (Taf. 153)
(HAMILTON-BUCHANAN, 1822)
Zinnkopf, Gemeiner Hechtling

Vorderindien (nicht Sri Lanka), Hinterindien, Indonesien, in flachen, stehenden oder langsamfließenden Gewässern mit Schwimmpflanzen oder überhängender Ufervegetation, im Süß- und Brackwasser; t.t.: Ganges-Einzugsgebiet; Begleitfische: Gattung *Oryzias* und Fische aus anderen Familien; bis 8 cm.
D 7–8, A 15–16; mLR 27–33; G-Typ; n = 18, 19. ♂ graugelb bis graublau mit grünlichen bis bläulichen Glanzschuppen, dunkel getönten Schuppenrändern und unregelmäßigen roten Tüpfeln in Längsreihen, Rücken dunkel, Bauch weißlich bis gelblich. Unpaare Flossen, dem sehr großen Verbreitungsgebiet entsprechend sehr unterschiedlich gefärbt. D bläulich, gelblich, transparent mit hellblauem, weißlichem oder rötlichem Saum, dunkler Basalfleck im vorderen Teil weiß oder gelb gesäumt, A transparent, bläulich oder gelb, auch rötlich mit hellen oder roten Punkten in Längsreihen und einem roten Saum, gelegentlich mit schwarzer Kante, C im mittleren Teil transparent, gelblich oder rötlich, nach außen ein weißes, gelbes oder rotes Band, Saum dunkel. ♀ dem ♂ ähnlich, blasser, weniger glänzend, Flossen gerundet, D mit dunklem, rot umrandetem Fleck an der Basis (geschlechtstypisch).
Pflege und Zucht siehe Gattungsbeschreibung, S. 482, unproblematisch; geeignet für das Gesellschaftsaquarium, Wassertemperaturen über 25 °C, Versteckmöglichkeiten erforderlich. Die Jungfische wachsen langsam, können bis fünf Jahre alt werden. Die zahlreichen Populationen wurden z.T. als Unterarten, z.T. sogar als selbständige Arten beschrieben. Auch innerhalb einer Population ist die Färbung der ♂♂ oft sehr unterschiedlich. *A. panchax siamensis* SCHEEL, 1948, hat mehr rote Farbanteile als die übrigen Populationen. Aquaristisch bekannte Synonyme: *A. chrysostigmus* MCCLELLAND, 1839, *Panchax buchanani* CUVIER und VALENCIENNES, 1846, *P. kuhlii* CUVIER und VALENCIENNES, 1846, *P. melanotopterus* BLEEKER, 1850, *Haplochilus andamanicus* KÖHLER, 1906.

Gattung *Austrofundulus* MYERS, 1932

Typusart: *A. transilis* MYERS, 1932 (Abb. 380).
Südamerikanische Gattung annueller bodenlaichender Rivulinae, Artenzahl gering. Verbreitungsgebiete: Venezuela, Kolumbien und Guayana in zeitweiligen Wasseransammlungen. Charakteristisch ist die hochrückige, bullige Körperform der adulten Fische. Nach TAPHORN und THOMERSON (1978) gehören zu der Gattung nur die Arten: *A. transilis* MYERS, 1932, und *A. limnaeus* SCHULTZ, 1949, mit mehreren Populationsgruppen. Verwandt mit den Gattungen *Pterolebias* und *Rachovia*.

Austrofundulus limnaeus (Taf. 155)
SCHULTZ, 1949
Bulldoggen-Kärpfling, Venezolanischer Kärpfling

Venezuela, Kolumbien, Guayana; t.t.: 15 km westlich von San Felix, Staat Falcón (Venezuela); bis 10 cm.
D 13–18, A 14–19; mLR 30–38; Kopfschuppenmuster variabel, meist A- oder E-Typ. ♂ der Population aus dem Maracaibo-Becken braun bis blau, Körperseiten genetzt. D und A dunkelblau bis braun mit zahlreichen braunschwarzen Punkten und etwas ausgezogenen Flossenspitzen, C blau mit schwarzem Saum und breitem orangerotem Querband, Flosse oben und unten lappenartig verlängert. ♀ braun, manchmal mit heller Bauchpartie und dunklen Flekken an der Basis von D und A.
Pflege und Zucht nicht schwierig, Artbecken günstig, Bodengrund Torf, Versteckmöglichkeiten durch Pflanzenbüsche. An das Wasser werden keine besonderen Ansprüche gestellt. Laicht in Torf oder Sand. Beim Laichen dringen die Fische in den Bodengrund ganz, nur teilweise oder kaum ein (Bodentaucher oder Bodenpflüger). Das ♀ bestimmt den Ablaichplatz, zeitweise »reitet« das ♂ zur Stimulierung auf

Abb. 380 *Austrofundulus transilis*
Abb. 381 *Campellolebias brucei*

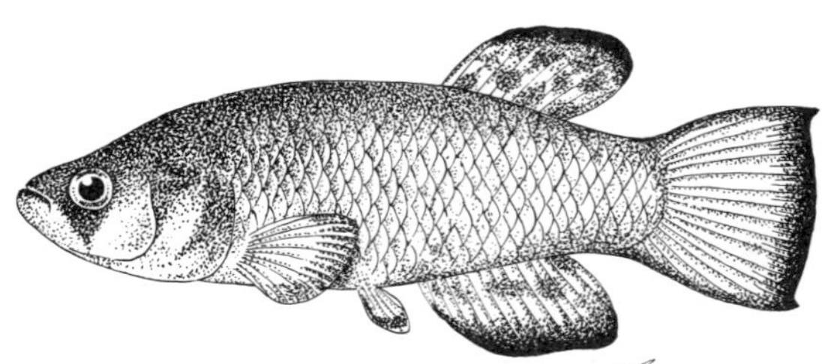

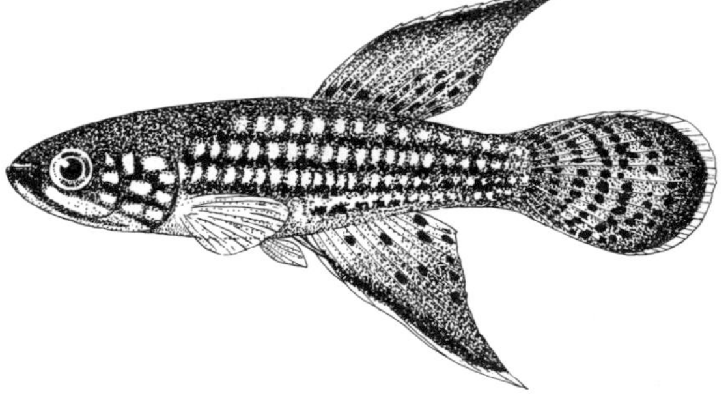

dem ♀. Beim Laichvorgang umfaßt das ♂ das ♀ mit seiner D. Eier 1,5 mm im Durchmesser, die Jungfische schlüpfen nach einer Trockenperiode von 3–10 Monaten (Laichkontrolle). Aufzucht einfach, bei kräftiger und abwechslungsreicher Fütterung nach sechs Wochen laichreif. Mehrere geographisch bestimmte Populationsgruppen. Nach TAPHORN und THOMERSON sollen sich diese leicht voneinander unterscheiden lassen. *A. limnaeus* wurde in der Aquaristik als *A. transilis* verbreitet und unter den Synonymen *A. transilis limnaeus* SCHULTZ, 1949, *A. stagnalis* SCHULTZ, 1949, *A. myersi* DAHL, 1958, eingeführt.

Austrofundulus transilis (Abb. 380)
MYERS, 1932

Venezuela; t.t.: Teich im Einzugsgebiet des Orinoko, im Staat Guárico; bis 6 cm.
D 12–15, A 14–17; mLR 28–33; Kopfschuppenmuster variabel, meist D- und E-Typ. ♂ gelbgrau mit rötlichem Schimmer, Körperseiten einfarbig, ohne dunkle Zeichnung, blaue Punkte oder Flecken, Schuppen manchmal grünlich gesäumt, Bauchpartie weißlich, Schwanzstiel rötlich, Rücken im mittleren Teil dunkel, nach vorn heller. Unpaare Flossen rosa bis rot, meist mit blaugrün irisierenden Punkten zwischen den Flossenstrahlen, P und V heller, alle Flossen können schwarz gesäumt sein. ♀ bräunlich mit angedeuteter Netzzeichnung am Körper, Flossen manchmal dunkel gesäumt.
Pflege und Zucht siehe *A. limnaeus*. Die Art wurde bisher kaum aquaristisch bekannt. Kommt im Verbreitungsgebiet gemeinsam mit *Pterolebias zonatus* und *Rachovia maculipinnis* vor.

Gattung *Campellolebias* VAZ-FERREIRA und SIERRA, 1974

Typusart: *C. brucei* VAZ-FERREIRA und SIERRA, 1974 (Abb. 381).
Monotypische Gattung aus Brasilien. Enge Verwandtschaft besteht zu den Gattungen *Cynolebias* und *Cynopoecilus*. Wichtigstes Unterscheidungsmerkmal ist das Vorhandensein eines primitiven Gonopodiums beim ♂, das aus den ersten beiden Flossenstrahlen der A gebildet wird (Abb. 382). Gonopodien kommen bei den Cyprinodontidae nur als große Ausnahmen vor.

Campellolebias brucei (Abb. 381)
VAZ-FERREIRA und SIERRA, 1974

Brasilien; t.t.: temporäres Gewässer an der Straße zwischen Crisciãma und Tubarúo im Staat Santa Catarina; bis 4,5 cm.
♂: D 15–17, A 12–15; mLR 27–30; ♀: D 14–16, A 14–15, mLR 26–29. ♂ rötlichbraun mit hellolivfarbenen Längsstreifen und braunroten Punktreihen dazwischen. D und A spitz ausgezogen, olivfarben mit schwarzem Saum, weißer Kante und unregelmäßigen schwarzen Punkten an der Basis. Die D beginnt in der

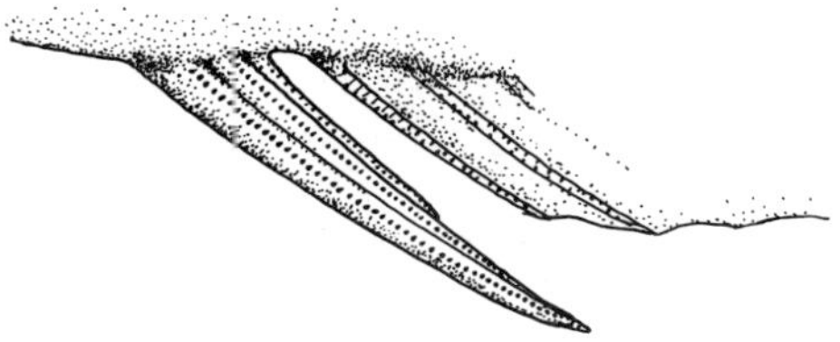

Abb. 382 *Campellolebias brucei*, Gonopodium

Mitte des Körpers, 10. oder 11. Flossenstrahl am längsten, die A unter dem 6. D-Strahl, 6., 7. und 8. Flossenstrahl am längsten. C abgerundet, grünlich mit halbkreisförmigen rotbraunen Punktreihen, dunklem Saum und heller Kante. ♀ bräunlich mit unregelmäßigen dunklen Punktreihen in Längsrichtung. Flossen farblos, nicht ausgezogen.
Über die Pflege und Zucht ist wenig bekannt. Substratpflüger, die ♀♀ können auch ohne ♂♂ ablaichen, da die Eier vorher befruchtet werden. Das Gonopodium der ♂♂ (Abb. 382) ist bis 6 mm lang, transparent und beweglich. Die Entwicklung des Laichs soll bei Einschaltung einer Trockenperiode etwa 4–6 Wochen dauern. Eier ohne die stempelförmigen Fortsätze der *Cynopoecilus*-Arten. Die Art erinnert hinsichtlich ihres Erscheinungsbildes an *Cynopoecilus (Leptolebias) splendens* aus der Opalescens-Artengruppe.

Gattung *Cynolebias* STEINDACHNER, 1876 Fächerfische

Typusart: *Cynolebias porosus* STEINDACHNER, 1876 (Abb. 384).
Die *Cynolebias*-Arten sind ausgesprochene Saisonfische (annuelle Arten) und typische Bodenlaicher-Bodentaucher. Hauptverbreitungsgebiet ist der östliche Teil Südamerikas (Brasilien, Uruguay, Paraguay?, Argentinien) von etwa 5° s. Br. bis 38° s. Br. (Abb. 383). Sie bewohnen dort temporäre Gewässer. In ihren Ansprüchen an die Wassertemperatur sehr anpassungsfähig und vertragen starke Temperaturschwankungen, die für ihr Wohlbefinden z.T. sogar notwendig sind.
HUBER (1981) unterscheidet zwei Untergattungen: *Cynolebias* s s. und *Simpsonichthys* CARVALHO, 1959. Die Arten der Untergattung *Cynolebias* können in Artengruppen unterteilt werden, die Untergattung *Simpsonichthys* ist monotypisch. Enge verwandtschaftliche Beziehungen bestehen zur Gattung *Cynopoecilus*, die von MYERS, WILDEKAMP u. a. allerdings als Untergattung von *Cynolebias* betrachtet wird. Es lassen sich folgende Arten unterscheiden:

C. adloffi AHL, 1922 (Taf. 156)
C. alexandri CASTELLO und LOPEZ, 1974 (Taf. 156)
C. bellottii STEINDACHNER, 1881 (Taf. 156)
C. carvalhoi MYERS, 1947
C. cheradophilus VAZ-FERREIRA, SIERRA-DE-SORIANO und SCAGLIA-DE-PAULETE, 1964
C. constanciae MYERS, 1942 (Taf. 157)

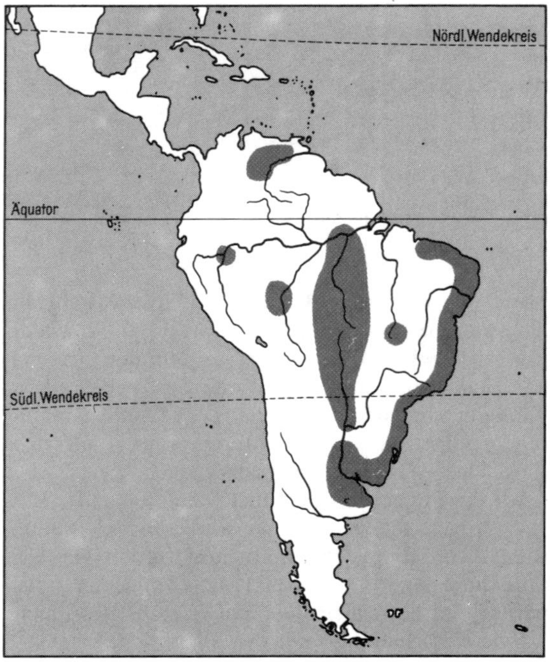

Abb. 383 Verbreitungsgebiet der Gattungen *Cynolebias*, *Cynopoecilus*, *Pterolebias*

C. elongatus STEINDACHNER, 1881 (Taf. 156)
C. heloplites HUBER, 1981 (Taf. 157)
C. izecksohni CRUZ, 1983
C. luteoflammulatus VAZ-FERREIRA, SIERRA-DE-SORIANO und SCAGLIA-DE-PAULETE, 1964
C. myersi DE CARVALHO, 1971
C. nigripinnis REGAN, 1912 (Taf. 157)
C. nonoiuliensis TABERNER, FERNANDEZ SANTOS und CASTELLI, 1974
C. porosus STEINDACHNER, 1876 (Abb. 384)
C. schreitmuelleri AHL, 1934
C. viarius VAZ-FERREIRA, SIERRA-DE-SORIANO und SCAGLIA-DE-PAULETE, 1964
C. whitei MYERS, 1942 (Taf. 157)
C. wolterstorffi AHL, 1924, dazu vielleicht
C. (Simpsonichthys) boitonei DE CARVALHO, 1959 (Taf. 158)

Die Vertreter der Gattung sind kleinere, mittlere und einzelne größere (Länge 5–20 cm), meist etwas hochrückige Fische mit abgerundeter *(C. bellottii)* oder spitz ausgezogener D und A *(C. whitei)*. *C. (Simpsonichthys) boitonei* besitzt keine V, Hauptmerkmal zur Separierung der Art in eine eigene Untergattung (vorher Gattung). Die Frontalbeschuppung ist durch eine unregelmäßige Anordnung relativ kleiner Schuppen charakterisiert und erinnert an die Kopfbeschuppung der altweltlichen *Nothobranchius*-Arten. Zahlreiche Neuromasten liegen in einer flachen, nicht unterteilten Rinne, die beidseitig von der Schnauze bis hinter das Auge reicht. Besonders interessant ist der Geschlechtsdimorphismus in der Ausbildung der D und A, und zwar ist die Anzahl der Flossenstrahlen in diesen Flossen beim ♂ stets wesentlich größer als beim ♀. Gewisse Übereinstimmungen liegen auch mit den Gattungen *Campellolebias* und *Terranatos* vor.

Die zahlreichen populationsgebundenen Farbspielarten der *Cynolebias* bedingten in der Vergangenheit zahlreiche Fehlbestimmungen, z. B. *C. gibberosus* als Synonym zu *C. bellottii, C. holmbergi* als Synonym zu *C. elongatus*. Die in tropischen Klimaten vorkommenden Populationen zeigen meist mehr Brauntöne und sind kontrastärmer als Populationen aus subtropischen Gebieten, die durch blaue und schwarze Farbtöne, häufig auch durch helle Glanzpunkte auf den Körperseiten und Flossen und kontrastreichere Zeichnung auffallen.

Die Pflege und Zucht der *Cynolebias*-Arten erfordert Geschick und Einfühlungsvermögen, eine Hälterung im Artbecken wird empfohlen. Als Bodengrund verwende man abgekochten Torf, die Höhe der Torfschicht soll der Länge der Fische entsprechen. Durch Büschel feinfiedriger Pflanzen biete man den ♀♀ die Möglichkeit, sich zu verstecken. An die chemische Beschaffenheit des Wassers stellen die Arten nur geringe Ansprüche, pH-Wert um den Neutralpunkt, Wasserhärte 5–15 °dH, Temperaturschwankungen sind unerläßlich. Daneben kommt der ausreichenden Fütterung mit Lebendfutter aller Art große Bedeutung zu. Zur Zucht werden nur die kräftigsten und farbschönsten Fische ausgewählt, man verpaart in der Regel zwei ♀♀ mit einem ♂. Bei der Balz umschwimmt das ♂ das laichbereite ♀ mit flatternden Flossen und tanzenden Bewegungen kreisförmig. Sobald das ♀ dem ♂ zu einer ausgewählten Ablaichstelle folgt, stellt sich dieses fast senkrecht (Kopf nach unten) und wartet, bis das ♀ Körperkontakt sucht. Mit kräftigen Flossenschlägen tauchen dann beide Partner in das Bodensubstrat ein und laichen dort ab. Beim Auftauchen aus dem Bodengrund erscheint das ♂ meist zuerst. Alle Arten der Gattung sind Dauerlaicher. Ihre Laichperiode beginnt mit der Laichreife, 6–8 Wochen nach dem Schlupf der Jungfische, und endet mit dem Tod. Der damit verbundene intensive Stoffwechsel erfordert einen häufigen Wasserwechsel, auch sollte man wegen der ständigen Eiabgabe das Laichsubstrat aller 1–2 Wochen erneuern. Das Torf-Laich-Gemisch wird leicht angetrocknet (Ausdrücken in einem Kescher oder Einwickeln in saugfähiges Papier) und in verschlossenen Kunststoffbeuteln oder Gläsern aufbewahrt. Wichtig ist es, in regelmäßigen Abständen den Entwicklungsstand der Embryonen mit einer Lupe zu kontrollieren. Die Schlupfreife erkennt man an den großen schwarzen

Abb. 384 *Cynolebias porosus*

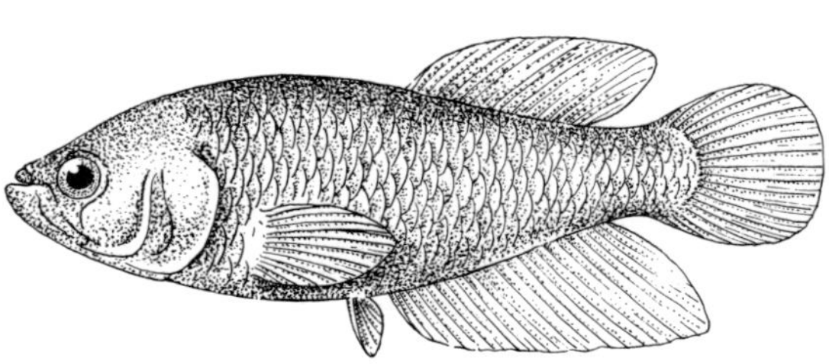

Augen (meist erst nach mehreren Monaten). Zur Auslösung des Schlüpfens übergießt man den Eier enthaltenden Torf mit Wasser von etwa 15 °C und setzt feinstes Lebendfutter (Rotatorien, Nauplien) zu. Nach wenigen Stunden erfolgt der Schlupf der Jungfische, deren Aufzucht meist einfach ist.

Cynolebias adloffi (Taf. 156)
AHL, 1922
Adloffs Fächerfisch, Gebänderter Fächerfisch

Südostbrasilien, Uruguay in zeitweiligen Wasseransammlungen, z.T. gemeinsam mit *C. wolterstorffi* und *Cynopoecilus melanotaenia*; t.t.: Umgebung von Pôrto Alegre; bis 5 cm.
♂: D 22–23, A 26–27; ♀: D 19, A 25; mLR 28–29. ♂ hell bis dunkelbraun, leicht genetzt, mit etwa neun deutlichen schwarzen Querstreifen auf den Körperseiten und basalen Teilen von D und A, ein schwarzer Querstrich durch das Auge. Bei einzelnen Populationen sind nicht alle Querstreifen voll durchgezeichnet, Körperseiten und Flossen mit grünlichem bis bläulichem Schimmer, Kiemendeckel und Kehle türkisblau. Unpaare Flossen einschließlich der P und V abgerundet und mehr oder weniger schwarz gesäumt. ♀ braun mit zahlreichen schmalen dunklen Querstreifen und zwei deutlichen schwarzen Flecken auf der C-Wurzel, der metallische Glanz fehlt.
Pflege und Zucht siehe Gattungsbeschreibung, S. 486. Annuelle Art, Bodenlaicher/Bodentaucher, etwas empfindlich, daher geringe aquaristische Verbreitung.
C. adloffi gehört zu den mittelgroßen hochrückigen *Cynolebias*-Arten. Nach HUBER besteht die engste Verwandtschaft zu *C. carvalhoi* und *C. viarius*.

Cynolebias bellottii (Taf. 156, 184, 185)
STEINDACHNER, 1881
Blauer Fächerfisch

Argentinien, Brasilien, Uruguay; t.t.: La-Plata-Stromgebiet in zeitweiligen Wasseransammlungen, oft syntop mit *C. elongatus* und *C. nigripinnis*; bis 7 cm.
♂: D 20–27, A 27–34; ♀: D 16–23, A 22–30; mLR 28–34; D-, E-, oder H-Typ; n = 24. ♂ einschließlich der Flossen graublau bis dunkelblau, manchmal grünblau, bei der Balz fast schwarz, Rücken braungrau, kleine weißliche bis hellblaue Punkte unregelmäßig auf dem Körper und den Flossen verteilt, gelegentlich Querreihen bildend, schwarzer Augenquerstrich. Unpaare Flossen groß und abgerundet, D und A beginnen übereinander, V klein, P oft hellblau gefärbt, Flossensäume manchmal schwarz. ♀ gelbgrau bis olivfarben, bräunlich marmoriert, gelegentlich mit querbindenartigen Fleckenreihen, die bis in die D und A reichen. Auf der Seitenmitte ein besonders großer, manchmal gedoppelter, dunkler Fleck.
Pflege und Zucht siehe Gattungsbeschreibung, S. 486. Annuelle Art, Bodenlaicher/Bodentaucher, Laichsubstrat Torf (mindestens 3 cm Höhe). Zur erfolgreichen Hälterung und Zucht sind schwankende Temperaturen und gelegentliche Abkühlung auf 15 °C und darunter unbedingt erforderlich. Biotopuntersuchungen erbrachten den Nachweis, daß die Fische selbst bei Temperaturen um 13 °C noch aktiv sind. Die Entwicklung des Laichs in der Trockenperiode kann bereits nach drei Monaten abgeschlossen sein (Kontrolle), unter natürlichen Bedingungen sind Trockenzeiten von 6–8 Monaten normal (Provinz Buenos Aires). Kann den Sommer über im Freiland gehältert werden, Lebensdauer meist nur um zehn Monate.
C. bellottii bildet mit seinen zahlreichen, hinsichtlich Färbung und Zeichnung variierenden Populationen eine eigene Artengruppe. ♂♂ und ♀♀ wurden zunächst als getrennte Arten beschrieben. Bekannte Synonyme: *C. maculatus* STEINDACHNER, 1881, *C. »gibberosus«* BERG, 1897.

Cynolebias elongatus (Taf. 156)
STEINDACHNER, 1881
Gestreckter Fächerfisch

Argentinien (Provinz Buenos Aires), Uruguay (?) in temporären Wasseransammlungen, oft gemeinsam mit *C. bellottii* und *C. nigripinnis*; t.t.: La-Plata-Stromgebiet; bis 20 cm.
♂: D 21–23, A 24; ♀: D 17, A 20; mLR 45–50. Adulte Tiere mit großem bulligem Kopf, jüngere Tiere mehr gestreckt, schlanker. ♂ graublau und dunkelblau, bei zu warmer Hälterung bräunlich, Kopf und Rücken gelegentlich olivbraun, Bauch hellbraun. Flossen mit dunkelblauer Basis, außen gelblich bis blaugrau, abgerundet. Bei Wohlbefinden mit blauem Schimmer, durch den die feinen Tuberkel auf der Oberfläche besonders deutlich hervortreten. Durch das Auge ein dunkler Querstrich. ♀ hellbraun bis gelbbraun mit blauem Schimmer und dunkler lockerer Marmorierung auf den Körperseiten und Flossen.
Pflege und Zucht siehe Gattungsbeschreibung, S. 486. Annuelle Art, Bodenlaicher/Bodentaucher, widerstandsfähig. Sehr wichtig sind starke Temperaturschwankungen (s. *C. bellottii*). Nach BÖHM laichen die Fische auch auf dem blanken Glasboden der Aquarien. Lebensdauer maximal zehn Monate, die Jungfische schlüpfen nach einer Trockenperiode von mindestens zwei Monaten.
Synonyme: *C. holmbergi* BERG, 1897, *C. spinifera* AHL, 1934.

Cynolebias luteoflammulatus
VAZ-FERREIRA, SIERRA-DE-SORIANO und SCAGLIA-DE-PAULETE, 1964
Gelber Fächerfisch

Uruguay; t.t.: Saisontümpel an der Ruta 10 zwischen La Paloma und Aguas Dulces an der Küste Uruguays bei Arroyo Valizas. Vergesellschaftet mit *C. cheradophilus, C. viarius, Cynopoecilus melanotaenia*; bis 4,5 cm.
♂: D 18–25, A 19–23; mLR 28; ♀: D 15–20, A 15 bis

18; mLR 29–34. Körper relativ stark gestreckt, die D beginnt vor der A. ♂ gelblich bis orange mit schwach grünlichem Schimmer mit abwechselnd gelben bis gelbgrünen oder orange-grauen und schwarz-orangenen Querbinden von den Vn bis zur C-Wurzel. Vorderes Körperdrittel mit Bronzereflexen und dunklen Flecken. Dunkler Augenquerstrich, Iris dunkel, Rand orangefarben, blaue und grüne Schuppen auf den Kiemendeckeln. D, A und C mehrfarbig: hellgelb, grün bis blau und schwarz-orange, auffallend helle, gelbgrüne, unregelmäßige Punktreihen an der Basis von D und A. ♀ gelb bis grünlich mit dunklen Flecken und angedeuteten dunklen, unregelmäßig ausgebildeten Querbinden. An der Basis der C zwei dunkle Flecken, Flossen farblos mit dunkel-goldener Basis.
Über die Pflege und Zucht der Art liegen noch keine Berichte vor. Man richte sich nach den allgemeinen Angaben in der Gattungsbeschreibung, S. 486. Die Art nimmt nach HUBER eine gewisse Sonderstellung ein.

Cynolebias nigripinnis (Taf. 157)
REGAN, 1912
Schwarzflossiger Fächerfisch, Sternhimmelfisch

Argentinien, Uruguay, Südbrasilien in zeitweiligen Wasseransammlungen der Grassteppen, teilweise syntopes Vorkommen mit *C. bellottii* und *C. elongatus*; t.t.: La-Plata-Stromgebiet (Argentinien); bis 8 cm, meist kleiner.
♂: D 21–26, A 24–25, ♀: D 17–21, A 18–21; mLR 28; n = 24. ♂ blauschwarz bis schwarz, gelegentlich grünlich mit hellglänzenden grünlichen oder bläulichen Punkten und Tüpfeln auf dem Körper und den Flossen, die an den Rändern von D, A und auch C Bänder bilden, auf den Körperseiten teilweise in angedeuteten Querlinien angeordnet sind. Unpaare Flossen groß und abgerundet, gespreizte C fast kreisförmig. Die Pn werden, besonders beim Balzen, ständig paddelnd bewegt, wodurch der Eindruck einer ruckartigen Schwimmweise entsteht. ♀ hellgrau bis graubraun, Körperseiten einschließlich D und A lokker bräunlich marmoriert, ohne deutliche Querstreifung und ohne Seitenfleck.
Pflege und Zucht siehe Gattungsbeschreibung, S. 486. Hälterung im Artbecken, annuelle Art, Bodenlaicher/Bodentaucher, Lebensdauer 10–12 Monate, stark schwankende Temperaturen sind für das Wohlbefinden und eine erfolgreiche Zucht notwendige Voraussetzungen. Schlupf der Jungfische nach 2 bis 5 Monaten (Laichkontrolle). Der Laich soll bis drei Jahre lebensfähig bleiben.
Enge Verwandtschaft besteht zu *C. alexandri* (fertile Nachkommen bei Kreuzung beider Arten!). Zahlreiche Populationen, die sich in Färbung und Zeichnung nur geringfügig unterscheiden.

Cynolebias whitei (Taf. 157)
MYERS, 1942
Perlmutt-Fächerfisch, Eleganter Fächerfisch

Umgebung von Rio de Janeiro; t.t.: »Pantano secándose«, etwa 20 km nördlich von Cabo Frio in kleinen, zeitweiligen Wasseransammlungen; bis 8 cm, ♀ bleibt kleiner.
♂: D 15–18, A 20–23, ♀: D 12–14, A 17–20; mLR 27 bis 32; E-Typ; n = 23. ♂ kräftig rotbraun, Körperseiten und Flossen mit grünlichen bis blaugrünen Glanztüpfeln, die im Bereich des Rückens zu Längs-, an den Seiten zu Querreihen gruppiert sind. D und A spitz ausgezogen bis fast zum Ende der C reichend, zwischen den Flossenstrahlen grünblaue Striche und Punkte, die in der A ein breites, nach oben und unten dunkel abgesetztes und orangefarben unterlegtes Submarginalband bilden, C abgerundet, fein grünblau punktiert und mit bläulichem Flossenrand. ♀ hellbraun, locker marmoriert, meist mit zwei runden Flecken in der Körpermitte und zwei kleineren vor der C-Wurzel.
Pflege und Zucht siehe Gattungsbeschreibung, S. 486. Annuelle Art, Bodenlaicher/Bodentaucher. ♂ mit kammförmigen Kontaktorganen auf den Pn, die bei der Führung des ♀ während des Laichvorganges im Substrat eine Rolle spielen. Die Jungfische schlüpfen nach 2–5 Monaten (Laichkontrolle), Wachstum sehr schnell, Lebensdauer etwa 10–12 Monate.
Von *C. whitei* ist eine albinotische Form bekannt. Synonym: *Pterolebias elegans* LADIGES, 1958.

Cynolebias wolterstorffi
AHL, 1924
Schöner Fächerfisch

Südostbrasilien und Uruguay in temporären Wasseransammlungen, z.T. syntop mit *C. adloffi* und *Cynopoecilus melanotaenia*; t.t.: Umgebung von Pôrto Alegre; bis 10 cm.
♂: D 19–20, A 25–26, ♀: D 18–20, A 23–24; mLR 40–43. ♂ metallisch blau, weiß bis hellviolett gepunktet (ähnlich *C. bellottii*), durch das Auge ein schwarzer Querstrich, unpaare Flossen abgerundet, grünlich bis blau, hell getüpfelt. ♀ gelblich mit zahlreichen unregelmäßigen dunklen Punkten und Flekken, unpaare Flossen farblos.
Pflege und Zucht s. Gattungsbeschreibung, S. 486, sehr unverträgliche Art.

Cynolebias (Simpsonichthys) boitonei (Taf. 158)
DE CARVALHO, 1959
Brasilianischer Leierflosser

Hochland von Brasilien; t.t.: Umgebung der Stadt Brasilia in temporären Gewässern, Höhenlage 1000 m über NN; bis 3,5 cm.
♂: D 21–23, A 17–19, ♀: D 14, A 16–17; keine V; mLR 24. Oberseite dunkeloliv, mittlerer und unterer Bereich der Körperseiten kräftig rotbraun mit vielen

schmalen, glänzend blauen Querbinden, die im hinteren Körperbereich in blaue Tüpfelreihen aufgelöst sind. Flossen rötlich, dicht blau punktiert, hinterer Saum der C blau, D und A spitz ausgezogen. ♀ oliv mit zahlreichen hellen Querlinien, einem großen dunklen Fleck auf der Seitenmitte und oft auch je einem wesentlich kleineren Fleck davor und dahinter. Pflege und Zucht siehe Gattungsbeschreibung, S. 486. Die Laichentwicklung dauert etwa zwei Monate. Torfsubstrat relativ feucht halten.

Gattung *Cynopoecilus* REGAN, 1912
Fächerfische

Typusart: *C. melanotaenia* (REGAN, 1912) (Taf. 158).
Alle Arten der Gattung sind typische Saisonfische (annuelle Arten) und Bodenlaicher (fakultative Bodentaucher nach SEEGERS, Substratpflüger nach WILDEKAMP), die in Uruguay und Brasilien, hier besonders um Rio de Janeiro, in temporären Gewässern vorkommen (Abb. 383). Größe 3–5 cm. Im Gegensatz zu der Gattung *Cynolebias* ist die Anzahl der Flossenstrahlen in der D und A der ♂♂ und ♀♀ etwa gleich. Andere Unterschiede zur Gattung *Cynolebias* betreffen die Körper- und Flossenform, die Eihüllenstruktur und das Balz- bzw. Ablaichverhalten.
HUBER (1981) unterscheidet zwei Untergattungen: *Cynopoecilus* und *Leptolebias*. Zu ersterer stellt er nur *C. melanotaenia*, zu *Leptolebias* alle anderen Arten. Die Arten der Gattung *Cynopoecilus* haben im Gegensatz zu allen anderen Rivulinae Südamerikas Eier mit bienenwabenartig gefelderter und stempelartigen Fortsätzen versehener, nichtklebender Eihülle (SCHEEL, 1970). Auf den Schuppen der Körperseiten befinden sich kammförmige Kontaktorgane (Ctenoidschuppen), die beim Ablaichen von Bedeutung sind. Hinsichtlich der Frontalbeschuppung entspricht die Gattung weitgehend der Gattung *Cynolebias*.
Pflege und Zucht siehe Gattungsbeschreibung *Cynolebias*, S. 486. Auf abweichende Besonderheiten wird bei den einzelnen Arten verwiesen. Einige Arten der Gattung werden im Anhang II zum Washingtoner Artenschutz-Übereinkommen genannt: *C. opalescens, C. splendens, C. minimus, C. marmoratus*.

Cynopoecilus melanotaenia (Taf. 158)
(REGAN, 1912)
Zweibandfächerfisch

Südostbrasilien und Uruguay in temporären Wasseransammlungen, oft gemeinsam mit *Cynolebias adloffi* und *C. wolterstorffi*; t.t.: Nähe von Quinta Station zwischen Pôrto Alegre und Pelotas; bis 6 cm.
D 16–18, A 17–20; mLR 28; E-Typ, n = 22, 24. ♂ bräunlich, Rücken dunkelbraun bis schwarz, Bauch- und Kehlbereich hell, Körperseiten mit grünlichem Schimmer und grünen oder roten Glanztüpfeln. Zwei schwarze Längsbinden, die obere von der Schnauze über das Auge bis in die C, die untere von der P zum Ende der A-Basis, gelegentlich eine dritte Längsbinde unterhalb der D. Unpaare Flossen rötlichbraun, schwarz punktiert und dunkel gesäumt, D und A spitz ausgezogen, C abgerundet. ♀ insgesamt dem ♂ ähnlich, jedoch nicht so farbig.
Pflege und Zucht siehe Gattungsbeschreibung *Cynolebias*, S. 486. Durch zahlreiche Versteckmöglichkeiten ist der gelegentlichen Aggressivität zwischen ♀ und ♂ Rechnung zu tragen. Interessantes Imponier- und Balzverhalten. Beim Ablaichen am Bodengrund drückt das ♂ das ♀ in die Torffasern, Eindringen in den Bodengrund selten. Schlupf der Jungfische bei Aufbewahrung des Laichs in Wasser nach 5–6 Wochen, in Torf (Trockenperiode) nach 2–3 Monaten. Systematische Stellung der Art siehe obige Gattungsbeschreibung. Verschiedene Populationen mit variierender Färbung und Zeichnung sind bekannt, alle haben eine gestreckte und schlanke Körperform. Kontaktorgane (Ctenoidschuppen) befinden sich auf dem hinteren Teil der Körperseiten, die Pn sind frei davon. Im Gegensatz zu *Leptolebias*-Arten haben die ♀♀ eine Körperzeichnung und sind nicht durchweg einfarbig.

Cynopoecilus marmoratus (Abb. 385)
(LADIGES, 1934)
Pracht- oder Marmorfächerfisch

Brasilien, Staat Rio de Janeiro in zeitweiligen Wasseransammlungen; t.t.: Raiz da Sierra, Nähe der »Old Petropolis road« (gleiche Gewässer wie die nachfolgende Art); bis 3 cm.
D 13–14, A 16–17, mLR 28–29. ♂ rotbraun, Rücken dunkler, Bauch heller, auf dem Körper gelbe und grüne Längsstreifen, D, A und meist auch die C hell rotbraun mit leuchtend roten Flecken, die in der D besonders groß sind, unterer Saum der eigenartig geformten C schwarz, Submarginalband leuchtend gelb bis weiß; gelbe Tüpfel auf den Kiemendeckeln. ♀ einfarbig graubraun.
Pflege und Zucht siehe nachfolgende Art, über Einzelheiten ist wenig bekannt.

Cynopoecilus opalescens (Taf. 158)
(MYERS, 1942)

Brasilien, Staat Rio de Janeiro in zeitweiligen Wasseransammlungen; t.t.: Raiz da Sierra; bis 4 cm.
D 11–15, A 16–19; mLR 25–27; E-Typ; n = 24. ♂ braun bis smaragdgrün mit rötlichem bis rehbraunem Glanz an den Körperseiten, der durch entsprechend gefärbte Punkte auf den meist dunkel gesäumten Schuppen entsteht. Körper je nach Population mit

Abb. 385 *Cynopoecilus marmoratus*

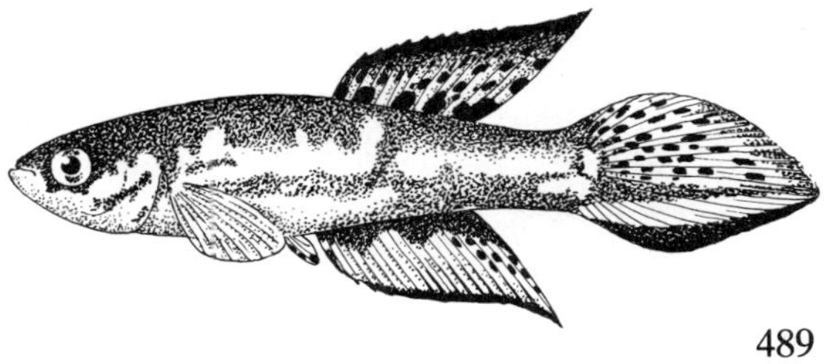

deutlicher roter und grüner oder aber undeutlicher dunkler Querstreifung. Auge grün. D, C und A sehr unterschiedlich gezeichnet und gefärbt, C in der Regel abgerundet, selten zugespitzt. ♀ grau bis braun, ohne Zeichnung.

Pflege und Zucht siehe Gattungsbeschreibung *Cynolebias*, S. 486. Die Art dringt beim Ablaichen nicht in den Bodengrund ein. Bei der Balz umschwimmt das ♂ das ♀ mit etwas angelegten Flossen ruckartig und tänzelnd und lockt dieses so zum Laichplatz. Während der Paarung krümmen sich beide Tiere S-förmig und stoßen sich dann voneinander ab, das Ei wird dabei in das Substrat gewirbelt. Die Jungfische schlüpfen nach einer Trockenperiode von 5–7 Monaten (Laichkontrolle erforderlich). Anfütterung mit Rotatorien und kleinsten *Cyclops*-Nauplien.

Die einzelnen Populationen sind z.T. sehr unterschiedlich gefärbt und gezeichnet. Verschiedene wurden als Arten beschrieben, z.B. *C. ladigesi* FOERSCH, 1958, *C. minimus* (MYERS, 1942) und *C. splendens* (MYERS, 1942). Am bekanntesten in der Aquaristik ist die Population »Ladigesi« mit smaragdgrünem Körper, dunkler Querstreifung und hell-dunkel gestreifter D und A. Sie wurden etwa 80 km nordwestlich von Rio de Janeiro gefunden.

Gattung *Epiplatys* GILL, 1862
Hechtlinge

Typusart: *E. sexfasciatus* GILL, 1862 (Taf. 161)

Altweltliche, nichtannuelle Gattung der Rivulinae mit großem Verbreitungsgebiet von Senegal bis zum Einzugsgebiet des Nil, im Süden bis in das Kongobekken (Abb. 386). Die Arten leben in unterschiedlichen Gewässern (langsamfließende Bäche, sauerstoffarme Sümpfe, Tümpel, Ufergebiete großer Ströme und Flüsse) des tropischen Regenwaldes, seltener der Savannen. Körperform hechtartig gestreckt mit breitem Kopf und großem oberständigem Maul. Charakteristisch sind außerdem folgende Merkmale: Die D beginnt über dem hinteren Teil der A, Körperseiten häufig mit arttypischen Querbinden, C relativ lang und rund (mindestens 30 % der Körperlänge), mittlere, z.T. untere Strahlen verlängert, Schwanzstiel höher und kürzer als bei den Gattungen *Aphyosemion* oder *Nothobranchius*, Kopfschuppenmuster konstant G-Typ, Seitenlinienmuster nahezu einheitlich, D 6–15, A 13–20, mLR 25–32, n = 17–25, Cycloidschuppen auf den Körperseiten, Ausbildung einer breiten Längsbinde unterhalb der Mittellinie bei Erregung, arttypisches Zeichnungsmuster auf Kopf und Kehle (Gesichtsmaske nach NEUMANN), silbriger Leuchtfleck auf der Oberseite des Kopfes. Größe: 5–10 cm.

Abb. 386 Verbreitungsgebiet der Gattung *Epiplatys*

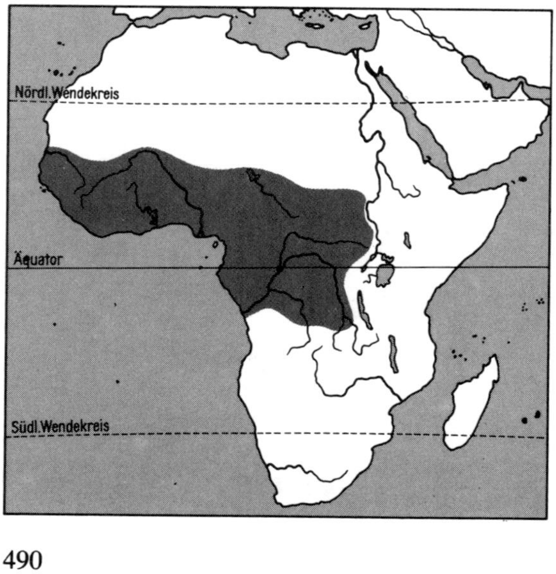

Die Pflege und Zucht der *Epiplatys*-Arten ist relativ einfach. Da sich die Tiere vorwiegend unter der Wasseroberfläche aufhalten, können sie durchaus im Gesellschaftsbecken gepflegt werden. Viele Arten lassen sich in mittelhartem Wasser züchten. Wichtig ist ausreichendes Lebendfutter, möglichst auch Insekten und deren Larven. Zur Zucht kleine Aquarien von mindestens 5 l Inhalt, angesetzt wird ein Paar oder ein ♂ mit zwei ♀♀. Haftlaicher, die ihre Eier an feinfiedrigen Pflanzenbüschen oder Schwimmpflanzen, aber auch an einem Ablaichmop aus Wollfäden absetzen. Die Eier können abgesammelt und in Wasser aufbewahrt werden, keine Trockenperiode in feuchtem Material. Entwicklung kontinuierlich ohne Diapausen. Die Jungfische schlüpfen nach 14–18 Tagen. Sie halten sich zwischen Wasserpflanzen an der Oberfläche auf. Sehr kleine Jungfische müssen mit Räder- und Pantoffeltierchen, größere mit Nauplien von Kleinkrebsen angefüttert werden. Wachstum unterschiedlich, ein Sortieren der Jungfische nach Größenklassen ist zu empfehlen. Manche Arten erreichen die Geschlechtsreife erst nach zehn Monaten, sie können bis fünf Jahre alt werden.

Zur Gattung gehören über 40 Arten und Unterarten, die sich nach geographischen Gesichtspunkten und äußerlichen Merkmalen in verschiedene Artengruppen einordnen lassen (s. Tabelle unten). Versuche, die Gattung in Untergattungen zu untergliedern, haben bislang zu keinem befriedigenden Ergebnis geführt. Verwandt mit den Gattungen *Aplocheilus, Pachypanchax, Pseudepiplatys* und *Aphyoplatys*. Früher gehörten alle hechtlingsförmigen Rivulinae zu den Gattungen *Haplochilus* bzw. *Panchax*, die heute nicht mehr gültig sind.

Epiplatys-Arten nach Artengruppen

Singa-Artengruppe
- *E. grahami* (BOULENGER, 1911) (Taf. 159)
- *E. sangmelinensis* (AHL, 1928) (Taf. 159)
- *E. singa* (BOULENGER, 1899) (Taf. 159)

Chevalieri-Artengruppe
- *E. chevalieri* (PELLEGRIN, 1904) (Taf. 159)
- *E. ch. nigricans* (BOULENGER, 1913)

Bifasciatus-Artengruppe
- *E. barmoiensis* SCHEEL, 1968

E. biafranus RADDA, 1970
E. bifasciatus (STEINDACHNER, 1881) (Taf. 159)
E. lokoensis BERKENKAMP und ETZEL, 1978
E. matlocki FOWLER, 1950
Spilargyreius-Fasciolatus-Artengruppe
E. azureus BERKENKAMP und ETZEL, 1983 (Taf. 160)
E. coccinatus BERKENKAMP und ETZEL, 1982
E. fasciolatus (GÜNTHER, 1866) (Taf. 160)
E. f. tototaensis ROMAND, 1978 (Taf. 160)
E. hildegardae BERKENKAMP, 1978
E. josianae BERKENKAMP und ETZEL, 1983
E. lamottei DAGET, 1954 (Taf. 160)
E. njalaensis NEUMANN, 1976
E. olbrechtsi POLL, 1941
E. o. kassiapleuensis BERKENKAMP und ETZEL, 1977
E. roloffi ROMAND, 1978 (Taf. 160)
E. ruhkopfi BERKENKAMP und ETZEL, 1980
E. spilargyreius (DUMERIL, 1861) (Taf. 160)
E. zimiensis BERKENKAMP, 1977
Chaperi-Artengruppe
E. chaperi (SAUVAGE, 1882) (Taf. 161)
E. ch. schreiberi BERKENKAMP, 1975
E. ch. sheljuzhkoi POLL, 1953
E. ch. spillmanni ARNOULT, 1960 (Taf. 161)
E. dageti POLL, 1953
E. d. monroviae ARNOULT und DAGET, 1964 (Taf. 161)
E. etzeli BERKENKAMP, 1975
Sexfasciatus-Artengruppe
E. esekanus SCHEEL, 1968
E. longiventralis (BOULENGER, 1911) (Taf. 182)
E. sexfasciatus GILL, 1862 (Taf. 161)
E. s. baroi BERKENKAMP, 1975
E. s. rathkei RADDA, 1970
E. s. togolensis LOISELLE, 1971 (Taf. 161)
Multifasciatus-Artengruppe
E. berkenkampi NEUMANN, 1978
E. boulengeri (PELLEGRIN, 1926)
E. huberi RADDA und PÜRZL, 1981 (Taf. 161)
E. mesogramma HUBER, 1980 (Taf. 161)
E. multifasciatus (BOULENGER, 1913) (Taf. 183)
E. phoeniceps HUBER, 1980

Epiplatys bifasciatus (Taf. 159)
(STEINDACHNER, 1881)
Zweibandhechtling, Zweistreifenhechtling, Längsstreifenhechtling

Senegal bis Sudan in den Einzugsgebieten der Flüsse Senegal, Niger, Volta, Nil und des Tschad-See, vorwiegend in Savannengebieten, kaum im Regenwald; t.t.: Bahr-el-Zeraf und Bahr-el-Jebel (Sudan); bis 5 cm.
D 6–10, A 14–19; mLR 25–30; G-Typ; n = 20. ♂ grünlich bis gelblich mit blauem metallischem Schimmer, Rücken dunkler. Zwei schwarze Längsstreifen vom Kopf bis in den Schwanzstiel, bei juvenilen ♂♂ häufig unregelmäßig ausgebildet, bei adulten Exemplaren nur noch angedeutet. Schuppen der Körperseiten rot umrandet, insgesamt ein Netzmuster bildend. Unpaare Flossen rot gepunktet, gestrichelt oder quergestreift (C), gelegentlich blau oder dunkel gesäumt, manche Populationen mit breiter dunkler C-Unterkante, Flossenstrahlen des mittleren Teils der C verlängert, D und A zugespitzt. ♀ ähnlich gefärbt und gezeichnet, blasser, Flossen gerundet.
Pflege und Zucht siehe Gattungsbeschreibung, S. 490. Unempfindlich gegen starke Temperaturschwankungen, Schlupf der Jungfische nach zwölf Tagen, die Geschlechtsreife wird nach vier Monaten erreicht.
In dem großen Verbreitungsgebiet kommen zahlreiche Populationen mit unterschiedlicher Färbung und Zeichnung vor. Aquaristisch bekannte Synonyme: *E. ndelensis* FOWLER, 1949, *Panchax steindachneri* SVENSSON, 1933, *P. taeniatus* PFAFF, 1933, *E. longianalis* KNAAK, 1970 (?).

Epiplatys chaperi (Taf. 161)
(SAUVAGE, 1882)
Ghana-Hechtling

Südwestghana, Südost-Elfenbeinküste, teilweise gemeinsam mit *E. dageti*; t.t.: Lagune d'Assinie bei Konakoukro; bis 7 cm.
D 9–12, A 14–19; mLR 20–30; G-Typ; n = 25. ♂ meist bräunlich bis bläulich (Glanzschuppen) mit rotbraunen Punkten in Längsreihen auf den Körperseiten, Rücken dunkler, Bauch weißlich, vier dunkle, im Alter verblassende Querbinden in der hinteren Körperhälfte, die erste am Beginn der A, unterhalb der Mittellinie. Unpaare Flossen grünlich bis gelborange mit unregelmäßigen roten bis rotbraunen Punkten und Strichen zwischen den Flossenstrahlen, D und C oben und am Hinterrand oft blau, A und C unten schwärzlich gesäumt, mittlere und untere Strahlen der C gelegentlich lappig verlängert, A und D zugespitzt, einzelne Flossenstrahlen der A verlängert. ♀ braunrot bis braungrau, Zeichnung dem ♂ ähnlich, Flossen durchsichtig und abgerundet.
Pflege und Zucht siehe Gattungsbeschreibung, S. 490. Bei Nachzuchten sind die Geschlechter häufig ungleich verteilt. Bekannte Unterarten, Status z.T. unsicher:

Epiplatys chaperi schreiberi
BERKENKAMP, 1975
Kumasi-Hechtling

t.t.: bei Kumasi (Ghana), oft gemeinsam mit *Aphyosemion walkeri* in langsamfließenden Gewässern. ♂ blauviolett, 2–4 Querbinden, meist vier.

Epiplatys chaperi sheljuzhkoi
POLL, 1953
Grünhechtling

t.t.: Umgebung von Abidjan (Elfenbeinküste), oft gemeinsam mit *E. dageti* in Sumpfgebieten. ♂ seegrün bis graubraun, große rote Punkte in Längsreihen auf den Körperseiten, bei adulten ♂♂ bleibt nur die 5., schräg verlaufende Querbinde unmittelbar hinter der P erhalten, ♀ stets mit fünf, juvenile Exemplare oft mit mehr Querbinden.

Epiplatys chaperi spillmanni (Taf. 161)
ARNOULT, 1960

t.t.: Bach bei Nannafoues in der Umgebung von Bouake (Elfenbeinküste), vergesellschaftet mit *Roloffia petersi, E. etzeli, Aplocheilichthys schiötzi* und *A. pfaffi*. Adulte Tiere stets mit fünf Querbinden (angeordnet wie bei *E. chaperi sheljuzhkoi*), einzelne Strahlen der V verlängert. Große Ähnlichkeit besteht zu *E. chaperi sheljuzhkoi*, ♀♀ beider Arten nicht unterscheidbar. Besonders farbig ist eine Spielart von *E. chaperi* aus Angona (Südwestghana), mit kräftiger Rotfärbung der unpaaren Flossen. In der Aquaristik kannte man früher den heutigen *E. dageti monroviae* als *E. chaperi*.

Epiplatys chevalieri (Taf. 159)
(PELLEGRIN, 1904)
Zierhechtling, Rotbindenhechtling

Kongo, Zaïre; t.t.: Umgebung von Brazzaville in langsamfließenden Savannenbächen; vergesellschaftet mit *E. multifasciatus, Adamas formosus, Aphyosemion elegans*?; bis 6 cm.
D 7–10, A 13–15; mLR 26–30; G-Typ. ♂ grünlich bis grüngelblich, Rücken oliv bis hellbraun, Bauch hell, Körperseiten mit 5–6 regelmäßigen Längsreihen relativ großer, karminroter Punkte, ein dunkles, nicht immer ausgeprägtes Band unterhalb der Mittellinie. Unpaare Flossen grüngelb bis gelb, rot getüpfelt, gestrichelt oder strahlenförmig gezeichnet, D und A zugespitzt, C lappig ausgezogen, oft auch an der Unterkante spitz auslaufend. ♀ ähnlich, jedoch weniger farbig mit deutlichem dunklem Längsband, Flossen abgerundet und farblos.
Pflege und Zucht siehe Gattungsbeschreibung, S. 490. Zur Zucht sehr weiches Wasser. Eier pigmentiert, Schlupf der Jungfische bei 24 °C nach 19 Tagen. Wachstum relativ langsam, nach sechs Monaten geschlechtsreif.
Neben der Nominatform *E. ch. chevalieri* gibt es die Unterart *E. ch. nigricans* (BOULENGER, 1913), die von einigen Autoren als Synonym betrachtet wird. Ähnliche Arten: *E. sangmelinensis* und *E. bifasciatus*.

Epiplatys dageti
POLL, 1953
Querbandhechtling

Elfenbeinküste, Westghana, Liberia in Sümpfen und Bächen der Küstengebiete; t.t.: Tümpel bei Port Bouet, 18 km von Abidjan, vergesellschaftet mit *E. bifasciatus, E. etzeli* und *Aplocheilichthys rancureli*; bis 5 cm.
D 8–11, A 14–17; mLR 25–29; G-Typ; n = 25. ♂ hellgelb bis olivgrün oder braunoliv, mit bläulichem Glanz, Rücken olivbraun, Bauch weißlich. Schuppen rotbraun bis schwärzlich gesäumt. Auf den Körperseiten 5–6 Querbinden, die erste unmittelbar hinter der P, die letzte auf der C-Wurzel, die mittleren können sich bis in die A erstrecken. Unpaare Flossen braungrün bis grünlich mit unregelmäßigen roten Punkten und Strichen. D und A hinten, C unten spitz ausgezogen, mittlere Flossenstrahlen der C wenig verlängert, D und C oben bläulich, A und C an der Unterkante breit schwarz gesäumt, Spitzen der Vn schwarz, gelegentliche rußige Abschnitte in der D und A. ♀ ähnlich, jedoch wesentlich blasser, Querbinden deutlich, D wenig punktiert, gelblich, Flossen abgerundet.
Pflege und Zucht siehe Gattungsbeschreibung, S. 490, unproblematisch.
Die Unterart *E. dageti monroviae* hat eine rote Kehle, die A- und C-Unterkante sind breiter schwarz gesäumt, und die C ist unten stärker verlängert. Sie wird als Querbandhechtling (Monrovia-Hechtling oder Rotkehlhechtling) bezeichnet (Taf. 161).

Epiplatys fasciolatus (Taf. 160)
(GÜNTHER, 1866)
Bronzehechtling, Gebänderter Hechtling

Guinea, Sierra Leone, Liberia in Bächen und kleinen Wasseransammlungen, vergesellschaftet mit vielen anderen Cyprinodontidae; t.t.: Sierra Leone, vermutlich Umgebung von Freetown; bis 9 cm.
D 10–15, A 15–20; mLR 27–31; G-Typ; n = 19. ♂ bläulich, grünlich, bräunlich bis dunkelbraun, Körperseiten mit großen blau, grün oder golden schimmernden Schuppen. Manche Farbspielarten mit rot genetzten Körperseiten oder regelmäßigen Längsreihen roter Punkte. In der hinteren Körperhälfte je nach Alter, Herkunft und Verfassung bis zu neun dunkle, schräg, winklig, senkrecht oder gebogen angeordnete Querstreifen. Unpaare Flossen gelblich, grünlich, bläulich, D rot punktiert, gefleckt oder gestrichelt, oft mit bläulichem Saum, manchmal mit schmalem rotem Marginalband, A vereinzelt rot punktiert oder gestrichelt, Basis meist bläulich, zwei für die Art typische rote oder dunkle Binden am Flossenrand, hinterer Rand der C ausgefranst, Flossenstrahlen rötlich, die mittleren verlängert, untere Flossenkante unten rötlich oder dunkel; D und A zugespitzt. ♀ ähnlich, jedoch insgesamt blasser, bei Erregung kann unterhalb der Mittellinie ein breites dunkles Längsband oder ein größerer dunkler Fleck am P-Ansatz hervortreten. Flossen abgerundet, farblos.
Pflege und Zucht siehe Gattungsbeschreibung, S. 490, problemlos. Entwicklungsdauer bei 23 °C 12–15 Tage, nach 5–6 Monaten geschlechtsreif.
Von *E. fasciolatus* sind zahlreiche Populationen bekannt, die sich in der Färbung und Zeichnung unterscheiden. Der als »Goldfasciolatus« verbreitete *E. ziemiensis* wird verschiedentlich als Population von *E. fasciolatus* betrachtet. Die Unterart *E. f. tototaen-*

sis ROMAND, 1978 (Totota-Hechtling, Taf. 160), wurde südlich von Totota (Liberia) gefunden. Sie unterscheidet sich von den bekannten Phänotypen durch ihre blauviolette Grundfärbung, besonders unterhalb der Mittellinie, und die breiten schwarzen Säume von A und C unten (Synonym: *E. huwaldi* BERKENKAMP und ETZEL, 1978). Die Art wurde in der Aquaristik auch als *E. dorsalis* AHL, 1938, und *E. sexfasciatus leonensis* ROLOFF, 1936, bekannt.

Epiplatys grahami (Taf. 159)
(BOULENGER, 1911)
Grahams Hechtling, Leuchtaugenhechtling

Nigeria, Kamerun, Gabun in Lagunen und Seitengewässern der Flußmündungen mit schwachem oder wechselndem Salzgehalt; t.t.: Sümpfe bei Lagos (Nigeria); bis 7 cm.
D 7, A 15–16; mLR 28–29; n = 19, 23. ♂ grün, gelbgrün, gelbbraun, grau mit blauem bis blaugrünem Schimmer. Auf den Körperseiten unregelmäßige Längsreihen roter, rotbrauner oder schwarzer Punkte und unregelmäßig lange und breite Querbinden (abwechselnd lang–kurz), meist 5–6. Charakteristisch sind das leuchtend grüne Auge, der hellblaue Fleck auf dem Kiemendeckel und das rot umrandete Maul. Unpaare Flossen transparent gelblichgrün mit roten oder dunklen Punkten und Strichen zwischen den Flossenstrahlen, spitz ausgezogen, C mit verlängerten mittleren und unteren Flossenstrahlen, gelegentlich mit dunklem Saum. ♀ ähnlich, Flossen farblos und ohne Punkte, gerundet, A mit blauem Saum. Bei Erregung mit breitem, unregelmäßig ausgebildetem Längsband unterhalb der Mittellinie.
Pflege und Zucht siehe Gattungsbeschreibung, S. 490, einfach. Jungfische nach Größengruppen trennen, da sie sich sonst gegenseitig als Futter betrachten.
Bekannte Synonyme: *E. nigromarginatus* SCHULTZE, 1937, *Panchax superbus* AHL, 1924 (?).

Epiplatys lamottei (Taf. 160)
DAGET, 1954
Rotpunkthechtling

Guinea, Liberia; t.t.: Simandou (Oberguinea); bis 7 cm.
D 11–13, A 16–17; mLR 28–32. ♂ mit bläulichviolettem Glanz, ohne deutliche Querbänderung auf den Körperseiten, gelegentlich dunkle Flecken in der Mittellinie, Kiemendeckel rot gepunktet. 5–7 z.T. unregelmäßig ausgebildete Längsreihen roter Punkte vom Kopf bis auf den Schwanzstiel, A und C bläulich, D grünlich mit breiten roten Säumen, Punkten und Flossenstrahlen, gelegentlich schmale gelbe Marginalbänder in der D und C oben, V rot und lang ausgezogen. ♀ bräunlich mit schwach violettblauem Schimmer und Längsreihen kleiner roter Punkte auf den Körperseiten. Bei Erregung und nachts mit schwarzem Längsband und schmalen Querbändern.
Pflege und Zucht siehe Gattungsbeschreibung, S. 490. Zucht nicht einfach, die empfindlichen Eier benötigen viel Frischwasser, der pH-Wert sollte nicht unter 7 liegen. Ein abgedunkelter Standort des Aquariums sowie geringe Salzzugaben haben sich bewährt.

Epiplatys longiventralis (Taf. 182)
(BOULENGER, 1911)
Rotpunkthechtling, Langflossenhechtling

Nigeria; t.t.: Mündungsdelta des Niger in Sumpfgebieten, gemeinsam mit *E. sexfasciatus* und *E. grahami*; bis 10 cm.
D 7–10, A 15–18; mLR 25–29. ♂ bräunlich mit grünem Glanz, dunkle Querbinden unterschiedlicher Breite und Anordnung auf den Körperseiten, meist unterhalb der Mittellinie, auch bei adulten ♂♂ immer deutlich sichtbar, dazu Längsreihen roter Punkte. Größere goldglänzende Tüpfel im Bereich der Pn-Ansätze und Kiemendeckel. Unpaare Flossen rötlich, bräunlich und grünlich mit geringer Punktzeichnung und dunkler Kante, A, D und vor allem die V spitz ausgezogen, hintere Kante der C zerfranst, mittlere Strahlen verlängert. ♀ ähnlich, jedoch wesentlich blasser, Flossen abgerundet.
Pflege und Zucht siehe Gattungsbeschreibung, S. 490, einfach.
Färbung und Zeichnung in den verschiedenen Populationen sehr unterschiedlich. Von dem sehr ähnlichen *E. sexfasciatus* durch folgende Merkmale zu unterscheiden: schlanker, Anzahl der D-Strahlen geringer, weniger rote Punkte auf den Körperseiten, Querbinden auch bei adulten ♂♂ deutlich, Jungfische meist mit 8–13 und mehr Querbinden. Die F_1-Generation von Kreuzungen war fertil.

Epiplatys multifasciatus (Taf. 183)
(BOULENGER, 1913)
Vielstreifenhechtling

Gabun, Kongo, Zaïre; t.t.: Kondue im Flußgebiet des Kasai (Zaïre); vergesellschaftet mit *E. chevalieri nigricans, Adamas formosus, Aphyosemion elegans* (?); bis 7 cm.
D 8–9, A 14–15; mLR 29–30. ♂ bräunlich oder braunorange mit bläulichem Glanz, Körperseiten mit 6–7 breiten und 4–5 dazwischenliegenden dünnen schwärzlichen Querbinden, letztere manchmal rötlich, unregelmäßige Tüpfel oder kreisrunde, kräftig rote Punkte an den Flanken. D an der Basis orange mit roten Punkten, außen farblos oder gelblich mit schwärzlichen Flecken, A rußig bis blaß gelblich oder grünlich, gelegentlich mit dunklen Tüpfeln, C rotorange bis oliv mit einem breiten dunklen Band am unteren Flossenrand, alle unpaaren Flossen teilweise unregelmäßig rötlich gepunktet. Kehlbereich gelegentlich rötlich bis violett schimmernd. ♀ ähnlich, jedoch wesentlich blasser, keine Punktierung in den Flossen.
Pflege und Zucht vermutlich wie in der Gattungsbeschreibung angegeben, S. 490. Eier groß.

Epiplatys njalaensis
NEUMANN, 1976
Njala-Hechtling

Sierra Leone; t.t.: Umgebung von Njala; bis 6 cm.
D 9–10, A 13–14; mLR 28; G-Typ. ♂ blaß stahlblau, Rücken dunkel, Bauch weiß. Körperseiten mit fünf regelmäßigen Längsreihen roter Punkte und Flekken. D gelb, grüngelb oder hellblau, rötlich gesäumt, vereinzelt rot getüpfelt oder in Richtung der Flossenstrahlen gestrichelt, A hellblau, in der Mitte gelblich, im hinteren Teil der Flosse und basal rote Flecken, Saum dunkel, Spitze weiß, C oben gelb bis grün, Mitte grün bis hellblau, Unterkante grün oder weiß, insgesamt rötlich gesäumt, mittlere Flossenstrahlen rot, verlängert. ♀ blasser, grau, in der hinteren Körperhälfte gelegentlich 10–12 schmale dunkle Schrägbinden. Flossen gelblich, abgerundet.
Pflege und Zucht siehe Gattungsbeschreibung, S. 490, einfach.

Epiplatys olbrechtsi
POLL, 1941
Olbrechts Hechtling

Liberia, Elfenbeinküste, Guinea in flachen Gewässern, oft gemeinsam mit *Aplocheilichthys schiötzi*; t.t.: Mündung des Maeseni in den Bonde-Boan, Nebenfluß des Nuon im Grenzbereich zwischen beiden Ländern; bis 10 cm.
D 11–12, A 15–16; mLR 28–30. ♂ gelbgrün bis blaugrün, Bauch leicht orange, Körperseiten mit rotem Netzmuster oder einem Raster aus großen rotbraunen Punkten, dazwischen schmale rötliche Querstreifen, in der hinteren Körperhälfte sind manchmal unter der Mittellinie 7–8 breite dunkle, etwas schräge Querbinden angedeutet. D, A und C grünlich, D mit zahlreichen großen roten Punkten oder Strichen zwischen den Flossenstrahlen, braunrotem Marginalband und bläulichem Saum, A mit bläulicher Basis, roten Punkten und Strichen zwischen den Flossenstrahlen, die teilweise zu einem breiten roten bis rotbraunen Band zusammenfließen. C im oberen Teil rot gepunktet, mit rotem Marginalband und blauem Saum, mittlerer Teil mit roten Flossenstrahlen, unterer Teil orange bis gelborange gesäumt, darüber ein grünblaues bis hellblaues Marginalband. ♀ ähnlich, jedoch wesentlich weniger farbig, dunkle Binden deutlicher, Flossen farblos, gerundet.
Pflege und Zucht siehe Gattungsbeschreibung, S. 490.
Aus der westlichen und mittleren Elfenbeinküste wurde die Unterart *E. olbrechtsi kassiapleuensis* BERKENKAMP und ETZEL, 1977, importiert.

Epiplatys roloffi (Taf. 160)
ROMAND, 1978
Roloffs Hechtling

Liberia, Guinea, Elfenbeinküste im Grenzgebiet der drei Länder in flachen Gewässern; t.t.: Salayea und Zorzor (Liberia) im Einzugsgebiet des Saint-Paul gemeinsam mit *Roloffia viridis* und *R. maeseni*; bis 9 cm.
D 11–13, A 15–18; mLR 31–34; G-Typ (keine H-Schuppen). ♂ Körper und Flossen einheitlich rotbraun mit 4–5 Längsreihen roter Punkte (genetzt) und manchmal mit einem undeutlichen, breiten, dunklen Längsband unter der Mittellinie. In der hinteren Körperhälfte zeigen Jungfische zwölf und halbwüchsige Tiere 6–8 unterschiedlich breite Querbinden, sie fehlen bei erwachsenen Exemplaren. D, A und C dunkel getüpfelt und gefleckt und einschließlich der V mit einem breiten schwarzen Marginalband, D und C oben, A und C unten schwach hellblau gesäumt, hinterer C-Rand etwas rußig, mittlere Flossenstrahlen kaum verlängert. ♀ ähnlich, Flossen jedoch farblos mit unregelmäßigen dunklen Punkten und Tüpfeln, abgerundet.
Pflege und Zucht siehe Gattungsbeschreibung, S. 490, einfach, in verunreinigtem Wasser anfällig gegen Parasiten, relativ scheu.
Die Art wurde 1976 von ROLOFF entdeckt und zeitweilig als *E. olbrechtsi* angesehen.

Epiplatys sangmelinensis (Taf. 159)
(AHL, 1928)
Sangmelima-Hechtling

Kamerun, Gabun, Kongo; t.t.: Lobo-Fluß bei Sangmelima (Kamerun) in Regenwald- und Savannengewässern, vergesellschaftet mit *Aphyosemion exiguum* und *A. cameronense*; bis 6 cm.
D 9–11, A 15–17; mLR 28–31; G-Typ; n = 24. ♂ flaschengrün bis blaugrün mit regelmäßigen Reihen rotbrauner Punkte, Rücken dunkel. Gelegentlich zeigen sich bei Jungfischen unregelmäßige dunkle Querbinden und Flecken über der Basis der A. Unpaare Flossen gelbgrün mit unregelmäßigen dunklen Punkten, D und A spitz, Basis der D, manchmal auch der A, mit einer Reihe kurzer dunkler Striche zwischen den Flossenstrahlen, z.T. dunkel gefleckt. ♀ ähnlich, bei Erregung mit breitem dunklem Längsband, Flossen abgerundet.
Pflege und Zucht siehe Gattungsbeschreibung, S. 490. Scheue Art, Eier relativ groß, Eihüllen hexagonal gemustert.

Epiplatys sexfasciatus (Taf. 161)
GILL, 1862
Sechsbandhechtling

Ghana, Togo, Benin, Nigeria, Kamerun, Äquatorial-Guinea, Gabun in unterschiedlichen Gewässern des Regenwaldes und der Savanne, vorwiegend in Niederungen, z.T. gemeinsam mit *E. grahami, E. longiventralis, Aphyosemion bivittatum, A. calliurum;* t.t.: vermutlich Ogooué (Gabun); bis 10 cm.
D 9–13, A 14–19; mLR 27–32; G-Typ; n = 24. ♂ oberhalb der Mittellinie bräunlich bis grünlich, darunter schwärzlich blau bis violett, Bauch weißlich, Kehle oft bläulich. Die roten Schuppenränder der

Körperseiten bilden Längsreihen roter Male von unterschiedlicher Intensität, sechs dunkelblaue bis schwarze Querbinden, die erste unmittelbar hinter dem P-Ansatz, die letzte an der Basis der C, die drei ersten nur unterhalb der Mittellinie, die übrigen über die ganze Körperhöhe. D, A und C grünlich bis gelbgrün mit grünlichen, blauen oder rotbraunen Säumen sowie rotbraunen Punkten und Strichen zwischen den Flossenstrahlen. P und V oft breit orange bis gelb gefärbt und dunkelrot gesäumt, D und A spitz ausgezogen, C im mittleren Teil lappig verlängert. ♀ ähnlich, jedoch weit weniger intensiv gefärbt, Querbinden breiter und oft zahlreicher, unpaare Flossen abgerundet, leicht gelblichgrün mit wenigen kleinen roten Punkten.
Pflege und Zucht siehe Gattungsbeschreibung, S. 490, einfach.
Typusart der Gattung *Epiplatys*. Synonym: *Haplochilus infrafasciatus* GÜNTHER, 1866. Bekannte Unterarten:

Epiplatys sexfasciatus baroi
BERKENKAMP, 1975
Roter Sechsbandhechtling

Kamerun; t.t.: Kribi (Ostkamerun); bis 9 cm.
♂ metallisch blau bis grün, sechs dunkle Querbinden, rote Punkte in Längsreihen, unpaare Flossen und V orangerot mit schmalem dunklem Saum. Schlank.

Epiplatys sexfasciatus rathkei
RADDA, 1970
Rathkes Hechtling

Kamerun; t.t.: bei Kumba im Kaké-Fluß; bis 10 cm.
♂ gelborange mit blaugrünem Glanz. Meist 7–10 dunkle Querbinden (sechs breitere, dazwischen schmalere), rote Punkte netzartig auf den Körperseiten angeordnet, unpaare Flossen orangerot, breit schwarz gesäumt. Erst nach neun Monaten geschlechtsreif.

Epiplatys sexfasciatus togolensis (Taf. 161)
LOISELLE, 1971
Togohechtling

Togo, Ghana; t.t.: bei Eyo im Hedjo-Flußsystem (Todzie) und bei Tsamé im Akpato-Flußsystem nördlich der Stadt Palimé (Togo); bis 7 cm.
♂ gelborange, bläulicher Glanz, acht dunkle Querbinden, gelegentlich dazwischenliegende zusätzliche schmale Querbinden, 4–5 Längsreihen roter Punkte. Unpaare Flossen gelborange, D rotbraun punktiert, dunkel gesäumt, A dunkel gesäumt, dunkelblaues bis türkisfarbenes Marginalband, Reihen von dunkelblauen Punkten, Flossenstrahlen der C rot, die mittleren verlängert, im unteren Teil der Flosse dunkle Punkte.

Epiplatys singa (Taf. 159)
(BOULENGER, 1899)
Schwarzfleckenhechtling

Gabun, Kamerun, Kongo, Zaïre; t.t.: Boma (Kongo); bis 6 cm.
D 8–10, A 15–18; mLR 27–30; G-Typ. ♂ grauweiß, goldgelb, grünoliv mit blaugrünem bis bläulichem Schimmer, fünf Längsreihen unterschiedlich großer, manchmal zu Linien vereinigter Punkte, oberste Reihe rot, die übrigen rot und schwarz in unterschiedlicher Zusammensetzung der Punktfarbe, keine dunklen Querbinden. Unpaare Flossen gelb, gelbgrün oder fast farblos mit bläulichen Säumen und unterschiedlich angeordneten roten Punkten und Strichen, meist in Richtung der Flossenstrahlen, mittlere Strahlen der C lappig verlängert, D und A spitz ausgezogen. ♀ meist schwach bräunlich bis oliv mit dunkler Längsbinde auf der Körpermitte und rötlichen Punktreihen, unpaare Flossen gelblich bis farblos, abgerundet.
Pflege und Zucht siehe Gattungsbeschreibung, S. 490, unproblematisch, Wachstum relativ langsam, nach etwa acht Monaten geschlechtsreif. Taxonomisch bestehen hinsichtlich *E. singa* einige Unklarheiten. Meist werden folgende Synonyme angegeben: *Haplochilus ansorgii* BOULENGER, 1911, *H. macrostigma* BOULENGER, 1911, *Panchax ornatus* AHL, 1928, *P. chinchoxoanus* AHL, 1924.

Epiplatys spilargyreius (Taf. 160, 182)
(DUMÉRIL, 1861)
Braunbindenhechtling, Schrägstreifenhechtling

Von Senegal bis in den Tschad und Sudan in stehenden Gewässern mit Schwimmpflanzendecke, teilweise vergesellschaftet mit *E. bifasciatus, Aplocheilichthys normani, A. pfaffi;* t.t.: Küste Gambias bei Mandiagué; bis 6 cm.
D 7–10, A 14–19; mLR 26–29; G-Typ; n = 17. Färbung in dem großen Verbreitungsgebiet stark variierend. ♂ grünbraun, oliv, gelb, rotbraun mit grünen und goldenen Glanzschuppen, Rücken dunkelbraun, Bauch heller. Auf den Körperseiten meist mehr als zehn schräge, unterschiedlich deutliche Querbinden, die sich bis in die C fortsetzen, sowie ein breites dunkles Längsband unterhalb der Mittellinie, gelegentlich mit unregelmäßigen roten Punkten. Unpaare Flossen grünlich bis orange mit dunklem Saum, manchmal Doppelsaum (A, C unten) und dunklen, gelegentlich in Reihen angeordneten Punkten, Strichen und Flekken zwischen den Flossenstrahlen, Flossenkanten oft hellblau. Mittlere Strahlen der fast kreisrunden C etwas verlängert. Populationen aus dem Volta-Flußgebiet haben orange bis gelbe, aus dem Tschad-Gebiet farblose Flossen. ♀ bräunlich mit mattem grünlichem Glanz, hinsichtlich der Zeichnung dem ♂ ähnlich, Flossen abgerundet und fast farblos.
Pflege und Zucht siehe Gattungsbeschreibung, S. 490. Temperaturen von 26–28 °C, versteckte Lebensweise.

Verschiedene Populationen wurden früher als selbständige Arten beschrieben, daher zahlreiche Synonyme, u.a. *Haplochilus senegalensis* var. *acuticaudata* PELLEGRIN, 1913, *Panchax grahami decemfasciata* PELLEGRIN, 1934, *H. marnoi* STEINDACHNER, 1881, *H. senegalensis* STEINDACHNER, 1870.

Gattung *Foerschichthys* SCHEEL und ROMAND, 1981

Typusart: *F. flavipinnis* (MEINKEN, 1932) (Taf. 149). Monotypische Gattung der Rivulinae aus Nigeria. Die Typusart wurde früher entweder zur Gattung *Aphyosemion* oder zu *Aplocheilichthys* gestellt, bis SCHEEL sie eindeutig den Rivulinae zuordnete.

Foerschichthys flavipinnis (Taf. 149)
(MEINKEN, 1932)
Gelbflossiger Leuchtaugenfisch

Togo, Benin, Nigeria in den Küstenebenen; t.t.: küstennahes Hinterland von Lagos (Nigeria) in schwachfließenden Gewässern, gemeinsam mit *Epiplatys dageti, E. sexfasciatus, Aphyosemion multicolor;* bis 3,5 cm.
D 6–8, A 12–14; mLR 30–31; G-Typ (keine H-Schuppen); n = 20. ♂ hell graugrün bis gelbgrau, vorderer Teil des Bauches und Kiemendeckel hellgrün, hinterer Teil zart gelborange bis gelb, Rücken nur wenig dunkler, D, A, C, V und Basis der P kräftig gelborange bis gelb, D und A mit strahlend hellblauem Saum von unterschiedlicher Breite. ♀ ähnlich, aber wesentlich schwächer gefärbt, V hellgelb, hellblauer Saum in der D und A schmal. Beide Geschlechter besitzen auf dem Hinterkopf einen hellgrünen Leuchtfleck.
Pflege und Zucht der Schwarmfische ähnlich den nichtannuellen *Aphyosemion*-Arten, siehe S. 449, relativ einfach. Der Laich hängt z.T. an kleinen Fäden an den Pflanzen, die sehr kleinen Jungfische schlüpfen bei 25 °C nach 8–12 Tagen und müssen mit Räder- oder Pantoffeltierchen angefüttert werden. Empfindlich gegen Wasserumstellung, Hälterung im Artaquarium wird empfohlen.

Gattung *Fundulosoma* AHL, 1924

Typusart: *F. thierryi* AHL, 1924 (Taf. 149, 183). Monotypische Gattung der Rivulinae. Großes Verbreitungsgebiet in den nordwestlichen afrikanischen Savannen von Mali bis Niger, Bewohner temporärer Gewässer, annuelle Fische. Die Gattung steht zwischen den Gattungen *Aphyosemion* und *Nothobranchius*. An *Aphyosemion* erinnert das Farbmuster, die Beschuppung, das Seitenlinienmuster, die Ausbildung der C (oben und unten gesäumt, Spitzen verlängert). Dagegen zeigten sich hinsichtlich der Anordnung der Neuromasten auf dem Kopf, des Baues und der Oberflächenstruktur der Eier, des Körperbaues und der Biologie Ähnlichkeiten mit den *Nothobranchius*-Arten; die Eier sind jedoch oval.

Fundulosoma thierryi (Taf. 149, 183)
AHL, 1924
Ghana-Kärpfling

Savannengebiete in Mali, Guinea, Obervolta, Ghana, Togo, Niger; t.t.: unsicher, Fundort Takkoradi (Ghana) in kleinen, langsamfließenden Bächen, die zeitweilig austrocknen; bis 6 cm.
D 11–12, A 14–16; mLR 26–27. ♂ blau in verschiedenen Tönungen, Rücken braun, Bauch weißblau, Schwanzstiel oft gelb. Körperseiten mit unterschiedlich großen roten Punkten, die teilweise unregelmäßige Längsreihen, kommaähnliche Strukturen oder Punktgruppen bilden. Unpaare Flossen goldgelb mit roter Punktierung und unterschiedlich breiten roten Säumen in Längsrichtung, basale Punktreihen der grünlichen D und A besonders deutlich, D relativ hoch, wie die A abgerundet, selten spitz auslaufend, C triangelförmig, oben und unten spitz ausgezogen, mit roten, nach außen gebogenen Punktreihen. ♀ hellbraun mit kleinen dunklen Punkten auf Körper und gerundeten Flossen.
Pflege und Zucht wie für annuelle *Aphyosemion*-Arten angegeben, siehe S. 450. Artaquarium, Torfschicht von 1–2 cm, feinfiedrige Pflanzenbüsche, ständig Lebendfutter, häufiger Wasserwechsel, geringe Salzzugabe. Gelaicht wird auf dem Boden, gelegentlich in den Pflanzen oder auch im freien Wasser. Die Eier kleben nicht, Aufbewahrung im Wasser oder Trockenperiode im Torf möglich. Die Jungfische schlüpfen nach 1–3 Monaten (Laichkontrolle), sind sehr schnellwüchsig und schon nach 6–8 Wochen geschlechtsreif. Sehr anfällig für den Ektoparasit *Oodinium pillularis*.
Die zahlreichen Populationen von *F. thierryi* zeigen z.T. sehr unterschiedliche Zeichnung und Färbung.

Gattung *Neofundulus* MYERS, 1924

Typusart: *N. paraguayensis* (EIGENMANN und KENNEDY, 1903) (Abb. 387).
Südamerikanische Gattung, zwei Arten, Verbreitungsgebiet groß. Körperform langgestreckt, an *Pterolebias*- und *Rivulus*-Arten erinnernd, die D beginnt nur wenig hinter dem Ansatz der A, Größenunterschied zwischen D und A gering. MYERS vermutet verwandtschaftliche Beziehungen zu den Gattungen *Cynopoecilus* und *Cynolebias*. Aquaristisch ist die Gattung bisher wenig bekannt.

Neofundulus paraguayensis (Abb. 387)
(EIGENMANN und KENNEDY, 1903)
Paraguay-Kärpfling

Brasilien, Paraguay, Argentinien im Einzugsgebiet des oberen Paraguay, Mato-Grosso- und Gran-Chaco-Gebiet; t.t.: Gewässer in der Nähe von Arroyo Trementina (Paraguay); bis 7 cm.
D 10–12, A 12–14; mLR 34. ♂ hellbraun bis gelblich mit grünlichen Glanzzonen, braune in Längsreihen angeordnete Punkte auf den Schuppen der Körper-

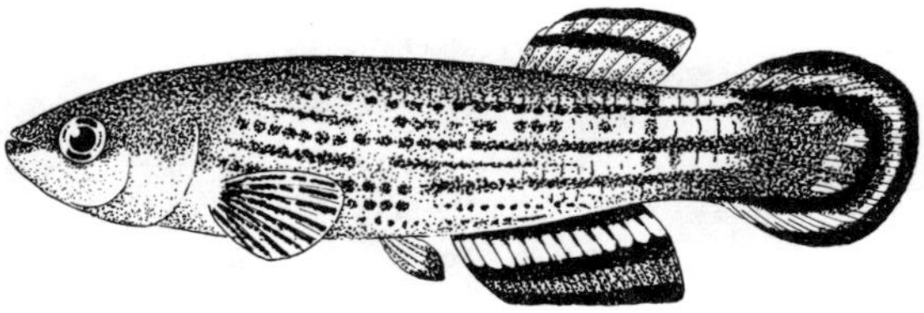

Abb. 387 *Neofundulus paraguayensis*

seiten. D und A grünlich mit 2–4 braunen Punktreihen, A schwarz gesäumt und mit gelbem Band an der Basis, basaler Teil der C braun gepunktet, unterer Teil in Längsrichtung gelb oder weiß gebändert und mit rötlicher Kante, die um die ganze abgerundete Flosse laufen kann, V bräunlich, P farblos, klein gepunktet. ♀ vermutlich ähnlich.
Pflege und Zucht ähnlich den *Cynolebias*-Arten, siehe S. 486. Bodentaucher, die völlig im Bodengrund verschwinden; Trockenperiode erforderlich, Entwicklungsdauer des Laichs 2–3 Monate.

Gattung *Nothobranchius* PETERS, 1868
Prachtgrundkärpflinge

Typusart: *N. orthonotus* (PETERS, 1844) (Taf. 163, Abb. 389).
Gattung der Rivulinae mit etwa 31 in der Regel annuellen Arten in der Größenordnung von 4 bis 10 cm. Vorwiegend in Ost- und Zentralafrika, aber auch bis Südafrika in Savannen- und Trockengebieten mit deutlichen Regen- und Trockenzeiten verbreitet (Abb. 388). Besiedelt werden meist stagnierende Gewässer, die nur zur Regenzeit und einige Wochen danach Wasser führen, ihr Bodengrund besteht aus Schlamm oder zerfallendem Pflanzenmaterial, die Wassertemperaturen schwanken örtlich sehr stark. Körperform kompakt, gedrungen und relativ hochrückig, unpaare Flossen groß, abgerundet und oft sehr kontrastreich gefärbt, D und A etwa gegenüber angesetzt, die farbigen Schuppenränder bilden auf den Körperseiten meist ein mehr oder weniger deutliches Netzmuster, ♂♂ größer und wesentlich farbiger, ♀♀ meist grau bis braun, SL-Muster und die Frontalbeschuppung ähnlich wie bei den südamerikanischen *Cynolebias*-Arten. Verwandtschaftliche Beziehungen bestehen zu den Gattungen *Fundulosoma* und *Pronothobranchius*. Die Versuche, die Gattung weiter zu untergliedern, sind bislang unbefriedigend. Die nachstehende Einteilung in Artengruppen berücksichtigt z.T. die bisherigen Vorstellungen, aber auch praktische Seiten der Aquaristik.

Microlepis-Artengruppe
- *N. microlepis* (VINCIGUERRA, 1897) (Taf. 163)

Orthonotus-Artengruppe
- *N. furzeri* JUBB, 1971 (Taf. 163)
- *N. kuhntae* (AHL, 1926)
- *N. mayeri* AHL, 1935
- *N. orthonotus* (PETERS, 1844) (Taf. 163, Abb. 389)

Melanospilus-Artengruppe
- *N. cyaneus* SEEGERS, 1981
- *N. interruptus* WILDEKAMP und BERKENKAMP, 1979
- *N. jubbi* WILDEKAMP und BERKENKAMP, 1979 (Taf. 162)
- *N. melanospilus* (PFEFFER, 1896) (Taf. 162)
- *N. neumanni* (HILGENDORF, 1905)
- *N. robustus* AHL, 1935

Guentheri-Artengruppe
- *N. elongatus* WILDEKAMP, 1982
- *N. foerschi* WILDEKAMP und BERKENKAMP, 1979 (Taf. 163)
- *N. guentheri* (PFEFFER, 1893) (Taf. 163)
- *N. palmqvisti* (LÖNNBERG, 1907) (Taf. 163)
- *N. patrizii* (VINCIGUERRA, 1927) (Taf. 163)
- *N. steinforti* WILDEKAMP, 1977

Korthausae-Artengruppe
- *N. eggersi* SEEGERS, 1982 (Taf. 165)
- *N. korthausae* MEINKEN, 1973 (Taf. 165)
- *N. lourensi* WILDEKAMP, 1977

Taeniopygus-Artengruppe *(Zononothobranchius)*
- *N. brieni* POLL, 1938
- *N. kirki* JUBB, 1969 (Taf. 165)
- *N. malaissei* WILDEKAMP, 1978
- *N. polli* WILDEKAMP, 1978
- *N. rachovii* AHL, 1926 (Taf. 164)
- *N. rubroreticulatus* BLACHE und MITON, 1960 (Abb. 390)
- *N. symoensi* WILDEKAMP, 1978
- *N. taeniopygus* HILGENDORF, 1891
- *N. virgatus* CHAMBERS, 1984

Janpapi-Artengruppe *(Aphyobranchius)*
- *N. janpapi* WILDEKAMP, 1977
- *N. luekei* SEEGERS, 1984

Für die meist relativ einfache Pflege und Zucht wird, da die Fische nach dem Erreichen der Geschlechtsreife ständig laichen, eine Hälterung im Artaquarium empfohlen. Überzählige ♂♂ lassen sich jedoch auch im Gesellschaftsaquarium gut pflegen. Zur Zucht

Abb. 388 Verbreitungsgebiet der Gattung *Nothobranchius*

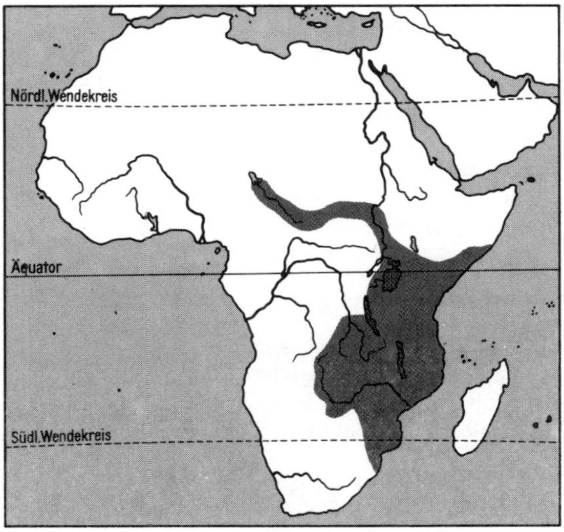

wird ein ♂ mit zwei oder mehreren ♀♀ verpaart. Der Bodengrund (Torf) im Zuchtbecken (mindestens 5 l Inhalt) muß mindestens 1–3 cm hoch sein. Außerdem sind folgende Faktoren zu berücksichtigen: Versteckmöglichkeiten für die ♀♀, wöchentlicher Wasser- und Substratwechsel, ständig ausreichendes Lebendfutter, geringer Salzzusatz, schwankende Temperaturen, eventuell zeitweise das ♂ austauschen. Bei der Balz schwimmt das ♂ zunächst über dem ♀ und berührt mit seiner Kehle dessen Nackenregion, schließlich nähert sich das ♀, gefolgt vom ♂, dem Bodengrund. Hier stellt sich das ♂ neben das ♀ und umfaßt mit der D dessen Rücken. Das ♀ bildet mit der A einen Trichter, und unter Krümmung der Körper und kräftigem Erzittern werden jetzt die Geschlechtsprodukte ausgestoßen, wobei das Ei durch den Trichter in den Bodengrund gelangt. Die Eier können bei einigen Arten im Wasser verbleiben (s. Artbeschreibungen), in der Regel muß das Substrat mit dem Laich jedoch in eine Trockenperiode überführt werden. Dazu gießt man den Torf durch einen Kescher, entfernt das überschüssige Wasser (leicht ausdrücken, Einwickeln in saugfähiges Material) und bringt die feuchte Masse in ein verschließbares Gefäß oder einen Plastebeutel. Regelmäßige Laichkontrolle notwendig, durch das dabei notwendige Öffnen des Behälters wird auch Sauerstoff zugeführt und dadurch die Eientwicklung beschleunigt. Sobald die Augen der Jungfische im Ei deutlich sichtbar sind und Bewegungen beobachtet werden können, wird mit kühlerem Wasser aufgegossen (Wasserstand höchstens 10 cm). Die Jungfische schlüpfen nach wenigen Stunden und können sofort mit Cyclops-Nauplien und Rädertierchen angefüttert werden. Das Erstfutter kann auch schon beim Aufgießen zugesetzt werden, die damit verbundene schnellere Sauerstoffzehrung wirkt schlupfstimulierend. Der Torf kann nach 1–2 Tagen wieder trockengelegt und nach weiteren 3–4 Wochen erneut aufgegossen werden. Die Geschlechtsreife der Fische tritt nach etwa zwei Monaten ein, sie sollten aber erst im Alter von drei Monaten für die Zucht eingesetzt werden. Die Lebensdauer der Prachtgrundkärpflinge beträgt auch bei kühler Hälterung kaum mehr als ein Jahr.
Bei allen *Nothobranchius*-Arten ist die Anfälligkeit gegenüber Ektoparasiten, vor allem *Oodinium*, groß. Prophylaxe: häufiger, regelmäßiger Wasserwechsel, geringer Salzzusatz (10 g pro 10 l), abwechslungsreiche Fütterung. Bei Neuerwerbungen empfiehlt sich Quarantäne und geringe Zugabe von Bekämpfungsmitteln gegen Hautparasiten.

Nothobranchius cyaneus
SEEGERS, 1981

Kenia, Somalia; t.t.: zwischen Malindi und Garsen in der Nähe von Gongoni in einem 50 m^2 großen und 30 cm tiefen Tümpel ohne Flußverbindung (Kenia); bis 4 cm.
D 17–19, A 18–20; mLR 27–30. ♂ hellblau, Schuppenränder rotbraun, Kehlregion gelblich. Unpaare Flossen rotbraun bis rötlichgrau mit dunkelbraunen Punkten, Flecken und Strichen zwischen den Flossenstrahlen und unterschiedlich breiten, nach innen auslaufenden, hellblauen bis weißen Säumen, Flossenränder etwas ausgefranst. D und A mit Häkchen besetzt. ♀ hellbraun bis braun, Bauch weißlich, Kehle violettbläulich, in der hinteren Körperhälfte mit unregelmäßigen, schmalen dunklen Querbinden, die in der Mittellinie winklig nach hinten geknickt sind, unpaare Flossen transparent bis graubräunlich.
Pflege und Zucht siehe Gattungsbeschreibung, S. 497, 24–26 °C, Lebensdauer in der Natur bis sechs Monate.
Die Art wurde 1962/63 zuerst in den USA als blauschwänzige Variante von *N. »neumanni«* bekannt. Erinnert im Aussehen an *N.* spec. »Warfa blue« aus Somalia, eng verwandt mit *N. jubbi* (Unterart?).

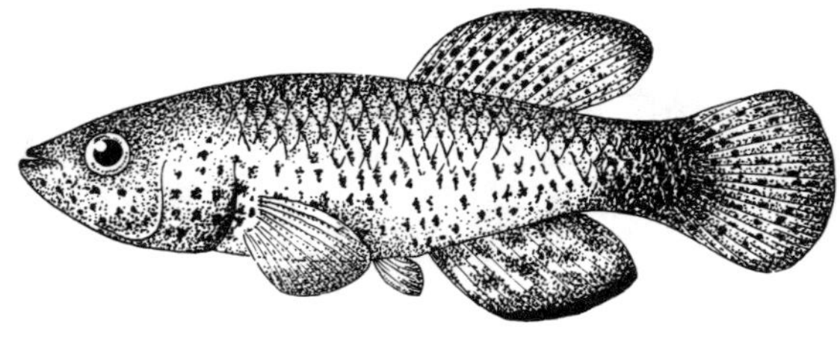

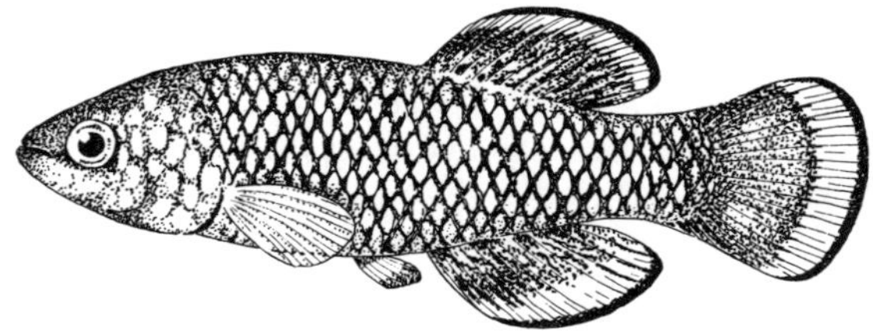

Abb. 389 *Nothobranchius orthonotus*
Abb. 390 *Nothobranchius rubroreticulatus*

Nothobranchius eggersi (Taf. 165)
SEEGERS, 1982
Orchideen-Prachtgrundkärpfling

Osttansania; t.t.: linkes Flußufer des Ruhoi neben der Brücke an der Straße Kibiti-Ndundu in kleinen Wasseransammlungen, gelegentlich mit *N. melanospilus* und *N. janpapi*; bis 5 cm.
D 13–16, A 15–16; mLR 24–29. ♂ hellblau mit roten bis rotbraunen, unregelmäßigen, querbindenähnlichen bis gitterförmigen Mustern, die flach v-förmig nach der C zu orientiert sind, Rücken grau bis dunkelbraun. Unpaare Flossen unterschiedlich gezeichnet und gefärbt, auf bläulichem bis bräunlichem Grund dunkelrote Punkte, Flecke und Striche, teilweise zu randparallelen Bändern vereinigt, Flossensaum unterschiedlich breit, weißblau. Flossenstrahlen von D und A mit Häkchen, leicht verlängert. ♀ einfarbig braun bis graubraun.
Pflege und Zucht siehe Gattungsbeschreibung, S. 497. Wärmebedürftige Art, auch Laich während der Trockenperiode warm halten, Schlupf der Jungfische nach 4–6 Wochen, Aufzucht einfach, Nachzucht-♂♂ unterschiedlich gefärbt und gezeichnet.

Nach bisherigen Kenntnissen ist *N. eggersi* die variabelste Art der Gattung. Neben der blauen Farbspielart kommen solche mit intensiverem Rotanteil vor. Bei diesen ist der Kopf- und Kehlbereich weinrot, C und P sind rot, D und A breit rot gesäumt, Körperseiten rot genetzt. Die sogenannte rotköpfige Farbspielart hat mehr ziegelrote Kopffärbung, Körper und Flossen bläulich bis gelblich mit roter Punkt-, Strich- und Bindenzeichnung.

Nothobranchius foerschi (Taf. 163)
WILDEKAMP und BERKENKAMP, 1979
Foerschs Prachtgrundkärpfling,
Butterfly-Prachtgrundkärpfling

Tansania; t.t.: Soga bei Dar es Salaam in dichtbewachsenen Tümpeln, die teilweise mehrere Monate im Jahr austrocknen, vergesellschaftet mit *Aplocheilichthys maculatus*; bis 5,5 cm.
D 15–18, A 15–17; mLR 25–27. ♂ bläulich bis grünblau mit roter Netzzeichnung auf den Körperseiten, Kehle und Bauch olivgelblich. D und A gelb bis gelbgrün mit braunroten Punkten und Strichen zwischen den deutlich sichtbaren Flossenstrahlen, C insgesamt rot, ohne dunklen Saum, P und V gelb mit blauen Säumen. ♀ braungrau mit hellem Bauch, Schuppenränder rußig, unpaare Flossen farblos, gelegentlich mit dunkler Musterung an der Basis.
Pflege und Zucht siehe Gattungsbeschreibung, S. 497. Schlupf der Jungfische bei 20–24 °C nach 2–3 Monaten (Laichkontrolle).
N. foerschi wurde 1957 als *N. palmqvisti* fehlbestimmt und verbreitet. Der in der Erstbeschreibung angegebene Fundort konnte bisher nicht wiedergefunden werden. Von der Art gibt es eine gelbe Zuchtform.

Nothobranchius furzeri (Taf. 163)
JUBB 1971
Furzers Prachtgrundkärpfling

Südostsimbabwe; t.t.: Guluene-Entwässerungssystem, Sazale-Pan (See) im Gona-re-Zhou-Wildreservat gemeinsam mit *N. orthonotus;* bis 6 cm.
D 14–15, A 14–16; mLR 28–30. ♂ grünlich bis türkis, Schuppen dunkelrot gerandet, Körperseiten dadurch insgesamt genetzt, außerdem leicht irisierend. Unterer Kiemendeckelrand rußig. D blaugrau mit bräunlichroten bis dunkelbraunen Punkten, Flecken und Strichen zwischen den schwarzen Flossenstrahlen, Saum bläulich, A basal bläulich, nach außen bräunlich, rotbraun gepunktet bis gebändert, Flossenstrahlen gegen den Rand hin rot, Saum schmal gelb, dann blauer bis schwarzer Saum, C an der Basis bläulich oder grau mit braunen, zusammenlaufenden Punkten und Strichen zwischen den Flossenstrahlen, vertikales gelbes bis orangefarbenes Marginalband, oben und unten schmal, hinten breit schwarz gesäumt, A und C ausgefranst. ♀ graubraun mit leicht türkisglänzenden Schuppen und rötlichen Schuppenrändern, unpaare Flossen farblos, gelegentlich bläulich bis grünlich.

Pflege und Zucht siehe Gattungsbeschreibung, S. 497. Entwicklungsdauer des Laichs sehr unterschiedlich. Bei Aufbewahrung im Wasser (23 °C) wurden schlupffähige Embryonen schon nach drei Wochen beobachtet, in der Regel dauert die Entwicklung bei Trockenaufbewahrung jedoch 3–7 Monate. Die Art wird oft zu warm gehältert, die Temperaturen sollten zwischen 15 und 25 °C schwanken.

Nothobranchius guentheri (Taf. 163)
(PFEFFER, 1893)
Günthers Prachtgrundkärpfling,
Blauer Prachtgrundkärpfling,
Bunter Prachtgrundkärpfling

Tansania, Vorkommen nur auf der Insel Sansibar, regional gemeinsam mit *N. melanospilus* in flachen Tümpeln und langsamfließenden Bächen; bis 5 cm.
D 15–17, A 15–16; mLR 30–32; n = 19. ♂ metallisch blaugrün mit roten Schuppenrändern (Netzmuster), im hinteren Teil des Körpers als flaches V-Muster mit zur C gerichteten Spitzen sichtbar und deutlichen roten Diagonalstreifen, gelegentlich auch großer roter Fleck auf dem Kiemendeckel. D bräunlich mit roten Punkten, Flecken und weißem Saum, basale rote Punktreihe besonders deutlich, Flossenstrahlen ausgezogen, A wie die D gefärbt, mit Längsbinden aus roten Flecken, C leuchtend rot, schwarz gesäumt, die rote Färbung geht in den Schwanzstiel über. ♀ graubraun, Bauch hell, Flossen farblos.
Pflege und Zucht siehe Gattungsbeschreibung, S. 497, einfach. Die Jungfische schlüpfen nach einer Trockenperiode von 2–3 Monaten.
N. melanospilus wurde zeitweise als Synonym von *N. guentheri* betrachtet.

Nothobranchius janpapi
WILDEKAMP, 1977
Jan Paps Prachtgrundkärpfling

Tansania in zeitweilig austrocknenden Gewässern, oft vergesellschaftet mit *N. lourensi, N. eggersi, N. melanospilus;* t.t.: Tümpel an der Straße von Morogoro nach Dar es Salaam; bis 4 cm.
D 12–14, A 17–19; mLR 26–28; G-Typ. ♂ gelblichbraun bis hellviolettblau, Rücken bräunlich, Bauch weißlich, Kehle gelb, Schuppen schmal rotbraun gesäumt, Körperseiten dadurch genetzt. Die lange D reicht angelegt über den Schwanzstiel hinaus, Flossenstrahlen verlängert, Färbung gelbgrün mit braunroten Punkten, manchmal orangerot (Mutante), Saum blauweiß, A lang, nach hinten leicht zugespitzt, im basalen Teil gelb, vorn orangerot, Flossenstrahlen verlängert, gelegentlich blauweiß gesäumt, C gelblichgrün, oben und unten dünn orange gesäumt, V orangerot. ♀ graubraun bis braun, Bauch hell, Flossen farblos.
Pflege und Zucht siehe Gattungsbeschreibung, S. 497, nicht einfach. Artaquarium empfehlenswert, Gruppenansatz, die Fische halten sich meist an der Wasseroberfläche zwischen Pflanzen auf, Ablaichen

am Boden, aber auch in Pflanzen, die Eier fallen dann zu Boden. Trockenperiode 2–3 Monate, die Jungfische sind sehr klein, mit Räder- oder Pantoffeltierchen anfüttern, Wachstum in den ersten Wochen langsam.
N. janpapi hat in der Gattung eine Sonderstellung. Eine nahe verwandte Art, *N. luekei* SEEGERS, 1984, wurde neuerdings in Tansania entdeckt.

Nothobranchius jubbi (Taf. 162)
WILDEKAMP und BERKENKAMP, 1979
Jubbs Prachtgrundkärpfling

Kenia; t.t.: beschatteter Tümpel 30 km nördlich von Malindi an der Straße nach Garsen im Küstentiefland; bis 6 cm.
D 15–16, A 16–18; mLR 29–32; n = 17. ♂ graublau bis blaugrün mit metallischem Schimmer, Rücken dunkel, Bauch hell, Schuppen schmal dunkel gesäumt. D blaugrau mit dunklen Punkten und Flekken, die unregelmäßige, randparallele Binden bilden können, A hell graublau mit wenigen dunklen Flekken im hinteren Teil, A und D ausgefranst, C basal bis in den Schwanzstiel rot, hinten mit graublauer, randparalleler Binde und hellblauem bis weißlichem Saum. Manchmal fehlen die roten Farbanteile in der C, diese ist dann graublau. ♀ hellgrau, Schuppen schmal grau gerandet, gelegentlich einige dunkle Flecken, Flossen farblos, D an der Basis dunkel gepunktet.
Pflege und Zucht siehe Gattungsbeschreibung, S. 497, Schlupf der Jungfische nach 2–3 Monaten Trockenperiode.
1962 in den USA als *N. »neumanni«* eingeführt. Für den zunächst als Unterart beschriebenen, aus dem Sumpfgebiet von Kikambala nördlich von Mombasa stammenden *N. jubbi interruptus* WILDEKAMP und BERKENKAMP, 1979, hat SEEGERS den Status einer selbständigen Art definiert (*N. interruptus* WILDEKAMP und BERKENKAMP, 1979).

Nothobranchius kirki (Taf. 165)
JUBB, 1969
Kirks Prachtgrundkärpfling

Malawi, vermutlich auch Moçambique und Sambia, t.t.: bei Zòmba in der Nähe des Chilwa-Sees (Malawi) in kleinsten Ansammlungen von salzhaltigem Wasser; bis 6 cm.
D 15–17, A 15–18; mLR 26–28. ♂ oberhalb der Mittellinie bläulich, unterhalb rötlich, Schuppen kräftig rot gerandet, deshalb Netzzeichnung an den Körperseiten. D rötlich bis grünlich mit dunkelroten Flossenstrahlen, Saum dunkel, Kante hellblau, ausgefranst, A, C und P kräftig rot, schmal schwarz gesäumt. Die Rotfärbung der C greift auf den Schwanzstiel über. ♀ graubraun, Schuppen der Körperseiten schwach blau irisierend, bräunlich gerandet, Flossen farblos.
Pflege und Zucht siehe Gattungsbeschreibung, S. 497. Lebensdauer der Art im Aquarium 10–12 Monate, Temperaturschwankungen erforderlich, die Jungfische schlüpfen nach einer Trockenperiode von 4–6 Monaten.

Nothobranchius korthausae (Taf. 165)
MEINKEN, 1973
Mafia-Prachtgrundkärpfling

Tansania; t.t.: Insel Mafia in Wassergräben eines Sumpfgebietes, die nur sehr selten austrocknen; bis 5 cm.
D 12–13, A 14–15; mLR 24–26. ♂ braun bis gelbbraun mit türkisfarbenem Glanz, Schuppen mit rotbraunem Rand, deshalb Netzzeichnung an den Körperseiten. 8–12 schmale, dunkelbraune, zur C hin gebogene Querbänder in der hinteren Körperhälfte. D, A und C mit dunkelbraunen, unregelmäßigen Querbinden auf gelbbraunem Grund, Flossenränder von D und A braunrot gefleckt, hellblau gesäumt, ausgefranst, gelegentlich auch C hellblau gesäumt. ♀ einfarbig hellbraun bis grauoliv, gelegentlich zimtfarbener Glanz, Flossen farblos.
Pflege und Zucht siehe Gattungsbeschreibung, S. 497. Eientwicklung und Schlupf auch ohne Trokkenperiode möglich. Entwicklungszeiten je nach äußeren Bedingungen drei Wochen bis vier Monate, Laichkontrolle erforderlich. Die Bindenzeichnung ist bei den Nachzuchten sehr verschieden.
Die Art ist auf der Insel Mafia endemisch. Ein dort 1982 gefangenes rotgefärbtes ♂ erbrachte in Nachzuchten mit normalen ♀♀ normale und rotfarbige ♂♂ zu etwa gleichen Teilen. Die Art ist besonders anfällig gegen *Oodinium*. *N. lourensi* ist der Normalform von *N. korthausae* sehr ähnlich.

Nothobranchius melanospilus (Taf. 162)
PFEFFER, 1896
Roter Prachtgrundkärpfling,
Schwarzflecken-Prachtgrundkärpfling

Tansania, Kenia im Küstentiefland in Tümpeln und überschwemmtem Grasland, vergesellschaftet mit *N. palmqvisti, N. janpapi, N. eggersi, N. steinforti, N. guentheri* und *Aplocheilichthys*-Arten; t.t.: Ilonga, nordwestlich von Morogoro (Tansania); etwa bis 7 cm.
D 14–15, A 14–18; mLR 26–31; n = 19. ♂ sehr unterschiedlich gefärbt, große Ähnlichkeit mit *N. guentheri*, Kopf- und Kehlregion gelbbraun oder bläulich, Körperseiten kräftig rot genetzt; A und D grünlich oder rot, Säume blau, Spitzen der Flossenstrahlen weiß. ♀ graubraun mit zahlreichen dunklen Punkten und Flecken auf den Körperseiten und unpaaren Flossen, teilweise als kurze Längs- und Querbinden ausgebildet.
Pflege und Zucht siehe Gattungsbeschreibung, S. 497, einfach, Schlupf der Jungfische nach 2–3 Monaten Trockenperiode.
N. melanospilus wurde zeitweilig als Synonym von *N. guentheri* betrachtet. Das wichtigste Unterscheidungsmerkmal ist die arttypische Körperzeichnung

der *N. melanospilus*-♀♀. Aquaristisch bekannte Synonyme: *N. emini* AHL, 1935, *N. seychellensis* AHL, 1935.

Nothobranchius microlepis (Taf. 163)
(VINCIGUERRA, 1897)
Kleinschuppen-Prachtgrundkärpfling

Somalia, Kenia in mit Regenwasser gefüllten, z.T. sehr großen vegetationslosen Senken gemeinsam mit *N. cyaneus*; bis 7 cm.
D 16–17, A 17–18; mLR 40–42. ♂ gelb- bis graubraun mit graublauem Glanz auf dem Körper, Schuppen braun gerandet, insgesamt ein rasterartiges Muster bildend, Bauch weiß, durch das Auge ein deutlicher dunkler Strich. Unpaare Flossen grau- bis grünblau, ausgefranst, D basal mit braunen Flecken, Punkten und kurzen Strichen zwischen den Flossenstrahlen, oberer Teil der C marmoriert, C am hinteren Rand schwarz gesäumt. ♀ hell gelb- bis graubraun, unpaare Flossen bräunlich bis farblos, A sehr lang, dunkler Streifen durch das Auge nur angedeutet.
Pflege und Zucht siehe Gattungsbeschreibung, S. 497. Die Art weicht im Balzverhalten von anderen *Nothobranchius*-Arten ab. Das ♂ schwimmt seitlich und von unten zum ♀ und berührt mit seinem Nacken stimulierend die Bauchregion, das Ablaichen selbst verläuft dagegen gattungstypisch. Entwicklung des Laiches während der Trockenperiode sehr unterschiedlich, schlupfreif meist nach 2–3 Monaten. Eier empfindlich, ein großer Teil stirbt ab.
Die ♂♂ haben teilweise einen kräftigen Buckel hinter dem Kopf und dadurch eine für die Gattung *Nothobranchius* ungewöhnlich bullige Körperform. Abweichend von der Gattungsnorm sind auch die sehr kleinen Schuppen und die Chromosomenverhältnisse. HAAS und FOERSCH vermuten, daß es sich bei *N. microlepis* um eine Untergattung oder sogar andere Gattung handelt.

Nothobranchius orthonotus (Taf. 163, Abb. 389)
(PETERS, 1844)
(afrik.) Anamalugo

Malawi, Moçambique, Simbabwe, Südafrika, besonders in den Überschwemmungsebenen des Sambesi und Pungué, vergesellschaftet mit *N. kuhntae, N. furzeri, N. rachovii*; t.t.: Quelimane im nördlichen Sambesi-Delta; bis 10 cm.
D 15–16, A 14–17; mLR 28–30; n = 18. ♂ oberhalb der Mittellinie dunkelgrün, unterhalb grüngelb, weißlich am Bauch, Körperseiten mit blauem bis grünem Schimmer und unregelmäßig gestreuten dunkelbraunen Punkten, außerdem, bedingt durch die rotbraunen Schuppenränder, mit Netzzeichnung. Kiemendeckel rot bis ziegelrot gepunktet und am unteren Rand dunkel eingefaßt. D und A grünlichgelb, oliv oder rötlich mit rotbraunen Punkten, Flecken und Strichen zwischen den Flossenstrahlen und schmalem, weißem Saum, C grünlich, nach den Rändern zu rotbraun mit wenigen dunklen Punkten. ♀ einfarbig grauoliv.
Pflege und Zucht siehe Gattungsbeschreibung, S. 497. Lebensdauer der Art kaum über sechs Monate, kräftiges Lebendfutter unbedingt erforderlich, Schlupf der Jungfische bei 25–28 °C nach 2–4monatiger Trockenperiode.
Typusart der Gattung, Erstbeschreibung als *Cyprinodon*, erster bekannter eierlegender Zahnkarpfen Afrikas. Entsprechend dem großen Verbreitungsgebiet sind verschiedene Farbspielarten bekannt. Eine Population aus Südafrika (Krüger-Nationalpark) ist mehr rötlich mit blauviolettem Glanz auf den Körperseiten, D an der Basis rot punktiert, mittlerer Teil gelbbraun, Rand blauweiß, C rötlich, A gelb und rot gefleckt, Saum weiß. Der Fundort im Überschwemmungsbereich des Pongolo River (Südafrika) ist das südlichste bekannte *Nothobranchius*-Vorkommen. In der Aquaristik verwendete Synonyme: *Hydrargyra maculata* PETERS, 1855, *Fundulus mkuziensis* FOWLER, 1924, *Adiniops troemneri* MYERS, 1926.

Nothobranchius palmqvisti (Taf. 163)
(LÖNNBERG, 1907)
Palmqvists Prachtgrundkärpfling

Tansania, Kenia in Überschwemmungstümpeln und Sumpfgebieten, oft gemeinsam mit *N. melanospilus*; t.t.: bei Tanga (Tansania); bis 6 cm.
D 16, A 15; mLR 27–28. ♂ grünblau, irisierend, Schuppen in der vorderen Körperhälfte schmal, nach hinten zunehmend breiter, braunrot gesäumt, insgesamt ein Netzmuster bildend, Kopf gelbbraun. D und A gelbgrün mit rotbrauner Marmorierung, teilweise mit unregelmäßigen diagonalen Bändern, C bis in die Schwanzwurzel kräftig rot, ohne schwarzen Saum. ♀ olivgrau, Bauchseite und Kehle weißlich, Flossen farblos.
Pflege und Zucht siehe Gattungsbeschreibung, S. 497, einfach. Die Jungfische schlüpfen nach einer Trockenperiode von 2–3 Monaten.
Die Art war in der Aquaristik längere Zeit als *N.* spec. »*Tansania*« bekannt, *N. vosselerei* AHL, 1924, ist ein Synonym.

Nothobranchius patrizii (Taf. 163)
(VINCIGUERRA, 1927)

Somalia, Kenia; t.t.: Wasserlöcher und Tümpel des Harenaga-Sumpfes im Mündungsgebiet des Djuba-Flusses; bis 4,5 cm.
D 16, A 15; mLR 25–26. ♂ blau, Schuppen rotbraun gerandet, Körperseiten dadurch genetzt, außerdem unregelmäßig ausgebildete, dunkle und schmale, in Richtung C gebogene Querbinden. D und A auffallend groß, hellblau und dunkel gepunktet, gefleckt oder marmoriert, D dunkel gesäumt, Kante weißblau, A breit hellblau bis blau gesäumt, C dunkelrot, meist mit schmalem schwarzem Rand. ♀ graubraun mit senkrechten dunklen Streifen auf den Körperseiten.

Pflege und Zucht siehe Gattungsbeschreibung, S. 497, die Jungfische schlüpfen nach einer Trockenperiode von 3–4 Monaten.

Nothobranchius polli
Wildekamp, 1978
Polls Prachtgrundkärpfling

Zaïre an der Grenze zu Sambia; t.t.: Dilungu-Sumpf nahe Mwadingusha (Shaba-Provinz), vergesellschaftet mit *Aplocheilichthys*-Arten; bis 5 cm.
D 15–18, A 15–19; mLR 26–29. ♂ hellblau, Schuppen karminrot gesäumt (Netzzeichnung), Kopf, Kehle, Kiemendeckel karminrot, zusätzlich hellblaue Tüpfel. D blaugrün und dunkelrot marmoriert, zum Flossenrand hin dichter werdende dunkelrote Striche zwischen den Flossenstrahlen, schmaler, hellblauer Saum, Spitzen der Flossenstrahlen schwarz, A basal hellgelb bis weißlich, 1–2 karminrote Bänder mit dazwischenliegendem blauem Band, anschließend gelber bis orangefarbener Bereich mit zahlreichen roten Flecken und Strichen (marmoriert), schwarzer Saum, C karminrot mit hellblauen oder blaugrünen Punkten im basalen Teil, weiter außen breite, hellblaue bis weißliche, hinterrandparallele Binde, Saum schwarz. ♀ graubraun, Schuppen hinter dem P-Ansatz und auf dem Rücken hellblau irisierend.
Pflege und Zucht siehe Gattungsbeschreibung, S. 497, die Jungfische schlüpfen nach einer Trockenperiode von 6–8 Monaten, nach dem Aufguß Wasserstand niedrig halten (5–6 cm), Hälterungstemperaturen nicht über 25 °C, Temperaturschwankungen angezeigt.

Nothobranchius rachovii (Taf. 164)
Ahl, 1926
Rachows Prachtgrundkärpfling

Moçambique in Wasserlöchern, Tümpeln, Gräben, vergesellschaftet mit *N. kuhntae* und *N. mayeri*; t.t.: Beira; bis 5 cm.
D 14–16, A 15–16; mLR 25–27; n = 8–9. ♂ türkis bis blau, Schuppen rotorange bis rotbraun gesäumt, blaue und rote Farbspielarten bekannt (Taf. 164). Kopf, Kehle, P-Ansatz unterschiedlich intensiv rotorange, Kiemendeckel unten rot gerandet, Körperseiten mit unregelmäßigen, schmalen, dunklen, in C-Richtung gebogenen Querbinden. D und A grünblau bis blau mit rotbraunen, unregelmäßigen, diagonal angeordneten Bändern, Flecken, Punkten, Flossenränder ausgefranst, basaler Teil der C blau, rotbraun quergebändert und gefleckt, anschließend breites orangefarbenes bis rotes Band, breit schwarz gesäumt. ♀ graubraun, Flossen farblos.
Pflege und Zucht siehe Gattungsbeschreibung, S. 497, die Jungfische schlüpfen nach einer Trockenperiode von mindestens fünf, meist 7–9 Monaten (Laichkontrolle erforderlich).
N. rachovii ist eine der bekanntesten und schönsten *Nothobranchius*-Arten.

Nothobranchius steinforti
Wildekamp, 1977
Steinforts Prachtgrundkärpfling

Tansania; t.t.: Flußgebiet des oberen Wami, wasserpflanzenreicher, flacher Sumpf am Weg zwischen Morogoro und Kimamba, vergesellschaftet mit *N. guentheri*; bis 6 cm.
D 14–17, A 15–17; mLR 28–30. ♂ türkis, blau irisierend, juvenil mehr violettblau, Schuppen schwach braunrot gerandet, Rücken dunkel, Bauch weißlich. D gelb- bis blaugrün, braun punktiert und gefleckt, A orangegelb bis gelb mit roten bis braunroten Punkten, an der Basis mit einem sehr deutlichen, schmalen schwarzen Saum, C basal grünlich bis grau mit rötlichen bis orangeroten Punkten, die in einen breiten, hinterrandparallelen, orangeroten Saum übergehen, Spitzen der Flossenstrahlen und hintere Kante schwarz. ♀ olivgrau, Flossen farblos.
Pflege und Zucht siehe Gattungsbeschreibung, S. 497, die Jungfische schlüpfen nach einer Trockenperiode von mindestens 2–3 Monaten.

Nothobranchius taeniopygus
Hilgendorf, 1891

Tansania, vermutlich nur in Zentral-Tansania, im Einzugsgebiet des Bubu, in unterschiedlichen, zeitweilig austrocknenden Gewässern; t.t.: Nähe des Ortes Chaya (Tschaia-See); bis 6 cm.
D 17, A 17–18; mLR 30–31. Vermutlich ist *N. taeniopygus* eine sehr variable Art mit zahlreichen, unterschiedlich gefärbten und gezeichneten Populationen. Die Erstbeschreibung von Hilgendorf ist außerordentlich knapp formuliert, und die aufgeführten Merkmale (weiße Binde in der A des ♂; ♀ heller, olivgrün und ohne Punkte) können nur bedingt dazu beitragen, aus den verschiedenen, nicht näher bestimmten *Nothobranchius* des o.g. Verbreitungsgebietes, die der Taeniopygus-Artengruppe zugerechnet werden, den »echten« Vertreter herauszufinden. Alle hierher gehörenden *Nothobranchius* können nach den Angaben in der Gattungsbeschreibung gepflegt und gezüchtet werden, siehe S. 497.

Gattung *Pachypanchax* Myers, 1933 Hechtlinge

Typusart: *P. playfairii* (Günther, 1866) (Taf. 167).
Artenarme, altweltliche, nichtannuelle Gattung der Rivulinae. Verbreitungsgebiet klein, nach bisherigen Kenntnissen auf Madagaskar, die Seychellen und Sansibar beschränkt. Die Fische leben dort sowohl in schnellfließenden Bächen als auch Mangrovesümpfen der Küstenregion. Sie erinnern mit ihrer Körperform an die *Aplocheilus*- oder die *Epiplatys*-Arten, sind aber im Querschnitt runder und nicht so stark gestreckt. Im Unterschied zu allen anderen afrikanischen Cyprinodontiden haben sie zahlreiche Schuppen auf der C-Wurzel. Auf der Kopfoberseite befindet sich ein relativ weit nach hinten gerückter Schei-

telfleck von weißlicher, seltener gelblichroter Farbe. Die D beginnt etwa oberhalb der A-Mitte, Kopfbeschuppung E-Typ mit deutlichen H-Schuppen. Neben den beiden nachfolgend beschriebenen Arten gehören der Gattung noch *P. nuchimaculatus* (GUICHENOT, 1866) und *P. sakaramyi* (HOLLY, 1928) an. Beide sollen auf Madagaskar vorkommen.
Pflege und Zucht einfach, siehe Gattung *Epiplatys* S. 490.

Pachypanchax omalonotus (Taf. 167)
(DUMÉRIL, 1861)
Madagaskar-Hechtling

Madagaskar; t.t.: Nosy Be (Insel im Nordwesten); bis 9,5 cm.
D 10–12, A 14–17; mLR 28–31. ♂ grün, blaugrün bis hellblau, Kopf und Rücken bräunlich, bronzefarbener Fleck zwischen Kopf und D, Bauch hell, gelegentlich angedeutetes dunkles Längsband vom Auge bis zur C-Wurzel und bräunliche Querbinden in der vorderen Körperhälfte. Rotbraun gerandete Schuppen in unregelmäßigen Längs- und Querreihen. Unpaare Flossen braungrün bis hellgrün mit gelblicher Basis, Säume weiß bis gelb, besonders deutlich in der A und C unten, D und C oben mit schwärzlicher Kante, D und A kaum zugespitzt. ♀ ähnlich, Färbung nicht so kräftig, D und C hellbraun mit dunklen Punkten, A und C unten hell gesäumt, Flossen abgerundet.
Pflege und Zucht einfach, Pflanzenlaicher, Schlupf der Jungfische bei 24–27 °C nach 12–16 Tagen, geschlechtsreif etwa nach drei Monaten. Einzelheiten siehe bei *Epiplatys*, S. 490.
Im Widerspruch zur Erstbeschreibung ist in der älteren Literatur oft der Name *P. homalonotus* zu finden. Die Art kommt auch im Brackwasser vor.

Pachypanchax playfairii (Taf. 167)
(GÜNTHER, 1866)
Tüpfelhechtling

Seychellen, Sansibar; t.t.: Seychellen im freien Oberflächenwasser schnell- und langsamfließender Bäche und in Mangrovesümpfen; bis 10 cm.
D 12–14, A 17–19; mLR 29–32; n = 24. ♂ blaugrün bis gelblich mit unregelmäßigen Längsreihen roter Punkte, Kopf und Rücken braun, schwarz genetzt. Unpaare Flossen gelb bis gelbgrün oder hellbraun mit Reihen kleiner roter Punkte, A und C unterschiedlich breit braunrot oder schwarz gesäumt, D und A an der Basis grünlich bis bläulich. Alle Jungfische mit einem schwarzen Fleck in der D, der später bei den ♂♂ verschwindet. ♀ ähnlich, weniger intensiv gefärbt, an der D-Basis ein dunkler Fleck, Flossen farblos bis leicht gelblich.
Pflege und Zucht einfach, Pflanzenlaicher, wärmebedürftig, siehe auch voranstehende Art.
Das Vorkommen der Art auf Sansibar ist mit großer Sicherheit auf Fische zurückzuführen, die dort ausgesetzt wurden. Der Nachweis eines Fundortes auf Madagaskar fehlt bislang. *P. playfairii* lebt auch im brakkigen Wasser (Mangrovesumpf), dort wurden die größten Exemplare gefangen. Die bei adulten ♂♂ auffallenden abstehenden Rückenschuppen sind ein arttypisches Merkmal, keine krankhafte Veränderung.

Gattung *Paranothobranchius* SEEGERS, 1985

Typusart: *P. ocellatus* SEEGERS, 1985.
Monotypische Gattung der Rivulinae. Verbreitungsgebiet Tansania, nahestehend der Gattung *Nothobranchius*, speziell *N. microlepis* (VINCIGUERRA, 1897). Gestreckter, nahezu hechtförmiger Körper, relativ geringe Körperhöhe, langer Vorderkörper, abgeflachter langer Kopf, zugespitztes Maul, D und A weit zurückgesetzt, D-Ansatz vor A, zahlreiche kleine Schuppen, geringere Ctenoidie als bei *Nothobranchius*-Arten, kräftige Bezahnung vor allem im Oberkiefer, nach hinten gebogene hakenförmige Zähne.

Paranothobranchius ocellatus
SEEGERS, 1985

Osttansania, t.t.: Sumpf zwischen Mtanza und dem Nordeingang des Selous Game Reserve, nördlich des Rufiji, syntop mit *N. melanospilus* und *N. janpapi;* bis 6 cm (?).
D 17–18, A 16–17, mLR 41. ♂ graublau auf den Körperseiten, doppelter schwarzer Augenfleck mit gelbem Hof am Beginn der C, Bauchregion hell, unpaare Flossen graublau bis gelblich. ♀ graubraun bis bläulich, einzelner schwarzer Augenfleck mit gelblichem Hof am Beginn der C (unklar, ob Anzahl der Augenflecke geschlechtstypisch ist).
Pflege und Zucht unbekannt, vermutlich sehr interessante annuelle Art.

Gattung *Pronothobranchius* RADDA, 1969

Typusart: *P. kiyawensis* (AHL, 1928) (Taf. 166).
Monotypische Gattung annueller Rivulinae. Großes Verbreitungsgebiet in den nordwestlichen afrikanischen Savannen von Senegal bis zum Tschad-See, Bewohner temporärer Gewässer, die oft nur 1–3 Monate Wasser führen. Die Gattung stellt ein Bindeglied zwischen den Gattungen *Aphyosemion* (speziell Untergattung *Fundulopanchax*) und *Nothobranchius* dar.
Pflege und Zucht siehe Artbeschreibung.

Pronothobranchius kiyawensis (Taf. 166)
(AHL, 1928)

Senegal, Gambia, Mali, Ghana, Togo, Benin, Niger, Nigeria, Tschad in flachen, zeitweilig austrocknenden Gewässern; t.t.: Kiyawa River (Flußsystem des Jamari) bei Katagum (Nigeria); bis 4,5 cm.
D 13–15, A 14–15; mLR 26; n = 33. ♂ im vorderen Teil grünlich, nach hinten stahlblau, gelegentlich leicht violett schimmernd. Körperseiten mit relativ

großen roten bis rotbraunen Punkten und Tüpfeln in unregelmäßiger Anordnung, z.T. in kurzen Längsreihen vereinigt, diagonale Punktlinien und Punktanhäufungen im Bereich der Kiemendeckel. Unpaare Flossen transparent gelb bis gelborange oder orangerot mit breiten rotbraunen Säumen, D und A manchmal mit rotbraunen Basalstreifen auf bläulichem Grund und unregelmäßigen Punkten, C mit rotbraunem, oft nur oben und unten deutlichem Saum. Flossen abgerundet, Flossenstrahlen der unpaaren Flossen, besonders der D und A, leicht verlängert. Die einzelnen Populationen unterscheiden sich durch die Anordnung und Größe der roten Punkte auf den Körperseiten und die Zeichnung der unpaaren Flossen. ♀ braun, Rücken dunkler, Bauch heller, Körperseiten mit kleinen braunroten, unregelmäßig verstreuten Punkten und bläulichem Schimmer, Flossen farblos, A lang ausgezogen und mit rußigem Saum versehen.
Pflege und Zucht wie bei den annuellen *Aphyosemion-* oder *Nothobranchius*-Arten angegeben, siehe S. 450, 497. Artaquarien, Bodengrund 2–5 cm Torf, Pflanzenbüsche, Trioansatz (ein ♂, zwei ♀♀), kräftiges Lebendfutter, häufiger Wasserwechsel. Ablaichverhalten: Die Tiere dringen mit dem Schwanz voran in das Ablaichsubstrat und tauchen bei genügend hoher Schicht vollkommen ein. Laich lichtempfindlich, Trockenperiode, Schlupf der Jungfische oft erst nach acht Monaten (Laichkontrolle), Aufzucht einfach, Lebensdauer im Verbreitungsgebiet weniger als sechs Monate. Bekannte Synonyme: *Fundulus gambiensis* SVENSON, 1933, *A. seymouri* (LOISELLE und BLAIR, 1972).

Gattung *Pseudepiplatys* CLAUSEN, 1967

Typusart: *Pseudepiplatys annulatus* (BOULENGER, 1915) (Taf. 166).
Monotypische Gattung der Rivulinae, eng verwandt mit der Gattung *Epiplatys*. Verbreitet in Guinea, Sierra Leone und Liberia. Die Herauslösung aus der Gattung *Epiplatys*, zu der die Art früher gehörte, wurde unter anderem mit der besonderen Färbung und Zeichnung, der Form der C bei adulten ♂♂, dem schmalen Kopf, dem kleinen Maul, dem ungewöhnlich stark glänzenden silbrigen Kopfschuppenfleck und dem Fehlen von Kontaktorganen begründet.

Pseudepiplatys annulatus (Taf. 166)
(BOULENGER, 1915)
Ringelhechtling

Guinea, Sierra Leone, Liberia in offenen Abschnitten von Bächen und Tümpeln der Küstenregion, gemeinsam mit *Epiplatys fasciolatus, E. bifasciatus* und Arten aus der Unterfamilie Procatopodinae; t.t.: Matka (Sierra Leone); bis 5 cm.
D 7–10, A 13–18; mLR 26–29; n = 25. ♂ mit vier breiten dunkelgrauen bis schwarzen umlaufenden Querbinden, die erste hinter den Augen, und dazwischenliegenden hellen, schwach golden getönten Streifen. Schuppen schwarz gesäumt, auf dem Kopf ein silbriger Glanzfleck. D im vorderen Teil rot, im hinteren blaugrün oder insgesamt bläulich bis schwärzlich, A vorn rußig, im mittleren Abschnitt und an der Basis in Fortsetzung einer Körperquerbinde dunkel bis schwarz, hinten gelblich, rotorange oder schwarz gesäumt, C auffällig pinselförmig ausgezogen (starke Verlängerung der mittleren Flossenstrahlen), Mittelteil orangegelb bis rot, nach oben und unten folgen schmale blaue, dann orange bis rote Längsstreifen, die abschließenden breiten Flossensäume sind leuchtend blau, D und A zugespitzt, P fadenförmig ausgezogen. ♀ ähnlich, Flossen jedoch farblos und gerundet, nur die C kann im mittleren Teil gelblich getönt sein und etwas verlängerte mittlere Flossenstrahlen haben.
Pflege und Zucht nicht einfach. Pflanzenlaicher, nichtannuelle Art, Artaquarium günstig, extensive Zuchtmethode oft erfolgreicher. Sehr kleine Eier, Schlupf der Jungfische bei 27 °C nach 9–11 Tagen, Erstfutter Räder- und Pantoffeltierchen, die Jungfische halten sich vorwiegend zwischen Pflanzen an der Wasseroberfläche auf, Wachstum langsam, bei 24 bis 26 °C nach 4–6 Monaten geschlechtsreif.
Bekannte Populationen: »Kasawe Forest« (Sierra Leone), »Monrovia« (Liberia), »Conakry« (Guinea). Sie unterscheiden sich besonders in der Färbung der D und A der ♂♂, die Form aus Sierra Leone hat lange spitze Pn. Da sich die ♀♀ der einzelnen Populationen nicht unterscheiden lassen, ist die Gefahr der Vermischung besonders groß.

Gattung *Pterolebias* GARMAN, 1895
Schleierkärpflinge

Typusart: *Pterolebias longipinnis* GARMAN, 1895 (Taf. 167).
Die *Pterolebias*-Arten gehören neben den *Cynolebias*-Arten zu den bekanntesten bodentauchenden annuellen Rivulinae Südamerikas. Hauptverbreitungsgebiet ist der Nordwesten Südamerikas von Venezuela bis Bolivien (Abb. 383). Sie bewohnen dort temporäre Wasseransammlungen und langsamfließende Bäche in den Überschwemmungsgebieten der großen Flußsysteme. SEEGERS unterscheidet zwei Artengruppen: 1. Longipinnis-Artengruppe mit *P. longipinnis* GARMAN, 1895, *P. peruensis* MYERS, 1954, *P. wischmanni* SEEGERS, 1983, und 2. Zonatus-Artengruppe mit *P. zonatus* MYERS, 1935, und *P. hoignei* THOMERSON, 1974. Die Art *P. bokermanni* TRAVASSOS, 1955, nimmt eine Sonderstellung ein und wird teilweise als Synonym von *P. longipinnis* betrachtet, die Art *P. maculipinnis* gehört heute zur Gattung *Rachovia*. Besonders charakteristisch für die Gattung sind der zusammengedrückte, stärker gestreckte Körper, die gepunkteten Flossen, beim ♂ die verlängerten Flossenstrahlen der unpaaren Flossen, die kurze D (Anfang deutlich hinter dem Ansatz der A), die große, lange A, die oben und unten zipflig ausgezogene C und die deutliche SL. Die Frontalbeschuppung entspricht dem *Rivulus*-Typ. Enge Ver-

wandtschaft besteht zu den Gattungen *Rachovia* und *Cynolebias*.
Pflege und Zucht wie bei der Gattung *Cynolebias* angegeben, siehe S. 486. Die Arten eignen sich nur bedingt für das Gesellschaftsaquarium. Im Ablaichbekken soll die Dicke der weichen Bodengrundschicht etwa der Länge der Fische entsprechen (Torf). Nach vorausgehenden Balzspielen des ♂ taucht das ♀ zuerst in das Substrat ein (Taf. 186, 187). Im Gegensatz zu den *Cynolebias*-Arten schwimmt das treibende ♂ stets hinter und unter dem laichwilligen ♀ und wartet auf dessen Eindringen in den Boden. Nach einem Zuchtansatz von 8–14 Tagen wird der Torf mit dem Laich in die Trockenperiode überführt, die 4–12 Monate dauern soll (Temperatur wechseln). Die Wasserwerte spielen bei der Zucht offenbar keine besondere Rolle.

Pterolebias longipinnis (Taf. 167, 186, 187)
GARMAN, 1895
Schleierkärpfling

Brasilien, Norduruguay, Nordargentinien in temporären Wasseransammlungen der Überschwemmungsebenen (Varzea); t.t.: Santarém am unteren Amazonas (Brasilien); bis 12 cm.
D 9–10, A 18–20; mLR 31–32; E-Typ; n = 10. ♂ dunkel- bis rotbraun mit grünlichem, bläulichem oder rötlichem Schimmer, Rücken dunkler, Bauch heller, Körperseiten mit glänzenden hellen Punkten, Strichen oder Flecken, teilweise als schmale, schräge Binden ausgebildet. Bei einigen Populationen ein sehr deutlicher Fleck (»Wundmal«) aus mosaikartig gruppierten, leuchtend roten und schwarzen Schuppen hinter dem Ansatz der P. A, D und V lang und spitz ausgezogen, dunkel gemustert, C sehr groß, fahnenartig, dunkel gemustert und am Ende zerfranst. ♀ kleiner, einfarbig grau bis braun mit Reihen kleiner dunkler Punkte in Längsrichtung, Flossen farblos, D und A an der Basis dunkel gepunktet, unpaare Flossen abgerundet, kein Schulterfleck.
Pflege und Zucht siehe Gattungsbeschreibung, oben. Die Jungfische schlüpfen nach 4–7 Monaten, in Ausnahmefällen schon nach zwei Monaten, Laichkontrolle erforderlich.
P. longipinnis ist Typusart der Gattung. Die zahlreichen Populationen unterscheiden sich in der Färbung und Zeichnung (grüne, blaue, rote Farbspielarten). In den Nachzuchten verschwindet manchmal der markante Schulterfleck. Zur Longipinnis-Artengruppe gehören auch *P. peruensis* und *P. wischmanni*. Große Ähnlichkeiten mit *P. bokermanni*.

Pterolebias peruensis (Taf. 167)
MYERS, 1954
Peru-Schleierkärpfling,
Gebänderter Schleierkärpfling

Ostperu; t.t.: östlicher Teil der Provinz Loreto, oberer Amazonas; bis 10 cm.
D 8–9, A 14–15; mLR 33–34; E-oder D-Typ; n = 27. ♂ braungrau bis gelbgrün mit mattem bläulichem bis violettem Glanz, 10–12 unregelmäßige, schmale, hellgrüne Querstriche auf den Körperseiten, teilweise über den Rücken ziehend. D gelblich mit schmalen dunklen Bändern oder Flecken, A orangegelb bis hellbraun mit dunklen Bändern und Flecken, C genetzt mit hellen, meist gelbbraunen bis gelbgrünen und rot- bis dunkelbraunen Tüpfeln bzw. Strichen in Richtung der Flossenstrahlen, unterer Flossenlappen teilweise breit orange gefärbt und nach innen gelb abgesetzt (sog. Schleserstamm) oder gelb bis gelbgrün und von der Gesamtflosse farblich nicht getrennt (sog. Nominatform); D und A spitz ausgezogen, C spitz bis lappig oder oben und unten zipfelförmig verlängert, sehr groß (bis 40 % der Gesamtlänge des Fisches). ♀ ähnlich, Färbung und Zeichnung jedoch wesentlich blasser und undeutlicher, Flossen gerundet, farblos.
Pflege und Zucht siehe Gattungsbeschreibung, oben. Zur Zucht ein ♂ mit zwei ♀♀ ansetzen, Versteckmöglichkeiten für die ♀♀ erforderlich. Die Jungfische schlüpfen nach einer Trockenperiode von 3–9 Monaten.
P. peruensis ist eine langgestreckte und elegante Art, die auch in ihrer Körperhaltung und Schwimmweise an die *Rivulus*-Arten erinnert. Am gleichen Fundort kommen oft verschiedene Farbspielarten vor. *P. peruensis* gehört zur Pterolebias-Artengruppe. Die Art zählt zu den annuellen Rivulinae, ist aber kein obligatorischer Saisonfisch.

Pterolebias zonatus (Taf. 167, 168)
MYERS, 1935
Gestreifter Schleierkärpfling

Venezuela, Kolumbien, in zeitweiligen Wasseransammlungen; t.t.: Gewässer im Staat Guarico (Venezuela), Einzugsgebiet des Orinoko (Savannenbereich); bis 10 cm.
D 10, A 21–24; mLR 33–35. ♂ grünlich bis blaugrün mit 12–16 schmalen roten bis rotbraunen Vertikalstreifen, Rücken dunkel, Bauch hell. D relativ klein, gelbgrün bis orangerot mit braunen Punkten und Bändern, A und C groß, grünlich, netzförmig hellgelb, rotbraun punktiert oder zwischen den Flossenstrahlen gestrichelt, C (oben und unten), A und P spitz ausgezogen, untere Kante der C und A gelblich. ♀ braun bis braungrau, Flossen mit Ausnahme der A kleiner, Anzahl der Querstreifen geringer, D, A und C mit Punkt- und Strichzeichnung.
Pflege und Zucht siehe Gattungsbeschreibung, oben. Annuelle Art, typischer Bodentaucher, die Jungfische schlüpfen nach etwa sieben Monaten (Laichkontrolle erforderlich).
Zur Zonatus-Artengruppe gehört auch *P. hoignei*, der ursprünglich als »schattige Form« von *P. zonatus* bekannt wurde.

Gattung *Rachovia* MYERS, 1927

Typusart: *R. brevis* (REGAN, 1912) (Taf. 155). Nördliches Südamerika, besonders Venezuela in zeitweiligen Wasseransammlungen der Überschwemmungsgebiete großer Flüsse. MYERS separierte die Gattung nach verschiedenen morphologischen Merkmalen, unter anderem der Kopfform und der Ausbildung der Flossen. Die Abgrenzung zu den verwandten Gattungen *Austrofundulus, Pterolebias, Rivulus* ist deutlich. Sexualdimorphismus ausgeprägt, Kopfbeschuppung E-Typ (*R. maculipinnis* F-Typ), variable Anzahl von Neuromasten, hinsichtlich der SL-Organe am Kopf entspricht die Gattung der Gattung *Pterolebias*. Folgende Arten sind bekannt:

R. brevis (REGAN, 1912) (Taf. 155)
R. hummelincki DE BEAUFORT, 1940 (Taf. 155)
R. maculipinnis (RADDA, 1964) (Taf. 155)
R. pyropunctata TAPHORN und THOMERSON, 1978
R. stellifera (THOMERSON und TURNER, 1973)

Pflege und Zucht im wesentlichen so wie bei den *Cynolebias*-Arten angegeben, siehe S. 486. Annuelle Rivulinae, Bodenpflüger oder Bodentaucher, siehe Artbeschreibung *R. brevis*.

Rachovia brevis (Taf. 155)
(REGAN, 1912)
Spitzschwanzkärpfling

Nordkolumbien, beiderseits des Río Magdalena; t.t.: unsicher; bis 8,0 cm.
D 9–14, A 12–17; mLR 26–32; E-Typ. ♂ grünlichblau oder braun bis fahlgrau, Rücken olivbraun, Bauch hell, Körperseiten genetzt mit dunklen Punkten, Strichen und Tüpfeln, die teilweise Schrägbinden bilden. Kopf mit olivgrünen Tupfen. D spitz ausgezogen, hellgrau oder blau, mit vier oder fünf angedeuteten Reihen rötlicher Punkte, gelegentlich mit dunklem Fleck am Flossenansatz, A spitz ausgezogen, bräunlich mit hellblauen bis weißen und basal zusätzlich mit goldenen Tüpfeln, C hell- bis grünblau gepunktet, schwarz eingefaßt, oberer und unterer Rand oft rötlich, lappig verlängert, hinten zerfranst. ♀ gelbbraun, ohne Zeichnung, Kiemendeckel leicht grünblau, Flossen abgerundet, farblos bis hellgrau.
Pflege und Zucht einfach, Hälterung im Artbecken, Versteckmöglichkeiten notwendig, dunkler Bodengrund, 20–23 °C. Für die Zucht ist eine Torfschicht von etwa 3 cm ausreichend. Beim Ablaichen dringen die Fische nicht vollständig in das Bodensubstrat ein (Bodenpflüger). Der Laichplatz wird vom ♀ ausgesucht, die Jungfische schlüpfen nach einer Trockenperiode von 3–6 Monaten (Laichkontrolle), Aufzucht einfach, Lebensdauer kaum über ein Jahr.
Sehr variable, weit verbreitete Art mit zahlreichen Populationen, die sich in der Form (gedrungen, bullig oder elegant, schlank), Zeichnung und Farbe (blaue, orange oder schwarze Spielarten) unterscheiden. Häufiges Synonym: *Rachovia splendens* DAHL, 1958, oft verwechselt mit *Rivulus micropus*.

Rachovia hummelincki (Taf. 155)
DE BEAUFORT, 1940
Schwanzstreifen-Rachovia

Venezuela, besonders östliches Maracaibo-Becken, Kolumbien, in zeitweiligen Tümpeln, gemeinsam mit *R. brevis* und *Austrofundulus limnaeus*; t.t.: Pozo de San Antonio, Paraguana-Halbinsel östlich von Carirubana, Staat Falcón (Venezuela); ♂ bis 6 cm, ♀ bis 3 cm.
D 10–12, A 12–15; mLR 29–33; E-Typ. ♂ graublau mit olivgrünem Schimmer und weißen, blauen und auch grünen Glanzschuppen, Rücken dunkler. D hellblau, weißlich oder blaßgelb mit sechs oder neun bogigen Reihen rotbrauner Punkte, die nach der Basis zu größer und dichter werden, A gelb bis hellblau mit schwarzen Punkten, C oben graublau bis braun mit rotbraunen Punkten, unten mit breitem Orangestreifen in Längsrichtung, nach innen weiß abgesetzt. ♀ blau bis grau, Bauch silbrig, Flossen farblos oder hellgrau, Flossenstrahlen der C gelegentlich dunkel, hintere Kante schwarz. Pflege und Zucht wie *R. brevis.*
Die in der Aquaristik als *R. hummelincki* gepflegten Tiere haben Ähnlichkeit mit *R. pyropunctata*. Die Populationen aus Venezuela und Kolumbien zeigen unterschiedliche Färbungen.

Rachovia maculipinnis (Taf. 155)
(RADDA 1964)
Bunter Schleierkärpfling

Kolumbien, Venezuela im Überschwemmungsgebiet des Orinoko, in periodisch austrocknenden Gewässern, z.T. gemeinsam mit *R. pyropunctata* und *Austrofundulus limnaeus*; t.t.: nicht bekannt, Neotyp: Flußsystem des Rio Pao; bis 9,0 cm.
D 10–12, A 14–16; mLR 29–32; F-Typ. ♂ hellgrün bis hellbraun, manchmal blau bis violett mit blauen Tüpfeln in der hinteren Körperhälfte, die gelegentlich zu schmalen Querstreifen zusammenfließen. Kehlbereich gelblich bis rot. D basal rotbraun mit hellen Punkten, außen mit gelbem Marginalband und schwarzem Saum, A und C hellblaue Punkte oder Tüpfel auf grünlichem bis grünschwarzem Grund in netzförmiger Anordnung, C gelegentlich oben, besonders aber unten mit einem roten Längsband, das außen schwarz und innen weiß abgesetzt ist, Flossenstrahlen fransenartig verlängert. Auf dem Körper stehen die Schuppen auffallend ab. ♀ hellbraun. Flossen abgerundet, farblos, teilweise schwach gepunktet.
Pflege und Zucht siehe *R. brevis*, Bodentaucher, die Jungfische schlüpfen nach einer Trockenperiode von 6–7 Monaten. Bei den Nachzuchten verblassen die Farbkontraste, sorgfältige Zuchtauswahl und abwechslungsreiche Fütterung wird empfohlen.
Die grünen, blauen, orangefarbenen und schwarzen Spielarten sind vermutlich erst während der aquaristischen Züchtung selektiert worden, ihnen allen fehlt meist das rote Band im unteren Teil der C. Bis

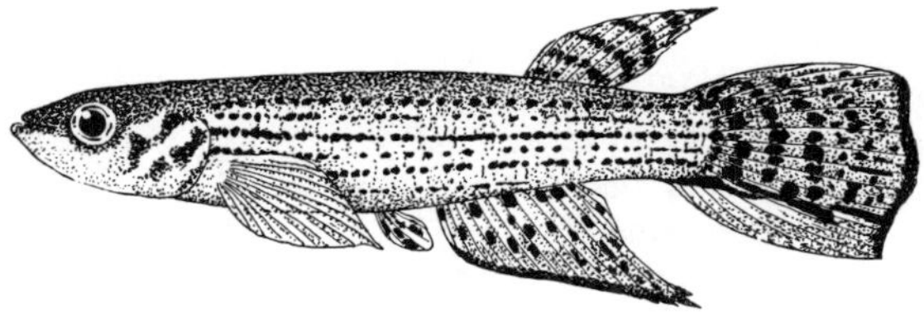

Abb. 391 *Rivulichthys rondoni*

zur Revision durch THOMERSON und TAPHORN 1978 wurde die Art als *Pterolebias* verbreitet. Diese Autoren empfehlen auch die Einordnung von *R. maculipinnis* als Unterart von *R. brevis*.

Gattung *Rivulichthys* MYERS, 1927

Typusart: *R. rondoni* (DE MIRANDA RIBEIRO, 1923) (Abb. 391).
Südamerikanische Gattung bodenlaichender Rivulinae aus dem Mato-Grosso-Gebiet, besonders dem oberen Stromgebiet des Paraguay. MYERS (1927) stellte die Gattung nach morphologischen und geographischen Merkmalen auf. Als charakteristisch gelten die sehr weit hinten angesetzten D und A. Arten: *R. balzanii* (PERUGIA, 1891), *R. luelingi* MEINKEN, 1969, *R. rogoague* (PEARSON und MYERS, 1924), *R. rondoni* (DE MIRANDA RIBEIRO, 1923).
In der Aquaristik hat bislang nur die Typusart stärkere Beachtung gefunden. Verwandtschaftliche Beziehungen bestehen zu den Gattungen *Neofundulus* und *Trigonectes*.
Pflege und Zucht siehe nachfolgende Artbeschreibung.

Rivulichthys rondoni (Abb. 391)

(DE MIRANDA RIBEIRO, 1923)

Brasilien; t.t.: Caceres im Mato-Grosso-Gebiet; bis 15 cm.
D 9, A 15; mLR 36. ♂ gelbbraun mit goldenem bis grünem Glanz auf den Körperseiten und drei Längsreihen dunkelbrauner Tüpfel mit dazwischenliegenden orangefarbenen Punkten oder Punktreihen von der P bis in die C-Wurzel. Flossen hellbraun mit dunkelbrauner Punktierung, C ausgefranst, mit orangefarbenem, schwarzgesäumtem Längsband, hinterer Rand goldgelb. ♀ ähnlich, Flossen gerundet, auf dem Körper und den Flossen mit Ausnahme der P Punktreihen, die goldgelben Farbtöne fehlen.
Pflege und Zucht wie bei *Pterolebias longipinnis* angegeben, S. 505. Annuelle Art für das Artaquarium, Bodentaucher, hohe Torfschicht erforderlich. Eier sehr groß (2 mm), die großen Jungfische schlüpfen nach einer Trockenperiode von 5–7, manchmal bis 12 Monaten, Laichkontrolle erforderlich. Wachstum sehr schnell.
Die Erstbeschreibung der Art erfolgte als *Rivulus rondoni*, in der Aquaristik wurde sie als *Pterolebias* spec. NSC-1 bekannt.

Gattung *Rivulus* POEY, 1861
Bachlinge

Typusart: *R. cylindraceus* POEY, 1861 (Taf. 169).
Neuweltliche Gattung der Rivulinae mit einem großen Verbreitungsgebiet, das von Florida über Mittelamerika und die Karibischen Inseln bis in das Mato-Grosso- und Gran-Chaco-Gebiet Südamerikas reicht (Abb. 392). Die Arten bewohnen kleinräumige, pflanzenbestandene Süß-, selten Brackgewässer in verschiedenen Höhenlagen. Sie sind ausgezeichnete Springer und können bei Verschlechterung ihrer Lebensbedingungen über feuchte Böden in benachbarte Gewässer gelangen.
Alle *Rivulus*-Arten (Größe 3–15 cm) sind langgestreckt, schlank und haben einen rundlichen Körperquerschnitt. Maul oberständig. D klein, hinter der A stehend, C fächerförmig, Flossen abgerundet, Ausnahme: *R. rectocaudatus*. Auffällig ist der sog. »Rivulusfleck« im Bereich der C-Basis. Er tritt bei Jungtieren und ♀♀ zahlreicher Arten auf und hebt sich durch seine dunkle Pigmentierung deutlich ab. Auch zeigen die *Rivulus*-Arten einen deutlichen Farbdimorphismus, die ♂♂ sind meistens farbiger. Bei einigen Arten soll Zwittrigkeit vorkommen.
Die Gattung *Rivulus* ist innerhalb der Unterfamilie Rivulinae nach der Gattung *Aphyosemion* am artenreichsten (etwa 65 Arten). HOEDEMAN stellte unter besonderer Berücksichtigung der Kopfbeschuppungsmuster (s. Abb. 371, 372, 373) drei Artengruppen auf, die im allgemeinen als vorläufig betrachtet werden und dringend einer Neubearbeitung bedürfen.
Bei der nachfolgenden Gruppierung stehen vor allem

Abb. 392 Verbreitungsgebiet der Gattung *Rivulus*

aquaristische Aspekte der Größe, Zeichnung und Färbung im Vordergrund:

1. Gruppe: kleine, meist bunte Arten
   R. agilae HOEDEMAN, 1954 (Taf. 169)
   R. atratus GARMAN, 1895
   R. beniensis MYERS, 1927 (Taf. 169)
   R. brasiliensis (HUMBOLDT und VALENCIENNES, 1821)
   R. breviceps EIGENMANN, 1909
   R. compactus MYERS, 1927
   R. cylindraceus POEY, 1861 (Taf. 169)
   R. dibaphus MYERS, 1927
   R. frenatus EIGENMANN, 1909
   R. geayi VAILLANT, 1899
   R. heyei NICHOLS, 1914
   R. luelingi SEEGERS, 1984
   R. manaensis HOEDEMAN, 1961
   R. obscurus GARMAN, 1895
   R. ornatus GARMAN, 1895 (Taf. 169)
   R. punctatus BOULENGER, 1895
   R. roloffi ROLOFF, 1938
   R. speciosus FELS und DE RHAM, 1981
   R. strigatus REGAN, 1912
   R. xiphidius HUBER, 1979 (Taf. 169)
   R. zygonectes MYERS, 1927
2. Gruppe: Arten von mittlerer Größe mit meist auffälliger Färbung, besonders der C
   R. amphoreus HUBER, 1979
   R. brunneus MEEK und HILDEBRAND, 1913
   R. caudomarginatus SEEGERS, 1984
   R. chucunaque BREDER, 1925
   R. elegans, STEINDACHNER, 1880
   R. fuscolineatus BUSSING, 1980
   R. glaucus BUSSING, 1980
   R. hildebrandi MYERS, 1927
   R. intermittens FELS und DE RHAM, 1981
   R. isthmensis GARMAN, 1895
   R. leucurus FOWLER, 1944 (Abb. 393)
   R. magdalenae EIGENMANN und HENN, 1916
   R. milesi FOWLER, 1941 (Taf. 170)
   R. montium HILDEBRAND, 1938
   R. ocellatus HENSEL, 1868
   R. peruanus (REGAN, 1903) (Taf. 170)
   R. robustus MILLER und HUBBS, 1974
   R. tenuis (MEEK, 1904) (Taf. 170)
   R. uroflammeus BUSSING, 1980
   R. volcanus HILDEBRAND, 1938
   R. waimacui EIGENMANN, 1909
3. Gruppe: größere Arten, Zeichnung oft aus Längsreihen roter Punkte bestehend
   R. bondi SCHULTZ, 1949
   R. cryptocallus SEEGERS und HUBER, 1980
   R. deltaphilus SEEGERS, 1983
   R. elongatus FELS und DE RHAM, 1981
   R. hartii (BOULENGER, 1890)
   R. holmiae EIGENMANN, 1909
   R. lanceolatus EIGENMANN, 1909
   R. limoncochae HOEDEMAN, 1962 (Taf. 170)
   R. lungi BERKENKAMP, 1984
   R. mazaruni MYERS, 1924
   R. micropus (STEINDACHNER, 1863)
   R. rachovii AHL, 1923 (1925)
   R. rectocaudatus FELS und DE RHAM, 1981
   R. rubrolineatus FELS und DE RHAM, 1981
   R. santensis KÖHLER, 1906
   R. stagnatus EIGENMANN, 1909
   R. urophthalmus GÜNTHER, 1866 (Taf. 170)
   R. xanthonotus AHL, 1926

Vermutlich enthält die Liste auch einige Artangaben, die sich bei weiteren Bearbeitungen der Gattung als Synonyme herausstellen.
Hinsichtlich der Pflege und Zucht der *Rivulus*-Arten können im wesentlichen die Angaben gelten, die für die pflanzenlaichenden, nichtannuellen *Aphyosemion*-Arten gemacht wurden, siehe S. 449. Da die *Rivulus*-Arten ausgezeichnete Springer sind, müssen die Aquarien sehr gut abgedeckt werden. Manchmal liegen die Tiere auf Schwimmblättern oder kleben an der Deckscheibe des Aquariums. Auffällig ist weiterhin die oft bogig gekrümmte oder schräge Ruhestellung, die zunächst vielfach den Verdacht einer Erkrankung auslöst, jedoch zum Normverhalten gehört. Die meisten Arten sind für das Gesellschaftsaquarium geeignet, sie halten sich dort in allen Wasserschichten auf und sind bei ausreichender Fütterung friedlich. Angenommen wird Lebendfutter aller Art, aber auch Trockenfutter. Zur Zucht 25–30°C, meist einfach, nur einige Arten, zu denen auch die farbenprächtigen gehören, bereiten durch ihre geringe Produktivität Schwierigkeiten. Der hohe ♂♂-Anteil bei Nachzuchten ist durch zu niedrige Temperaturen bedingt. Abgelaicht wird an feinfiedrigen Pflanzen oder Ersatzsubstraten. Eier mit 1,5–2 mm relativ groß, hartschalig, sie können mit den Fingern aus dem Ablaichsubstrat gesammelt werden. Die Jungfische schlüpfen innerhalb von 2–3 Wochen, durch Aufbewahrung des Laichs in feuchtem Torf kann der Schlupf der Jungfische verzögert werden, in der Natur tritt dies bei akutem Wassermangel ein. Aufzucht meist einfach. Die Geschlechtsreife wird nach 6–10 Monaten erreicht.

Rivulus agilae (Taf. 169)
HOEDEMAN, 1954
Agila-Bachling

Suriname, Französisch-Guayana, Nordostbrasilien in kleinen, stagnierenden oder langsamfließenden, ständig wasserführenden Gewässern, teilweise vergesellschaftet mit *R. geayi*; t.t.: Agila, kleiner Bach zwischen Agila am Surinam-Fluß und Berlijn am Para-Fluß in felsiger Umgebung, 45 km südlich von Paramaribo; bis 5 cm.
D 7–9, A 11–12; mLR 29–34; F-Typ. ♂ vorn überwiegend blaugrün, hinten orange bis rot, Rücken dunkel, Bauch hell, populationsabhängig blaugrüne, orange, rotorange Muster und helle Glanzschuppen an den Körperseiten. Kleine orange bis rotorange Punkte hinter den Pn verstärken sich über der A zu kopfwärts gerichteten Winkelbinden und fließen vor

der C zu einer fast einheitlichen Farbfläche zusammen. D blaugrün bis orange gemustert, A orange bis orangerot, gelegentlich mit gelbgrünem Saum, C orange bis rotorange mit gelbem Saum, untere Kante schwarz. ♀ graubraun mit hellen Flecken, D farblos, A gelegentlich rötlich, C dunkel gefleckt, Rivulusfleck auf der C-Wurzel.
Pflege und Zucht siehe Gattungsbeschreibung, S. 508. Schlupf der Jungfische nach 12–15 Tagen, der Schwanzwurzelfleck bildet sich bei den juvenilen ♀♀ sehr früh aus.
Eng verwandt mit *R. geayi*. *R. manaensis* HOEDEMAN, 1961, ist vermutlich ein Synonym.

Rivulus amphoreus
HUBER, 1979

Suriname; t.t.: 120 km südsüdwestlich von Paramaribo; bis 7 cm.
D 11–12, A 16–17; mLR 47–48; E-Typ. ♂ goldfarben bis gelbgrün, Rücken dunkelbraun, Bauch hell, mit zahlreichen, unregelmäßig angeordneten braunen bis rotbraunen oder braungrünen, zu Längsreihen gruppierten Punkten oder mit unterschiedlich großen Flecken. D, A, und C gelbgrün mit zahlreichen rotbraunen Tüpfeln zwischen den Flossenstrahlen, D mit hellem, A mit dunklem Saum, C mit heller Ober- und dunkler Unterkante. ♀ ähnlich, dunkler Schwanzwurzelfleck vorhanden.
Pflege und Zucht siehe Gattungsbeschreibung, S. 508. Zucht nicht einfach, die Jungfische schlüpfen nach etwa 20 Tagen, Wachstum langsam, erst nach zehn Monaten geschlechtsreif.
R. amphoreus wurde in der Aquaristik als *R.* spec. »Vermeulen« bekannt.

Rivulus beniensis (Taf. 169)
MYERS, 1927
Beni-Bachling

Bolivien, Peru, in flachen Gewässern, fließendes Wasser wird gemieden; vergesellschaftet mit *Pterolebias peruensis*; t.t.: Ivon am Rio Beni (Bolivien); bis 6,5 cm.
D 7–8, A 12–13; mLR 34–36. ♂ dunkelbraun mit bläulichen oder bläulich mit dunkelbraunen bis braunroten Flecken und Marmorierungen. D, A und C bläulich bis grünlich mit braunen bis braunroten Punkten und kurzen Strichen zwischen den Flossenstrahlen, Saum breit, ohne Zeichnung, am oberen Rand der C, nahe der Basis, ein nur angedeuteter dunkler Pigmentfleck. Bekannt sind auch gelblichgrüne Exemplare mit orangefarbenen Flossen und Punktreihen auf dem Körper. ♀ ähnlich, Schwanzwurzelfleck deutlich.
Pflege und Zucht siehe Gattungsbeschreibung, S. 508. Nichtannuelle bis semiannuelle Art, bei der Zucht darauf achten, daß sich die ♀♀ verbergen können. Haftlaicher, der in Bodennähe, oft sogar im Torf, aber auch an Pflanzen in der Nähe der Oberfläche laicht. Die Jungfische schlüpfen nach 20 Tagen, jedoch kann der Laich in feuchtem Substrat auch längere Zeit aufbewahrt werden. Die verschiedenen Populationen unterscheiden sich in Färbung und Zeichnung. MYERS beschrieb 1927 die Unterart *R. beniensis lacustris* aus dem Roguagua-See in Bolivien. Die Zugehörigkeit der in der Aquaristik als *R. beniensis* bekannten Tiere zu dieser Art ist unsicher.

Rivulus brasiliensis
(HUMBOLDT und VALENCIENNES, 1821)
Brauner Bachling

Brasilien; t.t.: Umgebung von Rio de Janeiro, oft gemeinsam mit *R. santensis*; bis 6 cm.
D 8–9, A 11–13; mLR 29–34; E-Typ, meist kombiniert mit D-Typ. ♂ rötlichbraun bis dunkelbraun, Bauch heller, blaugrüne Punkte und Flecken auf den Körperseiten, dunkle, 5–7 ungleichmäßig ausgebildete Querbinden in der hinteren Körperhälfte bis in die C. Unpaare Flossen bläulich bis grünlich, D basal bräunlich, A und C unten dunkelbraun, C oben hell gesäumt, mittlere Strahlen oft leicht verlängert. ♀ hellbraun mit grünem Schimmer, auf den Körperseiten dunkle Punkte und Flecken, unpaare Flossen blaugrün gepunktet, kein Schwanzwurzelfleck.
Pflege und Zucht siehe Gattungsbeschreibung, S. 508, nicht einfach, Produktivität gering. *R. brasiliensis* wurde als *Fundulus*, später als *Haplochilus* eingeordnet. *R. dorni* MYERS, 1924, ist ein Synonym.

Rivulus breviceps
EIGENMANN, 1909

Guayana (Westteil); t.t.: Shrimp Creek im Gebiet des unteren Potaro Rivers; bis 5 cm (?)
D 8–9, A 10–12; mLR 30–34; F-Typ. Lebendfärbung von ♂ und ♀ unbekannt. Die Art soll kein Längsmuster, sondern nur ein undeutliches Längsband und Querbänder oder -striche auf der hinteren Körperhälfte haben. Der Rivulusfleck im Schwanzstiel ist bei beiden Geschlechtern nur undeutlich.
Pflege und Zucht unbekannt.
HOEDEMAN benannte nach dieser wenig bekannten Art die Breviceps-Gruppe, sie gehört vermutlich zu den kleinbleibenden, meist bunten Vertretern der Gattung. Nach SEEGERS nur 3,5 cm.

Rivulus cryptocallus
SEEGERS und HUBER, 1980
Martinique-Bachling

Martinique; t.t.: Ravine Vilaine in unterschiedlichen, stark veralgten Gewässern, oft mit lebendgebärenden Zahnkarpfen vergesellschaftet; bis 8 cm.
D 7–10, A 13–15, mLR 38–48, E-Typ. ♂: Rücken und Flossen rötlichbraun, Körperseiten glänzend blaugrün, vom Kopf bis in die Schwanzwurzel Längsreihen kleiner roter Punkte. Unpaare Flossen mit blaugrüner Basis und dunklem Saum, der am Hinterrand der C meistens unterbrochen ist. D und A sehr weit hinten angesetzt. ♀ ähnlich, etwas blasser,

Schwanzwurzelflecke unterschiedlich kräftig, gelegentlich auch ein Fleck an der D-Basis, D selbst oft mit dunkelbraunen Punkten und Strichen.
Pflege und Zucht siehe Gattungsbeschreibung, S. 508, Zucht einfach.
Die einzelnen Populationen können sehr unterschiedlich gefärbt sein, rote und grüne Farben herrschen vor. Verwandt mit *R. hartii, R. holmiae* und *R. urophthalmus*. Nach SEEGERS und HUBER sind vermutlich alle *R.* spec. von Martinique Populationen dieser Art.

Rivulus cylindraceus (Taf. 169)
POEY, 1861
Kuba-Bachling

Kuba; t.t.: unbekannt, vermutlich in der Nähe von La Habana; bis 6 cm.
D 10–11, A 12–13; mLR 38–39; D-Typ; n = 24. ♂ oben glänzend grün bis grünbraun, unten rötlich bis orange mit unregelmäßig verteilten roten Punkten. Oberhalb des Ansatzes der P ein leuchtend blauer Schuppenfleck, entlang der Körperseiten ein unterschiedlich deutliches, breites, dunkles Längsband, das teilweise in die dunklere Rückenpartie übergeht. Unpaare Flossen gelblich bis orange mit kleinen roten Punkten und Strichen zwischen den Flossenstrahlen, C meist mit kräftig blauem Saum und einer dunklen Unterkante. In der Aquaristik sind jedoch auch bläuliche, fast schwarze und mehr rote Farbspielarten bekannt. Juvenile ♂♂ mit typischem »Rivulusfleck«, der sich mit zunehmendem Alter verliert. Flossen abgerundet, A leicht zugespitzt. ♀ mehr bräunlich, blasser, Rivulusfleck mit heller Umrandung im oberen Teil des Schwanzstieles sehr deutlich, Körperseiten gelegentlich unregelmäßig rotbraun punktiert, Rückenpartie mit dunkelbraunem Raster.
Pflege und Zucht siehe Gattungsbeschreibung, S. 508, insgesamt einfach. Aquaristisch bekannteste Art der Gattung, sehr anpassungsfähig, für das Gesellschaftsaquarium gut geeignet (Aquarium sorgfältig abdecken!), untere und mittlere Wasserschichten werden bevorzugt, schiebt sich gelegentlich aber auch auf Schwimmblätter. Schlupf der Jungfische bei 25 °C nach etwa zwölf Tagen.
Typusart der Gattung *Rivulus*. Mögliches Synonym *R. insulaepinorum* CRUZ und DUBITSKY, 1976.

Rivulus elegans
STEINDACHNER, 1880
Eleganter Bachling

Kolumbien; t.t.: Rio Cauca; bis 5,5 cm.
D 7–8, A 13–15; mLR 35–36; D-Typ. Farbbeschreibung des ♂ und ♀ nur von konservierten Exemplaren bekannt. Oberseite dunkelviolett bis braun, seitlich heller, auf den Körperseiten Längsreihen kleiner roter Punkte und dunkle Querbänder. D und C dunkel gefleckt, C hinten weiß gesäumt.
Pflege und Zucht vermutlich wie in der Gattungsbeschreibung angegeben, siehe S. 508.

Rivulus elegans ist die namengebende Art für die von HOEDEMAN aufgestellte Elegans-Gruppe, allerdings bleibt die Einteilung unsicher.

Rivulus geayi
VAILLANT, 1899
Guayana-Bachling

Französisch-Guayana (Oyapock-System); t.t.: Gewässer bei Carsevenne in der Nähe von Cachipour, teilweise gemeinsam mit *R. xiphidius, R. agilae, R. holmiae, R. urophthalmus*; bis 5 cm.
D 9, A 9–12; mLR 35; F-Typ; n = 20, 23. ♂ am Rükken braun, Körperseiten blau bis blaugrün mit roten bis orangeroten Punkten und Flecken, die zu schmalen Winkelbinden zusammenfließen können, die mit der Spitze nach vorn zeigen, Bauchregion weißlich. D und C in Färbung und Zeichnung etwa gleich: hellblau bis grünlich mit rotbraunen Querbinden, teilweise in Striche und Flecken aufgelöst, weißlicher Saum, Unterkante der C mit dunklem Saum, A orange bis gelb, zarte rotbraune Strich- und Punktzeichnung, Basis hellblau. ♀ graubraun mit netzartiger Marmorierung, A zart orange bis gelblich, D und C bräunlich mit rotbraunen Querbinden, Strichen, Flecken und Punkten.
Pflege und Zucht siehe Gattungsbeschreibung, S. 508, schwierig. Abgelaicht wird nach interessantem Balzverhalten (Kopfnicken des ♂) an Pflanzen in Bodennähe. Zahl der Eier gering, Wachstum der Jungfische langsam, geschlechtsreif erst nach 10–12 Monaten.
Die Art erinnert an *R. agilae* und *R. strigatus,* HUBER hält alle drei für identisch.

Rivulus hartii
(BOULENGER, 1890)
Riesenbachling

Trinidad, Tobago, Venezuela, Kolumbien; t.t.: Trinidad in größeren Tümpeln; bis 10 cm.
D 8–10, A 14–17; mLR 35–42; D-Typ. ♂ grünlichbraun, in der hinteren Körperhälfte mehr bläulich, auf den Körperseiten Längsreihen dunkelroter Punkte. Unpaare Flossen grünlich oder orangefarben, teilweise mit dunklen Punkten und Strichen, orange oder schwarz gesäumt, C häufig mit weißer, gelblicher oder orangefarbener Ober- und Unterkante. ♀ bräunlich mit dunklen Tüpfeln, unpaare Flossen gelb bis orange, C schwarz gesäumt, Rivulusfleck ohne helle Umrandung.
Pflege und Zucht siehe Gattungsbeschreibung, S. 508.
Die Art kann sehr gut springen. In ihren Heimatgebieten bewegen sich die Fische bei feuchter Witterung gelegentlich springend über Land und erreichen so andere Gewässer. Die zahlreichen Populationen unterscheiden sich z.T. deutlich in Färbung und Zeichnung. Auch ist nicht sicher, ob die in der Aquaristik als *R. hartii* gepflegten Tiere tatsächlich alle dieser Art angehören.

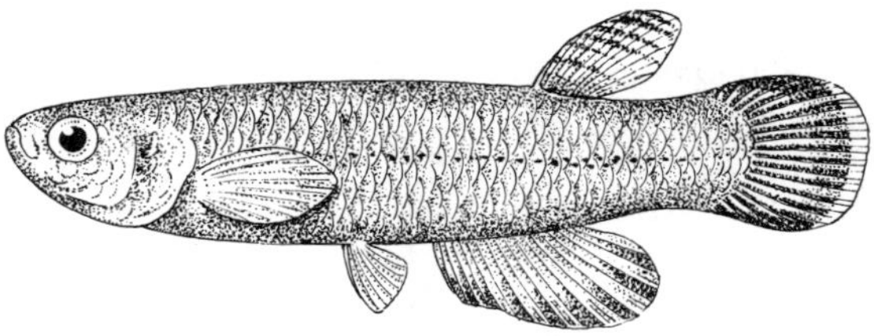

Abb. 393 *Rivulus leucurus*

Rivulus holmiae
EIGENMANN, 1909
Blauer Riesenbachling

Guayana, Suriname; t.t.: Gebiet um Holmia im Einzugsbereich des unteren Potaro River; bis 15 cm.
D 9–11, A 15–18; mLR 38–49; D-Typ. ♂ an den Körperseiten bläulich mit rostfarbenen Flecken, Bauchregion gelb. D, A und C rötlich, oliv gesäumt und gefleckt. ♀ nach EIGENMANN schöner gezeichnet, oliv mit dunkelbraunen Flecken auf den Körperseiten, Schwanzwurzelfleck vorhanden, D, A und C gefleckt, A und die Vn mit dunklem Rand.
Pflege und Zucht siehe Gattungsbeschreibung, S. 508, einfach, für das Gesellschaftsaquarium geeignet.
Die obige Farbbeschreibung orientiert sich an der Erstbeschreibung von EIGENMANN, nach anderen Angaben hat die C des ♂ oben und unten einen hellen Randsaum. Insgesamt erinnert die Färbung an *R. hartii*, von dem sich *R. holmiae* nur schwer unterscheiden läßt.

Rivulus isthmensis
GARMAN, 1895
Getüpfelter Bachling

Kostarika, Nikaragua; t.t.: Lake Hyanuary; bis 7 cm.
D 6, A 8; mLR 29; E-Typ. ♂ bräunlich bis grünlich mit rötlichen Punkten und Flecken in unregelmäßigen Längsreihen auf den oft bläulich schimmernden Körperseiten, Bauch gelblich. D und A gelblichgrün mit dunkler Zeichnung, z.T. Bänderung, D mit einem dunklen basalen Fleck, A rötlich gesäumt, manchmal gepunktet, C oben mit gelblichgrüner, unten gelblicher Kante, innen ein umlaufendes Marginalband, mittlerer Teil der Flosse rötlich. ♀ dunkelbraun bis hellgelb mit Fleckenzeichnung, manchmal mit Zickzackband auf den Körperseiten, Schwanzwurzelfleck mit hellem Hof, Flossen gelblich, dunkler Fleck an der D-Basis, untere Kante der C dunkel.
Pflege und Zucht siehe Gattungsbeschreibung, S. 508. Temperaturen nicht unter 20 °C.
BUSSING beschrieb 1980 die Unterart *R. isthmensis rubripunctatus*.

Rivulus leucurus (Abb. 393)
FOWLER, 1944

Kolumbien; t.t.: Rio Jurado; bis 4 cm.
D 5–7, A 11–12; mLR 31–33; D-Typ. In der Erstbeschreibung erfolgten die Farbangaben anhand konservierter Exemplare. Nach HOEDEMAN ist die C der ♂♂ am Hinterrand hell, oben und unten dunkel. ♀ mit deutlichem Schwanzwurzelfleck.
Bislang keine aquaristischen Beobachtungen.
Typusart der von FOWLER eingeführten, nicht anerkannten Untergattung *Vomerivulus*.

Rivulus limoncochae (Taf. 170)
HOEDEMAN, 1962

Ekuador; t.t.: Rinnsal bei Limoncocha, Bach im Flußsystem des Rio Napo; bis 5,5 cm.
D 7–8, A 13–14; mLR 36–37; E-Typ. ♂ rötlichblau bis blaugrün, Schwanzregion mit 6–8 karminroten Punktreihen in Längsrichtung. D orangerot, A rot mit kleinen dunklen Punkten und Strichen zwischen den Flossenstrahlen, C einheitlich blaugrün, teilweise dunkel getönt. ♀ ähnlich, etwas blasser, kleine Punkte und Striche im oberen Teil der C, Schwanzwurzelfleck schwarz, ohne deutlichen Hof.
Pflege und Zucht siehe Gattungsbeschreibung, S. 508, etwas heikel.
Die von ROLOFF 1961 entdeckte Art erinnert an *R. urophthalmus*.

Rivulus magdalenae
EIGENMANN und HENN, 1916
Goldschwanzbachling

Kolumbien; t.t.: Ibagué, Río Magdalena, Hochland des Magdalena-Beckens; bis 7 cm.
D 9–11, A 15–16; mLR 40–42; D- oder E-Typ. ♂ olivbraun bis grünblau mit unregelmäßigen rotbraunen Punkten und Flecken. D und A rötlich bis grünlich mit schwarzem Saum, C grünlich, oben und unten mit einem relativ breiten schwarzen Saum, Hinterrand von innen nach außen rot, orange, gelblich und weiß. ♀ mehr bräunlich und weniger kontrastreich. Die dunkelbraune Punkt- und Fleckenzeichnung (Marmorierung) deutlicher als beim ♂, Schwanzwurzelfleck vorhanden, meist in mehrere kleine Flecken aufgelöst, hell umrandet, unpaare Flossen braungrünlich, D und C dunkel gepunktet und gefleckt, teilweise kurze Striche in Richtung der Flossenstrahlen.
Pflege und Zucht siehe Gattungsbeschreibung, S. 508, einfach.
R. milesi FOWLER, 1941, gilt im allgemeinen als Synonym.

Rivulus micropus
(STEINDACHNER, 1863)

Brasilien, Venezuela, Trinidad; t.t.: Einzugsgebiet des Rio Negro bei Maroa (Brasilien); bis 10 cm.
D 9, A 14; mLR 45; D-Typ. ♂ bräunlich mit unregelmäßigen Längsreihen roter Punkte und dunklen Flecken im oberen Körperdrittel, Rücken goldgelb, Bauch gelblichgrün. A und besonders die D gelbgrün mit rotbraunen Punkten oder kurzen Strichen in Richtung der Flossenstrahlen, Saum orangefarben, C

innen braunrot mit einem weißen Randsaum oben und unten, dem innen ein schmales rötliches oder schwärzliches Band folgt. ♀ hellbraun mit deutlichem Schwanzwurzelfleck und dunkelbrauner bis goldgelber Marmorierung im oberen Drittel des Körpers.
Pflege und Zucht siehe Gattungsbeschreibung, S. 508, einfach. Trennung der Jungfische nach Geschlechtern für das ungestörte Wachstum der ♀♀ günstig.
Früher auch bekannt als *R. compressus* HENN, 1916.

Rivulus ocellatus
HENSEL, 1868
Augenfleck-Bachling

Von Florida über Mittelamerika und die Karibik bis Ostbrasilien, vorwiegend in Kleinstgewässern; t.t.: Umgebung von Rio de Janeiro; bis 7 cm.
D 7–10, A 10–12; mLR 47–51; E-Typ. Zwittrige Tiere: graubraun bis braunschwarz mit unterschiedlich intensiver Marmorierung und zahlreichen kleinen, unregelmäßig gestreuten, dunklen Punkten an den Körperseiten. Schwanzwurzelfleck deutlich mit hellem Hof, dunkle Flecken am P-Ansatz. Unpaare Flossen transparent bis grau mit vereinzelten dunklen Punkten und Strichen zwischen den gut sichtbaren Flossenstrahlen, A gelegentlich mit einem weißen Saum.
Pflege und Zucht siehe Gattungsbeschreibung, S. 508. Für die Art ist charakteristisch, daß die meisten Tiere Zwitter sind, die sich durch Selbstbefruchtung vermehren können. In der Natur bedeutet dies, daß auch ein überlebendes Einzeltier den Bestand der Art sichert. Diese Verhältnisse ermöglichen in der Aquaristik den fast einmaligen Fall, nur mit einem Tier zu züchten. Die Eier werden im Muttertier befruchtet und unterschiedlich weit entwickelt abgelegt. Da sie keinen oder nur einen schlecht entwickelten Haftfaden haben, fallen sie zu Boden. Die Jungfische schlüpfen nach 1–4 Wochen. Aber auch ♂♂ können bei dieser Art entstehen, so z. B. bei niedrigen Entwicklungstemperaturen um 18 °C.
Im allgemeinen werden heute drei Unterarten akzeptiert:

R. ocellatus ocellatus HENSEL, 1868, Verbreitungsgebiet: südamerikanische Ostküste, südlich bis Rio de Janeiro.
R. ocellatus marmoratus POEY, 1880, Verbreitungsgebiet: Florida, Yucatán, Bahamas, Kuba, Jamaika.
R. ocellatus bonairensis HOEDEMAN, 1958, Verbreitungsgebiet: südliche Karibik, Venezuela.

Die Zeichnungs- und Färbungsunterschiede zwischen den Unterarten sind relativ gering.
Art bekannt unter den Synonymen *R. marmoratus* POEY, 1880, *R. myersi* HUBBS, 1936, *R. cylindraceus* (nicht POEY, 1881), *R. garciai* CRUZ und DUBITSKY, 1976. Die 1906 fälschlich von KÖHLER als *R. ocellatus* eingeführte Art, die 1964 wiederentdeckt wurde, erhielt den Namen *R. caudomarginatus* SEEGERS, 1984.

Rivulus ornatus (Taf. 169)
GARMAN, 1895
Bunter Bachling, Zwerg-Rivulus, Rotpunkt-Rivulus

Brasilien, Peru; t.t.: bei Silva in der Nähe von Cudajas, Lago Alexo, Lago Hyanuary (Amazonasgebiet); bis 4 cm.
D 6, A 10–11; mLR 31; F-Typ; n = 20. ♂ blaugrün bis hellblau mit unregelmäßigen Längsreihen roter Punkte unterschiedlicher Größe, Rücken graubraun mit dunklen Flecken. D sehr weit hinten angesetzt, C groß mit verlängerten mittleren Flossenstrahlen. Unpaare Flossen gelb bis orange, basal grünlich, mit zahlreichen, unregelmäßig verteilten roten Punkten und Punktreihen zwischen den Flossenstrahlen, Punkte in der D und C besonders groß. ♀ hellblau bis graubraun, Flossen hellgelb, Schwanzwurzelfleck vorhanden.
Pflege und Zucht siehe Gattungsbeschreibung, S. 508, nicht einfach. Artaquarium, reichliche Bepflanzung, um 24 °C, die Jungfische schlüpfen nach 15–20 Tagen und werden nach etwa sechs Monaten geschlechtsreif. Produktivität auffallend gering.

Rivulus punctatus
BOULENGER, 1895
Punktierter Bachling

Paraguay, Brasilien; t.t.: Colonia Risso in der Nähe des Rio Apa (Paraguay); bis 5 cm.
D 6, A 11–12; mLR 30–33; F-Typ. ♂ blaugrün bis metallisch grün mit unregelmäßigen roten Punkten, Rücken dunkel, Bauch weißlich. D, A und C grünlich, bläulich bis orange mit roten Punkten in Längs- und Querrichtung, z.T. Binden bildend, A dunkel gesäumt, C oben und unten mit hellblauem bis hellgelbem Saum. ♀ braun mit schrägem Winkelmuster, dunklem Rücken und undeutlichem Schwanzwurzelfleck, der manchmal fehlt, D, A und C dunkel punktiert.
Pflege und Zucht siehe Gattungsbeschreibung, S. 508, in der Regel einfach. Die Nachzuchten unterscheiden sich oft in der Färbung.

Rivulus roloffi
ROLOFF, 1938
Roloffs Bachling

Dominikanische Republik, Haïti; t.t.: Villa Altagracia (Plantage Arbol Gordo); bis 4,5 cm.
D 9–11, A 13–14; mLR 32–33; F-Typ. ♂ leuchtend blau bis grünlich mit roten Punkten, die gelegentlich ein unregelmäßiges Längsband bilden, sowie blauen Schrägstrichen in der hinteren Körperhälfte, über dem Ansatz der P ein blauer Fleck. Unpaare Flossen rotbraun bis orange oder grünlich bis grüngelblich. ♀ schwärzlich braun, Bauch gelblich, unregelmäßige dunkle Querbinden auf den Körperseiten, Schwanzwurzelfleck als dunkler Tupfen in der Mitte der C-Basis ausgebildet, Flossen farblos bis gelblich.

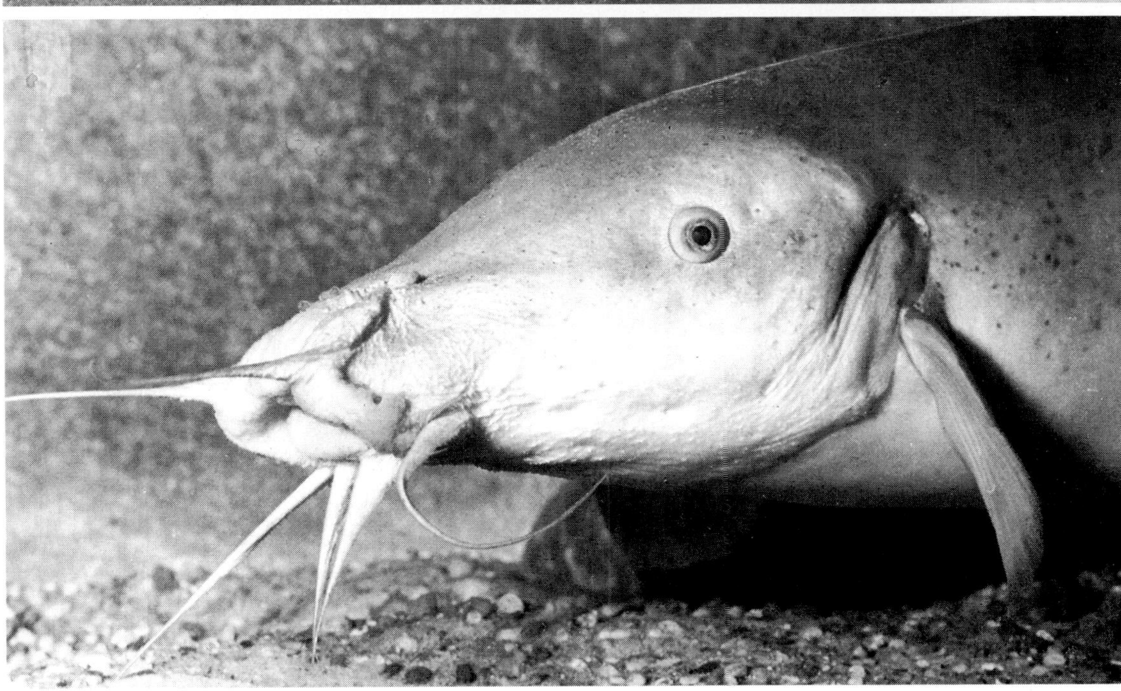

Tafel 177 *Synodontis congicus* (Foto Sterba) · *Tatia* spec. aff. *galaxis* (Foto Schultz) · *Malapterurus electricus*, Kopf (Foto Marcuse)

Tafel 178 *Pimelodella gracilis* (Foto Marcuse) · *Pimelodella* cf. *vittata* (Foto Schultz) · *Pimelodus albofasciatus* (Foto Schultz)

Tafel 179 *Leiarius pictus* (Foto Schultz) · *Pseudoplatystoma fasciatum*, Kopf (Foto Marcuse) · *Peckoltia vittata* (Foto Schultz)

Tafel 180 *Aspidoras poecilus* (Foto Schultz) · *Corydoras rabauti* (Foto Sterba) · *Corydoras julii* (Foto Sterba) · *Corydoras eques* (Foto Knaack)

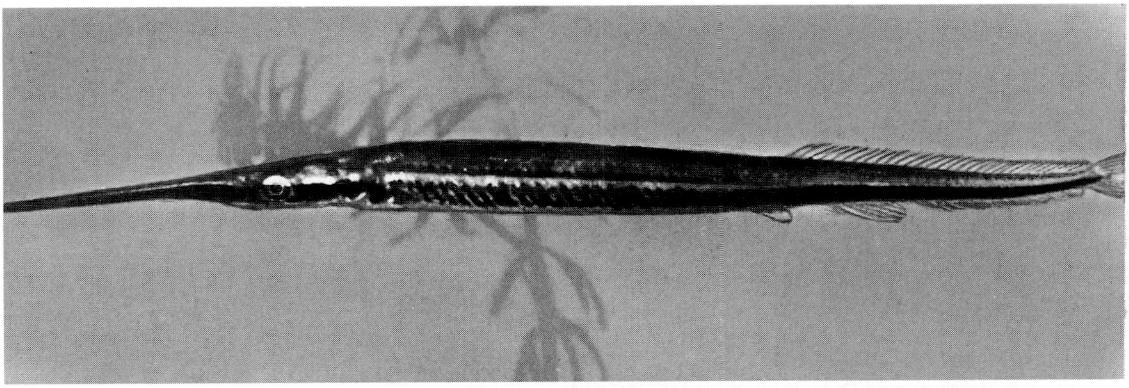

Tafel 181 Oben: *Potamorhaphis* spec. (Foto Franke). Mitte links: *Otocinclus* cf. *maculipinnis* (Foto Foersch). Mitte rechts: *Otocinclus flexilis* (Foto Sterba). Unten: *Lithoxus lithoides*, Bauchansicht (Foto Foersch)

Tafel 182 *Roloffia roloffi* von Freetown in Sierra Leone · *R. bertholdi* von Kanema in O-Sierra Leone · *R. geryi* von Sierra Leone · *R. guineensis* von Lago in O-Sierra Leone · *Epiplatys longiventralis* vom Niger-Delta · *E. spilargyreius* von Kontagora in Nigeria (alle Fotos Scheel)

Tafel 183 Oben links: *Fundulosoma thierryi*, Kluge-Stamm aus Ghana (Foto Scheel) · Oben rechts: *F. thierryi*, Clausen-Stamm aus SO-Ghana (Foto Scheel) · *Aphanius mento* (Foto Foersch) · *Epiplatys multifasciatus*, ♀ unten (Foto Foersch) · *Oryzias melastigmus*, ♀ unten (Foto Foersch)

Tafel 184 Laichserie von *Cynolebias bellottii*, Teil I (alle Fotos Foersch)

Tafel 185 Laichserie von *Cynolebias bellottii*, Teil II (alle Fotos Foersch)

Tafel 186 Laichserie von *Pterolebias longipinnis*, Teil I (alle Fotos Foersch)

Tafel 187 Laichserie von *Pterolebias longipinnis*, Teil II (alle Fotos Foersch)

Tafel 188 Laichserie von *Cynolebias constanciae* (alle Fotos Sommer)

Tafel 189 Verschiedene *Aphanius*-Arten, paarweise zusammengestellt (♀ stets über dem ♂). Von oben nach unten: *A. fasciatus*, *A. dispar richardsoni*, *A. chantrei* (Population von Samsun), *A. anatoliae* (Population von Konya) (alle Fotos Villwock)

Tafel 190 Verschiedene *Aphanius*-Arten, paarweise zusammengestellt (♀ stets über dem ♂). Von oben nach unten: *A. anatoliae transgrediens* (Population von Akpunar, Aci-Göl), *A. anatoliae burduricus* (aus dem See Burdur), *A. anatoliae splendens* (Population von Gölcük-Gölu), *A. asquamatus* (alle Fotos Villwock)

Tafel 191 Links: *Gambusia puncticulata* (Foto Quitschau) · *Pungitius pungitius* (Foto Sterba). Rechts: *Priapella intermedia* (Foto Foersch) · *Synbranchus marmoratus*, Kopf (Foto van Hengel). Unten: *Syngnathus pulchellus* (Foto Foersch)

Tafel 192 Oben links: *Elassoma evergladei*, ♂. Oben rechts: *Chanda commersoni*. Mitte: *Cottus gobio*. Unten: *Cottus gobio*, ♂ vor dem Eiballen (alle Fotos Sterba)

Pflege und Zucht siehe Gattungsbeschreibung, S. 508, Nachzuchten oft unterschiedlich gefärbt, geschlechtsreif mit etwa sechs Monaten.

Rivulus santensis
KÖHLER, 1906
Santos-Bachling

Brasilien; t.t.: Santos im Südosten Brasiliens; bis 7 cm.
D 6–9, A 12–14; mLR 35–43; E-Typ. ♂ dunkelgrün bis bronzefarben, Rücken schwärzlich, Bauch hellgelb, Körperseiten mit kleinen roten Punkten in Längsreihen. Flossen rauchig, gelegentlich mit gelblichgrünem Grundton, D grünlich bis bronzefarben, dunkelbraun marmoriert, C oben dunkelbraun oder schwarz, blaugrüne bis grünlichbronzefarbene A und C unten breit schwarz gesäumt. ♀ bräunlich, mit kleinen, bläulich glänzenden Punktreihen und Flecken, Rücken dunkler, gelegentlich marmoriert, Schwanzwurzelfleck deutlich ausgebildet, Leuchtfleck auf dem Hinterkopf, D an der Basis dunkel gebändert.
Pflege und Zucht siehe Gattungsbeschreibung, S. 508, unproblematisch.
Nach jüngsten Untersuchungen sollen drei Populationsgruppen vorkommen, die sich in meristischen Daten, Färbung und Zeichnung deutlich unterscheiden (besonders Zeichnung der C). Die Art war aquaristisch vermutlich auch unter der Bezeichnung *R. rachovii* AHL, 1923, bekannt.

Rivulus strigatus
REGAN, 1912
Gestreifter Bachling

Brasilien, Bolivien (Rio Beni, Rogoagua-See); t.t.: mittleres Amazonasgebiet; bis 4 cm.
D 8, A 12; mLR 33; F-Typ; n = 23. ♂ olivgrün bis blaugrün, Bauchregion gelborange, Rücken dunkelolivgrün marmoriert bzw. unregelmäßig gefleckt, Körper vorn in Längsrichtung rot punktiert, hinten mit karminroten, v-förmigen, mit der Spitze zum Kopf orientierten Querbinden, D und A grünlich bis gelbgrün, C mehr blaugrün mit kurzen roten, in Bogenbinden angeordneten Strichen oder Punkten, A, C und V am unteren Rand orangerot gesäumt, P hellblau. ♀ braungelb mit unregelmäßiger dunkler Fleckung oder schwach angedeuteter Bindenzeichnung, Bauch weißlich. Flossenzeichnung wie beim ♂, jedoch wesentlich schwächer, kein Schwanzwurzelfleck.
Pflege und Zucht siehe Gattungsbeschreibung, S. 508. Sehr zierliche Art, wärmeliebend (25–28 °C), Zuchttemperatur bis 32 °C, nicht sehr produktiv. In den Nachzuchten überwiegen die ♂♂, diese bleiben meist kleiner als die ♀♀.
Nach HUBER soll *R. strigatus* mit *R. geayi* identisch sein. Nahe verwandt mit *R. punctatus*.

Rivulus tenuis (Taf. 151, 170)
(MEEK, 1904)
Mexiko-Bachling

Mexiko; t.t.: Rio Papaloapam bei El Hule (heute Papaloapam) im Staat Oaxaca, oft vergesellschaftet mit *R. robustus*; bis 4 cm.
D 7–8, A 11–12; mLR 38; D-Typ. ♂ bräunlich bis gelbbraun, Bauch heller, auf den Körperseiten ein unregelmäßiges Muster aus dunklen Punkten und hellen Glanzschuppen, hinten mehr blaugrün schimmernd, auf dem Kiemendeckel ein bläulicher, zwischen P und V ein roter Fleck. D grünlich mit dunklen Punkten, z.T. bandförmig angeordnet, Kante grünorange bis gelb, A grüngelb mit kleinen rötlichen Punkten und Flecken, Basis hell, Saum dunkel, C bräunlich mit hellem Außensaum oben und unten und dunklem Saum hinten. ♀ dunkelbraun bis hell ockerfarben, gelegentlich mit dunklem Längsband, Schwanzwurzelfleck deutlich, A mit gelbbraunem Saum und dunkler Kante, C im oberen Teil marmoriert, im unteren braun.
Pflege und Zucht siehe Gattungsbeschreibung, S. 508, einfach.
Verschiedene Populationen mit unterschiedlichem Farbmuster sind bekannt, synonyme Bezeichnungen *R. godmanni* REGAN, 1907, und *R. hendrichsi* ALVAREZ u. CARRANZA, 1952.

Rivulus urophthalmus (Tafel 170)
GÜNTHER, 1866
Schwanzfleckbachling

Brasilien, Guayana, Suriname; t.t.: Pará im Amazonasgebiet (Brasilien); bis 7 cm.
D 6, A 9; mLR 38; E-Typ; n = 23. ♂ hellbraun bis rötlichbraun mit grünlichem Schimmer und roten regel- oder unregelmäßigen Punktreihen in Längsrichtung. Unpaare Flossen gelblichgrün bis orange mit roten Punkt- oder Strichreihen, D mit dunklem Saum, C oben rot oder hell, unten schwärzlich oder hell gesäumt. ♀ dunkelbraun, Körperseiten besonders oben marmoriert, Rücken oft heller mit deutlichem schwarzem, hell gesäumtem Schwanzwurzelfleck.
Pflege und Zucht siehe Gattungsbeschreibung, S. 508, einfach. Der Schwanzwurzelfleck tritt bei Nachzuchten in beiden Geschlechtern sehr früh auf. In der Aquaristik sind zahlreiche Farbspielarten verbreitet (blau, bräunlich, goldgelb). Frühere Bezeichnung *R. poeyi* STEINDACHNER, 1876.

Rivulus xiphidius (Tafel 169)
HUBER, 1979
Blaustreifen-Bachling

Französisch-Guayana; t.t.: Einzugsgebiet des Oyapock in der Nähe von Saint Georges, oft vergesellschaftet mit *R. geayi*; bis 4 cm.
D 8–9, A 11–12; mLR 30–32; E-Typ. ♂ braunorange mit deutlichem, vorn und hinten schwarzem, in der

Mitte dunkelbraunem Längsband von der Schnauze bis zum Ende der C, das streckenweise hellblau oder weiß gesäumt ist. Kehle und Bauch weißlich, hinter dem Auge ein blauer Fleck. D bräunlich bis grün mit roten Punkten, gelb bis orange gesäumt, A basal schwarz, Mitte schmal hellblau, breit schwarz gesäumt, C im oberen und unteren Teil orange bis gelb. ♀ grau bis hellbraun mit schwarzem Band von der Schnauze bis in die C, Rückenschuppen dunkel gesäumt, Flossen fast farblos, kein Schwanzwurzelfleck.
Pflege und Zucht siehe Gattungsbeschreibung, S. 508, sehr schwierig. Die Art zeigt ein vom Rivulus-Typ etwas abweichendes Verhalten, untereinander sehr aggressiv. Die Jungfische schlüpfen nach 2–3 Wochen, Wachstum äußerst langsam. In den Nachzuchten überwiegen meist die ♂♂.

Gattung *Terranatos* TAPHORN und THOMERSON, 1978

Typusart: *Terranatos dolichopterus* (WEITZMAN und WOURMS, 1967) (Taf. 158).
Monotypische Gattung. Im Gegensatz zu allen anderen Rivulinae der Neuen Welt sind hier die D und A bei beiden Geschlechtern stark verlängert. Auch sind die Flossen gattungstypisch beschuppt. Die Art hat außerdem nichtklebende Eier mit spitzen, steifen Fortsätzen auf einer regelmäßig strukturierten Oberfläche.

Terranatos dolichopterus (Tafel 158)
(WEITZMAN und WOURMS, 1967)
Flügelflosser, Säbelflosser

Venezuela (Orinoko-Bassin), Kolumbien; t.t.: 40 km südlich von El Pao, im Süden des Cano Benito; bis 5 cm.
D 14–15, A 15–18; mLR 26–27; G- oder E-Typ; n = 22. ♂ braun mit dunkelbraunen Flecken und Punkten und zartviolettem Schimmer auf den Körperseiten. Durch das Auge ein senkrechter dunkler Strich. D, A, C und P lang ausgezogen, blaugrün bis grünbraun, dunkelbraune Flecke und Striche zwischen den Flossenstrahlen, Enden der unpaaren Flossen häufig rötlich, D und A bei Wohlbefinden aufrecht stehend. ♀ hellbraun, Flossen farblos, keine Punkte auf dem Körper.
Pflege und Zucht nicht einfach. Aquarien mit Versteckmöglichkeiten notwendig. Beim Ablaichen dringen die Fische nicht in das Bodensubstrat (Torf) ein, vielmehr drückt das ♂ das ♀ in das Substrat, Torfschicht von 1–2 cm ausreichend. Anzahl der Eier groß, jedoch gehen während der 5-6monatigen Trokkenperiode viele zugrunde. Aufzucht nicht schwierig, viele Bauchrutscher.
Nach SEEGERS müßte die Gattung richtig *Terranatus* (= der Erdgeborene) heißen.

Gattung *Trigonectes* MYERS, 1927

Typusart: *T. strigabundus* MYERS, 1927 (Taf. 158).
Monotypische Gattung Brasiliens. Verwandt mit den Gattungen *Neofundulus* und *Rivulichthys*. Auffallend sind der schlanke, *Rivulus*-ähnliche Körperbau und die relativ weit hinten ansetzenden D und A. MEINKEN schildert die Art als zwischen *Epiplatys*- und *Rivulus*-Arten stehend (MEINKEN, 1959).

Trigonectes strigabundus (Tafel 158)
MYERS, 1927
Grasgrüner Trigonectes

Brasilien (Provinz Goiás) im nördlichen Mato-Grosso-Gebiet, dem Einzugsgebiet des Amazonas und Rio Tocantins, vermutlich auch des Paraguay; t.t.: Porto National, Rio Tocantins; bis 9 cm.
D 9–10, A 15–17; mLR 38–40; D-Typ. ♂ gelbgrün bis blaugrün mit Übergängen, Rücken dunkelgrünoliv, Bauch gelbweiß. An den Körperseiten Längsbinden, die sich aus dunkelbraunen bis schwarzen, auch dunkelroten Punkten und Strichen zusammensetzen, vier davon besonders hervortretend. D leicht zugespitzt, grünlichgelb, mit dunkelroten Punkten und Punktreihen in Längsrichtung, A größer als die D, zugespitzt, Färbung und Zeichnung ähnlich, C gerundet, vorwiegend grün, Rand dunkelrot mit bogig angeordneten Punktreihen, V ausgezogen, lang und schmal, rötlich. ♀ ähnlich, V deutlich kürzer.
Pflege- und Zuchtansprüche der Art aufgrund ihrer bislang geringen Verbreitung noch unsicher. Der Laich wird in Bodennähe an Pflanzen abgesetzt. Nach Beobachtungen von RICHTER dringt die Art beim Ablaichen in das Torfsubstrat ein. Eier groß (2 mm) und hartschalig. Ein Schlüpfen konnte noch nicht erreicht werden, der Laich zeigte nach fünf Wochen kaum eine Entwicklung.

Unterfamilie Fundulinae

Die Unterfamilie Fundulinae JORDAN und GILBERT, 1882, umfaßt nur neuweltliche Arten aus Nord- und Mittelamerika und von den karibischen Inselgruppen. Sie besteht aus zehn Gattungen mit etwa 50 Arten, davon gehören allein 36 zur Gattung *Fundulus*, fünf Gattungen sind monotypisch. Gattungen *Adinia, Chriopeoides, Crenichthys, Cubanichthys, Empetrichthys, Fundulus, Leptolucania, Lucania, Oxyzygonectes, Profundulus*. Die Fundulinae kommen in den unterschiedlichsten Gewässern vor, u. a. auch in mineralhaltigen Quellen und in küstennahen Meeresregionen *(Fundulus)*. Die meisten leben in pflanzenreichen Gewässerabschnitten mit schwankender Wasserhärte, neutralem bis schwach alkalischem pH-Wert und teilweise erheblichen tages- und jahresrhythmischen Temperaturdifferenzen. Verschiedene *Fundulus*-Arten sind in gemäßigten Klimabereichen mit sehr kühlen Wintertemperaturen verbreitet. Die Arten erreichen eine Größe von 4 bis 20 cm.

Hervortretende morphologische Merkmale: meist gestreckte, seitlich unterschiedlich stark zusammengedrückte Gestalt, einspitzige Zähne (Ausnahmen *Crenichthys* und *Empetrichthys* mit zweispitzigen Zähnen), abgerundete Flossen, D und A weit hinten angesetzt, ähnlich gestaltet und nahezu gegenüberstehend, Ausbildung eines sog. »Geschlechtstäschchens« (Hautfalte an der Geschlechtsöffnung der ♀♀, die dem vordersten A-Strahl anliegt), Kontaktorgane bei den ♂♂, besonders bei den *Fundulus*-Arten. Die Abgrenzung zu der Unterfamilie Cyprinodontinae ist unscharf, wiederholt wurde angeregt, beide Unterfamilien zu vereinigen.
Die einzelnen Arten der Unterfamilie sind besonders während der Laichperioden recht ansprechend gefärbt und gezeichnet.
Die Pflege und Zucht ist bei Beachtung der in den Verbreitungsgebieten vorherrschenden Bedingungen nicht schwierig, bislang haben aber nur wenige Arten aquaristisch größere Bedeutung gefunden, nur einzelne wurden über mehrere Generationen gezüchtet. Viele Arten eignen sich gut für die Freilandhälterung während der Sommermonate und können dort auch zur Nachzucht gebracht werden. Als nichtannuelle Fische laichen sie an Pflanzen und ähnlichen Substraten. Die Jungfische schlüpfen frühestens nach 8 bis 10 Tagen. Detaillierte Angaben zu den Fundorten, der Pflege und Zucht sind den Gattungs- und Artbeschreibungen zu entnehmen.

Gattung *Adinia* GIRARD, 1859

Typusart: *A. multifasciata* GIRARD, 1859 (Abb. 394). Monotypische Gattung der Unterfamilie Fundulinae mit kleineren Verbreitungsgebieten entlang der nordamerikanischen Küste im Bereich des Golfs von Mexiko (Texas bis Florida). Die bevorzugten Biotope sind Brack- und Meerwasserlagunen in unmittelbarer Küstennähe. Vorkommen z.T. syntop mit *Fundulus similis, F. confluentus, Cyprinodon variegatus, Poecilia latipinna, Mollinesia velifera* u. a.
Körper hochrückig, kurz, seitlich stark zusammengedrückt, Kopf spitz mit einem waagerechten bis leicht aufwärtsgerichteten vorderen Teil, Maul klein, stark vorstreckbar, Geschlechtsdimorphismus gering, A unter der Mitte der D beginnend, unpaare Flossen gerundet, hintere Kante der C fast gerade abgeschnitten.

Adinia multifasciata (Abb. 394)

GIRARD, 1859
Zebrakärpfling, Diamond killifish

Golfküste der USA (Texas bis Florida); t.t.: Umgebung von Galveston, Texas; bis 4 cm.
D 9–10, A 10–12; mLR 25–27. ♂ grau bis graubraun, Oberseite grauoliv bis olivbraun, Bauch heller, zahlreiche schmale, abwechselnd hellsilbrige bis hellgelbe und schwarze bis graubraune Querbinden im Wechsel, besonders deutlich im hinteren Teil des Körpers, oft als dunkle Doppellinien mit sehr dün-

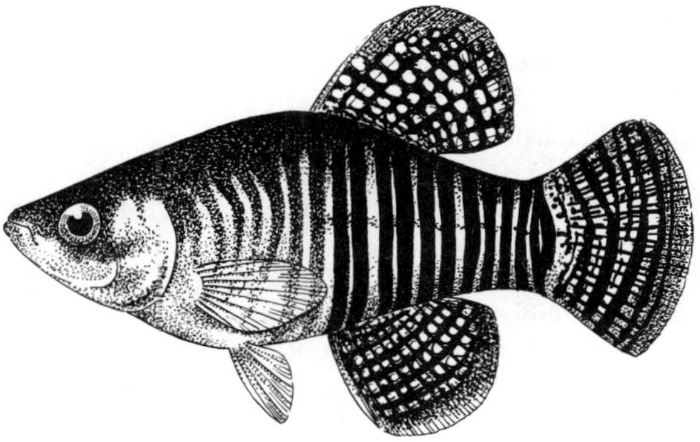

Abb. 394 *Adinia multifasciata*

nem Zwischenraum ausgebildet. Kehlregion orange bis hellgelb getönt. Unpaare Flossen unterschiedlich intensiv, schachbrettartig, dunkel-hellsilbrig gemustert, in der C gelegentlich dunkle, hinterrandparallele Streifen, Kante der D und A weiß. ♀ Färbung und Zeichnung ähnlich, allgemein blasser, unpaare Flossen etwas kleiner.
Pflege und Zucht nicht einfach. Schwarmfische, die größere Aquarien von 100–150 l Wasserinhalt, intensive Beleuchtung, kräftige Durchlüftung, hartes Wasser mit Seesalzzusatz (2–3 Eßlöffel auf 10 l), häufigen Wasserwechsel sowie abwechslungsreiches Lebend- und Trockenfutter benötigen. Die Tiere laichen ständig an schwimmenden Wasserpflanzenbüschen, Eier groß, Produktivität gering. Der hartschalige Laich kann abgesammelt und in gut durchlüfteten Behältern aufbewahrt werden. Die Jungfische schlüpfen nach 10–16 Tagen, als Erstfutter eignen sich *Artemia*-Nauplien. Die Art laicht ähnlich wie verschiedene *Procatopus*-Arten auch in Spalten ab. Bei der Balz betupft das ♂ mit dem vorgestreckten Maul die Oberseite des ♀-Kopfes. Nachzuchten über mehr als drei Generationen sind nicht bekannt.
A. multifasciata wurde in der Aquaristik auch unter dem Namen *A. xenica* bekannt (von *Fundulus xenicus* JORDAN und GILBERT, 1882). Die bekannten Populationen unterscheiden sich z.T. in der Körperhöhe und in der Zeichnung (Anzahl der Querbinden).

Gattung *Chriopeoides* FOWLER, 1939

Typusart: *C. pengelleyi* FOWLER, 1939 (Taf. 171). Monotypische Gattung der Unterfamilie Fundulinae, die nur auf Jamaika vorkommt und dort flache, verkrautete Quellgewässer und Sümpfe z.T. gemeinsam mit verschiedenen lebendgebärenden Zahnkarpfen besiedelt. Auffallende Merkmale: Körper seitlich zusammengedrückt, ♂♂ vor allem im Bereich des Vorderkörpers hochrückig, Auge groß, Kopf und Rükken mit großen Schuppen, die Schuppen entlang der Seitenmitte liegen bei den ♀♀ auffallend dicht übereinander, die D beginnt vor der A, D des ♂ etwas größer als die A, beim ♀ umgekehrt. Verwandt mit *Cubanichthys cubensis*, oberflächliche Ähnlichkeit mit *Lucania goodei*.

Chriopeoides pengelleyi (Taf. 171)
FOWLER, 1939
Jamaikakärpfling

Jamaika; t.t.: vermutlich Umgebung von Kingston; bis 4,5 cm.
D 10–12, A 8–10; mLR 24. ♂ goldgelb oberhalb, gelblichweiß unterhalb der Seitenmitte, intensiv goldgelbes Längsband, darunter ein dunkles Längsband, das vom Maul bis zum P-Ansatz besonders kräftig hervortritt, dahinter jedoch nur als breite Zickzacklinie angedeutet oder ausgebildet ist. Rükkenregion olivgrün, schwarz genetzt. Oberhalb der A mit stahlblauem Schimmer, Bauch schwach bläulichviolett. Unpaare Flossen gelblich, Flossenstrahlen der D und A etwas verlängert. ♀ braun- bis gelbgrau, Rücken dunkler, Bauch heller, dunkles, voll durchgezogenes Längsband entlang der Seitenmitte, das auf der C-Wurzel in einen schwarzen Fleck übergeht, der oben und unten von einem schwach irisierenden hellen Fleck begrenzt wird. Gelegentlich je ein rußiges Band an der D- und A-Basis, Flossen farblos. Das schwarze Längsband verschwindet bei Laichstimmung.
Pflege und Zucht nicht schwierig. Die Art ist einzeln gehalten sehr scheu und schreckhaft, in Gesellschaft mit ähnlichen Fischen lebhaft und friedlich. Hartes Wasser, pH-Wert um 7, 22–24 °C, ggf. geringer Seesalzzusatz und üppige Bepflanzung. Neben Lebendfutter wird auch Trockenfutter angenommen. Zur Zucht ein Paar oder einen Schwarm ansetzen. Die Art laicht an feinfiedrigen Pflanzen (Haftlaicher), die Eier werden nach elegantem Balzverhalten einzeln abgesetzt. Die Fische stellen dem Laich sehr nach, daher sollten die Geschlechter nur kurzzeitig zusammengebracht oder die Eier täglich abgelesen werden. Die Jungfische schlüpfen nach 12–14 Tagen, mit *Cyclops*- oder *Artemia*-Nauplien anfüttern.
Die Art wurde erst nach 1974 aquaristisch verbreitet. Im Gegensatz zu den Importtieren lassen sich die Nachzuchttiere gut in reinem Süßwasser hältern.

Gattung *Crenichthys* HUBBS, 1932

Typusart: *C. nevadae* HUBBS, 1932 (Abb. 395).
Gattung der Unterfamilie Fundulinae mit nur zwei Arten, die in verschiedener Hinsicht an die Wüstenfische aus der Gattung *Cyprinodon* erinnern. Die isolierten Verbreitungsgebiete befinden sich in Nevada (White River, Paranaget Valley) und Kalifornien (Moapa River). Sie kommen dort in Wüstenflüssen und warmen Quellen mit teilweise extremen Bedingungen vor.
Körper mäßig gestreckt, relativ hochrückig bis bucklig, seitlich wenig zusammengedrückt. Oberkiefer vorstreckbar, zweispitzige, Y-förmige Zähne in einer Reihe auf gleichlangen Kiefern. D und A weit hinten angesetzt, Vn fehlen.
Die Kenntnisse zur Pflege und Zucht sind gering, Naturbeobachtungen überwiegen. LOISELLE beschreibt das Paarungsverhalten und die Nachzucht von *C. baileyi* GILBERT, 1893, die sich im wesentlichen nicht von anderen Arten der Unterfamilie unterscheiden (siehe S. 531).

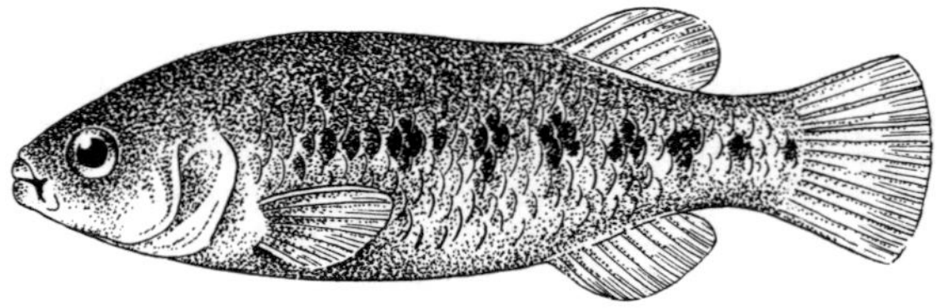
Abb. 395 *Crenichthys nevadae*

Crenichthys nevadae (Abb. 395)
HUBBS, 1932
Railroad Valley killifish

Nevada; t.t.: warme Quelle bei Duckwater; bis 5 cm.
D 12, A 13; mLR 30. ♂ blaugrau mit unregelmäßiger Fleckenreihe entlang der Seitenmitte, Flossen dunkelblau. Geschlechtsunterschiede gering. Die Färbung und Zeichnung variieren auch in einer Population von Tier zu Tier.
Der amerikanische Naturschutz bemüht sich um die Erhaltung der Art durch Schaffung neuer Biotope.

Gattung *Cubanichthys* HUBBS, 1926

Typusart: *C. cubensis* (EIGENMANN, 1902) (Taf. 171).
Monotypische Gattung der Unterfamilie Fundulinae, die auf den westlichen Teil Kubas beschränkt ist. Sie lebt dort in flachen, wasserpflanzenreichen Süßgewässern, selten auch im Brackwasser. Körper kräftig, gedrungen, obere und untere Profillinie gleichmäßig ausgebogen, Maul klein, oberständig, Zähne konisch, in zwei Reihen angeordnet, relativ große Schuppen, besonders um die Geschlechtsöffnung des ♀, die D beginnt vor der A, beide Flossen beim ♂ hinten leicht zugespitzt, die Pn reichen zurückgelegt bis zu den Vn, diese bis zu der A.

Cubanichthys cubensis (Taf. 171)
(EIGENMANN, 1902)
Kubakärpfling

Kuba; t.t.: Pinar del Rio; bis 4 cm.
D 10–12, A 10–11; mLR 22–24; E-Typ, E-Schuppen vereinigt. ♂ Rücken gelbgrün, Bauch grau, Körperseiten mit deutlicher dunkelrotbrauner Längsbinde vom P-Ansatz bis in die C-Wurzel, der sich nach vorn als dunkler Streifen über das Auge bis zum dunkel gerandeten Unterkiefer fortsetzt. Über der P-Basis ein von blauen Schuppen umrandeter schwarzer Fleck. Oberhalb und unterhalb der Seitenmitte je 2–3 schmale stahlblaue bis grüne Längsstreifen und dazwischen breite blaßrote Punktreihen, teilweise zu Linien vereinigt. D und A leicht zugespitzt, mit 1–2 roten, etwas undeutlichen basisparallelen Bändern oder kleinen roten Punkten und bläulichem Saum, C abgerundet mit hinterrandparallelen Bändern. ♀ braun bis braungelb, Bauch weißlich, mit deutlicher

dunkler Längsbinde entlang der Seitenmitte, die sich in Laichstimmung in etwa vier größere Flecke oder bauchwärts orientierte Keile auflöst. Flossen bläulich, schwach gelblich oder transparent. Die Färbung kann in beiden Geschlechtern schnell wechseln.
Pflege und Zucht nicht schwierig. Bedingungen: größere Aquarien mit dichter Bepflanzung, möglichst Sonneneinstrahlung, bei Vergesellschaftung mit ähnlichen Arten verliert sich das sonst scheue Verhalten, mittelhartes bis hartes Wasser, pH-Wert um 7, Salzzugabe nicht unbedingt erforderlich, Temperaturen periodisch zwischen 22 und 30 °C schwankend, niedrige Werte im Winter, abwechslungsreiche Fütterung, auch Trockenfutter. Zucht im Gruppenansatz, 25–30 °C, gelaicht wird an feinfiedrigen Pflanzen, wenig produktiv, die hartschaligen Eier sollten zum Schutz vor Freßverlusten abgesammelt und in gesonderten Behältern aufbewahrt werden. Die Jungfische schlüpfen nach 8–14 Tagen, mit Infusorien, *Cyclops*- oder *Artemia*-Nauplien anfüttern; Wachstum langsam.
Die Art wurde in der Aquaristik als *Fundulus cubensis* bekannt. In der Literatur sind vereinzelt Angaben zu finden, daß das ♂ 7,5 cm lang werden soll. FRANK und ZUKAL (1981) berichten, daß an der Geschlechtsöffnung des ♀ gelegentlich Eitrauben hängen.

Gattung *Empetrichthys* GILBERT, 1893

Typusart: *E. merriami* GILBERT, 1893 (Abb. 396).
Gattung der Unterfamilie Fundulinae mit nur zwei Arten, von denen *E. merriami* bereits ausgestorben ist. Das Verbreitungsgebiet der Gattung ist auf Wüstenquellen und deren Abflüsse bei Nye County im USA-Staat Nevada beschränkt. Die Fische leben dort in den tieferen Schichten der Gewässer und meiden flache Bäche und Sümpfe. Körper mäßig gestreckt, Maul breit, nach oben gerichtet, Zähne konisch, in zwei Reihen auf den Kiefern angeordnet, Zwischenkiefer vorstreckbar, große Cycloidschuppen, adulte ♂♂ mit Kontaktorganen, Geschlechtspapille bei den ♀♀ vorhanden, jedoch kein Geschlechtstäschchen, D und A weit hinten angesetzt, A direkt unter oder wenig hinter der D, tief sitzende Pn mit vertikaler Basis, Vn fehlen, C gestutzt oder abgerundet.

Empetrichthys latos

MILLER, 1948
Manse Ranch killifish

Nevada; t.t.: Quelle bei der Manse Ranch, Pahrump Valley, kristallklares Wasser, reichlicher Pflanzenwuchs, teilweise beschattet, gleichbleibend 23,3 bis 24,5 °C; bis 6 cm.
D 10–13, A 12–13; mLR 30–33. ♂ silberblau mit dunklem, mehr oder weniger deutlichem Längsstreifen, orangefarbenem Augenring und orangegelben unpaaren Flossen. ♀ grünlichbraun mit auffallender schwarzer Sprenkelung.
Pflege und Zucht nicht beschrieben.

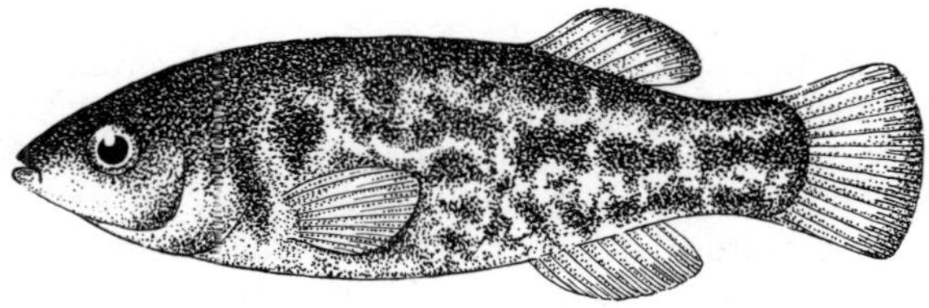

Abb. 396 *Empretrichthys merriami*

Die beiden Unterarten *E. l. concavus* MILLER, 1948, und *E. l. pahrump* MILLER, 1948, sind inzwischen ausgestorben. Die Unterart *E. l. latos* ist gefährdet und steht unter ständiger Kontrolle des Naturschutzes in Ersatzbiotopen.

Gattung *Fundulus* LACÉPÈDE, 1803

Typusart: *Fundulus heteroclitus* (LINNÉ, 1766), Abbildung 398
Artenreichste Gattung der Unterfamilie Fundulinae mit etwa 36 Arten, die von Südostkanada über die USA und Mexiko bis zu verschiedenen karibischen Inseln einschließlich der Bermudas verbreitet ist (Abb. 397). In den Südost-Staaten der USA kommt mehr als die Hälfte der Arten vor. Die 6–20 cm großen Fische besiedeln die unterschiedlichsten Biotope, wie Küstengewässer, salzige Sümpfe, Seen, Flüsse und Teiche. Einzelne Arten findet man im Süß-, Brack- und Meerwasser. Sie sind gegenüber Temperaturschwankungen sehr tolerant. *Fundulus*-Arten bevorzugen die oberflächennahen und mittleren Schichten, seltener sind sie in Bodennähe zu finden. Körper mäßig gestreckt, hinten seitlich komprimiert, Kopf oben flach, Maulpartie stumpf, Kiefer nahezu gleichlang mit zwei oder mehr Reihen einspitziger Zähne, einige Arten mit irisierenden Schuppen auf

Abb. 397 Verbreitungsgebiet der Gattung *Fundulus*

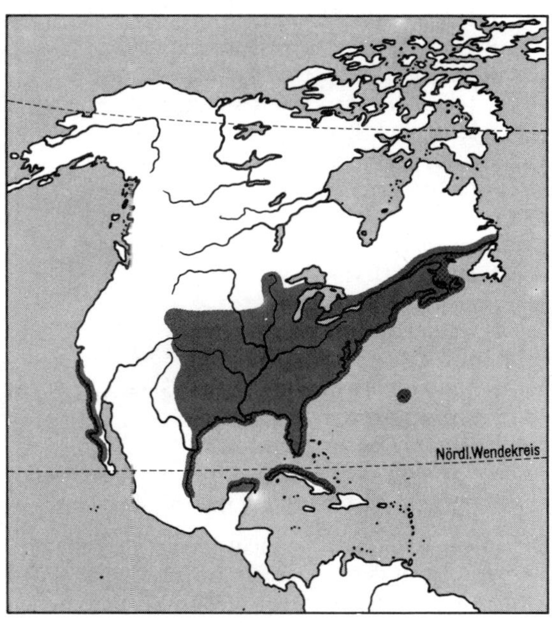

dem Kopf, D und A gegenüberstehend, abgerundet, hinter der Körpermitte angesetzt, ♂♂ mit Kontaktorganen in Form von kleinen Dornen an den D- und A-Strahlen, die nach der Laichzeit wieder zurückgebildet werden, ♀♀ aller Arten mit einem mehr oder weniger kompletten »Geschlechtstäschchen« (Hautfalte) an der Geschlechtsöffnung ausgestattet, in das der erste A-Strahl mit einbezogen ist. Die Geschlechter unterscheiden sich in der Größe, Färbung und Flossenentwicklung. Die Farbunterschiede steigern sich zur Laichzeit. Farbunterschiede sind auch zwischen adulten und juvenilen, dominierenden und unterdrückten Tieren und zwischen Populationen der gleichen Art ausgeprägt. Ähnlichkeiten bestehen zu den altweltlichen *Aphanius*-Arten.
Die *Fundulus*-Arten werden fünf Untergattungen zugeordnet:

Untergattung *Fundulus*
- *F. confluentus* Goode und Bean, 1880
- *F. grandis* Baird und Girard, 1853
- *F. grandissimus* Hubbs, 1936
- *F. heteroclitus* (Linné, 1766) (Abb. 398)
- *F. lima* Vaillant, 1894
- *F. majalis* (Walbaum, 1792)
- *F. parvipinnis* Girard, 1854
- *F. persimilis* Miller, 1955
- *F. pulvereus* (Evermann, 1893)
- *F. similis* (Baird und Girard, 1853)

Untergattung *Fontinus* Jordan und Evermann, 1896
- *F. diaphanus* (Lesueur, 1817)
- *F. seminolis* Girard, 1859 (Abb. 399)
- *F. waccamensis* Hubbs und Raney, 1946

Untergattung *Plancterus* Garman, 1895
- *F. kansae* Garman, 1895
- *F. zebrinus* Jordan und Gilbert, 1882 (Abb. 400)

Untergattung *Xenisma* Jordan, 1876
- *F. albolineatus* Gilbert, 1891
- *F. catenatus* (Storer, 1846)
- *F. julisia* Williams und Etnier, 1982
- *F. lineatus* (Garman, 1881)
- *F. rathbuni* Jordan und Meek, 1889
- *F. stellifer* (Jordan, 1876) (Abb. 401)

Untergattung *Zygonectes* Agassiz, 1853

Cingulatus-Artengruppe
- *F. chrysotus* (Günther, 1866) (Taf. 171)
- *F. cingulatus* Cuvier und Valenciennes, 1846
- *F. jenkinsi* (Evermann, 1893)
- *F. luciae* (Baird, 1855)
- *F. sciadicus* Cope, 1865

Notatus-Artengruppe
- *F. blairae* Wiley und Hall, 1975
- *F. dispar* (Agassiz, 1854)
- *F. notatus* (Rafinesque, 1820)
- *F. notti* (Agassiz, 1854)
- *F. olivaceus* (Storer, 1845) (Abb. 402)

Die Pflege und Zucht ist nicht immer einfach. Ihre Verbreitung in der Aquaristik ist gering, nur selten wird von Nachzuchten über mehrere Generationen

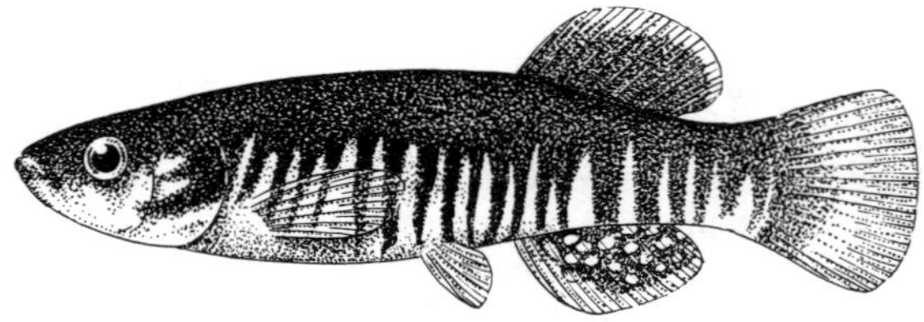

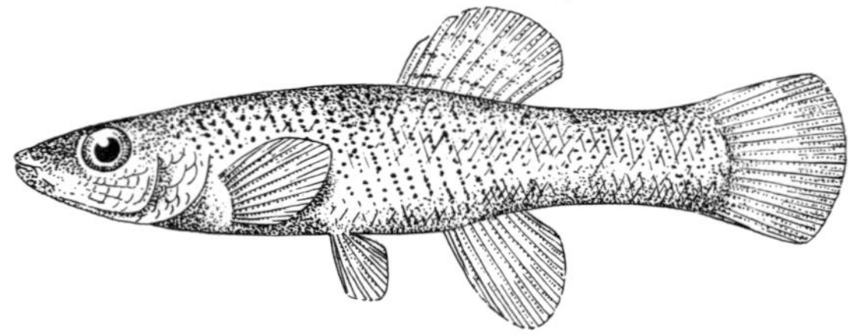

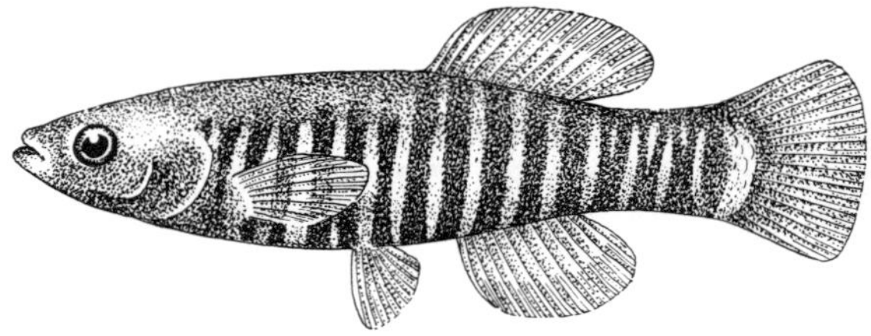

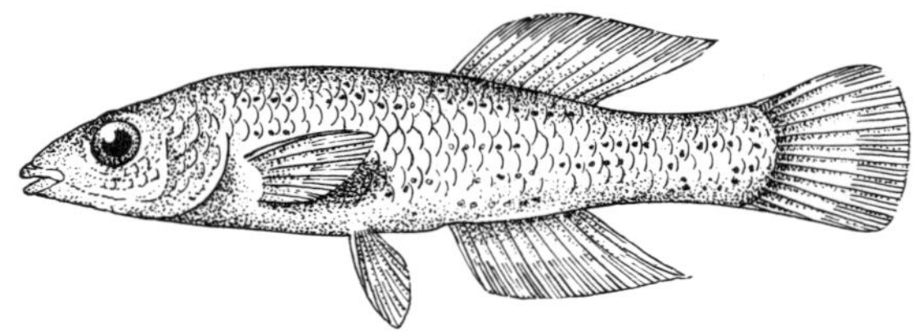

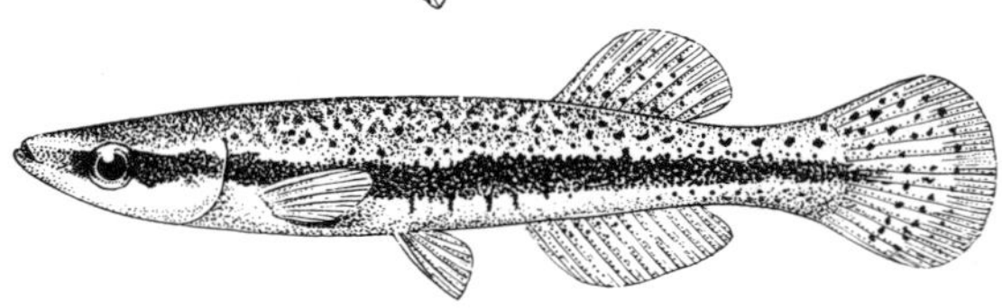

Abb. 398 *Fundulus heteroclitus*
Abb. 399 *Fundulus seminolis*
Abb. 400 *Fundulus zebrinus*
Abb. 401 *Fundulus stellifer*
Abb. 402 *Fundulus olivaceus*

berichtet. Hälterungsempfehlungen: geräumige, sonnig aufgestellte Aquarien mit freiem Schwimmraum, aber auch dichter Bepflanzung, sauerstoffreiches Wasser mit neutralem pH-Wert, Seesalzzusatz, häufiger Wasserwechsel, schwankende Tages- und Jahreszeittemperaturen entsprechend der Herkunft, abwechslungsreiche Fütterung mit Lebend- und Trockenfutter. Das Paarungsverhalten ist nicht einheitlich, läuft aber nach dem Grundschema für Pflanzenlaicher ab (siehe S. 449). Die ♂♂ treiben sehr stark, Versteckplätze für die ♀♀ sind deshalb notwendig, ggf. zeitweise Trennung der Geschlechter oder Verpaarung eines ♂ mit mehreren ♀♀. Der an den Pflanzen haftende Laich sollte, da die Eltern Eierfresser sind, abgesammelt werden. Die Jungfische schlüpfen temperaturabhängig nach 2–3 Wochen. Erstfutter *Cyclops*- und *Artemia*-Nauplien, eventuell Trockenfutter, Aufzucht einfach, Wachstum relativ schnell. Die in der Natur klimatisch bedingten Laichzeiten können unter aquaristischen Bedingungen durch entsprechende Temperaturschwankungen, Wasserwechsel und Fütterung stimuliert werden. Zahlreiche Arten können in den Sommermonaten in Freilandanlagen gehältert werden. Arten aus nördlichen Verbreitungsgebieten sind kühl zu überwintern. Die Gattung *Fundulus* wurde aquaristisch auch unter dem Synonym *Hydrargira* LACÉPÈDE, 1803, bekannt. *F. heteroclitus* gehört zu den ersten in Gefangenschaft gepflegten eierlegenden Zahnkarpfen. *Fundulus*-Arten haben in den USA Bedeutung als Laborfische und Köderfische für die Angler.

Fundulus catenatus
(STORER, 1846)
Kettenkärpfling

USA (Missouri, Indiana, Kentucky, Tennessee, Alabama, Virginia, Kansas, Arkansas) nur in klaren Süßwasserbächen und -flüssen; t.t.: Tennessee River bei Florence (Alabama); bis 20 cm.
D 14–15, A 15–16; mLR 45–53; n = 23. ♂ blau bis blaugrün mit gelegentlich nur fleckenhaft metallisch glänzenden Körperseiten, Rücken olivgrün, Bauch silberweiß, Kehle schwach rötlich, Kiemendeckel grün mit orangefarbenem Fleck, stahlblauer Streifen am Maul, rote bis rotbraune Tüpfel auf den Schuppen, die in ihrer Gesamtheit Längsstreifen andeuten. Flossen gelb bis gelbgrün, D und A orange getüpfelt, D gelegentlich rußig und hell gesäumt, C mit schwarzem submarginalem Band und orangegelbem bis weißgelbem Randsaum. ♀ gelbbraun mit braunen Fleckenreihen.
Pflege und Zucht siehe Gattungsbeschreibung, S. 534, einfach. Große Aquarien, Laichtemperatur 20–25 °C, Eidurchmesser 2–3 mm, Laichsubstrat Pflanzen in Bodennähe, die Jungfische schlüpfen nach 10–14 Tagen und haben z.T. einen großen Dottersack. Für Freilandteiche geeignet.

Fundulus chrysotus (Taf. 171)
(GÜNTHER, 1866)
Goldohr, Goldauge

USA (South Carolina, Texas, Arkansas, Missouri, Tennessee, Florida) in flachen Gräben, Sümpfen, Buchten von Seen, vorwiegend in Süßwasser, ausnahmsweise im Brackwasser; t.t.: Charleston (South Carolina); bis 8 cm.
D 7–10, A 9–12; mLR 30–34; A-Typ, E-Schuppen nicht vereinigt; n = 17. ♂ gelbgrün bis helloliv, Rükken dunkelolivgrün, Bauch grünlich, mit roten unregelmäßig verteilten Punkten und Flecken sowie grünlichgoldenen Glanzschuppen auf den Körperseiten und den unpaaren Flossen, gelegentlich Verdichtung der roten Punkte in der Schwanzregion, manchmal angedeutete Querbinden. Kiemendeckel mit dunklem Fleck, Auge goldglänzend. ♀ bräunlich mit dunkler Marmorierung und zahlreichen, unregelmäßig verstreuten, glänzenden Punkten.
Pflege und Zucht siehe Gattungsbeschreibung, S. 534, einfach. Seesalzzusatz von 3–8 g/l, Schlupf der Jungfische bei 27 °C nach 10–12 Tagen, Lebenserwartung etwa zwei Jahre.
Von *F. chrysotus* kommen auch in der Natur schwarzgefleckte oder gesprenkelte Exemplare vor. Die Art wurde in der Aquaristik unter anderem als *Zygonectes henshalli* JORDAN, 1879, *Fundulus kompi* HILDEBRAND und TOWERS, 1928, und *F. scartes* MEEK, 1896, bezeichnet.

Fundulus cingulatus
CUVIER und VALENCIENNES, 1846
Gürtelkärpfling

USA (Alabama, Georgia, Florida) in weichen, leicht sauren Süßgewässern des Flachlandes, oft gemeinsam mit *F. dispar*, *F. olivaceus*; t.t.: unsicher; bis 7 cm.
D 6–9, A 8–11; mLR 28–34; n = 23. ♂ gelbgrün, Rücken dunkler, Bauch gelb, zur Laichzeit rot, Körperseiten bläulich mit 10–12 schmalen dunkelbraunen Querbinden, Schuppen in der hinteren Körperhälfte mit roten Punkten, Flossen orangerot mit roten Punkten, D hinten mit einem schwarzen und davorliegenden weißen Fleck. In der Laichzeit sind die Kiemenmembran sowie Regionen oberhalb der Pn-Ansätze schwarz gefärbt und die Flossen schwarz gesäumt. ♀ ähnlich, jedoch weniger kontrastreich gefärbt, insgesamt mehr bräunlich, juvenil mit deutlichen Querbinden, keine Glanzschuppen.
Pflege und Zucht siehe Gattungsbeschreibung, S. 534.
Die Art wurde aquaristisch auch als *Zygonectes auroguttatus* HAY, 1885, und *Z. rubrifrons* JORDAN, 1850, bekannt.

Fundulus diaphanus
(LESUEUR, 1817)
Gebänderter Fundulus

Kanada, atlantische USA-Staaten in den Zuflüssen großer Süßwasserseen mit weichem, saurem Wasser bei schwankenden Temperaturen von 6–32 °C, nur gelegentlich in Brackwasser; t.t.: Saratoga-See (New York); bis 10 cm.
D 12–15, A 10–13; mLR 40–50; n = 24; Frontalbeschuppung nicht konstant. ♂ hell braunoliv oder blaugrün, silbrig bis bläulich glänzend, mit 10–25 unregelmäßigen dunkelbraunen Querbinden, Rücken teilweise schwarz gefleckt. Flossen an der Basis grünlich bis blaugrün, außen farblos, oft schwarz gesäumt und gezeichnet. ♀ einfarbig grau.
Pflege und Zucht siehe Gattungsbeschreibung, S. 534. Nördlichste Art der Gattung, ausgeprägte Laichzeiten, die durch Anheben der Temperaturen stimuliert werden können. Die ♂♂ besetzen Brutreviere, die gegen Eindringlinge verteidigt werden. Beim Laichen hat das ♀ eine Genitalpapille. 5–10 Eier werden gleichzeitig ausgestoßen, sie bleiben gelegentlich durch einen Schleimfaden am ♀ hängen. Die Eier werden dann an den Pflanzen abgestreift. Die Jungfische bilden Schwärme, die sich in den wärmsten Gewässerabschnitten aufhalten.

Die Art wurde auch als *F. extensus* JORDAN und GILBERT, 1882, und *Hydrargira multifasciata* LESUEUR, 1817, bekannt. Die Unterart *F. diaphanus menona* JORDAN und COPELAND, 1877 (Menonakärpfling) vom Cathfish River, einem Abfluß des Menona-Sees (Wisconsin), hat eine etwas abweichende Färbung und Querbindenanordnung.

Fundulus heteroclitus (Abb. 398)
(LINNÉ, 1766)
Blaubandkärpfling

Kanada (Gulf of St. Lawrence), atlantische USA-Staaten bis Nordostflorida (Matanzas) im Süß-, Brack- und Meerwasser, oft gemeinsam mit *Cyprinodon variegatus, F. grandis, F. diaphanus*; bis 12 cm. D 11–13, A 10–12; mLR 33–38; A-Typ; n = 24. ♂ hell- bis olivgrün mit etwa zwölf blauen bis grünblauen Querstreifen, Kehle blau, Bauch orange. Flossen orangegelb, unpaare Flossen an der Basis bläulich und goldmarmoriert oder gefleckt, D mit rotem Saum. ♀ bräunlich, gelegentlich mit einigen kleinen dunklen Punkten, Querbinden nur angedeutet. Pflege und Zucht siehe Gattungsbeschreibung, S. 534. Sehr anpassungsfähige, unempfindliche Art mit deutlichen Laichperioden. In der freien Natur wandern die Tiere im Frühjahr stromaufwärts in das Binnenland, paaren sich hier und kehren im Herbst in die Brack- und Seewasserareale der Flußmündungen zurück. *F. heteroclitus* hat Bedeutung als Labor- und Köderfisch und wurde für Weltraumexperimente benutzt. Die Unterart *F. heteroclitus bermudae* GÜNTHER, 1874, ist auf den Bermudas verbreitet und hat einen schmaleren Schwanzstiel sowie eine abweichende Färbung und Zeichnung. Von *F. heteroclitus* sind etwa 20 Synonyme bekannt, u. a. *Poecilia fasciata* BLOCH, 1801, *Cobitis killifish* WALBAUM, 1792, *Fundulus mudfish* LACÉPÈDE, 1803, *Esox pisciculus* MITCHILL, 1815, und *Hydrargira swampina* LACÉPÈDE, 1803. Erster beschriebener Killifisch. LINNÉ stellte ihn seinerzeit zu den Schmerlen.

Fundulus lima
VAILLANT, 1894

Mexiko (Baja California); t.t.: San Ignatio in Süßwasserquellflüssen; die Fische leben in kleinen Gruppen an der Oberfläche durchsonnter Gewässerabschnitte; bis 12 cm.
D 13–15, A 12–16; mLR 34–36. ♂ dunkel, fast schwärzlich mit metallischem Schimmer, gelegentlich grüne Längsstreifen, Rückenkante goldfarben, Kiemendeckel grün. Flossen schwärzlich mit hellem Saum. ♀ etwas heller gefärbt und hochrückiger.
Pflege und Zucht siehe Gattungsbeschreibung, S. 534, einfach. Seesalzzusatz, pH-Wert neutral bis schwach alkalisch, 25 °C im Sommer, 15 °C im Winter. Die Art laicht an der Wasseroberfläche, dabei umklammert das ♂ das ♀ mit der D und A, die Tiere drehen sich in Rückenlage, bis der Bauch des ♀ aus dem Wasser ragt. Die jetzt ausgestoßenen etwa 3 mm großen Eier (12–20) werden bis 5 cm weit geschleudert und bleiben teilweise außerhalb des Wassers an der Deckscheibe oder am Aquarienrand kleben, zurückfallende Eier werden gefressen. Die klebenden Eier müssen innerhalb von 20 Stunden ins Wasser, sonst sterben sie ab. Naturbeobachtungen liegen bisher nicht vor. Die Jungfische schlüpfen nach 14–35 Tagen.
Bei *F. lima* sind die Kontaktorgane der ♂♂ besonders kräftig entwickelt, an den Schuppen des Schwanzstieles befinden sich scharfe, relativ lange Spitzen. Die Art wurde auch als *F. meeki* EVERMANN, 1908, bekannt.

Fundulus notatus
(RAFINESQUE, 1820)
Längsbandkärpfling

USA (Iowa, Tennessee, Kansas, Alabama, Texas, Wisconsin, Michigan, Ohio, Kentucky) in Süßgewässern des Tieflandes; t.t.: Nebenflüsse des Ohio River; bis 8 cm.
D 9–10, A 11–12; mLR 32–34; E-Typ; n = 20. ♂ olivbraun mit grünem Schimmer und tiefschwarzer breiter Längsbinde vom Maul über die Augen bis zur C, gelegentlich mit kurzen, dünnen, angedeuteten Querbinden. Rücken goldbraun mit einigen dunklen Flecken, Bauch weiß, Schuppen oberhalb der Seitenmitte manchmal hell gerandet. D und A gelb oder mehrfarbig gelb-grau-weiß, C, P und V blaßgelb, alle Flossen gelegentlich mit dunkler Punkt- und Strichzeichnung. ♀ ähnlich, Längsband blasser, Flossen nur schwach gelblich oder farblos, dunkel punktiert. Beide Geschlechter besitzen einen sehr hellen, silbrigen Scheitelfleck.
Pflege und Zucht siehe Gattungsbeschreibung, S. 534, einfach. Anpassungsfähige Art, die in freier Natur in den Sommermonaten oberflächenorientiert, im Winter am Boden lebt. Beginn der Laichzeit im Mai, die Eier werden nicht gefressen, ♂♂ neigen zur Revierbildung.
F. notatus wurde aquaristisch auch als *F. aureus* COPE, 1865, eingeführt, große Ähnlichkeit mit *F. olivaceus*.

Fundulus notti
(AGASSIZ, 1854)
Kommakärpfling

USA (West-Florida, Georgia, North Carolina, Alabama, Mississippi, Louisiana, Ost-Texas) in Sumpfgebieten; t.t.: Mobile (Alabama); bis 7 cm.
D 7–8, A 9–10; mLR 35–36; E-Typ; n = 23. ♂ hellbraun, grau oder gelblichweiß, Rücken dunkeloliv, Bauch silbrig, gelegentlich mit bläulichem Schimmer, 6–7 dunkle Längsstreifen, nur teilweise durchgehend, oft punktiert, 12–15 schmale schwarze Querbinden. Kopf- und Kehlbereich orangefarben, breiter dunkler Augenstrich. Flossen farblos, D und A mit dunklen Tupfen. ♀ ähnlich, ohne Querbinden.
Pflege und Zucht siehe Gattungsbeschreibung,

S. 534, einfach. Die Jungfische schlüpfen nach 9–12 Tagen, oberflächenorientierte Art.
F. notti wurde unter verschiedenen Synonymen bekannt, u. a. als *Zygonectes hieroglyphicus* AGASSIZ, 1854, *Z. guttatus* AGASSIZ, 1854, und *Fundulus zonatus* CUVIER und VALENCIENNES, 1846.

Fundulus olivaceus (Abb. 402)
(STORER, 1845)
Schwarzfleckenkärpfling

USA (Florida, Alabama, Tennessee, Texas, Ost-Oklahoma, Missouri, West-Kentucky, Illinois) in sehr unterschiedlichen Gewässern mit Süß-, seltener mit Brackwasser; t.t.: Florence (Alabama); bis 10 cm.
D 8–10, A 10–12; mLR 33–37; n = 24. ♂ graubraun, oberhalb der Seitenmitte mehr olivfarben mit zahlreichen kleinen schwarzen Flecken, breitem, schwarzem, scharf begrenztem Längsband vom Maul bis zur C, Querstreifen nur undeutlich ausgebildet, Bauch weiß, heller Scheitelfleck. Flossen gelblichgrün. ♀ ähnlich.
Pflege und Zucht siehe Gattungsbeschreibung, S. 534.
F. olivaceus hat große Ähnlichkeit mit *F. notatus* und wurde in der Aquaristik u. a. als *Fundulus tenellus* BAIRD und GIRARD, 1853, und *Zygonectes lateralis* AGASSIZ, 1854, verbreitet.

Fundulus scadicus
COPE, 1865
Rückenstrichkärpfling

USA (Ost-Wyoming, Ost-Colorado, South Dakota, Nebraska, Oklahoma, Süd-Iowa, Missouri) in Süßwasserseen, -flüssen und -teichen mit stehendem und fließendem Wasser; t.t.: Platte River (Nebraska); bis 7,5 cm.
D 9–12, A 12–14; mLR 28–41; n = 22. ♂ blaugrünlich, oberhalb der Seitenmitte olivgrün, metallisch glänzend, gelegentlich mit dunkler Längslinie und rot gerandeten Schuppen sowie weißem bis gelbem Streifen auf der Rückenmittellinie. Kiemendeckel silbrig, Bauch rötlich. Flossen gelblich bis rötlich, unpaare Flossen ziegelrot bis rotbraun oder schwarzblau gerandet, gelegentlich breite, orangerote, submarginale Bänder. ♀ ähnlich, oberhalb der Seitenmitte olivgrau, Bauch cremefarben, bei adulten Exemplaren ein roter Fleck vor der C, Flossen einfarbig hellgelb.
Pflege und Zucht siehe Gattungsbeschreibung, S. 534. Interessantes Paarungsverhalten, die Eier werden einzeln oder in kurzen Ketten abgesetzt, die Jungfische schlüpfen bei 22 °C nach 8–10 Tagen.
Bekannte Synonyme: *Haplochilus floripinnis* COPE, 1874, *Zygonectes macdonaldi* MEEK, 1891, *Fundulus scadivus* COPE, 1865.

Fundulus similis
(BAIRD und GIRARD, 1853)
Langschnäuziger Fundulus

USA (Florida bis Texas), Mexiko (Golfküste nördlich von Tampico) in flachen, stark verkrauteten Gezeitentümpeln und Kanälen des Küstenbereiches; Sandboden, Brack- und Meerwasser. Begleitfische: *Cyprinodon variegatus, Adinia multifasciata, F. grandis, F. jenkinsi, F. majalis* u. a.; t.t.: Indianola (Texas); bis 10 cm.
D 10–14, A 8–12; mLR 30–36; n = 24. ♂ oberhalb der Seitenmitte grau bis oliv, Körperseiten gelegentlich leicht violett bis grün mit 10–15 schwarzen Querstreifen und schwarzen Flecken auf dem hinteren Schwanzstiel, Bauch gelblich. Unpaare Flossen blaugrau, alle anderen gelb, juvenile ♂♂ mit einem schwarzen Fleck im hinteren Teil der D. ♀ ähnlich, Flossen farblos.
Pflege und Zucht siehe Gattungsbeschreibung, S. 534. Die Art laicht nach interessantem Paarungsverhalten im Bodensand ab, die bis 3 mm großen Eier werden durch Schwanzflossenschläge in den Sand gewirbelt und bis zu 2 cm mit feinem Sand bedeckt. Die Jungfische schlüpfen bei 24–27 °C nach 11–13 Tagen und sind mit 7 mm relativ groß. Bei Gefahr können sich die Fische im Sand verbuddeln.

Fundulus zebrinus (Abb. 400)
JORDAN und GILBERT, 1882
Streifenkärpfling

USA (New Mexico, Wyoming, Texas), besonders in verkrauteten Buchten flacher Süßwasserflüsse, gelegentlich syntop mit *Cyprinodon rubrofluviatilis*; t.t.: Nebenflüsse des Rio Grande zwischen Fort Defiance und Fort Union (New Mexico); bis 8 cm.
D 13–15, A 13–14; mLR 60; n = 24. ♂ hellbraun bis oliv, auch gelbweiß mit etwa 16 schmalen dunklen Querbändern vom Rücken bis zum Bauch, Kiemendeckel und Iris golden. Flossen farblos bis grau, gelegentlich mit rötlichen Rändern. ♀ ähnlich, Querbänderung wesentlich schwächer, teilweise nur kleine dunkle Punkte.
Pflege und Zucht siehe Gattungsbeschreibung, S. 534, einfach. Die Jungfische schlüpfen nach 12–15 Tagen, Wachstum langsam.
F. zebrinus wurde auch als *F. adinia* JORDAN und GILBERT, 1882, und *Hydrargyra zebra* GIRARD, 1859, bekannt. Eng verwandt mit *F. kansae*.

Gattung *Leptolucania* MYERS, 1924

Typusart: *L. ommata* (JORDAN, 1885) (Abb. 403).
Monotypische, auf den Südosten der USA beschränkte Gattung der Unterfamilie Fundulinae. Verbreitet in stehenden, stark verkrauteten Gewässern, besonders in Sümpfen mit weichem, leicht saurem Wasser. Körper spindelförmig gestreckt, seitlich kaum abgeflacht, Maul klein, Auge groß, Unterkiefer vertikal abgeknickt, kleine spitze, in einer Reihe

angeordnete Zähne, D in der hinteren Körperhälfte, kleiner als die A, etwas hinter ihr beginnend (Unterschied zum Unterfamilien-Typ), P und V klein, ♀♀ ohne typisches Geschlechtstäschchen. Die Gattung erinnert in manchen Merkmalen an *Rivulus*- und *Lucania*-Arten.

Leptolucania ommata (Abb. 403)
(JORDAN, 1885)
Wichtelkärpfling

USA, Südost-Georgia, Nordflorida und angrenzende Gebiete von South Carolina und Alabama; t.t.: Prairie Creek südöstlich von Gainesville, Florida; bis 4 cm, ♂ deutlich kleiner.
D 6–7, A 9–10; mLR 26–29. ♂ gelb, hellbraun bis oliv, Rücken dunkler, Körperseiten mit bläulichem Glanz und braunem Längsband von der P bis in den Schwanzstiel, unmittelbar vor der C ein dunkelbrauner bis schwarzer, hell umrandeter Augenfleck, Kiemendeckel grünblau, im hinteren Körperteil 5–8 schmale, blaue Querstreifen, Zwischenräume türkisfarben. D und A etwas zugespitzt, gelb bis orange mit dünnem, bläulichem Saum, A manchmal mit dunkler Spitze, C gelegentlich mit dunklem bis schwarzem Hinterrand, V farblos. ♀ ähnlich gefärbt und gezeichnet, Längsband kräftiger, Färbung jedoch insgesamt matter, ein zweiter Augenfleck oberhalb des vorderen A-Ansatzes, keine Vertikalstreifen im Schwanzstiel, D und A kleiner, abgerundet, Flossen farblos.
Pflege und Zucht nicht einfach, Nachzuchten über mehrere Generationen bisher kaum gelungen. Scheuer Schwarmfisch, Vergesellschaftung mit ähnlichen Fischen möglich. Hälterungsbedingungen: Geräumige, sonnig aufgestellte Aquarien mit Schwimmraum und dichter Bepflanzung. Temperaturschwankungen zwischen 20 und 28 °C, im Winter kühl, regelmäßiger Wasserwechsel, kleines Lebendfutter. Zur Zucht ein Paar oder ein ♂ mit zwei ♀♀ ansetzen, Haftlaicher, der Laich soll gegen chemische Zusätze und direktes Sonnenlicht empfindlich sein. Die Jungfische schlüpfen nach 9–12 Tagen, Erstfutter Infusorien, später *Cyclops*- und *Artemia*-Nauplien, Wachstum langsam, nach etwa sechs Monaten geschlechtsreif.
Von der Art sind verschiedene Populationen bekannt, die sich z.T. in der Färbung und Zeichnung unterscheiden. Erstbeschreibung als *Heterandria ommata*, auch unter dem Namen *Zygonectes manni* HAY, 1886, bekannt.

Gattung *Lucania* GIRARD, 1859

Typusart: *L. parva* (BAIRD und GIRARD, 1855) (Abb. 404).
Gattung der Unterfamilie Fundulinae mit nur wenigen Arten, die in den östlichen Tieflands- und Küstengebieten der USA und in Mexiko (*L. interioris*) verbreitet ist. Alle Arten leben als Schwarmfische oberflächenorientiert in langsamfließenden oder stagnierenden, stark verkrauteten, flachen Biotopen mit Brack- und Süßwasser und meiden offene Wasserflächen. Körper langgestreckt, spindelförmig, Kiefer kurz, stumpf mit zwei Reihen konischer Zähne, Kopfschuppen dachziegelartig angeordnet, D deutlich vor der A angesetzt, D und A rundlich, ähnlich gestaltet und gefärbt, C fächerförmig. Kleine, grazile Fische bis maximal 6 cm Gesamtlänge, die an Salmler oder Barben erinnern.
Pflege und Zucht unproblematisch. Empfohlen wird die Hälterung eines kleinen Schwarmes von 5–10 Fischen (drei ♂♂ mit vier ♀♀ als Zuchtgruppe). Mittelhartes Wasser, möglichst schwankende Temperaturen von 15–25 °C, pH-Wert um 7, regelmäßiger Wasserwechsel, starke Bepflanzung, Lebendfutter, Seesalzzusatz. Die Eier werden einzeln oder in kleinen Trauben in den Pflanzen abgesetzt, gelegentlich hängen sie noch eine kurze Zeit an der Geschlechtsöffnung des ♀. Starke Laichräuber, Laich ablesen! Die Jungfische schlüpfen nach 8–14 Tagen und fressen sofort *Cyclops*- und *Artemia*-Nauplien. Wachstum relativ langsam. Freilandhaltung in den Sommermonaten sehr günstig. Sie sind anpassungsfähig und vertragen Temperaturen bis unter 10 °C.
Einzelne Autoren gliedern die Gattung in zwei Untergattungen: *Chriopeops (L. goodei)* und *Lucania (L. interioris* und *L. parva*). *L. browni* ist ein Synonym von *Cyprinodon macularius*.

Lucania goodei (Taf. 171)
JORDAN, 1879
Rotschwanzkärpfling

USA in Florida und Georgia, vorwiegend im Süßwasser; t.t.: Miami, Everglades; bis 5 cm.
D 9–12, A 9–11; mLR 29–32. ♂ grau bis braungrün, Rücken dunkler, Bauch heller, metallisch gelbe Glanzzonen auf den Körperseiten, Schuppen mit Ausnahme der Bauchpartie schwarz gerandet. Entlang der Seitenmitte ein schwarzes Zickzackband, das vom Maul über das Auge bis zur C-Basis reicht. In der C-Wurzel oben und unten ein hellgelber Glanzfleck von unterschiedlicher Intensität. D und A gerundet, an der Basis mit tiefschwarzem Fächer, darüber eine leuchtend blaue Zone, die gelegentlich größere gelbe oder orangefarbene Flecken einschließt, C basal kräftig rot und mit angedeutetem dunklem Saum, V schwarz gesäumt. ♀ braungelb bis -grau, Rücken dunkler, Bauch weiß, deutlich schwarz markierte SL, ein zweites schmaleres schwarzes Längsband beginnt unterhalb der P und reicht bis zur A-Basis, Glanzflecken in der C-Wurzel meist deutlicher als beim ♂, Flossen farblos, ohne Zeichnung.
Pflege und Zucht siehe Gattungsbeschreibung. Kann unter Wohnzimmerbedingungen gepflegt werden.
Die einzelnen Populationen unterscheiden sich in der Zeichnung und Färbung. Bei Freilandhälterung färben die ♂♂ besonders schön aus.
Die Art wurde auch als *Chriopeops goodei* oder *Fundulus goodei* bezeichnet.

Lucania parva (Abb. 404)
(BAIRD und GIRARD, 1855)
Rainwater killifish

Ostküste der USA von Cape Cod nach Süden bis Mexiko (Tampico), vereinzelt in zentralen Gebieten und an der Westküste der USA; t.t.: Greenport auf Long Island (USA-Staat Connecticut); bis 6 cm.
D 9–13, A 8–11; mLR 26–28. ♂ olivbraun, olivgrün bis gelbbräunlich mit silbrigem Glanz auf den Körperseiten, Rücken dunkel, Bauch weißlich, Schuppen mit Ausnahme der Bauchregion schwarz gesäumt, keine schwarz markierte Mittellinie wie *L. goodei*. D bläulich, hellgelb, teilweise transparent mit einem schwarzen Fleck oder schwarzen Flossenstrahlen im vorderen und einem roten Fleck oder orangefarbenem Submarginalstreifen im hinteren Teil, Flossensaum schwarz, A hellgelb mit schwarzem, im vorderen Teil gelegentlich dunkelrotem Saum, C braungelb mit angedeutetem dunklem Saum, V schwarz gesäumt. ♀ wie das ♂ gefärbt, Flossen aber transparent und ohne Zeichnung.
Pflege und Zucht siehe Gattungsbeschreibung. Seesalzzusatz notwendig, 4–5 Eßlöffel auf 10 l Wasser. Die ♂♂ treiben stark, sie schwimmen die ♀♀ von unten an und stubsen sie stimulierend in die Analgegend. Der Laich wird in Oberflächennähe abgegeben. Im Verbreitungsgebiet liegen die Laichperioden in den Herbstmonaten.
Die einzelnen Populationen unterscheiden sich stark in der Färbung. Am intensivsten sind die südlichen Populationen (Florida) gefärbt.
Die Art war vermutlich primär in den östlichen Küstenregionen verbreitet und drang erst später in das Binnenland vor. Sie wurde auch als *Limia venusta, Lucania venusta* und *Lucania affinis* bekannt. Erstbeschreibung als *Cyprinodon parvus.*

Abb. 403 *Leptolucania ommata*
Abb. 404 *Lucania parva*
Abb. 405 *Oxyzygonectes dovii*

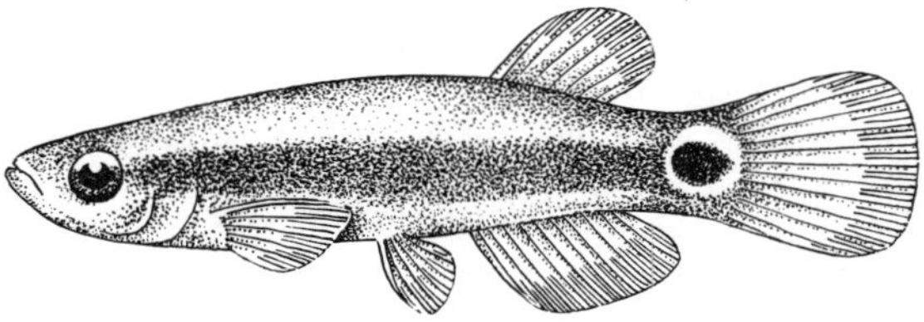

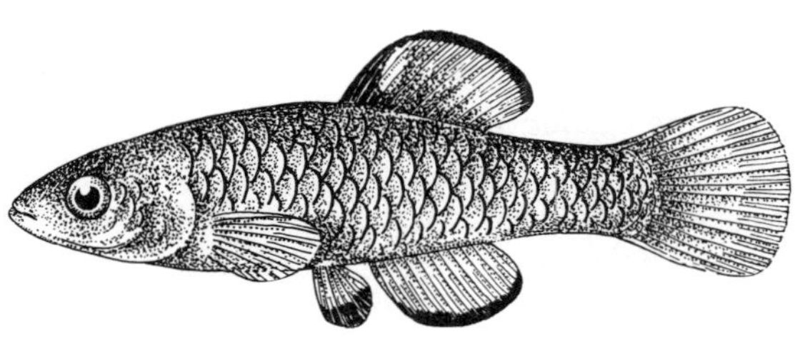

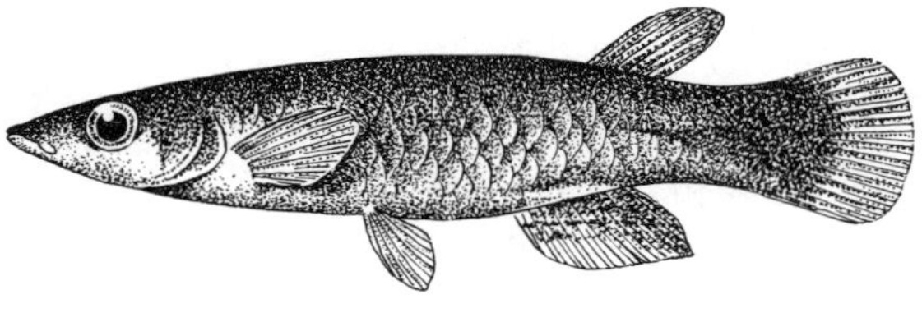

Gattung *Oxyzygonectes* FOWLER, 1916

Typusart: *O. dovii* (GÜNTHER, 1866) (Abb. 405).
Monotypische Gattung der Unterfamilie Fundulinae, Verbreitungsgebiet: Pazifikküste Kostarikas und Panamas. Körper langgestreckt, oben stark abgeflacht, Kopf flach, spitz zulaufend, tiefe Maulspalte, Kiefer spatelartig, vorn fast halbkreisförmig, Oberkiefer etwas länger als der Unterkiefer (juvenil umgekehrt), Zähne in breiten Bändern angeordnet, Augen in der Mitte des langen Kopfes, oberer Teil der Iris leuchtend weiß, ♂ mit spitzer, seitlich gebogener Genitalpapille, ♀ mit einem für die Unterfamilie typischen Geschlechtstäschchen vor dem vorderen Ansatz der A, D hinter der größeren A angesetzt, D-Vorderkante über der 23. Schuppe der mLR. Die Pn reichen bis zum Ansatz der Vn, C abgerundet. SEEGERS vermutet verwandtschaftliche Beziehungen zur Gattung *Profundulus*, insgesamt noch unklar. Ursprüngliche Art.

Oxyzygonectes dovii (Abb. 405)
(GÜNTHER, 1866)
Weißauge

Kostarika (Golfito), Panama (Rio Estero, Rio Corrales), Schwarmfisch im Brackwasser der Flußmündungen, Lagunen, Mangrovesümpfe, Ablaichen vermutlich im Süßwasser an Wurzeln und Schilf; vergesellschaftet mit *Poecilia gilli* und *Poeciliopsis elongata*; t.t.: Puntarenas (Kostarika); bis 24 cm (35 cm ?).
D 8, A 14; mLR 31. ♂ silbrig bis bläulich mit gelblichem bis kupferfarbenem Glanz auf den Körperseiten, Bauch sehr hell, im hinteren Teil des Körpers vertikale dunkle Streifen, unregelmäßige dunkle Punkte an der Basis von D und A, in der C als Punktreihen, Flossen hellgelb. ♀ silbrig bis bläulich, Flossen transparent und ohne Zeichnung.
Pflege und Zucht nicht problematisch. Große Aquarien, Seesalzzusatz, Oberflächenfisch. Der Laich wird an Pflanzen geheftet, Eier groß (2,5–4 mm), werden nicht gefressen, sind anfangs klar, später weißlich-trüb. Die 5–6 mm großen Jungfische schlüpfen bei 24 °C nach 14–18 Tagen, Erstfutter *Artemia*-Nauplien, später Lebend- und Trockenfutter. Erstbeschreibung als *Haplochilus dovii* GÜNTHER, 1866.

Gattung *Profundulus* HUBBS, 1924

Typusart: *P. punctatus* (GÜNTHER, 1866) (Taf. 171).
Gattung der Unterfamilie Fundulinae mit nur wenigen Arten, die in Mexiko, Guatemala und Honduras verbreitet sind und dort in Bächen und Flüssen, die zum Atlantik oder zum Pazifik entwässern, vorkommen; teilweise vergesellschaftet mit lebendgebärenden Zahnkarpfen. Körper gedrungen und plump, ♀♀ größer und fülliger als die ♂♂, D und A relativ

klein, abgerundet, weit hinten angesetzt und etwa gegenüberstehend, strahlenreicher als bei der Gattung *Fundulus*, D beim ♂, A beim ♀ stärker entwickelt, C kurz und kräftig mit zahlreichen kleinen Schuppen an der Basis, ♀ im Gegensatz zur Gattung *Fundulus* ohne Geschlechtstäschchen.
Die Arten der Gattung *Profundulus* wurden zeitweilig zu den Gattungen *Fundulus, Zoogoneticus* oder *Adinia* gestellt.

Profundulus punctatus (Taf. 171)
(GÜNTHER, 1866)
Punktierter Kärpfling

Süd-Guatemala, Süd-Mexiko; t.t.: Küstenlagune »Chiapam« bei Champerico (Guatemala); bis 12 cm.
D 10–15, A 11–17; mLR 31–35. ♂ bräunlich, olivgrün, gelblich, Rücken dunkler, Bauch heller bis weiß. Vom Maul bis zur C-Wurzel ein nach hinten breiter werdendes, dunkles, unscharf begrenztes Längsband. Kiemendeckel mit goldglänzenden Flekken, ein ähnlicher Fleck über dem P-Ansatz. Hinterkörper unterhalb der Seitenmitte hellgrau bis metallisch grün. Flossen grüngelb bis bräunlich oder transparent, D und A mit dunkler Basis, bräunlichem, submarginalem Band und gelbem Saum, C mit dunkler Basis, nach außen zunehmend farbloser. In Laichstimmung wird die Grundfarbe intensiv gelb. ♀ ähnlich gefärbt und gezeichnet, aber deutlich blasser, bei adulten ♀♀ kann der dunkle Längsstreifen völlig fehlen.
Pflege und Zucht einfach. Geräumige Aquarien, 20–27 °C, pH-Wert über 7, gut durchlüftetes Wasser, feinfiedrige Pflanzen, Zucht im Artaquarium, Haftlaicher, Eier relativ groß, die Jungfische schlüpfen etwa nach 10–12 Tagen. Sie werden von den Elterntieren kaum behelligt. Die Geschlechtsreife wird erst nach einem Jahr erreicht. Kann in den Sommermonaten im Freiland gehältert und gezüchtet werden.
Erstbeschreibung als *Fundulus punctatus* GÜNTHER, 1866. Die Art wurde auch unter verschiedenen anderen Namen bekannt, u. a. *Fundulus pachycephalus* GÜNTHER, 1866, *F. oaxacae* MEEK, 1902, *Profundulus balsanus* AHL, 1935, *P. scapularis* FOWLER, 1936.

Profundulus labialis
(GÜNTHER, 1866)

Guatemala, Mexiko (Chiapas); t.t.: Rio San Geronimo (Guatemala); bis 11 cm.
D 10–16, A 13–17; mLR 35–39. ♂ und ♀ ähnlich, einfarbig bräunlicholiv, Bauch heller, gelegentlich wolkige Musterungen am Schwanzstiel. Flossen ohne Zeichnung, A an der Basis schwarz, Außenränder von D und A gelb.
Pflege und Zucht vermutlich wie bei *P. punctatus* angegeben. Die Art wurde nur selten gepflegt.

Unterfamilie Cyprinodontinae

Zur Unterfamilie Cyprinodontinae JORDAN und GILBERT, 1882, gehören ausschließlich neuweltliche Arten, vorwiegend aus dem südlichen Nordamerika, aber auch aus Mittelamerika einschließlich der karibischen Inseln bis zur Nordküste Venezuelas (Südamerika). Sechs Gattungen mit insgesamt 47 Arten und Unterarten, davon allein 40 Vertreter der Gattung *Cyprinodon*.
Gattungen der Unterfamilie: *Cualac, Cyprinodon, Floridichthys, Garmanella, Jordanella, Megupsilon.*
Alle Arten leben vorwiegend im sonnendurchfluteten, stehenden und fließenden Süß-, Brack- und Seewasser mit neutralem bis alkalischem pH-Wert, schwankenden Temperaturen und reichem Pflanzenwachstum. Zum Teil liegt der Salzgehalt der besiedelten Gewässer weit über der Konzentration im Meer. Die Wassertemperaturen steigen dort gelegentlich über 40 °C, der Temperaturanstieg stimuliert vielfach die Laichperioden. Die Nahrung besteht neben verschiedenen Kleinkrebsen, Wasserinsekten und Schnecken zu einem großen Teil aus Pflanzen, vorwiegend Algen, einzelne Arten sind ausschließlich phytophag.
Die einzelnen 3,5–11 cm großen Arten der Unterfamilie zeichnen sich durch eine hochrückige, gedrungene, bei adulten ♂♂ sogar bullige Körperform aus. Zähne dreispitzig. Ihre Färbung ist im allgemeinen weniger bunt als bei den bekannten *Aphyosemion*-Arten, bei den ♂♂ dominieren meist leuchtend blaue Farbtöne. Die schönsten Arten sind *Garmanella pulchra* und *Jordanella floridae*.
Pflege und Zucht nicht einfach, nur selten gelingt die Nachzucht über mehrere Generationen. Schwankende, zur Laichzeit höhere Temperaturen bis 30 °C und die Beachtung der Nahrungsansprüche und Fundorte sind Voraussetzungen zur optimalen Hälterung. Nur *Jordanella floridae* gehörte bisher in der Aquaristik zum festen Artenbestand. Alle Arten eignen sich gut für eine Freilandhälterung in den Sommermonaten und können dort auch zur Nachzucht gebracht werden.
Detaillierte Angaben zu den Fundorten der Arten einschließlich ihrer terra typica sowie zur Pflege und Zucht sind den Gattungs- und Artenbeschreibungen zu entnehmen.

Gattung *Cualac* MILLER, 1956

Typusart der monotypischen Gattung: *C. tessellatus* MILLER, 1956 (Abb. 406).
Sie kommt nur in einem eng begrenzten Biotop bei San Louis Potosi in Mexiko vor. Die Fische leben in warmen Quellteichen und ihren Abflußgräben in klarem, bläulichem, nach Schwefel riechendem Wasser (28–31 °C, pH 6,9–7,3); Begleitfische: eine *Astyanax*- und zwei *Cichlasoma-Arten*; bis 5 cm, die ♂♂ bleiben kleiner.
D 10–12, A 10–11; mLR 26–29. ♂ bräunlich, Bauch unterhalb der schwärzlichbraunen, unregelmäßig ge-

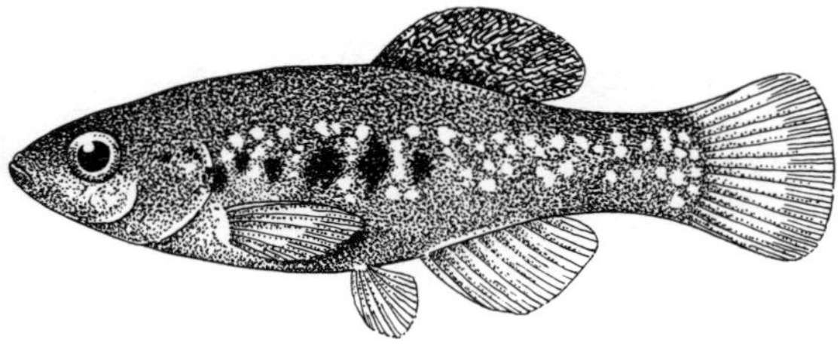

Abb. 406 *Cualac tessellatus*

zeichneten SL hell, Rücken dunkel, Körperseiten mit weißlichblauer, kettenförmiger Netzzeichnung. D und A mosaikähnlich, schwarz-orange gemustert, Saum orange; C mit schwarzer Basis, orangefarbenem Mittelteil und schwarzer hinterer Kante. SL-Zeichnung in Laichstimmung auf 1–3 deutlich getrennte schwarze Flecken reduziert. ♀ ähnlich, blasser, Flossen gelblich, nicht gemustert.
Pflege und Zucht unbekannt.
Die Art steht unter strengem Naturschutz. Unterschiede zur Gattung *Cyprinodon*: Körper stärker gestreckt, obere und untere Profillinie gleichmäßig ausgebogen, Schwanzstiel länger und niedriger.

Gattung *Cyprinodon* LACÉPÈDE, 1803 Wüstenfische, Pupfishes, Kärpflinge

Typusart: *C. variegatus* LACÉPÈDE, 1803 (Taf. 172).
Gattung der neuweltlichen Unterfamilie Cyprinodontinae mit etwa 40 nichtannuellen Arten und Unterarten. Das Verbreitungsgebiet erstreckt sich vom Staat Massachusetts (USA, 40° n. Br.) über die Süd- und Südweststaaten der USA, über Mexiko sowie zahlreiche karibische Inseln bis zu den Küstenregionen Venezuelas (10° n. Br.) (Abb. 407). Lebensräume sind das offene Meer, sonnendurchflutete Binnengewässer wie Flüsse, Mineralquellen (auch schwefelhaltige Thermalquellen), Sümpfe mit Salz-, Brack- und Süßwasser. Einzelne Arten kommen in Gewässern mit 160‰ Salzgehalt, der 5–6fachen Konzentration von Seewasser, vor *(C. milleri)*. Die Temperaturen der Wohngewässer können zwischen 10 °C und über 40 °C schwanken, aber auch gleichbleibend hoch sein. Die Nahrung besteht vorwiegend aus Algen, gefressen werden aber auch Detritus, Wasserinsekten und deren Larven, Crustaceen, Amphipoden, Schnecken und Schneckenlaich.
Biologisch interessant sind die Arten durch ihre Entwicklungsgeschichte, die eng mit erdgeschichtlichen Entwicklungsphasen verbunden ist. Viele sind ausgesprochene Reliktformen, deren Bestand ernsthaft gefährdet ist und die unter strengem Naturschutz stehen (z. B. *C. diabolis*). Drei Entwicklungszentren konnten bisher nachgewiesen werden:
- das Grenzgebiet zwischen den USA-Staaten California und Nevada (Death Valley Nationalpark),
- der Süden der USA-Staaten Alabama, California und Nord-Mexiko,
- das Gebiet der USA-Staaten New Mexico, Texas und das nordöstliche Mexiko (Staaten Chihuahua, Coahuila, westl. Nuevo León).

Verwandtschaftliche Beziehungen bestehen zu den Gattungen *Floridichthys*, *Megupsilon* und *Cualac*, zu den Unterfamilien Fundulinae und Aphaniinae (altweltlich).
Morphologische Merkmale der Gattung *Cyprinodon*: hochrückig, karpfenähnlich, gedrungen (adulte ♂♂ wirken oft bullig und haben eine steile Stirnpartie); Zähne dreispitzig; Gesamtlänge 3–8 cm; D kurz, relativ hoch, ohne Verlängerung der ersten Strahlen bei adulten ♂♂, oft vor der A angesetzt; A ähnlich der D, dieser gegenüberstehend, relativ wenige Flossenstrahlen (8–13); unpaare Flossen abgerundet; ♂♂ mit ctenoiden Stacheln auf Körperseiten, Kopf, A, V und Papillen auf der A und D-Basis; die Frontalbeschuppung ist einfach; die ♀♀ zeigen im Vergleich zu *Fundulus*- und *Aphanius*-Arten keine Verdickung der ersten A-Strahlen (Geschlechtstäschchen). *C. diabolis* hat keine Vn.
Färbung und Zeichnung relativ einheitlich. Körperseiten mit unregelmäßigen, z. T. keilförmigen oder fleckigen, abwechselnd dunklen und hellen Querbinden. Diese typischen Vertikalstreifen zeigen besonders juvenile Fische und adulte ♀♀. Bei geschlechtsreifen ♂♂ zahlreicher Arten verliert sich der Hell-Dunkel-Kontrast ganz oder teilweise und wird durch eine kräftig blaue oder grünliche Färbung ersetzt. Reflektierende Leuchtschuppen im Bereich zwischen Kopf und D oder auf der gesamten vorderen Körperhälfte und gelbe bis orangefarbene Regionen (Schwanzstiel, Bauch), gelegentlich von helleren oder dunkleren Querbinden unterbrochen, tragen zur farblichen Differenzierung der Arten bei. Nur unter ungünstigen Hälterungsbedingungen oder bei Unterdrückung durch kräftigere ♂♂ tritt die »Jugendfärbung« verstärkt wieder auf. Rote Farbtöne fehlen. Die *Cyprinodon*-Arten können nach genetischen und geographischen Gesichtspunkten in drei Artengrup-

Abb. 407 Verbreitungsgebiet der Gattung *Cyprinodon*

pen eingeteilt werden, deren Verbreitungsgebiete sich z.T. überschneiden. Die Formen der Eximius-Artengruppe (echte Wüstenfische) zeichnen sich durch einen endständigen, breiten, schwarzen Vertikalstreifen in der C aus. Verschiedene Arten sind bereits ausgestorben, andere bedrohte Reliktarten. Sie leben im Grenzgebiet zwischen den USA und Mexiko. Als Wüstenfische werden auch verschiedene Vertreter der Macularius-Artengruppe betrachtet, die im Südwesten der USA im Bereich des Amargosa-Bekkens verbreitet sind und äußerst extreme Biotope bewohnen. In Färbung und Zeichnung sehen sie sich alle sehr ähnlich. Weit verbreitet sind die Arten der Variegatus-Artengruppe, zu der alle Küstenformen gerechnet werden, die im offenen Meer leben, aber auch in Flüssen vorkommen, die ins Meer entwässern. Die ♂♂ haben auch adult eine Querbänderung. Die *Cyprinodon*-Arten werden nach Artengruppen wie folgt eingeteilt:

Eximius-Artengruppe
- *C. alvarezi* MILLER, 1976 (Taf. 172)
- *C. atrorus* MILLER, 1968
- *C. eximius* GIRARD, 1859
- *C. latifasciatus* GARMAN, 1881, bereits ausgestorben
- *C. macrolepis* MILLER, 1976
- *C. meeki* MILLER, 1976
- *C. nazas* MILLER, 1976

Macularius-Artengruppe
- *C. diabolis* WALES, 1930
- *C. macularius* BAIRD und GIRARD, 1853 (Taf. 172)
- *C. milleri* LABOUNTY und DEACON, 1972
- *C. nevadensis* EIGENMANN und EIGENMANN, 1889
- *C. nevadensis amargosae* MILLER, 1948
- *C. nevadensis calidae* MILLER, 1948, bereits ausgestorben
- *C. nevadensis mionectes* MILLER, 1948
- *C. nevadensis pectoralis* MILLER, 1948
- *C. nevadensis shoshone* MILLER, 1948, bereits ausgestorben
- *C. radiosus* MILLER, 1948
- *C. salinus* MILLER, 1943

Variegatus-Artengruppe
- *C. baconi* BREDER, 1932
- *C. beltrani* ALVAREZ, 1949
- *C. bondi* MYERS, 1935
- *C. bovinus* BAIRD und GIRARD, 1853
- *C. dearborni* MEEK, 1909
- *C. hubbsi* CARR, 1936
- *C. jamaicensis* FOWLER, 1939
- *C. labiosus* HUMPHRIES und MILLER, 1981
- *C. laciniatus* HUBBS und MILLER, 1942
- *C. maya* HUMPHRIES und MILLER, 1981
- *C. rubrofluviatilis* FOWLER, 1916
- *C. simus* HUMPHRIES und MILLER, 1981
- *C. tularosa* MILLER und ECHELLE, 1975
- *C. variegatus* LACÉPÈDE, 1803 (Taf. 172)
- *C. variegatus artifrons* HUBBS, 1936
- *C. variegatus ovinus* (MITCHILL, 1815)
- *C. variegatus riverendi* (POEY, 1861)

Noch nicht eingestufte Arten:
- *C. bifasciatus* MILLER, 1968
- *C. elegans* BAIRD und GIRARD, 1853
- *C. fontinalis* SMITH und MILLER, 1980
- *C. martae* STEINDACHNER, 1875
- *C. pecosensis* SMITH und MILLER, 1980

Die Pflege und Zucht der *Cyprinodon*-Arten ist, den unterschiedlichen, z.T. extremen Biotopen entsprechend, nicht unproblematisch. Es gibt ausgesprochene Wasser- und Nahrungsspezialisten, deren Zucht trotz intensiver Bemühungen nicht gelungen ist (z.B. *C. diabolis*), und Arten, die sich als Aquarienfische auch im Gesellschaftsaquarium gut eingeführt haben *(C. atrorus, C. nevadensis amargosae, C. eximius, C. macularius)*. Allgemeine Hälterungsbedingungen: klares, sauberes, möglichst hartes Wasser, pH-Werte neutral bis alkalisch, Seesalzzugabe, schwankende Temperaturen, abwechslungsreiche Fütterung mit Lebend- und Trockenfutter einschließlich Algen, Spinat oder gebrühtem Salat. Zur Zucht wird ein ♂ mit mehreren ♀♀ vergesellschaftet. Die ♂♂ bilden auch in Gefangenschaft Reviere, die gegen Artgenossen heftig verteidigt werden. Das laichbereite ♀ schwimmt in das Revier hinein, das ♂ nähert sich von unten und stupst es stimulierend in die Analgegend. Beide Fische schwimmen zunächst parallel, das ♂ umfaßt dann das ♀ mit der D und A, s-förmige Krümmung, Ablaichen am Substrat in Bodennähe, das ♀ schwimmt aus dem Revier. Als Substrat eignen sich feinfiedrige Pflanzenbüsche, aber auch Filterwolle, besonders wenn diese von Wasser durchströmt wird. Die *Cyprinodon*-Arten sind sehr produktiv, aber große Laichräuber. Eine rationelle Zucht ist nur bei kurzzeitigem Zusammenbringen der Geschlechter oder ständigem Vorhandensein von Lebendfutter möglich. Die Laichentwicklung beträgt 1–2 Wochen. Die Jungfische halten sich am Boden auf und schwimmen ruckartig (»bauchrutscherähnlich«). Nach einigen Wochen normalisiert sich die Schwimmweise, das Wachstum ist ungleichmäßig. Arten aus Quellen laichen ständig und sind relativ kurzlebig (6–9 Monate), Arten aus anderen Gewässern haben oft Laichperioden (Winterruhe) und leben länger (max. 2–3 Jahre). Die Fische eignen sich gut für eine Hälterung im sonnigen Gartenteich. Das Nahrungsangebot entspricht dort durch den Algenreichtum natürlichen Bedingungen, das Sonnenlicht verbessert die Konstitution.

Cyprinodon alvarezi (Taf. 172)
MILLER, 1976
Potosí-Wüstenfisch

Mexiko; t.t.: Quellteich bei El Potosí im Bundesstaat Nuevo León (Mexiko), gemeinsam mit *Megupsilon aporus*; bis 6 cm.

D 10–12, A 9–11; mLR 24–26. ♂ hellblau mit teilweise silbrigem Glanz, Rücken dunkelblau, keine Querbänderung. In Laichstimmung ist das Blau intensiver, Vorderkörper oben leuchtend blau. D weiß

bis gelbweiß, A im hinteren Teil türkis, C mit breiter, schwarzer, endständiger Randbinde. ♀ mehr grau, D mit schwarzem Fleck im hinteren Teil, Schwanzstiel mit schwachem dunklem Längsstrich, V ziemlich klein.
Pflege und Zucht siehe Gattungsbeschreibung, S. 542. Nachzucht-♂♂ werden in ihrer Grundfärbung vereinzelt heller (weißblau). Die Art wurde von ALVAREZ 1952 erstmals gesammelt und von MILLER und WALTERS, 1972, als C. spec. vorgestellt. Reliktform, die nach bisherigen Kenntnissen nur am Typenfundort vorkommt. Verwandtschaft besteht zu *Megupsilon aporus*.

Cyprinodon atrorus
MILLER, 1968
Bolsón-Wüstenfisch

Mexiko, Flußsystem des Puente Chiquito und der Lagune San Pablo in flachen, salzhaltigen, sumpfigen Teichen und Wasserlöchern mit starkem Algenwachstum am Boden und schwankenden Temperaturen; t.t.: südlich von Cuatro Ciénegas im Bundesstaat Coahuila, Chihuahua-Wüstengebiet; bis 4 cm.
D 10–12, A 9–10; mLR 24–26. ♂ blau, Körperseiten mit 7–9 dunklen Querstreifen, dazwischen silbrige Bänder, Bauchregion weiß. Bei Erregung Rücken im Bereich der D leuchtend blau, Kehle goldgelb, Kopf gelblich, intensiv blauer Fleck hinter der Pupille. Unpaare Flossen gelblich bis schwach orange, dunkel gesäumt, C mit breiter, endständiger Randbinde. ♀ graubraun, mit 5–9 unregelmäßigen, dunklen Flekken auf den Körperseiten, unpaare Flossen farblos bis schwach grau, schwarzer Fleck in den hinteren Teilen von D und A.
Pflege und Zucht siehe Gattungsbeschreibung, S. 542, problemlos. Die ♂♂ sind revierbildend und wedeln flache Laichgruben in den Sand. Naturhybriden der Art mit *C. bifasciatus* kommen vor.

Cyprinodon diabolis
WALES, 1930
Teufelskärpfling, Teufelsloch-Wüstenfisch, Devils Hole pupfish

Nevada; t.t.: Death Valley (Todestal) in einem Wasserloch in einer Felshöhlung (Devils Hole). Die Thermalquelle hat eine Fläche von 16 m^2, max. Tiefe 26 m, 2,70 m über einem Schelfteil, in dem sich die Fische aufhalten, Wassertemperatur um 30 °C; bis 3 cm.
D 10–13, A 10–12; mLR 22–27. ♂ silberblau, Rükken dunkler, keine Querstreifen auf den Körperseiten, allgemein geringe Pigmentierung. Ränder von D, A, P dunkel, C mit endständigem schwarzem Band. ♀ silberbraun, D und A mit kleinen dunklen Punkten, sonst einschließlich C farblos. Keine Vn. Die Art steht unter strengem Naturschutz und kommt nur am Typenfundort vor. Die Gesamtpopulation besteht aus 150–200 Fischen im Winter und 300–400 im Sommer. Alle Nachzuchtversuche sind gescheitert, da die speziellen Wasserwerte und Algennahrung *(Spirogyra, Plactonema)* in Gefangenschaft nicht geboten werden können.
C. diabolis ist eine der seltensten Reliktarten unter den eierlegenden Zahnkarpfen.

Cyprinodon eximius
GIRARD, 1859

Mexiko; t.t.: Rio Cuviscar bei Chihuahua (Rio Conchos-Becken); bis 7 cm.
D 12, A 12; mLR 26–27. ♂ olivgelb mit goldfarbenen Reflexen, Rücken dunkelgrau, Bauch heller, keine Querstreifen. Nur bei adulten Tieren zeigt sich gelegentlich eine dunkle Querbänderung. Unpaare Flossen gelblich, teilweise dunkel getönt durch dunkle Flossenstrahlen, C mit endständigem, breitem, schwarzem und davorliegendem hellem schmalem Band, im basalen Teil schwarze Punkte, Flecken, Striche, teilweise in vertikalen Reihen angeordnet. ♀ auf den Körperseiten schwärzlichbraun gefleckt, ebenso im basalen Teil der C, keine deutlich ausgebildeten Querbänder, im hinteren Teil der D ein schwarzer Fleck.
Pflege und Zucht siehe Gattungsbeschreibung, S. 542.

Cyprinodon macularius (Taf. 172)
BAIRD und GIRARD, 1853
Blauer (Stahlblauer) Wüstenfisch, Desert pupfish

Südweststaaten der USA, Nordwest-Mexiko; t.t.: San Pedro, Flußsystem des Gila River im Staat Arizona (USA); bis 5 cm.
D 8–11, A 10–11; mLR 27–29; n = 24. Adultes ♂ intensiv blau, besonders leuchtend zwischen P und D, Schwanzstiel bis in die C-Basis gelb bis gelborange, besonders bei ♂♂ niederer Rangordnung können zahlreiche Querbinden auf den Körperseiten hervortreten. D und A bläulich bis dunkelgrau, dunkle bis schwarze Ränder, C gelblich-transparent mit basalem und zum Hinterrand parallelem dunklem Band. Auge auffallend schwarz mit leuchtend blauem bis blaugrünem vorderem Rand. ♀ graubraun mit zahlreichen silbrig glänzenden Schuppen und dunklen, meist fleckig oder keilförmig ausgebildeten Querbinden, die gelegentlich den Eindruck eines unregelmäßigen Längsbandes vermitteln. Unpaare Flossen weißlich bis farblos, besonders basal mit dunklen Flossenstrahlen, Flecken und schmalen Bändern, D-Basis im hinteren Teil mit dunklem Fleck.
Pflege und Zucht siehe Gattungsbeschreibung, S. 542, einfach. Die Art eignet sich gut für eine zeitweilige Hälterung im Gartenteich und vermehrt sich dort in warmen Sommermonaten stark, gegen Temperaturschwankungen wenig empfindlich, verträgt in ihren Heimatgebieten bis 45 °C. *C. macularius* ist in der Natur ernsthaft bedroht, vielleicht sogar ausgestorben (WILDEKAMP, 1982).
Frühere Bezeichnungen der Art sind *Lucania browni* JORDAN und RICHARDSON, 1907, und *C. californiensis* GIRARD, 1859.

Cyprinodon nevadensis
EIGENMANN und EIGENMANN, 1889
Nevada-Wüstenfisch, Nevadakärpfling, Todestalkärpfling, Saratoga Springs pupfish

USA (Grenzgebiet der Staaten California und Nevada) im Bereich des Death Valley (Amargosa River) und Ash Meadow in besonnten, flachen Quellgewässern, Sümpfen, Flußabschnitten mit meist hohen Temperaturen um 30 °C und großen Temperaturschwankungen zwischen 10 und 40 °C, pH-Werte über 7, z.T. stärkerer Salzgehalt mit Magnesium, Schwefel, Bor.
MILLER beschrieb 1948 fünf weitere, geographisch getrennte Populationen aus dem gleichen Verbreitungsgebiet als Unterarten: *C. nevadensis amargosae, C. nevadensis calidae* (ausgestorben), *C. nevadensis mionectes* (bedroht), *C. nevadensis pectoralis* (bedroht), *C. nevadensis shoshone* (ausgestorben).
t.t.: Saratoga Springs (Death Valley, California), dort endemisch in einem Quellteich (Durchmesser etwa 10 m, Tiefe 1,40–1,60 m, Wassertemperatur konstant 28–29 °C) mit einigen daraus gespeisten weiteren Gewässern (Temperaturschwankungen dort zwischen 10 °C im Winter und 35 °C im Sommer, pH 8–8,5, sehr hartes Wasser, Borgehalt); bis 6,5 cm.
D 8–12, A 8–11; mLR 23–28. ♂ einfarbig tiefblau, unpaare Flossen mehr transparent, blauschwärzlich, mit unterschiedlich breiten schwarzen Säumen, breites, endständiges, schwarzes Band in der C, keine Gelbfärbung des Schwanzstieles wie bei der ähnlichen Art *C. macularius*, gelegentlich angedeutete dunkle Querbinden. ♀ graubraun mit dunklem Rükken, hellem Bauch, silbrigen Glanzschuppen und zahlreichen dunklen, unregelmäßig geformten Flekken entlang der SL und in der oberen Körperhälfte. D-Basis hinten mit dunklem Fleck, Flossen sonst transparent, schwärzlich angehaucht.
Pflege und Zucht siehe Gattungsbeschreibung, S. 542, problemlos. Laichperioden ausgeprägt.
Unterarten ähnlich, Blaufärbung meist blasser. Die Biotope der Arten wurden teilweise durch anthropogene Einflüsse (künstliche Wasserabsenkungen, Einsetzen von Raubfischen) weiter reduziert.

Cyprinodon rubrofluviatilis
FOWLER, 1916
Red River-Kärpfling, Red River pupfish

Südwest-Oklahoma, Nordwest-Texas, oft gemeinsam mit *Fundulus zebrinus* (?) und Fischen aus anderen Familien in Gewässern mit schwankendem Salzgehalt und Temperaturen des Wassers von 14–34 °C; t.t.: Brazos River zwischen Seymour und Authon (Texas); bis 6 cm.
D 9–10, A 10–11; mLR 25–29. Adultes ♂ in der hinteren und oberen Körperhälfte leuchtend blau, besonders zwischen P und D mit kräftig blau schimmernden Schuppen, Unterseite des Körpers, Kopfregion und P intensiv gelb. D und A dunkelgrau oder schwarz, C hellgrau mit einem endständigen schwarzen Band. ♀ grau bis braun, mit 6–7 dunklen, vertikal angeordneten, z.T. keilförmigen, unregelmäßigen Fleckenreihen. Flossen transparent bis leicht grau, D mit basalem Fleck.
Pflege und Zucht siehe Gattungsbeschreibung, S. 542, einfach. Entwicklungszeit des Laichs bei 28 °C fünf Tage, Jungfische nach 3–4 Monaten geschlechtsreif, Salzzusatz wichtig.
Die Art stellt ein Bindeglied zwischen der Variegatus- und Macularius-Artengruppe dar, ist aber kein Wüstenfisch, sondern kommt in Gebieten mit wechselnden Niederschlagsmengen vor. Laicht von Februar bis November bei Temperaturen von 13–34 °C. Bodengrundorientiert, frißt vorwiegend pflanzliche und nur etwa 10 % tierische Stoffe. Beschrieben als *C. bovinus rubrofluviatilis*.

Cyprinodon variegatus (Taf. 172)
LACÉPÈDE, 1803
Edelsteinkärpfling, Sheepshead minnow

Atlantikküste von Massachusetts bis zu den nördlichen Küstengebieten von Venezuela, auf zahlreichen karibischen Inseln und den Bahamas. Im offenen Meer und in Binnengewässern, z.T. mit hohem Salzgehalt, schwankenden Wassertemperaturen, starkem Pflanzenwuchs. Teilweise syntopes Vorkommen mit *C. elegans* (natürliche Kreuzungen wurden beobachtet), verschiedenen *Fundulus*-Arten sowie *Adinia multifasciata, Rivulus ocellatus marmoratus, Lucania parva* und Fischen aus anderen Familien; t.t.: South Carolina; bis 8 cm.
D 9–13, A 9–12; mLR 24–29. ♂ oliv bis hell silbergrau, bläulicher Glanz auf dem Rücken, angedeutete breite, dunkle, unregelmäßige Querbinden auf den Körperseiten, transparente bis rußige unpaare Flossen mit dunklen Rändern, schwach gelbliche Pn und Vn, schmaler, dunkler Streifen an der Basis der C. In Laichstimmung wesentlich intensiver gefärbt und gezeichnet, Gruppen von Schuppen auf dem Rücken glänzen dann stahlblau bis blaugrün, der Vorderkörper einschließlich P und V ist hellorange, die schwarzen Randsäume der Flossen heben sich deutlich ab, und die insgesamt fast schwarze D hat eine weißliche vordere Kante. ♀ graubraun bis silbrig mit keilförmigen breiten und schmalen dunklen Querbinden auf den Körperseiten, Bauch weißlich. Unpaare Flossen transparent, oft rußig, besonders D und A. D-Basis hinten mit typischem, weiß umrandetem, dunklem Fleck.
Pflege und Zucht siehe Gattungsbeschreibung, S. 542, unproblematisch. Semimarine Wildfänge benötigen unbedingt 1/3 und mehr Seewasserzusatz, bei den Nachzuchten kann der Anteil verringert werden. Große Aquarien, reichlich Versteckmöglichkeiten, dichte Pflanzenbüsche tragen wesentlich zum Wohlbefinden der Art bei und verringern die oft beobachtete Schreckhaftigkeit, die zum plötzlichen Tod führen kann. Bei Gefahr wühlen sich die Fische als natürliche Reaktion gelegentlich in den Bodengrund.

Tafel 193 Links: *Aplocheilichthys* spec. · *Oryzias latipes*, ♀ mit Eiern · *Oryzias* spec. von Sri Lanka. Rechts: *Aplocheilichthys* spec. · *Oryzias* spec. von Sulawesi · *Oryzias* spec. (alle Fotos Richter)

Tafel 194 Links: *Xenotoca eiseni*, ♂ · *Xenotoca eiseni*, ♀ beim Gebären · *Xenoophorus captivus*, ♂. Rechts: *Xenotoca eiseni*, altes ♂ · *Xenotoca eiseni*, ♀ beim Gebären, Trophantaenien sichtbar · *Ameca splendens* (oben rechts Foersch, alle anderen Fotos Richter)

Tafel 195 Links: *Belonesox belizanus* · *Alfaro cultratus*, ♂ · *Gambusia affinis*. Rechts: *Belonesox belizanus*, Gonopodium des ♂ · *Carlhubbsia stuarti* · *Girardinus* cf. *falcatus* (alle Fotos Richter)

Tafel 196 Links: *Girardinus metallicus* (Foto Richter) · *Heterandria formosa* (Foto Richter) · *Phalloceros caudimaculatus reticulatus* (Foto Foersch). Rechts: *Heterandria bimaculata*, ♂ (Foto Richter) · *Poeciliopsis gracilis* (Foto Foersch) · *Phallichthys amates*, ♂ bei Begattung (Foto Richter)

Tafel 197 Links: *Phallichthys amates amates* · *Poecilia melanogaster*, ♂ · *Poecilia nigrofasciata*. Rechts: *Poecilia sphenops*, Liberty-♂ · *Poecilia sphenops*, Zuchtform · *Poecilia vittata* (alle Fotos Richter)

Tafel 198 Zuchtformen von *Lebistes reticulatus*, oben links: ♂ und ♀, alle anderen Abbildungen ♂♂ (alle Fotos Richter)

Tafel 199 Links: *Poecilia velifera* (Foto Quitschau) · *Poecilia vivipara*, ♂ (Foto Richter) · *Xiphophorus montezumae*, ♂ (Foto Richter). Rechts: Crescenty Black Molly, ♂, *P. sphenops* x *P. latipinna* (Foto Richter) · *Xiphophorus pygmaeus*, ♂ (Foto Sterba) · *Xiphophorus xiphidium*, ♂ (Foto Foersch)

Tafel 200 Links: *Xiphophorus helleri helleri* · *Xiphophorus helleri helleri* · *Xiphophorus helleri helleri*, rot. Rechts: *Xiphophorus helleri helleri*, Neon · *Xiphophorus helleri helleri* aus Jalapa · *Xiphophorus helleri guentheri* (alle Fotos Richter)

Tafel 201 Zuchtformen von *Xiphophorus maculatus*. Links: Roter Platy · Roter Wagtail-Platy · Komet Platy · Gelber Wagteil-Platy mit Blauspiegel. Rechts: Goldener Mond-Platy · Platy halbschwarz mit Blauspiegel · Simpson-Tuxedo-Platy · Spitzschwanz-Wagtail-Platy (Fotos links: Foersch, Fotos rechts: Richter)

Tafel 202 Zuchtformen von *Xiphophorus variatus*. Links: Papageien-Platy · Schwarzer Papageien-Platy · Blauer Platy. Rechts: Gelbroter Platy · Gelber Platy, Marygold · Delta-Hochflosser (oben links und Mitte links Foersch, alle anderen Fotos Richter)

Tafel 203 Links: *Chilatherina bleheri* · *Chilatherina* cf. *fasciata* · *Chilatherina* spec. Rechts: *Chilatherina sentaniensis* · *Glossolepis wanamensis* · *Glossolepis incisus*, ♂ (oben rechts Foersch, alle anderen Fotos Richter)

Tafel 204 Links: *Melanotaenia affinis* · *Melanotaenia boesemani* · *Melanotaenia goldiei.* Rechts: *Melanotaenia maccullochi*, Queensland-Population · *Melanotaenia maccullochi*, Papua-Neuguinea-Population · *Melanotaenia splendida fluviatilis* (oben links Foersch, unten rechts Sommer, alle anderen Fotos Richter)

Tafel 205 Links: *Melanotaenia splendida inornata*, Nordaustralien · *Melanotaenia splendida rubrostriata*, Papua-Neuguinea · *Melanotaenia splendida rubrostriata*, Papua-Neuguinea. Rechts: *Melanotaenia trifasciata* · *Melanotaenia trifasciata* · *Melanotaenia trifasciata*, Nordaustralien (oben links Foersch, alle anderen Fotos Richter)

Tafel 206 Links: *Iriatherina werneri*, Papua-Neuguinea · *Iriatherina werneri*, Australien · *Pseudomugil gertrudae*. Rechts: *Pseudomugil signifer*, Ostaustralien · *Pseudomugil signifer*, Nordaustralien · *Melanotaenia* cf. *splendida* (alle Fotos Richter)

Tafel 207 Links: *Popondetta connieae* · *Popondetta furcata* · *Rhadinocentrus ornatus*. Rechts: *Alepidomus evermanni* · *Telmatherina ladigesi* · *Bedotia geayi* (alle Fotos Richter)

Tafel 208 Links: *Dorichthys martensi*, nahe verwandt mit *D. deokhatoides* (Foto Foersch) · *Indostomus paradoxus* (Foto Foersch). Rechts: *Syngnathus pulchellus*, Kopf (Foto Foersch) · *Gasterosteus aculeatus*, ♂ in Laichtracht (Foto Richter). Unten: *Channa obscura*, Jungtier (Foto Richter)

C. variegatus ist die Typusart der Gattung. Die zahlreichen Populationen unterscheiden sich im Detail in Färbung und Zeichnung. Neben der Nominatform sind die Unterarten *C. variegatus artifrons, C. variegatus ovinus, C. variegatus riverendi* bekannt. Andere Arten der Variegatus-Artengruppe (siehe Tabelle in der Gattungsbeschreibung) werden teils als selbständige Arten, teils als Unterarten betrachtet. Die Art war früher bekannt als *Lebias ellipsoidea* LESUEUR, 1821, *Trifarcias felicianus* POEY, 1868, *C. gibbosus* BAIRD und GIRARD, 1853, *Lebias rhombiodalis* HUMBOLDT und VALENCIENNES, 1828.

Gattung *Floridichthys* HUBBS, 1926

Typusart: *F. carpio* (GÜNTHER, 1866) (Abb. 408).
Monotypische Gattung, Verbreitungsgebiet von der Halbinsel Florida entlang der Küste des Golfs von Mexiko bis zur Halbinsel Yucatán (Mexiko). Die Fische kommen in kleinen Populationen nur im Salz- oder Brackwasser der flachen Küstenabschnitte und Mündungsgebiete von Binnengewässern vor und bevorzugen Ansammlungen von Algen, Seegras und anderen Wasserpflanzen, oft syntop mit *Cyprinodon variegatus* und *Adinia multifasciata*. Die Wassertemperaturen des Golfs von Mexiko wechseln zwischen 30 °C im August und 15 °C im Januar, die Tag-Nacht-Schwankungen betragen bis 8 Grad, pH-Wert des Salzwassers 8,0–8,3, des Brackwassers um 7,6. Die Nahrung besteht zu etwa 45 % aus tierischen Stoffen, aufgenommen werden Detritus, Algen, Insektenlarven, Würmer, Krusten- und Weichtiere.
Verwandt mit den Gattungen *Jordanella* und *Garmanella* und der altweltlichen Gattung *Aphanius*. Besondere morphologische Merkmale: gedrungener Körperbau, Ansatz der D vor der A, D größer als die A, C fächerförmig, große Augen, relativ kleiner Kopf, Flossen der ♀♀ allgemein kleiner.

Floridichthys carpio (Abb. 408)
(GÜNTHER, 1866)
Goldspotted killifish

Florida, Texas, Mexiko (Halbinsel Yucatán) in den Küstenregionen; t.t.: Florida; bis 11 cm.
D 11–13, A 9–10; mLR 23–25. ♂ in Laichstimmung olivfarben, Rücken dunkler, Bauch heller. Im mittleren Bereich der Körperseiten unterhalb der SL zahlreiche dunkle, schmale Querlinien (oft über 10) und eine Vielzahl unterschiedlich geformter dunkler Flecken (Netzmuster), die oberhalb der P groß und länglich-oval, auf dem Schwanzstiel kleiner und mehr rund und zwischen den Querlinien in Reihen angeordnet sind. Flecken oberhalb der SL oft blau gesäumt, irisierender Glanz durch silbrige bis messingfarbene Schuppen. Unpaare Flossen mit orangefarbenen Flossenrändern, zwischen den Strahlen Reihen dunkler Punkte, P gelb. ♀ gleicht einem farblosen ♂, Bauchregion weißlich, Schuppen der Körperseiten oberhalb der SL meist breit dunkel gerandet, nicht so markant gefleckt.

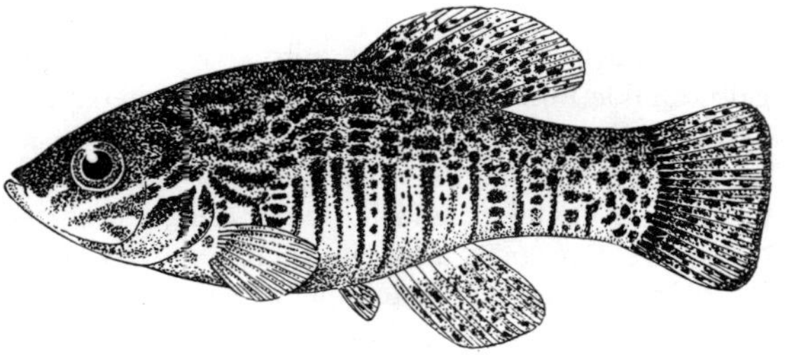

Abb. 408 *Floridichthys carpio*

Pflege und Zucht siehe Gattungsbeschreibung *Cyprinodon*, S. 542. Größere Aquarien, sauerstoffreiches Wasser mit Salzzusatz, verträgt nur kurzzeitig reines Süßwasser. Gelaicht wird an versteckten Plätzen in feinfiedrigen Pflanzenbüschen aller Wasserschichten. Eier klein, Schlupf nach 12–15 Tagen, oft etwas zu früh, die Larven liegen dann 1–2 Tage am Boden. Die Jungfische benötigen sehr kleines Erstfutter, Aufzucht problemlos.
Die Yucatán-Formen der Art wurden von HUBBS als zwei Unterarten beschrieben: *F. carpio polyommus* HUBBS, 1936, und *F. carpio barbouri* HUBBS, 1936, nur *F. carpio carpio* kam bisher lebend nach Europa.

Gattung *Garmanella* HUBBS, 1936

Typusart: *G. pulchra* HUBBS, 1936 (Taf. 173).
Monotypische Gattung mit eng begrenztem Verbreitungsgebiet in küstennahen Brackwassertümpeln der Halbinsel Yucatán und auf vorgelagerten Inseln. Die Lebensräume zeichnen sich durch einen oft extremen Wechsel zwischen Brack- und Süßwasser aus, der durch Regenfälle und Sturmfluten verursacht wird. Teilweise kommt die Art syntop mit *Cyprinodon variegatus*, Gambusen und *Poecilia velifera* vor.
Enge Verwandtschaft zu den Gattungen *Jordanella* und *Floridichthys*. Auffallend sind der relativ hohe Körperbau und die große D, die weit vor der A ansetzt und sich durch eine sehr langgestreckte Basis auszeichnet. Im Gegensatz zur Gattung *Jordanella* ist der erste Strahl der D nicht verdickt.
Pflege und Zucht wie bei der nachfolgenden Artbeschreibung angegeben.

Garmanella pulchra (Taf. 173)
HUBBS, 1936
Schönflossenkärpfling, Schlangenhaut-Killi

Mexiko entlang der Küste bis Honduras; t.t.: Tümpel, 5 km östlich von Progreso (Mexiko); bis 6 cm.
D 15–17, A 8–10; mLR 22–24. ♂ undeutlich grau bis graubraun mit zahlreichen silbrig irisierenden Schuppen, dunklen Punkten und Linien in meist vertikaler Orientierung, die insgesamt ein labyrinthartiges Muster ergeben. Körper orange, Kopf, Kehle intensiv orangerot. Körpermitte mit 1–2 großen schwarzen Punkten, blassere Punkte gelegentlich entlang der SL sowie auf dem Rücken (Querbänderung der Jungtiere und Weibchen!), unterhalb des Auges oft ein schräger dunkler Streifen auf bläulichem Grund. D

und A leuchtend orangerot, übrige Flossen mehr gelb, dunkle Punktreihen zwischen den Strahlen der D und an der A-Basis, C blaß dunkel gesäumt. ♀ silbergrau, Rücken dunkel, Bauch hell mit sieben unregelmäßigen, unterschiedlich breiten, dunklen Querbinden, einem oder mehreren großen schwarzen Punkten entlang der Mittellinie, einer Augenbinde schräg nach vorn-unten, Flossen farblos, D und Basis der C dunkel gepunktet und gefleckt. Junge ♂♂ haben das Aussehen von ♀♀ und eine orange eingefaßte A.

Pflege und Zucht wie bei den *Cyprinodon*-Arten angegeben, siehe S. 542. Hartes Wasser, neutraler pH-Wert, Salzzusatz von 5–6 g/l oder 1/5–1/10 Seewasserzusatz, 16–28 °C und auch darüber, wechselnd. Allesfresser, pflanzliche Nahrung unbedingt notwendig. Eine Vergesellschaftung mit ähnlich gepflegten Arten möglich. Zur Zucht wird ein ♂ mit mehreren ♀♀ angesetzt, Temperatur 24–26 °C. Die ♂♂ bilden Reviere und treiben sehr stark, Versteckmöglichkeiten für ♀♀ notwendig. Ablaichen an Pflanzen in Bodennähe, Klebkraft der Eier gering, große Laichräuber, in weichem Süßwasser verpilzt der Laich regelmäßig. Die silbrig-weiß glänzenden Jungfische schlüpfen bei 24 °C nach 10–12 Tagen aus den milchig-trüb aussehenden Eiern. Sie sind sehr klein, fressen erst nach einigen Tagen und bewegen sich mehrere Wochen »bauchrutscherähnlich« am Boden. Als Erstfutter eignen sich *Artemia*- und *Cyclops*-Nauplien. Die Nachzuchten werden gewöhnlich nur 4 cm groß, Geschlechtsreife nach 5–6 Monaten.

Barbour und Cole fanden die Art 1906 in der Nähe von Progreso (Halbinsel Yucatán) und bestimmten diese fälschlich als *Jordanella floridae*. Sie wurden von Hubbs 1936 als Paratypen von *G. pulchra* eingeordnet. Parenti löste 1981 die Gattung *Garmanella* auf und stellte die Typusart zu *Jordanella*, bisher fehlt aber eine allgemeine Anerkennung.

Gattung *Jordanella* Goode und Bean, 1879

Typusart: *Jordanella floridae* Goode und Bean, 1879 (Taf. 173).

Monotypische Gattung mit einem eng begrenzten Verbreitungsgebiet auf der Halbinsel Florida. Das Vorkommen beschränkt sich auf stehende bis langsamfließende Gewässer mit vorwiegend reinem Süßwasser, reichlichem Pflanzenwuchs sowie relativ starken täglichen und jahreszeitlichen Temperaturschwankungen. In den gleichen Biotopen kommen *Cyprinodon variegatus, Fundulus grandis, Gambusia*- und *Mollinesia*-Arten und Fische aus anderen Familien vor. Die Nahrung besteht neben kleinen Wassertieren aller Art besonders aus lebenden und abgestorbenen Pflanzenteilen, vorwiegend Algen und zarten Sprossen bzw. Blättern höherer Wasserpflanzen.

Charakteristisch ist der gedrungene, hochrückige, seitlich abgeflachte Körper mit dem hohen Schwanzstiel und abgerundeten unpaaren Flossen. D wesentlich länger als A, mit dornenartigem erstem Flossenstrahl. Maul oberständig, Kiefer mit dreispitzigen Zähnen besetzt, Schuppen groß, Geschlechtsdimorphismus, in der Färbung deutlich.

Die Gattung steht den Gattungen *Garmanella* und *Floridichthys* nahe.

Pflege und Zucht siehe nachfolgende Art.

Jordanella floridae (Taf. 173)

Goode und Bean, 1879

Floridakärpfling, Amerikanischer Flaggenkilli

Südflorida; t.t.: Lake Monroe; bis 7 cm.

D 16–18, A 11–14; mLR 25–27; E-Typ; n = 24. ♂ grün bis oliv mit 9–10 aus roten Punkten zusammengesetzten unregelmäßigen Längslinien entlang der unteren Schuppenränder sowie zahlreichen, in Abhängigkeit vom Lichteinfall grünen, blauen und goldfarbenen Glanzschuppen. In Körpermitte ein großer, fast schwarzer Fleck, gelegentlich auch ein zweiter dahinter, zahlreiche undeutliche Flecken in unregelmäßiger bis schachbrettartiger Anordnung auf dem Körper, besonders oberhalb der Mittellinie und im Bereich des Schwanzstieles. Rücken und Kopf grün- bis dunkelbraun, Bauch heller. D mit zahlreichen roten Punkten an der Basis und roten Strichen außen, Zwischenräume grün bis grünbraun, A überwiegend rotbraun bis rotorange mit basalen roten Punktmustern. C insgesamt transparent, grau oder grün getönt. ♀ einfarbig hell- bis dunkelgrau mit einigen grüngolden glänzenden Schuppenreihen entlang der Mittellinie, einem großen, fast schwarzen Fleck in der Körpermitte und schachbrettartigem Fleckenmuster auf den Körperseiten. Unpaare Flossen kleiner als beim ♂, farblos bis grau oder gelblich, im hinteren Teil der D ein dunkler Fleck, der mit zunehmendem Alter verblaßt.

Pflege und Zucht siehe Gattung *Cyprinodon*, S. 542. Relativ große Aquarien, reichliche Bepflanzung, wechselnde Temperaturen von 17–25 °C, möglichst Einfall von Sonnenlicht, pflanzliche Zusatznahrung unbedingt erforderlich. Zur Zucht ein ♂ mit 1–2 ♀ in einem Aquarium von etwa 10 l Inhalt mit einigen Pflanzenbüscheln am Boden ansetzen. ♂ revierbildend. Der Laichvorgang wird vom ♀ ausgelöst. Dieses wird zunächst fast weiß und schwimmt das in seinem Revier befindliche ♂ rückwärts im rechten Winkel an (T-Stellung). Das Paar bewegt sich dann zunächst in Kreisbahnen, wobei sich das ♂ auch aufhellt. Schließlich berührt das ♀ das ♂ mit der C, ein Reiz, der sofort zum Ablaichen an Pflanzen oder künstlichem Substrat in Bodennähe führt. Bei vorher getrennten Geschlechtern können innerhalb von 90 Minuten 200–300 Eier auf kleinstem Raum abgelegt werden. Das ♂ befächelt, bewacht und verteidigt den Laich gewöhnlich nur einen Tag lang. Die Jungfische schlüpfen nach 5–10 Tagen, manchmal auch früher, Aufzucht einfach, pflanzliche Zusatznahrung wichtig. Die halbwüchsigen Fische sehen zunächst wie ♀♀ aus, erst nach mehreren Monaten färben sich die ♂♂ um. Die Geschlechtsreife wird etwa nach sechs Monaten erreicht.

J. floridae ist für Anfänger geeignet und kann in den

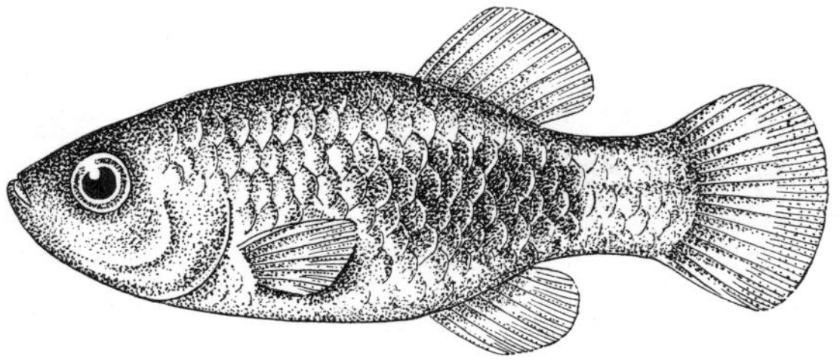

Abb. 409 *Megupsilon aporus*

Sommermonaten im Freiland gehältert werden. Aquarienstämme zeigen als Folge falscher Hälterungsbedingungen oft Degenerationserscheinungen in Form von Zwergwuchs und blassen Farben.

Gattung *Megupsilon*
MILLER und WALTERS, 1972

Typusart: *M. aporus* MILLER und WALTERS, 1972 (Abb. 409).
Monotypische Gattung. Das Vorkommen der Art beschränkt sich auf ein Quellgebiet in der Nähe von El Potosí im mexikanischen Bundesstaat Nuevo León, ein Wüstengebiet im La-Hediondilla-Becken, fast 2000 m hoch. Bevorzugter Lebensraum sind die stärker verkrauteten, flachen Teile des Gewässers (pH 7,2–7,5, dGH 10–15, 17–26°C), Hauptnahrung Mückenlarven, Begleitfische: *Cyprinodon alvarezi*, Goldfische und Sonnenbarsche. Die Art erreicht eine Größe bis 3,5 cm, die ♂♂ bleiben deutlich kleiner.
D 9–11, A 9–11; mLR 24–26. Unterschiede zu den Vertretern der Gattung *Cyprinodon*: Körper kurz, gedrungen, Schwanzstiel auffallend vom Körper abgesetzt, D und A weit hinten angesetzt, beide Flossen fast gleichgroß, beim ♂ ist die D etwas größer. Unpaare Flossen insgesamt relativ klein, Vn fehlen, Kopfsinnesporen nicht vorhanden (aporus!). Die Art zeichnet sich außerdem durch geschlechtsspezifische Chromosomensätze aus: ♂ 2n = 47, ♀ 2n = 48, das Y-Chromosom der ♂♂ ist sehr groß (Megupsilon!).
♂ in Laichstimmung mit stahlblauem Rücken und Vorderkörper, zwischen D und A ein großer schwarzer Fleck, Schwanzstiel goldbronzen, C hellorange mit schwarzem Hinterrand, D und A weißbläulich, D-Basis orange. ♀ olivfarben mit Goldglanz und einem dunklen unregelmäßigen Längsband, Rücken dunkel, Bauch heller.
Pflege und Zucht nach SEEGERS vermutlich ähnlich wie bei *Cyprinodon alvarezi* angegeben, siehe S. 542. Bereits gezüchtet, Einzelangaben bislang nicht bekannt.

Unterfamilie Orestiatinae
Titicacakärpflinge

Zu der Unterfamilie Orestiatinae MYERS, 1931, gehört nur die Gattung *Orestias*, die ausschließlich im Grenzgebiet zwischen Peru und Bolivien im Bereich der Altiplano-Hochebene (3700–4000 m Höhe), vor allem im Titicaca-See, verbreitet ist. Der Titicaca-See selbst (8000 km², maximal 280 m tief) hat neben ausgedehnten flachen Abschnitten, die mit Binsen, submersen Algenrasen und anderen Sumpf- und Wasserpflanzen bewachsen sind, auch Steilküstenbereiche. Die ausnahmsweise bis etwa 30 cm groß werdenden 23 Arten (Gültigkeit teilweise fraglich) zeigen deutliche Anpassungen an bestimmte ökologische Gegebenheiten, vermutlich existieren mehrere Artengruppen.
Typusart der Gattung *Orestias* VALENCIENNES, 1839, ist *O. cuvieri* VALENCIENNES, 1839 (Abb. 410). Gattungsmerkmale: Körper langgestreckt, seitlich wenig komprimiert, teilweise hochrückig und plump, ♀ meist größer als das ♂, Maul ober- oder endständig, Oberkiefer vorstreckbar, teilweise vorspringende Kinnpartie, z.T. mit großen Zähnen, D und A in der Körpermitte oder dahinter angesetzt, Vn fehlen, adulte ♀♀ mit kürzerer A- und D-Basis und kürzeren Flossenstrahlen, die ♂♂ besitzen Kontaktorgane in Form von Dornen an den Schuppen und Flossen. Färbung meist unauffällig.
Pflege und Zucht vermutlich sehr interessant, Aquarienhälterung bisher nicht bekannt. In der Natur leben die Arten z.T. räuberisch *(O. cuvieri)*, einige ernähren sich von Plankton (*O. pentlandii* VALENCIENNES, 1839) oder auch von Pflanzen und Anflugnahrung; *O. luteus* VALENCIENNES, 1839, frißt als bodennah lebender Raubfisch u. a. Mollusken und Ostracoden. Beschuppung bei zahlreichen Arten teilweise oder ganz reduziert.

Orestias agassii
CUVIER und VALENCIENNES, 1846

Peru, Bolivien im Altiplanogebiet in allen Flachgewässern; t.t.: Corocoro, 60 km südöstlich der SO-Spitze des Titicaca-Sees; bis 7,5 cm.
D 13–16, A 13–16; mLR 31–33. Körperform in Abhängigkeit vom Alter sehr unterschiedlich. ♂ und ♀ olivgrau, Rücken und Schwanzstiel dunkler, Seiten etwas heller, Bauch an den unbeschuppten Stellen fast weiß. Flossen blaß, zwischen den Strahlen pigmentiert.
Pflege und Zucht nicht bekannt.
Die lokal vorkommenden Unterarten *O. a. elegans* GARMAN, 1895, *O. a. oweni* CUVIER und VALENCIENNES, 1846, *O. a. pequeni* TCHERNAVIN, 1944, *O. a. tschudii* CASTELNAU, 1855, und *O. a. uyunius* FOWLER, 1940, haben z.T. abweichende meristische Werte. Synonyme: *O. empyraeus* ALLEN, 1942, und *O. tirapatae* BOULENGER, 1902.

Orestias cuvieri (Abb. 410)
VALENCIENNES, 1839
Raubkärpfling

Peru, Bolivien nur im Titicaca-See; bis 30 cm.
D 13–16, A 14–18; mLR 38–45. Hechtähnlicher Raubfisch mit großen Zähnen. ♂ und ♀: Körper und Rücken grünlich, Körperseiten gelb bis bräunlich,

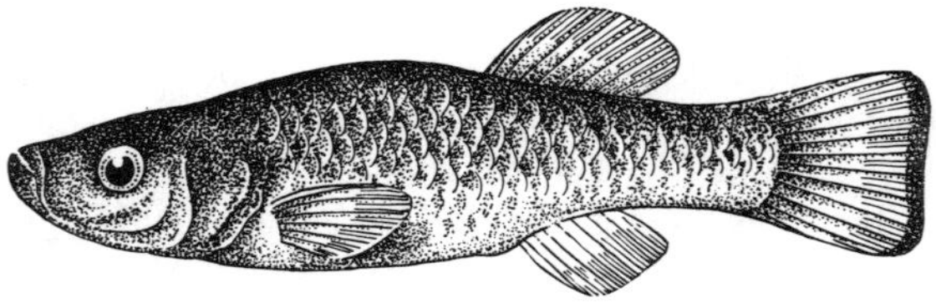

Abb. 410 *Orestias cuvieri*

Bauch weiß, Maul vorn dunkel, Unterkiefer fast schwarz. Flossen mit bräunlichem, wolkigem Muster, schwarze Streifen zwischen den Flossenstrahlen, Ober- und Unterrand der C schwarz.
Pflege und Zucht unbekannt.
O. cuvieri wurde auch als *O. humboldtii* VALENCIENNES 1839, bekannt. Diese größte Art der Gattung lebt im freien Wasser und ist mit *O. pentlandii* nahe verwandt. 1960 konnte *O. cuvieri* im Titicaca-See nicht mehr nachgewiesen werden, vermutlich eine Folge des künstlichen Aussetzens von Salmoniden.

Orestias incae
GARMAN, 1895

Peru, Bolivien im Altiplano; t.t.: Moho (NW-Küste des Titicaca-Sees), syntop mit *O. albus* und *O. luteus*; bis 6,5 cm.
D 16–18, A 16–18; mLR 32. ♂ und ♀ braun bis gelbbraun, dunkel schattiert oder gesprenkelt, gelegentlich mit drei undeutlichen, unregelmäßigen Fleckenlängsreihen.
Pflege und Zucht nicht bekannt.

Orestias taquiri
TCHERNAVIN, 1944

Peru, Bolivien im Altiplano; t.t.: Taquiri Island, Lago Pequeno; bis 3,5 cm, ♀ kleiner.
D 11–12, A 13–14; mLR 32–33. ♂ und ♀ blaßgrau bis silbrig, Bauch gelblich, undeutliche Fleckenreihe entlang der Rückenmittellinie, gelegentlich mit wolkigen Querstreifen.
Pflege und Zucht nicht bekannt.

Unterfamilie Aphaniinae
Mittelmeerkärpflinge

Die Unterfamilie Aphaniinae SCHEEL, 1968, wurde bis 1968 als Tribus Aphaninii innerhalb der Unterfamilie Cyprinodontinae geführt. Sie umfaßt zwei Gattungen mit etwa 17 Arten, die in Südeuropa, Nordafrika und Vorderasien verbreitet sind und dort sehr unterschiedliche Gewässer mit Süß-, Brack- und Seewasser besiedeln. Einzelne Arten sind weit verbreitet *(Aphanius dispar, A. fasciatus)*, andere haben eng begrenzte Verbreitungsareale *(A. apodus, A. asquamatus)*.
Angaben zu Pflege und Zucht sind den Gattungs- und Artbeschreibungen zu entnehmen.

Gattung *Aphanius* NARDO, 1827

Typusart: *A. fasciatus* (VALENCIENNES, 1821) (Taf. 189).
Artenreichste Gattung der Unterfamilie Aphaniinae mit zehn Arten und sechs Unterarten. In dem großen Verbreitungsgebiet (Abb. 411), das Küstengewässer des Mittelmeeres, des Roten Meeres, des Persischen Golfes bis Pakistan und Binnengewässer Nordafrikas, der arabischen Halbinsel, der Türkei und des Irans umfaßt, kommen die bis 8 cm langen Arten in Quellen, Sümpfen, Tümpeln, Gräben, Kanälen, Seen und Lagunen vor, die teilweise direkt mit dem Meer in Verbindung stehen, Zonen mit stärkerer Strömung werden gemieden. Die Biotope führen Süß-, Brack- oder Seewasser, oft mit einem hohen Anteil an Magnesiumverbindungen, selbst innerhalb des gleichen Biotops kann der Wasserchemismus erheblich wechseln.
Wichtige Gattungsmerkmale: Körper mäßig gestreckt, seitlich wenig abgeflacht, Schnauze kurz mit teilweise extrem oberständigem Maul und vorspringendem, nahezu vertikal orientiertem Unterkiefer, Zähne meist dreispitzig, Beschuppung vollständig, reduziert, selten fehlend, Flossen abgerundet, D und A ähnlich, gegenüberstehend, teilweise keine Vn. ♀ meist größer, Farbunterschiede zwischen ♂ und ♀ sehr deutlich. ♂ meist dunkel quergestreift, ♀ auf einfarbigem Grund regel- oder unregelmäßig gefleckt und gepunktet. Die häufig durch große Entfernungen völlig isolierten Populationen einer Art zeigen oft deutliche Unterschiede hinsichtlich der Körperform und Färbung.
Die große Anzahl der ursprünglich beschriebenen Arten konnte vor allem durch die Untersuchungen von KOSSWIG, SÖZER und VILLWOCK auf folgende Arten reduziert werden:

1. Artengruppe:
   A. dispar (RÜPPELL, 1828) (Taf. 174)
   A. fasciatus (VALENCIENNES, 1821) (Taf. 189)
   A. sirhani VILLWOCK, SCHOLL und KRUPP, 1983
   A. iberus (CUVIER und VALENCIENNES, 1846) (Taf. 174)
   A. apodus (GERVAIS, 1853) (Abb. 412)

2. Artengruppe:
   A. sophiae (HECKEL, 1846)
   A. chantrei (GAILLARD, 1895) (Taf. 189)
   A. anatoliae (LEIDENFROST, 1912) (Taf. 174)
   A. asquamatus (SÖZER, 1942) (Taf. 190)

Zusätzlich
   A. mento (HECKEL, 1843), eine Art, die eine Sonderstellung einnimmt (Taf. 183).

Die Pflege und Zucht der *Aphanius*-Arten ist bei Beachtung artspezifischer Bedingungen nicht schwierig. Zu empfehlen sind große, hell stehende Aquarien, Gruppenhälterung, schwankende Temperaturen, hartes Wasser, pH-Werte nicht unter 7, eventuell Seesalzzusatz von 5–10 g/l, kräftige Durchlüftung und Filterung, regelmäßiger Wasserwechsel, Büsche

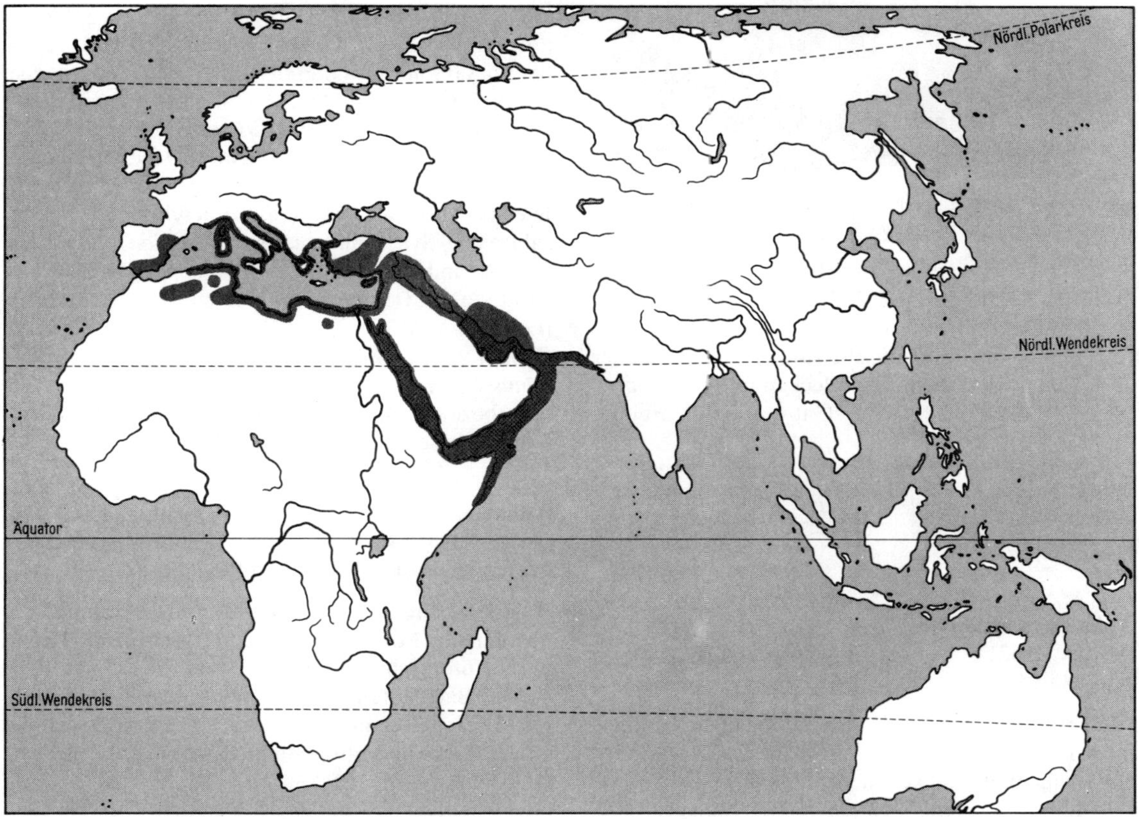

Abb. 411 Verbreitungsgebiet der Gattung *Aphanius*

feinfiedriger Pflanzen, abwechslungsreiche Fütterung mit Lebend- und Trockenfutter, besonders pflanzliche Nahrung in Form von Algen u. ä. Die nichtannuellen Fische sind Haftlaicher, die Eier werden oft gefressen, die Jungfische schlüpfen nach 10 bis 20 Tagen, Erstfutter *Cyclops*- oder *Artemia*-Nauplien, Aufzucht problemlos, Geschlechtsreife nach etwa sechs Monaten.

Bekannte Gattungssynonyme sind *Anatolichthys* KOSSWIG und SÖZER, 1945, *Aphaniops* HOEDEMAN, 1951, *Turkichthys* ERMIN, 1946.

Aphanius anatoliae (Taf. 174, 189, 190)
(LEIDENFROST, 1912)
Anatolienkärpfling

SW-Türkei in abflußlosen Seen mit unterschiedlichen Wasserverhältnissen; t.t.: pflanzenreicher Tümpel bei Jazla Jayla; bis 6 cm.

D 7–15, A 9–12; mLR 21–53; n = 24. ♂ hellsilbrig mit zahlreichen schwarzen Querbinden auf dem Körper, deren Anzahl sehr variabel ist und sogar auf der rechten und linken Körperseite voneinander abweichen kann. D und A schwärzlich mit heller Basis, A gelegentlich gebändert, C mit schmalen, schwarzen, hinterrandparallelen Streifen. ♀ auf bräunlichem Grund dunkel gepunktet und gefleckt, auch marmoriert, gelegentlich ist eine unregelmäßige Längsbinde ausgebildet.

Pflege und Zucht siehe Gattungsbeschreibung, S. 564.

Von *A. anatoliae* sind außerdem folgende Unterarten bekannt:

A. a. splendens (KÖSSWIG und SÖZER, 1945) vom Gölcük-See mit schlankem Körper, starker Schuppenreduktion, viereckigem Kopf und senkrechtem Unterkiefer (Taf. 190); *A. a. burduricus* AKSIRAY, 1948, vom Burdur-See mit unterschiedlicher Größe, Beschuppung und Kopfform (Taf. 190); *A. a. transgrediens* (AKSIRAY, 1948) vom Aci-Göl mit sehr wechselndem Phänotyp und veränderlicher Bezahnung in Abhängigkeit von den differenzierten Biotopbedingungen (Taf. 190). Die Vertreter der Art sind ausgesprochene Schwarmfische, die sich sehr verschiedenartigen Wasserverhältnissen anpassen können. An den Fundorten wurden nie Wassertemperaturen unter 15 °C gemessen, die pH-Werte lagen zwischen 7 und 9. Zahlreiche Synonyme, u. a. *Anatolichthys burdurensis* AKSIRAY, 1948, *Cyprinodon lykaoniensis* LEIDENFROST, 1912, *Aphanius chantrei litoralis* AKSIRAY, 1948. ♂ und ♀ dieser Art wurden ursprünglich getrennt beschrieben (LEIDENFROST, 1912).

Aphanius apodus (Abb. 412)
(GERVAIS, 1853)
Atlaskärpfling

Algerien, in einem eng begrenzten Gebiet des algerischen Hochlandes; t.t.: Oberlauf des Rhumel (früher Tell) südlich Constantine im Süßwasser; bis 6 cm.

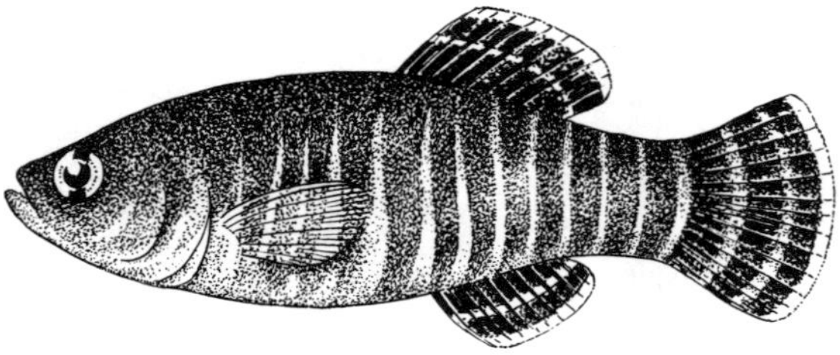

Abb. 412 *Aphanius apodus*

D 13–15, A 13–14; mLR 26–28. ♂ olivgrün mit dunklen Querbinden, unpaare Flossen blauschwarz, gelegentlich mit hellem Randsaum, besonders an der C. ♀ bräunlich mit dunklen Flecken und Strichen.
Pflege und Zucht siehe Gattungsbeschreibung, S. 564.
Die Art wurde als *Tellia apoda* beschrieben und hat große Ähnlichkeit mit *A. iberus*. Die fehlenden Vn sind ein typisches Merkmal der Untergattung *Tellia* GERVAIS, 1853.

Aphanius asquamatus (Taf. 190)
(SÖZER, 1942)
Nacktkärpfling

Südosttürkei; t.t. und gleichzeitig einziges Vorkommen: Flachwasserzonen in Ufernähe des Hazer-Sees im Quellgebiet des Dicle nehri (Tigris); bis 4 cm.
D 9–12, A 11–13; mLR 22–28; n = 24. Langgestreckter, zierlicher Fisch mit fast rundem Querschnitt und großen Augen, nur ausnahmsweise sind konische Zähne ausgebildet, das Schuppenkleid ist bis auf mikroskopisch kleine Reste in der Körpermitte reduziert. ♂ grau bis schwarz mit silbrigen Querstreifen, D schwarz mit halbkreisförmiger heller Binde, A dunkel gerandet, übrige Flossen grau. ♀ silbrig- bis gelbgrau mit bräunlichen Tupfen, besonders im Bereich der Mittellinie, Bauch hell, Flossen farblos.
Pflege und Zucht siehe Gattungsbeschreibung, S. 564, Seesalzzusatz, die Jungfische benötigen als Erstfutter Infusorien, die Geschlechtsreife wird erst nach zehn Monaten erreicht.
Beschrieben als *Kosswigichthys asquamatus*, heute wird *Kosswigichthys* als Untergattung von *Aphanius* betrachtet, jedoch selten gebraucht.

Aphanius dispar (Taf. 174)
(RÜPPELL, 1828)
Perlmutterkärpfling

Küstengebiet des Mittelmeeres, Roten Meeres, Persischen Golfes bis Pakistan und arabische Halbinsel, vereinzelt in Binnengewässern Ägyptens und des Irak, vorwiegend im Brack- und Seewasser, gelegentlich syntop mit *A. sophiae, A. mento, A. fasciatus*; t.t.: äthiopische Küste des Roten Meeres; bis 8 cm.
D 6–10, A 9–11; mLR 25–28; A-Typ; n = 24. ♂ gelbgrau bis olivbraun mit blauem Schimmer, bläulicher Kehle, kleinen ovalen oder länglichen, hellblau irisierenden bis silbrigen, in Längsreihen oder unregelmäßig verteilten Flecken, gelegentlich mit Querbinden auf dem Schwanzstiel. D und A gelblich bis goldgelb mit braunen Flecken oder Punkten, in der A besonders basal und im hinteren Teil der Flosse, C meist mit drei dunklen Binden. ♀ silbrig mit dünnen braunen, senkrechten Streifen, Flossen farblos.
Pflege und Zucht siehe Gattungsbeschreibung, S. 564.
Die Art wurde als *Lebias dispar* beschrieben und hat zahlreiche Synonyme, u. a. *Cyprinodon hammonis* CUVIER und VALENCIENNES, 1846, und *Lebias velifer* EHRENBERG. Bekannte Unterarten: *A. d. darrorensis* (GIANFERRARI, 1932) von Somalia, *A. d. richardsoni* (BOULENGER, 1907) vom Toten Meer, *A. d. stoliczkanus* (DAY, 1872) von Pakistan. Die frühere Gattungsbezeichnung *Aphaniops* HOEDEMAN, 1957, hat sich für diese Gruppe nicht durchgesetzt.

Aphanius fasciatus (Taf. 189)
(VALENCIENNES, 1821)
Mittelmeer- oder Salinenkärpfling

Küstengebiete des Mittelmeeres mit Ausnahme von Spanien und Marokko sowie den Balearen und Kreta in sehr unterschiedlichen Biotopen wie Salinen, Lagunen, Bachläufen und im unmittelbaren Küstenbereich, sehr selten im Süßwasser; t.t.: Lago di Verano an der Ostküste Mittelitaliens; bis 6 cm.
D 9–13, A 9–13; mLR 23–30; E-Typ; n = 24. ♂ grau, oliv bis blaugrün mit 9–15 dunklen Querbinden, Rücken dunkeloliv, Bauch silbrigweiß. Unpaare Flossen gelblich bis orange, D und gelegentlich auch die A mit dunklem Rand, C mit 1–2 hinterrandparallelen Streifen. ♀ grau bis graugrün mit kurzen, schmalen, dunkelbraunen Querbinden oder Flecken entlang der Mittellinie und kleinen Punkten in der oberen Körperhälfte, die sich am Schwanzstiel verdichten. Flossen farblos bis schwach grau, gelegentlich dunkler Fleck an der C-Basis.
Pflege und Zucht siehe Gattungsbeschreibung, S. 564, reines Süßwasser ungeeignet, Seesalzzusatz notwendig, Schwarmfisch.
Die Art wurde als *Lebias fasciata* beschrieben und aquaristisch unter zahlreichen Synonymen bekannt, u. a. *Poecilia calaritana* BONELLI, 1829, *Lebias lineato-punctata* WAGNER, 1828, *Cyprinodon moseas* CUVIER und VALENCIENNES, 1846. *A. fasciatus* hat als Vertilger von Mückenlarven regional große Bedeutung.

Aphanius iberus (Taf. 174)
(CUVIER und VALENCIENNES, 1846)
Spanienkärpfling, spanischer Kärpfling

Ostspanien, Marokko, Algerien, in verschiedenartigsten flachen Gewässern mit vegetationsreichen Uferregionen und schwankendem Wasserchemismus, Süß- bis Seewasser, gelegentlich syntop mit *Valencia hispanica*; t.t.: Spanien; bis 5 cm.
D 9–13, A 9–15; mLR 23–28; E-Typ; n = 24. ♂ silbriggrau, gelblich oder hellblau bis dunkelgrau mit hellblauen Punkten, Bauch weißlich, nach der Kehle

zu gelblich bis goldgelb. Unpaare Flossen mit dunklen Querbinden oder Punktreihen parallel zum Flossenrand, V gelblich bis schwach bräunlich. Bei den algerischen Populationen sind die Querstreifen auf dem Körper in unregelmäßige, verschieden große Flecken und Punkte aufgelöst. ♀ bräunlichsilbern, oliv oder blaugrün mit dunklen Flecken und Strichen, Flossen farblos.
Pflege und Zucht siehe Gattungsbeschreibung, S. 564. Die ♂♂ rivalisieren stark, in kleinen Aquarien kann deshalb nur ein ♂ eingesetzt werden. Überwinterung kühl bei 5–10°C, Sommertemperaturen bis 35°C möglich. Die ♂♂ beginnen sich bereits nach zwei Monaten auszufärben. Gefressen wird auch Spinat und Salat.
Die Art wurde als *Cyprinodon iberus* beschrieben.

Aphanius mento (Taf. 183)
(HECKEL, 1843)
Orientkärpfling

Syrien, Jordanien, Israel, Irak, Südtürkei vorrangig im Süßwasser, seltener im Brackwasser (israelische Küstenflüsse), gelegentlich gemeinsam mit *A. sophiae, A. dispar, A. fasciatus, A. dispar richardsoni*; t.t.: Mosul (Irak); bis 4 cm.
D 10–13, A 9–14; mLR 23–30; n = 24. ♂: Körper und Flossen dunkelbraun bis blauschwarz mit unregelmäßig verteilten, gelegentlich auch Querreihen bildenden, blausilbrig irisierenden Punkten, die sich auf den Flossen zu randparallelen Reihen formieren. ♀ hellbraun mit dunklen Flecken in unregelmäßigen Reihen, Rücken und Schwanzstiel gelegentlich marmoriert, Rücken oliv, Bauch silbrigweiß, teilweise unregelmäßig verteilte silbrige Einzelpunkte auf dem Körper.
Pflege und Zucht siehe Gattungsbeschreibung, S. 564. Große Aquarien, gelegentlich auch ein geringer Zusatz von Bittersalz und eine Spur Jodjodkalium.
Die Art nimmt innerhalb der Gattung in verschiedener Hinsicht eine Sonderstellung ein: Körper mehr walzenförmig, Schwanzstiel stärker komprimiert als bei anderen Arten, ♂ und ♀ gleichgroß, ♀ manchmal sogar kleiner, Querstreifung undeutlich, kein Schwarmfisch, ausgeprägte Revierbildung, ♂♂ aggressiv.
A. mento wurde früher vielfach mit *A. sophiae* in Zusammenhang gebracht. Erstbeschreibung als *Lebias mento*. Die Unterart *A. m. striptus* GOREN, 1975, ist fragwürdig. Bekannte Synonyme: *Lebias cypris* HEKKEL, 1843, und *L. punctatus* HECKEL, 1849.

Aphanius sophiae
(HECKEL, 1846)
Perserkärpfling

Iran, Irak im Mündungsgebiet von Euphrat und Tigris in verschiedenartigen Gewässern mit unterschiedlichem Gehalt an Bittersalz und relativ hohen pH-Werten; t.t.: Shīrāz (Iran); bis 5,5 cm.
D 10–14, A 10–12; mLR 26–30; n = 24. ♂ silbrig mit 8–17 dunkelbraunen Querbinden, Rücken bläulich bis oliv, Bauch silbrigweiß bis bronzefarben. D grau mit weißem Saum und Tüpfelreihen, A grau bis gelb mit braunen Punkten, C grau mit weißem Saum und schwachen randparallelen Streifen, P und V gelblich bis bräunlich. ♀ hellgraubraun mit zahlreichen graubraunen Querstreifen und 1–2 deutlichen schwarzen Flecken an der C-Basis, Rücken dunkler, Bauch silbrig, Flossen farblos, gelegentlich mit basalen kleinen dunklen Punkten.
Pflege und Zucht siehe Gattungsbeschreibung, S. 564, Zusatz von einem Teelöffel Seesalz auf 25 l Wasser. Schlupf der Jungfische oft erst nach 16 Tagen.
Erstbeschreibung erfolgte als *Lebias sophiae*. Bekannte Synonyme: *Cyprinodon blanfordii* JENKINS, 1910, *C. persicus* JENKINS, 1910, *C. pluristriatus* JENKINS, 1910, auch *C. crystallodon* BLEEKER, 1860.

Gattung *Valencia* MYERS, 1928

Typusart: *V. hispanica* (CUVIER und VALENCIENNES, 1846) (Taf. 174).
Gattung der Unterfamilie Aphaniinae mit nur zwei Arten, die in begrenzten Gebieten Spaniens, Griechenlands und Albaniens verbreitet ist, außerdem ein Einzelvorkommen im äußersten Süden Frankreichs. In Gräben, Sümpfen, Seen, küstennahen Bächen und Flüssen mit oft sehr hartem Süßwasser, manchmal auch etwas brackigem Wasser und täglich bzw. jahreszeitlich schwankenden Temperaturen leben die Tiere teilweise in Schwärmen. Kleine Fische bis maximal 8,5 cm Gesamtlänge. Körper zylindrisch, mäßig gestreckt, Maul oberständig, ♂ größer als das ♀, Zähne konisch, D und A weit hinten gegenüberstehend angesetzt. Der Artenbestand ist durch das Aussetzen und die Ausbreitung von *Gambusia affinis* bedroht.

Valencia hispanica (Taf. 174)
(CUVIER und VALENCIENNES, 1846)
Valenciakärpfling

Spanien, Umgebung von Valencia und Sevilla, Mündungen von Ebro und Guadalquivier in unterschiedlichsten, meist pflanzenreichen Biotopen; t.t.: Einzugsgebiet des Albufera-Sees südlich Valencia; bis 8,5 cm.
D 9–11, A 12–14; mLR 28–32. ♂ gelb- bis rotbraun mit blauem bis grünem Glanz, Schuppen teilweise dunkel gerandet, über der P-Basis ein großer dunkler Fleck in der hinteren Körperhälfte, schmale dunkelbraune Querstreifen, Bauch gelblichweiß. Flossen gelb bis fast orange mit dunklen Punkten und Flossenrändern. ♀ hellbraun, angedeutete Querstriche, gelegentlich mit undeutlichem dunklem Längsstreifen, kein Schulterfleck, Flossen farblos.
Pflege und Zucht nicht schwierig: Artaquarium, Temperaturen von 15–30°C, im Winter etwas kühler, schwach alkalisches Wasser, Allesfresser. Inter-

essantes, arttypisches Paarungsverhalten: Das ♂ balzt fast kopfstehend vor dem ♀ und führt kauende Bewegungen aus. Es zeigt dabei zwei helle Streifen, die vom Maul bis zur D ziehen. Pflanzenlaicher, nichtannuell, Eier bis 2,5 mm im Durchmesser. Nicht sehr produktiv, Schlupf der Jungfische nach 8–15 Tagen, Erstfutter *Cyclops*- und *Artemia*-Nauplien. Die ♂♂ färben nach 3–4 Monaten aus, die Geschlechtsreife wird mit 6–7 Monaten erreicht, Lebensdauer bis drei Jahre. Freilandhälterung in den Sommermonaten möglich.

V. hispanica wurde als *Hydrargyra hispanica* beschrieben. Die zweite Art der Gattung, *V. letourneuxi* (SAUVAGE, 1880) wird von manchen Autoren als Unterart von *V. hispanica* betrachtet. Sie kommt auf Korfu (Kérkyra) und im gegenüberliegenden griechischen und albanischen Küstengebiet vor.

Unterfamilie Procatopodinae
Leuchtaugenkärpflinge, Leuchtaugenfische

Die altweltliche Unterfamilie Procatopodinae FOWLER, 1916, ist nach den Rivulinae die zweitgrößte der Familie Cyprinodontidae. Ihre Vertreter sind ausschließlich in tropischen und subtropischen Regenwald- und Savannengebieten Afrikas von Senegal bis Tansania, von Ägypten bis Südafrika verbreitet (Abb. 413). Sie besiedeln die unterschiedlichsten Biotope und sind sowohl in den großen ostafrikanischen Seen, den Brackwassergebieten der atlantischen Küste als auch in kleinsten Tümpeln und schwach bis mäßig fließenden Bächen zu finden. Zur Unterfamilie gehören die sieben Gattungen *Aplocheilichthys* BLEEKER, 1863, *Congopanchax* POLL, 1971, *Hylopanchax* POLL und LAMBERT, 1965, *Hypsopanchax* MYERS, 1924, *Lamprichthys* REGAN, 1911, *Plataplochilus* AHL, 1928, und *Procatopus* BOULENGER, 1904. Von den etwa 70 Arten gehören die meisten zur Gattung *Aplocheilichthys* (über 50). Die Unterschiede zwischen den Gattungen beruhen vielfach auf mikroskopischen Merkmalen. Die bisher in dieser Unterfamilie geführte Gattung *Pantanodon* repräsentiert nach ROSEN eine eigene Unterfamilie (Pantanodontinae), siehe S. 575.

Die meisten Arten erreichen eine Gesamtlänge von 3–5 cm, *Congopanchax myersi* wird nur 2,5 cm, *Lamprichthys tanganicanus* dagegen 14 cm lang. Körper langgestreckt, Maul klein, Zwischenkiefer vorstreckbar, Zähne konisch, in schmalen Bändern angeordnet, D und A etwa gegenüberstehend, D oft deutlich kürzer als die A (Beginn dann hinter der A), C abgerundet oder gestutzt, P hochstehend, oberster Strahl in oder über der Körpermitte.

Alle Vertreter sind nichtannuelle Haftlaicher, die ihre mit Haftfäden ausgestatteten Eier in feinfiedrigen Pflanzen ausstoßen. Eine Ausnahme machen nur die *Procatopus*-Arten, die ihre Eier in Spalten unterbringen (Spaltenlaicher). Viele Arten sind schwimmaktive, oberflächenorientierte Schwarmfische, die sauerstoffreiches Wasser bevorzugen und Anflugnahrung fressen. Ihr im allgemeinen transparenter Körper irisiert oft grün bis blau, die Buntheit der in den gleichen Biotopen vorkommenden Rivulinae fehlt, rote Farbtöne kommen fast nicht vor. Die relativ großen, mit einer breiten, stark irisierenden Regenbogenhaut versehenen Augen haben zu der deutschen Bezeichnung »Leuchtaugenfische«, besser »Leuchtaugenkärpflinge«, geführt. Die Geschlechter lassen sich an der Färbung meist gut unterscheiden, auch bleiben die blasseren ♀♀ kleiner.

Für die Pflege und Zucht gibt es kein einheitliches Schema. Im Prinzip können Leuchtaugenkärpflinge wie die nichtannuellen Rivulinae gehältert und gezüchtet werden (siehe S. 449). Den Jungfischen aller Arten ist gemeinsam, daß sie ständig aalförmig schlängelnd gegen Wasserbewegungen der Oberfläche anschwimmen. Bei der Züchtung ist deshalb die Erzeugung einer solchen Bewegung, z. B. mit der Durchlüftung, notwendig. Alle Arten sind besonders in weichem Wasser anfällig gegen Fischtuberkulose, Pilzkrankheiten und Hautparasiten. Diese Anfälligkeit schränkt ihre aquaristische Verbreitung ein.

Gattung *Aplocheilichthys* BLEEKER, 1863
Leuchtaugenkärpflinge, Leuchtaugenfische

Typusart: *A. spilauchen* (DUMERIL, 1859) (Taf. 175). Artenreichste Gattung der Unterfamilie mit etwa 48 Arten. In dem großen Verbreitungsgebiet (Abb. 413), das etwa dem der Unterfamilie entspricht, besiedeln sie sehr unterschiedliche Gewässer. Die einzelnen Arten variieren ziemlich stark hinsichtlich der Körperform und seitlichen Abflachung des Körpers sowie der Stellung der V. D und A weit hinten angesetzt, C gerundet, niemals mit Spitzen oder Filamenten. Die Typusart nimmt eine Sonderstellung ein. Zu den verwandtschaftlichen Beziehun-

Abb. 413 Verbreitungsgebiet der Gattung *Aplocheilichthys*

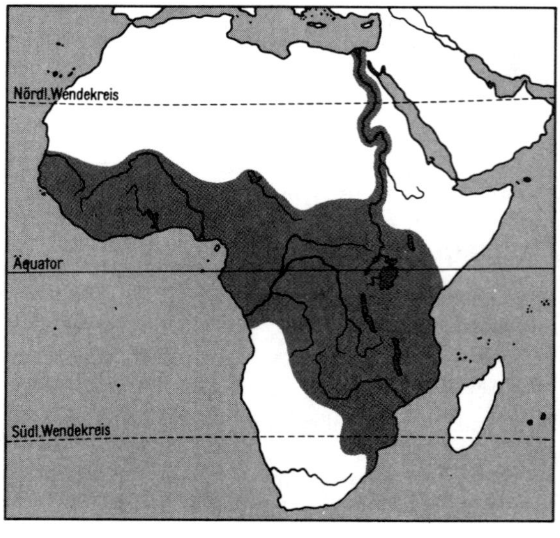

gen innerhalb der Gattung gibt es zahlreiche Vermutungen, jedoch kaum gesicherte Vorstellungen. Es wird deshalb absichtlich auf die Darstellung von potentiellen Artengruppen verzichtet. Folgende Arten haben zeitweise aquaristisch stärkere Verbreitung gefunden:

A. hutereaui (BOULENGER, 1913) (Taf. 175)
A. johnstoni (GÜNTHER, 1893)
A. katangae (BOULENGER, 1912) (Taf. 175)
A. loati (BOULENGER, 1901) (Abb. 414)
A. macrophthalmus MEINKEN, 1932 (Taf. 175)
A. macrurus (BOULENGER, 1904)
A. meyburgi MEINKEN, 1971
A. nimbaensis DAGET, 1948
A. normani AHL, 1928 (Taf. 175)
A. omoculatus WILDEKAMP, 1977
A. pelagicus (WORTHINGTON, 1932)
A. pumilus (BOULENGER, 1906) (Taf. 175)
A. rancureli DAGET, 1964
A. schalleri SCHEEL und RADDA, 1974 (Taf. 175)
A. spilauchen (DUMERIL, 1859) (Taf. 175)

Zur Pflege und Zucht siehe Unterfamilie und Gattung *Aphyosemion*, S. 449, bzw. Artbeschreibungen. Grundvoraussetzungen: Kenntnisse über die Herkunft der Art, große Aquarien, sauerstoffreiches, mittelhartes Wasser, regelmäßiger Wasserwechsel, Schwarmhälterung von etwa zehn Exemplaren, Einzeltiere kümmern, Vergesellschaftung mehrerer Arten möglich, Fütterung mit Lebend- und Trockenfutter, vor allem kleine Mückenlarven *(Culex), Drosophila* und Springschwänze. Als Laichsubstrate schwimmende, feinfiedrige Pflanzenbüsche oder Ersatzsubstrate. Eier relativ groß, der Laich kann aus dem Substrat abgesammelt werden, oder man schöpft die nach 10–20 Tagen geschlüpften Jungfische ab. Mit Pantoffeltierchen oder Rotatorien anfüttern, Wachstum langsam, Lebensdauer über zwei Jahre.

Aplocheilichthys johnstoni
(GÜNTHER, 1893)
Johnstons Leuchtaugenfisch

Tansania, Zaïre, Malawi bis Südafrika; t.t.: Mwera (früher Fort Johnston), Malawi; bis 5 cm.
D 7–9, A 12–16; mLR 27–30. ♂ silbrigblau bis blaugrün irisierend, gelegentlich mit dunkler Längsbinde. Flossen abgerundet, farblos oder gelblich bis gelborange, C dunkel gerandet. ♀ ähnlich, etwas weniger intensiv irisierend, C ohne dunklen Rand.
Pflege und Zucht siehe Gattungsbeschreibung, S. 568, 23–26 °C, die Jungfische schlüpfen etwa nach 20 Tagen und sind relativ schnellwüchsig.
Erstbeschreibung als *Haplochilus johnstoni*.

Abb. 414 *Aplocheilichthys loati*

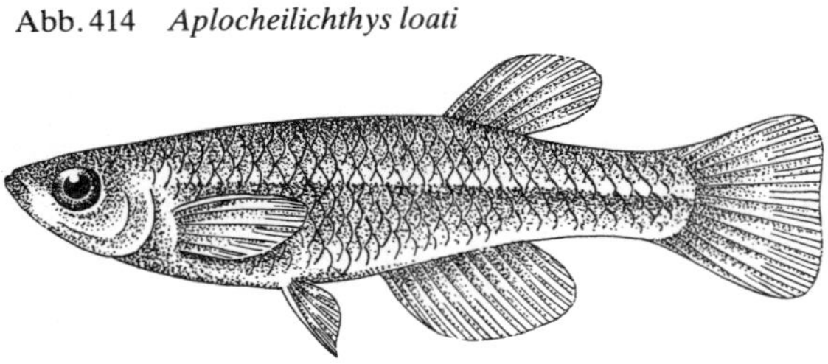

Aplocheilichthys katangae (Taf. 175)
(BOULENGER, 1912)
Katanga-Leuchtauge

Kongo, Zaïre, Sambia, Moçambique, Simbabwe, Botswana, Südafrika in ufernahen Ruhigzonen von Flüssen, Bächen und Seen; t.t.: Umgebung von Lubumbashi im Süden Zaïres; bis 4 cm.
D 9–10, A 14–16; mLR 25–27; n = 24. ♂ gelboliv bis gelblichbraun, grünblau irisierend und mit unregelmäßigem dunklem Längsband vom Maul über das Auge bis zur C, das auf den Körperseiten durch die dunkel gerandeten Schuppen meist nur undeutlich hervortritt. Rücken und Kopfoberseite dunkler, Kehle und Bauch fast weiß, Kiemendeckel blaugrün, Regenbogenhaut des Auges blau irisierend. Flossen gelblich, D und A an der Basis gelegentlich schwarz gefleckt. ♀ ähnlich, jedoch weniger intensiv gefärbt, Längsbinde undeutlich, Flossen farblos.
Pflege und Zucht siehe Gattungsbeschreibung, S. 568, 20–28 °C, die Jungfische schlüpfen temperaturabhängig nach 9–21 Tagen.
Erstbeschreibung als *Haplochilus katangae*, Synonym *Aplocheilus luluae* FOWLER, 1930.

Aplocheilichthys loati (Abb. 414)
(BOULENGER, 1901)
Ostafrikanisches Leuchtauge

Ägypten, Sudan, Uganda, Tansania im Einzugsbereich des Weißen Nil und des Victoriasees, in Flüssen, Bächen, Rinnsalen, Seen und Teichen; t.t.: Lake No (Sudan); bis 3 cm.
D 7–8, A 14–15; mLR 24–28. ♂ gelblicholiv, gelegentlich schwach grün bis grünblau irisierend, Bauch heller. In der hinteren Körperhälfte ein unregelmäßiges Längsband aus dunkel gerandeten Schuppen, Auge groß, oben gelbgrün, türkisblau oder violett irisierend. Flossen gelblich bis orange. ♀ etwas dicker, blasser, Längsband undeutlich, Flossen farblos.
Pflege und Zucht siehe Gattungsbeschreibung, S. 568. Die Jungfische wachsen langsam, die Geschlechtsreife wird erst nach 8–9 Monaten erreicht.

Aplocheilichthys macrophthalmus (Taf. 175)
MEINKEN, 1932
Roter oder rotflossiger Leuchtaugenfisch

Togo, Benin, Nigeria, Kamerun in Flüssen und Bächen des Regenwaldes, teilweise syntop u. a. mit *A. spilauchen, Epiplatys grahami, E. dageti monroviae, E. chaperi sheljuzhkoi, Aphyosemion bivittatum, A. ahli, Procatopus nototaenia*; t.t.: Umgebung von Lagos (Nigeria); bis 4 cm.
D 6–8, A 10–13; mLR 27–30; H- bis I-Typ, E-Schuppen vereinigt; n = 24. ♂ gelb bis gelboliv mit grünem Schimmer, gelbgrauem Rücken und roter Rücken-

linie. Zwei intensiv blaugrün bis blau irisierende Längsbinden, Kiemendeckel grünlich, oberer Teil der Regenbogenhaut kräftig blau glänzend. D und A spitz ausgezogen, farblos, gelblich oder bläulich mit hellblauem oder dunklem Saum, C abgerundet, kaum zugespitzt, bläulich bis grünlich mit orangefarbenen bis roten Flecken oder Streifen, die sich zum Hinterrand hin verdichten, gelegentlich oben und unten rot, hinten blauweiß gesäumt, Vn mit bläulichen Spitzen, P farblos. ♀ nicht so farbintensiv mit abgerundeten, farblosen Flossen.
Pflege und Zucht siehe Gattungsbeschreibung, S. 568, Wassertemperaturen 24–26 °C, nicht unter 20 °C, die Jungfische schlüpfen nach 8–16 Tagen, am besten isoliert man die abgelegten Eier. Vergesellschaftung mit anderen Leuchtaugenfischen und Ährenfischen möglich, sehr interessante Art.
Aquaristisch bekannte Synonyme sind *A. dispar* Gras, 1960, und *Fundulopanchax luxophthalmus* Brüning, 1929. Die zahlreichen Populationen unterscheiden sich etwas hinsichtlich der Färbung, Körperform und -größe, zwei Formen wurden als Unterarten beschrieben: *A. m. hannerzi* Scheel, 1968, und *A. m. scheeli* Roman, 1971.

Aplocheilichthys macrurus
(Boulenger, 1904)
Goldpunktkärpfling

Angola; t.t.: Marimba (Nordangola) im Einzugsgebiet des Kongo; bis 5 cm.
D 7–9, A 12–15; mLR 24–29. ♂ relativ gedrungen, transparent, mit gelbgrüner, graugrüner oder graublauer Grundfarbe, hellblauem bis violettem Glanz auf den Körperseiten und zahlreichen golden bis grüngolden glänzenden Punkten, Rücken messingfarben. ♀ einfarbig graugrünlich mit abgerundeten farblosen Flossen.
Pflege und Zucht siehe Gattungsbeschreibung, S. 568. Seesalzzusatz günstig, die Art soll auch in Brackwassergebieten vorkommen.

Aplocheilichthys meyburgi
Meinken, 1971
Meyburgs Leuchtaugenfisch

Uganda, Tansania; t.t.: Bucht des Victoriasees, etwa 2,5 km südöstlich Kampala (Uganda); bis 3 cm.
D 10, A 15; mLR 25. ♂ blaugrau oder türkis bis grün, gelegentlich ein dünnes schwarzes Band vom Kopf bis in den Schwanzstiel, Schuppen dunkel gerandet, Rücken fast schwarz, Bauch hell, Kehle goldgelb, Kiemendeckel grün mit kurzen blaugrünen Streifen, Iris goldfarben, oberer Rand grün. D und A basal bräunlichgrün bzw. gelbbraun, nach außen grün, Rand rot, C oben und unten rot gesäumt, V innen grün, außen braunrot. ♀ graugrün mit weißem Bauch, gelblicher Kehle und grünlichen bis rötlichen Flossen.
Pflege und Zucht siehe Gattungsbeschreibung, S. 568.

Aplocheilichthys nimbaensis
Daget, 1948

Liberia, Guinea, Elfenbeinküste in schattigen Regenwaldbächen höherer Regionen, gelegentlich syntop u. a. mit *Roloffia maeseni* und *R. viridis*; t.t.: Mt. Nimba im Grenzgebiet der drei Länder; bis 4,5 cm.
D 9–13, A 15–18; mLR 23–27; G-Typ, E-Schuppen vereinigt. ♂ silbrigweiß bis bräunlich mit metallisch grünem bis blauem Glanz und grün schimmernden Augen. Flossen gelb bis bräunlich, abgerundet. ♀ ähnlich, Flossen farblos, insgesamt blasser.
Pflege und Zucht siehe Gattungsbeschreibung, S. 568. Die Jungfische schlüpfen nach 14–21 Tagen, erst nach etwa einem Jahr geschlechtsreif.

Aplocheilichthys normani (Taf. 175)
Ahl, 1928
Normans Leuchtaugenfisch, blauer Leuchtaugenfisch

Westafrika, Einzugsgebiet des Weißen Nil und des Tschad-Sees vorwiegend in klaren, beschatteten Fließgewässern der Savannengebiete, teilweise gemeinsam mit anderen Arten der Gattung und *Epiplatys*-Arten; t.t.: Kiyawa-Fluß nahe Katagum (Nordnigeria); bis 4 cm.
D 5–8, A 9–11; mLR 21–27; H-oder I-Typ, E-Schuppen vereinigt; n = 24. ♂ graublau mit metallischem Glanz, oberer Augenrand golden irisierend. Unpaare Flossen gelblich bis rötlich, gelegentlich nur hellgelb oder gelborange gerandet, gepunktet oder unregelmäßig gebändert, C manchmal dunkel gesäumt, D und A zugespitzt, V bei der Balz fast schwarz. ♀ ähnlich, schlanker, blasser, alle Flossen abgerundet.
Pflege und Zucht siehe Gattungsbeschreibung, S. 568. 20–25 °C, geschlechtsreif mit 10–12 Monaten, Lebensdauer über zwei Jahre.
Aquaristisch bekannte Synonyme: *A. gambiensis* Svensson, 1933, *Micropanchax macrurus manni* Schultz, 1942.

Aplocheilichthys omoculatus
Wildekamp, 1977
Schulterfleckleuchtauge

Tansania in Sümpfen, Bächen, überschwemmten Gebieten; t.t.: Sumpfgebiet westlich der Sao-Berge, 100 km südwestlich von Iringa an der Straße nach Mbeya; bis 3,5 cm.
D 10, A 12; mLR 24–26. ♂ grau mit hellblauem Glanz, dunklen Schuppenrändern (Netzzeichnung), dunklem Schulterfleck über dem P-Ansatz und silbriger Iris, gelegentlich mit blaugrauer, querbindenartiger Zeichnung, D und A basal grau, nach außen gelb, Saum schwarz, C farblos oder gelblich, V grau bis gelb, P farblos. ♀ silbriggrau mit angedeuteter Netzzeichnung und mit Schulterfleck.
Pflege und Zucht siehe Gattungsbeschreibung, S. 568. Abgesehen von der größeren Körperhöhe hat die Art Ähnlichkeit mit *A. usanguensis*.

Aplocheilichthys pelagicus
(WORTHINGTON, 1932)

Grenzgebiet zwischen Zaïre und Uganda; t.t.: Lake Rutanzige (früher Edward-See); bis 5 cm.
D 9–11, A 14–16; mLR 36–39. Schuppen relativ zahlreich und klein. ♂ intensiv gelb, unterhalb der Mittellinie ein dunkler Längsstrich, auf der flachen Kopfoberseite ein schwarzer Fleck. Flossen hellgelb, C gestutzt, nahezu rechteckig, hinten schwarz gesäumt.
Pflege und Zucht siehe Gattungsbeschreibung, S. 568.
Erstbeschreibung als *Haplochilichthys pelagicus*. Die pelagisch lebende Art ernährt sich vorwiegend von Insekten und Insektenlarven.

Aplocheilichthys pumilus (Taf. 175)
(BOULENGER, 1906)

Ostafrikanische Seen und deren Einzugsgebiete, vorwiegend in Zaïre, Uganda, Kenia, Tansania, Rwanda, Burundi in sehr unterschiedlichen Gewässern, teilweise in Flüssen mit starker Strömung und frei von submerser Vegetation; t.t.: Kituta am Tanganjikasee; bis 4,5 cm.
D 9–11, A 13–16; mLR 25–29; G-Typ. ♂ bronzefarben mit grünblauem, metallischem Glanz, Rücken bräunlich, Schuppen dunkel gerandet. Gelegentlich mit undeutlichem dunklem Streifen von den Pn bis zur C. Flossen mit Ausnahme der Pn grau, gelblich oder rotbraun. ♀ silbrig, in der hinteren Körperhälfte z.T. blau glänzend und mit undeutlichem dunklem Längsband, Flossen farblos.
Pflege und Zucht siehe Gattungsbeschreibung, S. 568, empfindlich und bei Wasserverschlechterung anfällig gegen Krankheiten.
Erstbeschreibung als *Haplochilus pumilus*.

Aplocheilichthys rancureli
DAGET, 1964

Ghana, Elfenbeinküste in schnellfließenden Bächen, Flüssen und Sümpfen der Küstenregion; t.t.: Bach in der Nähe von Abidjan (Elfenbeinküste); bis 4 cm.
D 6–8, A 11–15; mLR 26–29; H- oder I-Typ, E-Schuppen vereinigt. ♂ grau mit bläulichem Glanz, der besonders in zwei Längsbinden deutlich hervortritt, Schuppen dunkel gerandet, zwei orangefarbene Streifen beginnen hinter dem Auge und vereinigen sich vor der D, Auge blau reflektierend. Unpaare Flossen basal dunkelorange punktiert, nach außen orangefarbene Fläche, D und A verlängert, C mit hinterrandparalleler Punktreihe, V lang und zugespitzt, bei der Balz dunkel. ♀ ähnlich, jedoch wesentlich blasser, Flossen abgerundet.
Pflege und Zucht siehe Gattungsbeschreibung, S. 568. Seesalzzusatz günstig (0,5–1 g/l).

Aplocheilichthys spilauchen (Taf. 175)
(DUMERIL, 1859)
Nackenfleckkärpfling

Küstengebiete Westafrikas von der Senegal-Mündung bis Angola überwiegend im Brackwasser von Mangrovesümpfen und Lagunen, vereinzelt in Süßwasserbächen und -seen; t.t.: Libreville (Gabun); bis 9,5 cm, meist kleiner.
D 6–10, A 11–16; mLR 25–28; E-Typ, E-Schuppen nicht vereinigt; n = 24. ♂ gelbgrün mit bläulichem Glanz, Bauch weißlich, Körperseiten bis in die C mit silbrigen Querbinden, Kiemendeckel grün, Auge blaugrün irisierend, oberer Rand orangefarben. Flossen gelblich bis zitronengelb, teilweise mit intensiv gelber oder rötlicher Zeichnung sowie silbrigen Flekken in der D und A, A gelegentlich mit verlängerten Flossenstrahlen. ♀ einfarbig grau bis bläulich mit kleineren, abgerundeten, farblosen Flossen.
Pflege und Zucht siehe Gattungsbeschreibung, S. 568. 26–30 °C, Seesalzzusatz etwa 1 g/l, große Aquarien mit kräftiger Durchlüftung, Fütterung mit Insekten und Mückenlarven, Geschlechtsreife nach einem Jahr, Lebensdauer 2–3 Jahre.
Typusart der Gattung *Aplocheilichthys*. Von der Art sind zahlreiche Populationen mit unterschiedlicher Körper- und Flossenform sowie Färbung bekannt. Bekannte Synonyme: *A. typus* BLEEKER, 1863, *Poecilia bensonii* PETERS, 1864, *A. tschiloangensis* AHL, 1928.

Gattung *Congopanchax* POLL, 1971

Typusart: *C. myersi* (POLL, 1952) (Taf. 175).
Gattung der Unterfamilie Procatopodinae mit nur zwei Arten (außer der Typusart noch *C. brichardi* POLL, 1971), die in Kongo und Zaïre verbreitet ist. Zwergformen mit wenig komprimiertem Körper, deutlichem Sexualdimorphismus, stark vorspringendem Unterkiefer, oberständigem Maul, gegenüberstehender D und A, geringer Flossenstrahlenzahl und bei den ♂♂ spitz ausgezogener D.
Beide Arten wurden in der Aquaristik als *Aplocheilichthys myersi* bekannt (WILDEKAMP, 1982).

Congopanchax myersi (Taf. 175)
(POLL, 1952)
Kolibrifisch

Zaïre, Kongo in pflanzenreichen Gewässern; t.t.: nördlich von Kinshasa im Gebiet der früheren Atena-Insel, Pool Malebo, Unterlauf des Kongo; bis 2,5 cm.
D 6–7, A 10–11; mLR 25–26. ♂ bräunlich bis olivgrün mit blaugrünem Glanz, vom Oberrand des Kiemendeckels bis zur C ein dunkler Streifen, Rücken dunkel, Auge unten blaugrün, oben rötlich bis messingfarben. Unpaare Flossen einschließlich der Vn gelb, D sichelförmig mit schwarzer Spitze, A spitz, C außen schwärzlich. ♀ wesentlich blasser, gelblich, Flossen farblos.
Zur Pflege und Zucht des Schwarmfisches siehe Gat-

tung *Aplocheilichthys*, S. 568. Hälterung im Artaquarium, weiches bis mittelhartes, schwach saures oder neutrales Wasser, 20–26 °C, regelmäßiger teilweiser Wasserwechsel. Eier sehr klein, bevorzugte Ablaichplätze Schwimmpflanzenwurzeln, die Jungfische schlüpfen nach 10–18 Tagen, Erstfutter Rotatorien oder Infusorien, die Geschlechtsreife wird nach etwa neun Monaten erreicht.

Gattung *Hylopanchax* POLL und LAMBERT, 1965

Typusart: *H. silvestris* POLL und LAMBERT, 1958. Monotypische Gattung der Unterfamilie Procatopodinae aus Kongo, Zaïre und Gabun. Körper schlank, spindelförmig, Schuppen relativ groß (in der Körpermitte größer als auf dem Schwanzstiel), adulte ♂♂ mit verlängerten Branchiostegien (Stützstäbe einer Membran, die den Kiemendeckel unten mit der Kehlregion verbindet), D deutlich hinter der A angesetzt.
Pflege und Zucht weitgehend unbekannt.

Hylopanchax stictopleuron (Abb. 415)
(FOWLER, 1949)

Kongo- und Ivindobecken an der Oberfläche langsamfließender Bäche mit huminsäurereichem Wasser unter pH 5; t.t.: im Oka nördlich Brazzaville (Kongo); bis 3,5 cm.
D 6–11, A 14–19; mLR 21–26; H-Typ, E-Schuppen nicht vereinigt. ♂ silbrigblau mit intensivem blauem Glanz, Schuppen des Vorderkörpers mit halbmondförmigen dunklen Malen (Netzzeichnung), in der oberen Körperhälfte manchmal eine dünne schwarze Längslinie. Flossen relativ eckig, gelb mit breiten rötlichen Streifen oder insgesamt bläulich bis grün, C manchmal mit zwei roten Flecken. ♀ blasser, Flossen abgerundet, ohne Zeichnung.
Pflege und Zucht weitgehend unbekannt. LAMBERT berichtet, daß die Eier an der Bauchseite der ♀♀ hängenbleiben.
Erstbeschreibung als *Epiplatys stictopleuron*, vermutliches Synonym *H. silvestris*.

Gattung *Hypsopanchax* MYERS, 1924

Typusart: *H. platysternus* (NICHOLS und GRISCOM, 1917) (Abb. 416).
Gattung der Unterfamilie Procatopodinae mit wenigen, 3–6 cm langen Arten, Verbreitungsgebiet: Kongo, Zaïre und ostwärts beiderseits des Äquators bis zu den großen Seen Ostafrikas. Körper ziemlich hoch, bei einigen Arten seitlich stark abgeflacht, Bauchkante adulter ♂♂ dadurch manchmal scharfkantig, Schwanzstiel relativ schmal, Zahnreihen unregelmäßig, äußere Zähne des Unterkiefers teilweise vergrößert, D kurz, A lang, C gestutzt. Importiert wurden bislang nur die beiden nachfolgend beschriebenen Arten.
Pflege und Zucht weitgehend unbekannt.

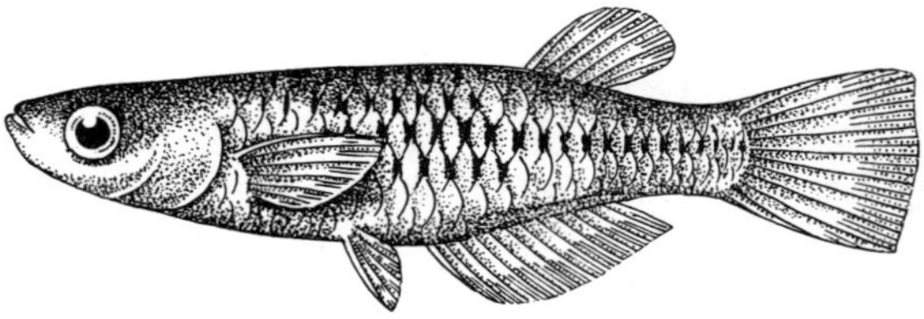

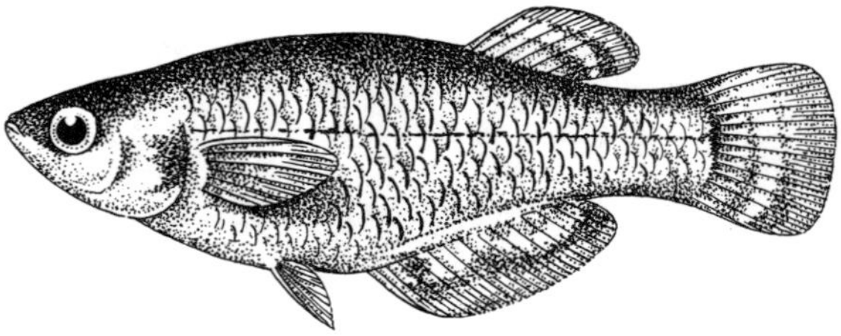

Abb. 415 *Hylopanchax stictopleuron*
Abb. 416 *Hypsopanchax platysternus*

Hypsopanchax catenatus
RADDA, 1981

Gabun; t.t.: südlich von Franceville an der Straße nach Boumango im Einzugsgebiet des Ogooué, syntop mit *Aphyosemion ogoense* in flachen Gewässern; bis 5 cm.
D 13–14, A 16–17; mLR 27–29. ♂ braun, Rücken hellbraun, Bauch mehr gelblich, Körperseiten grünlich bis bläulich glänzend. Unterhalb der Mittellinie ein durch die dunklen Schuppenränder bedingtes ketten- oder wabenartiges Muster. Unpaare Flossen transparent mit bläulichem Schimmer und orangefarbenen Säumen. ♀ ähnlich, A-Basis kürzer, Flossenstrahlen jedoch länger.
Pflege und Zucht weitgehend unbekannt.
Die Art tritt in der Natur in kleinen Schulen von 5–10 Exemplaren auf.

Hypsopanchax platysternus (Abb. 416)
(NICHOLS und GRISCOM, 1917)

Kongo, Zaïre in klaren Waldbächen, teilweise syntop mit *Hylopanchax stictopleuron*; t.t.: Zufluß des Tshopo bei Kisangani (früher Stanleyville), Zaïre; bis 4 cm.
D 9–13, A 15–17; mLR 27–32. ♂ gelbbräunlich mit blauem bis violettem Glanz, manchmal mit dunkel gesäumten Schuppen oder einer dünnen dunklen Längslinie sowie mehreren schmalen dunklen Querlinien. Auge oben rot. Flossen grau, außen orangefarben, A dunkel gesäumt. ♀ kleiner, schlanker, ohne metallischen Glanz und Flossenfärbung.
Pflege und Zucht weitgehend unbekannt.
Erstbeschreibung als *Haplochilus platysternus*.

Gattung *Lamprichthys* REGAN, 1911

Typusart: *L. tanganicanus* (BOULENGER, 1898) (Taf. 176).
Monotypische Gattung der Unterfamilie Procatopodinae, endemisch im Tanganjikasee. Körper gestreckt, seitlich stark abgeflacht. Anzahl der Wirbel-

körper wesentlich größer als bei anderen Vertretern der Unterfamilie, Zähne einspitzig, unterschiedlich groß und in einem Band angeordnet, Kiefer annähernd gleichlang, Ctenoidschuppen, A sehr lang. Verwandt mit den Gattungen *Plataplochilus* und *Procatopus*.

Lamprichthys tanganicanus (Taf. 176)
(BOULENGER, 1898)
Tanganjika-Leuchtauge

Tanganjikasee; t.t.: Mbete/Mbity, in sehr hartem, an Magnesiumverbindungen reichem Wasser; bis 14 cm. D 13–17, A 24–30; mLR 40–45; A-Typ, E-Schuppen nicht vereinigt. ♂ gelb bis grüngelb, Rücken olivgrün, Bauch fast rein gelb. Zahlreiche blau bis grünblau schillernde Punkte auf dem Körper und dem Schwanzstiel, die oberhalb der Mittellinie etwa sechs bis in die C reichende Längsreihen bilden. Kiemendeckel mit großem blauem Fleck. D und A spitz ausgezogen, transparent bis bläulich mit Reihen gelber Punkte und gelben Flossensäumen, C transparent bis gelb, basal grünblau, hinterer Saum weißlich, P farblos, V gelblich. ♀ Rücken blaugrün, Bauch fast weiß, Körperseiten mit einzelnen grünblauen Glanzpunkten, Flossen abgerundet.
Pflege und Zucht nicht einfach. Voraussetzungen: große Aquarien mit kräftiger Durchlüftung, hartes, schwach alkalisches Wasser, Seesalzzusatz 1 g/l, 26–27 °C, häufiger Wasserwechsel. Zur Zucht setzt man eine Gruppe an. Die Paarung verläuft wie bei anderen spaltenlaichenden Zahnkarpfen. Die großen bräunlichgelben Eier werden in schmale, in der Natur vertikale Steinspalten passender Größe gedrückt. Die 8 mm großen Jungfische schlüpfen nach 3–6 Wochen (meist nachts), Aufzucht einfach. Bei den Nachzuchttieren ist die Intensität der Farben oft wesentlich geringer als bei den Importfischen. Synonym: *L. curtianalis* DAVID, 1936.

Gattung *Plataplochilus* AHL, 1928

Typusart: *P. ngaensis* (AHL, 1924) (Abb. 417).
Gattung der Unterfamilie Procatopodinae mit etwa fünf Arten von 3–6 cm Länge. Verbreitungsgebiet: Kongo, Zaïre, Gabun, Äquatorial-Guinea, Angola (Cabinda), in Regenwaldbächen mit schwach saurem, weichem Wasser. Sie bevorzugen hier pflanzenfreie, sonnige Stellen.
Körper mäßig gestreckt, seitlich abgeflacht, ♂♂ mit Ctenoidschuppen, Zähne konisch, oben unregelmäßig in einem Band, unten in zwei Reihen angeordnet, C an der Basis unbeschuppt, obere Strahlen beim ♂ oft stark verlängert. Verwandt mit der Gattung *Procatopus*.

Abb. 417 *Plataplochilus ngaensis*

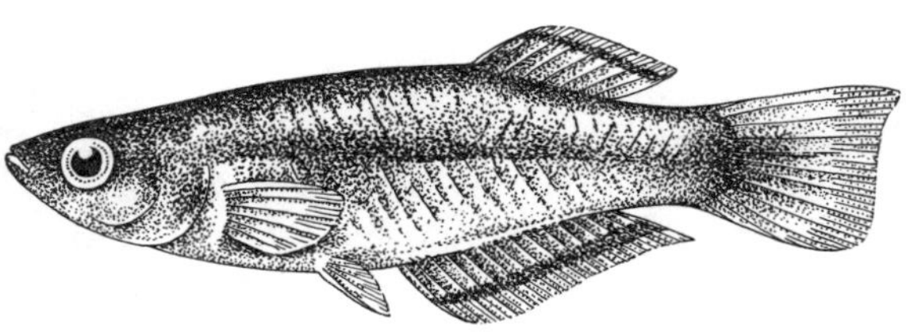

Plataplochilus chalcopyrus
LAMBERT, 1963

Gabun im Einzugsgebiet des Ogooué in schnellfließenden, kühlen, flachen Regenwaldbächen; t.t.: Fluß Diala an der Straße von Lambarene nach Mouila; bis 5,5 cm.
D 6–10, A 14–18; mLR 30–33; G-Typ, E-Schuppen nicht vereinigt. ♂ hellblau, Rücken oliv bis braunorange, Bauch silberweiß, Schwanzstiel schieferblau, in der Mittellinie eine kurze, intensiv grünlich irisierende Längsbinde, die unten bis zur A-Basis von einem blauen Längsband begleitet wird. Iris glänzend grün, Unterlippe schwarz gesäumt. Flossen gelblich, orange bis rot gerandet, vor allem die D und der Oberrand der C, letztere oben zugespitzt, Hinterrand gerade, mittlere Strahlen dunkel. ♀ wesentlich blasser, Flossen abgerundet.
Pflege und Zucht ähnlich den *Aplocheilichthys*-Arten, siehe S. 568. Die Jungfische schlüpfen nach 10–12 Tagen, Wachstum langsam. Die Art steht *P. ngaensis* nahe.

Plataplochilus miltotaenia
LAMBERT, 1963

Gabun, unteres Ogooué-Flußsystem; t.t.: Gewässer an der Straße von Lambarene nach Bouila; bis 4 cm. D 12–15, A 14–17; mLR 28–31; E-Typ, E-Schuppen nicht vereinigt. ♂ metallisch blau, besonders intensiv am unteren Teil des Schwanzstieles, vom P-Ansatz bis zum C-Hinterrand ein nach hinten breiter werdendes rotes Längsband. Unpaare Flossen farblos bis gelblich, gelegentlich rötlich gesäumt, C mit geradem Hinterrand, oben spitz ausgezogen, Ober- und Unterkante blau. ♀ blasser, das rote Längsband ist nur angedeutet, Flossen abgerundet.
Pflege und Zucht ähnlich den *Aplocheilichthys*-Arten, siehe S. 568. Aquaristisch bekanntes Synonym: *P. pulcher* LAMBERT, 1967.

Gattung *Procatopus* BOULENGER, 1904

Typusart: *P. nototaenia* BOULENGER, 1904 (Taf. 176).
Gattung der Unterfamilie Procatopodinae mit etwa vier Arten. Verbreitungsgebiet: Nigeria, Kamerun und Äquatorial-Guinea. Die bis 7 cm langen Tiere leben oberflächenorientiert in Schwärmen vor allem in Flüssen und Bächen des Flachlandes mit schwach saurem, weichem Wasser und üppiger Randvegetation. In stagnierenden Resttümpeln zeitweiliger Fließgewässer (Savanne) können die Tiere nicht überleben.
Körper seitlich mehr oder weniger stark abgeflacht, vordere Rückenpartie flach, Ctenoidschuppen, die Schuppenränder der Körperseiten bilden ein regel-

mäßiges hexagonales Muster, keine Kontaktorgane, adulte ♂♂ mit dornenartig verlängerten Branchiostegien (Erklärung siehe Gattung *Hylopanchax*, S. 572), Maul oberständig, Zähne in unregelmäßigen Reihen angeordnet, teilweise vergrößert, äußere Zähne auch bei geschlossenem Maul sichtbar, A adulter ♂♂ oft mit verlängerten Flossenstrahlen, C-Hinterrand gerade abgeschnitten, Vn weit vorn, unter oder kurz hinter den Pn angesetzt. Verwandt mit der Gattung *Plataplochilus*.
Die von CLAUSSEN (1959) vorgeschlagene Untergattung *Andreasenius* sowie die von ihm beschriebenen Arten werden aufgrund der noch bestehenden Unsicherheiten nicht berücksichtigt.
Pflege und Zucht im wesentlichen wie bei den Arten der Gattung *Aplocheilichthys* angegeben, siehe S. 568. Zur Zucht schwach saures, weiches Wasser. Spaltenlaicher mit interessantem Balz-, Imponier- und Paarungsverhalten. Die Eier werden teilweise in so enge Spalten gedrückt, daß es dabei zu einer Deformation der Kugelform kommt. Als Laichsubstrat eignen sich Korken mit Rillen, Rindenstücke, Bimsstein, aber auch feinfiedrige Pflanzen und Ersatzsubstrate. Die Arten sind in weichem Wasser relativ krankheitsanfällig.

Procatopus aberrans (Taf. 176, Abb. 418)
AHL, 1927

Südnigeria, Südwestkamerun in Fließgewässern des Regenwaldes und der Savannen; t.t.: Ossidinge nahe Eyoumojok (Südwestkamerun); bis 6 cm.
D 6–11, A 13–17; mLR 27–33; G-Typ, E-Schuppen meist nicht vereinigt; n = 24. ♂ relativ schlank, Körperseiten mit starkem blaugrünem Glanz. Unpaare Flossen bläulich mit rötlichen Punkten, obere und untere C-Strahlen verlängert, Spitzen gelegentlich weiß, Vn etwas hinter den Pn angesetzt. ♀ graublau ohne Zeichnung, Flossen abgerundet.
Pflege und Zucht siehe Hinweise in der Gattungsbeschreibung. *P. nigromarginatus* CLAUSEN, 1959, *P. roseipinnis* CLAUSEN, 1959, *P. andreaseni* CLAUSEN, 1959, *P. gracilis* CLAUSEN, 1959, *P. plumosus* CLAUSEN, 1959, sind vielleicht nur Unterarten oder Populationen von *P. aberrans*.

Procatopus nototaenia
BOULENGER, 1904
Rotrückiger Leuchtaugenfisch

Westnigeria, Südwestkamerun, nördliches Äquatorial-Guinea in kleinen Bächen und Flüssen des Regenwaldes der Küstenregion; t.t.: etwa 30 km südwestlich von Efulen (Südwestkamerun); bis 6 cm.
D 8–11, A 14–19; mLR 25–31; G-Typ, E-Schuppen nicht vereinigt; n = 24. ♂ relativ hochrückig, mattblau bis blaugrau mit intensivem blauem Glanz und orangefarbenem bis rotem Rückenstrich. Auge grün glänzend. Flossen gelb bis gelborange, unpaare Flossen mit basalen, kleinen, roten Punkten, A mit einigen verlängerten Flossenstrahlen, Hinterrand der C

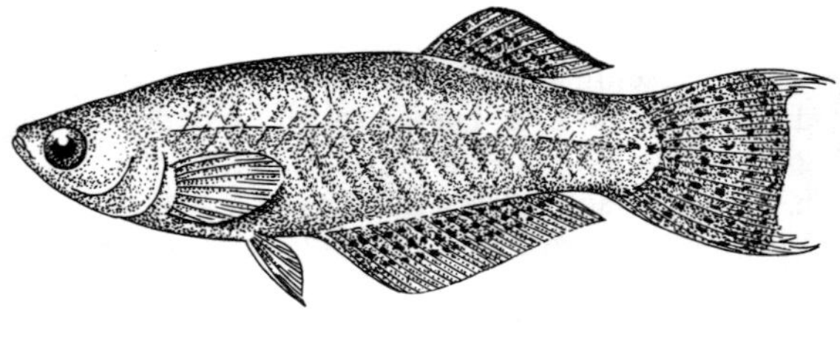

Abb. 418 *Procatopus abberans*

gerade, V unter P angesetzt, farblos. ♀ blau schimmernd, Flossen farblos und abgerundet.
Pflege und Zucht siehe Hinweise in der Gattungsbeschreibung. 22–25 °C, die Jungfische schlüpfen nach 12–18 Tagen, farbigste Art der Gattung.

Procatopus similis (Taf. 176)
AHL, 1927

Südnigeria, Südwestkamerun in Fließgewässern des Regenwaldes; t.t.: Logobaba (Kamerun); bis 7 cm.
D 9–13, A 15–19; mLR 27–31; G-Typ, E-Schuppen nicht vereinigt; n = 24. ♂ mit blau schimmernden Körperseiten und rotem Rückenfirst. Flossen hellgelb bis orangerot. ♀ blasser, Flossen abgerundet.
Pflege und Zucht siehe Hinweise in der Gattungsbeschreibung.
Der voranstehenden Art sehr ähnlich, zahlreiche Populationen. Die als *P. glaucicaudis* CLAUSEN, 1959, und *P. lacustris* TREWAVAS, 1974, beschriebenen Arten sind vielleicht nur Populationen von *P. similis*, d. h. Synonyme.

Unterfamilie Fluviphylacinae

Die Unterfamilie Fluviphylacinae ROBERTS, 1970, umfaßt bisher nur eine Gattung mit einer Art aus dem Amazonas-Becken. Die deutliche Sonderstellung der Typusart und die große Ähnlichkeit mit den Procatopodinae Afrikas veranlaßte ROBERTS zur Bildung einer eigenen Unterfamilie. Die bereits 1865 von AGASSIZ gesammelten Tiere wurden von GARMAN zunächst als Jungfische einer *Rivulus*-Art angesprochen. In den folgenden Jahrzehnten wurde die Art erneut gefunden, als unbestimmt erkannt, aber nicht beschrieben. Besondere Kennzeichen sind neben der geringen Körperhöhe die ungewöhnlich großen, silbrig irisierenden Augen (Durchmesser ungefähr eine halbe Kopflänge), die weit hinten angesetzte D und die hoch angesetzte P mit langen, bis hinter den V-Ansatz reichenden Flossenstrahlen.

Gattung *Fluviphylax* WHITLEY, 1965

Typusart: *F. pygmaeus* (MYERS und CARVALHO, 1955). Monotypische Gattung aus dem Flußgebiet des Amazonas. Verbreitungsgebiet unzureichend bekannt, Fundorte in Brasilien und Kolumbien, im mittleren und unteren Amazonas. Die Schwarmfische kommen in ruhigen Gewässern vom Schwarz-

wasser-Typ vor und bevorzugen dort besonnte Stellen in Ufernähe. Ihre Nahrung besteht aus kleinen Insekten und Insektenlarven, die sie von der Wasseroberfläche ablesen. Begleitfische: *Rivulus*-Arten, Salmler, Welse, Barsche und lebendgebärende Zahnkarpfen.
Die Verwandtschaft mit den Leuchtaugenfischen Afrikas zeigt sich in zahlreichen morphologischen Merkmalen: Körper mäßig lang, fast zylindrisch, Kopf groß (1/5 der Gesamtlänge), Maul klein und nach oben gerichtet, große Augen, die bis zur Kopfoberseite und darüber hinausragen. Die D beginnt hinter dem letzten A-Strahl, A wesentlich größer als die D, C abgerundet, V mittelständig, D-, A-, V-Strahlen adulter ♂♂ etwas verlängert, Kontaktorgane an Schuppen und Flossen nicht feststellbar.
Der zunächst gewählte Gattungsname *Potamophylax* MYERS und CARVALHO, 1955, mußte, weil 1891 für eine Insektengattung vergeben, aufgrund der Nomenklaturregeln verändert werden.

Fluviphylax pygmaeus (Abb. 419)
(MYERS und CARVALHO, 1955)
Zwergkillifisch

Flußgebiet des Amazonas; t.t.: Borba am Rio Madeira, südlich von Manaus; bis 2,5 cm.
D 5–6, A 8–9; mLR 25–26. ♂ durchscheinend, gelblichgrün bis helloliv, mit metallisch-silbrigem Auge, Bauchpartie bis über die A blaugrün schimmernd, A und C gelegentlich schwarz pigmentiert, z.T. dünne schwarze Bänder. Die für konservierte Tiere typischen unscharfen rautenförmigen Vertikalstreifen auf den Körperseiten bzw. die für ♀♀ typische deutliche Abgrenzung von dunklem Körper und hellem Bauch sind bei lebenden Tieren nicht ausgeprägt. ♂ und ♀ sehr ähnlich.
Über Pflege und Zucht ist bisher nichts bekannt. WEITZMAN empfiehlt, abgeleitet von Naturbeobachtungen, eine Hälterungstemperatur von 26–28 °C, pH 5,5,–6,5, weiches Wasser. Das Aquarium sollte einen bepflanzten und offenen Teil enthalten. Die Fische schwimmen und fressen vorwiegend an der Wasseroberfläche. Das Laichverhalten ist ebenfalls unbekannt. Im Verbreitungsgebiet wurden in ♀♀ von 13–14 mm Länge reife Eier und in den Gewässern zu verschiedenen Jahreszeiten Jungfische unterschiedlicher Größe beobachtet. Die Art gehört zu den kleinsten bekannten Süßwasserfischen.

Unterfamilie Pantanodontinae
Madagaskarkärpflinge

Zu der Unterfamilie gehört nur die Gattung *Pantanodon* MYERS, 1955, mit zwei kleinen Arten aus küstennahen Gewässern Ostafrikas und Madagaskars. Typusart ist *P. podoxys* MYERS, 1955. WHITEHEAD und ROSEN unterstreichen die Sonderstellung der Unterfamilie, aber auch die verwandtschaftlichen Beziehungen zur Familie Oryziatidae und zur Unterfamilie Procatopodinae. Körper relativ hoch, beim ♂ seitlich stark abgeflacht und mit schmaler Bauchkante, Kopf spitz, Maul oberständig, Kiefer zahnlos. D kurz, über der Mitte der A beginnend, C abgerundet, P mäßig hoch angesetzt, bei den ♂♂ sind die ersten drei oder vier Flossenstrahlen der Vn verdickt und an der Spitze mit krallenförmigen Haken ausgestattet.

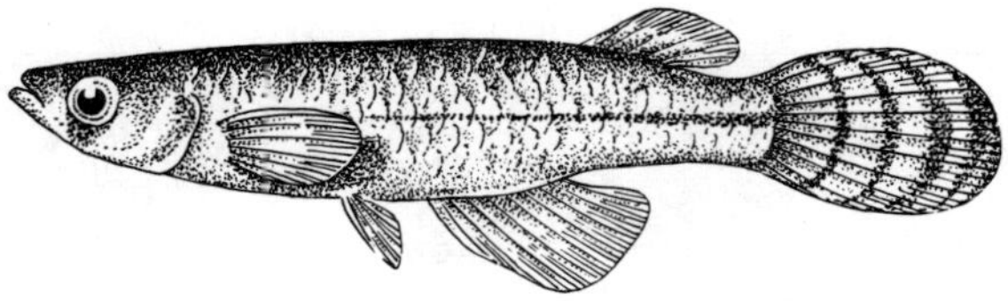

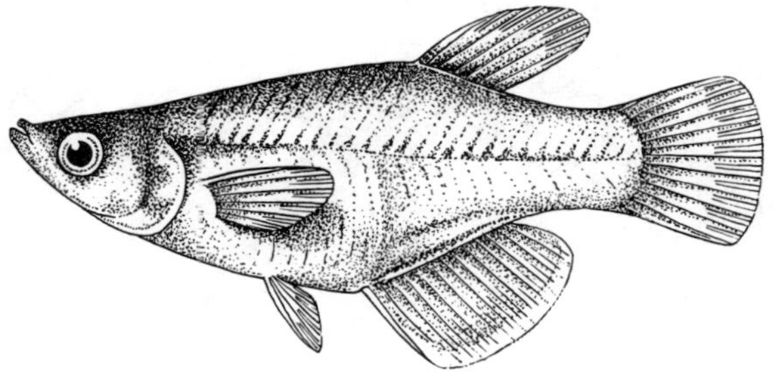

Abb. 419 *Fluviphylax pygmaeus*
Abb. 420 *Pantanodon podoxys*

Pantanodon podoxys (Abb. 420)
MYERS, 1955

Tansania, Kenia, in Küstensümpfen, Gräben und Tümpeln mit Verbindung zum Meer, reines Süßwasser bis fast Seewasser; t.t.: Dar es Salaam (Tansania); bis 3,5 cm.
D 7–8, A 20–21; mLR 26–27. ♂ und ♀ gelbgrün bis gelblich mit bläulichem Glanz, Rücken dunkler, Bauch heller. Die große A und die V des ♂ sind weißlich gesäumt.
Pflege und Zucht weitgehend unbekannt, eine Aquarienhälterung gelang nur kurzzeitig. Obwohl der Kiemenapparat auf Planktonfiltrierung spezialisiert ist, frißt die Art auch Würmer und Daphnien.

Familie Oryziatidae
Reiskärpflinge

Familie der Unterordnung Cyprinodontoidei (Zahnkarpfenverwandte), die in anderen Systemen oft als Unterfamilie Oryziatinae zu den Cyprinodontidae (Eierlegende Zahnkarpfen) gestellt wird und ihr dabei eine Sonderstellung einräumt. Die Familie besteht aus einer im tropischen und subtropischen Asien verbreiteten Gattung mit etwa zehn Arten (Abb. 421). Verwandtschaftliche Beziehungen bestehen zu den afrikanischen Leuchtaugenfischen (Procatopodinae) und den asiatischen Kärpflingen aus der Unterfamilie Rivulinae (*Aplocheilus*-Arten). ROSEN (1964) begründete die Trennung von den Cypri-

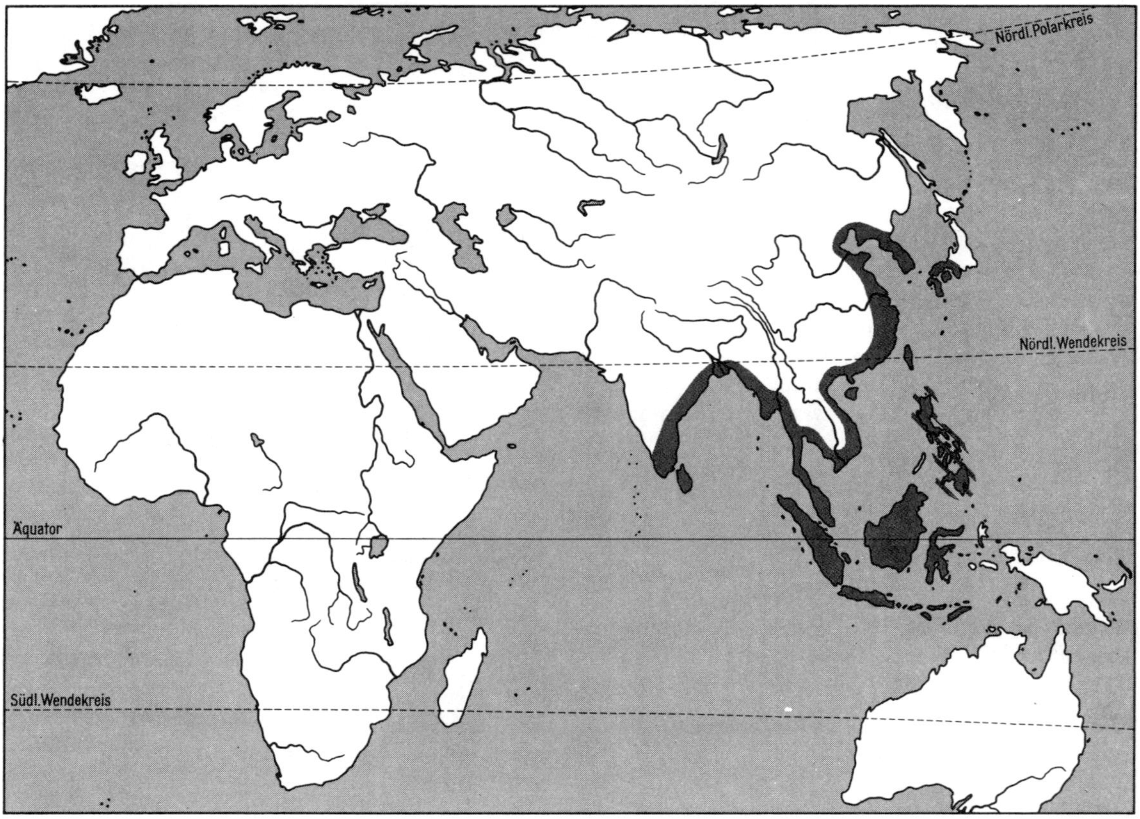

Abb. 421 Verbreitungsgebiet der Familie Oryziatidae

nodontidae mit dem abweichenden Skelettaufbau und dem nicht vorstreckbaren Oberkiefer. Vergleichende Untersuchungen von LABHART und ZISWILER, die sich mit dem Verdauungstrakt von eierlegenden Zahnkarpfen beschäftigen, unterstützen die Abtrennung von den Cyprinodontidae als eigene Familie. Familien- und Gattungs-Kennzeichen: geringe Größe, seitlich zusammengedrückter und langgestreckter Körper, fast gerade Rückenlinie, Nacken gelegentlich etwas eingezogen, stark gewölbte Bauchlinie, spitzer Kopf, breites und oberständiges Maul mit zwei Reihen kleiner, spitzer Zähne, große Augen, kleine D über dem hinteren Teil der relativ großen A, große und hoch angesetzte P, sehr kleine V, fächerförmige C, die am Hinterrand gerade abgeschnitten oder schwach eingekerbt ist, stärker abgerundete Flossen beim ♀, große Schuppen auf dem Körper, kleinere im Kopf-, Kehl- und Kinnbereich, primitive Frontalbeschuppung ähnlich einigen Leuchtaugenfischen.
Die Geschlechter sind in Größe und Aussehen nahezu gleich. Umgekehrt zur Vielzahl der eierlegenden Zahnkarpfen ist das ♀ oft größer. Die Färbung meist unscheinbar, mehr oder weniger transparent, Zeichnung wenig auffällig. Alle Arten sind schwimmaktive Schwarmfische, die sich vorwiegend an der Wasseroberfläche aufhalten.
Pflege und Zucht siehe Gattungsbeschreibung.

Gattung *Oryzias* JORDAN und SNYDER, 1906
Reisfische, Reiskärpflinge

Typusart: *O. latipes* (TEMMINCK und SCHLEGEL, 1850). Die Vertreter der Gattung sind in Süd- und Südostasien, von Indien über Burma, Indonesien bis Japan verbreitet und kommen vereinzelt auch im Süden der UdSSR und in China vor. Sie leben in überschwemmten Reisfeldern, Unterläufen und Mündungsgebieten von Flüssen, Binnenseen und kleinen Wasseransammlungen mit geringer Wassertiefe von etwa 20 cm bis 1 m, weichem bis mittelhartem Wasser, Temperaturen bis nahezu 30 °C, vergesellschaftet mit Grundeln und Karpfenartigen als Begleitfischen. Zur Gattung gehören folgende Arten:

- *O. celebensis* (WEBER, 1894)
- *O. curvinotus* (NICHOLS und POPE, 1927)
- *O. latipes* (TEMMINCK und SCHLEGEL, 1850) (Abb. 422)
- *O. luzonensis* (HERRE und ALBAN, 1934)
- *O. marmoratus* (AURICH, 1935)
- *O. matanensis* (AURICH, 1935)
- *O. melastigmus* (MCCLELLAND, 1839)
- *O. minutillus* SMITH, 1945
- *O. timorensis* (WEBER und DE BEAUFORT, 1922)

Hinzu kommen vermutlich noch weitere Arten aus China und anderen asiatischen Gebieten, deren Identität noch nicht geklärt ist.
Zur Pflege und Zucht eignen sich geräumige, möglichst sonnig aufgestellte Aquarien mit ausreichen-

dem Schwimmraum für einen Schwarm von mindestens zehn Exemplaren, Einzeltiere kümmern. Bedingungen für ein gutes Gedeihen sind regelmäßiger Wasserwechsel, mittelhartes, zur Zucht weiches Wasser, geringer Seesalzzusatz, Temperaturen zwischen 18 und 30 °C schwankend, bewegtes Wasser (Durchlüftung), abwechslungsreiches Futter (Insekten und deren Larven, Daphnien, gutes Trockenfutter). Verschiedene Arten lassen sich in den Sommermonaten in Freilandanlagen hältern.
Fortpflanzung sehr interessant. Die Reifung der Eier ist nach ROBINSON und RUGH von den Lichtverhältnissen abhängig. Sofern genügend ♂♂ zur Stimulierung vorhanden sind, reifen tagesrhythmisch während der Nacht bis 30 Eier, die mit Einsetzen des Tageslichts abgelegt werden. Die ♂♂ umschwimmen die ♀♀ bei der Balz kreisförmig, bei der Paarung, die bis 20 s dauern kann, krümmt sich das ♂ U-förmig von unten her so um das ♀, daß sich die Analgegenden berühren, unter Erzittern werden dann Eier und Sperma abgegeben. Die Laichtraube bleibt vorerst durch Haftfäden an der Genitalöffnung des ♀ hängen und wird nach Stunden oder Tagen an Wasserpflanzen abgestreift oder bis zum Schlupf der Jungfische mitgeschleppt (?). Eine Laichperiode kann unter optimalen Bedingungen einige Wochen andauern. Von verschiedenen Autoren sind im Gegensatz zu der beschriebenen und als normal zu bezeichnenden Fortpflanzungsart andere Verhaltensweisen beschrieben worden, die auf eine innere Befruchtung hindeuten. Die dunkel pigmentierten Jungfische schlüpfen in Abhängigkeit von der Temperatur nach 10–18 Tagen und bewegen sich ständig schlängelnd an der Wasseroberfläche. Nur dort nehmen sie Pantoffel- oder Rädertierchen, später *Cyclops*-Nauplien auf. Wachstum trotz bester Fütterung langsam, sie werden nur bei optimaler Pflege nach mehreren Monaten geschlechtsreif und zuchttauglich.
Die *Oryzias*-Arten wurden irrtümlich lange Zeit als Vertreter der Gattung *Aplocheilus* angesehen.

Oryzias latipes (Taf. 193, Abb. 422)
(TEMMINCK und SCHLEGEL, 1850)
Japankärpfling, Medaka, Japanischer Goldhecht

Japan, China, Korea, Taiwan, UdSSR (äußerste Südgebiete) auf Reisfeldern, in Gräben und kleinen Wasseransammlungen, vorzugsweise im Süßwasser; t.t.: unsicher; bis 5 cm.
D 6, A 16–20; mLR 29–31; n = 24. ♂ und ♀ von gleicher Färbung. Körper fast durchsichtig, Rücken grün bis oliv, Körperseiten mit bläulichem Schimmer, Bauch weiß bis gelblich, Auge grün, besonders bei Jungfischen stark irisierend. Flossen farblos bis schwach gelblich, teilweise leicht dunkel gefleckt, unpaare Flossen gelegentlich gelb bis orange gesäumt. Geschlechtsunterschiede schwer feststellbar. ♂ gewöhnlich schlanker, D leicht zugespitzt und mit einer kleinen dreieckigen Einkerbung versehen, A etwas breiter, einzelne Flossenstrahlen geringfügig verlängert, Kante leicht ausgefranst.

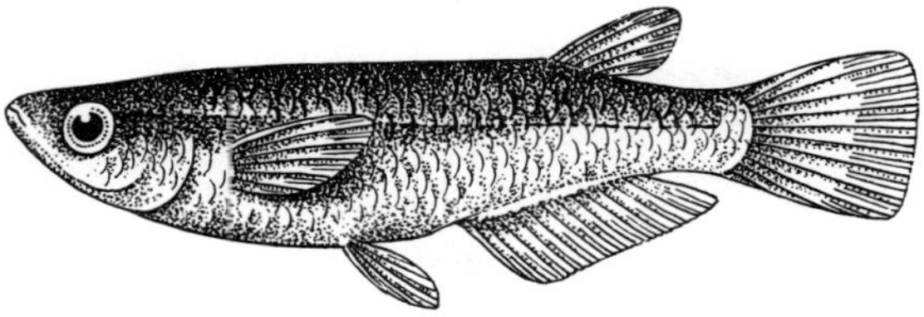

Abb. 422 *Oryzias latipes*

Eine xanthoristische Form, die aquaristisch stärker verbreitet ist, zeigt unregelmäßig verteilte, hell glänzende Schuppen auf goldfarbenem Grund. Aus den sehr großen Verbreitungsgebieten wurden außerdem verschiedene Farbspielarten bekannt.
Pflege und Zucht siehe Gattungsbeschreibung, S. 576. Die Art frißt auch Tubifex, Enchyträen, Zyklops und Springschwänze, die Jungfische nehmen auch staubfeines Trockenfutter, Nachzuchten bleiben meist kleiner.
Die anpassungsfähige Art wird vielfach als Versuchstier für genetische Untersuchungen gehältert.

Oryzias melastigmus (Taf. 183)
(MCCLELLAND, 1839)
Schwarzfleckenkärpfling, Burmakärpfling, Javakärpfling

Indien (Ostküste), Sri Lanka, Burma, Malaysia, Indonesien, vorrangig in küstennahen Gewässern im Süß- und Brackwasser; t.t.: Calcutta (Indien); bis 4 cm.
D 6–7, A 18–25; mLR 27–31; n = 24. ♂ und ♀ von gleicher Färbung. Körper im Vergleich zu *O. latipes* etwas höher, durchsichtig graugrün, oberseits olivbraun mit einem dunklen Rückenstrich und bläulichem bis violettem Schimmer an den Körperseiten. Gelegentlich insgesamt mehr bräunlich bis rötlich. Flossen gelblich, Ränder der unpaaren Flossen und Flossenstrahlenspitzen weiß bis hellblau. Der schwarze Fleck an der D-Basis (Artname!) fehlt fast immer, gelegentlich kleine, schwarze, unregelmäßig verteilte Flecken auf den Flanken, manchmal mit einer dunklen Längslinie in der Körpermitte, die sich vor der C gabelt, und einer dunklen Linie über der A-Basis. Auge stark hellblau irisierend. ♂ etwas schlanker, A-Strahlen fransenartig verlängert.
Pflege und Zucht siehe Gattungsbeschreibung, S. 576. Spezielle Hälterungsbedingungen: Wasser mit einem pH-Wert von 7,7–8,3, mittelhartes bis hartes Wasser, 18–25 °C, zur Zucht 27–30 °C. Nach etwa 14 Tagen schlüpfen die Jungfische, Wachstum sehr langsam, Salzzusatz.
O. melastigmus ist in seinem Verbreitungsgebiet als Moskito-Vertilger geschätzt. Die Art wurde in der Aquaristik unter folgenden Namen verbreitet: *Oryzias javanicus* (BLEEKER, 1854), *Panchax argenteus* DAY, 1876, *Panchax cyanophthalmus* BLYTH, 1858, *Haplochilus javanicus* BLEEKER, 1854, *Aplocheilus mcclellandi* BLEEKER, 1854, *Haplochilus javanicus* var. *trilineata* POPTA, 1911, und wahrscheinlich auch *Aplocheilus carnaticus* JERDON, 1849.

Oryzias minutillus
SMITH, 1945
Zwergreisfisch

Thailand; t.t.: Krung Thep (Bangkok) in einem kleinen Kanal; bis 2 cm.
D 6–7, A 17–21; mLR 27–28. Körper durchsichtig, kleine schwarze Tüpfel auf dem Rücken, die sich zu einem Streifen vom Kopf bis zur C verdichten, mehrere schwarze Längslinien auf den Körperseiten, die bis zur C reichen. Schwarze Tüpfel auch im Bereich des Kopfes, der Kiemendeckel und der Körperunterseite. D-, C- und A-Strahlen schwärzlich markiert.
Pflege und Zucht siehe Gattungsbeschreibung, S. 576.
Die Art wurde bisher nur vom Typenfundort bekannt. In der Gegend von Krung Thep ist dieser Fisch vermutlich nicht selten, erlangte aquaristisch jedoch bislang keine Bedeutung. Einschlägige Beobachtungen liegen nur von SCHEEL vor. *O. minutillus* ist die kleinste *Oryzias*-Art und eines der kleinsten Wirbeltiere überhaupt.

Familie Goodeidae
Hochlandkärpflinge, Zwischenkärpflinge

Die vor allem auf das Hochland Mexikos und das angrenzende Mittelamerika beschränkte Familie der Goodeidae beansprucht durch die besondere Art ihrer Fortpflanzung großes Interesse. Wie die Poeciliidae sind auch die Goodeidae lebendgebärend. Wesentliche Unterschiede bestehen jedoch hinsichtlich der Konstruktion des Gonopodiums. Während dieses bei den Poeciliidae aus bestimmten Flossenstrahlen der A entsteht, ist bei den Goodeidae der ganze vordere Abschnitt der A an der Bildung beteiligt und durch einen Einschnitt deutlich von dem hinteren Flossenteil getrennt. Die ersten 6 (–8) Flossenstrahlen sind vereinfacht, verkürzt und sehr eng zusammengeschlossen, auch rückt das Gonopodium nicht nach vorn. Bei einigen Arten kann eine Ringfalte das Gonopodium teilweise einschließen (z. B. Gattung *Skiffia*). Die Entwicklung der Embryonen erfolgt in der Eierstockhöhle. Die Eier selbst sind ziemlich dotterarm. Für jede neue Eiserie ist eine neue Begattung notwendig, das heißt, eine Speicherung der Samenfäden, wie bei den meisten Poeciliidae, findet nicht statt. Die Dotterarmut der Eier macht aber ähnlich wie bei den Säugetieren eine Ernährung des sich entwickelnden Embryos vom mütterlichen Organismus aus notwendig. Im einzelnen entstehen hier in der Analgegend des Embryos strangförmige Embryonalanhänge (Trophotaenien), die mit Falten der Wandung der Eierstockhöhle in Verbindung treten und so eine Nahrungsübermittlung und einen Gasaustausch gewährleisten. Bei manchen Arten dient vor der Ausbildung von Trophotaenien der Pericardialsack als Nahrungsübermittler, bei *Goodea luitpoldi* hat auch der vergrößerte Flossensaum für die Stoffübertragung Bedeutung (MENDOZA, G.: J. Morph. Philad. 103, 539–560, 1959). Die Embryonen werden ohne Eihülle geboren, d. h. die Goodeidae sind echte vivipare Fische (Taf. 194).
Die Pflege und Zucht der interessanten, aber auch sehr empfindlichen Goodeidae ist bislang nicht sehr erfolgreich gewesen, ganz abgesehen davon, daß erst in den letzten Jahren lebende Tiere in größerer Zahl importiert wurden. Zur Verbreitung siehe Abb. 423. Die meisten Arten leben im Hochland in steinigen Bächen, die nur wenig Pflanzenwuchs aufweisen und zeitweise z.T. fast austrocknen, sich jedoch während der Regenzeit in reißende Flüsse verwandeln.

Girardinichthys innominatus
BLEEKER, 1860
Amarillo-Kärpfling

Mexiko in den Niederungen und im Hochland; ♂ bis 4 cm, ♀ bis 6 cm.
D 18–23; A 20–26; mLR 40–44. Körper ziemlich hoch, Bauchlinie stark ausgebuchtet, Schwanzstiel lang und schmal. ♂ Körper und Flossen einheitlich dunkel bis schwarz, unterlegene ♂♂ graufleckig oder bräunlich mit dunkleren Flossen, alle ♂♂ an der zweigeteilten A gut zu erkennen. ♀ grausilbern, dunkel marmoriert, von der seitlichen Bauchregion in Richtung der C-Wurzel eine tiefliegende Binde, Bauch selbst weißlich, Flossen zart grau.
Pflege siehe bei *Goodea atripinnis*, nicht schwierig, 20–24 °C, vor allem Lebendfutter. Zucht angeblich einfach, 20–50 Jungtiere je Wurf. Die Art kommt stellenweise massenhaft vor und wird vielfach für Nahrungszwecke genutzt. Früher bekannt als *Limnurgus innominatus*.

Abb. 423 Verbreitungsgebiet der Goodeidae

Girardinichthys multiradiatus (Abb. 424)
(MEEK, 1904)
Vielstrahlkärpfling

Kalifornien und Mexiko, Stromgebiet des Rio Lerma; bis 6 cm, ♀ etwas größer.
D 26–30; A 26–30; mLR 42–47. Körper gestreckt, seitlich zusammengedrückt, D und A sehr lang. ♂: Rückenflosse größer als beim ♀. Zart bräunlich mit grünem Schimmer an den Körperseiten, Rücken dunkler bis rehbraun, Unterseite weißlich. Zahlreiche dunkle, unscharf begrenzte Flecke an den Körperseiten, die sich zu unregelmäßigen Querbinden vereinigen können. Flossen zart gelbgrün, senkrechte Flossen dunkel gerandet. Ältere ♂♂ sind nach RACHOW oft einheitlich dunkel. ♀ senkrechte Flossen ohne Rand, Fleckenzeichnung spärlicher.
Pflege siehe bei *Goodea atripinnis*. In Gefangenschaft wahrscheinlich noch nicht nachgezüchtet.

Goodea atripinnis (Abb. 425)
JORDAN, 1879
Schwarzflossen-Goodea

Zentralmexiko, Zuflüsse des oberen Rio Panuco; bis 9 cm.
D 12–14; A 13–16; mLR 37–40. Körper ziemlich gestreckt, Schwanzstiel stark zusammengedrückt, Flossen klein, Darm sehr lang, vielfach gewunden (4mal Körperlänge). ♂ olivfarben mit rehbraunen bis bläulichen Glanzzonen besonders auf dem Schwanzstiel, Unterseite gelblich. Schuppen dunkel gerandet, bei älteren Tieren mit rehbraunen Tupfen. Vom Hinterrand des Kiemendeckels bis in die C-Wurzel verläuft bei mittelgroßen Tieren ein dunkles, schwanzwärts immer deutlicher hervortretendes Band. Flossen gelblich oder völlig farblos, bei geschlechtsreifen Tieren oft dunkel. A immer zweigeteilt. ♀ ähnlich gefärbt, die Flossenfärbung kann von Gelb nach Schwarz wechseln.
Pflege in größeren, mäßig bepflanzten, nicht zu dunkel stehenden Aquarien. Mittelhartes, sauerstoffreiches Wasser, periodischer Frischwasserzusatz angezeigt. Vorzugstemperaturen 22–24 °C, verträgt vorübergehende Abkühlung gut. Reichlich füttern, neben Lebendfutter auch Pflanzennahrung. Friedlich. Wurfzahl großer ♀♀ 20–40, die Jungfische sind bei der Geburt bereits 20 mm lang und wachsen sehr schnell heran. *G. gracilis* HUBBS und TURNER, 1939, ist ein Synonym dieser Art.

Skiffia bilineata (Abb. 426)
(BEAN, 1887)
Zweilinienkärpfling

Zentralmexiko (Rio-Lerma-Gebiet); ♂ bis 3,5 cm, ♀ bis 5 cm.
D 13–15; A 23–24; P 15–16; V 6; mLR 29–33. Die Art erinnert hinsichtlich der Körperform an die Guppy-Weibchen. Die ersten sechs A-Strahlen der ♂♂ sind von den folgenden durch einen Einschnitt getrennt und bilden ein kleines Läppchen (Gonopodium). ♂ bräunlichgrün, Seiten gelblich bis grünlich, Bauch gelblichgrau. Vom Maul über das Auge bis zur C-Wurzel ein nur angedeuteter dunkler Längsstreifen, der besonders auf dem Schwanzstiel durch mehrere dunkle kurze Querbinden unterbrochen wird. An der Basis der C ein schwärzlicher halbmondförmiger Fleck. D und A fast schwarz, die übrigen Flossen farblos. Beim ♀ ist der Längsstreifen unten blaugrün begrenzt, alle Flossen farblos.
Pflege, Zucht und Besonderheiten wie bei *Goodea atripinnis* angegeben. Allesfresser, friedlich. Wurfzahl großer ♀♀ etwa 30. Die Elterntiere kümmern sich kaum um die sehr kleinen Jungfische. Früher bekannt als *Neotoca bilineata*.

Skiffia multipunctata
PELLEGRIN, 1901

Mexiko, Rio Lerma; ♂ bis 8,5 cm, ♀ bis 13 cm.
D 12–16; A 13–17; V 6; mLR 32–40. Körper gestreckt, seitlich zusammengedrückt. Obere und untere Profillinie etwa gleichmäßig ausgebogen. ♂ Die ersten A-Flossenstrahlen sind von den restlichen durch einen Einschnitt getrennt und von einer Hautfalte umhüllt. Hell lehmfarben mit grünlichem Schimmer, Rücken olivgrün, Unterseite hell. In der oberen Partie der Körperseiten und auf dem Schwanzstiel feine, undeutliche dunkle Punktlängsreihen, C-Wurzel oft mit dunklem Fleck. D und A schwarz bis rehbraun, grüngelb gerandet. ♀ Punktlängsreihen kräftiger und immer deutlich hervortretend.
Pflege und Zucht vermutlich wie bei *Goodea atripin-*

Abb. 424 *Girardinichthys multiradiatus*
Abb. 425 *Goodea atripinnis*
Abb. 426 *Skiffia bilineata*

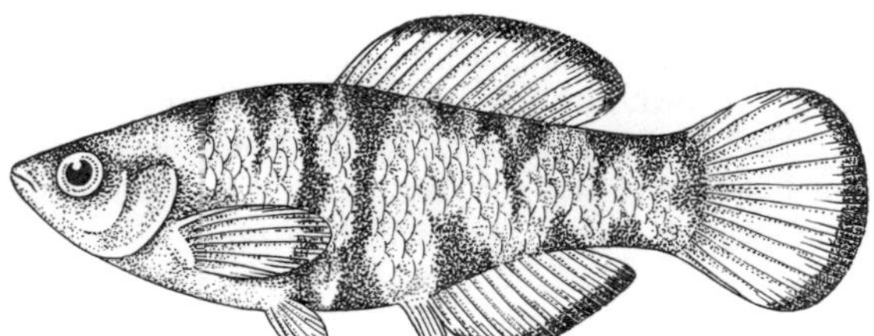

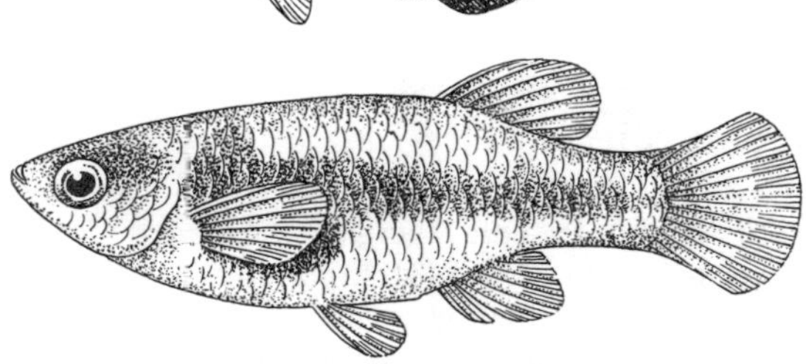

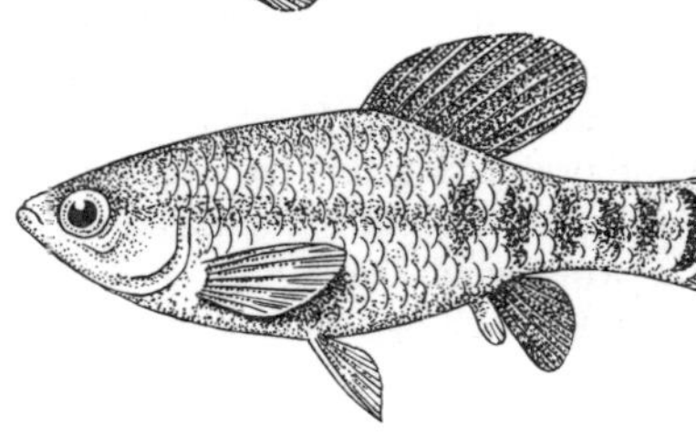

nis angegeben. Die vier importierten Exemplare gingen sehr schnell ein (nach RACHOW). Die Art war bislang als *Ollentodon multipunctatus* und *Goodea multipunctata* bekannt.

Xenoophorus captivus (Taf. 194)
(HUBBS, 1924)
Ritterkärpfling

Hochland Mexikos; ♂ bis 3 cm, ♀ bis 3,5 cm.
D 11–13; A 14. Körper gestreckt, Rücken- und Bauchlinie etwa gleichmäßig ausgebogen, Schwanzstiel lang, Maul oberständig, Kinn wulstig vorspringend. ♂ mit deutlich abgegrenztem vorderem A-Lappen. Insgesamt düster, braunoliv, oberseits dunkler, Körperseiten vor allem bauchwärts und auf dem Schwanzstiel mit blaugrün irisierenden Schuppen. Flossen grau, C älterer ♂♂ mit gelbweißen Streifen am äußeren Rand. ♀ relativ eintönig graugrün gefärbt.
Pflege und Zucht wie bei *Goodea atripinnis* angegeben, 20–23 °C, Wurfzahl etwa 20.

Xenotoca eiseni (Taf. 194)
RUTTER, 1946
Banderolenkärpfling

Hochland von Mexiko; bis 8 cm.
D 11–12; A 13–14; mLR 27–30. Körper relativ hochrückig, Rücken- und Bauchlinie etwa gleichmäßig ausgebogen, Schwanzstiel lang. ♂ mit deutlich abgegrenztem A-Lappen, hellocker bis einfarbig silbrig. Mitte des Schwanzstieles mit einer breiten, kräftig gelben banderolenartigen Binde, die bis in die C reichen kann. Flossen einfarbig, zart ocker. ♀: gelbe Banderolenbinde nur angedeutet.
Pflege und Zucht siehe *Goodea atripinnis*. Lebhafte, schwimmaktive Art, sehr gefräßig, 20–23 °C. Bis 70 relativ große Jungfische je Wurf, die Elterntiere sollen den Jungen kaum nachstellen.
Eingeführt wurde auch *Xenotoca variata* BEAN, 1887 (Goldschuppenkärpfling), mit unregelmäßig verteilten Glanzschuppen auf den dunklen Körperseiten, sowie einige andere Arten, z. B. *Ameca splendens* (Taf. 194).

Familie Anablepidae
Vieraugen

Auch das interessante Vierauge *(Anableps detrophthalmus* LINNÉ, 1756, Taf. 137) ist oft in Aquarien gepflegt worden. Die Tiere sind vor allem durch die großen, hervorstehenden Augen charakterisiert, deren Hornhaut, Pupille und Netzhaut durch einen von der Bindehaut gebildeten Gewebestreifen unterteilt sind, so daß praktisch zwei übereinanderliegende, in einem Augapfel vereinigte Teilaugen mit gemeinsamer Linse vorliegen. Das obere Teilauge ist nach oben, das untere schräg abwärts gerichtet. Die typischen Oberflächenfische schwimmen so, daß der Wasserspiegel sich genau in der Trennlinie der Teilaugen befindet. Dabei werden durch den oberen Augenteil Objekte über dem Wasserspiegel erfaßt und durch die asymmetrische Linse auf der Netzhaut der unteren Augenhälfte abgebildet. Objekte im Wasser bilden sich dagegen auf der Netzhaut des oberen Teilauges ab. Zur Befeuchtung des oberen Augenteils und zur Nahrungsaufnahme aus dem Wasser tauchen die Tiere unter den Wasserspiegel. Meist werden jedoch Insekten von der Wasseroberfläche abgelesen, ein Beutefang aus der Luft wurde noch nicht festgestellt. Alle Beobachtungen deuten darauf hin, daß die oberen Augenteile vorwiegend im Dienste der Feinderkennung stehen. Angriffen entziehen sich die Tiere durch gewaltige Sprünge aus dem Wasser. Ihr gutes, sehr gezieltes Springvermögen erfordert in der Aquaristik eine gute Abdeckung der Aquarien.
Die Anablepidae (eine Gattung mit zwei Arten in Südmexiko, Mittelamerika und im nördlichen Südamerika) sind lebendgebärend. Das Gonopodium ist schlauchförmig gestaltet und ähnlich wie bei den Jenynsiidae (siehe S. 580) nur nach einer Seite beweglich. Die Geschlechtsöffnung der ♀♀ ist durch eine Schuppe so blockiert, daß sie nur von einer Seite erreicht werden kann. ♂♂ mit linksbeweglichen Gonopodium müssen ♀♀ mit rechtsseitig zugängiger Eileiteröffnung suchen und umgekehrt. Die beiden Geschlechtertypen sind bei ♀♀ und ♂♂ zu je etwa 50 % vertreten. Die Anablepidae gebären nur zweimal im Jahr, die Jungfische (2–5) sind bei der Geburt bereits 3–5 cm lang. Die langgestreckten schlanken Tiere erreichen Gesamtlängen von 15–20 cm, selten werden sie noch größer. Grundfarbe bräunlich, oberseits dunkler, an den Körperseiten zahlreiche schmale schwarzgrüne Längsstreifen.

Familie Jenynsiidae
Linienkärpflinge

Die wenigen Vertreter dieser Familie sind vor allem durch Besonderheiten des Gonopodiums charakterisiert. Dieses entwickelt sich aus einem ringförmigen Hautwulst, der die Basis der A umgibt. Dieser Hautwulst wächst, sich allseitig verlängernd, um die A, die er schließlich, gleichsam eine Röhre bildend, ganz einschließt. Dabei werden A und Afteröffnung nicht nach vorn verschoben, es tritt keine Verkürzung der Leibeshöhle ein.
Außerdem zeigen die Beweglichkeit des Gonopodiums und die Lage der weiblichen Geschlechtsöffnung ganz eigenartige Verhältnisse. So ist das Begattungsorgan nur nach rechts oder nur nach links beweglich. Die Eileiteröffnung der ♀♀ ist durch eine große Schuppe so bedeckt, daß sie nur von rechts oder links zugängig ist. Diese Verhältnisse bedingen, daß ein ♀ mit einer rechtsseitigen Eileiteröffnung nur von einem ♂ mit einem linksbeweglichen Begattungsorgan begattet werden kann und umgekehrt

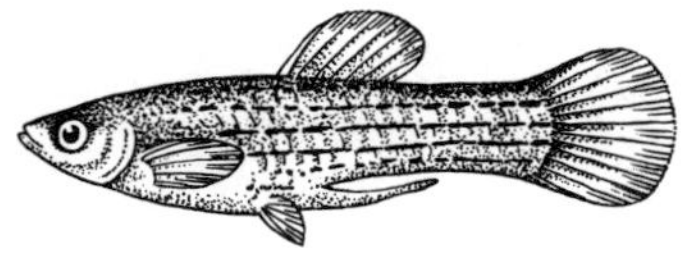

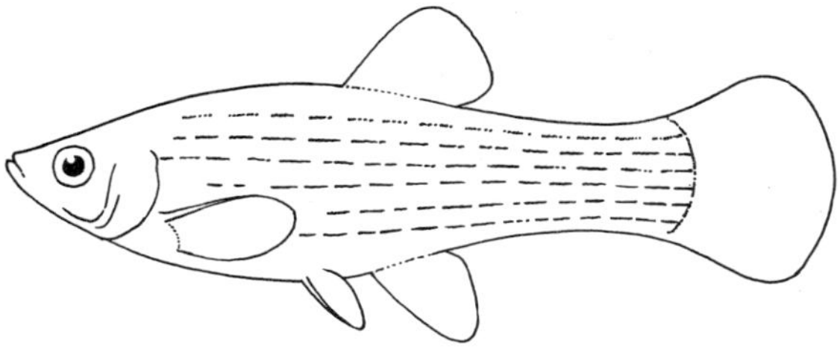

Abb. 427 *Jenynsia lineata*

(siehe auch Anablepidae). Die Embryonen werden in der Ovarialhöhle durch Fortsätze der Höhlenwandung ernährt, die dem Embryo ins Maul wachsen.

Jenynsia lineata (Abb. 427)
(JENYNS, 1842)
Linienkärpfling

Südbrasilien und Nordargentinien in den Stromgebieten des Rio Grande do Sul und des Río de la Plata; ♂ bis 4 cm, ♀ bis 12 cm.
D 8–9; A (8) 9–10; P 13; V 6; mLR 25–29. Körper stark gestreckt, seitlich nur wenig zusammengedrückt, Kopulationsorgan lang, Ende etwas nach oben gebogen. Zart olivgrau bis olivgrün. Die bei auffallendem Licht kobaltblau glänzenden Körperseiten zeigen mehrere, in ihrer Form und Anordnung außerordentlich variierende, längs verlaufende Strichlinien von meist brauner Farbe. Flossen grünlich, ohne Zeichnung. Die Geschlechter sind gleichartig gefärbt.
Pflege und Zucht siehe Familie Poeciliidae. Große Aquarien mit dichter Bepflanzung, sehr sauerstoffbedürftig, 15–22 °C, Allesfresser. Ältere ♀♀ sind aggressiv. Zur Zucht ist Einzelhälterung der ♀♀ erforderlich. Trächtigkeitsdauer 5–6 Wochen, bis 80 ziemlich große Jungtiere je Wurf. Nicht jedes ♀ kann mit jedem ♂ verpaart werden, siehe auch Familienbeschreibung.

Familie Poeciliidae
Lebendgebärende Zahnkarpfen

Die lebendgebärenden Zahnkarpfen waren ursprünglich ausschließlich in Amerika beheimatet, ihr Verbreitungsgebiet reichte von den Südstaaten der USA über Mittelamerika einschließlich der Westindischen Inseln bis Nordargentinien (Abb. 428). Heute sind einige Arten in vielen anderen Gebieten der Erde anzutreffen. Der natürliche Lebensraum der einzelnen Arten ist recht unterschiedlich. In der Regel werden jedoch die großen offenen Wasserflächen gemieden, dagegen stark verkrautete, seichte Regionen mit stagnierendem oder nur leicht bewegtem Wasser bevorzugt. Einige Arten sind an die brackigen Gewässer im Bereiche der Flußmündungen, andere an die Klarwasserbäche und Klarwasserseen der Hochgebirge angepaßt. Mit Ausnahme weniger Arten sind die lebendgebärenden Zahnkarpfen Fische, die die oberen Wasserschichten bevorzugen. Die meisten lebendgebärenden Zahnkarpfen fressen Anflugnahrung, vor allem Insekten und Insektenlarven, oder Wasserinsekten, viele zusätzlich Pflanzen, meist Algen, wenige sind fast ausschließlich auf Pflanzennahrung spezialisiert. Reine Raubfische, die sich nur von anderen Fischen ernähren, sind in dieser Familie sehr selten. Einige Arten, z. B. *Gambusia affinis*, haben als Mückenlarvenvertilger Bedeutung erlangt und sind zu diesem Zweck in vielen warmen Gebieten der Erde mit Erfolg ausgesetzt worden. In Europa konnte besonders Süditalien auf diese Weise der Mückenplage Herr werden. Besonderes Interesse wird der Fortpflanzung entgegengebracht. ♂ und ♀ sind leicht an der verschiedenartigen A zu unterscheiden, die bei den in der Regel auch kleineren ♂♂ teilweise oder ganz zu einem Begattungsorgan (Gonopodium) umgebildet ist (Abb. 429). Diese Umbildung

Abb. 428 Verbreitungsgebiet der Poeciliidae

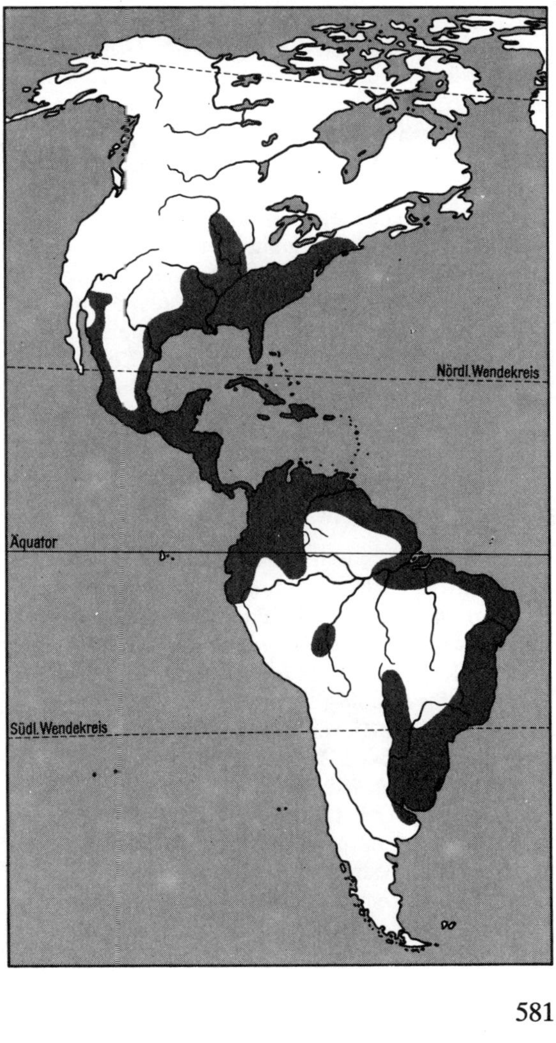

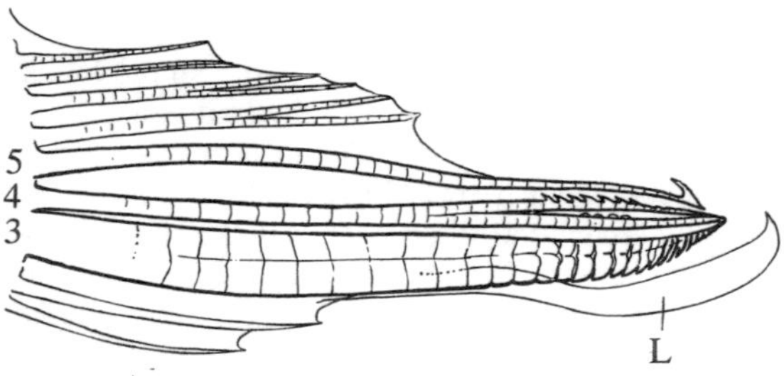

Abb. 429 Gonopodium des Guppy: Die Flossenstrahlen 3, 4 und 5 sind besonders lang und an ihren Enden mit artcharakteristischen Häkchenstrukturen besetzt. Davor und dahinter normal strukturierte, etwas verkürzte Flossenstrahlen. L = der für die *Poecilia*-Arten typische häutige Fortsatz des 3. Flossenstrahls, sogenannter Löffel (nach FRAZER-BRUNNER, verändert)

fällt in die Periode vor dem Erreichen der Geschlechtsreife und ist meist mit einer Verlagerung der Flosse, aber auch der Geschlechtsöffnung, des Afters und der Bauchflossen nach vorn verknüpft. Nach Abschluß der Umbildung liegen diese Organe vielfach in der Brustregion, die Leibeshöhle ist verkürzt. Die Form des Gonopodiums geschlechtsreifer ♂♂ ist ein wesentliches systematisches Merkmal, anhand dessen sich Unterfamilien und Gattungen und vor allem die Arten unterscheiden lassen. Das Gonopodium entsteht aus dem 3., 4. und 5. Strahl der A. Diese Flossenstrahlen verdicken und verlängern sich und nehmen z. T. recht eigenartige Formen an. So können sich beispielsweise am Ende des 3. Flossenstrahls haken-, geweih- oder auch löffelförmige Anhänge bilden (Taf. 195, Abb. 429). Die übrigen Flossenstrahlen der A werden stark zurückgebildet. Mit dem Begattungsorgan entwickelt sich aber auch die spezialisierte, seiner Bewegung dienende Muskulatur. Die Aufgabe dieser Bildungen ist im Gegensatz zu ihrer konstruktiven Mannigfaltigkeit stets die gleiche. Das Gonopodium ist eine bewegliche Verlängerung des Samenleiters nach außen, die eine Übertragung von Samenfadenpaketen, sogenannten Spermozeugmen, gewährleistet. Dabei handelt es sich um Samenfäden, die durch eine Kittsubstanz zusammengehalten werden. Die Begattung beschreibt DZWILLO (1961) wie folgt: »Die Männchen versuchen, meist etwas tiefer als das Weibchen schwimmend, sich diesem von schräg hinten zu nähern. Um mit dem beweglichen, nach der Seite und nach vorn schwenkbaren Gonopodium die Geschlechtsregion des Weibchens erreichen zu können, stellt das Männchen sich mit dem Kopf nach oben in einem spitzen Winkel zur Waagerechten. Dem gleichen Zweck dient eine seitliche Neigung des Tieres auf die dem Weibchen abgewendete Seite. Beim Begattungsversuch schwingt das Männchen seinen Körper seitlich hin und her, während der Kopf meist die gleiche Position behält. In dem Moment, in dem die Geschlechtsregion des Weibchens von dem nach schräg vorn geschwenkten Gonopodium berührt wird, befindet sich die Schwanzflosse in einer S-förmigen Kurve vom Weibchen abgewendet. – Der hier beschriebene Paarungsakt erfährt bei den einzelnen Arten oft weitgehende Abwandlungen. Das interessante Balzspiel des Schwertträgers z. B. weicht in vielen Punkten von diesem Schema ab.«

Bei der Übertragung des Samenfadenpaketes wird die Spitze des Gonopodiums in die Genitalöffnung des ♀ eingeführt. Sobald das Gonopodium nach vorn bewegt wird, bilden seine Flossenstrahlen eine Rinne, deren Schließung zum Rohr eine Bauchflosse übernimmt. Im Augenblick des Einführens der Gonopodiumspitze wird das Samenfadenpaket durch dieses Rohr in den Eileiter geschossen. Das aufgenommene Samenfadenpaket löst sich im Eileiter auf, die so frei gewordenen Samenfäden dringen in das Ovar vor und befruchten dort die Eier. Ein Teil wird in den tiefen Falten der Eileiterwandung gespeichert. Aus diesem Reservoir können mehrere Eiserien ohne weitere Begattung befruchtet werden (nach DZWILLO beim Guppy bis elf Würfe). Die in der Regel dotterreichen Eier entwickeln sich im Eifollikel vorwiegend auf Kosten ihres eigenen Dottervorrates. Die Atmung erfolgt über das Follikelepithel. Bei der Geburt platzt der Follikel, der Embryo gelangt in die Ovarialhöhle und von hier aus über den Eileiter nach außen. Bei einigen Arten, z. B. *Heterandria formosa*, haben die Eier wenig Dottermaterial. Die sich entwickelnden Embryonen erhalten vom Muttertier über die spezialisierte Follikelwandung (Pseudoplazenta) Nährstoffe. Im allgemeinen befindet sich im Ovar jeweils nur eine Eiserie in Entwicklung. Nach der Geburt reift in etwa 5–7 Tagen eine neue Eiserie heran. Diese wird wieder befruchtet und entwickelt sich einheitlich zu schlupfreifen Embryonen. Bei der bereits oben erwähnten Art *Heterandria formosa* und bei *Poeciliopsis* werden die Eier nicht in Serien, sondern nacheinander produziert und befruchtet. Dadurch enthält der Eierstock nebeneinander wenig entwickelte und fast fertige Embryonalstadien, die dann im Laufe einer vieltägigen Geburtsperiode nacheinander geboren werden.

Die Färbung der Geschlechter ist in einigen Fällen ähnlich. In der Regel sind jedoch die ♂♂ kräftiger gezeichnet und intensiver gefärbt. Die ♂♂ sind ausgesprochen polygam und stets der aktivere Partner. Schwangere ♀♀ erkennt man bei fast allen Arten an dem Trächtigkeitsfleck vor der A. Die Dauer der Schwangerschaft ist artcharakteristisch, kann aber durch die Temperatur, Ernährung und Jahreszeit sowie das Alter der ♀♀ etwas variiert werden. Ihre genaue Bestimmung ist schwierig, da sie nicht dem Abstand zwischen zwei aufeinanderfolgenden Würfen entspricht. Im allgemeinen zieht man von dieser Zeitspanne 5–7 Tage ab, d. h. jene Zeit, die die neue Eiserie nach einer Geburt braucht, um befruchtungsfähig zu werden (siehe auch oben). Je nach Art beträgt die Trächtigkeitsdauer 30–40 Tage. Die Zahl der bei einer Geburt gezeitigten Jungen ist bei den einzelnen Arten sehr verschieden und außerdem abhängig vom Alter der ♀♀, von den Ernährungsbedingungen u. a. Während sich die meisten Arten unter den gleichbleibenden Bedingungen des Aquariums in der Gefan-

genschaft das ganze Jahr hindurch fortpflanzen, tritt in der freien Natur, z. B. bei vielen *Poecilia*-Arten, eine Winterpause ein. Zahnkarpfen mit ähnlich gebautem Gonopodium lassen sich leicht kreuzen. Die Nachkommen dieser Kreuzungen sind oft fruchtbar, Verhältnisse, die nicht nur die Züchtung zahlreicher Form- und Farbspielarten ermöglichen, sondern auch bestimmte wissenschaftliche Untersuchungen auf dem Gebiet der Vererbungslehre gestatten. In der freien Natur sind Kreuzungen jedoch höchst selten. Selbst bei Arten, die gemeinsam ein Areal besiedeln, konnten kaum Bastarde gefunden werden (ZANDER, Cl. D.: Mitt. Hamburg. Zool. Mus. Inst. 60, 205–264, 1962). Für die Verhinderung der Artkreuzung in den natürlichen Verbreitungsgebieten sind verhaltensphysiologische Faktoren bei der Balz und Paarung verantwortlich zu machen. Auch konnte ZANDER (siehe oben und Mitt. Hamburg. Zool. Mus. Inst. Kosswig-Festschrift, 333–348, 1964) nachweisen, daß bei gleichzeitigem Vorhandensein arteigener und artfremder Samenfäden die arteigenen aktiver sind. Diese und vielleicht noch andere Faktoren wirken als Kreuzungsschranken. Die Untersuchungen wurden z. T. erst durch die Entwicklung einer Methode der künstlichen Besamung bei Poeciliiden ermöglicht. Darüber hinaus gestattet die Methode, Arten mit sehr unterschiedlich gebautem Gonopodium zu kreuzen. Von besonderem Interesse ist weiterhin die Feststellung, daß von einzelnen Arten nur ♀♀ vorkommen (*Poecilia formosa*, bestimmte Populationen von *Poeciliopsis*). Die ♀♀ lassen sich von ♂♂ anderer Arten, die die gleichen Gewässer bewohnen, begatten. Die Besamung ihrer Eier durch artfremde Samenfäden regt nur die Eientwicklung an, es kommt jedoch nicht zur Mischung der Erbanlagen. Die Umwandlung vom ♀ zum ♂, wie sie vor allem beim Schwertträger häufig beschrieben wurde, ist neuerdings befriedigend geklärt worden (siehe S. 613).
Die Jungfische sind bei Geburt in der Regel schon sehr vollkommen entwickelt und selbständig. Sofern sie nicht schon durch den Geburtsvorgang an die Oberfläche geschleudert werden, versuchen sie, diese zu erreichen, um ihre Schwimmblase mit Luft zu füllen. Die Jungtiere aller Arten beginnen sofort nach der Geburt Nahrung aufzunehmen. Wachstum meist sehr schnell. Die Lebensdauer der lebendgebärenden Zahnkarpfen ist zwar in der Regel etwas länger als bei den eierlegenden Formen, jedoch gehören auch die Poeciliidae zu den kurzlebigen Fischen. Mit zunehmendem Alter werden die Männchen mancher Arten hochrückig, besonders die Nackenregion kann sich buckelartig vergrößern. Viele lebendgebärende Zahnkarpfen sind außerordentlich hart und an die verschiedenartigsten Bedingungen sehr anpassungsfähig. Es heißt jedoch die Aquarienpflege mißverstehen, wenn – wie es leider oft geschieht – mit diesen Eigenschaften eine geringere Aufmerksamkeit in der Wartung verknüpft ist. Grundsätzlich ist deshalb zu betonen, daß Lebendgebärende genauso sorgsam gepflegt werden sollen wie alle anderen Fische. Dazu gehören vor allem alteingerichtete, sonnig stehende Becken mit dichten Pflanzenbeständen, aber auch freiem Schwimmraum. Eine lockere Schwimmpflanzendecke aus *Riccia* oder *Salvinia*, aber auch einhängendes Wurzelwerk kann das Wohlbefinden scheuer Arten sehr verbessern. Die Wasserqualität spielt in der Regel eine recht untergeordnete Rolle, mittelhartes bis hartes, biologisch gut durchgearbeitetes Wasser ist besser als sehr weiches oder gar schwach saures Wasser. Für Lebendgebärende aus Küstengewässern ist ein geringer Seesalzzusatz zu empfehlen. Die Temperaturansprüche sind sehr unterschiedlich, viele Arten eignen sich gut für das ungeheizte Zimmeraquarium. Die Tiere nehmen Lebendfutter aller Art, besonders Mückenlarven und Kleinkrebse, aber auch pflanzliche Stoffe, wie Algen oder gekochten Spinat, Salat, eingeweichte Haferflocken und Trokkenfutter. Manche Arten lassen sich gut miteinander oder mit Fischen anderer Familien vergesellschaften. Die meisten Lebendgebärenden sind leicht zu züchten. In dichtbepflanzten Artbecken mit lockerer Schwimmpflanzendecke werden sich die meisten Jungtiere vor den vielfach sehr kannibalischen Eltern verbergen können. Zur rationellen Zucht werden ♀♀, von denen man in Kürze eine Geburt erwartet, isoliert und in Aquarien mit Laichrosten eingesetzt. Bei der Geburt fallen die Embryonen zwischen den Roststäben hindurch und sind dann sehr gut vor dem Zugriff des Muttertieres geschützt. Es sei allerdings betont, daß nicht alle Arten unter diesen Bedingungen gebären, ja, daß bei manchen Zahnkarpfen die geringsten Veränderungen während der Trächtigkeitsphase zu nicht lebensfähigen Frühgeburten führen. Hinweise dieser Art sind bei den Einzelbeschreibungen zu finden. Die Jungtiere sollten sofort mit feinstem Staubfutter versorgt werden, Wachstum schnell. Die Geschlechter trenne man so bald wie möglich und lasse die Geschlechtstiere zunächst zu kräftigen Individuen heranwachsen. Im Interesse der Liebhaberei verwende man zur Zucht nur kräftige und besonders schön gefärbte Tiere. Bei den Poeciliidae treten besonders häufig melanistische und xanthoristische Spielarten auf. Die Beschreibung der Arten erfolgt in alphabetischer Reihenfolge, wobei die von D. E. ROSEN und R. M. BAILEY (Bull. Amer. Mus. Nat. Hist. 126, 1–176, 1963) vorgeschlagene Systematik Verwendung findet. Die Unterfamilien und Sippen werden nicht berücksichtigt.

Alfaro cultratus (Taf. 195)
(REGAN, 1908)
Messerschwanzkärpfling

Kostarika, Nikaragua und atlantische Abdachung vor Panama, in klaren Fließgewässern; ♂ bis 4 cm, ♀ bis 9 cm.

D 7–9; A 8–10; P 12; V 6; mLR 32–35. Körper gedrungen, seitlich stark abgeflacht, Schwanzstiel unten zu einer scharfen Kante zusammengedrückt, A kurz vor der Schwanzstielkante gelegen, Bauchflosse der ♂♂ größer. ♂ grünlichgrau bis lehmfarben mit

bläulichem Schimmer an den Körperseiten, Rücken dunkler. Über die Körperseiten zieht eine meist undeutliche, schmale dunkle Längsbinde, der ganze Körper mit feinen schwarzen Punkten bedeckt, die besonders auf der Kopfoberseite hervortreten. Flossen farblos oder zart gelblich, C dunkel gesäumt. Begattungsorgan bei älteren ♂♂ goldgelb. ♀ schlichter gefärbt.
Pflege und Zucht wie auf S. 583 angegeben. Gut ausdauernder, gewandter Raubfisch, der etwas aggressiv ist und deshalb am besten im Artbecken gepflegt wird. Temperatur um 24 °C, Wasserbewegung durch Umlaufpumpe wird empfohlen. Trächtigkeitsdauer sehr lang. Wurfzahl gering.

Belonesox belizanus (Taf. 195)
KNER, 1860
Hechtkärpfling

Östliches Zentralamerika; ♂ bis 10 cm, ♀ bis 20 cm. Größter lebendgebärender Zahnkarpfen.
D 8–10; A 10; P 14–16; V 6; mLR 52–65. Körper hechtartig gestreckt, seitlich zusammengedrückt, Schnauze lang und spitz, das tiefgespaltene Maul mit spitzen Zähnen, Auge groß. ♂ Rücken grauoliv, Seiten graugelb bis olivgrün, bei auffallendem Licht wie Bronze schimmernd, Brust und Bauch schmutzigweiß. An den Seiten zahlreiche, mehr oder weniger deutliche Punktreihen. Auf der C-Wurzel ein dunkler, runder, hell umrandeter Fleck. Flossen farblos oder schwach gelblich, leicht dunkel gesäumt. ♀ ähnlich gefärbt. Nachts sind die Tiere sehr dunkel bis schwarz. Die Jungfische zeigen häufig eine fast schwarze Färbung.
Der räuberische Oberflächenfisch ist für das Gesellschaftsaquarium nicht geeignet und am besten in großen, reichlich bepflanzten Aquarien oder in heizbaren Freilandanlagen zu hältern. Fütterung nicht einfach, da geschlechtsreife Tiere sehr große Mengen Lebendfutter, wie Fische, Libellenlarven, Kaulquappen und Würmer, benötigen. Hechtkärpflinge von 12–18 cm können ohne Schwierigkeiten erwachsene Platy- oder Guppyweibchen bewältigen. Temperatur 25–30 °C, produktiv. Wurfzahl bis 100. Die Jungfische sind bei der Geburt 16–25 mm lang und können gleich kleine Daphnien und Enchyträen fressen.

Brachyrhaphis episcopi (Abb. 430)
(STEINDACHNER, 1878)

Panama, in Gräben, Wasserlöchern und Sümpfen; ♂ bis 3 cm, ♀ bis 5 cm.
D 8–9; A 10; P 12; V 6; mLR 28. Schlanke Art, ♂ zart olivgrün bis gelblich, Rückenseite rehbraun, Bauchseite silbrigweiß, oft rötlich angehaucht, Kiemendekkel grün glänzend. Auf den Körperseiten reihenartig angeordnete, quergestellte dunkle Flecke. Schuppen dunkel gerandet. D und C gelb, bräunlich gepunktet und gesäumt. ♀ Flossen gelblich, A rötlich.
Pflege und Zucht wie auf S. 583 angegeben. Zucht nicht schwierig, wenn die Tiere in ganz leicht brackigem Wasser und in großen, mit Algen dicht bewachsenen Becken gepflegt werden. Für das Gesellschaftsaquarium nicht zu empfehlen. Sehr wärmebedürftig, 24–26 °C.

Brachyrhaphis rhabdophora
(REGAN, 1908)
Kurznadeliger Kärpfling

Atlantische und pazifische Abdachung von Kostarika; ♂ bis 3 cm, ♀ bis 5 cm.
D 8–10; A 9; mLR 27–28. Schlanke Art. ♂ hell braunoliv, mit dunkler Netzzeichnung. Entlang der Seitenmitte eine Reihe quergestellte Flecke, die vorn dichter stehen, auf dem Schwanzstiel aber deutlicher hervortreten. Basis und Flossenstrahlen der D fast schwarz, Randzone gelb bis orange, schwarz gesäumt, C ähnlich gefärbt, Gonopodium dunkel. ♀ wesentlich einfacher gefärbt.
Pflege und Zucht siehe Familienbeschreibung und vorhergehende Art.

Carlhubbsia stuarti (Taf. 195)
ROSEN und BAILEY, 1959

Guatemala; ♂ bis 4,5 cm, ♀ bis 6,0 cm.
D 9–11; A 11–13; mLR 25–26. Relativ hochrückige, seitlich stark abgeflachte Art, Kopf groß. ♂ hell grauoliv mit grüngelbem Glanz und mit 8–13 schmalen dunklen Querstreifen, die rückennah beginnen und fast bis auf die Unterseite reichen. D vorn mit dunkler Binde, Gonopodium sehr lang und dunkel.

Abb. 430 *Brachyrhaphis episcopi*, ♂ und ♀

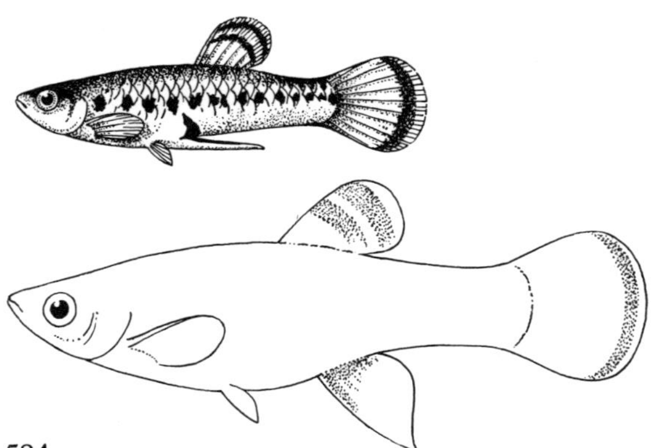

Abb. 431 *Cnesterodon decemmaculatus*, ♂ und ♀

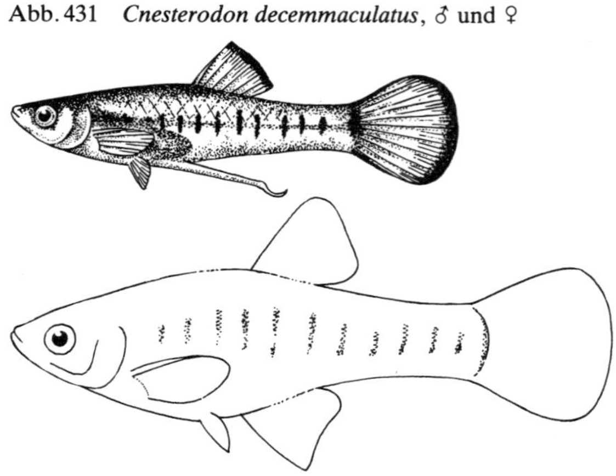

♀ ähnlich gefärbt, V und A randlich oft gelbgrün schimmernd.
Pflege und Zucht siehe Familienbeschreibung. Sehr wärmebedürftig, Wurfzahl gering.
Die Art erinnert an *Phallichthys amates*. Die ähnliche Art *Carlhubbsia kidderi* (HUBBS, 1936) kommt in Guatemala und Mexiko vor. Sie ist schlanker, bleibt kleiner, die Binden stehen weniger dicht, D mit dunkler Binde am Hinterrand.

Cnesterodon decemmaculatus (Abb. 431)
(JENYNS, 1842)
Zehnfleckkärpfling

Bolivianischer Chaco, Paraguay bis Argentinien; ♂ bis 3 cm, ♀ bis 5 cm.
D 7–8; A 9–10; P 9–10; V 6; mLR 28–31. ♂ durchscheinend hellgrau bis hellgelb mit violettem bis blauem Glanz an den Körperseiten, Rücken dunkler, Unterseite silbrig. 6–12 (meist 9) schmale schwarze Querbinden. Gonopodium lang mit hakenförmigem Anhängsel. ♀ ähnlich gefärbt, senkrechte Flossen häufig dunkel gesäumt.
Pflege und Zucht wie auf S. 583 angegeben. Sehr anspruchslos und widerstandsfähig. Temperatur 20 bis 24 °C, zeigt aber auch bei Zimmertemperatur Wohlbefinden. Lebendfutter und Algen. Wurfzahl etwa 20. Die ♀♀ sind kurz vor dem Wurftermin oft recht schreckhaft und verwerfen leicht.

Gambusia affinis affinis (Taf. 195)
(BAIRD und GIRARD, 1853)
Koboldkärpfling, Texaskärpfling

Ursprünglich nur Flußsysteme des San Antonio und Guadalupe in Texas; ♂ bis 4 cm, ♀ bis 6,5 cm.
D 7–9; A 9; P 13–14; V 6; mLR 30–32. Die ♀♀ dieser Art sind den Guppy-Weibchen recht ähnlich, unterscheiden sich aber von diesen durch die punktierte C. ♂ durchscheinend grau mit bläulichem Schimmer an den Körperseiten, Rücken olivbraun, Bauchseite silbrig, durch das Auge eine schwarze Querbinde, auf dem Körper gelegentlich einige schwarze Punkte. Flossen farblos bis gelblich, D und C mit schwarzen Punkten. Gonopodium etwa so lang wie der Kopf. ♀ ähnlich gefärbt.
In der Aquaristik wird wesentlich häufiger die Unterart *Gambusia affinis holbrooki* GIRARD, 1859, gepflegt. Sie kommt vor allem im Südosten der USA und in Nord-Mexiko vor. Die ♀♀ beider Unterarten unterscheiden sich kaum, dagegen sind die ♂♂ von *G. a. holbrooki* stets locker schwarz gescheckt und erinnern etwas an gescheckte Black-Molly-♂♂. Durch geeignete Zuchtwahl konnten verschiedene Farbvarianten von *G. a. holbrooki* erzielt werden.
Unter den an und für sich temperaturharten *Gambusia*-Arten ist *G. affinis affinis* zweifellos die härteste, sie verträgt sowohl Temperaturen von 3–4 °C, zeigt aber auch bei über 30 °C Wohlbefinden. Auch an den Sauerstoffgehalt des Wassers sowie an die Wasserzusammensetzung stellen die Tiere kaum Ansprüche. Die Gambusen sind besonders durch ihre Vorliebe für Mückenlarven bekannt geworden, von denen jedes Tier am Tag etwa die seinem Körpergewicht entsprechende Menge vertilgen kann. *Gambusia affinis affinis* ist deshalb in fast allen wärmeren Gebieten der Erde zur Mückenbekämpfung eingesetzt worden. Die natürliche Fortpflanzung fällt in die Monate April bis Anfang Oktober, im Aquarium werfen die ♀♀ das ganze Jahr. In natürlichen Populationen überwiegt die Zahl der ♂♂ stark. In Gefangenschaft pflegt man die Art am besten bei Zimmertemperatur, Lebendfutter aller Art. Zucht bei Fütterung mit Mückenlarven, vor allem aber in Freilandteichen nicht schwierig, Wurfzahl bei ausgewachsenen Weibchen bis 60. Die Eltern stellen den Jungtieren oft nach. Wachstum bei guter Fütterung sehr schnell, die Geschlechtsreife kann schon in drei Monaten erreicht werden. Siehe auch Familienbeschreibung.
Für das Gesellschaftsaquarium sind Gambusen nur bedingt geeignet, da sie nicht nur aggressiv sein können, sondern vor allem auch die Flossen anderer Fische beschädigen.

Gambusia dominicensis (Abb. 432)
REGAN, 1913
Domingokärpfling

Haïti und Kuba; ♂ bis 3,5 cm, ♀ bis 6 cm.
D 9; A 10–11; mLR 26–29. ♂ durchscheinend bräunlich bis lehmfarben, Unterseite gelblich bis weiß. Auf

Abb. 432 *Gambusia dominicensis*, ♂ und ♀
Abb. 433 *Gambusia nicaraguensis*, ♂ und ♀

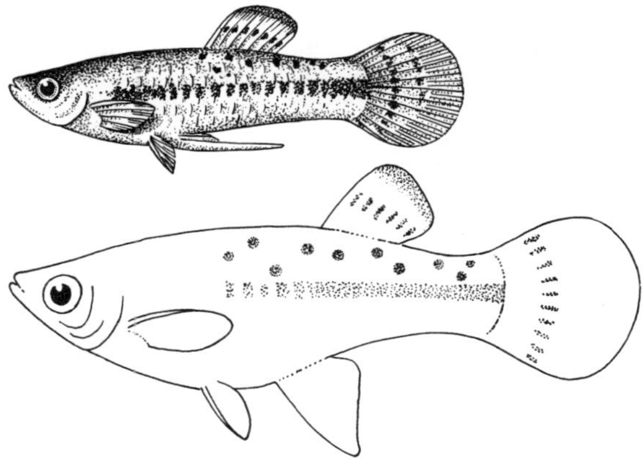

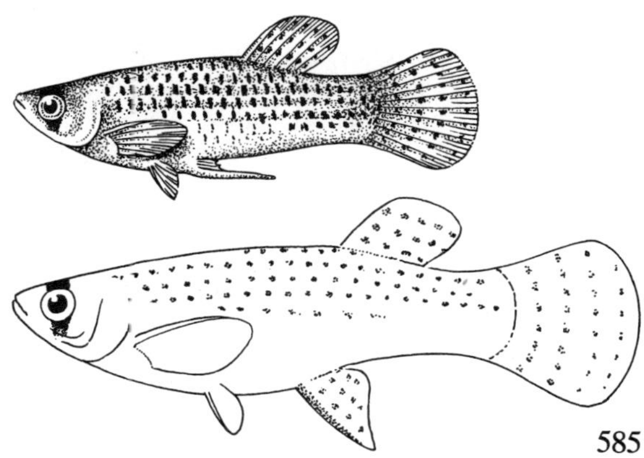

den Körperseiten eine undeutliche dunkle Längsbinde, darüber einzelne schwarze Tupfen. D und C orange mit dunklen Punktreihen, übrige Flossen gelblich. ♀ ähnlich gefärbt, die Längsbinde fehlt meist.
Pflege, Zucht und Besonderheiten siehe *G. affinis affinis*. Allerdings ist diese Art wesentlich wärmebedürftiger als die Arten des nordamerikanischen Kontinents. Temperatur 20–24 °C. ♀♀ vor dem Wurftermin aggressiv. Je Wurf 10–20 Junge.

Gambusia nicaraguensis (Abb. 433)
GÜNTHER, 1866
Nikaraguakärpfling

Atlantische Abdachung von Mexiko bis Panama; ♂ bis 3,5 cm, ♀ bis 6,5 cm.
D 7; A 9–10; P 13; mLR 29. ♂ durchscheinend hellbraun bis grünlichbraun, bauchabwärts weißlich, Seiten blausilbern schimmernd. Augenstrich deutlich. Flossen farblos. D, C und A mit dunklen Punktreihen. Bei manchen Rassen ist die C völlig schwarz. ♀ ähnlich gefärbt, sehr transparent, Trächtigkeitsfleck dunkelorange.
Pflege und Zucht siehe Familienbeschreibung. Anspruchslos, sehr gefräßig, Zucht einfach, je Wurf 20–60 Junge. Die Elterntiere stellen den Neugeborenen nach.

Gambusia puncticulata (Taf. 191)
POEY, 1854
Blaue Gambusia

In Kuba sehr häufig; ♂ bis 5 cm, ♀ bis 7 cm.
D 8–10; A 11; P 15; V 6; mLR 31–35. ♂ graublau mit prächtigen hellblauen Glanzfeldern und feinen rostroten Tüpfellängsreihen an den Körperseiten. Rükken zart rehbraun, Unterseite gelblich, Kiemendekkel blaugrün. Flossen farblos bis zart bläulich, D und C mit rostroten Punktreihen. Auge blaugrün irisierend. ♀ etwas matter gefärbt.
Pflege, Zucht und Besonderheiten siehe Familienbeschreibung. Sehr anspruchslos und widerstandsfähig, 12–20 °C. Wurfzahl mittelgroßer ♀♀ etwa 30.

Gambusia rachowi
(REGAN, 1914)
Seidengrüner Kärpfling

Südmexiko bis Yucatán, ♂ bis 3 cm, ♀ bis 4,5 cm.
D 7; A 10; mLR 30. ♂ durchscheinend zart grünlich, Rücken rehbraun, Unterseite silbrig. Körperseiten mit einem scharf begrenzten dunklen Längsband, das sich nach hinten verbreitert und in einem dunklen Fleck auf der C-Wurzel endet. Flossen grünlich, z. T. getüpfelt. ♀ ähnlich gefärbt.
Pflege und Zucht siehe Familienbeschreibung. Die ausdauernde, friedliche Art liebt, wie die meisten Lebendgebärenden, Sonne und lockeren Pflanzenwuchs. Temperatur 18–23 °C. Wurfzahl bis 30.

Gambusia yucatana (Abb. 434)
REGAN, 1914
Yucatánkärpfling

Südmexiko bis Panama; ♂ bis 5,5 cm, ♀ bis 8,0 cm.
D 7(–9); A 10–11; P 13–15; V 6; mLR 28. Diese Art weicht durch den ziemlich großen Kopf und die beim ♂ relativ weit vorn beginnende D von den meisten anderen Gambusen ab (die D der ♂♂ beginnt in der Mitte zwischen Kopf und C-Wurzel). ♂ zart graubraun mit grünlichem Schimmer, besonders auf den Kiemendeckeln und an den Körperseiten. Augenstrich sehr deutlich. Flossen klar bis zartgrau. Schwanzstiel, D und C mit dunklen Punktreihen. ♀ ähnlich gefärbt.
Pflege und Zucht siehe Familienbeschreibung. 18 bis 23 °C. Sehr produktiv. Die Art ist nach FINK (1971) nur eine Unterart von *G. puncticulata*.

Girardinus falcatus (Taf. 195)
(EIGENMANN, 1903)
Sichelkärpfling

Kuba, in seichten Fließgewässern; ♂ bis 5 cm, ♀ bis 7 cm.
D 7–9; A 10; mLR 29–30. ♂: Begattungsorgan sehr lang und dünn mit zwei hornartigen Anhängseln. Körper durchsichtig, leicht gelblichgrün, Rücken bei auffallendem Licht schön grün, untere Seitenhälfte schwefelgelb, Bauch gelblich. Körperseiten mit einem feinen, silbrig glänzenden Längsband. Die Profillinien des Schwanzstiels sind schwarz gezeichnet. Flossen hellgelb bis lebhaft gelb. Große, bronzefarbene bis hellgrün leuchtende, sehr lebhafte Augen. ♀ ähnlich gefärbt.
Pflege und Zucht siehe Familienbeschreibung. Sehr friedliche, schwimmaktive und genügsame Art, Temperatur 22–25 °C. Trächtigkeitsdauer je nach Temperatur 25–35 Tage, Wurfzahl je nach Größe des ♀ 25–60, Jungtiere sehr klein.

Girardinus metallicus (Taf. 196)
POEY, 1854
Metallkärpfling

Kuba; ♂ bis 5 cm, ♀ bis 9 cm.
D 9–10; A 10–11; P 10; V 6; mLR 29–31. Maulspalte nach oben gerichtet, Gonopodium sehr lang, am Ende mit zwei hornartig gekrümmten Anhängseln, C fast gerade abgeschnitten. ♂ gelbbraun bis graugrün, bei auffallendem Licht mit starkem Metallglanz. An den Körperseiten eine Längsreihe silbriger Querstriche, die durch dazwischenliegende, dunkle Flecke getrennt werden. Auf dem Kiemendeckel und unterhalb des Auges mehrere grünlich irisierende Tüpfel, oberer Rand des Auges goldgelb. Flossen grau bis gelblich. Vordere Kante der D gelblich mit schwarzen Strichen. Gonopodium oft teilweise schwarz. ♀ silbrige Querstriche weniger kräftig.
Pflege und Zucht siehe Familienbeschreibung. Friedlich, anspruchslos und ausdauernd, Temperatur 22

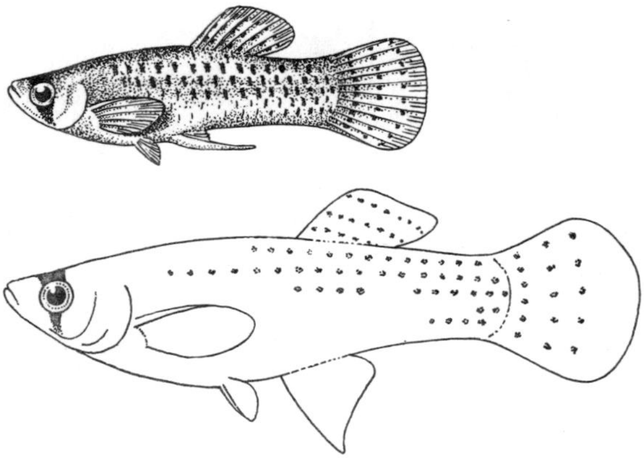

Abb. 434 *Gambusia yucatana*, ♂ und ♀

bis 25 °C. Diese Art benötigt unbedingt pflanzliche Zusatzkost (Algen, Salat, eingeweichte Haferflokken). Wurfzahl bis 60, Wurfabstand 29–32 Tage. Die relativ kleinen Jungtiere sind zu isolieren. Über das Paarungsverhalten berichtet eingehend PEDERZANI (Aquar. Terr., 13, 79–82, 1966).

Heterandria bimaculata (Taf. 196)
(HECKEL, 1848)
Unechter Schwertträger

Zentrales Mexiko, Guatemala, Honduras; ♂ bis 5 cm, ♀ bis 9 cm.
D 13–17; A 9–11; P 15; V 6; mLR 28–31. D lang, untere Kante der C bei den ♂♂ kurz ausgezogen, nie schwertartig lang. In Form und Färbung variabel, bildet zahlreiche Lokalrassen. ♂ Rücken bräunlicholiv, Seiten gelblichgrün, Bauch gelblichweiß. Der Körper erscheint, bedingt durch die dunklen Schuppenränder, genetzt. Seiten bei auffallendem Licht metallisch grün. Kiemendeckel bläulichgrün schimmernd und mit einem orangefarbenen Fleck. Über der P-Ansatzstelle ein undeutlicher, auf der C-Wurzel ein sehr kräftiger schwarzer Fleck. D gelblichgrün mit prächtiger Punkt- und Strichzeichnung, A mit gelblicher Basis, C unten mit rotem Saum. Die hier angegebene Färbung findet man hauptsächlich bei Tieren, die in den Niederungen der genannten Heimatgebiete leben. Populationen in Gebirgslagen sind meist unscheinbar gefärbt. ♀ ohne roten Saum an der unteren Kante der C, A-Basis gelbgrün.
Pflege und Zucht siehe Familienbeschreibung. Sehr widerstandsfähige, räuberische Art, die kleinere Fische, auch Artgenossen, frißt. Für das Gesellschaftsbecken nicht geeignet. Wurfzahl großer ♀♀ bis 160. Die Jungtiere sind bei der Geburt schon 12–15 mm lang.

Heterandria formosa (Taf. 196)
AGASSIZ, 1853
Zwergkärpfling

Süd-Carolina bis Florida; ♂ bis 2 cm, ♀ bis 3,5 cm. Die ♂♂ dieser Art gehören zu den kleinsten Wirbeltieren.
D 7–8; A 10–11; P 12; V 6; mLR 27–31. ♂ gelblich bis rötlichbraun, bei auffallendem Licht perlmuttglänzend, unter bestimmten Gesichtswinkeln violett irisierend. Von der Schnauzenspitze zur C-Wurzel ein unregelmäßig breites Band, das von 8–12 dunklen Querbinden unterbrochen wird. Bei Wohlbefinden ist der ganze Körper dunkel gefleckt, fast marmoriert. Flossen gelblich, an der Basis der D und A befindet sich ein tiefschwarzer Fleck, D-Fleck außerdem orange gesäumt. ♀ ähnlich gefärbt, A mit großem schwarzem Fleck. Diese trotz ihrer geringen Körpergröße sehr wehrhafte und lebendige Art ist ein dankbarer Pflegling, der sich auch in kleinsten Aquarien hältern läßt. Die zierlichen Tiere halten sich mit Vorliebe zwischen feinfiedrigen lockeren Pflanzen, vor allem aber zwischen den Wurzeln der Schwimmpflanzen auf. Gefressen werden am liebsten kleinere Wasserflöhe und Hüpferlinge sowie Kleinsttiere, die von den Pflanzen abgelesen werden. Temperatur 20–24 °C. *H. formosa* ist wohl der kleinste lebendgebärende Zahnkarpfen und außerdem hinsichtlich der Fortpflanzung auch einer der interessantesten. Während in der Regel mehrere Eier gleichzeitig befruchtet werden, sich gleichmäßig entwickeln und die Embryonen in einem Geburtsgang geboren werden, ehe der nächste Schub zur Entwicklung kommt, reifen bei *H. formosa* stets mehrere Gruppen verschieden alter Embryonen, die dann in einer Geburtsperiode von 6–10 Tagen (täglich 2–3 Tiere) geboren werden. Bei guter Ernährung ist regelmäßig alle 4–5 Wochen eine Geburtsperiode zu beobachten. Die Eltern stellen den kleinen Jungtieren kaum nach.

Phallichthys amates amates (Taf. 196, 197)
(MILLER, 1907)
Guatemalakärpfling

Atlantische Abdachung von Guatemala; ♂ bis 4 cm, ♀ bis 7 cm.
D 13; A 9–10; P 13; V 6; mLR 26–28. *Ph. amates* erinnert hinsichtlich seiner Körperform etwas an weibliche Schwertträger. Gonopodium sehr lang, fast bis zur C reichend. Insgesamt durchscheinend gelbgrünlich, bei auffallendem Licht mit bläulichem Schimmer an den Körperseiten, unterseits gelblich, Kiemendeckel blaugrün schimmernd. Entlang der Seitenmitte gelegentlich ein undeutliches Längsband, durch das Auge ein kräftiger schwarzer Strich. ♂ mit 10–12 feinen dunklen Querlinien. Flossen gelblich, D an der Basis kräftig gelb mit schwarzer bogiger Binde und schwarzem Rand, der außerdem ganz fein weiß gesäumt ist. ♀ ohne Querlinien.
Pflege und Zucht siehe Familienbeschreibung, Temperatur 22–24 °C, pflanzliche Beikost in Form von Algen und Trockenfutter erforderlich. Wurfzahl bei großen ♀♀ bis 40. Abstand zwischen zwei aufeinanderfolgenden Würfen bei 23 °C 34 Tage (nach SCHRÖDER). Die Eltern stellen den Jungtieren sehr nach. Sonst ist die Art friedlich und eignet sich gut für das Gesellschaftsbecken.

Phallichthys amates pittieri
(MECK, 1912)
Netzkärpfling

Kostarika, Panama; ♂ bis 5 cm, ♀ bis 8 cm.
D 9–10; A 10; P 11; V 6; mLR 26–28. Der vorhergehenden Unterart ähnlich. Rücken gelblichgrün schillernd, Seiten bei auffallendem Licht metallisch hellblau, Brust und Bauch silberweiß. Körper, vor allem aber die Rückenpartie, mit dunkler Netzzeichnung. Auf den Körperseiten einige meist undeutliche dunkle Querlinien. D an der Basis dunkel, darüber gelblich, Flossenrand orangefarben mit feinem schwarzem Saum, V mit blau-weißer Spitze, die übrigen Flossen zart gelblich. ♀ ohne Querlinien.
Pflege und Zucht siehe voranstehende Unterart.

Phalloceros caudimaculatus (Taf. 196)
(HENSEL, 1868)
Kaudi, Einfleckkärpfling

Von Rio de Janeiro bis Uruguay und Paraguay; ♂ bis 3 cm, ♀ bis 6 cm.
D 7–8; A 9–10; V 5; mLR 28–30. Begattungsorgan lang gegabelt. Färbung importierter Tiere: ♂ Rücken olivgrün, Seiten lebhaft gelb, Bauch und Kehle gelblich. Auf dem Schwanzstiel unterhalb der Rückenflosse ein leuchtend schwarzer, quergestellter, kommaförmiger Fleck, der von einer silbrigen bis leuchtend goldenen Zone umgeben ist. Flossen gelblich, D mit schwarzem Saum. ♀ D nicht schwarz gesäumt.
Pflege und Zucht siehe Familienbeschreibung. Sehr friedliche und genügsame Art. Verträgt niedrige Temperaturen und kann im ungeheizten Zimmeraquarium gehalten werden, Vorzugstemperatur 20 bis 24 °C. Lebend- und Trockenfutter. Wurfzahl großer ♀♀ etwa 80.
Von dieser Art gibt es zahlreiche Farbspielarten. Die bekannteste ist der Scheckenkärpfling (*Phalloceros caudimaculatus reticulatus* KÖHLER), eine schwarzgescheckte Varietät, die besonders in der Umgebung von Rio de Janeiro beheimatet ist. Tiere mit goldgelber Grundfärbung und etwas verwaschener Fleckung werden als *Ph. c. reticulatus auratus*, Tiere mit rötlichbrauner Grundfärbung ohne jede Fleckung als *Ph. c. auratus* bezeichnet. Die Farbspielarten sind etwas wärmebedürftiger als die Stammform.

Phalloptychus januarius (Abb. 435)
(HENSEL, 1868)
Januarkärpfling

Südöstliches Brasilien, Uruguay, Nordargentinien; ♂ bis 3 cm, ♀ bis 4,5 cm.
D 9; A 9; P 10–11; V 5; mLR 28–29. Insgesamt durchscheinend, Gonopodium sehr lang. ♂ Rücken olivbraun, Körperseiten zart grünlich bis grünlichgelb mit violettem Schimmer und 8–12 sehr schmalen dunklen Querlinien, Unterseite silbrig bis weiß. Flossen farblos, an der Basis oft bräunlich, D mit zahlreichen feinen braunen Punkten. ♀ gelblich.

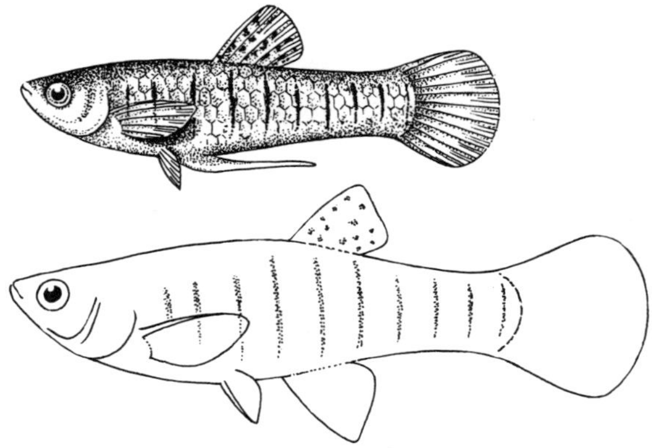

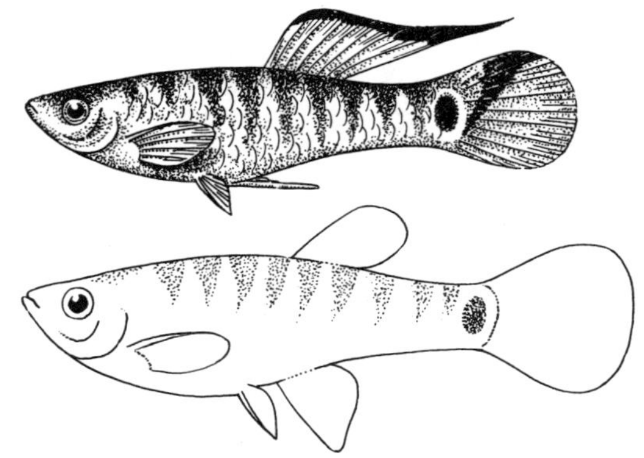

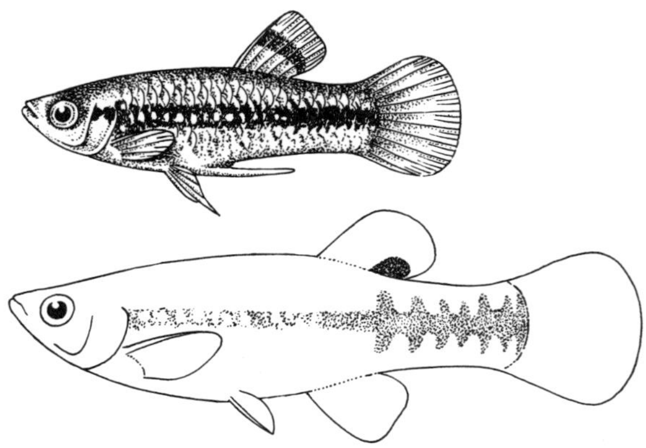

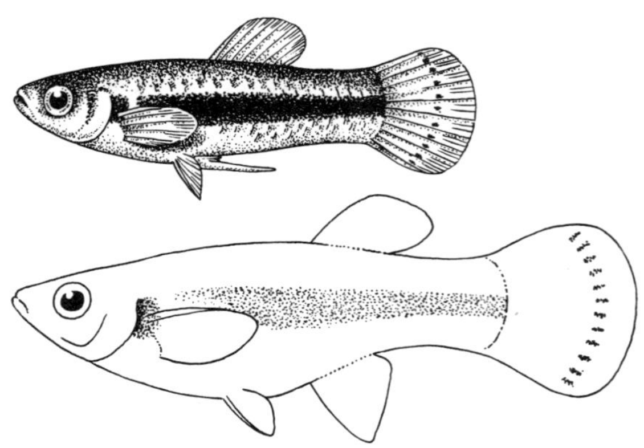

Abb. 435 *Phalloptychus januarius*, ♂ und ♀
Abb. 436 *Poecilia branneri*, ♂ und ♀
Abb. 437 *Poecilia caudofasciata*, ♂ und ♀
Abb. 438 *Poecilia elegans*, ♂ und ♀

Pflege und Zucht etwas schwierig. Nicht zu hell stehende, reich bepflanzte Aquarien, Temperatur 21 bis 25 °C, Seesalzzugabe (ein Teelöffel auf 10 Liter Wasser), Lebendfutter und Algen. Die Gebärperiode dauert mehrere Tage, Wurfzahl etwa 25. Die etwa 6mm langen Jungfische sind anfällig und sterben oft einige Tage nach der Geburt.

Poecilia branneri (Abb. 436)
EIGENMANN, 1894
Zitronenkärpfling

Nördliches Amazonas-Delta, auch im Brackwasser, Pará; ♂ bis 3,0cm, ♀ bis 3,5cm.
D 6–7; A 8; P 13; V 6; mLR 27–28. ♂ Rücken olivgrün, Seiten hellbraun, Bauch silbrigweiß, die Seiten irisieren bei auffallendem Licht perlmuttartig. An den Körperseiten 6–8 dunkle Sattelbinden, auf der C-Wurzel ein deutlicher, schwarzer, gelbumrandeter, runder Fleck. Senkrechte Flossen orange oder gelb. D fahnenartig ausgezogen. ♀ etwas blasser gefärbt, D abgerundet.
Pflege und Zucht siehe Familienbeschreibung. Empfindlich, Temperatur 24–26 °C, Seesalzzusatz zu empfehlen (2–3 Teelöffel auf 10 Liter Wasser), Algen-Zusatznahrung unbedingt erforderlich. Die Gebärperiode dauert mehrere Tage, Wurfzahl ungefähr zehn. Der bei den ersten Nachzuchten bereits in der 1. Generation beobachtete Zwergwuchs ist vermutlich durch mangelnde pflanzliche Nahrung bedingt gewesen. Früher bekannt als *Micropoecilia branneri*.

Poecilia caucana
(STEINDACHNER, 1880)
Kaukakärpfling

Kolumbien, Rio Cauca in Venezuela, Panama; ♂ bis 3,5cm, ♀ bis 6cm.
D 8; A 9; P 12; V 6; mLR 26–27. ♂ orangegelb mit stark violettem Schimmer an den Körperseiten, Kiemendeckel messingfarben bis blau. An den Körperseiten 6–12 schmale dunkle Querbinden. Flossen orange, D dunkel gerandet mit schwarzer Bogenbinde. ♀ ähnlich gefärbt, mehr gelb, ohne deutliche Querbinden, D kleiner, nicht segelartig vergrößert.
Pflege und Zucht der prächtigen Art wie bei *Poecilia latipinna* angegeben (siehe S. 590). Wärmebedürftig, Temperatur 22–25 °C. Wurfzahl gering, je nach Alter des ♀ 10–50. Die Elterntiere stellen den Jungfischen sehr nach. Früher bekannt als *Mollienesia caucana*.

Poecilia caudofasciata (Abb. 437)
(REGAN, 1913)
Schwanzbindenkärpfling

Jamaika; ♂ bis 4cm, ♀ bis 6,5cm.
D 8–10; A 10; mLR 26. ♂ Rücken dunkelbraun mit grünlichem Schimmer, Seiten graugelb, Bauch und Kehle gelblich, Seiten bei auffallendem Licht blau schillernd. Vom Kopf bis zur C-Wurzel erstreckt sich eine unregelmäßig begrenzte dunkle Längsbinde, die im Bereich vor der D mit grünschillernden Tüpfelchen übersät ist und außerdem von solchen oben und unten flankiert wird. Besonders auf dem Schwanzstiel treten mehrere dunkle Querbinden hervor. D und C zart gelbgrün oder gelbbraun, erstere mit dunkler Binde, letztere an der Basis oft orangefarben. ♀ Flossen farblos, D mit dunklem Fleck an der Basis.
Pflege und Zucht der sehr schnellwüchsigen Art siehe Familienbeschreibung. Anspruchslos, Temperatur 22–25 °C, pflanzliche Zusatznahrung notwendig. Wurfzahl großer ♀♀ bis 80. Die Behauptung, diese Art sei sehr variabel, trifft nach RACHOW nicht zu, die als Rassen angesprochenen Formen waren andere Arten. Früher bekannt als *Limia caudofasciata*.

Poecilia elegans (Abb. 438)
(TREWAVAS, 1948)
Haïtikärpfling

Haïti, Dominikanische Republik bei Jarabacoa; ♂ bis 4cm, ♀ bis 5cm.
D 9; A 9; mLR 28. D und A entspringen beim ♀ auf gleicher Höhe. D der ♂♂ nicht vergrößert. Färbung nach ROLOFF (textl. verändert): ♂ olivgelb, Kehlpartie und Bauch leuchtend weiß. Neben der Ansatzstelle der P ein dunkler Fleck. Dahinter beginnt ein intensiv schwarzes Längsband, das sich allmählich verschmälernd bis auf die C-Wurzel erstreckt. Flossen farblos, D und C mit wenigen dunklen Punkten. Auge türkisfarben. ♀ ähnlich gefärbt, Längsband weniger deutlich, schmaler.
Pflege, Zucht und Besonderheiten wie bei *P. latipinna* (siehe S. 590) angegeben. Vermutlich vorwiegend Pflanzenfresser. Verträgt sehr tiefe Temperaturen. Wurfzahl gering, nach ROLOFF etwa 25. Früher bekannt als *Mollienesia elegans*.

Poecilia formosa
(GIRARD, 1859)
Amazonenkärpfling

Atlantische Abdachung Zentralamerikas von Mexiko bis Panama; bis 8cm.
D 11–14; A 9–10; mLR 26–28. Von der biologisch hochinteressanten Art sind nur ♀♀ bekannt, die ♂♂ fehlen vollständig. Zur Fortpflanzung paaren sich die ♀♀ mit ♂♂ der Arten *Poecilia latipinna* oder *Poecilia sphenops*. Allerdings wird durch die Samenfäden der Fremdmännchen nur die Entwicklung der Eier angeregt, es kommt jedoch nicht zu einer Vermischung der Erbanlagen der *P. formosa*-Eizellen mit den Erbanlagen der Fremdsamenfäden, d.h., es tritt keine Bastardierung ein. Alle Nachkommen sind deshalb reinerbige *P. formosa*-♀♀. Man bezeichnet diese Art der Fortpflanzung als Jungfernzeugung (Parthenogenese). Parthenogenetische Fortpflanzung ähnlicher Art tritt bei den westlichen Populationen von *Carassius auratus gibelio* auf.

P. formosa ist etwas schlanker als *P. latipinna* und ähnelt in der Färbung blassen *P. latipinna*-♀♀. Flossen farblos, D gelegentlich mit braunroten Punkten, C manchmal mit gelbem Innen- und dunklem Außensaum. Die vereinzelt vorkommenden Schecken sollen mit zunehmendem Alter ganz schwarz werden. Pflege siehe bei *P. latipinna*, zur Zucht sind Fremdmännchen erforderlich. Sehr produktiv, alle 4–8 Wochen werden bis 120 etwa 10 mm lange Jungtiere abgesetzt.

Poecilia heterandria (Abb. 439)
(REGAN, 1913)
Venezuelakärpfling

Venezuela; ♂ bis 3 cm, ♀ bis 5 cm.
D 8–9; A 9–10; P 13–15; V 6; mLR 26–28. ♂ dunkeloliv, Körperseiten gelboliv, matt silberglänzend mit drei nebeneinanderliegenden Querbinden unter der D und einem dunklen Längsstrich vom Auge bis zur C-Wurzel, Bauch hell bis orangefarben. Flossen gelb, D mit zwei bogig verlaufenden dunklen Binden. ♀ ohne Querbinden, über die Körperseiten zieht eine nur unter der D deutliche Längslinie, Flossen farblos bis gelblich, D mit einem runden schwarzen Fleck. Pflege und Zucht siehe Familienbeschreibung, 22 bis 25 °C, das Becken soll sonnig stehen. Wurfzahl großer ♀♀ etwa 50. Bei Wohlbefinden und guter Fütterung ist die Art sehr produktiv.

Poecilia latipinna (Abb. 440)
(LESUEUR, 1821)
Breitflossenkärpfling

Östliche Staaten der USA, von Nord-Carolina bis Texas, Mexiko, im Süß- und Brackwasser; bis 12 cm, im Aquarium bis 9 cm.
D 13–14; A 9–10; P 13; V 6; mLR 26–28. Körper gestreckt, hoch, seitlich abgeflacht. ♂ D segelartig vergrößert, abgespreizt fast die C erreichend. Rücken dunkelolivgrün bis braun, Seiten oben bräunlich, unten rosa oder blau, perlmuttartig schillernd, mit 5–6 Längsbinden aus roten, blauen und dunkelgrünen Punkten. Einige schwärzliche Querbinden treten kaum hervor. Kehle und Bauch weißlich. D hellblau mit schwarzen Punktreihen und gelbem Außensaum. C unten blau, Mittelfeld bläulichgrau, oben orangerot punktiert oder perlmuttglänzend. ♀ wesentlich schlichter gefärbt, D klein.
Pflege und Zucht siehe Familienbeschreibung. Temperatur 24–28 °C, große, reich bepflanzte, sonnige Aquarien, Seesalzzusatz (ein Teelöffel auf 10 Liter Wasser). Am besten pflegt man *P. latipinna* wie andere *Poecilia*-Arten auch im Biotopaquarium für sich allein. Neben verschiedenen tierischen Futterarten benötigen die Tiere reichlich pflanzliche Zusatzkost, wie Algen, gekochten und zerteilten Spinat, Salat und eingeweichte Haferflocken, auch Trockenfutter wird gern gefressen. Bei mangelnder Pflanzenkost bleiben die Tiere, besonders die ♂♂, klein und unscheinbar. ♂♂ der Arten mit großen, segelförmigen Dn (*P. latipinna, P. velifera*) bekommen diesen prächtigen Schmuck in der Regel nur, wenn in geheizten, großräumigen Freilandanlagen gezüchtet wird. Die großen Dn entstehen aber auch hier erst im 2. Jahr. Große ♀♀ sind in der Regel sehr produktiv, die Jungfische bei der Geburt ziemlich groß (bis 12 mm). Von *P. latipinna* gibt es schwarze Spielarten, die vielfach als »Black Molly« bezeichnet wurden. Der echte »Black Molly« ist dagegen eine Spielart von *P. sphenops* (siehe dort). Auch von den völlig schwarzen Stämmen werden solche mit besonders großflossigen ♂♂ geschätzt. Diese Tiere sind samtschwarz, das Auge irisiert hellgelb, D schön orangefarben begrenzt. Für die Zucht gilt das für die Stammform Gesagte. Leider kommen fast alle im Handel erscheinenden Tiere aus Zuchten in Zimmeraquarien und zeigen deshalb nur selten die schönen großen Flossen, auch sind viele dieser Tiere Bastarde unbekannter Genese. Albinotische *P. latipinna* kommen gelegentlich in der Natur vor, in der Aquaristik werden sie zeitweise in großen Mengen gezüchtet. Bislang bekannt als *Mollienesia latipinna*.

Poecilia latipunctata (Abb. 441)
MEEK, 1904
Breitpunktkärpfling

Südmexiko; bis 6 cm.
D 9; A 6; mLR 28–29. Ähnlich gestaltet wie *P. sphenops*. ♂ D etwas größer als beim ♀, jedoch nicht segelförmig. Olivgrün bis bräunlich mit bläulichsilbernem Schimmer an den Körperseiten, Unterseite heller. Die Schuppen sind besonders unterhalb des Rükkenfirstes dunkel gesäumt. Ungefähr in Höhe der D einzelne schmale dunkle Querbinden, in der unteren Hälfte der Körperseiten orangefarbene Tüpfellängsreihen. Flossen zart grünlich bis hellgelb. D und C mit braunen Tüpfeln. ♀ D und A entspringen in gleicher Höhe, ähnlich gefärbt wie das ♂, jedoch mit einer schwarzen Tüpfellängsreihe auf der Seitenmitte, in der Regel alle Flossen ohne Zeichnung.
Pflege, Zucht und Besonderheiten wie bei *P. latipinna* angegeben. Wurfzahl gering, meist unter zehn, die Jungtiere werden allerdings schon relativ groß geboren (bis 15 mm). Bislang bekannt als *Mollienesia latipunctata*.

Poecilia melanogaster (Taf. 197)
GÜNTHER 1866
Dreifarbiger Jamaikakärpfling

Jamaika und Haïti; ♂ bis 4 cm, ♀ bis 6,5 cm.
D 8–10; A 10; P 13; V 6; mLR 26–27. Der Art *P. caudofasciata* sehr ähnlich, jedoch intensiver gefärbt und mit viel größerem, sehr auffälligem Trächtigkeitsfleck. Rücken olivgrün, Seiten bei den erwachsenen Tieren stahlblau schimmernd. Auf dem Schwanzstiel einige undeutliche dunkle Querlinien, auf der C-Wurzel ein tiefschwarzer, oft dreieckiger Fleck. Kehle und Bauch dunkel orangefarben, bei jungen ♂♂ lebhaft grünblau. Flossen gelblich, D und oft auch die

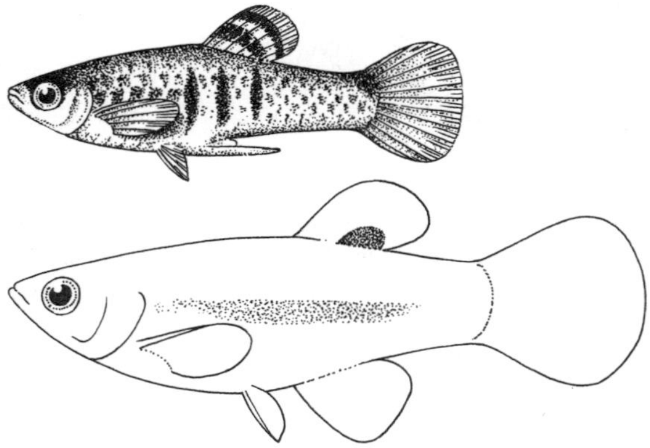

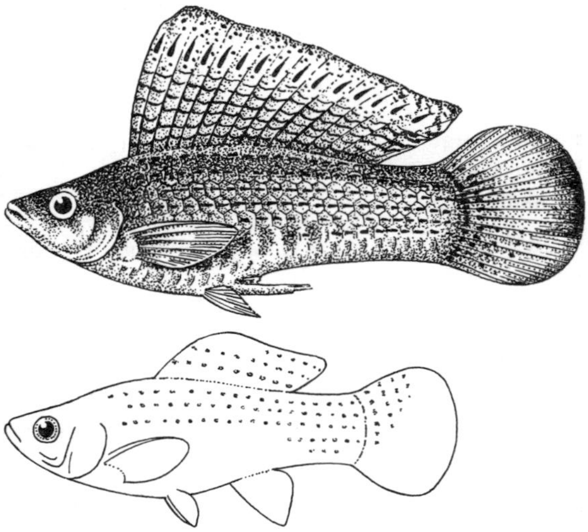

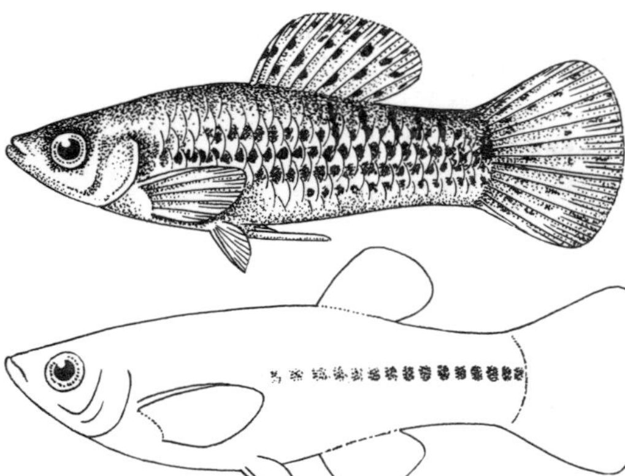

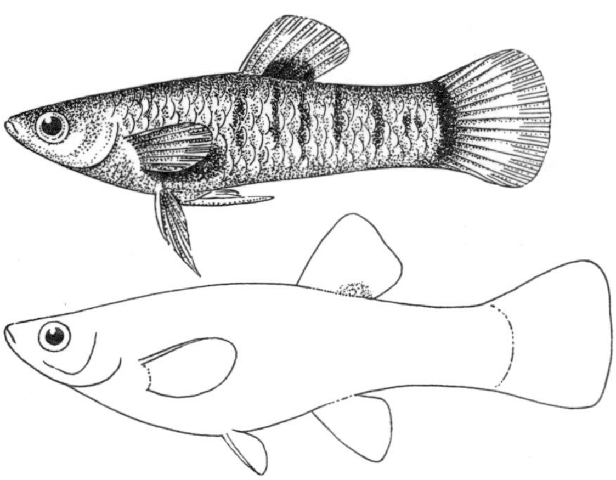

C mit tiefschwarzem Saum, erstere mit schwarzer Binde parallel zur Außenkante. Auge goldig. ♀: Querlinien sehr deutlich, am hinteren Rand silbern, C-Wurzelfleck nur angedeutet, D ohne schwarzen Saum.
Die Bezeichnung »melanogaster» (Schwarzbauch) bezieht sich auf den hier außerordentlich großen, auch nach dem Gebären sich erhaltenden Trächtigkeitsfleck, der meist die Hälfte des Bauches einnimmt.
Pflege und Zucht siehe Familienbeschreibung. Wärmebedürftig und sonneliebend. Die Art zeigt ihre prächtige Färbung nur in gut bepflanzten, alteingerichteten Becken. Produktiv, Wurfzahl großer ♀♀ bis 80. Abstand zwischen zwei aufeinanderfolgenden Würfen beträgt bei 23 °C 41 Tage (nach SCHRÖDER).

Poecilia montana (Abb. 442)
ROSEN und BAILEY, 1963

Haïti; ♂ bis 4 cm, ♀ bis 6 cm.
D 8–9; A 10; mLR 26–28. Unscheinbar gefärbt. ♂: D nicht vergrößert. Färbung (nach ROLOFF): Matt olivgrün, Rücken dunkler, an den Körperseiten silbrig glänzende Punktreihen, gelegentlich schwache Querstreifen. Flossen farblos, D mit dunklem, hellrot umrandetem Fleck. Ältere ♂♂ haben außerdem gelegentlich einen dunkel gefärbten Querstreifen auf der C-Wurzel.
Pflege, Zucht und Besonderheiten wie bei *Poecilia latipinna* angegeben. Die genügsame Art war bislang als *Mollienesia dominicensis* (EVERMANN und CLARK, 1906) bekannt, wurde aber nur vereinzelt gepflegt.

Poecilia nicholsi (Abb. 443)
(MYERS, 1931)

Haïti, bei Bonao; ♂ bis 4,5 cm, ♀ bis 5,5 cm.
D 9; A 9; mLR 27–28. Färbung nach ROLOFF 1940 (textl. verändert): ♂ Grundfärbung olivgelb, Kehle und einige andere Körperpartien stark gelblich gefärbt. An den Körperseiten einige dunkle, mehr oder weniger miteinander verschmolzene, kurze Querbänder. Kopulationsorgan zuweilen schwarz. D rotbraun, schwarz gesäumt und mit schwarzem Fleck in der vorderen oberen Ecke, C gelblich, alle anderen Flossen farblos. ♀ unscheinbar, zuweilen mit dunklem, wenig hervortretendem Fleck in der D und A.
Pflege und Zucht siehe Familienbeschreibung.
ROLOFF berichtet, daß in Gefangenschaft unter einer Anzahl ♂♂ immer nur eines schön gefärbt sei, eine Feststellung, die zu weiteren Beobachtungen anregt.

Abb. 439 *Poecilia heterandria*, ♂ und ♀
Abb. 440 *Poecilia latipinna*, ♂ und ♀
Abb. 441 *Poecilia latipunctata*, ♂ und ♀
Abb. 442 *Poecilia montana*, ♂ und ♀

Poecilia nigrofasciata (Taf. 197)
(REGAN, 1913)
Schwarzbandkärpfling, Buckelkärpfling

Haïti; ♂ bis 4,5 cm, ♀ bis 7 cm.
D 10–11; A 9–10; P 13; mLR 26–28. Die Körperhöhe der ♂♂ nimmt mit dem Alter zu, auch die D vergrößert sich und wird fächerförmig. Alte ♂♂ Rücken bronzegrün, Seiten gelb, oft metallisch gelbgrün glänzend, Brust und Bauch (letzterer einschließlich der Bauchflossen und des Gonopodiums) tiefschwarz. Körperseiten mit mehreren schmalen, bis auf den Rückenfirst reichenden, schwarzen Querbinden. Strahlen der D schwarz, C dunkel gesäumt. Junge ♂♂ Rücken braun, Seiten olivbraun bis gelblich, Querbinden undeutlich grau, V und Gonopodium grau. ♀ Rücken braun mit grünlichem Schimmer, Seiten oliv bis gelb, Bauch weißlich, Querbinden deutlich, D gelblich mit schwarzen Tüpfeln.
Pflege und Zucht siehe Familienbeschreibung. Die Art ist recht empfindlich und hinfällig, besonders bei Wasserwechsel oder beim Umsetzen älterer Tiere ist große Vorsicht geboten. Es wird empfohlen, durch Mischen des Wassers die Tiere im Verlaufe von Tagen an die neuen Bedingungen zu gewöhnen. Friedlich, Temperatur 22–25 °C, Lebendfutter, hauptsächlich Insektenlarven, aber auch Algen. Die ♀♀ verwerfen leicht, Wurfzahl bis 30. Die Jungtiere sind bei der Geburt etwa 10 mm lang. Bislang bekannt als *Limia nigrofasciata*.

Abb. 443 *Poecilia nicholsi*, ♂ und ♀
Abb. 444 *Poecilia parae*, ♂ und ♀

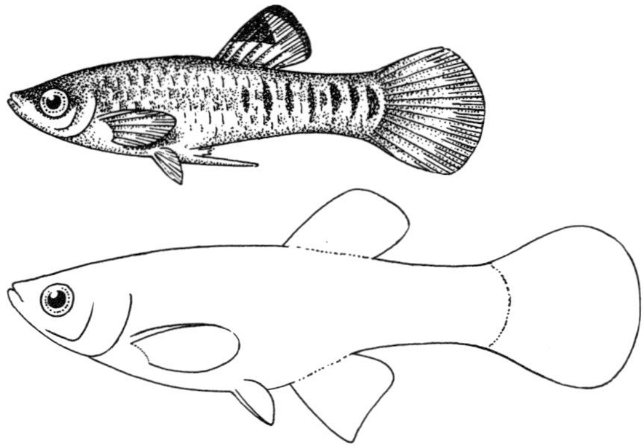

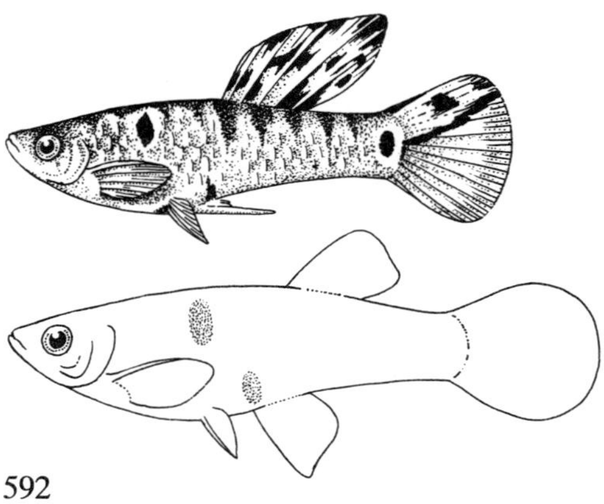

Poecilia ornata
(REGAN, 1913)
Schmuckkärpfling

Haïti; ♂ bis 4 cm, ♀ bis 6 cm.
D 8–9; A 10; mLR 28. ♂ dunkel gelbbraun mit grünlichem Schimmer, Bauch heller. Zahlreiche unscharf begrenzte Punkte und Flecken sind über den Körper und die hellen senkrechten Flossen verteilt, in der Körpermitte können sich diese Zeichnungen zu Querbinden verdichten. D orange, dunkel gesprenkelt. ♀ ähnlich gefärbt.
Pflege und Zucht siehe Familienbeschreibung. Wärmebedürftig, Temperatur 24–28 °C. Pflanzliche Zusatznahrung angezeigt, etwas scheu. Wurfzahl großer ♀♀ etwa bis 30.

Poecilia parae (Abb. 444)
EIGENMANN, 1894
Parakärpfling

Nordöstliches Südamerika, in küstennahen Gewässern; ♂ bis 2,5 cm, ♀ bis 3 cm.
D 6–7; A 8–9; P 13; V 6; mLR 26–28. ♂ zart gelblich oder grünlich mit silbrigem Glanz auf der Oberseite und violettem bis braunrotem Schimmer besonders in der hinteren Körperhälfte, Bauch hell. Körperseiten mit einem dunklen, hell umrandeten Schulterfleck, außerdem einige dunkle Querbinden. D rehbraun bis schwarz gewürfelt, C mit dunklem Fleck, oberer Rand oft kräftig rot. ♀ ohne Querbinden, Flossen farblos oder gelblich.
Pflege, Zucht und Besonderheiten wie *P. branneri*, siehe auch Familienbeschreibung.

Poecilia perugiae
(EVERMANN und CLARK, 1906)

Haïti; ♂ bis 3 cm, ♀ bis 5 cm.
D 8; A 10–11; mLR 26–27. ♂ zart braunoliv mit zahlreichen blausilbern glänzenden Tupfen vor allem im hinteren Körperbereich und einem oft undeutlichen dunklen Längsstreifen entlang der Seitenmitte. D groß mit schwarzem, vorn gelb eingefaßtem Fleck im hinteren Drittel. ♀ wesentlich blasser gefärbt, Seitenstreifen und D-Fleck deutlich.
Pflege und Zucht siehe bei *P. latipinna*. Zuchterfolge bisher nur im Freiland befriedigend, Pflanzenkost erforderlich. Wurfzahl gering. Die Nachzuchten bleiben oft sehr klein.

Poecilia petenensis (Abb. 445)
(GÜNTHER, 1866)

Guatemala, kommt im See Peten endemisch vor; bis etwa 12 cm.
D 15–16; A 9–10; P 12; V 6; mLR 28–30. Ähnlich gestaltet wie die bekannte *P. velifera*, jedoch noch gedrungener. ♂ D sehr groß, segelförmig. Bräunlich, mit starkem bläulichem bis silbrigem Glanz an den Körperseiten, Rücken dunkler, Bauch hellbraun bis

Tafel 209 Links: *Chanda ranga.* Rechts: *Gynochanda filamentosa* · *Chanda wolffi.* Unten: *Datnoides microlepis* (oben rechts Sterba, alle anderen Fotos Richter)

Tafel 210 Links: *Enneacanthus chaetodon* · *Scatophagus argus*, Jungtier. Rechts: *Scatophagus tetracanthus* · *Scatophagus argus*, erwachsenes Tier. Unten: *Toxotes jaculatrix* (oben rechts Foersch, alle anderen Fotos Richter)

Tafel 211 Links: Laichbänder von *Perca fluviatilis* · *Polycentropsis abbreviata* · *Badis badis.* Rechts: *Nandus nebulosus* · *Nandus nandus* · *Badis badis burmanicus* (oben links Florian, oben rechts Foersch, alle anderen Fotos Richter)

Tafel 212 Oben links: *Polycentrus schomburgki*. Oben rechts: *Monocirrhus polyacanthus*. Darunter: *Acarichthys heckeli* · *Acarichthys geayi* (alle Fotos Richter)

Tafel 213 *Aequidens* spec., Goldsaumbuntbarsch · *Aequidens duopunctatus.* Unten links: *Aequidens dorsigerus*, ♂ und ♀ über dem Gelege. Unten rechts: *Aequidens dorsigerus* (alle Fotos Richter)

Tafel 214 Oben: *Aequidens mariae* (Foto Zarske). Mitte: *Aequidens rivulatus* (Foto Richter). Unten links: *Aequidens curviceps* (Foto Richter). Unten rechts: *Aequidens portalegrensis* (Foto Richter)

Tafel 215 Oben: *Aequidens pulcher*. Links: *Apistogramma agassizi*, Grün · *Apistogramma agassizi*, Gelb. Rechts: *Apistogramma agassizi*, Rot · *Apistogramma agassizi* (alle Fotos Richter)

Tafel 216 Links: *Apistogramma amoenus* (Foto Kaden) · *Apistogramma borelli* (Foto Richter) · *Apistogramma cacatuoides* (Foto Richter). Rechts: *Apistogramma bitaeniata* (Foto Richter) · *Apistogramma borelli*, Wildfang (Foto Richter) · *Apistogramma* spec. (Foto Richter)

Tafel 217 Links: *Apistogramma caetae* · *Apistogramma steindachneri* · *Apistogramma* cf. *geisleri*. Rechts: *Apistogramma inconspicua* · *Apistogramma* cf. *gibbiceps* · *Apistogramma* cf. *regani* (alle Fotos Richter)

Tafel 218 Links: *Apistogramma meinkeni* · *Apistogramma nijsseni*, ♂ · *Apistogramma pertensis*. Rechts: *Apistogramma macmasteri*, ♂ · *Apistogramma nijsseni*, ♀ über dem Gelege · *Apistogramma pertensis* (alle Fotos Richter)

Tafel 219 Links: *Apistogramma trifasciatum* · *Apistogramma* spec. · *Apistogramma hippolytae*. Rechts: *Apistogramma trifasciatum* · *Apistogramma* spec. · *Apistogramma* cf. *steindachneri* (alle Fotos Richter)

Tafel 220 Oben links: *Taenicara candidi*, ♂ · Oben rechts: *Apistogrammoides pucallpaensis*. Mitte: *Chaetobranchus bitaeniatus*. Unten: *Petenia splendida* (alle Fotos Richter)

Tafel 221 *Cichlasoma dimerus* · *Cichlasoma cyanoguttatum* (beide Fotos Richter)

Tafel 222 *Cichlasoma festivum*, Jungtier · *Cichlasoma axelrodi*, Jungtier (beide Fotos Richter)

Tafel 223 *Cichlasoma labiatum* (Foto Richter) · *Cichlasoma spilurum* (Foto Sommer) · *Cichlasoma atromaculatum* (Foto Richter)

Tafel 224 *Cichlasoma crassa* · *Cichlasoma sajica* (beide Fotos Richter)

gelblich. Jede Schuppe der Körperseiten mit einem schwarzen und einem davor gelegenen grünglänzenden Tüpfel. Alle Tüpfel zusammen bilden mehrere deutliche Längsreihen. D etwa wie bei *P. latipinna* gefärbt, C unten mit kurzem zipfelförmigem Fortsatz (Schwert), schwarz gesäumt. ♀ die relativ kleine D entspringt vor der A, blasser gefärbt.
Pflege, Zucht und Besonderheiten wie bei *P. latipinna* angegeben. *P. petenensis* ist die größte Art der Gattung. Bislang bekannt als *Mollienesia petenensis*.

Poecilia picta (Abb. 446)
REGAN, 1913

Guayana; ♂ bis 3 cm, ♀ bis 5,5 cm.
D 6; A 9; mLR 28–30. Beschreibung nach ARNOLD (gekürzt): ♂ Färbung sehr variabel. Zwei schwarze schmale Längsbinden an der Körperseite schließen eine grün bis violett schimmernde Zone ein. Rücken dunkelgrün, Bauch hellgrün. Auf den Grundfarben zahlreiche kleine, stark irisierende Punkte. Oberhalb der P ein dunkler Fleck, D grünlich mit kleiner schwärzlicher Strichelung. ♀ ähnlich wie das ♀ von *P. reticulata* gefärbt.
Pflege und Zucht siehe Familienbeschreibung, anspruchslos. Temperatur über 20 °C. Früher als *Lebistes melanzonus* bekannt.

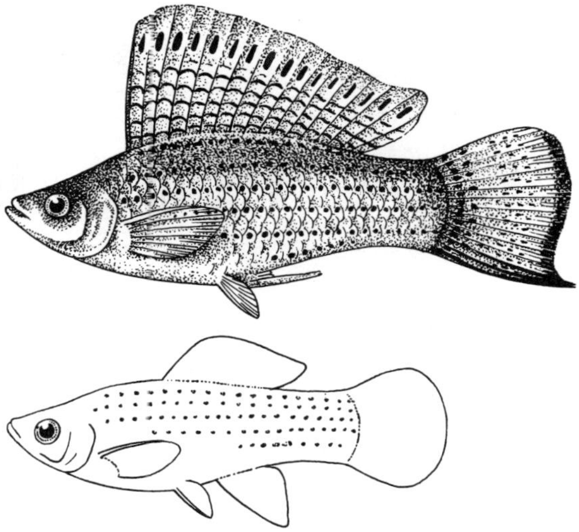

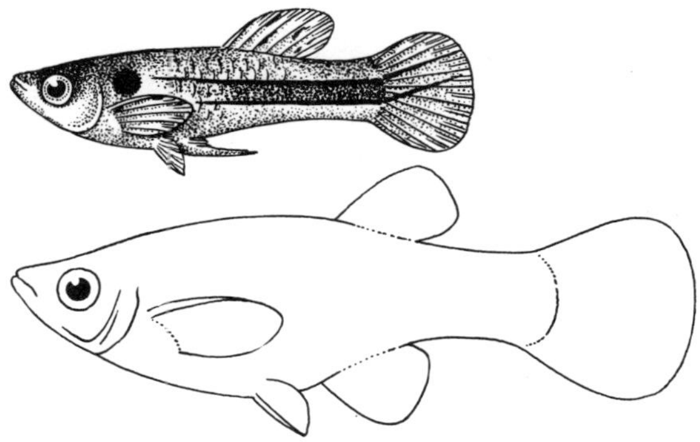

Abb. 445 *Poecilia petenensis*, ♂ und ♀
Abb. 446 *Poecilia picta*, ♂ und ♀

Poecilia reticulata (Taf. 198; Abb. 429, 447)
(PETERS, 1859)
Guppy

Venezuela, Barbados, Trinidad, regional bis Nordbrasilien und Guayana; ♂ bis 3 cm, ♀ bis 6 cm.
D 7–8; A 8–9; P 13–14; V 5; mLR 26–28. Entsprechend dem großen Verbreitungsgebiet dieser Art gibt es zahlreiche Farb- und Formspielarten, die zusätzlich in der Gefangenschaft immer wieder gekreuzt wurden. In seiner Heimat ist der Guppy sehr zahlreich (Millionenfisch) und macht sich durch Vertilgen der Moskitobrut nützlich. ♂ an den Körperseiten große schwarze Augenflecke. Die dazwischenliegenden Felder schimmern in allen Regenbogenfarben. Bei einigen ist das Rot, bei anderen das Blau oder Grün vorherrschend. Besonders schön sind die Farbvarietäten auf den Westindischen Inseln. Flossen, besonders die D und C, vielfältig geformt und gefärbt (siehe Abb. 447). ♀ unscheinbar, gelblich bis grünlichgelb. Im auffallenden Licht glänzen einige Seitenschuppenreihen bläulich. Flossen grau, einige Zuchtformen mit Farbflecken in der Schwanzflosse. Der Abstand zwischen zwei aufeinanderfolgenden Würfen beträgt 33 Tage (nach SCHRÖDER). Monogene Geschlechtsbestimmung: ♂ (xy), ♀ (xx).
Diese prächtige Art ist in Gefangenschaft vielfach ein Opfer ihrer Genügsamkeit und Zählebigkeit geworden. Unter Lebensbedingungen, die keiner anderen Art genügten, sollte der Guppy nicht nur gedeihen, sondern auch sein munteres Gebaren und seine Fortpflanzungsfreudigkeit bewahren. Gedankenlos wurden im Laufe von Jahrzehnten verschiedene Farbvariationen vielfach gekreuzt und schwächliche Tiere vermehrt.
Die Guppyzucht ist vor allem ein Problem der Vererbungslehre. Verfolgt wird das Ziel, erbfeste Stämme zu erhalten, das heißt Stämme, bei denen alle Individuen fast gleiches Erbgut besitzen. Ein solches Erbgut erst bedingt, daß alle Individuen eines Geschlechts annähernd einheitlich geformt und gefärbt sind. Erst solche Tiere ermöglichen eine fruchtbringende Züchterarbeit mit dem Ziel, schönere Formen und Farben zu erreichen. In mühsamen, sich über viele Jahre erstreckenden Züchtungen ist es in den letzten Jahren gelungen, einige fast reine Stämme zu isolieren. Dabei wurden zunächst bestimmte Merkmale, z. B. eine Farbe oder die Form der C, ins Auge gefaßt (Taf. 198) und von den Jungtieren diejenigen ♂♂ isoliert, die diese Merkmale deutlich zeigten und gleichzeitig besonders kräftig und vital waren, alle anderen aber vernichtet. Diese Typenmännchen paarte man mit unbefruchteten ♀♀ des gleichen Wurfes und sortierte den ersten Wurf dieser Paare nach dem gleichen Gesichtspunkt usw. Langsam ist so der Prozentsatz der Typtiere vermehrt worden, bis schließlich nur noch einheitliche Tiere auftraten. Solche einheitlichen Rassen mit homozygotem, reinerbigem Erbmaterial lassen sich zum Zwecke der Vereinigung schöner Merkmale in einer neuen Rasse ge-

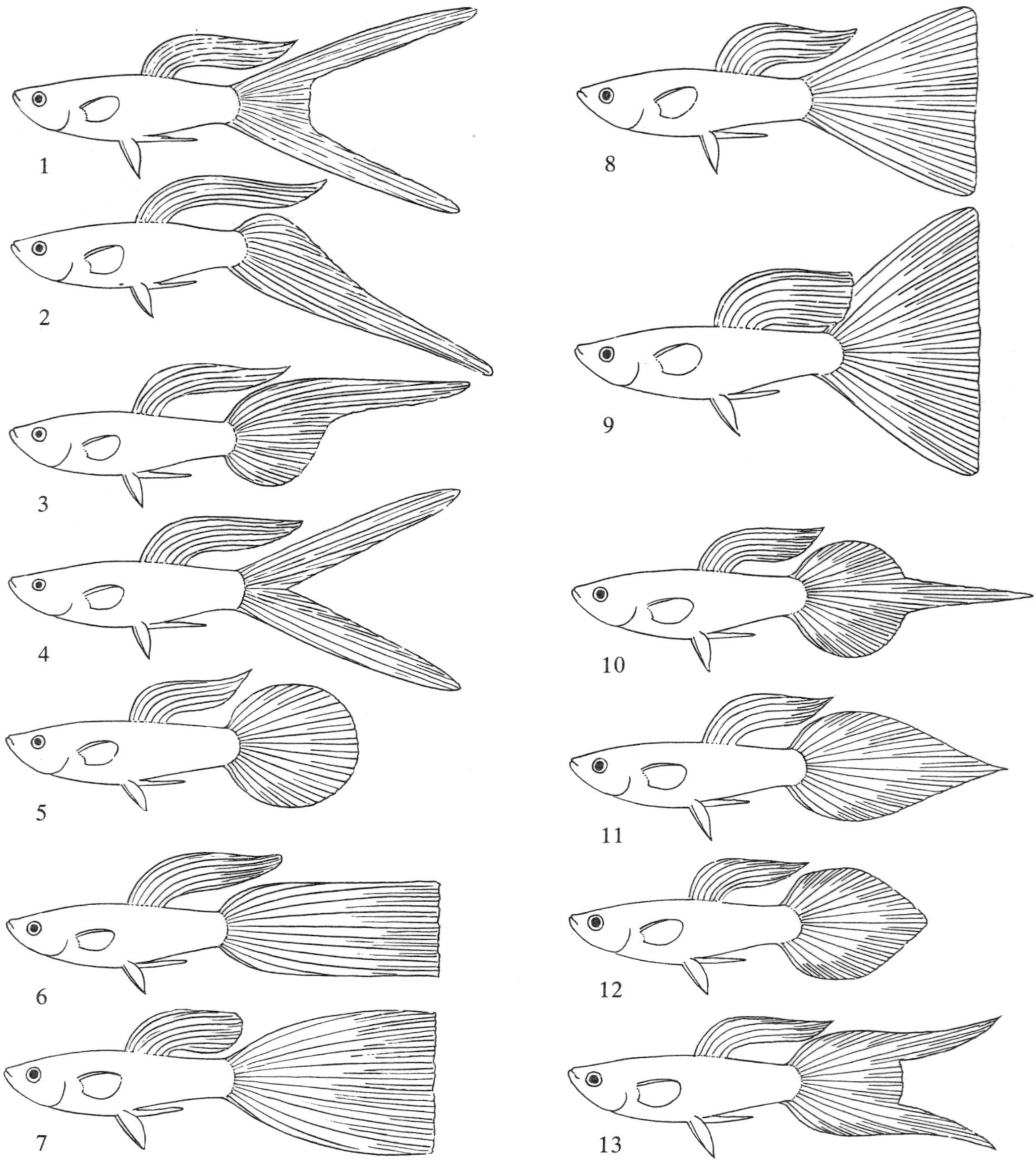

Abb. 447 *Poecilia reticulata*, Standards für die Beflossung der ♂♂ bei Zuchtformen. 1) Doppelschwert, 2) Untenschwert, 3) Obenschwert, 4) Scherenschwanz, 5) Rundschwanz, 6) Fahnenschwanz, 7) Schleierschwanz, 8) Fächerschwanz, 9) Triangel, 10) Nadelschwanz, 11) Speerschwanz, 12) Spatenschwanz, 13) Leierschwanz (nach JACOBS)

richtet kreuzen, das heißt, bei der Verwendung reinrassiger Tiere kann im Wissen um die Gesetzmäßigkeiten der Vererbung eine neue Kombination der Merkmale erzielt werden. Eine sehr gute monographische Darstellung der Art wurde von H.-G. PETZOLD veröffentlich (»Der Guppy« In: Die Neue Brehm-Bücherei, A. Ziemsen Verl., Wittenberg, 1967) Abschließend ist zu betonen, daß der Guppy, genau wie jeder andere Fisch, einer seine Lebensansprüche berücksichtigenden Betreuung bedarf. Dieser Grundsatz ist nicht nur Vorbedingung jeglicher Zuchtversuche, sondern auch notwendig zur Erhaltung der hoffentlich bald allgemein verbreiteten, schönen Rassen dieser interessanten Fischart.
Pflege und Zucht siehe auch Familienbeschreibung.

Poecilia sphenops (Taf. 197, 199)
CUVIER und VALENCIENNES, 1846
Spitzmaulkärpfling

Von Texas und Mexiko bis Venezuela und Kolumbien, im Süß- und Brackwasser; ♂ bis 8 cm, ♀ bis 12 cm.

D 8–11; A 8–10; P 14; V 6; mLR 25–30. *P. sphenops* gehört zu den schönsten Arten der Gattung, obwohl die ♂♂ keine so großen Rückenflossen entwickeln wie *P. latipinna, P. petenensis* oder *P. velifera*. Ähnlich wie bei *P. latipinna* kommen See- und Süßwasserformen vor. Die Seewasserrasse aus der Zone des Panama-Kanals hat 9–11 Strahlen in der D. Demgegenüber besitzen die Süßwasserrassen nur 8–9. Aus dem großen Verbreitungsgebiet sind zahlreiche Lokalrassen bekannt. ♂ oberseits dunkel blaugrau bis braunoliv. Die Körperseiten zeigen auf kräftig olivfarbenem bis blauem Grund zahlreiche blausilbern bis grünlich irisierende Tüpfel, bei auffallendem Licht schimmert der ganze Körper leicht violett. Unterseite sehr hell, zart bläulich oder ganz leicht rosa. D durchscheinend mit zahlreichen dunklen Tüpfeln, C an der Basis prächtig ultramarinblau, Außenteil mit breitem, orangefarbenem Band, schwarz gesäumt. ♀: Die D beginnt etwas vor der A und ist kleiner als beim ♂. Insgesamt mehr veilchenblau, z. T. mit rostroten Tüpfelreihen an den Seiten, C ohne orangefarbenes Querband.
Auch von dieser Art gibt es neben zahlreichen anderen eine schwarz gescheckte bis schwarze Varietät. Die bekanntesten sind der »Black Molly« und der »Gescheckte Black Molly«. Der »Liberty Molly« ist eine durch planmäßige Zuchtwahl von STERNKE (1932) aus der Panama-Unterart herausgezüchtete Spielart (nach SCHRÖDER, 1964) (Taf. 197).
Pflege und Zucht wie bei *P. latipinna* angegeben. Abstand zwischen zwei aufeinanderfolgenden Würfen bei 23 °C 41 Tage (nach SCHRÖDER). Bislang bekannt als *Mollienesia sphenops*.

Poecilia velifera (Taf. 199)
(REGAN, 1914)
Segelkärpfling

Küstenzone von Yucatán und in den Flußmündungen; bis 12 cm.
D 18–19; A 9; P 14; V 6; mLR 26–28. Einer der prächtigsten lebendgebärenden Zahnkarpfen. Die Färbung erinnert etwas an *P. latipinna*, ist jedoch wesentlich intensiver und schöner. ♂ D sehr groß (am größten von allen Arten), dunkeloliv bis blau, Körperseiten blaugrün, über und über mit grünsilbernen bis hellblau irisierenden Tüpfeln bedeckt, Kehle und Bauch bläulich bis grünlich oder orangefarben. An den Körperseiten mehrere dunkelblaugrüne Strichlinien. In Höhe der V 3–4 dunkle kurze Querbinden. Wurzel der D und C bläulich, weiter außen bläulich bis grau mit prächtigen Punkt- und Strichzeichnungen und kräftigem Perlmuttglanz, oft orange und schwarz gesäumt. ♀ D groß, weit vor der A beginnend, jedoch stets kleiner als beim ♂, bläulichgrau mit dunklen Punktreihen.
Pflege, Zucht und Besonderheiten wie bei *P. latipinna* angegeben, von der sich *P. velifera* am sichersten durch die größere Zahl der Rückenflossenstrahlen unterscheidet. Abstand zwischen zwei Würfen bei 23 °C 46 Tage (nach SCHRÖDER).

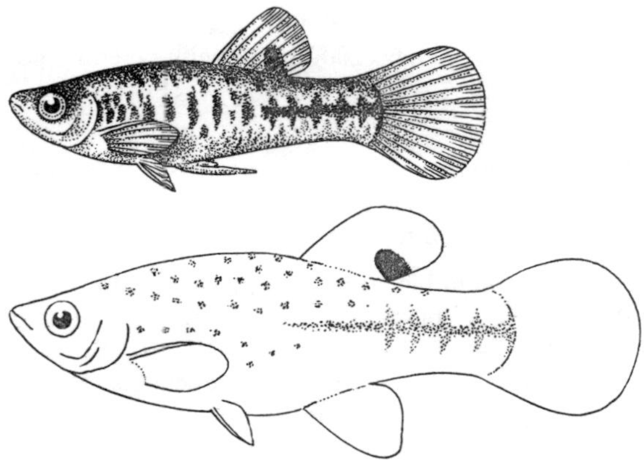

Abb. 448 *Poecilia versicolor*, ♂ und ♀

Sehr guter Springer, Aquarien abdecken!
Auch von dieser Art gibt es zahlreiche Varietäten, bekannt ist vor allem eine gefleckte und eine schwarze Spielart. Bislang bekannt als *Mollienesia velifera*.

Poecilia versicolor (Abb. 448)
(GÜNTHER, 1866)
Olivkärpfling

Haïti; ♂ bis 4 cm, ♀ bis 6,5 cm.
D 8–9; A 9–10; P 13; V 6; mLR 26–28. ♂ hellbraun mit grünlichem Schimmer, Rücken dunkler, Bauch silbrigweiß. Zahlreiche dunkle Flecken, einige undeutliche Querbinden besonders auf dem Schwanzstiel und ein unscharf begrenztes dunkelblaues Längsband an den Körperseiten. Flossen zart gelblich oder bräunlich, D am Grunde mit schwarzem Fleck. ♀ ähnlich gefärbt, A groß.
Pflege, Zucht und Besonderheiten wie bei *P. caudofasciata*.

Poecilia vittata (Taf. 197)
GUICHENOT, 1853
Bänderkärpfling

Kuba, in Haïti eingebürgert; ♂ bis 6,5 cm, ♀ bis 10 cm.
D 9–11; A 10; P 13–14; V 6; mLR 26–28. ♂ Rücken zart gelb, Seiten gelb, Bauch gelblich bis rosa. Beide Geschlechter schimmern bei auffallendem Licht bläulich. Entlang der Seiten verlaufen ein meist undeutliches dunkles Längsband und mehrere schmale schwarze Querbinden, die besonders auf dem Schwanzstiel deutlich hervortreten können. D und C zitronengelb bis orangerot mit unregelmäßig angeordneten schwarzen Flecken, oft dunkel gesäumt. ♀ unscheinbarer gefärbt, ohne Querbinden, D und C gelblich, oft mit wenigen kleinen dunklen Punkten.
Pflege und Zucht wie auf S. 583 angegeben. Friedlich und wärmebedürftig wie die meisten *Poecilia*-Arten. Temperatur 23–26 °C. Neben Lebendfutter aller Art ist *P. vittata* auch mit Trockenfutter und frischen pflanzlichen Stoffen zu versorgen. Die Art ist recht ausdauernd und auch relativ hart gegen Wasserwech-

sel oder Temperaturabfall. Große ♀♀ sind sehr produktiv und können bis 200 Junge in einer Geburtsperiode gebären.

Poecilia vivipara (Taf. 199)
BLOCH und SCHNEIDER, 1801
Augenfleckkärpfling

Von Venezuela bis zum Stromgebiet des La Plata, Puerto Rico; ♂ bis 4 cm, ♀ bis 7,5 cm.
D 8–10; A 7–8; P 13–14; V 6; mLR 25–27. Diese Art erinnert hinsichtlich ihrer Gestalt an schlanke Platys. ♂ rauchgrau bis gelblich, mit silbernem Schimmer an den Körperseiten, Rücken dunkler, Unterseite silbrigweiß. Unterhalb der D-Vorderkante ein schwarzer Schulterfleck, der von einer goldglänzenden Zone umgeben ist. Schmale dunkle Querbinden treten meist nur auf dem Schwanzstiel deutlich hervor. D älterer ♂ basal kräftig orange, äußerer Teil hellgelb, schwarz gesäumt. Etwa in der Flossenmitte tritt meist eine dunkle Binde kräftig hervor. Alle anderen Flossen farblos. Aus dem Amazonas sind Farbvarietäten mit schwarz-rot-weißer D importiert worden. ♀ unscheinbar gefärbt, D höchstens gelblich.
Pflege und Zucht wie auf S. 583 angegeben. Wärmebedürftig, Temperatur 23–25 °C, sonst anspruchslos. Wurfzahl großer ♀♀ etwa 150. Die friedliche Art eignet sich gut für das Gesellschaftsaquarium. Sie wurde von ALEXANDER VON HUMBOLDT auf seiner Südamerikareise entdeckt.

Poeciliopsis gracilis (Taf. 196)
(HECKEL, 1848)

Atlantische und pazifische Abdachung von Mexiko und Guatemala; ♂ bis 3 cm, ♀ bis 7 cm.
D 8; A 8–10; P 12–14; V 6; mLR 26–29. Körperform ziemlich gestreckt. ♂ rehbraun, oft mit grünlichem Schimmer, Rücken dunkler, Unterseite silbrig. An den Körperseiten eine Längsreihe großer, oft querbindenartig verbreiteter dunkler Flecken. Flossen bräunlich bis gelblich oder milchig, D und A bei schönen Tieren mit dunklem Saum, letztere zusätzlich oft mit Pünktchenreihen. ♀ ähnlich gefärbt, A groß, im Gegensatz zu den meisten anderen Arten der Familie auch während der Schwangerschaft ohne Trächtigkeitsfleck.
Pflege und Zucht wie auf S. 583 angegeben. Wärmebedürftig, Temperatur 22–24 °C, aber sonst eine der anspruchslosesten Arten, die außerdem willig zur Fortpflanzung schreitet und den Jungtieren kaum nachstellt. Allesfresser.

Poeciliopsis turrubarensis
(MEEK, 1912)

Nordwestliches Kolumbien und westliches Zentralamerika; ♂ bis 4 cm, ♀ bis 7 cm.
D 8; A 8–9; mLR 27–29. Ähnlich gestaltet wie die Platy-Arten. ♂ hellbraun bis lehmgelb, leicht durchscheinend, an den Seiten mit grünlichem Schimmer und 3–5 schmalen dunkelbraunen Querbinden. Rükken dunkler, Bauch hellgelb bis weiß. Flossen farblos, bei alten ♂♂ gelegentlich gelb, D-Basis vorn mit kleinem dunklem Fleck, Unterkante der C dunkel. ♀ ähnlich gefärbt, A groß.
Pflege und Zucht wie auf S. 583 angegeben. Wärmebedürftig, Temperatur 23–25 °C. Wurfzahl großer ♀♀ bis etwa 40. Für das Gesellschaftsaquarium geeignet.

Poeciliopsis viviosa
MILLER, 1960
Brauner Kärpfling

Pazifische Abdachung von Mexiko; ♂ bis 3 cm, ♀ bis 4 cm.
D 7–8; A 9; P 11–14; V 5–6; mLR 26–28. Relativ gestreckte Art, die an einen Guppy erinnert. Insgesamt rehbraun bis graubraun, bauchseitig nur wenig aufgehellt, durch die dunkleren Schuppenränder genetzt erscheinend, manchmal insgesamt bronzefarben schimmernd. Die beiden ersten D-Strahlen bei beiden Geschlechtern dunkel, ♂ mit zartem Goldstreifen auf dem Schwanzstiel, ♀ mit dunkler A-Basis.
Pflege und Zucht siehe S. 583. Lebhafte, gut springende, robuste Art, die keine besonderen Ansprüche an die Wasserqualität stellt und in ihren Heimatgebieten sowohl in den Niederungen als auch in den Bergbächen bis 1000 m Höhe vorkommt.

Priapella bonita (Abb. 449)
(MEEK, 1904)

Mexiko, Rio Papaloapan; ♂ bis 5 cm, ♀ bis 6 cm.
D 7–9; A 9–10; mLR 30–32. Körper gestreckt, Rükkenlinie von der Schnauze bis zur D gerade. ♂ graugrün bis rauchgrau, mit grünlichem Schimmer und einer dunklen Längsbinde an den Körperseiten, die vom Kiemendeckel bis in die C-Wurzel reicht. Rükken dunkel, Bauch weißlich. Flossen gelblich, D und A mit dunklen Punktreihen, beim alten ♂ bräunlich gerandet. ♀ ähnlich gefärbt, A groß.
Pflege und Zucht der friedlichen Art wie auf S. 583 angegeben. Temperatur 20–23 °C. Wurfzahl großer ♀♀ etwa 35.

Abb. 449 *Priapella bonita*, ♂ und ♀

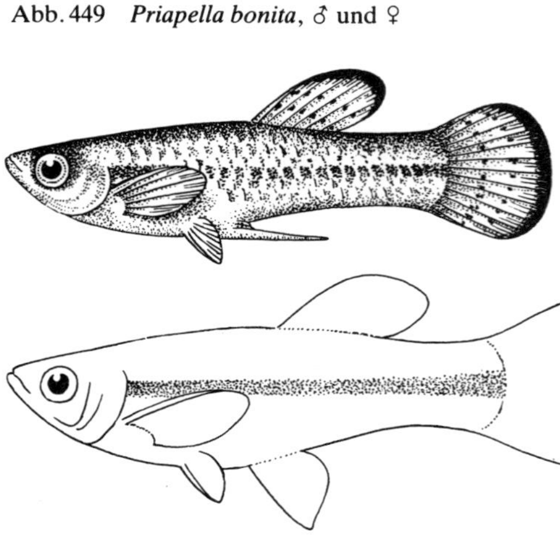

Priapella intermedia (Taf. 191)
ALVAREZ, 1952

Mexiko im Rio Coatzacoalcos; ♂ bis 5 cm, ♀ bis 7 cm.
D 9; A 10; mLR 28–29. Körper gestreckt, dem Schwertträger nicht unähnlich. Beide Geschlechter ähnlich gefärbt. Mehr oder weniger quittengelb mit einem dunklen Längsstreifen. Kiemendeckel blaugrün irisierend. Unpaare Flossen mit weißlichem Saum. Iris blaugrün.
Pflege und Zucht wie auf S. 583 angegeben. Möglichst große Becken. Relativ wärmebedürftig, 24 bis 26 °C, gegen Temperaturschwankungen angeblich anfällig. Die Anzahl der Jungtiere in einem Wurf beträgt nur 15–20 (Angaben nach JACOBS).

Quintana atrizona (Abb. 450)
HUBBS, 1934
Glaskärpfling

Auf Kuba bei Havanna und Baracoa; ♂ bis 2,5 cm, ♀ bis 4 cm.
D 8–9; A 10; P 8–9; V 7; mLR 27–29. Körper gedrungen, seitlich stark abgeflacht, durchscheinend bis durchsichtig. ♂ gelblichgrün, bei auffallendem Licht bläulich schimmernd. An den Körperseiten 7–8 unregelmäßige Querbinden, die sich mehr oder minder deutlich abheben können. Flossen farblos, D mit dunklem Vorderkantenfleck, C gelblich. ♀ ähnlich gefärbt, A vorn dunkel gerandet.
Pflege und Zucht der schönen Art wie auf S. 583 angegeben. Wärmebedürftig, Temperatur 23–28 °C, Lebendfutter und Algen. Friedlich, die Eltern stellen den Jungen nur bei Futtermangel nach, Wurfzahl großer ♀♀ bis etwa 40.

Xenophallus umbratilis
(MEEK, 1972)
Schattenkärpfling

Kostarika; Virginia; ♂ bis 5 cm, ♀ bis 6,5 cm.
D 7; A 6; mLR 28. Körper gestreckt, schlank. Dunkel- bis silberoliv, insgesamt zart genetzt, Bauch nur wenig heller. ♂ mit einigen dunklen Querlinien im hinteren Körperbereich. Basis und Spitze der D dunkel bis schwarz, Zentrum oft leuchtend gelb. ♀ weniger intensiv gefärbt, D gelegentlich etwas rußig.
Pflege siehe S. 583. Die Jungen werden in Wurfperioden abgesetzt, Anzahl stets gering. Die Aufzucht erfordert etwas Aufmerksamkeit, die Elterntiere stellen den Jungen kaum nach.
Auch als *Neoheterandria umbratilis* bekannt.

Xiphophorus helleri (Taf. 200)
HECKEL, 1848
Schwertträger

Atlantische Abdachung des südlichen Mexiko, Guatemala; ♂ ohne Schwert bis 8 cm, ♀ bis 12 cm.
D 11–14; A 8–10; P 12–13; V 6; mLR 6–30. Körper gestreckt, Maul oberständig. ♂ untere Strahlen der C sehr stark verlängert. Rücken olivgrün, Seiten grüngelblich, Bauch gelblich. Bei auffallendem Licht grünlich oder bläulich schimmernd. Von der Schnauzenspitze über das Auge bis in die C-Wurzel verläuft ein dunkelviolettes oder purpur- bis zinnoberrotes Zickzackband, das oben und unten von einer schmalen, grünlich glänzenden Zone begleitet wird. Letztere kann zudem durch eine mehr oder weniger deutliche karminrote Linie begrenzt sein. Schuppen zart braun umrandet, der ganze Fisch erscheint deshalb genetzt. Flossen gelbgrünlich. D mit feiner roter bis bräunlicher Strich- und Fleckenzeichnung. Schwertfortsatz der C orangegelb, oben und unten schwarz gesäumt, der untere Saum reicht auf dem Schwanzstiel weit nach vorn. ♀ D oben abgerundet, ohne Schwertfortsatz. ROSEN und BAILEY unterscheiden vier Unterarten: *X. helleri alvarezi* ROSEN, 1960, *X. helleri guentheri* JORDAN und EVERMANN, 1896, *X. helleri helleri* HECKEL, 1848, *X. helleri strigatus* REGAN, 1907. ROSEN (1979) hat die Unterarten wieder eingezogen bzw. zu eigenen Arten erhoben. Da die natürlichen Populationen z. T. nicht mehr in ihrer ursprünglichen Form bestehen und Einschleppungen, d. h. Kreuzungen, oft nicht mehr sicher auszuschließen sind, wird eine Klärung der taxonomischen Fragen immer schwieriger.
Besonders interessant ist die sog. Geschlechtsumkehr beim Schwertträger. Man bezeichnet damit die Erscheinung, daß Tiere mit ♀-Habitus sich langsam zum ♂ umwandeln. Die Erscheinung ist häufig untersucht, jedoch erst in letzter Zeit befriedigend geklärt worden (PETERS, G.: Z. Zool. Syst. Evolutionsforsch. 2, 185–271, 1964). Im Gegensatz zu vielen anderen lebendgebärenden Zahnkarpfen besitzt diese Art keine Geschlechtschromosomen (Gonosomen). Die geschlechtsbestimmenden Gene sind nach KOSSWIG und Mitarbeiter bei *X. helleri* gleichmäßig auf die übrigen Chromosomen (Autosomen) verteilt. Alle jungen, noch nicht geschlechtsreifen Schwertträger sind zunächst weiblich, erst aus diesem vorweiblichen Stadium entwickeln sie sich zu ♀♀ oder zu ♂♂. Die Entwicklung zum ♂ kann gleich erfolgen (dabei ent-

Abb. 450 *Quintana atrizona*, ♂ und ♀

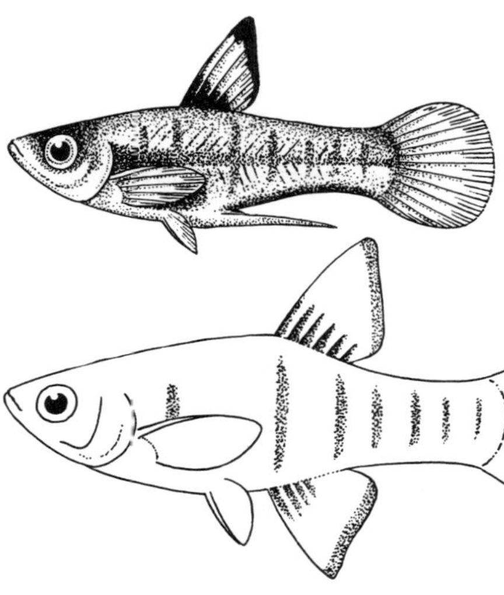

stehen die schlanken, aber relativ kleinen Frühmännchen), oder die potentiellen ♂♂ durchlaufen erst ein Weibchenstadium. Dabei wird der typische ♀-Habitus entwickelt, gelegentlich sogar ein Trächtigkeitsfleck gebildet. Erst nach einigen Monaten, manchmal erst nach 1–3 Jahren, wandeln sich diese Tiere zu Spätmännchen um. Frühmännchen, verpaart mit ♀♀, erbringen mehr ♂♂ als Spätmännchen. Bei Inzuchten kann es durch die Verteilung der geschlechtsbestimmenden Gene auf viele Chromosomen aufgrund komplizierter genetischer Vorgänge zu starken Verschiebungen der Anteiligkeit von ♀♀ und ♂♂ in der Nachkommenschaft kommen.
Pflege und Zucht der Schwertträger wie auf S. 583 angegeben. Abstand zwischen zwei aufeinanderfolgenden Würfen bei 23 °C 34 Tage (nach SCHRÖDER). Die *Xiphophorus*-Arten weichen in ihrem Paarungsverhalten von dem üblichen Schema ab (siehe S. 582). Besonders charakteristisch sind Wiegebewegungen während der Balz (FRANK, D.: Zool. Jb. Physiol. 71, 117–170, 1964). Sehr ausdauernd und lebendig. Die ♂♂ rivalisieren sehr stark. Temperatur 22–25 °C, kann auch vorübergehend niedriger sein. Allesfresser, nimmt mit Vorliebe Lebendfutter, aber auch Trockenfutter. Wurfzahl großer ♀♀ bis 180. Auch diese Art ist sehr variabel und läßt sich mit anderen Arten leicht kreuzen. Unter den Farbvariationen sind besonders beliebt: Roter Schwertträger (Kreuzung: *X. helleri*, grün × *X. maculatus*, rot), Grüner Schwertträger mit schwärzlicher Flossenzeichnung (Kreuzung: *X. helleri*, grün × Wagtail Platy), Gelber Schwertträger (xanthoristische Form).
Die hochflossigen Simpson-Schwertträger sind auf eine Mutation zurückzuführen. Der Simpson-Faktor ist dominant und wird monofaktoriell-autosomal vererbt. Der Faktor führt vermutlich zu einer Dysfunktion der Hypophyse, durch die die Langflossigkeit direkt verursacht wird (SCHRÖDER, I. H.: Zool. Beiträge, Neue Folge 12, 27–42, 1966). Durch zahlreiche Kreuzungen mit anderen Spielarten und durch Einkreuzungen von Merkmalen der verwandten Art *X. maculatus* sind zahlreiche, z. T. äußerst prächtige Simpson-Spielarten entstanden. Alle Farbvariationen und Kreuzungen sind etwas wärmer als die Stammform zu pflegen.

Xiphophorus maculatus (Taf. 201)
(GÜNTHER, 1866)
Spiegelkärpfling, Platy

Atlantische Abdachung von Mexiko und Guatemala; ♂ bis 4 cm, ♀ bis 6 cm.
D 10; A 8–9; P 10–11; V 6; mLR 25–27. Ähnlich gestaltet wie die vorhergehende Art, jedoch sind bei den ♂♂ die unteren Flossenstrahlen der C nicht zipfel- oder schwertartig verlängert. Stammform: ♂ Nacken und Rücken bräunlicholiv bis dunkeloliv, Seiten bei auffallendem Licht bläulich bis blau schimmernd, Kehle und Bauch weißlich, an der Bauchgrenze grünlich bis gelblich schillernd. Auf der C zwei runde, schwarze Flecke. Manchmal ist ein schwärzlicher Schulterfleck vorhanden. Flossen fast farblos, durchsichtig, P mit bläulichen Spitzen, C und A mit bläulichem bis grünlichweißem Band. ♀ alle Flossen farblos.
Diese Art tritt in verschiedenen Rassen auf. Besonders bemerkenswert ist die Tatsache, daß bei der Rasse aus Mexiko die ♀♀ hinsichtlich der Geschlechtschromosomen homogamet (xx) und die ♂♂ heterogamet (xy) sind. Dagegen zeigen die ♀♀ der Rasse auf Honduras Heterogametie (WZ) und die ♂♂ Homogametie (ZZ). Die Geschlechtsbestimmung ist monogen. Von *X. maculatus* wurden sehr viele Farb- und Formspielarten gezüchtet. Bekannt ist vor allem der »Rote Platy« oder »Goldplaty« in den Farben Orange bis Blutrot, besonders geschätzt sind Tiere mit elfenbeinweißen Flossenspitzen (Taf. 201). Eine andere Züchtung ist der »Wagtail Platy« (Schwarzflossiger Platy). Durch Kreuzung des Wildplaty mit dem goldenen Platy gelang es GORDON, diese schöne Spielart zu erzielen und durch Weiterzüchtung zu fixieren. Der Körper des Wagtail Platy ist orangegelb oder rot, die D und C sind tiefschwarz. Auch rein gelbe, blaue, gescheckte und schwarze Platys sind bekannt.
Pflege und Zucht wie auf S. 583 angegeben. Sehr genügsam und ausdauernd, Temperatur 20–25 °C, Wurfzahl bis 100. Die Jungen werden meist in den frühen Morgenstunden geboren.

Xiphophorus milleri
ROSEN, 1960
Catemaco-Platy

Mexiko, nur in einem Zufluß der Lagune Catemaco; ♂ bis 3,5 cm, ♀ bis 4,5 cm.
D 9–10; A 7–8. Die Art erinnert hinsichtlich der Körperform an einen schlanken Platy, vor allem ist der Schwanzstiel ziemlich lang. Hell gelbbraun mit deutlicher Netzzeichnung, Körperseiten oft gelblich. A mit dunklen unregelmäßigen Flecken, die sich zu Längsbändern oder -linien vereinigen können. Auf der C-Wurzel oft ein dunkler Fleck. D mit zahlreichen kleinen Tüpfeln und dunklem Saum, C fein punktiert. ♀ insgesamt mehr hell graubraun. ♂ gelbbraun, Körperseiten und Bauch gelegentlich leuchtend gelb.
Pflege wie auf S. 583 angegeben, den vorhandenen Zuchtberichten liegen nur z. T. exakte Artbestimmungen zugrunde. Etwas empfindlich, nicht sehr produktiv.

Xiphophorus montezumae (Taf. 199)
JORDAN und SNYDER, 1900
Montezuma-Schwertträger

Yucatán bis Nordmexiko; ♂ bis 5,5 cm, ♀ bis 7 cm.
D 11–13; A 6–8; P 12; V 6; mLR 27–29. Körper gedrungener als bei *X. helleri*, Schwertfortsatz etwa doppelt so lang wie die übrigen Strahlen der C. Rükken dunkel olivbraun, Seiten graubraun bis grünlich, Bauch bräunlichweiß. Vom Auge bis in die C-Wurzel

verläuft ein kettenartiges, oben hell begrenztes Längsband, das besonders in Höhe der D von einigen undeutlichen Querbinden unterbrochen sein kann. Körperseiten außerdem mit schwarzen Tüpfeln. D sehr groß, gelblichgrün mit bräunlichen Flecken und Strichen, C hellgelb, Schwertfortsatz seegrün oder gelblich, dunkel gesäumt. ♀ ohne Querbinden, D gelblich, ohne Zeichnung, C ohne Schwertfortsatz. ROSEN und BAILEY (1963/64) unterscheiden zwei Unterarten: *X. montezumae cortezi* ROSEN, 1960, mit leicht nach oben gebogenem, mehr gelblichem Schwertfortsatz und *X. montezumae montezumae* JORDAN und SNYDER, 1900. Die Unterscheidungsmerkmale sind sehr gering und nur für Spezialisten von Interesse. 1979 hat ROSEN die beiden Unterarten zu selbständigen Arten erhoben: *X. montezumae* JORDAN und SNYDER, 1900, und *X. cortezi* ROSEN, 1960. Die Geschlechtsbestimmung erfolgt monogen. Die ♂♂ sind heterogametisch.
Pflege und Zucht wie bei *X. helleri* angegeben. Auch diese Art ist vielfach mit anderen Vertretern der Gattung gekreuzt worden. Für das Gesellschaftsaquarium geeignet.

Xiphophorus pygmaeus (Taf. 199)
HUBBS und GORDON, 1943
Zwergschwertträger

Mexiko im Rio Choy und im Rio Axtla; bis 4 cm.
D 9–11; mLR 25–28. Körper gestreckt, schlank, Schwertfortsatz ganz kurz. Beide Geschlechter ähnlich gefärbt und gezeichnet. Oberseits bräunlich bis zart olivbraun, Körperseiten bläulichsilbern, unterseits weiß. Von den Lippen über das Auge bis in die Basis der C erstreckt sich ein dunkler Längsstreifen. D abgerundet, dunkel gesäumt.
Von dieser Art sind zwei Unterarten bekannt: *X. pygmaeus pygmaeus* und *X. p. nigrensis*, nur letztere ist durch einen deutlichen Schwertfortsatz ausgezeichnet. ROSEN (1979) hat diese Unterart zu einer selbständigen Art *X. nigrensis* ROSEN, 1960, erhoben. *X. pygmaeus* lebt an relativ tiefen Stellen schnellfließender Gewässer.
Pflege und Zucht siehe S. 583. In Gefangenschaft empfindlich und nicht leicht zu züchten. Ein Wurf kann bis 30 Jungfische zählen (Angaben nach JACOBS und DZWILLO).

Xiphophorus variatus (Taf. 202)
(MEEK, 1904)
Veränderlicher Spiegelkärpfling, Papageienplaty

Mexiko, nördlich des Verbreitungsgebietes von *X. maculatus*; ♂ bis 5,5 cm, ♀ bis 7 cm.
D 10–11; A 8–9; P 12; V 6; mLR 25. Auch diese Art ist in bezug auf Körperform und Färbung sehr variabel. In Mitteleuropa ist folgende Farbform am häufigsten anzutreffen: Erwachsene ♂♂: Rücken braungelb, Kiemendeckel und vorderer Teil der Körperseiten gelblichgrün, hintere Körperhälfte, besonders der Schwanzstiel, bläulich bis blaugrünlich, Kehl- und Bauchgegend orangefarben. Körperseiten mit zahlreichen unregelmäßigen, schwarzen oder bräunlichen Tüpfeln, die sich auf der Seitenmitte zu einem unregelmäßigen Tüpfelband vereinigen können. Über der P meist 3–4 undeutliche Querbinden. Die C-Wurzel manchmal mit zwei tiefschwarzen Flecken. Besonders sei betont, daß bei dieser Art auch die ♂♂ eine Art Trächtigkeitsfleck besitzen, der allerdings zur Fortpflanzung nicht in Beziehung steht und hinter dem Begattungsorgan liegt. D basal rötlich, weiter außen gelb mit braunen Punkten und Strichen, schwarz gesäumt, C gelblich bis rötlich, die übrigen Flossen gelbgrünlich. ♀ olivbraun oder bräunlichgrau mit zwei rötlichen Zickzacklinien an den Körperseiten. Seit 1960 werden zwei Unterarten unterschieden: *X. variatus evelynae* und *X. variatus variatus*. Monogene Geschlechtsbestimmung. Die ♂♂ sind heterogametisch.
Pflege und Zucht siehe S. 583. Auch von *X. variatus* gibt es zahlreiche Zuchtformen, die z. T. außerordentlich farbenprächtig sind (siehe auch Taf. 202).

Xiphophorus xiphidium (Taf. 199)
(HUBBS und GORDON, 1932)
Schwertplaty

Mexiko im Gebiet des Rio Purificaciou; ♂ bis 4 cm, ♀ bis 5 cm.
D 10; A 7. Die Art entspricht hinsichtlich der Körperform einem typischen Platy. ♂♂ mit kurzem zipfelartigem Schwertfortsatz. Insgesamt hell ockerfarben, Netzzeichnung nur angedeutet, Bauchseite hell. Von der Unterlippe bis in die C-Wurzel eine braune, oft nur angedeutete, oder aus Tüpfeln bestehende Zickzackbinde, die oben und unten von zwei sehr feinen ähnlichen Binden begleitet werden kann. An der Ober- und Unterkante der C-Wurzel je ein runder dunkler Fleck. ♂ mit 3–4 kräftigen, dunklen, unregelmäßigen Querbinden im vorderen Körperbereich, Schwertfortsatz farblos.
Pflege und Zucht siehe S. 583. Zucht im Gegensatz zu älteren Angaben nicht schwierig, wenn neben tierischem Futter pflanzliche Nahrung geboten wird. Ein Wurf kann bis 50 Jungtiere bringen. Monogene Geschlechtsbestimmung, ♂♂ heterogametisch.

Familie Atherinidae
Ährenfische

Meist kleine bis mittelgroße Fische der küstennahen Flachwassergebiete subtropischer und besonders tropischer Meere. Einige Arten dringen zeitweise in das Brack- oder sogar Süßwasser der Flußmündungen ein, nur wenige Vertreter konnten sich ganz dem Leben im Süßwasser anpassen. Körper gestreckt, spindelförmig, seitlich mehr oder weniger abgeflacht, Kopf beschuppt, Maul endständig, Maulspalte oft leicht nach oben gerichtet. Rundschuppen, SL reduziert oder fehlend. Unterschiede zu den nahe ver-

wandten und früher auch zu dieser Familie gehörenden Melanotaeniidae, siehe S. 617.
Viele marine Ährenfische leben in großen Schwärmen und werden wirtschaftlich genutzt. Die meisten Arten zeigen auf metallsilbernem Grund einen deutlichen kräftig glänzenden Längsstreifen, viele kleinere sind durchscheinend. Eier vieler Arten mit Haftfäden. Der an den Küsten Kaliforniens lebende Grunion *(Leuresthes tenius)* zeigt ein bemerkenswertes Fortpflanzungsverhalten. Die Tiere laichen 1–2 Tage nach Neu- oder Vollmond bei Springflut. Zu Tausenden schlängeln sich die ♀♀ und ♂♂ nachts aus dem Wasser, graben sich in den Sand ein und stoßen ihre Geschlechtsprodukte in 3–5 cm Tiefe aus. Bei der nächsten Springflut nach 14 Tagen schlüpfen die Jungfische und werden mit dem Wasser in das Meer zurückgeschwemmt. Die Mehrzahl der Arten sind jedoch Freilaicher, die in einer oft viele Wochen dauernden Laichzeit ihre Eier über Seegraswiesen abgeben.
Die verwandtschaftlichen Beziehungen dieser Familie sind noch nicht zufriedenstellend geklärt. Nach ROSEN (1964) sind die Atherinidae einschließlich einiger nahe stehender Familien mit den Unterordnungen Exocoetoidei und Cyprinodontoidei verwandt. Manche Taxonomen trennen von den Atherinidae auch noch die Familie Bedotiidae und die Familie Telmatherinidae sowie weitere Familien ab (PARENTI, 1981).

Alepidomus evermanni (Taf. 207)
(EIGENMANN, 1902)

Kuba und Insel Pine (Westflorida); bis 5 cm.
D_1 V, D_2 I/9–11; A I/12–15; P I/5; mLR 32–33. Körper gestreckt, seitlich stark zusammengedrückt, Auge groß. Glasartig durchsichtig, bei auffallendem Licht mit grasgrünem Schimmer, Kiemendeckel bronzegrün bis silbern irisierend. Flossen ebenfalls glasartig durchsichtig (nach GRENBERG).
Nach Mitteleuropa wurde diese zierliche Art noch nicht importiert. Sie soll aber in England schon nachgezüchtet worden sein. Lebend- und Trockenfutter. Temperatur 23–25 °C.

Austromenidia bonariensis (Abb. 451)
(CUVIER und VALENCIENNES, 1835)
Königs- oder Ährenfisch

Mündungsgebiet des La Plata, hauptsächlich im Süßwasser; bis 48 cm.
D_1 V, D_2 I/9–11; A I/16–18; mLR 50–60. Körper hechtartig gestreckt, seitlich nur wenig abgeflacht. Schnauze spitz, Oberkiefer vorstreckbar, Maulspalte groß. C tief eingeschnitten. Schuppen klein. Durchscheinend, fahl lehmfarben bis zart rehbraun, oberseits mit grünlichem Anflug und im Bereich des Kopfes mit dunklen Pigmentflecken. Entlang der Seitenmitte ein fahles silbriges Band. Flossen farblos. Sichere Geschlechtsunterschiede sind bislang nicht beschrieben worden.
Pflege nur in größeren Aquarien möglich. Dauert nach RACHOW in Gefangenschaft gut aus, wenn Bewegungsfreiheit geboten wird. Die Art soll nur tierische Nahrung fressen. Interessante Objekte öffentlicher Großaquarien.

Bedotia geayi (Taf. 207)
PELLEGRIN, 1907
Bedotia, Rotgeschwänzter Ährenfisch

Madagaskar, im Süßwasser; bis 15 cm.
D_1 4–5; D_2 1/10–11; A 1/14–16; P 12; V 5; mLR 32 bis 35; QR 8–10. Körper elegant langgestreckt, seitlich wenig abgeflacht, Kopf nach vorn zugespitzt, Maul oberständig, Schuppen cycloid, D_2 und A sehr langgestreckt. Gelblich bis zart gelbbraun, von der Schnauzenspitze bis in die Basis der C zieht ein dunkles bis lackschwarzes Band, das im Bereich des Schwanzstieles besonders nach unten hin verbreitert ist. Eine wesentlich schmalere und in der Regel nicht so deutliche Längsbinde an der Bauchkante. Im Bereich der breiten Längsbinde einzelne grüne bis goldene Glanzschuppen. Unpaare Flossen, mit Ausnahme der D_1, besonders schön gefärbt, auf eine hellgelbe Basis folgt eine ockergelbe Zone, die wiederum nach außen durch eine schwarze Binde begrenzt wird, Flossensaum rot bis rostrot. Besonders die Flossenfärbung variiert stark. ♂ in der Regel kräftiger als das ♀. ♀ insgesamt mehr gelblich, unpaare Flossen weniger kontrastreich gefärbt.
Anspruchslose, friedliche Art, die in jedem größeren Aquarium gepflegt werden kann. Vorzugstemperatur 23–25 °C. Neben Lebendfutter aller Art wird auch Trockenfutter angenommen. Die Tiere bevorzugen Futter, das auf der Oberfläche schwimmt, vom Bodengrund nehmen sie kaum Nahrung auf. Pflanzliche Nahrung (Salat, Spinat) wird gelegentlich gefressen. Auch während der Fortpflanzung unabhängig von der Wasserhärte, Dauerlaicher. Die Eier werden in der Regel zwischen feingliedrigen Pflanzen ausgestoßen, die Eltern stellen dem Laich nicht nach. Zei-

Abb. 451 *Austromenidia bonariensis*

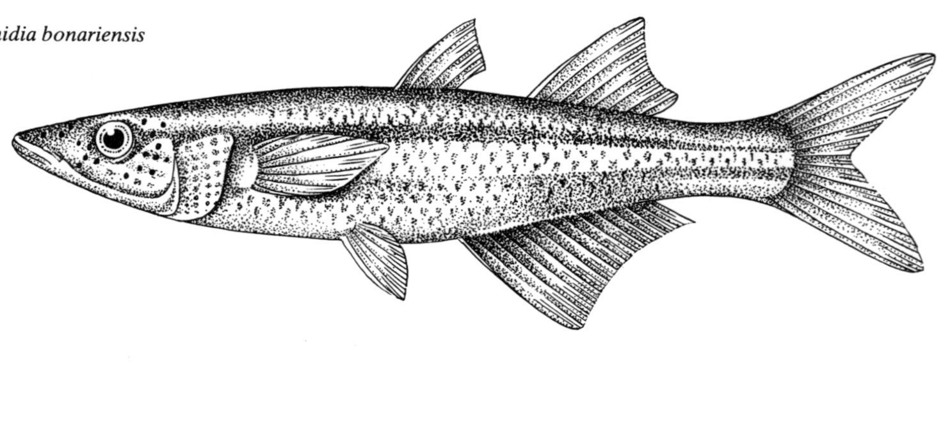

tigungsdauer bei 25 °C 4–5 Tage. Die geschlüpften Jungfische hängen sich nicht an die Pflanzen, sondern schwimmen frei im Wasser, mit dem Kopf schräg nach oben, erst nach etwa zwei Tagen nehmen sie normale Schwimmlage ein. Aufzucht leicht, mehrfacher Wasserwechsel notwendig, eventuell dem Wasser etwas Seesalz beifügen.

Telmatherina ladigesi (Taf. 207)
AHL, 1936
Celebes-Segelfisch

Sulawesi (Celebes), Hinterland von Makassar; bis 7 cm.
D_1 5; D_2 1/7–8; A 1/11–12; mLR 28–29; QR 61/2.
Körper gestreckt, Rücken- und Bauchlinie gleichmäßig ausgebogen und seitlich abgeflacht. Bei der D_1 fehlen die verlängerten Flossenstrahlen, die D_2 ist wesentlich größer, beim erwachsenen ♂ mit stark verlängerten Flossenstrahlen und gleichsam zerschlissenen Flossenhäuten. Ähnlich ist die A gestaltet. Rücken und Bauch sowie die obere und untere Kante des Schwanzstieles zitronengelb, Seiten olivgelb. Von der Mitte des Körpers bis in die C-Wurzel erstreckt sich an den Körperseiten eine leuchtend blaugrüne Binde. Bei auffallendem Licht hat der ganze Fisch einen matt bläulich bis grünlich irisierenden Glanz. Iris des Auges gelbgrün. D_1 schwarz mit weißen bis gelben Strahlen, D_2 mit orangegelber Basis und zitronengelbem Mittelfeld, die ersten Flossenstrahlen schwarz, C gelblich mit einem dunklen Strich an der Kante des oberen und unteren Lappens, A ähnlich gefärbt wie die D_2. V gelblich, P farblos. ♀ blasser gefärbt, D_2 und A niemals mit verlängerten Strahlen.
Die prächtige Art pflege man in größeren Becken mit mäßigem Pflanzenwuchs. Temperatur 23–28 °C. Lebendfutter, regelmäßiger Zusatz von Frischwasser sowie Filterung erhöhen das Wohlbefinden. Hartes, neutrales Wasser. Die Becken sollen möglichst Morgensonne erhalten. Die Tiere laichen nach heftigem Treiben und eigenartigen Liebesspielen an feinblättrigen Wasserpflanzen oder Wurzeln von Schwimmpflanzen. Das Laichgeschäft erstreckt sich über Monate, Eier gelb, mäßige Laichräuber. Die nach 8–11 Tagen auskommenden Jungen halten sich zuerst unter der Wasseroberfläche auf und müssen mit Staubfutter versorgt werden. Sie sind bereits nach sieben Monaten zuchtfähig. Diese Art ist heute bei weitem nicht mehr so empfindlich wie ursprünglich. Zur Vergesellschaftung eignet sich besonders *Aplocheilichthys macrophthalmus*.

Familie Melanotaeniidae
Regenbogenfische

Die in Nordaustralien, Papua-Neuguinea und einigen vorgelagerten Inseln (Aru, Waigeo u. a.) beheimateten Regenbogenfische (Abb. 452) sind kleine, selten

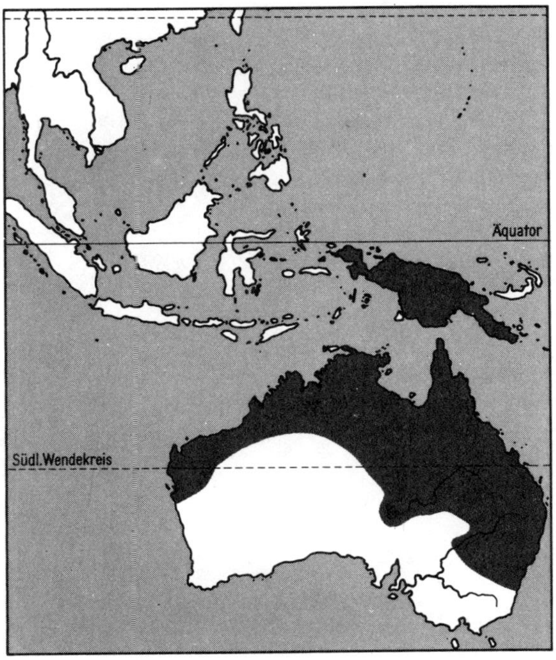

Abb. 452 Verbreitungsgebiet der Melanotaeniidae

15 cm Gesamtlänge erreichende Fische. Die größte Art ist *Melanotaenia goldiei* mit 17 cm Gesamtlänge. Sie leben in der Regel in Flüssen, Seen, aber auch Sümpfen, einige Vertreter kommen zeitweise auch im Brackwasser vor *(Pseudomugil)*. *Melanotaenia splendida*, die vermutlich anpassungsfähigste Art, ist sowohl in Quellen und Wasserlöchern des wasserarmen Zentralaustraliens als auch in den Dschungelflüssen von Nordost-Queensland anzutreffen. Stammesgeschichtlich leitet sich die Familie wahrscheinlich von marinen Atheriniden ab. Körper langgestreckt, seitlich stark zusammengedrückt, bei den ♂♂ einiger Gattungen im Alter oft hochrückig *(Chilatherina, Glossolepis, Melanotaenia)*. Kopf mehr oder weniger zugespitzt, Auge relativ groß, Maul verhältnismäßig klein, Lippen verdickt, in der Regel mit 1–2 Zahnreihen besetzt. Zwei Rückenflossen, D_1 mit 3–7 stachelartigen, D_2 mit 6–22 geteilten Flossenstrahlen, denen manchmal ein stachelartiger Flossenstrahl voransteht. A mit 10–30 geteilten Flossenstrahlen und in einigen Gattungen vorn mit einem kräftigen stachelartigen Flossenstrahl. Letzter Flossenstrahl der V in seiner gesamten Länge mit dem Abdomen durch eine Membran verbunden (Abb. 453). Eine Seitenlinie fehlt, einige Schuppen höchstens mit flachen Gruben. Von den nahe verwandten Atherinidae unterscheiden sich die Regenbogenfische durch die den letzten V-Flossenstrahl und das Abdomen verbindende Membran (Abb. 453), die schuppenlose Region zwischen der V-Basis und dem After (Abb. 454), den vergleichsweise kleinen Schultergürtel, die unterschiedliche Gestalt des Praemaxillare und den in der Regel deutlich ausgeprägten Sexualdimorphismus. Die Familie umfaßt

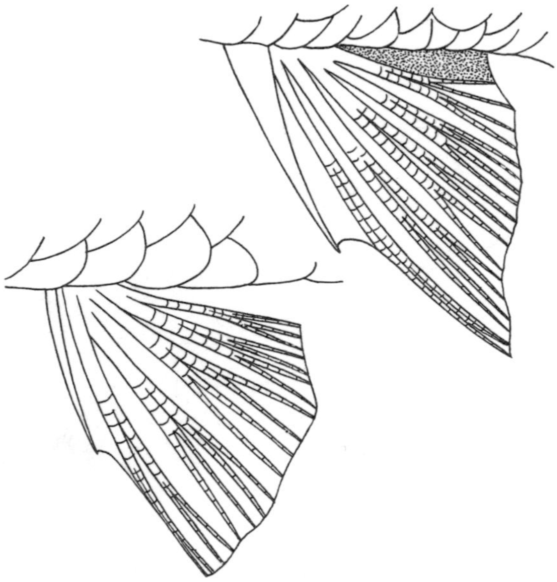

Abb. 453 Unterschied zwischen Melanotaeniidae und Atherinidae. Bei den Melanotaeniidae (oben) ist der Hinterrand der Bauchflosse durch eine Membran (punktiert) mit dem Körper verbunden (nach ALLEN und CROSS)

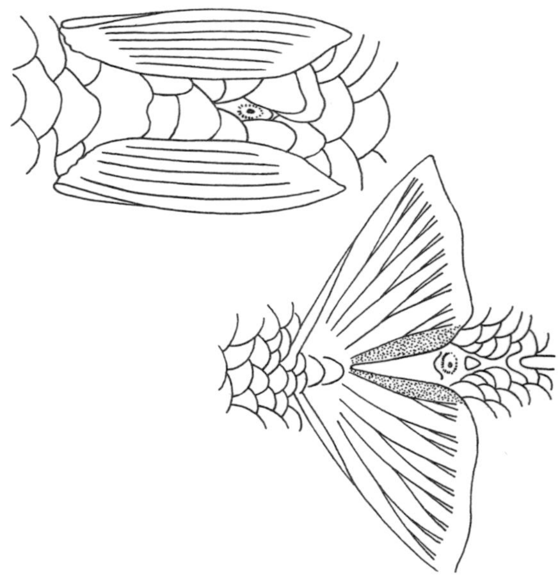

Abb. 454 Unterschied zwischen Melanotaeniidae und Atherinidae. Bei den Melanotaeniidae (unten) grenzen die Bauchflossen fast aneinander, die Region vor dem After ist nicht von Schuppen bedeckt (nach ALLEN und CROSS).

8 Gattungen (*Cairnsichthys, Chilatherina, Glossolepis, Iriatherina, Melanotaenia, Popondetta, Pseudomugil* und *Rhadinocentrus*) mit nicht ganz 50 Arten. Besonders durch die Forschungen von G. ALLEN sind in den letzten Jahren sehr interessante Vertreter dieser Familie bekannt geworden.

Zur Pflege der genügsamen Schwarmfische eignen sich große Aquarien, die den schwimmaktiven Fischen viel Bewegungsraum bieten. Temperatur 25 bis 28 °C, an die Wasserzusammensetzung werden keine besonderen Ansprüche gestellt. Der Zusatz von See- oder auch Kochsalz in geringen Mengen fördert häufig das Wohlbefinden. Die Tiere nehmen in der Regel jedes dargebotene Lebend- und auch Trockenfutter. Die meisten Arten sind friedlich. Große Regenbogenfische sollten jedoch besonders im Alter nicht mit zu kleinen Fischen vergesellschaftet werden. Bei *Glossolepis incisus* dominiert in jedem Schwarm ein ♂ (α-Tier), das als einziges die charakteristische intensive Färbung zeigt, die anderen ♂♂ sind unscheinbar, ♀-ähnlich gefärbt. Unter natürlichen Verhältnissen laicht *Melanotaenia splendida* das ganze Jahr hindurch. Eine deutliche Aktivitätssteigerung läßt sich jedoch kurz vor der Regenzeit und während der Regenzeit selbst (November bis Mai) beobachten (BEUMER, 1979). Im Aquarium laichen die meisten Arten viele Tage nacheinander (1–2 Wochen) in den Morgenstunden zwischen feinfiedrigen Pflanzen oder zwischen Javamoos. Das Ablaichverhalten aller Regenbogenfische ist etwa gleich. Die Balz wird durch das ♂ eingeleitet und besteht aus heftigem Treiben, das durch Breitseitimponieren unterbrochen wird, wobei die D, A und V stark gespreizt werden. Während der Balz und des Ablaichvorganges ist die Färbung besonders der ♂♂ kräftiger. Ist das ♀ laichbereit, so schwimmt es, gefolgt vom ♂, in dichtes Pflanzengewirr. Beim Laichakt stehen die Tiere parallel nebeneinander und stoßen unter heftigem Zittern die Geschlechtsprodukte aus. Einige Arten, besonders die kleineren, beachten den Laich nicht *(Melanotaenia maccullochi, Pseudomugil signifer)*, andere sind Laichräuber *(Glossolepis incisus)*. Eizahl in der Regel relativ gering, Eier verhältnismäßig groß (1–2 mm im Durchmesser). Eihülle mit fadenförmigen Fortsätzen, bei *Glossolepis incisus* z. B. etwa 8–16 (Abb. 455). Diese haften bei Berührung an Pflanzenteilen oder anderen Substraten und verkürzen sich dabei, so daß die Eier an das Substrat gezogen und so für die Elterntiere unsichtbar werden. Die Jungfische schlüpfen bei den meisten Arten nach 5–12 Tagen. Nur wenige *Chilatherina*-Arten haben eine längere Entwicklungsdauer von etwa 15 Tagen. Die Jungfische sind beim Schlüpfen relativ groß und weit entwickelt. Die Anfütterung erfolgt am besten mit Staubfutter oder *Artemia*-Nauplien. FRANK (1979) konnte bei *Glossolepis incisus* die Beobachtung machen, daß die Jungfische in den ersten Tagen nach dem Schlüpfen die in den Eiern befindlichen Öltröpfchen verdauen. Sie nehmen in dieser Zeit auch Infusorien auf, die sie jedoch wieder ausspucken. Bei der Aufzucht auftretende bakterielle Flossenfäule und

Abb. 455 Eizelle mit Eihülle und einem Schopf von Fortsätzen

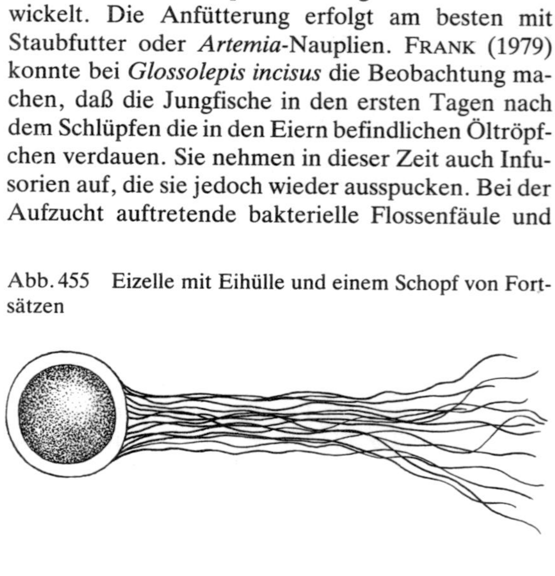

Verpilzungen verschwinden oft nach Salzzugabe. Das Lebensalter der Regenbogenfische beträgt unter natürlichen Verhältnissen 1–4 Jahre, in Gefangenschaft dauern sie jedoch länger aus (kleinere Arten 2–3 und größere 4–8 Jahre).
Viele Arten bastardieren unter Gefangenschaftsbedingungen, sogar Gattungskreuzungen zwischen *Melanotaenia* und *Glossolepis* sowie zwischen *Melanotaenia* und *Chilatherina* wurden beobachtet. Unter natürlichen Verhältnissen konnte ALLEN bei seinen umfangreichen Untersuchungen jedoch nur zwei Bastardtiere zwischen *Melanotaenia affinis* und *Chilatherina campsi* finden.

Gattung *Chilatherina* REGAN, 1914

Relativ kleine Fische (selten bis zu 10 cm Gesamtlänge) von familientypischer Gestalt. Von der verwandten Gattung *Melanotaenia* unterscheidet sich die Gattung durch die Gestalt des Praemaxillare, das hier keine deutliche Krümmung zwischen dem vorderen waagerechten und dem seitlichen Teil zeigt (Abb. 456), Unterkiefer etwas zurückstehend oder gleichlang wie der Oberkiefer. Charakteristisch ist weiterhin der Sexualdimorphismus. Die ♂♂ sind im geschlechtsreifen Alter hochrückiger, haben eine höhere D_1, D_2 und A hinten oft etwas ausgezogen.

Chilatherina axelrodi
ALLEN, 1980

Yungkiri-Fluß in Papua-Neuguinea; bis 10 cm, ♀ kleiner.
D_1 5–7; D_2 1/11–13; A 1/19–24; P 1/13–15; mLR 37 bis 40; QR 16–19. Körpergestalt siehe Familien- und Gattungsbeschreibung. Oberseits grünlichbraun, unterseits weißlich. Körperseiten mit etwa zehn schwarzen, fast zwei Schuppen breiten, kurzen Querbinden, die auf dem Schwanzstiel zu einer mehr oder weniger deutlichen schwarzen Längsbinde zusammenrücken, sowie mit bläulichen Längslinien. Bauchseite gleichfalls mit etwa 6–10 schmalen dunklen Querbinden, Längslinien hier gelblich. D_1 und D_2 dunkel mit gelblichem Schimmer, A, C und V gelblich, P durchscheinend.
Geschlechtsunterschiede, Pflege und Zucht siehe Familien- und Gattungsbeschreibung.

Chilatherina fasciata (Taf. 203)
(WEBER, 1913)

Nördliches Papua-Neuguinea zwischen den Flüssen Merkaham und Mamberano; bis 12 cm, ♀ kleiner.
D_1 4–7; D_2 1/11–16; A 1/21–28; P 14–16; mLR 39 bis 44; QR 10–12. Körper gattungstypisch gestaltet. Oberseits bräunlich bis blaugrün, unterseits weißlich, mehr oder weniger stark silbern glänzend, Schuppen z. T. mit hellgelbem Rand. D_1, D_2 und C dunkel, häufig schwarz gesäumt. ♂ Basis von A und V gelblich, Rand fast schwarz. ♀ Basis von A und V durchscheinend, Rand meist nur rußig.

Weiteres über Geschlechtsunterschiede, Pflege und Zucht siehe Gattungs- und Familienbeschreibung.
Nahe verwandt mit *Ch. axelrodi, campsi* und *sentaniensis*. Von den ersten beiden Arten unterscheidet sich *Ch. fasciata* durch das Vorhandensein von Zähnen am Pflugscharbein, die *Ch. axelrodi* und *campsi* fehlen. *Ch. sentaniensis* hat eine längere Schnauze und weniger Flossenstrahlen in der D_2, 9–11 (selten 12) anstatt 12–15 (selten 11 oder 16) bei *Ch. fasciata*.

Chilatherina sentaniensis (Taf. 203)
(WEBER, 1908)

Sentani-See im nördlichen Papua-Neuguinea; bis 11 cm, ♀ kleiner.
D_1 4–6; D_2 1/9–12; A 1/21–26; P 14–16; mLR 38–41; QR 11–13. Körper gattungstypisch. Blaugrau, Rükken dunkler, Bauch weißlich bis leicht rosafarben. Auf der Körperunterseite der ♂♂ etwa zwischen P und der Mitte der A 6–8 rötlichbraune Querstreifen. D_1, D_2 und C bläulichgrau, A und V weißlich mit blaugrauem Rand.
Geschlechtsunterschiede, Pflege und Zucht siehe Gattungs- und Familienbeschreibung.

Abb. 456 Schnauzenregion und Bezahnung bei *Chilatherina* (oben) und *Melanotaenia* unten (nach ALLEN und CROSS)

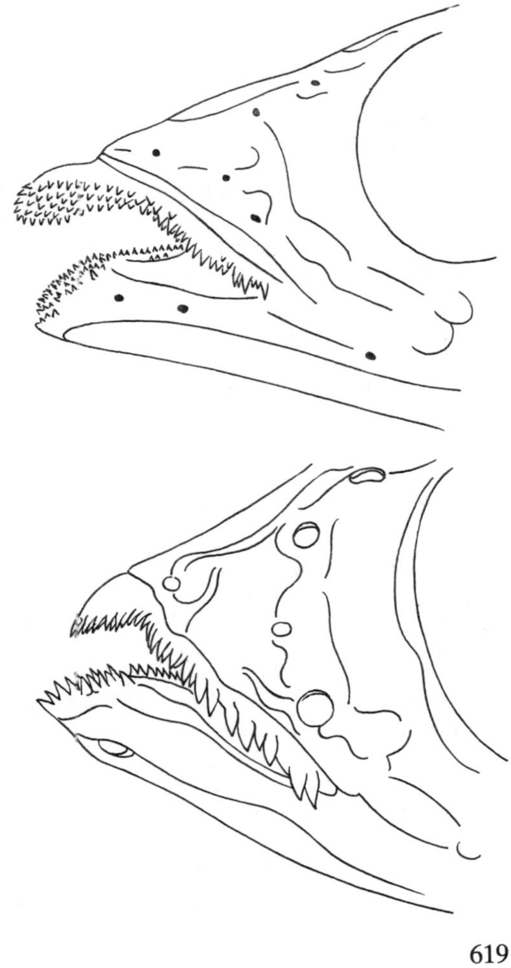

Gattung *Glossolepis* Weber, 1908

Körperform familientypisch. Unterschiede zu der nahe verwandten Gattung *Melanotaenia*: Schuppen hinten deutlich gezackt, mittlere D_2- und A-Strahlen bei alten ♂♂ verlängert, Kopf alter ♂♂ stark zugespitzt, Zahnreihen der Kiefer z. T. bei geschlossenem Maul sichtbar. Nördliches Papua-Neuguinea. Fünf Arten.

Glossolepis incisus (Taf. 203)
Weber, 1908
Lachsroter Regenbogenfisch

Nördliches Papua-Neuguinea; bis 15 cm, ♀ kleiner. D_1 4–6; D_2 1/9–11; A 1/19–23; P 14–15; mLR 50–60; QR 14–20. Körpergestalt siehe Gattungs- und Familienbeschreibung. ♂ Grundfärbung einschließlich aller Flossen und der Iris des relativ großen Auges kräftig lachsrot, mit feinen, unregelmäßigen, dunkelroten Querbinden. Einzelne, unregelmäßig über den Körper verteilte Schuppen glänzen stark silbern. Diese schöne Färbung wird im Alter dunkler und nur von den dominierenden ♂♂ (α-Tieren) gezeigt. ♀ gelboliv mit goldgelb glänzenden Schuppen. Rücken olivfarben, Bauch heller, Iris goldgelb. Auf den Körperseiten zahlreiche unregelmäßige, kurze, schmale, etwas dunklere Querbinden, die in mehreren Reihen angeordnet sind.
Pflege und Zucht der interessanten Art siehe Familienbeschreibung.

Glossolepis wanamensis (Taf. 203)
Allen und Kailola, 1979

Wanam-See, Papua-Neuguinea; bis 10 cm, ♀ kleiner. D_1 5–7; D_2 1/9–11; A 1/18–21; P 1/15–16; mLR 39 bis 44; QR 15–17. Körper gattungstypisch gestaltet. ♂ grünlichgelb bis olivfarben, Rücken dunkler, Bauch heller. Auf der unteren Körperhälfte beginnen hinter der P zahlreiche unregelmäßige, gelbe, längsorientierte Punktlinien, die in der hinteren Körperhälfte verblassen. D und A erwachsener ♂♂ dunkel bis schwarz, A an ihrer Basis mit goldenem Schimmer, C dunkelgelb. ♀ einfarbig silbern mit durchscheinenden Flossen.
Pflege und Zucht siehe Familienbeschreibung.

Gattung *Iriatherina* Meinken, 1974

Körper im Gegensatz zu den meisten anderen Regenbogenfischen verhältnismäßig niedrig, schlank, seitlich zusammengedrückt. Schnauze spitz. Stachelartige Weichstrahlen der D relativ weich und flexibel. Die ersten Flossenstrahlen der D_2 und A sowie die Randstrahlen der C adulter ♂♂ stark verlängert. A 1/10–12. Praemaxillare seitlich mit einer einzigen Reihe von 7–8 vergrößerten Zähnen. Im Süden des mittleren Papua-Neuguinea zwischen dem Merauke und Fly-Flußsystemen. In Australien, äußerster Norden der Kap-York-Halbinsel. Eine Art.

Iriatherina werneri (Taf. 206)
Meinken, 1974
Pracht-Regenbogenfisch

Verbreitung siehe oben; bis 6 cm.
D_1 6–9; D_2 1/7; A 1/10–12; P 9–12; mLR 30–31; QR 9–10. Körper wie in der Gattungsbeschreibung angegeben gestaltet. Gelblich bis helloliv mit mehr oder weniger starkem Silberglanz, Bauchunterkante selten rötlich, Iris silberfarben. D_1 oliv bis leicht bräunlich, D_2, A und V adulter ♂♂ vorn und besonders auf den ausgezogenen Flossenstrahlen tiefschwarz, bei adulten ♀♀ sind nur die V und A vorn schwarz. Äußere Strahlen der C rötlich, mittlere farblos, restliche Flossen durchscheinend. Kein auffallender Geschlechtsunterschied in der Körperhöhe.
Pflege und Zucht siehe Familienbeschreibung. Das Ablaichverhalten entspricht dem Familientyp (siehe Familienbeschreibung). Pro Tag werden bis zu zehn der etwa 1 mm großen, durchsichtigen Eier abgegeben. Die Jungfische schlüpfen am 7. Tag und wachsen bei Anfütterung mit *Cyclops*-Nauplien und häufigem Wasserwechsel schnell. Über die Zucht berichtet Richter (Aquar. Terr., 31, 86–87, 1984).

Gattung *Melanotaenia* Gill, 1862

Körper mehr oder weniger gestreckt, seitlich stark zusammengedrückt. Praemaxillare im Unterschied zu der nahe verwandten Gattung *Chilatherina* mit einem deutlichen Knick (Abb. 456). Unterschiede zur Gattung *Glossolepis* siehe dort. Maul endständig, Unterkiefer höchstens leicht vorstehend. Sexualdimorphismus deutlich, alte ♂♂ mit höherem Körper, Flossenstrahlen von D_2 und A verlängert. Die von Munro (1964) abgespaltete Gattung *Nematocentrus* Peters, 1866, hat Allen (1978, 1980) wieder eingezogen. Australien, Papua-Neuguinea und vorgelagerte Inseln. Mit etwa 25 Arten artenreichste Gattung der Familie.

Melanotaenia affinis (Taf. 204)
(Weber, 1908)

Nördliches Papua-Neuguinea; bis 12 cm, ♀ kleiner. D_1 4–6; D_2 1/13–20; A 1/18–24; P 12–15; mLR 33 bis 38; QR 10–11. Körper gattungstypisch gestaltet. Rücken olivbraun, Bauch weißlich bis silberfarben. Hinter dem Auge beginnt ein blaues bis blauschwarzes Längsband, das in der hinteren Körperregion am kräftigsten ausgeprägt und meist beidseitig gelb begrenzt ist. D_1, V und C bläulich, D_2 und A gelblich, orange bis rötlich bei adulten ♂♂, Rand hellblau. Geschlechtsunterschiede siehe Gattungsbeschreibung.
Pflege und Zucht wie in der Familienbeschreibung angegeben.

Melanotaenia exquisita
ALLEN, 1978
Schöner Regenbogenfisch

Edith River (Nordaustralien); bis 7 cm, ♀ kleiner. D_1 4–6; D_2 1/7–9; A 1/15–19; P 12–14; mLR 34–35; QR 9–10. Gehört zu den gestreckteren Arten der Gattung. Die D_1 beginnt in Höhe der A-Vorderkante. Rücken dunkelgrün bis olivbraun, Bauch silberweiß. Auf dem Kiemendeckel ein kleiner roter Fleck, Iris silbern. In der hinteren Körperhälfte zwei schmale schwarze Längsstreifen, von denen der untere deutlich weiter vorn beginnt, über der A-Basis zwei dünne schwarze Zickzacklinien, darüber eine ähnliche rote Linie. D_1 und V vorn orangefarben, D_2 und A gelblich, rot gerandet, oft mit dunkelbraunen bis schwarzen Punkten, C gelblich, braun gepunktet, Spitzen rötlich. ♂ größer, wie oben angegeben gefärbt, siehe auch Gattungsbeschreibung. ♀ schlichter gefärbt, besonders orange und rote Töne deutlich schwächer.
Pflege und Zucht siehe Familienbeschreibung.
Verwandt mit *M. gracilis*. Bei dieser beginnt die A jedoch vor der D_1, auch ist diese Art weniger farbenprächtig und zeigt statt der zwei schmalen dunklen Längsstreifen eine breite dunkle Längsbinde.

Melanotaenia goldiei (Taf. 204)
(MACIEAY, 1883)

Südliches Papua-Neuguinea, Aru-Inseln, weit verbreitet; bis 17 cm.
D_1 5–6; D_2 1/12–17; A 1/21–26; P 12–15; mLR 34 bis 35; QR 10–12. Körper gattungstypisch gestaltet, Schnauze ziemlich spitz. Rücken olivbraun, Bauch weißlich. Hinter dem Kiemendeckel beginnt eine tiefblaue bis schwarze, sehr breite Längsbinde, die bis zur Basis der C reicht und etwa in Höhe der D_1 heller oder unterbrochen sein kann. In der oberen Körperhälfte 4–5 gelbliche bis orangefarbene Längslinien. D_2 und A gelblich bis gelblichbraun, Rand durchscheinend. Geschlechtsunterschiede siehe Gattungsbeschreibung.
Pflege und Zucht wie in der Familienbeschreibung angegeben. Mit *M. affinis* nahe verwandt. Bei *M. goldiei* ist jedoch das Längsband stärker ausgeprägt und die D_2 und A adulter ♂♂ gelblich, bei *M. affinis* dagegen orange bis rosafarben. Angaben nach ALLEN.

Melanotaenia herbertaxelrodi
ALLEN 1978

Tebera-See, Purari-Fluß im südlichen Papua-Neuguinea; bis 9 cm.
D_1 4–6; D_2 1/10–16; A 1/17–25; P 13–15; mLR 34 bis 36; QR 10–17. Körper gattungstypisch gestaltet. Olivgrün bis gelblich, Rücken dunkler, Bauch stärker gelb, Brust silberfarben. Eine breite, blaue Längsbinde vom Kiemendeckelhinterrand bis zur Basis der C. D_1, D_2 und A gelblich, außen etwas blau, oft schwarz gerandet, P und V durchscheinend, C dunkel bis bläulich. ♂ besonders in der unteren Körperhälfte kräftiger gelb gefärbt, siehe auch Gattungsbeschreibung.
Pflege und Zucht wie in der Familienbeschreibung angegeben.

Melanotaenia maccullochi (Taf. 204)
OGILBY, 1915
Kleiner Regenbogenfisch

Südliches Papua-Neuguinea, Kap-York-Halbinsel, Queensland; bis 7 cm, ♀ kleiner.
D_1 4–7; D_2 1/7–12; A 1/13–19; P 11–14; mLR 31–35; QR 9–10. Körpergestalt siehe Gattungsbeschreibung. Von der Art sind zwei Farbformen bekannt. Die bislang weit verbreitete Form stammt aus der Umgebung von Cairns und Cardwell (Südwestaustralien). Grausilbern mit bläulichem Schimmer, Rücken braun, Bauch zart gelbgrün. Über die Körperseite ziehen parallel zu den Schuppenreihen sieben mehr oder weniger deutliche, rot- bis dunkelbraune Längslinien, zwischen denen sich die glänzenden Mittelfelder der einzelnen dazwischenliegenden Schuppen wie Perlenreihen abheben. Kiemendeckel blaugrün mit leuchtendrotem, goldgrün umsäumtem Fleck. Bei Wohlbefinden und in der Laichzeit schimmert der ganze Körper, besonders aber die Brustgegend, rötlich bis rot. D und A an der Basis grünlich, im Mittelfeld ziegelrot, Rand gelb. C braunrot bis ziegelrot. ♀ blasser gefärbt, Kehle und Brust höchstens zart orangerot. Eine farbintensivere Form aus dem Jardine Fluß (Kap-York-Halbinsel) und dem südl. Papua-Neuguinea wurde zuerst als *M. sexlineata* bekannt. Die Grundfärbung ist ähnlich. Drei der etwa sieben Längslinien in der Körpermitte sind kräftiger, wobei jeweils auf eine stärkere Linie eine schwächere folgt. D_1, D_2 und A gelblich mit submarginalem, schwarzem Saum, D_1 und D_2 nachfolgend weißlich grau, A vorn rot gesäumt.
Pflege des genügsamen, sehr friedlichen Schwarmfisches in mäßig bepflanzten, geräumigen Becken, auch für das Gesellschaftsaquarium geeignet. Temperatur 23–25 °C, Lebend- und Trockenfutter. Etwas Morgensonne sollte dem Becken nicht fehlen. Die Tiere laichen oft viele Tage nacheinander in den Morgenstunden am liebsten zwischen feinfiedrigen Pflanzen. Zucht leicht. Die Eier kleben mit kurzen Fäden an den Pflanzen an, die Jungen kommen bei 25 °C nach 7–10 Tagen aus. Sie sind dunkel, hängen zunächst an Scheiben und Pflanzen und schwimmen erst nach einigen Tagen frei unter der Wasseroberfläche. In den ersten Tagen sind sie mit Staubfutter zu ernähren, nehmen später jedoch auch Trockenfutter. Die Elterntiere können bis zum Schlüpfen im Zuchtbecken belassen werden, keine Laichräuber. Die Zahl der abgesetzten Eier, die vor Licht zu schützen sind, kann 150–200 betragen. Aufzucht leicht. Siehe auch ALLEN (Rev. fr. Aquariol., 8, 47–56, 1981).

Melanotaenia nigrans (Abb. 457)
(RICHARDSON, 1843)
Schwarzband-Regenbogenfisch

Mittleres Nordaustralien (Northern Territory), Kap-York-Halbinsel; bis 8 cm, ♀ kleiner.
D_1 4–6; D_2 1/8–11; A 1/15–19; P 12–14; mLR 33–35; QR 10. Gehört zu den gestreckteren Arten der Gattung. Rücken grünoliv bis leicht braun, Bauch weißlich bis silberfarben. Von der Schnauzenspitze bis zur C-Basis eine breite dunkelbraune bis schwarze Längsbinde. Flossen durchscheinend bis leicht gelblich. ♂ größer, besonders in den Flossen kräftiger gefärbt.
Pflege und Zucht siehe Familienbeschreibung.
Der Name *M. nigrans* wurde in der Aquaristik viele Jahre für *M. splendida fluviatilis* verwendet. Der Import der echten *M. nigrans* erfolgte erst in den letzten Jahren.

Melanotaenia papuae
ALLEN, 1981
Papua-Regenbogenfisch

Umgebung von Port Moresby im südlichen Papua-Neuguinea; bis 7 cm.
D_1 4–6; D_2 1/9–12; A 1/14–18; P 12–14; mLR 32–35; QR 9–10. Körpergestalt siehe Gattungsbeschreibung. Rücken grau bis olivgrün, Seiten bläulich schimmernd, Unterseite silberweiß, auf der oberen Hälfte des Kiemendeckels häufig ein roter Fleck. In der Mitte der Körperseiten zwei dünne schwarze Längsstreifen, von denen sich der untere stark verbreiternd bis etwa zum Augenhinterrand erstreckt und in der hinteren Körperhälfte rot (♂♂) bis gelb oder orangefarben (♀♀) gefärbt ist. 3–4 bräunliche Streifen oberhalb und 3–4 schwärzliche Streifen unterhalb der Längsstreifen in der Körpermitte. D_1, D_2, A und C leicht gelblich. A an der Basis mit einer Reihe schwarzer Flecke, V weißlich. ♂ kräftiger gefärbt, siehe auch Gattungsbeschreibung.
Pflege und Zucht wie in der Familienbeschreibung angegeben. Nahe verwandt mit *M. ogilbyi, M. maccullochi* und *M. sexlineata*, von denen sich *M. papuae* aber in der Färbung unterscheidet. *M. maccullochi* und *M. sexlineata* haben kein deutlich kräftigeres mittleres Längsstreifenpaar. *M. ogilbyi* zeigt eine breite mittlere Längsbinde.

Melanotaenia parkinsoni
ALLEN, 1980
Parkinsons Regenbogenfisch

Umgebung von Port Moresby im südl. Papua-Neuguinea; bis 12 cm.
D_1 5–6; D_2 1/9–12; A 1/18–23; P 13–15; mLR 32–37; QR 10–11. Körper gattungstypisch gestaltet. ♂ blaugrau, Körperunterseite silberweiß. Zwischen jeder Schuppenreihe eine schmale, orangefarbene, besonders in der hinteren Körperhälfte deutliche Längsbinde. D_1, D_2, A, V und C orangefarben, außen grünlich

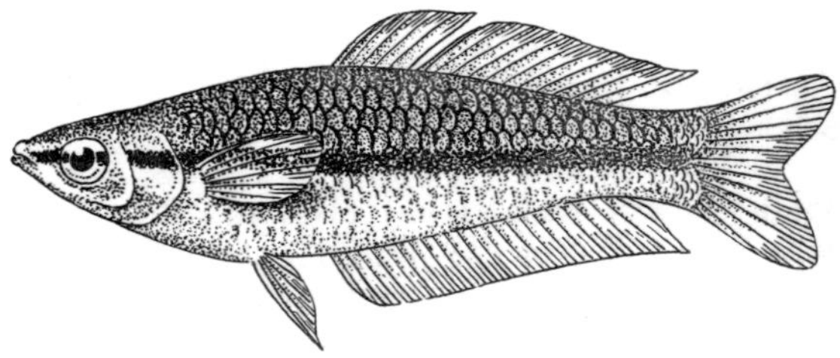
Abb. 457 *Melanotaenia nigrans*

bis dunkel. ♀ schlichter gefärbt, besonders die orangefarbenen Zeichnungen weniger leuchtend.
Pflege siehe Familienbeschreibung.

Melanotaenia pimaensis
ALLEN, 1980

Pima (Fluß im südlichen Papua-Neuguinea); bis 8 cm.
D_1 4–6; D_2 1/12–17; A 1/20–24; P 13–16; mLR 16 bis 22; QR 11–13. Etwas gestrecktere Art. Insgesamt mehr oder weniger hellblau, Rücken dunkler, Bauch heller. Hinter dem Auge beginnt eine dunkelblaue (♂) bis braunschwarze (♀) Längsbinde, die an der Basis der C endet und oben und unten gelblich begrenzt ist. ♀ schlichter gefärbt, siehe auch Gattungsbeschreibung.
Pflege und Zucht wie in der Familienbeschreibung angegeben. Eng verwandt mit *M. goldiei*, von der sich *M. pimaensis* durch die etwas geringere Körperhöhe, die abgerundete Schnauze (spitz bei *M. goldiei*), die geringere Gesamtlänge und die Färbung unterscheidet. Bei *M. pimaensis* ist im Gegensatz zu *M. goldiei* der Längsstreifen nicht deutlich aufgehellt oder unterbrochen.

Melanotaenia splendida
(PETERS, 1866)

Nordaustralien, südliches Papua-Neuguinea, Aru-Inseln, weitverbreitet und häufig; bis 13 cm, ♀ kleiner.
Entsprechend dem großen Verbreitungsgebiet variiert die Art in Körperform und Färbung stark. ALLEN und CROSS (1982) unterscheiden folgende sechs Unterarten:

Melanotaenia splendida australis
(CASTELNAU, 1875)

Nordwestliches Australien; 10 cm.
D_1 4–6; D_2 1/7–12; A 1/16–21; P 12–16; mLR 33–35; QR 10–13. Färbung sehr variabel. Hell olivbraun bis dunkelbraun, Rücken dunkler, Bauch weißlich bis bräunlich. Eine breite schwarze Längsbinde vom Augenhinterrand bis zur Basis der C. Diese Längsbinde ist in einigen Populationen schwach ausgeprägt und kann sogar fehlen. Auf der hinteren Körperhälfte 3 bis 5 schwarze Linien. Flossen gelblich bis rötlich, oft mit roten Flecken.

Melanotaenia splendida fluviatilis (Taf. 204)
(CASTELNAU, 1878)

Südöstliches Australien; bis 10 cm.
D_1 4–6; D_2 1/8–13; A 1/17–20; P 13–15; mLR 33–36; QR 10. ♂ matt silberfarben, bei Wohlbefinden mit bläulichem bis blaugrünlichem Schimmer auf dem Rücken und im oberen Teil der Körperseiten. Entlang der Seitenmitte tritt ein oft undeutliches, unscharf begrenztes dunkles Längsband hervor, auf dem Schwanzstiel 3–4 rote Längslinien zwischen den Schuppenreihen. Auf dem Kiemendeckel ein kräftig roter Fleck. Iris goldfarben. Unpaare Flossen an der Basis meist mit rötlichen bis bräunlichen Tüpfeln, D und A häufig schmal schwarz gesäumt, paarige Flossen farblos. Während der Paarung sind alle Farben kräftiger. ♀ nicht so kräftig gefärbt, Flossen farblos, auch die roten Linien auf dem Schwanzstiel fehlen in der Regel.
Früher bekannt als *Melanotaenia fluviatilis*.

Melanotaenia splendida inornata (Taf. 205)
(CASTELNAU, 1875)

Nordaustralien, Kap-York-Halbinsel sowie Prince of Wales (Insel) und Badu; bis 12 cm.
D_1 5–7; D_2 1/9–12; A 1/17–21; P 12–16; mLR 31–35; QR 10–12. Die ♂♂ dieser Unterart sind im Alter offenbar hochrückiger als die anderen Formen. Rücken bräunlich, Bauch weißlich bis silberfarben. Schuppenreihen oben und unten mit einem braunroten bis schwarzen schmalen Längsstreifen, der in der hinteren Körperregion am kräftigsten hervortritt. Schuppen z. T. blau bis blaugrün irisierend. Senkrechte Flossen rotbraun mit zahlreichen für diese Unterart typischen gelben Glanzflecken, besonders in der C. Diese Form war zuerst unter dem Namen *Melanotaenia maculata* (nicht WEBER, 1908, sondern ALLEN, 1978) verbreitet (Trop. fish hobb., 26, S. 98, und Aquar. Terr., 27, 267, 1980). *Aidapora carteri* WHILEY, 1935, ist ein Synonym dieser Unterart.

Melanotaenia splendida rubrostriata (Taf. 205)
(RAMSEY und OGILBY, 1886)

Südliches Papua-Neuguinea, Aru-Inseln und Insel Dru; bis 14 cm.
D_1 5–7; D_2 1/9–12; A 1/18–23; P 13–15; mLR 31–36; QR 11–14. Bläulichsilbern, Rücken stärker olivfarben, Bauch mehr grünlich. Zwischen den Schuppenreihen der Körperseiten rote bis braune, mit zunehmendem Alter dunkler werdende, aus Punkten zusammengesetzte Längsbinden. Senkrechte Flossen dunkelrot und gelb marmoriert. *Melanotaenia maculata* WEBER, 1908, ist ein Synonym dieser Unterart.

Melanotaenia splendida splendida
(PETERS, 1866)

Nordwestaustralien (Queensland), westl. Kap-York-Halbinsel; bis 12 cm.
D_1 5–7; D_2 1/9–13; A 1/17–22; P 11–16; mLR 33–36; QR 10–12. Von dieser Unterart sind besonders viele Lokalrassen bekannt, eine allgemeingültige Farbbeschreibung ist deshalb nicht möglich. Meist bräunlich bis bläulich mit z. T. starkem Silberglanz, Rücken dunkler, Bauch weißlich. Einige Populationen mit schwachem dunklem Längsband vom Augenhinterrand bis zur Basis der C und 2–4 schmalen, dunklen Linien in der unteren Körperhälfte. D_2, C und A häufig schwach gepunktet.

Melanotaenia splendida tatei
(ZIETZ, 1896)

Mittelaustralien; bis 9 cm.
D_1 5–7; D_2 1/8–11; A 1/17–21; P 13–16; mLR 34–37; QR 10–12. Mehr oder weniger einheitlich gelblichgrün mit bräunlichen Schuppenrändern und schwach angedeuteten schmalen Längsbinden. Flossen mit oder ohne bräunliche Flecke.
Die ♂♂ aller Unterarten sind kräftiger gefärbt, meist größer und im Alter hochrückiger.
Pflege und Zucht siehe Familienbeschreibung.

Melanotaenia trifasciata (Taf. 205)
(RENDAHL, 1922)
Gebänderter Regenbogenfisch

Nördliches Australien, Kap-York-Halbinsel, MacIvor (Fluß), Mary (Fluß) u. a.; bis 12 cm. ♀ kleiner.
D_1 5–6; D_2 1/12–16; A 1/18–23; P 14–17; mLR 33; QR 11–12. Körperform gattungstypisch. Grünlichbraun bis braunoliv, Rücken dunkler, Bauch fast silberweiß, Körperseiten bläulich bis gelbgrün schimmernd, auf der unteren Hälfte des Kiemendeckels gelegentlich ein kleiner roter Fleck. Vom Hinterrand des Auges bis zur Basis der C-Wurzel eine dunkelbraune bis schwarze Längsbinde, die oben und unten, besonders aber in der hinteren Körperregion, rot eingefaßt ist. Ein zweiter dunkler, undeutlich begrenzter, nach hinten spitz auslaufender Streifen ist gelegentlich in der unteren Körperhälfte ausgeprägt. D_2, A und besonders die äußeren Strahlen der C rötlichbraun, D_2 und A schwarz gesäumt, D_1 und V vorn schwarz. Alttiere prächtig einfarbig grünoliv mit dunklen Schuppenrändern und ohne Längsbindenzeichnung. ♂ kräftiger gefärbt, siehe auch Gattungsbeschreibung.
Pflege und Zucht siehe Familienbeschreibung.

Gattung *Popondetta* ALLEN, 1980

Kleine, etwa 6 cm Gesamtlänge nicht überschreitende Regenbogenfische, die in ihrer Körperform stark an die Gattung *Pseudomugil* erinnern, mit der sie auch am nächsten verwandt sind. Die Unterschiede betreffen die Anzahl der weichen Flossenstrahlen der A (15–20 anstatt 8–12 bei *Pseudomugil*), die abweichende Form des Schultergürtels und die Ausprägung der Schuppen. Östliches Papua-Neuguinea. Zwei Arten.

Popondetta connieae (Taf. 207)
ALLEN, 1981

Umgebung von Popondetta, Papua-Neuguinea; bis 6 cm, ♀ kleiner.
D_1 5–8; D_2 1/8–11; A 1/16–19; P 10–12; mLR 30–33; QR 6. Körper langgestreckt, seitlich stark zusammengedrückt. Gelblich bis gelbbraun, in der hinteren Körperhälfte bläulich schimmernd, Rücken bräunlich, Bauch fast weiß. Schuppen der Körperseiten teilweise mit schwarzem Rand. Eine schmale dunkelbraune bis schwarze Linie beginnt etwa in Höhe der P und endet auf den mittleren Flossenstrahlen der C in einem breiten Dreieck. D_2 durchscheinend bis gelblich mit dunkelbraunem Mittelstreifen, der bei den ♂♂ stärker ausgeprägt ist, A durchscheinend, bei den ♂♂ breit braunschwarz und nachfolgend blau gesäumt, C außen gelblich bis bläulich, mittlerer Teil mit schwarzem Dreieck, P durchscheinend, Spitzen bläulich. ♂: D_1 verlängert, mit breitem, dunkelbraunem Band, Spitzen gelblich, V schwarz.
Pflege und Zucht siehe Familienbeschreibung. Die Jungfische schlüpfen bei 25–28 °C nach etwa 15–20 Tagen.
Popondetta furcata (NICHOLS, 1955), die zweite bekannte Art, läßt sich leicht an den schwarzen Randstrahlen erkennen, die die C oben und unten begrenzen (Taf. 207).

Gattung *Pseudomugil* KNER, 1865

Körper langgestreckt, seitlich zusammengedrückt. Stachelähnliche unverzweigte Flossenstrahlen weich und flexibel. A 1/9–14. ♂♂ meist mit deutlich verlängerter D_1, D_2, A und V. Kein stark ausgeprägter Geschlechtsunterschied in der Körperhöhe adulter Tiere. Nord- und Ostaustralien, südliches Neuguinea, Aru-Inseln, im Süß-, Brack- und gelegentlich auch im Meerwasser. Etwa acht Arten.

Pseudomugil gertrudae (Taf. 206)
WEBER, 1911

Nordaustralien, südl. Papua-Neuguinea, Aru-Inseln; bis 4 cm.
D_1 2–5; D_2 6–7; A 1/8–10; P 8–11; mLR 27–28; QR 6–7. Körper gattungstypisch gestaltet. Kopf und Bauch gelblich bis hell olivfarben, Körperseiten besonders im schwanznahen Teil weißlich, meist stark silbern bis hellblau irisierend. Iris blau. Schuppen mit dunkelbraunen bis schwarzen Punkten, die auf den Körperseiten etwa fünf Punktreihen ergeben, von denen die zweite, besonders im hinteren Teil, zu einer Längsbinde zusammenfließt. Eine weitere dunkle Binde beginnt an der Bauchunterseite kurz vor der A und zieht bis zur Basis der C. D_2, A und C durchscheinend bis silberfarben oder hellblau schimmernd mit dunklen Tüpfeln, D_1, P und V durchscheinend, verlängerte Flossenstrahlen außen weißlich. ♂ schlanker, D_1 und V stärker ausgezogen.
Pflege und Zucht siehe Familienbeschreibung.

Pseudomugil paludicola
ALLEN und MOORE, 1981

Westl. Papua-Neuguinea nahe Tureture; bis 2,5 cm.
D_1 2–4; D_2 5–7; A 1/12–14; P 12–13; mLR 27–28; QR 5. Körper gattungstypisch gestaltet. Kopf und Bauch silberweiß, sonst durchscheinend. In der oberen Körperhälfte zahlreiche kleine Punkte, die auf den Körperseiten entlang der Schuppenränder ein netzartiges Muster bilden. Vom Kiemendeckelhinterrand bis zur C-Basis eine dünne, dunkle Linie. Iris blau. V hellgelb. ♂ schlanker, D_1, D_2, A und V mit verlängerten Strahlen. Rand der D_2 gelb. ♀ gedrungener, Flossen nicht verlängert, C-Basis und vorderer Teil der A hellgelb.
Pflege und Zucht siehe Familienbeschreibung.

Pseudomugil signifer (Taf. 206)
KNER, 1864
Schmetterlings-Regenbogenfisch

Australische Pazifikküste und vorgelagerte Inseln; bis 4,5 cm.
D_1 III–V; D_2 6–9; A 10–12; P 11–12; mLR 26–30; QR 6. Körper gattungstypisch. Insgesamt stark durchscheinend gelbgrün, bei auffallendem Licht, besonders in der unteren Körperhälfte, leicht bläulich schimmernd, Bauch weiß-silbern. Von dem Ansatz der P bis in die C-Wurzel erstreckt sich eine meist undeutliche dunkle Binde, die oben von einer glänzenden Linie begleitet wird. Auge grau bis bläulich irisierend. D_1 glasartig durchsichtig bis leicht weißlich bereift, erster Flossenstrahl beim ♂ schwarz.
Zweite D, C und A zart gelblich, bei erwachsenen ♂♂ oft kräftig gelb, teilweise mit schwarzen Flossenstrahlen. ♂ zur Laichzeit mit roter A, auch die D_2 und die C zeigen rote bis orange Farbtöne, die zu den schwarzen Flossenstrahlen und z. T. auch Flossenrändern in prächtigem Kontrast stehen.
Pflege und Zucht des sehr lebhaften Schwarmfisches siehe Familienbeschreibung. Über eine gelungene Zucht berichtet PUSCHMANN (Aquar. Terr. 9, 360 bis 364, 1962). Nach seinen Angaben ist die Art nicht empfindlich. Die Zucht bereitet keine besonderen Schwierigkeiten. Eier relativ groß. Die Jungfische schlüpfen bei 23–28 °C nach 14–18 Tagen. Die Elterntiere stellen den Eiern und Jungfischen nicht nach.

Familie Phallostethidae
Kehlphallusfische

Sehr kleine, vermutlich in die Verwandtschaft der Atherinidae (Ährenfische) und Melanotaeniidae (Regenbogenfische) gehörende, zahnkarpfenähnliche Fische (Abb. 459), die an einigen Stellen Südostasiens sowie auf den Philippinen im Süß- und Brackwasser vorkommen (Abb. 458). Sie sind vor allem durch ein eigenartiges, nur bei den ♂♂ ausgebildetes

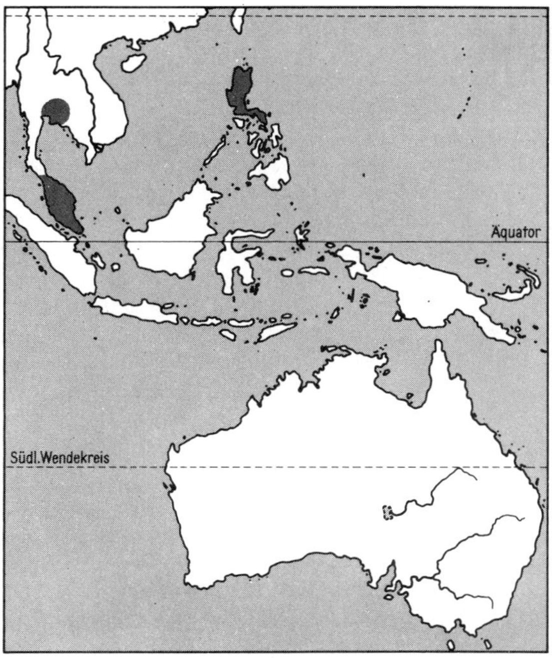

Abb. 458 Verbreitungsgebiet der Phallostethidae

Organ in der Kehlregion bekannt geworden. Dieses Priapium besteht aus einem sackförmigen Stammteil und 2–3 säbelartigen, nach vorn gerichteten Fortsätzen. Es wird von Knochenelementen gestützt und ist am Schultergürtel und Kopf befestigt. Die Afteröffnung sowie die Harnleiter und die Geschlechtsöffnung sind in das Priapium einbezogen. Die entsprechenden Öffnungen der ♀♀ liegen zwischen den Pn. Das Organ dient nicht zur inneren Befruchtung der Eier, sondern hat wahrscheinlich eine Funktion bei

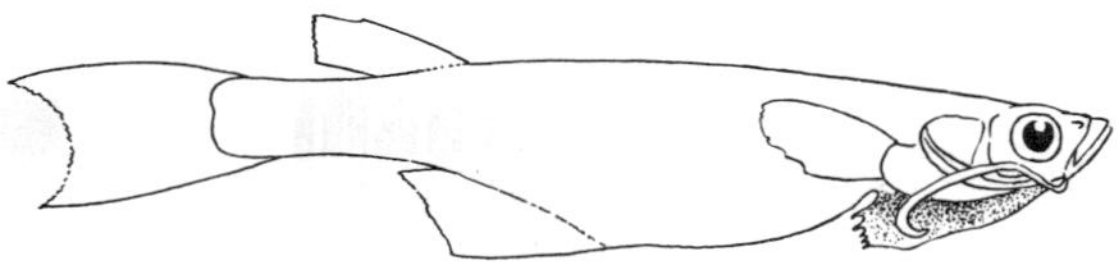

Abb. 459 Typ eines Phallostethiden, *Neostethus lankesteri* (nach WEBER und DE BEAUFORT)

der Paarung oder bei der Unterbringung der Eier am Bodengrund. Die Phallostethidae sind relativ transparente Fische, die vor allem in trüben Gewässern vorkommen. Vor der weichstrahligen D stehen 1–2 isolierte Stacheln, die als stark reduzierte D_1 aufgefaßt werden können, C eingeschnitten, A lang, keine V. Zu dieser Familie gehören die kleinsten Fischarten überhaupt. Die ♂♂ von *Phenacostethus smithi* werden nur 18 mm, die ♀♀ maximal 20 mm lang. Importiert wurden bislang mehrere Arten, über die Pflegeansprüche ist allerdings kaum etwas bekannt.

Familie Gasterosteidae
Stichlinge

Die Stichlinge sind Bewohner der nördlichen Hemisphäre und kommen hier sowohl im küstennahen Meer und Brackwasser als auch im Süßwasser vor (Abb. 460). Die meisten Arten sind aus Nordamerika bekannt. Körper torpedoförmig, seitlich nur wenig abgeflacht, Schwanzstiel sehr schlank. Kopf bei einigen Arten zugespitzt, Maul klein, Unterkiefer in der Regel vorspringend. Kiefer bezahnt, Pflugschar- und Gaumenbein zahnlos. Zwischenkiefer vorstreckbar. Haut nackt oder mit quergestellten Knochenplatten. Die D besteht aus 3–16 aufrichtbaren Einzelstacheln und 6–14 Weichstrahlen, C abgerundet, A ähnlich gestaltet wie der weichstrahlige Teil der D, V klein

Abb. 460 Verbreitungsgebiet der Gasterosteidae

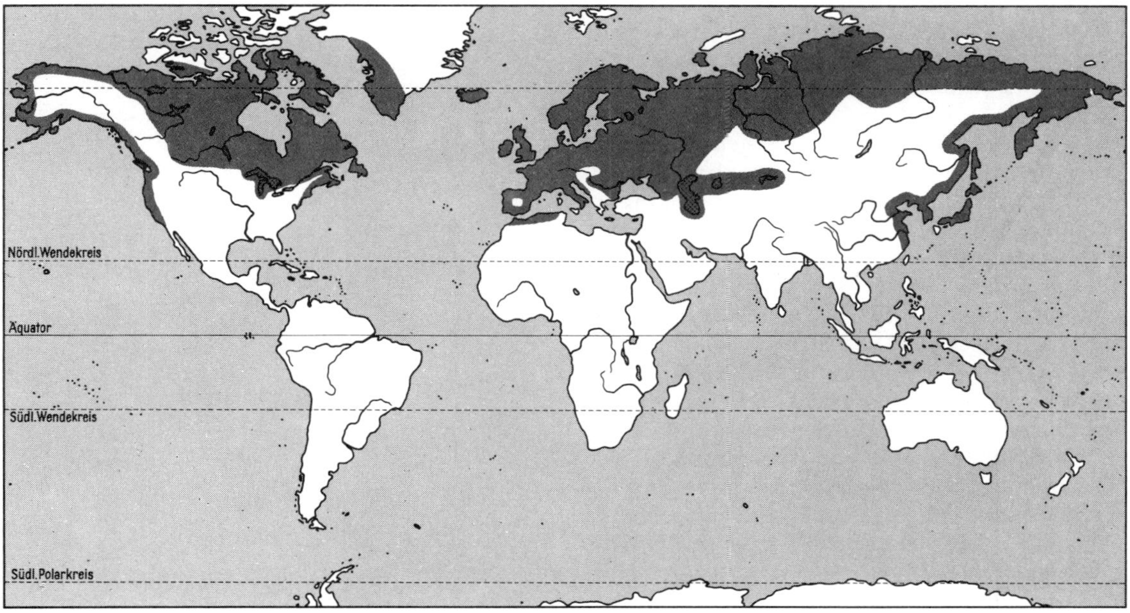

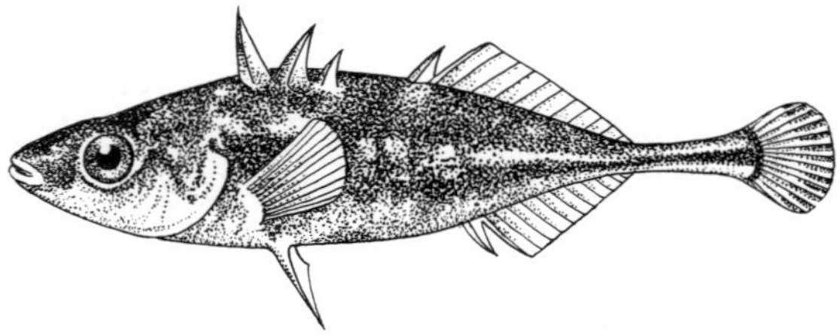

Abb. 461 *Apeltes quadracus*

mit langem, kräftigem Stachel, kurz hinter den Pn angesetzt. Beckenknochen mit dem Schultergürtel verbunden. Gewandte Schwimmer, die sich hauptsächlich von Kleintieren ernähren. Viele Arten bauen zur Laichzeit Nester.

Apeltes quadracus (Abb. 461)
(MITCHILL, 1815)
Vierstachliger Stichling

Von Labrador bis Virginia, hauptsächlich in Brack- und Meerwasser; bis 6 cm.
D_1 III, D_2 I/11–12; A I/8–9; P 10–11;, V I/1. Ähnlich gestaltet wie unser einheimischer Stichling, jedoch stehen drei Stacheln weit vor, der 4. Stachel unmittelbar vor der D. Färbung entsprechend dem großen Verbreitungsgebiet sehr variabel. Oberseits meist braun bis grünlich, unterseits hell, silberfarben, an den Körperseiten einzelne wolkige Flecke. Zur Laichzeit sind die ♂♂ unterseits fast samtschwarz, oberseits dunkel olivgrün, V rot.
Hinsichtlich der Biologie, besonders der Art der Fortpflanzung, entspricht *Apeltes quadracus* fast vollständig unserem Dreistachligen Stichling. Eine erfolgreiche Hälterung ist nur in brackigem Wasser möglich (80–100 g Seesalz auf 10 Liter Wasser).

Gasterosteus aculeatus (Taf. 208, Abb. 462)
LINNAEUS, 1758
Dreistachliger Stichling, Rotzbarsch

Sehr weit verbreitet in Europa (Ausnahme Donaugebiet), in Algerien, Nordasien, Nordamerika, auch im Brackwasser häufig; bis 10 cm.
D_1 III(–IV), D_2 10–12; A I/8; P 9–10; V I/1–2. Vor der weichstrahligen Rückenflosse stehen drei aufrichtbare Stacheln, von denen der mittlere am größten ist. Jeder Stachel mit kurzer segelartiger Flossenmembran. Körperseiten mit oder ohne Knochenplatten. Populationen, die ausschließlich im Süßwasser leben, haben nur wenige (selten keine) Knochenplatten (forma *leiurus*), solche, die im Meer- und Brackwasser leben und zum Laichen in das Süßwasser aufsteigen, zahlreiche Knochenplatten (forma *trachurus*), zwischen beiden Formen steht eine dritte (forma *semiarmatus*) mit reinen Süßwasserpopulationen und wandernden Brackwasserpopulationen. Die Formen unterscheiden sich auch im Schwanzstiel, der bei f. *trachurus* beidseitig gekielt, bei f. *leiurus* glatt ist (Abb. 462). Alte Tiere sind oft hochrückig. Oberseite grünlich bis bräunlich, oft marmoriert, selten blauschwarz. Über eine mehr oder weniger gelbliche Zone geht die Färbung der Oberseite in die silberne Unterseite über. Zur Laichzeit ist die Unterseite der ♂♂ orangerot, die Oberseite seegrün, Iris des Auges dann leuchtend blaugrün. ♀ silbrig oder grünlichgrau, Auge silbrig mit feinem grünem Schimmer, zur Laichzeit manchmal etwas rot. Laichreife ♀♀ lassen sich leicht an der Körperfülle erkennen.
Der Stichling ist ein sehr zu empfehlendes Pflegeobjekt für das Kaltwasserbecken. Tiere aus stehenden Gewässern sind für die Haltung im Aquarium besonders geeignet. Größere, gut bepflanzte, mit einheimischen Wasserpflanzen versehene Becken, die sonnig stehen, sagen dieser genügsamen Art am besten zu. Auch im Sommer soll die Temperatur nicht über 22 °C steigen. Eine Durchlüftung ist bei gutem Pflanzenwuchs entbehrlich. Lebendfutter, wie Kleinkrebse, Würmer, Mückenlarven u. a. Der Stichling frißt in freier Natur auch Fischlaich und Brut. Im Winter müssen die Tiere kalt gehalten werden, 5–8 °C.
Laichzeit nach kalter Überwinterung im April bis Juni. Zu einem ♂ setzt man am besten mehrere ♀♀. Das ♂ beginnt sehr bald mit der Revierabgrenzung und dem Nestbau im Zentrum des Reviers. Dazu werden auf dem Bodengrund zwischen Pflanzenstengeln Algen und Pflanzenteile angesammelt und mit einem Stoff, der aus der Niere abgeschieden wird, zu einem tonnenförmigen Nest verkittet. Jedes sich nahende Wasserinsekt oder jeder andere Fisch wird vertrieben, Insektenlarven werden mit Vorliebe mit dem Maul erfaßt und in die entgegengesetzte Ecke des Beckens getragen. Nach Fertigstellung des Nestes lockt das ♂ mit einem Zickzack-Tanz ein laichbereites ♀ zum Nest, schließlich schlüpft dieses ins Nest und laicht ab. Voraussetzung dafür ist allerdings, daß das vor dem Nest stehende ♂ das ♀ an der herausra-

Abb. 462 Hautknochenschilder von *Gasterosteus aculeatus*. Oben: forma *trachurus*, Mitte: forma *semiarmatus*, unten: forma *leiurus* (nach WOOTON)

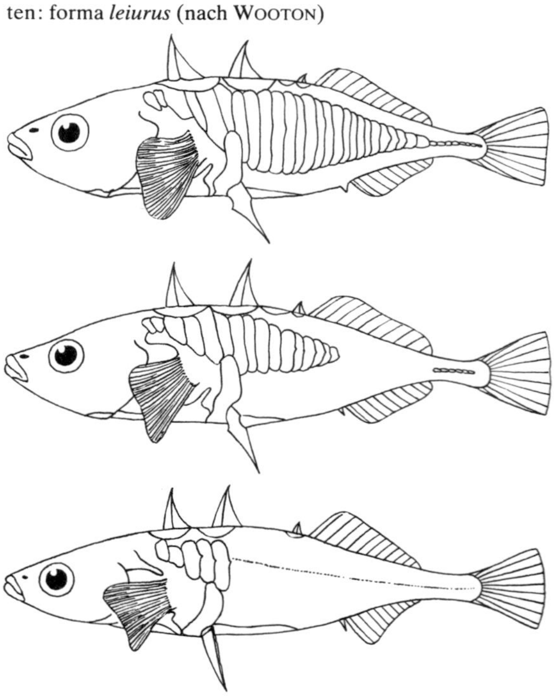

genden Schwanzwurzel stößelt. Nach dem Ablaichen verläßt das ♀ das Nest am entgegengesetzten Pol und schwimmt weg. Das ♂ schlüpft nun schnell, die Eier besamend, auf dem gleichen Weg durch das Nest. Das ♀ legt auf einmal alle laichreifen Eier ab. Der Vorgang des Ablaichens kann mit anderen ♀♀ wiederholt werden. Nach dem Laichgeschäft beißt das ♂ die ♀♀ fort, die nun am besten herausgefangen werden. Brutpflege sehr intensiv. Zitternd steht das ♂ zunächst vor dem Nest und fächelt mit C und Pn den Eiern Frischwasser zu, bessert da und dort das Nest aus und jagt jedes größere Tier fort, das in die Nähe kommt. Während dieser Zeit nimmt der Stichling keine Nahrung zu sich. Die Jungen schlüpfen nach 10–14 Tagen und werden auch weiterhin vom ♂ betreut, bis sie schließlich so weit herangewachsen sind, daß sie selbst auf Gefahren achten und sich diesen entziehen können. Zu diesen Gefahren gehört von nun an auch das ♂ (Beschreibung teilweise nach WICKLER).

Pungitius pungitius (Taf. 191)
(LINNAEUS, 1758)
Neunstachliger Stichling, Zwergstichling

An den Küsten der Nord- und Ostsee, jedoch auch in küstennahen und -fernen Binnengewässern; bis 6 cm. D_1 IX–X, D_2 10–11; A I/9–11; P 9–10; V II/1. Schlanker als der Dreistachlige Stichling, zehn Knochenplatten auf dem Schwanzstiel, selten ganz nackt. Vor der D stehen 9–10 Stacheln. Oberseits graugrün bis braun, Körperseiten heller, gelblich, oft mit verwaschenen dunklen Flecken oder Querbinden, unterseits silbrig. Zur Laichzeit nehmen Kehle und Brust der ♂♂ eine samtschwarze Tönung an, seltener werden die ♂♂ ganz schwarz.
Pflege und Zucht wie bei der vorhergehenden Art, jedoch laicht der Zwergstichling in Gefangenschaft wesentlich schwerer ab. Brackwasserformen müssen langsam an Süßwasser gewöhnt werden. Die ♂♂ bauen ihr Tonnennest nicht auf dem Grund, sondern hängen es zwischen Pflanzen auf.
Von der Art sind zwei Unterarten bekannt: *Pungitius pungitius pungitius*, Europa, *Pungitius pungitius sinensis*, nördliches Ostasien. Vom Schwarzen Meer bis zum Asowschen Meer kommt der Südliche Zwergstichling *(Pungitius platygaster)* vor.
Auch der nur 30 mm lange, in die weitere Verwandtschaft der Syngnathidae gehörende *Indostomus paradoxus* PRASHAD und MUKERJI, 1929, irreführend als Burmastichling bezeichnet, wurde bereits importiert (Taf. 208).

Familie Syngnathidae
Seenadeln, Seepferdchen

Seenadeln, Schlangennadeln und Seepferdchen sind die allgemein bekannten Vertreter dieser weltweit verbreiteten Familie. Die meisten Vertreter leben in den flachen Küstengewässern gemäßigter und tropischer Meere und bevorzugen dort die Seegras- und Algenzonen. Auch in unseren nördlichen Meeren, der Ost- und Nordsee, sind einzelne Vertreter der Familie beheimatet. Der Artenreichtum und die Vielgestaltigkeit nehmen jedoch gegen den Äquator hin zu. Charakteristisch für die ganze Familie ist vor allem der geschlossene Hautknochenpanzer, der sich aus großen Knochenplatten zusammensetzt, die zu Körperringen zusammengeschlossen sind und das Tier ganz einhüllen. Aber auch die Verwachsung der ersten drei Wirbelkörper, das röhrenförmig verlängerte Maul, die Beflossung (Vn fehlen), die Beweglichkeit der Augen, die büschelartigen Kiemen u. a. sind Besonderheiten, die die Eigenart dieses Fischtyps betonen. Der Fortbewegung dienen die sehr schnell wellenartig schlagende (undulierende) D und die sich ständig bewegenden Pn. Seenadeln und Schlangennadeln führen zudem oft schlängelnde Bewegungen aus, allerdings ohne die Fortbewegung damit wesentlich zu fördern. Seepferdchen schwimmen, besser schweben, meist senkrecht im Wasser und können sich mit ihrem eigenartigen flossenlosen Greifschwanz an Pflanzenstengeln u. a. anklammern. Auch die meisten Seenadeln und Schlangennadeln nehmen gelegentlich eine solche Ruhestellung ein. Beutetiere, meist Kleinkrebse oder auch Larven anderer Tiere sowie kleine Fischchen, werden eingesaugt, nicht geschnappt. Durch eine plötzliche Erweiterung des engen, röhrenförmigen Mauls entsteht ein Sog, mit dem die Beute in das Maul gerissen wird. Der Sog, manchmal von einem hörbaren dumpfen Ton begleitet, ist so kräftig, daß selbst Tiere, die größer als die Maulöffnung sind, durch diese gerissen werden. Biologisch besonders interessant ist die Fortpflanzung der brutpflegenden Tiere. Während der eigenartigen, von charakteristischen Schwimm- und Umschlingungsbewegungen begleiteten Paarung übertragen die ♀♀ mit einer langen Legeröhre die Eier auf das ♂, das allein die Brutpflege übernimmt. Bei einigen Gattungen werden die Eier einfach vor oder hinter der Afteröffnung reihenweise in kleine Vertiefungen der verdickten Bauchhaut geklebt. Die Anheftungsfelder sind entweder ohne jegliche Begrenzungsstrukturen, nur seitlich durch Hautfalten bzw. kielartige Leisten begrenzt, oder durch seitliche Hautfalten bzw. bogig vorspringende Knochenplatten vollkommen bedeckt (Abb. 463). Diese Brutbeutel erlangen schließlich bei den Seepferdchen höchste Vollkommenheit und sind dort bis auf eine vordere Öffnung vollkommen geschlossen. Die Füllung des Brutbeutels erfolgt stets von vorn. Durch besondere Bewegungen verschieben die ♂♂ die vorn liegenden Eier nach hinten, um einer neuen Eiserie Platz zu machen, bis schließlich der Beutel voll ist. Die Jungfische schlüpfen im Beutel und verlassen diesen, sobald sie völlig selbständig geworden sind. Die große Familie stellt nur ganz wenige Süßwasserformen, und zwar ausschließlich aus der Gruppe der Schlangen- und Seenadeln. Diese konnten an ganz verschiedenen Orten der Erde in das Süßwasser vordringen.

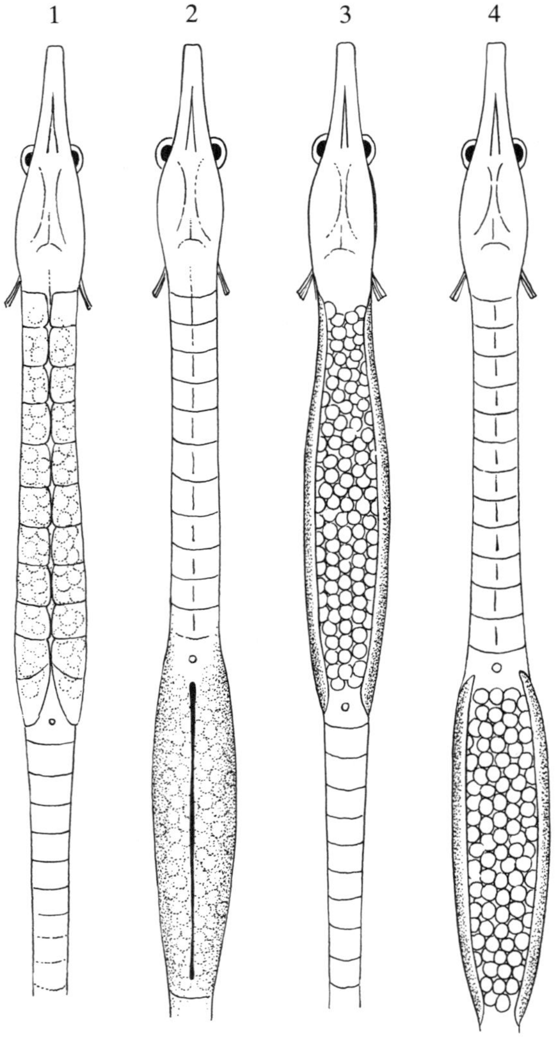

Abb. 463 Anheftung der Eier und Bruttaschen bei Syngnathidae-♂♂: 1 und 2) Geschlossene Bruttasche vor dem After (z. B. Gattung *Doryichthys*) oder hinter dem After (z. B. Gattung *Syngnathus*). 3 und 4) Offene Bruttasche vor dem After (z. B. Gattung *Microphis*) oder hinter dem After (z. B. Gattung *Corythoichthys*)

Diese Anpassungsfähigkeit zeigt sich schon bei unserer Ostseeform deutlich. So trifft man die Kleine Schlangennadel *(Nerophis ophidion)* nicht selten in völlig ausgesüßten Randgewässern der Ostsee. Dagegen ist von dem Seepferdchen keine Süßwasserform bekannt.
Viele der importierten Arten wurden nicht eindeutig bestimmt, die Farbbeschreibungen und Namen gelten deshalb nur mit Vorbehalt.

Doryichthys deokhatoides (Taf. 208)
(BLEEKER, 1853)

Thailand, Malaiische Halbinsel, Sumatra, Kalimantan (Borneo), in Bächen und Flüssen; bis 18 cm.
D 30–35; A 3–4; P 18–23; C 8–10; 17–20 Rumpfringe, 31–35 Schwanzringe. Afteröffnung vor der Körpermitte gelegen. Die Eier werden beim ♂ auf der ganzen Bauchseite vor der Afteröffnung angeheftet und von zwei seitlichen Falten aus Knochenschildern (Abb. 463) vollkommen bedeckt. Grünlich, unterseits dunkler. Auf den Körperseiten vor der Rückenflosse einzelne dunkle Punkte. Ein schwarzer Strich von der Schnauze über das Auge zum Kiemendeckelhinterrand. WEBER und BEAUFORT 1922 vermuten, daß *Doryichthys fluviatilis* ein Synonym dieser Art ist.
Pflege und Zucht siehe *Microphis boaja*.

Doryichthys lineatus
KAUP, 1856

Brasilien bis Mexiko, in küstennahen Bächen, aber auch im Brack- und Seewasser, im Atlantik zwischen Afrika und Westindien nicht selten; bis 20 cm.
D 42–44; A 1–3; 19–22 Rumpfringe, 22–23 Schwanzringe. Afteröffnung vor der Körpermitte gelegen. Die Eier werden beim ♂ an der Bauchseite vor der Afteröffnung angeheftet und sind von zwei seitlichen Falten aus Knochenschildern bedeckt. Gelbbraun mit dunklen Tüpfeln am ganzen Körper, unterseits gelblich. Schnauze mit 5–6 schwarzen Querbinden.
Pflege siehe *Microphis boaja*.

Microphis boaja
(BLEEKER, 1851)

Von Südchina bis Thailand, Große Sundainseln, im Süß- und Brackwasser häufig; bis 43 cm.
D 47–61; A 3–5; P 23–27; 21–24 Rumpfringe und 34 bis 40 Schwanzringe. Afteröffnung hinter der Körpermitte gelegen, Schnauze länger als der übrige Kopfteil. Die Eier werden beim ♂ auf der Bauchseite zwischen Kehle und Afteröffnung angeheftet. Das gesamte Eifeld wird nur seitlich von zwei vorspringenden Längskanten geschützt. Oberseite graugrün, seitlich gelbgrau, unterseits schön gelb. Die Färbung des Schwanzstiels wird nach hinten zu immer dunkler, C fast schwarz. Kopf mit schwarzen Flecken und Tupfen. Vorderkörper mit bläulich irisierenden, quergestellten Flecken. Flossen farblos durchsichtig.
Alle tropischen Seenadeln pflege man grundsätzlich in hartem Wasser und füge auf 10 Liter etwa 2–3 Teelöffel Seesalz hinzu. Lockerer Pflanzenwuchs, sehr gut eignen sich Vallisnerien. Temperatur 22–26 °C, schwache Durchlüftung, Kleinkrebse wie Hüpferlinge und Daphnien füttern. Die hochinteressanten Tiere passen ihre Färbung der Umgebung an und sind dann schmalen Pflanzenblättern oft täuschend ähnlich. Fast alle Arten dauern in der Gefangenschaft gut aus und pflanzen sich gelegentlich fort. Siehe auch Familienbeschreibung.

Microphis brachyurus (Abb. 464)
(BLEEKER, 1853)

Sehr weit verbreitet an den Küsten Südasiens, auf dem Malaiischen Archipel, den Philippinen, in Japan

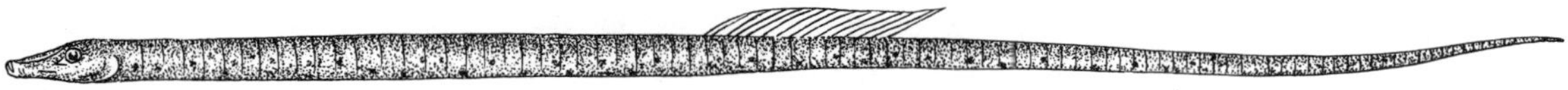

Abb. 464 *Microphis brachyurus*
Abb. 465 *Nerophis ophidion*
Abb. 466 *Syngnathus spicifer*

und auf vielen Inselgruppen des Pazifik, im Süß-, Brack- und Meerwasser, vor allem in Ästuarien; bis 23 cm.
D 36–48; A 3–4; P 18–23; 19–22 Rumpfringe, 20–24 Schwanzringe. Besonderheiten wie bei der vorhergehenden Art. Die braune Oberseite ist scharf gegen die schmutziggrünen, hell gefleckten Körperseiten abgesetzt, unterseits gelblich. Kiemendeckel leicht grünlich irisierend, schwarz gefleckt. C dunkel.
Pflege siehe *M. boaja*.

Microphis smithi
DUMERIL, 1870
Große Süßwassernadel

Unterlauf des Niger und Kongo (Zaïre), in stark verkrauteten Uferregionen, im Süßwasser; bis 20 cm.
D 42–48; A 2–3; 21–22 Rumpfringe, 22–24 Schwanzringe. Afteröffnung hinter der Körpermitte gelegen, Schnauze länger als der übrige Kopf. Oberseits hell ockerfarben, Körperseiten kräftig braun, Schnauze dunkel, mehr oder weniger dicht hell getüpfelt. Schwanzstiel gelegentlich mit schwarzen Ringeln. C schwarz.
Pflege siehe *Microphis boaja*.

Nerophis ophidion (Abb. 465)
(LINNAEUS, 1758)
Kleine Schlangennadel

Mittelmeer, Schwarzes Meer, nordeuropäische Meere bis Skandinavien, Ostsee; bis 28 cm.
D 33–34; P, V und A fehlen, C gelegentlich als Rudiment vorhanden, meist fehlend; 28–32 Rumpfringe, 68–77 Schwanzringe. Die Gattung ist durch die fehlenden Flossen charakterisiert. Die Eier werden beim ♂ zwischen Kehle und Afteröffnung an die Bauchhaut angeheftet. Etwas durchscheinend gelboliv mit zahlreichen kleinen, weißen bis bläulichen Tupfen. ♀ zur Laichzeit mit prächtig blau bis blaugrün irisierenden Körperseiten.
Erstmalig 1841 in England im Aquarium gepflegt. Diese einheimische Schlangennadel ist sehr widerstandsfähig und genügsam. Im ungeheizten, bepflanzten Zimmeraquarium gut zu hältern, allerdings setze man dem Wasser etwas Seesalz zu (2–3 Teelöffel auf 10 Liter Wasser). Ab und zu Frischwasser zufügen, Durchlüftung erforderlich. Die Tiere pflanzen sich auch im Aquarium willig fort, hochinteressante Liebesspiele. Nur Lebendfutter, vor allem Kleinkrebse, Wurmfutter wird in der Regel nicht gefressen.

Syngnathus pulchellus (Taf. 191, 208)
BOULENGER, 1915
Kleine Süßwassernadel

Kongo (Zaïre), Ogowe, in Süß- und Brackwasser; bis 15 cm.
D 25; A 2; 13 Rumpfringe, 35 Schwanzringe. Die Rückenflosse liegt bei den *Syngnathus*-Arten ganz oder zum größten Teil auf dem sehr langen Schwanzstiel. Die Eier werden beim ♂ hinter der Afteröffnung angeheftet und von zwei seitlichen Hautfalten bedeckt. Grau bis sehr dunkelbraun, Körperseiten filigranartig marmoriert, unterseits heller, oft rostrot, Kehle oft bläulich. Vom Auge gehen strahlig angeordnete schwarze Striche aus. C leuchtend schwarz bis orangerot mit schwarzen Strichen.
Pflege siehe *Microphis boaja*.

Syngnathus spicifer (Abb. 466)
RÜPPELL, 1840

Weit verbreitet an den Küsten des Indischen Ozeans und des Malaiischen Archipels, in Ostasien bis in das Chinesische Meer. Meist im See- oder Brackwasser, gelegentlich auch im Süßwasser; bis 18 cm.
D 23–27; A 2–3; P 14–18; C 10; 14–16 Rumpfringe, 37–42 Schwanzringe. Sehr schlank, besonders typisch für diese Art ist ein Längswulst auf dem Kiemendekkel, von dem seitlich Furchen ausgehen (Grätenmuster). Insgesamt fleischfarbig, oberseits mehr rötlich. Von der Schnauze über das Auge bis zum Kiemendeckelhinterrand eine kräftige braune Längsbinde, darunter blaugrün irisierende Tüpfel, ♂ mit feiner roter Längslinie im unteren Bereich der Körperseiten, Brutraum graublau.
Pflege und Zucht siehe *Microphis boaja*. Eine ausführliche Beschreibung der Art gab NIEUWENHUIZEN, A. (DATZ, 13, 257–260, 1960).

Ordnung Channiformes
Schlangenkopfartige

Robuste Raubfische Afrikas, Süd- und Südostasiens von gestreckter Gestalt (Abb. 467). Körper vorn fast zylindrisch, hinten seitlich etwas abgeflacht. Der große Kopf erinnert an den Kopf einer Schlange, ein Eindruck, der durch die großen plattenartigen Schuppen der Kopfoberseite und die oft röhrenartig nach außen verlängerte vordere Nasenöffnung verstärkt wird. Maul tief gespalten, weit dehn- und vorstreckbar. Unterkiefer etwas vorspringend, Bezahnung vollständig. D und A sehr lang und nur von Weichstrahlen gestützt, C abgerundet, Vn weit vorn liegend, klein, sie fehlen z. T. bei *Channa orientalis*, Schwimmblase bis in den Schwanz verlängert und dort zweigeteilt. Besonders charakteristisch ist ein akzessorisches Luftatmungsorgan in Form einer Bucht über der Kiemenhöhle, in die zwei stark durchblutete Lamellen hineinreichen können. Die zusätzliche Luftatmung ermöglicht den Tieren, auch bei extremer Sauerstoffarmut des Wassers zu überleben, man findet sie deshalb auch in stark verschmutzten Gewässern. Die ältesten Fossilien stammen aus dem Pliozän. Einige Arten sind geschätzte Speisefische. Alle Arten sind, wie die tiefe Maulspalte andeutet, ausgesprochene Raubfische, die selbst Beutefische von der Länge ihres Körpers angehen. Nur kleine Jungtiere begnügen sich mit Regenwürmern oder Kaulquappen. Wie GROBE 1956 darstellt, werden kleine Beutefische regellos erfaßt, an größere schleichen sich die Räuber von vorn an, krümmen sich S-förmig und schießen dann ruckartig vor. Pflege im Aquarium nicht schwierig, da alle Vertreter außerordentlich hart sind. Junge Tiere ziehen sich gern ins Pflanzendickicht zurück, alte liegen, sofern sie gesättigt sind, oft reglos auf dem Bodengrund. Die Tiere gewöhnen sich sehr schnell ein und lernen ihre Pfleger bald kennen. Schwierigkeiten bereitet lediglich die Futterbeschaffung, denn Schlangenkopffische benötigen lebende Fische und sind fast unersättlich, aber auch schnellwüchsig. Gelegentlich gelingt es, die Tiere an die Fütterung von Fleisch zu gewöhnen. Zur Vergesellschaftung eignen sich nur gleich große Fische.

Über die Fortpflanzung ist bekannt, daß *Channa argus warpachowskii* ihre Eier in ein Nest aus Pflanzenteilen ablegt, das vom ♂ gebaut wird, die meisten Arten sind allerdings Freilaicher, deren Eier durch ihren Ölgehalt an die Wasseroberfläche steigen. Die Zeitigungsdauer der Eier ist kurz (2–3 Tage). Die Jungen treiben zunächst, Dottersack nach oben, an der Oberfläche, erst nach 6–8 Tagen, d. h. nach vollständiger Aufzehrung des Dottersackes, können sich die Tiere von der Oberfläche lösen und dann normal schwimmen. Bei einigen Arten sollen die ♂♂ brutpflegend sein, siehe ARMBRUST (DATZ, 16, 298 bis 301, 1963). *Channa orientalis* ist vermutlich Maulbrü-

Abb. 467 Verbreitungsgebiet der Channiformes

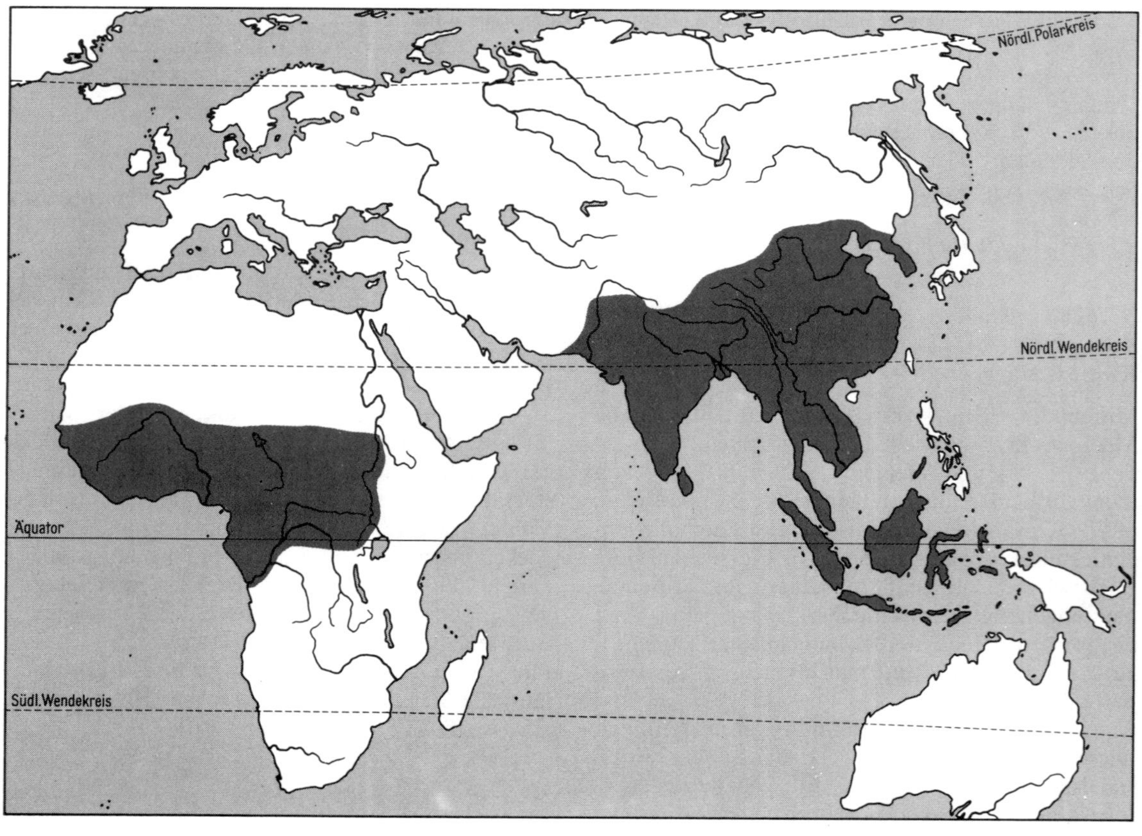

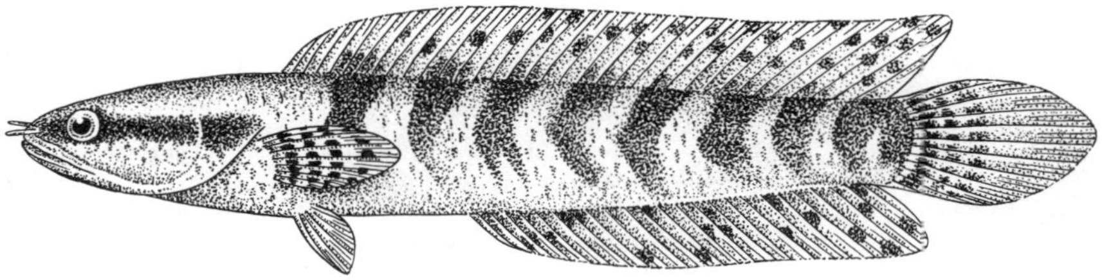

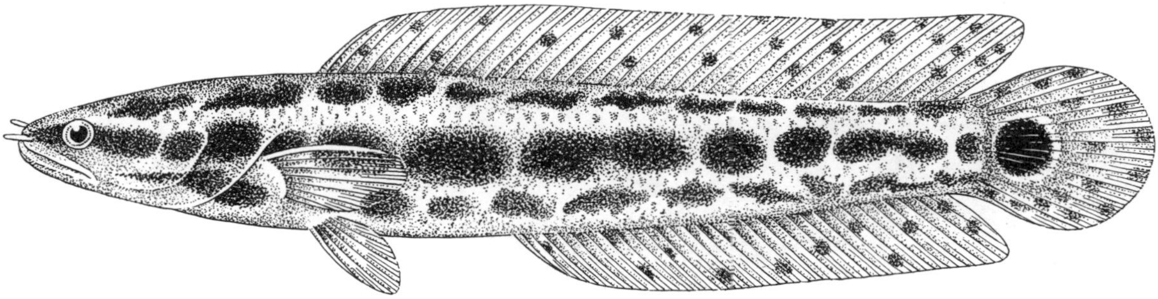

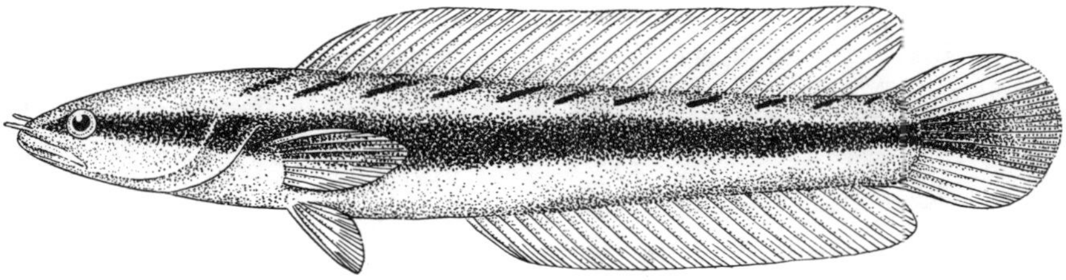

Abb. 468 *Channa africana*
Abb. 469 *Channa marulia*
Abb. 470 *Channa melanosoma*

ter, die Eier werden vom ♂ aufgenommen, die Jungfische durch die Kiemenspalten entlassen. Bei der Paarung umschlingen die ♂♂ die ♀♀ ringförmig, so daß die Geschlechtsöffnungen nahe beieinanderliegen. Die halbwüchsigen Tiere haben in der Regel ein artcharakteristisches Zeichnungsmuster, das mit dem Eintritt in die Geschlechtsreife häufig verblaßt oder ganz verschwindet, vgl. Taf. 208 und 296.

Channa africana (Abb. 468)
(STEINDACHNER, 1879)
Afrikanischer Schlangenkopf

Westafrika, Lagos bis Kamerun; bis 32 cm.
D 42–49; A 30–34; mLR 74–82. Körperform siehe Beschreibung der Ordnung. Ziemlich unscheinbar gefärbt. Geschlechtsreife Tiere zeigen auf lehmfarbenem bis gelbgrauem Grund zahlreiche winkelförmige, graublaue Bänder an den Körperseiten, von denen gelegentlich nur der Mittelteil deutlich zu erkennen ist. Das Auge und ein sehr kräftiger Kiemendeckelfleck sind durch eine fast schwarze Binde verbunden. Unterseits hell. Flossen undurchsichtig graugrün oder bräunlich, teilweise dunkelbraun getüpfelt. Jungtiere gelblich, sie zeigen eine sehr kräftige dunkle Längsbinde. Geschlechtsunterschiede in der Färbung sind nicht bekannt.

Pflege siehe Beschreibung der Ordnung. Über die Zucht berichtet ARMBRUST, W. (DATZ, 20, 367 bis 368, 1967).

Channa lucia
(CUVIER und VALENCIENNES, 1831)

Südostasien, Sumatra, Java, Kalimantan (Borneo); bis 40 cm.
D 39–43; A 27–29; mLR 58–65. Körperform siehe Beschreibung der Ordnung. Oberseits braun, seitlich aufhellend, Bauch gelblich bis ockerfarben. Zwei schmale dunkle Längsbinden im oberen Bereich der Körperseiten, die durch unregelmäßige Flecke oder Schräglinien verbunden sind. Geschlechtsunterschiede in der Färbung unbekannt.
Pflege siehe Beschreibung der Ordnung.

Channa marulia (Abb. 469)
(HAMILTON-BUCHANAN, 1822)

Weitverbreitet, von Indien bis Südchina; bis 120 cm.
D 49–55; A 28–36; mLR 60–70. Körperform siehe Beschreibung der Ordnung. Die Art erinnert in ihrer Färbung und Zeichnung an den Afrikaner *Ch. obscura*, jedoch stehen hier die großen Flecken in drei Längsreihen. Flossen ziemlich hell, senkrechte Flossen mit dunklen Tüpfeln. Jungtiere zeigen statt der Flecken eine braune Längsbinde, darüber eine gelbe Zone. Geschlechtsunterschiede in der Färbung sind bislang nicht beschrieben worden.

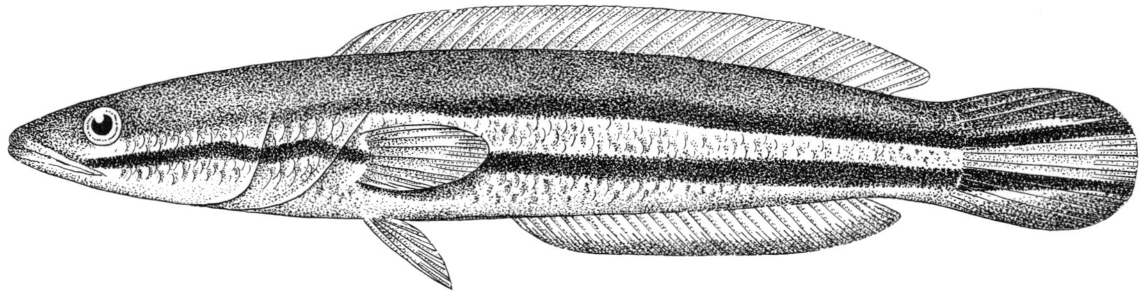

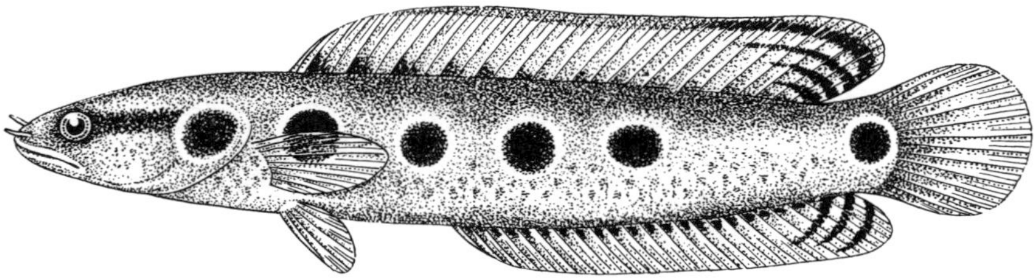

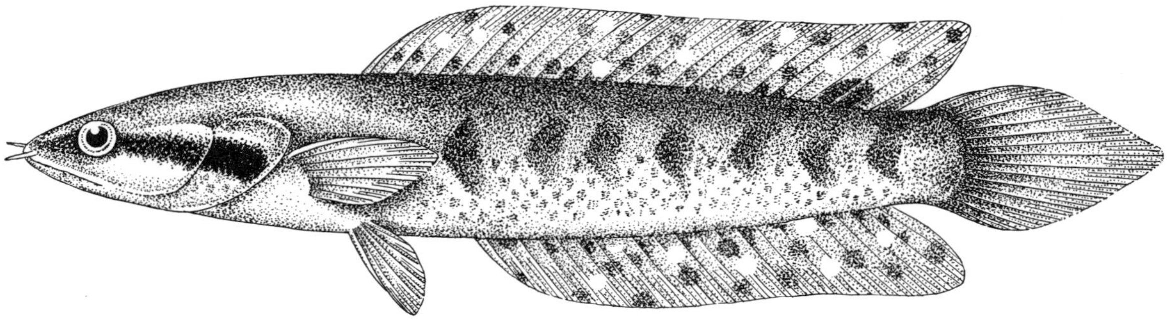

Abb. 471 *Channa micropeltes*
Abb. 472 *Channa pleurophthalma*
Abb. 473 *Channa striata*

Pflege siehe Beschreibung der Ordnung. Die Art wird mancherorts als Speisefisch sehr geschätzt. Schon HAMILTON und DAY berichten, daß *C. marulia* in manchen Gegenden eine Rolle im Volksglauben spielt.

Channa melanosoma (Abb. 470)
(BLEEKER, 1851)
Schwarzer Schlangenkopffisch

Südostasien, Sumatra, Kalimantan (Borneo); bis 38 cm.
D 37–40; A 22–25; mLR 52–55. Körperform siehe Beschreibung der Ordnung. Braun mit grünlichem Schimmer, Bauch heller. Besonders charakteristisch ist für diese Art ein rotbraunes bis dunkelrotes Längsband, das schmal auf der Schnauze beginnt, sich auf den Körperseiten verbreitert und über die C-Wurzel in das Mittelfeld der C ausstrahlt. Geschlechtsunterschiede in der Färbung sind nicht bekannt.
Pflege siehe Beschreibung der Ordnung. Sehr schöne Art.

Channa micropeltes (Abb. 471)
(CUVIER und VALENCIENNES, 1831)

Indien, Südostasien, Große Sundainseln; bis 100 cm.
D 43–46; A 27–30; mLR 82–110. Körperform siehe Beschreibung der Ordnung. Jungfische bis 25 cm: ocker- bis orangefarben mit zwei dunklen Längslinien an den Körperseiten, die am Kopf beginnen und in der C bogig auseinanderweichen. Große Tiere: graugrün mit wolkiger Fleckenzeichnung. Geschlechtsunterschiede in der Färbung sind bislang unbekannt.
Pflege siehe Beschreibung der Ordnung. Die häufig importierten schönen Jungtiere wachsen leider sehr schnell.

Channa obscura (Taf. 208, 296)
(GÜNTHER, 1861)
Dunkelbäuchiger Schlangenkopf

In Afrika sehr weit verbreitet, vom Weißen Nil bis Westafrika; bis 35 cm.
D 40–45; A 26–31; mLR 62–76. Körperform siehe Beschreibung der Ordnung. Ockerfarben, rehbraun bis hell graubraun. Von der Schnauze bis in die C-Wurzel erstreckt sich eine sehr breite, hinten aus großen länglichen Flecken bestehende Binde, deren Graubraun sich scharf von der hellen Grundfarbe abhebt. Unterseite hellgelb, braun gefleckt. Flossen schön gelbbraun getigert. Auge mit rostroter, waage-

rechter Binde. Die Zeichnung und Färbung erinnert insgesamt an ein Schlangenmuster, sie ändert sich im Laufe des Wachstums stark. Geschlechtsunterschiede sind nicht bekannt.
Pflege siehe Familienbeschreibung. Über die Zucht berichtet ARMBRUST. In der Laichzeit wird die braune Färbung durch kräftig blaue Farbtöne ersetzt, die Flecken an den Körperseiten sind dann dunkel stahlblau. Freilaicher, die Paarung verläuft recht ruhig, die Eier steigen an die Oberfläche, Vaterfamilie, siehe dazu auch Beschreibung der Ordnung und ARMBRUST (DATZ, 16, 298–301, 1963). Einzelhälterung erforderlich.

Channa orientalis
BLOCH und SCHNEIDER, 1801

Sehr weit verbreitet von Afghanistan, Pakistan, Indien und Sri Lanka über ganz Südostasien einschließlich der Sundainseln; bis 30 cm.
D 34–37; A 21–23; mLR 41–45; die SL ist ab der 10. bis 13. Schuppe um eine Reihe bauchwärts versetzt. Auf Sri Lanka kommen Populationen ohne Vn vor. Färbung entsprechend der weiten Verbreitung sehr variabel. Mehr oder weniger braun bis graubraun, oberseits wesentlich dunkler, bauchseits nahezu weiß. Jungtiere mit dunklen Querbinden, die mit zunehmendem Alter immer undeutlicher werden und ganz verschwinden können. Auch kommen bei Jungtieren unregelmäßig verteilte dunkle Flecken an den Körperseiten vor. Unpaare Flossen dunkel, gelegentlich bläulich mit dunkleren Flossenstrahlen und rot (!) gesäumt, die roten Flossensäume werden bei der Konservierung weiß, V mit dunkler Basis. Die ♀♀ sind meist kräftiger. Die Art wird in vielen Bereichen des Verbreitungsgebietes nur 15 cm, im Bergland manchmal nur 10 cm lang.
Pflege siehe Beschreibung der Ordnung. Für Aquarien nur bedingt geeignet. In freier Natur äußerst widerstandsfähig, überlebt häufig in Sumpflöchern, die fast austrocknen. Vaterfamilie.
Channa (= Ophicephalus) gachua (HAMILTON-BUCHANAN, 1822) ist ein Synonym dieser Art (MYERS, briefl. Mitteilung).

Channa pleurophthalma (Abb. 472)
(BLEEKER, 1850)

Sumatra und Kalimantan (Borneo), in Flüssen; bis 40 cm.
D 40–43; A 28–31; mLR 57–58. Körperform siehe Beschreibung der Ordnung. Oberseits in der Regel braun, unterseits wesentlich heller, meist gelblich. Körperseiten rehbraun, bei älteren Tieren graubraun mit 4–5 großen, runden, tiefschwarzen Flecken, die in einer Reihe stehen und meist gelb umrahmt sind. Senkrechte Flossen braun gefleckt, oft braune Querbinden. Geschlechtsunterschiede in Zeichnung und Färbung nicht bekannt.
Pflege siehe Beschreibung der Ordnung.

Channa striata (Abb. 473)
(BLOCH, 1797)

Sehr weit verbreitet, von Indien über Thailand bis Südchina, auch auf den Philippinen, der Halbinsel Malakka, Singapur und den Sundainseln; bis 90 cm.
D 38–43; A 23–27; mLR 52–57. Körperform siehe Beschreibung der Ordnung. Alte Tiere sind oberseits graugrün bis schwarzgrün, von der Seitenmitte ab sehr hell gelb bis silbrig, Bauch meist reinweiß. Bei jüngeren Tieren ist die Oberseite heller, auch treten an den Körperseiten meist dunkle Flecken hervor, die zu Winkelbinden formiert sein können. Von der Schnauze zieht ein dunkles Band schräg abwärts zum Kiemendeckelrand. D und A hell-dunkel gesprenkelt, C dunkelbraun. Die D junger Tiere mit einem schwarzen Fleck nahe dem Hinterende. Geschlechtsunterschiede unbekannt.
Pflege siehe Beschreibung der Ordnung. Die Art wird vielerorts als geschätzter Speisefisch gehandelt. Eingeführt wurden in einzelnen Exemplaren auch andere Arten, z. B. *Channa melanopterus* (BLEEKER, 1855) aus Sumatra und Kalimantan (Borneo).

Ordnung Synbranchiformes
Sumpfaalartige, Kiemenschlitzaalartige

Aalförmige Fische der tropischen Gebiete Südamerikas, Afrikas, Südostasiens einschließlich der vorgelagerten Inselgruppen und Australiens (Abb. 474). Zu den Aalartigen (Anguilliformes, siehe S. 17, 28) bestehen keine verwandtschaftlichen Beziehungen. D, C und A bilden einen einheitlichen, niedrigen, oft fast ganz reduzierten Flossensaum. Paarige Flossen fehlen, Ausnahme: Familie Alabetidae (Australien, Tasmanien) mit sehr kleinen kehlständigen Vn, die zudem einen gut entwickelten Flossensaum besitzen. Maul groß, Bezahnung vollständig, die kleinen Augen sind von der Haut überwachsen, Haut meist nackt, keine Schwimmblase, Kiemen meist etwas reduziert. Von dieser Ordnung sind keine sicheren Fossilien bekannt.
Die Synbranchiformes haben verschiedene Formen der zusätzlichen Luftatmung entwickelt, die ihnen das Überleben in sauerstoffarmen, sumpfigen, z. T. sogar in zeitweise fast ausgetrockneten Gewässern ermöglicht. Sie kommen zum Luftholen regelmäßig an die Wasseroberfläche oder stehen, senkrecht auf dem abgewinkelten Schwanz ruhend, so im Wasser, daß sie Luft atmen können. Manche Arten überleben Trockenzeiten im Schlamm vergraben bei reduzierter Atmung (Sommerschlaf). Als zusätzliche Luftatmungsorgane dienen gefäßreiche Membranen des Schlundes, ballonartige Aussackungen des Schlundes oder die Wände des Enddarmes. Die Enddarmatmer geben die sauerstoffarme, jedoch kohlendioxidreiche Luft durch den After ab.
Alle Arten sind gefräßige Räuber, viele gelten als ausgezeichnete Speisefische. Über die Fortpflanzung

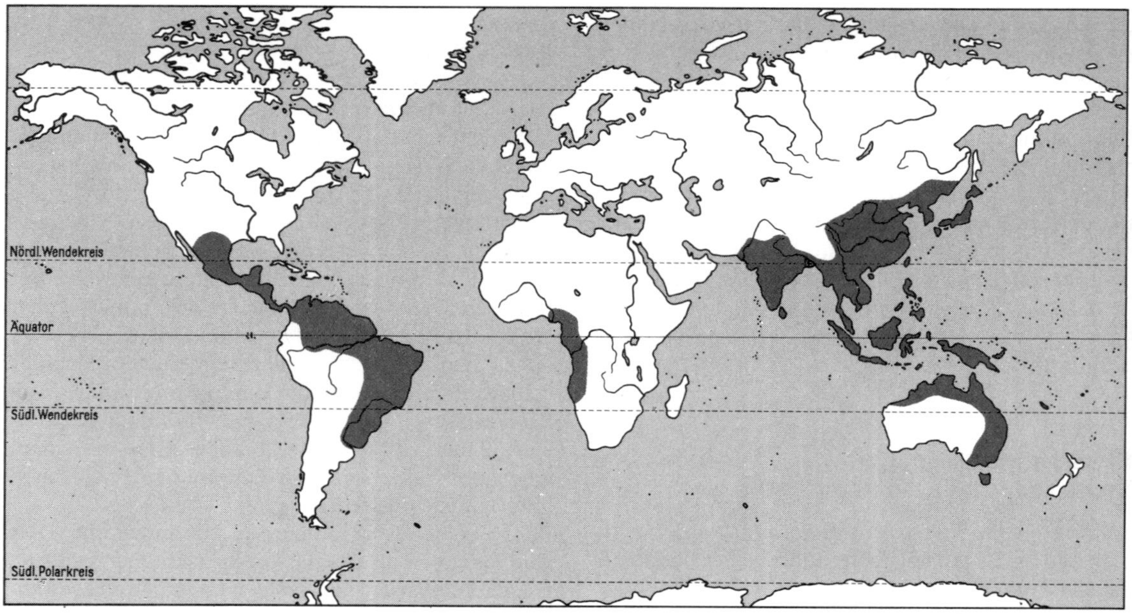

Abb. 474 Verbreitungsgebiet der Synbranchiformes

siehe bei den Artbeschreibungen. Mehrere Familien, behandelt werden Vertreter der Synbranchidae (Kiemenschlitzaale) und der Amphipnoidae (Sumpfaale).

Amphipnous cuchia (Abb. 475)
(Hamilton-Buchanan, 1822)
Indischer Sumpfaal

Indien in den Staaten Pandschab, Westbengalen, Orissa, Assam und in Burma; bis 70 cm.
Familie Amphipnoidae. Das akzessorische Atmungsorgan besteht aus einem rechten und linken Sack, der sich von der Kiemenhöhle aus unter die Haut des Nakkens vorstülpt und sich hier etwas nach hinten ausdehnt. Die beiden Blasen schimmern nicht nur durch die Haut, sondern buchten diese sogar vor. *Amphipnous* hat sehr kleine Schuppen, Kiemen stark vereinfacht. Färbung nach Arnold: »... Körper oberseits dunkelgrün, unterseits schmutzig hellrot. Der ganze Körper ist mit kleinen runden Punkten und Tüpfeln und kurzen gelben Strichen übersät ...«
Auch der Indische Kiemenschlitzaal vermag sich wie seine Verwandten (siehe *Monopterus albus* und *Synbranchus marmoratus*) in sauerstoffarmem Wasser aufzuhalten und sich zeitweise sogar auf dem Land fortzubewegen, wenn die Luft feuchtigkeitsgesättigt ist. Trockenperioden werden im Schlamm vergraben überdauert. In der Gefangenschaft sehr lichtscheu, gräbt sich oft in den Bodengrund ein. Gefräßiges Raubtier, das am Tage ein Futterquantum vertilgt, das etwa dem eigenen Körpergewicht entspricht. Einzeln pflegen.

Monopterus albus (Abb. 476, 478)
(Zuiew, 1793)
Ostasiatischer Kiemenschlitzaal

Sehr weitverbreitet von Nordchina und Japan bis Thailand und Burma, häufig auch im Malaiischen Archipel; bis 90 cm.
Familie Synbranchidae. Charakteristisch für diese Familie ist der kehlständige, quergestellte Kiemenschlitz. Körper aalartig, vorn im Querschnitt zylindrisch, hinten seitlich zusammengedrückt, Schwanzstiel kurz, spitz auslaufend. Kopf kurz, breit, Maul tief gespalten, von dicken Lippen gesäumt. Kiemenhöhle im Inneren durch ein Septum unterteilt, dadurch zwei Kiemenschlitze (Abb. 478), Kiemen selbst reduziert, drei Kiemenbögen. Alte Tiere sind oberseits einfarbig olivbraun oder leicht oliv-, auch gelbbraun marmoriert, unterseits dagegen sehr hell, fast weiß. Junge Tiere zeigen eine recht ansprechende Färbung. Oberseits hellbraun, mit feinen dunkelbraunen Tüpfeln, unterseits gelblich. Ein dunkles Band verbindet Schnauze und Auge. Geschlechtsunterschiede in der Färbung sind bislang nicht beschrieben worden.
Monopterus albus ist in Flüssen und Teichen, aber auch in Gräben, Schlammlöchern und in Reisfeldern anzutreffen. Als Dämmerungstier macht der Kiemenschlitzaal ähnlich unserem einheimischen Aal nachts Jagd auf allerlei größeres Wassergetier, vor allem auf kleinere Fische. Als zusätzliches Atmungsorgan ist der Enddarm ausgebildet. Die Luft wird geschluckt, passiert schnell den Mitteldarm, der Gasaustausch findet im Enddarm statt. Die ♂♂ bauen große, frei schwimmende Schaumnester, in die die abgelegten Eier hineingespuckt werden. Das ♂ betreibt Brutpflege, anscheinend werden sogar die Jungtiere behütet. Vielerorts ist der Kiemenschlitzaal ein geschätzter Speisefisch. Im Aquarium dau-

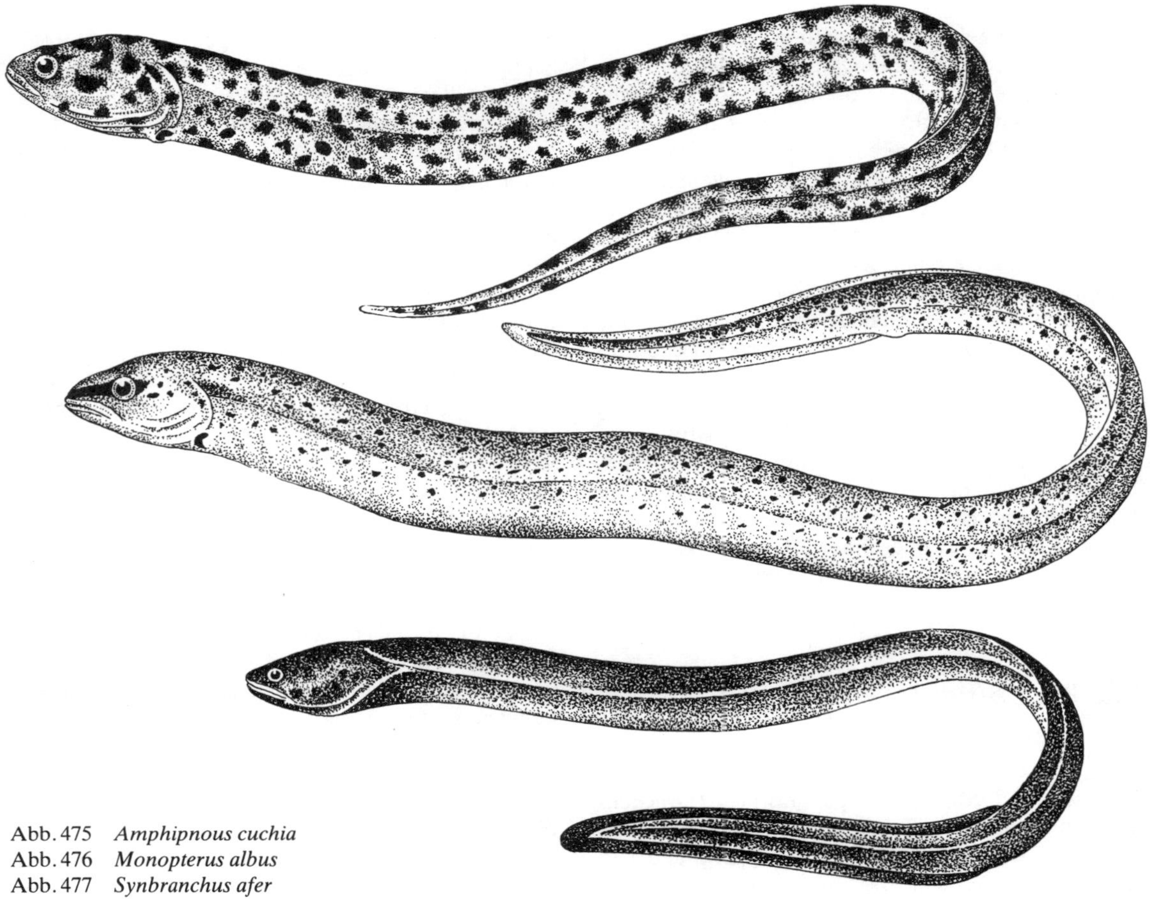

Abb. 475 *Amphipnous cuchia*
Abb. 476 *Monopterus albus*
Abb. 477 *Synbranchus afer*

ern Jungtiere gut aus. Weicher, leicht schlammiger Bodengrund und große Nahrungsmengen sind allerdings für das Wohlbefinden maßgebend. Die sehr räuberischen Tiere werden am besten einzeln gehältert. Exemplare aus Südostasien sind sehr wärmebedürftig, Temperatur 25–28 °C. Leider wird diese interessante Art nur selten importiert.

Synbranchus afer (Abb. 477)
BOULENGER, 1909
Afrikanischer Kiemenschlitzaal

Unterer Niger und Guinea; bis 32 cm.
Familie Synbranchidae. Körperform und biologische Besonderheiten siehe nachfolgende Art. Alte Tiere sind sehr dunkel gefärbt, oft insgesamt schwarz. Junge Exemplare von 10–12 cm zeigen in der Regel im vorderen Körperbereich auf dunkelbraunem Grund rost- bis blutrote kleine Flecke. Auch schwarzrot marmorierte Tiere kommen vor.
Pflege siehe voranstehende Art.

Synbranchus marmoratus (Taf. 191)
BLOCH, 1795
Amerikanischer Kurzschwanzaal

Von Südmexiko bis Südbrasilien; bis 150 cm.
Familie Synbranchidae (siehe dazu *Monopterus albus*). Körper aalartig, vorn im Querschnitt zylindrisch, hinten seitlich abgeflacht. Insgesamt der Art *Monopterus albus* ähnlich. Die Gattung *Synbranchus* unterscheidet sich von der Gattung *Monopterus* durch das Fehlen einer inneren Unterteilung der Kiemenhöhle. Die quergestellte, schlitzförmige Kiemenspalte führt hier in einen einheitlichen Raum, der die rechte und linke Kiemenhöhle verbindet. Außerdem sind hier die Zähne auf den Kiefern und Gaumenbeinen in einem einheitlichen Bogen angeordnet, der nur vorn mehrreihig wird, dagegen stehen sie bei *Monopterus* in Bändern. Jederseits vier Kiemenbögen.

Abb. 478 Kiemenschlitz (1) von *Monopterus albus*. Zur Darstellung der Kiemenspalten (2) und des Septums zwischen der rechten und linken Kiemenhöhle (3) ist die bedeckende Wandung abgetrennt und zur Seite geklappt.

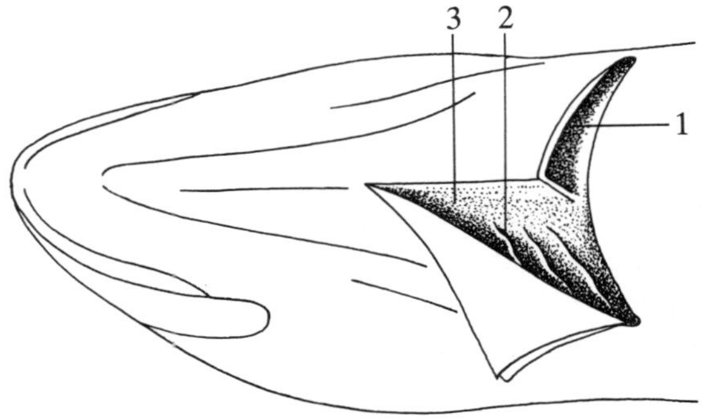

Oberseits dunkel, vielfach leicht marmoriert, unterseits gelblich, seltener orangefarben. Über den ganzen Körper sind dunkle, oft fast schwarze Tüpfel verstreut. Junge Tiere sind oft einfarbig graubraun.
Biologie und Pflege wie bei *Monopterus albus* angegeben. Als zusätzliches Atmungsorgan dient hier die gesamte ballonartig erweiterungsfähige Kiemenhöhle. Die Tiere vermögen sich weite Strecken über Land zu schlängeln und leben nach LÜLING (briefl. Mitteilung) vorwiegend amphibisch am Gewässerrand. Die Art ist unabhängig vom Sauerstoffgehalt des Wassers und nimmt häufig atmosphärische Luft auf. Über die Art können noch zahlreiche interessante Beobachtungen angestellt werden. So ist bislang noch nichts über das Laichgeschäft, die Brutpflege, die Form der Jungtiere und das durchschnittliche Lebensalter bekannt. Sehr bissig und raubgierig. Zur Pflege eignen sich langgestreckte Aquarien mit niedrigem Wasserstand oder einer Uferzone. Eine ausführliche Beschreibung gibt LÜLING (DATZ, 12, 334–338, 1959).

Familie Cottidae
Groppen

Familie der Ordnung Scorpaeniformes (Drachenkopfartige, Scorpionfischartige), die zusammen mit den Familien Agonidae (Panzergroppen) und Cyclopteridae (Seehasen) die Unterordnung Cottoidei (Groppenverwandte) repräsentieren. Bekannt sind aus dieser Unterordnung vor allem einige Speisefische, z. B. Rotbarsch und Seehase. Fast alle Vertreter sind Meeresfische, nur in der Familie Cottidae kommen auch Süßwasserarten vor. Alle Cottidae sind Bodenfische, die als Lauerräuber auf Nahrung warten. Körper plump, Kopf meist etwas abgeflacht, breit und oft mit Stacheln bewehrt, Schwanzstiel schlank. Maul groß, Bezahnung kräftig. Flossen, vor allem die P, groß, D vollständig oder fast zweigeteilt, D_1 mit Hartstrahlen, D_2 mit Weichstrahlen, A etwa so groß wie die D_2, V brustständig. ♂ häufig farbenprächtiger und außerdem durch eine vorstehende Genitalpapille charakterisiert. Von den etwa 300 Arten leben die meisten im Bereich der Festlandsockel arktischer und gemäßigter Meere der nördlichen Halbkugel. Einige Groppen sind charakteristische Vertreter der Fischfauna der Nord- und Ostsee, z. B. der Seeskorpion *(Cottus scorpius)*.

Cottus gobio
(Taf. 192)
LINNAEUS, 1758
Mühlkoppe, Groppe

Fast in ganz Europa, Sibirien, auch im Brackwasser der Ostsee nicht selten; bis etwa 17 cm.
D_1 VI–IX, D_2 15–18, A 12–13. Körper gestreckt, niedrig, vorn fast zylindrisch, hinten seitlich abgeflacht. Kopf sehr groß, flachgedrückt, Maul ziemlich groß, von breiten Lippen umgeben, Kiemendeckel mit kräftigem, nach oben umgebogenem Stachel. Schuppen fehlen, nur die SL zeigt eine Reihe besonders gestalteter Schüppchen, keine Schwimmblase, V brustständig. Erste und zweite D durch eine niedrige Membran verbunden. Färbung sehr wechselnd und weitgehend abhängig vom Untergrund und der Beleuchtungsintensität. Lehmfarben bis braun mit völlig unregelmäßigen wolkigen Flecken. Unterseits hell, Kehle oft leicht violett. Die ♂♂ sind oft kräftiger und zeigen eine sehr deutlich vorstehende Genitalpapille, Färbung kontrastreicher.
Die Groppe ist ein Bewohner kiesiger Bäche und klarer Seen. Sie bevorzugt hier die flacheren Stellen und hält sich als typisches Dämmerungstier tagsüber unter Steinen verborgen. In den Gebirgen ist *Cottus gobio* auch noch in 1500–2000 m ü. NN anzutreffen. Die Tiere ernähren sich hauptsächlich von Insektenlarven, Bachflohkrebsen und anderem Kleingetier, verschonen aber auch Fischbrut und Fischlaich nicht. Örtlich wird sie deshalb als Schädling verfolgt. Laichzeit Februar bis Anfang Mai, im Gebirge Juli. Die ♂♂ bereiten zunächst zwischen oder unter überhängenden Steinen einen grubenförmigen Laichplatz vor und umwerben unter eigenartig tänzelnden Bewegungen ein ♀, das schließlich relativ wenige (100–200) große, orangefarbene Eier in Klumpen ablegt. Das ♂ verteidigt den Laich und wedelt ihm Frischwasser zu. Die Jungen schlüpfen erst nach 4–6 Wochen.
Im Kaltwasseraquarium erweist sich die Groppe als sehr interessantes Pflegeobjekt. Die anfängliche Scheu wird bei ruhiger Hantierung am Becken bald abgelegt, die schlauen Tiere werden sogar recht zutraulich und lernen ihren Pfleger kennen. Freilich wird man dennoch ihrer natürlichen Umgebung entsprechende Versteckmöglichkeiten einrichten. Die ♂♂ bilden Reviere, die sie verteidigen, man vergesellschaftet deshalb nur annähernd gleichgroße Tiere. Die Groppe frißt fast jede Futterart, mit besonderer Vorliebe jedoch rote Mückenlarven und Bachflohkrebse. Fortpflanzung mit frischgefangenen Tieren im Aquarium bereits gelungen. Einzelheiten sind nicht bekannt. In Mitteleuropa, Skandinavien und Nordasien kommt außerdem die Buntflossenkoppe *(Cottus poecilopterus)* vor, die eine verkleinerte Ausgabe der Groppe darstellt.

Familie Centropomidae
Glasbarsche

Familie der Ordnung Perciformes, Unterordnung Percoidei, zu der unterschiedlich gestaltete Fische gehören, so die im Atlantik vorkommenden Vertreter der Gattung *Centropomus*, die in Afrika und im Indopazifik verbreiteten *Lates*-Arten und die zahlreichen marinen und limnischen Arten der Gattung *Chanda*, die vorwiegend im indopazifischen Raum vertreten sind. Die Bezeichnung »Glasbarsche« verdienen nur einige kleine, glasartig transparente Arten der Gat-

tung *Chanda*, alle größeren und großen Vertreter der Familie sind undurchsichtige robuste Raubfische. Die folgende Beschreibung bezieht sich vorwiegend auf die von HAMILTON 1822 eingeführte Gattung *Chanda*. Körper gestreckt bis kurz und hoch, seitlich abgeflacht. SL vollständig, einheitlich oder zweigeteilt, Schuppen cycloid, Scheitel, Wangen und Operculum beschuppt. D vollständig oder fast zweigeteilt, D_1 VII, D_2 I/8–17, C tief eingeschnitten, A III/8–18, V I/5, in Höhe der P angesetzt, D und A basal beschuppt. Bei den kleinen transparenten Arten sind die Wirbelsäule und die Schwimmblase im Leben gut zu erkennen, letztere ist beim ♂ hinten zugespitzt, beim ♀ abgerundet. Die *Chanda*-Arten leben im Meer- und Brackwasser, einige dringen zeitweise in das Süßwasser ein, nur wenige kleine Arten sind reine Süßwasserfische. Einzelne größere Arten haben regional als Speisefische Bedeutung. Pflege und Zucht siehe bei *Chanda ranga*.
Auch von anderen Gattungen wurden gelegentlich Einzeltiere meist als Jungfische importiert, u. a. auch der Nilbarsch *Lates niloticus* (LINNAEUS, 1762), (Abb. 479), eine Art, die 180 cm lang werden kann und in den Stromgebieten des Nil, Niger und Senegal vorkommt. Die graugrün marmorierten Jungfische pflege man wie Großcichliden, siehe S. 678.

Chanda agassizi (Abb. 480)
(STEINDACHNER, 1867)

Ostaustralien, im Brack- und Süßwasser; bis 6,5 cm.
D_1 VII, D_2 I/8, beide nicht vollständig getrennt; A III/8; P 13; mLR 26–29. Etwas gestreckter als der bekannte Indische Glasbarsch *Chanda ranga*. Zwischen der D_1 und dem Hinterhaupt neun Schuppen, SL vollständig. Körper stark durchsichtig, honiggelb, bei auffallendem Licht vorwiegend messingglänzend. Im Bereich der Leibeshöhle silbern, Bauch weiß, Schnauze und Nacken leicht dunkel getönt. Senkrechte Flossen zart gelblich, besonders beim ♂ ganz leicht rostrot, Vorderkante der D_1 schwärzlich, D_2 und A mit dunklem Band. Unterkante des Schwanzstiels schwarz. Die Geschlechter sind oft nicht leicht zu unterscheiden.
Pflege wie bei *Chanda ranga* angegeben. Zucht vermutlich noch nicht gelungen (nach MEINKEN).

Chanda buruensis (Abb. 480)
(BLEEKER, 1856)

Java, Sumatra, Sulawesi (Celebes), Philippinen und an anderen Stellen; bis 8 cm.
D_1 VII, D_2 I/8–9, beide fast vollständig getrennt; A III/8–10; P 14; V I/5; mLR 27–29. Etwas gestreckter als der bekannte Indische Glasbarsch *Chanda ranga*. Zwischen D und Hinterhaupt 13–16 Schuppen; SL unterhalb des Beginns der D_2 kurz unterbrochen. Durchsichtig honiggelb, im Bereich der Leibeshöhle silberglänzend. Entlang der Seitenmitte eine besonders stark irisierende Zone. Flossen glasartig durchsichtig bis kräftig gelb, die ersten D-Stacheln schwärzlich. ♀ im geschlechtsreifen Alter kräftiger und einfach gelblich.
Pflege und Zucht wie bei *Chanda ranga* angegeben. ♂♂ untereinander aggressiv.

Chanda commersoni (Taf. 192)
(CUVIER und VALENCIENNES, 1828)

Sehr weit verbreitet, vom Roten Meer und der Ostküste Afrikas bis Nordaustralien, Thailand, Große Sundainseln, Neuguinea, auch im Süßwasser; bis 10 cm.
D_1 VII, D_2 I/9–10; A III/9–10; P 13; V I/5; mLR 27 bis 29. Etwas gestreckter als der bekannte Indische Glasbarsch *Chanda ranga*, zwischen D und Hinterhaupt 17–22 Schuppen, D_1 und D_2 in der Form ähnlich, dritter A-Stachel am längsten, SL vollständig, durchgehend, im Bereich der D_1 relativ stark nach oben ausgebogen, Unterkiefer vorspringend. ♂ durchsichtig, zart bernsteinfarben. Körperseiten bei auffallendem Licht messingfarben glänzend, Kopfoberseite häufig

Abb. 479 *Lates niloticus*

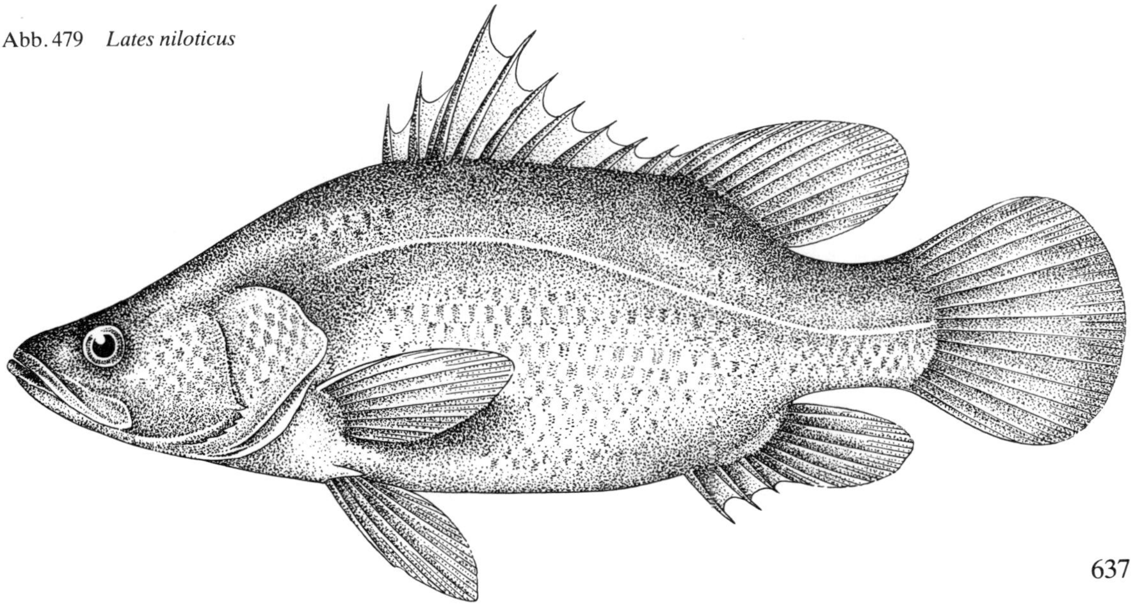

mit kleinen schwarzen Tüpfeln. Senkrechte Flossen bei Wohlbefinden kräftig orangefarben, Spitze der D_1 zart grünlich irisierend. ♀ durchsichtig gelblich, Flossen ohne schwarze Spitzen.
Pflege und Zucht wie bei *Chanda ranga* angegeben. Seesalzzusatz (50–60 g auf 10 Liter Wasser) notwendig. Zur Anregung der Fortpflanzung ist es allerdings unerläßlich, die Art von Zeit zu Zeit in reines Seewasser zu bringen und dann im Verlaufe von Tagen auszusüßen. Die kleinen Eier werden zwischen feinfiedrigen Pflanzen abgestoßen. Sehr produktiv. Jungtiere mit *Artemia*- oder roten *Cyclops*-Nauplien anfüttern.

Chanda nama (Abb. 480)
HAMILTON-BUCHANAN, 1822

Indien und Burma, in Süß- und Brackwasser; bis 11 cm.
D_1 VII, D_2 I/16–17, beide fast vollständig getrennt; P 11; V I/5. Körper relativ stark gestreckt, seitlich kräftig zusammengedrückt, Maul groß, tief gespalten, Unterkiefer weit vorspringend. Schuppen winzig, oft unregelmäßig angeordnet, SL teils deutlich, teils reduziert. Durchsichtig grüngelblich mit zahlreichen winzigen schwarzen Tüpfeln, die sich hinter dem Kiemendeckel zu einem länglichen, quergestellten Fleck verdichten. Auge dunkel, Kopfoberseite schwärzlich. Senkrechte Flossen, besonders beim geschlechtsreifen ♂, kräftig orangefarben, äußere Hälfte der D_1 und Spitze der D_2 tiefschwarz. C schwarz und orange mit hellem Außenrand. Beim ♀ Flossen einfarbig gelb.
Pflege dieser recht unverträglichen Art wie bei *Chanda ranga* angegeben. Nur mit gleichgroßen Fischen vergesellschaften. *Chanda nama* ist ein Standortfisch, der sein Revier gegen alle Eindringlinge verteidigt. Sehr gefräßig, vor allem Insektenlarven. Zucht wahrscheinlich noch nicht gelungen.

Abb. 480 Von oben nach unten: *Chanda agassizi*, *Chanda buruensis*, *Chanda nama*

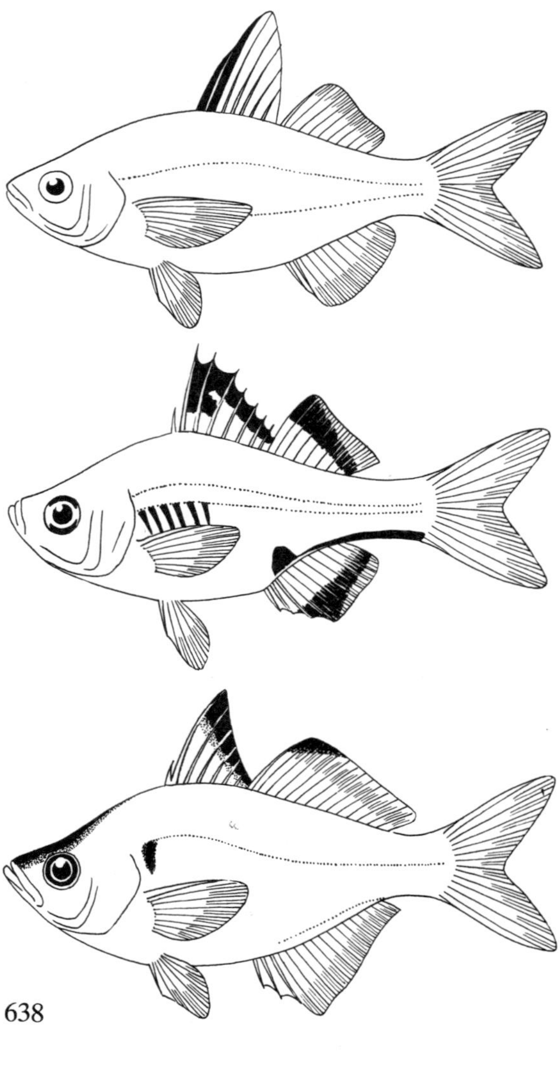

Chanda ranga (Taf. 209)
(HAMILTON-BUCHANAN, 1822)
Indischer Glasbarsch

Indien, Burma, Thailand, im Süß- und Brackwasser; bis 7 cm, bleibt in Gefangenschaft kleiner.
D_1 VII, D_2 I/12–15; A III/13–15; P 10–11; V I/5; mLR 60–70. Körper gedrungen, hoch, seitlich stark abgeflacht, Stirnpartie deutlich eingezogen, dritter A-Stachel in der Regel am längsten. Glasartig durchsichtig. ♂ im Durchlicht grünlichgelb bis gelblich, im auffallenden Licht goldglänzend bis bläulichgrün irisierend. Seiten mit mehr oder weniger deutlichen, aus feinsten schwarzen Tüpfeln bestehenden Querlinien. Vom Kiemendeckel bis in die C-Wurzel zieht ein dunkler, oft auch zart violetter Längsstreifen. Flossen gelblich bis zart rostrot. D und A mit schwarzen Flossenstrahlen, hellblau gesäumt, P und A vorn mit rötlichen oder bläulichen Flossenstrahlen, C bei auffallendem Licht goldglänzend. ♀ wesentlich matter gefärbt, gelblich.
Alteingerichtete Becken mit reichlichem Pflanzenwuchs, dunklem Bodengrund und nicht zu frischem Wasser. Temperatur 18–25 °C. Das Becken soll möglichst sonnig stehen. Zur Vergesellschaftung kommen nur friedliche und sehr ruhige Arten in Frage. Die Glasbarsche sind anfänglich scheu und stehen zwischen den Pflanzen, werden jedoch bald zutraulich. Das Wohlbefinden wird durch Kochsalz- oder besser Seesalzzusatz (1–2 Teelöffel auf 10 Liter Wasser) gefördert. Nicht zu grobes Lebendfutter, besonders Kleinkrebse und Enchyträen. Die Laichwilligkeit läßt sich durch Morgensonne, Temperaturerhöhung, Frischwasser und kurzfristiges Trennen der Geschlechter anregen. Oft ist es angezeigt, mehrere Paare in einem Becken anzusetzen. Die Eier werden zwischen Pflanzen ausgestoßen und kleben sofort fest. Jeder Laichakt bringt 4–6 Eier, viele Laichakte folgen rasch aufeinander. Als Ablaichsubstrate sind besonders feinblättrige Pflanzen, Wurzeln von Schwimmpflanzen oder Dederongespinste geeignet. Ein Ablaichen bringt 200 und mehr Eier. Die Eltern kümmern sich weder um die Eier noch um die Jungtiere. Die sehr kleinen Jungen schlüpfen schon in den

ersten 24 Stunden, hängen zunächst an den Scheiben und Wasserpflanzen und schwimmen nach 3–4 Tagen frei. Es hat sich als vorteilhaft erwiesen, die Eltern zu diesem Zeitpunkt zu entfernen. Am 2. Tag des Freischwimmens wird mit der Fütterung begonnen. Am besten eignen sich rote *Cyclops*-Nauplien, Infusoriennahrung ist unzureichend. Mit einem Durchlüfter ist dabei die Wasserbewegung so zu regeln, daß die Futtertiere immer wieder an den im Schwarm stehenden Jungfischen vorbeigetrieben werden. Die meisten Mißerfolge bei der Zucht sind darauf zurückzuführen, daß die Jungen unterernährt absterben. Die Gefahr besteht besonders bei dieser Art, weil die jungen Glasbarsche in der Regel nicht auf Futtersuche gehen, sondern nur fressen, was ihnen unmittelbar vor das Maul wirbelt. Je öfter gefüttert wird, um so größer ist meist der Erfolg.

Chanda wolffi (Taf. 209)
(BLEEKER, 1850)

Thailand, Sumatra, Kalimantan (Borneo), im Süßwasser; bis 20 cm, bleibt im Aquarium wesentlich kleiner.
D_1 VII, D_2 I/10(–11); A III/9–10; P 17; V I/5; mLR 43–46; Körper ziemlich gedrungen, hoch, seitlich stark abgeflacht. Von anderen Arten unterscheidet sich *Ch. wolffi* vor allem durch die Zahl der Schuppen in einer mittleren Längsreihe und den sehr langen 2. Stachel der A. Jüngere Tiere insgesamt hellgelb, durchsichtig, mit starkem Silberglanz an den Körperseiten, besonders im Bereich der Leibeshöhle, und einem zart grünlich irisierenden Längsband. Maul bei Wohlbefinden zart rötlich. Geschlechtsunterschiede in der Färbung sind bislang nicht bekannt geworden. Pflege siehe bei *Chanda ranga*. Die importierten Tiere bleiben trotz guter Fütterung relativ klein (6 bis 7 cm). Zucht noch nicht gelungen.

Gynochanda filamentosa (Taf. 209)
FRASER-BRUNNER, 1954

Malaiische Halbinsel (Johor) in flachen Gewässern; bis 5 cm.
D_1 VII, D_2 I/14 (1–6 stark verlängert, zwischen 5 und 6 ein stark reduzierter Weichstrahl); A III/15 (1–5 stark verlängert); P 11; V I/5. Körper ziemlich gedrungen, relativ hoch, seitlich stark zusammengedrückt. Größte Körperhöhe 2,6–2,8mal, Kopflänge 3,3mal in der Körperlänge enthalten, Auge groß, keine Schuppen feststellbar, Kiefer und Vomer bezahnt. ♂ honiggelb bis zart gelbgrün durchsichtig, Leibeshöhlenwand silbrig. Über den Körper verlaufen 6–10 zarte dunkle Querlinien. Maul rötlich, Flossen glasartig durchsichtig, gelblich. Flossenstrahlen der D und A braun, die kurzen Flossenhäute zwischen den stark verlängerten Strahlen oft fast ganz schwarz. D_1, die verlängerten Strahlen der D_2 und die A mit leuchtend blauweißen Spitzen, Hinterteil dieser Flossen bläulich gesäumt. ♀ D_2 und A ohne verlängerte Flossenstrahlen.

Die prächtige Art ist ähnlich zu pflegen wie *Chanda ranga*. Zucht wohl schon gelungen, jedoch sind bei den Nachzuchttieren die verlängerten Flossenstrahlen leider viel kürzer. Die Art und Weise der Fortpflanzung soll der des Indischen Glasbarschs entsprechen. Meist sehr widerstandsfähig.

Familien Theraponidae und Lobotidae
Tigerfische, Dreischwanzbarsche

Die räuberischen Theraponidae sind mit der großen Familie der Zackenbarsche (Serranidae) nahe verwandt und wie diese in der Mehrzahl Meeresfische. Das Verbreitungsgebiet dieser Familie erstreckt sich vom Roten Meer und der Ostküste Afrikas über den ganzen Malaiischen Archipel und Australien bis zu vielen Inselgruppen des Pazifik. Charakteristisch für die Familie ist der gestreckte, barschähnliche Körper mit der großen, fast zweigeteilten D und der kurzen A. Von einigen ähnlich gestalteten Serranidae unterscheiden sich die Theraponidae durch die Zahl der Rückenflossenstacheln (XII–XIV) sowie die kleinen Schuppen und die Besonderheiten der Bezahnung. Maul groß, vorstreckbar. Viele Theraponidae sind geschätzte Speisefische. Gewisse verwandtschaftliche Beziehungen zu den Theraponidae zeigen die Lobotidae, eine artenarme Familie, deren Vertreter vorwiegend im Brackwasser großer Flußmündungen Südostasiens leben und von hier aus in das Süßwasser aufsteigen. Körper hoch, seitlich stark zusammengedrückt. Kammschuppen, SL vollständig, nach oben durchgebogen, D einheitlich, vorderer Teil mit Stachelstrahlen, hinterer Teil weichstrahlig, Kiefer bezahnt, Vomer, Gaumenbeine und Zunge zahnlos. Importiert wurden aus dieser Familie Vertreter der Gattung *Datnoides*.
Auch die sehr große, fast ausschließlich marine Familie der Zackenbarsche (Serranidae) stellt einige Brackwasserformen, die gelegentlich über die Flußmündungen in das Süßwasser vordringen. Als Beifang kommen manchmal Jungfische solcher Arten nach Europa.

Datnoides microlepis (Taf. 209)
BLEEKER, 1853
Tigerbarsch

Thailand, Kampuchea, Sumatra, Kalimantan (Borneo), vorwiegend im Brackwasser; bis 40 cm.
D XII/15–16; A III/9–10; mLR 60–62. Körper relativ hoch, Kopf groß, Maul tief gespalten, D_1 und D_2 nicht getrennt. Ockerfarben bis gelbsilbern, junge Tiere mehr rostfarben. 6–7 dunkle Querstreifen, die hinteren in die D und A reichend, erster Streifen vom Nacken über den Kiemendeckel zur Kehle, letzter Streifen auf der C-Wurzel. Dazu drei deutliche Streifen, die sternartig vom Auge zum Maul, zur Kopfoberseite und schräg abwärts zum Kiemendeckelrand gerichtet sind. Flossen bei Jungtieren rötlich, später

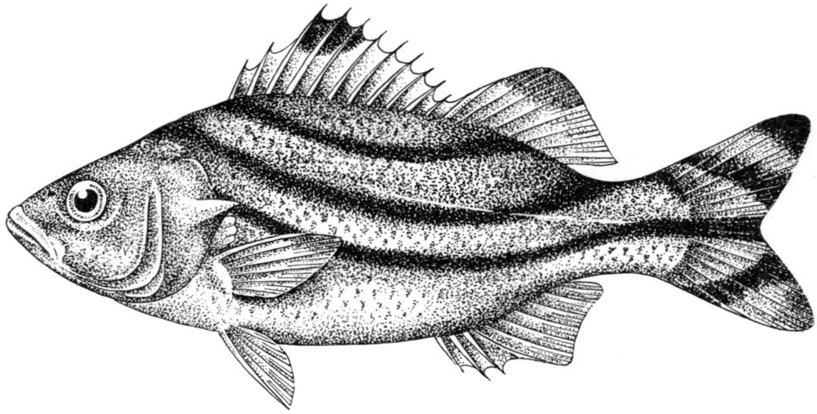

Abb. 481 *Therapon jarbua*

gelblich bis farblos, Vorderrand der V hell, hinterer Teil dunkel. Geschlechtsunterschiede in der Färbung unbekannt.
Pflege in größeren Becken mit zahlreichen Versteckmöglichkeiten. Seesalzzusatz (2–3 Eßlöffel auf 10 Liter) erforderlich. Aggressiv gegen andere Arten, geschlechtsreife Tiere bilden Wohnreviere. Über die Zucht liegen keine Beobachtungen vor. Für Zimmeraquarien eignen sich nur Jungtiere. Guter Speisefisch.

Datnoides quadrifasciatus
(SEVASTIANOV, 1809)
Vierstreifiger Tigerbarsch

Von Indien über ganz Südostasien bis Neuguinea, meist im Brackwasser; bis 30 cm.
D XII/13–14; A III/8–9; mLR 54–57. Ähnlich gestaltet wie die vorhergehende Art. Düster olivbraun, unterseits heller. Jungtiere mit 8–10 dunklen Querstreifen, mit zunehmendem Alter werden diese breiter und verschmelzen teilweise miteinander, größere Tiere haben deshalb nur vier Querbinden. Wie bei der vorhergehenden Art drei sternartig vom Auge ausgehende Streifen. Kiemendeckel vor allem bei Jungtieren mit deutlichem dunklem Fleck. Geschlechtsunterschiede in der Färbung unbekannt.
Pflege siehe vorangehende Art.

Therapon jarbua (Abb. 481)
(FORSKAL, 1775)

Weit verbreitet von der Westküste Afrikas bis Nordaustralien und zu den Philippinen sowie Südchina, in manchen Flußmündungen sehr häufig; bis 35 cm.
D X–XII/9–10; A III/8–9; mLR 80–90. Barschartiger Raubfisch. Körper grausilbern, oberseits oft leicht gelbgrün, seitlich schwach violett glänzend. Kiemendeckel mit starkem Dorn, oft leicht messingfarben. Mehrere schwarze Längsbinden, die wie die Höhenlinien einer Landkarte angeordnet sind. Sie treten besonders bei Jungtieren hervor und verblassen mit dem Alter. Flossen durchsichtig, D-Spitzen schwarz, C teilweise mit dunklen Spitzen und Schrägbinden. Geschlechter einheitlich gefärbt, zur Laichzeit sind die ♀♀ sehr dick.
Pflege einfach. *Therapon* ist eine sehr robuste, widerstandsfähige Art für das Brack- oder Seewasserbekken. Während sich kleine Tiere im Schwarm halten und zunächst sehr friedlich sind, entwickeln sich größere Tiere zu typischen Raubfischen, die selbst größere Arten anfallen und durch Bisse in den Bauch töten. *Therapon* ist stets unruhig und zieht pausenlos durch das Aquarium. Bei Gefahr schlüpfen die Tiere gern zwischen Steinspalten und liegen dort einige Zeit völlig ruhig. Sehr gefräßig, fast jede Futterart wird gierig angenommen, Wachstum deshalb schnell. Fortpflanzung in Gefangenschaft schon gelungen. Die Eier werden auf Steinen abgelegt und vom ♂ bewacht. Die Jungen schlüpfen nach 24 Stunden und sind sehr schnellwüchsig. Für erste Versuche mit einem Brack- oder Seewasserbecken ist diese Art sehr zu empfehlen. *Therapon jarbua* spielt in einigen Gegenden als Speisefisch eine wichtige Rolle.

Familie Centrarchidae
Sonnenbarsche oder Sonnenfische

Die Sonnenbarsche sind den echten Barschen nahe verwandt. Körper in Seitenansicht meist relativ hoch und gedrungen, seitlich stark abgeflacht. Nur die Gattungen *Aplites, Pomoxis, Elassoma* und *Micropterus* haben eine mehr gestreckte Form. D und A bestehen aus einem hartstrahligen und einem hinteren weichstrahligen Teil, D mit 6–13 Stacheln, durch einen flachen Einschnitt können beide Teile fast getrennt sein, z. B. bei *Micropterus*, A mit 3–9 Stacheln, C abgerundet oder gering eingeschnitten, SL fast oder ganz vollständig, bei der Gattung *Elassoma* fehlt eine SL. Rundschuppen oder auch Kammschuppen. Die Geschlechter lassen sich meist nicht leicht unterscheiden. Jüngere Tiere sind vielfach recht prächtig gefärbt, bei fast allen Arten nimmt die Färbungsintensität mit dem Alter ab.
Die Sonnenbarsche sind typische Fische Nordamerikas, vor allem der zentralen und östlichen Gebiete (Abb. 482). Sie kommen hauptsächlich in klaren, verkrauteten, langsamfließenden oder stehenden Gewässern des Tieflandes mit sandigem Bodengrund vor. Die kleineren Arten leben z. T. im Schwarm, größere sind räuberische Einzelgänger. Alle Arten treiben eine sehr intensive Brutpflege. In der Regel

Tafel 225 *Ambloplites rupestris* (Foto Unger) · *Lepomis gibbosus*, Jungfische (Foto Sterba) · *Lepomis gibbosus*, geschlechtsreif (Foto Sterba)

Tafel 226 *Centrarchus macropterus* (Foto Unger) · *Micropterus salmoides* (Foto Unger) · *Micropterus dolomieu* (Foto Sterba)

Tafel 227 *Pomoxis nigromaculatus* (Foto Unger) · *Perca fluviatilis* (Foto Sterba) · *Stizostedion lucioperca* (Foto Sterba)

Tafel 228 *Zingel streber* (Foto Sterba) · *Gymnocephalus cernua* (Foto Unger) · *Gymnocephalus schraetzer* (Foto Unger)

Tafel 229 *Afronandus sheljuzhkoi* aus SW-Ghana (Foto Scheel) · *Monodactylus argenteus* (Foto Marcuse)

Tafel 230 *Polycentrus schomburgki*, rivalisierende ♂♂ (Foto Sommer)

Tafel 231 *Aequidens itanyi* (Foto Sterba) · *Aequidens tetramerus* (Foto Schultz) · *Aequidens maronii* (Foto Sterba)

Tafel 232 *Astronotus ocellatus*, Jungtier (Foto Schultz) · *Apistogramma ortmanni* (Foto Sterba) · *Crenicara maculata* (Foto Sterba)

Tafel 233 *Cichlasoma facetum* (Foto Sterba) · *Biotodoma cupido* (Foto Marcuse) · *Gymnogeophagus australis* (Foto Marcuse)

Tafel 234 *Crenicichla lepidota · Geophagus jurupari · Uaru amphiacanthoides* (alle Fotos Marcuse)

Tafel 235 *Pterophyllum scalare*, schwarze Zuchtform (Foto Sterba) · *Symphysodon discus* (Foto Schultz)

Tafel 236 *Cyphotilapia frontosa* (Foto Marcuse) · *Melanochromis auratus*, ♂ (Foto Marcuse) · *Telmatochromis bifrenatus*, Kopf (Foto Sommer)

Tafel 237 *Haplochromis* cf. *euchilus* (Foto Marcuse) · *Lamprologus calvus* (Foto Krüger)

Tafel 238 *Hemichromis guttatus* (Foto Marcuse) · *Telmatochromis temporalis* (Foto Sommer) · *Lamprologus elongatus* (Foto Sommer)

Tafel 239 *Tylochromis lateralis* (Foto Marcuse) · *Thysia ansorgei* (Foto Kreher) · *Pseudotropheus novemfasciatus*, ♂ (Foto Marcuse)

Tafel 240 *Tilapia guineensis*, oben ♀, unten ♂ (beide Fotos Marcuse)

werden die Eier in großen, sorgsam vorbereiteten Gruben abgesetzt, die auskommenden Jungfische vom ♂ geführt. Einige größere Arten gelten als gute Speisefische.

Sonnenbarsche pflegt man in großen, hell aufgestellten Aquarien mit feinsandigem Bodengrund und zahlreichen Versteckmöglichkeiten in dichten Pflanzengruppen oder zwischen Wurzel- und Astwerk. Daneben ist besonders für lebhafte, schwimmfreudige Arten freier Raum zur ungehinderten Bewegung einzurichten. Besonders geeignet sind Freilandanlagen, in denen die Tiere, sofern ein Durchfrieren bis auf den Bodengrund verhindert wird, auch den Winter über verbleiben können. Alle Sonnenbarsche, besonders aber ältere Tiere, sind anfällig gegen plötzliche Änderungen der Lebensbedingungen, wie Umsetzen in ein Wasser anderer Qualität, plötzliche starke Temperaturänderung oder unvermittelte Verschlechterung des Wassers. Daneben gelten die Tiere aber auch als sehr empfindlich gegen Medikamente, Metallgifte und saures Wasser. Größtes Wohlbefinden zeigen Sonnenbarsche in mittelhartem bis hartem Altwasser, dem von Zeit zu Zeit etwas Frischwasser zugesetzt wird. Steht nur weiches Wasser zur Verfügung, so lege man einzelne Marmorstückchen ein. Sonnenbarsche nicht zu warm hältern, im Sommer bei Zimmertemperatur, 15–22 °C, dagegen möglichst kühl überwintern. Nach kühler Hälterung sind in der warmen Jahreszeit nicht nur die Zeichnung und Färbung besser, sondern auch Vitalität und Laichwilligkeit gesteigert. Im Sommer gut durchlüften. Zur Vergesellschaftung eignen sich nur ruhige Arten, am besten Oberflächenfische. Allerdings sei betont, daß die friedlichen Arten nach Möglichkeit nur mit Familiengenossen vereinigt werden sollen. Die großen räuberischen Arten sind einzeln zu hältern. Lebendfutter aller Art, vor allem Mücken- und andere Insektenlarven, Kleinkrebse, selten Trockenfutter, große Arten fressen auch kleine Fische. Die Tiere nehmen nur ungern Futter vom Bodengrund auf. Viele Sonnenbarsche bleiben auch nach langjähriger Eingewöhnung scheu und schreckhaft, eine Eigenschaft, der durch ruhiges Hantieren im Becken Rechnung zu tragen ist.

Im Artbecken ist für die Fortpflanzung keine besondere Vorsorge zu treffen. Auch im Gesellschaftsbekken laichen die Tiere gelegentlich ab. Als Zuchtbekken eignen sich vorwiegend alteingerichtete Aquarien mit Frischwasserzusatz und feinem Bodengrund, Wasserstand niedrig halten. Einige Arten, wie der Scheibenbarsch, lassen sich auch ohne Bodengrund zur Fortpflanzung bringen, wenn man Altwasser mit Frischwasserzusatz verwendet und aus Algen und Dederongespinst ein flaches Nest formt, in dem die Tiere ablaichen können. Schließlich sei erwähnt, daß viele Arten unter den Bedingungen des Zimmeraquariums bislang noch nicht ablaichten, sich dagegen in Freilandaquarien gut vermehren ließen. Die ♂♂ fächeln Gruben, meist im Schutz von Pflanzen oder Steinen, und befestigen sie z. T. mit Pflanzenmaterial. Beim Laichakt ist das ♂ meist fahl, das ♀

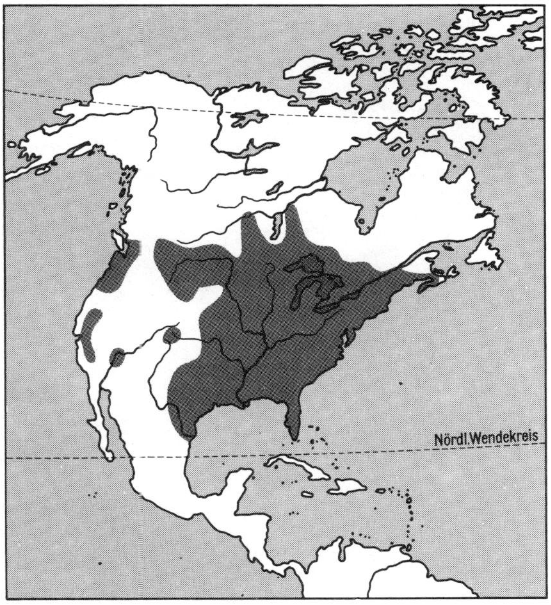

Abb. 482 Verbreitungsgebiet der Centrarchidae

prangt in den schönsten Farben. Die oft sandfarbenen Eier verkleben mit den Sandkörnchen zu Laichklumpen; eine Laichperiode kann über 1000 Eier bringen. Nach dem Ablaichen werden die ♀♀ vorsichtig herausgefangen, das ♂ bewacht das Nest und fächelt den Eiern frisches Wasser zu. Die Jungen schlüpfen je nach Temperatur in 3–6 Tagen, liegen anfänglich noch in der Grube und heften sich dann an die Pflanzen an. Zu diesem Zeitpunkt entfernt man vorsorglich auch das ♂. Es sei allerdings darauf hingewiesen, daß bei einigen Arten das ♂ die Brut 2–3 Wochen lang betreut, das heißt zum Beispiel, diese nachts im Nest sammelt, für den Zusammenhalt des Schwarmes sorgt usw. Sobald die Jungen frei schwimmen, benötigen sie reichlich Staubfutter, Infusoriennahrung ist nicht ausreichend. Die ♀♀ sind sehr bald wieder laichreif, die ♂♂ brauchen in der Regel eine Ruhepause von 6–8 Wochen. Meist liegt eine Laichperiode im Frühjahr und eine zweite im Spätsommer. Die Färbungshinweise in den nachfolgenden Artbeschreibungen beziehen sich stets auf das Farbkleid junger laichreifer Tiere.

Acantharchus pomotis (Abb. 483)
(BAIRD, 1854)

USA, zwischen New York und Südkarolina, in küstennahen Gewässern, gelegentlich im Brackwasser; bis 30 cm.

D XI–XII/10–11; A V/10; mLR 43. Die Gattung *Acantharchus* unterscheidet sich von nahestehenden Gattungen der Centrarchidae vor allem durch die Rundschuppen und die Bezahnung (unter anderem sind Zunge und Pterygoid bezahnt). Kopf groß, Maul tief gespalten, C abgerundet. Schwärzlichgrün, über die etwas helleren Körperseiten verlaufen 5–6 dunkle

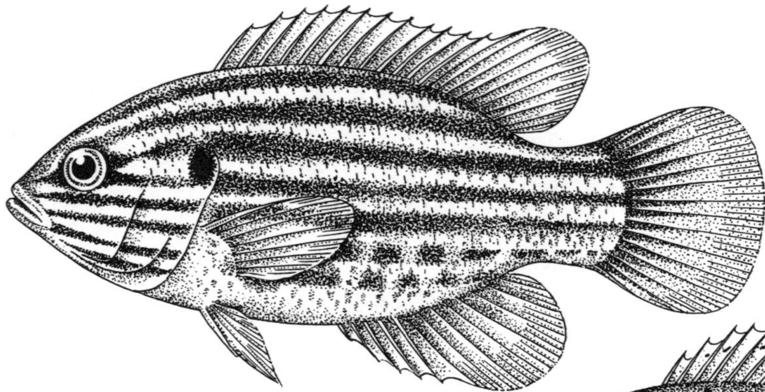

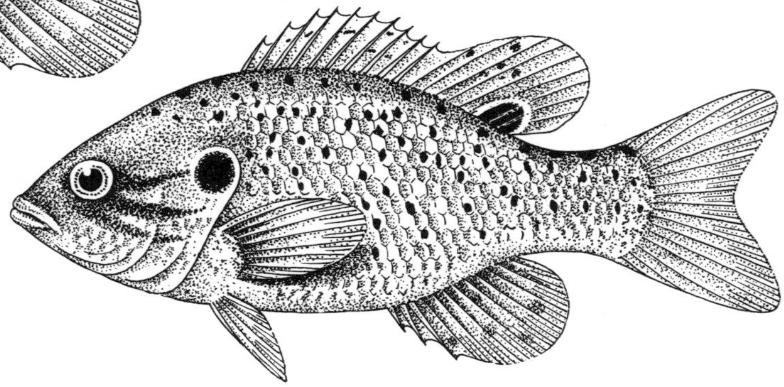

Abb. 483 *Acantharchus pomotis*
Abb. 484 *Chaenobryttus gulosus*

parallele Längsbinden, auch die Kopfseiten zeigen Längsstriche, besonders deutlich unter dem Auge. Kiemendeckel mit tiefschwarzem Fleck. Flossen undurchsichtig schwärzlich oder graugrün. Alte Tiere fast einfarbig dunkel graugrün. Geschlechtsunterschiede in der Färbung sind nicht bekannt.
Pflege siehe Familienbeschreibung. Räuberische Art, die sich höchstens für große Schaubecken eignet.

Amploplites rupestris (Taf. 225)
(RAFINESQUE, 1817)
Steinbarsch

Gebiet der Großen Seen bis Louisiana, im oberen Mississippi häufig; bis 25 cm.
D X–XI/10–12; A V/9–11; mLR 39–43. Körper gestreckt, ziemlich hoch, seitlich zusammengedrückt, Maul groß, schräg nach oben gerichtet, Kammschuppen. Graugrün mit 7–9 Reihen dunkler viereckiger Tüpfel unter der SL, Unterseite hell, weißlich. Kiemendeckel messingglänzend mit schwarzem, beim ♂ goldumrahmtem Fleck in der hinteren Ecke. Auge orange bis rot, groß. Senkrechte Flossen zart grünlich bis braungelb, teilweise mit dunklem Rand. P zumindest in der Laichzeit beim ♂ schwärzlich, beim ♀ bräunlich.
Pflege siehe Familienbeschreibung. Räuberisch und unverträglich selbst gegen gleichgroße Fische. Gilt als guter Speisefisch und wird auch wirtschaftlich genutzt.

Centrarchus macropterus (Taf. 226)
(LACÉPÈDE, 1802)
Pfauenaugenbarsch

Östliche Staaten der USA, von Illinois bis Florida; bis 16 cm, bleibt im Aquarium wesentlich kleiner und ist mit 8 cm zuchtfähig.
D XI–XII (XIII)/12–14; A VII–VIII/13–15; mLR 38–45. Körper kurz, hoch, seitlich stark zusammengedrückt, SL vollständig, D und A etwa gleichgroß. Oberseite dunkelolivbraun bis braun, Seiten helloliv, bei auffallendem Licht bläulichsilbern, Unterseite gelblich bis weiß. Über die Körperseiten verlaufen einige oft unterbrochene, mehr oder weniger deutliche dunkle Längsbinden. Durch das Auge ein senkrechter dunkler Strich. Senkrechte Flossen durchsichtig gelblich bis rötlich mit orangeroten und schwarzen Tüpfeln. An der Basis der D, nahe dem hinteren Ende, befindet sich nur bei jüngeren Tieren ein großer schwarzer, orange umrahmter Fleck. Alte Tiere sind in der Regel unscheinbar. Geschlechter schwer zu unterscheiden. ♀ oft etwas höher und voller, A meist weiß gesäumt, Augenfleck während der Laichzeit kräftig. ♂ A in der Regel schwarz gesäumt. Zur Laichzeit tritt der Augenfleck zurück.
Pflege und Zucht wie in der Familienbeschreibung angegeben.

Chaenobryttus gulosus (Abb. 484)
(CUVIER und VALENCIENNES, 1829)

Östliche Staaten der USA, vom Gebiet der Großen Seen bis Südkarolina und Texas, westlich bis Kansas und Iowa; bis 20 cm.
D X/9–10; A III/8–9; mLR 40–46. Die Gattung *Chaenobryttus* unterscheidet sich von anderen Centrarchidae hauptsächlich durch Besonderheiten der Bezahnung und Beflossung. Etwas gestreckter als die *Lepomis*-Arten, Kopf und Maul sehr groß. Oberseits olivgrün bis schwärzlichgrün, Körperseiten heller grün, oft mit blauem Schimmer, unterseits gelblich bis messingfarben. Obere Körperpartien dicht blau und rot, seltener messingfarben getüpfelt. Vom Auge zum Kiemendeckel 3–4 kräftige rote Linien, im oberen Winkel des Kiemendeckels ein tiefschwarzer Fleck.

Senkrechte Flossen dunkel gesprenkelt, D mit hell umrandetem schwarzem Fleck auf den körpernahen Teilen der letzten Flossenstrahlen. ♀ weniger intensiv gefärbt, zur Laichzeit sehr dick.
Pflege und Zucht siehe Familienbeschreibung.

Elassoma evergladei (Taf. 192)
JORDAN, 1884
Zwergbarsch, Schwarzbarsch

Von Nordkarolina bis Florida; bis 3,5 cm.
D II–IV/8–9; A III/5–7; P 13; mLR 26–30. Körper langgestreckt, seitlich etwas zusammengedrückt. Von anderen Gattungen der Centrarchidae durch die fehlende SL gut zu unterscheiden. Auffallend große Rundschuppen. Lehmfarben bis graugrün mit einzelnen silbrigen Schuppen und schwarzen Tüpfeln, gelegentlich mit unregelmäßigen dunklen Querbinden. ♂ zur Laichzeit einschließlich der Flossen prächtig samtschwarz mit zahlreichen, jedoch einzeln stehenden, grün glitzernden Schuppen. ♀ Flossen meist farblos, Bauch gelegentlich rötlich, Körper im Alter höher als beim ♂.
Pflege einfach, dicht bepflanzte oder stark veralgte Becken sagen dieser Art gut zu. Am besten geeignet für die Pflege des Schwarzbarsches sind Freilandbekken. Paare, die man dort im Frühjahr aussetzt, können mit zahlreichen Jungfischen im Herbst wieder herausgefangen werden, ohne daß man regelmäßig füttern müßte. Für Zimmeraquarien gelten die in der Familienbeschreibung gemachten Angaben. Widerstandsfähig gegen starke Temperaturschwankungen, kann bei guter Durchlüftung bei 30 °C Wohlbefinden zeigen und im Winter sogar bei 4 °C überleben; günstigste Überwinterungstemperatur 8–12 °C. Allesfresser, auch Trockenfutter und Algen. *Elassoma evergladei* pflanzt sich im Artbecken willig fort. Die Eier werden nach intensiven Liebesspielen wahllos, doch meist dicht beieinander, an Pflanzen abgesetzt. Ein Laichgang bringt 30–40 Eier. Die Jungen schlüpfen nach 2–3 Tagen und sind, sobald sie frei schwimmen, mit Staubfutter zu versorgen. Die Eltern behelligen die Jungtiere, die sich zunächst unter der Wasseroberfläche aufhalten, nicht.
Eigenartig ist die Fortbewegung des Schwarzbarsches auf dem Bodengrund. Durch rasches Vorsetzen der rechten und linken P kommt eine Art Watscheln zustande.

Elassoma zonatum (Abb. 485)
JORDAN, 1877

USA, von Süd-Illinois bis Alabama, westlich bis Texas; bis 3,5 cm.
D IV–V/9–10; A III/5; mLR 38–45. Diese Art unterscheidet sich von der vorhergehenden vor allem durch die Schuppenzahl in den Längs- und Querreihen sowie durch die Färbung. Graugrün bis olivgrün mit feinen schwarzen Tüpfelchen auf dem ganzen Körper. Körperseiten mit 11–12 dunklen Querbinden. Auf der Körpermitte in Höhe des D-Beginns ein schwarzer Fleck. Senkrechte Flossen dunkel getüpfelt, C mit dunklen unregelmäßigen Querlinien. D des ♂ größer ♀ weniger kräftig gefärbt.
Die Art ist in verschiedenen europäischen Ländern schon mehrfach erfolgreich nachgezüchtet worden. Pflege und Zucht wie bei der vorhergehenden Art angegeben.

Enneacanthus chaetodon (Taf. 210)
(BAIRD, 1854)
Scheibenbarsch

New Jersey bis Maryland in stehenden und langsamfließenden Gewässern; bis 10 cm, im Aquarium bereits mit 5 cm geschlechtsreif.
D X/10–12; A III/8–10; mLR 36–45. Körper kurz und hoch, seitlich stark zusammengedrückt. Graugelb bis grüngelb mit mehreren mehr oder weniger deutlichen, dunkelbraunen bis schwarzen, unregelmäßig begrenzten breiten Querbinden. Zonen zwischen den Binden unregelmäßig grau bis braun gefleckt. Flossen farblos mit dunklen Strich- und Punktzeichnungen auf den Flossenstrahlen. Die beiden ersten Flossenstrahlen der D tiefschwarz, die beiden folgenden orange, P ähnlich gefärbt, hier sind die beiden ersten Flossenstrahlen orange, die beiden folgenden schwarz. Bei auffallendem Licht schimmert der ganze Fisch perlmuttartig. Geschlechter schwer zu unterscheiden. In der Laichzeit sind die ♀♀ kräftiger gefärbt.
Pflege und Zucht wie in der Familienbeschreibung angegeben. Sehr beliebter Zierfisch für Kaltwasseraquarien oder nicht zufrierende Freilandanlagen. Früher bekannt als *Mesogonistius chaetodon*.

Enneacanthus gloriosus
(HOLBROOK, 1855)

Östliche Staaten der USA, etwa von New York bis Florida; bis 8 cm.
D IX(–X)/10; A III(–IV)/9; mLR 30. Der nachfolgenden Art hinsichtlich der Form, Zeichnung und Färbung sehr ähnlich. Im Leben sind die beiden Arten deshalb schwer zu unterscheiden. Im Gegensatz zu *E. obesus* hat *E. gloriosus* einen schwarzen Fleck auf dem Kiemendeckellappen, der wesentlich kleiner als das Auge ist. Weiterhin fehlt im Alter die Querstreifung. Die irisierenden Tüpfel sind meist blau. Schwarzer Augenstrich auch unter dem Auge undeutlich.
Pflege und Zucht wie auf S. 657 angegeben.

Abb. 485 *Elassoma zonatum*

Enneacanthus obesus
(GIRARD, 1854)
Diamantbarsch

Östliche Staaten der USA von Massachusetts bis Florida in stark verkrauteten Tieflandgewässern; bis 10 cm, bleibt im Aquarium kleiner.
D IX(–X)/10–12; A III(–IV)/8–11; mLR 32–35, SL meist vollständig. Körper relativ kurz, sehr hoch, seitlich stark zusammengedrückt, Maul ziemlich klein. D wesentlich größer als die A, etwa in Höhe der P-Wurzel beginnend. Olivbraun bis rehbraun, oberseits dunkler, mit 5–8 dunklen, meist unregelmäßigen Querbinden und zahlreichen grünen bis messingfarbenen, gelegentlich auch blau irisierenden Tüpfeln. Bauchseite hellgelb bis weiß. Kiemendekkellappen mit sehr großem schwarzem Fleck von Augengröße, beim ♂ golden umrahmt. Eine dunkle Augenbinde tritt meist nur unter dem gelbbraunen Auge deutlich hervor. Senkrechte Flossen rehbraun, oft mit kräftiger roter Tönung, gleichfalls mit grün irisierenden Tüpfeln. ♀ meist blasser, Tüpfel in geringerer Anzahl, D niedriger.
Pflege und Zucht wie auf S. 657 angegeben. Die Art ist recht schreckhaft und muß stets die Möglichkeit haben, sich im Pflanzendickicht zu verbergen. Zur Zucht Wasserspiegel auf 15–20 cm senken. Gelegentlich buddeln sich die Tiere so weit in den Bodengrund ein, daß nur Maul und Auge herausragen. Versuchsweise an mehreren Orten Mitteleuropas im Freien ausgesetzt.

Lepomis auritus (Abb. 486)
(LINNAEUS, 1758)
Großohriger Sonnenfisch

USA östlich der Alleghenies, von Maine im Norden bis Virginia; bis 20 cm, bleibt im Aquarium wesentlich kleiner.
D X–XI/11–12; A III/8–10; mLR 43–48. Körper gedrungen, hoch und seitlich stark abgeflacht, Kiemendeckelanhang lang und schmal, D größer als die A. Junge geschlechtsreife Tiere sind oberseits braunoliv bis braunviolett, Körperseiten oben graugrün, unten grüngelb, Unterseite einschließlich der P kräftig orangerot. Kopf mit prächtig hellblauen Wurmlinien und Tüpfeln, vor allem auf der Stirn und um das Auge, einzelne Tüpfel auch auf dem Körper. Kiemendeckellappen (sog. »Ohr«) mit großem, tiefschwarzem, etwas länglichem Fleck. Senkrechte Flossen durchsichtig schmutziggelb bis bräunlich. Mit zunehmendem Alter werden die Farbkontraste geringer, bei alten Tieren herrschen bräunliche Töne vor. Die ♀♀ sind an der schlichteren Färbung zu erkennen.
Pflege und Zucht wie in der Familienbeschreibung angegeben.

Abb. 486 *Lepomis auritus*
Abb. 487 *Lepomis cyanellus*
Abb. 488 *Lepomis megalotis*

Lepomis cyanellus (Abb. 487)
RAFINESQUE, 1819
Grüner Sonnenbarsch, Grasbarsch

USA, östlich der Felsengebirge von Kanada bis Mexiko; bis 20 cm, bleibt im Aquarium wesentlich kleiner (8 cm).
D X–XI/10–11; A III/8–9; mLR 45–55. Graugrün bis lebhaft grün glänzend, weiter bauchwärts oft zart messingfarben, gelegentlich sogar kupferfarben. In der Jugend mit 8–10 dunklen Querbinden in der oberen Körperhälfte. An den Kopfseiten blaue Striche und Punkte, auf dem grünen Kiemendeckellappen ein großer schwarzer Fleck. Flossen grau mit grünem Schimmer. D und A in der Jugend braunrot gesprenkelt, erstere mit dunklem Fleck an der Basis des hinteren Flossenabschnittes. Auge blutrot. Alte Tiere sind einfarbig graugrün. Geschlechter schwer zu unterscheiden, die ♀♀ sind meist höher und voller.
Pflege und Zucht wie in der Familienbeschreibung angegeben. Die aus den südlichen Gebieten importierten Tiere sind wärmebedürftig.

Lepomis gibbosus (Taf. 225)
(LINNAEUS, 1758)
Gemeiner Sonnenbarsch

USA, von den Großen Seen bis Texas und Florida; 20 cm, bleibt im Aquarium wesentlich kleiner und ist mit 10–12 cm geschlechtsreif und besonders schön.
D X/10–12; A II/10–11; P 12; mLR 40–47. Körper gedrungen, hoch, seitlich kräftig zusammengedrückt, insgesamt robust. Die Färbung 4–8 cm langer Tiere ist einförmig graugrün mit 5–8 perlmutterartig schimmernden Querbinden. Ältere Tiere sind mehr bräunlich, die Querbinden schimmern grünblau, auf dem Körper außerdem zahlreiche dunkelrote oder rötlichgelbe Flecke und Tüpfel. Kiemendeckel prächtig grünglänzend mit kräftig dunkelroten Linien und Punkten. Anhang des Kiemendeckellappens (sog. »Ohr«) tiefschwarz, im hinteren Teil mit orangerotem Fleck. Kehle und Bauch kräftig orangerot. Flossen grünlich bis gelblich, D-Hinterende mit einigen dunklen Tüpfeln. Sehr schöne Art. Die ♀♀ erkennt man leicht an der weniger brillanten Färbung.
Pflege siehe Familienbeschreibung. Die Zucht ist bereits 1887 im Freiland gelungen. Der Gemeine Sonnenbarsch wurde in Mitteleuropa an einigen Stellen ausgesetzt und hat sich gut eingebürgert.

Lepomis megalotis (Abb. 488)
(RAFINESQUE, 1820)
Großohriger Sonnenbarsch

Östlich des Felsengebirges von Südkanada bis Mexiko, in klaren Bächen; bis 20 cm, bleibt im Aquarium wesentlich kleiner, ist mit 10–12 cm geschlechtsreif.
D X/10–12; A III/8–10; mLR 36–45. Körper kurz und hoch, seitlich stark zusammengedrückt. Färbung variabel. Oberseite dunkelbraun mit bläulichem Schimmer, Seiten olivfarben bis dunkelblauviolett, Bauch grünlichgelb bis orange. An den Körperseiten 7–10 mehr oder weniger deutliche dunkle Querbinden. Der ganze Körper ist mit grünlichen, blauen oder rötlichgelben Tüpfeln übersät. Die Kiemendeckel zeigen grün irisierende Striche, der große Kiemendeckellappen (sog. »Ohr«) ist blauschwarz gefärbt und grüngolden eingefaßt. Lippenränder grün. Senkrechte Flossen grünlich mit weißem Saum. Auge blutrot oder schwarzrot. ♀ blasser gefärbt, D kleiner.
Pflege und Zucht wie in der Familienbeschreibung angegeben. Etwas unverträglich und bissig. Liebt direkten Sonneneinfall.

Micropterus dolomieu (Taf. 226)
LACÉPÈDE, 1802
Schwarzbarsch

Nordamerika, von Süd-Kanada bis Südkarolina und Arkansas, an ruhigen Stellen größerer oder kleinerer Fließgewässer und in Seen; bis 50 cm.
D X/13–15; A III/10–12; mLR 72–85, SL vollständig. Die Gattung *Micropterus* unterscheidet sich von anderen Gattungen der Familie vor allem durch den stärker gestreckten, relativ niedrigen Körper und die niedrige D, die zudem durch einen mittleren Einschnitt fast zweigeteilt ist. Maul groß, Unterkiefer vorspringend. Schuppen in der Regel ctenoid, C etwas eingeschnitten. Junge Tiere sind hell gelbgrün und zeigen dunkle, wolkige Flecken an den Körperseiten. Kiemendeckel mit schwarzen Tüpfeln, unterseits fast weiß. Alte Tiere sind unansehnlich dunkelgraugrün bis schwärzlich. ♀ etwas heller und kräftiger.
Die *Micropterus*-Arten sind typische Raubfische, die sich hauptsächlich von kleinen Fischen, Krebsen, Schnecken, großen Wasserinsekten u. a. ernähren. Aus sicheren Standorten zwischen Wurzelwerk und Steinen stoßen die Tiere auf ihre Beute, mit der sie gelegentlich spielen. Die Geschlechtsreife wird nach 3–4 Jahren erreicht. Auch diese Räuber bauen große flache Gruben, oft von 1 m Durchmesser, die sie peinlichst säubern. *M. salmoides* tapeziert das Nest sogar mit Blättern aus. Die abgelegten Eier werden vom ♂ und ♀ abwechselnd betreut, die Jungen schlüpfen bei 16–18 °C etwa nach 8–10 Tagen. Für das Zimmeraquarium eignen sich nur Jungtiere, große Tiere sind interessante Schauobjekte. Gute Durchlüftung ist erforderlich. Sehr gefräßig. Sowohl diese als auch die nachfolgende Art wurden besonders in Mitteleuropa mit Erfolg ausgesetzt, allerdings verbreitete sich *M. dolomieu* weit weniger.

Micropterus (Aplites) salmoides (Taf. 226)
(LACÉPÈDE, 1802)
Forellenbarsch

In Nordamerika weit verbreitet, vom Gebiet der Großen Seen im Norden bis Florida im Süden, Texas und Mexiko, kommt auch im Brackwasser vor. In Europa Mitte des vorigen Jahrhunderts eingebürgert, heute noch im nördlichen Mitteleuropa, in

Frankreich und Norditalien und an einigen Stellen der Iberischen Halbinsel; bis 60cm.
D IX–X/12–13; A III/10–11; mLR 65–70. Der vorhergehenden Art ähnlich, jedoch ist hier das Maul noch größer, der Einschnitt an der D ist so tief, daß die Flosse oft geteilt erscheint. Jungtiere unterscheiden sich außerdem durch die Zeichnung. So zeigt diese Art ein deutliches, oft nur aus Flecken zusammengesetztes Längsband, darüber, seltener auch darunter, einzelne dunkle Flecken. Alte Tiere einfarbig dunkelolivgrün bis graugrün.
Biologie und Pflege dieser Art siehe bei *M. dolomieu*. In einigen Gegenden Amerikas wird *M. salmoides* gern gegessen.

Pomoxis nigromaculatus (Taf. 227)
(LESUEUR, 1829)

Weitverbreitet, von dem Gebiet der Großen Seen bis Florida und Texas; bis 27cm, bleibt im Aquarium wesentlich kleiner, mittelgroße Exemplare sind beliebte Speisefische.
D VII–VIII/15; A VI/16–18; mLR 38–44; SL vollständig. Körper gestreckt, seitlich kräftig zusammengedrückt, obere Profillinie wesentlich stärker ausgebogen als die untere, D etwa so groß wie die A. Grau bis zart olivgrün mit auffallendem silbrigem Schimmer, besonders an den Körperseiten, Rücken meist dunkel. Auf dem ganzen Körper zahlreiche olivgrüne bis schwärzlichgrüne, unregelmäßige Flecke, die oft diffus verstreut sind, aber sich auch zu Querbinden oder Längsstreifen vereinigen können. Die meist dunkel gesäumten Flossen sind ähnlich gefärbt, weisen jedoch zusätzlich einzelne gelbe Flecken auf. Das große Auge ist vorn und hinten blutrot, oben blaugrün. Die ♀♀ lassen sich nur während der Laichzeit an dem größeren Körperumfang mit Sicherheit erkennen. Pflege und Zucht wie in der Familienbeschreibung angegeben. Für Zimmeraquarien eignen sich nur Jungfische. In Freilandanlagen bereits gezüchtet.
Einige andere Sonnenbarsche wurden meist nur als Einzelexemplare importiert, darunter auch die stahlblaue Art *Lepomis macrochirus* RAFINESQUE, 1819.

Familie Percidae
Echte Barsche

Die Echten Barsche sind sämtlich Bewohner der Binnengewässer der gemäßigten Zone (Abb. 489). Besonders charakteristisch für diese Familie sind die breiten, in der Regel getrennten, selten vereinigten Dn, von denen die erste durch stachelige Hartstrahlen, die zweite hauptsächlich von Weichstrahlen gestützt wird. Die A ist meist so groß wie die zweite D und liegt dieser nicht selten gegenüber. V weit vor der A angesetzt, Kopf groß, Maul nach vorn oder etwas nach unten gerichtet, z. T. tief gespalten, nicht oder nur wenig vorstreckbar. Kiefer, Pflugscharbein und Gaumenbein mit Zahnreihen versehen. Jederseits zwei Nasenöffnungen. Schuppen ctenoid. SL meist unvollständig. Für Europa sind besonders die Gattungen *Perca* und *Stizostedion* charakteristisch, dagegen sind in Nordamerika hauptsächlich die Gattungen *Stizostedion, Percina* und *Etheostoma* vertreten. Die beiden letztgenannten bilden zusammen mit anderen die Unterfamilie Etheostominae, deren Vertreter die verschiedenartigsten Gewässer bewohnen und dort ähnlich unserer Mühlkoppe *(Cottus gobio)* unter Steinen leben. Die meisten Arten sind schön gefärbt, die kleinste Art, *Microperca punctulata*, wird kaum 2,5cm groß.

Abb. 489 Verbreitungsgebiet der Percidae

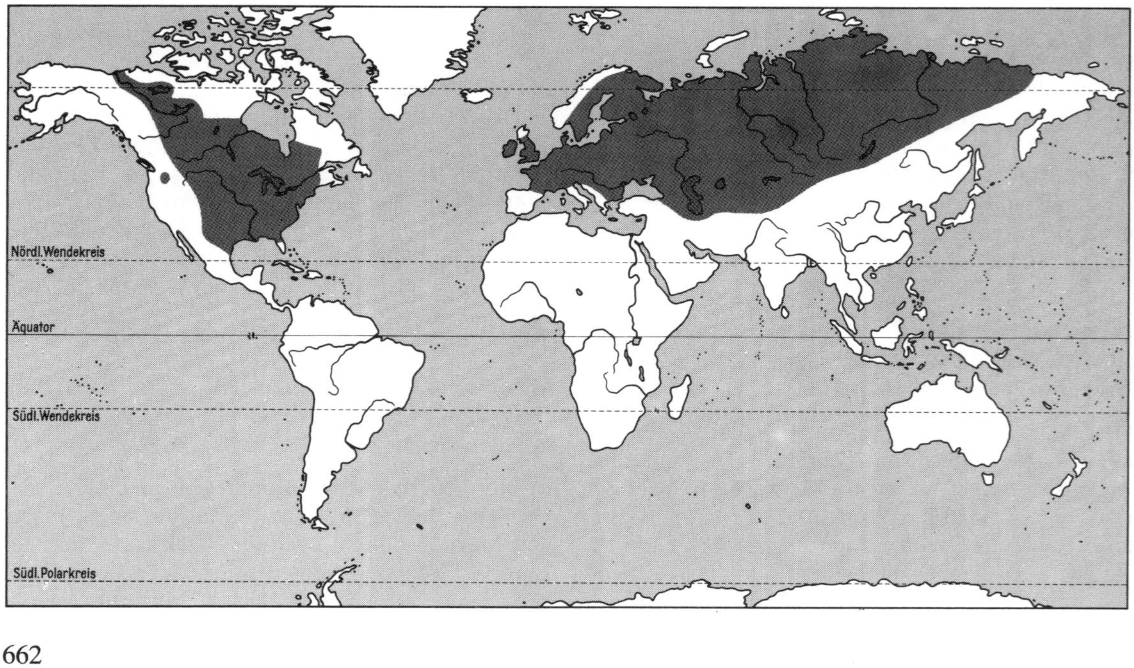

Einheimische, aber auch nordamerikanische Barsche lassen sich in großen, kühl stehenden Aquarien mit mehr oder weniger Erfolg pflegen. Ideal für die Hälterung einheimischer Barsche sind freilich Becken mit ständiger direkter Quell- oder Grundwasserzufuhr, auch ungechlortes (!) Leitungswasser ist geeignet. Betont sei allerdings, daß der Frischwasserzufluß in allen Fällen nur gering sein darf. Im allgemeinen werden jedoch, zumindest für den Liebhaber, nur Normalaquarien zur Verfügung stehen, für die die folgenden Ausführungen auch gedacht sind. Am leichtesten sind Flußbarsche zu pflegen. Grundsätzlich beschaffe man sich Jungtiere dieser Art aus stehenden Gewässern, sie gehen willig ans Futter und wachsen schnell heran. Größere Tiere stehen meist zwischen Pflanzen und werden nur bei großem Hunger lebhaft. Lebendfutter aller Art, besonders Mükken- und andere Insektenlarven, Würmer, Nacktschnecken, für größere Exemplare auch kleine Fische. Nach kühler Überwinterung können Barsche in großen Aquarien sogar zur Fortpflanzung schreiten. Auch Kaulbarsch und Schrätzer können unter den angegebenen Bedingungen mit Erfolg lange Zeit gepflegt werden. Weit schwieriger dagegen ist die Hälterung des in der Donau und ihren Nebenflüssen vorkommenden Strebers sowie die Pflege des Zanders. Schon die Beschaffung der Jungtiere dieser Arten ist in der Regel schwer und vielfach nur durch besonders günstige Umstände möglich. Dementsprechend sind auch die Erfahrungen über die Pflege recht gering. Die Spindelbarsche benötigen vermutlich weichen, leicht schlammigen Bodengrund, aus dem sie Würmer und Insektenlarven herauswühlen können, und niedrige Temperaturen, deren Höchstgrenze im Sommer bei 17 °C liegen dürfte. Die besten Erfolge hatte SPRANGER in Freilandaquarien.
Der Zander ist sehr sauerstoffbedürftig und nur bei guter Durchlüftung mit Erfolg zu hältern. Die Tiere sind gefräßig und wachsen in Gefangenschaft außerordentlich schnell. Als Nahrung kommen für größere Tiere fast nur Jungfische in Betracht, Fleisch wird in der Regel nicht angenommen. Die Fortpflanzung ist in Großaquarien von mehreren Kubikmetern Inhalt schon gelungen. Zander sind sehr empfindlich gegen Verletzungen.

Etheostoma caeruleum (Abb. 490)
STORER, 1845

Stromgebiet des Mississippi, im Ohio die häufigste Art; bis 8 cm.
D_1 IX–XII, D_2 12–14; A II/7–8; mLR 37–50. Die Gattung *Etheostoma* unterscheidet sich von anderen Gattungen vor allem durch das kleine Maul, die meist nicht vorstreckbaren Zwischenkiefer, die unbeschuppte Kopfoberseite und durch die große erste D. Färbung je nach dem Untergrund sehr stark veränderlich. *E. caeruleum* gehört zu den schönsten Vertretern der großen Gattung. Oberseits graugrün, dunkel getüpfelt, oft dunkel gefleckt, Körperseiten heller, mit zwölf tiefblau leuchtenden, etwas schräg

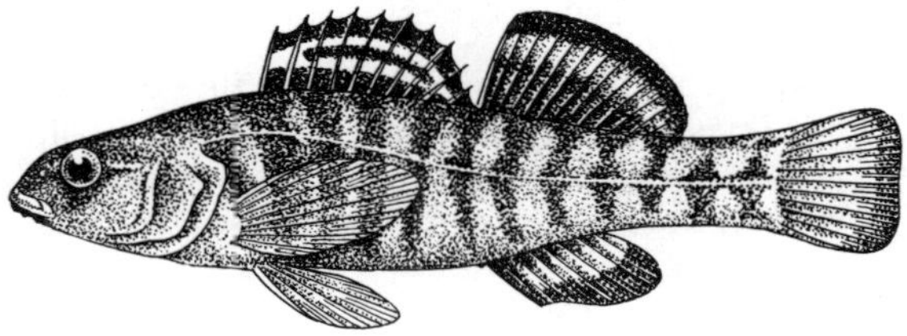

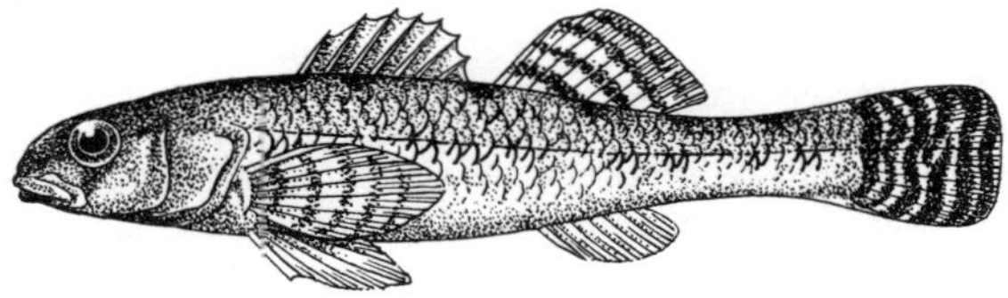

Abb. 490 *Etheostoma caeruleum*
Abb. 491 *Etheostoma nigrum*

nach hinten gerichteten Querbinden, die Zwischenräume, besonders auf dem Schwanzstiel, leuchtend orangefarben, Unterseite gelblich bis schmutzigweiß. Flossen sehr prächtig. D_1 an der Basis leuchtend rot, Mittelfeld orange, Rand blau, D_2 orangefarben, Basis und Rand blau, C kräftig orangerot, oben und unten blau begrenzt, A gleichfalls orange, vorn und hinten blau getönt, V tiefblau. Auch der Kopf zeigt prächtige Abstufungen von Orange und Blau. ♀ wesentlich blasser, blaue und rote Töne nur schwach angedeutet.
Pflege und Zucht wie bei der nachfolgenden Art angegeben.

Etheostoma nigrum (Abb. 491)
RAFINESQUE, 1820

Außerordentlich weit verbreitet. Östliche Staaten der USA, nördlich bis Manitoba, westlich bis Colorado; bis 6,5 cm.
D_1 VI–XI, D_2 10–14; A I/6–9; P 10–14; V I/5; mLR 38–52. Körper gestreckt, seitlich wenig zusammengedrückt, niedrig. Kopf ziemlich klein, konisch zugespitzt. Maul klein, nach vorn oder ganz leicht nach unten gerichtet, Zwischenkiefer vorstreckbar, Kiemendeckel beschuppt. C gerade abgeschnitten, P sehr groß. Oberseits zart oliv- bis gelbgrün, oft mosaikartig braun getüpfelt, Körperseiten lehmfarben, dunkel getüpfelt und meist mit einer Längsreihe W-förmiger Flecken, Unterseite hell. Kopfoberseite schwärzlich, vom Auge zur Schnauzenspitze eine lackschwarze Binde. Senkrechte Flossen durchsichtig, mit dunklen Tüpfelreihen. ♀ meist heller, zur Laichzeit sehr dick.
Interessanter Kaltwasserfisch, der vorwiegend unter Steinen lebt. Die Tiere bewegen sich sprungartig fort, wobei der Schwanz von den großen Pn unterstützt wird. Auf diese Weise können sie sich blitzschnell dem Gefangenwerden entziehen. Beim Hochheben eines Steines bleiben sie zunächst ruhig sitzen, entschlüpfen aber beim Zugreifen blitzschnell. Das Laichgeschäft findet im Frühjahr unter Steinen statt. Das ♂ pflegt das Gelege. Im Kaltwasseraquarium mit Kiesbodengrund dauert die Art bei intensiver Durch-

lüftung gut aus und schreitet hier auch zur Fortpflanzung. Friedlich und genügsam. Lebendfutter aller Art, besonders rote Mückenlarven *(Chironomus)*. Von *Etheostoma nigrum* sind zahlreiche Unterarten bekannt.

Gymnocephalus cernua (Taf. 228)
(LINNAEUS, 1758)
Kaulbarsch, Rotzbarsch

Mittel- und Nordeuropa, in verschiedenartigen Gewässern des Tieflandes, auch in stark ausgesüßten Teilen der Ostsee; bis 25 cm, meist viel kleiner.
D XII–XVI/11–15; A II/5–6; P 13; V I/5; mLR 35 bis 40. Etwas schlanker als der Flußbarsch. D_1 und D_2 vereinigt. Kiemendeckel mit einem nach hinten gerichteten Stachel, Vordeckel mit Dornen. Oberseits dunkel graugrün mit verstreuten schwarzen Flecken und Tüpfeln, die sich auch auf die etwas helleren, oft perlmutterglänzenden Körperseiten erstrecken, Unterseite gelblich, vorn oft zart purpurfarben. Kiemendeckel je nach Lichteinfall mit grünlichen bis bläulichen Glanzlichtern. Flossen graugrün bis lehmfarben, senkrechte Flossen mit unregelmäßigen schwarzen Tüpfelreihen. Die ♀♀ sind in der Vorlaichzeit am stärkeren Körperumfang zu erkennen.
Der Kaulbarsch hält sich in Rudeln oder Schwärmen hauptsächlich an ruhigen Stellen größerer Fließgewässer auf und jagt dort Kleintiere aller Art, vor allem Bachflohkrebse. Die Laichzeit fällt in die Monate März bis Mai. Die stark klebrigen, oft in Schnüren abgegebenen Eier kleben an den Steinen oder auf Wasserpflanzen fest. Nach 8–10 Tagen schlüpfen die farblosen Jungfische, die zunächst ihren großen Dottersack aufzehren. Ein Laichgang bringt bis 100000 Eier.
Pflege im Aquarium siehe Familienbeschreibung. Früher bekannt als *Acerina cernua*.

Gymnocephalus schraetser (Taf. 228)
(LINNAEUS, 1758)
Schrätzer

Donau und einige Nebenflüsse, stellenweise im Einzugsgebiet der Moldau in Südböhmen; bis 30 cm.
D XVII–XIX/12–14; A II/5–6; P 13–14; V I/5; mLR 55–62. Körper gestreckt, Kopf groß, nach vorn zugespitzt. D_1 und D_2 vereinigt, Kiemendeckel mit spitzem, nach hinten gerichtetem Dorn. Haut sehr drüsenreich, die Tiere sind deshalb sehr schleimig. Insgesamt hell, lehmgelb bis schmutzig gelbgrün mit 3–4 sehr kräftig hervortretenden schwarzen Längsbinden, die unteren häufig in Punktreihen aufgelöst. Flossen hell, gelblich, D mit kräftigen Tüpfellängsreihen. Zur Laichzeit ist die Zeichnung und Färbung der ♂♂ wesentlich intensiver, die Tiere nehmen oft fischlackartigen Glanz an.
Schrätzer sind Bodenfische, die sich gern an tiefen Stellen aufhalten und sich hier, wenigstens zeitweise, an bestimmte Standorte wie Steinhöhlen u. a. binden. Mit dem relativ engen Maul können sie nur kleinere Beutetiere wie Bachflohkrebse, Würmer, aber auch Fischlaich u. a. aufnehmen. Die Nahrung wird meist ruckartig eingesogen. Laichzeit April bis Mai. Die Eier werden in breiten Streifen abgesetzt, wobei sich die ♀♀ der Unterlage dicht anschmiegen. Die Jungfische schlüpfen nach 6–10 Tagen. Wachstum langsam.
Pflege siehe Familienbeschreibung. Früher bekannt als *Acerina schraetzer*.

Perca flavescens
(MITCHILL, 1814)
Gelber Barsch, Amerikanischer Barsch

Gebiet der Großen Seen, südöstlich davon bis zur Küste, Einzugsgebiet des oberen Mississippi und an anderen Orten, nördlich davon bis Zentralkanada; bis 30 cm.
D_1 XIII–XV, D_2 II/13–15; A II/7–8; mLR 74–88. *P. flavescens* ist unserem Flußbarsch hinsichtlich der Gestalt und Zeichnung sehr ähnlich und wurde deshalb öfter als Unterart des Flußbarsches angesehen. Insgesamt ist *P. flavescens* mehr lehmfarben, an den Körperseiten stark goldgelb glänzend, Kiemendeckel mit oft sehr deutlichen Strichen. D gelboliv, D_1 wie bei *P. fluviatilis* mit lackschwarzem Fleck, A und V orange bis rot.
Biologie wie bei *P. fluviatilis* angegeben. Pflege siehe Familienbeschreibung.

Perca fluviatilis (Taf. 227)
LINNAEUS, 1758
Flußbarsch

Ganz Europa mit Ausnahme von Spanien, Süditalien, Nordskandinavien und dem westlichen Balkan, ostwärts bis zum Kaspi-See und Ural, auch in Kleinasien; mittlere Größe etwa 25 cm.
D_1 XIII–XVII, D_2 I–II/13–15; P 14; V I/5; mLR 58–68. Körper mäßig gestreckt, hoch, seitlich wenig abgeflacht, Kopf stumpf, Maul groß, Kiemendeckel nach hinten zugespitzt, Dn getrennt, C leicht eingeschnitten. Einer der schönsten einheimischen Fische. Färbung in den einzelnen Verbreitungsgebieten sehr unterschiedlich, außerdem können die Tiere ihre Färbung dem Untergrund relativ rasch anpassen. Oberseits schwärzlichgrün bis dunkelblaugrau oder auch braun, Körperseiten heller, grüngelblich, etwas messingglänzend, aber auch lehmfarben, Unterseite gelblich bis silberweiß. 6–10 dunkle Querstreifen treten meist nur bei jungen Tieren und in Erregung deutlich hervor. Kopfseiten mit schönen Glanzfeldern in allen Regenbogenfarben. Dn graugrün, D_1 mit lackschwarzem Fleck im hinteren Teil, C meist schmutziggelbgrün, untere Kante ziegelrot, V und A orange bis ziegelrot, P schmutziggelb. Die Geschlechter sind gleichartig gefärbt.
Der Flußbarsch kommt sowohl in klaren und getrübten Fließgewässern als auch in Teichen und Seen vor. In den Gebirgen ist er bis 1000 m Höhe anzutreffen, auch dringt er ins Brackwasser der Ostsee vor. Im

Gegensatz zum Zander meidet der Flußbarsch freie Wasserflächen und lebt vorwiegend in den Pflanzengürteln der Uferzonen. Alte Exemplare sind in der Regel Einzelgänger, die sich von kleineren Fischen ernähren. Junge Barsche vereinigen sich zu großen Schwärmen und jagen gern Kleingetier. Die Laichzeit fällt in die Monate März bis Juni. Die ♀♀ gleiten beim Laichvorgang mit angelegten Flossen dicht über das Laichsubstrat (Steine, Holzteile, Wasserpflanzen) und stoßen dabei die Eier aus, die unmittelbar anschließend von den in den schönsten Farben prangenden ♂♂ besamt werden. Oft beteiligen sich an einem Laichgang mehrere ♂♂. Der Laich ist in langen, netzförmig durchbrochenen Bändern vereinigt (Taf. 211). Ein großes ♀ kann bis 200000 Eier bringen. Die glasklaren Jungfische schlüpfen nach 8–10 Tagen, wirbeln zunächst an die Oberfläche, um die Schwimmblase mit Luft zu füllen, und hängen dann noch einige Zeit an den Wasserpflanzen. Wachstum relativ langsam.
Pflege im Aquarium siehe Familienbeschreibung.

Stizostedion lucioperca (Taf. 227)
(LINNAEUS, 1758)
Zander, Hechtbarsch, Schill

In Mitteleuropa weitverbreitet, südlich bis Norditalien, östlich bis in das Gebiet der UdSSR, nördlich bis in den Ostseeraum, westlich bis Ostfrankreich, in großen Flüssen, in Seen und in Haffen der Ostsee; mittlere Länge etwa 40–55 cm.
D_1 XIII–XV, D_2 I–II/19–23; A II/11–13; P 15–16; V I/5; mLR 80–95. Größter unserer einheimischen Barsche. Körper gestreckt, seitlich mäßig zusammengedrückt, Maul groß, aber eng, stark bezahnt, Kiemendeckel mit einem nach hinten gerichteten Dorn, Dn getrennt, C leicht eingeschnitten. Oberseits schwärzlich bis schwärzlichgrün, Körperseiten graugrün, in der Jugend mit 7–11 unregelmäßig begrenzten, wolkigen, braunen Querbinden, unterseits schmutzigweiß. Kopf mit zahlreichen blauen bis messingfarbenen Glanzzonen auf braun-grau-grün marmoriertem Grund. Flossen grau bis gelbgrau. D mit Längsreihen, C meist mit Querreihen dunkelbrauner Tüpfel. ♀ kräftiger, Kopf etwas mehr gerundet.
Der Zander bewohnt große freie Wasserflächen und hält sich mit Vorliebe über festem Bodengrund auf. Im Sommer sucht er die leicht getrübten, undurchsichtigen Gewässer, die ihm vorzüglichen Schutz gewähren. Der junge Zander ernährt sich hauptsächlich von Kleintieren, aber schon mit etwa 15 cm Länge (einjährig) werden die Tiere Fischräuber und stellen hauptsächlich dem Stint und der Ukelei nach. Die Laichzeit fällt in die Monate April bis Anfang Juni und ist im wesentlichen von der Wassertemperatur (12–14 °C) abhängig. Die etwa 1,5 mm großen, stark klebrigen Eier werden an einhängendem Wurzelwerk, an Steinen oder angeschwemmtem Astwerk oft in großen Klumpen abgelegt. Große ♀♀ bringen nicht selten 200000–300000 Eier. Die Eltern sollen die Gelege eine Zeitlang bewachen. Die Jungfische schlüpfen nach 8–12 Tagen und wirbeln nach kurzer Liegezeit der Wasseroberfläche zu, um ihre Schwimmblase mit Luft zu füllen. Zander gehören zu den wertvollsten Speisefischen.
Pflege im Aquarium siehe Familienbeschreibung.
Früher bekannt als *Lucioperca lucioperca*.

Stizostedion vitreum
(MITCHILL, 1818)

USA, Gebiet der Großen Seen, oberer Mississippi, südwärts bis Georgia und Alabama, ostwärts bis Pennsylvania, bis 90 cm.
D_1 XIII–XV, D_2 II/13–15; mLR 110–132; QR 10/25. Ähnlich gestaltet wie unser einheimischer Zander. Maul groß, Kiefer etwa gleichlang, Zwischenkiefer beweglich, vorstreckbar, Kiemendeckel mit Stachel am Hinterrand, Vordeckel hinten zahnartig gesägt. Oberseits dunkel olivgrün, teilweise schwärzlich gefleckt, Körperseiten heller mit zahlreichen kleinen messingfarbenen Tüpfelchen, unterseits einschließlich der Vn und A zart rosa bis leicht violett. Kopfseiten mit dunklen Wurmlinien. D_1 und D_2 ockerfarben oder leicht grünlich, D_1 mit schwarzem Fleck auf den letzten Flossenstrahlen, D_2 und die C auf gelblichem Grund braun gesprenkelt, Basis der P dunkel. Auge groß, aus dem Inneren silbrig reflektierend (deshalb »vitreum«).
Die sehr räuberische Art ist in Gefangenschaft sehr schwer zu hältern, es sei denn, es stehen große Schaubecken mit Frischwasserzufluß zur Verfügung. Im allgemeinen richte man sich nach den auf S. 663 gegebenen Regeln. Frißt fast nur Fische.

Zingel streber (Taf. 228)
(LINNAEUS, 1758)
Streber

Donau und einige Nebenflüsse an tiefen, kiesigen Stellen, selten; bis 18 cm.
D_1 VIII–IX; D_2 I/12–13; A I/10; P 14; V I/5; mLR 70–81. Körper langgestreckt, drehrund, Maul unterständig, Auge nach oben gerichtet. Die beiden Dn weit getrennt, V groß, sehr kräftig, Schuppenkleid sehr fest. Gelbbraun bis lehmgelb, unterseits heller mit kräftig hervortretenden, sehr breiten, unregelmäßigen, braunen Querbinden. Flossen gelblich, ohne Zeichnung. ♀ zur Laichzeit sehr kräftig.
Der Streber ist ein typischer Bodenfisch, der sich (nach SPRANGER) in der Regel an tieferen Stellen aufhält und tagsüber sowie nachts Nahrung, wie Würmer, Larven u. a., sucht. Die Bewegungen des Strebers erinnern nur wenig an das Schwimmen anderer Fische, vielmehr hüpfen die Tiere krötenartig mit Hilfe von P und C ruckweise vorwärts. Die Augen sind unabhängig voneinander beweglich, außerdem kann der Kopf seitlich etwas abgewinkelt werden. Laichzeit März bis April. Die zu dieser Zeit recht lebhaft messingfarben getönten Tiere heften ihre Eier an den Bodengrund. Sehr interessante Art.
Pflege siehe Familienbeschreibung.

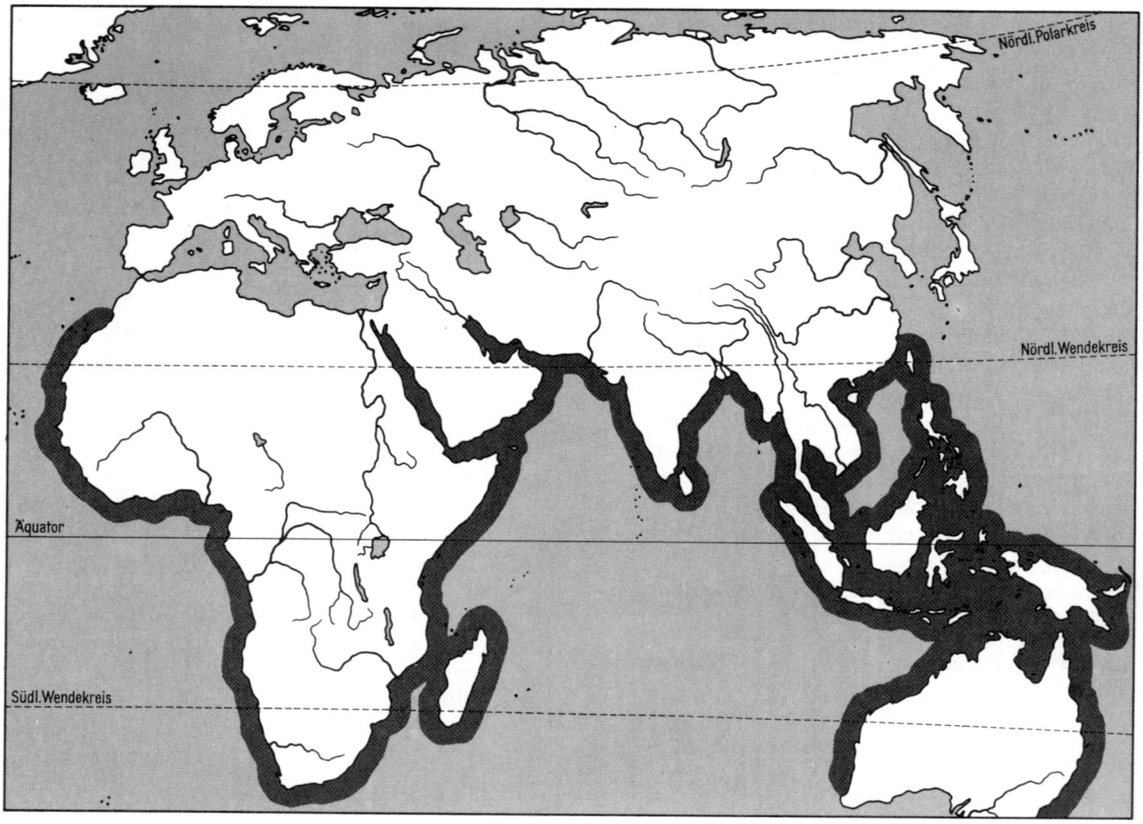

Abb. 492 Verbreitungsgebiet der Monodactylidae

Dem Streber hinsichtlich der Form und der Biologie ähnlich ist der Zingel, *Zingel zingel* (LINNAEUS, 1758), der im gleichen Verbreitungsgebiet vorkommt.

Familie Monodactylidae
Flossenblätter

Scheibenförmige, seitlich sehr stark abgeflachte Fische, die mit ihrer Gestalt etwas an die Segelflosser (*Pterophyllum*-Arten) erinnern, Kopf und Maul relativ klein, D und A ähnlich, vorn hoch, nach hinten zu immer schmaler werdend, in der basisnahen Hälfte dicht beschuppt. Die vorderen D-Stacheln können verkleinert sein und auch frei stehen. Kleine Kammschuppen, SL vollständig, nach oben durchgebogen.

Die Flossenblätter kommen im Meer- und im Brackwasser West- und Ostafrikas, Süd- und Südostasiens, des Malaiischen Archipels und Australiens vor (Abb. 492). Besonders als Jungfische steigen sie über die Ästuarien in das Süßwasser auf und können so auch küstennahe Seen erreichen. Die Tiere treten meist in sehr großen Schwärmen auf, über die Fortpflanzung ist kaum etwas bekannt, die Laichplätze liegen vermutlich in den Korallenregionen.

Monodactylus argenteus (Taf. 229)
(LINNAEUS, 1758)
Silberflossenblatt

Sehr weit verbreitet, vom Malaiischen Archipel bis an die Ostküste Afrikas, im Roten Meer häufig; bis 23 cm, bleibt im Aquarium wesentlich kleiner.

D VII–VIII/28–30; A III/27–32; P 17; V I/5; mLR 55–60. Körper diskusförmig, nicht ganz so hoch wie lang, V sehr klein. Prächtig silberfarben mit gelblichgrünem Schimmer an der Oberseite. Bei Wohlbefinden treten zwei tiefschwarze Binden kräftig hervor, die vordere Binde vom Nacken nach vorn bogenförmig durch das Auge, die zweite meist weniger deutliche von der D-Vorderkante bogig zur A-Vorderkante. D und A gelb bis orangefarben, Flossenspitze mehr oder weniger schwarz, C gelblich. Bei älteren Tieren verschwindet die Gelbfärbung. Geschlechtsunterschiede unbekannt.

M. argenteus kann sowohl im Brack- als auch im Seewasser gepflegt werden, reines Süßwasser ist dagegen, zumindest für lange Zeit, nicht zu empfehlen. Wesentlich für die prächtigen Schwarmfische ist freier Schwimmraum, der den sehr schnellen und eleganten Schwimmern genügend Bewegungsfreiheit bietet. Temperatur 24–28 °C, Lebendfutter aller Art, sehr gefräßig. Leider bleiben die Tiere, wie viele diskusartig gebaute Fische, in der Gefangenschaft meist scheu und schreckhaft. *M. argenteus* eignet sich gut für das Korallenfischbecken. Fortpflanzung im Aquarium noch nicht gelungen.

Monodactylus sebae (Abb. 493)
(CUVIER und VALENCIENNES, 1831)

Tropisches Westafrika, von der Mündung des Senegal bis zum Kongo (Zaïre), im Meer-, Brack- und vorübergehend auch im Süßwasser; bis 20 cm.
D VIII/32–36; A III/37; P 17; V I/5; mLR 50. Körper außerordentlich hoch, nach oben und unten zugespitzt, D und A betonen mit ihrem hartstrahligen Teil diese Form, V bis auf einen kleinen Stachel reduziert. Körper silberfarben, in der oberen Körperhälfte leicht gelbbraun. 3–5 dunkle Querbinden, von denen eine bogige Augenbinde, eine Binde von der D- zur A-Spitze und eine C-Wurzelbinde meist deutlich hervortreten. Bei älteren Tieren werden diese Zeichnungen undeutlich. Senkrechte Flossen zart gelb, selten orangefarben. Nach ARNOLD kommen auch ganz dunkle Jungtiere vor. SHELJUZHKO beobachtete einen Farbwechsel von Goldgelb mit schwarzen Streifen zu einheitlich schwarzer Färbung. Geschlechtsunterschiede sind nicht bekannt.
Pflege siehe vorhergehende Art. Auch *Monodactylus falciformis* (LACÉPÈDE), dessen Verbreitungsgebiet dem von *Monodactylus argenteus* entspricht, wurde bereits eingeführt.

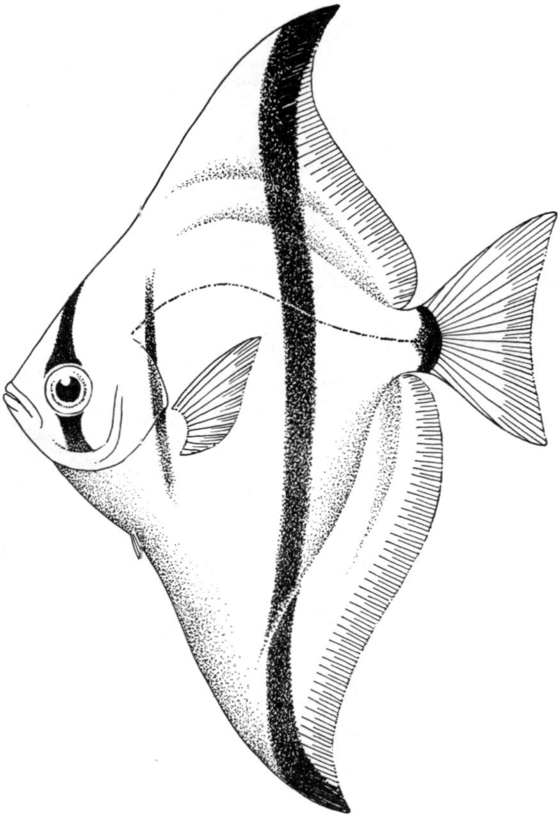

Abb. 493 *Monodactylus sebae*

Familie Toxotidae
Schützenfische

Die Schützenfische sind, wie die deutsche Bezeichnung andeutet, vor allem durch ihre »Schießkunst« bekannt, das heißt, die Tiere können Insekten, die außerhalb des Wassers auf Blättern und Zweigen sitzen, mit einem gespuckten kräftigen Wasserstrahl abschießen und ihrer so habhaft werden. Am besten spucken alte Tiere, sie treffen noch Beuteobjekte, die sich bis etwa 100 cm über der Wasseroberfläche befinden. Geht der erste Versuch fehl, so wird rasch mehrmals nachgeschossen. Diese Schießkunst wird in der Jugend erlernt. Wenn die Jungtiere etwa 2 bis 3 cm lang geworden sind, beginnen sie, kleine Wassertropfen zu spucken, die kaum 10 cm über den Wasserspiegel reichen. Aus den ungeschickten Versuchen wird jedoch sehr bald zielsicheres Können. Insektenschießen gehört zum zusätzlichen Nahrungserwerb. Im allgemeinen wird allerlei schwimmendes oder schwebendes Wassergetier gefressen. Man wird deshalb hungrige Tiere leichter dazu bringen, ihre Künste zu zeigen, als Tiere, die eben gefressen haben. Aber auch eine bestimmte Spuckwilligkeit muß in der Regel vorliegen. Am besten eignen sich Schaben und Heimchen als Beuteobjekte. Nach dem Entdecken einer Beute postiert sich der Fisch so unter der Wasseroberfläche, daß sich das Ziel direkt oder fast direkt über ihm befindet. Nur unter diesen Bedingungen kann er das Beuteobjekt direkt anvisieren, d. h. die Brechung an der Wasser-Luft-Grenze ausschalten. Zum Spucken selbst stellt er sich im Wasser so steil, daß die Maulspalte senkrecht nach oben zeigt. Der Spuckmechanismus wird durch Besonderheiten der Zungen- und Munddachform sowie durch die Anordnung der beiden Teile zueinander ermöglicht. Durch plötzliches, kräftiges Zusammendrücken der Kiemendeckel schießt das Wasser durch eine zwischen Zunge und Munddach gebildete Röhre und erhält durch das dünne Zungenvorderende eine bestimmte Richtung.
Eine zweite Besonderheit sind die sogenannten Leuchtflecken, die nur den jungen Tieren der Familie zukommen. Es handelt sich dabei um gelbe, sehr stark reflektierende Flecken neben der Rückenmitte zwischen (oder über) den breiten schwarzen Querbinden. Wie LÜLING 1956 andeutet, stehen diese im Dienste des Kontakthaltens. Für diese Ansicht spricht die Beobachtung, daß sich junge *Toxotes* in den trüben Mangrovengewässern in Schulen zusammenhalten und die alten, einzeln lebenden Tiere keine Leuchtflecken zeigen. Wie LADIGES (1950) berichtet, wird man auf die Jungtiere überhaupt erst durch dieses Leuchten aufmerksam, die grün irisierenden Flecken sind auch im trüben Wasser gut zu erkennen. Erwachsene Tiere verraten sich häufig durch die Kiellinien, die sie mit dem die Wasseroberfläche berührenden Unterkiefer ziehen.
Das Verbreitungsgebiet der Schützenfische ist groß und umfaßt die Küstengebiete von ganz Südostasien, die Philippinen, den ganzen Malaiischen Archipel und Australien (Abb. 494). Die Tiere bewohnen hier vorwiegend die trüben, brackigen Mangrovengürtel.

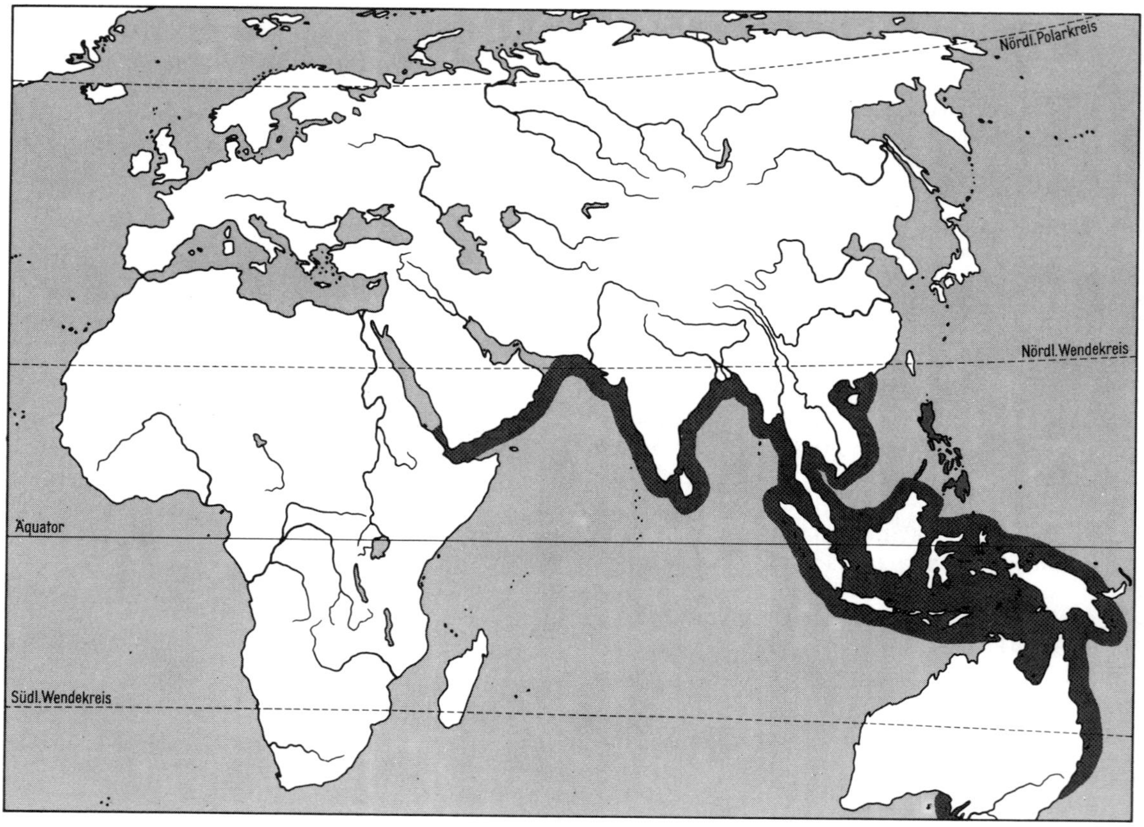

Abb. 494 Verbreitungsgebiet der Toxotidae

Jungtiere sollen sich in stärker ausgesüßten Regionen aufhalten als Geschlechtstiere, von denen man annimmt, daß sie weit landab in den Regionen der toten und lebenden Korallen laichen.
Die Körperform verrät den typischen Oberflächenfisch. Körper gestreckt, hoch, seitlich stark abgeflacht. Stirn-Rückenlinie bis zur D fast gerade. Maul groß, tief gespalten, steil nach oben orientiert, Unterkiefer vorspringend, Auge sehr groß. D und A weit hinten angesetzt, P sehr kräftig. Kammschuppen, SL vollständig. Eine Gattung mit fünf Arten, von denen vorwiegend zwei importiert werden.

Toxotes chatareus (Abb. 495)
(HAMILTON-BUCHANAN, 1822)

Indien, Malaiische Halbinsel, Südthailand, Vietnam, Philippinen, Malaiischer Archipel, Nord-, West- und Südaustralien, vorwiegend im Brackwasser der Flußmündungen; bis 27 cm.
D V/13; A III/17; mLR 33–34; QR 5/11–13. Körperform siehe Familienbeschreibung. *T. chatareus* ist der nachstehenden Art sehr ähnlich. Im Leben lassen sich folgende Unterschiede feststellen: fünf D-Stacheln im Gegensatz zu vier bei *T. jaculatrix*. In der oberen Seitenhälfte eine Reihe unregelmäßiger und sehr unterschiedlich großer dunkler Flecken. Jungtiere beider Arten mit gleicher Querbindenzeichnung. Mit zunehmendem Alter entwickeln sich bei *T. chatareus* zwischen den Querbinden kleine Flekken, die Querbinden selbst werden zu großen Flekken reduziert (Abb. 495). Färbung beider Arten ansonsten ähnlich. Am toten Tier lassen sich beide Arten vor allem an der Anzahl der Schuppen in einer mittleren Längsreihe leicht unterscheiden.
Färbung und Pflege wie bei der nachfolgenden Art angegeben.

Toxotes jaculatrix (Taf. 210)
(PALLAS, 1766)
Schützenfisch

Sehr weit verbreitet in ganz Süd- und Südostasien einschließlich der Philippinen und des Malaiischen Archipels, aber auch in Australien und auf vielen Inselgruppen des Pazifik, hauptsächlich im Brackwasser der Flußmündungen; bis 24 cm, wird etwa mit 10 cm geschlechtsreif.
D IV/12–13; A III/15–16; mLR 28–30; QR 4/9–10. Körperform wie in der Familienbeschreibung angegeben, der vorhergehenden Art ähnlich. Unterschiede siehe dort. Aufgrund der weiten Verbreitung sehr variabel in Zeichnung und Färbung. Jüngere Tiere aus Südostasien sind oberseits mehr oder weniger gelbgrün bis braun, Körperseiten zart graugrün, von oben nach unten allmählich in eine reine, weißsilberne Färbung übergehend. 4–6 breite schwarze Querbinden können bei Jungtieren weit bauchwärts reichen, werden aber mit fortschreitendem Alter kürzer und beschränken sich schließlich nur auf die obere

Körperhälfte. Zwischen den Querbinden in der Regel keine dunklen Flecken. Auge groß, silbrig, oben und unten schwarz. D gelbgrün mit schwarzem Saum im weichstrahligen Teil, C schmutziggelbgrün, A silbern mit breitem schwarzem Rand. Geschlechtsunterschiede sind nicht bekannt.

Die sehr interessante Art (biologische Besonderheiten siehe Familienbeschreibung) bringe man in möglichst großflächigen Aquarien mit mäßiger Bepflanzung und freiem Schwimmraum unter. Jungtiere lassen sich wesentlich leichter eingewöhnen als ältere Exemplare, die oft außerordentlich empfindlich sind. Nicht zu frisches Wasser mit geringem Seesalzzusatz (2–3 Teelöffel auf 10 Liter Wasser), hohe Temperaturen (26–28 °C), Lebendfutter, vor allem Insekten (Schaben, Heimchen, Heuschrecken, Fliegen). Das Wasser ist von Zeit zu Zeit teilweise zu erneuern. *Toxotes* kann gut mit anderen Fischen vergesellschaftet werden. Ungleich große Exemplare sind untereinander aggressiv, Rangordnungskämpfe(?). Zucht noch nicht gelungen. Über die Fortpflanzung ist kaum etwas bekannt. Die Bewegungen, die Aufmerksamkeit, ja das ganze Verhalten der Schützenfische verraten eine relativ hohe Leistungsfähigkeit des Gehirns.

Familie Scatophagidae
Argusfische

Die Scatophagidae sind Küstenfische, die hauptsächlich in Süd- und Südostasien einschließlich der zahlreichen Inselgruppen und in Australien beheimatet sind und dort sowohl in reinem Seewasser als auch im Brack- oder Süßwasser angetroffen werden (Abb. 496). Im allgemeinen wird heute die Ansicht vertreten, daß die Tiere, ähnlich den Schützenfischen, meist im Bereich der Korallenriffe ablaichen, die Jungen aber in das stark ausgesüßte Wasser der Flußmündungen (Ästuarien) wandern und sich mit zunehmender Größe wieder in das Meerwasser zurückziehen. Die Bezeichnung *Scatophagus* bedeutet Kotfresser und geht auf die Beobachtung zurück, daß der Darminhalt dieser Tiere stets Schlamm und Unrat enthält. In der Tat ernähren sich die Argusfische nicht nur von Pflanzen oder Futtertieren, sondern überhaupt von allem, was nur irgendwie verdaulich ist, also auch von Schlamm, verwesenden Abfällen u. a. Besonders zahlreich sammeln sich die Tiere vor den Kanalisationseinflüssen größerer Städte sowie überall dort, wo der Mensch Abfälle ins Wasser bringt. Körper scheibenförmig, seitlich stark zusammengedrückt. Die kleinen Kammschuppen bedecken nicht nur Kopf und Körper, sondern überziehen wie bei den nahe verwandten Chaetodontidae (Borstenzähner) teilweise auch den weichstrahligen Teil von D und A. SL deutlich, dem Rückenprofil etwa parallel verlaufend. Kopf und Maul klein, Kiefer bezahnt. D und A aus einem hart- und einem weichstrahligen Teil bestehend, die fast getrennt sind, der hintere weichstrahlige Teil der D und A gleichlang und ähnlich gestaltet. Schuppen ctenoid, sehr klein.

Die Jungtiere der *Scatophagus*-Arten durchlaufen ähnlich den Chaetodontidae ein Larvenstadium, *Tholichthys*-Stadium genannt, das sich vor allem durch eine starke Knochenpanzerung des Kopfes und Nackens auszeichnet, die später wieder rückgebildet wird (Abb. 497). Im allgemeinen ist jedoch über die Fortpflanzung wenig bekannt. Im Aquarium hat RANDOW nach Umsetzen eines Paares in reines Seewasser ein Ablaichen nach Cichlidenart in einer Felsspalte beobachtet, jedoch fielen die frisch geschlüpften Larven einem Unglücksfall zum Opfer. Alle weiteren Versuche blieben bislang ohne Erfolg. ♂ und ♀ treiben Brutpflege. Pflege im Aquarium siehe bei *Scatophagus argus*.

Scatophagus argus (Taf. 210)
(GMELIN, 1788)
Argusfisch

Tropische Teile des indopazifischen Raumes, im See-, Brack- und Süßwasser, stellenweise sehr häufig; bis 30 cm, bleibt in Gefangenschaft wesentlich kleiner.
D XI/16–18; A IV/14–15; P 17; V I/5; mLR über 100.
Körperform siehe Familienbeschreibung. Färbung variabel und in den einzelnen Gegenden des Verbreitungsgebietes recht unterschiedlich. Junge Tiere von der Größe eines Pfennigstückes sind in der Regel dunkel. Am schönsten gezeichnet und gefärbt sind Tiere von 5–6 cm Gesamtlänge. Insgesamt grünlich-

Abb. 495 *Toxodes chatareus*

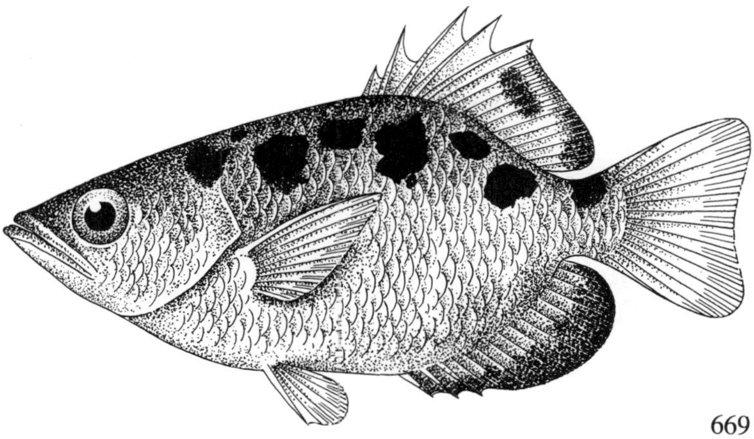

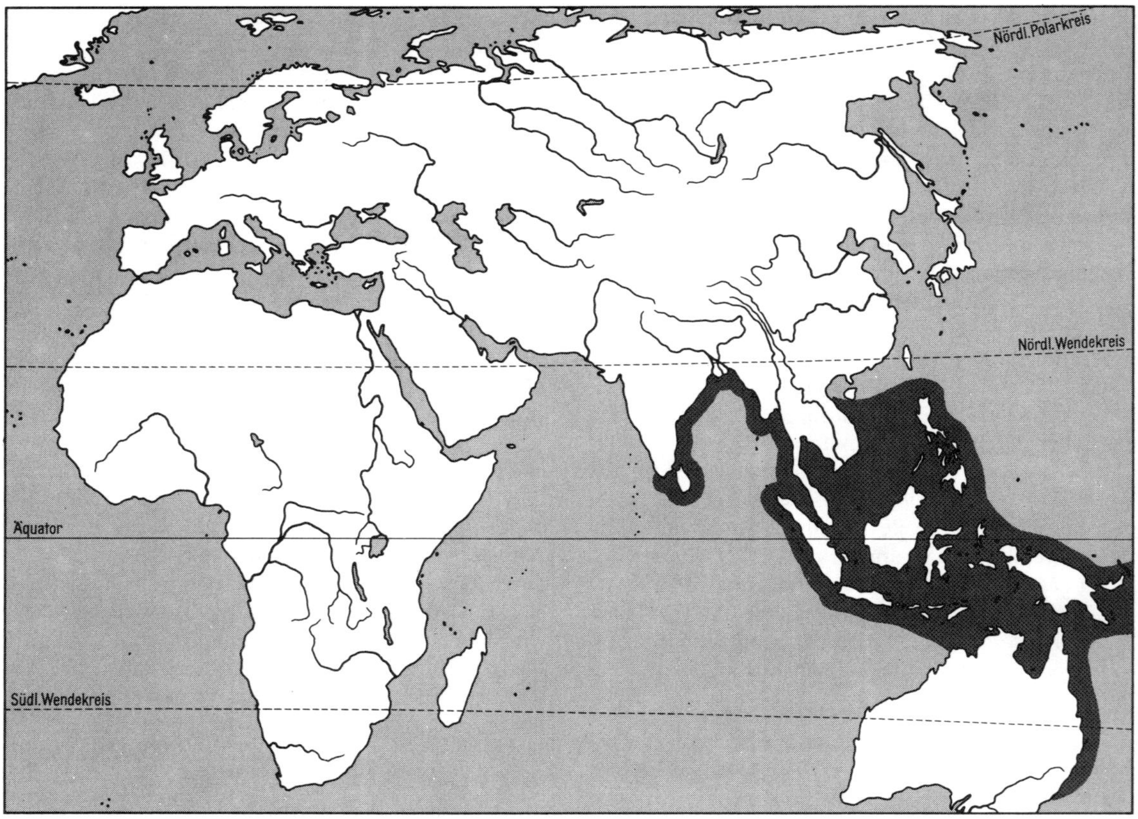

Abb. 496 Verbreitungsgebiet der Scatophagidae

silbern, bläulichsilbern und auch kaffeebraun mit deutlichem Goldschimmer am Rücken. Bei vielen Tieren dringt in diesem Alter die helle, oft rotgoldene Färbung des Rückens in das Braun der Körperseiten querbindenartig vor. Auf dieser Grundfärbung Querreihen großer, runder, schwärzlicher Flecken oder unregelmäßige Querbinden. Auch die Flossen können sehr verschiedenartig gefärbt sein. Aus vielen Gebieten werden Tiere importiert, die auf dem Rücken rote Flecken in sehr unterschiedlicher Anordnung zeigen. Solche Formen sind als *Scatophagus rubrifrons* bekannt, eine Namengebung, die zu Unrecht besteht, denn auch diese Tiere sind *S. argus* und können höchstens als »Roter Argus« bezeichnet werden. Alte Tiere sind meist grünsilbern mit großen

Abb. 497 Tholichthys-Stadium der Scatophagidae

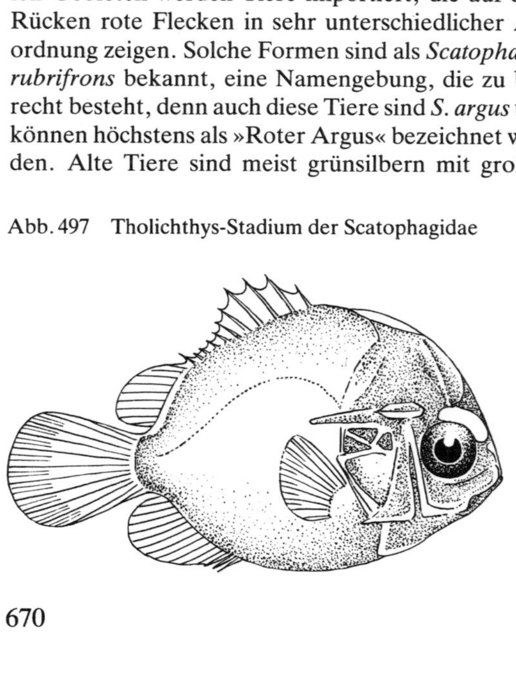

schwarzen Punkten und vielfach gelbbraun und schwarz gezeichneten Flossen. Besonders schöne Färbungen nehmen die Tiere im Seewasser an. Geschlechtsunterschiede bislang nicht bekannt.

Pflege in großen Becken mit guten Schwimmöglichkeiten. Seesalzzusatz, 3–4 Teelöffel auf 10 Liter Wasser, Temperatur 20–28 °C, Allesfresser, Lebendfutter in großen Mengen, daneben feinblättrige Pflanzen, Algen, Kopfsalat, gekochter Spinat und eingeweichte Haferflocken. Weidet gelegentlich Aquarienpflanzen bis auf den Wurzelstock ab. Sehr schwimmaktive und vollkommen friedliche Art, die in der Regel selbst kleinste Jungfische unbehelligt läßt. Recht eigenartig ist häufig die Fortbewegung der Argusfische, die als wackelndes Schwimmen bezeichnet werden kann und an die Bewegung vieler Korallenfische erinnert. Durch die starke Verdauung kommt es in den Becken sehr schnell zur Mulmbildung, die möglichst durch Filterung in Grenzen gehalten werden sollte, da die Tiere empfindlich gegen Nitrite sein sollen. Ältere Tiere überführt man allmählich in reines Seewasser.

Scatophagus tetracanthus (Taf. 210)
(LACÉPÈDE, 1800)

Nordaustralien, Nord-Neuguinea, Ostafrika einschließlich der vorgelagerten Inseln, im See-, Brack- und Süßwasser; bis 40 cm, bleibt in Gefangenschaft wesentlich kleiner.
D XI/15–18; A IV/14–15; P 17; V I/5; mLR 90–95.

Die Art unterscheidet sich von der gut bekannten vorhergehenden Art vor allem durch die Querbindenzeichnung. Auf gelbem bis blausilbernem Grund treten kräftige schwarzbraune Binden deutlich hervor. Die Zahl der Binden und ihre Ausdehnung ist recht verschiedenartig. In der Regel nimmt die Breite der Binden mit abnehmender Anzahl zu, die Länge der Binden mit dem Alter ab. So reichen diese bei Jungtieren meist bis auf die Bauchkante, beschränken sich dagegen bei großen Tieren auf die obere Körperhälfte. D und A bräunlich, C an der Basis gelblich, V dunkelbraun. Geschlechtsunterschiede unbekannt.
Pflege siehe vorhergehende Art.

Selenotoca multifasciata (Abb. 498)
(RICHARDSON, 1844)

Von den Scatophagidae wurden in ganz vereinzelten Fällen auch Exemplare der Gattung *Selenotoca* eingeführt, die sich von der Gattung *Scatophagus* vor allem durch die etwas gestrecktere Form und die weichen Teile der D und A unterscheiden. Letztere sind bei *Scatophagus* fähnchenartig und stehen fast senkrecht zur Körperlängsachse, bei *Selenotoca* sind sie relativ niedrig, langgestreckt und folgen der Körperkrümmung. Außerdem sind in der D und A die vorderen hartstrahligen Teile fast vollständig von den weichstrahligen getrennt. *S. multifasciata* ist an den Küsten Australiens (außer an der Südküste) beheimatet; bis 10 cm.
D XII/16; A VI/16; P 16; V I/5. Einfarbig grünlichsilbern, besonders oberseits mit schwachem Messingglanz. An den Körperseiten 9–15 schmale, sehr scharf abgegrenzte Querbinden, die sich unterhalb der SL in Punktreihen auflösen. Kopfoberseite und Nacken bräunlich. Flossen teilweise mit schwarzen Zeichnungen. Geschlechtsunterschiede unbekannt.
Pflege und Zucht siehe *Scatophagus argus*.
Die Einführung einer weiteren *Selenotoca*-Art, *Selenotoca papuensis* FRASER-BRUNNER, 1935, ist für Mitteleuropa sehr fraglich. Die Art kommt an den Küsten von Neuguinea und Sulawesi (Celebes) vor, wird 10 cm lang und unterscheidet sich von der vorhergehenden Art vor allem durch breitere Binden in geringerer Anzahl und durch größere Flecken.

Abb. 498 *Selenotoca multifasciata* (oben) und *Solenotoca papuensis*

Familie Nandidae
Nanderbarsche

Die heute lebenden Nanderbarsche sind die letzten Vertreter einer in frühen Erdepochen weitverbreiteten Fischgruppe. Das auffällige Vorkommen der wenigen Arten in Südamerika, Westafrika und Südostasien deutet auf die noch im Erdmittelalter bestehende Landverbindung zwischen den Kontinenten hin (Abb. 499).
Die Nandidae sind relativ klein, aber vielfach von recht robustem Aussehen. Körper gedrungen, bei einigen Gattungen sehr hoch, seitlich mehr oder weniger stark abgeflacht. Kopf groß, Maul oft tief gespalten, in der Regel sehr weit vorstreckbar, beiderseits sechs Kiemenbögen. D groß, stacheliger und weicher Teil nicht getrennt, C abgerundet. Kammschuppen, SL zweiteilig, unvollständig oder fehlend. Geschlechter oft nicht leicht voneinander zu unterscheiden, teilweise treten Zeichnungs- und Färbungsunterschiede erst zu Beginn der Laichzeit deutlich hervor. Bei einigen Arten gibt die Form der Analpapille Auskunft, die beim ♀ meist etwas größer ist.
Nanderbarsche sind biologisch sehr interessante Raubfische. Ihre Raublust und Gefräßigkeit werden nur von wenigen anderen Fischgruppen übertroffen. Die meisten Arten vermögen Futtertiere zu verschlingen, die 3/4 ihrer eigenen Körperlänge messen. Mengenmäßig vertilgen manche Nanderbarsche täglich etwa so viel, wie sie selbst wiegen. Gleichgroße Artgenossen lassen sich oft gut vergesellschaften, wenn reichlich Versteckmöglichkeiten zwischen Steinen oder in hohlem Wurzelwerk geboten werden. Dagegen sind, vielleicht mit Ausnahme von *Badis badis*, alle Arten nicht für das Gesellschaftsbecken geeignet. Wohlbefinden zeigen die Nanderbarsche in dunkel stehenden Aquarien mit dichten Pflanzengruppen und zahlreichen Unterschlupfmöglichkeiten. Sind diese Bedingungen erfüllt, so lassen in der Regel auch die anfängliche Scheu und Schreckhaftig-

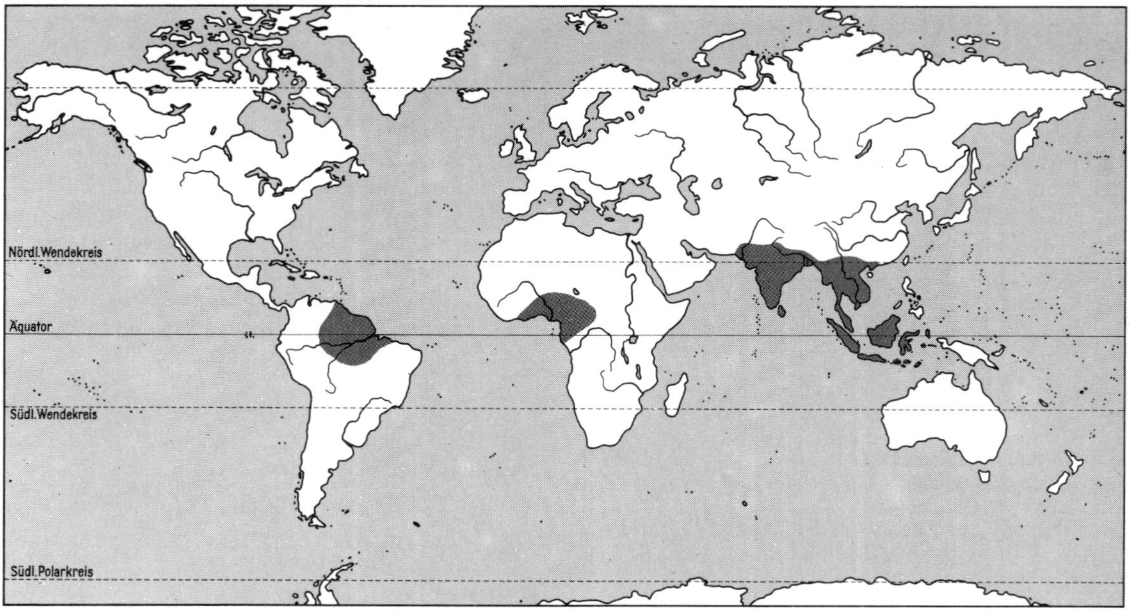

Abb. 499 Verbreitungsgebiet der Nandidae

keit nach. Gefressen wird lebendes Futter aller Art, am liebsten kleine Fische, aber auch Pferde- und Rindfleisch. Fast alle Arten sind Höhlenlaicher, *Polycentropsis abbreviata* baut ein Schaumnest. Die ♂♂, seltener auch die ♀♀, sind brutpflegend, Jungtiere untereinander sehr kannibalisch. Die in der Regel sehr unterschiedlich schnell wachsenden Tiere müssen deshalb von Zeit zu Zeit nach Größenklassen sortiert werden. Die Vertreter der Gattung *Badis* wurden in neuerer Zeit als Familie Badidae von den Nandidae abgetrennt.

Afronandus sheljuzhkoi (Taf. 229)
(MEINKEN, 1954)

Afrika, Elfenbeinküste bei Abidjan und Agboville, in Quellwässern; bis etwa 5 cm (?).
D XV–XVI/9–10; A III–IV/6–7; V I/5; mLR 31. Den *Nandus*-Arten Südostasiens sehr nahestehend und deshalb tiergeographisch besonders interessant. Körper gestreckt, mäßig hoch, seitlich zusammengedrückt, Kopf groß, Maul tief gespalten, schräg nach oben gerichtet. Keine SL, A relativ kurz. Färbung eines konservierten Tieres nach MEINKEN: »Dunkelbraunoliv, auf dem Kopf und Nacken sowie längs der Dorsale dunkler, Bauch heller. Ein helles, gelblichweißes Band von der Breite des Augendurchmessers vom Beginn der weichen Dorsale quer über den Körper zum Beginn der weichen Anale; der Schwanzteil dahinter etwas heller als der übrige Körper. Ein großer, rundlicher, an den Rändern etwas verwaschener Fleck auf dem Operculum, mit dem hinteren Augenrande durch einen schwarzen bis schwärzlichen Zügel verbunden. Vom unteren Augenrande eine schwärzliche Binde schräg nach hinten unten über den Vordeckel. Kieferränder schwärzlichbraun. Alle Flossen einfarbig schwarzbraun; die Ventrale und die Caudale etwas heller.« Geschlechtsunterschiede nicht beschrieben. Nach SHELJUZHKO hielten sich lebend importierte Tiere in einem kleinen Aquarium mit Blumentöpfen, die sie einzeln bewohnten, zunächst gut. Sie starben jedoch später ohne ersichtlichen Grund. Ihr Vorkommen in Quellwässern deutet an, daß es sich vermutlich um besonders sauerstoffbedürftige Tiere handelt.

Badis badis (Taf. 211)
(HAMILTON-BUCHANAN, 1822)
Blaubarsch

In stehenden Gewässern Indiens weit verbreitet; bis 8 cm.
D VI–VIII/6–10; A III/6–8; mLR 26–33. Körper gestreckt, relativ niedrig, seitlich wenig abgeflacht, Maul klein, SL unterbrochen. Von allen Nandiden ist der Blaubarsch am schönsten gefärbt. Die Färbung selbst wechselt außerordentlich rasch und stark, so können in wenigen Minuten ganz gegensätzliche Farbtönungen auftreten. Lehmgelb, bräunlich oder grün mit bläulichem Schimmer, Rücken olivfarben bis schwarzblau, Bauch grünlich oder bläulich. An den Körperseiten sind bei Jungtieren oft 6–10 dunkle Querbinden zu erkennen, alte Tiere fast immer ohne diese Zeichnung. Vom Maul über das Auge zum Anfang der D zieht ein schwarzer Strich. Ein dunkler, hell umrandeter Schulterfleck ist meist nur undeutlich ausgeprägt. Besonders schöne ♂♂ zeigen an den Körperseiten grünliche, gelbliche, rote und lackschwarze Schuppen in mosaikartiger Anordnung. SL-Schuppen manchmal rötlich mit goldfarbenem Rand. Flossen gelblichgrün, bläulich oder dunkelblau, D oft mit roten oder grünen Längsstreifen, vorderer Teil gelegentlich mit rosarotem Rand. ♀ schlichter gefärbt, Bauchprofillinie stark nach unten

gewölbt. Dagegen neigt die Bauchlinie der ♂♂ fast immer zum Hohlbauch.
Pflege und Zucht wie in der Familienbeschreibung angegeben. Im Gegensatz zu anderen Nanderbarschen ist *Badis badis* friedlich, im Gesellschaftsbekken sogar gegen Artgenossen, im Artbecken dagegen zeigen die Tiere Revierverhalten und bekämpfen sich relativ stark. Temperatur 26–28 °C, Lebendfutter aller Art. Das Wohlbefinden des Blaubarsches ist weitgehend von den Versteckmöglichkeiten abhängig. Man biete ihnen Steinhöhlen, liegende Blumentöpfe, Wurzelwerk und dichte Pflanzengruppen. Höhlenbrüter, der Laich wird immer am Boden der Höhle oder an einer höhlenartigen, besonders dunklen Stelle abgesetzt, die Jungen hüpfen und schwimmen sofort nach dem Schlüpfen nach oben und heften sich an die Höhlendecke. Die interessante Paarung, bei der das ♀ vom ♂ umschlungen wird, hat NIEUWENHUIZEN ausführlich beschrieben (DATZ 12, 35–39 und 98 bis 101, 1959). Das ♂ treibt Brutpflege. Nicht sehr produktiv. Die Jungen sind anfangs etwas empfindlich. Eine braunrote Form mit dunklen Tüpfellängsreihen aus Burma wurde 1936 von AHL als *Badis badis burmanicus* beschrieben, siehe dazu HOUSZ, F. M. I. (DATZ 15, 291–295, 1962).

Monocirrhus polyacanthus (Taf. 212)
HECKEL, 1840
Blattfisch

Stromgebiet des Amazonas und des Rio Negro, Guyana; bis 8 cm.
D XVI–XVII/11–13; A XII–XIII/11–14; P 18–20; V I/5; mLR 34–38. Körper hoch, eiförmig, Kopf zugespitzt, Maul weit vorstreckbar. An der Unterlippe ein kurzes, bartelförmiges Läppchen, das bei Erregung abgespreizt wird. Färbung sehr stark wechselnd, in erster Linie abhängig von dem Untergrund und der Beckenbeschaffenheit. Zwischen Pflanzen grüngelblich marmoriert, im freien Wasser meist lehmgelb bis bräunlich, auch dunkelbraun marmoriert. Vom Auge aus laufen drei feine dunkle Linien, eine über den Kiemendeckel bis in die C-Wurzel, eine schräg nach oben, die dritte schräg nach unten zur Bauchkante. Der stachelige Teil der D und A grünlich bis gelblich, der weichstrahlige Teil dieser Flossen sowie die C glasklar durchsichtig. Geschlechtsunterschiede in der Färbung bislang nicht beschrieben, ♀ zur Laichzeit fülliger.
Sehr interessante, aber auch räuberische Art. Die Tiere stehen im Wasser schräg mit dem Kopf nach unten, am liebsten zwischen Pflanzen. Sie täuschen so im Wasser schwebende alte Blätter vor. Der Blattfisch ist ein sehr schlechter Schwimmer. Größere alteingerichtete Becken mit dichtem Pflanzenbestand. Temperatur 22–25 °C. Da diese Art fast ausschließlich Fische frißt, von denen sie täglich etwa eine Gewichtsmenge benötigt, die ihrem Eigengewicht entspricht, ist ihre Hälterung nicht einfach, am liebsten werden lebendgebärende Zahnkarpfen angenommen. Weiches, schwach saures Wasser (2–4 °dH, pH 6–6,5). Der Blattfisch laicht an vorher peinlichst gereinigten großen Pflanzenblättern, Steinen oder auch an den Aquarienscheiben ab. Die Liebesspiele sind sehr einfach, das Paar geht gleichsam unvermittelt ans Laichgeschäft. Die relativ kleinen Eier werden vom ♂ bewacht und befächelt, ♀ entfernen. Die nach 3–4 Tagen auskommenden, zunächst fast farblosen Jungfische sind recht groß und können, sobald sie frei schwimmen, mit Hüpferlingen angefüttert werden. Nach einigen Monaten sind die Tiere zu isolieren, da sie sich gegenseitig zu verschlingen versuchen. In dieser Entwicklungsphase bekommen die Jungen *Ichthyophthirius*-Befall ähnliche weiße Tüpfel, die aber bald wieder verschwinden.

Nandus nandus (Taf. 211)
(HAMILTON, 1822)
Nander

Indien, Burma, Thailand; bis 20 cm.
D XII–XIV/11–13; A III/7–9; P 15; V I/5; mLR 46–57. Körper gestreckt, barschartig, Kopf groß, beschuppt, Maul sehr groß, vorstreckbar, Unterkiefer vorspringend. Hinterrand des Kiemendeckels zugespitzt, Vordeckel gesägt. Färbung düster, großfleckig, gelbgrün-olivgrün-dunkelbraun marmoriert, Oberseite besonders dunkel, unterseits leicht rötlich. Flossen grünlich bis gelblich, D in der Regel teilweise in die Körpermarmorierung einbezogen, die übrigen Flossen z. T. mit grünlichen Fleckenreihen. ♀ insgesamt heller getönt, Flossen kleiner.
Pflege siehe Familienbeschreibung. Die sehr räuberische Art pflegt man am besten in leicht brackigem Wasser (1–2 Teelöffel Seesalz auf 10 Liter Wasser). Zucht nur vereinzelt gelungen. Mittelhartes, neutrales Wasser, ohne Seesalzzusatz. Liebesspiel kurz, die Eier werden frei ausgestoßen, bis 300. Keine Brutpflege, die Elterntiere kümmern sich angeblich weder um die Eier noch um die nach 48 Stunden schlüpfenden Jungfische. Siehe auch RUCKS (DATZ, 26, 158–160, 1973).

Nandus nebulosus (Taf. 211)
(GRAY, 1830)

Thailand, Malaiische Halbinsel, Große Sundainseln; bis 12 cm.
D XIV–XV/11–12; A III/5–6; P 16; V I/5; mLR 34–35. Ähnlich gestaltet wie die vorhergehende Art, von der sich *N. nebulosus* vor allem durch die deutlich größeren Schuppen und die Flossenformel unterscheidet. Auf rehbraunem bis graubraunem Grund zeigt die Art unregelmäßige, querbindenartige, dunkelbraune, gelegentlich sogar schwärzliche Flecken. Vom Maul über das Auge und von da bogig zur D-Vorderkante eine sehr deutliche, dunkle, hinten hell begrenzte Binde. D und A im stachligen Teil braun, die übrigen Flossenteile sowie die C hell durchsichtig. Geschlechtsunterschiede unbekannt.
Pflege siehe Familienbeschreibung. Wie *Nandus nandus* sehr räuberisch. Noch nicht nachgezüchtet.

Polycentropsis abbreviata (Taf. 211)
BOULENGER, 1901
Afrikanischer Vielstachler

Tropisches Westafrika, Lagos, Niger, Ogowe; bis 8 cm.
D XV–XVII/9–11; A IX–XII/8–9; P 18–19; V I/5; mLR 31–35. Ähnlich gestaltet wie der bekannte *Polycentrus schomburgki*, jedoch noch etwas kürzer, Schnauze nach vorn noch spitzer ausgezogen. Weicher Teil der D und A sehr kurz, fähnchenartig über den harten Teil hinausragend, SL sehr kurz. Färbung variabel und stets düster. Ockerfarben bis dunkelgraugrün mit großen, z. T. querbindenartigen, braunen bis schwärzlichen Flecken. Von der Schnauze über das Auge bis zum Anfang der D eine deutliche dunkle Binde, eine gleiche Binde vom Auge abwärts. Hartstrahlige Teile der D und A dunkel, weichstrahliger Teil gelegentlich zart rostrot an der Basis, in der Regel farblos durchsichtig. ♀ zur Laichzeit heller.
Pflege siehe Familienbeschreibung. Fortpflanzung sehr interessant. Der afrikanische Vielstachler soll mit Vorliebe unter Schwimmblättern oder auch zwischen *Riccia* ein Schaumnest bauen. FRITZSCHE beobachtete nur einzelne Luftblasen unter einem künstlichen Substrat. Beim Laichgeschäft drehen sich die ♀♀ unter dem Nest in Rückenlage und stoßen jeweils ein einzelnes Ei aus, insgesamt bis 100 Eier. Nach FRITZSCHE haften die Eier locker und verteilt am Substrat. ♀ nach dem Ablaichen entfernen. Das ♂ betreibt Brutpflege, das heißt, es hält zunächst das Nest zusammen, sammelt später die nach etwa 48 Stunden (bei 28 °C) auskommenden Jungen in flachen Gruben oder auf Steinen und behütet, wie die meisten Cichliden, den kleinen Schwarm. Zur rationellen Zucht entfernt man das ♂, sobald die Jungen frei umherschwimmen. Jungtiere sehr gefräßig, Wachstum in weichem, leicht torfigem Wasser schnell.

Polycentrus schomburgki (Taf. 212, 230)
MÜLLER und TROSCHEL, 1848
Südamerikanischer Vielstachler

Nordöstliches Südamerika und Trinidad; bis 10 cm, bleibt in der Gefangenschaft kleiner.
D XVI–XVIII/8–9; A XIII/6–8; P 15; V I/5; mLR 25–27. Körper gedrungen, hoch, seitlich stark abgeflacht. Maul sehr groß, vorstreckbar, Hinterrand des Kiemendeckels mit einem Dorn, weicher Teil der D und A fähnchenartig über den harten Teil vorstehend, keine SL. Schöne und interessante Art. Färbung sehr variabel, in erster Linie abhängig von der Temperatur und dem Erregungszustand. Hellgrau, bräunlichgrau, lederbraun bis tiefschwarz mit dunklen, oft silbrig glänzenden Punkten und Tüpfeln. Vom Auge aus gehen drei dunkelbraune bis schwarze, meist gelblich gesäumte, keilförmige Binden zur Nase, zum Nacken und zum unteren Rand des Kiemendeckels. Stacheliger Teil der D und A olivgrün bis dunkelblau, bläulichweiß gesäumt und mit großen, hell eingefaßten Flecken an der Basis. Der weiche Teil der D und A sowie die C und P sind farblos, glasartig durchsichtig, V lang ausgezogen, grünlich, vorn gelb. ♀ heller, Grundton mehr braun, zur Laichzeit sehr hell. ♂ zur Laichzeit samtschwarz mit silbrigblauen oder türkisgrünen Flecken und Tüpfeln. Zu dieser Zeit sind auch die hinteren Teile der D und A sowie die C schwarz.
Pflege und Zucht siehe Familienbeschreibung. Laicht in Höhlen oder an der Unterseite großer Blätter, bis 650 an kurzen Fäden hängende Eier. Das ♂ betreibt Brutpflege, die Jungfische schlüpfen bei 26–27 °C nach drei Tagen und schwimmen nach 7–8 Tagen frei.

Pristolepis fasciatus (Abb. 500)
(BLEEKER, 1851)

Burma, Thailand, Vietnam und einige Inseln des Malaiischen Archipels; bis 21 cm.
D XIII–XVI/14–16; A III/8–9; V I/5–6; mLR 26–28. Körper gedrungen, hoch, seitlich abgeflacht. Maul im Gegensatz zu der Gattung *Nandus*, mit der *P. fasciatus* teilweise gemeinsam vorkommt, eng und nur wenig vorstreckbar, Kiemendeckel mit zwei flachen Dornen, SL unter der weichstrahligen D unterbrochen, Endstück auf der Mitte des Schwanzstieles. Grünlich bis gelbgrün mit 8–12 ziemlich regelmäßigen dunklen Querbinden, die besonders deutlich bei Jungtieren hervortreten, Oberseite dunkler, Bauch hell, meist gelblich. Unterhalb des Auges mehrere dunkle Längslinien, die vom Maul zum Kiemendeckel reichen. Flossen grünlich, P gelb.

Abb. 500 *Pristolepis fasciatus*

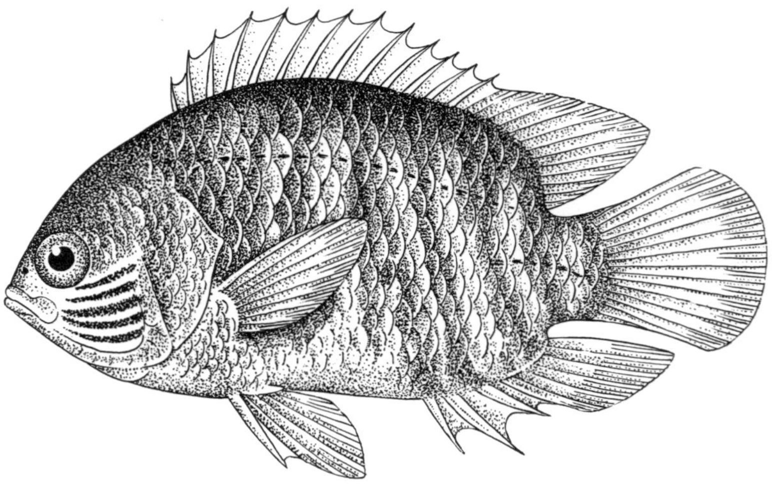

Über das Verhalten dieser Art in Gefangenschaft ist wenig bekannt. Angeblich sind die Tiere Standortfische und untereinander aggressiv. Lebendfutter.

Familie Cichlidae
Buntbarsche

Mit etwa 1000 Arten sind die Buntbarsche die artenreichste Familie der Perciformes. Die meist robusten Fische sind langgestreckt bis hochrückig und seitlich mehr oder weniger abgeflacht. Kopf groß, Stirnpartie bei alten ♂♂ gelegentlich durch eingelagerte Fettpolster wulstartig vorgebuchtet. Besonders charakteristisch ist das Vorhandensein einer einzigen Nasenöffnung, die zugleich als Naseneingang und -ausgang dient. Das in der Regel endständige große Maul ist oft tief gespalten, meist mehr oder weniger vorstreckbar und von wulstigen, z. T. sehr großen Lippen umgeben. Kiefer mit ein- bis dreispitzigen Zähnen besetzt, die als Schneide- oder Mahlzähne ausgebildet sein können. Die für die Bestimmung der Arten wichtigen Schlundknochen können ebenfalls spitze Zähne oder Mahlzähne tragen. D vorn mit kräftigen Stachelstrahlen, hinterer Teil von Weichstrahlen gestützt, bei einigen Vertretern segelartig hochstehend, Ende oft, besonders bei alten ♂♂, spitz auslaufend. A ähnlich gestaltet wie die D, jedoch kürzer. C mehr oder weniger abgerundet oder gerade abgeschnitten (Abb. 3), Randstrahlen gelegentlich verlängert. Kamm- und Rundschuppen, die häufig nebeneinander vorkommen. Die SL ist meist zweigeteilt (Ausnahme *Teleogramma*), kann aber auch reduziert sein oder ganz fehlen *(Taenicara)*. Auf dem Kopf kommen häufig Sinnesporen vor, die bei Arten aus größeren Tiefen oft besonders stark ausgebildet sind *(Haplochromis macconnelli, Trematocara variabile)*. Buntbarsche sind Physoklisten, d. h. die Schwimmblase hat keine offene Verbindung zum Darm. Die Verbreitung der Cichliden erstreckt sich auf Afrika, Süd- und Mittelamerika sowie den Süden des Indischen Subkontinentes (Abb. 501). In Afrika zeigt die Familie ihre größte Entfaltung in den Seen des ostafrikanischen Grabensystems (siehe S. 743), sie fehlt nur im äußersten Süden und Nordwesten. Auf Madagaskar leben nur wenige, meist endemische Arten. In Amerika erstreckt sich die Verbreitung von Texas bis Patagonien. Nur drei Arten leben in Südindien und auf Sri Lanka. Aufgrund ihrer wirtschaftlichen Bedeutung sind einzelne Arten in verschiedenen Gebieten angesiedelt worden, z. B. kommt die afrikanische Art *Sarotherodon mossambicus* heute auch in großen Teilen Südostasiens vor, die ebenfalls afrikanische *Tilapia rendalli* ist im Einzugsgebiet des Río Paraguay (Südamerika) verbreitet. Viele Arten sind in ihren Heimatgebieten wertvolle Eiweißlieferanten für die menschliche Ernährung. Die relativ kleinen (10 bis 20 cm großen) *Haplochromis*-Arten des Victoriasees werden zu Fischmehl verarbeitet. Die größte Art der Familie, *Boulengerchromis microlepis* (Taf. 254), wird bis 800 mm, die kleinste Art, *Lamprologus kungweensis*, nur 37 mm lang. Beide Arten sind im Tanganjikasee endemisch. Die ältesten Fossilien der Familie stammen aus dem Eozän *(Priscacara)*. Sehr wahrscheinlich stammen die Buntbarsche von ursprünglich im Meer lebenden Vorfahren ab. Auch die nahe Verwandtschaft mit den Korallenbarschen (Pomacentridae) deutet auf diese Herkunft hin. Manche Arten kommen auch im Brackwasser vor (z. B. *Etroplus*), einige haben eine sehr hohe Salztoleranz. So lebt *Sarotherodon grahami* im Soda-See von Magadi, dessen Salzgehalt praktisch dem des Meerwassers gleicht und dessen pH-Wert bei 10,5 liegt.

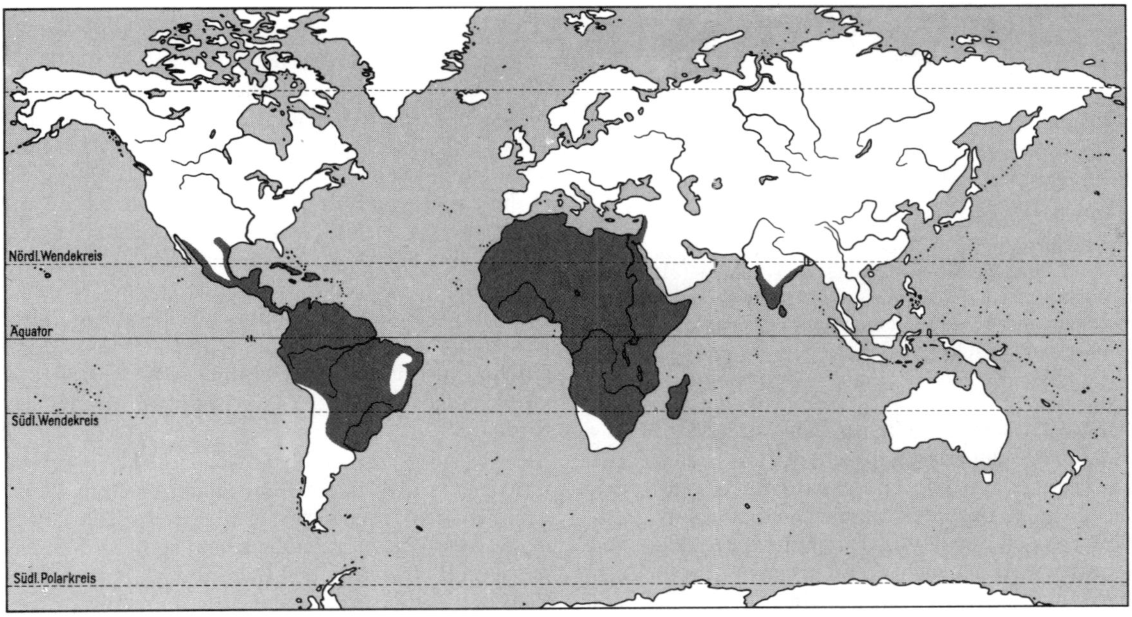

Abb. 501 Verbreitungsgebiet der Cichlidae

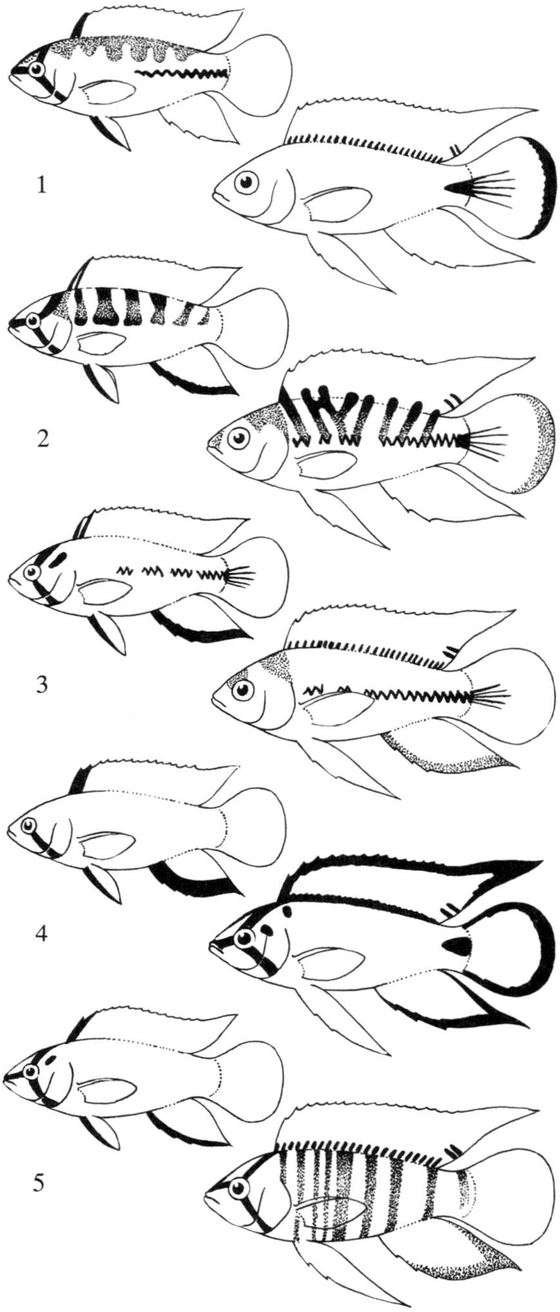

Abb. 502 Zeichnungsmuster von *Apistogramma borelli* in verschiedenen Verhaltenssituationen, links ♀♀, rechts ♂♂. 1) Grundzeichnung, 2) Schreckzeichnung, 3) Drohzeichnung, 4) Balzzeichnung, 5) Zeichnung des ♀ beim Sammeln und Bewachen der Brut, Zeichnung des ♂ beim Maulzerren (nach VOGT)

Viele Buntbarsche gelten als unverträglich. Häufig werden im Aquarium schwächere Tiere verletzt oder zu Tode gejagt. Die Ursachen dafür liegen in den meist viel zu beengten räumlichen Gefangenschaftsbedingungen, die häufig den natürlichen Ablauf von Verhaltensweisen nicht ermöglichen. Während Jungtiere zunächst im Schwarm Zuflucht finden, läßt mit dem Wachstum der Zusammenhalt in der Regel immer mehr nach. Spätestens mit dem Eintritt in die Geschlechtsreife werden die meisten Cichliden Individualisten. Die ♂♂ der meisten Arten bilden jetzt Reviere, die sie von nun an verteidigen. Jeder anschwimmende Artgenosse wird als Konkurrent bekämpft und räumt schließlich das ihm fremde Revier, wobei er dem Revierbesitzer gegenüber durch Demutsgesten, wie Anlegen der Flossen oder bestimmte Körperhaltungen, seine Unterlegenheit signalisiert. Anders bei Eindringlingen, die sich stark genug fühlen. In solchen Fällen kommt es zu Kommentkämpfen, die nach erblich fixierten Regeln ablaufen. Meist drohen die Partner zunächst mit den Breitseiten und spreizen dabei die Flossen, gleichzeitig legen sie eine besonders kräftige Kampffärbung an. Später folgen drohendes Umeinanderschwimmen und kräftiges Schwanzschlagen in Richtung des Rivalen, schließlich Maulzerren und zuletzt Bisse in die Körperseiten. In der Fortpflanzungszeit können die Kampfhandlungen noch um viele Varianten vermehrt sein. Etwas abweichend verhalten sich die Cichliden aus dem Malawi-See. Diese Arten sind bei Einzelhälterung sehr aggressiv. Durch Pflege mehrerer Tiere von verschiedenen Arten läßt sich zumindest in großen Behältern mit zahlreichen Versteckmöglichkeiten eine Abschwächung der Aggressivität erreichen. Das komplizierte Verhaltensrepertoire der Cichliden wird hauptsächlich durch optische Symbole gesteuert. Daraus erklärt sich auch die meist sehr auffällige Änderung der Färbung und Zeichnung in- und außerhalb der Fortpflanzungsperiode. Ein Beispiel dazu zeigt Abb. 502. Die Fortpflanzung selbst bietet stets die Möglichkeit, höchst interessante Beobachtungen anzustellen. Sie beginnt mit der Balz, einem Prozeß, der der Paarbildung und dem Synchronisieren der Partner dient. Besonders deutlich kann dieser Vorgang bei offenbrütenden Cichliden beobachtet werden, dagegen ist die Balz bei Maulbrütern in der Regel stark abgekürzt. Sie wird vom paarungsbereiten ♂ eingeleitet. Dieses beginnt vor jedem Artgenossen zu imponieren und zeigt dabei seine Prachtfärbung. ♂♂, die auf diese Herausforderung in gleicher Weise reagieren, werden bekämpft. Laichwillige ♀♀ verhalten sich zunächst uninteressiert und werden unter anderem daran als ♀ erkannt. Das Imponieren geht in die eigentliche Balz über. Dazu gehören alle Verhaltensweisen bis zur Abgabe der Geschlechtsprodukte, also auch das Aussuchen und Säubern des Laichplatzes sowie die Scheinpaarungen. Während dieser nach einem bestimmten Schema ablaufenden Teilhandlungen harmonisiert sich die Tätigkeit der Geschlechtsdrüsen beider Partner so weit, daß eine gleichzeitige Abgabe der Geschlechtszellen möglich wird.

Viele Cichliden sind Substratlaicher, d. h., sie heften ihre Eier an irgendein Substrat an (Steine, Holz, Sand, Blätter). Freilaicher, d. h. Arten, die ihre Eier in das freie Wasser ausstoßen, sind in dieser Familie selten (z. B. *Tropheus*- und *Cyprichromis*-Arten). Alle Cichliden betreiben in irgendeiner Form Brutpflege, die Art der Brutpflege ist jedoch sehr unterschiedlich. Folgende Formen lassen sich unterscheiden:

1. Offenbrüter
2. Versteckbrüter
   a) Höhlenbrüter
   b) Maulbrüter

Die Offenbrüter haben in der Regel kleine, unscheinbare, tarnfarbige Eier mit Hafteinrichtungen. Die Zahl der Eier ist stets sehr groß. ♂♂ und ♀♀ sind meist ähnlich gestaltet und gefärbt und nur schwer voneinander zu unterscheiden. Die Paarungspartner der typischen Offenbrüter, z.B. die *Cichlasoma-, Pterophyllum-, Hemichromis-, Symphysodon*-Arten, bilden echte Paare, die oft auch außerhalb der Laichperiode fortbestehen. Weiterhin ist charakteristisch, daß in der Laichphase beide Partner balzen, daß sie sich beide an der Verteidigung des Reviers, an der Säuberung des Laichplatzes oder dem Bau der Laichgrube beteiligen. Die Eier werden, oft erst nach tagelanger Balz, in Schüben abgesetzt, das ♂ gleitet über die eben abgelegte Eierserie und besamt sie. Dies wird viele Male wiederholt. Nach dem Ablaichen betreut und beschützt das Paar gemeinsam das Gelege. Vor allem wird den Eiern Frischwasser zugefächelt und jede Verunreinigung beseitigt. Sobald die Embryonalentwicklung abgeschlossen ist, pflücken viele Arten die schlupfreifen Eier ab, kauen die Jungfische aus den Eihüllen und spucken sie in vorbereitete Gruben, aus denen sie noch öfter in neue Gruben umgebettet werden. Auch die Betreuung der schwimmfähigen Jungfische erfolgt häufig gemeinsam. Durch diese Gemeinsamkeiten der Partner bei der Brutpflege entstehen sogenannte Elternfamilien. Die Dauer und Spezialisierung der Elternfamilien ist vielfach charakteristisch für die Art oder Gattung. Ein besonders schönes Beispiel einer ungewöhnlichen Spezialisierung liefern die *Symphysodon*-Arten, bei denen die Jungfische zunächst mit einem Hautsekret der Eltern ernährt werden (siehe S. 741).

Unter den Versteckbrütern sind die Maulbrüter stärker spezialisiert als die Höhlenbrüter. Sie haben im Gegensatz zu den Offenbrütern in der Regel große, oft kräftig gefärbte Eier mit stark reduzierten oder fehlenden Hafteinrichtungen, Anzahl der Eier meist gering. Die Geschlechtsunterschiede sind fast immer sehr deutlich. Die größeren ♂♂ haben prächtige Farben, die ♀♀ unscheinbare Tarntrachten. Bei typischen Vertretern kommt es nicht zur Bildung von Paaren, die ♂♂ verteidigen ein Laichrevier, legen dort eine Laichgrube an und paaren sich wahllos mit jedem zuschwimmenden laichbereiten ♀. Dieses wird kurz zur Laichgrube gebalzt, legt dort einige Eier ab und nimmt diese sofort ins Maul. Die Besamung der Eier kann vor oder nach der Eiaufnahme erfolgen. Bei manchen Arten (z.B. *Astatotilapia burtoni*) saugen die ♀♀ zum Zwecke der Eibefruchtung mit dem Atemwasser Spermawolken ein. Die ♂♂ verschiedener Arten haben zur Sicherung der Besamung bestimmte Zeichnungen oder Strukturen entwickelt, die Eier vortäuschen. Die ♀♀ schnappen nach diesen sogenannten Eiattrappen und nehmen dabei Wasser und Samenfäden auf. Bei den *Haplochromis*-Arten sind die Eiattrappen als gelbe bis orangefarbene Eiflecken in der A ausgebildet (Abb. 503). Bei *Sarotherodon*-Arten dienen als Eiattrappen besonders auffällig gefärbte Genitalpapillen *(S. mossambicus, S. niloticus)*, oder stark vergrößerte Genitalpapillen *(S. ruckwaensis, S. karomo)* in Form von knotigen Fäden (Abb. 504).

Bei manchen Arten laicht ein ♂ nur mit einem ♀, sogenannte monogame Maulbrüter. In anderen Fällen laicht ein ♂ mit mehreren ♀♀, die nacheinander das

Abb. 503 Afterflossenmuster bei verschiedenen afrikanischen Cichliden. Offenbrüter haben meist Tüpfelreihen oder Mosaikmuster in der Afterflosse, Maulbrüter sehr oft mehr oder weniger deutliche helle Augenflecke, die als Eiattrappen dienen (5 bis 9) (nach BOULENGER, 1915, aus WICKLER).

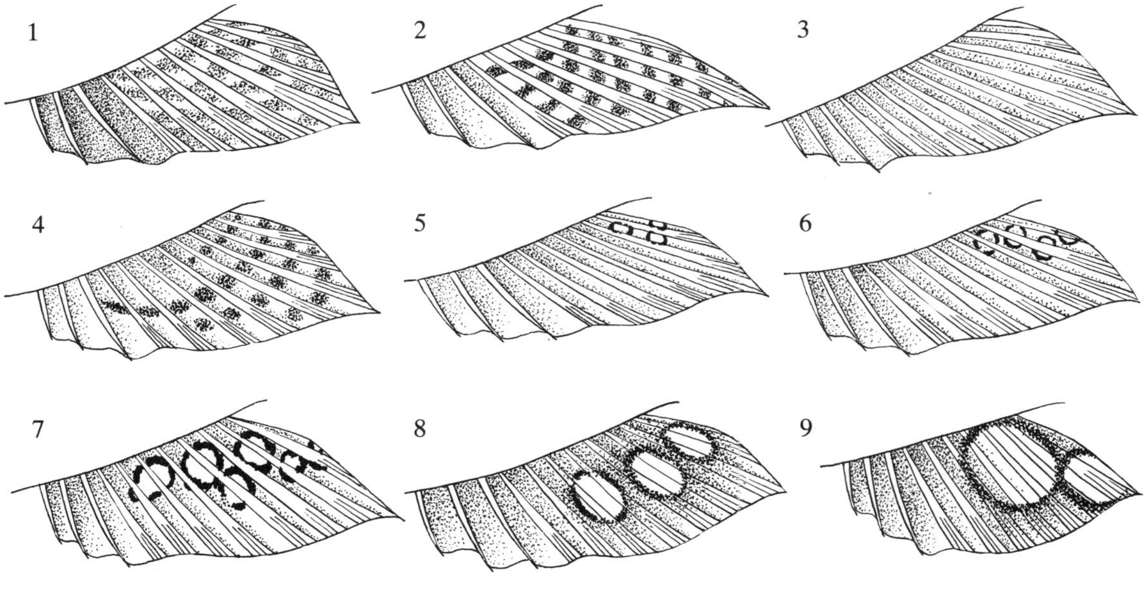

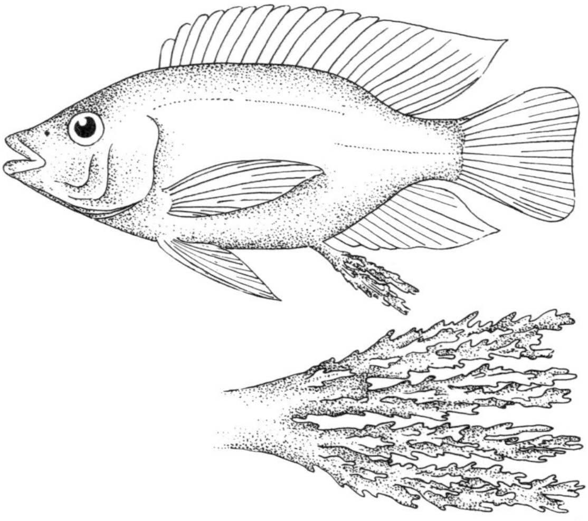

Abb. 504 *Sarotherodon ruckwaensis*, ♂ mit stark vergrößerten Genitalpapillen, die als Eiattrappen dienen (nach WICKLER)

♂ aufsuchen, polygame Maulbrüter. Meist nimmt nur das ♀ die Eier ins Maul, das ♂ kümmert sich nicht um die Brut, man spricht dann von Maulbrütern, die Mutterfamilien bilden. Bei einigen monogamen Arten beteiligt sich aber auch das ♂ mehr oder weniger an der Maulbrutpflege, es entstehen für kürzere oder längere Zeit Elternfamilien, wie sie für die Offenbrüter, z. T. auch die Höhlenbrüter, charakteristisch sind. Nur äußerst selten haben sich reine Vaterfamilien entwickelt (z. B. *Sarotherodon melanotheron*).
Die Eier werden im Maul öfter umgeschichtet, ihre Entwicklungsdauer ist sehr unterschiedlich (z. B. *Sarotherodon leucostictus* 11 Tage, *Tropheus* 43 Tage). Nach dem Schlüpfen entlassen die ♀♀ die Jungfische, gewähren ihnen jedoch bei Gefahr oder nachts noch mehrfach Schutz im Maul.
Die Höhlenbrüter unter den Versteckbrütern sind in mancher Hinsicht noch nicht so stark spezialisiert wie die Maulbrüter, haben z. T. aber einige höchst interessante Verhaltensweisen entwickelt, siehe dazu bei *Apistogramma*, S. 685. Wie bei den Maulbrütern ist der Geschlechtsdimorphismus in der Regel groß, die Gelege sind kleiner als bei Offenbrütern, aber immer wesentlich größer als bei Maulbrütern. Dagegen erinnern die Höhlenbrüter hinsichtlich des Balzverhaltens, der Paarung und der Brutpflege stärker an die Offenbrüter. Abschließend ist freilich nochmals zu betonen, daß die hier für Offenbrüter und Versteckbrüter (Höhlen- und Maulbrüter) dargestellten Formen der Fortpflanzung nur für den Regelfall gelten, daneben aber zahlreiche Ausnahmen vorkommen. Besonders eindrucksvoll zeigen dies Arten, bei denen Verhaltensweisen der Offenbrüter und Maulbrüter nacheinander ablaufen. Ein schönes Beispiel liefert *Geophagus jurupari*. Wie die typischen Offenbrüter bildet die Art feste Paare, die Partner reinigen einen Laichplatz (Stein), setzen dort die Eier ab und betreuen das Gelege. Erst nach etwa 24 Stunden pflücken beide Partner die Eier ab und erbrüten diese im Maul, wo sie nach etwa zwei Tagen schlüpfen.

Ähnlich ist die Situation bei *Sarotherodon galilaeus*. Die nach Art der Offenbrüter abgesetzten Eier werden erst nach Komplettierung des Geleges vom ♀ und ♂ gepflückt und im Maul erbrütet. Die zahlreichen Abweichungen von der Norm werden verständlich, wenn man berücksichtigt, daß sich bei den einzelnen Gattungen bzw. Arten der Buntbarsche das Grundmuster der Brutpflege weitgehend unabhängig voneinander weiterentwickelt hat. Dies erklärt aber auch, warum in einzelnen Gattungen nebeneinander Offen- und Maulbrüter vorkommen (z. B. Gattung *Geophagus, Aequidens*). Diesen Teil abschließend, soll nochmals die Verwendung einiger Begriffe bei den Artbeschreibungen verdeutlicht werden.

Elternfamilie: Beide Partner beteiligen sich an allen Brutpflegehandlungen, nur die Revierverteidigung wird stärker vom ♂ ausgeübt.
Vater-Mutter-Familie: Bis zum Freischwimmen betreut das ♀ allein die Brut, das ♂ verteidigt das Revier. An der Führung des Jungfischschwarmes können sich beide Eltern beteiligen.
Mutterfamilie: Die Brut wird ausschließlich vom ♀ betreut, das dabei vielfach auch ein Weibchenrevier verteidigt. Norm bei Maulbrütern.
Vaterfamilie: Die Brut wird ausschließlich vom ♂ betreut (äußerst selten).
Großfamilien: Mehrere ♀♀ betreuen ihre Brut in kleinen Brutrevieren, die in einem Großrevier liegen, das Großrevier wird von einem ♂, dem Partner aller ♀♀, verteidigt.
Monogam: Ein ♂ paart sich in einer Fortpflanzungsphase nur mit einem ♀.
Polygam: Ein ♂ paart sich in einer Fortpflanzungsphase mit mehreren ♀♀.

Die Begriffe werden nur verwendet, wenn das Fortpflanzungsverhalten genau bekannt ist.
Für den Züchter sind neben den biologischen Grundlagen vor allem technische Hinweise wichtig. Grundsätzlich sollte man Cichliden in möglichst großen Aquarien pflegen und diese so einrichten, daß die Existenz mehrerer Reviere nebeneinander begünstigt wird. Dabei muß Rücksicht auf artcharakteristische Besonderheiten genommen werden (siehe dazu Artbeschreibungen). Weiterhin sollte die Zahl der in einem Aquarium untergebrachten Buntbarsche auf 1–2 Paare je Art beschränkt sein. Eine Vergesellschaftung mit anderen Fischen ist bei vielen Arten durchaus möglich, ist aber dort nicht zu empfehlen, wo die Absicht vorliegt, Balz- und Brutpflegeverhalten der Cichliden zu beobachten. Viele Cichliden, vor allem die kleinen Arten, können in gut bepflanzten Aquarien untergebracht werden. Aber auch manchen größeren Arten, wie *Pterophyllum* oder *Symphysodon*, sollte man Pflanzenbestände bieten, in die sie sich zurückziehen können. Die meisten Großcichliden haben aber zumindest in der Laichzeit, beim Bau der Laichgruben, die Eigenschaft, den Boden umzuwühlen und dabei alle Pflanzenbestände zu entwurzeln. Bei deren Hälterung sollte deshalb grundsätzlich auf jede Bepflanzung verzichtet und mög-

lichst gut gewaschener, nicht zu feinkörniger Sand oder Basaltsplit als Bodengrund verwendet werden. Ein gewisser Kompromiß läßt sich mit kräftigen Wasser- und Sumpfpflanzen erzielen, die man in Töpfe oder Schalen pflanzt und so in das Aquarium einbringt. Die Zusammensetzung des Aquarienwassers spielt bei vielen Arten auch bei Zuchtversuchen keine wesentliche Rolle. Einzelne Arten sind jedoch selbst außerhalb der Laichzeit stark von der Wasserqualität abhängig. Die Fütterung ist meist nicht schwierig, fast alle Buntbarsche fressen Lebendfutter aller Art, gelegentlich auch Trockenfutter, allerdings sollte abwechslungsreich gefüttert werden. Viele *Tilapia-* und *Sarotherodon-*, aber auch einige *Cichlasoma-* und *Geophagus-*Arten benötigen pflanzliche Beikost.
Bei der Zucht müssen vor allem artspezifische Besonderheiten des Fortpflanzungsverhaltens berücksichtigt werden. Die Zusammenstellung geeigneter Zuchtpaare ist bei manchen Arten, vor allem aber bei Offenbrütern, nicht immer einfach. Oft beobachtet man, daß sich aus einer größeren Anzahl von Jungfischen auf natürliche Art Paarungspartner zusammenfinden. Dagegen muß die Vereinigung erwachsener Zuchtpartner immer mit Vorsicht und unter ständiger Beobachtung erfolgen. Auch ist die Erkennung der Geschlechter bei Offenbrütern vielfach sehr schwierig, die Form der Genitalpapille (♀ kegelförmig, stumpf, ♂ spitz) hilft dabei nur manchmal. Bei den Versteckbrütern (Höhlen- und Maulbrütern) ist dagegen das Ansetzen einer Zucht in der Regel einfach. Der Züchter kann aufgrund des Geschlechtsdimorphismus ♂♂ und ♀♀ leicht erkennen und außerdem, da die ♂♂ der meisten Arten polygam sind, mehrere ♀♀ mit einem ♂ zusammensetzen. Bei den meisten afrikanischen Maulbrütern ist die Vereinigung eines ♂ mit mehreren ♀♀ vielfach sogar Voraussetzung für das Gelingen der Zucht. Wer eine natürliche Zucht, d. h. eine Zucht, bei der die Eltern die Eier und Jungfische betreuen, anstrebt, muß möglichst darauf achten, das Paar wenig zu stören. Nicht selten wird das erste Gelege gefressen, dafür aber ein späteres um so sorgfältiger von dem Elternpaar betreut. Die Jungfische schlüpfen in der Regel nach 3 bis 4 Tagen und ernähren sich vorerst einige Tage von ihrem großen Dottersack. Als erstes Futter eignen sich Nauplien und Rädertiere. Der Jungfischschwarm bleibt zunächst dicht beisammen und wird von dem brutpflegenden Elternpaar oder Elternteil betreut und beschützt. Ausreißer werden mit dem Maul erfaßt und in den Schwarm zurückgespuckt, Nachzügler zusammengetrieben. Die Bewegungen des Schwarmes dirigieren die Eltern durch bestimmte Schwimmfiguren und Flossenbewegungen. Bei Gefahr haben manche Arten (*Apistogramma, Etroplus* u. a.) ein auffälliges Signal- und Reaktionssystem. So erstarrt auf bestimmte Bewegungen der Mutter die ganze Jungfischschar und wird so fast unsichtbar. Vielfach füttern die Eltern ihre Brut, indem sie große Nahrungstiere im Maul zerquetschen und fein zerteilt zwischen die Jungen speien oder mit dem Atemwasser aus dem Kiemendeckelspalt wirbeln. Das Wachstum der Jungfische ist in der Regel schnell. Der Zusammenhalt des Schwarmes geht allmählich verloren, und damit läßt auch die Brutpflege der Eltern nach, die man jetzt am besten entfernt.
Leider stehen auch bei der so hochinteressanten Cichlidenzucht oft merkantile Gesichtspunkte im Vordergrund. Es wird dann rationell gezüchtet, d. h., die Elterntiere werden sicherheitshalber entfernt und das Gelege bei leichter Durchlüftung zum Schlüpfen gebracht. So sehr diese Methode für Berufszüchter erforderlich ist, so wenig sollte sie beim Liebhaber angewendet werden, er beraubt sich damit einer der interessantesten Beobachtungsmöglichkeiten.
Bei der nachfolgenden Beschreibung der Arten werden zunächst die Buntbarsche Süd- und Mittelamerikas (S. 679–742) und anschließend die Buntbarsche Afrikas und Südasiens (S. 742–811) behandelt.

Die Buntbarsche Süd- und Mittelamerikas

In der Regel leben die Buntbarsche Süd- und Mittelamerikas (etwa 200 Arten) in kleinen stehenden Gewässern und Buchten langsamer Fließgewässer, die durch Pflanzenbestände, Astwerk und Gestein eine Vielzahl von Verstecken bieten. Einige Arten kommen in Lagunen vor. Aufgrund der Ähnlichkeit der Biotope ist die Cichlidenfauna Amerikas relativ einheitlich. Die meisten Gattungen entsprechen dem Grundtyp der Familie, d. h. umfassen bodenorientierte Kleintierfresser (*Aequidens, Apistogramma, Geophagus* u. a.), einige sind stark gestreckte Raubfische *(Cichla, Crenicichla)*, einzelne kann man als Luxusformen bezeichnen *(Pterophyllum, Symphysodon)*. Viele Arten sind Offenbrüter *(Aequidens)*, einige Höhlenbrüter *(Apistogramma)*, nur wenige Maulbrüter (einige *Geophagus-* und *Aequidens-*Arten). Eine gewisse Sonderstellung hat die Cichlidenfauna der Seen Mittelamerikas (Managua- und Nicaraguasee). Die Gattung *Cichlasoma* erreicht in dieser Region ihre größte Vielfalt. Im Unterschied zu den Verhältnissen in den großen afrikanischen Seen sind die Cichliden hier jedoch weniger spezialisiert. Die Zahl der endemischen Arten ist gering (z. B. *Cichlasoma labiatum, C. managuense*), die meisten Arten kommen in den Seen und in den Zu- bzw. Abflüssen vor oder haben ein weit darüber hinausreichendes Verbreitungsgebiet. Die relativ geringe Spezialisierung läßt sich auf das verhältnismäßig junge erdgeschichtliche Alter der erst im Pleistozän entstandenen Seen zurückführen.

Gattung *Acarichthys* Eigenmann, 1912

Oberer Teil des 1. Kiemenbogens mit schwach entwickeltem, fleischigem Fortsatz, etwa zwei Kiemenreusenzähne entlang der Basis. Maul klein, wenig vorstreckbar, Auge ziemlich weit hinten stehend. C nicht eingeschnitten, nur an der Basis beschuppt. Offenbrüter. 1–2 Arten.

Acarichthys heckeli (Taf. 212)
(MÜLLER und TROSCHEL, 1848)

Nördliches Amazonasgebiet, Guayana-Länder, zwischen Wurzeln im Wasser stehender Bäume; bis 26 cm (?).
D XII–XIV/11–12; A III/7–8; mLR 29–30; SL 18–19/13–16. Körper relativ hoch, seitlich kräftig zusammengedrückt, größte Körperhöhe unmittelbar hinter dem Kopf, Stirnprofil steil ansteigend. Hellsilbern mit bläulichem bis zart lilafarbenem Schimmer, Rükken dunkler, Kopf und Bauch weißlich. In der Körpermitte ein runder, unscharf begrenzter, dunkelbrauner bis schwarzer Fleck, vom Nacken durch das Auge zum Vorkiemendeckel eine dunkle, häufig nur unter dem Auge deutliche Bogenbinde. Schuppen der Körperseiten mit kräftig irisierenden Tüpfeln, die auffällige Längsreihen bilden. Gelegentlich mit 5–6 hellbraunen Querstreifen. Iris des Auges vorn mit rotem Fleck. D und A zart hellbraun bis lila, mit zahlreichen hellblauen Tüpfeln auf den Membranen der hinteren Flossenteile, Spitzen rötlich. Die äußeren, verlängerten Strahlen der C ebenfalls rötlich, Membranen blau getüpfelt. ♀ Kopfprofil steiler, weicher Teil der D besonders im Alter zipfelartig verlängert, ♀ Flossen kürzer, Färbung nicht so kräftig.
Pflege siehe Familienbeschreibung. Zucht bislang nur in Ausnahmefällen gelungen. Offenbrüter, Elternfamilie.
Acarichthys geayi PELLEGRIN, 1902, siehe Taf. 212.

Gattung *Acaronia* MYERS, 1940

Ähnlich gestaltet wie die Vertreter der Gattung *Aequidens*, jedoch mit sehr großem vorstreckbarem Praemaxillare. Offenbrüter. Eine Art.

Acaronia nassa
(HECKEL, 1840)
Reusenmaul

Guayana-Länder, nördliches Amazonasgebiet; bis 20 cm.
D XII–XIV/9–11; A III/7–9; mLR 22–24; SL 14–16/6–10. Hochrückig, seitlich stark zusammengedrückt. Färbung alters- und stimmungsabhängig. Matt grünsilbern bis gelbbraun mit grünlichem Schimmer, Rücken ziemlich dunkel, Körperseiten heller, besonders im unteren Teil mit hellblauen, silbernen oder auch grüngoldenen Tüpfellängsreihen. Unterhalb des Auges zwei schwarze Flecken, die besonders bei jüngeren Tieren von goldschimmernden Tüpfeln umrahmt sind, ähnliche Flecke in Augenhöhe hinter dem Kiemendeckel (klein), auf der Seitenmitte (groß) und auf der C-Wurzel. Nur gelegentlich mit dunkler Längsbinde und mehreren Querbinden. Flossen zart rotbraun oder grünlich, teilweise mit dunklen Punkt- und Strichzeichnungen. ♂ D und A hinten spitz ausgezogen, Färbung wie oben angegeben. ♀ D und A abgerundet oder spitz, jedoch nie ausgezogen, Färbung weniger brillant.
Pflege siehe Familienbeschreibung. Sehr bissige und räuberische Art, die nur mit gleichgroßen Raubfischen vergesellschaftet werden sollte. Temperaturen nicht unter 22 °C, Lebendfutter, wenigstens ab und zu kleine Fische. Über die Fortpflanzung ist wenig bekannt.

Gattung *Aequidens* EIGENMANN und BRAY, 1894

Körper hoch oder mäßig gestreckt, Maul klein, nur wenig vorstreckbar, Rand des Vorkiemendeckels glatt, nicht gezähnt, Kiemen mit kleinen Reusenzähnen. A mit drei Stacheln. Obere SL deutlich von der D-Basis getrennt. Panama bis nördliches Südamerika. Die meisten Arten sind Offenbrüter, einige Maulbrüter *(Aequidens mariae, Ae. duopunctatus)*. Etwa 20 Arten.

Aequidens curviceps (Taf. 214)
(E. AHL, 1924)
Tüpfelbuntbarsch

Amazonasgebiet; bis 8 cm.
D XV/7; A III/7; P 15; mLR 23–24. Hochrückig, seitlich relativ stark abgeflacht, Kopf groß. ♂ Rücken bräunlichgrün bis olivgrün, Seiten silbergrau bis grünsilbern, auch gelbgrün, gelegentlich dunkelblau, Bauch silbrig bis leicht goldfarben, Wangen und Kiemendeckel mit zahlreichen himmel- bis türkisblauen Tüpfeln und Strichen. Schuppen besonders im Rükkenbereich dunkel gerandet. Iris goldfarben, oben blutrot. Hinter dem Kiemendeckel, in der Körpermitte und im oberen Teil der C-Wurzel je ein großer, unscharf begrenzter, schwarzer Fleck. Oft sind der Oberrand des Auges und der Fleck auf der Körpermitte durch ein helles Längsband verbunden. Basis der D blaugrün, Mitte goldfarben, oberer Rand grünlichweiß, manchmal mit roten Spitzen, C und die langausgezogene A grünlich bis olivgrün mit bogigen, hell- bis türkisblauen Tüpfelreihen, V zart blaugrün, P grünlich. ♀ blasser gefärbt, Schwanzstiel mehr grau, D und A hinten nicht lang ausgezogen.
Pflege und Zucht siehe Familienbeschreibung. Friedlich, kann im Gesellschaftsbecken gepflegt werden, vergreift sich nicht an der Bepflanzung. Offenbrüter, Elternfamilie, Eier relativ groß, oft zart rosa. Die ersten Gelege werden meist nach 1–2 Tagen gefressen, eine weitere Brut wird dann aber sehr sorgsam gepflegt und aufgezogen. Gelegentlich kann man bei dieser Art beobachten, daß sich zwei ♀♀ wie ein echtes Paar verhalten. Eines der ♀♀ spielt dabei das ♂ und legt häufig zu den abgelegten Eiern weitere dazu. Sehr zu empfehlende Art.

Aequidens dorsigerus (Taf. 213)
(HECKEL, 1840)

Amazonasgebiet, Rio Paraguay; ♂ bis 8 cm, ♀ bis 6 cm.
D XIII–XIV/7–10; A III/8; mLR 23–24. Ähnlich ge-

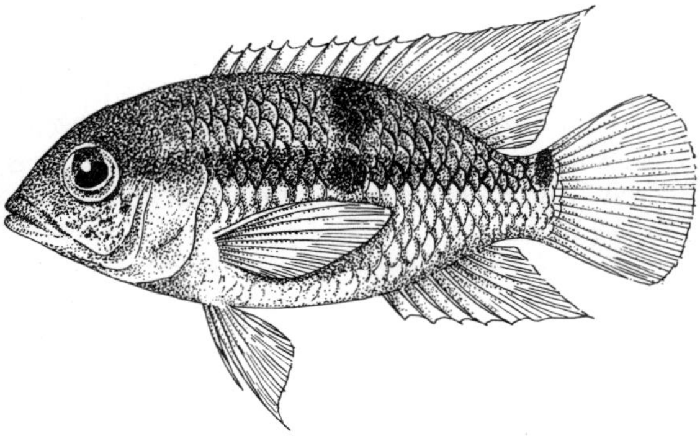

Abb. 505 *Aequidens duopunctatus*

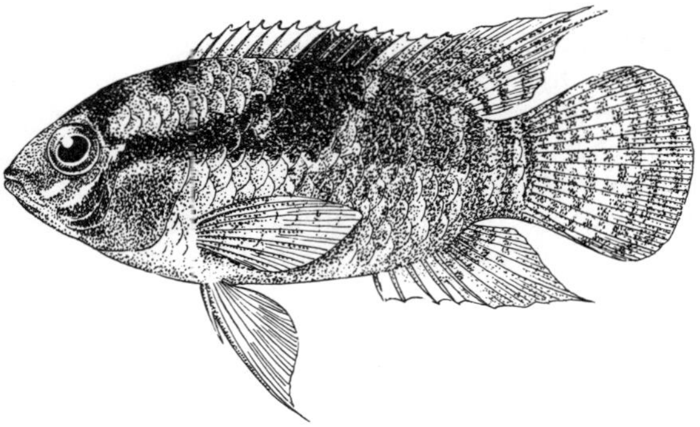

Abb. 506 *Aequidens flavilabris*

staltet wie die vorhergehende Art, Färbung sehr variabel. Erwachsene Tiere außerhalb der Fortpflanzungsperiode: grünlich, Bauch weißlich, untere Brust- und Kopfpartie rötlich. Zeitweise deuten sich auf dem Körper 6–8 dunkle Querbänder an. Auf der Querbinde oberhalb der Körpermitte ein schwarzer Fleck mit goldgelbem Hof. Gelegentlich verläuft eine mehr oder weniger dunkle Längsbinde von diesem Seitenfleck zum Auge. Hintere Körperregion teilweise mit bläulich irisierenden Schuppen. D, A und C mit kleinen, irisierenden Tüpfeln, D und A außerdem mit hell- bis dunkelrotem Rand. In der Mitte des stachligen Teils der D ein kleiner schwarzer Fleck. Färbung während der Fortpflanzungsperiode: Vorderrücken goldgelb, Kopf und Brust tiefrot, von den Augen zur Lippe eine hellsilberne Binde. Dunkle Längsbinde vom Auge zum Seitenfleck tiefschwarz und breiter, erste Strahlen der V tiefschwarz, Färbung der anderen Flossen mit Ausnahme der P intensiver und leuchtender. Während des Laichaktes und z. T. auch noch danach verändert sich diese Färbung. Alle leuchtenden Farben werden dunkler. Wenn die Jungfische frei schwimmen, ist fast der ganze Körper schwarzgrau bis tiefschwarz, lediglich die Brustregion bleibt dunkelrot. ♂ größer, D und A hinten spitzer ausgezogen.
Die schöne und friedliche Art bildet nur zur Laichzeit Reviere.
Pflege siehe Familienbeschreibung. Läßt sich leicht mit *Ae. curviceps* kreuzen. Offenbrüter, Elternfamilie.

Aequidens duopunctatus (Taf. 213, Abb. 505)
Haseman, 1911
Zweipunktbuntbarsch

Amazonasgebiet, Umgebung von Manaus; bis 18 cm.
D XV/9–10; A III/7; mLR 24. Körper verhältnismäßig niedrig und langgestreckt, seitlich abgeflacht. Hellbraun bis graubraun, Rücken dunkler, Bauch weißlich. Iris des relativ großen Auges rot, unter dem Auge eine Reihe schmaler, grünlicher Glanzstreifen. Hinter dem Auge beginnt eine dunkelbraune, unscharf begrenzte Längsbinde, die auf der C-Wurzel endet, sie schließt in der Körpermitte einen ovalen tiefschwarzen Fleck ein, über dem sich ein zweiter Fleck befindet. Ein dritter kleiner Fleck am oberen Ende des Schwanzstiels. Geschlechtsunterschiede in der Färbung unbekannt.
Pflege siehe Familienbeschreibung. Maulbrüter, Elternfamilie. Bis zu 300 Eier werden auf Steinen abgelegt und nach etwa zwei Tagen von beiden Eltern abwechselnd ins Maul genommen, wo sie etwa eine Woche verbleiben.

Aequidens flavilabris (Abb. 506)
(Cope, 1870)
Gelblippenbuntbarsch

Oberes Amazonasgebiet, Umgebung von Iquitos, Rio Ampiyacu; bis 12 cm.
D XVI/9–10; A III/7; mLR 24. Mäßig gestreckt, seitlich abgeflacht. Hellbraun mit dunkelbraunen Flekken, untere Körperhälfte mit rötlichbraunen und bläulichen Querstreifen, Bauch weißlich. Auf der SL, kurz vor der Körpermitte, ein dunkler Fleck, der sich schräg nach hinten oben ausdehnt und auch auf die D übergreift. Ein weiterer großer, unregelmäßig begrenzter, dunkler Fleck vor der D. Geschlechtsunterschiede in der Färbung unbekannt. ♂ Hinterende der D etwas stärker zugespitzt.
Pflege und Zucht siehe Familienbeschreibung. Offenbrüter, Elternfamilie.

Aequidens itanyi (Taf. 231)
Puyo, 1942
Delphinbuntbarsch

Zuflüsse des Itany (Fluß) in Ostguayana; bis 14 cm.
D XIV/9–10; A III/8; mLR 23–24. Körper hoch, eiförmig, Stirnlinie nicht sattelförmig eingezogen, C unsymmetrisch abgeschnitten, der etwas längere obere Teil endet mit einem Zipfel, der untere ist gerundet. Färbung beider Geschlechter ähnlich. Obere Körperhälfte rot bis kaffeebraun, untere seegrün, nach dem Schwanzstiel zu bräunlich, Lippen hellbraun, Wangen goldbraun. Am oberen Kiemendekkelwinkel beginnt eine schwarze Längsbinde, die leicht nach unten durchgebogen bis auf den Schwanzstiel reicht und dort in Höhe der D-Hinterkante endet. Bei erwachsenen Tieren ist diese Binde meist in sechs tiefschwarze Flecken aufgelöst und von einer hell grüngoldenen Längsbinde unterlegt. Eine weitere Binde zieht vom Nacken bogig durch das Auge bis

zum Winkel des Kiemenvordeckels, eine dritte, meist in zwei Striche aufgelöste Binde erstreckt sich vom Augenvorrand zur Oberlippe. Im oberen Teil der C-Wurzel ein goldgrün umrandeter, auf dem Kiemendeckel ein hellblauer Fleck. D vorn seegrün, mit einer braunen Längsbinde und dunklen Stachelspitzen, weicher Teil basal grün, mit Schachbrettmuster, ansonsten bräunlich, A ähnlich gefärbt, die beiden ersten V-Strahlen dunkel, übrige Flosse bräunlich bis grünlich, C braungolden, mit 2–3 Fleckenquerreihen.
Pflege und Zucht siehe Familienbeschreibung und bei *Ae. curviceps*. Offenbrüter, Elternfamilie. Bis 400 Eier. Nach RIEHL (1983) ist *Ae. itanyi* PUYO, 1942, ein Synonym von *Ae. guianensis* REGAN, 1905.

Aequidens mariae (Taf. 214)
EIGENMANN, 1922
Nackenbindenbuntbarsch

Kolumbien, Einzugsgebiet des Rio Meta, Nordwestbrasilien; bis 20 cm, ♀ kleiner.
D XIV/8–10; A III/7–8; mLR 23–24. Körper gestreckt, seitlich deutlich abgeflacht, C unregelmäßig ausgezogen. Graugrün, Bauch weißlich. Vom oberen Rand des Kiemendeckels verläuft eine dunkelbraune gerade Längsbinde leicht ansteigend bis zur Schwanzstiel-Oberkante, im Nackenbereich geht die Binde der rechten und linken Seite ineinander über. Schuppen auf der Stirn deutlich dunkel gerandet, in der Rückenregion goldglänzend. Auf dem Körper, besonders im Bereich der Längsbinde, zahlreiche hellblau irisierende Tüpfel. Auf dem Kiemendeckel vier senkrechte blaue Streifen. Iris des großen Auges goldfarben. D blaugrau mit hellblau irisierenden Tüpfeln, Spitzen der vorderen Stacheln leuchtend orangerot, A und C rötlich bis kupferfarben, A zusätzlich vorn bläulichschwarz, V orangerot, vorn blauweiß, P durchscheinend gelblich. ♂ D, A und V stärker ausgezogen als beim ♀.
Pflege siehe Familienbeschreibung. Zur Zucht 25 bis 28 °C, Maulbrüter, Elternfamilie. Die 1,5–2,0 mm großen Eier (bis 400) werden auf einem Stein abgelegt und kurz vor dem Schlüpfen vom ♂ und ♀ ins Maul genommen. Die geschlüpften Jungfische finden dort 8–10 Tage Schutz, nach dem 12. Tag pflegen die Tiere wie typische Offenbrüter.

Aequidens maronii (Taf. 231)
(STEINDACHNER, 1882)
Maroni-Buntbarsch

Guayana-Länder; bis 10 cm.
D XV/10; A III/9–11; P 15; mLR 22–24; SL 15/7. Körper hoch, kurz, seitlich abgeflacht, Stirn steil ansteigend. Färbung ansprechend und veränderlich. Gelblich, cremefarben bis hellbraun, gelegentlich schokoladenbraun. An den Körperseiten 12–13 dunkle Punktreihen. Vom Vorderende der D zieht eine schwärzliche, oben von einem hellen Strich begleitete Bogenbinde zum Auge und von hier immer breiter werdend zum unteren, hinteren Kopfende. Unter den drei letzten D-Stacheln ein dunkler, hell eingefaßter Fleck, der sich nach unten in eine breite Querbinde fortsetzt. Nur undeutlich tritt meist eine dunkle, vom Kiemendeckel ausgehende Längsbinde hervor. Flossen bräunlich bis grüngelb, D und A im hinteren, weichstrahligen Teil mit hellgrünen Flekken, D außerdem weiß gerandet. Geschlechter nicht leicht zu unterscheiden. Die D und A des ♀ sind meist kürzer, ♀ häufig kleiner, Form der Genitalpapille stumpf.
Pflege siehe Familienbeschreibung. Friedlich, wühlt nicht. Zucht leicht, 25–28 °C, Offenbrüter, Elternfamilie. 350–400 Eier.

Aequidens metae (Abb. 507)
EIGENMANN, 1922

Östliches Kolumbien, Rio Meta; bis 20 cm.
D XIV–XV/11–12; A III/8–10; mLR 23–25. Ähnlich gestaltet wie *Ae. mariae*. Dunkelgrün bis graugrün. Vom Hinterrand des Auges bis zur C-Wurzel ein dunkelbraunes Längsband, das etwa in der Körpermitte einen runden, tiefschwarzen Fleck einschließt, ein weiterer Fleck am Ende der Längsbinde im oberen Teil der C-Wurzel, beide Flecke mit grünlich irisierendem Hof. Kiemendeckel mit einem breiten, kurzen, schwarzen Strich und zahlreichen grünlich irisierenden Schrägstrichen und Tüpfeln unter dem Auge. Ähnliche Tüpfel auf den grünlichgrauen Flossen. ♂ D, A und V deutlich zugespitzt, beim ♀ abgerundet.
Pflege und Zucht siehe Familienbeschreibung. Offenbrüter, Elternfamilie.

Aequidens paraguayensis
EIGENMANN und KENNEDY, 1903

Stromgebiet des Paraguay, Mato Grosso; bis 12 cm.
D XIII–XV/9–10; A III/6–8; mLR 24–26; SL 15/8. Ähnlich gestaltet und gefärbt wie *Ae. mariae*, jedoch etwas kürzer und hochrückiger. ♂ gelblich bis graubraun, Bauch teilweise rötlich, zahlreiche grünliche Tüpfel in der hinteren Körperhälfte, acht dunkelbraune Querbinden, die erste und kräftigste hinter dem Auge, die folgenden besonders in der unteren Körperhälfte meist nur angedeutet, vom Augenhinterrand eine dunkelbraune Längsbinde, die auf der 4. Querbinde mit einem Fleck endet. D zart rot gesäumt, besonders im vorderen Teil mit bläulich irisie-

Abb. 507 *Aequidens metae*

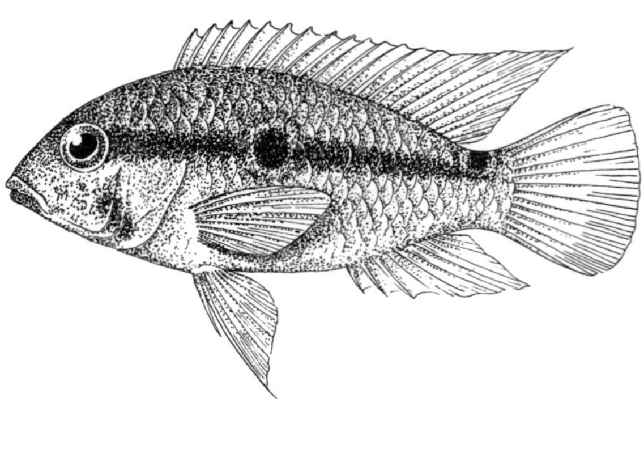

renden Tüpfeln, A und C blaugrün getüpfelt. ♂ D, A und C hinten spitz ausgezogen. ♀ ähnlich gefärbt, jedoch heller, Kopfunterseite golden glänzend, Flossen nicht ausgezogen.
Pflege und Zucht siehe Familienbeschreibung. Maulbrüter, Elternfamilie.

Aequidens portalegrensis (Taf. 213)
(HENSEL, 1870)
Streifenbuntbarsch

Südbrasilien, Bolivien; bis 25 cm, bleibt in Gefangenschaft wesentlich kleiner.
D XV/10; A III/9; P 14–15; mLR 24–26. Körper hoch, seitlich zusammengedrückt, Kopf groß. Färbung altersabhängig und je nach geographischer Lage des Heimatgebietes sehr verschieden. Jüngere ♂♂ grünlich, bläulich bis bräunlich, bei auffallendem Licht mit bläulichem, gelblichem oder rötlichem Schimmer. Schuppen besonders in der Rückenpartie dunkel gerandet. Vom hinteren Augenrand zieht eine mehr oder weniger hervortretende, dunkle, breite Binde zu einem schwarzbraunen, grünlich bis gelblich eingefaßten Fleck im oberen Teil der C-Wurzel. In der Erregung kann der ganze Körper dunkel werden. D blaugrau, C und A hellgrün bis bräunlichgrün, die hinteren weichen Teile der D und A sowie die C mit abwechselnd schwarzen und hellgrünen wurmartigen Flecken und Tüpfeln, P zart weinrot. Zur Laichzeit sind beide Geschlechter oft schwarz. ♀ im Grundton mehr rötlich, Flossen bräunlich.
Pflege und Zucht wie in der Familienbeschreibung angegeben. Ziemlich anspruchslos hinsichtlich der Temperatur, im Winter 16–20 °C, im Sommer bis 22 °C. Die Art wühlt besonders zur Laichzeit gern und schichtet den Bodengrund beim Laichgrubenbau ständig um. Keine Bodengrundpflanzen, dagegen Holzwerk, Steine, Blumentöpfe und Schwimmpflanzen. Offenbrüter, Elternfamilie. Junge Tiere sind oft recht aggressiv.

Aequidens potaroensis
EIGENMANN, 1912

Guayana, Rio Potaro; bis 17 cm.
D XIV/10; A III/8; mLR 24–26; SL 11–16/8. Ähnlich gestaltet wie *Ae. mariae*. Graubraun, Rücken dunkler, Bauch heller. Vom Auge bis in die obere C-Wurzel erstreckt sich ein unregelmäßig ausgeprägtes und begrenztes, teilweise tiefschwarzes Längsband. Darunter 3–4 metallisch glänzende Längslinien. Flossen bläulich, D orange gesäumt, der hintere Teil von D und A sowie die C mit dunkelroten bis bräunlichen Tüpfeln. ♂ C-Strahlen bei alten Tieren sehr stark verlängert, D und A hinten ausgezogen.
Pflege und Zucht siehe Familienbeschreibung. Maulbrüter, Elternfamilie.

Aequidens pulcher (Taf. 215, 273)
(GILL, 1858)
Blaupunktbuntbarsch

Trinidad, Panama, nördliches Venezuela, Kolumbien; bis 17 cm.
D XIV/9–10; A III/7(–8); mLR 23–24. Körper hoch, besonders im Bereich des Schwanzstieles stark zusammengedrückt, Stirn sehr breit. Gelb- bis graubraun, Rücken olivfarben, Seiten mit bläulichem Schimmer, Bauch heller. Auf den Körperseiten 5–8 schwarze, undeutlich begrenzte Querbinden, auf der 4. Querbinde ein schwarzer Seitenfleck. Jede Körperschuppe mit einem großen, irisierenden, blauen, hellblauen oder blaugrünen Fleck. Kiemendeckel mit zahlreichen blaugrünen bis metallischblau glänzenden Punkten und Stricheln. A und D bläulich bis grünlich, C zart bis kräftig weinrot. Alle Flossen mit bogigen himmelblauen Tüpfelreihen, D mit hellrotem bis dunkelrotem Saum. Iris des Auges goldgelb mit rotem Ring. Lippen hellblau. Zur Laichzeit sind alle Farben intensiver, auf den Körperseiten treten dann zusätzlich 6–8 grüngolden glänzende Punktlängsreihen deutlicher hervor. Geschlechter nur schwer zu unterscheiden. Die Beflossung der ♀♀ ist meist kürzer. Beim ♂ reichen die verlängerten Strahlen der D und A oft bogenförmig um die C herum.
Pflege und Zucht siehe Familienbeschreibung. Häufiger Wasserwechsel fördert das Wohlbefinden, wühlt wenig, 25–27 °C. Offenbrüter, Elternfamilie. Laicht viele Male im Jahr, mit 7–8 cm zuchtfähig.
Ae. latifrons (STEINDACHNER, 1878) ist ein Synonym.

Aequidens rivulatus (Taf. 214)
(GÜNTHER, 1859)
Silbersaumbuntbarsch

Peru, Ekuador, beiderseits der Anden; bis 20 cm.
D XIV/12; A III/8; mLR 24–25+3; SL 16–17/8–9. Ähnlich gestaltet wie *Ae. pulcher*. Körper dunkel- bis schwarzbraun, unterer Teil des Kiemendeckels, Lippen und etwa drei Streifen unterhalb des Auges leuchtend blaugrün. Schuppen besonders im hinteren Bereich golden bis bläulich, mit schwarzem Rand, insgesamt ein dunkles Netzmuster bildend. In der Mitte des Körpers ein kreisrunder, schwarzer Fleck, davor und dahinter kräftig goldfarbene Glanzbinden. Flossen bräunlich bis grau mit hellblauen Tüpfeln und Strichen, D und C schwarzbraun, weißlich bis hellblau gesäumt. ♂: D und A verlängert, im Alter mit deutlichem Kopfhöcker, größer. ♀ oft dunkler.
Pflege und Zucht siehe Familienbeschreibung. Sehr schöne, aber auch etwas unverträgliche Art. Offenbrüter, Elternfamilie. Frißt meist die ersten Gelege. Über 1000 Jungfische je Brut.
Nach WERNER und STAWIKOWSKI (DATZ, 38, 533 bis 538, 1985) ist der oben beschriebene *Ae. rivulatus* eine bislang wissenschaftlich nicht bekannte Art. Der echte *Ae. rivulatus* entspricht nach diesen Autoren dem auf Taf. 213 abgebildeten Goldsaumbuntbarsch, *Ae.* spec.

Aequidens tetramerus (Taf. 231)
(HECKEL, 1840)
Grünglanzbuntbarsch

Überall im zentralen und nordöstlichen Südamerika; bis 25 cm, bleibt in Gefangenschaft wesentlich kleiner.
D XV–XVI/10; A III/8–10; mLR 26–27; SL 17/10. Körper etwas gestreckter als bei den vorhergehenden Arten, seitlich stark abgeflacht, Kopf und Rücken dick. Färbung entsprechend dem großen Verbreitungsgebiet unterschiedlich. ♂: Rücken meist grünlich bis bräunlich, Körperseiten gelblich bis grau, Unterseite zart rötlich, Kehle meist kräftig violett. Vom Auge bis in einen dunklen, goldgesäumten Fleck auf der C-Wurzel erstreckt sich eine dunkle Längsbinde, dagegen sind unregelmäßige Querbinden sowie ein dunkler, unscharf begrenzter Fleck etwa auf der Seitenmitte nicht immer deutlich ausgeprägt. Besonders charakteristisch ist ein kleines, aber immer deutliches schwarzes Dreieck unterhalb des Auges. Flossen grünlichbraun, auch gelblich oder blaugrau mit dunklen Tüpfelreihen, D und A lang ausgezogen. ♀ D und A enden meist stumpf, Färbung blasser, Tiere gelegentlich fast einheitlich lehmfarben.
Pflege und Zucht siehe Familienbeschreibung. Die Art wühlt im allgemeinen nicht und eignet sich deshalb auch für bepflanzte Aquarien. Offenbrüter, Elternfamilie. Jungtiere intensiver gefärbt und weniger aggressiv als alte Exemplare. In seiner Heimat ist der Grünglanzbuntbarsch vielerorts ein beliebter Speisefisch.

Aequidens thayeri
(STEINDACHNER, 1875)
Thayers-Buntbarsch

Amazonasgebiet, Rio Guaporé und Rio Madeira in Bolivien; bis 12 cm.
D XV/10; A III/7; mLR 23–24. Körper in Seitenansicht annähernd eiförmig, Rückenlinie nur etwas stärker als die Bauchlinie ausgebogen, Auge oberhalb der Kopfmitte, eine kleine Einsenkung der Stirnlinie vor den Augen. Die ersten fünf D-Strahlen nehmen nach hinten gleichmäßig an Länge zu, die Vn erreichen nicht die Aftergegend. Färbung beider Geschlechter weitgehend gleich. Rücken olivbraun, Seiten olivgrün bis grüngolden, Bauch gelblichgrün. Eine braunschwarze Längsbinde zieht vom Augenhinterrand bogig der Rückenlinie folgend bis zum Schwanzstielende. Auf der 6.–9. Schuppe der mLR ein schwarzer, hell eingefaßter Fleck, der sich nach oben bis in die D erstreckt. Da die Längsbinde hinter dem Fleck wesentlich heller ist, entsteht der Eindruck, als ob die Binde im Bogen zur D zieht, ein sehr charakteristisches Merkmal der Art. Im Bereich des Kopfes eine Stirnbinde, zwei Bänder, die den vorderen Augenrand und die Oberlippe verbinden und eine mehr oder weniger deutliche Binde vom Augenrand zum Kiemendeckel. Flossen blaugrün bis grüngolden, C grünlichgelb bis -braun mit Schachbrettmuster, ähnlich können die weichen Teile der D und A gefärbt sein. ♂ D hinten spitz, oft über die Mitte der C hinausreichend. ♀ D meist nicht deutlich zugespitzt und in der Regel kürzer.
Pflege und Zucht siehe Familienbeschreibung. Offenbrüter, Elternfamilie.

Aequidens vittatus
(HECKEL, 1840)

Nordwestliches Südamerika von Guayana bis Peru; bis 15 cm.
D XIII–XIV/10–11; A III/7–8; mLR 24–26; SL 16/10. Gattungstypisch gestaltet. Körper graugelb bis grünlichbraun. Eine dunkle Längsbinde von der Schnauze über das Auge bis zum hinteren Ende der D, ein dunkler Längsstreifen vom unteren Rand des Auges bis in die C-Wurzel. Letzterer schließt etwa in der Körpermitte und im oberen Teil der C-Wurzel je einen schwarzen Fleck ein. Gelegentlich treten sechs dunkle Querbinden auf den Körperseiten hervor. Sichere Geschlechtsunterschiede in der Färbung unbekannt.
Pflege und Zucht siehe Familienbeschreibung. Offenbrüter, Elternfamilie.

Gattung *Apistogramma* REGAN, 1913

Mit den Gattungen *Apistogrammoides, Taenicara* und *Papiliochromis* nahe verwandt. Gattungscharakteristisch sind die Kiemenrechen an den Seiten der unteren Schlundknochen, ein zusammengedrückter Anhang am oberen Teil des 1. Kiemenbogens, A mit drei, selten 4–6 Stacheln und 14–18 D-Stacheln. In Südamerika weit verbreitet. Höhlenbrüter. Bis 8 cm. Mit fast 40 Arten zweitgrößte neotropische Cichlidengattung.

Apistogramma agassizi (Taf. 215)
(STEINDACHNER, 1875)
Zwergbuntbarsch

Amazonasgebiet, fehlt wahrscheinlich im Rio Negro und Rio Madeira, südlich bis Bolivien; bis 7,5 cm, ♂ oft größer.
D XV–XVII/5–7; mLR 22–24; SL 8–19/4–9. Gestreckt, seitlich zusammengedrückt, D sehr lang. Rücken braungelb bis grünblau, Seiten orangefarben, nach hinten zu grünlichblau. Kiemendeckel mit leuchtend blauen Strichen und Wurmzeichen. Rükken und Körperseiten mit grünblau irisierenden Punkten übersät. Vom Maul bis in die C-Wurzel, das Auge freilassend, eine sich deutlich abhebende braunschwarze Längsbinde. Eine zweite linienartige Binde zieht vom Maul im Bogen schräg abwärts. Basis der langausgezogenen D schwärzlich, weiter außen im vorderen Teil blaugrün, im hinteren rauchgrau und hell marmoriert, Saum und hintere, langausgezogene Flossenspitze mohnrot. A gelbgrün mit helleren Flossenstrahlen und roter Spitze, oberer Rand der herzförmigen D graugrün, darunter eine

rauchgraue Zone, Mitte elfenbeinfarben und blaugrün marmoriert, darunter eine leuchtend orangefarbene Zone, die sich bis in die Flossenspitze erstreckt, unterer Teil der Flosse blaugrün. V lang, säbelförmig, orangerot mit schwarzen Strahlen, P farblos. Leider zeigen die Nachzuchtgenerationen nur selten die prächtige Färbung der Importtiere. ♀ kleiner, D und A abgerundet oder nur wenig zugespitzt, niemals in Fäden ausgezogen, zitronengelb mit dunklem Längsband vom Auge bis in die C-Wurzel, das allerdings nur in Form einzelner Striche ausgeprägt ist. Kiemendeckel mit blaugrünen Strichen und Punkten, D und A gelblich, abgerundet oder nur kurz ausgezogen, niemals in Fäden auslaufend, erstere mit rotem Saum, V kurz, basal gelblich, außen schwarz. Verschiedene Farbspielarten siehe Taf. 215.

Pflege: Zwergbuntbarsche sind in der Gefangenschaft etwas anspruchsvoller als die meisten Großcichliden. Die Hälterungsbecken sollten mit dichten Pflanzengruppen und zahlreichen Versteckmöglichkeiten wie hohlem Wurzelwerk, liegenden bzw. umgestülpten Blumentöpfen mit einem walnußgroßen Loch oder auch ähnlich präparierten Kokosnußschalen ausgestattet werden. Weiches, schwach saures, etwas torfhaltiges Wasser, das ab und zu teilweise erneuert wird. Temperaturen durchschnittlich 23–25 °C, manche Arten, wie *A. agassizi*, vertragen in den Wintermonaten ohne Schaden geringere Temperaturen (17–19 °C). Kräftiges, abwechslungsreiches Lebendfutter. Alle Zwergbuntbarsche sind anfällig gegen Medikamente oder Gifte, Vorsicht bei Behandlung von Krankheiten und eingeschleppter Hydra! Die *Apistogramma*-Arten sind Höhlenbrüter, im Aquarium bevorzugen sie zum Ablaichen umgestülpte Blumentöpfe oder Kokosnußschalen. Das laichbereite ♀ wird zunächst angebalzt und reinigt mit dem ♂ den Brutplatz. Die oft braunroten oder gelben, bei *A. agassizi* dunkelkirschroten, länglichen Eier werden dicht beieinander abgesetzt. Die Eizahl ist meist nicht sehr groß. Nach dem Ablaichen übernimmt das ♀ die Brutpflege, das ♂ die Verteidigung des Reviers. In diesem Revier kann es an verschiedenen Stellen mit verschiedenen ♀♀ ablaichen. Jedes ♀ verteidigt nach der Eiablage ein kleines Weibchenrevier, das ♂ alle seine Weibchenreviere. Die ♀♀ bekämpfen sich untereinander und eindringende Fremd-♂♂. Das ♂ hat zu allen Weibchenrevieren seines Bereiches Zutritt. Diese Sozialstruktur einer Großfamilie kommt auch bei anderen Höhlenbrütern, wie *Pelvicachromis*- und *Lamprologus*-Arten, vor. Allerdings kann man dieses Sozialverhalten nur in sehr großen Becken beobachten, wenn man diese mit mehreren Tieren besetzt. Auch wird sich unter diesen Bedingungen eine Rangordnung zwischen den ♂♂ herausbilden. Die meist an der Höhlendecke abgesetzten Eier haften fest und werden vom ♀ zunächst sehr intensiv mit Frischwasser befächelt. Die Jungen schlüpfen meist nach 2–4 Tagen und werden dann vom ♀ in flachen Gruben, Spalten oder anderen Verstecken untergebracht und mehrmals umgebettet. Nach weiteren 5–6 Tagen ist der Dottersack aufgezehrt. Erst jetzt schwimmen die Jungfische frei. Das ♀ führt die Jungfische im Schwarm, durch Bewegungssignale wird der Kontakt zwischen ♀ und Jungfischen gewahrt. So sinken auf bestimmte Bewegungen des ♀ die Jungfische regungslos zu Boden oder suchen plötzlich die Nähe der Mutter auf. Nach 2–4 Wochen werden die Jungfische selbständig. Jungfische, die von ihrer Mutter zu früh verlassen werden, schließen sich gelegentlich einem anderen brutpflegenden ♀ an, das dann eine hinsichtlich des Alters gemischte Schar betreut. Selten schaltet sich das ♂ in die Brutpflege ein. Gelegentlich ist zu beobachten, daß ♀♀ in Brutpflegestimmung, denen Jungfische fehlen, eine Schar Wasserflöhe betreuen, die sie wie Jungfische zusammenhalten. Die Jungfische sind zunächst mit Rädertieren und Nauplien zu füttern. Sie wachsen schnell und nehmen sehr bald kleine *Cyclops* und Wasserflöhe. Bei *Apistogramma*-Arten kann die Paarung im Abstand von 3–4 Wochen erfolgen. Nicht selten werden die ersten Gelege gefressen. Manche Arten kauen die Larven aus den Eihüllen.
Eine umfassende Darstellung der Zeichnungsmuster verschiedener *Apistogramma*-Arten in Abhängigkeit vom Sozialverhalten gibt ZENNER (Aquar. Terr., 29, 165–172, 1982, und 30, 205–209, 238–241, 268–271, 1983). Bei *Apistogramma agassizi* ist das Geschlechterverhältnis der Nachkommenschaft recht häufig sehr zugunsten der ♂♂ verschoben. WELLNER (1960) beobachtete bei 28–30 °C Zuchttemperatur ein Geschlechterverhältnis von 50:50 und bei 22–24 °C ein Überwiegen der ♂♂. Ähnliche Ergebnisse wurden bei *Apistogramma borelli* erzielt. ZENNER konnte diese Beobachtungen jedoch nicht bestätigen.

Apistogramma bitaeniata (Taf. 216)
PELLEGRIN, 1936
Querbinden-Zwergbuntbarsch

Peruanischer und mittlerer Amazonas; bis 7 cm, ♀ kleiner.
D XV–XVI/6–7; A III/5–6; mLR 23–24; SL 14–17/6–8. Körper langgestreckt, seitlich stark zusammengedrückt, Stirn, vor allem der ♂♂, wie bei *A. cacatuoides* stark gerundet, Maulspalte im Gegensatz zu dieser Art jedoch waagerecht. Auge oberhalb der Kopfmitte, Iris schwärzlich. ♂ dunkel olivgrau, Bauch heller. Zwei schwärzliche Längsbinden, von denen die untere, breitere im vorderen Körperbereich nur schwach ausgebildet ist. In der oberen Binde ein schwarzer Fleck. Kopf schwärzlich, die dicken Lippen blauschwarz. Zwei Binden vom Auge zum unteren Kiemendeckelwinkel bzw. zur Oberlippe. 2 bis 3 weinrote Punktreihen vom Augenrand entlang dem Rückenfirst bis zur C-Wurzel. D-Basis schwarz, darüber eine gold- bis ockergelbe Binde, Flossenhäute weiter außen weinrot, Stacheln gelb, nur die drei ersten schwarz, A ockergelb, mit weinroten Strichen entlang den Flossenstrahlen, C zweizipflig, am Grunde ockergelb, nach außen hin grünlichgelb, mit kräftigen weinroten Längsstreifen und 3–4 Querstreifen im äußeren Teil des Mittelfeldes, V ockerfarben mit

weinroten Spitzen. ♀ viel dunkler, Bauch heller, bis schwefelgelb, Längsbinden wie beim ♂, jedoch erstreckt sich die obere bis in die Basis der eigentümlich schräg abgerundeten C, auf dem Schwanzstielende eine schwarze Querbinde, davor fünf weitere, weniger deutliche Binden.
Pflege siehe *A. agassizi*. Lebendfutter, gewöhnt sich schlecht an unbewegliches Futter. Höhlenbrüter. Zucht nicht ganz einfach, 27–29 °C, weiches, leicht saures Wasser. Gelege höchstens bis 100 Eier, die Jungfische schlüpfen nach drei Tagen und schwimmen nach weiteren fünf Tagen frei. Bislang als *A. kleei* bekannt. Nach KULLANDER (1980) sind *A. kleei* MEINKEN, 1964, und *A. klausewitzi* MEINKEN, 1962, Synonyme von *A. bitaeniata* PELLEGRIN, 1936.

Apistogramma borelli (Taf. 216)
(REGAN, 1906)
Borellis Zwergbuntbarsch

Mittlerer Rio Paraguay, Mato-Grosso-Gebiet; bis 6 cm, ♀ kleiner.
D XVI/5–6; A III/6–7; mLR 22–24. Körper nicht so stark gestreckt wie bei dem bekannten *A. agassizi*, seitlich deutlich abgeflacht. ♂: Rücken grünlichgrau, Seiten graugelblich, Kehle und Bauch leuchtend gelb, Körperseiten bei Wohlbefinden mit bläulichem Schimmer. Auf dem Kiemendeckel und unter dem Auge zahlreiche grün irisierende Tüpfel und Striche. D und A im vorderen Teil graugrün mit bläulichem Schimmer, hintere Flossenpartie mehr gelblich, an der Basis der D mehrere, teilweise auf die Körperseiten übergreifende dunkle Flecke, C blaßgelb, V gelb, spitz ausgezogen. Bei Erregung können mehrere dunkle Querbinden und Längsstreifen hervortreten, besonders kräftig ausgeprägt ist dann meist eine Binde vom Auge zum Nacken (Abb. 502). ♀ kleiner, meist dunkel gefärbt, zur Laichzeit intensiv gelb.
Pflege und Zucht wie bei *A. agassizi* angegeben (siehe S. 684). Höhlenbrüter, Großfamilie. Eier ziegelrot, sehr groß, jedoch nicht zahlreich (40–70). Besonders bei diesen Zwergcichliden beobachtet man, daß ♀♀ die Brutpflege auch auf größere Wasserflöhe ausdehnen, diese wie einen Jungfischschwarm zusammenhalten und gegen Angreifer verteidigen. Fast regelmäßig läßt sich dieses Verhalten dann beobachten, wenn das Gelege nicht zum Schlüpfen kam. Wie bei der normalen Brutpflege zeigt das ♀ auch in solchen Fällen die für diese Brutphase typische Zeichnung und Färbung.
Die Art war bislang als *A. reitzigi* verbreitet. Nach KULLANDER ist *A. reitzigi* AHL, 1936, jedoch ein Synonym von *A. borelli* (REGAN, 1906).

Apistogramma cacatuoides (Taf. 216)
HOEDEMAN, 1951
Kakadu-Zwergbuntbarsch

Peruanischer Amazonas (Tournavista, Rio Pachitea), Isla Santa Sofia (Kolumbien); bis 7,5 cm, ♀ kleiner.
D XIV–XVII/6–7; A III/6–7; mLR 22–23; SL 9–16/4–8. Körper gedrungen, besonders im hinteren Bereich kräftig zusammengedrückt, obere und untere Profillinie fast gleichmäßig ausgebogen, Schnauze kürzer als der Augendurchmesser. ♂ oberseits dunkel braunoliv, Körperseiten heller mit kräftigem blauem Schimmer, Kehle und Bauch zart lehmfarben. Wie viele *Apistogramma*-Arten hat auch *A. cacatuoides* eine dunkle Wangenbinde vom Auge bis zur Kehle, die meist aber nicht deutlich hervortritt oder ganz fehlt. Undeutlich sind auch eine Binde vom Oberkiefer über das Auge zum Nacken und eine Körperlängsbinde, die jedoch in der Regel nur aus einzelnen Flecken besteht, die jeweils an den Kreuzungsstellen mit den Querbinden liegen. Diese erstrecken sich nach oben hin bis in die Basis der D. D, A und V zart bläulich mit dunklem Rand und oft mit weißen Spitzen, weiche Teile der D und A gelegentlich mit blaugrünen Tüpfeln. C mehr oder weniger gelblich. Ausgewachsene ♂♂ meist mit drei roten, schwarz umsäumten Augenflecken im oberen Teil der C. ♀ kleiner, weniger intensiv gefärbt, Flossen nicht ausgezogen, zur Brutpflegezeit kräftig gelb.
Pflege und Zucht siehe bei *A. agassizi*. Höhlenbrüter, Großfamilie. Nach WICKLER leben junge ♂♂ monogam mit einem ♀ und betreiben mit diesem Brutpflege in einem Großrevier eines ausgewachsenen polygamen ♂. Da diese jungen ♂♂ dabei eine dem ♀ entsprechende Brutpflegetracht anlegen, werden sie vom revierbesitzenden ♂ nicht als Rivalen erkannt. Temperaturempfindlich, nicht unter 22 °C.
Bislang fälschlich als *A. borelli* bekannt. Der echte *A. borelli* wurde dagegen lange Zeit als *A. reitzigi* bezeichnet.

Apistogramma commbrae
(EIGENMANN in REGAN, 1906)
Corumba-Zwergbuntbarsch

Stromgebiet des Rio Paraguay; bis 5,5 cm.
D XVI/6; A III/6–7; mLR 22. Körper gestreckt, seitlich kräftig zusammengedrückt. Färbung je nach Alter, Wohlbefinden und Herkunft sehr verschieden. ♂ gelbbraun bis gelblich, Rücken mit grünlichem Schimmer, Bauch gelblichweiß. Von der Schnauzenspitze bis in die C-Wurzel eine schwarze, gelegentlich in einzelne längliche Flecke aufgelöste Längsbinde, die dort in einem deutlichen runden Fleck endet. Darunter, hinter den Pn beginnend, 2–4 parallel verlaufende schwarze Punktreihen. Eine bogenförmige Augenbinde, 6–7 mehr oder weniger deutliche Querbinden auf den Körperseiten. Flossen rauchgrau bis gelblich, D und A im hinteren weichstrahligen Teil dunkel gebändert, erstere lang und spitz ausgezogen. C ähnlich gezeichnet wie die weichstrahligen D und A. Beim ♂ D hinten nur mäßig ausgezogen, abgerundet.
Pflege und Zucht wie bei *A. agassizi* angegeben, jedoch etwas wärmebedürftiger. Höhlenbrüter. Eier länglich, gelbbraun. Durch einen Schreibfehler wurde die Art auch als *A. corumbae* bezeichnet.

Apistogramma gibbiceps (Taf. 217)
MEINKEN, 1969
Ramskopf-Zwergbuntbarsch

Rio Negro, genauer Fundort unbekannt; bis 8 cm, ♀ kleiner.
D XIV–XV/5–7; A III/6–7; mLR 23; SL 12–15/6–9. Seitlich kräftig zusammengedrückt, Körper alter Tiere relativ hochrückig. Braungelb, Rücken dunkler, Bauch heller. Auf dem Kopf mehrere grünlich irisierende Punkte. Eine tiefschwarze Binde vom Auge bis zum unteren Rand des Kiemendeckels, von der Schnauze bis in die C-Basis eine ebenfalls tiefschwarze Längsbinde. D bläulich, rot gesäumt, erste Strahlen der A kräftig rot. ♂ besonders im Alter mit deutlichem Kopfwulst, die schwarze Längsbinde tritt meist deutlich hervor. ♀ kleiner, ohne Kopfwulst, schwarze Längsbinde nur selten deutlich.
Pflege und Zucht siehe bei *A. agassizi*. Höhlenbrüter, Großfamilie.

Apistogramma hoignei
MEINKEN, 1965
Hoignes-Zwergbuntbarsch

Oberlauf des Rio Portuguesa (Nordwestvenezuela); bis 5 cm.
D XVI/6–7; A III/6; mLR 22–23. Körper relativ hochrückig, seitlich stark zusammengedrückt. ♂ goldgelb, Rücken olivgrün, Bauch hellgelb, Kopf okkergelb mit blauen Mustern auf dem Kiemendeckel, obere Körperhälfte durch die dunklen Schuppenränder genetzt. Vom Nacken durch das Auge zum hinteren Kiemendeckelrand eine schmale, dunkle Augenbinde, vom Augenhinterrand bis in einen schwarzen Fleck auf der C-Basis eine dunkle Längsbinde, darüber eine unregelmäßige Fleckenlängsreihe. D gelblich, erste Strahlen schwarz, schwarz gesäumt, im hinteren Teil mit einem schwarzen, grün irisierend gesäumten Fleck, A und C gelblich. ♀ Körper heller, A hinten schwarz mit einigen größeren, hellblauen Flecken.
Pflege und Zucht siehe bei *A. agassizi*. Höhlenbrüter, Großfamilie.

Apistogramma ortmanni (Taf. 232)
(EIGENMANN, 1912)
Ortmanns Zwergbuntbarsch

Guayana und zentrales Amazonasgebiet; bis 7 cm.
D XV/7; A III/6–7; mLR 22–24; SL 12–14/6–7. Körper gestreckt, seitlich kräftig zusammengedrückt, obere und untere Profillinie gleichmäßig ausgebogen, Schnauze länger als der Augendurchmesser. Im allgemeinen zeigt die Art eine ähnliche Zeichnung und Färbung wie *A. commbrae*. MEINKEN gibt als charakteristisches Unterscheidungsmerkmal die Lage der Längsbinden an, und zwar sollen bei *A. commbrae* alle Längszeichnungen, d. h. Längsbinde und Längspunktreihen, oberhalb einer Linie liegen, die P-Ansatz und Schwanzstielunterkante verbindet, bei *A. ortmanni* dagegen sind immer eine, meist sogar zwei Längspunktreihen unterhalb dieser Linie gelegen. ♀ etwas kleiner und weniger intensiv gefärbt, D nicht ausgezogen.
Pflege wie bei *A. agassizi* angegeben. Sehr wärmebedürftig, 26–28 °C.

Apistogramma pertensis (Taf. 218)
(HASEMAN, 1911)
Amazonas-Zwergbuntbarsch

Amazonas und unterer Rio Negro; bis 5 cm, ♀ kleiner.
D XIV–XVI/6–8; A III/4–7; mLR 22–24; SL 11–16/6–9. Körper langgestreckt, seitlich kräftig zusammengedrückt. Färbung sehr wechselnd. Grau bis gelblichbraun mit grünlichem Glanz. Alle Schuppen, besonders jedoch die Rückenschuppen, mit dunklem Rand. Vom Auge bis in einen senkrechten Fleck auf der C-Wurzel eine dunkle Längsbinde, 7–8 schwärzliche Querbinden an den Körperseiten. Sowohl die Längsbinde als auch die Querbinden können bis auf zwei dunkle Flecke reduziert sein, von denen einer in der Körpermitte, der andere auf der C-Wurzel liegt. Vom Auge zieht im Bogen zur Kehle eine intensiv schwarze Binde. Kopf und Kiemendeckel mit einigen grünen und rotbraunen Linien und Tüpfeln. Senkrechte Flossen grau, grün oder blaugrün, weicher hinterer Teil der D und A mit blaugrünen und rötlichen Punktreihen, vorderer Teil der D orange, die ersten Strahlen schwarz, C an der Basis violett, Vorderkante der P schwarz. ♂ zur Laichzeit mit orangefarbenem Bauch. ♀ goldgelb bis orange mit einer Punktreihe auf der Körperseite, Flossen gelblich.
Pflege und Zucht wie bei *A. agassizi* angegeben, wärmebedürftig. Eier orangefarben.

Apistogramma pleurotaenia
(REGAN, 1909)
Karierter Zwergbuntbarsch

Vom Amazonasgebiet südlich bis zum Rio Uruguay- und Rio Paraguay-Flußsystem; bis 7,5 cm.
D XVI/6; A IV/5; mLR 23. Körper mäßig gestreckt, insgesamt ähnlich gestaltet wie die bekannte Art *A. borelli*. Färbung und Zeichnung sehr variabel. ♂ gelblichgrau bis bräunlich. Auf dem Kiemendeckel je nach Herkunft bräunliche, bläuliche oder auch grünliche Tüpfel und Striche, vom Kiemendeckel bis in die C-Wurzel ein unregelmäßiges, oft perlschnurartiges, dunkles Band. An den Körperseiten sechs dunkle Querbinden, die mehr oder weniger deutlich hervortreten können. Senkrechte Flossen gelblichbraun, der Grund des weichen Teiles der D und A sowie die C oft schachbrettartig gemustert, die ersten Strahlen der D schwarz, der V braunrot. ♀ außerhalb der Laichzeit schlichter gefärbt, Flossen nicht schachbrettartig gemustert, zur Laichzeit intensiv goldgelb, orange und schwarz.
Pflege und Zucht wie bei *A. agassizi* angegeben, siehe S. 684. Eier gelblich.

Apistogramma steindachneri (Taf. 217)
(REGAN, 1908)
Steindachners Zwergbuntbarsch

Guayana, Suriname; bis 8 cm, ♀ kleiner.
D XV/7; A III/6; mLR 24; SL 12–14/5–6. Körper gestreckt, seitlich kräftig zusammengedrückt. ♂ lehmgelb bis rehbraun, oberseits stärker rostbraun mit unregelmäßigen dunklen Feldern. Im Gegensatz zu der stets tiefschwarzen Binde vom Auge zur Kehle ist die Längsbinde vom Auge zur C-Wurzel meist nur undeutlich ausgeprägt. Unterhalb des Seitenbandes eine Doppelreihe glänzender Tüpfel. Etwas vor der Körpermitte sowie auf der C-Wurzel je ein dunkler Fleck, auf dem Kiemendeckel zwei wurmförmige silberne Glanzstreifen. D und A lang ausgezogen, orangefarben mit dunklem Saum, die ersten Flossenstrahlen tiefschwarz, die Flossenhinterenden hell-dunkel gebändert. C oben und unten verlängert, Mitte orangefarben, oberer und unterer Teil mehr rötlich mit mehreren, meist deutlichen Querbinden. Erster Strahl der rauchfarbenen V kräftig rot. ♀ D, C und A abgerundet.
Pflege und Zucht wie bei *A. agassizi* angegeben, siehe S. 684. Wärmebedürftig. Eier gelblich. Höhlenbrüter. Großfamilie.
Die Art ist in den letzten Jahren unter den Synonymen *A. ornatipinnis* AHL, 1936, und *A. wickleri* MEINKEN, 1960, öfter importiert worden.

Apistogramma sweglesi
MEINKEN, 1961

Oberer Amazonas, bei der Ortschaft Leticia; bis 7 cm, ♀ kleiner.
D XV/7; A III/6; mLR 24. Ziemlich schlanke, kurzschnäuzige Art. Auffallende Unterscheidungsmerkmale von verwandten Arten sind die in zwei lange Spitzen ausgezogene C sowie die im unteren Teil bogenförmig nach vorn orientierte Wangenbinde. ♂: Rücken und Nacken rötlichbraun, nach den Seiten bräunlich bis gelboliv, Bauch weißlich. Schuppen, außer den Bauchschuppen, dunkel gerandet. Neben der schwarzen Wangenbinde eine dunkle, von zwei hellen Schuppenreihen eingefaßte Längsbinde vom Oberkiefer durch das Auge bis in die Basis der C. D und A blaugrau bis rauchgrau, mit braunschwarzem Saum, V und P zart rauchgrau, C schwach rotbraun, weicher Teil der D und die C mit angedeutetem Schachbrettmuster. ♀ heller, gelboliv, alle Farbtöne schwächer als beim ♂.
Pflege und Zucht wie bei *A. agassizi* angegeben, siehe S. 684.

Apistogramma taeniata
(GÜNTHER, 1862)

Brasilien, Peru; bis 7,5 cm, ♀ kleiner.
D XV/7; A III/6; V 2/6; mLR 24–25. Verhältnismäßig hochrückige, seitlich kräftig zusammengedrückte Art, Schwanzstiel höher als lang, Kiemendeckel nur sehr schwach beschuppt. Bisher liegt nur eine gründliche Farbbeschreibung nach fixiertem Material von MEINKEN vor. ♂ olivgelb, mit blaugrünem Glanz auf den Schuppen und grün glänzenden Splittern auf dem Kopf. Eine schwarze Längsbinde aus aneinandergereihten Flecken vom Oberkiefer nach oben zum Auge und von dort fast gerade entlang der Körperseiten, die auf dem Grunde der mittleren C-Strahlen mit einem querovalen Fleck endet. Eine zweite Binde vom Augenunterrand zum Kiemendeckelwinkel, am Rücken sechs, meist nur angedeutete, dunkle Querbinden. Spitzen der D und A sowie die V und die Seitenteile der C schön orangerot, weichstrahliger Teil der D und A sowie mittlerer Teil der C mit bogigen Binden und einem Schachbrettmuster. D ansonsten gelbrot, die ersten drei Stacheln schwärzlich, die anschließenden drei Flossenhäute leicht gelblich. ♀: Färbung bedeutend weniger intensiv, ohne blaugrünen Glanz auf den Schuppen und auf dem Kopf, Schachbrettmuster in den Flossen nur angedeutet, vordere Strahlen der V schwärzlich.
Pflege und Zucht in nicht zu kleinen Aquarien, da die erwachsenen ♂♂ große Reviere benötigen. Siehe auch bei *A. agassizi*, S. 684.

Apistogramma trifasciatum (Taf. 219)
(EIGENMANN und KENNEDY, 1903)

Oberer Rio Guaporé und Unterlauf des Rio Paraguay; bis 5 cm, ♀ kleiner.
D XV–XVI/6–7; A III/5–6; mLR 23–24; SL 7–11/12. Gestreckt, Kopfprofil nahezu senkrecht ansteigend, Maul fast unterständig. ♂: Körperseiten mit blaugrün glänzenden, dunkel gerandeten Schuppen, Rücken dunkler, Bauch weißlich oder zart gelb. Kopf mit hellblauen Tüpfeln und Glanzstreifen. Neben einer schwärzlichen Wangenbinde eine mehr oder weniger deutliche dunkle Längsbinde, die über der Oberlippe beginnt und durch das Auge bis zum Schwanzstielende zieht, stimmungsabhängig. In ihrer Mitte ist ein mehr oder weniger deutlicher dunkler Fleck oder eine Unterbrechung der Binde ausgeprägt. Die dritte Binde, der die Art den Namen *trifasciatum* verdankt, ist nur bei Spiritusexemplaren vorhanden, sie zieht vom Kiemendeckel zum Ansatz der A. Kurzzeitig können bei beiden Geschlechtern angedeutete Querbinden auf dem Rücken hervortreten. D im vorderen Teil feuerrot, der weichstrahlige Teil am Grunde blau oder grün, nach außen zu gelb, die Spitzen und die drei ersten Strahlen schwarz, A ähnlich gefärbt, V gelblich, die stark verlängerten Spitzen weiß, am Ende rot, C gelb mit hellblauem Mittelteil. ♀ grauoliv, Binden wie beim ♂, zur Laichzeit zitronengelb, Längsbinden fehlen, ein augengroßer schwarzer Fleck auf der Seitenmitte wie bei *A. steindachneri*.
Pflege und Zucht siehe bei *A. agassizi*, S. 684. Sandgrund, kein grober Kies. 23–26 °C. Die Tiere wurden bislang unter dem Synonym *A. trifasciata haraldschultzi* MEINKEN, 1960, gepflegt.
Neben den hier aufgeführten *Apistogramma*-Arten

Tafel 241 *Cichlasoma meeki* · *Cichlasoma nicaraguense* (beide Fotos Richter)

Tafel 242 *Cichlasoma nigrofasciatum*, Goldform · *Cichlasoma synspilum* (beide Fotos Richter)

Tafel 243 *Cichlasoma nigrofasciatum*, brutpflegend (Foto Richter) · *Cichlasoma octofasciatum*, brutpflegend (Foto Sommer)

Tafel 244 *Cichlasoma severum* (Foto Sterba) · *Astronotus ocellatus* (Foto Sterba) · *Astronotus ocellatus*, brutpflegend (Foto Krüger)

Tafel 245 Links: *Crenicara filamentosa,* ♂ · *Crenicichla* spec. Rechts: *Crenicichla strigata* · *Crenicichla dorsocellata.* Unten: *Batrachops semifasciatus,* ♀ (alle Fotos Richter)

Tafel 246 Links: *Gymnogeophagus balzani*. Rechts: *Gymnogeophagus* cf. *balzani*. Unten: *Gymnogeophagus rhabdotus* (alle Fotos Richter)

Tafel 247 *Geophagus steindachneri* · *Geophagus surinamensis* · *Geophagus brasiliensis* (alle Fotos Richter)

Tafel 248 Links: *Papiliochromis ramirezi* · *Nannacara anomala*. Rechts: *Papiliochromis ramirezi*, über dem Gelege · *Neetroplus nematopus*, brutpflegend. Unten: *Herotilapia multispinosa*, brutpflegend (alle Fotos Richter)

Tafel 249 *Pterophyllum scalare*, brutpflegendes Paar (Foto Kaden)

Tafel 250 Links: *Pterophyllum dumerili* · *Pterophyllum altum*. Rechts: *Pterophyllum scalare*, Marmorscalar · *Pterophyllum scalare*, Zebrascalar (alle Fotos Richter)

Tafel 251 *Symphysodon aequifasciata*, »Braun«, brutpflegendes ♀ mit angehefteten Jungfischen (Foto Budich)

Tafel 252 Links: *Symphysodon aequifasciata*, »Türkis«. Rechts: *Symphysodon discus willischwartzi*. Unten: *Symphysodon discus discus* (alle Fotos Richter)

Tafel 253 Links: *Aulonocara nyassae*, Farbspielart. Rechts: *Aulonocara* cf. *baenschi*. Mitte: *Aulonocara nyassae*. Unten: *Aulonocara maylandi* (Mitte Krüger, alle anderen Fotos Richter)

Tafel 254 *Astatotilapia burtoni*, ♂ (Foto Richter) · *Cynotilapia afra* (Foto Krüger) · *Boulengerchromis microlepis* (Foto Richter)

Tafel 255 *Chalinochromis brichardi* · *Chalinochromis bifrenatus* · *Cyprichromis brieni* (alle Fotos Richter)

Tafel 256 *Cyprichromis leptosoma* · *Cyphotilapia frontosa* · *Cyphotilapia frontosa*, nördliche Rasse mit zusätzlichem Wangenschwarz (alle Fotos Krüger)

wurden zahlreiche weitere Arten importiert, deren exakte Bestimmung z. T. noch aussteht. Beispiele dazu siehe Taf. 216 bis 219.

Gattung *Apistogrammoides* MEINKEN, 1965

Eng verwandt mit der Gattung *Apistogramma*. Von dieser durch folgende Merkmale zu unterscheiden: Anzahl der A-Stacheln größer (7–9 im Gegensatz zu 3, selten 4–6), vordere SL mehr als eine Schuppenbreite von der D-Basis entfernt, Zeichnungsmuster abweichend. Höhlenbrüter; Peru. Eine Art.

Apistogrammoides pucallpaensis (Taf. 220)
MEINKEN, 1965

Peru, Umgebung von Pucallpa am Rio Ucayali; bis 4 cm.
D XVII/6; A VII–IX/5–6; mLR 22–24+3–6; SL 7 bis 9/6–8. Körper relativ hochrückig, seitlich deutlich abgeflacht. ♂ olivgrün mit goldenem Schimmer, Rücken dunkler mit einigen undeutlich begrenzten, schwarzen Flecken, Bauch weißlich. Untere Kopfhälfte und Kiemendeckel grünlich glänzend, Lippen grün, Schuppenränder dunkel, ein netzartiges Muster bildend. Auf dem Schwanzstiel drei senkrechte Flecke, die von einer schmalen Goldzone umgeben sind. Ein schwarzes Längsband vom Kiemendeckel bis zur C-Basis. D gelbgrün, mit einer Reihe grüner Tüpfel, äußerer Rand kräftig grün, die ausgezogenen Spitzen mit schmalem schwarzem Saum, C rot mit blauen Punkten, A gelb- bis blaugrün, mit breitem schwarzem Saum, P farblos, V grüngelb, nach außen zu gelborange. ♀ bräunlich, mit grünlichem Schimmer und grünlichen Glanzflecken auf dem Kiemendeckel, das dunkle Längsband kann sich bei Erregung in 5–6 dunkle, querbindenartige Flecke auflösen, D gelblich, A gelbgrün, P und V farblos, erste Strahlen gelblich.
Pflege und Zucht siehe bei *Apistogramma agassizi*, S. 684. Höhlenbrüter. Bis zu 100 Jungfische je Brut.

Gattung *Astronotus* SWAINSON, 1839

Die Gattung ist vor allem durch folgende Merkmale charakterisiert: D zwischen dem hart- und weichstrahligen Teil nicht eingeschnitten, A mit drei Stacheln, Zähne konisch, Hinterrand des Praeoperculums (Vorkiemendeckel) nicht gezähnt, weiche Teile der senkrechten Flossen beschuppt. Offenbrüter. Nördliches Südamerika. Zwei Arten.

Astronotus ocellatus (Taf. 232, 244)
(CUVIER, 1829)
Pfauenaugenbuntbarsch

Amazonas, Rio Negro, Paraná, Rio Paraguay; bis 30 cm.
D XII–XIV/19–21; A III/15–16; mLR 36–38. Körper ziemlich hoch, in Seitenansicht längsoval, seitlich mäßig abgeflacht. Färbung in Abhängigkeit vom Wohlbefinden, vom Alter und von der Herkunft sehr verschieden. Tiere von 6–12 cm Länge sind dunkelolivgrün bis schokoladenbraun mit unregelmäßigen, elfenbeinfarbigen bis gelblichen, meist schwarz gesäumten Bänderzeichnungen an den Körperseiten (Taf. 232). Im oberen Teil der C-Basis ein großer runder, leuchtend rot eingefaßter Pfauenaugenfleck, auch an der D-Basis können, besonders bei älteren Tieren, solche Flecke vorhanden sein. Flossen olivgrün mit mehr oder weniger kräftiger Strich- und Tüpfelzeichnung in Gelb und Schwarz. Bei älteren Tieren verliert sich die Bänderzeichnung auf den Körperseiten. Unterscheidung der Geschlechter schwierig. KREHER (briefl. Mitteilung) weist darauf hin, daß die oft als Merkmal der ♂♂ genannten drei runden Flecke am Grund des hartstrahligen D-Teiles bei beiden Geschlechtern auftreten können. In den letzten Jahren wurde eine rote Zuchtform als »Roter Oskar« häufig gepflegt.
Pflege und Zucht wie in der Familienbeschreibung angegeben. Trotz seiner Größe verhältnismäßig friedlich. Mit 10–12 cm geschlechtsreif. Typischer Offenbrüter, Elternfamilie. Die 1000–2000 Eier sind zunächst weißlich und werden erst nach 24 Stunden durchsichtig. Gelegentlich wurde ein Anheften der Jungfische an die Elterntiere beobachtet. Ob sie dabei wie bei *Symphysodon* Hautsekret fressen, ist bislang nicht sicher geklärt worden. Einer der schönsten Buntbarsche.

Gattung *Biotodoma*
EIGENMANN und KENNEDY, 1903

Nahe verwandt mit den Gattungen *Geophagus* und *Gymnogeophagus*, den Stützstrahlen der D (Pterygophoren) sind jedoch zwei in der Rückenmuskulatur eingebettete Knochenspangen (Supraneuralia) vorgelagert. Kein Stachel vor der D. Der praeorbitale Teil des Kopfes (Abstand Schnauzenspitze bis zum Vorderrand des Auges) kurz, kaum größer als der Augendurchmesser. Nördliches Südamerika (Amazonasgebiet, Orinoko, Suriname, Venezuela). 2–3 Arten.

Biotodoma cupido (Taf. 233)
(HECKEL, 1840)
Schwanzstreifenbuntbarsch

Mittleres Amazonasgebiet, Guayana; bis 13 cm, ♀ kleiner.
D XIV–XVI/9–11; A III/8–10; mLR 29–30; SL 17 bis 20/12–17. Körper mäßig hoch, gestreckt, seitlich kräftig zusammengedrückt. Obere Profillinie wesentlich stärker ausgebogen als die untere. Meist ziemlich dunkel gefärbt. Oberseite schokoladenbraun, oft mit grünlichem Schimmer, Körperseiten mehr gelbbraun, in der Jugend mit undeutlichen Querbinden, bei älteren Tieren mit blaugrünen Glanztüpfelreihen, Unterseite leicht gelblich. Besonders charakteristisch für die Art ist ein großer, lackschwarzer, breit perlmuttern bis rosenholzfarben eingefaßter Fleck un-

mittelbar unter der Mitte der D, in der hellen Umrandung oft zwei kleine weiße Strichelchen. Vom Nakken durch das Auge bis zum Kiemendeckelrand eine schwarze Binde, unterhalb des Auges mehrere leuchtend blaue Linien. D und A bräunlich, seltener gelblich, im hinteren Teil gebändert, C gelbgrün, oben und unten scharf von 2–3 schwarzen Flossenstrahlen begrenzt, die durch weiße Längslinien getrennt sein können. P und V cremefarben. Iris braun, oft zart gold umrandet. ♂ D und A spitzer ausgezogen.
Relativ unverträglich, wühlt stark. Pflege siehe Familienbeschreibung. Nach EIGENMANN und KENNEDY soll die Art Maulbrüter sein, eine Beobachtung, die nicht bestätigt werden konnte. Nach WINKLER (1956) handelt es sich um Höhlenbrüter. KUHLMANN (DATZ, 37, 14–17, 1984) berichtet über die Zucht einer als *Biotodoma* spec. bezeichneten Art. Danach sind die Tiere nestbauende Offenbrüter. Auch die Anzahl der in einer Laichphase abgesetzten Eier wird sehr unterschiedlich angegeben (120–400). An der Brutpflege beteiligen sich beide Partner (Elternfamilie).

Gattung *Chaetobranchus* HECKEL, 1840

Charakteristisch für diese Gattung sind der fehlende Einschnitt zwischen dem harten und weichen Teil der D, die zahlreichen, sehr langen und schlanken Kiemenreusenzähne und die konischen Zähne in den Kiefern. Früher wurde die Gattung *Chaetobranchopsis* STEINDACHNER, 1875, (mehr als drei A-Stacheln) von *Chaetobranchus* (drei A-Stacheln) abgetrennt. Offenbrüter. Nördliches Südamerika. Fünf Arten.

Chaetobranchus bitaeniatus (Taf. 220)
(AHL, 1936)
Goldcichlide

Mittleres Amazonasgebiet; etwa bis 12 cm.
D XV–XVI/11; A VI/14–16; mLR 25–27. Körper in Seitenansicht oval, seitlich stark zusammengedrückt. Gelbgrau mit intensivem Goldglanz, alle Schuppenränder goldfarben, Rücken dunkler. Zwei kräftig hervortretende dunkle Längsbinden, von denen die obere vom Auge bis zur Oberkante des Schwanzstieles reicht. In der oberen Binde etwa in Seitenmitte ein großer schwarzer Fleck. Bindenzwischenräume besonders kräftig goldglänzend. Senkrechte Flossen gelblich mit weinroten Bändern und Wellenlinien. Iris rot. Deutliche Geschlechtsunterschiede bislang nicht beschrieben.
Pflege siehe Familienbeschreibung. Die Art soll friedlich sein und nicht wühlen. Über eine gelungene Zucht ist nichts bekannt.

Gattung *Cichla* BLOCH und SCHNEIDER, 1801

Von allen amerikanischen Buntbarschen ist die Gattung leicht durch den auffallenden Einschnitt zwischen dem harten und weichen Teil der D zu unterscheiden. A mit drei Stacheln. Zähne in den Kiefern konisch. Offenbrüter. Südamerika. Drei Arten.

Cichla ocellaris (Abb. 508)
BLOCH und SCHNEIDER, 1801
Augenfleckkammbarsch

Fast überall im tropischen Südamerika, vorwiegend in stehenden Gewässern; bis 60 cm.
D XIII–XVI/16; A III/10; mLR 83–102. Barschartig gestaltet, seitlich kräftig zusammengedrückt, Schuppen sehr klein. Färbung in den einzelnen Altersstadien recht verschieden. Die graugrüne, am Rücken intensivere Grundfarbe der Jungtiere geht mit zunehmendem Alter in eine silberweiße Tönung über, Rücken dann rein blattgrün, Kehle und Bauch oft goldfarben. Jungtiere haben außerdem eine meist aus einzelnen Flecken zusammengesetzte Längsbinde, ältere Tiere dagegen mehrere Querbinden, bei ganz alten Tieren fehlt jegliche Bandzeichnung. Alle Altersstadien zeigen im oberen Teil der C-Basis einen tiefschwarzen Fleck, dessen goldfarbene Umrahmung mit dem Alter zunimmt, ein ähnlicher Fleck kann unterhalb des vorderen Abschnittes der weichen D liegen. Flossen grünlich mit dunkleren, oft zu Bändern vereinigten Flecken. Bei älteren Tieren werden die unteren Flossen sowie der untere Teil der C gelblich und schließlich ziegelrot.
Äußere Geschlechtsunterschiede sind bislang nicht beschrieben worden. Der Augenfleckkammbarsch ist ein ausgesprochener Raubfisch, der sich für Zimmeraquarien nur als Jungtier eignet. Sehr gefräßig und vor allem sauerstoffbedürftig. Die Art wühlt nicht. Temperaturen nicht unter 20 °C. Eindeutige Angaben zur Fortpflanzung liegen bislang nicht vor. Offenbrüter.

Abb. 508 *Cichla ocellaris*

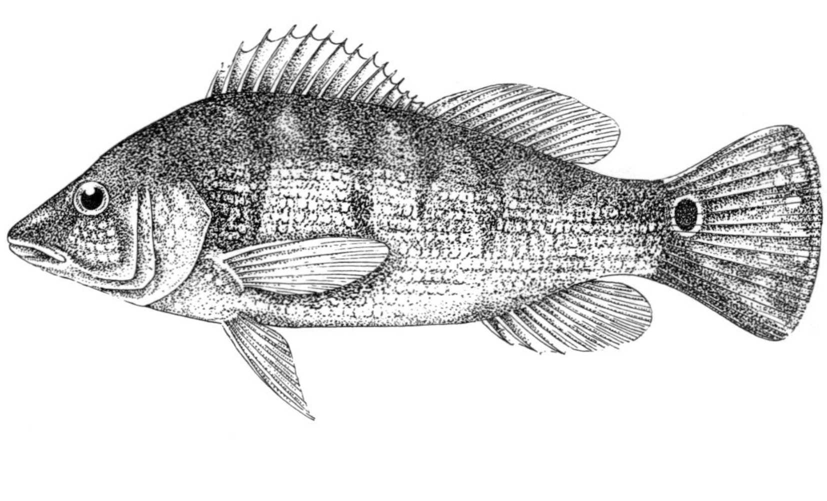

Cichla temensis
HUMBOLDT, 1833

Orinoko, Rio Negro, Amazonasgebiet; bis 40 cm. D XIV–XVI/15–17; A III/10–11; mLR 104–121. Ähnlich gestaltet und gefärbt wie die vorhergehende Art. Goldgelb, Rücken dunkler, Bauch heller, in der oberen Körperhälfte zahlreiche, unregelmäßig verteilte, hellgelbe Flecken. Ähnlich der vorhergehenden Art können auf den Körperseiten tiefschwarze Fleckenzeichnungen mit hellgelbem Hof vorhanden sein. Senkrechte Flossen gelblich, teilweise schwarz gesäumt. Geschlechtsunterschiede in der Färbung unbekannt.
Pflege siehe Familienbeschreibung. Offenbrüter.

Gattung *Cichlasoma* SWAINSON, 1839

Artenreichste süd- und mittelamerikanische Buntbarschgattung, die ihre größte Entfaltung in Mittelamerika erreicht. Charakteristische Merkmale: Hart- und weichstrahliger Teil der D gehen kontinuierlich, d. h. ohne Einschnitt, ineinander über, wenige kleine bis mittelgroße Kiemenreusenzähne, A mit mehr als drei Stacheln, Zähne in den Kiefern konisch, nicht spatelförmig, Praemaxillare kürzer als der Schnauze-Augen-Abstand. Typische Offenbrüter. Bis max. 70 cm Gesamtlänge. Über 50 Arten.

Cichlasoma alfari
MEEK, 1907

Nikaragua, Kostarika, Panama; bis 14 cm. D XVI–XVIII/10–13; A VI–VII/7–9; mLR 29–33. Körper langgestreckt, seitlich abgeflacht. Olivgrün bis olivbraun, Rücken dunkler, Bauch heller, Brust rötlich, Kopfunterseite mit zahlreichen dunkelblauen Streifen und Tüpfeln. Vom Augenhinterrand bis zur Basis der C ein unregelmäßiges dunkles Längsband, in der Körpermitte ein großer schwarzer Fleck. Auf den Körperseiten bis fünf Längsreihen blauer Tüpfel. D goldgelb, rot gesäumt, A goldgelb, mit olivfarbenem Saum, D und A hinten weiß gepunktet. Jungtiere mit 8–9 dunklen Querstreifen und einem schwarzen Fleck im oberen Teil der C-Wurzel. ♂ D, A und V fadenartig ausgezogen, im vorderen Teil der D ein schwarzer Fleck.
Pflege und Zucht siehe Familienbeschreibung. Offenbrüter, Elternfamilie.

Cichlasoma arnoldi (Abb. 509)
E. AHL, 1936
Schwarzer Buntbarsch

Südliche Zuflüsse des unteren Amazonas; bis 13 cm. D XV/11; A V/9; mLR 28–31. In Seitenansicht etwas kirschblattförmig, seitlich stark zusammengedrückt. Färbung nach MEINKEN (textl. verändert): Fast einheitlich dunkelbraun mit schwärzlichen Strichen auf den Wangen. Auf dem Rücken, direkt neben der D-Basis, mehrere dunkle Flecke, auf dem Schwanzstiel

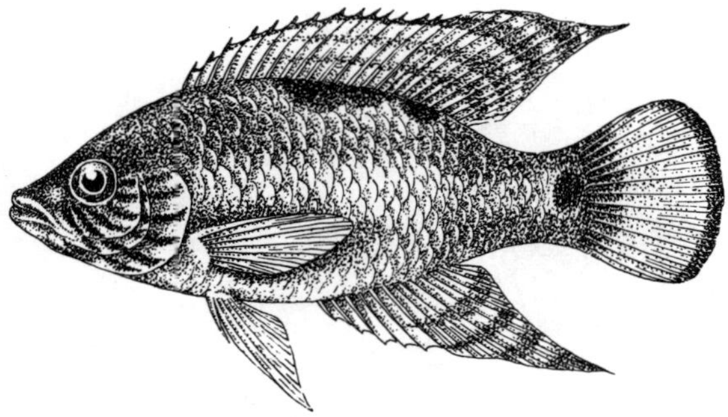

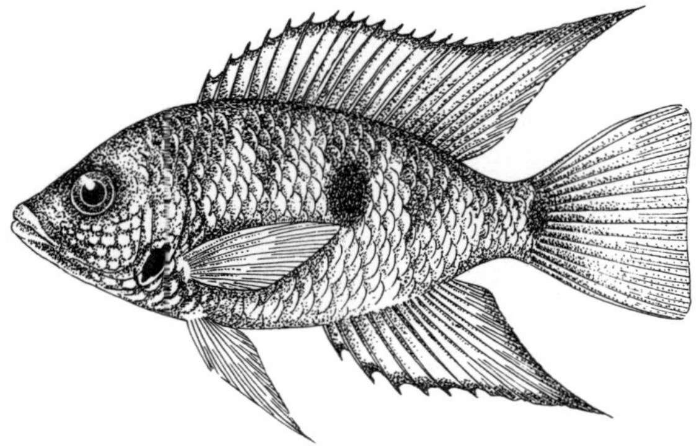

Abb. 509 *Cichlasoma arnoldi*
Abb. 510 *Cichlasoma aureum*

ein senkrechter, kräftiger Tupfen. Flossen dunkelgrau mit schwärzlichen Binden, C schwarz gesäumt. Iris tiefrot. Bei künstlicher Beleuchtung treten in der oberen Körperhälfte, besonders aber auf dem Rükken, gelbe Bänder hervor. Die Kiemendeckel glänzen bei dieser Beleuchtung grünlich. Äußere Geschlechtsunterschiede sind bislang nicht beschrieben worden.
Pflege und Zucht wie in der Familienbeschreibung angegeben. Soll gegen andere Fische friedfertig, gegenüber verwandten Arten jedoch unverträglich sein. Wärmebedürftig, mindestens 20 °C. Offenbrüter, Elternfamilie.

Cichlasoma aureum (Abb. 510)
(GÜNTHER, 1862)
Goldbuntbarsch

Südliches Mexiko und Guatemala in pflanzenreichen Gewässern; bis 16 cm.
D XV–XVII/9–12; A VI–VIII/7–8; mLR 29–32. Von typischer Cichlidengestalt. Färbung variabel und außerdem abhängig von der örtlichen Herkunft. Bei Wohlbefinden grünlich bis zart bräunlich mit goldfarbenem oder rötlichem Glanz vor allem an den Körperseiten, Kehle und Brust blutrot. Eine Längsbinde und mehrere Querbinden treten meist nur bei Erregung deutlich hervor. Dagegen sind ein rhombischer, von Goldpunkten eingefaßter Kiemendeckelfleck, ein Fleck auf der Seitenmitte und ein kleinerer Fleck auf der C-Wurzel fast immer deutlich ausgeprägt. Die großen Flossen werden stets gespreizt getragen. D und A an der Basis bräunlich, weiter außen gelbgrün, rot und schwarz gesäumt, C gelbgrün, P außen schön

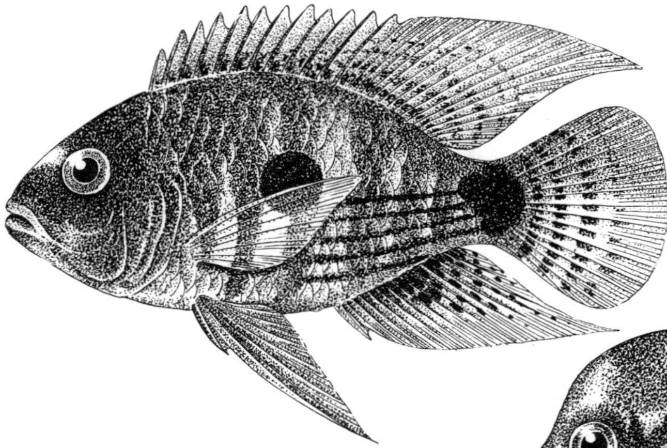
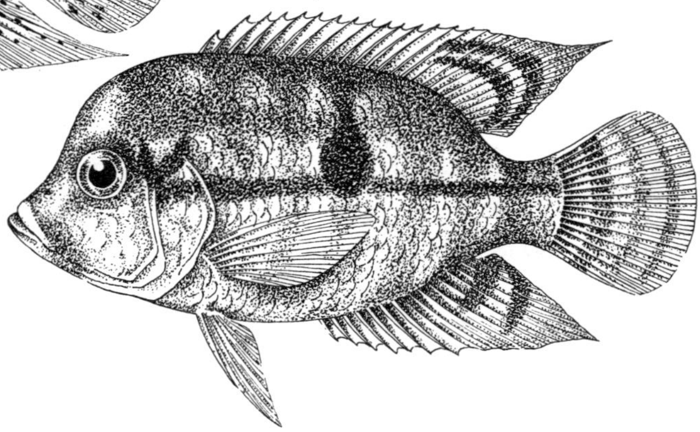

Abb. 511 *Cichlasoma bimaculatum*
Abb. 512 *Cichlasoma coryphaenoides*

blau. ♀ meist kleiner, nicht so brillant gefärbt, ohne intensiven Goldglanz.
Pflege und Zucht siehe Familienbeschreibung. Wühlt zeitweise, etwas bissig, besonders untereinander oft sehr aggressiv. Die Tiere fressen ab und zu Pflanzen und sollten deshalb öfters mit Salat gefüttert werden. Offenbrüter.

Cichlasoma bimaculatum (Abb. 511)
(LINNAEUS, 1754)
Zweifleckbuntbarsch

Überall im nördlichen Südamerika mit Ausnahme des Rio Magdalena; bis 20 cm.
D XIV–XVI/9–11; A IV–VI/8–9; mLR 26–27. Körper, besonders bei alten Tieren, hoch, seitlich stark zusammengedrückt. Färbung je nach dem Alter und der örtlichen Herkunft recht verschieden. Meist graubraun mit dunklem, leicht grünlich schimmerndem Rücken, untere Hälfte der Körperseiten und Unterseite meist silbrigweiß. Etwa auf der Seitenmitte und auf der C-Wurzel je ein kräftiger, großer schwarzer Fleck, letzterer oft hellblau gesäumt. Mehrere dunkle Querbinden sowie eine Auge und C-Wurzel verbindende Längsbinde treten nur gelegentlich hervor, dagegen sind mehrere Punktlängsreihen in der unteren Körperhälfte meist kräftig ausgeprägt. Flossen graugrün oder bläulich, oft mit wolkigen Zeichnungen. Zur Laichzeit wird die Färbung insgesamt kräftiger, besonders die blauen Farbtöne ergeben zu der jetzt goldgelben Tönung des Bauches einen schönen Kontrast. Kehle in der Laichzeit prächtig blau. ♀ mit hinten abgerundeter D und A.
Pflege und Zucht siehe Familienbeschreibung. Die Geschlechtspartner sollen möglichst gleichgroß sein. Anspruchslose Art, die im Winter auch Temperaturen unter 20 °C verträgt. Offenbrüter, Elternfamilie.

Cichlasoma citrinellum
(GÜNTHER, 1864)

Von Südmexiko bis Nikaragua; bis 30 cm.
D XVI–XVII/12; A VII/8–9; mLR 30. Relativ hoch, seitlich stark zusammengedrückt. Die Art zeigt einen deutlichen altersabhängigen Farbwechsel (möglicherweise nicht alle Exemplare). Ausgewachsene Tiere sind einfarbig hellgelb bis orangegelb, senkrechte Flossen bläulich, P und V gelblich. Jungfische gelblichgrau bis dunkel blaugrau, mit 6–7 dunkelgrauen bis schwarzen Querstreifen auf den Körperseiten, von denen der 4. von vorn in der Regel am kräftigsten ist und in der Mitte einen deutlichen Fleck aufweist. ♂ mit kräftig entwickeltem Stirnwulst. ♀ Kopf relativ spitz, ohne Stirnwulst, D und A wie bei den ♂♂ hinten zipfelartig verlängert.
Pflege und Zucht siehe Familienbeschreibung. Offenbrüter, Elternfamilie. Während der Brutpflege zupfen die Jungtiere an der Haut der Eltern. Ob sie dabei Hautsekret fressen, wie dies von den *Symphysodon*-Arten bekannt ist, bleibt vorerst unsicher.

Cichlasoma coryphaenoides (Abb. 512)
(HECKEL, 1840)
Großkopfbuntbarsch

Amazonasgebiet; bis 22 cm.
D XVI/12–13; A VI–VII/9–11; mLR 31–33. Körper hoch, seitlich kräftig zusammengedrückt. Stirn bei älteren Tieren, besonders bei den ♂♂, vorgewölbt. Jüngere Tiere sind nach MEINKEN dunkel lehmfarben bis schwärzlich gelboliv mit zart rötlichem Schimmer an den Körperseiten und auf der Bauchseite, Kehle heller. Vom Auge bis in die C-Wurzel ein nicht immer deutliches Längsband. Dagegen treten ein W-förmiger Fleck hinter dem Auge sowie ein schwarzer

Fleck etwa auf der Seitenmitte deutlich hervor. Flossen bräunlichrot, P mit schwarzer Vorderkante. Farbwechsel sehr ausgeprägt. Ältere Tiere sind einfarbig braunviolett mit dunkelroter, goldgesäumter Iris. ♀ D und A hinten weniger zugespitzt.
Pflege siehe Familienbeschreibung. Außerordentlich bissige Art, die sich nach Beobachtungen von MEINKEN allerdings nicht an den Pflanzen vergreift. Zuchtversuche blieben bislang erfolglos, da die Partner stets so aggressiv sind, daß meist ein Tier totgebissen wird. Wärmebedürftig. Offenbrüter.

Cichlasoma crassa (Taf. 224)
(STEINDACHNER, 1875)
Smaragdbuntbarsch

Vorwiegend im Gebiet des mittleren Amazonas; bis 30 cm, mit 10 cm geschlechtsreif.
D XVI–XVII/12; A VII/9–10; mLR 29–30. Körper hoch, seitlich kräftig zusammengedrückt, obere Profillinie wesentlich stärker ausgebogen als die untere, Stirn steil ansteigend, V bei beiden Geschlechtern stark verlängert. Wie viele Cichliden in den einzelnen Altersstadien und entsprechend der örtlichen Herkunft unterschiedlich gefärbt. Insgesamt braun mit grünlichem, oft auch rötlichem Schimmer oder mehr lehmfarben. Vom Auge bis in einen kleinen Fleck im oberen Teil der C-Wurzel eine unregelmäßige Binde, etwa auf der Seitenmitte ein verschwommener dunkler Fleck, mehrere Tüpfellängsreihen besonders in der unteren Körperhälfte. Flossen gelbbraun, gelegentlich fast rein orangefarben, D mit dunklem Saum, C mit dunklen Querbinden. Geschlechtsunterschiede undeutlich. Alte ♂♂ oft größer und mit größerem Stirnwulst.
Pflege und Zucht wie bei anderen stark wühlenden Cichliden. Wärmebedürftig (27–28 °C). Offenbrüter. Bis zu 1000 Jungfische je Brut. *C. temporale* REGAN, 1905, und *C. hellabrunni* LADIGES, 1942, sind Synonyme dieser Art.

Cichlasoma cyanoguttatum (Taf. 221)
(BAIRD und GIRARD, 1854)
Perlcichlide

Nördliches Mexiko, Texas; bis 30 cm, bleibt in der Gefangenschaft wesentlich kleiner, mit 8–10 cm geschlechtsreif.
D XV–XVIII/10–12; A V/8–9; mLR 27–30. Körper fast eiförmig, seitlich stark zusammengedrückt. Während Jungtiere auf lehmfarbigem Grund lediglich eine dunkle Querbinde sowie einen dunklen Seiten- und einen C-Wurzelfleck zeigen, gehören erwachsene Tiere zu den farbenprächtigsten Cichliden überhaupt. Auf blaugrauem oder rehbraunem Grund ist der ganze Körper einschließlich der Flossen mit stark glänzenden, himmelblauen bis seegrünen Tüpfeln oder Strichen dicht besetzt. A mit blaugrünen Flossenstrahlen, V oft rein blaugrün, P farblos. ♀ meist nicht ganz so intensiv gefärbt und häufig kleiner. ♂ im Alter oft mit deutlichem Stirnwulst.
Pflege und Zucht wie in der Familienbeschreibung angegeben. Leider gehört die prächtige Art zu den Cichliden, die untereinander und auch gegen andere Arten aggressiv sind. Auch schichtet *C. cyanoguttatum* vor allem zur Laichzeit den Bodengrund um, wobei alle Pflanzen entwurzelt werden. Die Art ist sauerstoffbedürftig, etwas empfindlich gegen Altwasser, aber recht widerstandsfähig gegen niedrige Temperaturen und kann ohne Schaden vorübergehend auch bei 14–15 °C gehältert werden. Offenbrüter, Elternfamilie. Die Paare fressen häufig ihr Gelege oder die geschlüpfte Brut. Bis zu 500 Eier je Gelege. Auch bekannt als *Herichthys* oder *Heros cyanoguttatus*.

Cichlasoma dovii
(GÜNTHER, 1864)

Kostarika, Managua- und Nicaraguasee; bis 40 cm.
D XVIII/11–12; A VI/9–10; mLR 35. Ziemlich hoch und gedrungen, seitlich mäßig zusammengedrückt, das große, tief gespaltene Maul reicht bis unter das Auge. Dunkelbraun bis dunkelrotbraun mit bläulichem Schimmer, Rücken dunkler, Bauch heller. Kopf und Körperseiten mit zahlreichen kleinen Punkten, die sich besonders auf den Körperseiten zu Längsreihen anordnen können. Vom Kiemendeckelhinterrand bis zur Wurzel der C eine aus unterschiedlich intensiv hervortretenden schwarzen Flecken zusammengesetzte Längsbinde. Stimmungsabhängig erscheinen auf den Körperseiten 6–7 dunkle Querbinden. Flossen meist dunkel bis schwarz gefleckt. Geschlechtsunterschiede in der Färbung sind nicht bekannt.
Pflege siehe Familienbeschreibung. In seiner Heimat geschätzter Speisefisch. Offenbrüter, Elternfamilie.

Cichlasoma facetum (Taf. 233)
(JENYNS, 1842)
Chanchito

Südliches Brasilien, Paraguay, Uruguay und nördliches Argentinien; bis 30 cm, mit 8–10 cm zuchtfähig.
D XV–XVII/9–11; A VI–VIII/7–9; mLR 26–28. Stirnlinie eingezogen, deshalb die Bezeichnung Chanchito (= Schweinchen). Färbung sehr veränderlich. Messinggelb bis bräunlichgelb, grünlich aschfarben oder tiefschwarz. Auf den Körperseiten mehrere tiefschwarze, auf die D und A übergreifende Querbinden. Flossen meist dunkelolivgrün bis schwarz, gelegentlich farblos. Die Geschlechter sind außerhalb der Laichzeit nur schwer zu unterscheiden. In der Laichzeit achtet man am besten auf die Analpapille, die beim ♂ spitz, beim ♀ stumpf ist. Außerdem zeigt das ♂ in dieser Periode schönere Farben. Auf goldgelbem Grund treten dann die Querbinden tiefschwarz hervor, Flossen an der Basis jetzt schwarz bis dunkelolivgrün, weiter außen rötlich bis purpurn. Iris zur Laichzeit blutrot, außerhalb der Fortpflanzungsperiode goldgelb.
Pflege und Zucht wie in der Familienbeschreibung angegeben. Sehr stark wühlende, aggressive Art, wi-

derstandsfähig gegen niedere Temperaturen, wird schnell zutraulich. Offenbrüter, Elternfamilie, 300 bis 1 000 Eier je Gelege, Brutpflege sehr intensiv.

Cichlasoma fenestratum
(GÜNTHER, 1860)
Fensterbuntbarsch

In Mexiko weit verbreitet und häufig; bis 22 cm.
D XVII–XVIII/11–13; A VI–VII/8–9; mLR 31–33. Von typischer Cichlidengestalt. Ziemlich einheitlich graugrün, oft mit zahlreichen dunkleren Flecken vor allem in der Rückenregion. Eine dunkle Längsbinde sowie mehrere Querbinden treten nicht immer deutlich hervor, dagegen ist ein dunkler Schwanzstielfleck fast immer kräftig ausgeprägt. Kiemendeckel bei schönen Tieren blaugrün marmoriert, Lippen hellblau. Flossen einfarbig grünlich mit schwarzrotem Saum. Zur Laichzeit wird die Unterseite, besonders beim ♂, blutrot. Geschlechter fast gleichgroß, ♀ außerhalb der Laichzeit schwer vom ♂ zu unterscheiden.
Pflege wie in der Familienbeschreibung angegeben. Wird zutraulich, ist jedoch gegen andere Arten und seinesgleichen aggressiv. Wühlt stark, verträgt Temperaturen um 15 °C. Offenbrüter, Elternfamilie.

Cichlasoma festivum (Taf. 222)
(HECKEL, 1840)
Flaggenbuntbarsch

Guayana und Amazonasgebiet; bis 15 cm.
D XIV–XVI/10–12; A VIII–IX/10–12; mLR 27–29; SL 17/10–11. Körper in Seitenansicht lindenblattförmig, D, V und A stark ausgezogen. Färbung sehr veränderlich. Messinggelb, lehmgelb oder grünlichgelb mit metallischem Glanz. Vom Maulwinkel über das Auge zieht ein breites schwarzes Band schräg nach oben, trifft die D-Basis am hinteren Ende und setzt sich in den hinteren, weichstrahligen verlängerten Teil der Flosse fort. Das durch dieses Band abgegrenzte obere Drittel des Körpers ist meist schwarzbraun bis samtschwarz und braungrüngelb marmoriert, seltener mit grünlichen oder hellbräunlichen Punkten besetzt. Im oberen Teil der C-Wurzel ein großer, schwarzer bis schwarzvioletter, goldgelb umrahmter Fleck. Ein ähnlicher Fleck gelegentlich in der Mitte des oben beschriebenen Längsbandes. Kiemendeckel gelb bis grün irisierend. Iris des Auges goldgelb bis blutrot, Flossen gelblich mit weißer, manchmal auch bräunlicher Fleckenzeichnung. Die Geschlechter sind an der Färbung außerhalb der Laichzeit nicht, in der Laichzeit nur schwer zu unterscheiden. Das ♂ ist manchmal etwas kräftiger gezeichnet.
Pflege und Zucht wie in der Familienbeschreibung angegeben. Offenbrüter, Elternfamilie.
Der in seiner Heimat mit Skalaren vergesellschaftet lebende Flaggenbuntbarsch ist ein ruhiger und meist auch etwas scheuer Cichlide, der ähnliche Anforderungen stellt wie die Segelflosser. Nur wenn Wurzelwerk oder dichte Pflanzenbestände Versteckplätze bieten, werden die Tiere zutraulich, verlieren jedoch ihre Schreckhaftigkeit nie ganz. Ruhiges Hantieren in der Nähe des Beckens ist angebracht. Diese Buntbarsche laichen mit Vorliebe auf Steinen oder in großen Blumentöpfen. Leider ist die Zusammenstellung eines geeigneten Paares nicht immer einfach. Die Art ist sauerstoffbedürftig und wärmeliebend. Zur rationellen Zucht bringt man das Gelege in flache Schalen, die gut durchlüftet werden müssen. 200–500 Eier je Brut. Die Art wurde neuerdings in die Gattung *Mesonauta* eingeordnet.

Cichlasoma friedrichsthali
(HECKEL, 1840)
Friedrichsthal-Buntbarsch

Zentralamerika; bis 25 cm, bleibt in Gefangenschaft wesentlich kleiner.
D XVIII/9–10; A VII–VIII/8; mLR 30. Körper gestreckt, mäßig hoch, seitlich stark zusammengedrückt. Hellbraun bis schmutziggelbgrün mit zahlreichen, über den ganzen Körper verstreuten dunkleren Flecken. Vom Kiemendeckel bis in die C-Wurzel eine Reihe meist lackschwarzer, unregelmäßiger Flecke, von denen zumindest die mittleren in oft undeutlichen Querbinden liegen. Im unteren Winkel des Kiemendeckels ein tiefschwarzer, grün umsäumter Tupfen. Flossen dunkelbraun, oft mit schwärzlichen Tupfen, D vorn mit gelbrotem, hinten mit gelbem Saum, P gelb.
Pflege wie in der Familienbeschreibung angegeben. Aggressive und stark wühlende Art, die zeitweise niedrige Temperaturen verträgt, Offenbrüter.
Eine ähnliche Art ist *Chichlasoma atromaculatum* (Taf. 223).

Cichlasoma haitiensis
TEE-VAN, 1935
Haïtibuntbarsch

Haïti, Dominikanische Republik; bis 14 cm.
D XII–XIV/11–13; A III–IV/9–10; mLR 32–38. Von typischer Cichlidengestalt. Färbung erwachsener Tiere nach ROLOFF (textl. verändert): Die Grundfärbung der ♂♂ ist ein gelbliches Hellgrau, das bei auffallendem Licht mattgolden glänzt. Der ganze Körper einschließlich der D und C sowie der körpernahe Teil der A sind dunkelbraun getüpfelt. Grundfarbe der Flossen gelblichgrün. ♀ außerhalb der Laichzeit bräunlich mit undeutlichem dunklem Längsband und einigen Querbinden. D und A abgerundet, zur Laichzeit sehr dunkel bis samtschwarz.
Pflege siehe Familienbeschreibung. Wie die meisten *Cichlasoma*-Arten ist auch *C. haitiensis* aggressiv und wühlt gern. Offenbrüter. In dem von ROLOFF beobachteten Laichgeschäft betrieb das ♀ Brutpflege, das ♂ wurde weggebissen.

Cichlasoma kraussi
(STEINDACHNER, 1879)

Kolumbien und Venezuela; bis 25 cm.
D XV–XVI/10–11; A VII/8–9; mLR oberhalb der Seitenmitte etwa 42, darunter etwa 30. Relativ hochrückig, seitlich stark zusammengedrückt, Schuppen oberhalb der Seitenmitte deutlich kleiner als darunter, Kopf stark zugespitzt. Silbrig bis grünsilbern, Rücken dunkler, Bauch heller. Hinter einer schwarzen Augenbinde auf den Körperseiten etwa acht unterschiedlich breite, dunkle Querbinden. In der unteren Hälfte des Kiemendeckels ein tiefschwarzer runder, im oberen Teil der C-Wurzel ein ovaler schwarzer, weiß umrahmter Fleck. Flossen grünlich, unpaare Flossen unregelmäßig grün getüpfelt. Geschlechtsunterschiede in der Färbung unbekannt.
Pflege siehe Familienbeschreibung. Raubfisch. Offenbrüter.

Cichlasoma labiatum (Taf. 223)
(GÜNTHER, 1864)
Roter Lippenbuntbarsch

Nicaragua- und Managuasee; bis 20 cm.
D XVII/11–12; A VII–VIII/8–9; mLR 32. Relativ hochrückig, seitlich stark abgeflacht. Die Art ist sehr variabel und eng mit *Cichlasoma citrinellum* verwandt. Eine sichere Unterscheidung ist erst bei erwachsenen Tieren möglich. Besonders schöne Tiere einfarbig leuchtend orangerot, andere weißlich mit rotbraunen Flecken. Ältere Exemplare dieser Art zeigen häufig stark wulstige Lippen, die an die Lippen einiger Buntbarsche der afrikanischen Seen erinnern, z. B. *Lobochilotes labiatus, Haplochromis labrosus, Haplochromis euchilus* u. a. Sichere Geschlechtsunterschiede hinsichtlich der Färbung unbekannt.
Pflege und Zucht siehe Familienbeschreibung. Offenbrüter. *Cichlasoma erythraeum* (GÜNTHER, 1869) ist ein Synonym dieser Art.

Cichlasoma longimanus
(GÜNTHER, 1869)

Kostarika, Nikaragua; bis 20 cm, ♀ meist kleiner.
D XIV–XVII/9–13; A V–VIII/7–9; mLR 25–32; SL 16–26/7–12. Relativ kurz und hochrückig, seitlich stark abgeflacht, Kopf spitz. Hellgrau bis silbrigweiß, teilweise rötlich glänzend. Kurz hinter dem Auge beginnt eine aus mehreren tiefschwarzen Flecken unregelmäßig zusammengesetzte Längsbinde, an der oberen C-Basis ein ovaler, schwarzer Fleck. 7–8 unregelmäßige, dunkle Querbinden in der oberen Körperhälfte. Die untere Körperhälfte wird während der Balz rötlich. D und A durchscheinend, hellblau getüpfelt, 1. Flossenstrahl der V kräftig hellblau. ♂ D und A spitz ausgezogen, ♀ dunkle Querbinden in der Regel kräftiger.
Pflege und Zucht siehe Familienbeschreibung. Offenbrüter.

Cichlasoma maculicauda (Abb. 513)
REGAN, 1905
Getupfter Buntbarsch

Zentralamerika, auch im Brackwasser; bis 25 cm.
D XVI–XVII/12–14; A VI–VII/9–10; mLR 32–35. Ähnlich gestaltet wie der bekannte *C. severum*. Rükken dunkelbraun, Körperseiten etwas heller mit schönem grünem Glanz. Besonders charakteristisch für diese Art ist ein großer dunkler Fleck auf dem Schwanzstiel. An den Körperseiten meist zahlreiche scharf abgegrenzte schwarzbraune Flecke, die zu perlschnurartigen Längsreihen vereinigt sein können, dagegen treten mehrere Querbinden meist nicht sehr deutlich hervor. D und A im hartstrahligen Teil dunkelgrün oder blaugrün, erstere mit weinroten Spitzen, die weichstrahligen Teile beider Flossen kupferrot oder gelblich mit braunen Tüpfeln und gelblichen Spitzen. C-Grund farblos, Mitte gelblich, Außenteile rot. V schwärzlich, P rötlich. Zur Laichzeit sind Kehle und Brust ziegelrot. Äußere Geschlechtsunterschiede bislang nicht beschrieben.
Pflege und Zucht wie in der Familienbeschreibung angegeben. Die Art soll verhältnismäßig friedlich sein. Widerstandsfähig gegen niedrige Temperaturen. Offenbrüter, Elternfamilie. Die bis zu 1000 Jungfische werden nach dem Schlüpfen mehrmals in Sandgruben umgebettet.

Cichlasoma managuense (Abb. 514)
(GÜNTHER, 1869)
Managua-Buntbarsch

Managua- und Nicaraguasee; bis 70 cm, meist kleiner bleibend.
D XVIII/10; A VII/8; mLR 32. Schlank, relativ langgestreckt, seitlich stark abgeflacht. Silbrigweiß bis hellolivgrün, teilweise mit bläulichem Schimmer. Hinter dem Auge eine aus mehreren (meist sieben) unregelmäßigen, tiefschwarzen Flecken zusammengesetzte Längsbinde, die in der Körpermitte verläuft und im oberen Teil des Schwanzstiels endet. Kopf, Körper und senkrechte Flossen mit zahlreichen dunkelbraunen bis schwarzen Flecken. Vom unteren Rand des Auges bis zum Kiemendeckelrand eine schräg nach unten gerichtete, schwarze, unregelmäßige Binde. Unterhalb der Basis der P ein schwarzer Fleck. Körperseiten der Jungfische mit 5–8 dunklen keilförmigen Querbinden. ♂ größer, kräftiger gefärbt, A und D spitz ausgezogen.
Pflege und Zucht siehe Familienbeschreibung. Sehr produktiv, bis 5000 Eier. Offenbrüter, Elternfamilie. In seiner Heimat Speisefisch.

Cichlasoma meeki (Taf. 241)
(BRIND, 1918)
Feuermaulbuntbarsch

Guatemala und Yucatán, auch in unterirdischen Verbindungen zwischen Naturbrunnen; bis 15 cm, mit 8 cm zuchtfähig.

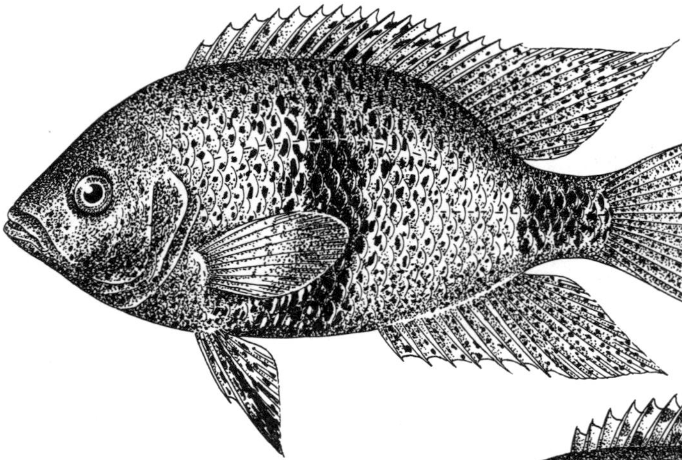

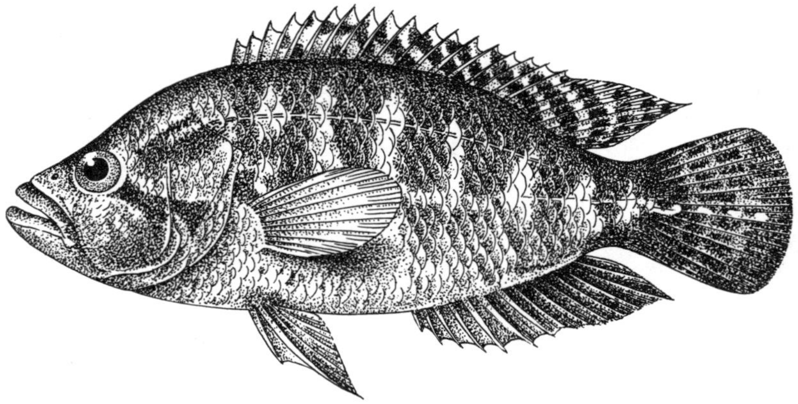

Abb. 513 *Cichlasoma maculicauda*
Abb. 514 *Cichlasoma managuense*

D XV–XVI/9–10; A VIII–IX/7–9; mLR 28–32. Körper ziemlich hoch, seitlich kräftig zusammengedrückt, obere Profillinie wesentlich stärker ausgebogen als die untere. Eine der schönsten *Cichlasoma*-Arten. Bläulichgrau mit violettem Schimmer, Rükken dunkler, Bauch gelboliv bis orangefarben, Kehle und Unterkiefer ziegelrot. An den Körperseiten 5–7 mehr oder weniger deutliche Querbinden. Alle Schuppen, besonders diejenigen der Körperseiten, mit rotem Rand, der ganze Körper erscheint rot genetzt. Vom oberen Rand des Kiemendeckels zieht eine stark hervortretende, oft nur aus einzelnen Flekken bestehende schwarze Binde bis in die C-Wurzel, wo sie in einem schwarzen, querovalen, vorn und hinten goldgesäumten Fleck endet. Sie wird in der Mitte von einem großen, runden, tiefschwarzen, grauumrandeten Tupfen unterbrochen. Wurzel der P von einem tiefschwarzen goldgesäumten Fleck umgeben, ein gleicher Fleck am unteren Rand des Kiemendekkels. Die Strahlen der Flossen mit Ausnahme der P braunrot, weiter außen gelblich, Flossenhäute z. T. blaugrün, D bläulich gesäumt, A schwarz gesäumt, die langausgezogenen Spitzen der genannten Flossen glänzend blaugrün. ♀ etwas matter gefärbt, D und A hinten nicht lang ausgezogen.
Pflege und Zucht wie in der Familienbeschreibung angegeben. Der Feuermaulbuntbarsch ist in Gefangenschaft oft recht friedlich und beschädigt zumindest derbe Pflanzen außerhalb der Laichzeit nicht. Mitunter kommen aber auch Exemplare vor, die sich durch besondere Aggressivität auszeichnen. Gegen Temperaturen knapp unter 20 °C nicht empfindlich, zur Zucht jedoch mindestens 24 °C. Offenbrüter, Elternfamilie, 100–500 Eier je Gelege.

Cichlasoma nicaraguense (Taf. 241)
(GÜNTHER, 1864)
Nikaragua-Buntbarsch

Nicaraguasee und Rio San Juan (Kostarika); bis 25 cm, ♀ kleiner.
D XVIII–XX/8–11; A VI–IX/6–9; mLR 29–35; SL 29–35/11–16. Körper schlank, seitlich stark zusammengedrückt. Färbung stark variierend. Dunkelgelb bis hellbraun, Schuppen goldglänzend, besonders in der hinteren Körperhälfte dunkel gerandet, Kopf, Brust und z. T. auch die vordere Körperpartie grünlich bis hellblau. Iris goldfarben. Stimmungsabhängig tritt eine dunkelbraune bis schwarze Längsbinde hervor, die, hinter dem Auge beginnend, in der Mitte des Körpers verläuft und in der C-Wurzel endet. Je ein tiefschwarzer Fleck in der Körpermitte und auf der C-Wurzel. Längsbinde und Flecke verschwinden im Alter. ♂ geschlechtsreife Tiere häufig mit deutlichem Stirnwulst. Senkrechte Flossen gelblich bis hellbraun mit dunklen Punkten und Strichen, D und besonders A blaugrün gesäumt. ♀ kontrastreicher gefärbt. Die Längsbinde und die Punktzeichnung treten auch im Alter meist deutlich hervor. Unterhalb der Längsbinde kräftig rot bis goldglänzend. Senkrechte Flossen ohne dunkle Punkte und Striche. Ohne Stirnwulst. Jungfische mit 6–7 undeutlichen Querbinden.
Pflege in großen Aquarien, siehe auch Familienbeschreibung. 25–28 °C. Die Art hebt zur Laichzeit Gruben aus, laicht aber auch in großen Höhlen ab. Bis 1500 Eier. Aufzucht leicht. Offenbrüter. Elternfamilie.
Cichlasoma spilotum und *C. balteanum* sind ungültige Bezeichnungen für diese Art.

Cichlasoma nigrofasciatum (Taf. 242, 243)
(GÜNTHER, 1869)
Grünflossen-Buntbarsch

Guatemala im See Atitlan und Amatitlan; bis 10 cm, mit 8 cm zuchtfähig.
D XVII/7–8; A IX/6; P 13–14; mLR 29–30. Von typischer Cichlidengestalt. Rücken dunkelgrau bis bläulich, Seiten mausgrau, manchmal mit violettem Schimmer, Bauch hellgrau. Körperseiten mit 8–9 mehr oder weniger dunkel hervortretenden Querbinden, die auf dem Rückenfirst beginnen und fast zur Bauchmittellinie reichen, vordere Binden etwas schräg gestellt. Auf dem oberen Teil des Kiemendeckels und auf der C-Wurzel ein mehr oder weniger deutlicher schwarzer Fleck. Flossen grün mit metallischem Glanz, A und D rot gesäumt, letztere mit dunklen Bändern im hinteren Teil. ♂ wie oben angegeben gefärbt, zur Laichzeit verschwinden die Querbinden und machen einem metallischen Glanz Platz. ♀ matter gefärbt, ohne Bänderzeichnung in der D, zur Laichzeit mit tiefschwarzen Querbinden.
Pflege und Zucht wie in der Familienbeschreibung angegeben. Gegen andere Fische und Artgenossen sehr bissig und aggressiv. Pflanzliche Beikost erforderlich (Salat, eingeweichte Haferflocken, Algen). Offenbrüter, Vater-Mutter-Familie.

Cichlasoma octofasciatum (Taf. 243)
(REGAN, 1903)
Schwarzgebänderter Buntbarsch

Mittelamerika, Stromgebiet des zentralen Amazonas, Rio Negro; bis 18 cm, mit 8–10 cm zuchtfähig.
D XIX/9; A VIII/8; P 13; mLR 31. Von typischer Cichlidengestalt. Graubraun bis rehbraun, bei Wohlbefinden dunkelblau bis schwarz. An den Körperseiten 7–8 mehr oder weniger deutliche dunkle Querbinden, die im Alter verschwinden. Ein schwarzes, am Kiemendeckelhinterrand beginnendes Längsband endet auf der Körpermitte in einem gelbgesäumten schwarzen Fleck, ein ähnlicher Fleck im oberen Teil der C-Wurzel. Unterlippe leuchtend blau. Um die untere Augenhälfte und auf den Kiemendeckeln zahlreiche große, hellblaue bis dunkelblaue Tüpfel. Jede Schuppe der Körperseiten mit einem leuchtend blaugrünen bis blauen Punkt. Flossen dunkel, D, A und C blau getupft, D mit feinem rotem Saum. Iris des Auges rötlichgelb. Zur Laichzeit ist die Färbung zu einem intensiven Dunkelblau gesteigert. ♀ blasser gefärbt, die leuchtenden Tüpfel sind nur angedeutet, D hinten gerundet. Alte ♂♂ mit wulstiger Stirn.
Pflege und Zucht wie in der Familienbeschreibung angegeben. Unbepflanzte Becken, zur Laichzeit sehr unverträglich. Offenbrüter, Elternfamilie, 500–800 Eier je Gelege.
Cichlasoma biocellatum REGAN, 1909, ist ein Synonym.

Cichlasoma psittacum
(HECKEL, 1840)
Papageien-Buntbarsch

Nördliches Südamerika, weitverbreitet; bis 30 cm (?).
D XV/12–13; A V/8–10; mLR 44–48. Relativ hochrückig, seitlich stark zusammengedrückt. Schuppen der SL deutlich größer als die Schuppen darunter. Dunkelgrün bis graugrün, Körperseiten mit 5–6, meist schwach ausgeprägten dunklen Querbinden, die in der Körpermitte am stärksten hervortreten und dann eine aus Flecken zusammengesetzte Längsbinde vortäuschen. Im oberen Teil der C-Wurzel, etwa am Ende der Längsbinde, ein kleiner, kreisrunder, tiefschwarzer Fleck. Flossen grau bis graugrün, oft mit bläulichem Schimmer. Geschlechtsunterschiede in der Färbung unbekannt.
Pflege siehe Familienbeschreibung. Offenbrüter, Elternfamilie.

Cichlasoma sajica (Taf. 224)
BUSSING, 1974

Südliches Kostarika, südlich von Punta Mala bis zum Rio-Esquinas-Becken; bis 9 cm, ♀ kleiner.
D XVI–XVII/9–11; A VI–VII/7–9; mLR 27–28; SL 18–20/7–10. Erinnert hinsichtlich der Körperform an *C. nigrofasciatum*. ♂ braun mit blau- und goldschimmernden Zonen, Rücken dunkler, Bauch heller, Kiemendeckel unten dunkelblau, Iris braun. Stimmungsabhängig treten 6–9 dunkle Querstreifen hervor. D rot gesäumt, D-Strahlen rötlich, die sie verbindenden Membranen hellblau irisierend, A ähnlich gefärbt, jedoch ohne roten Saum, hinterer Teil der D und A mit kastanienbraunen Punkten. C im körpernahen Teil braun, nach außen zu durchsichtig mit braunen Punkten. P gelblich, V dunkel, 1. Flossenstrahl kräftig braun bis schwarz, verlängert. ♀ dunkelbraun mit einigen golden glänzenden Flecken in der Rückenregion, hintere Körperhälfte gelblich, untere Kiemendeckelregion dunkelblau, D und A gelblich bis orange, P gelblich, V dunkelblau mit schwarzem verlängertem Strahl.
Pflege und Zucht siehe Familienbeschreibung. Offenbrüter, Elternfamilie.

Cichlasoma salvini (Abb. 515)
(GÜNTHER, 1864)
Salvins Buntbarsch

Südliches Mexiko, Guatemala und Honduras; bis 15 cm.
D XVI–XVII/9–12; A VIII–IX/7–9; mLR 28–31. Von typischer Cichlidengestalt, Kopf ziemlich spitz. Dunkelgrün oder braungelb, von der Schnauze über das Auge bis in einen dunklen Fleck im oberen Teil der C-Wurzel eine unscharf begrenzte Binde, die in der Körpermitte bogig um einen dunklen Fleck herumzieht. Bei Ansicht von vorn fällt vor allem eine Binde auf, die vom Anfang der D bogig zur Stirn verläuft und einen hellen Nackenfleck umfaßt. Weitere

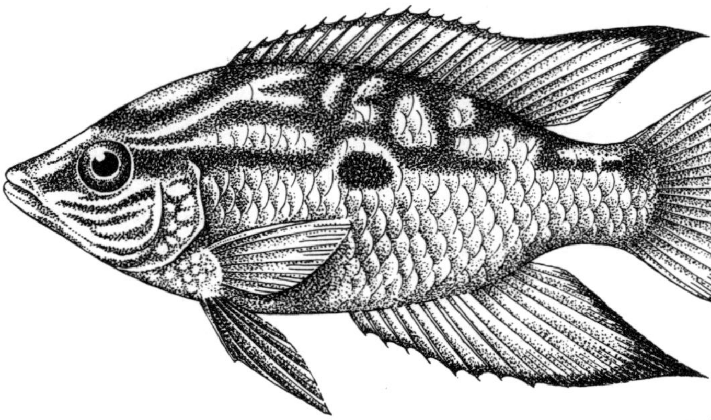

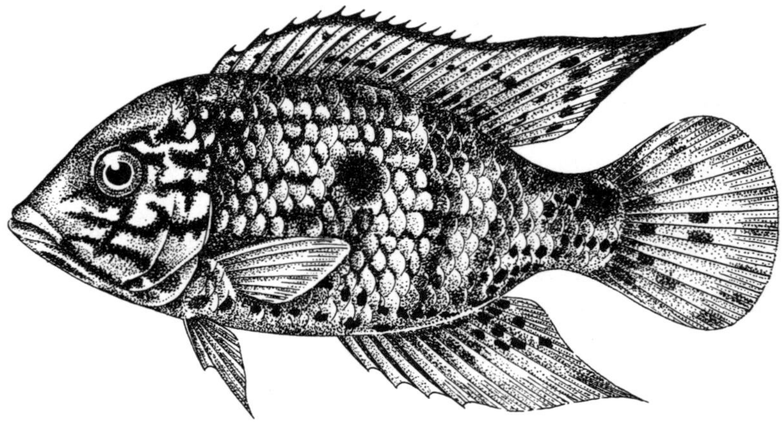

Abb. 515 *Cichlasoma salvini*
Abb. 516 *Cichlasoma tetracanthus*

dunkle Binden durchsetzen unregelmäßig die obere Hälfte der Körperseiten. Auf dem Kiemendeckel zahlreiche blaugrün glänzende Tupfen und Striche, gleichfarbige Tüpfellängsreihen in der unteren Körperhälfte. D blaugrün mit prächtig rotem Saum, ausgezogene Spitzen lehmgelb, C und A am Grunde lehmgelb, weiter außen rot, V hellblau mit schwarzen Flossenstrahlen. Iris blutrot. ♂ intensiver gefärbt, Flossen stärker ausgezogen. ♀ Mitte der D und Kiemendeckel unten mit schwarzem Fleck.
Pflege und Zucht wie in der Familienbeschreibung angegeben. Bissig und aggressiv, 24–28 °C, bis 500 Eier, Offenbrüter, Elternfamilie.

Cichlasoma severum (Taf. 244)
(HECKEL, 1840)
Augenfleckbuntbarsch

Nördliches Amazonasgebiet und Guayana, in Südnevada eingebürgert; bis 20 cm.
D XVI–XVIII/13–14; A VII–VIII/12–13; mLR 28 bis 30. Hochrückig, in Seitenansicht beinahe oval, seitlich stark abgeflacht, obere Profillinie wesentlich stärker ausgebogen als die untere. Färbung je nach Wohlbefinden und regionaler Herkunft verschieden. Messinggelb, bräunlich, grünlich oder sehr dunkel, Bauch stets heller, Kopf und Nacken meist grünlich. Kopf mit rotbraunen oder blaugrünen Flecken und Strichen, jede Schuppe an den Körperseiten mit rotbraunem Tupfen. Halbwüchsige Tiere zeigen an den Körperseiten 8–9 mehr oder weniger hervortretende schwarze Binden, die bei erwachsenen Tieren bis auf die beiden letzten auf dem Schwanzstiel verschwinden. Die vordere dieser beiden Binden dehnt sich zwischen dem hinteren Ende der A und D aus, greift auf beide Flossen über und endet hier in einem schwarzen, hellgelb oder bräunlich umrandeten Augenfleck. D olivgrün bis schwarz, C graugrün, A vorn rötlichbraun, der hintere Teil olivgrün, V braunrot bis schwärzlich. Iris des Auges blutrot. ♂ schon mit einer Größe von etwa 5 cm an der kräftigen rotbraunen Tüpfelung und wurmartigen Kopfzeichnung zu erkennen. ♀ meist etwas heller gefärbt, ohne die genannte Kopfzeichnung, D und A oft nicht so stark ausgezogen.
Pflege der sehr schönen und beliebten Art siehe Familienbeschreibung. Außerhalb der Laichzeit ist der Augenfleckbuntbarsch ein sehr friedlicher Cichlide, der selbst kleine Fische kaum beachtet und auch die Bepflanzung nur ausnahmsweise angreift. Zur Laichzeit allerdings ändert sich das Verhalten meist. Die Tiere verjagen jetzt alle anderen Fische und sollten deshalb paarweise in pflanzenfreien Becken gehältert werden. Zusammenstellung der Paare oft nicht leicht, *C. severum* ist bei der Annahme des Partners recht wählerisch. Die Zucht gelingt deshalb auch nicht so leicht wie bei den meisten anderen *Cichlasoma*-Arten. Typischer Offenbrüter, Elternfamilie. Gute Paare bringen 1000 und mehr Eier. Wärmebedürftig, auch im Winter nicht unter 22 °C. Die Art wird sehr zutraulich. Auch als *Heros spurius* bekannt.

Cichlasoma spectabilis
(STEINDACHNER, 1875)
Tupfenbuntbarsch

Mittlerer und unterer Amazonas; bis 20 cm.
D XV/12–13; A VI/9–10; mLR 30. Gedrungen, hoch, seitlich stark abgeflacht, obere Profillinie wesentlich stärker ausgebogen als die untere, Maul stark vorstreckbar. Graubraun bis gelbbraun mit 7–9 dunklen Querbinden, die hauptsächlich bei jüngeren Tieren hervortreten, mit zunehmendem Alter jedoch immer kürzer werden und schließlich meist ganz verschwinden. Etwa auf der Seitenmitte ein großer dunkler Fleck, ein kleinerer im oberen Teil der C-Wurzel. Flossen bräunlich, Flossenspitzen oft leicht violett, C mit bogigen Querbinden. ♂ mit wesentlich länger ausgezogener D und A.
Über Pflege und Zucht der sehr unverträglichen Art siehe Familienbeschreibung. Offenbrüter, Elternfamilie.

Cichlasoma spilurum (Taf. 223)
(GÜNTHER, 1862)
Schwarzfleck-Buntbarsch

Guatemala; ♂ 10 cm, ♀ bedeutend kleiner.
D XVIII/8–10; A VIII–X/7–8; mLR 28–29. Körper hoch, seitlich abgeflacht, ähnlich der Art *C. nigrofasciatum*. Jungtiere unscheinbar graugrün. ♂ erwachsen mit hoher wulstiger Stirn. Kopf lehmfarben, zum Bauch hin ockerfarben, nach dem Hinterkörper zu in Smaragdgrün übergehend. Auf den Körperseiten acht dunkle Querbinden. Körpermitte mit blauen Tüpfeln, alle Schuppen auffällig dunkel gerandet. Unpaare Flossen mit türkisfarbenen Tüpfeln, A insgesamt türkisfarben, an der Basis bräunlich. ♀ dunkelblau, sonst ähnlich wie das ♂ gefärbt, mit dunkelblauen Tüpfeln in der Körpermitte und darüber in der D. Beim Drohen treten die Querbinden stark hervor, die Grundfärbung verblaßt zu einem hellen Graublau.
Pflege siehe Familienbeschreibung. *C. spilurum* ist Höhlenbrüter, eine Ausnahme unter den *Cichlasoma*-Arten! Die Tiere laichen in Tonröhren oder hohlen Baumstümpfen. Die bis zu 300 Jungen schlüpfen bei 26 °C nach etwa 70 Stunden und werden dann meist vom ♀ allein in Gruben übergeführt, Elternfamilie. Sie fressen nach weiteren drei Tagen Nauplien, Wachstum schnell. Verhältnismäßig friedliche Art, die die Bepflanzung nicht beachtet und außerhalb der Brutzeit nicht wühlt. *C. cutteri* FOWLER, 1932, ist ein Synonym dieser Art.

Cichlasoma synspilum (Taf. 242)
HUBBS, 1935
Feuerkopf-Buntbarsch

Mittelamerika, Guatemala, Belize; bis 30 cm.
D XVII/12; A VI/9; mLR 29; SL 21–22/11–12. Relativ hochrückig, seitlich stark abgeflacht, Stirnprofil erwachsener Tiere steigt fast senkrecht an. Die Färbung der Art variiert so stark, daß eine allgemeingültige Beschreibung fast unmöglich ist. Von rein weißen über rötliche bis zu kräftig rot gefleckten Tieren kommen alle Übergänge vor. Schuppen stellenweise schwarz gerandet, auf dem Schwanzstiel eine unregelmäßige, tiefschwarze, kurze Binde. Die Körperfärbung greift auch auf die Basis der senkrechten Flossen über, die Flossenränder sind allerdings durchscheinend bläulich, meist mit dunkelbraunen Flecken. Beim ♂ Stirnwulst stärker entwickelt.
Pflege und Zucht siehe Familienbeschreibung. Friedlich, benötigt pflanzliche Zusatznahrung. Offenbrüter, Elternfamilie. Bis zu 500 gelbliche, fast 2 mm große Eier. Wachstum der Jungfische auch bei abwechslungsreicher Fütterung relativ langsam.

Cichlasoma tetracanthum (Abb. 516)
(CUVIER und VALENCIENNES, 1831)

Kuba und Barbados, auch im Brackwasser; bis 20 cm.
D XV–XVI/10–12; A IV/8–10; mLR 28–31. Von typischer Cichlidengestalt. Farbwechselvermögen sehr ausgeprägt. Ein und dasselbe Tier kann in wenigen Augenblicken fast gegensätzliche Färbung und Zeichnung annehmen. Dazu kommt, daß in den einzelnen Altersstadien eine recht unterschiedliche Grundtönung vorherrschen kann. Geschlechter meist gleichmäßig gefärbt und gezeichnet. D und A beim ♂ wesentlich länger ausgezogen. Das einzige fast in allen Altersstadien und zumindest bei Wohlbefinden deutlich ausgeprägte Merkmal ist eine dunkle Netzzeichnung, die sich auf den ganzen Körper und die senkrechten Flossen ausdehnt und sich am Kopf zu kräftigen, wurmförmigen Linien und unregelmäßigen Flecken verdichtet. Hinter dem Auge, auf der Körpermitte und auf dem Schwanzstiel kann je ein dunkler Fleck hervortreten, gelegentlich sind besonders im Bereich des Schwanzstiels Querbinden ausgeprägt.
Pflege wie in der Familienbeschreibung angegeben. Die oft prachtvoll gefärbte Art gehört leider zu den aggressiven, bissigen Cichliden. Die Tiere stehen tagsüber gern zwischen Wurzelwerk oder zwischen Steinen und werden erst in der Dämmerung aktiv. Sehr wärmebedürftig, darf auch im Winter nicht unter 22 °C gehältert werden. Die Paare lassen sich nicht leicht zusammenstellen. Offenbrüter, Elternfamilie, Brutpflege sehr intensiv.
Die Art wird neuerdings zur Gattung *Nandopsis* gestellt.

Cichlasoma trimaculatum
(GÜNTHER, 1869)
Dreipunkt-Buntbarsch

Südliches Mexiko und Guatemala; bis 30 cm.
D XVI–XVIII/8–12; A VI–VIII/9; mLR 31. Relativ hochrückig, seitlich deutlich abgeflacht. Grundfärbung variabel, meist hellgrau mit grünlichem Schimmer, Rücken und Bauch häufig hellviolett. Kopf oben grünlich, unten goldglänzend. Iris rot. 5–6 tief-

schwarze, unregelmäßig begrenzte Flecke auf den Körperseiten, der erste hochstehend, kurz hinter dem Kopf, die folgenden in der hinteren Körperhälfte, auf Seitenmitte. Senkrechte Flossen grünlich mit irisierenden Tüpfeln. D rot, A und C schwarz gesäumt. Geschlechtsunterschiede in der Färbung unbekannt.
Pflege siehe Familienbeschreibung. Offenbrüter, Elternfamilie.

Cichlasoma urophthalmus
(GÜNTHER, 1862)
Schwanzfleck-Buntbarsch

Zentralamerika nördlich des Panamakanals; bis 20cm.
D XV–XVII/10–12; A VI/8; mLR 28–31. Von typischer Cichlidengestalt. Bräunlich bis gelblichgrün mit 6–7 schwarzen Querbinden, die gegen die Unterseite hin spitz auslaufen. C-Wurzel mit einem tiefschwarzen, gelblich eingerahmten Fleck. D und C am Grunde bräunlich, nach außen zu weinrot, hellrot gesäumt, A vorn bläulich, hinten weinrot, V bläulich. Iris blutrot oder gelblich. Geschlechtsunterschiede in der Färbung sind bislang nicht beschrieben worden.
Pflege wie in der Familienbeschreibung für bissige und aggressive Cichliden angegeben. In Gefangenschaft vermutlich noch nicht nachgezüchtet.

Gattung *Crenicara* STEINDACHNER, 1875

Nahe verwandt mit den Gattungen *Batrachops* und *Crenicichla*. Charakteristische Merkmale: kein Einschnitt zwischen hart- und weichstrahligem Teil der D, wenige mittelgroße Kiemenreusenzähne, A mit drei Stacheln, Zähne in den Kiefern konisch, Vorkiemendeckel (Praeoperculum) hinten gezähnt, Maul endständig und D mit XIV–XVII/8–9 Flossenstrahlen. Offenbrüter, die in ihrem Brutverhalten an die *Apistogramma*-Arten erinnern, Großfamilie. Nördliches Südamerika. Drei Arten.

Crenicara filamentosa (Taf. 245)
LADIGES, 1959

Mittleres Amazonasgebiet; bis 8cm, ♀ kleiner.
D XIV–XV/6–8; A III/6; mLR 21. Langgestreckt, Querschnitt fast rund. Gelblich bis hellbraun, Rükken grau, Bauch schmutzigweiß. Von der Schnauzenspitze bis zur Wurzel der C eine Reihe tiefschwarzer Flecke (8–9), die oben und unten von einer goldglänzenden Linie begleitet wird. Über der oberen Linie eine auf Lücke zur unteren Fleckenreihe stehende Reihe von helleren Flecken. Beide Reihen ergeben ein schachbrettartiges Muster. Kiemendeckel unten rot gefleckt. Senkrechte Flossen grünlich durchscheinend, rot gesäumt, D und A in der hinteren Hälfte rot bis hellbraun getüpfelt. ♂ äußere Strahlen der C fadenartig verlängert, Färbung insgesamt etwas kräftiger. ♀ äußere Strahlen der C nicht verlängert, meist heller, P vor dem ersten Ablaichen farblos, mit einsetzender Laichreife rötlich und nach dem Ablaichen kräftig rot gefärbt.
Pflege und Zucht siehe Familienbeschreibung. Anfällige Art. 26–28 °C, sehr weiches und schwach saures Wasser sowie dicht bepflanzte Aquarien sind Grundvoraussetzung für eine erfolgreiche Pflege und Zucht. Ein Gelege umfaßt 60–120 Eier. Die ♀♀ betreiben Brutpflege. Offenbrüter, bildet Großfamilien.

Crenicara maculata (Taf. 232)
(STEINDACHNER, 1875)
Schachbrettcichlide

Mittlerer Amazonas; bis 10cm, ♀ kleiner.
D XIV/9; A III/7; mLR 26. Langgestreckt, Flossen des ♂ spitz ausgezogen, Schnauze erwachsener ♂♂ auffallend stumpf. Ockergelb mit orangeroten Glanzflecken. Besonders charakteristisch für diese Art sind zwei Reihen großer, quadratischer, dunkler Flecke, die schachbrettartig gegeneinander versetzt sind. Die obere Reihe setzt sich nach vorn über das leuchtend orangefarbene Auge als dunkles Längsband fort. Senkrechte Flossen mit weinroten Punktreihen und Säumen, die in der C zu 10–12 schmalen Querbinden zusammenlaufen. V stark ausgezogen, blau bis orangerot längsgestreift. ♀ ockergelb, zur Laichzeit mit intensiv orangegelben Flossen.
Pflege und Zucht wie bei *Apistogramma agassizi* (siehe S. 684) angegeben. Offenbrüter, Großfamilie.

Crenicara punctulata
(GÜNTHER, 1863)

Nördliches Südamerika, weitverbreitet von Guayana über das Amazonasgebiet bis nach Peru und Ekuador; bis 12cm.
D XVI/9; A III/8; mLR 28; SL 19/12. Relativ kurz und hochrückig, seitlich wenig abgeflacht. C auch beim ♂ abgerundet. Graubraun, Rücken dunkler, Bauch heller, fast weißlich. Die dunkelbraun bis schwarz geränderten Schuppen ergeben regional ein netzartiges Muster. Vom Hinterrand des Kiemendeckels bis zur C-Wurzel eine Reihe von sechs mehr oder weniger intensiv hervortretenden schwarzen Flecken, über dieser 4–5 weniger kräftige Flecke. D hellblau, weiß und auffallend rot gesäumt. ♂ V kräftig blau, hinterer Teil der D und C mit dunkelroten und hellblauen Punkten, A mit hellblauen Streifen quer zu den Flossenstrahlen. ♀ V rot, rote und hellblaue Punkte in der D und C schwächer ausgeprägt, A rötlich.
Pflege und Zucht siehe Familienbeschreibung. *Aequidens hercules* EIGENMANN, und ALLEN, 1942, ist ein Synonym dieser Art. Offenbrüter, Großfamilie.

Gattung *Crenicichla* HECKEL, 1840

Nahe verwandt mit den Gattungen *Batrachops* und *Crenicara*. Von letzterer unterscheidet sich die Gattung jedoch durch die Länge der D (XVI–XXV/11 bis 19) und den längeren Unterkiefer. Raubfische Südamerikas. Offenbrüter. Etwa 25–30 Arten.

Crenicichla dorsocellata (Taf. 245)
HASEMAN, 1911
Fleckenkammbarsch

Mittleres Amazonasgebiet sowie Rio Parahyba; bis 20 cm.
D XX–XXIII/10–13; A III/8; mLR 62–65. Langgestreckt, hechtartig, seitlich mäßig zusammengedrückt, Kopf breit. Rücken schmutzig grünblau, seltener leuchtend grünblau, Körperseite heller, grünlich, Unterseite meist zart bläulich. 7–9 schmale Querbinden, die bei Jungtieren stets deutlich sichtbar sind, treten bei erwachsenen Tieren nur in Erregung kräftig hervor. Hinter dem Auge mehrere Flecke, die sich in ein Längsband fortsetzen können. Besonders charakteristisch für diese Art ist ein großer schwarzer, weiß und leuchtend rot eingefaßter Fleck etwa in der Mitte der bläulichen oder mehr bräunlichen D. C unten grünlich, oben meist rötlich mit braunen Tupfen, im oberen Teil der Flossenbasis oft ein dunkler Fleck. A bei schönen Tieren prächtig himmelblau. ♂ D und A spitz und lang ausgezogen. ♀ D und A abgerundet, höchstens spitz, jedoch niemals ausgezogen.
Die *Crenicichla*-Arten sind Raubfische. Mit ihrem sehr großen, tief gespaltenen Maul können sie Beutefische bewältigen, die nicht wesentlich kleiner als die Räuber selbst sind. Große Aquarien mit dichten Pflanzengruppen oder altem Wurzelwerk, in dem sie sich verbergen können. Zucht schwierig. Die Paare laichen in flachen Gruben. Bis 1000 Eier, Offenbrüter, Vater-Mutter-Familie. Die Brutpflege übernehmen vorwiegend die ♂♂, Entfernung der ♀♀ nicht unbedingt erforderlich. Eier auffallend klein, weißlich. Während der Brutpflege empfiehlt es sich, abwechslungsreich und ausgiebig zu füttern. Als Futtertiere kommen hauptsächlich Fische, große Libellenlarven und Wasserkäfer in Frage. 26–28 °C. *Crenicichla dorsocellata* soll im Gegensatz zu den nachfolgenden Arten recht friedlich sein. *C. dorsocellata* HASEMAN, 1911, ist vielleicht ein Synonym von *C. notophthalmus* REGAN, 1913.

Crenicichla lenticulata
HECKEL, 1840

Amazonasgebiet, Guayana, Venezuela; bis 27 cm.
D XXII/18; A III/12; mLR 120. Körperform hechtartig. Hellbraun bis graubraun, oberer Teil des Kopfes mit zahlreichen Punkten. Stimmungsabhängig erscheinen in der oberen Körperhälfte 7–9 dunkle Querstreifen. Im oberen Teil der C-Basis ein großer tiefschwarzer Fleck. D, A und C bläulich durchscheinend, D vorn mit einer Reihe schwarzer Flecke unter dem schwarzen Saum. Geschlechtsunterschiede in der Färbung unbekannt.
Pflege und Zucht siehe voranstehende Art.

Crenicichla lepidota (Taf. 234)
HECKEL, 1840
Pfauenaugenkammbarsch

Vom Amazonas bis Nordargentinien allgemein verbreitet; bis 20 cm.
D XVII–XVIII/13–14; A III/8–10; mLR 45–60. Körperform hechtartig. Je nach regionaler Herkunft recht unterschiedlich gefärbt, Farbwechselvermögen ausgeprägt. Das Graugrün oder Dunkelolivgrün des Rückens geht an den Körperseiten in perlmuttähnliche grünliche oder mehr gelblich lederfarbene Töne über, Bauch schieferbraun, weißsilbern, gelblich oder zart weinrot. Neben meist undeutlichen kurzen Querbinden oder einer Längsbinde vom Maul bis in die C-Wurzel oder auch nur vereinzelten dunklen Flecken können perlartige oder grünlich bis golden schimmernde Tüpfel über den Körper und die senkrechten Flossen verstreut sein. Besonders charakteristisch für die Art ist ein großer, oft mehrteiliger lackschwarzer Fleck hinter dem Kiemendeckel, der von gold- oder silberfarbenen Tüpfeln umrahmt wird. Ein ähnlicher Fleck kann sich auf der C-Wurzel befinden. Flossen unterschiedlich und oft sehr prächtig gefärbt, zart grüne oder gelbe Töne lösen sich hier harmonisch ab. Zur Laichzeit werden alle Farben intensiver.
Pflege und Zucht siehe *C. dorsocellata*.

Crenicichla lugubris
HECKEL, 1840

Stromgebiete des Rio Negro und Orinoko sowie in Guayana; bis 30 cm.
D XX–XXIII/15–16; A III/10–11; mLR 100–109. Körperform hechtartig. Kopf und vorderer Teil des Rückens braun, Bauch und die gesamte hintere Körperregion kräftig blau. Am Kiemendeckelhinterrand ein unscharf begrenzter, schwarzer Fleck, ein weiterer, scharf konturierter Fleck auf den mittleren Strahlen der C. Senkrechte Flossen an der Basis blau, weiter außen, besonders im weichen Teil, rötlich, schwarz gesäumt. Der erste Strahl der V kräftig rot. Geschlechtsunterschiede in der Färbung nicht beschrieben.
Pflege und Zucht siehe *C. dorsocellata*.

Crenicichla saxatilis
(LINNAEUS, 1754)
Felsenkammbarsch

Weitverbreitet von Trinidad über das ganze zentrale und östliche Amazonasgebiet bis Südbrasilien; bis 35 cm.
D XVII–XX/13–16; A III/8–10; mLR 50–62. Körperform hechtartig. Entsprechend der regionalen Herkunft und dem Alter sehr unterschiedlich gefärbt. Wesentliche Unterscheidungsmerkmale zu *C. lepidota* sind hinsichtlich der Färbung folgende: Im oberen Teil der C-Basis (nicht der Schwanzwurzel!) ein großer, braunroter bis schwarzer, breit hell-

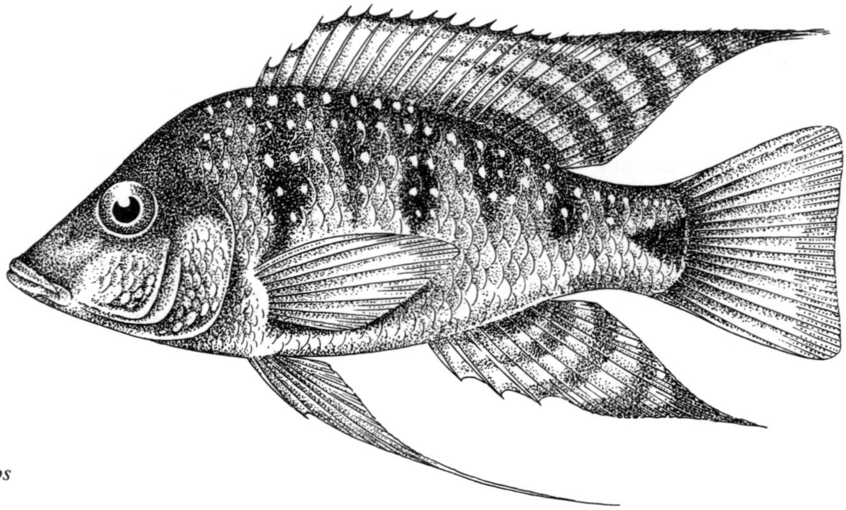

Abb. 517 *Geophagus acuticeps*

gelb eingefaßter Fleck. Im dunklen Flossensaum der D ein leuchtend weißer Streifen. Jungtiere stets mit kräftiger, brauner oder schwärzlicher Längsbinde von der Schnauze bis in die C-Wurzel. In allen anderen Zeichnungs- und Farbmerkmalen kann die Art *C. lepidota* gleichen.
Geschlechtsunterschiede, Pflege und Zucht siehe *C. dorsocellata*. Weitere vereinzelt importierte Arten siehe Taf. 245.

Gattung *Geophagus* HECKEL, 1840

Nahe verwandt mit den Gattungen *Biotodoma* und *Gymnogeophagus*. Den Stützstrahlen der D (Pterygophoren) ist nur eine Knochenspange (Supraneurale) vorgelagert. Kein Stachel vor der D. Der praeorbitale Teil des Kopfes (Schnauzenspitze bis zum Augenvorderrand) ist etwa doppelt so lang wie der Augendurchmesser. Offenbrüter, einige Arten Maulbrüter (*G. surinamensis*). In Südamerika weit verbreitet. Etwa zehn Arten.

Geophagus acuticeps (Abb. 517)
HECKEL, 1840

Stromgebiet des Amazonas, Rio Negro; bis 25 cm.
D X–XIV/10–13; A III/7–9; mLR 28–30; SL 16–20/10–14. Gestreckt, hoch, seitlich stark abgeflacht, obere Profillinie wesentlich stärker ausgebogen als die untere, Kopf ziemlich spitz, Maul groß, tief gespalten. Jüngere geschlechtsreife Tiere sind sehr prächtig gefärbt. Oberseite olivgrün, Körperseiten mehr gelbgrün, Unterseite mattsilbern. Von den 7–8 keilförmigen, meist nicht sehr kräftig hervortretenden Querbinden enden die 2., 4. und 6. Binde in einem großen schwarzen Fleck etwa in Höhe der Seitenmitte. Auf dem Schwanzstiel ein oft regelmäßig dreieckiger lackschwarzer Fleck. Schuppen besonders im oberen Teil der Körperseiten mit großen, prächtig grasgrünen und silbrigen Glanztüpfeln. Kopf mit gleichfarbigen Glanzlinien und Flecken. Senkrechte Flossen grünlich mit dunkler hervortretenden Flossenstrahlen, weicher Teil der D und A zart gebändert, erstere außerdem dunkel gesäumt. V lang ausgezogen, am Grunde bläulich irisierend, Spitzen schön gelb. Zur Laichzeit ist die Intensität der Farben gesteigert. Bei älteren Tieren läßt die Intensität der Färbung nach. ♀ D und A spitz auslaufend, aber nicht ausgezogen. In Gefangenschaft oft unverträglich und stark wühlend. Durch zweckmäßig eingerichtete Behälter mit zahlreichen Versteckmöglichkeiten lassen sich diese Eigenschaften jedoch abschwächen. Wärmebedürftig, nicht unter 22 °C. Offenbrüter, die Tiere laichen mit Vorliebe auf Steinen ab, Elternfamilie.
Pflege und Zucht siehe auch Familienbeschreibung, S. 676.

Geophagus brasiliensis (Taf. 247)
(QUOY und GAIMARD, 1824)
Brasilperlmutterfisch

Östliches Brasilien, südlichste Art der Gattung; bis 28 cm, mit 8–10 cm zuchtfähig.
D XIII–XVII/9–13; A III/7–10; mLR 24–38; SL 17 bis 21/10–14. Körper besonders bei alten Tieren ziemlich hoch, seitlich stark abgeflacht. Kopf in der Jugend zugespitzt, im Alter mit vorspringender Stirn. Färbung sehr stark wechselnd. Graugelb bis lehmgelb, Schwanzstiel mehr gelbbraun, manchmal mit grünem Schimmer. Kopfseiten und Kiemendeckel mit mehreren großen Perlmuttflecken, Körperseiten mit zahlreichen, eng nebeneinanderliegenden Perlmuttpunktreihen. Bei jüngeren Tieren sind 5–7 mehr oder weniger deutliche dunkle Querbinden vorhanden, ältere Tiere zeigen in der Körpermitte einen großen, dunklen, verwaschenen Fleck. Vom Nacken über das Auge eine dunkle Bogenbinde. Senkrechte Flossen gelbgrün bis bräunlich mit weinroten, silbrigen oder gelblichen Flecken und Tüpfeln. In der Laichzeit sind beide Geschlechter wesentlich intensiver gefärbt. In dieser Periode treten die prächtig irisierenden Glanzflecke besonders hervor. Die Geschlechter lassen sich nicht immer mit Sicherheit an der Form der D und A erkennen. Zur Laichzeit ist im allgemeinen die wesentlich stumpfere Legeröhre der

♀♀ gut zu erkennen. ♀ nicht selten schöner gefärbt als das ♂.
Pflege und Zucht siehe bei *Geophagus acuticeps*. 24 bis 28 °C. Bis zu 800 Eier. Offenbrüter, Vater-Mutter-Familie.

Geophagus daemon
HECKEL, 1840

Unteres Amazonasgebiet, Rio Negro; bis 30 cm.
D XIII–XV/11–14; A III/8–9; mLR 29–33; SL 17–22/12–17. Ähnlich gestaltet wie *G. acuticeps*. Silbrig bis golden schimmernd. Auf den Körperseiten drei charakteristische, etwa gleichgroße, schwarze Flecke, der erste befindet sich etwa in der Mitte des Körpers unter den letzten D-Stacheln, der zweite kurz vor dem Ende der D und der dritte am oberen Rand der C-Basis. Geschlechtsunterschiede nicht sicher bekannt.
Pflege siehe Familienbeschreibung, S. 676. Offenbrüter.

Geophagus jurupari (Taf. 234)
HECKEL, 1840
Teufelsangel

Nordöstliches Brasilien, Guayana; bis 25 cm, mit 10 bis 15 cm geschlechtsreif.
D XIV–XVI/7–11; A III/6–8; mLR 27–31; SL 17–21/10–14. Gestreckt, schlank und niedrig, seitlich stark abgeflacht, Kopf groß. Rücken dunkelolivgelb, Seiten gelblich mit grünem Schimmer, Bauch hell graugelb. Bei jüngeren Tieren sind an den Körperseiten mehrere dunkle Querbinden und ein dunkles Längsband vom Kiemendeckelhinterrand bis in die C-Wurzel mehr oder weniger deutlich ausgeprägt. Vor dem Auge mehrere vom Oberkiefer schräg nach oben ziehende, abwechselnd gelbe und braune Streifen. Die Schuppen an den Körperseiten tragen an der Basis einen kleinen perlmuttartig schimmernden Fleck. Flossen graubraun mit heller Flecken- und Strichzeichnung. Farbwechsel stark ausgeprägt. Geschlechter ohne Farbunterschiede. ♂ schlanker.
Ganz im Gegensatz zu seinem räuberischen Aussehen ist *G. jurupari* ein recht friedlicher Cichlide, auch zwischen mehreren Exemplaren der gleichen Art kommt es kaum zu ernsthaften Rivalitäten. Dagegen wühlt die Art stark, allerdings ohne festeingewurzelte, derbe Pflanzen zu schädigen. *G. jurupari* kaut im Aquarium wie in seiner Heimat den Bodengrund fast systematisch nach Freßbarem durch (die Gattungsbezeichnung *Geophagus* = »Erdfresser« trifft hier fast wörtlich zu). Diesem Bedürfnis der Tiere ist unbedingt Rechnung zu tragen, als Bodengrund verwende man deshalb möglichst feinkörnigen Sand. Gefressen werden vor allem kleine Würmer, Mückenlarven, große Wasserflöhe, dagegen kaum Regenwürmer, 22–23 °C, bei kühler Hälterung treten leicht Pilzkrankheiten auf. Bildet feste Paare. Die Eier werden auf einem Stein abgelegt (bis 400), 24 Stunden bewacht, dann von beiden Elterntieren ins Maul genommen und dort bis zum Schlüpfen erbrütet. Maulbrüter, Elternfamilie.
Siehe auch Familienbeschreibung, S. 676.

Geophagus steindachneri (Taf. 247)
EIGENMANN und HILDEBRAND in EIGENMANN, 1910
Rothauben-Erdfresser

Río Magdalena, Rio Cauca; bis 25 cm, bleibt im Aquarium kleiner, mit 11–13 cm geschlechtsreif.
D XV–XVII/9–11; A III/6–8; mLR 28–30; SL 18–21/11–15. Langgestreckt, seitlich kräftig abgeflacht, Kopf spitz, obere Profillinie wesentlich stärker ausgebogen, Maul groß, mit wulstigen Lippen. Olivfarben bis graubraun. Umweltabhängig werden eine Längsbinde und mehrere Querbinden sichtbar. Schuppen teilweise golden glänzend. D, C und A bräunlich mit gelben und bläulichen Tüpfeln und Strichen, D und C besonders beim ♂ rot gesäumt, V und erste A-Strahlen schwarz, P farblos. ♂ kräftiger gefärbt, D und A zipfelartig verlängert, geschlechtsaktive Tiere mit größerem oder kleinerem rotem bis rotbraunem Stirnwulst. ♀ schlichter gefärbt, D und A nicht verlängert, kein Stirnwulst.
Pflege siehe Familienbeschreibung. 26–28 °C. Maulbrüter, Mutterfamilie. Eier orangefarben, etwa 1 mm groß, je Gelege bis 100 Stück. Das ♀ nimmt die Eier sofort nach der Befruchtung ins Maul. Nach 20 Tagen werden die Jungfische erstmals aus dem Maul entlassen. Aufzucht leicht.
Diese Art ist auch unter dem Synonym *G. hondae* REGAN, 1912, bekannt.

Geophagus surinamensis (Taf. 247)
(BLOCH, 1791)
Surinamperlfisch

Nordöstliches Südamerika; bis 24 cm.
D XVI–XIX/10–13; A III/7–8; mLR 30–37; SL 18 bis 25/14–21. Körper besonders vorn ziemlich hoch, seitlich stark abgeflacht, obere Profillinie stark ausgebogen, untere fast gerade, Kopf sehr groß, Stirn vor dem Auge leicht eingesenkt. Färbung entsprechend der regionalen Herkunft und dem Wohlbefinden sehr unterschiedlich. Jüngere Tiere gelboliv bis braunoliv, oberseits dunkler, Unterseite gelb. Besonders die Schuppen der Körperseiten zeigen prächtig grün- bis bläulichglänzende große Tupfen, die in ihrer Gesamtheit zu Längslinien zusammenfließen können. Etwa auf der Seitenmitte ein großer dunkler Fleck. Vom Nacken über das Auge eine dunkle Binde. Flossen zart rostfarben, teilweise mit blauen Binden, Tüpfelreihen oder blauen Flossenhäuten. Zur Laichzeit zeigen besonders die ♂♂ eine rötliche Brust und mehr oder weniger rote Flossen mit kräftig blauen Tüpfeln. Eine der schönsten *Geophagus*-Arten. ♀ insgesamt mehr silbrig, Flossen meist rostbraun.
Pflege und Zucht siehe Familienbeschreibung, S. 676. 25–28 °C. Die Eier (bis 250) werden auf Steinen abgelegt und kurz vor oder beim Schlüpfen ins Maul genommen. Maulbrüter, Elternfamilie.

Gattung *Gymnogeophagus*
DE MIRANDA RIBEIRO, 1918

Der mit den Gattungen *Biotodoma* und *Geophagus* verwandten Gattung fehlen die Knochenspangen (Supraneuralia) vor der D. Dagegen haben die *Gymnogeophagus*-Arten vor der D einen unbeweglichen Stachel, der bei den anderen beiden Gattungen fehlt. Stromgebiete des Rio Paraguay und Río de la Plata. Fünf Arten.

Gymnogeophagus australis (Taf. 233)
(EIGENMANN, 1907)
La Plata-Erdfresser

Umgebung von Buenos Aires, hauptsächlich im Río de la Plata; bis 18 cm.
D XIII–XV/9–11; A III/7–9; mLR 28–30; SL 16–19/9–13. Relativ hochrückig, obere Profillinie wesentlich stärker ausgebogen als die untere. Bläulich bis graugrün mit starkem Perlmuttglanz, Schuppen, besonders in der oberen Körperhälfte, dunkel gerandet. 6–9 unregelmäßige dunkle Querbinden sowie ein dunkler Fleck etwa auf der Körpermitte treten meist nicht sehr deutlich hervor, dagegen ist eine schmale bogige Binde vom Nacken über das Auge zu den Wangen fast immer kräftig ausgeprägt. Kiemendeckel mit dunklen Flecken und dazwischenliegenden blau- bis grünglänzenden Feldern. Flossen graugrün, D und A vorn mit blaugrünen, hinten mit perlmuttfarbenen Flecken und Tüpfeln, D außerdem mit braunen Längsstreifen parallel zum Flossenrand. C am Grunde dunkel gefleckt, V mit grün glänzenden Flossenhäuten. Äußere Geschlechtsunterschiede sind nicht bekannt.
Pflege wie bei *Geophagus acuticeps* angegeben. 18 bis 20 °C, kann im Winter bei Zimmertemperatur (12 bis 15 °C) gehältert werden. Offenbrüter, Elternfamilie.

Gymnogeophagus balzani (Taf. 246)
(PERUGIA, 1891)
Argentinischer Buckelkopf

Stromgebiet des Rio Paraguay, Rio Paraná, Rio Uruguay und oberer Rio Guaporé; bis 15 cm.
D XII–XIV/12–15; A III/8–9; mLR 28–30; SL 17 bis 22/8–14. Relativ hochrückig, seitlich abgeflacht, Kopf und Maul groß, Kopf besonders bei alten ♂♂ mit stark entwickeltem Wulst. Gelblichbraun, obere Körperhälfte mit bläulichem Schimmer, untere Kopf- und Körperpartie gelblich bis gelb. 5–6 dunkle Querbinden, von denen sich jede in der unteren Körperhälfte in zwei Linien auflöst, etwa in der Körpermitte auf der 3. Querbinde ein dunkelbrauner Fleck. Flossen bräunlich, besonders die D mit blauen Tüpfeln und Strichen. ♂ mit deutlichem Stirnwulst, Flossen verlängert. ♀ ohne Stirnwulst, Flossen nicht ausgezogen.
Pflege und Zucht siehe Familienbeschreibung, S. 676. 25–28 °C. Maulbrüter, Mutterfamilie. Bis zu 500 Eier werden auf Steinen abgelegt und nach 24–36 Stunden vom ♀ ins Maul genommen. Das ♂ beteiligt sich nicht an der Brutpflege.

Gymnogeophagus gymnogenys (Abb. 518)
(HENSEL, 1970)
Dunkler Perlmutterbuntbarsch

Südliches Brasilien und La-Plata-Länder; bis 21 cm, mit 12 cm geschlechtsreif.
D XIII–XV/9–11; A III/7–9; mLR 28–31; SL 16–22/9–15. Relativ hochrückig, seitlich kräftig abgeflacht, Stirn und Nacken bei älteren Tieren stark vorgebuchtet. Dunkelolivgrün bis kaffeebraun, Vorderkörper mehr gelbbraun. Jede Schuppe der Körperseiten mit einem großen, prächtig hellblau oder perlmuttfarben irisierenden Tupfen. Der oft mehr lehmfarbene Kopf mit zahlreichen Glanzflecken und Glanzlinien in hellblauen bis grünlichen Farbtönen. Etwa auf der Seitenmitte ein dunkler, meist undeutlicher großer Fleck, ein kleinerer, wesentlich kräftigerer Fleck auf der C-Wurzel. Flossen bräunlich, oft rosenholzfarben oder grünlich mit prächtigen blauen Binden oder Tupfen, senkrechte Flossen teilweise rostrot gesäumt. Zur Laichzeit ist die Intensität aller Farben gesteigert. ♀ D und A hinten weniger ausgezogen, oft schöner als das ♂.
Pflege und Zucht siehe Familienbeschreibung, S. 676. Die Art ist sehr widerstandsfähig gegen niedrige Temperaturen (12–14 °C). Offenbrüter, Elternfamilie. Große Ähnlichkeit mit dieser Art hat *Gymnogeophagus labiatus* (HENSEL, 1870).

Abb. 518 *Gymnogeophagus gymnogenys*

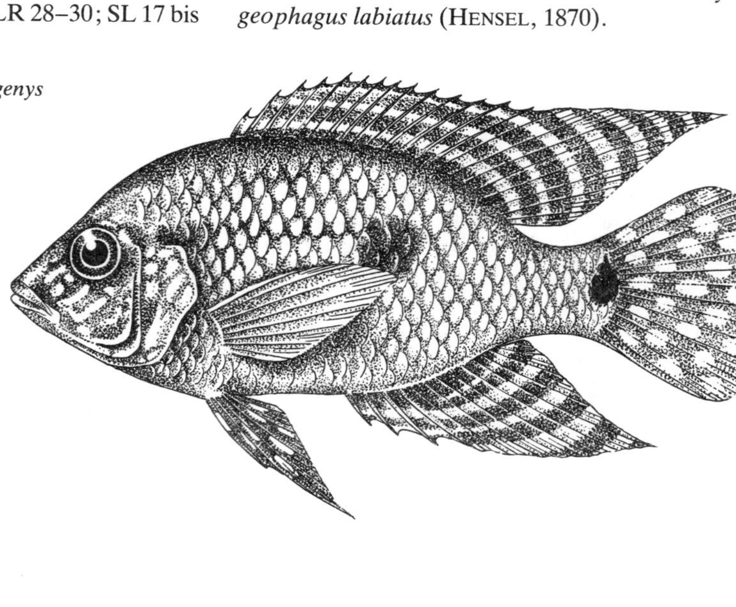

Tafel 257 *Etroplus maculatus* · *Etroplus suratensis* (beide Fotos Richter)

Tafel 258 *Haplochromis elektra* (Foto Krüger) · *Haplochromis borleyi* (Foto Krüger) · *Haplochromis labrosus* (Foto Richter)

Tafel 259 *Haplochromis venustus*, ♂ · *Haplochromis venustus*, ♀ · *Haplochromis boadzulu*, ♂ (alle Fotos Krüger)

Tafel 260 *Haplochromis obliquidens · Haplochromis moorei.* Unten links: *Haplochromis livingstoni*, ♀. Unten rechts: *Haplochromis livingstoni*, Paar beim Ablaichen (unten rechts Krüger, alle anderen Fotos Richter)

Tafel 261 *Haplochromis compressiceps*, ♂ (Foto Krüger) · *Haplochromis lepidurus* (Foto Richter) · *Haplochromis jacksoni* (Foto Richter)

Tafel 262 *Haplochromis ovatus*, ♂ (Foto Krüger) · *Spathodus erythrodon* (Foto Krüger) · *Haplochromis* spec. cf. *fenestratus*, »Steveni« (Foto Staeck)

Tafel 263 *Hemichromis elongatus* · *Hemichromis lifalili* · *Hemichromis paynei* (alle Fotos Richter)

Tafel 264 *Labeotropheus trewavasae* (Foto Richter) · *Labeotropheus fuelleborni* (Foto Richter) · *Labeotropheus fuelleborni*, ♂, »Orange-Spielart« (Foto Krüger)

Tafel 265 Links: *Julidochromis ornatus* (Foto Richter) · *Julidochromis marlieri* (Foto Sommer) · *Julidochromis regani* (Foto Richter). Rechts: *Julidochromis dickfeldi* (Foto Richter) · *Julidochromis transscriptus* (Foto Sommer) · *Julidochromis regani* (Foto Richter)

Tafel 266 *Lamprologus moorei* · *Lamprologus calvus* (beide Fotos Richter)

Tafel 267 *Lamprologus leleupi leleupi* (Foto Krüger) · *Lamprologus leleupi longior*, ♂ und ♀ (Foto Krüger) · *Lamprologus brichardi* (Foto Richter)

Tafel 268 *Lamprologus brevis*, ♂ · *Lamprologus* spec., »Margarae« · *Lamprologus meeli* (alle Fotos Richter)

Tafel 269 *Lamprologus ocellatus* (Foto Sommer) · *Lamprologus multifasciatus* (Foto Richter) · *Lamprologus tretocephalus* (Foto Richter)

Tafel 270 *Lamprologus nkambae* · *Lamprologus tetracanthus.* Unten links: *Lamprologus werneri.* Unten rechts: *Lamprologus* spec., »Walteri« (alle Fotos Richter)

Tafel 271 Links: *Lamprologus pulcher* · *Lamprologus fasciatus* · *Lamprologus* spec. Rechts: *Lamprologus petricola* · *Lamprologus callipterus* · *Lamprologus* spec., »Dafudil« (unten rechts Krüger, a le anderen Fotos Richter)

Tafel 272 *Melanochromis exasperatus* (Foto Richter) · *Melanochromis auratus*, ♀ (Foto Müller). Unten links: *Melanochromis melanopterus* (Foto Marcuse). Unten rechts: *Melanochromis johanni* (Foto Richter)

Gymnogeophagus rhabdotus (Taf. 246)
(HENSEL, 1870)
Gestreifter Erdfresser

Río de la Plata, Rio Grande do Sul, Flüsse der Küstenregion Uruguays; bis 12 cm, ♀ kleiner.
D XIII–XVI/8–11; A III/7–10; mLR 25–29; SL 15 bis 20/8–10. Relativ hochrückig, obere Profillinie wesentlich stärker ausgebogen als die untere. Lehm- bis graugelb, Rücken dunkler, Bauch heller. Jüngere Exemplare zeigen sieben mehr oder weniger deutliche Querbinden, die erste verläuft durch das Auge, auf der vierten, in der Mitte des Körpers liegenden Querbinde ein ovaler schwarzer Fleck. Vor allem in der hinteren Körperhälfte vier rote, teilweise unterbrochene Längslinien. Schuppen teilweise bläulich schimmernd. D, A und C bräunlich bis rötlich mit leuchtend blauen Punkten und Strichen, Ränder blau bis schwarz gesäumt. Den äußeren schwarzen Flossenstrahlen der C folgt nach innen eine kräftig rote Zone, V blauschwarz mit blauen Strahlen, P gelblichgrau. ♂ größer, mit zipfelartig verlängerter D und A. Pflege und Zucht siehe Familienbeschreibung, S. 676. Offenbrüter, Elternfamilie.

Gattung *Herotilapia* PELLEGRIN, 1903

Die Gattung unterscheidet sich von der nahestehenden Gattung *Cichlasoma* durch die abweichende, an die afrikanischen *Tilapia*-Arten erinnernde Bezahnung. Wie diese hat *Herotilapia* in den Kiefern dreispitzige Zähne. Nur die Schneidezähne der mittleren und hinteren Reihen machen davon eine Ausnahme. Die *Cichlasoma*-Arten besitzen dagegen ausschließlich konische bis zylindrische Zähne. Offenbrüter. Mittelamerika. Eine Art.

Herotilapia multispinosa (Taf. 248)
(GÜNTHER, 1869)
Regenbogenbuntbarsch

Mittelamerika, von Nikaragua bis Kostarika; bis 13 cm, ab 7 cm geschlechtsreif.
D XVII/9; A X/7; mLR 23. Ähnlich gestaltet wie die schlanken gestreckten *Cichlasoma*-Arten. Gelbbraun bis goldgelb, Kopf und Rücken kräftiger gelb, bauchseitig fast weißlich, z. T. mit bläulichem Schimmer. Kurz hinter dem Auge beginnt eine unregelmäßige, besonders bei älteren Tieren tiefschwarze Längsbinde, die bis in die C-Wurzel reicht und etwa in der Mitte einen deutlich hervortretenden gleichfarbigen Fleck einschließt. Flossen gelblich, D, A und V bläulich bis schwarz gesäumt. ♂ größer, kontrastreicher gefärbt, Enden von D und A spitz ausgezogen. ♀ kleiner, dunkler, D und A hinten weniger zugespitzt.
Pflege und Zucht leicht, siehe Familienbeschreibung, S. 676. 26–28 °C. Offenbrüter, Elternfamilie. Die bis zu 1000 Eier werden auf Steinen abgelegt, die Jungfische in der Regel von beiden Partnern in flachen Gruben betreut.

Gattung *Nannacara* REGAN, 1912

Nahe verwandt mit der Gattung *Aequidens*, von der sich die Gattung *Nannacara* aber deutlich durch die SL unterscheidet. Bei *Nannacara* nähert sich der obere Teil der SL der D-Basis viel mehr als bei den *Aequidens*-Arten. Höhlenbrüter. Nördliches Südamerika. Drei Arten.

Nannacara anomala (Taf. 248)
REGAN, 1905
Gestreifter Zwergbuntbarsch

Guayana; bis 8 cm.
D XVI/8; A III/8; mLR 23–24; SL 15–16/6–7. Körper gestreckt, seitlich abgeflacht. Einer der schönsten Cichliden. Färbung sehr veränderlich. ♂: Stirn, Nakken und Rücken olivbraun, Seiten je nach Belichtung metallischgrün bis olivgrün, golden oder tief kupferfarben. Jede Schuppe mit einem kleinen dreieckigen Fleck. Kopfseiten mit unregelmäßigen, glänzend grünen und schwarzen Flecken und Strichen. Iris des Auges orangefarben, nach innen zu rot. Bei Erregung treten auf den Körperseiten zwei dunkle Längsbinden und manchmal auch Querbinden hervor. Die sehr große, immer abgespreizte, meist ziemlich dunkle D ist prächtig orangerot bis leuchtend grün und tiefschwarz oder hell gesäumt. Oberer und unterer Teil der C rötlich, V gelbgrün, orangerot gesäumt. Zur Laichzeit wird die Färbung noch intensiver. ♀ kleiner, mehr lehmgelb, je nach Erregung ohne oder mit zwei dunklen Längs- und Querbinden an den Körperseiten, Flossen ohne besondere Zeichnung.
Pflege und Zucht: Reich bepflanzte Becken mit guten Versteckmöglichkeiten unter Steinen oder Blumentöpfen. Temperatur 24–25 °C, nicht unter 20 °C! Nur Lebendfutter, besonders Mückenlarven und Würmer. Außerhalb der Laichzeit recht verträglich, auch anderen Arten gegenüber. *N. anomala* wühlt nicht. Für das Gesellschaftsbecken gut geeignet. Das Zuchtbecken soll ähnlich eingerichtet sein wie es oben für das Pflegebecken angegeben wurde. Höhlenbrüter, Mutterfamilie, das ♂ beteiligt sich nach der Eiablage nicht an der Brutpflege. Die 50–300 Eier werden auf einer von beiden Partnern gesäuberten Unterlage, in einer Höhle (Blumentopf) abgelegt. Die Jungen schlüpfen nach 2–3 Tagen, werden vom ♀ in einer Grube gesammelt und liegen hier bis zum 5. Tage auf dem Boden. Sie beginnen dann frei umherzuschwimmen und nach Futter zu suchen. Dauernde Fütterung erforderlich, am besten feinstes Staubfutter. Nach KUENZER (1965) finden und erkennen die brutpflegenden ♀♀ ihre Eier, Larven und Jungfische rein optisch. Obwohl der Brutpflegezyklus hormonal gesteuert wird, kann Pflegeverhalten auch außerhalb der Laichperiode gelegentlich schon vor der Geschlechtsreife ausgelöst werden. Die ♀♀ betreuen dann Daphnienschwärme oder Tubifexrasen. Die Aufzucht erfordert nur in den ersten Tagen besondere Aufmerksamkeit. Siehe auch Familienbeschreibung, S. 676.

Nannacara taenia
REGAN, 1912
Gebänderter Zwergbuntbarsch

Amazonas; bis 5cm.
D XVI/7; A III/7; mLR 24. Ähnlich gestaltet wie die vorhergehende Art. Färbung und Zeichnung sehr variabel. Graubraun oder gelbbraun, aber auch gelblich bis altgoldfarben. Kehle gelblich bis dunkelbraun, selten blau oder tiefschwarz. Vom Auge bis in die C-Wurzel ein breites, tiefschwarzes Längsband, das oben und unten von einzelnen dunklen Linien begleitet wird. Flossen farblos, bläulich oder violett mit rotem Saum und z. T. schwarzen Spitzen. Bei Erregung können einzelne Querbinden auftreten. ♀ mehr graugelb bis grüngelb, Kehle rußig bis schwarz.
Pflege und Zucht wie bei *Nannacara anomala* angegeben.

Gattung *Neetroplus* GÜNTHER, 1869

Nahe verwandt mit der Gattung *Cichlasoma*. Zähne der *Neetroplus*-Arten breit und abgeflacht, dagegen haben die *Cichlasoma*-Arten konische Zähne. Höhlenbrüter. Mittelamerika (Panama, Kostarika, Nikaragua). 2–3 Arten.

Neetroplus nematopus (Taf. 248)
GÜNTHER, 1869

Kostarika, Nikaragua, in Seen und Flüssen; bis 14cm, ♀ kleiner.
D XIX/10; A VIII/7; mLR 34. Relativ kurz und hochrückig, Maul klein, unterständig. Ockerfarben bis hellbraun, 7–8 dunkle, oft nur angedeutete Querbinden auf den Körperseiten. Flossen durchscheinend grau, D und A häufig rot gesäumt. Pflegende Elterntiere dunkelgrau bis tiefschwarz mit einem weißen bis gelblichen Querband in der Körpermitte. Basis der C häufig mit weißem Fleck, Spitzen der V weißlich. Sichere Geschlechtsunterschiede in der Färbung unbekannt. ♂ im geschlechtsreifen Alter mit deutlichem Stirnwulst.
Die Art bevorzugt zum Laichen Höhlen und erinnert an die Buntbarsche der großen afrikanischen Seen. Neben Lebendfutter auch Algennahrung. Höhlenbrüter. Elternfamilie. Knapp 100 Jungfische pro Brut, die nach etwa neun Tagen schlüpfen. Wachstum verhältnismäßig langsam.

Gattung *Papiliochromis* KULLANDER, 1977

Mit der Gattung *Apistogramma* nahe verwandt, unterscheidet sich jedoch von dieser vor allem durch die Trennung der SL von der D durch 1–1½ Schuppenbreiten, die vorwiegend aus Kammschuppen bestehende Beschuppung vor der D und A (*Apistogramma*-Arten haben nur Rundschuppen), das Fehlen von Kiemenrechen an den unteren Schlundknochen, das abweichende Zeichnungsmuster und das Ablaichverhalten. Bolivien, Venezuela. Zwei Arten.

Papiliochromis ramirezi (Taf. 248)
(MYERS und HARRY, 1948)
Schmetterlingsbuntbarsch

Westliches Venezuela; bis 7cm.
D XIV–XV/9; A III/8; P 11–12; mLR 26–29. Relativ hochrückig, seitlich abgeflacht, D hoch, 2. Flossenstrahl verlängert. Zart purpurrot, je nach Beleuchtung entstehen an den Körperseiten Reflexe in allen Regenbogenfarben. Unter der D ein dunkler, von stark glänzenden blauen bis blaugrünen Tüpfeln umgebener Fleck. Ähnliche Tüpfelgruppen auf dem Kopf, dem Kiemendeckel, dem Schwanzstiel, der C und A. Vom Nacken zur Kehle eine dunkle Augenbinde. Iris oben leuchtend hellblau, unten rot. D, C und A rosa mit blutroten Flossenstrahlen, V blutrot. Die ersten drei Strahlen der D tiefschwarz. Einer der schönsten Cichliden. ♂ wie oben angegeben gefärbt, 2. Flossenstrahl der D sehr lang. ♀ etwas weniger intensiv gefärbt.
Pflege wie in der Familienbeschreibung (S. 676) und bei *Apistogramma agassizi* angegeben. Offenbrüter, Elternfamilie. Die Eier (100–200) werden auf Steinen oder in Gruben untergebracht, die geschlüpften Jungfische schwimmen nach 5–6 Tagen frei. Die Betreuung des Schwarmes übernimmt vorwiegend das ♂. Zur Zucht 27–28 °C. Die Art gilt als anfällig und wird meist nicht sehr alt (bis zwei Jahre). Sehr empfindlich gegen Fischtuberkulose. Bislang bekannt als *Apistogramma ramirezi* und *Microgeophagus ramirezi*.

Papiliochromis altispinosa
(HASEMAN, 1911)

Bolivien (Rio Mamoré, Todos Santos), Brasilien (Igarape Palheta bei Guajará-Mirim); bis 6cm.
Diese *P. ramirezi* sehr ähnliche Art wurde wahrscheinlich noch nicht importiert. Sie unterscheidet sich von *P. ramirezi* durch eine größere Anzahl von D-Stacheln (14–16 im Gegensatz zu 12–14 bei *P. ramirezi*), durch eine größere Anzahl von P-Strahlen (13–14 anstatt 11–12) und ein anderes Farbmuster.

Gattung *Petenia* GÜNTHER, 1862

Die Gattung unterscheidet sich von der nahe verwandten Gattung *Cichlasoma* vor allem durch das sehr lange, extrem vorstreckbare Praemaxillare. Offenbrüter, Mittelamerika, Kolumbien und nördliches Brasilien. Drei Arten.

Petenia splendida (Taf. 220)
GÜNTHER, 1862

Petén-See, Guatemala; bis 50cm.
D XV/12; A V/10; mLR 41; QR 6/17. Langgestreckt, seitlich stark abgeflacht. Silbrigweiß, Rücken dunkler, Bauch heller, Kopfoberseite und Nacken bis etwa zum Beginn der D häufig rötlich. Zahlreiche dunkle Tüpfel und unregelmäßig gekrümmte kurze Striche

auf den Körperseiten, ein kleiner, unregelmäßig begrenzter schwarzer Fleck auf der C-Basis. Senkrechte Flossen gelblich bis zart grau mit zahlreichen dunklen Punkten und Strichzeichnungen. Sichere Geschlechtsunterschiede in der Färbung unbekannt. Pflege und Zucht siehe Familienbeschreibung, S. 676. Raubfisch. Offenbrüter.

Gattung *Pterophyllum* HECKEL, 1840

Körper scheibenförmig, D, A und V stark verlängert. Nördliches Südamerika. Drei Arten.

Pterophyllum altum (Taf. 250)
PELLEGRIN, 1903
Hoher Segelflosser

Orinoko und Nebenflüsse (Rio Atabapo); bis 18 cm lang und 30 cm hoch.
D XI–XIII/27–31; A VI/28–32; mLR 40–47; SL 17 bis 19/8–12. Ähnlich gestaltet wie die bekanntere Art *Pterophyllum scalare*, Körper jedoch deutlich höher, D und A stärker verlängert, Kopf-Rücken-Linie steiler ansteigend, über der Schnauze eine artcharakteristische sattelförmige Einsenkung. Auch in der Färbung erinnert die Art an *Pt. scalare*. Deutliche Unterschiede sind jedoch die zwischen den vier kräftigen schwarzen Querbinden stehenden weniger deutlichen, aber dennoch vollständigen bräunlichen Querbinden und das rötliche bis braunrote Streifenmuster auf den senkrechten Flossen (bei *Pt. scalare* schwarz bis schwarzgrau). Geschlechtsunterschiede in der Färbung unbekannt.
Pflege und Zucht siehe *Pt. scalare*.

Pterophyllum dumerili (Taf. 250)
(CASTELNAU, 1855)
Spitzkopfsegelflosser

Mittlerer Amazonas und Nebenflüsse, Guayana; etwas kleiner als *Pt. scalare*.
D XI–XIII/18–24; A VI/19–28; mLR 26–33; SL 15 bis 20/7–13. Etwas gestreckter als *Pt. scalare*, Kopf wesentlich stärker zugespitzt. Die Färbung und Zeichnung erinnert im Prinzip an *Pt. scalare*, jedoch bestehen folgende Unterschiede: Die Augenbinde verläuft gerade nach oben (bei *Pt. scalare* bogig zum Ansatz der D), zwischen der 1. und 2. Querbinde liegen zwei kurze tiefschwarze Keilbinden, zwischen der 2. und 3. Querbinde unterhalb der D ein runder, tiefschwarzer Fleck. Geschlechtsunterschiede in der Färbung unbekannt.
Pflege und Zucht siehe bei *Pt. scalare*. Bis zu 150 Jungtiere pro Brut. Die Jungfische schlüpfen nach drei Tagen und schwimmen am 7. Tag frei. Offenbrüter, Elternfamilie. PAEPKE (Aquar. Terr., 31, 233 bis 236, 1984) berichtet über Pflege und Zucht.

Pterophyllum scalare (Taf. 249, 250)
(LICHTENSTEIN, 1823)
Skalar oder Segelflosser

Amazonas, Tapajós und andere Nebenflüsse; mit Flossen bis 15 cm lang und 26 cm hoch, in Gefangenschaft kleiner bleibend.
D XI–XIV/21–28; A V–VII/22–30; mLR 29–40; SL 12–18/8–14. Körperhöhe (ohne Flossen) etwa 1,5mal in der Körperlänge enthalten, seitlich sehr stark abgeflacht. Stirnprofil vor den Augen ohne oder nur mit geringer sattelförmiger Einziehung (vgl. *Pt. altum*). Bei alten Tieren wölbt sich die Stirn vor und wird breiter. Rücken, Nacken und Schnauze rußig braungelb, zuweilen mit mehr oder weniger zusammenfließender braunroter Fleckung. Körperseiten silbrig, mit vier nach Stimmung tiefschwarzen oder grauen Querbinden. Die erste verläuft vom Nacken im Bogen durch das Auge, die nächste etwa von der Mitte des hartstrahligen Teiles der D zum Ansatz der A, die breiteste erstreckt sich von der Spitze der D zur Spitze der A, und die letzte liegt auf der C-Wurzel. Weitere schmalere Binden deuten sich zwischen den genannten oft nur in der Rückengegend an. Vordere Stacheln der D gelbbraun bis schwärzlich, der weiche Teil von D und A ist unregelmäßig zart grau-weiß gebändert, desgleichen die C. V vorn meist stahlblau, hinten schwarz, Spitzen bläulichweiß, P farblos. Iris im Alter rot. Die Unterscheidung der Geschlechter ist schwierig, auch die Form der Genitalpapille gibt nicht immer eindeutig Auskunft. Pflege: große, hohe Becken mit Gruppenbepflanzung und freiem Schwimmraum. Wärmeliebend, Temperatur im Winter 22–24 °C, nicht wesentlich darunter. Bei zu kühler Hälterung können Trübungen der Hornhaut des Auges und Verpilzungen auftreten, die allerdings durch Wärme und gute Durchlüftung meist schnell zurückgehen. Sehr empfindlich gegen Chemikalien, Bäder mit Medikamenten sollten deshalb nach Möglichkeit vermieden werden, zumindest versucht man zunächst Krankheiten durch Wärme (bis 33 °C) zu behandeln. Lebendfutter: Mückenlarven, Würmer, Wasserkäferlarven und Libellenlarven, Kleinkrebse und junge Fische. Nicht zuviel füttern, möglichst oft die Futterart wechseln. Bei Überfütterung mit einer Futterart kann Nahrungsverweigerung eintreten. In solchen Fällen hilft meist mehrfacher Wasser- und Futterwechsel oder Seesalzzusatz zum Beckenwasser. Friedlich, kein Wühler. Die Art läßt sich gut mit anderen Friedfischen vergesellschaften.
Zucht: Die Geschlechter läßt man sich aus einer Gruppe von Jungtieren selbst finden. Typische Offenbrüter mit charakteristischer Elternfamilie. Laichen am liebsten auf breiten Blättern von Unterwasserpflanzen *(Cryptocoryne, Echinodorus)*, die sie vorher von Algen und Mulm säubern. Der Laich wird von beiden Partnern gepflegt und immer mit Frischwasser befächelt. Die nach 24–36 Stunden (26–30 °C) schlüpfenden Jungen werden von den Eltern aus den Eihüllen gekaut und erneut auf die Blätter gespuckt, wo sie zunächst an kurzen Fäden hän-

gen, später bringen die Elterntiere die Jungen in flachen Gruben unter. Nach 4–5 Tagen erfolgen die ersten Schwimmversuche, nach weiteren zwei Tagen führen die Eltern die Nachkommenschaft. Aufzucht nicht schwierig. Gute Zuchten bringen 1000 Junge und mehr. Zur rationellen Zucht stellt man in das Becken ein Schusterpalmenblatt, auf dem die Tiere mit Vorliebe ablaichen. Blatt mit Gelege etwa nach 24 Stunden in ein Vollglasbecken mit gleichartigem Wasser oder abgestandenem Quellwasser übertragen und hier einen Durchlüfter so einbauen, daß das Gelege in einem langsamen Wasserstrom steht (kein Bodengrund und keine Pflanzen!). Rivalisierende oder balzende ♂♂ geben laute knarrende Töne von sich, die mit den Kiefern erzeugt werden.
Nach SCHULTZ (1976) ist *Pt. eimekei* AHL, 1928, ein Synonym dieser Art. Über Zuchtformen siehe Taf. 235, 250.

Gattung *Symphysodon* HECKEL, 1840

Körper scheibenförmig, D, A und V nicht verlängert. A mit mehr als drei Stacheln. Kiefer an den Seiten nicht bezahnt. Offenbrüter. Nördliches Südamerika. Zwei Arten, allerdings wird auch die Ansicht vertreten, daß die Gattung monotypisch sei, d. h., daß es sich bei den zwei Arten um eine ungewöhnlich variable Art handelt (*S. discus* HECKEL, 1840). Für diese Auffassung spricht die fertile Kreuzbarkeit der beiden Arten und die z. T. große Überlappung ihrer Verbreitungsgebiete. Da die endgültige Klärung der Frage noch aussteht, wird hier an den bekannten Vorstellungen festgehalten.

Symphysodon aequifasciata (Taf. 251, 252)
PELLEGRIN, 1903
Diskusbuntbarsch

Amazonasgebiet; bis 25 cm.
D VIII–X/29–34; A VII–IX/26–32; mLR 50–61. Körper scheibenförmig, seitlich stark abgeflacht, Maul klein, D und A lang. L. P. SCHULTZ unterscheidet folgende Unterarten:

Symphysodon aequifasciata aequifasciata
PELLEGRIN, 1903
Grüner Diskus

Amazonas (Santarém, Teffé).
Grundfarbe dunkel bräunlichgrün. Neun mit gleicher Intensität hervortretende dunkelbraune Querbinden, die erste durch das Auge, die letzte auf der C-Basis. D und A basal schwärzlich, nach außen zu hell olivgrün, mit verstreuten hellen Flecken, C durchscheinend, hell getüpfelt. Horizontale schwärzliche Striche auf dem Kopf, dem Rücken und in der D und A. In der Körpermitte fehlt diese Zeichnung meist. Schräge hellblaue Glanzlinien auf den Wangen sowie drei vertikale Glanzlinien auf dem Kiemendeckel. Iris rötlichbraun. V dunkelgrün, 1. Flossenstrahl blau, Spitzen der Strahlen dunkelbraun.

Symphysodon aequifasciata haraldi
L. P. SCHULTZ, 1960
Blauer Diskus

Amazonas (Letitia, Benjamin Constant).
Bräunlich, in Richtung des Schwanzstieles dunkler werdend, Kopf ebenfalls dunkler und außerdem mit purpurnem Schimmer. Von den neun mehr oder weniger bläulichschwarzen Querbinden treten die erste, durch das Auge ziehende, und die letzte, auf der C-Basis liegende, stärker hervor. D und A rußig purpurn, der weiche Teil außen hell gelblich, mit unregelmäßiger heller Fleckung, V dunkelbraun, mit blauen äußeren Strahlen, zur Spitze hin rötlich. Ein vorwiegend horizontal orientiertes himmelblaues Glanzlinienmuster überzieht fast den ganzen Körper einschließlich großer Teile der D und A. Auf dem Kopf bildet dieses Muster eine eindrucksvolle Gesichtsmaske. Frei bleiben nur die Brust, die mittlere Partie der Körperseiten, die C und P. Iris rot.

Symphysodon aequifasciata axelrodi
L. P. SCHULTZ, 1960
Gelbbrauner oder Gewöhnlicher Diskus

Amazonas (Belém), Rio Urubu.
Körper ohne Längsstreifenmuster, auf gelbbraunem bis rostfarbenem Grund neun schmale dunkelbraune Querbinden, die je nach Stimmung mehr oder weniger hervortreten, zeitweise sogar ganz fehlen. Eine Ausnahme macht die erste vom Nacken über das Auge zur Kehle ziehende Binde, die fast immer sehr kräftig ist. D und A basal wie der Körper gefärbt, nach außen folgt eine breite dunkelbraune Zone, in die vielfach rostrote Strichel in Richtung der Flossenstrahlen eingestreut sind, Flossensaum durchscheinend, besonders in der D mit zahlreichen rostroten Tüpfeln. C gelblich bis grünlich, V langgezogen, vorn grün irisierend, übriger Teil rostrot, P farblos. Am Kopf und besonders im Bereich der dunklen Flossenzonen von D und A scharf abgegrenzte, grünsilberne bis hellblaue Glanzlinien und -strichel. Die Geschlechter lassen sich beim Gelbbraunen Diskus in der Regel gut unterscheiden, und zwar dehnen sich beim ♂ die Glanzzeichnungen in der D und A bis in die Flossenbasis aus, beim ♀ dagegen beschränken sie sich auf die braune Längszone im äußeren Teil.

Die Pflege und Zucht der prächtigen Art war früher schwierig, nachdem sie nun über mehrere Generationen gezüchtet werden konnte, haben sich die Schwierigkeiten beträchtlich verringert. Große, an ruhiger Stelle stehende Aquarien mit weichem Bodengrund, lockeren Pflanzenbeständen und einigen Felsbrokken oder auch großen, gut ausgefaulten Wurzelstükken bieten den Tieren einen ihrer Heimat ähnlichen Lebensraum. Gegen zu starken Lichteinfall können einige Schwimmpflanzen schützen. Große Aufmerksamkeit erfordern vor allem die Qualität des Wassers und seine regelmäßige Erneuerung. Sehr weiches, schwach saures Wasser (2–3 °dH, pH etwa 6,5) ist zu-

mindest für Jungtiere zu empfehlen. Sehr wichtig scheint der Gehalt an Mikroorganismen zu sein. Das Wohlbefinden der Tiere ist im allgemeinen gesteigert, wenn im Wasser Stoffe vorhanden sind, die die Bakterienvermehrung hemmen, z. B. Torfextrakte. Bei sehr weichem Wasser ist auf die Gefahr der Übersäuerung zu achten. Weiterhin sollte gerade bei der Pflege dieser Art regelmäßig ein Teil des Wassers erneuert werden, als Anhaltspunkt sei empfohlen, alle drei Wochen etwa 1/4 des Wassers gegen Frischwasser auszuwechseln. Die Fütterung muß möglichst abwechslungsreich sein, besonders geeignet sind neben Wasserflöhen weiße und schwarze Mückenlarven, Larven von Eintagsfliegen, kleine Libellenlarven, große Salinenkrebse. Dagegen füttere man rote Mückenlarven und Tubifex nur, wenn sie aus reinen Gewässern stammen oder sehr gut gespült sind. Gelegentlich wird Trockenfutter gefressen. Der Diskus nimmt Futter gern vom Bodengrund auf, Würmer werden häufig geschickt aus dem Boden gezupft oder herausgewedelt. Die Art ist wärmebedürftig (26 bis 30 °C), sehr friedlich gegen andere Fische und wühlt nicht. Offenbrüter, Elternfamilie. Die Tiere laichen besonders in den Frühjahrsmonaten (Laichzeit) auf Steinen oder großen Pflanzenblättern, die vorher peinlichst gesäubert werden. Die Jungfische schlüpfen nach etwa 50 Stunden, werden dann auf Blätter übertragen, wo sie zunächst an kurzen Fäden hängen. Beide Partner befächeln während dieser Zeit abwechselnd die Brut. Nach weiteren 60 Stunden schwimmen die Jungfische frei und heften sich an die Flossen und Körperseiten der Eltern (meist an das ♀) an. Sie ernähren sich anfangs von einem Hautsekret, das zur Brutzeit insbesondere an der Rückenpartie der Elterntiere abgesondert wird. Bei der mikroskopischen Untersuchung von Hautquerschnitten zeigte HILDEMANN, daß zur Brutzeit zahlreiche besonders große kugelförmige Schleimzellen vorhanden sind. Das zähe Sekret hat eine körnige Struktur und enthält zuweilen einzellige Algen und Protozoen. Bei der Pflege wechseln sich die Elterntiere ab, und zwar schwirren die Jungen, nachdem sie von einem Partner durch kräftiges Bewegen der Flossen abgeschüttelt wurden, zum anderen, um sich dort erneut anzuheften (Taf. 251). Nach einigen Tagen machen sich die Jungfische selbständig und sind jetzt mit Staubfutter zu ernähren. Ihre zunächst gestreckte Gestalt wird zunehmend höher, nach etwa drei Monaten ist die typische Scheibenform erreicht. Die charakteristische Färbung tritt erst im Alter von 7–9 Monaten auf.
Da viele Diskus ihre Gelege immer wieder fressen, wurde mehrfach versucht, die Jungen ohne Eltern aufzuziehen. Diese künstliche Aufzucht macht erhebliche Schwierigkeiten und führt nach GEISLER und RÖNSCH häufig zu Kümmerformen. Weiterhin ist hier zu erwähnen, daß ein Anheften der Jungtiere an die brutpflegenden Eltern gelegentlich auch bei anderen Cichliden vorkommt, z. B. *Astronotus, Etroplus*. Eine Ernährung mit Hautsekret wurde dabei nicht beobachtet.

Alle Unterarten von *Symphysodon aequifasciata* lassen sich natürlich untereinander, aber auch mit *S. discus* fruchtbar kreuzen. Die Bastarde sind manchmal kräftiger und pflegen z. T. ihre eigene Brut wesentlich intensiver (nach LINDNER). Leider führt in der Aquaristik die häufige Geschwisterpaarung auch bei den Diskusbuntbarschen zu Inzuchterscheinungen. Die sehr verbreitete Diskuskrankheit ist mit Medikamenten gegen Trichomonaden zu behandeln.

Symphysodon discus discus (Taf. 235, 252)
HECKEL, 1840
Echter Diskus

Mittlerer Amazonas (Manaus, Teffé), Rio Negro, Rio Xingu und andere; bis 20 cm.
D VIII–X/28–32; A VII/29; mLR 45–53. Entspricht hinsichtlich der Körperform der voranstehenden Art. Den gesamten rotbraunen Körper überziehen in Längsrichtung zahlreiche wellenförmige Glanzstreifen, die sich auch in die D und A erstrecken und sich im weichstrahligen Teil dieser Flossen in Tüpfelreihen auflösen. Neben der ersten und der letzten Querbinde tritt bei dieser Art vor allem die fünfte auf der Körpermitte gelegene und besonders breite Querbinde kräftig dunkelblau bis schwarz hervor. Diese Binde ist außerdem in der unteren Körperhälfte intensiver als in der Rückenpartie, erreicht aber nicht die Basis der A. Unpaare Flossen insgesamt bläulich. Geschlechtsunterschiede in der Färbung unbekannt. Pflege und Zucht wie bei der voranstehenden Art, jedoch schwieriger. Offenbrüter, Elternfamilie.
Symphysodon discus willischwartzi BURGESS, 1981 (Taf. 252) aus dem Rio Abacaxis (Rio-Madeira-System) unterscheidet sich von der Nominatform durch die größere Anzahl von Schuppen in einer mittleren Längsreihe (mLR 53–59 anstatt 45–53), von *S. aequifasciata* durch die für *S. discus* typische Färbung und die Anzahl der D-Stacheln (VIII–X anstatt IX–X).

Gattung *Taenicara* MYERS, 1935

Von der nahe verwandten Gattung *Apistogramma* unterscheidet sich die Gattung *Taenicara* durch die fehlenden Lappen am ersten Epibranchiale und die völlig fehlende SL. Höhlenbrüter. Eine Art.

Taenicara candidi (Taf. 220)
MYERS, 1935

Mittleres Amazonasgebiet, Umgebung von Santarém, Rio Negro; bis 7 cm.
D XVI/6; A III/4; mLR 22. Körper ungewöhnlich langgestreckt, seitlich kräftig zusammengedrückt. ♂ olivgrün, Rücken leuchtend grasgrün. Von der Oberlippe über das Auge bis in die C-Wurzel eine kräftig schwarze Längsbinde, die oben und unten von einem goldgelben Glanzstrich begleitet wird. Auf den Kiemendeckeln grünglänzende Tüpfel und Linien. D älterer ♂♂ im vorderen Teil mit stark verlängerten

Zwischenhäuten, bläulichgrün, rot gesäumt und im hinteren Teil karminrot getüpfelt, C grün mit leuchtend roten Flossenstrahlen, A vorn braunrot, hinten grünlich mit roten Tüpfeln.
Während der Laichzeit und in Erregung schimmert das ganze Tier rötlich. ♀ etwas kleiner, insgesamt mehr gelblich, zur Laichzeit fast zitronengelb, bei auffallendem Licht mit rötlichem Schimmer.
Pflege und Zucht siehe bei *A. agassizi*, S. 684. Bislang bekannt als *Apistogramma weisei* AHL, 1935.

Gattung *Uaru* HECKEL, 1840

Nahe verwandt mit der Gattung *Cichlasoma*. Wichtige Unterscheidungsmerkmale: A mit mehr als drei Stacheln, Zähne schwach entwickelt, zusammengedrückt, bei jungen Exemplaren spitz, bei alten abgerundet, Schuppen relativ klein. Offenbrüter. Eine Art.

Uaru amphiacanthoides (Taf. 234)
HECKEL, 1840
Keilfleckbuntbarsch

Amazonas und Guayana; bis 25 cm.
D XV–XVI/14–16; A VIII/13–15; mLR 40–42. In Seitenansicht eiförmig, seitlich stark abgeflacht. Färbung sehr veränderlich und außerdem bei jungen und alten Tieren verschieden. Jungtiere von 3–5 cm Länge: Kopf, Körper, P und V sowie der vordere, stachelstrahlige Teil der D und A gleichmäßig schwarzbraun. Die weichen Teile der D und A sowie die C farblos durchsichtig. Spitzen der D- und A-Stacheln milchig. Ältere Tiere: schmutziggelb bis gelbbraun mit hellen bis grünlichen unregelmäßigen Tupfen, Strichen und Flecken an den Körperseiten, Auge rot. Alte Tiere: gelblich bis bräunlich mit drei großen schwarzen Flecken an den Körperseiten, von denen der erste, runde, unmittelbar hinter dem Auge, der zweite, größte, keilförmig gestaltete, auf den Körperseiten und der dritte im oberen Teil der C-Wurzel gelegen ist. Flossen gelblich mit grünlichem Schimmer. Auge hellrot. Geschlechter nur anhand der Analpapille zu unterscheiden.
Pflege der friedlichen Art nicht einfach. Hälterungsansprüche wie bei *Pterophyllum* oder *Symphysodon* angegeben, Arten mit denen der Keilfleckbuntbarsch auch in seinen Verbreitungsgebieten vergesellschaftet vorkommen kann. Er lebt dort meist in großen Trupps und bildet nur zur Laichzeit Paare. *Uaru* laicht mit Vorliebe an besonders dunklen Stellen, Laichvorgang und Brutpflege wie bei *Pterophyllum scalare* angegeben (siehe S. 739), Offenbrüter, Elternfamilie.
Sehr wärmebedürftig, 27–28 °C, zur Zucht bis 30 °C. Eventuell kann auch hier das Gelege in ein Vollglasbecken übertragen und bei leichter Durchlüftung erbrütet werden. Aufzucht der bis zu 300 Jungfische etwas schwierig. Im allgemeinen friedlich untereinander und gegen andere Arten, zur Laichzeit allerdings sind die ♂♂ aggressiv.

Die Buntbarsche Afrikas und Asiens

Afrika

Die Cichlidenfauna Afrikas ist bedeutend vielgestaltiger und mit etwa 700 Vertretern wesentlich artenreicher als diejenige Süd- und Mittelamerikas. Diese Situation ist letztlich durch die sehr unterschiedlichen Biotope bedingt, in denen sich die afrikanischen Buntbarsche entwickeln konnten. Vergleichbar mit den süd- und mittelamerikanischen Biotopen sind vor allem die Flüsse der Savannen und Regenwälder. Die Cichliden sind hier nach POLL (1980) in der Fischfauna nur zu 4–15 % anzutreffen, d. h. sind neben den Salmlern, Karpfenfischen und Welsen anteilig nur gering vertreten. Eine endemische Flußcichliden-Fauna hat sich im Bereich der Stromschnellen des unteren und mittleren Kongo (Zaïre), besonders aber um Pool Malebo (Stanley Pool) entwickelt. Die hier lebenden Cichliden haben extrem langgestreckte, fast grundelartige Körper und sind meist Bodenbewohner (*Teleogramma* und *Steatocranus*). Zu den wenigen *Lamprologus*-Arten dieser Region gehört auch *Lamprologus lethops* ROBERTS und STEWARD, 1976, ein blinder Höhlenbewohner ohne Hautpigmente.
Eine ganz andere Situation ist dagegen für die großen Seen des Ostafrikanischen Grabens charakteristisch (Abb. 519). Hier dominieren die Buntbarsche, sie stellen im Victoriasee 74–93 %, im Tanganjikasee 71 % und im Malawisee (Njassasee) etwa 87 % der Fischfauna. Die meisten Arten sind hinsichtlich ihrer Verbreitung ausschließlich auf diese Seen beschränkt. Zu den Ursachen der Cichliden-Konzentration in diesen Seen gehört vermutlich der relativ hohe Salzgehalt dieser Gewässer. Durch ihre sehr leistungsfähige Osmoregulation und damit höhere Salztoleranz konnten sie sich den besonderen ökologischen Bedingungen besser anpassen als die meisten anderen Süßwasserfische. *Sarotherodon grahami* aus dem Soda-See von Magadi überlebt sogar in auskristallisierenden Salzlösungen. Eine weitere Ursache dürfte in der frühen geographischen Isolation der Seen zu suchen sein, und auch die starke ökologische Gliederung der einzelnen Seen hat sicherlich zur Herausbildung der Artenvielfalt beigetragen.
Da in der Aquaristik in den letzten Jahrzehnten vor allem Buntbarsche aus dem Tanganjika- und dem Malawisee gepflegt wurden, soll hier auf die Cichlidenfauna dieser Seen näher eingegangen werden.
Die Buntbarsche des Tanganjikasees: Mit einer Fläche von 31 900 km^2, einer Küstenlinie von 21 000 km und einer mittleren Tiefe von 570 m (Maximaltiefe 1 470 m) ist der Tanganjikasee der zweitgrößte See des Ostafrikanischen Grabenbruches. Eine schollenartige Mittelzone teilt den See in einen flacheren Nord- und einen tieferen Südabschnitt. Durch die fast vollständige Isolation seit dem Tertiär konnte sich eine für den See typische Fauna entwickeln. Besonders auffallend ist die große Anzahl endemischer Arten. So sind z. B. von 44 Weichtiergattungen 25

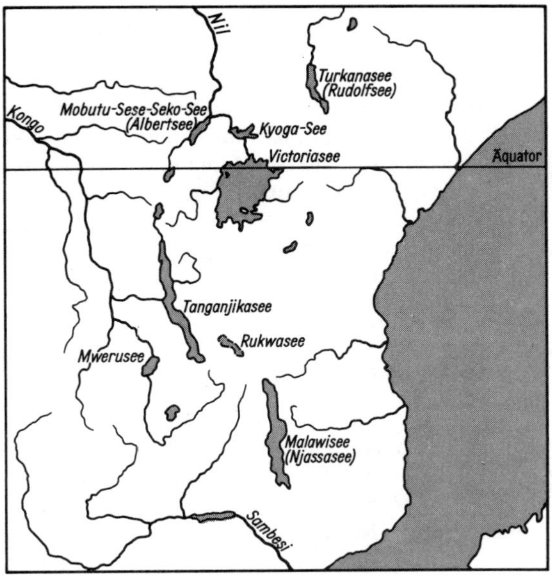

Abb. 519 Die Seen des Ostafrikanischen Grabens

für den Tanganjikasee endemisch. Die Buntbarsche stellen etwa 40 nur hier lebende Gattungen. Gruppen von nahe verwandten Arten (species-flocks) sind sehr charakteristisch. Da der Tanganjikasee der älteste See des Ostafrikanischen Grabenbruches ist, sein Alter wird auf etwa 6 Millionen Jahre geschätzt, sind die Anpassungen der Tiere an die besonderen Lebensbedingungen weit fortgeschritten. Das Wasser ist mineralstoffreich, hat einen pH-Wert von 8,5 und eine Temperatur von etwa 27,5 °C. In diesem salzreichen Wasser können nur salztolerante Fischarten existieren. Die von marinen Vorfahren abstammenden Cichliden waren und sind hier den primären Süßwasserfischen (Salmler, Karpfenfische, Welse) überlegen. Letztere fehlen zwar nicht ganz, beschränken sich jedoch vorwiegend auf Areale in der Nähe von Zuflüssen.

Im Seegebiet lassen sich vier Hauptbiotope unterscheiden:

1. Felsiges Küstenbiotop (Felslitoral). Stark zerklüftete Felsküsten, die zahlreiche Schlupfwinkel bieten und von dicken Algenrasen mit einer reichen Mikrofauna überzogen sind. Die hier lebenden Fischarten haben sich auf diese Nahrungsquelle spezialisiert (etwa 60 Arten aus ungefähr 20 Gattungen, z. B. *Chalinochromis, Julidochromis, Spathodus* u. a.).

2. Sandiges Küstenbiotop (Sandlitoral). Sandböden kommen vor allem im Mündungsgebiet von Flüssen und in Buchten vor. Da Versteckmöglichkeiten fehlen, bevorzugen die Fische dieser Biotope tiefere Wasserschichten. Neben Raubfischen leben hier Kleintier- und Planktonfresser, etwa zwölf Arten aus acht Gattungen, z. B. *Callochromis, Cyathopharynx*, einige *Lamprologus*-Arten u. a.

3. Biotop des freien Tiefwassers. Eine echte Tiefseefauna fehlt im Tanganjikasee, unterhalb 125 m Tiefe ist die Konzentration von Schwefelwasserstoff für Fische zu hoch. In Tiefen oberhalb 125 m kommen etwa 50 Buntbarsche aus 10 Gattungen vor, z. B. *Boulengerchromis, Triglachromis, Xenotilapia* u. a.

4. Biotop des freien Oberflächenwassers. Das Fehlen von Konkurrenzfischen bedingte, daß die Buntbarsche auch diese Zone besiedelten. Die hier lebenden Arten sind häufig an den stark verlängerten Vn zu erkennen, z. B. *Bathybates, Hemibates, Plecodus, Perissodus* u. a.

Auch im Fortpflanzungsverhalten sind die Buntbarsche den im See herrschenden Verhältnissen angepaßt. Drei Grundtypen lassen sich unterscheiden:

1. Maulbrüter. Der weitaus größte Teil der Buntbarsche des Sees sind Maulbrüter. Mit Ausnahme der Gattungen *Simochromis* und *Petrochromis* beteiligen sich bei den Tanganjika-Maulbrütern häufig beide Elterntiere an der Brutpflege (Gattungen *Eretmodus, Spathodus* und *Tangicodus*). Die Partnerbildung ist häufig stark, der Sexualdimorphismus gering ausgeprägt. Bei vielen Arten fehlen die charakteristischen Eiflecke in der A völlig. Die Gattungen *Ophthalmochromis* und *Ophthalmotilapia* haben stark verlängerte Vn, deren Enden eiförmige Flecke tragen, die vermutlich als Eiattrappen dienen.

2. Höhlenbrüter. Etwa ein Drittel der hier lebenden Buntbarsche laichen in Höhlen oder anderen Verstecken ab, z. B. *Julidochromis, Lamprologus* u. a.

3. Offenbrüter. Nur wenige Arten des Tanganjikasees wedeln zur Paarungszeit im Sandlitoral flache Gruben, in denen die Eier abgelegt und die Jungfische aufgezogen werden (z. B. *Boulengerchromis microlepis*).

Buntbarsche des Malawisees: Mit einer Fläche von 29000 km^2, einer durchschnittlichen Tiefe von 200 m (Maximaltiefe 706 m) und einem Alter von 1–2 Millionen Jahren ist der Malawisee (früher Njassasee) kleiner und auch wesentlich jünger als der Tanganjikasee. Die Lebensbedingungen für Fische sind jedoch in beiden Seen etwa gleich. Nach FRYER lassen sich im Malawisee vier Grundbiotope unterscheiden:

1. Felslitoral. Die relativ ausgedehnten Steilküsten setzen sich vielfach auch unter dem Wasserspiegel bis in Tiefen von über 15 m fort. Daneben kommen einige durch eingestreute Felsbrocken charakterisierte Uferzonen vor (Geröllitoral). Durch die intensive Sonneneinstrahlung ist das Felslitoral stark veralgt; eine reiche Mikrofauna lebt in diesen Algenrasen (Chironomidenlarven). Die im Felslitoral vorkommenden Buntbarsche haben sich auf das Abraspeln der Algenrasen spezialisiert. Sie werden nach einer Bezeichnung der einheimischen Fischer in der Mbuna-Gruppe zusammengefaßt. Hierher gehören die Gattungen *Cynotilapia, Genyochromis, Gephyrochromis, Labeotropheus, Labidochromis, Melanochromis, Petrotilapia, Pseudotropheus* und einige *Haplochromis*-Arten.

2. Sandlitoral. Die flachen Sandstrände des Malawisees sind relativ spärlich besiedelt. Nur in den dichten *Vallisneria*-Beständen ist das Nahrungsangebot etwas größer. Für diese Zone sind die *Haplochromis*-Arten der Utaka-Gruppe charakteristisch.

3. Übergangszone zwischen Sand- und Felslitoral. Mehr oder weniger große, in den Sandboden eingebettete Felsbrocken prägen das Bild dieser Zone. Auf den freien Sandflächen bilden sich teilweise *Vallisneria*-Bestände. Wie im Felslitoral sind auch hier die Gesteinsbrocken stark veralgt.
4. Schlammzone. An der Mündung des Nkata-Flusses hat sich eine Lagune mit starker Schlammablagerung gebildet (Crocodile-Creek). Sie ist etwa 3,5 m tief, hat üppigen Pflanzenwuchs und relativ trübes Wasser. Hier leben nur wenige *Sarotherodon*-Arten. Bislang sind über 200 Cichliden-Arten aus dem Malawisee beschrieben worden, von denen über 50 % zur Gattung *Haplochromis* gehören. Viele Arten sind jedoch noch nicht exakt definiert. Mit einer Erhöhung der Gesamtzahl der Arten ist zu rechnen. Viele Arten der Mbuna-Gruppe sind, da sie in die Gesteinsspalten flüchten, nur schwer zu fangen.

Asien

Im asiatischen Raum sind die Cichliden nur im Süden des indischen Subkontinents durch die Gattung *Etroplus* vertreten. Die drei Arten kommen im Meer-, aber auch im Brackwasser vor. Verwandtschaftliche Beziehungen bestehen zu den ebenfalls recht isolierten Buntbarschen Madagaskars.

Gattung *Anomalochromis* GREENWOOD, 1985

Nahe verwandt mit der Gattung *Hemichromis* und von dieser nur durch Besonderheiten des Schädelskeletts zu unterscheiden. Eine Art.

Anomalochromis thomasi (Taf. 274)
(BOULENGER, 1915)
Afrikanischer Schmetterlingsbuntbarsch

Sierra Leone; ♂ 7 cm, ♀ etwas kleiner bleibend.
D XIV/9–10; A III/7–8; mLR 25–27; SL 15–16/6–10. Hochrückige, kurzschnäuzige Art. Gelblichgrau, Schuppen der Körperseiten mit je einem blaugrünen Glanztüpfel, vor allem zur Brutzeit mit sechs dunklen Querbinden, oft sind jedoch nur ein schwarzer rhombischer Fleck auf der Seitenmitte und ein weiterer auf der C-Wurzel ausgeprägt. Binden und Flecke können auch ganz verschwinden. Eine Nackenbinde durch das Auge schräg nach vorn ziehend, oberer Kiemendeckelwinkel mit schwarzem Fleck, der von orange und grün glänzenden Tupfen umgeben ist. D silbergrau mit rotem Saum und weißem Innenstreifen, A rötlichbraun, gelegentlich mit weißlichem Muster, C gelblich, oberer Winkel rot gesäumt. Keine Geschlechtsunterschiede in der Färbung und Beflossung. ♀ zur Laichzeit stärker.
Friedliche Art, Zucht nicht schwierig, Offenbrüter. Bis zu 500 kleine, bernsteinfarbene Eier werden auf Steinen oder Blättern abgelegt und von beiden Partnern gepflegt (Elternfamilie). Bei 24–26 °C schlüpfen die Jungen am 2. Tag nach dem Ablaichen und schwimmen nach weiteren zwei Tagen frei.

Gattung *Astatoreochromis* PELLEGRIN, 1903

Nahe verwandt mit der Gattung *Haplochromis*. Charakteristische Merkmale: Zähne in den äußeren Kieferreihen vergrößert, z. T. konisch und zweispitzig, hinter der ersten Reihe 1–2 Reihen kleinerer, konischer Zähne; Schlundknochen mit mahlzahnartigen Zähnen besetzt; äußere V-Strahlen verlängert; C abgerundet; A mit 4–6 (selten drei) Stacheln; 6–20 in 3–5 Reihen angeordnete Eiflecke. Bis 15 cm. Tanganjika-, Edward- und Victoriasee. Drei Arten.

Astatoreochromis alluaudi (Abb. 520)
PELLEGRIN, 1903

Edward- und Victoriasee; bis 15 cm.
D XVI–XIX/6–9; A IV–VI/6–9; mLR 32–34; SL 16 bis 22/10–14. Relativ hochrückig, seitlich abgeflacht. Goldglänzend, Rücken teilweise mit olivgrünem Schimmer. Ein dunkelbrauner bis schwarzer Streifen verläuft von der Oberseite des Kopfes durch das Auge zum unteren Rand des Kiemendeckels. Flossen olivgelb, D teilweise mit dunklen Punkten, D und A schwarz gesäumt, P farblos. Geschlechtlich aktive ♂♂ haben eine braune A mit in Reihen angeordneten gelben Eiflecken, D vorn ebenfalls braun, 1. Strahl der schwarzen V weiß.
Pflege und Zucht siehe Familienbeschreibung, S. 676. Maulbrüter.

Astatoreochromis straeleni (Abb. 521)
(POLL, 1944)

Mündungsbereich des Lukuga und Rizzi in den Tanganjikasee sowie angrenzende Sumpfgebiete, gelegentlich auch im See selbst; bis 12 cm.
D XVII–XVIII/8–9; A III–IV/8–9; mLR 31–32; SL 13–21/2–8. Langgestreckt, schlank, seitlich abgeflacht. Metallisch blaugrün, Rücken hellgrau, Bauch weißlich. Der Kiemendeckel glänzt goldfarben. Ein schwarzer Strich verläuft schräg durch das Auge und knickt an der Maulspalte in Richtung Brust ab. D, A, C und V teilweise kräftig gelb. Geschlechtsreife ♂♂ mit etwa zehn orangeroten Eiflecken in der A. ♀ schlichter gefärbt, weniger Eiflecke in der A.
Pflege und Zucht siehe Familienbeschreibung, S. 676. Maulbrüter. Bislang als *Haplochromis straeleni* bekannt.

Astatoreochromis vanderhorsti
(GREENWOOD, 1954)

Malagarasi-Fluß und Abflüsse des Tanganjikasees; bis 15 cm.
D XVI–XVII/9–10; A III/8–9; mLR 30–32. Relativ hochrückig, seitlich abgeflacht. Dunkel graugrün, Rücken dunkler, Bauchseite dunkelgelb, Unterlippe kräftig blau. Hinter dem Kiemendeckel sechs kurze Längsreihen dunkelroter Flecke. Flossen gelblich, D mit dunkelroten Flecken, D und A schwarz gesäumt. Geschlechtsreife ♂♂ mit zahlreichen, in mehreren

Reihen angeordneten, gelben Eiflecken. ♀ A mit kleineren und blasseren Eiflecken.
Pflege und Zucht siehe Familienbeschreibung, S. 676. Maulbrüter. Bislang bekannt als *Haplochromis vanderhorsti*.

Gattung *Astatotilapia* PELLEGRIN, 1903

Nahe verwandt mit der Gattung *Haplochromis*. Beide Gattungen haben im Gegensatz zu *Astatoreochromis* nur 3–9 Eiflecke in der A und zeigen hinsichtlich der Färbung einen stark ausgeprägten Sexualdimorphismus. Unterschiede gegenüber *Haplochromis*: Kieferzähne in der äußeren Reihe einspitzig oder zweispitzig (Kronen nicht zusammengedrückt oder schräg abgestumpft), Zähne der inneren Zahnreihen dreispitzig und klein; mLR 28–30; C meist abgerundet; die beiden mittleren Schlundzahnreihen setzen sich aus vergrößerten, manchmal mahlzahnartigen Schlundzähnen zusammen. Maulbrüter. Afrika, weit verbreitet. Neun Arten.

Astatotilapia burtoni (Taf. 254)
(GÜNTHER, 1893)
Burtons Maulbrüter

Ost- und Zentralafrika, Tanganjikasee, Kivusee; bis 12 cm, ♀ kleiner.
D XIV–XV/9–11; A III/8–9; mLR 28–31; SL 18–21/8–12. Gestreckt, seitlich abgeflacht. ♂ gelb-olivgrau, teilweise hellblau schimmernd. Körperseiten mit dunklen, besonders in der Schwanzregion undeutlichen Querstreifen, die auch völlig fehlen können. Oberhalb des Ansatzes der P ein orangefarbener, undeutlicher Fleck. Die schwarzen Kiemendeckelflekke, die bei drohenden Tieren durch Abspreizen der Kiemendeckel dem Gegner präsentiert werden, verblassen in der Laichzeit. Drei dunkle Stirnbinden, ein dunkler Streifen vom Augenunterrand zum Mundwinkel, der bei kämpfenden Tieren besonders deutlich hervortritt. D bläulich, mit orangefarbenen Fleckenreihen, rot gesäumt, C orangegelb mit hellblauen Flecken, die sich im unteren Viertel verlieren, A mit 5–7 großen, orangefarbenen, schwarz umrandeten Eiflecken (Abb. 503/7), V dunkel. ♀ schlicht gelb-olivgrau gefärbt, mit dunklen Querstreifen und Kiemendeckelflecken, D ohne roten Saum.
Pflege siehe Familienbeschreibung, S. 676. Zur Zucht 25–28 °C. Günstig ist ein Zuchtansatz von einem ♂ und 3–5 ♀♀, ♂ polygam. Die etwa 35 Eier werden in Gruben abgelegt und vom ♀ ins Maul genommen, die Jungfische nach etwa fünf Tagen erstmalig aus dem Maul entlassen, typische Mutterfamilie.
Bislang bekannt als *Haplochromis burtoni*.

Astatotilapia desfontainesi (Abb. 522)
(LACÉPÈDE, 1802)
Blaulippenbuntbarsch

Nordafrika (Tunesien, Algerien); bis 15 cm, ♀ wesentlich kleiner.
D XIV–XVI/9–10; A III(–IV)/8–11; mLR 28–36; SL 17–22/6–15. Gestreckt, seitlich abgeflacht. Kopf und Maul groß. Färbung nach KIRCHSHOFER (textl. verändert): Zart bräunlich bis olivgrün. Schuppen bei auffallendem Licht perlmutterfarben bis bläulich schimmernd. Mehrere dunkle Querbinden und eine Längsbinde vom Auge bis in die C-Wurzel können deutlich ausgeprägt sein, aber auch ganz fehlen. Dagegen treten ein dunkles Band vom Auge zum Maulwinkel sowie ein schwarzer, gold eingefaßter Kiemendeckelfleck fast immer deutlich hervor. D und C mit zahlreichen winzigen, orangefarbenen bis braunen Tüpfeln, D außerdem orange gesäumt, A mit 4–8 großen, orangefarbenen, schwarz gesäumten Eiflekken, V schwarz. Zur Laichzeit insgesamt stahlblau, Flossen fast schwarz, Zeichnung leuchtend orangerot, Lippen blau. ♀ weniger bunt, ohne Eiflecke in der A.

Abb. 520 *Astatoreochromis alluaudi*
Abb. 521 *Astatoreochromis straeleni*

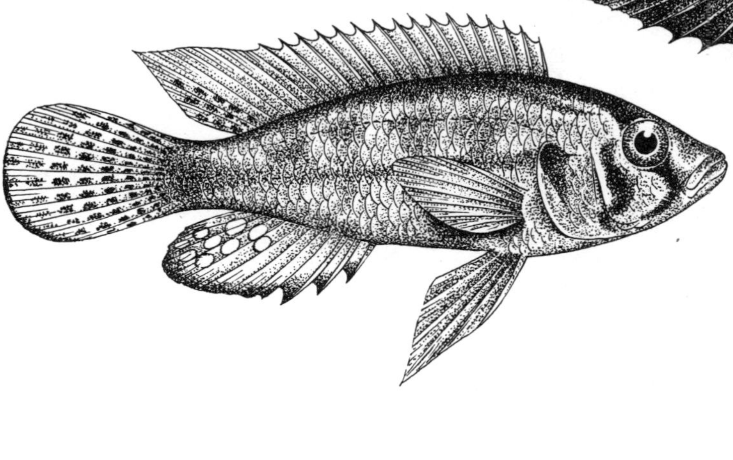

Pflege und Zucht siehe Familienbeschreibung, S. 676. Maulbrüter, ♂ polygam, Mutterfamilie. Bislang als *Haplochromis desfontainesi* bekannt.

Gattung *Aulonocara* REGAN, 1921

Eng verwandt mit der Gattung *Trematocranus*. Für beide Gattungen sind zahlreiche kleine Sinnesporen in der hinteren Kopfregion charakteristisch. Besonders die halbkreisförmig unter dem Auge angeordneten Poren sind bei *Aulonocara* deutlich zu erkennen. Von der Gattung *Trematocranus* unterscheidet sich die Gattung *Aulonocara* durch die bei Jungfischen unbeschuppte und die bei erwachsenen Fischen nur mit einer Schuppenreihe besetzte Wange und die größeren Sinnesporen. Maulbrüter. Ähnlich den beiden Malawisee-Gattungen *Aulonocara* und *Trematocranus* haben auch einige Tanganjikasee-Gattungen vergrößerte Sinnesporen auf dem Kopf (*Aulonocranus* und *Telmatocara*). Sechs Arten.

Aulonocara nyassae (Taf. 253)
(REGAN, 1921)
Kaiserbuntbarsch

Malawisee, Übergang zwischen Fels- und Sandlitoral; bis 18 cm.
D XV–XVI/10–11; A III/9; mLR 31–32. Körper langgestreckt, seitlich zusammengedrückt. Färbung der farbenprächtigen Arten stark stimmungsabhängig, Stirnlinie älterer ♂♂ mit deutlicher Einbuchtung. ♂ Rücken olivgrün, Körperseiten oben blau, Kopf kräftig blau mit kleinen rostbraunen Punkten, Lippen blau, untere Körperhälfte vorn zart orange bis blutrot, Brust und Bauch kräftig rot, Schwanzstiel nach hinten zunehmend blau bis blaugrün, Iris goldfarben. 9–10 dunkle Querstreifen können stark hervortreten, aber auch ganz verschwinden. D kräftig blau, hellblau gesäumt, A blau, Spitzen der ersten Strahlen orangerot, 3–6 goldfarbene Eiflecke, C blau, Flossenstrahlen blauschwarz, V orangerot, Vorderkante weiß, P graugrün. ♀ ohne eingebuchtete Stirnlinie, kleiner, graubraun, mit 9–10 dunklen Querbändern, D im hinteren Teil mit einigen orangeroten und blauen Punkten, zart blau gesäumt, A dunkelgrau, mit wenigen kleinen orangefarbenen Tupfen, V an der Vorderkante weiß.
Pflege und Zucht siehe Familienbeschreibung, S. 676. Wesentlich friedlicher als viele andere Malawi-Buntbarsche. Die Art laicht in flachen Gruben. Bis zu 60 Eier. Maulbrüter. Mutterfamilie. Jungfische quergestreift, Aufzucht leicht.
Neben der hier beschriebenen typischen Form wurden mehrere Farbspielarten sowie *A. maylandi* und unbestimmte Arten importiert, siehe Taf. 253.

Gattung *Aulonocranus* REGAN, 1920

Von der Gattung *Trematocara* durch folgende Merkmale unterscheidbar: mLR 33–36 Schuppen (27–31 bei *Trematocara*); zwei Seitenlinien (eine bei *Trematocara*); 11–13 D-Stacheln (8–12 bei *Trematocara*); kleine, konische, in der äußeren Reihe vergrößerte Kieferzähne. Wie aus dem Malawisee die Gattungen *Aulonocara* und *Trematocranus* haben *Aulonocranus* und *Trematocara* Sinnesporen auf dem Kopf. Maulbrüter. Tanganjikasee. Eine Art.

Aulonocranus dewindti (Abb. 523)
(BOULENGER, 1899)

Tanganjikasee, Übergangszone zwischen Fels- und Sandlitoral; bis 14 cm.
D XI–XIII/12–13; A III/9; mLR 33–36; SL 29–34/

Abb. 522 *Astatotilapia desfontainesi*
Abb. 523 *Aulonocranus dewindti*

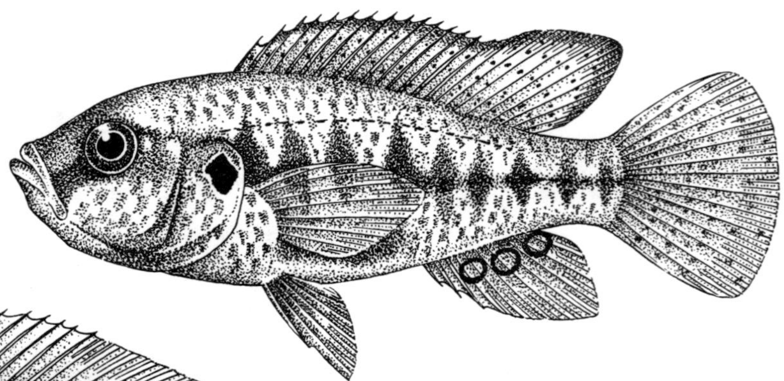

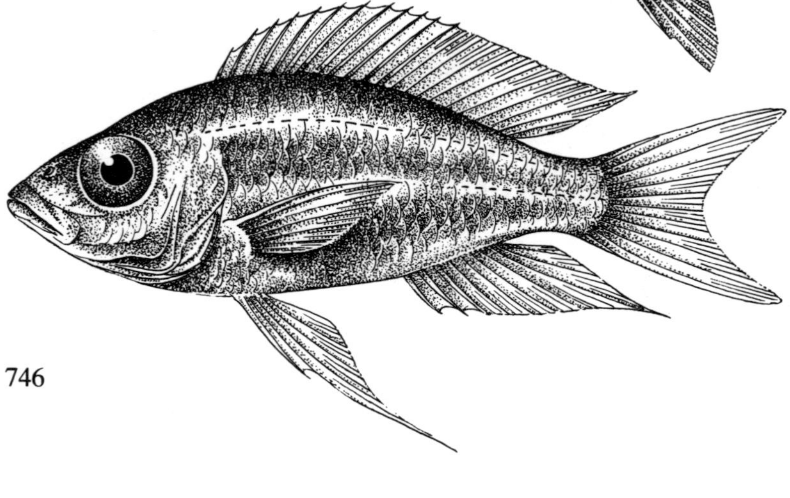

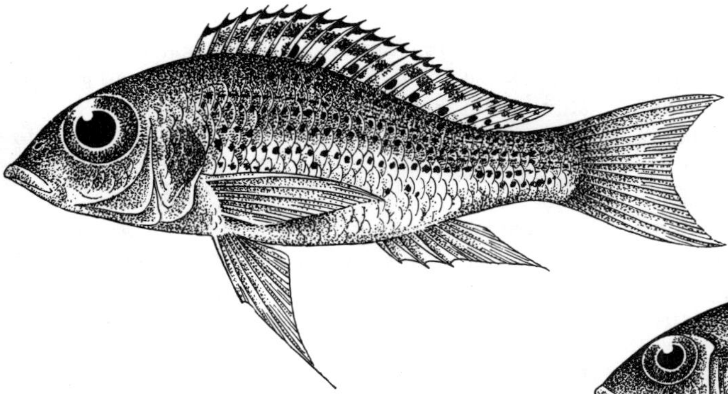

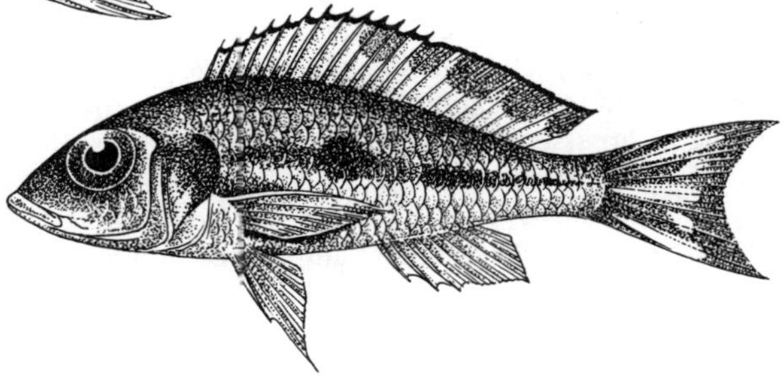

Abb. 524 *Callochromis macrops*
Abb. 525 *Callochromis pleurospilus*

10–18. Relativ hochrückig, seitlich stark zusammengedrückt, Maul und Auge groß. ♂: Kopf und Rücken oben grau. Körperseiten mit 6–7 bläulichen und orangefarbenen Längsstreifen. In Abhängigkeit von der Stimmung erscheinen auf den Körperseiten 2–3 unregelmäßig begrenzte schwarze Flecke. D und C gelb und blau gemustert. Geschlechtlich aktive ♂♂ sind fast schwarz. ♀ unscheinbar einheitlich silbrigweiß.
Pflege und Zucht siehe Familienbeschreibung, S. 676. Maulbrüter. Zur Fortpflanzung bauen die ♂♂ einen etwa 15 cm hohen Sandhügel mit einer Mulde, in die die Eier abgelegt werden.

Gattung *Callochromis* REGAN, 1920

Charakteristisch für diese Gattung sind der relativ langgestreckte schlanke Körper, die vergrößerten, mahlzahnartigen, inneren Schlundzähne, zwei Seitenlinien und die 10–12 Kiemenreusenzähne im unteren Teil des vorderen Kiemenbogens. Maulbrüter. Bis max. 16 cm. Tanganjikasee. Zwei Arten.

Callochromis macrops (Abb. 524)
(BOULENGER, 1898)

D XV–XVI/10–13; A III/6–7; mLR 33–38; SL 30–35/15–23. Körper gestreckt, zum Schwanzstiel hin schnell an Höhe verlierend, Bauchlinie gerade. Von dieser Art werden zwei Unterarten unterschieden:
Callochromis macrops macrops (BOULENGER, 1898)
Südliche und mittlere Bereiche des Tanganjikasees, Sandlitoral; bis 16 cm.
Graubraun, Rücken dunkler, Bauch silbrigweiß. Auf den Körperseiten unscharf begrenzte dunkle Flecke und Streifen. Flossen durchscheinend grau. ♂ Körperseiten mit rötlichem Anflug, A hinten mit rotem Fleck. ♀ einheitlich weißgrau mit silbrigem Glanz auf den Körperseiten.
Callochromis macrops melanostigma (BOULENGER, 1906)
Nördliche Bereiche des Tanganjikasees, Sandlitoral; bis 16 cm. Unterscheidet sich von der vorhergehenden Unterart durch das Fehlen der schwarzen Flecke auf den Körperseiten und in der D sowie durch die kürzere Schnauze.
Pflege und Zucht siehe Familienbeschreibung, S. 676. Maulbrüter. Zur Fortpflanzungszeit heben die ♂♂ in der Flachwasserzone schüsselförmige Sandgruben aus. Die 1–2 m^2 großen Reviere sind eng benachbart (Koloniebildung).

Callochromis pleurospilus (Abb. 525)
(BOULENGER, 1906)

Tanganjikasee; Sandlitoral; bis 10 cm.
D XII–XIII/12–13; A III/7–8; mLR 32–35; SL 22 bis 28/8–14. Körper wie bei der voranstehenden Art gestreckt. Graubraun, Rücken dunkler, Bauch weißlich, Kiemendeckel mit dunklem Fleck. Obere Körperhälfte bräunlich mit kleinen roten Punkten. Die hellgrünen Ränder der Bauchschuppen bedingen insgesamt eine netzartige Zeichnung. D vorn rot, hinten bläulich, A weiß oder rot gesäumt. Geschlechter schwer zu unterscheiden, ♂ vermutlich mit höherem Rotanteil in der A.
Pflege und Zucht siehe Familienbeschreibung, S. 676. Maulbrüter.

Gattung *Chalinochromis* POLL, 1974

Eng verwandt mit *Julidochromis* und *Lamprologus*. Die Gattung ist charakterisiert durch mehr als drei A-Stacheln, ausschließlich konische Zähne, eine nicht verknöcherte Suborbitalregion und im Gegensatz zu *Julidochromis* eine geringere Anzahl von D-Stacheln. Höhlenbrüter. Tanganjikasee. Drei Arten.

Chalinochromis brichardi (Taf. 255)
POLL, 1974
Zügelbuntbarsch

Tanganjikasee, bei Bujumbura, Felslitoral; bis 12 cm.
D XII–XIII/6–7; A VI–VII/5–6; mLR 35–36; SL 12 bis 26/3–9. Langgestreckt, schlank, seitlich stark ab-

geflacht. Gelboliv, Rücken bräunlich, Bauch weißlich. Auf dem Kiemendeckel ein tiefschwarzer Fleck, der mit der Oberlippe durch ein an der Unterkante des Auges verlaufendes, schwarzes, teilweise blau gesäumtes Zügelband verbunden ist. Hinter dem Kiemendeckel zieht dieses Band bogig zur Basis der P. Über die Stirn ziehen zwei schwarze Streifen. Flossen braungelb mit bläulichem Schimmer, D und C teilweise gelb getüpfelt, D hellblau und orange gesäumt, hinten oft mit großem, schwarzem Fleck. Jungtiere auf den Körperseiten mit zwei schwarzen Längsstreifen. Geschlechtsunterschiede in der Färbung unbekannt. D, A und V alter ♂♂ oft stärker verlängert. Pflege und Zucht siehe Familienbeschreibung, S. 676. Höhlenbrüter. Elternfamilie. Die Jungfische bilden keinen Schwarm, verbleiben aber in der ersten Zeit im Revier der Eltern. Bis zu 100 Jungtiere je Brut.
Zwei weitere, noch nicht beschriebene Arten werden als *Ch. bifrenatus* (Taf. 255) und *Ch. nbodhoi* gehandelt.

Gattung *Chilotilapia* Boulenger, 1908

Körper relativ hochrückig, seitlich kräftig zusammengedrückt, Stirnprofil steil ansteigend, Auge und Maul groß, mit wulstigen Lippen, Praemaxillare nicht zugespitzt. Kiefer mit breiten Zahnbändern. Oberkieferzahnband geschlechtsreifer Tiere hinten breiter als vorn (Abb. 526). Maulbrüter. Malawisee. Eine Art.

Chilotilapia rhoadesii
Boulenger, 1908

Malawisee, Sandlitoral; bis 24 cm.
D XV/10; A III/9; mLR 34; SL 21/18. Körperform wie oben angegeben. Hellblau, Rücken dunkler, Bauch heller, fast weiß. Zwei dunkelblaue bis fast schwarze Längsbinden in der oberen Körperhälfte, die beide bis in die C-Wurzel reichen. D hellblau bis grau, weiß und orange gesäumt, im hinteren Teil der Flosse zahlreiche orange bis braune Flecke. A dunkelblau, orange gesäumt, C grau, mit orangefarbenen bis braunen Punkten. Geschlechtsunterschiede in der Färbung unbekannt.
Pflege siehe Familienbeschreibung, S. 676. In der Natur besteht die Nahrung aus hartschaligen Weichtieren, die sie mit ihren kräftigen Kiefern und großen, stumpfen Zähnen zerquetschen. Maulbrüter.

Abb. 526 Bezahnung von *Chilotilapia* (nach Trewavas)

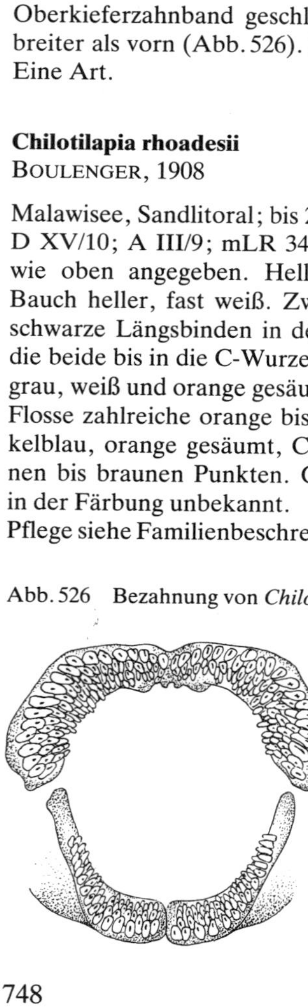

Gattung *Chromidotilapia* Boulenger, 1898

Mit den Gattungen *Pelmatochromis, Pelvicachromis* und *Nanochromis* nahe verwandt, durch folgende Merkmale jedoch eindeutig charakterisiert: An der Oberseite des Gaumens befindet sich ein eigenartiges Gebilde, das aus Drüsen- und Sinneszellen besteht. Diese scheinbar bei allen Buntbarschen entwickelte Struktur ist in dieser Gattung besonders stark ausgeprägt. Es wird vermutet, daß sie funktionell mit der Nahrungsaufnahme in Verbindung steht; Mikrokiemenrechen fehlen; V bei beiden Geschlechtern verlängert; C leicht abgerundet. Maulbrüter, beide Geschlechter beteiligen sich an der Brutpflege und nehmen die Eier ins Maul. Tropisches Westafrika. Etwa 5–6 Arten.

Chromidotilapia batesii (Abb. 527)
(Boulenger, 1901)

Guinea, Fernando Póo, Kamerun; bis 12 cm, ♀ kleiner.
D XV/10; A III/8; mLR 26–28; SL 18–20/7–10. Mäßig hoch, seitlich wenig abgeflacht. Hell- bis dunkelbraun, Rücken dunkler, Bauch heller, Kopf schwärzlich. Auf dem Kiemendeckel ein blauer bis tiefschwarzer, goldumrahmter Fleck. Körperseiten mit sechs dunkelbraunen bis schwarzen Querbinden. A und V grau, blau bis schwarz gesäumt, C oben bläulich mit roten Punkten, rot und hellblau gesäumt, unten hellgrau bis gelb, P gelblich. Geschlechtsunterschiede geringer als bei den meisten afrikanischen Maulbrütern. ♂ D mit wenig intensivem Perlmuttglanz, jedoch kräftig rot gesäumt. ♀ D mit intensivem Perlmuttglanz, ohne roten Saum, Bauch rötlich. Pflege und Zucht siehe Familienbeschreibung, (S. 676) und *Ch. guentheri*. Maulbrüter. Von dieser Art sind zwei lokale Farbrassen bekannt.

Chromidotilapia finleyi
Trewavas, 1974

Westafrika, Nebenflüsse des Mungo und Meme, Kotto-See, in klarem, fließendem Wasser; ♂ bis 11 cm, ♀ bis 9 cm.
D XV–XVI/9–10; A III/7–8; mLR 26–28. Gestreckt, seitlich wenig abgeflacht. Grau- bis hellbraun, Rükken dunkler, Bauch heller. Unterseite des Kopfes mit bläulich irisierenden Zonen, Lippen rötlich, auf dem Kiemendeckel ein schwarzer Fleck. Flossen gelblich bis blau. C häufig mit einigen bläulich bis grünlich irisierenden Tüpfeln. Geschlechtsdimorphismus geringer als bei den meisten afrikanischen Maulbrütern. ♂ D rot gesäumt. ♀ D und C oben metallisch silbern glänzend, Bauch rötlich. Von dieser Art wurden mehrere Farbrassen beschrieben.
Pflege und Zucht siehe Familienbeschreibung,

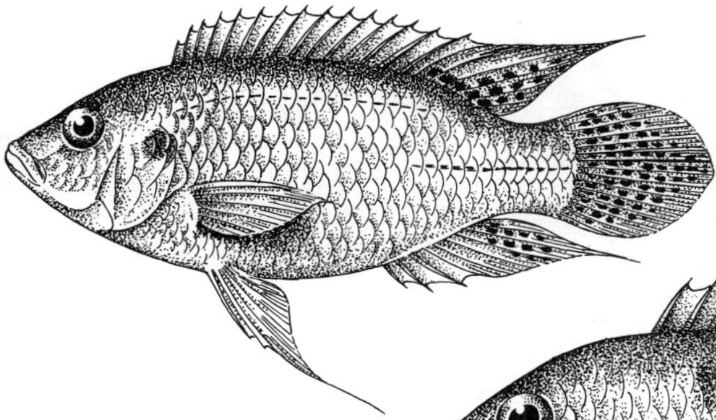

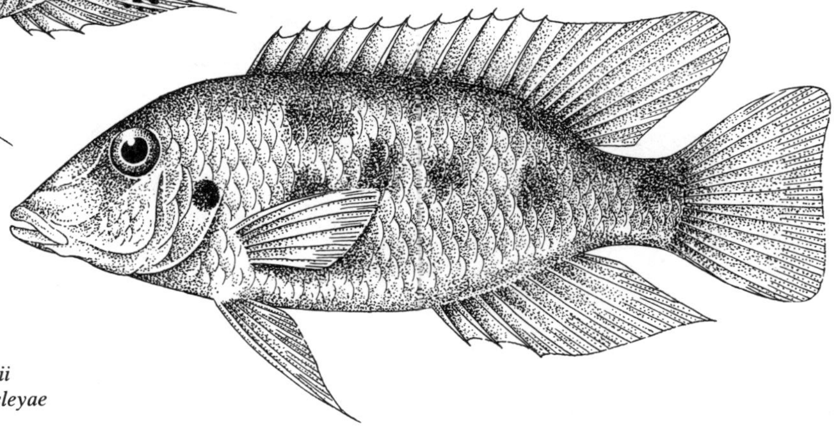

Abb. 527 *Chromidotilapia batesii*
Abb. 528 *Chromidotilapia kingsleyae*

(S. 676) und nachfolgende Art. Maulbrüter. ♂ monogam, Paarbildung wie bei Offenbrütern, die Paare bleiben auch während der Brutpflege erhalten. Das ♀ nimmt erst das fertige Gelege ins Maul, das ♂ bewacht das Revier. Nach einem Tag Rollenwechsel, dieser wird mehrfach wiederholt. Eier mit funktionstüchtigen Haftapparaten.

Chromidotilapia guentheri
(SAUVAGE, 1912)
Günthers Prachtbarsch

Westafrika, Goldküste bis Kamerun in Urwäldern und anschließenden Savannen; bis 20 cm, ♀ kleiner. D XV–XVII/9–12; A III/7–8; mLR 28–30; SL 19–22/7–12. Körper gestreckt, seitlich wenig abgeflacht, Kopf deutlich zugespitzt. Seiten olivgrün, bläulich schimmernd, Rücken wesentlich dunkler. Von der Schnauze bis in die C-Wurzel ein meist kräftiges, unregelmäßiges Band, parallel dazu von der Augenoberkante bis zum First des Schwanzstiels eine dunkle Linie. Beide Längszeichnungen werden von unregelmäßigen und undeutlichen Querbinden geschnitten. Kiemendeckel mit leuchtend blaugrünem Glanzfleck. D grünlich, mit perlmuttfarbenem Längsband und blutrotem Saum, C gelblich, oben mit roten Flekken und Strichen, A bei Wohlbefinden schön rot, V leuchtend grünsilbern. Iris leuchtend rot. Geschlechtsdimorphismus geringer als bei den meisten afrikanischen Maulbrütern. ♀ Flossen dunkel gesäumt, D silber- bis perlmuttfarben, an der Basis mit schwarzer Punktreihe, Bauch rosa.
Unverträglich, Rangfolge innerhalb einer Gruppe stark ausgeprägt. Maulbrüter, zeigt aber folgende Abweichungen: ♂ monogam, Bildung fester Paare wie bei Offenbrütern, die Eier werden gern in Höhlen abgesetzt, das ♂ nimmt die Eier ins Maul. Die Jungfische werden nach 12–14 Tagen erstmalig aus dem Maul entlassen, in der Folgezeit übernimmt bei Gefahr und nachts das ♀ die Maulbrutpflege. Bis 150 Eier. Siehe auch Familienbeschreibung, S. 676.

Chromidotilapia kingsleyae (Abb. 528)
BOULENGER, 1898

Südliches Gabun; bis 25 cm.
D XIV–XVI/9–10; A III/7–8; mLR 27–29; SL 18–21/6–10. Erinnert in der Körperform an *Ch. guentheri*. Grünlich bis gelblichgrün, Rücken dunkler, Bauch heller. Lippen bläulich, Iris blutrot. Sechs dunkle Querbinden und eine Längsbinde können deutlich hervortreten, nur angedeutet sein oder ganz fehlen. D und A an der Basis gelb, nach außen zu mit einer breiten, goldfarbenen, in allen Farben schillernden Längsbinde, äußerer Saum schwarzrot bis dunkelrot, C leicht gelblich bis grünlich, kräftig blau, P farblos. ♂ Bauch bräunlich bis rosa, dominierende ♂♂ dunkler als solche ohne Revier. ♀ Bauch kräftig rosa (Angaben teilweise nach MEINKEN).
Pflege und Zucht siehe Familienbeschreibung, (S. 676) und andere Arten der Gattung. Maulbrüter.

Chromidotilapia linkei
STAECK, 1980

Mungo (Fluß), Westkamerun; bis 9,5 cm.
D XV/10–11; A III/7; mLR 25–26; SL 20–21/10. Relativ hochrückig, seitlich stark abgeflacht. Graubraun, Rücken dunkler, Bauch heller, teilweise fast weiß. Umweltabhängig treten auf den Körperseiten etwa sechs dunkle Querbinden oder zwei dunkle Längsstreifen hervor. Iris der großen Augen kräftig hellblau, Unterlippe silbrigweiß. Oberer Teil des Kiemendeckels mit großem dunklem Fleck. D vorn perlmuttfarben, hinten mit roten Strichen und Punkten, V bläulich. ♂ D mit schmalem, rotem Saum.

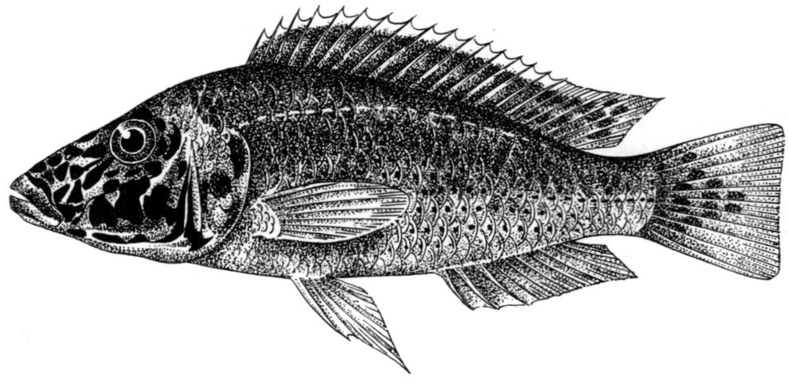

Abb. 529 *Ctenochromis horii*

♀ Bauchregion rosa, der dunkle Fleck auf dem Kiemendeckel mit deutlichem hellblauem Hof.
Pflege und Zucht siehe Familienbeschreibung, (S. 676) und *Ch. guentheri*. Maulbrüter.

Gattung *Ctenochromis* PFEFFER, 1893

Nahe verwandt mit der Gattung *Thoracochromis*, beide Gattungen haben in der Brustregion kleinere Schuppen als an den Körperseiten. Für *Ctenochromis* allein sind folgende Merkmale charakteristisch: eine unbeschuppte Region vor dem Beginn der V, unterer Teil der Wange unbeschuppt. Maulbrüter. Südöstliches Tansania, unterer Kongo (Zaïre), Tanganjikasee und Zuflüsse. Fünf Arten.

Ctenochromis horii (Abb. 529)
(GÜNTHER, 1893)
Rotpunktmaulbrüter

Tanganjikasee; bis 19,5 cm.
D XV–XVI/8–10; A III/6–8; mLR 29–33; SL 19–22/11–14. Körper langgestreckt, nicht sehr hochrückig, seitlich abgeflacht. Grün, Rücken bräunlich, Bauch schmutzigweiß. Vom Hinterkopf durch das Auge ein tiefschwarzer Streifen, der oberhalb der Schnauze endet, vom Hinterrand des Auges bis zur Basis der C eine stimmungsabhängige, mehr oder weniger dunkle Längsbinde. Auf den Schuppen, besonders der hinteren Körperhälfte, kleine, kräftig rote Glanzpunkte, die in etwa sieben Längslinien angeordnet sind. D gelblich, goldgelb gesäumt, C gelblich, D und C mit roten Tüpfeln. ♂ A mit leuchtend orangeroten Flecken. ♀ A überwiegend graubraun gefärbt.
Pflege siehe Familienbeschreibung, S. 676. Raubfisch. Maulbrüter.

Ctenochromis polli
(THYS VAN DEN AUDENAERDE, 1964)
Rotkehlmaulbrüter

Pool Malebo (Stanley Pool) und unterer Kongo (Zaïre); bis 10 cm, ♀ kleiner.
D XIV–XV/9–11; A III/6–7; P 13–14; mLR 27–29; SL 18/10. Relativ hochrückig, gedrungen, seitlich mäßig abgeflacht. Gelblich bis grünlichgrau, mit starkem Silberglanz auf den Körperseiten. Stimmungsabhängig treten auf den Körperseiten mehrere dunkle, unregelmäßig begrenzte Querstreifen hervor. Schuppen dunkel gerandet, teilweise ein intensives Netzmuster bildend. Die dunkle Augenbinde und ein Fleck auf dem Kiemendeckel sind meist nur angedeutet. Iris rot, Unterlippe blaugrün. Senkrechte Flossen durchscheinend, D schwarz und rot gesäumt, die ersten drei Strahlen tiefschwarz. ♂ Unterseite des Kopfes und Bauch bis zu den Vn kräftig rot, A mit einem weißlichgelben bis orangeroten Eifleck. ♀ A ohne Eifleck.
Pflege und Zucht siehe Familienbeschreibung, S. 676. Nach STALLKNECHT sind die Nachzuchttiere farbenprächtiger als die Importtiere. Maulbrüter. Bislang bekannt als *Haplochromis polli*.

Gattung *Cyathochromis* TREWAVAS, 1935

Mit den Gattungen *Cynotilapia* und *Gephyrochromis* eng verwandt. Durch die Bezahnung jedoch gut von diesen zu unterscheiden. Die Zähne von *Cyathochromis* haben einen schlanken Schaft und zusammengedrückte, löffelartige Kronen. Maulbrüter der Mbuna-Gruppe, Malawisee. Eine Art.

Cyathochromis obliquidens
TREWAVAS, 1935
Gelbkehlmaulbrüter

Südlicher Teil des Malawisees, Übergangszone zwischen Fels- und Sandlitoral; bis 15 cm.
D XVIII–XIX/8–9; A III/7; mLR 29–31. Relativ hochrückig, seitlich stark zusammengedrückt, das Stirnprofil in Augenhöhe mit sattelförmiger Einziehung. Grau, Rücken dunkler, Kehle gelb, Bauch fast weiß. Auf den Körperseiten zwei dunkle, unscharf begrenzte Längsbinden. Flossen grau, durchscheinend, mit bläulichem Schimmer, häufig gelb gesäumt, D-Basis und teilweise auch der Rücken grünlich schimmernd, A vorn blauschwarz gesäumt. ♂ mit einem orangefarbenen Eifleck in der A, selten mehrere Eiflecke. ♀ A ohne Eiflecke.
Pflege und Zucht siehe Familienbeschreibung, S. 676. Maulbrüter der Mbuna-Gruppe. Die Art ernährt sich vorwiegend von Algenaufwuchs.

Gattung *Cyathopharynx* REGAN, 1920

Charakteristisch für diese Gattung sind 48–64 Schuppen in der mLR und die schwach zweispitzigen Zähne in den Kiefern. Maulbrüter. Tanganjikasee. Eine Art.

Cyathopharynx furcifer (Abb. 530)
(BOULENGER, 1898)

Tanganjikasee, Sandlitoral und Übergangszone zum Felslitoral; bis 22 cm.
D XIII–XIV/12–14; A III/9; mLR 48–64; SL 50–58/23–33. Körper relativ hoch, seitlich stark zusammengedrückt. Kräftig metallisch blau, teilweise blaugrün schimmernd, Rücken grau, Bauch weißlich. Geschlechtlich aktive ♂♂ prächtig violett. ♀♀ und Jungfische einfarbig schmutzigweiß bis silbrig, mit mehreren dunklen, in einer Längsreihe angeordneten Flecken. ♂ V extrem verlängert, D, A und C ebenfalls ausgezogen.
Zur Fortpflanzungszeit legen die ♂♂ flache Gruben mit einem Durchmesser bis zu 1 m an. Die Art bildet Laichkolonien. Maulbrüter. Pflege siehe auch Familienbeschreibung, S. 676.

Gattung *Cynotilapia* REGAN, 1921

Eng verwandt mit den Gattungen *Cyathochromis* und *Gephyrochromis*. Anhand der Bezahnung lassen sich die Gattungen jedoch gut abgrenzen. Bei *Cynotilapia* sind die Zähne weniger zahlreich, konisch und besonders im Unterkiefer in den äußeren Reihen vergrößert. Maulbrüter der Mbuna-Gruppe. Zwei Arten.

Cynotilapia afra (Taf. 254)
(GÜNTHER, 1893)

Malawisee, Felslitoral; bis 10 cm.
D XVII/8; A III/6–7; mLR 29–32; SL 21–22/9–12. Langgestreckt, schlank, seitlich wenig abgeflacht. ♂ graublau bis kräftig türkisblau. Körperseiten mit 7–8 dunklen Querbinden, die stimmungsabhängig kaum bis tiefschwarz hervortreten können und auf die D übergreifen. D-Basis schwarz, Saum weiß oder gelb, A vorn rußig schwarz, hinten hellblau mit 3–4 ovalen, gelben, schwarz gerandeten Eiflecken. ♀ einfarbig blaugrau.
Pflege und Zucht siehe Familienbeschreibung, S. 676.
Zooplanktonfresser. Maulbrüter. Mutterfamilie.

Cynotilapia axelrodi
BURGESS, 1976

Südlicher Teil des Malawisees, Felslitoral; bis 10 cm (?).
D XVII–XVIII/8–10; A III/8; mLR 29; SL 21–23/6 bis 12+1–2. Langgestreckt, etwas schlanker als *Cynotilapia afra*. ♂ bläulich bis blaugrau, Rücken dunkler, Bauch gelblich. Auf dem Kiemendeckel ein schwarzer Fleck, 7–9 schwarze Querbinden auf den Körperseiten, die die Unterseite nicht erreichen und in der vorderen Körperhälfte am stärksten hervortreten. D grau bis weißlichgrau, gelblich gesäumt, A graugelb mit breitem, schwarzem Saum und 1–2 orangegelben Eiflecken, die in einer transparenten oder weißlichen Zone liegen, C gelblichgrau, oben und unten schwarz gesäumt, V grau, erste Strahlen schwarz, Spitzen weiß. ♀ mehr bräunlich, D grau, gelblich gesäumt, A etwas gelber als bei den ♂♂.
Pflege und Zucht siehe Familienbeschreibung, S. 676. Maulbrüter.

Gattung *Cyphotilapia* REGAN, 1920

Für diese Gattung sind der besonders im Alter bei beiden Geschlechtern stark entwickelte Stirnwulst und die konischen, zwei- und dreispitzigen Zähne in den Kiefern charakteristisch. Maulbrüter. Tanganjikasee. Eine Art.

Cyphotilapia frontosa (Taf. 236, 256)
(BOULENGER, 1906)
Tanganjika-Beulenkopf

Tanganjikasee, tiefere Wasserschichten über steinigem Grund; bis 35 cm.
D XVIII–XIX/8–9; A III/7–8; mLR 34–36; SL 23 bis 25/15–16. Erwachsene Tiere sind hochrückig und seitlich stark abgeflacht. Der Stirnwulst entwickelt sich bei den ♂♂ und ♀♀ ab 10 cm Gesamtlänge.

Abb. 530 *Cyathopharynx furcifer*

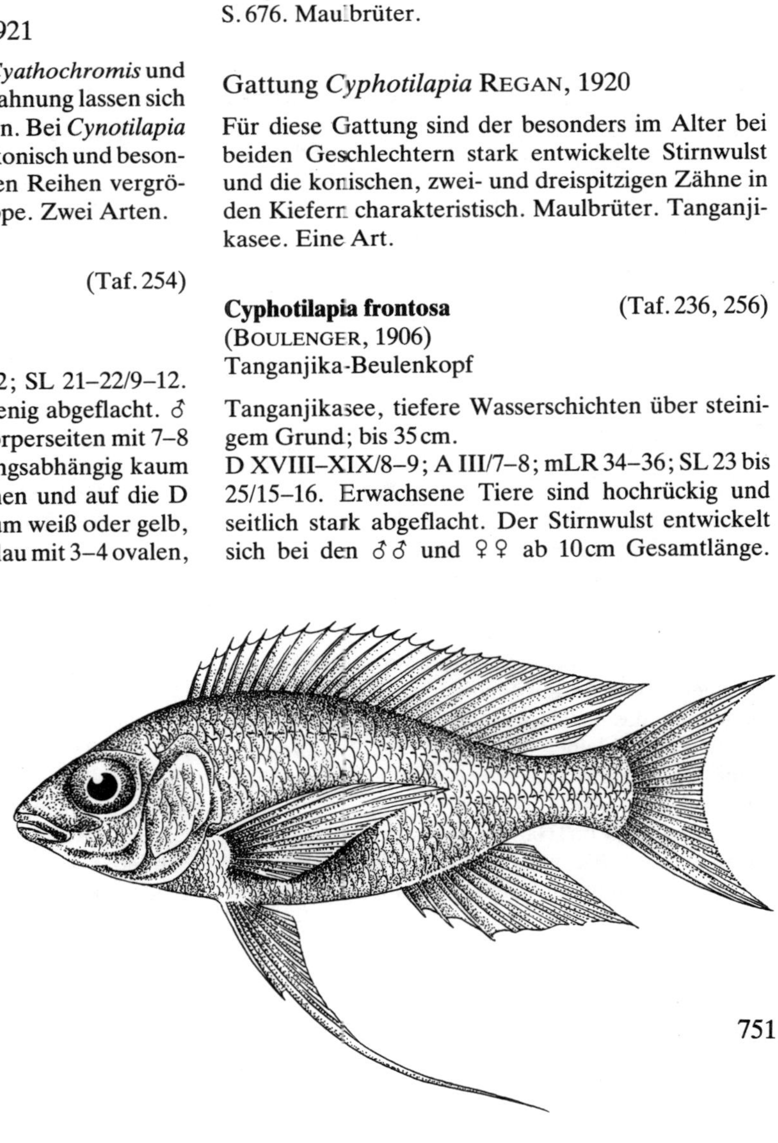

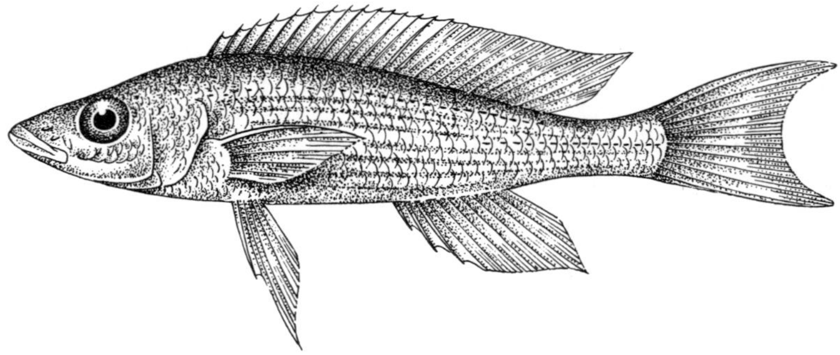

Abb. 531 *Cyprichromis brieni*

Grauweiß bis cremefarben. Körperseiten mit 5–6 breiten, tiefschwarzen Querbinden, die erste durch das Auge, die letzte auf der C-Wurzel. Flossen bläulich bis leicht grau. Geschlechtsunterschiede in der Färbung unbekannt. Stirnwulst der ♂♂ oft stärker entwickelt. D, A und besonders V der ♂♂ deutlich verlängert.
Pflege und Zucht siehe Familienbeschreibung, S. 676. Maulbrüter. Laicht meist in Höhlen, das ♀ nimmt die Eier ins Maul (Mutterfamilie) und betreut die Jungfische bis zu einem Alter von sechs Wochen. Eizahl 50, im Verhältnis zur Körpergröße auffallend gering. In seiner Heimat ist *C. frontosa* ein beliebter Speisefisch.

Gattung *Cyprichromis* SCHEUERMANN, 1977

Von der nahe verwandten Gattung *Limnochromis* durch folgende Merkmale zu unterscheiden: Körper langgestreckt, seitlich wenig zusammengedrückt; hinterer Rand der C deutlich konkav; Kammschuppen; Schlundknochen hinten mit einer Reihe von Schlundzähnen besetzt, davor nur wenige, kleine, ungeordnete Schlundzähne; kein Fleck auf dem Kiemendeckel. Maulbrüter. Tanganjikasee; mindestens vier Arten.

Cyprichromis brieni (Abb. 531)
POLL, 1981

Tanganjikasee, Felslitoral; bis 15 cm.
D XIV–XV/13–14; A III/9–10; mLR 37–39; SL 26 bis 30/9–14. Gattungstypisch gestaltet. Rehbraun, Rükken dunkler, Bauch heller. 4–5 schmale, blaue bis blaugrüne Längsbinden, die hinter dem Kiemendekkel beginnen und in der C-Wurzel enden. ♂ A und V intensiv goldgelb, D schmal schwarz gesäumt. ♀ A, C und V grau, D im hinteren Teil kräftig gelb.
Pflege und Zucht siehe *C. leptosoma*. Zucht bereits gelungen. Eiablage auf Steinen, nach der Befruchtung nimmt das ♂ die Eier ins Maul, die geschlüpften Jungfische verbleiben bis zum Freischwimmen im Maul. Anfütterung mit *Artemia*- oder *Cyclops*-Nauplien.
Die Art wurde im Handel auch als *C. nigripinnis* (BOULENGER, 1901) angeboten, von der sie sich aber durch das kleinere Auge und die P unterscheidet, die bei *C. brieni* immer kürzer als die Kopflänge ist.

Cyprichromis leptosoma (Taf. 256)
(BOULENGER, 1898)
Zitronenschwanz

Tanganjikasee; Felslitoral; bis 14 cm.
D XIII–XV/14–18; A III/11–12; mLR 39–41; SL 27 bis 33/11–15. Gattungstypisch gestaltet. ♂ bräunlichgrau, Unterseite gelblich. D und A besonders im hinteren Teil blauschwarz, C leuchtend goldgelb oder blauviolett. ♀ kleiner, unscheinbar grau.
Die Tiere kommen in großen Schwärmen zu mehreren hundert Exemplaren vor, wobei sich die ♂♂ vorwiegend am Rand, die ♀♀ in der Mitte des Schwarmes aufhalten. Nicht gesichert ist die Frage, ob es sich dabei um Laichschwärme handelt und die Tiere ansonsten einzeln in größeren Tiefen leben.
Hinsichtlich der Pflege sind die Fische nach KRÜGER (1980) etwas heikel. Insbesondere vertragen sie keine großen Temperaturschwankungen, keinen plötzlichen Wasserwechsel und auch kein häufiges Umsetzen. Gute Springer, Aquarien stets gut abdecken. Gegen Sauerstoffmangel sehr empfindlich. Zucht bereits gelungen. Freilaicher. Das ♂ schwimmt mit angelegten Flossen von oben an das laichwillige ♀ heran. Dabei beginnt es mit dem Unterkiefer stark zu zittern. Nachdem das ♀ ein Ei ausgestoßen hat, dreht es sich sehr schnell um und nimmt das absinkende Ei ins Maul (Maulbrüter, Mutterfamilie). Nun nähert es sich mit dem Maul der Afterregion des ♂ und saugt die abgegebene, deutlich sichtbare, weiße Spermawolke mit dem Atemwasser auf. Die Eier haben einen Durchmesser von 3–4 mm, Eizahl etwa 15. Die Jungfische werden erst nach etwa drei Wochen aus dem Maul entlassen und sind dann mit *Cyclops*- und *Artemia*-Nauplien anzufüttern. Siehe auch Familienbeschreibung, S. 676.

Cyprichromis microlepidotus
(POLL, 1956)

Nördlicher Teil des Tanganjikasees; bis 14 cm.
D XII–XIV/15–18; A III/12–13; mLR 63–71. Hinsichtlich der Körperform und Färbung *C. leptosoma* sehr ähnlich, durch folgende Merkmale jedoch eindeutig von dieser zu unterscheiden: Die Anzahl der Schuppen in einer mittleren Längsreihe (mLR) ist größer; D und A haben eine größere Anzahl von Weichstrahlen; der Augendurchmesser ist größer als die Zwischenaugenweite (Interorbitale). Gelblichgrau mit bläulichen Streifen. D und A schwarz bis tür-

kisblau, C goldgelb oder schwarzblau, V mit goldgelber Spitze. ♀ grau bis grünlichgrau.
Pflege und Zucht siehe *C. leptosoma*. Bislang selten gezüchtet. Maulbrüter.

Gattung *Eretmodus* BOULENGER, 1898

Eng verwandt mit den Gattungen *Spathodus* und *Tangicodus*. Kieferzähne in 2–3 Reihen, spatelartig, meist mit dünner Wurzel und stark vergrößerter, abgestumpfter Krone (Abb. 532). Maulbrüter. Tanganjikasee. Eine Art.

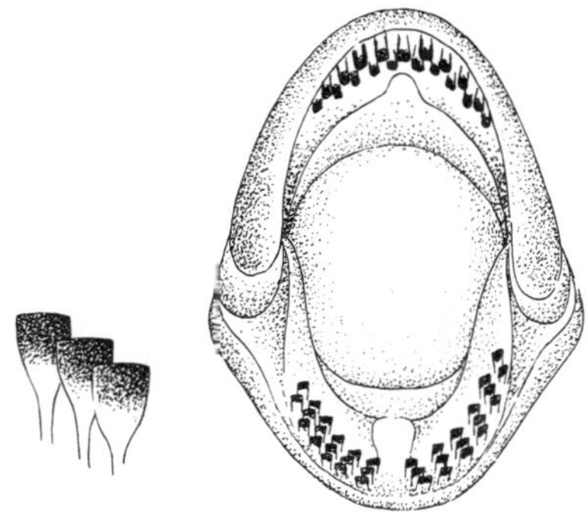

Abb. 532 Bezahnung und Einzelzähne von *Eretmodus cyanostictus* (nach BOULENGER)

Eretmodus cyanostictus (Abb. 533)
BOULENGER, 1898
Tanganjika-Clown, Gestreifter Grundelbuntbarsch

Tanganjikasee, Felslitoral in einer Tiefe von 0,5 bis 1,5 m; bis 7,5 cm.
D XXIII–XXV/3–5; A III/6–7; mLR 32–35; SL 22 bis 23/6–9. Körper gestreckt, seitlich zusammengedrückt. Entsprechend dem großen Verbreitungsgebiet variiert die Grundfärbung von Olivgrün über Hellbraun bis zu einem kräftigen Dunkelbraun. Kopfunterseite und Lippen in der Regel bläulich. Auf den Körperseiten 8–9 gelbliche bis teilweise orangefarbene Querbinden, die auch auf die Basis der D übergreifen können. Bei Fischen aus dem südlichen Teil des Sees (Sambia) ist diese Zeichnung auf 5–6 Streifen in der unteren Körperhälfte reduziert, die obere Hälfte hat 2–3 bläulichgrüne Punktreihen, die auch auf dem Kopf und in der D-Basis vorkommen. D und oberer Teil der C hellblau und orange gesäumt, P transparent, alle anderen Flossen bräunlich. Sichere Geschlechtsunterschiede in der Färbung bislang unbekannt. Keine Eiflecke.
Pflege und Zucht nicht ganz einfach. Unverträglich. Maulbrüter. ♂ monogam, langandauernde Paarbildung, beide Partner nehmen die Eier und die geschlüpfte Brut ins Maul (Elternfamilie), Eier gestielt, bis 250 je Gelege. Die Jungfische werden in Gruben betreut.

Gattung *Etroplus*
CUVIER und VALENCIENNES, 1830

Scheiben- bis eiförmige, seitlich stark abgeflachte Buntbarsche. Unpaare Flossen abgerundet. Relativ ursprüngliche Gattung, deren engste Verwandten in Madagaskar leben. Offenbrüter. Elternfamilie. Vorderindien, Sri Lanka meist im Brackwasser. Bis 40 cm Gesamtlänge. Drei Arten.

Etroplus maculatus (Taf. 257)
(BLOCH, 1795)
Punktierter Buntbarsch

Vorderindien und Sri Lanka, im Süß- und Brackwasser; bis 8 cm.
D XVII–XX/8–10; A XII–XV/8–9; P 15–16; mLR 35–37. Körper scheibenförmig, sehr hoch, seitlich stark zusammengedrückt. Zur Laichzeit: Rücken graublau bis braunschwarz, seitlich hellorange bis goldgelb. Auf den Körperseiten drei große, runde, braunschwarze bis schwarze oder bläuliche, von einer gelblichen Zone eingefaßte Flecke, von denen der mittlere sehr kräftig hervortritt, außerdem zahlreiche goldrote oder leuchtend rote Punktlängsreihen. D orange mit dunkelbraunen oder rötlichen Punkten und rotem Saum, A und C gelb, erstere mit tiefschwarzem vorderem Saum, letztere mit rötlichem Rand. V schwarz, erster Flossenstrahl hellblau irisierend. Iris golden bis leuchtend rot, unter dem Auge einige bläuliche Schuppenreihen. Außerhalb der Laichzeit dunkel, weniger intensiv gefärbt, Flossen mehr schwärzlich. Unterscheidung der Geschlechter oft schwierig, ♀♀ meist weniger farbig, D und C nur rötlich gesäumt.
Pflege und Zucht siehe Familienbeschreibung, S. 676. Friedliche, nicht wühlende Art, die in Aquarien mit lockeren Pflanzenbeständen und vor allem Wurzelstöcken zu hältern ist. Empfindlich gegen Wasser-

Abb. 533 *Eretmodus cyanostictus*

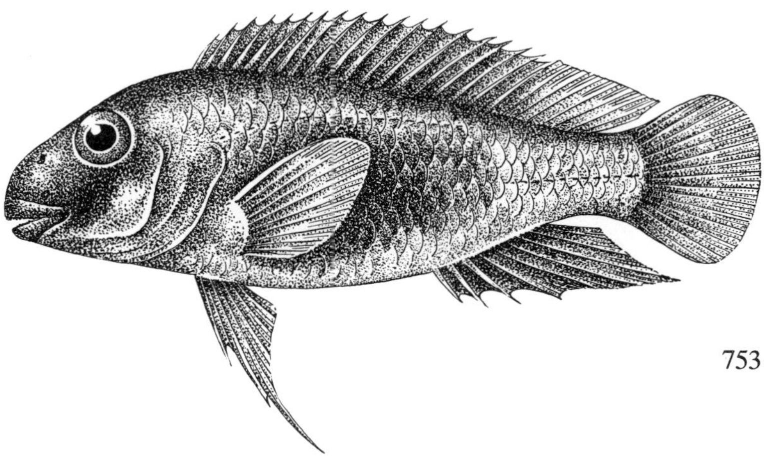

wechsel und Frischwasser, etwas Seesalzzusatz (1–2 Teelöffel auf 10 Liter Wasser) erhöht die Widerstandsfähigkeit der Tiere. Temperaturen nicht unter 20 °C, zur Zucht 25–26 °C. Laicht mit Vorliebe auf Steinen oder Holzstücken, aber auch an breitblättrigen Pflanzen. Offenbrüter. Die 200–300 Eier hängen an kurzen Stielen. Beide Partner betreiben Brutpflege (Elternpflege). Jungtiere kräftig und abwechslungsreich füttern. Die Jungtiere heften sich gelegentlich an die Körperseiten der Eltern, siehe dazu bei *Symphysodon*, S. 741.

Etroplus suratensis (Taf. 257)
(BLOCH, 1790)
Gestreifter Buntbarsch

In den Brackwassergebieten um Sri Lanka; bis 40 cm, bleibt in Gefangenschaft wesentlich kleiner.
D XVIII–XIX/14–15; A XII–XIII/11; mLR 35–40. Körper sehr hoch, in Seitenansicht kurzoval, seitlich stark abgeflacht. Blaubraun bis graugrün mit Perlmuttglanz an den Körperseiten und 6–8 meist nicht sehr kräftig hervortretenden Querbinden. Schuppen der Körperseiten mit großen grünen oder bläulichen Glanztüpfeln, unterhalb der Seitenmitte oft zahlreiche, breit lackschwarz gerandete Schuppen. Flossen bläulich oder schmutziggrün, P gelb mit lackschwarzem Fleck an der Basis. Nach DAY sind die Tiere im Seewasser intensiver gefärbt und dort zur Laichzeit prächtig purpurrot und tiefschwarz gebändert. Geschlechtsunterschiede unbekannt.
Zur Pflege siehe voranstehende Art. *E. suratensis* ist ein Brackwasserfisch und kann nur vorübergehend im Süßwasser gehältert werden. Wärmebedürftig, mindestens 23–24 °C.

Gattung *Genyochromis* TREWAVAS, 1935

Nahe verwandt mit der Gattung *Melanochromis*. Unterscheidet sich von dieser durch die in dem breiten Maul quer verlaufenden Zahnbänder (Abb. 534), die in den Bändern hinten nicht vergrößerten Zähne und das auffallend vorgestreckte Kinn. Die Zähne der vorderen Reihen sind genau wie bei *Melanochromis* zweispitzig, die der hinteren dreispitzig. Maulbrüter der Mbuna-Gruppe. Malawisee. Eine Art.

Abb. 534 Bezahnung von *Genyochromis mento* (nach TREWAVAS)

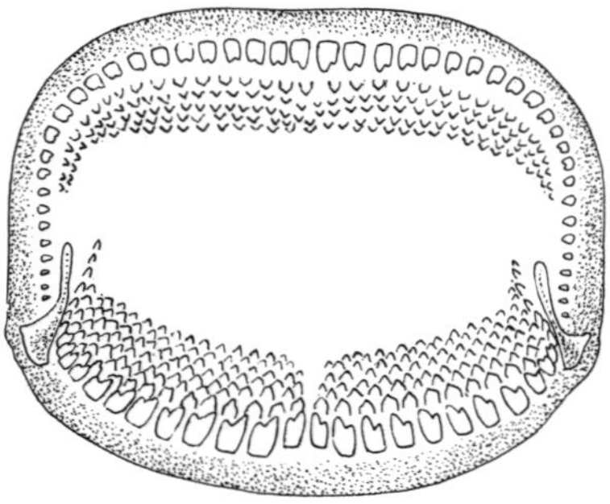

Genyochromis mento
TREWAVAS, 1935
Malawi-Schuppenfresser

Malawisee; bis 12 cm.
D XVI–XVII/9–10; A III/7–8; mLR 32–33. Erinnert hinsichtlich der Körperform an den bekannten *Pseudotropheus zebra*, etwas schlanker, Kinn vorgestreckt. Färbung sehr variabel, manche Tiere unterscheiden sich in der Färbung kaum von *Pseudotropheus zebra*. Grau bis blaugrau mit einer Anzahl schwarzer Querbänder. Daneben kommen aber auch gescheckte und einfarbig schmutziggelbe Exemplare vor, bei denen es sich vorwiegend um ♀♀ handeln soll. Sichere Geschlechtsunterschiede in der Färbung unbekannt.
G. mento ernährt sich hauptsächlich von den Schuppen des Cypriniden *Labeo cylindricus* und den Flossen anderer Arten. Diese Ernährungsweise erlaubt im Aquarium keine Vergesellschaftung mit anderen Fischen und macht die Pflege generell sehr schwierig. Maulbrüter. Als Beifang von *Pseudotropheus zebra* importiert.

Gattung *Gephyrochromis* BOULENGER, 1901

Mit den Gattungen *Cyathochromis* und *Cynotilapia* nahe verwandt, jedoch durch die Bezahnung und Zahnform leicht zu unterscheiden. Kiefer mit einem Band kleiner, dreispitziger Zähne, die Zähne der äußeren Reihen konisch, eng beieinanderstehend und stark gekrümmt. Der Unterkiefer etwas kürzer als der Oberkiefer. Maulbrüter der Mbuna-Gruppe. Malawisee. Im Gegensatz zu den Angaben von BOULENGER (1915) nicht im Tanganjikasee. Die Gattung *Christyella* ist ein Synonym. Zwei Arten.

Gephyrochromis lawsi
FRYER, 1957

Malawisee, Felslitoral; bis 15 cm.
D XVII/7–9; A III/8–9; mLR 31–32. Gestreckt, seitlich mäßig abgeflacht. ♂: Rücken gelblich bis bronzefarben, Bauch bläulich, Kopfunterseite lackschwarz. Stimmungsabhängig treten auf den Körperseiten sieben dunkle Querbinden hervor. D kräftig gelb, A schwärzlich, mit orangefarbenem Eifleck, C-Basis dunkel, äußerer Teil der Flosse gelblich, V weiß gesäumt. ♀ heller, Bauch silbrig, Querbinden nur schwach angedeutet, D hell, A und C dunkel, A mit kleinem gelbem oder orangefarbenem Eifleck.
Pflege und Zucht siehe Familienbeschreibung, S. 676. Algenfresser. Maulbrüter.

Gephyrochromis moorei (Abb. 535)
BOULENGER, 1901

Nördlicher Teil des Malawisees; Sandlitoral; bis 12 cm.
D XVII–XVIII/8–9; A III/7–8; mLR 30–32; SL 22/13. Gestreckt, seitlich mäßig abgeflacht. Mehr oder

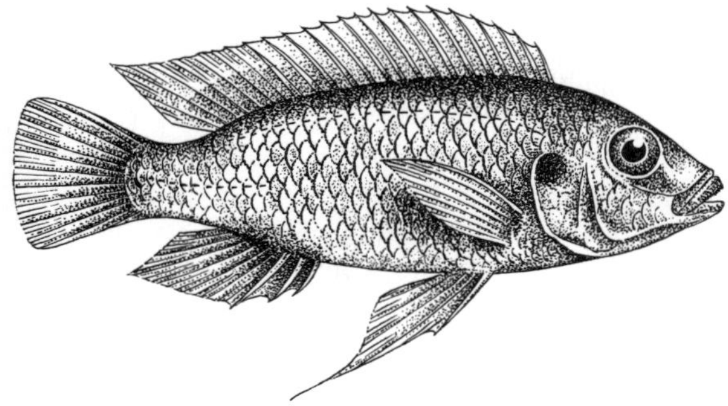

Abb. 535 *Gephyrochromis moorei*

weniger graublau, Rücken bräunlich. Flossen durchscheinend, D und C mit einzelnen blauen Punkten und Strichen, A und V mit blauem Vorderrand, A außerdem mit 1–2 gelben Eiflecken. Geschlechtsunterschiede in der Färbung unbekannt. Pflege siehe Familienbeschreibung, S. 676. Maulbrüter.
Christyella nyasana TREWAVAS, 1935, ist ein Synonym dieser Art.

Gattung *Gnathochromis* POLL, 1981

Eng verwandt mit der Gattung *Limnochromis*. Charakteristische Merkmale sind der leicht eingeschnittene äußere Rand der C, die verhältnismäßig lange Schnauze und das bis unter das Auge reichende Maxillare. Maulbrüter. Tanganjikasee. Zwei Arten.

Gnathochromis pfefferi
(BOULENGER, 1898)

Tanganjikasee; bis 12 cm.
D XV/8–10; A III/7–8; mLR 32–33; SL 21–22/10 bis 14. Körper verhältnismäßig hoch, seitlich stark abgeflacht, Kopf auffallend spitz. ♂ blaugrün, Rücken dunkler, Bauch weißlich, teilweise schwach silbern glänzend, Kiemendeckel dunkelbraun, mit mehreren orangeroten Tüpfeln. 7–8 dunkelbraune Querbinden an den Körperseiten. D mit einer hellen Binde unmittelbar vor dem dunklen Außensaum, A mit 3–4 gelben Eiflecken, äußere C-Strahlen schwarz, V-Vorderkante schwarz. ♀ keine orangeroten Tüpfel auf dem Kiemendeckel, C und V ohne schwarze Flossenstrahlen. Jungfische einfarbig grau.
Pflege siehe Familienbeschreibung, S. 676. Zucht bereits gelungen. Maulbrüter.
Die Art war auch unter dem Namen *Limnochromis pfefferi* und *Haplochromis pfefferi* bekannt.

Gattung *Haplochromis* HILGENDORF, 1888

Charakteristisch für diese Gattung sind folgende Merkmale: Zähne in der äußeren Kieferreihe mit schräg abgestumpften, verlängerten Kronen, C gerade oder fast gerade abgeschnitten, untere Schlundzähne nicht vergrößert und nicht mahlzahnartig. Maulbrüter. Nach der Gattung *Sarotherodon* die am weitesten verbreitete afrikanische Buntbarschgattung und mit über 300 Arten die größte Cichliden-Gattung überhaupt. Ihr Verbreitungsgebiet reicht von Tunesien im Norden bis Namibia im Süden, sie fehlt jedoch weitgehend in Westafrika. Die größte Entfaltung erreicht die Gattung im Malawi- und Victoriasee. Nach GREENWOOD (1979, 1980) gehören jedoch die Arten des Malawisees einer anderen phylogenetischen Gruppierung an, so daß wahrscheinlich die Aufstellung einer neuen Gattung für diese Arten gerechtfertigt ist. Bis zu einer endgültigen Klärung wird hier jedoch auch für die einschlägigen Arten des Malawisees der Gattungsname *Haplochromis* beibehalten.
Die Arten des Malawisees haben sich sehr verschiedenartig spezialisiert. Neben Raubfischen kommen solche vor, die sich vorwiegend von Insektenlarven oder Zooplankton ernähren. Letztere leben in Schulen oder Schwärmen im ufernahen freien Wasser und haben große fischereiwirtschaftliche Bedeutung (Utaka-Gruppe). In der Laichzeit suchen die Tiere die Uferzone auf und legen ihren Laich entweder auf Steinen ab oder bauen schüssel- bzw. kraterartige Laichgruben. Die geschlechtlich aktiven ♂♂ sind in der Regel auffallend schön gefärbt, die ♀♀ dagegen einfarbig silbrig-grau. Weitere Angaben siehe bei den einzelnen Arten selbst. Maulbrüter, ♂♂ polygam, die ♀♀ nehmen die Eier ins Maul (Mutterfamilie).

Haplochromis boadzulu (Taf. 259)
ILES, 1960

Südlicher Teil des Malawisees; bis 15 cm.
D XV–XVII/10–12; A III/10–11; mLR 33–34. Relativ kurz und hochrückig, seitlich stark abgeflacht. Geschlechtlich aktive ♂♂ besonders in der vorderen Körperhälfte einschließlich des Kopfes metallisch blau. Schuppen der unteren und hinteren Körperregionen mit orangefarbenen Tüpfeln. Zwei dunkle Längsstreifen, der obere unterhalb der D, der untere, intensivere, in der Körpermitte. Stimmungsabhängig treten 10–12 unregelmäßige dunkle Querstreifen hervor, die in der oberen Körperhälfte besonders deutlich sein können. ♀ und Jungfische silbrigweiß mit besonders deutlichem Bindenmuster (siehe oben). Flossen transparent mit orangefarbenen Tupfen, D und V mit weißem Saum.
Pflege und Zucht siehe Familienbeschreibung, S. 676. Die Art gehört zur Utaka-Gruppe. Maulbrüter, Mutterfamilie.

Haplochromis borleyi (Taf. 258)
ILES, 1960

Malawisee. Felslitoral; bis 13 cm.
D XVIII/11–12; A III/9–10; mLR 33–35. Körper ähnlich gestaltet wie bei der voranstehenden Art angegeben. Geschlechtlich aktive ♂♂ leuchtend blau, Kopf und vorderer Teil des Rückens besonders intensiv gefärbt. Schuppen der Körperseiten und des Schwanzstieles mit einem großen, dreieckigen, oran-

gefarbenen Tupfen, alle Tupfen zusammen verändern die blaue Grundtönung ins Dunkelorange. D blau, weiß und orange gesäumt, im hinteren Teil mit einer Reihe orangefarbener Punkte, V verlängert, vorn weiß bis leicht blau. ♀ graubraun, teilweise silbrig glänzend, auf den Körperseiten drei schwarze Flecke. Diese Flecke sind z. T. auch bei jüngeren oder inaktiven ♂♂ vorhanden, verlieren sich jedoch beim Eintritt in die geschlechtliche Aktivität.
Pflege und Zucht siehe Familienbeschreibung, S. 676. Die Art gehört zur Utaka-Gruppe. Maulbrüter, ♂ polygam, Mutterfamilie.

Haplochromis brownae
(GREENWOOD, 1962)

Victoriasee, Sandlitoral; bis 13 cm.
D XIII–XVI/8–10; A III/8–10; mLR 30–33. Langgestreckt, seitlich abgeflacht. ♂ graugrün, Rücken dunkler, Bauch silbrigweiß. Auf den Körperseiten erscheinen stimmungsabhängig 8–10 dunkle Querbinden. Kopf kräftig silbern glänzend, mit einer dunkelbraunen Binde vom Nacken durch das Auge zur Kehle. D vorn hellblau, hinten mit auffallenden roten Punkten und Strichen, rot gesäumt, A vorn rot, Spitzen der Stacheln schwarz, hinten hellblau mit 3–4 gelben, schwarz umrandeten Eiflecken, C oben und unten kräftig rot, mit zahlreichen roten Punkten und Strichen, P farblos, V schwarz. ♀ deutlich heller als das ♂, meist grausilbern, V gelb, Eifleck in der A klein, orangefarben.
Pflege und Zucht siehe Familienbeschreibung, S. 676. Maulbrüter.

Haplochromis chrysonotus (Taf. 277)
(BOULENGER, 1908)

Malawisee, weit verbreitet und häufig; bis 17 cm.
D XV–XVII/9–12; A III/9–11; mLR 31–34; SL 21 bis 27/12–18. Relativ hochrückig, seitlich stark abgeflacht. ♂ Körperseiten kräftig metallisch-blaugrün glänzend und mit undeutlichen dunklen Flecken. Geschlechtlich aktive ♂♂ tiefschwarz. Von der Oberlippe bis unter die Basis der D erstreckt sich eine kräftig goldgelb glänzende Zone. Flossen grau bis schwarz, D mit goldgelbem Saum. ♀ und Jungfische graubraun, Rücken dunkler, Bauch heller. Stimmungsabhängig erscheinen auf dem Körper 9–10 unscharf begrenzte, dunkle Querbinden, außerdem drei schwarze Flecke, der erste und größte in der Mitte des Körpers, der zweite unterhalb der letzten D-Strahlen, der letzte auf der Basis der C.
Pflege und Zucht siehe Familienbeschreibung, S. 676. Die sehr friedliche Art gehört zur Utaka-Gruppe. Zur Laichzeit legen die ♂♂ auf Sandböden direkt nebeneinander schüsselartige Gruben an (Balzkolonien). Maulbrüter, ♂ polygam, Mutterfamilie.

Haplochromis compressiceps (Taf. 261)
(BOULENGER, 1908)
Messerbuntbarsch

Malawisee, Sandlitoral, Übergangszone zum Felslitoral; bis 25 cm.
D XV/12; A III/11; mLR 35; SL 22/16. Hechtartig, seitlich stark abgeflacht, Kopf sehr stark zugespitzt, Unterkiefer weit vorspringend. Bei alten Tieren ist die Stirnlinie vor den Augen deutlich eingebuchtet. Die obere Profillinie steigt bis zum 6. D-Stachel gleichmäßig an, Maul groß, tief gespalten, oberständig. Junge Tiere weiß bis grausilbern, Rücken dunkler, Bauch heller. Ein unregelmäßig begrenztes, dunkles Längsband unterhalb der D-Basis, ein zweites beginnt am Augenhinterrand, verläuft etwa in der Körpermitte und endet an der Basis der C. Flossen transparent bis grau, D mit schmalem, orangefarbenem Saum. ♂ A mit weißlichen Flecken, geschlechtsreife Tiere insgesamt mit kräftigem grünblauem bis blauem Schimmer. ♀ besonders in der Kopfregion goldglänzend. Raubfisch, der hechtartig zustoßend jagt. Dabei ergreift er seine Opfer schwanzseitig und verschlingt sie gleichsam gegen den Strich. Zu seiner Nahrung gehören aber auch die Augen anderer Fische, die er gezielt auspickt. Maulbrüter, Mutterfamilie.

Haplochromis elektra (Taf. 258)
BURGESS, 1979

Malawisee, Umgebung der Insel Likoma; bis 12 cm, ♀ kleiner.
D XVI–XVII/10–12; A III/9–10; mLR 32–34; SL 24 bis 32/12–18. Relativ hochrückig, seitlich stark abgeflacht, Auge groß. ♂ graubraun, mit 6–7 Querstreifen auf den Körperseiten, von denen die vorderen am stärksten ausgeprägt sind. Artcharakteristisch ist eine dunkle Binde, die unterhalb des Auges beginnt, am Maul entlangzieht und an der Unterseite des Kopfes endet. D bläulich durchscheinend, schwarz und weiß gesäumt, A dunkelgrau, schwarz gesäumt, D, A und C mit zahlreichen orangefarbenen Tüpfeln, keine deutlichen Eiflecke in der A, V dunkelblau bis schwarz, erste Strahlen weiß. Geschlechtlich aktive ♂♂ hellblau bis violett und mit blauer D. ♀ kleiner, grausilbern mit bläulichem Schimmer, die Anordnung der Querstreifen entspricht der der ♂♂, D und A weniger zugespitzt.
Pflege und Zucht siehe Familienbeschreibung, S. 676. Die Art ist schwimmaktiver als viele andere Malawi-Buntbarsche. Maulbrüter, Mutterfamilie. 40–80 Jungfische je Brut.

Haplochromis euchilus (Taf. 237)
TREWAVAS, 1935
Sauglippenbuntbarsch

Malawisee, Felslitoral; bis 20 cm.
D XV–XVII/9–11; A III/9–10; mLR 32. Relativ hochrückig, seitlich stark abgeflacht, Maul groß, Lip-

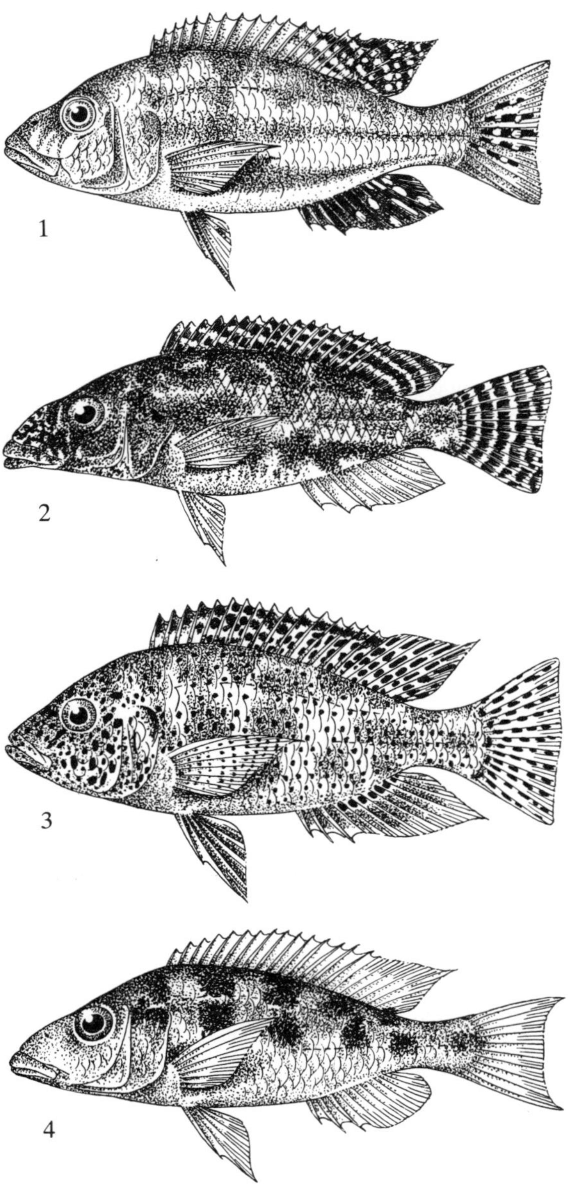

Abb. 536 *Haplochromis*-Arten mit Fleckenzeichnung. 1) *H. fuscotaeniatus*, 2) *H. linni*, 3) *H. polystigma*, 4) *H. rostratus*

pen wulstig mit Hautläppchen. Dunkel gelbgrau, Rücken dunkler, Bauch weißlich. Ein schwarzer Streifen vom Augenunterrand zur Schnauze. Vom Augenunterrand bis zur C-Basis eine schwarze, unregelmäßig begrenzte Längsbinde, eine zweite Längsbinde unterhalb der D-Basis. Flossen bläulich, D vorn weiß gesäumt, A orange mit mehreren weißgelben Eiflecken. ♂ Eiflecke in der A deutlicher, Färbung allgemein kräftiger.
Pflege und Zucht siehe Familienbeschreibung, S. 676. Mit Hilfe der wulstigen Lippen weidet die Art Algenaufwuchs und damit die dort lebende Mikrofauna ab. Friedlich, bildet kaum Reviere. Maulbrüter, ♂ polygam, Mutterfamilie. Bis zu 150 Jungfische je Brut.

Haplochromis fuscotaeniatus (Abb. 536)
REGAN, 1921
Leopardmaulbrüter

Südlicher Teil des Malawisees; bis 22 cm.
D XVI/11; A III/10; mLR 34. Die Art erinnert in Gestalt und Färbung an *H. polystigma*, Körper allerdings etwas schlanker, Kopf stärker zugespitzt, Maul tiefer gespalten. Graugrün bis graugelb, mit einem unregelmäßigen dunkelbraunen, oft netzartigen Muster von Streifen und Flecken in der oberen Körperhälfte. Darunter ein mehr oder weniger deutlicher Längsstreifen. Flossen grau bis bräunlich, geschlechtlich aktive ♂♂ mit metallisch blaugrün schimmerndem Kopf, orange gesäumter D und deutlichen Eiflecken in der A.
Pflege und Zucht siehe Familienbeschreibung, S. 676. Große Tiere sind Raubfische, die sich schwer vergesellschaften lassen. Maulbrüter.

Haplochromis jacksoni (Taf. 261)
ILES, 1960

Malawisee; bis 20 cm.
D XVI–XVII/12–14; A III/11–13; mLR 34–35. Relativ hochrückig, seitlich abgeflacht. Geschlechtlich aktive ♂♂ mit einer mehr oder weniger blauen Grundtönung, die in den verschiedenen Körperregionen nuanciert sein kann. So sind die Rückenpartie und die obere Körperhälfte meist kräftig milchig blau, die Kopfunterseite blaugrau bis schwärzlich gefärbt. In der Körpermitte und auf der C-Wurzel je ein schwarzer Fleck. D weißlich, an der Basis mit einer Längsreihe schwarzer Flecken, A dunkelgrau, schmal orange gesäumt. C an der Basis blau, außen weißlich. ♀ und Jungtiere ziemlich einheitlich grausilbern, die oben beschriebenen schwarzen Flecke treten besonders kräftig hervor.
Pflege und Zucht siehe Familienbeschreibung, S. 676. Maulbrüter der Utaka-Gruppe.
Nach BURGESS (1983) handelt es sich bei den in der Aquaristik verbreiteten *H. jacksoni* um Vertreter der Art *H. ahli* TREWAVAS, 1936.

Haplochromis johnstoni (Abb. 537)
(GÜNTHER, 1893)
Sechsstreifenmaulbrüter

Malawisee, Sandlitoral, in dichten *Vallisneria*-Beständen; bis 19 cm.
D XV–XVI/10–11; A III/8–9; mLR 32–33; SL 20 bis 26/12–14. Langgestreckt, seitlich abgeflacht. Geschlechtlich aktive ♂♂ besonders im Kopfbereich leuchtend blaugrün. Schuppen der Körperseiten mit einem kleinen, orangefarbenen oder rötlichen Tüpfel. D hellblau, erste Strahlen tiefschwarz, im hinteren Teil mit zahlreichen, in mehreren Reihen angeordneten orangefarbenen bis braunen Tüpfeln, orange gesäumt, A gelblich bis grau mit mehreren Eiflekken, Saum orange, V grau, erste Strahlen weiß, P farblos. ♀ und Jungtiere weißlich bis grünlichgelb mit

schwarzem Augenstrich und etwa sechs tiefschwarzen Querbinden auf den Körperseiten.
Pflege und Zucht siehe Familienbeschreibung, S. 676. Zucht relativ leicht. ♂ polygam, Maulbrüter, Mutterfamilie. Gelegegröße etwa 100 Eier. Nach ungefähr 20 Tagen werden die Jungfische erstmalig aus dem Maul des ♀ entlassen.
Haplochromis sexfasciatus REGAN, 1921, ist ein jüngeres Synonym dieser Art.

Haplochromis labrosus (Taf. 258)
(TREWAVAS, 1935)
Wulstlippenbuntbarsch

Malawisee, Felslitoral; bis 14 cm.
D XII/11–12; A III/10; mLR 31–33. Körper mäßig hoch, seitlich deutlich abgeflacht, Lippen sehr groß mit einer auffälligen, wulstartigen Vergrößerung an der Nahtstelle der Unterkiefer (Symphyse). Ähnlich große Lippen sind von *Haplochromis euchilus* (Malawisee), *Lobochilotes labiatus* (Tanganjikasee) und *Cichlasoma labiatum* (Mittelamerika) bekannt. Es wird angenommen, daß die fleischigen Lippen zum Ertasten der Nahrung dienen. Graubraun bis einfarbig grau. Körperseiten mit fünf breiten, dunklen Querbinden. Unterseite des Kopfes und Vorderkörpers bei ausgewachsenen Tieren orange bis gelb. Kiemendeckel mit einem kleinen, tiefschwarzen Fleck. Flossen grau bis graubraun. Kopf kräftig blau, ♂ A mit mehreren orangeroten Eiflecken.
Pflege und Zucht siehe Familienbeschreibung, S. 676. Maulbrüter, Mutterfamilie.
Bislang auch als *Melanochromis labrosus* bekannt.

Haplochromis linni (Taf. 273, Abb. 536)
AXELROD und BURGESS, 1975
Rüsselmaulbrüter

Malawisee, Sandlitoral; bis 25 cm.
D XVI/10; A III/9; mLR 29–30; SL 23/13–15 + 2–3. Ähnlich gestaltet und gefärbt wie *H. polystigma*. Körper silbrigweiß bis grau. Auf dem Kopf, den Körperseiten und den Flossen eine unregelmäßige Musterung kleiner rotbrauner bis dunkelbrauner Flecke. Die artcharakteristischen Unterschiede gegenüber *H. polystigma* betreffen folgende Merkmale: Schnauze stark verlängert, fast rüsselförmig; Körper gleichmäßig dunkel gemustert, bei *H. polystigma* setzt sich die Musterung aus großen Flecken zusammen. ♂ kräftiger gefärbt, D rot, gelb und weiß gesäumt, A mit Eiflecken. ♀ Färbung weniger kräftig, D weiß und gelb gesäumt.
Pflege und Zucht siehe Familienbeschreibung, (S. 676) und *H. polystigma*. Raubfisch. Maulbrüter. Mutterfamilie. Der Status dieser Art ist umstritten.

Abb. 537 *Haplochromis johnstoni*

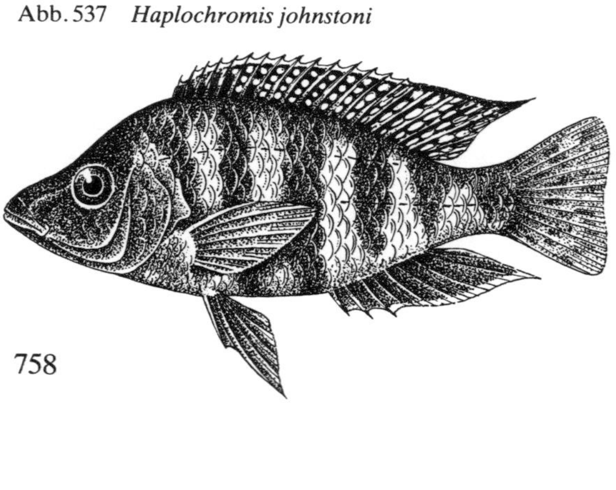

Haplochromis lividus
GREENWOOD, 1956

Victoriasee, weit verbreitet; bis 10 cm.
D XVII–XVIII/12; A III/9–11; mLR 32–33. Langgestreckt, seitlich stark abgeflacht. ♂ hellolivgrün bis kräftig blau glänzend, Bauch grau, Kopf und Lippen leuchtend blau. Eine dunkelbraune bis schwarze Binde vom Nacken durch das Auge zur Unterseite des Kopfes, stimmungsabhängig treten eine dunkle Längsbinde vom hinteren Rand des Kiemendeckels bis zur Basis der C sowie etwa acht Querbinden hervor, im Kreuzungsbereich der Binden fast immer deutlich erkennbare schwarze Flecke. Im vorderen Teil des Körpers eine undeutlich begrenzte, gelbe Zone unterhalb der Längsbinde. D grau bis kräftig blau, rot gesäumt, im hinteren Teil mit roten Strichen und Punkten, A bläulich mit 2–3 gelben, schwarz gesäumten Eiflecken, C bläulich mit roten Punkten und Strichen, V schwarz. ♀ graugrün, untere Körperhälfte silbern, Flossen gelblich (besonders A und V) oder farblos.
Pflege siehe Familienbeschreibung, S. 676. Maulbrüter. Die Art ernährt sich in ihrer Heimat vorwiegend von Pflanzen.

Haplochromis livingstoni (Taf. 260)
GÜNTHER, 1893
Schläfer- oder Tigerbuntbarsch

Malawisee, Sandlitoral; vorwiegend in *Vallisneria*-Wiesen; bis 20 cm.
D XVI/10–11; A III/9–10; mLR 33–36; SL 22–24/13 bis 16. Relativ hochrückig, seitlich stark abgeflacht, Kopf ziemlich spitz, Maul groß, Maulspalte schräg, Unterkiefer vorspringend. Geschlechtlich aktive ♂♂ mit kräftig blau gefärbtem Kopf, auf den Körperseiten große, unregelmäßig angeordnete olivgrüne bis dunkelbraune Flecke. A mit Eiflecken. ♀ und Jungtiere (bis etwa 12 cm) graugrün bis schmutzigweiß, auf den Körperseiten unregelmäßige dunkelbraune bis schwarze Flecke, die teilweise miteinander verbunden sind, von der Maulspalte über das Auge bis zum Beginn der D ein sich verschmälernder dunkler Streifen. D mit dunkelbraunen bis schwarzen Flekken, vorn rot gesäumt, A rotbraun, C mit einem unregelmäßigen Muster aus dunkelbraunen bis schwarzen Streifen und Flecken, P mit Tüpfeln auf den Strahlen.
Pflege und Zucht siehe Familienbeschreibung, S. 676. *H. livingstoni* hat eine interessante Art des Beutefanges. Die Tiere imitieren tote Fische und legen sich dazu flach auf den Boden. Kleine, sich der vermeindlichen Nahrung nähernde Fische werden

dann durch einen blitzschnellen Zugriff erbeutet. Bei der Vergesellschaftung von *H. livingstoni* ist dieses Verhalten zu berücksichtigen. Maulbrüter, ♂ polygam, Mutterfamilie. Bis zu 100 Jungfische je Brut.

Haplochromis mloto
ILES, 1960

Malawisee, Felslitoral; bis 14 cm.
D XVI–XVIII/10–12; A III/9–11; mLR 35–36. Relativ kurz und hochrückig, seitlich deutlich abgeflacht. ♂ schmutzigweiß bis grausilbern, Kopf und die Körperseiten häufig rußig, Schuppen z. T. dunkel gerandet, ein netzartiges Muster bildend. Körperseiten mit einer Reihe unregelmäßig angeordneter, unterschiedlich breiter, dunkler, auf dem Vorderkörper intensiver hervortretender Querbinden. D grau mit weißem Saum, der sich bis auf den Hinterkopf erstreckt, A gelb gesäumt, C blaugrau, hinterer Rand transparent, V schwärzlich. ♀ und Jungtiere unscheinbar silbergrau.
Pflege und Zucht siehe Familienbeschreibung, S. 676. Maulbrüter der Utaka-Gruppe.

Haplochromis moorei (Taf. 260, 273)
(BOULENGER, 1902)
Beulenkopfmaulbrüter

Malawisee, Sandlitoral; bis 20 cm.
D XV–XVI/11; A III–IV/8–9; mLR 33–36; SL 21 bis 25/15–16. Relativ hochrückig, seitlich stark abgeflacht, beide Geschlechter im Alter mit deutlichem Stirnwulst, der in Ausnahmefällen bis über die Maulspitze hinausragt. Die Größe des Wulstes ist vermutlich bestimmend für den Rang des Tieres in der Gruppe. Jungfische unscheinbar silbern bis blaugrau, auf den Körperseiten mehrere Binden und zwei dunkle Flecke. Geschlechtsreife Tiere beiderlei Geschlechts einfarbig leuchtend blau, jedoch können umweltabhängig die beiden Flecken auf den Körperseiten hervortreten. Keine deutlichen Geschlechtsunterschiede in der Färbung, ♂ größer, oft heller.
Pflege und Zucht siehe Familienbeschreibung, S. 676. Die Tiere halten sich oft in der Nähe stark wühlender Arten auf (z. B. *H. rostratus*), sie schnappen dabei nach allen aufgewirbelten Partikeln und erbeuten dabei vermutlich auch Nahrung. Revierbildender Maulbrüter, ♂ polygam, Mutterfamilie, das ♀ pflegt sehr intensiv. 20–90 Eier, Zeitigungsdauer 21–23 Tage. Bei der Aufzucht der Jungfische ist Wasserwechsel erforderlich, Wachstum langsam.
Auch bekannt als *Cyrtocara moorei*.

Haplochromis obliquidens (Taf. 260)
HILGENDORF, 1888

Victoriasee und Victoria-Nil, über sandigem und felsigem Untergrund; bis 13 cm.
D XV–XVI/9–10; A III/8–9; mLR 32–35; SL 19–22/8–13. Relativ hochrückig, seitlich stark abgeflacht. Geschlechtlich aktive ♂♂ grüngelb, Rücken kupferfarben, Bauch hellgelb. Eine dunkle bis schwarze Querbinde vom Nacken durch das Auge bis zur schwarzen Unterseite des Kopfes. Stimmungsabhängig treten auf den Körperseiten mehrere dunkle Querbinden hervor. D graugelb, rot gesäumt, im hinteren Teil mit roten Punkten und Strichen, A weißlich bis blau, mit 3–4 gelben, schwarz umrandeten Eiflecken, C rötlich mit orangeroten Strichen, V tiefschwarz. ♀ silbrig bis gelblich, mit 8–9 Querbinden, D und C farblos, A und V gelblich.
Pflege und Zucht siehe Familienbeschreibung, S. 676. Algenfresser. Maulbrüter. Mutterfamilie.

Haplochromis polystigma (Abb. 536)
REGAN, 1921
Vielfleckmaulbrüter

Malawisee, Sandlitoral, aber auch im Felslitoral und in Pflanzenbeständen; bis 21 cm.
D XVI/10–11; A III/9–10; mLR 32–34. Körper gestreckt, robust, seitlich abgeflacht, Unterkiefer vorspringend. Untere Kopfpartie geschlechtlich aktiver ♂♂ kupferrot bis gelb, obere Körperhälfte und vorderer Teil der Körperseiten bis etwa zur Mitte der D metallischblau glänzend, die restlichen Körperregionen olivgrün mit bläulichem Schimmer. D und A gelb bis orangefarben gesäumt, erste Strahlen der V hellblau bis weiß, P mit Tüpfeln auf den Strahlen. ♀ und Jungfische (bis etwa 12 cm) braungelb bis hellbraun, auf den Körperseiten drei Reihen unregelmäßiger, dunkler Flecken, die obere an der Basis der D, die mittlere vom Augenhinterrand bis zur Basis der C, die untere vom Augenunterrand bogenförmig zum Schwanzstiel. Zwischen den Fleckenreihen zahlreiche kleine, dunkelbraune bis schwarze Tüpfel, umweltabhängig kann die große Fleckung vollständig verschwinden, die Körperseiten zeigen dann ein unregelmäßiges manchmal netzartiges Muster kleiner Flecken. Eine den ♀♀ und Jungtieren ähnliche Zeichnung zeigen *H. linni* und *H. fuscotaeniatus* und die ♀♀ und Jungtiere von *H. livingstoni* und *H. venustus*. Senkrechte Flossen ebenfalls gefleckt, D mit schmalem rotem Saum, A ohne Eiflecken, jedoch mit gelben oder orangefarbenen Tupfen.
Pflege und Zucht siehe Familienbeschreibung, S. 676. Räuber, nur mit gleichgroßen Fischen vergesellschaften. Die Art laicht wie fast alle *Haplochromis*-Arten in Sandgruben ab. Maulbrüter, ♂ polygam, Mutterfamilie. Unbedingt mehrere ♀♀ mit einem ♂ ansetzen, verhältnismäßig große Eier, die vom ♀ gleich aufgeschnappt werden. Dieses bietet auch nach dem Schlüpfen, vor allem aber nachts, den Jungen Zuflucht im Maul.

Haplochromis rostratus (Abb. 536)
(BOULENGER, 1899)
Fünffleckmaulbrüter

Malawisee, Sandlitoral, häufig; bis 25 cm.
D XV–XVI/11; A III/9; mLR 34–35; SL 23–24/19 bis 21. Relativ hochrückig, seitlich stark abgeflacht. ♂

gelblich bis sandfarben, mit metallisch grünem Schimmer. Auf den Körperseiten 5–6 Querreihen schwarzer Flecke, jede Querreihe wird von 2–3 teilweise miteinander verbundenen Flecken gebildet, von denen der mittlere meist am kräftigsten hervortritt. Hinterer Teil der D und C mit rotbraunen Tüpfeln. Geschlechtlich aktive ♂♂ dunkler, meist grau bis bläulich, Kopf kräftig bronzefarben. ♀ und Jungfische (bis 12 cm) silbrigweiß, auf den Körperseiten das oben beschriebene Muster schwarzer Flecke.
Pflege und Zucht siehe Familienbeschreibung, S. 676. Buddelt sich häufig in den Sand ein. Die Hauptnahrung besteht aus bodenbewohnenden Insektenlarven. Revierbildend, aggressiv. Maulbrüter, ♂ polygam, Mutterfamilie. 50–100 Jungfische je Brut.

Haplochromis shaerodon
REGAN, 1921

Malawisee, Sandlitoral; bis 12 cm.
D XV–XVI/10–12; A III/8–9; mLR 31–32; SL 17–18/13–14. Relativ hochrückig, seitlich stark abgeflacht, Kopf deutlich zugespitzt, Auge verhältnismäßig groß, Maul klein. Unscheinbar grau, Rücken dunkler, Bauch heller, Körperseiten teilweise mit Silberglanz. Vom Hinterkopf bis zur Basis der C eine breite, tiefschwarze Binde. Geschlechtsunterschiede in der Färbung unbekannt.
Pflege siehe Familienbeschreibung, S. 676. Die Art kaut ähnlich wie die südamerikanischen *Geophagus*-Arten bei der Nahrungssuche den Bodengrund durch. Maulbrüter.

Haplochromis venustus (Taf. 259)
BOULENGER, 1908
Goldstirn- oder Pflaumenmaulbrüter

Malawisee, Sandlitoral; bis 22 cm, ♀ kleiner.
D XVI/10–11; A III/10; mLR 32–35; SL 19–23/15 bis 16. Relativ hochrückig, seitlich stark abgeflacht. Untere Kopfregion geschlechtlich aktiver ♂♂ leuchtend blau. In Augenhöhe beginnend bis zum Beginn der D ein breiter Goldstreifen. Körperseiten kräftig goldglänzend, Schuppen hier mit blauem Rand. D goldgelb, hinterer Teil hellblau gesäumt, A rußig schwarz, C gelblich, blau gesäumt. ♀ und Jungfische hellgelb, auf den Körperseiten große, unregelmäßige, hell- bis dunkelbraune Flecke, von der Schnauze zum Auge ein dunkles Band. Ältere ♀♀ mit einer goldenen Nackenlinie.
Pflege und Zucht siehe Familienbeschreibung, S. 676. Unverträglich, pflanzliche Zukost erforderlich. Maulbrüter, ♂ polygam, Mutterfamilie, sehr intensive Brutpflege. Bis über 100 Jungfische je Brut.

Haplochromis woodi
REGAN, 1921

Malawisee, Felslitoral; bis 25 cm.
D XV–XVI/9–10; A III/9–10; mLR 32–33. Etwas stärker gestreckt als die meisten Malawi-*Haplochromis*, Maul tief gespalten, Unterkiefer etwas vorspringend. ♂ kräftig blau bis blauviolett, Kopf und Rükken besonders intensiv gefärbt. Unterseite des Kopfes einschließlich der Lippen und der Brust grünlichblau. D und C blau, teilweise mit orangefarbenen Flecken, dunkel und nachfolgend orange gesäumt, A bräunlich bis braunrot, mit undeutlichen weißgelben Eiflecken, V dunkelbraun bis schwarz mit weißer Vorderkante. ♀ und Jungfische dunkelbraun, umweltabhängig erscheinen auf den Körperseiten zehn dunkle Querbinden oder drei dunkle Flecke, von denen der erste in der Körpermitte, der zweite unterhalb des hinteren Teiles der D und der dritte auf der C-Wurzel liegt, D orange gesäumt.
Pflege siehe Familienbeschreibung, S. 676. Die Art lebt vermutlich vorwiegend in Höhlen. Maulbrüter. Zahlreiche weitere Arten werden laufend importiert, siehe auch Taf. 261, 262.

Gattung *Hemichromis* PETERS, 1858

Eng verwandt mit der Gattung *Thysia*. Zähne in den Kiefern konisch, selten zweispitzig und meist in einer Reihe angeordnet, 1–2 zusätzliche, mehr oder weniger vollständige Zahnreihen können vorkommen. Schlundzähne nicht mahlzahnartig ausgebildet. Offenbrüter. Tropisches Westafrika. Elf Arten.

Hemichromis bimaculatus (Abb. 538)
GILL, 1862

Küstenflüsse Südguineas und mittleres Liberia, wahrscheinlich ausschließlich in Regenwaldbiotopen; bis etwa 10 cm.
D XIV–XV/10–12; A III/8–9; mLR 26–27; SL 16–19/8–12. Körper mäßig gestreckt, seitlich abgeflacht. Olivbraun, drei große schwarze Flecke, der erste, grünlich gesäumte, auf dem Kiemendeckel, der zweite etwa in der Körpermitte, der dritte auf der C-Wurzel. Unterer Teil des Kopfes und Kiemendeckel mit zahlreichen goldfarbenen und roten Strichen. Iris goldfarben. D goldgelb bis rosa, mit zahlreichen hellblauen Tüpfeln, rotbraun bis rot gesäumt, unter dem roten Saum ein durchgehender transparenter Streifen. A außen rötlich, C an der Basis rotbraun, außen gelblich, vor dem roten Saum ein transparenter Streifen. V farblos mit rötlicher oder schwarzer Spitze, P farblos bis gelblich. Keine deutlichen Geschlechtsunterschiede in der Färbung.

Abb. 538 *Hemichromis bimaculatus*

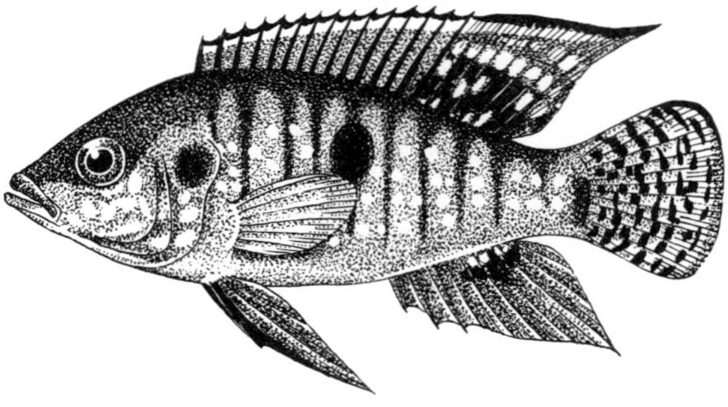

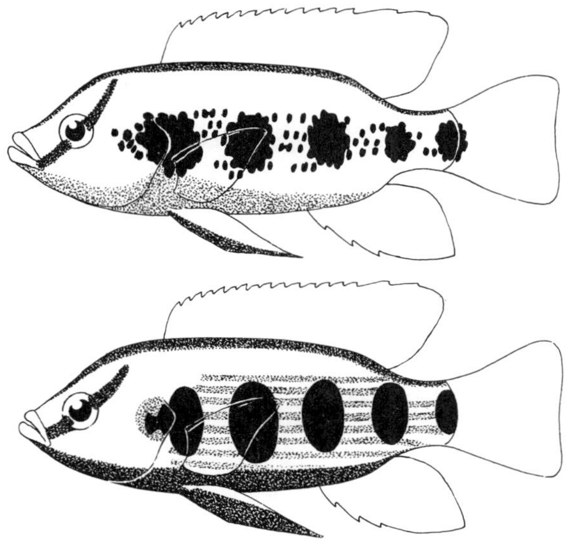

Abb. 539 Fleckenzeichnung bei *Hemichromis fasciatus* und *Hemichromis elongatus*

Pflege und Zucht siehe Familienbeschreibung (S. 676) und bei *H. fasciatus*. Offenbrüter, Elternfamilie.
Der bislang in der Aquaristik als *Hemichromis bimaculatus* bezeichnete Fisch ist nach LOISELLE (1979) *H. guttatus*. *Hemichromis fugax* PAYNE und TREWAVAS, 1976, ist ein Synonym von *H. bimaculatus* GILL, 1862.

Hemichromis cristatus
LOISELLE, 1979

Küstenflüsse von Südguinea und Sierra Leone, Westghana und Südnigeria; bis 8 cm (?).
D XIV–XV/11; A III/8–9; mLR 26–27; SL 16–17/9 bis 11. Gestreckt, seitlich abgeflacht. ♂ rotbraun bis dunkeloliv, Rücken, Kopf und Kiemendeckelregion dunkler, Bauch heller, bis schmutzigweiß. Kopf und Körper mit zahlreichen, nicht umweltabhängigen, leuchtend blauen Glanztüpfeln. Kiemendeckel und Körpermitte mit je einem schwarzen, kräftig gelb umrandeten Fleck, ein weiterer Fleck gelegentlich auf der D und C insgesamt rostolivfarben, Basis orangerot, Saum leuchtend rot, A und V grau, letztere vorn schwarz. Geschlechtlich aktive ♂♂ mit tief rotbrauner Körperunterseite, D und C, Kiemendeckel, A und V dunkelbraun. Jungfischen und geschlechtlich inaktiven ♂♂ fehlt die blau irisierende Zeichnung der A. ♀ Körper mehr orangerot, geschlechtlich aktive ♀♀ mit intensiverer Färbung, besonders auf den Körperseiten, dem Bauch, der D und in der C-Basis, Kiemendeckel, A, V und äußerer C-Teil dunkler.
Pflege und Zucht siehe Familienbeschreibung (S. 676) und *H. fasciatus*. Die Intensität der Rotfärbung ist abhängig von der Nahrung. Offenbrüter, Elternfamilie.

Hemichromis elongatus (Taf. 263, Abb. 539)
(GUICHENOT, 1861)

Kongo-Becken, südöstliches Guinea und Sierra Leone, südwestliches Liberia, Togo, nördliches Angola, hauptsächlich in Seitenarmen großer Flüsse und in Sümpfen; bis 20 cm (?), bleibt im Aquarium wesentlich kleiner.
D XIII–XV/11–13; A III/8–10; mLR 28–30; SL 13 bis 17/10–16. Gestreckt, relativ niedrig, seitlich abgeflacht, Kopf und Maul groß, tief gespalten. Messingfarben bis goldoliv, Rücken olivbraun bis dunkelbraun, Bauch und Kehle schmutzigweiß. Iris des Auges goldglänzend, rot gesäumt. Jede Schuppe auf den Körperseiten mit einem goldgrünen Glanztupfen. Am Hinterrand des Kiemendeckels ein kleiner, unregelmäßiger, leuchtend rot begrenzter, schwarzer Fleck, an den Körperseiten 4–5 große, eiförmige, schwarze Flecke entlang der Seitenmitte sowie mehrere rote Längsstreifen. Die Färbung der Flossen entspricht der von *H. fasciatus* (siehe dort). Bei Jungfischen sind die Rotanteile auf den Körperseiten geringer. Keine deutlichen Geschlechtsunterschiede in der Färbung.
Pflege und Zucht siehe Familienbeschreibung (S. 676) und bei *H. fasciatus*.
Die Art ist nahe verwandt mit *H. fasciatus* und wurde manchmal als die B-Form von *H. fasciatus* bezeichnet. *H. elongatus* läßt sich jedoch von *H. fasciatus* durch die Zeichnung (siehe Abb. 539), den etwas längeren Schwanzstiel und die größere Zwischenaugenweite unterscheiden.

Hemichromis fasciatus (Abb. 539)
PETERS, 1858
Fünffleckenbuntbarsch

Im mittleren Westafrika in Wald- und Savannenbiotopen weit verbreitet, auch im Brackwasser; bis 30 cm (?), bleibt in Gefangenschaft wesentlich kleiner.
D XIV–XV/11–13; A III/8–11; mLR 28–30; SL 16 bis 18/12–15. Körper langgestreckt und niedrig, seitlich abgeflacht, Kopf und Maul groß. Maul tief gespalten. Messingfarben bis goldoliv, Rücken dunkler, Kehle und Vorderbauch orangerot, Bauch hinten schmutzig rosafarben. Iris goldglänzend. Hinterrand des Kiemendeckels mit großem, unregelmäßig begrenztem, schwarzem Fleck, 4–5 große schwarze Flecke entlang den Körperseiten, hinter dem Kiemendeckel 3–5 schwarze Punktlängsreihen (besonders bei großen Exemplaren). Senkrechte Flossen durchsichtig grau. An der Basis des hinteren Teils der D und teilweise auch der A eine dunkle, netzartige Zeichnung, D und oberer Teil der C leuchtend rot gesäumt. V farblos, Vorderkante schwarz. Jungfische weniger intensiv rot, z. T. mit einer Reihe dunkler Streifen auf den Körperseiten, die umweltabhängig auch bei erwachsenen Tieren auftreten können. Geschlechtlich aktive Tiere kräftig goldfarben und rot. ♀ meist kleiner, A abgerundet.
Pflege und Zucht siehe Familienbeschreibung,

S. 676. Unverträgliche und häufig stark wühlende Art. 24–26 °C. Offenbrüter, Elternfamilie. Die Paare lassen sich relativ leicht zusammenstellen, die Eier werden mit Vorliebe auf Steinen abgesetzt. Brutpflege beider Partner sehr intensiv und langandauernd, sie betreuen die Jungfische bis zu einer Größe von 2 bis 3 cm.
H. fasciatus sehr ähnlich ist *H. frempongi* LOISELLE, 1979, aus dem Bosumptwi-See. Sie unterscheidet sich von *H. fasciatus* durch das Fehlen der für erwachsene *H. fasciatus* typischen Längsreihen kleiner schwarzer Punkte und eine intensivere Rotfärbung in der unteren Körperhälfte.
Die von BURCHARD und WICKLER (1965) beschriebene A-Form von *H. fasciatus* ist mit dem typischen *H. fasciatus* identisch.

Hemichromis guttatus (Taf. 238)
GÜNTHER, 1862
Roter Buntbarsch

Westliches und mittleres Ghana, Küstenflüsse von Togo und Kamerun; bis 13 cm.
D XIV–XV/9–11; A III/8–9; mLR 25–28; SL 15–19/7–11. Körper relativ kurz und hochrückig, seitlich zusammengedrückt. Grundfärbung geschlechtlich inaktiver ♂♂ beige mit rot-violettem Anflug, Rükken olivbeige, Schnauze, Lippen, Wangen, Kiemendeckelregion und Bauch orangerot. Auf dem Kiemendeckel ein deutlicher, regelmäßig begrenzter, etwa in Körpermitte ein großer gelbumrandeter und auf der Basis der C ein kleinerer ovaler, schwarzer Fleck. Wange, Kiemendeckel und die violette D, A und C mit zahlreichen blauen Glanztupfen. D und Oberkante der C mit leuchtend rotem Saum, darunter ein schmaler, blau irisierender Streifen, A dunkel gerandet, V rotviolett, mit blau irisierenden Spitzen und Tupfen. Geschlechtlich aktive ♂♂ sind rückenseitig kräftig rot, unterer Teil des Kopfes und Körperseiten orangerot. Die Farbintensität der blauen Glanztupfen nimmt zu, der Fleck auf der Mitte der Körperseiten hat manchmal den Charakter eines Augenfleckes. Geschlechtlich aktive ♀♀ insgesamt kräftig orangerot, die blauen Glanztupfen kräftiger als beim ♂. Den Jungfischen fehlt die rötliche Grundfärbung, die blauen Glanztupfen sind schwächer ausgeprägt.
Pflege und Zucht siehe Familienbeschreibung, S. 676. Ältere Tiere müssen paarweise einzeln gehältert werden. Unverträglich, wühlt gern, besonders stark in der Laichzeit, 22–28 °C. Offenbrüter, Elternfamilie. Brutpflege sehr ausgeprägt.
Die Art war bislang unter dem Namen *H. bimaculatus* weit verbreitet.

Hemichromis letourneauxi
SAUVAGE, 1880

Unterer Nil, Westafrika (Senegal-, Gambia- und Voltasystem), Turkanasee (Rudolfsee), in Savannengewässern; bis 10 cm (?).
D XIII–XV/9–12; A III/7–9; mLR 26–30; Sl 15–19/7–12. Gestreckt, seitlich mäßig abgeflacht. Olivbraun mit rotviolettem Schimmer, Rücken dunkler, Bauch, Kiemendeckel und Kopfunterseite rosarot. Etwa in der Körpermitte ein flächiger, runder, undeutlich begrenzter schwarzer Fleck, je ein kleinerer Fleck auf dem Kiemendeckel und auf der C-Wurzel. Senkrechte Flossen violett bis rötlichgrau, D und oberer Rand der C blauweiß und nachfolgend braunrot gesäumt, Spitzen von A und V schwärzlich. Geschlechtsreife Tiere mit unregelmäßig verteilten blauen Glanztüpfeln auf dem Kopf und den Körperseiten. Geschlechtlich aktive ♂♂ kräftiger gefärbt, Glanztüpfel intensiver. ♀ Anzahl der Glanztüpfel geringer.
Pflege und Zucht siehe Familienbeschreibung (S. 676) und *H. fasciatus*. Offenbrüter, Elternfamilie.

Hemichromis lifalili (Taf. 263)
LOISELLE, 1979

Kongo-Becken, mit Ausnahme der Shaba- (Katanga-) und Kasai-Region; bis 10 cm (?).
D XIII–XV/10–12; A III/8–9; mLR 25–27; SL 16–17/7–11. In Form und Farbe der vorhergehenden Art ähnlich. Unterschiede: Der Fleck auf den Körperseiten ist kleiner; der Fleck auf der C-Wurzel fehlt; der Schwanzstiel ist kürzer.
Pflege und Zucht siehe Familienbeschreibung (S. 676) und *H. fasciatus*. Offenbrüter, Elternfamilie.
Neben den hier beschriebenen Arten wurde auch *Hemichromis paynei* LOISELLE, 1979 (Taf. 263), importiert.

Gattung *Hemitilapia* BOULENGER, 1902

Fische mit auffallend zugespitzter Schnauze. Zahnbänder in den Kiefern mäßig breit; Zähne der äußeren Reihe größer, schräg abgestumpft und mit den Spitzen zur Symphyse orientiert. Form der Zähne einfach, Schaft dünn, Krone zusammengedrückt. Maulbrüter. Malawisee. Eine Art.

Hemitilapia oxyrhynchus
BOULENGER, 1902

Malawisee, Sandlitoral und Übergang zum Felslitoral; bis 19 cm.
D XVI/10–11; A III/9; mLR 33–35; SL 21–11/10–15. Erwachsene Tiere hochrückig, seitlich stark abgeflacht. ♂ grau mit metallischblauem Schimmer vor allem in der Kopfregion. Schuppen der Körperseiten mit gelblichem Punkt und blauem Rand. Stimmungsabhängig, besonders aber geschlechtlich aktive ♂♂ mit Querbinden auf den Körperseiten, Bereiche dazwischen hellbraun bis gelblich. Unpaare Flossen grau, mit gelblichen bis orangefarbenen ovalen Flekken, D hell gesäumt, A mit gelblichen bis weißen Flecken oder Strichen. ♀ meist weniger intensiv gefärbt, silbern mit drei großen, dunklen, mehr oder weniger hervortretenden Flecken auf den Körperseiten.

Pflege siehe Familienbeschreibung, S. 676. Die Art ernährt sich vorwiegend von dem Aufwuchs von *Vallisneria*-Blättern. Sie dreht sich zum Fressen auf die Seite, erfaßt mit dem Maul ein Blatt und kaut, ohne die Pflanze zu verletzen, den Aufwuchs ab. Maulbrüter. Mutterfamilie.

Gattung *Iodotropheus*

OLIVER und LOISELLE, 1972

Besonders charakteristisch für die Gattung ist eine Hautfalte an der Oberlippe (Abb. 540), deren Ausbildung bei Jungtieren bis 50 mm Länge sehr unterschiedlich sein kann. Stirnprofil steil ansteigend, ähnlich *Genyochromis*. Im Unterschied zu den nahestehenden Gattungen *Pseudotropheus* und *Melanochromis* sind die äußeren Kieferzähne bei alten Exemplaren vergrößert (Abb. 540). Maulbrüter. Mbuna-Gruppe. Malawisee. Eine Art.

Iodotropheus sprengeri

OLIVER und LOISELLE, 1972

Südöstlicher Teil des Malawisees, Felslitoral; bis 10 cm, ♀ kleiner.
D XVII–XVIII/8–9; A III/7–8; mLR 31; SL 21/10. Relativ kurz und hochrückig, seitlich stark abgeflacht. Braunviolett, kräftige Tiere meist blauviolett, Kopf und Rücken rostbraun, bei alten Tieren häufig grauweiß, Bauch schmutzigweiß. Iris kupferfarben. D orange bis rostbraun, vorn dunkel gesäumt, Spitzen weiß, hinten mit metallischblauem Anflug. A dunkelviolett, orange gesäumt, Eiflecke orangeweiß. C orange bis rostbraun, mit bläulichem Anflug, V dunkelbraun mit blauweißer bis blauvioletter Spitze, P orangefarben. ♂ größer, Stirnprofil stärker ansteigend, D und A deutlicher zugespitzt, A mit 1–5 dunkel gerandeten Eiflecken. ♀ A mit 1–3 Eiflecken ohne dunklen Rand.
Pflege und Zucht siehe Familienbeschreibung, S. 676. Maulbrüter. Mutterfamilie.

Gattung *Julidochromis* BOULENGER, 1898

Relativ kleine, langgestreckte bis spindelförmige Buntbarsche. Die Gattung ist mit den Gattungen *Chalinochromis, Lamprologus* und *Telmatochromis* nahe verwandt. Charakteristisch für *Julidochromis* sind die nicht verknöcherten Suborbitalia und die zahlreichen D-Stacheln (XXI–XXIV). Höhlenbrüter.
Die Gattung lebt ausschließlich im Felslitoral des Tanganjikasees. Fünf Arten.

Julidochromis dickfeldi (Taf. 265)

STAECK, 1975

Tanganjikasee zwischen Cape Kachese und Cape Kamwankoko; bis 11 cm.
D XXIV/5; A VIII–IX/4–5; mLR 35. Ähnlich gestaltet wie *J. ornatus*. Orangebraun, in der Körpermitte bläulich schimmernd, untere Körperhälfte mit bläulichem bis schwärzlichem Anflug. Unterseite kräftig braun. Kopf mit unregelmäßigen schwarzen Flecken und Streifen. Iris oben grünlich, unten schwarz. Drei schwarze Längsstreifen, von denen der untere, vorn kräftig blau gesäumte, in der Mitte des Körpers von der Schnauzenspitze bis zur C-Wurzel verläuft, der mittlere vom Augenhinterrand bis in den oberen Bereich der C-Wurzel reicht, der obere an der Basis der D entlangzieht. Flossen mit Ausnahme der P bläulich. D, A und C mit schmalem blauem Saum. Geschlechter oft nur aus dem Verhalten der Tiere zu ersehen. Genitalpapille der ♂♂ nicht oder nur schwach ausgebildet.
Pflege und Zucht siehe bei *Julidochromis ornatus*. Höhlenbrüter. Elternfamilie. Nicht produktiv. Ein Gelege umfaßt höchstens 40 Eier.

Julidochromis marlieri (Taf. 265)

POLL, 1956

Tanganjikasee, Felslitoral; etwa 13 cm.
D XXI–XXII/6–7; A VI–VII/5–6; mLR 34–35. Körper schlank, spindelförmig, Schnauzenspitze spitz, Maul leicht unterständig. Schwarzbraun, mit olivgelben Flecken in etwa vier Längs- und 9–10 Querreihen, die Längsreihen erstrecken sich nach vorn z. T. bis auf die Kiemendeckel und werden dort unregelmäßig. D, A und V schwärzlich, teilweise mit hellen Flecken, C rund mit unregelmäßigen Reihen weißer Tüpfel und oft auch einem schwarz eingefaßten weißen Saum. ♂ oft kleiner, im Alter mit kleinem Stirnwulst.
Pflege und Zucht wie bei *Julidochromis ornatus* angegeben, mit dem sich diese Art auch kreuzen läßt. Die Nachkommen solcher Kreuzungen sind nicht fortpflanzungsfähig. Das Gelege umfaßt meist um 100 Eier, selten wesentlich mehr.

Julidochromis ornatus (Taf. 265)

BOULENGER, 1898

Tanganjikasee, Felslitoral; 8 cm, ♀ kleiner.
D XXI–XXIV/5; A VII–IX/4–6; mLR 32–35. Schlank, beinahe spindelförmig, mit weit nach vorn ragender spitzer Schnauzenpartie, Maul klein, etwas unterständig. Weißlichgelb bis goldfarben, Rücken

Abb. 540 Kopf von oben und Bezahnung von *Iodotropheus sprengeri* (nach OLIVER und LOISELLE)

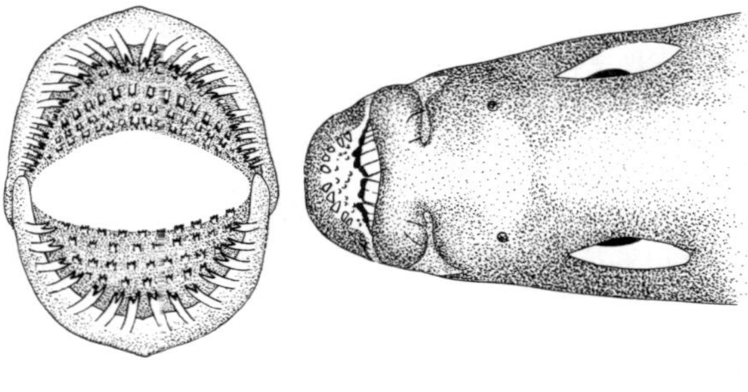

mit drei scharf abgegrenzten schwarzbraunen Längsbinden, die oberste entlang der D-Basis, die unterste von der Schnauzenspitze durch die untere Augenhälfte etwa entlang der Seitenmitte bis zur C-Wurzel. D an der Basis braunschwarz, außen goldgelb bis braungelb, mit dunklem Saum und einem dünnen weißlichen, submarginalen Streifen, A und die abgerundete C ähnlich gefärbt, letztere am Grunde mit einem großen braunschwarzen Fleck, V ebenfalls gelblich. Eine sichere Unterscheidung der Geschlechter ist nur anhand der Genitalpapille kurz vor dem Ablaichvorgang möglich.
Pflege und Zucht in hartem, etwas alkalischem Wasser, bei 22–25 °C. Die Art pflanzt sich willig fort. Höhlenbrüter, Elternfamilie. Die Brutpflege erstreckt sich auf das Gelege (20–50, maximal 100 Eier), nicht jedoch die Jungfische. Diese bleiben zunächst im Revierbereich, z.T. halten sie Kontakt mit dem Höhlendach. Willkürlich zusammengesetzte Tiere sowie solche, die aus der gewohnten Umgebung umgesetzt werden, sind oft bissig. Die Art laicht häufig im Abstand von wenigen Wochen.

Julidochromis regani (Taf. 265)
POLL, 1942
Vierstreifen-Schlankcichlide

Tanganjikasee, Felslitoral; bis 13 cm.
D XXIII/7; A VI–VII/5–6; mLR 36. Erinnert hinsichtlich der Körperform an die bekannte voranstehende Art. Gelblichbraun mit vier dunkelbraunen bis schwarzen Längsstreifen, der oberste vom Kopf bis unter die letzten D-Strahlen, der zweite vom oberen Augenrand bis zum oberen Teil der C-Basis, der dritte von der Oberlippe bis in einen kleinen Querstreifen auf der C, der vierte, nur bei alten Exemplaren deutliche, vom Maulwinkel bis in die untere C-Basis. D gelblichbraun mit schwarzem Streifen in der Mitte der Flosse, bläulich bis weiß und nachfolgend schwarz gesäumt, A dunkel, äußerer Rand schwarz, C mit senkrechtem schwarzem Streifen, hellblau und nachfolgend schwarz gesäumt, V erste Strahlen hellblau, P gelb. ♂ mit deutlich sichtbarer Genitalpapille, größer.
Pflege und Zucht siehe bei *Julidochromis ornatus*. Höhlenbrüter, Elternfamilie. Das Gelege kann bis zu 300 Eier umfassen.

Julidochromis transcriptus (Taf. 265)
MATTHES, 1959

Tanganjikasee, Felslitoral, vor allem in der Umgebung von Luhanga und Makobola; bis 7 cm.
D XXII–XXIV/5–7; A VII–IX/4–5; mLR 31–34. Gattungstypisch gestaltet. Dunkel, fast schwarz, Bauch heller. Auf den Körperseiten 3–5 oft sehr unregelmäßige, weißliche Querbänder, entlang der D- und C-Basis unregelmäßige weiße Flecke. Stirn weiß marmoriert. D und C schwarz, bläulichweiß und nachfolgend schwarz gesäumt, A schwarz mit einer Reihe weißlicher Flecken im hinteren Teil, V schwarz, P orange. Geschlechter oft nur am Verhalten eindeutig erkennbar.
Pflege und Zucht siehe bei *Julidochromis ornatus*. Höhlenbrüter, Elternfamilie. Gelege oft nicht größer als 30 Eier.
Die Art wurde im Handel lange Zeit als *Julidochromis* spec. bezeichnet.

Gattung *Labeotropheus* AHL, 1927

Charakteristisch für diese Gattung ist das unterständige Maul, die verdickte, fleischige Oberlippe und die in schmalen Bändern angeordneten, dreispitzigen Kieferzähne. Maulbrüter. Malawisee. Mbuna-Gruppe. Zwei Arten.

Labeotropheus fuelleborni (Taf. 264)
AHL, 1927
Schabemund-Buntbarsch

Malawisee, Felslitoral; bis 12 cm.
D XVII–XVIII/7–10; A III/6–9; mLR 30–33; SL 20 bis 21/10–13. Relativ hochrückig, seitlich mäßig zusammengedrückt. ♂: Körper und Flossen leuchtend blau, untere Kopfpartie bei manchen Tieren schwarz. 2–3 tiefschwarze Maskenbinden über die Stirn, auf dem Kiemendeckel ein tiefschwarzer Fleck, der von kleinen blaugrünen Punkten umgeben ist. Stimmungsabhängig treten 8–11 schwarze Querbinden hervor. A mit etwa fünf kleinen, orangefarbenen Eiflecken. ♀ entweder wie die ♂♂ gefärbt (Normalform) oder gelb bis weißlichgelb mit unregelmäßig verstreuten, kleinen schwarzen Tüpfeln, keine Eiflecken.
Pflege und Zucht siehe Familienbeschreibung, S. 676. Revierbildend, aggressiv, Pflanzenbeikost erforderlich. ♂ polygam, ♀ Maulbrüter, Mutterfamilie.

Labeotropheus trewavasae (Taf. 264)
FRYER, 1956
Gestreckter Schabemundmaulbrüter

Malawisee, Felslitoral; bis 12 cm.
D XVIII–XIX/7–8; A III/7–8; mLR 33–35. Im Vergleich zur vorhergehenden Art stärker gestreckt, seitlich wenig zusammengedrückt. Die Grundfärbung variiert stark in Abhängigkeit von der regionalen Herkunft der Fische. So sind ♂♂ aus dem nördlichen Teil des Sees insgesamt kräftig hellblau und zeigen 9 bis 11 tiefschwarze Querstreifen auf den Körperseiten und drei schwarze Stirnbänder. ♂♂ aus dem südlichen Teil des Sees haben eine gelbliche bis orangerote D, auch die A, C und V sind teilweise gelblich gefärbt. ♂♂ aus dem südöstlichen Teil des Sees sind rückenseitig rotbraun. A bei allen Farbformen mit 4 bis 5 relativ kleinen Eiflecken. ♀ im Regelfall blaugrau, daneben Farbformen mit weißgelber bis rosa Grundfärbung, in die zahlreiche, unregelmäßige schwarze Tüpfel eingestreut sind. Eine andere Farbform zeigt auf gelbem bis hellbraunem Grund viele

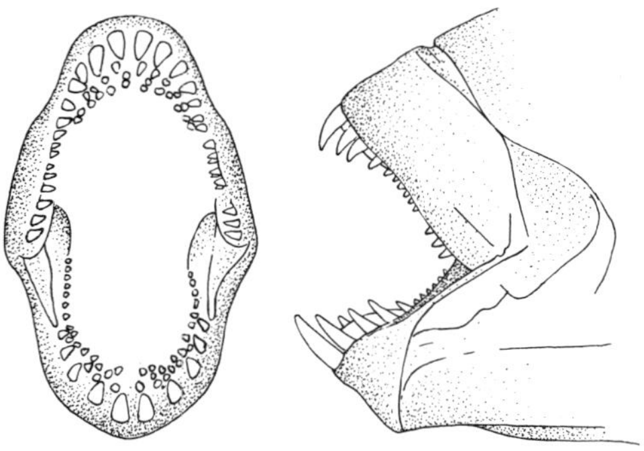

Abb. 541 Bezahnung von *Labidochromis vellicans* (nach TREWAVAS)

orangefarbene und schwarze Tüpfel und Striche, auch leuchtend orangefarbene ♀♀ ohne Fleckung kommen vor.
Pflege und Zucht siehe Familienbeschreibung (S. 676) und voranstehende Art. ♂ polygam, ♀ Maulbrüter, Mutterfamilie. Bis 40 Jungfische je Brut.

Gattung *Labidochromis* TREWAVAS, 1935

Verwandt mit den Gattungen *Pseudotropheus* und *Melanochromis*. Ein besonders charakteristisches Merkmal dieser Gattung betrifft die Zähne der äußeren Kieferreihe. Diese sind vergrößert, konisch und bogig nach hinten gekrümmt (Abb. 541). Maulbrüter der Mbuna-Gruppe. Malawisee. Etwa sieben Arten.

Labidochromis caeruleus
FRYER, 1956

Malawisee, Felslitoral; bis 10 cm.
D XVII–XVIII/8–9; A III/7–8; mLR 31–32. Gestreckt, seitlich zusammengedrückt, Kopf verhältnismäßig spitz. Intensiv kobaltblau mit sechs stimmungsabhängig hervortretenden dunklen Querstreifen auf den Körperseiten und 2–3 Streifen auf Stirn und Nacken. D hellblau mit schwach angedeuteten schwarzen Randstreifen, vorderer Teil der A und V schwarz, ein, seltener zwei gelbe Eiflecke in der A. Geschlechter schwierig zu unterscheiden. ♂ in der Regel kräftiger gefärbt.
Pflege und Zucht siehe Familienbeschreibung, S. 676. Maulbrüter, Mutterfamilie.

Labidochromis freibergi
JOHNSON, 1974

Malawisee, nahe der Insel Likoma, Felslitoral; bis 8 cm.
D XVI–XVIII/9–11; A III/6–7; mLR 29–30. Relativ kurz und hochrückig, seitlich abgeflacht, Maul klein, zugespitzt. Hellblau mit 9–10 dunklen Querstreifen auf den Körperseiten. D einfarbig hellblau, A, C und V graublau bis weißlich, teilweise schwarz gesäumt, A mit orangefarbenen, schwarz umrandeten Eiflekken. Geschlechter in der Färbung schwer zu unterscheiden, ♂ in der Regel kräftiger gefärbt.
Pflege und Zucht siehe Familienbeschreibung, S. 676. Maulbrüter, Mutterfamilie. 20–25 Jungfische je Brut.

Labidochromis joanjohnsonae
JOHNSON, 1974
Perle von Likoma

Malawisee, im Bereich der Insel Likoma; bis 9 cm.
D XVI–XVIII/8–9; A III/7–8; mLR 30–32; SL 20 bis 24/8–12. Langgestreckt, seitlich mäßig abgeflacht. ♂ ab 5 cm Gesamtlänge kräftig blau, besonders auf dem Kiemendeckel, der außerdem einen kleinen schwarzen Fleck aufweist. Iris goldfarben. Während der Balz sowie bei Schreck- und Nachtfärbung mit 8–9 unscharf begrenzten Querbinden, die durch zwei unregelmäßige Längsbinden in der oberen Körperhälfte ergänzt werden können. D blau, hellblau gesäumt und mit breitem dunkel- bis schwarzblauem bandartigem Innensaum, vor allem im hartstrahligen Flossenteil, im hinteren Teil der D einige kleine, gelbe bis orangefarbene Tupfen, die den Eiflecken der A ähneln. Basis der A, ihr weichstrahliger Teil sowie der Saum hellblau, Rest der Flosse schwarz, 3–7 unregelmäßig verteilte Eiflecke, C blau, hell gesäumt, manchmal mit orangefarbenen Tupfen, V schwarz, an der Vorderkante hellblau, P farblos. ♀ und Jungfische graugrün, mit schmalen, orangefarbenen, wellenförmigen Längsstreifen, dazwischen Reihen perlmuttfarbener Glanzpunkte; Kiemendeckel mit intensiv blauen Tüpfeln und Streifen sowie einem leuchtend blau eingefaßten schwarzen Fleck. D grünlich, mit unregelmäßig angeordneten, orangefarbenen Tupfen, A durchscheinend, orange gesäumt, mit 2–3 roten Eiflecken, C orange getüpfelt, V orange, Vorderkante weiß, P transparent.
Pflege und Zucht siehe Familienbeschreibung. Maulbrüter, Mutterfamilie. 20–30 Jungfische je Brut.
Auch unter dem Namen *L. caeruleus »likomae«* und dem Synonym *L. textilis* OLIVER, 1975, bekannt.

Labidochromis mathotho
BURGESS und AXELROD, 1976

Malawisee, genaue Herkunft unbekannt; bis 8 cm.
D XVI–XVII/8–9; A III/7; mLR 29–30; SL 22–23/6 bis 10. Relativ hochrückig, seitlich stark abgeflacht. Im Gegensatz zu den meisten anderen Arten der Gattung steigt das obere Kopfprofil verhältnismäßig steil an. Die Färbung ist recht unscheinbar. ♂ blaugrau, ♀ bräunlich. Senkrechte Flossen orange gesäumt, A der ♂♂ mit zwei orangefarbenen Eiflecken.
Pflege und Zucht siehe Familienbeschreibung, S. 676. Maulbrüter, Mutterfamilie.

Labidochromis vellicans (Abb. 541)
TREWAVAS, 1935

Malawisee, Monkeybucht und Nkusibucht; Felslitoral; bis 10 cm.
D XV–XVIII/9–10; A III/7–8; mLR 30–32. Körper

gestreckt, seitlich mäßig abgeflacht, Kopf kurz. Gelbbraun bis dunkel graubraun, teilweise metallisch blau glänzend, Rücken dunkler, Bauch weißlich, Lippen und unterer Teil des Kopfes hellblau. Stimmungsabhängig treten auf den Körperseiten zwei Längs- und neun unregelmäßige Querbinden hervor. Senkrechte Flossen blauschwarz, orange gesäumt, Flossenstrahlen weißblau, A schwärzlich, bei den ♂♂ mit fünf orangefarbenen Eiflecken.
Pflege und Zucht siehe Familienbeschreibung, S. 676. Maulbrüter, Mutterfamilie.

Gattung *Lamprologus* SCHILTHUIS, 1891

Mit den im Tanganjikasee endemischen Gattungen *Chalinochromis, Julidochromis* und *Telmatochromis* nahe verwandt, durch folgende Merkmale jedoch eindeutig charakterisiert: A mit mehr als drei Stacheln; alle Zähne in den Kiefern konisch, einzelne Zähne in der äußeren Reihe des Ober- und Unterkiefers deutlich vergrößert; D mit XVI–XXI/6–12 Flossenstrahlen. Höhlenbrüter. Die meisten der etwa 35 Arten kommen im Tanganjikasee vor, 4–5 Arten im Kongo-Becken.

Lamprologus attenuatus
STEINDACHNER, 1909

Tanganjikasee, Felslitoral, aber auch Sandlitoral; bis 15 cm.
D XVII–XX/9–12; A IV–VII/7–9; mLR 66–73. Gestreckt, seitlich abgeflacht, C hinten gerade abgeschnitten. Ockerfarben bis graubraun, teilweise mit gelblichem Schimmer. Auf den Körperseiten 5–6 unregelmäßig begrenzte, dunkelbraune Querbinden, deren Intensität stimmungsabhängig ist. Flossen grau bis bläulich, blau und orange getüpfelt, unpaare Flossen mit schwarzem Saum, P transparent. Geschlechtsunterschiede in der Färbung unbekannt.
Pflege siehe Familienbeschreibung, S. 676. Allesfresser. Nach MATTHES (1960) ernährt sich die Art gelegentlich von den Schuppen anderer Fischarten. Höhlenbrüter.

Lamprologus brevis (Taf. 268)
BOULENGER, 1899
Schneckenbarsch

Tanganjikasee, Sandlitoral; bis 6 cm.
D XVI–XVIII/6–7; A VII–IX/5–6; mLR 30–35; SL 14–18/6–8. Körper relativ hochrückig, seitlich abgeflacht. Braunbeige, Rücken dunkler, Bauch etwas heller. Auf den Körperseiten neun schmale, weißlichgrüne bis hellblaue Querbinden. Unter dem Auge eine blau bis lila schimmernde Glanzzone. Senkrechte Flossen braun, mit weißlichen Tüpfeln und Strichen. Geschlechtsunterschiede in der Färbung unbekannt.
Pflege paarweise oder zu mehreren Paaren im Artaquarium. Vergesellschaftung mit *Julidochromis*- und *Tropheus*-Arten möglich. Die Fische benutzen leere Schneckenhäuser der Gattung *Neothauma* als Wohn- und Ablaichhöhlen. Im Aquarium können Gehäuse der Weinbergschnecke, der Apfelschnecke, aber auch von *Rapana* als Ersatz dienen. Da die Schneckenhäuser z. T. im Bodengrund mit der Öffnung nach oben eingebuddelt werden, sollte als Bodengrund Sand mittlerer Körnung in einer Schichtdicke von mindestens 5–6 cm verwendet werden. 25 bis 26 °C. Zucht bereits gelungen. Höhlenbrüter. Elternfamilie. 30–50 sehr kleine Jungfische je Brut, Anfütterung mit *Artemia*-Nauplien. Weitere Arten mit ähnlicher Lebensweise sind *L. hecqui* BOULENGER, 1899, *L. kungweensis* POLL, 1956, *L. meeli* POLL, 1948, und *L. multifasciatus* BOULENGER, 1906.

Lamprologus brichardi (Taf. 267)
POLL, 1974
Prinzessin von Burundi, Feenbuntbarsch

Tanganjikasee, Geröll- und Felslitoral; bis 9 cm.
D XVIII–XX/8–10; A V–VII/5–8; mLR 32–34. Gestreckt, jedoch etwas höher als die meisten *Lamprologus*-Arten, seitlich stark abgeflacht, Flossen mit Ausnahme der P spitz ausgezogen. Einheitlich grau bis graugrün, nur selten mit dunklen Querbinden. Schuppen auf den Körperseiten mit dunklem Punkt, auf dem Schwanzstiel gelegentlich ein rotbraunes netzartiges Muster. Ein hell gesäumter dunkler Zügelstrich von der Oberlippe über das Auge bogig abwärts bis zum Rand des Kiemendeckels. Kiemendekkel selbst mit bläulicher Netzzeichnung und einem schwarzen Fleck am Hinterrand. D und A weiß gesäumt, ebenso die äußeren Strahlen der C und die ersten Strahlen der V. Unpaare Flossen mit dunklen und hellen Punkten. ♀ kleiner, zur Laichzeit etwas voller. Genitalpapille größer.
Pflege und Zucht siehe Familienbeschreibung, S. 676. Sehr schöner Buntbarsch, der in Schwärmen lebt. Höhlenbrüter, Elternfamilie. Etwa 200 Eier, Brutpflege relativ kurz, die Eltern stellen den Jungfischen nicht nach, d. h., diese können im Artbecken bleiben.
Die Art war zunächst als *Lamprologus savoryi elongatus* TREWAVAS und POLL, 1952, bekannt.

Lamprologus callipterus (Taf. 271)
BOULENGER, 1906

Tanganjikasee, in verschiedenen Biotopen; bis 15 cm.
D XVIII–XX/9–10; A VI–IX/6–8; mLR 35–37; SL 23–25/10–18. Schlank, langgestreckt, seitlich abgeflacht, C abgerundet. Gelblich bis grau, auf den Körperseiten unscharf begrenzte, dunkelbraune bis schwarze Flecken. Lippen bläulich, vom Oberkiefer zum Auge ein schwarzes Zügelband. Flossen grau mit hellen Tüpfeln, V schmutzigweiß, P transparent. Geschlechtunterschiede in der Färbung unbekannt.
Pflege siehe Familienbeschreibung, S. 676. Raubfisch. Höhlenbrüter.

Lamprologus calvus (Taf. 237, 266)
POLL, 1978

Südwestlicher Teil des Tanganjikasees, Felslitoral; ♂ bis 13 cm, ♀ bis 7 cm.
D XX–XXI/6–8; A XI–XIII/5–7; mLR 32–34; SL 16–26/4–8. Mäßig gestreckt, seitlich stark abgeflacht. Lehmgelb bis ockerfarben, Kopf mit zwei dunkelbraunen bis schwarzen Querstreifen, eine Zügelbinde vom Oberkiefer zum Vorderrand des Auges, auf den Körperseiten 7–8 dunkelbraune Querbinden. Flossen und der hintere Teil des Körpers mit zahlreichen, in regelmäßigen Reihen angeordneten, silber- bis goldglänzenden Punkten. D, A und C dunkelbraun bis schwarz gesäumt.
Pflege und Zucht siehe Familienbeschreibung, S. 676. Sehr schöne, aber räuberische Art. Höhlenbrüter. Elternfamilie. Bis zu 300 Jungfische je Brut. Wachstum langsam.
L. calvus wurde häufig mit der nahe verwandten Art *L. compressiceps* verwechselt, von dem sie sich durch die Kopfbeschuppung und die fehlende Einbuchtung der Stirnlinie über dem Auge unterscheidet.

Lamprologus compressiceps
BOULENGER, 1898
Nanderbuntbarsch

Tanganjikasee, Felslitoral; ♂ bis 12 cm, ♀ bis 7 cm.
D XX–XXI/6; A IX–XI/5–7; mLR 32–33; SL 22–28/8–10. Der voranstehenden Art hinsichtlich Körperform und Färbung ähnlich. Relativ hoch und kurz, seitlich sehr stark abgeflacht, Stirnprofil mit einer leichten Einbuchtung über dem Auge. Meist ziemlich dunkelbraun, auf den Körperseiten 6–7 dunkle Querbinden, im hinteren Teil des Körpers goldglänzende Tüpfel. Flossen einheitlich schwarz. Ein weiteres sehr wichtiges Unterscheidungsmerkmal gegenüber *L. calvus* ist die Anordnung der Nackenschuppen. Bei *L. compressiceps* reichen diese nach vorn bis an den hinteren Augenrand, bei *L. calvus* bedecken sie nur die Partie vor der D.
Pflege siehe Familienbeschreibung, S. 676. Höhlenbrüter. Wahrscheinlich noch nicht gezüchtet.

Lamprologus congoensis
SCHILTHUIS, 1891

Stromschnellen im Kongo-Becken; bis 15 cm.
D XVII–XIX/8–10; A V–VII/5–6; mLR 30–36; SL 18–26/8–13. Sehr langgestreckt, seitlich abgeflacht. Grünlich ockergelb bis sandfarben mit zahlreichen Goldtupfen, Rücken etwas dunkler, Bauch heller, Zeitweise treten fünf kurze schwärzliche Körperquerbinden auf. Ein mehr oder weniger deutlicher, keilförmiger schwarzer Fleck vom Augenhinterrand zum oberen Kiemendeckelwinkel, er trifft dort auf einen zweiten, nach unten orientierten Fleck. Untere Hälfte der Iris glänzend gelbgrün oder rötlich. D und A im äußeren Teil mit einer himmelblauen bis seegrünen Binde, A und manchmal auch die D braunrot gesäumt, der weiche Teil beider Flossen mit schwärzlich braunroten und hellen Tupfen, C zugespitzt, dunkel und hell punktiert, unterster Abschnitt himmelblau bis seegrün. ♀ mit rußigem bis schwarzem rundlichem Augenfleck im vorderen Teil der weichen D. Pflege in größeren Aquarien. Wenn genügend Versteckmöglichkeiten gegeben sind, lassen sich verhältnismäßig viele Tiere dieser Art vergesellschaften. Dabei bildet sich eine Sozialstruktur aus, wie sie in ähnlicher Form bei den *Apistogramma*-Arten vorkommt. Ein ♂ bewacht einen ganzen »Harem« von ♀♀ mit Kleinrevieren. Die ♀♀ übernehmen unter dem Schutz des ♂ die Brutpflege. Großfamilie. Die Jungen schlüpfen bei 25–26 °C nach 11–12 Tagen außerhalb der Bruthöhle und werden noch 4–6 Wochen betreut. Aufzucht einfach, siehe auch Familienbeschreibung, S. 676.

Lamprologus elongatus (Taf. 238)
BOULENGER, 1898

Tanganjikasee; bis 20 cm, bleibt im Aquarium wesentlich kleiner.
D XVII–XVIII/10–12; A V–VI/7–9; mLR 66–74; SL 36–56/15–30. Spindelförmig langgestreckt, seitlich wenig abgeflacht, Maul groß, tief eingeschnitten, endständig. Färbung stark stimmungsabhängig, mehr oder weniger dunkelbraun, in der Balzzeit fast schwarz. Kopf hellbraun bis kupferfarben, Lippen in der Nähe der Maulwinkel leuchtend blau, Iris oben rot, unter dem Auge ein unregelmäßiges, irisierendes Band. Vom Kiemendeckel bis in die C-Wurzel erstrecken sich zwei dunkle bis schwarze Tüpfelreihen, die jeweils von einer Reihe kleinerer, weißlicher Tüpfel begleitet werden. Flossen bräunlich, Spitzen der D gelblich bis rötlich, darunter ein schmales Band und unter diesem weiße und schwarze, unregelmäßig verteilte Tüpfel, A weißlich bis grau mit bläulichen bis weißen Punkten, C grau mit weißen Flecken und einem tiefschwarzen, unregelmäßig begrenzten Fleck an der Basis, V graubraun, Vorderkante weißlich. ♀ kleiner, V kürzer.
Pflege siehe Familienbeschreibung, S. 676. Laicht auf flachen Steinen oder in Höhlen ab. ♀ und ♂ betreuen das Gelege. Elternfamilie. Die etwa 4 mm großen Jungfische schlüpfen nach 3–4 Tagen und werden mehrmals in verschiedene Mulden umgebettet. Nach dem Freischwimmen der Jungfische beteiligt sich das ♂ nicht mehr an der Brutpflege. Aufzucht leicht. Besonders wichtig ist eine ausreichende und regelmäßige Fütterung. Wachstum schnell. Sehr schöne, aber etwas räuberische Art.

Lamprologus fasciatus (Taf. 271)
BOULENGER, 1898

Tanganjikasee, Felslitoral; bis 13 cm.
D XVIII–XIX/9–10; A XI/7; mLR 35; SL 24–26/23 bis 26. Langgestreckt, seitlich abgeflacht, Kopf spitz, Maul tief gespalten, C abgerundet. Gelboliv bis hellbraun. Iris türkisblau. Ein schwarzer Streifen von

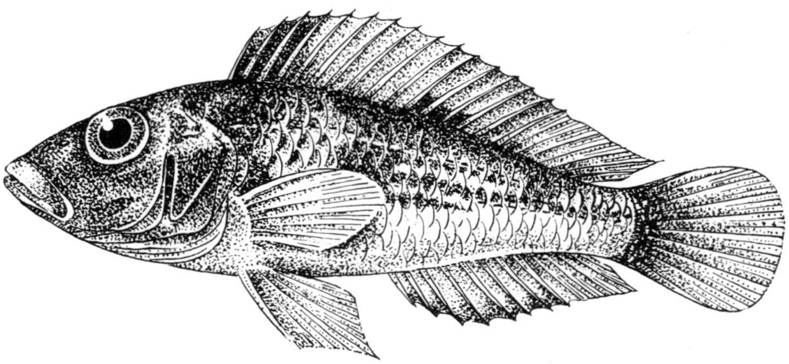

Abb. 542 *Lamprologus lemairei*

der Oberlippe durch das Auge zum Kiemendeckelhinterrand. Auf dem Kiemendeckel und auf der Basis der C ein schwarzer Fleck, 7–9 dunkelbraune bis schwarze Querbinden. Hinterer Teil von D und A sowie C mit orangefarbenen und bläulichen Tüpfeln. Geschlechtsunterschiede in der Färbung unbekannt. Pflege siehe Familienbeschreibung, S. 676. Raubfisch. Höhlenbrüter.

Lamprologus furcifer
Boulenger, 1898

Tanganjikasee, Felslitoral; bis 15 cm.
D XX/9; A V–VII/7; mLR 46–54; SL 32–48/10–31. Langgestreckt, schwanzwärts schnell an Höhe verlierend, Auge groß, alte Exemplare mit Stirnwulst, C tief gegabelt, im Alter fadenförmig verlängert. Färbung variabel, meist dunkelbraun, teilweise grau. Iris goldfarben und hellblau. In Abhängigkeit vom Wohlbefinden können undeutlich begrenzte dunkle Flecke und Querbänder auf dem Körper hervortreten. Hinterer Teil von D und A sowie C mit hellen Tüpfeln. Erwachsene ♂♂ mit deutlich größerem Stirnwulst.
Pflege und Zucht siehe Familienbeschreibung, S. 676. Scheuer Höhlenbewohner, der sich tagsüber nur selten freischwimmend im Aquarium zeigt. Raubfisch. Höhlenbrüter. Elternfamilie.

Lamprologus leleupi Poll, 1956 (Taf. 267)
Tanganjika-Goldcichlide

Tanganjikasee, Felslitoral; bis 10 cm.
D XIX–XX/7–9; A VI/5–7; mLR 33–35; SL 22–27/5–12. Langgestreckt, seitlich abgeflacht, C abgerundet. ♂ meist größer und mit etwas verlängerten Flossen. Von dieser Art sind drei Unterarten bekannt:
Lamprologus leleupi melas Matthes, 1959. Einfarbig schwarz bis dunkelbraun, auf den Körperseiten helle Tüpfel, die zu Längsreihen angeordnet sind. Senkrechte Flossen hell-schwarz gemustert. Diese Unterart wird allgemein als Stammform angesehen.
Lamprologus leleupi leleupi Poll, 1956 (Taf. 267). Einfarbig gelb bis orange, Flossen dunkelbraun bis schwarz gesäumt. Iris des Auges dunkelbraun bis schwarz.
Lamprologus leleupi longior Staeck, 1980 (Taf. 267). Deutlich schlanker und gestreckter als die beiden anderen Unterarten. Leuchtend orange, A und Vorderkante der V mit schmalem schwarzem Saum. Unterhalb des Auges ein bläulichgrüner Strich. Ältere ♂♂ oft mit kleinem Stirnwulst.
Pflege und Zucht siehe Familienbeschreibung, S. 676. Relativ friedliche Art, ernährt sich vorwiegend von Weichtieren. Höhlenbrüter, ♂ monogam (überzählige ♀♀ entfernen!), zunächst Elternfamilie, später beschränkt sich das ♂ auf die Revierverteidigung, das ♀ betreut auch weiterhin die Brut. Vater-Mutter-Familie.

Lamprologus lemairei (Abb. 542)
Boulenger, 1899
Kreuzbuntbarsch

Tanganjikasee, Felslitoral und Sandlitoral, nicht im freien Wasser; bis 23 cm.
D XVIII–XIX/6–8; A VII–IX/5–6; mLR 33–37; SL 25–30/13–19. Langgestreckt, seitlich abgeflacht, durch den großen Kopf und das große Auge wirkt die Art etwas gedrungen. Dunkel graubraun, jüngere Exemplare mit mattem Silberglanz. Auf dem Kopf und den Körperseiten unregelmäßige, unscharf begrenzte, dunkle Muster, die teilweise zu Querbinden verschmelzen. Drei besonders kräftige Flecke an der Basis der D, weitere Flecke auf dem Kiemendeckel und der Basis der C. Senkrechte Flossen mit schmalem schwarzem Saum. Geschlechtsunterschiede in der Färbung unbekannt.
Pflege siehe Familienbeschreibung. Raubfisch. Höhlenbrüter. Vater-Mutter-Familie.

Lamprologus mocquardi
Pellegrin, 1903

Nördliches Zaïre; bis 12 cm.
D XIX/8; A V–VI/6–7; mLR 33–34; SL 22–24/7–10. Körpergestalt und Färbung ähnlich wie bei *L. congoensis* angegeben. In der Färbung wahrscheinlich nur anhand der fehlenden Goldtupfen zu unterscheiden. ♂♂ mit deutlichem Stirnwulst.
Pflege und Zucht siehe bei *L. congoensis*.

Lamprologus modestus
Boulenger, 1898

Tanganjikasee, Felslitoral; bis 12 cm.
D XIX–XXI/9–10; A V/6–8; mLR 35–37; SL 19–25/5–11. Langgestreckt, seitlich abgeflacht. Einfarbig grau bis schwarzbraun, Bauch teilweise gelblich.

Tafel 273 Kopfprofile von Cichliden. Links: *Aequidens pulcher* · *Haplochromis moorei*. Rechts: *Spathodus erythrodon* · *Haplochromis linni* (alle Fotos Richter)

Tafel 274 Links: *Nanochromis nudiceps* (Foto Richter) · *Nanochromis dimidiatus* (Foto Richter) · *Petrochromis trewavasae* (Foto Krüger). Rechts: *Nanochromis parilius* (Foto Sterba) · *Anomalochromis thomasi* (Foto Richter) · *Pseudotropheus socolofi* (Foto Hoyer)

Tafel 275 Links: *Pelvicachromis subocellatus* · *Pelvicachromis humilis* · *Pseudocrenilabrus philander dispersus*. Rechts: *Pelvicachromis pulcher* · *Pelvicachromis taeniatus* · *Pseudocrenilabrus multicolor* (alle Fotos Richter)

Tafel 276 Oben links: *Pseudotropheus lombardoi*, ♂ (Foto Krüger). Oben rechts: *Pseudotropheus lombardoi*, ♀ (Foto Krüger). Mitte: *Pseudotropheus lanisticola* (Foto Richter). Unten: *Pseudotropheus elongatus* (Foto Richter)

Tafel 277 Oben links: *Pseudotropheus* spec., »Zwergzebra« (Foto Krüger). Oben rechts: *Haplochromis chrysonotus* (Foto Krüger). Mitte: *Pseudotropheus zebra* (Foto Müller). Unten: *Pseudotropheus zebra*, xanthoristische Spielart, ♂ und ♀ (Foto Müller)

Tafel 278 Oben links: *Pseudotropheus tropheops*. Oben rechts: *Pseudotropheus crabro*. Mitte: *Pseudotropheus* spec. »M 12«, ♂. Unten: *Pseudotropheus* spec. »M 12«, ♀ (alle Fotos Krüger)

Tafel 279 *Sarotherodon grahami*, Jungfisch · *Sarotherodon mossambicus*, Jungfisch · *Sarotherodon karomo* (alle Fotos Richter)

Tafel 280 *Trematocranus jacobfreibergi* (Foto Richter) · *Trematocranus* spec. »Gelb« (Foto Krüger) · *Lobochilotes labiatus* (Foto Richter)

Tafel 281 Links: *Telmatochromis bifrenatus* · *Steatocranus tinanti*. Rechts: *Telmatochromis caninus* · *Steatocranus casuarius*. Unten: *Tilapia zilli*, brutpflegend (unten Sterba, alle anderen Fotos Richter)

Tafel 282 Links: *Teleogramma brichardi* (Foto Richter) · *Tropheus duboisi*, Jungfisch (Foto Krüger). Rechts: *Tropheus polli* (Foto Richter) · *Tropheus duboisi*, ♂ (Foto Krüger). Unten: *Petrochromis famula* (Foto Krüger)

Tafel 283 Oben: *Tropheus moorei,* »Brabant« (Foto Krüger). Mitte links: *Tropheus moorei,* »Kasabae« (Foto Richter). Mitte rechts: *Tropheus moorei,* »Schwanzstreifen« (Foto Richter). Unten links: *Tropheus moorei,* »Kaiser« (Foto Richter). Unten rechts: *Tropheus moorei,* »Orangefleck« (Foto Krüger)

Tafel 284 Links: *Batanga lebretonis,* Laichfärbung · *Oxyeleotris marmorata,* Kopf · *Eleotris* spec., Kopf. Rechts: *Batanga lebretonis* · *Hypseleotris compressa,* ♂ in Laichfärbung · *Eleotris* spec. (oben links Sommer, darunter Zarske, alle anderen Fotos Richter)

Tafel 285 Links: *Dormitator maculatus* · *Stigmatogobius sadanundio* · unbestimmter Vertreter der Gobiidae. Rechts: *Brachygobius nunus* · *Tateurndina ocellicauda*, ♀ · *Periophthalmus barbarus* (Mitte rechts Zarske, unten rechts Foersch, alle anderen Fotos Richter)

Tafel 286 *Sandelia capensis* (Foto Schaller) · *Sandelia bainsi* (Foto Foersch) · *Anabas testudineus* (Foto Richter)

Tafel 287 *Ctenopoma kingsleyae* · *Ctenopoma acutirostre* · *Ctenopoma* cf. *ocellatum* (alle Fotos Richter)

Tafel 288 *Ctenopoma multispinis* (Foto Foersch) · *Ctenopoma maculatum* (Foto Richter) · *Ctenopoma oxyrhynchum* (Foto Richter)

Stimmungsabhängig treten auf den Körperseiten etwa sechs dunkle Querstreifen hervor. D mit hellen Tüpfeln, D und C mit schwarzem Saum. Keine Geschlechtsunterschiede in der Färbung. ♂ größer, D und A stärker ausgezogen.
Pflege und Zucht siehe Familienbeschreibung, S. 676. Höhlenbrüter, Elternfamilie.

Lamprologus moorei (Taf. 266)
BOULENGER, 1898

Südwestlicher Teil des Tanganjikasees, Felslitoral; bis 10 cm.
D XIX–XXI/9–11; A VII–IX/7–8; mLR 33–35; SL 24–28/9–13. Relativ kurz und hochrückig, seitlich abgeflacht. Die Art hat einen ausgeprägten altersabhängigen Farbwechsel. Die einheitlich dunkelgelben bis hellbraunen Jungfische werden später dunkler und zeigen schließlich eine grau bis blaugraue Grundfärbung mit kräftig blauem Schimmer. Durch die dunklen Schuppenränder entsteht ein netzartiges Muster. Unpaare Flossen grünlich bis blau gesäumt. Pflegende Elterntiere sind fast schwarz. Keine Geschlechtsunterschiede in der Färbung. ♂ V deutlich länger, D und A spitzer ausgezogen.
Pflege und Zucht siehe Familienbeschreibung, S. 676. Höhlenbrüter, Elternfamilie, ♂ und ♀ bleiben mit den Jungfischen stets in der unmittelbaren Umgebung der Bruthöhle.

Lamprologus ornatipinnis
POLL, 1949

Tanganjikasee, Sandlitoral; bis 8 cm.
D XV–XVIII/7–9; A V–VIII/6–7; mLR 32–36. Langgestreckt, seitlich nur wenig abgeflacht, C etwas abgerundet. Gelblichbraun, in der oberen Körperhälfte 3–4 dunkelbraune, unregelmäßig begrenzte Flecke. Körperseiten bauchabwärts bläulich schimmernd, mit 3–4 orangefarbenen dünnen Linien. D, A und C teilweise mit schwarzen Bändern, V und A gelblich. Keine Geschlechtsunterschiede in der Färbung.
Pflege siehe Familienbeschreibung, S. 676. Höhlenbrüter. Laicht ähnlich wie *L. brevis* in leeren Schneckenhäusern.

Lamprologus petricola (Taf. 271)
POLL, 1949

Südwestlicher Teil des Tanganjikasees, Felslitoral; bis 13 cm.
D XX/9; A V/7; mLR 33–36. Relativ kurz und hochrückig, seitlich abgeflacht. Hinsichtlich der Färbung lassen sich die beiden folgenden Formen unterscheiden: 1. Hellbraun, Kopfunterseite und Bauch weiß, Flossen kräftig hellgelb. 2. Einheitlich leuchtend orangegelb, Kopfoberseite bräunlich.
Die zweite, ansprechendere Form dieser sehr schönen Art konnte von STAECK nur in einem eng begrenzten Gebiet nördlich der Lufupa-Mündung (Sambia) gefangen werden. Keine Geschlechtsunterschiede in der Färbung. ♀ deutlich kleiner.
Pflege und Zucht siehe Familienbeschreibung, S. 676. Höhlenbrüter, ♂ monogam.

Lamprologus pleuromaculatus
TREWAVAS und POLL, 1952

Tanganjikasee, Sandlitoral; bis 10 cm.
D XVII–XIX/9–11; A V–VII/7–9; mLR 60. Langgestreckt, seitlich wenig abgeflacht, C gerade abgeschnitten, Maul groß. Gelblichbraun, Rücken dunkler, teilweise mit Silberglanz, Bauch weißlich. Auf den Körperseiten vier dunkle Längsbinden, die teilweise von undeutlichen, dunklen bis schwarzen Flekken überlagert werden. Etwa in der Mitte des Körpers ein unregelmäßig begrenzter, schwarzer Tupfen. Senkrechte Flossen teilweise dunkel gebändert. Geschlechtsunterschiede in der Färbung nicht beschrieben.
Pflege und Zucht siehe Familienbeschreibung, S. 676. Raubfisch. Höhlenbrüter.

Lamprologus savoryi
POLL, 1949

Tanganjikasee, Felslitoral; bis 8 cm.
D XVIII–XIX/8–10; A V–VII/5–8; mLR 34–35. Relativ hochrückig, seitlich stark abgeflacht, C leicht eingebuchtet, Maul groß. Mehr oder weniger kräftig grau durch die teilweise dunklen Schuppenränder mit Netzmuster. Sechs dunkelbraune, in der oberen Körperhälfte kräftiger hervortretende Querbinden, die sich bauchwärts verjüngen, ein schwarzer Strich vom Augenhinterrand zum Rand des Kiemendekkels, dieser selbst mit einem kräftigen kommaförmigen Fleck. Flossen zart bläulich. Geschlechtsunterschiede in der Färbung unbekannt.
Pflege und Zucht siehe Familienbeschreibung, S. 676. Höhlenbrüter, Elternfamilie.

Lamprologus sexfasciatus
TREWAVAS und POLL, 1952

Südwestlicher Teil des Tanganjikasees, Felslitoral; bis 15 cm.
D XVII–XVIII/9–11; A V–VII/6–7; mLR 34–37. Mäßig hoch, seitlich abgeflacht, C gerade abgeschnitten. Grausilbern mit sechs tiefschwarzen Querbinden, die teilweise auf die Basis der D übergreifen, sowie zwei schwarze Nackenstreifen. Flossen grau, teilweise bläulich. Geschlechtsunterschiede in der Färbung nicht beschrieben. ♂ größer. Ähnlich gezeichnet sind die Arten *Cyphotilapia frontosa*, die im Alter einen deutlichen Stirnwulst besitzt, und *Lamprologus tretocephalus*, die nur fünf Querbinden aufweist.
Pflege und Zucht siehe Familienbeschreibung, S. 676. Höhlenbrüter, Elternfamilie.

Lamprologus tetracanthus (Taf. 270)
BOULENGER, 1899

Tanganjikasee, Übergangszone zwischen Fels- (Geröll) und Sandlitoral; bis 19 cm.
D XVIII–XXI/10–12; A IV/7–9; mLR 36–40; SL 30/15. Langgestreckt, seitlich wenig abgeflacht, C abgerundet. Hell- bis graubraun mit etwa sechs schwach angedeuteten dunklen Querbändern sowie einer schwarzen Binde zwischen den oberen Augenrändern. Auf den Körperseiten 4–6 Reihen metallisch glänzender Schuppen. Flossen graubraun mit zahlreichen hellen Tupfen, D und C gelblich und schwarz gesäumt. Geschlechtsunterschiede in der Färbung nicht beschrieben. ♂ größer, im Alter mit kleinem Stirnwulst.
Pflege und Zucht siehe Familienbeschreibung, S. 676. Raubfisch, nicht mit zu kleinen Fischen vergesellschaften. Höhlenbrüter mit intensiver Brutpflege, ♂ monogam, Elternfamilie.

Lamprologus toae
POLL, 1949

Ostküste des Tanganjikasees, Felslitoral; bis 10 cm.
D VII/10–11; A V–VI/6–7; mLR 29–35. Ziemlich hochrückig, seitlich stark abgeflacht, Maul groß, tief gespalten. Einfarbig braun bis dunkelgrau, teilweise leicht graugrün glänzend, zur Laichzeit schwarz. Geschlechtsunterschiede in der Färbung unbekannt.
Pflege und Zucht siehe Familienbeschreibung, S. 676. Höhlenbrüter.

Lamprologus tretocephalus (Taf. 269)
BOULENGER, 1899
Tanganjika-Fünfstreifenbuntbarsch

Tanganjikasee, Felslitoral; bis 14 cm.
D XVII–XIX/9–11; A V–VI/5–7; mLR 33–35; SL 29–34/10–16. Relativ kurz und hochrückig, seitlich abgeflacht. Weißlichgrau mit fünf breiten, tiefschwarzen Querbinden, die sich bauchwärts deutlich verjüngen, eine weitere Binde zwischen den Augen, auf dem Kiemendeckel ein schwarzer, von grünlichen bis bläulichen Tupfen umrahmter Fleck. D durchscheinend grau, hellblau gesäumt, vorn mit hellblauen Tupfen, A, C und V bläulich. Geschlechtsunterschiede in der Färbung nicht beschrieben. ♂ D und A stärker ausgezogen.
Pflege und Zucht siehe Familienbeschreibung, S. 676. Höhlenbrüter mit großem Revier, ♂ monogam, Elternfamilie. Bis 400 Eier.

Lamprologus werneri (Taf. 270)
POLL, 1952
Werners Grundcichlide

Kinshasa und Stromschnellen des Kongo (Zaïre); bis 12 cm.
D XIX/9; A VI/6; mLR 35; SL 28/11. Ähnlich gestaltet wie *L. congoensis*. Sechs Querbinden an den Körperseiten. D und A fast schwarz, hinten hellgrau, D vorn außerdem mit zwei Längsreihen weißer Tüpfel. Geschlechtsunterschiede in der Färbung nicht beschrieben.
Pflege und Zucht siehe Familienbeschreibung, S. 676. Kiesboden, Niedrigwasser, starke Durchlüftung. Aggressiv gegen Artgenossen und andere Fische. Höhlenbrüter, ♂ polygam, Großfamilie. Zucht schwierig. Weitere Arten siehe Taf. 270, 271.

Gattung *Limnochromis* REGAN, 1920

Die Arten der ursprünglichen Sammelgattung *Limnochromis* wurden von POLL und anderen z. T. in die Gattungen *Triglachromis* (eine Art), *Cyprichromis* (vier Arten), *Gnathochromis* (zwei Arten), *Tangachromis* (eine Art), *Greenwoodochromis* (zwei Arten) überführt. In der Gattung *Limnochromis* im engeren Sinne verblieben nur die Arten *L. auritus, L. abeelei* und *L. staneri*. Charakteristisch für die Gattung *Limnochromis* sind die nicht über den Rand der Flossen hinausragenden Flossenstrahlen (besonders in der P), die in den Kiefern in vier Reihen angeordneten, konischen Zähne, die in der Mitte der Schlundknochen als Mahlzähne ausgebildeten Schlundzähne, die vier breiten, dunklen, mehr oder weniger sichtbaren Querbinden auf den Körperseiten und der mit einem dunklen Fleck ausgestattete Kiemendeckel. Maulbrüter. Tanganjikasee. Drei sichere Arten.

Limnochromis auritus (Abb. 543)
(BOULENGER, 1901)

Tanganjikasee, sublitorales Benthal über Sandboden; bis 18 cm.
D XV–XVII/9–10; A III/8; mLR 33–37; SL 20–25/

Abb. 543 *Limnochromis auritus*

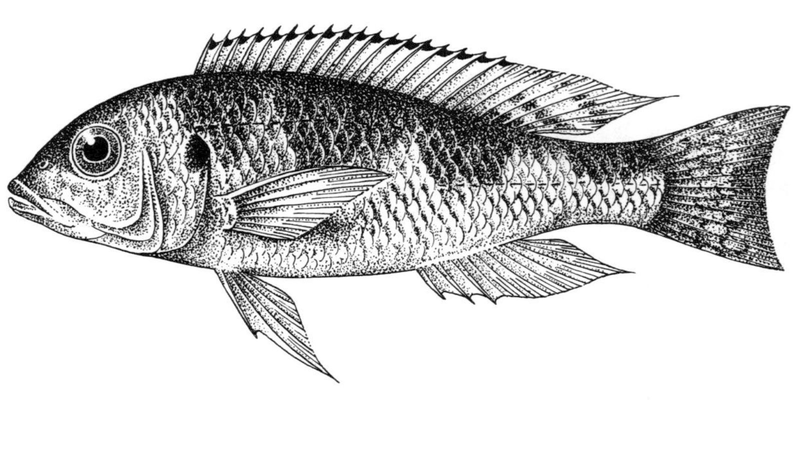

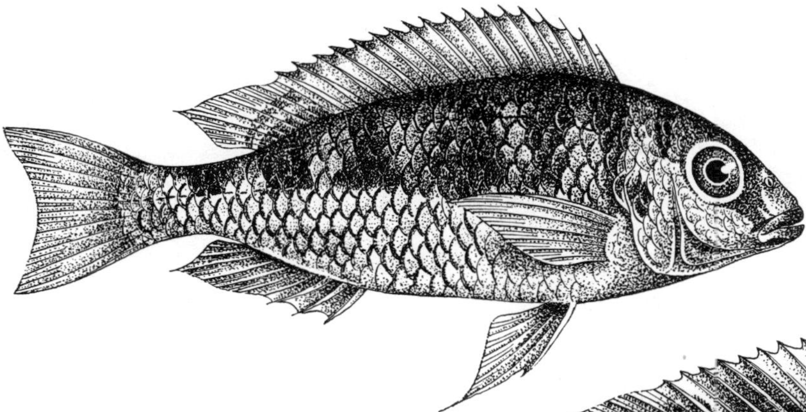

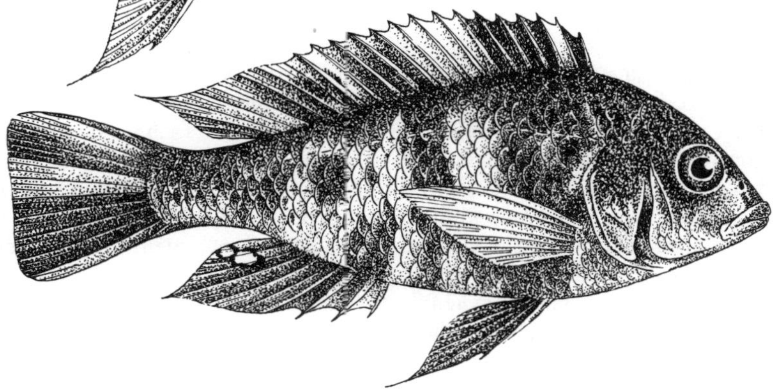

Abb. 544 *Limnotilapia dardennii*
Abb. 545 *Macropleurodes bicolor*

13–18. Mäßig hoch, seitlich stark abgeflacht. Silbern bis hellblau, auf den Körperseiten vier dunkelbraune bis schwarze Querbinden, die bauchwärts an Intensität verlieren und die Mittellinie des Bauches nicht erreichen. Vom Kiemendeckelhinterrand bis zum Schwanzstiel 2–3 silbern glänzende Längsstriche, Kiemendeckel mit dunklem, oft metallisch glänzendem Fleck. Unpaare Flossen oft mit hellblauen Tüpfeln. D rötlich und A hellblau gesäumt. Geschlechtsunterschiede in der Färbung nicht beschrieben.
Pflege siehe Familienbeschreibung, S. 676. Maulbrüter, Elternfamilie. Ein Gelege kann mehrere hundert Eier umfassen, Eier klein.

Gattung *Limnotilapia* REGAN, 1920

Die charakteristischen Merkmale dieser Gattung sind die leicht eingeschnittene C, die 10–14 Kiemenreusenzähne am unteren Teil des vorderen Kiemenbogens, die außen zweispitzigen bis konischen, innen jedoch meist dreispitzigen Zähne der Kiefer und die Eiflecken in der A der ♂♂. Tanganjikasee. Drei Arten.

Limnotilapia dardennii (Abb. 544)
(BOULENGER, 1899)

Tanganjikasee, in der Nähe der Zuflüsse; bis 25 cm.
D XVIII–XX/9–11; A III/8–9; mLR 35–38; SL 24 bis 28/15–20. Relativ hochrückig, seitlich stark abgeflacht. Silbriggrau bis schmutzigweiß, Rücken mit grünlichgelbem Schimmer. Auf den Körperseiten neun dunkle, in der oberen Hälfte stärker hervortretende Querbinden, die von zwei schmaleren Längsbinden gekreuzt werden. Flossen farblos bis leicht grau, D gelblich gesäumt. ♂ mit 2–3 gelben Eiflecken, Streifenzeichnung undeutlich, sie verschwindet bei geschlechtlich aktiven ♂♂, Kopf dann dunkelgrau, A und V rötlich. ♀ A ohne Eiflecke, Streifenzeichnung kontrastreicher.
Pflege siehe Familienbeschreibung, S. 676. Pflanzenfresser. Maulbrüter.
Nach GREENWOOD (1979) ist die Gattung ein Synonym von *Simochromis*, diese Meinung wird jedoch nicht von allen Bearbeitern geteilt.

Gattung *Lobochilotes* BOULENGER, 1915

Lippen dick und mit einem dreieckigen, kleinen oder größeren Lappen versehen. Kieferzähne in 3–5 Reihen angeordnet, zusammengedrückt, in den äußeren Reihen zweispitzig, in den inneren dreispitzig. Maulbrüter. Tanganjikasee. Eine Art.

Lobochilotes labiatus (Taf. 280)
(BOULENGER, 1898)
Tanganjika-Zebrabuntbarsch

Tanganjikasee, Felslitoral; bis 37 cm.
D XVII–XIX/9–11; A III/6–8; mLR 33–35; SL 22 bis 26/12–19. Relativ hochrückig, seitlich stark abgeflacht, Maul groß mit wulstigen Lippen. Messinggelb bis grünlichgrau mit 11–12 dunkelbraunen bis tiefschwarzen Querbinden sowie eine Zügelbinde von der Oberlippe durch das Auge über den Nacken auf die andere Körperseite. Flossen mehr oder weniger durchscheinend, D orange und schwarz gesäumt. ♂ A mit mehreren orangefarbenen, schwarz gesäumten Eiflecken, Querbinden schwächer ausgeprägt.
Pflege siehe Familienbeschreibung, S. 676. Pflanzenfresser. Maulbrüter. Mutterfamilie (?)

Gattung *Macropleurodus* REGAN, 1920

Kieferzähne in 2–5 Reihen angeordnet. Charakteristisch für die Gattung sind die vergrößerten, nach innen gebogenen, schräg abgestumpfte Kronen tragenden Zähne der äußeren Reihe. Maulbrüter. Victoriasee. Eine Art.

Macropleurodus bicolor (Abb. 545)
(BOULENGER, 1906)

Victoriasee; bis 15 cm.
D XV–XVI/8–10; A III/8–9; mLR 31–35; SL 18–25/10–14. Langgestreckt, seitlich stark abgeflacht. Grau bis hellblau, hellgelb bis grünlich mit umweltabhängigem hellrotem Schimmer. Rücken dunkler, Bauch heller, unterer Teil des Kopfes schwarz. D dunkelgrau bis schwarz mit roten Punkten und Strichen, A gleichartig gefärbt mit 2–3 weißlichen bis hellgelben Eiflecken. ♀ einfacher gefärbt.
Pflege und Zucht siehe Familienbeschreibung, S. 676.
Frißt vorwiegend Schnecken, die sie wie *Chilotilapia rhoadesii* mit ihrem kräftigen Gebiß zerdrückt.

Gattung *Melanochromis* TREWAVAS, 1935

Wie bei der nahe verwandten Gattung *Pseudotropheus* sind die äußeren Kieferzähne immer zweispitzig und die inneren klein und dreispitzig (Abb. 546). Nach TREWAVAS (1935) ist jedoch die Bezahnung der Schlundknochen ein sicheres Unterscheidungsmerkmal. In der Gattung *Melanochromis* stehen die Schlundzähne aufgrund ihrer geringeren Zahl nicht so gedrängt wie in der Gattung *Pseudotropheus*, auch sind die Schlundzähne etwas größer.
BURGESS (1976) nennt für die Gattung *Melanochromis* als weiteres charakteristisches Merkmal den Sexualdimorphismus in der Färbung. Die ♂♂ der Gattung *Melanochromis* (Ausnahmen *M. exasperatus* und *M. brevis*) haben eine dunkle, meist braunschwarze Körperfärbung, die durch zwei hellere Längsstrukturen aufgelockert wird. Maulbrüter der Mbuna-Gruppe. Malawisee. Etwa zehn Arten.

Abb. 546 Bezahnung von *Melanochromis melanopterus* (nach TREWAVAS)

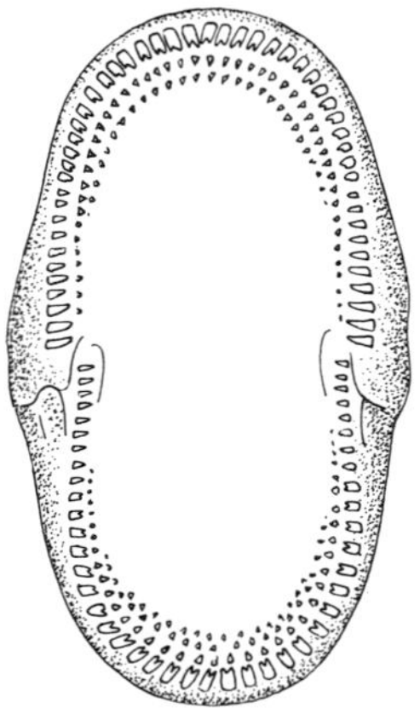

Melanochromis auratus (Taf. 236, 272)
(BOULENGER, 1897)
Türkisgoldbarsch

Malawisee, Felslitoral; ♂ bis 11 cm, ♀ bis 9 cm.
D XVIII–XIX/5–6; A III/6–8; mLR 33–34; SL 24/12. Langgestreckt, niedrig, seitlich wenig abgeflacht. ♂ schwarzbraun mit zwei hell türkisglänzenden Längsbinden, Stirn hell mit dunklen Querbinden. D gelbbraun, körpernah dunkel, oft mit feiner hellblauer Längslinie, A braunschwarz, Saum türkis- bis goldglänzend, 1–2 Eiflecke, C ebenfalls dunkel, mit gelblichem bis türkisfarbenem Saum und hellgelber Fleckung in der oberen Hälfte, P und V braunschwarz, letztere mit hellblauer Vorderkante. ♀ goldgelb mit zwei braunschwarzen Längsbinden, die von zarten helleren Zonen eingefaßt werden, vor den Augen zwei Stirnbinden, ein goldgelber Fleck auf dem Kiemendeckel. P, V und C goldgelb, letztere ganz oder teilweise mit schwarzen Tupfen, D gelb, mit breiter dunkler, weißlich gesäumter Längsbinde, Spitzen der D-Stacheln mehr oder weniger rötlich, A bläulich mit dunklem Innensaum und meist einem Eifleck. Jungtiere ähnlich gefärbt.
Pflege und Zucht in großen Aquarien mit Versteckmöglichkeiten. Die Tiere sind weniger aggressiv, wenn sie mit anderen Malawi-Cichliden vergesellschaftet werden. Mittelhartes, etwa neutrales Wasser. Zucht nicht schwierig. Stets ein ♂ mit mehreren ♀♀ ansetzen, ♂ polygam, die ♀♀ nehmen die Eier ins Maul, Mutterfamilie. Beim Verlassen des Maules nach 22–26 Tagen sind die Jungfische schon etwa 10 mm lang und können sofort mit kleinen *Cyclops* gefüttert werden. Gelege 20–30 Eier. Die ♀♀ fressen während der Brutpflege Enchyträen und Tubifex.
Siehe auch Familienbeschreibung, S. 676.
Früher bekannt als *Pseudotropheus auratus*.

Melanochromis brevis
TREWAVAS, 1935

Malawisee, Felslitoral; bis 12 cm.
D XVIII–XIX/9–10; A III/8–9; mLR 32–34. Hinsichtlich der Körperform der voranstehenden bekannteren Art ähnlich. Einheitlich gelb bis orange, dominierende ♂♂ zudem mit Blauschimmer. Kiemendeckel mit grün irisierendem Fleck. Flossen ebenfalls gelb bis orange. ♂ mit meist zwei Eiflecken in der A. ♀ ohne oder höchstens angedeutete Eiflekken in der A.
Pflege und Zucht siehe bei *M. auratus*. Ihre ansprechende Färbung zeigt die Art nur nach ausreichender Fütterung mit Kleinkrebsen. Maulbrüter.

Melanochromis chipokae
JOHNSON, 1975

Südlicher Teil des Malawisees, Felslitoral; bis 14 cm.
D XVII–XVIII/8–10; A III/9–10; mLR 33–35. Schlank, seitlich mäßig abgeflacht, Kopf zugespitzt, Maul groß, tief gespalten, Auge groß. ♂ kräftig dun-

kelblau, auf den Körperseiten zwei hellblaue Längsbinden, die erste vom Hinterrand des Auges zur Basis der C, die zweite von der Schnauzenspitze, neben dem Rückenfirst verlaufend, bis zur oberen Kante der C. D hellblau, A dunkelblau, hell gesäumt, mit 1 bis 3 orangefarbenen Eiflecken, C dunkel, gelb gesäumt. ♀ und Jungfische bis etwa 7 cm: Kopf und Körper goldgelb, im Alter graugelb bis olivgrün, Anordnung der schwarzen Längsbinden wie beim ♂, D mit dunklem Längsstreifen, A dunkel, C gelb gesäumt.
Pflege und Zucht siehe Familienbeschreibung (S. 676) und bei *M. auratus*. Frißt keine Pflanzen. Raubfisch, gegenüber gleichgroßen Fischen friedlich. Maulbrüter. Mutterfamilie. 30–40 Jungfische je Brut.

Melanochromis exasperatus (Taf. 272)
BURGESS, 1976

Malawisee, Likoma-Insel, Felslitoral; bis 8 cm.
D XVI/9–10; A III/7–8; mLR 28–30; SL 20–24/8 bis 12+1–2. Langgestreckt, seitlich deutlich abgeflacht. Blaugrün, schwach metallisch glänzend, auf dem Kopf zahlreiche orangefarbene Flecke und Striche, Körperseiten mit 4–5 schmalen, unregelmäßigen, orangefarbenen Längsstreifen, zusätzlich können 8–9 dunkle Querbänder hervortreten. Flossen gelblich bis orange, D und C mit zahlreichen orangefarbenen, häufig ovalen, kleinen Flecken. Beim ♂ treten die orangefarbenen Zeichnungen mit zunehmendem Alter zurück, D und A mit breitem, tiefschwarzem Innensaum, A mit 1–2 orangegelben Eiflecken. ♀ A fast vollständig orangefarben, D und A ohne schwarzen Innensaum.
Die Art ist *Labidochromis joanjohnsonae* sehr ähnlich, unterscheidet sich jedoch von dieser durch die geringere Anzahl orangefarbener Längsstreifen, das stumpfere Maul und die in der äußeren Reihe zweispitzigen Zähne in beiden Kiefern. Die Abgrenzung beider Arten ist jedoch umstritten.
Pflege und Zucht siehe Familienbeschreibung (S. 676) und bei *M. auratus*. Aufwuchsfresser, Maulbrüter, Mutterfamilie.

Melanochromis johanni (Taf. 272)
(ECCLES, 1973)
Kobaltorangebarsch

Malawisee, Felslitoral; bis 12 cm, ♀♀ etwas kleiner.
D XVIII–XIX/7–9; A III/7–8; mLR 33–34. Ähnlich gestaltet wie die bekannte Art *M. auratus*. ♂ tiefschwarz mit zwei auffälligen kobaltblauen Längsbinden von der Augenregion geradlinig zur C-Basis, auf der Stirn zwei kobaltblaue Striche. Unpaare Flossen weiß bis hellblau gesäumt, D mit hellblauer Basis, A mit 3–4 gelben Eiflecken. ♀ und Jungfische: Körper und Kopf einfarbig gelborange, stimmungsabhängig können an den Körperseiten zwei ockerfarbene bis braune Längsbinden hervortreten.
Pflege und Zucht siehe Familienbeschreibung (S. 676) und bei *M. auratus*. Maulbrüter, ♂ polygam, Mutterfamilie. Bis etwa 60 Eier je Brut. Die aus dem Maul entlassenen Jungfische finden dort noch 2–3 Tage Zuflucht.
Bislang auch bekannt als *Pseudotropheus johanni*.

Melanochromis melanopterus (Taf. 272)
TREWAVAS, 1935

Malawisee, Felslitoral; bis 15 cm.
D XVII–XIX/9–10; A III/7; mLR 32–34. Hinsichtlich der Körpergestalt stark an *Melanochromis chipokae* erinnernd, Kopf jedoch noch stärker zugespitzt. ♂ graubraun mit zwei grünlichen Längsbinden, von denen die obere neben dem Rückenfirst, die untere in der Körpermitte vom Kiemendeckelhinterrand geradlinig zur Basis der C verläuft. D dunkelgelb bis bräunlich, A und C dunkelgrau, orange gesäumt, V dunkelgrau, Vorderkante weiß. ♀ hell mit zwei schwarzen Längsstreifen.
Pflege und Zucht siehe Familienbeschreibung (S. 676) und bei *M. auratus*. Maulbrüter, ♂ polygam, Mutterfamilie. 30–50 Jungfische.

Melanochromis parallelus
BURGESS und AXELROD, 1976

Westufer des Malawisees, Felslitoral; bis 12 cm, ♀ kleiner.
D XIX/8–9; A III/7–8; mLR 31; SL 22–24/9–12+1 bis 2. Ähnlich gestaltet wie die bekannte Art *Melanochromis auratus*. ♂ schwarz mit zwei leuchtend blauen Längsbinden, die untere kurz hinter dem Auge beginnend, die in der Körpermitte verlaufende erreicht die C-Wurzel, die obere verläuft vom Nacken aus dem Rückenfirst folgend bis zum Ende der D. Flossen schwarz, hellblau bis weiß gesäumt. ♀ schmutzigweiß bis grau, die wie beim ♂ angeordneten Längsbinden tiefschwarz, D weiß bis bläulich, A schwarz gesäumt, C mit schwarzer Ober- und Unterkante, in der Mitte mit dunklen Flecken.
Pflege und Zucht siehe Familienbeschreibung (S. 676) und bei *M. auratus*. Maulbrüter. Mutterfamilie.

Melanochromis persipax
TREWAVAS, 1935

Malawisee, Felslitoral; bis 10 cm.
D XIX–XX/7–9; A III/8; mLR 33–34. Langgestreckt, seitlich mäßig abgeflacht. ♂ schwarz, auf den Körperseiten, wie bei den meisten anderen *Melanochromis*-Arten, zwei Längsbinden, die hier jedoch nur dunkelgrau sind. Die obere, wesentlich breitere Binde reicht vom Hinterhaupt bis zum Ende der D, die untere, schmalere vom Kiemendeckelhinterrand bis in die C-Wurzel, außerdem zwei graue Stirnbinden. D oft leuchtend hellblau und weiß gesäumt, A und C schwarz, Rand gelblich. ♀ im Gegensatz zum ♂ grauweiß mit schwarzen Längsbinden.
Pflege und Zucht siehe Familienbeschreibung (S. 676) und bei *M. auratus*. Maulbrüter. Mutterfamilie.

Melanochromis simulans
ECCLES, 1973

Südöstlicher Teil des Malawisees, Felslitoral; bis 12 cm, ♂ kleiner.
D XVIII/8; A III/8; mLR 34. Ähnlich gestaltet wie die bekannte Art *Melanochromis auratus*, Kopf jedoch stärker zugespitzt. ♂ graublau mit zwei hellblauen Längsbinden, die in ihrem Verlauf mit den für das ♀ angegebenen schwarzen Längsbinden übereinstimmen. D gelb gesäumt, C schwarz mit hellem Saum. ♀ und Jungfische kräftig goldgelb, zwei intensiv schwarze, weiß gesäumte Längsbinden an den Körperseiten, die untere von der Oberlippe über das Auge bis in die C-Wurzel, die obere, mit unregelmäßigen Flecken beginnende und seitlich vom Rückenfirst verlaufende vom Hinterhaupt bis unter die letzten D-Strahlen. Zwischen den Binden gelegentlich kleine, schwarze Flecke, Augen durch ein schwarzes Band verbunden. D und A mit breitem, schwarzem Band, weiß gesäumt, C mit schwarzen Längsstreifen zwischen den Flossenstrahlen.
Pflege und Zucht siehe Familienbeschreibung (S. 676) und bei *M. auratus*. Importfische lassen sich oft nur schwer auf Kunstfutter umstellen. Maulbrüter, Mutterfamilie.

Melanochromis vermivorus
TREWAVAS, 1935

Malawisee, Felslitoral; bis 15 cm.
D XX/9–10; A III/7–8; mLR 32–33. Langgestreckt, seitlich stark abgeflacht, Kopf verhältnismäßig spitz. ♂ tiefschwarz, von der Stirn über das Auge bis in die C-Wurzel eine kräftige blaue, unregelmäßige Längsbinde, eine zweite, dünnere Binde vom Nacken zum oberen Teil der C-Wurzel. D kräftig hellblau, Basis und hinterer Teil häufig schwarz, A und V schwarz, hellblau gesäumt, erstere mit 2–3 orangefarbenen Eiflecken, C schwarz, Flossenstrahlen hellblau. ♀ und Jungfische dunkelbraun bis gelbbraun, die oben für das ♂ beschriebenen Längsstreifen haben den gleichen Verlauf, sind jedoch schwarz.
Pflege und Zucht siehe Familienbeschreibung (S. 676) und bei *M. auratus*. In ihrer Heimat ernährt sich die Art vermutlich vorwiegend von Wurmfutter. Maulbrüter, ♂ polygam, Mutterfamilie.

Gattung *Nanochromis* PELLEGRIN, 1904

Kleinere gestreckte Cichliden mit folgenden Merkmalen: obere SL an ihrem hinteren Ende nur durch eine halbe Schuppe von der Basis der D getrennt, Schlundzähne nicht mahlzahnartig ausgebildet. Höhlenbrüter. Tropisches Westafrika. Zehn Arten.

Nanochromis caudifasciatus (Abb. 547)
(BOULENGER, 1913)

Nördliches Gabun, südliches und westliches Kamerun; bis 13 cm.
D XIV–XVI/9–11; A III/7–8; mLR 27–29; SL 18–21/7–9. Langgestreckt, schlank, seitlich nur wenig abgeflacht. Gelblich bis hellbraun, Rücken dunkler, Bauch fast weiß, Kiemendeckel goldfarben. Von der Schnauzenspitze bis zur C-Wurzel ein dunkler, unregelmäßig begrenzter Längsstreifen, der sich in der hinteren Körperhälfte in einzelne Flecke auflöst, ein zweiter Streifen reicht vom Hinterkopf, seitlich vom Rückenfirst verlaufend, bis kurz unter das hintere Ende der D. 7–8 dunkle, nur gelegentlich hervortretende Querstreifen. D vorn perlmuttfarben schimmernd, hinten gelblich mit roten Punkten und Strichen, A hellblau mit rötlicher Musterung, rötlich gesäumt, C gelblich, braun bis rot gepunktet, V hellblau. ♂ Bauch weißlich, das schwarze Zeichnungsmuster fehlt oder ist nur schwach ausgeprägt. ♀ Bauchregion rosa bis rötlich, schwarzes Zeichnungsmuster kräftiger, D vorn metallisch glänzend.
Pflege und Zucht siehe Familienbeschreibung (S. 676) und bei *N. nudiceps*. Etwa 25 °C. Höhlenbrüter. Vater-Mutter-Familie. Die etwa 100 Jungfische verlassen nach 9–10 Tagen, von der Mutter geführt, die Höhle.

Nanochromis dimidiatus (Taf. 274)
(PELLEGRIN, 1900)
Roter Kongocichlide

Bangui, Ubangi; bis 8 cm, ♀ etwas kleiner bleibend.
D XVII/8; A III/6; mLR 25; SL 18/5. Schlank, langgestreckt, seitlich abgeflacht. Färbung und Zeichnung sehr unterschiedlich. ♂ unter zusagenden Bedingungen am ganzen Körper zart violettrosa, Rükken dunkler, Kiemendeckel und Lippen violettrot, auch die meist farblose Kehlpartie kann kräftig rot werden. D im vorderen Teil violettbraun, nach hinten zu in Rot übergehend, Saum rotbraun, Basis der A blaurosa, manchmal mit dunkler Netzzeichnung, die auch in der D und C auftreten kann. Über der Afteröffnung eine silberglänzende Schuppe. ♀ ähnlich gefärbt, Bauchpartie stärker violettrot, Kiemendekkel mit goldgrünem Glanz, ebenso die D, hinterer Teil der D mit einigen schwarzen Flecken, keine Netzzeichnung in der D, A und C. Bei weniger zusagenden Bedingungen sind die Tiere braun, Zeichnung verschwommen, erschreckte Tiere mit dunklem Längsstreifen.
Pflege und Zucht wie bei *N. nudiceps* angegeben, jedoch Elternfamilie. Laicht gern in umgestülpten Blumentöpfen. Weiches, schwach saures Wasser.

Nanochromis nudiceps (Taf. 274)
(BOULENGER, 1899)
Blauer Kongocichlide

Kongo (Zaïre); bis 7,5 cm.
D XVIII–XIX/8; A III/7; mLR 28–29; SL 12–14/6–7. Gestreckt, niedrig, seitlich mäßig abgeflacht, Kopf ziemlich stumpf, Stirn relativ steil. ♂ ockerfarben mit hellblauen Körperseiten und smaragdgrünem Bauch, Kiemendeckel bronzefarben. Unter dem Auge eine hellblau irisierende Zone, über dem Auge ein rostro-

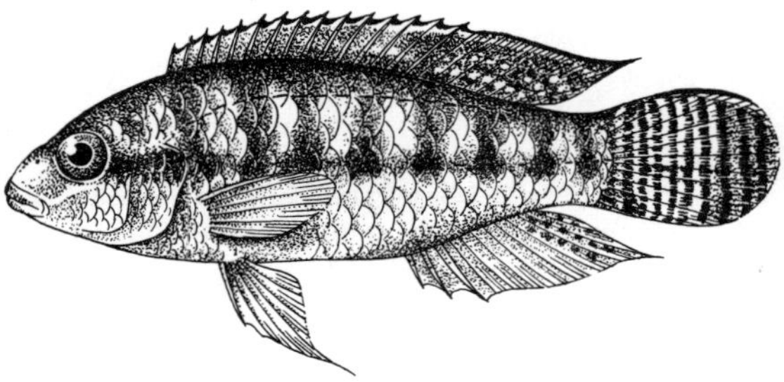

Abb. 547 *Nanochromis caudifasciatus*

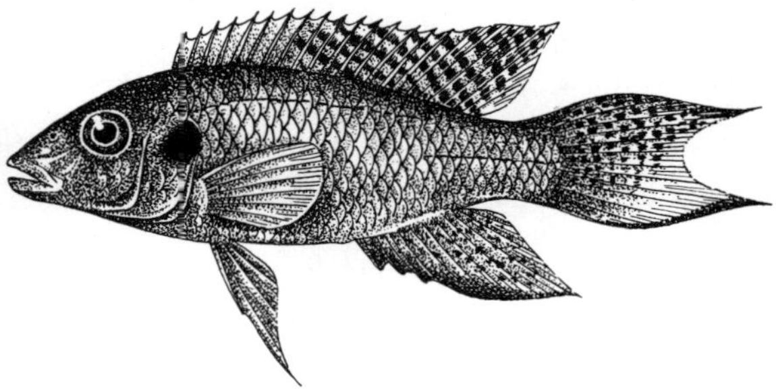

Abb. 548 *Nanochromis robertsi*

ter kleiner Strich. Jungtiere in der Regel mit schmalen dunklen Querbinden, Geschlechtstiere zeigen diese nur bei starker Erregung. D orangebraun mit weißem Rand und schwarzen Spitzen, C oben gelborange mit mehreren rotbraunen Längsbinden aus Strich-Punkt-Reihen, unten dunkelrot bis hellbraun mit zahlreichen hellblauen Punkten, A violett bis irisierend grün, V intensiv grün mit weißer Vorderkante. Zur Laichzeit sind besonders die grünen und violetten Farbtöne gesteigert. ♀ kleiner, das Smaragdgrün des Bauches tritt kräftiger hervor.
Gut bepflanzte Becken, 24–28 °C, weiches, leicht torfiges Wasser, Lebendfutter aller Art. ♂♂ revierbildend, untereinander aggressiv, gegen ♀♀ meist verträglich. Schreitet im Artbecken leicht zur Fortpflanzung. Die Tiere laichen am liebsten an der Wand abgedeckter, aufrechtstehender Blumentöpfe, die eine runde Zugangsöffnung besitzen. Eier oval, gelb, etwa 80–120. Das ♀ betreut die Brut, das ♂ verteidigt das Revier, Vater-Mutter-Familie. Die Jungen schlüpfen nach etwa drei Tagen und schwimmen nach weiteren drei Tagen frei.

Nanochromis parilius (Taf. 274)
ROBERTS und STEWART, 1976

Unterer Kongo (Zaïre) bei den Ortschaften Jombo und Inga; bis 7 cm, ♀ kleiner.
D XVIII–XIX/7–8; A III/6–7; mLR 25–27; SL 25 bis 27/9. Ähnlich gestaltet und gefärbt wie *N. nudiceps*, mit dem die Art oft verwechselt wurde. Sicherstes Unterscheidungsmerkmal ist die Färbung. *N. parilius* hat in der oberen C-Hälfte auf weißgelbem Grund mehrere (meist 2–3) braune bis schwarze Längsbinden, die untere C ist einfarbig violett gefärbt. Bei *N. nudiceps* sind die Längsbinden in der oberen C-Hälfte in Strich-Punkt-Reihen aufgelöst, C unten dunkelrot bis hellbraun mit zahlreichen hellblauen Punkten. ♂ größer, schlanker, D und A länger ausgezogen. Pflege und Zucht siehe bei *N. nudiceps*.

Nanochromis robertsi (Abb. 548)
THYS VAN DEN AUDENAERDE und LOISELLE, 1971

Südostghana, Birim-Fluß; bis 11 cm, ♀ kleiner.
D XVI/9–10; A III/7–8; mLR 23; SL 18–20/8–9. Langgestreckt, seitlich nur wenig abgeflacht. ♂ oliv bis leicht goldfarben, Rücken dunkelbraun, Bauch leuchtend gelb. Ein dunkles Längsband, das Auge auslassend, von der Schnauzenspitze zur C-Wurzel. D gelblich, dunkelrot gesäumt, mit zahlreichen rötlichen Punkten, A orange bis leicht violett, dunkelbraun gesäumt, mit zahlreichen roten Punkten, C orange, oben rot und unten schwarz gesäumt, bei alten ♂♂ oben und unten zipfelartig verlängert, V orange, erste Strahlen schwarz. ♀ Bauch mit kräftig rotem Fleck, Längszeichnung bedeutend intensiver. D vorn kupferfarben, hinten durchscheinend, C oben kupferfarben, bei alten Tieren höchstens andeutungsweise unten verlängert.
Pflege und Zucht siehe Familienbeschreibung (S. 676) und bei *N. nudiceps*. Höhlenbrüter. Großfamilie (?).

Gattung *Ophthalmochromis* POLL, 1956

Die Gattung unterscheidet sich von der nahe verwandten Gattung *Ophthalmotilapia* vor allem durch die Bezahnung. *Ophthalmochromis* besitzt konische, *Ophthalmotilapia* ausschließlich dreispitzige Zähne. Bei beiden Gattungen haben die ♂♂ extrem verlängerte Vn mit orangefarbenen bis gelben Flecken an der Spitze, die als Eiattrappe dienen. Maulbrüter. Tanganjikasee. Zwei Arten.

Ophthalmochromis nasutus (Abb. 549)
POLL und MATTHES, 1962

Tanganjikasee, Felslitoral; bis 18 cm, ♀ kleiner.
D XIII–XV/13–16; A II–III/9–11; mLR 36–42; SL 32–38/13–20. Langgestreckt, seitlich abgeflacht. ♂ einfarbig dunkelbraun bis schwarz, teilweise metallisch blaugrün glänzend, Rücken dunkler, Bauch gelblichbraun. Flossen bläulich, D und C schwarz gesäumt, mit gelben Streifen, V verlängert, am Ende mit verdickten orangefarbenen Enden, die als Eiattrappe dienen. Alte ♂♂ besitzen neben den stark verlängerten Vn auch einen Hautfortsatz in der Nasenregion, ♀ bräunlich, auf dem teilweise bronzefarben schimmernden Körper 6–7 dunkelbraune bis schwarze Querstreifen, Färbung insgesamt heller. D, A und C weniger spitz ausgezogen.
Pflege und Zucht siehe Familienbeschreibung. S. 676. In der Natur kommen etwa 3–4mal mehr ♀♀ als ♂♂ vor, ♂ vermutlich polygam, Mutterfamilie, nicht sehr produktiv, bis 30 Eier.

Ophthalmochromis ventralis ventralis (Abb. 550)
(BOULENGER, 1898)
Fadenmaulbrüter

Südliche Teile des Tanganjikasees, Felslitoral; bis 15 cm, ♀ kleiner.
D XII–XIV/12–14; A III/9–10; mLR 33–40; SL 28 bis 35/10–19. Relativ hochrückig, seitlich kräftig abgeflacht. Geschlechtlich aktive ♂♂ himmelblau bis weißblau, Kopf zeitweise tiefschwarz. Jungfische und ♀ einfarbig grau, Rücken dunkler, Bauch heller. V der ♂♂ stark verlängert und mit verdickten orangefarbenen oder gelben Enden, die die Funktion von Eiattrappen haben. In den Übergangszonen zwischen Fels- und Sandlitoral des nördlichen Tanganjikasees kommt die Unterart *Ophthalmochromis ventralis heterodontus* POLL und MATTHES, 1962, vor. Sie ist der vorhergehenden Unterart sehr ähnlich, Unterscheidung nur anhand der Bezahnung der Schlundknochen möglich. Färbung weniger intensiv.
Pflege siehe Familienbeschreibung, S. 676. Maulbrüter, ♂ polygam, Mutterfamilie. Nach STAECK (1977) buddelt *O. v. heterodontus* im Gegensatz zu *O. v. ventralis* eine Laichgrube.

Gattung *Pelmatochromis* STEINDACHNER, 1895

Die ursprüngliche Sammelgattung *Pelmatochromis* wurde von mehreren Bearbeitern in die Gattungen *Pelmatochromis, Anomalochromis* (S. 744), *Chromidotilapia* (S. 748), *Pelvicachromis* (S. 792), *Pterochromis* und *Thysia* (S. 806) untergliedert. In der Gattung *Pelmatochromis* verbleiben nur die Arten *P. buettikoferi*, *P. nigrofasciatus* und *P. ocellifer*. Für sie sind unter anderem folgende Merkmale charakteristisch: Unterkieferlänge 35–42 % der Kopflänge, Länge des Praemaxillare-Fortsatzes 21–33 % der Kopflänge, die Maulspalte bildet mit einer gedachten horizontalen Linie einen Winkel von 20–40 °. Offenbrüter. Westafrika. Drei Arten.

Pelmatochromis buettikoferi (Abb. 551)
(STEINDACHNER, 1894)

Liberia, Sierra Leone; bis 13 cm.
D XIV–XV/10–12; A III/8; mLR 27–29; SL 18–19/8 bis 11. Relativ gestreckt, seitlich mäßig abgeflacht. Über die Färbung der Art ist bisher wenig bekannt. Das ♂ soll grünliche Schuppen mit einem schwach rosafarbenen Streifen besitzen. Rücken stärker rötlich, auf dem Kiemendeckel ein großer, dunkler, metallisch glänzender, von dunkelblauen oder grünlichen Tüpfeln umrahmter Fleck. Umweltabhängig erscheinen auf den Körperseiten fünf dunkle Querbinden. Flossen gelblich durchscheinend, D dunkelbraun gesäumt. Färbung des ♀ unbekannt.
Pflege siehe Familienbeschreibung, S. 676. Offenbrüter, Elternfamilie.

Gattung *Pelvicachromis*
THYS VAN DEN AUDENAERDE, 1968

Die Gattung *Pelvicachromis* ist ursprünglich als Untergattung von *Pelmatochromis* aufgestellt und später in den Rang einer eigenständigen Gattung erhoben worden. Charakteristisch ist der deutliche Sexualdimorphismus in der Ausprägung der Vn, diese sind bei den ♂♂ verlängert und zugespitzt, bei den ♀♀ kürzer und abgerundet. Höhlenbrüter. West- und Zentralafrika. Etwa sieben Arten.

Pelvicachromis humilis (Taf. 275)
(BOULENGER, 1916)

Südöstliches Guinea, Sierra Leone; bis 13 cm.
D XVII/11; A III/7–8; mLR 30; SL 20–21/8–10. Körper schlank, seitlich mäßig abgeflacht. Graubraun, Kiemendeckel goldglänzend, Kopfunterseite und Brust gelblich. Umweltabhängig treten an den Körperseiten etwa sieben dunkle Querbinden hervor. D

Abb. 549 *Ophthalmochromis nasutus*
Abb. 550 *Ophthalmochromis ventralis*

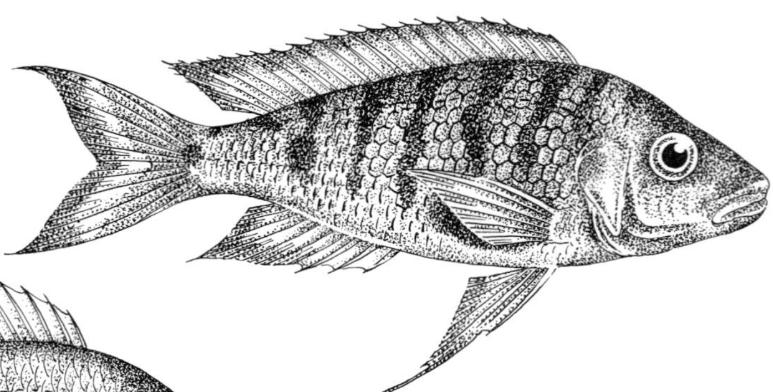

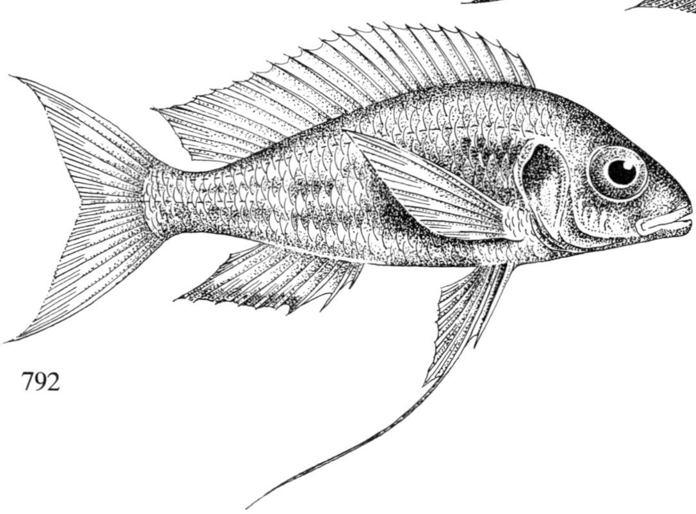

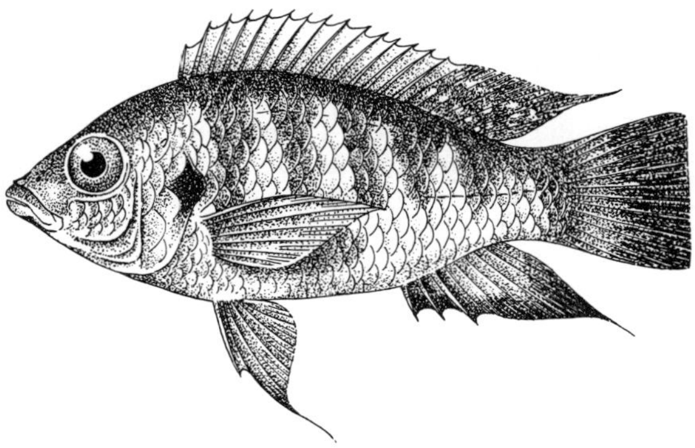

Abb. 551 *Pelmatochromis buettikoferi*

grau, rot gesäumt, A vorn gelblich, hinten rot, rot gesäumt, obere Hälfte der C bläulich mit braunen Flekken und Strichen, untere Hälfte grau bis farblos. Bei alten ♂♂ kann der obere Teil der C zipfelartig verlängert sein. ♀ ähnlich gefärbt, untere Körperhälfte jedoch gelblich, Bauch mit rotem Fleck. Von der Art sind mehrere Farbspielarten bekannt.
Pflege und Zucht siehe Familienbeschreibung (S. 676) und bei *P. pulcher*.

Pelvicachromis pulcher (Taf. 275)
(BOULENGER, 1901)
Purpurprachtbarsch

Südöstliches Nigeria; bis 10 cm.
D XVI/9–11; A III/7–8; mLR 27–29. Körper gestreckt, seitlich mäßig abgeflacht. Färbung wie bei den meisten *Pelvicachromis*-Arten stark wechselnd und in den einzelnen Altersstadien unterschiedlich. Ausgewachsene Tiere: Oberseite dunkelgrün, Körperseiten prächtig grün, blau schimmernd, Unterseite rötlich bis kräftig karminrot, gelegentlich dehnt sich die rote Tönung bis auf den Rücken aus. Kiemendeckel mit grünblauen Glanzstreifen und großem schwarzem bis kupferrotem Fleck. P an der Basis dunkelviolett, weiter außen zart grünlich mit rotem Saum, C grünlich mit braunroten Tüpfeln und schwarzem oberem Rand, A violett, schwarz gesäumt, V schwarzblau. Jüngere Tiere sind insgesamt mehr gelblich und zeigen zwei Längsbinden, die kurz vor der Körpermitte durch einen dunklen Fleck miteinander verbunden sind. ♀ nach ARNOLD mit rötlichem Fleck in der Mitte der unteren Körperhälfte, zumindest zu Beginn der Geschlechtsreife.
Nach THYS VAN DEN AUDENAERDE stellt auch der von MEINKEN 1960 beschriebene Prachtbarsch *(»P. aureocephalus«)* eine der zahlreichen Farbspielarten von *P. pulcher* dar. Die aus Nigeria stammenden Tiere haben folgende Färbung und Zeichnung: ♂ gelblich, Kopf und Kiemendeckel grünlichgolden. Vom Maulwinkel bis in die Spitze der C eine schwärzliche Längsbinde, die vom hinteren Augenrand an von einer goldglänzenden Binde begleitet wird. D am Grunde rußig-gelboliv mit metallisch glänzenden dunkelroten Strichen in Richtung der Flossenstrahlen, darüber eine goldglänzende, weiter hinten magentarote, in dem verlängerten Flossenteil hellgelbe Binde, Saum rot, A zart violett, V kräftig hellblau, C etwa viereckig, obere Hälfte oft mit einem schwarzen Augenfleck und rotem Saum. ♀ ähnelt sehr *P. pulcher*, Kopf und Kiemendeckel goldglänzend, großer rotvioletter Bauchfleck, am Beginn des weichstrahligen Teils der D oft ein schwarzer Augenfleck.
Weiterhin wurden in der Aquaristik zwei Spielarten bekannt, die nach THYS VAN DEN AUDENAERDE erst näher bestimmt werden müssen. Es handelt sich dabei um »*Pelmatochromis kribensis*« und »*Pelmatochromis camerunensis*«. Dabei ist zu berücksichtigen, daß der von BOULENGER, 1911, als *P. kribensis* beschriebene Fisch mit *P. taeniatus* BOULENGER, 1901, identisch ist. Dagegen steht der in der Aquaristik als »*P. kribensis*« gepflegte Fisch *P. pulcher* sehr nahe. Das Durcheinander wird vollkommen, wenn man berücksichtigt, daß der in der Aquaristik beschriebene *P. klugei* bzw. *P. kribensis klugei* der Art *P. taeniatus* oder einer Unterart davon entspricht (nach THYS VAN DEN AUDENAERDE).
Die sehr verbreitete, als »*P. kribensis*« in der Aquaristik gepflegte Spielart von *P. pulcher* wird wie folgt beschrieben: Verbreitungsgebiet tropisches Westafrika, Mündungsdelta des Niger. Gestreckt, seitlich mäßig abgeflacht. Obere Profillinie stärker ausgebogen als die untere. Färbung der sehr prächtigen Art stark wechselnd, Zeichnung auch bei Geschwistertieren sehr unterschiedlich. Oberseite bräunlich mit prächtig bläulichem bis violettem Schwimmer, Körperseiten und Bauch elfenbeinfarben, zart bläulich bis kräftig violett, oft mit grünlichen Glanzfeldern. Besonders charakteristisch sind ein großer, unscharf begrenzter, leuchtend weinroter Fleck zu beiden Seiten des Bauches sowie ein dunkelbrauner Fleck auf dem Kiemendeckel, der oben meist leuchtend rot, unten stahlblau begrenzt wird. Ein dunkles Längsband entlang dem Rücken sowie ein weiteres an den Körperseiten treten besonders deutlich bei Jungtieren hervor. Flossen sehr farbenprächtig. Charakteristisch für die ♂♂ sind 1–5 dunkle, hellgelb gesäumte runde Flecke im oberen Teil der C, die aber auch gänzlich fehlen können. V beim ♀ weinrot, beim ♂ violett, bei beiden Geschlechtern mit stahlblauer Vorderkante. ♀ häufig farbiger als das ♂.
Die als »*P. camerunensis*« beschriebene Spielart von *P. pulcher* wurde 1962 erstmalig importiert. Sie stammt nicht aus Kamerun, sondern aus den Urwaldgebieten Südnigerias. Die Tiere werden wie folgt charakterisiert: Körperform wie die bekannte, fälschlich als »*P. kribensis*« (siehe oben) bezeichnete Farbspielart. Färbung gleichfalls ähnlich, jedoch noch intensiver. ♂ Bauch, Brust und Kiemendeckel bis zum Maul zur Laichzeit blutrot. Unterer Teil der C gelblich. Besonders charakteristisch ist eine dunkle Längsbinde, die von der Mauloberseite gestreckt bis weit in die C reicht, oberer Teil der Körperseiten mit drei hellen Querbinden. V bei beiden Geschlechtern kräftig rot, beim ♂ vorn mit blauer Kante. Neben den hier genannten wurden in den letzten Jahren weitere Farbspielarten von *P. pulcher* importiert.

Pflege und Zucht siehe Familienbeschreibung, S. 676. Alle Farbspielarten von *P. pulcher* stellen ähnliche Anforderungen. Wärmebedürftig, 25 bis 28 °C. Erwachsene Tiere möglichst paarweise in gut bepflanzten Becken pflegen. Beide Partner betreiben Brutpflege, Vater-Mutter-Familie. Die rotbraunen Eier werden mit Vorliebe in Blumentöpfen abgesetzt. Nach Beobachtungen von MELTZER sind Paare, die sich aus einer Gruppe von Jungfischen gefunden haben, wesentlich produktiver als willkürlich zusammengesetzte ältere Tiere. Zur rationellen Zucht überträgt man das Gelege in Vollglasbecken und durchlüftet ganz schwach. Die Jungen schlüpfen nach 2–3 Tagen und schwimmen nach weiteren 4–5 Tagen frei.

Pelvicachromis roloffi
(THYS VAN DEN AUDENAERDE, 1968)

Sierra Leone, Ostguinea, Liberia; bis 8 cm, ♀ kleiner.
D XVI–XVII/9; A III/7; mLR 27–28. Langgestreckt, seitlich deutlich abgeflacht. ♂ hellviolett, Rücken graubraun, Bauch weißlich. Nur zeitweise tritt ein dunkles, von der Schnauzenspitze bis zur Basis der C reichendes Längsband hervor. D, A und C gelblichbraun, D mit mehreren dunklen Flecken, von denen die hintersten drei besonders groß sind, A dunkel gesäumt, C mit einem dunklen Fleck. ♀ besonders in der unteren Körperhälfte violett, Kopf unterhalb des Auges kräftig gelb, das dunkle Längsband ist nur selten ausgeprägt, C, D und A orange, D und A hinten weniger ausgezogen als beim ♂.
Pflege und Zucht siehe Familienbeschreibung (S. 676) und *P. pulcher*. Höhlenbrüter. Vater-Mutter-Familie.

Pelvicachromis subocellatus (Taf. 275)
(GÜNTHER, 1871)
Augenfleck-Prachtbarsch

Westafrika, Gabun bis etwa zur Kongomündung; bis 10 cm.
D XIV–XVI/8–11; mLR 25–28. Sehr prächtige, in ihrer Färbung manchmal an Korallenfische erinnernde Art. Farbwechsel sehr ausgeprägt. Außerhalb der Laichzeit: Oberseiten graugrün bis grünschwarz, Körperseiten olivgrün bis ockerfarben, oft mit leichtem Messingglanz, Unterseite zart rötlich, beim ♀ mit großem violettem Fleck. Von der Schnauze bis in die C-Wurzel eine fast immer deutliche Längsbinde, dagegen sind eine zweite Längsbinde in der oberen Körperhälfte sowie zahlreiche Querbinden nur gelegentlich ausgeprägt. Flossen meist gelblich bis rostrot in allen Farbabstufungen und mit hellblauer Tüpfel- oder Linienzeichnung. ♀ V wesentlich kürzer, D und A hinten abgerundet, zur Laichzeit farbiger als das ♂, in der D tritt dann ein tiefschwarzer, goldgesäumter Augenfleck hervor. Bei der Laichabgabe ist das ♀ im mittleren oberen Seitenbereich einschließlich des mittleren D-Teils kreideweiß, ansonsten samtschwarz. Auch von dieser Art sind mehrere lokale Farbrassen bekannt.
Pflege und Zucht siehe Familienbeschreibung, S. 676. Die Art wühlt zur Laichzeit, die Eier werden mit Vorliebe unter Steinen abgesetzt. Höhlenbrüter. Vater-Mutter-Familie. Etwa 50 Jungfische pro Brut.

Pelvicachromis taeniatus (Taf. 275)
(BOULENGER, 1901)

Südliches Nigeria und Kamerun; bis 9 cm, ♀ kleiner.
D XVII–XVIII/7–8; A III/7; mLR 28–29. Ähnlich gestaltet wie *P. pulcher*, prächtig gefärbt. ♂ oliv- bis goldgelb, Rückenpartie durch die schwärzlichen Schuppenränder dunkler, Bauchpartie bläulich bis grünlich, niemals rot, Bauchkante hell, eine blutrote Binde vom Kiemendeckelrand unter dem Auge bogig bis auf die Lippen. Die dunkle Längsbinde entlang der Seitenmitte beginnt auf der Oberlippe und wird vom Kiemendeckel an oben von einer goldglänzenden Binde begleitet. D kräftig gelb bis magentarot mit dunkelrotem Saum im hartstrahligen Teil, hinten mit drei aus dunklen Flecken bestehenden bogigen Querbinden, A und V am Grunde rötlichblau bis dunkelblau, gegen die Flossenspitzen hin violett, C etwa viereckig, obere Hälfte chromgelb bis magentarot, mit mehreren schwarzen Flecken, untere Hälfte scharf abgesetzt, mit 3–4 bogigen schwarzen Fleckenstreifen, Saum schwarzrot. ♀ schöner als das ♂ gefärbt, Körperseiten unterhalb der schwarzen Längsbinde hellblau, nach hinten zu grün, gegen den Bauch hin kräftig blauviolett, D im hinteren, weichstrahligen Teil mit 1–2 schwarzen Flecken, C gerundet, gelb, im oberen Teil mit 1–2 runden, schwarzen Flekken, ansonsten mit schwärzlichen Längsstreifen. Von der Art sind mehrere Farbrassen bekannt.
Pflege und Zucht siehe Familienbeschreibung (S. 676) und bei *P. pulcher*. Höhlenbrüter, das ♀ balzt intensiver und betreut das Gelege zunächst allein, nach dem Schlüpfen beteiligt sich das ansonsten mit der Revierverteidigung beschäftigte ♂ auch an der Betreuung der Jungfische, Vater-Mutter-Familie.
P. kribensis BOULENGER, 1911; *P. klugei* MEINKEN, 1960, bzw. *P. kribensis klugei* MEINKEN, 1965, sind Synonyme dieser Art. Der in der Aquaristik als »*P. kribensis*« beschriebene Fisch gehört in die Verwandtschaft von *P. pulcher*, siehe auch S. 793.

Gattung *Petrochromis* BOULENGER, 1898

Kiefer ähnlich wie bei der im Malawisee endemischen Gattung *Petrotilapia* mit breiten Bändern dünner, dreispitziger Zähne besetzt (Abb. 552). Maulbrüter. Tanganjikasee. Fünf Arten.

Petrochromis famula (Taf. 282)
MATTHES und TREWAVAS, 1960

Tanganjikasee; Felslitoral; bis 15 cm.
D XVII–XIX/10; A III/8–9; mLR 31–33. Relativ kurz und hochrückig, seitlich mäßig abgeflacht. ♂

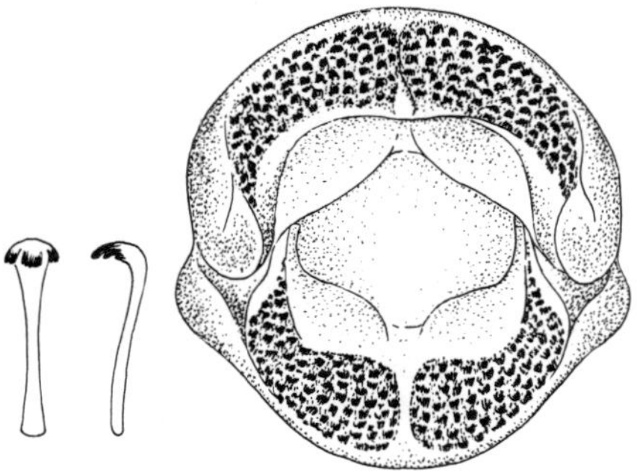

Abb. 552 Bezahnung und Einzelzähne von *Petrochromis polyodon* (nach BOULENGER)

einfarbig schokoladenbraun, vor dem Auge eine bläuliche Zone. Vorderer Teil der D leuchtend orangerot, mit schmalem schwarzem Saum, V ebenfalls leuchtend orange, A bläulich, mit 3–4 kleinen, orangefarbenen Eiflecken, außen orange. ♀ ähnlich, jedoch weniger intensiv gefärbt, D, A und V hinten weniger spitz ausgezogen.
Pflege und Zucht siehe Familienbeschreibung, S. 676. Maulbrüter.

Petrochromis polyodon (Abb. 553)
BOULENGER, 1898

Tanganjikasee, Felslitoral; bis 20 cm.
D XVII–XIX/8–10; A III/7–8; mLR 32–34; SL 22 bis 24/13–17. Hinsichtlich der Körperform der voranstehenden Art ähnlich. Eintönig braun, gelegentlich mit undeutlichen, dunklen Querstreifen. D, A, C und V bläulich, gelblich gesäumt. Geschlechtsunterschiede in der Färbung unbekannt.
Pflege s. Familienbeschreibung, S. 676. Maulbrüter.

Petrochromis trewavasae (Taf. 274)
POLL, 1948

Südwestlicher Teil des Tanganjikasees, Felslitoral; bis 15 cm.
D XIX/9; A III/8; mLR 33; SL 25/9–10. Erinnert hinsichtlich der Körperform an *P. famula*, hinsichtlich der Färbung an *Tropheus duboisi*. Alte ♂♂ einheitlich dunkelbraun bis schwarz, A mit zwei relativ großen, orangefarbenen Eiflecken. ♀ dunkel, mit etwa zehn Querreihen weißer Punkte auf dem Kopf und den Körperseiten. Jungfische olivgrün bis dunkelgrau, mit etwa zehn hellen Querstreifen.
Pflege und Zucht siehe Familienbeschreibung, S. 676. Maulbrüter, ♂ polygam, Mutterfamilie. Nur etwa zwölf Eier pro Gelege, Brutdauer etwa vier Wochen, Jungfische bereits 2 cm lang, wenn sie aus dem Maul des ♀ entlassen werden.

Gattung *Petrotilapia* TREWAVAS, 1935

Mit zahlreichen, in Bändern angeordneten Zähnen. Zahnbänder bei geschlossenem Maul teilweise sichtbar. Bei der Nahrungsaufnahme drücken die Tiere die dicken Lippen gegen das Substrat, raspeln durch schnelles Öffnen und Schließen des Maules den Algenrasen ab und saugen die Nahrungspartikeln mit dem Atemwasser ein. Die Bezahnung erinnert stark an die im Tanganjikasee verbreitete Gattung *Petrochromis*. Beide Gattungen unterscheiden sich jedoch durch Besonderheiten des Kiemendarmskelettes. Maulbrüter Malawisee, 1–2 Arten.

Petrotilapia tridentiger
TREWAVAS, 1935
Dicklippenmaulbrüter

Malawisee, Felslitoral; bis 25 cm.
D XV–XVII/8–9; A III/8–9; mLR 31–33. Relativ gestreckt, seitlich wenig abgeflacht. Färbung in den einzelnen Regionen des Verbreitungsgebietes ziemlich unterschiedlich. Gelblich bis graublau, aber auch hellblau bis weißblau. An den Körperseiten 7–9 dunkle Querbinden, auf dem Kiemendeckel ein dunkler Fleck, Kopf mit mehreren dunklen Stirnbinden. D und A mit auffallend breiter, schwarzer Längsbinde, C oben und unten schwarz begrenzt, A mit mehreren orangefarbenen Eiflecken. ♂ D und C hinten orangefarben gesäumt, Eiflecken deutlicher.
Pflege und Zucht siehe Familienbeschreibung, S. 676. Maulbrüter der Mbuna-Gruppe, ♂ polygam, beteiligt sich kurze Zeit an der Brutpflege, bis 40 Eier.

Gattung *Pseudocrenilabrus* FOWLER, 1934

Nahe verwandt mit der Gattung *Haplochromis*, von der sie sich durch folgende Merkmale unterscheidet:

Abb. 553 *Petrochromis polyodon*

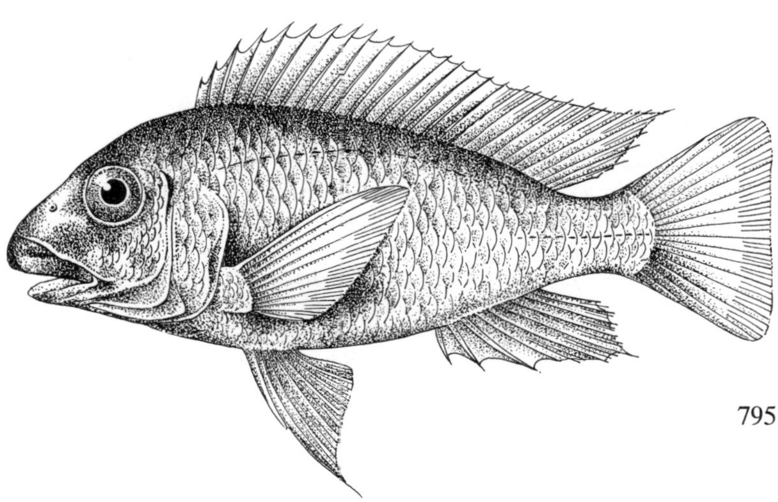

A der ♂♂ ohne Eiflecke, jedoch eifarben gesäumt oder mit eifarbener Spitze. Bei der Balz wird die Flosse so zusammengelegt, daß eifleckenähnliche Strukturen entstehen. C abgerundet. Maulbrüter. Afrika, weitverbreitet. Drei Arten.

Pseudocrenilabrus multicolor (Taf. 275)
(HILGENDORF, 1903)
Kleiner Maulbrüter

Überall im östlichen Afrika, nördlich bis zum unteren Nil; bis 8 cm.
D XIII–XV/8–10; A III/6–9; P 12; mLR 25–29. Gestreckt, im hinteren Bereich stark abgeflacht. ♂ auf lehm- bis hellrostfarbenem Grund schimmern die verschiedenen Körperregionen je nach Lichteinfall golden, grünlich oder besonders am Rücken bläulich. Kiemendeckel glänzend grasgrün, hinten mit einem lackschwarzen Fleck mit Goldsaum. Flossen sehr farbig. D meist kräftig rostrot mit grünen Flossenstrahlen oder zumindest grünen Tupfen an der Basis der Flossenstrahlen, hellgrünem bis blauem Rand und schwarzem Saum, A ähnlich gefärbt, jedoch meist etwas dunkler und mit einem charakteristischen, leuchtend roten Tupfen am hinteren Ende, der als Eiattrappe dient, echte Eiflecke fehlen, C mehr gelbgrün mit Tüpfelreihen, V gelblich, 2. Flossenstrahl leuchtend blaugrün. ♀ wesentlich schlichter gefärbt, insgesamt mehr gelblich mit dunklen, querbindenartigen Flecken.
Pflege siehe Familienbeschreibung, S. 676. Wärmebedürftig, zur Zucht 25–26 °C.
Zur Laichzeit legen die ♂♂ typische Laichtracht an und zeigen deutliches Revierverhalten, im Laichrevier wird eine flache Grube in den Bodengrund gewedelt, wo die Paare unter kreiselnden Bewegungen ablaichen. Eizahl 30–80, selten mehr. Die Eier werden sofort vom ♀ ins Maul genommen, im erweiterten Mundboden (Kehlsack) aufbewahrt und durch Kaubewegungen ständig umgeschichtet. Die Jungen schlüpfen nach etwa zehn Tagen und werden zunächst zeitweilig aus dem Maul entlassen. Erst jetzt beginnt das ♀ wieder zu fressen, bietet aber noch etwa eine Woche lang den Jungfischen bei Gefahr und zur Nachtzeit Schutz im Maul. Nach PETERS ist das Aufsuchen des mütterlichen Maules genetisch fixiert. Früher bekannt als *Hemihaplochromis* und *Haplochromis multicolor*.

Pseudocrenilabrus philander dispersus (Taf. 275)
(TREWAVAS, 1936)
Messingmaulbrüter

Südliches Afrika; bis 11 cm.
D (XIII)–XIV/9–11; A III/8–10; mLR 26–28; Ähnlich gestaltet wie *P. multicolor*. Von dieser Art wurden drei Formen importiert, die sich etwas in der Größe und vor allem in der Färbung unterscheiden.
Große Form aus Beira: Färbung ähnlich wie bei *P. multicolor* angegeben, Goldglanz an den Körperseiten wesentlich kräftiger, Rücken und Bauchseiten beim ♂ bläulich schimmernd. Unterlippe leuchtend blau, Kehle und Bauch in Erregung rötlich bis purpurrot. Nur undeutlich treten meist einige dunkle Querbinden sowie eine nach hinten zu in einzelne Flecke aufgelöste Längsbinde hervor. Senkrechte Flossen rot mit blauen Glanztüpfeln, A in Erregung vorn kobaltblau, hinten rötlich, wie bei *P. multicolor*, mit leuchtend rotem Tupfen am Hinterende. ♀ wesentlich unscheinbarer gefärbt. Bis 11 cm.
Kleine Form aus Beira: mehr gelblich bis gelboliv mit undeutlichen Querbinden, jedoch meist kräftiger Längsbinde. Schuppen an den Körperseiten grün- bis schwach goldglänzend. Flossen gelblich mit grünen Glanztüpfeln, auch hier im hinteren Teil der A ein blutroter Fleck. ♀ einfarbig lehmgelb. Bis 8 cm.
Kleine Form aus dem Otjikondo-See (Namibia): Ähnlich gefärbt wie die voranstehende Form, jedoch mit stärker blauen Farbtönen, Maul unten leuchtend blau, Kehle der ♂♂ bei Erregung dunkelblau. ♀ grünlichgrau, Flossen farblos, D und C rötlich gesäumt. Bis 8 cm.
Pflege und Zucht siehe Familienbeschreibung (S. 676) und *P. multicolor*. Verträglich gegen Temperaturen knapp unter 20 °C, widerstandsfähig, zur Zucht jedoch 24– 26 °C. Maulbrüter. Mutterfamilie. Etwa 100 Jungfische pro Brut.
Im Vergleich zur voranstehenden Art hat *P. philander* eine geringere Zwischenaugenweite und eine größere Schnauze. Früher als *Haplochromis philander* oder *Hemihaplochromis philander* bekannt.

Gattung *Pseudosimochromis* NELISSEN, 1977

Nahe verwandt mit den Gattungen *Simochromis* und *Tropheus*, von denen sich die Gattung *Pseudosimochromis* durch die kürzere D (XVI–XVIII/8–10 bei *Simochromis*), die bis zum After oder darüber hinaus reichende V und den Schwanzstiel unterscheidet, dessen Höhe etwa der Länge entspricht. Maulbrüter. Tanganjikasee. Eine Art.

Pseudosimochromis curvifrons (Abb. 554)
(POLL, 1942)

Tanganjikasee, Felslitoral; bis 12 cm, ♀ kleiner.
D XVII–XIX/9–11; A III/7–10; mLR 31–34. Ähnlich gestaltet wie die bekannten *Tropheus*-Arten. Graugrün, Bauch hellgrün bis weiß, elf dunkle bis tiefschwarze, unregelmäßig begrenzte Querbinden, die

Abb. 554 *Pseudosimochromis curvifrons*

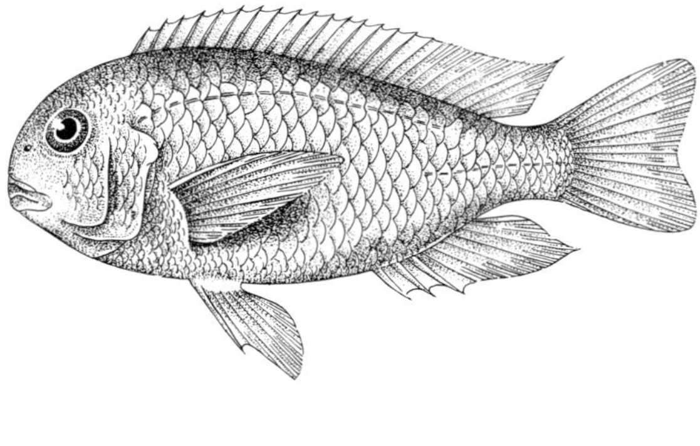

erste von der Stirn über das Auge zum Maulwinkel, die letzte auf der C-Wurzel. D graugrün, vorn rot gesäumt, A an der Basis weißlich, außen grünlich durchscheinend. ♂ mit graugrünen bis schwarzen Eiflecken direkt an der Flossenbasis, Querbinden nur bei Schreck- oder Nachtfärbung deutlich, V stärker verlängert. Beim ♀ Querbinden fast immer deutlich. Pflege und Zucht siehe Familienbeschreibung (S. 676) und *Tropheus moorei* (S. 810). Maulbrüter, Mutterfamilie. Die etwa 30 gelblichweißen, 3 mm großen Eier werden nach BRÜHLMEYER auf waagerechten (selten senkrechten) Steinplatten abgelegt. Nach 21–25 Tagen verlassen die erbrüteten Jungfische das Maul des ♀. Anfütterung mit *Artemia*- oder *Cyclops*-Nauplien.

Gattung *Pseudotropheus* REGAN, 1921

Nahe verwandt mit der Gattung *Melanochromis* (siehe S. 788), von der sie sich in erster Linie durch die Bezahnung der Schlundknochen unterscheidet. Die Schlundzähne sind sehr klein und hinten dicht zusammengedrängt. Auch sind sie nicht wie für *Melanochromis* typisch hinten in den mittleren Reihen vergrößert. Maulbrüter der Mbuna-Gruppe. Malawisee. Etwa 20 Arten.

Pseudotropheus aurora
BURGESS, 1976

Malawisee, Umgebung der Inseln Kismayu und Likoma, Felslitoral und Übergangszone zum Sandlitoral; bis 14 cm.
D XVII–XVIII/9–10; A III/7–8; mLR 29–33; SL 22 bis 25/9–12. Langgestreckt, seitlich abgeflacht, Auge sehr groß. ♂ hellblau, vordere, untere Körperpartie teilweise kräftig goldgelb. Auf den Körperseiten 7–8 stimmungsabhängig dunkel hervortretende Querbinden. D gelb mit schmalem blauem Längsstreifen, A hellblau mit einem orangefarbenen Eifleck, C und V gelb und blau. ♀ einfarbig graugelb bis braun.
Pflege und Zucht siehe Familienbeschreibung (S. 676) und *P. elongatus*. Maulbrüter. Mutterfamilie. 40–70 Eier je Brut.

Pseudotropheus elegans
TREWAVAS, 1935

Malawisee, Felslitoral; bis 11 cm.
D XVIII/10; A III/8; mLR 30–32. Langgestreckt, seitlich abgeflacht. Unscheinbar dunkelbraun, Rükken dunkler, Bauch heller, teilweise hellblau schimmernd. Vom Augenhinterrand bis zur C-Wurzel ein unregelmäßiges tiefschwarzes Längsband, darüber ein gleichfarbiges, schmäleres Band von der Stirn zur oberen C-Wurzel. Flossen grau bis schwarz, A mit breitem, schwarzem Band, C oben und unten weiß gesäumt, V mit weißer Vorderkante. Geschlechtsunterschiede in der Färbung unbekannt (Eiflecken?).
Pflege und Zucht siehe Familienbeschreibung (S. 676) und nachfolgende Art. Maulbrüter.

Pseudotropheus elongatus (Taf. 276)
FRYER, 1956
Schmalbarsch

Malawisee, Mbambabucht an der Ostküste und Nkhatabucht an der Westküste im Felslitoral; bis 12 cm.
D XVII–XVIII/8–9; A III/7; mLR 33. Schlank, langgestreckt, niedrig. ♂ Kopf und Vorderkörper bis zum Beginn der D schwarz, weiter hinten zunehmend dunkelblau, vor der A drei breite, schwarze Querbinden. Vorderer Teil der D schwarz, Saum bläulich, am Grunde des weichstrahligen Teiles in Blau übergehend und mit einem rostbraunen Anflug am hinteren Ende, A am Grunde des weichstrahligen Teiles blau. Auf einem Foto von HOPE ist beim ♂ ein heller Fleck am Hinterrand der Flosse erkennbar. Die Tiere können zeitweilig relativ hell sein und zeigen dann Querbinden auch über der A bzw. eine zusätzliche Querbinde vor den drei oben beschriebenen Querbinden und eine Stirnbinde.
Pflege in geräumigen Aquarien mit Felsverstecken. Mittelhartes Wasser, pflanzliche Beikost. Aggressiv gegen Artgenossen und andere Fischarten. Ein ♂ zusammen mit mehreren ♀♀ pflegen. Maulbrüter der Mbuna-Gruppe, ♂ polygam, das ♀ erbrütet die Eier, Mutterfamilie. Etwa 25 Eier je Gelege, die Jungfische halten sich zunächst im Revier der Mutter beisammen.

Pseudotropheus fainzilberi
STAECK, 1976

Nordöstlicher Teil des Malawisees, Geröll- und Sandlitoral; bis 13 cm.
D XVII/8–9; A III/8; mLR 30; SL 22/12. Langgestreckt, seitlich abgeflacht, Maul groß, durch die stark verdickten Lippen, ähnlich wie bei *Petrotilapia tridentiger*, niemals ganz geschlossen. ♂ leuchtend hellblau, Bauch und Brust lehm- bis zitronengelb, 6 bis 7 dunkelbraune bis schwarze Querbinden, deren Farbintensität nach hinten zu abnimmt, Schnauze schwarz, von Auge zu Auge eine schwarze Stirnbinde. D hinten gelblich, mit zahlreichen kleinen orangegelben Tüpfeln im hinteren Teil, A bläulich mit 4 bis 6 hellgelben, schwarz umrandeten Eiflecken, hinterer Teil der C gelblich. ♀ und Jungfische einfarbig blaugrau mit höchstens angedeuteter Querbindenzeichnung.
Pflege und Zucht siehe Familienbeschreibung (S. 676) und voranstehende Art. Maulbrüter, Mutterfamilie, ♂ polygam.

Pseudotropheus fuscoides
FRYER, 1956

Malawisee, Nkhatabucht, Felslitoral; bis 10 cm.
D XVI–XVII/9; A III/7–8; mLR 30–32. Relativ hochrückig, seitlich abgeflacht, Kopf spitz. Färbung sehr unterschiedlich. Neben zitronengelben und gelblichbraunen Tieren kommen auch solche mit

kräftig brauner Grundfärbung vor. Rücken dunkler, Bauch heller, stimmungsabhängig können einzelne Querstreifen angedeutet sein. D blau, die anderen Flossen gelblich bis hellblau. A des ♂ mit Eiflecken. Pflege und Zucht siehe Familienbeschreibung (S. 676) und bei *P. elongatus*. Die Fische ernähren sich nach FRYER vorwiegend von Insekten. Maulbrüter.

Pseudotropheus fuscus
TREWAVAS, 1935

Malawisee, Felslitoral, weit verbreitet; bis 11 cm.
D XVIII/9; A III/8; mLR 31–32. Gestreckt, seitlich etwas abgeflacht. Adulte ♂♂ erinnern mit ihrer Färbung an *Melanochromis auratus*. Schwarz bis grauschwarz mit zwei parallelen hellblauen Längsstreifen auf den Körperseiten, der untere vom Augenhinterrand bis in die C-Wurzel, der obere von der Stirn bis in den oberen Teil des Schwanzstiels. D hellblau, Basis schwärzlich, weiß gesäumt, Hinterrand manchmal mit gelben Tupfen, A hellblau, Basis schwarz, mit mehreren gelben, unterschiedlich großen Eiflecken. ♀ blaugrau mit zwei braunschwarzen Längsstreifen.
Pflege und Zucht siehe Familienbeschreibung (S. 676) und bei *P. elongatus*. Die ♂♂ bauen häufig eine Sandgrube, in die die Eier abgelegt werden, bevor sie das ♀ in das Maul nimmt.

Pseudotropheus heteropictus (Abb. 555)
STAECK, 1980

Malawisee, Felslitoral; bis 10 cm.
D XVII–XIX/8–10; A III–IV/8; mLR 29; SL 23–24/10–12. Relativ schlank, seitlich abgeflacht. ♂: Kopf, Körper, D und C hellblau, bei beiden Geschlechtern 7–8 dunkle Querstreifen. D weiß gesäumt, hinten ebenso wie die C mit schwarzen Flossenstrahlen, A und untere C-Kante schwarz, Vorderkante der schwarzen V hellblau, bis drei hellgelbe Eiflecke in der A. ♀ und Jungfische: Körper und Flossen leuchtend goldgelb, D und vorderer Teil der V bläulichweiß, A dunkel, in der Regel mit einem Eifleck.
Pflege und Zucht siehe Familienbeschreibung (S. 676) und bei *P. elongatus*. Maulbrüter.

Pseudotropheus lanosticola (Taf. 276)
BURGESS, 1976
Kleiner Schneckenbarsch

Malawisee (Cape Maclear), Sandlitoral; bis 7 cm.
D XVII–XVIII/8–9; A III–IV/7–8; mLR 29–30; SL 22–25/6–10. Relativ hochrückig und gedrungen, Rücken- und Bauchlinie gleichmäßig ausgebogen. Graugelb bis bräunlich, Schuppen bläulich schimmernd, 7–8 schwach angedeutete Querbinden, die erste durch das Auge, die letzte an der Basis der C. Auf dem Kiemendeckel ein kleiner, schwarzer Fleck. D kupferfarben bis bräunlich, orange gesäumt, im hinteren Teil mit mehreren bräunlichen Längsbinden, Basis der A weißlichgrau, weiter außen orange mit zwei kleinen, orangefarbenen Eiflecken, C mit 6 bis 8 parallelen, unregelmäßigen braunen Linien, Vorderkante der V schwarz, P farblos. ♀ V kürzer, Vorderkante nur rußig.
Pflege und Zucht siehe Familienbeschreibung (S. 676) und bei *P. elongatus*. Die Art sucht häufig in leeren Gehäusen von Schnecken der Gattung *Lanistes* Unterschlupf. Maulbrüter, Mutterfamilie, ♂ polygam.

Pseudotropheus livingstoni
(BOULENGER, 1899)
Großer Schneckenbarsch

Malawisee, Sandlitoral; bis 15 cm.
D XVII–XVIII/8–9; A III/8; mLR 33; SL 22–23/11 bis 12. Relativ hochrückig und gedrungen, seitlich wenig abgeflacht. Graublau bis violett, auf den Körperseiten 5–6 breite, dunkle, meist relativ schwach hervortretende Querbinden. Flossenstrahlen von D und C weiß bis blauweiß, die sie verbindenden Membranen hellbraun bis blauschwarz, D orange gesäumt. ♂ unpaare Flossen bläulich, Kehl- und Brustregion kräftig gelb, A mit 1–2 großen, orangefarbenen Eiflecken. ♀ kontrastärmer gefärbt, unpaare Flossen gelblich.
Pflege und Zucht siehe Familienbeschreibung (S. 676) und bei *P. elongatus*. Die Art verbirgt sich ähnlich wie *Pseudotropheus lanosticola* in leeren Schneckenhäusern. Maulbrüter, Mutterfamilie. Bis zu 80 Jungfische je Brut.

Pseudotropheus lombardoi (Taf. 276)
BURGESS, 1977

Malawisee, Mbeji-Insel, Felslitoral; bis 15 cm.
D XVII–XIX/8–9; A III/8–9; mLR 21–28; SL 21–28/7–11. Relativ kurz und hochrückig, seitlich nur mäßig abgeflacht. ♂: Körper einschließlich der Flossen einfarbig goldgelb, manchmal mit schwach hervortretenden Querbinden auf den Körperseiten. Unpaare Flossen häufig mit bläulichem Schimmer, A mit einem großen, gelben Eifleck. ♀ und Jungfische bis etwa 5 cm: Körper, Kopf und Flossen kräftig hellblau, auf dem Kopf drei, auf den Körperseiten 5–6 schwarze Querstreifen, die mit einem Fleck in der D beginnen und sich schmaler werdend auf der unteren Körperhälfte verlieren, D, A und C blauschwarz gemustert. Selten haben alte ♀♀ die für ♂♂ charakteristische Färbung, das Gelb ist dann dunkler und von geringerer Leuchtkraft.
Pflege und Zucht siehe Familienbeschreibung (S. 676) und bei *P. elongatus*. Maulbrüter, Mutterfamilie.
Im Handel wurde die Art häufig als *Pseudotropheus* »*lilancinius*« bezeichnet.

Pseudotropheus lucerna
TREWAVAS, 1935

Malawisee, Übergangszone zwischen Fels- und Sandlitoral; bis 14 cm.
D XVII–XVIII/9–10; A III/7–9; mLR 29–30. Relativ kurz und hochrückig, seitlich stark abgeflacht, Kopf spitz. Bräunlich mit bläulichem Schimmer, Rücken

dunkler, Bauch weißlich, untere Region des Kopfes und Brust gelblich. Mit 8–9 dunklen Querstreifen an den Körperseiten. Flossen grau, bläulich schimmernd, D mit undeutlichem, schwarzem Längsstreifen, P farblos.
Pflege und Zucht siehe Familienbeschreibung (S. 676) und bei *P. elongatus*. Maulbrüter.

Pseudotropheus macrophthalmus (Abb. 556)
AHL, 1927
Großaugenmaulbrüter

Malawisee, Felslitoral; bis 12 cm.
D XVII–XIX/8–10; A III/8–9; mLR 28–30; SL 20 bis 23/9–13. Relativ kurz und hochrückig, seitlich stark abgeflacht, Kopfform besonders charakteristisch, obere Profillinie steil ansteigend, untere Profillinie zur Brust hin steil abfallend, in der Kehlregion jedoch eingebuchtet, Maul klein, Auge groß. ♂ intensiv blau, Kopf schwarz mit zwei blauen Stirnbinden, mehrere schwarze, bauchwärts sich verschmälernde Querbinden. A bläulich, mit 1–2 gelben Eiflecken. ♀ einfarbig blaugrau bis bräunlich.
Pflege und Zucht siehe Familienbeschreibung (S. 676) und bei *P. elongatus*. Friedlich, auch gegen Artgenossen, pflanzliche Beikost erforderlich. Maulbrüter, Mutterfamilie, ♂ polygam. 40–70 Jungfische je Brut. Von dieser Art sind mehrere, z. T. sehr schön gefärbte Lokalrassen bekannt, die sich durch die Anzahl der Querbinden unterscheiden. Eng verwandt mit *P. novemfasciatus, P. microstoma* und *P. tropheops*. Der Status dieser Arten ist teilweise umstritten (FRYER, 1959).

Pseudotropheus microstoma
TREWAVAS, 1935

Malawisee, Felslitoral; bis 10 cm.
D XVI–XVII/8–11; A III/7–8; mLR 30–32. Ähnlich gestaltet wie *P. macrophthalmus*, Auge jedoch deutlich kleiner. ♂ leuchtend hellblau, Kopf sowie die vordere Rücken- und Bauchpartie hellgelb. 6–8 dunkle Querbinden treten nur zeitweise hervor. D kräftig gelb, hinten bläulich, A gelblich bis bläulich, kräftig blauschwarz gesäumt, häufig nur ein orangefarbener Eifleck, C gelblich, Flossenstrahlen kräftig blau. ♀ einfarbig graugelb bis bräunlich.
Pflege und Zucht siehe Familienbeschreibung (S. 676) und bei *P. elongatus*. Maulbrüter, Mutterfamilie.

Pseudotropheus minutus
FRYER, 1956

Malawisee, Felslitoral; bis 8 cm.
D XVI–XVIII/8–9; A III/7–8; mLR 31–32. Langgestreckt, seitlich wenig abgeflacht. ♂ hellblau bis fast weiß, mit sechs nur gelegentlich dunkel hervortretenden Querstreifen, von denen einer unvollständig ist. Auf dem Kiemendeckel ein schwarzer Fleck. D blau mit einem dunklen, kurz unter dem Rand verlaufenden, oft nur angedeuteten Längsband, A mit zwei

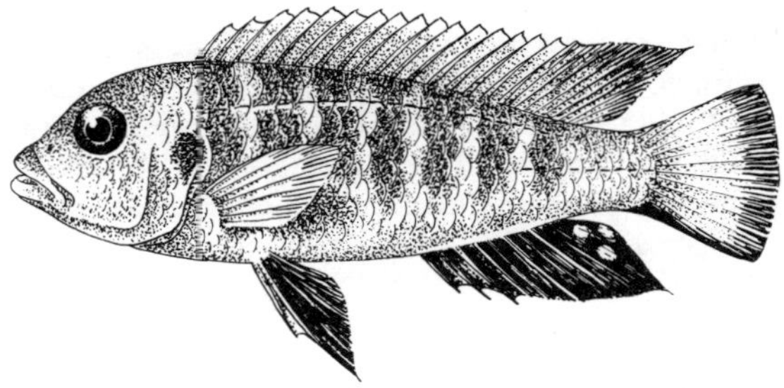

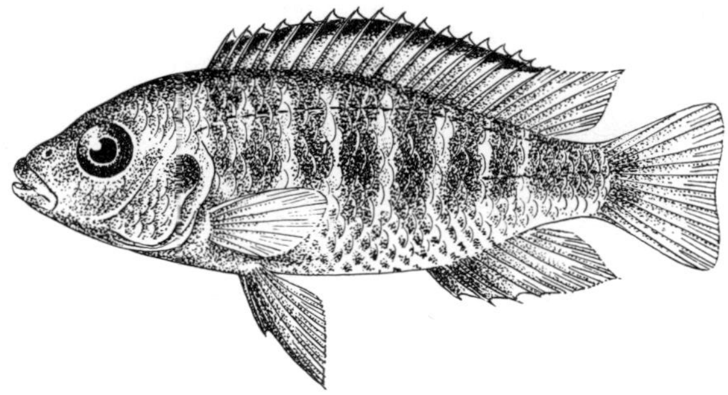

Abb. 555 *Pseudotropheus heteropictus*
Abb. 556 *Pseudotropheus macrophthalmus*

kräftig orangefarbenen Eiflecken. ♀ oliv bis bräunlich, manchmal bronzefarben oder bläulich schimmernd, mehrere nur angedeutete Querbänder, D, A und C oft orange gesäumt, D manchmal mit dunklem, nahe dem Rand verlaufendem Längsstreifen, äußerer Rand der V oft schwarz.
Pflege und Zucht siehe Familienbeschreibung (S. 676) und bei *P. elongatus*. Maulbrüter, Mutterfamilie.

Pseudotropheus novemfasciatus (Taf. 239)
REGAN, 1921

Malawisee, Felslitoral; etwa 10 cm.
D XVIII/9; A III/8; mLR 32. Gestreckt, Kopf relativ stumpf, Unterkiefer etwas kürzer, Stirn im Vergleich zu *P. tropheops*, mit dem die Art leicht zu verwechseln ist, flacher ansteigend. Körper braungelb bis leuchtend dunkelblau mit neun mehr oder weniger deutlichen dunklen Querbinden. Auffällig sind die schwarzen submarginalen Längsstreifen in der D und A, die sich im weichstrahligen Teil verlieren, A mit 1 bis 2 gelben Eiflecken. ♀ und Jungtiere: Körper und Flossen goldgelb, die schwarzen Längsstreifen in der D und A stehen hier in auffälligem Kontrast zu der hellen Gesamtfärbung.
Pflege und Zucht siehe Familienbeschreibung (S. 676) und bei *P. elongatus*. Sehr aggressive Art. Maulbrüter, Mutterfamilie.

Pseudotropheus socolofi (Taf. 274)
JOHNSON, 1974

Ostküste des Malawisees, in der Umgebung der Inseln Chisumulu und Likoma; bis 12 cm.
D XVII–XVIII/8–9; A III/7; mLR 31–32. Langgestreckt, seitlich stark abgeflacht, Kopf verhältnismäßig kurz. Leuchtend hellblau mit 11–12 schmalen

dunklen Querstreifen, die beim ♂ mehr oder weniger deutlich, beim ♀ meist sehr kräftig hervortreten. D, A und V mit dunkelblauen bis schwarzen Streifen. D und V vorn weiß gesäumt. ♂ mit 3–4 gelben, schwarz gesäumten Eiflecken in der A. V stärker ausgezogen als beim ♀.
Pflege und Zucht siehe Familienbeschreibung (S. 676) und bei *Pseudotropheus elongatus*. Maulbrüter, Mutterfamilie.
Die Art wurde lange Zeit als *P. »pindani«* bezeichnet.

Pseudotropheus tropheops (Taf. 278)
REGAN, 1921
Gelber Maulbrüter

Malawisee, Felslitoral; bis 15 cm.
D XVII–XVIII/8–10; A III/7–8; mLR 33. Relativ hochrückig, Kopf ziemlich gerundet. ♂ gelblichbraun bis graugelb, teilweise metallischblau schimmernd, geschlechtlich aktive ♂♂ auch schwarzbraun bis blauschwarz. Umweltabhängig treten 7–9 dunkle Querstreifen auf den Körperseiten hervor. Flossenstrahlen der senkrechten Flossen bläulich, die Membranen gelb. D, A und V mit blauschwarzer Längsbinde, C hinten breit gelb gesäumt, A mit einem großen gelben, schwarz gesäumten Eifleck. ♀ leuchtend hellgelb bis dunkel braungelb, D häufig mit blauschwarzem Längsband, A und V meist blauschwarz gesäumt, die Intensität der dunklen Querbindenzeichnung variiert auch beim ♀ stark, ebenso ein dunkler Fleck auf dem Kiemendeckel.
Pflege und Zucht siehe Familienbeschreibung (S. 676) und bei *P. elongatus*. Aggressive Art. Maulbrüter, Mutterfamilie. Bis zu 40 Jungfische je Brut.
Nahe verwandt mit den Arten *P. macrophthalmus* und *P. microstoma*. Von dieser Art sind mehrere Farbspielarten bekannt, auch werden Unterarten beschrieben, deren Status umstritten ist. *P. tropheops gracilior* TREWAVAS, 1935, unterscheidet sich von der Nominatform durch den etwas schlankeren Körper und das etwas kleinere Auge. Bei *P. tropheops romandi* COLOMBE, 1979, ist das ansonsten gerade Zahnband im Unterkiefer gebogen. Sichere Farbunterschiede zwischen den erwähnten Unterarten sind nicht bekannt.

Pseudotropheus tursiops
BURGESS und AXELROD, 1975

Malawisee, Felslitoral, weit verbreitet, jedoch vermutlich nirgends häufig; bis 12 cm.
D XVII–XVIII/9; A III/8; mLR 29; SL 21–23/10 bis 11+1–2. Gestreckt, schlank, seitlich stark abgeflacht, Kopf zugespitzt, obere Profillinie vor den Augen konkav. ♂ hellblau bis grünlich, häufig metallisch glänzend. In Abhängigkeit von verschiedenen Faktoren einfarbig oder mit 8–9 dunklen Querstreifen, die in der Seitenmitte oft kräftiger hervortreten und dann eine Längsbinde vortäuschen. A mit mehreren gelben, schwarz gesäumten Eiflecken. ♀ graubraun bis bräunlich, A gelegentlich mit kleinen, undeutlichen Eiflecken.
Pflege und Zucht siehe Familienbeschreibung (S. 676) und bei *P. elongatus*. Maulbrüter, Mutterfamilie.

Pseudotropheus zebra (Taf. 277)
(BOULENGER, 1899)
Blauer Njassa-Buntbarsch

Malawisee, Felslitoral; etwa 10 cm.
D XIII/8; A III/8; mLR 31. Verhältnismäßig hochrückig und gedrungen. Mehrere Farbspielarten. Am häufigsten sind beide Geschlechter blau gefärbt und zeigen 7–8 meist kräftig hervortretende blauschwarze Querbinden auf den Körperseiten, von denen die beiden ersten oben nach vorn umbiegen und dadurch parallel zur Stirnbinde verlaufen. Unpaare Flossen blau, A im weichen Teil mit etwa vier leuchtend orangefarbenen Eiflecken, eine Reihe kleinerer orangefarbener Flecke auch am Hinterrand der D. Eine andere Farbspielart ist insgesamt blau ohne Bindenmuster. Weiterhin kommen Tiere vor, die nahezu weiß sind. Besonders interessant ist eine Spielart, bei der die ♀♀ auf bläulichweißem Grund ein unregelmäßiges Muster aus schwärzlichen, braunen und orangefarbenen Tupfen zeigen. ♀ mit schwächer entwickelten oder fehlenden Eiflecken in der A.
Pflege und Zucht siehe Familienbeschreibung. Aggressive und sehr schwimmfreudige Art, pflanzliche Beikost erforderlich. Zur Zucht ein ♂ mit mehreren ♀♀ ansetzen. Mutterfamilie, ♂ polygam, das ♀ nimmt die Eier ins Maul (etwa 50). Die Jungfische werden bei 25–26 °C nach etwa drei Tagen aus dem Maul entlassen.
Weitere, hier nicht beschriebene Arten siehe Taf. 277, 278.

Gattung *Sarotherodon* RÜPPEL, 1853

Eng verwandt mit der Gattung *Tilapia*, von der sich die Gattung *Sarotherodon* durch folgende Merkmale unterscheidet: Anzahl der Kiemenreusenzähne am unteren Teil des 1. Kiemenbogens größer (10–28 im Gegensatz zu 7–16), die mediane Länge des unteren Schlundknochens beträgt bei alten Exemplaren 27,5 bis 43,5 % der Kopflänge, das Mesethmoid trifft nicht in den Vomer (Pflugscharbein), alle Arten sind Maulbrüter. Die Gattung ist in Afrika weit verbreitet, viele der etwa 50 Arten sind wertvolle Speisefische.

Sarotherodon aureus
(STEINDACHNER, 1864)

Mittlerer Niger, Senegal-Fluß, Tschad-See, unterer Nil, weit verbreitet; bis 30 cm.
D XV–XVI/10–14; A III/9–11; mLR 29–32; SL 18 bis 22/16–11. Relativ hochrückig, seitlich stark abgeflacht. Graublau, Rücken dunkler, Bauch heller, umweltabhängig erscheinen mehrere dunkle Querbinden auf den Körperseiten. D blau mit grauen bis fast rein weißen und dunklen Tüpfeln, rot gesäumt, C im

oberen Teil bläulich, unten grünlich, ebenfalls hell und dunkel gesprenkelt und rot gesäumt, A und V grau. Geschlechtlich aktive ♂♂ zeigen kräftigen Grünschimmer in der Schnauzenregion und auf der A und V, auch ist der rote Saum der D deutlicher.
Pflege und Zucht siehe *S. galilaeus*.

Sarotherodon galilaeus (Taf. 290)
(ARTEDI, 1757)
Prachtmaulbrüter

Weitverbreitet von Jordanien über ganz Ost- und Zentralafrika bis nach Liberia; bis 40 cm, bleibt in Gefangenschaft wesentlich kleiner und ist mit etwa 12 cm geschlechtsreif.
D XVI–XVII/12–14; A III/10–12; mLR 30–34. Körper ziemlich hoch und seitlich stark abgeflacht. Rükken olivbraun, Körperseiten silbrig mit schönem bläulichem Schimmer, Unterseite weißsilbern, Kiemendeckel bronzefarben mit leuchtend hellblauem oder auch schwärzlichem Fleck. Flossen zart rosa, D oft mit schwarzen Spitzen und dunklen Tüpfeln im hinteren Teil. Nach MEINKEN sollen die Jungtiere denen von *S. niloticus* sehr ähnlich sehen. Unterscheidungsmerkmale sind: Bei *S. galilaeus* stehen die für Jungtiere typischen Querbinden etwas schräg, D meist mit dunklem Fleck, C niemals quergebändert. Sichere Geschlechtsunterschiede in der Färbung sind nicht bekannt. Wie bei allen *Sarotherodon*-Arten werden die ♀♀ zur Laichzeit sehr dick.
Pflege: Bei entsprechender Berücksichtigung ihrer Lebensbedürfnisse erweisen sich viele *Sarotherodon*- und *Tilapia*-Arten auch in Gefangenschaft als relativ friedlich untereinander und gegen andere Fische. Voraussetzungen dafür sind möglichst große Aquarien mit zahlreichen isolierten Versteckplätzen, die jedem Tier oder Paar die Wahl eines fest abgegrenzten Reviers ermöglichen. Als Bodengrund eignet sich gewaschener, nicht zu feiner Kies, viele Arten wühlen zumindest zur Laichzeit stark. Fast alle Arten sind sehr gefräßig, neben tierischen Futtermitteln benötigen viele pflanzliche Zusatznahrung, wie Salatblätter, gekochten Spinat, eingeweichte Haferflocken u. a. Die meisten Arten sind sehr widerstandsfähig gegen vorübergehende Abkühlung, einige können sogar bei 15–17 °C überwintert werden.
Zucht in der Regel nicht schwierig. Maulbrüter, ♂ monogam. Die Tiere laichen in flachen Gruben, seltener auf hartem Substrat. Das ♀ wird durch ganz bestimmte Lockbewegungen des ♂ zu einer Grube gebalzt. Die in kleinen Portionen abgegebenen Eier nimmt das ♀ meist sofort ins Maul. Die Besamung erfolgt oft erst im Maul des ♀. Mit Hilfe bestimmter Eiattrappen wird gewährleistet, daß das ♀ Spermawolken aus der Analgegend des ♂ aufnimmt (siehe auch Familienbeschreibung, S. 676). Tiere mit Eiern oder Jungen im Maul sollen möglichst wenig gestört werden, erschreckt, verschlingen sie oft die ganze Brut. Wachstum der Jungen bei intensiver Fütterung (auch pflanzliche Beikost) schnell. 22–24 °C.
Von dieser Art wurden mehrere Unterarten beschrieben: *S. g. borkuanum* (PELLEGRIN, 1919), *S. g. multifasciatum* (GÜNTHER, 1902) und *S. g. pleuromelum* (DUMERIL, 1859).

Sarotherodon grahami (Taf. 279)
(BOULENGER, 1912)
Magadimaulbrüter

Magadi-See, Kenia; bis 12 cm.
D XV/11–12; A III/8–9; mLR 28–30; SL 14–18/6–11. Schlank, seitlich wenig abgeflacht. Grünlichbraun, teilweise silbrig glänzend, elf dunkle, mehr oder weniger intensiv hervortretende Querbinden. Geschlechtlich aktive ♂♂ dunkelgrau, Körperseiten blaugrün, unterer Teil des Kopfes hellblau, Bauch weißlich. D vorn schwarz, hinten dunkel getüpfelt, A ebenfalls getüpfelt, mit schwarzem Saum, C orangefarben mit zahlreichen schwarzen Punkten, V schwarz, P farblos. Genitalpapille beim ♂ weiß, von einem schwarzen Hof umgeben.
Pflege und Zucht siehe bei *S. galilaeus*. Der Salzgehalt des Magadi-Sees entspricht dem des Meerwassers. Im Aquarium lassen sich die Fische jedoch gut an reines Süßwasser gewöhnen.
Häufig wird *S. grahami* nur als Unterart von *S. alcalicus* (HILGENDORF, 1905) betrachtet.

Sarotherodon lepidurus (Taf. 290)
(BOULENGER, 1899)
Permutterbuntbarsch

Angola und Kongogebiet, auch im Brackwasser; bis 20 cm.
D XVI/10–12; A III/8–9; mLR 29–32. Hochrückig, seitlich abgeflacht. Insgesamt leicht goldschimmernd, Oberseite wesentlich dunkler, Brust und Bauch gelblich bis blutrot. Körperseiten mit 6–8 meist sehr kräftigen Querbinden und vor allem im unteren Teil mit roten Tüpfellängsreihen. Iris rötlich goldfarben. Flossen zart gelblich bis grünlich mit bräunlichen Bändern. ♀ weniger intensiv gefärbt, meist kleiner, D und A hinten abgerundet.
Pflege und Zucht der wärmebedürftigen Art siehe bei *S. galilaeus*. Angeblich relativ friedlich, über die Fortpflanzung liegen kaum Beobachtungen vor.

Sarotherodon macrochir (Taf. 289)
(BOULENGER, 1912)

Oberer Sambesi, Bangweulu- und Mweru-See; ♂ bis 35 cm, ♀ kleiner.
D XV–XVI/12–13; A III/9–10; mLR 29–31. Hochrückige, gedrungene Art, Schnauze gerundet, etwas breiter als lang. Revierbesitzendes ♂ sehr dunkel bis schwarz, D und C mit milchweißem Saum, Iris rot. Genitalpapille stark entwickelt. Das meist hellgelbe ♀ zeigt nur kurz vor dem Ablaichen Revierverhalten und wird dann etwas dunkler. Jungtiere und revierlose ♂♂ ebenfalls hellgelb.
Pflege siehe bei *S. galilaeus*. Maulbrüter, ♂ monogam. Die Genitalpapille der ♂♂ ist normalerweise 8

bis 10 mm lang, sie verlängert sich vor dem Laichen bis 30 mm. Die weißlichen Genitalanhänge ähneln dem in langen, kompakten Fäden abgegebenen Sperma und können nach APFELBACH als Spermatophorenattrappen gelten. Das ♀ nimmt die Eier sofort nach der Eiabgabe ins Maul, schnappt dabei auch nach den Genitalanhängen des ♂ und nimmt dabei Samenfäden auf. Ein Gelege kann bis zu 150 Eier umfassen. Die Jungfische schlüpfen etwa nach zehn Tagen.

Sarotherodon melanotheron
(RÜPPELL, 1854)
Schwarzkinnmaulbrüter

Westafrika, weit verbreitet, auch im Brackwasser; bis 30 cm, mit 10–12 cm geschlechtsreif.
D XV–XVII/10–14; A III/8–11; mLR 27–30. Gestreckt, ziemlich hoch, obere und untere Profillinie etwa gleichmäßig ausgebogen. Oberseite ziemlich dunkel, Körperseiten graublau bis grausilbern, besonders oberhalb der Seitenmitte mit Messingglanz, Unterseite weißsilbern bis zart rötlich. Kiemendeckel je nach Lichteinfall bläulich bis goldglänzend, Unterlippe schwärzlich, Iris dunkel. Ein dunkler Kiemendeckelfleck tritt meist nicht deutlich, ein Schulterfleck oft kräftig hervor. Flossen zart gelblich; D bei geschlechtsreifen Tieren rostrot gesäumt. Zur Laichzeit werden die Kehle, der vordere Brustabschnitt sowie die körpernahen Teile der P und V samtschwarz. Jungtiere haben sechs kräftige Querbinden sowie einen dunklen Augenfleck am Anfang des weichstrahligen Abschnitts der D, ♀ kleiner, meist eintöniger gefärbt, D und A nicht ausgezogen.
Pflege wie bei *S. galilaeus* angegeben. Friedlich gegen Artgenossen sowie andere Fische, wühlt gern. Seltene Ausnahme hinsichtlich der Brutpflege, Vaterfamilie. Das monogame ♂ sammelt die befruchteten Eier im Maul, die Jungen schlüpfen nach 6–8 Tagen und finden noch weitere 8–12 Tage im Maul des ♂ Schutz.
S. heudeloti, S. dolloi und *S. macrocephalus* sind ungültige Namen dieser Art.

Sarotherodon mossambicus (Taf. 279, 294, 295)
(PETERS, 1852)
Mosambikbuntbarsch, Weißkehlbarsch

Ostafrika, auch im Brackwasser; bis 36 cm, mit 12 bis 14 cm geschlechtsreif.
D XV–XVI/10–12; A III(–IV)/9–10; mLR 30–33. Körper gestreckt, robust, seitlich abgeflacht. Außerhalb der Laichzeit insgesamt grau- bis grünsilbern mit schwachem Blauschimmer an den Körperseiten, auf dem Kiemendeckel ein kräftiger schwarzer Fleck. Flossen durchsichtig bis zart gelblich, senkrechte Flossen oft mit vereinzelten hellen Tupfen. Zur Laichzeit werden die ♂♂ intensiv blau, am Rücken dunkelblau bis blau-schwarz, oft insgesamt schwarz mit leuchtend weißer, gleichsam lackierter Kehle. D und C jetzt mohnrot oder breit rot gesäumt, V und die A meist dunkelblau bis schwärzlich, alle senkrechten Flossen mit grünen Glanztüpfeln. ♀ auch zur Laichzeit fast einfarbig graugrün.
Pflege und Zucht siehe Familienbeschreibung, S. 676. Dieser außerhalb der Laichzeit zumindest gegen andere Arten recht friedliche Vertreter der Gattung lebt in Schulen. Er gehört zu den wichtigsten Speisefischen des subtropischen und tropischen Afrika und wurde in zahlreichen anderen Gebieten ausgesetzt. Die Art laicht in dichten Fortpflanzungskolonien ab, die ♂♂ buddeln flache Laichgruben, beteiligen sich jedoch nicht an der Brutpflege. Das ♀ nimmt die Eier (bis 300) ins Maul und bietet auch den geschlüpften Jungfischen im Maul Schutz. Mutterfamilie. Widerstandsfähig, Vorsicht beim Zusammenstellen der Paare.
Tilapia natalensis ist ein Synonym dieser Art.

Sarotherodon niloticus (Taf. 292)
(LINNAEUS, 1766)
Nilbarsch

Weitverbreitet von Syrien bis Ostafrika und über das Kongo-Becken bis Westafrika, auch im Brackwasser; bis 50 cm, bleibt in der Gefangenschaft wesentlich kleiner.
D XVI–XVII/11–15; A III/8–11; mLR 31–35. Gestreckt, ziemlich hoch, seitlich stark abgeflacht, obere und untere Profillinie etwa gleichmäßig ausgebogen. Entsprechend dem großen Verbreitungsgebiet recht unterschiedlich gefärbt. Insgesamt matt grausilbern mit leicht violettem Schimmer an den Körperseiten, Unterseite weißsilbern oder zart rötlich. Mehrere Querbinden, die meist nicht sehr deutlich hervortreten, auf dem Kiemendeckel ein kräftiger schwarzer Fleck, Iris grau mit goldfarbenem Innenring. Senkrechte Flossen zart bräunlich bis rotbraun und meist kräftig rot gesäumt, D hinten mit hellen und dunklen Flecken oder bogigen Binden. Zur Laichzeit werden die Kehle, die D und meist auch die V dunkelrot. ♂ kleiner, auch zur Laichzeit schlicht gefärbt, Kehle dann höchstens zart rot.
Pflege und Zucht wie bei *S. galilaeus* angegeben. Die leider sehr groß werdende Art ist außerordentlich zäh, besonders Tiere aus Syrien und Palästina können im Winter bei Zimmertemperatur gehältert werden. Ziemlich friedlich. Zucht im Zimmeraquarium kaum möglich, da die Geschlechtsreife erst mit etwa 30 cm Gesamtlänge erreicht wird. Pflanzliche Beikost unbedingt erforderlich. Laichen wie bei *S. mossambicus* in einer vom ♂ ausgehobenen und verteidigten Grube. Maulbrüter, Mutterfamilie.
Die hier nicht beschriebene Art *S. karomo* siehe Taf. 279.

Gattung *Simochromis* BOULENGER, 1898

Nahe verwandt mit den Gattungen *Pseudosimochromis* und *Tropheus*, durch folgende Merkmale u. a. jedoch abgrenzbar: D XVI–XIX/8–10, die Vn reichen nach hinten bis zum After oder noch etwas darüber hinaus, der Schwanzstiel ist länger als hoch und das

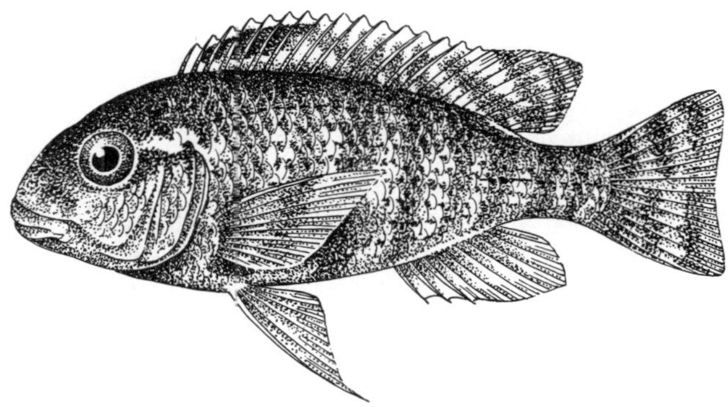

Abb. 557 *Simochromis diagramma*
Abb. 558 *Simochromis pleurospilus*

Maul breiter als die Zwischenaugenweite (Interorbitale). Nach GREENWOOD (1979) ist die Gattung *Limnotilapia* ein jüngeres Synonym dieser Gattung. Maulbrüter. Tanganjikasee. 4–6 Arten.

Simochromis babaulti
PELLEGRIN, 1927

Tanganjikasee, Felslitoral; bis 11 cm, ♀ kleiner.
D XVI–XVIII/7–10; A III/6–8; mLR 30–33. Relativ hochrückig, seitlich stark abgeflacht. Gelblich bis grünlichgrau, auf den Körperseiten 8–10 dunkle Querstreifen. D olivgrün, beim ♂ mit breitem, schwarzem Längsband vom 1.–9. Hartstrahl, A rot, mit zwei orangefarbenen Eiflecken. ♀ insgesamt blasser, ohne schwarzes Band in der D und ohne Eiflecke.
Pflege siehe Familienbeschreibung, S. 676. In zu kleinen Aquarien wird die Art sehr oft aggressiv. Maulbrüter.

Simochromis diagramma (Abb. 557)
(GÜNTHER, 1893)

Tanganjikasee, Felslitoral; bis 15 cm, ♀ kleiner.
D XVI–XIX/9–10; A III/7–9; mLR 30–35. Relativ hochrückig, seitlich stark abgeflacht. ♂ gelbgrün bis leicht orange, Rücken dunkler, Bauch heller, Kiemendeckel rötlich, 9–11 tiefschwarze Querbinden, Flossen grau durchscheinend, D orange und schwarz gesäumt, A bläulich mit breitem, schwarzem Saum und zwei orangeroten, schwarz eingefaßten Eiflekken. ♀ schlichter gefärbt, die schwarzen Querstreifen treten deutlicher hervor.
Pflege siehe Familienbeschreibung, S. 676. Maulbrüter.

Simochromis pleurospilus (Abb. 558)
NELISSEN, 1978

Südlicher Teil des Tanganjikasees; bis 11 cm, ♀ kleiner.
D XVI–XVIII/9–10; A III/6–8; mLR 31–33. Hochrückig, seitlich stark abgeflacht. Hellbraun bis grau, Rücken dunkler, Bauch heller, Unterseite des Kopfes und der Brust orange. Stimmungsabhängig treten acht Querbänder hervor, entlang den Körperseiten 6–7 Reihen roter Punkte. Vorderer Teil der D, im Gegensatz zu *S. babaulti*, bei beiden Geschlechtern vorn mit schwarzem Band, A vorn rötlich, mit orangefarbenem Eifleck, Vorderkante der V schwarz. Geschlechtsunterschiede in der Färbung unbekannt. Pflege siehe Familienbeschreibung, S. 676. Maulbrüter.

Gattung *Spathodus* BOULENGER, 1900

Den Gattungen *Eretmodus* und *Tangicodus* nahestehend. Kieferzähne in einer Reihe, Kronen nicht vergrößert oder abgestumpft (Abb. 559). Maulspitze gerade verlaufend. Maulbrüter. Tanganjikasee. Zwei Arten.

Spathodus erythrodon (Taf. 262, 273, Abb. 559)
BOULENGER, 1900
Blaupunkt-Grundelbuntbarsch

Tanganjikasee, Brandungszone des Felslitorals bis in eine Tiefe von 0,5–1,5 m; bis 9 cm.
D XXIII–XXIV/4–5; A III/6–7; mLR 30–31; SL 23/10. Gestreckt, seitlich abgeflacht, Kopf groß, massig. Olivgrün mit türkisfarbenen und blaugrünen, in acht Querreihen angeordneten Glanztüpfeln sowie drei Längsbinden. Daneben können auch orangefarbene Punkte auf den Körperseiten vorkommen. Unterlip-

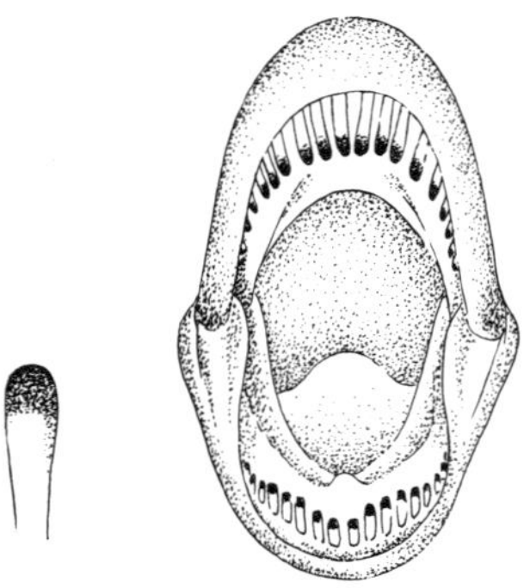

Abb. 559 Bezahnung und Einzelzahn von *Spathodus erythrodon* (nach BOULENGER)

pe leuchtend blau, Iris des kleinen Auges goldfarben. C olivgrün, oben mit rötlichem und anschließend blauem Saum, A olivgrün, mit wenigen orangefarbenen Punkten an der äußeren Kante, V ebenfalls olivfarben, erste Strahlen hell, P bräunlich. Färbung stark stimmungsabhängig, die blauen Töne können bei Nacht- und Schreckfärbung verblassen. ♀ kleiner, Flossen, besonders V, kürzer.
Bei den Grundelbarschen ist in Anpassung an die starke Wasserbewegung in der Brandungszone die Schwimmfähigkeit reduziert, sie liegen meist grundelartig auf dem Boden und schwimmen nur selten und ungeschickt frei. Grundelbarsche sind relativ unverträglich. Große, mit zahlreichen Versteckmöglichkeiten ausgestattete Aquarien eignen sich am besten für ihre Pflege. Algenfresser, nehmen aber auch Mückenlarven und Daphnien. Zucht schwierig. Beide Geschlechter beteiligen sich an der Maulbrutpflege. Elternfamilie. Selten über zwölf etwa 2,5 mm große Eier. Fütterung der Jungfische schwierig. Algennahrung mit Mikrofauna erforderlich.

Spathodus marlieri
POLL, 1950
Marliers Grundelbuntbarsch

Tanganjikasee, Felslitoral; bis 9 cm.
D XXI–XXII/6–8; A III/7; mLR 30–32; SL 21–22/9. Ähnlich gestaltet wie die voranstehende Art. Braun, ohne dunkle Querbänder, Rücken dunkler, Bauch heller. D, A und V schwärzlich bis schwarz. Unterscheidet sich von *S. erythrodon* durch die größere Anzahl der Kieferzähne, die in Gruppen zu jeweils 4 bis 5 angeordnet sind, die geringere Anzahl von Hartstrahlen und die größere Anzahl von Weichstrahlen in der D sowie das kleinere Auge.
Pflege siehe *S. erythrodon*.

Gattung *Steatocranus* BOULENGER, 1899

Folgende Merkmale sind für die Gattung charakteristisch: D mit 19–22 Stacheln, mLR 30–34, die Beschuppung besteht ausschließlich aus Rundschuppen, Zähne im Unter- und Oberkiefer mehrreihig, in der äußeren Reihe stehen große zweispitzige Zähne, in den folgenden 1–3 Reihen kleine dreispitzige bis konische Zähne, Kopf mit haubenartigem Fettpolster. Die Vertreter der Gattung sind alle an das Leben in schnellen Fließgewässern angepaßt. Höhlenbrüter. Bis 15 cm. Sieben Arten im Kongo-(Zaïre-) Becken, eine isolierte Art im Volta-Becken. *Leptotilapia* und *Gobiochromis* sind Synonyme.

Steatocranus casuarius (Taf. 281, 293)
POLL, 1939
Löwenkopfcichlide

Unterer und mittlerer Kongo (Zaïre) im Bereich von Stromschnellen; bis 9 cm.
D XX–XXIII/6–7; A III/6; mLR 30–31; SL 21–23/8 bis 9. Körper gestreckt, niedrig, seitlich etwas abgeflacht, D lang, C gerundet, Stirn und Nacken geschlechtsreifer ♂♂ mit buckel- bis helmförmigem Fettpolster, das mit zunehmendem Alter immer größer wird. Färbung fast einheitlich braun bis grauoliv, gelegentlich mit dunkleren Querstreifen. Schuppenränder etwas heller, Iris prächtig smaragdgrün. Flossen durchsichtig, körperfarben. ♀ kleiner, Fettpolster auf dem Kopf niedriger. Aufgrund dieser Tatsache wurden die ♀♀ gelegentlich als *St. elongatus* bezeichnet.
Interessante Mitteilungen über die Pflege und Zucht stammen von CHLUPATY. Die Tiere sind recht anspruchslos und außerhalb der Laichzeit friedlich. Der Pflanzenwuchs wird in der Regel nicht, zur Laichzeit nur wenig behelligt, die Tiere wühlen kaum. Im Futter nicht wählerisch, 24–28 °C. Höhlenbrüter, ♂ monogam, Vater-Mutter-Familie. Laicht gern in umgestülpten Blumentöpfen mit engem Schlupfloch. ♂ und ♀ beförderten zunächst den Sand aus der künstlichen Bruthöhle und verteidigten ein Revier von ungefähr 25 cm im Umkreis. Das Gelege, meist etwa 50, selten 150 Eier, wird hauptsächlich vom ♂ betreut, d. h. befächelt, und den Jungen zunächst zerkaute Normalnahrung geboten. Etwa drei Wochen nach dem Ablaichen heben beide Partner Gruben vor der Höhle aus und bringen tagsüber die Jungen dahin. Später werden diese vom ♀ lange Zeit geführt. Beide Partner sorgen gegen Abend für den Rücktransport der Nachkommenschaft in die Bruthöhle.

Steatocranus gibbiceps
BOULENGER, 1899

Stromschnellen im Kongo-(Zaïre-)Becken; bis 9 cm.
D XIX–XX/7–8; A III/6; mLR 30–32; SL 20–21/8 bis 10. Ähnlich gestaltet wie die vorhergehende Art. Olivbraun, im Gegensatz zu *St. casuarius* besitzen die Schuppen ein helles Zentrum und einen dunklen Rand. Die Membran des Kiemendeckels ist einfarbig dunkelbraun bis schwarzbraun, Brust cremefarben. *St. gibbiceps* und *St. casuarius* leben nach Untersuchungen von ROBERTS und STEWART (1976) sympatrisch, lassen sich aber durch die Färbung der Schuppen, die Bezahnung und die Länge des Darmes in allen Größen leicht unterscheiden. *St. casuarius* er-

nährt sich vorwiegend von Algen und hat wie alle Pflanzenfresser einen langen Darm (1,5- bis 3mal in der Körperlänge). *St. gibbiceps* frißt hauptsächlich Gastropoden, sein Darm ist wie bei allen Fleischfressern wesentlich kürzer (0,75- bis 0,8mal in der Körperlänge).
Pflege und Zucht siehe voranstehende Art.

Steatocranus tinanti (Taf. 281)
(POLL, 1939)
Gorillakopf

Stromschnellen im Kongo-(Zaïre-)Becken; bis 13 cm, ♀ kleiner.
D XXI–XXII/7–8; A III/6–7; mLR 33–34; SL 21–22/9–12. Körper stärker gestreckt als bei den beiden vorhergehenden Arten, Stirnwulst nur gering entwikkelt. Olivgelb bis graugrün, zwei hell- bis dunkelbraune, unscharf begrenzte Längsbinden auf den Körperseiten, die erste an der Basis der D, die zweite etwa in der Mitte des Körpers, 4–5 gleichfarbige, ebenfalls unscharf begrenzte Querstreifen. Flossen farblos bis bräunlich. Etwa in der Mitte der D basal ein schwarzer Fleck. ♂ größer, D und A hinten lang ausgezogen.
Pflege und Zucht siehe *Steatocranus casuarius*. Höhlenbrüter. Vater-Mutter-Familie. Bis zu 100 Jungfische je Brut.

Gattung *Tangicodus* POLL, 1950

Mit den Gattungen *Eretmodus* und *Spathodus* eng verwandt. Zähne in den Kiefern in einer langen Reihe angeordnet, die jeweils mittleren Zähne der Ober- und Unterkieferreihe stark vergrößert. Maulspalte schräg. Maulbrüter. Eine Art.

Tangicodus irsacae
POLL, 1950

Tanganjikasee, Felslitoral; bis 6,5 cm.
D XXIII–XXIV/4–5; A III/7; mLR 31–32; SL 22–24/9–10. Ähnlich gestaltet wie *Spathodus erythrodon*, siehe S. 803. Kopf stärker zugespitzt. Hell- bis olivbraun, Unterseite des Kopfes weißlich, obere Kopfhälfte mit einer Reihe hellblauer bis grünlicher Linien. Rücken im vorderen Teil ähnlich gefärbt, die Linien sind hier jedoch durch unregelmäßig verteilte, gleichfarbige Punkte ersetzt. Auf dem Bauch und in der hinteren Körperhälfte gelbliche, teilweise jedoch auch grünlich glänzende Querstreifen. Flossen bräunlich, meist dunkelbraun gesäumt. Sichere Geschlechtsunterschiede in der Färbung unbekannt. ♂ mit verlängerter V.
Pflege siehe *Spathodus erythrodon*. Vermutlich noch nicht gezüchtet, Maulbrüter.

Abb. 560 Bezahnung von *Telmatochromis temporalis* (nach BOULENGER)

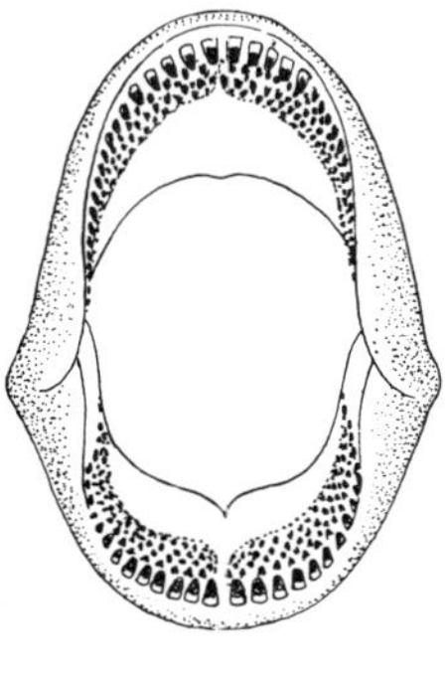

Gattung *Teleogramma* BOULENGER, 1899

Für die Gattung sind u. a. folgende Merkmale charakteristisch: A mit mehr als drei Stacheln, eine einzige SL in der Körpermitte, die Schlundzähne sind nicht mahlzahnartig ausgebildet. Höhlenbrüter. Bewohner schnellfließender Gewässer des Kongo-Bekkens. Vier Arten.

Teleogramma brichardi (Taf. 282)
(POLL, 1959)
Quappenbuntbarsch

Unterer Kongo (Zaïre) im Bereich von Stromschnellen; bis 12 cm, ♀ kleiner.
D XXIV/7; A V/10; SL 60, ungeteilt. Sehr langgestreckt und niedrig, im Querschnitt fast rund. Körper und Flossen hellbraun bis tiefschwarz, bei Beunruhigung wesentlich heller, mit 5–7 dunklen Querbinden. D mit weißem Saum, der auch auf den oberen Rand der C übergreift, P farblos. ♂ größer, dunkler, in der Regel keine Querbinden, Flossen meist stärker verlängert. ♀ heller, Querbinden häufig deutlich, zur Laichzeit mit breiter roter Längsbinde von den Pn bis zur Aftergegend, D oft mit rotem Saum.
Pflege in großen Becken mit niedrigem Wasserstand, guter Durchlüftung, Versteckmöglichkeiten unter und zwischen größeren Steinen. *T. brichardi* verteidigt Wohnreviere, deshalb aggressiv gegenüber Artgenossen. Höhlenbrüter, das ♀ pflegt das Gelege (bis 30 Eier), jedoch kaum die Jungfische, das ♂ verteidigt das Brutrevier (Vater-Mutter-Familie).

Gattung *Telmatochromis* BOULENGER, 1898

Mit den Gattungen *Julidochromis* und *Lamprologus* eng verwandt, unterscheidet sich jedoch von diesen durch die große Zahl an D-Stacheln (18–22) und die Bezahnung. Die Zähne der inneren Reihen sind mehr oder weniger dreispitzig, die der Außenreihe konisch (Abb. 560). Höhlenbrüter. Tanganjikasee, Felslitoral. Fünf Arten.

Telmatochromis bifrenatus (Taf. 236, 281)
MYERS, 1936
Zweibandcichlide

Ostküste des Tanganjikasees bei Ujiji und Kijoma; bis 7,5 cm. ♀ kleiner.
D XX–XXI/8–9; A VI–VII/6–7; mLR 33–36. Ex-

trem langgestreckt, seitlich wenig abgeflacht, Kopf zugespitzt. Gelboliv mit zwei dunkelbraunen bis schwarzen Längsbinden, die untere von der Oberlippe bis in einen Fleck auf der C-Wurzel, von ihr geht ein Strich aus, der vom Kiemendeckel zur P-Basis zieht. Die zweite Längsbinde von der Kopfoberseite entlang der Basis der D bis in die Schwanzstieloberkante. Flossen schwach gelblich, unpaare Flossen mit schmalem, schwarzem Saum, D, A und obere C-Hälfte mit schmalem, hellblauem Innensaum, weicher Teil von D und A mit zahlreichen hellgelben Punkten, V gelb, erster Strahl hellblau. Geschlechtsunterschiede in der Färbung gering. ♂ Flossen, besonders die Vn, deutlich verlängert.
Pflege und Zucht siehe Familienbeschreibung, S. 676. Höhlenbrüter, Vater-Mutter-Familie. Etwa 80 gelbliche, fast 1 mm große Eier, Zeitigungsdauer 8–10 Tage.

Telmatochromis caninus (Taf. 281)
POLL, 1942

Tanganjikasee, überall häufig; bis 12 cm.
D XVIII–XX/7–10; A V–VII/5–8; mLR 31–36. Langgestreckt, jedoch höher als die voranstehende Art, seitlich abgeflacht, Maul groß, tief gespalten, Kopf besonders bei alten ♂♂ mit großem Stirnwulst. Entsprechend dem großen Verbreitungsgebiet sehr unterschiedlich gefärbt. Einheitlich graubraun bis gelbgrau, manchmal mit mehreren undeutlichen und unregelmäßigen Querbinden auf den Körperseiten, Rücken und Stirn schwärzlich marmoriert, vom Augenhinterrand bis auf den Kiemendeckel eine rußige bis orangefarbene Linie. D vorn orange, hinten bläulich gesäumt, unpaare Flossen mit weißen Tüpfeln. V beim ♂ verlängert.
Pflege und Zucht relativ einfach. Höhlenbrüter, ♂ mono- bis polygam, meist Vater-Mutter-Familie. Gelege groß, bis 400 Eier. Siehe auch Familienbeschreibung, S. 676.

Telmatochromis temporalis (Taf. 238)
BOULENGER, 1898

Tanganjikasee, häufig; bis 11 cm.
D XIX–XXII/6–8; A V–VII/5–7; mLR 31–37; SL 14–30/3–17. Langgestreckt, seitlich abgeflacht, ältere Tiere mit Stirnwulst. Unscheinbar gelbbraun, zeitweise mit dunklen Linien und Längsbinden. Iris oben orange, unterhalb des Auges eine orangefarbene Zone, von der Schnauze bis zum Hinterrand des Auges

Abb. 561 *Telmatochromis vittatus*

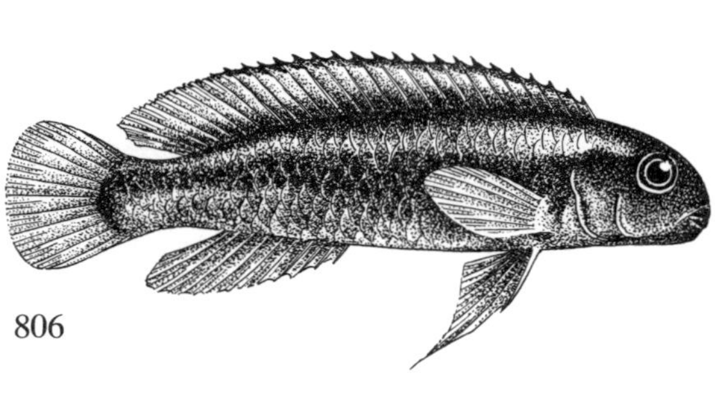

eine schmale blaue Zügelbinde, ein schwarzer Streifen vom Auge zum Rand des Kiemendeckels. Unpaare Flossen grau mit kleinen blauen bis rötlichen oder orangefarbenen Tüpfeln, D mit orangefarbenem Rand und nachfolgendem schmalem blauem Innensaum. ♂ größer, V verlängert.
Pflege und Zucht siehe Familienbeschreibung (S. 676) und bei *T. bifrenatus*. Höhlenbrüter.

Telmatochromis vittatus (Abb. 561)
BOULENGER, 1898

Tanganjikasee, Felslitoral; bis 9 cm, ♀ kleiner.
D XX–XXII/8; A VI/6–7; mLR 33; SL 25–29/13–15. Langgestreckt, schlank, seitlich stark abgeflacht, Kopf vorn auffallend gerundet, Schnauze kurz. Hell- bis dunkelbraun, Rücken dunkler, Bauch weißlich, von der Schnauzenspitze bis zur Basis der C eine schwarze Längsbinde, die von kurzen dünnen Strichen begleitet wird, zwei weitere Binden von der Stirn unter der D-Basis entlang bis fast zum hinteren Ende der Flosse. Basis der C mit schwarzem Fleck. D und A hellblau, schwarz gesäumt. Geschlechtsunterschiede in der Färbung unbekannt. ♂ mit verlängerten Vn.
Pflege und Zucht siehe Familienbeschreibung (S. 676) und bei *T. bifrenatus*, von dieser sehr ähnlichen Art vor allem durch das gedrungene Kopfprofil zu unterscheiden. Höhlenbrüter. Vater-Mutter-Familie.

Gattung *Thysia* LOISELLE und WELCOME, 1972

Nahe verwandt mit den Gattungen *Chromidotilapia* und *Pelmatochromis*, von denen sie sich u. a. durch folgende Merkmale unterscheidet: Die für *Chromidotilapia* typische drüsenartige Struktur an der Oberseite des Gaumens ist wesentlich geringer entwickelt, Mikrokiemenrechen fehlen, V bei beiden Geschlechtern zugespitzt. Offenbrüter mit Tendenzen zum Höhlenbrüter. Beide Geschlechter beteiligen sich an der Brutpflege. Eine Art.

Thysia ansorgei (Taf. 239)
(BOULENGER, 1901)
Fünffleckbuntbarsch

Bewaldete Küstengebiete Nigerias, Ghanas und der Elfenbeinküste; bis 13 cm, ♀ kleiner.
D XIII–XVI/9–10; A III/7–8; mLR 25–30; SL 17–20/9–13. Ziemlich hochrückig, seitlich abgeflacht, obere Profillinie etwas stärker ausgebogen als die untere. Farbwechsel stark ausgeprägt. Bei Wohlbefinden rußiggelb, seegrün glänzend, Kehle zart blau, Kiemendeckel mit großem, blaugrünem, rot eingefaßtem Fleck. Bauch beim ♀ rosa, beim ♂ kräftig rot. Mehrere unregelmäßige Querbinden sowie eine Längsbinde treten meist nicht deutlich hervor, vier dunkle Flecken an deren Schnittstellen sind dagegen fast immer ausgeprägt. D und A vorn grünlich bis gelblich, hinten zart grünlich und rot gepunktet, C hell-dunkel gepunktet, V lang, blauschwarz. ♂ unpaare Flossen

braunrot getüpfelt, C asymmetrisch. ♀ farbloser, V kürzer, D und A hinten meist leicht gerundet; geschlechtsreife ♀♀ zu beiden Seiten des Afters mit leuchtend weißem Fleck, der gelegentlich auch bei den ♂♂ angedeutet ist.
Pflege und Zucht siehe Familienbeschreibung, S. 676. Sehr friedliche Art. Offenbrüter mit Tendenzen zum Höhlenbrüter, ♂ monogam, Vater-Mutter-Familie. Eier hellbraun, etwa hirsekorngroß, sehr produktiv (bis über 1000 Eier). Die Jungen schlüpfen nach 2 bis 3 Tagen und schwimmen nach sieben Tagen frei.
Bislang bekannt als *Pelmatochromis ansorgei*. *Pelmatochromis annectens* BOULENGER, 1913, und *P. arnoldi* BOULENGER, 1912, sind Synonyme.

Gattung *Tilapia* SMITH, 1840

Mit der Gattung *Sarotherodon* nahe verwandt, unterscheidet sich jedoch von dieser durch folgende Merkmale: Am vorderen Teil des ersten Kiemenbogens befinden sich nur 7–16 Reusenzähne im Gegensatz zu 10–28 bei *Sarotherodon*, das Mesethmoid trifft auf den Vomer (Pflugscharbein) (Ausnahme *T. rendalli*), alle Arten sind Offenbrüter. Die Gattung ist in Afrika weit verbreitet und häufig. Viele der etwa 30 Arten sind wertvolle Speisefische.

Tilapia buttikoferi (Taf. 289)
(HUBRECHT, 1883)

Sierra Leone, Liberia, Guinea; bis 30 cm, ♀ kleiner.
D XIV–XV/14–16; A III/10–11; mLR 29–32; SL 19 bis 22/9–13. Relativ hochrückig, seitlich stark abgeflacht. Ausgewachsene Exemplare sind weißgelb, Lippen hellblau, acht dunkelbraune bis tiefschwarze Querbinden, die erste durch das Auge. D und A grau bis dunkelbraun, vorn teilweise bläulich, C dunkelbraun, an der Basis gelblichweiß, blau gesäumt, V vorn hellgelb, P farblos. Jungfische mit einem deutlichen *Tilapia*-Fleck im vorderen Teil der D. Geschlechter in der Färbung schwer zu unterscheiden.
Pflege siehe Familienbeschreibung (S. 676) und bei *Sarotherodon galilaeus* (S. 801), Offenbrüter. ♂ monogam, Elternfamilie.

Tilapia guinasana
TREWAVAS, 1936
Guinasana-Buntbarsch

Im Guina-See im nördlichen Südwestafrika; bis 14 cm.
DXII–XIV/10–11; A III/8–10; mLR 27–28. Mäßig hoch, seitlich abgeflacht, Färbung sehr unterschiedlich. Nach Europa wurden bislang eine helle und eine dunkle Farbspielart importiert. Die helle ist insgesamt fahl bläulich, bei auffallendem Licht an den Körperseiten kobaltblau. Zwei dunkle Längsbinden, von denen die obere wesentlich kürzer ist, sowie zahlreiche Querbinden treten nur gelegentlich deutlich hervor. Kiemendeckel und Brustpartie oft mit perlmuttfarbenen Tüpfeln. Flossen durchsichtig oder dunkel gescheckt, fast immer schwarz gesäumt. Die dunkle Farbspielart ist wesentlich farbiger. Unterseite bis in die C samtschwarz, obere Körperhälfte lehmgelb mit Bronzeglanz. D und C intensiv gelb mit rostroten Zeichnungen. ♀ D und A meist abgerundet, zur Laichzeit wesentlich kräftiger.
Pflege siehe bei *Sarotherodon galilaeus*, S. 801. Entsprechend dem Heimatbiotop sollen viele Verstecke zwischen Steinen geboten werden. Offenbrüter, ♂ monogam, Vater-Mutter-Familie. Pflanzliche Beikost erforderlich.

Tilapia guineensis (Taf. 240)
(BLEEKER, 1863)
Guineabarsch

Westafrika, Ghana; bis 25 cm, bleibt im Zimmeraquarium kleiner.
D XV–XVI/11–13; A III/9; mLR 30–31. Gestreckt, relativ hoch, seitlich stark abgeflacht, Stirn-Nacken-Linie steil ansteigend. Oberseite dunkler oder heller graugrün, Körperseiten und Unterseite grausilbern bis weißsilbern, bei auffallendem Licht grünlich schimmernd. Fünf dunkle Flecke entlang der Seitenmitte sind bei Jungtieren als Querbinde ausgebildet. Auf dem Kiemendeckel ein blauschwarzer Glanzfleck. Flossen zart grünlich, senkrechte Flossen mit braunen bis bläulichen Tüpfelreihen, D oft rostrot gesäumt. Zur Laichzeit sind die Kopfunterseite und die Bauchpartie bis zur A lackschwarz. ♀ nicht leicht zu erkennen, zur Laichzeit wesentlich kräftiger.
Pflege wie bei *Sarotherodon galilaeus* (S. 801) angegeben, wärmebedürftig. Offenbrüter, Elternfamilie.

Tilapia joka
THYS VAN DEN AUDENAERDE, 1969

Sierra Leone, Umgebung von Pujehum; bis 12 cm.
DXIV–XV/10–13; A III/8–9; mLR 30–31. Erinnert hinsichtlich der Körperform an *T. buttikoferi*. Dunkelbraun bis schwarz, acht schmale, hellgelbe Querbinden, Kiemendeckel mit einem kleinen, gelben Fleck. Senkrechte Flossen dunkelbraun bis schwarz, D vorn mit einigen hellen Flecken, rot gesäumt. Geschlechtsunterschiede in der Färbung unbekannt.
Pflege siehe Familienbeschreibung (S. 676) und bei *Sarotherodon galilaeus* (S. 801). Offenbrüter, ♂ monogam, Elternfamilie.

Tilapia mariae (Taf. 291)
BOULENGER, 1899

In Westafrika weit verbreitet, vor allem unterer Niger, Lagos; bis 15 cm.
D XIV–XV/12–13; A III/10–11; mLR 29–31; SL 19 bis 21/10–16. Körper relativ hoch, seitlich stark abgeflacht. Hellgelb, entlang der Körpermitte 5–6 große, unregelmäßig begrenzte schwarze Flecke, die nach oben und unten rußige Schatten werfen, Kiemendeckelfleck schwarz, groß. Hinter dem Kiemendeckel ein Areal mit rot betupften Schuppen. Durch die rote

Iris von hinten oben nach vorn unten ein schwarzer Augenstrich. Während der Brutpflege ist der vordere Rand der V beim ♂ und beim ♀ samtschwarz. Unterlegene Artgenossen tarnfarbig graugrün, gejagte Tiere zusätzlich quergestreift. D und C beim ♂ mit zahlreichen weißen, schillernden Punkten, die beim ♀ fehlen. *T. mariae* ernährt sich unter natürlichen Bedingungen vorwiegend von Wasserpflanzen. Die Art laicht unter Steinen, die das ♂ unterhöhlt. Paarbildung und Brutpflege wie bei Offenbrütern angegeben (siehe Familienbeschreibung, S. 676), ♂ monogam, Elternfamilie. Am zweiten Tag nach dem Laichen pflückt das ♀ die Eier ab und bringt sie in einer Grube unter. Wenige Stunden später schlüpfen die Jungen, beide Partner betreuen die Brut. Bis 2000 Eier. 25–27 °C.

Tilapia ruweti
(POLL und THYS VAN DEN AUDENAERDE, 1965)

Kongo (Zaïre) bis Sambesi; 12 cm.
D XIV–XVI/10–11; A III/8–10; mLR 28–29. Relativ hochrückig, Körperseiten abgeflacht. Grüngelb, Rücken dunkler, Bauch heller, zeitweise 8–9 dunkle Querbinden in der oberen Körperhälfte. Schuppen auf den Körperseiten mit einem blauen, senkrechten Mittelstrich, Kopfunterseite kräftig grüngelb glänzend, Lippen blau. Senkrechte Flossen dunkel, grün bis blau getüpfelt, D gelbgrün gesäumt, A und C unten mit einem tiefschwarzen Rand, V schwarz. Geschlechtsunterschiede in der Färbung unbekannt.
Pflege siehe Familienbeschreibung (S. 676) und bei *Sarotherodon galilaeus* (S. 801). Offenbrüter, ♂ monogam, Elternfamilie.

Tilapia sparrmani
A. SMITH, 1840
Sparrman-Buntbarsch

In Südafrika weit verbreitet; bis 19 cm.
D XIII–XV/9–11; A III/9–10; mLR 27–29. Hochrückig, seitlich stark abgeflacht, obere und untere Profillinie etwa gleichmäßig ausgebogen. Prächtige Art mit vorherrschenden Grüntönen. Rücken dunkel olivbraun, Körperseiten in Rückennähe und gegen die C-Wurzel leuchtend grün, bauchwärts mehr gelbgrün, Unterseite gelblich. Mehrere keilförmige dunkle Querbinden sowie zwei parallele Längsbinden vom Kiemendeckel bis in die C-Wurzel treten meist nur bei jüngeren Tieren deutlich hervor. Schuppen, besonders auf der Seitenmitte, mit großen, orangefarbenen oder roten Tupfen. Kehle und Kiemendeckel bronzefarben, letzterer mit dunklem Fleck. Vom Unterkiefer bis auf den Kiemendeckel eine intensiv blaue Binde. Senkrechte Flossen olivgrün mit breitem rostrotem Saum und roter Tüpfelzeichnung, Flossenstrahlen oft hellblau, V fast farblos, Spitzen häufig blaugrün irisierend. Keine deutlichen Geschlechtsunterschiede in der Färbung.
Pflege der anspruchslosen, friedlichen, jedoch stark wühlenden Art wie bei *Sarotherodon galilaeus* (S. 801) angegeben. Offenbrüter, ♂ monogam, Elternfamilie. Laicht auf Steinen. Ein Gelege kann bis 2000 Eier enthalten.

Tilapia tholloni (Taf. 292)
(SAUVAGE, 1884)
Thollons Buntbarsch

Tropisches Westafrika, von Kamerun bis südlich des Kongo (Zaïre); bis 30 cm.
D XV–XVI/8–10; A III/8–9; mLR 29–30. Gestreckt, seitlich stark abgeflacht. Insgesamt grünlich, Oberseite ziemlich dunkel, Körperseiten gelbgrün mit zwei Längsreihen großer, gestreckter Flecke und mehreren Querbinden, die meist nur bei jüngeren Tieren hervortreten, Unterseite messingfarben. Kiemendeckel mit leuchtend blauschwarzem, oft grünlich schimmerndem Fleck. Senkrechte Flossen grünlich bis gelbgrün, z. T. mit violettblauen Tüpfeln oder dunklen Binden, rot oder gelbrot gesäumt. Besonders charakteristisch ist ein dunkler Augenfleck in der D, der mit der Geschlechtsreife immer mehr verschwindet. V dunkel, meist mit blauen Flossenhäuten. Zur Laichzeit wesentlich intensiver gefärbt, Bauch dann kirschrot, Kehle und Brust schwarz, die neun Querbinden treten kräftig schwarz hervor, Schuppen der Körperseiten mit blaugrünen Glanztüpfeln. Keine deutlichen Geschlechtsunterschiede in der Färbung. Nach PUSCHMANN lassen sich bereits halbwüchsige ♂♂ an der spitzer ausgezogenen D erkennen.
Pflege siehe bei *Sarotherodon galilaeus*, S. 801. Die aggressive, stark wühlende Art ernährt sich in ihrer Heimat hauptsächlich von Pflanzen. Offenbrüter, ♂ monogam, Elternfamilie (?). Ein Gelege kann über 1000 Eier enthalten.

Tilapia zilli (Taf. 281)
(GERVAIS, 1848)
Zilles Buntbarsch

Afrika, nördlich des Äquators, Jordanien, Syrien; bis 30 cm, bleibt in Gefangenschaft wesentlich kleiner.
D XIV–XVI/10–13; A III/7–10; mLR 28–33. Ziemlich hoch, seitlich stark abgeflacht. Entsprechend dem großen Verbreitungsgebiet sind zahlreiche Farbspielarten bekannt. Silbergrau bis dunkel olivgrün, oft mit grünlichem, gelblichem oder rötlichem Schimmer an den Körperseiten. Kopfseiten und Kiemendeckel grün bis messingglänzend, Kehle, Brust und Bauch meist dunkel. Im oberen Winkel des Kiemendeckels meist ein sehr deutlicher Fleck, dagegen treten keilförmige Querbinden nur in Erregung deutlich hervor. Flossen bräunlich, rostfarben, D mit gelben Tupfen und einem besonders beim ♂ deutlichen, gelbumrandeten Augenfleck am Anfang des weichstrahligen Flossenteiles. Zur Laichzeit sehr farbenprächtig, Querbinden dann deutlich, Oberseite glänzend olivgrün, Körperseiten im unteren Teil rot, Kehle und Brust leuchtend blutrot, Bauch und Kopf z. T. blauschwarz, letzterer mit blaugrüner Zeich-

nung. ♀ ebenfalls relativ farbig, jedoch auch zur Laichzeit nicht ganz so farbintensiv wie das ♂, D mit zwei basalen, milchigen, deutlich abgegrenzten Flekken.
Pflege wie bei *Sarotherodon galilaeus* (S. 801) beschrieben. Leider ist die schöne Art aggressiv und wühlt stark. Revierbildender Pflanzenfresser. Besonders Tiere aus Nordafrika sind sehr widerstandsfähig gegen niedrige Temperaturen (14–16 °C), sie können bei Zimmertemperatur überwintert werden. Zucht leicht. Offenbrüter, ♂ monogam, Elternfamilie. Das Gelege wird auf Steinen abgesetzt, bis 1200 Eier, intensive Brutpflege auch nach dem Schlüpfen.

Gattung *Trematocranus* TREWAVAS, 1935

Nahe verwandt mit *Aulonocara*, wie diese mit Sinnesporen auf dem Kopf, jedoch sind diese hier kleiner. Außerdem hat *Trematocranus* auf den Wangen 2–4 Schuppenreihen (0–1 Reihe bei *Aulonocara*). Maulbrüter, Malawisee. Die Angehörigen dieser Gattung sind vermutlich ausgesprochene Höhlenbewohner, die zumindest tagsüber das freie Wasser meiden. Fünf Arten.

Trematocranus auditor

TREWAVAS, 1935
Pastellprachtbarsch

Malawisee, Felslitoral; bis 15 cm.
D XVI/10; A III/9; mLR 33. Langgestreckt und schlank, Körperseiten abgeflacht. ♂ ab etwa 5 cm Gesamtlänge in Abhängigkeit vom Erregungszustand kräftig blau bis tiefschwarz, Bauch grünlich, Unterseite des Kopfes blau, Rücken vorn smaragdgrün, Iris des großen Auges goldglänzend, Schuppen hellblau gerandet. Balz-, Schreck- und Nachtfärbung heller, mit etwa acht dunklen, senkrechten Querbinden. D an der Basis dunkelblau, nach außen zu hellblau, mit großen orangefarbenen bis karminroten Flecken, A an der Basis smaragdgrün, Mittelfeld kräftig orangefarben, Rand bläulich, keine Eiflecke, C hellblau mit orangefarbenen Tupfen, V bläulich. ♀ und Jungfische unscheinbar graugrün, mit etwa acht schwach angedeuteten, dunklen Querbinden, D zart blau gesäumt, A gelb.
Pflege und Zucht siehe Familienbeschreibung, S. 676. Maulbrüter, Mutterfamilie.

Trematocranus jacobfreibergi (Taf. 280)

JOHNSON, 1974
Feenbuntbarsch

Südlicher Teil des Malawisees, Felslitoral; bis 12 cm.
D XV/9–10; A III/10; mLR 32–33. Langgestreckt, seitlich stark abgeflacht. ♂ leuchtend hellblau, Kopf vorn blaugrün schimmernd, oberer Teil des Kopfes und vorderer Teil des Rückens kräftig orangefarben. Zeitweise treten auf den Körperseiten neun dunkle Querbinden hervor. D breit hellblau gesäumt mit zwei Reihen orangeroter Punkte, eine nahe der Basis, die andere nahe der Außenkante, C innen orange, außen hellblau, Flossenstrahlen schwarz, A schwarz und orangegelb bis karminrot, hellblau gesäumt, D, A und V zipfelartig ausgezogen. ♀ unscheinbar graubraun, mit schwachem Metallglanz, neun dunkle Querbinden, D mit schmalem weißem Saum und rotem Innensaum, A gelblich.
Pflege und Zucht siehe Familienbeschreibung, S. 676. Maulbrüter, Mutterfamilie. Bis zu 50 Jungfische je Brut. In ihrem Verbreitungsgebiet bildet die Art Schwärme, in jedem Schwarm kommt nur ein vollfarbiges ♂ vor.

Trematocranus peterdaviesi

BURGESS und AXELROD, 1973

Malawisee, Monkeybucht, Felslitoral; bis 15 cm, ♀ kleiner.
D XIV–XV/10–11; A III/9; mLR 31–32; SL 23–26/13–14. Relativ hochrückig, seitlich deutlich abgeflacht. Gelbbraun mit 8–9 dunkelbraunen bis schwarzen Querbinden. D gelblich, mit hellen Spitzen, der wimpelartig ausgezogene weiche Teil reicht fast bis zum Ende der C, diese oben und unten gelblich, im Zentrum durchscheinend mit gelben Linien, A und V weißlich, Strahlen schwarz.
Pflege und Zucht siehe Familienbeschreibung, S. 676. Maulbrüter, Mutterfamilie.
Eine hier nicht beschriebene Art siehe Taf. 280.

Gattung *Triglachromis*

POLL und THYS VAN DEN AUDENAERDE, 1974

Nahe verwandt mit den Gattungen *Limnochromis* und *Cyprichromis*. Durch folgende Merkmalskombination ist die Gattung jedoch leicht zu erkennen: Untere Strahlen der P deutlich verlängert, vermutlich handelt es sich dabei um Tastorgane, P weit bauchwärts angesetzt, an der Basis der V eine bis etwa zur Basis der P reichende schuppenlose Region, C deutlich abgerundet, Zähne der äußeren Unterkieferreihe nach vorn, zur Mundhöhle hin, orientiert. Maulbrüter. Tanganjikasee. Eine Art.

Triglachromis otostigma (Abb. 562)

(REGAN, 1920)
Tanganjika-Knurrhahn

Tanganjikasee, sublitorales Benthal, über Sandböden; bis 12 cm.
D XV–XVI/9–10; A III/7–9; mLR 35–37. Schlank, seitlich wenig abgeflacht, Maul tief gespalten. Bräunlich bis graubraun. Mehrere schmale, aus perlmuttfarbenen Schuppen zusammengesetzte, an der D beginnende Querstreifen. Sie sind schräg nach hinten orientiert und enden auf der Bauchseite. Auf dem Kiemendeckel ein großer schwarzer Fleck. P sehr groß und stark verlängert, P und V weißlich, A kräftig hellblau, D mit etwas verlängerten Stacheln, wie die C grau. Geschlechtsunterschiede in der Färbung unbekannt.

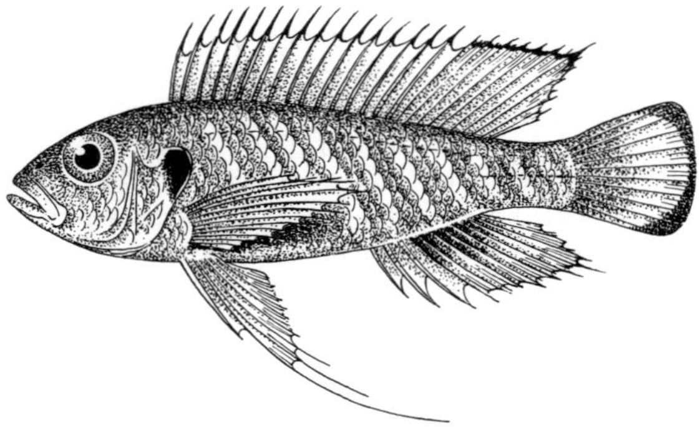

Abb. 562 *Triglachromis otostigma*

Pflege siehe Familienbeschreibung, S. 676. Relativ friedliche Art. Bildet Wohnreviere. Vermutlich Maulbrüter.

Gattung *Tropheus* Boulenger, 1898

Nahe mit den Gattungen *Simochromis* und *Pseudosimochromis* verwandt. Charakteristische Unterschiede: Anzahl der Hartstrahlen in der D und A größer, die angelegten Vn reichen deutlich über den After hinaus, der Schwanzstiel ist höher als lang. Maulbrüter. Tanganjikasee. 4–5 Arten.

Tropheus brichardi
Nelissen und Thys van den Audenaerde, 1975
Schokoladentropheus

Tanganjikasee in der Nähe der Ortschaft Nyanza; bis 12 cm.
D XXI/5–6; A VI/5–6; mLR 30–32. Ähnlich gestaltet wie bei *T. moorei* angegeben, allerdings ist das Maul breiter, der Kopf länger, die Zwischenaugenweite (Interorbitale) kleiner und die V kürzer. Einschließlich der Flossen schokoladenbraun bis braunschwarz, Bauch teilweise heller, Iris weiß, oben gelblich, Maul schwarz umrandet. Ein gelber bis rußiggelber Fleck auf dem vorderen Teil des Rückens, etwa zwischen dem 4. und 11. D-Stachel. A orange gesäumt, mit einer Reihe undeutlicher, eifleckenähnlicher Tupfen. Geschlechtsunterschiede in der Färbung unbekannt.
Pflege und Zucht siehe *T. moorei*.
Die Art war zeitweise als Schokoladenmoori oder als Braune Variante von *Tropheus moorei* bekannt.

Tropheus duboisi (Taf. 282)
Marlier, 1959

Östlicher und nordwestlicher Teil des Tanganjikasees; bis 10 cm, ♀ kleiner.
D XXI–XXII/5–7; A V–VI/5–7; mLR 30–33. Etwas kürzer und höher als *T. moorei*. Junge Tiere zeigen auf samtschwarzem Grund leuchtend weiße Flecke, die am Kopf unregelmäßig, am Körper in 4–5 Querreihen angeordnet sind. Flossen insgesamt schwarz. Bei erwachsenen ♂♂ fehlen die Flecke vollständig, dafür ist meist eine helle bis gelbbraune oder auch rötliche schmale Querbinde hinter den Pn ausgeprägt. Bei erwachsenen ♀♀ bleiben am Rücken weiße Flecke erhalten, vereinzelt auch an den Körperseiten.
Pflege wie bei *T. moorei* angegeben, allerdings ist die Art wesentlich geselliger. Auch in der Fortpflanzung gleichen sich diese beiden *Tropheus*-Arten weitgehend. Maulbrüter, Mutterfamilie. Die balzenden Tiere umschwimmen sich mit gespreizten Flossen und berühren sich gegenseitig in der Analgegend. Meist werden 5–8 gelblichbraune, erbsengroße Eier einzeln abgelegt und sofort vom ♀ ins Maul genommen. Die 12–14 mm großen Jungen erscheinen bei 25 °C nach etwa sechs Wochen. Die Zucht gelang in neutralem Wasser von 14–16 °C. In weicherem Wasser fühlen sich die Tiere nicht wohl. Das ♀ nimmt während der Brutzeit Nahrung an.

Tropheus moorei (Taf. 283)
Boulenger, 1898
Brabantbuntbarsch

Tanganjikasee, Felslitoral; bis 12 cm.
D XIX–XXII/5–8; A IV–VII/6–7; mLR 30–33. Mäßig hoch, seitlich wenig abgeflacht, Kopf groß, die Stirnlinie steigt in einem gleichmäßig gerundeten Bogen steil an. Mundöffnung breit, durch die große Oberlippe unterständig. Einschließlich der Flossen dunkeloliv bis schwarz, mit einem breiten, in seiner Ausdehnung und Färbung variablen Gürtelband, das sich am Rücken zu einem gelblichen Sattelfleck verbreitert. Der darüberliegende Teil der D meist intensiv rot. In Erregung sind die D, die Bauchpartie und auch große Teile des Gürtelbandes mehr oder weniger kirschrot. Außerdem kommen einheitlich dunkel olivfarbene bis schwarze, grünliche und gestreifte Farbformen vor. Insgesamt sind bislang etwa 20 solcher Spielarten bekannt. Sie werden auf die streng revierbezogene Lebensweise und dadurch bedingte mikrogeographische Isolation zurückgeführt, auch kommen in der Regel keine Übergangsformen vor. Keine auffälligen Unterschiede zwischen den Geschlechtern. Färbung der ♀♀ meist intensiver, die V der ♂♂ länger.
Pflege und Zucht in geräumigen Aquarien, die neben vielen Verstecken genügend Schwimmraum bieten. Die lebhaften Fische bilden große Reviere, untereinander aggressiv, gegenüber Fremdfischen friedlich. Wasser mittelhart und neutral. Bei der Balz wird die farbige Leibbinde dem Partner unter eigentümlichen Rüttelbewegungen vorgewiesen. Die Tiere sind hochspezialisierte Maulbrüter (Mutterfamilie). Die 8–17 Eier haben einen Durchmesser von 7 mm, werden einzeln im freien Wasser abgegeben und vom ♀ meist schon ins Maul genommen, bevor sie zu Boden sinken. Auffallend ist, daß die Paare, wie Chlupaty berichtet, trotzdem die für Bodenlaicher typischen Laichvorbereitungen treffen: Putzen eines Steines und angedeutetes Ausheben von Gruben. Es handelt sich dabei um eine stammesgeschichtliche Resthandlung, die auf die Abstammung von substratlaichen-

den Formen hinweist. Bei 24 °C verlassen die Jungen nach 42–46 Tagen erstmalig das Maul der Mutter. Zu dieser Zeit sind sie bereits 12–14 mm groß und fressen Grindalwürmchen, zerschnittene Enchyträen oder Tubifex bzw. kleine Wasserflöhe. Sie sind zunächst fast schwarz, mit einem helleren Gürtelband, die quergestreifte Jugendtracht entwickelt sich erst später. Die Jungfische werden noch etwa 8–12 Tage lang vom ♀ betreut.
Von der Art sind zahlreiche, z. T. geographisch isolierte Farbspielarten bekannt, von denen in der Aquaristik vor allem folgende gepflegt werden: Brabant, Kaiser, Kasabae oder Regenbogen-Moori, Orangefleck, Schwanzstreifen. Siehe dazu Taf. 283.

Tropheus polli (Taf. 282)
AXELROD, 1977
Gabelschwanz

Ostküste des Tanganjikasees, Felslitoral; bis 16 cm.
D XX-XXI/7–8; A IV/7–8; mLR 30–33. Ähnlich gestaltet wie *T. moorei moorei*, C jedoch tief gespalten. Graublau bis graubraun, Kiemendeckel mit großem, dunklem Fleck, Iris hellblau. Zeitweise mit 8–9 schmalen, weißlichgrauen bis olivfarbenen Querstreifen auf den Körperseiten, 2–3 weitere Querstreifen auf der Stirn. D graubraun, hell gesäumt, teilweise mit einigen orangefarbenen Flecken und Strichen, A und C graubraun durchscheinend, V graubraun mit weißer Vorderkante. Geschlechtsunterschiede in der Färbung unbekannt. ♂ mit tiefer eingeschnittener C. Pflege und Zucht siehe *T. moorei*.

Gattung *Tylochromis* REGAN, 1920

Charakteristisch für die mit den Gattungen *Serranochromis* und *Haplochromis* nahe verwandte Gattung sind folgende Merkmale: Die obere Profillinie steigt zur D wesentlich stärker an, als sich die untere Profillinie senkt; die untere, hintere Seitenlinie ist extrem lang; C an der Basis beschuppt und leicht eingeschnitten; A mit 7–8 (selten 9) Weichstrahlen. Vermutlich Offenbrüter. Tropisches Afrika. Zahlreiche Arten.

Tylochromis lateralis (Taf. 239)
(BOULENGER, 1899)

Westliches Afrika, weit verbreitet; bis 30 cm.
D XIV–XVI/12–14; A III/7–8; mLR 31–36. SL 21 bis 27/25–31. Relativ hochrückig, seitlich mäßig abgeflacht, Auge verhältnismäßig groß. In dem großen Verbreitungsgebiet variiert die Färbung von hell- bis dunkelgelb. Auf den Körperseiten unregelmäßig verteilte Flecke, die gelegentlich fehlen, sowie 7–9 dunkle Querbinden in der oberen Hälfte. D und C dunkel gefleckt, gelegentlich mit orangefarbenen Tüpfeln. Geschlechtsunterschiede in der Färbung unbekannt. Pflege siehe Familienbeschreibung, S. 676. Vermutlich Offenbrüter.

Familie Mugilidae
Meeräschen

Die Mugilidae wurden in älteren Systemen in die Verwandtschaft der Atherinidae gestellt. In dem hier verwendeten System von GREENWOOD und Mitarbeiter (1966) sind sie in der großen Ordnung Perciformes, d. h. der Barschartigen, als relativ eigenständige, den Apogonidae (Kardinalfische) nahestehende Linie vertreten. Für diese Einordnung spricht u. a. die Tatsache, daß der Beckengürtel mit den Vn trotz seiner sekundären Verlagerung nach hinten – bei den meisten Perciformes liegt er vorn und hat Kontakt mit dem Schultergürtel – durch ein Band die Verbindung zum Schultergürtel beibehält.
Körper gestreckt, seitlich nur mäßig abgeflacht, Maul klein, der obere Maulrand wird nur vom Praemaxillare begrenzt. Im Schlund ein Filterapparat aus Hornpapillen. Zähne klein, konisch, obere Schlundknochen ohne Zähne. Auge tiefstehend, von unten besser zu sehen als von oben, vereinzelt mit seitlicher Lidfalte. D_1 mit vier Hartstrahlen, weit vor der D_2 stehend, C eingeschnitten, A etwa gleichlang wie die D_2 und dieser gegenüber angesetzt, Vn deutlich hinter den Pn liegend, letztere auffallend hochstehend. Keine SL, deutliche, ziemlich große Schuppen. Ein sehr kräftiger Muskelmagen (ähnlich wie beim Vogel) dient der Nahrungszerkleinerung, Darm sehr lang. Die meisten Arten sind Schwarmfische, die sich von Kleinlebewesen und Algen ernähren, andere sind Aufwuchsäser, einige kauen den Bodengrund durch. Manche Mugilidae haben wirtschaftliche Bedeutung. Verbreitung: tropische, subtropische und gemäßigte Meere, einige Arten im Brack-, einzelne im Süßwasser.

Agonostomus monticola (Abb. 563)
(BANCROFT, 1834)
Amerikanische Bergäsche

Mexiko, Zentralamerika, Antillen, hauptsächlich in Bächen und an den Küsten; bis 25 cm.
D_1 IV, D_2 I/8; A II/10; mLR 38–44; QR 12 zwischen D_2 und A. Körper schlank, seitlich kräftig zusammengedrückt. Färbung nach RACHOW: »Im Leben ist dieser Fischart, mindestens bis zu einer Länge von 10–12 cm – wie sie gewöhnlich mitgebracht wird – eine zitronengelbe oder messinggelbe Allgemeinfärbung zuzuschreiben. Die bei nicht zu großen Tieren mit dunkelbraunen oder schwärzlichen Tupfen und kleinen Flecken ausgestattete Rückenregion glänzt metallisch dunkelgrünlich oder bläulichgrün, während die Unterseite des Kopfes und die Brust- und Bauchgegend weißlich sind, dabei aber perlmuttartig schillern. Die Längsbindenzeichnung wird dargestellt durch ein oberhalb der Brustflossenansatzstelle beginnendes silberweiß und etwas gelblich schimmerndes Band, das manchmal unten von dunklen, länglichen und aneinandergereihten Flecken flankiert wird. Der Schwanzfleck, der oft ganz

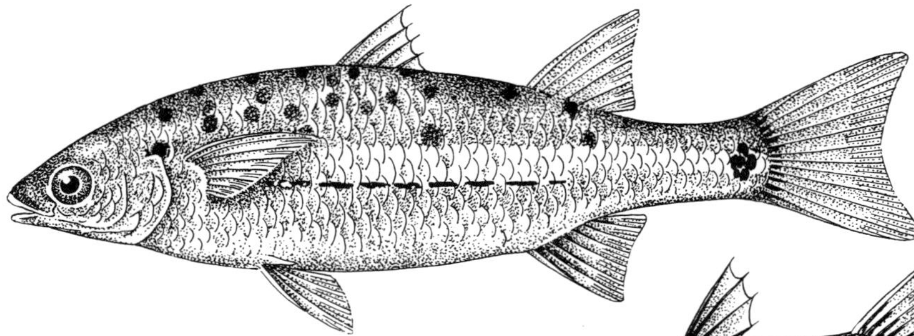
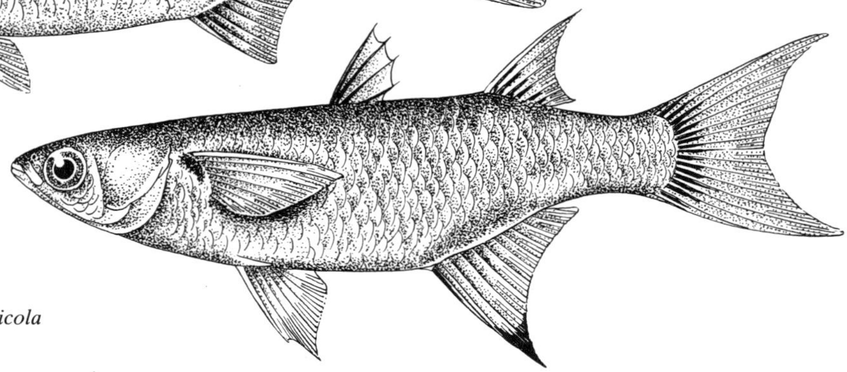

Abb. 563 *Agonostomus monticola*
Abb. 564 *Chelon falcipinnis*

schwarz ist, findet sich durchaus nicht bei allen Individuen ... Das Gelb der Flossen – bei ganz kleinen Exemplaren gewöhnlich mit einem Stich ins Rötliche – macht sich hauptsächlich am Grunde der Flossen bemerkbar; vielfach ist der vordere Rand der After- und Bauchflosse weißlich«. Geschlechtsunterschiede in der Färbung sind nicht bekannt.
Pflege siehe bei *Liza macrolepis*.

Chelon falcipinnis (Abb. 564)
(CUVIER und VALENCIENNES, 1836)

Küsten des tropischen Westafrika, auch in den Flußunterläufen; bis 25 cm.
D_1 IV, D_2 I/9; A III/11; mLR 29–42; QR 13–15 zwischen D_2 und A. Körper gestreckt, seitlich mäßig zusammengedrückt, Maul klein, etwas nach unten gerichtet. Einfarbig silbern mit etwas olivbraunem Rücken. Flossen grau. Geschlechtsunterschiede unbekannt.

Pflege siehe bei der bekannteren nachfolgenden Art. Nach ARNOLD-AHL benötigt diese Art brackiges Wasser (6–7 Teelöffel Seesalz auf 10 Liter Wasser).

Liza macrolepis (Abb. 565)
(A. SMITH, 1849)

Weitverbreitet von Ost- und Südostafrika über Madagaskar bis in den südlichen Pazifik im Meerwasser, dringt aber auch in das Süßwasser vor; bis 35 cm.
D_1 IV, D_2 I(7)–8; A III/9; mLR 30–35; QR 11–12. Körper gestreckt, seitlich mäßig abgeflacht, Schuppen groß. Einfarbig silbern, bei auffallendem Licht leicht messingfarben schimmernd, oberseits etwas dunkler. Im oberen Bereich der Körperseiten, zumindest bei jungen Tieren, einige dunkle Längslinien, Flossen undurchsichtig dunkel. Geschlechtsunterschiede bislang nicht beschrieben.
Der für größere Schaubecken gut geeignete

Abb. 565 *Liza macrolepis*
Abb. 566 *Liza oligolepis*

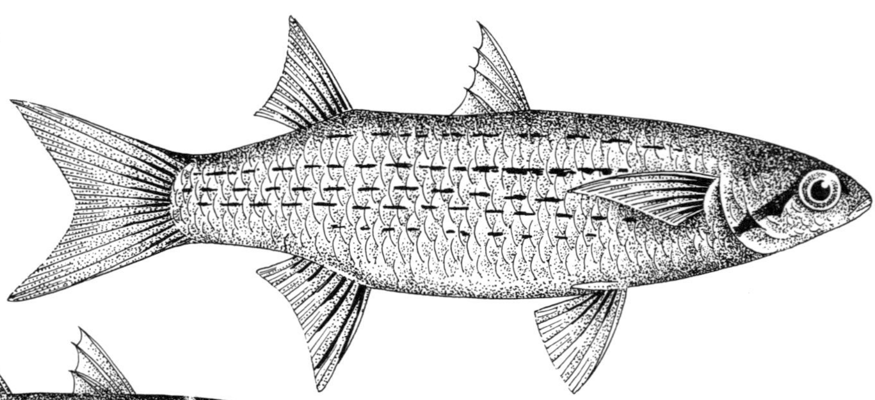
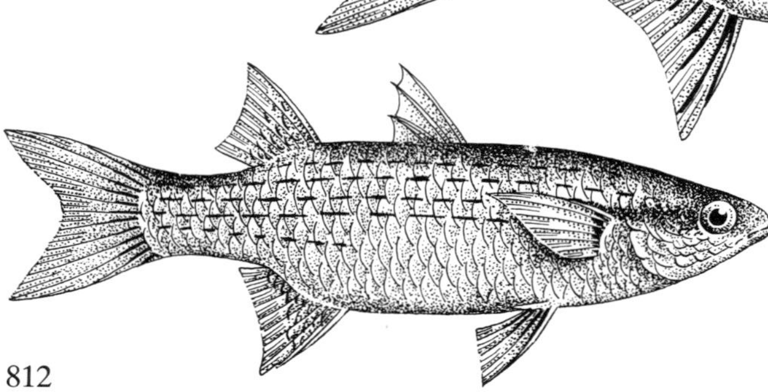

Schwarmfisch kann wie andere Meeräschen an fast reines Süßwasser gewöhnt werden. Die Tiere sind bei Wohlbefinden recht lebhaft und halten sich gern in kleinen Trupps beisammen. Gierige Allesfresser, die selbst Futterreste aufstöbern, auch pflanzliches Futter wird gern angenommen, Temperatur 18–25 °C. Alle Meeräschen springen gut und sind empfindlich gegen Verletzungen.

Liza oligolepis (Abb. 566)
(BLEEKER, 1859)

Sehr weit verbreitet von Süd- bis Ostasien, aber auch an den Küsten der Philippinen, der Sundainseln und an anderen Inselgruppen des Südpazifik, im Süß- und Seewasser; bis 15 cm.

D_1 IV, D_2 I/8–9; A III/9; mLR 24–28; QR 10–11. Ähnlich gestaltet wie die vorhergehende Art. Färbung nach RACHOW: »... auf dem Rücken dunkel graugrün, silbern auf dem Bauch; mit schmalen, nicht deutlich abgegrenzten Binden entlang den Schuppenreihen; alle Flossen sind schwärzlich ...« Geschlechtsunterschiede sind nicht bekannt.

Pflege wie bei der vorhergehenden Art, *Liza macrolepis*, angegeben.

Familie Gobiidae
Grundeln

Sehr artenreiche Familie der Ordnung Perciformes, Unterordnung Gobioidei (Grundelverwandte). Die Gobiidae sind Grundfische mit deutlichen Anpassungen an diese Lebensweise. Körper mehr oder weniger gestreckt, seitlich kaum abgeflacht, Kopf groß, bullig, meist mit steil ansteigender Stirnlinie, oft dicken Lippen und großen Augen. Haut von einer dicken Schleimschicht überzogen, Schuppen meist ctenoid, klein oder reduziert, meist keine SL, jedoch zahlreiche Sinnesporen, vor allem auf dem Kopf. Flossen groß, D in eine hartstrahlige D_1 und eine weichstrahlige D_2 unterteilt, C abgerundet, A etwa so lang wie die D_2 und dieser gegenüberstehend. Vn weit vorn, fast unter den großen Pn angesetzt, getrennt, teilweise verwachsen oder vollständig verwachsen (wichtigstes Unterscheidungsmerkmal der drei Unterfamilien), Abb. 567.

Unterfamilie: Eleotrinae (Schläfergrundeln), Vn vollständig getrennt, Pn normal ausgebildet.

Unterfamilie: Gobiinae (Grundeln), Vn vollständig zu einem saugscheibenartigen Organ verwachsen, mit dem sich die Tiere auf einer festen Unterlage, im Aquarium auch an senkrechten Scheiben, anheften können. Pn normal ausgebildet.

Unterfamilie: Periophthalminae (Schlammspringer), Vn teilweise oder vollständig verwachsen, körpernaher Teil der Pn muskulös, armartig.

Unterfamilie Eleotrinae
Schläfergrundeln

Vn stets vollkommen voneinander getrennt. Körper gestreckt bis sehr lang, im Querschnitt vorn meist rund, hinten seitlich leicht bis stark abgeflacht. Zwei deutlich getrennte Rückenflossen, von denen die meist niedrigere D_1 von sechs biegsamen feinen Stacheln (Hartstrahlen), die D_2 von Weichstrahlen, denen oft ein Hartstrahl voransteht, gestützt wird, C abgerundet, A meist ungefähr so lang wie die D_2. Kammschuppen, in der Regel keine SL. Manche Gattungen mit einem kehlwärts gerichteten Dorn am Kiemenvordeckel (Praeoperculum), Abb. 568.

Schläfergrundeln sind weltweit verbreitet, besonders zahlreich kommen sie in den Brackwasserzonen tropischer Meere vor, einige Arten im Süßwasser. Die Fortbewegung der meisten Schläfergrundeln ist im freien Wasser unbeholfen, dagegen können sie auf dem Bodengrund blitzschnell voranschießen und ebenso plötzlich verharren, eine Eigenart, die es dem Verfolger schwer macht, die Tiere im Auge zu behalten. Relativ gute Schwimmer sind einige *Eleotris*-Arten. Viele Vertreter ernähren sich räuberisch von Fischbrut und Jungtieren anderer Bodenfische. Einige Arten sind prächtig gefärbt. Importiert wurden hauptsächlich Süß- und Brackwasserformen.

Schläfergrundeln sind für das Zimmeraquarium durchaus geeignet, ihre Pflege bereitet, abgesehen von ihrer großen Gefräßigkeit, kaum Schwierigkeiten. Ihrem natürlichen Bedürfnis, sich zu verbergen oder nach Flunderart sich in den Sand einzubuddeln, ist durch weichen Bodengrund und durch Verstecke zwischen Steinen oder Wurzeln Rechnung zu tragen.

Abb. 567 Bauchflossen bei den Goobiidae: 1) getrennt bei den Eleotrinae, 2 und 3) teilweise oder ganz verwachsen und mit zusätzlicher Membran bei den Goobiinae, 4 bis 6) Bauchflossen bei den Periophthalminae, 4) *Periophthalmus barbarus*, 5) *Periophthalmodon schlosseri*, 6) *Periophthalmus chrysospilos*

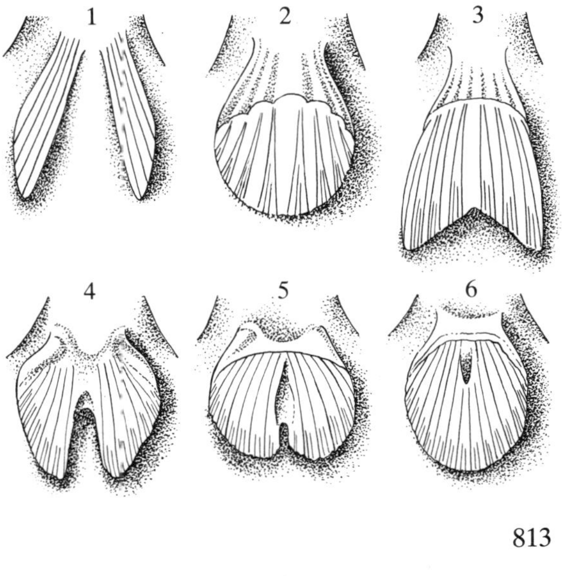

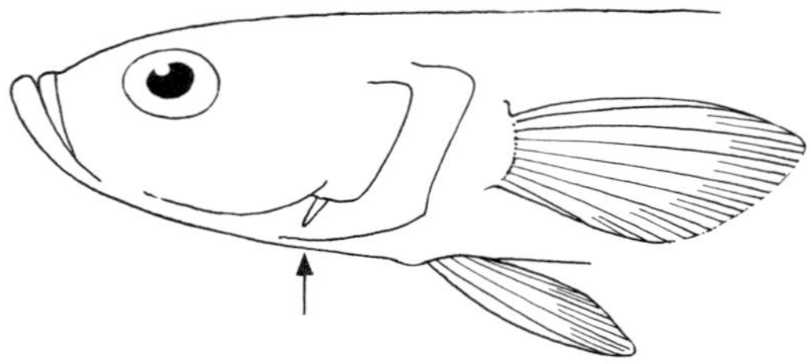

Abb. 568 Dorn am Kiemenvordeckel (Praeoperculum) vieler Eleotrinae

Süßwasserformen verbergen sich gern in dichten Pflanzenbeständen. Die meisten Schläfergrundeln werden bei sachgemäßer Pflege zutraulich. Die Bodenfische wird man in der Regel mit anderen, nicht zu kleinen, frei schwimmenden Arten vergesellschaften. Für alle Schläfergrundeln ist mittelhartes Wasser besser geeignet als weiches. Grundsätzlich füge man für Süßwasserformen auf 10 l Wasser 1–2 Teelöffel Seesalz zu, für Brackwasserformen 50–100 g auf die gleiche Wassermenge. Temperatur 18–25 °C, Lebendfutter aller Art, aber auch Futterreste und Trokkenfutter, einige Arten sogar Fleisch. Sehr gefräßige Tiere, die z. T. an einem Tag so viel fressen können, wie sie selbst wiegen. Einige Arten lassen sich leicht züchten. Manche Schläfergrundeln sind Substratlaicher, meist Brackwasserformen *(Dormitator, Mogurnda)*, andere Freilaicher, die ihre Geschlechtsprodukte vor allem zwischen feinfiedrigen Pflanzen ausstoßen *(Batanga)*. Die ♂♂ treiben z. T. Brutpflege, indem sie die Eier mit den Pn befächeln und die anfänglich sehr kleinen Jungfische zusammenhalten. Diese schwimmen in der Regel in den ersten Tagen wie andere Fische frei im Wasser, erst später bewegen sie sich wie die Eltern vorwiegend auf dem Bodengrund. Mit feinsten Nauplien und Rädertieren anfüttern. Wachstum schnell.

Batanga lebretonis (Taf. 284)
(STEINDACHNER, 1870)

Westafrika, Senegal und Gambia bis Angola, hauptsächlich im Süßwasser; bis 12 cm.
D_1 VII–VIII, D_2 I/8–9; A I/9–10; mLR 28–32; QR 8 bis 10 zwischen D_2 und A. Körper langgestreckt, vorn rundlich, hinten stark zusammengedrückt. Kopf oberseits abgeflacht, beschuppt. Maul groß und oberständig, Kiemenvordeckel mit Dorn (Abb. 568). Gelblich bis olivbraun, nach dem Rücken zu dunkler, Bauch schmutziggelb. Hinter dem Kiemendeckel ein großer, bläulich irisierender Fleck. Alle Schuppen mit einem dunkelbraunroten Tupfen. Flossen weißlich bis schmutziggrau mit unregelmäßigen Reihen dunkler Tüpfel. Während der Laichzeit wesentlich farbiger: Oberseite leuchtend dunkelolivgrün, nach hinten in Rot übergehend, Körperseiten orange, vorderer Teil des Bauches zinnoberrot. Fleck hinter dem Kiemendeckel scharf abgegrenzt und dunkelviolett. Tüpfelung der Schuppen blauviolett. D_2 beim ♂ spitz ausgezogen, V zugespitzt.

Von der Art sind zwei Unterarten bekannt: *B. l. lebretonis* (STEINDACHNER, 1870) und *B. l. microphthalmus* MEINKEN, 1966. Die letztgenannte Unterart ist vor allem durch die relativ kleinen Augen gekennzeichnet.
B. lebretonis wurde häufig importiert und ist deshalb öfter anzutreffen als andere Schläfergrundeln. Sie gilt als hart und außerordentlich genügsam. Neben Lebendfutter aller Art werden auch Futterreste angenommen, Temperatur 18–28 °C. Freilaicher, Eier werden zwischen feinfiedrigen Pflanzen abgesetzt, sehr produktiv. Laichgeschäft wie bei anderen Arten der Unterfamilie (siehe dort). Die Aufzucht der sehr winzigen Jungtiere ist schwierig. Mit Infusorien anfüttern, später Nauplien, Rädertiere und eventuell etwas gekochten Spinat zugeben.

Butis butis (Taf. 297)
(HAMILTON-BUCHANAN, 1822)
Spitzkopfgrundel

Von Ostafrika über den Malaiischen Archipel bis Australien, im Brack- und Seewasser; bis 12 cm.
D_1 VI, D_2 I/8; A I/8; P 18–21; mLR 30; QR 9–10; etwa 20 Schuppen vor D_1. Körper gestreckt, nur hinten deutlich zusammengedrückt. Kopf groß und flach, Maul groß, Unterkiefer etwas vorspringend, Kiemenvordeckel ohne Dorn. Je nach örtlicher Herkunft und Wohlbefinden gelbbraun bis graubraun mit rötlichen oder dunkelbraunen Tüpfeln und sehr unregelmäßigen, oft auch fehlenden Querbinden, Unterseite heller. Vom Auge strahlen zur Schnauze und zum Kiemendeckel dunkle Binden aus. D_1 grau bis schwärzlich, oft mit roter Spitze, die übrigen Flossen gelblich bis violett, teilweise mit rötlichen Flossenstrahlen, A breit gelb gesäumt, oft silbern getüpfelt, P mit dunklem, leuchtend rot eingefaßtem Fleck an der Basis. Geschlechtsunterschiede in der Färbung bislang nicht beschrieben.
Der im allgemeinen recht anspruchslose Brackwasserfisch läßt sich nur schwer an Süßwasser, dagegen gut an reines Seewasser gewöhnen. Temperatur 18 bis 28 °C. Lebendfutter aller Art, sehr gefräßig. Nach WICKLER ist für die Art charakteristisch, daß sie im Aquarium jede beliebige Körperlage einnehmen kann und daher oft als tot angesehen wird. Substratlaicher. Siehe auch Beschreibung der Unterfamilie.

Dormitator latifrons
(RICHARDSON, 1844)

Im Brackwasser der pazifischen Küste von Mexiko und Zentralamerika, auch in reinem Meerwasser; bis 25 cm, mit 10 cm geschlechtsreif.
D_1 VI–VIII, D_2 I/9–10; A I/10; P 14–16; V I/5; mLR 34–36. Ähnlich gestaltet wie die bekanntere nachfolgende Art, Stirnpartie erwachsener Tiere steil ansteigend, sehr breit, Kiemenvordeckel ohne Dorn. Körper bräunlich bis zart rotbraun mit mehr oder weniger grünlichem Schimmer. Körperseiten heller als der Rücken, mit Längsreihen kräftig rotbrauner Tüpfel

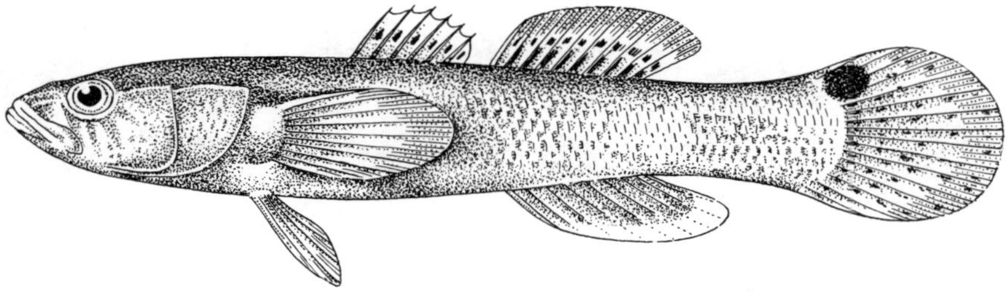

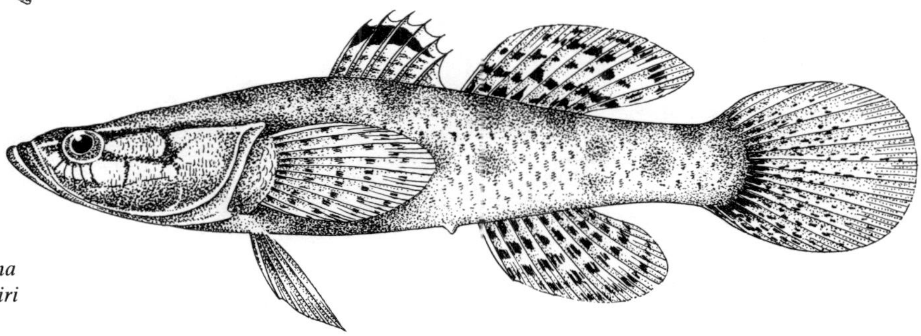

Abb. 569 *Eleotris africana*
Abb. 570 *Eleotris monteiri*

(jede Schuppe mit einem rotbraunen Fleck), Unterseite gelblich bis rötlich. Kiemendeckel mit rotbraunen Wurmlinien, hinter dem Kiemendeckel ein hellblauer, leicht irisierender Fleck. D_1, D_2 und C mit rotbraunen Tüpfelreihen auf fast farblosem Grund. Untere C-Kante und A rötlich. Junge Tiere sind grau mit dunklen Schrägbinden, die von hinten oben nach vorn unten verlaufen. ♀ heller, Tüpfelreihen und Wurmlinien undeutlich.
Pflege und Zucht siehe Unterfamilie.

Dormitator maculatus (Taf. 285)
(BLOCH, 1785)

Atlantische Küste des tropischen Amerika, im Meer- und Brackwasser, dringt gelegentlich in die Flußmündungen vor; bis 25 cm, mit etwa 10 cm geschlechtsreif.
D_1 VI–VIII, D_2 I/9–10; A I/10–11; P 13–14; V I/5; mLR 34–36. Die *Dormitator*-Arten unterscheiden sich von anderen Schläfergrundeln hauptsächlich durch den etwas gedrungenen, seitlich kaum abgeflachten, allseits beschuppten Körper und Besonderheiten der Bezahnung, auch hat der Kiemenvordekkel keinen Dorn. Graubraun bis dunkelbraun mit grünlichem Schimmer. An den Körperseiten große, unregelmäßige, oft querbindenartige dunkle Flekken, seltener eine dunkle Längsbinde und schmale, teils gelbliche, ebenso unregelmäßige Querlinien. Kopf und Kiemendeckel mit dunklen Wurmlinien, senkrechte Flossen durchsichtig mit dichten dunklen Tüpfelreihen. In der A einige blau irisierende Flekken. ♀ heller, Flossen weniger dicht getüpfelt.
Die robusten *Dormitator*-Arten sind in geheizten Brackwasseraquarien zu pflegen. Im allgemeinen gelingt es nicht, sie an reines Süßwasser zu gewöhnen. Die Tiere sind sehr sauerstoffbedürftig, sonst jedoch recht hart und, einmal eingewöhnt, sehr ausdauernd. Als Raubfisch frißt *D. maculatus* auch kleinere Fische und kann deshalb nur mit größeren Arten vergesellschaftet werden. Ernährung mit Lebendfutter aller Art. Substratlaicher. Der Laichplatz, meist ein Stein, wird zunächst vom ♂ und vom ♀ gereinigt. Die ♂♂ treiben die jetzt wesentlich dickeren ♀♀ stark. Die in Reihen abgesetzten Eier sind klein und gestielt, Anzahl groß. Sobald die winzigen Jungtiere schlüpfen (nach 20–26 Stunden bei 25 °C), sind die Elterntiere zu entfernen. Mit kleinsten Nauplien und Rädertieren anfüttern, Wachstum sehr schnell.

Eleotris africana (Abb. 569)
STEINDACHNER, 1880

Tropisches Westafrika, Guinea bis zur Zaïremündung, in brackigen Buchten, steigt auch in Flußmündungen auf; bis 16 cm.
D_1 VI, D_2 I/9; A I/8; mLR 90–95; QR 32–35 zwischen D_2 und A. Körper gestreckt, vorn kaum, hinten stark zusammengedrückt. Die Art ist vor allem durch die sehr kleinen Rundschuppen und, wie viele *Eleotris*-Arten, durch einen kleinen Dorn am Kiemenvordeckel charakterisiert. Unscheinbar graubraun, unterseits gelblich bis weiß. Bei jüngeren Tieren treten an den Körperseiten wolkige oder querbindenartige Flecken mehr oder weniger deutlich hervor. Alte Tiere meist einfarbig. Im oberen Teil der C-Wurzel ein kräftiger, runder, schwarzer Fleck. D_2 und C mit braunen Tüpfelreihen auf gelblichem Grund, C-Unterkante, A-Rand und Spitzen der Vn hell bis bläulichweiß. ♀ Tüpfel auf den Flossen wesentlich kleiner.
Pflege der etwas räuberischen Art wie bei der voranstehenden Art angegeben. Substratlaicher.

Eleotris melanosoma (Taf. 297)
BLEEKER, 1852
Schwarzbauchgrundel

Vom Malaiischen Archipel bis an die Küsten Zentralamerikas; im Brack- und Seewasser; bis 13,5 cm.
D_1 VI, D_2 I/8; A I/8; P 15–19; mLR 45–55; QR 14 bis 15; etwa 40 Schuppen vor der D_1. Körper gestreckt,

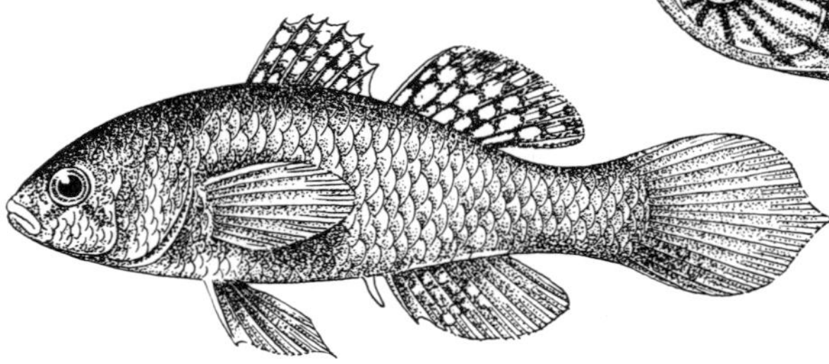

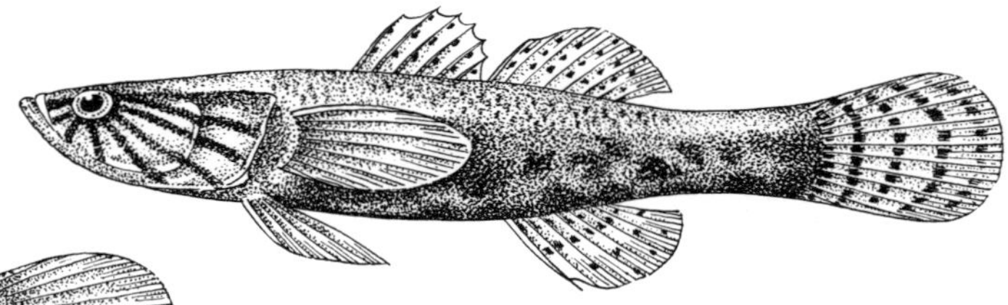

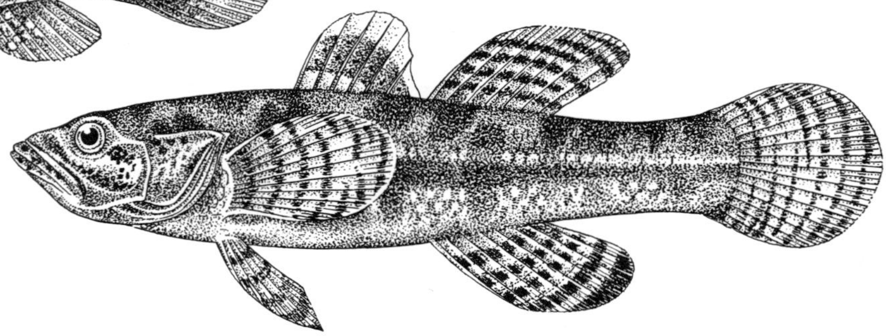

Abb. 571 *Eleotris pisonis*
Abb. 572 *Eleotris pleurops*
Abb. 573 *Eleotris vittata*

nur hinten deutlich zusammengedrückt, Schnauze stumpf, Unterkiefer etwas vorspringend, Kiemenvordeckel mit Dorn. Färbung variabel. Körper bis auf den lehmgelben oder auch rotbraunen, scharf abgegrenzten Rücken einheitlich dunkel oder auf dunklem Grunde hell gefleckt oder genetzt. Vom Auge strahlen leuchtend hellgrüne Binden aus. Flossen hell- bis gelbbraun mit unregelmäßigen dunklen Flecken oder zarten Tüpfelreihen. D_1, D_2 und A mit feinem Tüpfelmuster, öfters jedoch mit dunklen Binden. Geschlechtsunterschiede unbekannt.
Die sehr widerstandsfähige Art läßt sich gut an reines Seewasser gewöhnen. Fortpflanzung unbekannt.

Eleotris monteiri (Abb. 570)
O'SHAUGHNESSY, 1875

Westafrika von Guinea bis Angola, im Brack- und Süßwasser; bis 23 cm, mit etwa 12 cm geschlechtsreif.
D_1 VI, D_2 I/8; A I/7–9; mLR 60–70; QR 19–22 zwischen D_2 und A. Körper gestreckt, niedrig, Kopf ziemlich spitz, Vordeckel (Praeoperculum) mit deutlichem Stachel. Färbung sehr variabel, bräunlich, oberseits dunkelbraun, an den Körperseiten wesentlich heller mit rotbraunen, wolkigen Flecken, die besonders im Bereich des Schwanzstieles hervortreten. Jungtiere mit dunklem Seitenband. Kiemendeckel bei auffallendem Licht leicht messingglänzend. Senkrechte Flossen schön dunkelbraun, gelblich marmoriert. D_1 mit lackschwarzem Rand, A leicht rötlich. Geschlechtsunterschiede unbekannt.
Pflege siehe Familienbeschreibung. Räuberische, unverträgliche Art. Substratlaicher.

Eleotris pisonis (Abb. 571)
(GMELIN, 1788)

Küsten von Florida bis Rio de Janeiro, auf den Westindischen Inseln, im See- und Brackwasser, aber auch im reinen Süßwasser der Flüsse; bis 12 cm.
D_1 VI, D_2 I/8; A I/8; mLR 57–66; QR 18–24. Körper gestreckt, seitlich nur im hinteren Bereich deutlich zusammengedrückt, Kopf oberseits abgeflacht, Maul groß, Unterkiefer vorspringend, Vn ganz wenig hinter den Pn angesetzt. Oberseits hell lehmfarben bis rehbraun, Körperseiten und Bauch dunkelbraun, teilweise dunkel marmoriert. Kopf und Kiemendekkel mit strahlig vom Auge ausgehenden schwärzlichen Wurmlinien. Flossen zart gelblich, D_1, D_2 und C mit kräftigen braunen Tüpfelreihen oder Binden, P dunkel.
Pflege wie in der Unterfamilienbeschreibung angegeben. Unverträglich und räuberisch, wühlt ziemlich stark. Zucht noch nicht gelungen.

Eleotris pleurops (Abb. 572)
BOULENGER, 1909

Unterer Niger, besonders im Nigerdelta in den Mangrovesümpfen; bis 10 cm.
D_1 VII, D_2 I/8; A I/10; mLR 32; QR 10 zwischen D_2 und A. Körper gestreckt, relativ hoch, seitlich stark zusammengedrückt, Vordeckel (Praeoperculum) ohne Stachel. Färbung nach ARNOLD (1936): »Die Färbung ist oberseits dunkelbraun, an den Seiten heller. Bauch gelblich; Flossen bräunlich; Rückenflosse mit weißen Flecken. Manchmal zeigen sich an den Körperseiten dunkle Flecken und Zonen, die aber ebenso schnell verschwinden wie sie sichtbar werden ...«. Geschlechtsunterschiede unbekannt.
Pflege siehe Beschreibung der Unterfamilie. Fortpflanzung bislang unbekannt.

Eleotris vittata (Abb. 573)
DUMERIL, 1860

Tropisches Westafrika von Senegal und Gambia bis zum Mündungsgebiet des Zaïre (Kongo), meist in küstennahen Bächen und Tümpeln, seltener im Brackwasser; bis 22 cm.

Tafel 289 *Sarotherodon macrochir* (Foto Marcuse) · *Tilapia buttikoferi* (Foto Roloff)

Tafel 290 *Sarotherodon galilaeus* (Foto Marcuse) · *Sarotherodon lepidurus*, ♀ (Foto Sterba) · *Sarotherodon lepidurus*, ♂ (Foto Sterba)

Tafel 291 *Tilapia mariae*, ♀ mit Gelege · *Tilapia mariae*, ♂ (beide Fotos Marcuse)

Tafel 292 *Tilapia tholloni*, ♂ (Foto Marcuse) · *Tilapia tholloni*, ♀ (Foto Sterba) · *Sarotherodon niloticus* (Foto Sterba)

Tafel 293 Kopfstudie von *Steatocranus casuarius* (Foto Sommer)

Tafel 294 *Sarotherodon mossambicus*, brutpflegendes ♂ (Foto Marcuse)

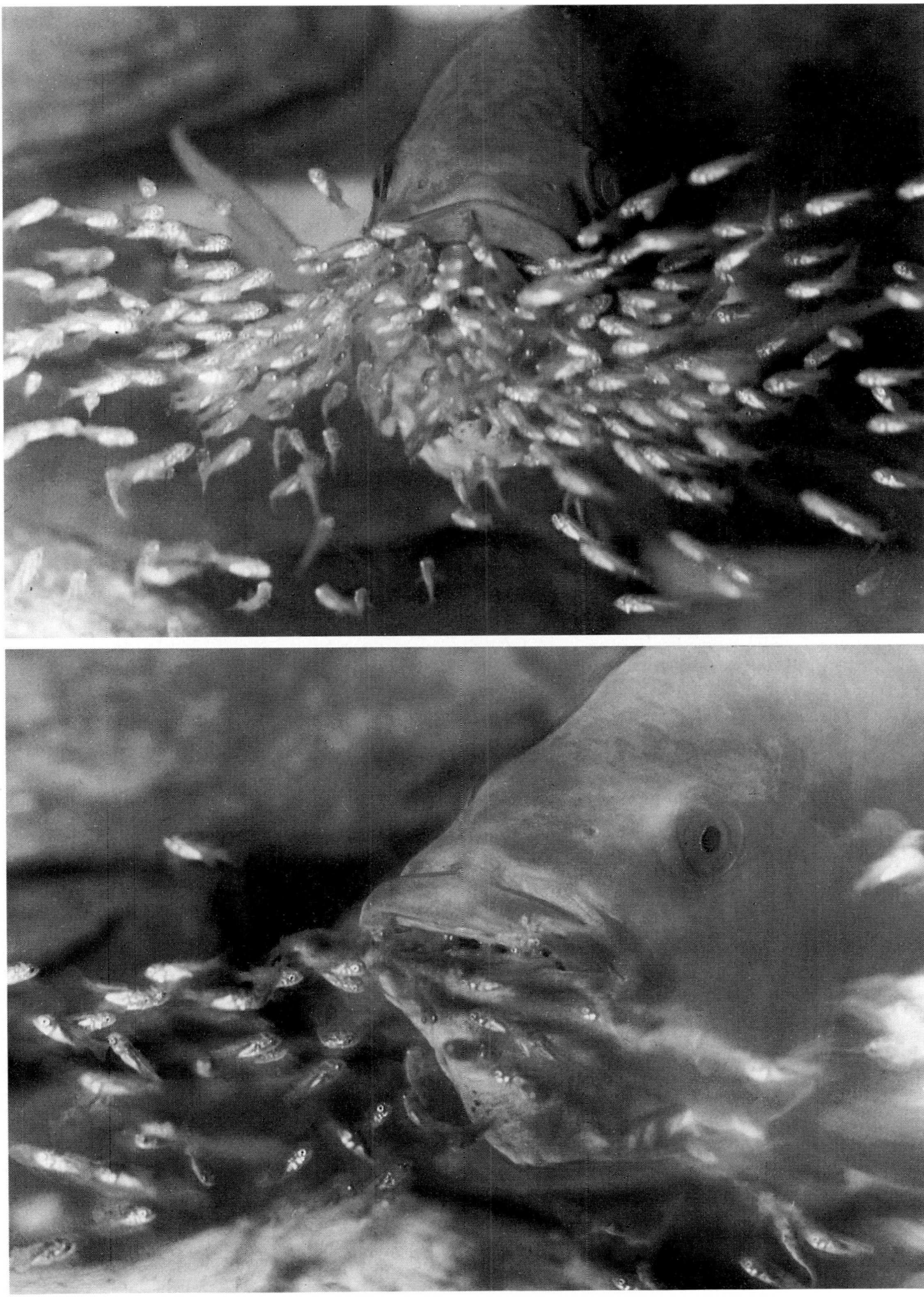

Tafel 295 *Sarotherodon mossambicus*, ♂ beim Einsammeln der Jungfische (oben), beim Entlassen der Jungfische aus dem Maul (unten) (beide Fotos Marcuse)

Tafel 296 *Oxyeleotris marmorata* (Foto Marcuse) · *Channa obscura*, geschlechtsreif (Foto Kreher) · *Channa maculata*, Kopf (Foto Kormann, aufgenommen im Tierpark Berlin)

Tafel 297 *Butis butis* (Foto Schultz) · *Eleotris melanosoma* (Foto Schultz) · *Mogurnda mogurnda* (Foto Sterba)

Tafel 298 *Stigmatogobius hoeveni* (Foto Sterba) · *Brachygobius xanthozona* (Foto Sterba). Unten links: *Hypseleotris* spec. cf. *cyprinoides* (Foto Foersch). Unten rechts: *Gobiopterus chuno* (Foto Kormann, aufgenommen im Tierpark Berlin)

Tafel 299 *Ophiocara porocephala.* Mitte links: Kiemendeckeldornen von *Ctenopoma multispinis.* Mitte rechts: *Ctenopoma multispinis* mit Hilfe des Kiemendeckels auf dem Land kriechend. Unten: *Trichogaster pectoralis* (unten Sterba, alle anderen Fotos Foersch)

Tafel 300 *Achirus fasciatus*, Unterseite (Foto Marcuse) · *Achirus fasciatus*, Oberseite (Foto Sterba)

Tafel 301 *Mastacembelus* cf. *armatus* (Foto Marcuse) · *Macrognathus aculeatus* (Foto Sterba) · *Mastacembelus pancalus* (Foto Chlupaty) · *Mastacembelus* spec. cf. *ophidium* (Foto Sterba)

Tafel 302 *Tetraodon schoutedeni* (Foto Foersch) · *Mastacembelus* spec. cf. *maculatus* (Foto Franke) · *Mastacembelus armatus*, Kopf (Foto Marcuse)

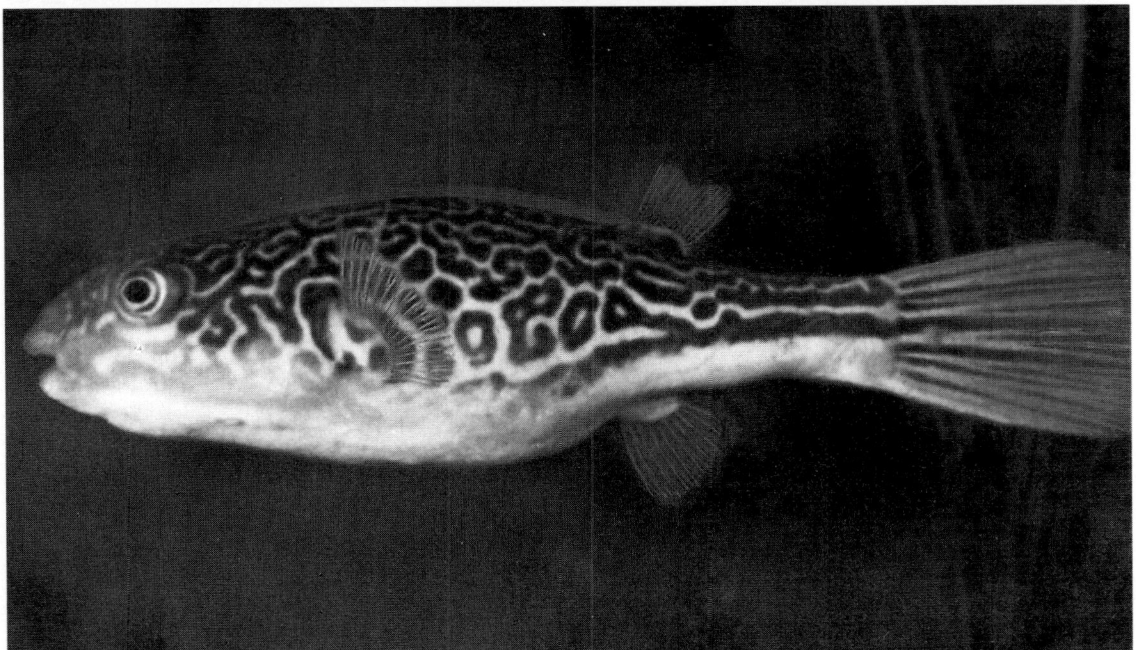

Tafel 303 Oben links: *Tetraodon fluviatilis*, Jungfisch mit Nackenquerbinden. Oben rechts: *Tetraodon fluviatilis*, aufgeblasen. Mitte: *Chelonodon patoca*. Unten: *Tetraodon mbu* (Mitte Chlupaty, alle anderen Fotos Sterba)

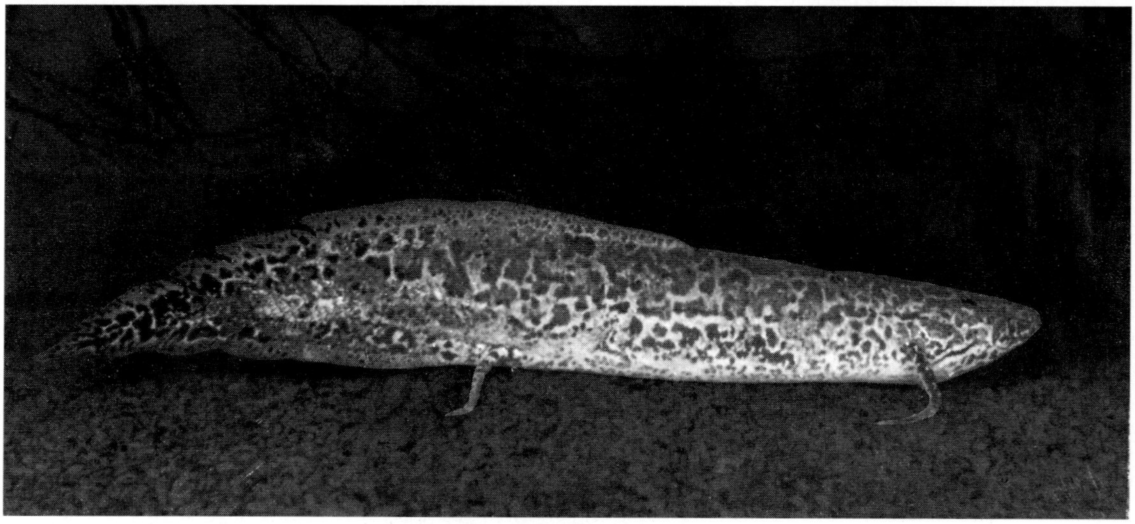

Tafel 304 *Protopterus dolloi* (Foto Sterba) · *Protopterus aethiopicus* (Foto Sterba) · *Neoceratodus forsteri* (Foto Marcuse)

D_1 VI, D_2 I/8; A I/8; mLR 40–50; QR 15–17 zwischen D_2 und A. Körper gestreckt, nur im Bereich des Schwanzstiels seitlich deutlich abgeflacht, Vorkiemendeckel (Praeoperculum) mit deutlichem Stachel. Oberseits reh- bis rotbraun, dunkel getüpfelt. Körperseiten heller, bei Jungtieren häufig mit dunklem Längsband, das oben von einem hellen Streifen begleitet wird. Ältere Tiere in der Regel mit unregelmäßigen wolkigen Tupfen. Kiemendeckel mit messingfarbenen bis blausilbernen Glanzflecken, Kopfunterseite oft dunkel, hell getüpfelt. Senkrechte Flossen gelblich durchsichtig mit braunen bis rostroten, dichten Tüpfelreihen, D_1 mit braunem Längsband, weiß gesäumt. ♀ D_2 niedriger als beim ♂, weniger kräftig gezeichnet und gefärbt.
Pflege siehe Beschreibung der Unterfamilie.

Hypseleotris compressa (Taf. 284)
(KREFFT, 1864)
Australische Schläfergrundel

Küstengebiet Ostaustraliens im Brack- und Süßwasser; bis 15 cm.
D_1 VI–VII, D_2 I/10–11; A I/9–10; mLR 27–30; QR 8 zwischen D_2 und A. Körper gestreckt, seitlich relativ stark zusammengedrückt (compressus!), Kopf gleichfalls seitlich abgeflacht, Maul ziemlich klein, Unterkiefer etwas vorspringend. Braungrün bis graugrün, oberseits dunkel marmoriert, Seitenmitte blau mit rostroten bis dunkelroten Fleckenreihen. Vom Auge zum Kiemendeckelhinterrand rote Wurmlinien, die z. T. in einen roten Fleck an der P-Wurzel eingehen. Flossen grünlich, senkrechte Flossen an der Basis rotbraun getüpfelt, teilweise gelb gesäumt. Zur Laichzeit treten die meist recht glanzlosen Farben sehr brillant hervor, wobei besonders die roten und blauen Töne lackartig erscheinen. ♀ D_2 und A kleiner, Färbung graugrün bis einheitlich bräunlich.
Pflege siehe Unterfamilie.
Aus den küstennahen Binnengewässern Nordostaustraliens wurde 1933 außerdem die Schläfergrundel *Hypseleotris gali* OGILBY, 1898, importiert, deren Farbkleid hauptsächlich Blau und Orange aufweist.

Hypseleotris cyprinoides (Taf. 298)
(CUVIER und VALENCIENNES, 1837)
Kärpflingsgrundel

Singapur, Sumatra, Java, in Flüssen und im Brackwasser; bis 7 cm.
D_1 VI, D_2 I/9; mLR 28; 15 Schuppen vor D_1. Körper gestreckt, seitlich mäßig zusammengedrückt, Unterkiefer leicht vorspringend. Insgesamt stark durchscheinend, oberseits zart rötlichgrün, seitlich und bauchseits heller. Flossen orange oder gelblich, teilweise hellblau getüpfelt. Für die Art ist das Fehlen jeglicher Strich- und Punktzeichnung auf dem Körper und z. T. auch in den Flossen ein charakteristisches Merkmal.
Aus Sulawesi (Celebes) wurde eine farbenprächtige Grundel importiert, die vermutlich eine Lokalrasse von *H. cyprinoides* darstellt. ♂ zart durchscheinend ockerfarben bis lehmgelb, unterseits etwas heller. Vom Kiemendeckel bis in die C-Wurzel erstreckt sich eine dunkle Längsbinde, die stets unter der Seitenmitte bleibt. Im unteren Teil des Schwanzstieles oft querbindenartige, dunkle Striche. Selten oberseits leicht wolkig gefleckt. Flossen glasartig durchsichtig, senkrechte Flossen und Pn mit leuchtend hellblauem Saum, der innen oft schwarz gegen die durchsichtigen Teile der Flossen abgesetzt ist, D_1 und D_2 außerdem mit großen, hellbraunen, runden Tupfen. ♀ auf ockerfarbenem Grund treten oberhalb der dunklen Längsbinde bräunliche unregelmäßige Flecken hervor. Flossen durchsichtig, ohne hellblaue Säume, Flossenstrahlen dunkel gezeichnet.
Die prächtige Art schwimmt relativ gern und gut und hält sich mit Vorliebe in den mittleren Wasserschichten auf. Pflege einfach (siehe S. 813). In Gefangenschaft schon nachgezüchtet. Früher als *Hypseleotris modestus* bekannt.
Nach ARNOLD wurde 1935 auch ein Exemplar der auf den Philippinen vorkommenden *Hypseleotris biparta* HERRE, 1931, eingeführt.

Mogurnda mogurnda (Taf. 297)
(RICHARDSON, 1844)
Tüpfelgrundel

Flüsse und Küsten Ostaustraliens; bis 17 cm.
D_1 7–10, D_2 I/12–14; A I/11–15; P 16; mLR 38–48; QR 15–16; 18–20 Schuppen vor D_1. Robuste Art, Körper gestreckt, vorn walzenförmig, hinten etwas zusammengedrückt. Färbung sehr variabel, zahlreiche Lokalrassen. Oberseits meist olivbraun, an den Seiten lehmbraun, Bauchseite gelblich. Auf der Seitenmitte zahlreiche dunkle Tüpfel, die sich zu einer Fleckenlängsreihe zusammenschließen können, gelegentlich sind darüber und darunter rostrote bis blutrote Tüpfel oder sehr undeutliche dunkle Querbinden zu erkennen. Vom Auge erstrecken sich bis zum V-Ansatz zwei prächtige grüne oder dunkle Striche. Hinter dem Kiemendeckel ein blauer, hell gesäumter Fleck. Flossen ziemlich dunkel, teilweise mit roten Tüpfeln und hellem Saum. Zur Laichzeit sind alle Farben wesentlich intensiver. ♀ meist größer, Färbung einfacher, Zeichnung schlichter.
Die anspruchslose Art kann in reinem Süßwasser gepflegt werden. Besonderes Wohlbefinden zeigt sie allerdings nur, wenn Versteckplätze und etwas mulmiger Bodengrund geboten werden. Temperatur 20 bis 28 °C, Allesfresser. *Mogurnda* pflanzt sich in Gefangenschaft willig fort. Substratlaicher, ein ♀ wird am besten mit mehreren ♂♂ vergesellschaftet. Die an einem Faden hängenden Eier (100–150) werden an vorher gereinigten Steinen oder auch an einer Glasscheibe abgesetzt und von einem ♂ mit den Pn befächelt. Das ♀ und die übrigen ♂♂ sind nach dem Ablaichen, das brutpflegende ♂ ist nach dem Schlüpfen der Jungfische (etwa nach einer Woche) zu entfernen. Jungfische mit feinsten Nauplien und Rädertieren füttern.

Ophieleotris aporos (Abb. 574)
(BLEEKER, 1854)
Manilagrundel

Von Madagaskar über Südostasien, einschließlich des Malaiischen Archipels, bis zu den Philippinen, im See- und Süßwasser; bis 30 cm.
D_1 VI, D_2 I/8–9; A I/9; P 14–15; mLR 31–40; QR 12 bis 14; etwa 15 Schuppen vor D_1. Wie nachfolgende Art gestaltet. Färbung ist sehr variabel. Oberseits dunkelbraun bis olivgrün, Bauchseite orange bis gelblich, Körperseiten sehr unregelmäßig, oft reihenweise blauschwarz bis schwarz getüpfelt. Schöne Tiere dazu mit grünen Flecken. Vom Auge zum Kiemendeckel drei kräftig rote Binden. Flossen dunkel, Flossenstrahlen gelblich. D_1, D_2, A und V rot gesäumt, C gelb getüpfelt, P mit schwarzem, rot begrenztem Querband an der Basis. Einige Farbspielarten zeigen keilförmige Querbinden oder auch eine Längsbinde. ♀ insgesamt mehr braun, fast immer ohne grüne Tupfen auf den Körperseiten.
Die anspruchslose Art hält sich in Gefangenschaft gut. Fortpflanzung bereits gelungen, Substratlaicher, nähere Angaben liegen nicht vor.

Ophiocara porocephala (Taf. 299)
(CUVIER und VALENCIENNES, 1837)
Schlangenkopfgrundel

Südostasien, Malaiischer Archipel, China, Australien, Madagaskar, im Brack- und Süßwasser; bis 32 cm.
D_1 VI, D_2 I/8–9; A I/6–7; P 15; mLR 38–40; QR 11 bis 13; etwa 25 Schuppen vor der D. Körper gestreckt, nur hinten deutlich zusammengedrückt, Kopfoberseite flach, kein Dorn am Kiemenvordeckel. Färbung variabel. Oberseits meist ziemlich dunkel rotbraun bis olivgrün, unterseits heller, oft rein lehmgelb. An den Körperseiten unregelmäßige dunkle Flecken oder Längsbinden, die allerdings bei alten Tieren verschwinden. Jungtiere oft mit hellen bis silbrigen Querbinden. Flossen bräunlich bis violett, Flossenstrahlen oft orange. D_2 und C mit braunen Tüpfelreihen und weißlichem oder mehr oder weniger rotem Saum. Bei besonders schönen Tieren sind der Kopf, der Körper, die D_2 und die A orange getüpfelt. Geschlechtsunterschiede wurden noch nicht beschrieben.
Über Pflege siehe Beschreibung der Unterfamilie. Noch nicht nachgezüchtet.

Oxyeleotris marmorata (Taf. 284, 296, Abb. 575)
(BLEEKER, 1853)
Marmorgrundel

Große Sundainseln, Malaiischer Archipel, Thailand, im Süßwasser; bis 40 cm.
D_1 VI, D_2 I/9; AI/9–10; P 17–18; V I/5; mLR 73–82. Körper gestreckt, nur im Bereich des Schwanzstiels seitlich abgeflacht, Kopf groß, oberseits etwas abgeflacht, Maul tief gespalten, schräg nach oben gerichtet, kein Dorn am Kiemenvordeckel. Färbung sehr veränderlich und in erster Linie abhängig von dem Untergrund und der Beleuchtung. Auf graubraunem, seltener leicht gelbgrünem Grund zahlreiche wolkige, gelegentlich querbindenartige, unscharf begrenzte dunkle Flecken, unterseits etwas heller. Flossen bräunlich bis graubraun mit dunklen Tupfen, die meist regellos angeordnet sind. ♀ gleichförmiger gefärbt, die dunklen Flecken treten wenig hervor.
O. marmorata ist eine sehr räuberische und gefräßige Schläfergrundel, die pro Tag so viel fressen kann, wie sie selbst wiegt. Den Dämmerungstieren bietet man dunkle Aquarien und, da die Art sich gern einbuddelt, weichen Bodengrund sowie Verstecke unter Steinen. Temperatur 22–28 °C. Allesfresser, mit Vorliebe jedoch Würmer, rote Mückenlarven. Zucht im Zimmeraquarium noch nicht gelungen.

Abb. 574 *Ophieleotris aporos*
Abb. 575 *Oxyeleotris marmorata*

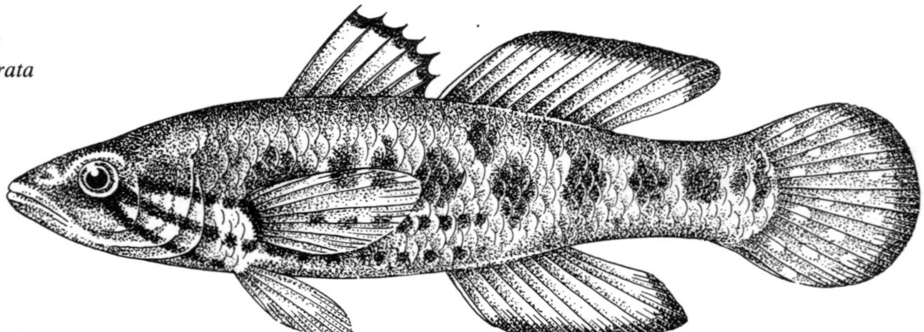

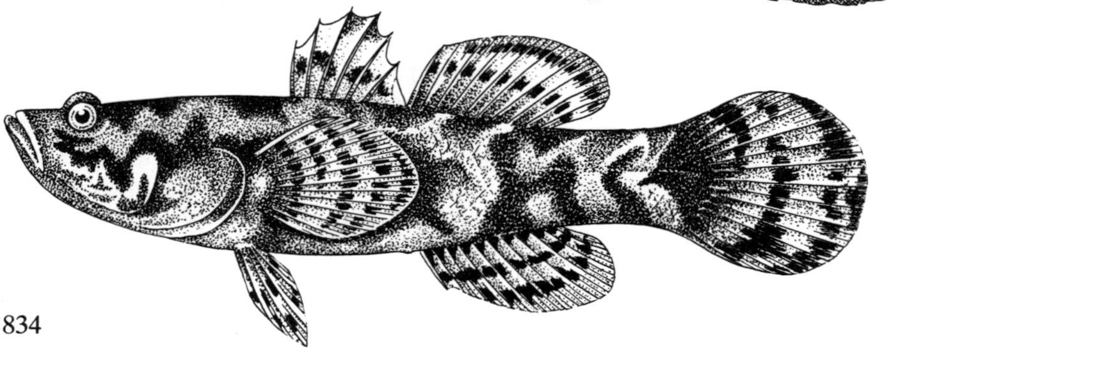

Aus dem Amur-Gebiet wurde weiterhin *Percottus glehni* DYBROWSKI, 1977, importiert. Die Tiere werden bis 16 cm lang. Über die interessante Brutpflege der Art berichtet G. SCHENK (Aquar. Terr. 12, 292 bis 295, 1965).
Außerdem gelangten zahlreiche Arten als Einzeltiere nach Europa, eine exakte Bestimmung fand selten statt.

Tateurndina ocellicauda (Taf. 285)
NICHOLS, 1955
Pastellgrundel

Östliches und südöstliches Papua-Neuguinea, in Küstennähe; bis 6 cm.
D VII–VIII/13–14; A 15; mLR 34–35. Körper gestreckt, vorn rundlich, hinten kräftig zusammengedrückt. Kopfoberseite und Rücken bräunlich, mit unregelmäßigem braunrotem Wurmmuster, Bauch gelblichweiß, Körperseiten kräftig blau bis türkisfarben mit zahlreichen unregelmäßigen, z. T. unterbrochenen, kräftig roten, schmalen Querstreifen. C-Basis mit tiefschwarzem, oben und unten oft gelb begrenztem Fleck. Senkrechte Flossen an der Basis blau bis türkisfarben mit roten Tupfen, A mehr oder weniger intensiv gelb gesäumt, Flossenstrahlen außen kräftig rot, V bläulich, außen gelb, P farblos. ♂ größer, Kopf mit steilerer Stirnpartie, Bauch stets weniger kräftig gelb. ♀ kleiner, Kopf flacher, Bauch besonders zur Laichzeit intensiv gelb.
Pflege in kleineren Aquarien, nicht zu warm hältern, 21–24 °C. Lebendfutter aller Art, aber auch geriebenes Rinderherz und Frostfutter, Trockenfutterpräparate werden nicht gefressen. Bezüglich der Wasserzusammensetzung anspruchslos, Salzzugabe nicht erforderlich. Zucht leicht. Ein Gelege umfaßt 50–200 Eier. Die Tiere laichen nachts an versteckten Plätzen, aber auch an der Aquarienscheibe, das ♂ bewacht den Laich. Eier mit Haftfäden. Bei zu hohen Zuchttemperaturen (27 °C) schlüpfen die Jungfische zu früh und sterben dann meist. Normale Zeitigungsdauer der Eier 9–10 Tage (21 °C). Anfütterung mit *Cyclops-* oder *Artemia*-Nauplien, Wachstum schnell. Über die Zucht berichten ZIEHM (DATZ 36, 249 bis 251, 1983), RICHTER (Aquar. Terr. 31, 158–159, 1984) und SCHREIBER (Aquar. Terr. 31, 299–301, 1984).

Unterfamilie Gobiinae
Grundeln

Wie in der Beschreibung der Familie auf S. 813 dargestellt, sind bei allen Vertretern dieser Unterfamilie die beiden Vn vollständig miteinander verwachsen und bilden somit ein saugnapfähnliches Organ (Abb. 567).
Die meisten Gobiinae bewohnen die seichteren Küstengewässer warmer Meere, einige suchen die Brackwasserzonen der Flußmündungen auf, und nur wenige konnten in das Süßwasser vordringen. Die natürliche Nahrung setzt sich vorwiegend aus Kleingetier des Bodengrundes zusammen.
In Gefangenschaft dauern viele Arten recht gut aus, andere aber verweigern oft jede Futteraufnahme und gehen langsam ein.
Man pflege sie in flächigen Aquarien mit weichem, sandigem Bodengrund und richte mit Steinen oder halbierten Blumentöpfen Versteckmöglichkeiten ein. Je nach der Herkunft ist dem Wasser mehr oder weniger Seesalz zuzufügen, selbst Süßwasserformen sind bei geringem Seesalzzusatz (1–2 Eßlöffel auf 10 Liter Wasser) widerstandsfähiger, für Arten aus dem Brackwasser 100–150 g Seesalz auf 10 Liter Wasser. Auf keinen Fall versuche man die Tiere an weiches Wasser zu gewöhnen. Temperatur 18–26 °C, Lebendfutter, wie Würmer oder rote Mückenlarven, aber auch Futterreste, einige Arten zusätzlich Algen. Fast alle Arten laichen nach intensiven Liebesspielen auf Steinen, mit Vorliebe am Dach von Steinhöhlen. Die Eier haften sehr fest und sind oft gestielt. Die Jungtiere schlüpfen nach 3–8 Tagen und werden z. T. von den Eltern betreut. Fast alle kleinen Arten sind friedlich und lassen sich gut mit Fischen vergesellschaften, die die mittleren Wasserschichten bewohnen. Leider ist gerade über diese Gruppe wenig bekannt, für interessierte Aquarianer ergibt sich aus ihrer Beobachtung eine dankbare Aufgabe.

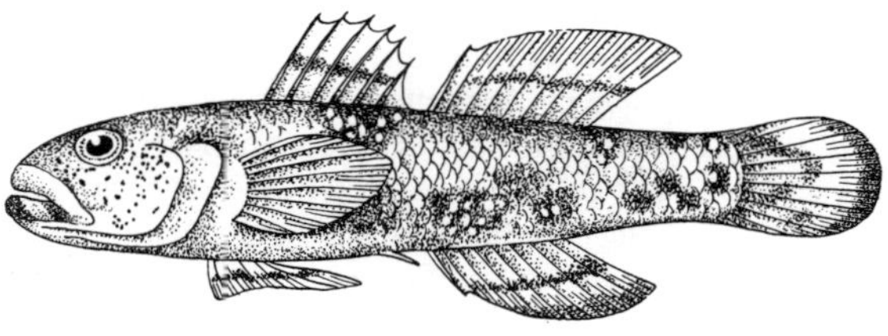
Abb. 576 *Bathygobius fuscus*

Bathygobius fuscus (Abb. 576)
(RÜPPELL, 1828)

Vom Roten Meer und der Ostküste Afrikas über ganz Südostasien bis nach Amerika, im Brack- und Meerwasser; bis 12 cm.
D_1 VI, D_2 I/9–10; A I/8–9; P 19–20; mLR 38–40; QR 11–13; 18–24 Schuppen vor D_1. Körper gestreckt, hinten leicht zusammengedrückt, Kopfprofil stark gerundet. Besonders charakteristisch für diese Art sind die freien, nicht durch Flossenhäute verbundenen Flossenstrahlen an der Oberkante der P (Gattungsmerkmal). Färbung entsprechend dem großen Verbreitungsgebiet sehr unterschiedlich und nur bei Wohlbefinden ansprechend. Oberseits olivgrün, seitlich mehr bräunlich, unterseits gelb bis grau. Kopf und Körper zeigen mehr oder weniger ausgedehnte dunkle Flecken, die gelegentlich schachbrettartig angeordnet sind. Einzelne grüne Glanztupfen beschränken sich meist auf den Kopf und Kiemendeckel. Flossen durchscheinend oder grau, teilweise mit braunen Tüpfelzeichnungen auf den Flossenstrahlen, D_1 oft mit blauem Saum. ♀ kleiner, fast einfarbig.

Die Art wird öfters importiert, findet jedoch wegen ihres unscheinbaren Aussehens nur selten Freunde. Die ansprechende Färbung tritt erst nach langer Eingewöhnung hervor. Ansonsten ist die Art recht anspruchslos. Pflege siehe Beschreibung der Unterfamilie. Brackwasser unbedingt erforderlich. Substratlaicher.

Brachygobius xanthozona (Taf. 285, 298)
(BLEEKER, 1849)
Goldringelgrundel
Brachygobius nunus
(HAMILTON-BUCHANAN, 1822)
Brachygobius aggregatus
HERRE, 1940

Die starke Färbungs- und Zeichnungsvariabilität der sehr ähnlich gestalteten *Brachygobius*-Arten macht eine Bestimmung lebender Tiere fast unmöglich. Im allgemeinen gelten folgende Unterscheidungsmerkmale:
Über 50 Schuppen in einer Längsreihe; D_2 und A I/8–9 ... *B. xanthozona*; bis 4,5 cm.
25–27 Schuppen in einer Längsreihe; D_2 und A I/7 ... *B. nunus*; bis 4,2 cm.
22–26 Schuppen in einer Längsreihe; D_2 und A I/6 ... *B. aggregatus*; bis 4,4 cm (= *B. doriae* (GÜNTHER, 1868)).
B. xanthozona scheint nur in Sumatra, Kalimantan (Borneo) und Java vorzukommen und bewohnt hier hauptsächlich Flüsse und deren Mündungen. *B. nunus*, die häufigste Art, ist weitverbreitet und kommt in Hinterindien, Thailand, auf der Malaiischen Halbinsel und den Großen Sundainseln vor und ist sowohl im Süßwasser als auch im Brackwasser zu finden. *B. aggregatus* schließlich ist nur von Nordkalimantan und den Philippinen bekannt und kommt im Brack- und Seewasser vor.
Die *Brachygobius*-Arten sind alle von etwas gedrungener Gestalt. Körper vorn zylindrisch, hinten leicht zusammengedrückt, Kopfprofil gerundet. Alle Arten zeigen bei Wohlbefinden eine buttergelbe bis honiggelbe Grundfärbung und, im typischen Falle, eine breite dunkelbraune bis tiefschwarze, außerordentlich variable Bindenzeichnung. So kann durchaus die charakteristische Bindenzeichnung einer Art so stark verändert sein, daß sie dem Typus einer anderen Art entspricht. Die Binden werden gelegentlich in unregelmäßige Flecke und Tupfen aufgelöst. Schließlich kommen auch Tiere vor, die fast ganz schwarz sind. Die für die einzelnen Arten typische Zeichnung ist nach WEBER und DE BEAUFORT folgende:
B. xanthozona hat vier dunkelbraune Querbinden, die etwa so breit wie die Zwischenräume sind. D_1, D_2 und A schwarz, die übrigen Flossen gelb, P und V mit schwarzer Basis. Die Querbinden sind häufig in Keile oder schmale Binden aufgelöst (Taf. 298, Abb. 577).
B. nunus hat vier dunkelbraune Querbinden, die breiter als die Zwischenräume sind. D_1, D_2 und A dunkel mit gelbem Rand oder völlig gelb, die übrigen Flossen gelb. P und V mit schwarzer Basis. Auch bei dieser Art sind die Querbinden häufig in Keile aufgelöst, Kopf meist grau (Taf. 285, Abb. 577).
B. aggregatus hat vier dunkelbraune Querbinden, deren Anordnung am besten aus Abb. 577 zu ersehen ist. Die Schnauze und der Augenzwischenraum sind hier dunkel, die Kopfseiten und die Kehle dunkelbraun getüpfelt.
♀ meist weniger intensiv gefärbt, zur Laichzeit wesentlich kräftiger als das ♂.
Pflege der Bodenfische in leicht brackigem Wasser (1–2 Löffel Seesalz oder Kochsalz auf 10 Liter Wasser), nicht schwierig. In reinem Süßwasser sind Goldringelgrundeln oft sehr empfindlich. Für das Gesellschaftsaquarium nur bedingt geeignet, im Artbecken mit zahlreichen Versteckmöglichkeiten dagegen einer der interessantesten Fische. Temperatur 24–30 °C, kleineres Lebendfutter aller Art. Die Tiere laichen bei abwechslungsreicher Fütterung und nach Frischwasserzusatz mit Vorliebe unter Steinen oder in Blumentöpfen. Eizahl 100–150, Eier groß. Die Jungfische schlüpfen nach etwa 4–5 Tagen, oft auch schon früher, das ♂ treibt Brutpflege. Die Bindenzeichnung tritt sehr früh auf. Die Jungfische schwimmen in der ersten Zeit ähnlich anderen Fischen frei in den unteren Wasserschichten, erst später werden sie zu typischen Bodenfischen.

Evorthodus breviceps
GILL, 1859

Trinidad und Suriname, im Süßwasser; bis 8 cm.
D_1 VI, D_2 I/10; A I/11; mLR 30–35. Körper langgestreckt, niedrig, vorn zylindrisch, Kopf stumpf, Stirn steil ansteigend. D_1 beim ♂ stark verlängert, D_2 und A gegenüberstehend, lang. Graubraun bis milchiggrau mit unregelmäßigen oder querbindenartig angeordneten Flecken, die sich gelegentlich zu einer Längsbinde vereinigen. Zwei übereinanderliegende Flecken auf der C-Wurzel treten besonders kräftig hervor, unterseits gelblich. Vom Auge strahlen 3–5 kurze, dunkle Wurmlinien nach vorn und unten.

Abb. 577 Zeichnungsmuster verschiedener *Brachygobius*-Arten. 1) *B. xanthozonus*, 2) *B. nunus*, 3) *B. aggregatus*

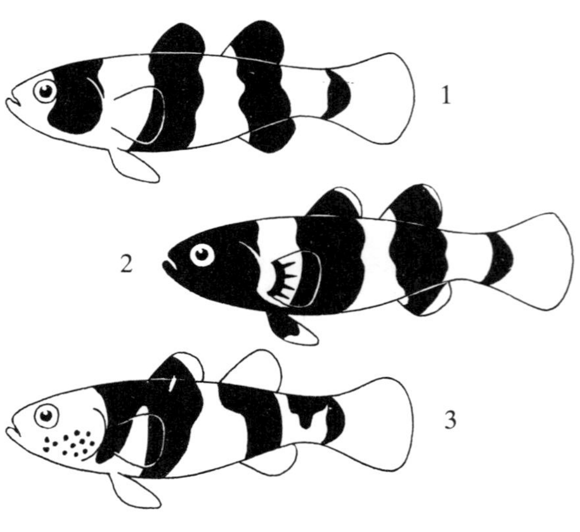

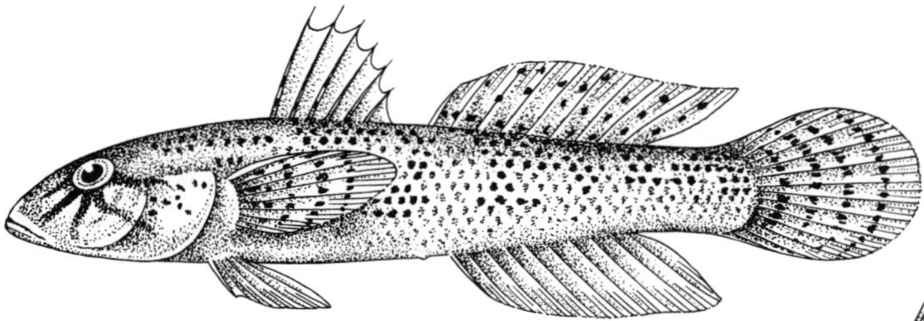

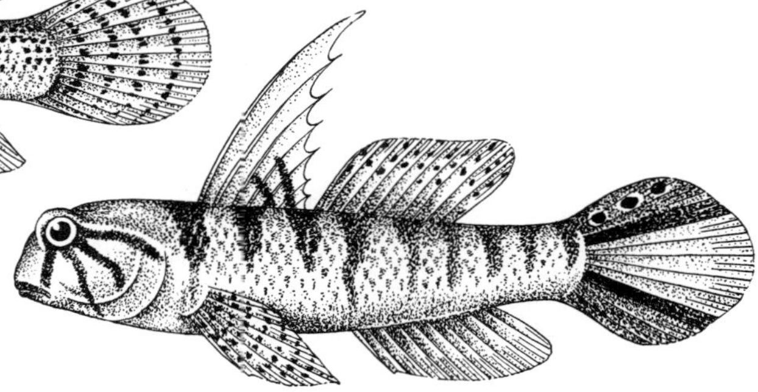

Abb. 578 *Gobius guineensis*
Abb. 579 *Gobius lyricus*

Flossen zart milchiggrau, D_1 mit zwei lackschwarzen, kommaförmigen Strichen im hinteren Teil, D_2 mit dunklen Längslinien, C des ♂ mit zwei etwas schrägen, hellen Längsbinden und dunklen bis goldfarbenen Querlinien.
Pflege siehe Beschreibung der Unterfamilie.

Gobiopterus chuno (Taf. 298)
(HAMILTON-BUCHANAN, 1822)
Glasgrundel

Singapur, Thailand, Hinterindien, im Süßwasser; bis 2,5 cm.
D_1 V, D_2 I/7–8; A I/10–11; P 13–14; mLR 27; QR 7. Körper gestreckt, vorn zylindrisch, hinten etwas zusammengedrückt, Schwanzstiel schlank, Kopf und Vorderkörper ohne Schuppen, Maulspalte schräg nach oben gerichtet, fast senkrecht, Unterkiefer vorspringend. Glasklar durchsichtig mit leicht gelblichem Schimmer, nur auf dem Rücken und über der A einige winzige Pigmentflecken. Geschlechtsunterschiede in der Färbung sind bislang nicht bekannt geworden.
Leider ist die hochinteressante Art ebenso anfällig wie durchsichtig. Die wenigen bislang importierten Exemplare gingen trotz ausreichender Futterannahme (Grindal, *Cyclops*) ein. Pflege siehe Beschreibung der Unterfamilie.

Gobius guineensis (Abb. 578)
PETERS, 1876

Tropisches Westafrika von Sierra Leone bis Angola, vor allem in küstennahen Binnengewässern; bis 15 cm.
D_1 VI, D_2 I/10; mLR 61–70; QR 14–16 zwischen D_1 und A. Körper gestreckt, walzenförmig, Kopf unbeschuppt, Maul nach vorn gerichtet, D_2 und A ziemlich lang. Lehmfarben bis graugelb mit unregelmäßigen dunklen, oft leicht rötlichen Flecken, die sich sowohl zu einer Längsreihe gruppieren als auch unregelmäßige Querbinden bilden können. Bauch leicht rötlich. Vom Auge strahlen mehrere hellrote Wurmlinien aus. Flossen farblos, D_2 und C in der Regel rotbraun getüpfelt. ♀ ohne Tüpfel in den Flossen.
Pflege siehe Beschreibung der Unterfamilie.

Gobius lyricus (Abb. 579)
GIRARD, 1858

Zentralamerika und Westindien, Kuba, meist im Brackwasser, seltener im reinen See- oder Süßwasser; bis 10 cm.
D_1 VI, D_2 11; A I/10; mLR 27–29. Körper gestreckt, walzenförmig, hinten wenig zusammengedrückt, Kopf kurz, Stirn sehr steil ansteigend, Auge klein, sehr hoch stehend, D_1 hoch, mit 2–3 verlängerten Flossenstrahlen. ♂ oberseits dunkeloliv mit 4–5 breiten, sehr unregelmäßigen Querbinden, Körperseiten etwas heller mit dunkelbraunen bis braunroten Tüpfeln oder quergestellten Flecken, unterseits gelblich bis zart rötlich. Kopf hell mit strahlenartig vom Auge ausgehenden Binden, Lippen schwarz. D_1 farblos oder mit zwei Bogenbinden im hinteren Teil, D_2 farblos oder mit Tüpfeln, in Erregung jedoch zumindest an der Basis rehbraun, C dunkelbraun mit zwei roten Längsbinden, im oberen Teil 1–3 Pfauenaugenflecken, A durchscheinend bräunlich. Zur Laichzeit treten alle Farben wesentlich kräftiger hervor. ♀ Flossen kleiner, D_1 ohne verlängerte Flossenstrahlen, im Gegensatz zum ♂ schlicht gefärbt.
Pflege der prächtigen Art siehe Beschreibung der Unterfamilie.

Stigmatogobius hoeveni (Taf. 298)
(BLEEKER, 1851)
Celebes-Grundel

Malaiische Halbinsel, Malaiischer Archipel, Neuguinea, Philippinen, im See-, Brack- und Süßwasser; bis 7 cm.
D_1 VI, D_2 I/7–8; A I/7–8; P 16; mLR 28–32; QR 8 bis 10; 11–13 Schuppen vor D_1. Mittlere Strahlen der D_2 beim ♂ oft fadenartig verlängert. Körper langgestreckt, niedrig, vorn walzenförmig, hinten seitlich abgeflacht. Oberseits grau- bis grüngelb, seitlich oft leicht rotbraun, unterseits hell. Schuppen dunkel gerandet. An den Körperseiten zahlreiche unregelmäßige Querbinden. Auf dem Schwanzstiel zwei übereinanderstehende, kräftig hervortretende dunkle Flecken. D_1 mit breitem, blauem bis tiefschwarzem Innenfeld, das nach außen weiß begrenzt wird, Flossensaum blau, D_2 gleichfalls mit milchigem Innenrand und ei-

nem schwärzlichen Saum. ♀ unscheinbarer gefärbt, meist wesentlich kräftiger.
Pflege der sehr interessanten Art im schwach brackigen Wasser nicht schwierig. Die Tiere heften sich mit den verschmolzenen Vn gern senkrecht an die Seitenscheiben. Temperatur 22–26 °C. Kleineres Lebendfutter aller Art. Substratlaicher. Siehe auch Beschreibung der Unterfamilie.

Stigmatogobius sadanundio (Taf. 285)
(HAMILTON-BUCHANAN, 1822)
Gefleckte Grundel

Südasien, Große Sundainseln, Philippinen, vorwiegend im Süßwasser; bis 8,5 cm.
D_1 VI, D_2 I/7; A I/8; P 18–19; mLR 27–30; QR 8–9; 8–9 Schuppen vor D_1. Körper ziemlich kurz, vorn walzenförmig, hinten leicht zusammengedrückt, Kopf groß. Insgesamt blaugrau oder rauchgrau bis silbergrau mit einzelnen runden, scharf abgegrenzten dunklen Tüpfeln auf den Körperseiten und in den Flossen. D_2 und A mit weißen, C mit dunklen lockeren Tüpfelreihen. Manche Exemplare mehr gelblich. ♀ Flossen im allgemeinen kleiner, Färbung meist leicht gelblich.
Diese Art wird am besten in schwach brackigem Wasser gepflegt (1–2 Eßlöffel Seesalz auf 10 Liter Wasser). Siehe auch Beschreibung der Unterfamilie.

Unterfamilie Periophthalminae
Schlammspringer

Vn mehr oder weniger verschmolzen (Abb. 567). Die Unterfamilie gehört zu den besonders interessanten Fischgruppen. Ihre Anpassungen an die Situation in den Gezeitenzonen tropischer und subtropischer Meere wurden häufig untersucht, wobei vor allem Fragen der anatomischen und funktionellen Anpassungen an das zeitweise Leben auf dem Lande im Mittelpunkt standen. Die Periophthalminae dienten so vielfach als Studienmodelle für jene Fragenkomplexe, die sich mit dem Übergang der Wirbeltiere vom Wasser- zum Landleben beschäftigen. Allerdings muß auch betont werden, daß die Schlammspringer-Anpassungen Spezialisierungen sind, die von den Anpassungen bei der Eroberung des Landes durch die Uramphibien z. T. ganz erheblich abweichen, trotzdem erlauben sie viele interessante Rückschlüsse. Als Anpassungen sollen hier nur die Umbildung der Brustflossen zu gestielten Flossenextremitäten, die Nutzung der kapillarisierten Kiemenraumwandung als Luftatmungsorgan, die Vergrößerung, Hochstellung und Beweglichkeit der Augen, die Entwicklung des Fluchtspringens mit Hilfe des Schwanzstieles und die Teilanpassung des Hormonsystems an das Luft-Wasser-Leben erwähnt werden.
Die Schlammspringer haben ihren Trivialnamen von der Fähigkeit, auf der Wasseroberfläche und auf den an Restwassern reichen »Schlammböden«, wie sie bei Ebbe in ihren Verbreitungsgebieten täglich auftreten, große Sprünge zu machen und damit z. B. Feinden zu entkommen. Andererseits können sie mit Hilfe der kräftigen Pn auf festerem Untergrund robben (Abb. 580). Meist sitzen sie am Rande flacher Schlammlöcher, Tümpel und Gräben und beobachten mit den hochgestellten Augen die Umgebung, wobei jedes Auge unabhängig vom anderen bewegt werden kann. Vielfach kriechen sie sogar auf höhere Beobachtungspositionen, wie schrägliegendes Astwerk oder gefallene Bäume. Als Nahrung suchen sie hauptsächlich Krebse, Würmer und Insekten auf dem Land. Abgelaicht wird in tiefen trichterförmigen Schlammlöchern (Nestern), die ♀ betreiben Brutpflege. Bevorzugte Verbreitungszonen sind die Brackwassergebiete im Bereich von Ästuarien, vor allem aber die Mangrovenzonen. Schlammspringer lassen sich nur in flächigen Spezialaquarien pflegen.
Hier wird mit sehr weichem, feinem Sand eine flache Uferlandschaft eingerichtet, die durch Astwerk oder flache Steine verfestigt werden kann. Brackwasser, Temperaturen 26–30 °C, die Luft über dem Wasser soll möglichst ebenso warm und feuchtigkeitsgesättigt sein. Becken gut abdecken. Die Tiere sind anfänglich sehr scheu, gewöhnen sich aber bald an ihren Pfleger und können sehr zutraulich werden. Im Futter nicht wählerisch, gefressen werden Bachflohkrebse und Würmer, schwerer lassen sie sich an Insektenlarven, Schaben, Fliegen u. a. gewöhnen. In Gefangenschaft leider noch nicht nachgezogen.

Boleophthalmus boddarti (Abb. 581)
(PALLAS, 1770)

Die artenarme Gattung *Boleophthalmus* unterscheidet sich von der nahe verwandten Gattung *Periophthalmus* vor allem durch Besonderheiten des Ge-

Abb. 580 Fortbewegung des Schlammspringers auf dem Lande mit Hilfe der muskulösen Brustflossen (nach KEENLEYSIDE, verändert)

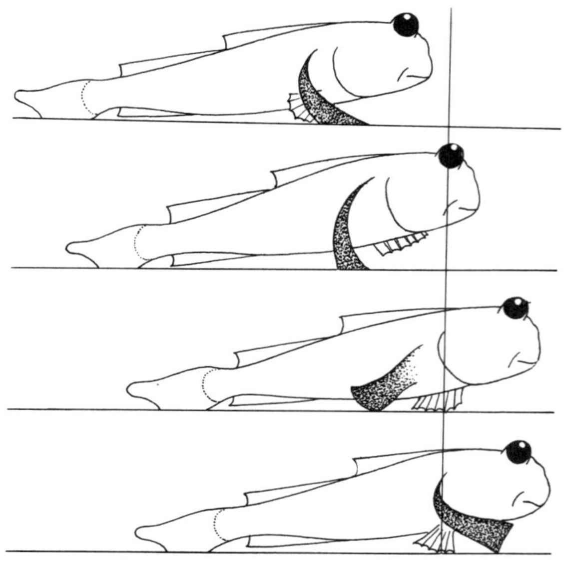

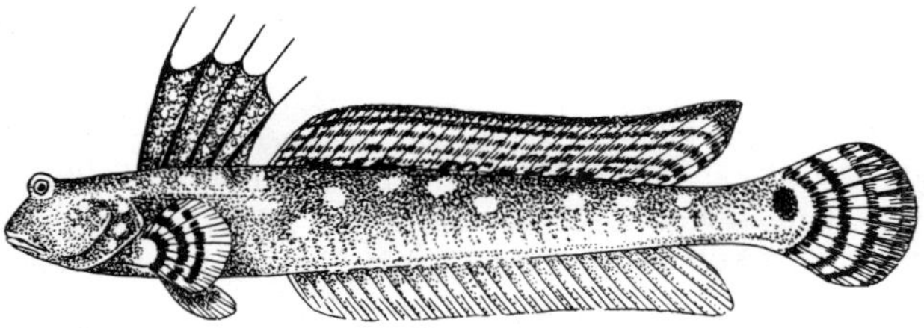

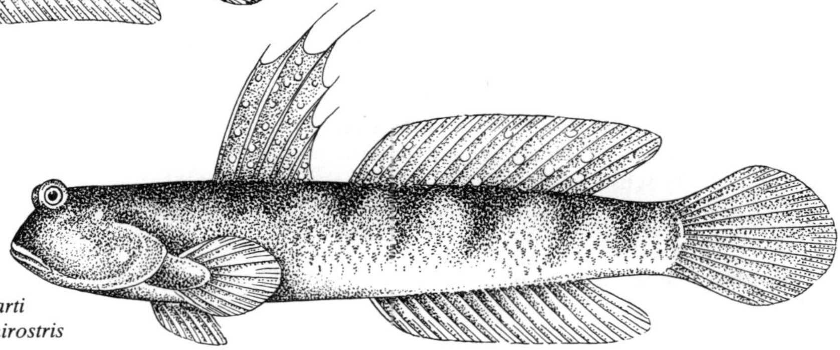

Abb. 581 *Boleophthalmus boddarti*
Abb. 582 *Boleophthalmus pectinirostris*

bisses. Die *Boleophthalmus*-Arten gehen in der Regel nicht auf das Land. Küsten Ost- und Südasiens, Malaiischer Archipel, hauptsächlich im Brackwasser, seltener in reinem Süß- oder Seewasser; bis 13 cm.
D_1 V, D_2 I/24–27; A I/26; P 18–19; mLR 75–100; QR in Höhe von D_1 19. Körper sehr langgestreckt, seitlich nur wenig abgeflacht, vorn fast walzenförmig, D_1 kurz mit stark verlängerten Flossenstrahlen, D_2 nicht mit der C verbunden, Pn mit muskulösem Stamm, Vn miteinander zu einem Haftorgan verwachsen, Auge hochstehend. Braun bis lehmgelb, oberseits dunkler, Bauch weißlich. Mehrere dunkle, unscharf begrenzte Querbinden treten hauptsächlich im hinteren Körperabschnitt deutlich hervor. Besonders auffallend sind einzelne runde, hellbraune bis silbrige, locker am Körper verteilte Tüpfel. Gleiche Tüpfel zeigen auch die D_1, D_2 und C. P mit orangefarbigem Saum oder überhaupt orangefarben, übrige Flossen grau. Bei den ♂♂ sind die Flossenstrahlen der D_1 länger als bei den ♀♀.
Pflege siehe Beschreibung der Unterfamilie. Die Art läßt sich nach HOLLY langsam an reines Süßwasser gewöhnen. Lebendfutter aller Art, besonders Wurmfutter, Bachflohkrebse. In Gefangenschaft noch nicht nachgezüchtet.

Boleophthalmus pectinirostris (Abb. 582)
(LINNAEUS, 1758)

Küsten Ost- und Südasiens, Sumatra; bis 20 cm.
D_1 V, D_2 I/23–26; A I/23–26; P 17–20; QR in Höhe von D_1 20. Ähnlich gestaltet wie die vorhergehende Art, jedoch etwas weniger gestreckt. Färbung bei Wohlbefinden sehr schön. Grau bis hell graubraun, gelegentlich fleischfarben, oberseits dunkler, Bauch hell, meist weißlich. Auf dem Kopf und Körper mehrere große, aus zahlreichen irisierenden hellblauen Tüpfeln zusammengesetzte Flecken. Flossen bräunlich, gleichfalls mit hellblauen Tüpfeln oder Tüpfelreihen bzw. Strichelreihen. Schwanzstiel oben mit großem schwarzem Fleck. Sichere Geschlechtsunterschiede sind nicht bekannt.
Pflege siehe Beschreibung der Unterfamilie.

Periophthalmus barbarus (Taf. 285, Abb. 567)
(LINNAEUS, 1766)
Schlammspringer

Vom Roten Meer und Ostafrika über Madagaskar, Südostasien, die Großen und Kleinen Sundainseln, Australien bis in die Südsee verbreitet, hauptsächlich im Brackwasser der Flußmündungen; bis 15 cm.
D_1 X–XVII; D_2 I/10–11; P 13; mLR 70–90; QR in Höhe von D_1 17; etwa 35 Schuppen vor D_1. Ähnlich gestaltet wie die vorhergehende Art, jedoch sind die Pn nur teilweise miteinander verwachsen (Abb. 567). 1. Flossenstrahl der D_1 fast immer etwas kürzer als der folgende, die Flosse selbst meist viertelkreisförmig. Entsprechend dem großen Verbreitungsgebiet kommen zahlreiche lokale Farbspielarten vor. Oberseits im allgemeinen dunkel blaugrau oder braun, seitlich etwas heller, unterseits hellbraun bis gelblich. An den Körperseiten wolkige schwärzliche Flecken oder unregelmäßige Querbinden. Helle, oft glänzende Tüpfel sind hauptsächlich auf dem Kiemendeckel und Rumpf verstreut. D_1 braun bis dunkelblau mit breitem, sehr dunklem Rand und gelegentlich mit hellem Saum oder auch Tupfen nahe der Flossenbasis, D_2 dunkelbraun bis blau mit breiter schwarzer Längsbinde und hellem Saum, über der Basis helle Flecken, C und A helloliv bis hellgelb. Geschlechtsunterschiede sind nicht sicher bekannt.
Pflege siehe vorhergehende Art. Einen interessanten Bericht über die Pflege dieser Art gab LÜLING (DATZ, 11, 172–174, 1958). Früher auch bekannt als *P. koelreuteri*.

Periophthalmus chrysospilos (Abb. 567)
BLEEKER, 1853

Indien (Vishakhapatnam), Malaiische Halbinsel, Sumatra, Java, Bangka, im Brackwasser; bis 12 cm.
D_1 IX–X, D_2 I/11–13; A I/10–12; P 14–15; mLR 70 bis 75; QR in Höhe der D_1 17; 25 Schuppen vor D_1. Körper stark gestreckt, vorn nur sehr wenig, hinten stärker abgeflacht, Rückenlinie fast gerade. Kopf groß, bulldoggenähnlich mit weit hervorstehenden,

einander genäherten Augen, Vn vollkommen vereinigt, Basalmembran deutlich. Kopf und Rumpf blaugrau bis braungelb mit orangefarbenen runden Tupfen, unterseits rauchgrau. D_1 an der Basis blaugrün, Mittelfeld gelb bis gelbgrün, im Außenteil liegen zwischen den roten Flossenstrahlen große schwarze Flecken, Flossensaum vorn weiß, hinten rötlich, D_2 mit breitem, tiefschwarzem Längsband, C oben blaugrün, unten bräunlich, V und A weißlich. ♀: D_1 ohne verlängerte Flossenstrahlen, ♂ D_1 mit fadenartig ausgezogenen Flossenstrahlen.
Pflege siehe Beschreibung der Unterfamilie.

Periophthalmodon schlosseri (Abb. 567)
(PALLAS, 1770)
Schlosser

Hinterindien, Thailand, Malaiische Halbinsel, Große Sundainseln, Sulawesi (Celebes), Neuguinea, in Brackwasserlöchern und Gruben; bis 27 cm.
D_1 III-X, D_2 I/12–13; A I/11–12; P 16–20; mLR 50 bis 60; QR in Höhe von D_1 14, 22–23 Schuppen vor D_1. Die Gattung *Periophthalmodon* zeigt im Oberkiefer zwei Zahnreihen im Gegensatz zu *Periophthalmus*, die nur eine Zahnreihe besitzt. Vn vollkommen verwachsen. Färbung nach EGGERT: »Körper dunkelbraun mit blauen Punkten oder mit zahlreichen irisierenden Flecken und heller Unterseite. Vom Auge zieht sich oberhalb der Seitenlinie ein dunkelbraunes Band nach der Schultergegend hin, welches besonders deutlich bei jungen Tieren zu erkennen ist. D_1 gelb- bis dunkelbraun mit hellem Rande. D_2 hell- bis dunkelbraun mit breitem dunkelbraunem oder schwarzem Längsstreifen in der Mitte; V und A gelblich; erstere auf der dorsalen Seite dunkel bestäubt.« Auch von dieser Art sind mehrere (vier) Rassen, Geschlechtsunterschiede jedoch nicht sicher bekannt.
Pflege siehe Beschreibung der Unterfamilie. Die Art bewohnt hauptsächlich die landnahen Mangrovegebiete, Wohnnester bis 1 m Durchmesser.

Scartelaos viridis (Abb. 583)
(HAMILTON-BUCHANAN, 1822)

Küsten Ost- und Südasiens, Malaiischer Archipel, im Brackwasser; bis 15 cm.
D_1 V, D_2 I/25–26; A I/23–26; P 21. Körper sehr langgestreckt, vorn walzenförmig, hinten seitlich etwas abgeflacht, D_2 und A sehr lang, etwa gegenüberliegend, die D_2 steht außerdem durch eine Membran mit der C in Verbindung, Vn verwachsen, Schuppen sehr klein, reduziert. Graugrün, unterseits heller, Kopf hellblau, Kiemendeckel und Körper mit locker verstreuten schwarzen Tüpfeln. Flossen bräunlich bis rostrot, teilweise schwarz getüpfelt. Bei Wohlbefinden irisiert der ganze Kopf einschließlich des Kiemendeckels blauweiß, der Körper zart samtgrün. Sichere Geschlechtsunterschiede sind nicht bekannt.
Pflege siehe Beschreibung der Unterfamilie. Buddelt sich an der Wassergrenze gern bis zur halben Körperhöhe in den Schlamm ein, geht allerdings nicht oder nur selten ans Land. Sehr gefräßig und nicht wählerisch im Futter.

Unterordnung Anabantoidei
Kletterfischverwandte

Das große Verbreitungsgebiet der Anabantoidei – in der Aquarienpraxis zweckmäßig als Labyrinthfische bezeichnet – erstreckt sich etwa von Korea über ganz China, Südost- und Südasien einschließlich der Philippinen und des Malaiischen Archipels bis Afrika (Abb. 584). Gut bekannt sind viele asiatische Arten, dagegen haben die Afrikaner in der Aquaristik bislang nur zeitweise Interesse gefunden. Die Anabantoidei sind durchweg von gestreckter, mehr oder weniger hoher, seitlich oft stark abgeflachter Gestalt, einige Arten, wie *Osphronemus goramy*, *Helostoma temmincki* oder *Ctenopoma acutirostre*, sind sogar sehr hoch, die *Betta*-Arten dagegen sehr niedrig gebaut. Besonders auffallend ist das Flossenwerk der meisten Arten. So zeigen alle Vertreter eine sehr lange, oft zusätzlich spitz ausgezogene A, die vorn von Hartstrahlen, hinten von Weichstrahlen gestützt wird. Die D ist bei einigen Gattungen ähnlich gebaut (*Anabas*, *Ctenopoma*, *Macropodus*, *Colisa*, *Sphaerichthys*, *Belontia*, *Osphronemus*, *Parosphromenus* u. a.), bei anderen Gattungen dagegen segelartig kurz (*Trichogaster*, *Betta*, *Trichopsis*). Die Vn können spitzsegelartig verlängert oder fast vollständig zu langen Fäden umgebildet sein, die als Tast- und Geschmacksorgane die Umgebung erkunden (*Colisa*, *Trichogaster*, *Osphronemus* u. a.). Die bei fast allen Arten abgerundete C kann in der Mitte zipfelartig verlängert sein, oft sind nur einzelne mittlere Flossenstrahlen verlängert. Nur ausnahmsweise ist die C gegabelt (*Macropodus opercularis*, *Trichogaster*-Arten). Neben sehr großen Arten, wie *Osphronemus goramy* (bis 60cm), die als Speisefische geschätzt wer-

Abb. 583 *Scartelaos viridis*

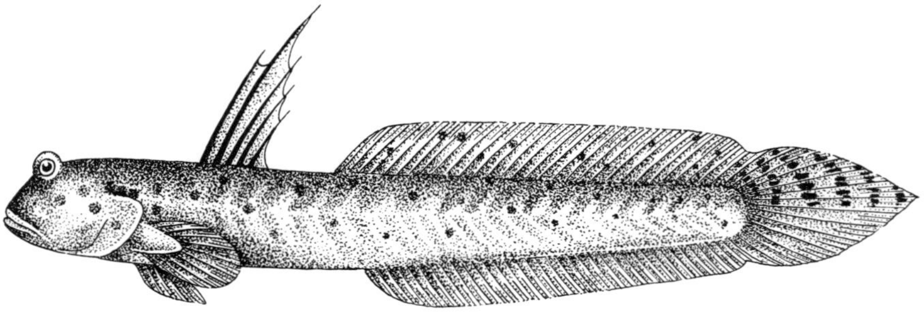

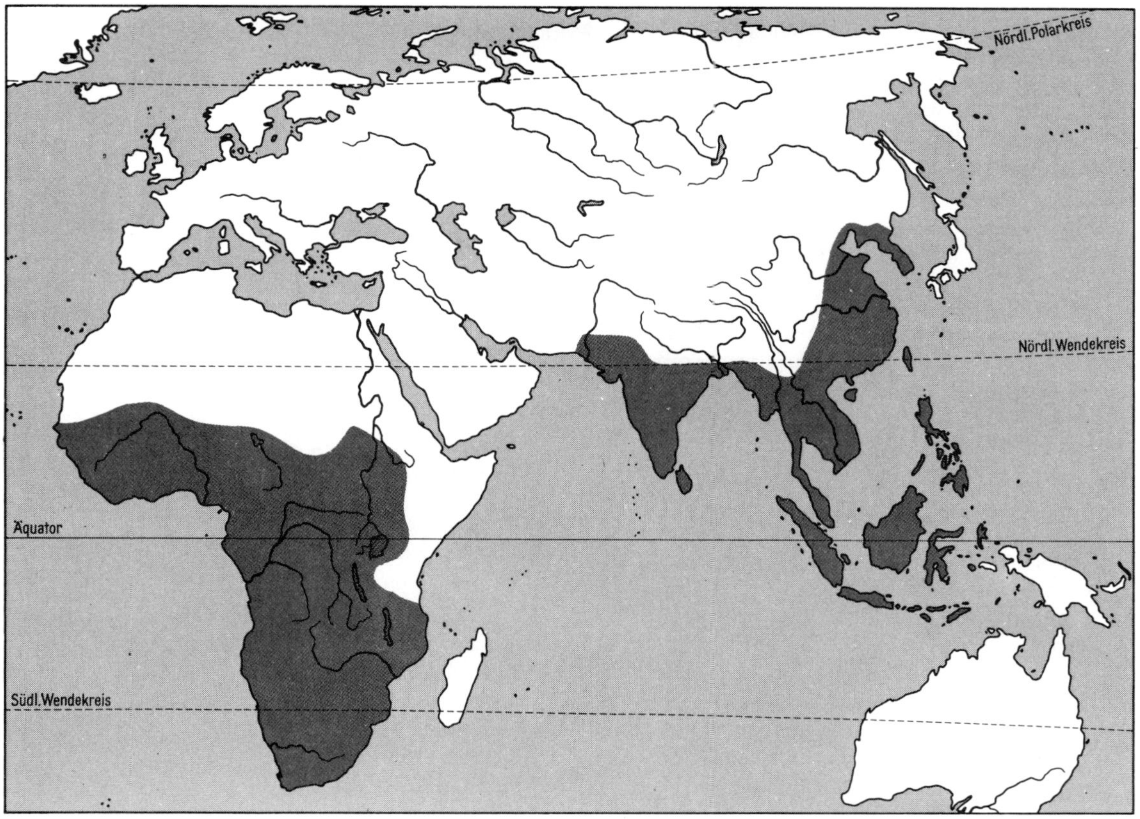

Abb. 584 Verbreitungsgebiet der Anabantoidei

den, gehören der Unterordnung auch Fischzwerge an, die mit 3,5 cm ausgewachsen sind (*Trichopsis pumilus*, *Parosphromenus deissneri*).
Die bevorzugten natürlichen Gewässer der Anabantoidei sind stark verkrautete Flüsse, Bäche und Teiche, Bewässerungsgräben, überschwemmte Reisfelder, aber auch stark verschmutzte Wasseransammlungen und Abwässer, einige Arten (z. B. *Betta picta*) sollen in schnellfließenden Gebirgsbächen vorkommen. Im Gegensatz zu den meist friedlichen Vertretern Süd- und Südostasiens sind die afrikanischen Arten (Gattung *Ctenopoma*, sogenannte Buschfische) z. T. ausgesprochene Raubfische, die sich von Fischen und großen Insektenlarven ernähren. Schon die Körperform erinnert durch den großen Kopf und das weite Maul vielfach stark an die Form der Buntbarsche. Diese Buschfische gleiten fast ohne Flossenbewegung ruhig durch die Pflanzenbestände oder lassen sich Blättern gleich durch das Wasser treiben, um blitzschnell zustoßend Beutefische zu erfassen. Auch Färbung und Zeichnung können dieser Jagdmethode vorzüglich angepaßt sein. So sind gelegentlich wie bei anderen Raubfischen (*Monocirrhus*, *Polycentrus*) die äußeren Teile des weichstrahligen Abschnittes der D und A als auch die C glasartig durchsichtig, die gefärbten Teile des Körpers aber imitieren geschlossene Blattflächen. Besonders charakteristisch für die ganze Unterordnung ist ein zusätzliches Atmungsorgan, das den Tieren ermöglicht, der Luft Sauerstoff zu entnehmen. Dieses aus vielfach gefalteten und gewundenen, stark durchbluteten Lamellen aufgebaute Organ, das Labyrinth, liegt auf beiden Seiten der Kiemenhöhle in einer großen, nackenwärts gerichteten Ausbuchtung und ist von einer stark durchbluteten Hautschicht überzogen (Abb. 585). Die durch das Maul aufgenommene atmosphärische Luft wird in das Labyrinth gedrückt und dort verbraucht. Manche Gattungen haben ein sehr kompliziert, andere ein relativ einfach gebautes Labyrinthorgan. Jungfische besitzen noch kein Labyrinth. Dieses entwickelt sich erst einige Wochen nach dem Schlüpfen. Ein solches Organ ermöglicht den Tieren, auch in stark verschmutzten Gewässern zu leben. Andererseits reicht die Kiemenatmung allein nicht aus, den Sauerstoffbedarf der Tiere zu decken. Viele Arten ersticken, wenn sie am Luftholen gehindert werden. Nur die

Abb. 585 Labyrinthorgan in der Kiemenhöhle, darunter eine Kieme. Mundhöhle und Kiemenhöhle seitlich geöffnet

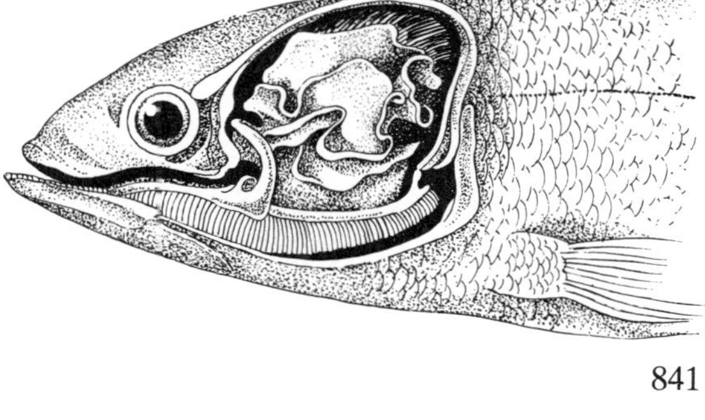

afrikanischen *Ctenopoma*-Arten sind weniger auf ihr Labyrinthorgan angewiesen. Bei allen Anabantoidei ist außerdem die Leibeshöhle stark nach hinten erweitert und reicht oft weit in den Schwanzstiel hinein. Die deutsche Kurzbezeichnung »Kletterfische« trifft im eigentlichen Sinne nur auf eine, allerdings typische Art der Familie zu. Diese, *Anabas testudineus*, kann bei genügender Luftfeuchtigkeit, z. B. während Regens oder am frühen Morgen, weite Strecken über das Land wandern und dabei über Steine oder liegende Baumstämme klettern (siehe S. 843). Die gleiche Art vergräbt sich zur Trockenzeit tief im Schlamm und erwartet im Ruhezustand bei stark herabgesetzter Atmung die Regenzeit. Während der Trockenperiode kann dieser Kletterfisch gleichsam mit dem Spaten »gefischt« werden.

Die Pflege in der Gefangenschaft ist im allgemeinen nicht schwierig. Etwas sonnig stehende Aquarien mit gut gedeihenden Pflanzen, dunklem Bodengrund und einigen Schwimmpflanzenpolstern bieten allen Arten gute Lebensmöglichkeiten, wenn die Temperatur entsprechend hoch gehalten wird (23–26 °C), bei Tieren, die aus Korea oder Nordchina importiert sind, um 20 °C. Vorübergehender Temperaturabfall wird fast immer gut vertragen. Durchlüftung nicht erforderlich. In der Futterwahl sind fast alle Anabantoidei recht anspruchslos. Neben Lebendfutter aller Art wird auch Trockenfutter, oft sogar mit Vorliebe, angenommen. Einige Arten bedürfen pflanzlicher Beikost *(Osphronemus goramy)*. Eine Ausnahme machen lediglich die größeren afrikanischen Buschfische, die meist nur Lebendfutter, besonders gern kleinere Fische, fressen.

Viele Arten werden ziemlich alt. Die Verträglichkeit der Tiere sowohl untereinander als auch gegen andere Fische ist sehr unterschiedlich, ausgesprochen räuberisch und bissig sind nur wenige Arten, z. B. *Macropodus opercularis*, *Belontia signata*, *Anabas testudineus*, größere *Ctenopoma*.

Dagegen sind die Geschlechtstiere untereinander häufig sehr aggressiv, vor allem können die ♂♂ stark rivalisieren, wobei artcharakteristisches Kampfverhalten eine Rolle spielt. In den engen räumlichen Verhältnissen des Aquariums enden die Rivalitätskämpfe nicht selten für das unterlegene ♂ tödlich. Auch nicht laichwillige oder zu junge ♀♀ werden unter Gefangenschaftsbedingungen gelegentlich totgehetzt. Deshalb Vorsicht beim Ansetzen der Paare!

Zucht der asiatischen Arten oft sehr einfach und durch erhöhte Temperatur und Senkung des Wasserspiegels selbst im Gesellschaftsbecken auszulösen. Im typischen Fall baut das ♂ aus kleinen, von erhärtetem Maulsekret umgebenen Luftbläschen ein Schaumnest, besonders gern zwischen oder unter Schwimmpflanzen. Die Größe, Form und Lage des Nestes ist vielfach artcharakteristisch. Das Nest ist von nun an das Laichrevier des ♂. Das ♀ wird durch Breitseitimponieren angebalzt und oft durch Führungsschwimmen unter das Schaumnest gelockt, hier seitlich umschlungen und in Rückenlage gedreht. Nach mehreren Scheinpaarungen werden in dieser Lage einzelne oder mehrere Eier ausgestoßen, die meist durch ihren Ölgehalt in das Schaumnest aufsteigen. Zu Boden sinkende Eier werden vom ♂, seltener vom ♂ und ♀, gesammelt und in das Nest gespieen. Zu einem Laichgeschäft gehören zahlreiche Paarungsakte. Eier bei fast allen Arten klein, Eizahl groß, bei *Trichogaster*-Arten oft 1500 bis 2000. Nach dem Ablaichen beißt das ♂ die Partnerin vom Gelege weg und übernimmt die Brutpflege allein. Das ♀ ist dann vorsichtig herauszufangen. Zur Brutpflege des ♂ gehört das ständige Ausbessern des Schaumnestes, das Zurückbringen herausgefallener Eier oder Jungfische. Diese schlüpfen im allgemeinen schon nach 24–30 Stunden und können nach weiteren 2–3 Tagen frei schwimmen. Kurze Zeit vorher entfernt man am besten das ♂, da nicht selten der Brutpflegeinstinkt sehr schnell nachläßt und die ganze Nachkommenschaft gefressen wird. Die zunächst winzigen Jungfische können in den ersten Tagen nur mit feinstem Staubfutter versehen werden. Wachstum bei guter Fütterung bei fast allen Arten sehr schnell. Zur Zeit der Labyrinthbildung (2–3 Wochen nach dem Schlüpfen) meist etwas empfindlich gegen zu niedrige Temperaturen. Im Gegensatz zu dieser typischen Fortpflanzungsweise bauen einige Arten kein Schaumnest, sondern stoßen die zur Wasseroberfläche steigenden Eier wahllos aus (Freilaicher), z. B. *Anabas testudineus*, *Helostoma temmincki*. Einige *Betta*-Arten sind Maulbrüter (siehe S. 847ff).

Auch viele afrikanische Arten konnten bereits nachgezüchtet werden, so z. B. *Ctenopoma oxyrhynchum*, *C. congicum*, *C. ansorgei* und *C. nanum*. Nach LADIGES baut *C. oxyrhynchum* kein Schaumnest, die sehr kleinen Eier werden ohne Vorbereitung ausgestoßen und steigen infolge ihres Ölgehaltes zur Wasseroberfläche. Die Jungfische schlüpfen nach 3–4 Tagen. Kleinere Arten wie *C. congicum* bauen ein Schaumnest nach Art der asiatischen Verwandten.

Eine interessante Abhandlung über die Verhaltensweisen und ihre Auslöser bei *Colisa*-Arten und *Trichogaster trichopterus* veröffentlichte PICCIOLO, A. (Ecol. Monogr. 34, 53–57, 1964). Eine ausgezeichnete Bearbeitung der Familie stammt von LIEM (Illinois Biol. Monographs, Nr. 30, 1962). Wertvolle aquaristische Beobachtungen lieferten vor allem J. VIERKE, H. J. RICHTER und H. PINTER. In dem hier verwendeten System von GREENWOOD und Mitarbeiter (1966) werden vier Familien unterschieden: Anabantidae, Belontiidae, Helostomidae, Osphronemidae.

Familie Anabantidae
Kletterfische, Buschfische

In Asien (eine Art) und vor allem in Afrika verbreitete Anabantoidei von robuster, meist gestreckter, vorn mehr oder weniger, im Schwanzstielbereich stärker abgeflachter Körperform. Kopf groß, Kiemenvordeckel z. T. mit feinen Dornenfeldern, Maul tief gespalten, von mehr oder weniger wulstigen Lippen umgeben. Kiefer mit konischen Zähnen, Vomer bezahnt. Die lange D beginnt in Höhe oder geringfügig hinter dem Ansatz der P, A etwas kürzer, D und A mit zahlreichen Hartstrahlen (10–20) und etwa gleichviel oder weniger Weichstrahlen, der hartstrahlige Teil geht kontinuierlich in den weichstrahligen über. C abgerundet oder gerade abgeschnitten. D, C und A bilden abgespreizt oft einen fast geschlossenen Flossensaum. V I/5, 1. Weichstrahl nicht verlängert. Drei, eventuell vier Gattungen: *Anabas* CUVIER und CLOQUET, 1816; *Ctenopoma* PETERS, 1844; *Sandelia* CASTELNAU, 1861. Aquaristische Bedeutung hat eigentlich nur die Gattung *Ctenopoma*. Die Anabantidae sind z.T. Freilaicher, z.T. Schaumnestbauer. Die Eier steigen an die Oberfläche, Brutpflege im Sinne einer Vaterfamilie kommt nur bei den schaumnestbauenden Arten vor. Über die Pflegeansprüche der z.T. räuberischen und scheuen Tiere siehe bei den Einzelbeschreibungen der Arten und in der Beschreibung der Unterordnung.

Anabas testudineus (Taf. 286)
(BLOCH, 1795)
Kletterfisch

Weitverbreitet: Indien, Sri Lanka, Südostasien, Malaiischer Archipel, Philippinen, Südchina; bis 25 cm, bleibt in Gefangenschaft wesentlich kleiner.
D XVI–XIX/7–10; A IX–XI/8–11; mLR 26–31. Barschartig gestaltet, Körper gestreckt, mäßig hoch, Kopf und Vorderkörper ziemlich breit, weiter hinten seitlich zusammengedrückt, P groß. Besonders im Alter recht einfarbig, graugrün bis grausilbern, gelegentlich sehr dunkel. Bauchseite stets heller, meist graugelb bis silbern. Flossen durchscheinend oder braun, seltener gelblich. Jüngere Tiere können zusätzlich verschiedene Zeichnungen aufweisen, so dunkle Tüpfelquer- oder Längsreihen, die meist auf dem Schwanzstiel deutlicher hervortreten. Je ein dunkler Fleck auf dem Kiemendeckel und der C-Wurzel, besonders deutlich ist jedoch fast immer eine kräftige Binde vom Auge zum Maul ausgeprägt. Iris rötlich. ♀ weichstrahliger Teil der D und A kürzer, letztere nicht ausgezogen.
Pflege der biologisch sehr interessanten Art leider nicht ganz einfach. Sowohl die Gattungsbezeichnung (Anabas=Kletterer) als auch die deutsche Namensgebung »Kletterfisch« deuten an, daß die Tiere sich durch eine zumindest für Fische außergewöhnliche Fortbewegung auszeichnen. Wenn ihre Bewegung auf dem Lande mit Hilfe der Pn und Kiemendeckel auch nicht gerade ein typisches Klettern ist, so findet man sie mitunter doch auf gestürzten, schrägliegenden Baumstämmen. Antriebsorgan bleibt auch bei der Bewegung auf dem Lande der Schwanzstiel, Pn und Kiemendeckel dienen dabei in erster Linie als Stütze. Die Tiere wandern so, in Trupps vereinigt, meist zeitig morgens oder während eines Regengusses oft mehrere hundert Meter von einer Wasseransammlung zur anderen. Zu Beginn der Trockenzeit wühlen sich die Kletterfische in den Schlamm ein und verfallen hier in einen Ruhezustand, ähnlich dem, wie er bei afrikanischen Lungenfischen zu beobachten ist. In Indien dient die oft massenhaft auftretende Art als Speisefisch, die nach BREHM oft auch roh gegessen wird.
In Gefangenschaft bleiben die vorwiegend nachts aktiven Tiere auch unter optimalen Bedingungen (große Behälter, reichlich Bepflanzung) scheu und aggressiv. Allesfresser, auch Salatblätter und Algen. Die Art ist hart gegen Temperaturwechsel und niedere Temperaturen um 15 °C, zur Zucht 25–29 °C. Freilaicher, die Tiere laichen vorwiegend in der Nähe des Bodengrundes, die kleinen Eier (insgesamt bis 5000) steigen zur Wasseroberfläche. Die Elterntiere treiben keine Brutpflege, behelligen aber auch die nach 24–36 Stunden auskommenden Jungfische nicht. Die Art springt gut und zielsicher. Einzige Art der Gattung, die in Afrika durch die verwandte Gattung *Sandelia* vertreten wird (Taf. 286).

Ctenopoma acutirostre (Taf. 287)
PELLEGRIN, 1899
Leopardbuschfisch

Stromgebiet des mittleren und unteren Kongo (Zaïre); bis 20 cm.
D XIV–XVIII/9–12; A IX–X/10–12; mLR 26–28. Höchste der *Ctenopoma*-Arten, die Körperhöhe beträgt etwa die Hälfte der Gesamtlänge (ohne C), D, C und A vollständig getrennt, bilden jedoch aufgerichtet einen einheitlichen breiten Saum. Kopf groß, zugespitzt, Kehl-Brustlinie ausgebogen, Stirn-Nackenlinie eingesenkt, Maul sehr groß. Braungelb, olivbraun oder auch gelbbraun mit zahlreichen großen, dunklen Flecken, die sich auch in die Flossen ausdehnen und oft fast schwarz hervortreten. Auf dem Schwanzstiel ein gelblich bis orangefarben eingefaßter schwarzer Fleck. Flossen olivgrün bis grüngelb, Randsaum der weichen D und A sowie der C glasig, P gelegentlich mit orangefarbener Vorderkante. Geschlechtsunterschiede in der Färbung sind unbekannt, jedoch scheinen bei den ♀♀ die Flecken in den Flossen weniger zahlreich zu sein. ♂♂ mit deutlichen Dornenfeldern hinter dem Auge (Lupe!).
Pflege der sehr prächtigen und interessanten Art siehe S. 842. Große Aquarien mit Versteckmöglichkeiten. Die vorwiegend nachtaktive Art lauert in Verstecken auf vorbeischwimmende Beutetiere, die mit vorgestülptem Maul eingeschlürft werden. Größeres Lebendfutter, auch Fische. Meist etwas scheu.

Ctenopoma ansorgei (Taf. 305)
(BOULENGER, 1912)
Orangebuschfisch

Tropisches Westafrika, Luala-, Kienge-Lobo-Flußsysteme; bis 8 cm.
D XVII–XVIII/7; A X–XI/7; mLR 28–30. Körper gestreckt, seitlich abgeflacht. Sehr schön gefärbte Art. Bräunlich bis gelbbraun mit starkem bläulichem oder violettem Schimmer an den Körperseiten, Unterseite

oft gelblich. Besonders charakteristisch für die Art sind sechs oder sieben dunkle Gürtelbinden, die schmaler als die Zwischenräume sind und sich teilweise bis in die D und A fortsetzen. D und A zwischen den dunklen Binden orange bis rot, Spitzen der Flossenstrahlen weißlich, V gelblich, vordere Flossenstrahlen weißlich, C orange, dunkel gesäumt. ♂ meist kräftiger und intensiver gefärbt, spreizt beim Ablaichen die Flossen stark.
Pflege der friedlichen Tiere im locker bepflanzten Artbecken nicht schwierig, auch für das Gesellschaftsbecken geeignet, dort jedoch in der Regel sehr scheu. Vorwiegend nachts aktiv, Lebendfutter, 23 bis 24 °C, mittelhartes Wasser. Schaumnestbauer. Das aus großen Luftperlen bestehende Schaumnest wird meist unter breiten Schwimmblättern angelegt. Abgelaicht wird unter dem Nest oder in Bodennähe, die Eier steigen langsam nach oben, kurzzeitige Vaterfamilie, insgesamt bis 600 Eier. Die Jungfische schlüpfen nach 24 Stunden und schwimmen nach ungefähr drei Tagen frei. Siehe auch Beschreibung der Unterordnung.

Ctenopoma damasi
(Poll, 1939)
Perlbuschfisch

Kongo und Uganda, Gebiete um den Edward-See; bis 7 cm.
D XVI–XIX/7–9; A IX–XII/6–8; mLR 26–30. Körper gestreckt, gattungstypisch. Insgesamt ziemlich düster gefärbt, dunkelgrau bis schwarz mit einzelnen matt grün bis bläulich irisierenden Schuppen an den Körperseiten, die den Tieren ein gesprenkeltes Aussehen geben. Zur Laichzeit mit bläulichem Schimmer. Flossen dunkel mit blaugrünen Tüpfeln. ♀ meist heller und kleiner.
Pflege und Zucht am besten im Artbecken. Schaumnestbauer. Weitere Einzelheiten wie bei *C. ansorgei* angegeben.

Ctenopoma fasciolatum (Taf. 305)
(Boulenger, 1899)
Gebänderter Buschfisch

Stromgebiet des Kongo (Zaïre); bis 8 cm.
D XVI/9–11; A X/9–11; mLR 27–28. Körper gestreckt, gattungstypisch. Insgesamt dunkelbraun, manchmal mit bläulichem Schimmer, bauchseitig schwarzbraun. Besonders charakteristisch sind hellere Schuppen, die sich an den Körperseiten zu neun querorientierten Schuppenketten formieren. Flossen dunkel, D und A nach hinten spitz ausgezogen und mit helleren, mehr oder weniger blaugrün irisierenden, z. T. in Reihen angeordneten Tüpfeln, C groß mit Tüpfelreihen, V relativ groß mit grünblauen Strichen. ♀ heller, D und A hinten weniger spitz ausgezogen, meist kleiner, zur Laichzeit mit hellem Längsstreifen.
Anspruchslose Art, die sich auch für das Gesellschaftsbecken eignet. Schaumnestbauer. Weitere Einzelheiten wie bei *C. ansorgei* angegeben. Zucht leicht, über 1000 Eier je Laichperiode, die Laichphase kann sich über viele Tage erstrecken.

Ctenopoma kingsleyae (Taf. 287)
Günther, 1896
Schwanzfleckbuschfisch

Weitverbreitet von Senegal und Gambia bis zum Kongogebiet; bis 20 cm.
D XVI–XVIII/8–10; A IX (X)/9–11; mLR 25–29. Körper gestreckt, gattungstypisch. Insgesamt graubraun bis schwarzbraun mit mehr oder weniger hervortretendem grünlichem Schimmer. Schuppen dunkel gerandet, dadurch sehr deutlich. Kehle mit mosaikartigen weißen Schuppen. Vor der C-Wurzel ein großer schwarzer Fleck, der bei jüngeren Tieren hellgelb umrahmt ist. Spitzen der D- und A-Strahlen beim ♂ vor allem im weichstrahligen Teil weiß. ♀ zur Laichzeit kräftiger.
Pflege und Zucht wie bei *C. acutirostre* angegeben. Räuberische Art, Freilaicher. Für die Balz sind eigenartige Nickbewegungen charakteristisch.

Ctenopoma muriei (Taf. 305)
(Boulenger, 1906)
Nilbuschfisch

Oberer Nil bis zum Tschad, südlich bis zum Tanganjikasee; bis 10 cm.
D XIV–XV/7–10; A VIII–X/7–10; mLR 24–28. Körper gestreckt, gattungstypisch. Unscheinbar gelbbraun, Kehle und Bauch gelb, gelegentlich sehr undeutliche verschwommene Gürtelbinden, ein dunklerer Längsstreifen über der SL und ein dunkler C-Fleck. Flossen hell gelbbraun ohne Zeichnung. ♀ zur Laichzeit wesentlich kräftiger.
Pflege und Zucht wie bei *C. acutirostre* angegeben, Freilaicher, siehe auch Familienbeschreibung. Die Art ist relativ friedlich und schwimmaktiv. Zucht leicht.

Ctenopoma nanum (Taf. 305)
Günther, 1896
Zwergbuschfisch

Südliches Kamerun, Kongo; bis 7,5 cm.
C XV–XVII/7–10; A VII–IX/9–11; mLR 25–30. Körper gestreckt, gattungstypisch. Insgesamt hellbraun mit dunkleren, oft nur angedeuteten Gürtelbinden, die sich vor allem in die A fortsetzen. Kehle und Bauch heller. Zur Laichzeit wird das ♂ sehr dunkel, Körperseiten und Flossen dann mit grünlichem Schimmer. ♀ heller, mit deutlichen breiten Gürtelbinden, die in die D und A ausstrahlen, zur Laichzeit mit hellem Längsband an den Körperseiten, deutlich kleiner.
Pflege und Zucht wie bei *C. ansorgei* angegeben, siehe auch Beschreibung der Unterordnung, S. 840. Schaumnestbauer. Untereinander ziemlich aggressiv, anderen Fischen gegenüber friedlich. Am besten

im Artbecken mit zahlreichen Versteckmöglichkeiten zu hältern. Wechselt nach RICHTER schnell die Grundfärbung.

Ctenopoma ocellatum (Taf. 287)
PELLEGRIN, 1899
Schokoladenbuschfisch

Zaïre; bis 14 cm.
D XVI–XVIII/9–12; A IX–X/10–12; mLR 26–28. Hohe Art, die in ihrer Form stark an *C. acutirostre* erinnert. Insgesamt ziemlich dunkelbraun mit zahlreichen schmalen, sich z. T. gabelnden oder unvollständigen Gürtelbinden. Besonders charakteristisch ist ein großer, querovaler, hell umrahmter Fleck auf der C-Wurzel. Flossen braun, äußere Teile der weichstrahligen D und A sowie der C transparent. ♀ zur Laichzeit kräftiger.
Pflege wie bei *C. acutirostre* angegeben, mit dem diese Art oft verwechselt wurde. Freilaicher.

Ctenopoma oxyrhynchum (Taf. 288)
(BOULENGER, 1902)
Pfauenaugenbuschfisch

Nebenflüsse des unteren Kongo (Zaïre); bis 10 cm.
D XV/10; A VIII/10; mLR 27–29. Körper relativ hoch, seitlich stark abgeflacht, Körperhöhe etwa 2,5mal in der Gesamtlänge (ohne C) enthalten, Kopf spitz. Insgesamt gelbbraun bis rotbraun mit länglichem, unscharf begrenztem Seitenfleck. D und A vorn mit rotbraunen Spitzen, hinten dunkel gesäumt, C mit schwarzer Randzone und gelblichem Innensaum. Zur Laichzeit mit wolkigen Flecken, die vor allem im Bereich der Kehle und des Bauches mit dem jetzt weißlichen Untergrund eine mosaikartige Zeichnung ergeben, Seitenfleck zur Laichzeit meist besonders kräftig. ♂ und ♀ ähnlich gefärbt, nicht leicht zu unterscheiden.
Pflege und Zucht wie bei *C. acutirostre* angegeben, Freilaicher, bis 2000 Eier. Die Paarung findet über dem Bodengrund statt. Die geschlüpften Jungfische sammeln sich nach RICHTER meist unter Blättern und bilden Trauben. Auch läßt sich die Art gelegentlich blattnachahmend durch das Wasser treiben.
Außer den aufgeführten Arten wurden gelegentlich auch Einzeltiere vor allem von *C. argentoventer*, *C. maculatum* (Taf. 288), *C. multispinis* (Taf. 288), *C. nigropannosum* u. a. importiert; diese Arten sind z. T. ziemlich eintönig gefärbt, z. T. für die Aquaristik nicht geeignet. *C. multispinis* kann mit dem bedornten Kiemendeckel über das Land robben (Taf. 299).

Familie Belontiidae
Bettas

Kleinere bis kleinste Anabantoidei, Körper gestreckt, niedrig bis hochrückig, im Rumpfbereich seitlich kaum bis stark abgeflacht, Schwanzstiel seitlich immer flach. D lang oder kurz, immer deutlich hinter dem Ansatz der P beginnend (Ausnahme Gattung *Colisa*), A sehr lang, weit vor oder in Höhe des D-Anfanges beginnend, C abgerundet oder nur geringfügig in der Mitte eingezogen, Vn kehlständig, vor den Pn angesetzt, I/5, 1. Weichstrahl verlängert, bei der Gattung *Trichogaster* und *Colisa* als langes Filament ausgebildet. SL normal, reduziert oder fehlend. Mehrere Gattungen mit etwa 55 Arten, die meisten farbig und für die Aquaristik sehr gut geeignet. Hinsichtlich der Pflege richte man sich nach den Angaben in der Beschreibung der Unterordnung. Die meisten Vertreter sind Schaumnestbauer, das ♂, bei einigen Vertretern ♂ und zeitweise auch das ♀, betreiben Brutpflege (Vater- bzw. Elternfamilie), andere sind Maulbrüter. Aufzucht der Jungfische bei vielen Arten leicht. Verschiedene Arten lassen sich nach aquaristischen Angaben fruchtbar kreuzen, allerdings lag den Kreuzungsexperimenten fast nie exakt bestimmtes Material zugrunde.

Belontia hasselti (Taf. 306)
(CUVIER und VALENCIENNES, 1831)
Wabenschwanzgurami

Kalimantan (Borneo), Sumatra, Java, Malaiische Halbinsel; bis 19 cm.
D XVI–XX/10–13; A XV–XVII/11–13; mLR 30–32. Körper gestreckt, D und A sehr lang, spitz ausgezogen, 1. Weichstrahl der V verlängert, zweigeteilt. Körper gelbbraun bis gelboliv, Schuppen dunkel gerandet, ein sehr deutliches Wabenmuster bildend, das sich in den weichstrahligen Teilen der D und A und in der C in Form von Tüpfelreihen fortsetzt. Unter der weichstrahligen D ein meist undeutlicher dunkler Fleck. Nachts und bei Erregung treten dunkle Querbinden und Flecken auf, die beim ♂ in der Laichzeit als tiefschwarzes Hochzeitskleid fast die ganze relativ helle Grundfärbung verdrängen, in den hell bleibenden Feldern und Bindenstrukturen ist dann die Wabenstruktur noch deutlicher. ♀ kleiner, Wabenmuster weniger deutlich.
Pflege in sehr großen Becken mit guter Bepflanzung und Versteckmöglichkeiten, 20–27 °C, mittelhartes Wasser, größeres Lebend- und auch Trockenfutter. Vergesellschaftung mit größeren Fischen möglich. Schaumnestbauer, Vaterfamilie, Schaumnest selbst sehr locker, oft nur angedeutet. Ablaichen unter der Oberfläche, das ♀ wird in Rückenlage gedreht. Nach dem Ablaichen sammelt das ♂ die aufsteigenden, etwa 1,5 mm großen Eier im Schaumnest. Bis 800 Eier je Laichphase. Aufzucht der Jungfische nicht schwierig.

Belontia signata (Taf. 306, 307)
(GÜNTHER, 1861)
Ceylonmakropode

Sri Lanka im Westen und Nordwesten; bis 14 cm.
D XVI–XVIII/7–10; A XIV–XVII/9–12; mLR 29 bis 32. Körperform wie bei der vorhergehenden Art an-

gegeben, C abgerundet, oft mit einzelnen verlängerten Strahlen. Graugrün bis olivgrün, Seiten heller, Bauch weißlich. Bei älteren Tieren ist der ganze Körper mit einem rötlichen oder orangefarbenen Schimmer überzogen, Schuppen dann deutlich rot gerandet. Bei auffallendem Licht sind an den Seiten unregelmäßige, grünliche, violette bis rötliche Schattierungen sichtbar. D, C und A rötlich, gegen den Rand zu rot. Am Ende der D ein oft undeutlicher, runder, dunkler Fleck. Die übrigen Flossen ziemlich farblos. Zur Laichzeit mit unregelmäßigen dunklen Binden. ♀ ähnlich gefärbt, zur Laichzeit kräftiger. Neben der hier beschriebenen Farbform kommen auch solche mit stärkerem Grün- und Blauanteil vor (Taf. 306). Pflege und Zucht siehe vorhergehende Art, Elternfamilie, ♂ und ♀ halten die Jungfische zusammen. Bis 500 Eier je Laichphase.

Betta anabatoides (Taf. 307)
BLEEKER, 1850

Singapur, Sumatra, Kalimantan (Borneo), Belitung; bis 11 cm.
D I/7–9; A II/25–30; V I/5; P 13; mLR 31–34; QR 10½. Körper gestreckt, kräftig, Schwanzstiel fast so hoch wie der Körper. Färbung nach KÜHME: »Der ruhige, durch Partner nicht erregte Fisch ist hell- bis dunkelgraubraun, einschließlich der unpaaren Flossen; die paarigen Flossen sind hyalin. Bei geringer Unsicherheit bilden sich 3 schwarzbraune Längsstreifen über den ganzen Körper aus, deren oberster häufig mit einer dunklen Rückenzone zusammenläuft. Mit steigender Fluchtneigung werden die Streifen immer kontrastreicher, bis sie in der Panikstimmung in unregelmäßig angeordneten Flecken und Querbinden verschwimmen, während sich der Grund dunkelgrau färbt. Diese ›Schreckfärbung‹ löst den Fisch optisch in seiner Umgebung auf. Das Prachtkleid in aggressiver Stimmung, beim ♂ stärker ausgebildet als beim ♀, unterscheidet sich von der Normalfärbung durch ein kräftiges Dunkelbraun, irisierende Schuppenflecken und hellblau gepunktete Flossen. Beim Ablaichen sind die Geschlechter verschieden gefärbt. Das ♂ trägt ein abgeschwächtes Prachtkleid, das ♀ die Zeichnung des ängstlichen Fisches und hat hyaline Flossen.«
Die Art lebt in der Uferzone langsamfließender Gewässer (nach SCHMIDT). Sie hält sich im Aquarium oft verborgen. Maulbrüter. Wie bei *B. brederi* angegeben, fängt das nach der Paarung starr liegende ♂ mit der eingeschlagenen Afterflosse die Eier auf. Das ♀ liest sie von dort mit dem Maul ab und spuckt sie dem ♂ entgegen, das die Eier schließlich ins Maul nimmt und dort erbrütet. Die Brut schlüpft nach acht Tagen, wird aber elf Tage im Maul behalten. Eine Verhaltensstudie über diese Art wurde von KÜHME, W. (Z. Tierphysiol. 18, 33–35, 1961), veröffentlicht.

Betta bellica (Taf. 307)
SAUVAGE, 1884
Schlanker Kampffisch

Malaiische Halbinsel, Sultanat Perak; bis 11 cm.
D I/10; A II/30–32; mLR 35; QR 9½. Körper langgestreckt, schlank, seitlich schwach zusammengedrückt, hintere Strahlen der A stark verlängert, Vorderkante der D der C-Wurzel näher als dem Kopf. Dunkel blaugrau, braun bis violettbraun, Oberseite des Kopfes kräftig marmoriert, gelegentlich mit undeutlichen dunklen Querbinden, Schuppen der Körperseiten vorn leuchtend grün, insgesamt entsteht dadurch der Eindruck, als ob die Schuppen von hinten nach vorn angeordnet wären. Flossen farblos oder dunkel, z. T. mit grünlich schimmernden Flossenhäuten. Nach MEINKEN sind bei größeren ♂♂ die untere Hälfte der C und der ausgezogene Teil der A prächtig rot, oft mit grünlichen Spitzen. ♀ nicht so intensiv gefärbt, Flossen kleiner und kürzer.
Pflege und Zucht im allgemeinen wie bei *Betta splendens* angegeben.

Betta brederi
MYERS, 1935
Javanischer Maulbrüter

Java, Sumatra; bis 12 cm.
D II/8–9; A II/23–25; P 12; mLR 29. Körper kräftig, Schwanzstiel fast so hoch wie der Vorderkörper, D hinter der Körpermitte angesetzt, A breit, lang ausgezogen, mittlere C-Strahlen etwas verlängert. Einheitlich braun bis gelbbraun mit mehreren sehr unregelmäßigen helleren Querbinden, die unterhalb des Rückens beginnen. Kopfoberseite und Nacken helldunkel marmoriert, vom Maul über das Auge bis auf den Kiemendeckel eine breite, dunkle, oben hell begrenzte Binde. Schuppen der Körperseiten besonders beim ♂ kräftig seegrün irisierend und mit den dunklen Rändern ein Wabenmuster bildend. Flossen gelblich, grau oder grünlich, D und C oft mit dunklen Flossenstrahlen und feiner Punktzeichnung am Rand.
Pflege der vorwiegend in Bodennähe lebenden Art wie bei *B. splendens* angegeben. Nach ROLOFF trotz seines robusten Aussehens relativ friedlich. Guter Springer. Maulbrüter. Die großen Eier werden nach der Paarung vom ♀ aufgelesen und dem ♂ entgegengespuckt, das sie im Maul sammelt. Insgesamt bis 130 Eier je Laichphase. Die Jungen verlassen das Maul nach etwa zwölf Tagen, das ♂ kümmert sich dann nicht weiter um die Brut. Eine ausführliche Beschreibung gibt ROLOFF (Trop. Fische, 1, 7, 1961).

Betta fasciata
REGAN, 1909
Streifenkampffisch

Sumatra, in Tümpeln und Gräben; bis 10 cm.
D I/9–11; A II/28–30; P 13; mLR 34–36; QR 10½. Körper langgestreckt, sehr schlank, seitlich nur we-

nig abgeflacht, insgesamt der Art *B. bellica* ähnlich. Vorderkante der D der C-Wurzel näher als dem Kopf. Blauschwarz bis dunkel blaugrün oder auch rötlich mit einigen meist undeutlichen Querbinden. Schuppen der Körperseiten mit großem, weißgrün irisierendem Fleck. Flossen hell oder dunkel, z.T. mit schwarzen Flecken, C und A außerdem mit grünlich irisierenden Tüpfeln, D oft farblos. ♀ Flossen, besonders A, kleiner und wenig ausgezogen.
Pflege wie bei *B. splendens* angegeben, jedoch etwas empfindlicher und oft auch wählerisch im Futter. Sehr wärmebedürftig, zur Zucht 26–28 °C. Schaumnestbauer.

Betta imbellis (Taf. 308)
LADIGES, 1975
Kleiner Kampffisch

Malaiische Halbinsel, Südthailand und vorgelagerte Inseln; bis 5,5 cm.
D O–I/7–9; A III/22–25; mLR 27–30. Körper gattungstypisch. D, C und A beim ♂ groß, V beim ♂ und ♀ lang. Färbung außerhalb der Laichzeit relativ unscheinbar, mehr oder weniger ockerfarben mit ungleichen braunen Querbinden, Flossen rostfarben, V mit weißen Spitzen. ♂ zur Laichzeit blauschwarz mit bläulich- bis grünirisierenden Tüpfellängsreihen. Flossen mit dunklen Strahlen und blauen bis dunkellila Zwischenhäuten, C schwarz gesäumt und mit rotem Innenrand, hintere Spitze der A und Spitzen der Vn rot. Neben der beschriebenen Farbform kommen lokal solche mit stärkerer Grün- oder Blautönung vor.
Pflege und Zucht wie bei *Betta splendens* angegeben. Schaumnestbauer, bis 150 Eier je Laichphase. Mehrfach mit *Betta splendens* gekreuzt.

Betta picta (Taf. 308)
(CUVIER und VALENCIENNES, 1846)
Javanischer Kampffisch

Singapur, Sumatra, Java; bis 5 cm.
D I/6–8; A II/18–22; P 12; mLR 28–30; QR 9½–10½. Körper gestreckt, seitlich nur wenig zusammengedrückt. Obere Profillinie leicht ausgebogen, Kopf zugespitzt. Vorderkante der D dem Kopf näher als der C-Wurzel. Färbung variabel, lehmfarben bis dunkelbraun, gelegentlich auch rotbraun mit drei parallelen, kräftig hervortretenden, schmalen Längsbinden, von denen die mittlere vom Auge bis in die C-Wurzel reicht und über dem Kiefer mit der gleichen Binde der anderen Seiten vereinigt ist. Tiere aus Sumatra zeigen oft eine fast schwarze Kopfunterseite. Flossen farblos bis gelblich mit dunklen Flecken und Tüpfelreihen, A und C oft mit schwarzem Rand. ♀ Flossen meist kürzer und oft ohne Zeichnung.
Pflege wie bei *B. splendens* angegeben. Maulbrüter, der in seiner Heimat auch in Hochgebirgsgewässern vorkommt und deshalb gegen tiefere Temperaturen knapp unter 20 °C recht unempfindlich ist. Zur Zucht 26–29 °C.

Betta pugnax (Taf. 308)
(CANTOR, 1849)
Maulbrütender Kampffisch

Insel Penang westlich der Malaiischen Halbinsel; bis 9 cm.
D I/8–9; A II/26; mLR 30–32. Ähnlich gestaltet wie die voranstehende Art, Schwanzstiel fast so hoch wie der Vorderkörper, C zugespitzt, D ungefähr in der Mitte zwischen Kopf und C-Wurzel angesetzt. Sehr variabel, unscheinbar graublau bis schön rotbraun mit mehreren dunklen Querbinden und einer oben und unten gelbbraun begrenzten Längsbinde, die sich von der Schnauze bis auf den Vorderkörper oder sogar bis in die C-Wurzel erstreckt. Oberseite des Kopfes und Nackens hellbraun. Flossen gelblich mit braunen Tupfenzeichnungen. Nach MEINKEN kann die Art gelegentlich sehr prächtig gefärbt sein, und zwar heben sich dann von einer rotbraunen Gesamtfärbung die Kopfunterseite und der Bauch metallisch grün irisierend ab. Alle Schuppen mit blaugrünen Glanztupfen. Flossen lebhaft rot. ♀ blasser gefärbt, A nicht sehr lang ausgezogen.
Pflege und Zucht siehe bei *B. brederi*. Maulbrüter. Nach LADIGES vielleicht nur eine Lokalrasse von *Betta picta*.

Betta splendens (Taf. 309)
REGAN, 1909
Kampffisch

Thailand, im südostasiatischen Raum an vielen Stellen ausgesetzt; bis 6 cm.
D I/8–9; A II–IV/21–24; mLR 30–32. Körper gestreckt. A lang und breit, D weit nach hinten verschoben, segelförmig, C abgerundet, V lang und schmal. Entsprechend seinem großen Verbreitungsgebiet sehr unterschiedlich in der Färbung. Geschlechtsreife ♂♂ aus natürlichen Biotopen: rotbraun mit kräftigem blaugrünem Glanz und zahlreichen, meist in Längsreihen angeordneten, metallischgrün leuchtenden Punkten, die gelegentlich auch blau oder rot gefärbt sein können. D auf rotbraunem Grund leuchtend grün gestreift, im hinteren Teil schachbrettartig gefleckt. C rotbraun, fächerförmig grün gestreift, meist orange gerandet, A blaugrün mit braunen und rötlichen Streifen, V feuerrot, Spitzen weiß. ♀ und junge ♂♂ gelblichbraun mit schwach angedeuteten Querbinden und oft sehr deutlichen Längsbinden, alle Flossen gelblichgrün mit feinem rotem Saum.
Die Kampffische verdanken ihren deutschen Namen der außerordentlichen Streithaftigkeit rivalisierender ♂♂, eine Eigenschaft, die besonders in Thailand Gegenstand öffentlicher Kampfspiele ist, wobei nicht selten, wie beim Pferderennen, hohe Wetten abgeschlossen werden. *Betta splendens* wird zu diesem Zweck im südostasiatischen Raum massenhaft gezüchtet. Regional verwendet man auch andere *Betta*-Arten für solche Kampfspiele.
In freier Wildbahn sind die *Betta*-Arten sowohl in klaren, meist stark verkrauteten Gewässern als auch in

Abwassergräben und schmutzigen Tümpeln zu finden, einige Arten sollen auch in Gebirgsbächen vorkommen (*B. pugnax* und *B. picta*). Die Pflege einiger *Betta*-Arten ist einfach, *B. splendens* z. B. gilt als einer der anspruchslosesten tropischen Fische. Diese Eigenschaft darf jedoch nicht zu einer weniger aufmerksamen Pflege verleiten. Flächige, sonnig aufgestellte Aquarien mit nicht allzu hohem Wasserstand, weichem Bodengrund sowie einigen lockeren Pflanzengruppen und schütterer Schwimmpflanzendecke werden den Ansprüchen fast aller Arten gerecht. *B. bellica*, *B. fasciata* und *B. pugnax* benötigen für ihr Wohlbefinden weiches, leicht saures Wasser, eventuell Filterung über Torf. Nach E. SCHMIDT ist auch gespannte Luft über dem Wasser für einige Bettas wichtig. Alle *Betta*-Arten sind zumindest zur Laichzeit sehr wärmebedürftig, 25–28 °C. *B. picta* und *B. pugnax* vertragen vorübergehend Temperaturen knapp unter 20 °C. Alle Kampffische sind recht schnellwüchsig und erfordern deshalb eine entsprechend intensive und abwechslungsreiche Fütterung, neben allem Lebendfutter wird oft auch Trockenfutter gern gefressen. Die Art der Fortpflanzung entspricht bei einigen *Betta*-Arten weitgehend derjenigen anderer Anabantoidei, siehe S. 842. Das ♂ baut mit Vorliebe zwischen Schwimmpflanzen ein flächiges Schaumnest aus relativ großen Blasen. Anschließend wird das ♀ unter das Nest gebalzt, von der Seite umschlungen und in Rückenlage gedreht. Nach einigen Scheinpaarungen stößt das ♀ in dieser Stellung Eier aus, die, sofern sie nicht gleich in das Schaumnest gelangen, anschließend vorwiegend vom ♂ aufgelesen und in das Nest gespuckt werden. Nach zahlreichen Paarungen, die insgesamt oft mehrere hundert Eier ergeben, übernimmt das ♂ die Brutpflege und bringt herabsinkende Eier sowie Jungfische, die bereits nach 24–30 Stunden auskommen, wieder ins Schaumnest zurück. ♀ nach dem Ablaichen, ♂ nach etwa 2–3 Tagen entfernen. Jungfische sehr klein. Zunächst nur feinstes Staubfutter geben, Wachstum schnell. Andere Arten, z. B. *Betta anabatoides*, *B. brederi*, *B. taeniata*, *B. pugnax* und *B. picta*, sind Maulbrüter. Die ♂♂ nehmen nach dem Laichgeschäft die meist relativ großen Eier ins Maul und beherbergen sie im Kehlsack, bis die Jungfische ihr Schwimmvermögen erlangt haben. Bei fast allen Kampffischen können die ♂♂ zur Laichzeit gegen nicht laichwillige oder zu junge ♀♀ bissig sein und diese zu Tode hetzen; beim Zusammensetzen nicht eingespielter Paare deshalb Vorsicht! *Betta splendens* gelangte erstmalig 1896 aus Frankreich, wo er bereits 1893 nachgezüchtet werden konnte, nach Deutschland. Schleierkampffische sind vermutlich langflossige Mutanten, bei denen durch Linienzucht gesteigerte Farbenpracht zusammen mit Langflossigkeit verfolgt wurde. Schleierkampffische gibt es in fast allen Farben. Hauptfarbschläge sind: fleischfarben, rot, gelb, blau, grün und braunschwarz (Taf. 309). Dazu kommen zahlreiche Farbnuancen (nach MEYBURG). Pflege und Zucht wie beim gewöhnlichen Kampffisch. Um besonders schöne ♂♂ zu erzielen, setzt man diese, sobald das Geschlecht zu erkennen ist, in Einzelgläser. Am besten eignen sich dazu kleinere Vollglasbecken oder auch Marmeladengläser, die unmittelbar nebeneinander in einer Reihe aufgestellt werden. Bodengrund ist nicht erforderlich. Die ♂♂ können sich so durch die Scheiben sehen und werden dadurch immer zur Rivalität gereizt. Durch die damit verbundene dauernde Flossenspreizung kommt es zu Flossenvergrößerungen und zu besonders kräftiger Farbentwicklung. Allerdings sind stets einzelne Tiere dabei, die in die Stammform »Kampffisch« zurückschlagen. Die Pracht, die bereits bei 4–5 Monate alten Tieren ihren Höhepunkt erreicht, währt nicht allzu lange. Schleierkampffische sind kurzlebig und sterben meist nach einem Jahr. Setzt man mehrere Tiere zusammen oder die ♂♂ zur Paarung an, so ist oft in wenigen Stunden die ganze Pracht zerstört, und die Tiere gleichen gerupften Hähnen. Im Gesellschaftsbecken sollten keine Schleierkampffische gepflegt werden, sie zeigen dort nicht die Pracht, die sie einzeln gehältert entfalten können. Die Rassen sind nach LEDERER gegen Inzucht nicht sehr anfällig, wenn bei der Elternwahl nicht nur Tiere von sehr schöner Färbung, sondern auch kräftigem Körperbau, großer Vitalität und starker Beflossung zusammengestellt werden. Das Verhalten von *Betta* untersuchten KÜHME, W. (Z. Tierpsychol. 18, 33–55, 1961), LAUDIEN, H. (Z. Wiss. Zool. 172, 134–178, 1965) und andere.

Betta taeniata (Abb. 586)
REGAN, 1909

Südthailand, Sumatra, Kalimantan (Borneo); bis 8,5 cm.
D I/7–9; A II/20–25; P 12–14; mLR 28–30; QR 9½–10½. Große, robuste *Betta*-Art, Vorderkante der D dem Kopf näher als der C-Wurzel. Charakteristisch für diese meist braun bis gelbbraun, seltener leicht rotbraun gefärbte Art sind zwei Längsbinden, von denen die obere an der Schnauze beginnt und über das Auge bis in die C-Wurzel, die untere vom Kiemendeckel unterhalb der P bis zur Unterkante der C-Wurzel zieht. Beide Binden sind hinten durch einen großen dunklen Fleck verbunden. Flossen bräunlich oder farblos mit rotbraunen Tupfen. Geschlechtsunterschiede in der Färbung noch nicht beschrieben.
Pflege wie bei *Betta brederi* und *B. splendens* angegeben. Maulbrüter. Ausführlich berichtet über die Art ROLOFF, E. (Aquaristik, 3, 81–84, 1957).

Abb. 586 *Betta taeniata*

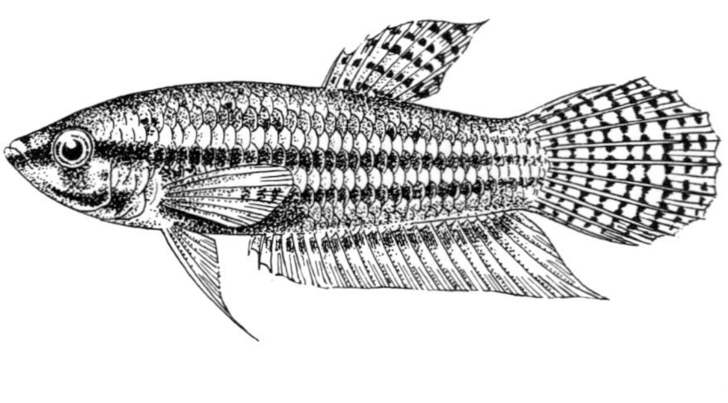

Tafel 305 Oben links: *Ctenopoma ansorgei*. Oben rechts: *Ctenopoma nanum*. Mitte: *Ctenopoma fasciolatum*. Unten: *Ctenopoma muriei* (alle Fotos Richter)

Tafel 306 *Belontia hasselti* · *Belontia signata*, hell (Fotos Richter)

Tafel 307 Links: *Betta coccina · Betta anabatoides · Betta unimaculata*. Rechts: *Betta coccina · Betta bellica · Betta foerschi*. Unten: *Belontia signata*, gescheckt (links unten Richter, alle anderen Fotos Foersch)

Tafel 308 Links: *Betta imbellis* · *Betta pugnax* · *Betta* cf. *taeniata*. Rechts: *Betta smaragdina* · *Betta edithae* · *Betta picta* (Mitte links und Mitte rechts Foersch, alle anderen Fotos Richter)

Tafel 309 Oben links: *Betta splendens,* ♂, Wildform aus Südthailand mit den zwei charakteristischen, in Erregung hervortretenden, hellen Kiemendeckelstrichen. Die anderen Fotos zeigen Schleierkampffische in verschiedenen Farben (oben links Foersch, alle anderen Fotos Richter)

Tafel 310 Links: *Colisa lalia*, ♂ · *Colisa lalia*, ♂ der roten Farbspielart · *Colisa lalia*, ♂ der Farbspielart »Regenbogencolisa«. Rechts: *Colisa sota*, ♂ · *Colisa fasciata*, ♂ · *Colisa labiosa*, ♂ (oben links Sommer, alle anderen Fotos Richter)

Tafel 311 Links: *Macropodus opercularis concolor*. Rechts: *Macropodus opercularis*, Albino. Unten: *Macropodus opercularis*, ♂ unter dem Schaumnest (alle Fotos Richter)

Tafel 312 Links: *Pseudosphromenus cupanus* · *Malputta kretseri*. Rechts: *Pseudosphromenus dayi* · *Parosphromenus parvulus* (2,5 mm). Unten: *Macropodus chinensis* (Mitte rechts Foersch, alle anderen Fotos Richter)

Tafel 313 Links: *Sphaerichthys osphromenoides osphromenoides*, ♂ (Foto Richter) · *Sphaerichthys acrostoma*, ♂ (Foto Foersch). Rechts: *Sphaerichthys osphromenoides selatanensis*, ♂ aus Kalimantan (Foto Foersch) · *Parasphaerichthys ocellatus* (Foto Foersch). Unten: *Trichogaster microlepis* (Foto Richter)

Tafel 314 *Trichogaster leeri*, ♂ · *Helostoma temmincki*, ♂ und ♀ (beide Fotos Richter)

Tafel 315 *Trichogaster trichopterus sumatranus* (Foto Sterba) · *Trichogcster trichopterus trichopterus* (Foto Richter) · *Trichogaster trichopterus trichopterus*, Farbspielart »Gold« (Foto Richter)

Tafel 316 *Trichogaster trichopterus trichopterus*, Farbspielart »Cosby« · *Trichogaster trichopterus trichopterus*, Farbspielart »Brauner Cosby« · *Trichogaster trichopterus trichopterus*, Farbspielart »Silbergurami« (alle Fotos Richter)

Tafel 317 Links: *Trichopsis pumilus*, ♂ · *Trichopsis vittatus*, ♂. Rechts: *Trichopsis schalleri*, ♂ · *Parosphromenus filamentosus*, ♂. Unten: *Parosphromenus deissneri*, ♂ und ♀ (alle Fotos Richter)

Tafel 318 *Osphronemus goramy*, geschlechtsreif · *Osphronemus goramy*, Jungfisch (Fotos Richter)

Tafel 319 Oben: *Luciocephalus pulcher* (Foto Sterba). Links: *Mastacembelus erythrotaenia* (Foto Richter) · *Tetraodon cutcutia* (Foto Foersch) · *Carinotetraodon somphongsi*, ♂ (Foto Foersch). Rechts: *Mastacembelus erythrotaenia*, Kopf (Foto Foersch) · *Tetraodon fahaka strigosus* (Foto Richter) · *Tetraodon miurus* (Foto Richter)

Tafel 320 Links: *Tetraodon fluviatilis* (Foto Richter) · *Tetraodon leiurus* (Foto Richter). Rechts: *Tetraodon palembangensis* (Foto Richter) · *Protopterus dolloi,* Larvenkopf mit äußeren Kiemen (Foto Foersch). Unten: *Protopterus dolloi,* 15 cm lange Larve (Foto Foersch)

Betta unimaculata (Taf. 307)
(POPTA, 1906)
Riesenkampffisch

Nördliches Kalimantan (Borneo); bis 8 cm.
D O–I/6–8; A O–I/26–33; mLR 32–33. Körper stark gestreckt, Schwanzstiel fast so hoch wie der Körper, C abgerundet. Insgesamt blaugrau mit grünlichem Schimmer. Auf dem Kiemendeckel und unter dem Auge helle bis bräunliche Glanzschuppen. A, C und basal auch die D mit Tüpfelreihen, Spitzen der V weißlich. ♀ zur Laichzeit mit dunklem Zickzackband an den Körperseiten und heller Kehle.
Pflege und Zucht wie bei *B. splendens* angegeben. Maulbrüter, das ♂ nimmt die Eier ohne Hilfe des ♀ auf und entläßt die Jungen nach 9–10 Tagen aus dem Maul. Die Tiere springen sehr gut.
Einige weitere *Betta*-Arten siehe Taf. 307 und 308.

Colisa fasciata (Taf. 310)
(BLOCH und SCHNEIDER, 1801)
Gestreifter Fadenfisch

Nordindien, Assam; bis 12 cm.
D XV–XVII/9–14; A XV–XVIII/14–19; P 9–10; mLR 29–31. Körper hoch, seitlich stark abgeflacht, V fadenartig, D und A lang. Oberlippe, besonders bei alten ♂♂, dick. Entsprechend seinem großen Verbreitungsgebiet in der Färbung sehr variabel. Grünlichbraun, bei auffallendem Licht himmelblau schillernd, Rücken mehr bräunlich, Brust und Bauch blaugrün, manchmal mit violettem Schimmer. Auge rostrot bis karminrot. Auf dem Kiemendeckel ein bläulichgrüner, von mehreren kleinen Tupfen umgebener irisierender Fleck. Über die himmelblau bis grünblau schimmernden Seiten ziehen mehrere schmale, etwas nach hinten gerichtete, orangerote bis rote Querbinden. Flossen hellblau bis blau, D mit roten Flecken, C grünlich bis gelbrot mit dunklen Tüpfeln, A seegrün mit rotem Saum, V mit gelbweißer Basis und leuchtendroten Enden. ♀ ockerfarben bis graubraun mit dunkleren Streifen und Bändern, D und A hinten abgerundet.
Pflege und Zucht siehe Beschreibung der Unterordnung, S. 840. Schaumnestbauer. Die Art zeigt ihre ganze Farbenpracht erst bei Temperaturen um 25 bis 26 °C, verträgt allerdings auch Temperaturabfall unter 20 °C. Eingespielte Paare sind meist sehr produktiv, eine Laichphase bringt 600–1000 Eier. Die in Mitteleuropa gepflegten Tiere (siehe unten) erkranken fast alle an Augenlinsentrübung, die oft schon bei Jungfischen sichtbar wird, Ursache unbekannt. Die Abgrenzung zur nachfolgenden Art ist umstritten.

Colisa labiosa (Taf. 310)
(DAY, 1878)
Dicklippiger Fadenfisch

Südliches Burma; bis 8 cm.
Nach ARNOLD (1950) waren alle früher bei uns gepflegten sogenannten *Colisa labiosa* mit sehr großer Wahrscheinlichkeit eine Varietät von *Colisa fasciata*. Über die Art und ihre Abgrenzung zu *C. fasciata* wurde in der Aquarienliteratur sehr viel geschrieben. PINTER, H. (Aquar. Terr. 12, 195–197, 1965) hat die Fehlerhaftigkeit dieser Literatur deutlich herausgestellt. Es ist völlig unmöglich, mit unzureichendem Material schwierige systematische Fragen bindend zu entscheiden. Hier sind zunächst breit angelegte Untersuchungen über Verbreitung und Variabilität in den Heimatgebieten erforderlich. Die nachfolgende Beschreibung gilt deshalb nur unter Vorbehalt.
D XV–XVIII/8–10; A XVI–XVIII/17–20; mLR 29 bis 31. Ähnlich gestaltet wie die vorhergehende Art, jedoch sind die Lippen der ♂♂ besonders dick. Färbung nach INNES: »Die glänzenden Flecken an den Seiten sind blaugrün, während die unregelmäßigen dunklen Querbinden orangebraun sind. Die überragenden Strahlen der Rücken- und Afterflosse sind blutrot getüpfelt. In der Afterflosse sind diese feurigen Spitzen von einer schmalen, intensiv blauen Linie umsäumt. Schwanzflosse leuchtend warmbraun. Die fadenförmigen Bauchflossen beim Männchen rot, beim Weibchen farblos. Das freie Ende der Afterflosse beim Weibchen ist rot, während es beim Männchen blau ist.«
Pflege und Zucht siehe Beschreibung der Unterordnung. Schaumnestbauer.

Colisa lalia (Taf. 310)
(HAMILTON-BUCHANAN, 1822)
Zwergfadenfisch

Indien, Westbengalen und Assam; bis 6 cm.
D XV–XVII/7–10; A XVII–XVIII/13–17; P 10; V 1; mLR 27–28. Körper länglich-eiförmig, seitlich stark zusammengedrückt, V fadenförmig, D und A lang. Von der lebhaft zinnoberroten bis weinroten Grundfärbung heben sich an den Körperseiten schräge Doppelreihen leuchtend hellblauer bis smaragdgrüner Punkte scharf ab, die sich auch in die senkrechten Flossen fortsetzen. Der ganze Kopf, meistens auch noch der unmittelbar hinter dem Kiemendeckel gelegene Körperabschnitt, leuchtend blaugrün. C und hinteres Ende der A leuchtend rot, die fadenförmigen Vn orangerot. ♀ bedeutend blasser gefärbt, grau, A und D hinten abgerundet.
Pflege und Zucht siehe Beschreibung der Unterordnung, S. 840. Schaumnest relativ groß und hoch. Zum Nestbau wird außer Schaumperlen sehr viel Pflanzenmaterial (Algen, Blätter, Blattstiele und anderes) verwendet, bis 800 Eier je Laichphase. Einer der schönsten und beliebtesten Zierfische. Leider etwas anfällig gegen Krankheiten (*Colisa*-Parasit: *Oodinium*). Die Art gibt nach MALMGREN im Zustand höchster Erregung (Rivalität, Balz) kurze, knarrende Laute von sich. Das Paarungsverhalten beschreibt ausführlich STALLKNECHT, H. (Aquar. Terr. 12, 81 bis 83, 1965). Farbspielarten siehe Taf. 310.

Colisa sota (Taf. 310)
(HAMILTON-BUCHANAN, 1822)
Honigfadenfisch

Nordostindien, Assam, Bangladesh bei Dacca; bis 4,5 cm.
D XVI–XVIII/7–8; A XVI–XIX/11–13; mLR 28–30; QR 14–16. Körper längsoval, hoch, seitlich stark abgeflacht, ähnlich dem bekannten *Colisa lalia*, jedoch etwas schlanker, V fadenartig, D und A lang. Insgesamt hellocker, der schwachsilbrige Glanz nimmt gegen die helle Bauchseite hin zu. Vom Auge bis in die C-Wurzel entlang der Seitenmitte ein kräftiges, dunkelbraunes Längsband. Rivalisierende oder balzende ♂♂ außerordentlich prächtig gefärbt: Körperseiten einschließlich der C und des hinteren Teiles der D und A kräftig honiggelb bis kognakfarben. Nacken, Kopf bis hinter das rötliche Auge und die ganze Bauchseite einschließlich des vorderen Teiles der A dunkel bis schwarz mit grünlichem Schimmer. Der hellgelbe vordere Teil der D setzt sich keilförmig nach hinten als breiter gelber Randstreifen fort, die harten Strahlen der A mit rötlichen Spitzen, V orangerot. Die ♀♀ behalten auch während des Laichgeschäftes die eingangs dargestellte einfache Färbung.
Pflege und Zucht siehe Beschreibung der Unterordnung, S. 840, nicht schwierig. Das Schaumnest ist sehr locker, flächig und erstaunlich groß, beim Führungsschwimmen tanzt das ♂ senkrecht vor dem ♀, bis 300 Eier je Laichphase. Die Art sollte einzeln in geräumigen Becken gehältert werden, da die ♂♂ bei der geringsten Störung ihre prächtige Färbung nicht zeigen. Auch pflege man die Tiere nicht paarweise, sondern in Gruppen. Im Gegensatz zu den Importtieren und ersten Nachzuchtgenerationen zeigen die heute in den Aquarien anzutreffenden Tiere kaum noch die ursprüngliche Farbenpracht, auch bleiben sie meist klein (Degenerationserscheinungen). Die Art ist anfällig für *Oodinium pillularus*. Früher bekannt als *C. chuna*.

Ctenops nobilis (Abb. 587)
MCCLELLAND, 1844

Indien, nordöstliches Bengalen und Assam, selten; bis 10 cm.
D V–VII/7–8; A IV–V/24–28; mLR 29–33. Körper relativ hoch, seitlich stark zusammengedrückt. Besonders charakteristische Merkmale dieser Art sind nach LADIGES der stark von oben nach unten zusammengedrückte, in eine spitze Schnauze auslaufende Kopf und die extrem weit hinten angesetzte, relativ kurze D, C abgerundet, A sehr lang, Vn direkt unter den Pn angesetzt. Färbung nach RACHOW: »Die bräunliche, unten in der Mitte etwas lichtere Totalfärbung wird von 2 weißlichen, manchmal mit dunkleren Tupfen versehenen Längsstreifen unterbrochen, von denen der obere sich von der Mitte des Kopfes und der 2. von der Einlenkungsstelle der Brustflosse bis zur Schwanzflosse ausdehnt. Oftmals ist auch die Afterflosse in ihrer ganzen Längsausdehnung durch einen hellen Längsstreifen vom Körper abgegrenzt. Die Flossen sind hell, farblos. Bei vermeintlichen männlichen Tieren zeigen die letzten Teile der Rücken- und Afterflosse bräunliche Tönung und – wie auch der freie Rand der Schwanzflosse – dunkelbraune Berandung ...« Ausführlich wird die Art von LADIGES (DATZ, 15, 74–76, 1962) beschrieben. Nach Beobachtungen dieses Autors an konserviertem Material zeigt die Art eine charakteristische Farbmetamorphose.
Pflege siehe Familienbeschreibung. Angeblich sehr hinfällig. Zucht noch nicht gelungen.

Macropodus chinensis (Taf. 312)
(BLOCH, 1790)
Rundschwanzmakropode

Von Südkorea bis Südchina; bis 7 cm.
D XIV–XVIII/5–7; A XVIII–XX/9–12; mLR 28–30. Körper gestreckt, Kopf spitz, Maul nach oben gerichtet, D und A lang, spitz ausgezogen, C abgerundet. Rücken grünlichbraun, Seiten schmutziggelbbraun, Bauch gelblich. An den Körperseiten zahlreiche undeutliche dunkle Querbinden. D und A bläulichschwarz mit grünlich irisierenden Strichen auf den Zwischenhäuten, im hinteren Teil rötlich gefleckt, beide Flossen hell gesäumt, C bläulichschwarz mit orangegelbem Saum. Beim ♂ reichen die hinteren Spitzen der D und A über die C hinaus, beim ♀ D und A kürzer.
Pflege und Zucht wie in der Beschreibung der Unterordnung angegeben, S. 840, höchstens 24 °C. Sehr friedlich, Schaumnestbauer, nicht sehr produktiv.

Macropodus opercularis (Taf. 311)
(LINNAEUS, 1758)
Makropode

Korea, China, Vietnam, Taiwan; bis 11 cm, bei 5 bis 6 cm zuchtfähig.
D XIII–XVII/6–8; A VII–XX/11–15; P 11; V I/5; mLR 28–31. Körper gestreckt, seitlich abgeflacht, senkrechte Flossen sehr stark verlängert. Einer der schönsten, anspruchslosesten Zierfische. Grundfärbung bräunlich, grünlichgrau bis grau. Oberseite des Kopfes und Nackenpartie braun bis schwarz und olivgrün marmoriert. Auf dem Kiemendeckel ein großer, länglicher, dunkelbrauner bis schwärzlicher, orange bis ziegelrot eingefaßter Fleck, der bei auffallendem Licht grünlich schimmert. Die Körperseiten mit un-

Abb. 587 *Ctenops nobilis*

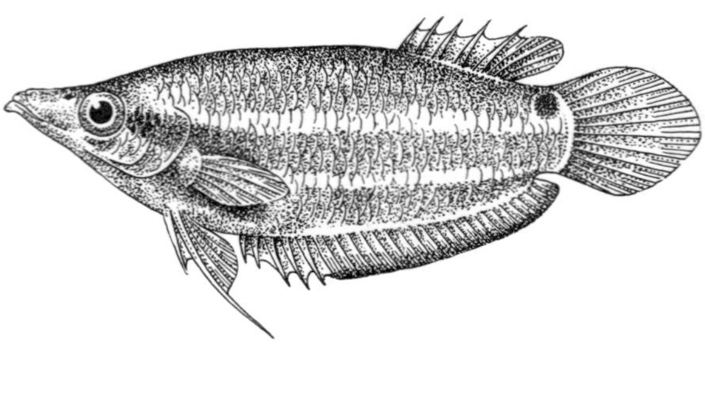

regelmäßig verteilten, oft ineinanderlaufenden, blaugrünen und leuchtend karminroten Querbinden. Flossen rotbraun bis hochrot, reihenweise dunkel oder hell getüpfelt, namentlich die D und A mit weißlichem Saum, C vorwiegend rot, V lebhaft rot mit weißlicher Spitze. ♂ wie oben angegeben gefärbt, Flossen sehr lang ausgezogen. ♀ heller getönt, nur mit roten Querbinden. Flossen mäßig lang.
Pflege und Zucht siehe Beschreibung der Unterordnung, S. 840. Sehr anspruchslos, Temperatur 15 bis 20 °C, zur Zucht 20–24 °C. Für das Gesellschaftsbekken jedoch nicht geeignet, da die Tiere anderen Fischen gegenüber und auch unter sich selbst aggressiv sind. Schreitet bei Temperaturerhöhung sehr leicht zur Fortpflanzung, Schaumnest flach, aus großen Perlen bestehend, das ♂ und ♀ sammeln die Eier ein und spucken sie ins Schaumnest, beide verteidigen auch das Brutrevier, das ♂ auch einige Tage die geschlüpfte Brut. Aufzucht leicht. *Macropodus opercularis* ist ein vorzüglicher Planarienvertilger, der – ausgehungert – in kurzer Zeit alle Planarien eines verseuchten Beckens vernichtet.
MYERS zeigte bereits 1932 (Lingnan Sci. Journ. 11 Nr. 3), daß *M. opercularis* eine echte Wildform ist. *M. opercularis concolor* AHL, 1935, wird als eine südliche Unterart betrachtet (G. S. MYERS, briefl. Mitteilung), (Taf. 311).

Malpulutta kretseri (Taf. 312)
DERANIYAGALA, 1937
Marmor-Spitzschwanzgurami

Süden von Sri Lanka; bis 7 cm.
D VIII–X/4–6; A XIII–XVII/7–11; P 12; V I/5; mLR 29–30. Körper gestreckt, vorn kaum abgeflacht, D relativ kurz, weichflossiger Teil mit sehr langen Flossenstrahlen, C lang, Mitte spitz auslaufend. Ockerfarben, Schuppen mit dunklen, insgesamt strickmusterartig wirkenden Rändern. Von der Schnauze über das Auge bis auf den Kiemendeckel eine unscharfe Längsbinde. D, C und A des ♂ stark verlängert, an der Basis hellblau getüpfelt, außen schwärzlich, braun, dunkellila oder hellblau. ♀ kleiner, Flossen kürzer, Blautöne nur angedeutet, beim Laichen dunkel mit hellem Band auf dem Rücken.
Pflege und Zucht siehe Beschreibung der Unterordnung, S. 840. Zur Zucht weiches Wasser, 26–28 °C. Schaumnestbauer, die Eier sinken zu Boden, werden vom ♂ und ♀ aufgelesen und in das Schaumnest gespuckt, die Jungfische schlüpfen erst nach etwa 40 Stunden, bis 150 Eier je Laichphase. Gute Springer.

Parosphromenus deissneri (Taf. 317)
(BLEEKER, 1859)

Insel Bangka, Sumatra, auch nördlich von Singapur; bis 3,5 cm.
D XIII/7; A XIII/8; P 2; V I/5; mLR 30. Körper langgestreckt, schlank, Kopf zugespitzt, A und D sehr lang, letztere in Höhe der V beginnend, 2. Flossenstrahl der V verlängert, C abgerundet. Lehmgelb, Oberseite mehr braungelb. Besonders charakteristisch sind drei breite dunkle Längsbinden, die beiden oberen von der Schnauze bis in die C-Wurzel, die untere von der Kehle bis zur A-Basis. Seltener treten einige unklare Querbinden hervor. Flossen gelblich, z. T. rostfarben. ♂ zur Laichzeit sehr farbenprächtig, dunkel bis schwärzlich mit hellen Längsstreifen, D und A mit blaugrünem Mittelband, das sich als Linie in die C fortsetzt, Säume dieser Flossen blaugrün, C-Basis rostrot. V blau.
Pflege siehe Beschreibung der Unterordnung, S. 840. Zur Zucht weiches Wasser, 25–28 °C. Laicht vorzugsweise in Höhlen oder Unterständen. Das ♀ klaubt die Eier von der A des ♂ und heftet sie, später vom ♂ unterstützt, an das Höhlendach. Etwa 60 Eier je Laichphase, die Jungfische schlüpfen nach zwei Tagen, Aufzucht nicht einfach.
Parosphromenus filamentosus siehe Taf. 317.

Pseudosphromenus cupanus (Taf. 312)
(CUVIER und VALENCIENNES, 1831)
Spitzschwanzmakropode

Vorderindien, Sri Lanka in Küstennähe; bis 7,5 cm.
D XIII–XIV/5–7; A XVI–XXI/9–11; P 11–12; V I/5; mLR 29–32. Körper gestreckt, seitlich etwas abgeflacht, D und A lang, hinten wenig ausgezogen, C spitz auslaufend. Sehr variabel in der Färbung. Hell-, rötlich- oder dunkelbraun mit grünlichem Schimmer, der besonders auf dem Kopf und den Kiemendeckeln ausgeprägt sein kann. Manche Lokalrassen mit 2–3 grünglänzenden Längsbinden. C-Wurzel mit oft undeutlichem dunklem Fleck. Auge lebhaft rot. Flossen hellgrau, A und unterer Teil der C mit roten Tüpfelreihen oder roter Außenzone, Säume bläulich bis dunkel, V orange bis rot. ♀ zur Laichzeit sehr dunkel, D und A weniger spitz ausgezogen.
Pflege siehe Beschreibung der Unterordnung, S. 840. Auch für das Gesellschaftsbecken geeignet, verträgt vorübergehend Temperaturen um 18 °C, schwimmaktiv. Schaumnestbauer, ♂ und ♀ betreiben Brutpflege. Bis 300 Eier je Laichphase. Das Balz- und Paarungsverhalten wird ausführlich von STALLKNECHT beschrieben (Aquar. Terr., 13, 222–225, 1966). Früher bekannt als *Macropodus cupanus*.

Pseudosphromenus dayi (Taf. 312)
(KÖHLER, 1909)
Gestreifter Spitzschwanzmakropode

Südliches Vietnam, Insel Way; bis 7,5 cm.
D XIII–XVII/5–7; A XVI–XXI/10–12; mLR 27–30. Ähnlich gestaltet wie die vorhergehende Art, jedoch etwas graziler. Hellbraun bis kastanienbraun, Rükken dunkler, Kopf mit zarter bräunlicher Punktierung, Kehle, Brust und Bauch rotbraun bis blutrot. Über die Körperseiten zwei parallele dunkelbraune Längsbinden, von denen eine am oberen Rand des Kiemendeckels, die andere am Auge beginnt. Flossen rötlich mit leuchtend grünem Saum, D zart bräunlich punktiert, C an der Basis rotbraun, im Mit-

telfeld leuchtend rot, die mittleren, verlängerten Strahlen blauschwarz, verlängerte Strahlen der V weißlich. ♀ D und A hinten abgerundet, C ohne stark verlängerte Mittelstrahlen.
Pflege und Zucht siehe voranstehende Art. Sehr genügsam, jedoch wärmebedürftig. Das große Schaumnest wird an der Wasseroberfläche oder in zusammengerollten großen Blättern, gelegentlich sogar in Höhlen angelegt. Früher bekannt als *Macropodus cupanus dayi*.

Sphaerichthys osphromenoides (Taf. 313)
CANESTRINI, 1860
Schokoladengurami

Südliche Malaiische Halbinsel, Sumatra, Kalimantan (Borneo); bis 6 cm.
D VIII–XI/8–9; A VII–IX/19–22; P 8–10; V I/5; mLR 26–30. Körper hoch, relativ kurz, seitlich abgeflacht, Kopf spitz, 2. Flossenstrahl der V stark verlängert. Schokoladenbraun bis rotbraun, teilweise schwach grünlich schimmernd. An den Körperseiten mehrere sehr unregelmäßig angeordnete und in ihrer Ausdehnung stark variierende hellgelbe bis weiße Querbinden sowie eine nur bei Jungtieren deutliche Längsbinde. Flossen braun, teilweise dunkel getüpfelt und mit hellem Saum, A bei schönen Tieren rot- bis dunkelbraun mit hellen Wurmlinien oder Tüpfelreihen und gelbem Saum. Geschlechter nicht einfach zu unterscheiden. D der ♀♀ weniger spitz ausgezogen, A ohne oder mit sehr schmalem hellem Saum, C zur Laichzeit durchsichtig.
Die schöne Art ist leider etwas empfindlich und anfällig gegen verschiedene Hautparasiten. Weiches, schwach saures, Torfextraktstoffe enthaltendes Wasser, Aquarium nicht zu hell stellen, möglichst gedämpftes Oberlicht, wärmebedürftig, 26–30 °C, Lebendfutter, vorwiegend Mückenlarven. Maulbrüter, Paarung nach kreiselnden Bewegungen über dem Bodengrund. Die gelblichen Eier werden vom ♀ im Kehlsack erbrütet, insgesamt bis 80. Die Jungfische verlassen erst nach mehreren Tagen (8–12) das Maul, Aufzucht nicht einfach.
Unterarten und *Sphaerichthys acrostoma* sowie *Parasphaerichthys ocellatus* siehe Taf. 313.

Trichogaster leeri (Taf. 314)
(BLEEKER, 1852)
Mosaikfadenfisch

Malaiische Halbinsel, Thailand, Sumatra, Kalimantan (Borneo); bis 11 cm.
D V–VII/8–10; A XII–XIV/25–30; P 9; V I/3–4; mLR 44–50. Körper gestreckt, hoch, seitlich stark zusammengedrückt, D im Gegensatz zu den oft sehr ähnlich gestalteten *Colisa*-Arten relativ kurz, V fadenartig ausgezogen, C mit zwei deutlichen, nicht stark ausgezogenen Lappen. Färbung veränderlich. Rücken gelblichbraun, bei auffallendem Licht mit starkem Perlmuttglanz, Seiten und Flossen bräunlich mit zahlreichen runden, weißlichen bis gelblichen, mitunter perlmuttglänzenden Flecken übersät, frei bleiben nur Kopf, Kehle und P. Vom Maul bis in einen unscharfen Fleck auf der C-Wurzel eine dunkle unregelmäßige Längsbinde. Kehle und Brust sowie die P und der vordere Teil der A orange, rot oder auch violett, die übrigen Flossen, besonders am Rande, gelblich, V rötlich. ♀ mehr bräunlich, Kehle und Brust silbern, D abgerundet.
Pflege und Zucht wie in der Beschreibung der Unterordnung angegeben, S. 840. Sehr friedlich, wärmeliebend. Baut ein großes, zunächst flächiges Schaumnest aus sehr kleinen Blasen, meist werden auch Pflanzenteile einbezogen. Erst im fast ausgewachsenen Zustand geschlechtsreif. Einer der schönsten Belontiiden.

Trichogaster microlepis (Taf. 313)
(GÜNTHER, 1861)
Mondscheinfadenfisch

Kampuchea und Thailand; bis 18 cm.
D III–IV/7–9; A X–XI/36–40; mLR etwa 58–65. Ähnlich gestaltet wie *T. leeri*, jedoch schlanker und graziler, Schuppen sehr klein. Einheitlich matt seidenartig bläulichsilbern, Jungfische mit schwachen dunklen Querbinden und einer auffallenden Tüpfellängsreihe. Auge groß, z. T. kräftig rot. Die ♂♂ sind leicht an den orangerot gefärbten Vn zu erkennen.
Pflege und Zucht siehe Beschreibung der Unterordnung, S. 840. In allen Lebensäußerungen verhält sich diese sehr friedliche Art wie *T. leeri*, nach LADIGES wird auch der Mondscheinfadenfisch erst relativ spät laichreif. Das große Nest setzt sich nach PINTER vorwiegend aus Pflanzenteilen zusammen, die durch Schaumblasen miteinander verkittet werden. Nur bei mangelndem Pflanzensubstrat wird ein eigentliches, über die Wasseroberfläche ragendes Nest aus Schaum und einzelnen Pflanzenteilen gebaut. Balz- und Laichgeschäft sehr ruhig, bis 5000 Eier je Laichphase. Die Art wird in Thailand als Speisefisch geschätzt.

Trichogaster pectoralis (Taf. 299)
(REGAN, 1910)
Schaufelfadenfisch

Malaiische Halbinsel, Thailand; bis 20 cm; die Art wird mit 8–10 cm geschlechtsreif.
D VII/10–11; A IX–XI/36–38; P 11; V I/2; mLR 55 bis 63. Körper etwas niedriger als bei dem bekannten *T. trichopterus*, Körperhöhe bis dreimal in der Gesamtlänge enthalten (ohne C). Im Gegensatz zu den meisten anderen Vertretern der Familie relativ einfach gefärbt. Hell graugrün bis olivgrün mit zahlreichen, etwas schräg verlaufenden, unregelmäßigen gelblichen bis goldfarbenen Schrägbinden. Eine dunkle Längsbinde von der Schnauze bis in die C-Wurzel ist an den Körperseiten oft nur als Fleckenreihe zu erkennen. Flossen durchscheinend, A leicht bernsteinfarben mit einigen Tupfen, Rand schwärzlich. ♀ D kürzer, A meist nur ganz schwach gelblich.

Pflege und Zucht siehe Beschreibung der Unterordnung, S. 840. Sehr friedlich gegen Artgenossen und andere Fische, selbst kleinste Jungfische werden nicht gefressen. Im Gegensatz zu vielen anderen Vertretern der Familie bleiben die ♂♂ auch zur Laichzeit gegen die ♀♀ friedlich. Sehr anspruchslos und ausdauernd. Schaumnest groß. Sehr produktiv, bis 5000 Eier je Laichphase.

Trichogaster trichopterus trichopterus (Taf. 315)
(PALLAS, 1777)
Punktierter Fadenfisch

Südostasien einschließlich der Großen Sundainseln; bis 15 cm.
D VI–VIII/8–10; A X–XII/33–38; P 9–10; V I/3–4; mLR 40–42. Ähnlich gestaltet wie *T. leeri*, jedoch wesentlich kräftiger und etwas gedrungener. Körperhöhe 2–2,5mal in der Gesamtlänge (ohne C) enthalten. Sehr variabel, besonders in der Form der Flossen und in der Färbung. Grünlichsilbern, Rücken bläulich, Bauch silbrig. An den Körperseiten zwei mehr oder weniger deutliche runde Flecken, von denen einer unterhalb der D, der andere auf der C-Wurzel liegt. Selten sind bis zu 20 nur schwach angedeutete dunkle Querbinden sichtbar, eine am Maul entspringende Längsbinde ist ebenfalls nicht immer deutlich. Flossen grünlich bis grau mit zahlreichen weißen bis gelblichen oder orangefarbenen Flecken besonders an den Enden der D, C und A. Bei auffallendem Licht bläulich schimmernd. ♀ D kürzer, hinten abgerundet.
Pflege und Zucht siehe Beschreibung der Unterordnung, S. 840. Relativ friedlich, genügsam. Für das Gesellschaftsaquarium geeignet. Wird bereits mit 7 bis 8 cm geschlechtsreif. Schaumnestbauer. Der Punktierte Fadenfisch ist sehr produktiv, Aufzucht der Jungfische leicht.

Trichogaster trichopterus sumatranus (Taf. 315)
LADIGES, 1933
Blauer Fadenfisch

Sumatra; bis 13 cm.
Diese Unterart soll ein in Sumatra entstandenes Züchtungsprodukt sein (?). Form etwas gestreckter, mehr blaugrün gefärbt, die Querbinden treten meist deutlicher als bei der Stammform hervor. Bei auffallendem Licht schimmert die Unterart himmelblau, die hellen Flecken auf den Flossen glänzen perlmuttartig.
Pflege und Zucht wie bei der Stammform. In den letzten 20 Jahren haben weitere Farbspielarten große Verbreitung gefunden, so vor allem *Trichogaster trichopterus* forma *cosby* (Marmorierter Fadenfisch, Taf. 316) und *Trichogaster trichopterus* forma *aurata* (Goldfadenfisch, Taf. 315). Die erstgenannte Spielart trat bei dem amerikanischen Züchter COSBY auf, die Herkunft des Goldfadenfisches ist unbekannt. Seltener werden silbrige Farbformen und albinotische Spielarten gepflegt.

Trichopsis pumilus (Taf. 317)
(ARNOLD, 1936)
Zwergguramı

Kampuchea, Thailand; bis 5 cm.
D III/7–8; A V/20–25; P 10–11; mLR 27–28. Körper gestreckt, seitlich stark zusammengedrückt, D kurz, spitzsegelförmig, C abgerundet oder in eine stumpfe Spitze auslaufend. Rücken dunkeloliv, Seiten helloliv, Bauch und Schwanzstiel grünlichweiß. Vom Kopf bis in die C-Wurzel zwei Fleckenlängsreihen, die besonders auf dem Schwanzstiel geschlossene Binden bilden können. Dazwischen, darüber und darunter seegrüne Tüpfelgruppen. D grünlich bis gelblich mit braunroten Punktreihen, gelbem Rand und dunkelrotem Saum, C und A ähnlich gefärbt, V gelblichweiß, P farblos. Bei auffallendem Licht irisieren die Tiere perlmuttartig. Sehr schöne Art. ♀ D und A nicht so stark ausgezogen, Eierstock im Gegenlicht erkennbar.
Pflege und Zucht siehe Beschreibung der Unterordnung, S. 840. Am besten im Artbecken mehrere Tiere pflegen, weiches bis mittelhartes Wasser, um 25 °C. Die Tiere laichen in den mittleren Wasserschichten oder über dem Boden unter großen Blättern oder in Höhlen. Nur ausnahmsweise wird ein kleines, kugeliges Schaumnest an oder unter der Wasseroberfläche angelegt. Bei der Eiabgabe werden jeweils 2–3 zusammenhängende Eier abgegeben, die das ♂ aufnimmt, an den Nestplatz bringt und mit Luftblasen unterlegt. Insgesamt bis 350 Eier je Laichphase. Die ♂♂, vor allem aber rivalisierende ♂♂, erzeugen gut wahrnehmbare Knurrtöne.

Trichopsis schalleri (Taf. 317)
LADIGES, 1962

Thailand im Gebiet des Mun; bis 6 cm.
D III–IV/6–7; A VIII–IX/19–22; V I/5–6. Ähnlich gestaltet wie die bekannte nachstehende Art, Kopf etwas weniger spitz, Kopf-Nackenlinie nicht sattelförmig eingezogen, C in mehrere kurze Zipfel auslaufend. Körper bräunlich. Zwei relativ breite, kastanienbraune, von intensiv grünblau schillernden Schuppenreihen begleitete Längsbinden, untere Längsbinde von der Schnauze bis in die C-Wurzel, obere, etwas schmalere Längsbinde vom Oberrand des Auges bis in den oberen Teil der C-Wurzel, die Binden weichen vorn etwas auseinander und laufen von der D an parallel nebeneinander, die obere Binde kann unter der D durch grünschillernde Schuppen mehrfach unterbrochen sein. D, C und A rötlich mit feinem bläulichem Tupfenmuster und rotem bzw. blauem Saum.
Pflege und Zucht siehe voranstehende Art. Schaumnest meist klein und weit unter dem Wasserspiegel in Pflanzenhöhlungen.

Trichopsis vittatus (Taf. 317)
(CUVIER und VALENCIENNES, 1831)
Knurrender Gurami

Südostasien, Große Sundainseln; bis 8 cm.
D II–IV/6–8; A VI–VII/24–28; P 11; V I/5; mLR 28 bis 29. Körper gestreckt, seitlich abgeflacht, senkrechte Flossen groß, lang ausgezogen, meist in einige verlängerte Flossenstrahlen auslaufend. Gelblich bis bräunlich, Rücken dunkler, Bauch gelblichweiß, Seiten bei auffallendem Licht mit bläulichweißem Glanz. Entlang den Körperseiten 2–4 mehr oder minder deutliche, dunkelbraune bis schwarze Längsbinden, von denen immer zwei am Auge entspringen. Flossen rötlich, violett und bläulich schimmernd mit roten und grünlichen Punktflecken und Pünktchen. Auge außen tiefrot, innen leuchtend blaugrün. ♀ D und A nicht besonders lang ausgezogen, Bauch heller.
Pflege und Zucht siehe Beschreibung der Unterordnung, S. 840. Kann im Gesellschaftsbecken gepflegt werden. Zur Zucht weiches bis mittelhartes Wasser, sonniger Stand, dichte Bepflanzung, 26–28 °C. Schaumnestbauer. Mehrere zusammenhängende Eier werden gleichzeitig ausgestoßen und vom ♂, manchmal auch vom ♀, in das Nest gespuckt. Bis 600 Eier je Laichphase, die Jungen schlüpfen nach 24 Stunden. ♀ und ♂ können knarrende Töne erzeugen, vermutlich ist dabei das Labyrinthorgan beteiligt.
Die drei *Trichopsis*-Arten bilden zahlreiche Lokalrassen, die in der Aquaristik häufig falsch bestimmt wurden. Auch kann über die mehrfach beschriebene fertile Kreuzbarkeit der Arten hier nichts gesagt werden, da exakte Bestimmungen des Ausgangsmaterials fast immer fehlten.

Familie Helostomatidae
Buckelmäuler

Ursprüngliche Anabantoidei mit wulstigen Lippen und feinen, zum Abraspeln von Algenbelägen geeigneten Lippenzähnen, keine Maul- und Schlundbezahnung, Maul vorstülpbar. Der Kiemenkorb steht im Dienste der Planktonfiltrierung. D und A lang, die D beginnt etwa in Höhe des P-Ansatzes, C abgerundet, V I/5 etwa unter der P angesetzt, 1. Weichstrahl nicht verlängert. Eine Gattung mit einer Art in Südostasien.

Helostoma temmincki (Taf. 314)
(CUVIER und VALENCIENNES, 1831)
Küssender Gurami

Thailand, Große Sundainseln; bis 30 cm; bleibt in Gefangenschaft kleiner.
D XVI–XVIII/13–16; A XIII–XV/17–19; mLR 43 bis 48. Körper eiförmig, seitlich stark zusammengedrückt, Kopf spitz, Maul vorstreckbar mit flachen breiten Lippen. Ziemlich einförmig grünsilbern bis gelblichsilbern, Oberseite dunkelolivgrün, Bauchseite fast weiß. Auf den Körperseiten treten oft zahlreiche dunkle Längsstriche hervor. Kiemendeckel mit zwei senkrechten, kurzen, dunklen Binden. Flossen grünlich bis graugelb. Bei Wohlbefinden zeigen die Tiere eine dunkle Binde, die im vorderen Teil der D als brauner Rand ausgeprägt ist, im hinteren Teil der Flosse bogenförmig abwärts biegt, auf die C-Wurzel übergreift und vom hinteren Teil der A wieder bogenförmig nach vorn läuft. Auge braungelb. Eine pigmentarme Abart des Küssenden Gurami ist insgesamt mattrosa mit Perlmuttschimmer an den Körperseiten. Geschlechter schwer zu unterscheiden.
Pflege der meist etwas scheuen, jedoch relativ friedlichen Art nicht schwierig. Allerdings erfordert das schnelle Wachstum des Fisches von vornherein große Aquarien. Allesfresser, pflanzliche Beikost notwendig. Wärmebedürftig, nicht unter 24 °C (siehe auch Beschreibung der Unterordnung, S. 840). Die deutsche Namensgebung »Küssender Gurami« deutet die Eigenart der Tiere an, sich gegenseitig mit den weit vorgestreckten, breitlippigen Mäulern zu fassen oder auch nur zu berühren, ein Verhalten, das bei rivalisierenden ♂♂, aber auch bei der Paarung vorkommt. Freilaicher, mehrere 1000 Schwimmeier je Laichphase. Die Jungfische schlüpfen bereits nach 17–20 Stunden und schwimmen sehr bald frei.

Familie Osphronemidae
Fadenfische

Große Anabantoidei mit wulstig vorspringendem Kinn, oberständigem Maul, SL vollständig. D und A lang, die D beginnt weit hinter dem P-Ansatz, V I/V, 1. Weichstrahl stark verlängert, fadenartig. C abgerundet. Eine Gattung mit einer Art in Südostasien.

Osphronemus goramy (Taf. 318)
LACÉPÈDE, 1802
Gurami

Große Sundainseln. Von hier als Speisefisch sehr weit verbreitet; bis 60 cm.
D XII–XIII/11–13; A IX–XI/19–21; P 15–16; mLR 30–33, QR 5–6/13–14. Körper massig oval, seitlich abgeflacht. Kopf bei alten Tieren relativ klein, Kinn wulstig vorspringend. Jungfische etwas schlanker, mit spitzem Kopf und Sattelstirn. Geschlechtsreife Tiere bräunlich bis matt rötlich mit lichtem, fahlem Schimmer an den Körperseiten, Oberseite dunkler, Unterseite leicht gelblich. Auf dem Körper, besonders aber am Kopf, kleinere und größere schwarze Flecke. Flossen grau bis rötlichgrau. Alte Tiere sollen nach RACHOW völlig schwarz sein. Jungfische dieser Art sind zart rotbraun mit mehreren unregelmäßigen dunklen Querbinden sowie einem hellgesäumten runden Fleck über dem hinteren Teil der A. Flossen bläulich, V orangefarben. ♀ D und A im Gegensatz zum ♂ abgerundet.

Pflege siehe Beschreibung der Unterordnung, S.840. Für das Zimmeraquarium eignen sich nur Jungfische. Wachstum bei reichlicher Fütterung, die auch pflanzliche Stoffe, wie Haferflocken u. a., enthalten soll, sehr schnell. Angeblich hart gegen niedrige Temperaturen. Zweijährige und ältere Tiere (20 bis 30 cm) sind prächtige Schauobjekte für Großaquarien. Interessant ist vor allem der recht eigenartige Gesichtsausdruck älterer Tiere. Schaumnestbauer. Die Nester selbst sind sehr groß, meist im Schilf verankert und enthalten mehr oder weniger pflanzliches Baumaterial. Vaterfamilie. Mehrere 1000 ovale, relativ große Eier (2,5–2,9 mm im Durchmesser) je Laichphase. Die Jungfische schlüpfen nach etwa 35–40 Stunden und werden noch 10–14 Tage vom ♂ betreut. Die Art wird heute in Australien, Afrika, Süd- und Mittelamerika als Nutzfisch kultiviert.

Familie Luciocephalidae
Hechtköpfe

Familie der Ordnung Perciformes, die früher auf Grund des Vorhandenseins eines Labyrinthorgans in die Verwandtschaft der Anabantoidei gestellt wurde, heute jedoch als relativ eigenständiges Taxon der Perciformes angesehen wird. Nur eine Art in Südostasien (Abb.588).

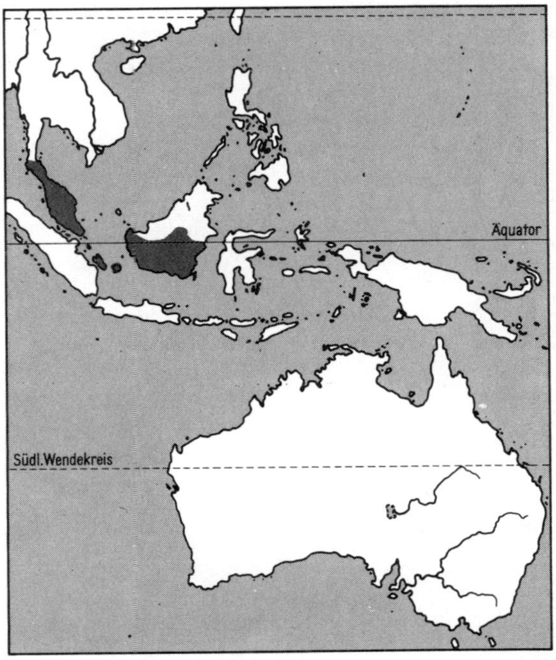

Abb.588 Verbreitungsgebiet der Luciocephalidae

Luciocephalus pulcher (Taf.319)
(GRAY, 1830/34)
Hechtkopf

Malaiische Halbinsel, Bangka, Belitung, Kalimantan (Borneo); in Bächen; bis 18 cm.
D 9–12; A 18–19; P 15–16; V I/5; mLR 40–42; QR 12–13. Körper sehr langgestreckt, hechtartig, seitlich wenig abgeflacht, Kopf groß und spitz. Maul tief gespalten mit eingeschlagenem Faltensystem, das ausgestülpt das Maul zu einem großen Trichter erweitert. D klein, weit hinten stehend, C abgerundet, A durch einen tiefen Einschnitt fast in zwei Abschnitte unterteilt, 2.Flossenstrahl der V sehr lang, fadenartig. Die Art besitzt ein Labyrinthorgan (vgl. S.841), das allerdings relativ einfach gebaut ist und vermutlich weniger als Atmungshilfsorgan als vor allem der Lautverstärkung für das Innenohr dient. Schwimmblase vorhanden. Gelbbraun bis rotbraun mit breiter, dunkler, oben und unten hell begrenzter Längsbinde von der Schnauze bis in die C-Wurzel. Daneben können besonders oberhalb dieses Bandes Fleckenreihen deutlich hervortreten. Unterseite hell, oft etwas rötlich. Flossen lehmgelb oder zart grünlich, teilweise mit braunen Tüpfeln, die sich besonders in der C zu Binden formieren können.
Versuche, diese sehr interessante Art längere Zeit in Gefangenschaft zu pflegen, blieben leider bislang ohne rechten Erfolg. Die Tiere sterben nach einiger Zeit ohne ersichtlichen Grund. Die Ursache dieser Mißerfolge ist zweifellos in den besonderen ökologischen Bedingungen der Heimatgewässer und einer ungeeigneten Ernährungsweise zu suchen. Der Hechtkopf ist ein Bewohner fließender Gewässer und bevorzugt Stellen, an die durch besondere Strömungsverhältnisse Nahrung herangetrieben wird. Auch lassen sich die Tiere gern unbeweglich mit der Strömung forttragen, um Beutetiere blitzschnell knapp über der Wasserfläche (Insekten) zu erfassen. Wärmebedürftig, Temperatur 22–24 °C. Insektennahrung, Fliegen u. a., nach PINTER auch Kleinkrebse und kleine Futterfische. Über die Fortpflanzung ist sehr wenig bekannt, wahrscheinlich Maulbrüter.

Familie Mastacembelidae
Stachelaale

Die hochinteressanten Stachelaale erinnern mit ihrer Körperform entfernt an die Echten Aale, verwandtschaftliche Beziehungen bestehen nicht. Sie sind im Süß- und Brackwasser Süd- und Südostasiens sowie im tropischen Afrika beheimatet (Abb.589). Körper aalartig bis bandförmig, neben sehr niedrigen Formen, bei denen die Körperhöhe 15–20mal in der Gesamtlänge enthalten ist (z.B. *M. loennbergi*), kommen auch höhere vor, bei denen die Körperhöhe nur 6–7mal in der Gesamtlänge enthalten ist (z.B. *M. pancalus*). Außerdem sind alte Tiere in der Regel höher als junge. Kopf gestreckt, Schnauze in einen beweglichen Fortsatz verlängert (Taf.302). Mit dem vorgeschobenen Schnauzenteil sind die vorderen Nasenöffnungen nach vorn verlagert, die jederseits mit einem kleinen Röhrchen neben diesem Fortsatz mün-

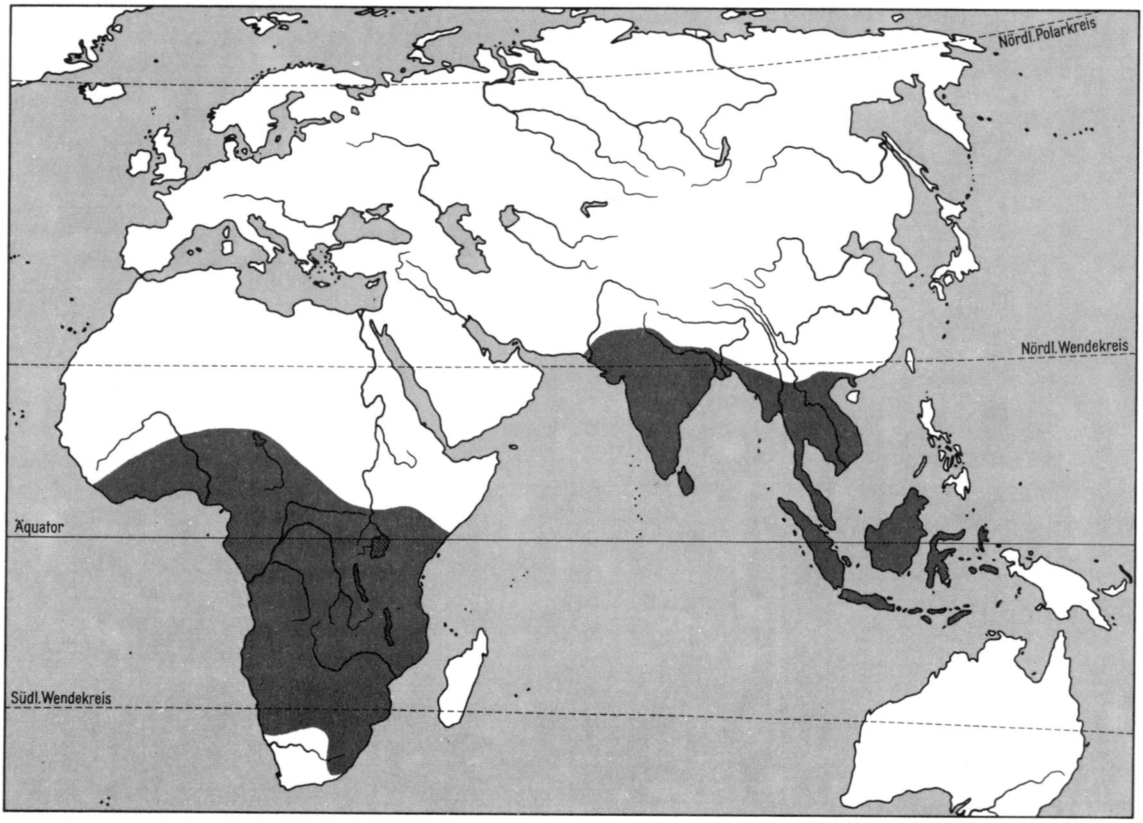

Abb. 589 Verbreitungsgebiet der Mastacembelidae

den, die hinteren Nasenöffnungen bleiben vor den Augen. Maul- und Kiemenöffnung klein, letztere weit kehlwärts verschoben. Die D besteht aus einem geschlossenen, weichstrahligen Teil, der bei den meisten Arten kontinuierlich in die C und weiter in die lange A übergeht. Bei der Gattung *Macrognathus* sind dagegen diese drei Flossen deutlich getrennt. Vor der weichstrahligen D stehen zahlreiche einzelne, gleichgroße Stacheln, die umgelegt und aufgerichtet werden können. Die Vn fehlen oft.

In ihren Heimatgebieten halten sich die Stachelaale vorwiegend in ruhigen, stark verkrauteten Gewässern mit schlammigem oder sandigem Bodengrund auf. Als typische Dämmerungstiere verbergen sie sich tagsüber zwischen Pflanzen oder im Bodengrund eingewühlt und gehen erst nachts auf Nahrungssuche, wobei hauptsächlich Würmer, Insektenlarven und Kleinkrebse erbeutet werden. In der Gefangenschaft gewöhnen sich die meisten Arten gut ein, wenn ausreichend Verstecke unter Steinen, in halbierten Blumentöpfen oder in hohlem Wurzelwerk geboten werden, von wo aus die scheuen Tiere tagsüber ihre Umgebung beobachten und beriechen können. Temperatur 22–28 °C, Lebendfutter aller Art, wie Würmer, Mückenlarven und Kleinkrebse. Besonders interessant ist die Nahrungsaufnahme. Der bewegliche, rüsselförmige Fortsatz orientiert sich zunächst tastend über die Art der Beute, die dann ruckartig eingeschlürft wird. Mit diesem sehr beweglichen Organ können die Tiere auch Würmer aus dem Bodengrund stöbern. Die Wasserqualität ist von geringer Bedeutung, allerdings sollte man auf alle Fälle auf 10 Liter Wasser 2–3 Teelöffel Seesalz und von Zeit zu Zeit Frischwasser zufügen. Stachelaale schwimmen gut vorwärts wie auch rückwärts. Antriebsorgane sind hauptsächlich die A und die C. Durch schlangenartige Bewegungen des Körpers kann die Fortbewegung unterstützt werden. Viele Arten graben sich mit Vorliebe so weit in den Bodengrund ein, daß nur der rüsselförmige Fortsatz und die Augen hervorragen. Dies gilt besonders für Vertreter mit aalförmigem Körper, dagegen bevorzugen seitlich stark abgeflachte bandförmige Arten Verstecke unter Steinen oder Wurzeln. Diese Verstecke werden im allgemeinen erst in den Abendstunden verlassen. *M. pancalus* wurde in Gefangenschaft schon mehrfach gezüchtet. Die Paarung scheint relativ einfach zu sein. Die zur Laichzeit sehr kräftigen ♀♀ werden von den ♂♂ ständig verfolgt und, wie SCHÖNBECK beobachtete, mit dem rüsselförmigen Anhang in der Bauchflossengegend betastet. Bei P. STOKE laichte die gleiche Art in *Riccia*-Polstern an der Oberfläche, angeblich werden dabei die Körper seitlich aneinandergepreßt. Die Jungfische schlüpften nach drei Tagen und hingen dann in den Pflanzen. Nach weiteren drei Tagen schwammen sie frei, die Schwimmbewegungen waren ruckartig. Als Erstfutter wurden *Artemia*-Nauplien angenommen. Erst mit etwa 3 cm verbergen sich die jetzt braunen Jungfische auf dem Bodengrund. Wachstum schnell.

Viele Stachelaale sind ansprechend gefärbt. Fast alle werden im Artbecken zutraulich und lernen ihre Pfleger kennen. Einige größere Arten sind regional geschätzte Speisefische.

Macrognathus aculeatus (Taf. 301)
(BLOCH, 1788)

Weitverbreitet von Indien über ganz Südostasien, auch auf einigen Inseln des Malaiischen Archipels und der Molukken, im Brack- und Süßwasser; bis 25 cm.
D XIV–XV/50–55; A II/49–53. Die Gattung *Macrognathus* ist unter anderem durch die Riffelung an der Unterseite des Schnauzenfortsatzes gekennzeichnet. Körper gestreckt, bei älteren Tieren relativ hoch. Schokoladenbraun bis rehbraun, oft mit deutlicher Marmorierung auf der Rückenseite, unterseits hell. Besonders charakteristisch für diese Art sind die sehr deutlichen Pfauenaugenflecke in der bräunlichen D, deren Anzahl zwischen drei und zehn schwankt. C in der Regel quergebändert, A hell bräunlich bis zart olivfarben. ♀♀ wesentlich kräftiger, in der Vorlaichzeit sehr dick.
Pflege siehe Familienbeschreibung. Die Tiere werden erst mit 12–15 cm geschlechtsreif.

Mastacembelus argus
GÜNTHER, 1861

Thailand, selten; bis 35 cm.
D XXXII–XXXIV/60–75; A III/56–75. *M. argus* steht hinsichtlich seiner Körperhöhe zwischen den sehr niedrigen und den hohen Arten. Praeorbitalstachel vorhanden, D, C und A bilden einen einheitlichen Flossensaum. Körper gelbbraun bis dunkelbraun mit hellgrünen bis weißen Fleckenlängsreihen an den Körperseiten sowie hellen Linien auf dem Rücken, Unterseite weiß. Flossen undurchsichtig braun, z. T. gelblich gesäumt. An der P-Basis ein schwarzer Fleck.
Geschlechtsunterschiede und Pflege siehe Familienbeschreibung.

Mastacembelus armatus armatus (Taf. 301, 302)
GÜNTHER, 1861

Weitverbreitet von Indien und Sri Lanka über Thailand bis nach Südchina, auch auf Sumatra; bis 75 cm, in der Regel kleiner.
D XXXIV–XXXIX/79–90; A III/79–90. *M. armatus armatus* gehört zu den relativ niedrigen Formen, Körperhöhe in der Gesamtlänge je nach Alter 11–13mal enthalten. Praeorbitalstachel vorhanden, D, C und A bilden einen einheitlichen Flossensaum. Die Art ist an der Zeichnung gut zu erkennen. Oberseits kräftig braun, Unterseite gelblich. Vom Auge bis in die C-Wurzel eine unregelmäßige, dunkle Zickzackbinde, von der schwarze Striche in die D und A ausgehen. Die untere Körperhälfte mit hellen runden Feldern auf dunklem Grund, insgesamt wie ein Siebplattenmuster erscheinend. Junge Tiere oft mit wolkigen Flecken.
In den letzten Jahren wurde auch die aus Thailand stammende Unterart *M. armatus favus* gepflegt. Bei dieser sind statt der Zickzackbinde unregelmäßige Flecke ausgebildet.
Geschlechtsunterschiede und Pflege siehe Familienbeschreibung.

Mastacembelus circumcinctus (Abb. 590)
HORA, 1824
Gürtelstachelaal

Südosthailand; bis 20 cm.
D XXIX–XXXI/45–48; A III/56. Körper gestreckt, niedrig, Praeorbitalstachel vorhanden, D, C und A bilden einen einheitlichen Flossensaum, weichstrahlige D und A sehr breit. Oberseits hellbraun, Bauch gelb, an den Kopf- und Körperseiten bis 18 keilförmige braune Querbinden, die breit im oberen Drittel beginnen und keilförmig bis auf die Unterseite bzw. bis in die A reichen. Geschlechtsunterschiede in der Färbung unbekannt.
Pflege siehe Familienbeschreibung. Buddelt sich häufig in den Bodengrund ein. Zucht noch nicht gelungen.

Mastacembelus erythrotaenia (Taf. 319)
BLEEKER, 1850
Rotstreifenstachelaal

Burma, Thailand, Sumatra, Kalimantan (Borneo); bis ? cm.
D XXXII–XXXVII/70–80; A III/70–80. Körper gestreckt, niedrig, kein Praeorbitalstachel, D, C und A bilden einen einheitlichen Flossensaum. Insgesamt sehr dunkel braun bis schwärzlich mit vier besonders im Vorderkörper deutlichen roten Längslinien an jeder Körperseite. Flossen dunkel, D, C, A und P mit rotem Saum. Geschlechtsunterschiede in der Färbung unbekannt.
Pflege siehe Familienbeschreibung. Sehr empfindlich, möglichst feiner Bodengrund, jede Verletzung führt zu Hautkrankheiten. Etwas Seesalzzusatz (zwei Eßlöffel auf 10 Liter Wasser) hat sich als günstig erwiesen. Durch Hypophysierung bereits mehrfach gezüchtet, sehr produktiv. Siehe auch Familienbeschreibung.

Mastacembelus loennbergi (Abb. 591)
BOULENGER, 1898

Tropisches Westafrika, Kamerun, Sierra Leone, Tschad-Becken; bis 19 cm.
D XXVII–XXXII/100–130; A II/100–130. Körperform siehe Familienbeschreibung, sehr schlank, Körperhöhe 13–17mal in der Gesamtlänge enthalten. Dunkel olivbraun bis fast schwärzlich mit zahlreichen hellgelben bis bräunlichen Tupfen und Strichen. Untere Hälften der Körperseiten heller mit netzähnlicher Zeichnung. D-Saum dunkel getüpfelt, A Saum

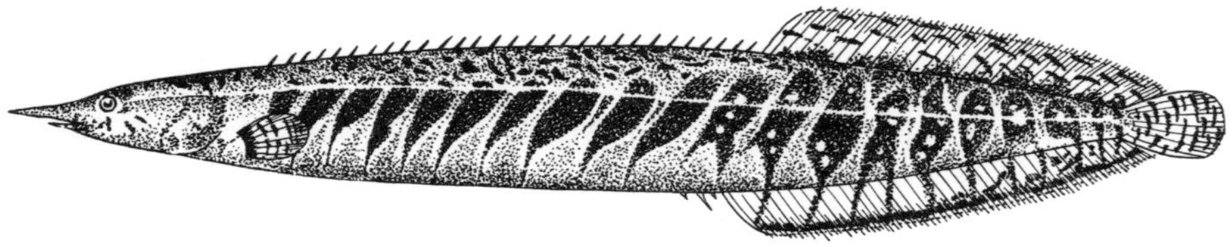

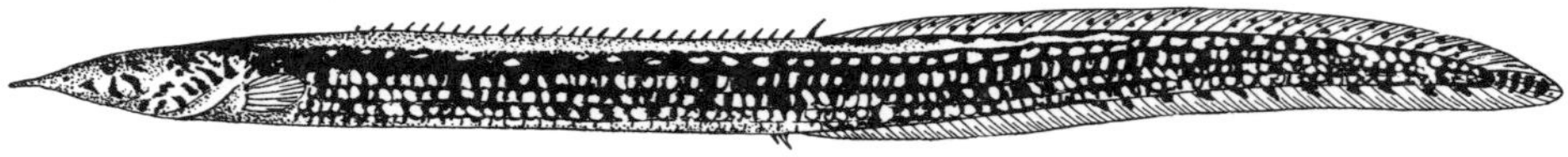

Abb. 590 *Mastacembelus circumcinctus*
Abb. 591 *Mastacembelus loennbergi*

mit abwechselnd hellen und dunklen Querstrichen. Auge rötlich.
Geschlechtsunterschiede und Pflege siehe Familienbeschreibung.

Mastacembelus maculatus (Taf. 302)
(CUVIER und VALENCIENNES, 1831)

Thailand, Große Sundainseln, im Süßwasser; bis 45 cm.
D XXVI–XXX/60–70; A III/59–69. Schnauze im Gegensatz zu anderen Arten beschuppt, kein Praeorbitalstachel, D, C und A bilden einen einheitlichen Flossensaum. Auch diese Art hat eine sehr charakteristische Zeichnung und Färbung. Körper braun, dunkel gefleckt. Senkrechte Flossen mit gelbem Rand, an der Basis der D eine Reihe schwarzer Tupfen (wörtlich nach SMITH, 1945). Geschlechtsunterschiede in der Färbung unbekannt.
Pflege siehe Familienbeschreibung.

Mastacembelus pancalus (Taf. 301)
(HAMILTON-BUCHANAN, 1822)

Vorderindien, in den großen Flüssen und in küstennahen Gewässern; bis 20 cm.
D XXIV–XXVI/30–44; A III/31–46; P 19. *M. pancalus* ist relativ hoch gebaut und seitlich stark zusammengedrückt, Körperhöhe nur 6,5–7mal in der Gesamtlänge enthalten. Oberseits olivgrün, Körperseiten bräunlich bis grau, Unterseite hell bis kräftig gelb. Aus dieser Grundfärbung treten zahlreiche hellgelbe Tüpfel sehr deutlich hervor. Entlang der SL ein heller Streifen, oft besonders im hinteren Körperabschnitt mit dunklen Querstreifen. Flossen gelblich, dunkel getüpfelt. ♀ wesentlich kräftiger, etwas höher, unterseits hellgrau bis reinweiß.
Pflege und Zucht siehe Familienbeschreibung. *M. pancalus* konnte schon mehrfach mit Erfolg gezüchtet werden.
Zahlreiche weitere Arten wurden vereinzelt als Jungtiere eingeführt, jedoch nicht näher bestimmt.

Abb. 592 Verlagerung eines Auges während der Jungfischentwicklung der Pleuronectiformes

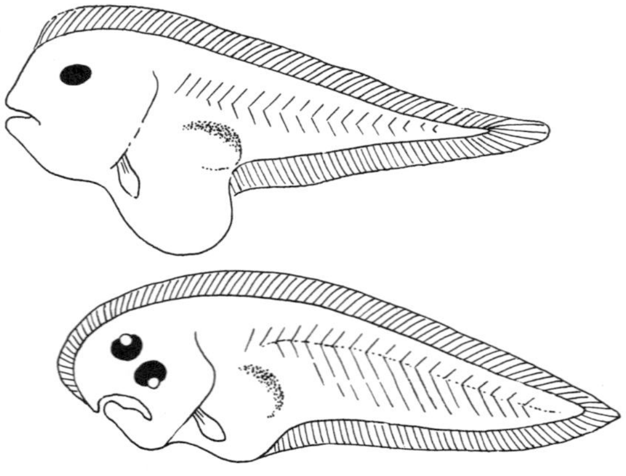

Ordnung Pleuronectiformes
Schollenartige, Plattfische

Weltweit verbreitete scheibenförmige Bodenfische mit unsymmetrischem Kopf und Körper. Eine Körperseite ist zur Unter- die andere zur Oberseite umgebildet, bei den meisten Arten ist die rechte Seite die Oberseite. Beide Augen befinden sich auf der Oberseite, das mehr oder weniger vorstülpbare Maul ist schief nach der Oberseite verzogen. Die Schwimmblase wird angelegt, später jedoch zurückgebildet, SL vollständig, in mehreren Linien ausgebildet, reduziert oder fehlend. Schuppen meist gut ausgebildet. Die sehr lange D und A dienen durch undulierende Bewegungen dem Antrieb beim Schwimmen, C abgerundet, Vn klein, kehl- oder bruständig, Pn klein, auf der Unterseite oft reduziert. Oberseite meist dunkel pigmentiert, hart, Unterseite hell, weich. Farbwechselvermögen bei vielen Arten stark ausgeprägt.
Die jungen Stadien (Larven) sind symmetrisch und schwimmen aufrecht im Wasser. Im Laufe der weiteren Entwicklung wandert das eine Auge über die Kopfoberseite auf die andere Kopfseite (Abb. 592). Junge Plattfische sind sehr schwimmaktiv, große hingegen Bodenbewohner, die sich hauptsächlich in flacheren Gewässern aufhalten und nur selten durch wellenförmige Flossenbewegungen schwimmen. Die meisten Arten graben sich, obwohl sie eine gute Schutzfärbung besitzen, zusätzlich in den Sand ein. Beutetiere werden nicht erjagt, sondern aus dem Versteck mit dem vorstreckbaren Maul ergriffen. Eier pelagisch, Eizahl groß.
Zahlreiche Arten in fast allen Meeren. Nahezu alle

Plattfische sind Nutzfische (Scholle, Steinbutt, Flunder, Seezunge). Einige Arten dringen als Jungfische in die Brackwassergebiete vor, nur ganz wenige haben das Süßwasser erobert. Aus den verschiedenen Familien, von denen die Pleuronectidae (Flundern) und Soleidae (Seezungen) am bekanntesten sind, werden ab und zu Einzelexemplare aus dem Brackwasser importiert. Die meisten Süßwasserarten gehören zu den Soleidae, Unterfamilie Achirinae (Nord- und Südamerika).

Achirus fasciatus (Taf. 300)
(LACÉPÈDE, 1803)
Zwergflunder, Zwergseezunge

Ostküste der USA, Florida, Texas, im See-, Brack- und Süßwasser; bis 15 cm.
D 50–56; A 36–42; mLR 66–75. Körper sehr flach, in Aufsicht längsoval. Oberseite je nach Untergrund und Stimmung sehr unterschiedlich, im allgemeinen sind auf sandfarbenem Grund unregelmäßige, graubraune bis dunkelbraune Marmorierungen vorhanden. Unterseite einfarbig weiß. Alte Tiere mit schmalen dunklen Querbinden. Geschlechtsunterschiede nicht bekannt.
Große Becken mit feinsandigem Untergrund. Gedeiht am besten in leicht brackigem Wasser (2–3 Teelöffel Seesalz auf 10 Liter Wasser), Temperatur 20 bis 24 °C, Lebendfutter, vorwiegend Würmer und rote Mückenlarven, aber auch Futterreste und sogar faulende Pflanzenteile. Sehr interessantes Pflegeobjekt, das leider tagsüber im Sande so verborgen ist, daß nur die kleinen Augen hervorstehen. Dieses Versteck wird fast nur nachts oder bei der Fütterung verlassen. Wird die Süßwasserflunder aufgeschreckt, so schießt sie blitzschnell durch das Wasser, um sich an einer anderen Stelle sofort wieder einzubuddeln. Fortpflanzung unbekannt. Gelegentlich heften sich die Tiere an die Glasscheibe an.

Familie Tetraodontidae
Kugelfische

Aus der formenreichen Ordnung der Tetraodontiformes, früher als Plectognathi (Haftkiefer) bezeichnet, kommen nur wenige Arten im Süß- oder Brackwasser vor, die zudem alle der Familie Tetraodontidae angehören. Die in ihrer Verbreitung hauptsächlich auf die Tropen und Subtropen beschränkten Kugelfische gehören zu den merkwürdigsten und damit auch interessantesten Fischen überhaupt. Der Körper ist meist mehr oder weniger keulenförmig gestaltet und wirkt durch diese Form etwas unbeholfen. Kopf im allgemeinen groß, gelegentlich sehr groß *(Tetraodon miurus)*, Augen weit auseinanderstehend. Die bei Tetraodontiformes zur Verschmelzung neigenden Zähne sind hier völlig vereinigt und bilden scharfe Leisten, die in ihrer Gesamtheit einem Papageienschnabel nicht unähnlich gestaltet sind (Abb. 593). Ober- und Unterschnabel bestehen je aus einer rechten und linken Leiste (insgesamt vier, deshalb »Tetraodontidae« = Vierzähner), die in der Mitte zusammenstoßen. Wulstige Lippen können den Schnabel mehr oder weniger weit bedecken. Ähnliche Schnabelbildungen haben die nahe verwandten Igelfische (Diodontidae) und die Papageienfische (Scaridae). Aber auch die Flossen zeigen sowohl anatomisch als auch funktionell Besonderheiten. Während bei den normalen Fischtypen der Schwanzstiel in Verbindung mit der C Antriebsorgan ist und die paarigen Flossen Steuerorgane sind, liegen bei den Kugelfischen die Verhältnisse gerade umgekehrt. Durch propellerartige Bewegungen der kräftigen Pn, unterstützt durch die D und A, wird der Körper angetrieben, der Schwanzstiel und die hier meist kleine A dienen dagegen dem Steuern. Darüber hinaus können aber die beiden Pn auch unterschiedlich arbeiten und so ohne Hilfe der senkrechten Flossen die Bewegungsrichtung bestimmen. Nicht zuletzt sei erwähnt, daß die spezialisierte Muskulatur der Pn auch ein Rückwärtsschwimmen ermöglicht. Die Vielfalt der Bewegungsformen verleiht den etwas unbeholfen aussehenden Fischen eine Wendigkeit, von der man erst beim Herausfangen der Tiere eine rechte Vorstellung erhält. Vn fehlen, alle Flossen werden nur von weichen Strahlen gestützt. Die muskulöse Haut ist entweder nackt oder mit oft dreistrahligen Stacheln besetzt, die in Ruhe nach hinten umgelegt werden. Sehr selten kommen plattenartige Hautknochen vor, wie sie für viele andere Familien der Ordnung charakteristisch sind. Kiemenspalten sehr eng, lochartig, unmittelbar vor den Brustflossen gelegen.
Die deutsche Bezeichnung »Aufbläher« stellt die auffälligste Besonderheit dieser Familie heraus. Fast alle Kugelfische, und auch die Igelfische, besitzen eine besondere Erweiterung des Magens, die sich unter die Brust- und Bauchhaut ausdehnt und mit Wasser oder Luft gefüllt werden kann. Die Tiere nehmen dabei Kugelform an (Taf. 303). Diese eigenartige Anpassung dient vermutlich dem Schutz; das Tier wird dadurch wesentlich größer und erscheint so dem Angreifer als nicht mehr schlingfähig, außerdem werden durch das Aufblähen die Körperstacheln aufgerichtet. Schließlich kann das aufgenommene Wasser ruckweise ausgestoßen und so der Angreifer erschreckt werden. Nicht unerwähnt soll bleiben, daß viele Arten sehr giftig sind. Das Gift Tetrodotoxin

Abb. 593 Schnabelförmiges Gebiß und Schädelskelett bei Kugelfischen

befindet sich vor allem in den Keimdrüsen. Die Giftigkeit der Fische ist vom Fortpflanzungszyklus abhängig. Die Zubereitung giftiger Kugelfischarten (meist Vertreter der marinen Gattung *Fugu*) ist nur dazu lizenzierten Köchen gestattet.
Die Pflege der meisten Kugelfische ist nicht schwierig. Wildfänge, die aus den Küstengebieten Asiens, Afrikas oder Amerikas stammen, sollen anfangs im Brackwasser untergebracht und erst allmählich an Süßwasser gewöhnt werden. Reine Süßwasserformen wie *Tetraodon schoutedeni*, *T. fahaka*, *T. miurus*, *T. mbu* u. a. können natürlich gleich in Süßwasser eingesetzt werden. Wer für Kugelfische aus der Brackwasserzone ein Biotopaquarium einrichten will, wird als Grund feinen Sand und Muschelkies verwenden und Versteckmöglichkeiten mit Steinen, Wurzelwerk oder Korallenstöcken schaffen. Besondere Ansprüche stellen die Tiere, vielleicht mit Ausnahme der Afrikaner, nicht. Viele weniger bissige Arten lassen sich mit anderen, nicht zu kleinen Fischen vergesellschaften. Wasserhärte und pH-Wert spielen im allgemeinen keine Rolle. Fast alle Arten sind sogar empfindlich gegen niedrige pH-Werte und bevorzugen sichtlich leicht alkalisches Wasser. Afrikanische Arten pflege man dagegen in nicht zu hartem, etwas torfigem Wasser.
Die oben beschriebene eigenartige Gebißbildung stellt eine Anpassung an den Nahrungserwerb dar. Kugelfische sind befähigt, hartschalige Beutetiere zu zermalmen. Die Hauptnahrung vieler Arten sind Schalentiere (Mollusken). Fast alle bisher eingeführten Süßwasserkugelfische fressen mit Vorliebe kleine Schnecken und Muscheln (nicht mit *Limnaea* füttern!), sie lassen sich aber auch an Regenwürmer, Mückenlarven, Mehlwürmer und Wasserflöhe gewöhnen, weniger gern wird *Tubifex* genommen. Einige Arten, wie *Tetraodon miurus*, ernähren sich vorwiegend von kleinen Fischen. Experimentell lassen sich Kugelfische meist zum Aufblähen bringen, wenn sie aus dem Wasser gehoben und mit dem Finger vorsichtig am Bauch gestrichen werden. Wieder ins Wasser gebracht, schwimmen sie wie ein Bällchen in Rükkenlage, stoßen dann zischend Luft aus, tauchen schnell unter und versuchen, sich zu verbergen. Beim Aufblähen mit Luft sind oft quakende Laute zu hören.
Das Fortpflanzungsverhalten scheint sehr unterschiedlich zu sein. Die bisher vorliegenden Beobachtungen deuten an, daß verschiedene Arten ihr Gelege wie die meisten Cichliden auf vorher peinlichst gereinigten Steinen absetzen und betreuen (Substratbrüter). Andere Arten stoßen ihre Eier wahllos in dichten Pflanzenbeständen aus (Freilaicher). Substratlaicher sind z. B. die Arten *Tetraodon cutcutia*, *T. fluviatilis*, *T. leiurus brevirostris*. PAUL SCHÄME hat *Tetraodon cutcutia* als erster mehrere Generationen hindurch in reinem Süßwasser gezüchtet. Er verwendete Zementbecken und schrieb über die Zucht folgenden Bericht: »Nach originellen Liebesspielen, wobei sich ♂ und ♀ kreisförmig am Bodengrund drehen, setzt das ♀ seinen Laich (200–300 Eier) von gläsern-heller Beschaffenheit auf Steinen u. a. ab, wo er durch das ♂ befruchtet, bewacht und verteidigt wird. Letzteres setzt sich auf den Laich, respektiv es bedeckt ihn mit seinem Körper, um ihn auf diese Weise dem Feinde unsichtbar zu machen, es bebrütet ihn förmlich. Die Eier entwickeln sich im Verlauf von 6 bis 8 Tagen, je nach Wasserwärme, worauf die kaulquappenähnlichen, runden Jungen ausschlüpfen, die einige Tage am Grunde liegen. Sie werden nach einiger Zeit vom ♂ in einer Art Grube im Bodengrund untergebracht und weiterhin noch einige Zeit geschützt. Das ♀ beteiligt sich an der Brutpflege nicht, sondern es frißt während dieser Zeit auffällig viel und hält sich nicht verborgen. Die Jungen nähren sich in der ersten Zeit von ihrem Dottersack, später von Infusorien und Nauplien.«
Zu den Freilaichern gehört *Tetraodon schoutedeni*. Diese Art laichte in Gefangenschaft erstmals bei der Münchener Importfirma A. WERNER. Genaue Beobachtungen über das Laichgeschäft konnte FEIGS (1955) anstellen. Danach beißen sich 1–2 ♂♂ an der Bauchseite eines ♀ fest und lassen sich so durchs Wasser ziehen. Die Laichabgabe erfolgt in der Nähe der Wasseroberfläche. Eine ausgesprochene Brutpflege zeigt *T. schoutedeni* nicht, allerdings konnte beobachtet werden, wie das ♀ den Laich ins Maul nahm und ihn wieder ausspie. Die ziemlich kleinen Jungfische, die bei einer Temperatur von 28 °C nach drei Tagen schlüpfen, ähneln bereits in der Form den Eltern. Unter den reichlich zugegebenen Infusorien haben die Jungfische anscheinend nicht die ihnen zusagende Nahrung gefunden, auch »Mikro« und Nauplien von *Cyclops* und *Artemia salina* wurden verweigert, die Jungtiere gingen nach kurzer Zeit ein. Die Ernährung der Jungfische ist vermutlich bei allen Kugelfischen nicht einfach. Rädertiere scheinen als Erstfutter unbedingt notwendig zu sein. Bei Versuchen sollten auch pflanzliche Stoffe, wie gebrühter Spinat oder Salat, getestet werden. Fast alle Kugelfische lernen ihren Betreuer kennen und verlieren ihm gegenüber ihre Scheu. Nach W. HERING sind alle Kugelfische sehr empfindlich gegen Ammoniak. Die Gewöhnung der hier genannten Arten an reines Süßwasser ist in der Regel ohne Schwierigkeiten möglich. Bei Krankheitserscheinungen oder Futterverweigerung wird empfohlen, die Tiere in Brackwasser zu überführen.

Carinotetraodon somphongsi (Taf. 319)
(KLAUSEWITZ, 1957)
Kammkugelfisch

Thailand, Flußgebiet des Tha Chin; bis 6,5 cm.
D 13; A 11; P 17; C 12. Körper keulenförmig, seitlich etwas abgeflacht, Rückenlinie stark, Bauchlinie kaum ausgebogen, Nasenröhre kurz, ohne Tentakeln. Freie aufrichtbare Stacheln nur im vorderen Körperbereich. Die ♂♂ zeigen beim Imponieren eine charakteristische Veränderung der Körperform. Auf dem Rücken tritt ein Kamm, auf dem Bauch ein Längskiel hervor, der ganze Körper wird dadurch in

Seitenansicht mehr linsenförmig. Die Färbung kann spontan von Hell nach Dunkel wechseln. Gelb- bis dunkelgrau, Rücken dunkler, Bauch heller bis schmutzigweiß. Die Augen verbindet eine helle Zone, auf dem Rücken zwei sehr ungewöhnliche dunkle Querstreifen, zwischen Auge und D ein dunkles, sehr mannigfaltig ausgeprägtes Band. Bauchseite mit rostfarbenen Längsstreifen. D und A gegenüberstehend, schmutzigrot, C leuchtend blau, hinten weiß gesäumt. Regenbogenhaut rot, Pupille bläulich irisierend (Beschreibung nach BENL, abgeändert). ♀ Körperform nicht veränderlich, Färbung variabel, sehr schnell zwischen Hell und Dunkel wechselnd. Bei Wohlbefinden sind die Tiere am Rücken gelboliv bis graubraun, bauchseits sehr hell. Vom Auge, dessen Regenbogenhaut kräftig rot leuchtet, zieht je ein breites, sehr unregelmäßiges Band zum Rücken und zum unteren Teil der C-Wurzel. In der Nackengegend dunkle, quergestellte Flecken, Bauch mit gelblichem bis rötlichem Längsstrich.
Pflege siehe Familienbeschreibung. Zucht bereits gelungen, das ♂ beißt sich bei der Paarung am ♀ fest. Bis 300 Eier, Aufzucht der Jungfische schwierig. Reine Süßwasserform, die vorwiegend Schnecken und kleine Muscheln frißt. Das ♂ wurde zunächst als *Carinotetraodon chlupatyi*, das ♀ als *Tetraodon somphongsi* beschrieben.

Chelonodon patoca (Taf. 303)
(HAMILTON-BUCHANAN, 1822)
Asiatischer Papageienkugelfisch

Küstengewässer von Süd- und Ostasien einschließlich des Malaiischen Archipels. Die Art dringt auch in die Flußmündungen vor; bis 30 cm.
D 10–13; A 10. Kopf etwas quadratisch, Auge groß, Kiefer kräftig, etwas vorspringend. Das Dunkelbraun oder auch Olivschwarz der Oberseite zieht sich an verschiedenen Stellen völlig unregelmäßig querbindenartig bis zur Bauchseite, die dazwischenliegenden Felder der unteren Körperhälfte sowie zahlreiche Tupfen der Oberseite sind reinweiß. Auge sehr beweglich, besonders im Bereich der Pupille intensiv blaugrün irisierend. Äußere Geschlechtsunterschiede sind mit Sicherheit nicht anzugeben.
Pflege siehe Familienbeschreibung. Trotz seiner Größe sehr friedlich gegen andere Arten, etwas aggressiv gegen Artgenossen. Pumpt sich öfter ganz unmotiviert kurz mit Wasser auf und hat dann etwa den dreifachen Körperumfang. Schreckhaft, frißt neben ziemlich großen Schnecken gern Mückenlarven, Regenwürmer, Mehlwürmer und Enchyträen, 23 bis 28 °C. Zeigt in Gefangenschaft vor allem im Seewasser Wohlbefinden. Noch nicht nachgezüchtet.

Abb. 594 Zeichnungsmuster von *Colomesus psittacus* (oben) und *Colomesus asellus*

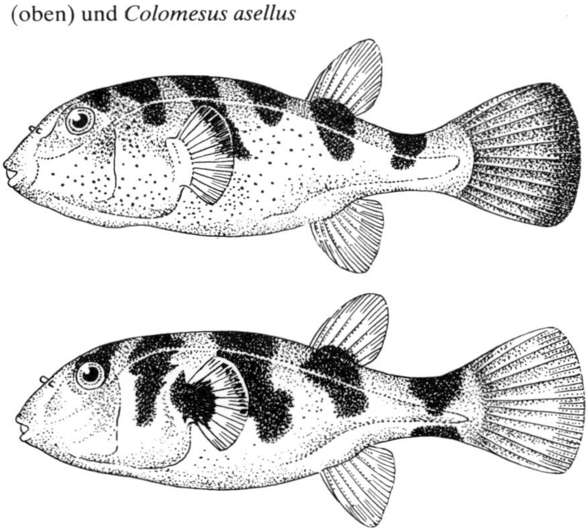

Colomesus psittacus (Abb. 594)
(SCHNEIDER, 1801)
Südamerikanischer Papageienkugelfisch

Westindien, Venezuela, Guayana, Amazonas und einige Nebenflüsse, meist im Süßwasser, seltener im Brackwasser; bis 20 cm (?).
D 8–10; A 9. Von typischer Kugelfischgestalt, Kopf und Körper teilweise mit kleinen Stacheln besetzt, SL stark nach oben ausgebogen. Färbung nach BENL (verändert): Jungfische von 3–4 cm Länge zeigen auf einem leuchtend moosgrünen Rücken sechs tiefschwarze Querbinden, die etwa bis zur Körpermitte reichen, Bauch rein weiß, C schwarz. 10–12 cm lange Tiere sind auf dem Rücken hell olivgrün, an den Körperseiten schmutzig-blaßgrün, mit leichtem Metallglanz, bauchseitig weiß, selten grau. Die Grundfarbe wird durch sechs schwarze Querbinden unterbrochen, deren Anordnung aus Abb. 594 zu ersehen ist. Iris goldgelb. Die Oberseite kann sehr dunkel werden oder stark aufhellen.
Pflege wie in der Familienbeschreibung angegeben. Nach BENL sehr lebhaft und gräbt sich gelegentlich längere Zeit ein. Verträgt keinen Aufenthalt an der Luft (!).
Eine sehr nahe verwandte Art, *Colomesus asellus*, unterscheidet sich von *C. psittacus* vor allem durch das Vorhandensein von nur fünf Querbinden, von denen die mittlere wie aus zwei Binden zusammengesetzt erscheint (Abb. 594). Außerdem ein schwarzer Fleck auf der Unterseite der C-Wurzel.

Sphaeroides oblongus
(BLOCH, 1786)
Sattelbindenkugelfisch

Küste Süd- und Ostasiens, Südsee, vorwiegend im Seewasser; bis 30 cm.
D 6–8; A 6–7. Kopf und Körper mit kleinen Stacheln besetzt. Die beiden Nasenöffnungen jeder Seite stehen hintereinander auf einer kurzen Papille. Färbung in den einzelnen Altersstadien sehr unterschiedlich. Jungtiere bis 5 cm zeigen auf dem olivgrünen, leicht silbernen Rücken zwei schwarzbraune Sattelbinden, von denen die erste in Höhe der P, die zweite unter der D liegt. Zwischen den Sattelbinden und dahinter schmale dunkle Querstreifen. Auf dem Kopf gelbolive Flecken und Punkte, Unterseite weißsilbern. D

mit orangefarbener Spitze, C schmutzig orangefarben, dunkel gesäumt, A mit gelblicher Spitze. Größere Tiere zeigen keine Sattelbinden, dagegen sind zahlreiche schmale, teils netzförmig vereinigte, dunkle Querstreifen ausgebildet, die vom Rücken bis auf die Seitenmitte reichen. Gelegentlich ist der Rükken ganz dunkel. In der Hinterkopfregion zahlreiche helle Tüpfel.
S. oblongus kann, wie die anderen hier angeführten Kugelfische, im Süßwasser oder Brackwasser gepflegt werden. Die Tiere sind verhältnismäßig friedlich untereinander und gegen andere Fische. Sie suchen ständig nach Futter, gelegentlich ruhen sie auf dem Bodengrund. Sehr gefräßig. Beim Aufblähen sind die Stacheln nicht sichtbar, 25–27 °C. Fast alle Angaben nach KLAUSEWITZ und BENL.

Tetraodon cutcutia (Taf. 319)
(HAMILTON-BUCHANAN, 1822)
Gemeiner Kugelfisch

Vorder- und Hinterindien, Malaiischer Archipel (Philippinen?), im Süß- und Brackwasser; bis 8 cm.
D 10–12; A 10; P 21. Körperbau siehe Familienbeschreibung. Haut lederartig, ohne Stacheln, Bauchflossen fehlen, Nasentubus ungeteilt, sehr kurz oder fehlend. Die Knochen des Ober- und Unterkiefers bilden scharfe, mit Schmelz überzogene, hervorstehende Leisten. Färbung sehr variabel. Rücken dunkelgrün bis olivgrün, Körperseiten gelblich bis hellgrau, Bauch schmutzigweiß. Die Augen verbindet ein heller Streifen. Vor der D und an den Körperseiten je ein dunkler, runder Fleck, der von einer breiten, goldglänzenden Zone eingefaßt ist. Der ganze übrige Körper dunkelbraun genetzt. Flossen gelbgrau bis olivgrün, C grünlich gesäumt, unter dem oberen Rand mit einem schmalen, braun- bis karminroten Band, selten insgesamt karminrot gesäumt. Auge grünlich irisierend. ♀ mehr gelblich gefärbt, etwas kleiner.
Pflege und Zucht siehe Familienbeschreibung. Die Art pumpt sich relativ häufig unter Wasser auf, läßt sich leicht pflegen und ist schon öfter gezüchtet worden. Fast immer bissig und unverträglich.

Tetraodon erythrotaenia (Abb. 595)
(BLEEKER, 1853)

Sulawesi (Celebes), Ambon, Neuguinea, Australien, im Süß- und Brackwasser; bis 9 cm.
D 9–10; A 9–11. Ähnlich gestaltet wie *T. fluviatilis*, Nasententakel gegabelt, Haut mit deutlichen Stacheln. Die einheitlich graubraune bis schwarzbraune Oberseite wird etwa in P-Höhe durch eine kräftig rost- bis karminrote, scharfe Längslinie von der weißen oder leicht gelblichen Unterseite getrennt. Geschlechtsunterschiede unbekannt.
Pflege wie in der Familienbeschreibung angegeben. Die Art bevorzugt gut bepflanzte Becken mit feinem Sandboden, 23–28 °C. Unverträglich. Vermutlich noch nicht nachgezüchtet.

Tetraodon fahaka (Taf. 319)
(LINNAEUS, 1757)
Araber- oder Nilkugelfisch

Nil, Tschad-Becken, Niger, Senegal, Gambia, nur in Küstennähe; bis 40 cm.
D 12–14; A 10–11. Kopf und Körper mit kleinen Stacheln besetzt, dagegen fehlen diese auf dem Schwanzstiel, zwei kurze, gegabelte Nasententakel. Oberseite dunkel, grau bis schwärzlich, Körperseiten graugelb mit zahlreichen, dunklen, leicht gegen den Rücken hin ansteigenden Längsbinden, die besonders auf dem Kopf und im vorderen Körperbereich zu einer mehr oder weniger deutlichen Marmorierung vereinigt sein können. Diese Zeichnung ist besonders bei jüngeren Tieren nur in Form von Fleckenreihen ausgeprägt. Unterseite gelblich. D, A und P gelb, C dunkel grauoliv, orangefarben gesäumt. Sehr junge Tiere mit roten Tupfenreihen an den Körperseiten. Äußere Geschlechtsunterschiede sind bislang nicht bekannt.
Pflege wie in der Familienbeschreibung angegeben. Sehr bissig, wärmebedürftig, 22–26 °C. Noch nicht nachgezüchtet.
Neuerdings unterscheidet man mehrere Unterarten: *T. fahaka fahaka* (Nil), *T. fahaka strigosus* (Niger), *T. fahaka rudolfianus* (Turkanasee, bleibt sehr klein, 6 cm).

Tetraodon fluviatilis (Taf. 303, 320)
(HAMILTON-BUCHANAN, 1822)
Grüner Kugelfisch

Vorderindien, Sri Lanka, Burma, Thailand, Malaiische Halbinsel, Sundainseln und Philippinen, im Süßwasser und im schwach brackigem Wasser; bis 17 cm.
D 12–16; A 11–15; P 17–22. Kopf und Körper mit mehr oder weniger dicht stehenden kleinen Stacheln besetzt, selten ganz nackt, zwei kurze, gegabelte Nasententakel. Färbung und Zeichnung entsprechend der örtlichen Herkunft recht verschieden. Oberseite und Körperseiten mit großen, braunen bis schwarzen, runden, oft hell umrandeten Flecken, die besonders auf dem Rücken zu breiten, balkenartigen Zeichnungen vereinigt sein können. Zwischenräume prächtig smaragdgrün bis gelbgrün. Besonders zwischen den Augen und in der Nackenregion können leuchtende, unscharf begrenzte Linien hervortreten. Auch ein einheitlicher hellgrün irisierender Fleck kann vorhanden sein. Unterseite weiß, bei älteren Tieren grau, gelegentlich mit dunklen Tupfen. Siche-

Abb. 595 *Tetraodon erythrotaenia*

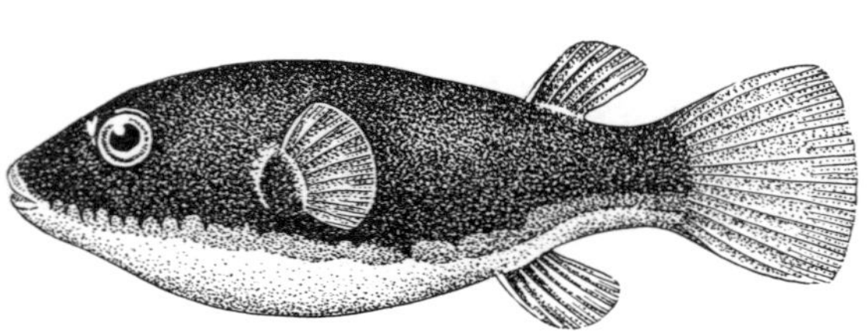

re Geschlechtsmerkmale sind noch nicht beschrieben worden.
Pflege der prächtigen Art wie in der Familienbeschreibung angegeben. *T. fluviatilis* verträgt reines Seewasser oft nicht, dagegen reines Süßwasser gut. Das beste Wohlbefinden zeigt die Art im Brackwasser. Zur Zucht etwas Seesalzzusatz (ein Eßlöffel auf 10 Liter Wasser). Laichgeschäft wie für *T. cutcutia* angegeben (siehe Familienbeschreibung). Als Jungtiere friedlich, später bissig. Die Art knabbert gelegentlich an Pflanzen. Das Fleisch ist auch in gekochtem Zustand giftig!

Tetraodon leiurus brevirostris (Taf. 320)
(BENL, 1957)

Vermutlich Thailand; wahrscheinlich etwa bis 12 cm.
D 14; A 11. Ähnlich gestaltet wie *T. fluviatilis*, jedoch mit sehr kurzer, stumpfer Schnauze, einem Merkmal, in dem die Unterart auch von der Nominatform abweicht, Haut mit Stacheln versehen, Nasententakel einfach, am Ende in zwei Lappen unterteilt (nach BENL). Körper mit dichtgedrängten, dunklen, polygonalen Flecken auf graubraunem bis graugelbem Grund. Im unteren Teil der Körperseiten sowie auf dem Bauch sind die Flecken mehr kakaofarben. Auf der Körpermitte etwas vor der D ein sehr auffälliges, von einem Kranz kleiner Flecken umgebenes Feld, das wesentlich dunkler, aber auch heller gefärbt sein kann. Ähnliche Zeichnungen können auch in der vorderen Körperhälfte vorkommen. Hornhaut der Augen halbkugelförmig vorstehend, bräunlich. Zwischen den Augen eine hellere Querbinde. ♀ in der Vorlaichzeit unförmig dick.
GEISER vom Züricher Zoo konnte die Art mit Erfolg mehrere Male vermehren. *T. leiurus brevirostris* ist sehr bissig und unverträglich. Die Unterart *T. leiurus leiurus* BLEEKER, 1850, wurde bisher noch nicht importiert.

Tetraodon mbu (Taf. 303)
BOULENGER, 1899

Mittlerer und unterer Kongo (Zaïre), nur im Süßwasser; bis 75 cm, in der Regel kleiner.
D 11–12; A 10–11. Körper ziemlich gestreckt, zwei gabelförmig geteilte Nasententakel an jeder Seite, Kopf und Körper mit Ausnahme der Schnauze und des unteren Schwanzstielbereiches mit winzigen Stacheln besetzt. Prächtig gefärbt. Oberseite und Körperseiten bis zur Brustflossenhöhe auf gelbem bis orangefarbenem Grund mit zahlreichen dunkelbraunen bis schwarzen Wurmlinien, Unterseite reingelb. Flossen orangefarben bis gelb, C gelegentlich mit schwarzen Längsbinden. Junge Tiere zeigen statt der Wurmlinien große schwarze Tupfen und 1–2 dunkle Längsbinden auf dem Schwanzstiel. Äußere Geschlechtsunterschiede sind nicht bekannt.
Pflege siehe Familienbeschreibung. Sehr bissig und unverträglich. Die Art frißt mit Vorliebe Schnecken, 23–28 °C.

Tetraodon miurus (Taf. 319)
BOULENGER, 1902

Mittlerer und unterer Kongo (Zaïre), nur im Süßwasser; bis 15 cm.
D 9–10; A 8–9. Kopf sehr groß (etwa 1/3 der Gesamtlänge einnehmend), breit, Schnauze etwas aufgewölbt, Auge klein, nach oben gerichtet, Körperunterseite flach. Farbwechselvermögen stark ausgeprägt, die Art kann fast schwarz, rötlich oder ganz hellgrau sein und recht unterschiedliche Zeichnungsmuster aufweisen, sie ist dadurch oft sehr gut getarnt. Geschlechtsunterschiede sind unbekannt.
Pflege siehe Familienbeschreibung. Weicher Bodengrund, die Tiere buddeln sich oft so weit in den Sand ein, daß nur noch die Augen hervorlugen. Schnecken und kleine Muscheln beachtet *T. miurus* kaum, dagegen werden mit Vorliebe langsam schwimmende Fische überfallen, oft mit einem Biß in die Körpermitte in Teile zerschnitten und anschließend gefressen. Weniger gern nimmt *T. miurus* Regenwürmer oder Mückenlarven. Sehr bissig, 23–28 °C. Noch nicht nachgezüchtet.

Tetraodon palembangensis (Taf. 320)
BLEEKER, 1852

Thailand, Sumatra, Kalimantan (Borneo), im Süß- und Brackwasser; bis 20 cm.
D 10–14; A 11–12. Ähnlich gestaltet wie *T. fluviatilis*. Jederseits ein Nasententakel, Haut mit deutlichen Stacheln. Färbung nach BENL: »... auf oberseits zitronengelber bis tiefgrüner, unterseits weißer oder gelblicher Grundfarbe ist der Körper mit einem unregelmäßig ornamentalen und sehr verschiedenartigen Netzwerk von Linien überzogen, die an den Seiten schwarze Flecke einschließen. Je ein augenförmiger, schwarzer, hell umrandeter Fleck unter der Rückenflosse und am Schwanzstiel kennzeichnen zusammen mit einem schwarzen Fleck in der Achselhöhle vor allem die Tiere aus Sumatera.« Äußere Geschlechtsunterschiede sind bislang nicht beschrieben worden.
Pflege siehe Familienbeschreibung. Die Mitteilung, daß *T. palembangensis* im Züricher Zoo gezogen worden ist, beruht, wie sich der Autor selbst überzeugen konnte, insofern auf einem Irrtum, als die dort vermehrten Tiere einer anderen Art angehörten (siehe bei *T. leiurus brevirostris*). *T. palembangensis* ist aggressiv gegen Artgenossen und andere Fische. Die Art läßt sich auch im Brack- und Seewasser pflegen.

Tetraodon schoutedeni (Taf. 302)
PELLEGRIN, 1926
Kongokugelfisch

Unterer Kongo (Zaïre), Pool Malebo (Stanley Pool), nur im Süßwasser; bis 10 cm.
D 9–10; A 8–9. Ähnlich gestaltet wie *T. fluviatilis*. Zwei lange, gegabelte Nasententakel beiderseits. Von dem pastell- bis ockerfarbenen, oberseits dunkleren Grund heben sich zahlreiche verschieden gro-

ße, sepiafarbene bis schwarze Flecken ab, die sich vorwiegend in der oberen Körperhälfte ausbreiten. Auge rötlich irisierend. Die wesentlich kleineren ♂♂ sind leicht zu erkennen.
Pflege und Zucht siehe Familienbeschreibung. *T. schoutedeni* ist einer der friedlichsten Kugelfische, der sich auch mit anderen Friedfischen vergesellschaften läßt. Sein phlegmatisches Wesen wird durch dauernde, durchaus harmlose Fehden untereinander, die vermutlich als Rivalitätskämpfe oder auch Balzspiele aufzufassen sind, gestört. Kaum sehen sich zwei Tiere, stupsen sie sich gegenseitig an, wobei durch die gespreizten Flossen und leichte Blähung die Erregung sichtbar wird. Die Art vermag nur kleine (dünnschalige) Schnecken und Muscheln zu knakken. Enchyträen und Tubifex werden mit Vorliebe angenommen. Leider knabbern die Tiere gern an den Pflanzen, ohne diese jedoch zu fressen. Über die Zucht siehe Familienbeschreibung. Freilaicher, das ♂ beißt sich bei der Paarung am ♀ fest.
Weiterhin wurde vereinzelt auch *Tetraodon pustulatus* MURRAY, 1857, importiert, der im tropischen Westafrika im See-, Brack- und Süßwasser vorkommt. Die unverträgliche, bissige Art läßt sich gut an reines Süßwasser gewöhnen. Besonders charakteristisch sind die roten, schwarz gesäumten Augenflecke an den Körperseiten.

Ordnung Ceratodiformes
Lurchfischartige, Lungenfischartige

Die rezenten Lurchfischartigen sind Reliktformen einer sehr alten Fischgruppe, deren Blütezeit im Erdaltertum vom Devon bis in das Perm reichte (370–280 Mill. Jahre vor der Jetztzeit). Ihre stammesgeschichtliche Entwicklung kann fast lückenlos durch Fossilien belegt werden. Die Ordnung gehört zur Überordnung Dipnoi (Lungenfische), die zusammen mit der Überordnung Crossopterygii (Quastenflosser) innerhalb der Klasse Knochenfische die Unterklasse Sarcopterygia (Muskelflosser) repräsentiert. Auf das hohe stammesgeschichtliche Alter deutet neben sehr auffälligen anatomischen Merkmalen auch die geographische Verbreitung – Australien, Afrika, Südamerika – hin (Abb. 596). Wie bereits bei den Nandidae erwähnt (siehe S. 671), standen diese Kontinente noch im Erdmittelalter in direkter Verbindung.
Die Crossopterygii galten bis in die Mitte des 20. Jahrhunderts als ausgestorben. Es war deshalb eine ganz besondere Sensation, als von J. L. B. SMITH ein lebender Vertreter beschrieben wurde. Dieser *(Latimeria)* kommt nördlich von Madagaskar und um die Komoreninseln in tieferen Meereszonen vor. Aus den Crossopterygii haben sich vor etwa 350 Mill. Jahren die Amphibien entwickelt. Die heute noch lebenden Arten der Ceratodiformes werden in zwei Familien, die Lepidosirenidae (mit den Gattungen *Lepidosiren* und *Protopterus*) und die Ceratodidae (mit der Gattung *Neoceratodus*) gegliedert.
Wie der Name Lurchfisch andeutet, handelt es sich um Tiere, deren Körperform an Lurche, insbesondere die Schwanzlurche, erinnert. Dies gilt vor allem für *Lepidosiren* und *Protopterus*. Hier wird die Molchähnlichkeit noch durch die im Leben fast nackt erscheinende Haut betont; die Schuppen liegen tief unter der drüsenreichen Oberhaut. *Neoceratodus* ist weniger lurchähnlich. Der plumpe, seitlich etwas abgeflachte Körper wird von sehr deutlichen großen Schuppen bedeckt, die stets die Zugehörigkeit dieser Tiere zu den Fischen zeigen. Die anatomischen Besonderheiten der Ceratodiformes sind sehr zahlreich und teilweise auch recht ursprünglich. Auf eine der

Abb. 596 Verbreitungsgebiet der Ceratodiformes

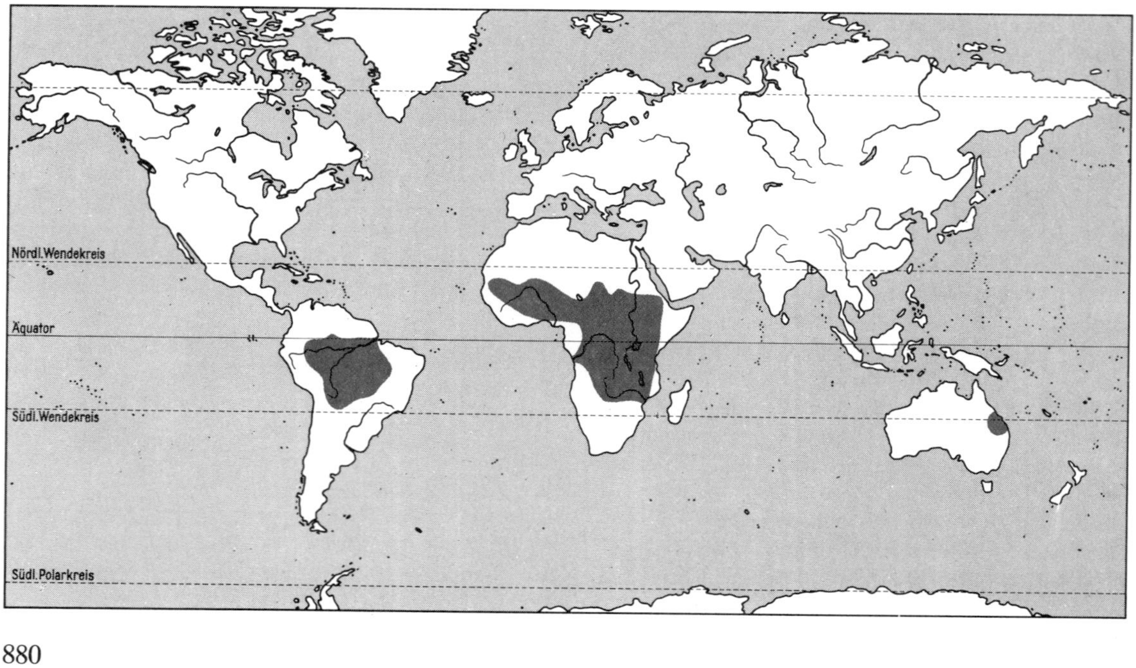

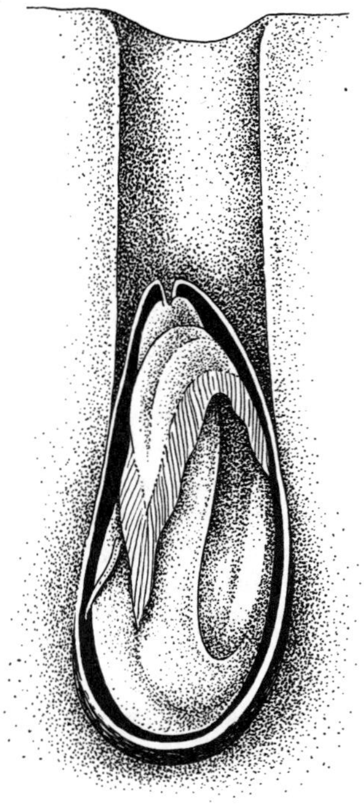

Abb. 597 Afrikanischer Lungenfisch in seiner Schlammhöhle während der Trockenzeit. Die das Tier umhüllende Kapsel aus zähem Schleim ist mit den Mundrändern so verklebt, daß ein schmaler Atmungsschlitz frei bleibt (nach PARKER, verändert)

auffälligsten Eigenheiten wird bereits durch die Bezeichnung »Lungenfischartige« hingewiesen. Im Gegensatz zu allen anderen Fischen sind hier Luftatmungsorgane ausgebildet, die trotz ihrer Primitivität vollkommen den Lungen höherentwickelter Wirbeltiere entsprechen. Diese Atmungsorgane unterscheiden sich deutlich von allen anderen zusätzlichen Luftatmungsorganen, wie sie in so vielfältiger Form bei zahlreichen Fischgruppen vorkommen. Erinnert sei in diesem Zusammenhang nur an das Labyrinthorgan der Anabantoidei, an das sackartige Organ der Büschelwelse und die vielen Arten, bei denen die Schwimmblase im Dienst der Atmung steht (z. B. *Erythrinus*, *Gymnarchus*).

Die Lungen der Lungenfische sind stets, zumindest innerlich, paarige Säcke, die mit einem gemeinsamen Luftröhrengang auf der Kehlseite des Vorderdarmes entspringen. Sie liegen bei den Lepidosirenidae bauchwärts und bei den *Ceratodidae* rückenwärts vom Darm. Das Blutgefäßsystem zeigt Anpassungen an die Lungenatmung. Die Lungen werden von Zeit zu Zeit, in der Regel alle 30–60 Minuten, mit Luft gefüllt. Besondere Bedeutung erhalten sie in der Trokkenzeit. *Lepidosiren* und *Protopterus* vergraben sich, sobald die Gewässer austrocknen, in den Schlamm, rollen sich dort zusammen und scheiden Schleim ab, der zu einer Kapsel erstarrt. In der Nähe des Mundes ist die Kapsel durchbrochen und so die Atmung ermöglicht (Abb. 597). Mit Beginn der Regenzeit wird der Sommerschlaf beendet, die Tiere verlassen ihre Nester und beginnen nach einiger Zeit wieder mit der Nahrungsaufnahme. *Neoceratodus*, der australische Lungenfisch, kann sich auf diese Weise vor der Trokkenzeit nicht schützen, die Lungenatmung ermöglicht den Tieren aber, in kleinsten Pfützen auszuharren, in denen sie vielfach durch die hier zusammengedrängten, infolge der Trockenheit eingehenden Fische besonders gute Ernährungsbedingungen finden. Betont sei, daß alle Lungenfische auch mit ihren z. T. stark vereinfachten Kiemen atmen können.

Weitere Besonderheiten zeigen die paarigen Flossen, die mehr oder weniger stark zu Stützorganen umgebildet sind (Taf. 304). Bei *Protopterus* sind diese Flossen schlank, gertenförmig und sehr beweglich und werden bei ruhiger Fortbewegung beinartig gesetzt. Dadurch entsteht der Eindruck, als ob die Tiere auf diesen Flossen laufen. Bei genauerem Hinsehen erkennt man freilich leicht, daß der Körper auf dem Bodengrund aufsitzt und nicht eigentlich gestützt wird, wie es eine Laufbewegung erfordert. Dagegen kann der ruhende Körper durch die Brustflossen etwas vom Bodengrund abgehoben werden. An einer Seite der paarigen Flossen ist oft ein schmaler Flossensaum ausgebildet, der von kleinen Hornstrahlen gestützt wird. *Lepidosiren* – der amerikanische Lurchfisch – hat ähnlich gebaute Brust- und Bauchflossen, die allerdings sehr kurz sind und kaum den Bodengrund erreichen. Die paarigen Flossen von *Neoceratodus* bestehen aus einem kräftigen, außen beschuppten Schaft und vorn und hinten ansitzenden Flossensäumen, die durch Flossenstrahlen und Hornstrahlen gestützt werden. Im Wasser vermag sich *Neoceratodus* gut auf seine Flossen zu stützen und sogar auf diesen zu schreiten, auf dem Lande allerdings vermögen auch diese relativ kräftigen Flossen den plumpen, schweren Körper nicht zu tragen. Bei allen Arten sind die D, C und A zu einem einheitlichen, hinten spitz auslaufenden Flossensaum vereinigt.

Für die Anatomie sind neben diesen Besonderheiten auch Eigentümlichkeiten des zum größten Teil knorpeligen Skeletts, vor allem des Schädels, und der Bezahnung von Interesse. Rechte und linke Nasenhöhle mit je zwei Öffnungen, die beide innerhalb der Mundhöhle liegen. Wie bei den Knorpelfischen (Haien, Rochen) zeigt der Mitteldarm eine Spiralfalte. Auch die Geschlechtsorgane, besonders diejenigen der ♀♀, erinnern an die Verhältnisse bei Knorpelfischen.

Fast alle Lungenfische sind sehr träge und bewohnen stehende oder langsamfließende Gewässer. Die ruhigen Buchten und verkrauteten Lagunen größerer Flüsse, die während der Trockenzeit isoliert werden und später austrocknen, sind die bevorzugten Standorte dieser Tiere. Eine Ausnahme macht gelegentlich *Protopterus aethiopicus*, der hauptsächlich in großen, nicht austrocknenden Seen vorkommt, und *Neoceratodus*, der stets nicht völlig austrocknende Gewässer aufsucht. Als Nahrung jagen die räuberischen Tiere kleinere, schlecht bewegliche Grundfische, Schnekken und Muscheln. Jungtiere fressen Würmer, Insektenlarven und Kleinkrebse.

Abb. 598 Bauchflossen des ♂ von *Lepidosiren paradoxa* mit Hilfsatmungsorganen. Links: außerhalb der Laichzeit, rechts: während der Brutpflege; die kleinen warzigen Vorsprünge sind zu langen, vielfach verzweigten Atmungsfilamenten ausgewachsen (aus verschiedenen Vorlagen kombiniert).

Die Fortpflanzung findet in der Regel in der Regenperiode statt. *Lepidosiren* laicht in Schlammgängen, *Protopterus* in schlammigen, oft sehr tiefen Löchern, *Neoceratodus* an Pflanzen. Die ♂♂ betreiben meist Brutpflege, das heißt, sie beschützen den Laich und auch die auskommenden Jungfische. Bei *Lepidosiren* steigt das ♂ während der Brutpflegezeit nicht zum Luftholen auf. Um jedoch die durch die Kiemen allein nicht gewährleistete Atmung zu unterstützen, werden an den paarigen Flossen zahlreiche fädige Anhängsel gebildet, die als zusätzliches Atmungsorgan dienen (Abb. 598). Die Eier sind groß, dotterreich und z. T. wie die Amphibieneier von Gallerthüllen umgeben. Auch der Entwicklungsmodus erinnert mehr an die Amphibien als an die Entwicklung der Fische.
Die Jungfische von *Lepidosiren* und *Protopterus* haben bäumchenförmige äußere Kiemen und erinnern dadurch an die Molchlarven (Taf. 320). Auch hängen sie sich gleich diesen mit einem Haftorgan zunächst senkrecht an Pflanzen. Nach einer zwei- bis dreimonatigen Larvenzeit werden im Verlaufe einer Metamorphose (Umwandlung) die Larvenmerkmale umgebildet, die Fische nehmen dabei die bleibende Körperform an. Zusammen mit den Larvenorganen werden auch die äußeren Kiemen zurückgebildet. Bei einigen *Protopterus*-Arten bleiben allerdings noch recht lange fingerförmige Anhängsel erhalten (siehe *P. amphibius*), Jungtiere von *Neoceratodus* haben keine äußeren Kiemen, sie entwickeln sich direkt.
Alle Lungenfische sind begehrte Speisefische, die infolge ihrer Trägheit nicht schwer zu fangen sind. *Protopterus* wird während der Trockenzeit ausgegraben. Im Zimmeraquarium lassen sich nur kleinere Lungenfische pflegen. Erwachsene Exemplare gehören zu den interessantesten Objekten größerer Schauaquarien. Warm gehalten, dauern alle Arten gut aus, ja sind sogar ausgesprochen zählebig und nehmen mit jeder Umgebung vorlieb. Etwas schwierig gestaltet sich manchmal die Fütterung. Man versuche mit langsamschwimmenden lebenden Fischen, z. B. Guppys, mit Schnecken, Muscheln oder auch in Streifen geschnittenem Fleisch, das allerdings die ersten Male vorgehalten werden muß, anzufüttern. Alle Arten sind sehr gefräßig, legen aber von Zeit zu Zeit Freßpausen ein. Beim Hantieren mit sehr großen Exemplaren ist etwas Vorsicht geboten, die Tiere können recht bissig sein. Man vergesellschaftet nur gleichgroße Tiere. Abgebissene Flossen und Schwanzspitzen wachsen meist schnell nach. Große Exemplare werden gelegentlich in ihren Lehmnestern transportiert. Am besten legt man diese einfach ins Wasser, die Tiere kommen sehr bald aus, sind zunächst etwas scheu, gehen aber nach einigen Tagen gut ans Futter.

Lepidosiren paradoxa (Abb. 599)
FITZINGER, 1836
Südamerikanischer Lungenfisch

Zentrales Südamerika, besonders im nördlichen Gran Chaco; bis 125 cm.
L. paradoxa ist von allen Lungenfischen am aalähnlichsten gestaltet. Körper sehr langgestreckt, im Querschnitt vor den Vn rundlich, paarige Flossen relativ kurz, Schuppen sehr klein. Anatomische Besonderheiten siehe Beschreibung der Ordnung. Einfarbig hell- bis dunkelgraubraun, unterseits heller, gelegentlich mit großen schwarzen Tupfen. Junge Tiere sind oft ganz schwarz.
Biologische Besonderheiten und Pflege siehe Beschreibung der Ordnung.

Abb. 599 *Lepidosiren paradoxa*

Neoceratodus forsteri (Taf. 304)
(KRAFFT, 1870)
Australischer Lungenfisch

Queensland, in den Flüssen Bennet und Mary; bis 175 cm.
Körper gestreckt, plump, seitlich wenig zusammengedrückt. Paarige Flossen mit kräftigem Stamm und beidseitigem Saum, Schuppen sehr groß und deutlich, SL vollständig. Anatomische Besonderheiten siehe Beschreibung der Ordnung. Färbung einfach, braun bis blaugrau, seitlich etwas heller, unterseits meist weißsilbern bis leicht gelblich.
Biologische Besonderheiten und Pflege siehe Beschreibung der Ordnung.

Protopterus aethiopicus (Taf. 304)
HECKEL, 1851

Vom östlichen Sudan bis zum Tanganjikasee; bis 140 cm.
Die Art unterscheidet sich von *P. annectens* und *P. amphibius* vor allem durch den relativ kurzen Kopf (3,4–5mal im Abstand Schnauzenspitze–Afterhöhe enthalten), durch eine größere Anzahl von Schuppen zwischen Kiemenspalte und Bauchflossen (55–70) und durch die größere Rippenzahl (35–41). Oberseits blaugrau, unterseits hell, in der Regel insgesamt hellgrau und dunkelgrau gesprenkelt oder marmoriert.
Besonderheiten und Pflege siehe Beschreibung der Ordnung.

Protopterus amphibius
(PETERS, 1844)

Afrika, Sambesi-Delta und in den Flüssen südöstlich des Turkanasees (Rudolfsees); bis etwa 30 (?) cm.
Nach TREWAVAS, 1954, unterscheidet sich diese Art von *P. annectens* vor allem durch die geringere Rippenzahl (27–29), durch den relativ längeren Kopf (Kopflänge etwa 1/3 des Schnauzenspitze-Afterhöhe-Abstandes), durch die etwas weiter vorn beginnende D sowie durch drei äußere Kiemen, die auch noch bei sehr großen Tieren erhalten sind. Blaugrau bis dunkelgrau ohne Flecken oder mit vereinzelten kleinen Flecken an den Körperseiten. Besonders charakteristisch für die Art ist die dunkle, weiß gefleckte Kopfunterseite. Bauch hellgrau bis sehr dunkel mit weißen Flecken, gelegentlich reinweiß.
Besonderheiten und Pflege siehe Beschreibung der Ordnung.

Protopterus annectens
(OWEN, 1839)
Afrikanischer Lungenfisch

Afrika, Senegal, Niger, Tschad-See, Katanga, Sambesi, hauptsächlich in etwas sumpfigen Uferregionen; bis etwa 70 cm.
Körper gestreckt, vorn im Querschnitt rund, hinter den Vn seitlich zusammengedrückt, 34–35 Rippen, die Kopflänge beträgt etwa 1/4 des Abstandes Schnauzenspitze – Afterhöhe. Die D beginnt etwas hinter der Mitte dieser Strecke. Zwischen Kiemenöffnung und Bauchflossenhöhe 41–55 Schuppen, zwei (selten drei) kurze, fingerförmige, äußere Kiemen. Junge Tiere sind sehr dunkel, oft fast schwarz. Ältere Tiere, etwa ab 16–20 cm, werden heller, Rücken graubraun bis dunkelbraun, Körperseiten heller mit sehr unregelmäßigen Reihen dunkelbrauner Tupfen. Unterseits hell, meist schmutziggelb, in der Regel bis auf die Kehle ungefleckt. SL-Kanal dunkel markiert.
Besonderheiten und Pflege siehe Beschreibung der Ordnung. Der Sommerschlaf dieser Art dauert oft 5–6 Monate.

Protopterus dolloi (Taf. 304, 320)
BOULENGER, 1900

Stromgebiet des Kongo (Zaïre); bis 85 cm.
P. dolloi ist von allen Arten am stärksten gestreckt, die Kopflänge ist in dem Abstand Schnauzenspitze–Afterhöhe 5–6mal enthalten. Von der Kiemenspalte bis zur Bauchflossenhöhe 86–91 Schuppen, 54 Paar Rippen. Oberseits dunkelbraun, seitlich etwas heller, Bauch gelblich, Kehle oft ganz leicht rot. Kanäle der SL-Sinnesorgane hell. Höchstens ganz vereinzelt stehende, dunkle Tupfen.
Besonderheiten und Pflege siehe Beschreibung der Ordnung.

Literatur

Für die englische Ausgabe der »Süßwasserfische aus aller Welt« (1. bis 3. Auflage), die unter dem Titel »Freshwater Fishes of the World« in Großbritannien und in den USA erschienen ist, hat Denys W. Tucker, D. Sc., M. I. Biol. – früher Assistant Keeper (Fish Section) am Britischen Museum für Naturgeschichte – nicht nur die Übersetzung und Überarbeitung besorgt, sondern auch ein stark erweitertes Literaturverzeichnis zusammengestellt. Die von ihm dafür gewählte Form soll im Prinzip auch dem Literaturverzeichnis der neuen deutschsprachigen Auflage zugrunde gelegt werden, d. h., ich beschränke mich auf eine Vervollständigung. In diesem Vorgehen sehe ich eine Möglichkeit, Dr. Tucker auch in dieser Auflage meinen Dank abzustatten.

1. Zeitschriften für Aquarienkunde (Auswahl)

In Deutsch:

Aquaria. Schweizerische Ztschr. f. Vivaristik. Verlag Jos. Zander und Co., St. Gallen, ab 1954
Aquaria. Österreichische Ztschr. f. Vivaristik. Verlag Jos. Zander und Co., St. Gallen, ab 1967
Aquarien-Magazin. Kosmos-Verlag, Franckh'sche Verlagshandlung, Stuttgart, ab 1967
Aquarien Terrarien. Urania-Verlag, Leipzig, Jena, Berlin, ab 1953
Arbeitsmaterial der Zentralen Arbeitsgemeinschaft Eierlegende Zahnkarpfen. Herausgeber Kulturbund der DDR, ab 1964
Blätter für Aquarien- und Terrarienkunde. Creutzsche Verlagsbuchhandlung, Magdeburg, 1890–1943, ab 1939 mit der Wochenschrift f. Aquarien- und Terrarienkunde vereinigt
Das Aquarium. Verlag Hermann Schütz, Berlin, 1927 bis 1941
Das Aquarium (Ztschr. f. Aquarien- und Terrarienkunde). Albrecht Philler Verlag GmbH, Minden, ab 1967
Die Aquarien- und Terrarien-Zeitschrift (DATZ). Alfred-Kernen-Verlag, Stuttgart, ab 1948
DKG-Journal. Herausgeber Deutsche Killifisch Gemeinschaft, ab 1969

In Englisch:

African Aquarist. Torpis Publishing Co., 6 Eighth Street, Bloemfontein, South Africa
Fishkeeping and water life. Dorset House, Stamford Street, London, S. E. 1
The aquarist and pondkeeper. Buckley Press Ltd., The Butts, Half Acre. Brentford, Middlesex, England
The aquarium. Innes Publishing Co., Philadelphia, Pa., USA
The journal of the american killifish association, ab 1964
Tropical fish hobbyist. T. F. H. Publications, Inc., Neptune City, N. J., USA

In Französisch:

Traité d'Aquariologie. Soc. Métropolitaine d'Editions Artistiques, Paris
Revue française d'aquariologie herpetologie, Musée de Zoologie, Nancy

In Holländisch:

Het Aquarium. Nederlands Bond »Aqua-Terra«, Alkmar, Holland

In Schwedisch:

Akvariet. Sveriges Akvarieforeningars Riksförbund, Stockholm

In Tschechisch:

Aquárium a terrárium (AT). Tiskne Státní tiskárna, n. p. Závod 3, Praha

2. Bücher über Aquarienfische und Aquarientechnik

In dieser Rubrik sind nur einige besonders wichtige Titel von überregionaler Verbreitung aufgeführt. In nahezu allen angegebenen Aquarienbüchern findet man neben den Beschreibungen der einzelnen Fischarten auch allgemeine Kapitel über Aquarientechnik, Pflege von Fischen, Fischzucht u. a.

Adler, H. E. (1975) : Fish behaviour: why fishes do what they do. T. F. H. Publications, Inc., Neptune City, N. J.
Allen, G. R., and Cross, N. J. (1982) : Rainbowfishes of Australia and Papua New Guinea. T. F. H. Publications, Inc., Neptune City, N. J.
Arnold, P., und Ahl, E. (1936) : Fremdländische Süßwasserfische. Wenzel und Sohn, Braunschweig
Autorenkollektiv (1978) : Kosmos-Handbuch Aquarienkunde – Das Süßwasseraquarium. Franckh'sche Verlagshandlung, Stuttgart
Axelrod, H. R., and Schultz, L. P. (1955) : Handbook of tropical aquarium fishes. McGraw-Hill Book Company, Inc., New York, Toronto, London
Axelrod, H. R. (1961) : Exotic tropical fishes, T. F. H. Publications, Inc., Jersey City 2, N. J.

Axelrod, H. R., and Vorderwinkler, W. (1962) : Encyclopedia of tropical fishes. T. F. H. Publications, Inc., Jersey City 2, N. J.
Bade, E. (1934) : Das Süßwasser-Aquarium. 5. Auflage. F. Pfennigstorff, Berlin
Baensch, H. A., und Riehl, R. (1985): Aquarien Atlas, Band 2. Mergus Verlag, Melle
Bech, R. (1984) : Eierlegende Zahnkarpfen. Neumann-Verlag, Leipzig, Radebeul
Brichard, P. (1978) : Fishes of lake Tanganyika. T. F. H. – Publications, Inc., Neptune City, N. J.
Brymer, J. H. P. (1954) : Guide to tropical fishkeeping. Dorset House, London, S. E. 1
Clausen, H. S. (1967) : Tropical old world cyprinodonts. Akad. Forlag, Kopenhagen
Frank, St. (1978) : Der große Bildatlas der Fische. Artia, Prag
Franke, H. J. (1985): Handbuch der Welskunde. Urania-Verlag, Leipzig, Jena, Berlin
Frey, H. (1955) : Bunte Welt im Glase. 2. Auflage. Neumann-Verlag, Radebeul, Berlin
Frey, H. (1956) : Das Süßwasseraquarium. 7. Auflage. Neumann-Verlag, Radebeul, Berlin
Frey, H. (1957) : Das Aquarium von A bis Z. Neumann-Verlag, Radebeul, Berlin
Frey, H. (1971) : Zierfisch-Monographien, Bd. 1: Salmler. Neumann-Verlag, Radebeul
Frey, H. (1974) : Zierfisch-Monographien, Bd. 2: Karpfenfische. Neumann-Verlag, Radebeul
Frey, H. (1974) : Zierfisch-Monographien, Bd. 3: Welse und andere Sonderlinge. Neumann-Verlag, Radebeul
Frey, H. (1978) : Zierfisch-Monographien, Bd. 4: Buntbarsche. Neumann-Verlag, Radebeul
Frey, H. (1976) : Das große Lexikon der Aquaristik. Neumann-Verlag, Radebeul
Gärtner, G. (1981) : Zahnkarpfen – Die Lebendgebärenden im Aquarium. Verlag Eugen Ulmer, Stuttgart
Géry, J. (1977) : Characoids of the world. T. F. H. Publications, Inc., Neptune City, N. J.
Goldstein, R. J. (1971) : Anabantoids, Gouramis and related fishes. T. F. H. – Publications, Inc., Neptune City, N. J.
Goldstein, R. J. (1973) : Cichlids of the world, T. F. H. – Publications, Inc. Ltd., Neptune City, N. J.
Hervey, G. F., and Hems, J. (1952) : Freshwater tropical aquarium fishes. Batchworth Press, London
Hoedeman, J. J. (1949) : Encyclopedia of waterlife. Uitgeverej De Regenboog, Amsterdam
Holly, M., Meinken, H., und Rachow, A. (ab 1932 fortlaufend) : Die Aquarienfische in Wort und Bild. Alfred-Kernen-Verlag, Stuttgart
Innes, W. T. (1954) : Exotic aquarium fishes. 17. Auflage. Innes Publishing Company, Philadelphia
In't Veen, J. (1984) : Cichliden, Pflege, Herkunft und Nachzucht der wichtigsten Buntbarsche. Falken-Verlag, Niedernshausen Ts.
Jacobs, K. (1976) : Vom Guppy zum Millionenfisch, Band 1 und 2. Landbuch-Verlag GmbH, Hannover
Ladiges, W. (1954) : Tropical fishes. Tropische Fische. 2. Auflage. Wenzel und Sohn, Braunschweig
Linke, H., und Staeck, W. (1981) : Afrikanische Cichliden. I. West Afrika. Tetra Verlag, Melle
Lüling, K. H. (1980) : Südamerikanische Fische und ihr Lebensraum. Engelbert Pfriem-Verlag, Wuppertal
Kramer, K., und Weise, H. (1943) : Aquarienkunde. 1. Auflage. Wenzel und Sohn, Braunschweig
Masayuki Amano (1970) : Fancy carp, the beauty of Japan. Kajima Shoten Publ. Co., Tokyo
Mayland, H. J. (1978) : Große Aquarienpraxis, Bd. 1–3. Landbuch-Verlag GmbH, Hannover
Mayland, H. J. (1978) : Cichliden und Fischzucht. Landbuch-Verlag GmbH, Hannover
Mayland, H. J. (1982) : Der Malawi-See und seine Fische. Landbuch-Verlag GmbH, Hannover
Mellen, I. M., and Lanier, R. J. (1936) : 1001 Questions answered about your aquarium. Harrap, London
Mills, D. (1981) : Illustrated guide to aquarium fishes. Kingfisher Books Ltd., London
Mills, D., and Vevers, G. (1982) : The practical encyclopedia of freshwater tropical aquarium fishes. Salamander Books Ltd., London
Nieuwenhuizen, A. van den (1962) : Exoten im Aquarium (Übers. aus dem Holländischen). Landbuch-Verlag GmbH, Hannover
Paepke, H.-J. (1979) : Segelflosser – die Gattung Pterophyllum. Die Neue Brehm-Bücherei. A. Ziemsen Verlag, Wittenberg Lutherstadt
Paepke, H.-J. (1983) : Die Stichlinge. Die Neue Brehm-Bücherei. A. Ziemsen Verlag, Wittenberg Lutherstadt
Paysan, K. (1970) : Welcher Zierfisch ist das? Franckh'sche Verlagshandlung Stuttgart
Petrovicky, I. (1982) : Aquarienfische. Artia Verlag, Prag
Petzold, H.-G. (1968) : Der Guppy (Poecilia [Lebistes] reticulata). Die Neue Brehm-Bücherei. A. Ziemsen Verlag, Wittenberg Lutherstadt
Piechocki, R. (1973) : Der Goldfisch. Die Neue Brehm-Bücherei. A. Ziemsen Verlag, Wittenberg Lutherstadt
Pinter, H. (1966) : Handbuch der Aquarienfisch-Zucht. Alfred-Kernen-Verlag, Stuttgart
Pinter, H. (1981) : Cichliden-Buntbarsche im Aquarium. Verlag Eugen Ulmer, Stuttgart
Pinter, H. (1984) : Labyrinthfische, Hechtköpfe, Schlangenkopffische. Verlag Eugen Ulmer, Stuttgart
Rachow, A. (1928) : Handbuch der Zierfischkunde. Wagner, Stuttgart
Radda, C. C., und Wildekamp, R. H. (1978) : Katalog der Cyprinodontidae von Kamerun. Verlag Jos. Zander, St. Gallen
Richter, H. J. (1979) : Das Buch der Labyrinthfische. Urania-Verlag, Leipzig, Jena, Berlin
Richter, H. J. (1980) : Fische züchten ein Problem? Landbuch-Verlag GmbH, Hannover
Richter, H. J. (1984) : Aquarienfische im Blickpunkt. Urania-Verlag, Leipzig, Jena, Berlin
Riehl, R., und Baensch, H. A. (1983) : Aquarien Atlas. Mergus Verlag, Melle
Sands, D. (1983, 1984) : Catfishes of the world, Vol. 1–4. Dunure Publications, Scotland
Schreitmüller, W. (1931) : Zierfische, ihre Pflege und Zucht. Müller, Frankfurt/M.
Seegers, L. (1980) : Killifische. Verlag Eugen Ulmer, Stuttgart
Staeck, W. (1971) : Cichliden-Verbreitung-Verhalten-Arten, Band 1. Engelbert Pfriem Verlag, Wuppertal-Elberfeld
Staeck, W. (1977) : Cichliden-Verbreitung-Verhalten-Arten, Band 2. Engelbert Pfriem Verlag, Wuppertal-Elberfeld
Staeck, W. (1982) : Handbuch der Cichlidenkunde. Franckh'sche Verlagshandlung, Stuttgart
Staeck, W. (1983) : Cichliden. Entdeckungen und Neuimporte. Engelbert Pfriem Verlag, Wuppertal-Elberfeld
Staeck, W., und Linke, H. (1982) : Afrikanische Cichliden. II. Ost Afrika. Tetra Verlag, Melle

Stallknecht, H. (1982) : Freude am Aquarium. Urania-Verlag, Leipzig, Jena, Berlin
Sterba, G. (1983) : Aquarienkunde. 1. Band, 12. Auflage, 2. Band, 9. Auflage. Urania-Verlag, Leipzig, Jena, Berlin
Sterba, G. (1967) : Aquarium care. Studio Vista Ltd., Blue Star House, Highgate Hill, London N 19
Sterba, G. (1978) : Lexikon der Aquaristik und Ichthyologie. Edition Leipzig
Sterba, G. (1979) : Aquarium vissen. Elsevier-Amsterdam/Brüssel
Sterba, G. (1981) : Encyclopedie van de aquaristiek en ichtyologie. H. J. W. Becht, Amsterdam
Sterba, G. (1983) : The aquarist's encyclopedia. Blandford Press, Poole Dorset; The MIT Press, Cambridge, Massachusetts
Vierke, J. (1977) : Zwergbuntbarsche im Aquarium. Franckh'sche Verlagshandlung, Stuttgart
Vierke, J. (1978) : Labyrinthfische und verwandte Formen. Engelbert Pfriem Verlag, Wuppertal-Elberfeld
Vogt, D., und Wermuth, H. (1961) : Knaurs Aquarien- und Terrarienbuch. Droemersche Verlagsanstalt Th. Knaur Nachf., München-Zürich
Wildekampf, R.: Prachtkärpflinge. Kernen Verlag, Essen
Zukal, R., und Frank, St. (1979) : Geschlechtsunterschiede der Aquarienfische. Landbuch-Verlag GmbH, Hannover

3. Literatur über grundsätzliche Fragen der Taxonomie und Nomenklatur

»Für die Einarbeitung in die Grundlagen der Taxonomie sind die nachfolgend aufgeführten Werke geeignet. Einfach geschrieben und billig sind vor allem die Bücher von Calman (1964) und Cain (1959)«. (D. W. Tucker, etwas verändert – siehe auch Vorwort S. 5)

Cain, A. I. (1959) : Die Tierarten und ihre Entwicklung (Übers. aus dem Englischen). VEB Gustav-Fischer-Verlag, Jena
Calman, W. T. (1949) : The classification of animals: an introduction to Zoological Taxonomy. Methuen, London
Echelle, A. E., and Kornfield, I., Editors (1984) : Evolution of fish species flocks. Univ. of Maine at Orono Press
Mayr, E. (1949) : Systematics and the origin of species, from the viewpoint of a zoologist. Columbia University Press, New York
Mayr, E. (1976) : Evolution and the diversity of Life. Harvard Univ. Press, Cambridge, Massachusetts
Mayr, E., Linsley, E. G., and Usinger, R. L. (1953) : Methods and principles of systematic zoology. McGraw-Hill, New York and London
Stoll, N. R. (Ed.) (1961) : International code of zoological nomenclature adopted by the XV. International Congress of Zoology. International Trust for Zoological Nomenclature, London

4. Literatur über die höhere systematische Gliederung der Fische

Die wissenschaftliche Gliederung der Klassen, Ordnungen und Familien der Fische erfordert gründliche Kenntnisse der Osteologie und Anatomie. Folgende Literatur ist zur Einarbeitung geeignet und kann gleichzeitig als weitere Literaturquelle dienen:

Berg, L. S. (1958) : System der rezenten und fossilen Fischartigen und Fische (Übers. aus dem Russ.). VEB Deutscher Verlag der Wissenschaften, Berlin
Greenwood, P. H., Rosen, D. E., Weitzmann, St. H., and Myers, G. S. (1966) : Phyletic studies of teleostan fishes, with a provisional classification of living forms. Bull. Amer. Mus. Nat. Hist., 131, 340–455
Greenwood, P. H., Miles, R. S., and Patterson, C. (1973) : Interrelationships of fishes. Zool. I. Linnean Soc. (London), Suppl. No. 1
Harald, E. S. (1961) : Living fishes of the world. Doubleday Co., Garden City, N. Y., und Hamish Hamilton, London
Regan, C. T. (1929) : Artikel über »Cyclostomata«, »Selachians« und »Fishes«. In: The Encyclopedia Britannica (14. Aufl.). Bände 6, 9 und 20, New York und London.
Diese Artikel repräsentieren die einzige, sehr durchdachte Regansche Klassifikation der Fische. Sein System wird heute noch verwendet und liegt dem Zoological Record, dem größten Zoologischen Referierorgan, zugrunde. In neuerer Zeit bemühen sich vor allem amerikanische Ichthyologen um eine durch neue Erkenntnisse notwendig gewordene Revision des Systems der Fische (siehe Greenwood und Mitarbeiter).
Regan, C. T. (1936) : Natural history. Ward Lock, London
Trewavas, E. (1962) : Artikel über »Fishes«, »Cyclostomes«, »Selachii« und »Osteichthyes«. In: Chambers' Encyclopedia, Bände 4, 5, 10 und 12. George Newnes, London

5. Generelle Biologie der Fische, Darstellungen des Fischreiches, Systematik und Verbreitung

Wichtige Werke über die Fischfauna der Kontinente sind durch zusätzliche Zahlen am linken Rand gekennzeichnet. Die Zahlen geben folgende Kontinente an:

1 Kontinentales Europa, Großbritannien und Island
2 Asien einschließlich Sri Lanka und Japan
3 Indomalaiischer Archipel und Philippinen
4 Australien und Neuseeland
5 Afrika einschließlich Madagaskar
6 Nord- und Mittelamerika einschließlich der Westindischen Inseln
7 Südamerika

1 Andersson, K. A. (1942) : Fiskar och Fiske i Norden. 2 vols. Bokvorlaget Natur und Kultur, Stockholm
Baerends, G. P., and Baerends-van-Roon, J. M. (1950) : An introduction to the study of the ethology of cichlid fishes. E. J. Brill, Leiden
1 Banarescu, P. (1964) : Pisces-Osteichthyes. In: Fauna Rep. Pop. Romine. Vol. XIII. Rumänisch. Editura Acad. Rep. Pop. Romîne, Bucureşti
5 Barell, C. D. N., Oijen, van M. I. P., Witte, F., and Witte-Maas, E. L. M. (1977) : An introduction of the taxonomy and morphology of the haplochromine Cichlidae from lake Victoria. Netherlands I. Zool. 27 (4), 333 bis 389
5 Barnard, K. H. (1943) : Revision of the indigenous fishes of the S. W. Cape Region. Annals of the S. Afr. Museum Cape Town. Vol. 36
5 Barnard, K. H. (1947) : A pictorial guide to south african fishes. Maskew Miller Ltd., Cape Town

1 Bauch, G. (1955) : Die einheimischen Süßwasserfische. 3. Aufl., Neumann-Verlag, Radebeul, Berlin
1,2 Berg, L. S. (1948) : Die Süßwasserfische der UdSSR und der angrenzenden Länder. 3 Teile. Russisch. Akad. d. Wissensch. d. UdSSR, Leningrad und Moskau
3 Bleeker, P. (1862–1877) : Atlas Ichthyologique des Indes Orientales Nederlandaises. 9 vols. F. Müller, Amsterdam
Bone, Q., und Marshall, N. B. (1985) : Biologie der Fische (Übers. aus dem Engl.). Gustav Fischer Verlag, Stuttgart, New York
5 Boulenger, G. A. (1907) : The fishes of the Nile. In: Anderson: Zoology of Egypt. 2 vols. Hugh Rees, London
5 Boulenger, G. A. (1909–1916) : Catalogue of the freshwater fishes of Africa. 4 vols. British Museum (Natural History), London
Bridge, T. W., and Boulenger, G. A. (1910) : Fishes. In: The Cambridge Natural History. Vol. 7, 141–727. MacMillan, London and New York (Facsimile reprint 1958), Wheldon and Wesley, London
Brown, M. E. (Ed.) (1957) : The physiology of fishes. 2 vols. Academic Press, New York
6 Carl, G. C., and Clemens, W. A. (1948) : The freshwater fishes of British Columbia. Brit. Columb. Provincial Museum Handbk. No. 5
Cott, H. B. (1957) : Adaptive coloration in animals. Methuen, London
5 Crass, R. S. (1960) : Notes on the freshwater fishes of Natal, with Description of four new species. Annals of the Natal Museum Pietermaritzburg, Vol. 14, part. 3
Curtis, B. (1949) : The life story of the fish. Harcourt Brace, New York
5 Daget, J. (1954) : Les poissons du Niger supérieure. Mem. Inst. fr. Afr. Noire, Dakar, No. 31
5 Darlington, P. J. (1957) : Zoogeography: The geographical distribution of Animals. John Wiley, New York
2 Day, F. (1875–1878) : The fishes of India, Burma and Ceylon. Quaritch, London (Facsimile reprint 1958), Wm. Dawson, London
1 Day, F. (1880–1884) : The fishes of Great Britain and Ireland. 2. vols. Williams and Norgate, London and Edinburgh
2 Day, F. (1889) : Fishes. The fauna of British India, including Ceylon and Burma. 2 vols. Laylor and Francis, London
De Beaufort, L. F. (1951) : Zoogeography of the land and inland waters. Sidgwick and Jackson, London (Macmillan, New York)
Deckert, K. (1967) : Acrania, Chondrichthyes, Osteichthyes. In: Urania-Tierreich. »Fische, Lurche, Kriechtiere«. Urania-Verlag, Leipzig, Jena, Berlin
Dumeril, A. H. A. (1865–1870) : Histoire naturelle des Poissons ou Ichthyologie générale. 2 Bände u. Atlas. Paris
7 Eigenmann, C. H., und Eigenmann, R. S. (1890) : A Revision of the south american Nemathognathi or cat-fishes. Calif Acad. of Science, San Francisco
7 Eigenmann, C. H. (1909) : The freshwater fishes of Patagonia. Rep. Princeton Univ. Exp. Patagonia 1896 bis 1899, Vol. 3, part 3, 225–274
7 Eigenmann, C. H. (1910) : Catalogue of the freshwater fishes of tropical and south temperate America. Tom. cit. part 4, 375–511
7 Eigenmann, C. H. (1912) : The freshwater fishes of British Guiana. Mem. Carnegie Mus., Vol. 5
6,7 Eigenmann, C. H. (1917–1927) : The american Characidae. Mem. Mus. Compp Zool., Bd. 43, Cambridge, Massachusetts
7 Eigenmann, C. H. (1922) : The fishes of western South America. Mem. Carnegie Mus., Vol. 9
7 Eigenmann, C. H. (1927) : The freshwater fishes of Chile. Mem. Nat. Acad. Sci., Washington, Vol. 22, No. 2
7 Eigenmann, C. H., and Allen, W. R. (1942) : Fishes of western South America. Lexington, Kentucky: University of Kentucky
Forselius, S. (1957) : Studies of anabantid fishes. Zool. Bid. Fran. Uppsala. 32, 93–598
1 Fries, B., Ekström, C. U., and Sundevall, C. (Ed.: Smitt, F. A., 1893–95) : Scandinavian fishes. 2 vols. Norstedt and Söner, Stockholm (Sampson Low, Marston, London)
6, 7 Géry, J. (1968) : Evolution regressive of evolution créatrice. Zool. Anz., 181, 161–168
Goodrich, E. S. (1930) : Studies on the structure and development of vertebrates. Macmillan, London (Paperback facsimile reprint, 2 vols., 1958). Dover, New York (Constable, London)
5 Greenwood, P. H. (1955–1957) : The fishes of Uganda. Parts 1–4. Uganda Society, Kampala
Gray, J. (1959) : How animals move. Penguin Books, Harmondsworth and New York
1 Grote, W., Vogt, C., und Hofer, B. (1909) : Die Süßwasserfische von Mitteleuropa. Engelmann, Frankfurt/M. und Leipzig
Herald, Earl S. (1961) : Fische. In: Knaurs Tierreich in Farben (Übers. aus dem Engl., deutsche Bearbeitung von D. Vogt). Droemersche Verlagsanstalt Th. Knaur Nachf., München und Zürich
3 Herre, A. W. C. T. (1928) : True freshwater fishes of the Philippines. In: Dickerson, R. E., et al.: Distribution of life in the Philippines. Bureau of Sci. Monograph No. 21, Manila
3 Herre, A. W. C. T. (1953) : Check list of philippines fishes. U S. Fish and Wildlife Service Res. Rept. 20
Hesse, R., Allee, W. C., and Schmidt,. K. P. (1951) : Ecological animal geography. John Wiley, New York
6 Hildebrand, S. F. (1938) : A new catalogue of the freshwater fishes of Panama. Pub. Field Mus. Nat. Hist. Chicago, Zool. Ser., Vol. 22, No. 4, 4: 215–359
Hoar, W. S., and Randall, D. J. (1969–71) : Physiology of Fishes. 5 vols. Academic Press, London, New York
Hoedeman, I. I. (1961) : Studies on cyprinodontiform fishes. Preliminary key to the species and subspecies of the genus Rivulus. Bull. Aqu. Biol. 2 (18), 65–74
5 Holly, M. (1930) : Synopsis der Süßwasserfische Kameruns. Sitzber. K. Akad. Wiss. Wien, Math.-Nat. Kl., Abt. 1
6 Hubbs, C L. (1936) : Fishes of the Yucatan Peninsula. In: The Cenotes of Yucatan. Pub. Carnegie Inst. Washington, 457, 157–282
6 Hubbs, C. L., and Lagler, K. F. (1947) : Fishes of the great lakes region. Bull. Cranbrook Inst. Sci., 26
5 Jackson, P. B. N. (1961) : The fishes of northern Rhodesia. Govt. Printer, Lusaka
Jacobs, K. (1969) : Die lebendgebärenden Fische der Süßgewässer. Edition Leipzig
1 Jenkins, J. T. (1936) : The fishes of the british isles. Warne, London
6 Jordan, D. S., and Evermann, B. W. (1896–1900) : The fishes of North and Middle America. 4 vols., Govt. Print. Office, Washington
5 Jubb, R. A. (1961) : An illustrated guide of the freshwater fishes of the Zambesi river, lake Kariba, Pungwe, Sabi, Lundi and Limpopo rivers. Stuart Manning. Bulawayo

Keenleyside, M. H. A. (1979) : Diversity and Adaptation in fish behaviour. Springer-Verlag, Berlin-Heidelberg-New York

2 Khalaf, K. T. (1961) : The marine and fresh water fishes of Iraq. Ar-Rabitta Press, Baghdad

1 Ladiges, W., und Vogt, D. (1965) : Die Süßwasserfische Europas. Verlag Paul Parey, Hamburg und Berlin

Lagler, K. F., Bardach, J. E., und Miller, R. R. (1977) : Ichthyology (second Edition). John Wiley and Sons. Inc., New York

Lanham, U. (1962) : The fishes. Columbia University Press, New York

Lattin, H. de (1967) : Grundriß der Zoogeographie. Gustav-Fischer-Verlag, Jena

6 Legendre, V. (1954) : Key to the game and commercial fishes of the province of Quebec. Quebec Biol. Bureau, Montreal

Lissmann, H. W. (1958): On the function and evolution of electric organs in fish. Journal of Experimental Biology, Vol. 35, 156–191

6 Livingstone, D. A. (1953) : The freshwater fishes of Nova Scotia. Prov. Nova. Scot. Inst. Sci., Vol. 23, 1–90

Love, R. M. (1970) : The chemical biology of fishes. Academic Press, London and New York

1 Lozano y Rey, L. (1947) : Peces Ganoideos y Fisostomos. (Ictiologia Iberica, Tomo 2). Real Acad. Ciencias, Madrid

1 MacMahon, A. F. M. (1946) : Fishlore. British freshwater fishes. Penguin Books, Harmondsworth and New York

2 Mahdi, N. (1956) : Fishes of Iraq. Ministry of Education, Baghdad

4 Merrick, J. R., and Schmida, G. E. (1984) : Australian freshwater fishes. Griffin Press, Netley, Australia

7 Miranda Ribeiro, A. de (1911) : Fauna Brasiliense. Peixes (Catfishes only). Arch. Mus. Nac. Rio de Janeiro, Vol. 16, 1–511

1 Müller, H. (1983) : Fische Europas. Neumann-Verlag, Leipzig, Radebeul

2 Munro, I. S. R. (1955) : The marine and freshwater fishes of Ceylon. Department of External Affairs, Canberra, Australia

6 Myers, G. S. (1938) : Freshwater fishes and West Indian zoogeography. Rep. Smithsonian Inst., Washington 1937, 339–364

2 Nichols, J. T. (1943) : The freshwater fishes of China (Natural History of Central Asia, Vol. 9). American Museum of Natural History, New York

2 Nikolski, G. W. (1956) : Fische des Amur-Beckens. Russisch. Verlag der Akad. d. Wissensch. d. UdSSR, Moskau

Nikolski, G. W. (1957) : Spezielle Fischkunde (Übers. aus dem Russ.). VEB Deutscher Verlag der Wissenschaften, Berlin

Norman, J. R. (1966) : Die Fische. Eine Naturgeschichte für Sport- und Berufsfischer, Aquarianer, Biologen und Naturfreunde (Übers. aus dem Engl., deutsche Bearbeitung von K.-H. Lüling). Verlag Paul Parey, Hamburg und Berlin

1 Nybelin, O. (1943) : Fiskar i sött och bräckt vatten. (Vara fiskar, Del. 1). Albert-Binniers-Förlag, Stockholm

2 Okada, Y. (1955) : Fishes of Japan. Maruzen Co., Tokyo

1 Oliva, O., Hrabě, S., und Lác, J. (1968) : Ryby, obojživelníky a plazy. In: Stavovce Slovenska I. Vydavatel'stvo Slovenskey Akad. vied, Bratislava

1 Otterstrom, C. V. (1912–1917) : Fiske (Danmark's Fauna). 3 vols. G.-E.-C.-Gads Forlag, Copenhagen

Parenti, L. R. (1981) : A phylogenetic and biogeographic analysis of cyprinodontiform fishes (Teleostei, Atherinomorpha). Bull. Amer. Mus. Nat. Hist., 168 (4)

5 Pellegrin, J. (1921) : Les Poissons d'eau douce d'Afrique du Nord Française: Maroc, Algérie, Tunisie, Sahara, Mém. Soc. Sci. Nat. Maroc., Vol. 1, No. 2

5 Pellegrin, J. (1923) : Les Poissons des eaux douces de l'Afrique Occidentale (du Sénégal au Niger). Emile Larose, Paris

5 Pellegrin, J. (1933) : Les Poissons des eaux douces de Madagascar. Mem. Acad. Malgache Tananarive, Vol. 14

5 Poll, M. (1946) : Revision de la faune ichthyologique du Lac Tanganyika. Ann. Mus. Congo Belge Zool. (1), 4, 145–364

5 Poll, M. (1955) : Les poissons d'Aquarium du Congo Belge. Bull. Soc. Roy. Zool. d'Anvers, Antwerpen, No. 2

5 Poll, M. (1953) : Poissons non Cichlidae., Res. sci. Exploration hydrobiologique du Lac Tanganyika. Vol. 3, fasc. 5 A, 1–251

5 Poll, M. (1956) : Poissons Cichlidae. Tom cit. fasc. 5 B, 1–619

5 Poll, M. (1957) : Les genres des poissons d'eau douce de l'Afrique. Ann. Mus. Congo Belge (8), Vol. 84, 1–191

5 Poll, M. (1971) : Revision des Synodontès africains (famille Mochocidae). Mus. Roy. Afr. Centrale Tervuren, Belg., Ann. Ser. in 8°, Sci. Zool. 191

1 Regan, C. T. (1911) : The freshwater fishes of the British Isles. Methuen, London

5 Regan, C. T. (1921) : The cichlid fishes of lake Nyassa. Proc. Zool. Soc. London, 675–727

Reichenbach-Klinke, H. H. (1966) : Krankheiten und Schädigungen der Fische. Gustav-Fischer-Verlag, Stuttgart

6, 7 Rosen, D. E., and Bailey, R. M. (1963) : The poeciliid fishes (Cyprinodontiformes), their structure, zoogeography, and systematics. Bull. Amer. Mus. Nat. Hist., 126, 1–176

Rosen, D. E. (1964) : The relationships and taxonomic positions of the halfbacks, killifishes, silversides and their relatives. Bull. Amer. Mus. Nat. Hist. 127 (5), 219–267

1 Saemundsson, B. (1927) : Synopsis of the fishes of Iceland. Rit. Visind. Island. Reykjavik, Vol. 2

Schäperclaus, W. (1954) : Fischkrankheiten. Akademie-Verlag, Berlin

2 Scheel, J. (1968) : Rivulins of the old world. T. F. H. Publications, Inc., Neptune City, N. J.

Scheel, J. J. (1974) : Rivuline Studies. Mus. Roy. Afr. Centrale, Tervuren, Belg., Ann. Ser. in 8°, Sci. Zool. 211

1 Schindler, O. (1953) : Unsere Süßwasserfische. Kosmos, Franckh'sche Verlagshandlung, Stuttgart

1 Schindler, O., and Orkin, P. A. (1957) : Freshwater fishes. Thames and Hudson, London and New York

6 Schrenkeisen, R. (1938) : Field book of the freshwater fishes of North America. Putnam, New York

7 Schultz, L. P. (1944) : The catfishes of Venezuela, etc. Proc. U. S. Nat. Mus., Vol. 94, 173–338

7 Schultz, L. P. (1944) : The fishes of the family Characinidae from Venezuela etc. Proc. U. S. Nat. Mus., Vol. 95, 235–367

Schultz, L. P., and Stern, E. M. (1948) : The ways of fishes. Van Nostrand, New York

7 Schultz, L. P. (1949) : A further contribution to the ichthyology of Venezuela. Proc. U. S. Nat. Mus., Vol. 99, 1–211

6 Scott, W. B., and Crossman, E. I. (1973) : Freshwater fishes of Canada. In: Fisheries Research Board of Canada, Ottawa, Bulletin 184
1 Seeley, H. G. (1886) : The fresh-water fishes of Europe. Cassell, London
6 Slastenenko, E. P. (1958) : The freshwater fishes of Canada. Kiev Printers, Toronto, Ont.
2 Smith, H. M. (1945) : The freshwater fishes of Siam or Thailand. Bull. U. S. Nat. Mus. Washington, Vol. 188
Smith, R. J. F. (1985) : The control of fish migration. Springer-Verlag, Berlin, Heidelberg, New York, Tokio
Soltz, D. L., and Naiman, R. I. (1978) : The natural history of native fishes in the Death Valley system. Nat. Hist. Mus. of Los Angeles County, Science Series 30, 1–76
1 Spillmann, C. I. (1961) : Poissons d'eau douce (Faune de France, Vol. 65). Paris, Lechevalier
2 Steinitz, H. (1953) : The freshwater fishes of Palestine. An annotated list. Bull. Res. Council Israel, Vol. 3, 207–227
2 Steinitz, H. (1954) : The distribution and evolution of the fishes of Palestine. Publ. hydrobiol. Inst. Faculty of Sci. Univ. Istanbul (B), Vol. 1, 225–275
1 Sterba, G. (1958) : Die Schmerlenartigen (Cobitidae). In: Handbuch der Binnenfischerei Mitteleuropas. Band III. E. Schweizerbartsche Verlagsbuchhandlung, Stuttgart
1 Sterba, G. (1962) : Die Neunaugen (Petromyzonidae). In: Handbuch der Binnenfischerei Mitteleuropas. Band III. E. Schweizerbartsche Verlagsbuchhandlung, Stuttgart
Sterba, G. (1967) : Agnatha. In: Urania-Tierreich. »Fische, Lurche, Kriechtiere«. Urania-Verlag, Leipzig, Jena, Berlin
4 Stokell, G. (1955) : Freshwater fishes of New Zealand, N. Z. Simpson and Williams, Christchurch
Strassen, O. zur (1914) : Fische. In: Brehms Tierleben. 4. Aufl., Bibliogr. Inst., Leipzig und Wien
Suworow, J. K. (1959) : Allgemeine Fischkunde (Übers. aus dem Russ.). VEB Deutscher Verlag der Wissenschaften, Berlin
Tembrock, G. (1980) : Grundriß der Verhaltenswissenschaften. VEB Gustav-Fischer-Verlag, Jena
Travassos, H. (1951–52) : Catalogo dos generos e subgeneros da Subordem Characoidei (Actinopterygii-Cypriniformes). Dusenia, 2 (3–6) und 3 (2–4), 158 Seiten
2 Trewavas, E. (1941) : Freshwater fishes (of Arabia). Brit. Mus. (Nat. Hist.), Exp. South-west Arabia 1937–1938. Vol. 1, 7–15
3 Weber, M., and de Beaufort, L. F. (1911) : The fishes of the Indo-Australian Archipelago. 10 vols. bis heute. E. J. Brill, Leiden (Vol. 8 nur von De Beaufort; Vol. 9 von De Beaufort and W. M. Chapmann; Vol. 10 von F. R. Koumans)
Wheeler, A. (1977) : Das große Buch der Fische (Übers. aus dem Engl., deutsche Bearbeitung von D. Vogt). Verlag Eugen Ulmer, Stuttgart
3 Whitley, G. P. (1943) : The fishes of New Guinea. Austral. Mus. Mag., Sydney, Vol. 8, 141–144
4 Whitley, G. P. (1959) : The freshwater fishes of Australia. In: Biogeography and Ecology in Australia. Monogr. Biol., Vol. 8. W. Junk, The Hague
Wickler, W. (1970) : Stammesgeschichte und Ritualisierung. Zur Entstehung tierischer und menschlicher Verhaltensmuster. Piper-Verlag, München
Winterbottom, R. (1974) : The familial phylogeny of the Tetraodontiformes (Acanthopterygii: Pisces) as evidenced by their comparative myology. Smithsonian contr. zool., 155, 1–201
6 Wynne-Edwards, V. C. (1952) : Freshwater vertebrates of the arctic and subarctic. Bull. Fisheries Res. Board Canada, No. 94
Young, J. Z. (1950) : The life of vertebrates. University Press, Oxford

6. Klassische Werke der Ichthyologie

In den folgenden Werken sind für viele in diesem Buch beschriebene Arten die Erstbeschreibungen zu finden. Bei allen Titeln handelt es sich um Standardwerke, auf die auch die moderne Ichthyologie immer wieder Bezug nimmt.

Bloch, M. E. (1782–84) : Naturgeschichte der Fische Deutschlands. 3 Bde. Privat verlegt, Berlin
Bloch, M E. (1785–95) : Naturgeschichte der ausländischen Fische. 9 Bde. Privat verlegt (1–3), Morino'sche Kunsthandlung (4–9), Berlin
Cuvier, G. L. C. (1817) : Le Règne Animale. 1. Aufl., 2 vols. (Fische in Vol. 2). Deterville, Paris
Cuvier, G. L. C. (1828) : Dito. 2. Aufl., 5 vols. (Fishes in Vol. 2). Deterville, Paris
Cuvier, G. L. C., und Valenciennes, A. (1829–49) : Histoire naturelle des Poissons. 24 vols. Levrault, Paris
Günther, A. C. L. (1858–1870) : Catalogue of the fishes in the British Museum. 8 vols. British Museum (Natural History), London, Facsimile reprint (1937) Do.: Do.
Lacépède, B. G. E. (1789–1803) : Histoire naturelle des Poissons. 5 vols. Plassan, Paris
Linnaeus, C. (1758) : Systema Naturae. 10. Aufl., Vol. 1. Regnum Animale. Salvius, Stockholm. Facsimile reprint (1956), British Museum (Natural History), London
Schneider, J. G. (1801) : M. E. Blochii Systema Ichthyologiae iconibus CX illustratum. Privat verlegt, Berlin
Spix, J. B de, and Agassiz, L. (1829–31) : Selecta genere et species piscium Brasiliam. 2. Teile. Wolf, Monaco

Namen- und Sachwortregister

Alle Zahlenangaben des Registers sind Seitenhinweise. In Normalschrift gesetzte Zahlen verweisen auf Textseiten, kursiv gesetzte Zahlen auf Abbildungen. Bei mehreren Texthinweisen ist die wichtigste Textstelle durch eine halbfette Zahl hervorgehoben. Abbildungshinweise mit Sternchen geben Tafelabbildungen an, solche ohne Sternchen Zeichnungen und Verbreitungskarten. Bei den Trivialnamen der Arten ist stets nur die wichtigste Textseite aufgeführt.